Springer-Lehrbuch

Ralf Brandes

Florian Lang

Robert F. Schmidt[†]

(Hrsg.)

Physiologie des Menschen

mit Pathophysiologie

Mit 850 Farbabbildungen

 Springer

Herausgeber:
Ralf Brandes
Fachbereich Medizin der Goethe-Universität, Frankfurt
Inst. f. Kardiovaskuläre Physiologie
Frankfurt, Deutschland

Florian Lang
Universität Tübingen
Medizinische Fakultät
Tübingen, Deutschland

Robert F. Schmidt[†]
Würzburg, Deutschland

ISSN: 0937-7433
Springer Lehrbuch
ISBN 978-3-662-56467-7   ISBN 978-3-662-56468-4 (eBook)
https://doi.org/10.1007/978-3-662-56468-4

Die Deutsche Nationalbibliothek verzeichnet diese Publikation in der Deutschen Nationalbibliografie; detaillierte bibliografische Daten sind im Internet über http://dnb.d-nb.de abrufbar.

Springer
© Springer-Verlag GmbH Deutschland, ein Teil von Springer Nature 1936, 1938, 1941, 1943, 1947, 1948, 1955, 1956, 1960, 1964, 1971, 1976, 1977, 1980, 1983, 1985, 1987, 1990, 1993, 1995, 1997, 2000, 2005, 2007, 2011, 2019, korrigierte Publikation 2019, 2020

Das Werk einschließlich aller seiner Teile ist urheberrechtlich geschützt. Jede Verwertung, die nicht ausdrücklich vom Urheberrechtsgesetz zugelassen ist, bedarf der vorherigen Zustimmung des Verlags. Das gilt insbesondere für Vervielfältigungen, Bearbeitungen, Übersetzungen, Mikroverfilmungen und die Einspeicherung und Verarbeitung in elektronischen Systemen.
Die Wiedergabe von allgemein beschreibenden Bezeichnungen, Marken, Unternehmensnamen etc. in diesem Werk bedeutet nicht, dass diese frei durch jedermann benutzt werden dürfen. Die Berechtigung zur Benutzung unterliegt, auch ohne gesonderten Hinweis hierzu, den Regeln des Markenrechts. Die Rechte des jeweiligen Zeicheninhabers sind zu beachten.
Der Verlag, die Autoren und die Herausgeber gehen davon aus, dass die Angaben und Informationen in diesem Werk zum Zeitpunkt der Veröffentlichung vollständig und korrekt sind. Weder der Verlag, noch die Autoren oder die Herausgeber übernehmen, ausdrücklich oder implizit, Gewähr für den Inhalt des Werkes, etwaige Fehler oder Äußerungen. Der Verlag bleibt im Hinblick auf geografische Zuordnungen und Gebietsbezeichnungen in veröffentlichten Karten und Institutionsadressen neutral.
Umschlaggestaltung: deblik Berlin
Fotonachweis Umschlag: © Ingrid Schobel, Hannover
Zeichnungen: Ingrid Schobel, Hannover

Springer ist ein Imprint der eingetragenen Gesellschaft Springer-Verlag GmbH, DE und ist ein Teil von Springer Nature
Die Anschrift der Gesellschaft ist: Heidelberger Platz 3, 14197 Berlin, Germany

Vorwort zur 32. Auflage

Umfassende Kenntnisse der Physiologie und Pathophysiologie des Menschen sind Voraussetzung für erfolgreiches ärztliches Handeln. Nur wer versteht, wie der gesunde menschliche Körper funktioniert, kann die Veränderungen im erkrankten Körper erkennen, richtig interpretieren und die für eine Gesundung erforderlichen Maßnahmen ergreifen.

Das vorliegende Lehrbuch hat den Anspruch, ein Lotse für den umfangreichen Stoff der Physiologie zu sein. Der dramatische Wissensgewinn der letzten Jahrzehnte macht es heute vollkommen unmöglich, ein allumfassendes Lehrbuch der Physiologie zu schreiben. Wir haben uns daher bemüht, in unserem Buch diejenigen Themen zu betonen, die für einen zukünftigen Arzt wichtig sind, weil sie diagnostische und therapeutische Implikationen nach sich ziehen oder grundsätzliches Verständnis fördern. Die einzelnen Kapitel wurden von herausragenden Experten auf dem jeweiligen Themengebiet geschrieben. Der dargestellte Stoff ist daher aktuell, aus erster Hand und von gesicherter Qualität.

Ursprünglich von Herrmann Rein verfasst und Max Schneider weitergeführt, wurde die „Physiologie des Menschen" 1976 von Robert F. Schmidt und Gerhard Thews völlig neu gestaltet. Das Buch wurde in folgenden Auflagen immer wieder auf den neuesten Stand des Wissens gebracht. Robert F. Schmidt brachte auch bei der vorliegenden Fassung seine einmalige Erfahrung ein. In Folge eines tragischen Unfalles konnte er die Fertigstellung der 32. Auflage leider nicht mehr erleben. Das Buch wird von seinen vielen Freunden und von seinen Mitherausgebern als sein Vermächtnis gesehen.

Die aktuelle Auflage stellt eine tiefgreifende Überarbeitung des Buches dar. Die Abfolge der Themen wurde weitgehend neu geordnet. Um eine bessere Orientierung und einfachere Bearbeitung der Physiologie zu ermöglichen, wurde der Inhalt auf 83 Kapitel in 19 Themenkreise verteilt. Jedem Kapitel wurden ein graphisches Abstract und eine Sektion „Worum geht's?" vorangestellt. Dieser Text ist so gestaltet, dass er auch ohne Vorwissen und ohne Kenntnisse der Fachsprache eine kurze Zusammenfassung der Inhalte und der grundsätzlichen Prinzipien des nachfolgenden Kapitels liefert. Daneben haben wir die klare Gliederung des Buches beibehalten, die es auch innerhalb der Kapitel durch Hervorhebungen und Stichwort-Unterschriften ermöglicht, Wissen übersichtlich zu erfassen.

Die wichtigste Neuerung der aktuellen Auflage ist, dass sämtliche Abbildungen mit einem klaren, zeitgemäßen Design von Grund auf neu gezeichnet wurden. Die Herausgeber bedanken sich ausdrücklich bei Frau Ingrid Schobel für ihre exzellente Arbeit als Grafikerin.

Wir danken ebenfalls allen Autoren für ihre großartige Arbeit bei der Erstellung der einzelnen Kapitel. Unser Dank gilt außerdem unserer Lektorin Frau Kahl-Scholz sowie den Mitarbeitern des Springer Verlags Frau Renate Scheddin, Frau Christine Ströhla, Frau Barbara Karg und Herrn Axel Treiber.

Die Herausgeber hoffen, dass mit der zeitgemäßen Neugestaltung dieses Buch unsere Studenten erneut begeistert und ihnen weiterhin ein wertvoller Begleiter sein wird.

Ralf P. Brandes, Florian Lang
Frankfurt am Main und Tübingen im Frühjahr 2019

Die Originalversion des Frontmatters wurde revidiert: die Copyright-Seite wurde korrigiert. Ein Erratum zum Frontmatter ist verfügbar unter:
https://doi.org/10.1007/978-3-662-56468-4_85

In Memoriam

Prof. Dr. med. D.Sc. h.c. Robert F. Schmidt, Ph.D.
16.09.1932–13.09.2017

Herausgeber und Verlag

Heidelberg im Frühjahr 2019

Inhaltsverzeichnis

VII   Blut und Immunabwehr

XI   Energie und Leistung

XII   Neuronale Kontrolle von Haltung und Bewegung

XIII   Allgemeine Sinnesphysiologie und somatosensorisches System

XVI   Riechen und Schmecken

XVII   Höhere zentralnervöse Funktionen

XVIII Neuroendokrines System

XIX   Lebenszyklus

Makrozirkulation

Ralf Brandes

© Springer-Verlag GmbH Deutschland, ein Teil von Springer Nature 2019
R. Brandes et al. (Hrsg.), *Physiologie des Menschen*, Springer-Lehrbuch
https://doi.org/10.1007/978-3-662-56468-4_19

Worum geht's?
Der Kreislauf ist ein geschlossenes Leitungssystem
Das Blut strömt in den Gefäßen passiv vom hohen zum
niedrigen Druck. Angetrieben vom Herzen fließt es von
Arterien in Arteriolen, dann in die Kapillaren und über
Venolen und Venen zum Herzen zurück.

19.1 Transportsystem Kreislauf

19.1.1 Diffusion und Konvektion

Der Blutkreislauf stellt ein rasch regulierbares, konvektives
Transportsystem dar, das vor allem durch die Beförderung
der Atemgase O_2 und CO_2 sowie den Transport von Nährstoffen und deren Metaboliten unabdingbar für die Aufrechterhaltung aller lebenswichtigen Funktionen ist.

Konvektiver Transport   Die Mitnahme von Teilchen durch
die Moleküle eines strömenden Mediums wird als **konvektiven Transport** bezeichnet. Hierzu zählt z. B. der Sauerstofftransport von der Lunge bis in die entferntesten Regionen des
Körpers innerhalb von 20 s. Aus diesem Transportprinzip
resultieren zahlreiche weitere Funktionen für den Blutkreislauf wie Stofftransport im Dienste des Wasser- und Salzhaushaltes, Beförderung von Hormonen.

Stofftransport durch Diffusion   Im Gegensatz zum konvektiven Transport ist der Stofftransport durch **Diffusion** über
größere Strecken extrem langsam. Da die für die Diffusion
benötigte Zeit mit dem Quadrat der Diffusionsstrecke ansteigt, braucht z. B. ein Glukosemolekül für die Diffusion
durch eine 1 µm dicke Kapillarwand.

In Kürze

Die Aufgabe des Kreislaufsystems ist die **Versorgung
der peripheren Organe mit Blut.** Der linke Ventrikel
pumpt das Blut in den „großen" oder **Körperkreislauf,**
der rechte in den „kleinen" oder **Lungenkreislauf.** Beide Kreisläufe beginnen mit **Arterien** und setzen sich
mit **Arteriolen, Kapillaren, Venolen** und **Venen** fort. In
den Arterien des Körperkreislaufs herrscht ein **hoher
Blutdruck,** der alle Organe erreicht; dies ermöglicht die
Regulation der Durchblutung auf Organebene **durch
Änderung des lokalen Widerstands** der Arteriolen. Terminale Arterien und Arteriolen stellen zusammen 75%
des **totalen peripheren Widerstandes** (◘ Abb. 19.4)
dar. Kapillaren, Venolen und Venen weisen daher niedrige Blutdrücke auf. Die **Wände aller Blutgefäße** sind
entsprechend den Drücken gebaut, denen sie ausgesetzt sind.

19

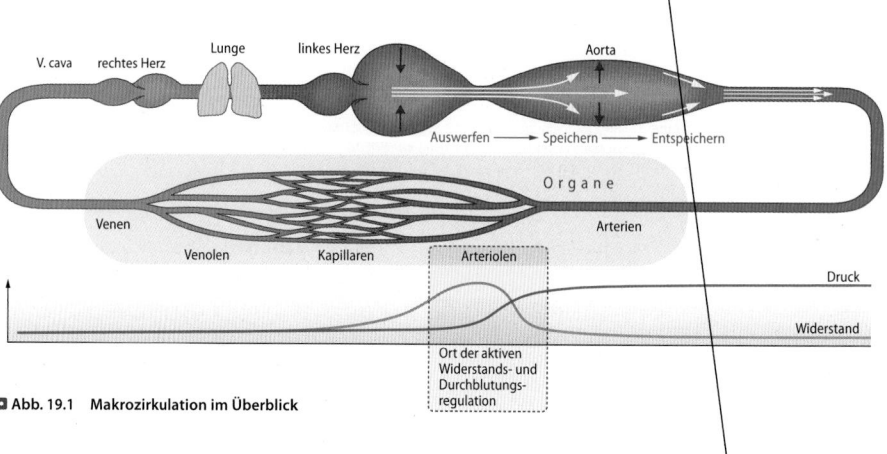

◘ Abb. 19.1   Makrozirkulation im Überblick

19.2.4 Scheinbare Viskosität

Die Viskosität des Blutes nimmt mit dem Hämatokrit zu und ist zusätzlich eine Funktion der Strömungsbedingungen.

Viskosität in großen Gefäßen Wegen seiner Zusammensetzung aus Plasma und korpuskulären Bestandteilen ist Blut eine heterogene (Nicht-Newton-)Flüssigkeit mit variabler Viskosität. Diese **scheinbare oder apparente Viskosität** hängt stark von der jeweiligen Menge der suspendierten Zellen ab. Eine Steigerung des Zellanteils des Bluts, des **Hämatokrits**, führt somit zur Viskositätserhöhung. In großen Gefäßen liegt bei schneller Strömung und normalem Hämatokrit die Viskosität des Blutes bei etwa 3–4 mPa × s, die Viskosität des Plasmas beträgt dagegen nur 1,2 mPa × s und ist somit ähnlich der von Wasser (1,0 mPa × s bei 4°C).

Aggregation
Bei niedriger Strömungsgeschwindigkeit und entsprechend niedriger Schubspannung nimmt die Viskosität des Blutes stark zu. Dieses ist vor allem auf eine reversible Aggregation der Erythrozyten untereinander (Geldrollenform) zurückzuführen, die durch die reversible Vernetzung mit hochmolekularen Plasmaproteinen (Fibrinogen, α_2-Makroglobulin und andere) zustande kommt. Diese Aggregate bilden sich vor allem bei den verschiedenen Formen des Kreislaufschocks in den postkapillären Venolen und tragen hier zur Stagnation der Strömung und damit zur Minderperfusion der Mikrozirkulation bei.

Fluidität der Erythrozyten Eine weitere Ursache für das anomale Fließverhalten des Blutes ist die große Verformbarkeit der Erythrozyten (Fluidität). Ihr Fließverhalten entspricht bei erhöhten Schubspannungen weniger dem einer Suspension starrer Korpuskeln in Flüssigkeit, sondern eher dem einer Emulsion, d. h. einer Aufschwemmung von (Flüssigkeits-)Tröpfchen in Flüssigkeit. Mit steigender **Schubspannung** kommt es durch Orientierung und Verformung der Erythrozyten in der Strömung zu einer Abnahme des hydrodynamischen Störeffekts, den die suspendierten Erythrozyten auf die aneinander vorbeigleitenden Flüssigkeitsschichten ausüben und damit zu einer **Abnahme der scheinbaren Viskosität.**

Fahraeus-Lindqvist-Effekt Die Fluidität der Erythrozyten ist auch die Ursache für ein Phänomen, das in Blutgefäßen mit einem Durchmesser von weniger als 300 μm beobachtet wird: die **Axialmigration** der **Erythrozyten**. Hierbei werden die Erythrozyten von der Randzone des Gefäßes, in der hohe Geschwindigkeitsgradienten und Schubspannungen bestehen, zur Gefäßachse hin verschoben, wo die Scherung weit geringer ist. Hierdurch kommt es zur Ausbildung einer **zellarmen Randzone**, die als Gleitschicht der Fortbewegung der zentralen Zellsäule dient. Dieser Effekt führt bei kleinen Durchmessern zu einer deutlichen Herabsetzung der scheinbaren Viskosität des Blutes. (◨ Abb. 19.7). Die Erniedrigung der scheinbaren Viskosität des Blutes mit abnehmendem Gefäßdurchmesser wird als **Fahraeus-Lindqvist-Effekt** bezeichnet.

❯ In Gefäßen mit 5–10 μm Durchmesser ist die scheinbare Viskosität nur noch geringfügig größer als die von Blutplasma.

Niedrigviskose Plasmarandzone
Auch in den Kapillaren, die von den Erythrozyten im „Gänsemarsch" passiert werden, kommt es durch extreme Formanpassung (Tropfenform, Fallschirmform) der Erythrozyten zur Ausbildung einer niedervisköse Plasmarandzone. Erst bei Gefäßdurchmessern unter 4 μm ist ein Ende der Erythrozytenverformbarkeit erreicht, sodass die scheinbare Viskosität steil ansteigt. Die Axialmigration der Erythrozyten ist auch der Grund dafür, dass der Hämatokrit nur einen geringen Einfluss auf die Viskosität des Blutes in der Mikrozirkulation hat.

Literatur

Levick JR (2010) An introduction to cardiovascular physiology, 5th edn. Hodder Arnold Publication, London

Palombo C, Kozakova M (2015) Arterial stiffness, atherosclerosis and cardiovascular risk: Pathophysiological mechanisms and emerging clinical indications. Vascul Pharmacol. 77:1-7

Safar ME, Levy BI (2015) Studies on arterial stiffness and wave reflections in hypertension. Am J Hypertens. 28:1-6

Chua Chiaco JM, Parikh NI, Fergusson DJ. (2013) The jugular venous pressure revisited. Cleve Clin J Med. 80:638-44

Magder S. (2012) Bench-to-bedside review: An approach to hemodynamic monitoring--Guyton at the bedside. Crit Care. 16:236

Klinik

Gefäßaneurysmen

Klinik
Unter einem Aneurysma versteht man eine dauerhafte, umschriebene Erweiterung eines Blutgefäßes. Von klinischer Bedeutung sind Aneurysmen vor allem im Bereich der Aorta und der Hirnbasisarterien.

Ursachen
Die Erweiterung kann durch eine Anlagestörung entstehen (sackförmige Aneurysmen der basalen Hirnarterien), Folge einer chronischen Entzündung des Gefäßes sein (mykotisch oder bakteriell bedingt) oder sich als Folge von Bindegewebsmutationen (Marfan-Syndrom) entwickeln. Die mit Abstand wichtigste Ursache für die Entstehung von Aortenaneurysmen ist jedoch die Atherosklerose:
Die Verschlechterung der Diffusionsbedingungen, die durch die Verdickung der Intima während der Entwicklung der Atherosklerose auftritt, führt zu einer Unterversorgung der Media. Die Folge ist eine Degeneration der Media (u. a. „Zystische Medianekrose Erdheim-Gsell"). Hinzu kommt die Aktivierung Matrix-abbauender Enzyme (Matrixmetalloproteasen). Die Folge ist der Verlust der spannungstragenden elastischen und kollagenen Fasern – das Gefäß beginnt sich auszuweiten. Die durch die Aussackung bedingte zunehmende Wandspannung (Formel 19.0) beschleunigt diesen Prozess. Aortenaneurysmen mit einem Durchmesser von mehr als 5 cm rupturieren mit einer Wahrscheinlichkeit von 10% pro Jahr – eine auch heute noch meistens tödliche Komplikation.

Merksatz: hebt wichtige Fakten und Kernaussagen zum Lernen hervor

Hintergrundinformation: interessantes Hintergrundwissen zum besseren Verständnis

Klinik: klinische Fallbeispiele verdeutlichen physiologische und pathophysiologische Grundlagen

Die Herausgeber

Prof. Ralf Brandes
Studierte Medizin an der Medizinischen Hochschule Hannover und Emory University, Atlanta, Georgia, USA. Sein wissenschaftliches Interesse gilt den physiologischen und pathophysiologischen Prozessen in Blutgefäßen, besonders in Hinblick auf Redox-Regulation, RNA-Biologie und Metabolismus. Prof. Brandes lehrt und arbeitet am Fachbereich Medizin der Goethe-Universität Frankfurt.

Prof. Florian Lang
Studierte Medizin an der Ludwig-Maximilians-Universität München und University of Glasgow. Sein wissenschaftliches Interesse gilt den Eigenschaften, der Regulation und der Bedeutung von Transportprozessen für Bluthochdruck, metabolisches Syndrom, Gefäßverkalkung, Zellproliferation, suizidaler Zelltod sowie Erreger-Wirts-Beziehungen. Prof. Lang lehrt und arbeitet an der Medizinischen Fakultät, Universität Tübingen.

Prof. Robert F. Schmidt
Studierte Medizin an der Ruperto-Carola-Universität Heidelberg. Sein wissenschaftliches und didaktisches Interesse galt der Physiologie und Pathophysiologie akuter und chronischer Schmerzen. Bis zu seinem Tod lehrte und arbeitete er in Würzburg.

Mitarbeiterverzeichnis

Baron, Ralf, Prof. Dr.
Sektion für Neurologische Schmerzforschung
und Therapie
Klinik für Neurologie
Kiel

Baumgärtner, Ulf, Prof. Dr.
Zentrum für Biomedizin und Medizintechnik
Mannheim (CBTM)
Medizinische Fakultät
Universität Heidelberg
Mannheim

Birbaumer, Niels, Prof. Dr. Dr. h.c.
Institut für Medizinische Psychologie
und Verhaltensbiologie
Universität Tübingen
Tübingen

Bleich, Markus, Prof. Dr.
Physiologisches Institut
Kiel

Brandes, Ralf, Prof. Dr.
Institut für Kardiovaskuläre Physiologie
Fachbereich Medizin der Goethe-Universität Frankfurt
Frankfurt am Main

Brixius, Klara, Prof. Dr. Dr.
Deutsche Sporthochschule Köln
Köln

Daut, Jürgen, Prof. Dr. Dr. h.c.
Institut für Physiologie & Pathophysiologie
Universität Marburg
Marburg

Deussen, Andreas, Prof. Dr.
Institut für Physiologie
Dresden

de Wit, Cor, Prof. Dr. med.
Institut für Physiologie
Universität zu Lübeck
Lübeck

Draguhn, Andreas, Prof. Dr.
Abt. Neuro- und Sinnesphysiologie
Universität Heidelberg
Heidelberg

Eilers, Jens, Prof. Dr.
Carl-Ludwig-Institut für Physiologie
Universität Leipzig
Leipzig

Eysel, Ulf, Prof. Dr.
Institut für Physiologie
Ruhr-Universität Bochum
Bochum

Fakler, Bernd, Prof. Dr.
Physiologie II
Universität Freiburg
Freiburg

Fandrey, Joachim, Prof. Dr.
Institut für Physiologie
Universitätsklinikum Essen
Essen

Flor, Herta, Prof. Dr.
Institut für Neuropsychologie und klinische Psychologie
Zentralinstitut für Seelische Gesundheit
Mannheim

Föller, Michael, Prof. Dr.
Universität Hohenheim
Stuttgart

Fromm, Michael, Prof. Dr.
Institut für Klinische Physiologie
Charité Universität Medizin
Berlin

Garaschuk, Olga, Prof. Dr.
Physiologisches Institut II
Universität Tübingen
Tübingen

Gulbins, Erich, Prof. Dr.
Institut für Molekularbiologie
Universitätsklinikum Essen
Essen

Hallermann, Stefan, Prof. Dr.
Carl-Ludwig-Institut für Physiologie
Universität Leipzig
Leipzig

Handwerker, Hermann Otto, Prof. Dr. Dr. h. c.
Institut für Physiologie und Pathophysiologie
Friedrich-Alexander-Universität Erlangen-Nürnberg
Erlangen

Hatt, Hanns, Prof. Dr.
Lehrstuhl für Zellphysiologie
Ruhr-Universität Bochum
Bochum

Jänig, Wilfrid, Prof. Dr.
Physiologisches Institut
Universität Kiel
Kiel

Jelkmann, Wolfgang, Prof. Dr.
Institut für Physiologie
Universität zu Lübeck
Lübeck

Jonas, Peter, Prof. Dr.
Zelluläre Neurowissenschaften
Institute for Science and Technology T Austria
Klosterneuburg, Österreich

Kätzel, Dennis, Porf. Dr.
Institut für Angew. Physiologie
Universität Ulm
Ulm

Katschinski, Dörthe M., Prof. Dr.
Inst. für Herz- und Kreislaufphysiologie
Universität Göttingen
Göttingen

Klöcker, Nikolaj, Prof. Dr.
Institut für Neuro- & Sinnesphysiologie
Heinrich-Heine-Uni. Düsseldorf
Düsseldorf

Kunzelmann, Karl, Prof. Dr.
Institut für Physiologie
Universität Regensburg
Regensburg

Lang, Florian, Prof. Dr.
Physiologisches Institut
Universität Tübingen
Tübingen

Lang, Karl S., Prof. Dr.
Institut für Immunologie
Universität Essen
Essen

Lehmann-Horn, Frank †, Prof. Dr. Dr. h. c.
Ehemals:
Institut für Angew. Physiologie
Universität Ulm
Ulm

Linke, Wolfgang, Prof. Dr.
Institut für Physiologie II
Westfälische Wilhelms-Universität
Münster

Liss, Birgit, Prof. Dr.
Institut für Angew. Physiologie
Universität Ulm
Ulm

Moser, Tobias, Prof. Dr.
Institut für Auditorische Neurowissenschaften
Universitätsmedizin Göttingen
Göttingen

Persson, Pontus, Prof. Dr.
Institut für Vegetative Physiologie
Charité – Universitätsmedizin Berlin
Berlin

Pfitzer, Gabriele, Prof. Dr.
Zentrum Physiologie und Pathophysiologie
Universität zu Köln
Köln

Piper, Hans-Michael, Prof. Dr. Dr.
Präsident der Universität Oldenburg
Oldenburg

Pohl, Ulrich, Prof. Dr.
Institut für Physiologie
LMU München
München

Richter, Diethelm W., Prof. Dr.
Zentrum Physiologie und Pathophysiologie
Universitätsmedizin Göttingen
Göttingen

Roeper, Jochen, Prof. Dr.
Institut für Neurophysiologie
Fachbereich Medizin der Goethe-Universität Frankfurt
Frankfurt am Main

Rohrbach, Susanne, Prof. Dr.
Physiologisches Institut
Justus-Liebig-Universität
Gießen

Sauer, Heinrich, Prof. Dr.
Physiologisches Institut
Justus-Liebig-Universität
Gießen

Schaible, Hans-Georg, Prof. Dr.
Institut für Physiologie
Universität Jena
Jena

Schlatt, Stefan, Prof. Dr.
Zentrum für Reproduktionsmedizin
Universitätsklinikum Münster
Münster

Schmelz, Martin, Prof. Dr.
Klinik für. Anästhesiologie und Intensivmedizin
Mannheim

Schmidt, Robert F. †, Prof. Dr. Dr. h.c.
Ehemals:
Physiologisches Institut
Universität Würzburg
Würzburg

Schubert, Rudolf, Prof. Dr.
Kardiovaskuläre Physiologie
Zentrum für. Biomedizin & Medizintechnik Mannheim
Universität Heidelberg
Mannheim

Sperandio, Markus, Prof. Dr.
Institut für Herz-Kreislauf Physiologie
Ludwig-Maximilians-Universität München
München

Thews, Oliver, Prof. Dr.
Jukius-Bernstein-Institut für Physiologie
Universität Halle-Wittenberg
Halle/Saale

Treede, Rolf-Detlef, Prof. Dr.
Lehrstuhl für Neurophysiologie
Universität Heidelberg
Mannheim

Verkhratsky, Alexei, Prof. Dr.
Universität Manchester
Manchester, Großbritannien

Vaupel, Peter, Univ.-Prof. Dr. med.
Klinik für Radioonkologie & Strahlentherapie
Universitätsmedizin Mainz
Mainz

Weber, Frank, PD Dr. med.
Sana Kliniken
Cham

Werny, Friederike, Dr.
Zentrum für Reproduktionsmedizin
Universitätsklinikum Münster
Münster

Zenner, Hans-Peter, Prof. Dr. Dr. h.c.
HNO-Klinik
Universitätsklinikum Tübingen
Tübingen

Zglinicki, Thomas von, Prof. Dr.
Henry WellcomeLab of Biogerontology
Universität von Newcastle
Newcastle upon Tyne, Großbritannien

Abkürzungsverzeichnis

A	Na$^+$-abhängiger Symporter für Aminosäuren (basolateral)
ABC	ATP binding cassette
AC	Adenylylcylase
ACE	Angiotensin-I-Konversionsenzym
ACh	Azetylcholin
ACTH	Adrenocorticotropes Hormon
ADD	attention deficit disorder
ADH	Antidiuretisches Hormon/Vasopressing
ADHR	autosomal-dominant hypophosphatemic rickets
ADP	Adenosindiphosphat
AE1	HCO$_3^-$/Cl$^-$-Exchanger 1
AEP	Akustisch evozierte Potenziale
AGE	advanced glycation endproducts
ALA	Alanin
AMH	Anti-Müller-Hormon
AMP	Adenosinmonophosphat
AMPA	α-Amino-3-Hydroxy-5-Methyl-4-Isoxazol-Propionat
AMPK	AMP-abhängigen Kinase
ANP	Atriale natriuretische Peptid
AP/s	Aktionspotenzial pro Sekunde
ARAS	Aufsteigendes retikuläres Aktivierungssystem
AS	Aminosäure
AS^0	Neutrale Aminosäure
AS$^+$	Kationische Aminosäure
AS$^-$	Anionische Aminosäure
ASBT	Apical-Sodium-Bile-Salt-Transporter
ASIC	acid sensing ion channel
ATP	Adenosintriphosphat
ATPS	ambient temperature, pressure, saturated
aV	augmented voltage
AV	Atrioventrikular
AZ	Aktive Zone
b^{0+}	Na$^+$-anhängiger Transporter für kationische Aminosäuren
B^0	Na$^+$-Symporter für neutrale Aminosäuren u. Glutamin
BB	buffer base
BBG	Bilirubinbisglukuronid
BCI	Brain-Computer-Interface
BDNF	brain-derived neurotrophic factor
BE	base excess
BERA	brainstem evoked response audiometry
BETA	Na$^+$-abhängiger Transporter für -Alanin und Taurin
BFU	burst forming unit
BG	Basalganglien
BOLD	blood oxygenation level dependent
BMP	bone morphogenetic protein
BNP	brain natriuretic peptide
BötC	Bötzinger-Komplex
BSEP	Bile-Salt-Export-Pump
BSG	Blutsenkungsgeschwindigkeit
bTJ	Bizelluläre tight junction
BTPS	body temperature, pressure, saturated
BV	Blutvolumen
CA	Karboanhydrase
CaCC	Calcium-activated chloride channel
cal	Kalorien
CaMK	Calmodulin-abhängige Kinase

cAMP	C(z)yklisches Adenosinmonophosphat
CART	cocain-and amphetamine-regulated transcript
CamK	Kalzium-Calmodulin aktivierten Kinase
Ca$_{v,L}$	Spannungsgesteuerte Ca-Kanäle vom L-Typ
Ca$_{v,T}$	Spannungsgesteuerte Ca-Kanäle vom T-Typ
CCK	Cholecystokinin
CD	Cluster of Differentiation
CFTR	cystic fibrosis transmembrane conductance regulator
CGL	Corpus geniculatum laterale
CF	C(z)ystische Fibrose
CFU	colony forming unit
CFTR	cystic fibrosis transmembrane conductance regulator
cGMP	C(z)yklisches Guanosinmonophosphat
CGRP	calcitonin-gene related peptide
ChT	Cholesterol-Transporter
CIPA	congenital insensitivity to pain with anhidrosis
Cl$^-$	Chlorid
ClC2	Spannungsabhängiger Cl$^-$-Kanal
CLD	Chloriddiarrhö
CM	Chylomikron
CNG	cyclic-nucleotide-gated
CNP	Natriuretische Peptid vom C-Typ
CNV	contingent negative variation
CO$_2$	Kohlenstoffdioxid
COB	cytochromoxidase blobs
COX	Cyclooxygenase
CPAP	continuous positive airway pressure
CPG	central pattern generator
CRBP II	Retinol-bindendes Protein
CREP	cAMP-responsive element binding protein
CRH	Kortikotropin-releasing-Hormon
CRP	C-reaktives Protein
CSF	colony stimulating factors
CTR-1	Cu-Transporter
d	Wanddicke
DAG	Diazylglyzerin
db	dense bodies
dB	Dezibel
DBH	Dopamin-β-Hydroxylase
DBS	deep brain stimulation
DC	Gleichspannung
DCM	Dilatative Kardiomyopathie
DcytB	Duodenales Cytochrom-B-Enzym (Ferrireduktase)
DHEA	Dehydroepiandrosteron
DL	Differenzlimen
DMT-1	Fe^{2+},H$^+$-Symporter (Divalenter Metallionen-Transporter 1)
DNS	Darmnervensystem/Desoxyribonukleinsäure
DP	Dipeptidase
DPP-4	Dipeptidylpeptidase 4
dpt	Dioptrien
DRA	HCO$_3^-$/Cl$^-$-Antiporter
DRG	Dorsale respiratorische Gruppe
DTI	diffusion tensor imaging
DV	Differentialverstärker
EC	Enteroendokrine Zellen
ECL	enterochromaffin-Like cells
ECoG	Elektrokortikogramm

EEG	Elektroenzephalogramm		HC	Haptocorrin (R-Bindeprotein)
EET	Epoxyeicosatriensäure		hCG	Humanes Choriongonadotropin
E_K	Gleichgewichtspotenzial für Kaliumionen		HCN	hyperpolarization-activated, cyclic nucleotide-gated (channels)
EKG	Elektrokardiogramm		HCP	heme carrier protein
EKP	Ereigniskorrelierte Potenziale		HDL	high density lipoprotein
EMG	Elektromyogramm		HETE	Hydroxyeicosatetraensäure
ENaC	Epithelialer Na^+-Kanal		HGH	human growth hormone
EOG	Elektrookulogramm		HIF-1α	Hypoxie-induzierbare Faktor 1α
EOLG	Elektroolfaktogramm		HIF-2	Hypoxie-induzierbarer Faktor 2
EP	Evoziertes Potenzial		Hkt	Hämatokrit
EPH	edema, proteinuria, hypertension		HLA	Humane Leukozytenantigen
Epo	Erythropoietin		HO-1	Hämoxygenase 1
Epox	Epoxygenase		hPa	Hektopascal
EPSC	excitatory postsynaptic current		HPC	heat, pinch, cold
EPSP	excitatory postsynaptic potential		HPL	Humanes Plazentalaktogen
ERA	evoked response audiometry		HRE	Hypoxieresponsives Element
ERF	Exzitatorisches rezeptives Feld		HZV	Herzzeitvolumen
ESAM	endothelial cell selective adhesion molecules			
			IASP	international association for the study of pain
FA	Frontales Augenfeld		ICC	interstitial cells of Cajal
FABP	fatty acid binding proteins		IDDM	insulin-dependent diabetes mellitus
FADH	Flavin-Adenin-Dinukleotid		IF	intrinsic factor
FDG	^{18}F-Desoxyglukose		Ig	Immunglobulin
FEV_1	forced expiratory volume		IGF	insulin like growth factor
FFP	fresh frozen plasma		IGV	Intrathorakales Gasvolumen
FFS	Freie Fettsäure		IL	Interleukin
FGF	fibroblast growth factor		Ile	Isoleuzin
FIH-1	factor inhibiting HIF-1		IMINO	Na^+-abhängiger Transporter für Iminosäuren und Prolin
fMRI/fMRT	functional magnetic resonance imaging/ funktionelle Magnetresonanztomogaphie		iNO	Inhalatives Stickstoffmonoxid
FOXO	forkhead-box-protein-class-O		IP	Isoelektrischer Punkt
FPN	Ferroportin		IP_3	Inositoltriphosphat
FRC	Funktionelle Residualkapazität		IPAN	Intrinsisches primäres afferentes Neuron
FS	Fettsäure		IPSC	inhibitory postsynaptic current
FSH	Follikelstimulierendes Hormon		IPSP	inhibitory postsynaptic potential
FXR	Farnesoid-Rezeptor		IR	Infrarot
			IRF	Inhibitorisches rezeptives Feld
GABA	γ-Amino-Butyrat/Buttersäure		ISI	international sensitivity index
GALT	Gut-Associated Lymphoid Tissue		IVF	In-vitro-Fertilization
GC	Guanylatzyklase			
GCPγ	Glutamylcarboxypeptidase		JAK	Janus-Kinase
G-CSF	Granulozyten-Kolonien stimulierende Faktor		JAM	junctional adhesion molecule
GDNF	glia-derived neurotrophic factor		jnd	just noticeable difference
GDP	Guanosindiphosphat			
GFR	Glomeruläre Filtrationsrate		K	Wandspannung
GH	growth hormone		KA	Karboanhydrase
GHK	Goldman-Hodgkin-Katz		KEAP-1	kelch-like ECH-associated protein 1
GIP	gastric inhibitory peptide & Glucosabhängige insulinotropes Peptid		K_f	Ultrafiltrationskoeffizient
GIT	Gastrointestinaltrakt		kGS	Konjugierte Gallensalze/Gallensäuren
GLP	Glucagon-like peptide		K_{ir}	K-Kanäle vom Typ Einwärtsgleichrichter
GLUT	Glukosetransporter		KNDy	Kisspeptin-produzierenden Neurone
Gly	Glyzin		KOD	Kolloidosmotischer Druck
GM-CSF	Granulozyten-Monozyten-Kolonien stimulierender Faktor		K_v,	Spannungsgesteuerte K-Kanäle
GnRH	Gonadotropin-Releasing-Hormon		LA	Linkes Atrium (Vorhof)
GPCR	G-Protein-gekoppelter Rezeptor		LCCS	limited capacity control system
GPe	Externes Segment des Globus pallidus		LDD	Langsame diastolische Depolarisation
GPR	G-protein coupled receptor		LDL	low density lipoprotein
GRP	Gastrin-Releasing-Peptide		L-DOPA	L-Dopamin-Phenylalanin
GS	Gallensäure, -salz		LDR	Lungendehnungsrezeptor
GSH	Glutathion		LH	Luteinisierendes Hormon
GTP	Guanosintriphosphat		LQTS	Long-QT-Syndrom
			LSB	Linksschenkelblock
5-HT	5-Hydroxy-Tryptamin (Serotonin)		LTD	long term depression (Langzeitdepression)
Hb	Hämoglobin		LTP	long term potentiation (Langzeitpotenzierung)
HbA	Adultes Hämoglobin			
HbCO	CO-Hämoglobin		LV	Linker Ventrikel
HbF	Fetales Hämoglobin		Lys	Lysin

2-MAG	2-Monoazylglyzerol		OPC	oligodendrocyte progenitor cell (Oligo-dendrozyten-Vorläuferzelle)
M	Musculus			
MAO	Monoamin-Oxidase		OST	Organic-Solute-Transporter
MAP	mitogen-activated protein			
MCH	mean corpuscular hemoglobin		P	Druck
MCHC	mean corpuscular hemoglobin concentration		PACAP	Pituitary-Adenylyl-Cyclase-Activating-Peptide
MCT	Monocarboxylattransporter			
MCT1,4	H⁺-gekoppelter Monokarboxylat-Transporter 1,4		PAG	Periaquäduktale Grau
			PAH	Paraaminohippursäure
MCV	mean corpuscular volume		P_A	Druck im Alveolarraum
MDP	Maximales diastolisches Potenzial		PAMP	pathogen-associated molecular pattern
MDR	Multidrug-Resistance-Protein		PBSCT	Periphere Blutstammzelltransplantation
MEF	myocyte-enhancer-factor		PC	pacini corpuscule/Vater-Pacini-Körper
MEG	Magnetenzephalographie		PCFT	Proton-Coupled-Folate⁻-Transporter (H⁺,Folate⁻-Symporter) (im oberen Dünndarm)
MEPE	matrix extracellular phosphoglycoprotein			
MF	Mobilferrin			
MHC	Major-Histokompatibilität		PD	Proportional-Differenzial(-Verhalten)
MI	Primär-motorischer Kortex		PDE	Phosphodiesterase
MLCK	myosin light chain kinase		PDE-5	Phosphodiesterase-5
MLCP	myosin-light-chain-phosphatase		PDGF	platelet derived growth factor
Mm	Musculi		PDK-1	Phosphoinositid-abhängige Kinase-1
mmHg	Millimeter Quecksilber		PEF	Maximale Atemstromstärke, peak expiratory flow
MMK	Migrierender myoelektrischer Komplex			
MP	Membranpotenzial		PepT1	H⁺,Oligopeptid-Symporter
Mrgpr	mas-related-G-protein-coupled-receptor		PET	Positronen-Emissions-Tomographie
mRNA	messenger RNA		PFC	Präfrontaler Assoziationskortex
MRP	Multidrug-Resistance-associated-Protein		PGO	ponto-geniculo-okzipital
MSN	medium spiny neurons		PHD	Prolylhydroxylase
mTOR	mechanistic target of rapamycin		Phe	Phenylalanin
MZ	Mizelle		PHX	phosphate regulating homology of endopeptidase on X chromosome
			PI3	Phosphatidyl-inositol-3
NaCl	Natriumchlorid		PKA	Proteinkinase A
naChR	Nikotinischer Acetylcholinrezeptor		PKC	Proteinkinase C
NADH	Nicotinamidadenindinukleotid, reduzierte Form		PL	Phospholipid
			PLA₂	Phospholipase A₂
NADPH	Nikotinamidadenindinukleotidphosphat, reduzierte Form		PLC	Phospholipase C
			PM	Prämotorischer Kortex
NANC	Parasympathische nicht-adrenerge, nicht-cholinerge (Neurone)		PMCA1	Ca²⁺-ATPase
			PMN	polymorphonuclear leukocytes
NaP$_i$-IIb	2Na⁺,Phosphat-Symporter		PO₂	Sauerstoffpartialdruck
Na$_v$	Spannungsgesteuerter Na-Kanal		Poly-Glut-F	Polyglutamat-Folat
NBC	Na⁺,HCO₃⁻-Carrier (Na⁺,HCO₃⁻-Cotransporter)		POMC	Proopiomelanokortin
NCX	Na⁺/Ca²⁺-exchanger		PPAR	Peroxisomen-Proliferator-aktivierende Rezeptoren
NDNX	Nucleus dorsalis nervi vagi			
NGF	nerve growth factor		P_{PV}	Druck in den Pulmonalvenen
NHE	Na⁺,H⁺-Exchanger (Antiporter)		PRG	Pontine Gruppe
NIDDM	non-insulin dependent diabetes mellitus		PRR	Pattern-Recognition-Rezeptor
NIRS	Nah-Infrarot-Spektroskopie		PSD	Postsynaptischen Dichte
NIS	2Na⁺,I⁻-Symporter		PSG	Polysomnographie
NK	Natürliche Killerzellen		PTH	Parathormon
NKCC	Na⁺/K⁺/2Cl⁻-Symporter		PTHrP	PTH-related peptide
NMDA	N-Methyl-D-Aspartat		P_{tm}	Transmuraler Druck
nmol	Nanomol		PV	Blutplasmavolumen
NO	Stickstoffmonoxid (nitric oxide)		PWC	physical work capacity
NOS	NO-Synthase			
NP	Neuropeptid		r	Radius
NPC1L1	Niemann-Pick C1-like Protein 1		RA	Rechtes Atrium (Vorhof)/rapidly adapting
NSAID	non-steroidal anti-inflammatory drug		RAS	Renin-Angiotensin-System
NTCP	Na⁺-Traurocholate-Cotransporting-Polypeptide		RANKL	Receptor Activator of NF-κ
			RDW	red cell distribution width
NTS	Nucl. tractus solitarius		Re	Reynolds-Zahl
			RE	Retinylester
O₂	Sauerstoff		REM	rapid eye movement
OA	Organische Anionen		RFC	Reduced-Folate-Carrier (im unteren Dünndarm)
OAE	Otoakustische Emission			
OATP	Organic-Anion-Transporting-Polypeptide		RFT-2	Riboflavin-Transporter 2
oGGT	Oraler Glukosetoleranztest		Rh	Rhesus
oÖS	Oberer Ösophagussphinkter		RH	Releasing-Hormon
			rhEpo	Rekombinantes humanes Erythropoietin

RNS	Ribonukleinsäure
ROK	Rho-Kinase
ROS	reactive oxygen species, reaktive Sauerstoff-spezies
RPE	ratings of perceived exertion
RPF	Renaler Plasmafluss
RPM	repetition maximum
RQ	Respiratorischer Quotient
RSB	Rechtsschenkelblock
RV	Rechter Ventrikel
RyR	Ryanodinrezeptor
RZ	Rostrales Zingulum
SERCA	sarco/endoplasmic reticulum Ca^{2+}-ATPase
sFRP	soluble frizzled related protein
SGLT-1	$2Na^+$,Glukose-Symporter, $2Na^+$, Galaktose-Symporter
SGLT-4	$2Na^+$,Mannose-Symporter
SHGB	Sexualhormon-bindende Globuline
SK	Sinusknoten
SMA	Supplementär-motorisches Areal
SMCT-1	Na^+-gekoppelter Monokarboxylat-Trans-porter 1
SMVT	Na^+-gekoppelter Multivitamin Transporter
SNP	single nucleotide polymorphisms
SOCE	store operated Ca^{2+} entry
SOD	Superoxiddismutase
SPECT	Single-Photon-Emission-Tomographie
SPL	sound pressure level
SQTS	Short-QT-Syndrom
SR	Sarkoplasmatisches Retikulum
SRB1	Scavenger-Rezeptor B1
SRY	sex-determining region Y
STAT	signal tranducer and activator of transcription
STH	Somatropes Hormon
STN	subthalamic nucleus
STPD	standard temperature, pressure, dry
SZT	Stammzelltransplantation
SVCT1	Sodium-dependent Vitamin-C-Transporter
T_3	Trijodthyronin
T_4	Thyroxin
TAME	targeting aging with metformin
TASK	TWIK-related acid sensitive K^+
TAT	Uniporter für aromatische Aminosäuren
TCII	Transcobalamin II
TDAG	T-cell death associated gene
TDF	testis-determining factors
TF	tissue factor
TFPI	tissue factor pathway inhibitor
TfR	Transferrin-Rezeptor
TGF	tumor growth factor
THTR2	Thiamin-Transporter
TIO	tumor induced osteomalacia
TLC	Totalkapazität

TLR	Toll-like-Rezeptor
TMS	Transkranielle Magnetstimulation
TNF	Tumornekrosefaktor
TNZ	Thermische Neutralzone
TOR	target of rapamycin
TP	Tripeptidase
t-PA	Tissue-type-Plasminogenaktivator
TPN1	Transport von Pyridoxin-Protein 1
TPO	Thrombopoietin/Thyreoperoxidase
TPR	Totale periphere Widerstand
TRH	Thyreotropin-Releasing-Hormon (Thyreoliberin)
Trp	Tryptophan
TRP	transient receptor potential (Transient-Receptor-Potenzial)
TRPM6	Transport-Protein für Mg^{2+}
TRPV6	transient receptor potential V6 (Ca^{2+}-Kanal)
TSH	Thyreoidea-stimulierendes Hormon
tTJ	Trizelluläre tight junction
Tyr	Tyrosin
UCP	Uncoupling-Proteine
uÖS	Unterer Ösophagussphinkter
UTP	Udenosintriphosphat
UV	Ultraviolet
V	Volumen/Vesikel/Visus
VA	ventro-anterior
Val	Valin
VAS	Visuelle Analogskala
VC	Vitalkapazität
VEGF	vascular endothelial growth factor
VEMP	Vestibulär-evozierte myogene Potenziale
VEP	Visuell evozierte Potenziale
VES	Ventrikuläre Extrasystole
VIP	vasoactive intestinale peptide
VL	ventro-lateral
VLDL	very low density lipoprotein
VLPO	ventrolateralen präoptischen
VOC	voltage operated Ca^{2+}-channels
VOR	Vestibulookuläre Reflex
vWF	von-Willebrand-Faktor
X_{AG-}	Na^+-abhängiger Symporter für anionische Aminosäuren
XLH	X-linked hypophosphatemic rickets
y^+L	Na^+-abhängiger Austauscher für neutrale und kationische Aminosäuren
ZF	Zentralfurche
ZIP-4	Zink-transportierendes Protein
ZNS	Zentrales Nervensystem
ZnT-1	Zink-Transporter1 (luminal)
ZVD	Zentraler Venendruck

Übersicht Klinik-Boxen

Kapitel 1

Abschnitt 1.4, Fick-Prinzip

Kapitel 2

Abschnitt 2.3.1, Choleratoxin
Abschnitt 2.5.2, Proto-Onkogene und Onkogene
Abschnitt 2.6, Magenblutungen nach Therapie
mit Zyklooxygenasehemmern

Kapitel 3

Abschnitt 3.1.1, Zystische Fibrose
Abschnitt 3.2.3, Morbus Crohn
Abschnitt 3.4.3, Bartter-Syndrom

Kapitel 4

Abschnitt 4.3.2, Kanaltoxine
Abschnitt 4.4.2, Kanalopathien

Kapitel 5

Abschnitt 5.1.2, Linsentrübung zur Illustration
der Bedeutung der „kritischen Periode"
Abschnitt 5.1.2, CIPA -Congenital insensitivity to pain
with anhidrosis (Hereditäre sensorische und autonome
Neuropathie)
Abschnitt 5.2, Herpes simplex
Abschnitt 5.2, Tollwut

Kapitel 6

Abschnitt 6.2, Hyperinsulinämische Hypoglykämie
Abschnitt 6.2, Myotonia congenita

Kapitel 7

Abschnitt 7.2.3, Lokalanästhetika
Abschnitt 7.3.3, Demyelinisierende Erkrankungen

Kapitel 8

Abschnitt 8.3.2, Rolle der Glia bei Erkrankungen des NS

Kapitel 9

Abschnitt 9.2.2, Tetanus (Wundstarrkrampf) und
Botulismus

Kapitel 10

Abschnitt 10.1.1, Psychopharmaka
Abschnitt 10.1.3, Kokain und Amphetamine
Abschnitt 10.1.4, Entdeckung der lähmenden Wirkung
des Curare
Abschnitt 10.2.2, Strychninvergiftung

Kapitel 12

Abschnitt 12.1.1, Zytoskelett-beeinflussende Wirkstoffe
und ihre biomedizinische Anwendung

Kapitel 13

Abschnitt 13.1.2, Hereditäre Erkrankungen der Myo-
zyte: Duchenne-Muskeldystrophie und Myofibrilläre
Myopathien
Abschnitt 13.3.1, Myotonieerkrankungen
Abschnitt 13.3.2, Maligne Hyperthermie
Abschnitt 13.4.1, Klinische Elektromyographie

Kapitel 14

Abschnitt 14.1.1, Beteiligung der glatten Muskulatur
an inneren Erkrankungen
Abschnitt 14.2.1, Aortenaneurysma
Abschnitt 14.4.3, Ein Beispiel aus der Praxis

Kapitel 15

Abschnitt 15.2.3, Dilatative Kardiomyopathie (DCM)
Abschnitt 15.6.2, Aortenklappenstenose

Kapitel 16

Abschnitt 16.1.3, Long-and-Short-QT-Syndrom
Abschnitt 16.2, Katecholaminerge polymorphe ventri-
kuläre Tachykardien (CPVT)
Abschnitt 16.3.3, Sick-Sinus-Syndrom

Kapitel 17

Abschnitt 17.3.3, Vorhofflimmern

Kapitel 18

Abschnitt 18.2, Ischämiesyndrome
Abschnitt 18.3, Myokardischämie und Infarktlokalisation
Abschnitt 18.3, Koronare Herzkrankheit (KHK)

Kapitel 19

Abschnitt 19.3.1, Gefäßaneurysmen
Abschnitt 19.5.1, Arteriovenöse Shunts
Abschnitt 19.6.1, Chronisch-venöse Insuffizienz und
Varikosis
Abschnitt 19.6.2, Thrombose

Kapitel 20

Abschnitt 20.1.2, Diabetische Mikroangiopathie
Abschnitt 20.3.4, Karzinoidsyndrom
Abschnitt 20.4.3, Atherosklerose
Abschnitt 20.5.2, Tumorangiogenese

Kapitel 21

Abschnitt 21.1.1, Hypertonie
Abschnitt 21.1.2, Hypotonie
Abschnitt 21.3.3, Raynaud-Syndrom
Abschnitt 21.3.3, Phäochromozytom
Abschnitt 21.3.4, Kreislaufschock

Allgemeine Grundlagen

Inhaltsverzeichnis

Erste Schritte in die Physiologie des Menschen

Robert F. Schmidt

© Springer-Verlag GmbH Deutschland, ein Teil von Springer Nature 2019
R. Brandes et al. (Hrsg.), *Physiologie des Menschen*, Springer-Lehrbuch
https://doi.org/10.1007/978-3-662-56468-4_1

Worum geht's?

Was ist Physiologie und wie gewinnt sie ihr Wissen?

Seit etwa so vielen Jahrzehnten wie Finger an einer Hand gebe ich als Beruf „Physiologe" an. Fast immer ernte ich ein Unverständnis signalisierenden Blick. Mich wundert das schon deswegen nicht, weil ich selbst zu Beginn meines Medizinstudiums keine gute Antwort auf die Frage „Was ist Physiologie?" gewusst hätte. Also erläutere ich: „Sie wissen doch, was Anatomie ist, nämlich die Beschreibung der Struktur der Organe von Lebewesen, also z. B. des Herzens, der Lunge oder des Gehirns?" Und auf bejahendes Nicken fahre ich fort: „Und Physiologie ist die Beschreibung ihrer Arbeitsweise, also z. B. wie ein Herz funktioniert oder eine Lunge oder ein Gehirn."

Die Physiologie gewinnt ihr Wissen durch **Beobachten** und **Messen**. Ein besonders eindrucksvolles Beispiel zeigt die ◘ Abb. 1.1. Diese unterstreicht eindrucksvoll, dass das Beobachten und die daraus gewonnenen **Schlussfolgerungen** zu den wichtigsten Voraussetzungen ärztlicher Tätigkeit zählen.

Abgrenzung der Physiologie des Menschen von ihren Nachbardisziplinen, Rolle des IMPP

Die **Physiologie** ist also die Kunde vom Körper (<physis> = Körper, <logos> = Wort, Kunde), genauer die Lehre von den **normalen** Lebensfunktionen. Die **Physiologie des Menschen**, das Thema unseres Buches, konzentriert sich auf ein einziges Lebewesen, nämlich uns selbst.

Die Physiologie ist als ein Teilgebiet der Biologie (<bios> = Leben), von ihren Nachbardisziplinen in der Humanbiologie abgegrenzt. Vergleichend wird gezeigt, welche **Abgrenzungen** das **IMPP** in seinen Gegenstandskatalogen zwischen den einzelnen Prüfungsfächern vornimmt und wie in diesem Lehrbuch damit umgegangen wird.

Stoffauswahl in diesem Lehrbuch

Schon im Altertum und im Mittelalter haben große Ärzte die Bedeutung der Physiologie erkannt oder zumindest geahnt und durch ihre Entdeckungen wesentliche Einsichten in die Arbeitsweise menschlicher Organe und Organsyste-

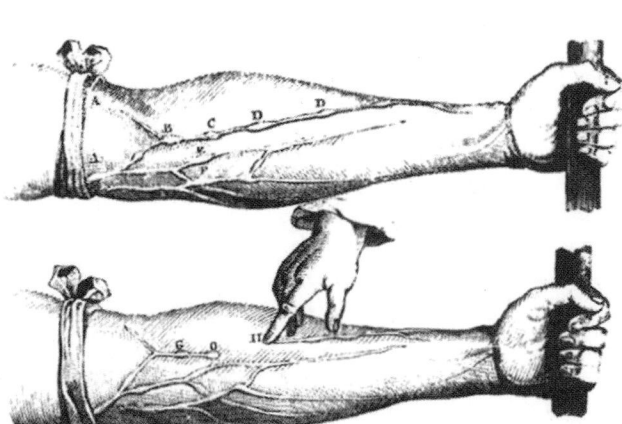
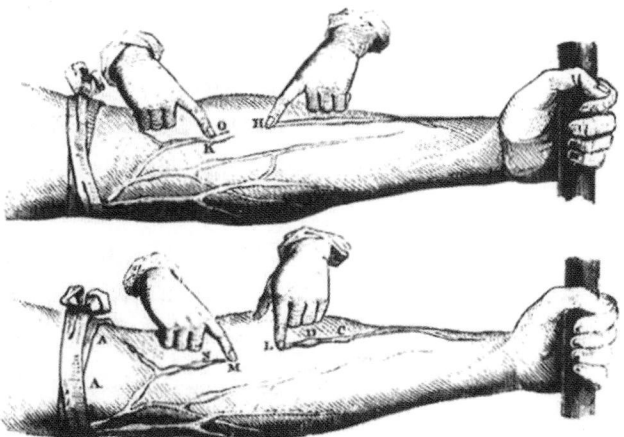

◘ **Abb. 1.1** Bestimmung der Aufgaben der Venenklappen und damit der Richtung des venösen Blutflusses. William Harvey zeigte in seinem 1628 in Frankfurt erschienenen Werk: „Exercitatio anatomica de motu cordis et sanguinis in animalibus", dass eine gestaute und ausgestrichene Vene sich nur dann wieder mit Blut füllt, wenn sie proximal verschlossen wird. Die Venenklappen waren vor dieser Entdeckung schon bekannt, nicht aber ihre Funktion

1

me geschaffen. Die **Stoffauswahl für dieses Lehrbuch** richtet sich allerdings weniger nach diesen historischen Gegebenheiten, sondern nach der Wichtigkeit der Erkenntnisse für die ärztliche Tätigkeit.

Pathophysiologie und Klinik bleiben ohne Physiologie unverstanden

Die Translation und Erweiterung physiologischen Wissens in die Pathophysiologie führt im besten Fall in ein **kausales** Verstehen von Erkrankungen, in vielen Fällen ist die Medizin aber bisher erst auf dem Weg dahin.

Der Umgang mit der Physiologie in diesem Buch

Neben der Stoffauswahl (s. o.) ist die Anordnung und Art der Erörterung des physiologischen Lernstoffes sowie seine Bebilderung, also das **Layout**, entscheidend für seine Übersichtlichkeit, Lesbar- und Lernbarkeit. Dem wird u. a. durch „Grüne-Fäden-", „Merksätze-" und „In-Kürze-" Zusammenfassungen Genüge getan. Schließlich werden Wege zur **selbständigen Erschließung** der wissenschaftlichen Quellen der Physiologie aufgezeigt.

1.1   Was ist Physiologie und womit beschäftigt sie sich?

Die Physiologie ist die Lehre von den normalen Lebensfunktionen. Sie gewinnt ihr Wissen durch Beobachten und Messen.

Die Physiologie hat sich der Erforschung der **biologischen Grundlagen der tierischen und menschlichen Existenz** verschrieben. Sie stützt sich dabei auf die von der Anatomie bereitgestellten Fakten über die Struktur und Ultrastruktur der Organismen. Darauf aufbauend studiert und beschreibt sie die **Arbeitsweise aller Lebewesen**, und zwar von der Einzelzelle und ihrer Inhalte bis zu den komplexesten Organsystemen.

Die Physiologie strebt in erster Linie danach, mehr Einsichten in diejenigen Mechanismen zu erhalten, von denen menschliches und tierisches Leben abhängen. Damit liefert sie, quasi automatisch, die **naturwissenschaftlichen Grundlagen für die gesamte Medizin,** aber auch für alle Teildisziplinen der Verhaltens- und Lebenswissenschaften.

Die **Werkzeuge der Physiologie** – wie der gesamten Naturwissenschaften – sind Beobachtung und Messung. Eindrucksvolle Beispiele aus der Frühzeit physiologischer Forschung sind in der ◘ Abb. 1.1 und der Klinik-Box „Fick-Prinzip" illustriert. Letzteres Beispiel, die Entdeckung des **Fick-Prinzips**, weist zusätzlich darauf hin, dass neben den Messungen an Menschen auch das experimentelle Messen an Tieren eine Schlüsselrolle für den Erkenntnisgewinn in der Physiologie spielte und spielt.

Ohne das ethisch einwandfrei durchgeführte Tierexperiment hätte unser heutiger Wissensstand nicht erreicht werden können. Aus diesem Wissen speist sich der durch die Vorbeugung (Prophylaxe, z. B. durch Impfung) und Behandlung (z. B. operative und medikamentöse Therapie) von Erkrankungen gewonnene **Zuwachs an Lebensqualität** und an **Lebenserwartung** bei Tier und Mensch (▶ Kap. 84 „Alter und Altern, Sterben und Tod").

> **In Kürze**
>
> Die Physiologie ist die **Kunde vom Körper** (physis = Körper, logos = Wort, Kunde). Die Spannweite ihrer Betrachtung erstreckt sich dabei vom **Studium der Lebensfunktionen einer einzelnen Zelle** bis zur Erforschung der **körperlichen Grundlagen der höchsten geistigen Leistungen** eines Gehirns.

1.2   Die Physiologie des Menschen als Teilgebiet der Humanbiologie

1.2.1 Abgrenzung der Physiologie des Menschen von den anderen Disziplinen der Humanbiologie

Dieses Lehrbuch hat sich zur Aufgabe gestellt, alle Interessierten mit den Grundbegriffen und -gedanken der Physiologie des Menschen vertraut zu machen.

Im Griechischen heißt „bios" das Leben und „logos" das Wort oder die Kunde. Die Biologie ist also die Kunde vom Leben oder die Lehre von der belebten Natur und von den Gesetzmäßigkeiten im Lebensablauf der Pflanzen, Tiere und Menschen. Die Biologie des Menschen, auch **Humanbiologie** genannt, konzentriert sich auf ein einziges Lebewesen, nämlich uns selbst. Im Rahmen der Medizin stehen natürlich besonders diejenigen Aspekte der Humanbiologie im Vordergrund, die für die Heilberufe von herausgehobener Bedeutung sind. Die **Physiologie** („physis = Körper, „logos" = Kunde, s. o.) ist dabei ein sehr wesentlicher Teil der Humanbiologie.

Die Humanphysiologie stützt sich auf die **Anatomie** und **Histologie**, also die Lehren vom Grob- und Feinbau der menschlichen Organe. Sie steht außerdem in Wechselwirkung mit denjenigen Disziplinen der Humanbiologie, die sich mit besonderen Aspekten der physikalischen oder chemischen Grundlagen der von der Physiologie untersuchten Funktionsabläufe befassen, also der **Biophysik** und der **Biochemie** (physiologischen Chemie).

Entwicklung der Physiologie als eigenständige Wissenschaftsdisziplin

In der westlichen Medizin – und nicht nur dort – war es über sehr lange Zeit Aufgabe und Privileg der Anatomie, Bau und Funktion des menschlichen Körpers zu erforschen. Aber es waren bedeutende Anatomen, wie z. B. Albert von Koelliker (1817–1905, Ordinarius in Würzburg 1847–1902), die in der zweiten Hälfte des 19. Jahrhunderts erkannten, dass Struktur und Funktion „zwei verschiedene Paar Stiefel" sind. Auf Betreiben von von Koelliker wurde 1865 in Würzburg der erste Lehrstuhl für Physiologie eingerichtet und mit Albert von Betzold besetzt (Betzold-Jarisch-Reflex). Schon 1868 (bis 1899) folgte ihm Adolf Fick (1929–1901), der 1870 die Bestimmung des Schlagvolumens vorstellte, was als Fick-Prinzip (Fick's Principle) in die Weltliteratur einging (▶ Klinik-Box „Fick-Prinzip"). Ihm folgte 1899 Max von Frey (1852–1932), dessen Haar- und Stachelborsten als von-Frey-Haare (von-Frey-Hairs) noch heute weltweit zur Prüfung der mechanischen Berührungs- und Schmerzsensibilität der Haut eingesetzt werden. Damit war zu Beginn des 20. Jahrhunderts die Physiologie als eigenständige Disziplin in Würzburg und darüber hinaus in den meisten deutschen medizinischen Fakultäten etabliert.

mehr und mehr bei **physiologischen Lernzielen** zu verweilen, wenn auch meist unter Betonung der biochemischen Aspekte.

Die **Lernziele aller 3 Teilkataloge** werden von uns insoweit respektiert, dass wir auf sie an jeweils gegebener Stelle aufmerksam machen, aber auf den jeweiligen Lernstoff nur soweit eingehen, wie es für den behandelten Physiologie-Lernstoff notwendig erscheint.

> **In Kürze**
>
> Die Physiologie ist eine **Kerndisziplin der Humanbiologie.** Sie hat sich ab Mitte des 19. Jahrhunderts „selbständig" gemacht. Die für die Studierenden der Medizin wesentlichen Lernziele sind im GK Physiologie, teilweise aber auch in anderen GKs der Vorklinik gelistet.

1.2.2 Abgrenzung und Einbettung der Physiologie in der Vorklinik

Das IMPP listet in den GKs die Lernziele der Humanbiologie getrennt nach Fächern auf.

Gegenstandskataloge der Vorklinik Das Mainzer Institut für Medizinische und Pharmazeutische Prüfungsfragen, **IMPP**, hat in seinen **GK** genannten Gegenstandskatalogen aufgelistet, welche Aspekte der Humanbiologie außerhalb der Physiologie der **Biologie**, der **Biophysik**, der **Anatomie** und der **Biochemie** zuzuordnen sind. Die dort festgelegten Zuordnungen für die schriftlichen Prüfungsstoffe in diesen Fächern machen wir uns insoweit zunutze, als wir deren Inhalte in unserem Werk nur stichwortartig ansprechen und ansonsten voraussetzen, dass der Leser sich diese Sachverhalte durch das Studium der entsprechenden Lehrbücher oder anderer Medien zu eigen macht.

Physiologie-relevante Lernziele in anderen vorklinischen Teilkatalogen Im Teilkatalog **„Biologie für Mediziner"** sind dies der für die Physiologie wichtige „Abschnitt **1 Allgemeine Zellbiologie, Zellteilung und Zelltod"**, der in 17 Haupt- und zahlreichen Unterabschnitten alle Aspekte dieses Themas – von der Evolution der Zellen bis zum Zelltod (Apoptose) – als Lernziele definiert. Teil 2 widmet sich der Genetik/Grundlagen der Humangenetik und Teil 3 den Grundlagen der Mikrobiologie und Ökologie.

Der Teilkatalog **„Anatomie"** listet in nahezu allen seiner vielfach untergliederten 12 Hauptabschnitte praktisch alle Themen des Grob- und Feinbaus des menschlichen Körpers auf, die für das Studium der Physiologie unabdingbare Voraussetzung sind.

Der Teilkatalog **„Chemie für Mediziner und Biochemie/Molekularbiologie"** überlappt an vielen Stellen mit dem der Physiologie. Er beginnt zwar in den ersten 12 Hauptabschnitten mit chemischen Lernzielen, geht dann aber in die Biochemie des Körperstoffwechsels über, um schließlich

1.3 Physiologie als elementarer Wissengrundstein im Studium

1.3.1 Umfang und Auswahl physiologischen Wissens

Ärztliches Handeln setzt die Kenntnis der normalen, also der physiologischen Körperfunktionen voraus.

Erkennen von Krankheiten durch physiologisches Wissen Galen (129–199), von 174–180 der Leibarzt Marc Aurels und langjähriger „Notarzt" der Gladiatoren in Pergamon, erkannte schon, dass **Krankheit** erst dann als **Abweichung vom Gesunden erkannt, bewertet** und dorthin **zurückgeführt** werden kann, wenn eben dieser Gesundheitszustand **so genau wie möglich** bekannt ist (Methodi medendi, 18 Bände, etwa ab 150 n. Chr.). Kaum besser – und schon gar nicht knapper – lässt sich zusammenfassen, warum jede ärztliche Tätigkeit die exakte **Kenntnis der normalen Körperfunktionen voraussetzt.** Dies zumindest in einem Ausmaß, das in die Lage versetzt, die krankhafte Abweichung von den normalen Körperfunktionen zu erkennen und diese Abweichung so zu behandeln, dass diese Funktionen schnellstmöglich wieder normal arbeiten.

William Harvey

Ein Meilenstein auf dem Weg zur heutigen Physiologie war die Entdeckung des Blutkreislaufs durch William Harvey (1578–1657), die ihm mit einfachen Beobachtungen und Experimenten gelang (s. a. ◘ Abb. 1.1). Seine Entdeckung zog einen Schlussstrich unter das seit 1.400 Jahren etablierte System Galens, das nämlich sehr verkürzt sagt, dass das Blut in der Leber gebildet wird und über die Körperperipherie in die rechte Herzhälfte gelangt. Von dort gelange ein Teil in die Lunge, um von Schlacken befreit zu werden. Der Rest fließe zum Kopf, in die Arme oder durch feine Poren in der Herzscheidewand in die linke Herzhälfte. Im Körper diene das Blut dem Aufbau der Organe und Gewebe und werde dabei verbraucht.

Stoffauswahl für dieses Lehrbuch Bleibt die Frage, **wie viel Physiologie ist genug** für die ärztliche Tätigkeit? Das von der Amerikanischen Physiologischen Gesellschaft herausgegebene Handbook of Physiology hat 24 großformatige Bände mit insgesamt weit über 10.000 Seiten. Da ein **Handbuch** nichts anderes ist als eine **einführende Zusammenfassung** des jeweiligen Wissensstandes auf professionellem Niveau, kann jeder Leser ermessen, welche Bedeutung der **Auswahl** der im Folgenden dargestellten Aspekte der Physiologie zukommt. Bei dieser ohne Zweifel sehr persönlichen Auswahl haben Herausgeber und Autoren sich im Wesentlichen von folgenden Aspekten leiten lassen:

- Vermittlung der Aufgaben, Arbeitsweisen und Leistungsfähigkeit der menschlichen Organe und Organsysteme in einem Umfang, wie er **für eine ärztliche Tätigkeit unabdingbar** ist. Hier lässt sich sicher über den einen oder anderen Sachverhalt und seine Bedeutung diskutieren. Aber unser Werk stellt den **Konsens von Lehrern der Physiologie** dar, die alle als kompetente Fachleute ausgewiesen sind und an der Stoffauswahl zustimmend teilgenommen haben.
- Der Schwerpunkt der Auswahl wurde auf diejenigen Organe und -systeme gelegt, deren Erkrankungen **(a)** besonders **häufig** sind, die **(b)** oft einen **chronischen** Verlauf haben und die **(c)** nicht selten **tödlich** enden. Hier sei nur daran erinnert, dass rund die **Hälfte aller Todesfälle** in Deutschland durch Erkrankungen des **Herz-Kreislauf-Systems** verursacht wird.
- Von einer Betonung der **wissenschaftlichen Aktualität** an den Brennpunkten der physiologischen Forschung. Zwar sind viele Grundtatsachen über die Arbeitsweise der menschlichen Organe und Organsysteme seit langem wohl bekannt, aber die **kontinuierliche Methodenverfeinerung** (z. B. in der Molekularbiologie oder in der Erforschung der Hirnfunktionen mit bildgebenden Verfahren) vertiefen immer wieder neu unser Verständnis bisher unbekannter Mechanismen unserer physischen Existenz, die nicht selten unmittelbar dem Verständnis und der Heilung von Krankheiten zugutekommen.
- Schließlich sollte auch Berücksichtigung finden, dass die Beschäftigung mit der Physiologie – lebenslänglich in Forschung und Lehre oder zeitweise im Studium – als eine freudige und keinesfalls mühselige Tätigkeit erlebt wird.

❯ Unser Lehrbuch bietet eine für die ärztliche Tätigkeit durch Herausgeber und Autoren sorgfältig gewichtete Auswahl physiologischer Grundkenntnisse.

1.3.2 Biophysikalische und biochemische Voraussetzungen zum Physiologiestudium

Grundkenntnisse der Biophysik und der Biochemie erleichtern das Verständnis physiologischer Sachverhalte.

Zum Studium der Physiologie und zum Verständnis der nicht immer einfachen physiologischen Tatsachen und Mechanismen sind einige **physikalische** und **biophysikalische**

Kenntnisse notwendig. Die wichtigsten werden in den nachfolgenden Kapiteln 2 bis 5 dieses Themenkreises „I Allgemeine Grundlagen" behandelt. Sie sind im GK Teilkatalog **Physiologie** im Wesentlichen im Hauptabschnitt **„1 Allgemeine und Zellphysiologie, Zellerregung"** gelistet. Es empfiehlt sich daher, sich zunächst das in den nachfolgenden 4 Kapiteln gesammelte Wissen anzueignen. Danach kann an jeder beliebigen Stelle des Lehrbuchs mit dem Studium fortgefahren werden.

Für die notwendigen **chemischen** und **biochemischen** Grundkenntnisse bietet unser Lehrbuch keinen den obigen Kapiteln vergleichbaren „Werkzeugkasten". Sie müssen daher auf andere Weise (Vorlesungen, Lehrbücher, Kurse, Medien etc.) erworben werden. Dabei ist zu beachten, dass die meiste Aufmerksamkeit der **organischen Chemie** zu widmen ist.

In Kürze

Schon im Altertum und im Mittelalter haben große Ärzte die Bedeutung der Physiologie erkannt oder zumindest geahnt und durch ihre Entdeckungen wesentliche Einsichten in die Arbeitsweise menschlicher Organe und Organsysteme geschaffen. Auf diesem Hintergrund wird beschrieben, nach welchen Kriterien Autoren und Herausgeber die **Stoffauswahl für dieses Lehrbuch** suchten und fanden. Für deren Studium sind biophysikalische und biochemische Kenntnisse unabdingbar.

1.4 Physiologie als Basis und Quelle von Pathophysiologie und Klinik

Die Pathophysiologie hat es sich zur Aufgabe gesetzt, alle Krankheiten kausal zu erklären. Dies gelingt ihr oft, manchmal nur teilweise und manchmal noch nicht.

Zu Krankheiten führende **Abweichungen** von den normalen, also den physiologischen Lebensfunktionen werden als **pathophysiologisch** bezeichnet. Die Pathophysiologie gilt als die „Hohe Schule" der Medizin. Sie schließt alle Bemühungen ein, die Krankheiten nicht nur symptomatisch zu klassifizieren, sondern auch **kausal** zu erklären. Leider sind wir immer noch weit davon entfernt, alle Krankheiten pathophysiologisch erklären zu können, aber unsere Kenntnisse dieser wichtigen Grundlagen der Krankheitslehre nehmen ständig zu. Diagnostik und Therapie werden dadurch nicht nur erweitert, sondern oftmals erst auf ein **rationales Fundament** gestellt.

Die Brücke **von der Physiologie zur Pathophysiologie** und damit zur **Klinik** wird in diesem Werk zweifach geboten: einmal durch exemplarische „Klinik-Boxen" genannte Fallbeispiele, und zum zweiten durch die Nennung derjenigen pathophysiologischen Abweichungen, die jeweils für die klinische Symptomatik einer bestimmten organischen Erkrankung entscheidend sind.

Fick-Prinzip

Messung des Herzschlagvolumens nach Adolf Fick: Klinische Konsequenzen einer physiologischen Erkenntnis

Welches Blutvolumen die beiden Herzkammern pro Herzschlag auswerfen war – anders als die über den Puls leicht zu messende Herzfrequenz – bis zum 9. Juli 1870 unbekannt. An diesem Tag referierte Adolf Fick in der 14. Sitzung der Physikalisch-Medizinischen Gesellschaft in Würzburg „Über die Messung des Blutquantums in den Herzventrikeln". Im Protokoll ist vermerkt

» Man bestimme, wie viel Sauerstoff ein Thier während einer gewissen Zeit aufnimmt und wie viel Kohlensäure es abgibt. Man nehme ferner dem Thiere

während der Versuchszeit eine Probe arteriellen und eine Probe venösen Blutes. In beiden ist der Sauerstoffgehalt und der Kohlensäuregehalt zu ermitteln. Die Differenz des Sauerstoffgehalts ergibt, wie viel Sauerstoff jedes Cubiccentimer Blut beim Durchgang durch die Lungen aufnimmt, und da man weiß, wie viel Sauerstoff im Ganzen während einer bestimmten Zeit aufgenommen wurde, so kann man berechnen, wie viel Cubiccentimeter Blut während dieser Zeit die Lunge passieren, oder wenn man durch die

Anzahl der Herzschläge in dieser Zeit dividiert, wie viel Cubiccentimeter Blut mit jeder Systole ausgeworfen wurden. Die entsprechende Rechnung mit den Kohlensäuremengen gibt eine Bestimmung desselben Werthes, welche die erstere controllirt.

Der geniale Vorschlag Adolf Ficks revolutionierte die Kardiologie in Forschung und Klinik. „Fick's Principle", wie es weltweit heißt, ist ein hervorragendes Beispiel der Translation der Ergebnisse der Grundlagenforschung in die klinische Praxis.

Eine solche Nennung liefert in ihrer Kürze keine Erklärung. Diese ist in diesem Lehrbuch vom Thema und vom Platzbedarf her nicht möglich. Der Leser muss hier auf die einschlägigen Lehrbücher der Pathophysiologie oder auch für eine erste Orientierung auf das Internet, z. B. auf Wikipedia, verwiesen werden.

In Kürze

Die **Motivation**, sich für die zukünftige, ärztliche Tätigkeit ausführlich mit der Physiologie des Menschen zu beschäftigen, wird hier dadurch (hoffentlich!) angeregt, dass verdeutlicht wird, in welchem Maß die Physiologie die **Basis und Quelle von Pathophysiologie und Klinik** bildet. Als Beispiel für die zahllosen Translationen physiologischer Erkenntnisse in die Klinik wird beschrieben, wie 1870 eine Methode veröffentlich wurde, das Herzschlagvolumen zu bestimmen, nämlich das **Fick-Prinzip**.

1.5 Der Umgang mit der Physiologie in diesem Buch

1.5.1 Das Layout als Studierhilfe

Die Aufbereitung der Texte schafft Übersichtlichkeit und erleichtert dadurch Lesbarkeit und Lernbarkeit.

Fett-, Kursiv- und Kleindruck und die Rolle der Abbildungen Die Physiologie des Menschen ist zur guten Übersicht in 19 Themenkreise (Sektionen) gegliedert und in diesen in insgesamt 84 Kapiteln dargestellt. In jedem **Kapitel** ist – cum granum salis – in etwa derjenige Stoff behandelt, der in einer Vorlesungsstunde oder in etwa einer Stunde häuslichen Studiums aufgenommen werden kann. Im Text sind durch **Fettdruck** besonders wichtige Einzelheiten hervorgehoben. Nicht unbedingt lernwichtige, aber doch interessante Zusammenhänge, wie z. B. in diesem Kapitel die Anmerkungen

zur Geschichte der Physiologie, sind in Kleindruck ausgeführt. Die **Abbildungen** ergänzen und verdeutlichen die jeweiligen Sachverhalte.

Grüne Fäden und Merksätze Die einleitenden **grünen Fäden** sollen helfen, das Folgende einzuordnen und verständlich zu machen. Sie fördern das Verständnis des/der folgenden Absatzes/Absätze. Die abschließenden roten Merksätze heben wichtige Fakten und Kernsätze zum (Auswendig-)Lernen hervor. Dies besonders deswegen, weil deren Inhalte sehr häufig in den Multiple-Choice Fragen des IMPP vorkommen.

Die Zusammenfassungen „In Kürze" mit den Lernzielen als Kurzlehrbuch Die **„In Kürze"-Texte** sind am **Ende** jedes längeren Abschnitts oder einer Reihe von kürzeren, nummerierten Abschnitten angeordnet. Oft sind sie etwas **ausführlicher** als im Allgemeinen üblich gehalten. Sie stellen so, dies ist jedenfalls die Absicht, in ihrer Gesamtheit insgesamt ein **Kurzlehrbuch** des gesamten Lernstoffs dar. Sie können sowohl für orientierendes Lesen wie für schnelles Wiederholen und Überprüfen genutzt werden.

❯ Merksätze enthalten meist Inhalte von Multiple-Choice Fragen des IMPP; daher auswendig lernen!

1.5.2 Der Zugang zum Originalwissen und dessen Bedeutung

Neues Wissen wird in der Physiologie – wie in allen Naturwissenschaften – durch Publikationen verbreitet; über den Impact Factor wird (zweifelhafterweise?) versucht, deren Bedeutung darzustellen.

Das physiologische Wissen ist – wie jede andere neue Erkenntnis in den Naturwissenschaften – durch Beobachtung, Experiment und Nachdenken entstanden (▸ Abschn. 1.1). Wird eine **neue** Erkenntnis gefunden, so wird sie i. d. R. durch eine **Publikation** in einer wissenschaftlichen Zeitschrift bekannt gemacht. Zwei Beispiele aus historischer Zeit sind in ◘ Abb. 1.1 und der Klinik-Box „Fick-Prinzip" beschrieben. Für ein modernes Beispiel sei die Erstbeschreibung der **patch-clamp Technik** von Erwin Neher und Bernd Sakmann zitiert:

» Single-channel currents recorded from membrane of denervated frog muscle fibers.

in: Nature. 260, **1976**, S. 799–801, die den beiden den **Nobelpreis** einbrachte (Erklärung der Technik Seite X).

Publikationen der eben zitierten Art sind also das **Fundament jedes wissenschaftlichen Fortschritts**. Dazu kommen **Übersichtsartikels** (Reviews), die oft auf Einladung in dafür speziellen Zeitschriften veröffentlicht werden oder auch **Bücher,** die teils von einzelnen, oft aber auch von vielen Autoren verfasst werden. Im vorliegenden Werk wird, nach Themenkreisen geordnet, mit jeweils etwa 10 Titeln pro Themenkreis auf aktuelle Literatur aufmerksam gemacht.

Wer aber, z. B. als Doktorrand, tiefer in die Originalliteratur eindringen will, dem stehen heute zahlreiche biografische Möglichkeiten zur Verfügung. Beispielsweise kann er wissenschaftliche Suchmaschine wie **PUBMED, MEDLINE** oder **DIMDI** aufrufen, die ihm nach seiner Registrierung und einer gewissen Einarbeitung mit dem Umgang fast jede wissenschaftliche Publikation seines Arbeitsgebiets kenntlich und zugänglich machen können.

Bewertung wissenschaftlicher Publikationen
Wie in jeder Disziplin gibt es auch in der Medizin und dort in der Physiologie Fachzeitschriften mit einem mehr oder weniger hohen Prestige. Von einem in einer Top-Zeitschrift publizierten Artikel wird selbstverständlich unterstellt, dass es sich um eine gute Publikation und einen wertvollen Beitrag zur Forschung handelt. Was eine Top-Zeitschrift ist, wird durch den Impact Factor bestimmt, d. h. wie oft im Durchschnitt die Publikationen im Zeitraum von 2 Jahren nach der Veröffentlichung zitiert werden. Diese Art der Qualitätsbewertung entscheidet heute maßgeblich über die Verteilung staatlicher Mittel und über die Karrieren von Wissenschaftlern.
Der Impact Factor gilt als „a systematic and objective means to critically evaluate the world's leading journals". Wahrscheinlich ist das nur bedingt richtig oder sogar falsch. Der Hauptgrund ist die extrem ungleiche Zitierung einzelner Artikel in einer Zeitschrift. So sind laut der Top-Zeitschrift Nature 89 % des Impact Factors für 2004 durch gerade 25 % der in diesem Jahr in Nature publizierten Artikel generiert worden. Dazu kommt, dass Publikationen in einem wenig aktiven Forschungsgebiet seltener zitiert werden, auch wenn sie noch so exzellente Befunde mitteilen, während oft Artikel, die eine neue, lang erwartete Methode vorschlagen, sich vor dem „Zitiert werden" kaum retten können. Die Bewertung von Publikationen allein über den Impact Factor kann also zu groben Fehlern führen. Das australische National Health and Medical Resarch Council nennt die Bewertung von Beiträgen aufgrund des Impact Factors „unfair and unscholarly" und verbietet deren Verwendung in Anträgen auf Forschungsmittel.

Noch eine letzte Vorbemerkung: **schwierige Dinge bleiben schwierig**, auch wenn sie **noch so gut** erklärt werden. So gibt es in der Arbeitsweise des menschlichen Körpers Sachverhalte, die auch von den meisten Medizinstudenten (nicht zuletzt bei uns seinerzeit während unseres Studiums) nicht auf Anhieb, sondern erst nach einiger Zeit des „Verdauens", dann aber mit deutlichem Erfolgserlebnis, durchschaut werden. Also bitte nicht resignieren, sondern nochmals und eventuell nochmals lesen.

In Kürze

Die **didaktischen Elemente** dieses Buches dienen dazu, den Lernstoff überschaubar zu gliedern. Auf die große **Bedeutung des Originalwissens** für das Zustandekommen des Lehrgebäudes „Physiologie" wird aufmerksam gemacht, und es wird gezeigt, welche Wege es gibt, sich in der Literatur darüber kundig zu machen. Die **Bewertung** von Originalpublikation über den **Impact Factor** wird diskutiert.

Die Zelle und ihre Signaltransduktion

Erich Gulbins, Joachim Fandrey

© Springer-Verlag GmbH Deutschland, ein Teil von Springer Nature 2019
R. Brandes et al. (Hrsg.), *Physiologie des Menschen*, Springer-Lehrbuch
https://doi.org/10.1007/978-3-662-56468-4_2

Worum geht's?

Zellen und ihre Umwelt

Die Zellen des Körpers sind ständig mit einer Vielzahl von Signalen konfrontiert, die über zelluläre **Rezeptoren** erkannt werden müssen, um eine adäquate Reaktion zu ermöglichen. Fehlt der Rezeptor, kann die Zelle das Signal bzw. den Reiz nicht erkennen.

Signaltransduktion

Als Reaktion auf die Aktivierung eines Rezeptors werden in der Zelle verschiedene Prozesse aktiviert. Dieser Vorgang wird als **Signaltransduktion** bezeichnet. Während die Zahl an Rezeptoren sehr groß ist, ist die Variabilität intrazellulärer Signaltransduktionswege beschränkt. Typische Folgen der Signaltransduktion sind die Änderung der **Genexpression**, die Einleitung von zellulären **Programmen** wie Zellwanderung, Zellteilung, Zelldifferenzierung, die Freisetzung von Speichervesikeln oder Zelltod (◘ Abb. 2.1).

Rezeptoren

Rezeptoren lassen sich genetisch, biochemisch und nach ihrem spezifischen Liganden klassifizieren. So können Ionenkanäle Rezeptoren für physikalische Reize (Spannung, Zug) oder biochemische Stimuli wie Neurotransmitter sein. Wachstumsfaktoren aktivieren häufig Rezeptoren der Tyrosinkinase-Familie und wirken z. B. über den MAP (mitogen-activated protein)-Kinase Signaltransduktionsweg. Je nach Rezeptorfamilie wirken Hormone über unterschiedliche Signaltransduktionswege. So aktivieren Erythropoietin und Leptin den JAK-STAT Signalweg, während Steroidhormone u.a. über intrazelluläre Rezeptoren direkt in die Genexpression eingreifen.

G-Protein gekoppelte Rezeptoren

Eine besonders wichtige Gruppe von Rezeptoren führt nach Ligandenbindung zur Aktivierung von Proteinkomplexen mit GTPase Aktivität (G-Protein). Die darauffolgende Signaltransduktion führt z. B. zu Anstieg von intrazellulären Botenstoffen, den **second messengern**, die vielfältige intrazelluläre Reaktionen erzeugen. Typische second messenger sind Kalzium, zyklisches AMP, Inositol-Tri-Phosphat und Diacylgycerol. G-Protein-gekoppelte Rezeptoren bilden die größte Genfamilie und vermitteln so eine riesige Zahl an Signalen. Sie erkennen Geruchsstoffe, binden Signallipide wie Prostaglandine, vermitteln die Wirkung aller kleinen Peptidhormone, der Katecholamine wie Adrenalin und vieler biogener Amine, wie z. B. Histamin.

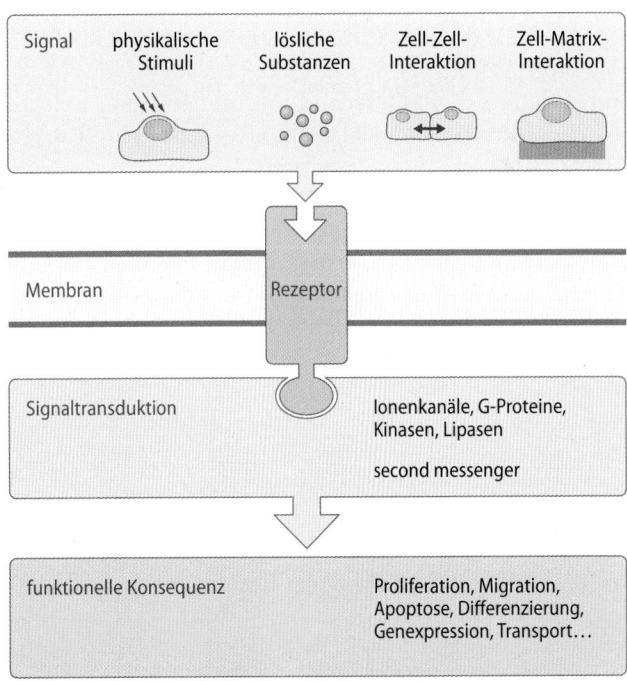

◘ Abb. 2.1   Zusammenspiel der Signaltransduktion

2

2.1 Die Zelle und ihre Umwelt

2.1.1 Signalverarbeitung

In einem multizellulären Organismus erhalten die Zellen ständig vielfältige Signale. Die zelluläre Signaltransduktion dient der Anpassung der Funktion von Effektormolekülen an äußere Bedingungen und Erfordernisse.

Der Körper im Organkontext   Die Funktionen des Körpers sind eine Folge eines komplexen Zusammenspiels der Elemente des Gesamtorganismus. Auf der makroskopischen Ebene betrifft dieses die Funktionen und Interaktionen von **Organen**, die koordiniert werden müssen. Die Organe stehen über den **Blutkreislauf** in Kontakt, sodass lösliche Signale, z. B. in Form von Stoffwechselprodukten oder Hormonen, alle Organe erreichen und dort lokale Reaktionen erzeugen. Neben diesem **humoralen System** verfügen wir über das nervale System, welches komplexe Koordinierungsaufgaben erfüllt und schnelle Reaktionen des Gesamtorganismus ermöglicht.

Die Zelle im Organkontext   Neben humoralen und nervalen Signalen erhalten Zellen vielfältige weitere Reize. Über **Zell-Zell-** und **Zell-Matrix**-Verbindungen werden **physikalische Stimuli**, wie Zug und Druck, übertragen und der Zelle Informationen über ihre direkte Umwelt zugeleitet.

Rezeptoren   Damit Zellen auf Signale reagieren können, benötigen sie Rezeptoren. Fehlt der Zelle ein entsprechender Rezeptor, dann ist sie für das eintreffende Signal „blind". Rezeptoren detektieren Signale und setzen diese in ein zweites intrazelluläres Signal („**second messenger**") um, welches jedoch stereotyper ist und dann zu einer zellulären Reaktion führt.

Konsequenzen von Rezeptoraktivierung   Typische Folge der Rezeptoraktivierung ist z. B. die Öffnung von Ionenkanälen, was zur Änderung des **Membranpotenzials** der Zelle führt und häufig einen Anstieg der intrazellulären **Kalzium**-Konzentration ergibt. Kalzium ist wohl der wichtigste second messenger und eine Vielzahl an Proteinen reagiert auf Änderungen der Kalziumkonzentration mit einer Änderung ihrer **Aktivität** oder **Konformation**. Andere Rezeptoren aktivieren weitere **intrazelluläre Signalkaskaden**, die dann z. B. zur Freisetzung von Vesikeln oder zur Änderung der Genexpression führen. Der Prozess der Umsetzung eines Rezeptorsignals hin zu einer zellulären Reaktion wird als **Signaltransduktion** bezeichnet. Prozesse, die durch Signalkaskaden gesteuert werden, sind z. B. Zellproliferation, Zelldifferenzierung, aber auch programmierter Zelltod, die Kommunikation von Neuronen und damit alle zentralnervösen Funktionen, die gerichtete Wanderung von Zellen, die Aktivierung der körpereigenen Abwehr durch Krankheitserreger und die Reaktion auf Zell-Zell- und Zell-Matrix-Interaktionen.

Differenzierte zelluläre Reaktion   Obwohl jede Signalkaskade in der Zelle bestimmte Wirkungen auslöst, z. B. die Re-

gulation bestimmter Transkriptionsfaktoren, und damit **einförmig** auf einen bestimmten Umweltreiz reagiert, erlaubt die **Kombination** vieler Signalwege, aber auch die **zeitliche Integration** und die feinabgestimmte **Topologie** der Signalentstehung und Signalweiterleitung den Zellen, auf ganz verschiedene und angepasste Weise auf externe Reize zu reagieren.

Regulation durch Phosphorylierung   Die Aktivität von Effektormolekülen kann durch chemische Modifikation gesteigert oder abgeschwächt werden. Ein wichtiger Mechanismus zur Regulation von Effektormolekülen, wie Proteinen und Lipiden ist die **Phosphorylierung**. Sie wird durch Kinasen vermittelt, die ein Phosphat von ATP auf das Zielmolekül übertragen. Durch die Bindung des negativ geladenen Phosphats kann es zu einer Konformationsänderung des Proteins mit der jeweiligen Aktivitätsänderung kommen. Über Phosphatasen wird das Phosphat wieder abgespalten und damit die Wirkung der Kinasen abgeschaltet. Die Aktivität der Kinasen kann selbst durch Phosphorylierung reguliert werden. Solche Kinasekaskaden führen über einen Schneeballeffekt zu einer massiven Verstärkung des Signals. Beispiele sind die **Phosphoinositol-3(PI3)-Kinase**-Kaskade oder die **mitogen-activated-protein(MAP)-Kinase-Kaskade** (▸ Abschn. 2.4.2).

2.1.2 Regulation der Proteinexpression

Über Transkriptionsfaktoren wird die Synthese von Proteinen reguliert.

Transkriptionsfaktoren

Die Signaltransduktion kann im Zellkern die gesteigerte oder herabgesetzte Synthese (**Expression**) von Effektormolekülen vermitteln. Die Regulation der Expression wird u. a. durch **Transkriptionsfaktoren** vermittelt. Sie wandern bei Aktivierung in den Zellkern und binden an bestimmte regulatorische Abschnitte der DNA. Dadurch werden die Synthese der entsprechenden mRNA und damit die Bildung der jeweiligen Proteine reguliert.

Die **Transkriptionsfaktoren** können u. a. durch Phosphorylierung, Acetylierung, limitierte Proteolyse oder durch Veränderung ihrer Expression reguliert werden. Auch die **Expression** der Transkriptionsfaktoren wird reguliert. Einige Hormone, vor allem **Steroidhormone** wie Kortisol, binden an intrazelluläre Rezeptoren. Nach Kortisolbindung wandert dieser Steroidhormonrezeptor in den Zellkern und wirkt dort über die Bindung an die DNA als Transkriptionsfaktor.

β-Catenin

Die Glykogensynthasekinase 3β phosphoryliert z. B. β-Catenin und leitet damit dessen Inaktivierung ein. Eine Hemmung von Glykogensynthasekinase 3β durch Insulin über den PI3-Kinaseweg steigert die Bildung aktiven β-Catenins, das als Transkriptionsfaktor die Expression mehrerer für die Zellteilung erforderlicher Gene stimuliert. Insulin fördert somit u. a. über Steigerung der β-Catenin-Bildung die Zellteilung.

Regulation über Abbau   Die Menge eines **Effektormoleküles** ist das Resultat von Neubildung und Abbau. Sie wird nicht nur durch Änderungen der Expression, sondern auch über Änderungen des Abbaus reguliert. Der Abbau eines Proteins wird u. a. durch Bindung von **Ubiquitin** (Ubiquitinylierung) eingeleitet. Stimulation der entsprechenden Ubiquitin-Ligase fördert den Abbau des jeweiligen Effektormoleküls durch Proteasomen.

In Kürze

Signaltransduktion ist die intrazelluläre Reaktion auf die Aktivierung eines Rezeptors. Die Anpassung der Zellfunktionen erfolgt durch Regulation von Funktion und Expression von Effektormolekülen. Die **Funktion** wird häufig durch Phosphorylierung/Dephosphorylierung reguliert. Die **Expression** steht unter der Kontrolle von Transkriptionsfaktoren. Der **Abbau** wird u. a. durch Ubiquitinylierung und nachfolgender Spaltung im Proteasom reguliert.

2.2 Rezeptoren und heterotrimere G-Proteine

2.2.1 Rezeptor-Liganden-Konzept

Rezeptoren sind Proteine, die durch Bindung von Liganden spezifisch Signale aufnehmen und in die Zelle vermitteln.

Rezeptoren auf der Zelloberfläche **Ligandenbindende Oberflächenrezeptoren** sind Proteine, die extrazelluläre Signale in die Zelle übertragen. Die Oberflächenrezeptoren

bestehen aus einer extrazellulären, einer transmembranären und einer intrazellulären Domäne. Die extrazelluläre Domäne dient meistens der Ligandenbindung, der transmembranöse Teil der Verankerung in der Zellmembran und der intrazelluläre Teil der Weitergabe des Signals in die Zelle. Diese Rezeptoren binden nach dem **Schlüssel-Schloss-Prinzip** spezifisch bestimmte Moleküle, sog. Liganden. Liganden sind beispielsweise bei Hormonrezeptoren **Hormone**, bei Wachstumsfaktorrezeptoren die entsprechenden Wachstumsfaktoren, beim T- oder B-Zell-Rezeptor die passenden Antigene.

Intrazelluläre Rezeptoren Einige Liganden, meist lipidlösliche Hormone (z. B. Glukokortikosteroide, Mineralokortikosteroide, Sexualhormone, Schilddrüsenhormone, Vitamin D und Retinoide) binden an **intrazelluläre Rezeptoren**. Hierdurch kommt es zu einer Konformationsänderung und ggf. Dimerisierung des Rezeptors, der dann an bestimmte Abschnitte der DNA bindet (◘ Abb. 2.2). Der Rezeptor-Liganden-Komplex wirkt wie ein **Transkriptionsfaktor** (▶ Abschn. 2.5.1) und löst die Expression primärer **Response-Gene** aus. Diese können weitere Gene regulieren, sog. sekundäre Response-Gene, die gleichfalls zur Wirkung des Hormons beitragen.

2.2.2 Heterotrimere G-Proteine

Heterotrimere GTP-bindende Proteine werden durch G-Protein gekoppelte Rezeptoren (GPCR) reguliert und dienen der Weitervermittlung hormoninduzierter Signale in die Zelle.

Heptahelikale Rezeptoren Viele **Hormon-** und **Zytokinrezeptoren** der Zellmembran, aber auch Rezeptoren für Geruchs- und Geschmacksstoffe und sogar Licht wirken über **Aktivierung GTP-bindender Proteine** (G-Proteine). Die Verankerung dieser G-Protein gekoppelten Rezeptoren (GPCR) in der Zellmembran erfolgt durch sieben helikale Transmembrandomänen (heptahelikale Rezeptoren), wobei die die Helices verbindenden extrazellulären Anteile der Ligandenbindung dienen und über entsprechende intrazelluläre Abschnitte heterotrimere G-Proteine rekrutiert werden. Diese sind aus drei Untereinheiten zusammengesetzt, der **α-, β- und γ-Untereinheit**. Im inaktiven Zustand bindet die α-Untereinheit heterotrimerer G-Proteine GDP (◘ Abb. 2.3).

GTPase-Zyklus Die Bindung des Liganden an den GPCR löst eine Konformationsänderung aus, wodurch es zu einem **Austausch** von GDP durch GTP an der α-Untereinheit des G-Proteins kommt. Die GTP-gebundene α-Untereinheit trennt sich von der β/γ-Untereinheit, wird dadurch aktiviert und kann das Signal weitergeben. Heterotrimere G-Proteine werden entsprechend der Funktion der α-Untereinheit der stimulatorischen G_s-Familie zugerechnet, wenn die α-Untereinheit die **Adenylatzyklase** aktiviert, der inhibitorischen G_i-Familie, wenn die Adenylatzyklase gehemmt wird, oder der G_q-Familie, wenn die Phospholipase Cβ (s. u.) aktiviert wird.

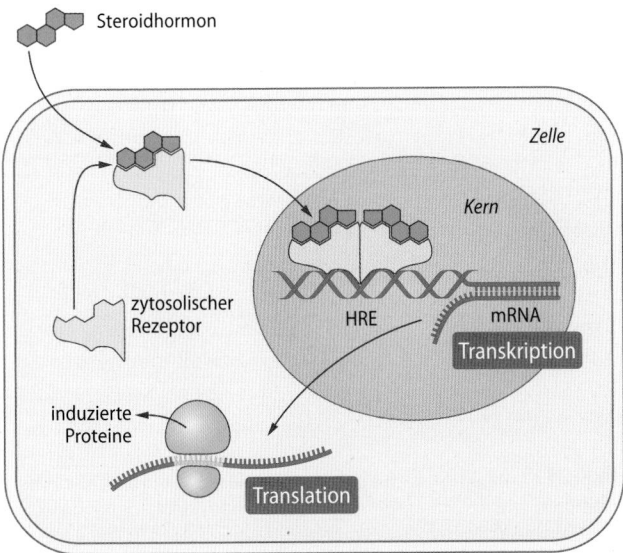

◘ **Abb. 2.2 Wirkung von Hormonen über intrazelluläre Rezeptoren.** Steroidhormone (z. B. Glukokortikoide) binden an zytosolische Rezeptoren. Der Hormon-Rezeptor-Komplex wandert in den Zellkern und bindet dort an hormonresponsive Elemente (HRE), entsprechende mRNA wird gebildet und es werden durch Translation der mRNA in den Ribosomen des rauen endoplasmatischen Retikulums hormoninduzierte Proteine synthetisiert

2

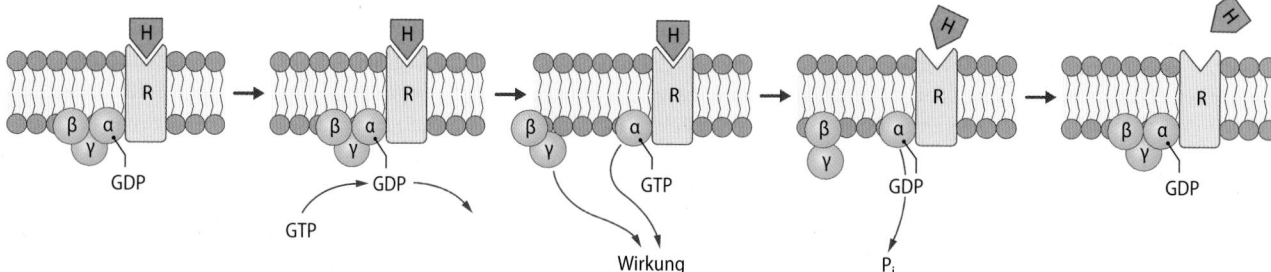

◘ Abb. 2.3   Aktivierung von heterotrimeren G-Proteinen. Nach Bindung eines Hormons (H) an den Rezeptor (R) wird an der α-Untereinheit eines heterotrimeren G-Proteins ein GDP durch ein GTP ersetzt sowie die β- und γ-Untereinheit abgespalten. In dieser Konfiguration werden die

Hormonwirkungen ausgelöst. Das G-Protein wird durch Abspaltung eines Phosphates (Bildung von GDP) wieder inaktiviert. Darauf bindet die α-Untereinheit wieder die β- und γ-Untereinheit

> **Die α-Untereinheit der G-Proteine besitzt GPTase-Aktivität.**

Die Spaltung des GTP durch intrinsische GTPase-Aktivität der α-Untereinheit zu GDP inaktiviert die α-Untereinheit, die dann wieder einen Komplex mit der β/γ-Untereinheit bildet (◘ Abb. 2.4).

Acetylcholin
Auch die β/γ-Untereinheit kann Signale auslösen. So vermittelt Acetylcholin am Sinusknoten des Herzens über M₂-muskarinische Rezeptoren die Öffnung von Kaliumkanälen der GIRK-Familie, was die Herzfrequenz senkt (▶ Kap. 16.4.2).

In Kürze

Ligandenbindende **Rezeptoren** sind Proteine, die spezifische Substanzen binden und dadurch der Vermittlung von Signalen in die Zelle dienen. Die Zellfunktionen können durch intrazelluläre und membranständige Rezeptoren reguliert werden. **Intrazelluläre Rezeptoren** bestehen aus einer Hormonbindungsstelle und einer DNA-Bindungsstelle. Sie wirken als Transkriptionsfaktoren, die die zelluläre Wirkung lipophiler Hormone vermitteln. **Oberflächenrezeptoren** lösen nach der Bindung von extrazellulären Liganden eine intrazelluläre Signalkaskade aus. Die Wirkung von Oberflächenrezeptoren wird häufig durch **heterotrimere G-Proteine** vermittelt (GPCR). Aktivierung und Inaktivierung dieser G-Proteine erfolgt durch die Bindung von GDP und GTP sowie Konformationsänderungen der Untereinheiten.

2.3   Zyklische Nukleotide als second messenger

2.3.1   cAMP

Über eine Adenylatzyklase wird zyklisches Adenosinmonophosphat (cAMP) gebildet, das eine Proteinkinase A aktiviert und so Effektormoleküle und Genexpression beeinflussen kann; cAMP wird durch Phosphodiesterasen wieder inaktiviert.

Adenylatzyklase   Aktivierte α-Untereinheiten bestimmter heterotrimerer G-Proteine (Gs) interagieren u. a. mit der **Adenylatzyklase**, die ATP zu **zyklischem AMP (cAMP)** umsetzt (◘ Abb. 2.4). cAMP ist ein intrazellulärer Botenstoff (second messenger), der die Wirkung des Hormons (**first messenger**) in der Zelle vermittelt. Zyklisches AMP bindet an und aktiviert die Proteinkinase A (PKA). Sie phosphoryliert bestimmte **Enzyme, Ionenkanäle** und weitere **Transportproteine** an einem Serin oder Threonin und beeinflusst auf diese Weise deren Funktion. cAMP kann sich auch an Ionenkanäle anlagern und diese ohne Vermittlung der Proteinkinase A aktivieren.

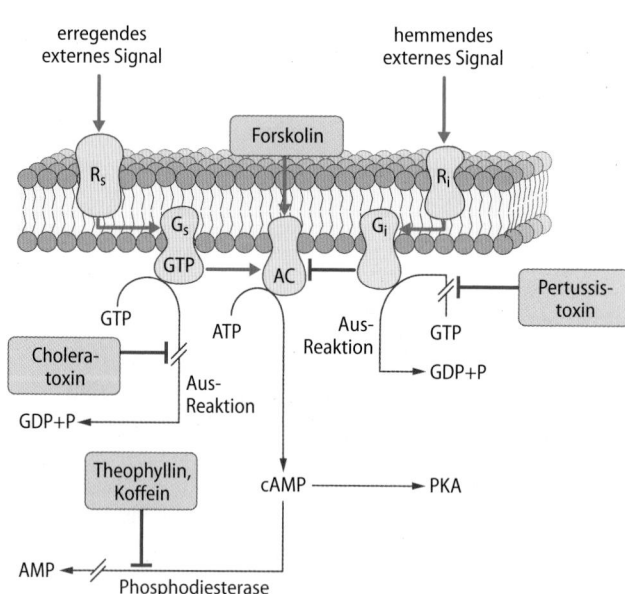

◘ Abb. 2.4   Reaktionskette des intrazellulären Botenstoffes cAMP (zyklisches Adenosinmonophosphat). Erregende oder hemmende externe Signale aktivieren die Membranrezeptoren Rs und Ri. Diese steuern G-Proteine, die mit intrazellulärem GTP (Guanosintriphosphat) reagieren können und intrazelluläre Adenylatzyklase (AC) stimulieren (Gs) oder hemmen (Gi). Das Verstärkerenzym AC konvertiert ATP in cAMP. cAMP wird durch Phosphodiesterase zu AMP abgebaut. Freies cAMP aktiviert die Proteinkinase A (PKA), die intrazelluläre Proteine phosphoryliert und damit die „Wirkung" der extrazellulären Reize auslöst. Bildung und Abbau von cAMP werden durch Pharmaka und Toxine (grün hinterlegt) gefördert oder gehemmt. (▶ Box „Choleratoxin")

☐ Tab. 2.1 Beispiele cAMP-abhänger Regulation von Zellfunktionen

Hormon bzw. Stimulus	Organ	Effektormolekül (↑ Stimulation, ↓ Hemmung)	Wirkung
Adrenalin (β1)	Herz	↑ Kationenkanäle	Herzfrequenzsteigerung
Adrenalin (β1)	Herz	↑ Ca^{2+}-Kanäle	Herzkraft
Adrenalin	Gehirn	↓ K^+-Kanäle	Gesteigerte Erregbarkeit
Adrenalin (β)	Muskel	↓ Glykogensynthase	Glykogenabbau
Glukagon	Leber	↓ Glykogensynthase	Glykogenabbau
Antidiuretisches Hormon	Niere	↑ Wasserkanäle in der Niere	Gesteigerte Wasserresorption in der Niere
Parathormon	Niere	↓ Phosphattransporter Niere	Gesteigerte Ausscheidung von Phosphat durch die Nieren
Vasoaktives intestinales Peptid	Pankreas	↑ Cl^--Kanäle, K^+-Kanäle	NaCl-, KCl- und Wassersekretion
Glukose	Geschmacksrezeptoren	↓ K^+-Kanäle	Süßempfindung
Odorant	Geruchsrezeptoren	↑ Kationenkanäle	Geruchsempfindung

Die Proteinkinase A phosphoryliert z. B. den **Transkriptionsfaktor CREB** (cAMP-responsive element binding protein) und löst die Expression cAMP-abhängiger Gene aus.

Eine Vielzahl von **Hormonen** wie u. a. Adrenalin (über β-Rezeptoren), Glukagon, Parathormon, Kalzitonin, die meisten Peptidhormone des Hypothalamus (Ausnahme: Somatostatin; s. u.) und mehrere Gewebshormone wirken über den beschriebenen Signalweg. Einige Beispiele cAMP-abhängiger Regulation sind in ☐ Tab. 2.1 zusammengestellt.

❯ Phosphodiesterasen bauen cAMP und cGMP ab.

Klinik

Choleratoxin

Der Choleraerreger **Vibrio cholerae** produziert **Choleratoxin**. Das Gift fördert den Transfer einer ADP-Ribosyl-Gruppe auf die $G_S\alpha$-Untereinheit von G-Proteinen. Damit wird deren GTPase-Aktivität gehemmt und die G-Proteine bleiben in der aktiven Form. Auf diese Weise wird die Adenylatzyklase im Darmepithel sehr stark und dauerhaft aktiviert. Durch die gesteigerte, von äußeren Reizung entkoppelte Bildung von cAMP werden Chloridkanäle in der luminalen Membran der Darmepithelzellen stimuliert. Es kommt über massive Steigerung der Sekretion von NaCl und Wasser zu Durchfällen mit lebensbedrohlichen Salz- und Flüssigkeitsverlusten.

Hemmung der cAMP-Bildung Über heterotrimere G-Proteine kann die Adenylatzyklase nicht nur aktiviert, sondern auch gehemmt werden. Hierbei interagiert der Rezeptor mit einem **inhibierenden G_i-Protein**. Die α-Untereinheit der G_i-Proteine hemmt nach GTP-Bindung und Dissoziation des β-/γ-Komplex die Adenylatzyklase. Die zelluläre cAMP-Konzentration und die Aktivität der Proteinkinase A werden entsprechend vermindert. Über diesen Mechanismus wirken z. B. Acetylcholin, Somatostatin, Angiotensin II oder auch

Adrenalin (über α2-Rezeptoren). Somatostatin kann z. B. über Hemmung der cAMP-Bildung die **Cl⁻-Sekretion** hemmen, und Adrenalin hemmt über α2-Rezeptoren die **Insulinausschüttung**.

2.3.2 cGMP

Stickstoffmonoxid (NO), ein kurzlebiger Signalstoff, und atriales natriuretisches Peptid (ANP) aktivieren eine Guanylatzyklase, die cGMP bildet. cGMP erzeugt, u. a. über Aktivierung der Protein Kinase G, eine Vielzahl von Wirkungen.

Guanylatzyklasen Die Bildung von zyklischem GMP (cGMP) aus GTP wird von **Guanylatzyklasen** (GC) katalysiert, von denen im menschlichen Organismus drei Hauptvertreter existieren:
- die membranständige GC in den Photorezeptoren des Auges (▶ Kap. 57.2.2),
- die lösliche GC, die in vielen Zellen exprimiert wird und durch NO stimuliert wird (▶ Kap. 20.4),
- die partikuläre, membrangebundene Rezeptor-GC, die durch natriuretische Peptide aktiviert wird (▶ Kap. 15.6, 21.5 und 35.3).

Stickstoffmonoxid Lösliche Guanylatzyklasen (GC) sind zytosolisch lokalisiert und werden nicht über Rezeptoren, sondern durch **Stickstoffmonoxid** (NO) reguliert, welches das Enzym über Bindung an die Häm-Gruppe aktiviert. NO wird aus Arginin durch NO-Synthasen (NOS) gebildet, von denen es drei Isoformen gibt: Die kalziumabhängige endotheliale NOS (▶ Kap. 21.5), die neuronale NOS und die induzierbare NOS. Letztere wird bei Entzündungsprozessessen besonders in Makrophagen exprimiert. Neben seiner Wirkung auf die lösliche GC, kann NO Proteine durch Nitrosie-

2

rung von Cysteinen modifizieren (z. B. im SNARE-Komplex) und spielt eine wichtige Rolle bei der Regulation des programmierten Zelltodes und der Abwehr des Organismus gegen bakterielle Pathogene.

cGMP   Dieser **Second Messenger** aktiviert die Proteinkinase G. In der Folge werden u. a. die Ca^{2+}-ATPase phosphoryliert, die Ca^{2+} aus der Zelle pumpt, aber auch die Myosinleichteketten-Phosphatase aktiviert (▶ Kap. 14.4.2), was beides zur **Relaxation** von glatten Muskelzellen führt. Zyklisches GMP kann auch an Ionenkanäle binden und so die Aktivität der **Ionenkanäle** regulieren. Ein cGMP-aktivierbarer Kationenkanal erzeugt z. B. den Dunkelstrom bei der Phototransduktion in Photorezeptoren der Netzhaut (▶ Kap. 57.2.2).

Phosphodiesterasen   **cAMP** und **cGMP** werden durch Phosphodiesterasen (PDE) zu **5'-AMP** bzw. **5'-GMP** gespalten und damit inaktiviert. Derzeit sind mehr als 11 Phosphodiesterasen identifiziert, die sich in ihrer Selektivität für cAMP bzw. cGMP, ihre Gewebelokalisation und ihren Aktivierungs-Mechanismus unterscheiden. Die Phosphodiesterase in der **Retina** (PDE6) wird z. B. im Rahmen der **Phototransduktion** aktiviert und spaltet selektiv cGMP. **PDE1** und 3 kommen u. a. am **Herzen** vor und spalten cAMP, während die cGMP-spaltende **PDE5** recht selektiv im **Gefäßmuskel** exprimiert ist.

Nicht-selektive Hemmung von Phosphodiesterase
Nicht-selektive Hemmung von Phosphodiesterase z. B. durch Koffein und Theophyllin steigert die zytosolische cAMP-Konzentration und damit die cAMP-abhängigen Zellfunktionen (allerdings wirkt Koffein in üblicher Dosierung vorwiegend über Stimulation purinerger Rezeptoren). Hemmstoffe von kardialen PDEs befinden sich in der Erprobung zur Steigung der Herzkraft (▶ Kap. 15.6). PDE-5-Inhibitoren (z. B. Sildenafil Viagra™) führen zur Relaxation glatter Gefäßmuskeln, was u. a. den pulmonalen Perfusiondruck senkt und zur Erektion führt (▶ Kap. 14.4, 20.4, 27.2 und 79.2).

In Kürze
Viele Hormonrezeptoren regulieren Zellen über zyklische Nukleotide, die als **second messenger** dienen. Zyklisches Adenosinmonophosphat (**cAMP**) aktiviert eine Proteinkinase A und kann so Effektormoleküle und Genexpression beeinflussen. Zyklisches GMP (**cGMP**) wirkt u. a. über eine Proteinkinase G auf die Zellfunktionen. cAMP und cGMP werden durch Adenylat- bzw. Guanylatzyklase generiert und durch Phosphodiesterasen abgebaut.

2.4   Kalziumvermittelte Signale

2.4.1 Steigerung der zytosolischen Ca^{2+}-Konzentration als Signal

Kalzium wird aus intrazellulären Speichern freigesetzt und strömt über spannungsabhängige oder ligandengesteuerte Ionenkanäle der Zellmembran in die Zelle.

Ca^{2+}-Freisetzung   Um die zytosolische Ca^{2+}-Konzentration zu erhöhen, stimulieren Rezeptoren u. a. **Phospholipase C** (PLCβ oder PLCγ). PLC spaltet von bestimmten Membranphospholipiden (Phosphatidylinositolphosphaten) **Inositoltrisphosphat (IP$_3$)** ab. ◻ Abb. 2.5 illustriert die Situation für einen Gq-gekoppelten Rezeptor, z. B. den M3-Acetylcholin-Rezeptor. IP$_3$ bindet an Kanäle im endoplasmatischen Retikulum, die eine Freisetzung von Ca^{2+} aus dem endoplasmatischen Retikulum (ER) in das Zytoplasma ermöglichen. Die Abnahme der **Ca^{2+}-Konzentration im ER** führt in einigen Zellen zu einer Aktivierung von **Ca^{2+}-Kanälen** in der Zellmembran, sog. Calcium release activated Calcium channels (CRAC), wodurch weiteres Ca^{2+} in das Zytosol gelangt.

Diazylglyzerin und Proteinkinase C   Durch die Abspaltung von IP$_3$ entsteht aus Membranphospholipiden **Diazylglyzerin**. Zusammen mit Ca^{2+} aktiviert Diazylglyzerin Isoformen der **Proteinkinase C** (PKC), die u. a. über die Phosphorylierung von **Transkriptionsfaktoren** die Synthese von Proteinen reguliert. (◻ Abb. 2.5). PKC-regulierte Transkriptionsfaktoren kontrollieren insbesondere sog. **early response-Gene**, die der Zelle eine schnelle Anpassung an wechselnde Umweltbedingungen ermöglichen. Daneben reguliert PKC auch **Transportproteine** in der Zellmembran, wie z. B. den Na^+/H^+-Austauscher NHE1 (▶ Kap. 37.2) und mindert damit die intrazelluläre H^+-Konzentration. PKC reguliert ferner die Vernetzung des **Zytoskeletts**.

> Der second messenger Diazylgylzerin aktiviert Proteinkinase C-Isoformen.

Ligandengesteuerte und spannungsabhängige Ca^{2+}-Kanäle   Die **intrazelluäre Ca^{2+}-Konzentration** kann auch primär über Einstrom von Ca^{2+} durch Ionenkanäle gesteigert werden. So können bestimmte Neurotransmitter direkt an Ca^{2+}-permeable Ionenkanäle binden und diese öffnen (▶ Kap. 4.5). Schließlich verfügen sog. erregbare Zellen über spannungsabhängige Ca^{2+}-permeable Kanäle, deren Aktivität von der Potenzialdifferenz über die Zellmembran reguliert wird. Bei normaler Polarisierung der Zellmembran (innen negativer als −60 mV) sind die Kanäle geschlossen, bei Depolarisation werden die Kanäle aktiviert (▶ Kap. 4.2). Über diese Kanäle wird die zelluläre Signaltransduktion durch das Zellmembranpotenzial beeinflusst.

2.4.2 Wirkungen von Ca^{2+}

Ca^{2+}, das eines der wichtigsten Signalmoleküle der Zelle ist, wirkt über Calmodulin/Calcineurin oder durch direkte Bindung auf die Aktivität und Expression von Effektormolekülen.

Calmodulin und Calcineurin   Die EF-Hand ist eine Helix-Loop-Helix-Domäne vieler Proteine, die Ca^{2+} bindet und dadurch eine Vielzahl von Proteinen aktiviert. Hierzu gehören die Protease **Calpain**, aber auch Calbindin (▶ Kap. 36.2) und besonders **Calmodulin** (◻ Abb. 2.5). Durch die Bindung von

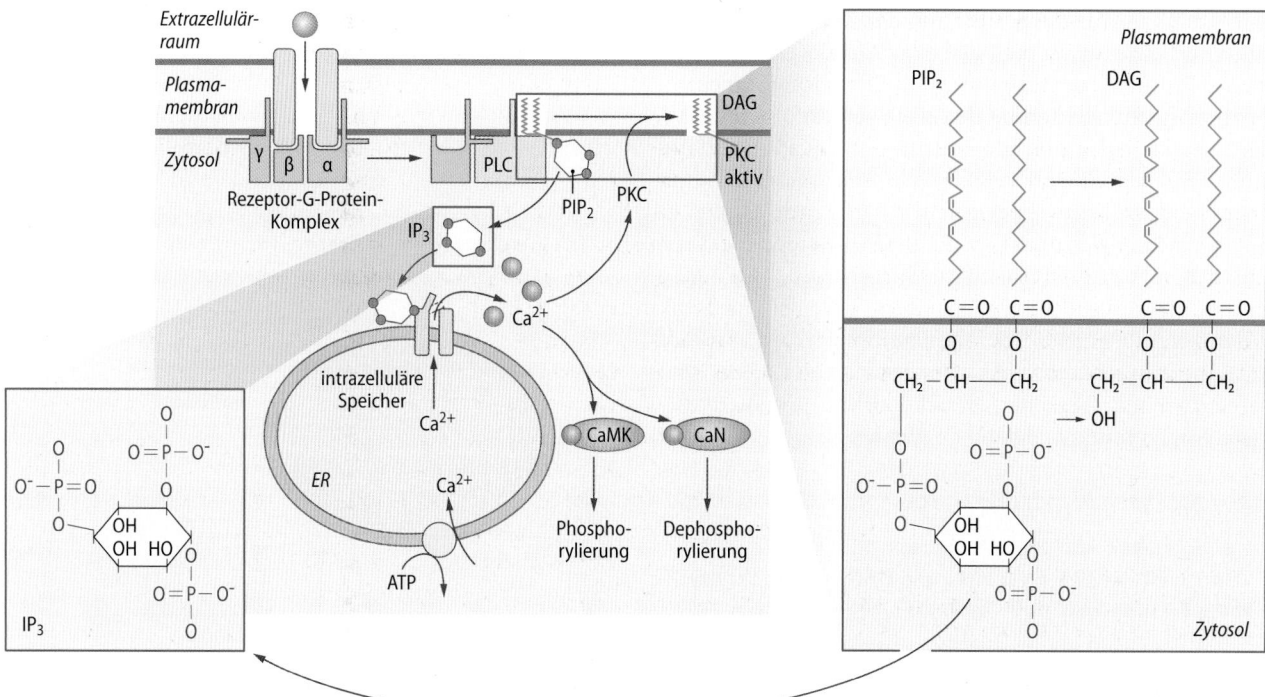

⬛ Abb. 2.5 Kalzium-(Ca²⁺-) und Diazylglyzerin-(DAG-)abhängige Signalwege. Eine Phospholipase C (PLC) spaltet aus Phospholipiden der Zellmembran Inositoltrisphosphat (IP₃) ab. Über Aktivierung von Ca²⁺-Kanälen entleert IP₃ intrazelluläre Ca²⁺-Speicher und steigert damit die zytosolische Ca²⁺-Konzentration. Entweder direkt oder nach Bindung an Calmodulin reguliert Ca²⁺ z. T. über Aktivierung Calmodulin-abhängiger Kinasen (CaMK) und Phosphatasen (Calcineurin, CaN) die Aktivität von Transportproteinen, Enzymen und die Transkription von Genen. Durch Abspaltung von IP₃ entsteht ferner Diazylglyzerol, das u. a. gemeinsam mit Ca²⁺ Proteinkinase C-Isoformen (PKC) aktiviert

Ca²⁺ an Calmodulin kommt es zu einer Konformationsänderung von Calmodulin, das nun u. a. die Kalzium-abhängigen Stickstoffmonoxidsynthasen und die Phosphatase **Calcineurin** stimuliert. Wichtigstes Substrat von Calcineurin ist der **Transkriptionsfaktor NFAT** (nukleärer Faktor aktivierter T-Lymphozyten). Calcineurin dephosphoryliert NFAT, der im dephosphorylierten Zustand aus dem Zytosol in den Nukleus wandert und dort die Transkription von Genen stimuliert.

Ca²⁺-abhängige Funktionen Ca²⁺ reguliert eine Vielzahl zellulärer Funktionen, z. B. Muskelkontraktionen, Zustand des Zytoskeletts, Regulation von Enzymen des Intermediärstoff-wechsels (z. B. Glykogenabbau), Fusion von Vesikeln mit der Zellmembran und damit die Ausschüttung von Neurotransmittern und Hormonen, Expression von Genen, die für die Zellproliferation wichtig sind, sowie Aktivierung von Enzymen, die den „programmierten" Zelltod (Apoptose) auslösen können. Einige Beispiele Ca²⁺-abhängiger Regulation sind in ⬛ Tab. 2.2 zusammengestellt.

Spezifität von Ca²⁺-Signalen Aus der Vielzahl Ca²⁺-abhängiger Zellfunktionen wird meist nur ein kleiner Teil in einer Zelle realisiert – Ca²⁺ kann ja nicht gleichzeitig Zellteilung und Zelltod auslösen. Die Spezifität der Ca²⁺-Wirkungen

⬛ Tab. 2.2 Beispiele Ca²⁺-abhängiger Regulation von Zellfunktionen

Hormon bzw. Stimulus	Organ	Effektormolekül (↑ Stimulation, ↓ Hemmung)	Wirkung
Depolarisation	Muskel, Herz	↑ Akto-Myosin-Komplex	Kontraktion
Depolarisation	B-Zelle des Pankreas, Neurone	↑ Fusionsproteine von Speicher-vesikeln (z. B. Synaptotagmin)	Ausschüttung von Insulin und Neurotransmittern
Cholezystokinin	Exokrines Pankreas	↑ K⁺-Kanäle	NaCl-Sekretion
Glutamat (AMPA)	Hippokampus	↑ AMPA-Rezeptor	Gedächtnis
Histamin	Endothel	↑ NO-Synthase	Gefäßerweiterung
Antigen	T-Lymphozyt	↑ Transkriptionsfaktoren	Zellteilung, Aktivierung
Wachstumsfaktoren	Viele Zellen	↑ Transkriptionsfaktoren	Zellteilung

2

wird durch die **Ausgangssituation der Zelle** bestimmt, also durch gleichzeitig auf die Zelle einwirkende andere Signale und die vorhandene Ausstattung mit Effektormolekülen.

Darüber hinaus kommt der zeitlichen Abfolge der Ca^{2+}-Signale eine entscheidende Bedeutung zu. **Ca^{2+}-Oszillationen**, bei denen die intrazelluläre Ca^{2+}-Konzentration intermittierend kurzfristig gesteigert wird (z. B. jede Minute für wenige Sekunden), fördern z. B. die Expression von Genen zur Zellproliferation. Dauerhafte Steigerung der Ca^{2+}-Konzentration führt andererseits über Zerstörung der Lipidstruktur in der Zellmembran mit folgender Umlagerung von Phosphatidylserin sowie über Akkumulierung von Ca^{2+} in Mitochondrien mit folgender mitochondrialer Depolarisation zum programmierten Zelltod (▶ Abschn. 2.5).

In Kürze

Die Aktivität von **Phospholipasen** (PLC β oder PLCγ) induziert die Bildung von **IP$_3$** und **DAG**. IP_3 bewirkt die **Freisetzung von Ca^{2+}** aus intrazellulären Speichern. Ca^{2+}-Kanäle in der Zellmembran können durch Liganden, Depolarisation oder ER-Kalzium-Verarmung aktiviert werden. Die Steigerung der zytosolischen Ca^{2+}-Konzentration wirkt als Signal. Dabei gibt es eine Vielzahl Ca^{2+}-abhängiger Zellfunktionen: Ca^{2+} reguliert im Konzert mit anderen Molekülen u. a. **Proteinkinase C**, **Calcineurin** und **Transkriptionsfaktoren**, Muskelkontraktion, **Vesikelexozytose**, Stoffwechsel, Zellproliferation und Apoptose.

2.5 Regulation von Zellproliferation und Zelltod

2.5.1 Signaltransduktion von Wachstumsfaktorrezeptoren

Wachstumsfaktoren vermitteln Signale über Rezeptor-Tyrosinkinasen oder Rezeptoren mit assoziierten Tyrosinkinasen.

Aktivierung von Tyrosinkinasen Die Bindung eines Liganden an einen Wachstumsfaktorrezeptor, wie z. B. des epidermalen Wachstumsfaktors (EGF, epidermal growth factor) an den EGF-Rezeptor oder eines Antigens an den T-Zell-Rezeptor, führt primär zur Aktivierung von **Tyrosinkinasen** (◘ Abb. 2.6). Diese führen im Falle des EGF-Rezeptors zur **Phosphorylierung** des Rezeptors selbst (**Autophosphorylierung**) sowie weiterer Proteine für die Signalübertragung. Rezeptoren mit **assoziierter Tyrosinkinaseaktivität**, wie zum Beispiel der Erythropoietinrezeptor, haben keine intrinsische Kinase, sondern rekrutieren bei Ligandenbindung Kinasen, etwa die Januskinasen (JAK). Diese beiden Prinzipien gelten für nahezu alle Wachstumsfaktorrezeptoren. Die Tyrosinphosphorylierung wird durch Tyrosinphosphatasen wieder aufgehoben.

❯ Tyrosinkinaserezeptoren autophosphorylieren nach Ligandenbindung.

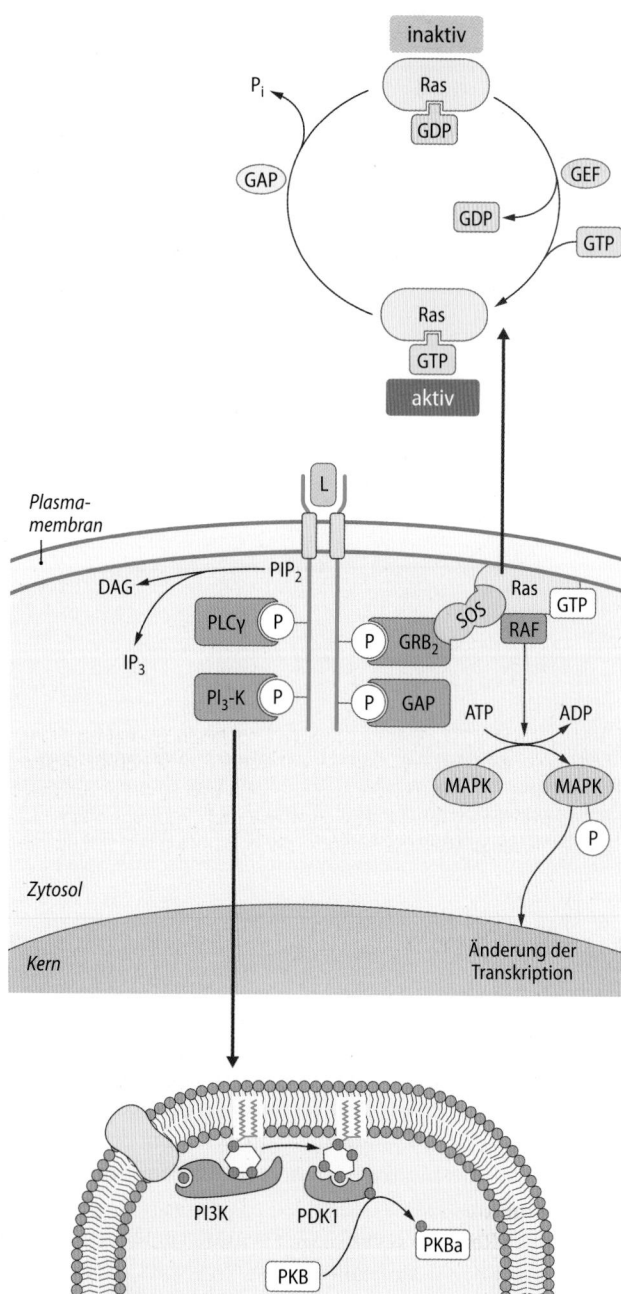

◘ **Abb. 2.6   Rezeptortyrosinkinasen. Durch (Auto-)Phosphorylierung schaffen Rezeptortyrosinkinasen nach Ligandenbindung (L) Andockstellen für Adapterproteine, die weitere Signalmoleküle binden.** Zum Beispiel bindet das Adapterprotein GRB$_2$ den GDP/GTP-Austauschfaktor SOS, der die kleine GTPase Ras aktiviert. Ras wird durch Hydrolyse von GTP inaktiviert. Ferner dockt Phosphatidylinositol-3-Kinase (PI3-K) an den Tyrosinkinaserezeptor an. Sie erzeugt ein in der Zellmembran verankertes Phosphatidylinositol(3,4,5)trisphosphat [PI(3,4,5)P$_3$]. An dieses kann u. a. die Proteinkinase B (PKB) und die Phosphatidylinositol-abhängige Kinase PDK andocken. Damit kann PDK die Kinase PKB phosphorylieren und auf diese Weise aktivieren (PKBa). GAP: GTPase aktivierendes Protein, GEF: GDP/GTP-Austauschfaktor

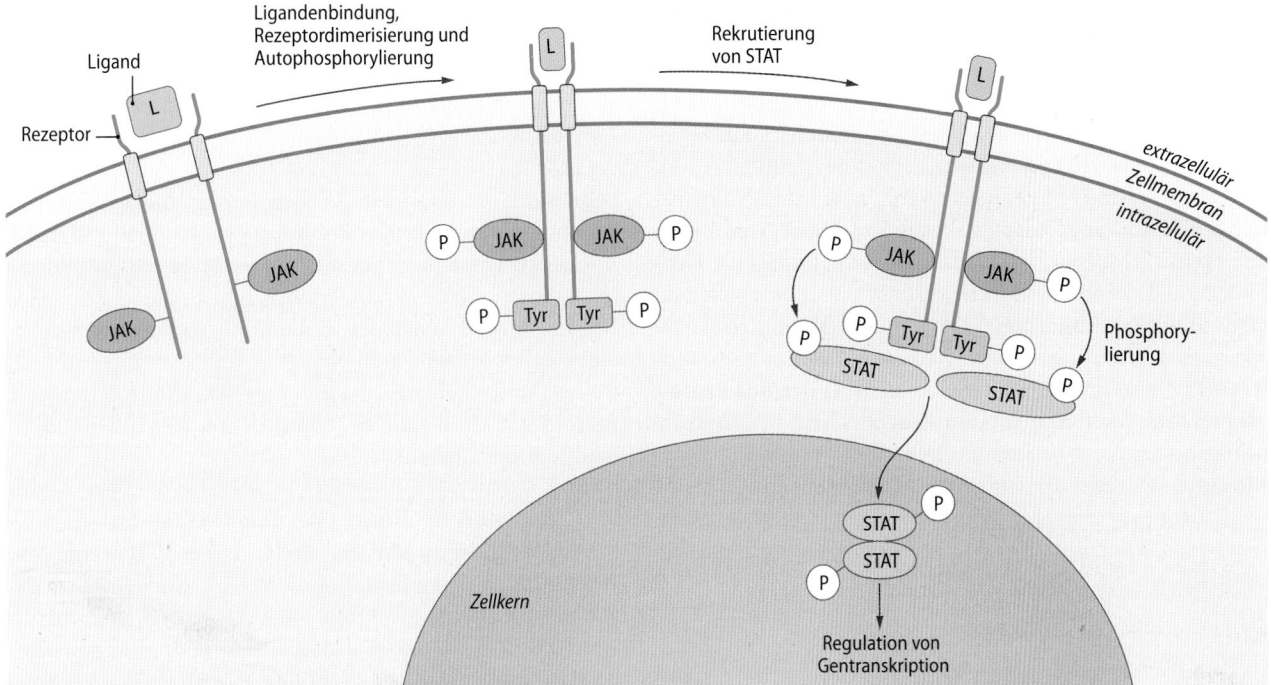

◘ Abb. 2.7   JAK-STAT-Signalkaskaden. Nach Bindung eines Liganden, z. B. Erythropoietin oder Interleukin 6, ein Entzündungsmediator und Immunregulator, an einen dimeren Rezeptor kommt es zur Aktivierung assoziierender Janus-Kinasen (JAKs) durch gegenseitige Phosphorylierung (Transaktivierung). Aktivierte JAKs phosphorylieren nun den Rezeptor an bestimmten Tyrosinresten (Tyr), wodurch STAT-Proteine rekrutiert, dimerisiert und phosphoryliert werden. Diese STAT-Proteine lösen sich dann vom Rezeptor und wandern in den Kern, wo sie die Gentranskription regulieren

Die Bildung von Multiproteinkomplexen durch Adapterproteine   Phosphorylierte Tyrosinreste im Rezeptor bzw. assoziierenden Proteinen dienen als Bindungsstellen für zytosolische Proteine, die nun mit dem aktivierten Rezeptorkomplex interagieren können. Zu diesen Proteinen gehören insbesondere **Adapterproteine**, z. B. das Grb-2-Protein (◘ Abb. 2.6), die eine Brücke zwischen dem Rezeptor und eigentlichen intrazellulären Effektormolekülen bilden.

Weitervermittlung des Signals   Die **phosphorylierten Tyrosinreste** des Rezeptors oder die gebundenen Adapterproteine rekrutieren weitere Moleküle an den Rezeptorkomplex, wodurch das Signal, das durch die Bindung des Liganden entstanden ist, verstärkt wird. Für Rezeptoren mit assoziierter Tyrosinkinaseaktivität binden z. B. **STAT**-(signal tranducer and activator of transcription)-Proteine an die von **JAK (Janus Kinasen)** phosphorylierten Tyrosine des Rezeptors, bilden Dimere, wandern in den Zellkern und wirken dort als Transkriptionsfaktoren (◘ Abb. 2.7).

An phosphorylierte Tyrosinreste von Wachstumsfaktorrezeptoren oder die entsprechenden Phosphotyrosinreste assoziierter Proteine binden über bestimmte Domänen, sog. **SH2-Domänen**, Proteine, die kleine G-Proteine regulieren können. Dazu gehört auch das sog. **SOS-Protein**, das das **Ras-Protein** reguliert (▶ Abschn. 2.5). Über Tyrosinkinasen wird auch die **Phosphatidylinositol-3-kinase** reguliert, die **Phosphatidylinositoltrisphosphat** (PIP3) generiert. PIP3 bindet an **Proteinkinase B** (PKB, auch **AKT** genannt) und rekrutiert das Protein an die Membran, wo es durch die Phosphoino-

sitid-abhängige Kinase-1 (PDK1) phosphoryliert und aktiviert wird. PKB/AKT aktiviert viele Signalwege, die insbesondere Zellproliferation oder Überleben stimulieren, wie z. B. mTOR, die sog. Forkhead-Transkriptionsfaktoren, Bcl2 oder auch Zyklin-abhängige Kinasen. PKB hemmt zudem die Glykogensynthasekinase GSK3 und beeinflusst damit u. a. den Stoffwechsel. Schließlich phosphoryliert und inaktiviert PKB Bad, ein Protein, das Apoptose auslösen kann (s. u.). PKB/Akt wiederum wird durch Phosphatasen inaktiviert: PP2A dephosphoryliert selbst das Enzym, die Lipidphosphatase PTEN hydrolysiert PIP3.

Durch selektive Rekrutierung und Kombination bestimmter „Signalmodule" aus relativ wenigen Signalwegen kann zudem eine Vielzahl intrazellulärer Wirkungen erreicht werden. Rekrutiert z. B. das entsprechende Adapterprotein Signalmoleküle, die den Signalweg A+C+E aktivieren, entsteht ein anderes Signal, als wenn Signalmoleküle rekrutiert werden, die schließlich die Signalwege A+B+D stimulieren.

2.5.2 Kleine G-Proteine

Kleine G-Proteine regulieren über Aktivierung von Kinasekaskaden und Beeinflussung des Zytoskeletts Zellproliferation, -differenzierung und -tod.

Aktivierung   Kleine G-Proteine, die ein Molekulargewicht von 20–30 kDa aufweisen, binden wie die heterotrimeren G-Proteine im inaktiven Zustand GDP. Der Austausch von

GDP durch GTP aktiviert kleine G-Proteine (◻ Abb. 2.6). Die Aktivierung kleiner G-Proteine wird durch **Guaninnukleotid-Austauschfaktoren** katalysiert. Diese lösen das GDP vom kleinen G-Protein ab, wodurch die Bindung des in der Zelle in viel höherer Konzentration als GDP vorkommende GTP erfolgt. Zu den bekanntesten Austauschfaktoren gehört das SOS-Protein (▸ Abschn. 2.4.2), das nach Aktivierung eines Tyrosinkinaserezeptors über Adapterproteine mit dem Rezeptor assoziiert und die Aktivierung des G-Proteins **Ras** durch GDP/GTP einleitet. Die Inaktivierung kleiner G-Proteine wird durch die Hydrolyse des gebundenen GTP vermittelt (◻ Abb. 2.6).

Ras   Das bekannteste kleine G-Protein ist das **Ras-Protein** (◻ Abb. 2.6), das durch SOS aktiviert wird und u. a. **Zellproliferation** reguliert. Ras aktiviert über **Raf-Kinasen** die **MAP-Kinasen** (Mitogen-aktivierte Proteinkinasen), die u. a. die Synthese neuer Proteine steuern und das Zytoskelett kontrollieren (◻ Abb. 2.6). Ras aktiviert ferner die Phosphatidylinositol-3-Kinase.

❯ Ras ist ein Proto-Onkogen.

MAP-Kinasen   MAP-Kinasen sind vor allem in der **Signalübertagung** der Wirkungen von Zytokinen, Wachstumsfaktoren und von zellulärem Stress beteiligt. Ein dreistufiges **Kinasekaskadensystem** von der MAP-Kinase-Kinase-Kinase (MAP3K) über die MAP-Kinase-Kinase (MAP2K) führt zur MAP-Kinase, die die Effekte vom Rezeptor zu zytoplasmatischen Zielen und dem Zellkern vermittelt. Um eine zuverlässige Abfolge dieser MAP-Kinasekaskade zu gewährleisten, binden alle 3 Kinasen an ein intrazelluläres Gerüstprotein und befinden sich damit in unmittelbarer räumlicher Nähe zueinander.

Weitere kleine G-Proteine   Ras reguliert schließlich weitere kleine G-Proteine (◻ Abb. 2.6), insbesondere die **kleinen G-Proteine Rac** und **Rho**. Rac und Rho steuern u. a. das Zytoskelett und stressaktivierte Kinasen, die das Signal über den Transkriptionsfaktor AP-1 in den Kern weiterleiten. Die Transkription von Genen und die Synthese neuer Proteine erlauben es der Zelle, auf veränderte extrazelluläre Bedingungen zu reagieren. Kleine G-Proteine regulieren viele weitere zelluläre Funktionen, z. B. sind **Rab**-GTPasen an der Kontrolle des **Vesikeltransports** beteiligt und **Ran**-GTPasen regulieren den Import von Proteinen in den **Zellkern**.

2.5.3 Apoptose, Nekrose und Autophagie

Bei der Apoptose, auch programmierter Zelltod genannt, wird ein festgelegtes intrazelluläres Signalprogramm aktiviert, das zum Tod der Zelle führt.

Bedeutung der Apoptose   Zellen werden in unserem Körper ständig durch **Zellproliferation** neu gebildet und durch **Apoptose** entfernt. Über Zellproliferation und Apoptose kann die jeweilige Zellzahl reguliert und an die funktionellen Anforderungen angepasst werden. Ferner können beschädigte, mit intrazellulären Erregern infizierte oder unkontrolliert wachsende Zellen durch Apoptose eliminiert werden. Apoptose ist ein suizidaler Zelltod, der nach einem bestimmten Programm abläuft.

Kennzeichen der Apoptose   Bei Apoptose kommt es zu **typischen Veränderungen der Zelle**, insbesondere zu **Zellschrumpfung**, Fragmentation der DNA, Kondensation des nukleären Chromatins, Fragmentation des Nukleus und zur Abschnürung kleiner Zellanteile, den apoptotischen Körperchen. In der Zellmembran wird z. B. unter der Wirkung von hohen intrazellulären Ca^{2+}-Konzentrationen **Phosphatidylserin** umgelagert. Phosphatidylserin an der Oberfläche apoptotischer Zellen bindet an Rezeptoren von Makrophagen, welche die apoptotischen Zellen phagozytieren und dann intrazellulär abbauen. Damit wird die Freisetzung intrazellulärer Proteine verhindert, die sonst zu einer Entzündung führen würde.

Apoptosestimuli   Apoptose kann sowohl durch **Rezeptoren**, wie z. B. CD95 (FAS) oder den Tumor-Nekrose-Faktor-Rezeptor, sowie durch **Stressreize**, wie ionisierende Strahlen, UV-Licht, Hitze oder Zytostatika ausgelöst werden (◻ Abb. 2.8).

Caspasen   **Apoptose** wird durch die Aktivierung intrazellulärer Proteasen aus der Familie der Caspasen vermittelt. **Caspasen** schneiden Proteine zwischen den Aminosäuren **C**ystein und **Asp**artat. Die oben genannten Rezeptoren bzw. Stimuli aktivieren über verschiedene intermediäre Enzyme Caspase 3, das ein Schlüsselenzym für die Exekution von Apoptose ist. **Caspase 3** vermittelt direkt oder indirekt die Spaltung vieler zellulärer Proteine, die Fragmentation der nukleären DNA, Veränderungen des Zytoskeletts und eine Disintegration der Zelle.

Klinik

Proto-Onkogene und Onkogene

Proto-Onkogene sind wachstumsregulierende Gene, deren **aktivierende Mutation** zu einer **unkontrollierten Zellproliferation** führt und/oder apoptotischen Zelltod hemmt. Diese durch Mutation veränderten zellulären Gene bezeichnet man als **Onkogene**. Onkogene können in Wirtszellen auch durch Viren eingebracht werden.

Onkogene werden in Tumorzellen exprimiert und ihre Wirkung trägt entscheidend zur Entwicklung maligner Tumoren bei. Zu den Proto-Onkogenen und in mutierter Form den Onkogenen zählen u. a. die Rezeptortyrosinkinasen **v-Erb**, die zytosolischen Kinasen **Src** und **Raf**, die Transkriptionsfaktoren **Myc, Jun, Fos** und **Myb**, das

kleine G-Protein **Ras** und das antiapoptotische Protein **Bcl2**. Die bei Ras gefundenen Mutationen aktivieren Ras u. a. durch Verzögerung der Abspaltung von Phosphat aus dem GTP und der daraus resultierenden Inaktivierung des G-Proteins.

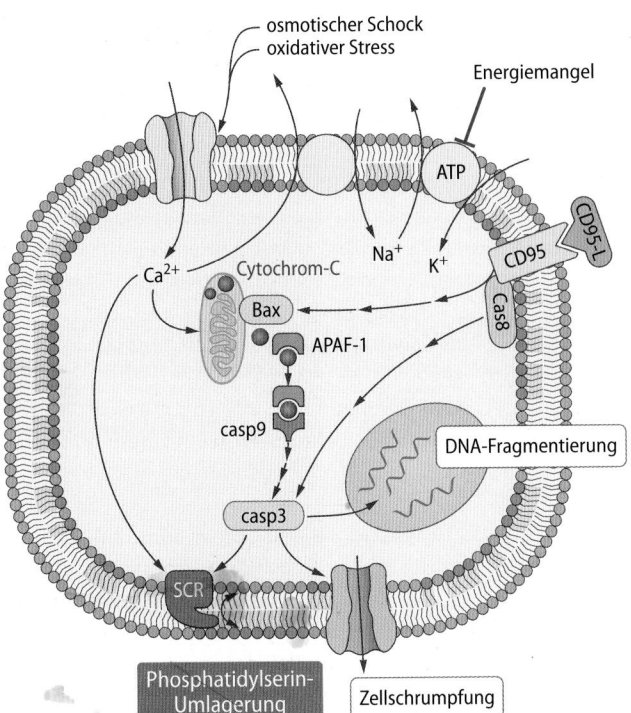

osmotischer Schock
oxidativer Stress
Energiemangel
ATP
CD95-L
Ca²⁺   Cytochrom-C   Na⁺   K⁺   CD95
Bax   Cas8
APAF-1
casp9   DNA-Fragmentierung
casp3
SCR
Phosphatidylserin-Umlagerung   Zellschrumpfung

Abb. 2.8   Apoptotische Signalkaskaden. Apoptose kann über Schädigung der Zelle bzw. ihrer Mitochondrien sowie über Rezeptoren (z. B. CD95) ausgelöst werden. Mitochondrien setzen unter Vermittlung des Proteins Bax Cytochrom C (roter Kreis) frei, das gemeinsam mit dem Adapterprotein APAF-1 die Caspase 9 (casp 9) aktiviert. Letztlich wird Caspase 3 (casp 3) aktiviert, die andere Proteine spaltet, durch Aktivierung der Phospholipid-Scramblase (SCR) eine Phosphatidylserinumlagerung in der Zellmembran bewirkt, durch Aktivierung von Kanälen in der Zellmembran zu Zellschrumpfung und durch Aktivierung von Endonukleasen zum Abbau nukleärer DNA führt. Apoptose kann auch über gesteigerten Ca²⁺-Einstrom (Kationenkanäle) ausgelöst werden. CD95=Todesligandrezeptor, CD95-L=Todesligand

Mitochondrien   Viele proapoptotische Stressreize wirken in der Zelle über sog. **Bcl-2-ähnliche Proteine**, insbesondere **Bax, Bak, Bad** und **Bid**, die das apoptotische Signal auf Mitochondrien übertragen (**Abb. 2.8**). Die Wirkung der Proteine wird durch **Bcl-2** gehemmt. Die Interaktion dieser Proteine mit den Mitochondrien führt zu einer Depolarisierung der Mitochondrien und zu einer Freisetzung von **Zytochrom C**. Zytochrom C bindet an ein Adapterprotein (APAF-1), der Komplex bindet **Caspase 9**, die damit aktiviert wird, wiederum **Caspase 3** schneidet und damit aktiviert, die dann schließlich Apoptose induziert.

Nekrose   Mechanische, chemische und thermische Schädigungen der Zelle können die Integrität der Zellmembran aufheben, Elektrolyte und Wasser strömen ein und die Zelle platzt. Dabei spricht man von **nekrotischem Zelltod**. Auch bei Energiemangel (z. B. bei Mangeldurchblutung) können die Elektrolytgradienten über die Zellmembran nicht aufrechterhalten werden und die Zelle stirbt durch Nekrose. Im Gegensatz zur Apoptose werden bei Nekrose intrazelluläre Proteine frei, wodurch eine Entzündungsreaktion entsteht. Bisweilen versucht die Zelle bei Schädigung bzw. Energie-

mangel durch Auslösung von Apoptose einer Nekrose zuvorzukommen.

> **Bei Apoptose kommt es zur Zellschrumpfung, bei Nekrose zur Zellschwellung.**

Autophagie   In diesem komplexen Vorgang verdaut die Zelle eigene Bestandteile. So haben viele Zellorganellen nur eine Halbwertszeit von Tagen und müssen in der Zelle abgebaut werden. Dabei wird mithilfe einer Vielzahl von Proteinen eine neue Doppelmembran um das zu verdauende Protein, Vesikel oder Organell gebildet, sodass ein **Autophagosom** entsteht. Durch Verschmelzung mit einem Lysosom entsteht ein **Autophagolysosom**, in dem der überflüssige/schädliche/gealterte Zellbestandteil schließlich abgebaut wird, teilweise aber auch der Neusynthese zur Verfügung gestellt wird.

In Kürze

Die Bindung eines Liganden an einen Wachstumsfaktorrezeptor führt zur Aktivierung von **Rezeptor-Tyrosinkinasen** oder Rezeptoren mit assoziierten **Tyrosinkinasen**. Diese führt zur **Autophosphorylierung** des Rezeptors, worauf Adapterproteine binden und ein Multienzymkomplex entsteht. Das Signal wird in die Zelle über Kinasen, kleine G-Proteine und weitere Signalmoleküle weitergegeben.
Kleine G-Proteine werden durch den Austausch von GDP und GTP aktiviert und durch Hydrolyse von GTP inaktiviert. Sie regulieren intrazellulär Signalwege, die zur Proliferation und Differenzierung der Zelle führen. Das bekannteste kleine G-Protein ist das **Ras-Protein**. Aktive **Mutanten von Ras** sind für die Entstehung und das Wachstum vieler maligner Tumoren verantwortlich. **Proapoptotische Stimuli** induzieren Apoptose u. a. über Aktivierung von Caspasen. Die Folge ist Abbau der Zellstrukturen, Fragmentation der DNA, Zellschrumpfung und Umlagerung von Phosphatidylserin in der Zellmembran. Apoptose dient dem **physiologischen Umsatz von Zellen** ohne Auslösung von Entzündung. Bei **Nekrose** kommt es umgekehrt zu Zellschwellung, Freisetzung zellulärer Proteine und Entzündung. **Autophagie** dient dem Verdau intrazellulärer Moleküle und Organellen.

2.6   Eikosanoide und Endocannabinoide

Die Aktivierung einer Phospholipase A₂ setzt aus Membranphospholipiden Arachidonsäure frei, aus der u. a. Prostaglandine, Leukotriene und Endocannabinoide gebildet werden.

Arachidonsäurebildung   Durch Aktivierung einer **Phospholipase A₂** (PLA₂) wird aus Zellmembranphospholipiden die mehrfach ungesättigte Fettsäure Arachidonsäure freigesetzt (**Abb. 2.9**). PLA₂ wird u. a. durch Anstieg der intrazellulären

2

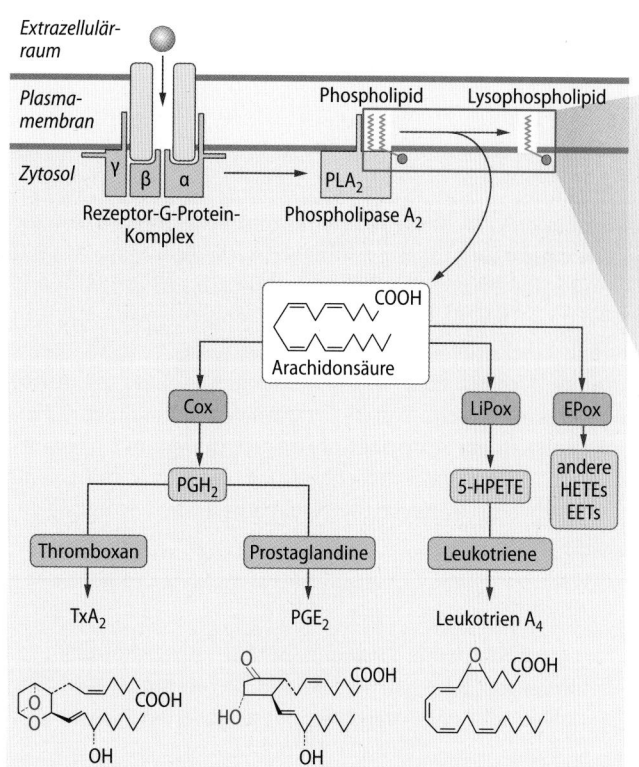

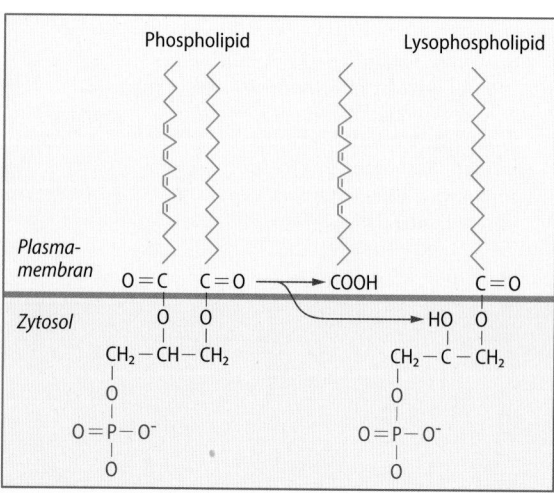

◻ Abb. 2.9   Eikosanoide. Durch eine Phospholipase A₂ (PLA₂) wird Arachidonsäure aus Membranphospholipiden freigesetzt. Aus Arachidonsäure entstehen über Zyklooxygenase (COX) über das Zwischenprodukt PGH₂ Prostaglandine und Thromboxan. Ferner werden über Lipoxygenasen (LiPox) über das Zwischenprodukt 5-Hydroperoxyarachidonsäure (5-HPETE) Leukotriene, und über Epoxygenase (Epox) Hydroxyeicosatriensäuren (HETE) und Exoxyeicosatriensäuren (EET) gebildet.

Ca^{2+}-Konzentration und viele Entzündungsmediatoren (u. a. Histamin, Serotonin, Bradykinin) stimuliert. Glukokortikoide hemmen die PLA_2.

Zyklooxygenaseprodukte   Arachidonsäure kann durch die Enzyme Zyklooxygenase und Peroxidase zu Prostaglandin H₂ (PGH₂) umgewandelt werden. Aus PGH_2 können in weiteren Reaktionen Prostaglandine (z. B. PGE_2 und $PGF_{2\alpha}$) und **Thromboxan** A_2 entstehen. Prostaglandine werden u. a. von hypoxischen Zellen oder bei Entzündungen gebildet. Die Zyklooxygenase COX1 wird ubiquitär exprimiert (▶ Box „Magenblutungen nach Therapie mit Zyklooxygenasehemmern"). Bei Entzündungen wird u. a. in Makrophagen, Leukozyten und Fibroblasten eine induzierbare Zyklooxygenase (COX2) vermehrt exprimiert und sorgt für die gesteigerte Bildung von Prostaglandinen. Im Endothel ist COX2 jedoch konstitutiv exprimiert und bildet dort Prostazyklin (PGI₂). Thromboxan A₂ wird vor allem bei Aktivierung von Thrombozyten freigesetzt.

❯ COX2 wird bei Entzündung induziert, im Endothel ist sie jedoch konstitutiv vorhanden.

Die Wirkungen von Prostaglandinen erfolgt über die G-Protein-gekoppelten Endoperoxid-Rezeptoren und zielen in erster Linie auf den Schutz von Zellen ab. Sie drosseln bestimmte zelluläre Leistungen (z. B. die Salzsäuresekretion im Magen) und fördern durch Erweiterung benachbarter Gefäße die Versorgung der Zelle mit Sauerstoff und Substraten. Besonders bedeutsam sind **Prostaglandine** bei **Entzündungen**. Sie lösen **Schmerzen** und **Fieber** aus und steigern neben der **Durchblutung** auch die **Blutgefäßpermea-**

bilität (▶ Kap. 20.2). Damit erleichtern sie das Einwandern von Entzündungszellen und das Eindringen von Antikörpern in das entzündete Gewebe. Das vor allem bei Aktivierung von Thrombozyten gebildete **Thromboxan A₂** dient in erster Linie der **Blutungsstillung** (Hämostase) (▶ Kap. 23.6).

Lipoxygenaseprodukte   Vor allem bei Entzündungen werden Lipoxygenasen aktiviert, die Arachidonsäure zu **Leukotrienen** umsetzen. Bestimmte Leukotriene wirken stark bronchokonstriktorisch sowie ödematös und spielen bei **Asthma** eine große Rolle.

Epoxygenase   Schließlich können über Oxidation aus Arachidonsäure **H**ydrox**y**eicosa**te**tra**e**nsäuren (**HETE**) und **E**poxy**e**icosa**t**riensäuren (**EET**) gebildet werden. HETE und EET stimulieren u. a. die Ca^{2+}-Freisetzung und fördern Zellproliferation.

Endocannabinoide   Aus der Arachidonsäure leiten sich auch Endocannabinoide ab, insbesondere das Arachidonylethanolamid, das auch als Anandamid bezeichnet wird, der 2-Arachidonylglycerylether und das Arachidonylglycerol. Endocannabinoide binden an Cannabinoid-Rezeptoren, die sog. Cannabinoid-Rezeptor-1 (CB1) und -2 (CB2). CB1 findet sich insbesondere im zentralen Nervensystem, CB2 insbesondere auf Immunzellen.

Cannabinoid-Rezeptoren regulieren eine Vielzahl von Signalwegen, z. B. G-Proteine, Kaliumkanäle, Kalziumkanäle, den MAP-Kinaseweg, stressaktivierte Proteinkinasen und Transkriptionsfaktoren wie c-Jun und c-Fos.

Klinik

Magenblutungen nach Therapie mit Zyklooxygenasehemmern

Zu den am häufigsten verwendeten Pharmaka überhaupt zählen die **Zyklooxygenasehemmer**. Über Hemmung der **Prostaglandinsynthese** senken sie Fieber, mindern Schmerzen und unterdrücken Entzündungen. Über Hemmung der Thromboxanbildung durch Zyklooxygenase-1 (COX-1) setzen sie die Aktivierung der Gerinnung des Blutes herab.

Zyklooxygenase-(COX-)Hemmer, wie Acetylsalicylsäure, werden zur Senkung von Fieber und Bekämpfung von Schmerzen und Entzündungen eingesetzt. Ihre Thromboxan-A_2-senkende Wirkung vermindert die Thrombozytenaktivierung und damit das Risiko von Gefäßverschlüssen. COX-1-Hemmer unterbinden jedoch auch die protektive Wirkung von Prostaglandinen, z. B. im Magen, also die **Hemmung der Salzsäure-**

sekretion und die Stimulation der Bildung von schützendem Schleim. Unter COX-1-Hemmern kann es daher zu Läsionen der **Magenwand** kommen (peptische Ulzera). Spezifische Hemmer der COX-2 beeinträchtigen deutlich weniger die Bildung von Prostaglandinen in der Magenwand, erhöhen jedoch durch die Hemmung der COX-2 im Endothel und somit durch Senkung der Prostazyklinbildung das **Herzinfarktrisiko**.

In Kürze

Eikosanoide sind eine Gruppe mehrfach ungesättigter Fettsäuren, die sowohl als intrazelluläre Transmitter, als auch als Signalstoffe für Nachbarzellen dienen und aus **Arachidonsäure** gebildet werden. Die Zyklooxygenase bildet **Prostaglandine** und **Thromboxan**, die Lipoxygenase **Leukotriene** und die Epoxygenase **Hydroxyeicosatetraensäuren** (HETE). Prostaglandine und Leukotriene vermitteln vor allem Wirkungen von Entzündungen. Thromboxan A_2 wirkt bei der Blutungsstillung mit.

Literatur

Alberts B, Johnson A, Lewis J, Morgan D, Raff M, Roberts K, Walter P (2014) Molecular biology of the cell, 6th edn. Garland Science, New York

Heinrich PC, Müller M, Graeve G (2014). Löffler/Petrides - Biochemie und Pathobiochemie, Springer Verlag, 9. vollständig überarbeitete Auflage

Transport in Membranen und Epithelien

Michael Fromm

© Springer-Verlag GmbH Deutschland, ein Teil von Springer Nature 2019
R. Brandes et al. (Hrsg.), *Physiologie des Menschen*, Springer-Lehrbuch
https://doi.org/10.1007/978-3-662-56468-4_3

Worum geht's?

Der Körper muss in seiner Zusammensetzung konstant gehalten werden

Das ist schwierig, denn die Zellen und Organe des Körpers besitzen zwar wirksame Barrieren, aber durch diese hindurch müssen auch Substanzen geschleust werden. Die Barrieren werden bei Zellen durch **Zellmembranen** und in vielen Organen durch **Epithelien** (und Endothelien) gebildet.

Zellmembranen und Epithelien stellen somit **zugleich Grenzen und Passierstellen** dar, welche die gezielte Aufnahme und Abgabe von Wasser sowie darin gelösten Ionen, Nährstoffen und vielen anderen Substanzen regeln. Bei einzelnen Zellen werden die Grenzen für wasserlösliche Substanzen vor allem durch die Lipidschicht der Zellmembranen gebildet. Bei Epithelien müssen zusätzlich auch die Spalten zwischen den Zellen durch zellverbindende Proteine abgedichtet werden.

Die Passierstellen sind Kanäle, Carrier und Pumpen

Die Passierstellen werden durch Proteine in der Zellmembran gebildet. Es gibt drei Formen: Kanäle, Carrier und Pumpen. Bei Epithelien gibt es darüber hinaus auch Kanäle, die zwischen den Zellen hindurchführen. Die meisten **Kanäle** können offen oder geschlossen sein und je nach Kanalsorte Ionen wie Natrium, Kalium, Chlorid oder Wasser hindurchlassen.

Carrier transportieren ebenfalls nur bestimmte Stoffe. Eine besonders raffinierte Sorte von Carriern transportiert nur dann, wenn sich zwei oder drei bestimmte Substanzen zugleich anlagern. Ein Beispiel ist Natrium und Glukose. Wenn für Natrium ein Konzentrationsunterschied besteht, sodass es in die Zelle hinein transportiert wird, nimmt es das Glukosemolekül mit, sodass dieses aufgenommen wird, auch wenn es außen nur noch gering konzentriert ist. Eine besondere Form der Carrier sind **Pumpen**, auch **Transport-ATPasen** genannt. Bei ihnen wird Energie des Moleküls ATP verwendet, um den Transport auch entgegen eines Konzentrationsunterschieds zu bewerkstelligen. Dieser „Bergauf"-Transport wird als **aktiver Transport** bezeichnet.

Röhrenförmige Epithelien besitzen eine einheitliche Strategie des Transports

Typischerweise werden in den proximalen Abschnitten des Darms, der Nierentubuli und der Drüsenausführungsgänge große Mengen gegen geringe Konzentrationsunterschiede aufgenommen (**resorbiert**) oder abgegeben (**sezerniert**). Fast alle Nährstoffe werden nur hier resorbiert. In den distalen Abschnitten dagegen werden kleine Mengen gegen große Konzentrationsunterschiede transportiert. Hier werden fast nur noch Ionen und Wasser resorbiert, und zwar jeweils so, dass deren Konzentrationen im Körper gleichbleiben. (◘ Abb. 3.1)

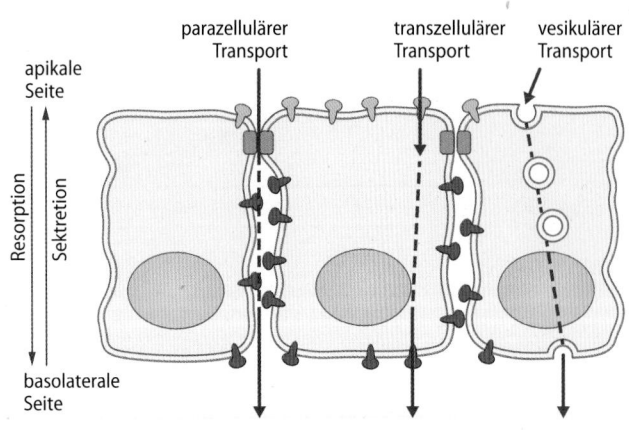

◘ **Abb. 3.1   Transportwege durch Membranen und Epithelien**

3.1   Transmembranale Transportproteine

3.1.1   Kanäle und Carrier

Kanäle und Carrier sind Transportproteine, die das innere Milieu konstant halten; bei angeborenen Defektkrankheiten von Kanälen und Carriern kommt es zu Mangel- oder Überschusszuständen der transportierten Solute.

Milieu intérieur   Der Mensch muss mit der Umgebung dauernd Stoffe austauschen, zugleich aber sein flüssiges „inneres Milieu" konstant halten, obwohl die zugeführten Stoffe meist völlig anders zusammengesetzt sind. Dieser Stoffaustausch wird auf zellulärer Ebene durch die Zellmembranen und für den Gesamtorganismus durch Epithelien gewährleistet.

Membranen und Epithelien bilden Barrieren zwischen den Flüssigkeitsräumen des Körpers und transportieren in geregelter Weise Solute und Wasser durch diese Barrieren hindurch. Da die Stoffzusammensetzung der aufgenommenen Nahrung nicht ausreichend kontrolliert werden kann, geschieht die Konstanthaltung des inneren Milieus hauptsächlich durch Regelung der Ausscheidung durch Nieren, Darm, Lunge und Haut.

Kanäle und Carrier sind Transporter   Die Transportproteine sind asymmetrisch in der apikalen und basolateralen Zellmembran der Epithelzellen verteilt. Im Hinblick auf ihren Mechanismus kann man die Transporter in Kanäle und Carrier (mit einer Sonderform, den Pumpen) einteilen (◨ Tab. 3.1). Kanäle und Carrier sind **integrale Membranproteine**, die die gesamte Zellmembran mehrfach durchziehen und zumeist eine hohe Spezifität für den Transport einzelner Substanzen oder Gruppen ähnlicher Substanzen besitzen. Die Transportrate beider Transporterarten ist sättigbar. Einen Überblick über die wichtigsten Transporter der Zellmembranen gibt die Tabelle „Transporter der Zellmembranen (Auswahl)" im Anhang.

Spezifität   Kanäle und Carrier können für einzelne bzw. einander ähnliche Teilchensorten oder für Wasser spezifisch sein. Weiterhin unterscheiden sie sich hinsichtlich ihrer Permeabilität und ihrer molekularen Struktur. In manchen Fällen sind funktionell gleichartige Transporter in unterschiedlichen Zellen molekular verschieden, sodass eine große Zahl von Kanälen und Carriern identifiziert worden ist. Dies hat jedoch seine klinische Bedeutung in der Tatsache, dass **Defektkrankheiten** oft nur ganz bestimmte Transporter betreffen. Beispiele hierfür sind die **zystische Fibrose** (▶ Klinik-Box „Zystische Fibrose") und das **Bartter-Syndrom** (▶ Klinik-Box „Bartter-Syndrom").

Transportierende Kanäle   Ionenkanäle üben zwei ineinandergreifende Funktionen aus: Informationsweiterleitung und Transport. Die vorwiegend der **Informationsweiterleitung** dienenden Kanäle verursachen Änderungen des Zellmembranpotenzials erregbarer Zellen. Bei den in diesem Kapitel besprochenen Kanälen steht dagegen die **Transportfunktion** im Vordergrund. Transportierende Kanäle kommen in allen Zellen vor. In der Zellmembran von **Epithelzellen** sind sie für den Transport unabkömmlich und sind dort oft durch Hormone (Aldosteron, Vasopressin) oder second messenger (cAMP, Ca^{2+}, ▶ Kap. 2.3) aktivierbar bzw. induzierbar.

Wasserkanäle   Die Zellmembran besitzt für Wasser nur eine geringe Permeabilität, jedoch finden sich in fast allen Zellen wasserpermeable Kanäle, die Familie der *Aquaporine*. Sie besitzen kein Gating, sind also, wenn in die Zellmembran eingebaut, immer offen. In Epithelien existieren derartige Kanäle sowohl in der apikalen als auch der basolateralen Zellmembran. Keine bzw. nur eine sehr geringe Wasserpermeabilität und somit Aquaporin-Dichte weisen u. a. der aufsteigende Teil der Henle-Schleife und der Speicheldrüsengang auf. *Aquaporin 2* wird im Gegensatz zu den anderen Aquaporinen nur nach Stimulation mit antidiuretischem Hormon (**ADH**, Vasopressin) in die Zellmembran eingeschleust. Hierüber kann somit ADH-abhängig der transzelluläre Wasserstrom reguliert werden. Aquaporin 2 kommt bei Säugern ausschließlich in der apikalen Membran von spätdistalem Tubulus und Sammelrohr vor (▶ Kap. 33.2 und 33.4).

> **❯** Aquaporin 2 wird durch Antidiuretisches Hormon geregelt, alle anderen Aquaporine sind konstant in der Zellmembran vorhanden.

Carrier   Während Kanäle im geöffneten Zustand ohne weitere Konformationsänderung Teilchen mit hoher Geschwindigkeit passieren lassen, durchlaufen Carrier eine Änderung

◨ **Tab. 3.1**   Einige Eigenschaften von membranalen Transportproteinen

	Umsatzrate	Zahl pro Zelle	Unterscheidungsmerkmale	Symbole
Kanäle	10^6–10^8/s	10^2–10^4	Keine Flusskopplung	
Carrier	<10^4/s	10^4–10^{10}	Kein **gating**	Uni-, Sym-, Antiporter
Pumpen	10^2/s	10^5–10^7	Kein **gating**, ATP-Hydrolyse	ATP

3

Klinik

Zystische Fibrose

Symptome

Transportstörungen an Zellmembranen wirken sich in gleicher Weise oft an mehreren Organen aus. So treten z. B. bei der zystischen Fibrose (CF, Mukoviszidose), einer häufigen, autosomal-rezessiv vererbten Erkrankung (Allel-Häufigkeit in Deutschland ca. 1:50, Inzidenz 1:2500), vielfältige scheinbar zusammenhanglose klinische Störungen auf: eine Eindickung des Pankreassekrets mit anschließendem Stau verursacht eine Pankreasinsuffizienz. Es kommt zur Zystenbildung mit anschließendem bindegewebigem Umbau (**Fibrose**) des exokrinen Pankreas (daher der Name der Erkrankung). Die Pankreasinsuffizienz führt zu Verdauungsstörungen und Unter-

gewicht. In den Bronchiolen entsteht zu zäher Schleim, der schlecht abtransportiert wird. Dies führt zu chronischem Husten, starker Atembehinderung und Infektionen. Generalisierte Maldigestion und beeinträchtigte O_2-Aufnahme in der Lunge führen zu Verzögerung des Wachstums und der Pubertät. Die NaCl-Konzentration im Schweiß ist auf über 60 mmol/l erhöht (▶ Abschn. 3.4.7). Die mittlere Lebenserwartung beträgt bei intensiver Behandlung etwa 40 Jahre, unbehandelt etwa 20 Jahre.

Ursachen

Die oben genannten Symptome der CF sind im Wesentlichen auf einen generellen Defekt in allen Epithelien zurückzuführen,

nämlich auf einen fehlenden Membraneinbau oder einer verminderten Aktivierbarkeit des Cl^--Kanals CFTR (◻ Abb. 3.4). Dadurch kann u. a. in Lunge und Pankreas NaCl nicht ausreichend sezerniert werden, sodass die Sekrete nicht ausreichend verdünnt werden (◻ Abb. 3.10). Folge ist eine Verringerung und Viskositätserhöhung dieser Sekrete, sodass ihr Abfluss durch die entsprechenden Lumina erschwert wird. In den Schweißdrüsen dient CFTR der NaCl Resorption und die erhöhte NaCl-Konzentration im Schweiß ist ein frühes diagnostisches Merkmal der CF.

---

ihrer **Konformation** bei jeder Aufnahme und Abgabe der transportierten Teilchen. Sie transportieren daher wesentlich langsamer als Kanäle (◻ Tab. 3.1). Carrier zeigen nicht das bei den meisten Kanälen auftretende gating (Regulation der Kanalöffnung u. a. durch Potenzialänderungen). Einige spezialisierte Carrier, die Pumpen oder Transport-ATPasen, nutzen ATP als direkten Antrieb für den Transport.

❯ Im Gegensatz zu Kanälen sind Carrier nie vollständig geöffnet.

3.1.2 Symporter, Antiporter und Uniporter

Carrier können als Symporter und Antiporter unterschiedliche Solute in einem festen Zahlenverhältnis transportieren.

Flusskopplung   Viele Carrier transportieren eine spezifische Kombination von zwei oder sogar drei Teilchensorten in einem festen Zahlenverhältnis (▶ Tab. im Anhang). Hinsichtlich der Transportrichtung unterscheidet man

- **Symporter**, die mehrere Teilchensorten in gleicher Richtung transportieren (positive Flusskopplung) und
- **Antiporter**, die Teilchensorten in entgegengesetzter Richtung transportieren (negative Flusskopplung).
- „Einfache" Carrier arbeiten ohne Flusskopplung und heißen **Uniporter**.

Der Begriff **Kotransport** wird in der Literatur teils für Flusskopplung und teils nur für Symport benutzt und daher hier vermieden.

❯ Flusskopplung bedeutet, dass zwei (oder drei) Teilchensorten gemeinsam transportiert werden.

Pumpen oder Transport-ATPasen   Sie bilden eine besondere Gruppe von „primär aktiven" Carriern (▶ Abschn. 3.3), da

sie nicht durch Diffusion angetrieben werden, sondern die Energie für den Transport aus der Hydrolyse von ATP zu ADP + Phosphat beziehen. Die **Transport-ATPasen** sind daher sowohl Enzyme als auch Transporter. Am bekanntesten ist die in allen Zellen vorkommende **Na^+/K^+-ATPase**, die bei Epithelien in der basolateralen Membran lokalisiert ist und pro ATP-Molekül 3 Na^+ gegen 2 K^+ transportiert (◻ Abb. 3.2a). Dieses Zahlenverhältnis bedeutet, dass die Na^+/K^+-ATPase im Nettoeffekt elektrische Ladung transportiert, also Strom erzeugt und zum Membranpotenzial beiträgt. Die Na^+/K^+-ATPase kann durch das Medikament Ouabain blockiert werden (siehe ◻ Abb. 3.2a). Es gibt in tierischen Zellmembranen drei wesentliche weitere Transport-ATPasen für kleine Ionen, nämlich Ca^{2+}-ATPase, H^+/K^+-ATPase und H^+-ATPase (▶ Tab. im Anhang).

Multidrug-Resistance-Protein-1 (MDR1)   Auch MDR1 (anderer Name P-Glykoprotein, Pgp) ist eine ATPase und gehört zu der großen Gruppe der **ABC-Transporter** (ATP binding cassette). MDR1 transportiert eine Vielfalt von unterschiedlichen Substanzen unter direktem ATP-Verbrauch gegen einen Konzentrationsgradienten aus der Zelle heraus. Es kann hineindiffundierende Substanzen bereits in der Zellmembran abfangen und befördert sie zurück. Dieser Transporter, der physiologischerweise z. B. in der Leber, im Dünndarm und in der Niere vorkommt und der Ausscheidung von Stoffwechselgiften dient, wird in vielen Tumorzellen fatalerweise verstärkt gebildet und verursacht dann eine Resistenz gegen zytostatische Medikamente (◻ Abb. 3.2b).

Zu der Vielzahl von ABC-Transportern gehört auch der Chlorid-Kanal CFTR, der sich bei Anlagerung von ATP bzw. ADP vollständig (wie für einen Kanal typisch) öffnet (▶ Klinik-Box „Zystische Fibrose"). Anders als bei den Transport-ATPasen verwerten bei den ABC-Transportern die ATP-Bindungsstellen die metabolische Energie des ATP nicht. Die ATP-Bindung dient hier nur als Regulator.

a

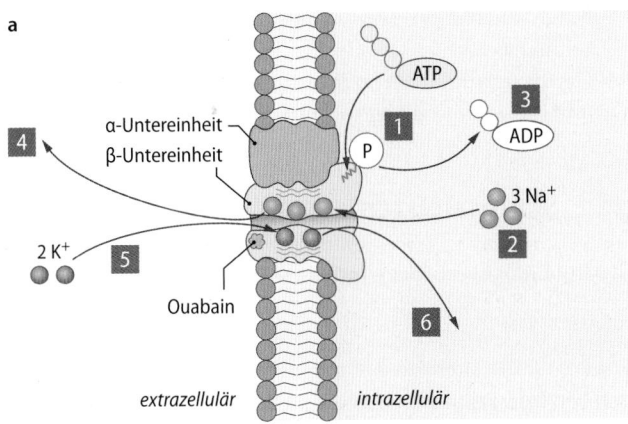

b

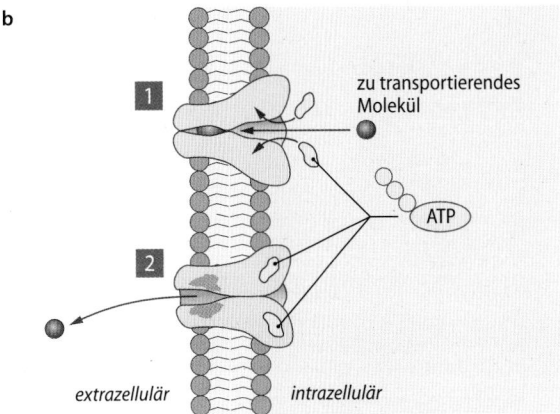

□ **Abb. 3.2a,b   ATP-abhängige Transporter. a** Na⁺/K⁺-ATPase. Sie transportiert Na⁺ und K⁺ gegen deren Gradienten („bergauf") und verbraucht hierzu metabolische Energie des ATP. Der Arbeitszyklus besteht aus sechs Schritten: [1] Ein ATP ist an die β-Untereinheit der ATPase gebunden und die intrazelluläre Porenseite ist offen. [2] Drei Na⁺ gelangen von intrazellulär an die Poreninnenseite und binden dort aufgrund hoher Affinität. [3] ATP wird zu ADP hydolysiert und ein Phosphat phosphoryliert einen Aspartatrest. Dies bewirkt Schließung der intrazellulären Porenseite. [4] Daraufhin öffnet sich die extrazelluläre Porenseite und entlässt das Na⁺ nach extrazellulär. In diesem Stadium kann sich das Medikament Ouabain anlagern und verursacht eine dauerhafte Schließung beider Porenseiten. [5] Im Gegenzug können zwei K⁺ von extra-

zellulär eintreten und an der Poreninnenseite binden. Das Phosphat verlässt seine Bindungsstelle und bewirkt Schließung beider Porenseiten. [6] K⁺ wird nach intrazellulär entlassen, nachdem durch Bindung eines neuen ATP die intrazelluläre Porenseite geöffnet wurde und dadurch ein neuer Arbeitszyklus beginnt. **b** MDR1 als Beispiel eines ABC-Transporters. Im ersten Schritt [1] kann ein lipophiles Molekül (z. B. ein Medikament) entweder beim Durchtritt durch die Zellmembran seitlich aufgenommen werden oder es gelangt von intrazellulär in den Transporter. [2] Nun lagern sich zwei ATP an und bewirken eine 90°-Drehung des Transporterproteins, die zu einer Schließung der intrazellulären Porenseite und zugleich Öffnung der extrazellulären Porenseite führt und das Molekül nach extrazellulär entlässt

---

In Kürze

Zellmembranen und Epithelien gewährleisten durch Barrierefunktion sowie Transport von Soluten und Wasser ein konstantes inneres Milieu. Dem Transport dienen zwei Arten von transportvermittelnden integralen Membranproteinen: **Kanäle** und **Carrier**. Ionenkanäle können im offenen Zustand sehr viel mehr Ionen pro Sekunde passieren lassen als Carrier. In Epithelzellen ist ihre Zahl jedoch sehr viel geringer als die der Carrier. Bei transepithelialen Transportwegen, an denen sowohl Kanäle als auch Carrier beteiligt sind, ist häufig der Transport durch die Kanäle limitierend für den transepithelialen Transport. Nicht alle Kanäle zeigen **gating**, z. B. sind die Wasserkanäle der Gruppe der Aquaporine konstant permeabel. **Transport-ATPasen** (Pumpen) sind eine Sonderform der Carrier, die ihre Energie zum Transport von Ionen aus der Hydrolyse von ATP beziehen. Sie sind somit zugleich Enzyme und Transporter.

3.2 Zusammenspiel von Transport und Barrierefunktion in Epithelien

3.2.1 Struktur der Epithelien

Epithelien grenzen die verschiedenen inneren Flüssigkeitsräume voneinander ab, ihr polarer Aufbau ermöglicht Resorption und Sekretion; beide können trans- und parazellulär verlaufen.

Funktionelle Außenseite   Epithelien begrenzen den Organismus nach außen sowie die verschiedenen Flüssigkeitsräume im Inneren. Mit „außen" ist keineswegs nur die durch die Haut abgegrenzte Körperaußenseite gemeint, sondern vor allem die „funktionelle Außenseite", die von den Lumina der von außen zugänglichen Körperhöhlen gebildet wird. Diese nehmen ihren Inhalt aus der Außenwelt auf oder geben ihn an die Außenwelt ab, z. B. Magen-Darm-Trakt, Nierentubuli, Schweißdrüsen, Speicheldrüsen. Epithelien bilden aber auch die Grenzflächen zwischen den inneren Flüssigkeitsräumen des Körpers, z. B. Pleura und Peritoneum. Funktionell gehören hierzu auch die **Endothelien**, die die inneren Auskleidungen der Gefäßwände darstellen.

Aufbau der Epithelien   Epithelien besitzen eine typische polare Struktur und sind miteinander in spezialisierter Weise durch Schlussleisten verbunden (□ Abb. 3.3). Die *apikale Zellmembran* ist definitionsgemäß der funktionellen Außenseite zugewandt. Sie bildet in vielen Epithelien fingerartige Ausstülpungen, die Mikrovilli und wird dann auch als Bürstensaummembran bezeichnet.

Die **basolaterale Zellmembran** besteht aus der basalen Zellmembran, die den Blutkapillaren zugewandt ist, und den seitlich gelegenen lateralen Zellmembranen. Der zusammenfassende Begriff basolaterale Zellmembran ist dadurch gerechtfertigt, dass beide Anteile mit gleichartigen Transportern ausgestattet und ohne entscheidende weitere Barriere dem interstitiellen Raum zugewandt sind. Die Basalmembran dient als Wachstumsschiene und vermittelt den basalen Zusammenhalt, stellt jedoch für den transepithelialen Transport keine wesentliche Barriere dar.

3

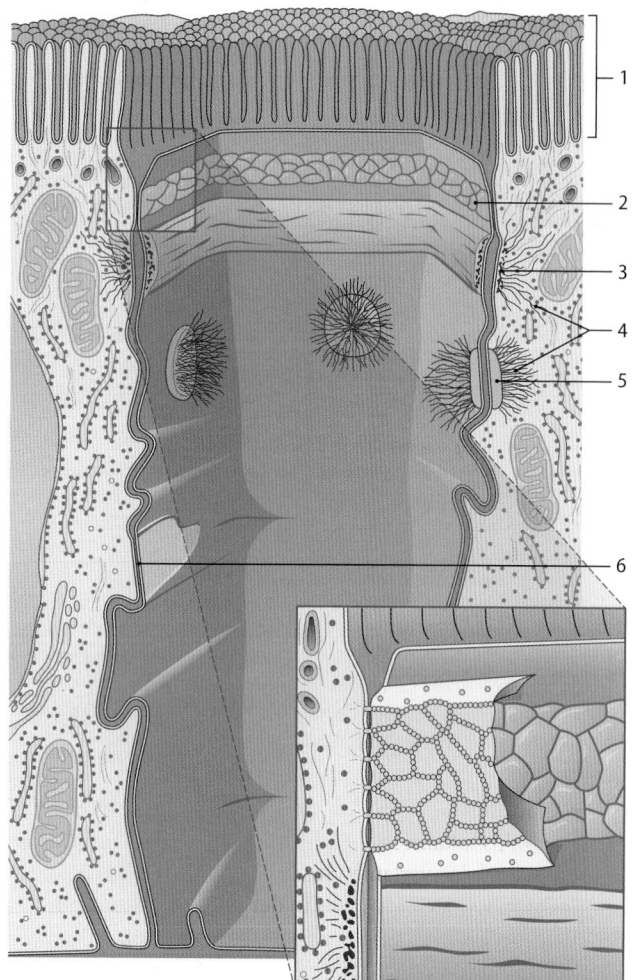

durch einen mehr oder weniger großen Anteil des Interzellularspalts.
- Der **parazelluläre Weg** führt durch die **tight junction**
und die gesamte Länge des Interzellularspalts.

3.2.2 Schlussleisten

Die **Tight junction** bildet eine Barriere zwischen Epithelzellen,
kann aber auch parazellulären Transport vermitteln.

Struktur   Die lateralen Membranen benachbarter Zellen bilden den Interzellularspalt und sind durch insgesamt drei Arten
von Zellverbindungen miteinander verknüpft (◘ Abb. 3.3):
tight junction, Desmosom und Konnexon. Während Desmosomen und Konnexone auch an anderen Zellarten vorhanden
sind, ist die tight junction (**Zonula occludens**) charakteristisch
für Epithelien und ihre Barrierefunktion. Sie ist nahe der funktionellen Außenseite zu finden und grenzt somit die apikale
von der lateralen Zellmembran ab. Auch die Endothelien der
Blutgefäße werden durch tight junctions abgedichtet und bilden so relativ dichte Barrieren wie die Blut-Hirn-Schranke
(► Kap. 22.2).

Tight-junction-Proteine   Das **tight-junction-Maschenwerk**
(◘ Abb. 3.4) besteht im Wesentlichen aus zwei Proteinfamilien: **Claudine** (beim Menschen 26 Mitglieder) und **TAMP**
(tight junction-associated MARVEL proteins; 3 Mitglieder:
Occludin, Tricellulin und Marvel-D3). Diese Proteine sind
über intrazelluläre Proteine (u. a. ZO-1, ZO-2 und ZO-3) mit
dem Zytoskelett der Zelle verbunden. Sie bestehen aus vier
Transmembrandomänen sowie einer intrazellulären und
zwei extrazellulären Schleifen, ECL1 und ECL2. Die ECL1
bestimmt durch die Anordnung und Ladung ihrer Aminosäuren die Barriere- bzw. Permeabilitätseigenschaften, während die ECL2 hierzu ebenfalls beiträgt, aber ansonsten vorwiegend Halte- und Rezeptorfunktion hat. Eine weitere
Proteinfamilie stellt JAM (**junctional adhesion molecule**)
dar. JAM besitzt eine Transmembrandomäne und gewährleistet im Bereich der tight junction deren Zusammenhalt.

Funktionen   Tight junctions haben zwei Barrierefunktio-
nen, enthalten aber auch Kanäle:
- Zum einen bilden sie eine Barriere für die **laterale Diffusion** von anderen Membranproteinen, sodass sich z. B.
apikale und basolaterale Transporter nicht vermischen.
- Zum anderen bilden sie eine Barriere für den **transepithelialen Transport**. Diese Barriere ist in einigen
Epithelien fast undurchlässig für alle Solute und Wasser,
jedoch in anderen für Ionen sogar durchlässiger als die
Zellmembranen. Die Permeabilität der **tight junction**
wird vor allem durch das Vorhandensein von kanal-
bildenden Proteinen aber auch durch die Ausdehnung
ihres Maschenwerks (◘ Abb. 3.4, Insert), bestimmt.

Die Mehrzahl der **tight-junction**-Proteine hat abdichtende
Funktion. Beispiele hierfür sind **Claudin-1, -3, -4, -5, -8, -14**

◘ **Abb. 3.3   Epitheliale Zellverbindungen.** Dünndarmepithel. Die
mittlere Zelle ist ohne Zytoplasma dargestellt. 1 Mikrovilli, 2 Zonula occludens (tight junction), 3 gürtelförmige Desmosomen (adherens junctions),
4 Tonofilamente, 5 punktförmige Desmosomen, 6 Konnexone (gap junctions). Rechts unten: Vergrößerte Darstellung der tight junction. (Nach
Krstic 1976)

Polarität   Epitheliale Rezeptoren und Transporter werden
nach ihrer zellulären Synthese zunächst in nahe gelegene
Membranvesikel eingebaut, die dann mit der apikalen oder
basolateralen Zellmembran verschmelzen. So wird z. B. der
Aldosteron-induzierte epitheliale Na⁺-Kanal (**ENaC**) stets
apikal und die Na⁺/K⁺-ATPase stets **basolateral** eingebaut.

❯ Die Na⁺/K⁺-ATPase ist stets basolateral lokalisiert.

Richtungen und Wege   Transport durch die Zellmembran in
die Zelle hinein bzw. aus ihr heraus wird als **Influx** bzw. **Efflux**
bezeichnet. Transport durch Epithelien hindurch von der
funktionellen Außenseite ins Interstitium wird als **Resorption** und in umgekehrter Richtung als **Sekretion** bezeichnet.
Dieser transepitheliale Transport erfolgt auf zwei möglichen
Wegen:
- Der **transzelluläre Weg** führt durch die apikale und
basolaterale Membran der Epithelzelle und zumeist

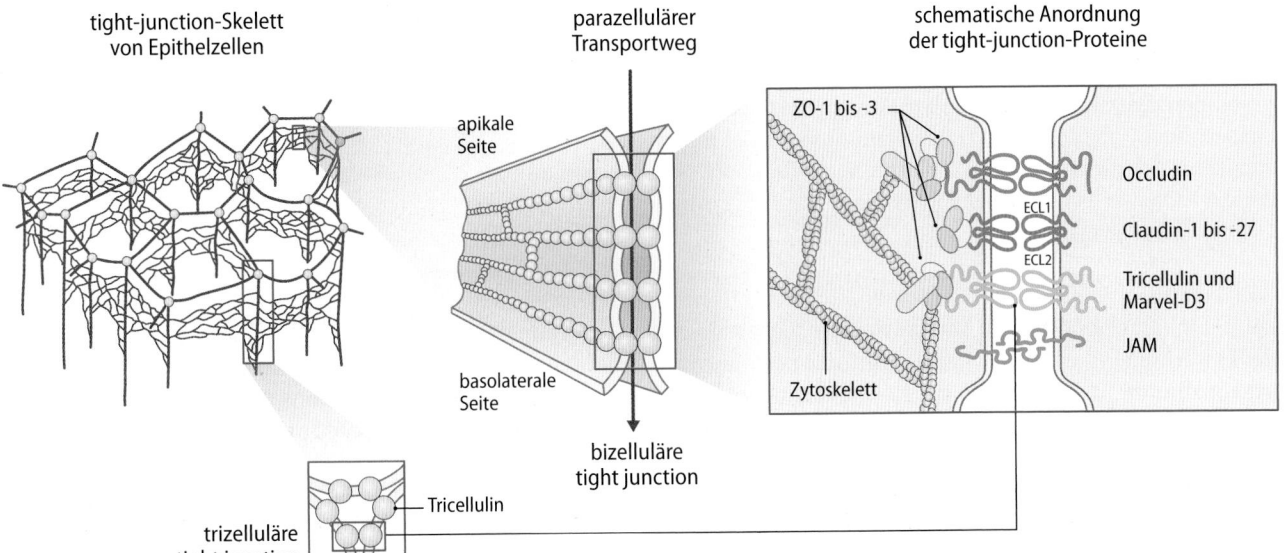

tight-junction-Skelett von Epithelzellen

parazellulärer Transportweg

schematische Anordnung der tight-junction-Proteine

apikale Seite

basolaterale Seite

bizelluläre tight junction

trizelluläre tight junction

Tricellulin

ZO-1 bis -3

ECL1

ECL2

Occludin

Claudin-1 bis -27

Tricellulin und Marvel-D3

JAM

Zytoskelett

◘ Abb. 3.4   Aufbau der tight junction. Die tight junction besteht aus Membranproteinen, deren extrazelluläre Schleifen (ECL1 und 2) zwischen zwei Zellen (bizelluläre tight junction, bTJ) oder an den Kontaktpunkten zwischen drei Zellen (trizelluläre tight junction, tTJ) angeordnet sind. Die tight junction-Proteine benachbarter Zellen haben abdichtende oder kanalbildende Funktion. Während Claudine und Occludin vorwiegend in der bTJ lokalisiert sind, finden sich Tricellulin und Marvel-D3 überwiegend in der tTJ

und Occludin. Eine spezielle Barrierefunktion übt **Tricellulin** aus, indem es an der Kontaktstelle zwischen drei Epithelzellen (**trizelluläre tight junction**) den Durchtritt von Makromolekülen verhindert.

Parazelluläre Kanäle   Einige Claudine haben entgegengesetzte Funktion (▶ Tab. im Anhang, „Junktionale Kanäle"): Sie bilden zusammen mit Claudinen der Nachbarzelle parazellulär verlaufende Kanäle durch die **tight junction** hindurch (also nicht durch die Zellmembran).
Folgende Claudine bilden parazelluläre Kanäle:

— Kationenselektiv

— **Claudin-2** bildet einen parazellulären Kanal für kleine Kationen **sowie für Wasser** und ist in allen Epithelien mit sehr durchlässigen tight junctions exprimiert. Die Eigenschaft „leckes Epithel" wird vor allem durch Claudin-2 bewirkt. Bei vielen inflammatorischen Erkrankungen wird in dem betroffenen Organ Claudin-2 hochreguliert, z. B. bei Colitis ulcerosa und Morbus Crohn, und bewirkt eine pathologisch gesteigerte Abgabe von Kationen und Wasser ins Lumen.

— **Claudin-10b** vermittelt Kationentransport in den Nierentubuli, Hirnrinde, Lunge und Darm.

— **Claudin-15** kommt in vielen Epithelien, insbesondere im Dünn- und auch Dickdarm konstitutiv vor. Es ist erhöht bei Zöliakie (wie auch Claudin-2).

— **Claudin-16 mit Claudin-19** steigern gemeinsam im aufsteigenden Teil der Henle-Schleife und im frühdistalen Tubulus indirekt die transzelluläre Mg^{2+}-Resorption durch Beeinflussung der treibenden Kräfte für Mg^{2+}. Bei hereditären Defekten kommt es zum Symptomenbild der familiären Hypomagnesämie, Hypercalziurie, und Nephrocalzinosie.

— Anionenselektiv

— **Claudin-10a** ist ausschließlich im proximalen Nierentubulus lokalisiert und vermittelt die dort vorwiegend parazellulär verlaufende Cl^--Resorption.

— **Claudin-17** ist ebenfalls in der Niere lokalisiert und vermittelt parazelluläre Anionenresorption.

❯ Claudine sind tight-junction-Proteine, von denen einige abdichtend wirken, während andere parazelluläre Kanäle bilden.

Epitheliale Barrierestörungen   Störungen der Barriere wurden für eine Vielzahl von Erkrankungen als mitverursachender oder sogar ausschlaggebender Mechanismus erkannt, z. B. bei entzündlichen Darmerkrankungen wie Colitis ulcerosa und Morbus Crohn (s. u.), Infektionen mit enteropathogenen Bakterien einschließlich Toxinbildnern (z. B. Zonula-occludens-Toxin bei Cholera), Verlust der Immuntoleranz gegenüber Nahrungsmitteln (z. B. Glutenunverträglichkeit bei Zöliakie) und Medikamenten (z. B. NSAID). Epitheliale Barrierestörungen können zwei Folgen haben:

— einen pathologisch gesteigerten sekretorischen Durchtritt von kleinmolekularen Soluten und Wasser ins Lumen. Im Darm führt dies zu einer als **Leckflux-Diarrhö** bezeichneten Durchfallsymptomatik.

— einen resorptiven Durchtritt von Noxen (z. B. Nahrungsmittelantigene) in das Interstitium, die das Epithel weiter schädigen.

Desmosom   Das gürtelförmige Desmosom (**adherens junction**, Zonula adhaerens) dient dem mechanischen Zusammenhalt der Epithelzellen und bildet zusammen mit der **tight junction** den Schlussleistenkomplex (**junctional complex**).

3

Schlussleistenkomplex Der **Interzellularspalt** ist zwar apikal durch den Schlussleistenkomplex mehr oder weniger stark abgedichtet, am basalen Ausgang existieren jedoch keine vergleichbaren begrenzenden Strukturen. Der Interzellularspalt bleibt bei geringen Transportraten oder Sekretion eng, kann sich aber bei starker Resorption erheblich aufweiten. Er ist, außer bei extremer Engstellung, nur ein geringes Diffusionshindernis.

Gap junction Diese dritte Sorte von Zellverbindungen kommt in fast allen Geweben vor (Ausnahme: Skelettmuskel des Erwachsenen) und bildet Kanäle von Zelle zu Zelle. Aufgebaut sind die Gap junctions aus zwei aneinandergelagerten **Konnexonen** der beiden benachbarten Zellmembranen. Jedes Konnexon wiederum besteht aus sechs **Konnexin**-Proteinen, die im Zentrum eine Pore bilden (▶ Tab. im Anhang). Der sich daraus ergebende Kanal ist etwa 1,5 nm weit und permeabel für Solute bis etwa 1 kDa. Hauptfunktion ist die Kopplung von benachbarten Zellen durch Austausch von Botenstoffen und elektrischer Spannungsweiterleitung; sie gelten daher als **elektrische Synapsen**.

Anstieg der Ca²⁺-Konzentration
Ein starker Anstieg der intrazellulären Ca^{2+}-Konzentration, z. B. bei Zerstörung der Membran einer Zelle, führt zum Schließen der Konnexone, sodass die noch intakten Nachbarzellen abgeschottet werden. Bei einem Herzinfarkt beispielsweise wird dadurch die Ausbreitung der Schädigung begrenzt.

3.2.3 Leckheit von Epithelien

Die parazelluläre Permeabilität in Relation zur transzellulären Permeabilität bestimmt, ob ein Epithel **leck**, **dicht** oder **undurchlässig** ist.

Die **tight junction** ist trotz ihres Namens meist mehr oder weniger permeabel und bestimmt somit die parazelluläre Permeabilität. Die transzelluläre Permeabilität wird durch die Permeabilität der beiden Zellmembranen bestimmt. Der Quotient aus **tight junction**- und Membranpermeabilität bestimmt die **Leckheit** des Epithels. Man kann drei Klassen von Leckheit unterscheiden, die den Epithelien jeweils unterschiedliche Transporteigenschaften verleihen (◘ Tab. 3.2).

Einteilung der Leckheit
Die Einteilung der Leckheit bezieht sich auf die Relation der elektrischen Leitfähigkeiten, also hauptsächlich auf die Permeabilität für Na^+, K^+ und Cl^-. Für größere Solute oder für Wasser kann die Leckheit von der im Folgenden dargestellten Zuordnung abweichen. Daher korreliert eine veränderte Ionenpermeabilität der **tight junction** nicht notwendigerweise mit der Permeabilität für Makromoleküle.

Lecke Epithelien Für lecke Epithelien ist charakteristisch, dass sie viel transportieren, aber für kleine Solute keine wesentlichen Konzentrationsunterschiede aufbauen können. Definitionsgemäß sind ihre tight junctions permeabler als die Zellmembranen. Zu den lecken Epithelien gehören alle **proximalen Segmente von röhrenförmigen Epithelien**, also z. B. proximale Nierentubuli, Dünndarm, Gallenblase, Azini und proximale Segmente der Ausführungsgänge von Pankreas, Speicheldrüsen und Schweißdrüsen.

Die absolute Permeabilität und der transzelluläre Soluttransport dieser Epithelien ist zumeist hoch. Den Soluten folgt aus osmotischen Gründen Wasser und dieses führt aus Masseträgheitsgründen weitere Teilchen mit sich (**solvent drag**, s. u.). Dies führt zu einer Verstärkung des Nettotransports ohne zusätzlichen Verbrauch metabolischer Energie.

Dichte Epithelien Mengenmäßig transportieren dichte Epithelien i. d. R. wenig, aber sie können große Gradienten aufbauen. Zu den dichten Epithelien gehören alle **distalen Segmente von röhrenförmigen Epithelien**, z. B. distale Nierentubuli, Sammelrohre, Kolon, Rektum und distale Segmente der Ausführungsgänge von Pankreas, Speicheldrüsen und Schweißdrüsen. Bei dichten Epithelien ist definitionsgemäß die tight junction weniger permeabel als die Zellmembranen. Somit erfolgt der transepitheliale Transport vorwiegend transzellulär und zu einem kleineren Teil parazellulär. Bei diesen Epithelien sind die Transportraten z. B. durch **Hormone** in einem weiten Bereich geregelt. Es kann gegen mäßige bis sehr große Gradienten transportiert werden.

Undurchlässige Epithelien Sie transportieren extrem wenig und dienen vor allem als Barriere. Beispiele sind die **Epidermis** und die Harnblase.

Blut-Hirn-Schranke Die meisten Kapillarendothelien des Körpers sind leck, aber die des Gehirns sind ähnlich undurchlässig wie dichte Epithelien. Die Hirnkapillaren sind nicht

---

Klinik

Morbus Crohn

Morbus Crohn (Ileitis terminalis) ist eine chronisch entzündliche Darmerkrankung, die alle Wandschichten des Darms befällt und sich über mehrere nicht zusammenhängende Stellen des gesamten Verdauungstraktes ausbreiten kann. Ursache ist vermutlich eine dauerhafte Aktivierung der intestinalen Immunabwehr bei genetisch prädisponierten Menschen. Die hierbei vermehrt gebildeten proentzündlichen Zytokine wie Tumor-Nekrose-Faktor α (TNFα) und Interferon-γ sind Ursache der meisten Krankheitssymptome. Im Vordergrund der Beschwerden stehen Durchfälle, abdominale Schmerzen, Fieber, Gewichtsabnahme und perianale Fisteln. Pathophysiologisch bedeutsam ist die Barrierestörung des befallenen Darmepithels, die durch lokale Ulzera, vermehrte Apoptose und eine Schädigung der **tight junction** zustande kommt. TNFα bewirkt eine Abnahme des abdichtenden **tight-junction**-Proteins Claudin-8 und eine Zunahme des kationenkanalbildenden Proteins Claudin-2. Therapeutisch können bei schwerem Krankheitsverlauf Anti-TNFα-Antikörper oder lösliche TNFα-Rezeptoren eingesetzt werden.

◻ Tab. 3.2 Leckheit von röhrenförmigen Epithelien

	G_{TJ}/G_{Mem}	Nieren und Harnwege	Darm	Exokrine Drüsen*
Leck	>1	Proximaler Tubulus	Jejunum, Ileum	Azini, proximale Gangsegmente
Dicht	1 bis 1/100	Distaler Tubulus, Sammelrohr	Kolon, Rektum	Distale Gangsegmente
Undurchlässig	<1/100	Harnblase	–	–

G_{TJ}, G_{Mem}: Leitfähigkeiten von **tight junctions** bzw. Zellmembranen; * Speicheldrüsen, Schweißdrüsen, Pankreas

fenestriert und ihre tight junctions sind weniger permeabel als ihre Zellmembranen. Dies hat zur Folge, dass polare Moleküle, für die kein Transporter vorhanden ist, nicht oder kaum hindurchtreten können, während polare Moleküle, für die ein Membrantransporter existiert, sogar gegen einen elektrochemischen Gradienten transportiert werden können. Hinsichtlich der Barriereeigenschaften für Solute gilt analoges für die Blut-Liquor-Schranke, die Blut-Plazenta-Schranke und weitere Schranken des Körpers.

❯ **Röhrenförmige Epithelien gliedern sich funktionell ähnlich: Proximal transportieren sie große Stoffmengen gegen geringe Gradienten; distal geringe Mengen gegen hohe Gradienten.**

Segmentale Heterogenität Die Segmente der röhrenförmigen Epithelien in Niere, Darm und Ausführungsgängen der exokrinen Drüsen werden i. Allg. nach distal hin immer dichter (◻ Tab. 3.2). Diese segmentale Heterogenität bewirkt ein Muster der Aufbereitung der Ausscheidungsprodukte, das die genannten Epithelien in gleicher Weise verwirklichen und das in etwa der Dreiteilung in lecke, relativ dichte und praktisch undurchlässige Epithelien entspricht:

— **Erzeugung eines isoosmotischen Primärinhaltes.** Der primäre Inhalt des Lumens wird annähernd plasmaisoosmotisch produziert (glomeruläre Ultrafiltration, primäre Sekretion in den Azini der exokrinen Drüsen) und/oder durch Wassereinstrom isoosmotisch eingestellt (Magen, Anfangsteil aller röhrenförmigen Epithelien).

— **Isoosmotischer Massentransport.** Die lecken Epithelien der proximalen Segmente transportieren große Solut- und Wassermengen in nahezu isoosmotischer Weise ohne starke Beeinflussung durch Hormone.

— **Feineinstellung der Ausscheidungsprodukte.** Die relativ dichten Epithelien der distalen Segmente transportieren zwar nur kleinere Mengen, dies jedoch u. U. gegen erhebliche elektrochemische Gradienten. Die Transportraten werden durch Hormone geregelt. Hier werden demnach die auszuscheidenden Stoffe in ihrer Konzentration und Ausscheidungsrate so aufbereitet, dass das innere Milieu relativ konstant gehalten wird. Innerhalb der distalen Segmente nimmt die Leckheit stetig ab und somit die Fähigkeit, gegen Gradienten zu transportieren, stetig zu.

— **Speicherung der Ausscheidungsprodukte.** Das Epithel der Harnblase transportiert praktisch nicht, kann aber sehr große Gradienten zwischen Lumen und Blut über lange Zeit aufrechterhalten. Die Harnblase ist somit ausschließlich ein Speicherorgan.

> **In Kürze**
>
> Epithelzellen sind durch die **tight junction** miteinander verbunden und bilden dadurch eine Barriere gegen den Durchtritt von Soluten und Wasser. Die einzelne Epithelzelle besitzt eine unterschiedliche Ausstattung mit Kanälen, Carriern und Transport-ATPasen in ihrer apikalen und basolateralen Zellmembran. Erst die beiden Funktionen **Transport** und **Barriere** ermöglichen es dem Körper, unterschiedlich zusammengesetzte Kompartimente zu bilden. Der transepitheliale Transport kann transzellulär durch die Zellmembranen und parazellulär durch die **tight junction** verlaufen. Letztere werden vor allem durch die Familie der Claudine gebildet. Während die meisten **Claudine** zur Barrierebildung beitragen, bilden einige (Claudin-2, -10a, -10b, -15, -17, -16 mit -19) parazellulär verlaufende Kanäle. Bei zahlreichen Erkrankungen ist die Barriere verändert, was den Krankheitsprozess noch verstärken kann. Bei röhrenförmigen Epithelien wie Darm und Nierentubulus nimmt die Permeabilität der **tight junction** von proximal nach distal ab. Dadurch ergibt sich eine einheitliche Strategie der Aufbereitung der Ausscheidungsprodukte: In proximalen Segmenten werden große Mengen gegen kleine Gradienten trans- und parazellulär transportiert. In distalen Segmenten werden kleine Mengen auch gegen große Gradienten transportiert.

3.3 Aktiver und passiver Transport

3.3.1 Passiver Transport

Passiver Transport wird durch hydrostatische Druckgradienten, Konzentrationsgradienten und elektrische Spannung angetrieben.

3

Gradient Dieser im Folgenden häufig benutzte Begriff gibt den Abfall freier Energie eines Stoffes entlang einer Wegstrecke an (-dE/dx). In der Transportphysiologie wird auch die Richtung des Gradienten angegeben, da der Transport in biologischen Systemen nicht nur bergab „mit" (**passiver Transport**), sondern auch bergauf „gegen" den Gradienten (**aktiver Transport**) ablaufen kann. In Transportschemata werden oft Pfeile eingezeichnet (◻ Tab. 3.1), deren Richtung und Neigung den elektrochemischen Gradienten symbolisiert.

Aktive und passive Transportmechanismen Beide Formen benötigen Energie; diese wird entweder durch **ATP-Hydrolyse** oder durch physikalische Gradienten geliefert.

- Aktiver Transport kann gegen äußere Gradienten „bergauf" erfolgen.
- Passiver Transport geschieht stets in Richtung des äußeren Gradienten, also „bergab".

Die Einteilung in aktiv und passiv wird hauptsächlich zur Unterscheidung des durch Transportproteine vermittelten Transports benutzt. **Diffusion** durch die Lipidphase der Zellmembran sowie der parazelluläre Transport durch die Schlussleiste und den gesamten Interzellularspalt ist dagegen stets **passiv**.

Filtration bzw. Ultrafiltration Der Transport aufgrund eines **hydrostatischen Druckgradienten** durch einen Filter geschieht durch **Filtration**. Die Transportrate hängt linear von der treibenden Kraft ab. Die Poren eines normalen Filters (z. B. eines Kaffeefilters) unterscheiden nur zwischen ungelösten und gelösten Teilchen. Die Poren der Kapillarendothelien sind jedoch kleiner (Glomeruluskapillaren etwa 50–100 nm) und lassen große Moleküle wie Proteine nicht durch, obwohl sie gelöst sind; dieser Prozess wird daher **Ultrafiltration** genannt. Ultrafiltration ist an Kapillarendothelien mit ihrer extrem hohen Permeabilität ein wesentlicher Transportmechanismus, an den viel dichteren Zellmembranen und an Epithelien im engeren Sinne ist sie jedoch fast null.

Für die Ultrafiltration (und für solvent drag, s. u.) gilt, dass die mitgeführten Teilchen an den Wasserdurchtrittsstellen entweder durchgelassen oder „gesiebt" werden können. Das Maß hierfür ist der **Siebkoeffizient**, der Werte zwischen 0 (kein Durchlass) und 1 (unbehinderter Durchlass) annehmen kann. Formal stellt er die Wahrscheinlichkeit dar, mit der eine Teilchensorte die Membran passieren kann.

Diffusion Sie ist die Nettobewegung von Teilchen vom Ort höherer Konzentration zum Ort geringerer Konzentration. Die zugrundeliegende **Brownsche Molekularbewegung** ist zufällig und somit ungerichtet. Die treibende Kraft der Diffusion ist ein Konzentrationsgradient.

Einfache Diffusion erfolgt ohne Beteiligung eines Transportproteins durch die Phospholipid-Doppelschicht der Membran oder in freier Flüssigkeit und ist nicht sättigbar. Für die einfache Diffusion durch die Lipidphase der Zellmembran gilt, dass die **Permeabilität** der **Lipophilität** des transportierten Moleküls proportional ist. Durch die Lipidphase der Zell-

membran diffundieren daher vor allem **Gase** (z. B. O_2, CO_2, N_2), schwache Elektrolyte in ihrer ungeladenen Form und sonstige apolare Substanzen, nicht oder kaum jedoch Wasser und Ionen.

„Erleichterte Diffusion"
Der Begriff wurde geprägt, bevor die Transportproteine bekannt waren und umfasst eigentlich alle durch Transportproteine vermittelten Formen der Diffusion. Erleichterte Diffusion ist sättigbar. Heutzutage wird dieser Begriff meist nur auf Uniporter angewandt.

❯ **Passiver Transport wird durch hydrostatischen Druck (Filtration, Ultrafiltration) oder durch Konzentrations- sowie elektrische Potenzialunterschiede (Diffusion) angetrieben.**

3.3.2 Diffusion von Wasser

Osmose verursacht osmotischen Druck und **solvent drag**; Proteine erzeugen den kolloidosmotischen Druck und den Donnan-Effekt.

Osmose Unter Osmose versteht man die Diffusion des Lösungsmittels (Wasser). Antrieb ist auch hier ein **Konzentrationsgradient**, in diesem Fall für das Wasser selbst. Die Vorstellung einer „Wasserkonzentration" ist ungewohnt: Reines Wasser hat die maximale Wasserkonzentration

❯ **Je mehr Solute darin gelöst sind, umso stärker wird das Wasser durch diese Solute „verdünnt". Die Konzentration des Wassers ist demnach umgekehrt proportional zu seiner Osmolalität.**

Osmotischer Druck An einer für Wasser durchlässigen und für gelöste Teilchen (Solute) völlig undurchlässigen Membran verursacht Osmose einen der **Wasserbewegung** entgegengesetzten Druck. Dieser osmotische Druck π wird durch die Summe der Solutkonzentrationen c, die allgemeine Gaskonstante R und die absolute Temperatur T beschrieben (van't Hoff-Gesetz, $\pi = c \cdot R \cdot T$). Die Konzentrationen einzelner Solute (mol/l) werden in ihrer Summe als **Osmolarität** (osmol/l) angegeben. Biologische Membranen sind – insbesondere durch ihre Kanal- und Carrierproteine – nicht impermeabel für Solute, sodass noch die Permeabilität P in die Formel eingeht.

Kolloidosmotischer Druck Der Anteil am gesamten osmotischen Druck, der durch Makromoleküle (Kolloide) entsteht, wird als kolloidosmotischer Druck bzw. **onkotischer Druck** bezeichnet. Er kommt dadurch zustande, dass die Kapillarwand gut für kleine Solute, aber schlecht für Makromoleküle wie Albumin und andere Proteine durchlässig ist. Da der intravasale Proteingehalt etwas höher ist als der der Umgebung, fördert dies einen Wassereinstrom in das Kapillarlumen.

Beim Wassertransport aufgrund **lokaler Osmose** folgt Wasser passiv der Gesamtheit der transportierten Solute. Wenn die **Wasserpermeabilität** ausreichend groß ist, wird

Wasser nahezu isoosmolal in Relation zum Blutplasma transportiert.

Solvent drag Solvent drag bedeutet, dass bei Filtration oder Diffusion von Wasser die darin gelösten Solute mitgeführt werden. Dies geschieht an den Poren von Kapillarendothelien (z. B. im Glomerulus) oder – vermittelt durch das Wasser- und Kationenkanalprotein Claudin-2 – an der tight junction von lecken Epithelien (z. B. im Dünndarm und proximalen Tubulus).

Donnan-Effekt Proteine liegen im Blut bei physiologischem pH vorwiegend als Anionen vor. Dadurch, dass bei der Ultrafiltration die Proteinmoleküle zurückgehalten werden, ergibt sich eine Ungleichverteilung aller beteiligten Ionensorten diesseits und jenseits der Filtermembran (◻ Abb. 3.5). Analoge Verhältnisse gelten für alle Zellmembranen, da das Zytoplasma reich an Proteinanionen ist, die die Zelle nicht verlassen können.

Donnan-Verteilung
Die primäre Ungleichverteilung der permeablen Ionen hat Konsequenzen: Sie erzeugt eine kleine Spannung, das Donnan-Potenzial. Dieses wiederum beeinflusst die sich endgültig einstellende Donnan-Verteilung. Die Donnan-Verteilung lässt sich durch den Donnan-Faktor beschreiben, der für alle passiv verteilten Kationen und Anionen gilt. Im Gleichgewicht ist die Konzentration im Plasmawasser von einwertigen Kationen um 5% höher, die der einwertigen Anionen um 5% niedriger als im Interstitium. Der Konzentrationsunterschied für zweiwertige Ionen ist 10%.

a Anfangszustand

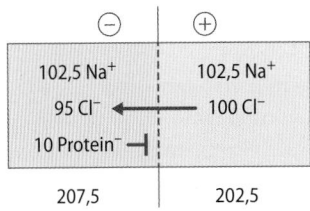

Da Elektroneutralität gewahrt sein muss, ist Cl⁻ auf der proteinarmen Seite höher konzentriert.

b gedachter Zwischenzustand

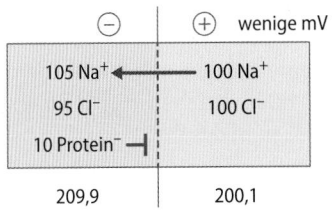

Cl⁻ diffundiert aufgrund seines Konzentrationsgradienten und eine elektrische Spannung entsteht.

c Donnan-Verteilung

Das Donnan-Potenzial treibt Na⁺ zur proteinhaltigen Seite.
Der Donnan-Faktor beträgt 5 %.

◻ **Abb. 3.5 Donnan-Effekt.** Die Entstehung des Donnan-Effektes ist hier gedanklich in drei Schritte (**a–c**) aufgetrennt. Die Zahlenwerte sind fiktiv und sollen die 5%ige Abweichung im Endzustand veranschaulichen

3.3.3 Primär, sekundär und tertiär aktiver Transport

Primär aktiver Transport erfolgt unter unmittelbarem Verbrauch von ATP; sekundär aktiver Transport ist ein Symport oder Antiport, dessen Antrieb typischerweise ein Konzentrationsgradient für Na⁺ ist; tertiär aktiver Transport wird durch sekundär aktiven Transport angetrieben.

Primär aktiver Transport Primär aktive Transporter sind die bereits besprochenen Transport-**ATPasen** (Pumpen), die Solute entgegen ihrem elektrochemischen Gradienten „pumpen" können und hierfür metabolische Energie verbrauchen. Ein typisches Beispiel für primär aktiven Transport zeigt ◻ Abb. 3.6a.

Sekundär aktiver Transport Der Mechanismus des sekundär aktiven Transports sei am Beispiel des in der apikalen Membran vieler Epithelien vorhandenen **Na⁺-Glukose-Symporters SGLT1** erklärt (◻ Abb. 3.6b). SGLT1 transportiert nur dann, wenn er zwei Na⁺ und ein Glukosemolekül aufgenommen hat. Nun muss nicht etwa für beide Teilchensorten ein „Bergab"-Gradient vorhanden sein; die Flusskopplung bewirkt vielmehr, dass der gemeinsame Transport beider Teilchensorten stattfindet, wenn die Summe der Gradienten aller Teilchen in die entsprechende Richtung weist. Da für Na⁺ ein starker Gradient von extrazellulär nach intrazellulär besteht, kann das Glukosemolekül auch gegen einen erheblichen Konzentrationsgradienten in die Zelle aufgenommen werden.

Glukosetransport und Energieverbrauch
Für sich allein gesehen arbeitet der o. g. Symporter eigentlich passiv, da die Energie für den Glukosetransport aus dem elektrochemischen Gradienten für Na⁺ stammt. Der Na⁺-Gradient muss jedoch von einem primär aktiven Transporter, nämlich der in der basolateralen Membran befindlichen Na⁺/K⁺-ATPase, ständig aufrechterhalten werden, sodass für den Glukosetransport auf indirekte Weise eben doch Stoffwechselenergie verbraucht wird.

Sekundär aktiver Transport ist weit verbreitet; bei Carriern der Zellmembranen ist die Flusskopplung fast immer an Na⁺ und die Na⁺/K⁺-ATPase gebunden. Die wichtigsten Symporter und Antiporter der Zellmembranen sind in der Tabelle im Anhang dargestellt. An der Membran von synaptischen Vesikeln ist ein anderes Prinzip des sekundär aktiven Transports verwirklicht: Hier befindet sich eine V-ATPase (V für Vesikel), die H⁺-ATPase, und stellt einen Gradienten für Protonen her, der dann als Antrieb für H⁺/Neurotransmitter-Antiporter fungiert.

Tertiär aktiver Transport So wie der sekundär aktive Transport von einem primär aktiven Transport angetrieben wird, wird der tertiäraktive Transport von einem sekundär aktiven Transport angetrieben. Ein einfaches Beispiel bieten die **H⁺, Dipeptid-Symporter** (PepT1 und PepT2), die sich u. a. in der apikalen Membran des Dünndarms und der proximalen Tubuli finden (◻ Abb. 3.6c). Diese Transporter akzeptieren Di- und Tripeptide, die sie gegen einen elektrochemischen Gradienten in die Zelle aufnehmen können,

3

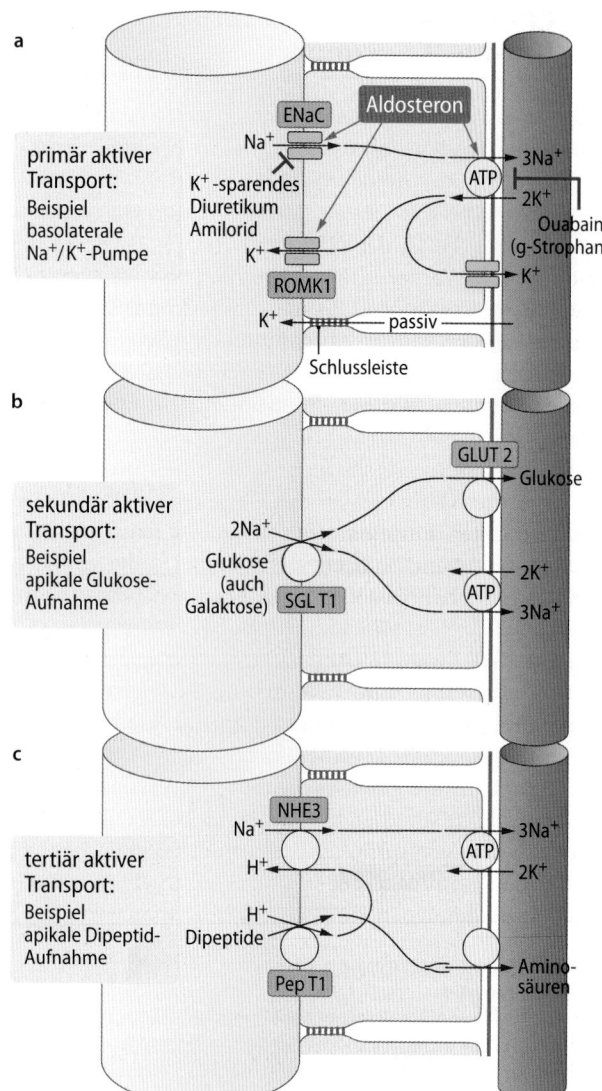

a

primär aktiver
Transport:
Beispiel
basolaterale
Na⁺/K⁺-Pumpe

b

sekundär aktiver
Transport:
Beispiel
apikale Glukose-
Aufnahme

c

tertiär aktiver
Transport:
Beispiel
apikale Dipeptid-
Aufnahme

☐ **Abb. 3.6a–c   Aktiver Transport. a** Primär aktiv: ATP wird direkt für
den basolateralen Transport der betreffenden Ionen aufgewendet. Das
Beispiel zeigt die elektrogene Na⁺-Resorption und K⁺-Sekretion in distalen Segmenten von röhrenförmigen Epithelien. **b** Sekundär aktiv: Direkter Antrieb für die sekundäre aktive Aufnahme von Glukose ist der Na⁺-
Gradient, der von der Na⁺/K⁺-ATPase aufgebaut wird. Das Zellmodell
zeigt die Glukoseresorption im spätproximalen Tubulus bzw. im Dünndarm. **c** Tertiär aktiv: Direkter Antrieb für die tertiär aktive Dipeptidauf-
nahme ist der H⁺-Gradient, der durch einen sekundär aktiven Transport
aufgebaut wird. Wesentliche Mengen an Aminosäuren werden als
Di- und Tripeptide in die Zelle aufgenommen und erst intrazellulär in einzelne Aminosäuren aufgespalten

solange ein zelleinwärts gerichteter Gradient für das gleichzeitig aufgenommene H⁺ besteht. Dieser Gradient wird
durch einen ebenfalls in der apikalen Membran befindlichen
sekundär aktiven **Na⁺/H⁺-Antiporter** aufrechterhalten, der
seinerseits indirekt von der **Na⁺/K⁺-ATPase** angetrieben wird.
Tertiär aktiver Transport ist ebenfalls weit verbreitet. Besonders vielseitig ist der Dikarboxylat/PAH-Antiporter (OAT1),
der zahlreiche organische Anionen akzeptiert und der
H⁺/TEA-Antiporter (OCT1), der viele organische Kationen
transportiert.

❯ Sekundär aktiver Transport wird von primär aktivem
Transport angetrieben, tertiär aktiver von sekundär
aktivem.

In Kürze

Passiver Transport wird durch elektrochemische Gradienten getrieben und verläuft stets „bergab", also mit
dem Gradienten. Wichtigste Mechanismen: **Filtration**
(Antrieb durch hydrostatischen Druck; nur für Endothelien bedeutsam), **Diffusion** (Antrieb durch Konzentra-
tions- und Spannungsgradienten), **Osmose** (Diffusion
von Wasser), **solvent drag** (Teilchenmitführung im transportierten Wasser). **Aktiver Transport** kann gegen einen
Konzentrations- und Spannungsgradienten „bergauf"
erfolgen. Es gibt drei Formen von aktivem Transport: **primär aktiver Transport** wird direkt durch Stoffwechselenergie (ATP) angetrieben. **Sekundär aktiver Transport**
wird durch einen Na⁺-Gradienten angetrieben, Symporter und Antiporter weisen Flusskopplung auf (z. B.
Na⁺-Glukose-Symporter). **Tertiär aktiver Transport** wird
durch sekundär aktiven Transport angetrieben.

3.4   Typische Anordnung epithelialer Transporter

3.4.1   Na⁺-Resorption über Na⁺-Kanäle

Elektrogene Na⁺-Resorption und K⁺-Sekretion werden über
Kanäle in der apikalen Membran distaler Epithelien geregelt.

Na⁺/K⁺-ATPase immer basolateral   Es existieren einige charakteristische Anordnungen von Transportern, die gleichartig in mehreren Epithelien vorkommen. Der gemeinsame
Nenner ist, dass die Na⁺/K⁺-ATPase basolateral lokalisiert
ist und weitere Transporter in den Zellmembranen asymmetrisch verteilt sind. Im Folgenden sind einige typische Anordnungen dargestellt.

Distale Na⁺-Resorption   In den distalen Segmenten der röhrenförmigen Epithelien, also von Darm, Nierentubulus,
Schweißdrüsengang und Speicheldrüsengang (☐ Abb. 3.6a)
wird Na⁺ durch den in der apikalen Membran befindlichen
epithelialen Na⁺-Kanal (**ENaC**) in die Zelle aufgenommen.
Das Diuretikum **Amilorid** blockiert diesen Kanal hoch-
selektiv. Der Na⁺-Einstrom depolarisiert die apikale Zellmembran und es entsteht, da die basolaterale Membranspannung kaum beeinflusst wird, eine **Lumen-negative transepitheliale Spannung**, die –60 mV erreichen kann. Durch
das Potenzial wird K⁺ aus den Zellen in das Lumen getrieben,
also sezerniert.

Na⁺-Resorption in der Lunge   Damit der Gasaustausch in der
Lunge funktioniert, müssen die Alveoli frei von Flüssigkeit
gehalten werden. Einen wesentlichen Beitrag hierzu liefert

der epitheliale Na⁺-Kanal (ENaC) durch Resorption des häufigsten Kations der Alveolarflüssigkeit. Dem resorbierten Na⁺ folgen Cl⁻, weitere Solute und Wasser.

3.4.2 Transport von Glukose und Aminosäuren

Glukose und Aminosäuren werden durch Symporter in der apikalen Membran proximaler Epithelien aufgenommen.

Effektiver Mechanismus gegen Nährstoffmangel Kohlenhydrate und die Proteinbestandteile werden durch **sekundär** und **tertiär** aktiven Transport in Darm und Nierentubuli auch bei geringer luminaler Konzentration noch resorbiert. Dadurch können Nährstoffe im Darm praktisch vollständig aufgenommen und ihr Verlust über die Nieren verhindert werden.

Nährstoffresorption hauptsächlich als Monomere Kohlenhydrate werden ausschließlich als Monosaccharide, Proteine vorwiegend als Aminosäuren, aber auch als Oligopeptide resorbiert. Die Transporter sind in den proximalen Segmenten von Darm und Nierentubuli lokalisiert (◘ Abb. 3.6b).

Monosaccharide Es existieren zwei Na⁺-Glukose-Carrier:

- Ein im frühproximalen Tubulus befindlicher Carrier mit geringerer Affinität zur Glukose (SGLT2) arbeitet im Verhältnis 1:1.
- Sowohl im Dünndarm als auch im spätproximalen Tubulus (Pars recta) findet sich ein Carrier mit höherer Affinität (SGLT1), der im Verhältnis 2:1 arbeitet und daher Glukose (und auch Galaktose) auch noch bei extrem geringer luminaler Konzentration aufnehmen kann. An Mäusen wurde gezeigt, dass die für die Funktion des SGLT1 notwendigen luminalen Na⁺-Mengen im Darm durch parazelluläre Sekretion über den Kationenkanal Claudin-15 bereitgestellt werden.

❯ **Indem der Carrier SGLT1 von zwei Na⁺ statt nur einem angetrieben wird, kann er auch geringste Glukose-Konzentrationen noch verwerten.**

Für Fruktose existiert in der apikalen Membran lediglich ein Uniporter (GLUT5). Der Efflux von Glukose, Fruktose und Galaktose wird auf der basolateralen Seite durch einen weiteren Uniporter (GLUT2) vermittelt.

Aminosäuren (AS) Für AS existieren zahlreiche Carrier, u. a. für saure, neutrale und basische AS. Die meisten sind Symporter mit Na⁺. Eine Ausnahme besteht darin, dass ein wesentlicher Anteil der AS nicht als Monomerere, sondern als Di- und Tripeptide über tertiär aktive Symporter mit H⁺ apikal aufgenommen (PepT1 und PepT2; ◘ Abb. 3.6c) und erst intrazellulär zu AS hydrolysiert werden.

3.4.3 Cl⁻-Sekretion und -Resorption durch Na⁺-K⁺-2Cl⁻-Symport

Cl⁻-Sekretion erfolgt durch einen apikalen Cl⁻-Kanal und einen basolateralen Na⁺-K⁺-2Cl⁻-Carrier; für die Cl⁻-Resorption sind diese Transporter spiegelbildlich angeordnet.

Cl⁻-Sekretion Sie ist der Hauptantrieb bzw. Auslöser der **Sekretion von Wasser** und weiteren Soluten (◘ Abb. 3.7). Dieser fundamentale Mechanismus der sekretorischen Epithelien findet sich in allen Abschnitten des Gastrointestinaltrakts, in den Azini von exkretorischen Drüsen, in den Atemwegen und in vielen weiteren Epithelien (nicht jedoch in der Niere).

Basolateral wird Cl⁻ sekundär aktiv durch den Na⁺-K⁺-2Cl⁻-Symporter **NKCC1** gegen einen mäßigen elektrochemischen Gradienten aufgenommen. NKCC1 ist durch die Diuretika Furosemid und Bumetanid blockierbar. Apikal wird Cl⁻ durch die Cl⁻-Kanäle CFTR oder ClC1 ins Lumen abgegeben.

Cl⁻-Resorption In der Niere wird Cl⁻ vorwiegend parazellulär über Anionen-Kanäle in der **tight junction** sowie transzellulär über HCO₃⁻/Cl⁻-Antiporter resorbiert (s. unten). Im

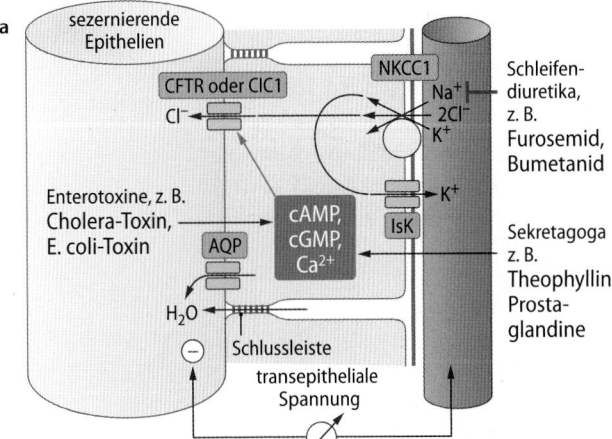

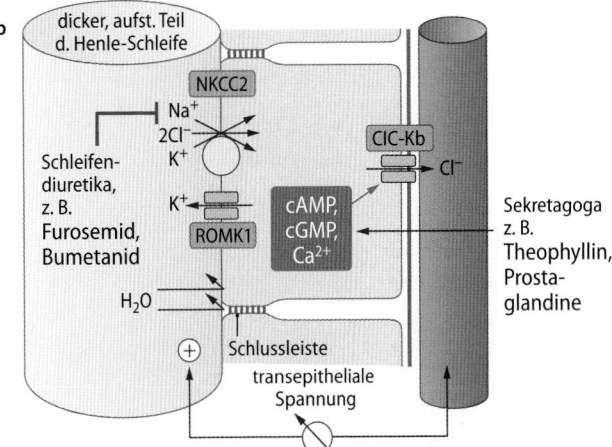

◘ **Abb. 3.7a,b Chloridtransport. a** Cl⁻-Sekretion als antreibender Grundmechanismus am Beispiel des Darmepithels. **b** Cl⁻-Resorption im dicken aufsteigenden Teil der Henle-Schleife

3

Klinik

Bartter-Syndrom

Symptome und Ursachen
Beim Bartter-Syndrom kommt es schon im Säuglingsalter bei normalem Blutdruck zu Hypokaliämie, Erbrechen, Polyurie, Dehydratation und Wachstumsstörungen. Ursache ist u. a. eine Defektmutation des Na^+-K^+-$2Cl^-$-Symporters NKCC2 im aufsteigenden dicken Teil der Henle-Schleife (Bartter-Syndrom Typ 1). Zu ähnlichen Symptomen kommt es auch bei Defekten des K^+-Kanals ROMK1 (Bartter-Syndrom Typ 2) oder des Cl^--Kanals ClC-Kb (Bartter-Syndrom Typ 3). Die Erklärung ist in ◘ Abb. 3.6a–c zu erkennen: Alle drei Transporter

müssen funktionieren, damit NaCl resorbiert werden kann. Bei genetischem Defekt einer Untereinheit des Cl^--Kanals (Barttin) kommt es neben einem renalen Elektrolyt- und Flüssigkeitsverlust zusätzlich zur Beeinträchtigung der Sekretion von Endolymphe und damit zu Taubheit (syndromales Bartter-Syndrom).

Pseudo-Bartter
Der NKCC2 ist der Angriffsort für das häufig benutzte Diuretikum Furosemid, das durch Blockade des NKCC2 eine gesteigerte Ausscheidung von NaCl und Wasser durch die

Nieren verursacht. Das Bartter-Syndrom hat daher die gleichen Symptome wie eine dauerhafte Furosemid-Einnahme, sodass Letzteres auch als Pseudo-Bartter bezeichnet wird.

Gitelman-Syndrom
Beim Gitelman-Syndrom kommt es abgeschwächt zu den gleichen Symptomen. Hier ist im frühdistalen Tubulus die Aufnahme von NaCl durch den apikalen Symporter NCC gestört.

---

dicken aufsteigenden Teil der Henle-Schleife (► Kap. 33.2) erfolgt Cl^--Resorption durch ähnliche Transporter wie in den sezernierenden Epithelien, hier jedoch in spiegelbildlicher Anordnung: Der Furosemid- bzw. Bumetanid-blockierbare Na^+-K^+-$2Cl^-$-Carrier NKCC2 befindet sich in der apikalen und der Cl^--Kanal ClC-Kb in der basolateralen Membran.

3.4.4 K^+-Sekretion im Innenohr

Für die Hörfunktion muss die Innenohrflüssigkeit K^+-reich sein; das Diuretikum Furosemid kann dies beeinträchtigen und so vorübergehend Taubheit verursachen.

Epithelien der Stria vascularis Für die Transduktion von akustischen Signalen in Nervenimpulse ist ein endokochleares transepitheliales Potenzial von +80 mV sowie eine sehr hohe K^+-Konzentration (150 mmol/l) der Endolymphe unerlässlich (► Kap. 52.4). Beides wird von den Epithelien der Stria vascularis gewährleistet (◘ Abb. 3.8):

- In den basalen Zellen verursacht der apikale K^+-Kanal Kir4.1 ein hohes endokochleares Potenzial;
- in den marginalen Zellen wird K^+ durch den basolateralen Na^+-K^+-$2Cl^-$-Symporter NKCC1 und den apikalen K^+-Kanal IsK bzw. KCNQ1/KCNE1 in die Endolymphe sezerniert (◘ Abb. 3.8, rechts). Cl verlässt die Zelle über Chloridkanäle (ClC-Kb/Barttin und ClC-Ka/Barttin).

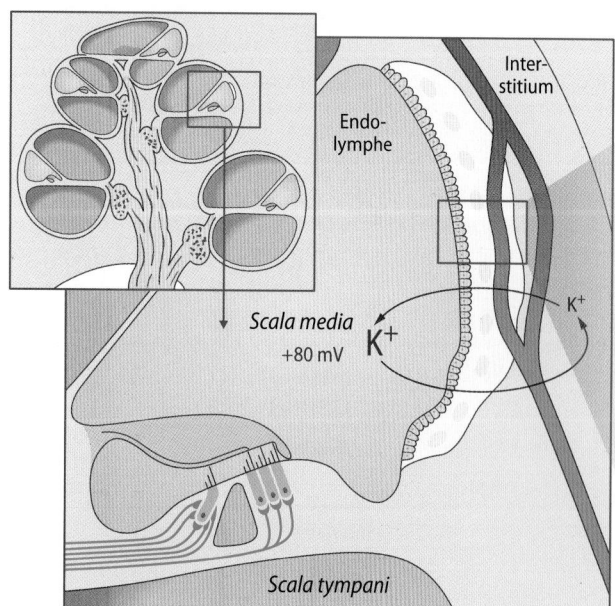
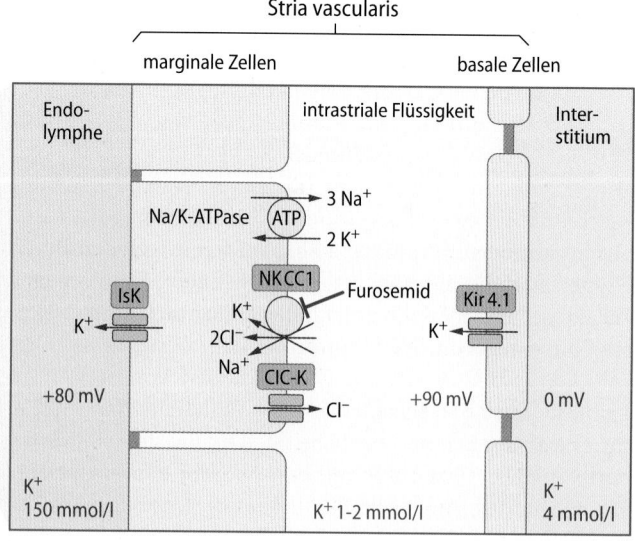

◘ **Abb. 3.8   Ionentransport im Innenohr. Links: Querschnitt durch die Kochlea mit ihren drei extrazellulären Flüssigkeitsräumen.** Die marginalen Zellen der Stria vascularis trennen die Endolymphe (blau) vom Flüssigkeitsraum im Inneren der Stria vascularis (hellgrau); die basalen Zellen der Stria vascularis trennen diesen Flüssigkeitsraum von der Perilymphe (hellgrün). Die Scala tympani (lila) enthält ebenfalls Perilymphe. Rechts: K^+-Sekretion und endokochleares Potenzial in der Stria vascularis. (Nach Wangemann 2002)

Störungen der K⁺-Sekretion Das Diuretikum Furosemid kann NKCC1 hemmen und damit als Nebenwirkung eine reversible Innenohrschwerhörigkeit verursachen. Ebenso notwendig ist der K⁺-Kanal KCNQ1/KCNE1: Bei einem angeborenen Defekt von KCNQ1/KCNE1 (Jervell-Lange-Nielsen-Syndrom) kommt es zur Innenohrschwerhörigkeit, die oft zusammen mit einem verlängerten QT-Intervall im EKG (long QT-syndrome 1) auftritt. Bei defektem Barttin kommt es zu Taubheit und renalen Elektrolyt- und Wasser-Verlusten.

3.4.5 HCO₃⁻-Resorption und -Sekretion

HCO₃⁻-Resorption, HCO₃⁻-Sekretion und NaCl-Resorption werden durch unterschiedliche Anordnung der Transporter erzielt.

Die beteiligten „Bausteine" sind (◘ Abb. 3.9):
- der Na⁺/H⁺-Antiporter NHE3 bzw. NHE1,
- das Enzym Karboanhydrase (CA),
- der HCO₃⁻/Cl⁻-Antiporter AE2 und
- der Na⁺-HCO₃⁻-Symporter NBC1.

Allein durch ihre unterschiedliche Anordnung können drei ganz verschiedene Effekte erzielt werden:

Bikarbonatsekretion Sie findet z. B. in den Gängen von Speicheldrüsen und Pankreas sowie in der Leber und in den Oberflächenzellen des Magens statt (◘ Abb. 3.9a). Die basolaterale HCO₃⁻-Aufnahme geschieht ohne Beteiligung eines HCO₃⁻-Transporters: Der Na⁺/H⁺-Antiporter NHE1 liefert H⁺ ins Interstitium. Karboanhydrase (CA) katalysiert H⁺ + HCO₃⁻ zu CO₂ + H₂O. CO₂ diffundiert durch die Zellmembran in die Zelle und wird dort durch intrazelluläre CA wieder zu H⁺ und HCO₃⁻ katalysiert. Schließlich befördert der apikale tertiär aktive Cl⁻/HCO₃⁻-Antiporter AE2 Bikarbonat (andere Bezeichnung: Hydrogenkarbonat) ins Lumen.

Bikarbonatresorption Bikarbonatresorption bzw. H⁺-Sekretion findet u. a. im proximalen Nierentubulus und in der Parietalzelle des Magens statt (◘ Abb. 3.9b), wobei für den Magen die H⁺-Sekretion funktionell im Vordergrund steht. Die beiden beteiligten Carrier sind in Relation zu den Bikarbonat sezernierenden Epithelien spiegelbildlich angeordnet. H⁺ wird durch den apikalen **Na⁺/H⁺-Antiporter NHE3** ins Lumen abgegeben und (außer im Magen) unter CA-Vermittlung als CO₂ + H₂O wieder in die Zelle aufgenommen. Auf der basolateralen Seite wird HCO₃⁻ über zwei Mechanismen transportiert, nämlich in einigen Epithelien durch den **Cl⁻/HCO₃⁻-Antiporter AE2** und in anderen durch den **Na⁺-HCO₃⁻-Symporter NBC1**, bei dem der elektrochemische Gradient für HCO₃⁻ ausgenutzt wird, um Na⁺ aus der Zelle heraus zu transportieren.

NaCl-Resorption Eine dritte Anordnung befindet sich im Dickdarm und in der Gallenblase ◘ Abb. 3.9c. Hier sind sowohl Na⁺/H⁺-Antiporter als auch Cl⁻/HCO₃⁻-Antiporter

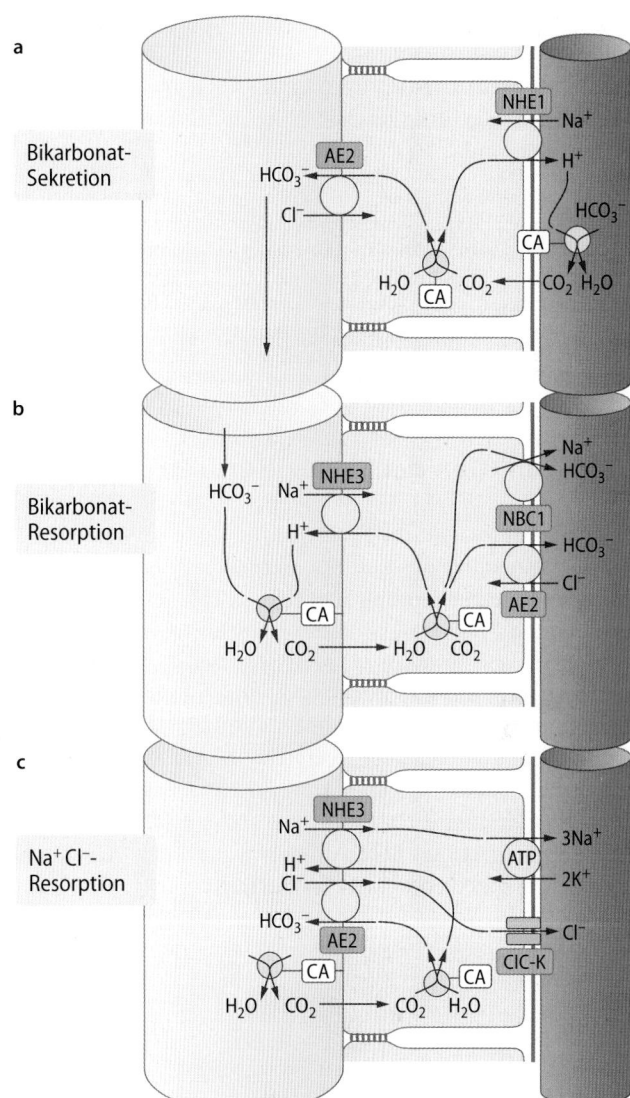

◘ **Abb. 3.9a–c Bikarbonattransport. a** HCO₃⁻-Sekretion, **b** HCO₃⁻-Resorption, **c** elektroneutrale NaCl-Resorption. Durch verschiedenartige Anordnung von nur vier verschiedenen „Bausteinen" (s. Text) werden ganz verschiedene Effekte erzielt. Die Na⁺/K⁺-ATPase wurde zur Vereinfachung in A und B weggelassen. CA=Karboanhydrase

in der apikalen Membran lokalisiert, sodass H⁺ und HCO₃⁻ ins Lumen sezerniert werden. Unter CA-Einwirkung und vorübergehender Umwandlung in CO₂ und H₂O gelangen H⁺ und HCO₃⁻ wieder in die Zelle und stehen dem Antiporter erneut zur Verfügung. Zugleich werden Na⁺ und Cl⁻ apikal aufgenommen und können basolateral abgegeben werden.

3.4.6 Sekretion vom Kammerwasser am Auge

An der Bildung des Kammerwassers sind die Antiporter NHE1 und AE2 beteiligt. Beim Glaukom kann der Druck durch Hemmung der Karboanhydrase gesenkt werden.

Kammerwasser Das Kammerwasser wird im Ziliarkörperepithel gebildet. Antrieb ist die Sekretion von Na⁺, Cl⁻, HCO₃⁻

3

und Aminosäuren, denen Wasser aus osmotischen Gründen folgt. Zwei der wichtigsten Transporter sind hierbei der **Na$^+$/H$^+$-Antiporter NHE1** und der **Cl$^-$/HCO$_3^-$-Antiporter AE2** (◘ Abb. 3.9), die beide auf die Funktion der Karboanhydrase angewiesen sind.

Glaukom (grüner Star)   Bei einem Missverhältnis von Kammerwasserproduktion und -abfluss steigt der Augeninnendruck mit der Gefahr der Netzhaut- und Sehnervschädigung. Medikamentös können Karboanhydrasehemmer eingesetzt werden. Sie hemmen indirekt NHE1 und AE2, sodass weniger Kammerwasser produziert wird und der Druck sinkt.

3.4.7   Funktion der Schweißdrüsen

Der im Endstück der Schweißdrüse sezernierte Schweiß wird auf dem Weg durch den Ausführungsgang verdünnt. Bei Zystischer Fibrose bleibt die Verdünnung aus.

Schweißdrüsen bestehen aus dem „Endstück" und dem Ausführungsgang. Im **Endstück** wird zunächst ein weitgehend Plasma-isotoner Primärschweiß sezerniert (◘ Abb. 3.10a). Die Regelung erfolgt über Acetylcholin und einen apikalen Cl$^-$-Kanal. Wasser wird über Aquaporine sezerniert. Im **Ausführungsgang** wird Na$^+$ und Cl$^-$ resorbiert (◘ Abb. 3.10b). Die Regelung erfolgt über Aldosteron und den Na$^+$-Kanal ENaC. Da hier keine Aquaporine vorhanden sind, kann

Wasser dem resorbierten NaCl nicht folgen und der Schweiß wird auf dem Weg nach außen auf 10–25 mmol/l NaCl verdünnt. Der Cl$^-$-Kanal ist **CFTR**. Dieser ist bei der **Zystischen Fibrose (Mukoviszidose)** defekt. Dies führt im Ausführungsgang zu verminderter NaCl-Resorption und somit ausbleibender Verdünnung des Schweißes. Überschreitet die NaCl-Konzentration 60 mmol/l, ist dies ein diagnostischer Hinweis auf diese Erkrankung.

> **In Kürze**
>
> Einige typische Anordnungen von Transportern kommen in mehreren Epithelien in gleicher Weise vor. Beispiele: **Elektrogene Na$^+$-Resorption** und **K$^+$-Sekretion** über Kanäle in der apikalen Membran distaler Epithelien. Glukose- und Aminosäurenresorption durch Symporter in der apikalen Membran proximaler Epithelien; **elektrogene Cl$^-$-Sekretion** durch einen apikalen Cl$^-$-Kanal und einen basolateralen Na$^+$-K$^+$-2Cl$^-$-Symporter sowie **Cl$^-$-Resorption** durch spiegelbildliche Anordnung der Transporter; **K$^+$-Sekretion** im Innenohr durch apikale K$^+$-Kanäle in der Stria vascularis; **HCO$_3^-$-Resorption/ Sekretion** und **Na$^+$Cl$^-$-Resorption** durch Na$^+$/H$^+$-Antiporter, HCO$_3^-$/Cl$^-$-Antiporter und Na$^+$-HCO$_3^-$-Symporter. Im Schweißdrüsenausführungsgang wird der Schweiß verdünnt. Bei Zystischer Fibrose, der ein CFTR-Defekt zugrunde liegt, bleibt diese Verdünnung aus.

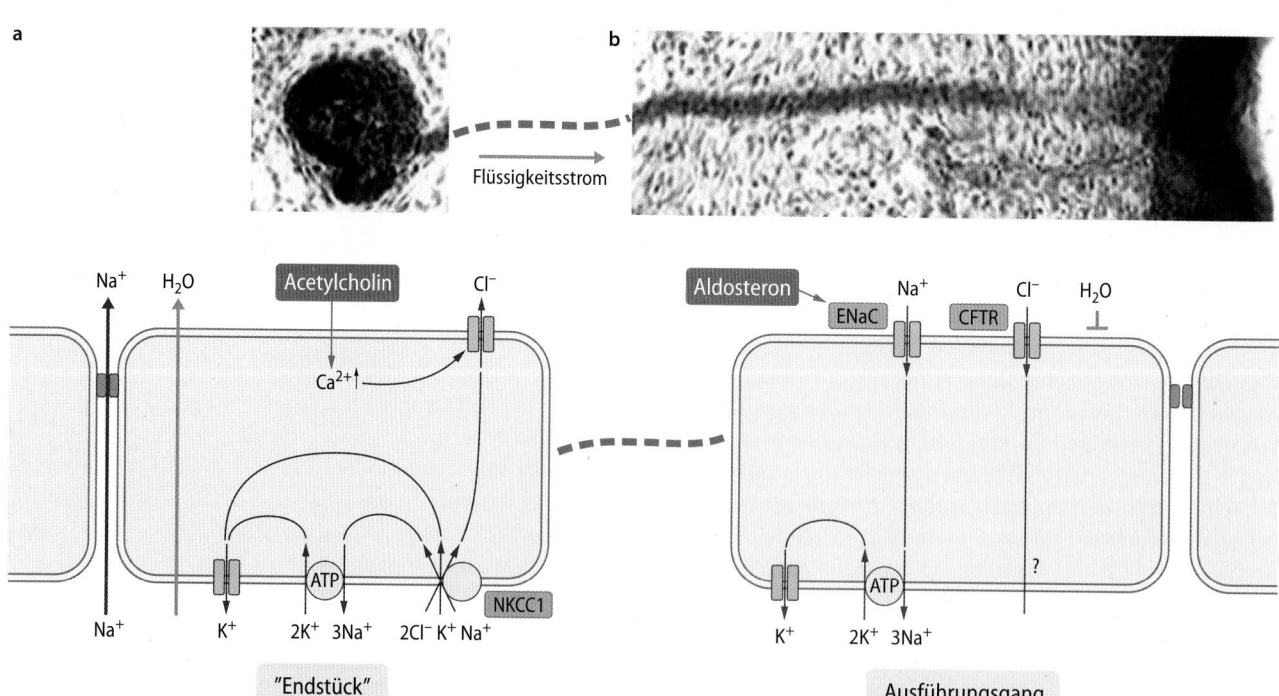

◘ **Abb. 3.10a,b   Schweißproduktion und -abgabe. a** Im Endstück wird ein zunächst plasmaisotoner Schweiß sezerniert. **b** Auf seinem Weg durch den Ausführungsgang wird der Schweiß verdünnt, indem NaCl resorbiert wird ohne dass Wasser folgen kann

Literatur

Alberts B, Johnson A, Lewis J, Morgan D, Raff M, Roberts K, Walter P (2017) Molekularbiologie der Zelle, 6. Aufl. Wiley-VCH, Weinheim

Boron WF, Boulpaep EL (2016) Medical Physiology, 3rd edn. Elsevier, Philadelphia

Günzel D, Yu AS (2013) Claudins and the modulation of tight junction permeability. Physiol Rev 93: 525–569

Krug SM, Schulzke JD, Fromm M (2014) Tight junction, selective permeability, and related diseases. Semin. Cell Devel. Biol. 36: 166–176

Stein WD, Litmann T (2014) Channels, carriers, and pumps: an introduction to membrane transport. 2nd edn. Academic Press/Elsevier, Amsterdam

Grundlagen der zellulären Erregbarkeit

Bernd Fakler

© Springer-Verlag GmbH Deutschland, ein Teil von Springer Nature 2019
R. Brandes et al. (Hrsg.), *Physiologie des Menschen*, Springer-Lehrbuch
https://doi.org/10.1007/978-3-662-56468-4_4

Worum gehts? (◨ Abb. 4.1)

Erregungsbildung und -ausbreitung erfolgt über Ionenkanäle

Die Aufnahme, Weiterleitung und Verarbeitung von Reizen basiert auf elektrischen Prozessen an der Plasmamembran von Neuronen und Sinneszellen. Grundlage dieser Prozesse ist der Fluss **anorganischer Ionen** wie Na^+, K^+, Ca^{2+} und Cl^- durch eine besondere Klasse von Membranproteinen, den Ionenkanälen. Diese Membranproteine bilden wassergefüllte Poren in der Lipidmatrix der Zellmembran aus, die sich öffnen und schließen lassen. Nur im offenen Zustand ist der Durchfluss von Ionen möglich. Kanäle erlauben den Durchtritt entweder nur für eine Ionenart (**selektive Kanäle**) oder für verschiedene Ionensorten (nicht-selektive Kanäle). Der Strom durch den offenen Kanal wird durch die elektrische **Triebkraft** und die **Leitfähigkeit** des Kanals bestimmt.

Ionenkanäle sind nach einem ähnlichen Grundprinzip aufgebaut

Ionenkanäle sind Oligomere aus vier porenbildenden Haupt-Untereinheiten und einer variablen Anzahl akzessorischer Untereinheiten. Die Pore und der **Selektivitätsfilter** der Kanäle werden von zwei helikalen Transmembransegmenten sowie angrenzenden Proteinabschnitten der Haupt-Untereinheit gebildet. Die anderen Proteindomänen der Haupt-Untereinheit fungieren als Sensoren für die **Membranspannung** oder Bindungsstellen für verschiedene **Liganden** des extra- und intrazellulären Milieus. Ihre Funktion besteht darin, unterschiedliche Signale bzw. Energieformen aufzunehmen und in eine **Öffnung** der Kanalpore umzusetzen. Die akzessorischen Untereinheiten modulieren das Schaltverhalten und die Leitfähigkeit der Kanäle, ihre Lokalisation in der Zelle, ihre Regulation durch zelluläre Signalwege und ihre Proteinprozessierung.

Kanäle lassen sich durch Membranspannung und Liganden öffnen und schließen

Für die Aktivierung von Ionenkanälen ist **Energie** notwendig. In den meisten Kanälen wird diese entweder aus der Depolarisierung der Membranspannung (spannungs-gesteuerte Kanäle) oder der Bindung eines Liganden (ligandaktivierte Kanäle) bezogen. Die resultierende Bewegung des Spannungssensors bzw. der Ligandbindungsdomäne führt über Konformationsänderungen der porenbildenden Transmembransegmente zu einer Aufweitung (= Öffnung)

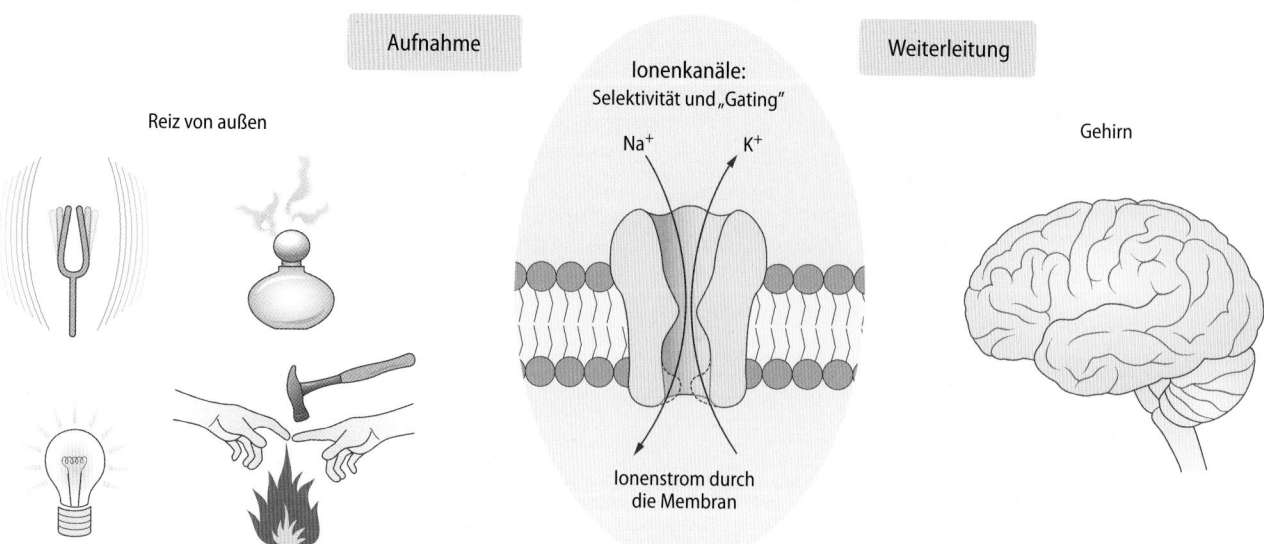

Aufnahme · Weiterleitung

Reiz von außen

Ionenkanäle: Selektivität und „Gating"

Na^+ · K^+

Gehirn

Ionenstrom durch die Membran

◨ **Abb. 4.1** Die Rolle der Ionenkanäle bei der Wahrnehmung von Sinnesreizen

der Kanalpore. Durch Repolarisierung der Membranspannung bzw. Ablösen des Liganden wird der Kanal wieder geschlossen (**Deaktivierung**). Der Verschluss des aktivierten Kanals durch eine zytoplasmatische Proteindomäne wird als **Inaktivierung** bezeichnet. Darüber hinaus können offene Kanäle auch durch exogene Faktoren wie kleinmolekulare **Porenblocker** oder Toxine verschlossen werden.

4.1 Funktionsprinzipien von Ionenkanälen

4.1.1 Grundeigenschaften von Ionenkanälen

Ionenkanäle sind integrale Membranproteine, die durch verschiedene Reize aktiviert werden können und dadurch den Durchtritt von Ionen durch die Lipiddoppelschicht der Zellmembran ermöglichen.

Eine Vielzahl physiologischer Prozesse, wie die Ausbildung und Fortleitung der Erregung in Neuronen, Herzmuskelzellen oder dem Skelettmuskel, basiert auf elektrischen Prozessen an der Zellmembran. Grundlage dieser elektrischen Prozesse ist der Fluss kleiner anorganischer Ionen wie Na^+, K^+, Ca^{2+} und Cl^- durch eine besondere Klasse von Membranproteinen, der Ionenkanäle.

Konzept des Ionenkanals Ionenkanäle sind **integrale Membranproteine**, die einen wassergefüllten Diffusionsweg durch die Doppellipidschicht der Zellmembran ausbilden (◘ Abb. 4.2). Dementsprechend besteht ein Ionenkanal aus **lipophilen Anteilen**, die in Kontakt mit der Lipidmatrix der Zellmembran stehen, und aus **hydrophilen Anteilen**, die das intra- und extrazelluläre Medium über eine Pore verbinden. Das Protein muss seine Konformation nicht ändern, um ein Ion von einer Membranseite zur anderen zu transportieren. Ionenkanäle sind deshalb effektive elektrische Leiter (Transportraten: ca. 10^7–10^8 Ionen/s im Unterschied zu Carriern (Transportraten: ca. 10^2–10^4 Ionen/s) (▶ Kap. 3.1). Sie sind immer dort zu finden, wo relativ große elektrische Ströme

fließen, z. B. bei der Umladung erregbarer Zellen während des Aktionspotenzials.

Das elektrochemische Potenzial Die Ionenbewegung durch einen Kanal wird durch zwei verschiedene Kräfte getrieben: den **Konzentrationsgradienten (chemische Energie)** und die **Potenzialdifferenz (elektrische Energie)**, die zusammen die elektrochemische Triebkraft aufbauen.

Für ein Ion, das außer- und innerhalb einer Zelle in den Konzentrationen c_a und c_i vorliegt, beträgt die **elektrochemische Energiedifferenz** bei einer Spannung U über der Membran:

$$\Delta G = \Delta G_{chem} + \Delta G_{elektr} = RT \times \ln\left(C_i / C_a\right) + zF \times U \quad \text{Gl. 4.1}$$

Dabei ist R die allgemeine Gaskonstante, T die absolute Temperatur, z die Ladung bzw. die Wertigkeit des Ions, F die Faraday-Konstante. Mit der Definition des Gleichgewichts- bzw. Umkehrpotenzials des Ions ($U_{rev} = RT / zF \cdot \ln(C_a / C_i)$; ▶ Kap. 6.1), lässt sich Gl. 4.1 auch folgendermaßen darstellen:

$$\Delta G = zF \times (U - U_{rev}) \quad \text{Gl. 4.2}$$

Entspricht die an der Membran anliegende Spannung dem Umkehrpotenzial ist die elektrochemische Energiedifferenz 0, d. h. es erfolgt keine Nettoionenbewegung durch den Kanal. Der Ausdruck ($U - U_{rev}$), also die Differenz zwischen anliegender Membranspannung und Umkehrpotenzial, wird auch als **elektrische Triebkraft** bezeichnet.

> ❯ Die elektrochemische Triebkraft ist die Differenz aus aktueller Membranspannung und Umkehrpotenzial.

Der Ionentransport durch einen Kanal erfolgt stets **entlang** des elektrochemischen Gradienten. Ein Transport gegen den elektrochemischen Gradienten, wie er beispielsweise für die Etablierung von Konzentrationsgradienten notwendig ist, ist mit einem kanalvermittelten Transport nicht möglich.

Selektivität Ionenkanäle zeigen eine mehr oder weniger ausgeprägte Selektivität bezüglich der sie permeierenden Ionen. Grundsätzlich werden Ionenkanäle in **Kationen-** und **Anionenkanäle** unterteilt. Darüber hinaus findet man bei vielen Kationenkanälen eine hohe Selektivität für eine bestimmte Ionensorte, die zur Namensgebung des Kanals benutzt wird. Ein Kaliumkanal lässt nur Kaliumionen permeieren, ein Natriumkanal nur Natriumionen.

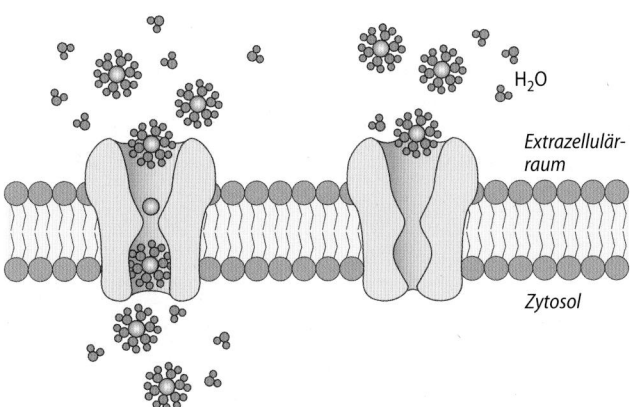

H_2O

Extrazellulärraum

Zytosol

◘ **Abb. 4.2   Konzept des Ionenkanals. Ionenkanäle bilden eine wassergefüllte Pore in der Lipidmatrix der Zellmembran.** Die Pore lässt sich öffnen (links) und schließen (rechts) und besitzt eine Engstelle, den Selektivitätsfilter, den Ionen nur nach Abstreifen der Hydrathülle passieren können

4

Kanalschaltverhalten (gating)   Ionenkanäle können auf der Basis von Konformationsänderungen zwischen Offen- und Geschlossenzuständen hin- und herschalten, eine Eigenschaft, die man als Kanalschaltverhalten **(gating)** bezeichnet. Dieses Schaltverhalten wird durch verschiedene Reize gesteuert, wie etwa durch Änderungen von

- Membranspannung,
- Konzentrationen von Liganden (Transmittern),
- mechanischem Druck und Zug oder
- Temperatur (Wärme oder Kälte).

Das **gating** von Ionenkanälen ermöglicht die schnelle Umsetzung eines äußeren Reizes in einen elektrischen Strom durch die Zellmembran. Es ist die Grundlage der schnellen Aufnahme und Weiterleitung von Reizen und Signalen.

4.1.2 Strom durch einen Ionenkanal

Der Ionenstrom durch einen Kanal wird von der elektrischen Triebkraft sowie der Leitfähigkeit und Offenwahrscheinlichkeit des Ionenkanals bestimmt.

Strom durch einen Ionenkanal   Der mittlere Strom, der in einem bestimmten Zeitraum durch einen Ionenkanal fließt, wird durch zwei Faktoren bestimmt:

- die Einzelkanal-Stromamplitude, d. h. die Größe des Stroms durch den einzelnen Ionenkanal (◘ Abb. 4.3). Die Einzelkanalstromamplitude wird durch die Konzentration des permeierenden Ions auf beiden Seiten der Membran und durch die elektrische Triebkraft bestimmt (s. u.).
- die **Offenwahrscheinlichkeit** des Kanals, d. h. den Anteil der Zeit, in dem der Kanal offen ist und den Durchtritt von Ionen erlaubt.

Bei Membranspannungen positiv des Umkehrpotenzials U_{rev} kommt es in kationenselektiven Kanälen zu einem Nettoauswärtsstrom von Kationen, bei anionenselektiven Kanälen zu einem Nettoeinwärtsstrom von Anionen, bei Membranspannungen negativ des Umkehrpotenzials zu einem umgekehr-

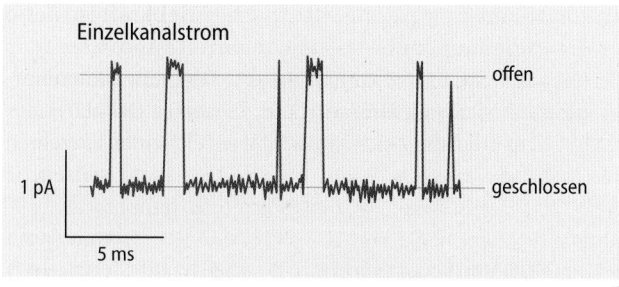

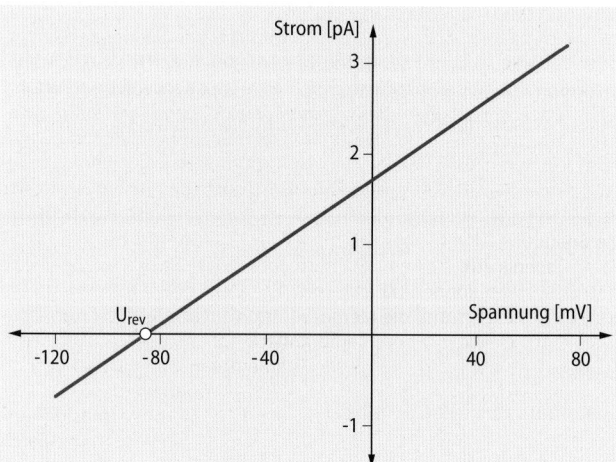

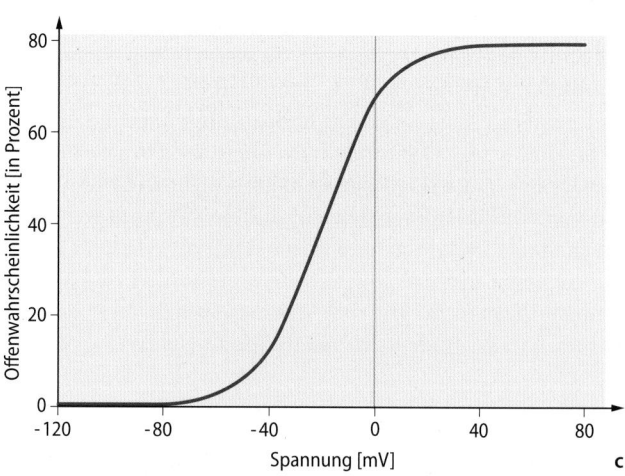

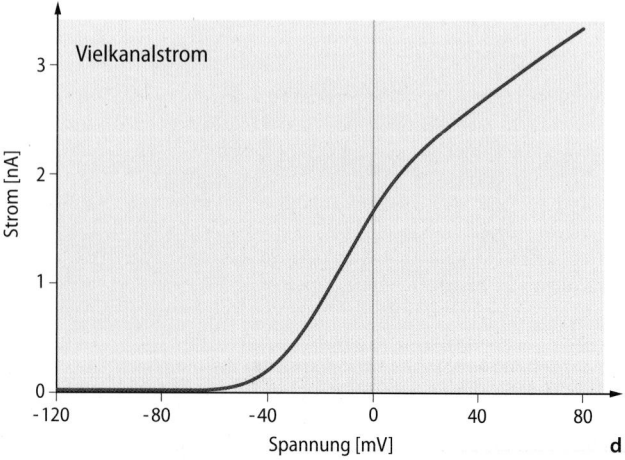

◘ **Abb. 4.3a–c   Parameter, die den Strom durch Ionenkanäle bestimmen. a** Schaltverhalten eines einzelnen Ionenkanals, der zwischen einem Offen- und einem Geschlossen-Zustand hin- und herwechselt. Die Amplitude des Stroms im Offen-Zustand bezeichnet man als Einzelkanalamplitude. **b** Strom-Spannungskennlinie eines einzelnen Ionenkanals. Der Kanal hat einen konstanten Widerstand, der sich aus der Steigung der Geraden ergibt: $R = \Delta U / \Delta I$. **c** Abhängigkeit der Offenwahrscheinlichkeit des Kanals von der Membranspannung. Bei Spannungen in der Nähe des Ruhemembranpotentials ist die Offenwahrscheinlichkeit 0, der Kanal ist immer geschlossen. Bei positiveren Spannungswerten steigt die Offenwahrscheinlichkeit bis zu einem Maximalwert, hier 0.8; d. h. selbst bei sehr positiven Spannungen ist der Kanal nur zu 80% der Zeit geöffnet. **d** Strom-Spannungs-Kennlinie des Stroms durch 1000 Kanäle mit den in B gezeigten Eigenschaften. Der makroskopische Strom ergibt sich als Produkt aus der Anzahl der Kanäle (n), der Offenwahrscheinlichkeit (P_O) und der Einzelkanalstromamplitude (I_A): $I = n \cdot P_O \cdot I_A = n \cdot P_O \cdot [1 / R \cdot (U - U_{rev})]$

ten Ionenfluss. Je größer die **elektrische Triebkraft** ist, desto größer ist die Amplitude des Ionenstroms (◘ Abb. 4.3).

Aus der Spannungsabhängigkeit der Einzelkanalamplitude lässt sich mithilfe des Ohm Gesetzes (R = U/I) der Widerstand oder die **Leitfähigkeit** (g = 1/R) eines einzelnen Ionenkanals bestimmen. Einzelne Ionenkanäle weisen, je nach Kanaltypus, Ionenkonzentration und Temperatur, Leitfähigkeiten zwischen 1 und 100 pS (1 pS = 10^{-12} S) und damit Widerstände im Bereich von 1 TΩ (1 TΩ = 10^{12} Ω) bis etwa 10 GΩ (1 GΩ = 10^9 Ω) auf.

Voltage-clamp und patch-clamp

Der Strom durch Ionenkanäle kann mithilfe der Spannungsklemmtechnik (voltage-clamp) gemessen werden. Bei dieser Technik wird die Spannung über einer Membran durch eine elektrische Regelschaltung auf einem vorgegebenen Sollwert konstant gehalten (geklemmt). Abweichungen vom Sollwert, wie sie durch Ionenströme durch die Membran verursacht werden, steuern einen Stromfluss, der diese Abweichung ausgleicht. Der Ausgleichsstrom entspricht damit dem Strom, der bei der vorgegebenen Membranspannung durch die Ionenkanäle fließt. Die Spannungsklemme mit der besten Auflösung wird bei der patch-clamp-Technik erreicht, mit der Ströme durch einzelne Ionenkanäle gemessen werden können (◘ Abb. 4.4). Bei diesem Verfahren wird eine polierte Glaspipette auf die Membran einer Zelle aufgesetzt und dann durch Saugen ein kleiner Membranfleck (patch) elektrisch isoliert. Durch die dichte Verbindung der Zellmembran mit der Glaspipette kann der Membran-patch von der Zelle abgezogen werden und zwar mit der Innenseite (inside-out-patch) oder der Außenseite (outside-out-patch) nach außen gerichtet (◘ Abb. 4.4). Ist in dem Membran-patch nur ein einzelner Kanal enthalten, kann dessen Schaltverhalten bei einer vorgegebenen Spannung charakterisiert werden. Wird das Verfahren in whole-cell-Konfiguration benutzt, können Ströme durch alle Kanäle in der Membran einer Zelle gemessen werden. Als Beispiel zeigt ◘ Abb. 4.4 die Stromantworten einer Vielzahl von Natriumkanälen auf eine sprunghafte Änderung der Membranspannung von –90 auf –20 mV. Die Ursache für das zeitliche Verhalten des Natriumstroms ist eine zeitabhängige Veränderung der Offenwahrscheinlichkeit. Bei –90 mV sind alle Natriumkanäle geschlossen, bei –20 mV erhöht sich die Offenwahrscheinlichkeit zeitweise und geht danach durch einen besonderen Prozess, die Natriumkanalinaktivierung, wieder auf 0 zurück (s. u.).

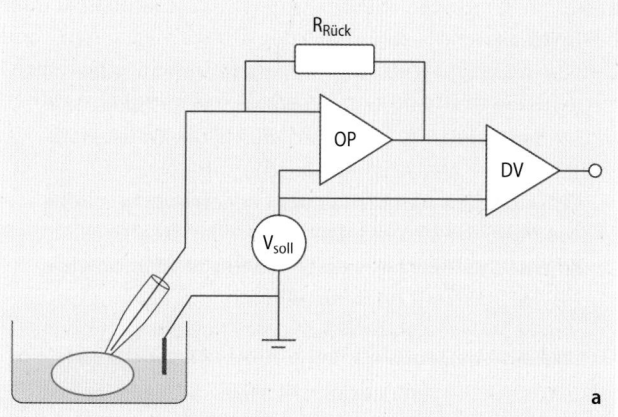

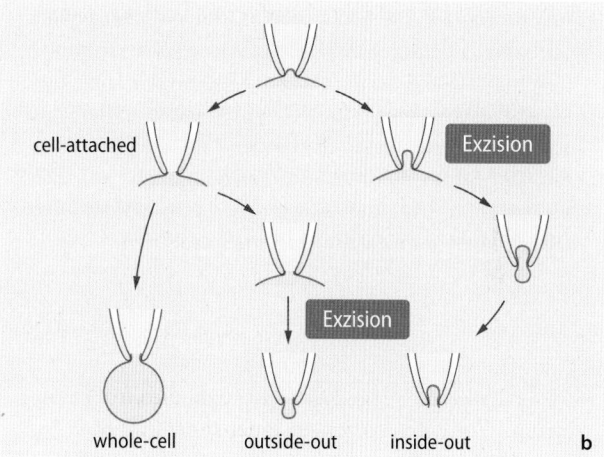

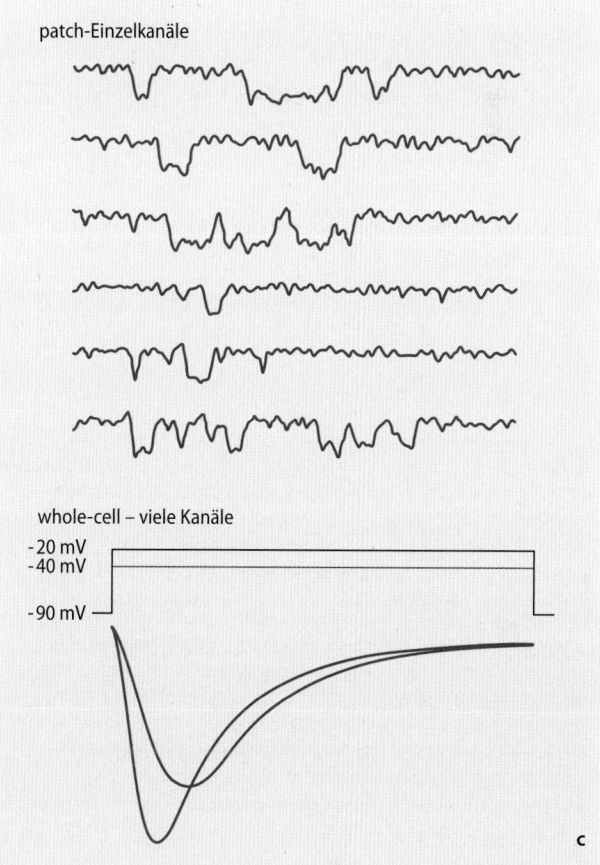

◘ **Abb. 4.4a–c Patch-clamp-Technik. a** Die Regelschaltung (gezeigt als vereinfachtes Messschema) hält eine vorgegebene Spannung über einem Membranabschnitt (**patch**) konstant. Abweichungen vom Klemmwert (V$_{soll}$) werden durch die Regelschaltung als Strom über den Rückkopplungswiderstand (R$_{Rück}$) ausgeglichen und mit einem Differentialverstärker (DV) gemessen. **b** Verschiedene Konfigurationen der **patch-clamp**-Technik. Der patch ist entweder noch in die Zellmembran integriert (**cell-attached**-Konfiguration), oder aus der Zellmembran isoliert worden (Exzision); dabei liegt entweder die Membraninnenseite außen (**inside-out**-Konfiguration), oder die Membranaußenseite (**outside-out**-Konfiguration). Ein anderer Zugang ergibt sich, wenn der Membranfleck durch kurzes kräftiges Saugen zerstört wird, sodass mit der Messvorrichtung Ströme durch die ganze Zellmembran gemessen werden können (**whole-cell**-Konfiguration). **c** (oben) Stromantworten eines einzelnen Natriumkanals auf sechs depolarisierende Spannungssprünge (links von –90 mV auf –40 mV, rechts von -40 mV auf -90 mV) in einem inside-out-patch sowie die Summation dieser Antworten. **c** (unten) Stromantwort einer großen Anzahl von Natriumkanälen in whole-cell-Konfiguration gemessen. Der Strom entspricht der Summationsantwort des Einzelkanals

4

In Kürze

Ionenkanäle sind **integrale Membranproteine**, die eine wassergefüllte Pore in der Zellmembran ausbilden und so den Durchtritt von Ionen durch die Doppellipidschicht der Membran ermöglichen. Triebkraft für die Diffusion durch die Kanalpore ist der **elektrochemische Gradient**, der sich aus dem Konzentrationsgradienten (chemische Triebkraft) und der Potenzialdifferenz (elektrische Triebkraft) zusammensetzt.

Ionenkanäle zeigen bezüglich der permeierenden Ionen eine mehr oder weniger ausgeprägte **Selektivität**. Man unterscheidet Kationenkanäle (viele mit einer hohen Selektivität für eine bestimmte Kationensorte) und Anionenkanäle. Die Funktion eines Kanals wird neben der Selektivität durch das Kanalschaltverhalten **(gating)** bestimmt. Durch Konformationsänderungen kann der Kanal zwischen einem für Ionen permeablen Offen-Zustand und Geschlossen-Zuständen hin- und herschalten. Der Strom durch einen Ionenkanal wird von der **elektrischen Triebkraft** sowie der **Leitfähigkeit** und **Offenwahrscheinlichkeit** des Kanals bestimmt.

4.2 Aufbau spannungsgesteuerter Kationenkanäle

4.2.1 Topologie und Struktur

Kationenkanäle sind aus porenbildenden Haupt- und akzessorischen Untereinheiten aufgebaut; Faltung und Struktur der Hauptuntereinheiten werden durch hydrophobe Transmembransegmente und hydrophile Proteinabschnitte bestimmt.

Membrantopologie Die aus der mRNA ableitbare **Aminosäuresequenz** (Primärstruktur) zeigt, dass Ionenkanalproteine aus einer Abfolge hydrophiler und hydrophober Abschnitte bestehen (◘ Abb. 4.5), die die Anordnung der Proteine in der Zellmembran **(Membrantopologie)** und damit ihre grundsätzliche Faltung **(Tertiärstruktur)** bestimmen.

- Die **hydrophoben Abschnitte**, zumeist als **α-Helizes** (Sekundärstruktur) konfiguriert, durchspannen die Doppellipidschicht der Zellmembran, während
- die **hydrophilen Abschnitte**, einschließlich der N- und C-terminalen Enden des Proteins, im wässrigen Milieu des Intra- und Extrazellulärraums oder der Ionenpore zu liegen kommen (◘ Abb. 4.5).

a

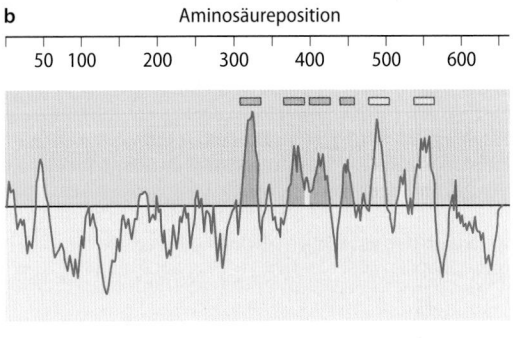

b

◘ Abb. 4.5a,b   Primärsequenz und Membrantopologie. Membrantopologie zweier Kaliumkanalproteine, abgeleitet aus dem „Hydropathieprofil" ihrer Aminosäuresequenz. In der oberen Bildhälfte sind die Hydropathieprofile eines 2-Segment- (**a**) und eines 6-Segment-Kanals (**b**) gegenüber der jeweiligen Primärstruktur dargestellt: Aminosäuren mit hydrophobem Index sind nach **oben**, Aminosäuren mit hydrophilem Index nach **unten** aufgetragen. Hydrophobe Abschnitte, die lang genug sind, die Zellmembran als α-Helix zu durchspannen, sind markiert. Die untere Bildhälfte zeigt die aus dem Hydropathieprofil abgeleitete Topologie der Kanäle: 2 bzw. 6 Transmembrandomänen mit intrazellulär gelegenen N- und C-terminalen Enden. Der hydrophobe Abschnitt zwischen den **gelb** markierten Transmembransegmenten ist an der Ausbildung der Kanalpore beteiligt und wird als Porenschleife (kurz: P-Schleife oder P-Domäne) bezeichnet

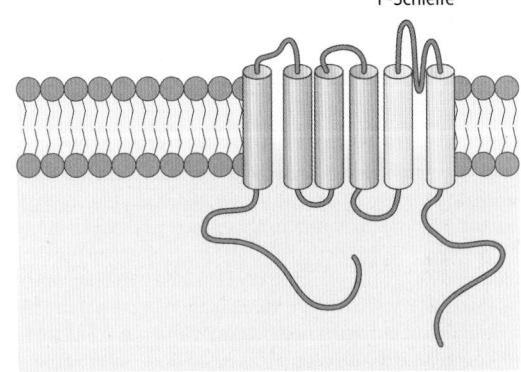

Die Anzahl der hydrophoben und hydrophilen Segmente kann sehr unterschiedlich sein, wobei die im Genom am häufigsten repräsentierten Ionenkanalproteine zwei oder sechs Transmembransegmente aufweisen (2- bzw. 6-Segment-Kanäle).

Struktur der Kanalpore Die eigentlichen 2- und 6-Segment-Ionenkanäle entstehen durch **Zusammenlagerung** mehrerer Untereinheiten (Quartärstruktur, Oligomere), wie es die hochaufgelösten „Proteinstrukturen" zeigen, die von kristallisierten Ionenkanälen mittels Röntgenstrukturanalyse gewonnen wurden (◻ Abb. 4.6).

Demnach bestehen 2-Segment-Kaliumkanäle (◻ Abb. 4.6) aus vier symmetrisch angeordneten Protein-Untereinheiten **(Tetramere)**, die in der Symmetrieachse des Moleküls eine vollständig von Proteinabschnitten umgebene Kanalpore ausbilden. Die Wand dieser Kanalpore wird in der zytoplasmatischen Hälfte des Moleküls durch die C-terminale Transmembranhelix (S2, innere Helix) gebildet, in der extrazellulären Hälfte durch das eingestülpte Verbindungsstück der beiden Transmembransegmente, die Porenschleife (P-Schleife oder P-Domäne) (◻ Abb. 4.6). Zur Lipidmatrix hin wird das Kanalmolekül durch die N-terminale Transmembranhelix (S1, äußere Helix) begrenzt, die, von der Pore aus betrachtet, hinter der inneren Helix liegt und relativ zu ihr leicht verkippt erscheint. Der zytoplasmatische Kanaleingang wird von den ineinandergeschlungenen N- und C-terminalen Enden der vier Kanaluntereinheiten gebildet (◻ Abb. 4.6).

> Zur Passage des Selektivitätsfilters muss das Kalium-Ion seine Hydrathülle abstreifen.

Selektivitätsfilter Die engste Stelle der Kaliumkanalporen, der sog. **Selektivitätsfilter**, findet sich nahe dem extrazellulären Eingang und wird vom C-terminalen Abschnitt der P-Domäne gebildet und von einem kurzen helikalen Abschnitt, der Porenhelix, stabilisiert (◻ Abb. 4.7). Die Wand des Selektivitätsfilters, die wie in allen Kaliumkanalproteinen durch die charakteristische Aminosäuresequenz Glyzin-Tyrosin-Glyzin (G-Y-G-Motiv) gebildet wird, zeigt eine strukturelle Besonderheit: Die vier Kanaluntereinheiten schaffen mit den Karbonylsauerstoffen ihres Tyrosin- und inneren Glyzinrestes eine Ringstruktur, die die Hydrathülle (◻ Abb. 4.2) eines Kaliumions perfekt ersetzen kann, nicht aber die des Natrium- oder Lithiumions. Dieser „Hydrathüllenersatz" ist die Grundlage der hohen Selektivität des Kaliumkanals, also seiner Fähigkeit, das größere Kaliumion (Radius 1,33 Å) permeieren zu lassen, die kleineren Natriumionen (Radius 0,95 Å) oder Lithiumionen (Radius 0,6 Å) dagegen nicht (◻ Abb. 4.7).

Strukturelle Grundlagen der Permeabilität und Kalium-selektivität
Röntgenstrukturanalyse des 2-Segment-Kaliumkanals unter verschiedenen Bedingungen hat gezeigt, wie diese Kanäle eine hohe Selektivität (für K^+/Na^+ von etwa 10.000/1) mit einer hohen Durchflussrate (10^7–10^8/s) verbinden. Die hohe Affinität der Bindungsstellen, die notwendig ist, um den selektiven Eintritt der K^+-Ionen in den Filter zu garantieren (Hydrathüllenersatz, ◻ Abb. 4.7), wird durch zwei Prozesse neutralisiert, die den Wiederaustritt der K^+-Ionen aus dem Filter treiben: (i) die endogene Dynamik des Filters, der ohne K^+-Ionen kollabieren

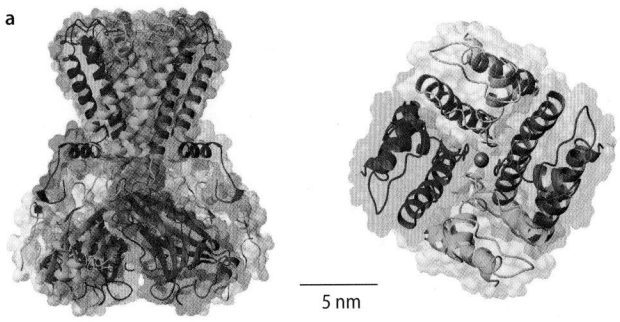

a

5 nm

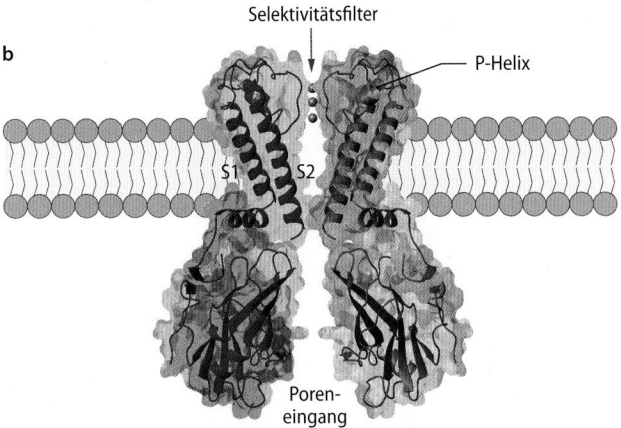

Selektivitätsfilter

b

P-Helix

S1 S2

Poren-eingang

◻ **Abb. 4.6a,b Aufbau eines 2-Segment-Kaliumkanals, abgeleitet aus seiner Kristallstruktur**. Die Struktur (**a** Seitenansicht und Aufsicht, **b** Seitenansicht zweier gegenüberliegender Untereinheiten; Auflösung ca. 3 Å) zeigt den Aufbau des Kanals aus vier Untereinheiten, die symmetrisch um die zentral gelegene Pore angeordnet sind. Der Selektivitätsfilter, in dem drei Kaliumionen zu sehen sind, wird von der P-Helix und dem C-terminalen Abschnitt der P-Schleife gebildet; die Transmembransegmente S1 und S2 sind als α-Helizes ausgebildet und liegen hintereinander. Der zytoplasmatische Poreneingang wird von den N- und C-terminalen Enden der vier Untereinheiten aufgebaut

würde und dadurch wie eine Presse wirkt, und (ii) die gegenseitige elektrostatische Abstoßung der zwei zu jedem Zeitpunkt im Filter anwesenden K^+-Ionen (◻ Abb. 4.7).
Eine weitere wichtige Erkenntnis aus der Kanalstruktur ist das Dipolmoment der Porenhelizes: Die negativ geladenen C-terminalen Enden der vier Helizes halten ein hydratisiertes K^+-Ion nahe am extrazellulären Ausgang der Pore und erniedrigen dadurch die dielektrische Barriere für Ionenpermeation durch die Lipidmembran.

4.2.2 Strukturelle Klassifizierung

Ähnlichkeiten in Aminosäuresequenz, Membrantopologie und Struktur teilen die Kationenkanäle in verschiedene Klassen, Familien und Unterfamilien ein.

Kanalklassen Die Sequenz aus zwei Transmembransegmenten und den sie verbindenden P-Domänen ist in nahezu allen porenbildenden Ionenkanal-Untereinheiten gleich bzw. sehr ähnlich. Darüber hinaus unterscheiden sich die bekannten Kanalgene aber sowohl in der **Anzahl** dieser Motive, als auch in Anzahl und Charakteristik weiterer **Transmembransegmente** (◻ Abb. 4.8).

4

K$^+$-Ionen im Selektivitätsfilter

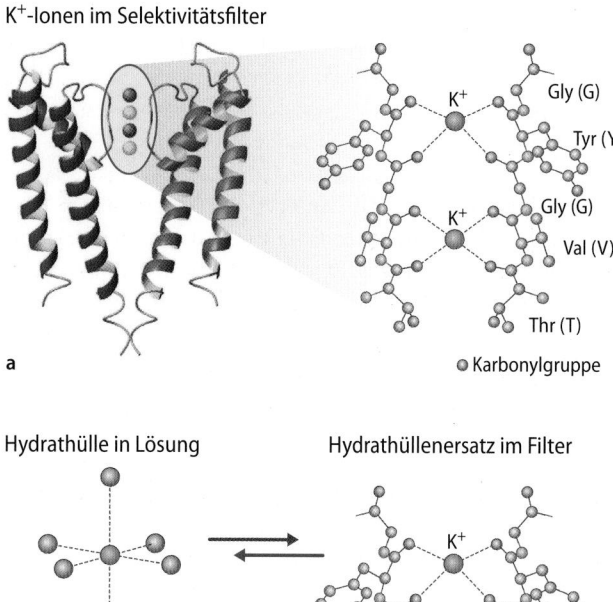

a   ● Karbonylgruppe

Gly (G)
Tyr (Y)
Gly (G)
Val (V)
Thr (T)

Hydrathülle in Lösung   Hydrathüllenersatz im Filter

b   K(H$_2$O)$_6^+$

☐ **Abb. 4.7a,b   Funktion des Kaliumkanal-Selektivitätsfilters.**
a Seitenansicht der Pore (der Übersichtlichkeit wegen nur zwei Untereinheiten dargestellt), mit vier Bindungsstellen für Kaliumionen (sphärisch
dargestellt) im Selektivitätsfilter, von denen jeweils zwei gleichzeitig besetzt sind (in 1–3- oder 2–4-Konfiguration). Die Positionierung der Kalium-
ionen wird durch ihre Interaktion mit den Karbonylsauerstoffen der
Aminosäuren Tyrosin (Tyr, Y), Glyzin (Gly, G), Valin (Val, V) und Threonin
(Thr, T) des Selektivitätsfilters (G-Y-G-Motiv) bestimmt. **b** Diese Karbonyl-
sauerstoffe ersetzen die Hydrathülle des Kaliumions: Die bei Bindung des
Kaliumions im Selektivitätsfilter freigesetzte Energie ist größer als die zur
Dehydratisierung des Kaliumions notwendige Energie

Die einfachste Erweiterung des 2-Segment-Kanals ist
der 6-Segment-Kanal, eine Klasse von Kanälen, für die
im menschlichen Genom mehr als 90 (!) verschiedene Gene
existieren.

Von den vier zusätzlichen Transmembransegmenten
zeigt die Primärstruktur der letzten, der **S4-Helix**, eine
Besonderheit: Jede dritte Position innerhalb dieser Helix
ist mit einer positiv geladenen Aminosäure, Arginin oder
Lysin, besetzt und verleiht dem **S4-Segment** damit bei physiologischem pH eine positive Nettoladung. Dieses S4-Seg-
ment wird von den Kanälen als **Sensor für Änderungen
der Membranspannung** benutzt und kommt in allen
spannungsgesteuerten Ionenkanälen vor. In der hochaufgelösten Proteinstruktur eines 6-Segment-Kaliumkanals
sind die Transmembransegmente S1-S4 als separate „Einheiten" rotationssymmetrisch außerhalb der Kanalpore angeordnet, wobei die S1–S4-Segmente einer Untereinheit
hinter dem S5-Segment der benachbarten Untereinheit
„eingerastet" erscheinen (☐ Abb. 4.9). Die Kanalpore aus
den Segmenten S5 und S6 ist der Pore des 2-Segment-Kanals
nahezu identisch. Das Verbindungsstück zwischen der Pore
und der S1–S4-Einheit, die S4-S5-Domäne, ist als α-Helix
konfiguriert und liegt der intrazellulären Seite der Membran
an.

Topologie   Gene/Kanalproteine

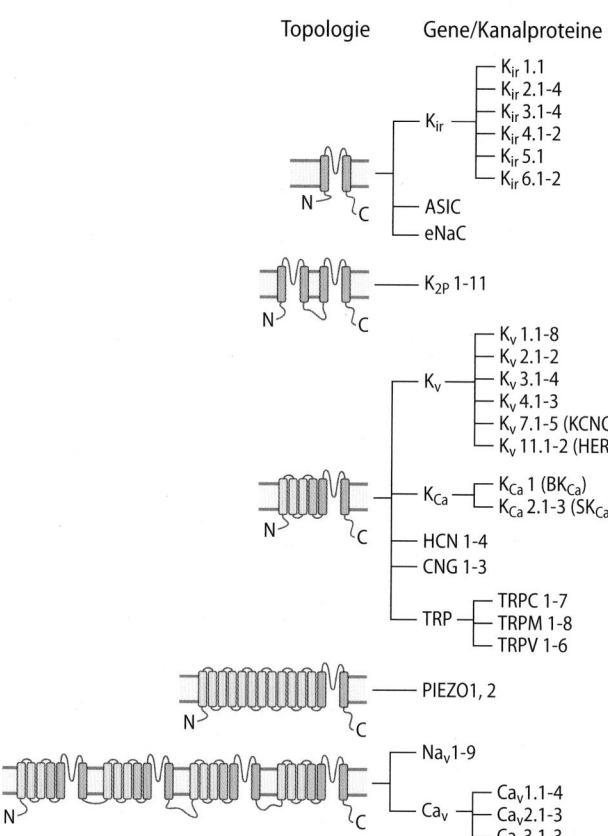

K$_{ir}$ ── K$_{ir}$ 1.1
         K$_{ir}$ 2.1-4
         K$_{ir}$ 3.1-4
         K$_{ir}$ 4.1-2
         K$_{ir}$ 5.1
         K$_{ir}$ 6.1-2
ASIC
eNaC

K$_{2P}$ 1-11

K$_v$ ── K$_v$ 1.1-8
       K$_v$ 2.1-2
       K$_v$ 3.1-4
       K$_v$ 4.1-3
       K$_v$ 7.1-5 (KCNQ)
       K$_v$ 11.1-2 (HERG)

K$_{Ca}$ ── K$_{Ca}$ 1 (BK$_{Ca}$)
         K$_{Ca}$ 2.1-3 (SK$_{Ca}$)
HCN 1-4
CNG 1-3

TRP ── TRPC 1-7
      TRPM 1-8
      TRPV 1-6

PIEZO1, 2

Na$_v$1-9

Ca$_v$ ── Ca$_v$1.1-4
        Ca$_v$2.1-3
        Ca$_v$3.1-3

☐ **Abb. 4.8   Architektur und Topologie der Kationenkanalproteine.**
Die Anordnung zeigt die verschiedenen Kanalarchitekturen in ihrem
kombinatorischen Aufbau aus 2- und 6-Segment-Kanaluntereinheiten.
Die spannungsabhängigen Na$_v$- und Ca$_v$-Kanäle fassen vier 6-Segment-
Untereinheiten in einem Gen zusammen; der Klassifizierung der Kal-
ziumkanäle in L-, P/Q-, N-, R- und T-Typ entsprechen die angegebenen
Gene. Die 2-P-Domänen-Kanäle kombinieren zwei 2-Segment-Unterein-
heiten und sind mehrheitlich Kaliumkanäle, die den „Hintergrundkanä-
len" in Neuronen entsprechen. Die Mitglieder der Klasse der 2-Segment-
Kanäle sind die Einwärtsgleichrichterkaliumkanäle (K$_{ir}$), die epithelialen
Natriumkanäle (eNaC) und die protonenaktivierten Kanäle (ASIC). Die
Mitglieder der Klasse der 6-Segment-Kanäle sind die spannungsabhängigen Kaliumkanäle (K$_v$), die kalziumgesteuerten Kaliumkanäle (K$_{Ca}$),
die hyperpolarisationsaktivierten Kationenkanäle (HCN), die durch zyklische Nukleotide gesteuerten Kanäle (CNG) und die durch verschiedene Liganden gesteuerten TRP-Typ-Kationenkanäle; einige Kanalfamilien
lassen sich noch in die angegebenen Subfamilien unterteilen. Die
durch mechanischen Druck/Zug aktivierten Kationenkanäle (Piezo1, 2)
lassen sich als 2-Segment-Kanäle mit einer Erweiterung um mindestens
12 Segmente verstehen

Die weiteren Kanalklassen lassen sich im Sinne einer modularen Bauweise als Kombination der 2- und 6-Segment-Un-
tereinheit verstehen (☐ Abb. 4.9). So sind die **2-P-Domänen-
Kaliumkanäle** eine Kombination aus zwei 2-Segment-Unter-
einheiten, während die **spannungsgesteuerten Natrium-
und Kalziumkanäle** (Na$_v$- und Ca$_v$-Kanäle) eine Verknüpfung
von vier 6-Segmentuntereinheiten darstellen. Diese Kombination von vier 6-Segmentuntereinheiten in einem Gen zeigt,
dass die Na$_v$- und Ca$_v$-Kanäle nach einem alternativen Prinzip aufgebaut sind: während sich die 2-, 4- und 6-Segment-
Kanäle aus vier Untereinheiten zusammensetzen, gewissermaßen nach einem **„4×1-Prinzip"** konstruiert sind, sind Na$_v$-

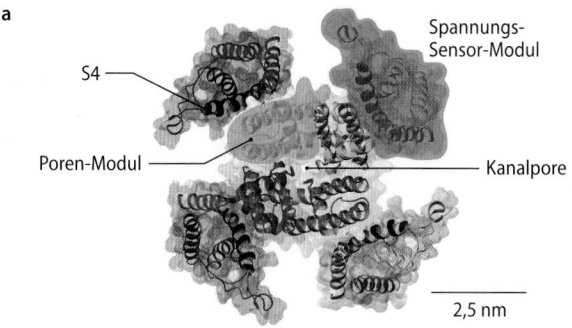

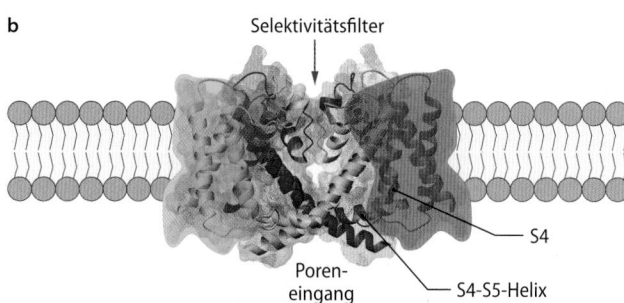

◻ Abb. 4.9a,b Aufbau eines 6-Segment-Kaliumkanals. Die Struktur (Aufsicht, **a**, und Seitenansichten, **b**, Auflösung ca. 3 Å) zeigt den Aufbau des Kanals aus vier Untereinheiten und die modulare Bauweise aus Kanalpore und Spannungssensoren. Die zentral gelegene Kanalpore ist aus vier „Porenmodulen" aufgebaut, die von den Transmembransegmenten S5 und S6 sowie der P-Schleife jeder Untereinheit gebildet werden. Die Transmembransegmente S1-S4, die das jeweilige „Spannungssensormodul" bilden, liegen als separate Einheiten außerhalb der Pore. Die S4-Helix ist durch Schwarzfärbung hervorgehoben; in B sind nur zwei gegenüberliegende Untereinheiten (Porenmodule hervorgehoben) dargestellt

oder Ca_v-Kanalmoleküle lediglich aus einer Untereinheit nach einem „1×4-Prinzip" aufgebaut.

Eine besondere Architektur zeigen die beiden **mechanosensitiven Kationenkanäle** Piezo1 und Piezo2: Sie lassen sich als 2-Segment-Poren mit einer Erweiterung aus mindestens 12 Transmembransegmenten verstehen, die als **Sensor für mechanische Druck- und Zugkräfte** fungieren (▶ Abschn. 4.3). Im Unterschied zu den o. g. Kationenkanälen sind die Piezo-Kanäle aus lediglich drei Untereinheiten (Trimere) aufgebaut, wobei die Kanalpore, wie bei den 2-Segment-Kanälen, von einer inneren und einer dahinter angeordneten äußeren Transmembranhelix gebildet wird.

Kanalfamilien und -unterfamilien Wie in ◻ Abb. 4.9 dargestellt, kann aufgrund von Ähnlichkeiten in der Aminosäuresequenz noch eine Unterteilung der Kanalklassen in Familien und Unterfamilien getroffen werden. Beispiele für Familien sind etwa die spannungsabhängigen Kaliumkanäle (K_v), die kalziumgesteuerten Kaliumkanäle (K_{Ca}) oder die Einwärtsgleichrichter-Kaliumkanäle (K_{ir}), Beispiele für Subfamilien wären die K_v1-, die SK- oder $K_{ir}2$-Kanäle. Bedeutend für die Architektur von Kanälen ist diese Unterteilung insofern, als sich 2- und 6-Segment-Kanäle nicht notwendigerweise aus vier identischen Untereinheiten (Homomere) zusammenset-

zen müssen, sondern auch aus verschiedenen Untereinheiten (Heteromere) bestehen können. Eine Heteromultimerisierung ist allerdings nur zwischen den α-Untereinheiten einer Subfamilie möglich, nicht aber zwischen Mitgliedern verschiedener Familien oder Kanalklassen.

Die hier vorgestellte Klassifizierung der vielen verschiedenen Kanalgene soll insbesondere der Systematik im Hinblick auf **Aufbau und grundsätzliche Funktionsmerkmale** dienen, die Beschreibung der physiologischen Funktion ist kurz skizziert (▶ Tabelle im Anhang) und erfolgt in detaillierter Form in den Kapiteln über Gewebe und Organe, in denen das jeweilige Kanalprotein exprimiert ist.

Akzessorische Untereinheiten Neben den porenbildenden Untereinheiten, die auch als α- oder Haupt-Untereinheiten bezeichnet werden, finden sich bei nahezu allen Ionenkanälen weitere eng **assoziierte Proteine**, die nicht am Aufbau der Kanalpore beteiligt sind und daher **akzessorische Untereinheiten** genannt werden. Strukturell betrachtet sind diese akzessorischen Untereinheiten entweder integrale Membranproteine (mit hydrophoben Transmembransegmenten; z. B. β-Untereinheiten der Na_v-Kanäle oder BK-Typ-Kaliumkanäle) oder überwiegend hydrophile Proteine mit zytoplasmatischer Lokalisation (z. B. die β-Untereinheiten der K_v- oder Ca_v-Kanäle, Calmodulin). Ihre Verbindung mit der porenbildenden α-Untereinheit erfolgt meist über **Disulfidbindungen**, sowie **hydrophobe und elektrostatische Wechselwirkungen**. Durch direkte Protein-Protein-Wechselwirkungen können die akzessorischen Untereinheiten nahezu alle Eigenschaften und Funktionen eines Kanalproteins bestimmen oder beeinflussen, wie
- Schaltverhalten (**gating**, s. u.),
- Leitfähigkeit,
- Biogenese
- subzelluläre Lokalisation und
- Stabilität in der Zellmembran.

Die zellbiologische Bedeutung der akzessorischen Untereinheiten liegt darin, dass sie die Funktion(en) eines Ionenkanals spezifisch variieren und damit das Signalübertragungsverhalten einer Zelle spezifisch steuern und anpassen können (s. u. Kanalopathien und ▶ Kap. 2.3).

In Kürze

Aufbau und Struktur der Kationenkanäle
Die porenbildenden Haupt- oder α-Untereinheiten der Kationenkanäle setzen sich aus **hydrophoben α-helikalen Transmembransegmenten** und **hydrophilen Abschnitten** zusammen. Zwei Transmembransegmente bilden die **Kanalpore** und den **Selektivitätsfilter**, die übrigen Transmembrandomänen dienen als **Sensoren** für Änderungen der Membranspannung oder mechanischer Druck- und Zugkräfte.

Funktionelle Kanalproteine entstehen durch Zusammenlagerung von **vier α-Untereinheiten** (tetramere Struktur), nur **spannungsgesteuerte Na⁺- und Ca²⁺-Ka-**

4

näle bestehen aus **einer α-Untereinheit** mit vier 6-Segment-Domänen (pseudotetramere Struktur). Die Kanalpore liegt in der Symmetrieachse des Kanalproteins, der Selektivitätsfilter befindet sich nahe dem extrazellulären Eingang des Kanals.

Genomische Variation
Das menschliche Genom umfasst eine Vielzahl von Genen, die für α-Untereinheiten von Kationenkanälen mit spezifischen strukturellen und funktionellen Eigenschaften kodieren.

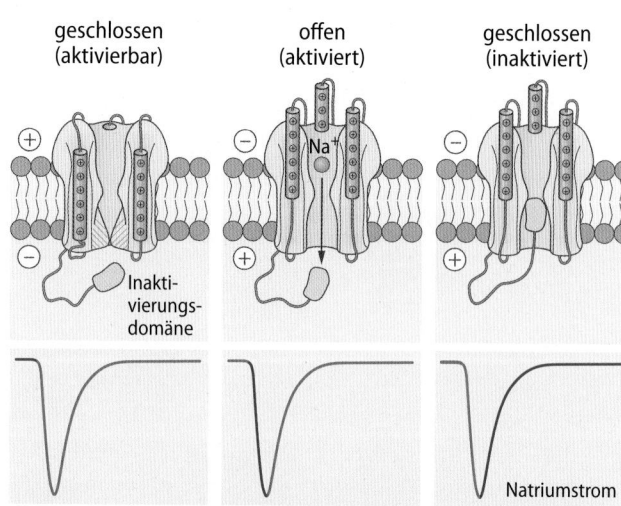

4.3 Gating von Kationenkanälen

4.3.1 Spannungsabhängige Aktivierung und Inaktivierung

Die Aktivierung spannungsgesteuerter Kanäle ist ein sequenzieller Vorgang aus Bewegung des Spannungssensors und nachgeschalteter Öffnung der Kanalpore; die Inaktivierung erfolgt durch Verschluss der Pore mittels einer zytoplasmatischen Inaktivierungsdomäne.

◘ Abb. 4.10   Grundprinzip des Schaltverhaltens spannungsgesteuerter Ionenkanäle. Die Abbildungen zeigen einen spannungsgesteuerten Kanal in seinen drei Hauptzuständen: Im aktivierbaren Geschlossen-Zustand (**links**), im offenen Zustand (**Mitte**) und im inaktivierten Geschlossen-Zustand (**rechts**), in dem der Kanal von einer N-terminalen Inaktivierungsdomäne blockiert wird (s. Text). Bei Depolarisation durchläuft der Kanal die Zustände von links nach rechts, bei Repolarisation von rechts nach links. Die Rotmarkierung in dem unteren Teil der Abbildung ordnet die Kanalzustände dem zeitlichen Zustandekommen des depolarisationsaktivierten Natriumeinstroms zu

Ionenkanäle können im Wesentlichen zwei Zustände einnehmen, den **Geschlossen-Zustand**, in dem die Pore impermeabel ist, und den **Offen-Zustand**, in dem Ionen durch den Kanal permeieren und so für die physiologisch wichtige Leitfähigkeit sorgen können.

Kanalaktivierung und -deaktivierung   Für die Öffnung bzw. Aktivierung eines Kanals muss Energie aufgewendet werden. Diese stammt beim spannungsabhängigen **gating**, wie es in K_v-, Na_v- oder Ca_v-Kanälen zu beobachten ist, aus der Änderung der Membranspannung, die im Kanalmolekül eine **Kaskade von Konformationsänderungen** in Bewegung setzt.

Der erste Schritt in dieser Kaskade ist die Übertragung der elektrischen Energie auf den **Spannungssensor** des Kanals, der im Wesentlichen aus dem o. g. **S4-Segment** besteht. Dieses Transmembransegment trägt eine positive Nettoladung (je nach Kanaltypus 2–8 Arginin- und/oder Lysinreste), aufgrund derer es sich unter dem Einfluss des elektrischen Feldes bewegen kann (◘ Abb. 4.10):

- Bei **Depolarisation** der Membranspannung bewegt es sich nach außen, in Richtung des Extrazellulärraums,
- bei **Repolarisation** nach innen, in Richtung des Intrazellulärraums.

Die Bewegung der S4-Helizes erfolgt vorwiegend als Rotation und bewirkt eine Verschiebung von 12 positiven Ladungen (drei pro S4-Segment) in den Extrazellulärraum.

❯ **Positive-geladene Aminosäuren im Spannungssensor bewirken seine Bewegung im elektrischen Feld über der Membran.**

Die **Bewegung der S4-Helix** wird über Zug an der helikalen S4-S5 Domäne auf die porenbildenden S5- und S6-Segmente übertragen, die dadurch in der Membranebene gedreht und leicht verkippt werden. Das Resultat dieser Konformationsänderungen ist eine **Aufweitung der Kanalpore** unterhalb des Selektivitätsfilters und damit die Öffnung des Kanals (◘ Abb. 4.10).

Im Gegensatz zur S4-Bewegung, die in K_v-, Na_v- und Ca_v-Kanälen sehr ähnlich abläuft, sind **Art und Geschwindigkeit** der zur Porenöffnung führenden Konformationsänderungen **kanalspezifisch**. So laufen diese Prozesse in Na_v-Kanälen in weniger als einer Millisekunde ab, während sie bei K_v-Kanälen deutlich länger dauern und im Bereich von etwa 10 bis mehreren 10 Millisekunden liegen.

Der durch Depolarisation geöffnete Kanal kann durch **Repolarisation** der Membranspannung wieder geschlossen oder deaktiviert werden. Der Prozess der **Deaktivierung** verläuft im Wesentlichen spiegelbildlich zur Aktivierung: In einem ersten Schritt verlagern sich die S4-Helizes wieder zur Membraninnenseite und bewirken so eine Reorganisation der porenbildenden Segmente, die zum Schließen des Kanals führt.

Kanalinaktivierung Na_v-Kanäle, wie auch einige K_v-Kanäle (die sog. A-Typ-Kanäle) bleiben nach Aktivierung trotz anhaltender Depolarisation der Membran nicht offen, sondern werden wieder verschlossen, was die **Unterbrechung des Ionenstroms** zur Folge hat. Dieses **Schließen des Kanals**, das im Zeitbereich von etwa einer Millisekunde abläuft, wird als **Inaktivierung** bezeichnet.

Strukturell stehen hinter der Inaktivierung **zytoplasmatische Proteindomänen**: Bei den K_v-Kanälen ist es das N-terminale Ende der α-Untereinheit (je nach K_v-Kanal die ersten 20–40 Aminosäuren, daher auch **N-Typ-Inaktivierung**) oder der β-Untereinheit $K_v\beta1$, bei den Na_v-Kanälen ist es ein kurzer Abschnitt des Verbindungsstücks zwischen dem dritten und vierten 6-Segment-Abschnitt (sog. **interdomain III–IV linker**). Entsprechend der Quartärstruktur der Kanalproteine besitzen demnach die Na_v-Kanäle genau eine solche Inaktivierungsdomäne, während die K_v-Kanäle bis zu vier solcher Domänen haben können (alle Kombinationen einer Heteromultimerisierung zwischen α-Untereinheiten mit und ohne Inaktivierungsdomäne).

Zur Inaktivierung der Kanäle treten die **Inaktivierungsdomänen** – nach Öffnung des Kanals – in die Pore ein und binden dort an ihren Rezeptor, der von Abschnitten der Kanalwand gebildet wird (◻ Abb. 4.10). Solange sie dort gebunden sind, **blockieren** bzw. **verstopfen** sie den **offenen Kanal** und unterbinden dadurch den Ionenstrom – der Kanal ist **inaktiviert**. Soll die Inaktivierung aufgehoben werden, muss die Membranspannung repolarisiert werden. Nach Repolarisation dissoziiert die Inaktivierungsdomäne, getrieben durch die Konformationsänderungen der Porensegmente, von ihrem Rezeptor und tritt aus der Pore aus (Aufhebung der Inaktivierung). Dadurch kann der Kanal nochmals für kurze Zeit geöffnet werden (sog. **reopening**), ehe er in einem zweiten Schritt deaktiviert.

C-Typ-Inaktivierung

Neben dieser klassischen oder N-Typ-Inaktivierung gibt es noch weitere, meist **langsamer ablaufende Inaktivierungsprozesse**, die auf Konformationsänderungen des Kanalproteins vor allem im Bereich des Selektivitätsfilters beruhen. Einer dieser alternativen Inaktivierungsmechanismen, der in einigen K_v- aber auch Na_v-Kanälen zu beobachten ist, wird als **C-Typ-Inaktivierung** bezeichnet. Sie ist ein unabhängiger Prozess, kann aber durch die N-Typ-Inaktivierung bis in den Millisekundenbereich beschleunigt werden. Funktionell ist die C-Typ-Inaktivierung in zweierlei Hinsicht bedeutsam. Zum einen ist sie die Voraussetzung zur Blockierung der Na_v-Kanäle durch Lokalanästhetika (wie Lidocain oder Benzocain), zum anderen ist sie in der Lage, wegen der besonders langsamen Rückreaktion, Na_v- und K_v-Kanäle für Intervalle von mehreren Sekunden (!) Dauer zu inaktivieren.

Zustandsmodell des Kanal-gating Das Schaltverhalten spannungsgesteuerter Kationenkanäle lässt sich stark vereinfacht als eine **sequenzielle Reaktion** in einem **System aus drei Zuständen** verstehen (◻ Abb. 4.10). Diese Zustände sind:

- der **Geschlossen-Zustand**, aus dem der Kanal aktiviert werden kann,
- der **Offen-Zustand** und
- der **inaktivierte Zustand**, in dem der Kanal durch die Inaktivierungsdomäne blockiert ist.

Bei Depolarisation der Membran wird das Gleichgewicht des Systems vom Geschlossen-Zustand in zwei Teilreaktionen in den inaktivierten Zustand verlagert: Der erste Schritt, der Übergang vom Geschlossen- in den Offen-Zustand, ist die **Aktivierung**, der zweite Schritt, der Übergang vom Offen- in den inaktivierten Zustand, entspricht der **Inaktivierung**. Bei Repolarisation verläuft die Reaktion in umgekehrter Rich-

tung. Wird dieses Zustandsmodell an die tatsächlich ablaufenden Konformationsänderungen des Kanalproteins angepasst, wird das System deutlich komplexer und muss sowohl um mehrere Geschlossen-Zustände, als auch um zusätzliche Inaktivierungszustände erweitert werden.

4.3.2 Alternative gating-Mechanismen

Ionenkanäle können durch verschiedene Stimuli geöffnet bzw. verschlossen werden, wie: intrazelluläre Messenger-Moleküle, Proteine, mechanische Spannung, Wärme/Kälte und kleinmolekulare Porenblocker.

Neben der Änderung der Membranspannung und der Bindung von Neurotransmittern (▸ Abschn. 4.4) können noch verschiedene andere Stimuli eine Kanalöffnung bewirken. Diese alternativen gating-Mechanismen lassen sich nach ihrem jeweiligen Stimulus und der Lokalisation des entsprechenden „Rezeptors" am Kanal klassifizieren.

Intrazelluläre Messenger Eine Reihe von gating-Mechanismen werden durch Veränderungen in der Konzentration intrazellulärer Messenger-Moleküle, wie **ATP, zyklische Nukleotide, H⁺** oder **Ca²⁺ Ionen**, in Gang gesetzt (◻ Abb. 4.11). So wird ein 2-Segment-Kaliumkanal ($K_{ir}6$; ◻ Abb. 4.8, ◻ Abb. 4.11) mit einer zytoplasmatischen Bindungsstelle für ATP (**K_{ATP}-Kanal**) durch hohe Konzentration des Trinukleotids verschlossen bzw. durch ein Absinken des ATP-Spiegels aktiviert. Über diesen Kaliumkanal wird in den B-Zellen des Pankreas die Insulinausschüttung gesteuert (K_{ATP}; ▸ Kap.76.3.1). Ein weiterer 2-Segment-Kaliumkanal (**$K_{ir}1$ oder ROMK**; ◻ Abb. 4.8, ◻ Abb. 4.11) wird durch eine Erniedrigung des intrazellulären pH (Erhöhung der H⁺-Konzentration) verschlossen bzw. durch Alkalinisierung geöffnet. Mithilfe dieses Kanals wird im distalen Nierentubulus die Kaliumausscheidung an den pH-Haushalt gekoppelt (ROMK; ▸ Kap. 33.2). Die zyklischen Nukleotide **cAMP und cGMP** aktivieren zwei Familien von 6-Segment-Kanälen, die **HCN-** (hyperpolarization-activated cyclic-nucleotide-gated) und **CNG-** (cyclic-nucleotide-gated) **Kanäle** (◻ Abb. 4.8). Die Kanalaktivierung erfolgt über eine Interaktion der zyklischen Nukleotide mit Bindungsstellen, die sich im C-Terminus dieser Kanäle befinden (◻ Abb. 4.11). Diese Steuerung durch zyklische Nukleotide liegt der elektrischen Antwort der retinalen Photorezeptoren auf einen Lichtreiz (CNG-Kanäle) ebenso zugrunde wie der Schrittmacheraktivität der Sinusknotenzellen am Herzen oder einiger zentraler Neurone (HCN-Kanäle).

Einer Reihe von Kanälen, von denen die SK_{Ca}- und die Ca_v1-Kanäle die bekanntesten sind, dienen intrazelluläre Kalziumionen als gating-Modulator. Als Rezeptor benutzen die genannten Kanäle das **Kalziumbindungsprotein Calmodulin**, das wie eine akzessorische Untereinheit mit dem proximalen C-Terminus der α-Untereinheit des Kanals verbunden ist (◻ Abb. 4.11). Durch Bindung von Kalziumionen an Calmodulin werden Konformationsänderungen auf das Kanalprotein übertragen, die dann zur Aktivierung (SK-Kanäle)

4

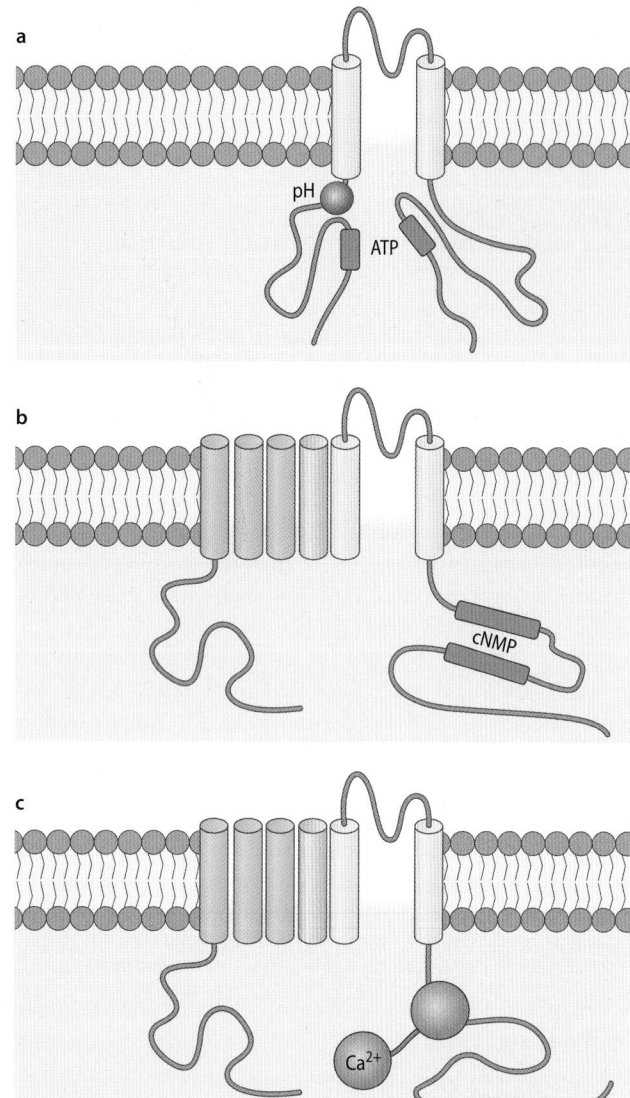

◻ Abb. 4.11a–c   Alternative gating-Mechanismen. Topologische Darstellung von Kanälen, die durch intrazelluläre Liganden gesteuert werden. **a** Bestimmte K_{ir}-Kanäle weisen Bindungsstellen für ATP (K_{ATP}-Kanäle) oder H^+-Ionen (ROMK) auf; eine Erhöhung der Konzentration dieser Liganden führt zum Schließen, eine Verminderung zum Öffnen der Kanäle. **b** HCN- und CNG-Typ-Kanäle werden, neben der Membranspannung, durch Bindung/Dissoziation zyklischer Nukleotide (cAMP, cGMP) aktiviert bzw. deaktiviert; beide Kanäle weisen eine Bindungsstelle für diese Nukleotide in ihrem C-Terminus auf. **c** Die SK_{Ca}-Typ-Kaliumkanäle (Subfamilie der K_{Ca}-Kanäle) sind mit dem Ca^{2+}-Bindungsprotein Calmodulin verbunden, das ihnen als Ca^{2+}-Sensor dient. Bindung von Ca^{2+} an das Calmodulin bewirkt eine Öffnung der SK-Kanäle.

oder zur Inaktivierung (Ca_v1-Kanäle) führen. Beide gating-Vorgänge sind für die Signalübertragung in zentralen Neuronen **(Nachhyperpolarisation, synaptische Faszilitation bzw. Depression)** von grundlegender Bedeutung.

Physikalische Faktoren   Umgebungsqualitäten wie **Wärme, Kälte, mechanische Zugkraft** und **Osmolarität** können ebenfalls in Kanal-gating umgesetzt werden. So werden Mitglieder der **TRP-Typ 6-Segment-Kanäle** (◻ Abb. 4.8) durch Er-

wärmung (TRPV1, TRPV2), durch Abkühlung (TRPM8) oder durch einen Anstieg der Osmolarität (TRPV4) aktiviert bzw. durch die gegensätzliche Änderung des physikalischen Umgebungsparameters deaktiviert.

Mechanische Druck- und Zugkraft aktiviert die **mechanosensitiven Piezo-Kanäle** (◻ Abb. 4.8), die in Sinneszellen der Haut (Piezo-2; Merkelzellen, freie Nervenendigungen, propriozeptive Neuronen) und in den Endothelien von Blutgefäßen (Piezo-1) als Wandler von mechanischer Energie in elektrische Signale wirken. Dementsprechend sind die Piezo-Kanäle für die Berührungsempfindung der Haut, die Propriozeption (▶ Kap. 50.3) und die Durchblutungsregulation (▶ Kap. 20.4) von fundamentaler Bedeutung.

Kanalblocker   Ein weiterer Mechanismus des Kanal-gating, gewissermaßen eine Alternative zu den Inaktivierungsdomänen der Na_v- und K_v-Kanäle, ist der **spannungsabhängige Block der Kanalpore** durch kleinmolekulare Blocker, wie das divalente Magnesiumion (Mg^{2+}) oder die mehrfach positiv geladenen Polyamine Spermin (SPM^{4+}) und Spermidin (SPD^{3+}). Bedeutsam sind der **Block der postsynaptischen NMDA-Rezeptoren** (▶ Abschn. 4.4) durch extrazelluläres Mg^{2+}, sowie der **Block der K_{ir}-Typ-Kaliumkanäle** durch intrazelluläres SPM^{4+}. Mechanistisch betrachtet treten die Blocker, wenn auch von verschiedenen Seiten, soweit in die Kanalpore ein, bis sie an der Engstelle des Selektivitätsfilters steckenbleiben und dadurch die Pore für die nachdrängenden permeablen Ionen verlegen. Der Porenblock ist dabei umso stabiler, je höher die elektrische Triebkraft ist, die auf die permeablen Natrium- und Kaliumionen wirkt (◻ Abb. 4.12).

Spannungsabhängiger Porenblock
Die Spannungsabhängigkeit des Mg^{2+}- und SPM^{4+}-Blocks (◻ Abb. 4.12) ergibt sich aus der Triebkraft der permeierenden Ionen: Am Gleichgewichtspotenzial unter physiologischen Bedingungen (0 mV am nicht selektiven NMDA-Rezeptor, –90 mV am selektiven K_{ir}-Kanal) ist kein Porenblock zu beobachten, während wenige 10 mV negativ (NMDA-Rezeptor) bzw. positiv (K_{ir}-Kanal) davon der Kanalblock vollständig ist (◻ Abb. 4.12). Statistisch ausgedrückt ist die Wahrscheinlichkeit, einen einzelnen Kanal blockiert vorzufinden, am Gleichgewichtspotenzial 0, während sie wenige 10 mV negativ bzw. positiv davon 1 ist; bei intermediären Spannungen liegt die Wahrscheinlichkeit zwischen 0 und 1, was in der Strom-Spannungs-Kennlinie zu einem „buckel"- oder „haken"-artigen Verlauf führt. Eine weitere Konsequenz aus der Abhängigkeit des Porenblocks von der Triebkraft (und nicht von der absoluten Membranspannung allein!) ist die Verschiebung der Blockkurve durch eine Veränderung des Gleichgewichtspotenzials. Bei den K_{ir}-Kanälen führt dies dazu, dass bei erhöhter extrazellulärer Kaliumkonzentration (Hyperkaliämie) und damit einhergehender Verschiebung des SPM^{4+}-Blocks nach rechts die Kanäle auch bei Spannungen offen sind, bei denen sie unter Normbedingungen bereits vollständig blockiert sind.

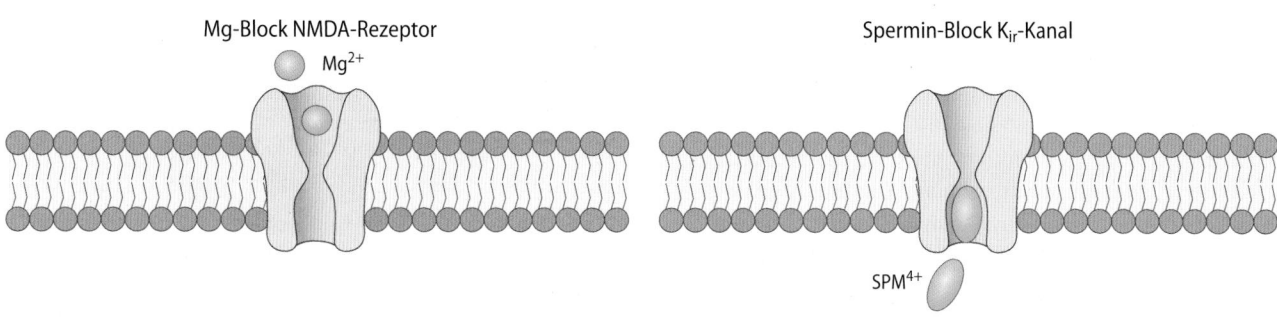

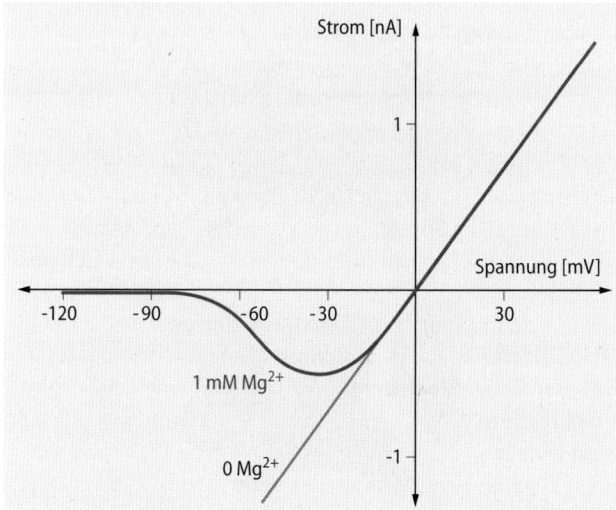
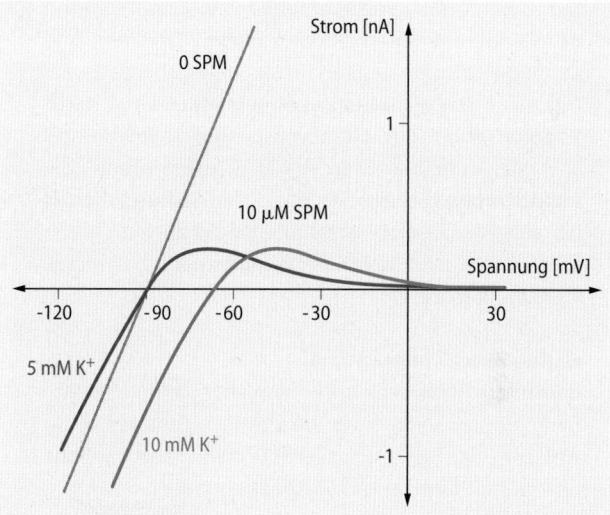

■ **Abb. 4.12 Block von NMDA-Rezeptoren und K$_{ir}$-Kanälen. Links:**
NMDA-Rezeptoren werden durch extrazelluläre Mg^{2+}-Ionen blockiert,
K$_{ir}$-Kanäle durch das intrazelluläre Polykation Spermin. **Rechts:** Die Strom-
Spannungs-(I-U-)Beziehung am NMDA-Rezeptor und K$_{ir}$-Kanal ist linear in
Abwesenheit des Blockers (0 Mg^{2+} bzw. 0 SPM^{4+}); in Anwesenheit des Blo-

ckers verläuft die I-U-Kennlinie jenseits des Gleichgewichtspotenzials
(U < 0 mV am NMDA-Rezeptor und U > –90 mV am K$_{ir}$-Kanal) über einen
Maximalwert zur Null-Strom-Linie. Die Bedeutung dieses Maximums
des K$_{ir}$-Kanals für die Ausbildung des Aktionspotentials wird in ► Kap 6.2
beschrieben.

Klinik

Kanaltoxine

Phänomen

Maritime Kegelschnecken (Conus) benutzen bei der Jagd nach Fischen ein hoch-
aktives Gift, das sie über einen harpunen-
artigen Zahn in ihre Beute injizieren und
diese damit in Sekundenbruchteilen vollständig paralysieren. Für Menschen, die
Kegelschnecken wegen ihres markanten
Aussehens am Strand auflesen und damit
den Harpunenstich der Tiere als Abwehrreaktion auslösen, kann das Gift sogar
tödlich sein.

Erklärung

Kegelschnecken stellen in den Epithelzellen ihres Giftorgans einen „Cocktail" aus

100–200 verschiedenen Peptidtoxinen her,
die aus jeweils 12–30 Aminosäuren bestehen und durch Disulfidbrücken stabilisiert
werden. Diese Conotoxine binden mit
hoher Affinität an extrazelluläre Domänen
verschiedener Ionenkanäle und beeinflussen deren Leitfähigkeit und/oder Schaltverhalten. So werden durch μ- und δ-Cono-
toxine Nav-Kanäle blockiert (Nav1.4,
Nav1.5) oder verstärkt aktiviert (durch Verzögerung der Inaktivierung in Nav1.2 oder
Nav1.3), während ω-Conotoxine Cav-Kanäle
inhibieren (Cav2.1, Cav2.2). Bei Beutetieren
der Kegelschnecke führt die gemeinsame
Wirkung dieser Toxine zu einer starken neuronalen Übererregung (Schockstarre) und/

oder einer effizienten Blockade der synaptischen Übertragung insbesondere an der
neuromuskulären Endplatte. Beim Menschen ist vor allem die Blockade der neuromuskulären Übertragung der Atemmuskulatur entscheidend; ohne Gegenmaßnahmen kann sie zum Tode führen, ein Antidot
steht bislang nicht zur Verfügung.
Einigen der ω-Conotoxine kommt aber
auch therapeutische Bedeutung zu: Als
Blocker der Ca$_v$2.2 Kanäle (sog. N-type
Kanäle) können sie die Erregungsübertragung in Schmerzfasern effizient hemmen
und als „pain killer" ohne Suchtpotenzial
eingesetzt werden.

4

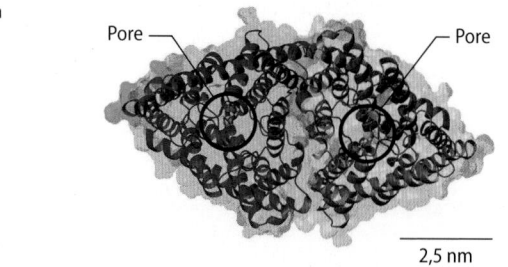

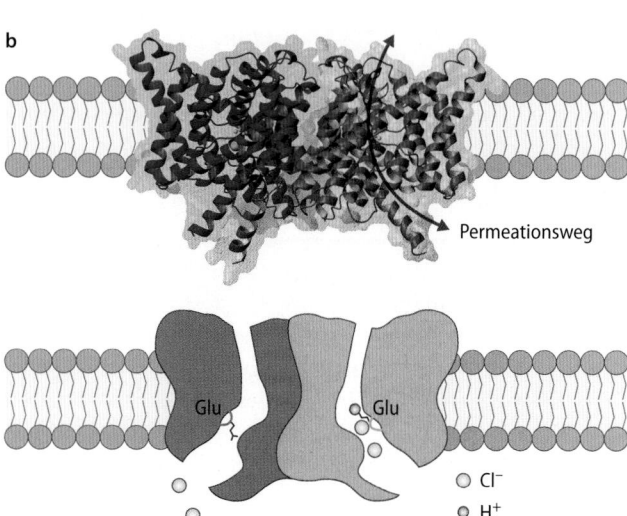

In Kürze

Spannungsgesteuertes gating von Kationenkanälen
Für die Öffnung eines Kanals ist Energie notwendig.
Beim spannungsgesteuerten **gating** stammt sie aus der
Änderung der Membranspannung: Der positiv geladene **Spannungssensor** des Kanals (S4-Segment) bewegt
sich bei Depolarisation nach außen, bei Repolarisation
nach innen. Durch die **Bewegung des S4-Segmentes**
kommt es in den umgebenden Transmembransegmenten zu Konformationsänderungen, die die **Aufweitung
der Kanalpore** unterhalb des Selektivitätsfilters und
damit die Öffnung des Kanals zur Folge haben.
Der durch Depolarisation geöffnete Kanal kann durch
Repolarisation der Membranspannung wieder geschlossen oder deaktiviert werden (Deaktivierung). Die
Inaktivierung bezeichnet das Schließen des Kanals
bei anhaltender Depolarisation. Sie erfolgt durch Verschluss der Pore mittels einer zytoplasmatischen Inaktivierungsdomäne.

Gating durch andere Signale
Bestimmte Kationenkanäle können spannungsunab-
hängig durch Stimuli wie intrazelluläre Faktoren (etwa
ATP, pH oder Ca^{2+}), assoziierte Proteine, mechanische
Spannung, Wärme oder Kälte geöffnet oder durch kleinmolekulare Porenblocker wie Mg^{2+} oder Spermin verschlossen werden.

○ **Abb. 4.13a,b** **Aufbau eines ClC-Kanals, abgeleitet aus der Kristallstruktur des Proteins.** Die Struktur (**a** Aufsicht, **b** oben, Seitenansicht)
zeigt den Aufbau des Kanals aus zwei Untereinheiten, die jeweils eine
Ionenpore bilden. Der Selektivitätsfilter, in dem je ein Cl⁻-Ion (grün) in der
zentralen Bindungsstelle zu sehen ist, wird durch mehrere asymmetrisch
angeordnete Helizes gebildet. Die Aminosäure Glutamat, die als Kanal-
gate fungiert, ist in der Struktur in „ball-&-stick"-Darstellung hervorgehoben. Protonierung dieses Glutamatrestes führt zur Öffnung des Ionenpermeationsweges (**b** unten)

4.4 Anionenkanäle

4.4.1 Aufbau und Struktur

Spannungsabhängige Anionenkanäle bestehen aus zwei
Untereinheiten mit je einer Kanalpore.

Eine ganze Reihe von Genen des menschlichen Genoms
kodiert für Anionenkanäle, die sich, ähnlich den Kationen-
kanälen, in verschiedene Klassen unterteilen lassen (▶ Tab.
„Anionenkanäle" im Anhang):
— ClC- (chloride channel) Proteine, spannungsabhängige
  Anionenkanäle bzw. -transporter,
— CFTR-Protein, ein epithelialer Anionenkanal (Defektgen
  der Mukoviszidose),
— Anoktamine 1 und 2, Ca^{2+}-aktivierte Anionenkanäle,
— LRRC8-Proteine, Volumen-regulierte Anionenkanäle.

ClC-Kanäle und -Transporter Die strukturell und funktionell
am besten untersuchten Anionenkanäle bzw. -transporter
sind die ClC-Proteine, die sowohl in erregbaren, als auch in
nicht erregbaren Zellen vorkommen (▶ Tab. im Anhang). Vier
der neun ClC-Proteine sind spannungsabhängige **Anionenkanäle** (ClC-1, ClC-2, ClC-Ka und ClC-Kb), die sich in der
Plasmamembran verschiedener Zelltypen finden, fünf ClC-
Proteine sind **Anionentransporter** (ClC-3 bis ClC-7), die

vorwiegend in **intrazellulären Membran-Kompartimenten**
lokalisiert sind und Choridionen im Antiport mit H⁺-Ionen
transportieren.

Struktur der ClC-Kanäle Die ClC-Proteine umfassen
18 Transmembransegmente, weisen aber keinerlei Ähnlichkeiten mit der Topologie und dem modularen Aufbau
der α-Untereinheiten der spannungsgesteuerten Kationenkanäle auf. Im Unterschied zu den letzteren entstehen
funktionelle ClC-Kanäle bzw. -Transporter dann auch durch
die Zusammenlagerung von nur zwei α-Untereinheiten
(Dimere), von denen jede einen Ionenpermeationsweg ausbildet (○ Abb. 4.13). Jeder ClC-Kanal bzw. -Transporter ist
demnach ein **Zwei-Poren-System**. Wie Analysen von ClC-
Kristallen zeigen, wird jede Pore durch mehrere asymmetrisch angeordnete α-Helizes begrenzt, die in unterschiedlichen Winkeln zueinander stehen und drei Bindungsstellen
für Cl⁻-Ionen ausbilden (○ Abb. 4.13). Ähnlich wie bei einigen Familien spannungsabhängiger Kationenkanäle kann ein
dimerer ClC-Kanal aus zwei identischen oder zwei verschiedenen α-Untereinheiten aufgebaut sein.

4.4.2 Funktionelle Eigenschaften

Spannungsgesteuerte Anionenkanäle lassen verschiedene Arten von Anionen passieren, ihr **gating** wird vom permeierenden Anion kontrolliert.

Selektivität Im Gegensatz zu den hochselektiven Natrium-, Kalium- oder Kalziumkanälen, sind ClC-Kanäle **nicht selektive Anionenkanäle**, die ein breites Spektrum unterschiedlicher Anionen (Cl^-, HCO_3^-, Br^-, NO_3^-, F^- und I^--Ionen) permeieren lassen.

Schaltverhalten Das spannungsabhängige **gating** verschiedener ClC-Kanäle weicht ebenfalls vom klassischen **gating** der Kationenkanäle ab (▶ Abschn. 4.3). So fungieren in ClC-Kanälen die permeierenden Anionen als **extrinsische Spannungssensoren** (anstelle des endogenen S4-Segments der Kationenkanäle), und das gating der beiden ClC-Poren wird durch die extra- und intrazellulären Konzentrationen von Cl^- und H^+ Ionen beeinflusst. Dabei spielt die Protonierung eines Glutamatrestes im Porenzentrum für das Verlegen und Freimachen des Ionenpermeationsweges eine entscheidende Rolle. Bei einigen ClC-Poren geht dies soweit, dass jeder Protonierungsvorgang zwei Cl^--Ionen permeieren lässt, d. h die Pore transportiert Cl^--und H^+-Ionen nach dem Prinzip eines Antiporters.

Strukturelle Grundlagen von Selektivität und Permeabilität der ClC-Kanäle

Der Selektivitätsfilter von ClC-Kanälen ist kürzer als der von Kaliumkanälen. Negativ geladene Ionen werden durch ein positives elektrostatisches Potenzial in die Pore „hineingezogen" und dehydratisiert. Ein wesentlicher Faktor hierbei ist die gegensätzliche Anordnung der Porenhelizes: In ClC-Kanälen wird das permeierende Anion durch die positiven Partialladungen der N-terminalen Enden zweier Porenhelizes stabilisiert, während dies bei Kationenkanälen die negativen Partialladungen der C-terminalen Enden der vier Porenhelizes übernehmen.

> **In Kürze**
>
> Es gibt verschiedene Klassen von Anionenkanälen: ClC-Typ Kanäle, CFTR (epithelialer Kanal), sowie Ca^{2+}-aktivierte und volumenaktivierte Anionenkanäle. **ClC-Kanäle** bestehen aus zwei Untereinheiten und bilden zwei Kanalporen aus. Sie sind nicht selektiv und lassen ein breites Spektrum unterschiedlicher Anionen permeieren. Beim **gating** fungiert das permeierende Anion als Spannungssensor.

4.5 Ligandaktivierte Ionenkanäle

4.5.1 Aufbau exzitatorischer Rezeptorkanäle

Die ligandaktivierten exzitatorischen Rezeptorkanäle (ionotrope Rezeptoren) sind aus vier oder fünf Untereinheiten aufgebaut.

Der neben der Änderung der Membranspannung wichtigste Weg der Kanalaktivierung ist die Bindung eines extrazellulären **Transmitters** bzw. **Liganden**. Ionenkanäle, die sich so aktivieren lassen, werden allgemein als ligandgesteuerte Kanäle oder **ionotrope Rezeptoren** bezeichnet. Die Namensgebung eines Kanals leitet sich dabei vom aktivierenden Liganden (**Agonisten**) ab, sodass ein durch Acetylcholin gesteuerter Kanal als ionotroper Acetylcholinrezeptor bezeichnet wird. Im Gegensatz zu den spannungsgesteuerten Kanälen kommen die ligandaktivierten Kanäle insbesondere in der **postsynaptischen Membran** von Neuronen vor, wo sie schnell und direkt von Transmittern aus der Präsynapse erreicht werden können.

Klinik

Kanalopathien

Ursachen
Erbkrankheiten, bei denen das **Defektgen** für einen Ionenkanal kodiert, werden als **Kanalopathien** bezeichnet. Grundsätzlich lassen sich zwei Arten von Gendefekten unterscheiden:

- „Nonsense"-Mutationen haben eine Deletion des Genproduktes zur Folge und führen zum weitgehenden oder vollständigen Funktionsverlust.
- „Missense"-Mutationen verändern die Primärsequenz des Proteins (Punktmutation) und führen entweder zu einer Einschränkung der Funktion (loss-of-function) oder aber zu einer in-

adäquaten Steigerung der Funktion (gain-of-function). Die Funktionsstörung kann die Aktivierung der Kanäle, die Permeabilität bzw. Leitfähigkeit, sowie die Biogenese, den Abbau, die subzelluläre Lokalisation oder die Regulierbarkeit (z. B. durch Proteinphosphorylierung) der betroffenen Kanalproteine beeinträchtigen.

Symptome
Die Ausprägung bzw. Symptomatik eines Ionenkanaldefektes ist durch sein **Expressionsmuster** bestimmt. Eine Funktionsveränderung des herzspezifischen Natrium-

kanals Na_v 1.5 hat daher andere klinische Auswirkungen als die gleiche Funktionsänderung des im Skelettmuskel exprimierten Natriumkanals Na_v 1.4. Bei Ionenkanälen, die in verschiedenen Organen exprimiert sind, hat eine genetische Funktionsveränderung meist eine Fehlfunktion aller dieser Organe zur Folge (beispielsweise führen Mutationen in KCNQ1-KCNE1-Kanälen zu Herzrhythmusstörungen und Innenohrschwerhörigkeit). Es besteht allerdings auch die Möglichkeit der partiellen Kompensation, sodass die entsprechende Kanalopathie auf ein Organ beschränkt bleiben kann.

4

Neben ionotropen Rezeptoren finden sich in der postsynaptischen, wie auch der präsynaptischen Membran **metabotrope Rezeptoren,** die an GDP/GTP-bindende Proteine (G-Proteine) gekoppelt sind. Diese G-Proteine aktivieren nach Agonistenbindung an den Rezeptor verschiedene Effektor-Proteine wie Adenylatzyklase, Phosholipase oder Ionenkanäle (Cav2, Kir3) (▶ Kap. 2.3). Wie bei den ionotropen Rezeptoren leitet sich der Name der metabotropen Rezeptoren vom spezifischen Agonisten ab, sodass ein Glutamat-aktivierter Rezeptor als metabotroper Glutamat-Rezeptor bezeichnet wird.

Das menschliche Genom kodiert eine Vielzahl von ionotropen Rezeptoren, die aufgrund von Ähnlichkeiten in ihrer Aminosäuresequenz und Proteinarchitektur in Klassen, Familien und Unterfamilien eingeteilt werden können. Die nachfolgende Einteilung orientiert sich allerdings mehr an der physiologischen Funktion der Kanäle, die vor allem durch die Ionenart definiert wird, für die der Kanal durchlässig ist. So sind die ligandgesteuerten Kationenkanäle als **exzitatorische Rezeptorkanäle**, die Anionenkanäle als **inhibitorische Rezeptorkanäle** klassifiziert.

Exzitatorische Rezeptorkanäle   Die wichtigsten **exzitatorischen Transmitter** des Säugerorganismus sind **Glutamat** und **Acetylcholin**, die bedeutendsten exzitatorischen Rezeptoren demnach die **ionotropen Glutamatrezeptoren** (iGluR) und die ionotropen Acetylcholinrezeptoren, die wegen ihrer Aktivierung durch Nikotin auch **nikotinische Acetylcholinrezeptoren** (nAChR) genannt werden. Die iGluR werden, entsprechend selektiver Agonisten, noch in drei Klassen unterteilt: **NMDA-Rezeptoren** (N-Methyl-D-Aspartat), **AMPA-Rezeptoren** (α-Amino-3-Hydroxy-5-Methyl-4-Isoxazol-Propionat) und **Kainat-Rezeptoren**. Während die iGluR die wesentlichen Träger der exzitatorischen Übertragung im zentralen Nervensystems sind, kommt den nAChR im peripheren Nervensystem und in der Skelettmuskulatur (motorische Endplatte) eine entscheidende Rolle zu.

> ❯ **Ionotrope Acetylcholinrezeptoren werden auch durch Nikotin aktiviert.**

Aufbau exzitatorischer Rezeptorkanäle   Bezüglich ihrer Membrantopologie weisen die Untereinheiten beider Rezeptorkanaltypen vier hydrophobe Segmente auf, die allerdings in eine etwas unterschiedliche **Kanalarchitektur** umgesetzt werden (❑ Abb. 4.14). Bei den iGluR sind drei dieser Segmente (M1, M3 und M4) als Transmembrandomänen konfiguriert, das zweite Segment (M2) ist lediglich in die Membranebene eingefaltet und an der Porenbildung beteiligt, ähnlich der P-Domäne der K_v- oder Na_v-Kanäle. Das lange N-terminale Ende der iGluR-Proteine liegt im Extrazellulärraum, das kurze C-terminale Ende auf der zytoplasmatischen Seite der Membran. Bei den nAChR-Proteinen dagegen sind alle vier hydrophoben Segmente als Transmembrandomäne ausgebildet, wodurch die N- und C-Termini im Extrazellulärraum zu liegen kommen.

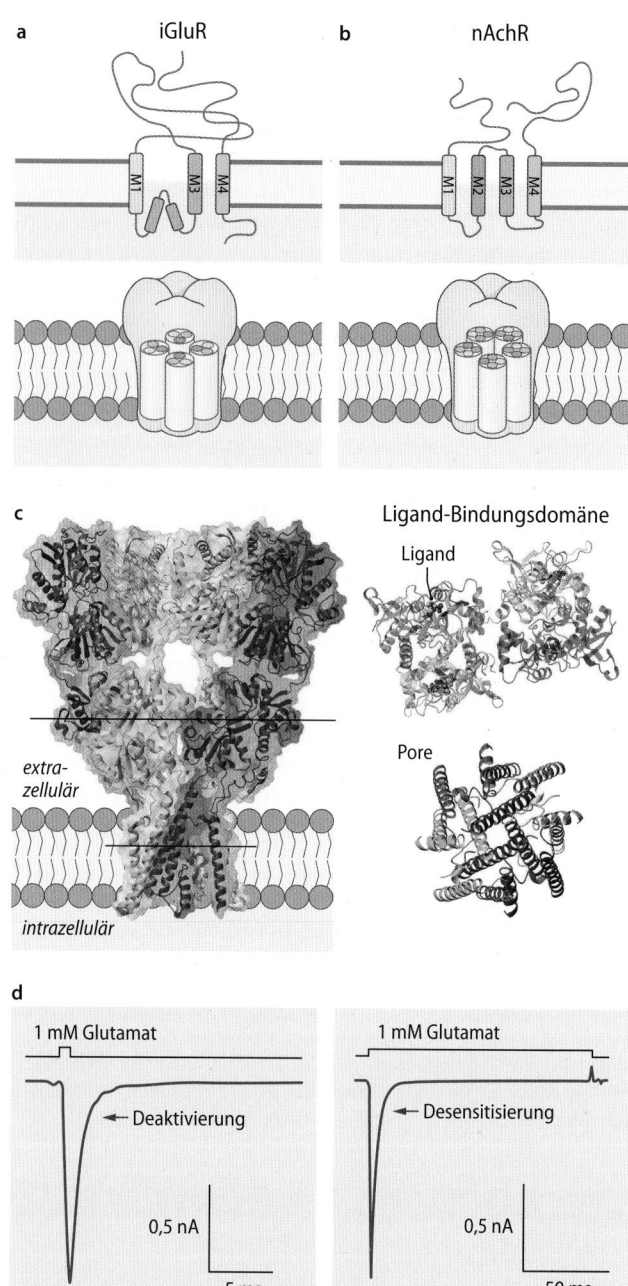

❑ **Abb. 4.14a–d   Topologie und Struktur ionotroper Acetylcholin- und Glutamatrezeptoren des AMPA-Typs.** Membrantopologie (**obere Bildhälfte**) und Untereinheitenaufbau (**untere Bildhälfte**) des AMPA-Typ iGluRs (**a**) und des nAChR (**b**), abgeleitet aus dem Hydropathieprofil der Aminosäuresequenz und den funktionellen Eigenschaften der Kanäle. **c** Seitenansicht (links) und Aufsicht auf zwei Schnittebenen (rechts) der Kristallstruktur (Auflösung 3.6 Å) des AMPA-Typ iGluRs. Während die Kanalpore rotationssymmetrisch ist, erscheint die extrazelluläre Domäne des Rezeptors auf Höhe der Bindungsstellen der Liganden (Glutamat-moleküle sind in „ball-&-stick" Darstellung gezeigt) spiegelsymmetrisch. **d** Strom durch iGluRs bei kurzer (links, 1 ms) und langer (rechts, 100 ms) Gabe des Agonisten Glutamat

Entsprechend dieser unterschiedlichen Topologie sind auch die Quartärstrukturen der beiden Rezeptortypen, die Untereinheitenstöchiometrie sowie der Aufbau der Ligandenbindungsstellen unterschiedlich. Die **iGluR sind Tetramere** (◘ Abb. 4.14a), die sich je nach iGluR-Typ aus vier identischen oder vier unterschiedlichen Untereinheiten zusammensetzen. So sind die iGluR vom NMDA-Typ **Heterotetramere** aus GluN1- und GluN2-Untereinheiten, die AMPA-Rezeptoren **Homo- oder Heterotetramere** der Untereinheiten GluA1–4, während die Kainatrezeptoren Homo- oder Heterotetramere aus den Untereinheiten GluK1–3 und GluK4 und 5 sind. Alle iGluR-Untereinheiten verfügen über eine Glutamatbindungsstelle, die vom N-Terminus und dem Verbindungstück der Transmembransegmente M3 und M4 gebildet wird.

Die nAChR setzen sich dagegen i. d. R. aus **fünf verschiedenen Untereinheiten (Pentamer)** zusammen (◘ Abb. 4.14b). Dabei ist der nAChR des Skelettmuskels ein Heteropentamer aus zwei α1-Untereinheiten, sowie je einer β-, γ- bzw. ε- und δ-Untereinheit, die nAChR des Nervensystems sind dagegen Pentamere aus zwei oder drei α-Untereinheiten (α2–10) und drei bzw. zwei β-Untereinheiten (β2–4). Nach heutigem Kenntnisstand verfügt jeder nAChR über **zwei Agonistenbindungsstellen**, die vorwiegend von der α-Untereinheit gebildet werden. Die Pore der nAChR wird von den M2-Segmenten der fünf Untereinheiten sowie den an sie angrenzenden Proteinabschnitten gebildet (◘ Abb. 4.14b).

4.5.2 Funktionelle Eigenschaften exzitatorischer Rezeptorkanäle

Ionotrope Rezeptoren werden durch Bindung extrazellulärer Liganden/Transmitter aktiviert; die exzitatorischen Glutamat- und Acetylcholinrezeptoren sind nichtselektive Kationenkanäle.

Gating Trotz dieser Unterschiede in der Proteinarchitektur sind die funktionellen Eigenschaften der iGluR und nAChR, die Grundzüge ihres Schaltverhaltens sowie die Ionenpermeation recht ähnlich. Wie spannungsabhängige Kanäle bei hyperpolarisierter Membranspannung sind die Rezeptorkanäle in **Abwesenheit des Agonisten** in einem **Geschlossen-Zustand** (C-Zustand), aus dem sie durch **Bindung des Agonisten** Glutamat (und bei NMDA-Rezeptoren zusätzlich Glyzin) oder Acetylcholin aktiviert werden können. Die **Agonist-Rezeptor-Interaktion** sorgt dabei, analog zur S4-Helix-Bewegung, für eine **Energie-Einkoppelung** in das Kanalprotein: Durch die Agonistenbindung wird eine Konformationsänderung der Bindungsstelle und ihrer Umgebung bewirkt, die auf die porenbildenden Proteinabschnitte übertragen wird und via struktureller Reorganisation dieser Proteinsegmente zur Öffnung des Kanals führt (O-Zustand). Bei AMPA-Rezeptoren und dem nAChR des Skelettmuskels sowie einigen neuronalen nAChR spielt sich die Öffnungsreaktion in weniger als einer Millisekunde ab, während sie bei anderen, wie dem NMDA-Rezeptor, 10 und mehr Millisekunden dauert. Der geöffnete Kanal kann dann auf zwei Arten wieder verschlossen werden (◘ Abb. 4.14d). Zum einen durch die **Deaktivierung**, nach **Dissoziation des Agonisten** von der Bindungsstelle, oder durch **Desensitisierung** bzw. Inaktivierung (I-Zustand), bei **Verbleib des Liganden** an seinem Rezeptor. Die Deaktivierung läuft in wenigen Millisekunden ab, während die Geschwindigkeit der Desensitisierungsreaktion sehr variabel ist und von wenigen Millisekunden (Skelettmuskel-nAChR oder AMPA-Rezeptoren) bis zu mehreren hundert Millisekunden reicht.

Permeation Wie oben erwähnt, ähneln sich die iGluR und nAChR auch bezüglich der Ionenpermeation. Grundsätzlich sind beide Kanaltypen für kleine monovalente Kationen, vor allem Natrium und Kalium, permeabel. Dabei ist der unter physiologischen Bedingungen **einwärtsgerichtete Natriumstrom** wegen der höheren Triebkraft (s. oben) und der mehr oder weniger ausgeprägten **Selektivität der Kanäle für Natriumionen** wesentlich größer als der gleichzeitig stattfindende Auswärtsstrom von Kaliumionen. Aus diesem Grund führt die **Aktivierung** beider Rezeptoren zu einer **Depolarisation der postsynaptischen Membran** bzw. zu einer Exzitation der postsynaptischen Zelle. Manche nAChR und iGluR, wie der NMDA-Rezeptor, sind über die kleinen monovalenten Ionen hinaus auch für das divalente Kalzium (Ca^{2+}) permeabel, während das divalente Magnesiumion (Mg^{2+}) oder das tetravalente Spermin am Selektivitätsfilter „hängenbleiben" und damit die Pore des NMDA-Rezeptors (Mg^{2+}) oder des AMPA-Rezeptors (Spermin) blockieren.

Neben den iGluR und nAChR gibt es noch einige weitere exzitatorische Rezeptorkanäle, deren funktionelle Bedeutung allerdings geringer ist. Dazu gehören

- die **ionotropen Monoaminrezeptoren** (5-Hydroxytryptamin- oder kurz 5-HT3-Rezeptoren), die in ihrer Architektur den nAChR verwandt sind, sowie
- die **ionotropen ATP-Rezeptoren** (P2X-Rezeptoren) und
- die **Protonen-(H⁺-Ionen-)Rezeptorkanäle** (ASIC), die beide den prinzipiellen Proteinaufbau der oben genannten 2-Segment-Kanäle aufweisen.

4.5.3 Aufbau und Funktion inhibitorischer Rezeptorkanäle

Die ligandaktivierten inhibitorischen ionotropen Rezeptoren sind pentamere Anionenkanäle, die durch die Transmitter GABA und Glyzin aktiviert werden.

Aufbau Die wichtigsten **inhibitorischen Transmitter** des zentralen Nervensystems sind die Aminosäuren **γ-Amino-Butyrat (GABA)** und **Glyzin**; die entsprechenden Rezeptorkanäle sind die **GABA$_A$-Rezeptoren**, die vor allem in Kortex und Zerebellum vorkommen und die **Glyzinrezeptoren**, die insbesondere im Hirnstamm und Rückenmark exprimiert sind. Beide Rezeptoren gehören genetisch zur Klasse der nAChR Rezeptoren, mit denen sie die **4-Segment-Topologie** und die **pentamere Untereinheiten-Stöchiometrie** teilen. Dabei sind die GABA$_A$-Rezeptoren aus zwei α- (α1–6), zwei

4

β- (β1–3) sowie einer weiteren Untereinheit (γ, δ-, ε- oder π-Untereinheit) aufgebaut, während die Glyzinrezeptoren Heteropentamere aus drei α- (α1–4) und zwei β-Untereinheiten (β1) sind.

Gating   Für das Schaltverhalten der $GABA_A$- und Glyzinrezeptoren gelten dieselben Prinzipien und Prozesse wie für die nAChR und iGluR. Die Permeabilität dagegen ist grundlegend unterschiedlich, da $GABA_A$- und Glyzinrezeptoren eine hohe Selektivität für negativ geladene Chloridionen zeigen, weswegen sie auch als **transmittergesteuerte Chloridkanäle** gelten können. Die Ursache für diese Anionenselektivität liegt offenbar im porenbildenden M2-Segment, das eine geringere Anzahl negativ geladener und eine andere Anordnung positiv geladener Aminosäuren aufweist im Vergleich zu den kationenselektiven Rezeptoren. Die **Wirkung von $GABA_A$- und Glyzinrezeptoren** auf das Membranpotenzial hängt von der **intrazellulären Chloridkonzentration** ab. Ist das Chloridumkehrpotenzial negativer als das Ruhemembranpotenzial, so führt die Öffnung ligandgesteuerter Chloridkanäle zu einer **Hyperpolarisation der postsynaptischen Membran** (hyperpolarisierende Inhibition). Ist das Chloridumkehrpotenzial identisch mit dem Ruhepotenzial, führt eine Kanalöffnung zwar nicht zu einer Änderung des Membranpotenzials, durch Abnahme des Eingangswiderstandes aber dennoch zu einem hemmenden Effekt (kurzschließende oder „shunting"-Inhibition). Schließlich kann unter bestimmten Bedingungen (z. B. in der frühen postnatalen Entwicklung oder bei pathologischen Zuständen) das Chloridumkehrpotenzial positiver als das Ruhepotenzial sein. Unter diesen Bedingungen führt die Aktivierung ligandgesteuerter Chloridkanäle zu einer **Depolarisation der postsynaptischen Membran** und im Extremfall sogar zur Exzitation der postsynaptischen Zelle (d. h. zur Initiation von Aktionspotenzialen).

Pharmakologie der GABA- und Glyzinrezeptoren

Die $GABA_A$-Rezeptoren sind Zielmoleküle von Substanzen, die sowohl als Medikament in der Klinik angewandt werden, als auch als „Drogen" verbreitet sind. Diese Substanzen sind die Benzodiazepine (Diazepam, Klonazepam), die als „Angstlöser" bekannt sind, und die Barbiturate (Phenobarbital), die als Schlafmittel und „Sedativa" benutzt werden.

In Kürze

Ionenkanäle, die sich durch die Bindung eines extrazellulären **Transmitters** bzw. **Liganden** aktivieren lassen, werden als ligandgesteuerte Kanäle oder **ionotrope Rezeptoren** bezeichnet.

Die wichtigsten exzitatorischen Rezeptoren sind die **ionotropen Glutamatrezeptoren** und die **ionotropen Acetylcholinrezeptoren**. Sie sind aus vier oder fünf Untereinheiten aufgebaut. In Abwesenheit des Agonisten befinden sich die Kanäle in einem **Geschlossen-Zustand**, die Bindung des Agonisten bewirkt eine Konformationsänderung der Bindungsstelle und ihrer Umgebung, was zur **Öffnung des Kanals** führt.

Die wichtigsten **inhibitorischen Transmitter** des zentralen Nervensystems sind die Aminosäuren γ-Amino-Butyrat (GABA) und **Glyzin**; die entsprechenden Rezeptorkanäle sind die **$GABA_A$-Rezeptoren** und die **Glyzinrezeptoren**. Sie sind aus fünf Untereinheiten aufgebaut und funktionieren ähnlich den exzitatorischen Rezeptorkanälen.

Literatur

Ashcroft FM (2000) Ion channels and disease. Academic Press, London

Zheng J, Trudeau MC (2015) Handbook of ion channels. CRC Press, Boca Raton

Hille B (2001) Ion channels of excitable membranes, 3rd ed. Sinauer, Sunderland

IUPHAR Compendium of voltage-gated ion channels 2015/16 (2015). Br J Pharmacol 172: 5870–5955

Nervenzelle und Umgebung

Inhaltsverzeichnis

Nervenzellen

Jens Eilers

© Springer-Verlag GmbH Deutschland, ein Teil von Springer Nature 2019
R. Brandes et al. (Hrsg.), *Physiologie des Menschen*, Springer-Lehrbuch
https://doi.org/10.1007/978-3-662-56468-4_5

Worum geht's?

Nervenzellen (Neurone) sind komplex aufgebaut und verschaltet

Aufgabe der Neurone ist die Informationsverarbeitung. Die hierfür notwendige Vernetzung mit anderen Nervenzellen bedingt eine Verzweigung der Zellausläufer, die beachtliche Dimensionen annehmen kann. Sie stellt die Neurone aber auch vor Versorgungsprobleme.

Dendrit, Soma und Axon haben unterschiedliche Funktionen

Dendriten sind verzweigte Zellausläufer, die der Informationsaufnahme über Synapsen dienen. Dendritische Dornfortsätze stellen spezialisierte Kontaktstellen und kleinste funktionelle Verrechnungseinheiten dar. Im Soma werden elektrische Signale integriert; ein zur überschwelligen Erregung führendes Verrechnungsergebnis wird über das Axon weitergeleitet und an Präsynapsen auf nachgeschaltete Nervenzellen übertragen (◻ Abb. 5.1).

Morphologie und Vernetzung der Nervenzellen ist plastisch

Nervenzellen und die von ihnen aufgebauten Vernetzungen unterliegen bedarfsabhängigen strukturellen Veränderungen. Diese treten bei Lernvorgängen auf; bei einigen degenerativen Erkrankungen des Nervensystems ist die strukturelle Plastizität gestört.

5.1 Morphologie und Verbindungen von Nervenzellen

5.1.1 Aufbau von Nervenzellen

Nervenzellen zeichnen sich durch einen polarisierten und komplexen Aufbau aus. Information läuft über Dendriten ein, wird im Soma verarbeitet und über das Axon weitergeleitet.

Neuronale Morphologie Neurone dienen der Informationsverarbeitung, welche durch Informationsaufnahme, -verrechnung und -weiterleitung gekennzeichnet ist. Dabei spielen vier Zellkompartimente eine wichtige Rolle: die Dendriten,

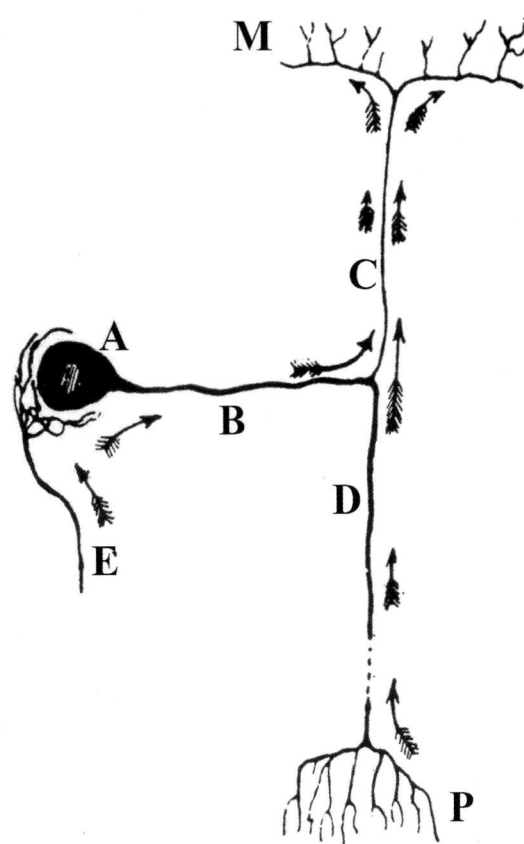

◻ **Abb. 5.1 Original-Schema der neuronalen Informationsverarbeitung von Ramón y Cajal.** In dieser Zeichnung hat Cajal im Jahre 1911 seine Vorstellung zum neuronalen Informationsfluss, der zu seiner Zeit noch umstritten war, illustriert. Danach sind Neurone nicht direkt untereinander verbunden (im Sinne eines Synzytiums), sondern funktionieren als einzelne Zellen, die in sehr engem Kontakt zueinanderstehen; die Polarisierung der Neurone spiegelt dabei einen gerichteten Informationsfluss wider. Dargestellt ist eine sensorische Spinalganglionzelle (pseudounipolar) mit Soma (A), primärem Neurit (B), zentralem Neurit (C), peripherem Neurit (D), afferenter Faser mit perisomatischen Verästelungen um die Ganglienzelle (E), Rückenmark (M) und Haut (P). Die Pfeile zeigen die Richtung des Informationsflusses an

der Zellkörper, das Axon und die Präsynapse (◻ Abb. 5.2). An den **Dendriten** erfolgt die Informationsaufnahme über die Prozesse der synaptischen Übertragung (▶ Kap. 9.1). Der **Zellkörper** (synonym das Soma) dient wie in jeder anderen Körperzelle der Proteinsynthese, aber übernimmt auch wichtige Aufgaben bei der Informationsverarbeitung (▶ Kap. 9); das **Axon** dient der Informationsweiterleitung, die sich im

5

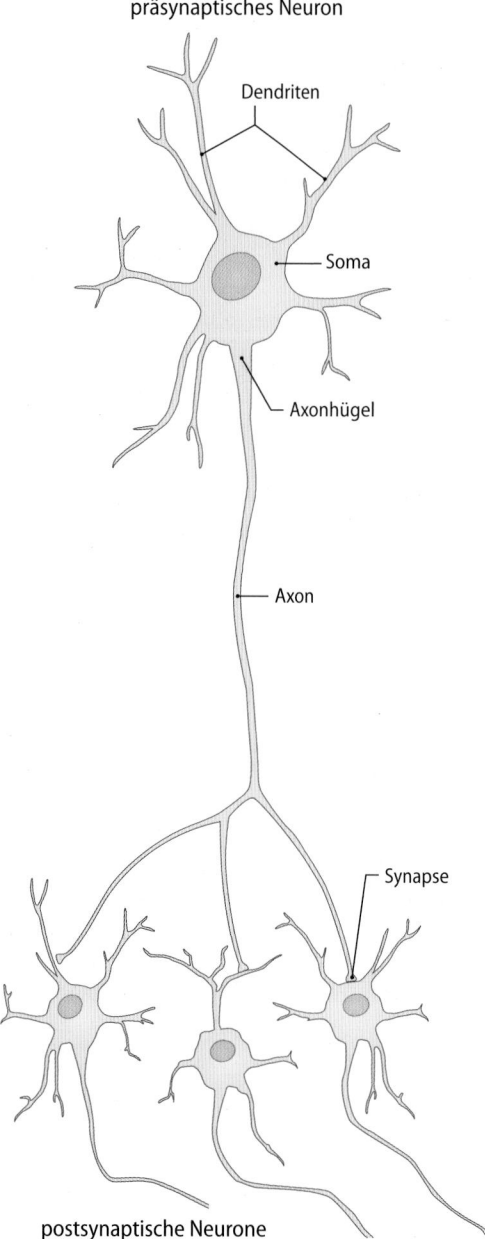

präsynaptisches Neuron

Dendriten

Soma

Axonhügel

Axon

Synapse

postsynaptische Neurone

◨ **Abb. 5.2   Nervenzelle im Überblick.** Vom Zellkörper (Soma) gehen zwei Arten von Zellausläufern ab: Dendriten und Axone. An Dendriten formen vorgeschaltete Neurone mit der Zelle Synapsen, spezialisierte Kontaktstellen, an denen die Informationsübertragung stattfindet (nur dargestellt für die postsynaptischen Neurone). Axone beginnen am Axonhügel und ziehen zu den nachgeschalteten (postsynaptischen) Neuronen, mit denen sie ihrerseits Synapsen formen

Verlauf des Axons findenden **Präsynapsen** der Informationsübertragung auf die nachgeschalteten Zellen.

Polarisierung   Die Positionierung von Axon und Dendriten zeigt je nach Zelltyp charakteristische Variationen (◨ Abb. 5.3). In **unipolaren Neuronen** entspringt vom Soma ein einzelner Fortsatz, der funktionell als Axon oder Dendrit fungiert (z. B. Körnerzelle im Bulbus olfactorius). In **bipolaren Neuronen** entspringen vom Soma sowohl ein Dendrit als auch ein Axon (z. B. retinale Bipolarzellen). **Pseudounipolare Neurone** ent-

stehen aus bipolaren Neuronen durch Verschmelzung der Ansätze von Axon und Dendriten in Somanähe (z. B. Spinalganglienzellen). Bei **multipolaren Neuronen** entspringt typischerweise ein einzelnes Axon und mehre Dendriten am Soma (z. B. kortikale Pyramidenzellen). Als weitere Variation finden sich multipolare Neurone, bei denen das Axon nicht am Soma sondern an einem sogenannten Axon-tragenden Dendriten entspringt. Die morphologische **Polarisation** der Neurone in informationsaufnehmende und -weiterleitende Abschnitte spiegelt dabei funktionell eine **gerichtete Informationsverarbeitung** wider.

Dendriten und Axone können überaus komplex aufgebaut sein, wie am Beispiel der Dendritenbäume zerebellärer Purkinje-Zellen und der Axone kortikaler Chandelierzellen erkennbar wird (◨ Abb. 5.3). Auch können die Zellausläufer beachtliche Dimensionen erreichen, so liegen die Dendritenlänge kortikaler Pyramidenzellen in der Größenordnung von 1 cm und die Axonlänge von α-Motoneuronen bei bis zu 1 m (z. B. Fußmuskelinnervation). Diese morphologischen Charakteristika ergeben sich aus der funktionellen Notwendigkeit, dass Neurone oft Kontakt zu mehreren hundert zum Teil auch bis zu **hunderttausend Zellen** herstellen müssen, die entweder in direkter Nachbarschaft oder in weiter Entfernung liegen.

5.1.2 Neuronale Verbindungen

Im Nervensystem finden sich typische Verschaltungsmuster, die vordefiniert, aber flexibel vernetzt werden. Der Informationsfluss konvergiert oder divergiert, Hemmung dient der Kontrastierung oder zur Feinkontrolle neuronaler Antworten.

Verschaltungsmuster   Das Nervensystem weist eine Vielzahl neuroanatomisch fassbarer Verbindungen auf, wie z. B. die Kommissurenbahn, welche die beiden Hirnhälften verbindet, oder den Hinterstrang des Rückenmarks. Diese auf makroskopischer Ebene darstellbaren Strukturen repräsentieren Verbindungsstränge zwischen einzelnen Bereichen des Nervensystems, deren Kenntnis für die neurologische Diagnostik unabdingbar ist. Sie bilden aber nicht die funktionelle Verschaltung ab, über die innerhalb eines Bereiches des Nervensystems (z. B. in einem Kubikzentimeter Kortex) Information von Zelle zu Zelle weitergereicht und verrechnet wird.

Einige grundlegende Verschaltungsmuster, die sich in allen Hirnregionen wiederfinden, sind bekannt. Hierbei handelt es sich um sehr einfache Muster: **Divergenz, Konvergenz, rekurrente Hemmung** und **laterale Hemmung** (◨ Abb. 5.4).

- **Divergenz** bedeutet, dass eine gegebene Nervenzelle nicht nur eine, sondern mehrere nachgeschaltete Zellen kontaktiert. Je nach Zelltyp werden dabei typischerweise etwa ein Dutzend bis hunderte nachgeschalteter Zellen kontaktiert.
- **Konvergenz** bedeutet, dass eine gegebene Nervenzelle nicht nur von einer, sondern von mehreren Zellen Zufluss erhält. Ein besonders eindrucksvolles Beispiel sind

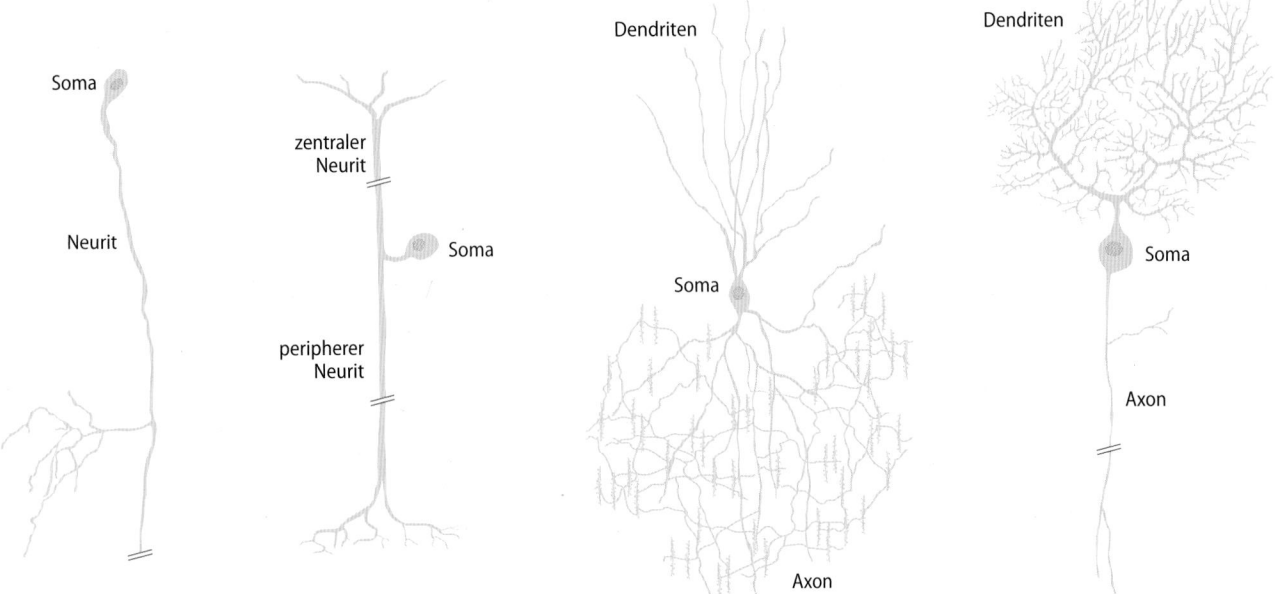

Soma

Neurit

zentraler Neurit

Soma

peripherer Neurit

Dendriten

Soma

Axon

Dendriten

Soma

Axon

Abb. 5.3　Nervenzelltypen. Von links nach rechts: unipolare Nervenzelle, pseudounipolare Nervenzelle, kortikale Chandelierzelle und zerebelläre Purkinje-Zelle (beides multipolare Nervenzelltypen). Zwei Quer-

striche deuten an, dass der Neurit nicht in seiner vollen Länge dargestellt wurde. Die Zellen sind in unterschiedlicher Vergrößerung dargestellt

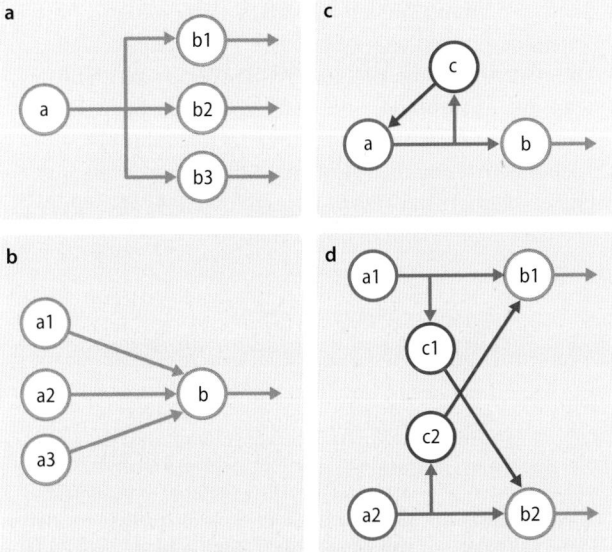

Abb. 5.4a–d　Typische neuronale Verschaltungsmuster. a Divergenz: Neuron a kontaktiert drei nachgeschaltete Neurone b1, b2 und b3. **b** Konvergenz: Neuron b wird von drei vorgeschalteten Neuronen a1, a2 und a3 kontaktiert. **c** Rekurrente Hemmung: Neuron a leitet Information an die nachgeschaltete Zelle b weiter, erregt (blau) aber auch das Interneuron c, welches wiederum hemmend (rot) auf Zelle a wirkt. In Gelb gezeichnete Zellen und Verbindungen können hemmend oder erregend wirken. **d** Laterale Hemmung: Neurone a1 und a2 erregen ihre nachgeschaltete Zelle b1 und b2 sowie die Interneuron c1 und c2 die wiederum hemmend auf Zelle b2 und b1 wirken

zerebelläre Purkinje-Neurone, von denen jedes einzelne von etwa hunderttausend vorgeschalteten Neuronen kontaktiert wird.

— Verbindungen zwischen Nervenzellen können erregend oder hemmend wirken; die **rekurrente Hemmung** stellt

einen kleinen Schaltkreis erregender und hemmender Neurone dar. Ein Neuron erregt ein benachbartes Neuron, welches wiederum hemmend auf das ursprüngliche Neuron einwirkt. Rekurrente Hemmung begrenzt die neuronale Aktivität und spielt insbesondere im Rückenmark als **Renshaw-Hemmung** (▶ Kap. 45.1 und 45.3) eine wichtige Rolle in der Motorik.

— Auch bei der **lateralen Hemmung** handelt es sich um eine Verschaltung von hemmenden und erregenden Zellen. Laterale Hemmung findet sich in Strukturen, in denen Informationsverarbeitung in parallelen Kanälen stattfindet, die miteinander verrechnet werden, wie z. B. benachbarte Bildpunkte in der Retina. Erregung in einem Kanal führt dabei über zwischengeschaltete Nervenzellen zu Hemmung der Nachbarkanäle. Dieses Verschaltungsmuster dient der Kontrastverstärkung und erklärt einige optische Täuschungen (▶ Kap. 57.3).

Blue-Brain-Projekt

Das Blue-Brain-Projekt der Europäischen Union und die Brain Initiative der USA widmen sich der zell-basierten Kartierung der neuronalen Verschaltung des Gehirns. Diese milliardenschweren Programme sind wissenschaftlich nicht unumstritten. Sie spiegeln aber die Hoffnung wider, die Funktionsweise des gesunden wie des krankhaft-veränderten Gehirns aus seiner mikroskopischen Verschaltung besser verstehen zu lernen.

❯ **Rekurrente Hemmung begrenzt neuronale Aktivität, laterale Hemmung dient der Kontrastverstärkung.**

Vernetzung Auf der makroskopischen Ebene weisen menschliche Gehirne eine sehr große Ähnlichkeit zwischen Individuen auf. Man muss aber davon ausgehen, dass die Individualität jedes einzelnen Menschen zumindest in Teilen auf einer unterschiedlichen Vernetzung auf mikroskopischer

5

Ebene basiert. Für die Ausbildung des Nervensystems mit all seinen neuronalen Verbindungen sind ineinandergreifende Mechanismen maßgeblich, die zwar einem vordefinierten Bauplan folgen, diesen aber individuell anpassen können.

Kritische Perioden   In der frühen Hirnentwicklung kommt es über **Zellproliferation, Zellwanderung** und **Zelldifferenzierung** zur Ausbildung der verschiedenen Hirnstrukturen mit jeweils spezifischen Zelltypen. Die Vernetzung der Zellen erfolgt primär ebenso vordefiniert, bedarf aber einer Phase der aktivitätsabhängigen Feinjustierung. Für viele Hirnbereiche geschieht dies in festen Zeitfenstern während der frühkindlichen Entwicklung, den sogenannten **kritischen Perioden**. In diesem Zeitabschnitt ist die neuronale Vernetzung besonders plastisch. Gewünschte Verbindungen können leicht hergestellt werden, unerwünschte über den Prozess der Eliminierung (engl. **pruning**) leicht gekappt werden. Während dieser Feinjustierung wird sichergestellt, dass der entstehende Schaltkreis nicht nur Information aus relevanten vorgeschalteten Bereichen erhält, sondern diese Information auch sinnvoll verarbeiten kann. Entsprechend dominieren in den kritischen Phasen aktivitätsabhängige Regeln der Abschwächung oder Verstärkung von neuronalen Verbindungen, über die das neuronale Netzwerk selbständig die optimale Vernetzung sicherstellt.

❯ Kritische Perioden setzen ein zeitliches Fenster zur sinnvollen Vernetzung des Gehirns.

Zielfindung und Wachstum   Für die genetisch vorgegebene Zellwanderung und -differenzierung sowie die aktivitätsabhängigen Vernetzungsregeln sind verschiedene Faktoren unabdingbar. Hierzu gehören zum einen Substanzen, die der Ziel-findung („guidance cues") von Zellausläufern dienen. Dabei gibt es anziehende (z. B. Ephrine) und abstoßende Substanzen (z. B. Semaphorine). Zum anderen sind neuronale Wachstumsfaktoren (**Neurotrophine**) für die Vernetzung des Nervensystems unabdingbar. Besonders wichtige Faktoren sind dabei **NGF** (Nervenwachstumsfaktor, nerve growth factor), **BDNF** (brain-derived neurotrophic factor) und **GDNF** (glia-derived neurotrophic factor). Mangel an diesen Wachstumsfaktoren oder Dysfunktion der zugehörigen Rezeptoren führt zu dramatischen Entwicklungsstörungen (▶ Klinik-Box „CIPA").

In Kürze

Nervenzellen dienen der Informationsverarbeitung und zeigen eine **Polarisierung** in vom Soma abgehenden Dendriten und Axone, die der Informationsaufnahme bzw. Weiterleitung dienen. Die komplexe Morphologie von Nervenzellen spiegelt die Notwendigkeit zur massiven Vernetzung von Nervenzellen wider. Makroskopisch lässt sich die neuronale Verschaltung in anatomisch-fassbaren Strukturen beschreiben. Funktionell-relevante, mikroskopische Verschaltungsmuster basieren typischerweise auf **Divergenz, Konvergenz, rekurrenter Hemmung** und **lateraler Hemmung**. Während der Hirnreifung greifen genetisch determinierte Programme und aktivitätsabhängige Prozesse ineinander, um ein voll funktionsfähiges Nervensystem zu etablieren. **Neurotrophine** sind dafür maßgebliche Wachstumsfaktoren. **Kritische Perioden** setzen dabei ein zeitliches Fenster für maßgebliche Änderungen der neuronalen Vernetzung. Einmal geschlossen kann dieses Fenster nicht erneut geöffnet werden.

Klinik

Linsentrübung zur Illustration der Bedeutung der „kritischen Periode"

Wie der Ausdruck „kritische Periode" nahelegt, ist die Fähigkeit zur sinnvollen Selbstvernetzung zeitlich begrenzt. Klinisch relevant ist dies z. B. für die Linsentrübung (**Katarakt**) des Auges, die die Sehleistung kritisch limitiert. Ein Katarakt kann z. B. nach einer intrauterinen Infektion mit dem **Rötelnvirus** auftreten und somit das **Neugeborene** betreffen. Wird dieser Katarakt nicht innerhalb der ersten Lebensmonate entfernt, kann das Sehsystem während der kritischen Periode die Information des erkrankten Auges nicht sinnvoll einbinden. Selbst, wenn später (nach Abschluss der kritischen Periode) der Katarakt entfernt wird, wird das Kind mit dem Auge nicht sehen können – der für eine sinnvolle Informationsverarbeitung nötige feinjustierte Schaltkreis ist nicht angelegt worden. Wird der Katarakt hingegen vor Abschluss der kritischen Periode entfernt, wird das Kind seine volle Sehfähigkeit erreichen können. Entwickelt ein **Erwachsener** einen Katarakt, kann dieser auch noch nach Jahren operiert werden und der Patient wird mit dem Auge wieder sehen können; sein Sehsystem wurde während der kritischen Periode korrekt vernetzt, blieb danach stabil und kann die wieder einlaufende visuelle Information erneut korrekt verarbeiten.

Klinik

CIPA – Congenital insensitivity to pain with anhidrosis (Hereditäre sensorische und autonome Neuropathie)

Klinik
Dieses extrem seltene Krankheitsbild ist charakterisiert durch Schmerzunempfindlichkeit, fehlende Schweißsekretion, Fieberschübe, mentale Retardierung und selbstverstümmelndes Verhalten.

Ursachen
Es handelt sich um einen autosomal-rezessiv vererbten Defekt im Rezeptor für den Nervenwachstumsfaktor NGF, der insbesondere im vegetativen Nervensystem und bei Schmerzfasern zu Entwicklungsstörungen führt. Schweißdrüsen sind nicht innerviert, ebenso fehlt die Innervation der Haut mit nozizeptiven Fasern.

5.2 Zelluläre Kompartimente von Neuronen

Informationsaustausch findet über Synapsen statt, die vom Axon aus Dendriten und den Zellkörper erreichen.

Synapsen Nervenzellen sind untereinander über spezialisierte Kontaktstellen verbunden, den sogenannten Synapsen. Diese bestehen aus einer **Präsynapse** (einer Spezialisierung der vorgeschalteten, präsynaptischen Zelle), einer Spezialisierung der nachgeschalteten (postsynaptischen) Zelle und einem diese beiden Strukturen trennenden, etwa 20 nm breiten **synaptischen Spalt**. Ein Aktionspotenzial in der präsynaptischen Nervenzelle führt zur Freisetzung von chemischen Botenstoffen (**Neurotransmitter**), die wiederum in der postsynaptischen Zelle elektrische bzw. biochemische Signale hervorrufen. In den ▶ Kap. 9–11 werden die Prozesse der synaptischen Übertragung im Detail besprochen. Die an den Synapsen hervorgerufenen elektrischen Signale können je nach Neurotransmitter und Rezeptor entweder erregend (depolarisierend) oder hemmend (hyperpolarisierend) auf die postsynaptische Zelle wirken.

❯ Synapsen sind Kontaktstellen zwischen Nervenzellen.

Soma Jede Nervenzelle besitzt einen Zellkörper mit Zellkern, Golgi-Apparat, rauem und glattem endoplasmatischen Retikulum (ER) sowie Mitochondrien. Das Soma ist damit als zentraler Ort der Proteinsynthese und der Energiebereitstellung erkennbar. Das Soma ist aber auch der Ort, an dem die elektrischen Signale zusammenlaufen, die durch hemmenden und erregenden Zufluss anderer Nervenzellen in den Dendriten generiert werden. Diese Zuflüsse werden im Zellkörper integriert (▶ Kap. 9) und führen gegebenenfalls dazu, dass im Soma bzw. in somanahen Abschnitten des Axons ein **Aktionspotenzial** (▶ Kap. 6.2) generiert wird, welches wiederum Grundlage der Informationsweiterleitung an nachgeschaltete Zellen ist. Der Zellkörper übernimmt damit eine zentrale Rolle bei der Informationsverarbeitung. In vielen Zellen finden sich entsprechend nicht nur in den Dendriten sondern auch am Soma hemmende Synapsen. Diese **axo-somatischen Synapsen** sind ideal positioniert, um die Generierung eines Aktionspotenzials zu verhindern oder zu verzögern. Ein gutes Beispiel hierfür sind **Korbzellen**. Diese finden sich im Hippocampus, Kleinhirn und Neokortex und sind durch viele hemmende axo-somatischen Synapsen charakterisiert. Korbzellen können damit besonders effektiv synchrone Netzwerkaktivität steuern.

Dendriten Aufgabe der Dendriten ist die Informationsaufnahme. Hierzu kontaktieren Axone vorgeschalteter Nervenzellen die Dendriten über hemmende oder erregende **axo-dendritische Synapsen**. Die eindrucksvolle dendritische Morphologie vieler Nervenzellen (z. B. Pyramidenzellen, Purkinje-Neurone) belegt den Bedarf für eine massive Vernetzung mit benachbarten Zellen.

Aufgrund der Länge von Dendriten ist der Stoffaustausch mit dem Soma meist nicht sehr effizient. Dendriten verfügen daher über eigene Organellen, um weitestgehend **unabhängig** vom Soma arbeiten zu können. Hierzu gehört ein glattes dendritisches ER zur Speicherung bzw. Freisetzung von Ca^{2+}, sowie Mitochondrien um genügend Energie für aktive Transportprozesse besonders bei hoher Belastung bereitstellen zu können. Auch eine lokale **Proteinsynthese** findet in Dendriten statt. Sie dient dem regulären Austausch von Proteinen (turnover) und der raschen Bereitstellung von Proteinen für den Fall, dass eine neue synaptische Verbindung aufgebaut werden muss. Die hierfür nötige messenger RNA (mRNA) wird ebenso wie die Mitochondrien aus dem Soma über **Mikrotubuli** antransportiert.

Dornfortsätze Dendriten vieler Zelltypen (z. B. Pyramidenzellen, Purkinje-Neurone) verfügen über spezialisierte Kontaktstellen für Synapsen, welche als **Dornfortsätze** (engl. **spines**) bezeichnet werden. Dornfortsätze dienen dabei primär einzelnen erregenden Synapsen als Kontaktstelle, einige weitere erregende oder auch hemmende Synapsen können aber dazukommen.

Dornfortsätze sind sehr kleine Kompartimente (kleiner als 1 fL bzw. 1 µm³) und sind über einen schlanken Hals (Durchmesser ca. 100 nm, Länge ca. 1 µm) mit dem Dendriten verbunden. Dornfortsätze erfüllen drei Funktionen. Erstens erleichtern sie die Kontaktaufnahme zwischen dem Dendriten und dem in der Nachbarschaft vorbeilaufenden Axon; die Ausformung eines Dornfortsatzes Richtung Axon ist deutlich einfacher als die Versetzung des gesamten Dendriten oder Axons. Zweitens repräsentiert der schlanke Hals einen beachtlichen **elektrischen Widerstand** (10–50 MΩ), der dazu führt, dass die elektrischen synaptischen Signale im aktiven Dornfortsatz deutlich größer sein können als im benachbarten Dendriten. Drittens repräsentieren Dornfortsätze eigene biochemische Kompartimente, in denen vor Ort generierte **sekundäre Botenstoffe** (z. B. Ca^{2+}, cAMP) deutlich höhere Konzentrationen erreichen als im Dendriten. Über die genannten elektrischen und biochemischen Eigenschaften werden Dornfortsätze zu kleinsten Kompartimenten neuronaler Signalverarbeitung.

Dornfortsätze besitzen einzelne Mitochondrien zur Energieversorgung, glattes ER für die Aufnahme und Freisetzung von Ca^{2+} sowie strukturbildende **Aktinfilamente**.

Axone Axone dienen der Informationsweiterleitung über kurze und lange Strecken. Ihre Aufgabe ist die verlässliche und schnelle Weiterleitung von Aktionspotenzialen an alle nachgeschalteten Nervenzellen. Das Axon entspringt vom Soma am **Axonhügel**, ein Bereich mit besonders hoher Dichte an spannungsgesteuerten Na^+-Kanälen, läuft zum Zielgebiet und teilt sich in **Kollateralen** auf, welche die jeweiligen Zielzellen erreichen. Axone von **Interneuronen** kontaktieren Nervenzellen in der Nachbarschaft; Axone von **Projektionsneuronen** kontaktieren primär weit entfernt liegende Ziele (z. B. in der kontralateralen Hemisphäre), sie verfügen zum Teil aber auch über **rekurrente Kollateralen** zur Kontaktierung benachbarter Zellen. Axone können über eine Myelinscheide verfügen, welche die Weiterleitungsgeschwin-

5

digkeit für Aktionspotenziale um das 10 bis 100-fache erhöht (▶ Kap. 7).

Axonaler Transport Die Länge der Axone macht **aktiven Transport** erforderlich, um einen effektiven Stoffaustausch zu gewährleisten. Hierfür stehen Prozesse zur Verfügung, die Stoffe vom Soma in distale Axonabschnitte transportieren (**anterograder Transport**) oder in umgekehrter Richtung arbeiten (**retrograder Transport**). Die Transportprozesse werden ferner in **schnellen** und **langsamen Transport** eingeteilt. Während anterograd sowohl schnell als auch langsam transportiert wird, ist der retrograde Transport immer schnell.

❯❯ Axonaler Transport läuft sowohl antero- also auch retrograd.

Diffusion

In Axonen reicht passive Diffusion nicht zur Versorgung aus, wie sich am Beispiel der Diffusion kleiner Teilchen mit einem angenommenen Diffusionskoeffizient D von 10^{-5} cm^2 s^{-1} entlang des Axons eines α-Motoneurons mit angenommener Länge x = 1 m zeigt. Nach den Gesetzen der Diffusion ($<x>^2 = 2Dt$) dauert es ungefähr 15 Jahre, bis am Ende des Axons auch nur die halbe Konzentration der Teilchen im Soma erreicht wird. Selbst in einem kurzen Axon von nur 1 cm Länge dauerte der diffusive Transport immer noch etwa 14 Stunden.

Der **schnelle Transport** (antero- wie retrograde) ist ATP-getrieben und erreicht Geschwindigkeiten von ca. 400 mm pro Tag. Zu transportierende Teilchen werden hierbei an spezifische Transportmoleküle gebunden: **Kinesine** für den antero-graden, **Dyneine** für den retrograden Transport. Die Transportmoleküle ihrerseits binden an Mikrotubuli, welche ein polarisiertes intrazelluläres Gerüst bilden, das von den distalen Dendriten über das Soma bis zu distalen Axonabschnitten reicht. Insbesondere Organellen (Mitochondrien und ER-Segmente) werden so transportiert. Die retrograde Transportrate ist nur etwa halb so groß wie die anterograde.

Über den **langsamen Transport** (nur anterograd) werden hauptsächlich Proteine mit Geschwindigkeiten zwischen 0,2 und 10 mm pro Tag bewegt. Auch der langsame Transport nutzt die für den schnellen Transport nötigen Transportproteine und Mikrotubuli. Allerdings wird der Transport häufig unterbrochen (**Stop-und-Go-Modell**), wodurch eine im Mittel langsame Transportrate resultiert.

Der axonale Transport wird von einigen Krankheitserregern als Verbreitungsweg genutzt. So werden das Gift von **Clostridium tetani** (▶ Kap. 9) oder auch bestimmte Viren (▶ Klinik-Boxen „Herpes simplex" und „Tollwut") durch axonalen Transport vom Eintrittsort Richtung Rückenmark und Gehirn transportiert.

❯❯ Axonaler Transport ermöglicht bestimmten Krankheitserregern den direkten Zugang zum zentralen Nervensystem.

Präsynapse Axone stellen an **Präsynapsen** Kontakt zu ihren Zielzellen her (◻ Abb. 5.2). Hier führt ein über das Axon einlaufendes Aktionspotenzial zur Freisetzung von Neurotransmittern, die auf die nachgeschaltete Zelle wirken (▶ Kap. 9–11).

Klinik

Herpes simplex

Klinik
Wiederkehrende Bildung juckender und schmerzhafter Bläschen, typischerweise im Mund- oder Genitalbereich.

Ursachen
Infektion mit **Herpes-simplex-Viren** (HSV). Nach Erstinfektion der Haut oder Schleimhaut gelangen die Viren über **retrograden axonalen Transport** in sensorischen Fasern zum Zellkörper. Hier ruhen die Viren (Persis-tenz, ohne klinische Symptome), der Befall ist aber serologisch nachweisbar (seropositiver Test). Ausgelöst durch unterschiedliche Trigger vermehren sich die Viren erneut und gelangen über **anterograden axonalen** Transport wieder entlang der Nervenfaser zur Haut. Zu den Triggern gehören u. a. Fieber, Stress, Infektionen, Verletzung im ursprünglich betroffenen Hautbereich, Menstruation, starkes Sonnenlicht.

Unterschiedliche Typen des HSV sind für die Infektionen im Gesichtsbereich (meist Typ 1) bzw. für genitale Infektionen (meist Typ 2) verantwortlich. In Deutschland sind etwa 85–90% der Bevölkerung (männlich wie weiblich) seropositiv für HVS Typ 1, 12–15% der Bevölkerung für Typ 2.

Klinik

Tollwut

Klinik
Wenige Tage nach Infektion treten grippeartige Symptome auf. Dann folgen rasch fortschreitende zentrale Symptome wie Lähmungen, Krämpfe, Verwirrtheit, Halluzination und die typische Wasserscheu. Ohne rasche **passive Immunisierung** nach Infektion verläuft Tollwut meist tödlich.

Ursachen
Tollwut wird durch Lyssaviren hervorgerufen, übertragen meist durch Biss eines infizierten Tieres. Die Viren sind neurotroph (bevorzugen also Nervenzellen) und verfügen über die besondere Eigenschaft, an Synapsen auf die präsynaptische Zelle überspringen zu können. Sie treten nach Vermehrung im Bereich der Bisswunde in sensible und motorische Nervenfasern ein.

Von dort gelangen sie über **retrograden axonalen Transport** in das Rückenmark, verlassen die Zelle im Bereich der Synapsen über **Pinozytose** und werden dann von präsynaptischen Nervenzellen aufgenommen. Nach wenigen Zyklen retrograden axonalen Transports und synaptischen Überspringens hat das Virus weite Bereiche des zentralen Nervensystems befallen.

Präsynapsen befinden sich typischerweise am Ende des verzweigten Axons (z. B. α-Motoneuron, Chandelierzelle); sie werden dann als **präsynaptische Endigungen** oder **synaptische Terminalien** bezeichnet. In einigen Zelltypen (z. B. hippokampale und zerebelläre Körnerzellen) finden sich Präsynapsen aber auch entlang des Axons; sie werden dann als **en-passant-Synapse** (frz. für „im Vorbeigehen") bezeichnet. Funktionell unterscheiden sich Terminalien und en-passant-Synapsen nicht.

Typischerweise kontaktiert das Axon die Zielzellen im Bereich der Dendriten, es werden also **axo-dendritische Synapsen** ausgebildet. Insbesondere die Axone einiger hemmenden Nervenzelltypen kontaktieren ihre Zielzellen aber auch über **axo-somatische** Synapsen am Zellkörper oder über **axo-axonale Synapsen** am Axon der postsynaptischen Zelle. Die Lokalisation axosomatischer und axoaxonaler Synapsen ermöglicht ihnen einen maßgeblichen Einfluss auf die gesamte Informationsverarbeitung bzw. –weiterleitung der Zielzelle. Eine subtilere Wirkung können axo-axonale Synapsen ausüben, die direkt andere Präsynapsen kontaktieren und hier einen hemmenden oder fördernden Einfluss ausüben. Über die resultierende **präsynaptische Hemmung** bzw. **präsynaptische Fazilitierung** kann die Informationsweiterleitung an eine einzelne Zielzelle moduliert werden (▶ Kap. 11.1).

Dendro-dendritische Synapse
Einige Nervenzellen stellen darüber hinaus synaptische Verbindungen zwischen Dendriten her. Diese **dendro-dendritischen Synapsen** sind insbesondere für die Informationsverarbeitung in Mitralzellen des Riechkolbens relevant (▶ Kap. 62.1).

> ❯ Je nach Lokalisation kann man axo-dendritische, axo-somatische, axo-axonale, dendro-dendritsche Synapsen unterscheiden.

Präsynapsen-Energiegewinnung
Präsynapsen verfügen über Mitochondrien zur lokalen Energiebereitstellung. ATP wird insbesondere für die Bereitstellung fusionsbereiter Vesikel als auch für die Wiederherstellung normaler intrazellulärer Ionenkonzentrationen nach Aktivierung spanungsgesteuerter Ionenkanäle benötigt.

> **In Kürze**
>
> Für die Informationsverarbeitung besitzen Nervenzellen die hochspezialisierten Kompartimente **Dendrit, Axon, Dornfortsatz** und **Präsynapse**. Dendriten und Dornfortsätze dienen der Informationsaufnahme, Axone und Präsynapsen der Informationsweitergabe. Aktive Transportvorgänge und Mitochondrien zur lokalen Energiebereitstellung stellen die Versorgung der weit verzweigten Zellausläufer sicher. **Axonaler Transport** dient spezifischen Krankheitserregern als Eintrittspforte in das zentrale Nervensystem.

5.3 Funktionelle Morphologie von Neuronen

Visualisierung von Neuronen   Die morphologische Analyse einzelner Neurone erlaubt wichtige Rückschlüsse über die Funktionsweise des Gehirns. So wissen wir seit etwa einem Jahrhundert aus den Arbeiten von Ramón y Cajal, der erfolgreich die Golgi-Färbemethode einsetzte, dass Neurone nicht wie ein Synzytium direkt miteinander verbunden sind, sondern dass der Informationsaustausch an spezialisierten Kontaktstellen (den **Synapsen**) stattfindet. Moderne Mikroskopieverfahren erlauben es, Lernvorgänge im lebenden Versuchstier zu untersuchen.

Grundlage der morphologischen Analyse ist jeweils die Markierung einzelner Neurone durch eine Markersubstanz und die anschließende Visualisierung durch geeignete optische Verfahren. Die Silbernitrat-Färbung nach Golgi, immunhistochemische Färbungen sowie retro- und anterograde Markierung (bei der Farbstoff lokal in das Nervengewebe injiziert wird, dann von den Zellen aufgenommen und entlang der Zellausläufer transportiert wird) repräsentieren klassische Verfahren zur Markierung einzelner Zellen bzw. einzelner Zelltypen. Heutzutage ermöglichen molekularbiologische und transgene Techniken die spezifische Markierung auch von Nervenzellen. So kann z. B. über Mikroinjektion, Viren oder transgene Techniken DNA in Zellen eingebracht werden, die für Markerproteine kodiert. So ist es möglich, dass Zellen das **grün-fluoreszierende Protein** (GFP) oder spektrale Varianten (◻ Abb. 5.5) exprimieren. In Verbindung mit neuen Mikroskopiemethoden (Konfokalmikroskopie, Laser-Rastermikroskopie, hochauflösende Mikroskope, Lebendmikroskopie) können diese Nervenzellen dann auch im lebenden Versuchstier während eines Verhaltensexperiments untersucht werden. Neben der Morphologie können dabei auch funktionelle Parameter wie die intrazelluläre Dynamik sekundärer Botenstoffe analysiert werden.

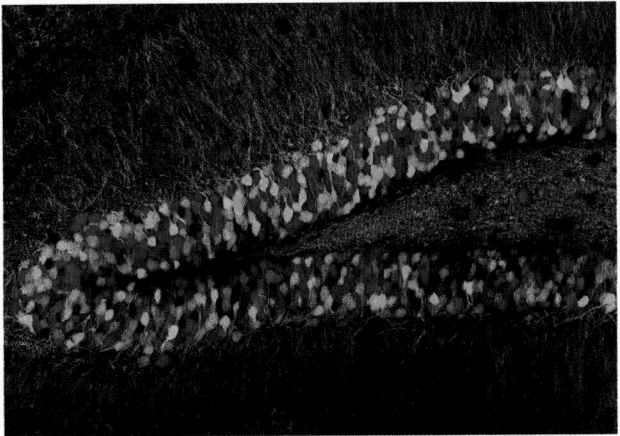

◻ **Abb. 5.5   Genetische Markierung von Nervenzellen mit fluoreszierenden Proteinen.** Gyrus dentatus einer transgenen Maus der sog. „Brainbow"-Linie, in der Neurone spektrale GFP-Varianten in zufälliger Verteilung exprimieren. (Mit freundlicher Genehmigung von Jeffrey Lichtman, Harvard University)

5

❯ Gentechnologische Ansätze erlauben die Visualisierung einzelner Nervenzellen im lebenden Gewebe und Tier.

Klassifizierung von Neuronen   Für die Beschreibung des Nervensystems sowie für das Verständnis seiner Erkrankungen und der Therapieoptionen ist eine Klassifizierung der Nervenzellen hilfreich. Primär werden die Zellen dabei nach ihrer Lage (Kortex, Hippocampus, Zerebellum, etc.) und ihrer Form (Körnerzelle, Pyramidenzelle, etc.) unterschieden. Hieraus ergeben sich u. a. die **Neuronenklassen** „kortikale Pyramidenzelle" und „zerebelläre Körnerzelle".

Weiter werden die Neurone nach ihrer Verschaltung (Interneuron, Projektionsneuron) und der Expression typischer Rezeptoren oder intrazellulärer Proteine unterschieden (z. B. Expression des Ca^{2+}-bindenden Proteins Parvalbumin), woraus sich z. B. die Klasse „Parvalbumin-positives Interneuron" ergibt. Wichtig sind weiter die Einteilungen nach der Wirkung auf nachgeschaltete Neurone (mit den Klassen „erregende" bzw. „hemmende Nervenzelle") sowie die Einteilung nach dem neuronalen Botenstoff, der von der Nervenzelle freigesetzt wird: „glutamaterges", „GABAerges", „cholinerges" oder „dopaminerges Neuron".

❯ Nervenzellen werden entsprechend ihrer anatomischen, morphologischen und funktionellen Eigenschaften klassifiziert.

Die klinische Relevanz der Klassifizierungen von Neuronen wird z. B. an der neurodegenerativen Erkrankung **Morbus Parkinson** (oder „Schüttellähmung") erkennbar, bei der dopaminerge Projektionsneurone in der Substantia nigra zugrunde gehen (▶ Kap. 47.4).

Feuerverhalten
Eine weitere Klassifizierung kann nach dem Feuerverhalten der Neurone erfolgen, also nach dem für sie typischen Muster von Aktionspotenzialen, die in Antwort auf einen Reiz generiert werden. Unterschieden werden dabei u. a. „schnell", „unregelmäßig" oder „rhythmisch feuernde Neurone".

Plastizität und Dynamik der neuronalen Morphologie   Während der embryonalen und kindlichen Entwicklung kommt es zu massiven Wachstumsvorgängen, mit der Generierung neuer Neurone, deren Wanderung zum Zielgebiet, Sprossung der Dendriten und Axone und dem Abbau überzähliger Synapsen. Diese dramatischen Wachstumsvorgänge sind mit dem Ende der **Pubertät** abgeschlossen. Aber auch das Gehirn des Erwachsenen zeigt noch Veränderungen der neuronalen Morphologie, die zwar nicht den Umfang der frühen Entwicklung aufweisen aber wichtig für Lernvorgänge sind. So ist zumindest im Kortex von Versuchstieren zu beobachten, dass neue Dornfortsätze gebildet bzw. bestehende abgebaut werden können und dass Axone für die Etablierung neuer Synapsen aussprossen können. Diese Wachstumsprozesse sind zum einen beobachtbar, wenn Neues gelernt wird (▶ Kap. 66.2, 66.3 und 67.2), zum anderen nach **Amputationen**, wenn Nervenzellen, die vorher Information aus dem nun amputierten Bereich verarbeiteten, neue Aufgaben übernehmen.

❯ Auch im ausgereiften Gehirn zeigen Neurone morphologische Plastizität.

Morbus Alzheimer
Störungen in der Plastizität der neuronalen Vernetzung scheinen für neurodegenerative Erkrankungen wie den **Morbus Alzheimer** relevant zu sein. Ob sie maßgeblich für das Fortschreiten der Erkrankung sind oder nur ihre Folge, ist derzeit noch unklar.

> **In Kürze**
> Moderne molekularbiologische und mikroskopische Methoden erlauben eine detaillierte Charakterisierung einzelner Nervenzellen. Morphologische und funktionelle Parameter definieren verschiedene **Nervenzellklassen**. Nervenzellen zeigen lebenslang die Fähigkeit zur **morphologischen Plastizität**.

Literatur

DeFelipe J et al. (2013) New insights into the classification and nomenclature of cortical GABAergic interneurons. Nat Rev Neurosci 14:202-216

Hanus C, Schuman EM (2013) Proteostasis in complex dendrites. Nat Rev Neurosci 14:638-648

Kandel ER, Schwartz JH, Jessell TM, Siegelbaum SA, Hudspeth AJ (Hrsg) (2013) Principles of Neuroscience. 5. Ausgabe, McGraw-Hill

Lichtman JW, Denk W (2011) The big and the small: challenges of imaging the brain's circuits. Science 334:618-623

Nicholls JG, Martin RA, Fuchs PA, Brown DA, Diamond ME, Weisblat D (2012) From neuron to brain, 5. Ausgabe. Sunderland, MA: Sinauer Associates

Ruhemembranpotenzial und Aktionspotenzial

Bernd Fakler, Jens Eilers

© Springer-Verlag GmbH Deutschland, ein Teil von Springer Nature 2019
R. Brandes et al. (Hrsg.), *Physiologie des Menschen*, Springer-Lehrbuch
https://doi.org/10.1007/978-3-662-56468-4_6

Worum geht's (◨ Abb. 6.1)

Das Ruhemembranpotenzial entsteht als Diffusionspotenzial

Alle erregbaren Zellen des menschlichen Organismus weisen ein **Ruhemembranpotenzial** auf, welches maßgeblich durch die Diffusionspotenziale von Kalium-, Chlorid- und Natrium-Ionen bestimmt wird. Diffusionspotenziale entstehen als Folge von Ladungstrennung an einer Zellmembran, über die Ionen ungleich verteilt sind (**Konzentrationsgradient**) und die eine **selektive Permeabilität** für die jeweiligen Ionen aufweisen. In Zellen, in denen die selektive Permeabilität durch Kalium-Kanäle bestimmt wird, liegt das Ruhemembranpotenzial bei etwa –90 mV. Sind zusätzlich Na⁺-permeable Kanäle, auch in geringem Umfang, vorhanden, liegt das Ruhemembranpotenzial positiver, bei Werten zwischen –65 und –90 mV.

Überschwellige Reize führen zu einem Aktionspotenzial

Starke Reize führen in erregbaren Zellen zu einer kurzzeitigen und stereotyp ablaufenden Änderung des Membranpotenzials, dem **Aktionspotenzial**. Durch eine reiz-induzierte initiale **Depolarisation** werden die für das Ruhemembranpotenzial verantwortlichen Kaliumkanäle blockiert und spannungsgesteuerte Natrium (Na$_v$)- und Kalium (K$_v$)-Kanäle aktiviert. Die schnell öffnenden Na$_v$-Kanäle sorgen über einen Einstrom von Na⁺ für eine Depolarisation der Membran, die verzögert öffnenden Kv-Kanäle über einen K⁺-Ausstrom für die nachfolgende **Repolarisation**. Durch Kanäle mit unterschiedlicher Offenwahrscheinlichkeit (gating) kann dem Aktionspotenzial ein zelltyp-spezifischer Verlauf aufgeprägt werden.

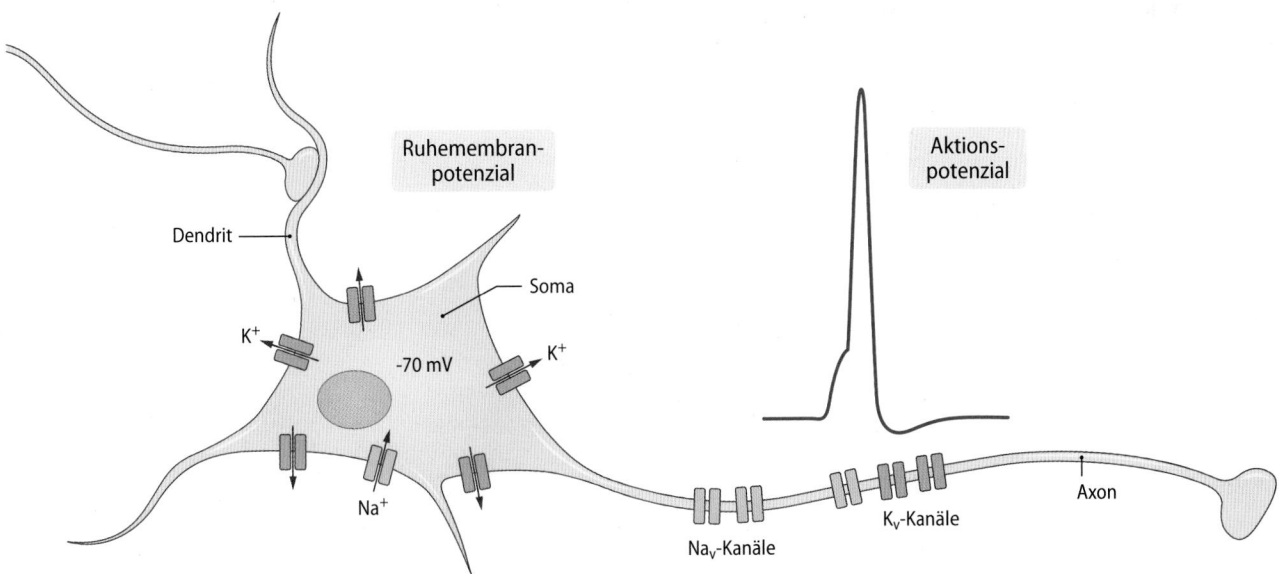

◨ Abb. 6.1   Ruhemembran- und Aktionspotenzial

6.1 Grundlagen des Ruhemembranpotenzials

6.1.1 Diffusionspotenzial – elektrische Spannung über der Zellmembran

Die ungleiche Verteilung von Ionen zwischen Zellinnerem und -äußerem führt zusammen mit der selektiven Permeabilität der Zellmembran zur Entstehung eines Membranpotenzials.

Erregbare, aber auch viele nicht erregbare Zellen weisen zwischen Zytosol und extrazellulärer Flüssigkeit eine Potenzialdifferenz bzw. eine elektrische Spannung auf, die als **Membranpotenzial** bezeichnet wird. Grundlage für die Entstehung dieser Membranspannung, die in erregbaren Zellen typischerweise Werte um -90 bis -60 mV hat, ist das **Diffusionspotenzial**, das sich an der Zellmembran immer dann ausbildet, wenn

- ein Ion über der Membran ungleich verteilt ist (**Konzentrationsgradient**), und
- die Membran für dieses Ion selektiv permeabel ist (**selektive Permeabilität**).

Fick Diffusionsgesetz   Findet sich ein Molekül oder Ion in höherer Konzentration auf der Außenseite der Zellmembran als auf der Innenseite, kommt es zur Diffusion des Teilchens in die Zelle. Die Geschwindigkeit dieses **Diffusionsprozesses** wird durch den Strom der Moleküle beschrieben, also die Anzahl bzw. Stoffmenge n der Teilchen, die pro Zeiteinheit (meist 1 s) durch eine Flächeneinheit (meist in cm²) der Membran hindurchtritt. Der Strom ist dabei umso größer, je besser sich das Molekül in der Lipidschicht der Zellmembran löst und je kürzer die Diffusionsstrecke in der Membran ist. Diese Zusammenhänge fasst das **Fick Diffusionsgesetz** zusammen:

$$\frac{dm}{dt} = D \times \frac{A}{d} \times (c_a - c_i) = D \times \frac{A}{d} \times \Delta c \qquad \text{Gl. 6.1}$$

D ist der Diffusionskoeffizient (Einheit cm²/s) des Moleküls in der Membran, c_i und c_a die Innen- und Außenkonzentrationen, A die Membranfläche und d die Dicke der Membran.

Unterschiedliche Moleküle wie Sauerstoff oder Kohlendioxid, Zucker oder Ionen haben sehr unterschiedliche Diffusions-Koeffizienten, die von ihrer Ladung, Größe und Lipidlöslichkeit abhängen. Die Membrandicke dagegen ist in allen Zellen annähernd gleich (~5 nm). Diffusionskoeffizient und Membrandicke werden oft als eine Art Stoffkonstante, die **Permeabilität** (Einheit cm/s), zusammengefasst, wodurch sich Gl. 6.1 vereinfacht:

$$\frac{dm}{dt} = P \times A \times \Delta c \qquad \text{Gl. 6.2}$$

Permeabilität und Molekülzahl
Bei bekannter Permeabilität lässt sich berechnen, wie viele Moleküle pro Sekunde über die Membran diffundieren. Für die hydrophobe Aminosäure Tryptophan (Permeabilität: 10^{-7} cm/s) und Na$^+$ Ionen (P: 10^{-12} cm/s) ergibt sich bei einem Konzentrationsgradienten von jeweils 100 mM (10^{-4} mol/cm³) ein Fluss von 10^{-11} mol/s und 10^{-16} mol/s über 1 cm² Zellmembran oder von 60 000 Molekülen Tryptophan und 0.6 Na$^+$ Ionen pro Sekunde über 1 μm² derselben Membran.

Entstehung des Diffusionspotenzials   Die Entstehung eines Diffusionspotenzials lässt sich in einem Zwei-Kompartiment-Modell unmittelbar nachvollziehen: Die beiden Kompartimente, die durch eine Membran getrennt sind, weisen unterschiedliche Konzentrationen für Kalium- und Natrium-Ionen auf, während die Anionenkonzentrationen identisch sind; die Anzahl positiver und negativer Ionen ist auf beiden Seiten gleich (**Elektroneutralität**) (◻ Abb. 6.2). Wird nun eine für Kalium-Ionen selektive Permeabilität in die Membran eingebracht, strömen Kalium-Ionen entlang des **Konzentrationsgradienten** von links nach rechts. Dabei bleibt für jedes Kalium-Ion, das aus dem linken Kompartiment austritt, ein Anion zurück. Der entstandene Anionenüberschuß auf der

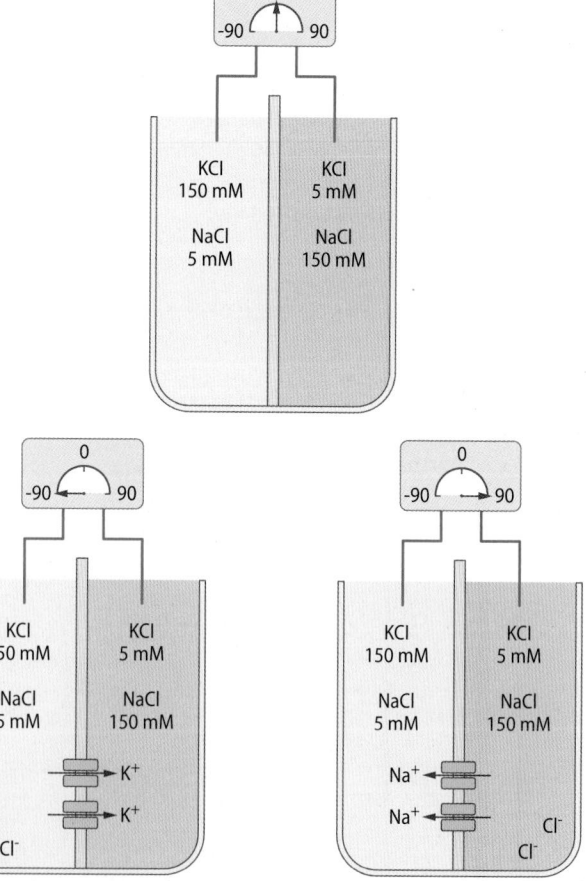

◻ **Abb. 6.2**   **Diffusionspotenzial.** Die Entstehung eines Diffusionspotenzials an einer Membran, die selektiv für K$^+$ (links) oder Na$^+$ (rechts) permeabel ist. Zu Beginn (Mitte) gibt es keine Spannung zwischen den beiden Kompartimenten. Mit dem selektiven Konzentrations-getriebenen Übertritt von K$^+$ bzw. Na$^+$ entsteht eine Ladungstrennung an der Membran, die eine Spannung hervorruft

linken Seite baut einen **elektrischen Gradienten** auf, der dem konzentrationsgetriebenen Kaliumstrom nach rechts entgegenwirkt. Wenn Konzentrationsgradient und elektrischer Gradient den gleichen Betrag haben, erreicht der Prozess ein **Gleichgewicht**, d. h. es diffundieren pro Zeiteinheit gleich viele Kalium-Ionen von links nach rechts, wie von rechts nach links. Die so entstandene **Ladungstrennung** definiert eine **elektrische Spannung** bzw. **Potenzialdifferenz** zwischen den Kompartimenten, die als **Gleichgewichtspotenzial** bezeichnet wird. Bringt man anstelle der selektiven Permeabilität für Kalium-Ionen eine für Natrium-Ionen ein, ergibt sich ein Gleichgewichtspotenzial mit umgekehrtem Vorzeichen.

> Am Gleichgewichtspotenzial sind die Beträge der chemischen und der elektrischen Triebkraft auf das Ion gleich; es findet kein Nettostrom statt.

Nernst-Gleichung Das Diffusions- bzw. Gleichgewichtspotenzial eines Ions wird durch die **Nernst-Gleichung** beschrieben, die sich aus der elektrochemischen Energiedifferenz (Gl. 6.3) ergibt:

$$\Delta G = \Delta G_{chem} + \Delta G_{elektr} = RT \times \ln\left(\frac{[Ion_a]}{[Ion_i]}\right) + zF \times U \quad \text{Gl. 6.3}$$

Da Konzentrationsgradient und elektrischer Gradient in der Gleichgewichtssituation identische Beträge besitzen, ΔG also 0 ist, gilt für das Gleichgewichts- bzw. Nernst-Potenzial

$$\Delta U = E_{Ion} = -\frac{RT}{zF} \times \ln\frac{[Ion]_i}{[Ion]_a} = \frac{RT}{zF} \times \ln\frac{[Ion]_a}{[Ion]_i}$$
$$= \frac{61}{z} \times \log\frac{[Ion]_a}{[Ion]_i} \quad \text{Gl. 6.4}$$

Das Potenzial hängt demnach von den Konzentrationen auf beiden Membranseiten sowie von der absoluten Temperatur (T) und den beiden Konstanten R, der allgemeinen Gaskonstante, und F, der Faraday-Konstante ab. Z ist die Wertigkeit des Ions.

Bei der normalen Körpertemperatur (T = 310 K) ergibt sich für Kalium-Ionen bei einer Verteilung von 5 mM extrazellulär und 150 mM intrazellulär ein Gleichgewichtspotenzial (E_K) von –90 mV.

Spezifische Membrankapazität

Betrachtet man eine kugelförmige Zelle mit einem Radius von 10 µm, so ergibt sich aus der normalen intrazellulären K^+-Konzentration (150 mmol/l) überschlagsmäßig eine Zahl von ~380 Milliarden K^+-Ionen im Zellinneren. Die Anzahl der K^+-Ionen, die sich zur Einstellung des Gleichgewichtspotenzials aus der Zelle bewegen müssen, lässt sich berechnen, in dem man die Zelle als Kondensator betrachtet, der aufgeladen wird. Zellen besitzen eine **spezifische Membrankapazität** von ~1 µF/cm². Eine Zelle mit einem Radius von 10 µm besitzt entsprechend eine Kapazität (C) von 12,5 pF. Nach den Gesetzen der Physik (C*U=Q) benötigt man eine Ladung (Q) von etwa 1,1 pC, um diese Kapazität auf das K^+-Gleichgewichtspotenzial (U) aufzuladen. Diese Ladungsmenge wird durch etwa 7 Millionen K^+-Ionen erreicht – ein vernachlässigbar geringer Anteil der intrazellulären K^+-Ionen.

Die Nernst-Gleichung beschreibt das Membranpotenzial nur dann korrekt, wenn die Membran ausschließlich für eine einzelne Ionenspezies durchlässig ist. Dies ist nur selten der Fall. Daher kann man in den meisten Fällen das Membranpotenzial mit dieser Gleichung nur näherungsweise berechnen.

Goldman-Gleichung Eine Möglichkeit für die Berechnung des Membranpotenzials unter Berücksichtigung mehrerer Ionenspezies und entsprechend selektiver Permeabilitäten ist die **Goldman-Hodgkin-Katz-(GHK)-Gleichung**:

$$E_m = \frac{R \times T}{F} \times \ln\frac{P_K \times [K^+]_a + P_{Na} \times [Na^+]_a + P_{Cl} \times [Cl^-]_i}{P_K \times [K^+]_i + P_{Na} \times [Na^+]_i + P_{Cl} \times [Cl^-]_a}$$

$$\text{Gl. 6.5}$$

Sie erlaubt die Berechnung des Membranpotenzials für eine Membran, die für verschiedene Ionen, wie Na^+, K^+ und Cl^-, durchlässig ist. Es ist aber zu beachten, dass die Permeabilitäten in komplizierter Weise von der Membranspannung und den Ionenkonzentrationen (▶ Kap. 4.3) abhängen und sich meist nur näherungsweise bestimmen lassen.

> Die Goldman-Gleichung dient zur Abschätzung des aktuellen Membranpotenzials.

6.1.2 Ruhemembranpotenzial

Das Ruhemembranpotenzial entspricht in vielen Zellen dem Diffusionspotenzial von K^+, die Ruheleitfähigkeit für K^+ wird im Wesentlichen durch die spannungsunabhängigen Einwärtsgleichrichter-Kalium (K_{ir}) Kanäle oder die 2-P-Domänen-Kanäle gebildet.

Betrag des Ruhemembranpotenzials Alle erregbaren, wie auch viele nicht erregbaren Zellen des Säugerorganismus weisen ein **Ruhemembranpotenzial** auf, dessen Werte mehr oder weniger nahe am **Diffusions- bzw. Gleichgewichtspotenzial für Kaliumionen** (E_K) liegen (typische Werte sind etwa folgende: Neurone: $\approx$ –70 mV; Gliazellen: $\approx$ –90 mV; Skelett- und Herzmuskelzellen: $\approx$ –90 mV, Zellen des Tubulusepithels der Niere: $\approx$ –70 mV) (◻ Abb. 6.3).

Einwärtsgleichrichter- und 2-P-Domänen K⁺-Kanäle Entsprechend den Bedingungen zur Entstehung eines Diffusionspotenzials ist dies nur dann möglich, wenn die Zellen über **offene bzw. leitfähige Kaliumkanäle** verfügen. Die Voraussetzung, bei Membranpotenzialen negativ von –70 mV offen zu sein, erfüllen allerdings nur sehr wenige Kaliumkanäle. Im Wesentlichen sind dies die nicht spannungsaktivierten **Einwärtsgleichrichter-Kaliumkanäle (K_{ir}-Kanäle)** und die **2-P-Domänen Kaliumkanäle** sowie ein spannungsgesteuerter KCNQ-Typ-(KCNQ4-)Kaliumkanal, der erst bei Membranspannungen deutlich negativ von –100 mV vollständig deaktiviert.

Alle anderen spannungsgesteuerten Kaliumkanäle, insbesondere die K_V-Kanäle, sind beim klassischen Ruhemembranpotenzial geschlossen und daher nicht an seinem Zustan-

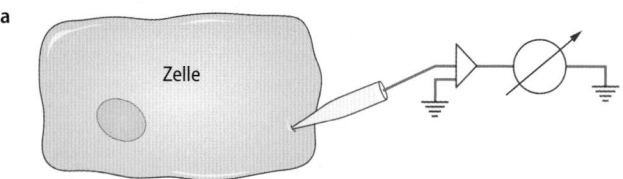

a

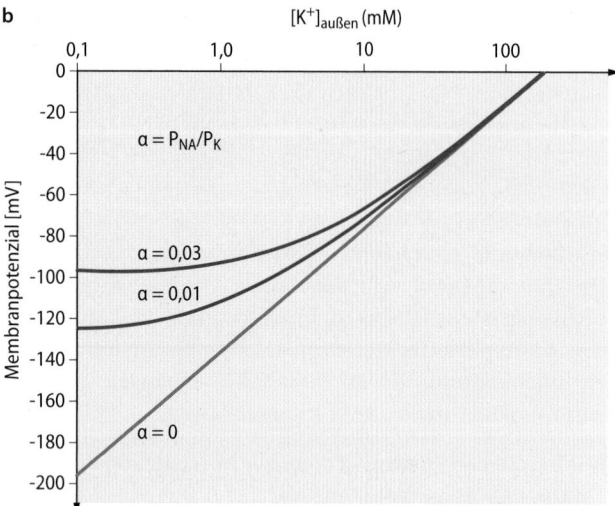

b

■ **Abb. 6.3a,b   Messung des Ruhemembranpotenzials einer Zelle.**
a Mittels einer Glaskapillare, die fein genug ist, um beim Einstechen die Zellmembran nur minimal zu verletzen, kann man die Membranspannung messen. **b** Abhängigkeit der gemessenen Membranspannung von der extrazellulären K^+-Konzentration sowie vom Permeabilitätsquotienten P_{Na}/P_K. Die Symbole stellen Membranpotenziale dar, die an einer Herzmuskelzelle bei verschiedenen externen K^+-Konzentrationen gemessen wurden. Die blaue Linie gibt die von der Nernst-Gleichung vorhergesagten Werte an, die rote die entsprechenden Werte der Goldman-Hodgkin-Katz-Gleichung unter der Annahme, dass die Na^+-Permeabilität nur 1% oder 3 % der K^+-Permeabilität ausmacht (P_{Na}/P_K = 0,01 bzw. 0.03)

dekommen beteiligt. Welcher Kanaltypus für das **Ruhemembranpotenzial** verantwortlich ist, hängt von der jeweiligen Zelle ab. So sind die **K_{ir}-Kanäle** in den Herzzellen, den Skelettmuskelzellen, vielen epithelialen Zellen (siehe Klinik „Hyperinsulinämische Hyperglykämie") den Gliazellen und einigen zentralen Neuronen bestimmend, während die **2-P-Domänen-Kanäle** (oft als „Hintergrundkanäle" bezeichnet) in den meisten zentralen Neuronen als Ruhemembranpotenzialkanäle fungieren. Neben den Kaliumkanälen können auch **Chloridkanäle** einen Beitrag zum Ruhemembranpotenzial leisten. In Skelettmuskelfasern, in denen E_{Cl} bei -90 mV liegt, stabilisieren Chloridkanäle das Ruhemembranpotenzial bei Werten um –90 mV, insbesondere auch dann, wenn sich aktivitätsabhängig das extrazelluläre Kalium in den T-Tubuli erhöht (► Klinik „Myotonia congenita").

❯ **Nur offene Ionen-Kanäle können zum Membranpotenzial beitragen.**

Ausgleich Membranpotenzial
Wenn das Membranpotenzial in Ruhe, etwa in Folge einer erhöhten Na^+-Leitfähigkeit, Werte positiv von ca. –60 mV aufweist, werden dadurch K_V-Kanäle aktiviert und halten mit ihrer Leitfähigkeit für Kalium das Membranpotenzial bei Werten von etwa –60 mV.

Die Na^+/K^+-ATPase (► Kap. 3.1.2) sorgt für eine Aufrechterhaltung des Konzentrationsgradienten von K^+ und Na^+ über der Zellmembran. Sie beeinflusst die extrazelluläre K^+-Konzentration und damit die Werte von E_K. Eine Blockierung der Na^+/K^+-ATPase bewirkt dementsprechend über eine Erhöhung des extrazellulären Kaliums ein weniger negatives Ruhemembranpotenzial.

In Kürze

Für die Entstehung eines **Diffusionspotenzials** sind ein Konzentrationsgradient und eine selektive Permeabilität der Membran notwendig. Das **Ruhemembranpotenzial** entspricht weitgehend dem Diffusionspotenzial für **Kalium-Ionen** und weist in erregbaren Zellen Werte zwischen –60 und –90 mV auf. Die dafür notwendige Kaliumleitfähigkeit wird durch K_{ir}- und 2-P-Domänen-Kanäle bestimmt.

6.2   Entstehung und Verlauf eines Aktionspotenzials

Überschwellige Reize lösen in erregbaren Zellen Aktionspotenziale aus, eine zeitliche Abfolge aus Depolarisation und Repolarisation des Membranpotenzials.

Das **Aktionspotenzial** ist eine kurzzeitige Änderung des Membranpotenzials, ausgelöst durch einen Reiz, der die Zelle über ein definiertes **Schwellenpotenzial** hinaus depolarisiert. Der zeitliche Verlauf des Aktionspotenzials ist stereotyp und lässt sich in mehrere Phasen unterteilen:
- die **Initiationsphase** (Überwindung des Schwellenpotenzials),
- die **Depolarisation** (Aufstrich und **overshoot**),
- die **Repolarisation** und
- die **Nachhyperpolarisation** (■ Abb. 6.4).

Die Ursache für diese schnellen Änderungen des Membranpotenzials ist eine **zeitabhängige Änderung der Membranpermeabilität** (Membranleitfähigkeit) für Na^+ und K^+

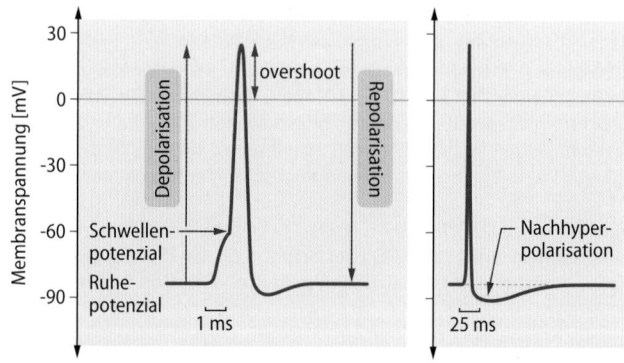

■ **Abb. 6.4   Phasen des Aktionspotenzials.** Darstellung in zwei unterschiedlichen zeitlichen Auflösungen

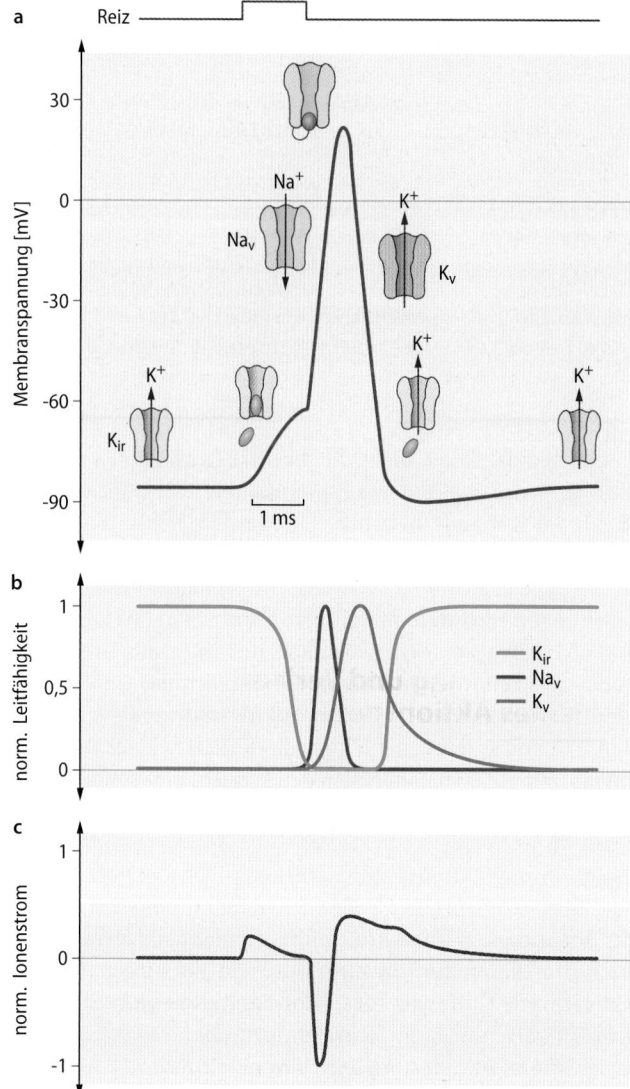

a

Reiz

▣ Abb. 6.5a–c   Aktionspotenzial und die ihm zugrundeliegenden Mechanismen. a,b Zeitlicher Verlauf (**a**) eines Aktionspotenzials und seine Generierung durch die zeitliche Änderung der Leitfähigkeit von Na_v, K_v und K_{ir} Kanälen (**b**). Die zugrundeliegenden gating-Zustände der Kanäle sind schematisch dargestellt. Der auslösende Reiz liefert die für den Sperminblock der K_{ir} Kanäle notwendige initiale Depolarisation der Membran. Die dadurch ausgelöste Aktivierung der Na_v und K_v Kanäle sorgt über die jeweiligen Ionenströme, Natriumein- und Kaliumausstrom, für die De- und Repolarisation des Aktionspotenzials. In der Endphase der Repolarisation werden die K_{ir} Kanäle deblockiert und liefern dadurch die für das Ruhemembranpotenzial notwendige Kaliumleitfähigkeit. **c** Zeitlicher Verlauf des Gesamtionenstroms während des Aktionspotenzials. Es ist zu beachten, dass der Strom durch die jeweiligen Kanäle durch die elektrische Triebkraft (V_m - E_{Ion}) und die Leitfähigkeit des Kanals bestimmt wird

(▣ Abb. 6.5). In manchen Zellen, wie etwa den Herzmuskelzellen, spielt auch die Permeabilität für Ca^{2+} durch spannungsabhängige Kalzium (Ca_v)-Kanäle eine Rolle.

Depolarisation   Um ein Aktionspotenzial auszulösen, muss ein äußerer Reiz bzw. Stimulus das Membranpotenzial zunächst bis zu einem **Schwellenwert (Erregungsschwelle)**

depolarisieren (**Initiationsphase**, ▣ Abb. 6.5). Das kann nur erreicht werden, wenn der durch den äußeren Stimulus hervorgerufene Kationeneinstrom (Na^+, Ca^{2+}) in die Zelle größer ist als der sofortige Kaliumausstrom durch die offenen **Ruhemembranpotenzialkanäle**, der einer Depolarisation des Membranpotenzials entgegenwirkt.

Diese initiale Depolarisation kann auf unterschiedliche Arten erreicht werden:

- durch Aktivierung eines exzitatorischen Rezeptors über einen entsprechenden Liganden bzw. Transmitter (z. B. Vorgänge an der neuromuskulären oder zentralen Synapse, ▶ Kap. 10.1 und 10.2),
- über elektrische Synapsen (**gap junctions**), die eine Depolarisation der Nachbarzellen weiterleiten (z. B. Erregungsausbreitung im Herzen, ▶ Kap. 16.1),
- durch Aktivierung von HCN-Kanälen, die bei Membranspannungen nahe am Kaliumgleichgewichtspotenzial E_K öffnen (z. B. rhythmische Erregungsbildung in Sinusknotenzellen des Herzens, ▶ Kap. 16.2).

Überschreitet die initiale Depolarisation das Schwellenpotenzial, kommt es zur **Aufstrichphase des Aktionspotenzials**, dessen Grundlage die Aktivierung der Na_v-Kanälen ist. Wegen der Spannungsabhängigkeit ihres **gating** beginnen diese Kanäle, bei Membranpotenzialen positiv von ca. –60 mV, in den Offen-Zustand überzugehen (▣ Abb. 6.5). Die dadurch einströmenden Natriumionen sorgen dann für eine weitere Depolarisation des Membranpotenzials, was im Sinne einer **positiven Rückkoppelung** zu einer weiteren Aktivierung von Na_v-Kanälen führt. Folge dieses explosionsartigen Natriumeinstroms ist eine Depolarisation der Membranspannung in Richtung des Natriumgleichgewichtpotenzials (E_{Na}, ca. 60 mV). Letzteres wird zwar nicht erreicht, es werden allerdings regelmäßig Werte der Membranspannung zwischen 0 und +40 mV (**overshoot**) erreicht.

Entstehung des Schwellenpotenzials   Das Schwellenpotenzial der Erregung, nach dessen Überschreiten das Aktionspotenzial mehr oder weniger stereotyp abläuft (historisch: **Alles-oder-Nichts-Gesetz**) kann auf zwei Prozesse zurückgeführt werden: Zum einen auf die spannungsabhänge Aktivierung der Na_v-Kanäle und die positive Rückkoppelung von depolarisierendem Natriumeinstrom und Kanalaktivierung, zum anderen auf den stark spannungsabhängigen Block der K_{ir}-Kanäle durch Spermin. Der (initiale) depolarisierende Stimulus trifft nach Überschreiten des „Sperminbuckels" auf eine „**negative Impedanz**" (negative Steigung bzw. Abfall der Strom-Spannungs-Kurve, ▣ Abb. 4.12), was zu einer erleichterten Blockierung der K_{ir}-Kanäle führt. Da dadurch der inhibierende Kaliumausstrom schlagartig wegfällt, kann der gesamte Stimulus in die Umladung der Membran eingehen, was, unter synergistischer Beteiligung der Na_v-Kanäle, zu einer schnellen Depolarisation der Zelle führt.

❯ **Der Sperminblock der K_{ir}-Kanäle sorgt für eine scharfe Erregungsschwelle**

6

Klinik

Hyperinsulinämische Hypoglykämie

Symptome
Das Hauptsymptom dieser Erkrankung ist eine bereits frühkindlich auftretende Entkopplung der Insulinsekretion vom Blut-Glukosespiegel, d.h. auch bei niedriger Blutglukose wird aus den β-Zellen des Pankreas Insulin freigesetzt und so eine ausgeprägte Hypoglykämie hervorgerufen bzw. erhalten, die zu schwerer Schädigung der glukoseabhängigen Neurone des Gehirns führt.

Ursachen
Ursache dieser Erkrankung ist ein Defekt des ATP-sensitiven Kaliumkanals K_{ATP} (▶ Kap. 4.3.2), der für die Generierung des Ruhemembranpotenzials in den β-Zellen sowie für die Steuerung der Insulinsekretion verantwortlich ist: Bei erhöhtem Glukosespiegel werden die K_{ATP}-Kanäle durch den Anstieg der intrazellulären ATP-Konzentration geschlossen. Die daraus resultierende Depolarisation des Membran-

potenzials bewirkt über die Aktivierung von Ca_v1-Kanälen einen Einstrom von Ca^{2+} und eine Sekretion von Insulin-haltigen Vesikeln. Punktmutationen in beiden Untereinheiten von K_{ATP}-Kanälen, $K_{ir}6$ und Sulphonylharnstoffrezeptor (SUR), führen zu einem Funktionsverlust des Kanals und damit über eine **dauerhafte Depolarisation des Membranpotenzials** zu einer übermäßigen und **unkontrollierten Sekretion von Insulin.**

Repolarisation   Entsprechend dem oben dargestellten Kanal-**gating** (▶ Kap. 4.3), werden die Na_v-Kanäle durch die starke Depolarisation innerhalb weniger Millisekunden inaktiviert, wodurch der **Natriumeinstrom in die Zelle beendet** wird. Zeitgleich kommt es zu einem starken Anstieg der Kaliumleitfähigkeit durch die K_v-**Kanäle**, deren **Öffnungsreaktion** im Vergleich zu den Na_v-Kanälen verzögert abläuft. Der resultierende **Kaliumausstrom** leitet dann die **Repolarisationsphase** des Aktionspotenzials ein (◩ Abb. 6.4, ◩ Abb. 6.5). Während der Repolarisation nähert sich das Membranpotenzial wieder den Werten von E_K, was das Aktionspotenzial beendet und zu folgenden **gating**-Vorgängen führt:

- die K_v-Kanäle deaktivieren,
- die K_{ir}-Kanäle werden deblockiert (Ende des Porenblocks durch Spermin) und liefern so wieder die für das Ruhemembranpotenzial notwendige Kaliumleitfähigkeit, und
- die Na_v-Kanäle kehren in den aktivierbaren Geschlossen-Zustand zurück.

Refraktärzeit   Die Umkehr der Na_v-Kanal-Inaktivierung bestimmt die Wiedererregbarkeit nach einem Aktionspotenzial:

- In der **absoluten Refraktärzeit** (ein Intervall von ca. 2 ms nach Auslösung des ersten Aktionspotenzials) ist keine erneute Erregung möglich (auch nicht durch einen extrem starken depolarisierenden Stimulus), da die Na_v-Kanäle noch im inaktivierten Zustand sind.
- In der **relativen Refraktärzeit**, nach der bereits ein Teil der Na_v-Kanäle wieder den aktivierbaren Zustand erreicht hat, ist die Reizschwelle erhöht und die Amplitude des auslösbaren Aktionspotenzials ist reduziert.

Damit hat die Inaktivierung der Na_v-Kanäle eine Doppelfunktion. Einerseits führt sie zur zeitlichen Begrenzung des Aktionspotenzials, andererseits schützt sie die Membran vor einer vorzeitigen Neuerregung.

Nachhyperpolarisation   In vielen Neuronen, aber auch in einigen anderen erregbaren Zellen, weist das Membranpotenzial am Ende eines Aktionspotenzials deutlich negativere Werte auf als unmittelbar vor dem Aktionspotenzial (◩ Abb. 6.4). Dieses Phänomen wird als **Nachhyperpolarisation** bezeichnet und beruht auf einer zeitlich begrenzten **zusätzlichen Kaliumleitfähigkeit** im Anschluss an ein Ak-

tionspotenzial. Die Kanäle, die für diese Leitfähigkeit sorgen, sind als **kalziumaktivierte Kaliumkanäle** (SK-, BK-Kanäle; ◩ Tab. im Anhang) bekannt. Sie werden durch Kalziumionen, die während des Aktionspotenzials über Ca_v-Kanäle in die Zelle einströmen, aktiviert und bleiben so lange offen, bis die intrazelluläre Kalziumkonzentration Werte unter 100 nM aufweist. Nach Absinken des intrazellulären Kalziums (**Puffersysteme, Kalziumionenpumpen**) unter diese Grenze, was zwischen mehreren 10 ms und wenigen Sekunden (!) dauern kann, schließen die Kanäle wieder und das Membranpotenzial nähert sich den Werten, die vor Einsetzen des Aktionspotenzials zu beobachten waren.

Variation der Aktionspotenzialdauer   Der Zeitverlauf des Aktionspotenzials einer Zelle wird nicht nur von der Anzahl der vorhandenen Kanäle bestimmt, sondern ganz wesentlich auch von deren **gating**-Eigenschaften. So sorgen **schnell aktivierende K_v-Kanäle** für ein **kurzes Aktionspotenzial** (ca. 1 ms in verschiedenen zentralen Neuronen), während eine **langsamere Aktivierung** ein **länger dauerndes Aktionspotenzial** zur Folge hat (ca. 10 ms in Skelettmuskelzellen). Treten neben die Na_v-Kanäle weitere „Depolarisatoren" auf, wie die Ca_v-Kanäle, oder wird die Repolarisation vorwiegend von extrem langsam aktivierenden K_v-Kanälen getragen, kann die Aktionspotenzialdauer wesentlich verlängert werden (ca. 300 ms in Herzmuskelzellen; ◩ Abb. 6.6).

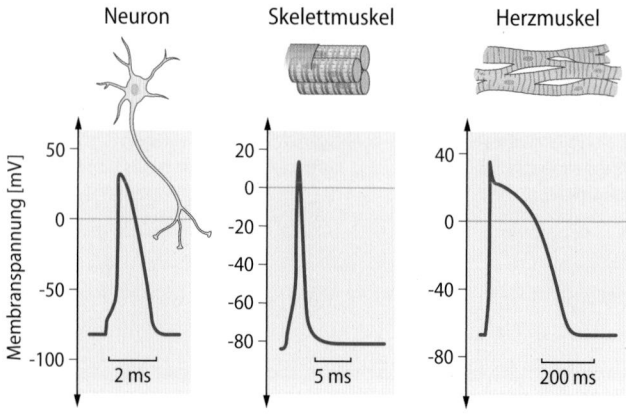

◩ **Abb. 6.6   Aktionspotenziale verschiedener Zellen.** Aktionspotenziale eines Axons, einer Skelettmuskelfaser und einer Herzmuskelzelle (Myokard Atrium) des Menschen

Klinik

Myotonia congenita

Symptome

Diese Muskelerkrankung ist durch eine Muskelsteifigkeit bei Willkürbewegungen charakterisiert. Patienten werden beim Aufstehen oder beim Gehen steif, oder können nach einem Händedruck diesen nicht mehr lösen. Die Muskelsteifigkeit löst sich bei Wiederholung der Bewegung, weshalb die Patienten meist nur geringgradig beeinträchtigt sind.

Ursachen

Die Ursache für diese Muskelsteifigkeit besteht darin, dass die myotone Muskelfaser auch nach Ende der neuronalen Erregung weiterhin selbstständig Aktionspotenziale feuert. Diese elektrische Übererregbarkeit wird durch einen Defekt des muskulären CIC-1 Kanals hervorgerufen, der zu einer Reduktion der Chloridleitfähigkeit in myotonen Muskelfasern führt. Die Skelettmuskulatur weist im Unterschied zu den meisten erregbaren Zellen eine stark ausgeprägte Chloridleitfähigkeit auf, die zwar keinen großen Beitrag zum Ruhemembranpotenzial leistet, es jedoch stabilisiert: Im T-Tubulus kommt es bei Serien von Aktionspotenzialen durch den Ausstrom von K^+ während der Repolarisationsphase zu einer Erhöhung der extrazellulären K^+-Konzentration, und damit zu einer **Depolarisation der T-tubulären Membran**. Im gesunden Muskel wird die Depolarisation durch die hohe Chloridleitfähigkeit kompensiert. In der myotonen Muskulatur fehlt diese Leitfähigkeit und die T-tubuläre Kaliumakkumulation depolarisiert auch die oberflächliche Membran. Die Konsequenz ist eine **Nachdepolarisation**, die bei entsprechender Amplitude neue Aktionspotenziale auslösen kann.

In Kürze

Das **Aktionspotenzial** ist eine kurzzeitige Änderung der Membranspannung auf Werte bis zu 40 mV und kann in vier Phasen unterteilt werden: **(1) Initiationsphase:** Depolarisierender Kationeneinstrom durch einen äußeren Reiz blockiert die K_{ir}-Kanäle (Sperminblock), **(2) Depolarisation** (Aufstrich und **overshoot**): Starke Depolarisation des Membranpotenzials durch Aktivierung der Na_V- Kanäle und den damit verbundenen Natriumeinstrom, **(3) Repolarisation:** Inaktivierung der Na_V-Kanäle und Aktivierung der K_V-Kanäle, die einen Kaliumausstrom tragen; die Repolarisation bewirkt auch die Deblockierung der K_{ir}-Kanäle und die Rückkehr der Na_V-Kanäle in den aktivierbaren Zustand, **(4) Nachhyperpolarisation** (in zentralen Neuronen): Kurzzeitiger Anstieg der Kaliumleitfähigkeit nach einem Aktionspotenzial durch Aktivierung kalziumgesteuerter Kaliumkanäle.

Literatur

Ashcroft FM (2000) Ion channels and disease. Academic Press, London

Hille B (2001) Ion channels of excitable membranes, 3rd ed. Sinauer, Sunderland

IUPHAR Compendium of voltage-gated ion channels 2015/16 (2015). Br J Pharmacol 172: 5870–5955

Kandel ER, Schwartz JH, Jessell TM, Siegelbaum SA, Hudspeth AJ (2013) Principles of neural science. McGraw-Hill, New York

Zheng J, Trudeau MC (2015) Handbook of ion channels. CRC Press, Boca Raton

Aktionspotenzial: Fortleitung im Axon

Peter Jonas

© Springer-Verlag GmbH Deutschland, ein Teil von Springer Nature 2019
R. Brandes et al. (Hrsg.), *Physiologie des Menschen*, Springer-Lehrbuch
https://doi.org/10.1007/978-3-662-56468-4_7

Worum geht's? (◨ Abb. 7.1)

Das Axon, der Ausgangsfortsatz der Nervenzelle
Neurone empfangen Eingangssignale, konvertieren diese in Aktionspotenziale und generieren schließlich Ausgangssignale auf ihren Zielzellen. Dabei sind die zu überwindenden räumlichen Distanzen oft groß. Daher ist entscheidend, dass elektrische Signale in Nervenzellen schnell von einem zum anderen Ort geleitet werden können. Diese wichtige Aufgabe erfüllt das Axon, der „Ausgangsfortsatz" der Nervenzelle.

Die schnelle Leitung ist durch die Eigenschaften des axonalen Kabels und den Ionenkanalbesatz bestimmt
Für die schnelle Leitung des Aktionspotenzials sind sowohl die passiven Eigenschaften des axonalen Kabels als auch die aktiven Eigenschaften der Zellmembran von entscheidender Bedeutung. Die aktiven Eigenschaften sind durch den Besatz der Membran mit Ionenkanälen gegeben. Die Aktivierung von spannungsgesteuerten Na^+-Kanälen bedingt den Aufstrich des Aktionspotenzials, die Inaktivierung der Na^+-Kanäle und gleichzeitige Aktivierung spannungsgesteuerter K^+-Kanäle bedingt die nachfolgende Repolarisation. Ein Großteil der spannungsgesteuerten Na^+-Kanäle eines Neurons befindet sich im Axon.

Im Säugernervensystem führt die Ausbildung von Markscheiden zur Erhöhung der Leitungsgeschwindigkeit
Die Evolution bedient sich zweier Tricks, um die Leitungsgeschwindigkeit des Aktionspotenzials zu maximieren. Der eine Trick ist die Zunahme des Axondurchmessers. Dies wurde im Invertebratenaxon umgesetzt, lässt sich aber im komplexen Säugergehirn aus Platzgründen nur beschränkt realisieren. Der andere Trick ist die Ausbildung von Markscheiden. Dies führt bei nahezu gleichem Platzbedarf zu einer Zunahme der Leitungsgeschwindigkeit um fast zwei Größenordnungen. Die Aktionspotenzialleitung an myelinisierten Axonen erfolgt „saltatorisch".

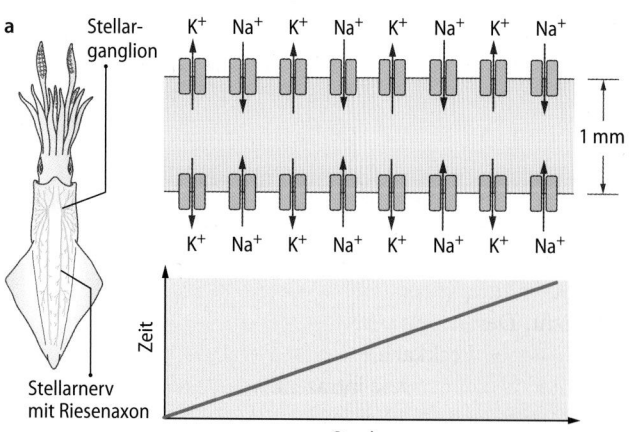
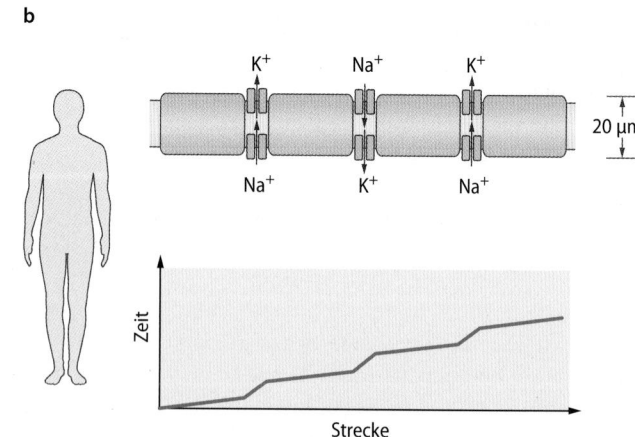

◨ **Abb. 7.1a,b** **Molekulare und strukturelle Faktoren der schnellen Aktionspotenzialleitung im Axon. a** In Invertebraten (z. B. beim Tintenfisch) begünstigt der hohe Axondurchmesser die schnelle Fortleitung des Aktionspotenzials. **b** In Vertebraten (z. B. bei Säugern und auch beim Menschen) begünstigt die Ausbildung einer Markscheide die schnelle Fortleitung. Die spannungsgesteuerten Na^+- und K^+-Kanäle sind im nicht-myelinisierten Axon gleichmäßig verteilt, bei myelinisierten Axonen dagegen an den Ranvier-Schnürringen (Unterbrechungen der Markscheide) konzentriert. Trägt man die für die Fortleitung des Aktionspotenzials benötigte Zeit gegen die zurückgelegte Strecke auf, so ergibt sich eine kontinuierliche Fortleitung bei der nichtmyelinisierten Faser, aber eine sprunghafte Leitung bei der myelinisierten Faser

7.1 Die passiven Eigenschaften des axonalen Kabels

7.1.1 Eigenschaften des sphärischen Zellkörpers

Der Zellkörper kann durch einen Kondensator und einen Widerstand repräsentiert werden.

Elektrischer Signalfluss im biologischen Kabel Ein Axon besteht aus einem zylindrischen Zytoplasmaschlauch und einer umgebenden Plasmamembran. Es bildet somit ein „biologisches Kabel". Der elektrische Signalfluss in einem solchen Kabel ist bereits recht kompliziert; wir müssen daher bei der Analyse vereinfachend vorgehen. Erstens ist es sinnvoll, die aktiven Leitfähigkeiten zunächst komplett aus der Untersuchung herauszunehmen. Wir bezeichnen die resultierende Struktur auch als „passiv". Zweitens ist es hilfreich, die Struktur so zu vereinfachen, dass sie durch eine möglichst geringe Zahl von Kondensatoren und Widerständen repräsentiert werden kann.

Sphärischer Zellkörper Damit sind wir beim einfachsten denkbaren Fall: einer passiven, sphärischen Struktur, die beispielsweise einem Zellkörper entsprechen könnte (◼ Abb. 7.2a). Injiziert man an einer solchen Zelle einen rechteckförmigen Reizstrom, so führt dies zu einer **exponentiellen Aufladung** während der Strominjektion und zu einer exponentiellen Entladung nach der Strominjektion.

Aufladecharakteristik Da das Membranpotenzial an allen Stellen der Membran zu einem gegebenen Zeitpunkt gleich ist (man spricht auch von einer isopotenzialen Situation), ist eine quantitative Analyse der Spannungsänderung sehr einfach. Wir können die Zellmembran als ein einzelnes **Kondensator-Widerstands-Element** repräsentieren (◼ Abb. 7.2a). Der Kondensator würde der Lipiddoppelschicht entsprechen, und der Widerstand den in der Membran enthaltenen Leckkanälen. Die Änderung des Membranpotenzials ΔE als Funktion der Zeit t ist exponentiell, folgt also der Beziehung

$$\Delta E(t) = \Delta E_{max}\left(1 - e^{-t/\tau}\right) \text{ (Aufladung) bzw.} \quad (7.1)$$

$$\Delta E(t) = \Delta E_{max}\ e^{-t/\tau} \text{ (Entladung),} \quad (7.2)$$

wobei ΔE_{max} die maximale Spannungsänderung darstellt. τ wird als **Membranzeitkonstante** bezeichnet. Die Membranzeitkonstante ist also die Zeit, in der das Membranpotenzial auf den Bruchteil $1 - 1/e \approx 63\%$ (e = Eulersche Zahl) des Maximalwertes ansteigt (Aufladephase) bzw. auf den Bruchteil $1/e \approx 37\%$ abfällt (Entladephase).

Membranzeitkonstante In dem beschriebenen einfachen Fall ergibt sich die Membranzeitkonstante als $\tau = R_m\, C_m$, wobei R_m den **Membranwiderstand** und C_m die **Membrankapazität** repräsentieren. Dabei werden die beiden Größen oft auf die Membranfläche normalisiert. Man spricht dann von spezifischem Membranwiderstand (Einheit: $\Omega\,\text{cm}^2$) und spezifischer Membrankapazität (Einheit: F cm^{-2}). Bei der Multiplikation von spezifischem Membranwiderstand und spezifischer Membrankapazität kürzen sich die Flächeneinheiten heraus, sodass man im Ergebnis eine Zeiteinheit erhält.

❯ Die Membranzeitkonstante ergibt sich als Produkt von Membranwiderstand und Membrankapazität.

7.1.2 Eigenschaften des Axonkabels

Ein zylindrisches Axon kann als eine Serie von Kondensatoren und Widerständen aufgefasst werden.

Zylindrischer Fortsatz Als nächstes betrachten wir eine passive, zylindrische Struktur, die beispielsweise einem hypothetischen Axon ohne Ionenkanäle entsprechen könnte (◼ Abb. 7.2b). Der Zeitverlauf der Spannungsänderung bei Injektion eines rechteckförmigen Strompulses unterscheidet sich von dem in der sphärischen Zelle mit gleichen Membraneigenschaften. Der Zeitverlauf ist einerseits **nicht** mehr einfach **exponentiell**, andererseits **ortsabhängig**.

Aufladecharakteristik Dabei kann man die Veränderungen gegenüber der sphärischen Struktur folgendermaßen zusammenfassen:

1. Unmittelbar am Reizort ist die Aufladecharakteristik steiler als an der sphärischen Struktur.
2. Mit zunehmender Entfernung vom Reizort wird die Aufladecharakteristik flacher und beginnt gegenüber dem Reiz mit einer Verzögerung.

Mit zunehmender Entfernung vom Reizort wird die maximale Amplitude immer geringer. Im Gegensatz zu einem elektrischen Kabel finden wir also beim biologischen Kabel sowohl eine Verzögerung als auch einen Amplitudenverlust des zu leitenden Signals (◼ Abb. 7.2b).

Um die Spannungsänderungen an einem solchen Kabel quantitativ zu analysieren, muss man das Kabel als eine Serie von Kondensator-Widerstands-Elementen repräsentieren, die über Widerstände miteinander verbunden sind (◼ Abb. 7.2b). Dabei entspricht der Kondensator wieder der Lipiddoppelschicht. Der Widerstand jedes Elements ist ein Maß für die enthaltenen Leckkanäle. Der Widerstand zwischen den Elementen entspricht dem intrazellulären Widerstand, der durch das Zytoplasma gebildet wird.

Längskonstante Ein komplexer Zusammenhang ergibt sich zwischen dem lokalen Membranpotenzial einerseits und dem räumlichen („Ort") und zeitlichen („Zeit") Abstand zur Strominjektion. Der Zusammenhang zwischen der maximalen Amplitude der Spannungsänderung (E_{max}) und dem Ort (x) lässt sich dagegen durch eine Exponentialfunktion darstellen.

7

a

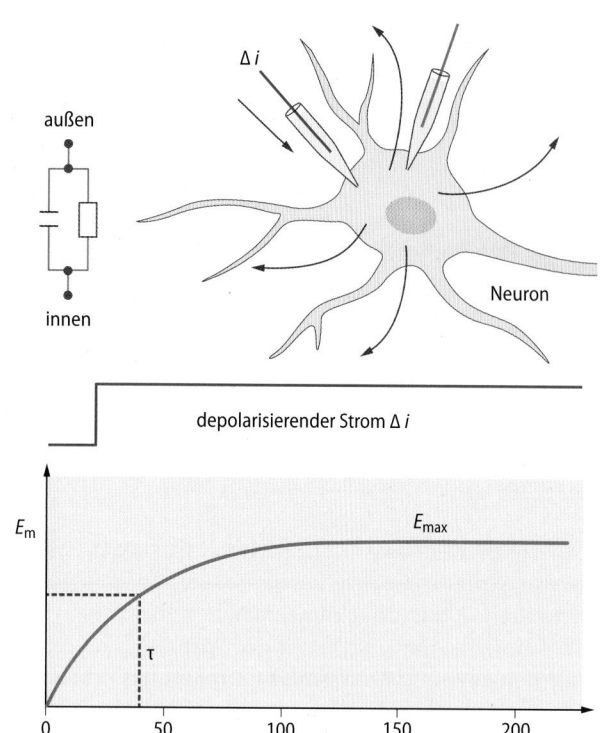

depolarisierender Strom Δi

b

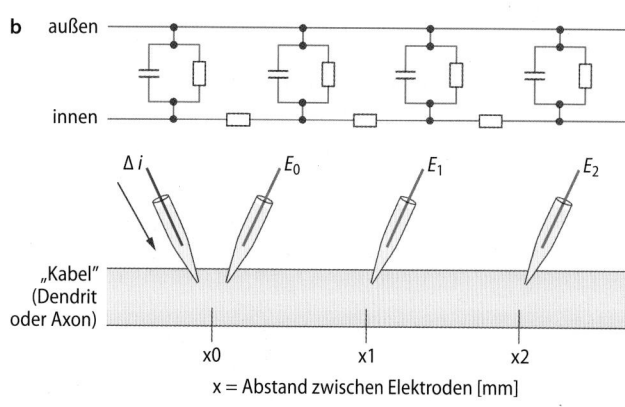

x = Abstand zwischen Elektroden [mm]

depolarisierender Strom Δi

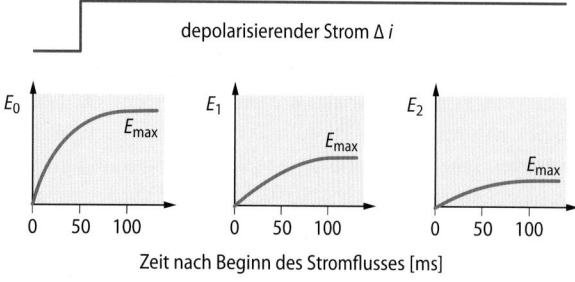

Zeit nach Beginn des Stromflusses [ms]

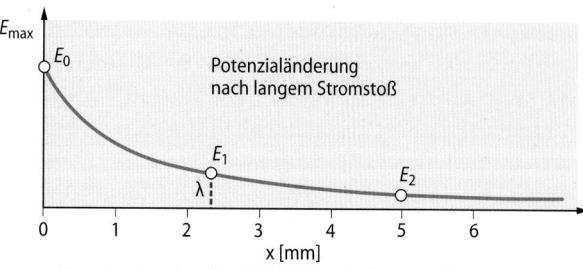

$$\Delta E_{max}(x) = \Delta E_{max}(0)e^{-x/\lambda} .\tag{7.3}$$

λ wird als **Längskonstante** (eigentlich „Längenkonstante") des Axons bezeichnet. Dies ist die Strecke, in der ΔE_{max} auf den Bruchteil $1/e \approx 37\%$ des Ausgangswertes abfällt. Somit liefert die Membranlängskonstante eine Information über die Reichweite des elektrischen Signals im biologischen System.

Die Längskonstante erhält man als

$$\lambda = \sqrt{(a\,R_m / 2\,R_i)} ,\tag{7.4}$$

wobei a der Radius des Axons ist. R_i ist der intrazelluläre Widerstand, genauer gesagt der spezifische intrazelluläre Widerstand, bezogen auf Länge und Querschnittsfläche des Kabels (Einheit Ω cm).

Aus dieser Beziehung kann man zwei wichtige Schlussfolgerungen ableiten:

1. Bei konstantem R_m und R_i ist die Längskonstante λ proportional zur Wurzel des Faserradius $\sqrt{a}$; einfach gesagt, je größer der **Radius**, desto größer die Längskonstante des Kabels und damit die **Reichweite** des elektrischen Signals.
2. Bei konstantem a ist die Längskonstante λ proportional zur Wurzel des Verhältnisses R_m / R_i; hieraus ergibt sich: je größer der **Membranwiderstand** im Verhältnis zum intrazellulären Widerstand, desto größer ist die Reichweite des elektrischen Signals.

> Die Längskonstante hängt von Axonradius, Membranwiderstand und intrazellulärem Widerstand ab.

Leitungsgeschwindigkeit Die Grundgrößen des biologischen Kabels, Membranzeitkonstante und Längskonstante, bestimmen zusammen die Geschwindigkeit der **passiven Leitung**. Diese ergibt sich näherungsweise als

$$v \approx 2\lambda / \tau .\tag{7.5}$$

Da die Längskonstante λ proportional zur Wurzel des Faserradius $\sqrt{a}$ ist, muss auch die passive **Leitungsgeschwindigkeit** proportional zur **Wurzel des Faserradius** $\sqrt{a}$ sein. Je größer also der Radius des biologischen Kabels, desto größer die passive Leitungsgeschwindigkeit.

▫ **Abb. 7.2a,b   Auflade- und Entladevorgänge an passiven Strukturen. a** Passive Aufladecharakteristik einer sphärischen Zelle. Bei Injektion eines depolarisierenden Reizstromes ändert sich das Membranpotenzial in exponentieller Weise (τ, Membranzeitkonstante). **b** Passive Aufladecharakteristik eines Kabels. Bei Injektion eines depolarisierenden Reizstromes am Ort x_0 ist die resultierende Spannungsänderung ortsabhängig und nicht mehr einfach exponentiell. Am Ort der Injektion ist die Aufladung schneller als in einer sphärischen Struktur mit identischen Membraneigenschaften. Mit zunehmender Entfernung vom Injektionsort wird die maximale Spannungsänderung immer geringer. Die Abhängigkeit der maximalen Spannungsänderung von der Entfernung wird durch eine Exponentialfunktion beschrieben, deren Abnahmekonstante die Längskonstante (λ) des Kabels ist

> **Längskonstante und passive Leitungsgeschwindigkeit sind proportional zur Wurzel des Faserradius.**

Bei allen bisherigen Überlegungen wurde ein **hypothetisches Axon** betrachtet, das nur aus Kondensatoren und Widerständen zusammengesetzt ist. Man bezeichnet eine solche Struktur als **passiv**. In der Tat verhalten sich manche Dendriten als passive Kabel, sodass man die Gesetzmäßigkeiten der Kabeltheorie hier unmittelbar anwenden kann.

Echte Axone verhalten sich jedoch nicht passiv, sondern aktiv. Sie sind mit spannungsgesteuerten Na⁺- und K⁺-Kanälen bestückt. Die Regeln der passiven Kabeltheorie beschreiben die Verhältnisse daher in den meisten Axonen unzureichend. Der Zusammenhang zwischen Leitungsgeschwindigkeit und Faserradius ($v \sim \sqrt{a}$), den wir für den passiven Fall abgeleitet hatten, gilt jedoch näherungsweise auch für den aktiven Fall: dicke Faser = schnelle Leitung, dünne Faser = langsame Leitung (▶ Abschn. 7.3).

In Kürze

Membranzeitkonstante und Längskonstante sind wichtige Kenngrößen der Erregungsausbreitung im Axon. Die Membranzeitkonstante ergibt sich als das Produkt von **Membranwiderstand** und **Membrankapazität** und bestimmt den Zeitverlauf von Auf- und Entladung der Membran. Die **Längskonstante** des Axons wird durch Radius, Membranwiderstand und intrazellulären Widerstand bestimmt und definiert die **Reichweite** der elektrischen Signale. Längskonstante und Membranzeitkonstante bestimmen gemeinsam die **Ausbreitungsgeschwindigkeit** von Aktionspotenzialen im Axon.

7.2 Das axonale Aktionspotenzial und die zugrundeliegenden Na⁺- und K⁺-Leitfähigkeiten

7.2.1 Die Phasen des Aktionspotenzials im Axon

Aktionspotenziale im Axon sind digitale Signale kurzer Dauer (<1 ms).

Was geschieht nun, wenn das Axon **aktive** Eigenschaften besitzt, also spannungsgesteuerte Na⁺- und K⁺-Kanäle enthält? Zur Erinnerung: Im passiven Fall kommt es zu einer näherungsweise exponentiellen Aufladung während der Strominjektion und zu einer näherungsweise exponentiellen Entladung nach der Strominjektion (▶ Abschn. 7.1). Im aktiven Fall ist bei geringer Reizstärke das Antwortverhalten zunächst noch ähnlich: die Auf- und Entladung zeigt eine näherungsweise exponentielle Charakteristik (◘ Abb. 7.3b, c).

Aktionspotenzial bei überschwelliger Reizung   Erhöht man die Reizintensität, so ändert die Membran fundamental ihre Eigenschaften. Bei einer gerade noch unterschwelligen Reizintensität kommt es zunächst zu einer Abweichung von der exponentiellen Auflade- und Entladecharakteristik, die man als **lokale Antwort** bezeichnet. Jede weitere Erhöhung der Reizintensität führt zur Auslösung eines **Aktionspotenzials** (◘ Abb. 7.3b, c). Dabei liegt der Schwellenwert für die Auslösung des Aktionspotenzials, relativ unabhängig vom Typ des Neurons, bei ca. −50 mV. Amplitude und Zeitverlauf des Aktionspotenzials im Axon sind relativ **unabhängig** von Reizintensität und Reizdauer. Diese Konstanz wird aus historischen Gründen auch als **Alles-oder-Nichts-Gesetz** bezeichnet. Im Computerzeitalter bezeichnet man das axonale Aktionspotenzial auch als **„digitales" Signal**.

Dauer des Aktionspotenzials   Das Aktionspotenzial in Axonen ist extrem kurz; die Gesamtdauer beträgt ca. 1 ms (zum Vergleich: das Aktionspotenzial des Skelettmuskels ist ca. 10 ms und das Aktionspotenzial des Herzmuskels (Arbeitsmyokard) ca. 300 ms lang (▶ Kap. 6.2). Es kann in folgende Phasen untergliedert werden:
1. der **Aufstrich** (die Phase zwischen der Schwelle und dem Maximum des Aktionspotenzials),
2. der **„Overshoot"** (die Phase, in der das Membranpotenzial positiv ist) und
3. die **Repolarisation**.

Je nach Zelltyp kann die Rückkehr zum Ruhepotenzial direkt sein oder über eine transiente Nachhyperpolarisation oder Nachdepolarisation erfolgen (◘ Abb. 7.3c).

> **Aktionspotenziale im Axon sind besonders kurz. Dies erlaubt eine effiziente Informationskodierung.**

7.2.2 Eigenschaften des axonalen Aktionspotenzials

Die schnelle Aktivierung der axonalen Na⁺-Kanäle ist für die Aktionspotenzialgenerierung entscheidend.

Permeabilitäten   Welche Mechanismen liegen dem Aktionspotenzial zugrunde? In klassischen Experimenten am Riesenaxon des Tintenfisches konnten Hodgkin und Huxley (1952) zeigen, dass sich die Na⁺- und K⁺-**Leitfähigkeit** bzw. Permeabilität der Membran während des Aktionspotenzials dramatisch verändert (◘ Abb. 7.3c, d). Während in der ruhenden Nervenzelle das g_{Na}/g_K-Leitfähigkeitsverhältnis bzw. P_{Na}/P_K-Permeabilitätsverhältnis ≈ 0.05 ist, steigt es während des Aufstrichs des Aktionspotenzials steil an und beträgt am Maximum ≈ 10. Setzt man diesen Wert in die Goldman-Gleichung ein (▶ Kap. 6.1), so erhält man ein Membranpotenzial von +45 mV, das mit der Amplitude des Overshoots gut übereinstimmt.

7

◨ **Abb. 7.3a–e   Aktionspotenzial im Axon und zugrundeliegende ionale Mechanismen. a** Das Riesenaxon des Tintenfisches, ein klassisches Präparat zur Untersuchung der elektrischen Phänomene am Axon. **b, c** Alles-oder-Nichts-Verhalten und zeitliche Phasen des Aktionspotenzials. Der Graph zeigt Membranpotenzialänderungen an einem Axon (c), die durch kurze Stromimpulse (b) ausgelöst werden. **d** Na⁺- und K⁺-Leitfähigkeit (g_{Na} und g_K) während des Aktionspotenzials am Riesenaxon. Zum Vergleich sind der Zeitverlauf des Membranpotenzials (V) und die Gesamtleitfähigkeit (g) überlagert dargestellt. **e** Die positive Rückkopplungsschleife, die zur Initiation des Aktionspotenzials führt. Na⁺-Kanal-Aktivierung führt zur Depolarisation, die eine weitere Na⁺-Kanal-Aktivierung zur Folge hat. Dies bedingt den steilen Aufstrich des Aktionspotenzials. Na⁺-Kanal-Inaktivierung und K⁺-Kanal-Aktivierung führen aus der positiven Rückkopplungsschleife heraus. Dies führt zur Repolarisation und Beendigung des Aktionspotenzials. (Nach Hodgkin und Huxley 1952)

Rückkopplung   Der steile Aufstrich des Aktionspotenzials beruht auf einem positiven Rückkopplungsprozess (◨ Abb. 7.3e):

1. Depolarisation führt zur Zunahme der Na⁺-Leitfähigkeit (d. h. Aktivierung von spannungsgesteuerten Na⁺-Kanälen), die
2. das Membranpotenzial weiter in Richtung des Na⁺-Gleichgewichtspotenzials (E_{Na}) verschiebt. Diese Depolarisation führt
3. zu einer weiteren Zunahme der Na⁺-Leitfähigkeit (d. h. einer zusätzlichen Aktivierung von Na⁺-Kanälen), sodass sich die Depolarisation weiter beschleunigt.

Die explosive Zunahme der Na⁺-Permeabilität ist in ◨ Abb. 7.3d gut zu erkennen.

Refraktärzeit   Reizt man ein Axon unmittelbar nach einem Aktionspotenzial, so ist die erneute Auslösung erschwert. In der **absoluten Refraktärphase** (innerhalb eines Intervalls von ca. 2 ms nach Auslösung des ersten Aktionspotenzials) ist das Neuron unerregbar (selbst durch extrem hohe depolarisierende Strominjektionen). In der nachfolgenden **relativen Refraktärphase** ist die Reizschwelle erhöht, während die Aktionspotenzial-Amplitude reduziert ist. Die Refraktärität kommt dadurch zustande, dass die Na⁺-Leitfähigkeit während des Aktionspotenzials inaktiviert und sich nur langsam von dieser Inaktivierung erholt.

Damit hat die Inaktivierung der Na⁺-Leitfähigkeit eine Doppelfunktion. Einerseits führt sie zur zeitlichen Begrenzung des Aktionspotenzials, andererseits „schützt" sie die Membran vor einer vorzeitigen Neuerregung. Refraktärität vermeidet unter anderem eine **Reflexion** von Aktionspotenzialen an den Endpunkten des Axons. Die Dauer der Refraktärphase ist eng mit der Dauer des Aktionspotenzials korreliert: Kurze Aktionspotenzialdauer – kurze Refraktärzeit, lange Aktionspotenzialdauer – lange Refraktärzeit. Somit ermöglicht die kurze Dauer des axonalen Aktionspotenzials nicht nur die zuverlässige Übertragung von einzelnen Aktionspotenzialen, sondern auch von hochfrequenten Aktionspotenzialsalven.

❯ **Am Axon gilt: Kurze Aktionspotenzialdauer – kurze Refraktärzeit.**

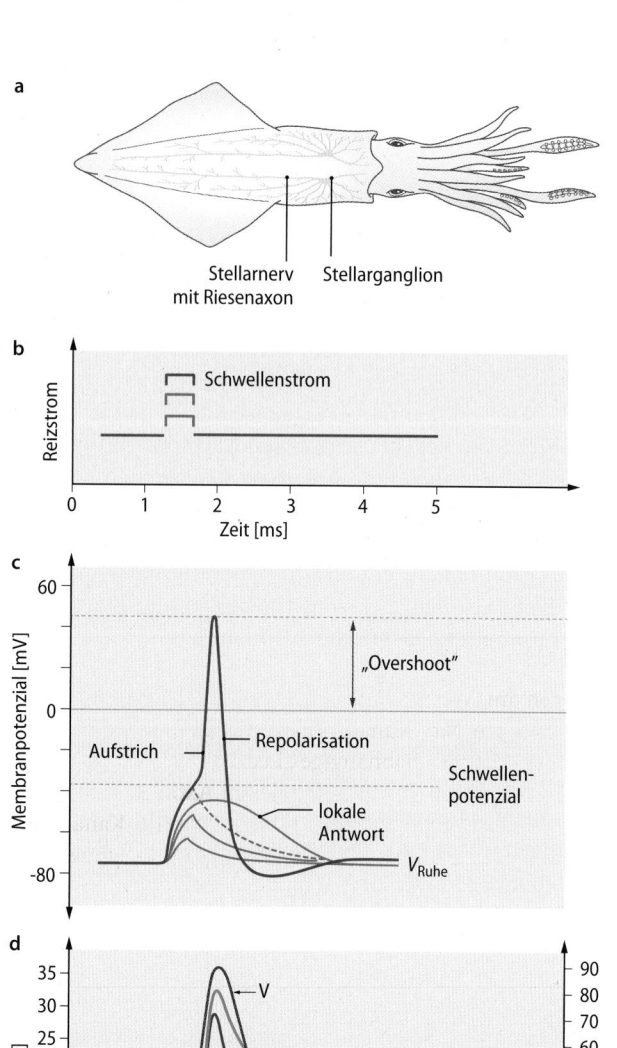

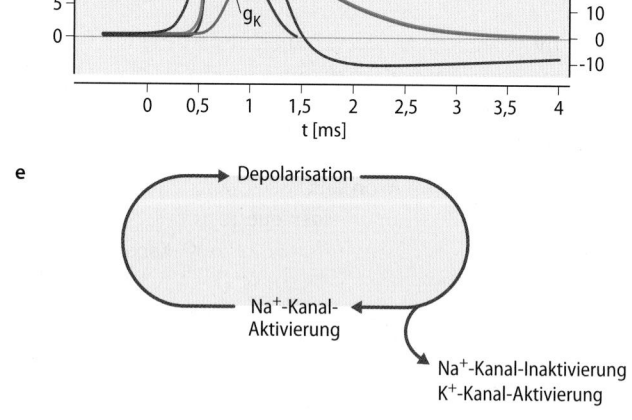

7.2.3 Axonale Ionenkanäle

Die Erregbarkeit des Axons wird durch drei Ionenkanaltypen bestimmt: spannungsabhängige Na⁺-Kanäle, spannungsabhängige K⁺-Kanäle und spannungsunabhängige „Leckkanäle".

In den verschiedenen Zellen des menschlichen Organismus wird eine Vielzahl von Ionenkanälen exprimiert. Im Axon sind

Klinik

Lokalanästhetika

Klinischer Einsatz
Zahlreiche Pharmaka und Toxine wirken über Hemmung von spannungsgesteuerten Na^+-Kanälen des Axons. **Lokalanästhetika** sind prototypische **Blocker** von spannungsgesteuerten Na^+-Kanälen. Sie verhindern bei lokaler Applikation die Fortleitung des Aktionspotenzials im Axon. Sensible Information, wie Schmerz, wird nicht mehr zum Rückenmark geleitet, motorische Information nicht mehr in die Peripherie. Folge ist neben einer schlaffen Lähmung ein Ausfall der Sensibilität und eine komplette Analgesie (Schmerzlosigkeit). Systemisch angewandt finden Na^+-Blocker als Klasse-I-**Antiarrhythmika** am Herzen Verwendung (▶ Kap. 16.1).

Substanzen
Strukturell handelt es sich um Amine, deren pK_a-Wert bei ≈ 7 liegt. Bei pH-Werten > 7 sind sie weitgehend ungeladen, bei pH-Werten < 7 überwiegend einfach positiv geladen. Beispiele sind Lidocain, Procain, Tetracain und Benzocain.

Molekularer Wirkmechanismus
Der Weg des Lokalanästhetikums an seine Bindungsstelle ist komplex: 1. Bei extrazellulärer Applikation (wie zum Beispiel bei einer Leitungsanästhesie) muss das Lokalanästhetikum zunächst durch die Membran hindurch. Dies geschieht in ungeladener Form. 2. Das Lokalanästhetikum muss dann zu seiner Bindungsstelle im zentralen Bereich der Pore gelangen. Dies ist nur möglich, wenn es in geladener Form vorliegt und gleichzeitig der Na^+-Kanal im offenen Zustand ist (die Bindungsstelle liegt zwischen Selektivitätsfilter und Tormechanismus). Dies erklärt die Aktivitätsabhängigkeit der Na^+-Kanal-Blockierung bei manchen Lokalanästhetika. Neben dem hydrophilen Weg des Lokalanästhetikums durch die Pore gibt es einen lipophilen Weg durch die Kanalwand, über den das Lokalanästhetikum den Kanal im geschlossenen Zustand wieder verlassen kann.

---

es dagegen im Wesentlichen drei Ionenkanaltypen: spannungsgesteuerte Na^+-Kanäle, spannungsgesteuerte K^+-Kanäle, und spannungsunabhängige „Leckkanäle".

- Spannungsgesteuerte Na^+-Kanäle: im Axon bilden vor allem die Typen Nav1.1-, Nav1.2- und Nav1.6-Kanäle die molekulare Basis der Na^+-Leitfähigkeit im schnellen Aufstrich des Aktionspotenzials.
- Spannungsgesteuerte K^+-Kanäle: im Axon vermitteln insbesondere Kv1 = KCNA, Kv3 = KCNC und Kv7 = KCNQ (▶ Kap. 6.2) die Zunahme der K^+-Leitfähigkeit in der Repolarisationsphase des Aktionspotenzials.
- Spannungsunabhängige K^+-Kanäle. Diese auch als „Leckkanäle" bezeichneten Proteine werden vom Typ KCNK gebildet. Sie generieren im Wesentlichen die K^+-Leitfähigkeit der axonalen Membran in Ruhe. Sie sind nicht oder nur wenig spannungsabhängig. Da die Kanäle selektiv für K^+-Ionen durchlässig sind, tragen sie erheblich zur Ausbildung des Ruhepotenzials des Axons bei.

In Kürze

Aktionspotenziale im Axon sind von kurzer Dauer. Für den Aufstrich spielen spannungsgesteuerte Na^+-Kanäle, für die Repolarisation spannungsgesteuerte K^+-Kanäle eine entscheidende Rolle. Spannungsunabhängige „Leckkanäle" sind für die Ausbildung des Ruhepotenzials wichtig.

7.3   Fortleitung des Aktionspotenzials im Axon

7.3.1   Aktionspotenzialinitiation

Das Aktionspotenzial wird im Axon-Initialsegment ausgelöst.

Im Nervensystem liegen die Zellkörper von miteinander kommunizierenden Neuronen oft weit auseinander. Im Extremfall kann ein Axon bis zu **zwei Meter** lang sein. Daher stellt sich die Frage, wie elektrische Signale im Axon über große Distanzen geleitet werden. Zunächst müssen wir aber fragen, wo der Ausgangspunkt der Erregung liegt.

Ort der Aktionspotenzialinitiation   Unter experimentellen Bedingungen liegt der Aktionspotenzial-Initiationsort direkt an der Reizelektrode. Dies ist zum Beispiel in Experimenten mit isolierten Axonen der Fall (◻ Abb. 7.3). In der physiologischen Situation ist der auslösende Reiz durch erregende postsynaptische Potenziale gegeben, die am **Dendritenbaum** des Neurons eingehen. Wo liegt der Aktionspotenzial-Initiationsort unter diesen Bedingungen? Mithilfe von gleichzeitiger Ableitung von mehreren Punkten der Zelle kann man die räumlich-zeitliche Sequenz der Aktionspotenzialausbreitung exakt vermessen. Der Ort, an dem das Aktionspotenzial am frühesten auftritt, ist dann der Ort der Aktionspotenzial-Initiation. Er liegt i. d. R. im **Axon-Initialsegment**, in einer Entfernung von 20–50 µm vom Soma (◻ Abb. 7.4a–c).

Mechanismen der Aktionspotenzialinitiation und ihrer räumlichen Präferenz   Warum tritt die Aktionspotenzialinitiation mit hoher Präferenz im Axon-Initialsegment auf? Drei Faktoren sind entscheidend. Der erste wichtige Faktor ist die **Längskonstante** des Axons. Wenn erregende postsynaptische Potenziale (EPSPs) am Dendritenbaum der Zelle auftreten, durch räumliche und zeitliche Summation „integriert" werden und in das Axon einlaufen, wird die Amplitude immer weiter abgeschwächt. Die Aktivierung der Na^+-Kanäle ist also in proximalen (somanahen) Anteilen des Axons effektiver als in distalen (somafernen) Anteilen. Zweitens ist die **Na^+-Kanaldichte** im Axon-Initialsegment höher als am Soma und im distalen Axon (◻ Abb. 7.4d–f). Obwohl das quantitative Ausmaß des Dichteunterschiedes unklar ist, begünstigt eine hohe Kanaldichte die Aktionspotenzialinitiation. Drittens unterscheidet sich **das Schaltverhalten** der Na^+-Kanäle des Axon-Initialsegmentes von denen des benachbarten Somas. Bei den axonalen Na^+-Kanälen ist die Aktivierungskurve

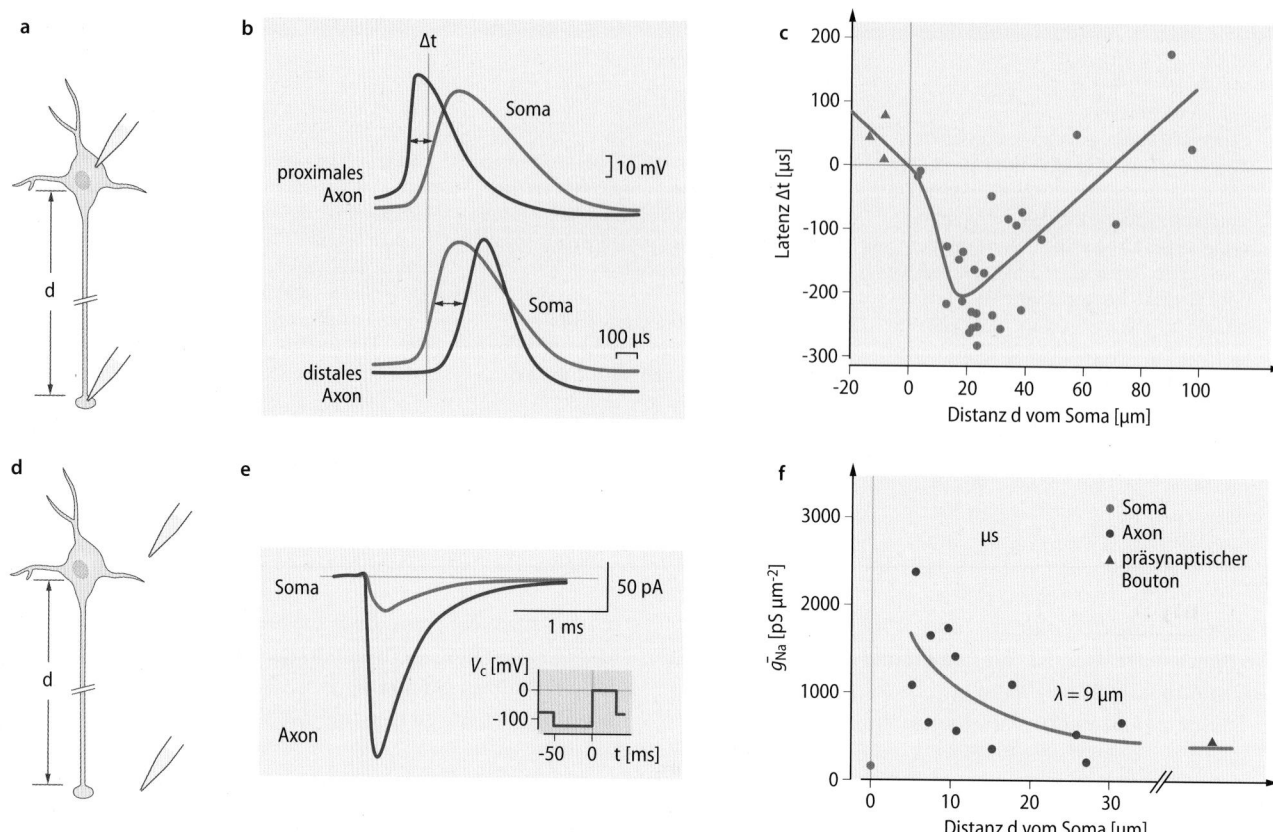

□ Abb. 7.4a–f   Aktionspotenzialinitiation im Axon-Initialsegment.
a Ableitung elektrischer Signale vom Soma und Axon eines Prinzipalneurons. Eine Patch-Pipette befindet sich am Soma, die andere am Axon.
b Ableitung von einem proximalen (oben) und distalen Axonabschnitt (unten) eines Pyramidenneurons in Schicht 5 des Neokortexes. Das Spannungssignal im Axon (rot) und das zeitgleich abgeleitete Signal im Soma (blau) sind überlagert dargestellt. Im proximalen Axon tritt das axonale Aktionspotenzial vor dem somatischen Aktionspotenzial auf. Dies zeigt, dass der Aktionspotenzial-Initiationsort in der Nähe der axonalen Ableit-

elektrode liegt. **c** Latenz zwischen axonalem und somatischem Signal gegen die Distanz an einer Körnerzelle im Hippokampus. Der Ort der Aktionspotenzialinitiation entspricht dem Punkt minimaler Latenz. Er ist ca. 20 μm vom Soma entfernt. **d** Quantitative Analyse der Na⁺-Kanaldichte an isolierten Membranpatches. **e** Na⁺-Ströme an isolierten Membranpatches, die von axonalen (rot) und somatischen Stellen (blau) isoliert wurden. **f** Na⁺-Leitfähigkeit als Funktion der Distanz. (Nach Kole et al. 2007; Kole und Stuart 2012; Schmidt-Hieber et al. 2008; Schmidt-Hieber und Bischofberger 2010)

um ca. 10 mV zu negativen Membranpotenzialen verschoben und die Kinetik der Aktivierung erfolgt schneller. Beide Faktoren begünstigen die Aktivierung der Kanäle und somit die Aktionspotenzialinitiation im Axon.

> **Die Aktionspotenzialinitiation eines Neurons erfolgt im Axon-Initialsegment.**

7.3.2 Kontinuierliche Erregungsleitung im marklosen Axon

Marklose Axone leiten das Aktionspotenzial kontinuierlich.

Ist das Axon marklos, so breitet sich das Aktionspotenzial von der Initiationsstelle her **kontinuierlich** aus. Dabei bildet sich zwischen erregten und benachbarten unerregten Membranarealen ein längs gerichteter Stromfluss aus, der zur Depolarisation der unerregten Membranbereiche führt. Dadurch kommt es zu einer Aktivierung von spannungsgesteuerten Na⁺-Kanälen, die zu einer weiteren Depolarisation von vormals

unerregten Membranarealen führt. Dies resultiert in einer Ausbreitung der Erregungsfront über das Axon (□ Abb. 7.5a, b).

Membranstromprofil   Damit besteht das Membranstromprofil des kontinuierlich fortgeleiteten Aktionspotenzials aus drei Abschnitten (□ Abb. 7.5b):
1. einem zentralen **Einwärtsstrombereich**, der durch spannungsabhängige Na⁺-Kanäle getragen wird.
2. einem in Fortleitungsrichtung vor dem Aktionspotenzial liegenden Auswärtsstrombereich, der durch **Umladung** der Membrankapazität bedingt ist.
3. einem in Fortleitungsrichtung hinter dem Aktionspotenzial befindlichen **Auswärtsstrombereich**, der durch spannungsgesteuerte K⁺-Kanäle getragen wird.

Zwischen dem Einwärtsstrombereich und den Auswärtsstrombereichen bilden sich längs gerichtete (d. h. axiale) Stromschleifen aus, die im Axoplasma und im extrazellulären Flüssigkeitsraum verlaufen. Die Ladungsträger für diesen Stromfluss sind die in der intra- und extrazellulären Flüssigkeit enthaltenen Ionen.

Aktive Leitungsgeschwindigkeit　Wie bei der passiven Leitungsgeschwindigkeit ist auch die aktive **Leitungsgeschwindigkeit** bei der kontinuierlichen Leitung näherungsweise proportional zur **Wurzel des Faserradius** $\sqrt{a}$. Damit ergibt sich die Grundregel: dicke Faser – schnelle Leitung, dünne Faser – langsame Leitung. Eine besonders dicke Nervenfaser ist das sog. **„Riesenaxon"** des Tintenfisches, dessen Durchmesser fast 1 mm beträgt. Der obigen Regel folgend hat dieses eine hohe Leitungsgeschwindigkeit (ca. 20 m s^{-1}). Beim Menschen haben marklose Axone einen Durchmesser von **ca. 1 μm**. Damit ist die Leitungsgeschwindigkeit auf einen Wert von ca. 1 m s^{-1} beschränkt (◘ Tab. 7.1, ◘ Tab. 7.2).

❯ Die Leitungsgeschwindigkeit in marklosen Axonen ist proportional zur Wurzel des Faserradius.

7.3.3　Saltatorische Erregungsleitung im myelinisierten Axon

Myelinisierte Axone leiten Aktionspotenziale saltatorisch mit erheblich gesteigerter Geschwindigkeit.

Leitungsgeschwindigkeiten können durch **Myelinisierung der Axonen** massiv gesteigert werden (◘ Abb. 7.5c, d). Myelinscheiden, auch als Markscheiden bezeichnet, werden durch Gliazellen gebildet (Schwannzellen im peripheren Nervensystem, Oligodendrozyten im Zentralnervensystem). Diese „wickeln" sich in der Embryonalentwicklung des Nervensystems um das Axon, stark vereinfacht wie beim Aufrollen eines Teppichs. Die Markscheide wird aus ca. 100 dieser Wicklungen gebildet, wobei das Zytoplasma der Schwannzellen/Oligodendrozyten weitgehend verdrängt wird. Die Markscheide ist in regelmäßigen Abständen unterbrochen. Die Unterbrechungen werden als Ranvier-Schnürringe bezeichnet, die dazwischen gelegenen Segmente als internodale Segmente. Im Bereich der Ranvier-Schnürringe steht die Plasmamembran des Axons also direkt mit dem extrazellulären Raum in Verbindung. Im Bereich der Internodien ist die Plasmamembran des Axons von einer „Isolationsschicht" bedeckt.

Räumliche Trennung passiver und aktiver Leitungsmechanismen　Die schnelle Leitung wird durch Kombination von aktiven und passiven Leitungsmechanismen realisiert. Im Gegensatz zum nichtmyelinisierten Axon, in dem aktive (Aktivierung von spannungsgesteuerten Na$^+$-Kanälen) und passive (Aufladung der Membrankapazität) Leitungsmechanismen parallel ablaufen, sind diese bei den myelinisierten Fasern sowohl zeitlich als auch räumlich voneinander getrennt. Die aktiven Prozesse sind auf die **Ranvier-Schnürringe** konzentriert. Die passiven Mechanismen laufen dagegen an den internodalen Segmenten ab, die durch Axon und umgebende Markscheide gebildet werden.

Eigenschaften von Schnürringen und internodalen Segmenten　Die elektrischen Eigenschaften der internodalen Segmente unterscheiden sich fundamental von denen der Ranvier-Schnürringe. Bezüglich der aktiven Eigenschaften lassen sich die Unterschiede wie folgt zusammenfassen: Die axonalen spannungsgesteuerten Na$^+$-Kanäle unterliegen einer nahezu absoluten **Segregation**. Im **nodalen Bereich** des Axons ist die **Na$^+$-Kanaldichte** extrem hoch ($\approx$ 1000 Kanäle μm^{-2}). Im paranodalen und internodalen Bereich des Axons fehlen die Na$^+$-Kanäle dagegen weitgehend.

Die spannungsgesteuerten K$^+$-Kanäle zeigen eine relative Segregation. Im nodalen Bereich ist die Dichte gering, im paranodalen und **internodalen** Bereich dagegen sehr hoch. Die funktionelle Bedeutung dieser unter der Markscheide versteckten K$^+$-Kanäle ist nicht ganz klar. Am Säugeraxon fehlen die spannungsgesteuerten K$^+$-Kanäle am Ranvier-Schnürring weitgehend. Dagegen kommen langsam aktivierende KCNQ-Kanäle und spannungsunabhängige K$^+$-Kanäle (Leckkanäle) in der Nähe des Ranvier-Schnürrings vor. Die Termination des Aktionspotenzials wird zum großen Teil durch **Na$^+$-Kanalinaktivierung** vermittelt. Eine Repolarisation über diesen Mechanismus erhöht im Vergleich zur Repolarisation durch K$^+$-Kanalaktivierung die energetische Effizienz, reduziert also die metabolische Energie, die pro Aktionspotenzial benötigt wird.

Eigenschaften des internodalen Segments　Die **passiven Eigenschaften** dieses Bereichs, Kapazität und Membranwiderstand, unterscheiden sich erheblich von denen der Ranvier-Schnürringe. Die spezifische internodale **Kapazität** ist um einen Faktor von ca. 250 geringer. Dies erklärt sich dadurch, dass durch die Markscheide der leitende Intrazellulär- und Extrazellulärraum weit voneinander getrennt sind. Obwohl die Länge des internodalen Segmentes um ein vielfaches höher ist als die des nodalen Abschnittes, sind die absoluten Werte der Kapazitäten fast gleich ($C_{internodal}$ = 2–4 pF; C_{nodal} = 0.6–1 pF). 2. Der spezifische radiale internodale **Widerstand** ist im Vergleich zum Ranvier-Schnürring um einen Faktor von $\approx$ 8000 größer. Beides wirkt sich auf die Fortleitung des Aktionspotenzials über das internodale Segment günstig aus: da nur wenig Ladung im internodalen Segment abfließt, gelangt viel Ladung zum nächsten Ranvier-Schnürring.

Leitungsgeschwindigkeit　Die Leitungsgeschwindigkeit an myelinisierten Fasern kann, in Abhängigkeit vom Fasertyp, bis zu 100 m s^{-1} betragen. Die hohe Leitungsgeschwindigkeit ist eine unmittelbare Konsequenz der Myelinisierung. Hat ein Aktionspotenzial einen Ranvier-Schnürring erreicht, dann bildet sich ein längs gerichteter (d. h. axialer) **Stromfluss** zum benachbarten Ranvier-Schnürring aus, der diesen depolarisiert. Durch die spezifischen Eigenschaften des internodalen Segmentes (hoher spezifischer Widerstand, geringe spezifische Kapazität) erfolgt die Depolarisation des benachbarten Schnürringes mit hoher **Effizienz** und **Geschwindigkeit**.

Etwas vereinfacht könnte man sagen, dass die Erregung von Schnürring zu Schnürring „springt". Daher bezeichnet man die Erregungsleitung an myelinisierten Axonen auch als **saltatorisch** (Lateinisch saltare – tanzen, hüpfen). Eine quantitative Betrachtung zeigt, dass ungefähr 50% der Leitungszeit auf die aktiven Mechanismen am Ranvierschen Schnürring entfällt (Umladung der Membran, Aktivierung der spannungsgesteuerten Na^+-Kanäle), während die anderen 50% durch die passive Leitung über die internodalen Segmente bedingt sind. Dies ist auch in ◘ Abb. 7.5d zu erkennen. Die Ausbildung der Markscheide erhöht aber nicht nur die Geschwindigkeit der Leitung, sondern auch die energetische Effizienz.

> **Internodale Abschnitte haben einen hohen radialen Widerstand und eine geringe spezifische Kapazität.**

Nervenfasertypen Nervenfasern werden nach ihrem Myelinisierungsgrad, ihrem Durchmesser und ihrer Leitungsgeschwindigkeit klassifiziert. Dabei sind die Klassifikationen nach Erlanger-Gasser (für motorische und sensorische Nerven; ◘ Tab. 7.1) und Lloyd-Hunt (nur für sensorische Nerven; ◘ Tab. 7.2) gebräuchlich. Auf die unterschiedlichen

◘ Tab. 7.1 Nervenfaserklassifikation nach Erlanger/Gasser

Axontyp	Funktion, z. B.	Durchmesser	Leitungsgeschwindigkeit
Aα	Primäre Muskelspindelafferenzen, motorisch zu Skelettmuskeln	15 µm	100 (70–120) m s^{-1}
Aβ	Hautafferenzen Berührung / Druck	8 µm	50 (30–70) m s^{-1}
Aγ	Motorisch zu Muskelspindeln	5 µm	20 (15–30) m s^{-1}
Aδ	Hautafferenzen Temperatur / Schmerz	< 3 µm	15 (12–30) m s^{-1}
B	Sympathisch präganglionär	3 µm	7 (3–15) m s^{-1}
C	Sympathisch postganglionär	1 µm	1 (0.5–2) m s^{-1}

◘ Tab. 7.2 Nervenfaserklassifikation nach Lloyd/Hunt

Axontyp	Funktion, z. B.	Durchmesser	Leitungsgeschwindigkeit
I	Primäre Muskelspindelafferenzen und Golgi-Sehnenorganafferenzen	13 µm	75 (70–120) m s^{-1}
II	Mechanorezeptoren der Haut	9 µm	55 (25–70) m s^{-1}
III	Tiefe Drucksensibilität des Muskels	3 µm	11 (10–25) m s^{-1}
IV	Marklose nozizeptive Fasern	<1 µm	1 m s^{-1}

Klinik

Demyelinisierende Erkrankungen

Eine intakte Markscheide ist für die Geschwindigkeit der saltatorischen Aktionspotenzialleitung im Axon von essentieller Bedeutung. Daher ist es nicht überraschend, dass es bei Erkrankungen der Markscheide zu gravierenden Störungen in der saltatorischen Erregungsleitung kommt. Insbesondere ergeben sich bei der Zerstörung der Markscheide zwei Probleme.

Erstens wird die **Isolationsfunktion** beeinträchtigt, sodass die Funktion des Myelins, d. h. die Erhöhung des Widerstandes und Verminderung der Kapazität nicht mehr erfüllt wird. Dies kann zu einer Verminderung der Leitungsgeschwindigkeit führen und die Zuverlässigkeit der Leitung beeinträchtigen ◘ Abb. 7.5d).

Zweitens werden paranodale und internodale K^+-Kanäle freigelegt, die normalerweise unter der Markscheide versteckt sind. Dies reduziert das Na^+-/K^+-Kanalverhältnis und kann im Extremfall zur **Unerregbarkeit** der Membran führen. So kann erklärt werden, warum K^+-Kanalblocker

paradoxerweise bei demyelinisierenden Erkrankungen therapeutisch wirksam sein können.

Multiple Sklerose (MS)

Die klassische Erkrankung der Markscheide ist die Enzephalomyelitis disseminata oder **„Multiple Sklerose"** (MS). Hierbei kommt es zu einer Zerstörung der Markscheide, vermutlich durch Autoimmunprozesse. Diese Prozesse laufen an den Oligodendrozyten ab und betreffen daher selektiv das zentrale Nervensystem. Der Begriff Enzephalomyelitis bringt den entzündlichen Charakter der Erkrankung zum Ausdruck. Die Symptome umfassen: Sehstörungen (durch Zerstörung der Markscheiden im optischen Nerven), Sensibilitätsstörungen, z. B. Taubheitsgefühl oder Kribbelparästhesien (durch Zerstörung der Markscheide der aufsteigenden Bahnen des Rückenmarks) und motorische Störungen (durch Zerstörung der Markscheide der absteigenden Bahnen des Rückenmarks). Der Verlauf

ist oft schubweise. Im Kernspintomogramm des Gehirns zeigen sich Flecken, die dem Zerfall der Markscheiden entsprechen. Die Vielfalt der Symptome korreliert mit der Vielzahl der Leistungen des Nervensystems, die schnelle Signalleitung an myelinisierten Nervenfasern erfordern.

Vererbte Myelinisierungsstörungen

Auch bei genetischen Erkrankungen kann die Markscheide beeinträchtigt sein. Ein Beispiel ist die Charcot-Marie-Tooth Erkrankung. Eine Form wird durch Verdopplung des **peripheren Myelin Protein (PMP22)-Gens** hervorgerufen. Eine andere Form ist durch Mutationen im **Connexin-32-Gen** bedingt. Connexin 32 wird in Schwann-Zellen exprimiert, daher betreffen die Erkrankungen periphere Axone. Bei der Pelizaeus-Merzbacher Erkrankung findet man Mutationen im **Proteolipidprotein (PLP)**. PLP wird in Oligodendrozyten exprimiert, daher betrifft die Erkrankung zentrale Axone.

a markloses Axon

c markhaltiges Axon

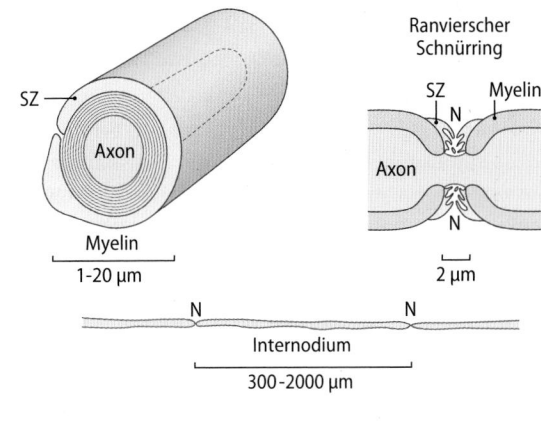

b

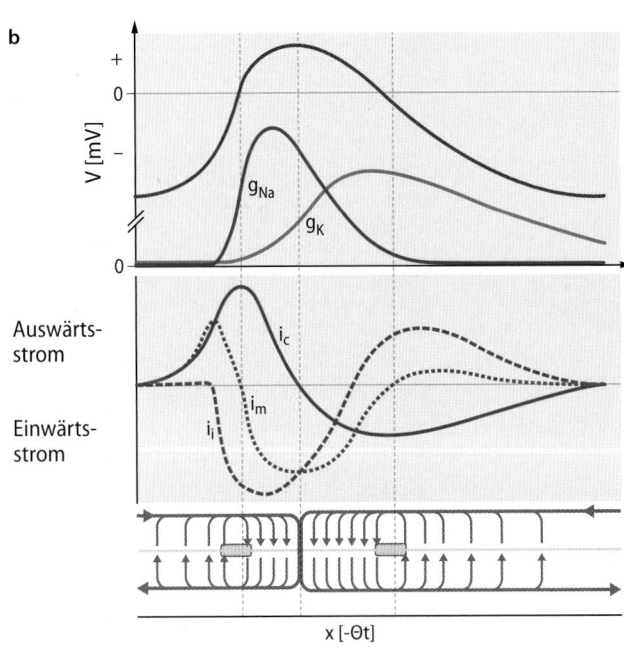

d

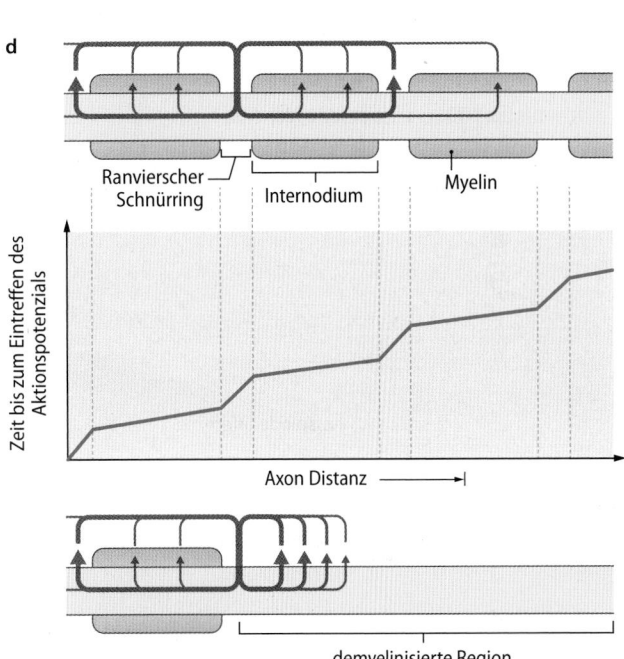

🔲 **Abb. 7.5a–d   Kontinuierliche und saltatorische Fortleitung des Aktionspotenzials in Axonen. a** Morphologische Eigenschaften verschiedener markloser Axone. SZ=Schwann-Zelle. **b** Kontinuierlich fortgeleitetes Aktionspotenzial am marklosen Axon. Ausgehend von einem erregten Membranbereich bilden sich lokale Stromschleifen aus, die zu einer Depolarisation unmittelbar benachbarter Membranareale führen. Der untere Graph zeigt eine Momentaufnahme des fortgeleiteten Aktionspotenzials und das zugehörige Membranstromprofils als Funktion des Ortes. i_m, gesamter Membranstrom; i_c, kapazitive Stromkomponente; i_i, Ionenstromkomponente. **c** Morphologische Eigenschaften des myelinisierten Axons. Im Bereich der sog. Ranvier-Schnürringe ist die Markscheide unterbrochen. **d** Saltatorische Erregungsleitung. Aufgrund der geringen

Kapazität und des hohen Widerstandes des internodalen Segmentes greifen die Stromschleifen bis zum nächsten Ranvier-Schnürring aus. Der obere Graph zeigt die Situation bei intakter Markscheide. Der mittlere Graph zeigt den Zeitpunkt des Eintreffens des Aktionspotenzials als Funktion des Ortes. Obwohl der internodale Abschnitt um einen Faktor 1000 länger ist als der nodale Abschnitt, sind die absoluten Zeitverzögerungen an den beiden Abschnitten vergleichbar. Die Graphik ist stark vereinfacht; in der Realität ist der sprunghafte Charakter der Aktionspotenzialleitung weniger ausgeprägt. Der untere Graph illustriert die Situation nach Zerstörung der Markscheide, z. B. bei Multipler Sklerose. (Nach Hille 2001; Kandel et al. 2012)

Funktionen der verschiedenen Nervenfasertypen wird unter anderem in den Kapiteln 45 und 50 eingegangen.

In Kürze

Die Auslösung von Aktionspotenzialen erfolgt im **Axon-Initialsegment**, wo die Dichte von spannungsgesteuerten Na$^+$-Kanälen besonders hoch ist. Die Ausbreitung der Aktionspotenziale erfolgt an **marklosen Fasern kontinuierlich** und **langsam**, an **myelinisierten Fasern saltatorisch** und mit **hoher Geschwindigkeit**. Die Markscheide erhöht den **Widerstand** und vermindert gleichzeitig die **Kapazität**, sodass die Ausbreitung elektrischer Signale begünstigt wird. An myelinisierten Axonen springt das Aktionspotenzial von Schnürring zu Schnürring, sodass bei der Erregungsleitung Zeit eingespart wird. So können Leitungsgeschwindigkeiten von bis zu **100 m s^{-1}** erreicht werden.

Literatur

Arancibia-Carcamo IL, Attwell D (2014) The node of Ranvier in CNS pathology. Acta Neuropathol 128:161–175

Kandel ER, Schwartz JH, Jessell TM, Siegelbaum SA, Hudspeth AJ (2012) Principles of Neural Science, 5th edition, McGraw Hill, New York

Koh DS, Jonas P, Bräu ME, Vogel W (1992) A TEA-insensitive flickering potassium channel active around the resting potential in myelinated nerve. J Membr Biol 130:149–162

Kole MH, Stuart GJ (2012) Signal processing in the axon initial segment. Neuron 73:235–247

Schmidt-Hieber C, Jonas P, Bischofberger J (2008) Action potential initiation and propagation in hippocampal mossy fibre axons. J Physiol 586:1849–1857

Das Milieu des ZNS: Gliazellen

Olga Garaschuk, Alexej Verkhratsky

© Springer-Verlag GmbH Deutschland, ein Teil von Springer Nature 2019
R. Brandes et al. (Hrsg.), *Physiologie des Menschen*, Springer-Lehrbuch
https://doi.org/10.1007/978-3-662-56468-4_8

Worum geht's? (□ Abb. 8.1)

Ohne Gliazellen würde das Gehirn nicht richtig funktionieren

Gliazellen sind in jedem Teil des ZNS zu finden. Ihre Dichte, die morphologische Erscheinung und die physiologischen Eigenschaften unterscheiden sich deutlich zwischen den unterschiedlichen ZNS-Regionen. Ihre Hauptfunktion, die Aufrechterhaltung der ZNS-Homöostase, bleibt jedoch erhalten.

Astrozyten tragen zu allen Ebenen der ZNS-Homöostase bei

Auf molekularer Ebene gleichen sie die Zusammensetzung der interstitiellen Flüssigkeit aus. Subzellulär sind sie an der Regulation der Synaptogenese und Modulation der synaptischen Übertragung beteiligt. Auf Zellebene steuern sie Neurogenese und neuronale Entwicklung. Darüber hinaus sind sie auf Organebene an der Bildung der neurovaskulären Einheit und Definierung der Zellarchitektur der grauen Substanz sowie auf systemischer Ebene an der Schlafregulation und systemischen Chemosensitivität beteiligt. Außerdem regulieren Astrozyten viele Bereiche der Informationsverarbeitung im ZNS und sind für den Neurotransmitter-Stoffwechsel bzw. -Transport von entscheidender Bedeutung.

Oligodendrozyten myelinisieren Nervenfasern in der grauen und weißen Substanz

Sie sind somit ein entscheidendes Element für das Gehirn-Konnektom. Zusätzlich tragen Oligodendrozyten zur periaxonalen Ionen- und Neurotransmitter-Homöostase bei und leisten metabolische Unterstützung der Axone. Die mit den Oligodendrozyten verwandten NG2-Gliazellen sind an Myelinisierungs-/Remyelinisierungs-Vorgängen im erwachsenen Gehirn beteiligt.

Mikrogliazellen gehören zum angeborenen Immunsystem des Gehirns

Im gesunden Gehirn sind stark verzweigte Mikrogliazellen zu finden, die durch Expression von Rezeptoren für verschiedene Neurotransmitter, Hormone sowie klassische

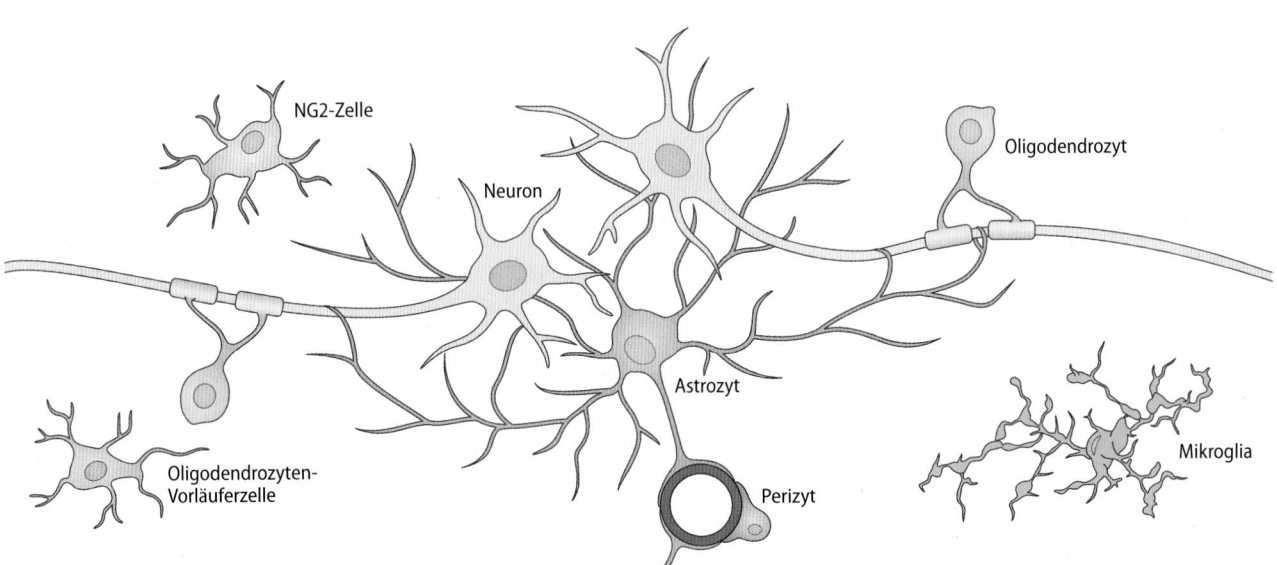

□ **Abb. 8.1   Zelluläre Bestandteile des ZNS.** Die Arbeitsweisen und die Interaktionen der Gliazellen mit den Nervenzellen (z. B. die gezeigten Axonmyelinisierungen) sind die Themata dieses Kapitels, sowie die Astrozyten (► Abschn. 8.1), die Oligodendrozyten und die NG2-Zellen (► Abschn. 8.2) und die Mikroglia (► Abschn. 8.3). Das ZNS enthält noch weitere Zellen, hier als Beispiel ein Perizyt

Immunrezeptoren gekennzeichnet sind. Durch die Beseitigung von apoptotischen Neuronen bzw. überflüssigen synaptischen Verbindungen tragen Mikrogliazellen zur Entwicklung und Aufrechterhaltung des ZNS bei.

Zusammen bilden die Neurogliazellen das Verteidigungssystem des Gehirns
Läsionen des ZNS aktivieren ein evolutionär konserviertes mehrstufiges Umstrukturierungsprogramm, welches als

reaktive Gliose bezeichnet wird. Die reaktive Gliose ist ein Oberbegriff für reaktive Astrogliose, Aktivierung von Oligodendrozyten/NG2-Zellen und Mikroglia. Diese Prozesse laufen i. d. R. parallel ab, mit dem gemeinsamen Ziel der Neuroprotektion und Regeneration des Gewebes. Je nach Schädigung/Krankheit grenzen aktivierte Neurogliazellen die Schädigung ein, entfernen Pathogene und setzen regenerationsfördernde Faktoren frei.

8.1   Astrozyten

8.1.1   Arten von Astrogliazellen

Es gibt viele Arten von Astrozyten. Die wichtigsten sind: protoplasmatische Astrozyten der grauen Substanz; fibröse Astrozyten der weißen Substanz; Radialglia (Müller-Zellen der Retina) und semi-radiale Glia (z. B. Bergmann-Glia im Kleinhirn) sowie Tanyzyten und Pituizyten in der Hypophyse und dem Hypothalamus.

Protoplasmatische Astrozyten   **Protoplasmatische Astrozyten** der grauen Substanz haben viele 2–10 μm lange Ausläufer mit komplexen Verästelungen aus ultrafeinen und weitläufig verzweigten Fortsätzen, die die Zellen schwammartig aussehen lassen. Der durchschnittliche Durchmesser einer solchen Zelle (samt Ausläufern) beträgt ca. 140 μm. Protoplasmatische Astrozyten besetzen einzelne **territoriale Domänen** mit geringer Überlappung zwischen benachbarten Zellen. Die Grenzen dieser Domänen werden von astroglialen Fortsätzen gezeichnet. Die einzelnen astroglialen Domänen sind gleichmäßig angeordnet und unterteilen die graue Substanz in ungefähr gleichgroße dreidimensionale Felder.

Gap junctions zwischen Astrozyten   Die einzelnen Astrozyten sind durch **gap junctions** miteinander verbunden und bilden dadurch eine netzartige Struktur, bekannt als **Astroglia-Synzytium**. Die Fortsätze einer Zelle bedecken den Großteil neuronaler Membranen innerhalb ihrer Domäne und **kontaktieren ca. 2 Mio. Synapsen.** Zusätzlich umhüllen die Ausläufer der Astrozyten Blutgefäße und bilden die sog. **perivaskulären Endfüße**. Somit verbinden protoplasmatische Astrozyten die in Reichweite ihrer Ausläufer liegenden Neurone und Blutgefäße zu einer **neurovaskulären Einheit**.

Ruhemembranpotenzial und Erregbarkeit   Die meisten Astrozyten besitzen ein **stark negatives Ruhemembranpotenzial** (ca. −80 bis −90 mV), welches dem Kaliumgleichgewichtspotenzial entspricht und eine hohe Ruheleitfähigkeit für K^+ widerspiegelt. Astrozyten beinhalten viel mehr Na^+ (15–17 mM) und Cl^- (30–60 mM) als Neuronen. Das Gleichgewichtspotenzial von Cl^- in Astrozyten beträgt ca. −40 mV. Demnach induziert die Öffnung der Cl^--durchlässigen Ka-

näle (z. B. $GABA_A$ Rezeptoren) **einen Cl^--Ausstrom und eine Depolarisation** der Zelle.

Astrozyten bilden keine Aktionspotenziale aus, sie nutzen jedoch kontrollierte **Schwankungen intrazellulärer Ionen-Konzentrationen** als Grundlage ihrer Erregbarkeit. Durch die Verbindungen über gap junctions können sich solche Schwankungen über größere Entfernungen ausbreiten. Somit ist es Astrozyten möglich, Informationen über längere Strecken auszutauschen.

Astrozyten **exprimieren alle wichtigen Ionenkanäle** (z. B. nichtselektive Kationenkanäle und verschiedene Arten von Anionen-Kanälen), einschließlich spannungsgesteuerter K^+-, Na^+- und Ca^{2+}-Kanäle. Die Dichte dieser spannungsgesteuerten Kanäle reicht jedoch nicht aus, um ein Aktionspotenzial auszulösen. Außerdem exprimieren Astrozyten fast alle bekannten **Rezeptoren** für Neurotransmitter, Hormone und Neuromodulatoren. Die Dichte der letzteren hängt jedoch stark von der unmittelbaren neurochemischen Umgebung ab.

8.1.2   Signalgebung von Astrogliazellen

Informationsaustausch zwischen Astrogliazellen   Räumlichzeitliche Schwankungen der zytosolischen Ca^{2+}-Konzentration (allgemein als **Ca^{2+}-Signalgebung** bezeichnet) stellen den am besten charakterisierten Mechanismus astroglialer Erregbarkeit dar. Astrogliale Ca^{2+}-Signale kommen in erster Linie durch die Aktivierung zahlreicher G-Protein-gekoppelter metabotroper Rezeptoren (GPCRs) zustande (◘ Abb. 8.2). Diese aktivieren die Phospholipase C, erhöhen die intrazelluläre Konzentration des sekundären Botenstoffs IP_3, welcher durch die Bindung an IP_3-Rezeptoren am endoplasmatischen Retikulum (ER) Ca^{2+}-Ionen aus dem ER freisetzt. Darüber hinaus wird durch Absinken der Ca^{2+}-Konzentration im ER ein Ca^{2+}-Einstrom über die Zellmembran (**store operated Ca^{2+} entry, SOCE**) ausgelöst. Nach Beendigung dieser Prozesse ist das ER in der Lage durch Aktivierung der Kalziumpumpen des sarkoplasmatischen/ endoplasmatischen Retikulums (SERCA-Pumpen) Ca^{2+}-Ionen wiederaufzunehmen.

Ausbreitung von Ca^{2+}-Wellen   Astrogliale Ca^{2+}-Signale lösen die Aktivierung von Enzymen bzw. Ca^{2+}-gesteuerten Proteinen aus, welche unterschiedliche intrazelluläre Signalkaskaden in

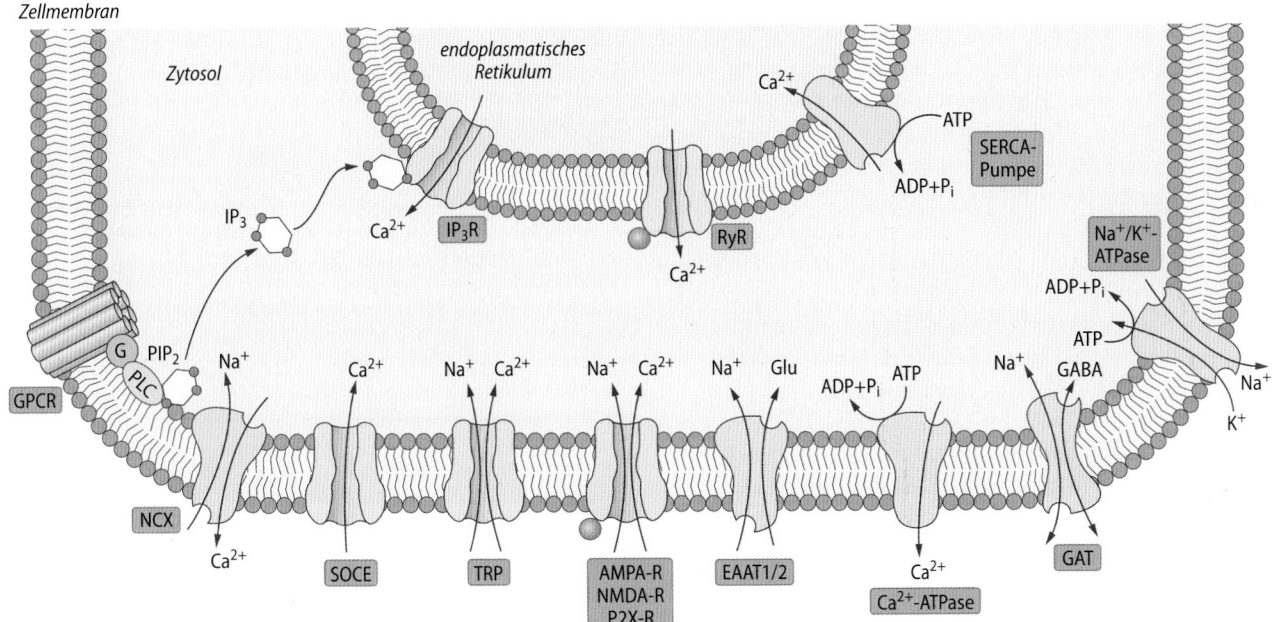

Zellmembran

◘ Abb. 8.2   Die wichtigsten Ionenkanäle und Transporter der Astrogliazellen. Abkürzungen = IP₃R = Inositol-1,4,5-trisphosphat-Rezeptor; RyR = Ryanodin-Rezeptor; SERCA = Kalziumpumpe des sarkoplasmatischen/endoplasmatischen Retikulums; GAT = GABA Transporter; EAAT = Transporter für erregende Aminosäuren (Glutamat); TRP = transient receptor potential Kanal; SOCE = store operated Kalzium entry Kanal; NCX = Na^+/Ca^{2+}-Austauscher; GPCR = G-Protein-gekoppelter Rezeptor; PLC = Phospholipase C; AMPA = α-Amino-3-hydroxy-5-methyl-4-isoxazol-Propionsäure Rezeptor; NMDA = N-Methyl-D-Aspartat Rezeptor

Gang setzen. Die in einer Zelle entstandenen Ca^{2+}-Signale können sich in Form einer Ca^{2+}-Welle über das gesamte astrogliale Synzytium ausbreiten. Dabei kann entweder IP_3 über gap junctions diffundieren oder Neurotransmitter (z. B. ATP) können Ca^{2+}-abhängig freigesetzt werden. Es wird vermutet, dass solche **Ca^{2+}-Wellen** dem **Informationsaustausch zwischen weit entfernten Gliazellen** dienen und daher in ihrer Bedeutung der Ausbreitung von Aktionspotenzialen zwischen Nervenzellen ähnlich sind.

❯❯ Astrogliale Ca^{2+}-Signale breiten sich über gap junctions aus (Ca^{2+}-Signalgebung).

Schwankungen der Na^+-Konzentration als Astrogliasignal Ein zusätzlicher Mechanismus astroglialer Signalgebung beruht auf **schnellen Schwankungen der zytosolischen Na^+-Konzentration** ($[Na^+]_i$). Diese Schwankungen entstehen durch die Aktivierung unterschiedlicher Kationenkanäle (z. B. ionotrope Rezeptoren wie AMPA-Rezeptoren oder TRP-Kanäle) bzw. Na^+-abhängiger Transporter, insbesondere EAAT-Transporter (◘ Abb. 8.2). Diese physiologischen Vorgänge können $[Na^+]_i$ um 10–20 mM steigern. In Astrozyten steuert der transmembranäre Na^+-Gradient viele Membranproteine, einschließlich der Na^+/K^+-ATPase, der Transporter für Glutamin, Glutamat und GABA, des Protonen- und Bicarbonat-Transporters, des Transporters für Ascorbinsäure etc.

❯❯ Schnelle Schwankungen der zytosolischen Na^+-Konzentration sind ein wichtiger Signalmechanismus in Astroglia.

8.1.3 Funktionen von Astrozyten

Astrozyten sind für die Homöostase des Nervensystems zuständig. Durch ihre Beteiligung an der reaktiven Gliose tragen sie außerdem zur ZNS-Immunabwehr bei.

Kontrolle der extrazellulären Kaliumhomöostase   Die neuronale Aktivität geht mit dem Einstrom von Na^+ und Ca^{2+} (Depolarisation) und dem Ausstrom von K^+ (Repolarisation) einher. Da eine Erhöhung der extrazellulären K^+-Konzentration ($[K^+]_o$) die neuronale Erregbarkeit bedeutend ändern kann, muss $[K^+]_o$ konstant gehalten werden. Astrozyten sind für die **Entfernung von überflüssigem K^+** aus dem Extrazellulärraum verantwortlich. Dabei stehen ihnen zwei verschiedene Mechanismen zur Verfügung. Zum einen kann K^+ aktiv (z. B. durch die Na^+/K^+-ATPase bzw. den $Na^+/K^+/Cl^-$-Cotransporter) bzw. passiv (über $K_{ir}4.1$ Kaliumkanäle) aufgenommen werden.

Gliale Pumpen
Die **glialen Na^+/K^+-Pumpen** sind speziell für diese Aufgabe gerüstet, da sie erst bei etwa 10–15 mM $[K^+]_o$ gesättigt werden, im Gegenteil zu neuronalen Na^+/K^+-Pumpen, welche schon bei 3 mM $[K^+]_o$ vollständig gesättigt sind. Zum anderen steht den Astrozyten das System der **räumlichen K^+-Pufferung** zur Verfügung. Lokal aufgenommene K^+-Ionen können innerhalb der Astrozyten bzw. innerhalb des über gap junctions gekoppelten astroglialen Synzytiums verteilt werden.

Kontrolle der kleinen Blutgefäße   Astrozyten senden Endfüße aus, die die benachbarten Blutgefäße fast komplett umgeben, während andere Ausläufer dieser Zellen Neurone und deren Synapsen kontaktieren (◘ Abb. 8.3). Dadurch sind

Astrogliazellen befähigt den lokalen Blutfluss an die lokale Aktivität von Neurone anzupassen. Erhöhte neuronale Aktivität setzt Glutamat frei und löst Ca²⁺-Signale in Astrozyten aus. In astroglialen perivaskulären Endfüßen lösen diese Ca²⁺-Signale die Freisetzung von vasoaktiven Substanzen aus, welche wiederum den Tonus kleiner Arteriolen und/oder Kapillaren beeinflussen (▶ Kap. 22.2). Dabei können Astrozyten **sowohl eine Vasodilatation als auch eine Vasokonstriktion auslösen**, abhängig von den freigesetzten Substanzen. Durch diesen Mechanismus sind Astrozyten zumindest teilweise für die **funktionelle Hyperämie** (ein schneller Anstieg der lokalen Durchblutung als Antwort auf die Erhöhung neuronaler Aktivität) verantwortlich.

Kontrolle der Aquaporine   Astroglia-spezifische Wasserkanäle, **Aquaporine** genannt, befinden sich vor allem in den astroglialen Endfüßen und den perisynaptischen Fortsätzen. Das von Astrozyten aufgenommene Wasser wird über die Gap junctions im astroglialen Synzytium verteilt. Außerdem sind astrogliale Aquaporine für das **glymphatische System des Gehirns** (ein Analogon des lymphatischen Systems des Körpers) von entscheidender Bedeutung. Astrogliale Fortsätze bilden paravaskuläre Kanäle, die für einen Austausch zwischen interstitieller und zerebrovaskulärer Flüssigkeit sorgen und somit die Entsorgung der Abfallprodukte des zellulären Stoffwechsels unterstützen.

Astrozyten als Energiespeicher   Sie sind die einzigen Zellen im ZNS, die Glykogen-synthetisierende Enzyme exprimieren. Sie sind damit in der Lage, Glykogen anzuhäufen (◻ Abb. 8.3). Es wird vermutet, dass unter ischämischen Bedingungen das in Astrozyten gespeicherte Glykogen abgebaut wird, um die umliegenden Neurone zu versorgen. Des Weiteren wird Glukose in Astrozyten in Pyruvat und danach in Laktat umgewandelt. Laktat wird anschließend in den extrazellulären

Raum freigesetzt, von Neuronen aufgenommen und als Energiesubstrat verwendet (◻ Abb. 8.3). Dieser Mechanismus ist als **Astrozyten-Neuronen-Laktat-Shuttle** bekannt.

Energiegewinnung
Astrozyten nehmen, wie in ◻ Abb. 8.3 zu sehen, Glukose über GLUT1 auf. Das während der neuronalen Aktivität freigesetzte Glutamat wird von Astrozyten über Na⁺-abhängige Glutamat-Transporter (EAAT, ◻ Abb. 8.2) aufgenommen. Dies führt zu einem Anstieg der zytosolischen Na⁺-Konzentration, welcher die Na⁺/K⁺-ATPase stimuliert. Durch den ATP-Verbrauch wird Phosphoglyceratkinase aktiviert und eine Glykolyse in Gang gesetzt. Dabei wird Pyruvat und anschließend Laktat gebildet, wobei letztere Reaktion durch die Laktatdehydrogenase Typ 5 katalysiert wird. Laktat wird dann über den Monocarboxylat-Transporter 1, 4 (MCT-1/4) in den extrazellulären Raum freigesetzt und über MCT2 von Neuronen aufgenommen. In der Nervenzelle wird Laktat von der Laktatdehydrogenase Typ 1 zu Pyruvat umgewandelt. Pyruvat gelangt in den Zitratzyklus, um der neuronalen Energiegewinnung zu dienen. Abkürzungen: GLUT – Glukosetransporter; LDH – Laktatdehydrogenase.

Astrozyten und die synaptische Übertragung   Astrozyten sind an der Bildung und Reifung von Synapsen und an der Stabilisierung der Synapsenfunktion beteiligt. Die Mehrheit der Synapsen im ZNS wird von astroglialen Membranen umhüllt (◻ Abb. 8.4), welche Erweiterungen der peripheren Fortsätze darstellen. Diese Strukturen sind äußerst dünn (weniger als 200 nm im Durchmesser). Sie stellen den Hauptanteil (ca. 80%) der Oberfläche eines einzelnen Astrozyten dar, tragen jedoch nur einen geringen Bruchteil (ca. 4–10%) zum Zellvolumen bei.

Die synapsennahen Astroglia-Schichten sind in der Lage, die Neurotransmitter, die in den synaptischen Spalt freigesetzt werden, zu detektieren. Interessanterweise exprimieren **Astrozyten ähnliche Neurotransmitter-Rezeptoren wie die umliegenden Neurone.** Deswegen rufen Neurotransmitter, die im Laufe der synaptischen Übertragung freigesetzt werden, transiente lokale Veränderungen der intrazellulären Ca²⁺- und Na⁺-Konzentration in angrenzenden Astrozyten hervor.

Diese Konzentrationsänderungen sind die **Grundlage der astroglialen Erregbarkeit** (s. o.). Die in Synapsennähe entstandenen astrozytären Signale breiten sich dann innerhalb der Zelle bzw. innerhalb des astrozytären Synzytiums aus. Sie können ihrerseits Neurotransmitter aus den Astrozyten freisetzen (s. u.) und so die neuronale Erregbarkeit beeinflussen. Diese enge, räumliche und funktionelle Verbindung von Astrozyten mit der Prä- und Postsynapse bezeichnet man als **tripartite synapse** (◻ Abb. 8.4).

> **Astrozyten beteiligen sich an der Entfernung von Neurotransmittern, v. a. von Glutamat, aus dem synaptischen Spalt.**

Glutamat-Glutamin-Zyklus   Zusätzlich beinhaltet die synapsennahe Astrozyten-Membran **Transporter**, die für die Aufnahme von Neurotransmittern, Ionen, Glutamin und Laktat wichtig sind. Astrozyten helfen, die in den synaptischen Spalt freigesetzten **Neurotransmitter zu entfernen und wiederzuverwerten,** indem sie diese aufnehmen (◻ Abb. 8.4). Die Glutamat-Konzentration im synaptischen Spalt wird von Astrozyten über Na⁺-abhängige Astroglia-spezifische Gluta-

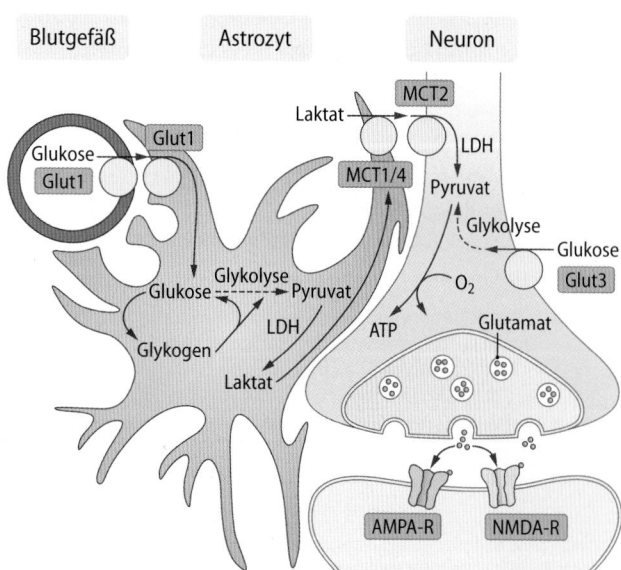

◻ **Abb. 8.3   Astrozyten unterstützen die Energieversorgung der Neurone.** Schematische Darstellung der wichtigsten biochemischen und physiologischen Vorgänge. Weitere Details im Text

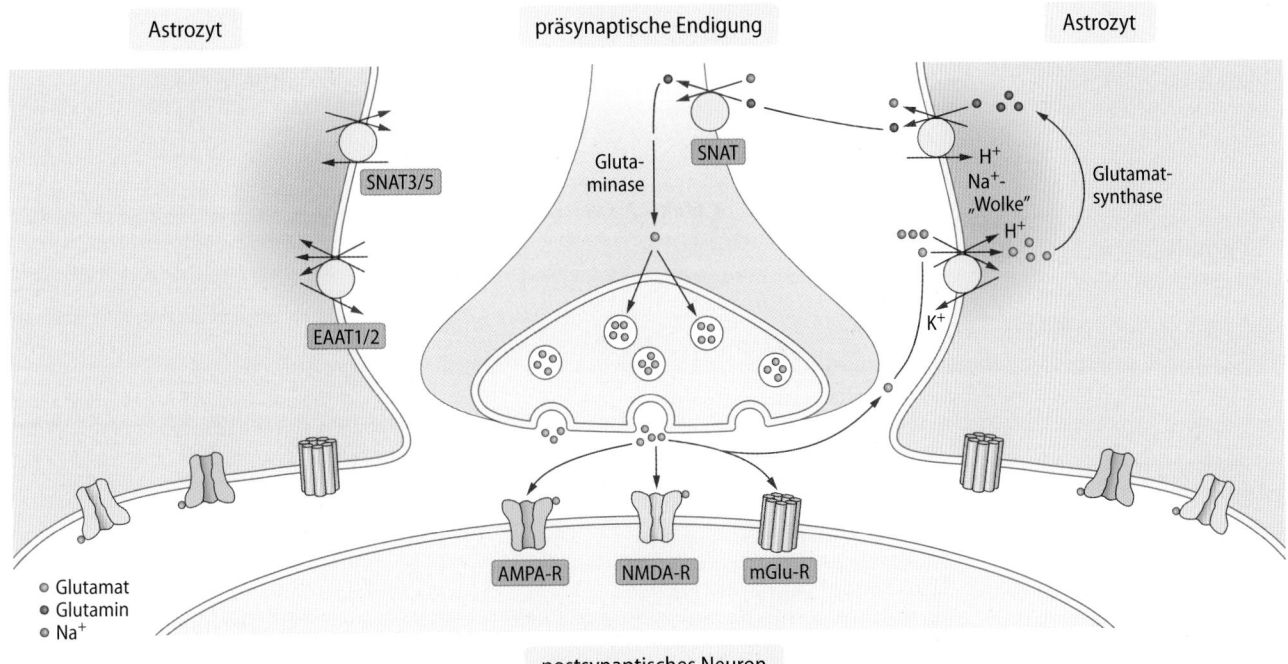

☑ Abb. 8.4   Astrozyten dienen der Entfernung von Glutamat aus dem synaptischen Spalt. Glutamat wird im Symport mit Na^+ mittels EAAT1/2 in Astrozyten aufgenommen und in Glutamin umgewandelt. Dieser Vorgang kann $[Na^+]_i$ um 10–20 mM steigern (s. oben). Dadurch verschiebt sich das Gleichgewicht des SNAT3/5-Transporters, der nun zu einer Freisetzung von Glutamin aus der Zelle und seinem Rücktransport in die präsynaptische Endigung führt. Dort wird das Glutamin wieder in Glutamat umgewandelt und in synaptische Vesikel verpackt. Abkürzungen: GS = Glutamin-Synthetase; GA = Glutaminase; SNAT = sodium-dependent neutral amino acid transporter). Neurone exprimieren elektrogene SNAT1/2/4, während Astrozyten elektroneutrale SNAT3/5-Transporter exprimieren.

mat-Transporter EAAT1 und EAAT2 kontrolliert. Astrozyten nehmen ca. 80% des freigesetzten Glutamats auf. Der Rest wird von Neuronen aufgenommen.

Nach Aufnahme des Glutamats in die Astrozyten wird dieses in Glutamin umgewandelt. Glutamin wird anschließend in die präsynaptische Endigung rücktransportiert und dort für die Herstellung von Glutamat (und GABA, welches aus Glutamat synthetisiert wird) verwendet. Dieser Mechanismus der **Wiederverwertung von Glutamat** mithilfe von Astrozyten ist als **Glutamat-Glutamin-Zyklus** bekannt. Astrozyten steuern außerdem die extrazelluläre Glycin-Konzentration und agieren über den Astroglia-Adenosin-Zyklus als primäre Regulatoren des Adenosinspiegels im ZNS.

Substanzen der Gliotransmission   Astrozyten setzen zahlreiche Substanzen frei, die verschiedene Aspekte der neuronalen Aktivität regulieren und auch andere Zellen im ZNS beeinflussen. Es können (i) klassische Neurotransmitter (beispielsweise Glutamat, GABA und ATP) (ii) Neuromodulatoren (D-Serin, Taurin oder Kynurensäure) und (iii) Wachstumsfaktoren bzw. Zytokine freigesetzt werden.

Die Entdeckung der Neurotransmitter-Freisetzung aus Astrozyten hat unser Verständnis über die Rolle dieser Zellen grundlegend verändert, nämlich dass **Astrozyten sich aktiv an der Informationsverarbeitung im ZNS beteiligen.** Sie sind in der Lage über Neurotransmitter-Rezeptoren Informationen von Neuronen aufzunehmen, diese in Form von astrozytären Ca^{2+}-Wellen weiträumig zu verteilen und letztendlich

extrazelluläre Signalmoleküle freizusetzen. Das Konzept der regulierten Neurotransmitter-Freisetzung aus Astrozyten ist allgemein als **Gliotransmission** bekannt.

Mechanismen der Gliotransmission   Astrozyten setzen neuroaktive Substanzen mithilfe mehrerer Mechanismen frei. Dazu gehören die Ca^{2+}-abhängige Exozytose, die Beförderung durch verschiedene Arten von Membrankanälen (Connexone oder Anionen-Kanäle) und Membrantransportern und das vor kurzem entdeckte sog. **ectosome shedding**, welches als Ausstoßen von Mikrobläschen aus der Plasmamembran definiert wird. Die Mikrobläschen enthalten Lipide, Zelloberflächenproteine und Material aus dem Zytoplasma oder dem Zellkern. Sie alle können als **Signalmoleküle für die interzelluläre Kommunikation** verwendet werden. Die Hauptfunktionen von Astrozyten sind in ☑ Tab. 8.1 zusammengefasst.

> **Astrozyten beteiligen sich über die Freisetzung von Neurotransmittern und -modulatoren aktiv an der Informationsverarbeitung im ZNS.**

Astrogliose
Bei akuten Verletzungen bzw. neurotoxischen/neurodegenerativen Erkrankungen des ZNS findet eine **Aktivierung der Astrozyten** statt. Die Zellen proliferieren, erhöhen die Expression des Intermediär-Filamentproteins GFAP, glial fibrillary acidic protein, und setzen Zytokine, Chemokine und Wachstumsfaktoren frei. Solche reaktiven Astrozyten bilden ein dichtes Netz ihrer Plasmamembran-Erweiterungen (Glia-Narbe), das den Platz von toten bzw. sterbenden Nervenzellen einnimmt und die anschließende Regeneration behindert.

■ Tab. 8.1 Hauptfunktionen von Astrozyten. (Nach Verkhratsky & Butt 2013)

Entwicklung des ZNS	- Neurogenese - Neuronale Zellmigration und Bildung von Schichten der grauen Substanz - Synaptogenese
Strukturelle Unterstützung	-Parzellierung der grauen Substanz -Abgrenzung von der Pia mater und den Gefäßen durch perivaskuläre Glia
Barriere-Funktion	- Regulation der Bildung und der Durchlässigkeit der Blut-Hirn-Schranke - Abdeckung von Gehirn-Kapillaren mit Endfüßen - Bildung der gefensterten Blut-Hirn-Schranke im Hypothalamus, um die Neurosekretion zu ermöglichen
Homöostatische Funktion	- Kontrolle der $[K^+]_o$ mittels lokaler und räumlicher Pufferung - Kontrolle der Neurotransmitter-Homöostase - Steuerung des Wassertransports - Kontrolle des extrazellulären pH-Wertes
Metabolische Unterstützung	- Glukose-Aufnahme, Glykogen-Synthese - aktivitätsabhängige Energieversorgung von Neuronen (Astrozyten-Neuronen-Laktat-Shuttle)
Synaptische Übertragung	- Stabilisierung der Synapsenfunktion - Bereitstellung von Glutamat (Glutamat-Glutamin-Zyklus) - Regulation der synaptischen Plastizität - Regulation neuronaler Netzwerke (Neurotransmitter- und Neuromodulatoren-Sekretion)
Regulation des Blutflusses	- Regulation der lokalen Blutversorgung (Sekretion von Vasokonstriktoren oder Vasodilatatoren)
ZNS-Immunabwehr, Vorbeugung der Neuronen-Schädigung, Regeneration	- reaktive Astrogliose - Narbenbildung - Abbau von Ammoniak im Gehirn - Immunabwehr und Sekretion von Entzündungsmediatoren (Zytokine, Chemokine etc.)

In Kürze

Astrozyten bilden, wie alle Gliazellen, **keine Aktionspotenziale** aus, sind jedoch mittels **Gliotransmission** zu einer lokalen sowie weiträumigen (mittels astrozytären Ca^{2+}-Wellen und anschließender Gliotransmission) Kommunikation mit anderen Zellen im Gehirn befähigt. Astrozyten bilden ein **funktionelles Bindeglied** zwischen dem **Nerven-, dem vaskulären und dem Immunsystem** des ZNS und sind maßgeblich an der **Regulation** der (i) extrazellulären Kalium- und Wasserhomöostase; (ii) Gewebsdurchblutung; (iii) Energieversorgung der Neurone sowie (iv) effizienten synaptischen Übertragung beteiligt. Durch Aufnahme und Pufferung von Neurotransmittern wirken sie der **Glutamat-induzierten Neurotoxizität** entgegen. Gewebsverletzungen führen zur Aktivierung und einer Immunantwort der Astrozyten. Nach Durchtrennung von Nervenfasern bilden Astrozyten **Glianarben**, die die Regeneration der Nervenfasern verlangsamen bzw. verhindern.

8.2   Myelinisierende Gliazellen

8.2.1 Oligodendrozyten

Oligodendrozyten bilden Myelinscheiden um die Nervenfasern im ZNS.

Oligodendrozyten senden mehrere Fortsätze aus und myelinisieren bis zu 30 in ihrer Nähe angesiedelte Axone (■ Abb. 8.1). Die Myelinscheiden dienen der saltatorischen Fortleitung von Aktionspotenzialen. Die **Internodien** sind durch einen Fortsatz mit dem Zellkörper des Oligodendrozyten verbunden. Jeder Fortsatz befindet sich in der Mitte des Internodiums. Dadurch erhalten die Oligodendrozyten ein symmetrisches Erscheinungsbild.

Funktionelle Eigenschaften von Oligodendrozyten Oligodendrozyten sind, wie alle Gliazellen, nicht erregbar. Sie haben ein negatives Ruhemembranpotenzial von etwa –80 mV. Die Ruheleitfähigkeit wird im Wesentlichen durch die einwärts gleichrichtenden Kaliumkanäle (K_{ir}-Kanäle), welche in reifen Oligodendrozyten reichlich vorkommen, gebildet.

Zusätzlich zu K_{ir}-Kanälen exprimieren Oligodendrozyten-Vorläuferzellen (OPCs, ■ Abb. 8.1) auch Anionenkanäle und spannungsgesteuerte Na^+- und Ca^{2+}-Kanäle. Deren Dichte ist jedoch zu gering, um die Bildung eines Aktionspotenzials zu unterstützen. In unreifen Oligodendrozyten scheint die Aktivierung dieser Kanäle allerdings zur Aufspürung der benachbarten aktiven Nervenfasern und Initiierung des Myelinisierungsvorgangs von Bedeutung zu sein. Oligodendrozyten und deren Vorläufer exprimieren viele Arten von **Neurotransmitter-Rezeptoren,** einschließlich Rezeptoren für Glutamat, ATP, Adenosin, Acetylcholin, GABA, Glycin und Dopamin. Diese Rezeptoren werden durch Neurotransmitter, die aus Axonen (z. B. Glutamat und ATP), Neuronen und Astrozyten freigesetzt werden, aktiviert.

Ablauf der Myelinisierung Die Schlüsselfunktion von Oligodendrozyten ist die Bildung und Aufrechterhaltung von **Internodien**. Die Bildung der Myelinscheide ist ein hochkomplexer Vorgang. Während der Entwicklung fängt die Myelinisierung mit einer Reihe axoglialer Erkennungs- und Adhäsionsvorgängen an, die die Expression der Myelin-Proteine in OPCs sowie das radiale Wachstum der Axone beeinflussen.

Es werden folgende **Myelinisierungsphasen** unterschieden:

- **Erkennungsphase** (OPCs erkennen und kontaktieren Axone);
- **Induktionsphase** (OPC-Fortsätze wachsen entlang der Axone und bilden kurze, einhüllende Segmente; OPCs differenzieren sich zu prämyelinisierenden Oligodendrozyten; in Axonen beginnt die Ansammlung von spannungsgesteuerten Na^+- und Ca^{2+}-Kanälen in den zukünftigen Ranvier-Schnürringen);
- **Umbauphase** (die nichtmyelinisierenden Fortsätze eines Oligodendrozyten gehen verloren; durch das radiale und longitudinale Wachstum von einhüllenden Segmenten werden unreife Internodien gebildet; in Axonen bilden sich Ranvier-Schnürringe aus);
- **Reifungsphase** (voneinander abhängiges Wachstum der Axone und Myelinscheiden; die langsam reifenden Oligodendrozyten füllen die marklosen Lücken entlang der Axone auf). Die entwicklungsbedingte Myelinisierung beginnt pränatal und dauert bis weit in das Erwachsenenalter an. Beim Menschen ist sie erst mit 30 Jahren bzw. noch später abgeschlossen. Ähnliche Prozesse finden im Laufe einer krankheitsbedingten Demyelinisierung/Remyelinisierung statt.

> Oligodendrozyten myelinisieren bis zu 30 in ihrer Nähe angesiedelten Axone und unterstützen somit das Konnektom des Gehirns.

8.2.2 NG2-Gliazellen

NG2-Gliazellen dienen als Stammzellen und können in jedem Alter Oligodendrozyten generieren sowie ihre eigene Population erneuern.

Die NG2-Gliazellen, die das Proteoglykan NG2 exprimieren, sind auch als **Synantozyten** oder **Polydendrozyten** bekannt. In der grauen Substanz machen sie etwa 8–9% aller Gliazellen aus, in der weißen Substanz haben sie einen Anteil von 2–3%. In der grauen Substanz haben NG2-Gliazellen eine stark verzweigte Morphologie, während sie in der weißen Substanz eine eher längliche Form mit Fortsätzen, die sich entlang der Axone ausbreiten, einnehmen. Diese Zellen stellen eine spezifische Subpopulation von OPCs dar, die während des gesamten Lebens im Gehirn erhalten bleibt. Von den bisher beschriebenen Gliazellen ist die NG2-Glia die einzige Art, die **direkten synaptischen Kontakt mit der Nervenzelle** ausbildet.

Funktion
Die genaue Funktion der NG2-Gliazellen ist noch nicht erforscht. Diese Zellen können in jedem Alter Oligodendrozyten generieren und ihre eigene Population erneuern. Bei einer Verletzung werden NG2-Gliazellen aktiviert. Die Aktivierung führt zu einer Verkürzung und Verdickung ihrer Ausläufer und der vermehrten Expression von NG2-Proteoglykan. Nach der Läsion generieren NG2-Zellen neue Oligodendrozyten und tragen somit zur Geweberegeneration bei.

In Kürze

Oligodendrozyten bilden Myelinscheiden aus, um dadurch eine schnelle saltatorische Weiterleitung der Aktionspotenziale entlang markhaltiger Nervenfasern zu ermöglichen. Bei **Entmarkungskrankheiten** wie z. B. Multipler Sklerose kommt es zur Zerstörung der Marksubstanz und einer Verlangsamung der Erregungsleitung. **NG2-Gliazellen** sind in der Lage, im adulten ZNS neue Oligodendrozyten zu generieren und tragen dadurch zur Geweberegeneration bei.

8.3 Mikroglia

8.3.1 Eigenschaften von Mikrogliazellen

Mikrogliazellen sind ortsansässige Immunzellen des ZNS. Sie haben eine Vielzahl physiologischer Funktionen, die ihre Immunfunktionen ergänzen.

Morphologie von Mikrogliazellen Mikrogliazellen stammen von Vorläufern ab, die früh in der Entwicklung in das ZNS einwandern und sich homogen im gesamten Parenchym verbreiten. Insgesamt machen **Mikrogliazellen ca. 20% aller Neurogliazellen** aus. Die Reifung der Mikroglia-Vorläufer im ZNS wird von einer bemerkenswerten morphologischen und funktionellen Metamorphose begleitet. Während Mikroglia-Vorläuferzellen eine amöboide Morphologie aufweisen, besitzen differenzierte Mikrogliazellen einen kleinen Zellkörper (ca. 4–5 μm Durchmesser) und mehrere dünne, lange Fortsätze mit zahlreichen kleinen Endverästelungen (◨ Abb. 8.1).

Phänotyp
Dieser morphologische Phänotyp der Mikroglia wird allgemein als **verzweigt** oder **ruhend** bezeichnet, obwohl Mikrogliazellen die wohl „unruhigsten" aller Zellen im ZNS sind. Die Mikroglia-Fortsätze sind ständig in Bewegung. Durch regelmäßiges Ein- und Ausfahren der kleinen Fortsätze tasten die Zellen ihre Umgebung ab. Basierend auf der Geschwindigkeit dieser Bewegungen (ca. 1,5 μm/min) kann davon ausgegangen werden, dass das gesamte Hirnparenchym **innerhalb weniger Stunden** von den **Mikroglia-Fortsätzen abgetastet** wird. Mikrogliazellen besetzen, ähnlich wie Astrozyten, eigene **territoriale Domäne**. Diese überlappen wenig mit Domänen benachbarter Mikroglia.

Mikrogliale Signalgebung Nach der Einwanderung ins ZNS fangen Mikrogliazellen an sich an die neue chemische Umgebung anzupassen. Differenzierte Mikrogliazellen sind die wohl „empfänglichsten" Zellen des ZNS, da sie nicht nur **verschiedene Rezeptoren für Neurotransmitter und Neuro-**

modulatoren sondern auch die für myeloide Zellen charakteristischen **Immunrezeptoren** besitzen. Letztere umfassen $P2X_7$-Purinozeptoren, Rezeptoren für Chemokine und Zytokine und Rezeptoren für verschiedene Gewebs- und Entzündungsmediatoren, wie z.B. Plättchen-aktivierender Faktor, Thrombin, Histamin oder Bradykinin (◘ Abb. 8.5).

Eine andere wichtige Klasse der Immunrezeptoren ist durch die **Toll-like-Rezeptoren** (TLR1-9) vertreten. Die Toll-like-Rezeptoren sind in der Lage Pathogene anhand von charakteristischen Mustern (so genannten PAMPs) zu erkennen und eine Immunantwort einzuleiten.

Rezeptoren der Mikroglia Mikrogliazellen exprimieren außerdem fast alle bisher bekannten **Neurotransmitter-Rezeptoren des ZNS,** einschließlich Rezeptoren für Glutamat, Acetylcholin, Noradrenalin, Dopamin, Serotonin, Purine und GABA (◘ Abb. 8.5). Die **Purinrezeptoren** (Adenosin-Rezeptoren, ionotrope P2X- und metabotrope P2Y-Rezeptoren) kommen in Mikroglia am häufigsten vor. Besonders die konstitutiv exprimierten $P2X_7$-Rezeptoren tragen zu mehreren Antwortverhalten dieser Zellen bei.

Die **$P2X_7$-Rezeptoren** sind in allen Immunzellen exprimiert. Sie werden durch massive ATP-Freisetzung (z. B. während der Verletzung des Gewebes) aktiviert und vermitteln verschiedene Immunreaktionen, einschließlich der Produktion und Freisetzung unterschiedlicher Zytokine. In vitro

reicht eine Überexpression von $P2X_7$-Rezeptoren in Mikrogliazellen aus, um die Aktivierung dieser Zellen auszulösen.

❯ Anders als Knochenmarksmakrophagen wandert Mikroglia in der frühen Embryonalentwicklung ins ZNS ein.

Mikrogliazellen exprimieren auch $P2X_4$-Rezeptoren, die die mikrogliale Aktivierung beim **chronischen Schmerzzustand** vermitteln. Darüber hinaus werden auch metabotrope $P2Y_2$, $P2Y_6$, $P2Y_{12}$, und $P2Y_{13}$ Rezeptoren exprimiert. Die UTP-empfindlichen $P2Y_6$-Rezeptoren sind mit mikroglialer Ca^{2+}-Signalgebung gekoppelt und regulieren die Phagozytose, während ADP-bevorzugende $P2Y_{12}$-Rezeptoren für die verletzungsbedingte, akute Mikroglia-Aktivierung von entscheidender Bedeutung sind. Die Anzahl der exprimierten Rezeptoren/Kanäle ist bei den Mikrogliazellen im gesunden Gehirn relativ gering, steigt jedoch bei der Aktivierung der Zellen erheblich an.

8.3.2 Funktionen der Mikroglia

Mikrogliazellen sind bemerkenswert vielfältig. Sie sind nicht nur an der Immunabwehr des ZNS beteiligt, sondern auch für die Entwicklung, Reifung und die normale Funktion zellulärer Netzwerke im ZNS von entscheidender Bedeutung.

Physiologische Funktionen von Mikroglia Mikrogliazellen können **neuronale Aktivität** über ihre vielfältigen Rezeptoren wahrnehmen. Zudem verwenden sie ihre beweglichen Fortsätze zur **Überwachung von Synapsen.** Mikrogliale Fortsätze kontaktieren beim Scannen des ZNS-Gewebes häufig synaptische Strukturen. Mikrogliazellen sind auch in der Lage, **neuronale Verbindungen** zu verändern, entweder durch Entfernen synaptischer Strukturen (s. auch nächsten Absatz) oder durch die Freisetzung verschiedener chemischer Substanzen, die die synaptische Plastizität beeinflussen.

Mikroglia sind entscheidend für die Entfernung unerwünschter bzw. überflüssiger Synapsen während der Entwicklung (sog. **synaptic pruning**) und tragen dadurch zur richtigen Vernetzung der Neurone bei (◘ Tab. 8.2). Die Unterdrückung dieser Funktion kann für neurologische Entwicklungsstörungen, wie z. B. Erkrankungen des autistischen Spektrums, verantwortlich sein. Das Entfernen synaptischer Kontakte im sich entwickelnden Gehirn geschieht ohne Aktivierung von Mikroglia und spielt sich auf der Ebene einzelner Fortsätze, die scheinbar für diese **„physiologische" Phagozytose** verantwortlich sind, ab.

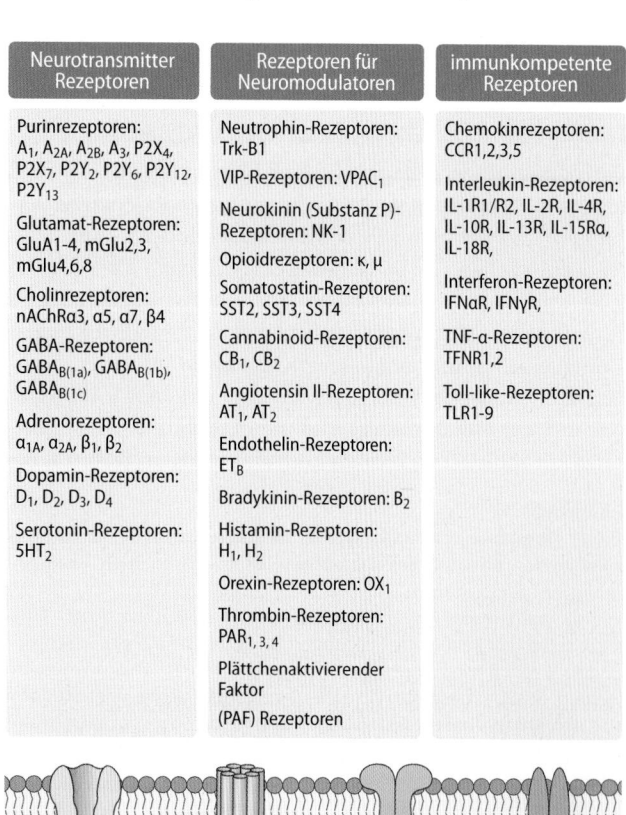

Neurotransmitter Rezeptoren	Rezeptoren für Neuromodulatoren	immunkompetente Rezeptoren
Purinrezeptoren: A_1, A_{2A}, A_{2B}, A_3, $P2X_4$, $P2X_7$, $P2Y_2$, $P2Y_6$, $P2Y_{12}$, $P2Y_{13}$	Neutrophin-Rezeptoren: Trk-B1	Chemokinrezeptoren: CCR1,2,3,5
Glutamat-Rezeptoren: GluA1-4, mGlu2,3, mGlu4,6,8	VIP-Rezeptoren: $VPAC_1$	Interleukin-Rezeptoren: IL-1R1/R2, IL-2R, IL-4R, IL-10R, IL-13R, IL-15Rα, IL-18R,
Cholinrezeptoren: nAChRα3, α5, α7, β4	Neurokinin (Substanz P)-Rezeptoren: NK-1	Interferon-Rezeptoren: IFNαR, IFNγR,
GABA-Rezeptoren: $GABA_{B(1a)}$, $GABA_{B(1b)}$, $GABA_{B(1c)}$	Opioidrezeptoren: κ, μ	TNF-α-Rezeptoren: TFNR1,2
Adrenorezeptoren: $α_{1A}$, $α_{2A}$, $β_1$, $β_2$	Somatostatin-Rezeptoren: SST2, SST3, SST4	Toll-like-Rezeptoren: TLR1-9
Dopamin-Rezeptoren: D_1, D_2, D_3, D_4	Cannabinoid-Rezeptoren: CB_1, CB_2	
Serotonin-Rezeptoren: $5HT_2$	Angiotensin II-Rezeptoren: AT_1, AT_2	
	Endothelin-Rezeptoren: ET_B	
	Bradykinin-Rezeptoren: B_2	
	Histamin-Rezeptoren: H_1, H_2	
	Orexin-Rezeptoren: OX_1	
	Thrombin-Rezeptoren: $PAR_{1,3,4}$	
	Plättchenaktivierender Faktor (PAF) Rezeptoren	

ionotrope Rezeptoren · 7-TM Rezeptoren · Zytokin-Rezeptoren · Tyrosinkinase-Rezeptoren

◘ Abb. 8.5   Die wichtigsten Rezeptoren der Mikroglia. Beschreibung im Text

Gliale Neuromodulatoren Die **synaptische Plastizität** wird durch mikrogliale Sekretion von neuromodulatorischen Substanzen beeinflusst. Diese schließen Glycin und D/L-Serin, welche auf neuronale NMDA-Rezeptoren wirken, bzw. den Wachstumsfaktor BDNF (brain-derived neurotrophic factor) mit ein. Ein weiterer Neuromodulator mikroglialen Ursprungs ist der Tumornekrosefaktor-α (TNF-α). TNF-α stimuliert Astrozyten, die daraufhin Glutamat freisetzen und somit die

◻ Tab. 8.2 Vielfalt mikroglialer Funktionen

Physiologische Funktionen	
ZNS-Entwicklung	- Kontrolle der Synaptogenese - Phagozytose redundanter/apoptotischer Neurone - Entfernung unerwünschter/überflüssiger/stiller Synapsen - Herstellung und Freisetzung trophischer Faktoren (z. B. Zytokine, Wachstumsfaktoren)
Neuronale Plastizität	- Überwachung von Synapsen - Regulation synaptischer Plastizität/Konnektivität durch Freisetzung von Zytokinen oder anderen Faktoren
Rolle bei der Immunabwehr	
Erkennung von Pathogenen	- Erkennung von Pathogenen über Toll-like Rezeptoren - Erkennung von Schäden über Purinrezeptoren
Phagozytose	Phagozytose von (a) beschädigten Zellen (z. B. Neuronophagie oder Waller-Degeneration); (b) Mikroorganismen (z. B. Abszess); (c) viral infizierten Zellen (z. B. Herpes-Simplex-Encephalitis); (d) Erythrozyten nach einer lokalen Blutung
Antigen-Präsentation	Präsentation von Pathogenen (z. B. im Verlauf bakterieller, pilzlicher bzw. viraler Infektionen) gebunden an den Haupthistokompatibilitätskomplex (MHC) zwecks Aktivierung von T-Lymphozyten
Immunantwort	- Freisetzung proinflammatorischer Faktoren (z. B. Chemokine oder Interferon-γ) - Erkennung von gebundenen Antikörpern (Beitrag zur spezifischen Immunantwort)
Reparatur	Umbau der extrazellulären Matrix
Pathologie	
Zytotoxizität	- Freisetzung von reaktiver Sauerstoffspezies (ROS)
Tumorwachstumsförderung	- Freisetzung von Matrix-Metalloproteasen
Demyelinisierung	- Myelin Zerstörung/ Phagozytose (z. B. bei multipler Sklerose) - Unterstützung viralen Eindringens ins ZNS; Hosting von HIV-1
Infektion	- Aktivierung durch bakterielle Bestandteile

synaptische Aktivität beeinflussen. Mikrogliazellen beeinflussen neuronale Schaltkreise auch durch kontinuierliche Beseitigung neuronaler Zellen, die es nicht geschafft haben, sich in bestehende Netzwerke einzugliedern.

Immunabwehrfunktion der Mikroglia Eine der Hauptfunktionen der Mikroglia ist die Erkennung der **Pathologie/Schädigung** im ZNS und die **Einleitung einer Abwehrreaktion.** Die Aktivierung der Mikroglia bildet das Rückgrat der Immun-

antworten des Gehirns auf nahezu alle pathologischen Umstände (◻ Tab. 8.2). Auch bei neurologischen Erkrankungen spielt aktivierte Mikroglia eine sehr wichtige Rolle.

Die Signale, die die Mikroglia-Aktivierung kontrollieren bzw. auslösen, können in ON- und OFF-Signale aufgeteilt werden. **ON-Signale** sind Moleküle, die Mikrogliazellen aktivieren. Das sind vor allem pathogen- bzw. schädigungsassoziierte Moleküle (PAMPs bzw. DAMPs). Die **PAMPs** (pathogen-associated molecular patterns) sind im Wesentlichen

Klinik

Rolle der Glia bei Erkrankungen des NS

Gliazellen sind integraler Bestandteil des homöostatischen Versagens bei mehreren neurologischen Erkrankungen. Manche dieser Erkrankungen entstehen durch eine primäre Fehlfunktion der Glia (z. B. Rett-Syndrom), bei anderen Krankheiten entsteht die gliale Fehlfunktion durch krankhafte Veränderungen der Umgebung. Grundsätzlich kann im Krankheitsverlauf entweder eine **Degeneration/Funktionsschwäche** oder eine **Aktivierung von Gliazellen** beobachtet werden. Letztere nennt man **reaktive Gliose**.

Die reaktive Gliose ist ein evolutionär konserviertes ZNS-Abwehrprogramm, das die reaktive Astrogliose, die reaktive Aktivierung von Oligodendrozyten und NG2-Zellen und die Aktivierung von Mikroglia miteinschließt. Die reaktive Gliose wurde historisch als negativ betrachtet, da sie im Extremfall die Bildung einer astroglialen Narbe begünstigt und dadurch die axonale Regeneration hemmt. Die reaktive Gliose rekrutiert jedoch unterschiedliche molekulare Signalmechanismen und begünstigt die Freisetzung mehrerer Faktoren, die alle Zellpopulationen des ZNS ansprechen.

Je nach dem, welcher Mechanismus überwiegt, kann die reaktive Gliose **sowohl nervenzellschädigend als auch neuroprotektiv** wirken. Die Degeneration bzw. Funktionsschwäche von Gliazellen beeinflusst vor allem (i) die **Neurotransmitter-Aufnahme durch Astrozyten**, was im Falle von Glutamat zu einer exzitotoxischen Schädigung der Neurone führt; (ii) die **Geschwindigkeit der Weiterleitung von Aktionspotenzialen** (Oligodendrozyten) und (iii) die **Sekretion von Zytokinen und Wachstumsfaktoren** durch Mikroglia.

Pathogene (z. B. Fragmente von Bakterien oder Viren), während **DAMPs** (danger-associated molecular patterns) körpereigene Moleküle sind. Diese kommen im ZNS entweder gar nicht vor (z. B. aus dem Blut stammende Faktoren) oder tauchen erst nach Gewebsschädigung auf (z. B. intrazelluläre Enzyme bzw. ATP, das nach Zellschädigung massiv freigesetzt wird).

Rolle der OFF-Signale   **OFF-Signale** sind Moleküle, deren Vorkommen eine normale Nervenaktivität signalisiert (z. B. Neurotransmitter Acetylcholin bzw. Adenosin). Die Anwesenheit dieser Moleküle verhindert die Aktivierung von Mikroglia. Die Abwesenheit/Entfernung der OFF-Signale weist jedoch auf ein gestresstes Gewebe hin und kann Mikrogliazellen aktivieren. Zusätzlich reagieren Mikrogliazellen auf Moleküle, die die Motilität und Phagozytose steuern. Diese Signale sind als **„find-me"**-Signale, die die Mikrogliazellen zum Ort der Schädigung locken, und **„eat-me"**-Signale, die die pathologischen Ziele markieren und eine Phagozytose auslösen, bekannt.

Ablauf der Aktivierung   Die **Aktivierung von Mikrogliazellen** ist ein komplexer und mehrstufiger Prozess. Zuerst werden die Ausläufer der Mikrogliazellen weniger und dicker, und der Durchmesser des Zellkörpers wird größer. Im weiteren Verlauf der Aktivierung werden die Zellen amöboid, proliferieren und bewegen sich auf eine Läsion zu. Dieser Prozess läuft jedoch nicht in allen Zellen gleichzeitig ab, sodass sich im Verlauf einer Pathologie mehrere unterschiedliche Zustände bzw. Phänotypen von Mikrogliazellen finden.

Grundsätzlich stellt die **Aktivierung der Mikroglia eine Abwehrreaktion** des Gewebes dar, die nicht nur morphologische, sondern auch biochemische Veränderungen der Zellen miteinschließt. Die Zellen **erhöhen die Genexpression** und setzen unterschiedliche Substanzen (z. B. Interleukin-1, TNF-α, Interferon-γ) sowohl mit neuroprotektiver als auch neurotoxischer Wirkung frei. Diese Veränderungen sind oft reversibel, sodass nach Auflösung der Pathologie Mikrogliazellen zu ihren, aus dem gesunden Gewebe bekannten verzweigten Phänotyp, zurückkehren. Starke, und/oder langanhaltende Beschädigungen des Gewebes führen jedoch zur **Häufung von amöboiden, phagozytierenden Mikrogliazellen,** die **neurotoxisch** wirken.

> **In Kürze**
>
> Mikrogliazellen sind **ortsansässige Immunzellen** des ZNS, die ihre Umgebung ständig abtasten, um kleine Schäden zu entdecken und zu reparieren. Darüber hinaus sind diese Zellen maßgeblich an der **Entwicklung und Reifung neuronaler Netze** beteiligt. Sie entfernen unerwünschte bzw. überflüssige Synapsen und beseitigen Nervenzellen, die einer entwicklungsbedingten physiologischen Apoptose unterliegen. Unter pathologischen Bedingungen werden Mikrogliazellen aktiviert und leiten eine Abwehrreaktion ein. Dabei verändern sich die Zellen morphologisch und setzen eine Reihe von neuroprotektiven sowie neurotoxischen Substanzen frei. Starke oder langanhaltende Beschädigungen des Gewebes führen jedoch zur Häufung von amöboiden, neurotoxisch-wirkenden Mikrogliazellen.

Literatur

Brawek B, Garaschuk O (2013). Microglial calcium signaling in the adult, aged and diseased brain. Cell calcium 53(3): 159-169

Clarke LE, Barres BA (2013). Emerging roles of astrocytes in neural circuit development. Nature reviews Neuroscience 14(5): 311-321

Kettenmann H, Ransom BR (eds) (2013). Neuroglia. Oxford University Press: Oxford

Pellerin L, Magistretti PJ (2012). Sweet sixteen for ANLS. Journal of cerebral blood flow and metabolism 32(7): 1152-1166

Verkhratsky A, Butt AM (2013). Glial Physiology and Pathophysiology. Wiley-Blackwell: Chichester

Erregungsübertragung von Zelle zu Zelle

Inhaltsverzeichnis

Arbeitsweise von Synapsen

Stefan Hallermann, Robert F. Schmidt

© Springer-Verlag GmbH Deutschland, ein Teil von Springer Nature 2019
R. Brandes et al. (Hrsg.), *Physiologie des Menschen*, Springer-Lehrbuch
https://doi.org/10.1007/978-3-662-56468-4_9

Worum geht's?

Chemische und elektrische Synapsen

Nervenzellen können über chemische oder elektrische Synapsen kommunizieren. Bei der chemischen Synapse wird ein Überträgerstoff (Transmitter) ausgeschüttet, der die nachgeschaltete Zelle beeinflusst. Bei der elektrischen Synapse fließen Ionen durch kleine Poren in der Membran direkt von einer zur anderen Zelle (◘ Abb. 9.1). Im ZNS des Menschen spielen die elektrischen Synapsen eine untergeordnete Rolle.

Transmitter werden durch Vesikelfusion in der Präsynapse freigesetzt

An chemischen Synapsen werden Transmitter in Bläschen aus Doppellipidmembranen (synaptischen Vesikeln) angereichert. Durch die Fusion der Vesikel mit der präsynaptischen Plasmamembran (Exozytose) werden die Transmitter in den synaptischen Spalt freigesetzt.

Das Öffnen postsynaptischer Rezeptorkanäle erzeugt erregende oder hemmende Ströme

Die Transmitter diffundieren durch den synaptischen Spalt und binden an postsynaptische Rezeptoren, deren Aktivierung Ionenströme hervorrufen. Ob die postsynaptische Zelle erregt oder gehemmt wird, hängt von der Ionenleitfähigkeit der Rezeptoren ab.

Nervenzellen integrieren eine Vielzahl von synaptischen Eingängen

Nervenzellen können synaptische Signale von nur einer bis hin zu Hunderttausenden anderen Nervenzellen erhalten. Hierbei kommt es zu einer räumlichen und zeitlichen Summation der erregenden und hemmenden postsynaptischen Ströme.

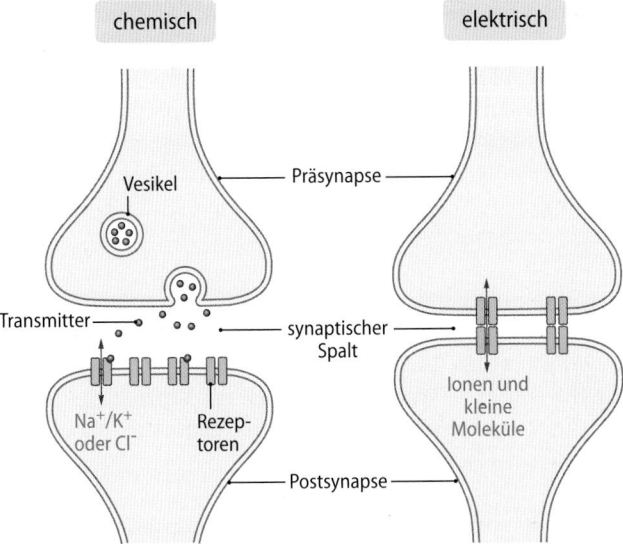

◘ **Abb. 9.1** Schematische Illustration einer chemischen und einer elektrischen Synapse

9.1 Grundstruktur chemischer Synapsen

9.1.1 Aufbau chemischer Synapsen

Chemische Synapsen sind spezialisierte Zell-Zell-Kontakte mit einem etwa 20 nm breiten synaptischen Spalt.

Synapsendefinition Innerhalb der Nervenzellen werden Informationen durch Aktionspotenziale fortgeleitet. Ihre Weitergabe von einer Zelle zur nächsten geschieht an morphologisch speziell ausgestalteten Kontaktstellen, den Synapsen. An **chemischen Synapsen** überträgt ein **Überträgerstoff (Transmitter)** die Zell-Zell-Kommunikation. Sie werden im Folgenden ausführlich besprochen. Auf elektrische Synapsen wird in ▸ Abschn. 9.5.1 eingegangen.

Die Struktur chemischer Synapsen Ein Beispiel einer zentralnervösen chemischen Synapse zeigt ◘ Abb. 9.2. Die Präsynapse enthält Hunderte von Vesikeln mit einem Durchmesser von etwa 50 nm, die jeweils mit tausenden von Transmittermolekülen beladen sind. Die Vesikel lagern sich der **aktiven Zone** an, einem spezialisierten Abschnitt der präsynaptischen Membran, in dem der Neurotransmitter frei-

9

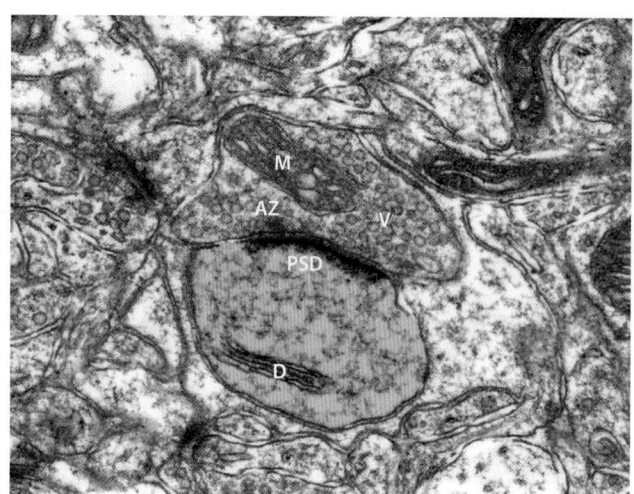

◻ **Abb. 9.2   Elektronenmikroskopische Aufnahme einer chemischen Synapse.** In der gelb-eingefärbten Präsynapse befinden sich transmitter-gefüllte Vesikel (V), die an der aktiven Zone (AZ) fusionieren. An der Membran der blau-eingefärbten Postsynapse befindet sich eine dunkle Verdickung, die postsynaptische Dichte (PSD) genannt wird, an der die postsynaptischen Rezeptoren angereichert sind. M: Mitochondrien D: Dornenapparat (engl. spine apparatus; glattes endoplasmatisches Retikulum, das in den Dornfortsatz reicht). Aufnahme von Dr. Martin Krüger (Leipzig). Skalierungsbalken 200 nm

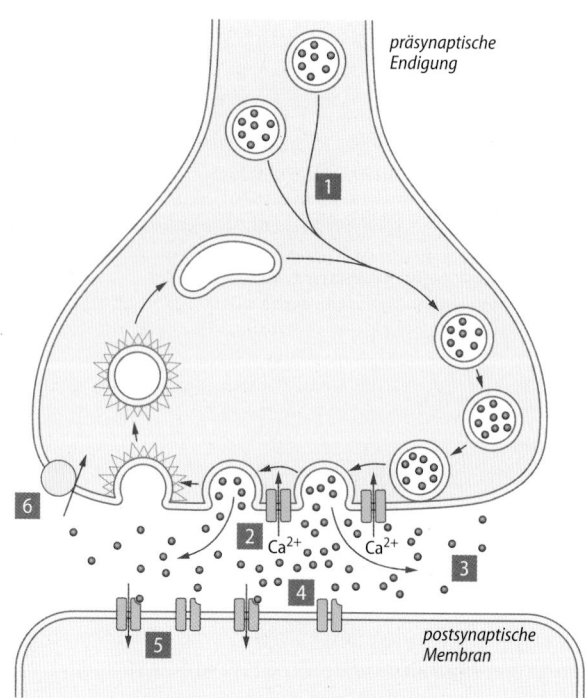

◻ **Abb. 9.3   Schematischer Abfolge der Vorgänge der synaptischen Übertragung an einer chemischen Synapse.** 1: Synaptische Anreicherung des Neurotransmitters. 2: Ca^{2+}-Einstrom. 3: Vesikelfusion. 4: Transmitterdiffusion. 5: Aktivierung postsynaptischer Rezeptoren. 6: Beendigung der Transmitterwirkung

gesetzt wird. Getrennt durch den etwa 20 nm breiten synaptischen Spalt befindet sich gegenüber der aktiven Zone die **postsynaptische Dichte (engl. postsynaptic density)**, in der postsynaptische Rezeptoren angereichert sind.

❯❯ Der Neurotransmitter wird an der präsynaptischen **aktiven Zone** freigesetzt.

9.1.2   Schritte der chemischen Übertragung

Die chemische Übertragung dauert weniger als 1 ms.

Die nachfolgend geschilderten sechs Ereignisse kommen in vergleichbarer Form bei allen chemischen Synapsen vor (◻ Abb. 9.3).

1. **Der Neurotransmitter wird synthetisiert und in synaptischen Vesikeln angereichert.** Nach Synthese des Neurotransmitters wird der Transmitter durch sekundär aktiven Transport im Austausch gegen Protonen (H^+) in die synaptischen Vesikel befördert.
2. **Das Aktionspotenzial führt zum Ca^{2+}-Einstrom.** Die spannungsabhängigen Ca^{2+}-Kanäle öffnen wegen des Aktionspotenzials, das entlang des Axons mit spannungsabhängigen Na^+-Kanälen in die Präsynapse geleitet wird.
3. **Der Anstieg der präsynaptischen Ca^{2+}-Konzentration löst die Vesikelfusion aus.** Dieser kurzzeitige Anstieg der Ca^{2+}-Konzentration stellt das Signal für die Freisetzung des Transmitters in den synaptischen Spalt dar. Hierbei verschmelzen an der aktiven Zone die synaptischen Vesikel mit der präsynaptischen Zellmembran, wodurch ihr Inhalt in den synaptischen Spalt entleert wird.

4. **Der Transmitter diffundiert durch den synaptischen Spalt.** Da der synaptische Spalt nur 20–50 nm breit ist, benötigt die Diffusion des Transmitters zur postsynaptischen Zelle nur 10–100 µs.
5. **Die Aktivierung postsynaptischer Rezeptoren führt zu postsynaptischen Strömen.** Nachdem die Transmittermoleküle durch den Spalt diffundiert sind, binden sie an postsynaptische Rezeptoren, die ionotrop (Rezeptorgekoppelter Ionenkanal) oder metabotrop (Stimulation einer Signalkaskade) sein können (▶ Kap. 10.2).
6. **Die Transmitterwirkung wird schnell beendet.** Der Transmitter wird gespalten, in die Präsynapse oder umgebende Zellen aufgenommen oder durch Diffusion abtransportiert.

Die gesamte chemische synaptische Übertragung (Schritt 2.–5.) dauert i. d. R. weniger als 1 ms. Die chemische Übertragung hat den Vorteil, dass die Stärke der Übertragung durch veränderte Wahrscheinlichkeit der Vesikelfusion oder durch veränderte Sensitivität der Postsynapse stark moduliert werden kann (▶ Kap. 11.2).

Erregende und hemmende chemische Synapsen   Der postsynaptische Strom kann die nachgeschaltete Zelle entweder erregen oder hemmen und wird daher entweder als **EPSC** (engl. **excitatory postsynaptic current**) oder **IPSC (inhibitory postsynaptic current)** bezeichnet. Das resultierende postsynaptische Potenzial wird entsprechend als **EPSP (excitatory postsynaptic potential)** oder **IPSP (inhibitory postsynaptic**

potential) bezeichnet. EPSCs werden durch unspezifische Kationenkanäle und IPSCs durch z. B. spezifische K^+-Kanäle vermittelt.

Die Entdeckung der chemischen synaptischen Übertragung

In der Nacht zum Ostersonntag 1920 wachte der Grazer Pharmakologe Otto Loewi (1873–1961, Nobelpreis 1936) auf und schrieb seinen Traum auf. Am nächsten Morgen konnte er seine Notizen aber nicht entziffern. In der nächsten Nacht erwachte er mit dem gleichen Gedanken, stand sofort auf und führte ein Experiment aus, das erstmals zweifelsfrei zeigte, dass es eine chemische synaptische Übertragung gibt. In seiner Autobiographie schreibt er: „Die Herzen zweier Frösche wurden isoliert, das eine mit, das andere ohne seine Nerven. Der Vagusnerv des ersten Herzens wurde für einige Minuten gereizt. Dann wurde die umgebende Lösung des ersten Herzens auf das zweite Herz übertragen. Dieses schlug daraufhin langsamer und schwächer, gerade so als ob sein Vagusnerv gereizt worden wäre. Diese Ergebnisse zeigten, dass die Nerven das Herz nicht direkt beeinflussen, sondern von ihren Endigungen spezifische chemische Substanzen freisetzen". Otto Loewi nannte den unbekannten Überträgerstoff „**Vagusstoff**". Sein Oxforder Kollege Sir Henry Dale (Nobelpreis mit Loewi) identifizierte ihn etwa gleichzeitig als **Acetylcholin**.

In Kürze

Bei der chemischen synaptischen Übertragung wird ein Neurotransmitter an den **aktiven Zonen** der präsynaptischen Membran freigesetzt und wirkt auf Rezeptoren in der **postsynaptischen Dichte**. Eine Übertragung dauert weniger als **1 ms** und setzt das koordinierte Zusammenspiel einer Vielzahl prä- und postsynaptischer Prozesse voraus. An den postsynaptischen Zellen können entweder erregende (**EPSC**) oder hemmende Ströme (**IPSC**) ausgelöst werden.

9.2 Präsynaptische Ereignisse

9.2.1 Präsynaptischer Ca^{2+}-Einstrom

Das entscheidende Signal für die Transmitterfreisetzung ist die aus dem präsynaptischen Ca^{2+}-Einstrom resultierende lokale Erhöhung der intrazellulären Ca^{2+}-Konzentration.

Die durch das Aktionspotenzial in der präsynaptischen Nervenendigung hervorgerufene Depolarisation führt zur **Öffnung spannungsabhängiger Ca^{2+}-Kanäle**. An den meisten chemischen Synapsen handelt es sich hierbei um Ca^{2+}-Kanäle vom P/Q- ($Ca_v2.1$) oder N-Typ ($Ca_v2.2$), die verglichen mit T-Typ Ca^{2+}-Kanälen (Ca_v3) erst bei stärkeren Depolarisationen öffnen und verglichen mit L-Typ Ca^{2+}-Kanälen (Ca_v1) eine kürzere Öffnungsdauer haben. Daher schließen sie bereits während der Repolarisation des Aktionspotenzials und sind weniger als 1 ms geöffnet (◻ Abb. 9.4).

Die intrazelluläre Ca^{2+}-Konzentration (~50 nM) ist mehr als 10.000-fach niedriger als die extrazelluläre Ca^{2+}-Konzentration (~1 mM). Dadurch ergibt sich nach der Nernst Gleichung ein Gleichgewichtspotenzial für Ca^{2+} von etwa +120 mV. Trotz der kurzen Öffnungsdauer der Ca^{2+}-Kanäle

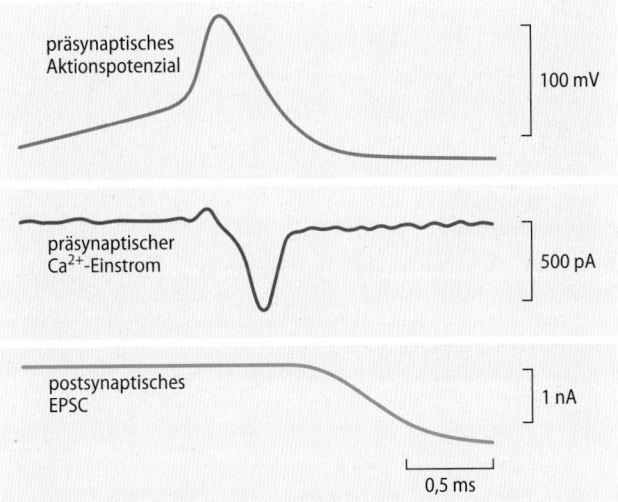

◻ **Abb. 9.4   Übertragung an einer erregenden Synapse.** Zeitverlauf des präsynaptischen Aktionspotenzials (blau), des durch Blockade der Na^+- und K^+-Ströme pharmakologisch isolierten präsynaptischen Ca^{2+}-Einstroms (rot) und des glutamatergen postsynaptischen Stroms (EPSC, grün). (Modifiziert nach Geiger und Jonas 2000)

strömen die zweifach positiv geladenen Ca^{2+} daher aufgrund **der großen Triebkraft** schnell in die präsynaptische Nervenendigung ein.

In Folge kommt es zum schnellen **Anstieg der Ca^{2+}-Konzentration** in der direkten Umgebung der Ca^{2+}-Kanäle (auf bis zu 10–100 μM). Dieses **lokale Ca^{2+}-Signal** führt zur fast synchronen Fusion der Transmittervesikel mit der Membran und somit zur Ausschüttung des Neurotransmitters. Nach dem Schließen der Ca^{2+}-Kanäle verdünnt sich das lokale Ca^{2+}-Signal durch Diffusion in der präsynaptischen Endigung. Pro Aktionspotenzial erhöht sich die durchschnittliche Ca^{2+}-Konzentration in der Nervenendigung daher nur um einige 100 nM.

Abhängigkeit von der extrazellulären Konzentration

Bei starker Erniedrigung der extrazellulären Ca^{2+}-Konzentration wird die chemische synaptische Übertragung unterbrochen. Die Stärke der synaptischen Übertragung hängt an vielen Synapsen etwa von der 4. Potenz der extrazellulären Ca^{2+}-Konzentration ab. Dies lässt sich dadurch erklären, dass **mindestens vier Ca^{2+}** benötigt werden, um eine effektive Vesikelfusion auszulösen.

9.2.2 Vesikelverschmelzung

Durch Fusion (Exozytose) von synaptischen Vesikeln wird der Transmitter freigesetzt.

Quantale Transmitterfreisetzung   Die Freisetzung von Neurotransmitter nach Fusion eines einzelnen Vesikels löst einen **minimalen (miniatur)** exzitatorischen oder inhibitorischen postsynaptischen Strom aus (**mEPSC** oder **mIPSC**). mEPSCs und mIPSCs werden durch **spontane Fusion von synaptischen Vesikeln** ohne präsynaptisches Aktionspotenzial hervorgerufen (◻ Abb. 9.5). Ein Aktionspotenzial kann die Entleerung eines einzelnen Vesikels (z. B. an Synapsen im ZNS

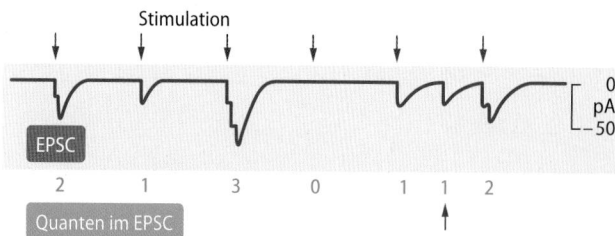

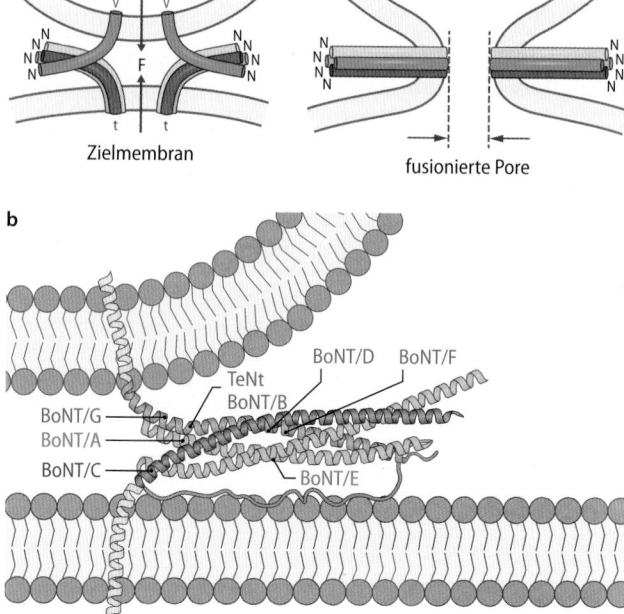

Abb. 9.5   Quantale synaptische Übertragung. Bei den schwarzen Pfeilen wird ein Aktionspotenzial in der Nervenendigung ausgelöst. Postsynaptisch werden daraufhin EPSCs gemessen, die aus 2, 1, 3 … mEPSC (Quanten), wie unter dem EPSC angegeben, bestehen. Zwischen den hervorgerufenen EPSCs erscheint ein spontanes mEPSCs (roter Pfeil) mit gleicher Stromamplitude wie die hervorgerufenen mEPSCs

mit nur einer aktiven Zone) oder von Hunderten von Vesikeln (neuromuskuläre Endplatte) auslösen. Da sich EPSCs aus einzelnen mEPSCs und IPSCs aus einzelnen mIPSCs zusammensetzten, sind die Miniatur-Ströme die kleinste Einheit der postsynaptischen Ströme und werden auch als **Quanten** bezeichnet.

> **Miniatur EPSCs und IPSCs (mEPSCs und mIPSCs)** werden durch die Fusion eines einzelnen Vesikels hervorgerufen.

Vesikelverschmelzung   Während der Exozytose der synaptischen Vesikel müssen die Doppellipidmembran des Vesikels und der präsynaptischen Zelle zeitlich genau kontrolliert und schnell fusionieren. Aus biophysikalischer Sicht ist dies aber wegen der hydrophoben Eigenschaften der Fettsäuren in der Membran nicht ohne weiteres möglich. Daher sind an der Vesikelfusion eine Vielzahl von Proteinen beteiligt, deren zentrale Komponente aus drei sog. **SNARE-Proteinen** gebildet wird: dem vesikulären SNARE-Protein (v-SNARE) **Synaptobrevin** und den zwei Proteinen der präsynaptischen Mem-

Abb. 9.6a,b   Molekulare Mechanismen der Vesikelfusion. a. Das Vesikelprotein Synaptobrevin (blau) bildet mit Proteinen der präsynaptischen Membran (Syntaxin und SNAP-25) den SNARE-Komplex, dessen Verdrehung die Membranen aneinanderdrückt (Pfeile). **b.** SNARE-Komplexe mit angedeuteten Spaltungsstellen von Tetanusneurotoxin (TeNT) am Synaptobrevin (blau) und von 7 verschiedenen Botulismusneurotoxinen (BoNT/A bis BoNT/G) am Syntaxin (rot), Synaptobrevin und SNAP-25 (grün). (Modifiziert nach Südhof und Rothman 2009 und Sutton, Fasshauer, Jahn und Brunger 1998)

bran (t-SNARE; für engl. target) **Syntaxin** und **SNAP-25.** Diese drei Proteine können sich vergleichbar mit dem Schließen eines Reißverschlusses derart verdrehen, dass die Vesikelmembran an die präsynaptische Membran gedrückt wird, bis beide Membranen schließlich fusionieren (**Abb. 9.6a**). Es

---

Klinik

Tetanus (Wundstarrkrampf) und Botulismus

Pathologie. Beide Krankheiten werden durch **Toxine der anaeroben Bakterien Clostridium tetani** bzw. **botulinum** hervorgerufen. Tetanus- und Botulinumtoxin sind relativ große Proteine mit schweren und leichten Ketten. Die schweren Ketten vermitteln die Aufnahme in die Zellen, und die leichten Ketten spalten Komponenten des SNARE-Komplexes: **Tetanustoxin spaltet nur Synaptobrevin** und die sieben **Botulinumtoxine A-G** spalten **entweder Synaptobrevin, SNAP-25 oder Syntaxin** (**Abb. 9.6b**). Tetanustoxin wird in infizierten Wunden von Motoneuronen aufgenommen, retrograd axonal transportiert und gelangt nach Transzytose bevorzugt in hemmende Interneurone. Dort blockiert es die Glycinfreisetzung. Botulinumtoxine werden bei Lebensmittelvergiftungen (z. B.

Fleischkonserven) oral aufgenommen. Toxinmengen im Nanogramm-Bereich können bereits massive Symptome hervorrufen. Bei subkutaner oder intramuskulärer Injektion in kleinen Dosen scheinen die Botulinumtoxine lediglich lokal zu wirken. Daher ist die **kosmetische Nutzung** zur vorübergehenden Faltenreduktion durch Lähmung mimischer Muskeln populär („Botox"-Injektion).

Symptome
Bei Tetanus kommt es zu zunehmender Muskelsteifigkeit mit Muskelkrämpfen bis hin zum **Opisthotonus** (Streckkrampf; **Abb. 9.7**) bei erhaltenem Bewusstsein. Da die Letalität hoch ist, sollte auf ausreichenden Impfschutz (Immunisierung mit inaktiviertem Toxin) geachtet werden. Bei

Botulismus treten 24 Stunden nach Aufnahme vergifteter Nahrung Sehstörungen, Schwindel und Muskelschwäche auf. Bei schweren Vergiftungen fallen, bei erhaltener Sensibilität, die Muskeleigenreflexe aus und es kann zu Muskellähmungen bis hin zum Atemstillstand kommen.

Therapie
Beim Tetanus wird durch chirurgische Wundbehandlung und Antibiotikagabe (Penizilin oder Tetrazyklin) versucht, die Clostridienbakterien zu beseitigen. Zusätzlich wird Antitoxin (humanes Immunoglobulin gegen Tetanustoxin) verabreicht und mit Toxoid (inaktiviertem Toxin) aktiv immunisiert. Auch zur Therapie des Botulismus stehen u. a. Immunoglobulin-basierte Antitoxine zur Verfügung.

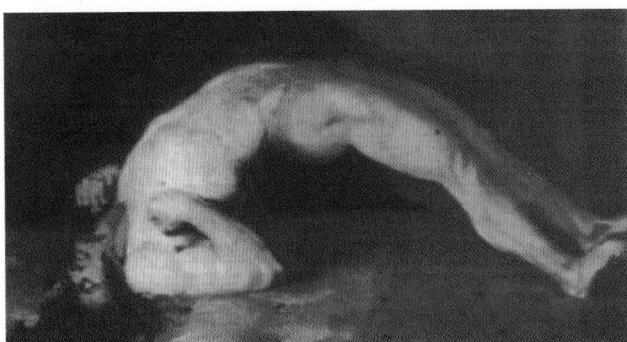

Abb. 9.7 Wirkung einer Infektion mit Tetanusbakterien. Die durch die Muskelkrämpfe erzwungene Stellung wird Opisthotonus genannt. (Sir Charles Bell 1809)

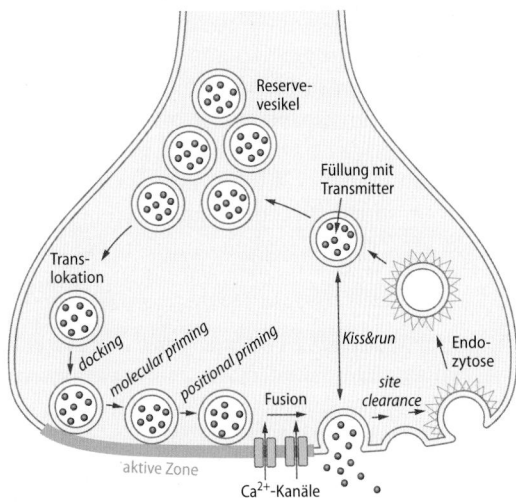

Abb. 9.8 Vesikel-Exo- und -Endozytose. Kreislauf der Vesikel an der präsynaptischen Membran. Erklärung im Text. (Modifiziert nach Jahn und Fasshauer 2012 und Neher und Sakaba 2008)

entsteht ein Bündel aus vier α-Helices. Eine Vielzahl von biologisch und klinisch wichtigen Toxinen greift am SNARE-Komplex an (◻ Abb. 9.6b).

Regulation des SNARE-Komplexes Der SNARE-Komplex wird durch das Zusammenspiel weiterer Proteine kontrolliert, wobei das Ca^{2+}-bindende Vesikelprotein **Synaptotagmin** eine zentrale Rolle spielt. Sobald Ca^{2+} an Synaptotagmin bindet, wird das Reißverschluss-artige Verdrehen des SNARE-Komplexes ermöglicht. Ein Synaptotagmin kann fünf Ca^{2+} binden. Das Protein **Complexin** scheint ein spontanes Verdrehen zu verhindern und sich bei Vesikelfusion vom SNARE-Komplex zu lösen.

> Synaptotagmin ist der entscheidende Ca^{2+}-Sensor. Die Konformationsveränderung des SNARE-Komplexes (Synaptobrevin, Syntaxin und SNAP-25) induziert die Vesikelfusion.

9.2.3 Vesikelzyklus

Durch Endozytose werden wieder neue Vesikeln gebildet und es entsteht ein lokaler Vesikelkreislauf in der Präsynapse.

Endozytose Nach der Vesikelfusion muss die Freisetzungsstelle von den Überresten des Vesikels befreit werden (engl. **site clearance**; ◻ Abb. 9.8). Es kommt zur Wiederaufnahme der präsynaptischen Membran (**Endozytose**) unter Mitwirkung von zytosolischen Proteinen, wie z. B. **Clathrin**, das die Vesikel formt, und **Dynamin**, das die Vesikel abschnürt. Die neu geformten Vesikel werden nun mit Neurotransmitter gefüllt und als Reservevesikel in der Präsynapse gespeichert.

Docking und Priming Die gefüllten Vesikel gelangen über Diffusion oder aktiven Transport zur aktiven Zone, lagern sich dieser an (engl. **docking**) und werden durch Interaktion mit weiteren Proteinen (z. B. Munc13) zur Fusion vorbereitet (engl. **molecular priming**). Damit es zu einer ausreichend hohen Ca^{2+}-Konzentration am Synaptotagmin kommt, muss

sich das Vesikel außerdem in der direkten Nachbarschaft (<100 nm) zum Ca^{2+}-Kanal befinden (engl. **positional priming**), woran u.a. das Protein RIM beteiligt ist.

> **In Kürze**
> An chemischen Synapsen wird der Transmitter durch Vesikelfusion (**Exozytose**) in „Quanten" freigesetzt, die dem Inhalt der präsynaptischen Vesikel entsprechen. Die Vesikelfusion wird durch Erhöhung der **intrazellulären Ca^{2+}-Konzentration ausgelöst**. Ca^{2+} bindet an das Vesikelprotein **Synaptotagmin** und dessen Interaktion mit dem **SNARE-Komplex (Synaptobrevin, Syntaxin und SNAP-25)** induziert die Vesikelfusion. **Tetanus- und Botulismustoxine** spalten Proteine des SNARE-Komplexes. Durch **Endozytose** und nachfolgende Füllung mit Transmitter in der Präsynapse ergibt sich ein **Vesikelkreislauf**.

9.3 Postsynaptische Ereignisse

9.3.1 Einzelkanalströme

Postsynaptische Ströme setzen sich aus Einzelkanalströmen zusammen.

Der Transmitter im synaptischen Spalt Im Folgenden soll anhand einer prototypischen erregenden Synapse im ZNS die Wirkung des erregenden Transmitters (Glutamat) und der Zeitverlauf der postsynaptischen Prozesse erläutert werden (◻ Abb. 9.9). Hier erreicht der Transmitter eine millimolare Konzentration im Spalt, die mit einer Kinetik im Bereich von 100 µs abfällt. Die zugrunde liegenden Mechanismen werden in ▶ Kap. 10.1.3 erläutert.

Einzelkanalströme   Bindet der Transmitter an den Rezeptor (in ◘ Abb. 9.9 ein ionotroper Glutamatrezeptor) kommt es durch eine **Konformationsänderung** zur Öffnung des Ionenkanals. Der resultierende **Einzelkanalstrom** fließt, bis sich der Ionenkanal wieder schließt. Das Schließen ist nicht abhängig von der Konzentration des Transmitters im synaptischen Spalt, sondern ein **stochastischer Prozess**, den man sich wie einen radioaktiven Zerfall vorstellen kann. Mit zunehmender Zeit nimmt die Offenwahrscheinlichkeit der Rezeptorkanäle daher exponentiell ab. Entsprechend haben EPSCs und IPSCs einen exponentiellen Zeitverlauf mit einer Abfallszeitkonstante von wenigen Millisekunden, was deutlich langsamer ist als der Abfall der Konzentration des Transmitters im synaptischen Spalt (◘ Abb. 9.9). Der Abfall des Potenzials (EPSP oder IPSP) ist etwas langsamer und wird durch die Membranzeitkonstante bestimmt (▶ Kap. 7.1).

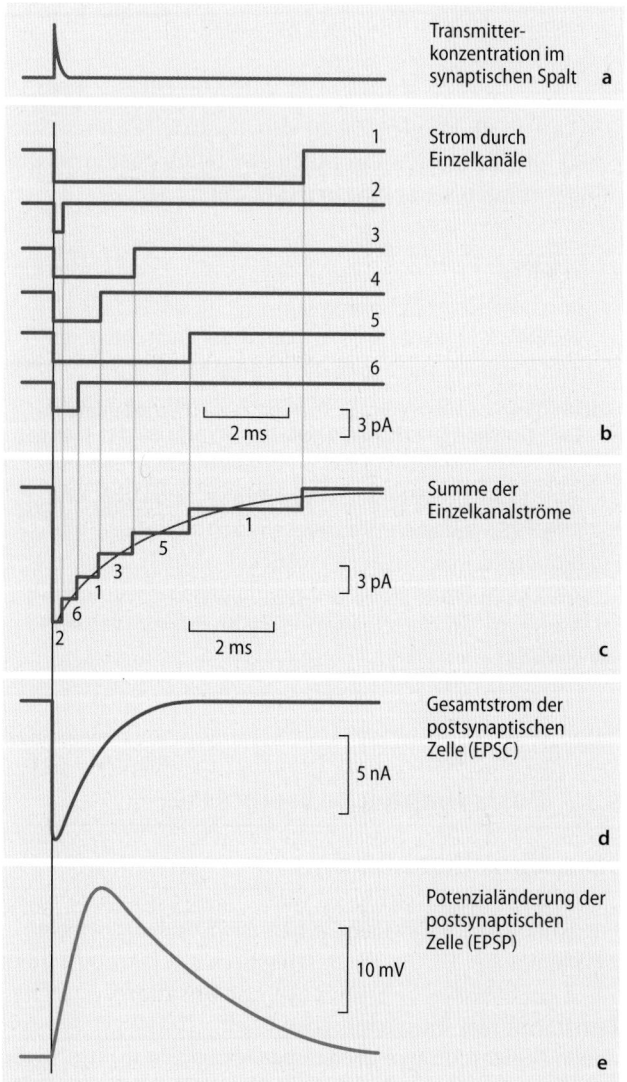

◘ **Abb. 9.9a–e**   **Entstehung eines EPSCs und EPSPs aus Einzelkanalströmen. a** Zeitverlauf der Transmitterkonzentration. **b** Illustration der Offenzeiten von sechs Kanälen (Öffnung nach unten dargestellt, am Beginn der Erregung öffnen alle dargestellten Kanäle). **c** Resultierender Summenstrom der sechs in B gezeigten Kanäle. **d** Das EPSC ist der Summenstrom vieler Kanäle. **e** Resultierendes EPSP

9.3.2 Umkehrpotenzial

Ob eine Synapse erregend oder hemmend wirkt, hängt vom Umkehrpotenzial ab.

An **erregenden** Synapsen öffnen **unspezifische Kationenkanäle**. Je nach Differenz des Membranpotenzials des postsynaptischen Neurons und den Gleichgewichtspotenzialen der entsprechenden Ionen überwiegt daher entweder der erregende Na^+-Einstrom oder der hemmende K^+-Ausstrom. Dies ist in ◘ Abb. 9.10 am Beispiel einer motorischen Endplatte illustriert, an der das Membranpotenzial des Muskels auf Werte zwischen –120 mV und +38 mV eingestellt und bei gleichzeitiger Reizung des Nervs der postsynaptische Strom gemessen wurde. Das Potenzial, bei dem der synaptische Strom seine Richtung umkehrt (**etwa 0 mV** in ◘ Abb. 9.10) wird als **Umkehrpotenzial** bezeichnet. Bei einer Zelle mit einem Ruhemembranpotenzial von –70 mV fließen also an einer erregenden Synapse **anfangs hauptsächlich Na⁺** durch die unspezifischen Kationenkanäle in die Zelle. An **hemmenden Synapsen** öffnen Cl⁻-Kanäle (siehe nächster Absatz) oder K^+-Kanäle. Bei K^+-Kanälen ist das Umkehrpotential gleich dem K^+ Gleichgewichtspotential (etwa –100 mV), es kommt zum K^+-Ausstrom, zur Hyperpolarisation und damit zur Hemmung.

Acetylcholinrezeptoren

Die nikotinischen Acetylcholinrezeptoren (▶ Kap. 10.2) an der Endplatte haben eine relative Leitfähigkeit für Na^+:K^+ von 1,8. Da die Ca^{2+}-Leitfähigkeit deutlich geringer ist, trägt Ca^{2+} kaum zum Umkehrpotenzial an der Endplatte bei. Mit den Gleichgewichtspotenzialen für Na^+ und K^+ von +55 und -100 mV lässt sich das Umkehrpotenzial als $(1{,}8{*}55 \text{ mV}+1{*}[-100 \text{ mV}])/(1{,}8+1) = 0 \text{ mV}$ berechnen.

❯ **Das Umkehrpotenzial ist das Membranpotenzial der postsynaptischen Zelle, an dem kein Nettostrom über die synaptische Membran fließt.**

Kurzschlusshemmung   Sind Umkehrpotenzial und Ruhemembranpotenzial etwa gleich groß (häufig bei für Chloridleitfähigen GABA Rezeptoren), fließt kein Strom. Es kommt

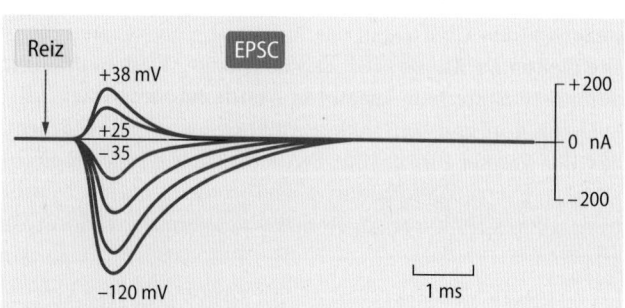

◘ **Abb. 9.10   Abhängigkeit des EPSC vom Membranpotenzial.** Das Membranpotenzial wurde mit einer Spannungsklemme auf ein konstantes Potenzial eingestellt und gleichzeitig das durch Nervenreizung ausgelöste EPSC gemessen. Das EPSC ist bei –120 mV Klemmspannung stark negativ, verkleinert sich bei Klemmspannungen von –90, –65 und –35 mV, und wird bei +25 bzw. +38 mV zunehmend positiver

allerdings zur Erhöhung der Membranleitfähigkeit, wodurch erregende Eingänge (EPSCs) weniger Einfluss auf das Membranpotenzial haben (d.h. das resultierende EPSP ist verkleinert). Vereinfacht kann man sich vorstellen, dass ein erregender Einwärtsstrom eines EPSCs dadurch sofort wieder aus der Zelle herausfließt, ohne eine Depolarisation der Membran hervorzurufen. Diese **kurzschließende Wirkung (engl. „shunting"-Inhibition)** ist häufig der dominierende Mechanismus der Hemmung.

> **In Kürze**
>
> Während der synaptischen Übertragung erlaubt die kurzzeitig (~100 µs) erhöhte Konzentration des Transmitters im synaptischen Spalt dessen Bindung an die postsynaptischen Rezeptoren. Nach dem Öffnen nimmt die Offenwahrscheinlichkeit der Rezeptorkanäle exponentiell ab. An **erregenden Synapsen** öffnen **unspezifische postsynaptische Kationenkanäle**, deren **Umkehrpotenzial** im Bereich von 0 mV liegt. Es kommt zur Depolarisaton (EPSP). An **hemmenden Synapsen** öffnen **K+- und/oder Cl−-Kanäle**, deren Umkehrpotenzial im Bereich des Ruhemembranpotenzials oder negativer liegt. Es kommt meist zu einer leichten Hyperpolarisation (IPSP). Zusätzlich werden erregende Depolarisationen durch die Erhöhung der Membranleitfähigkeit „kurzgeschlossen" und damit das Membranpotenzial auf seinem Ruhewert stabilisiert.

9.4 Interaktionen von Synapsen

9.4.1 Räumliche und zeitliche Summation

Synaptische Ströme und Potenziale mehrerer Synapsen an einer Nervenzelle summieren sich, wenn sie gleichzeitig an verschiedenen Synapsen oder wenn sie nacheinander während der Dauer eines synaptischen Potenzials entstehen.

Viele schwache Synapsen An den meisten Synapsen, vor allem des ZNS, sind die einzelnen synaptischen Potenziale unterschwellig, oft kleiner als 1 mV. Dafür besitzen die postsynaptischen Zellen oft viele tausend erregende und hemmende synaptische Eingänge von anderen Neuronen.

Räumliche Summation In ◻ Abb. 9.11a sind zwei erregende Synapsen auf einer Nervenzelle dargestellt, um ihr Zusammenwirken zu demonstrieren. An den beiden Synapsen löst das EPSC ein lokales EPSP aus. Ein Teil des Stroms fließt zum Axonhügel. Die einzelnen EPSPs sind als elektrotonisches Potenzial am Axonhügel etwas kleiner, summieren sich jedoch und erzeugen zusammen ein größeres EPSP. Weil sich hier die gleichzeitige Aktivierung von räumlich getrennten Synapsen addiert, wird der Vorgang auch als **räumliche Summation** bezeichnet.

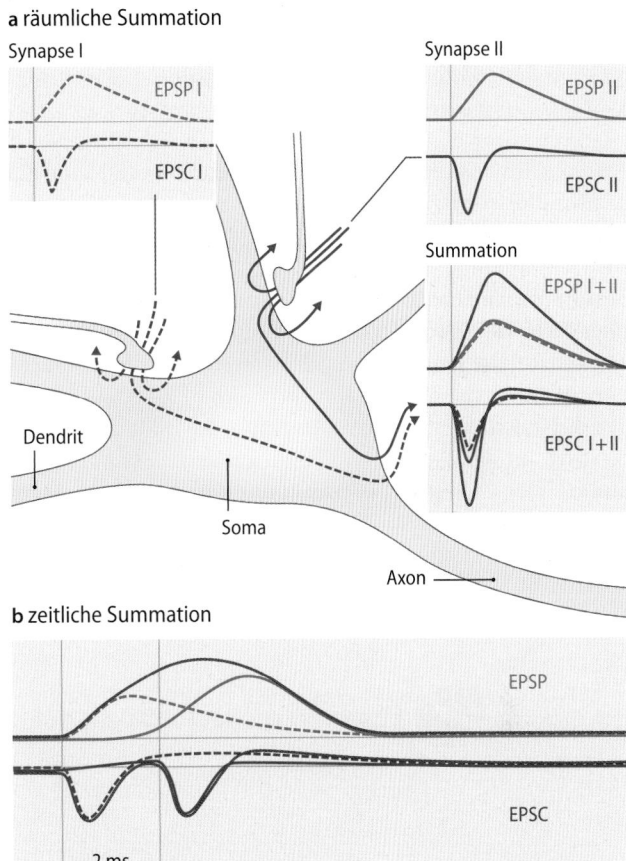

◻ **Abb. 9.11a,b** Räumliche und zeitliche Summation in einem Neuron **a** Räumliche Summation: An zwei Dendriten einer Nervenzelle liegen die Synapsen I und II, die jeweils erregende synaptische Ströme bzw. Potenziale, EPSCs bzw. EPSPs, erzeugen. Bei gleichzeitiger Aktivierung von Synapse I und Synapse II summieren sie sich, z. B. am Axonhügel, zu „EPSC I + II" und „EPSP I + II". **b** Zeitliche Summation: Erfolgen EPSCs mit kurzem Abstand an einer Synapse, summieren sich die EPSPs teilweise. Ein erstes EPSC bzw. EPSP würde sich wie gestrichelt gezeichnet fortsetzen. Eine mit 2 ms Verzögerung ausgelöste zweite Erregung an der gleichen Stelle addiert sich zur ersten, und beide EPSPs zusammen erreichen eine fast doppelt so große Depolarisation wie das erste EPSP alleine

Zeitliche Summation Wenn ein und dieselbe oder mehrere nahegelegene Synapsen mit geringem zeitlichen Abstand von wenigen Millisekunden erregt werden, kommt es zur zeitlichen Summation. In dem in ◻ Abb. 9.11b dargestellten Beispiel sind die synaptischen Ströme praktisch abgelaufen, bis die zweite Erregung beginnt. Die synaptischen Potenziale haben jedoch einen langsameren Verlauf. Beginnt vor Ende des EPSPs ein neuer synaptischer Strom, so **addiert** sich die durch ihn verursachte **Depolarisation** zu der noch bestehenden.

> ❯ Die räumliche und zeitliche Summation von EPSPs und IPSPs bestimmt die Aktionspotenzialentstehung am Axonhügel.

9

9.4.2 Präsynaptische Hemmung

Im Rückenmark kommt es durch hemmende axoaxonale Synapsen zur präsynaptischen Hemmung.

An einigen Synapsen, insbesondere im Rückenmark, kann die Transmitterfreisetzung direkt durch eine **hemmende axoaxonale Synapse** moduliert werden. ◘ Abb. 9.12 zeigt eine solche Hemmung am alpha-Motoneuron. Das Motoneuron bekommt einen erregenden Zufluss von den Muskelspindeln über deren **Ia-Fasern**. An den Präsynapsen der Ia-Fasern gibt es **axoaxonale Synapsen** mit den Axonen von **Interneuronen**. Werden diese Interneurone einige Millisekunden vor den Ia-Fasern erregt, so wird die synaptische Übertragung der Ia-Faser auf das alpha-Motoneuron gehemmt (◘ Abb. 9.12a und b). Der Zeitverlauf der Hemmung über einige 100 ms

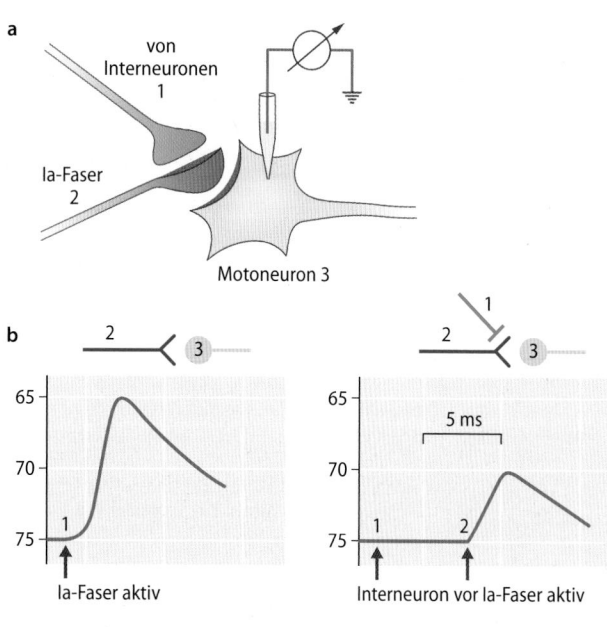

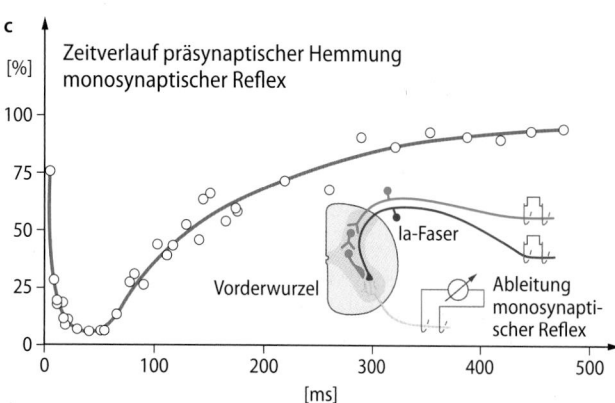

◘ **Abb. 9.12a–c   Präsynaptische Hemmung. a** Versuchsanordnung zum Nachweis präsynaptischer Hemmung eines monosynaptischen EPSP eines Motoneurons. **b** EPSP nach Reizung der Ia-Fasern ohne (links) und mit vorhergehender Aktivierung präsynaptisch hemmender Interneurone (rechts). **c** Zeitverlauf der präsynaptischen Hemmung eines monosynaptischen Reflexes. Die Einsatzfigur zeigt den Versuchsaufbau und den Reflexweg der präsynaptischen Hemmung, der mindestens zwei Interneurone umfasst

wird deutlich, wenn man die durch präsynaptische Hemmung induzierte Depression eines monosynaptischen Eigenreflexes betrachtet (◘ Abb. 9.12c).

Primäre afferente Depolarisationen (PAD)

Als Ursache für die Hemmung der Präsynapse der Ia-Fasern hat man in ihnen beträchtliche Depolarisationen gemessen, welche als primäre afferente Depolarisationen (PAD) bezeichnet werden. Sie werden vermutlich durch eine chemische GABAerge Synapse der Interneurone erzeugt. Das Umkehrpotenzial dieser GABAergen Synapsen scheint bei -40 mV zu liegen (nicht wie sonst typischerweise bei −70 mV) und ist daher positiver als das Ruhemembranpotenzial der Präsynapse, wodurch es zu einer Depolarisation kommt. Durch die Depolarisation kommt es zur Inaktivierung der präsynaptischen spannungsabhängigen Na^+- und Ca^{2+}-Kanäle. Hierdurch wird die Aktionspotenzialentstehung in den Ia-Fasern blockiert oder abgeschwächt.

> **In Kürze**
>
> Die meisten Nervenzellen haben eine Vielzahl von Synapsen, deren synaptische Potenziale und Ströme sich summieren können. **Räumliche Summation** beschreibt die Addition im gleichen Zeitraum an verschiedenen Orten einer Zelle, **zeitliche Summation** den Vorgang bei einem geringen zeitlichen Abstand an der gleichen oder räumlich beieinanderliegenden Synapsen. Die **präsynaptische Hemmung** ist eine Spezialform der Interaktion von Synapsen, bei der eine **axoaxonale Synapse** hemmend auf die Transmitterfreisetzung einer erregenden Nervenendigung wirkt. Hierbei erzeugen Chloridkanäle eine **primäre afferente Depolarisation**, wodurch Na^+-Kanäle inaktiviert werden.

9.5   Elektrische synaptische Übertragung

9.5.1   Funktionelle Bedeutung

An elektrischen Synapsen fließt Strom über **gap junctions** direkt von einer in eine andere Zelle.

Elektrische Kopplung   An elektrischen Synapsen sind die Zellen über gap junctions verbunden. In ihnen liegen mit geringem Abstand und regelmäßiger Anordnung **Konnexone**, von denen jedes eine der Membranen durchsetzt; zwei solcher Konnexone liegen jeweils einander gegenüber, und ihre Lumina stoßen aneinander. Die Kanäle durch die Konnexone haben **große Öffnungen**, also hohe Einzelkanalleitfähigkeiten für kleine Ionen, und lassen auch relativ große Moleküle bis zu einem Molekulargewicht von etwa 1 kDa (Durchmesser etwa 1,5 nm) passieren. Jedes der Konnexone ist aus **sechs Untereinheiten** mit einem Molekulargewicht von jeweils etwa 25 kDa aufgebaut (◘ Abb. 9.13a). Der Strom durch die Synapse kann **linear** zur Potenzialdifferenz der beiden Zellen sein (◘ Abb. 9.13b) oder eine **Gleichrichtung** beinhalten (◘ Abb. 9.13c).

Funktionelle Synzytien   Auch außerhalb des Nervensystems finden sich sehr häufig Zellkopplungen über **gap junctions**.

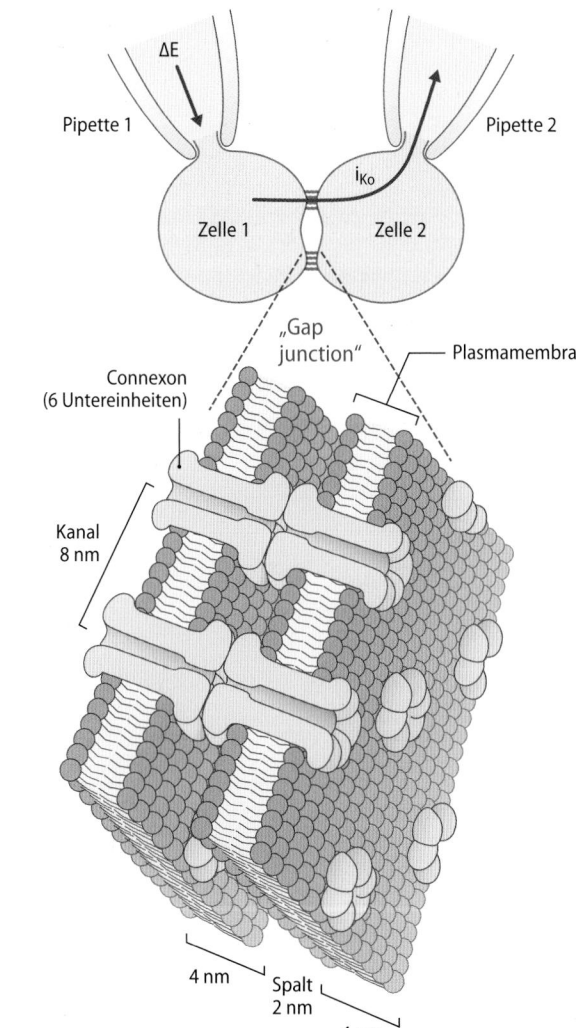

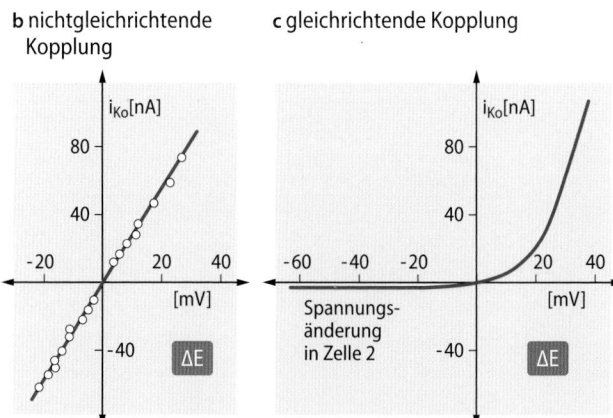

b nichtgleichrichtende Kopplung

c gleichrichtende Kopplung

Vor allem der **Herzmuskel** und die **glatte Muskulatur** sind durch **gap junctions** zu funktionellen Synzytien verknüpft. In diesen Zellverbänden läuft die Erregung von Zelle zu Zelle, ohne dass an den Zellgrenzen eine Verzögerung oder eine Verkleinerung des Aktionspotenzials stattfindet. Neben diesen erregbaren Zellen sind auch viele andere Zellverbände durch **gap junctions** verknüpft, beispielsweise alle **Epithelien** inklusive **Leberzellen**. Die Verknüpfung der Zellen ist eigentlich der originäre Zustand; in frühen Embryonen sind alle Zellen durch **gap junctions** verbunden, und erst wenn sich Organverbände differenzieren, gehen die Verbindungen zwischen diesen verloren.

9.5.2 Regulation elektrischer Synapsen

Bei Schädigung von Zellen werden ihre elektrischen Synapsen geschlossen

H$^+$ und Ca^{2+} Empfindlichkeit von gap junctions **Gap junctions** schließen, wenn der **pH** abfällt oder die intrazelluläre **Ca^{2+}-Konzentration** ansteigt. Dies geschieht immer dann, wenn Zellen verletzt werden oder aus Energiemangel nicht mehr in der Lage sind, die Ionengradienten über die Zellmembran aufrecht zu erhalten. Gap junctions werden ferner durch Phosphorylierung reguliert (u. a. durch die bei Energiemangel stimulierte AMP aktivierte Proteinkinase [AMPK]).

Konsequenzen des Verschlusses von gap junctions Durch Verschluss von elektrischen Synapsen kann sich das funktionelle Synzytium vom beschädigten Bezirk abtrennen, wodurch z. B. bei einem Herzinfarkt die Ausbreitung des Schadens begrenzt wird. Andererseits beschleunigt der Verschluss von elektrischen Synapsen den Untergang der geschädigten Zellen.

> Gap junctions können schließen, wenn der intrazelluläre pH abfällt oder die intrazelluläre Ca^{2+}-Konzentration ansteigt.

In Kürze

Elektrische Synapsen leiten Strom durch **gap junctions**, die die Membran beider Zellen überbrücken, und damit die **Potenziale** der prä- und postsynaptischen Zellen **koppeln**. Im Gegensatz zur chemischen synaptischen Übertragung, bei der ein postsynaptischer Strom durch das Öffnen von Kanälen in der postsynaptischen Membran erzeugt wird, liegt bei der elektrischen synaptischen Übertragung die Stromquelle für den postsynaptischen Strom in der Membran der Präsynapse. Mit vielfachen elektrischen Synapsen zu benachbarten Zellen werden z. B. Herzmuskel und glatter Muskel zu funktionellen **Synzytien**.

Abb. 9.13a–c **Elektrische Synapsen. a** Oben: Zwei Nervenzellen sind durch gap junctions gekoppelt, sodass eine Depolarisation ΔE von Zelle 1 über Pipette 1 einen Kopplungsstrom i_{Ko} in Zelle 2 treibt und diese ebenfalls depolarisiert. Unten: Detailzeichnung von gap junctions. **b** Abhängigkeit des Kopplungsstroms i_{Ko} von ΔE bei linearer Kopplung, **c** bei gleichrichtender Kopplung

Literatur

Eggermann E, Bucurenciu I, Goswami SP, Jonas P (2011) Nanodomain coupling between Ca^{2+} channels and sensors of exocytosis at fast mammalian synapses. Nat Rev Neurosci 13:7-21

Jahn R, Fasshauer D (2012) Molecular machines governing exocytosis of synaptic vesicles. Nature 490:201-7

Kandel ER, Schwartz JH, Jessell TM, Siegelbaum SA, Hudspeth AJ (2013) Principles of neural science, 5th edn. McGraw-Hill, New York

Neher E, Sakaba T (2008) Multiple roles of calcium ions in the regulation of neurotransmitter release. Neuron 59:861-72

Südhof TC (2013) Neurotransmitter release: the last millisecond in the life of a synaptic vesicle. Neuron 80:675-90

Neurotransmitter und ihre Rezeptoren

Stefan Hallermann, Robert F. Schmidt

© Springer-Verlag GmbH Deutschland, ein Teil von Springer Nature 2019
R. Brandes et al. (Hrsg.), *Physiologie des Menschen*, Springer-Lehrbuch
https://doi.org/10.1007/978-3-662-56468-4_10

Worum geht's? (◘ Abb. 10.1)

Es gibt eine Vielzahl von Überträgerstoffen

Die chemische Übertragung an Synapsen beginnt mit der Freisetzung unterschiedlicher Überträgerstoffe, die als Transmitter bezeichnet werden. Klassische Transmitter sind Acetylcholin, die Aminosäure Glutamat und die Monoamine Noradrenalin und Gamma-Aminobuttersäure (GABA).

Die Wirkung eines Transmitters muss schnell beendet werden

Damit es nach Transmitterfreisetzung nicht zur dauerhaften synaptischen Übertragung kommt, muss der freigesetzte Transmitter wieder aus dem synaptischen Spalt entfernt werden. Dies geschieht, je nach Transmitter, durch aktive und passive Prozesse. So wird Acetylcholin durch die Cholinesterase gespalten, während im ZNS Glutamat aus dem synaptischen Spalt diffundiert und von Gliazellen aufgenommen wird.

Postsynaptische Rezeptoren vermitteln den Transmittereffekt

Praktisch alle Transmitter können an der Postsynapse an verschiedene Typen von Rezeptoren binden. Für die Wirkung des Transmitters sind die Typen postsynaptischer Rezeptoren entscheidend. So wirkt Acetylcholin erregend an der motorischen Endplatte, aber hemmend an den Schrittmacherzellen des Herzens.

Über Agonisten und Antagonisten kann die Tätigkeit von Synapsen moduliert werden

Die synaptische Übertragung kann durch Moleküle moduliert werden, die die Synapse verstärken (Agonisten) oder abschwächen (Antagonisten). Dies ist von entscheidender klinischer Bedeutung z. B. in der Pharmakologie oder der Toxikologie.

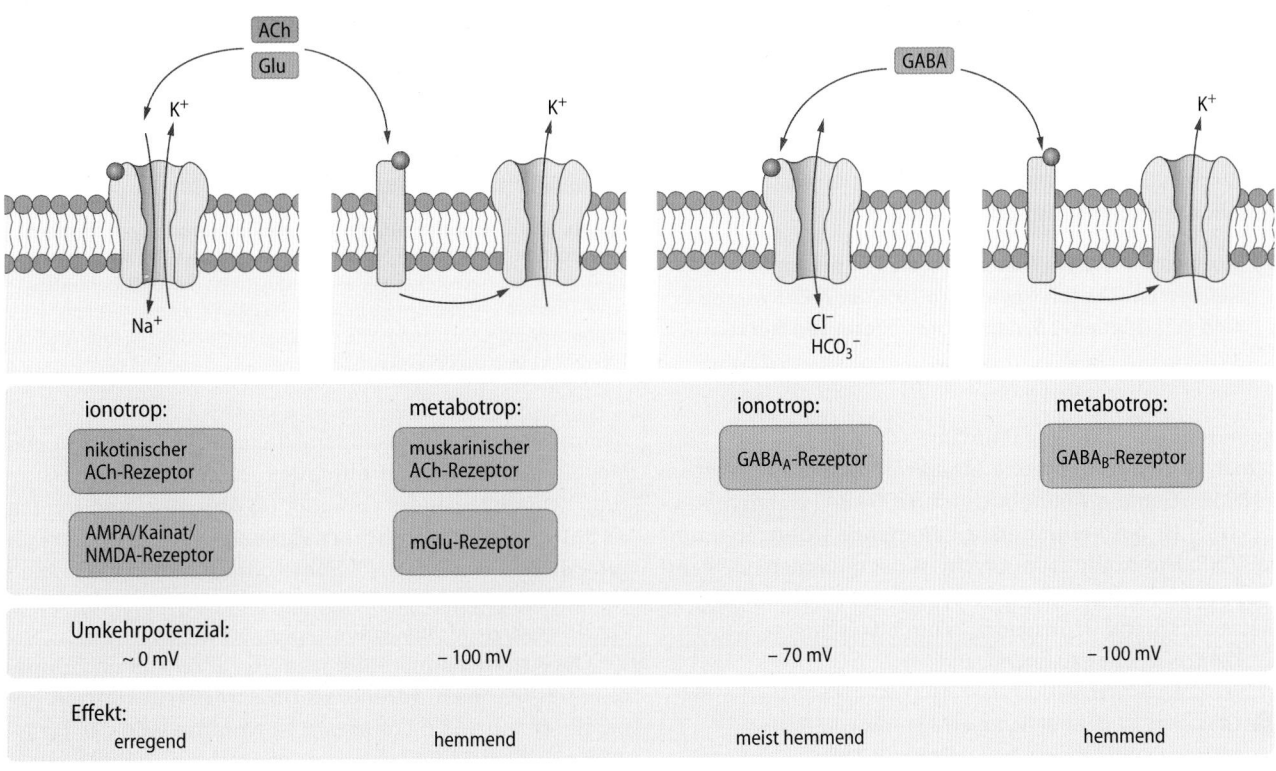

◘ **Abb. 10.1** Illustration ionotroper und metabotroper Rezeptoren

10.1   Synaptische Überträgerstoffe

10.1.1   Klassische Transmitter

Klassische synaptische Überträgerstoffe sind niedermolekulare Verbindungen wie Acetylcholin, einige Aminosäuren und
Monoamine.

**Gemeinsame Eigenschaften niedermolekularer Überträger-
stoffe**   Es hat sich eingebürgert, die Synapsen nach der Substanz zu benennen, die präsynaptisch freigesetzt wird. Glutamat freisetzende Synapsen werden als **glutamaterg** bezeichnet, Azetylcholin freisetzende Synapsen als **cholinerg** etc.
(-erg von griechisch ergon für Arbeit, Energie).

Diese Transmitter werden **im Neuron** selbst **synthetisiert** und nach Freisetzung **spezifisch inaktiviert**. Es handelt
sich bei den Substanzen, die diese Kriterien erfüllen, um
relativ kleine Moleküle, daher auch der Begriff **niedermolekulare (Neuro-)Transmitter.** Im Folgenden wird auf
drei klassische Gruppen von Neurotransmittern eingegangen.

Acetylcholin (ACh)   An den meisten cholinergen Synapsen
wirkt ACh (◻ Abb. 10.2) erregend. Prototyp ist hierbei die
neuromuskuläre Synapse (Endplatte), also die Verbin-
dungsstelle der motorischen Nervenfasern (aus den Motoneuronen in Rückenmark und Hirnstamm) mit den Skelettmuskelfasern.

Im **Zentralnervensystem** (ZNS) ist das ACh der Transmitter von ca. **10 % aller Synapsen**. Dies sind z. B. Projektionen vom Rückenmark zum Kortex oder Projektionen innerhalb des Gehirns.

Im vegetativen (autonomen) Nervensystem ist ACh im
parasympathischen Teil Überträgersubstanz in allen Ganglien und an allen postganglionären effektorischen Synapsen
(z. B. den Endigungen der Vagusfasern zum Herzen). Im
sympathischen Teil des vegetativen Nervensystems ist ACh
ebenfalls der Transmitter an allen ganglionären Synapsen,
ferner an den Synapsen des Nebennierenmarks und postganglionär an den Synapsen der Schweißdrüsen.

❯ Acetylcholin ist der Transmitter an den neuromuskulären Endplatten sowie etwa 10% der ZNS-Synapsen
und verschiedener Synapsen im vegetativen Nervensystem.

Aminosäuren   Die Glutaminsäure (◻ Abb. 10.2) bzw. **Glutamat** ist der **verbreitetste erregende Überträgerstoff** im
ZNS. Die **Gamma-Aminobuttersäure, GABA** (γ-amino-buty-
ric acid) ist der **verbreitetste hemmende Überträgerstoff**
im ZNS. Die Aminosäure **Glycin** ist der dominierende hemmende Transmitter der **postsynaptischen Hemmung** in
Rückenmark und Hirnstamm, während glycinerge Synapsen
im Gehirn seltener zu finden sind.

❯ Glutamat ist der häufigste erregende, GABA der
häufigste hemmende Transmitter im ZNS.

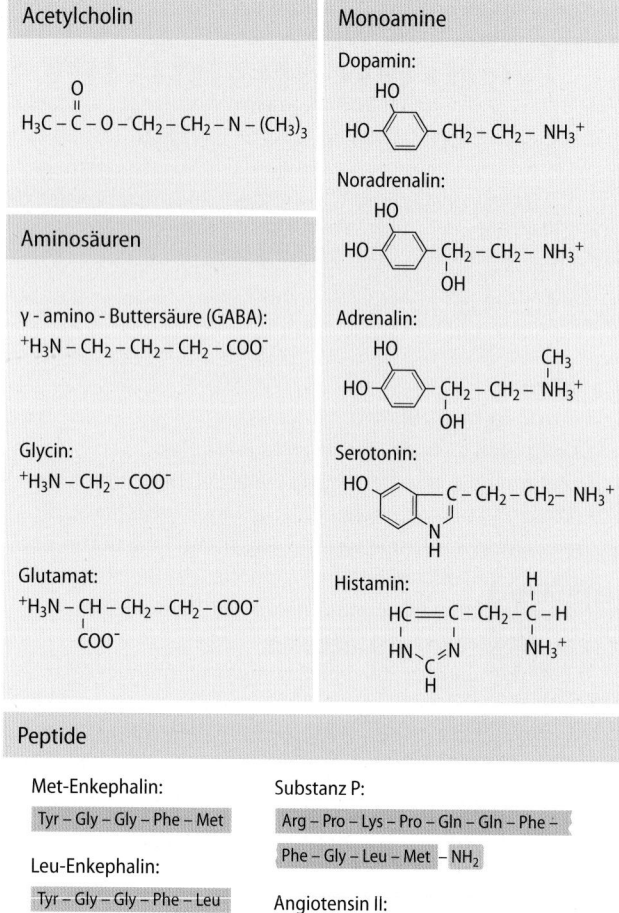

◻ **Abb. 10.2   Neurotransmitter und -modulatoren.** Die wichtigsten
synaptischen Stoffe, die im peripheren und zentralen Nervensystem
als Transmitter, Neurohormone und Modulatoren dienen. Oben: „Klassische" Überträgerstoffe, unten: Peptide. Bei den Peptiden stellt jede
dreibuchstabige Abkürzung eine Aminosäure dar, also z. B. Arg=Arginin,
Gly=Glycin, Lys=Lysin, Tyr=Tyrosin etc.

Monoamine   Die Transmitter Adrenalin, Noradrenalin und
Dopamin sind chemisch (durch den gemeinsamen „Katechol-
ring") eng miteinander verwandt (◻ Abb. 10.2) und werden
als **Katecholamine** bezeichnet. Zusammen mit dem ebenfalls
verwandten Serotonin (5-Hydroxytryptamin, 5-HT) und
Histamin bilden sie die Gruppe der **Monoamine,** die durch
Decarboxylierung aus Aminosäuren entstehen.

Die Katecholamine Adrenalin, Noradrenalin und Dopamin werden auch **adrenerge Überträgersubstanzen** genannt (◻ Abb. 10.2). Von diesen ist **Noradrenalin** der Transmitter an allen postganglionären sympathischen Endigungen

mit Ausnahme der Schweißdrüsen (dort ist es ACh). **Adrenalin** wird neben Noradrenalin im Nebennierenmark sezerniert. **Noradrenalin** und **Dopamin** wirken auch im ZNS als Transmitter, z. B. im Hypothalamus, im limbischen System und in den Kerngebieten der motorischen Stammganglien. **Serotonin (5-HT)** dient einigen vom Hirnstamm aufsteigenden Bahnen als Transmitter (insbesondere den Projektionen der Raphe-Kerne). **Histamin** ist u. a. Transmitter hypothalamischer Neurone, deren Axone zur Großhirnrinde, zum Thalamus und zum Kleinhirn projizieren.

Die postsynaptische Wirkung freigesetzter Monoamine wird **v. a. durch Wiederaufnahme** in die präsynaptische Endigung beendet. Noradrenalin stellt eine Ausnahme dar, da es in der Peripherie hauptsächlich ins Blut diffundiert. Daneben werden Monoamine durch **Monoamin-Oxidasen (MAO) abgebaut.** MAO-Hemmer werden klinisch z. B. zur Behandlung von Depressionen eingesetzt (▶ Klinik Psychopharmaka).

10.1.2 Neuromodulatoren

Peptide bewirken relativ langsame synaptische Effekte. Sie sind meistens mit klassischen Transmittern kolokalisiert.

Vorkommen peptiderger Kotransmitter Häufig wird an synaptischen Nervenendigungen neben einem niedermolekularen Überträgerstoff eine weitere Substanz ausgeschüttet, die an der Übertragung mitwirkt. Überträgerstoffe, die zusammen mit einem niedermolekularen Transmitter in einer präsynaptischen Endigung auftreten, werden **Kotransmitter** genannt.

Bei vielen, aber nicht bei allen Synapsen, sind Kotransmitter neuroaktive **Peptide**, von denen einige häufig vorkommende in ◻ Abb. 10.2 zu sehen sind. Mittlerweile wurden mehr als 50 verschiedene Neuropeptide identifiziert. Sie werden aufgrund von Strukturmerkmalen in Familien eingeteilt (z. B. Enkephaline, Tachykinine).

❯ **Präsynaptische Endigungen enthalten häufig in Vesikeln gespeicherte Peptide als Kotransmitter**

Neuromodulation durch peptiderge Kotransmitter Die **Aufgaben von peptidergen Kotransmittern** sind noch nicht überall verstanden. In vielen Fällen sieht es nach einer Arbeitsteilung aus. Der niedermolekulare Transmitter übernimmt die schnelle synaptische Übertragung, während der peptiderge Kotransmitter für **Langzeitverstellungen der Erregbarkeit** (entweder Zu- oder Abnahmen) verantwortlich ist. Letztere Funktion wird als **synaptische Modulation** bezeichnet. Ein **synaptischer Modulator** bewirkt also unmittelbar keine EPSP, sondern modifiziert Intensität und Dauer der Wirkung der niedermolekularen Überträgerstoffe.

Die **präsynaptische Speicherung** erfolgt in Vesikeln, die mit einem Durchmesser von ca. 100 nm größer als die Vesikel der kleinmolekularen Transmitter sind (ca. 50 nm). In elektronenmikroskopischen Aufnahmen erscheinen sie dunkel und werden daher als (engl.) *large dense core vesicle* bezeichnet. Die **Freisetzung** der Neuropeptide ist ebenfalls Calciumgesteuert, erfordert aber, dass **mehrere Aktionspotenziale in kurzem Abstand** in die Präsynapse einlaufen.

Nicht-peptiderge Neuromodulation Nicht-peptiderge Modulatoren sind nicht so zahlreich wie die peptidergen, aber z. T. weit verbreitet. Das gilt v. a. für Adenosin-Triphosphat (**ATP**), den universellen Energieträger aller Zellen. ATP findet sich als Kotransmitter in cholinergen (z. B. an der motorischen Endplatte) und adrenergen präsynaptischen Endigungen, aber auch im Gehirn, wo es die präsynaptische Freisetzung von Glutamat fördern oder dessen postsynaptische Wirkung steigern kann.

Ein Abbauprodukt des ATP, das **Adenosin**, wirkt überwiegend **hemmend** auf die präsynaptische Freisetzung erregender kleinmolekularer Transmitter. Da **Coffein** und **Theophyllin** u. a. Antagonisten an Adenosin-Rezeptoren sind, hemmen sie diesen Effekt. Durch diesen Mechanismus ist die anregende Wirkung von Kaffee und Tee zu erklären.

Aus **Arachidonsäure** werden im Körper zahlreiche Substanzen synthetisiert (z. B. Prostaglandine, Thromboxane, Endocannabinoide), die z. T. als Neuromodulatoren freigesetzt werden. So führt die Freisetzung von **Prostaglandinen** zu Entzündungsreaktionen, Fieber und Schmerz.

Schließlich kann auch **Stickstoffmonoxid (NO)** als Neuromodulator wirken. NO wird durch das Enzym Stickstoffmonoxidsynthase (NOS) gebildet und entfaltet **für wenige Sekunden** seine Wirkung (z. B. eine Entspannung der Gefäßmuskulatur). NO spielt eine Rolle bei der synaptischen Plastizität, weil es von der Post- zur Präsynapse durch die Membranen diffundieren und als retrogrades Signal wirken kann (▶ Kap. 11.2).

Klinik

Psychopharmaka

Zentrale chemische Synapsen sind wichtige Angriffspunkte von Psychopharmaka, wie zum Beispiel Fluoxetin.

Fluoxetin ist eines der wirkungsvollsten und weltweit meist verschriebenen Antidepressiva und Stimmungsaufheller („mood stabilizer", „Glückspille"). Es ist ein selektiver Hemmer der aktiven Wiederaufnahme von Serotonin (5-HT) an serotonergen Synapsen (engl. selective serotonin reuptake inhibitor; SSRI). Für Fluoxetin, wie für viele andere Antidepressiva, gilt, dass ihre synaptische Wirkung praktisch sofort, ihr antidepressiver Effekt jedoch erst nach 3 bis 8 Wochen einsetzt. Trotz intensiven wissenschaftlichen Anstrengungen sind die zugrundeliegenden Mechanismen dieser zeitlichen Diskrepanz bisher nicht verstanden. Die verzögerte antidepressive Wirkung hat auch klinische Bedeutung, weil die ausbleibende Stimmungsaufhellung demoralisierend wirken kann und ein Suizidrisiko darstellt.

> Zu den nicht-peptidergen Neuromodulatoren zählen Purinderivate (ATP, Adenosin), Arachidonsäure-Abkömmlinge (z. B. Prostaglandine, Endocannabinoide) und NO.

10.1.3 Dauer und Beendigung der Transmitterwirkung

Die schnelle Entfernung des Transmitters aus dem synaptischen Spalt ist entscheidend für die zeitliche Präzision der synaptischen Übertragung.

Wirkungsdauer   Nachdem der Überträgerstoff in den synaptischen Spalt freigesetzt ist, bleibt er dort nur sehr kurz aktiv (etwa 100 μs; siehe ◘ Abb. 9.9 in ▶ Kap. 9.3). Die im Folgenden erläuterten Mechanismen spielen hierbei eine Rolle: **Abbau, Wiederaufnahme, Abtransport und Diffusion des Überträgerstoffs**.

Enzymatische Spaltung   An der neuromuskulären Endplatte ist ein sehr effektives Abbausystem für Acetylcholin wirksam; an die postsynaptische Membran assoziiert findet sich in hoher Konzentration **Cholinesterase**, ein Enzym, das Acetylcholin in **Azetat** und **Cholin** spaltet. Ein beträchtlicher Teil des nach der Freisetzung durch den synaptischen Spalt diffundierenden Acetylcholins wird schon gespalten, bevor es die Rezeptoren erreicht, und innerhalb von weniger als 100 μs wird praktisch alles Acetylcholin von der Cholinesterase zerlegt. Damit wird die Synapse schnell wieder für eine neue Übertragung empfänglich. Die Spaltprodukte werden anschließend in die präsynaptische Endigung aufgenommen und dort wieder zu ACh synthetisiert.

Cholinesterasehemmer
◘ Abb. 10.3 zeigt die Bedeutung der Cholinesterase für die Übertragung an der Endplatte anhand eines Cholinesterasehemmers (Physostigmin): Das Endplattenpotenzial dauert länger als normal und wird vergrößert, weil Acetylcholin in höherer Konzentration und für längere Zeit mit den Rezeptoren reagieren kann. Im Falle der ◘ Abb. 10.3 ist dies ein „therapeutischer Effekt", denn das Physostigmin wurde in Gegenwart eines Blockers der postsynaptischen Rezeptoren (Kurare) appliziert (▶ 10.2.2). Die resultierende Vergrößerung des Endplattenpotenzials ließ dieses die Erregungsschwelle wieder erreichen und hob damit die Lähmung auf.

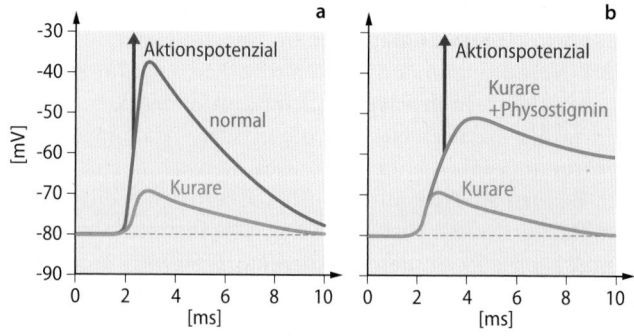

◘ **Abb. 10.3   Wirkung von Kurare und Physostigmin auf das Endplattenpotenzial.** Das Endplattenpotenzial löst bei Depolarisation auf −60 mV ein Aktionspotenzial (roter Pfeil) aus. In Gegenwart eines Blockers der postsynaptischen Rezeptoren (Kurare) wird das Endplattenpotenzial verkleinert und erreicht die Schwelle für die Auslösung von Aktionspotenzialen nicht mehr – der Muskel ist gelähmt. Wird zusätzlich zu Kurare der Cholinesterasehemmer Physostigmin gegeben, so wird das Endplattenpotenzial vergrößert und verlängert und erreicht wieder die Schwelle zur Auslösung von Aktionspotenzialen

Entsprechend werden Cholinesterasehemmer zur Aufhebung der Muskelrelaxation in der Anästhesie eingesetzt, aber auch bei Krankheitsbildern wie der Myasthenia gravis. Cholinesterasehemmer werden jedoch auch vielfach als Insektizide verwendet und verursachen Vergiftungen. Cholinesterasehemmer wurden im ersten Weltkrieg als Kampfstoffe entwickelt, der Kontakt führt zu krampfartig verlängerten cholinergen synaptischen Übertragungen, vor allem im vegetativen Nervensystem.

Abtransport und Wiederaufnahme   An vielen Synapsen wird der Überträgerstoff durch **Transportmechanismen** („Pumpen") in den Membranen der umliegenden Zellen (Präsynaptische Endigung, Glia) aus dem synaptischen Spalt entfernt.

Diffusion   Freigesetzter Überträgerstoff diffundiert innerhalb **von etwa 100 μs** aus dem synaptischen Bereich. Auch die Diffusion beendet also die synaptische Übertragung relativ schnell. Der Aufwand für zusätzliche Abbau- und Transportmechanismen deutet die Wichtigkeit der Kontrolle der Überträgerstoffkonzentration an.

> Die Beendigung der Transmitterwirkung erfolgt entweder durch enzymatische Zerlegung, (Wieder)Aufnahme oder Diffusion.

Klinik

Kokain und Amphetamine

Kokain bindet und blockiert den präsynaptischen Dopamintransporter. Hierdurch wird die Wiederaufnahme von Dopamin gehemmt und die extrazelluläre Dopaminkonzentration steigt stark an. Insbesondere die Konzentrationserhöhung von Dopamin im Ncl. accumbens, einem Teil des mesolimbischen Systems (dem „Belohnungssystem" des Gehirns) erklärt die abhängigmachende Wirkung. Amphetamine (**Speed**) haben eine ähnliche Wirkung, wobei sie durch die Dopamintransporter ins Zellinnere gelangen. Dort führen sie zu einem umkehrten Transport von Dopamin aus den synaptischen Vesikeln (durch die Dopamintransporter der Vesikel) und aus der Präsynapse (durch die Dopamintransporter der Zellmembran). Kokain und Amphetamine hemmen in unterschiedlichem Ausmaß auch die Transporter für Noradrenalin und Serotonin.

Auch Methamphetamin (**Crystal Meth**) blockiert Dopamintransporter oder kehrt deren Transportrichtung um. Es wirkt u. a. auch auf G-Protein-gekoppelte Rezeptoren und Noradrenalin- und Serotonin-Transporter. Unter dem Namen **Pervitin** wurde die Substanz im zweiten Weltkrieg Soldaten vielfach zur Leistungssteigerung verabreicht. Methamphetamin macht sehr schnell abhängig und gilt als eine den Körper schnell zerstörenden Drogen.

10.1.4 Agonisten und Antagonisten der Neurotransmitter

Agonisten sind Stoffe, die an den synaptischen Rezeptoren die gleichen oder vergleichbare Wirkungen erzielen, wie der physiologische aktivierende Ligand, während Antagonisten die Ligandenwirkungen behindern.

Agonisten   Im Sinne einer Rezeptor-Liganden-Interaktion (▶ Kap. 2.1) binden Neurotransmitter an der Postsynapse an ihre spezifischen Rezeptoren. Die Spezifität für den Übertragerstoff ist jedoch nicht extrem hoch. Es gibt für praktisch alle Rezeptoren weitere natürliche und pharmakologische Substanzen, die an sie binden. Folgt auf die Bindung auch die Aktivierung des Rezeptors, so ersetzt die Substanz den physiologischen Liganden. Solche Substanzen nennt man **Agonisten**.

Agonisten an der Endplatte sind z. B. Succinylcholin und Carbamylcholin. Andere Stoffe binden, aber sind wenig effektiv im Herbeiführen der Leitfähigkeitsänderung. Dies sind dann **partielle Agonisten**, an der Endplatte z. B. Cholin (s. auch Dauer und Abbau der Wirkung).

Antagonisten   Es gibt auch Substanzen, die an den synaptischen Rezeptor binden, aber keine Rezeptoraktivierung verursachen. Sie interagieren mit dem Rezeptor und verhindern, dass der physiologische Ligand wirken kann. Solche Stoffe heißen **Antagonisten**. Findet ein Wettbewerb (Kompetition) um die Bindungsstelle zwischen Agonisten und Antagonisten statt, spricht man von **kompetitiven Antagonisten**. Wird die Agonistenwirkung ohne Wettbewerb um die Bindungsstelle verhindert (z. B. durch allosterische Wirkung), spricht man von **nicht-kompetitiven Antagonisten**.

In Kürze

Klassische Überträgerstoffe (Neurotransmitter) sind Acetylcholin, γ-Amino-Buttersäure (GABA), Glycin, Glutamat, Dopamin, Noradrenalin, Adrenalin, Serotonin und andere kleine Moleküle. Daneben gibt es **Peptidüberträgerstoffe**, die als synaptische Modulatoren relativ langsame synaptische Effekte bewirken. Sie beeinflussen Intensität und Dauer der Wirkung der klassischen Überträgerstoffe und sind meistens mit klassischen Transmittern in den präsynaptischen Endigungen kolokalisiert. Das membranpermeable **Stickoxid (NO)** kann als retrograder Transmitter Signale von der Post- zur Präsynapse übermitteln. Die Wirkung der Überträgerstoffe an den Rezeptoren wird zeitlich begrenzt durch spaltende Enzyme (wie z. B. Cholinesterase an der Endplatte), durch aktiven Transport entweder in die präsynaptische Nervenendigung (Wiederaufnahme des Transmitters) oder in benachbarte Gliazellen sowie durch Diffusion in das Interstitium. Agonisten sind Stoffe, die an den synaptischen Rezeptoren die gleichen Wirkungen erzielen wie die Überträgerstoffe, während Antagonisten die Überträgerstoffwirkungen behindern.

10.2 Postsynaptische Rezeptoren

10.2.1 Arbeitsweise postsynaptischer Rezeptoren

Ionotrope Rezeptoren sind Ionenkanäle und metabotrope Rezeptoren öffnen andere Kanäle.

Wirkung der postsynaptischen Rezeptoren   Ob eine Synapse erregend oder hemmend wirkt, hängt von den **postsynaptischen Rezeptoren**, und nicht der Art des Transmitters ab. Ein und derselbe Transmitter kann also sowohl die eine als auch andere Wirkung entfalten.

Ionotrope und metabotrope Rezeptoren   Der Transmitter interagiert dazu mit in der postsynaptischen Membran eingelagerten **Rezeptoren**, die hierdurch aktiviert werden. Grundsätzlich unterscheidet man zwei Arten von Rezeptoren: Solche, die selber Ionenkanäle sind und solche, die über nachgeschaltete Signaltransduktionskaskaden Ionenkanäle aktivieren oder andere Wirkungen hervorrufen.

Wird der Ionenkanal dadurch geöffnet, dass sich der Transmitter an ihn selbst bindet, ist er also gleichzeitig **Rezeptor** und **Ionenkanal**, wird er als **ligandengesteuerter Ionenkanal** oder **ionotroper Rezeptor** bezeichnet. Im zweiten Fall, bei dem der Transmitter über eine **intrazelluläre G-Protein-gekoppelte Signalkette** (▶ Kap. 2.2, 4.5) Ionenkanäle öffnet, wird der Rezeptor als **metabotroper Rezeptor** bezeichnet.

Präsynaptische Autorezeptoren   An vielen Synapsen, besonders an katecholaminergen, finden sich neben postsynaptischen Rezeptoren **auch präsynaptische Rezeptoren.** Diese Rezeptoren werden, ebenso wie die postsynaptischen Rezeptoren, vom Transmitter aktiviert – sie werden daher als **Autorezeptoren** bezeichnet.

Die **Hauptaufgabe der Autorezeptoren** ist, die präsynaptische Transmitterausschüttung dadurch zu begrenzen, dass sie **hemmend** auf die **Freisetzung** und die präsynaptische **(Re-)Synthese des Transmitters** wirken, also eine übermäßige Ausschüttung verhindern (▶ Kap. 11.2).

Desensitisierung ligandengesteuerter Rezeptorkanäle   Bei rasch wiederholtem oder langanhaltendem Kontakt mit ihrem Transmitter oder einem Agonisten können synaptische Rezeptoren **desensitisieren, d. h. unempfindlich** werden (manche glutamaterge Synapsen im ZNS desensitisieren bereits nach 1 ms). Desensitisierung scheint ein **Sicherheitsmechanismus der Synapsen** zu sein, der zu starke und langandauernde Aktivierungen verhindert.

10.2.2 Ionotrope Rezeptoren

Ionotrope Rezeptoren vermitteln schnelle postsynaptische Ströme mit einer Dauer von wenigen ms.

Klinik

Entdeckung der lähmenden Wirkung des Kurare

Im Zusammenhang mit seinen Reisen in Guyana schreibt Waterton, ein britischer Entdecker, 1812: „Ein einheimischer Jäger schoss auf einen direkt über sich in einem Baum sitzenden Affen. Der Pfeil verfehlte das Tier und traf im Fallen den Arm des Jägers. Der Jäger, überzeugt sein Ende sei gekommen, legte sich nieder, verabschiedete sich von seinem Jagdgefährten und starb." Waterton nahm das Pfeilgift „Wourali" (**Kurare; d-Tubo-Curarin**) mit nach England und berichtete einige Jahre später Folgen-

des: Einem jungen Esel wurde Kurare unter die Haut injiziert, worauf der Esel zusammenbrach. Daraufhin wurde der Esel über eine Trachealkanüle mit einem Blasebalg beatmet. Nach zwei Stunden erholte sich der Esel. Er wurde von Waterton noch Jahre gehalten und Wourali genannt. Der vom Pfeil getroffene Jäger hätte also durch Beatmung gerettet werden können.
Heute wissen wir, dass Kurare kompetitiv nikotinische Acetylcholinrezeptoren der neuromuskulären Synapsen blockiert. Mit stei-

gender Konzentration bindet Kurare einen immer größeren Anteil der Rezeptoren, sodass Acetylcholin durch Bindung an den verbleibenden Rezeptoren nur noch eine abgeschwächte Wirkung hat. Unter Kurare wird damit das Endplattenpotenzial verkleinert (◻ Abb. 10.3) und erreicht die Schwelle zur Auslösung von Aktionspotenzialen nicht mehr: Der Muskel wird gelähmt. Dadurch werden Motorik und Atmung unterbunden, Bewusstsein und Schmerzempfinden aber nicht verhindert.

Nikotinischer ACh-Rezeptor An der neuromuskulären Endplatte ist der postsynaptische Rezeptor ein ligandengesteuerter Ionenkanal, der auch durch Nikotin aktiviert werden kann. Daher sein Name **nikotinischer** oder nikotinerger **ACh-Rezeptor. Kurare** ist ein kompetitiver Antagonist.

Wie in ◻ Abb. 10.4 illustriert, besteht der nikotinische ACh-Rezeptor der neuromuskulären Endplatte aus 5 mit griechischen Buchstaben gekennzeichneten Proteinuntereinheiten: Zwei α- und jeweils eine δ- und β-Untereinheit. Weil die 5. Untereinheit während der Entwicklung von der γ- zur ε-Untereinheit ausgetauscht wird, spricht man auch von embryonalen und adulten nikotinischen ACh-Rezeptoren. An beiden α-Untereinheiten kann jeweils ein ACh binden. Jede Untereinheit durchspannt die postsynaptische Membran mit jeweils 4 Transmembranregionen (M1 – M4 in der ◻ Abb. 10.4). Alle Untereinheiten tragen zur rosettenförmigen Bildung des Ionenkanals bei (b, c in der ◻ Abb. 10.4), der ein **unspezifischer Kationenkanal** ist. Das Umkehrpotenzial liegt im Bereich von etwa 0 mV (▶ Kap. 9.3.2).

Kurare

Kurare-analoge Stoffe werden in der Anästhesie zur **Muskelrelaxation** eingesetzt. Bei voller Relaxation muss der Patient beatmet werden. Eine andere Form von Muskelrelaxation benutzt einen Agonisten wie **Succinylcholin**, das lang andauernd wirkt und an der Endplatte eine **Dauerdepolarisation** hervorruft. Die Depolarisation inaktiviert die Na⁺-Kanäle der Muskelmembran und verhindert damit die Erregung des Muskels.

Im **ZNS** existieren nikotinische ACh-Rezeptoren dieses Grundschemas **aber mit anderer Zusammensetzung der Untereinheiten** und mit unterschiedlichen Empfindlichkeiten für Agonisten und Antagonisten. Beispielsweise ist die Aktivierung nikotinischer ACh-Rezeptoren des ZNS durch das beim Rauchen eingeatmete Nikotin für seine psychophysischen Wirkungen verantwortlich.

Ionotrope Glutamatrezeptoren Die glutamatergen ionotropen Rezeptorkanäle werden nach ihren spezifischen Antagonisten als **NMDA-Typ** und als **AMPA- und Kainat-Typ (non-NMDA-Typ)** bezeichnet. NMDA steht für N-Methyl-D-Aspartat, AMPA für *engl.* α-amino-3-hydroxy-5-methyl-4-

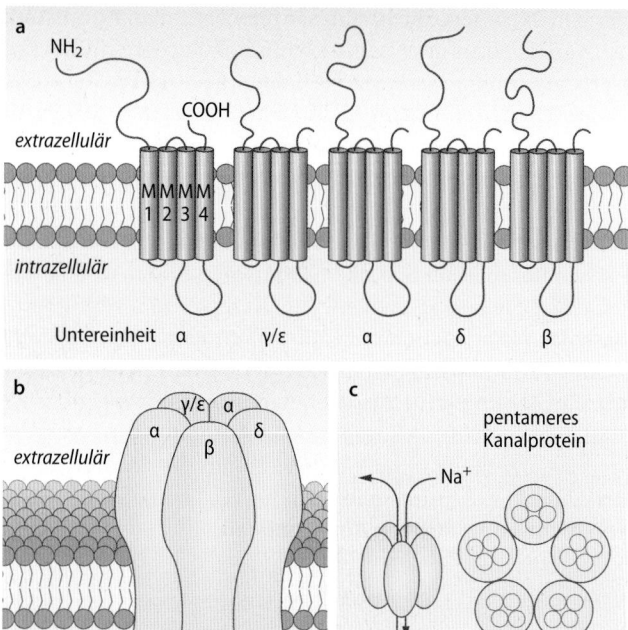

◻ **Abb. 10.4a–c   Nikotinischer Acetylcholinrezeptor der neuromuskulären Endplatte. a** Der Rezeptor besteht aus 5 Untereinheiten (griechisch beschriftet), die jeweils aus 4 transmembranären Regionen (M1 – M4) zusammengesetzt sind. **b** Räumliches Schema des Rezeptors und **c** Aufsicht auf den Ionenkanal

isoxazolepropionic acid und Kainat ist das Salz der Kainsäure.

Non-NMDA-Typ-Rezeptoren Die **AMPA-Rezeptoren** vermitteln die schnellen glutamatinduzierten postsynaptischen Antworten. **Kainat-Rezeptoren** spielen bei der synaptischen Übertragung eine geringere Rolle und sind prä- und postsynaptisch lokalisiert. Wie die ionotropen Acetylcholinrezeptoren sind die Non-NMDA-Rezeptoren unspezifische Kationenkanäle (◻ Abb. 10.5a). Sie haben vier Untereinheiten (und nicht fünf wie der nikotinische ACh-Rezeptor). Ihre Ca²⁺-Leitfähigkeit ist meist sehr gering und ihre Öffnung führt – ausgehend vom Ruhepotenzial – zu einem schnellen

Na$^+$-Einstrom, was die Zelle depolarisiert, also zu einem EPSP führt.

NMDA-Rezeptoren   Anders als beim non-NMDA-Glutamatrezeptor ist die Ca^{2+}-Leitfähigkeit der NMDA-Rezeptoren recht groß. Der NMDA-Rezeptor (□ Abb. 10.5b) hat die Besonderheit, dass sein Ionenkanal **bei normalem Ruhepotenzial** (etwa -70 mV) von extrazellulär durch ein **Mg^{2+} verschlossen** wird. Zwar öffnet der Kanal nach Bindung von Glutamat an den Rezeptor, der Durchtritt von Na$^+$, K$^+$ und Ca^{2+} wird jedoch verhindert.

Die Mg^{2+}-bedingte **Blockade** des NMDA-Rezeptors wird erst aufgehoben, wenn das Membranpotenzial des Neurons durch die erregende Wirkung anderer Synapsen auf Werte von **mehr als –30 mV depolarisiert** wird. In diesem Fall löst sich Mg^{2+} vom Rezeptor und Ionen können den Kanal passieren. Der folgende Anstieg der intrazellulären Ca^{2+}-Konzentration aktiviert vielfältige Signalkaskaden und beeinflusst so die Genexpression und das Zytoskelett. Damit erhält der NMDA-Rezeptor eine zentrale Rolle bei bestimmten Formen der synaptischen Plastizität (und assoziativem Lernen), bei der an einer Zelle gleichzeitig mehrere synaptische Aktivierungen erfolgen müssen (▶ Kap. 11.2).

Der NMDA-Rezeptor hat noch die Besonderheit, dass er einen obligatorischen Kotransmitter zur Aktivierung benötigt: entweder Glycin oder D-Serin. Nur bei gleichzeitiger Besetzung der Bindungsstellen für Glutamat und für Glycin oder D-Serin kann der Ionenkanal öffnen (□ Abb. 10.5b).

Exzitotoxizität

Normalerweise wird bei synaptischer Übertragung die Glutamatkonzentration im synaptischen Spalt nur für weniger als eine Millisekunde erhöht, da Glutamat sehr schnell aus dem Spalt diffundiert und wieder aufgenommen wird. Bleibt die Glutamatkonzentration dauerhaft erhöht, kommt es zur Zellschädigung. Das Problem kann auftreten, wenn z. B. während eines epileptischen Anfalls exzessive Mengen des Neurotransmitters freigesetzt werden, oder wenn die Rückresorption versagt, z. B. bei mangelnder Blutversorgung während eines Schlaganfalls. Glutamat führt zur Daueraktivierung der NMDA-Rezeptoren, was einen starken Einstrom von Ca^{2+} in die Neurone zur Folge hat. U. a. durch Aktivierung Ca^{2+}-abhängiger Proteasen wie Calpain kommt es dann zum Zelltod. Der Prozess, bei dem eine Dauererregung zur Zellschädigung führt, wird als Exzitotoxizität bezeichnet. Auch mit der Nahrung aufgenommenes Glutamat („Geschmacksverstärker") kann in exzessiven Mengen exzitotoxisch wirken („Chinese restaurant syndrome").

Ionotrope GABA$_A$-Rezeptoren   Der ligandengesteuerte ionotrope GABA$_A$-Rezeptor (□ Abb. 10.6) besteht aus 5 Untereinheiten, die einen Chloridkanal bilden, durch den auch Bikarbonationen (HCO$_3^-$) strömen können. Das Umkehrpotenzial für Chlorid liegt im reifen ZNS bei etwa –70 mV. Aktivierung dieser Rezeptoren dämpft daher Depolarisationen durch EPSCs (Kurzschlusshemmung; ▶ Kap. 9.3.2). Im embryonalen Gehirn wirkt GABA aufgrund anderer Cl$^-$-Konzentrationen als exzitatorischer Neutransmitter. Auch im adulten Gehirn kann GABA unter bestimmten Bedingungen erregend wirken, z. B. wenn das Ruhemembranpotenzial deutlich negativer als –70 mV ist.

GABA$_A$-Rezeptoren besitzen zusätzlich zu der Bindungsstelle für ihren Transmitter GABA auch **Bindungsstellen**

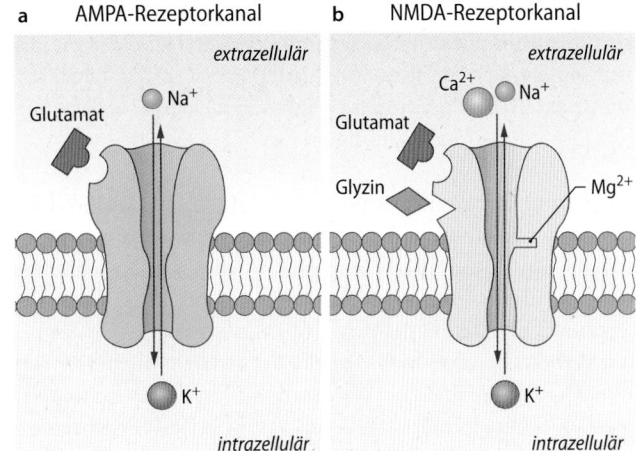

□ **Abb. 10.5a,b**   **Ionotrope Glutamatrezeptoren. a** AMPA-Rezeptorprotein, dessen Ionenkanal für kleine Kationen, besonders Na$^+$- und K$^+$-Ionen, permeabel ist. **b** NMDA-Rezeptorprotein, dessen Ionenkanal normalerweise durch ein Mg^{2+}-Ion verschlossen ist (s. Text)

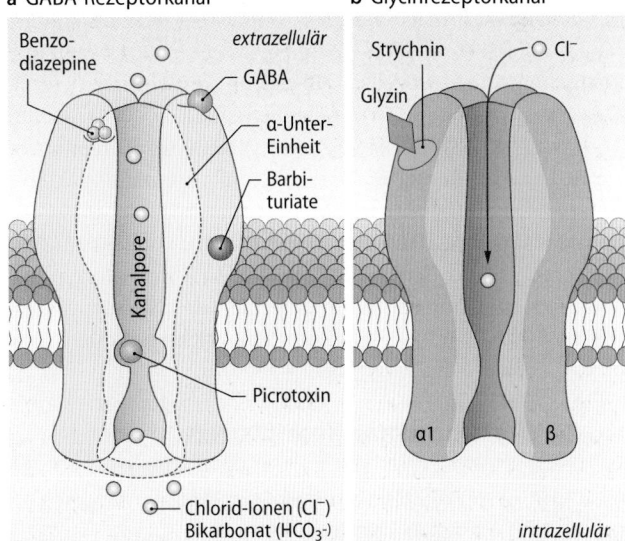

□ **Abb. 10.6a,b**   **Liganden-gesteuerte Chloridkanäle. a** Modell des ionotropen GABA$_A$-Rezeptors. Dieser Rezeptor verfügt über besonders viele Bindungsstellen für Pharmaka. **b** Modell des ionotropen Glycinrezeptors. Strychnin ist ein potenter Antagonist des Glycins

für Benzodiazepine, Barbiturate und Steroide (□ Abb. 10.6). Diese vermitteln die neuropharmakologische und psychopharmakologische Bedeutung des Rezeptors. Die Bindungsstellen der **Barbiturate** liegen außerhalb des Chloridkanals in Höhe der transmembranösen Anteile des GABA-Rezeptors. Die Bindungsstelle der **Benzodiazepine** (z. B. Diazepam) befindet sich ebenfalls außerhalb der Pore, aber am extrazellulären Anteil.

Bindung der Pharmaka an diese Bindungsstellen **verstärken die GABAerge Übertragung.** Dieser Effekt erklärt die klinische Wirkung von Barbituraten und Benzodiazepinen. Sie haben beruhigende (**sedierende**), **angstlösende** und

narkotisierende Wirkung. Die Substanzen werden daher als Schlafmittel, Beruhigungsmittel, in der Narkose und als Antiepileptika eingesetzt. Auch Alkohol ist in der Lage, bestimmte GABA-Rezeptoren zu aktivieren, was die sedierende Komponente seiner Wirkung erklärt.

Ionotroper Glycinrezeptor   Nach GABA ist die Aminosäure Glycin der zweitwichtigste hemmende Neurotransmitter, besonders im Rückenmark. Sein postsynaptischer Rezeptor ist ein **Liganden-gesteuerter Chloridkanal**, der in seinem Aufbau aus 5 Untereinheiten mit den nikotinischen ACh-Kanälen verwandt ist. Wie ▢ Abb. 10.6 illustriert, öffnet er bei Bindung von Glycin für Cl⁻, die daraufhin in die Zelle strömen und diese hyperpolarisieren, d. h. ein IPSP hervorrufen (▶ Kap. 9.3). Hemmung der glycinergen Transmission führt zu Krämpfen (▶ Klinik-Box „Strychninvergiftung").

Ionotrope Rezeptoren für Serotonin und ATP   Die meisten **Serotonin**-(5-Hydroxytryptamin, 5-HT-)Rezeptoren sind metabotrop. Somit stellt der ligandengesteuerte **5-HT$_3$-Rezeptor** eine Ausnahme dar. Dieser ist ein nichtselektiver Kationenkanal, der bei Aktivierung für **K⁺-, Na⁺- und Ca²⁺** durchlässig wird. Der 5-HT$_3$-Rezeptor findet sich in hoher Dichte im Mittelhirn, und zwar in einem Areal, das bei Reizung Erbrechen auslöst. 5-HT$_3$-Rezeptor-Antagonisten (z. B. Odansetron, Cannabis) wirken antiemetisch.

Für das **ATP** ist nur ein ligandengesteuerter Rezeptor bekannt, der **P2X-Rezeptor.** Er ist ebenfalls ein nichtselektiver Kationenkanal, der also bei **Aktivierung für K⁺, Na⁺ und Ca²⁺ durchlässig** wird. P2X-Rezeptoren finden sich überall in Rückenmark und Gehirn. Die meisten ATP-Rezeptoren sind allerdings metabotrop. Auch außerhalb des Nervensystems spielen 5-HT$_3$- und ATP-Rezeptor eine wichtige Rolle.

10.2.3   Metabotrope Rezeptoren

Metabotrope Rezeptoren vermitteln eine langsamere synaptische Übertragung als ionotrope Rezeptoren.

Arbeitsweise metabotroper Rezeptoren   Für alle metabotropen Rezeptoren gilt, dass durch die Zwischenschaltung von Signalkaskaden der **Wirkungseintritt** gegenüber den ionotropen Rezeptoren **deutlich langsamer** ist, aber auch **länger anhält.**

Die meisten metabotropen Rezeptoren sind **G-Protein-gekoppelte Rezeptoren** (GPCRs, ▶ Kap. 2.2). Es gibt aber auch andere metabotrope Rezeptoren. Eine nicht-GPCR metabotrope Rezeptorklasse sind Tyrosinkinaserezeptoren, wie z. B. der Insulinrezeptor, oder Guanylatzyklase-gekoppelte Rezeptoren, wie z. B. ANP oder BNP-Rezeptoren.

Bei GPCRs führt, wie in ▢ Abb. 10.7 illustriert, die **extrazelluläre Bindung des Liganden** auf der intrazellulären Seite dazu, dass das **Guanosintriphosphat-(GTP)-bindende Protein** (G-Protein) in seinen **α-Anteil** (an den in Ruhe das GDP gebunden ist) und in seinen **β/γ-Anteil zerfällt.** Der eine oder andere dieser beiden Anteile gibt dann das Signal weiter (welcher der beiden wichtiger ist, hängt von dem jeweiligen Rezeptor ab). In Folge können Ionenkanäle geöffnet oder Ionenpumpen und Signaltransduktionskaskaden aktiviert werden.

Beim Menschen gibt es etwa 800 verschiedene GPCRs, von denen viele nicht durch **Transmitter** aktiviert werden, sondern, wie in der ▢ Abb. 10.7 dargestellt, durch **Hormone** und **andere körpereigene Stoffe**. Es gibt allein etwa 400 GPCRs im Geruchssystem für die **Erkennung von Geruchsstoffen**. Von den bekannten Transmittern und Hormonen entfalten etwa 80% ihre Wirkungen über metabotrope Rezeptoren.

Metabotrope Acetylcholin-Rezeptoren   Für Acetylcholin (ACh) gibt es neben der Familie der nikotinischen, ionotropen Rezeptoren eine weitere Familie von metabotropen Rezeptoren. Metabotrope ACh-Rezeptoren werden agonistisch durch das Fliegenpilzgift **Muskarin aktiviert** und antagonistisch durch das Tollkirschengift **Atropin blockiert**. Es wurden bisher 5 Untertypen metabotroper ACh-Rezeptoren beschrieben: M_1-M_5.

Während M_1, M_3 und M_5 über $G_{\alpha q}$ die Phospholipase C aktivieren, hemmen M_2 und M_4 über $G_{\alpha i}$ die Adenylatcyclase. Außerdem kann $G_{\beta\gamma}$ die Kaliumleitfähigkeiten (K_{IR}-Kanäle) aktivieren, die auch als GIRK (engl. G protein activated inwardly rectifying K⁺ channel) bezeichnet werden. Am Herzen vermitteln z. B. M_2-Rezeptoren die hemmende Wirkung von ACh durch eine cAMP-abhängige Veränderung der Spannungsabhängigkeit von HCN-Kanälen und durch eine Hyperpolarisation über Aktivierung von K⁺-Kanälen (GIRK) (▶ Kap. 16.4).

Metabotrope Glutamat– und GABA$_B$–Rezeptoren   Auch für Glutamat und GABA existieren metabotrope Rezeptoren. Aktivierung **metabotroper Glutamat-Rezeptoren** kann eine Vielzahl von Wirkungen hervorrufen, u. a. eine elektrische Erregung oder Hemmung. Es gibt verschiedene Untergrup-

---

Klinik

Strychninvergiftung

Strychnin ist ein Inhaltsstoff der Samen der Brechnuss. Das früher als Rattengift eingesetzte neurotoxische Alkaloid ist ein starker Antagonist am ionotropen Glycinrezeptor (▢ Abb. 10.6). Strychnin inaktiviert daher v. a. im Rückenmark viele hemmende Synap-sen. Es kommt zu schweren **Krämpfen**, an denen das Tier schließlich, im Wesentlichen wegen Erstickung, zugrunde geht. Eine Strychninvergiftung beim Menschen kann u. a. mit Benzodiazepinen (z. B. Diazepam) behandelt werden, das die Hemmung der Motoneurone über die GABA$_A$-Rezeptoren verstärkt. Die Krämpfe können durch die Blockade der neuromuskulären Übertragung mit Muskelrelaxantien z. B. vom Kurare-Typ verhindert werden, was jedoch eine künstliche Beatmung erfordert.

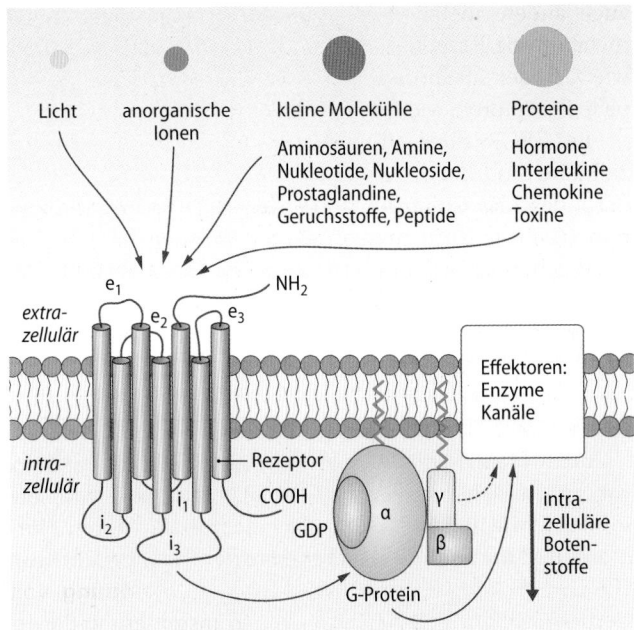

◻ Abb. 10.7 Modell eines G-Protein-gekoppelten Rezeptors (GPCR). Die Rezeptoren können u. a. durch Licht, anorganische Ionen, kleine Moleküle und Proteine aktiviert werden. Die Signalkaskade ist im Text erläutert

pen, die anhand der Signalkaskaden und zellulären Wirkungen klassifiziert sind. Z. B. führen an Bipolarzellen der Retina erregende ionotrope und hemmende metabotrope Glutamatrezeptoren zur einer gegensätzlichen Reaktion auf das von den Sinneszellen freigesetzte Glutamat (ON- und OFF-Bipolarzelle).

Aktivierung von **metabotropen GABA$_B$-Rezeptoren** führt über G-Proteine zur Öffnung von K$^+$-Kanälen. Es kommt zu einem langsam ablaufenden IPSP und damit zu einer Hemmung. Das IPSP hat ein Umkehrpotenzial von −100 mV, dem Gleichgewichtspotenzial von K$^+$ (▸ Kap. 9.3.2). Im Gegensatz hierzu hat das IPSP der ionotropen **GABA$_A$-Rezeptoren**, die Cl$^-$ und HCO$_3^-$ leiten, ein Umkehrpotenzial von etwa −70 mV. **Baclofen** ist eine mit GABA verwandte Substanz, die zur **Behandlung von Spastizität** eingesetzt wird, da sie eine starke agonistische Wirkung auf GABA$_B$-Rezeptoren hat.

Metabotrope Katecholamin-Rezeptoren **Adrenalin** und **Noradrenalin** binden an eine **Familie von metabotropen Rezeptoren**, die etwas unterschiedliche Eigenschaften haben, verschiedene Agonisten und Antagonisten besitzen und aufgrund dessen als **α$_1$-, α$_2$-, β$_1$-, β$_2$- und β$_3$-Rezeptoren** benannt sind (▸ Kap. 2.2 und 70.1).

Auch die **Rezeptoren des Dopamins**, von denen derzeit fünf bekannt sind, sind **alle metabotrop**. Sie werden in zwei Gruppen zusammenfasst. Eine Aktivierung der D$_1$/D$_5$- (D$_1$-ähnlichen) Dopaminrezeptoren erhöht über G$_{\alpha s}$ die cAMP-Konzentration und eine Aktivierung der D$_2$/D$_3$/D$_4$- (D$_2$-ähnliche) Dopaminrezeptoren erniedrigt über G$_{\alpha i}$ die cAMP-Konzentration.

Neurologisch am besten bekannt ist der Verlust der dopaminergen Innervation des Striatums beim **Morbus Parkinson**, dessen Symptome teilweise durch die Dopamin-Vorstufe L-Dopa gebessert werden können (▸ Kap. 47.4).

Metabotrope Rezeptoren für Serotonin und ATP **Metabotrope Serotoninrezeptoren (5-HT$_{1-2}$ und 5-HT$_{4-7}$)** sind im ZNS weitverbreitet. Sie beeinflussen das zirkadiane Schlaf-Wach-Verhalten, insbesondere den REM-Schlaf, und das Essverhalten. Die Wirkung des Halluzinationen erzeugenden **Rauschgifts LSD** soll auf die **Blockade von 5-HT$_2$-Rezeptoren** zurückzuführen sein.

Das **Migränemittel Sumatriptan$^®$** und verwandte Triptane sind Agonisten am **5-HT$_1$-Rezeptor.** Sie hemmen die Freisetzung von Neuropeptiden (wie Substanz P) und verhindern oder reduzieren dadurch die migränebegünstigende lokale neurogene Entzündung. Außerdem haben sie eine **vasokonstriktorische Wirkung** und reduzieren dadurch eine Vasodilatation während des Migräneanfalls.

Für **ATP** existieren die **metabotropen P1Y-** bzw. die **P2Y-Rezeptoren.** Sie scheinen überwiegend neuromodulierende Funktionen zu haben, da ATP sich besonders in cholinergen und noradrenergen Neuronen als Kotransmitter findet.

In Kürze

Die postsynaptischen Rezeptoren der Transmitter sind entweder **ligandengesteuerte Ionenkanäle** (ionotrope Rezeptoren) oder **metabotrope Rezeptoren**, die über eine intrazelluläre Signalkette Ionenkanäle öffnen oder andere Wirkungen hervorrufen. Je nach postsynaptischem Rezeptor kann ein und derselbe Transmitter sehr unterschiedliche Wirkungen hervorrufen. **Präsynaptische Autorezeptoren** und Rezeptor-Desensitisierung verhindern die Übererregung.

Nikotinische ionotrope ACh Rezeptoren, 5-HT$_3$-Rezeptoren und P2X-Rezeptoren sind nichtselektive **Kationenkanäle.** Auch die glutamatergen Non-NMDA- und NMDA Rezeptoren sind unspezifische Kationenkanäle. **GABA$_A$-Rezeptoren**, die hauptsächlich **chloridpermeabel** sind, sind die pharmakologische Zielstruktur von Benzodiazepinen und Barbituraten. Der **ionotrope Glycinrezeptor** ist ebenfalls ein Chloridkanal.

Aktivierung metabotroper Rezeptoren führt meist zur G-Protein-vermittelten Signaltransduktion. An vielen cholinergen Synapsen des **vegetativen Nervensystems** finden sich **metabotrope muskarinische Rezeptoren.** Für die **Katecholamine** gibt es **nur metabotrope Rezeptoren.**

Literatur

Hille B (2001) Ion Channels of Excitable Membranes, 3rd edn. Sinauer Associates Inc. Sunderland, USA

Kandel ER, Schwartz JH, Jessell TM, Siegelbaum SA, Hudspeth AJ (2013) Principles of neural science, 5th edn. McGraw-Hill, New York, USA

Nicholls JG, Martin AR, Fuchs PA, Brown DA, Diamond ME, Weisblat D (2001) From neuron to brain, 5th edn. Sinauer Associates Inc. Sunderland, USA

Southan C, Sharman JL, Benson HE, Faccenda E, Pawson AJ, Alexander SPH, Buneman OP, Davenport AP, McGrath JC, Peters JA, Spedding M, Catterall WA, Fabbro D, Davies JA; NC-IUPHAR. (2016) The IUPHAR/BPS Guide to PHARMACOLOGY in 2016: towards curated quantitative interactions between 1300 protein targets and 6000 ligands. Nucl. Acids Res. 44 (Database Issue): D1054-68 (http://www.guidetopharmacology.org)

10

Synaptische Plastizität

Stefan Hallermann, Robert F. Schmidt

© Springer-Verlag GmbH Deutschland, ein Teil von Springer Nature 2019
R. Brandes et al. (Hrsg.), *Physiologie des Menschen*, Springer-Lehrbuch
https://doi.org/10.1007/978-3-662-56468-4_11

Worum geht's? (◼ Abb. 11.1)

Synaptische Potenzierung und Depression

Im Rahmen von Adaptation, Lernen und Entwicklung werden Synapsen moduliert. Neben der Neubildung und Elimination von Synapsen kann sich die Stärke der synaptischen Übertragung auf unterschiedlichen Zeitskalen verändern (Millisekunden – Tage), was als synaptische Plastizität bezeichnet wird. Bei einer Verstärkung der synaptischen Übertragung spricht man von synaptischer Potenzierung und bei einer Abschwächung von synaptischer Depression.

Kurzzeit- und Langzeitplastizität

Dauert die Veränderung der Übertragungsstärke weniger als etwa eine Minute spricht man von Kurzzeitplastizität, andernfalls von Langzeitplastizität (◼ Abb. 11.1). Eine Viel-

zahl prä- und postsynaptischer Mechanismen ist an der Entstehung verschiedener Formen der synaptischen Plastizität beteiligt, wobei die intrazelluläre Ca^{2+}-Konzentration meist eine zentrale Rolle spielt. Der NMDA-Rezeptor (insbesondere dessen spannungsabhängiger Mg^{2+}-Block) gilt als Prototyp eines Koinzidenzdetektors für prä- und postsynaptische Aktivität.

Wachstum und Elimination von Synapsen

Während der Entwicklung des Nervensystems kommt es zu massivem Wachstum neuer, aber gleichzeitig auch zur Elimination bestehender Synapsen. Synapsenwachstum und -elimination können als extreme Formen der Langzeitpotenzierung und -depression angesehen werden.

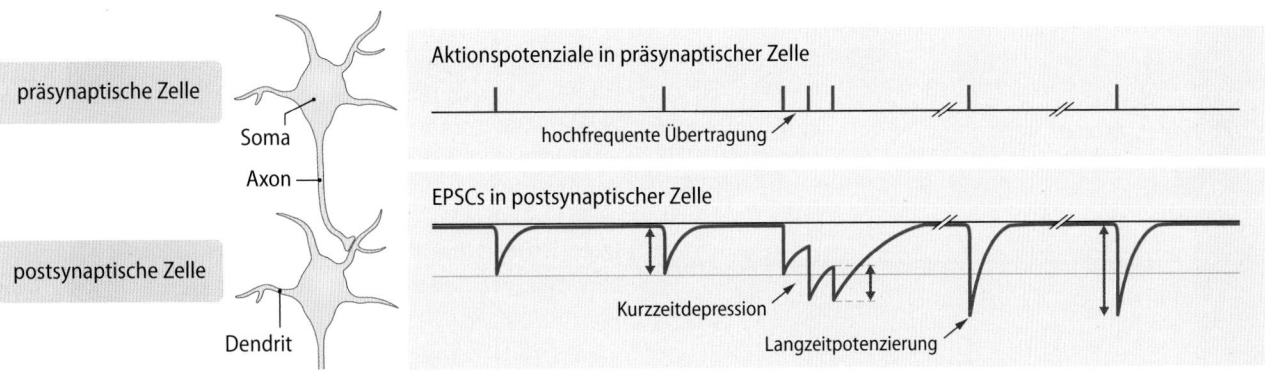

◼ Abb. 11.1　Illustration von Kurz- und Langzeitplastizität

11.1　Kurzzeitplastizität

11.1.1　Kurzzeitpotenzierung

Findet eine synaptische Übertragung kurz nacheinander mehrfach statt, kann Kurzzeitpotenzierung auftreten.

Bahnung　Wird die präsynaptische Nervenendigung zweimal im kurzen Zeitabstand (z. B. 5 ms) durch ein Aktionspotenzial erregt, so kann der zweite exzitatorische postsynaptische Strom (EPSC) deutlich größer als das erste sein. Man

spricht von **Kurzzeitpotenzierung, Kurzzeitfazilitierung** oder auch **Bahnung** (◼ Abb. 11.2a).

Restkalzium　Ursächlich ist eine gesteigerte präsynaptische Transmitterfreisetzung, für die präsynaptisches **„Restkalzium"** eine wichtige Rolle spielt: Während einer normalen Depolarisation der präsynaptischen Endigung strömt Ca^{2+} ein und erhöht die intrazelluläre Ca^{2+}-Konzentration ($[Ca^{2+}]_i$). Im Folgenden kehrt diese durch Transport und Austauschprozesse zum Ruhewert zurück. Sollte jetzt ein erneuter Reiz eintreffen bevor $[Ca^{2+}]_i$ auf den Ruhewert abgesunken ist,

a präsynaptische Kurzzeitfaszilitierung

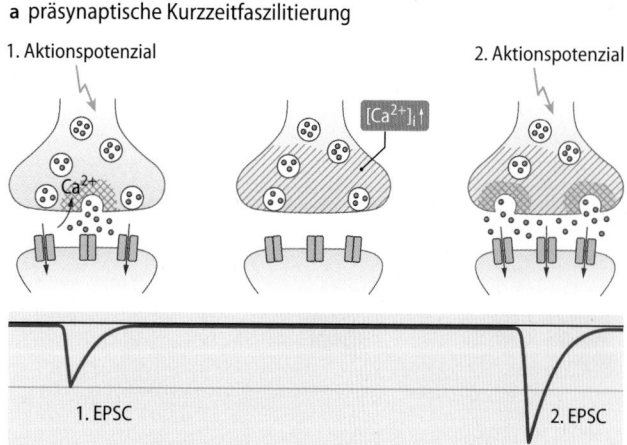

b präsynaptische Kurzzeitdepression

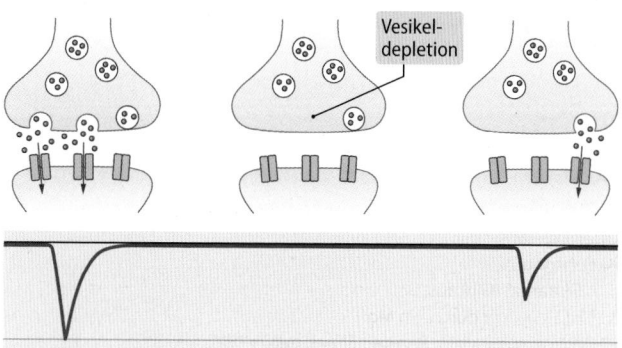

c postsynaptische Kurzzeitdepression

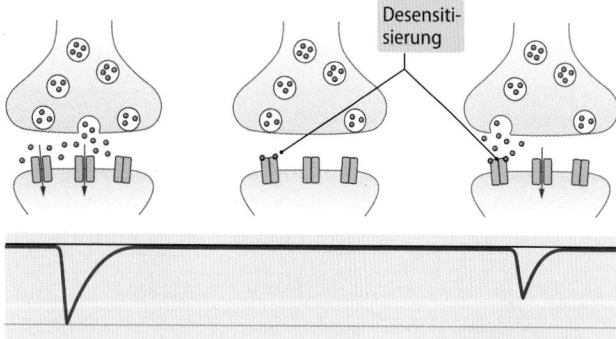

d Kurzzeitdepression durch präsynaptische Autorezeptoren

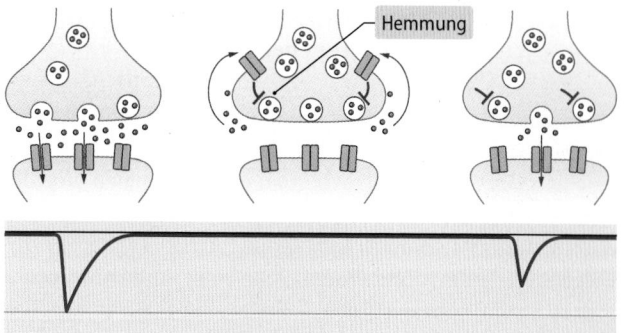

wird beim zweiten Reiz eine höhere Spitzenkonzentration von $[Ca^{2+}]_i$ erreicht, als beim ersten. Die Transmitterfreisetzung ist von der 4. Potenz von $[Ca^{2+}]_i$ abhängig. Daher führen schon sehr kleine Erhöhungen von $[Ca^{2+}]_i$ zu einer beträchtlichen Steigerung der Transmitterfreisetzung.

Kurzzeitgedächtnis   Mit der Bahnung gewinnt die Nervenendigung eine Form von **Gedächtnis**: Für einige 100 ms wird sie vom vorhergehenden Ereignis beeinflusst. Es gibt auch Synapsen, bei denen die Bahnung Minuten andauert. Synaptische Kurzzeitplastizität scheint ein erster Mechanismus der Gedächtnisbildung zu sein (▶ Kap. 67.1).

❯ Die Erhöhung der präsynaptischen Ca^{2+}-Konzentration ($[Ca^{2+}]_i$) ist eine Ursache für Kurzzeitpotenzierung (Bahnung).

11.1.2   Kurzzeitdepression

Eine repetitive synaptische Übertragung kann auch zur Abschwächung der Übertragung führen.

Vesikeldepletion   Repetitive Erregungen der Nervenendigungen können auch das Gegenteil von Potenzierung, eine Depression, hervorrufen (◻ Abb. 11.2b–d). Bei der präsynaptischen Form der Kurzzeitdepression nimmt die Menge des pro Aktionspotenzial ausgeschütteten Transmitters ab. Eine der Ursachen ist der **Verbrauch des Vorrats an fusionsbereiten Vesikeln (Vesikeldepletion)** in der aktiven Zone (◻ Abb. 11.2b).

Saturation und Desensitisierung   Neben präsynaptischen finden sich auch **postsynaptische Mechanismen** der Kurzzeitdepression: Die postsynaptischen Rezeptoren können angesichts der im Spalt vorhandenen hohen Konzentrationen des Transmitters eine Ausschüttung zusätzlicher Transmitter nicht mehr detektieren (**Saturation**). Postsynaptische Rezeptoren können darüber hinaus **desensitisieren**, d. h. sie bleiben trotz Erhöhung der Transmitterkonzentration im Spalt geschlossen (◻ Abb. 11.2c).

Autorezeptoren   Außerdem wirkt an vielen Synapsen der ausgeschüttete Transmitter über **Autorezeptoren** hemmend zurück auf die Präsynapse (▶ Kap. 10.2). Besonders bei hohen Aktionspotenzialfrequenzen reduziert dieser Mechanismus die Transmitterfreisetzung (◻ Abb. 11.2d).

◻ **Abb. 11.2a–d   Formen der Kurzzeitplastizität. a** Bei der präsynaptischen Kurzzeitpotenzierung wird die Freisetzung beim 2. Aktionspotenzial durch die erhöhte präsynaptische Ca^{2+}-Konzentration gesteigert. **b** Bei der präsynaptischen Kurzzeitdepression ist die Freisetzung beim 2. Aktionspotenzial wegen der Vesikeldepletion reduziert. **c** Bei der postsynaptischen Kurzzeitdepression ist das EPSC beim 2. Aktionspotenzial durch desensitisierte postsynaptische Rezeptoren reduziert. **d** Durch präsynaptische Autorezeptoren, die hemmend auf die Präsynapse wirken, ist die Transmitterfreisetzung beim 2. Aktionspotenzial reduziert

Habituation

Untersuchungen von Erik Kandel (Nobelpreis 2000) an der Meeresschnecke *Aplysia californica* konnten eindrucksvoll zeigen, dass synaptische Kurzzeitdepression eine Ursache für die Gewöhnung an einen bestimmten Reiz ist (**Habituation**, ▸ Kap. 66.1 und 66.3). Bei wiederholter Reizung ließ sich der abgeschwächte Kiemenrückzugsreflex auf eine synaptische Depression zwischen dem sensorischen und dem motorischen Neuron zurückführen.

> **In Kürze**
>
> Bei kurz aufeinander folgenden synaptischen Übertragungen kann **Kurzzeitpotenzierung (Bahnung)** auftreten: Die erste Depolarisation öffnet Ca²⁺-Kanäle und hinterlässt eine noch erhöhte Ca²⁺-Konzentration, worauf bei der nächsten Depolarisation die intrazelluläre Ca²⁺-Konzentration erhöhte Werte erreicht und damit die Transmitterfreisetzung verstärkt wird. Repetitive Übertragung kann auch das Gegenteil von Kurzzeitpotenzierung, nämlich **Kurzzeitdepression** auslösen. Hierbei ist u. a. die Erschöpfung des Vorrats an Vesikeln ursächlich. Diese Mechanismen sind u.a. am Kurzzeitgedächtnis beteiligt.

11.2   Langzeitplastizität

11.2.1   Langzeitpotenzierung (LTP)

Unter Langzeitpotenzierung versteht man eine lang andauernde Verstärkung der Effizienz der synaptischen Übertragung.

Mechanismen des Lernens   Eine grundlegende Fähigkeit selbst primitiver Nervensysteme ist das **Lernen**, d. h. die Änderung der Reaktionsweise des Systems aufgrund von Erfahrungen. Die synaptische Kurzzeitplastizität ist wichtig für kurzzeitige Lernvorgänge, erklärt aber nicht langanhaltendes Lernen und Langzeitgedächtnisbildung. Diese Prozesse werden über **Langzeitpotenzierung** (engl. **long term potentiation; LTP**) und **Langzeitdepression** (engl. **long term depression; LTD**) induziert. Bei der Langzeitplastizität wird die Übertragung an dieser bestimmten Synapse eventuell tagelang beträchtlich verstärkt oder abgeschwächt.

Induktion und Expression   Langzeitplastizität wird durch eine Vielzahl von Proteinen kontrolliert. Unter der Induktion der Langzeitplastizität versteht man **prä- oder postsynaptisch lokalisierte Mechanismen**, die bestimmte Ereignisse detektieren (z. B. hochfrequente synaptische Übertragung, gleichzeitige Aktivität der prä- oder postsynaptischen Zelle). Hierzu zählen insbesondere Ca²⁺-bindende Proteine (z. B. Calmodulin), die bei bestimmten Ca²⁺-Konzentrationen nachgeschaltete Signalkaskaden aktivieren. Unter der Expression der Langzeitplastizität versteht man Mechanismen, die die Stärke der synaptischen Übertragung letztlich ändern. Dies kann entweder präsynaptisch eine veränderte Transmitterfreisetzung sein oder postsynaptisch eine veränderte Emp

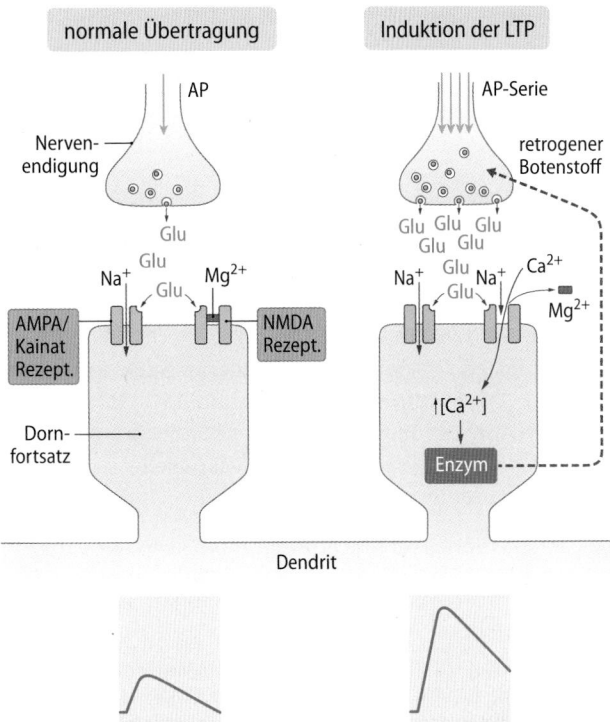

◻ Abb. 11.3   Langzeitpotenzierung (LTP). Links: „Normale" synaptische Übertragung an einem Dornfortsatz eines Neurons im Hippocampus. Ein Aktionspotenzial (AP) in der Nervenendigung löst mäßige Freisetzung von Glutamat (Glu) aus. Bei stark negativen Membranpotenzialen ist der NMDA-Rezeptor durch ein Mg²⁺ im Kanal blockiert. Nur der Rezeptor vom AMPA/Kainat-Typ (A/K Rezept.) öffnet. Rechts: Bei einer Serie von APs erzeugt die erhöhte Glutamatfreisetzung ein vergrößertes EPSP. Durch die Depolarisation wird Mg²⁺ aus dem NMDA-Rezeptorkanal verdrängt und Ca²⁺ strömt in den Dornfortsatz ein. Die Erhöhung der [Ca²⁺]ᵢ aktiviert Enzyme, die die postsynaptische Empfindlichkeit für Glutamat heraufsetzen und über die Produktion und Freisetzung retrograder Transmitter (z. B. NO) die präsynaptische Transmitterfreisetzung langfristig erhöhen. K⁺-Ströme durch die Glutamatrezeptoren sind aus Übersichtsgründen in der Abbildung ausgespart

findlichkeit für den Transmitter. Je nach Typ der Nervenzelle sind sehr **unterschiedliche Mechanismen** an der Induktion und Expression beteiligt.

NMDA-Rezeptor-abhängige LTP   Im Hippocampus, der bei Lernvorgängen eine wichtige Rolle spielt, treten zwei prototypische Formen der LTP auf, die im Folgenden beschrieben werden: Bei der **NMDA-Rezeptor-abhängigen Form** spielen NMDA- und AMPA/Kainat-Glutamatrezeptoren (▸ Kap. 10.2.2) an den Dornfortsätzen glutamaterger Synapsen der Pyramidenzellen eine wichtige Rolle. Diese Form tritt besonders an Schaffer-Kollateralsynapsen in der CA1-Region des Hippocampus auf: Das während einer einzelnen synaptischen Übertragung freigesetzte Glutamat öffnet Kanäle vom AMPA/Kainat-Typ (◻ Abb. 11.3, links). Einige NMDA-Kanäle öffnen zwar, bleiben aber durch Mg²⁺ blockiert. Bei wiederholter synaptischer Übertragung wird mehr Glutamat freigesetzt (◻ Abb. 11.3, rechts) und die exzitatorischen postsynaptischen Potenziale (EPSPs) summieren sich. Durch die starke Depolarisation im Dornfortsatz wird der spannungsabhängige **Mg²⁺-Block** der Pore der **NMDA-Kanäle** aufgehoben. Da

NMDA-Rezeptoren Ca^{2+}-permabel sind, kommt es nicht nur zu einem sehr großen EPSP, sondern auch zum postsynaptischen **Ca^{2+}-Anstieg**.

Da Ca^{2+} einer der wichtigsten second messenger ist, hat der Anstieg der intrazellulären Ca^{2+}-Konzentration vielfältige Folgen. Umbauvorgänge im Zytoskelett werden initiiert und u. a. **vermehrt Glutamatrezeptoren** eingebaut, was die Empfindlichkeit für Glutamat heraufgesetzt. Die neuronale Genexpression wird moduliert (◻ Abb. 11.4) und **retrograde Neurotransmitter** werden produziert und freigesetzt. Zu den bekanntesten retrograden Neurotransmittern gehören von der neuronalen NO-Synthase produziertes **Stickstoffmonoxid** (NO), das als **lipidlöslicher** Transmitter von der Post- an die Präsynapse diffundieren kann, und **Endocannabinoide,** die über präsynaptische G-Protein-gekoppelte Rezeptoren (z. B. CB1-Rezeptoren) wirken.

❯ Ca^{2+}-**Einstrom über NMDA-Rezeptoren kann LTP induzieren.**

cGMP
NO hat präsynaptisch (und auch postsynaptisch) vielfältige Wirkungen. Es aktiviert die Guanylatzyklase. Das gebildete cGMP kann dann z. B. Ionenkanäle öffnen oder cGMP-abhängige Proteinkinasen aktivieren. NO kann auch direkt mit Proteinen interagieren (S-Nitrosierung) und so u. a. Proteine der Aktiven Zone (z. B. Syntaxin und SNAP-25) beeinflussen.

Nicht-NMDA-Rezeptor-abhängige LTP   Bei der **nicht-NMDAR-abhängigen Form** der LTP induziert der **präsynaptische Anstieg der Ca^{2+}-Konzentration** über eine Ca^{2+}-abhängige Adenylatcyclase direkt eine erhöhte Transmitterfreisetzung. Diese Form der LTP tritt besonders an Moosfasersynapsen in der CA3-Region des Hippocampus auf.

Späte LTP   LTP kann 1–2 Stunden, aber auch sehr viel länger währen (◻ Abb. 11.4a). Späte LTP kann durch Blockade der Proteinbiosynthese verhindert werden und greift in die Genexpression ein (◻ Abb. 11.4b). Dabei können auch Strukturänderungen eintreten, bei denen die Größe und die Anzahl der Synapsen zunehmen. So konnte z. B. nach LTP eine Vergrößerung der postsynaptischen spines gemessen werden (◻ Abb. 11.4c).

11.2.2 Langzeitdepression (LTD)

Unter Langzeitdepression versteht man eine lang andauernde Depression der Effizienz der synaptischen Übertragung.

Synapsen des Kleinhirns   Der entgegengesetzte Vorgang zur Langzeitpotenzierung, die Langzeitdepression (LTD), kann z. B. an Purkinje-Zellen des Kleinhirns beobachtet werden. Diese Zellen, von denen die Efferenzen des Kleinhirns ausgehen, werden durch zwei Eingänge angesteuert (▶ Kap. 46.4). Wenn zwei dieser Eingänge, die **Kletterfasern** und die **Parallelfasern, gleichzeitig** erregt werden, wird danach die Übertragung zwischen den Parallelfasern und Purkinje-Zellen für Stunden gehemmt, es tritt LTD ein.

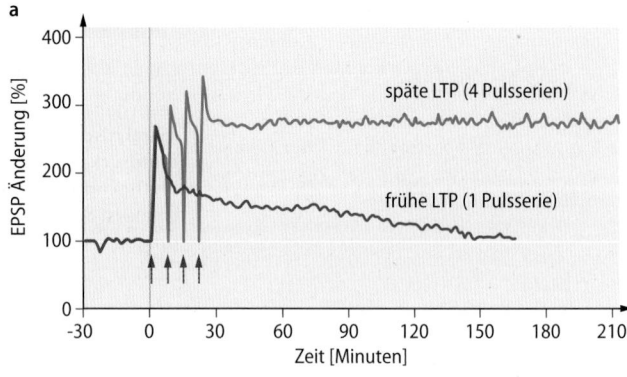

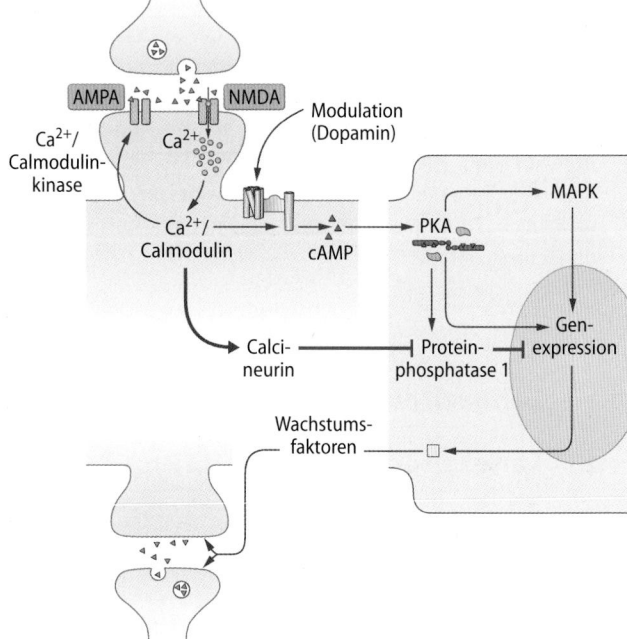

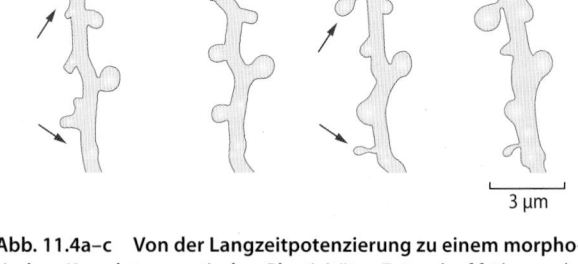

◻ **Abb. 11.4a–c   Von der Langzeitpotenzierung zu einem morphologischen Korrelat synaptischer Plastizität. a** Zeitverlauf früher und später Langzeitpotenzierung (LTP). **b** Späte LTP wirkt über Proteinbiosynthese und Transkriptionsänderungen im Zellkern. An der Signalkaskade sind u. a. Proteinkinase A (PKA) und MAP-Kinase (MAPK) beteiligt. **c** 60 Minuten nach LTP-Auslösung ist bei einer hippocampalen Pyramidenzelle ein Wachstum der stimulierten dendritischen Dornfortsätze sichtbar

Synapsen des ZNS   Während die erwähnten Synapsen im Kleinhirn hauptsächlich LTD aufweisen, können an den meisten Synapsen des ZNS **sowohl LTP als auch LTD** auftreten. Bemerkenswerterweise entscheidet wiederum die **intrazelluläre Ca^{2+}-Konzentration** ($[Ca^{2+}]_i$) im Dendriten (bzw. spine) ob LTP oder LTD ausgelöst wird: Eine starke Erhöhung von $[Ca^{2+}]_i$ führt zu LTP und eine schwache zu LTD. Entsprechend kann es zur LTP kommen, wenn ein synaptischer Eingang durch eine hochfrequente Serie von Aktionspotenzialen stark aktiviert wird (z. B. 100 Hz für 100 ms) und zur LTD wenn ein synaptischer Eingang über eine längere Zeit schwach aktiviert wird (z. B. 1 Hz für 15 min).

$[Ca^{2+}]_i$-Konzentration
Die genauen Mechanismen, wie unterschiedliche postsynaptische $[Ca^{2+}]_i$ entweder LTP oder LTD induzieren können, sind nicht vollständig geklärt. Während bei stark erhöhter $[Ca^{2+}]_i$ Kinasen aktiviert werden, kommt es bei gering erhöhter $[Ca^{2+}]_i$ zu einer Aktivierung von Proteinphosphatase 1 (PP1) oder Calcineurin, die eine höhere Affinität zu Ca^{2+} haben. Bei stark erhöhter $[Ca^{2+}]_i$ könnte PP1 u.a. durch die Kinase PKA inhibiert werden. Unabhängig von diesen $[Ca^{2+}]_i$-abhängigen Mechanismen kann die Aktivierung postsynaptischer metabotroper Glutamatrezeptoren LTD auslösen.

Aktionspotenzialzeitpunkt-abhängige Plastizität Die Form der Plastizität (LTP oder LTD) kann auch vom **zeitlichen Zusammenhang** zwischen der Aktivität des synaptischen Eingangs und der Aktivität der postsynaptischen Zelle abhängig sein. Tritt wiederholt ein EPSC vor einem Aktionspotenzial auf, kann LTP beobachtet werden (□ Abb. 11.5 links). In dieser Situation bindet zuerst Glutamat an den NMDA-Rezeptor und „versucht" ihn zu öffnen. Allerdings führt erst das Aktionspotenzial in der postsynaptischen Zelle (und insbesondere die **retrograde Leitung** zurück in den Dendriten) zu einer Depolarisation, die ausreichend ist, den spannungsabhängigen Block des NMDA-Rezeptors durch Mg^{2+} zu lösen. Dadurch kommt es zu einem starken Einstrom von Ca^{2+} und entsprechend zu LTP.

Bei umgekehrter Reihenfolge kommt es zu LTD (□ Abb. 11.5, rechts). In dieser Situation ist die Depolarisation durch das Aktionspotenzial bereits vorüber, ehe Glutamat an den NMDA-Rezeptor bindet, und der Mg^{2+}-Block wird nicht gelöst. Dadurch kommt es nur zu einem geringen Einstrom von Ca^{2+} und entsprechend zu LTD. Diese Form der synaptischen Plastizität wird **Aktionspotenzialzeitpunkt-abhängige Plastizität** genannt (engl. **spike-timing-dependent plasticity, STDP**). STDP ist die zelluläre Grundlage der Funktion der Hebbschen Synapsen und der klassischen Konditionierung.

> ⟩ **Langzeitpotenzierung bei STDP: EPSCs vor Aktionspotenzial. Langzeitdepression bei STDP: EPSCs nach Aktionspotenzial.**

11.2.3 Plastizität und Entwicklung

Während Kurzzeitplastizität im Zeitraum von Sekunden bis Minuten und Langzeitplastizität im Zeitraum von Stunden bis Tagen auftritt, kommt es im Zeitraum von Jahren zu dramatischen Veränderungen in der Anzahl der synaptischen Verbindungen.

Synapsenanzahl Das Gehirn eines Erwachsenen enthält etwa 100 Billionen (10^{14}) Synapsen. Die Anzahl der Synapsen

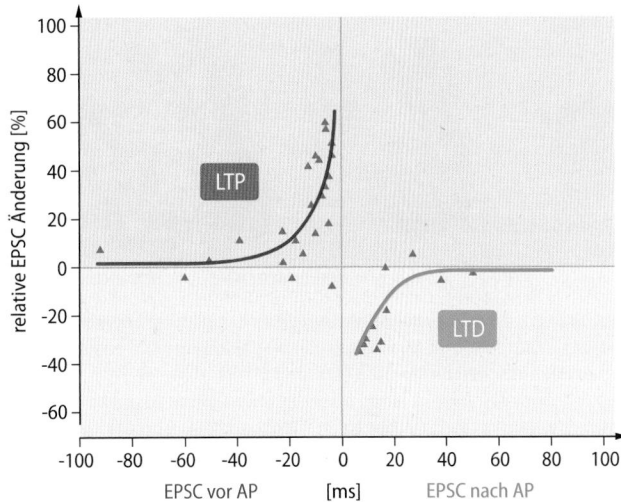

□ **Abb. 11.5 Aktionspotenzialzeitpunkt-abhängige Plastizität (spike-timing-dependent plasticity).** Relative Änderung des exzitatorischen postsynatpischen Stroms (EPSC) (Ordinate) in Abhängigkeit vom Abstand zwischen EPSC und Aktionspotenzial (Abszisse). LTP=Langzeitpotenzierung, LTD=Langzeitdepression

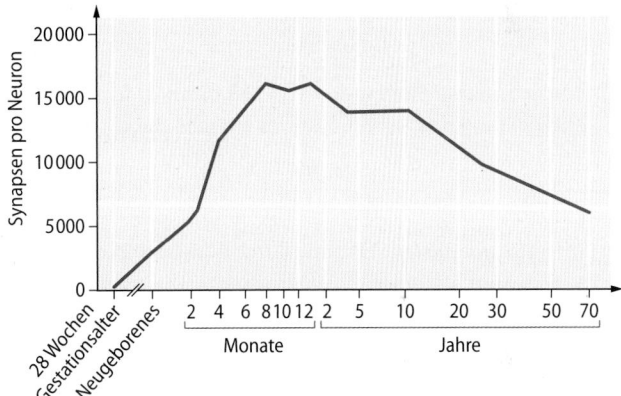

□ **Abb. 11.6 Mittlere Anzahl der Synapsen pro Neuron im menschlichen Kortex aufgetragen gegen die Lebensdauer.** (Modifiziert nach Huttenlocher 1990)

zwischen zwei Zellen variiert zwischen 1 und etwa 200.000. Die durchschnittliche Anzahl der Synapsen pro Neuron im Kortex beträgt zu Geburt etwa **10% des späteren Maximalwertes** von etwa 15.000, der im **Alter von etwa einem Jahr** erreicht wird, und nimmt im Laufe der weiteren Entwicklung dann stetig ab (□ Abb. 11.6). Außerdem ist die Plastizität von Synapsen abhängig vom Entwicklungsstadium. Generell sind unreife Neurone plastischer als reife. Durch die erhöhte Plastizität unreifer Neurone können während der kindlichen Entwicklung die benötigten Verbindungen gefestigt und die nicht benötigten abgebaut werden.

Synapsenelimination Während der Reifung des Nervensystems werden **viele Synapsen eliminiert**, wie in □ Abb. 11.7 am Beispiel der motorischen Endplatte einer Maus illustriert wird. In dem gezeigten Beispiel enden zum Zeitpunkt der Geburt zwei Axone auf einer Skelettmuskelfaser. Im Verlauf

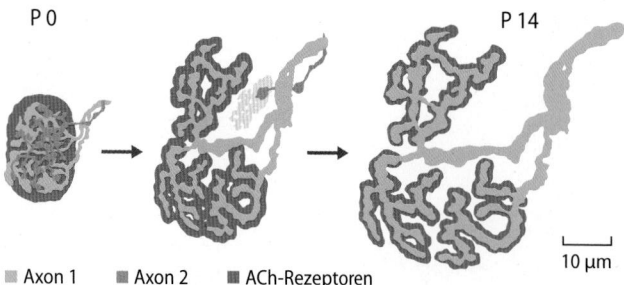

P 0   P 14

■ Axon 1   ■ Axon 2   ■ ACh-Rezeptoren

⊟ **Abb. 11.7   Synapsenelimination.** Links: Endplatte einer Maus am Tag der Geburt (P0) mit zwei Axonen in blau und grün. Die postsynaptischen nikotinischen Rezeptoren (rot) sind in einem ovalen Feld angeordnet. Mitte: Im Verlauf von Tagen übernimmt das grüne Axon die Innervation der Muskelfaser. Rechts: Nach 2 Wochen (P14) ist die Endigung des blauen Axons abgebaut

Literatur

Kandel ER, Schwartz JH, Jessell TM, Siegelbaum SA, Hudspeth AJ (2013) Principles of neural science, 5th edn. McGraw-Hill, New York
Korte M, Schmitz D (2016) Cellular and System Biology of Memory: Timing, Molecules, and Beyond. Physiol Rev 96:647-93
Malenka RC, Bear MF (2004) LTP and LTD: an embarrassment of riches. Neuron 44:5-21

von wenigen Tagen wächst die eine Endigung, während die andere abgebaut wird. Ähnlich wie die Aktionspotenzialzeitpunkt-abhängige Plastizität an zentralen Synapsen spielt bei diesen Reifungsprozessen an der neuromuskulären Synapse auch der zeitliche Zusammenhang zwischen der Aktivität der Eingänge und dem Feuerverhalten des Muskels eine Rolle. Bei der Elimination von Synapsen des ZNS spielt das initiale Protein der klassischen Komplementkaskade (C1q) eine Rolle.

❯ Wachstum und Elimination von Synapsen ist für die Entwicklung des Nervensystems entscheidend.

11

In Kürze

Wird ein synaptischer Eingang durch eine hochfrequente Serie von Aktionspotenzialen stark aktiviert, kann es an zentralen Synapsen zu **Langzeitpotenzierung (LTP)** kommen. Dadurch wird die Übertragung an diesem Eingang eventuell tagelang beträchtlich potenziert. Unter **Langzeitdepression (LTD)** versteht man eine lang andauernde Reduktion der Effizienz der synaptischen Übertragung. An manchen Synapsen wird bei hochfrequenten Pulsserien LTP und bei niederfrequenten Pulsserien LTD beobachtet. Beide Formen längerfristiger Veränderungen der Effizienz der synaptischen Übertragung (LTP und LTD) gelten als mögliche Mechanismen des Lernens. Während der Entwicklung des Nervensystems kommt es zu dramatischen Veränderungen der **Anzahl der synaptischen Verbindungen**, denen **Wachstum** und **Elimination** von Synapsen zugrunde liegen.

Muskel

Inhaltsverzeichnis

Leben ist Bewegung

Wolfgang Linke, Gabriele Pfitzer

© Springer-Verlag GmbH Deutschland, ein Teil von Springer Nature 2019
R. Brandes et al. (Hrsg.), *Physiologie des Menschen*, Springer-Lehrbuch
https://doi.org/10.1007/978-3-662-56468-4_12

Worum geht's?

Bewegung liegt zentralen Lebensprozessen zugrunde

Alle tierischen Lebewesen, selbst Einzeller, bewegen sich fort. Bei Vielzellern sind die Skelettmuskeln für die Fortbewegung zuständig. Andere spezialisierte Organe sind verantwortlich für konvektive Transportprozesse im Organismus: der Herzmuskel pumpt Blut und die glatten Muskeln der inneren Hohlorgane und Gefäße bewegen deren Inhalte vorwärts bzw. steuern die Durchblutung. Diese Bewegungen werden durch spezielle Struktur- und Motorproteine in den Muskelzellen ermöglicht. Jedoch findet man molekulare Bewegungsvorgänge in allen Zelltypen. Jede Zelle besitzt ein verzweigtes Netzwerk von Protein-"Schienen", an die **Motorproteine** andocken, welche z. B. molekulare Frachten transportieren (◾ Abb. 12.1).

Zellen können Wandern

Die Fähigkeit von Zellen, ihre Gestalt zu ändern oder an einen neuen Ort zu wandern, nennt man **Zellmotilität**. Ohne sie gäbe es z. B. weder eine Embryogenese noch einige unserer (patho-) physiologischen Schutzmechanismen. Beispielhaft hierfür sind Prozesse der **Zellwanderung**, wie die Migration von Zellen der Neuralleiste bei der Embryogenese, von Makrophagen in der Immunabwehr oder von Fibroblasten (◾ Abb. 12.1) während des Wundverschlusses bzw. beim Ersatz von geschädigtem Gewebe.

Motorproteine transportieren Frachten entlang von Zytoskelettfilamenten

In den Zellen existieren unterschiedliche **Motormoleküle**. Bekannt ist v. a. das "konventionelle" Myosin, das für die Kontraktion unserer Muskeln verantwortlich ist. Jedoch gibt es auch viele weitere "unkonventionelle" Myosine, deren Mitglieder u. a. für die Funktion des Innenohres, für die Hautpigmentierung oder die Wundheilung mitverantwortlich sind. Myosine wandern unter Verbrauch von ATP entlang von Aktinfilamenten (◾ Abb. 12.1). Andere Motorproteine, die Kinesine und Dyneine, bewegen sich entlang von Mikrotubuli fort. Aktinfilamente und Mikrotubuli bilden gemeinsam mit Intermediärfilamenten ein zelluläres Tragwerk (**Zytoskelett**), das einem dynamischen Auf-, Um- und Abbau unterliegt. Entlang der Zytoskelettfilamente hangeln sich die Motorproteine, um Vesikel oder Organellen relativ schnell an bestimmte Orte in der Zelle zu bringen (◾ Abb. 12.1). Unzählige Zellfunktionen werden durch solche molekularen Transportprozesse aufrechterhalten.

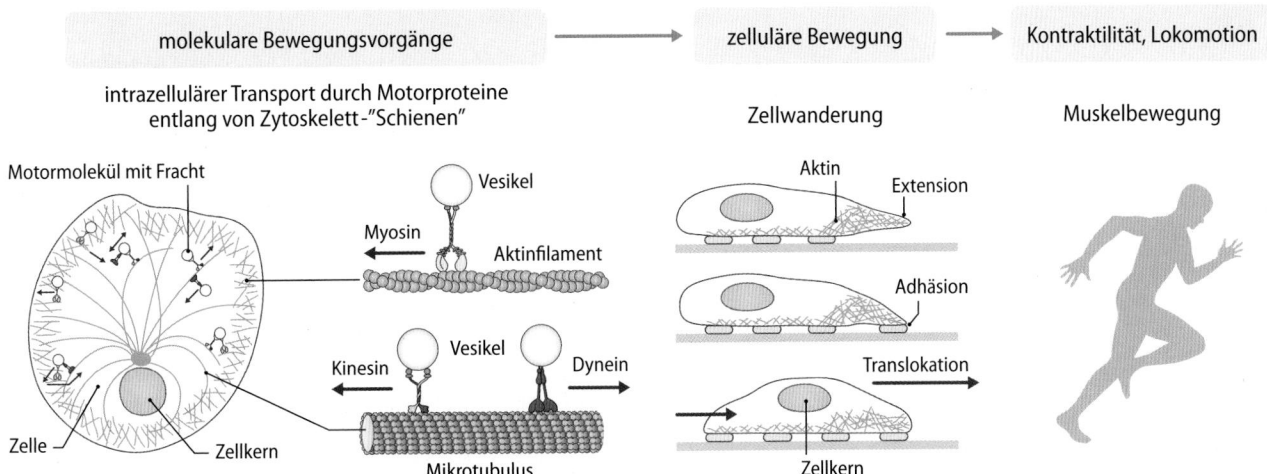

◾ **Abb. 12.1   Bewegung findet im Organismus auf verschiedenen Organisationsebenen statt**, wobei molekulare Bewegungsvorgänge und Zellmotilität mannigfaltige Lebensprozesse definieren

12.1   Zytoskelett und Motorproteine

12.1.1   Zytoskelettfilamente

Intrazelluläre Bewegungen und Umlagerungen werden ermöglicht durch verschiedene Arten von Filamenten, die in ihrer Gesamtheit das Zytoskelett ausmachen.

Zytoskelett   Das strukturelle Tragwerk eukaryotischer Zellen, das Zytoskelett, besteht aus drei verschiedenen Arten relativ **steifer Filamente**, die sich im Zytoplasma sowie z. T. im Nukleus befinden: **Mikrotubuli, Aktin- bzw. Mikrofilamente** (synonymer Begriff) und **Intermediärfilamente** (◘ Abb. 12.2). Alle Filamente entstehen durch Aneinanderlagern von Untereinheiten über nichtkovalente Bindungen. Die Filamente bilden **untereinander verbundene Netzwerke**, die fest und doch anpassungsfähig sind. Sie unterliegen einem regelmäßigen Auf-, Um- und Abbau, der von der Zelle reguliert werden kann. Die Mikrotubuli und die Aktinfilamente (nicht aber die Intermediärfilamente) stellen intrazelluläre „Schienen" dar, entlang derer sich Motorproteine bewegen.

❱ **Das Zytoskelett besteht aus Mikrotubuli, Aktin-(Mikro-) und Intermediärfilamenten.**

Mikrotubuli   Die Mikrotubuli bestehen aus Tubulinuntereinheiten, die sich zu starren, hohlen Röhren (Durchmesser 25 nm) zusammenlagern (◘ Abb. 12.2). Diese können in der Länge schnell wachsen oder schrumpfen. In der Zelle sind sie sternförmig angeordnet, beginnend am **Mikrotubuli-organisierenden Zentrum** (MTOC; Synonym: Zentrosom). Die **Polymerisierung** bzw. **Depolymerisierung** der Mikrotubuli wird *in vivo* durch zahlreiche Proteine reguliert. Somit entsteht eine dynamische Instabilität der Mikrotubuli, die der Zelle hilft, ihr Zytoskelett rasch an veränderte Bedingungen anzupassen. Die Mikrotubuli übernehmen zusammen mit assoziierten Proteinen wichtige Funktionen wie:

- die **Erhaltung und Veränderung der Zellform** (z. B. tragen die Mikrotubuli in Nervenzellen gemeinsam mit den Intermediärfilamenten zum fadenförmigen Aufbau der Axone bei);
- die **Bildung des Spindelapparats** bei der Zellteilung (die Spindelfasern bestehen aus Mikrotubuli);
- die **Strukturierung des MTOC**, das die Mitosespindel organisiert (ein typisches Zentrosom besteht neben dem sog. perizentriolären Material aus zwei Zentriolen; jede Zentriole stellt einen Zylinder aus 27 Mikrotubuli bzw. 9 miteinander verbundenen Mikrotubuli-Tripletts dar);

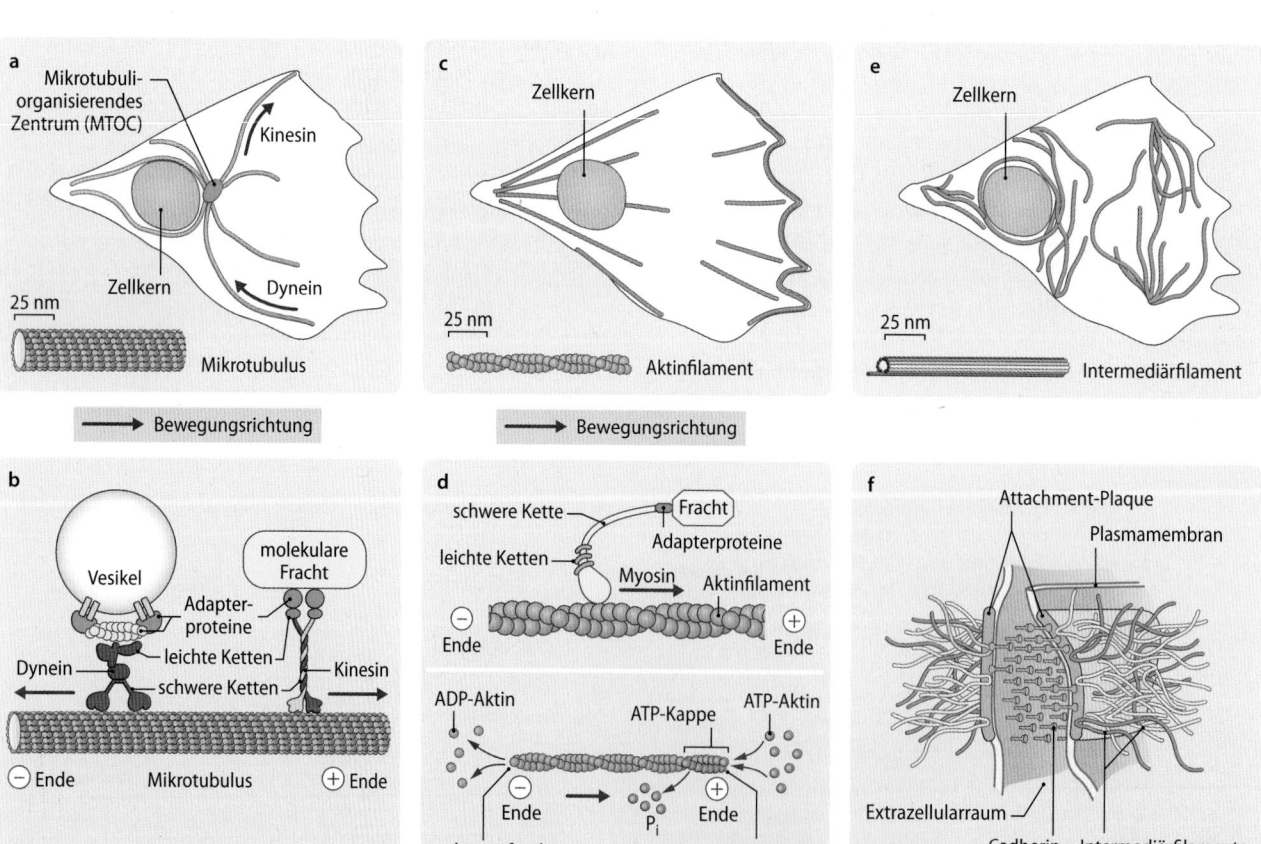

◘ **Abb. 12.2a–f   Zytoskelettfilamente und Motorproteine. a** Mikrotubuli in der Zelle. **b** Bewegung von Dynein bzw. Kinesin am Mikrotubulus. **c** Aktinfilamente in der Zelle. **d** (oben) Bewegung von Myosin am Aktinfilament; (unten) Polymerisierung-Depolymerisierung von Aktin („Tretmühlenmechanismus") als Quelle von Zellbewegungen. **e** Intermediärfilamente in der Zelle. **f** Zell-Zell-Verbindung (Desmosom) mit einstrahlenden Intermediärfilamenten

- die **Ausprägung von Zellpolarität** (da die Mikrotubuli vom MTOC aus wachsen [◻ Abb. 12.2], bestimmt dieses die Orientierung der Mikrotubuli und damit die Zellpolarität);
- die **Beteiligung am intrazellulären Transport** von Frachten (Mikrotubuli sind „Transportgleise");
- die **Strukturierung und Bewegung von Zilien** (▶ Abschn. 12.1.2).

Organisation der Mikrotubuli

Die Basiseinheit der Mikrotubuli sind die Tubulindimere (50 kDa), die aus zwei unterschiedlichen Tubulindomänen (**α- und β-Tubulin**) bestehen. Diese Dimere binden Guanosintriphosphat (GTP) und polymerisieren über das Protofilament (Kette von Tubulindimeren) zu Röhren aus 13 Protofilamenten, den fertigen Mikrotubuli. Ein Mikrotubulus ist polar (◻ Abb. 12.2), sein (–)-Ende schließt mit einer Reihe aus α-Tubulinen ab, sein (+)-Ende mit einer Reihe aus β-Tubulinen. Durch Anlagerung von αβ-Heterodimeren an das (+)-Ende kann der Mikrotubulus relativ schnell wachsen. Wird das GTP an den Tubulinuntereinheiten zu Guanosindiphosphat (GDP) hydrolysiert, sinkt die Tubulin-Affinität zum Mikrotubulus, sodass dieser am (–)-Ende schrumpft. Diese Polymerisierung-Depolymerisierung nennt man auch „Tretmühlenmechanismus".

Aktinfilamente   Die Aktinfilamente (Synonym: Mikrofilamente) sind flexible und in der Länge veränderbare Proteinfäden (Durchmesser 5–9 nm) (◻ Abb. 12.2). In der Zelle sind sie zahlreich, gehäuft findet man sie v. a. im Zellkortex und in Plasmamembranfortsätzen, wo sie dynamische Strukturen bilden. Als stabile Strukturen kommen sie in Mikrovilli vor. Besonders häufig sind sie in Muskelzellen, wo sie gemeinsam mit Myosin und Regulatorproteinen den kontraktilen Apparat bilden (▶ Kap. 13.1). Zu den vielfältigen Funktionen der Aktinfilamente gehören die Ausführung von Zell(fort)bewegungen oder Zellformveränderungen (▶ Abschn. 12.1.2), die Stabilisierung der äußeren Zellform, die Fixierung membranständiger Proteine, die Beteiligung an der Ausbildung von Zell-Zell-Kontakten (fokale Adhäsions-Punkte) und die Vermittlung von Muskelkontraktionen sowie von intrazellulärem Transport über kurze Strecken durch Interaktion mit Myosin (◻ Abb. 12.2).

❯❯ Aktinfilamente und Mikrotubuli bilden ein intrazelluläres Schienensystem für Motormoleküle.

Organisation der Aktinfilamente

Die Mikrofilamente bestehen größtenteils aus dem doppelt helikalen F-Aktin, das durch Polymerisierung von globulärem Aktin (G-Aktin) in Anwesenheit von (Mg^{2+}-)ATP entsteht. Das am G-Aktin gebundene ATP wird beim Einbau ins Aktinfilament hydrolysiert, der Phosphatrest (P_i) wird abgespalten (◻ Abb. 12.2). ATP-Aktin hat dabei eine höhere Affinität zur benachbarten Untereinheit als ADP-Aktin. Somit entsteht ein „Tretmühlenmechanismus": das polare Aktinfilament wächst an dem Ende, das ATP-Aktin trägt ([+]-Ende), schrumpft jedoch am ADP-Aktin-tragenden (–)-Ende.

Aktin-bindende Regulatorproteine   In der Zelle wird die Anordnung der Aktinfilamente mannigfach durch assoziierte Proteine reguliert, z. B.:

- Proteine, die die Polymerisierung und Verzweigung bestimmen (Arp2/3-Komplex);
- bündelnde/quervernetzende Proteine, die über die räumliche Anordnung entscheiden (z. B. Filamin);
- Proteine zur Verankerung in Membranen (z. B. Talin, Vinculin, Catenin);
- *capping*-Proteine, die an die Filament-Enden binden und die Anlagerung oder den Abbau von G-Aktin verhindern (z. B. CapZ, Tropomodulin);
- stabilisierende Proteine, die schützen und verstärken (Tropomyosin, Nebulin);
- F-Aktin-zertrennende Proteine (z. B. Gelsolin);
- Proteine, die die Polymerisierungs-Geschwindigkeit verändern (Profilin beschleunigt, Thymosin verlangsamt sie).

Intermediärfilamente   Diese Zytoskelettfilamente (mittlerer Durchmesser 10 nm) sind sehr widerstandsfähig, wodurch sie Zellen ihre mechanische Stabilität verleihen. Besonders charakteristisch sind sie für physisch stark beanspruchte Zellen. Die Intermediärfilamente (IF) bilden ein Netzwerk, das den Zellkern umgibt und sich bis zur Plasmamembran erstreckt (◻ Abb. 12.2). Außer als zytoplasmatische Stützproteine (**Keratine, Vimentin, Desmin**) dienen manche IF

Klinik

Zytoskelett-beeinflussende Wirkstoffe und ihre biomedizinische Anwendung

Sowohl Mikrotubuli als auch Aktinfilamente sind Angriffsorte therapeutisch nutzbarer Wirkstoffe. Bestimmte Stoffe greifen in die Dynamik der Mikrotubuli ein. So fängt **Colchicin**, das Gift der Herbstzeitlosen (*Colchicum autumnale*), die Tubulin-Heterodimere ein und verhindert die Polymerisierung zu Mikrotubuli. Ein weiterer Wirkstoff, **Taxol**, das Gift der Eibe, bildet eine „Muffe" um den Mikrotubulus, die seine Depolymerisierung unterbindet. Damit kann die Mitosespindel nicht abgebaut werden. Die antimitotische Wirkung beider Wirkstoffe ist für die **Krebstherapie** nutzbar.
Colchicin wird auch zur **Behandlung der Gicht** (▶ Kap. 33.1, Klinische Box) einge-

setzt. Bei dieser Erkrankung kommt es zum Ausfallen von Harnsäure in Bindegeweben, wodurch ein starker Entzündungsreiz ausgelöst wird. Das Colchicin legt Makrophagen auf der Jagd nach Harnsäurekristallen lahm und unterdrückt damit Entzündungen. Die therapeutischen Colchicin-Spiegel müssen niedrig liegen, um schädigende Wirkungen zu vermeiden, wie sie nach ungewollter Ingestion von Colchicum-Pflanzen (Verwechslung mit Bärlauch oder Krokus!) auftreten können.
Verschiedene andere Wirkstoffe greifen die Aktinfilamente an. **Cytochalasin D**, ein zellpermeables Pilzgift, verhindert die Polymerisierung der Aktinmonomere. **Phalloidin**,

ein Gift des Grünen Knollenblätterpilzes (*Amanita phalloides*), blockiert dagegen die Depolymerisierung von F-Aktin. Da es die Zellmembran nicht durchdringen kann, ist es nicht für die tödliche Wirkung des Pilzes verantwortlich. (Letztere beruht auf dem leberschädigenden Amanitin.) In der biomedizinischen Forschung wird die Aktin-stabilisierende Eigenschaft von Phalloidin-Derivaten eingesetzt, um die Aktinfilamente von Zellen in hoher Auflösung mittels Fluoreszenz-Mikroskopie zu visualisieren.

auch der Bildung der Kernlamina an der Kernhüllen-Innenseite (**Lamine**). Desmin ist außerdem das IF an den **Desmosomen** in der Plasmamembran, die enge scheibenförmige Verbindungen zwischen zwei Zellen herstellen (◼ Abb. 12.2). Diese Strukturen verbessern den mechanischen Zusammenhalt eines Zellverbandes, schützen gegen Scherkräfte und dienen der Kommunikation über Zellgrenzen hinweg.

❯❯ Intermediärfilamente stabilisieren Zellen durch ihre seilartige Festigkeit.

Struktur und Einteilung der Intermediärfilamente

Bildung der Intermediärfilamente Die Protein-Monomere der IF lagern sich als parallele Dimere zusammen, winden sich umeinander und bilden so ein Tetramer, das einen sehr großen Zugwiderstand aufweist. Die Tetramere setzen sich zu Protofilamenten zusammen, von denen acht ein IF ergeben. Die Anlagerung weiterer Tetramere führt zur Verlängerung. Diese Zusammenlagerungen benötigen keinen Einsatz von Energie in Form von GTP oder ATP.

IF-Klassen Mehr als 65 Gene kodieren für die Proteine der IF, die in fünf Klassen eingeteilt werden. Keratine (IF der Klassen I und II) sind eine große Familie von Strukturproteinen in Epithelzellen. Beim Menschen werden sie v. a. von Keratinozyten und Haarfollikeln synthetisiert und bilden die Hornschicht und die Haare. Zur vielfältigen Gruppe der Klasse-III-IF zählt u. a. Vimentin in Bindegewebszellen, das die Position der Organellen aufrechterhält. Desmin fungiert nicht nur als IF in Desmosomen, sondern verknüpft auch in Muskelzellen die Myofibrillen im Bereich der Z-Scheiben lateral miteinander. Neurofilamente (Klasse-IV-IF) kommen speziell in Neuronen vor, wo sie an der Festigkeit der Zellfortsätze sowie an deren spindelförmigem Aufbau beteiligt sind. Zu den Klasse-V-IF gehören die Nukleoskelett-bildenden Lamine.

12.1.2 Motormoleküle

Motormoleküle sind Mechanoenzyme, die die Energie aus der Hydrolyse von ATP in mechanische Energie umwandeln und sich entlang von Zytoskelettfilamenten bewegen bzw. eine Kraft entwickeln.

Mikrotubuli-bindende Motorproteine Zwei Arten von Motorproteinen bewerkstelligen den Transport von Vesikeln, Organellen oder anderen molekularen Frachten entlang der Mikrotubuli (◼ Abb. 12.2). Die Mitglieder der sehr umfangreichen **Kinesin**-Familie (mindestens 14 Klassen) bewegen sich zumeist auf das (+)-Ende des Mikrotubulus zu, in Richtung zur Zellperipherie („**anterograd**"). Die Mitglieder der **Dynein**-Familie (2 große Untergruppen) wandern zumeist in Richtung zum (−)-Ende („**retrograd**"), also auf das MTOC zu (◼ Abb. 12.2). Wie alle Mechanoenzyme hydrolysieren diese Motormoleküle ATP und gewinnen daraus die Energie zur Bewegung bzw. Kraftentwicklung. Die Bewegung entsteht, indem die Motorproteine auf den β-Tubulinen des Mikrotubulus entlang „laufen" bzw. „watscheln": der doppelköpfige Motor vollführt bei ATP-Hydrolyse eine halbe Drehung und hangelt sich so um mehrere Nanometer vorwärts.

Struktur der Mikrotubuli-bindenden Motormoleküle
Kinesine bestehen aus zwei schweren Ketten (Kopf, Hals) und zwei leichten Ketten (Schwanz). Am Kopf liegen die Bindungsstellen für ATP und den Mikrotubulus, der Schwanz kann über Adapterproteine an

Vesikel andocken. Dyneine sind makromolekulare Komplexe aus zwei schweren Ketten sowie mehreren leichten und mittelschweren Ketten. An der schweren Kette kann sich ein Mikrotubulus anlagern, am Kopf bindet ATP und der Schwanz koppelt über Adapterproteine an Vesikel (◼ Abb. 12.2).

Aktin-bindende Motorproteine Bei diesen handelt es sich um die **Myosine**, von denen über 20 Klassen bekannt sind. Am besten erforscht ist das „konventionelle" Myosin von Muskelzellen (Klasse-II-Myosin), alle anderen Klassen zählen zu den „unkonventionellen" Myosinen. Die Myosine bestehen aus einer variablen Zahl an **schweren und leichten Ketten** (◼ Abb. 12.3). Myosin I hat z. B. nur eine schwere Kette, Myosin II und Myosin V haben je zwei schwere Ketten. In jeder schweren Kette enthält der Kopf (Motorregion) eine Aktin- und eine ATP-Bindungsstelle. Die leichten Ketten binden am Übergang vom Kopf zum Schwanz und regulieren die Funktion der Myosine mit. Oft sind die leichten Ketten Ca^{2+}-bindende Proteine wie **Calmodulin** in Myosinen der Klassen I und V oder **Calmodulin-ähnliche Proteine** im Myosin der Muskelzellen (◼ Abb. 12.3). Die Schwanzregionen der beiden (falls vorhanden) schweren Ketten winden sich teilweise oder vollständig umeinander. Je nach Myosinklasse kann der Schwanz an Vesikel anlagern, um sie entlang des Aktinfilaments (fast immer zum [+]-Ende hin) zu ziehen (◼ Abb. 12.2).

Nur das Klasse-II-Myosin kann im Zytoplasma **Myosinfilamente** ausbilden, aus denen dann die Köpfe in definierten Abständen herausschauen. Im Skelett- und Herzmuskel entstehen so bipolare (▸ Kap. 13.1.2), im glatten Muskel seitenpolare, Myosinfilamente (▸ Kap. 14.1.2).

Aktin-Myosin-Bindungszyklus Die Bindung von Myosin an ein Aktinfilament erfolgt in einem zyklischen Prozess unter ATP-Spaltung (◼ Abb. 12.3), der auch „**Querbrückenzyklus**" genannt wird (▸ Kap. 13.2.2). Im Zyklus wird zunächst ein Molekül ATP (als **Mg^{2+}-ATP-Komplex**) an den Myosinkopf gebunden. Unmittelbar darauf löst sich der Kopf vom Aktin. Jetzt wird ATP in ADP und Phosphat (P_i) hydrolysiert; die Spaltprodukte verbleiben noch am katalytischen Zentrum. Die **Hydrolyse von ATP** geht einher mit der Ausrichtung des Kopfes als Voraussetzung für seine erneute Anlagerung an Aktin. Die Anlagerung erfolgt zunächst mit geringer Affinität, bevor es zur Zunahme der Aktin-Myosin-Affinität kommt. Nun wird P_i abgespalten, wobei ein **erster größerer Kraftschlag** auftritt, gefolgt von einem **zweiten kleineren Kraftschlag** bei Abspaltung von ADP. Der Myosinkopf vollführt dabei jeweils eine Rotationsbewegung relativ zur Aktinbindungsstelle. Er kann so entweder am Aktin entlang „schreiten" (die Schrittlänge hängt von den Dimensionen des Myosins ab) oder wie im Muskel die Aktinfilamente 5–10 nm weit ziehen. Vor der erneuten ATP-Bindung wird ein, in lebenden Zellen, sehr kurzlebiges Stadium durchlaufen, bei dem Aktin und der Myosinkopf im sog. **Rigorkomplex** fest aneinanderbinden. Die für einen Zyklus benötigte Zeit beträgt bei Skelettmuskelmyosinen zwischen 1/10 und 1/100 Sekunde.

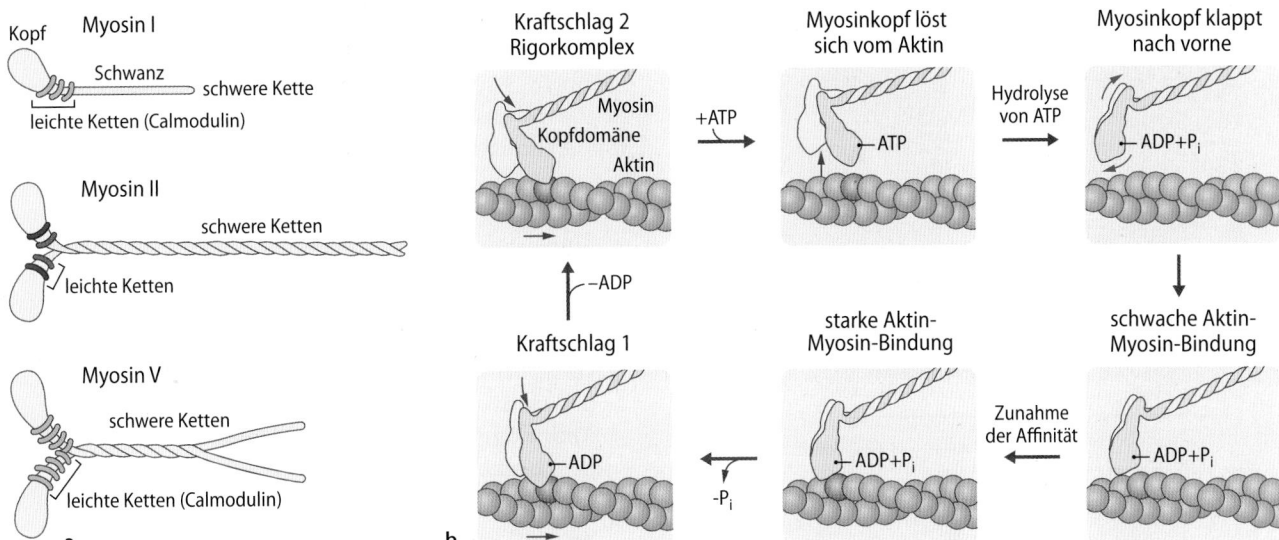

Abb. 12.3a,b Motormolekül Myosin. a Vertreter verschiedener Myosinklassen. **b** Abfolge der ATP-getriebenen zyklischen Interaktion von Myosin mit Aktinfilamenten am Beispiel des Muskelmyosins im „Querbrückenzyklus". Nur einer der beiden Myosinköpfe ist als aktiv dargestellt

> Bei jedem Durchlauf des Aktomyosin-Zyklus wird ein Molekül ATP am Myosinkopf hydrolysiert.

Vielfalt der Motorprotein-Funktionen Manche Organellen oder Vesikel sind mit mehreren Motorproteinen ausgestattet, wodurch sie retrograd oder anterograd auf den Mikrotubulus- bzw. Aktin-„Gleisen" bewegt werden können (◘ Abb. 12.1). So **positionieren die Motorproteine die Organellen** in der Zelle. Die Motoren werden z. B. auch dazu eingesetzt, um zwei verschiedene Vesikel nahe beieinander zu halten. Dies ist effizienter als eine starre Verbindung, da die intrazellulären Strukturen in einer ständigen Fluktuation begriffen sind, und ein Motor immer wieder „nachfassen" kann. Myosine bewegen molekulare Frachten entlang von Aktinfilamenten zumeist über relativ kurze Strecken (mit bis zu 5 μm/s). Die bekannteste Funktion der Myosine ist die der molekularen Motoren in Muskelzellen, auf der die **Muskelkontraktion** beruht (▶ Kap. 13 und 14). Die funktionelle Vielfalt der Myosine ist nicht zuletzt daran zu erkennen, dass Mutationen in Myosingenen die Ursache für Herz- und Skelettmuskelerkrankungen, bestimmte Formen von vererbter Taubheit, Albinismus oder Störungen bei der Wundheilung sind. **Kinesine transportieren Vesikel, Mikrotubuli oder Organellen** mit bis zu 3 μm/s. Die Bewegung von Kinesin ist außerdem für die **Chromosomentrennung** bei der Zellteilung zuständig. Durch Dyneine werden Frachten entlang von Mikrotubuli mit bis zu 14 μm/s transportiert, z. B. beim **schnellen axonalen Transport** in Neuronen.

Eine besondere Funktion haben Dyneine in den Zilien von Epithelien wie dem Atemwegsepithel. In diesen Zilien sind benachbarte Mikrotubulipaare untereinander über Dyneine verbunden. Würden die Mikrotubulipaare frei vorliegen, könnte Dynein bewirken, dass sie aneinander vorbeigleiten. Da die Mikrotubulipaare jedoch an ihren (–)-Enden befestigt sind (am Basalkörperchen), führt die Gleitbewegung zu einer Krümmung der Zilie. Diese Vorgänge ermöglichen die **Bewegung der Zilien**, z. B. zwecks Weitertransports von Schleim.

In Kürze
Eukaryotische Zellen enthalten ein dynamisch auf- und abbaubares **Zytoskelett** aus drei Komponenten: **Mikrotubuli** und **Aktinfilamente**, die als Schienen für Motorproteine dienen, sowie **Intermediärfilamente**, die Zellen mechanisch stabilisieren. Die Zytoskelettfilamente entstehen durch Aneinanderlagerung von Untereinheiten und verlängern oder verkürzen sich durch Polymerisierung bzw. Depolymerisierung. Mithilfe assoziierter Proteine werden sie oft präzise reguliert. Durch **Bewegung von Dynein-** oder **Kinesin**-Motorproteinen entlang von Mikrotubuli und **Myosin** entlang von Aktinfilamenten unter ATP-Verbrauch wird der intrazelluläre Transport von molekularen Frachten in den Zellen ermöglicht. Diese molekularen Bewegungsvorgänge sind essenziell für unzählige Lebensprozesse, wie z. B. die Chromosomentrennung bei Mitose, den Zilienschlag in Epithelien oder die Muskelkontraktion.

12.2 Zellmigration und Kontraktilität als besondere Bewegungsformen

12.2.1 Zellwanderung

Zellen, die keine speziellen Strukturen zur Fortbewegung besitzen, können sich über Haft- und Zugmechanismen auf anderen Zellen oder in der extrazellulären Matrix fortbewegen.

Bedeutung der Zellwanderung (Zellmigration) Die meisten Zelltypen im Organismus besitzen prinzipiell die Fähigkeit

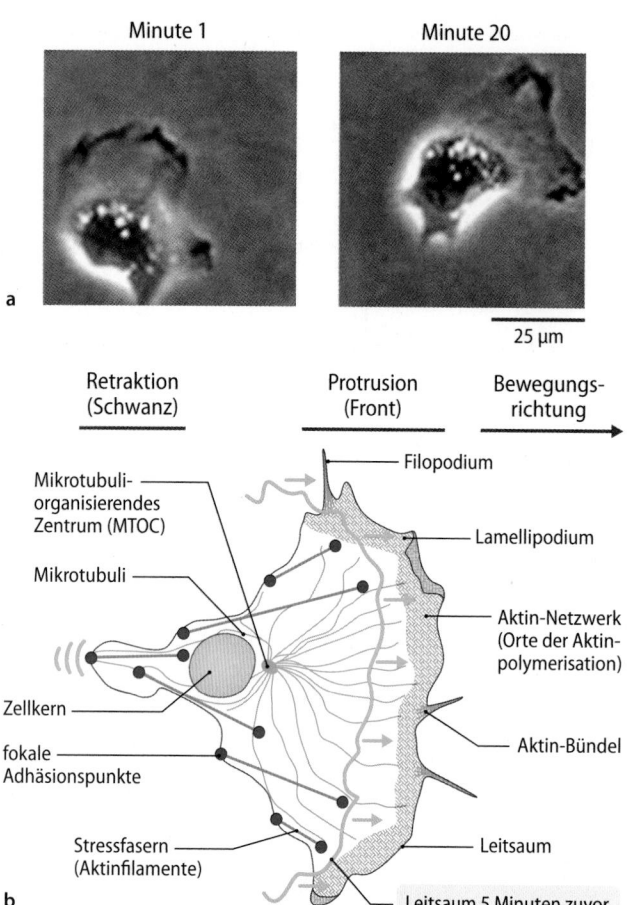

Minute 1   **Minute 20**

a

25 µm

Retraktion   Protrusion   Bewegungs-
(Schwanz)   (Front)   richtung

Mikrotubuli-
organisierendes
Zentrum (MTOC)

Mikrotubuli

Zellkern

fokale
Adhäsionspunkte

Stressfasern
(Aktinfilamente)

b

Filopodium

Lamellipodium

Aktin-Netzwerk
(Orte der Aktin-
polymerisation)

Aktin-Bündel

Leitsaum

Leitsaum 5 Minuten zuvor

◻ Abb. 12.4a,b   Zellmigration. a Kriechbewegung eines Fibroblasten (hier 2-dimensional auf einer Unterlage). **b** Schema einer wandernden Zelle und ihrer Bewegung

zur Wanderung, wobei die **Geschwindigkeit einige µm/min betragen** kann (◻ Abb. 12.4). Die Zellwanderung kann auf einer Basallamina (z. B. Epithel oder Endothel) in 2-dimensionaler Ausdehnung erfolgen oder aber, wie bei amöboider Fortbewegung von Fibroblasten, in einer 3-dimensionalen extrazellulären Matrix. Die Zellmigration ist wichtig für zentrale physiologische Funktionen. Beispielsweise ermöglicht sie den Zellen der Neuralleiste das kriechende Zurücklegen weiter Wege bei der Embryogenese, den Zellen des Immunsystems, **Fremdkörper** zu **finden** und schadlos zu machen oder den Fibroblasten, **Wunden** zu **schließen** und beschädigtes Gewebe zu ersetzen. Unter den pathophysiologischen Bedingungen einer Arteriosklerose kann man das Einwandern von glatten Muskelzellen aus der mittleren Schicht der Blutgefäßwände (tunica media) in die innen liegende Schicht (tunica intima) beobachten. Tumorzellen können ihre schädigende Wirkung durch Einwanderung in diverse Gewebe verstärken (**Metastasierung**).

> **Durch Migration bewegen sich Zellen wie Fibroblasten oder Makrophagen mit bis zu einigen µm/min.**

Mechanismus der Zellmigration   Wandernde Zellen, z. B. Fibroblasten, bilden zur Anheftung an die extrazelluläre

Matrix zumeist **fokale Adhäsionspunkte** (◻ Abb. 12.4). Dies sind dynamische, komplexe Proteinstrukturen in der Zellmembran. Für die extrazellulären Verbindungen enthalten sie u. a. Integrine, während sie im Zellinneren mit Bündeln von Aktinfilamenten (Stressfasern) verknüpft sind. Die Wanderung ist ein vielschichtiger, stark regulierter, Prozess (◻ Abb. 12.4):

■ **Signalstoffe**, die an Oberflächen-Rezeptoren der Zelle binden, geben die Bewegungsrichtung vor.
■ Am Vorderende der Zelle (Leitsaum) befinden sich **netzwerkartig organisierte Aktinfilamente**, die entsprechend dem „Tretmühlenmechanismus" (◻ Abb. 12.2) polymerisieren bzw. depolymerisieren. Dies erfolgt unter Mitwirkung der Proteine Profilin und Arp2/3. So wird die Plasmamembran nach vorne gestülpt (Protrusion) und **Zellausläufer**, die Lamellipodien (flache, zweidimensionale Ausdehnung) und Filopodien (spitze Ausdehnung), bilden sich. Die jeweilige Form der Auswüchse hängt von der zugrundeliegenden Matrix und der Organisation des Aktinnetzwerks ab, das von GTPasen der Rho-Familie gesteuert wird (Rho, Rac und Cdc42).
■ Die Zellausläufer haften sich am Untergrund an; **neue fokale Kontaktpunkte** werden geknüpft (◻ Abb. 12.1).
■ Am Hinterende der Zelle kommt es durch Zusammenspiel von Stressfasern (hier wird Aktin depolymerisiert) und Myosin zur **aktiven Kontraktion**; die Zell-Untergrund-Kontakte lösen sich, der Zellschwanz wird eingezogen (Retraktion) und der Zellkörper nach vorn geschoben.
■ **Membranteile** sowie **Elektrolyte** werden in dem Prozess, z. T. durch Endozytose und Exozytose, **aufgenommen** bzw. wieder **abgeschieden**.

Durch konzertiertes Anhaften-Loslassen an den fokalen Adhäsionspunkten bewegt sich die Zelle vorwärts. Wird die Verankerung aufrechterhalten, kann auch die extrazelluläre Matrix umgestaltet werden, wie es bei **Narbenbildung** der Fall ist. Ist die Unterlage eine Nachbarzelle und wird die Haftung an dieser beibehalten, kommt es zu einer gemeinsamen Zellbewegung, wie sie während der **Embryogenese** auftritt.

12.2.2 Kontraktilität

Die Fähigkeit zur Kontraktion besitzen vor allem Muskelzellen, aber auch andere Zelltypen; Grundlage ist fast immer die zyklische Interaktion von Myosin und Aktinfilamenten unter ATP-Verbrauch.

Kontraktile Zellen   Die Fähigkeit zur Kontraktion, die Kontraktilität, ist eine Eigenschaft, die man vor allem mit **Muskelzellen** verbindet (▶ Kap. 13 und 14). Allerdings kennt man weitere kontraktile Zellen, wie Perizyten, Myoepithelzellen in exokrinen Drüsen, Myofibroblasten und Endothelzellen, deren kontraktile Eigenschaften denen mancher glatter Muskeln ähneln. Die Kontraktilität dieser Zellen ist Aktomyosinbasiert. Ungewöhnliche kontraktile Zellen sind die **äußeren**

12

Haarzellen des Innenohres, die **Prestin** als Motorprotein haben (▶ Kap. 52.5.2).

Gemeinsamkeiten der Kontraktilität von Zellen   Am Beispiel der Skelettmuskulatur wurde der prinzipielle Kontraktionsmechanismus herausgearbeitet (◻ Abb. 12.3). Die wesentlichen Spieler Aktin, Myosin und ATP wurden isoliert und Ca^{2+} wurde als Signalmolekül für das Anschalten des kontraktilen Prozesses identifiziert (▶ Kap. 13.2.3). Als Grundvoraussetzungen für die Kontraktilität der Zellen gelten:

- Die spontane **Polymerisierung von Aktin und Myosin** im Zytoplasma zu Filamenten. Die Anordnung dieser Filamente kann hoch organisiert sein, wie in den **Sarkomeren** der quergestreiften Muskulatur (▶ Kap. 13.1.1). Weniger organisiert ist sie in der glatten Muskulatur (▶ Kap. 14.2) und in manchen Nichtmuskelzellen; für diese wurde jedoch der Begriff „**Minisarkomere**" eingeführt.
- Die Verankerung mindestens eines Filaments (typischerweise des Aktinfilaments) an der Plasmamembran oder an intrazellulären Strukturen, die in der Skelett- und Herzmuskulatur **Z-Scheiben**, im glatten Muskel **dense bodies** heißen.
- Die **Bewegung von Aktin- und Myosinfilamenten aneinander vorbei**, ähnlich dem Ineinandergleiten der Segmente eines Teleskops (▶ Kap. 13.2.1).
- Der **molekulare Kontraktionszyklus**, der durch ATP am Laufen gehalten wird (▶ Abschn. 12.1.2).
- Regulationsmechanismen, die den molekularen Kontraktionszyklus an- und abschalten. (Wobei sich z. B. Skelett- und glatte Muskulatur grundsätzlich in der Art unterscheiden, wie der molekulare Kontraktionsprozess reguliert wird, siehe auch ▶ Kap. 13 und 14).

Kontraktionsformen   Aufgrund der Verankerung der Aktinfilamente kann sich die kontraktile Zelle verkürzen. Falls die auf die Zelle einwirkenden Gegenkräfte jedoch mindestens so groß oder größer sind als die von der Zelle generierte Kraft, kommt es **trotz** Kraftentwicklung **nicht** zur Verkürzung, im zweiten Fall sogar zur Verlängerung (▶ Kap. 13.5.3). Man unterscheidet zwei Grundformen der Kontraktion (◻ Abb. 12.5):

- die **isometrische Kontraktion**, eine Kraftentwicklung ohne Verkürzung;
- die **isotonische Kontraktion**, eine Verkürzung bei konstanter Kraft.

In vivo treten vorzugsweise Mischformen daraus auf (◻ Abb. 12.5):

- die **auxotonische (auxotone) Kontraktion:** Kraftentwicklung und Verkürzung laufen gleichzeitig ab. Als Beispiel gilt die Austreibungsphase im Herzzyklus (▶ Kap. 15.1.3).
- die **Unterstützungszuckung:** eine Kontraktion, bei der zunächst isometrisch Kraft entwickelt wird und danach eine isotonische Verkürzung stattfindet. Dies ist z. B. der Fall beim Anheben eines Gewichts.

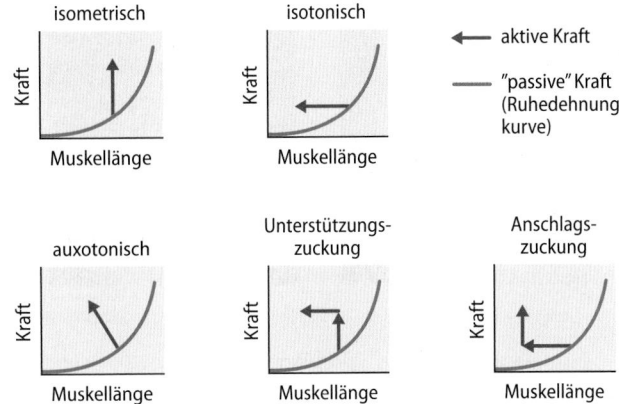

◻ **Abb. 12.5   Grundformen und Mischformen der Kontraktion.** Die dargestellten Kontraktionsformen beziehen sich v. a. auf Muskelzellen, wo die aktive Kraftentwicklung (rote Pfeile) abhängig ist von der Vordehnung (blaue Linien: „Ruhedehnungskurve")

- die **Anschlagszuckung:** Kontraktion erst isotonisch, dann isometrisch. Ein Beispiel ist das Aufeinanderbeißen der Zähne.

Unterschiede in der Kontraktionsgeschwindigkeit   Bei den kontraktilen Zellen v. a. der Muskulatur haben sich vielfältige Spezialisierungen ergeben. Manche Muskeln müssen sehr schnell kontrahieren (Beinmuskeln beim Sprint oder Fingermuskeln beim Klavierspielen), andere müssen lang andauernde Haltefunktionen ausüben (glatte Muskeln der Blutgefäße oder Antischwerkraftmuskeln des Rumpfes). Im einen Fall müssen die Myosin-Querbrücken schnell rudern, im anderen möglichst lange angeheftet bleiben. Muskeln sind an diese vielfältigen Aufgaben angepasst, indem sie verschiedene Myosine exprimieren. Diese werden von verschiedenen **MYH-Genen** kodiert und unterscheiden sich grundsätzlich in der **ATP-Spaltungsrate** (▶ Kap. 13.6.2). Damit unterscheiden sie sich auch in der Geschwindigkeit, mit der sie sich am Aktin bewegen bzw. eine Kraft entwickeln. Also ist die **Kontraktionsgeschwindigkeit** von Muskeln abhängig von der ATP-Spaltungsrate des Myosins (▶ Kap. 13.5.3).

Myosingene
In den Skelettmuskeln erwachsener Menschen kennt man drei Myosinisoformen mit hoher ATP-Spaltungsrate, die durch die Gene MYH1 (Typ IIX/D-Myosin), MYH2 (Typ IIA-Myosin) bzw. MYH4 (Typ IIB-Myosin) kodiert werden. Außerdem existiert eine Isoform mit langsamer ATP-Spaltungsrate (MYH7-Gen), die man vorzugsweise in langsamen (Typ I-) Muskeln findet (▶ Kap. 13.6.2). Dieses langsame Myosin ist auch im adulten humanen Herzmuskel die vorherrschende Isoform. Ein zweites, schnelleres Herzmyosin (MYH6-Gen) wird im Menschen v. a. in der Herzentwicklung, danach nur noch gering exprimiert (Ausnahme: Herzinsuffizienz). Die Myosine der glatten Muskulatur (MYH11, mehrere Spleiß-Isoformen) sind die weitaus langsamsten (◻ Abb. 12.6).

Beurteilung der Kontraktionsgeschwindigkeit   Als Index dient die lastfreie oder **maximale Verkürzungsgeschwindigkeit**, die aus der Beziehung zwischen Last (Kraft) und Verkürzungsgeschwindigkeit ermittelt werden kann (◻ Abb. 12.6). Da man anhand dieser Beziehung auch die Leistung des

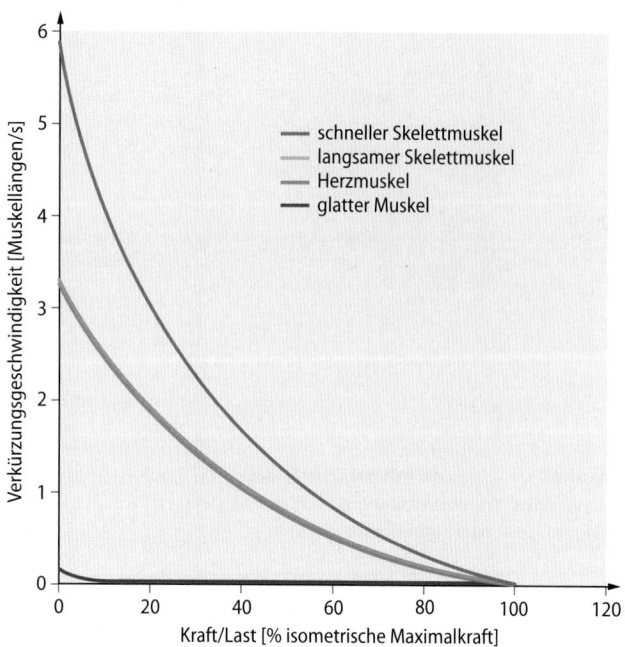

■ **Abb. 12.6   Geschwindigkeits-Last(Kraft)-Kurven** für zwei verschieden schnelle Skelettmuskeln und einen glatten Muskel. Die Kontraktionsgeschwindigkeit des langsamen Skelettmuskels entspricht der des Herzmuskels

Literatur

Boujard D, Anselme B, Cullin C, Raguénès-Nicol C (2014) *Cytoskelett*. In: Zell- und Molekularbiologie im Überblick. Springer-Verlag, Berlin Heidelberg, 2014

Fu MM, Holzbaur EL (2014) Integrated regulation of motor-driven organelle transport by scaffolding proteins. Trends Cell Biol 24:564-574

Hancock WO (2014) Bidirectional cargo transport: moving beyond tug of war. Nat Rev Mol Cell Biol 15:615-628

Preller M, Manstein DJ (2013) Myosin structure, allostery, and mechanochemistry. Structure 21:1911-1922

Vicente JJ, Wordemann L (2015) Mitosis, microtubule dynamics and the evolution of kinesins. Exp Cell Res 334:61-69

12

Muskels bestimmen kann (▶ Kap. 13.5.3), wird sie in der Herz- und Muskelforschung als wichtiger funktionaler Parameter experimentell gemessen.

❯ Die maximalen Kontraktionsgeschwindigkeiten von quergestreiften und glatten Muskeln unterscheiden sich um bis zu zwei Größenordnungen.

In Kürze

Die Fähigkeit zu Wandern ist sehr vielen Zellen im Organismus eigen. Diese **Zellmigration** wird durch geregelte Polymerisierung-Depolymerisierung von Aktinfilamenten im Zusammenspiel mit komplexen Regulationsprozessen ermöglicht. Essentiell ist die Zellwanderung u. a. in der **Embryogenese** sowie im adulten Organismus für **Immunabwehr- und Gewebeschutzmechanismen** (Makrophagen, Fibroblasten). Nur wenige Zelltypen wie Muskelzellen, Perizyten oder Myofibroblasten weisen **Kontraktilität** auf, können sich also aktiv verkürzen oder eine Kraft entwickeln. Fast immer basiert die Kontraktilität auf einer geregelten Aktin-Myosin-Interaktion unter ATP-Verbrauch. In verschiedenen Typen kontraktiler Zellen bestehen jedoch Unterschiede hinsichtlich der Regulation des molekularen Kontraktionsprozesses. Eine Beurteilung der kontraktilen Funktion erfolgt z. B. anhand der **Geschwindigkeits-Last-Beziehung**. Diese hängt wesentlich von den Eigenschaften des Myosinmotors ab, von dem es schnelle und langsame Isoformen gibt.

Skelettmuskel

Wolfgang Linke

© Springer-Verlag GmbH Deutschland, ein Teil von Springer Nature 2019
R. Brandes et al. (Hrsg.), *Physiologie des Menschen*, Springer-Lehrbuch
https://doi.org/10.1007/978-3-662-56468-4_13

Worum geht's?

Zelluläre Strukturen und Moleküle, die für die Skelett-muskelkontraktion verantwortlich sind

Muskelkraft und -bewegung beruhen auf molekularen Prozessen in den kontraktilen Bausteinen der Muskelzellen, den **Sarkomeren**. Dort liegen die Eiweiße Myosin und Aktin als Myofilamente vor (◘ Abb. 13.1). Sie werden durch **elastische Riesenmoleküle** aus Titin zusammengehalten. Die Aktin- und Myosinfilamente treten durch Bildung bzw. Loslösung von Myosin-Querbrücken immer wieder miteinander in Kontakt. Dabei gleiten sie aneinander vorbei, wodurch es zur Muskelverkürzung kommt. Als **molekularer Motor** fungiert der Myosinkopf, der ATP spaltet und als Energiequelle einsetzt. Zur Aufrechterhaltung von Kontraktionen muss ATP ständig in den Muskelzellen regeneriert werden.

Regulation der Kraftentwicklung durch Signalprozesse in den Muskelzellen und durch das ZNS

Der elementare Kontraktionsprozess darf natürlich nicht immer ablaufen. Er wird durch **regulatorische Proteine** am Aktinfilament an- und ausgeschaltet. Diese Proteine reagieren auf eine Veränderung der Ca^{2+}-Ionenkonzentration im Zytoplasma; **erhöhtes Ca^{2+} bedingt Kontraktion**. Die Ca^{2+}-Konzentration wird wiederum über elektrische Vorgänge an der Muskelzellmembran moduliert: beim Eintreffen von Aktionspotenzialen werden Ca^{2+}-Ionen aus intrazellulären Speicherorten freigesetzt sowie beim Abklingen der Erregung wieder dorthin zurückgepumpt. Es ist diese elektrische Aktivität, die wir willkürlich mithilfe des ZNS beeinflussen können. Erhöht sich die **Aktionspotenzialfrequenz** der die Muskelfasern innervierenden motorischen Nervenfasern, kontrahiert der Muskel stärker; kommt sie zum Erliegen, erschlafft der Muskel. Zur Regulierung der Muskelkraft wird außerdem eine **variable Anzahl motorischer Nervenfasern** zugeschaltet. Störungen der neu-

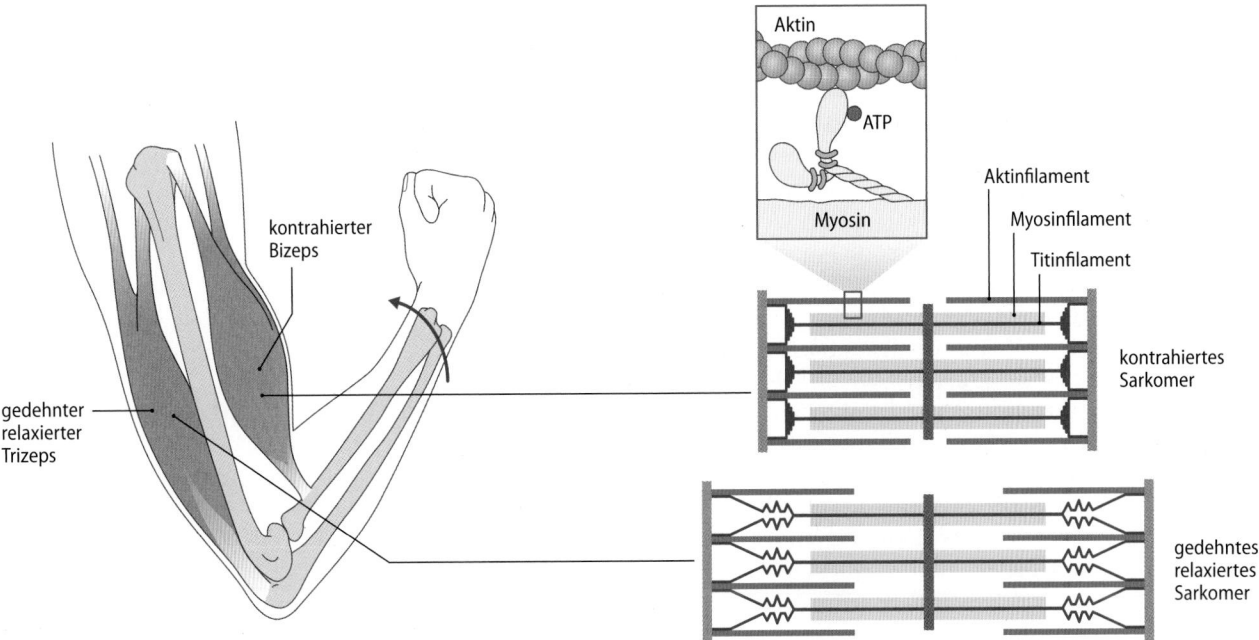

◘ **Abb. 13.1** Die Bewegung von Skelettmuskeln wird auf zellulärer Ebene durch die Myofilamente in den Sarkomeren, den kleinsten kontraktilen Einheiten, ermöglicht

romuskulären Vorgänge untersucht man in der klinischen Praxis z. B. mittels Elektromyographie.

Mechanische Messungen zur Charakterisierung von Muskelkontraktionen
Die mechanischen Eigenschaften von Muskeln bestimmt man durch die Registrierung von Muskelkraft, -länge und

Zeit. Aus diesen Parametern können dann wichtige Kennwerte wie Muskelarbeit, Verkürzungsgeschwindigkeit und Leistung berechnet werden. Solche Messungen zeigen auch das Vorhandensein von **schnellen** und **langsamen Muskeln**, die verschiedene **Muskelfasertypen** mit unterschiedlichen biochemischen und kontraktilen Eigenschaften enthalten.

13.1   Organisationsschema und kontraktile Einheiten

13.1.1   Das Sarkomer als kleinste kontraktile Einheit

Muskelfasern sind einzelne Zellen, die größtenteils aus kontraktilen Schläuchen, den Myofibrillen, aufgebaut sind. Die Myofibrillen bestehen aus Sarkomeren, die vor allem dicke und dünne Myofilamente sowie elastische Titinstränge enthalten.

Strukturelle Organisation des Skelettmuskels   Die Skelettmuskeln sind mit ~40% Anteil am Gesamtkörpergewicht unser größtes Organ. Zusammen mit dem Herzen (Myokard) werden sie als **quergestreifte Muskulatur** bezeichnet. Ein Skelettmuskel setzt sich aus zahlreichen Muskelfaserbündeln (Faszikeln) zusammen, die die **Muskelfasern** (Durchmesser 10–80 µm) enthalten (◘ Abb. 13.2a). Die Skelettmuskelfaser (Synonym: **Myozyte**) ist eine vielkernige, nicht mehr teilungsfähige Zelle, die in der Embryonalentwicklung durch Fusion von einkernigen Myoblasten entsteht. Auf der unteren Stufe der hierarchischen Organisationsstruktur eines Skelettmuskels stehen die 1–2 µm dicken **Myofibrillen**. Diese langen, zylindrischen Strukturen werden durch die Z-Scheiben in hunderte 2–3 µm lange Fächer, die **Sarkomere**, unterteilt (◘ Abb. 13.2). Im Übrigen enthalten Myozyten die für eukaryotische Zellen typische Ausstattung mit Organellen, wobei u. a. die Anzahl an Mitochondrien stark variabel ist.

Feinbau des Sarkomers   Die elektronenmikroskopische Aufnahme längsgeschnittener Myofibrillen lässt die sehr regelmäßige Sarkomerstruktur erkennen (◘ Abb. 13.2b). Im mittleren Teil des Sarkomers liegen die **dicken Filamente**, die in beiden Sarkomerhälften mit den **dünnen Filamenten** interdigitieren (◘ Abb. 13.2c). Die dünnen Filamente sind fest in den Z-Scheiben verankert. Auf Querschnitten des Sarkomers erkennt man, dass ein dickes Filament von sechs dünnen Filamenten umgeben ist. Ein drittes Filamentsystem im Sarkomer besteht aus dem Riesenmolekül **Titin**. Die Titinfilamente sind an der Z-Scheibe befestigt, überspannen dann als elastische Federn den Abstand zu den dicken Filamenten und verlaufen gebunden an Myosin bis zur Sarkomermitte.

Sarkomerbanden
Im mikroskopisch betrachteten Längsschnitt einer Myozyte erscheinen die Bündel der dicken Filamente als dunkle, im polarisierten Licht doppelbrechende, d. h. anisotrope **A-Banden** (◘ Abb. 13.2b, c). Demgegenüber sind die myosinfreien Abschnitte des Sarkomers (außer der Z-Scheibe) heller bzw. isotrop; sie heißen **I-Banden**. Die Hell-Dunkel-Bänderung einer Muskelfaser beruht letztendlich auf der genau aufeinander ausgerichteten Lage der A- und I-Banden vieler paralleler Myofibrillen. Weitere Sarkomerbanden werden unterschieden: Die Zone der Überlappung von dicken und dünnen Filamenten erscheint deutlich dunkler als die von Aktinfilamenten freie Mittelzone der A-Bande, die **H-Zone** (◘ Abb. 13.2b). In der Mitte der H-Zone erkennt man außerdem eine dunkle **M-Bande**, die wie die Z-Scheibe ein Maschenwerk von Proteinen darstellt.

❯ Die hochgeordnete Struktur der Sarkomere ist charakteristisch für quergestreifte Muskeln.

Physiologische Sarkomer-Erneuerung und Muskelregeneration nach Verletzung   Der Proteinpool der Myozyten erneuert sich unter physiologischen Bedingungen regelmäßig durch ständigen **Abbau und Neusynthese**. So werden viele Sarkomerproteine in einem Turnus von mehreren Tagen bis Wochen (abhängig vom Lebensalter) erneuert. Darüber hinaus sind unsere Skelettmuskeln nach einer Verletzung begrenzt regenerierbar. Hierzu werden die adulten Stammzellen der Skelettmuskulatur, die einkernigen, spindelförmigen **Satellitenzellen**, zur Teilung angeregt. Diese aus der Embryonalentwicklung „übriggebliebenen" Myoblasten fusionieren und differenzieren wieder zu vielkernigen Muskelfasern. Die Muskelgewebsregeneration ist bei Erwachsenen weniger effektiv als bei Kindern, da mit dem Lebensalter auch die Anzahl der Satellitenzellen sinkt. Darüber hinaus fördern die Satellitenzellen z. B. auch das Muskelwachstum nach Training.

13.1.2   Muskelzellproteine und -erkrankungen

Die Myozyten enthalten neben Aktin, Titin und Myosin wichtige regulatorische, Gerüst- und Signal-Proteine, deren mutationsbedingte Funktionsstörung muskuläre Dysfunktionen nach sich ziehen können.

Myofilament-Proteine   Ein Gramm Skelettmuskel enthält etwa 100 mg der Proteine **Myosin** (70 mg) und **Aktin** (30 mg), die zusammen mit **Titin** etwa drei Viertel des Gesamtpro-

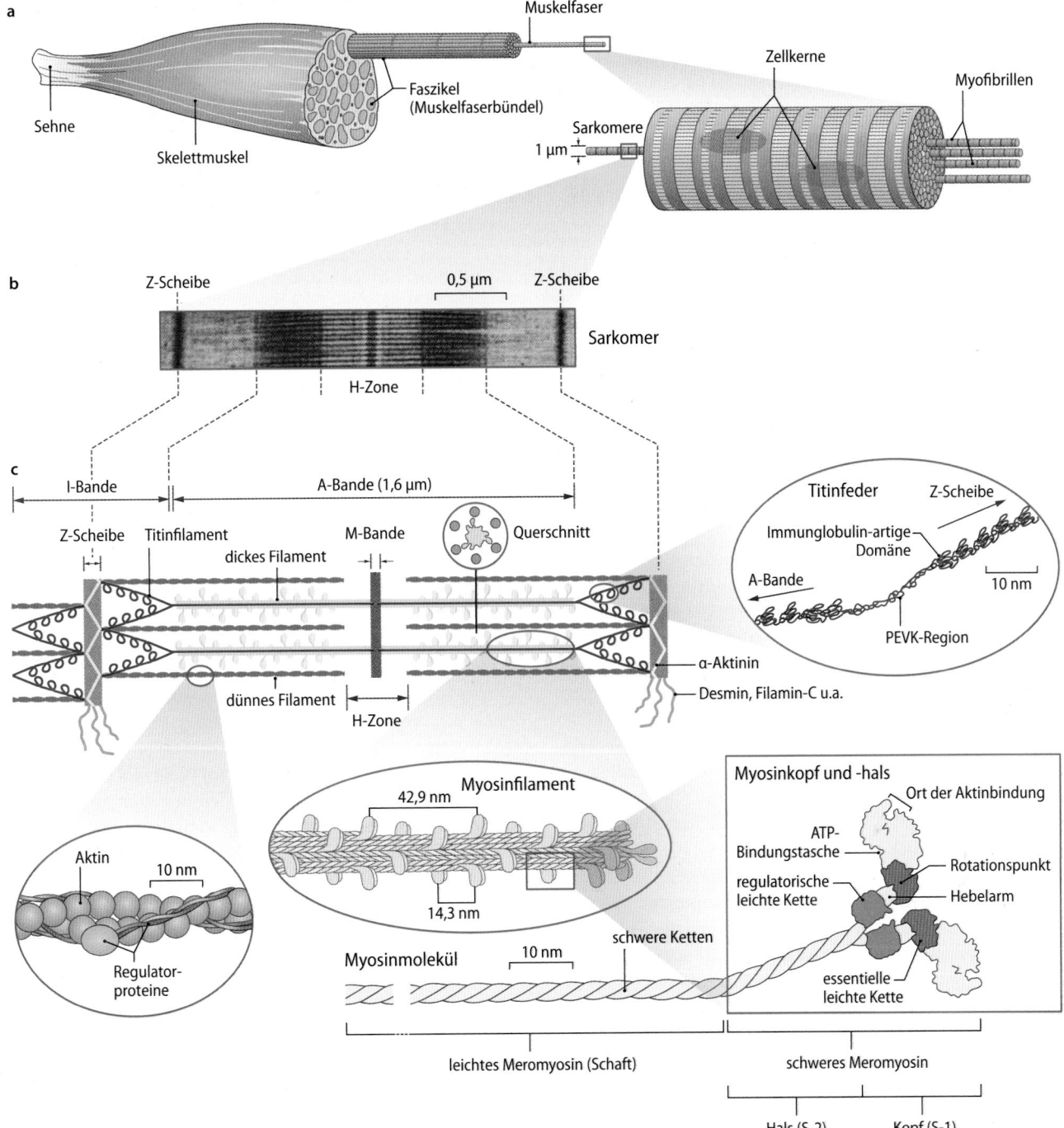

Abb. 13.2a–c   Bauplan von Skelettmuskeln, Feinstruktur der kontraktilen Einheiten und Hauptproteine der Myofilamente. a Hierarchische Organisationsstruktur des Muskels. **b** Elektronenmikrograph eines längsgeschnittenen Sarkomers. **c** Drei-Filament-Schema des Sarkomers mit Bezeichnung der Sarkomerbanden. Einsatzbilder: Myofilament-bildende Hauptproteine

teingehalts ausmachen (■ Tab. 13.1). Der spiralförmig gewundene **Aktin**-Doppelstrang (▶ Kap. 12.1.1) bildet im Sarkomer den Hauptbestandteil der dünnen Filamente, die außerdem Regulatorproteine (▶ Abschn. 13.2.3) enthalten (■ Abb. 13.2c). Titin, das größte bekannte Protein, besteht zu 90% aus immunglobulin- und fibronektinartigen globulären Modulen und enthält im elastischen I-Banden-Segment lange Sequenzinsertionen (■ Abb. 13.2c). Die Sarkomerproteine

kommen oft in mehreren oder vielen (Titin!) **Isoformen** vor, die sich in der Muskelentwicklung und z. T. bei Muskelerkrankungen ineinander umwandeln.

Myosinmolekül und -filament   Das Muskelmyosin (Myosin der Klasse II) ist ein **Mechanoenzym** (▶ Kap. 12.1.2). Es besteht aus zwei schweren und 2-mal zwei leichten Ketten (■ Abb. 13.2c). Jede **schwere Myosinkette** enthält am Kopf-

Tab. 13.1   Wichtige Sarkomerproteine (alphabetische Reihung)

Protein	Molekülmasse (kDa)	Lokalisation
Aktin	42 (G-Aktin)	Hauptbestandteil der dünnen Filamente, ca. 22% des Gesamtproteingehalts
α-Aktinin	190 (2 UE)	Aktin bindendes Strukturprotein in den Z-Scheiben
Myomesin	185	M-Banden-Protein, bindet an Myosin und Titin
Myosin	490 (6 UE: 2 schwere, 4 leichte Myosinketten)	Molekularer Motor und Hauptbestandteil der dicken Filamente; ca. 44% des Gesamtproteingehalts
Myosinbindungs-protein-C	140	Strukturprotein der dicken Filamente, bindet an Titin, Myosin; auch Regulator-funktion (beeinflusst myofilamentäre Ca^{2+}-Sensitivität)
Nebulin	600–800 (wegen Isoformen)	Bindet entlang der Aktinfilamente und stabilisiert sie
Titin	3.000–3.800 (wegen Isoformen)	Elastische Feder, Gerüst- und Signalprotein, ca. 10% des Gesamtproteingehalts
Tropomyosin	64 (2 UE)	Filamentöses Regulatorprotein an den dünnen Filamenten
Troponin	78 (3 UE: TnC, TnI, TnT)	Regulatorischer Proteinkomplex an den dünnen Filamenten

UE = Untereinheit

ende die Motordomäne mit Bindungsstellen für Aktin und ATP. Die **leichten Myosinketten** stabilisieren am Kopf den Hebelarm. Im glatten Muskel hat die regulatorische leichte Kette eine wichtige Regulatorfunktion (▶ Kap. 14.2). Die Muskelmyosine bilden **Myosinfilamente** aus, indem sich die Schaftregionen vieler Myosinmoleküle zusammenlagern (■ Abb. 13.2c). Die Anordnung der Myosinmoleküle im Fila-ment ist bipolar, symmetrisch zur M-Bande. Die Myosin-köpfe schauen in genau definierten Abständen seitlich aus dem Filament heraus. Ein Myosinfilament bildet im Sar-komer zusammen mit Titin und einigen anderen Proteinen (■ Tab. 13.1) das dicke Filament.

Funktionale Bedeutung weiterer Myozytenproteine Ins-gesamt besteht das Sarkomer aus >50 verschiedenen Pro-teinen, von denen nur einige in ■ Tab. 13.1 aufgeführt sind.

Diese Proteine übernehmen regulatorische Aufgaben bei der Muskelkontraktion, wie **Troponin** und **Tropomyosin**, oder haben Gerüst- und Strukturfunktionen, wie **α-Aktinin** in der Z-Scheibe, **Myomesin** in der M-Bande und **Nebulin** als Aktin-Stabilisator. Außerdem können Sarkomer-assoziierte Proteine an der Umwandlung mechanischer in chemische Signale beteiligt sein, um z. B. das Myozyten-Wachstum nach Muskeltraining zu fördern. Wiederum andere Proteine sind für eine Transmission der in der Myozyte entwickelten Kräfte hin zu Proteinkomplexen in der Zellmembran mitverant-wortlich. Hierzu gehören u. a. die Z-Scheiben-bindenden Moleküle **Desmin** (Intermediärfilament des Muskels) und **Filamin-C** (■ Abb. 13.2c), das zusätzlich an die zytoplasma-tischen Aktin-Mikrofilamente bindet. Ein essentielles extra-sarkomerisches Protein, das **Dystrophin**, bindet sowohl an die Mikrofilamente als auch an Proteinkomplexe im Sarkolemm.

Klinik

Hereditäre Erkrankungen der Myozyte: Duchenne-Muskeldystrophie und Myofibrilläre Myopathien

Bestimmte progressive Erkrankungen der Skelettmuskulatur werden durch **vererb-bare Defekte** in Zytoskelett- und Sarkomer-proteinen hervorgerufen. Am häufigsten betreffen solche Defekte das **Dystrophin**. Bei Deletion oder Mutation des Dystrophin-gens entsteht eine **Muskeldystrophie vom Typ Duchenne** (Prävalenz 1:3.500) bzw. Typ Becker-Kiener (Prävalenz 1:17.000). Dystro-phin verbindet normalerweise das Muskel-Zytoskelett mit der extrazellulären Matrix, indem es in den Dystrophin-assoziierten Proteinkomplex des Sarkolemms einstrahlt. Dieser Proteinkomplex wird bei fehlendem oder dysfunktionalem Dystrophin desta-bilisiert und die Expression der Proteine im Komplex nimmt ab, wodurch das Sarkolemm zunehmend **leck** wird und die Muskelfasern

geschädigt werden. Langfristig wird Muskel-durch Bindegewebe ersetzt. Die Patienten (wegen **X-chromosomal-rezessiven** Erb-gangs fast alle männlichen Geschlechts) leiden an dramatischen **Paralysesympto-men** der Muskulatur, die sich schon in der frühen Kindheit manifestieren. Die Herzfunk-tion ist beeinträchtigt und die Gefahr der Ateminsuffizienz (Atemmuskulatur betrof-fen!) ist bereits im jugendlichen Alter hoch. Eine sichere Diagnosestellung erlaubt die Dystrophinanalyse einer **Muskelbiopsie**. Zu den hereditären Erkrankungen der Mus-kelzelle zählt auch die **heterogene** Gruppe der **Myofibrillären Myopathien** (MFM). Namensgebend ist, dass die Ursache der Erkrankung in der Mutation eines Gens liegt, das für ein myofibrilläres oder Myo-

fibrillen-assoziiertes Protein (z. B. Titin, Desmin, Filamin-C) kodiert. Die MFM wer-den diagnostiziert durch die Identifikation des **Gendefekts** und das Feststellen dege-nerativer Veränderungen der Myofibrillen sowie Desmin-positiver Proteinaggregate. Typisch für diese immer größer werdende Gruppe seltener Myopathien sind die Fehlfaltung oder die Aggregation von Pro-teinen. Die Manifestation der Krankheit in Form von **Muskelschwäche, Atrophien** und **Gangunsicherheiten** variiert von der früh-kindlichen bis zur fortgeschrittenen adulten Entwicklungsphase. Eine kausative Behand-lung der MFM (wie im Übrigen auch der Duchenne-Muskeldystrophie) ist derzeit nicht möglich.

In Kürze

Die Skelettmuskulatur zählt zusammen mit dem Myokard zur **quergestreiften Muskulatur**. Die Skelettmuskelzellen (Muskelfasern; Myozyten) enthalten zahllose parallel angeordnete **Myofibrillen**, entlang derer man aufgrund der **Sarkomerbanden** eine **Querstreifung** findet. Das Sarkomer enthält interdigitierende **Aktin**- und **Myosin**-Filamente, die durch **Titinstränge** elastisch miteinander verbunden sind, sowie viele weitere für die Myozytenfunktion wichtige Proteine. Durch vererbbare Gendefekte kann es zur Fehlfunktion von Proteinen des Sarkomers und des Zytoskeletts im Muskel kommen, wie bei **Muskeldystrophien** und **Myofibrillären Myopathien**.

13.2 Molekulare Mechanismen der Skelettmuskelkontraktion

13.2.1 Gleitfilamentmechanismus und Titinfederfunktion

Ein Muskel verkürzt sich durch teleskopartiges Ineinanderschieben von Bündeln dünner und dicker Filamente im Sarkomer, während bei Dehnung der Muskelfasern die Titinfedern gespannt werden.

Kontraktion der Sarkomere   Die Muskelverkürzung resultiert aus der Längenveränderung unzähliger „in Serie" geschalteter Sarkomere. Bei Kontraktion des Sarkomers schieben sich die Aktinfilamente – ganz nach dem Prinzip eines

Teleskops (**Gleitfilamentmechanismus**) – tief in das Bündel der Myosinfilamente (◘ Abb. 13.3).

❯ Bei Muskelverkürzung gleiten Aktin- und Myosinfilamente aneinander vorbei, verkürzen sich selbst aber nicht.

Dehnung der Sarkomere   Bei Anlegen einer Zugkraft wird das Bündel der dünnen Filamente aus der Anordnung der dicken Filamente teilweise herausgezogen, wodurch das Ausmaß der Filamentüberlappung abnimmt (◘ Abb. 13.3). Der Zusammenhalt von dicken und dünnen Filamenten wird durch **Titin** gewährleistet, dessen **Federregion** bei Sarkomerdehnung extendiert wird. Dadurch entsteht eine „passive" **Rückstellkraft**.

13.2.2 Molekularer Kontraktionsprozess

Die bei der Kontraktion aufgebrachte Kraft wird durch den Myosinmotor generiert.

Funktionsweise des Muskelmotors   Beim Kraftschlag im ATP-getriebenen Querbrückenzyklus führt die Hebelarmregion des Myosinkopfes eine ~60°-Rotationsbewegung relativ zur Aktinbindestelle aus (◘ Kap. 12.1.2). Die Aktinfilamente werden so um 5–10 nm in Richtung zur M-Bande bewegt. Fehlt ATP, bleibt der Zyklus im Zustand des „Rigorkomplex" stehen (▶ Abb. 12.3b). Dies äußert sich in der Totenstarre, dem Rigor mortis.

Umsetzung der Querbrückenaktivität in makroskopische Bewegung   Bei einmaligem Kraftschlag der Querbrücken würde sich ein einzelnes Sarkomer nur um rund 1% seiner

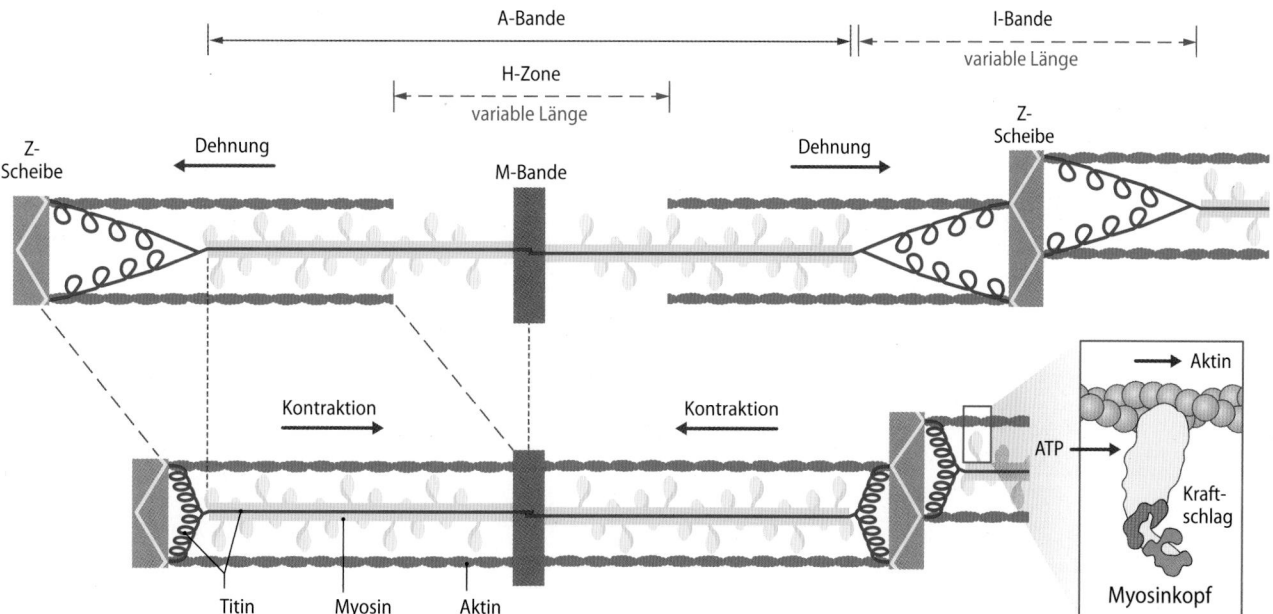

◘ **Abb. 13.3   Molekulare Mechanismen der Sarkomerkontraktion.** Nach dem Geitfilamentmechanismus behalten bei Sarkomerlängenänderung die Aktin- und Myosinfilamente ihre Länge bei, während die I-Bande und die H-Zone schmaler (Kontraktion) bzw. breiter (Dehnung) werden; die Titinfeder wird komprimiert bzw. gedehnt. Einsatzbild rechts unten: Kraftschlag im Aktin-Myosin-Querbrückenzyklus

Länge verkürzen. Indessen kann sich ein aktiviertes Sarkomer sehr schnell um 20% (~0,5 μm) verkürzen. Dies ist möglich, weil die Querbrücken die Ruderbewegung viele Male hintereinander ausführen, und zwar an einer immer neuen Stelle entlang des Aktinfilaments. Daraus folgt ein gerichtetes gegensinniges Gleiten der Aktinfilamente aus linker und rechter Sarkomerhälfte (◘ Abb. 13.3). Durch Verwirklichung dieses Prinzips in Tausenden von Sarkomeren werden die Aktivitäten der Querbrücken in makroskopische Bewegung umgesetzt. Eine Weiterleitung der Kräfte erfolgt über die Z-Scheiben, Zytoskelett-Strukturen und Zellenden bis zu den Sehnen und dem Skelett.

Querbrückenzyklus bei Kraftentwicklung ohne Muskelverkürzung   Wenn sich bei einer Kontraktion die Muskellänge nicht verändert, obwohl Kraft entwickelt wird (isometrische Kontraktion, z. B. Koffer halten), wird trotzdem der Querbrückenzyklus durchlaufen. Der Myosinkopf greift nun immer an derselben Stelle am Aktinfilament an. Mechanische Energie wird u. a. in elastischen Sarkomer-Strukturen gespeichert.

13.2.3 Regulation der Aktin-Myosin-Interaktion

Troponin und Tropomyosin regulieren die Aktivität der Querbrücken Ca²⁺-abhängig: Bei niedriger Ca²⁺-Konzentration wird sie aus-, bei erhöhter Ca²⁺-Konzentration angeschaltet.

Wirkung von Ca²⁺   Die zyklische Aktivität der Querbrücken wird physiologisch durch die Ca^{2+}-Konzentration im Sarkoplasma reguliert. Bei sehr niedriger Ca^{2+}-Konzentration (etwa 10^{-7} mol/l) verhindern **Regulatorproteine** am dünnen Filament, nämlich **Troponin** und **Tropomyosin** (◘ Abb. 13.4),

den Querbrückenkraftschlag, indem sie eine feste Anheftung der zunächst nur schwach an Aktin gebundenen Myosinköpfe (▸ Kap. 12.1.2) verhindern. Da nun alle Querbrücken lose oder überhaupt nicht gebunden sind, ist der Muskel relaxiert (kraftlos); sein Dehnungswiderstand ist relativ gering. Wird jedoch die Ca^{2+}-Konzentration auf 10^{-6}–10^{-5} mol/l erhöht, so können sich die Myosinquerbrücken fest an Aktin anheften und Kraft entwickeln (◘ Abb. 13.4b).

Troponin als Ca²⁺-Schalter   Der Aktivierungsmechanismus der Ca^{2+}-Ionen beruht auf der spezifischen Ultrastruktur des im menschlichen Skelettmuskel etwa 1,3 μm langen dünnen Filaments: Am Aktindoppelstrang bindet in regelmäßigen Abständen von 38,5 nm (entspricht einer Windung) ein **Komplex aus drei Troponin-Untereinheiten** (TnC, TnI, TnT). Zudem verläuft ein schmaler Doppelstrang, das **Tropomyosin**, spiralförmig um die Aktindoppelhelix (◘ Abb. 13.4a).

Bei sehr niedriger Ca^{2+}-Konzentration fungieren TnI und TnT im Zusammenspiel mit Tropomyosin als Hemmer des Querbrückenzyklus (◘ Abb. 13.4a). Eine Erhöhung der Ca^{2+}-Konzentration um das 10- bis 100-fache führt zur verstärkten **Bindung von Ca²⁺ an TnC** (◘ Abb. 13.4a, b). Dadurch kommt es zur Konformationsänderung in der TnI-Untereinheit, welche wiederum eine Umlagerung im Tropomyosin-bindenden TnT nach sich zieht. Die Folge ist ein Wegdrücken des Tropomyosindoppelstranges in die Längsrinne der Aktindoppelhelix: die **Bindungsstellen am Aktin** für den Myosinkopf werden **freigegeben**. Die Regulatorproteine am dünnen Filament sind jetzt in einer Stellung, die die Bildung kraftgenerierender Querbrücken (▸ Kap. 12.1.2) begünstigt und beschleunigt. Unter fortwährender ATP-Spaltung wird der Querbrückenzyklus repetitiv durchlaufen; der Muskel ist aktiviert.

Bei Absenkung der sarkoplasmatischen Ca^{2+}-Konzentration auf etwa 10^{-7} mol/l wird der Querbrückenzyklus wieder

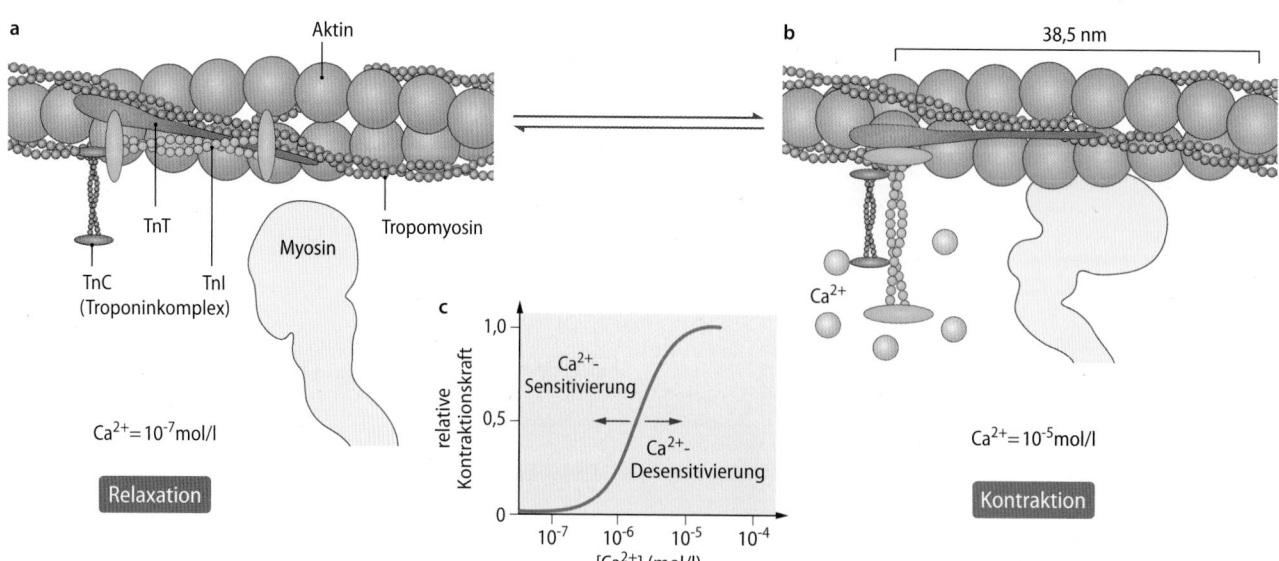

◘ **Abb. 13.4a–c   Regulation der Aktin-Myosin-Wechselwirkung im Sarkomer.** Der Querbrückenzyklus wird durch Veränderungen der Ca²⁺-Konzentration und Konformationsänderungen regulatorischer Proteine am dünnen Filament aus- (**a**) und eingeschaltet (**b**). **c** Beziehung zwischen Kraftentwicklung des kontraktilen Apparats und (sarkoplasmatischer) Ca²⁺-Konzentration gehemmt. Die Querbrücken werden zwar durch ATP abgelöst, können jedoch nicht neu geschlagen werden; der **Muskel erschlafft.**

❯ Troponin und Tropomyosin sind Regulatorproteine, die bei geringer Ca^{2+}-Konzentration im Sarkoplasma den Querbrückenzyklus blockieren.

Ca^{2+}-Sensitivität der Myofilamente Für den Zusammenhang zwischen sarkoplasmatischer Ca^{2+}-Konzentration und Kontraktionskraft besteht eine charakteristische sigmoidale Dosis-Wirkungsbeziehung (◻ Abb. 13.4c). Die Ca^{2+}-Konzentration bei halbmaximaler Kraft ist hierbei ein Maß für die **Ca^{2+}-Sensitivität** des kontraktilen Apparats. Rechtsverschiebung der Kurve bedeutet erniedrigte, Linksverschiebung erhöhte Ca^{2+}-Sensitivität. Eine Linksverschiebung führt somit bei gleicher Ca^{2+} Konzentration zur stärkeren Kraftentwicklung. Solche Verschiebungen treten physiologisch z. B. bei Veränderungen in der Phosphorylierung von Regulatorproteinen auf. Auch bei Muskelerkrankungen kann es zu veränderter Ca^{2+}-Sensitivität des kontraktilen Apparats kommen.

In Kürze

Nach dem **Gleitfilamentmechanismus** bewegen sich bei einer Sarkomerverkürzung die dünnen Filamente entlang der dicken Filamente in Richtung zur Sarkomermitte; dabei bleibt die Länge dieser Myofilamente konstant. Bei Dehnung des Sarkomers **extendiert die**

Titinfeder. Der Aktin-Myosin-**Querbrückenzyklus** wird bei niedriger sarkoplasmatischer Ca^{2+}-Konzentration (10^{-7} mol/l) im relaxierten Muskel durch **Troponin und Tropomyosin** gehemmt. Bei **erhöhter Ca^{2+}-Konzentration** (10^{-6}–10^{-5} mol/l) bindet Ca^{2+} verstärkt an TnC und es kommt zu Veränderungen im Troponin-Tropomyosin-Komplex. Die Querbrücken können jetzt an Aktin binden, der Muskel ist aktiviert.

13.3 Kontraktionsaktivierung im Skelettmuskel

13.3.1 Membransysteme der Muskelzelle

Das Sarkolemm bildet schlauchförmige Einstülpungen, die T-Tubuli, welche an das intrazelluläre, Ca^{2+}-speichernde, sarkoplasmatische Retikulum ankoppeln.

Ionenströme Während des Aktionspotenzials am **Sarkolemm** (◻ Abb. 13.5) öffnen sich spannungsgesteuerte Na^+-Kanäle. Bei der Repolarisation strömen K^+-Ionen aus der Zelle heraus. Als Besonderheit gegenüber Nervenzellen kommt es bei der **Repolarisation** von Skelettmuskelzellen zu einem **Cl^--Einwärtsstrom**, der mithilft, das Ruhemembranpotenzial zu stabilisieren. Die Aufrechterhaltung des **Ruhepotenzials** (–80 mV) wird durch eine ATP-getriebene Na^+-K^+-Pumpe (Na^+/K^+-ATPase) unterstützt. Diese treibt gleichzeitig den

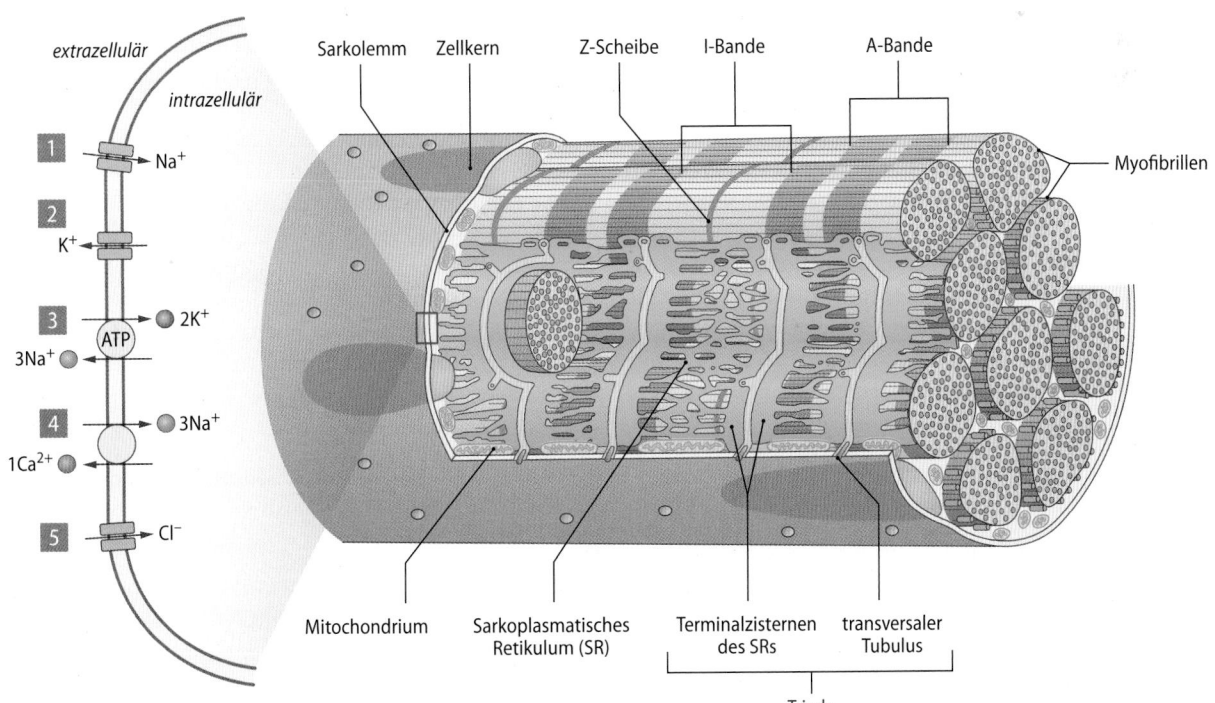

◻ **Abb. 13.5   Schema eines Ausschnitts aus einer menschlichen Skelettmuskelfaser.** Auf der linken Seite sind wichtige Ionenkanäle bzw. -ströme am Sarkolemm aufgeführt: **1** spannungsgesteuerter Natrium-kanal; **2** Kalium-Auswärtsstrom; **3** Na^+/K^+-ATPase; **4** Na^+/Ca^{2+}-Austauscher (Na^+/Ca^{2+}-Antiport); **5** Chlorid-Einwärtsstrom

Klinik

Myotonieerkrankungen

Symptome
Symptomatisch für eine **Myotonie** ist ein erhöhter Spannungszustand willkürlich innervierter Skelettmuskeln; die Erschlaffung der Muskeln ist verlangsamt. Betroffene Patienten können z. B. einen umklammerten Gegenstand nicht sofort wieder loslassen, selbst wenn sie sich alle Mühe geben.

Ursachen
Verschiedene Myotonie-Formen sind durch Mutationen in unterschiedlichen Genen bedingt:

— Die häufigste Form einer Myotonie ist die **myotone Dystrophie** (Inzidenz 1:20.000/Jahr), bei der es aufgrund einer Vervielfältigung von CTG-Triplets in einem Gen auf Chromosom 19q zur verminderten Produktion des Enzyms Myotonin-Proteinkinase kommt, in deren Folge Schäden v. a. am Sarkolemm auftreten.
— Die **Myotonia congenita** beruht auf einer Mutation in einem Gen auf Chromosom 7q, das für den muskulären Cl⁻-Kanal kodiert. Durch die Mutation wird dessen Leitfähigkeit verringert

und die Repolarisation beeinträchtigt. Man unterscheidet den Typ Becker (Prävalenz 1:25 000; autosomal-rezessiver Erbgang) und den Typ Thomsen (Prävalenz 1:400.000; autosomal-dominanter Erbgang).
— Bei der seltenen **Paramyotonia congenita** (autosomal-dominanter Erbgang) ist ein Gen auf Chromosom 17q mutiert, das für den Na^+-Kanal im Sarkolemm kodiert. Die Mutation führt zu einer verlangsamten Inaktivierung des Kanals.

13

Na^+/Ca^{2+}-Austauscher an, der einen (im Skelettmuskel sehr kleinen) Anteil der Ca^{2+}-Ionen aus der Myozyte heraus befördert.

❯ **Die relativ hohe Cl⁻-Leitfähigkeit des Sarkolemms stabilisiert das Ruhepotenzial der Muskelfasern.**

Transversal- und Longitudinalsystem Eine Skelettmuskelfaser enthält zwischen den Myofibrillen ein weitverzweigtes Kanalsystem aus transversalen und longitudinalen Membranschläuchen, den Tubuli (◼ Abb. 13.5 und 13.6). Indem sich die Membran der Muskelzelle an vielen Orten in das Faserinnere einstülpt, entsteht das **transversale Tubulussystem** (T-Tubuli) aus 50–80 nm dicken Schläuchen. Senkrecht dazu schließt sich intrazellulär ein longitudinales Membransystem an, das sarkoplasmatische Retikulum (SR). Das SR liegt mit seinen terminalen Bläschen (Zisternen) den T-Tubulus-Membranen eng an und bildet so eine **Triadenstruktur.**

Ca^{2+}-Speicherung im SR Das sarkoplasmatische Retikulum stellt ein Speichersystem für Ca^{2+}-Ionen dar, sodass die Ca^{2+}-reichen Muskelfasern nicht dauernd kontrahieren. Bei Muskelaktivierung verlassen die Ca^{2+}-Ionen das SR über ein Kanalprotein, den **Ryanodinrezeptor** (◼ Abb. 13.6b). Die Relaxation wird durch eine in der SR-Membran befindliche ATP-getriebene Kalziumpumpe befördert (Ca^{2+}-ATPase; engl. SERCA: *sarcoplasmic/endoplasmic reticulum calcium ATPase*), die die Ionen aktiv in das Innere des SR zurücktransportiert (◼ Abb. 13.6c).

13.3.2 Elektromechanische Kopplung

Elektromechanische Kopplung beinhaltet die Prozesse, die von der Erregung der Muskelzellmembran zur Freisetzung von Ca^{2+} im Sarkoplasma und zur Kraftentwicklung führen.

Erregung und Aktivierung der Muskelfasern Nach der Generierung eines Aktionspotenzials an der postsynaptischen Membran der **motorischen Endplatte** (▶ Kap. 10.1) breitet

sich die Depolarisation mit einer Geschwindigkeit von 3–5 m/s über die Skelettmuskelfaser aus (◼ Abb. 13.6a). Folge der Erregung ist eine Erhöhung der sarkoplasmatischen Ca^{2+}-Konzentration (◼ Abb. 13.6b). Mit einer Latenzzeit von etwa 10–15 ms auf das 1–3 ms andauernde Aktionspotenzial (◼ Abb. 13.6d) kommt es zum Kraftanstieg des Muskels, gefolgt von der Relaxation (◼ Abb. 13.6c). Die Dauer der Abfolge von Aktionspotenzial, Ca^{2+}-Signal und Einzelzuckung (Kontraktionsantwort auf einen Einzelreiz) ist in langsamen und schnellen Muskeln unterschiedlich.

Detaillierter Ablauf der elektromechanischen Kopplung Das Aktionspotenzial am Sarkolemm breitet sich entlang der T-Tubuli auch in das Innere der Zellen aus (◼ Abb. 13.6). Die Depolarisation der T-Tubulus-Membran beeinflusst die Konformation eines modifizierten Kalziumkanalproteins, des **Dihydropyridinrezeptors** (DHPR), der aber im Skelettmuskel kaum kalziumdurchlässig ist; er fungiert vielmehr als Sensor für die Veränderung der elektrischen Spannung. Durch die Konformationsänderung im DHPR wird über direkten mechanischen Kontakt der **Ryanodinrezeptor** in der Membran des SR geöffnet (Skelettmuskel: RyR1-Isoform). Die Öffnung dieses Ca^{2+}-Kanalproteins bewirkt innerhalb weniger Millisekunden (◼ Abb. 13.6d, „Ca^{2+}-Signal") eine Erhöhung der sarkoplasmatischen Ca^{2+}-Konzentration bis auf etwa 10^{-5} mol/l. Nach Diffusion von Ca^{2+} zu Troponin C an den dünnen Filamenten setzt die Querbrückenaktivität ein; der Muskel kontrahiert.

❯ **Adulte Skelettmuskelzellen benötigen zur Kontraktionsaktivierung keinen Ca^{2+}-Einstrom von extrazellulär.**

Muskelrelaxation Der Muskel erschlafft, sobald die Ca^{2+}-Ionen durch die **Tätigkeit der SERCA** wieder in das SR zurückgepumpt werden (◼ Abb. 13.6c). Sinkt die sarkoplasmatische Ca^{2+}-Konzentration auf etwa 10^{-7} mol/l, werden Aktin-Myosin-Interaktion und Myosin-ATPase gehemmt.

a

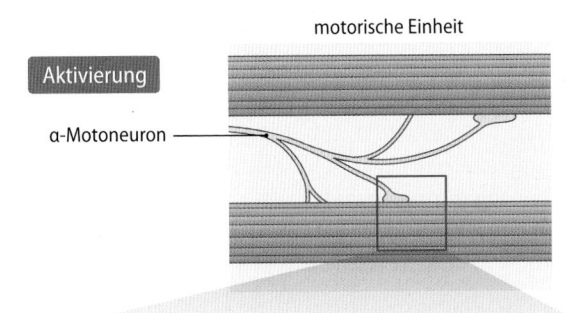

Aktivierung

α-Motoneuron

motorische Einheit

b Terminalzisternen des SRs — Ryanodin-rezeptor (RyR1) — T-Tubulus — Dihydropyridin-rezeptor (DHPR)

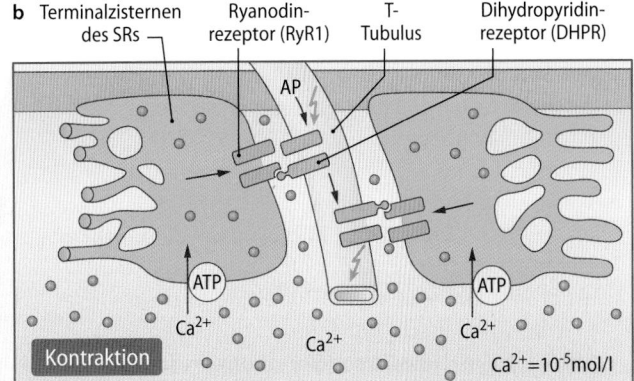

AP

Kontraktion

ATP

Ca^{2+}

Ca^{2+}

ATP

Ca^{2+}

$Ca^{2+}=10^{-5}$ mol/l

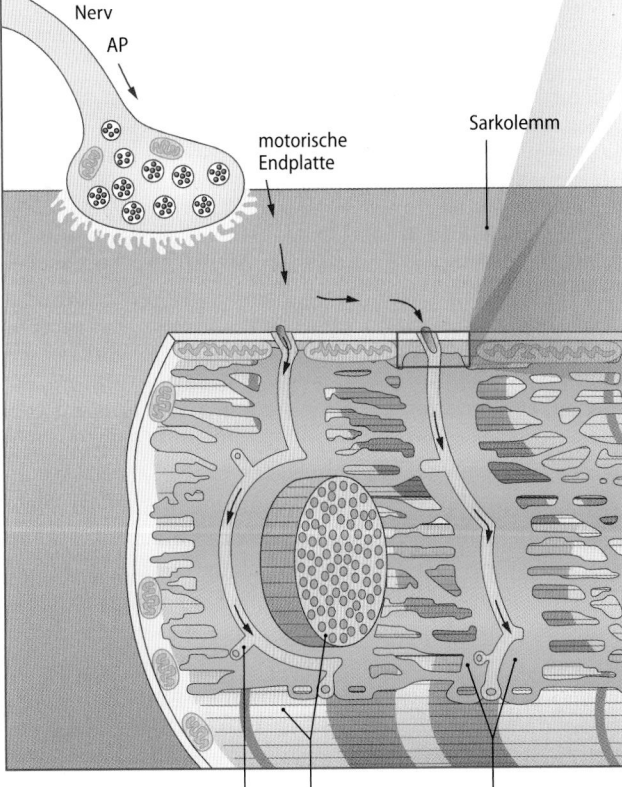

Nerv

AP

motorische Endplatte

Sarkolemm

T-Tubulus   Myofibrillen   Sarkoplasmatisches Retikulum

c

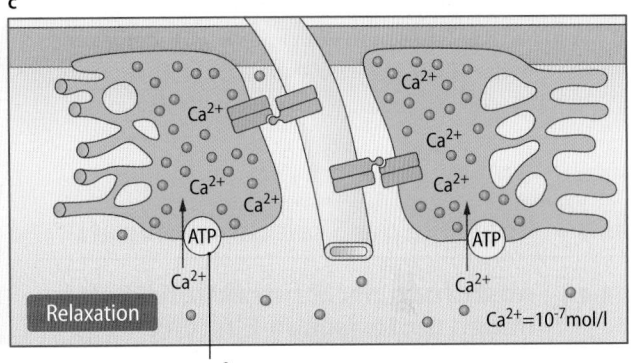

Ca^{2+}

Ca^{2+}

Ca^{2+}

Ca^{2+}

Ca^{2+}

Ca^{2+}

ATP

Ca^{2+}

ATP

Ca^{2+}

Relaxation

$Ca^{2+}=10^{-7}$ mol/l

Ca^{2+}-ATPase (SERCA)

d

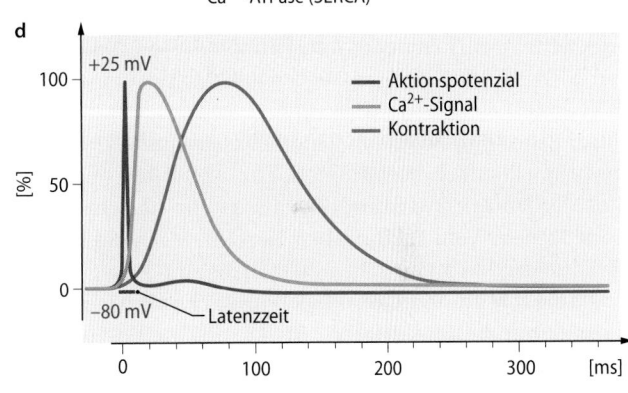

+25 mV

100

[%]

50

0

−80 mV — Latenzzeit

0   100   200   300   [ms]

— Aktionspotenzial
— Ca^{2+}-Signal
— Kontraktion

▣ **Abb. 13.6a–d** **Elektromechanische Kopplung. a** Aktivierung an einer motorischen Einheit (Einsatzbild oben links; vereinfachend mit nur 2 Muskelfasern) durch Aktionspotenziale (AP; Pfeile). **b** Kontraktionsaus-lösung (Anstieg der sarkoplasmatischen Ca^{2+}-Konzentration). **c** Erschlaf- fung (Abfall der sarkoplasmatischen Ca^{2+}-Konzentration). **d** Zeitverlauf von Muskelaktionspotenzial, sarkoplasmatischer Ca^{2+}-Konzentration und isometrischer Einzelzuckung bei einem menschlichen Muskel (Adductor pollicis)

Klinik

Maligne Hyperthermie

Krankhafte Störungen im Ablauf der elek-tromechanischen Kopplung beobachtet man bei maligner **Hyperthermie.** Außer-dem sind solche Störungen charakteristisch für Myasthenia gravis.

Symptome
Bei malignen Hyperthermie-Patienten wer-den Komplikationen während Allgemein-narkosen beobachtet, vorwiegend bei An-wendung von Inhalationsanästhetika

wie Halothan oder Muskelrelaxanzien wie Succinylcholin.

Ursachen
Der Krankheit (Prävalenz 1 : 3000 – 1 : 10.000; zumeist autosomal-dominant vererbt) liegt in 80% der Fälle die Mutation eines Gens auf Chromosom 19q zugrunde, das für den Ryanodinrezeptor kodiert; seltener sind Mutationen im Dihydropyri-dinrezeptor die Ursache. Bei den Patienten kommt es unter der Narkose zu einem

unkontrollierten Anstieg der zytosoli-schen Ca^{2+}-Konzentration. Die Folge sind starke spontane Skelettmuskelkontrak-tionen, begleitet von übermäßiger Wärme-bildung, die schnell zum Tode führen kann.

Therapie
Wirksam behandelt werden kann die maligne Hyperthermie durch Unterbre-chung der Narkosemittel-Zufuhr und Gabe des Wirkstoffs **Dantrolen.**

In Kürze

Am **Sarkolemm** der Skelettmuskelzelle wird die elektrische Erregbarkeit durch charakteristische Na^+-, K^+- und Cl^--Ionenbewegungen gewährleistet. Das Sarkolemm bildet schlauchförmige Einstülpungen, die **T-Tubuli**, die an das intrazelluläre, Ca^{2+}-speichernde **sarkoplasmatische Retikulum (SR)** gekoppelt sind. Bei der **elektromechanischen Kopplung** laufen die Muskelaktionspotenziale über die T-Tubuli ins Innere der Faser und bewirken nach Aktivierung von Dihydropyridin- (im T-Tubulus) und Ryanodinrezeptoren (im SR) die **Freisetzung von Ca^{2+}** aus dem SR ins Sarkoplasma, worauf die Querbrückentätigkeit einsetzt (**Kontraktion**). Werden die Ca^{2+}-Ionen durch eine ATP-getriebene Ca^{2+}-Pumpe (**SERCA**) wieder in das SR zurückgepumpt, hört die Aktivität der Querbrücken auf (**Relaxation**).

13.4   Kontrolle der Skelettmuskelkraft

13.4.1   Abstufung der Kontraktionskraft in den motorischen Einheiten

Die zentralnervöse Regulation der Muskelkraft erfolgt durch Rekrutierung von mehr oder weniger motorischen Einheiten und durch Variation der Erregungsrate der Motoneurone.

Willkürliche Kontraktionen   Unsere Skelettmuskelkraft können wir willentlich beeinflussen. Zur Abstufung der Kraft sind Mechanismen wirksam, die unter **zentralnervöser Kontrolle** stehen. Vom motorischen Kortex ausgehend führen die absteigenden motorischen Bahnen bis zum Rückenmark, wo sie die **α-Motoneurone** aktivieren, welche nach vielfacher Aufspaltung die Muskelfasern direkt innervieren (**motorische Einheiten**) (▶ Kap. 45.1).

Regulation der Muskelkraft durch Rekrutierung motorischer Einheiten   In einer einzelnen motorischen Einheit ergibt sich bei Einzelzuckungen keine Möglichkeit der Variation der Kraft der Muskelfasern, denn alle Fasern der Einheit sind entweder kontrahiert oder erschlafft (**Alles-oder-Nichts-Gesetz**). Soll die Muskelkraft abgestuft werden, müssen andere regulatorische Prinzipien greifen. So können Skelettmuskeln ihre Kontraktionsstärke (und auch die Verkürzungsgeschwindigkeit;

▶ Abschn. 13.5) sehr effektiv einstellen, indem sie eine variable Anzahl **motorischer Einheiten** aktivieren. Bei geringer willkürlicher Anspannung eines Muskels werden mittels Elektromyographie nur in wenigen motorischen Einheiten Aktionspotenziale beobachtet (◻ Abb. 13.7b). Bei starker Willküranspannung feuern dagegen sehr viele Einheiten. Aufgrund der Rekrutierung nimmt auch die von der Hautoberfläche ableitbare integrierte elektrische Aktivität umso mehr zu, je kraftvoller die darunterliegenden Muskelpartien kontrahieren.

❯ Die Feinregulierung der Kraft ist umso besser abstufbar, je geringer die Größe (Anzahl der Muskelfasern) und damit die Kraft einer motorischen Einheit ist.

Reflextonus
Selbst bei scheinbarer Ruhe ist in manchen Muskeln die elektromyographisch feststellbare Aktivität nicht immer ganz erloschen: Niederfrequente Entladungen in nur wenigen motorischen Einheiten können in Haltemuskeln zu einem unwillkürlichen, reflexogenen Spannungszustand führen. Dieser neurogene Tonus ist über das γ-Fasersystem der Muskelspindeln (▶ Kap. 45.1 und 45.2) beeinflussbar. Er wird durch geistige Anspannung oder Erregung unwillkürlich noch verstärkt und erlischt nur bei tiefer Entspannung.

Regulation der Kraft durch Modulation der Erregungsrate   Eine zweite Möglichkeit zur Anpassung der Muskelkraft beruht auf der **Variation der Aktionspotenzialfrequenz**. Experimentell kann man dies anhand der Effekte einer veränderten Reizfrequenz auf einen isolierten Muskel sehen. Stimuliert man den Muskel mit einer Reizfrequenz von 5 Hz, dann beobachtet man Einzelzuckungen (◻ Abb. 13.7c). Nimmt man mit entsprechender Technik auch die sarkoplasmatische Ca^{2+}-Konzentration auf, kann man kurzzeitige „Spikes" (transiente Ca^{2+}-Signale) erkennen, die den einzelnen elektrischen Erregungen folgen. Erhöht man die Reizfrequenz auf mindestens 10 Hz, überlagern sich nun die Kontraktionsantworten und die Spannungsmaxima in den aufeinanderfolgenden Zuckungen nehmen zu: **Superposition** (Überlagerung) bzw. **Summation der Einzelzuckungen**. Die Ca^{2+}-Konzentration im Sarkoplasma fällt nach jeder Zuckung jedoch fast wieder auf den Ruhewert ab (◻ Abb. 13.7c). Erst bei noch schnelleren Reizfrequenzen bzw. Aktionspotenzial-Folgen von 20 Hz oder mehr bleibt die Ca^{2+}-Konzentration auch zwischen den elektrischen Stimuli erhöht. Der Grund dafür ist, dass die SERCA die Ca^{2+}-Ionen nicht schnell genug in das SR zurückpumpen kann. Die Zuckungen verschmelzen schließlich vollständig zur Dauerkontraktion, dem **Tetanus** (◻ Abb. 13.7c). Entscheidend ist, dass sich von der Einzel-

Klinik

Klinische Elektromyographie
Die elektrische Aktivität der motorischen Einheiten in Form von Aktionspotenzialen lässt sich mittels Elektromyographie ableiten (◻ Abb. 13.7a). Die Ableitung kann von der Hautoberfläche über einem Muskel (größeres Muskelgebiet erfasst) oder mit eingestochenen Nadelelektroden aus dem Muskel (liefert stärkere elektrische Signale) erfolgen. Man registriert Frequenz und Amplitude der in beiden Methoden extrazellulär abgeleiteten Potenziale (◻ Abb. 13.7b). Das **Elektromyogramm** (EMG) gibt u. a. Aufschluss über die Anzahl funktionsfähiger motorischer Einheiten des im Be- reich der Elektroden liegenden Muskels. Pathophysiologische Veränderungen der im EMG erfassbaren Signale findet man u. a. bei **Denervierung** eines Muskels (z. B. bei **Poliomyelitis**).

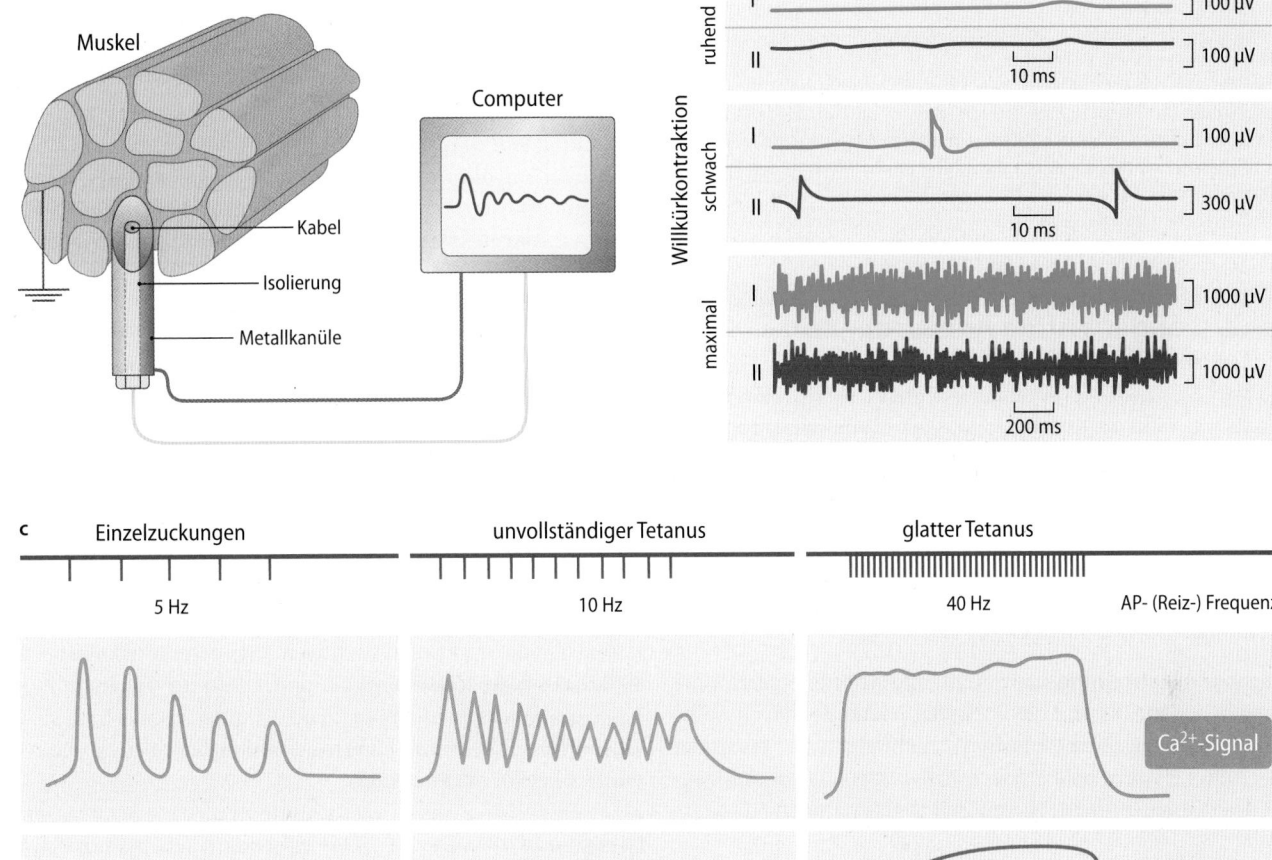

■ **Abb. 13.7a–c   Einstellung der Muskelkraft durch veränderliche Aktivität der motorischen Einheiten. a** Elektromyographie zur extrazellulären Ableitung der elektrischen Aktivität motorischer Einheiten. **b** Registrierungen extrazellulärer Aktionspotenziale, die mit zwei Elektroden gleichzeitig von zwei verschiedenen motorischen Einheiten (I und II) eines Muskels abgeleitet wurden: (oben) im erschlafften Muskel; (Mitte) bei schwacher willkürlicher Kontraktion; (unten) bei maximaler willkürlicher Kontraktion. **c** Einfluss der Erregungsrate (Aktionspotenzial- bzw. Reizfrequenz) auf die Ca²⁺-Signale und die Kraftentwicklung einer Muskelfaser

zuckung bis zum glatten Tetanus die Kontraktionskraft **um das 2- bis 8-fache erhöht.**

❯ **Ab einer Aktionspotenzialfrequenz von etwa 30 Hz kommt es zum glatten Tetanus des Muskels.**

Reizfrequenz-Limit und Höhe der Kraft im Tetanus
Der minimale zeitliche Abstand zwischen aufeinander folgenden effektiven Reizen im Tetanus kann nicht kleiner als die Refraktärzeit sein, die ungefähr der Aktionspotenzialdauer entspricht (2–3 ms). Die erhöhte Kraftentwicklung im Tetanus gegenüber der Einzelzuckung könnte durch die längere Kontraktionsdauer zustande kommen, die es ermöglicht, dass die maximale Muskelkraft auch auf die Sehnen übertragen werden kann. Außerdem scheint eine vollständige Ca²⁺-Sättigung von Troponin C nur bei hoher Erregungsrate stattzufinden.

Tetanische Kontraktionen als physiologisches Prinzip   Die besprochenen Gesetzmäßigkeiten macht sich der Organismus zunutze: Durch Steigerung der Aktionspotenzialrate der Motoneurone von 10 auf über 30 Hz (in manchen schnellen Muskeln bis über 100 Hz) wird aus einem unvollständigen ein glatter Tetanus und die Kontraktionskraft erhöht sich. Die **willkürlichen Kontraktionen** unserer Skelettmuskeln sind i. d. R. **superpositionierte Einzelzuckungen**, bei großen Kraftanstrengungen auch bis hin zum glatten Tetanus. Selbst bei niedriger Aktionspotenzialfrequenz unduliert die Gesamtspannung des Muskels nicht, da die motorischen Einheiten die Zuckungsmaxima zeitlich versetzt produzieren.

Tetanus-Kontraktur-Tetanie
Wird eine Dauerkontraktion ohne Aktionspotenziale ausgelöst (z. B. experimentell durch Koffein oder erhöhte extrazelluläre K^+-Konzentration), spricht man von Kontraktur. Sie ist vom Tetanus ebenso zu unterscheiden wie die Tetanie, eine durch Ca^{2+}-Mangel begünstigte Übererregbarkeit der Plasmamembran von Nerven- und Muskelzellen. Beim Wundstarrkrampf – ebenfalls Tetanus genannt – kommt es zu lebensbedrohlichen Krämpfen, die durch die inhibierende Wirkung des Tetanusbakterien-Toxins auf die Freisetzung des Neurotransmitters Glyzin aus Renshaw-Zellen im Rückenmark (▶ Kap. 9.2) hervorgerufen werden.

13.4.2 Längerfristige Anpassungen der Muskelkraft

Langfristig kann die Kraft eines Muskels durch Hypertrophie bzw. Atrophie moduliert werden.

Muskelhypertrophie

❯ Je dicker ein Muskel bzw. je größer die Summe der Querschnitte der einzelnen Muskelfasern ist, desto höhere Kräfte können entwickelt werden.

Durch **Muskeltraining** kann man eine Muskelhypertrophie erreichen; dabei nimmt die Dicke der Muskelfasern zu, während sich die Faserzahl im Muskel nicht verändert (es findet also **keine Hyperplasie** statt). Der hypertrophe Muskel synthetisiert mehr Proteine in den Zellen als er abbaut.

Muskelatrophie   Übersteigt im umgekehrten Fall der Abbau an Muskeleiweißen die Protein-Neusynthese über einen längeren Zeitraum, tritt eine Muskelatrophie ein; die entwickelten Muskelkräfte sind kleiner als normal. Zunehmende Atrophierung findet man bei Ruhigstellung des Muskels, Nahrungskarenz (Fasten), Denervierung oder Alterungsprozessen. Beim zunehmenden Muskelschwund im Alter, der **Sarkopenie**, kommt es zur Abkopplung motorischer Einheiten von der Nervenversorgung, Abnahme von Fasergröße und -zahl und zum Ersatz von Muskel- durch Fett- und Bindegewebe.

In Kürze

Die Muskelkraft unterliegt zentralnervöser Kontrolle. Die **willkürliche Muskelkraft** kann durch das ZNS über zwei prinzipielle Mechanismen **reguliert** werden: **Rekrutierung von motorischen Einheiten** und **Variation der Erregungsrate** der Motoneurone. Je geringer die Größe (Muskelfaserzahl) und damit die Kraft einer motorischen Einheit ist, desto feiner ist die Kraftabstufung regulierbar. Höhere Erregungsraten im Skelettmuskel führen zur **Superposition** der Zuckungen im unvollständigen Tetanus (hauptsächliche physiologische Kontraktionsform) bis hin zum glatten Tetanus. Dabei erhöht sich die Muskelkraft um einen Faktor von 2-8. Bei **tetanischen Dauerkontraktionen** bleibt die sarkoplasmatische Ca^{2+}-Konzentration auch zwischen den Impulsen erhöht. Die **Elektromyographie** wird als diagnostische Hilfe zur Analyse neuromuskulärer Funktionsausfälle eingesetzt. Längerfristige Anpassungen der Muskelkraft erfolgen durch **Muskelhypertrophie bzw. -atrophie.**

13.5   Skelettmuskelmechanik

13.5.1   Kraft-Längen-Beziehung

Zur quantitativen Beschreibung von Muskelkontraktionen verwendet man die Parameter Kraft, Länge und Zeit sowie davon abgeleitet Geschwindigkeit, Arbeit und Leistung; man unterscheidet passive und aktive Kräfte, die beide mit dem Dehnungsgrad des Muskels variieren.

Mechanische Parameter der Muskelkontraktion   Um die mechanische Funktion eines Muskels zu beschreiben, benötigt man nur drei Variablen: **Kraft, Länge** und **Zeit**. Aus diesen lassen sich die funktional wichtigen Parameter **Muskelarbeit, Verkürzungsgeschwindigkeit** und **Leistung** ableiten. Zur besseren Veranschaulichung dieser Parameter stelle man sich einen in eine Kraft- und Längenmessvorrichtung eingespannten Muskel vor (◻ Abb. 13.8a).

Passive und aktive Kraft   Der ruhende (nicht stimulierte) Muskel übt keine aktive Kraft aus, entwickelt jedoch bei Dehnung über seine Ruhelänge hinaus eine **passive Kraft** (◻ Abb. 13.8). Erfolgt nun eine Aktivierung durch einen elektrischen Reiz bzw. ein Aktionspotenzial, so kann sich im Experiment der Muskel wegen der Fixierung seiner Enden zwar unter **aktiver Kraftentwicklung** anspannen, jedoch nicht verkürzen (◻ Abb. 13.8b); er kontrahiert isometrisch (▶ Kap. 12.2.2). Bei dieser Kontraktionsform übertragen *(in situ)* die kontraktilen Elemente der Muskelfasern die entwickelte Kraft über intramuskuläre elastische Strukturen auf die Sehnen.

Ruhedehnungskurve   Die Beziehung zwischen Länge und passiver Kraft wird durch die Ruhedehnungskurve beschrieben (◻ Abb. 13.8b). Anders als bei einer Feder nimmt die Kraft mit der Dehnung nicht linear zu: Der gekrümmte Verlauf der Ruhedehnungskurve ist umso steiler, je stärker der Muskel gedehnt wird. Das **Elastizitätsmodul** bzw. die Steifigkeit des ruhenden Muskels erhöht sich also mit der Dehnung. Elastizität und passive Kraftentwicklung kommen teils durch die Titinfedern, teils durch die Kollagenfasern des Bindegewebes zustande. Zu beachten ist, dass verschiedene Skelettmuskeln eine sehr unterschiedliche passive Steifigkeit aufweisen: Während die Ruhedehnungskurve in manchen Muskeln steil ansteigen kann, verläuft sie in anderen Muskeln flacher (◻ Abb. 13.8b). Wesentliche Gründe hierfür sind das Vorhandensein unterschiedlich steifer Titinisoformen in verschiedenen Muskeltypen sowie Unterschiede in dem Gehalt und der Vernetzung von Kollagenfasern.

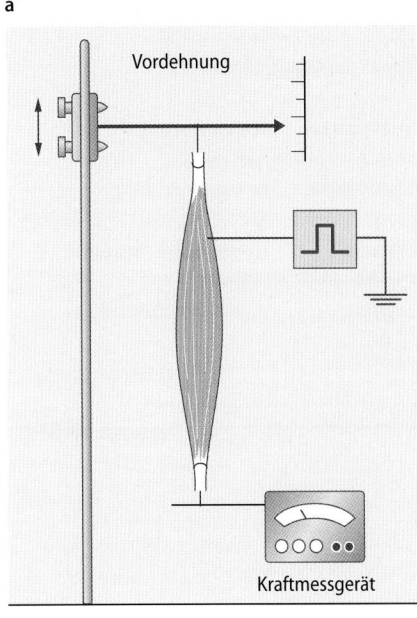

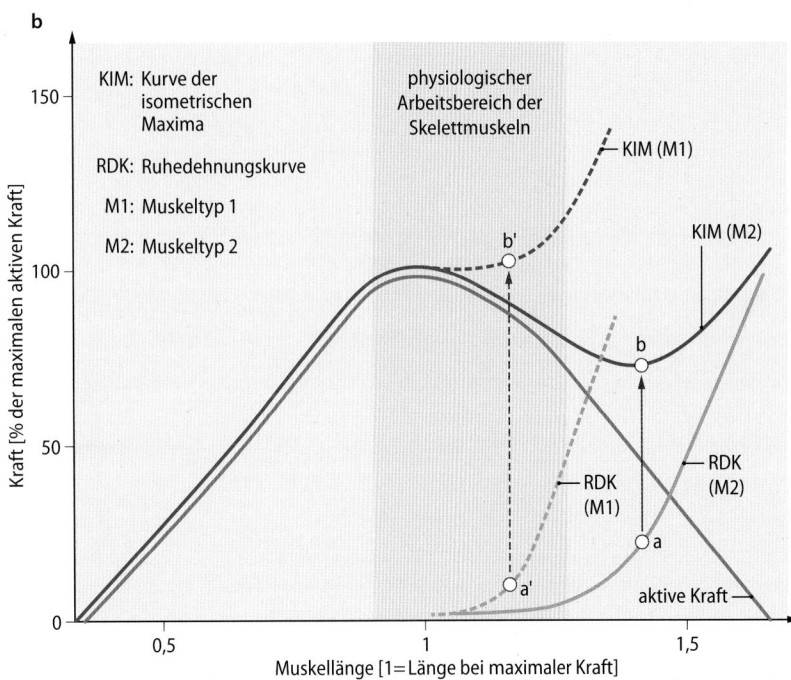

▢ Abb. 13.8a,b Beziehung zwischen Kraft und Muskellänge. a Versuchsanordnung, bei der ein Muskel zwischen Kraftfühler und Längen-Positionierer eingespannt wird. **b** Kraft-Längen-Diagramm mit der Ruhedehnungskurve (RDK) und der Kurve der isometrischen Maxima (KIM) von zwei verschiedenen Skelettmuskeln mit steiler (M1) bzw. flacher (M2) RDK. Die totale Kraft bei einer bestimmten Vordehnung (rote Kurven) setzt sich aus der passiven Kraft (orange Kurve) und der aktiven isometrischen Kontraktionskraft (blaue Kurve) zusammen (a–b bzw. a'–b': isometrische Kontraktionen bei maximaler Anspannung). Die orange Fläche bezeichnet den physiologischen Arbeitsbereich der Muskeln

> Die elastische Rückstellkraft des ruhenden Muskels nimmt wie beim Gummiband mit der Dehnung überproportional zu.

Aktive Kraft-Längen-Beziehung Die Vordehnung bestimmt außerdem das Ausmaß an aktiver Kraft, welches der Muskel bei der jeweiligen Länge maximal entwickeln kann. Die aktive Kraft während der Kontraktion überlagert sich (additiv) der passiven Kraft des Muskels (Pfeile ▢ Abb. 13.8b). Trägt man die bei isometrischen Kontraktionen von unterschiedlichen Ausgangslängen maximal erreichbaren Kräfte gegen die Muskellänge auf, erhält man die **Kurve der isometrischen Maxima** (KIM, ▢ Abb. 13.8b). Die Form dieser Kurve kann in verschiedenen Muskeln unterschiedlich sein, wobei die Unterschiede nur in demjenigen Abschnitt der Kurve auftreten, der die Kräfte bei größeren Muskellängen anzeigt. Beispielsweise hat in ▢ Abb. 13.8b die am Muskel M2 registrierte Kurve der isometrischen Maxima ein lokales Minimum im Punkt b. Im Gegensatz dazu zeigt die Kurve von Muskel M1 kein solches Minimum.

Bedeutung der Vordehnung für die isometrischen Kraftmaxima
Die Variabilität in der Form der Kurve der isometrischen Maxima beruht einzig auf der unterschiedlichen Steilheit der Ruhedehnungskurve, denn die Abhängigkeit der aktiven Kontraktionskraft von der Muskellänge ist in den Muskeln invariabel (blaue Kurve ▢ Abb. 13.8b). Aus dem Diagramm ist weiterhin ersichtlich, dass man die aktive Kraft bestimmen kann, indem man die Ruhedehnungskurve von der Kurve der isometrischen Maxima wieder subtrahiert. Dann wird erkennbar, dass die aktive Muskelkraft bei mittleren Muskellängen am größten ist. Skelettmuskeln arbeiten *in situ* bei Längen nahe diesem charakteristischen Kraftoptimum oder am Beginn des absteigenden Astes der aktiven Kraft-Längen-Kurve (▢ Abb. 13.8b).

Aktive Kraft und Überlappungsgrad von Aktin- und Myosinfilamenten Die dem Umriss einer Glocke ähnelnde Form der aktiven Kraft-Längen-Kurve (▢ Abb. 13.8b) ist durch unterschiedliche Überlappungsgrade von Aktin- und Myosinfilamenten erklärbar (▢ Abb. 13.9). Registriert man anstelle der Muskellänge die Sarkomerlänge in einem isometrisch kontrahierenden (tetanisierten) **humanen Skelettmuskel**, dann findet man das Maximum der aktiven Kraft bei Sarkomerlängen zwischen 2,6 und 2,8 µm (▢ Abb. 13.9a). In diesem Bereich erkennt man ein schmales Plateau auf der aktiven Kraft-Längen-Kurve, das in vielen Muskeln ungefähr mit der **Ruhelänge** im nicht-aktivierten Zustand zusammenfällt. Bei kürzeren Sarkomerlängen (z. B. 1,6 µm) ist die Kraft geringer, weil die Enden der Aktinfilamente aus den zwei Sarkomerhälften **überlappen** und die dicken Filamente an die Z-Scheiben gepresst werden (▢ Abb. 13.9b). Außerdem wird der laterale Abstand zwischen den parallel verlaufenden Myofilamenten größer, was die Ausbildung aktiver **Querbrücken erschwert**. Werden Muskelfasern über den Bereich des Plateaus hinaus gedehnt, fällt die Kontraktionskraft ab, weil dann die Aktinfilamente aus der Anordnung der Myosinfilamente **herausgezogen** werden (▢ Abb. 13.9). Dehnt man menschliche Muskeln auf etwa 4,2 µm Sarkomerlänge, kann keine aktive Kraft mehr entwickelt werden, da das Ende der Aktin-Myosin-Überlappung erreicht ist.

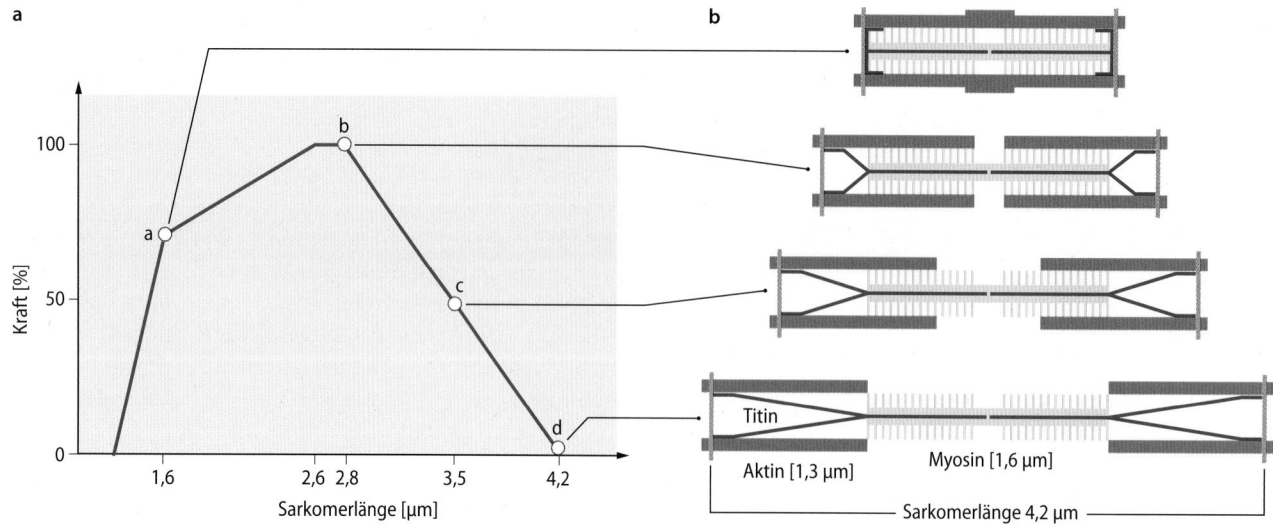

■ Abb. 13.9a,b   Beziehung zwischen Kontraktionskraft, Sarkomerlänge und Filamentüberlappung. a Die im Tetanus entwickelte isometrische (relative) Maximalkraft einer Muskelfaser des Menschen bei verschiedenen Sarkomerlängen. **b** Überlappung von Aktin- und Myosinfilamenten in Sarkomeren mit einer Länge von a 1,6; b 2,8; c 3,5 und d 4,2 μm

13.5.2 Unterstützungskontraktionen und Muskelarbeit

Erst wenn sich der belastete Muskel verkürzt, verrichtet er eine äußere Arbeit.

Arbeit bei Kontraktion   Bei einer Kraftentwicklung ohne Verkürzung, also bei rein **isometrischer Kontraktion** (▶ Kap. 12.2.2), verrichtet der Muskel keine äußere Arbeit. Ist diese Kontraktionsform jedoch mit einer **isotonischen Kontraktion** gekoppelt, wie bei der **Unterstützungszuckung** oder der **auxotonischen Kontraktion** (▶ Kap. 12.2.2), wird eine Arbeit geleistet (■ Abb. 13.10).

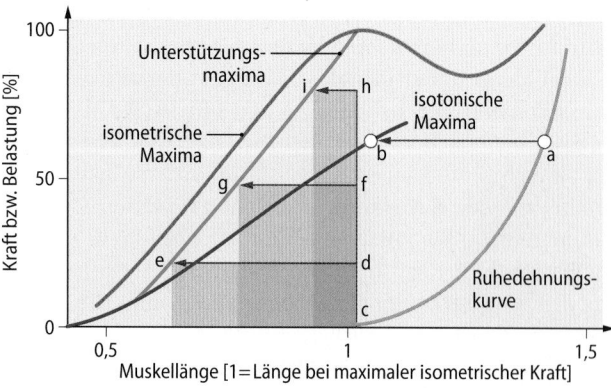

■ Abb. 13.10   Beziehung zwischen Kraft (Belastung) und Verkürzung im Arbeitsdiagramm des Muskels. Die Registrierung der maximalen isotonischen Verkürzung eines tetanisierten Muskels von verschiedenen Punkten auf der Ruhedehnungskurve aus (z. B. a–b) ergibt die Kurve der isotonischen Maxima (rot). Ergänzend dargestellt sind die Ruhedehnungskurve (orange) und die Kurve der isometrischen Maxima (lila). Die rot schattierten Flächen markieren die geleistete Arbeit bei Unterstützungskontraktionen gegen eine leichte (Punkte c–d–e), mittelschwere (c–f–g) bzw. schwere (c–h–i) Last. Die Endpunkte dieser Kontraktionen ergeben bei Verbindung die Kurve der Unterstützungsmaxima (grün)

Unterstützungsmaxima   ■ Abb. 13.10 verdeutlicht die am tetanisch stimulierten Muskel experimentell ermittelbaren Kontraktionsverläufe beim Anheben eines leichten (c–d–e), mittelschweren (c–f–g) und schweren (c–h–i) Gewichts, und zwar von derselben Ausgangslänge des Muskels. Verbindet man die auf dem Höhepunkt einer jeden Unterstützungszuckung gemessenen Datenpunkte, erhält man die Kurve der Unterstützungsmaxima („U-Kurve"). Man erkennt, dass sich der Muskel bei stärkerer Belastung weniger verkürzen kann als bei geringer Belastung. Erwähnenswert ist, dass die systolische Kontraktionsphase des linken Herzventrikels auf der U-Kurve endet, da sie eine Unterstützungskontraktion darstellt (▶ Kap. 15.1.3).

Muskelarbeit im Arbeitsdiagramm   Man kann die Muskelarbeit als **Produkt aus Hubhöhe** (Muskelverkürzung) und **Last** (Kraft) errechnen. Im „Arbeitsdiagramm" (■ Abb. 13.10) entspricht dies der Fläche eines Rechtecks, dessen Seiten aus Kraftkomponente und Verkürzungsweg gebildet werden. Die rötlichen Flächen in ■ Abb. 13.10 verdeutlichen, dass die Arbeit bei mittlerer Belastung größer ist (Fläche c–f–g) als bei starker (c–h–i) oder geringer (c–d–e) Belastung. Die äußere Arbeit ist null, wenn die Last gleich der isometrischen Maximalkraft ist oder wenn sich der Muskel unbelastet verkürzt.

13.5.3 Verkürzungsgeschwindigkeit und Muskelleistung

Die Verkürzungsgeschwindigkeit des Muskels ist unbelastet am höchsten und nimmt mit zunehmender Belastung ab; das Produkt aus Verkürzungsgeschwindigkeit und Kraft, die Muskelleistung, ist bei mittleren Belastungen maximal.

Beziehung zwischen Last (Kraft) und muskulärer Verkürzungsgeschwindigkeit   Die Geschwindigkeit, mit der ein Muskel

13.5 · Skelettmuskelmechanik

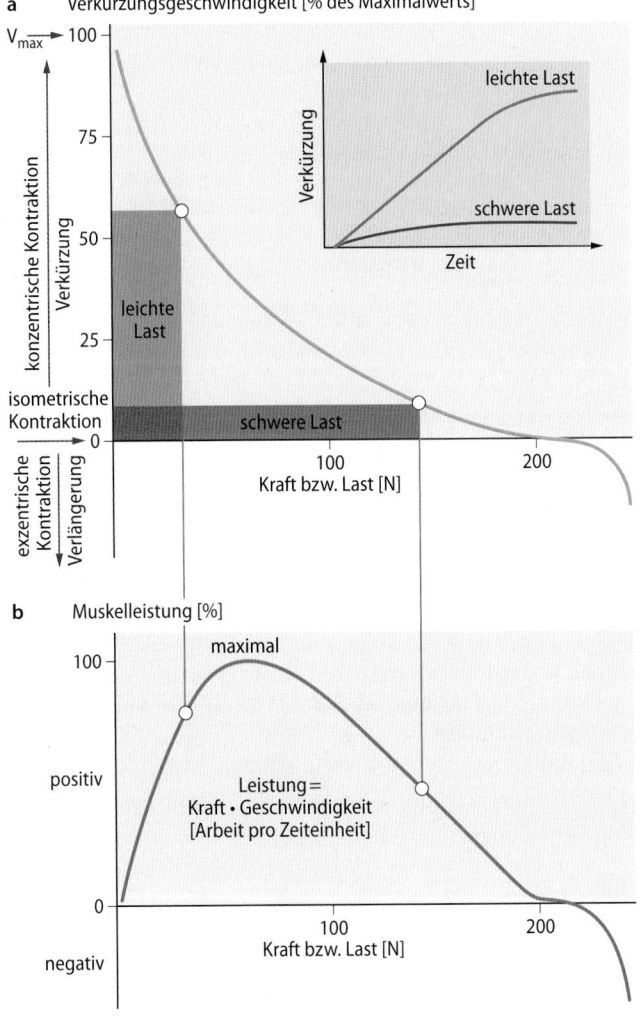

a Verkürzungsgeschwindigkeit [% des Maximalwerts]

b Muskelleistung [%]

Abb. 13.11a,b **Beziehung zwischen Kraft (Last) und Kontraktionsgeschwindigkeit bzw. Muskelleistung. a** Hyperbolisch verlaufende Kraft-Geschwindigkeits-Kurve. Abszisse: Belastung bzw. wirkende Gegenkraft eines menschlichen Armmuskels. Ordinate: Verkürzungsgeschwindigkeit in % der maximalen unbelasteten Geschwindigkeit (V_{max}). Die Rechteckflächen ergeben die Muskelleistung bei geringer bzw. großer Belastung. Einsatzbild: Zeitverlauf der Kontraktion bei leichter bzw. schwerer Last. **b** Muskelleistung in Abhängigkeit von der Belastung

kontrahiert, ist ein wichtiger funktionaler Parameter u. a. zur Klassifizierung von Muskeltypen (▶ Abschn. 13.6.2). Im sich aktiv verkürzenden Muskel hängt die Kontraktionsgeschwindigkeit von der Belastung ab (◘ Abb. 13.11a), wobei diese gleich der vom Muskel während der Verkürzung aufzubringenden Kraft ist. Unbelastet verkürzt sich der Muskel mit maximaler Geschwindigkeit (V_{max}). Mit zunehmender Last nimmt die Kontraktionsgeschwindigkeit in hyperbolischer Weise ab (◘ Abb. 13.11a). Ist die Belastung gerade so groß wie die isometrisch mögliche Kraft, verkürzt sich der Muskel nicht mehr (isometrische Kontraktion). Deutlich wird, dass die Muskeln bei schneller Verkürzung weniger Kraft generieren können als bei langsamer Verkürzung.

Determinanten der Kraft-Geschwindigkeits-Beziehung V_{max} entspricht der maximalen Geschwindigkeit des Übereinander-

gleitens der Aktin- und Myosinfilamente. Je schneller die Myosinköpfe ATP spalten und mit Aktin in Wechselwirkung treten, d. h. je höher die **Myosin-ATPase-Aktivität** ist, desto größer ist die Geschwindigkeit dieses Gleitprozesses (▶ Kap. 12.2.2). Schnelle Zuckungsfasern haben z. B. eine hohe ATPase-Aktivität und können daher besonders schnell kontrahieren (▶ Abschn. 13.6.2). Allerdings kann selbst bei gleicher ATP-Spaltungsrate der Myosine zweier Muskeln die Verkürzungsgeschwindigkeit dieser Muskeln variieren, denn **lange Muskeln kontrahieren schneller als kurze**, weil sich die Verkürzungen vieler hintereinander geschalteter Sarkomere in den Myofibrillen addieren. Darüber hinaus ist die Kontraktionsgeschwindigkeit eines Muskels ebenso wie die Kraftentwicklung zentralnervös kontrolliert (▶ Abschn. 13.4.1): Sie kann (bei gleichbleibender Muskelbelastung) durch **Rekrutierung motorischer Einheiten** gesteigert werden.

❯ Der schneller ablaufende Querbrückenzyklus führt zu der erhöhten Verkürzungsgeschwindigkeit von schnellen gegenüber langsamen Muskeln.

Konzentrische und exzentrische Kontraktionen Im Gegensatz zu konzentrischen Kontraktionen, bei denen sich der aktivierte Muskel verkürzt, wird er bei exzentrischen Kontraktionen gedehnt (◘ Abb. 13.11a). Solche Kontraktionen treten physiologisch vor allem bei ungewohnten Abbremsbewegungen auf (z. B. Bergabgehen). Oft entwickelt sich dann Muskelkater (▶ Kap. 44.5.4).

Muskelleistung Das Produkt aus Muskelkraft und Verkürzungsgeschwindigkeit (auch: Arbeit pro Zeiteinheit) ist die Muskelleistung (◘ Abb. 13.11b). Sie entspricht im Diagramm der ◘ Abb. 13.11a der Fläche von Rechtecken, deren Seiten aus Kraft- und Geschwindigkeitskomponente gebildet werden. Die Leistung ist sowohl bei leichter als auch bei schwerer Last submaximal. Die maximale Leistung erreichen wir bei einer Belastung, die etwa 1/3 der maximalen isometrischen Kraft entspricht, bzw. bei etwa 1/3 V_{max}.

In Kürze

Die mechanischen Eigenschaften eines Muskels beschreibt das **Kraft-Längen-Diagramm**; es zeigt passive ("Ruhedehnungskurve") und **aktive Kräfte**. Diese Kräfte hängen von der Vordehnung des Muskels und damit von der aktuellen Sarkomerlänge ab. Die aktive Kontraktionskraft menschlicher Skelettmuskeln ist bei 2,6–2,8 µm Sarkomerlänge maximal. Die **Muskelarbeit** ist das Produkt aus Muskelkraft (Last) und -verkürzung (Hubhöhe). Diese Arbeit ist, wie auch die **Muskelleistung** (Kraft × Geschwindigkeit), bei mittlerer Belastung am größten. Der unbelastete Muskel verkürzt sich mit maximaler Geschwindigkeit, jedoch nimmt die **Geschwindigkeit mit steigender Belastung ab**. Für die Schnelligkeit der Verkürzung ist die ATPase-Aktivität der Myosinmoleküle mitentscheidend.

13.6 Energetik der Skelettmuskelkontraktion

13.6.1 Energiequellen der Muskelaktivität und Energieumsatz

ATP wird im Muskel durch direkte Phosphorylierung, Glykolyse und oxidative Phosphorylierung wiederaufgefrischt. Die Energie aus ATP wird mit gutem Wirkungsgrad in mechanische Energie umgesetzt.

ATP-Bereitstellung Adenosintriphosphat wird im Muskel durch die Myosin-ATPase in ADP und Phosphat gespalten (▶ Kap. 12.1.2). Das in den Muskelzellen gespeicherte ATP würde nur für einige wenige Kontraktionen ausreichen. Um die ATP-Reserven wiederaufzufrischen, nutzt der Muskel drei verschiedene Regenerationsmechanismen (◻ Tab. 13.2):

- die direkte Phosphorylierung von ADP in der **Kreatinphosphatreaktion.** Das in dieser Reaktion unter enzymatischer Wirkung der **Kreatinkinase** gespaltene Kreatinphosphat (in den Myozyten gespeichert) ermöglicht den schnellen Nachschub von ATP zu Beginn einer kontraktilen Aktivität.
- die anaerobe ATP-Gewinnung in der **Glykolyse** (2–3 Mol ATP pro Mol Glukose). Für große und länger andauernde mechanische Leistungen muss eine echte ATP-Neusynthese stattfinden. Dies erfolgt mit hoher Syntheserate aus Glukose in der Glykolyse (◻ Tab. 13.2). Jedoch sind die anaerob verfügbaren Energieressourcen beschränkt und nach etwa 30 s hat die Glykolyse ihr Maximum bereits überschritten. Im Zytosol und im Blut häuft sich außerdem Milchsäure (Laktat) an, was schließlich zur metabolischen Azidose und damit zur Einschränkung der Leistungsfähigkeit, zur Ermüdung (▶ Kap. 44.2 und 44.4), führt.
- die aerobe ATP-Gewinnung in den **Mitochondrien** (etwa 30 Mol ATP pro Mol Glukose). Sie läuft bei andauernder Muskeltätigkeit verzögert an (30–60 s nach Beginn der Tätigkeit) und ist 2- bis 3-mal langsamer als die ATP-Synthese in der Glykolyse. Die aerobe ATP-Bildung unter O_2-Verbrauch erfolgt sehr effizient über oxidative Phosphorylierung in der Atmungskette. Die zur ATP-Synthese notwendige Energie stammt aus der Oxidation von Kohlenhydraten oder Fetten (◻ Tab. 13.2).

Energieumsatz und Wärmeentwicklung Bei der Aktivierung des Muskels führt die vermehrte ATP-Spaltung zur 100- bis 1.000-fachen Erhöhung des Energieumsatzes. Auch wenn keine physikalisch messbare Muskelarbeit geleistet wird, etwa beim Stehen, wird im Muskel fortwährend chemische Energie in Wärme transformiert: die zyklisch am Aktin angreifenden Myosin-Querbrücken verrichten eine „innere", ermüdende Haltearbeit. Eine zusätzliche Menge ATP wird dann umgesetzt, wenn ein Muskel eine Last hebt, dabei arbeitet und „Verkürzungswärme" produziert. Generell dient die **muskuläre Wärmeproduktion** der **Temperaturregulation** (▶ Kap. 42.5, ▶ Kap. 44.3.3).

◻ **Tab. 13.2** Unmittelbare und mittelbare Energiequellen im Skelettmuskel des Menschen

Energiequelle	Gehalt (µMol/g Muskel)	Energieliefernde Reaktion
Adenosintriphosphat (ATP)	5	ATP → ADP + P_i
Kreatinphosphat (KP)	25	KP + ADP → ATP + K
Glukoseeinheiten im Glykogen	80–90	anaerob: Abbau über Pyruvat zu Laktat (Glykolyse) aerob: Abbau über Pyruvat zu CO_2 und H_2O
Triglyzeride	10	Oxidation zu CO_2 und H_2O

ADP = Adenosindiphosphat, K = Kreatin, P_i = Phosphat

Wirkungsgrad Die Sarkomere wandeln die chemische Energie (ATP) mit einer Effizienz von maximal 40–50% in mechanische Energie oder Arbeit um; der Rest entspricht der Wärmebildung. Der **Wirkungsgrad des gesamten Muskels** liegt jedoch eher bei **20–30%**, da während und nach der Kontraktion energetisch aufwändige zelluläre Erholungsprozesse außerhalb der Myofibrillen ablaufen, die mit beträchtlicher Wärmebildung einhergehen.

13.6.2 ATPase-Aktivität der Myosinisoformen und Muskelfasertypen

Die ATPase-Aktivität der schweren Myosinketten ist für das Kontraktionsverhalten eines Muskels entscheidend und definiert die Muskelfasertypen.

ATP-Spaltungsrate und Isoformen der schweren Myosinkette Muskeln können umso schneller kontrahieren, je häufiger der Querbrückenzyklus pro Zeiteinheit durchlaufen wird. Die Zyklusgeschwindigkeit hängt von der **ATPase-Aktivität** der jeweiligen **Isoform der schweren Myosinkette** („Myosinisoform") ab. Langsame Muskeln enthalten vorzugsweise eine langsame Isoform der schweren Myosinkette vom **Typ I bzw. beta**. Diese spaltet weniger ATP pro Zeiteinheit als die schnellen Isoformen der schweren Myosinkette vom **Typ-II bzw. alpha**, die in schnellen Muskeln vorherrschen (◻ Abb. 13.12).

> Die ATPase-Aktivität der Myosinisoform determiniert den Energieverbrauch während der Kontraktion.

Skelettmuskelfasertypen Weil das kontraktile Verhalten eines Muskels ganz wesentlich vom Isoformentyp der schweren Myosinkette bestimmt wird, hat sich für die unterschiedlich schnell kontrahierenden Muskelfasertypen eine Nomenklatur in Anlehnung an die Myosinisoformen-Bezeichnung eingebürgert. Man unterscheidet beim erwachsenen Menschen **drei Muskelfasertypen**, langsame Typ-I-, schnelle

a

| Langsamer Muskel (Soleus) | Mittelschneller Muskel (Flexor carpi radialis) | Schneller Muskel (Gastrocnemius) |

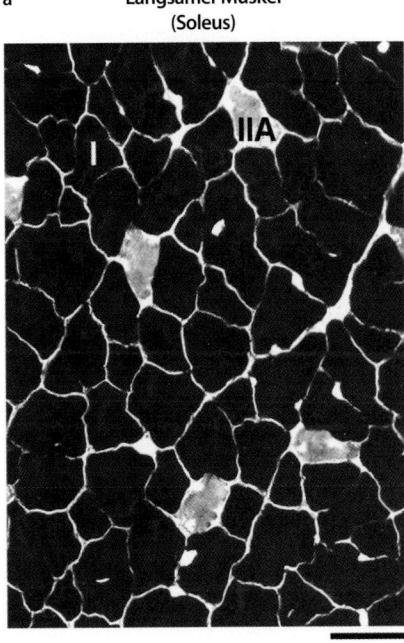
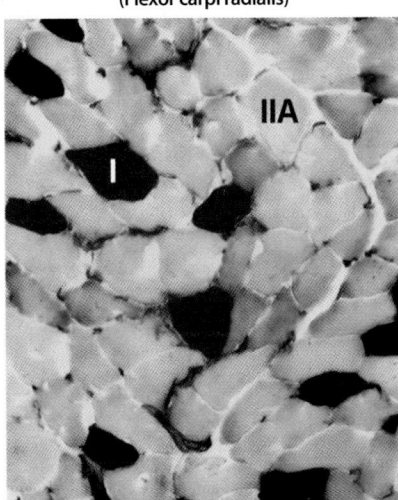
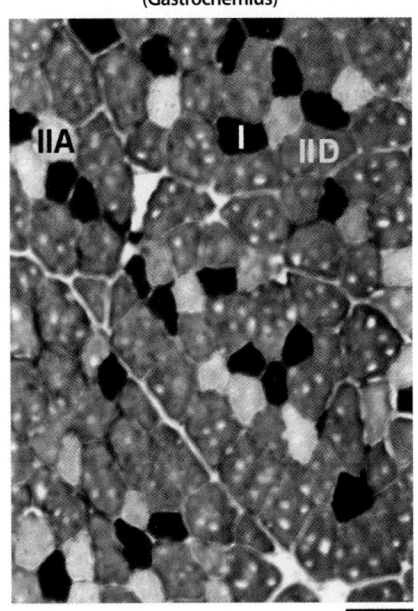

b

Fasertyp	I	IIA	IIX (IID)
Isoform der schweren Myosinkette	I	IIa	IIx/IId
Myosin-ATPase-Aktivität	niedrig	mittel bis hoch	hoch
Farbe	rot	rot	weiß
Myoglobingehalt	hoch	mittel	niedrig
Mitochondriengehalt	hoch	mittel	niedrig
Kontraktionsgeschwindigkeit	langsam	schnell	am schnellsten
Ermüdbarkeit	gering	gering bis mittel	rasch
Stoffwechsel	oxidativ	oxidativ, begrenzt glykolytisch	glykolytisch
Laktatdehydrogenase-Aktivität	niedrig	mittel oder hoch	hoch

■ Abb. 13.12a,b   Skelettmuskel- und Muskelfasertypen. a Typisierung von Skelettmuskelfasern in verschiedenen Muskeltypen. Detektion der Muskelfasern vom Typ I (dunkler Farbton), IIA (heller Ton) bzw. IID (mittelgrauer Ton) durch Sichtbarmachen der unterschiedlichen ATPase-Aktivitäten der schweren Myosinketten. Angefärbt wurden 20-µm dicke Kryoschnitte von Kaninchenmuskeln. Balkenlängen 100 µm. b Einteilung der Muskelfasertypen beim Menschen

Typ-IIA- und am schnellsten kontrahierende Typ-IIX- (oder IID-) Fasern (■ Abb. 13.12). Ein weiterer schneller Typ, die IIB-Fasern, kommt im Menschen selten vor. Die meisten Muskeln enthalten eine Mischung aus zwei oder drei Muskelfasertypen, die sich in ihren Myosinisoformen bzw. ATPase-Aktivitäten unterscheiden (■ Abb. 13.12a). Einzelne Muskelfasern enthalten oft eine einzige Myosinisoform, manchmal aber auch 2-3 verschiedene Myosinisoformen (Hybridfasern).

Weitere Unterschiede zwischen den Muskelfasertypen   Die Muskelfasertypen differieren nicht nur in ihrer Myosin-

ATPase-Aktivität, sondern auch in anderer funktioneller, struktureller und biochemischer Hinsicht (■ Abb. 13.12b). Zu nennen sind z. B. der Gehalt an Enzymen des oxidativen bzw. glykolytischen Energiestoffwechsels, die **Anzahl an Mitochondrien** und die Menge an gespeichertem **Myoglobin**, einem dem Hämoglobin verwandten Protein in den Myozyten, das Sauerstoff bindet. Der unterschiedliche Myoglobingehalt bestimmt die Farbgebung der Muskeln: **myoglobinarme** Muskeln sehen weiß aus, **myoglobinreiche** rot, wobei viele Mischformen existieren. **Rote Muskeln**, wie z. B. der Soleusmuskel der Waden, enthalten hauptsächlich langsame Typ-I-

Fasern (◨ Abb. 13.12). Sie sind besonders für energiesparende unermüdliche Halteleistungen geeignet. Schnelle, **weiß oder rosa aussehende Muskeln** (z. B. Psoasmuskel; M. vastus lateralis) bestehen überwiegend aus Typ-IIA- und Typ-IIX-(IID-)Fasern (◨ Abb. 13.12). Die Typ-IIA-Fasern sind ebenso wie die Typ-I-Fasern metabolisch für ausdauernde Aktivität programmiert. Die glykolytischen weißen Typ-IIX-Fasern ermüden dagegen rasch und sind für andauernde Halteleistungen oder kontinuierliche Muskelarbeit ungeeignet. Sie werden dafür bei schnellen und kraftvollen Bewegungen zugeschaltet und gewinnen dann ATP hauptsächlich anaerob, wobei sie in relativ kurzer Zeit Laktat akkumulieren.

In Kürze

ATP als unmittelbare Energiequelle der Muskelkontraktion wird in den Myozyten durch drei verschiedene Mechanismen **regeneriert**: Abbau von energiereichem Kreatinphosphat, anaerobe Glykolyse und Oxidation von Fettsäuren und Kohlenhydraten. Der **Wirkungsgrad** des gesamten Muskels beträgt 20–30%, der des kontraktilen Apparats sogar 40–50%, wobei die Wärmebildung im Muskel der Temperaturregulation dient. Entscheidend für das Kontraktionsverhalten eines Muskels ist seine Zusammensetzung aus schnellen (Typ IIA, IIX) bzw. langsamen (Typ I) **Muskelfasertypen**. Dauerleistungen und Haltearbeit werden am effektivsten durch **langsame Muskeln** bewerkstelligt. Dagegen sind **schnelle Muskeln** auf rasche Zuckungen mit hoher Kraftentwicklung spezialisiert.

13

Literatur

Endo M (2009) Calcium-induced calcium release in skeletal muscle. Physiol Rev 89: 1153–1176

Linke WA, Hamdani (2014) Gigantic business: Titin properties and function through thick and thin. Circ Res 114:1052-1068

Llewellyn ME, Barretto RP, Delp SL, Schnitzer MJ (2008) Minimally invasive high-speed imaging of sarcomere contractile dynamics in mice and humans. Nature 454:784-788

Schiaffino S, Reggiani C (2011) Fiber types in mammalian skeletal muscles. Physiol Rev 91:1447-1531

Selcen D, Engel AG (2011) Myofibrillar myopathies. Handb Clin Neurol 101:143-154

Glatte Muskulatur

Gabriele Pfitzer

© Springer-Verlag GmbH Deutschland, ein Teil von Springer Nature 2019
R. Brandes et al. (Hrsg.), *Physiologie des Menschen*, Springer-Lehrbuch
https://doi.org/10.1007/978-3-662-56468-4_14

Worum geht's?

Die glatte Muskulatur hat in den verschiedenen Organen vielfältige mechanische Aufgaben zu erfüllen

Die glatte Muskulatur ist Bestandteil der Wände der Blut- und Lymphgefäße, der Atemwege und der inneren Hohlorgane. Auch die inneren Augenmuskeln gehören zur glatten Muskulatur. In den verschiedenen Organsystemen muss die glatte Muskulatur sehr unterschiedliche mechanische Aufgaben übernehmen – man denke an die Peristaltik des Magen-Darm-Traktes und die Wehentätigkeit des Uterus bei der Geburt, denen **rhythmische Kontraktionen** zugrunde liegen. Dagegen sind langanhaltende tonischen **Dauerkontraktionen** in den Blutgefäßen für die Aufrechterhaltung des Blutdruckes und die Anpassung der Durchblutung der Organe an deren jeweilige Stoffwechselaktivität verantwortlich (◘ Abb. 14.1). Da die glatte Muskulatur mit einem sehr geringen Energieverbrauch kontrahiert, ist sie für diese **Haltefunktionen** bestens geeignet.

Die molekularen Grundlagen der Kontraktion

Wie in der Skelettmuskulatur ist der Anstieg der Ca^{2+}-**Konzentration** im Zytoplasma der Trigger für die Auslösung einer Kontraktion, die gleichermaßen auf dem **Gleitfilamentmechanismus** und dem **Querbrückenzyklus** beruht. In der glatten Muskulatur, der das Regulatorprotein Troponin fehlt, wird die Querbrückentätigkeit durch die Ca^{2+}-vermittelte Übertragung einer Phosphatgruppe von ATP auf die regula-

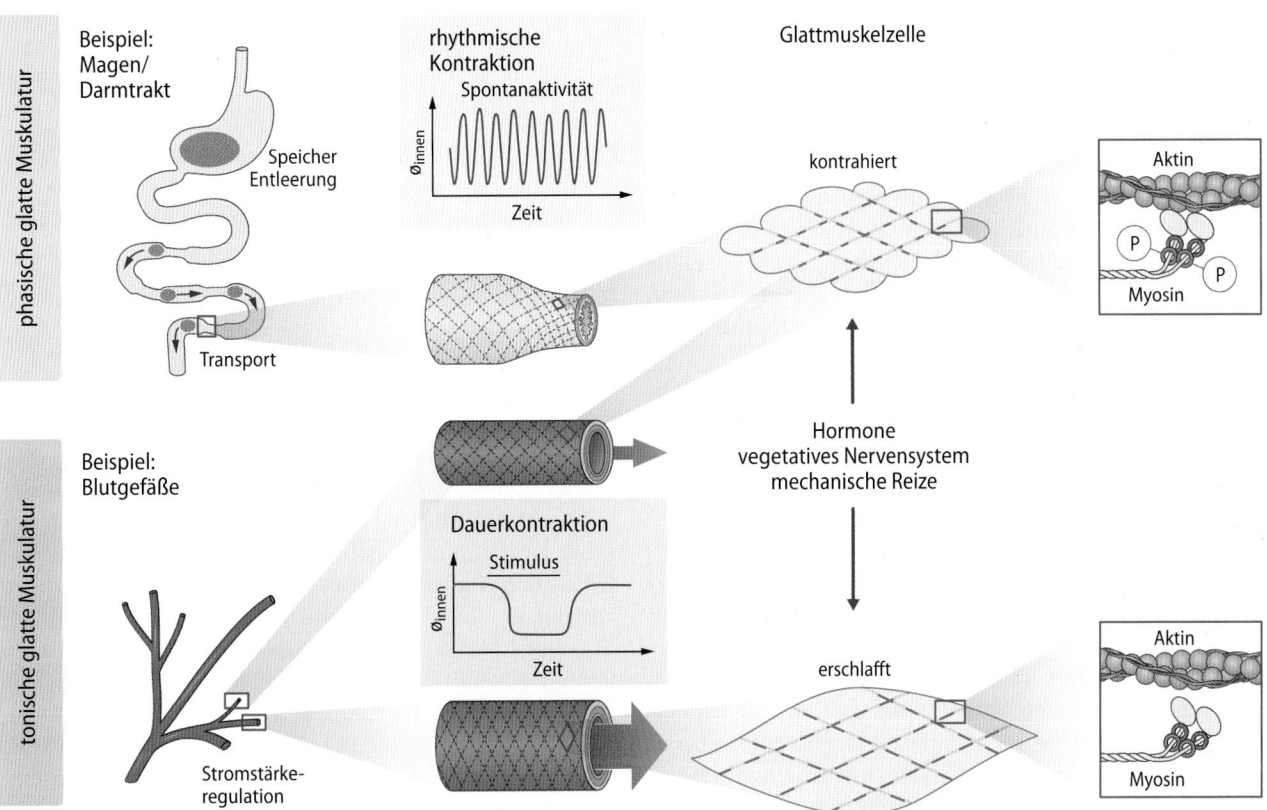

◘ **Abb. 14.1   Beispielhafte Darstellung des Kontraktionstyps der glatten Muskeln im Magendarmtrakt und in Blutgefäßen und der funktionellen Aufgaben.** Auf zellulärer Ebene wird die Kontraktion durch die Aktin-Myosin-Interaktion ermöglicht

torischen leichten Ketten des Myosinmoleküls aktiviert. Die glatte Muskulatur relaxiert, wenn die Ca^{2+}-Konzentration im Zytoplasma wieder sinkt und die Phosphatgruppe von den regulatorischen leichten Ketten abgespalten wird.

Vielfältige elektrische, chemische und mechanische Signale steuern den Spannungszustand
Meist befindet sich die glatte Muskulatur in einem mittleren Spannungszustand, in dem sich relaxierende und kontrahierende Signale die Waage halten. Überwiegen kontraktile

Signale, dann steigt der Tonus. Die zugrundeliegende Erregung kann spontan durch Schrittmacherzellen entstehen oder aber durch das vegetative Nervensystem, Hormone, lokale Signalmoleküle und mechanische Dehnung ausgelöst werden. Überwiegen dagegen relaxierende Signale, dann sinkt der Tonus, die glatte Muskulatur relaxiert. Diese vielfältigen Signale regulieren den Tonus indem sie zum einen die Ca^{2+}-Konzentration im Zytoplasma, zum anderen die Ca^{2+}-Empfindlichkeit des kontraktilen Apparats regulieren.

14.1 Aufgaben, Besonderheiten der Muskelmechanik und Organisationsstruktur

14.1.1 Organspezifische Aufgaben und mechanische Anpassungen

Die glatte Muskulatur kontrahiert entsprechend der unterschiedlichen mechanischen Aufgaben in den verschiedenen Organen eher tonisch oder eher phasisch und reagiert auch unterschiedlich auf passive Dehnung.

Organspezifische mechanische Aufgaben Die glatten Muskeln sind wesentlicher Bestandteil der Wände der viszeralen Hohlorgane (Ausnahme Herz), der Atemwege und der Blut- und Lymphgefäße. Zu den glatten Muskeln gehören auch die Muskeln der Haare (Mm. arrectores pilorum) und die inneren Augenmuskeln. Glatte Muskeln sind für die Bewegungsphänomene dieser Organe verantwortlich und kontrollieren die Weite des Lumens bzw. das Volumen und die Wandspannung. An das **Kontraktionsverhalten** und **die Regulation des Tonus** werden vielfältige **organspezifische Anforderungen** gestellt. An die unterschiedlichen Aufgaben ist die glatte Muskulatur im Vergleich zur Skelettmuskulatur durch eine sehr viel größere Variabilität der **Struktur**, der **mechanischen Eigenschaften** und **der Steuerung der Kontraktionskraft** angepasst. Dennoch gibt es Grundprinzipen des kontraktilen Mechanismus und der Regulation des Tonus, die im Folgenden dargestellt werden. Diese spiegeln sich auch in den verschiedenen Klassifikationssystemen wider. Man teilt glatte Muskeln in tonisch und phasisch kontrahierende, sowie in den single- und multi-unit-Typ ein.

Tonische glatte Muskeln Tonische glatte Muskeln kontrahieren langsam, aber unermüdlich mit minimalstem ATP-Verbrauch. Der Spannungszustand (Tonus) kann fein abgestuft geregelt werden. Sie kommen z. B. in **den Blutgefäßen** und den **funktionellen Sphinkteren** des Gastrointestinal- und Urogenitaltrakts vor. Die Sphinkteren kontrollieren den gerichteten Transport in diesen Organen und die Kontinenz. In den Blutgefäßen **kontrollieren sie die Gefäßweite** und passen dadurch die Durchblutung an den metabolischen Bedarf der Organe an. Durch die dauerhaft aufrecht-

erhaltene Wandspannung verhindern sie die Aufdehnung der Gefäße.

Phasische glatte Muskeln **Phasische** glatte Muskeln kontrahieren schneller, aber immer noch sehr viel langsamer als die Skelettmuskeln. Sie kontrahieren nicht dauerhaft. Vielmehr steigt der Tonus bei Aktivierung rasch an um danach wieder abzufallen. Phasische glatte Muskeln sind prädestiniert für die **rhythmischen Kontraktionen** der **Peristaltik** des **Magen-Darm-Traktes** und der **Ureteren**, durch die deren Inhalt transportiert wird. Dieser Typ ist auch für die transiente Kontraktion des M. detrusor vesicae bei der Entleerung der **Harnblase** verantwortlich. Tonische und phasische glatte Muskelzellen unterscheiden sich in den Isoformen der kontraktilen Proteine und auch bezüglich der **Erregungs-Kontraktions-Kopplung** (▶ Abschn. 14.4). Allerdings gibt es zwischen tonischen und phasischen glatten Muskeln fließende Übergänge, so haben Widerstandsgefäße sowohl tonische als auch phasische Eigenschaften.

❯ Tonische glatte Muskeln sind für Haltefunktionen spezialisiert, phasische glatte Muskeln für die rhythmischen Kontraktionen der Peristaltik.

Reaktion auf passive Dehnung Die **Ruhe-Dehnungs-Kurve** der glatten Muskulatur hat eine ähnliche Form wie in der Skelettmuskulatur (▶ Kap. 13.5.1), d. h. sie verläuft zunächst flach und dann mit zunehmender Vordehnung immer steiler. Der genaue Verlauf wird durch die Steifigkeit der Extrazellulärmatrix, aber auch von den **viskoelastischen** bzw. **plastischen Eigenschaften** der verschiedenen glatten Muskeln bestimmt. Manche glatten Muskeln (z. B. Harnblase, Magen) geben auf Dehnung plastisch nach, sodass die Spannung bei passiver Dehnung über einen weiten Längenbereich kaum ansteigt, die Ruhe-Dehnungs-Kurve also sehr flach verläuft. Bei diesen Muskeln kommt es als Folge der Dehnung kurzfristig zu einer elastischen Rückstellkraft. Danach fällt die Spannung wieder ab, ohne dass der Muskel wieder entdehnt wird. Man nennt dieses Phänomen **Stressrelaxation**. Diese glatten Muskeln setzen der Dehnung keinen Widerstand entgegen, sodass der Binnendruck des Magens oder der Blase bei der Füllung nicht ansteigt. Die **Ausgangslänge** kann nur durch **aktive Kontraktion** (z. B. bei der Miktion)

Klinik

Beteiligung der glatten Muskulatur an inneren Erkrankungen

Bei vielen Erkrankungen innerer Organe ist die glatte Muskulatur mitbetroffen und kann zu Funktionsstörungen führen, die sich als pathologisch gesteigerter oder verminderter Tonus bemerkbar machen können. Als Beispiele für einen **verminderten Tonus**

seien genannt eine Lähmung des Darmes (**paralytischer Ileus**), ein lebensbedrohlicher **Blutdruckabfall** als Folge einer **Sepsis**. Beim **Bluthochdruck** oder beim **Asthma bronchiale** ist der **Tonus erhöht**. Funktionsstörungen beeinträchtigen den gerichteten

Transport (z. B. **Reflux vom Magen zum Ösophagus**), die **Kontinenz**, sowie die **Reproduktionsfunktion** des Mannes und der Frau. Die medikamentöse Behandlung dieser Erkrankungen greift sehr häufig direkt an der glatten Muskulatur an.

wieder erreicht werden. Andere glatte Muskeln reagieren dagegen auf passive Dehnung mit einer aktiven Kontraktion (▶ Abschn. 14.4.1).

> Stressrelaxation: bei Füllung, d. h. passiver Dehnung, mancher Hohlmuskeln steigt der Binnendruck kaum an.

14.1.2 Strukturelle Organisation der glatten Muskulatur

Strukturell wird die glatte Muskulatur in zwei Typen eingeteilt: den Single-unit- und den Multi-unit-Typ.

Aufbau der glatten Muskulatur Die nicht terminal differenzierten glatten Muskelzellen haben einen zentral-gelegenen Kern und sind 50–400 µm lang mit einem Durchmesser von 2–10 µm. Sie sind in die extrazelluläre Matrix eingebettet, deren Proteine sie synthetisieren, und bilden mit dieser ein dreidimensionales, vermaschtes Netzwerk. Untereinander sind die glatten Muskeln durch besondere Zellkontakte, den **Desmosomen**, **mechanisch** und durch variabel ausgeprägte **gap junctions elektrisch** gekoppelt (◻ Abb. 14.2). Die Fasern des **vegetativen Nervensystems** ziehen an den Muskelzellen mehr oder weniger kontaktierend vorbei und setzen aus sog. **Varikositäten** Neurotransmitter frei (▶ Kap. 70.3). Die Innervationsdichte und Verkabelung über gap junctions ist zwischen den verschiedenen glatten Muskeln sehr unterschiedlich ausgeprägt, was sich in der Einteilung in **Single-unit- und Multi-unit-Typ** widerspiegelt. Die glatten Muskelzellen kommunizieren nicht nur untereinander, sondern auch mit den anderen Zellen in den Wänden der diversen Organe (s. entsprechende organbezogene Kapitel).

Multi-unit-Typ Diesen Typus findet man u. a. in den Iris- und Ziliarmuskeln des Auges, Samenleitern und den Haarmuskeln. Die Zellen oder kleinere, durch gap junctions verbundene Zellgruppen kontrahieren unabhängig voneinander. Jede Einheit wird durch vegetative Nervenfasern **neurogen** separat aktiviert. Dadurch kann die Kontraktionskraft sehr fein abgestuft reguliert werden. Die Muskeln sind kaum spontan aktiv und reagieren auf Dehnung nicht mit einer Zunahme ihres Tonus.

> Der Multi-unit-Typ wird neurogen durch das vegetative Nervensystem aktiviert.

Single-unit-Typ Beim weitaus häufiger vorkommenden Single-unit-Typ sind die glatten Muskelzellen elektrisch durch gap junctions zu einem **funktionellen Synzytium** vernetzt. Diesem Typus gehören die phasisch-rhythmisch aktive Muskulatur des Magen-Darm-Trakts, des Uterus, der Harnleiter und bestimmte Gefäßmuskeln an. Dank einer eigenen Automatie ist er spontan (myogen) aktiv. Die Fasern des vegetativen Nervensystems modulieren die myogene Aktivität. Auf Dehnung reagiert er mit einer Tonussteigerung (▶ Abschn. 14.4.1). Man findet jedoch häufig Mischtypen – beispielsweise die Gefäßmuskeln der Arteriolen.

> Der Single-unit-Typ ist als funktionelles Synzytium organisiert und spontan (myogen) aktiv.

Umbau der Gefäßwände bei pathologischen Prozessen
Bei vielen Erkrankungen kommt es nicht nur zu funktionellen Veränderungen, sondern auch zu einem Umbauprozess, der **Remodelling** genannt wird. Dabei entdifferenzieren die Muskelzellen. Man nennt sie synthetisch/proliferativ im Gegensatz zum differenzierten kontraktilen Phänotyp, da sie eine gesteigerte Proliferations- und Migrationsrate haben und vermehrt Proteine der extrazellulären Matrix synthetisieren, aber kaum noch kontraktil sind.

In Kürze

Die glatte Muskulatur hat sich durch Spezialisierungen an die vielfältigen Aufgaben, die sie in den verschiedenen Organen innehat, bestens angepasst. Man unterscheidet den **tonisch** von den **phasisch/rhythmisch** kontrahierenden glatten Muskel und den Multi-unit- vom Single-unit-Typ. Der Multi-unit-Typ wird neurogen reguliert, der Single-unit-Typ ist spontan (myogen) aktiv und gehört häufig dem phasischen Kontraktionstyp an. Allerdings gibt es viele Mischtypen.

14.2 Molekularer Mechanismus der Glattmuskelkontraktion

14.2.1 Besonderheiten der Filamente des kontraktilen Apparats

Glatte Muskelzellen werden diagonal in Längsrichtung von einem dichten Filamentsystem durchzogen und haben ein spärlich ausgebildetes sarkoplasmatisches Retikulum und kein T-System.

Feinstruktur der Myozyte Elektronenmikroskopisch kann man ein dicht gepacktes Filamentsystem erkennen, das etwa 90% des Zellvolumens ausmacht und aus **3 Typen** besteht: **(1) dünne Aktin-Filamente** ($\varnothing$ ~7 nm), **(2) dicke Myosin-Filamente** ($\varnothing$ ~12–15 nm) und **(3) intermediäre Filamente** ($\varnothing$ ~10 nm). Die **dünnen Filamente** sind im Zellinnern und an der Plasmamembran an den dichten Körperchen (**dense bodies**) verankert. Die dense bodies sind die **Äquivalente der Z-Scheiben** und enthalten wie diese α-Aktinin. Zwischen den dünnen Filamenten liegen die **dicken Filamente** (1 dickes Filament pro ~16 dünne Filamente). Dieser Aufbau entspricht einer Sarkomerstruktur (▶ Kap. 13.1.1), man spricht von **Minisarkomeren** (◘ Abb. 14.2). Die intermediären Filamente, die aus Vimentin und Desmin bestehen, vernetzen als Teil des **Zytoskeletts** die dense bodies untereinander (▶ Kap. 12.1.1). Im Bereich der membranständigen dense bodies koppelt der kontraktile Apparat über Adhäsionsproteine und transmembranäre Integrine mechanisch an die Proteine der Extrazellulärmatrix. Die dense bodies der Plasmamembran wechseln sich mit Ω-förmigen Einstülpungen der Zellmembran, den **Caveolae**, ab. In den Caveolae sind Ionenkanäle, Transportproteine und Moleküle der Signaltransduktion angereichert. Das Ca^{2+}-speichernde **sarkoplasmatische Retikulum (SR)** der glatten Muskulatur ist ein irreguläres, tubuläres Netzwerk, das in den verschiedenen glatten Muskel etwa 2–5% des Zellvolumens einnimmt. Es liegt teils subsarkolemmal, teils tiefer in der Zelle (◘ Abb. 14.2). Das **subsarkolemmale SR** bildet mit den Ionenkanälen der Plasmamembran und den Caveolae eine **funktionelle Einheit** bei der **Erregungs-Kontraktions-Kopplung.**

Die dünnen Filamente Diese bestehen wie in der quergestreiften Muskulatur aus zwei umeinander gewundene F-Aktin-Ketten, an die wie in der Skelettmuskulatur Tropomyosin aber kein Troponin gebunden ist (▶ Kap. 13.2.3). Anstelle von Troponin fungiert **Calmodulin** als Ca^{2+}-Sensor. Parallel zum Tropomyosin liegt das fadenförmige **Caldesmon** (▶ Abschn. 14.2.3).

Dynamik des Aktin-Zytoskeletts

Etwa 20–30% des Aktins liegt in den glatten Muskelzellen nicht als filamentäres F-Aktin, sondern als monomeres globuläres G-Aktin vor. Dieses steht mit F-Aktin in einem dynamischen Gleichgewicht, das von vielen intrazellulären Proteinen reguliert wird (▶ Kap. 12.1.1). Mechanische Dehnung und neurohumorale Stimulation induziert einen Anstieg des F-Aktins auf über 90%, insbesondere nahe der Plasmamembran. Man nimmt an, dass dadurch die Kraftübertragung auf die extrazelluläre Matrix optimiert wird. Anders ausgedrückt: kontraktionsauslösende Signale aktivieren nicht nur den Querbrückenzyklus, sondern optimieren parallel dazu die Kraftübertragung an der Plasmamembran.

> ❯ Beim glatten Muskel fungiert nicht Troponin, sondern Calmodulin als Ca^{2+}-Sensor.

Die dicken Filamente Die dicken Myosinfilamente sind mit etwa 2.2 µm länger als in der quergestreiften Muskulatur und bestehen wie dort aus Myosin der Klasse II (▶ Kap. 12.1.2). Für die Kontraktionsregulation sind die **regulatorischen leichten Ketten (rMLC)** entscheidend (▶ Abschn. 14.2.3). Die Myosinfilamente haben eine bandförmige, rechteckige Struktur. Beidseits des Bandes ragen die Querbrücken mit antiparalleler bzw. seitenparalleler Ausrichtung heraus, d. h. sie haben auf jeder Seite dieselbe Orientierung, sind aber auf der Vorder- und Hinterseite antiparallel orientiert (◘ Abb. 14.2). Die glatten Muskeln enthalten 5-mal weniger Myosin als die Skelettmuskeln.

14.2.2 Molekularer Mechanismus der Glattmuskelkontraktion

Die Kontraktion erfolgt wie im Skelettmuskel durch den Gleitfilamentmechanismus, aber wesentlich langsamer und ökonomischer und über einen größeren Längenbereich.

Gleitfilamentmechanismus und Kraft-Längen-Beziehung Nicht anders als bei der Skelettmuskulatur verkürzt sich die glatte Muskelzelle bei aktiver Kontraktion, indem sich die Aktin- und Myosinfilamente teleskopartig ineinanderschieben (▶ Kap. 13.2). Dabei nähern sich die **dense bodies** aneinander an und die Myozyten verkürzen sich in Längsrichtung. Ähnlich wie in der Skelettmuskulatur hat die isometrische Kraftentwicklung ein Maximum bei optimaler **Vordehnung**. Der **Längenbereich**, über den die glatten Muskeln aktiv Kraft entwickeln bzw. sich verkürzen können, ist dabei viel größer – manche glatten Muskeln können sich bis zu 20% von der optimalen Länge verkürzen. Diese Eigenschaft ist funktionell sehr wichtig für Organe, die als Speicher fungieren. Man denke an die Harnblase, deren Myozyten bei der Füllung sehr stark gedehnt werden, und die sich durch aktive Kontraktion der Myozyten entleert.

Verkürzungsfähigkeit

Die Fähigkeit sich sehr stark verkürzen zu können, liegt unter anderem an den längeren Aktin- und Myosinfilamenten. Wegen der seitenpolaren Orientierung der Myosinquerbrücken stoßen die Aktinfilamente bei starker Verkürzung auch nicht auf entgegengesetzt orientierte Myosinmoleküle, wie dies bei den bipolaren Myosinfilamenten in den Sarkomeren der Skelettmuskulatur der Fall ist.

Klinik

Aortenaneurysma

Beim Aortenaneurysma handelt es sich um eine pathologische, permanente lokale Erweiterung der Aorta, die mit oft tödlichem Ausgang rupturieren kann. Bei einem Teil der Patienten wurden **Mutationen** in Genen gefunden, die für Proteine der Extrazellulär- matrix, für Aktin, die schweren Ketten des glattmuskulären Myosins (MHC) und die Myosin-leichte-Ketten-Kinase (MLCK) kodieren. Die Mutationen des Aktin- und MHC-Gens beeinträchtigen vermutlich die korrekte Filamentbildung. Gemeinsam ist den Mutationen der kontraktilen Proteine und jenen der Extrazellulärmatrix, dass sie die funktionelle Einheit zwischen den elastischen Fasern und den glatten Muskelzellen beeinträchtigen, die für die Integrität der Gefäßwand essentiell ist.

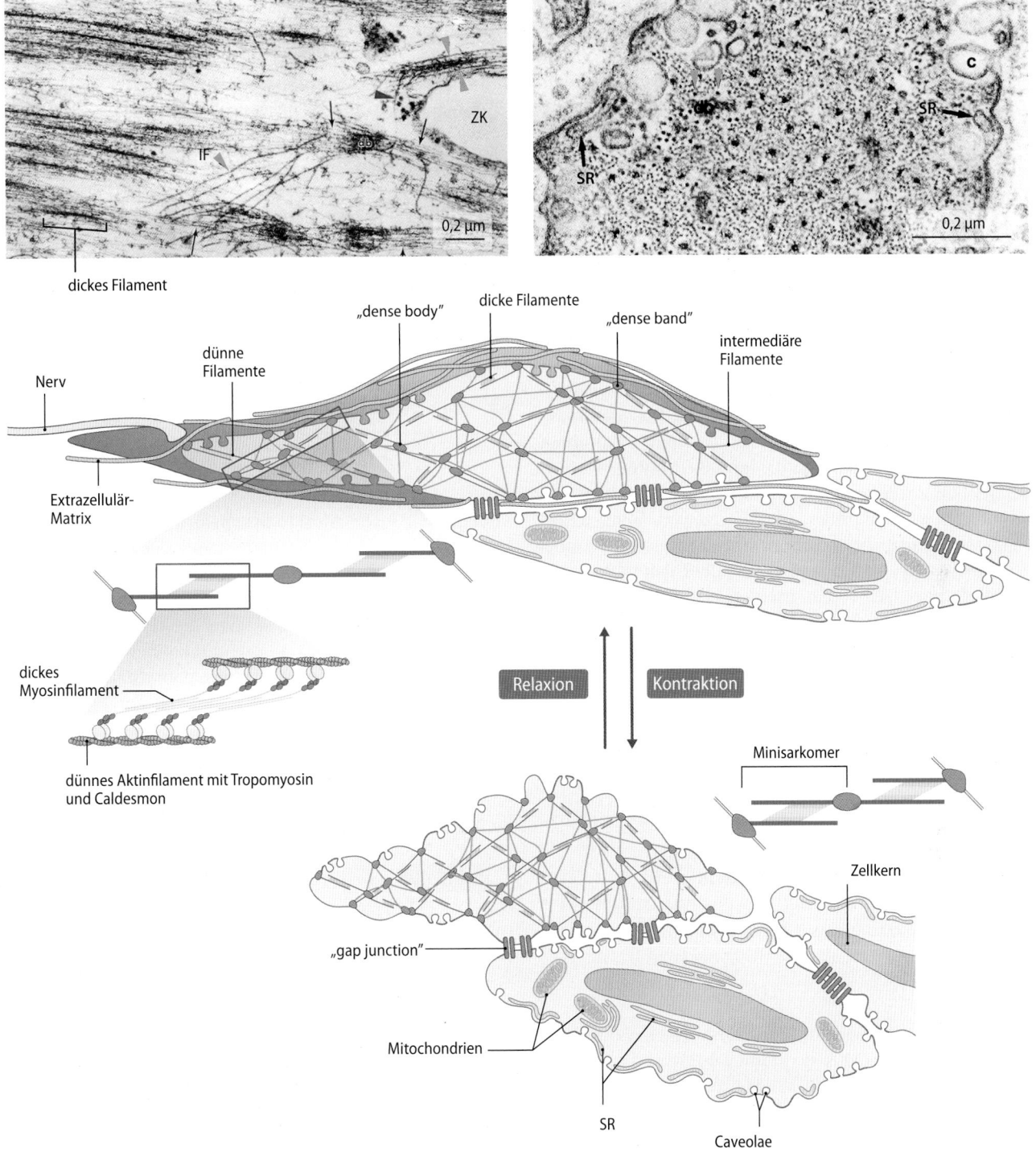

dickes Filament

ZK

IF

0,2 µm

c

SR

SR

0,2 µm

Nerv

Extrazellulär-
Matrix

dünne
Filamente

„dense body"

dicke Filamente

„dense band"

intermediäre
Filamente

Relaxion   Kontraktion

dickes
Myosinfilament

dünnes Aktinfilament mit Tropomyosin
und Caldesmon

Minisarkomer

Zellkern

„gap junction"

Mitochondrien

SR

Caveolae

◘ Abb. 14.2   Modell der Strukturen der glatten Muskelzellen im relaxierten und kontrahierten Zustand und elektronenmikroskopische Aufnahmen eines Gefäßmuskels im Längs- (oben links) und Querschnitt (oben rechts). Pfeile: dünne Filamente, die von dense bodies (db) ausgehen; Pfeilspitzen: intermediäre Filamente (IF), die schräg zu den dünnen und dicken Filamenten verlaufen, ZK = Zellkern. Im Querschnitt sieht man das submembranäre sarkoplasmatische Retikulum (SR) und die Membraneinstülpungen der Caveolae (c); gelber Kreis: ein dickes Filament umgeben von einem Kranz von dünnen Filamenten

Querbrückenzyklus und Verkürzungsgeschwindigkeit Die Kontraktionskraft bzw. die aktive Verkürzung wird durch den Querbrückenzyklus des Myosinmotors generiert, der wie in der Skelettmuskel unter ATP-Spaltung abläuft (▶ Kap. 12.1.2), allerdings 100 bis 1000-mal **langsamer** als bei der schnellen Skelettmuskulatur. Wegen der höheren **ADP-Affinität** bleiben die Querbrücken länger im Kraftschlag am Aktin gebunden, sodass die Verkürzungsgeschwindigkeit sehr viel niedriger ist (▶ Kap. 12.2.2).

Myosinform

Die unterschiedlichen Kontraktionsgeschwindigkeiten von tonischen und phasischen glatten Muskeln liegt unter anderem daran, dass tonische glatte Muskeln eine „langsame", die schnelleren, phasischen glatten Muskels eine „schnelle" Myosinisoform (▶ Kap.12.2.2) exprimieren, die aber immer noch um ein Vielfaches langsamer ist als die Myosinisoformen der Skelettmuskeln.

Halteökonomie   Die niedrigere ATPase-Aktivität des Myosinmotors und der geringere Myosingehalt sind die Ursache dafür, dass die glatte Muskulatur im Vergleich zur schnellen Skelettmuskulatur mit einem 100 bis 500-mal **geringeren Energieaufwand** kontrahiert. Wegen der längeren Myosinfilamente und des länger dauernden Kraftschlags der Querbrücken ist die dabei entwickelte, auf den Querschnitt bezogene Kraft etwa gleich groß. Die maximal mögliche Kraftentwicklung ist nämlich proportional zur Zahl der parallel wirkenden Querbrücken. Glatte Muskeln sind deshalb besonders gut für eine **unermüdliche**, energiesparende **Haltefunktion** geeignet. Man denke an die tonischen glatten Muskeln der großen Arterien, die jahrein, jahraus dem Blutdruck standhalten müssen! Insbesondere bei langanhaltenden Kontraktionen gehen die tonischen glatten Muskeln in einen besonders energiesparenden Zustand über, den man „**Latch-Zustand**" (von latch = einrasten) nennt, und bei dem die Myosinquerbrücken besonders langsam zyklieren. Wie es zu der protrahierten Verankerung der Querbrücken kommt, ist noch nicht geklärt.

> Im Vergleich zum Skelettmuskel kann der Muskeltonus der glatten Muskeln mit einem bis zu 500-mal geringerem Energieverbrauch aufrechterhalten werden.

14.2.3 Ca²⁺-abhängige Aktivierung des Querbrückenzyklus

Der Kontraktionszustand wird durch die intrazelluläre Ca²⁺-Konzentration und die Ca²⁺-Sensitivität der kontraktilen Proteine reguliert.

Ca²⁺-abhängige Aktivierung des Querbrückenzyklus   Wie bei der Aktivierung der Skelettmuskulatur wird die Kontraktion durch den Anstieg der Ca²⁺-Konzentration im Zytoplasma ausgelöst. Allerdings besteht ein fundamentaler Unterschied zur Skelettmuskulatur, da dort die Myosinmoleküle immer aktiv sind. Im relaxierten Zustand wird ihre Bindung an Aktin durch den Tropomyosin-Troponin-Komplex gehemmt und Ca²⁺ hebt die Hemmung auf (▶ Kap.13.2.3). In der glatten Muskulatur müssen die Myosinmoleküle aktiviert werden, damit sie an Aktin binden und Kraft generieren können. Dies geschieht durch die Ca²⁺-abhängige **Phosphorylierung der regulatorischen leichten Ketten des Myosins (rMLC)**, kurz Myosinphosphorylierung genannt (◘ Abb. 14.3).

Myosin-leichte-Ketten-Phosphorylierung   Steigt die Ca²⁺-Konzentration im Zytoplasma auf >10^{-7} mol/l an, binden Ca²⁺-Ionen an den Ca²⁺-Sensor **Calmodulin** (4 mol Ca²⁺/mol

Calmodulin). Der (**Ca²⁺)₄-Calmodulin-Komplex** aktiviert die Myosin-leichte-Ketten-Kinase (**MLCK**, myosin light chain kinase). Diese überträgt eine Phosphatgruppe des ATPs auf die rMLC. Die **phosphorylierten Querbrücken** können nun an Aktin binden und im Querbrückenzyklus Kraft generieren. In der glatten Muskulatur muss ATP also nicht nur für die mechanische Arbeit zur Verfügung gestellt werden, sondern auch für den Aktivierungsmechanismus. Dies bedeutet, dass trotz der hohen Halteökonomie der Wirkungsgrad geringer ist als in der Skelettmuskulatur. Die Myosinmoleküle werden durch eine spezifische Phosphatase (Myosin-leichte-Ketten-Phosphatase, **MLCP**) dephosphoryliert (◘ Abb. 14.2). Diese ist permanent aktiv, ihre Aktivität wird aber Ca²⁺-unabhängig durch mehrere intrazelluläre Signalkaskaden moduliert (▶ Abschn. 14.4.2 und ▶ Abschn. 14.4.3).

> Kontraktionsauslösung der glatten Muskulatur: Ca²⁺-abhängige Phosphorylierung der rMLC durch die MLCK.

Myosinphosphorylierung und Kontraktionsstärke   Meist verharrt der glatte Muskel in einem intermediären Spannungs- und Phosphorylierungszustand, denn die phosphorylierenden und dephosphorylierenden Reaktionen laufen gleichzeitig ab und befinden sich in einem **dynamischen Gleichgewicht** (◘ Abb. 14.3). Je höher die Aktivität der MLCK ist, d. h. je höher die Ca²⁺-Konzentration im Zytoplasma ist, desto stärker nimmt die Myosinphosphorylierung und der Muskeltonus zu. Überwiegt die Aktivität der MLCP, tritt der gegenteilige Effekt ein. Dieses dynamische Gleichgewicht ist auch der Grund dafür, dass die rMLC nie zu 100% phosphoryliert vorliegen.

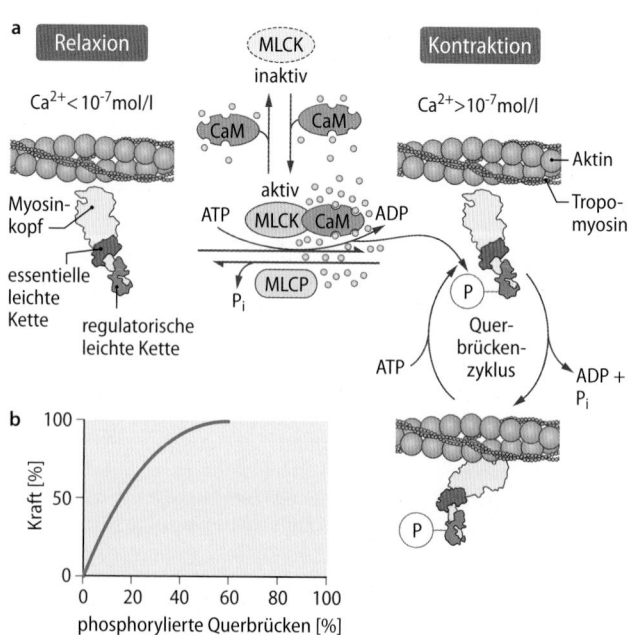

◘ **Abb. 14.3a,b**   **a** Schema der Aktivierung der glatten Muskulatur. Blaue Punkte: Ca²⁺-Ionen, CaM: Calmodulin, MLCK: Myosin-leichte-Ketten-Kinase, MLCP: Myosin-leichte-Ketten-Phosphatase. **b** Abhängigkeit der Kraftentwicklung vom Phosphorylierungsgrad der leichten Myosinkette

Regulation der Ca²⁺-Sensitivität Die Aktivität der MLCK, vor allem aber die der MLCP wird Ca²⁺-unabhängig durch verschiedene intrazelluläre Signalkaskaden reguliert. Wenn die **Phosphatase gehemmt** wird, dann reichert sich phosphoryliertes Myosin an. Somit kontrahieren die kontraktilen Proteine bereits bei einer viel geringeren zytosolischen Ca²⁺-Konzentration als dies bei ungehemmter MLCP der Fall wäre (=**Ca²⁺-Sensitivierung**). Durch **Aktivitätssteigerung der MLCP** wird dagegen die Myosinphosphorylierung verringert, dadurch relaxiert der glatte Muskel bei konstant gehaltener Ca²⁺-Konzentration (=**Ca²⁺-Desensitivierung**). Auch die **Hemmung der MLCK** führt zur Ca²⁺-Desensitivierung. Die Signalkaskaden, die für die Ca²⁺-unabhängige Regulation der MLCP und MLCK verantwortlich sind, werden in ▶ Abschn. 14.4.2 und ▶ Abschn. 14.4.3 erläutert.

❯ Regulation der Ca²⁺-Sensitivität durch Aktivitätsmodulation der MLCP.

Duale Regulation der Kontraktion

Auch wenn die Phosphorylierung der rMLC eine notwendige und hinreichende Bedingung für die Kontraktionsauslösung ist, so gibt es doch eine Reihe von Hinweisen für eine **duale Regulation** der Kontraktion, an denen **Caldesmon** beteiligt sein könnte, da es *in vitro* ähnlich wie der Troponin-Tropomyosin-Komplex den Querbrückenzyklus hemmen kann. Diese Hemmung wird durch den Ca²⁺-Calmodulin-Komplex, aber auch durch Phosphorylierung des Caldesmons aufgehoben. Allerdings ist für die kraftgenerierende Bindung des Myosins an Aktin die Phosphorylierung der rMLC erforderlich, da die beiden Myosinköpfe eines Myosinmoleküls sich im dephosphorylierten Zustand gegenseitig behindern.

In Kürze

Der kontraktile Apparat ist in Minisarkomeren organisiert. Die molekulare Grundlage der Kontraktion ist wie in der Skelettmuskulatur der **Gleitfilamentmechanismus** angetrieben durch die **Querbrückentätigkeit**. Die Myozyten können sehr stark gedehnt werden, ehe sie die Fähigkeit zur aktiven Kraftentwicklung einbüßen und sie können sich stärker als die Skelettmuskeln aktiv verkürzen. Die Verkürzungs- und Kontraktionsgeschwindigkeit ist sehr niedrig, während die Kraft mit einem sehr niedrigen ATP-Verbrauch, d. h. sehr ökonomisch aufrechterhalten wird. Voraussetzung für die Kraftentwicklung ist die **Phosphorylierung des Myosins** durch die Ca²⁺-abhängige MLCK.

14.3 Regulation des Tonus der glatten Muskulatur

14.3.1 Überblick über die extrazellulären Signale

Elektrische, chemische und mechanische Signale werden durch ein intrazelluläres Netz von mehreren kontraktionsauslösenden und relaxierenden Signalkaskaden integriert.

Einstellung des Muskeltonus durch extrazelluläre Signale Der Tonus wird durch eine Vielzahl von elektrischen, chemischen und mechanischen Stimuli reguliert, die die Aktivität der glatten Muskulatur den jeweiligen Anforderungen anpasst. Die **elektrischen Signale** sind sehr vielfältig. Zu den **chemischen Stimuli** gehören neben den Neurotransmittern des **vegetativen Nervensystems**, eine Vielzahl von lokal gebildeten oder zirkulierenden **Hormonen, lokale Metabolite** und **Gase** (O₂, CO₂ und NO). Manche glatten Muskeln sind elektrisch nicht erregbar, werden aber neuronal und durch Hormone aktiviert. Man spricht dann von **pharmakomechanischer Kopplung** – im Gegensatz zur **elektromechanischen Kopplung**. Hormone können **kontraktionsauslösend oder relaxierend** wirken.

Neurotransmitter und Hormone: Adrenalin als Beispiel Glatte Muskeln exprimieren organspezifisch eine Vielzahl von **Rezeptoren**. Ob ein Hormon kontraktionsauslösend oder relaxierend wirkt, hängt von dem Rezeptor, an den es bindet und der dadurch aktivierten Signalkaskade, ab. Adrenalin als Beispiel bindet in niedrigen Konzentrationen an den β₂-Rezeptor und aktiviert die **relaxierende cAMP-Signalkaskade** (▶ Abschn. 14.4.3). In hohen Konzentrationen bindet es zusätzlich an den α₁-Rezeptor, wodurch es zum **Ca²⁺-Anstieg** im Zytoplasma und zur **Ca²⁺-Sensitivierung** und damit zur Kontraktion kommt (▶ Abschn. 14.4.2). Adrenalin wirkt also in niedrigen Konzentrationen **vasodilatierend** und in hohen Konzentrationen **vasokonstriktorisch**.

14.3.2 Die intrazellulären Signalmoleküle

An der Steuerung des Tonus sind neben dem Aktivator Ca²⁺ mehrere intrazelluläre Signalkaskaden beteiligt, die den Tonus erhöhen, ihn aber auch senken können.

Der Aktivator Ca²⁺ In der ruhenden, relaxierten Muskelzelle liegt die Ca²⁺-Konzentration unter 10^{-7} mol/l und steigt bei Erregung auf 0.5 bis 1 µmol/l an. Mit einer **Latenzzeit** von etwa 300 ms kommt es dann zur Kontraktionsantwort. Die Latenzzeit ist sehr viel länger als im Skelettmuskel, da die Aktivierung des Querbrückenzyklus wie oben beschrieben in mehreren Schritten abläuft und dadurch deutlich langsamer ist. Der Ca²⁺-Anstieg und damit die Kontraktionskraft kann abgestuft reguliert werden.

Ca²⁺-Transportmechanismen Für den Ca²⁺-Einstrom sind die verschiedenen spannungsgesteuerten (VOC, voltage operated Ca²⁺-channels) und rezeptorgesteuerten (ROC, receptor operated Ca²⁺-channels) **Ca²⁺-Kanäle der Zellmembran** und die **Ca²⁺-Freisetzungskanäle** des **sarkoplasmatischen Retikulums** (IP₃- und Ryanodinrezeptor) verantwortlich. Die funktionell wichtigsten VOC sind L-Typ Ca²⁺-Kanäle. Wegen der beschränkten Speicherkapazität des SR ist die glatte Muskulatur zwingend auf den Ca²⁺-Einstrom aus dem Extrazellulärraum angewiesen. Die ATP-getriebenen **Ca²⁺-Pumpen** der Zellmembran und des sarkoplasmatischen Retiku-

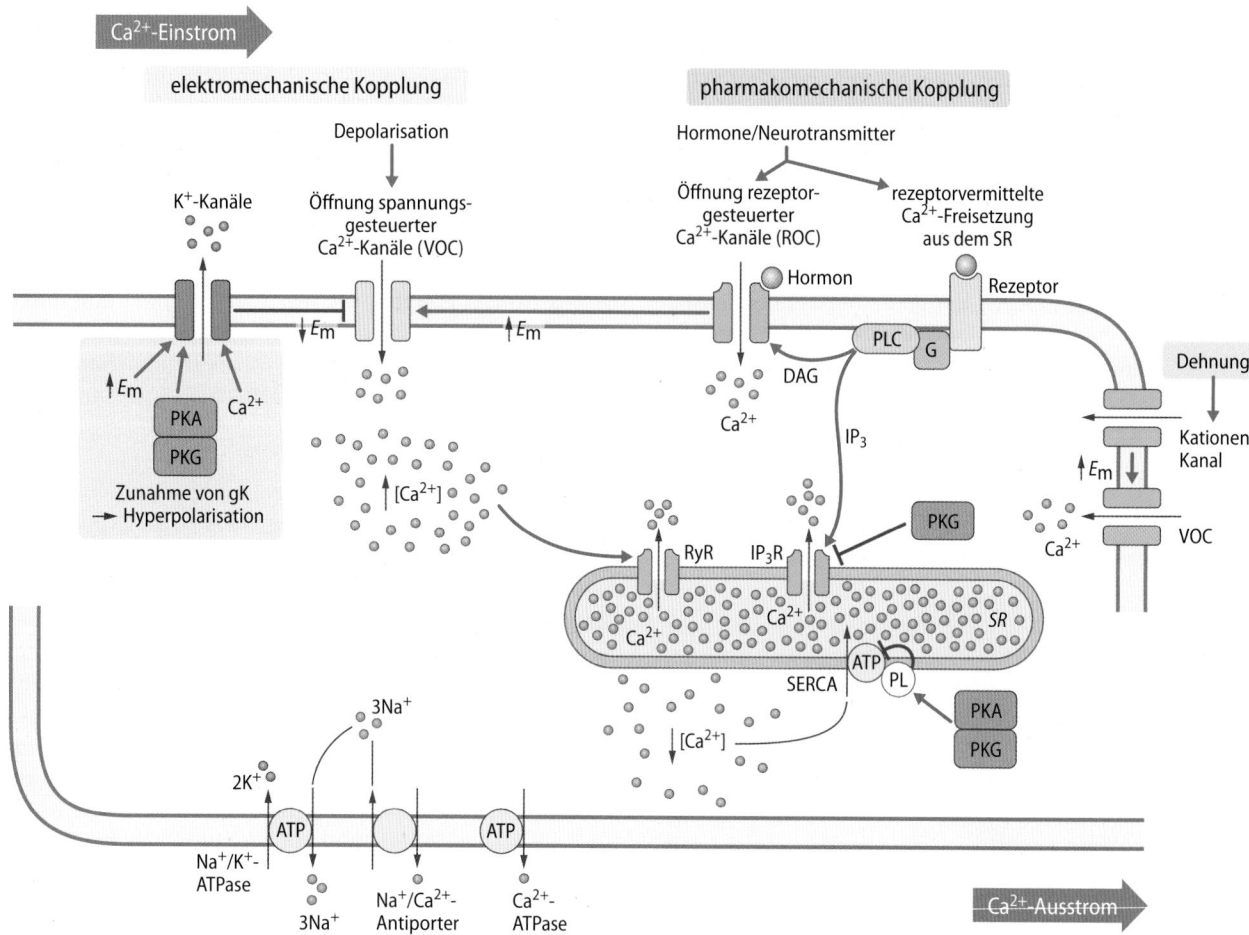

◻ Abb. 14.4   Ca²⁺-Transportmechanismen. E_m: Membranpotenzial, G: G-Protein, DAG: Diacylglycerol, IP_3: Inositoltriphosphat, PKA: Proteinkinase A, PKG: Proteinkinase G, RyR: Ryanodinrezeptor, IP_3-R: IP_3-Rezeptor, PL: Phospholamban. PLC: Phospholipase C, SR: sarkoplasmatisches Retikulum, SERCA: sarkoplasmatische Ca²⁺-ATPase

14

lums entfernen Ca²⁺ aus dem Zytosol. Der **3Na⁺/1Ca²⁺-Austauscher** kann je nach Lage des Membranpotenzials Ca²⁺ in die Zelle oder aus ihr heraus transportieren (◻ Abb. 14.4).

Intrazelluläre Signalkaskaden   Der Tonus der glatten Muskulatur wird zusätzlich zum Aktivator Ca²⁺ durch eine Reihe von Signalkaskaden beeinflusst, an deren Ende **Proteinkinasen** stehen, die die Ca²⁺-Sensitivität- steigern (Rho-Kinase (ROK) und Proteinkinase C) oder senken (Proteinkinase A und Proteinkinase G). Die glatte Muskulatur ist jedoch selten völlig relaxiert oder maximal aktiviert. Das heißt kontraktile und relaxierende Signale stehen in einem dynamischen Gleichgewicht, das sich je nach Situation eher in Richtung Tonussteigerung oder in Richtung Tonusminderung verschiebt.

In Kürze

Elektrische, chemische und mechanische Reize aktivieren in den Myozyten Signalkaskaden, die eine Kontraktion oder eine Relaxation auslösen, wobei die glatte Muskulatur selten völlig relaxiert oder maximal kontrahiert

ist. Eine Kontraktion wird durch Ca²⁺-Einstrom ausgelöst; Ca²⁺-Pumpen entfernen Ca²⁺ aus dem Zytosol (Relaxation). Die Sensitivität für den Aktivator Ca²⁺ wird durch die Proteinkinase C und die Rho-Kinase gesteigert und durch zyklische Nukleotide gesenkt.

14.4   Erregungs-Kontraktions-Kopplung und Relaxation

14.4.1   Elektromechanische Kopplung

Bei der elektromechanischen Kopplung strömt Ca²⁺ durch spannungsgesteuerte L-Typ Ca²⁺-Kanäle in die Myozyten.

Ca²⁺-Einstrom durch spannungsabhängige Ca²⁺-Kanäle (VOC) In **phasischen glatten Muskeln (Single-unit-Typ)** sind **Aktionspotenziale,** in **tonischen glatten Muskeln** der Blutgefäße und im Multi-unit-Typ nur **langanhaltende, abgestufte Depolarisationen der Zellmembran** für den **Ca²⁺-Einstrom** durch L-Typ Ca²⁺-Kanäle verantwortlich (◻ Abb. 14.4). Die

Potenzialänderungen können myogen, neurogen, hormonell und durch Dehnung ausgelöst werden. Der Ca^{2+}-Einstrom wird durch Ca^{2+}-Kanalblocker vom Dihydropyridin-Typ blockiert. Diese Pharmaka senken daher den Tonus und werden zum Beispiel bei der Behandlung des Bluthochdrucks eingesetzt.

> Bei der elektromechanischen Kopplung kommt es zum Einstrom von Ca^{2+} durch spannungsgesteuerte L-Typ Ca^{2+}-Kanäle.

Myogene Aktivierung Die Aktionspotenziale in glatten Muskeln vom Single-unit-Typ entstehen spontan (myogen) in den Muskeln selbst als Folge von **Schrittmacherpotenzialen** (Präpotenziale) – ähnlich wie im Herzen. In manchen Organen werden sie in spezialisierten Schrittmacherzellen (z. B. den **Cajal'schen interstitiellen Zellen, ICC,** des Gastrointestinaltrakts) generiert und werden von dort zu den Myozyten fortgeleitet (◘ Abb. 14.5), in anderen Organen (z. B. im Uterus) entstehen sie in den Myozyten selbst. Die ICC unterscheiden sich von den Myozyten sowohl elektrophysiologisch – sie können z. B. keine Aktionspotenziale generieren – und aufgrund von spezifischen Markerproteinen (c-kit positive Zellen).

Überschwellige Schrittmacherpotenziale lösen in den Myozyten durch Öffnen der L-Typ Ca^{2+}-Kanäle **Ca^{2+}-getragene Aktionspotenziale** (Ca^{2+}-Spikes genannt, ◘ Abb. 14.5) aus. Nach der Repolarisation durch Aktivierung von **spannungsabhängigen K^+-Kanälen** und manchmal auch von **Ca^{2+}-aktivierten K^+-Kanälen,** entsteht ein neues Präpotenzial gefolgt von einem neuen Aktionspotenzial - auf diese Weise entstehen Spikesalven. Die Höhe des Ca^{2+}-Einstroms und damit die **Kontraktionsstärke** hängt von der **Frequenz** der Spikesalven ab. Die Aktionspotenziale werden durch gap junctions in die benachbarten Myozyten weitergeleitet, sodass sie als funktionelles Synzytium gemeinsam kontrahieren (z. B. bei der Entleerung der Harnblase).

Aktionspotenzialdauer
In der Darmmuskulatur dauern die Aktionspotenziale etwa 20–40 ms, da sich an den Aufstrich sofort die Repolarisation anschließt. Im Uterus und im Urogenitaltrakt dauern sie wesentlich länger, da sie eine Plateauphase von bis zu mehreren 100 ms Dauer aufweisen. Dadurch bleibt die Ca^{2+}-Konzentration im Zytoplasma über einen längeren Zeitraum erhöht als Voraussetzung für die länger dauernden phasischen Kontraktionen bei der Entleerung der Blase oder der Wehentätikeit.

> Im Single-unit-Typ erfolgt die Auslösung der Ca^{2+}-Aktionspotenziale myogen durch Präpotenziale (Schrittmacherpotenziale).

Myogene Rhythmen Die Basis für die **rhythmischen Kontraktionen** (Peristaltik) der Darmmuskulatur und des Ureters, aber auch von manchen Blutgefäßen, bilden spontane, mehrere Sekunden bis Minuten dauernde **periodisch-rhythmische Schwankungen des Ruhemembranpotenzials**, d. h. wellenförmigen De- und Repolarisationen, **slow waves** genannt. Wenn die Amplitude der slow waves die Schwelle erreicht, dann löst sie eine Salve von Aktionspotenzialen aus (**Spikesalven**),

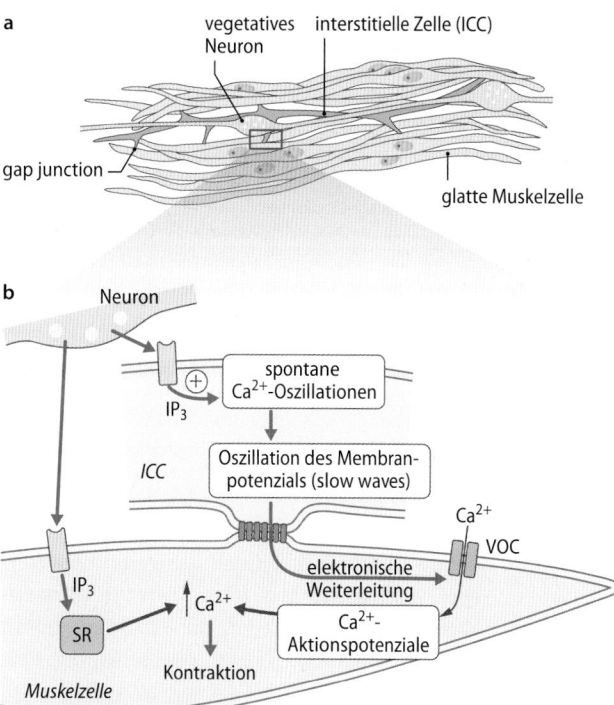

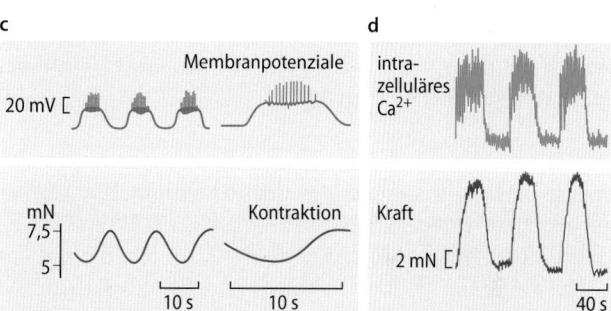

◘ **Abb. 14.5a–d Myogene Aktivierung durch Schrittmacherzellen (ICC). a** Schema der Darmmuskulatur. **b** Oszillationen der Ca^{2+}-Konzentration in den ICC induzieren Schwankungen des Membranpotenzials (slow waves), diese werden unter dem Einfluss von Acetylcholin verstärkt. In den Myozyten öffnen überschwellige slow waves L-Typ Ca^{2+}-Kanäle (VOC). **c** Den slow waves sind die Ca^{2+}-Aktionspotenziale aufgelagert und führen zu Spikesalven, diese induzieren rhythmische Kontraktionen. **d** Darstellung der Änderung der zytosolischen Ca^{2+}-Konzentration, die mit dem Ca^{2+}-Farbstoff Fura2 gemessen wurde, im Verlauf der slow waves und der Ca^{2+}-Aktionspotenziale, und die dadurch ausgelösten rhythmischen Kontraktionen

die zur Kontraktion führt (◘ Abb. 14.5). Die Spikesalven sind also dem „Wellenberg" übergelagert. Im „Wellental" entstehen keine Aktionspotenziale, d. h. es kommt zur Kontraktionspause. Die Frequenz dieser myogenen Rhythmen ist der spezifischen Organfunktion angepasst (Magenperistaltik 3/min, Segmentationsrhythmik des Duodenums 12/min, Blutdruckrhythmik 6/min als Beispiele). Sie werden als **basale, organspezifische Rhythmen** bezeichnet.

> Der myogene Muskeltonus fluktuiert rhythmisch aufgrund von slow waves, d. h. langsamen De- und Repolarisationswellen des Membranpotenzials.

Entstehung der Schrittmacherpotenziale und Slow waves
Sie beruhen auf einer organspezifischen Interaktion von Ca^{2+}-Freisetzungskanälen des SR, Ionenkanälen der Zellmembran und den Ca^{2+}-Pumpen. In manchen Organen (z. B. manchen Gefäßmuskeln) werden sie neuronal ausgelöst. In anderen entstehen sie spontan und sind Folge von Oszillationen des zytoplasmatischen Ca^{2+}-Spiegels, werden aber durch das vegetative Nervensystem verstärkt. In den Cajal'schen interstitiellen Zellen (ICCs) als Beispiel setzt der IP_3-Rezeptor bei niedrigem Ca^{2+} im Zytoplasma periodisch spontan Ca^{2+} frei – es entsteht eine Ca^{2+}-Welle, die nun die weitere Ca^{2+}-Freisetzung hemmt. Ca^{2+} wird durch die Ca^{2+}-Pumpen aus dem Zytoplasma entfernt und der nun wieder fallende Ca^{2+}-Spiegel ermöglicht die erneute Ca^{2+}-Freisetzung. Die periodische Freisetzung von Ca^{2+} triggert über membranständige Ionenkanäle (z. B. den Ca^{2+}-aktivierten Cl^--Kanal, Ano1) transiente Depolarisationen, die slow waves. Die ICC sind untereinander und mit den Myozyten durch gap junctions verbunden, sodass sich die slow waves im Netzwerk der ICC und in die Myozyten elektrotonisch ausbreiten. In den Myozyten lösen überschwellige slow waves Aktionspotenziale aus.

Modulation des myogenen Tonus durch das vegetative Nervensystem Die Aktivierung von **muskarinergen Rezeptoren** durch Acetylcholin depolarisiert die Plasmamembran vor, die slow waves sind daher länger überschwellig. Die Frequenz der Spikes und die Kontraktionskraft nehmen zu. Bei sehr hohen Acetylcholinkonzentrationen relaxieren die Darmmuskeln nicht mehr, es kommt zur spastischen Dauerkontraktion. Die Aktivierung von β-Adrenozeptoren durch **Noradrenalin** hyperpolarisiert die Plasmamembran und hat damit den gegenteiligen Effekt.

Depolarisation durch mechanische Dehnung Durch zunehmende Dehnung werden die Schrittmacherzellen stärker depolarisiert, wodurch sich die Frequenz der Aktionspotenziale erhöht. Auch in manchen Blutgefäßen löst die mechanische Dehnung (z. B. bei akutem Anstieg des transmural wirkenden Blutdrucks) eine Kontraktion aus, nach dem Entdecker **Bayliss-Effekt** genannt (Bayliss-Effekt ▶ Kap. 20.3.2). Darauf beruht die Autoregulation der Durchblutung beispielsweise der Niere oder des Gehirns (▶ Kap. 22.2). Auslöser für die dehnungsinduzierte Kontraktion ist die Öffnung von mechanosensitiven, unspezifischen Kationenkanälen vom **TRP-Typ** (transient receptor potential) gefolgt von einem Ca^{2+}-Einstrom durch L-Typ Ca^{2+}-Kanäle. Dehnung aktiviert zusätzlich die Mechanismen der Ca^{2+}-Sensitivierung (▶ Abschn. 14.3).

Tonusregulation durch K^+-Kanäle Die Lage des Membranpotenzials und die Form der Aktionspotenziale werden durch verschiedene Typen von spannungs- und ligandengesteuerten **K^+-Kanälen** reguliert. Das **Ruhemembranpotenzial** liegt in den verschiedenen glatten Muskelzellen zwischen etwa **–60 mV und –35 mV** und damit nahe am **Schwellenpotenzial** der VOC. Daher kann eine Depolarisation um nur wenige Millivolt – zum Beispiel wenn spannungsabhängige K^+-Kanäle schließen – zum Ca^{2+}-Einstrom durch VOC führen und den Tonus erhöhen. Umgekehrt führt die **Öffnung von K^+-Kanälen** zur Repolarisation, dem Verschluss der VOC und zur Relaxation (◘ Abb. 14.4). Als Beispiel sei die Aktivierung des Ca^{2+}-aktivierten BK_{ca} genannt. Dieser liegt in unmittelbarer Nachbarschaft zum Ryanodinrezeptor (RyR).

Ein Ca^{2+}-Einstrom über die membranständigen VOC löst nicht nur eine Kontraktion aus, sondern führt auch zur lokalen **Ca^{2+}-induzierten Ca^{2+}-Freisetzung** durch den **RyR**. Dadurch wird der BK_{ca}-Kanal geöffnet, das Membranpotenzial wird negativer und der Tonus sinkt. Dieser Mechanismus begrenzt im Sinne eines negativen Feed-back-Mechanismus einen überschießenden, dehnungsaktivierten myogenen Tonus von Blutgefäßen.

> ❯ **Das Ruhemembranpotenzial des glatten Muskels liegt bei -60 bis -35 mV - nahe am Schwellenpotenzial der L-Typ Ca^{2+}-Kanäle**

14.4.2 Aktivierung durch Neurotransmitter und Hormone

Insbesondere in Blutgefäßen können Noradrenalin, zirkulierende Hormone und Gewebehormone eine Kontraktion oft ohne merkliche Depolarisation auslösen.

Aktivierung des Ca^{2+}-Einstroms durch Hormone und Neurotransmitter In den tonischen glatten Muskeln der Blutgefäße verhindert die Aktivierung von spannungsabhängigen K^+-Kanälen die Ausbildung von Aktionspotenzialen. In diesen Muskel lösen Agonisten **langanhaltende Depolarisationen** aus. Beteiligt sind verschiedene Typen der nichtselektiven Kationenkanäle vom **TRP-Typ**, die unter dem Begriff **rezeptorgesteuerte Ca^{2+}-Kanäle** (ROC) zusammengefasst werden. Durch die Depolarisation der Zellmembran öffnen sich L-Typ Ca^{2+}-Kanäle und es kommt zur Kontraktion (◘ Abb. 14.4).

Pharmakomechanische Kopplung Manche Blutgefäße werden ganz **ohne Membrandepolarisation** aktiviert. Ein Beispiel: Bindung von Noradrenalin an den α_1-Adrenozeptor aktiviert das G_q-Protein (▶ Kap. 2.4), das die Phospholipase C aktiviert, die Phosphoinositoltrisphosphat in Diacylglycerol und IP_3 spaltet. IP_3 setzt Ca^{2+} aus dem SR frei, das eine kurze Kontraktion auslösen kann. Für länger anhaltende Kontraktionen ist der Ca^{2+}-Einstrom aus dem Extrazellulärraum zwingend erforderlich. Zwischen elektromechanischer und pharmakomechanischer Kopplung gibt es viele Überlappungen.

Mechanismen des Ca^{2+}-Einstroms durch ROC
(i) Ionotrope Rezeptoren, bei denen der Agonist durch Bindung an das Kanalprotein, meist vom TRP-Typ, einen Ca^{2+}-Einstrom bewirkt, (ii) Metabotrope Rezeptoren: das bei Aktivierung von G_q-gekoppelten Rezeptoren gebildete Diacylglycerol (DAG) aktiviert unspezifische Kationenkanäle vom TRP-Typ, und (iii) über den kapazitiven (Speicher-gesteuerten Ca^{2+}-Einstrom), wenn die Speicher durch Ca^{2+}-Freisetzung entleert sind.

Ca^{2+}-Sensitivierung durch Hemmung der Myosinphosphatase Der Ca^{2+}-Anstieg ist oft transient, d. h. er fällt nach einem raschen Anstieg wieder ab, obwohl die Myozyten weiter kontrahieren. Die Kraft wird nun durch die verzögert einsetzende Hemmung der MLCP, d. h. durch **Ca^{2+}-Sensitivierung** aufrechterhalten. Die MLCP kann über zwei verschiedene G-Pro-

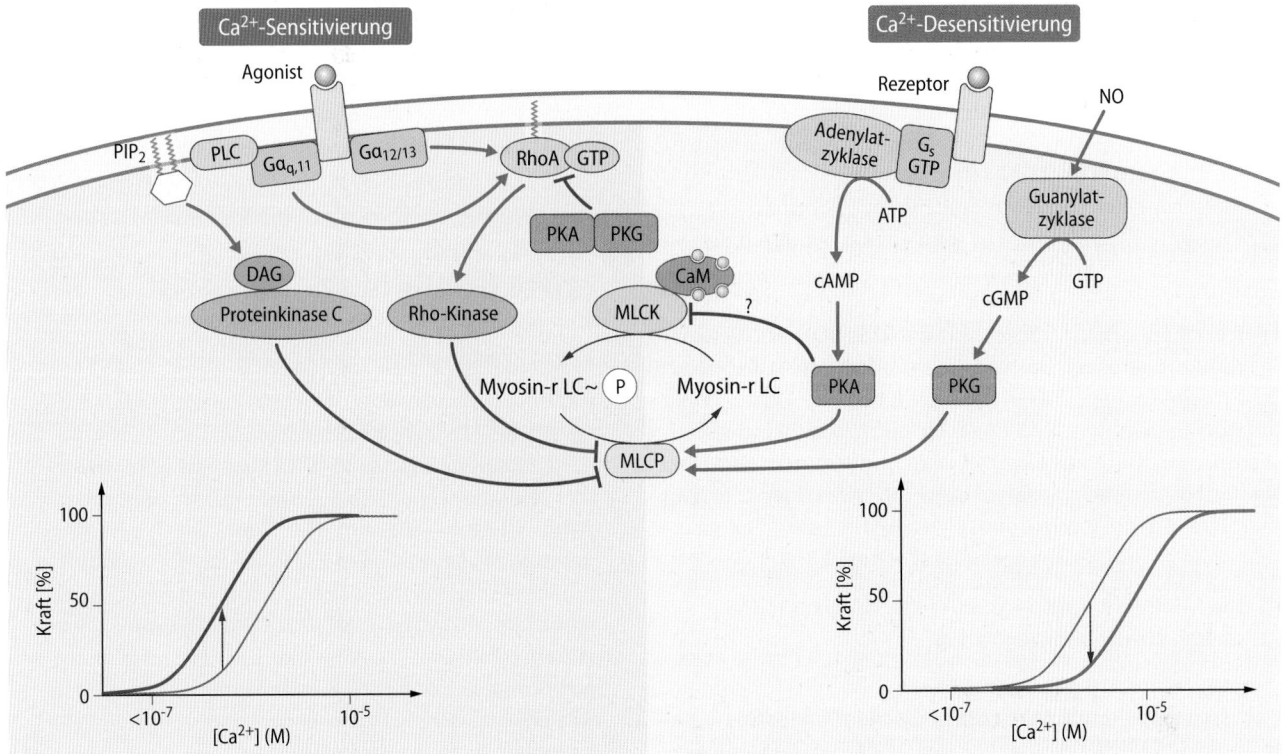

◘ Abb. 14.6 Mechanismen der Modulation der Ca²⁺-Sensitivität. Kontraktile Agonisten, die $G_{q,11}$- oder $G_{12/13}$-gekoppelte Rezeptoren aktivieren, verschieben die Beziehung zwischen Kraft und Ca²⁺-Konzentration nach links. Sie hemmen die MLCP, so dass es bei einer geringen Ca²⁺ Konzentration zur Verstärkung der Kontraktion kommt (Pfeil nach oben). Umgekehrt ist die Ca²⁺-Sensitivität erniedrigt, wenn extrazelluläre Signale durch Bindung an spezifische Rezeptoren das G-Protein G_s stimulieren. Dies führt zum Anstieg des intrazellulären cAMP-Spiegels und über Proteinkinase A (PKA), zur Aktivitätssteigerung der MLCP. Ähnlich wirkt cGMP/ Proteinkinase G (PKG). Die Bildung von cGMP aus GTP wird durch die NO-aktivierte lösliche Guanylatzyklase katalysiert. Myosin-rLC: regulatorische leichte Kette des Myosins, PLC: Phospholipase C, CAM: Calmodulin

teine und die dadurch aktivierten Signalkaskaden gehemmt werden (◘ Abb. 14.6):

- G_q vermittelte Aktivierung des Phospholipase C-DAG-Proteinkinase-C-Signalwegs,
- $G_{12/13}$ vermittelte Aktivierung der Rho-RhoKinase (ROK) Signalkaskade.

Hemmung der MLCP

Die Proteinkinase C aktiviert durch Phosphorylierung v. a. in tonischen glatten Muskeln ein inhibitorisches Peptid (CPI-17), welches dadurch die MLCP hemmt. ROK phosphoryliert die regulatorische Untereinheit der MLCP (MYPT1). Die phosphorylierte MYPT1 verhält sich wie ein Pseudosubstrat, d. h. sie bindet an die katalytische Untereinheit der MLCP, die jetzt nicht mehr ihr Substrat, die phosphorylierten leichten Ketten, binden und dephosphorylieren kann.

Beispiele für **G_q-gekoppelte Rezeptoren** sind in Blutgefäßen der $α_1$-Adrenozeptor, an den Noradrenalin oder in hohen Konzentrationen auch Adrenalin bindet, oder im Darm der M3-Cholinozeptor. Beispiele für sowohl G_q als auch **G_{12/13}** **gekoppelte Rezeptoren** sind der AT1-Rezeptor für Angiotensin II und der Thromboxanrezeptor. **Rho** wird auch durch mechanische **Dehnung** aktiviert, während **ROK** nicht nur durch Rho sondern auch direkt durch **Arachidonsäure** und einige ihrer Metabolite aktiviert werden kann. Unter pathophysiologischen Bedingungen (z. B. bei Gefäßspasmen oder dem arteriellen Bluthochdruck) ist die Rho-ROK Signalkaskade der wichtigere Signalweg.

> ❯ **Hemmung der MLCP durch die Proteinkinase C und den Rho-RhoKinase-Signalweg erhöht die Ca²⁺-Sensitivität.**

14.4.3 Relaxationsmechanismen

Die glatte Muskulatur relaxiert, wenn der Ca²⁺-Spiegel im Zytoplasma sinkt und / oder wenn die Ca²⁺-Sensitivität des kontraktilen Apparats abnimmt und Myosin dephosphoryliert wird.

Ca²⁺-Ausstrom als Folge der Beendigung der Erregung Die Repolarisation der Zellmembran oder das Ablösen kontraktiler Agonisten von ihren Rezeptoren beendet den Ca²⁺-Einstrom. Ca²⁺ wird durch die ATP-getriebenen Ca²⁺-Pumpen des SR (SERCA) und der Plasmamembran sowie den $3Na^+/1Ca^{2+}$-Austauscher aus dem Zytoplasma entfernt. Als Folge sinkt die zytoplasmatischen Ca²⁺-Konzentration und die MLCK ist wieder inaktiv. Aber erst, wenn Myosin durch die MLCP dephosphoryliert wird, stoppt der Querbrückenzyklus und die Myozyten relaxieren.

cAMP und cGMP senken die zytoplasmatische Ca²⁺-Konzentration Der glattmuskuläre Tonus kann **aktiv** durch Hormone gesenkt werden, die an G_s-Protein gekoppelte Rezeptoren binden (▶ Kap. 2.2.2). Als Beispiel sei Adrenalin genannt, dessen Bindung an $β_2$-Adrenozeptoren eine Relaxation auslöst, indem es durch Aktivierung der cAMP/PKA Signalkaskade den Ca^{2+}-Spiegel über mehrere Angriffsorte senkt (◘ Abb. 14.4):

- Aktivierung von K^+-Kanälen repolarisiert die Zellmembran, sodass L-Typ Ca^{2+}-Kanäle schließen und der Ca^{2+}-Einstrom in die Myozyte abnimmt.
- Steigerung der Ca^{2+}-Aufnahme in das SR durch Phosphorylierung von Phospholamban, wodurch die Aktivität der SERCA zunimmt.

Gleichermaßen wirkt **Stickstoffmonoxid (NO)**, das die Guanylylcyclase aktiviert. Das dadurch gebildete cGMP aktiviert die Proteinkinase G (PKG). PKG senkt den Ca^{2+}-Spiegel über die oben genannten Mechanismen und zusätzlich die Freisetzung von Ca^{2+} aus dem SR. Die Tonusminderung wird limitiert durch Phosphodiesterasen, die cAMP bzw. cGMP in inaktives Adenosinmonophosphat (AMP) bzw. Guanosinmonophosphat (GMP) umwandeln (▶ Kap. 2.3).

❯ Die cAMP/PKA- und die cGMP/PKG-Signalkaskaden senken die Ca^{2+}-Konzentration.

Ca^{2+}-Desensitivierung durch die zyklischen Nukleotide   Sowohl die cAMP/PKA als auch die cGMP/PKG Signalkaskade senken die Ca^{2+}-Sensitivität des kontraktilen Apparats indem sie **Rho** phosphorylieren und dadurch inaktivieren (◘ Abb. 14.6). Sie schalten also die Rho-ROK-Signalkaskade ab, die durch kontraktile Agonisten aktiviert wird. Weiter aktivieren sie in phasischen glatten Muskeln ein Peptid (Telokin), das die **MLCP aktiviert**. Beide Mechanismen steigern die Aktivität der MLCP. Dies hat zur Folge, dass bei unveränderter Ca^{2+}-Konzentration Myosin vermehrt dephosphoryliert wird, sodass die glatte Muskulatur relaxiert. Die PKA, nicht jedoch die PKG, kann auch durch Hemmung der MLCK die Ca^{2+}-Sensitivität reduzieren. Letzterer Mechanismus ist aber physiologisch weniger relevant als die Aktivierung der MLCP. Der relative Beitrag der Ca^{2+}-Desensitivierung zur Relaxation ist unterschiedlich groß in den verschiedenen glatten Muskeln. Manchmal nimmt der Tonus allein aufgrund der Ca^{2+}-Desensitivierung ab. In anderen Fällen ist sie synergistisch zur Senkung der Ca^{2+}-Konzentration.

❯ Zyklische Nukleotide senken den Tonus, indem sie die Ca^{2+}-Sensitivität der Myofilamente senken.

In Kürze

Aktionspotenziale oder **langanhaltende Depolarisationen** der Zellmembran sind für den Ca^{2+}-Einstrom durch **spannungsgesteuerte Ca^{2+}-Kanäle** verantwortlich (**elektromechanische Kopplung**). In den **phasischen glatten Muskeln des** Single-unit-Typs lösen **Spontandepolarisationen** (slow waves) Ca^{2+}-Aktionspotenziale (**Spikes**) aus. Das vegetative Nervensystem moduliert die myogene Aktivität. In dem **neuronal aktivierten** Multi-unit-Typ wird der Ca^{2+}-Einstrom durch **rezeptorgesteuerte Ca^{2+}-Kanäle** vermittelt. K^+-Kanäle spielen eine wichtige Rolle bei der Erregbarkeit der Zellmembran. In manchen Blutgefäßen kann die Kontraktionsauslösung durch Hormone und Neurotransmitter ganz ohne Depolarisation erfolgen (**pharmakomechanische Kopplung**). Ca^{2+} wird **IP_3-vermittelt** aus dem sarkoplasmatischen Retikulum freigesetzt und gleichzeitig wird die Ca^{2+}-Sensitivität des kontraktilen Apparats erhöht. Die zyklischen Nukleotide **cAMP und cGMP** senken die Ca^{2+}-Konzentration im Zytoplasma wie auch die Ca^{2+}-Sensitivität.

Klinik

Ein Beispiel aus der Praxis

Die Kenntnis der Kontrollmechanismen des Tonus der glatten Muskulatur liefert wichtige Entscheidungshilfen für die medikamentöse Behandlung. Als Beispiel, das so in der Praxis vorgekommen ist: Bei einem 70-jährigen Patienten, der an einer **chronisch obstruktiven Lungenerkrankung** (COPD) leidet, wurde ein **Aortenaneurysma** entdeckt. Um die Gefahr einer Ruptur des Aortenaneurysmas zu reduzieren, sollte der Blutdruck medikamentös gesenkt werden.

Der Kardiologe verschrieb einen **β_1-Adrenozeptorantagonisten** (Metoprolol). Unter dieser Behandlung normalisiert sich der Bluthochdruck, da die Selektivität für ß1-Adrenozeptoren nicht absolut ist, verschlechterte sich die COPD, sodass der Patient vor allem unter Belastung zunehmend Luftnot bekam. Unter Belastung konnten die Atemwege wegen der verminderten Aktivierung von β_2-Adrenozeptoren nicht ausreichend weitgestellt werden. Die medikamentöse Behandlung wurde daraufhin auf den Ca^{2+}-Kanalblocker Verapamil umgestellt, der den Ca^{2+}-Einstrom in die Myozyten sowohl der Blutgefäße als auch der Luftwege senkt und dadurch den Tonus der glatten Muskeln in beiden Organen mindert. Mit diesem Medikament konnte der Blutdruck kontrolliert werden und die Symptomatik der COPD war deutlich gebessert.

◻ Tab. 14.1 Ionenkanäle

Selektivität für	Kanaltyp	Funktionelle Bedeutung
	Spannungsgesteuerte Ca^{2+}-Kanäle:	
Ca^{2+}	Hauptvertreter: L-Typ-Ca^{2+}-Kanäle (v. a. Ca_v 1.2)	Offenwahrscheinlichkeit bei Depolarisation (>-30 mV) erhöht. Bewirkt Kontraktion, verantwortlich für Aufstrich des Aktionspotenzials, wird durch Ca^{2+}-Kanalblocker wie Verapamil, Nifedipin blockiert
	Rezeptorgesteuerte Ca^{2+}-Kanäle	
Nicht-selektive Kationenkanäle, Leitfähigkeit: zum Teil $gCa^{2+} > gNa^+$ und gK^+	Verschiedene Kanäle der TRP-Superfamilie	Aktiviert durch Noradrenalin, ATP, Acetylcholin, viele Hormone, teils ionotrope, teils metabotrope Rezeptoren; Bindung des Agonisten aktiviert Ca^{2+}-Einstrom, kann zur Membrandepolarisation und zur Öffnung von L-Typ-Ca^{2+}-Kanälen führen.
	Mechanosensitive Kationenkanäle	
	Vertreter der TRP-Kanäle	Mechanische Dehnung, Öffnung von Kationenkanälen: Depolarisation der Plasmamembran und Öffnung von VOC
	Kaliumkanäle	
K^+	Verschiedene spannungsaktivierte Kaliumkanäle (K_v-Kanäle)	Repolarisation des Aktionspotenzials im Single-unit-Typ
	Ca^{2+}-aktivierter Kaliumkanal (BK_{Ca})	Aktivierung durch Depolarisation, Ca^{2+}: feed-back Hemmung durch Ca^{2+}-Freisetzung aus dem SR durch den Ryanodinrezeptor, Repolarisierung von slow waves, Aktivierung durch PKA, PKG
	ATP-abhängiger Kaliumkanal (K_{ATP})	Sensor des ATP-Gehalts der Myozyte, Relaxation bei Abfall von pO_2, wird durch PKA und PKG aktiviert
	Einwärtsgleichrichter (K_{ir})	Stabilisierung des Ruhemembranpotenzials
Cl^-	Ca^{2+}-aktivierter Chloridkanal (ANO1)	Beteiligung an Schrittmacherpotenzialen (Membrandepolarisation)

Literatur

Berridge MJ (2008) Smooth muscle cell calcium activation mechanism. J Physiol 586: 5047–61

Brozovich FV, Nicholson CJ, Degen CV, Gao YZ, Aggarwal M, Morgan KG (2016) Mechanisms of Vascular Smooth Muscle Contraction and the Basis for Pharmacologic Treatment of Smooth Muscle Disorders. Pharmacol Rev. 2016 68: 476-532

Guibert C, Ducret T, Savineau JP. (2008) Voltage-independent calcium influx in smooth muscle. Prog Biophys Mol Biol. 98:10-23

Puetz S, Lubomirov LT, Pfitzer G (2009) Regulation of smooth muscle contraction by small GTPases. Physiology (Bethesda) 24:342–56

Sanders KM, Ward SM, Koh SD, (2014) Interstitial cells: regulators of smooth muscle function. Physiol Rev 94: 859-907

Herz

Inhaltsverzeichnis

Herzmechanik

Jürgen Daut

© Springer-Verlag GmbH Deutschland, ein Teil von Springer Nature 2019
R. Brandes et al. (Hrsg.), *Physiologie des Menschen*, Springer-Lehrbuch
https://doi.org/10.1007/978-3-662-56468-4_15

Worum geht's?

Das Herz ist eine muskuläre Pumpe

Das Herz ist ein **Hohlmuskel**, der das aus den Venen
zurückfließende Blut in die großen Arterien pumpt.
Während der Diastole sind die Herzmuskelzellen entspannt und die Ventrikel füllen sich, während der Systole
kontrahieren sich die Herzmuskelzellen, das Volumen
der Ventrikel wird kleiner und sie entleeren sich. Die
Herzklappen sorgen dafür, dass kein Blut zurückfließt.

Die Pumpleistung des Herzens kann durch das vegetative Nervensystem reguliert werden

Nach Aktivierung des Sympathikus kann durch Ausschüttung von Adrenalin und Noradrenalin die Herzfrequenz erhöht und die **Kontraktionskraft** der Herzmuskelzellen gesteigert werden. Eine Aktivierung
des Parasympathikus führt zu einem Abfall der Herzfrequenz. Diese Regulationsprozesse dienen der Anpassung der Herzleistung an körperliche oder geistige
Arbeit.

Die Pumpleistung des Herzens hängt von den Drücken in den großen Venen und Arterien ab

Unabhängig vom vegetativen Nervensystem hängt
die Pumpleistung des Herzens auch von den mechanischen Gegebenheiten im Kreislaufsystem ab. Der Druck
des durch die Venen in das Herz zurückfließenden
Blutes reguliert die Füllung des Herzens. Experimente
am isolierten Herzen zeigen, dass bei erhöhtem **Füllungsdruck** die pro Minute in das Kreislaufsystem
gepumpte Blutmenge (das Herzzeitvolumen) steigt
(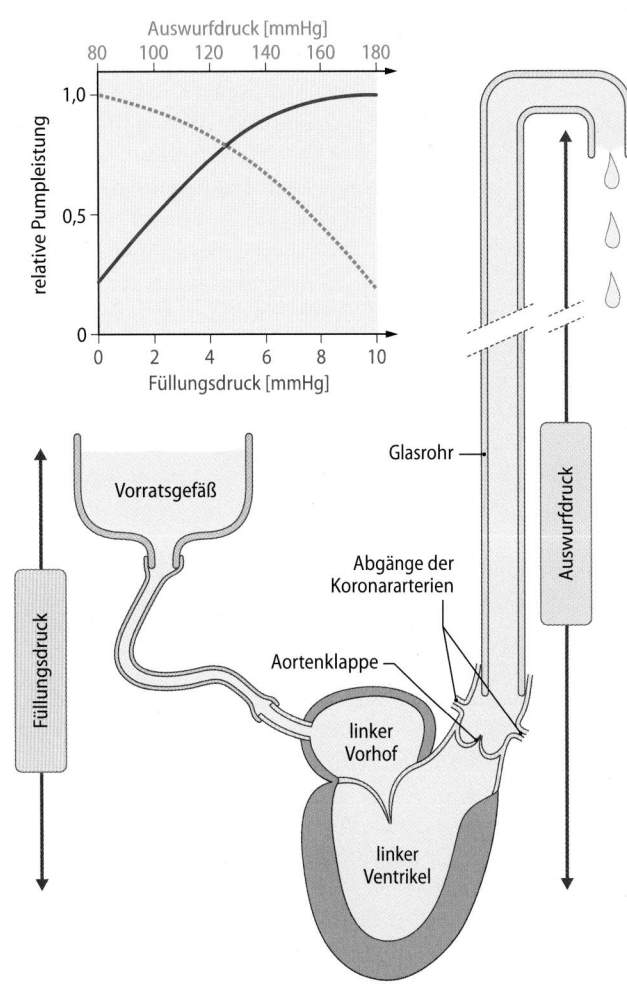 Abb. 15.1, rote Kurve). Der Druck in der Aorta (**Auswurfdruck**) wirkt dem Auswurf des Blutes über die
Aortenklappe entgegen. Bei einem Anstieg des Auswurfdrucks sinkt das HZV (Abb. 15.1, grüne Kurve).

**◻ Abb. 15.1   Am isoliert perfundierten Herzen kann die Wirkung
des Füllungsdrucks und des Auswurfdrucks auf die Pumpleistung
untersucht werden.** Über das Vorratsgefäß wird dem linken Vorhof eine
oxygenierte physiologische Kochsalzlösung zugeführt; der linke Ventrikel pumpt diese Lösung in das an die Aorta angeschlossene senkrechte
Glasrohr. Zusätzlich versorgt die oxygenierte Salzlösung über die Koronargefäße den Herzmuskel mit Sauerstoff. Der Füllungsdruck kann dadurch eingestellt werden, dass das Vorratsgefäß in einer höheren oder
niedrigeren Position befestigt wird. Der Druck, gegen den der linke Ventrikel die Salzlösung auswirft (Auswurfdruck), kann dadurch eingestellt
werden, dass man die Länge des Glasrohres verändert

15.1   Das Herz als muskuläre Pumpe

15.1.1   Grundlagen der Pumpfunktion des Herzens

Das linke Herz pumpt sauerstoffreiches Blut in den großen Kreislauf, das rechte Herz pumpt sauerstoffarmes Blut in den kleinen Kreislauf. Beide Pumpen sind funktionell so miteinander verknüpft, dass sie (fast) immer genau die gleiche Menge Blut fördern.

Das Herz ist eine elektro-chemo-mechanische Maschine   Die mechanische Pumpfunktion wird durch die elektrische Aktivität der Herzmuskelzellen gesteuert (▶ Kap. 16). Die Kontraktion der Herzmuskelzellen wird durch einen Kalziumeinstrom während des Aktionspotenzials und einen daraus resultierenden Anstieg der zytosolischen Ca^{2+}-Konzentration ausgelöst; sie beruht auf der ATP-abhängigen Interaktion der Aktin- und Myosinfilamente (Querbrückenzyklus), ähnlich wie beim Skelettmuskel (▶ Kap. 13). Die chemische Energie, die der Herzmuskel verbraucht, wird überwiegend **aerob** durch **oxidative Phosphorylierung** in den Mitochondrien bereitgestellt (▶ Kap. 18). Die mitochondriale ATP-Synthese wird durch biochemische Regelmechanismen an den myokardialen Energieverbrauch (und damit an die geleistete Herzarbeit) angepasst. Auch die Sauerstoffzufuhr durch die Koronararterien wird durch Regulation des Gefäßwiderstands genau an den jeweiligen Sauerstoffbedarf des Herzens angepasst (▶ Kap. 18.3).

Rechtes und linkes Herz   Das Herz besteht aus zwei separaten mechanischen Pumpen, die in Serie geschaltet sind (▶ Kap. 19.1): Der **linke Ventrikel** pumpt das Blut in den großen Kreislauf; das durch die Hohlvenen in den rechten Vorhof zurückfließende venöse Blut wird vom **rechten Ventrikel** in die Lungenstrombahn gepumpt. Das in den Lungen mit Sauerstoff beladene Blut wird über die Pulmonalvenen zurück in den linken Vorhof geleitet. Die beiden in Serie geschalteten Pumpen sind zu einem Organ vereint und präzise Regelmechanismen sorgen dafür, dass das rechte und das linke Herz die gleiche Menge Blut pumpen (▶ Abschn 15.2.2). Der Druck, den das linke Herz im großen Kreislauf produziert, beträgt bei körperlicher Ruhe beim Gesunden ca. 120/80 mmHg (systolisch/diastolisch) (▶ Kap. 21.1). Der Druck im kleinen Kreislauf beträgt aufgrund des geringeren Widerstands der Lungenstrombahn ca. 20/7 mmHg. Das **Herzzeitvolumen** (HZV) ergibt sich aus der Gleichung:

$$\text{HZV}\left(\frac{1}{\text{min}}\right) = \text{Schlagvolumen}\,(\text{l}) \times \text{Herzfrequenz}\left(\frac{\text{Schläge}}{\text{min}}\right)$$

(15.1)

❯ **Ein durchschnittlicher Erwachsener hat in Ruhe ein Herzzeitvolumen von ca. 5 l/min, das bei maximaler Belastung auf über 20 l/min ansteigen kann.**

Synchronisierung   Um eine optimale Pumpfunktion zu gewährleisten, müssen sich alle Herzmuskelzellen der beiden Ventrikel annähernd synchron kontrahieren. Der zeitliche Ablauf der Herzkontraktion wird durch die Ausbreitung der elektrischen Erregung gesteuert (▶ Kap. 16.3). Die lange **Dauer des Aktionspotenzials** (300–400 ms) führt dazu, dass sich die Erregung bei allen ventrikulären Herzmuskelzellen zeitlich überlappt. Das Aktionspotenzial der zuletzt erregten Zellen an der Herzbasis beginnt jedoch ca. 50 ms später als das Aktionspotenzial der zuerst erregten Herzmuskelzellen im Herzseptum. Beim gesunden Herzen kontrahieren daher die ventrikulären Herzmuskelzellen nicht ganz synchron, sondern in einer durch das Erregungsleitungssystem (▶ Kap. 16.3) und die Herzgeometrie vorgegebenen Reihenfolge.

Entleerung und Füllung der Ventrikel   Bei der Kontraktion der Ventrikelwand öffnen sich die Taschenklappen und das Herz verkürzt sich in der Längsachse, wodurch sich die Ventilebene, d. h. die Ebene der Segelklappen, in Richtung Herzspitze verschiebt. Die **Verschiebung der Ventilebene** nach unten verringert das Ventrikelvolumen und unterstützt dadurch die Austreibung des Blutes in die großen Arterien. Sie produziert gleichzeitig einen **Sog in den Vorhöfen**, welcher den Zufluss von Blut aus den zentralen Hohlvenen beschleunigt. Während der Diastole öffnen sich die Segelklappen und die Ventilebene verschiebt sich zurück in Richtung Herzbasis, der Ventrikel „umgreift" das in die Vorhöfe eingeströmte Blut. Darüber hinaus kommt es bei der Kontraktion der Ventrikel zu einer Torsion von Herzbasis und Herzspitze in gegenläufige Richtungen; der linke Ventrikel wird sozusagen „ausgewrungen". Bei der Relaxation der Ventrikel wird die Torsion wieder rückgängig gemacht; die **elastischen Rückstellkräfte** der Torsion entfalten einen Sog, der die Füllung der Ventrikel erleichtert. Schließlich kontrahiert sich gegen Ende der Diastole noch die Wand der Vorhöfe. Auch dies trägt zur Füllung der Ventrikel bei, insbesondere bei hohen Herzfrequenzen.

15.1.2   Herzzyklus

Die Systole besteht aus Anspannungsphase und Austreibungsphase, die Diastole besteht aus Entspannungsphase und Füllungsphase.

Aktionsphasen   Der Herzzyklus beschreibt die zeitliche Abfolge von Füllung und Entleerung der Herzkammern (◻ Abb. 15.2). Die vier Phasen des Herzzyklus werden hier am Beispiel des linken Ventrikels erläutert:

1. **Anspannungsphase**; während dieser Phase kontrahieren sich die Herzmuskelzellen, und der linksventrikuläre Druck steigt von ca. **4–6 mmHg** auf etwa 80 mmHg (Drücke beim ruhenden Probanden). Da sowohl die Mitralklappe als auch die Aortenklappe geschlossen sind, bleibt das Volumen des linken Ventrikels während der Anspannungsphase konstant.
2. **Austreibungsphase**; diese Phase beginnt, wenn der Druck im linken Ventrikel den Druck in der Aorta übersteigt; dadurch öffnet sich die Aortenklappe und das Blut strömt in die Aorta. Der Druck im linken Ventrikel

nimmt dabei zunächst weiter zu und fällt gegen Ende der Austreibungsphase wieder ab. Der Druck im linken Ventrikel unterschreitet den Aortendruck schon während der Austreibungsphase wieder; aufgrund der kinetischen Energie des ausströmenden Blutes schließt sich die Aortenklappe erst dann wieder, wenn der Ausstrom zum Stillstand gekommen ist. Im Rahmen einer typischen Austreibungsphase in Ruhe werden von dem im linken Ventrikel enthaltenen Blutvolumen (**~130 ml**) **etwas mehr als die Hälfte (~70 ml)** ausgeworfen.

❯ Während der Austreibungsphase nimmt das im Ventrikel vorhandene Blutvolumen um etwa 50–60 % ab.

3. **Entspannungsphase**; diese Phase beginnt, nachdem sich die Aortenklappe geschlossen hat. Während der Entspannungsphase fällt der Druck im linken Ventrikel schnell ab, das Volumen bleibt jedoch konstant.
4. **Füllungsphase**; diese Phase beginnt, wenn der Druck im linken Ventrikel den Druck im linken Vorhof unterschreitet. Zu Beginn der Füllungsphase ändert sich das Volumen des linken Ventrikels relativ schnell (◘ Abb. 15.2), begünstigt durch die rasche Relaxation und die elastischen Rückstellkräfte in der Ventrikelwand. Danach nimmt das Volumen des Ventrikels langsamer zu, und zwar so lange, bis der Druck im Ventrikel sich an den Druck im Vorhof angeglichen hat. Gegen Ende der Füllungsphase setzt die **Kontraktion der Vorhöfe** ein, wodurch die Füllung noch weiter zunimmt (beim ruhenden Probanden typischerweise um ca. 10–20 %). Beim Gesunden liegt der enddistastolische Druck sowohl im rechten als auch im linken Ventrikel unter **8 mmHg**.

Im **rechten Herzen** laufen die vier Aktionsphasen fast genauso ab, jedoch ist der maximale systolische Druck wesentlich niedriger (ca. 20 mmHg).

Systole und Diastole   Anspannungs- und Austreibungsphase werden unter dem Begriff **Systole** zusammengefasst, Entspannungs- und Füllungsphase bilden die **Diastole**. In Ruhe bei normaler Herzfrequenz dauert die Diastole etwa doppelt so lang wie die Systole. Bei erhöhter Herzfrequenz verkürzen sich sowohl Systole als auch Diastole. Da sich die Diastole jedoch wesentlich mehr verkürzt, sind bei hohen Herzfrequenzen (> 150/min) Systole und Diastole etwa gleich lang.

15.1.3 Kontraktionsformen des Herzmuskels

Die Unterstützungskontraktion im linearen Herzmuskelpräparat ist ein gutes Modell für den Herzzyklus im dreidimensionalen Herzen.

Die Kontraktion des Herzmuskels hängt von seiner Länge und von der zu bewegenden Last ab (▶ Kap. 12.2). Am isolierten Papillarmuskel können diese Komponenten getrennt untersucht werden.

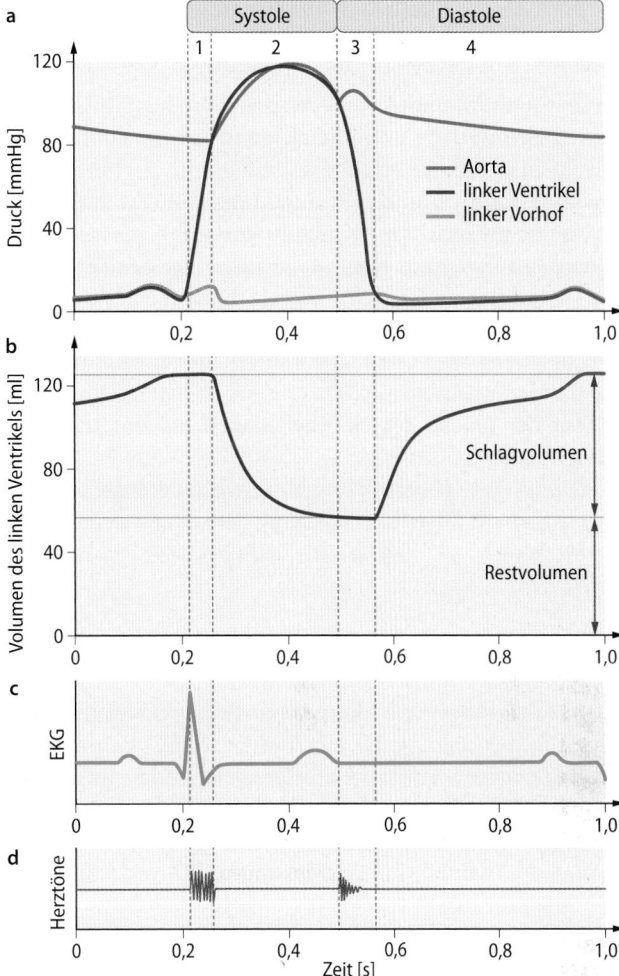

◘ **Abb. 15.2a–d   Drücke, Volumina, EKG und Herztöne während der vier Aktionsphasen des Herzens. a** Drücke im linken Vorhof, im linken Ventrikel und in der Aorta. **b** Volumen des linken Ventrikels. **c** EKG. **d** Herztöne. Die Anspannungsphase (1), die Austreibungsphase (2), die Entspannungsphase (3) und die Füllungsphase (4) werden jeweils durch senkrechte gepunktete Linien begrenzt. Die Öffnung und Schließung der Taschenklappen erfolgt an den blauen Linien; die Öffnung und Schließung der Segelklappen erfolgt an den roten Linien

Isometrische Kontraktion   Entwickelt ein Muskel Kraft, **ohne seine Länge zu verändern** (◘ Abb. 15.3), nennt man dies eine isometrische Kontraktion (▶ Kap. 12.2). Bei Papillarmuskel dauert die isometrische Kontraktion **300–400 ms** (d. h. etwa genau so lang wie das Aktionspotenzial). Die Größe der isometrischen Kraft wird i. d. R. auf die Querschnittsfläche des Muskels bezogen; die Kraft pro Querschnittsfläche (N/cm^2) wird als Spannung bezeichnet.

Isotone Kontraktion   Bei der isotonen Kontraktion verkürzt sich der Muskel bei **konstanter Kraft** (Tonus) (◘ Abb. 15.3). Interessanterweise hängt die Aktivität der kontraktilen Proteine, und damit der Energieverbrauch des Herzmuskels, sehr stark von der Größe der Kraft bzw. der Last ab. Die Geschwindigkeit der zugrundeliegenden chemischen Reaktionen wird also durch die entwickelte Kraft (bzw. die zu bewegende Last) moduliert.

❯❯ Die Kraft pro Querschnittsfläche eines Muskels (N/cm²)
wird als Spannung bezeichnet.

Unterstützungskontraktion Wenn sich der Muskel **zu-nächst isometrisch** und **nachfolgend isoton** kontrahiert, spricht man von einer Unterstützungskontraktion, da die Nachlast vor Beginn der Kontraktion „unterstützt" wird. Zu Beginn entspricht die Kraft der **Vorlast** (blaues Gewicht, ◘ Abb. 15.3a), danach steigt die Kraft an, bis sie der Summe aus Vorlast (blauer Gewicht) und **Nachlast** (gelbes Gewicht) entspricht. Schließlich relaxiert der Muskel und die Kraft entspricht wieder der Vorlast. Die während der Unterstützungskontraktion geleistete mechanische Arbeit (Kraft × Weg) entspricht der Fläche des eingezeichneten blauen Rechtecks (◘ Abb. 15.3b).

Die bei einer Unterstützungskontraktion geleistete Arbeit (W) kann nach folgender Gleichung berechnet werden:

$$W(Nm) = Kraft(N) \times Weg(m) \qquad (15.2)$$

Die Kontraktion der ventrikulären Herzmuskelzellen während des Herzzyklus verläuft ähnlich wie eine **Unterstützungskontraktion**: auf die isovolumetrische Kontraktion folgt eine Verkürzung der Herzmuskelzellen. Während der Austreibungsphase im intakten Herzen ist jedoch, im Gegensatz zur Unterstützungskontraktion beim Herzmuskelpräparat, die Spannung der Ventrikelmuskulatur nicht konstant, sondern durchläuft ein **Maximum** (◘ Abb. 15.2). Wenn sich Spannung und Länge eines Muskels gleichzeitig ändern, spricht man von einer **auxotonen** (oder auch auxobaren) Kontraktion.

In Kürze

Der ventrikuläre Herzzyklus besteht aus vier Phasen: 1. Anspannungsphase, 2. Austreibungsphase, 3. Entspannungsphase, 4. Füllungsphase. Die Kontraktion der ventrikulären Herzmuskelzellen während des Herzzyklus verläuft ähnlich wie eine **Unterstützungskontraktion** beim isolierten Herzmuskel. Aufgrund der relativ langsamen Fortleitung der elektrischen Erregung in der Ventrikelwand ist die Kontraktion der Herzmuskelzellen in den verschiedenen Bereichen der Ventrikel nicht absolut synchron, sondern um bis zu 50 ms zeitlich versetzt.

15.2   Frank-Starling-Mechanismus und Laplace-Gesetz

15.2.1   Frank-Starling-Mechanismus im isolierten Herzmuskelpräparat

Der Frank-Starling-Mechanismus beruht im Wesentlichen auf der dehnungsabhängigen Erhöhung der Ca²⁺-Sensitivität der kontraktilen Proteine.

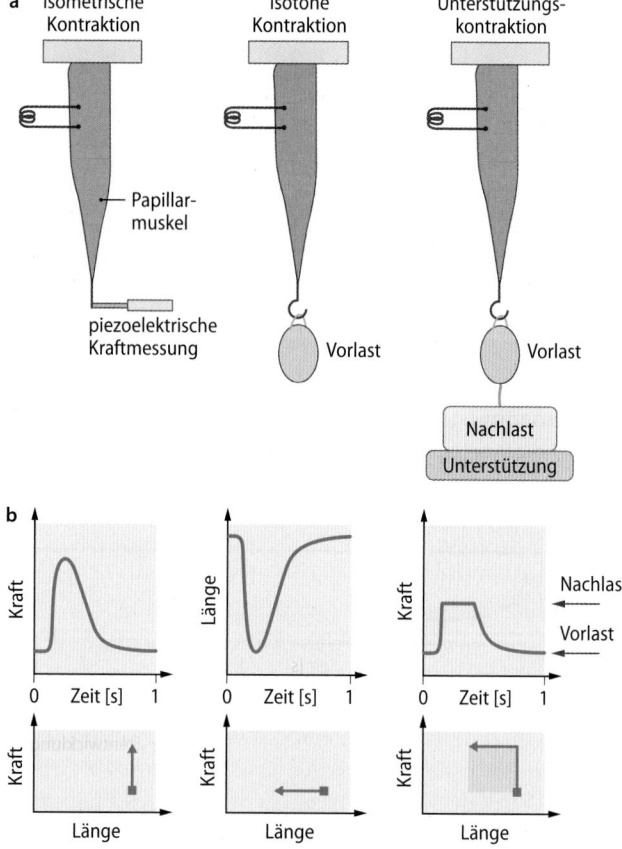

◘ **Abb. 15.3a,b   Isometrische Kontraktion, isotone Kontraktion und Unterstützungskontraktion beim isolierten Herzmuskel. a** Versuchsanordnung. Durch elektrische Reizung wird eine Kontraktion des Herzmuskelpräparats ausgelöst. Bei der isometrischen Kontraktion wird die Länge des Präparats, an dem der Kraftaufnehmer befestigt ist, fixiert. Bei der isotonen Kontraktion wird die Länge des Präparats durch das angehängte Gewicht (Last) bestimmt. Bei der Unterstützungskontraktion entspricht die Vorlast der Spannung, die vor der elektrischen Reizung durch die angehängte Last (blau) erzeugt wird (der eingezeichnete rote Faden ist nicht gespannt); die Nachlast ist die Spannung, die während der Kontraktion entsteht, wenn das gelbe Gewicht angehoben wird. **b** Für die drei beschriebenen Kontraktionsformen sind **Kraft bzw. Länge gegen die Zeit** (obere Kurven) oder **Kraft gegen Länge** (untere Kurven) aufgetragen

Die Beziehung zwischen Muskellänge und Kraft Die maximale Kraft, die der Herzmuskel während eines Aktionspotenzials entwickeln kann, hängt von seiner **Vordehnung** ab. Dieser Zusammenhang wurde zuerst von Otto Frank und von Ernest H. Starling untersucht; man spricht deshalb vom **Frank-Starling-Mechanismus**. Dieser lässt sich am einfachsten am Beispiel einer isometrischen Kontraktion eines isolierten Herzmuskelpräparats demonstrieren. Je stärker ein isolierter dünner Papillarmuskel vorgedehnt wird, desto größer ist die gemessene isometrische Kraft (◘ Abb. 15.4a,b). Statt der gesamten Muskellänge kann man bei isolierten Herzmuskelpräparaten im Mikroskop auch die durchschnittliche Sarkomerlänge ausmessen. Trägt man diese gegen die während eines Aktionspotenzials entwickelte maximale isometrische Kraft (aktive Kraft) auf, erhält man eine sehr steile Kurve, die bei einer Sarkomerlänge von ca. 2,2 μm ihr Maximum erreicht (◘ Abb. 15.4c). Die durchgehende rote Kurve

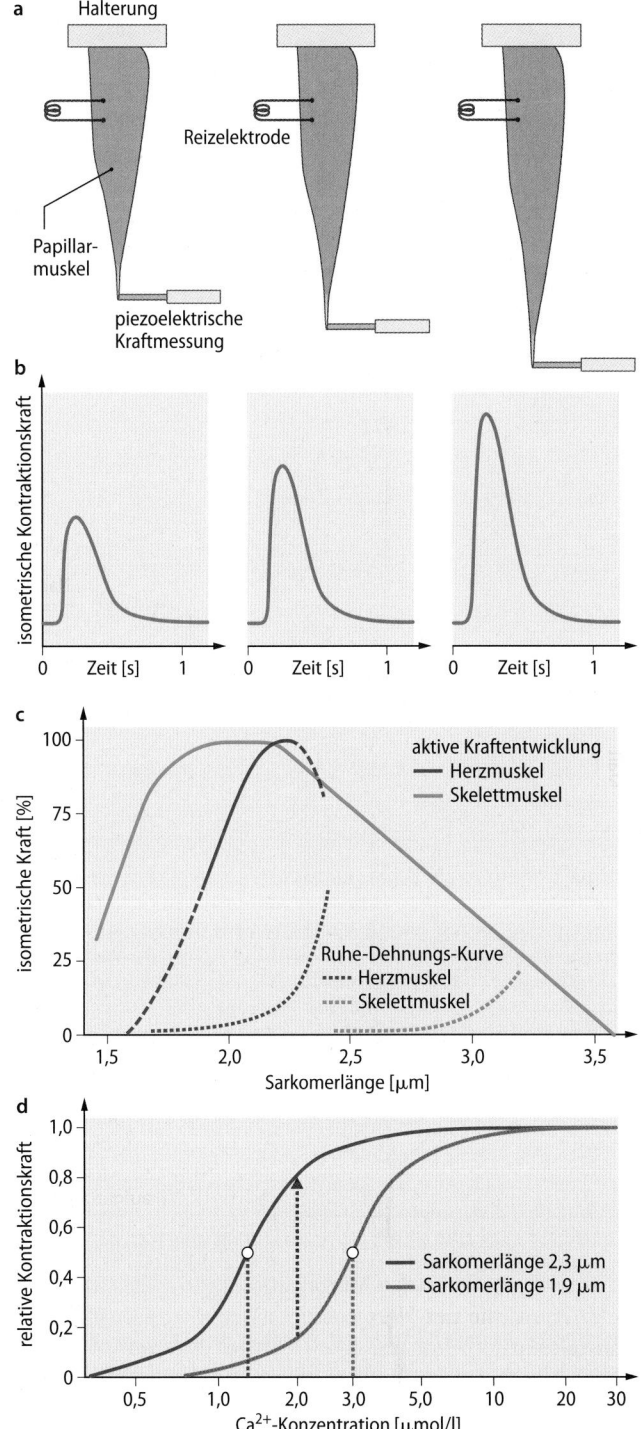

a Halterung
Reizelektrode
Papillar-
muskel
piezoelektrische
Kraftmessung

b
isometrische Kontraktionskraft

0 Zeit [s] 1   0 Zeit [s] 1   0 Zeit [s] 1

c
isometrische Kraft [%]

aktive Kraftentwicklung
— Herzmuskel
— Skelettmuskel

Ruhe-Dehnungs-Kurve
···· Herzmuskel
···· Skelettmuskel

Sarkomerlänge [μm]

d
relative Kontraktionskraft

— Sarkomerlänge 2,3 μm
— Sarkomerlänge 1,9 μm

Ca²⁺-Konzentration [μmol/l]

◻ Abb. 15.4a–d Frank-Starling-Mechanismus im Herzmuskelprä-parat. a Der Versuchsaufbau zur Messung einer isometrischen Kontraktion. Ein isolierter Papillarmuskel wird an einem piezoelektrischen Kraftaufnehmer befestigt; er wird mehr oder weniger stark vorgedehnt und anschließend elektrisch gereizt. **b** Zeitverlauf der Kraft während einer isometrischen Kontraktion bei drei verschieden starken Vordehnungen. **c** Die Abhängigkeit der Kraft von der Sarkomerlänge eines isolierten Herzmuskelpräparats (rot) oder einer isolierten Skelettmuskelfaser (grün). Durchgezogene Linien: aktive Kraftentwicklung, d. h. der während eines Aktionspotenzials gemessene Anstieg der Kraft. Gepunktete Linien: passive Kraftentwicklung bei Dehnung des ruhenden Muskels (Ruhe-Dehnungs-Kurve). **d** Die Abhängigkeit der Kontraktionskraft eines (mithilfe von Detergentien) permeabilisierten Herzmuskelpräparats von der mithilfe eines Ca^{2+}-Puffers eingestellten freien Ca^{2+}-Konzentration (halblogarithmische Auftragung). Violette Kurve: bei schwacher Vordehnung. Rote Kurve: bei starker Vordehnung

ten der extrazellulären Matrix und des myokardialen Zytoskeletts ist die **passive Dehnbarkeit (Compliance)** des Herzmuskels bei einer Sarkomerlänge > 2,2 μm sehr gering (gepunktete rote Linie). Beim Überschreiten einer bestimmten Länge wird der Herzmuskel geschädigt (gestrichelt gezeichneter Teil der roten Kurve in ◻ Abb. 15.4c). Die mechanischen Eigenschaften des Skelettmuskels, die in der Graphik ebenfalls dargestellt sind (grüne Kurve), sind völlig anders, z. B. ist die passive Dehnbarkeit des Skelettmuskels (gepunktete grüne Linie) wesentlich größer als die des Herzmuskels.

> Unter physiologischen Bedingungen kann der Herzmuskel nur bis zu einer Sarkomerlänge von ca. 2,2 μm (optimale Länge) gedehnt werden

Änderung der Ca^{2+}-Sensitivität Wird die von einem Herzmuskel entwickelte Spannung gegen die zytosolische Ca^{2+}-Konzentration (auf einer logarithmischen Skala) aufgetragen, ergibt sich eine sigmoide Kurve, welche die Bindung von Ca^{2+}-Ionen an Troponin C widerspiegelt (◻ Abb. 15.4d). Bei maximaler Dehnung des Herzmuskels verschiebt sich die Relation zwischen Ca^{2+}-Konzentration und Kontraktionskraft stark nach **links** und die für eine **halb-maximale Wirkung** erforderliche freie Ca^{2+}-Konzentration sinkt von **3,2** (violette Linie) auf **1,3 μmol/l** (rote Linie). Bei gleicher zytosolischer Ca^{2+}-Konzentration entwickelt der Herzmuskel daher eine wesentlich größere Spannung (schwarzer Pfeil), man spricht deshalb von einer Erhöhung der **Ca^{2+}-Sensitivität** der kontraktilen Proteine.

15.2.2 Frank-Starling-Mechanismus im isolierten Herzen

Die Beziehung zwischen Druck und Volumen im (dreidimensionalen) Herzen ist analog zur Beziehung zwischen Kraft und Länge im (eindimensionalen) Herzmuskelpräparat.

Beziehung zwischen Ventrikelvolumen und Druck Auch am isolierten Herzen kann man die funktionellen Konsequenzen

repräsentiert den Arbeitsbereich eines Herzmuskels *in vivo*. In ◻ Abb. 15.4c ist die **aktive isometrische Kraft** aufgetragen, die durch das Aktionspotenzial ausgelöst wird. Diese addiert sich zu der **passiven Kraft**, die durch die Vordehnung des nicht erregten Muskels erzeugt wird (▶ Kap. 13.5).

Unterschiede zwischen Herz- und Skelettmuskel Die Länge des Herzmuskels, bei der die maximale Kraft gemessen wird, nennt man die **optimale Länge**; sie entspricht einer Sarkomerlänge (▶ Kap. 13.5) von ca. 2,2 μm. Wegen der Eigenschaf-

des Frank-Starling-Mechanismus gut erkennen (▣ Abb. 15.5).
Während der Systole kontrahieren sich die Herzmuskelzellen;
dies führt zu einem Anstieg der **tangentialen Wandspannung** (Kraft pro Wandquerschnittsfläche, ▶ Abschn. 15.2.3)
und damit zu einem Anstieg des intraventrikulären Drucks.
Wenn der Ventrikel am Ende der Diastole stärker gefüllt
ist, werden die Herzmuskelzellen stärker vorgedehnt und
können sich während der Systole stärker kontrahieren. Eine
Zunahme der Füllung am Ende der Diastole bewirkt also eine
Steigerung des Ventrikeldrucks während der darauffolgenden
Systole.

Frank-Starling-Mechanismus im linken Ventrikel Den
Frank-Starling-Mechanismus kann man untersuchen, indem
man das Volumen des linken Ventrikels Schritt für Schritt
erhöht und den intraventrikulären Druck im Verlauf der Kontraktion misst. Eine mögliche experimentelle Anordnung ist
in ▣ Abb. 15.5a schematisch dargestellt. In den linken Ventrikel wird über den Vorhof ein elastischer, dünnwandiger Gum-
miballon eingeführt, dessen Volumen über eine Kolben-
spritze genau eingestellt werden kann. Der während einer
Kontraktion des Herzens im Ballon herrschende Druck wird
mithilfe eines piezoelektrischen Druckaufnehmers gemessen.
Da sich das Volumen des Ventrikels während der Kontraktion
nicht ändert, spricht man von einer **isovolumetrischen Kontraktion**. Als Folge des Frank-Starling-Mechanismus ist der
nach einer elektrischen Reizung der Ventrikelwand auftretende isovolumetrische Druck umso größer, je größer das
vorher eingestellte Ventrikelvolumen war (▣ Abb. 15.5b,
blaue Kurve). Die Beziehung zwischen dem Volumen des
linken Ventrikels und dem maximalen während einer isovolumetrischen Kontraktion entwickelten Druck ist im physiologischen Bereich steil und geht bei sehr starker Füllung in
Sättigung.

> Bei stärkerer Füllung kann der Ventrikel einen größeren
> isovolumetrischen Druck erzeugen.

Abstimmung zwischen rechtem und linkem Herz Der
Frank-Starling-Mechanismus ist in beiden Ventrikeln wirksam. Er bildet die Grundlage für die Herzfunktionskurve
(▶ Abschn. 15.4.1) und sorgt indirekt auch dafür, dass das
Herzzeitvolumen (HZV) im großen und im kleinen Kreislauf
auf Dauer **genau gleich groß** ist. Wenn z. B. der kleine Kreislauf vorübergehend etwas mehr Blut fördert als der große
Kreislauf, steigen enddiastolischer Druck, enddiastolische
Füllung und Schlagvolumen des linken Ventrikels. Dadurch
wird der Unterschied in der Pumpleistung der beiden Ventrikel schnell wieder ausgeglichen.

15.2.3 Laplace-Gesetz

*Das Laplace-Gesetz beschreibt den Zusammenhang zwischen
dem Innendruck, dem Radius und der Wandspannung einer
Kugel; es gilt nur für Kugeln, deren Wanddicke (d) im Vergleich
zum Radius (r) sehr klein ist.*

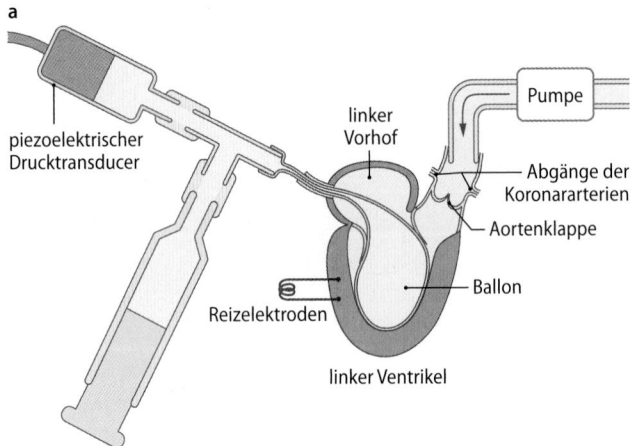
a

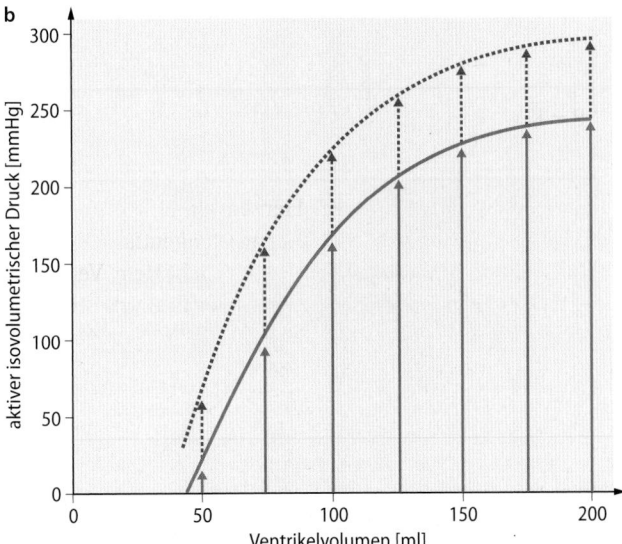
b

▣ **Abb. 15.5a,b   Frank-Starling-Mechanismus im isoliert perfundierten Herzen. a** Experimentelle Anordnung: Die Aorta eines isolierten
Herzens wird an einer Kanüle befestigt und mithilfe einer Pumpe mit
oxygenierter physiologischer Salzlösung perfundiert. Dabei schließt
sich die Aortenklappe, sodass die Salzlösung die Koronararterien durchströmt und eine ausreichende Sauerstoffversorgung des Myokards
gewährleistet ist. Der Sinusknoten wird zerstört, damit man die Herzfrequenz durch externe elektrische Reizung konstant halten kann. Das
Volumen des in den linken Ventrikel eingeführten Ballons wird mit einer
Mikrospritze eingestellt. **b** Der während einer Kontraktion auftretende
(aktive) isovolumetrische Druck (blaue Pfeile) bei verschieden starker
Füllung des Ventrikels. Die blau gezeichnete Hüllkurve repräsentiert die
isovolumetrischen Druck-Maxima. Der durch passive Vordehnung auftretende Druck des ruhenden Ventrikels (entsprechend der Ruhe-Dehnungs-Kurve, ▣ Abb. 15.7) wurde der Einfachheit halber ignoriert. Die
roten Pfeile und die gepunktete rote Hüllkurve illustrieren die Zunahme
des isovolumetrischen Drucks nach Zugabe von Adrenalin zur Perfu-
sionslösung (▶ Abschn. 15.3.2)

Laplace Gesetz   Laplace erkannte, dass die **zusammenhaltende Kraft** einer Kugel (die tangentiale Wandspannung **K**)
genau so groß sein muss wie die sprengende Kraft, die die
beiden Halbkugeln auseinandertreibt (der Innendruck **P**).
Die tangentiale Wandspannung **K** (Einheit: N/cm²) ist definiert als die Kraft pro Querschnittsfläche der Wand der
Halbkugel, die durch die Herzmuskelzellen erzeugt wird

(■ Abb. 15.6a). Die zusammenhaltende Kraft kann durch den Ausdruck

$$K \times 2r \times \pi \times d \qquad (15.3)$$

angenähert werden (■ Abb. 15.16a).

Der Innendruck P (Einheit: N/cm^2) treibt die beiden Hälften der Kugel auseinander; er wirkt auf den gesamten Querschnitt des Lumens. Die **sprengende Kraft** kann daher durch den Ausdruck

$$P \times r^2 \times \pi \qquad (15.4)$$

angenähert werden (■ Abb. 15.16b). Da die zusammenhaltende Kraft der sprengenden Kraft standhalten muss, können beide Kräfte gleichgesetzt werden ($K \times 2r \times \pi \times d = P \times r^2 \times \pi$). Nach Umformung ergibt sich die Gleichung

$$P = K \times \left(\frac{2d}{r}\right) \qquad (15.5)$$

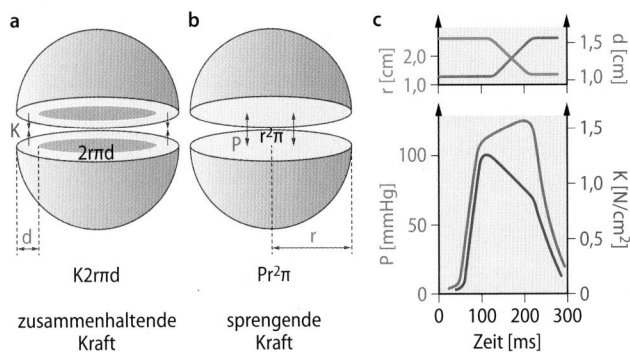

■ Abb. 15.6a–c   Laplace Gesetz. a Die tangentiale Wandspannung **K** (N/cm^2) hält die beiden Halbkugeln zusammen. Die Querschnittsfläche der Wand beträgt etwa $2r\pi d$. **b** Der Innendruck P (N/cm^2) treibt die beiden Hälften der Kugel auseinander. Der Querschnitt des Lumens beträgt etwa $r^2\pi$. **c** Der Verlauf von Wanddicke und Radius des linken Ventrikels (obere Kurven) und der Zusammenhang zwischen Druck im linken Ventrikel und der Wandspannung während der Systole (untere Kurven). Die Abbildung basiert auf Messungen am Hundeherzen, bei dem der Zeitverlauf des Ventrikeldrucks etwas anders ist als beim Menschen

Funktionelle Bedeutung   Im Herzen wird die tangentiale Wandspannung **K** durch (annähernd) tangential ausgerichtete Herzmuskelzellen erzeugt; P entspricht dem Ventrikeldruck. Das Laplace-Gesetz besagt, dass bei **doppeltem Radius** (r) die Herzmuskulatur die **doppelte Wandspannung** aufbringen muss, um den **gleichen Ventrikeldruck** zu erzeugen. Wenn das Herz sehr stark gefüllt ist (und die Herzmuskelzellen gedehnt sind), müssen die Herzmuskelzellen viel mehr Kraft entwickeln, um den intraventrikulären Druck aufzubauen, der für den Auswurf des Blutes in die Aorta benötigt wird.

Es ist offensichtlich, dass das Laplace-Gesetz nur eine **relativ grobe Annäherung** an Druck und Wandspannung in einem realen Herzen darstellt: erstens sind die beiden Ventrikel **keine perfekten Kugeln** (der linke Ventrikel ist eher ellipsoid), zweitens ist die **Wand** im Vergleich zum Radius relativ **dick** und drittens sind die Herzmuskelzellen keineswegs zirkulär, sondern eher **spiralig** angeordnet. Dennoch hilft uns dieses Gesetz, einige physikalische Grundlagen der Herzfunktion besser zu verstehen. Es erklärt z. B., warum während der Austreibungsphase der intraventrikuläre Druck zunimmt (■ Abb. 15.6c, blaue Kurve) während die Wandspannung abnimmt (■ Abb. 15.6c, rote Kurve). Der Grund dafür ist die Abnahme des Radius (■ Abb. 15.6c, grüne Kurve). Dazu kommt noch, dass auch die Wanddicke während der Austreibungsphase zunimmt (■ Abb. 15.6c, violette Kurve), was zu einer Zunahme der Querschnittsfläche und damit zu einer weiteren Abnahme der Wandspannung führt. Das Laplace-Gesetz macht also verständlich, dass durch die Verkleinerung des Ventrikelradius im Verlauf der Systole der Auswurf des Blutes immer mehr erleichtert wird.

❯ Bei konstanter Wandspannung nimmt während der Austreibungsphase der intraventrikuläre Druck zu.

Klinik

Dilatative Kardiomyopathie (DCM)

Definition
Die dilatative Kardiomyopathie ist definiert als eine hauptsächlich den linken Ventrikel betreffende Kontraktionsstörung, die mit einer Vergrößerung des Ventrikelvolumens einhergeht (■ Abb. 15.16). In den meisten Fällen kommt es bei der DCM zu einer Verdünnung der Herzwand und einer zunehmenden Einschränkung der Pumpleistung.

Pathogenese
Es wird geschätzt, dass zwischen 25 und 50 % aller Fälle von DCM eine genetische Ursache haben, dabei spielen insbesondere Mutationen der Gene, die Proteine der Sarkomere (▶ Kap. 13.1) oder des Zytoske-

letts kodieren, eine wichtige Rolle. Eine DCM kann auch als Folge einer Virusinfektion oder einer Herzmuskelentzündung auftreten, die dafür verantwortlichen Mechanismen sind jedoch noch unklar. Häufig bleibt die Ursache der DCM ungeklärt („idiopathische" DCM).
Die fatalen Folgen dieser häufigen Herzerkrankung können durch das Laplace-Gesetz erklärt werden: Infolge der Zunahme des Ventrikelradius kann das Herz nicht mehr die Wandspannung aufbauen, die notwendig ist, um einen ausreichenden intraventrikulären Druck zu erzeugen (▶ Abschn. 15.2.3). Die starke Zunahme des Herzradius kann in diesem Falle nur teilweise durch den Frank-Starling-Mechanismus kompen-

siert werden. Infolgedessen nimmt die Pumpleistung ab und das Herz wird insuffizient (▶ Abschn. 15.6).

Diagnostik
Die Diagnose DCM wird meist auf der Basis der Echokardiographie oder der Magnetresonanztomographie gestellt (▶ Abschn. 15.7).

Therapie
Die DCM führt zur Herzinsuffizienz (▶ Abschn. 15.6), eine kausale Therapie ist bisher nicht bekannt. Die Progredienz der Erkrankung kann durch medikamentöse Therapie der Herzinsuffizienz verlangsamt werden (▶ Abschn. 15.6.3).

Zusammenspiel von Laplace-Gesetz und Frank-Starling-Mechanismus Die wichtigste Schlussfolgerung, die wir aus der Anwendung des Laplace-Gesetzes auf das Herz ziehen, ist die, dass bei stärkerer Füllung des Ventrikels eine **größere Wandspannung** erforderlich ist, um den gleichen systolischen Druck zu aufzubauen. Es wäre also zu erwarten, dass bei stärkerer Füllung der Ventrikel einen geringeren Druck produziert als bei schwächerer Füllung – wenn es nicht den Frank-Starling-Mechanismus gäbe. Dieser kompensiert die potenziell fatalen Konsequenzen des Laplace-Gesetzes, indem er dafür sorgt, dass jede einzelne Herzmuskelzelle bei stärkerer Vordehnung eine **größere Kraft** erzeugt. Wir können daraus schließen, dass die universelle Gültigkeit des Laplace Gesetzes sozusagen die Evolution des Frank-Starling Mechanismus erzwungen hat.

> **In Kürze**
> Der Frank-Starling-Mechanismus und das Laplace Gesetz hängen funktionell zusammen. Aufgrund des Laplace Gesetzes braucht der Ventrikel, wenn er **stärker gefüllt** ist, eine **größere Wandspannung**, um einen ausreichenden systolischen Druck aufzubauen. Der Frank-Starling Mechanismus bewirkt, dass der Ventrikel bei stärkerer Füllung eine größere Wandspannung entwickelt.

15.3 Arbeitsdiagramm

15.3.1 Arbeitsdiagramm des linken Ventrikels

Das Druck-Volumen-Diagramm spiegelt die Aktionsphasen des Herzens wider. Es wird verwendet, um die Mechanik und die Energetik der Herzaktion zu charakterisieren.

15

Druck-Volumen-Diagramm Die rote Kurve in ◘ Abb. 15.7a stellt das Druck-Volumen-Diagramm (Arbeitsdiagramm) des linken Ventrikels dar. Seine vier Seiten spiegeln die in ◘ Abb. 15.2 beschriebenen Aktionsphasen des Herzens wider; die vier „Eckpunkte" (A–D) kennzeichnen den Anfang bzw. das Ende der vier Aktionsphasen. Bei Punkt A beginnt die isovolumetrische Kontraktion (**Anspannungsphase**). Die Aortenklappe öffnet sich bei Punkt B, wenn der Druck im Ventrikel den Druck in der Aorta überschreitet (Beginn der **Austreibungsphase**), sie schließt sich bei Punkt C. Der letztere Punkt liegt auf der endsystolischen Druck-Volumen-Kurve (◘ Abb. 15.7a, blaue Kurve). Während der Austreibungsphase steigt der linksventrikuläre Druck zunächst an und fällt dann wieder ab. Dieser Zeitverlauf hängt mit der nicht ganz synchronen Kontraktion der Herzmuskelzellen in den verschiedenen Abschnitten des linken Ventrikels (▶ Abschn. 15.1.1), dem Laplace-Gesetz (▶ Abschn. 15.2.3), den elastischen Eigenschaften der Aorta (▶ Kap. 19.3) und den Widerständen im Gefäßsystem (▶ Kap. 19.3) zusammen. Die **Entspannungsphase** beginnt an Punkt C und endet an Punkt D. Die Füllung des Ventrikels während der Diastole erfolgt zwischen Punkt D und A. Gegen Ende der **Füllungsphase**, wenn sich der Druck im Vorhof und der Druck im Ventrikel schon weitgehend angeglichen haben, erfolgt die Kontraktion des Vorhofs, die das Ventrikelvolumen noch etwas weiter vergrößert. Die Auswirkung der Vorhofkontraktion auf das Arbeitsdiagramm wird durch die gepunktete rote Linie in ◘ Abb. 15.7 (bei Punkt A) angedeutet.

Ruhe-Dehnungs-Kurve Die mechanischen Eigenschaften des erschlafften Herzmuskels während der Diastole werden durch die **enddiastolische Druck-Volumen-Kurve** beschrieben (◘ Abb. 15.7a). Weil die Kurve die mechanischen Eigenschaften der nicht erregten Ventrikelmuskulatur widerspiegelt, wird sie auch Ruhe-Dehnungs-Kurve genannt (▶ Kap. 13.5). Die geringe Steigung dieser Kurve im physiologischen Bereich zeigt an, dass kleine Änderungen des intraventrikulären Drucks große Änderungen des Volumens bewirken, d. h. die Volumendehnbarkeit (**Compliance = ΔV/ΔP**) der Ventrikelwand ist während der Diastole sehr groß. Die Füllung der Ventrikel am Ende der Diastole wird unter physiologischen Bedingungen hauptsächlich durch den enddiastolischen Druck bestimmt. Bei sehr starker Füllung des linken Ventrikels wird die Ruhe-Dehnungs-Kurve immer steiler, die Dehnbarkeit nimmt ab. Dies ist zum großen Teil auf die elastischen Eigenschaften der myokardialen **Titinfilamente** (▶ Kap. 13.2) zurückzuführen. Die extrazelluläre Matrix und das Perikard tragen ebenfalls zu den passiven elastischen Eigenschaften des Herzens bei.

Endsystolische Druck-Volumen-Kurve Der Punkt C des Druck-Volumen-Diagramms liegt immer auf der sog. endsystolischen Druck-Volumen-Kurve (◘ Abb. 15.7a). Diese Kurve kann man unter verschiedenen Bedingungen experimentell bestimmen; sie liegt nahe bei der **isovolumetrischen Druck-Volumen-Kurve** (◘ Abb. 15.5). Bei Zunahme der Kontraktilität (▶ Abschn. 15.3.2) verschiebt sie sich nach oben.

Auswurffraktion Die vom Arbeitsdiagramm umschlossene Fläche entspricht der vom Herzen geleisteten Druck-Volumen Arbeit. Aufgrund des aeroben myokardialen Energiestoffwechsels (▶ Kap. 18.2) ist der **Sauerstoffverbrauch** des Herzens annähernd proportional der **Fläche des Arbeitsdiagramms**. Aus dem Arbeitsdiagramm kann auch die Auswurffraktion abgelesen werden; dies ist der prozentuale Anteil des Ventrikelvolumens, der während der Systole ausgeworfen wird:

$$\text{Auswurffraktion}\,(\%) = \frac{\text{Schlagvolumen}}{\text{enddiastolisches Volumen}} \times 100\,\% \tag{15.6}$$

Die Auswurffraktion liefert einen wichtigen Anhaltspunkt für die Leistungsfähigkeit des Herzens.

> **Die Auswurffraktion beträgt beim normalen Herzen unter Ruhebedingungen ca. 55–60 % (~ 70 ml/~ 120 ml). Sie kann bei ausgeprägter Herzinsuffizienz auf 20–25 % sinken.**

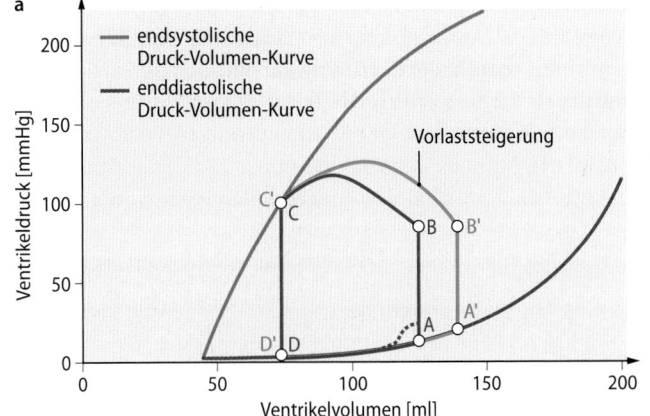

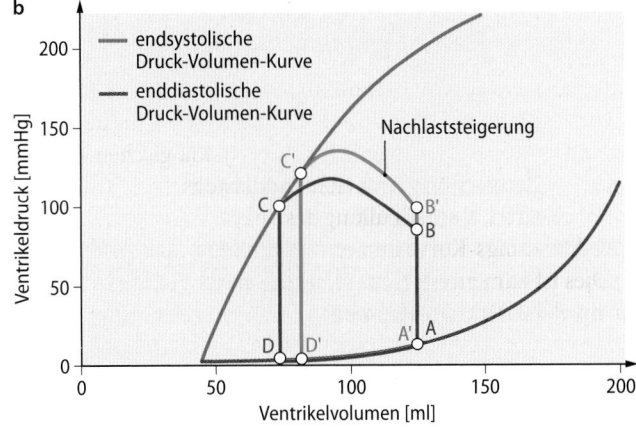

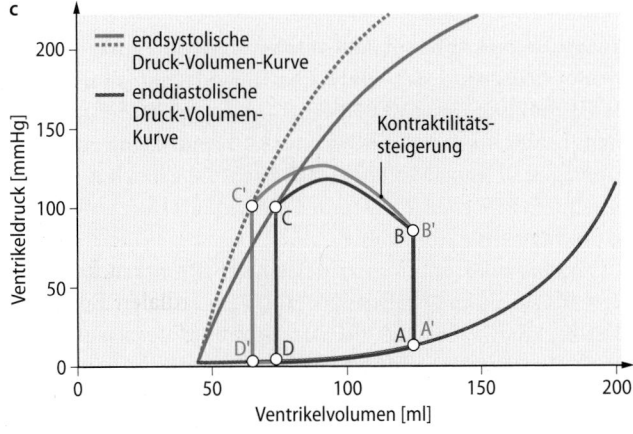

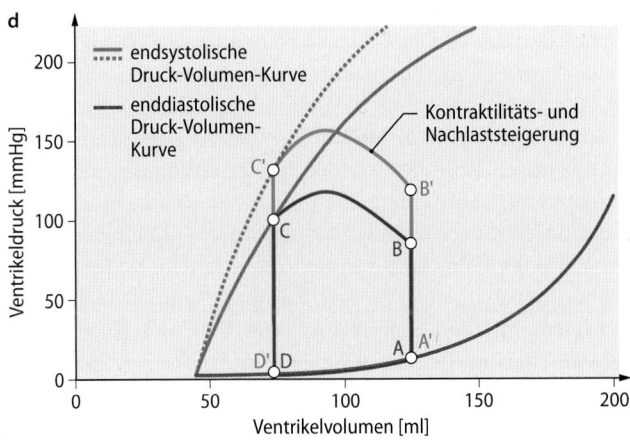

Abb. 15.7a–f Der Einfluss von Vorlast, Nachlast und Kontraktilität auf das Druck-Volumen-Diagramm des linken Ventrikels. Hier ist dargestellt, wie sich das Arbeitsdiagramm des linken Ventrikels ändern würde, **a** bei isolierter Zunahme des diastolischen Füllungsdrucks, **b** bei isolierter Zunahme des arteriellen Blutdrucks, **c** bei isolierter Zunahme der Kontraktilität und **d** bei gleichzeitiger Zunahme des arteriellen Blutdrucks und der Kontraktilität. Durchgehende blaue Kurve: endsystolische Druck-Volumen-Kurve. Unterbrochene blaue Kurve: endsystolische Druck-Volumen-Kurve bei Zunahme der Kontraktilität. Rote Kurven: Arbeitsdiagramme unter Kontrollbedingungen. Grüne Kurven: Arbeitsdiagramme nach Änderung der Parameter. Der Einfluss der Vorhofkontraktion auf das Arbeitsdiagramm (◘ Abb. 15.7a, unterbrochene rote Linie) wurde der Übersichtlichkeit halber ignoriert

15.3.2 Rolle von Vorlast, Nachlast und Kontraktilität

Das HZV hängt von Vorlast, Nachlast und der Kontraktilität der Herzmuskelzellen ab.

Definitionen

═ Die **Vorlast** des Herzens ist die Wandspannung, die am Ende der Diastole im Ventrikel vorliegt; sie hängt hauptsächlich vom Druck in den großen **herznahen Venen** ab.
═ Die **Nachlast** des Herzens ist die Wandspannung, die während der Systole im linken Ventrikel vorliegt; sie hängt hauptsächlich vom **Druck in der Aorta** ab. Oft wird vereinfachend die Vorlast mit dem Füllungsdruck und die Nachlast mit dem Druck, der dem Auswurf des Blutes entgegenwirkt (Auswurfdruck), gleichgesetzt. Man muss sich jedoch darüber im Klaren sein, dass die **Wandspannung** des Ventrikels für die Pumpleistung entscheidend ist.

Eine Erhöhung der **Kontraktilität** (Kontraktionsfähigkeit) des Herzmuskels ist definiert als eine Zunahme der Kontraktionskraft, die unabhängig von der Vordehnung und der Herzfrequenz eintritt. Sie kann durch herzwirksame Hormone wie z. B. Adrenalin oder Noradrenalin, aber auch durch **positiv-inotrope** (d. h. die Kontraktionskraft verstärkende) **Pharmaka** hervorgerufen werden (◘ Abb. 15.5).

❯ Der Begriff Kontraktilität bezeichnet die Kontraktionsfähigkeit des Herzmuskels unabhängig von der Vordehnung.

Wechselwirkungen Im intakten Organismus sind **Herz und Kreislauf miteinander verbunden** und das vegetative Nervensystem wirkt bei der Regulation des Herzzeitvolumens mit. Dies hat zur Folge, dass Vorlast, Nachlast und Kontraktilität voneinander abhängen und die funktionelle Rolle der einzelnen Parameter nicht genau ermittelt werden kann. Unser Wissen über die Rolle von Vorlast, Nachlast und Kontraktilität bei der Regulation des HZV stammt daher im Wesentlichen aus Experimenten mit **isolierten Herzen,** bei denen diese Parameter **separat** verändert werden können (◘ Abb. 15.1). Bei der Herzkatheteruntersuchung des Menschen können die Drücke und Volumina ebenfalls gemessen und Vorlast und Nachlast in begrenztem Maße manipuliert werden. Diese Untersuchungen zeigen, dass *in vivo* (◻ Abb. 15.7) Änderungen von Vorlast, Nachlast und Kontraktilität ähnliche Auswirkungen auf das Arbeitsdiagramm haben wie im isolierten Herzen. Die (hypothetischen) Folgen einer separaten Änderung von Vorlast, Nachlast oder Kontraktilität im menschlichen Herzen sind in ◻ Abb. 15.7 illustriert.

Zentraler Venendruck (ZVD)   Wie sich ein isolierter **Anstieg des Drucks im rechten Vorhof** auf das Arbeitsdiagramm des linken Ventrikels auswirkt, ist in ◻ Abb. 15.7a dargestellt. Im intakten Herz-Kreislauf-System ist der Druck im rechten Vorhof während der Diastole etwa gleich dem Druck in den herznahen Hohlvenen; dieser Druck wird als zentraler Venendruck bezeichnet. Bei einer Erhöhung des ZVD wird die Füllung des rechten Ventrikels erhöht. Dies führt zu einer Erhöhung des Schlagvolumens des rechten Ventrikels und damit zu einem Anstieg des Blutvolumens, das durch die Lunge gepumpt wird. Daraufhin steigt der Rückfluss des oxygenierten Blutes in das linke Herz und damit der Druck im linken Vorhof. Schließlich kommt es zu einer verstärkten Füllung des linken Ventrikels (d. h. einer verstärkten Vorlast der Ventrikelwand) und zu einer Erhöhung des Schlagvolumens des linken Herzens (◻ Abb. 15.7a, grüne Kurve). Letztendlich bewirkt also ein Anstieg des ZVD, dass das linke Herz bei jedem Herzschlag ein größeres Volumen gegen den gleichen Druck pumpt. Die Auswurffraktion und das HZV nehmen zu.

❯ Ein Anstieg des zentralen Venendrucks bewirkt indirekt eine Erhöhung des enddiastolischen Drucks des linken Ventrikels.

Arterieller Blutdruck   Bei einer Erhöhung des arteriellen Blutdrucks (d. h. der **Nachlast**), z. B. aufgrund einer Zunahme des peripheren Gefäßwiderstands, öffnet sich die Aortenklappe später und schließt früher wieder (◻ Abb. 15.7b, grüne Kurve). Der Punkt, an dem die Aortenklappe wieder schließt (Punkt C), verschiebt sich entlang der endsystolischen Druck-Volumen-Kurve. Es wird also ein geringeres Volumen gegen einen höheren Druck ausgeworfen. Die Auswurffraktion nimmt ab.

Kontraktilität   Bei einer **Erhöhung der Kontraktilität** verschiebt sich die endsystolische Druck-Volumen-Kurve nach oben (◻ Abb. 15.7c, unterbrochene Linie), ähnlich wie die isovolumetrische Druck-Volumen-Kurve (◻ Abb. 15.5b). Wenn sich also (rein hypothetisch) die Kontraktilität erhöhen würde, ohne dass sich Blutdruck oder ZVD ändern, dann würde das **Schlagvolumen** sowohl des linken als auch des rechten Herzens ansteigen; das enddiastolische Volumen würde hingegen gleichbleiben (weil es hauptsächlich vom Füllungsdruck abhängt), die Auswurffraktion würde sich vergrößern (◻ Abb. 15.7c).

Gleichzeitige Erhöhung von Nachlast und Kontraktilität   Im intakten Organismus kann eine separate Erhöhung der Kon-

traktilität fast nie beobachtet werden; eine Aktivierung des Sympathikus (Ausschüttung von Adrenalin und Noradrenalin) erhöht **sowohl die Kontraktilität als auch den arteriellen Blutdruck**. In diesem Falle wirft der linke Ventrikel etwa das gleiche Schlagvolumen gegen einen höheren Druck aus; die Auswurffraktion bleibt gleich (◻ Abb. 15.7d). Dies ist z. B. der Fall im Anfangsstadium einer **arteriellen Hypertonie**.

In Kürze

Das **Arbeitsdiagramm** beschreibt die Änderungen von Druck und Volumen während des **Herzzyklus**. Es hängt von Vorlast, Nachlast und Kontraktilität ab und ermöglicht eine Abschätzung der **Auswurffraktion** und des **Energieverbrauchs** des Herzens. Bei isolierter Zunahme der Vorlast steigt die Auswurffraktion, bei isolierter Zunahme der Nachlast sinkt die Auswurffraktion.

15.4   Zusammenspiel von Herz und Kreislauf

15.4.1   Herzfunktionskurve und Gefäßfunktionskurve

Im intakten Herz-Kreislauf-System hängt nicht nur das Herzzeitvolumen (HZV) vom Zentralen Venen Druck (ZVD), sondern auch umgekehrt, der ZVD vom HZV ab.

Wechselseitige Abhängigkeit von Herzfunktion und venösem Druck   Aufgrund des Frank-Starling-Mechanismus führt eine Erhöhung des ZVD zu einem Anstieg des Schlagvolumens beider Ventrikel (▶ Abschn. 15.3.2) und damit zu einem Anstieg des Herzzeitvolumens (◻ Abb. 15.8a, rote Kurve). Die Beziehung zwischen ZVD und HZV wird als **Herzfunktionskurve** bezeichnet.

Andererseits führt eine gesteigerte Pumptätigkeit des Herzens zu einem Abfall des ZVD (◻ Abb. 15.8a, blaue Kurve). Dies liegt daran, dass das Herz der Motor ist, der die dynamischen Drücke letztendlich aufbaut (◻ Abb. 15.8b und c). Wie in ▶ Kap. 19.5.2 erläutert wird, beträgt der (statische) mittlere **Füllungsdruck** der Arterien und der Venen etwa **7 mmHg**, d. h. bei Herzstillstand (HZV = 0) stellen sich der arterielle Druck und der venöse Druck auf 7 mmHg ein (◻ Abb. 15.8a, blauer Punkt). Ein vereinfachtes Modell des Kreislaufs ist in ◻ Abb. 15.8c dargestellt. Es besteht aus einer Pumpe (dem Herzen, der kleine Kreislauf ist weggelassen) und einem ringförmigen Röhrensystem (dem Kreislauf); der periphere Widerstand ist an einem Engpass zusammengefasst. Wenn das Herz Blut durch den Kreislauf pumpt, wird ein bestimmtes Volumen (ΔV) vom venösen ins arterielle System (nach rechts) verschoben. Bei einer Pumprate von 1 l/min steigt der Druck in den Arterien so lange an bis sich auf dem Niveau eines mittleren arteriellen Blutdrucks von 25 mmHg ein **Gleichgewicht zwischen Zufluss zum Herzen und Auswurf** aus dem Herzen einstellt (◻ Abb. 15.8b), der Druck auf der venösen Seite sinkt. Bei einer Pumprate von 5 l/min steigt der Druck vor dem Widerstand (der „mittlere arterielle Druck") auf 100 mmHg. Der Druck auf der venösen Seite (ZVD) nimmt aufgrund der weiteren Volumenverschiebung nochmals ab; wegen der hohen Compliance des venösen Systems (▶ Kap. 19.5) ist der dieser Druckabfall jedoch gering (auf ca. 2 mmHg; ◻ Abb. 15.8b). Die Beziehung zwischen HZV und ZVD wird als **Gefäßfunktionskurve** bezeichnet.

Zusammen mit der Herzfunktionskurve (rot) ist in ◻ Abb. 15.8a auch die Gefäßfunktionskurve dargestellt (blau). Der Name Gefäßfunktionskurve wurde deshalb gewählt, weil die Kurve in starkem Maße vom Füllungszustand und vom Widerstand der Blutgefäße abhängig ist. Um die graphische Analyse der Herzfunktion zu erleichtern, ist bei der Gefäßfunktionskurve die unabhängige Variable (das **HZV**) auf der **Ordinate** und die abhängige Variable (der **ZVD**) auf der **Abszisse** aufgetragen. Die Gefäßfunktionskurve läuft auf der linken Seite flach aus, weil bei negativen Drücken die zuführenden Venen immer mehr kollabieren, was eine weitere Steigerung des HZV verhindert. Die Auftragung der Herzfunktionskurve und der Gefäßfunktionskurve im gleichen Koordinatensystem wird als „**Herz-Kreislauf-Diagramm**" bezeichnet.

> Der Anstieg des HZV führt zu einer Abnahme des ZVD. Die Beziehung der beiden Größen wird als Gefäßfunktionskurve bezeichnet.

15.4.2 Herz-Kreislauf-Diagramm

Das Herz-Kreislauf-Diagramm illustriert das Verhalten des Herz-Kreislauf-Systems, wenn sich zentraler Venendruck, Herzzeitvolumen, Kontraktilität, peripherer Widerstand oder Blutvolumen ändern.

Arbeitspunkt des Herzens Die Herzfunktionskurve und die Gefäßfunktionskurve schneiden sich nur in einem einzigen Punkt (◻ Abb. 15.8a); dieser Punkt wird als Arbeitspunkt des Herzens bezeichnet. Unter „**steady state**"-Bedingungen befindet sich das Herz-Kreislauf-System immer an diesem Arbeitspunkt. Nach jeder vorübergehenden Auslenkung kommt das System durch **negative Rückkopplung** wieder an seinen Arbeitspunkt zurück (schwarze Pfeile).

Änderung der Kontraktilität Eine akute Erhöhung der Kontraktilität (◻ Abb. 15.9a), z. B. durch **Aktivierung des Sympathikus** und Ausschüttung von Adrenalin (▶ Kap. 70), bewirkt eine **Verschiebung der Herzfunktionskurve** nach oben (analog zu ◻ Abb. 15.5), der Arbeitspunkt verschiebt sich nach links oben (von Punkt A zu Punkt B), das **HZV steigt** und der **ZVD sinkt**. Den gegenteiligen Effekt hat eine Verringerung der Kontraktilität, wie sie z. B. bei bestimmten Formen der Herzinsuffizienz beobachtet wird (◻ Abb. 15.9a).

Änderung des Blutvolumens Bei einer Zunahme des Blutvolumens (z. B. nach einer Transfusion oder bei einer Kon-

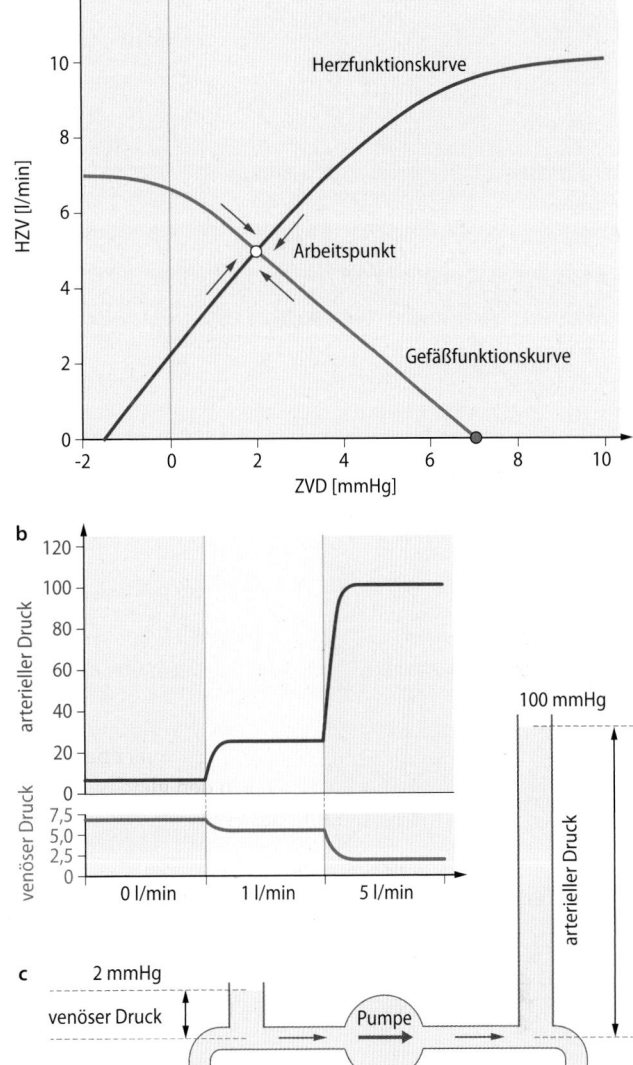

◻ **Abb. 15.8a–c Wechselseitige Abhängigkeit von HZV und ZVD.** **a** Das Herz-Kreislauf-Diagramm. **b** und **c** Einfaches Modell zur Erklärung der Gefäßfunktionskurve. Eine Pumpe mit konstanter Flussrate soll das Herz darstellen (**c**); der kleine Kreislauf wurde der Einfachheit halber weggelassen. Beim Einschalten der Pumpe (mit einer Flussrate von 1 l/min bzw. 5 l/min) steigt der „arterielle" Druck, während der „venöse" Druck sinkt (**b**). *In vivo* hängt das Ausmaß dieser Veränderungen vom Widerstand der peripheren Kreislaufabschnitte (TPR) und von der Compliance der Arterien und Venen ab (▶ Kap. 19). Das Herz-Kreislauf-Diagramm beruht auf Arbeiten von Arthur C. Guyton und Mitarbeitern an Hunden. Die genaue Form und Lage der Herzfunktionskurve und der Gefäßfunktionskurve beim Menschen sind nicht bekannt, Guytons Analyse der Herz-Kreislauf-Funktion mithilfe dieser Diagramme ist jedoch übertragbar

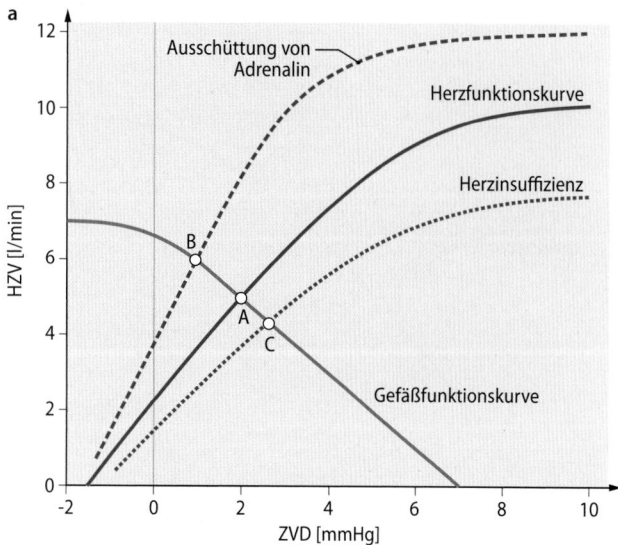

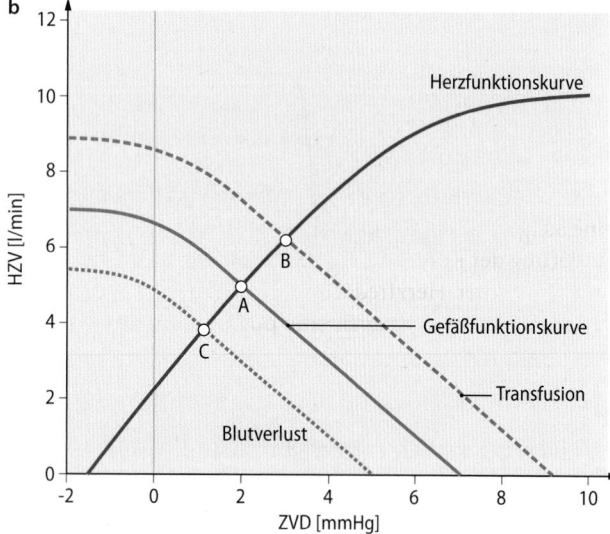

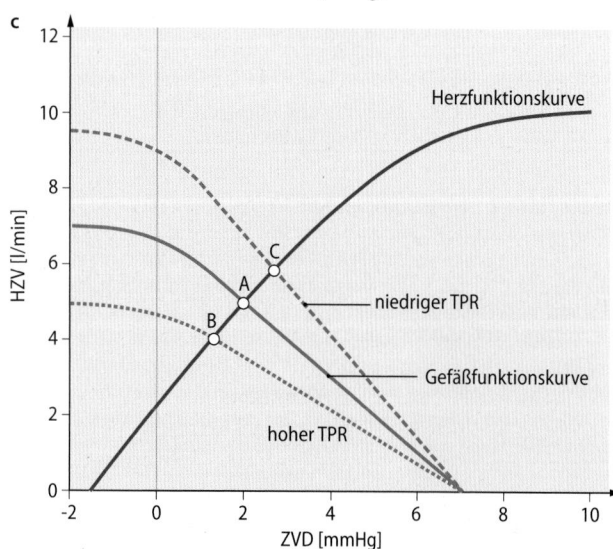

Abb. 15.9a–c   Der Einfluss der Kontraktilität, des Blutvolumens und des totalen peripheren Gefäßwiderstands (TPR) auf das Herz-Kreislauf-Diagramm. Die Gefäßfunktionskurve (blau) und die Herzfunktionskurve (rot) unter Kontrollbedingungen sind jeweils als durchgehende Linien gezeichnet. **a** Änderung der myokardialen Kontraktilität. **b** Änderung des Blutvolumens. **c** Änderung des TPR

striktion der Volumengefäße), steigt der Füllungsdruck im venösen System und die **Gefäßfunktionskurve** verschiebt sich nach oben (◘ Abb. 15.9b). Als Folge davon ist bei jedem beliebigen HZV der ZVD erhöht und der Arbeitspunkt verschiebt sich nach rechts oben (von Punkt A nach B). Insgesamt führt demnach die Transfusion zu einem **erhöhten ZVD** und zu einem **erhöhten HZV**. Der gegenteilige Effekt tritt nach einer *Verringerung des Blutvolumens* ein (z. B. nach einem verletzungsbedingten Blutverlust).

> Eine Konstriktion der Venen wirkt sich ähnlich auf das Herz-Kreislauf-System aus wie eine Zunahme des Blutvolumens.

Änderung des Widerstands der Blutgefäße   Wenn der Gesamtwiderstand der peripheren Kreislaufabschnitte (TPR) groß ist, genügt schon ein geringerer Anstieg der Pumpleistung um einen Abfall des ZVD (und einen Anstieg des arteriellen Blutdrucks) hervorzurufen. Daher **dreht sich** bei einer Erhöhung des TPR die **Gefäßfunktionskurve** gegen den Uhrzeigersinn um ihren rechten Endpunkt; der Arbeitspunkt verschiebt sich dadurch nach links (◘ Abb. 15.9c, Punkt B). Bei einer Verringerung des peripheren Gefäßwiderstands erfolgt entsprechend eine Drehung der Gefäßfunktionskurve in der Gegenrichtung (im Uhrzeigersinn, Punkt C).

15.4.3 Veränderungen im Herz-Kreislauf-System unter Belastung

Bei Aktivierung des Sympathikus ändern sich die kardiale Kontraktilität, der ZVD, der Tonus der Volumengefäße, der Widerstand der Arteriolen und die Herzfrequenz.

Wirkungen des Sympathikus im Herz-Kreislauf-Diagramm Bei **körperlicher Arbeit** ändern sich u. a. durch Aktivierung des Sympathikus die fünf o. g. Parameter (◘ Abb. 15.10a), wodurch das HZV um ein Mehrfaches ansteigen kann.

- Die Erhöhung des Tonus der Volumengefäße durch den Sympathikus (▶ Kap. 19.5) führt zu einer „inneren Transfusion" und verschiebt damit die Gefäßfunktionskurve nach oben.
- Die „metabolische Dilatation" der Arteriolen (insbesondere in der Skelettmuskulatur; ▶ Kap. 22.4) führt zu einer Abnahme des TPR und damit zu einer Rotation der Gefäßfunktionskurve im Uhrzeigersinn.
- Die Erhöhung der myokardialen Kontraktilität durch Aktivierung des Sympathikus führt zu einer Verschiebung der Herzfunktionskurve nach oben.

In der Summe verschiebt sich daher der Arbeitspunkt des Herzens von Punkt A nach Punkt B (◘ Abb. 15.10a), d. h. in Richtung eines erhöhten ZVD (und damit einer erhöhten Vorlast) und eines erhöhten HZV. Weil sich das HZV nach Aktivierung des Sympathikus relativ stark erhöht, gehen diese Veränderungen mit einer Erhöhung des mittleren arteriellen Blutdrucks (und damit der Nachlast) einher.

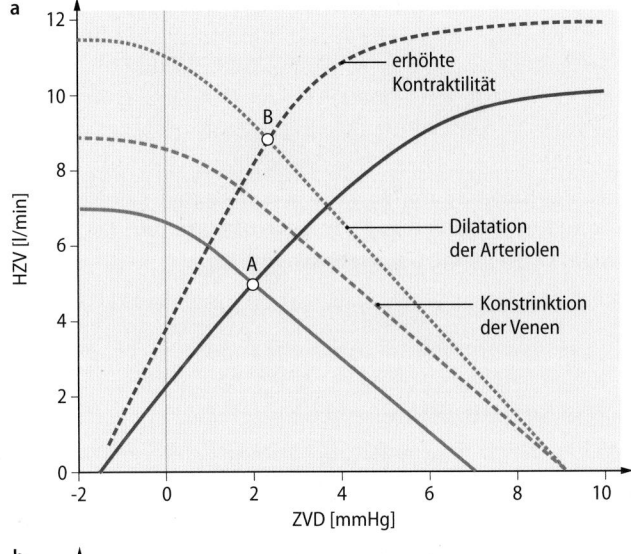

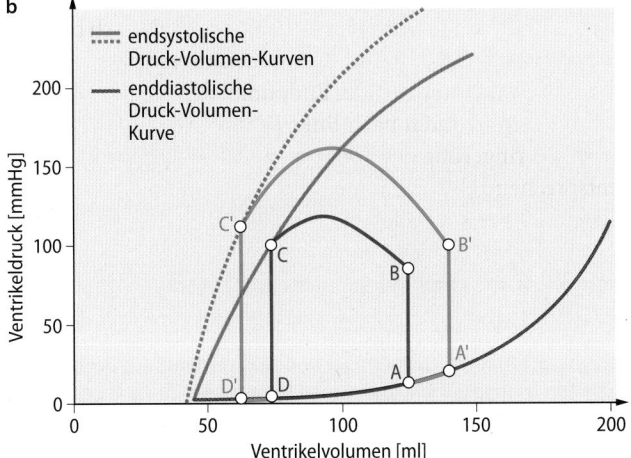

◘ Abb. 15.10a,b   Herz-Kreislauf-Diagramm und Arbeitsdiagramm bei Belastung. a Effekt von Belastung auf die Herzfunktionskurve und die Gefäßfunktionskurve. Die gleichzeitig ablaufenden Änderungen sind hier separat dargestellt. **b** Die sich aus den Verschiebungen im Herz-Kreislauf-Diagramm ergebenden Änderungen im Arbeitsdiagramm

Das Arbeitsdiagramm bei Belastung   Die hier beschriebenen Änderungen der Herz-Kreislauf-Parameter haben folgende Auswirkungen auf das Arbeitsdiagramm des linken Ventrikels (◘ Abb. 15.10b):

- Aufgrund der **erhöhten Vorlast** nimmt die Füllung des linken Ventrikels während der Diastole zu.
- Aufgrund der **erhöhten Nachlast** öffnet sich die Aortenklappe erst später.
- Aufgrund der **erhöhten Kontraktilität** schließt sich die Aortenklappe später, die Auswurffraktion nimmt stark zu.

Insgesamt nimmt die vom Arbeitsdiagramm umschriebene **Fläche** stark zu (◘ Abb. 15.10b), was eine Erhöhung der Druck-Volumen-Arbeit und damit eine Erhöhung des Sauerstoffverbrauchs des Herzens zur Folge hat.

> Bei erhöhter körperlicher Arbeit steigen der enddiastolische und der endsystolische Druck in den Ventrikeln; die Fläche des Arbeitsdiagramms nimmt stark zu.

In Kürze

Bei körperlicher Belastung ändern sich folgende Parameter des Herz-Kreislauf-Systems: Die **Kontraktilität** des Myokards steigt an, der **Tonus** der **Volumengefäße** nimmt zu, der **TPR** nimmt ab, der **ZVD** nimmt zu und die **Herzfrequenz** steigt. Als Folge vergrößern sich **Schlagvolumen**, **HZV**, **arterieller Blutdruck**, **Fläche** des Druck-Volumen-Diagramms und der **Sauerstoffverbrauch** des Herzens.

15.5 Regulation der Kontraktionskraft des Herzens

15.5.1 Positiv-inotrop wirkende Substanzen

Die Kontraktionskraft der Herzmuskelzellen kann durch Hormone und Pharmaka moduliert werden. Positiv-inotrope Wirkungen werden meistens durch einen Anstieg der intrazellulären Ca^{2+}-Konzentration vermittelt.

Positive Inotropie   Einige Pharmaka und Hormone bewirken eine Steigerung der Kontraktilität des Herzmuskels, d. h. eine Änderung der Kontraktionskraft bei konstanter Vordehnung und konstanter Herzfrequenz. Man nennt diese Änderung der Kontraktionskraft auch eine **positiv-inotrope** (kraftverstärkende) Wirkung.

Adrenalin und Noradrenalin   Die positiv-inotrope Wirkung von Adrenalin und Noradrenalin beruht letztendlich auf einem Anstieg der freien zytosolischen Ca^{2+}-Konzentration der Herzmuskelzellen und der daraus resultierenden stärkeren Aufnahme von Ca^{2+} ins sarkoplasmatische Retikulum (► Kap. 16.2). Der wichtigste adrenerge Rezeptor im Herzmuskel ist der **β_1-Rezeptor** (► Kap. 70.2), der im Sinusknoten, AV-Knoten, Reizleitungssystem und Arbeitsmyokard exprimiert wird. Die Aktivierung der β_1-Rezeptoren bewirkt im Arbeitsmyokard eine **Zunahme der Kontraktionskraft** (positive Inotropie) **und eine schnellere Erschlaffung** (positive Lusitropie). Außerdem bewirkt sie eine **Zunahme der Herzfrequenz** (positive Chronotropie) und eine **schnellere Erregungsleitung** zwischen Vorhof und Ventrikel (positive Dromotropie) und einen Anstieg des Energieverbrauchs.

Inotropie und Lusitropie   Bestimmend für die Kraftentwicklung des Herzmuskels ist die intrazelluläre Ca^{2+}-Konzentration in den Zellen des Arbeitsmyokards. Aktivierung der beta-adrenergen Signaltransduktion führt zu einer Phosphorylierung der $Ca_v1.2$-Kanäle (L-Typ Ca^{2+}-Kanäle) durch die PKA, nicht nur in den Zellen des Erregungsbildungs- und Erregungsleitungssystems, sondern auch in den Zellen des Arbeitsmyokards (◘ Abb. 15.11a). Daraus resultiert ein **verstärkter Ca^{2+}-Einstrom** aus dem Extrazellulärraum in die Kardiomyozyten (erhöhte Offenwahrscheinlichkeit der phosphorylierten $Ca_v1.2$-Kanäle), der die weitere Freisetzung von

Ca^{2+} aus den intrazellulären Speichern begünstigt (Ca^{2+}-indu-
zierte Ca^{2+}-Freisetzung, ▶ Kap. 16.2) und so die elektromechanische Kopplung verbessert. Dies führt zu einem Anstieg der Kontraktionskraft. Gleichzeitig wird die Relaxationszeit durch zwei verschiedene Mechanismen verkürzt:
Erstens wird die **Wiederaufnahme der Ca^{2+}-Ionen** in das
sarkoplasmatische Retikulum beschleunigt, indem die Aktivität der dort lokalisierten Ca^{2+}-ATPase (SERCA) erhöht
wird. Verantwortlich ist hier eine PKA-vermittelte Phosphorylierung von Phospholamban (◘ Abb. 15.11a), das normalerweise die Aktivität der SERCA inhibiert, im phosphorylierten Zustand diese Wirkung jedoch verliert. Zweitens wird
die **Dauer des Aktionspotenzials** in den Zellen des Arbeitsmyokards durch Aktivierung des Sympathikus verkürzt.
Dies beruht darauf, dass die PKA auch die Ionenkanäle phosphoryliert, die den langsamen spannungsabhängigen Kaliumstrom I$_{Ks}$ leiten (▶ Kap. 16.4.2). Infolge der Phosphorylierung
(◘ Abb. 15.11a) wird die Offenwahrscheinlichkeit der I$_{Ks}$
Kanäle (bestehend aus jeweils vier Untereinheiten der Proteine KCNQ1 und KCNE) erhöht und die Repolarisation des
Aktionspotenzials wird beschleunigt, wodurch die Kontraktion ebenfalls verkürzt wird. Aufgrund dieser beiden Mechanismen kann bei Aktivierung der β$_1$-Rezeptoren der Herzmuskel nach erfolgter Kontraktion wieder schneller entspan-
nen (**positive Lusitropie**). So ist auch bei erhöhter Herzfrequenz eine ausreichende diastolische Füllung des Herzens
gewährleistet.

❯ Steigerung der SERCA-Aktivität wirkt positiv inotrop
und positiv lusitrop.

Herzglykoside   Ein Beispiel für positiv-inotrop wirksame
Pharmaka ist die Substanzgruppe der Herzglykoside oder
Digitalispräparate. Diese hemmen die **Na$^+$-K$^+$-ATPase** (◘ Abb.
15.11b) und steigern dadurch die intrazelluläre Na$^+$-Konzen-
tration. Der Anstieg des intrazellulären Na$^+$ verschiebt das
Gleichgewicht des Na$^+$/Ca^{2+}-Austauschers (▶ Kap. 16.2), was
zum Anstieg der zytosolischen Ca^{2+}-Konzentration führt. Die
Folge ist ein Anstieg des Ca^{2+}-Transports ins sarkoplasmatische Retikulum über die sarko-endoplasmatische Ca^{2+}-
ATPase (SERCA). Dadurch kommt es während der Systole zu
einer verstärkten Ca^{2+}-Freisetzung aus dem sarkoplasmatischen Retikulum und somit zu einer Verstärkung der Kontraktionskraft.

❯ Herzglykoside hemmen die Na$^+$-K$^+$-ATPase.

Ca^{2+}-Sensitizer   Einige Pharmaka (z. B. Levosimendan)
können den **Querbrückenzyklus** beeinflussen, indem sie die
Zeit verlängern, während der die Querbrücken der Myosinmoleküle fest an die Aktinmoleküle gebunden sind. Dadurch
vergrößert sich die Kontraktionskraft, die von den Herzmuskelzellen bei einer gegebenen intrazellulären Ca^{2+}-Konzen-
tration produziert wird, d. h. die **Ca^{2+}-Empfindlichkeit der
kontraktilen Proteine** wird erhöht (ähnlich wie beim Frank-
Starling-Mechanismus; ◘ Abb. 15.4). Diese als „Ca^{2+}-Sensi-
tizer" bezeichneten Pharmaka können die Effizienz der Herz-

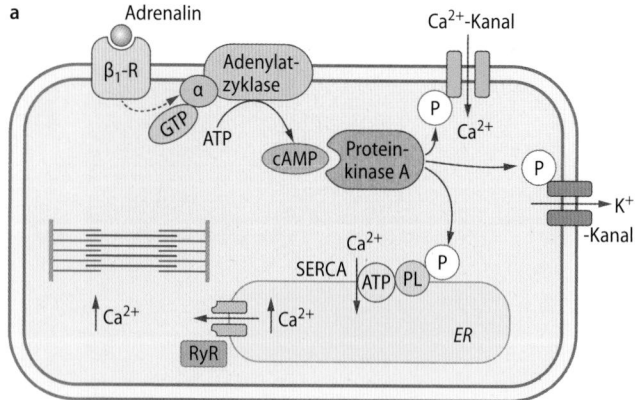

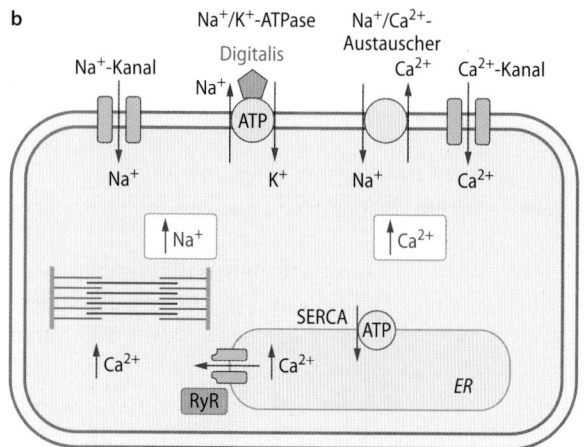

◘ **Abb. 15.11a,b   Regulation der Kontraktionskraft der Herzmuskelzellen. a** Signaltransduktion über β$_1$-Rezeptoren (β$_1$-R). Die Aktivierung des G-Proteins (gestrichelter Pfeil) wurde weggelassen. **b** Der Wirkungsmechanismus der Herzglykoside und der positiven Frequenzinotropie. GTP: Guanosintriphosphat. α: Alpha-Untereinheit des G-Proteins.
cAMP: zyklisches Adenosinmonophosphat. (P): Phosphatgruppe.
SERCA: Ca^{2+} ATPase des sarkoplasmatischen und endoplasmatischen
Retikulums. PL: Phospholamban. RyR: Ryanodin-Rezeptor

arbeit steigern. Sie werden zunehmend zur Behandlung der
akuten Herzinsuffizienz eingesetzt.

15.5.2 Abhängigkeit der Kontraktionskraft
von der Herzfrequenz

Bei Zunahme der Herzfrequenz nimmt die Kontraktionskraft
der Herzmuskelzellen zu und das Aktionspotenzial wird kürzer. Diese Veränderungen können im Experiment auch ohne
Aktivierung adrenerger Rezeptoren nachgewiesen werden.

Frequenzinotropie   Ein Anstieg der Herzfrequenz hat *per se*,
unabhängig von der Wirkung des Sympathikus, einen großen
Einfluss auf die elektrische und die mechanische Aktivität
der Herzmuskelzellen. Der Effekt kann auch am isolierten
Herzmuskelpräparaten durch elektrische Reizung aufgezeigt werden: Bei höheren Reizfrequenzen steigt die **Kontraktionskraft der Herzmuskelpräparate** (Frequenzinotropie;
◘ Abb. 15.12). Der molekulare Mechanismus, der der Frequenz-

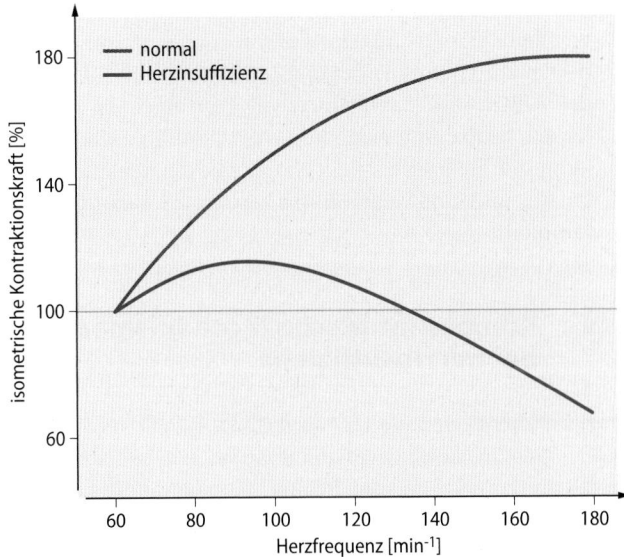

Abb. 15.12 Abhängigkeit der Kontraktionskraft von der Herzfrequenz. Muskelpräparate aus explantierten humanen Herzen; schwarze Kurve: normales Herz; rote Kurve: Herz im Endstadium der Herzinsuffizienz

inotropie zugrunde liegt, ist analog zum Wirkungsmechanismus der Herzglykoside (◘ Abb. 15.11b). Durch die höhere Frequenz der Aktionspotenziale **strömen mehr Na⁺-Ionen in die Herzmuskelzelle**. Diese wiederum bewirken eine Verminderung des Ca^{2+}-Efflux über den Na^+/Ca^{2+}-Austauscher und damit einen Anstieg der freien zytosolischen Ca^{2+}-Konzentration. Daraus resultiert, wie oben beschrieben (▶ Abschn. 15.5.1), eine Verstärkung der Kontraktionskraft.

⊗ Die Kontraktionskraft des Herzmuskels nimmt mit steigender Herzfrequenz zu.

Auswirkungen der Herzfrequenz auf das HZV Die positive Frequenzinotropie sorgt dafür, dass bei Zunahme der Herzfrequenz die Kontraktionskraft jeder einzelnen Herzmuskelzelle steigt (◘ Abb. 15.12). Dies hat zur Folge, dass der Druckanstieg im Ventrikel (dP/dt) schneller und das Schlagvolumen größer wird. Letztendlich steigt auch das HZV mit zunehmender Herzfrequenz. Bei Patienten mit hochgradiger **Herzinsuffizienz** ist jedoch fast keine Steigerung der Kontraktionskraft mit zunehmender Herzfrequenz zu beobachten (◘ Abb. 15.12); bei Frequenzen über 120 min⁻¹ nimmt die Kontraktionskraft sogar ab (**negative Frequenzinotropie**). Somit steigt bei Herzinsuffizienz (▶ Abschn. 15.6) das HZV unter Belastung nur geringfügig an oder fällt sogar.

Wirkungen des Sympathikus auf das Herzzeitvolumen Bei Aktivierung des Sympathikus kommen mehrere Mechanismen zusammen: Die **positiv-inotrope Wirkung von Adrenalin und Noradrenalin**, eine Beschleunigung der Relaxation und ein **Anstieg der Herzfrequenz** (▶ Kap. 16.4) sowie die **Frequenzinotropie** (s. o.). Aus der Summe dieser Effekte ergibt sich im intakten Herzen eine starke Zunahme des HZV.

In Kürze
Die Kontraktionskraft der Herzmuskelzellen kann durch Pharmaka gesteigert werden. Positiv-inotrope Wirkungen können entweder durch einen Anstieg der **intrazellulären Ca^{2+}-Konzentration** oder durch eine Erhöhung der Ca^{2+}-**Sensitivität** der kontraktilen Proteine hervorgerufen werden. Die Hormone des sympathischen Nervensystems, wie auch die Steigerung der Herzfrequenz, wirken ebenfalls positiv-inotrop.

15.6 Herzinsuffizienz

15.6.1 Ursachen und Symptome der Herzinsuffizienz

Die Herzinsuffizienz ist die gemeinsame Endstrecke zahlreicher kardialer Erkrankungen. Sie ist entweder durch unzureichende Entleerung (systolische Dysfunktion) oder durch unzureichende Füllung eines Ventrikels (diastolische Dysfunktion) gekennzeichnet.

Definitionen Herzinsuffizienz ist keine Erkrankung im engeren Sinne, sondern ein **klinisches Syndrom**, das durch zahlreiche verschiedene Mechanismen ausgelöst werden kann. Die verschiedenen Symptome entstehen dadurch, dass das Herz bei Belastung nicht mehr in der Lage ist, die zur Aufrechterhaltung des Stoffwechsels erforderliche Blutmenge zu fördern.

Die verminderte Pumpleistung bei Herzinsuffizienz kann im Prinzip auf zwei pathophysiologische Mechanismen zurückgeführt werden:

— eine **systolische Funktionsstörung**, d. h. die Kontraktilität ist vermindert und/oder der geordnete Ablauf der Austreibungsphase ist/sind gestört.

— eine **diastolische Funktionsstörung**, d. h. die Erschlaffung und/oder der geordnete Ablauf der Füllungsphase ist/sind gestört.

Ursachen Die häufigsten Ursachen für eine systolische Funktionsstörung sind eine lang andauernde Druckbelastung (**Hypertonie**) oder eine eingeschränkte Sauerstoffversorgung des Herzmuskels (**koronare Herzkrankheit**). Auch als Folge von Herzrhythmusstörungen, Erkrankungen des Myokards (z. B. Myokarditis), einer **Herzklappenerkrankung** (Mitralinsuffizienz, Aortenstenose) oder eines **Herzinfarkts** kann sich eine systolische Funktionsstörung entwickeln.

Etwa die Hälfte der Herzinsuffizienzpatienten leidet an einer **diastolischen Funktionsstörung**. Dabei ist i. d. R. die linke Ventrikelwand hypertrophiert und die Füllung des linken Ventrikels durch eine **verminderte Compliance des Myokards** gestört. Eine diastolische Funktionsstörung kann durch eine Myokardfibrose, eine Ischämie, oder auch durch eine Aortenklappenstenose (▶ Box „Aortenklappenstenose") ausgelöst werden. Der diastolischen Funktionsstörung bei **Ischämie** liegt vermutlich eine erhöhte **zytosolische Kalziumkonzentration** in den Herzmuskelzellen während der Füllungsphase zugrunde, die auf einem reduzierten aktiven Kalziumtransport ins sarkoplasmatische Retikulum aufgrund des Sauerstoffmangels beruht. Die erhöhte zytosolische Kalziumkonzentration vergrößert die Steifigkeit der Herzwand während der Füllungsphase.

> Bei Herzinsuffizienz ist aufgrund des Rückstaus der Druck in den Vorhöfen und den vorgeschalteten Venen erhöht.

Symptome   Die Symptome sind bei den verschiedenen Formen der Herzinsuffizienz sehr ähnlich. Sie können zum größten Teil durch die Folgen der verminderten Pumpleistung des Herzens und die dadurch aktivierten neuroendokrinen Kompensationsmechanismen erklärt werden.

- **Dyspnoe** ist ein Gefühl der Atemnot, das sich nicht durch vermehrte Atmung beheben lässt. Sie ist in den meisten Fällen auf einen Rückstau in die Pulmonalvenen und in die Lungenkapillaren zurückzuführen, der durch einen erhöhten Druck im linken Vorhof ausgelöst wird. Dadurch kommt es zu einer Dilatation der Lungengefäße (die auch im Röntgenbild sichtbar ist) und zu einer Filtration aus dem Blutplasma in das pulmonale Interstitium (▶ Kap. 20.2). Beides führt zu einer Abnahme der Compliance der Lunge. Die daraus resultierende Zunahme der mechanischen Atemarbeit löst das Gefühl der Atemnot aus. In Sitzen ist die Dyspnoe oft weniger stark als im Liegen (man spricht dann von Orthopnoe), da bei aufrechter Haltung Blutvolumen in das Abdomen und in die Beine verschoben wird.
- **Periphere Ödeme** sind Folge der Wasserretention und des Rückstaus in den großen Kreislauf. Dadurch erhöht sich der intravaskuläre Druck in den Venen, den Venolen und schließlich auch in den Kapillaren, und es kommt zu einer Verschiebung von Flüssigkeit ins Interstitium (▶ Kap. 20.2). Die Ödeme sammeln sich aufgrund des hydrostatischen Drucks in den tiefer gelegenen Gebieten des Körpers an.
- **Nykturie.** Als Folge der peripheren Ödeme tritt bei Patienten mit Herzinsuffizienz regelmäßig eine Nykturie auf, d. h. ein vermehrtes nächtliches Wasserlassen. Dieses Symptom kann dadurch erklärt werden, dass es beim Liegen zu einer Rückverlagerung der peripheren Ödeme kommt, sodass der ZVD ansteigt, was zu einer verstärkten Freisetzung von natriuretischer Peptide im Vorhof und zu einer Hemmung der ADH-Freisetzung in der Neurohypophyse führt (▶ Kap. 21.4).
- **Kalte Akren.** Der erhöhte Sympathikustonus führt zu einer Zentralisierung des Kreislaufs. Dies macht sich insbesondere durch eine Verminderung der Durchblutung der Hände, der Füße, der Nase und der Ohren bemerkbar. Da die lokale Wärmeabgabe durch die Haut die Wärmezufuhr über das Blut übersteigt kommt es zur Abkühlung der Akren.
- **Muskelschwäche und rasche Ermüdbarkeit.** Bei ausgeprägter Herzinsuffizienz kommt es zu einer verminderten Durchblutung der meisten Organe einschließlich des Gehirns und damit langfristig auch zu einem histologisch fassbaren Umbau und einer Funktionseinschränkung. Auffällig sind oft eine Schwäche der Skelettmuskulatur und **eine verminderte zerebrale Leistungsfähigkeit.**

15.6.2   Kompensatorische Mechanismen bei Herzinsuffizienz

Herzinsuffizienz vermindert primär das HZV. Dies führt tendenziell zu einer Senkung des Blutdrucks und aktiviert hierüber mechanische und neuroendokrine Kompensationsmechanismen.

Aktivierung des Sympathikus   Die verminderte Pumpleistung des insuffizienten Herzens führt tendenziell zu einer Senkung des arteriellen Blutdrucks und bewirkt so, vermittelt durch die **Pressorezeptoren** (▶ Kap. 21.3), eine Aktivierung des Sympathikus, die eine Konstriktion der Arteriolen sowie der Volumengefäße im Niederdrucksystem auslöst. Letzteres wirkt wie eine „**innere Transfusion**" und führt zu einem Anstieg des ZVD. Daraus wiederum resultiert eine Stabilisierung des HZV und des Blutdrucks (▶ Abschn. 15.4.2). Auch die durch die reflektorische Aktivierung des Sympathikus ausgelöste **Tachykardie** kann, wenn das Herz noch nicht chronisch geschädigt ist, zur Aufrechterhaltung des HZV beitragen (▶ Abschn. 15.5.2).

Aktivierung des Renin-Angiotensin-Aldosteron-Systems (RAAS)   Der Abfall des HZV bei Herzinsuffizienz führt tendenziell zu einem **Abfall des Mitteldrucks in der Nierenarterie** und damit (zusammen mit der Aktivierung des Sympathikus) zu einer Aktivierung des Renin-Angiotensin-Aldosteron-Systems (▶ Kap. 21.5) und sekundär zu einer verstärkten Ausschüttung von ADH (▶ Kap. 21.4). Die daraus resultierende vermehrte Flüssigkeitsresorption in der Niere bewirkt eine Zunahme des Blutvolumens und steuert damit einem Abfall des Blutdrucks entgegen.

Zunahme des ZVD   Beide Mechanismen, die **venöse Vasokonstriktion** und die **Flüssigkeitsretention**, führen zu einer Zunahme des ZVD. Der erhöhte Druck in den Atrien führt zur Freisetzung der natriuretischen Hormone ANP und BNP (▶ Kap. 21.5). Dadurch wird die durch Aktivierung des RAAS ausgelöste Zunahme des Blutvolumens begrenzt.

Veränderungen im Herz-Kreislauf-Diagramm   Das Zusammenspiel der verschiedenen kompensatorischen Mechanismen kann mithilfe des Herz-Kreislauf-Diagramms (◻ Abb. 15.8) illustriert werden. Bei Herzinsuffizienz ist die Pumpleistung des Herzens vermindert und die **Herzfunktionskurve** verschiebt sich nach unten. Dadurch verschiebt sich der Arbeitspunkt von A nach B und das HZV nimmt ab

(■ Abb. 15.13a). Die hieraus resultierende Aktivierung des Sympathikus führt zu einer **Konstriktion der Volumengefäße** im Niederdrucksystem. Die Konstriktion der Venen und die Aktivierung des RAAS wirken wie eine „innere Transfusion" und verschieben die **Gefäßfunktionskurve** nach oben (■ Abb. 15.13a); daher wird der Arbeitspunkt des Herzens in Richtung eines höheren ZVD verschoben (Punkt B'). Dies hat zur Folge, dass (unter Ausnutzung des Frank-Starling-Mechanismus; ▶ Abschn. 15.3.2) das HZV in etwa auf den normalen Wert zurückgeführt wird. Der „Preis" für die Aufrechterhaltung des HZV ist also eine **Erhöhung des ZVD** und eine Erhöhung des enddiastolischen Drucks im rechten Ventrikel.

Bei einer **ausgeprägten Herzinsuffizienz** verschiebt sich die Herzfunktionskurve noch weiter nach unten (■ Abb. 15.13a); sie fällt bei sehr hohem ZVD sogar wieder ab. Der Arbeitspunkt des hochgradig insuffizienten Herzens verschiebt sich dadurch noch weiter nach rechts unten (Punkt C). In diesem Fall kann das HZV durch die Flüssigkeitsretention nicht aufrechterhalten werden. Das Resultat ist eine ständige starke Aktivierung des Sympathikus.

Arbeitsdiagramm bei systolischer Funktionsstörung Das Druck-Volumen-Diagramm des linken Ventrikels ist bei einer systolischen Funktionsstörung auf eine charakteristische Art verändert (■ Abb. 15.13b). Der erhöhte ZVD führt zu einer verstärkten Füllung des rechten Ventrikels und zu einer Zunahme des Schlagvolumens des rechten Herzens. Dadurch kommt es, wie in ▶ Abschn. 15.4.2 beschrieben, zu Erhöhung des Drucks im linken Vorhof und zu einer **verstärkten Füllung des linken Ventrikels**. Die verminderte Kontraktilität des Myokards bewirkt eine Verschiebung der **endsystolischen Druck-Volumen-Kurve** (■ Abb. 15.13b, gestrichelte Linie); die Aortenklappe schließt sich früher (Punkt C') und die **Auswurffraktion nimmt ab**.

Arbeitsdiagramm bei diastolischer Funktionsstörung Auch bei einer diastolischen Funktionsstörung bewirkt die verminderte Pumpleistung einen Rückstau und führt dadurch zu einem Anstieg des **enddiastolischen Drucks** (■ Abb. 15.13c) bei normaler oder etwas verminderter **enddiastolischer Füllung** des linken Ventrikels. Die relativ schwache Füllung ist auf die **erniedrigte Compliance** zurückzuführen (was sich als eine Verschiebung der enddiastolischen Druck-Volumen-Kurve manifestiert). Die Kontraktilität des Myokards ist jedoch meistens nicht beeinträchtigt, sodass die endsystolische Druck-Volumen-Kurve nicht verschoben ist. Daher ist die Auswurffraktion i. d. R. normal oder nur geringfügig vermindert (■ Abb. 15.13c). Die Symptome der diastolischen Funktionsstörung sind in erster Linie durch das verminderte HZV und den **Rückstau des Blutes im kleinen Kreislauf** bestimmt (im Endstadium auch im großen Kreislauf) und sind ähnlich wie bei der systolischen Funktionsstörung.

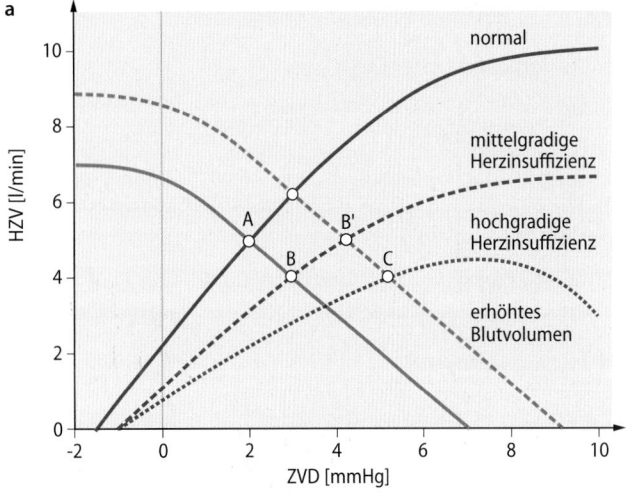

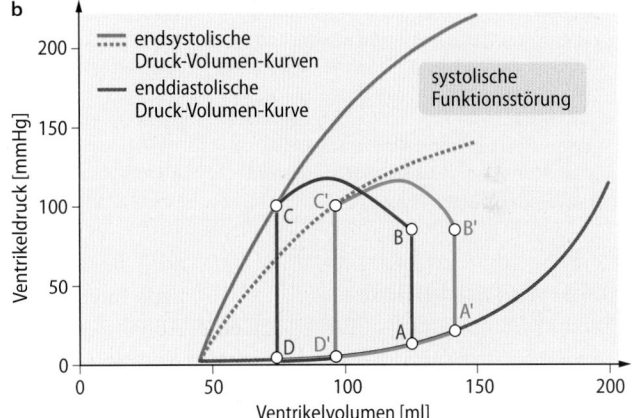

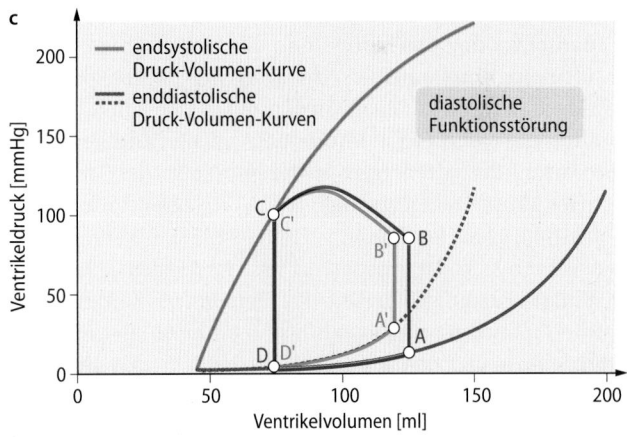

■ **Abb. 15.13a–c Herz-Kreislauf-Diagramm und Arbeitsdiagramm bei Herzinsuffizienz. a** Herz-Kreislauf-Diagramm; die kontinuierlichen Kurven repräsentieren den Normalzustand, die unterbrochenen Kurven repräsentieren eine mittelgradige bzw. hochgradige Herzinsuffizienz. **b,c** Arbeitsdiagramme bei systolischer (**b**) bzw. diastolischer (**c**) Funktionsstörung. Die roten Arbeitsdiagramme repräsentieren das normale Herz, die grünen Arbeitsdiagramme repräsentieren das insuffiziente Herz

Klinik

Aortenklappenstenose

Definition
Eine Aortenklappenstenose ist eine Obstruktion der Ausflussbahn des linken Ventrikels durch Einengung der Aortenklappe.

Ursachen
Die häufigsten Ursachen sind arteriosklerotische Veränderungen und entzündliche Schädigungen der Klappen.

Pathophysiologie
Die Aortenklappenstenose führt zu einer Erhöhung der Nachlast und in der Folge zu einer (adaptiven) **konzentrischen Hypertrophie des linken Ventrikels**. Die hypertrophierte Ventrikelmuskulatur kann einen hohen Druckgradienten über die Aortenklappen aufbauen (20–50 mmHg), und verhindert dadurch eine Abnahme des Schlagvolumens. Durch die Zunahme der Wanddicke bleibt die Wandspannung zunächst fast normal, und auch die linksventrikuläre Pumpfunktion ist kaum gestört. Mit zuneh-

lazin) verwendet. Auch **Ca²⁺-Sensitizer** werden bei Patienten mit schwerer Herzinsuffizienz eingesetzt, und zwar unter der Vorstellung, dass sie die Effizienz der Herzarbeit verbessern. Bei vorliegender Tachykardie wird versucht, die Herzfrequenz durch Gabe von **Inhibitoren der HCN-Kanäle** (▶ Kap. 16.3.2) zu verlangsamen. Therapeutisch wird ebenfalls die Hemmung des Abbaus natriuretischer Peptide (ANP, BNP) klinisch erprobt. Bei der diastolischen Funktionsstörung gibt es weniger erprobte Therapiemöglichkeiten, jedoch haben sich eine Kontrolle des Blutvolumens durch Diuretika und gegebenenfalls eine antihypertensive Therapie als nützlich erwiesen.

In Kürze

Herzinsuffizienz ist ein **Symptomenkomplex**, der verschiedene Ursachen haben kann. Die häufigsten Ursachen der Herzinsuffizienz sind arterielle Hypertonie und koronare Herzkrankheit. Bei Herzinsuffizienz können durch Rückstau der ZVD und der Druck in den Pulmonalvenen ansteigen. Außerdem werden neuroendokrine **Kompensationsmechanismen** ausgelöst, z. B. eine Aktivierung des Sympathikus und des RAAS. Der dauerhafte Anstieg der Plasmaspiegel von Noradrenalin und Angiotensin II löst Änderungen der Genexpression aus (Remodelling), die sich überwiegend schädlich auswirken.

15.7 Untersuchung der Herzmechanik am Patienten

15.7.1 Auskultation

Die Auskultation gehört zu jeder kardiologischen Untersuchung. Neben Anomalien von Herzfrequenz und Herzrhythmus kann der Arzt damit vor allem eine Schädigung der Herzklappen gut erkennen.

Lokalisation von erstem und zweitem Herzton Der **erste Herzton** wird während der Anspannungsphase erzeugt, er entsteht hauptsächlich durch den Schluss der Atrioventrikularklappen und die anschließende isovolumetrische Kontraktion der Ventrikelwand um das inkompressible Blut (Anspannungston) (◻ Abb. 15.14). Dadurch gerät die Herzwand in Schwingung (100–180 Hz); das **Punctum maximum** des ersten Herztones ist über der **Herzspitze**, die man auch durch Palpation lokalisieren kann (Herzspitzenstoß). Der **zweite Herzton** entsteht zu Beginn der Entspannungsphase durch das **Schließen der Taschenklappen**, wodurch die Wände der Aorta und der A. pulmonalis ins Schwingen kommen. Er ist am besten über der Herzbasis zu hören.

Unterscheidung von erstem und zweitem Herzton Beim entspannten, ruhenden Patienten kann man die beiden Herztöne dadurch unterscheiden, dass der Abstand zwischen dem ersten und dem zweiten Herzton etwa halb so lang ist wie der Abstand zwischen dem zweiten und dem ersten Herzton (◻ Abb. 15.14). Bei erhöter Herzfrequenz sind die Abstände zwischen den Herztönen etwa gleich lang. In diesem Fall kann dennoch zwischen erstem und zweitem Herzton unterschieden werden, indem man zusätzlich den Puls der A. radialis oder der A. carotis tastet. Den **Radialispuls** kann man aufgrund der schnellen Ausbreitung des Druckpulses ca. 100–200 ms nach dem Beginn der Austreibungsphase am Handgelenk fühlen; er liegt i. d. R. in der Mitte **zwischen dem ersten und dem zweiten Herzton** (◻ Abb. 15.14).

❯❯ Durch Tasten des Radialispulses können die beiden Herztöne immer eindeutig zugeordnet werden.

Herzklappenfehler Wenn eine der Herzklappen verengt ist (**Stenose**) oder nicht vollständig schließt (**Insuffizienz**) manifestiert sich dies bei der Auskultation als ein „Geräusch". **Herzgeräusche** sind relativ leise und hochfrequente Schallsignale, die zwischen den Herztönen auftreten. Sie entstehen durch Wirbelbildung bei stenosierten oder insuffizienten Herzklappen. Eine **Mitralklappeninsuffizienz** geht mit einem während der gesamten Systole anhaltenden Geräusch einher, häufig gefolgt von einem 3. Herzton (◻ Abb. 15.14). Eine **Aortenklappenstenose** produziert typischerweise ein spindelförmiges Geräusch, das in der Mitte oder gegen Ende der Systole sein Maximum hat (◻ Abb. 15.14). Eine **Mitralklappenstenose**

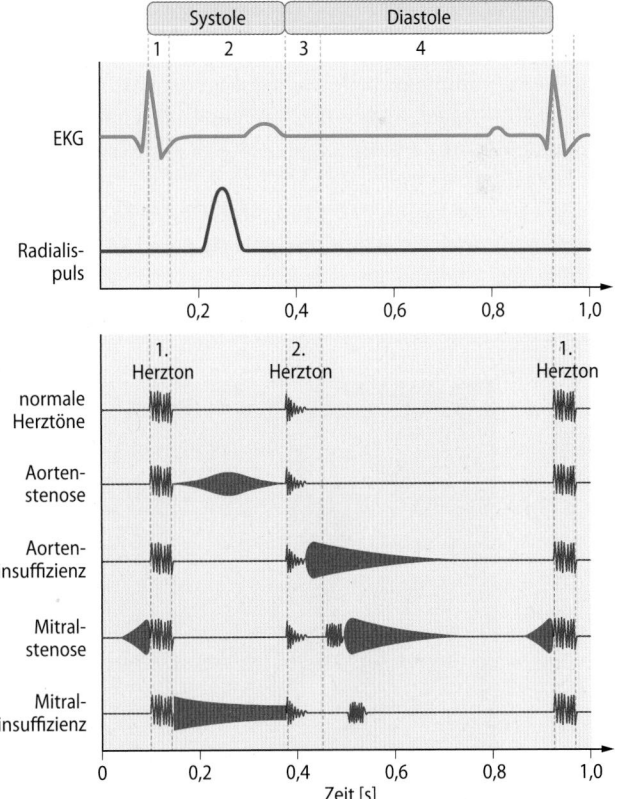

◻ **Abb. 15.14 Herztöne und Herzgeräusche.** Typische Auskultationsbefunde bei Herzklappenfehlern. Die zeitliche Zuordnung der Herztöne und der Herzgeräusche (rote Flächen) zu den Aktionsphasen des Herzens, zum EKG und zum Radialispuls ist dargestellt

produziert ein vom 2. Herzton deutlich abgesetztes, bandförmiges oder abnehmendes diastolisches Geräusch (Rumpeln); dieses beginnt mit einem „Mitralklappenöffnungston" (■ Abb. 15.14). Eine **Aortenklappeninsuffizienz** erzeugt ein frühdiastolisches Geräusch, das sich unmittelbar an den 2. Herzton anschließt (■ Abb. 15.14).

Phonokardiographie   Die Herztöne können auch mit einem **Mikrophon** aufgezeichnet werden (Phonokardiographie). Dadurch wird die Zuordnung zu anderen Ereignissen (z. B. dem EKG) erleichtert.

15.7.2 Echokardiographie

Die Echokardiographie ist die wichtigste nicht-invasive Methode zur Untersuchung der Herzmechanik.

Messprinzip   Bei der Echokardiographie wird auf der Brustwand ein „Schallkopf" platziert, der **Ultraschallwellen** aussendet und die reflektierten Wellen registriert. Da nicht alle Strukturen des Herzens den Schall in gleichem Maße reflektieren, können auf diese Weise „dichtere" Strukturen (die mehr Schall reflektieren) von „weniger dichten" Strukturen (die akustisch durchlässiger sind) unterschieden werden. Es gibt drei Varianten der Echokardiographie (s. u.).

Eindimensionale Echokardiographie   Dabei wird ein eindimensionaler linearer Schallstrahl durch das Herz geschickt und ein eindimensionales Bild der **Schalldichte** aufgezeichnet. Dieses eindimensionale Bild wird auf dem Monitor gegen die Zeit aufgetragen, sodass die Bewegung der schalldichteren Elemente erkannt werden kann, z. B. der Herzklappen oder der Herzwand.

Zweidimensionale Echokardiographie (■ Abb. 15.15)   Dabei werden die Ultraschallwellen vom Messkopf fächerförmig abgegeben, indem der Schallkopf hin und her kippt. Die re-

flektierten Signale werden als zweidimensionales Bild auf dem Monitor dargestellt, wobei die **Helligkeit** der Pixel die **Schalldichte** repräsentiert. Man erhält auf diese Weise einen Film, der den Zeitablauf der Bewegung des Herzens in einer bestimmten Schnittebene darstellt. Durch Variation der Schnittebene erhält der Untersucher ein vollständiges Bild der Mechanik der einzelnen Herzabschnitte; er kann Defekte der Herzklappenfunktion oder der Beweglichkeit einzelner Abschnitte der Herzwand deutlich erkennen. Durch Abschätzung des **endsystolischen Volumens** und des **enddiastolischen Volumens** (■ Abb. 15.15a,b) kann der Untersucher auch den ungefähren Wert der **Auswurffraktion** (▶ Abschn. 15.3.1) ausrechnen.

Farb-Doppler-Echokardiographie (■ Abb. 15.15c)   Dabei handelt es sich um eine zweidimensionale Echokardiographie, bei der zusätzlich mithilfe des **Doppler-Effektes** die **Bewegungsgeschwindigkeit** der den Schall reflektierenden **Erythrozyten** gemessen wird. Wenn das (helligkeitskodierte Echokardiogramm und das (farbkodierte) Doppler-Echokardiogramm am Monitor überlagert werden, kann die Strömung des Blutes durch die Herzklappen quantitativ erfasst und die Funktion der Herzklappen zuverlässig beurteilt werden.

15.7.3 Magnetresonanztomographie (MRT)

Bei der Magnetresonanztherapie wird die durch ein starkes Magnetfeld vermittelte Anregung von Atomkernen zur Bildgebung ausgenutzt.

Messprinzip   Die **Magnetresonanztomographie**, auch **Kernspintomographie** genannt, beruht auf der Anregung eines Atomkerns (i. d. R. eines Protons) durch ein sehr starkes statisches Magnetfeld und zusätzlich durch hochfrequente elektromagnetische Wechselfelder. Dadurch werden der Eigendrehimpuls (**spin**) des Atomkerns und das makroskopische Magnetfeld, das aus dem Spin aller Atome in dem

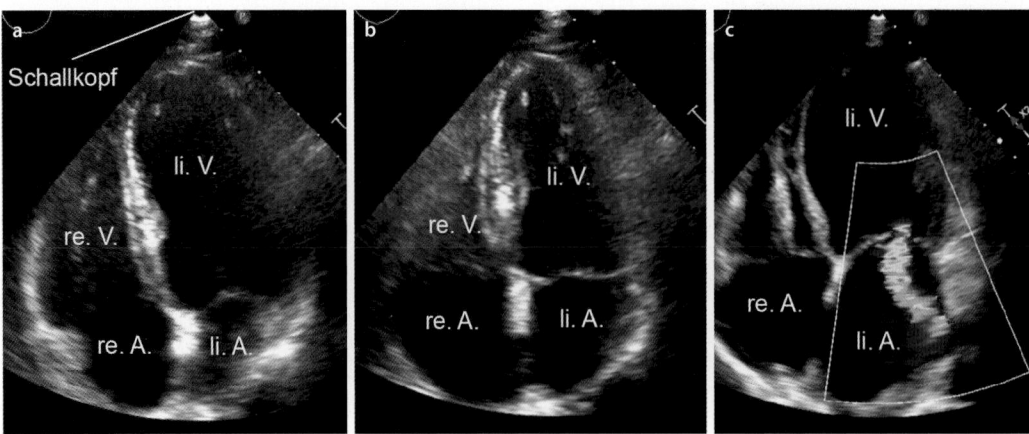

■ **Abb. 15.15a–c   Echokardiographie.** Zweidimensionale transthorakale Echokardiogramme in der Vier-Kammerblick Orientierung. **a** Am Ende der Diastole bei einem normalen Herz. **b** Am Ende der Systole beim gleichen Herz. **c** Farb-Doppler-Echokardiogramm beim Herz eines Patienten mit Mitralklappeninsuffizienz; die rote bzw. blaue Farbe zeigt an, dass das Blut zum Schallkopf hin bzw. vom Schallkopf wegfließt. (Originalabbildungen von PD Dr. Dr. Andreas Schuster, Herzzentrum Göttingen)

15

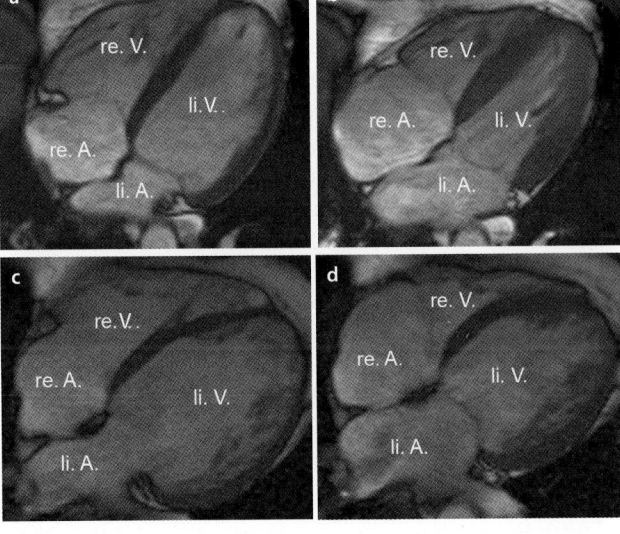

◨ **Abb. 15.16a–d Kardiale Magnetresonanztomographie in der Vier-Kammerblick-Orientierung.** Linke Spalte: am Ende der Diastole. Rechte Spalte: am Ende der Systole. **a,b** Bei einem gesunden Probanden. Die Verdickung der Herzwand und die Verkleinerung des Ventrikelvolumens während der Systole sind deutlich zu sehen. **c,d** Bei einem Patienten mit dilatativer Kardiomyopathie. Man erkennt eine ausgeprägte Dilatation des linken Ventrikels und eine stark eingeschränkte Kontraktion des Myokards. (Originalabbildungen von PD Dr. Dr. Andreas Schuster, Herzzentrum Göttingen)

untersuchten Bereich resultiert, verändert. Nach Abschalten des elektromagnetischen Feldes klingt die Änderung des Magnetfelds mit einem bi-exponentiellen Verlauf wieder ab (das Magnetfeld „relaxiert"). Die beiden Zeitkonstanten dieser **Relaxation** sind für verschiedene Gewebe sehr unterschiedlich und können mit hoher Genauigkeit gemessen werden. Um die Signale einzelnen Volumenelementen zuordnen zu können, wird mit ortsabhängigen Magnetfeldern eine **räumliche Kodierung** erzeugt. Ähnlich wie bei der CT wird bei der MRT aus den Messdaten ein (zweidimensionales) Bild einer Schicht erzeugt (◨ Abb. 15.16); aus der Stapelung der Schichten wird dann die dreidimensionale Form des untersuchten Gewebes rekonstruiert.

Vor- und Nachteile der MRT Der Vorteil der MRT ist, dass **keine Röntgenstrahlung** und keine andere ionisierende Strahlung erzeugt wird; sie ist daher relativ unschädlich für die Patienten. Der Nachteil der MRT ist, dass sie **langsamer als die CT ist.** Bewegliche Organe, wie das Herz, konnten daher in der Vergangenheit nur mit eingeschränkter Qualität dargestellt werden. Auch bei der MRT hat es in den letzten Jahren enorme technische Fortschritte gegeben, sie wird heute in der Kardiologie zunehmend eingesetzt, um die **Muskelmasse** und das Ventrikelvolumen zu erfassen (◨ Abb. 15.16a,b). Auch eine dilatative Kardiomyopathie (◨ Abb. 15.16c,d), lokale **Wandbewegungsstörungen** (z. B. nach Infarkt) und **lokale Narbenbildung** können mit der MRT sehr gut erfasst werden.

◆ Die Patienten sind bei der MRT keiner Strahlenbelastung ausgesetzt.

15.7.4 Computertomographie (CT)

Die Computertomographie ermöglicht detaillierte Röntgenaufnahmen des bewegten Herzens.

Messprinzip Bei der Computertomographie wird die **Absorption von Röntgenstrahlen** gemessen. Voraussetzung dafür ist, dass die untersuchten Gewebeschichten unterschiedliche Absorptionseigenschaften haben oder dass Hohlräume mit Kontrastmittel gefüllt werden. Im Prinzip funktioniert die CT folgendermaßen: Die **Strahlenquelle** und ein **Kranz von Detektoren** liegen auf einer ringförmig angebrachten Halterung, die um den Patienten herum rotiert werden kann. Die Strahlenquelle sendet fächerförmige Strahlen aus, die den Patienten durchdringen und dabei teilweise absorbiert werden. Die **transmittierte Strahlung** wird von den auf dem gegenüberliegen Kreisbogen liegenden Detektoren registriert.

Da sich das Herz ständig bewegt, ist es eigentlich kein sehr geeignetes Objekt für die Röntgenaufnahmen. Neuere Computertomographen nutzen jedoch zwei (oder mehr) Strahlenquellen und **mehrere Detektorenreihen** gleichzeitig; dadurch können mit Kontrastmittel gefüllte Koronargefäße mit hoher Auflösung ohne Bewegungsunschärfe dargestellt werden (◨ Abb. 15.17). Auf diese Weise können Kalkablagerungen und Stenosen gut beurteilt werden. Ein Nachteil der CT ist die relativ **hohe Strahlenbelastung.**

Mathematische Rekonstruktion Durch Verrechnung der detektierten **Strahlenintensität** und der Einfallswinkel wird aus den unterschiedlichen Projektionen ein (zweidimensionales) Bild einer **Schnittebene** erstellt. Wenn nun die Schnittebene schrittweise weiterrückt (oder die Strahlenquelle spiralförmig um den Körper herum bewegt wird), wird durch Zusammenfügung der verschiedenen „Scheiben" ein **dreidimensionales Bild** des betreffenden Körperabschnitts erzeugt (◨ Abb. 15.17).

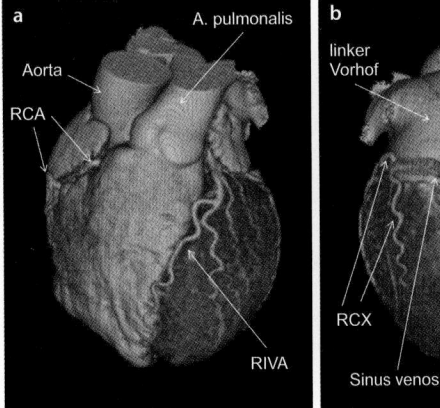

◨ **Abb. 15.17a,b Computertomographie des Herzens.** Mithilfe eines Kontrastmittels werden die Koronargefäße dargestellt. **a** Ventrale Ansicht. RCA, rechte Koronararterie; RIVA, ramus interventrikularis anterior. **b** Dorsale Ansicht. RIVP, ramus interventricularis posterior; RCX, ramus circumflexus. (Originalabbildungen von PD Dr. Dr. Andreas Schuster, Herzzentrum Göttingen)

15.7.5 Herzkatheter

Die Herzkatheteruntersuchung ermöglicht eine genaue Diagnostik von Störungen der Herzmechanik und der Koronardurchblutung sowie therapeutische Interventionen.

Vorgehensweise   Ein Katheter ist ein flexibler Schlauch, der i. d. R. über einen dünnen, sehr flexiblen (röntgendichten) Führungsdraht in das Herz eingeführt wird. Der Katheter wird entweder über eine Arterie in das linke Herz (**Linksherzkatheter**) oder über eine Vene in das rechte Herz (**Rechtsherzkatheter**) eingeführt.

Beim Linksherzkatheter werden als Zugang die **A. femoralis** in der Leistenbeuge oder die **A. radialis** am Handgelenk punktiert. Der flexible Katheter ist am Ende gebogen, damit er leichter in die Koronargefäße eingeführt kann. Solange das Ende des Katheters jedoch durch den Führungsdraht gestreckt wird, bleibt es gerade und kann bis in die Nähe des jeweiligen Ziels vorgeschoben werden. Dann wird der Führungsdraht zurückgezogen und der Katheter kann in eine **Koronararterie** eingeführt werden.

Messung von Drücken   Mithilfe eines miniaturisierten **Drucksensors**, der am Ende des Katheters angebracht ist, können die Drücke in den verschiedenen Bereichen des Herzens und der Gefäße gemessen werden; sie geben vor allem Aufschluss über die Funktion der Herzklappen. Die gemessene Steilheit des Anstiegs des intraventrikulären Drucks während der Anspannungsphase ($\Delta P/\Delta t$) ist ein Maß für die myokardiale **Kontraktilität**.

Auswurffraktion   Wenn man über den Katheter einen Kontrastmittel-Bolus direkt in den Ventrikel injiziert, kann man mithilfe einer Röntgendarstellung in zwei Ebenen das **Ventrikelvolumen** relativ zuverlässig bestimmen. Durch Ausmessen der Volumina am Ende der Systole und am Ende der Diastole kann man die Auswurffraktion berechnen (▶ Abschn. 15.3.1).

Koronarangiographie   Die Koronarangiographie ist die wichtigste Anwendung des Herzkatheters. Dabei wird die Spitze des Herzkatheters in die Hauptäste der Koronargefäße eingeführt, um **Kontrastmittel** zu injizieren. In der Röntgendarstellung können auf diese Weise **Stenosen** direkt erkannt werden. Zur Beseitigung einer funktionell relevanten Stenose wird ein Katheter, der kurz vor der Spitze mit einem aufblasbaren Ballon versehen ist, in die Stenose eingeführt. Dann wird der Ballon mit einem definierten Druck aufgeblasen und dadurch das Gefäß dilatiert und der Engpass beseitigt. Dieses Verfahren heißt **proximale transluminale Koronarangioplastie** (PTCA). Damit der durch PTCA gedehnte Engpass sich nicht wieder verschließt, wird meistens an dieser Stelle mithilfe des Herzkatheters ein **Stent** eingeführt, ein kleines röhrenförmiges Gittergerüst aus Metalldraht.

In Kürze

Neben dem EKG sind Auskultation und Echokardiographie die wichtigsten Untersuchungsmethoden zur Erkennung bzw. zum Ausschluss von Herzerkrankungen. Mit der Magnetresonanztomographie (MRT) können Ventrikelvolumen, Muskelmasse und Narbenbildung nach Herzinfarkt genau untersucht werden. Mit der Computertomographie (CT) können Verkalkungen und Stenosen der Koronargefäße nicht-invasiv dargestellt werden. Die Herzkatheteruntersuchung zusammen mit der Koronarangiographie ermöglicht die Messung der Drücke in den verschiedenen Herzkammern sowie die Darstellung von Stenosen der Koronargefäße.

Literatur

Colucci WS (2005) Atlas of heart failure. Cardiac function and dysfunction, 4th edn. Current Medicine LLC, Philadelphia

Guyton AC, Jones CE, Coleman TG (1973) Circulatory physiology: cardiac output and its regulation. Saunders, Philadelphia

Levick JR (2009) An introduction to cardiovascular physiology, 5th edn. Hodder Arnold, London

Vallbracht C, Kaltenbach M (2006) Herz Kreislauf Kompakt. Steinkopff, Darmstadt

Weckström M, Tavi P (2007) Cardiac mechanotransduction. Springer, New York

15

Herzerregung

Nikolaj Klöcker, Hans-Michael Piper

© Springer-Verlag GmbH Deutschland, ein Teil von Springer Nature 2019
R. Brandes et al. (Hrsg.), *Physiologie des Menschen*, Springer-Lehrbuch
https://doi.org/10.1007/978-3-662-56468-4_16

Worum geht's?

Die Herztätigkeit erfolgt rhythmisch und spontan

Die Muskulatur der Vorhöfe und Kammern des Herzens kontrahiert sich rhythmisch. Diese Kontraktionen sind auch dann zu beobachten, wenn das Herz von seinen versorgenden Nerven getrennt wird. Spezialisierte Schrittmacherzellen bilden spontan Aktionspotenziale, die sich über das gesamte Herz ausbreiten und mechanische Kontraktionen der Herzmuskelzellen bewirken.

Herzmuskelzellen übersetzen elektrische Erregung in mechanische Kontraktion

Die Herzmuskelzellen gehören wie Nerven- und Skelettmuskelzellen zum elektrisch erregbaren Gewebe. In Ruhe weisen diese Zellen ein stabiles Membranpotenzial auf. Bei Erregung durch die Schrittmacherzellen entstehen in ihnen sehr lange Aktionspotenziale, die eine Plateauphase aufweisen. Während der Plateauphase strömt Ca^{2+} in die Zelle ein und löst eine weitere Freisetzung von Ca^{2+} aus intrazellulären Speichern aus. Der resultierende Ca^{2+}-Anstieg ermöglicht die mechanische Kontraktion der Zellen.

Die elektrische Herzerregung stammt aus Schrittmacherzellen

Spezialisierte Zellen eines Erregungsbildungs- und Erregungsleitungssystems sind befähigt, spontan Aktionspotenziale zu generieren. Die Schrittmacherzellen des Sinusknotens im rechten Vorhof depolarisieren am schnellsten und bilden daher auch den primären Schrittmacher des Herzens. Von hier aus wird die Erregung über ein Leitungssystem zunächst an die Herzmuskelzellen der Vorhöfe und nach Verzögerung im AV-Knoten auch an die Herzmuskelzellen der Herzkammern weitergeleitet. So wird eine zeitlich getrennte Kontraktion von Vorhöfen und Kammern sichergestellt (Abb. 16.1).

Die Herztätigkeit wird durch das vegetative Nervensystem reguliert

Das Herz wird durch das vegetative Nervensystem innerviert. Der Sympathikus erhöht die Herzfrequenz und senkt die Überleitungszeit zwischen Vorhof und Kammer, während der Parasympathikus den gegenteiligen Effekt hat.

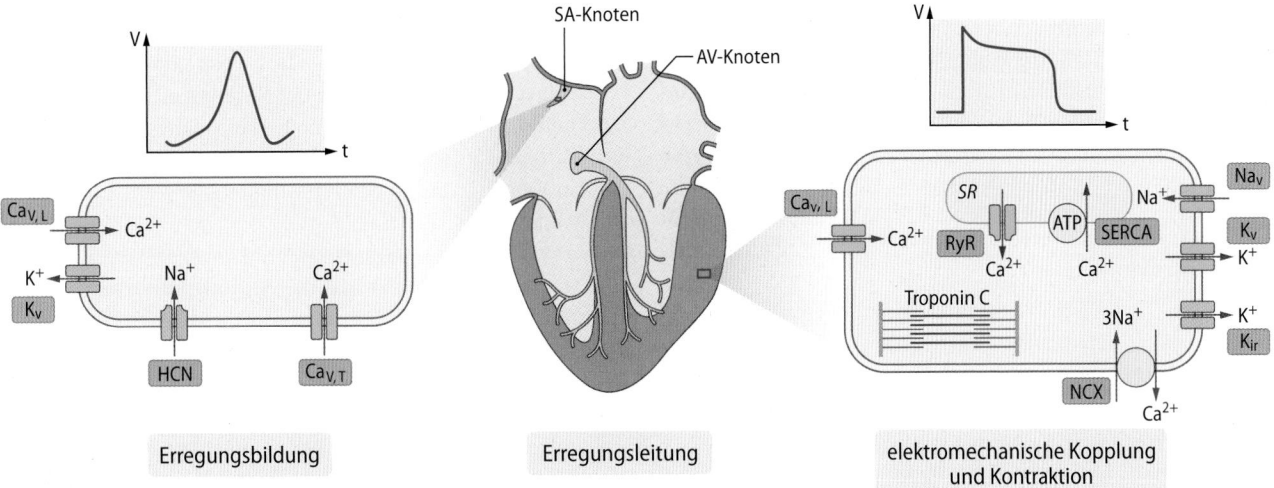

Erregungsbildung   **Erregungsleitung**   **elektromechanische Kopplung und Kontraktion**

◻ Abb. 16.1   Der Weg von der Erregungsbildung zur Kontraktion. Abkürzungen: AV-(Atrioventrikular)-Knoten; SA-(Sinuatrial)-Knoten; SR, sarkoplasmatisches Retikulum; V, elektrische Spannung (voltage); t, Zeit (time); Ionenkanäle: $Ca_{V,L}$, spannungsgesteuerte Ca-Kanäle vom L-Typ; $Ca_{V,T}$, spannungsgesteuerte Ca-Kanäle vom T-Typ; HCN, Hyperpolarisation- aktivierte, durch zyklische Nukleotide modulierte Kationenkanäle; K_{ir}, K-Kanäle vom Typ Einwärtsgleichrichter; K_v, spannungsgesteuerte K-Kanäle; Na_v, spannungsgesteuerte Na-Kanäle; RyR, Ryanodinrezeptor; Transporter: NCX, Na^+/Ca^{2+}-Antiporter; SERCA, sarkoendoplasmatische Retikulum Ca^{2+}-ATPase

16.1 Ruhe und Erregung der Arbeitsmyokardzelle

16.1.1 Ruhemembranpotenzial

Die Zellen des Arbeitsmyokards weisen ein stabiles Ruhemembranpotenzial von ca. −85 mV auf, das durch eine im Ruhezustand dominierende Permeabilität ihrer Zellmembran für K^+ generiert wird

Entstehung des Ruhemembranpotenzials   Die Muskelzellen des Arbeitsmyokards (Kardiomyozyten) weisen ein **stabiles Ruhemembranpotenzial** von ca. -85 mV auf, was etwa dem physiologischen Kaliumgleichgewichtspotenzial (E_K) entspricht. Tatsächlich ist im Ruhezustand die Permeabilität der Plasmamembran der Kardiomyozyten (Sarkolemm) für K^+ mit Abstand am größten, während die Permeabilitäten anderer Ionen nur geringfügige Bedeutung haben. Daher wird das Ruhemembranpotenzial der Kardiomyozyten vornehmlich durch das **Kaliumgleichgewichtspotenzial** bestimmt (▶ Kap. 6.1).

Einwärtsgleichrichter   Zur hohen Kaliumpermeabilität des Sarkolemms unter Ruhebedingungen tragen vor allem **K_{ir}-Kanäle** (ir: **inward rectifier**, Einwärtsgleichrichter) bei. Der Name Einwärtsgleichrichter rührt daher, dass sich ihre Leitfähigkeit bei Membranpotenzialen, die positiver als E_K sind und somit einen Auswärtsstrom generieren würden, verringert. Die Ursache liegt in einer Blockierung der Kanalpore durch mehrfach positiv geladene **Polyamine** und Mg^{2+} (▶ Kap. 4.3). Dabei gilt:

> ❯ Je größer die Triebspannung für einen Kaliumauswärtsstrom, desto stärker der Block und desto geringer die Leitfähigkeit der K_{ir}-Kanäle.

Kaliumeinwärtsströme können dagegen ungehindert passieren. K_{ir}-Kanäle eignen sich daher sehr gut zur Stabilisierung des Ruhemembranpotenzials der Kardiomyozyten bei Werten um das Kaliumgleichgewichtspotenzial. Sie verhindern jedoch nicht die Entstehung von Aktionspotenzialen, da bei zunehmender Depolarisation der Polyaminblock des Kanals einem Kaliumauswärtsstrom und so der Repolarisation des Membranpotenzials entgegenwirkt.

> ❯ K_{ir}-Kanäle stabilisieren das Ruhemembranpotenzial der Kardiomyozyten.

16.1.2 Aktionspotenzial

Das Aktionspotenzial der Arbeitsmyokardzelle ist ungewöhnlich lang; charakteristisch ist eine Plateauphase der Depolarisation von 200–400 ms, in der die Zelle refraktär, d. h. nicht erneut erregbar ist.

Entstehung und Ablauf des Aktionspotenzials   Das Aktionspotenzial der Arbeitsmyokardzellen unterscheidet sich in seinem zeitlichen Verlauf deutlich von dem der Nerven- und Skelettmuskelzellen. Das Aktionspotenzial der ventrikulären Kardiomyozyten hat eine Dauer von 200–400 ms. Es wird durch Depolarisationen aus dem Erregungsbildungs- und Erregungsleitungssystem ausgelöst, die das Arbeitsmyokard über elektrische Synapsen (**gap junctions**) erreichen. Auch die Ausbreitung des Aktionspotenzials über die Zellen des Arbeitsmyokards verläuft elektrotonisch über **gap junctions**.

Aktionspotenzial des Kardiomyozyten   Durch seinen charakteristischen Verlauf lassen sich **4 Phasen** differenzieren: (◻ Abb. 16.2):

- **Initiale Depolarisation** (Phase 0). Durch die Aktivierung spannungsgesteuerter Na-Kanäle fließt ein **Natriumeinwärtsstrom** (I_{Na}). Dieser bedingt eine schnelle Depolarisation und führt dazu, dass das Membranpotenzial in positive Spannungsbereiche umkehrt (**overshoot**). Das Na^+-Gleichgewichtspotenzial ($E_{Na} \approx +60$ mV) wird dabei jedoch nicht erreicht, da die Na_v Kanäle bereits während der Phase 0 zu inaktivieren beginnen.
- **Partielle Repolarisation** (Phase 1). Bedingt durch die Inaktivierung der Na_v-Kanäle sowie eine schnelle Aktivierung und unmittelbare Inaktivierung **spannungsgesteuerter K-Kanäle**, die einen transienten Kaliumauswärtsstrom (I_{to}, **transient outward current**) fließen lassen, ergibt sich eine kurzzeitige partielle Repolarisation des Membranpotenzials.
- **Plateauphase** (Phase 2). Das Membranpotenzial bleibt während dieser Phase bei ca. 0 mV konstant. Ursächlich ist ein Gleichgewicht zwischen einem lang anhaltenden Kalziumeinwärtsstrom ($I_{Ca,L}$) durch spannungsgesteuerte Ca-Kanäle vom L-Typ und verschiedenen Kaliumauswärtsströmen unterschiedlicher Kinetik (I_{Kur}, ultrarapid (Vorhöfe); I_{Kr}, rapid; I_{Ks}, slow) durch spannungsgesteuerte K-Kanäle. Der Kalziumeinstrom ist im Herzmuskel Voraussetzung für die mechanische Kontraktion.
- **Repolarisation** (Phase 3). Während die zuvor aktivierten Ca_v-Kanäle inaktivieren, dominieren nun die genannten Kaliumauswärtsströme (I_{Kr}, I_{Ks}) – das Sarkolemm repolarisiert. Zur letzten Phase der Repolarisation tragen auch die K_{ir}-Kanäle mit einem Kaliumauswärtsstrom (I_{K1}) bei, da sich der oben beschriebene Polyamin-Block bei Annäherung an das Kaliumgleichgewichtspotenzial wieder löst.

Die wichtigsten Ionenströme des Aktionspotenzials im Kardiomyozyten sowie die Ionenkanäle, die diese Ströme leiten, sind in ◻ Tab. 16.1 zusammengestellt.

Refraktärzeiten   Der Herzmuskel ist durch die spannungsabhängige Inaktivierung der Na_v-Kanäle vor einer ungeordneten Erregungsausbreitung geschützt. Während der **absoluten Refraktärzeit** befinden sich die meisten Na_v-Kanäle im geschlossen inaktivierten Zustand und stehen daher für die erneute Auslösung eines Aktionspotenzials nicht zur Verfügung. In der **relativen Refraktärzeit** gelangen mit fortschreitender Repolarisation des Sarkolemms zunehmend

16

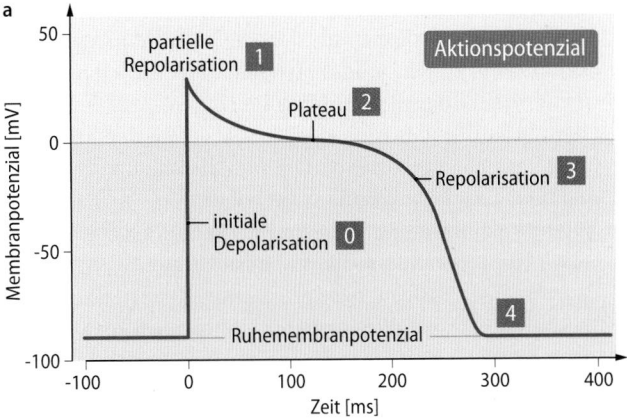

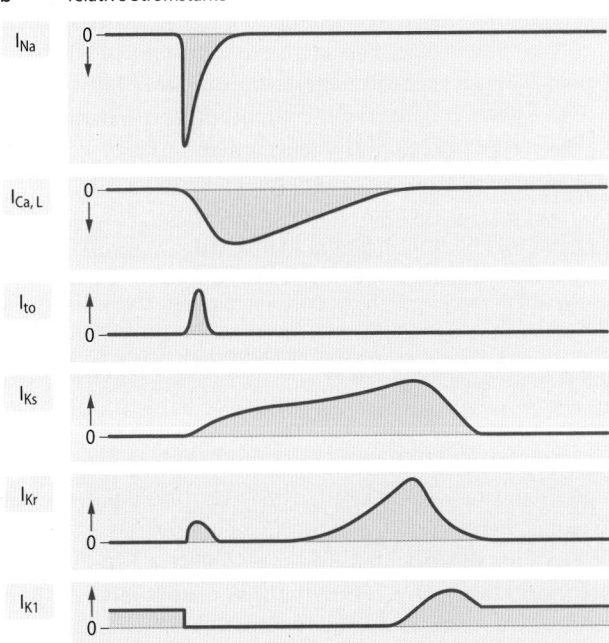

◻ Abb. 16.2a,b Aktionspotenzial der Arbeitsmyokardzelle. a Die vier Phasen des myokardialen Aktionspotenzials. **b** Ursachen der Membranpotenzialänderungen sind die folgenden Ionenströme: I_{Na} spannungsaktivierter Natriumeinwärtsstrom; $I_{Ca,L}$ spannungsaktivierter Kalziumeinwärtsstrom (L-Typ); I_{to} spannungsaktivierter, transienter Kaliumauswärtsstrom (to: transient outward); I_{Ks} spannungsaktivierter Kaliumauswärtsstrom langsamer Kinetik (s: slow); I_{Kr} spannungsaktivierter Kaliumauswärtsstrom schneller Kinetik (r: rapid); I_{K1} Kaliumauswärtsstrom durch Einwärtsgleichrichterkaliumkanäle. Definitionsgemäß werden Einwärtsströme nach unten und Auswärtsströme nach oben aufgetragen

◻ Tab. 16.1 Wichtige Ionenströme der Arbeitsmyokard- und Schrittmacherzellen und die Ionenkanäle (alternative Nomenklatur), durch die sie fließen

Ionenströme	Ionenkanäle
I_{Na}	$Na_v1.5$
$I_{Ca,L}$	$Ca_v1.2$
$I_{Ca,T}$	$Ca_v3.1, Ca_v3.2$
I_f	HCN
I_{to}	$K_v4.2/K_v4.3$
I_{Kur}	Kv1.5
I_{Kr}	Kv11.1 (hERG)
I_{Ks}	Kv7.1 (KCNQ1, KvLQT1) und KCNE1 (Isk, minK)
I_{K1}	$K_{ir}2.1$ (IRK1)
$I_{K,ACh}$	$K_{ir}3.1/K_{ir} 3.4$ (GIRK1/GIRK4)

geprägt. Greift ein elektrischer Impuls auf Areale des Arbeitsmyokards über, die sich gerade in der Phase der relativen Refraktärzeit befinden, kann es zu einer **inhomogenen Erregungsausbreitung** in diesem Gebiet kommen, was zu einer **kreisenden elektrischen Erregung** führen kann. Ein solcher in der Refraktärzeit einfallender Impuls kann z. B. durch eine ektop im Ventrikel entstandene elektrische Erregungswelle (ventrikuläre Extrasystole) oder auch durch einen externen

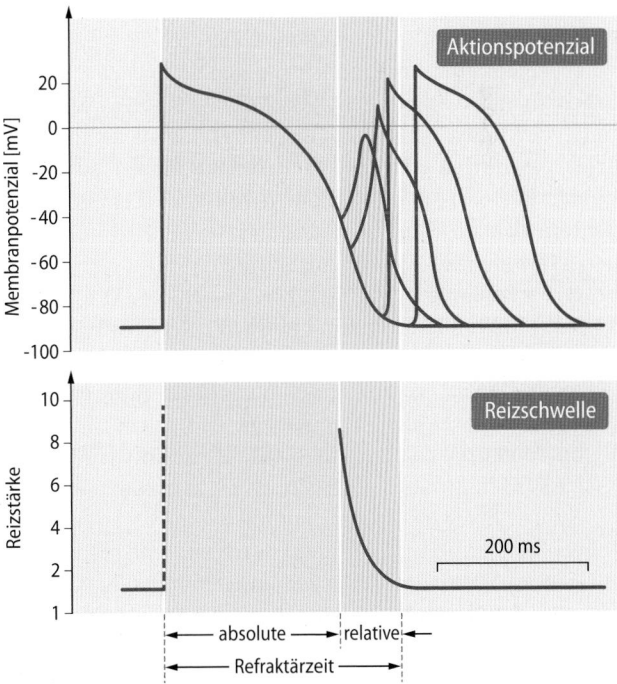

◻ Abb. 16.3 Refraktärzeiten der Arbeitsmyokardzelle. Die Reizschwelle ist angegeben in relativen Einheiten, bezogen auf eine schwellenwirksame Reizstärke von 1. Die absolute Refraktärzeit reicht von der initialen Depolarisation der Membran bis gegen Ende der Plateauphase. Während dieser Zeit ist eine erneute Erregung aufgrund der Inaktivierung der Na_v-Kanäle nicht möglich, d. h. die Reizschwelle erscheint unendlich hoch

mehr Na_v-Kanäle in den geschlossenen, wieder aktivierbaren Zustand. Mit größeren Reizstärken als normal lassen sich experimentell nun wieder Aktionspotenziale auslösen, die jedoch aufgrund der noch immer begrenzten Verfügbarkeit aktivierbarer Na_v- (und Ca_v-)Kanäle eine kleinere Amplitude und Dauer aufweisen (◻ Abb. 16.3).

Kreisende Erregung　Die relative Refraktärzeit durchlaufen auch benachbarte Myokardzellen nicht mit exakt der gleichen Geschwindigkeit. Dadurch ist die elektrische Erregbarkeit des Arbeitsmyokards für kurze Zeit regional inhomogen aus-

Stromschlag entstanden sein. Die relative Refraktärzeit wird daher auch als **vulnerable Phase** bezeichnet.

Terminierung kreisender Erregung

Aufgrund der langen Refraktärzeit und der relativ hohen Erregungsleitungsgeschwindigkeit trifft eine kreisende Erregung physiologischerweise nach wenigen Sekunden auf refraktäres Gewebe und terminiert spontan. Extrasystolen sind daher i. d. R. nicht behandlungsbedürftig. Die Situation ändert sich, wenn die Erregungsausbreitung am Herzen gestört ist: Herzvergrößerung bei Kardiomyopathie oder Narben nach Herzinfarkt sind Hindernisse der Erregungsausbreitung. Die Geschwindigkeit der kreisenden Erregungen nimmt ab und die Dauer der Erregungsausbreitung überschreitet die Refraktärzeit der Kardiomyozyten – das Kreisen terminiert nicht mehr. Da in dieser Situation das Herz ungeordnet kontrahiert, kommt es zum Pumpversagen. Die Durchblutung nimmt ab, als Folge des Sauerstoffmangels kommt es zum tödlichen Kammerflimmern.

> Die lange Dauer des Aktionspotenzials des Kardiomyozyten ermöglicht eine vollständige Erregung des gesamten Herzens.

16.1.3 Störungen des myokardialen Aktionspotenzials

Blockierung oder eine geänderte Konformation von Ionenkanälen, sowie Elektrolytstörungen können zu Veränderungen des myokardialen Aktionspotenzials führen. Die Folge sind häufig lebensbedrohliche Herzrhythmusstörungen.

Störungen des Elektrolythaushalts Veränderungen der extrazellulären Ionenkonzentrationen können die physiologische Herzerregung empfindlich stören. Die Ursachen hierfür liegen in den veränderten Gleichgewichtspotenzialen betreffender Ionen (s. Nernst-Gleichung), die zu veränderten Triebspannungen einzelner Ionenströme führen, sowie die direkte Beeinflussung der biophysikalischen Eigenschaften der Ionenkanäle. Klinisch besonders relevant sind Störungen der extrazellulären Kaliumkonzentration.

- **Hyperkaliämie** (>5,5 mM): Ein Anstieg der extrazellulären Kaliumkonzentration führt zu einer Positivierung des Kaliumgleichgewichtspotenziales (E_K). Die resultierende Depolarisation der Zellmembran in Ruhe erhöht zunächst die kardiale Erregbarkeit, da sich das Membranpotenzial näher an der Schwelle zur Entstehung eines Aktionspotenzials befindet. Dadurch kann es zu ektoper Erregungsbildung kommen. Eine besonders ausgeprägte Hyperkaliämie kann durch eine entsprechend stärkere Positivierung des Ruhemembranpotenzials zu einer zunehmenden Inaktivierung der Na_v-Kanäle und somit auch zu einer reduzierten Erregbarkeit des Herzen führen. Zusätzlich steigt bei einer Hyperkaliämie die Kaliumleitfähigkeit der Membran, wodurch die Repolarisation des Aktionspotenzials beschleunigt wird. Im EKG (▶ Kap. 17.2) sind in diesem Fall überhöhte T-Wellen zu erkennen.
- **Hypokaliämie** (<3,5 mM): Eine Erniedrigung der extrazellulären Kaliumkonzentration führt zu einer Negati-

vierung von E_K. Die resultierende Hyperpolarisation der Zellmembran in Ruhe reduziert die kardiale Erregbarkeit. Da bei zunehmender Hypokaliämie jedoch auch die Kaliumleitfähigkeit der Membran sinken kann, kann die Repolarisation des Aktionspotenzials erschwert sein und eine kardiale Übererregbarkeit mit klinisch häufig beobachteter Extrasystolie zur Folge haben.

- **Hyperkalziämie** (>2,7 mM): Eine erhöhte extrazelluläre Ca^{2+}-Konzentration steigert den Kalziumeinwärtsstrom während der Plateauphase des Aktionspotenzials. Es resultiert eine beschleunigte Ca^{2+}-abhängige Inaktivierung der L-Typ Ca_v-Kanäle, die zu einer Verkürzung der Plateauphase des Aktionspotenzials führt. Im EKG ist dann eine verkürzte QT-Zeit zu erkennen.
- **Hypokalziämie** (<2,2 mM): Ein Kalziummangel führt umgekehrt zu einem verminderten Kalziumeinwärtsstrom während der Plateauphase des Aktionspotenzials. Die dadurch verzögerte Inaktivierung der L-Typ Ca_v-Kanäle verlängert das Aktionspotenzial, was im EKG als verlängerte QT-Zeit erkennbar wird.

Kardioplege Lösungen

In der Herzchirurgie kann der Herzmuskel durch eine K^+-reiche (9 mM) und Ca^{2+}-freie Lösung ruhiggestellt werden. Die Kardiomyozyten sind in einer solchen „kardioplegen" (d. h. herzlähmenden) Lösung nicht mehr erregbar und können nicht mehr kontrahieren. Dadurch sinkt ihr ATP-Verbrauch. Zusätzliche Kühlung senkt den Energie-Verbrauch noch weiter ab, sodass das Herz auch ohne Blutperfusion über Stunden erhalten werden kann.

Plötzlicher Herztod und Mutationen von Ionenkanälen In Deutschland versterben jährlich mehr als 100.000 Menschen am plötzlichen Herztod, d. h. an einem unerwartet eintretenden, kardial verursachten Tod. Die meisten Fälle werden durch strukturelle Herzerkrankungen, insbesondere durch die koronare Herzerkrankung (▶ Kap. 18.3 Klinische Box) verursacht. In ca. 5–10 % der Fälle sind jedoch anscheinend herzgesunde, oftmals jüngere Menschen vom plötzlichen Herztod betroffen. In diesen Fällen müssen primär elektrische Herzerkrankungen wie z. B. das Long-QT-Syndrom in Betracht gezogen werden (siehe Klinische Box).

16.2 Elektromechanische Kopplung

Über die elektromechanische Kopplung führt das Aktionspotenzial der Muskelzelle zur mechanischen Kontraktion. Von zentraler Bedeutung ist dabei eine transiente Erhöhung der intrazellulären Ca^{2+}-Konzentration.

Aktivierungsphase Die elektromechanische Kopplung wird durch einen **Anstieg der intrazellulären Ca^{2+}-Konzentration** vermittelt (◘ Abb. 16.4a). Im Ruhezustand der Zelle beträgt diese nur ein Zehntausendstel der extrazellulären Konzentration an freiem Ca^{2+} ($[Ca^{2+}]_i = 10^{-7}$ M; $[Ca^{2+}]_e = 10^{-3}$ M). Während der Plateauphase des Aktionspotenzials gelangt Ca^{2+} durch die spannungsabhängige Aktivierung der L-Typ Ca_v-Kanäle ins Zytosol. Dort löst es durch Bindung an Ligan-

Klinik

Long-and-Short-QT-Syndrom

Long-QT-Syndrom (LQTS)

Hierbei handelt es sich um eine primär elektrische Erkrankung des Herzens, die durch eine verlängerte QT-Zeit im EKG definiert ist. Das klinische Spektrum reicht von einem lebenslang asymptomatischen Verlauf bis hin zu malignen ventrikulären Tachykardien, die zu Synkopen oder plötzlichem Herztod bereits im Kindes- und Jugendalter führen können. Die verlängerte QT-Zeit im EKG (▶ Kap. 17.3) ist Abbild einer verlängerten Aktionspotenzialdauer in den Kardiomyozyten. Mehr als 2/3 der angeborenen (kongenitalen) Formen des LQTS werden entweder durch **loss-of-function-Mutationen** in den Ionenkanälen **KCNQ1** oder **HERG** oder aber durch **gain-of-function-Mutationen** in $Na_v1.5$ oder $Ca_v1.2$ bzw. ihrer akzessorischen Untereinheiten verursacht. Durch die so entweder verminderten Auswärtsströme (I_{Kr}, I_{Ks}) oder verstärkten Einwärtsströme (I_{Na}, I_{Ca}) wird die **Repolarisation** des Aktionspotenzials verzögert und seine Dauer verlängert. Da KCNQ1 und seine akzessorische Untereinheit KCNE1 auch in der Stria vascularis des Innenohrs exprimiert werden und dort an der K⁺-Sekretion in die Endolymphe beteiligt sind, können Mutationen im **KCNQ1/KCNE1** Kanalkomplex zu einem LQTS mit **Innenohrschwerhörigkeit** führen (**Jervell-Lange-Nielsen Syndrom**).

Deutlich häufiger als genetische Formen lassen sich **erworbene Formen** des LQTS beobachten. Diese sind meist auf eine unerwünschte pharmakologische Hemmung des HERG-Kanals zurückzuführen, die eine gefährliche **Nebenwirkung** vieler Medikamente darstellt. Auch Störungen des Elektrolythaushalts können durch Beeinflussung der Ionenkanalfunktionen zu einem erworbenen LQTS führen.

Short-QT-Syndrom (SQTS)

Diese sehr seltene, primär elektrische Herzerkrankung kann sich klinisch durch bereits in der Jugend auftretendes Vorhofflimmern, Synkopen und plötzlichem Herztod manifestieren. Als Ursachen sind **gain-of-function**-Mutationen in HERG, KCNQ1 und $K_{ir}2.1$ sowie **loss-of-function**-Mutationen in $Ca_v1.2$ oder seinen akzessorischen Untereinheiten beschrieben. Durch diese Ionenkanaldefekte wird die Balance zwischen Aus- und Einwärtsströmen über die Zellmembran des Kardiomyozyten genau gegenteilig zum LQTS verschoben, nämlich zugunsten einer beschleunigten Repolarisation des Aktionspotenzials, sodass in der extrazellulären Ableitung des EKG eine verkürzte QT-Zeit sichtbar wird.

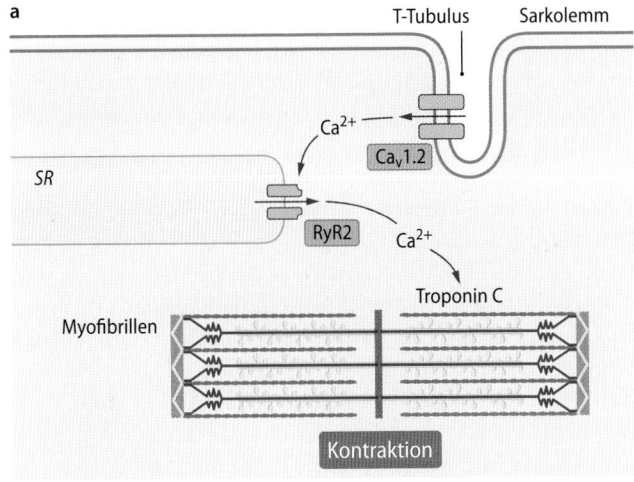

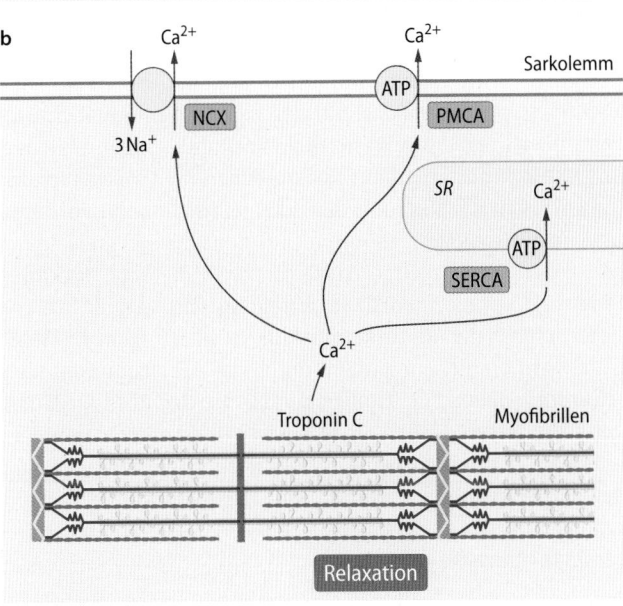

den-aktivierte Kalziumkanäle (Ryanodinrezeptoren Typ 2, RyR2) in der Membran des sarkoplasmatischen Retikulums (SR) eine zusätzliche Freisetzung von Ca^{2+} aus den intrazellulären Speichern des longitudinalen tubulären Systems (L-Tubuli) aus. Die mittlere intrazelluläre Ca^{2+}-Konzentration kann durch diesen Verstärkungsmechanismus auf mikromolare Konzentrationen während eines Aktionspotenzials ansteigen. Anders als im Skelettmuskel (▶ Kap. 13.3) bewirkt also im Herzmuskel das einströmende Ca^{2+} die weitere intrazelluläre Freisetzung von Ca^{2+} aus dem SR (sog. Ca^{2+}-induzierte Ca^{2+}-Freisetzung). Genau wie im Skelettmuskel aktiviert schließlich die Bindung freier Kalziumionen an das myofibrilläre Regulatorprotein Troponin C den kontraktilen Apparat im Zytosol.

Relaxationsphase Die Entspannungsphase wird durch ein Absenken der intrazellulären Ca^{2+}-Konzentration hervorgerufen (◘ Abb. 16.4b). Zwei primär aktive Transporter (Ca^{2+}-ATPasen) pumpen Ca^{2+} gegen den Konzentrationsgradienten sowohl zurück in das SR (sarkoendoplasmatische Retikulum Ca^{2+}-ATPase, SERCA) als auch in den Extrazellulärraum (Plasmamembran Ca^{2+}-ATPase, PMCA). Bedeutsa-

◘ **Abb. 16.4a,b** Schema der elektromechanischen Kopplung im Herzmuskel. **a Aktivierungsphase**. Während der Plateauphase des Aktionspotenzials strömt Ca^{2+} über L-Typ Ca-Kanäle ins Zellinnere. Dort induzieren sie durch Aktivierung des Ryanodinrezeptors Typ 2 (RyR2) die Freisetzung von weiterem Ca^{2+} aus dem sarkoplasmatischen Retikulum (SR). Bindung von Ca^{2+} an Troponin C aktiviert den Querbrückenzyklus. **b Relaxationsphase**. Drei Mechanismen senken die zytosolische Ca^{2+}-Konzentration: 1. Transport zurück in das SR durch die primär aktive sarkoendoplasmatische Retikulum Ca^{2+}-ATPase, SERCA; 2. Transport über die Plasmamembran (Sarkolemm) durch einen primär aktiven (Plasmamembran-Ca^{2+}-ATPase, PMCA) und 3. ein sekundär aktiver Transporter (Na⁺/Ca^{2+} exchanger, NCX)

Klinik

Katecholaminerge polymorphe ventrikuläre Tachykardien (CPVT)

Die katecholaminergen polymorphen ventrikulären Tachykardien manifestieren sich meist schon im Kindes- oder Jugendalter mit belastungsinduzierten Synkopen (kurz andauernde Bewusstlosigkeit) oder plötzlichem Herztod. Wegweisend für die Diagnostik sind polymorphe (vielgestaltige) ventrikuläre Extrasystolen sowie ventrikuläre Tachykardien im Belastungs-EKG. Genetische Untersuchungen betroffener Familien haben **gain-of-function**-Mutationen im myokardialen Ryanodinrezeptor RyR2 als molekulare Ursache identifizieren können. Daher werden Störungen in der Regulation der intrazellulären Ca^{2+}-Konzentration als pathogenetisch relevant betrachtet.

mer für den Transport von Ca^{2+} über die Plasmamembran ist jedoch ein im Sarkolemm exprimierter Na^+/Ca^{2+}-Antiporter (Na^+/Ca^{2+}-exchanger, NCX), der 1 Ca^{2+} im Austausch gegen 3 Na^+ transportiert. Der NCX ist ein sekundär-aktiver Transporter, dessen Funktion von den elektrochemischen Gradienten der Na^+ und Ca^{2+}-Ionen über der Zellmembran abhängt.

Am Ende der langen Plateauphase des Aktionspotenzials der Kardiomyozyten sinkt zeitgleich die intrazelluläre Ca^{2+}-Konzentration wieder ab, sodass bei vollständiger Repolarisation der Zellmembran wieder submikromolare Ca^{2+}-Konzentrationen erreicht werden. Daher ist der Herzmuskel im Gegensatz zum Skelettmuskel nicht tetanisierbar.

Transportrichtung des Na^+/Ca^{2+}-Antiporters
Ausgehend von den Gleichgewichtspotenzialen für Na^+ und Ca^{2+} kann für den NCX das Umkehrpotenzial errechnet werden: $E_{NCX} = 3 E_{Na+} - 2 E_{Ca2+}$. Bei Membranpotenzialen negativer als das Umkehrpotenzial transportiert der NCX Na^+ nach intrazellulär und Ca^{2+} nach extrazellulär. Sollte die Zelle über das Umkehrpotenzial hinaus depolarisieren, dreht sich die Transportrichtung um. Lokale Änderungen der Ionenkonzentrationen für Na^+ und Ca^{2+} (in Mikrodomänen) ändern die o. g. Gleichgewichtspotenziale, sodass sich auch das Umkehrpotenzial des NCX während der Abfolge von Aktionspotenzialen verschiebt. Eine Umkehr der Transportrichtung des NCX verbessert zwar die elektromechanische Kopplung, kann jedoch auch zu einer Überladung der Zellen mit Ca^{2+} und zu Störungen der Erregungsausbreitung führen.

❯ Eine Superposition der Kalziumtransienten ist im Herzmuskel, anders als im Skelettmuskel, nicht möglich.

In Kürze

In **Ruhe** weisen die Kardiomyozyten ein Membranpotenzial von ca. −85 mV ($\approx E_K$) auf. Durch Depolarisation wird ein **Aktionspotenzial** ausgelöst, das in initiale Depolarisation, partielle Repolarisation, Plateauphase, Repolarisation eingeteilt wird. Während des Aktionspotenzials sind die Kardiomyozyten durch Inaktivierung der Na_v Kanäle ca. 300 ms lang **refraktär**. Der Ca^{2+}-Einstrom während der Plateauphase des Aktionspotenzials löst eine Freisetzung von Ca^{2+} aus dem sarkoplasmatischen Retikulum aus. Die resultierende mikromolare Konzentration von Ca^{2+} im Zytosol leitet den Kontraktionsvorgang ein. Aktive Rückspeicherung von Ca^{2+} in das sarkoplasmatische Retikulum sowie Auswärtstransport beenden die Kontraktion. Da die intrazelluläre Ca^{2+}-Konzentration zeitgleich mit der Repolarisation des Aktionspotenzials absinkt, ist der Herzmuskel **nicht tetanisierbar**.

16.3 Erregungsbildungs- und Erregungsleitungssystem

16.3.1 Zelluläre Strukturen

Spezialisierte Muskelzellen bilden im rechten Vorhof und den Ventrikeln die zellulären Strukturen für die Erregungsbildung und die Erregungsleitung.

Lokalisation und Verlauf Die Zellen des **Erregungsbildungs- und Erregungsleitungssystems** sind spezialisierte Muskelzellen, die allerdings nur spärlich mit Myofibrillen und Mitochondrien ausgestattet sind. Stattdessen enthalten sie viel **Glykogen** und Enzyme des anaeroben Energiestoffwechsels. Die Zellen sind darüber hinaus breiter und voluminöser als die der Arbeitsmuskulatur, was die Erregungsleitung beschleunigt.

Die im **Sinusknoten** (Nodus sinuatrialis) spontan generierten Aktionspotenziale werden auf die Vorhöfe und den Atrioventrikularknoten (AV-Knoten, Nodus atrioventricularis, Aschoff-Tawara Knoten) weitergeleitet, der an der Grenze zwischen rechtem Vorhof und Kammer lokalisiert ist (◘ Abb. 16.1). Die **Ventilebene** verhindert die Übertragung der Erregung aus den Vorhöfen an die Ventrikel, da ihr Bindegewebe keine Aktionspotenziale bilden oder weiterleiten kann. Sie stellt somit einen elektrischen Isolator dar. Am AV-Knoten entspringt ein dünner Strang spezialisierter Muskelzellen, das **His-Bündel** (Truncus fasciculi atrioventricularis), das die Ventilebene durchdringt und die Erregung an die Herzkammern weiterleitet. Es verläuft im Ventrikelseptum zunächst auf der rechten Seite in Richtung Herzspitze und verzweigt sich bald in einen rechten und einen linken Kammerschenkel (Tawara-Schenkel, Crus dextrum, Crus sinistrum). Der linke Schenkel teilt sich in ein **vorderes** und ein **hinteres Hauptbündel**. Die Enden dieser Verzweigungen gehen in netzartige Ausläufer über, die sog. **Purkinje-Fasern**. Über diese wird die Erregung fein verteilt auf die Innenschicht der **Ventrikelmuskulatur** übertragen. Im Ventrikel wird die Erregung dann durch die Arbeitsmuskelzellen selbst fortgeleitet. Die Papillarmuskeln werden über Ausläufer der Kammerschenkel als erste erreicht und kontrahieren deshalb auch vor der übrigen Kammermuskulatur. Über den Zug der Papillarmuskeln werden die Atrioventrikularklappen schon zu Beginn der Systole verschlossen und am Durchschlagen in die Vorhöfe gehindert.

Zell-Zell-Kommunikation Die Zellen des Erregungsbildungs- und Erregungsleitungssystems sowie des Arbeitsmyokards sind untereinander und miteinander über elektrische Synapsen (**gap junctions**) verbunden. Der Herzmuskel bildet daher ein **funktionelles Synzytium**. Strukturelement der **gap junctions** sind die Connexone, interzelluläre Verbindungen aus zwei Hemiconnexonen, die wiederum durch je 6 Connexinproteine gebildet werden. Im Erregungsleitungssystem sind vor allem die Connexine Cx40 und Cx43 exprimiert und im ventrikulären Arbeitsmyokard Cx43 und Cx45, während sich in den Vorhöfen alle drei genannten Connexine finden. Die Zellen des Erregungsleitungssystems sind untereinander durch eine größere Anzahl von **gap junctions** verbunden als mit dem umliegenden Arbeitsmyokard. Da die Geschwindigkeit der Erregungsausbreitung durch die Dichte der **gap junctions** innerhalb der genannten Strukturen beeinflusst wird, sind Kammerschenkel und Purkinje-Fasern regelrechte „Rennstrecken" der Erregungsausbreitung.

16.3.2 Erregungsbildung

Die Zellen des Erregungsbildungs- und Erregungsleitungssystems können spontan Aktionspotenziale generieren; sie haben kein stabiles Ruhemembranpotenzial.

Kardiale Schrittmacher Die Zellen des Erregungsbildungs- und Erregungsleitungssystems unterscheiden sich von den Arbeitsmyokardzellen in ihren elektrischen Eigenschaften. Sie weisen kein stabiles Ruhemembranpotenzial auf; stattdessen depolarisieren sie spontan und generieren selbständig Aktionspotenziale. Man bezeichnet sie daher auch als **Schrittmacherzellen**. Ursache für das bioelektrische Verhalten dieser Zellen ist eine besondere Ausstattung mit Ionenkanälen, die sich im Verlauf des Erregungsleitungssystems jedoch immer stärker an die der Kardiomyozyten angleicht. Im Folgenden wird die Erregungsbildung am Beispiel der Schrittmacherzellen des Sinusknotens beschrieben.

Spontane Depolarisation Die Schrittmacherzellen des Sinusknoten exprimieren im Gegensatz zum Arbeitsmyokard kaum $K_{ir}2$-Kanäle. Somit fehlt ihnen der wichtige Kaliumstrom (I_{K1}), der in den Kardiomyozyten das Ruhemembranpotenzial nahe E_K stabilisiert. Die Schrittmacherzellen repolarisieren nach einem vorangegangenen Aktionspotenzial daher nur unvollständig bis zum **Maximalen Diastolischen Potenzial** von ca. –60 mV, bevor sie erneut spontan depolarisieren. Diese **langsame diastolische Depolarisation** wird durch ein komplexes Zusammenspiel mehrerer Ionenströme verursacht (◻ Abb. 16.5). Neben der Abnahme repolarisierender Kaliumströme durch Deaktivierung der spannungsgesteuerten K_v-Kanäle am Ende des Aktionspotenzials spielt vor allem ein nicht-selektiver Kationenstrom eine wichtige Rolle. Dieser sog. kardiale **Schrittmacherstrom** wird charakteristischerweise durch Hyperpolarisation aktiviert und daher auch als „eigenartig" bezeichnet (engl. **funny current**; I_f).

Die Ionenkanäle, die I_f leiten, werden durch Hyperpolarisation und durch zyklische Nukleotide aktiviert (**Hyperpolarization-activated, Cyclic Nucleotide-gated channels**) und daher als **HCN-Kanäle** bezeichnet. Sie stellen eine wichtige Zielstruktur bei der Regulation der Herzfrequenz durch das vegetative Nervensystem dar. Daher werden HCN-Blocker (z. B. Ivabradin) auch klinisch zur Senkung der Herzfrequenz eingesetzt. Die voranschreitende Depolarisation der Schrittmacherzellen durch I_f wird unterstützt durch die Öffnung von T-Typ Ca_v-Kanälen, die in einem negativeren Spannungsbereich aktivieren als die zuvor erwähnten L-Typ Ca_v-Kanäle.

Aktionspotenzial im Erregungsleitungssystem Bei Erreichen der Schwelle für die Entstehung eines Aktionspotenzials wird die initiale Depolarisation in den Schrittmacherzellen anders als im Arbeitsmyokard durch Aktivierung von **L-Typ Ca_v-Kanälen** verursacht. Die Zellen des Sinusknotens exprimieren **kaum Na_v-Kanäle** und die unvollständige Repolarisation verhindert, dass die wenigen Kanäle in den Zustand geschlossen–aktivierbar übergehen. Die **Anstiegssteilheit** der initialen Depolarisation ist in den Schrittmacherzellen dabei **geringer** als im Arbeitsmyokard, da Ca_v-Kanäle langsamer aktivieren als Na_v-Kanäle.

Die schließlich einsetzende Inaktivierung der L-Typ Ca_v-Kanäle sowie die verzögerte Aktivierung spannungsgesteuerter K-Kanäle leiten die **Repolarisationsphase** des Aktionspotenzials ein. Eine Plateauphase ist aufgrund fehlender Balance zwischen Kalziumeinwärts- und Kaliumauswärtsströmen in den Schrittmacherzellen nicht vorhanden. Mit fortschreitender Repolarisation der Membran deaktivieren die K_v Kanäle wieder und die langsame Spontandepolarisation beginnt erneut. Die wichtigsten Ionenströme des Aktionspotenzials der Schrittmacherzellen sowie die Ionenkanäle, die diese Ströme leiten, sind in ◻ Abb. 16.5 dargestellt.

❯ **Die Steigung der langsamen diastolischen Depolarisation bestimmt die Herzfrequenz.**

16.3.3 Erregungsleitung

Der Sinusknoten ist der schnellste und damit der übergeordnete Schrittmacher des Herzens; eine Hierarchie in der spontanen Erregungsbildung bestimmt die Erregungsleitung im Herzen.

Verlauf der Erregungsleitung Unter physiologischen Bedingungen ist der Sinusknoten der bestimmende **Taktgeber** für die elektrische Autorhythmie des Herzens. In ihm erfolgt die spontane Depolarisation am schnellsten, sodass die von ihm ausgehende Erregung in den tiefer gelegenen Anteilen des Erregungsleitungssystems ankommt, bevor diese die eigene Membranschwelle für die spontane Bildung eines Aktionspotenzials erreichen. Auf diese Weise entsteht eine **Hierarchie der Schrittmacherzellen**, die durch ein unterschiedliches Expressionsniveau der zuvor beschriebenen Ionenkanäle bedingt ist. Nur wenn unter pathophysiologischen Bedingungen die Überleitung zwischen den verschiedenen Anteilen des

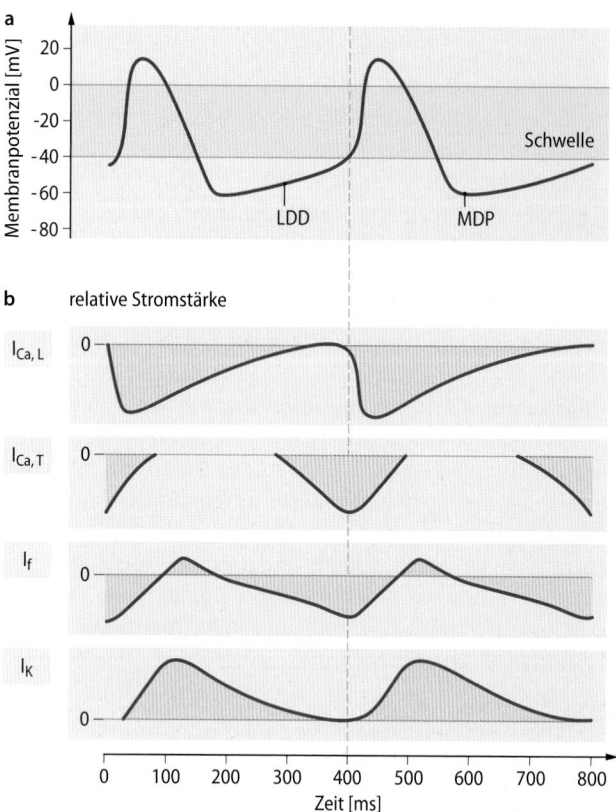

a

b   relative Stromstärke

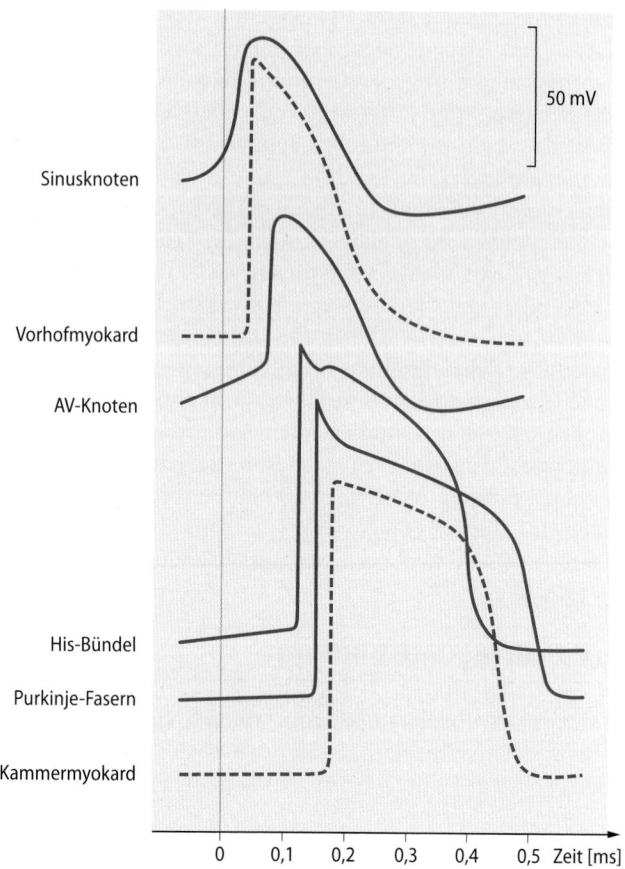

50 mV

Sinusknoten

Vorhofmyokard

AV-Knoten

His-Bündel

Purkinje-Fasern

Kammermyokard

☐ **Abb. 16.5a,b   Aktionspotenzial der Schrittmacherzellen des Sinusknotens. a** Bei Depolarisation bis zur Membranschwelle entsteht in den Schrittmacherzellen ein Aktionspotenzial, das eine geringere Anstiegssteilheit und keine Plateauphase aufweist. Nach Repolarisation auf eine maximales Membranpotenzial von ca. –60 mV (maximales diastolisches Potenzial, MDP) depolarisiert die Zelle wieder spontan (langsame diastolische Depolarisation, LDD). **b** Ursache der Membranpotenzialänderungen sind die folgenden Ionenströme: $I_{Ca,L}$, spannungsaktivierter Kalziumeinwärtsstrom (long-lasting, L-Typ); $I_{Ca,T}$, spannungsaktivierter Kalziumeinwärtsstrom (transient, T-Typ); I_f, Schrittmacherstrom (funny current); I_K, spannungsaktivierter Kaliumauswärtsstrom. Definitionsgemäß werden Einwärtsströme nach unten und Auswärtsströme nach oben aufgetragen

☐ **Abb. 16.6   Charakteristische Aktionspotenzialformen in verschiedenen Herzregionen.** Aktionspotenziale aus dem Erregungsbildungsbzw. Erregungsleitungssystem sind als ausgezogene Linien dargestellt. Die zeitliche Versetzung entspricht dem Eintreffen der Erregung in der entsprechenden Region während der normalen Erregungsausbreitung

Erregungsleitungssystems unterbrochen ist, lässt sich die Eigenfrequenz der jeweils untergeordneten Schrittmacherzentren beobachten.

- Die Eigenfrequenz des Sinusknotens liegt bei 60–80/min, man nennt ihn auch den **primären Schrittmacher.**
- Die Eigenfrequenz des AV-Knotens liegt bei 40–50/min, er wird auch als **sekundärer Schrittmacher** bezeichnet.
- Die Eigenfrequenz von His-Bündel und Kammerschenkeln liegt bei 30–40/min. Eine spontane Erregungsbildung unterhalb des AV-Knotens wird als **tertiärer Schrittmacher** bezeichnet.

Leitungsgeschwindigkeiten   Bei einer normalen Erregung des Herzens durch den Sinusknoten dauert es ca. 60–80 ms, bis die Erregung das Vorhofmyokard durchlaufen hat und den AV-Knoten erreicht (Leitungsgeschwindigkeit 0,5–1 m/s). Der AV-Knoten stellt dann mit einer Leitungsgeschwindigkeit von 0,1 m/s ein **Verzögerungsglied** in der Erregungsleitung dar; die Überleitung durch den AV-Knoten

benötigt einen Zeitraum von zusätzlich bis zu 100 ms (☐ Abb. 16.6). Diese Verzögerung gewährleistet den Abschluss der **Vorhofkontraktion**, bevor die Erregungswelle das ventrikuläre Myokard zur Kontraktion bringt, und ist somit wichtig für eine effiziente Füllung des Herzens (▶ Kap. 15.1).

Die Strecke vom His-Bündel bis zu den Purkinje-Fasern wird innerhalb von 20 ms mit einer Leitungsgeschwindigkeit von bis zu 3,5 m/s durchlaufen, während die Ausbreitung der Erregung über die ventrikuläre Arbeitsmuskulatur dagegen wieder ca. 60–80 ms benötigt (Leitungsgeschwindigkeit 0,5–1 m/s). Die Erregungsausbreitung ist in den Atrien und Ventrikeln mit je 60–80 ms deutlich kürzer als die Refraktärzeiten der atrialen und der ventrikulären Kardiomyozyten (200 bzw. 300 ms) und gewährleistet daher die gleichzeitige Erregung aller Myokardzellen.

Die Purkinje-Fasern nehmen eine Sonderstellung ein: Ihre Refraktärzeit ist mit ca. **400 ms** besonders lang. Dies verhindert ein **Zurücklaufen** der Erregung aus den ventrikulären Kardiomyozyten ins Erregungsleitungssystem und dient gleichzeitig als schützender Frequenzfilter bei zu hochfrequenter Erregung der Vorhöfe (z. B. bei Vorhofflimmern).

AV-Knoten   Der Atrioventrikularknoten bildet die einzige elektrische Verbindung zwischen Vorhöfen und Kammern.

Klinik

Sick-Sinus-Syndrom

Klinik

Das Sick-Sinus-Syndrom fasst Störungen der Sinusknotenfunktion und der sinuatrialen Überleitung zusammen, die meist in höherem Lebensalter (>50 Jahre) auftreten. Typische elektrokardiographische Befunde sind **Bradyarrhythmien** (Sinusbradykardie, sinuatriale Pausen, sinuatrialer Block, Sinusarrest). Als Konsequenz der Bradykardie können auch Vorhofextrasystolen bzw. Vorhofersatzrhythmen auftreten. Bei etwa der Hälfte der Patienten mit Sick-Sinus-Syndrom werden zudem supraventrikuläre Tachyarrhythmien wie Vorhofflimmern und Vorhofflattern beobachtet, die z. T. mit Bradyarrhythmien wechseln (**sog. Tachy-Brady-Syndrom**). Die klinische Symptomatik ist zu Beginn der häufig progredient verlaufenden Erkrankung eher gering ausgeprägt und kann v. a. durch „Herzklopfen" (Palpitationen) geprägt sein. Später können Zeichen einer Endorgan-Minderperfusion, z. B. des Gehirns, wie Müdigkeit, Leistungsminderung, Schwindel und Synkopen auftreten. In

vielen Fällen bildet sich eine sog. **chronotrope Inkompetenz** aus, die durch einen inadäquaten Herzfrequenzanstieg bei körperlicher Belastung gekennzeichnet ist und eine Leistungsschwäche weiter verstärken kann. Die größten Risiken eines Sick-Sinus-Syndroms liegen im plötzlichen Herzstillstand bei Sinusarrest und in embolischen Komplikationen bei Tachy-Brady-Syndrom.

Pathophysiologie

Als häufigste Ursache des Sick-Sinus-Syndroms werden **degenerative Gewebeveränderungen** (Fibrosierung) im Bereich des Sinusknotens und der Vorhöfe angenommen, die nach Umbauvorgängen (**Remodeling**) z. B. bei chronischer Vorhofüberdehnung oder nach Durchblutungsstörungen entstehen können. Risikofaktoren sind arterielle Hypertonie und die koronare Herzerkrankung (▶ Kap. 18.3). Auch Ionenkanaldefekte können Ursache eines Sick-Sinus-Syndroms sein. Bei familiären Formen des Sick-Sinus-Syndroms sind Mutationen

u. a. in der Ionenkanaluntereinheit HCN4 beschrieben worden, die zu einer Einschränkung der Schrittmacherkanalfunktion führen (**loss-of-function**-Mutationen). Schließlich können Störungen des Elektrolythaushalts und Herzfrequenz senkende Pharmaka (beta-Blocker, Kalziumantagonisten, etc.) das klinische Bild eines Sick-Sinus-Syndroms provozieren oder seine Symptome gefährlich verstärken.

Therapie

Sofern korrigierbare Faktoren wie Störungen des Elektrolythaushalts oder Medikamente als Ursache des Sick-Sinus-Syndroms ausgeschlossen werden können, besteht die wichtigste therapeutische Maßnahme in der Implantation eines **Herzschrittmachers**. Meist werden sog. Zwei-Kammer-Schrittmacher implantiert, deren Elektroden in den rechten Vorhof und die rechte Kammer reichen, da Patienten mit Sick-Sinus-Syndrom ein erhöhtes Risiko für einen AV-Block tragen (▶ Kap. 17.3.1).

Seine Leitungsgeschwindigkeit beträgt nur **0,1 m/s**, was unter anderem auf die Expression langsam leitender **Connexine** zurückzuführen ist. Die **Verzögerung** der Erregungsleitung zwischen Vorhöfen und Kammern (Überleitung) stellt sicher, dass die Vorhofkontraktion beendet werden kann, bevor die Erregung die Ventrikel kontrahieren lässt. Dies ermöglicht eine effiziente Füllung des Herzen. Bei der Erregungsfortleitung im AV-Knoten sind wie im Sinus-Knoten L-Typ Ca-Kanäle von zentraler Bedeutung. Hemmung derselben mit z. B. Diltiazem oder Verapamil wird daher klinisch zur Verlängerung der AV-Überleitungszeit eingesetzt.

In Kürze

Im Herzen bilden **Schrittmacherzellen** spontan Aktionspotenziale (Autorhythmie). Die Geschwindigkeit ihrer **spontanen Depolarisation** bestimmt ihre Eigenfrequenz und definiert eine Hierarchie potenzieller Schrittmacher. Normalerweise dominiert als schnellster Schrittmacher der Sinusknoten (**primärer Schrittmacher**). Die Zellen des Erregungsbildungs- und Erregungsleitungssystems sowie des Arbeitsmyokards bilden über gap junctions ein **funktionelles Synzytium**. Im **AV-Knoten** wird die Überleitung der Erregung von den Vorhöfen auf die Ventrikel **stark verzögert**, um deren Kontraktionen zeitlich voneinander zu trennen. Die Zeit für die Erregungsausbreitung in der Kammermuskulatur ist geringer als deren Refraktärzeit. So ist eine einmalige und vollständige Erregung des gesamten Herzens pro Schrittmacherzyklus gewährleistet.

16.4 Vegetative Regulation der elektrischen Herztätigkeit

16.4.1 Sympathikus und Parasympathikus

Das Herz wird durch sympathische und parasympathische Anteile des vegetativen Nervensystems innerviert; der Sympathikus erhöht die Herzfrequenz und die Herzkraft, während der Parasympathikus vor allem die Herzfrequenz senkt.

Innervation Das Herz wird von beiden Anteilen des vegetativen Nervensystems innerviert. Die postganglionären Fasern des Sympathikus entspringen als Nn. cardiaci aus den Ganglien des Grenzstrangs und bilden den Plexus cardiacus, der **Sinus- und AV-Knoten** sowie das **ventrikuläre Erregungsleitungssystem**, aber auch das **Arbeitsmyokard** der Ventrikel und Vorhöfe sowie die Koronargefäße innerviert. Aus axonalen Verdickungen, den sog. Varikositäten, setzen die postganglionären Neurone des Sympathikus den Neurotransmitter **Noradrenalin** frei. Bei zentraler Aktivierung des Sympathikus wird die Wirkung der lokalen Transmitterausschüttung durch systemisch zirkulierende Katecholamine, die aus dem Nebennierenmark freigesetzt werden (besonders Adrenalin), unterstützt.

Die Fasern des Parasympathikus stammen aus dem **N. vagus** und ziehen als postganglionäre Projektion vor allem zu Sinus- und AV-Knoten sowie zu den Vorhöfen. Im Gegensatz dazu gilt das **Arbeitsmyokard** der Ventrikel **nicht** relevant **parasympathisch** innerviert. Der Neurotransmitter der postganglionären parasympathischen Neurone ist Acetylcholin, das hier im Wesentlichen über **M2-muskarinerge Rezepto-**

ren G_i-gekoppelt wirkt. Noradrenalin und Adrenalin aktivieren am Herzen vor allem G_s-gekoppelte **beta1-adrenerge Rezeptoren**.

Wirkungen der vegetativen Regulation   Das vegetative Nervensystem reguliert vor allem die Herzfrequenz (**chronotrope Wirkung**), die Herzkraft (**inotrope Wirkung**, ▶ Kap. 15.5) und die Geschwindigkeit der atrioventrikulären Überleitung (**dromotrope Wirkung**).

Eine Aktivierung des Sympathikus erhöht die Herzfrequenz (positiv chronotrope Wirkung); eine Aktivierung des Parasympathikus dagegen senkt sie (negativ chronotrope Wirkung). Die Frequenzmodulation wird vor allem durch eine veränderte Anstiegssteilheit der langsamen diastolischen Depolarisation in den Schrittmacherzellen hervorgerufen. Die Herzfrequenz in Ruhe resultiert aus der basalen Aktivierung beider Anteile des vegetativen Nervensystems. Dabei überwiegt typischerweise der **Vagotonus** den Sympathikotonus, sodass die sog. **intrinsische** Herzfrequenz (z. B. nach pharmakologischer Blockierung der vegetativen Innervation) höher als die normale Ruhefrequenz ist (◻ Abb. 16.7).

Die beiden Anteile des vegetativen Nervensystems modulieren auch die atrioventrikuläre Überleitung. Eine Aktivierung des Sympathikus verkürzt die Erregungsleitung von den Vorhöfen auf die Kammern (positiv dromotrope Wirkung), eine Aktivierung des Parasympathikus bewirkt das Gegenteil und kann bei besonders starker Stimulation des N. vagus sogar zum vollständigen AV-Block führen.

16.4.2 Molekulare Mechanismen

Sympathikus und Parasympathikus modulieren durch Aktivierung intrazellulärer Signalwege die Funktion von Ionenkanälen und Transportern; die dadurch geänderten bioelektrischen Eigenschaften sind die molekulare Basis der vegetativen Regulation der Herztätigkeit.

Änderungen der Membranleitfähigkeiten   Die Transmitter des vegetativen Nervensystems aktivieren G-Protein vermittelte Signalwege, die das Aktivierungsverhalten bestimmter Ionenkanäle ändern.

- Die **positiv chronotrope** und **dromotrope** Wirkung des Sympathikus wird vor allem durch eine Erhöhung der Membranleitfähigkeit für Na^+ und Ca^{2+} in den Schrittmacherzellen des Sinus- und des AV-Knotens verursacht
- Die **negativ chronotrope** und **dromotrope** Wirkung des Parasympathikus wird vor allem durch eine Erniedrigung der Membranleitfähigkeit für Na^+ und eine Erhöhung derselben für K^+ in den Schrittmacherzellen des Sinus- und des AV-Knotens verursacht
- Die **positiv inotrope** Wirkung des Sympathikus wird durch eine Erhöhung der Membranleitfähigkeit für Ca^{2+} in den Zellen des Arbeitsmyokards verursacht (▶ Kap. 15.5).

Positiv chronotrope Wirkung des Sympathikus   Die Herzfrequenz wird vor allem dadurch bestimmt, wie schnell die

spontane Depolarisation der Sinusknotenzellen die Aktionspotenzialschwelle erreicht (◻ Abb. 16.7). Daher sind die Anstiegssteilheit der **langsamen diastolischen Depolarisation (LDD)** sowie die Größe des **maximalen diastolischen Potenzials (MDP)** die wichtigsten Einflussgrößen der Frequenzregulation. Die Aktivierung von beta1-adrenergen Rezeptoren aktiviert ein G_s-Protein, das durch Stimulation der Adenylatzyklase die intrazelluläre **cAMP**-Konzentration erhöht. Das zyklische Nukleotid cAMP **aktiviert** die **HCN-Kanäle**, die den Schrittmacherstrom I_f leiten. cAMP bindet direkt an das Kanalprotein, verschiebt dadurch die spannungsabhängige Aktivierungskurve nach rechts und erhöht so die Offenwahrscheinlichkeit der Kanäle bei physiologischem Membranpotenzial. Zusätzlich aktiviert cAMP durch Bindung an eine regulatorische Untereinheit die **Proteinkinase A** (PKA), die ihrerseits die **Ca_v-Kanäle** phosphoryliert. Die spannungsabhängige Aktivierungskurve der phosphorylierten Ca_v-Kanäle ist nach links verschoben, was ihre **Offenwahrscheinlichkeit** bei negativeren Membranpotenzialen erhöht. Aus beiden Signalwegen resultiert eine steilere LDD, die das Membranpotenzial der Schrittmacherzellen schneller zum Schwellenpotenzial heranführt und so das nächste Aktionspotenzial früher entstehen lässt. Die Herzfrequenz steigt.

Negativ chronotrope Wirkung des Parasympathikus   Die Aktivierung muskarinerger M2-Rezeptoren durch Bindung von Acetylcholin (Parasympathikus) bewirkt über **Gαi** die Hemmung der Adenylatzyklase, sodass die intrazelluläre cAMP-Konzentration (bei gleichzeitig anzunehmender Aktivität von Phosphodiesterasen) sinkt. Aus den nun genau umgekehrten Verschiebungen der Aktivierungskurven der HCN und Ca_v-Kanäle resultiert eine flachere LDD, sodass das Schwellenpotenzial für die Entstehung des nächsten Aktionspotenzials in den Schrittmacherzellen erst später erreicht wird. Zusätzlich bindet die **β/γ-Untereinheit** des durch den M2-Rezeptor aktivierten G-Proteins an **K_{ir}3-Kanäle** (G-protein-regulated Inward Rectifier K-[GIRK]-Kanäle) und aktiviert einen Kaliumauswärtsstrom ($I_{K,ACh}$). Dieser verschiebt das MDP zu negativeren Werten (E_K) und wirkt der spontanen Depolarisation der Schrittmacherzellen entgegen.

> ❯ Das vegetative Nervensystem reguliert die Herzfrequenz durch Beeinflussung der Steigung der langsamen diastolischen Depolarisation und der Größe des maximalen diastolischen Potenzials.

Dromotropie   Die beschriebene beta-adrenerge bzw. muskarinerge Signaltransduktion wird nicht nur in den Zellen des Sinusknotens, sondern auch in den Zellen des restlichen Erregungsbildungs- und Erregungsleitungssystems aktiviert. Im AV-Knoten wird über die Wirkung an Ca_v-Kanälen auf diesem Wege die **atrioventrikuläre Überleitung** beschleunigt (Sympathikusaktivierung) bzw. verzögert (Parasympathikusaktivierung).

Dauer des Aktionspotenzials   Die Aktivierung des **Sympathikus** verkürzt das myokardiale Aktionspotenzial (◻ Abb. 16.8).

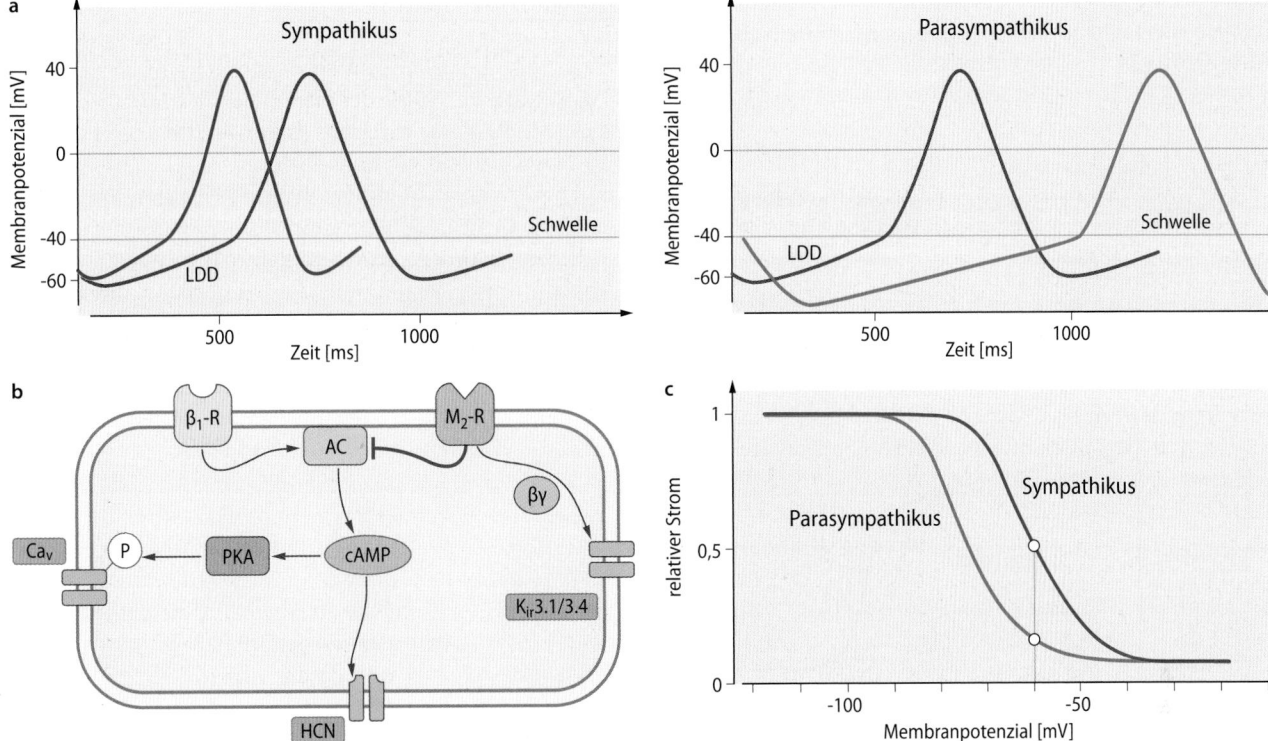

Abb. 16.7a–c   Vegetative Regulation der Schrittmacherzelle.
a Effekte von Sympathikus (**links, rot**) und Parasympathikus (**rechts, blau**) auf die langsame diastolische Depolarisation (LDD) und das maximale diastolische Potenzial (MDP). **b** Eine Stimulation beta1-adrenerger Rezeptoren (β_1R) aktiviert über Gαs die Adenylatzyklase (AC). cAMP aktiviert HCN-Kanäle (s. a. c) und die Proteinkinase A (PKA). Diese phosphoryliert Kalziumkanäle (Ca$_v$) die dann bei gegebenem Membranpotenzial stärker aktiviert werden. Aktivierung muskarinerger M$_2$ Rezeptoren (M$_2$R)

führt über inhibitorisches Gi Protein zur gegenteiligen Signaltransduktion. Darüber hinaus aktiviert die beta/gamma-Untereinheit (β /γ) Einwärtsgleichrichter-Kaliumkanäle (K$_{ir}$3.1/3.4) und negativiert so das MDP. **c** Veränderung der spannungsabhängigen Aktivierungskurve des Schrittmacherstroms (I$_f$) nach Stimulation des vegetativen Nervensystems. Eine Stimulation des Sympathikus (rot) verschiebt die Aktivierungskurve von I$_f$ nach rechts: bei depolarisiertem Membranpotenzial (senkrechte Linie) fließt also mehr Strom als bei parasympathischer Stimulation (blau)

Die Proteinkinase A phosphoryliert cAMP-abhängig die Ionenkanäle, die I$_{Ks}$ leiten (KCNQ1/KCNE1). Die daraus resultierende Verschiebung ihrer spannungsabhängigen Aktivierungskurve zu negativeren Membranpotenzialen sowie eine Stabilisierung der Kanäle im offenen Zustand erhöht I$_{Ks}$ und befördert eine **schnellere Repolarisation** des Aktionspotenzials. Dieser Effekt ist ausgesprochen wichtig, da aufgrund der positiv chronotropen Wirkung des Sympathikus die **kumulative Diastolendauer** abnimmt. Die Füllung und in weiten Teilen auch die koronararterielle Perfusion des Herzens erfolgen nur in der Diastole. Die Sympathikus-vermittelte **Verkürzung des Aktionspotenzials** und damit der Systole erlaubt es, dass auch bei hoher Herzfrequenz (bis 220/min) die Füllung und Perfusion aufrechgehalten werden kann.

Beta-Blocker   Hemmung von beta-adrenergen Rezeptoren dämpft die Effekte der Sympathikusaktivierung. Beta-Blocker verhindern somit den Frequenzanstieg und die Abnahme der AV-Überleitungszeit bei Belastung. Die gleichzeitige negativinotrope Wirkung (▶ Kap. 15.5) der Betablocker reduziert den myokardialen Sauerstoffverbrauch. Diese Gruppe von Pharmaka ist daher eine effektive Therapie der belastungsinduzierten Angina pectoris bei Koronarer Herzkrankheit (▶ Kap. 18.3), wie auch der Tachykardie bei schnell übergeleitetem Vorhofflimmern (▶ Kap. 17.3).

❯ Aktivierung des Sympathikus verkürzt die Aktionspotenzialdauer der Herzmuskelzellen

a

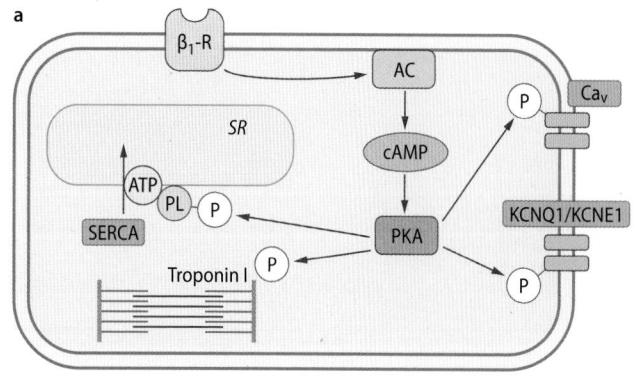

b

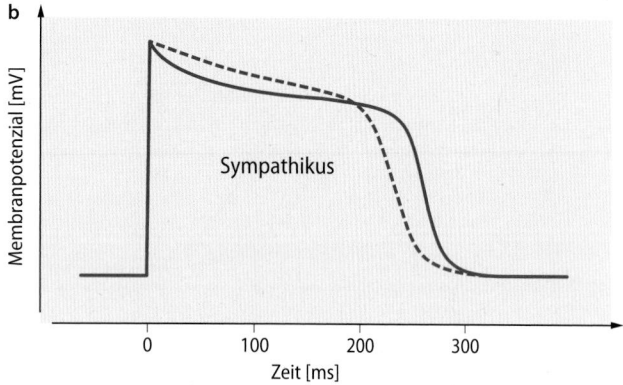

Literatur

Giudicessi JR, Ackerman, MJ. Nat. Rev. Cardiol. 9, 319–332 (2012): Potassium-channel mutations and cardiac arrhythmias – diagnosis and therapy

Mangoni ME, Nargeot JL. Physiol Rev 88: 919–982, 2008; Genesis and Regulation of the Heart Automaticity

Ruan Y, Liu N, Priori SG. Sodium channel mutations and arrhythmias Nat. Rev. Cardiol. 6, 337–348 (2009)

Schmitt N, Grunnet M, Olesen AP. Cardiac potassium channel subtypes: new roles in repolarization and arrhythmia. Physiol Rev 94: 609–653, 2014

Venetucci L, Denegri M, Napolitano C, Priori SG. Inherited calcium channelopathies in the pathophysiology of arrhythmias Nat. Rev. Cardiol. 9, 561–575 (2012)

◻ Abb. 16.8a,b   Vegetative Regulation der Arbeitsmyokardzelle.
a Beta$_1$-adrenerge Rezeptoren (β$_1$R) aktivieren die Adenylatzyklase (AC). cAMP aktiviert die Proteinkinase A (PKA). PKA phosphoryliert den L-Typ Ca^{2+}-Kanal Ca$_V$ und den Ryanodinrezeptor Typ 2 (RyR2) des sarkoplasmatischen Retikulums (SR) und aktiviert diese Kanäle. Darüber hinaus phosphoryliert die PKA Phospholamban (PL), was die Ca^{2+}-ATPase des SR (SERCA) enthemmt. Schließlich phosphoryliert und aktiviert PKA die K-Kanäle KCNQ1/KCNE1, die I$_{Ks}$ leiten. **b** Effekt von Sympathikusstimulation und nachfolgende Phosphorylierung der K-Kanäle KCNQ1/KCNE1 auf die Dauer des Aktionspotenzials

16

In Kürze

Die Aktivierung des **Sympathikus** erhöht die Herzfrequenz (**positive Chronotropie**), beschleunigt die atrioventrikuläre Überleitung (**positive Dromotropie**) und verbessert die Kontraktionskraft des Herzmuskels (**positive Inotropie**). Schließlich wird die Relaxationszeit am Ende eines Kontraktionszyklus verkürzt (**positive Lusitropie**). Die Aktivierung des **Parasympathikus** dagegen erniedrigt die Herzfrequenz (**negative Chronotropie**) und verlängert die atrioventrikuläre Überleitungszeit (**negative Dromotropie**). Die vegetative Regulation der Herztätigkeit erfolgt durch Änderungen der **Ionenleitfähigkeiten**: Änderungen der **Anstiegssteilheit der langsamen diastolischen Depolarisation** (LDD) und der **Größe des maximalen diastolischen Potenzials** (MDP) in den Schrittmacherzellen kontrollieren die Herzfrequenz, während die **Größe des Kalziumeinstroms** die Kraftentwicklung des Arbeitsmyokards steuert.

Elektrokardiogramm

Susanne Rohrbach, Hans Michael Piper

© Springer-Verlag GmbH Deutschland, ein Teil von Springer Nature 2019
R. Brandes et al. (Hrsg.), *Physiologie des Menschen*, Springer-Lehrbuch
https://doi.org/10.1007/978-3-662-56468-4_17

Worum geht's?

Das EKG zeigt charakteristische Ausschläge

Während Erregungsausbreitung und Rückbildung erzeugen Herzmuskelzellen elektrische Felder, die durch Elektroden an der Hautoberfläche abgegriffen werden können. Aufgrund der Erregungsausbreitung entlang der kardialen Leitungsstrukturen werden unterschiedliche Areale des Herzens zeitlich versetzt erregt. An der Körperoberfläche lassen sich Signale der **Vorhoferregung**, der **Kammererregung** und der **Rückbildung der Kammererregung** (◩ Abb. 17.1) ableiten.

Veränderungen des Herzrhythmus lassen sich mit dem EKG nachweisen

Das EKG deckt elektrische Ursachen eines normalen und eines gestörten Herzrhythmus (Arrhythmie) auf. Bei primärer Erregung aus dem Sinusknoten spricht man von einem **Sinusrhythmus**, bei Erregungsursprüngen außerhalb des Sinusknotens von **ektopen Rhythmen**. Unter Ruhebedingungen beträgt die Herzfrequenz zwischen 60 und 100 Schlägen/Minute (**normofrequenter** Sinusrhythmus). Langsamere Rhythmen werden als **bradykard** (Herzfrequenz <60 Schläge/Minute), schnellere als **tachykard** (Herzfrequenz >100 Schläge/Minute) bezeichnet.

Das EKG kann Erregungsleitungsstörungen und Durchblutungsstörungen abbilden

Störungen des Erregungsbildungs- und Erregungsleitungssystems führen zu charakteristischen **Veränderungen im EKG-Verlauf**. Auch vorübergehende oder dauerhafte Durchblutungsminderungen führen zu veränderter Erregungsausbreitung und typischen Potenzialdifferenzen. In der klinischen Routine wird das EKG daher u. a. zur Diagnostik von Herzrhythmusstörungen und für die Erkennung des Herzinfarkts und der gestörten Herzdurchblutung eingesetzt.

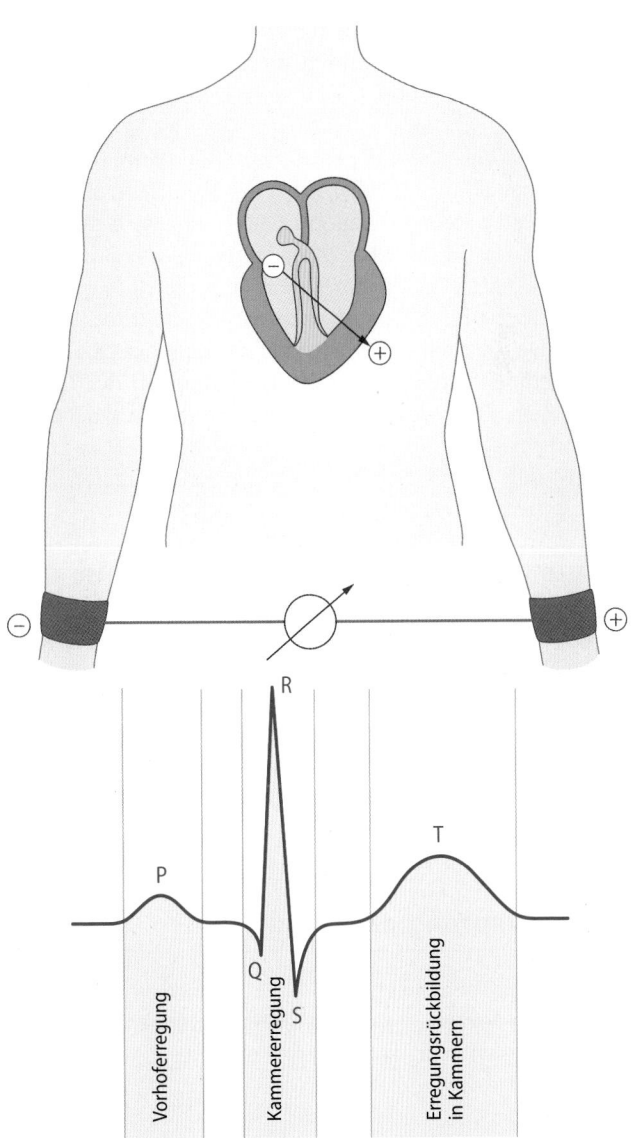

◩ **Abb. 17.1** Registrierung von Potenzialunterschieden zwischen erregtem und unerregtem Myokard und Zuordnung der einzelnen Phasen der Herzerregung zum Standard-EKG in Ableitung I nach Eindhoven

17.1   Grundlagen

17.1.1   Elektrisches Feld

Unterschiedlich erregte Herzmuskelzellen tragen an ihren Oberflächen unterschiedlich viele elektrische Ladungen; dadurch entsteht ein elektrisches Feld im Extrazellularraum.

Ursprung des elektrischen Feldes   Bei der Erregung einer Herzmuskelzelle fließen Kationen, d. h. positive Ladungen, von der Zelloberfläche in das Zellinnere ab. Dadurch wird die elektrisch erregte Herzmuskelzelle an ihrer Oberfläche im Vergleich zu einer benachbarten, noch nicht erregten Zelle relativ negativ geladen. Durch diese Ladungsunterschiede entsteht im extrazellulären Raum ein elektrisches Feld.

Vektor der elektrischen Feldstärke   Betrachtet man die Oberflächenladung zwischen einer erregten Zelle und einer nicht erregten Zelle, so handelt es sich um das **elektrische Feld** eines **Dipols** (◧ Abb. 17.2a). Auf eine Punktladung, die in das elektrische Feld eines Dipols eingebracht wird, wirkt eine gerichtete Kraft (Kraftvektor), die sog. **elektrische Feldstärke**. Der Feldstärkevektor ist auf der räumlichen Verbindungsgeraden zwischen den beiden Ladungen des Dipols am größten. Der elektrische Feldvektor ist während der Erregungsausbreitung auf Seiten der noch nicht erregten Zellen positiv, d. h. er zeigt in Richtung der nicht erregten Zelle (Pfeilspitze des Vektors).

Die **Spannung (Potenzialdifferenz)** zwischen zwei Messpunkten (Elektroden), die sich im elektrischen Feld eines solchen Dipols befinden und damit ein elektrisches Potenzial besitzen, ist abhängig von der relativen Lage der Elektroden zum Feldstärkevektor. Steht der Feldstärkevektor senkrecht zur Verbindungsgeraden der beiden Messpunkte, so besitzen beide das gleiche elektrische Potenzial, die Potenzialdifferenz ist daher Null. Verläuft der Feldstärkevektor parallel zur Verbindungsgeraden, so ist die Potenzialdifferenz zwischen beiden Messpunkten maximal.

17.1.2   Ursprung des EKGs

Eine Erregungsfront im Myokard führt zur Ausbreitung eines elektrischen Feldes mit einem zeitlich variierenden Summationsvektor der Feldstärke; die Projektionen des Summationsvektors auf die Körperoberfläche werden in EKG-Ableitungen registriert.

Elektrischer Summationsvektor   Die Erregung breitet sich über die verschiedenen Strukturen des Herzens in einer geordneten Welle aus (▶ Kap. 16.3). Dadurch werden einander seitlich benachbarte Zellen etwa gleichzeitig erregt und bilden so mit ihren jeweils noch nicht erregten weiteren Nachbarzellen eine Front nebeneinanderliegender Dipole. Die elektrischen Feldstärkevektoren dieser einzelnen Dipole addieren sich nach der Vektoraddition von Kräften zu einem **elektrischen Summationsvektor** (◧ Abb. 17.2a). Dieser ist

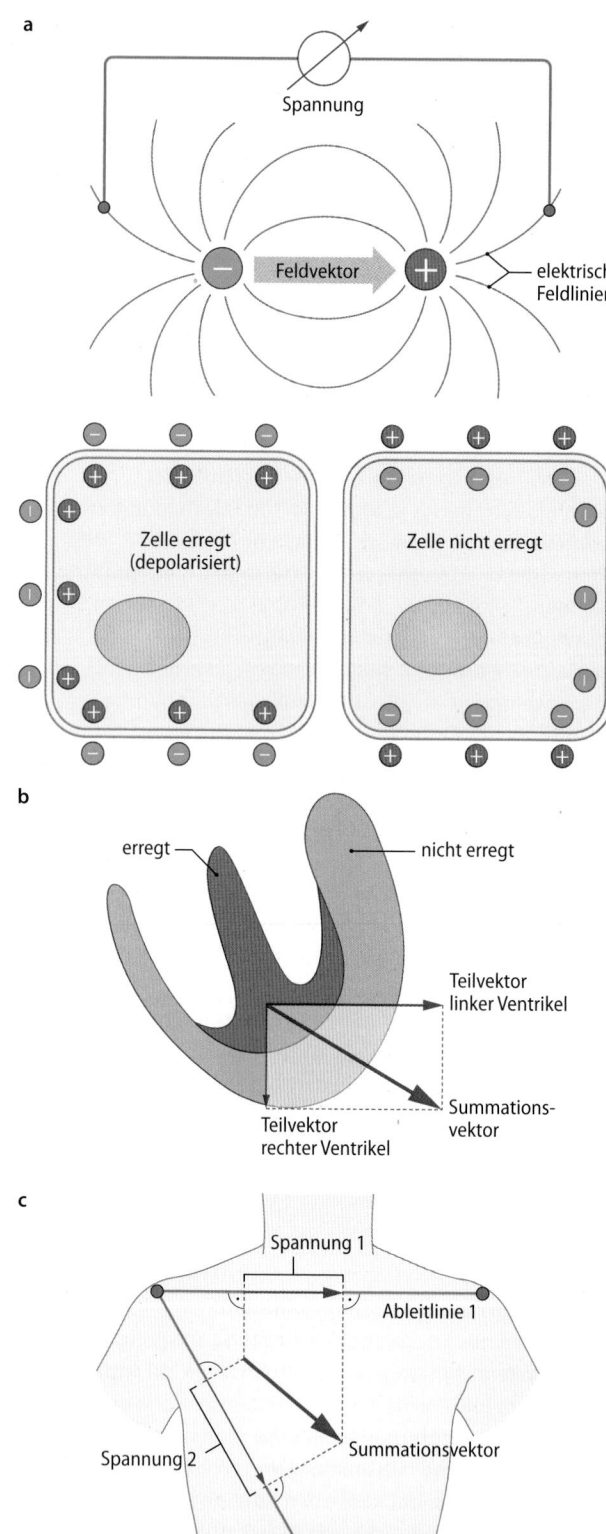

◧ **Abb. 17.2a–c   Elementare Grundlagen der Elektrokardiographie. a** Messung eines Potenzialunterschiedes zwischen einer erregten und nicht-erregten Zellen. Darstellung der elektrischen Feldlinien und des Feldvektors zwischen den Zellen. **b** Vektoraddition von Teilvektoren in senkrechter und waagerechter Richtung bei der elektrischen Herzerregung. **c** Projektionen des elektrischen Summationsvektors durch Fällen des Lots auf unterschiedliche Ableitungen. Die Ableitlinie 1 und 2 entsprechen den jeweiligen Teilvektoren

umso größer, je mehr Myokardzellen in die **Erregungsfront** eingeschlossen sind, da dann umso mehr einzelne Dipole in die Summation eingehen.

Nach der Vektoraddition ist der Summationseffekt dann besonders groß, wenn die Erregungsfront gerade verläuft und so über die gesamte Erregungsfront die **Elementarvektoren** der einzelnen **Dipole** alle in die **gleiche Richtung** weisen.

> Deshalb ergibt sich immer dann ein großer elektrischer Summationsvektor bei der Ausbreitung der elektrischen Erregung, wenn ein großer Myokardbereich (viele Zellen) mit einer möglichst geradlinig ausgerichteten Erregungsfront erregt wird.

Der resultierende **Summationsvektor** fällt damit für große Strukturen wie die Vorhöfe und Ventrikel größer aus als für die relativ zellarmen Teile des Erregungsbildungs- und Erregungsleitungssystems. Werden zwei Strukturen gleichzeitig erregt, wie der linke und rechte Ventrikel, bestimmt die Erregung des **massereichen linken Ventrikels** die Gesamtrichtung des resultierenden Summationsvektors sehr viel deutlicher als die gleichzeitige Erregung des zellarmen rechten Ventrikels (◻ Abb. 17.2b).

Elektrische Isolatoren   Diese werden z. B. durch **Narben**- oder **Ischämieareale** erzeugt. Die zeitliche Koinzidenz von vollständig erregten Vorhöfen und noch unerregten Ventrikeln erzeugt keinen elektrischen Dipol. Zu diesem Zeitpunkt weisen weder die vollständig erregten Vorhofzellen, noch die vollständig unerregten Myokardzellen asymmetrische Potenziale auf. Die Strukturen beeinflussen sich nicht gegenseitig, da sie durch die bindegewebige Ventilebene elektrisch voneinander isoliert sind. Somit kann zwischen ihnen kein elektrischer Dipol entsteht.

Auch unter pathophysiologischen Bedingungen kann Bindegewebe als Isolator fungieren, z. B. in Narben – oder Ischämiearealen. Sie verhindern die Erregungsausbreitung in einer geradlinigen Front. Deshalb kommt bei Erregung solcher **geschädigter Gewebsanteile** meist nur ein **kleinerer Summationsvektor** als normalerweise zustande.

Projektionen des elektrischen Summationsvektors   Zu jedem Zeitpunkt der Erregungsausbreitung und -rückbildung geht vom Herzen ein elektrischer Summationsvektor aus, dessen Richtung und Größe im dreidimensionalen Raum zeitlich variiert. Die Spitze dieses Vektors durchläuft während eines Herzzyklus drei schleifenförmige Bahnen (◻ Abb. 17.4):
- Die zeitlich erste entspricht der **Vorhoferregung**,
- die zweite und größte der **Ventrikelerregung** und
- die dritte der **ventrikulären Erregungsrückbildung**.

Die Erregungsrückbildung der Vorhöfe fällt in die Zeit der Ventrikelerregung und wird von deren elektrischem Signal völlig überlagert.

Die für die Routine-Elektrokardiographie gebräuchlichen Konfigurationen von Ableitungselektroden messen Veränderungen des dreidimensionalen elektrischen Feldes entweder in der **Frontalebene** oder in der **Horizontalebene**.

Mit den Ableitungselektroden wird die Spannung zwischen den jeweiligen Ableitungspunkten gemessen. Diese **Spannung** ist proportional zur **Projektion** des dreidimensionalen elektrischen Summationsvektors auf die **Verbindungslinie zwischen den Ableitungspunkten** (◻ Abb. 17.2c). Planar angeordnete Elektrodenkonfigurationen können nur die Projektionen des dreidimensionalen Vektors in der jeweiligen Ableitungsebene registrieren. Da die verschiedenen EKG-Ableitungen nur verschiedene Projektionen des gleichen veränderlichen **dreidimensionalen Summationsvektors** darstellen, enthalten sie zeitgleiche Anteile. Diese unterscheiden sich jedoch in der **Höhe des Ausschlags** oder sogar der **Ausschlagsrichtung**. Die Höhe und die Richtung des Ausschlages im EKG werden von der relativen Lage der Ableitelektroden zum Summationsvektor bestimmt.

> Wenn der Summationsvektor auf eine Ableitung zuweist, zeigt das EKG in dieser Ableitung einen positiven Ausschlag. Zeigt er hingegen weg von der Ableitung, so ist der Ausschlag negativ.

Deshalb kann die Projektion des gleichen Summationsvektors in den verschiedenen Ableitungen unterschiedlich abgebildet werden.

17.1.3   EKG-Signal

Im EKG gibt es charakteristische Abschnitte für Vorhoferregung (P-Welle), die Erregung der Ventrikel (QRS-Komplex) und die Erregungsrückbildung in den Ventrikeln (T-Welle).

Erregungsaufbau   Im EKG-Signal (◻ Abb. 17.3) eines normalen Erregungsablaufs unterscheidet man rein formal folgende Abschnitte:
- die **Grundlinie** als horizontal verlaufende, gedachte Linie zwischen T-Welle und P-Welle, die weder einen Ausschlag in positiver noch in negativer Richtung zeigt (sie wird auch als „die Isoelektrische" bezeichnet);
- **Ausschläge** von der Grundlinie in Form von **Wellen** oder **Zacken**;
- Abschnitte zwischen benachbarten Wellen oder Zacken, die **Strecken** genannt werden;
- zeitliche Abschnitte, die Wellen oder Zacken und Strecken zusammenfassen, nennt man **Intervalle**.

Vorhoferregung   Die Erregung des Vorhofes führt zur **P-Welle** (◻ Abb. 17.4). Die Erregungsausbreitung im Vorhof ist deutlich langsamer als im Ventrikel, da sie nur über atriale Muskelfasern weitergeleitet wird. Da nur während der Erregungsausbreitung ein signifikanter elektrischer Feldvektor zustande kommt, wird nach vollständiger Erregung des Vorhofs die Grundlinie wieder erreicht. In der folgenden **PQ-Strecke** durchläuft die Erregung den AV-Knoten und das His-Bündel (◻ Abb. 17.4).

QRS-Komplex   Ein Übergreifen der Erregung auf Teile des Septums führt zur **Q-Zacke**. Der normale Erregungsaufbau in

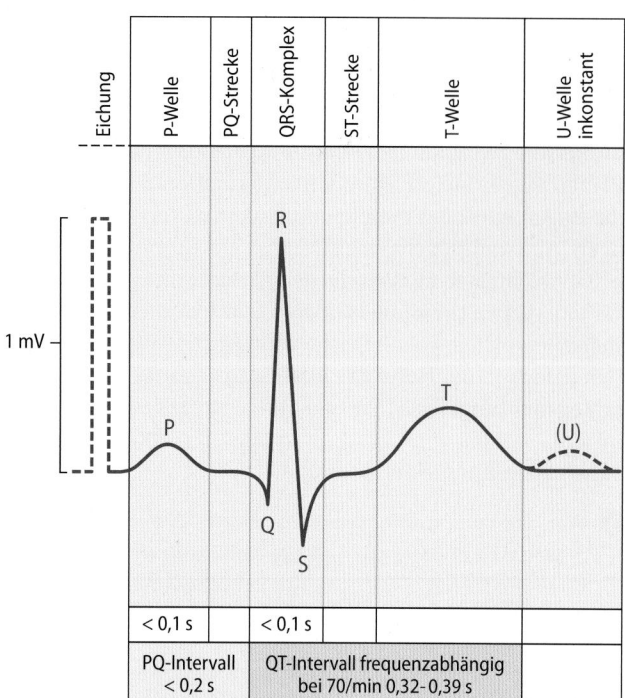

◘ Abb. 17.3   Nomenklatur und Zeitdauer der Abschnitte des EKG-Signals. Gezeigt ist eine Registrierung, wie sie typischerweise in einer Ableitung vom rechten Arm gegen den linken Fuß (Ableitung II) auftritt

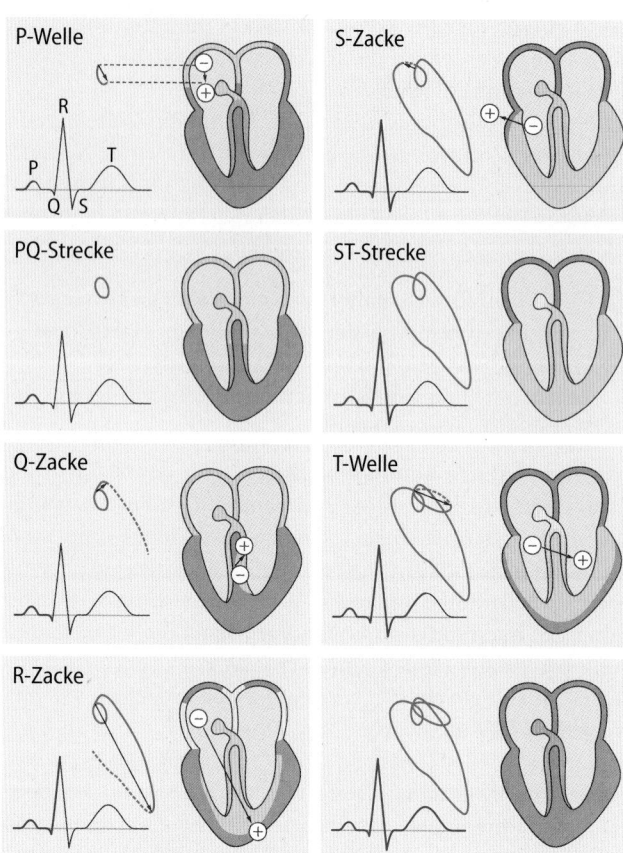

◘ Abb. 17.4   Zeitliche Zuordnung zwischen einzelnen Phasen der Herzerregung und entsprechenden Abschnitten des EKG sowie des Verhaltens des momentanen Summationsvektors (Frontalprojektion, z. B Ableitung vom rechten Arm gegen den linken Fuß). Erregte Bezirke sind gelb dargestellt. Die momentanen Summationsvektoren sind als Pfeile dargestellt. Die durchgezogene Schleifenfigur zeigt die Verlaufsspur der Vektorspitzen jeweils vom Erregungsbeginn bis zu dem betreffenden Zeitpunkt an

der Ventrikelmuskulatur drückt sich in Form von drei aufeinanderfolgenden Zacken im EKG aus (Q, R und S, ◘ Abb. 17.4), zusammen **QRS-Komplex** genannt. Das unterschiedliche Vorzeichen dieser drei Zacken, wie sie typischerweise in einer Ableitung vom rechten Arm gegen den linken Fuß auftreten, ist darin begründet, dass die Richtung des Summationsvektors mehrfach seine räumliche Orientierung wechselt. Die negative **Q-Zacke** spiegelt wider, dass zu Beginn der Erregungsausbreitung Teile des Septums in Richtung zur Herzbasis erregt werden.

Wird die Masse der Ventrikelmuskulatur erregt, erfolgt dies von den **Innenschichten** zu den **Außenschichten**. Dabei wird die Erregung von den schnell leitenden Purkinje-Fäden des Reizleitungssystems zunächst auf die Innenschicht des Myokards übertragen, während die weitere Erregungsausbreitung über das Arbeitsmyokard mit seinen deutlich geringeren Leitungsgeschwindigkeiten erfolgt. Der Summationsvektor weist im Normalfall zunächst in Richtung der Herzspitze **(positive R-Zacke)**, am Ende kurzzeitig in Richtung der Herzbasis **(negative S-Zacke)**. Ist der gesamte Ventrikel elektrisch erregt, wird der elektrische Summationsvektor wiederum Null und das EKG-Signal verläuft auf der isoelektrischen Linie. Dieser folgende Abschnitt heißt **ST-Strecke** (◘ Abb. 17.4).

> Der elektrische Summationsvektor ist im (noch) nicht erregten Gewebe positiv.

Erregungsrückbildung Diese Phase verläuft ebenfalls in einer recht geordneten Weise. Die Zellen, die als letzte erregt wurden, haben i. d. R. die kürzesten Aktionspotenziale, d. h.,

sie repolarisieren als erste. Das liegt u. a. an Unterschieden in der Expression der beteiligten Ionenkanäle wie z. B. Kv1.4 oder Kv4.3, welche einen transienten K^+-Auswärtsstrom bewirken. Die Erregungsrückbildung beginnt in den Außenschichten und läuft auf die Innenschichten zu, ihr Korrelat ist die **T-Welle** (◘ Abb. 17.4). In den meisten Ableitungen hat die T-Welle das gleiche Vorzeichen wie die R-Zacke. Dies ist darauf zurückzuführen, dass die zuletzt erregten Zellen zum großen Teil als erste repolarisieren und daher der Summationsvektor während der Repolarisation in Richtung Herzspitze zeigt. Manchmal wird nach der T-Welle noch eine weitere Auslenkung **(U-Welle**, gestrichelt in ◘ Abb. 17.3) registriert, deren Entstehung der späten Repolarisation in den Purkinje-Fasern zugeschrieben wird. In den Purkinje-Fasern sind die Aktionspotenziale von besonders langer Dauer.

Vorhofrepolarisation
Bei der Ableitung eines normalen Oberflächen-EKGs ist die Vorhofrepolarisation im Allgemeinen nicht sichtbar, da sie ungefähr zur gleichen Zeit wie der QRS-Komplex abläuft. Leitet man jedoch intrakardial ein EKG ab, so wird die Repolarisation der Vorhöfe in Form einer negativen (atrialen) T-Welle sichtbar. Diese Negativität ist darauf zurückzuführen,

dass die atriale Repolarisation ebenso wie die Depolarisation in jenem Myokardareal beginnt, welches den Sinusknoten umgibt. Daher zeigt der Repolarisationsvektor in die entgegengesetzte Richtung im Vergleich zum Depolarisationsvektor des Vorhofs und führt so zu einer negativen atrialen T-Welle.

In Kürze

Mit dem EKG werden Veränderungen des extrazellulären elektrischen Felds registriert, die durch Ladungsunterschiede zwischen erregtem und nicht erregtem Myokard hervorgerufen werden. Von der Körperoberfläche lassen sich mithilfe von **Ableitelektroden** diese als **Potenzialunterschiede**, hervorgerufen durch die Erregung der Vorhöfe, durch die Erregung der Ventrikel und durch die Erregungsrückbildung in den Ventrikeln, nachweisen. Die Erregungsrückbildung in den Vorhöfen wird von der zeitgleichen Erregungsausbreitung in den sehr viel zellreicheren Ventrikeln überlagert. Vorhöfe und Ventrikel sind durch die bindegewebige Ventilebene elektrisch voneinander isoliert, sodass zwischen ihnen kein elektrischer Dipol entsteht.

17.2 Das normale EKG

Es gibt die Möglichkeit, ein EKG in der Frontalebene (entspricht den Ableitungen nach Einthoven und Goldberger, ▸ Abschn. 17.2.1) sowie in der Horizontalebene (entspricht der Ableitung nach Wilson, ▸ Abschn. 17.2.3) abzuleiten.

17.2.1 EKG-Ableitungen in der Frontalebene

Die Ableitungen nach Einthoven und Goldberger werden durch Elektroden an den Extremitäten vorgenommen; sie zeigen die Herzerregung in der Projektion auf die Frontalebene des Körpers.

Ableitung nach Einthoven (■ Abb. 17.5a). Bei der Ableitung nach **Einthoven** wird die Spannung zwischen je zwei Elektroden bestimmt, die an drei Extremitäten angelegt werden:
- **Ableitung I**: rechter (–) gegen linker (+) Arm;
- **Ableitung II**: rechter Arm (–) gegen linkes Bein (+);
- **Ableitung III**: linker Arm (–) gegen linkes Bein (+).

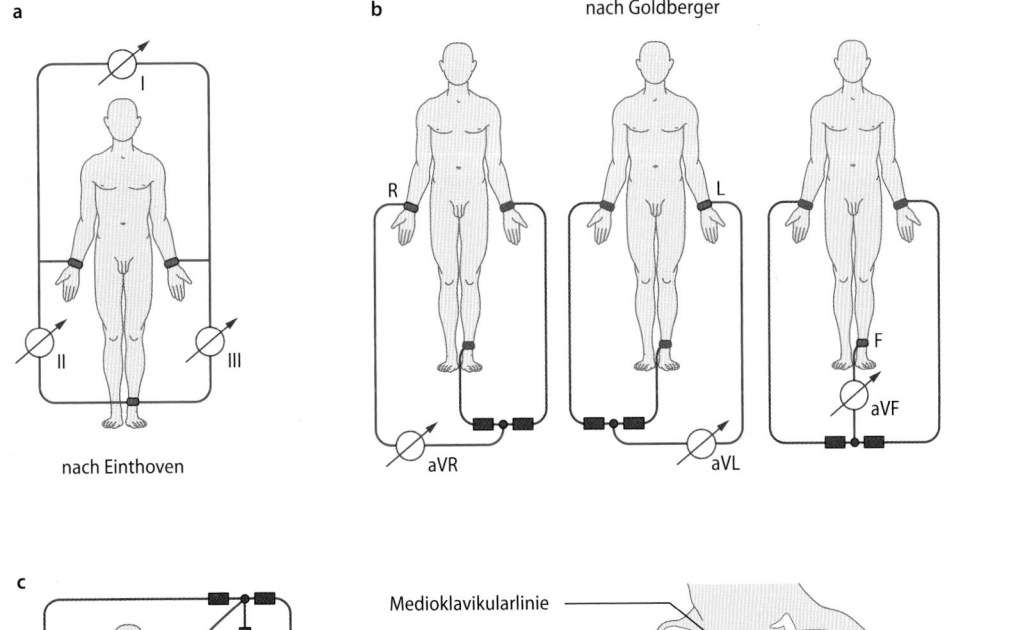

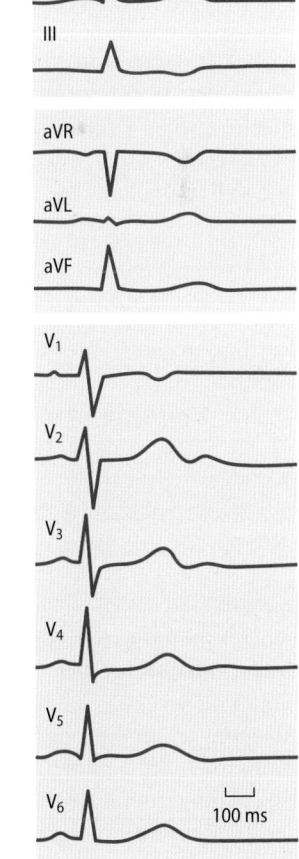

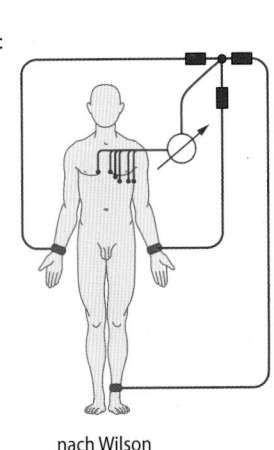

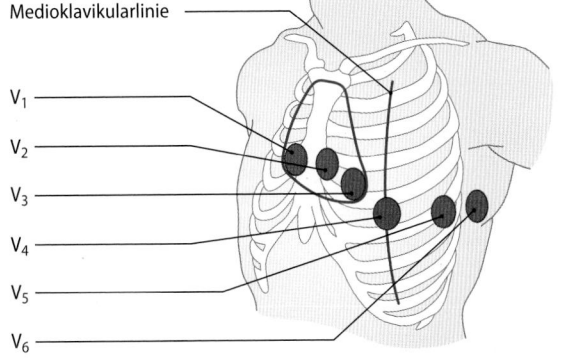

■ Abb. 17.5a–c Standardableitungen des EKG. a Elektrodenschaltung und exemplarische Ableitungen I, II, III nach Einthoven. **b** Elektroden-schaltung und exemplarische Ableitungen aVR, aVL, aVF nach Goldberger. **c** Brustwandableitungen und exemplarische Ableitung V1–V6 nach Wilson

Zum Verständnis dieser Ableitungsformen kann man sich die Extremitäten als elektrolytgefüllte Leiter vorstellen, die die Konfiguration des elektrischen Felds von drei Eckpunkten des Rumpfs (oben rechts, oben links, unten) auf die Ableitungspunkte übertragen, an denen die Elektroden angebracht sind.

Noch weiter vereinfacht definieren diese Eckpunkte ein gleichseitiges Dreieck, das **Einthoven-Dreieck** (◘ Abb. 17.6a), in der Frontalebene des Körpers. In den Ableitungen I, II und III werden die jeweiligen linearen Projektionen der Bewegung des elektrischen Summationsvektors in der durch das Dreieck definierten **frontalen Ableitungsebene** des Körpers bestimmt. Am rechten Bein wird bei dieser Ableitungsform und den im Folgenden genannten Ableitungen eine Erdungselektrode am Körper angelegt, die nicht der Registrierung dient.

Ableitung nach Goldberger (◘ Abb. 17.5b). Bei der Ableitungsform nach **Goldberger** wird die Spannung zwischen jeweils einem Eckpunkt des Einthoven-Dreiecks und der Zusammenschaltung der zwei anderen Eckpunkte bestimmt (sog. pseudounipolare Ableitungen). Durch den Zusammenschluss wird ein virtueller zweiter Ableitungspunkt in der Mitte des Dreieckschenkels gebildet, der dem abgeleiteten Eckpunkt gegenüberliegt. Damit ergeben sich wiederum lineare Projektionen für den elektrischen Summationsvektor in der Frontalebene.

Die Projektionsrichtungen, die durch die Goldberger-Ableitungen definiert werden, kann man sich als **Winkelhalbierende im Einthoven-Dreieck** vorstellen, wobei ein elektrischer Summationsvektor, der auf die jeweilige Extremität zuläuft, in der dazugehörigen Ableitung einen positiven Ausschlag gibt (◘ Abb. 17.6b). Dies hat zur Namensgebung des Ableitungstyps geführt. Sie werden als **aVR** (unipolare Elektrode rechter Arm), **aVL** (unipolare Elektrode linken Arm) und **aVF** (unipolare Elektrode linken Fuß) bezeichnet.

„aV" steht für **augmented voltage** (verstärkte Spannung). Die Verstärkung besteht dabei in der speziellen Elektrodenverschaltung, durch die die jeweilige Spannung um den Faktor 1,5 größer wird als bei der unipolaren Messung nach Einthoven.

17.2.2 Lage der elektrischen Herzachse

Die Projektionsrichtungen der Ableitungen nach Einthoven und Goldberger können in einer Kreisdarstellung in der Frontalebene des Körpers zusammengefasst werden.

Cabrera-Kreis In der Frontalebene ergeben die sechs einzelnen Ableitungen nach Einthoven und Goldberger Informationen über sechs Richtungsprojektionen des elektrischen Summationsvektors in dieser Ebene. Man kann die sechs Ableitungsrichtungen parallelverschoben auch in einem gemeinsamen Mittelpunkt zusammenfassen. Dann ergibt sich ein Polarogramm mit einer Unterteilung in Winkeln von 30°, der sog. **Cabrera-Kreis** (◘ Abb. 17.6c). Viele Sechskanal-EKG-Geräte besitzen eine Funktion, in der die Ableitungen nach Einthoven und Goldberger dem Cabrera-Kreis im Uhrzeigersinn folgend aufgezeichnet werden. Den Ableitungen wird

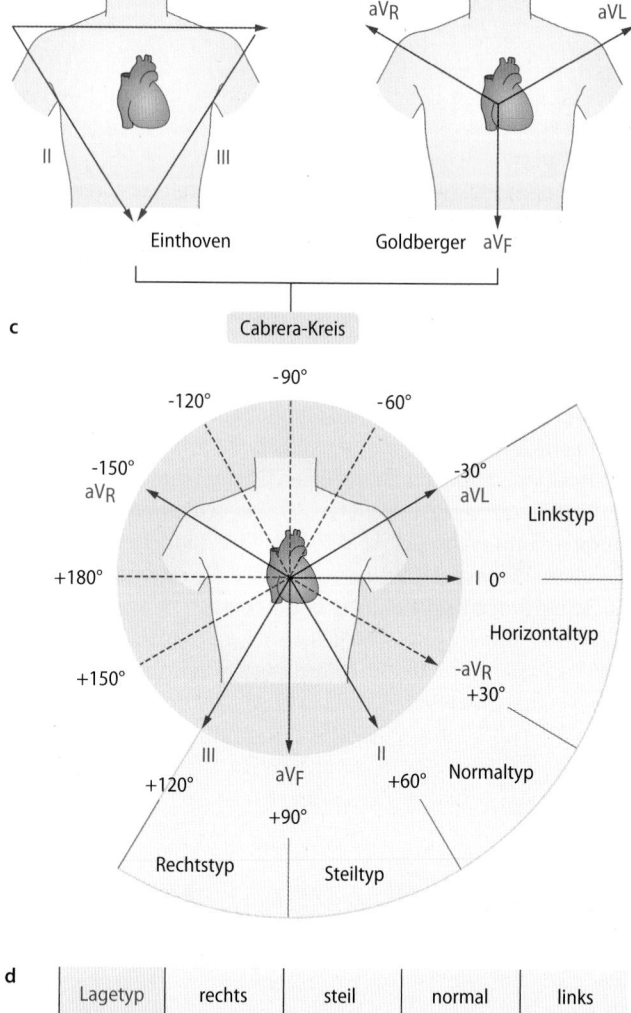

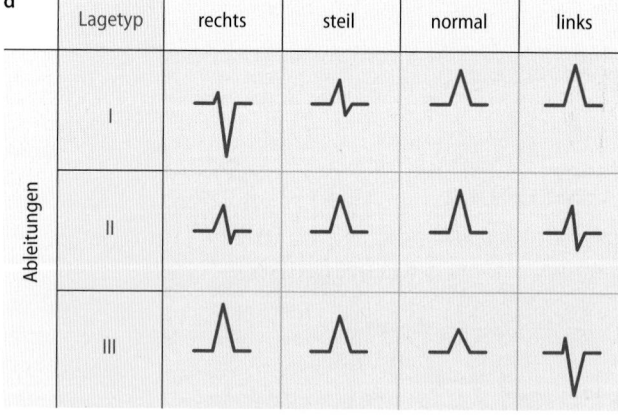

◘ **Abb. 17.6a–d Projektionen der EKG-Ableitungen auf die Frontalebene des Körpers. a** Darstellung der Projektionen der Einthoven-Ableitungen als Einthoven-Dreieck. **b** Darstellung der Projektionen der Goldberger-Ableitungen als Winkelhalbierende im Einthoven-Dreieck. **c** Polarographische Darstellung der Extremitätenableitungen (Cabrera-Kreis). Den Ableitungsrichtungen werden Winkelabweichungen von der Horizontalen zugeordnet. **d** Lagetypen und zugehörige QRS-Komplexe in Ableitungen I, II, III

dabei eine **Winkelabweichung von der Horizontalen** (I) zugeordnet. Diese Zuordnung sieht dann wie folgt aus: –30° = aVL; 0° = I; +30° = –aVR; +60° = II; +90° = aVF; +120° = III.

Die Richtung des maximalen elektrischen Summationsvektors nennt man **elektrische Herzachse,** sie verläuft ähnlich der anatomischen Herzachse. Den Winkelbereich, auf dem sich die elektrische Herzachse in der Frontalebene projiziert, charakterisiert man auch durch **Lagetypen** (◘ Abb. 17.6c). Die elektrische Herzachse wird ganz wesentlich von der Masse des zu erregenden Ventrikelmyokards und der relativen Lage des Herzens im Körper bestimmt. Die Bestimmung des Lagetyps ist deshalb ein wichtiger diagnostischer Parameter der EKG-Analyse.

Physiologische und pathophysiologische Lagetypen Am häufigsten findet man bei jungen Herzgesunden einen sog. Normal- oder Indifferenztyp (30° bis 60°). Eine **Linksherzhypertrophie** kann z. B. Ursache für einen Horizontaltyp (0° bis 30°) bzw. Linkstyp (–30° bis 0°) sein. Im klinischen Sprachgebrauch wird häufig der Bereich von Horizontaltyp und Linkstyp zusammengefasst und als **Linkstyp** (–30° bis +30°) bezeichnet. Ein Linkstyp kann physiologischerweise in der **Schwangerschaft** entstehen, wenn bei hochgestelltem Zwerchfell das Herz angehoben wird. Ein **Steiltyp** (60° bis 90°) ist bei **Kindern** normal, ein **Rechtstyp** (90° bis 120°) kann Folge einer **Rechtsherzhypertrophie** sein.

Es gibt auch pathologische Lagetypen (überdrehter Linkstyp, überdrehter Rechtstyp), bei denen die größten R-Zacken im Winkelbereichen < –30° oder > 120° auftreten. Diese finden sich z. B. bei sehr starker linksventrikulärer Hypertrophie bzw. bei Situs inversus. Störungen des Erregungsleitungssystems, wie z. B. ein Abriss des linken vorderen Tawaraschenkels (linksanteriorer Hemiblock), führen ebenfalls zu einem überdrehten Linkstyp.

Aus dem Vergleich der R-Zacken in 2 verschiedenen Einthoven-Ableitungen kann die Richtung der elektrischen Herzachse bestimmt werden.

17.2.3 EKG-Ableitungen in der Horizontalebene und im Raum

Die Brustwandableitungen nach Wilson zeigen die Herzerregung in der Projektion auf die Horizontalebene des Körpers; aus ihnen lässt sich zusammen mit den Extremitätenableitungen eine dreidimensionale Vektorkardiographie konstruieren.

Die Extremitätenableitungen sind Projektionen in der Frontalebene. Pathologische Prozesse die senkrecht zur Frontalebene, z. B. in der Horizontalebene verlaufen, werden von den Extremitätenableitungen nicht erfasst. Ein Beispiel hierfür wäre ein Herzinfarkt im Bereich der Vorderwand.

Ableitung nach Wilson Zur Registrierung der Horizontalebene findet die unipolare Brustwandableitung nach **Wilson** Verwendung (◘ Abb. 17.5c). Von einer differenten Elektrode wird gegen die Zusammenschaltung von drei Extremitätenableitungen (Nullelektrode) registriert. Durch die Zusammenschaltung ergibt sich ein virtueller Referenzpunkt in der Mitte des Einthoven-Dreiecks und damit auch in der Mitte des Thorax. Diese Ableitungen zeigen daher einen positiven Ausschlag, wenn der Summationsvektor vom Thoraxmittelpunkt auf ihren Ableitungspunkt zuläuft, und einen negativen Ausschlag, wenn er davon wegläuft.

Es werden **sechs Ableitungen (V_1–V_6)** um den vorderen und linkslateralen Thorax in Herzhöhe platziert. Diese Ableitungen repräsentieren Teile des rechten Ventrikels (V1, V2), die Vorderwand des linken Ventrikels (V1-V4), Anteile des Septums (V3, V4), die Seitenwand des linken Ventrikels und die Herzspitze (V5, V6). Zur Darstellung der Hinterwand des linken Ventrikels sind zusätzliche Brustwandableitungen (V7–V9) oder die bipolaren Ableitungen nach Nehb notwendig, die jedoch nicht zum Routine-EKG gehören. Da der elektrische Summationsvektor seinen größten Ausschlag im Raum normalerweise in einer Ausrichtung von hinten oben rechts nach vorne unten links einnimmt, findet man für die horizontale Projektion die größte R-Zacke normalerweise in V_4.

Die Brustwandableitungen repräsentieren besonders die Vorderwand des linken Ventrikels.

17.2.4 Rhythmusanalyse im EKG

Das EKG gibt Auskunft über Ort und Art von regulärer und irregulärer Schrittmacheraktivität.

Herzrhythmus Die Rhythmizität der Herzkammern lässt sich aus den Abständen zwischen den R-Zacken ermitteln, die Rhythmizität der Vorhöfe aus den Abständen zwischen den P-Wellen. Aus dem EKG lassen sich Erregungsursprung und Erregungsablauf sowie deren Störungen analysieren (◘ Abb. 17.7).

Arrhythmien Normalerweise wird die Erregung des Herzens im Sinusknoten gebildet und über die Vorhöfe und das Erregungsleitungssystem auf die Kammern weitergeleitet. Störungen des normalen Herzrhythmus können ganz unterschiedliche Formen aufweisen, die sich anhand des EKGs unterscheiden lassen. Nach Ort der Entstehung der Arrhythmie unterscheidet man **supraventrikuläre** und **ventrikuläre Arrhythmien**. Auch ohne besonderen Krankheitswert treten gelegentlich einzelne Extraschläge **(Extrasystolen, s. u.)** auf.

Normalerweise hat die Kammererregung ihren Ursprung in einer Erregungswelle, die aus den Vorhöfen übergeleitet wird. Dann sind P-Wellen und R-Zacken zeitlich konstant gekoppelt. Auch beim Gesunden ist der Sinusrhythmus keineswegs genau konstant. Er wird vor allem von Schwankungen in der autonomen Herzinnervation, z. B. in Abhängigkeit von der Atmung, moduliert. Herzfrequenzen über 100/min **(Tachykardie)** können physiologischerweise bei Sympathikusaktivierung („Aufregung") und unter 60/min **(Bradykardie)** bei ausgeprägtem Vagotonus vorkommen. Sie können aber auch pathologische Ursachen haben. Ursachen für eine Brady-

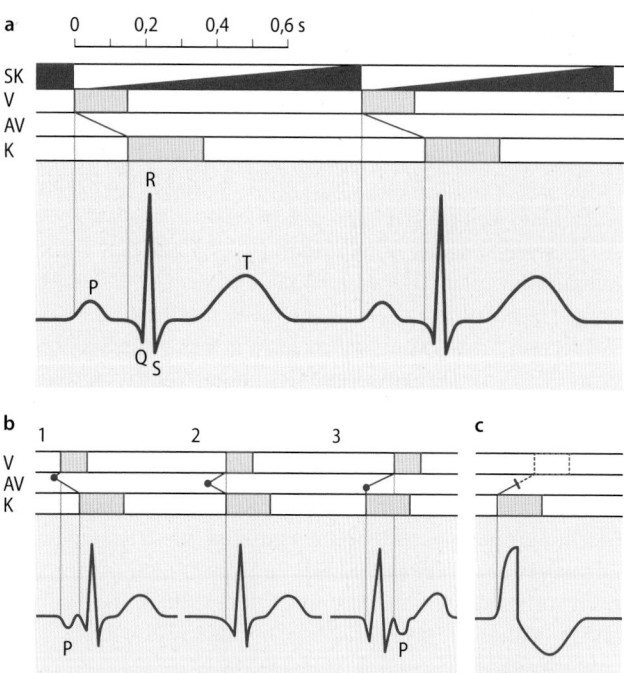

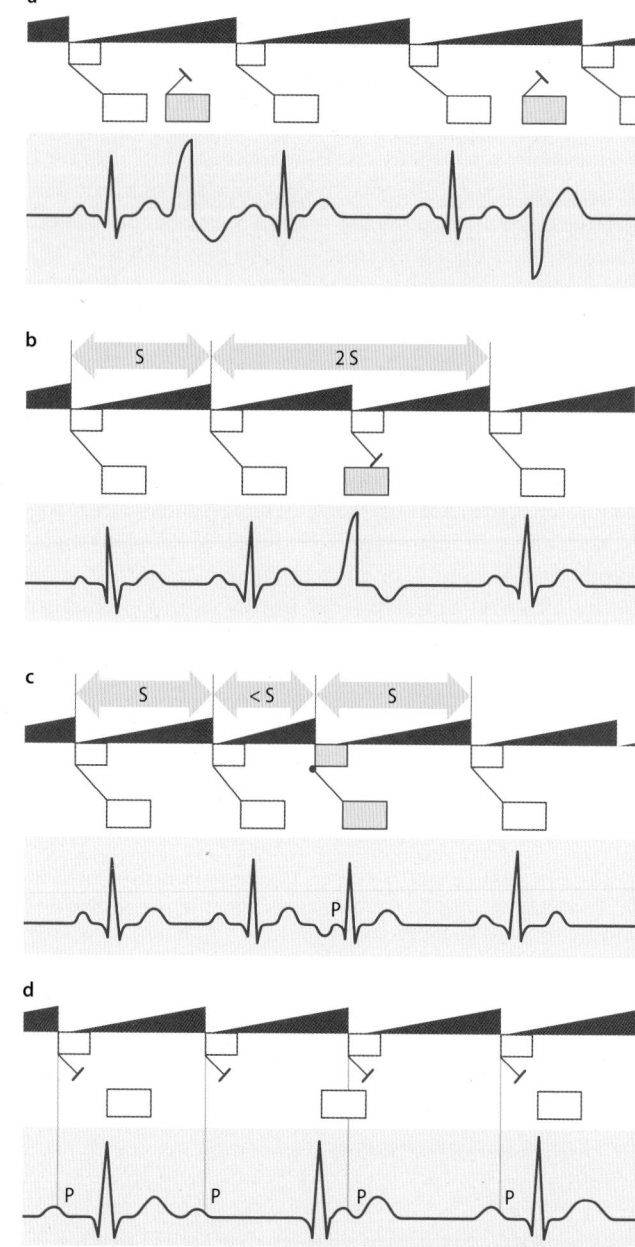

◘ Abb. 17.7a–c   Schema zur Analyse des Erregungsablaufs im Herzen. Auftragung der Erregung von Sinusknoten (SK), Vorhöfen (V), AV-Knoten (AV) und Kammern (K) und des EKGs gegen die Zeit. **a** Erregungsursprung im Sinusknoten mit normaler atrioventrikulärer Überleitung. Die Erregung im AV-Knoten wird bereits zu Beginn der P-Welle initiiert. **b** Erregungsursprung außerhalb des Sinusknotens, in drei verschiedenen Abschnitten des AV-Knotens. Die Erregung breitet sich retrograd über die Vorhöfe (negative P-Welle) und gleichzeitig über die AV-Leitung auf die Kammern aus. In Bild 2 fällt die Vorhoferregung zeitlich mit dem QRS zusammen und ist daher nicht sichtbar. **c** Erregungsursprung in den Ventrikeln. Die Dauer der Erregungsausbreitung ist verlängert, der Kammerkomplex stark deformiert. Es erfolgt keine rückläufige Erregung der Vorhöfe

◘ Abb. 17.8a–d   Beispiele von Rhythmusstörungen im EKG. Symbole für den Erregungsablauf wie in Abb. 17.7. **a** Zwei verschiedene, jeweils interponierte ventrikuläre Extrasystolen (VES). Die unterschiedliche Form (polymorph) deutet auf verschiedene Ursprungsorte in den Herzkammern hin. Wegen teilweise noch refraktärer Leitungsbahnen erfolgt keine Rückleitung der VES zum Sinusknoten. **b** Ventrikuläre Extrasystole mit kompensatorischer Pause (S normales Sinusintervall). **c** Supraventrikuläre Extrasystole aus dem Bereich des AV-Knotens mit unvollständig kompensierender Pause. **d** Totaler AV-Block mit vollständigem Ausfall der Erregungsleitung zwischen Vorhof und Kammer. Die Kammer wird in einem langsamen Ersatzrhythmus asynchron zu den Vorhöfen erregt

kardie mit Krankheitswert sind vor allem Erkrankungen, die den Sinusknoten betreffen, und Störungen der AV-Überleitung. Die pathologischen tachykarden Rhythmusstörungen haben meist ihre Ursachen in Störungen der Erregungsausbreitung und Rückbildung im ventrikulären Myokard.

Extrasystolen   Von Extrasystolen spricht man, wenn das Myokard von einer nicht zum normalen Rhythmus passenden Erregung erfasst wird. Ihr Ursprung kann im Ventrikel **(ventrikuläre Extrasystolen)** oder im Vorhof **(supraventrikuläre Extrasystole)** liegen. Ventrikuläre Extrasystolen haben ihren Ursprung in einer atypischen ventrikulären Schrittmacheraktivität. Sie weisen meist einen in Form und Dauer veränderten EKG-Kammerkomplex auf, da sie mit einer veränderten Erregungsausbreitung einhergehen (**◘** Abb. 17.8a). Häufig ist der QRS-Komplex **verbreitert**, da die Erregung nicht primär über das schnelle Erregungsleitungssystem im Myokard verteilt wird. Auch ist die elektrische **Herzachse gedreht**, da die Erregung einen anderen Ursprung und Verlauf als beim normalen Schlag hat. Bei langsamem Puls können sie interponiert, d. h. zwischen zwei regulären Schlägen auftreten. Meist werden Extrasystolen jedoch von einer **kompensatorischen Pause** gefolgt, die dadurch zustande kommt, dass das Myo-

kard nach einer Extrasystole gegenüber der nächsten regulären Erregung noch refraktär ist (**◘** Abb. 17.8b). Supraventrikuläre Extrasystolen treten z. B. bei Sympathikusaktivierung spontan auf und sind meist harmlos. Da die Erregung hier den Ventrikel über das Erregungsleitungssystem erreicht, haben sie einen normal geformten QRS-Komplex (**◘** Abb. 17.8c).

17

❯ Nur bei ventrikulären Extrasystolen ist der QRS-Komplex verbreitert und die Haupterregungsachse verschoben.

In Kürze

Extremitätenableitungen nach Einthoven und Goldberger zeigen Projektionen des Summationsvektors auf Richtungsgeraden in der **Frontal**ebene. Die **Brustwandableitungen** nach Wilson zeigen Projektionen auf Geraden in einer **Horizontal**ebene durch den Thorax. **EKG-Signale** gliedern sich in folgende Abschnitte: P-Welle (atriale Erregungsausbreitung); QRS-Komplex (ventrikuläre Erregungsausbreitung); und T-Welle (ventrikuläre Erregungsrückbildung). Eine einfache **EKG-Analyse** der Standardableitungen ergibt bereits Informationen über den Ursprung der Erregung, über Rhythmusstörungen, Leitungsstörungen und elektrische Herzachse.

17.3 Herzrhythmusstörungen im EKG

17.3.1 Überleitungsstörungen im EKG

Aus der Analyse des PQ-Intervalls und der Beziehung von vorhandener oder nicht vorhandener P-Welle und vorhandener oder nicht vorhandener R-Zacke lassen sich Erregungs- und Überleitungsstörungen zwischen Vorhöfen und Kammern analysieren.

AV-Block 1. Grades　Die Verlängerung des **PQ-Intervalls** (gerechnet von Anfang P bis Anfang Q) deutet auf eine Verzögerung der Erregungsüberleitung von den Vorhöfen auf die Kammern hin. Ist das PQ-Intervall länger als 0,2 s, bezeichnet man dies als AV-Blockierung („AV-Block"). Folgt der Vorhoferregung P hierbei noch regelmäßig eine R-Zacke, beschreibt man diesen Zustand als **„AV-Block 1. Grades"**.

AV-Block 2. Grades　Bei einem **„AV-Block 2. Grades"** fällt die Überleitung von Vorhöfen auf Ventrikel zeitweilig, aber nicht immer aus. Es gibt zwei Haupttypen:

- Beim **Typ 1** (Typ Mobitz I oder Typ Wenckebach) verlängert sich die AV-Überleitung (PQ-Intervall) von einem Normalzustand bei den nachfolgenden Erregungen zunehmend, bis sie einmal völlig unterbleibt. Danach erholt sich die Überleitung und der Vorgang beginnt von neuem. Die Blockade beim AV-Block Typ Mobitz I liegt meistens im AV-Knoten selbst.
- Beim **Typ 2** (Typ Mobitz II) fällt regelmäßig jede zweite, dritte oder x-te Überleitung aus. Es entsteht ein regelmäßiger 2:1-, 3:1- oder x:1-Vorhof- : Kammerrhythmus. Die Blockade beim AV-Block Typ Mobitz II liegt meistens im His-Bündel oder noch weiter distal und geht häufiger in einen AV-Block 3. Grades über als Typ Mobitz I.

AV-Block 3. Grades　Bei dieser Form der Überleitungsstörung (auch **„totaler AV-Block"**) besteht eine völlige elektrische Dissoziation zwischen Vorhöfen und Ventrikeln, die nur überlebt werden kann, wenn ein tertiärer Schrittmacher in den Ventrikeln deren Erregung übernimmt. Vorhöfe und Kammern werden dann von eigenen Schrittmachern erregt, P-Welle und Kammerkomplexe sind zeitlich nicht gekoppelt (◻ Abb. 17.8d). Bei akutem Auftreten eines AV-Blocks 3. Grades kommt es i. d. R. zunächst zu einem Kammerstillstand, dadurch zum Abfall des arteriellen Blutdrucks und zum Bewusstseinsverlust. Das rechtzeitige Einsetzen eines tertiären Schrittmachers kann bei ausreichendem Herzminutenvolumen ein Überleben ermöglichen. Tritt in Folge einer Herzrhythmusstörung wie z. B. AV-Block 3. Grades ein begrenzter Bewusstseinsverlust ein, so wird dies als „Morgagni-Adams-Stokes-Anfall" beschrieben.

❯ Beim AV-Block 3. Grades schlagen Kammer und Vorhof unabhängig voneinander.

17.3.2 Störungen der Kammererregung im EKG

Das EKG zeigt in Form von Veränderungen der Kammerabschnitte (Q bis T) Störungen der Erregungsausbreitung in den Kammern an.

Kammererregung　Das **QT-Intervall**, gerechnet vom Beginn des QRS-Komplexes bis zum Ende der T-Welle, entspricht der Zeitspanne für Erregungsaufbau und Erregungsrückbildung in den Ventrikeln. Es sollte bei einer Herzfrequenz von 60/min nicht mehr als 0,4 s betragen. Das QT-Intervall nimmt mit steigender Frequenz ab. Das liegt daran, dass sowohl die Herzfrequenz, als auch die ventrikuläre Erregungsausbreitung, unter der Kontrolle des Sympathikus stehen (▶ Kap. 16.4). Ein verlängertes QT-Intervall weist auf Erregungsbildungs-, Erregungsleitungs- oder Erregungsrückbildungsstörungen in den Ventrikeln hin. Ursachen können z. B. eine Störung in einem der Tawara-Schenkel (ein **Kammerschenkelblock**, (◻ Abb. 17.9), ein Funktionsausfall des Arbeitsmyokards durch eine Durchblutungsstörung (**Ischämie**) oder genetische Veränderungen mit Funktionsstörungen beteiligter Ionenkanäle, sog. Kanalopathien (z. B. Brugada Syndrom, Long-QT-Syndrom) sein.

EKG beim Herzinfarkt　Die EKG-Veränderungen zeigen einen charakteristischen Verlauf, welcher nicht nur die ST-Strecke einbezieht (◻ Abb. 17.10). Nach dem akuten Infarktstadium (**ST-Strecken-Hebung**) kann man das frühe Folgestadium (**T-Negativierung**), das späte Folgestadium (T-Negativierung, Normalisierung der ST-Strecke) und das Endstadium (**tiefes und breites Q, Reduktion der R-Zacke**) unterscheiden (◻ Abb. 17.11). Die **ST-Strecken-Hebung** (◻ Abb. 17.10, ◻ Abb. 17.11) wird durch Unterschiede in der Depolarisation des Myokards (Verletzungsstrom) hervorgerufen, während die **T-Negativierung** als Zeichen einer gestörten, verzögerten Repolarisation angesehen werden kann. Eine **ST-Strecken-Senkung** (◻ Abb. 17.10) hingegen ist charakteristisch für ein

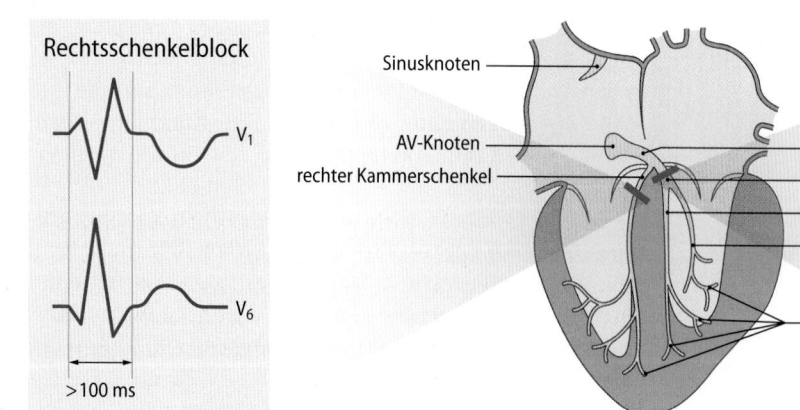
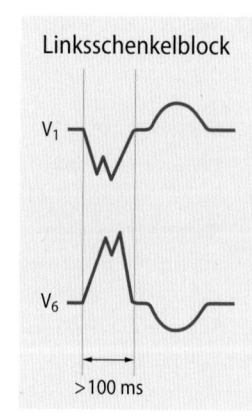

□ **Abb. 17.9   Kammerschenkelblock im EKG.** Darstellung des Erregungsleitungssystems sowie einer Blockade im Bereich des linken oder des rechten Kammerschenkels. Beachte die **Deformierung und Verlängerung** des QRS-Komplexes. Bei einer Blockade des linken Kammerschenkels (**Linksschenkelblock, LSB**) erfolgt die Depolarisation im rechten Ventrikel (RV) etwa 3-4-mal schneller als im LV. Außerdem ist die elektrische Herzachse nach links verschoben, da der vollständig erregte RV und der noch nicht vollständig erregte LV asymmetrische Potenziale aufweisen. Bei einem **Rechtsschenkelblock** (RSB) findet sich die umgekehrte Situation

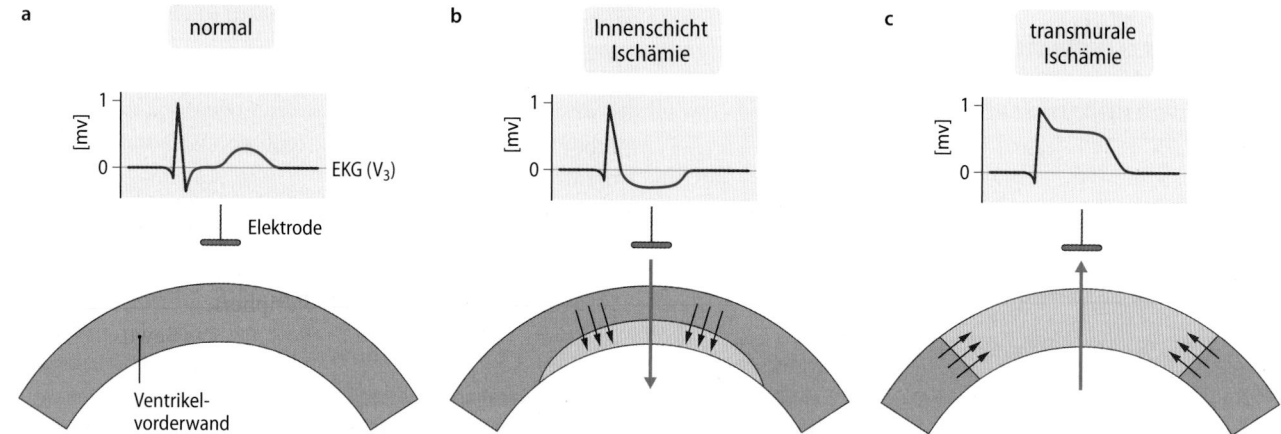

□ **Abb. 17.10a–c   Ischämiezeichen im EKG.** EKG über dem markierten Ventrikelareal und Erregungszustand der Ventrikelwand am Ende des QRS-Komplexes. **a** Normalsituation: Das gesamte Myokard ist erregt, die ST-Strecke ist auf Höhe der Nulllinie. **b** Frische Innenschichtischämie. Das ischämische Areal ist unerregt (außen positiv), der Summationsvektor „zeigt" vom erregten ins unerregten Gewebe. Es kommt zur ST-Streckenabsenkung unter die Nulllinie. **c** Frische transmurale Ischämie. Anhebung der ST-Streckenanhebung, da das gesamte Gewebe unter der Elektrode nicht depolarisiert

Durchblutungsdefizit der subendokardialen Schicht des Myokards (**Innenschichtischämie**) und wird durch Unterschiede in der Erregung benachbarter Myokardschichten hervorgerufen. Als Folge des Unterganges von Herzmuskelgewebe und dessen Ersatz durch Narbengewebe vermindert sich die elektrische Aktivität des Gewebes, was in der entsprechenden Ableitung als **tiefes und breites Q** und **Reduktion der R-Zacke** nachweisbar wird.

❯ Der Vektor zeigt im EKG immer vom depolarisierten zum nicht-depolarisierten Gewebe.

Nicht immer liefert das EKG unter Ruhebedingungen (**Ruhe-EKG**) Hinweise auf eine myokardiale Ischämie trotz Vorliegen einer koronaren Herzerkrankung. Klinisch wird dann ein EKG unter definierter körperlicher Belastung (**Belastungs-EKG**, ▶ Box unten) durchgeführt. Unter Belastung können im EKG Zeichen der Ischämie oder Rhythmusstörungen als Zeichen einer relativen Mangeldurchblutung auftreten.

❯ Absenkungen der ST-Strecke unter Belastung deutet auf eine Myokardischämie.

Belastungs-EKG
Da viele Störungen der Herzfunktion nur unter körperlicher Belastung offenbar werden, wird in der Klinik häufig nicht nur ein Ruhe-, sondern auch ein Belastungs-EKG angefertigt. Eine kontrollierte Arbeitsbelastung wird z. B. auf einem **Fahrradergometer** vorgenommen. Der Patient wird mit angelegten EKG-Elektroden bis zu einer vorgegebenen Leistungsgrenze oder bis zu einer maximalen Herzfrequenz belastet. Der Belastungstest wird abgebrochen, wenn vor Erreichen der Belastungsgrenze zunehmende Herzschmerzen, Atemnot, Ischämiezeichen im EKG (z. B. ST-Strecken-Veränderungen), schwerwiegende Rhythmusstörungen oder Erregungsleitungsstörungen (z. B. Linksschenkelblock) auftreten. Bei pathologischem Belastungs-EKG oder Symptomatik des Patienten sollte eine weiterführende Diagnostik wie eine **Myokardszintigraphie** oder eine invasive Darstellung der Koronargefäße (**Koronarangiographie**) angeschlossen werden, um Durchblutungsstörungen des Herzens direkt nachzuweisen.

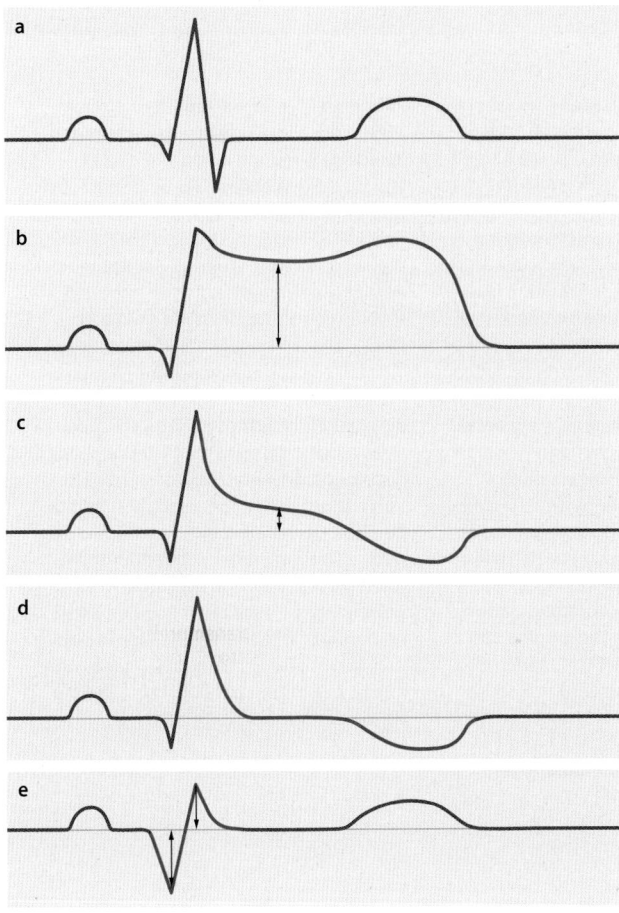

□ **Abb. 17.11a–e   Infarktstadien im EKG. a** Normales EKG. Die negative Q-Zacke dauert nicht länger als 40 ms an, ihre Amplitude ist nicht größer als ein Viertel der Amplitude der positiven R-Zacke. **b** Minuten nach Beginn des Infarktereignisses (akutes Stadium): ST-Strecken-Hebung **c** Tage nach Infarktereignisses – die ST-Hebung ist rückläufig, die T-Welle negativ. **d** Folgestadium nach einigen Wochen: Normale ST-Strecke, T-Welle jedoch noch immer negativ, die Q-Zacke vergrößert und die R-Zacke verkleinert nachweisbar. **e** Im Endstadium nach Wochen bis Monate: „tiefes und breites Q, dauerhaft verkleinerte R-Zacke

17.3.3 Tachykarde Rhythmusstörungen im EKG

Mit dem EKG können Ursprung und Art tachykarder Herzrhythmusstörungen analysiert werden

Flattern, Flimmern   Tachykardien mit extrem hohen Frequenzen unterteilt man in **Flattern** (200–350 min^{-1}) und **Flimmern** (> 350 min^{-1}). Sie können sowohl auf Kammerebene (**Kammerflattern** und **Kammerflimmern**), als auch auf Vorhofebene (**Vorhofflattern** und **Vorhofflimmern**) auftreten.

Während das Vorhofflimmern (▶ Box unten) durch eine arrhythmische Herzaktion charakterisiert ist, zeigt sich beim Vorhofflattern häufig ein regelmäßiger Herzrhythmus. Sollte jede Flatterwelle auf die Kammern übergeleitet werden (1:1 Überleitung), führt dies zu hohen Kammerfrequenzen und einer Einschränkung der Pumpfunktion des Herzens.

Kammerflattern ist mit einer normalen Pumpfunktion des Herzens nicht vereinbar, da die Zeiten zur Kammerfüllung und -entleerung zu kurz werden und eine geordnete Kontraktion des Ventrikels nicht stattfindet („**Kreisende Erregung**"). Ein Kammerflattern degeneriert aufgrund der Herzmuskelunterversorgung – es kommt zum Kammerflimmern. Im EKG sind beim Kammerflimmern keinerlei Kammerkomplexe mehr abgrenzbar. Die Höhe der Ausschläge verkleinert sich innerhalb weniger Minuten auf 0,1 mV und weniger. Ein flimmernder Ventrikel steht hämodynamisch still, es wird kein Blut in die Peripherie ausgeworfen. Der Patient verliert innerhalb kürzester Zeit das Bewusstsein und ist klinisch tot. Therapeutisch ist die frühzeitige **Defibrillation**, d. h. die Applikation von Gleichstrom (200–360 Joule, biphasisch) mithilfe einer Elektrode über der Herzspitze und einer zweiten über der Herzbasis, indiziert. Dabei wird mit Gleichstromstoß versucht eine möglichst große Masse Herzmuskelzellen zu depolarisieren und so zeitgleich in ein Refraktärstadium zu überführen. Die Erfolgsaussichten korrelieren stark negativ mit der Dauer des Kammerflimmerns, da die Überlebenschance pro Minute therapiefreien Intervalls um etwa 10 % abnimmt.

❯ Tachykardie: Herzfrequenz >100 pro Minute, Bradykardie: Herzfrequenz <60 pro Minute

Klinik

Vorhofflimmern

Ursachen

Vorhofflimmern entsteht, wenn die Erregungsausbreitung gestört ist oder wenn atypische Schrittmacher zusätzlich zum Sinusknoten Erregungswellen aussenden. Das Vorhofflimmern ist häufig die Folge von **Remodeling** (Fibrosierung, veränderte Connexinexpression, Störung der myozytären Erregungsleitung). Häufig bedingt eine Zunahme der atrialen Vorlast z. B. durch Mitralklappeninsuffizienz eine Dilatation des linken Vorhofs und begünstigt so das atriale Remodeling. Mit Fortbestand der Erkrankung kann ein zunächst intermittierendes Vorhofflimmern (**paroxysmal**) in ein dauerhaftes Vorhofflimmern (**persistierend**) übergehen.

Klinische Symptomatik

Durch die **Frequenzfilterung im AV-Knoten** sind die Kammern nur indirekt vom Vorhofflimmern betroffen. Es werden nur wenige Erregungen übergeleitet, sodass es nicht zum Kammerflimmern kommt. Der Puls ist jedoch irregulär (**absolute Arrhythmie**) und häufig tachykard. Da flimmernde Vorhöfe nicht kontrahieren, kommt es auch zu einem gewissen Füllungsdefizit der Ventrikel. Dies bleibt in körperlicher Ruhe wegen der sehr untergeordneten Bedeutung der Vorhofkontraktion für die Kammerfüllung (▶ Kap. 15.1) meist hämodynamisch ohne Folgen.

Während paroxysmales (anfallsartig-auftretendes) Vorhofflimmern häufig als unangenehm vom Patienten empfunden wird („**Herzstolpern**"), wird persistierendes Vorhofflimmern von den zumeist älteren Patienten häufig nur wenig wahrgenommen. Auch wenn der Krankheitswert somit relativ gering ist, birgt Vorhofflimmern ein bedeutendes Risiko: In den „stehenden" Vorhöfen können sich **Thromben** bilden, die bei Ablösung in das arterielle System geschleudert (embolisiert) werden. Vorhofflimmern ist daher eine wichtige Ursache für den ischämischen **Schlaganfall**, sodass häufig eine pharmakologische **Antikoagulation**, z. B. mit Faktor X-Hemmstoffen oder Vitamin-K-Antagonisten wie Marcumar (▶ Kap. 23.7.4) angesetzt wird.

Therapie

Bei neuaufgetretenem Vorhofflimmern wird der Versuch unternommen, den Sinusrhythmus wiederherzustellen. Dieses gelingt mittels eines starken Gleichstrompulses, der alle Myokardzellen erregt und somit das Flimmern durchbricht (**elektrische Kardioversion**). Im Gegensatz zur Defibrillation bei Kammerflimmern werden geringere Energiemengen (initial 50–100 J, biphasisch) verwendet und der Strompuls wird EKG-getriggert (R-Zacke) appliziert. Mithilfe von Substanzen wie Amiodaron, Flecainid oder Propafenon kann auch der Versuch einer „medikamentösen Kardioversion" unternommen werden.

Bei wiederholt auftretendem Vorhofflimmern wird heute auch die Unterbrechung der pathologischen Erregungsausbreitung durch chirurgische oder elektrisch-herbeigeführte Gewebeverödung erwogen. Chronisches Vorhofflimmern oder Vorhofflimmern auf der Basis einer Vorhoferweiterung ist gewöhnlich nicht mehr in einen Sinusrhythmus zu überführen. Ziel der Therapie ist in diesem Falle die Kontrolle der Herzfrequenz, z. B. mittels Betablockern, und die Vermeidung von Schlaganfällen (s. o.).

In Kürze

Störungen in der Erregungsüberleitung zwischen den Vorhöfen und den Ventrikeln entstehen typischerweise auf der Ebene des AV-Knotens oder des His-Bündels (**AV-Blockierungen**). Die Erregungsausbreitung kann aber auch auf der Ebene der Tawara-Schenkel (Schenkelblock), der Faszikel oder Purkinje-Fasern unterbrochen sein mit verbreitertem, deformiertem QRS-Komplex. Bei einer akuten Ischämie entstehen Ladungsunterschiede zwischen gesundem Myokard und ischämischen Arealen, diese führen akut im EKG zu Veränderungen der normalerweise **isoelektrischen ST-Strecke**. Tachykardien mit Frequenzen zwischen 200–350/min (**Flattern**) oder >350/min (**Flimmern**) können sowohl in den Vorhöfen, als auch in den Kammern auftreten.

Literatur

Gertsch M (2010) The ECG A Two-Step Approach to Diagnosis 1st edn Springer, Berlin

Mann DL, Zipes DP, Libby P, Bonow RO (2014) Braunwald's Heart Disease: A Textbook of Cardiovascular Medicine. 10th edn, W. B. Saunders Company, Philadelphia

Schmitt G, Schöls W (2000) Vom EKG zur Diagnose. 3rd edn Springer, Berlin

Schuster HP, Trappe HJ (2013) EKG-Kurs für Isabel 6th edn Thieme

Thygesen K, Alpert JS, Jaffe AS, Simoons ML, Chaitman BR, White HD (2012) Third universal definition of myocardial infarction. J Am Coll Cardiol. 2012 60:1581-98

17

Herzstoffwechsel und Koronardurchblutung

Andreas Deussen

© Springer-Verlag GmbH Deutschland, ein Teil von Springer Nature 2019
R. Brandes et al. (Hrsg.), *Physiologie des Menschen*, Springer-Lehrbuch
https://doi.org/10.1007/978-3-662-56468-4_18

Worum geht's?

Das Herz muss kontinuierlich Leistung erbringen
Wechselnde Druck- und Volumenbelastungen ebenso wie Veränderungen der Herzfrequenz bedingen Anpassungen der Herzleistung. Die zugrundeliegende Muskelarbeit erfordert eine stets ausreichende Energieversorgung (◘ Abb. 18.1).

Der Herzmuskel ist ein „Allesfresser"
Abhängig vom jeweiligen Plasmaspiegel kann der Herzmuskel seinen Energieumsatz aus der aeroben Verstoffwechslung von Fettsäuren, Glukose und Laktat decken. Zur Nachlieferung von Sauerstoff und Stoffwechselsubstraten muss der Herzmuskel adäquat durchblutet werden.

Der Herzmuskel muss sich das Blut zur eigenen Versorgung über die Koronargefäße zuleiten
Der linke Ventrikel erzeugt den arteriellen Druck für die Organdurchblutung – auch des Myokards. Die Myokardkontraktion erhöht hier jedoch durch Kompression der Gefäße den koronaren Gefäßwiderstand. Die Koronargefäße sind daher während der Herzmuskelkontraktion teilweise komplett verschlossen. So ist die Myokarddurchblutung des linken Ventrikels im Wesentlichen auf die Zeit der Diastole beschränkt.

Die Energieversorgung verlangt eine kontinuierlich angepasste Koronardurchblutung
Unter körperlicher Belastung steigt das Fördervolumen des Herzens pro Zeit. Diese Zunahme der Herzleistung erfordert eine sofortige Anpassung der Koronardurchblutung. Hierzu muss der Tonus der glatten Gefäßmuskeln der Koronargefäße gesenkt werden. Diese Regulation erfolgt über adrenerge Transmitter, endothelabhängige Mechanismen und die lokale Freisetzung von Stoffwechselprodukten aus dem Myokard (◘ Abb. 18.1).

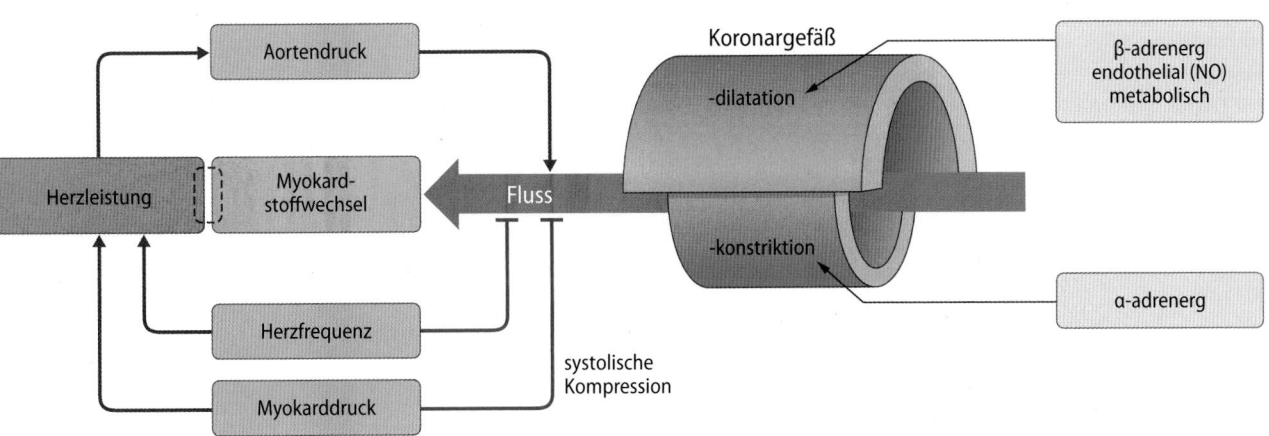

◘ Abb. 18.1   Überblick Myokardstoffwechsel und Koronardurchblutung

18.1   Energieumsatz des Myokards

18.1.1   Energieumsatz und Herzarbeit

Der hohe Energieumsatz des Herzmuskels dient in erster Linie zur Verrichtung der mechanischen Myokardarbeit. 80 % des Energiebedarfs entfallen auf den Querbrückenzyklus und die Ca^{2+}-Homöostase.

Energieumsatz Die kontinuierliche Pumpfunktion des Herzens ist von einem adäquaten Energieumsatz des Herzmuskels – und aufgrund fehlender myokardialer Energiereserven – von einer anhaltend ausreichenden Koronardurchblutung abhängig. Der Energieumsatz beinhaltet:
- die kontinuierliche mechanische Arbeit,
- den Energieaufwand für Ionentransporte,
- die Syntheseleistungen für die Strukturerhaltung,
- die Wärmebildung.

Bei der **Myokardkontraktion** wird **chemische Energie** in Form von ATP im Querbrückenzyklus und für den aktiven Rücktransport von Kalzium in das sarkoplasmatische Retikulum (sarko-endoplasmatische Ca^{2+}-ATPase, SERCA) bzw. nach extrazellulär verbraucht (80 %). Nur ein kleiner Anteil des ATP-Umsatzes (1 %) dient der Aufrechterhaltung weiterer transmembranärer Ionengradienten über primär aktive Transportmechanismen (Na^+/K^+-ATPase). Stellt man den Herzmuskel ruhig (normotherme elektromechanische Kardioplegie), sinkt der mittlere Sauerstoffverbrauch des Herzmuskels bei erhaltener Koronarperfusion auf 10–20 % des Ausgangswertes (Rest: Synthesen, Strukturerhaltung).

> Der größte Anteil des Energieumsatzes des Herzmuskels geht auch unter körperlichen Ruhebedingungen auf die kontinuierlich verrichtete mechanische Arbeit zurück.

Herzarbeit Man unterscheidet zwei verschiedene Arten der Herzarbeit:
- **Druck-Volumen-Arbeit** und
- **Beschleunigungsarbeit**.

Der **Energieumsatz** für die **Druck-Volumen-Arbeit** unterscheidet sich erheblich zwischen dem linken und rechten Ventrikel. Ursache hierfür ist die sehr unterschiedliche Druckentwicklung beider Ventrikel am adulten Herzen. Die Anteile an der Druck-Volumen-Arbeit verteilen sich etwa im Verhältnis 7:1 zwischen dem links- und dem rechtsventrikulären Myokard. Dem entspricht der etwa 7-fach höhere mittlere Aortendruck im Vergleich zum mittleren Pulmonalarteriendruck, während die Schlagvolumina beider Ventrikel unter physiologischen Bedingungen im Mittel gleich sind.

Die **Beschleunigungsarbeit** dient der Beschleunigung des Schlagvolumens und der Erzeugung der Pulswelle während der Auswurfphase.

Die **mechanische Arbeit des Herzens** beträgt unter körperlichen Ruhebedingungen pro Herzschlag etwa 1,5 Nm.

Hiervon entfallen mehr als 95 % auf die **Druck-Volumen-Arbeit** (W_{PV}) einschließlich der Erzeugung der Pulswelle. Die Beschleunigungsarbeit für das Schlagvolumen (W_B) ist mit 1–2 % der mechanischen Arbeit unter normalen physiologischen Bedingungen vernachlässigbar:

$$W_B = 0,5 \times m \times v^2 \tag{18.1}$$

(mit m: Masse des Schlagvolumens, v: Geschwindigkeit der Blutströmung). W_{PV} kann über das Integral der Druck-Volumen-Schleife (▶ Kap. 15.3)

$$W_{pV} = \int p \times dV \tag{18.2}$$

bestimmt werden (p: Ventrikeldruck, dV Volumenänderung). Die Druck-Volumen-Arbeit des linken Ventrikels geht während der Systole teilweise zunächst in potenzielle Energie zur Speicherung von Blut im Windkessel der Aorta über (▶ Kap. 19.3). In der folgenden Diastole wird diese potenzielle Energie als kinetische Energie auf die Blutströmung übertragen. Über derartige Energiewandlung bringt der linke Ventrikel auch die Arbeit zur Erzeugung der Pulswelle auf.

> Mehr als 95 % der mechanischen Arbeit des linken Ventrikels ist Druck-Volumen-Arbeit.

Pathophysiologische Aspekte der Herzarbeit
Bei arterieller Hypertonie steigt die Druck-Volumen-Arbeit proportional zum arteriellen Blutdruck. Die für das Schlagvolumen aufgewendete Beschleunigungsarbeit kann bei bestimmten Herzklappenerkrankungen, wie der Aorteninsuffizienz, einen nennenswerten Anteil an der Gesamtarbeit erreichen. In diesem Fall führt der Blutrückstrom in den linken Ventrikel während der Diastole (Pendelblutvolumen) zu einer zusätzlichen Herzbelastung.
Der mechanische Wirkungsgrad des Herzmuskels (mechanische Arbeit/ benötigter Energieumsatz) beträgt unter körperlichen Ruhebedingungen ca. 15 %. Der übrige Energieumsatz (ca. 85 %) betrifft Ionentransporte, Syntheseleistungen und die Wärmebildung. Der mechanische Wirkungsgrad ist von den Anteilen der Druck- bzw. Volumenarbeit abhängig. Der Energieumsatz nimmt bei Steigerung der Druckarbeit stärker zu als bei einer vergleichbaren Steigerung der Volumenarbeit.

18.1.2   Myokardfunktion und Sauerstoffverbrauch

Der Sauerstoffverbrauch des Herzmuskels ist direkt proportional zum Energieverbrauch. Er korreliert mit dem Druck-Frequenz-Produkt, der Kontraktilität und der myokardialen Wandspannung.

Druck-Frequenz-Produkt Die **Druck-Volumen-Arbeit** bezieht sich jeweils auf den **einzelnen Herzschlag**. Sie erlaubt daher noch keine Aussage über die vom Herzen erbrachte **Leistung**. Unter Leistung (P) wird der Quotient der verrichteten Arbeit (W) und der benötigten Zeit (t) verstanden:

$$P = \frac{W}{t} \tag{18.3}$$

Die vom Herzen erbrachte **Leistung** kann aus dem **Produkt** von entwickeltem **Druck, Schlagvolumen** und **Herzfrequenz** abgeschätzt werden. Ein vereinfachter Parameter der Herzleistung, der unter klinischen Bedingungen verwendet wird, ist das **Druck-Frequenz-Produkt** (entwickelter systolischer Druck × Herzfrequenz), das mit dem myokardialen Sauerstoffverbrauch korreliert. Näherungsweise kann der systolische Ventrikeldruck aus dem arteriellen Blutdruck geschätzt werden.

❯ Herzarbeit: Produkt von Ventrikeldruck und Schlagvolumen. Herzleistung: Produkt von Ventrikeldruck, Schlagvolumen und Herzfrequenz.

Kontraktilität   Eine Korrelation des Sauerstoffumsatzes besteht auch zur **Geschwindigkeit des Querbrückenzyklus**. Ein Maß für die Geschwindigkeit des Querbrückenzyklus (Kontraktilität) ist am intakten Herzen der **maximale isovolumetrische Ventrikeldruckanstieg** ($[dp/dt]_{max}$) (▶ Kap. 15.3). Zunahmen dieses Parameters korrelieren daher mit dem myokardialen Sauerstoffverbrauch.

Wandspannung   Zu unterscheiden ist die systolische von der diastolischen Wandspannung (▶ Kap. 15.2). Der myokardiale **Sauerstoffverbrauch** wird vorwiegend von der **systolischen Wandspannung** bestimmt, die **diastolische Wandspannung** beeinflusst insbesondere die **Koronardurchblutung**.

Homogenität
Den vorstehenden Überlegungen liegt die Vereinfachung zugrunde, dass die Myokardfunktion der unterschiedlichen Herzabschnitte homogen erbracht wird. Dies ist vor allem unter pathophysiologischen Bedingungen nicht gewährleistet. So treten bei der koronaren Herzkrankheit regionale Durchblutungseinschränkungen auf, die regionale Funktionsstörungen nach sich ziehen. Gleichzeitig weisen andere Herzmuskelareale eine kompensatorische Mehrarbeit auf (siehe Box „Koronare Herzkrankheit").

In Kürze
Wesentliche Komponenten des **Energieumsatzes des Myokards** sind der **Querbrückenzyklus**, der **Ca^{2+}-Rücktransport** in das sarkoplasmatische Retikulum (SERCA) und der **Strukturerhaltungsstoffwechsel**. Die **Herzarbeit** bezieht sich auf den Energieumsatz pro Herzzyklus. Der weit überwiegende Anteil der Herzarbeit resultiert aus der **Druck-Volumen-Arbeit**. Die vom Herzen erbrachte **Leistung** entspricht der pro Zeitintervall verrichteten Arbeit. Die Herzleistung wird über das **Druck-Frequenz-(Schlagvolumen-)Produkt** berechnet.

18.2   Substrate und Stoffwechsel

Der Herzmuskel ist ein „Allesfresser"; er gewinnt seine Energie aus dem aeroben Abbau von Fettsäuren, Glukose und Laktat.

Stoffwechselsubstrate   Die kontinuierlich verrichtete Herzarbeit erfordert auch unter körperlichen Ruhebedingungen eine **kontinuierliche Substratzufuhr**. Gegen die Schwankungen der Plasmaspiegel unterschiedlicher Substrate ist der Herzmuskel sehr gut abgesichert, da er je nach Angebot auf **Fettsäuren, Glukose** und **Laktat** zurückgreifen kann. Während diese Substrate unter körperlichen Ruhebedingungen mehr als 90 % der Substratversorgung stellen, tragen Pyruvat, Ketonkörper und Aminosäuren weniger als 10 % bei (◘ Abb. 18.2a).

Die breite Absicherung des Myokardstoffwechsels über die verschiedenen Substrate kann als evolutionsbedingte Anpassung interpretiert werden, die die Herzmuskelfunktion unabhängig von der jeweiligen Substratversorgung gewährleistet. Allerdings ist die **Energieeffizienz** der Kohlenhydrate, gemessen an der ATP-Bildung relativ zum Sauerstoffverbrauch, besser als diejenige der Fettsäuren. Ursache hierfür ist ein geringeres molares Verhältnis von Sauerstoff- zu Kohlenstoffatomen bei Fettsäuren. Des Weiteren entkoppeln Fettsäuren die oxidative Phosphorylierung und steigern die myozytäre Ca^{2+}-Aufnahme. Beide Prozesse senken den **myokardialen Wirkungsgrad**.

Fettsäurespiegel
Durch Veränderung der Plasmaspiegel bzw. der myozytären Aufnahme von Glukose und Fettsäuren kann daher die **kontraktile Funktion** des Myokards besonders bei eingeschränkter Sauerstoffzufuhr (siehe Ischämiesyndrome) beeinflusst werden. So können **hohe Fettsäurespiegel** das Schlagvolumen des Herzens trotz unverändertem Sauerstoffverbrauch reduzieren. Hohe Fettsäurespiegel treten u. a. auf als Folge einer **Aktivierung von Lipasen**, z. B. durch Katecholamine, Insulinmangel oder Heparingabe.

Die Bedeutung des **Laktats** nimmt unter **körperlicher Belastung** weiter zu, wenn der Skelettmuskel unter den Bedingungen einer relativen Durchblutungsbeschränkung anaerob arbeitet und vermehrt Laktat freisetzt. Da das gesunde Myokard auch bei schwerer körperlicher Arbeit eine adäquate Durchblutung aufweist und daher aerob arbeitet, wird hier Laktat weiterhin metabolisiert. Mit dem Abbau von Laktat werden auch H^+-Ionen verbraucht. Somit trägt der Herzmuskel unter körperlicher Arbeit zur **Regulation des Säure-Basen-Haushaltes** bei.

Stoffwechselwege   Wie in ◘ Abb. 18.2d dargestellt, werden aus den Substraten **Fettsäuren, Glukose** und **Laktat** Reduktionsäquivalente in Form von $NADH/H^+$ und $FADH_2$ gebildet. Diese werden in der Atmungskette (Mitochondrien, ◘ Abb. 18.2b) unter **Verbrauch von Sauerstoff** zu Oxidationswasser und NAD bzw. FAD umgewandelt. Im Gegenzug wird aus ADP **ATP** gebildet. Quantitativ geringe zusätzliche Äquivalente energiereicher Phosphate (ATP, GTP) entstehen in der Glykolyse und im Zitratzyklus. Der Umsatz von ATP zu ADP ermöglicht auch die reversible Phosphorylierung von

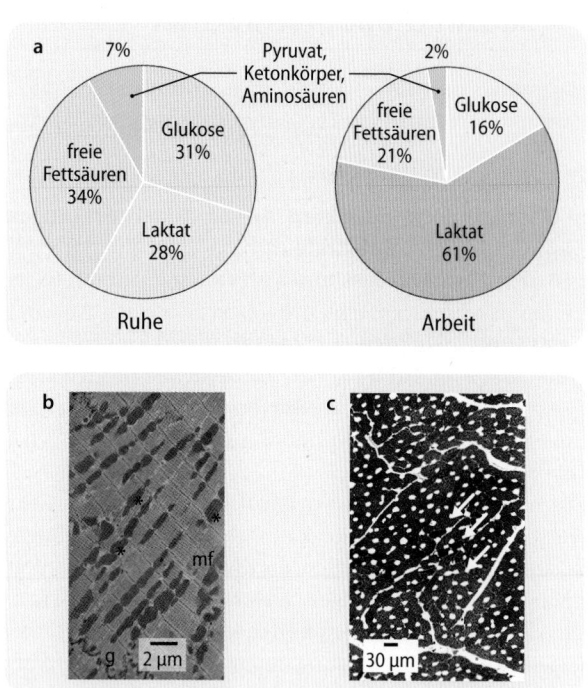

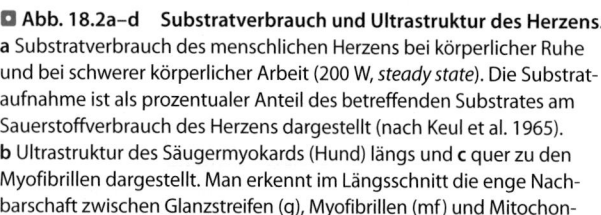

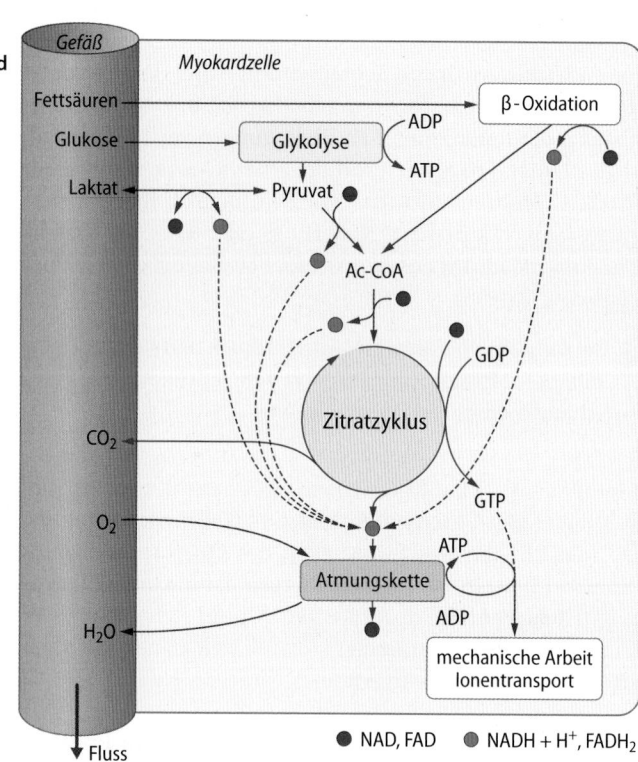

● NAD, FAD   ● NADH + H⁺, FADH₂

◻ Abb. 18.2a–d   Substratverbrauch und Ultrastruktur des Herzens.
a Substratverbrauch des menschlichen Herzens bei körperlicher Ruhe und bei schwerer körperlicher Arbeit (200 W, *steady state*). Die Substrataufnahme ist als prozentualer Anteil des betreffenden Substrates am Sauerstoffverbrauch des Herzens dargestellt (nach Keul et al. 1965). **b** Ultrastruktur des Säugermyokards (Hund) längs und **c** quer zu den Myofibrillen dargestellt. Man erkennt im Längsschnitt die enge Nachbarschaft zwischen Glanzstreifen (g), Myofibrillen (mf) und Mitochon-

drien (*) sowie den hohen Mitochondrienanteil am Zellvolumen. Im Querschnitt ist die hohe Kapillardichte des Gewebes (Pfeile) sichtbar (b und c freundliche Überlassung von Prof. W. Hort, †, Düsseldorf). **d** Schematische Darstellung des Myokardstoffwechsels. Ac-CoA=Acetyl-CoA, die gestrichelten Linien zeigen die Einschleusung der Reduktionsäquivalente in die Atmungskette an, durchgezogene Linien schematisieren Stoffwechselwege

Kreatin. Kreatinphosphat steht dann über die Kreatinkinase-Reaktion zur Pufferung akuter Schwankungen im ATP-Spiegel zur Verfügung.

Umsatzraten   Der Myokardstoffwechsel gewährleistet eine ATP-Produktion von 20–30 µmol/min pro Gramm Herzmuskel unter körperlichen Ruhebedingungen. Dem entspricht ein Sauerstoffverbrauch von 4–5 µmol/min pro Gramm Herzmuskel (ca. 100 µl O_2 x min^{-1} x g^{-1}). Der **Sauerstoffverbrauch** des **gesamten Herzens** (300 g) beträgt **25–30 ml/min**, was 10 % des Sauerstoffverbrauchs des Körpers (Herzmasse 0,5 % der Körpermasse) entspricht. Der Sauerstoffverbrauch erfolgt **vorwiegend** in den **Kardiomyozyten**, der Anteil der Fibrozyten, Endothel- und glatten Muskelzellen am gesamten Sauerstoffverbrauch ist gering. Diese Zellen können ihren Energiebedarf bei ausreichender Substratzufuhr jederzeit auch anaerob decken.

Anaerobiose   Unter **anaeroben Bedingungen** wird der Umsatz der Reduktionsäquivalente in der Atmungskette reduziert, weil Sauerstoff nicht in ausreichender Menge zur Verfügung steht. Infolgedessen stauen sich die Reduktionsäquivalente NADH/H⁺ und FADH₂ an. Dies hat u. a. Rückwirkung auf die **Gleichgewichtsreaktion** zwischen **Laktat** und **Pyruvat** (◻ Abb. 18.2d). Da Pyruvat auch unter anaeroben

Bedingungen kontinuierlich über die Glykolyse aus Glukose bzw. Gykogen gebildet wird, entsteht im Herzmuskel bei Vorliegen hoher NADH/H⁺-Konzentrationen Laktat. Eine **Nettolaktatbildung** (koronarvenöse größer als arterielle Laktatkonzentration) des Herzmuskels ist daher ein **Zeichen unzureichender Sauerstoffversorgung**.

> **⊙ Laktat ist beim gesunden Herzen ein wichtiges energiereiches Substrat, das über Pyruvat verstoffwechselt wird.**

Energiereserven   Dem hohen kontinuierlichen Umsatz von ATP und Sauerstoff stehen nur **sehr begrenzte Reserven** im Myokard gegenüber. Der ATP-Gehalt des Myokards beträgt ca. 5 µmol/g, der des Kreatinphosphats ca. 7 µmol/g. Der Sauerstoffspeicher des Myokards (Hämoglobin und Myoglobin) kann mit etwa 0,4 µmol/g angegeben werden. Legt man einen ATP-Umsatz von 20–30 µmol × min^{-1} × g^{-1} und einen Sauerstoffverbrauch von 4–5 µmol × min^{-1} × g^{-1} zugrunde, dann beträgt die **Reservezeit des Myokards** bei Unterbrechung der Durchblutung **nur wenige Sekunden** bevor erhebliche funktionelle Konsequenzen auftreten (▶ Kap. 29.3). Die Zeitreserve bis zum Auftreten irreversibler Schäden (**Strukturerhaltungszeit**) ist deutlich länger (ca. 20 min), da das Myokard über eine Reihe endogener Mechanismen der

Klinik

Ischämiesyndrome

Eine **Myokardischämie** resultiert, wenn der Sauerstoffbedarf den Sauerstoffantransport übersteigt. Die Folgen reichen von einer kontraktilen Funktionsstörung bei leichter Ischämie bis zum Herzinfarkt bei schwerer anhaltender Ischämie. Zur Behebung der Funktionsstörung und zur Abwendung eines Herzinfarktes ist eine schnelle **Reperfusion** des Herzmuskels erforderlich. Allerdings führt die Reperfusion zu einer eigenständigen Gefäß- und Myokardschädigung, dem **Reperfusionsschaden**. Pathophysiologisch relevant sind u. a. folgende Syndrome:

- Bei mäßiger Unterperfusion wird die kontraktile Funktion innerhalb von Sekunden reduziert. Hierdurch wird der Sauerstoffbedarf an die reduzierte Perfusion angepasst (**hibernierendes Myokard**). Besteht die mäßige Perfusions-

einschränkung längerfristig (Wochen, Monate), so treten außerdem lichtmikroskopisch sichtbare Veränderungen (Myofibrillenschwund, Glykogenablagerungen, interstitielle Fibrosierung), ultrastrukturelle Veränderungen (sarkoplasmatisches Retikulum und T-Tubuli) sowie eine gesteigerte Expression fetaler Proteine auf. Ist die begleitende interstitielle Fibrose gering, so kann sich die Myokardfunktion nach Revaskularisierung wieder normalisieren.

- Kurzzeitige Ischämien im Bereich von 5–15 min führen auch nach Reperfusion zu einer Funktionsreduktion im abhängigen Myokard, die über Stunden bis Tage bestehen bleibt (**Stunning**).

- Ein wichtiger Schutzmechanismus ist das **Pre-conditioning**. Es handelt sich hierbei um eine Toleranzentwicklung in

Bezug auf eine normalerweise schädigende Ischämie bzw. die nachfolgende Reperfusion. Pre-conditioning wird durch kurze Ischämien (2–5 min Dauer) ausgelöst. Während der transienten Ischämie werden u. a. Adenosin und Bradykinin gebildet, die rezeptorvermittelt komplexe Signalkaskaden aktivieren (z. B. Proteinkinasen C, Tyrosinkinasen und MAP-Kinasen). Die Kausalkette, die nicht abschließend geklärt ist, verhindert wahrscheinlich das Öffnen von Permeabilitätsporen in der Mitochondrienmembran und hierdurch die Einleitung von Apoptose oder Zellnekrose. Auch eine Ischämie-Reperfusion, die an einem anderen Organ erfolgt, kann eine Ischämie-Reperfusionstoleranz am Herzen erzeugen (organferne Konditionierung).

Protektion verfügt. Nach **20 min normothermer kompletter Ischämie** (Durchblutungsstopp) beginnt die Entstehung von Herzmuskelnekrosen (**Herzinfarkt**). Das Ausmaß der Nekrose steigt mit Verlängerung der Ischämiedauer jenseits der 20-Minuten-Grenze an.

❯ **Normotherme Ischämie länger als 20 min führt zum Herzinfarkt.**

In Kürze

Die **Energieversorgung** des Herzmuskels erfolgt vorwiegend über **Fettsäuren**, **Glukose** und **Laktat**. Eine adäquate Energieproduktion kann im Herzmuskel nur unter **aeroben** Bedingungen erfolgen. **Nettolaktatbildung** ist ein metabolisches Zeichen unzureichender Myokardoxigenation. Die **Energie- und Sauerstoffreserven** des Myokards sind gering.

18.3 Koronardurchblutung und Sauerstoffversorgung

Der koronare Blutkreislauf weist grundsätzlich eine hohe Sauerstoffextraktion (60–70 %) auf, sodass eine Anpassung des Sauerstoffbedarfs durch Anpassung der Durchblutung gedeckt werden muss.

Sauerstoffversorgung Der Sauerstoffverbrauch ($\dot{V}_{O_2}$) des Herzmuskels beträgt unter physiologischen Bedingungen ca. $100\,\mu l \times min^{-1} \times g^{-1}$ Herzmuskel oder 10 ml/min pro 100 g (s. oben). Die **Myokarddurchblutung** ($\dot{Q}$) liegt im Mittel bei ca. **0,8 ml × min^{-1} × g^{-1}** oder 80 ml/min pro 100 g. Da die arterielle Sauerstoffkonzentration ($[O_2]_a$) bei einem Hämoglobingehalt von 15 g/100 ml Blut ca. 20 ml O_2/100 ml Blut

beträgt (▶ Kap. 28.3), liegt die **Sauerstoffextraktion** (E) bei etwa 63 %:

$$\dot{V}_{O2} = \dot{Q} \times [O_2]_a \times E \qquad (18.4)$$

Dem entspricht ein **koronarvenöser O$_2$-Partialdruck** von **20–25 mmHg**. Die **Sauerstoffextraktion** des Herzens ist also bereits unter körperlichen Ruhebedingungen ausgesprochen groß. Messungen zeigen, dass der koronarvenöse O$_2$-Partialdruck am gesunden Herzen auch unter schwerer körperlicher Belastung nur noch sehr geringfügig absinkt (ca. 10 %, ◻ Abb. 18.3). Dennoch kommt es unter Belastung zu einer moderaten Zunahme der Sauerstoffextraktion (◻ Abb. 18.3) durch Anstieg des CO$_2$-Partialdrucks, Abfall des pH-Wertes und Temperaturanstieg (Bohr-Effekt, ▶ Kap. 28.3.4). Nur der **massive Anstieg der Koronardurchblutung** bis zum **5-fachen** der Ruhedurchblutung erlaubt bei der geringen Zunahme der Sauerstoffextraktion einen maximal etwa 6-fachen **Anstieg des Sauerstoffverbrauchs** bei schwerer körperlicher Arbeit. Einschränkung der Durchblutungszunahme des Herzmuskels hat daher immer auch eine Einschränkung des maximalen myokardialen Sauerstoffverbrauchs und damit der Herzleistung zur Folge.

❯ **Der koronarvenöse O$_2$-Partialdruck liegt bei 20–25 mmHg.**

Koronarreserve Sie ist definiert als **Quotient** der **Maximaldurchblutung** relativ zur **Ruhedurchblutung**. Die Koronarreserve wird unter intravenöser Gabe eines stark koronardilatierenden Stoffes wie **Adenosin** durch nichtinvasive Messung der Koronardurchblutung (Methoden s. unten) bestimmt. Normal ist eine Koronarreserve **größer 3–4**.

Myokardiale Kompression Der sich kontrahierende Herzmuskel muss den intraventrikulären Druck für die Förde-

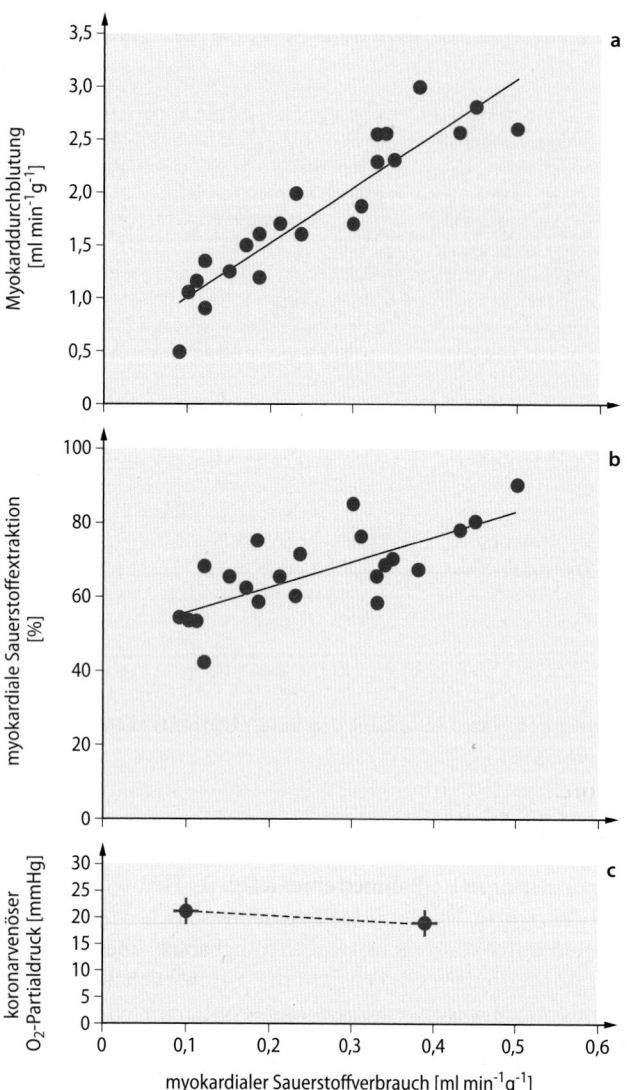

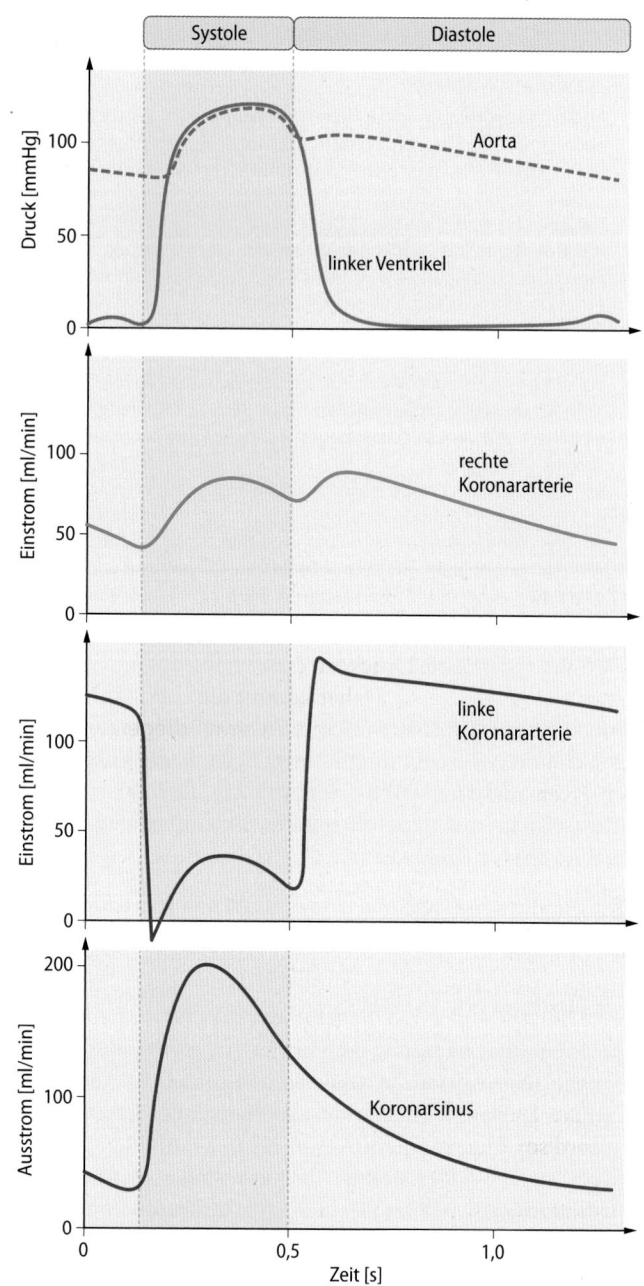

Abb. 18.3a–c   Beziehung zwischen dem myokardialen Sauer-stoffverbrauch und **a** der Myokarddurchblutung, **b** der Sauerstoff-extraktion und **c** dem koronarvenösen O$_2$-Partialdruck. Nach Daten aus Heinonen et al., 2014 (a, b) und Heiss et al., 1976 (c)

Abb. 18.4   Koronarer Blutfluss während Systole und Diastole. Während die Durchblutung des rechtsventrikulären Myokards über die rechte Koronararterie (Normalversorgungstyp) kontinuierlich erfolgt, wird das linksventrikuläre Myokard vorzugsweise in der Diastole durchblutet. Außerdem wird ein Teil des intrakoronaren Blutvolumens während der Systole über den Koronarsinus entleert

rung des Schlagvolumens aufbringen. Wie oben erläutert (▶ Abschn. 18.1), unterscheiden sich die hierzu notwendigen Drücke im linken und rechten Ventrikel erheblich. Die linke Koronararterie (R. circumflexus und R. interventricularis anterior) versorgt vorzugsweise das linksventrikuläre Myokard, während die rechte Koronararterie vorzugsweise das rechtsventrikuläre Myokard versorgt (sog. Normalversorgungstyp).

Wegen der unterschiedlichen Druckverhältnisse kommt es zu einer unterschiedlich starken Beeinflussung der Myokard-durchblutung im links- und rechtsventrikulären Myokard im Verlauf des Herzzyklus (▪ Abb. 18.4). Während der Blut-fluss in der rechten Koronararterie weitgehend dem Verlauf des Aortendrucks entspricht, **bricht** der **Blutfluss** in der **linken Koronararterie** während der Ventrikelsystole **stark ein** und kehrt sich in der Anspannungsphase sogar um (Blutrückstrom in die Aorta). Mit Einsetzen der **Ventrikeldiastole steigt der Blutstrom** in der linken Koronararterie wieder an. Parallel

hierzu findet sich während der Systole im Koronarsinus, über den die gesamte Blutversorgung des linksventrikulären Myo-kards drainiert wird, eine Zunahme des Blutflusses.

❯ **Das linksventrikuläre Myokard wird vorzugsweise in der Diastole durchblutet.**

Transmurale Gradienten   Während der Druck im linken Ventrikel während der Auswurfphase ca. 120 mmHg beträgt, liegt der Druck im Herzbeutel bei nur wenigen mmHg. Ana-

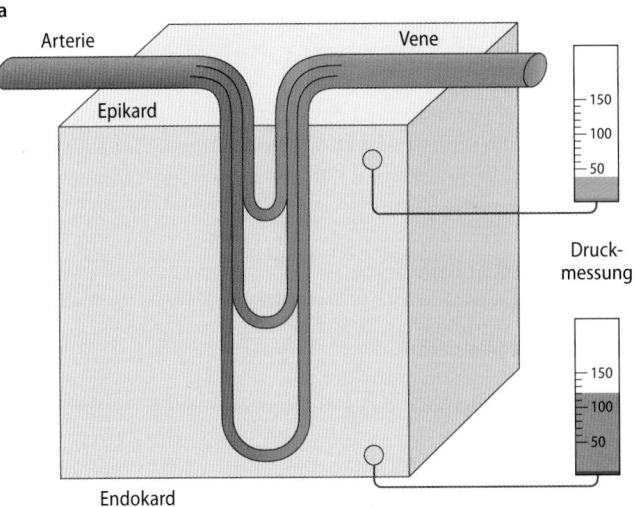
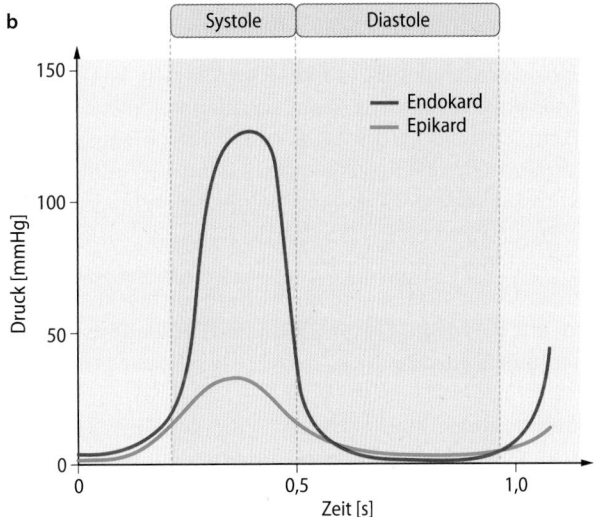

□ **Abb. 18.5a,b   Kompression intramyokardialer Gefäße. a** Schematische Darstellung des Gefäßverlaufs und der myokardialen Druckmessung. **b** Zeitverlauf des Drucks im Subepi- und Subendokard

log verhalten sich die Drücke in den angrenzenden Myokardschichten (□ Abb. 18.5). Daher **kommt** die **subendokardiale Durchblutung** während der **Systole zum Erliegen**, während die subepikardiale Durchblutung ähnlich derjenigen des rechtsventrikulären Myokards nahezu kontinuierlich erfolgt. Man kann sich diese **transmuralen Druckunterschiede** so verständlich machen, dass die Muskelschichten in der Ventrikelwand konzentrisch verlaufen. Auf die Faserspannung der innen gelegenen Schichten addieren sich die Faserspannungen der nach außen folgenden Schichten. Daher ist der **Kompressionsdruck auf die Gefäße subendokardial am höchsten.** Die stärkere Durchblutungseinschränkung subendokardialer Schichten in der Systole wird bei gesunden Koronargefäßen in der Diastole mehr als ausgeglichen, sodass die mittlere Durchblutung im Subendokard diejenige im Subepikard sogar leicht übertrifft (10 %).

Myokardoxigenierung   Trotz der starken myokardialen Kompression ist die mittlere lokale Durchblutung des linksventrikulären Myokards unter physiologischen Bedingungen adäquat. Auch übertrifft die **arteriovenöse Sauerstoffdifferenz** in subendokardialen Schichten diejenige subepikardialer Schichten. Der **höheren mittleren subendokardialen Durchblutung** entspricht daher ein etwas höherer **subendokardialer Sauerstoffverbrauch.** Gleichzeitig ist der **mittlere O$_2$-Partialdruck im Subendokard geringer** als im Subepikard. Bestehen im Rahmen einer Koronarsklerose Einengungen der epikardialen Arteriensegmente, so ist weiter distal der intrakoronare Druck reduziert (Druckabfall über Stenosen infolge Turbulenzen). Nun schränkt der Myokarddruck über die Kompression intramyokardialer distaler Gefäßsegmente die Durchblutung stärker ein.

❯ Die Sauerstoffversorgung des subendokardialen Myokards des linken Ventrikels ist besonders gefährdet.

Gefäßtonus   Neben dem intrakoronaren Druck und dem Myokarddruck bestimmt auch der Tonus der glatten Gefäß-

---

Klinik

Myokardischämie und Infarktlokalisation

Häufig betreffen Ischämien und Infarzierungen die Schichten des linken Herzens in abgestufter Weise, wobei die **subendokardialen Schichten** bevorzugt betroffen sind. In der Klinik spricht man von **subendokardialen Ischämien und Innenschichtinfarkten.** Die **Ursachen** hierfür liegen im **höheren Sauerstoffbedarf** der Myokardinnenschichten bei **gleichzeitig hoher myokardialer Kompression der Koronargefäße.** Kommt es zu einer Einengung epikardialer Koronararterien, entweder chronisch durch Koronarsklerose oder akut durch Koronararterienthrombose, so sinkt der distale intrakoronare Perfusionsdruck soweit ab, dass eine Mangeldurchblutung entsteht. Dies wirkt sich aus den genannten Gründen **besonders auf die Versorgung der Innenschichten** (subendokardiale Schichten) aus. Mit zunehmender Stenosierung oder kompletter Okklusion der Koronararterie weitet sich die Ischämie von subendokardial gegen das Subepikard aus, bis sie schließlich die gesamte Herzwand im Versorgungsgebiet der betroffenen Arterie umfasst (**transmurale Ischämie**).
Auf die Entstehung subendokardialer Ischämien hat die **Herzfrequenz** einen wichtigen Einfluss. Während unter Herzfrequenzsteigerung der Sauerstoffbedarf des Myokards zunimmt, verkürzt sich gleichzeitig die **Diastolendauer,** was die **subendokardiale Durchblutung** einschränkt. Während dies am gesunden Herzen durch eine verstärkte diastolische Koronardurchblutung in einem kürzeren Zeitintervall ausgeglichen wird, ist das bei Stenosierung der Koronararterien nicht mehr möglich. Bei Patienten mit Koronarstenosen treten daher bei Tachykardie oft **Angina-pectoris**-Beschwerden auf, die einen Hinweis auf die Mangeldurchblutung des Herzmuskels geben. Aufgrund der Innenschichtischämie findet man dabei im EKG häufig eine ST-Streckensenkung.

muskelzellen die Koronardurchblutung (◨ Abb. 18.1, ▶ Kap. 20.3). An gesunden Koronargefäßen wird die Steigerung der Myokarddurchblutung durch eine **Vielzahl** von **durchblutungsaktiven Faktoren** (neuronal, humoral, metabolisch, parakrin) effizient an den Sauerstoffverbrauch angepasst. Ausnahmen stellen Bedingungen dar, unter denen infolge genereller Vasodilatation (Abfall des peripheren Widerstandes) der Aortendruck so stark sinkt, dass der koronare Perfusionsdruck kritisch eingeschränkt wird. Unter den durchblutungswirksamen Mechanismen werden die **übergeordneten** (nichtlokalen) und vorwiegend **lokal-wirksamen Regulationsmechanismen** unterschieden.

Übergeordnete Mechanismen Eine dominierende Bedeutung haben hier **adrenerge Effekte**. Die Koronargefäße weisen eine dichte sympathische Innervation auf. Wesentlicher Transmitter der efferenten sympathischen Nervendigungen ist das **Noradrenalin**, welches am glatten Gefäßmuskel auf **α- und β-adrenerge Rezeptoren** wirkt. Das ebenfalls an Koronargefäßen wirksame **Adrenalin** stammt quantitativ aus dem Nebennierenmark und erreicht das Koronargefäßbett über die Blutbahn (**humoraler Mediator**). Im Vergleich zum Adrenalin hat Noradrenalin eine höhere Affinität für α-adrenerge Rezeptoren.

Unter physiologischen Bedingungen unterstützen Noradrenalin und Adrenalin die Zunahme der Koronardurchblutung unter körperlicher Arbeit über ihre Wirkung auf koronare **β-adrenerge Rezeptoren**. Unter pathophysiologischen Bedingungen (**Koronararterienstenose** mit Ausschöpfung der poststenotischen Dilatationsreserve) kann besonders Noradrenalin über Aktivierung von **α-adrenergen Rezeptoren** an den glatten Muskelzellen der Koronargefäße eine **Ischämie auslösen** oder verstärken.

❯ Unter physiologischen Bedingungen reduzieren Noradrenalin und Adrenalin den koronaren Gefäßwiderstand über β-adrenerge Rezeptoren an koronaren Widerstandsgefäßen.

Cholinerge Koronardilatation
Koronargefäße sind nur schwach mit cholinergen parasympathischen Fasern innerviert. Bei Konstanthaltung des myokardialen Sauerstoffverbrauchs führt Vagusaktivierung zu einer Koronardilatation. Die cholinerge Gefäßdilatation wird über die Stimulation der endothelialen NO-Bildung vermittelt. Auch intrakoronar appliziertes Acetylcholin führt zu einer Koronardilatation. Bei funktionell geschädigtem Endothel (z. B. fehlende NO-Bildung) setzt sich die direkte Wirkung von Acetylcholin am glatten Muskel durch, die in einer Tonussteigerung und Vasokonstriktion besteht. Dieser Test kann im klinischen Herzkatheterlabor zur Erfassung der Endothel-abhängigen Relaxation eingesetzt werden.

Lokale Mechanismen Die Koronargefäße besitzen im Druckbereich von 60–140 mmHg einen ausgeprägten myogenen Tonus (▶ Kap. 20.3). Auf diesen setzen metabolische, endothelabhängige und glattmuskuläre Mechanismen auf. Die endothelabhängigen Mechanismen verstärken häufig eine primär metabolisch oder adrenerg ausgelöste Durchblutungssteigerung.

Metabolische Faktoren der Gefäßtonuskontrolle sind vor allem der **pO_2, reaktive Sauerstoffspezies**, der **pCO_2** und der **pH**. Ein weiterer metabolischer Vasodilatator an Koronargefäßen ist **Adenosin**, das aus dem Abbau der Adeninnukleo-

---

Klinik

Koronare Herzkrankheit (KHK)
Pathophysiologie
Ein gestörtes Verhältnis von Sauerstoffangebot zu Sauerstoffbedarf ist Ursache für das Auftreten einer Myokardischämie im Rahmen der koronaren Herzkrankheit. Dieser liegt typischerweise ein Gefäßverschluss zugrunde, wodurch der Energiestoffwechsel im unterperfundierten Myokard gestört ist (◨ Abb. 18.6). Bei adäquater Therapie ist eine Myokardischämie reversibel. Bei anhaltend unzureichender Myokarddurchblutung entsteht jedoch eine Myokardnekrose (Myokardinfarkt, nichtvitales Myokard) (◨ Abb. 18.6). Die koronare Herzkrankheit ist eine der häufigsten Ursachen für Invalidität und Tod.

Untersuchungsmethoden
Die große klinische Bedeutung der Quantifizierung von Myokarddurchblutung und Herzstoffwechsel haben zur Etablierung einer Reihe klinischer Messtechniken geführt. **Ultraschallsonden** können im Rahmen von **Herzkatheteruntersuchungen** in die Koronargefäße eingeführt werden (intravaskulärer Ultraschall, IVUS) und gestatten die kontinuierliche Messung des **Blutflusses**. Eine intrakoronare **Druckmessung** mit dem Druckdraht erlaubt auch das Passieren von Koronargefäßstenosen und Messung des Perfusionsdrucks distal der Stenose. Dies gestattet die gezielte Auswahl der Patienten für eine konservative (medikamentöse) bzw. eine Revaskularisierungstherapie (s. u.). Für Untersuchungen des Herzstoffwechsels und der Durchblutung werden nichtinvasive bildgebende Verfahren wie die **Single-Photon-Emission-Tomographie (SPECT)** und die **Positronenemissionstomographie (PET)** eingesetzt (◨ Abb. 18.6) (▶ Kap. 63.4).

Prävention und Therapie
Präventiv wirkt insbesondere ein Lebensstil mit ausreichender körperlicher Aktivität (mindestens 1000-1500 kcal Umsatz pro Woche durch Muskelarbeit) sowie die Vermeidung von Nikotin. Zur medikamentösen Prävention werden bei Hyperlipidämie Cholesterinsenker eingesetzt. Eine hämodynamisch-wirksam verengte Koronararterie kann häufig mittels **Ballondilatation** erweitert werden. Hierzu wird ein Katheter über eine periphere Arterie retrograd über die Aorta in das verengte Koronargefäß eingeführt. Durch Aufblasen eines kleinen Ballons an der Katheterspitze (8–12 bar Druck) wird das Segment geweitet. Nichtdilatierbare Stenosen werden durch eine **Bypass-Operation** herzchirurgisch versorgt. Hierbei wird die Gefäßstenose durch ein Gefäßimplantat überbrückt. Die Angina pectoris Symptomatik des mangeldurchbluteten Myokards kann auch pharmakologisch angegangen werden. Nitrate senken vorzugsweise durch venöse Gefäßdilatation die Vorlast, was indirekt die diastolische Koronarperfusion verbessert. Eine Reduzierung des myokardialen Sauerstoffverbrauchs wird mit Ca^{2+}-Kanalblockern (Typ Verapamil) oder β-Adrenozeptorantagonisten (β-Blocker) erreicht. Beide Pharmaka wirken darüber hinaus negativ chronotrop. Da der linke Ventrikel vornehmlich in der Diastole perfundiert wird (▶ Abschn. 18.1.2), verbessert die Abnahme der Herzfrequenz die myokardiale Sauerstoffversorgung.

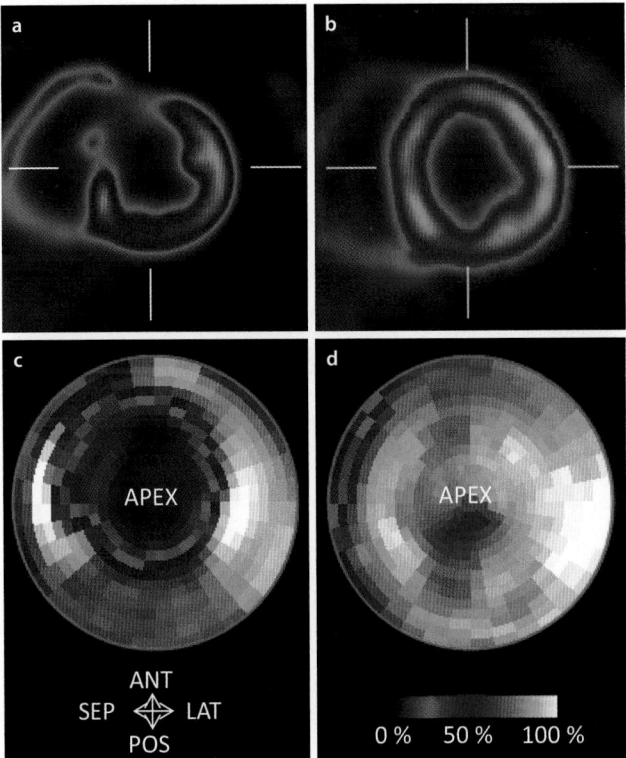

ANT
SEP ⬦ LAT
POS

0 %   50 %   100 %

☐ **Abb. 18.6a–d** **[18]F-Desoxyglukose-PET (FDG-PET) zur Untersuchung der Myokardvitalität.** Die regionale Radioaktivitätsanreicherung im Myokard stellt die Aufnahme von ^{18}F-markierter Desoxyglukose nach intravenöser Gabe dar. Zustand nach einem Myokardinfarkt (**a, c**) im Vergleich zum einem Normalbefund (**b, d**). Der Infarkt betrifft umfangreiche antero-septale Myokardbereiche bis zum Apex. Die regional unterschiedliche [18]FDG-Aufnahme in b und d entspricht einer physiologischen Stoffwechselheterogenität. a, b Kurzachsenschnitte; c, d „Bull's-eye"-Darstellung. Zur anatomischen Orientierung und zur Skalierung der myokardialen [18]FDG-Aufnahme siehe Legenden in der Abbildung (ANT anterior, LAT lateral, POS posterior, SEP septal). (Mit freundlicher Genehmigung von Prof. Dr. J. Kotzerke, Universitätsklinikum Dresden)

tide entsteht. Unter physiologischen Bedingungen ist die extrazelluläre Konzentration von Adenosin gering. Unter dieser Bedingung hat Adenosin keinen nennenswerten Einfluss auf die Myokarddurchblutung. Bei Auftreten einer reduzierten Myokardoxigenierung, z. B. bei Vorliegen einer Koronarstenose, steigt der ATP-Abbau im Myokard an. Die jetzt resultierende Zunahme der extrazellulären Adenosinkonzentration führt über Purinozeptoren am Gefäß zu einer Tonusminderung und hilft so, eine Restdurchblutung aufrecht zu erhalten.

❯ An gesunden Koronargefäßen garantieren neuronale, endotheliale und metabolische Faktoren die adäquate Durchblutung auch unter schwerer körperlicher Arbeit. Bei Myokardischämie ist Adenosin ein wichtiger Koronardilatator.

In Kürze

Den Koronarkreislauf kennzeichnet eine bereits unter physiologischen Bedingungen **hohe Sauerstoffextraktion** (60–70 %). Die Zunahme des myokardialen Sauerstoffverbrauchs unter Arbeit erfolgt quantitativ über die Steigerung der **Koronardurchblutung** (Anstieg bei schwerer Arbeit bis 5-fach).

Das Fehlen von **Energiereserven**, die basal hohe Sauerstoffextraktion und die systolische **Kompression** intramyokardialer Gefäßsegmente erfordern eine präzise **Regulation** der Koronardurchblutung. Diese geschieht über die Tonusregulation der **glatten Gefäßmuskelzellen**. Man unterscheidet übergeordnete Regulationsmechanismen (neuronale und humorale Mechanismen) und lokale Regulationsmechanismen (metabolische, endothelabhängige und glattmuskuläre Mechanismen). Die **Autoregulation** (glattmuskulärer Mechanismus) stabilisiert die Koronardurchblutung im Bereich arterieller Drücke von 60–140 mmHg.

Literatur

Deussen A, Ohanyan V, Jannasch A, Yin L, Chilian W (2012) Mechanisms of metabolic coronary flow regulation. J Mol Cell Cardiol 52: 794–801

Deussen A (2017) Klinische Relevanz des Energiestoffwechsels im Herzen. Z Herz-Thorax-Gefäßchir 31: 357–363

Duncker DJ, Bache RJ (2008) Regulation of coronary blood flow during exercise. Physiol Rev 88: 1009–1086

Heinonen I, Kudomi N, Kemppainen J, Kiviniemi A, Noponen T, Luotolathi M, Luoto P, Oikonen V, Sipilä HT, Kopra J, Mononen I, Duncker DJ, Knuuti J, Kalliokoski KK (2014) Myocardial blood flow and its transit time, oxygen utilization, and efficiency of highly endurance-trained human heart. Basic Res Cardiol 109:413-425

Heusch G, Libby P, Gersh B, Yellon D, Böhm M, Lopaschuk G, Opie L (2014) Cardiovascular remodeling in coronary artery disease and heart failure. Lancet 383: 1933-1943

Kreislauf

Inhaltsverzeichnis

Makrozirkulation

Ralf Brandes

© Springer-Verlag GmbH Deutschland, ein Teil von Springer Nature 2019
R. Brandes et al. (Hrsg.), *Physiologie des Menschen*, Springer-Lehrbuch
https://doi.org/10.1007/978-3-662-56468-4_19

Worum geht's?

Der Kreislauf ist ein geschlossenes Leitungssystem

Das Blut strömt in den Gefäßen passiv vom hohen zum niedrigen Druck. Angetrieben vom Herzen fließt es von Arterien in Arteriolen, dann in die Kapillaren und über Venolen und Venen zum Herzen zurück.

Das fließende Blut muss Widerstände überwinden

Die Gefäße setzen dem strömenden Blut einen Widerstand entgegen. Dieser ist umso größer, je geringer der Gefäßdurchmesser ist. Wenn Blutgefäße in Reihe verlaufen, summieren sich die Strömungswiderstände, bei Parallelverläufen erniedrigen sie sich. Aus diesem System ergibt sich der Gesamtwiderstand. Im Kreislauf gilt das Ohm'sche Gesetz. Somit bestimmen der Gesamtwiderstand und der Blutdruck, wie schnell das Blut fließt. Der höchste Widerstand liegt in den kleinen Arterien und in den Arteriolen. Vor diesen Gefäßen ist der Blutdruck hoch, dahinter, in den Kapillaren, ist er niedrig.

Der portionsweise Bluttransport des Herzens hat Folgen für den Kreislauf

Das Herz wirft das Blut portionsweise aus. Der Blutfluss und Blutdruck in den Arterien ist daher nicht konstant, sondern pulsatil. Der höchste Druck in einem Puls ist der systolische, der niedrigste der diastolische Blutdruck.

Da die großen Gefäße viele elastische Fasern enthalten, speichern sie einen Teil dieses Drucks. Der Rest läuft als Welle über den Gefäßbaum und ist als Puls spürbar. Wenn elastische Fasern reißen, z. B. beim Altern, wird das Gefäß steifer. Weniger Blut wird dann in der Arterienwand gespeichert. Die Druckamplitude steigt und die Pulswelle läuft schneller.

Neben dem Druckpuls gibt es auch einen Strompuls: Während der Austreibungsphase schiebt das Herz die Blutsäule in die Aorta, wobei es zu sehr unterschiedlichen Strömungsverläufen und Stromstärken kommt.

Das Blut muss zum Herzen zurück

Von der arteriellen Seite fließt das Blut über die Kapillaren in die Venen. Dort ist der Blutdruck niedrig. Venen sind besser dehnbar als Arterien. Kleine Zunahmen des Druckes dehnen die Venen auf; sie wirken daher als Blutspeicher. Die Erdanziehungskraft wirkt auch auf das Blut. Somit ist der Rückfluss des Blutes aus den Beinen im Stehen erschwert. Die Beinvenen sind aufgedehnt, der Druck ist hoch. Im Kopfbereich dagegen herrscht Unterdruck – die Venen sind zusammengefallen. Um den Rückstrom des Blutes zu erleichtern, saugt das Herz das Blut regelrecht an. Auch besitzen viele Venen Klappen, die bei Muskelbewegung den Blutfluss Richtung Herz richten (Abb. 19.1).

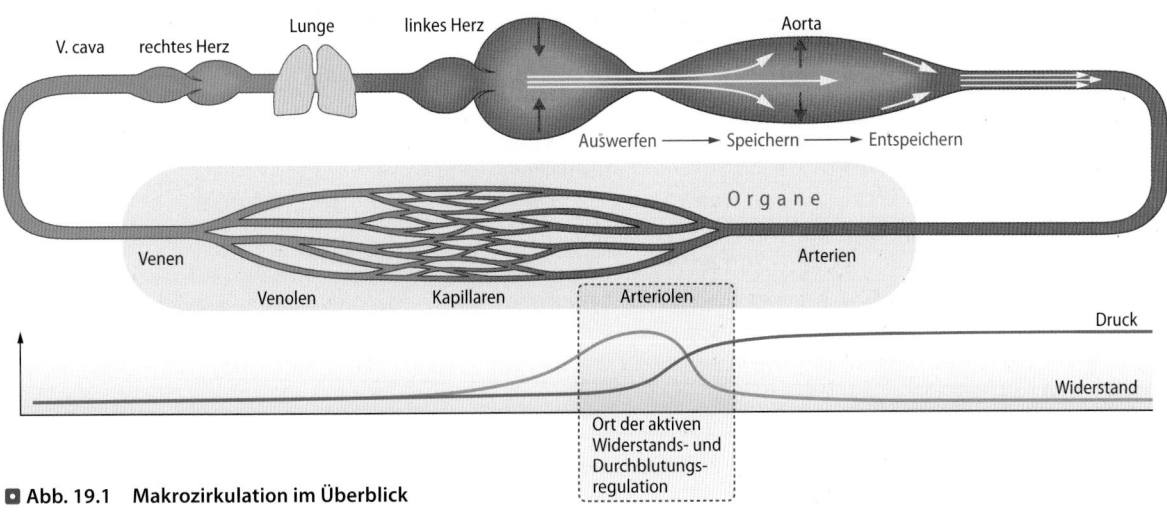

 Abb. 19.1   Makrozirkulation im Überblick

19.1   Transportsystem Kreislauf

19.1.1   Diffusion und Konvektion

Der Blutkreislauf stellt ein rasch regulierbares, konvektives Transportsystem dar, das vor allem durch die Beförderung der Atemgase O_2 und CO_2 sowie den Transport von Nährstoffen und deren Metaboliten unabdingbar für die Aufrechterhaltung aller lebenswichtigen Funktionen ist.

Konvektiver Transport   Die Mitnahme von Teilchen durch die Moleküle eines strömenden Mediums wird als **konvektiven Transport** bezeichnet. Hierzu zählt z. B. der Sauerstofftransport von der Lunge bis in die entferntesten Regionen des Körpers innerhalb von 20 s. Aus diesem Transportprinzip resultieren zahlreiche weitere Funktionen für den Blutkreislauf wie Stofftransport im Dienste des Wasser- und Salzhaushaltes, Beförderung von Hormonen, Zellen und Stoffen der Immunabwehr sowie Wärmetransport.

Stofftransport durch Diffusion   Im Gegensatz zum konvektiven Transport ist der Stofftransport durch **Diffusion** über größere Strecken extrem langsam. Da die für die Diffusion benötigte Zeit mit dem Quadrat der Diffusionsstrecke ansteigt, braucht z. B. ein Glukosemolekül für die Diffusion durch eine 1 µm dicke Kapillarwand 0,5 ms, für die Durchquerung einer 1 cm dicken Ventrikelwand jedoch mehr als 15 h. Eine Versorgung von größeren mehrzelligen Organismen ausschließlich per Diffusion ist daher nicht möglich. Wichtige Transportgrößen wie die Sauerstofftransportkapazität sind nicht nur über die **Kapillardichte**, sondern auch über das **Herzminutenvolumen** begrenzt.

19.1.2   Der Aufbau des Kreislaufsystems

Das Kreislaufsystem des Menschen ist eine Reihenschaltung des vom rechten Herzen angetriebenen Lungenkreislaufs und des vom linken Herzen angetriebenen Körperkreislaufs.

Großer und kleiner Kreislauf   Der Blutkreislauf besteht aus einem in sich geschlossenen System von teils parallel, teils seriell geschalteten Blutgefäßen. Durch zwei funktionell hintereinander geschaltete Pumpen, den rechten und den linken Ventrikel, werden Druckgefälle erzeugt, die eine gerichtete Blutströmung aufrechterhalten. Das Stromgebiet zwischen **linkem Ventrikel** und **rechtem Vorhof** ist der **Körperkreislauf** oder „große Kreislauf". Entsprechend bezeichnet der „kleine Kreislauf" den **Lungenkreislauf**.

Gefäßabschnitte im Kreislauf   Morphologisch lassen sich im Gefäßsystem Arterien, Arteriolen, Kapillaren, Venolen und Venen differenzieren. Funktionell liegt eine Dreiteilung vor:

- **Arterien** und **Arteriolen** müssen den hohen Drücken des arteriellen Systems standhalten.
- **Kapillaren** sollen dem Stofftransport per Diffusion ein möglichst geringes Hindernis entgegensetzen.
- **Venen** und **Venolen** nehmen das zum Herzen zurücklaufende Blut auf. Aufgrund ihrer Dehnbarkeit speichern sie es und bilden ein **Blutreservoir**.

Entsprechend dieser unterschiedlichen Funktionen und Belastungen unterscheiden sich die Blutgefäße im Verhältnis der Wanddicke zum Lumen und dem Verhältnis von glatten Muskelzellen zu straffem und elastischem Bindegewebe (◻ Abb. 19.2). Während in Gefäßen mit aktiver Durchmesseranpassung, also besonders in den Arteriolen, der Anteil **glatter Muskelzellen** hoch ist, überwiegt in den großen Gefäßen **elastisches** und **straffes Bindegewebe**.

Verzweigungen im Körperkreislauf   Das vom linken Ventrikel in die **Aorta** ausgetriebene Blut strömt in die großen **Arterien**, die zu den verschiedenen Organgebieten abzweigen (◻ Abb. 19.3). Je nach Bedarf wird die Durchblutung auf Organebene angepasst, sodass es nach Nahrungsaufnahme, bei Hitze oder körperlicher Aktivität zu großen Verschiebungen des relativen Anteils der Organe am **Herzzeitvolumen** kommen kann (▶ Kap. 44.3). Auf Organebene verzweigen die Arterien, sodass ihre Gesamtzahl ständig zunimmt, ihr Durchmesser jedoch abnimmt. Aus den kleinsten arteriellen Gefäßen, den **Arteriolen**, gehen unter weiterer Aufzweigungen die **Kapillaren** ab, die ein dichtes Gefäßnetz an den Parenchymzellen der jeweiligen Gewebe bilden. Von hier aus gelangt das Blut in die **Venolen**, die sich zu kleinen **Venen** ver-

	Aorta	Muskuläre Arterie	Arteriole	Kapillare	Venole	Vene	V. cava
Wandstärke	2000 µm	1000 µm	30 µm	1 µm	2 µm	500 µm	1500 µm
Lumen	20000 µm	4000 µm	20 µm	8 µm	20 µm	5000 µm	30000 µm

◻ **Abb. 19.2   Beziehungen von Lumina und Wandstärken im Kreislaufsystem.** Dargestellt sind weiterhin der relative Anteil von straffen und elastischen Bindegewebe und glatter Muskulatur

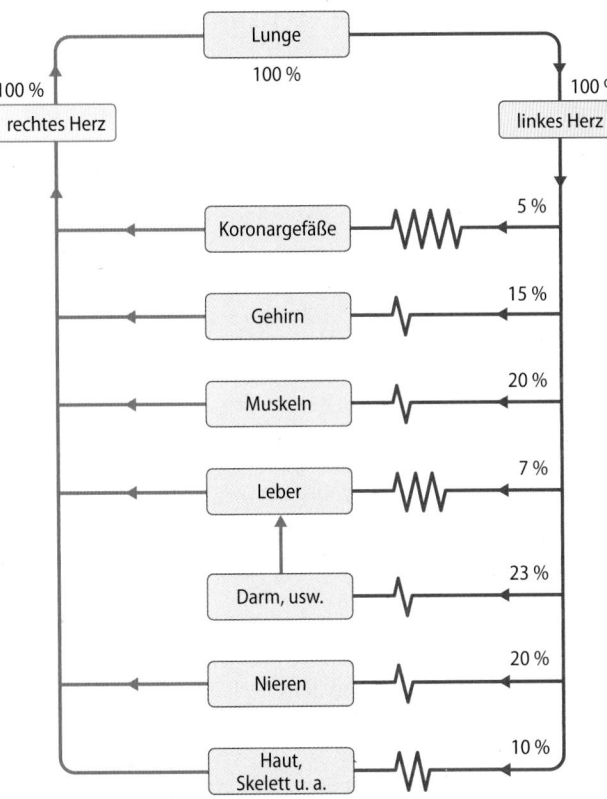

Abb. 19.3   Schema des Blutkreislaufes. Die Prozentzahlen geben die durch die verschiedenen Organgebiete fließenden Anteile des Herzzeitvolumens (HZV) während Körperruhe an. Die Verteilung des HZV auf die verschiedenen Organgebiete wird dabei von der Größe der regionalen Strömungswiderstände (symbolisiert durch die Länge der gezackten Linie) der einzelnen parallel geschalteten Organgebiete bestimmt

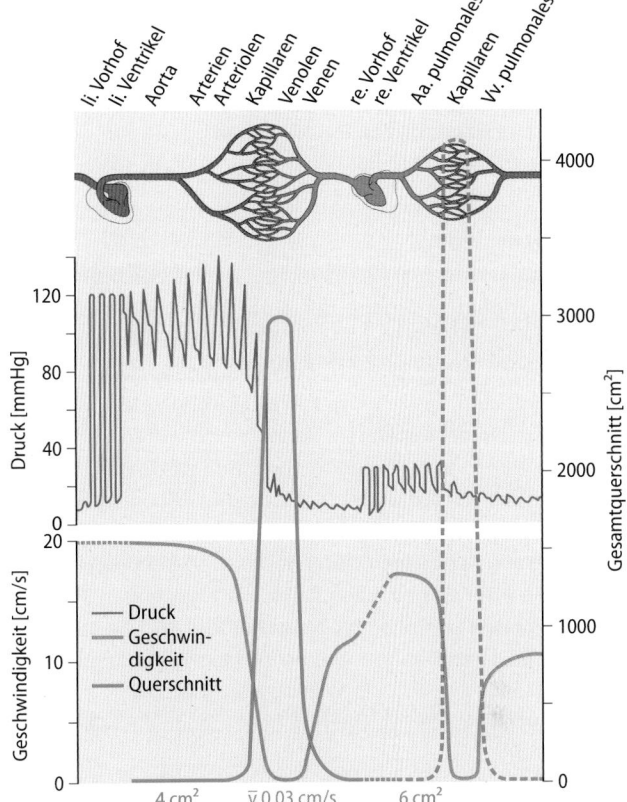

Abb. 19.4   Verteilung von Blutdruck, Gesamtquerschnitt und mittlerer Strömungsgeschwindigkeit im kardiovaskulären System. Schematisch dargestellt sind Blutdruck, Blutflussgeschwindigkeit und der Gesamtquerschnitt im Verlauf des Kreislaufsystems für den Körper- wie auch den Lungenkreislauf. Der größte Gesamtquerschnitt findet sich dabei im Bereich der Venolen und Kapillaren, weshalb hier die Strömungsgeschwindigkeit ihr Minimum erreicht. In den gestrichelt markierten Bereich für den Blutfluss ändern sich die Werte so stark, dass sie nur im Mittelwert angegeben werden können. Ebenfalls dynamisch, und somit gestrichelt angegeben, ist der von der Perfusion abhängige Gesamtquerschnitt der Lungenstrombahn

einigen. Durch weitere Zusammenschlüsse nimmt die Zahl der Venen ständig ab, deren Durchmesser jedoch zu, bis schließlich die beiden Hohlvenen in den rechten Vorhof münden (◘ Abb. 19.4).

Portalsysteme im Körperkreislauf   Als **Portalsystem** wird eine Reihenschaltung zweier Kapillarsystem bezeichnet. Das Pfortadersystem des Gastrointestinaltrakts ist das größte Portalsystem des Körpers. Hier fließt das Blut zuerst in die Organe des Magen-Darm-Trakts und die Milz und dann in die Leber. Andere Portalsysteme finden sich in der Niere und zwischen Hypothalamus und Hypophyse.

Widerstände in den Organkreisläufen   Die Blutgefäße setzen mit abnehmendem Durchmesser dem Blut einen zunehmenden Strömungswiderstand entgegen. Der **totale periphere Widerstand** (TPR) ist die Gesamtsumme aller Widerstände, die bei der Passage durch den Kreislauf überwunden werden müssen. Der TPR errechnet sich aus dem Quotienten von Herzzeitvolumen und arterio-venöser Druckdifferenz zwischen Aorta und rechtem Vorhof. Da, gemessen am Gesamtquerschnitt, die größten Strömungswiderstände in den Arteriolen und kleinen Arterien liegen („**Widerstandsgefäße**"), kommt es erst in diesem Bereich zu einem deutlichen Abfall des Blutdrucks. Insgesamt tragen die terminalen Arterien und

Arteriolen etwa 45–55%, die Kapillaren etwa 20–25% und die Venolen ca. 3–4% zum gesamten (totalen) peripheren Widerstand bei. Auf die mittleren und großen Venen entfallen ebenfalls nur ca. 3% des Gesamtwiderstandes. Der hohe Widerstand der terminale Arterien und Arteriolen stellt sicher, dass in allen Bereichen des Körpers und in allen Organen hohe Blutdrücke für eine ausreichende Durchblutung vorliegen. Die Steuerung der Durchblutung erfolgt somit erst auf Organebene durch nervale und lokale Mechanismen über eine Regelung des Tonus der glatten Muskulatur der kleinen Arterien und Arteriolen (▶ Kap. 20).

> **Der totale periphere Widerstand wird ungefähr zur Hälfte von terminalen Arterien und Arteriolen und zu einem Viertel von Kapillaren erzeugt.**

Lungenkreislauf   Prinzipiell weist das Lungengefäßsystem einen gleichartigen Aufbau wie das Körpergefäßsystem auf. Der rechte Ventrikel befördert das aus dem rechten Vorhof einströmende Blut in die **A. pulmonalis** und über kleine Arterien, Arteriolen in die Kapillaren. Über vier große Lungenvenen erreicht das Blut dann den linken Vorhof.

Funktionell parallel geschaltet als Dränagesystem existiert noch das **Lymphgefäßsystem** (▶ Kap. 20.2.3), in dem Flüssigkeit aus dem interstitiellen Raum gesammelt und in das Blutgefäßsystem zurückgeleitet wird.

In Kürze

Die Aufgabe des Kreislaufsystems ist die **Versorgung der peripheren Organe mit Blut.** Der linke Ventrikel pumpt das Blut in den „großen" oder **Körperkreislauf**, der rechte in den „kleinen" oder **Lungenkreislauf.** Beide Kreisläufe beginnen mit **Arterien** und setzen sich mit **Arteriolen, Kapillaren, Venolen** und **Venen** fort. In den Arterien des Körperkreislaufs herrscht ein **hoher Blutdruck**, der alle Organe erreicht; dies ermöglicht die **Regulation der Durchblutung** auf Organebene **durch Änderung des lokalen Widerstands** der Arteriolen. Terminale Arterien und Arteriolen stellen zusammen 75% des **totalen peripheren Widerstandes** (◻ Abb. 19.4) dar. Kapillaren, Venolen und Venen weisen daher niedrige Blutdrücke auf. Die **Wände aller Blutgefäße** sind entsprechend den Drücken gebaut, denen sie ausgesetzt sind.

19.2   Grundlagen der Blutströmung

19.2.1   Hämodynamische Grundgrößen

Die innere Reibung des strömenden Blutes erzeugt einen Strömungswiderstand, der sich aus dem Quotienten von treibender Druckdifferenz und Stromstärke ergibt.

Treibende Kräfte und Widerstände   Wie jede Flüssigkeit besitzt auch das Blut eine innere Flüssigkeitsreibung und setzt daher einer Strömung einen Widerstand entgegen. Zur Überwindung dieses Strömungswiderstandes ist eine Druckdifferenz zwischen Anfang und Ende des durchströmten Gefäßes notwendig. Analog zum Ohm'schen Gesetz lässt sich die Beziehung zwischen **treibender Druckdifferenz ΔP** und **Stromstärke I** darstellen durch:

$$I = \frac{\Delta P}{R} \qquad\qquad 19.1$$

Gemäß Formel 19.1 lässt sich der **Strömungswiderstand** R als Quotient von Druckdifferenz und Stromstärke berechnen.

Die **Stromstärke** I ist dabei definiert als das durch einen Gefäßquerschnitt strömende Volumen ΔV pro Zeiteinheit (Δt):

$$I = \frac{\Delta V}{\Delta t} \qquad\qquad 19.2$$

Strömungsgeschwindigkeit   Die **Strömungsgeschwindigkeit** $\bar{v}$ ist die Geschwindigkeit der einzelnen Flüssigkeitsteilchen, die i. Allg. in verschiedenen Entfernungen von der Gefäßachse unterschiedlich groß ist. Bezeichnet man mit $\bar{v}$ die über einen Gefäßquerschnitt Q gemittelte Geschwindigkeit, so ist

$$I = \bar{v} \times Q \qquad\qquad 19.3$$

In einem geschlossenen System ist die Stromstärke, unabhängig vom Querschnitt der einzelnen Röhren, in jedem beliebigen vollständigen Querschnitt immer konstant. Diese Tatsache wird als **Kontinuitätsbedingung** bezeichnet. Bei gleichbleibender Stromstärke verhält sich daher die **Strömungsgeschwindigkeit** in jedem Gefäßabschnitt umgekehrt proportional zum Querschnitt des Abschnittes. Für den Kreislauf bedeutet dies bei einer ca. 800-fach größeren Gesamtquerschnittsfläche des Kapillargebietes im Vergleich zur Aorta eine 800-fach niedrigere mittlere Strömungsgeschwindigkeit in den Kapillaren als in der Aorta.

❯ Stromstärke: Volumen pro Zeit.
   Strömungsgeschwindigkeit: Volumen pro Strecke.

Strömungswiderstände im Gefäßsystem   Bei **hintereinander** geschalteten Gefäßen ergibt sich der Gesamtströmungswiderstand aus der Summe aller Einzelwiderstände. Bei **parallel** geschalteten Gefäßen, wie sie z. B. innerhalb von einzelnen Organen ebenso aber auch bei der Aufteilung in die verschiedenen Organkreisläufe vorliegen, addieren sich dagegen die **Leitfähigkeiten**, d. h. die Kehrwerte der Widerstände (1/R). Der Gesamtströmungswiderstand von mehreren parallel geschalteten Gefäßen ist somit immer kleiner als der Widerstand jedes einzelnen Gefäßes.

❯ Reihenschaltung: Addition der Strömungswiderstände.
   Parallelschaltung: Addition der Kehrwerte.

19.2.2   Strömungsgesetze

Bei kontinuierlicher laminarer Strömung stellt sich in einem starren Rohr ein parabolisches Geschwindigkeitsprofil ein.

Newton-Reibungsgesetz   Das Gesetz definiert die **Viskosität** einer Flüssigkeit und liegt bei **laminarem**, d. h. nicht turbulentem, kontinuierlichem Fluss, dem Strömungswiderstand einer Flüssigkeit in einem Rohr zugrunde. Der Ansatz ist dabei, dass sich zwischen zwei Platten mit Abstand x eine **homogene Flüssigkeit** befindet (◻ Abb. 19.5). Die eine Platte ist stationär, die andere Platte mit der Fläche F wird mit einer konstanten Geschwindigkeit v gezogen, wofür die Kraft K erforderlich ist. Da die äußersten Flüssigkeitsschichten jeweils an den Platten haften, ist die Geschwindigkeit der an der bewegten Platte angrenzenden Flüssigkeitsschicht gleich der Geschwindigkeit der bewegten Platte. Die Geschwindigkeit der Flüssigkeitsschicht, die an die stationäre Platte angrenzt,

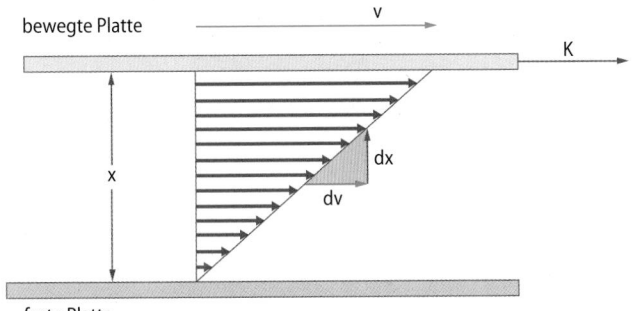

Abb. 19.5   Geschwindigkeitsverteilung in einer homogenen Flüssigkeit zwischen einer festen und einer bewegten Platte. Die Schubspannung τ ist die Kraft pro Fläche (K/F), die benötigt wird, die bewegte Platte mit einer konstanten Geschwindigkeit v über der Flüssigkeit zu bewegen

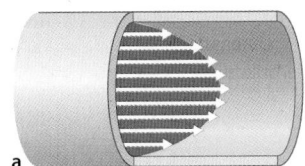
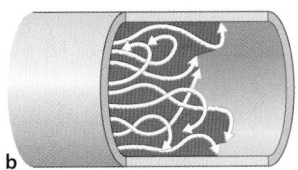

Abb. 19.6a,b   Geschwindigkeitsprofile bei laminarer und turbulenter Strömung. a Parabelförmiges Geschwindigkeitsprofil bei laminarer Strömung. **b** Abgeflachtes Profil bei turbulenter Strömung

ist dagegen null. Infolge der **Reibung** zwischen den einzelnen Flüssigkeitsschichten stellt sich ein lineares Geschwindigkeitsgefälle (dv/dx) zwischen den beiden Platten ein (■ Abb. 19.5). Bezeichnet man den Quotienten K/F als **Schubspannung** τ (shear stress, Tau) und den **Geschwindigkeitsgradienten** dv/dx als γ (shear rate, Gamma), so gilt für die Viskosität η (Eta) die Definitionsgleichung:

$$\eta = \frac{\tau}{\gamma} \qquad\qquad 19.4$$

Substanzen mit hoher Viskosität, z. B. Honig, erzeugen daher bei gleichem Abstand der Platten eine höhere Schubspannung als solche mit geringer wie z. B. Benzin.

Hagen-Poiseuille-Gesetz   In einem zylindrischen Gefäß sind bei **laminarer Strömung**, d. h. einer Strömung, bei der sich alle Flüssigkeitsteilchen parallel zur Gefäßachse bewegen, die Schichten gleicher Geschwindigkeit konzentrisch angeordnet. Die unmittelbar an die Gefäßwand angrenzende Schicht haftet an der Wand, während sich die zweite gegenüber der ersten, die dritte gegenüber der zweiten Schicht und so weiter, **teleskopartig** gegeneinander verschiebt, sodass ein **parabolisches Geschwindigkeitsprofil** mit einem Maximum im Axialstrom entsteht (■ Abb. 19.6).

Mithilfe des Newton-Reibungsgesetzes lässt sich für eine laminare und **stationäre**, d. h. **zeitlich konstante Strömung** in einem starren zylindrischen Gefäß eine Beziehung zwischen der Stromstärke und den sie bestimmenden Parametern herleiten (**Hagen-Poiseuille-Gesetz**):

$$I = \frac{r_i^4 \pi \Delta P}{8 \eta l} \qquad\qquad 19.5$$

Hierbei sind ΔP die Druckdifferenz, η (Eta) die Viskosität der Flüssigkeit, r_i der Innenradius und l die Länge des Gefäßes. Unter Heranziehung des Ohm'schen Gesetzes (Formel 19.6) lässt sich hieraus der **Strömungswiderstand** bestimmen:

$$R = \frac{8 \eta l}{r_i^4 \pi} \qquad\qquad 19.6$$

> Der Strömungswiderstand ist umgekehrt proportional zur 4. Potenz des Gefäßradius.

19.2.3 Strömungsbedingungen im Gefäßsystem

Bei großem Gefäßdurchmesser und hoher Stromstärke kann eine laminare in eine turbulente Strömung übergehen.

Bedeutung des Hagen-Poiseuille-Gesetzes   Obgleich das Hagen-Poiseuille-Gesetz nicht 1:1 für die Bedingungen im Kreislauf übertragen werden kann, ist es für Abschätzungen hilfreich. Es liefert die Erklärung dafür, dass der größte Teil des **Strömungswiderstandes** im Kreislauf im Bereich der **Arteriolen und Kapillaren** lokalisiert ist und dass bereits kleine Änderungen des Kontraktionszustandes der Arteriolen beträchtliche Änderungen des Widerstandes und damit der Durchblutung bewirken. So führt eine 20%ige Zunahme des Gefäßradius zu einer Halbierung des Strömungswiderstands und somit einer Verdopplung der Durchblutung.

Abweichungen vom Hagen-Poiseuille-Gesetz
Das Hagen-Poiseuille-Gesetz gilt streng genommen nur für die stationäre, laminare Strömung einer homogenen Flüssigkeit in einem starren Gefäß. In den meisten Gefäßen (Arterien, Arteriolen, Kapillaren und herznahen Venen) ist die Strömung nicht stationär, sondern pulsierend. Das Strömungsprofil weicht hierbei während des Pulszyklus stark von der Parabelform ab und der Strömungswiderstand ist größer als der Wert, der sich aus dem Hagen-Poiseuille-Gesetz errechnet. Hinzu kommt, dass selbst bei stationärer Strömung aufgrund der zahlreichen Aufzweigungen des Gefäßbaums keine Ausbildung eines parabelförmigen Strömungsprofils möglich ist. Schließlich stellt Blut eine Suspension korpuskulärer Teilchen in einer Flüssigkeit dar, ist also eine heterogene (Nicht-Newton) Flüssigkeit. Die Viskosität des Blutes ist daher keine Konstante, sondern hängt auch von den Strömungsbedingungen ab (► Abschn. 19.2.4).

Laminare und turbulente Strömung   Unter bestimmten Bedingungen kann eine laminare Strömung in eine turbulente Strömung übergehen. Unter Abflachung des Strömungsprofils treten hierbei Wirbel auf, in denen sich die Flüssigkeitsteilchen nicht nur parallel, sondern auch quer zur Gefäßachse bewegen (■ Abb. 19.6). Die bei laminarer Strömung bestehende lineare Beziehung zwischen Stromstärke und Druckdifferenz ist aufgehoben, da durch die **Wirbelbildung zusätzliche Energieverluste** in Form von Reibung entstehen. Die Druckdifferenz ist dabei annähernd zum Quadrat der Stromstärke proportional.

Reynold-Zahl   Der Übergang von einer laminaren in eine turbulente Strömung ist abhängig vom Innendurchmesser des Gefäßes ($2r_i$), von der über den Querschnitt gemittelten Geschwindigkeit ($\bar{v}$) sowie der Dichte (ρ) und der Viskosität der Flüssigkeit. In der dimensionslosen **Reynolds-Zahl** (Re) sind diese Größen zusammengefasst:

$$Re = 2r_i \bar{v} \frac{\rho}{\eta} \qquad \textbf{19.7}$$

Überschreitet die Reynolds-Zahl den **kritischen Wert** von 2.000–2.200, so geht die laminare in eine turbulente Strömung über. Dieser Wert wird in den proximalen Abschnitten der Aorta und A. pulmonalis während der Austreibungszeit weit überschritten, sodass hier kurzzeitig turbulente Strömungen entstehen. Bei erhöhten Strömungsgeschwindigkeiten (z. B. bei Gefäßstenosen) oder bei reduzierter Blutviskosität (z. B. bei schweren Anämien) kommt es auch in herzfernen Arterien zu **turbulenter Strömung**, die zu auskultierbaren **Strömungsgeräuschen** führen kann.

❯ Reynold-Zahl: Ein Maß der Wahrscheinlichkeit des Übergangs von laminarer in turbulente Strömung.

19.2.4   Scheinbare Viskosität

Die Viskosität des Blutes nimmt mit dem Hämatokrit zu und ist zusätzlich eine Funktion der Strömungsbedingungen.

Viskosität in großen Gefäßen   Wegen seiner Zusammensetzung aus Plasma und korpuskulären Bestandteilen ist Blut eine heterogene (Nicht-Newton-)Flüssigkeit mit variabler Viskosität. Diese **scheinbare oder apparente Viskosität** hängt stark von der jeweiligen Menge der suspendierten Zellen ab. Eine Steigerung des Zellanteils des Bluts, des **Hämatokrits**, führt somit zur Viskositätserhöhung. In großen Gefäßen liegt bei schneller Strömung und normalem Hämatokrit die Viskosität des Blutes bei etwa 3–4 mPa × s, die Viskosität des Plasmas beträgt dagegen nur 1,2 mPa × s und ist somit ähnlich der von Wasser (1,0 mPa × s bei 4°C).

Aggregation
Bei niedriger Strömungsgeschwindigkeit und entsprechend niedriger Schubspannung nimmt die Viskosität des Blutes stark zu. Dieses ist vor allem auf eine reversible Aggregation der Erythrozyten untereinander (Geldrollenform) zurückzuführen, die durch die reversible Vernetzung mit hochmolekularen Plasmaproteinen (Fibrinogen, α_2-Makroglobulin und andere) zustande kommt. Diese Aggregate bilden sich vor allem bei den verschiedenen Formen des Kreislaufschocks in den postkapillären Venolen und tragen hier zur Stagnation der Strömung und damit zur Minderperfusion der Mikrozirkulation bei.

Fluidität der Erythrozyten   Eine weitere Ursache für das anomale Fließverhalten des Blutes ist die große Verformbarkeit der Erythrozyten (Fluidität). Ihr Fließverhalten entspricht bei erhöhten Schubspannungen weniger dem einer Suspension starrer Korpuskeln in Flüssigkeit, sondern eher dem einer Emulsion, d. h. einer Aufschwemmung von (Flüssigkeits-)Tröpfchen in Flüssigkeit. Mit steigender **Schubspan-**

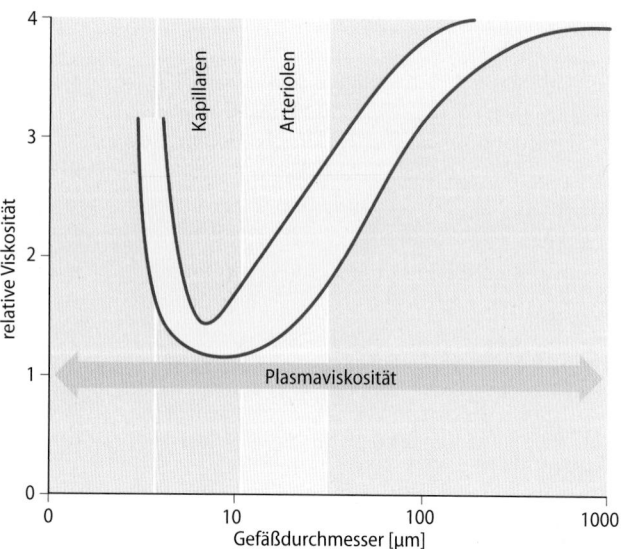

◼ **Abb. 19.7   Abhängigkeit der Viskosität des Blutes vom Gefäßdurchmesser.** Dargestellt ist die aktuelle Viskosität des Blutes (gelb-markierter Bereich) relativ zu der des Blutplasmas (als 1 gesetzt)

nung kommt es durch Orientierung und Verformung der Erythrozyten in der Strömung zu einer Abnahme des hydrodynamischen Störeffekts, den die suspendierten Erythrozyten auf die aneinander vorbeigleitenden Flüssigkeitsschichten ausüben und damit zu einer **Abnahme der scheinbaren Viskosität.**

Fahraeus-Lindqvist-Effekt   Die Fluidität der Erythrozyten ist auch die Ursache für ein Phänomen, das in Blutgefäßen mit einem Durchmesser von weniger als 300 µm beobachtet wird: die **Axialmigration** der **Erythrozyten**. Hierbei werden die Erythrozyten von der Randzone des Gefäßes, in der hohe Geschwindigkeitsgradienten und Schubspannungen bestehen, zur Gefäßachse hin verschoben, wo die Scherung weit geringer ist. Hierdurch kommt es zur Ausbildung einer **zellarmen Randzone**, die als Gleitschicht der Fortbewegung der zentralen Zellsäule dient. Dieser Effekt führt bei kleinen Durchmessern zu einer deutlichen Herabsetzung der scheinbaren Viskosität des Blutes. (◼ Abb. 19.7). Die Erniedrigung der scheinbaren Viskosität des Blutes mit abnehmendem Gefäßdurchmesser wird als **Fahraeus-Lindqvist-Effekt** bezeichnet.

❯ In Gefäßen mit 5–10 µm Durchmesser ist die scheinbare Viskosität nur noch geringfügig größer als die von Blutplasma.

Niedrigviskose Plasmarandzone
Auch in den Kapillaren, die von den Erythrozyten im „Gänsemarsch" passiert werden, kommt es durch extreme Formanpassung (Tropfenform, Fallschirmform) der Erythrozyten zur Ausbildung einer niederviskösen Plasmarandzone. Erst bei Gefäßdurchmessern unter 4 µm ist ein Ende der Erythrozytenverformbarkeit erreicht, sodass die scheinbare Viskosität steil ansteigt. Die Axialmigration der Erythrozyten ist auch der Grund dafür, dass der Hämatokrit nur einen geringen Einfluss auf die Viskosität des Blutes in der Mikrozirkulation hat.

19

In Kürze

Der Blutstrom im Kreislauf erfolgt **entlang** eines **Druck-gradienten**. Die Beziehungen zwischen den **hämody-namischen Grundgrößen**, Druckdifferenz, Stromstärke und Strömungswiderstand lassen sich analog dem **Ohm'schen Gesetz** formulieren. Die Blutströmungsge-schwindigkeit ist die Stromstärke pro Fläche und somit umso niedriger, je größer der Gesamtquerschnitt von parallelverlaufenden Gefäßen ist. Das Blut in Kapillaren hat daher eine 800fach niedrigere Strömungsge-schwindigkeit als das Blut in der Aorta. Entsprechend des **Newton-Reibungsgesetzes** ist die **Viskosität** ein Maß für die innere Reibung einer Flüssigkeit. Bei lami-narer Strömung steigt der Strömungswiderstand ent-sprechend des **Hagen-Poiseuille-Gesetzes** linear mit der Viskosität, er fällt dagegen umgekehrt proportional zur **4. Potenz des Gefäßradius**. Die Wahrscheinlichkeit für den Übergang einer laminaren in eine turbulente Strömung wird in der **Reynolds-Zahl** erfasst. Die **Visko-sität des Blutes ist nicht konstant**: Die komplexe Zu-sammensetzung des Bluts mit Plasmaproteinen und Erythrozyten bedingt, dass bei **starker Verlangsamung des Blutstroms** die Viskosität **zunimmt**. Die Viskosität sinkt in Gefäßen <300 µm aufgrund der Axialmigration der Erythrozyten bis zu einem **Gefäßradius** von 8 µm etwa auf Plasmaniveau: **Fahraeus-Lindqvist-Effekt**.

19.3 Die Gefäßwand und das arterielle System

19.3.1 Wandspannung in der Gefäßwand

Der dehnende transmurale Blutdruck erzeugt in der Gefäß-wand eine tangentiale Wandspannung – eine Zugbelastung in Umfangsrichtung.

Transmuraler Druck Der **Dehnungszustand** eines Gefäßes wird grundsätzlich durch die Dehnbarkeit des Gefäßes und den transmuralen Druck (P_{tm}) bestimmt. Dieser ist die Dif-ferenz von intra- und extravasalem Druck. Da in vielen Geweben der extravasale Druck (Gewebedruck) nur sehr gering ist, kann man ohne allzu großen Fehler in den meis-ten Arterien den intravasalen Druck mit dem transmura-len Druck gleichsetzen. Ausnahmen hiervon sind u. a. die Stromgebiete des Herzens bzw. des Skelettmuskels, wo sich während der Kontraktionen nicht unerhebliche Gewebe-drücke entwickeln, sodass es hier zu einer Abnahme des Gefäßdurchmessers bzw. zu einem völligen Gefäßkollaps kommen kann. Auch in den Venen sowie in der Pulmonal-strombahn, die während des Atmungszyklus über den Alveo-larraum beträchtlichen extravasalen Druckschwankungen ausgesetzt ist, wird die Größe des transmuralen Drucks – und damit die Füllung der Gefäße – durch den extravasalen Druck mitbestimmt.

Tangentiale Wandspannung σ (Sigma) Durch den dehnen-den transmuralen Druck wird in der Gefäßwand eine **Zugbe-lastung** in Umfangsrichtung erzeugt. Diese als tangentiale Wandspannung bezeichnete Kraft ist abhängig von der Höhe des transmuralen Drucks P_{tm}, der Wanddicke h und dem Innenradius des Gefäßes r_i:

$$\sigma_t = \frac{P_{tm} \times r_i}{h} \qquad\qquad 19.8$$

Wandspannung im Gefäß

Die tangentiale Wandspannung muss von den Strukturelementen der Gefäßwand getragen werden (vgl. dazu Wandspannung in einem Hohl-körper, ▶ Kap. 15.2.3). Bei einem gegebenen transmuralen Druck ist bei maximaler Dilatation die Wandspannung des Gefäßes am größten (Zu-nahme des Innenradius r_i und Abnahme der Wanddicke h bei Volumen-konstanz der Wand) und bei maximaler Kontraktion am kleinsten. Wäh-rend bei maximaler Dilatation die Wandspannung von den passiven Strukturelementen (elastische und kollagene Fasern) der Wand getragen wird, muss bei maximal kontrahiertem Gefäß die glatte Gefäßmuskula-tur die gesamte Wandspannung aktiv entwickeln und aufrechterhalten.

Volumenelastizitätskoeffizient und Compliance Die elasti-schen Eigenschaften von Gefäßen lassen sich mithilfe des **Volumenelastizitätskoeffizienten** E' erfassen. Dieser ist als das Verhältnis einer Druckänderung zu der entsprechenden Volumenänderung definiert:

$$E' = \frac{\Delta P}{\Delta V} \qquad\qquad 19.9$$

Die **Compliance** C (elastische Dehnbarkeit) ist der Kehrwert von E' und wird klinisch zur Charakterisierung des Deh-nungsverhaltens einzelner Gefäßabschnitte bzw. des gesam-ten Gefäßsystems herangezogen. Die herznahe, elastische Aorta weist dabei unter den Arterien die höchste Compliance auf. Beim Alterungsprozess kommt es physiologischerweise zum Verlust von elastischen Fasern. Die Compliance der großen Arterien nimmt ab, während gleichzeitig der Gefäß-durchmesser zunimmt (◻ Abb. 19.8). Dieser Prozess hat er-

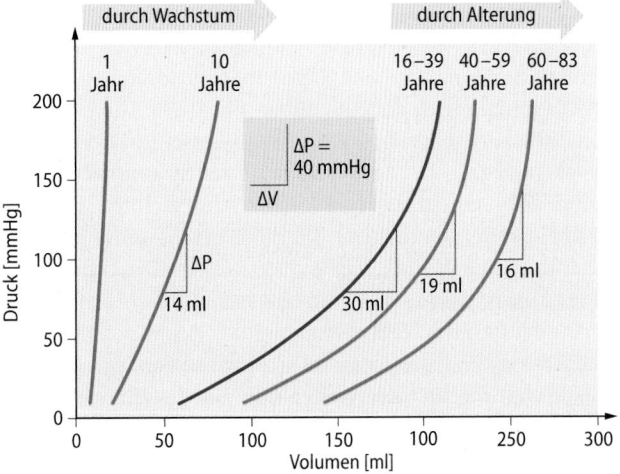

◻ **Abb. 19.8 Einfluss des Lebensalters auf Volumen und Dehnbar-keit der Aorta.** Die aortale Compliance kann aus dem Verhältnis von Volumen zu Druckänderung (ΔV/ΔP) abgelesen werden

Klinik

Gefäßaneurysmen

Klinik
Unter einem Aneurysma versteht man eine dauerhafte, umschriebene Erweiterung eines Blutgefäßes. Von klinischer Bedeutung sind Aneurysmen vor allem im Bereich der Aorta und der Hirnbasisarterien.

Ursachen
Die Erweiterung kann durch eine Anlagestörung entstehen (sackförmige Aneurysmen der basalen Hirnarterien), Folge einer chronischen Entzündung des Gefäßes sein (mykotisch oder bakteriell bedingt) oder sich als Folge von Bindegewebsmutationen (Marfan-Syndrom) entwickeln. Die mit Abstand wichtigste Ursache für die Entstehung von Aortenaneurysmen ist jedoch die Atherosklerose:
Die Verschlechterung der Diffusionsbedingungen, die durch die Verdickung der Intima während der Entwicklung der Atherosklerose auftritt, führt zu einer Unterversorgung der Media. Die Folge ist eine Degeneration der Media (u. a. „Zystische Medianekrose Erdheim-Gsell"). Hinzu kommt die Aktivierung Matrix-abbauender Enzyme (Matrixmetalloproteasen). Die Folge ist der Verlust der spannungstragenden elastischen und kollagenen Fasern – das Gefäß beginnt sich auszuweiten. Die durch die Aussackung bedingte zunehmende Wandspannung (Formel 19.0) beschleunigt diesen Prozess. Aortenaneurysmen mit einem Durchmesser von mehr als 5 cm rupturieren mit einer Wahrscheinlichkeit von 10% pro Jahr – eine auch heute noch meistens tödliche Komplikation.

hebliche Auswirkungen auf die Belastung des Herz-Kreislauf Systems (s. u.) und kann sich pathologisch auswirken (▶ Box „Gefäßaneurysma").

❯❯ Eine Abnahme der Compliance führt zur Zunahme von tangentialer Wandspannung, Druckpulsamplitude, Druckpulswellengeschwindigkeit und Druckbelastung des Herzens.

19.3.2 Pulswellen

Der portionsweise Blutauswurf des Herzens erzeugt in der Aorta und der A. pulmonalis Pulswellen, die sich bis zu den Kapillaren hin fortpflanzen.

Entstehung von Pulswellen Der Auswurf des Schlagvolumens aus dem Herzen führt zu einer **Beschleunigung des Blutes** und damit – aufgrund der Massenträgheit des Blutes – zu einem **Druckanstieg** im Anfangsteil der Aorta. Dieser führt nun über eine Dehnung der elastischen Aortenwand zu einer lokalen **Querschnittserweiterung**, in der ein Teil des Volumens gespeichert wird (sog. **Windkesselfunktion**). Der Begriff rührt von den Druckluftbehältern an Kolbenpumpen her, die Druckschwankungen ausgleichen. Der Windkessel erlaubte z. B. an den handgetriebenen historischen Feuerwehrpumpen einen gleichmäßigen Fluss des Löschwassers durch die Spritze. Aufgrund der Windkesselfunktion ist der Druckanstieg in der Aorta während der Systole wesentlich kleiner als in einem starren Rohr: Es muss nicht die gesamte im Gefäßsystem enthaltene Blutsäule beschleunigt werden. Der durch den Windkessel erzeugte lokale **Druckgradient** entlang des Gefäßes bewirkt eine zeitlich verzögerte Beschleunigung und Weiterbewegung des gespeicherten Blutvolumens entlang der Arterie. Die Prozesse der Speicherung, Entspeicherung und des Weiterströmens des Bluts erfolgen simultan und ergeben die Pulswellen, die sich mit einer bestimmten Geschwindigkeit über das Gefäßsystem hinweg fortpflanzen (◘ Abb. 19.9).

❯❯ Die aortale Druckpulswellengeschwindigkeit (4–6 m/s) ist um ein Vielfaches höher als die Strömungsgeschwindigkeit (im Mittel 15–20 cm/s) des Blutes.

Druck-, Strom- und Querschnittspuls An jedem Ort, den die Pulswelle durchläuft, lassen sich drei zusammengehörige **Grundphänomene der Welle** beobachten:
1. **Strompuls** (▶ Abschn. 19.3.4),
2. **Druckpuls** (▶ Abschn. 19.3.5),
3. **Querschnittspuls (Volumenpuls)**.

Sie stellen die örtlich registrierbare Änderung des Wellendrucks, der Wellenströmung und des Gefäßquerschnitts dar. In einem System, in dem nur Pulswellen einer Laufrichtung auftreten, weisen die drei Pulsformen genau übereinstimmende Kurvenverläufe auf. Dies ist im Arteriensystem jedoch nie der Fall.

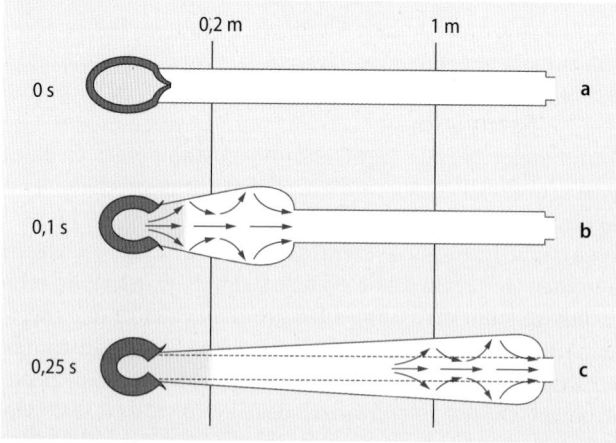

◘ **Abb. 19.9a-c   Schematische Darstellung der Ausbreitung einer Pulswelle im arteriellen System.** Dargestellt sind die Zeitpunkte 0 (**a**), 0,1 (**b**) und 0,25 Sekunden (**c**) nach Beginn der Systole. Rosa markiert ist das im aktuellen Schlag vom Ventrikel ausgeworfene Blut. Die Pfeile symbolisieren die sich ausbreitende Druckpulswelle und Volumenpulswelle

19

19.3.3 Wellenreflexionen

An Orten, an denen sich der Wellenwiderstand ändert, kommt es zur Reflexion der Pulswelle.

Wellenwiderstand   Das Verhältnis der Druckamplitude einer Welle ΔP zur Stromstärkeamplitude ΔI wird als Wellenwiderstand (Wellenimpedanz) bezeichnet. Bedingt durch seitliche Abzweigungen, Änderungen von Gefäßquerschnitt, Wanddicke oder Elastizität ändert sich der Wellenwiderstand. Die Änderung des Wellenwiderstands führt zur Reflexion der Pulswelle. In Richtung zu den peripheren Arterien steigt der Wellenwiderstand teilweise gleichmäßig, teilweise sprunghaft an.

Wellenreflexion   Diese erfolgt somit ebenfalls teilweise verteilt und teilweise sprunghaft. Als Folge kommt es zur Überlagerung der peripherwärts laufenden und der reflektierten herzwärts laufenden Wellen. Da sich bei Wellen entgegengesetzter Laufrichtung die **Wellendrücke addieren**, während sich die **Wellenstromstärken subtrahieren**, weisen **Druck- und Strompulse** im Arteriensystem einen **unterschiedlichen Kurvenverlauf** auf.

Der **periphere Strömungswiderstand** des Arteriensystems stellt für die Pulswelle einen räumlich verteilten Reflexionsort dar. Durch die positive Wellenreflexion in der Peripherie und die daraus resultierende fast zeitgleiche Überlagerung von ankommender und reflektierter Welle, kommt es in den **peripheren Pulsen** zu einer **Zunahme der Druckpulsamplitude** und einer **Abnahme der Strompulsamplitude**. Diese Wellenüberlagerung sowie die Zunahme des Wellenwiderstands zur Peripherie hin, die eine Hochtransformation des Drucks bedingt, sind die Ursache für die **Überhöhung der systolischen Blutdruckgipfel** in den Beinarterien.

> Rücklaufende Pulswelle: Addition der Druckpulse, Subtraktion der Strompulse.

19.3.4 Strompulse

Die Reflexion der Druckpulswelle führt in großen peripheren Arterien zu einer ausgeprägten frühdiastolischen Rückstromphase.

Zentraler Strompuls   Der intermittierende Blutauswurf des Herzen führt zu Strompulsen. Bereits am Ende des ersten Drittels bzw. Viertels der Systole erreicht die Stromstärke ihren Maximalwert. Die dreiecksförmige Kurvenfläche des Stromstärkenverlaufs entspricht dem Schlagvolumen des Herzens (◘ Abb. 19.10b). Am Ende der Systole kommt es zu einem kurzen geringfügigen Blutrückstrom in Richtung auf die sich schließende Aortenklappe. Diese rückläufige Strömung ist die Ursache für die in den **zentralen Druckpulsen** scharf markierte **Inzisur** (◘ Abb. 19.10a). Beim Erwachsenen beträgt die maximale Strömungsgeschwindigkeit 120 cm/s: Diese ergibt sich aus einer **Spitzenstromstärke** in der Aorta von etwa **500–600 ml/s** und einem Aortenquerschnitt von

5 cm^2 (600:5). Die kritische Reynolds-Zahl ist damit wesentlich überschritten: Es herrscht Turbulenz und das Geschwindigkeitsprofil ist flach.

Speicherung im Gesamtgefäßsystem
Das vom Ventrikel ausgeworfene Blut hat sich also am Ende der Systole maximal 20 cm von der Aortenklappe fortbewegt, während die Pulswelle zu diesem Zeitpunkt bereits das gesamte Arteriensystem durchlaufen hat und reflektierte Wellen zum Herz zurückkehren. Die Länge der Pulswelle ist also größer als die größte Entfernung (Herz–Fuß) im Arteriensystem. Dies beinhaltet, dass gegen Ende der Systole alle Gefäße des Arteriensystems in unterschiedlichem Umfang durch die Pulswelle aufgedehnt sind und an der Speicherung teilnehmen.

> Blutfluss Aorta ascendens: Max. Stromstärke 500–600 ml/s, max. Strömungsgeschwindigkeit 120 cm/s, mittlere Strömungsgeschwindigkeit 20 cm/s.

Periphere Strompulse   Die Strompulse in den peripheren Abschnitten des arteriellen Hauptrohrs (Aorta abdominalis, A. iliaca, A. femoralis und A. tibialis) sind durch eine ausgeprägte **frühdiastolische Rückstromphase** und eine darauffolgende Phase der Vorwärtsströmung charakterisiert. Diese Phasen der Rückwärts- und Vorwärtsströmung sind bereits in der **Aorta abdominalis** deutlich erkennbar und erreichen in der A. femoralis ihre stärkste Ausprägung. Weiter distal nehmen die Amplituden der Rückwärtsströmung wieder ab (◘ Abb. 19.10b). Da der frühdiastolische Rückstrom eine Folge der rücklaufenden Druckpulswelle und damit der Aufdehnung der Aorta proximal des Messpunkts ist, ist er in der Aorta ascendens nicht nachweisbar (◘ Abb. 19.10b). In den kleinen Arterien und Arteriolen verebbt die Strompulswelle, der Fluss wird zunehmend kontinuierlicher.

19.3.5 Druckpulse

Die Druckpulswelle kann an den Pulspunkten des Körpers palpiert werden.

Herznahe Druckpulse   Der niedrigste Druckwert am Ende der Diastole bzw. vor Beginn des systolischen Anstiegs wird als **diastolischer Blutdruck** bezeichnet, der in der Systole erreichte maximale Druckwert als **systolischer Blutdruck**. Beim gesunden jüngeren Erwachsenen beträgt der diastolische Druck in der Aorta ascendens ca. 80 mmHg, der systolische Druck ca. 120 mmHg. Die Differenz zwischen beiden ist die **Blutdruckamplitude**, die somit ca. 40 mmHg beträgt. Unter dem **mittleren Blutdruck (arteriellen Mitteldruck)** versteht man den Mittelwert des Drucks über eine bestimmte Zeitspanne, z. B. während eines ganzen Pulses oder einer Serie von Pulsen. Er wird durch **Integration** der Druckpulskurven über die Zeit bestimmt. Näherungsweise lässt sich der arterielle Mitteldruck auch errechnen aus der Summe von diastolischem Blutdruck und 1/3 der Blutdruckamplitude. Die von der Druckpulswelle im Gefäßsystem erzeugten phasischen Druckänderungen können an den **Pulspunkten** palpiert werden. Im klinischen Jargon wird die als Verhärtung tastbare Druckzunahme als „**Puls**" bezeichnet.

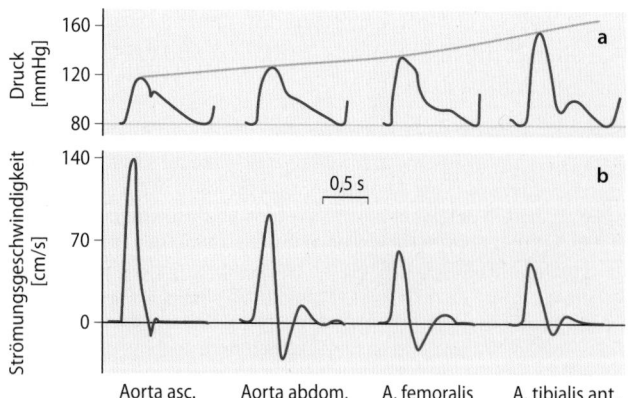

■ **Abb. 19.10a,b**   Schema der Druck- und Strompulse entlang dem arteriellen Hauptrohr bei einem jüngeren Erwachsenen. Darstellung des zeitlichen Verlaufs typischer Pulskurven in den angegebenen Arterien für den Blutdruck (**a**) und die Strömungsgeschwindigkeit (**b**)

> **Abschätzung des arteriellen Mitteldrucks: Diastolischer Blutdruck + 1/3 Blutdruckamplitude.**

Die Systole endet mit dem Schluss der Aortenklappe, was in der Druckpulskurve der herznahen Arterien als kurzzeitige, kleine **Inzisur** erkennbar ist. Die Form der Druckpulse in der Aorta ascendens weicht bereits in der Systole in charakteristischer Weise von der dazugehörigen Strompulskurve ab (■ Abb. 19.10). Dies ist bedingt durch positiv-reflektierte Wellen, die sich schon kurz nach Beginn der Austreibungszeit auf den primären Druckpuls aufsetzen und so die Druckkurve überhöhen.

Herzferne Druckpulse   Die Inzisur der Druckpulskurven ist in Extremitätenarterien aufgrund der Dämpfung der höherfrequenten Wellenanteile nicht mehr erkennbar. Typisches Merkmal für die Druckpulse der Beinarterien ist die **Dikrotie** (Doppelgipfeligkeit).

Der zweite, durch reflektierte Wellen entstandene Gipfel ist in der A. femoralis meist nur schwach ausgeprägt. In den distalen Beinarterien ist die Dikrotie dagegen deutlich (■ Abb. 19.10).

> **Die Doppelgipfeligkeit (Dikrotie) ist typisch für periphere Druckpulse!**

Mit wachsender Entfernung vom Herzen kommt es durch Überlagerung von peripherwärts und reflektierten herzwärts laufenden Wellen zu einer **systolischen Amplitudenüberhöhung**, die bei jüngeren Erwachsenen zu einem Anstieg des systolischen Drucks von 120 mmHg im Aortenbogen bis auf 160 mmHg in der A. tibialis posterior führen kann. Hierfür gibt es drei Ursachen:

1. die Überlagerung von peripherwärts und reflektierten herzwärts laufenden Wellen,
2. die „Hochtransformierung" des Druckpulses durch den nach peripherwärts zunehmenden Wellenwiderstand,
3. die Abnahme der Compliance.

Pulswellengeschwindigkeit   Die Geschwindigkeit, mit der sich die Druckpulswelle fortpflanzt, ist abhängig von der Steifigkeit und dem Füllungszustand eines Gefäßabschnitts. Diese Aspekte werden im **Volumenelastizitätsmodul κ** (Kappa) erfasst. Es ist definiert als das Verhältnis einer Druckänderung zu einer relativen Volumenänderung eines Gefäßabschnittes:

$$\kappa = \frac{\Delta P}{\Delta V} \times V = E' \times V \qquad\qquad 19.10$$

Die **Pulswellengeschwindigkeit** c der sich mit jedem Herzschlag über das Arteriensystem ausbreitenden Druckpulswelle errechnet sich dann aus dem Volumenelastizitätsmodul κ und der Massendichte ρ (Rho) des Mediums:

$$c = \sqrt{\frac{\kappa}{\rho}} \qquad\qquad 19.11$$

Mit zunehmender Entfernung vom Herzen steigt die **Pulswellengeschwindigkeit** an. Beim jugendlichen Menschen liegt sie in der **Aorta** zwischen 4–6 m/s, in der **A. femoralis** bei ca. 7 m/s und in der **A. tibialis** bei 9–10 m/s. Der Anstieg der **Pulswellengeschwindigkeit** in peripherer Richtung resultiert dabei zum einen aus der Zunahme des Elastizitätsmoduls, d. h. der geringen Dehnbarkeit beim Übergang von den elastischen auf die muskulären Arterien, zum anderen aus der Zunahme des Wanddicken-Radius-Verhältnisses in peripherer Richtung, das ebenfalls zu einer geringeren Dehnbarkeit und damit höheren Wellengeschwindigkeit beiträgt.

Auch mit zunehmendem mittlerem Blutdruck steigt die **Pulswellengeschwindigkeit** an, da mit wachsender Dehnung der Arterien das Elastizitätsmodul zunimmt. Pro 10 mmHg findet sich eine Zunahme der Pulswellengeschwindigkeit zwischen 0,4–0,8 m/s.

> **Steigt der mittlere Blutdruck oder nimmt die Compliance ab, so steigt die Pulswellengeschwindigkeit.**

Pulswellengeschwindigkeit und biologisches Alter
Die Pulswellengeschwindigkeit ist von klinischer Bedeutung, da sich über sie Rückschlüsse auf das elastische Verhalten von Arterien und somit auf das „biologische Alter" des Kreislaufsystems ziehen lassen. Entsprechend der Änderung der aortalen Compliance (■ Abb. 19.8) steigt die Pulswellengeschwindigkeit mit dem Lebensalter hauptsächlich im Bereich der elastischen Arterien an. Dieser Anstieg (in der Aorta von ca. 5 m/s beim 20-jährigen auf ca. 9 m/s beim 70-jährigen) beruht auf dem Altersumbau der Arterienwand, vor allem auf der Abnahme des elastischen und der Zunahme des kollagenen Gewebes.

In Kürze
Der Blutdruck dehnt das Gefäß und erzeugt dabei eine **tangentiale Wandspannung**, die (a) proportional zum **transmuralen Druck**, (b) zum Radius und (c) invers proportional zur Wanddicke ist. Die **elastische Weitbarkeit** eines Gefäßes wird als **Compliance** bezeichnet und errechnet sich aus dem Quotienten von **Volumenänderung** zu **Druckänderung**. Die Compliance ist in großen

19

elastischen Arterien höher als in peripheren Arterien vom muskulären Typ. Da der Blutauswurf aus dem Herzen **pulsatil** ist, werden die Arterien bei jedem Herzzyklus gedehnt, wodurch charakteristische **Pulswellen** für Blutdruck und Blutstrom entstehen. Ausgehend vom Herzen laufen die Pulswellen von zentral nach peripher, wobei **Druckpulswellengeschwindigkeit** und **Pulsamplitude** aufgrund der Abnahme von Compliance und Gefäßgröße zunehmen. Durch **Wellenreflexion** sind periphere Druckpulswellen **dikrot** (zweigipflig). Da der Gesamtquerschnitt des Gefäßsystems nach peripher zunimmt, sinkt die Geschwindigkeit der Strompulswelle. In den kleinen Arterien verebben die Wellen, und die **Pulsatilität** von Blutdruck und -fluss nimmt ab.

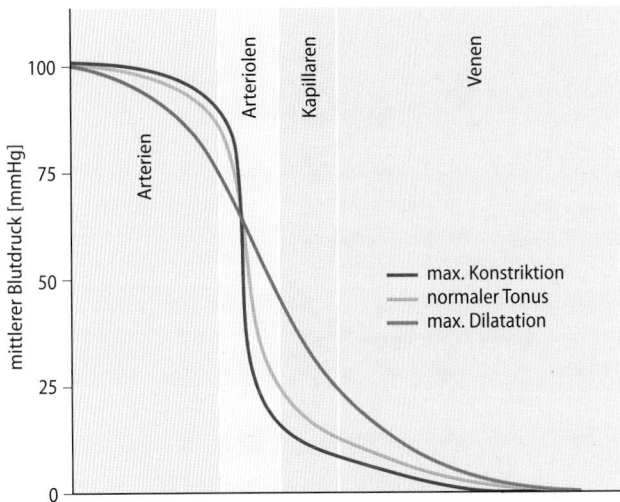

◼ **Abb. 19.11** **Druckabfall im Gefäßsystem bei maximaler Vasodilatation bzw. Konstriktion der Widerstandsgefäße.** Schematisch dargestellt ist der mittlere Blutdruck im Verlauf des Gefäßsystems im großen Kreislauf in Abhängigkeit des Tonus der druckregulierenden Widerstandsgefäße

19.4 Änderung des Blutdrucks im Gefäßsystem

19.4.1 Verteilung von Druck und Strömung im Gefäßsystem

Die Widerstandsregulation des Gefäßsystems erfolgt auf der Organebene.

Druckabfall im Gefäßsystem Entlang der Aorta sowie der großen und mittleren Arterien sinkt der mittlere Blutdruck aufgrund der niedrigen Strömungswiderstände nur geringfügig (um ca. 5–7 mmHg) ab. Erst in den kleinen Arterien beginnt der Druckabfall pro Längeneinheit, der – bei gegebener Stromstärke – dem Strömungswiderstand pro Längeneinheit proportional ist, deutlich größer zu werden und erreicht in den sog. **Widerstandsgefäßen** die größten Werte (◼ Abb. 19.11). Zu den Widerstandsgefäßen sind hierbei die terminalen Arterien und die Arteriolen zu rechnen. Aufgrund der geringeren Parallelschaltung der Widerstandsgefäße sowie ihrer größeren Länge im Vergleich zu den Kapillaren, ist der Druckabfall hier weit mehr als doppelt so groß wie in den wesentlich englumigeren Kapillaren.

❯ **Der größte Strömungswiderstand entfällt auf die terminalen Arterien und Arteriolen.**

Durch **aktive Durchmesseränderung** dieser Gefäße lässt sich der periphere Strömungswiderstand in einzelnen Organabschnitten **erheblich variieren** (Formel 19.3). So führt eine Vasokonstriktion der Widerstandsgefäße zu einem stärkeren Druckabfall in diesen Gefäßen und damit zu einer Erniedrigung des Drucks in den Kapillaren. Bei einer Dilatation der Arteriolen verringert sich deren relativer Anteil am Gesamtwiderstand. Entsprechend des jetzt größeren Anteils von vorgeschalteten Arterien und nachgeschalteten Kapillaren am Gesamtwiderstand verlagert sich die Blutdruckänderung teilweise in diese Regionen. Somit geht eine **Vasodilatation** von Widerstandsgefäßen mit einer **Zunahme** des **Kapillardrucks**

einher (◼ Abb. 19.11). Da die Größe des Filtrationsdrucks in der Mikrozirkulation entscheidend durch den Kapillardruck mitbestimmt wird (▶ Kap. 20.2), ergibt sich hieraus eine deutlich gesteigerte Ultrafiltration von Plasma in der Mikrozirkulation. So ist z. B. die akute Zunahme des Oberschenkelumfangs nach intensivem Fahrradfahren Folge der erhöhten transkapillären Filtration in der arbeitenden Muskulatur, die wiederum aus der Vasodilatation der Widerstandsgefäße resultiert.

❯ **Die Dilatation einer Arteriole erhöht den Blutdruck in den nachgeschalteten Kapillaren.**

Strömungsgeschwindigkeit Wie oben dargestellt ist die **mittlere Strömungsgeschwindigkeit** bei gegebener Stromstärke dem **Gesamtquerschnitt** umgekehrt proportional. Obwohl der höchste Verzweigungsgrad im Gefäßsystem in den Kapillaren vorliegt, ist aufgrund der größeren Durchmesser der postkapillären Venolen der Gesamtquerschnitt in diesem Gefäßgebiet am größten und damit die mittlere Strömungsgeschwindigkeit am niedrigsten. Bei einem geschätzten Gesamtquerschnitt von 0,3 m^2 und einem Herzzeitvolumen von 5,6 l/min resultiert daraus eine **mittlere Strömungsgeschwindigkeit** von ca. 0,03 cm/s (◼ Abb. 19.4).

❯ **Die postkapillären Venolen sind der Ort der geringsten Blutströmungsgeschwindigkeit.**

19.4.2 Beeinflussung von systolischem und diastolischem Blutdruck

Der aktuelle Blutdruck ergibt sich aus dem Zusammenwirken von kardialem Blutauswurf, peripherem Blutabfluss und lokalen Gefäßeigenschaften.

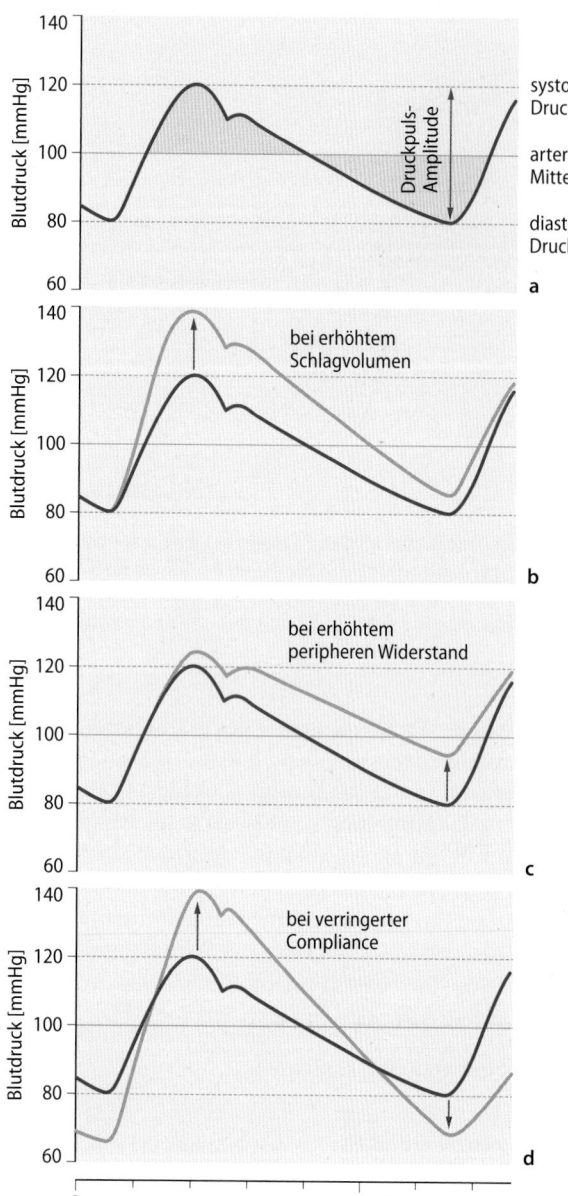

■ **Abb. 19.12a–d   Determinanten von systolischem und diastoli-schem Blutdruck.** Schematisch dargestellt ist die Druckkurve in der Aorta ascendens. (**a**) Planimetrische Ermittlung des arteriellen Mitteldrucks, der sich bei der Hälfte der Fläche der Pulsdruckkurve (blau markierter Bereich) findet. (**b–d**): Einfluss der Steigerung von Schlagvolumen (**b**) und peripherem Widerstand (**c**) und Abnahme der Compliance (**d**) auf die aortale Druckkurve. Darstellung der Ausgangsbedingungen in rot, Veränderung in orange

Die Beträge der einzelnen Blutdruckgrößen sind von unterschiedlichen Komponenten abhängig: Der **mittlere arterielle Blutdruck** (MAP) ergibt sich entsprechend des Ohm'schen Gesetzes aus dem Produkt von **Herzzeitvolumen** (HZV) und **totalem peripheren Widerstand** (TPR).

Der diskontinuierliche Blutauswurf aus dem Herzen bedingt, dass der aktuelle Blutdruck um diesen mittleren arteriellen Blutdruck schwankt (■ Abb. 19.12a–d), wobei die Amplitude dieses Druckpulses stark von der **Windkesselfunktion** (Compliance, ▶ Abschn. 19.3.1) von Aorta und großen Arte-

rien abhängt. Ein Verlust an Compliance wie beim physiologischen Alterungsprozess reduziert die Speicherkapazität des Windkessels und führt somit zu einer Zunahme der Druckpulsamplitude. Dieses äußert sich in einer Steigerung des systolischen bei gleichzeitiger Abnahme des diastolischen Blutdrucks (■ Abb. 19.12d). Ein hohes **Schlagvolumen** und eine kurze Dauer der Systole steigern ebenfalls den **systolischen Blutdruck** (■ Abb. 19.12b), was sich eindrucksvoll unter dynamischer körperlicher Arbeit nachweisen lässt. Durch die gleichzeitige Senkung von peripherem Widerstand bei Steigerung des Herzzeitvolumens steigt in dieser Situation der mittlere arterielle Blutdruck kaum, der systolische Druck erreicht jedoch häufig Werte über 160 mmHg.

> **Verlust von Compliance steigert die Druckpulsamplitude.**

Während der Diastole sinkt der im Windkessel gespeicherte Druck kontinuierlich ab, was unter anderem vom peripheren Widerstand abhängt (■ Abb. 19.12c). Da bei geringer Herzfrequenz diese diastolische Abnahme des Blutdrucks dementsprechend länger stattfindet, finden sich hier häufiger niedrige diastolische Blutdruckwerte.

In Kürze

Im großen Kreislauf erbringen kleine Arterien (<300 μm) und Arteriolen ca. die Hälfte des **Gesamtströmungswiderstandes**; der Blutdruck fällt in diesem Gefäßabschnitt steil ab. Aktive Änderungen des **Durchmessers** dieser **Widerstandsgefäße** regulieren die **Organdurchblutung** und, über den kapillären Blutdruck, den Filtrationsdruck. Der arterielle Blutdruck ist pulsatil, wobei das Maximum der **systolische** und das Minimum der **diastolische Blutdruck** sind. Der mittlere arterielle Blutdruck ist etwa der diastolischen Blutdruck + 1/3 der **Druckpulsamplitude**. Er errechnet sich aus dem Produkt von **totalem peripherem Widerstand** (TPR) und **Herzzeitvolumen** (HVZ). Eine Abnahme der Dehnbarkeit (Compliance) erhöht aufgrund der geringeren **Windkesselfunktion** die Druckpulsamplitude. Die Steigerung des **Schlagvolumens** erhöht den **systolischen**, die des **TPR** den **diastolischen Blutdruck**.

19.5   Das venöse Niederdrucksystem

19.5.1   Charakterisierung des Niederdrucksystems

Das Niederdrucksystem enthält ca. 85% des Blutvolumens und dient u. a. als Blutspeicher.

Definitionen   Das „Niederdrucksystem" ist funktionell definiert. Es umfasst alle Körpervenen, das rechte Herz, die Lungengefäße, den linken Vorhof und während der Diastole auch den linken Ventrikel. Im Niederdrucksystem liegt der mittlere Blutdruck im Liegen normalerweise unter **20 mmHg**

Klinik

Arteriovenöse Shunts

Diese sind Kurzschlussverbindungen zwischen arteriellem und venösem System. Primäre Shunts sind angeboren wie Vorhofseptum- und Ventrikelseptumdefekt und der **persistierende Ductus arteriosus botalli**.
Shunts sind ärztlich angelegt (iatrogene), z. B. für die Hämodialyse, mit einer Verbindung von Vene und Arterie am Arm oder sind die Folge einer unbeabsichtigten

Fistel zwischen Arterie und V. femoralis nach Herzkatheteruntersuchungen. Aufgrund des hohen Blutdruckgradienten kommt es im Shunt zu einem starken kontinuierlichen Blutfluss, der als lautes **Schwirren** palpiert und auskultiert werden kann. Der hohe Blutfluss induziert dabei einen Umbau („remodelling") der Gefäßwand. Der Gefäßradius nimmt zu, und Blutflussraten von mehr als 1 l/min können er-

reicht werden. Ursächlich für diesen Prozess ist die hohe Schubspannung. Sie führt zur endothelialen Freisetzung von **Stickstoffmonoxid** (NO), zur Makrophageninvasion und zur Sekretion von matrixabbauenden Enzymen (u. a. **Matrixmetalloproteinasen**). Shunts mit Durchblutungsraten von 1 l/min und mehr sind eine erhebliche Volumenbelastung des linken Herzens, die zur Herzinsuffizienz führen können.

(■ Abb. 19.14). Das Niederdrucksystem, welches den linken Ventrikel während der Systole und das arterielle System des Körperkreislaufs bis hin zu den Arteriolen umfasst, wird gegen das „Hochdrucksystem" (mittlerer Blutdruck 60–100 mmHg) abgegrenzt.

Der Blutdruck des Niederdrucksystems ist (bei gegebener Gesamtcompliance) in erster Linie eine **Funktion der Blutfüllung** – also der durch das Blutvolumen erfolgten Aufdehnung des Gefäßes. Da die Strömungswiderstände niedrig sind, ist der **hydrodynamisch** erzeugte Anteil am mittleren Blutdruck dagegen von geringer Bedeutung. Im Vergleich zum arteriellen System ist die elastische Dehnbarkeit (**Compliance**) des Niederdrucksystems etwa **200-mal** höher. Somit ist dieser Abschnitt des Kreislaufs ein wichtiges Blutreservoir, das nahezu **85%** des gesamten **Blutvolumens** enthält. Beim akuten Entzug von 1 l Blut werden daher nur **5 ml** dem arteriellen und **995 ml** dem Niederdrucksystem entnommen.

> Aufgrund seiner 200-fach größeren Compliance führt Blutverlust vornehmlich zum Volumenverlust im Niederdruck- und nicht im Hochdrucksystem.

Drücke im Niederdrucksystem   Bei horizontaler Körperlage herrscht in den extrathorakalen Venen ein flaches Druckgefälle in Richtung Thorax vor. Beträgt der Druck in den **postkapillären Venolen** noch zwischen 15–20 mmHg, so fällt er in den **kleinen Venen** auf 12–15 mmHg und in den **großen extrathorakalen Venen** (z. B. Vena cava inferior) auf 10–12 mmHg ab. Aufgrund des beträchtlichen Strömungswiderstandes, den der enge Gefäßhiatus des Zwerchfells für die V. cava inferior bildet, kommt es unmittelbar oberhalb vom Durchtritt der V. cava inferior durch das Zwerchfell zu einem relativ steilen Druckabfall auf ca. 5–6 mmHg. Im **rechten Vorhof** beträgt der mittlere Druck etwa 3–5 mmHg, wobei dieser Druckwert als zeitlicher Mittelwert bei Atemmittelstellung aufzufassen ist.

Als **zentralen Venendruck** bezeichnet man den mittleren Druck in den großen herznahen Körpervenen, der mit guter Annäherung dem Druck im rechten Vorhof gleichzusetzen ist. Zur Messung wird in der Klinik häufig ein mit steriler, isotonischer Salzlösung gefülltes Steigrohr verwendet, das mit einem zentral gelegten Venenkatheter verbunden ist. Die sich im Steigrohr einstellende Höhe der Flüssigkeitssäule gibt –

bezogen auf die Herzhöhe – den zentralen Venendruck in cm H_2O an. Dieser Wert ist ein wichtiges, auch klinisch genutztes Maß für den „**Füllungsstand**" des Kreislaufsystems. Ein zu geringes **Blutvolumen** schlägt sich somit in niedrigem zentralem Venendruck nieder. Ein „Blutstau" vor dem rechten Herzen wie z. B. bei **Rechtsherzinsuffizienz** erhöht dagegen den zentralen Venendruck.

Besteht eine Verbindung zwischen dem arteriellen und venösen System, wird diese als arteriovenöser Shunt bezeichnet (▸ Box „Arteriovenöse Shunts").

> Der zentrale Venendruck ist ein Maß der Füllung des Niederdrucksystems und somit auch des gesamten Blutvolumens.

19.5.2 Einfluss der Herzaktion auf das Niederdrucksystem

Die Förderleistung des Herzens beeinflusst den zentralen Venendruck und bestimmt die Form des Venenpulses.

Statischer Blutdruck   Neben der Füllung und der elastischen Dehnbarkeit des Niederdrucksystems bestimmt auch die Auswurfleistung des Herzens die Größe des zentralen Venendrucks. Dies wird deutlich bei einem akuten Stillstand des Herzens. Durch die Verschiebung von Blut aus dem arteriellen System in das Niederdrucksystem stellt sich im gesamten Gefäßsystem der sog. **statische Blutdruck** oder **mittlerer Füllungsdruck** ein, er beträgt etwa 6–7 mmHg. Dieser statische Blutdruck ist damit um ca. 2–4 mmHg höher als der zentrale Venendruck. Die Ursache hierfür liegt in der Förderleistung des Herzens, das pro Herzschlag einen Teil des im Kreislauf enthaltenen Blutvolumens, das Schlagvolumen, von der venösen auf die arterielle Seite transportiert. Aufgrund der großen Kapazität und elastischen Dehnbarkeit des Niederdrucksystems wird der venöse Druck dabei nur minimal gesenkt (▸ Kap. 15.4).

Venenpuls   Die im Rhythmus der Herzaktion auftretenden Druck- und Durchmesserschwankungen in den herznahen Venen bezeichnet man als Venenpuls. Im Wesentlichen stellt dieser Venenpuls ein Abbild des **Druckverlaufs im rechten**

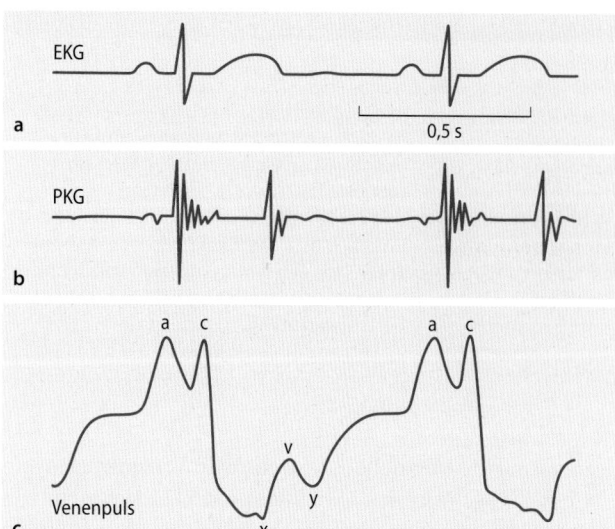

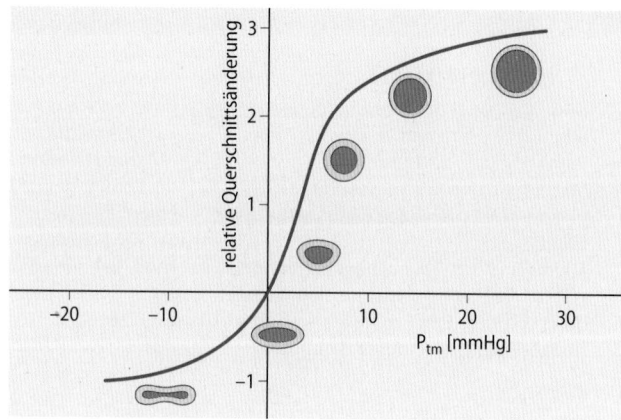

Abb. 19.14   Beziehung (rote Linie) zwischen transmuralem Druck (P_{tm}) und der relativen Querschnittsänderungen eines Venensegmentes. Exemplarisch dargestellt sind die Form und der Füllungszustand des Gefäßes bei entsprechenden Drucksituationen

Abb. 19.13a–c   Simultane Registrierung von Elektrokardiogramm (EKG – a), Phonokardiogramm (PKG – b) und Puls der V. jugularis externa (c) am liegenden Menschen. Die a-Welle ist Folge der Vorhofkontraktion, die c-Welle entsteht durch die Vorwölbung der Trikuspidalklappe in den rechten Vorhof während der Anspannungsphase. Die Senkung bis (x) entsteht durch Verschiebung der Ventilebene während der Austreibungsphase. Während der Entspannungsphase steigt wegen der noch geschlossenen Atrioventrikularklappe der Druck im Vorhof zunächst steil an. Nach Öffnung der Klappe fällt er infolge des Bluteinstroms in den Ventrikel wieder ab, sodass eine positive Welle, die v-Welle, mit nachfolgender Senkung (y) entsteht. Der folgende Druckanstieg entsteht durch die Ventrikelfüllung

Vorhof dar, jedoch mit einer durch die Laufzeit bis zum Registrierort bedingten Verzögerung. Dieser Puls wird am liegenden Menschen meist als **Jugularispuls** registriert und zeigt charakteristische Merkmale (**Abb. 19.13**).

19.5.3   Dehnungsverhalten der Venen

Die Compliance der Venen hängt von ihrem Füllungszustand, dem transmuralen Druck und dem Venentonus ab.

Im Druckbereich um 0 mmHg sind die Venen kollabiert bzw. haben einen elliptischen Querschnitt (**Abb. 19.14**, links unten). In kollabierten Venen berühren sich in einem mittleren Bereich gegenüberliegende Endothelflächen. Da beidseits der Mitte jedoch noch ein Lumen offen bleibt, stellt der **Kollaps** kein **Hindernis für den venösen Rückstrom** dar. Bis zum Erreichen eines kreisförmigen Gefäßquerschnitts ist nur ein geringfügiger Druckzuwachs notwendig (**Abb. 19.14**). Dies bedeutet, dass Venen schon bei niedrigem Druck relativ große Volumina aufnehmen können; sie werden daher auch als **Kapazitätsgefäße** bezeichnet.

Hat die Vene einen kreisrunden Querschnitt erreicht, erfolgt die weitere Volumenaufnahme nur durch eine deutliche Druckerhöhung. Das passive Dehnungsverhalten, die Compliance, wird nun wie bei Arterien durch die elastischen Eigenschaften und den Anteil glatter Muskulatur, elastischer

und kollagenen Fasern, bestimmt. Die **aktive Spannungsentwicklung** in der glatten Gefäßmuskulatur kann dabei die Größe der **Compliance** erheblich beeinflussen: Je höher der glattmuskuläre Tonus, desto kleiner ist der Wert der Compliance. Aus diesen Zusammenhängen wird deutlich, dass die venöse Compliance einen äußerst variablen Wert darstellt.

Der **Füllungsstand** des Niederdrucksystems, der vorherrschende **transmurale Druck** und der Kontraktionszustand der glatten Muskulatur der Venen (**Venentonus**) haben allesamt einen starken Einfluss auf die venöse Compliance. Die aktive Kontraktion der glatten Muskulatur in den peripheren Venen fördert dabei u. a. den Rückstrom zum Herzen und verhindert, dass sich Blut in den Venen ansammelt. Das hier dargestellte Dehnungsverhalten ist auch die Voraussetzung für die große Blutvolumenverlagerung, die beim Übergang vom Liegen zum Stehen im Niederdrucksystem stattfindet und Auswirkungen auf das gesamte Kreislaufsystem hat (s. u.).

19.5.4   Einfluss der Schwerkraft auf die Drücke im Gefäßsystem

Die Erdgravitation erzeugt im Gefäßsystem hydrostatische Drücke; beim Liegenden sind diese praktisch vernachlässigbar, im Stehen erreichen sie jedoch Maximalwerte.

Hydrostatische Indifferenzebene   Aufgrund der Gravitation treten im dreidimensional angeordneten Gefäßsystem hydrostatische Drücke auf. Derjenige Ort im Gefäßsystem, dessen Druck und damit auch Gefäßquerschnitt bei Lagewechsel (Übergang vom Liegen zum Stehen und umgekehrt) sich nicht ändert, wird als **hydrostatischer Indifferenzpunkt** bzw. **-ebene** bezeichnet (ca. 5–10 cm unterhalb des Zwerchfells). Oberhalb dieser Ebene ist der Druck im Stehen niedriger als im Liegen, darunter höher.

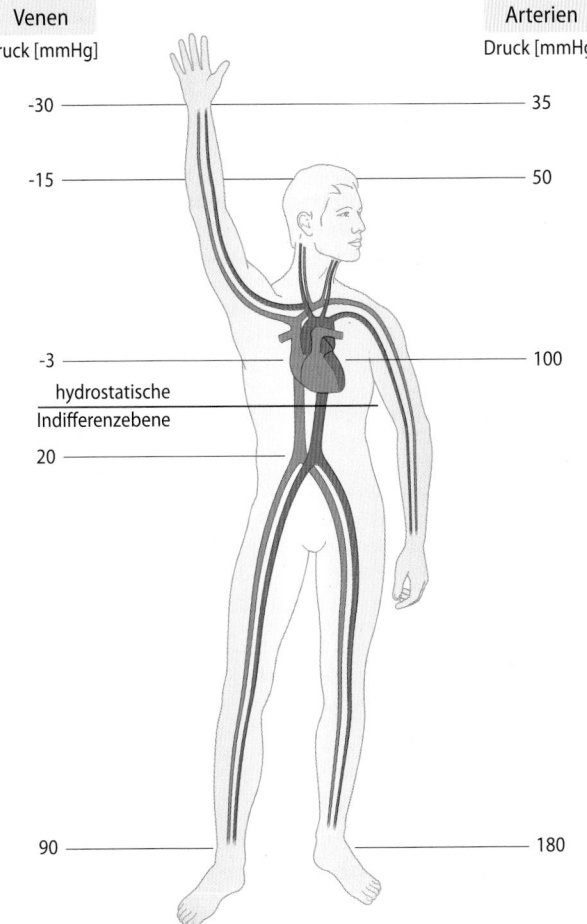

Venen
Druck [mmHg]

-30 — 35

-15 — 50

-3 — 100

hydrostatische
Indifferenzebene

20

Arterien
Druck [mmHg]

90 — 180

Abb. 19.15 Mittlere arterielle und venöse Drücke im Körperkreislauf beim ruhig stehenden Menschen. Die hydrostatische Indifferenzebene markiert den Punkt, bei dem der Blutdruck bei Lagewechsel unverändert bleibt. Arterielle System rot, venöses System blau

> **Die hydrostatische Indifferenzebene liegt ca. 5–10 cm unterhalb des Zwerchfells und weist einen Druck von ca. 11 mmHg auf.**

Lage der hydrostatischen Indifferenzebene
Die Lage der hydrostatischen Indifferenzebene oberhalb der Mitte des longitudinal sich erstreckenden Gefäßbaumes wird in erster Linie von den elastischen Eigenschaften des Niederdrucksystems bestimmt, das im kranialen Abschnitt eine größere Dehnbarkeit als im kaudalen aufweist.

Arterielle Drücke in Orthostase Beim stehenden Erwachsenen (Orthostase) betragen die hydrostatischen Drücke in den Gefäßen des Fußes (ca. 115 cm unterhalb der hydrostatischen Indifferenzebene) rund 85 mmHg, sodass bei einem mittleren hydrodynamisch bedingten arteriellen Druck von 95 mmHg in den **Fußarterien** ein Druck von rund **180 mmHg** besteht (**Abb. 19.15**). In den Arterien des Schädels (ca. 60 cm oberhalb der hydrostatischen Indifferenzebene) wird der arterielle Druck dagegen von 95 mmHg um rund 45 mmHg auf 50 mmHg reduziert.

In Kürze
Die Gesamtheit der Venen, die Lungengefäße, die kardialen Vorhöfe und während der Diastole der linke Ventrikel bilden das Niederdrucksystem. Sie enthalten ca. **85% des Blutvolumens**. Da Venen gegenüber Arterien eine **200-fach höhere Compliance** besitzen und bei negativem transmuralem Druck **kollabieren,** wirkt das Niederdrucksystem als **Blutvolumenspeicher**. Der Füllungszustand des vaskulären Systems lässt sich über den **zentralen Venendruck** abschätzen. Der venöse **Rückstrom** und die **Pumpfunktion** des Herzens modulieren den Venendruck, sodass es zu Druckschwankungen in den herznahen Venen kommt, dem **Venenpuls**.

19.6 Das Niederdrucksystem in der Orthostase

19.6.1 Einfluss der Schwerkraft auf das venöse System

Beim Übergang vom Liegen zum Stehen verlagern sich ca. 500 ml Blut in die untere Extremität.

Venöse Drücke und Füllung in der Orthostase Wie oben erwähnt wirkt neben dem vom Herzen erzeugten hydrodynamischen Druck im Gefäßsystem auch der hydrostatische Druck. Auch wenn das Blut fließt, wirkt das Gewicht der Blutsäule aufgrund der Schwerkraft auf alle Gefäße. Von besonderer Bedeutung ist dieser Aspekt für die Venen. Beim Übergang von der liegenden in die stehende Position nimmt der Blutdruck in den Beinvenen um bis zu **90 mmHg** zu. Dieser hohe Druck führt in diesen relativ dünnwandigen Gefäßen zu einer deutlichen Aufdehnung, mit der Folge einer beträchtlichen **Volumenverlagerung** (ca. 500 ml) in die **unteren Extremitäten**. In Höhe des Beckenkamms findet man im Stehen in der unteren Hohlvene einen Druck von fast 20 mmHg, in Höhe des **Zwerchfells** von etwa 4 mmHg und in Höhe des rechten Vorhofs von etwa -3 mmHg, also bereits einen Unterdruck. Diese hohen Drücke in den unteren Extremitäten können, vor allem mit zunehmendem Alter, zu pathologischen Veränderungen der Venen führen (▶ Box „Chronisch-venöse Insuffizienz und Varikosis"). Der Druck in der oberen Hohlvene ist noch geringfügig niedriger als im rechten Vorhof. Trotz dieses Unterdrucks sind die intrathorakalen Venen nicht kollabiert. In der Umgebung der intrathorakalen Gefäße herrscht, bedingt durch den elastischen Zug der Lunge (▶ Kap. 26.3), ebenfalls ein Unterdruck vor (-3 bis -5 mmHg), sodass der dehnende transmurale Druck positiv bleibt. In den **Venen des Halses** und des erhobenen Armes hingegen ist der **transmurale Druck negativ**, d. h. die Venen sind kollabiert. Die hieraus resultierende Erhöhung des venösen Strömungswiderstandes ist auch der Grund, weshalb der intravasale Druck im Sinus sagittalis weniger negativ ist als nach der Höhe des hydrostatischen Drucks zu erwarten wäre (**Abb. 19.15**).

Klinik

Chronisch-venöse Insuffizienz und Varikosis

Pathophysiologie
Aufgrund des Gewichtes der Blutsäule lasten im Stehen auf den Venen des Beines Blutdrücke von bis zu 150 mmHg. Durch die **Muskelpumpe** (▶ Abschn. 19.6.2) und die hieraus resultierende Zunahme des venösen Rückstroms im Bein im Zusammenspiel mit den Venenklappen, die für eine Zerteilung (**Sequestrierung**) der Blutsäule sorgen (▶ Abschn. 19.6.2), kommt es zu einer Senkung des lokalen Blutdrucks. Anlagebedingt erweitern sich im Laufe des Lebens bei vielen Menschen die Venen – ein Vorgang, der durch langes Stehen auf der Stelle (z. B. bei Verkäufern) und somit lang andauernder Exposition der Venen mit hohem Blutdruck, gefördert wird. Hat die Erweiterung der Venen ein Ausmaß erreicht, dass sich die Segel der Venenklappen nicht mehr berühren, kann die auf den Beinen lastende Blutsäule nicht mehr sequestriert werden. Einen ähnlichen Effekt haben lokale Entzündungen oder die Rekanalisationsvorgänge

nach einem Verschluss der tiefen Beinvenen (**Thrombose**), bei denen es jeweils zur Zerstörung der Venenklappen kommt.

Folgen
Die Insuffizienz der Venenklappen führt über die chronische Erhöhung des venösen Blutdrucks im Bein zu einem schnellen Voranschreiten der **Ektasie** (Erweiterung) der Venen, was zum charakteristischen Bild der Krampfadern (**Varizen**) führt. Bedingt durch die Verlangsamung der Blutströmung in den varikösen Venen kann es zur spontanen Blutgerinnung kommen, die dann zur Entzündung der Vene führt (**Thrombophlebitis**). Eine zweite Folge des chronisch erhöhten venösen Blutdrucks ist die Erhöhung des kapillären Filtrationsdrucks. Die Filtration von Flüssigkeit ins Interstitium steigt an. Ist die Transportkapazität der Lymphwege erschöpft, kommt es zur Entstehung von Ödemen. Über die erweiterten postkapillären Venolen werden vermehrt Plas-

maproteine und teilweise auch zelluläre Blutbestandteile in das Interstitium abgegeben. Die daraus folgenden Entzündungsvorgänge (**Kapillaritis alba**) haben eine langsame **Abnahme der Durchblutung** mit trophischen Störungen zur Folge. So führen bereits kleine Verletzungen in der Mikrozirkulation zu schlecht heilenden Gewebedefekten (**Ulcus cruris**, das sog. „offene Bein"). Zudem kommt es über eine verstärkte Bildung von Bindegewebe aus aktivierten Fibroblasten zu einer subkutanen Sklerosierung, die als Verhärtung der Haut imponiert.

Therapie
Wichtigstes therapeutisches Ziel bei der Behandlung der chronischen venösen Insuffizienz ist die Reduktion der transkapillären Extravasation und die Erhöhung des venösen Rückstroms, was durch **Kompressionstherapie** (z. B. mittels Kompressionsstrumpf) erreicht werden kann.

❯ Aufgrund der negativen intravasalen Drücke besteht bei Eröffnung der Halsvenen (z. B. Anlegung eines zentralen Venenkatheters) vor allem bei Kopfhochlage die Gefahr des Ansaugens von Luft (Luftembolie).

Notfallmaßnahme bei kollabierten Venen
Die Tatsache, dass der intrathorakale Unterdruck über seine Sogwirkung den Kollaps der großen Venen im Thorax verhindert, ist in der Notfallmedizin von gewisser Bedeutung. Bei einer schweren Schocksymptomatik mit Kreislaufzentralisation kann es zum Kollaps aller erreichbaren extrathorakalen Venen kommen, sodass die Anlage eines Venenkatheters z. B. über die V. jugularis oder die Venen am Arm unmöglich wird. Anders als diese extrathorakalen Venen wird über den oben beschriebenen Mechanismus die V. subclavia, die innerhalb des Thoraxraums verläuft, immer „offen" bleiben und somit auch bei schwerer Zentralisation punktierbar sein.

19.6.2 Venöser Rückstrom: Muskelpumpe

Neben dem vom linken Ventrikel erzeugten Druckgefälle liefert die Muskelpumpe den wichtigsten Beitrag zum venösen Rückstrom.

Ventilwirkung der Venenklappen In den meisten kleinen und mittleren Venen des Körpers, so auch in den Beinvenen, befinden sich in regelmäßigen Abständen paarige, als Intimaduplikaturen angelegte **Venenklappen**, die einen peripherwärts gerichteten, venösen Reflux verhindern.

Die Venenklappen **sequestrieren** die Blutsäule, untergliedern sie also. Zur Entfaltung der Venenklappen wird ein rückwärts gerichteter Blutstrom benötigt. Dieser wird in den Beinvenen durch die Muskelpumpe erreicht: Durch **Kontraktion**

der **Beinmuskulatur** werden die subfaszialen Venen zusammengepresst. Die Venenklappen entfalten sich bei Muskelerschlaffung, sodass das Blut aufgrund der **Ventilwirkung der Klappen** nur herzwärts strömen kann. Bei rhythmischer Aktivität der Skelettmuskulatur, wie sie z. B. beim Gehen auftritt, wird auf diese Weise Blut von Segment zu Segment zum Bauchraum hin gefördert. Der Druck in den peripheren Venenabschnitten nimmt kurzfristig ab, steigt aber, da Blut aus den vorgelagerten Gefäßen in die entleerten Venen nachströmt, rasch wieder an, um bei der nächsten Kontraktion wieder abzusinken. Auf diese Weise stellt sich bei rhythmischer Muskeltätigkeit ein mittleres Druckniveau in den Fußvenen ein, das weit unterhalb des theoretisch zu erwarteten hydrostatischen Drucks liegt (◻ Abb. 19.16).

Venenklappen finden sich an der unteren Extremität nur in den **tiefen Venen** und den **Perforanzvenen**, nicht jedoch in den epifaszziellen, **oberflächlichen Venen**, die auch nicht der Wirkung der Muskelpumpe ausgesetzt sind. Die durch die Pumpe erzeugte Druckabnahme in den tiefen Venen leitet das Blut jedoch während der Bewegung aus den oberflächlichen Venen in die Tiefe ab. Die Klappen in den Perforanzvenen verhindern dabei den Rückstrom an die Oberfläche.

❯ Oberflächliche Venen der unteren Extremität besitzen keine Venenklappen.

Ödembildung beim ruhigen Stehen
Beim ruhig stehenden Menschen kommt es durch das über das Kapillarbett einströmende Blut zu einer Auffüllung der Venen und damit zu einem sukzessiven Auseinanderweichen der Venenklappen, bis sich schließlich eine kontinuierliche Blutsäule von den Fußvenen bis zum rechten Herzen ausgebildet hat. Dieser hydrostatische Druck addiert sich zu dem strömungsbedingten Druck, sodass sich in den Fußvenen ein Druck von 90–100 mmHg einstellt. Hierdurch wird auch der Druck in

den Kapillaren erhöht und damit das Gleichgewicht von kapillärer Filtration und Reabsorption in Richtung einer verstärkten Filtration verschoben. Dieser Mechanismus ist im Wesentlichen verantwortlich für die gehäuft auftretende Ödembildung in den unteren Extremitäten beim ruhigen Stehen bzw. bei hoher Umgebungstemperatur.

Kommt es, z. B. bedingt durch einen verlangsamten Blutfluss, Endothelschäden etc., innerhalb von Blutgefäßen zur Blutgerinnung und Gerinnselbildung, wird dies als Thrombose bezeichnet (▶ Box „Thrombose").

19.6.3 Venöser Rückstrom: Atmungspumpe und Ventilebenenmechanismus

Die durch die Atmung ausgelösten intrathorakalen und intraabdominellen Druckschwankungen sowie der Ventilebenenmechanismus fördern den venösen Rückstrom.

Inspiratorische Förderung des venösen Rückstroms Während der Inspiration kommt es durch die Steigerung des intrathorakalen Unterdrucks und die daraus resultierende Zunahme des transmuralen Drucks zu einer stärkeren Aufdehnung der intrathorakalen Gefäße. Die hieraus resultierende Abnahme des Drucks in den intrathorakalen Venen, dem rechten Vorhof und den Ventrikeln führt wiederum zu einer Zunahme des Bluteinstroms aus den extrathorakalen in die intrathorakalen Venen, den rechten Vorhof und den Ventrikel. Diese **inspiratorische Förderung des venösen Rückstroms** ist vor allem im Bereich der oberen Hohlvene wirksam. Andererseits nimmt während der Inspiration der **intraabdominelle Druck** infolge des Tiefertretens des Zwerchfells zu, wodurch der transmurale Druck und damit das gespeicherte Volumen der Abdominalvenen reduziert werden. Da ein retrograder Fluss in die unteren Extremitäten durch die Venenklappen verhindert wird, kommt es so zu einem verstärkten venösen Einstrom in den Thorax.

Erhöhung des intrapulmonalen Drucks
Analog zu den Effekten, die aus den atmungsbedingten intrathorakalen Druckschwankungen auf den venösen Rückstrom resultieren, kann auch die Erhöhung des intrapulmonalen Drucks bei positiver Druckbeatmung, z. B. auf der Intensivstation, zu einer Drosselung des venösen Rückstroms durch Kompression der intrathorakalen Gefäße führen.

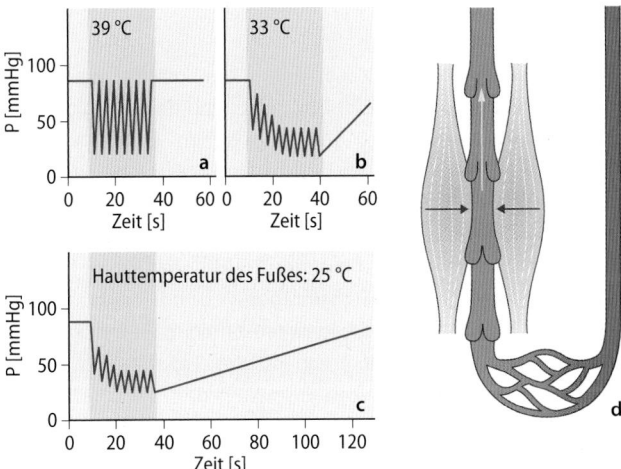

◻ **Abb. 19.16a–d Veränderung des Drucks in den Fußrückenvenen beim Stehen und Gehen.** Schematische Registrierung des Venendrucks unter unterschiedlichen Durchblutungsbedingungen als Folge unterschiedlicher Umgebungstemperaturen. 39°C (**a**), 33°C (**b**) 25°C (**c**). Während des mit der Hinterlegung markierten Zeitraums erfolgt eine regelmäßige Anspannung der Wadenmuskulatur. (**d**) Effekt der Wadenkontraktion auf die Klappen-tragenden tiefen Beinvenen. (Mod. nach Henry u. Gauer 1950)

Ventilebenenmechanismus Schließlich trägt auch die rhythmische Verschiebung der Ventilebene des Herzens (▶ Kap. 15.1 und ◻ Abb. 19.13), die in jeder Austreibungsphase eine Druckerniedrigung im rechten Vorhof und in angrenzenden Teilen der Hohlvenen erzeugt, zur Förderung des venösen Rückstromes bei.

Valsalva-Pressversuch
Der Valsalva-Pressversuch wird zur Überprüfung des Pressorezeptorenreflexes genutzt. Hierbei werden nach tiefer Inspiration die Exspirationsmuskulatur einschließlich der Bauchmuskeln möglichst stark angespannt und gegen die geschlossenen Atemwege versucht auszuatmen. Die hieraus folgende intrathorakale und intraabdominelle Drucksteigerung (bis über 100 mmHg) hebt den venösen Rückstrom auf. Das Schlagvolumen des rechten Ventrikels nimmt ab, der Druck in den peripheren Venen steigt an. Auch der arterielle Blutdruck steigt vorübergehend stark an, da es durch die Kompression der Lungengefäße zu einer Steigerung des Schlagvolumens des linken Ventrikels kommt. Dieses hält so lange an, wie der Blutvorrat in der Lunge zur Füllung des linken Ventrikels ausreicht. Dann sinkt der arterielle Druck wegen des unzureichenden venösen Rückstroms deutlich ab. Starke Schwindelgefühle bis hin zur Synkope (Ohnmacht) sind bei Patienten mit Störungen des vegetativen Nervensystems möglich.

Klinik

Thrombose
Wenn es innerhalb von Blutgefäßen zur Blutgerinnung und Gerinnselbildung kommt, wird dies als **Thrombose** bezeichnet. Bereits Virchow beschrieb die drei wichtigsten prothrombotischen Faktoren: **Gefäßwandschaden, Verlangsamung des Blutflusses, Gerinnungsstörung (Virchow-Trias)**, wobei je nach Stromgebiet unterschiedliche Risikofaktoren dominieren:

Arterielle Thrombosen entstehen nach **Endothelverletzung** und Einbringung von thrombogenen Materials in das Lumen (z. B. Koronarthrombose bei Einriss einer atheromatösen Plaque), während **venösen** Thrombosen häufiger primäre Störungen des Gerinnungssystems zugrunde liegen (Protein C- oder S- Mangel) sowie die Verlangsamung des Blutflusses bei

Immobilisierung (Bettruhe, Gips, Flugreise).
Arterielle Thrombosen in Form eines Myokardinfarktes (akutes Koronarsyndrom) sowie Schlaganfalls (Thrombose in Zerebralarterien) sind in der Bundesrepublik Deutschland mit annähernd 50% der Todesfälle die häufigste Todesursache.

In Kürze

Der lokale Blutdruck ist die Summe des vom Herzen erzeugten **hydrodynamischen** Drucks und des durch die **Gravitation** bedingten **hydrostatischen** Drucks der **Blutsäule**. Im Stehen, der **Orthostase**, werden daher in den Gefäßen der unteren Extremität hohe Blutdruckwerte (z. B. 90 mmHg venöse, 180 mmHg arteriell) gemessen. In der **hydrostatischen Indifferenzebene** (5–10 cm unterhalb des Diaphragmas) ändert sich der Blutdruck dagegen bei Lagewechsel nicht. Grundsätzlich fließt das Blut entsprechend des hydrostatischen Druckgefälles zum Herzen zurück. In den **peripheren Venen** richten **Venenklappen** und die **Muskelpumpe** den Blutstrom dabei herzwärts und **sequestrieren** (unterteilen) die Blutsäule. Beim Gehen fällt somit, im Vergleich zum Stehen, der venöse Blutdruck am Fuß ab. In den **zentralen Venen** fördern der negative **intrathorakale** Druck und der **Ventilebenenmechanismus** den **venösen Rückstrom**.

Literatur

Levick JR (2010) An introduction to cardiovascular physiology, 5th edn. Hodder Arnold Publication, London

Palombo C, Kozakova M (2015) Arterial stiffness, atherosclerosis and cardiovascular risk: Pathophysiologic mechanisms and emerging clinical indications. Vascul Pharmacol. 77:1-7

Safar ME, Levy BI (2015) Studies on arterial stiffness and wave reflections in hypertension. Am J Hypertens. 28:1-6

Chua Chiaco JM, Parikh NI, Fergusson DJ. (2013) The jugular venous pressure revisited. Cleve Clin J Med. 80:638-44

Magder S. (2012) Bench-to-bedside review: An approach to hemodynamic monitoring--Guyton at the bedside. Crit Care. 16:236

19

Mikrozirkulation

Markus Sperandio, Ralf Brandes

© Springer-Verlag GmbH Deutschland, ein Teil von Springer Nature 2019
R. Brandes et al. (Hrsg.), *Physiologie des Menschen*, Springer-Lehrbuch
https://doi.org/10.1007/978-3-662-56468-4_20

Worum geht's? (◼ Abb. 20.1)

Die Mikrozirkulation – viele kleine Gefäße mit großer Bedeutung

Die Mikrozirkulation geht aus Verzweigungen der großen Arterien hervor. Sie besteht aus den kleinsten vorkommenden Gefäßen im menschlichen Organismus – kleinen Arteriolen, Kapillaren, Venolen und Lymphgefäßen. Die Kapillaren dienen der Versorgung der Zellen mit Nährstoffen und Sauerstoff. Hierfür besitzt die Mikrozirkulation eine speziell gestaltete Gefäßauskleidung. In den Kapillaren nachgeschalteten Venen treten bei Entzündung die weißen Blutkörperchen in das Gewebe aus.

Regulation der Durchblutung: lokal und systemisch

Die Mikrozirkulation ist der Ort der Durchblutungsregulation. Durch den Blutdruck werden Blutgefäße gedehnt, was meist zu einem gewissen reflektorischen Zusammenziehen führt. Der Gefäßwiderstand steigt somit, sodass druckunabhängig die Durchblutung in vielen Organen konstant gehalten wird. Lokale Faktoren, wie Stoffwechselprodukte, ermöglichen daneben eine bedarfsangepasste Einstellung der Durchblutung. Hierzu wird die lokale Gefäßspannung – der Tonus – reguliert. Hormone und das vegetative Nervensystem sind übergeordnete Regulatoren des lokalen Tonus – sie koordinieren die Kreislauffunktion zwischen den Organen und dem Gesamtsystem.

Das Endothel – die Innenauskleidung von Gefäßen

Das Endothel ist eine dünne Zellschicht, die die Gefäßinnenseite auskleidet und als Vermittler zwischen Gewebe und Blut fungiert. Es hemmt die Blutgerinnung und trägt

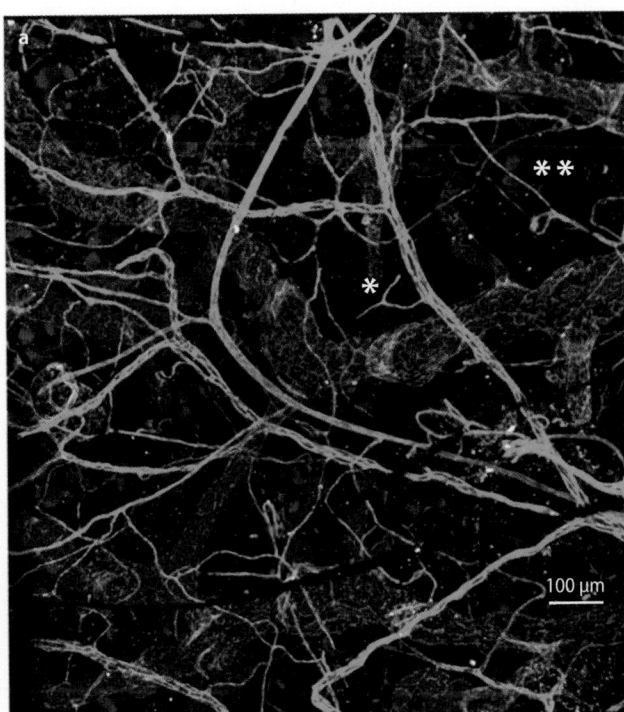

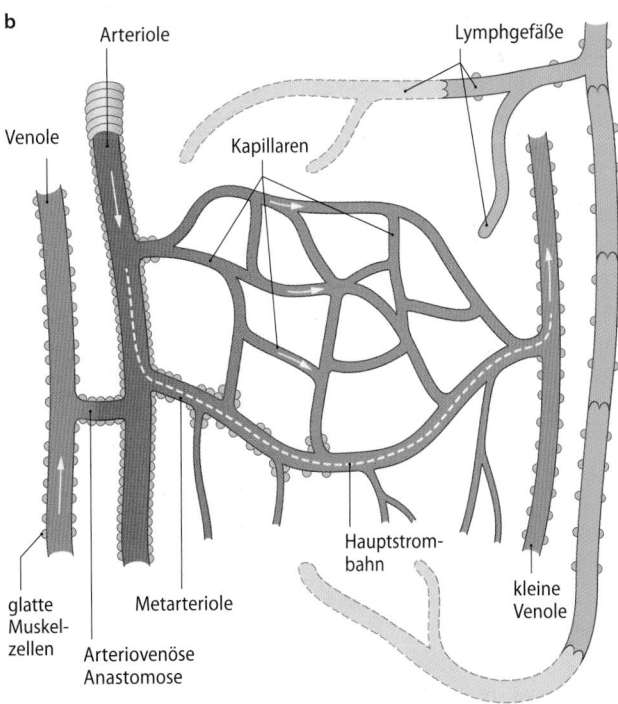

◼ **Abb. 20.1a,b Aufbau der Mikrozirkulation a** Fluoreszenzmikroskopisches Bild von Gefäßen im Mausohr. (Mit freundlicher Genehmigung von Prof. Dr. Friedemann Kiefer, Max-Planck-Institut für Molekulare Biomedizin Münster): Grün: Blutgefäße, rot: Haarfollikel, blau: Lymphgefäße. * Terminales Lymphgefäß, ** Haarfollikel. **b** Schemazeichnung der Mikrozirkulation

zur Regulation der Durchblutung bei, indem es Gewebehormone bildet und freisetzt, die lokal den Tonus der Gefäße steigern oder senken. Entzündliche Aktivierung des Endothels stört diese Funktion und führt langfristig zur Arterienverkalkung und sogar zum Herzinfarkt. Endothelzell-wachstum ist wichtig für die Bildung neuer Blutgefäße, ein Prozess, der natürlicherweise z. B. in der Schleimhaut der Gebärmutter abläuft, aber auch für die Blutversorgung sich entwickelnder Tumoren wichtig ist.

20.1 Aufbau der Mikrozirkulation

20.1.1 Elemente der Mikrozirkulation

Der Stoff- und Gasaustausch zwischen dem Blut und dem Gewebe erfolgt in der Mikrozirkulation.

Die Mikrozirkulation bezeichnet den Abschnitt des Gefäßsystems in dem der Großteil des **Stoffaustausches** stattfindet. Angepasst an die spezifischen Bedürfnisse für Nährstoff- und Gasaustausch, weist jedes Organ eine charakteristische Gefäßarchitektur und Gefäßnetzwerke auf. Dennoch gibt es gemeinsame Merkmale der Mikrozirkulation.

Arteriolen Diese haben einen Innendurchmesser von 10–80 µm. Sie besitzen neben Endothelzellschicht und Basalmembran eine 1–2-lagige zirkulär verlaufende Schicht aus glatten Gefäßmuskelzellen und sind für die Regulation der kapillären Durchblutung verantwortlich.

Kapillaren Sie bestehen aus nur einer Endothelzellschicht umgeben von einer Basalmembran. Der Durchmesser von Kapillaren liegt zwischen 4 und 8 µm, ihre Länge zwischen 0,5 und 1 mm. Die effektive kapilläre Austauschfläche des Körpers beträgt in Ruhe etwa **300 m²**, kann aber bei Bedarf durch zusätzliche Rekrutierung in Ruhe nicht perfundierter Kapillaren, z. B. im Skelettmuskel, deutlich gesteigert werden.

Postkapilläre Venolen Diese weisen einen Innendurchmesser von 8–30 µm auf und entstehen aus dem Zusammenschluss mehrerer Kapillaren. Ihre Wand besteht aus Endothel, Basalmembran, kollagenen Fasern sowie einer teilweisen Umhüllung mit Perizyten. Größere Venolen mit einem Innendurchmesser ab 30–50 µm weisen dann zunehmend glatte Muskelzellen in ihrer Wand auf. In den postkapillären Venolen findet die Auswanderung von Leukozyten bei Entzündungsprozessen statt.

Arteriovenöse Anastomosen Sie sind Kurzschlussverbindungen zwischen Arteriolen und Venolen und kommen vor allem in der Haut von Finger- und Zehenspitzen, sowie in Nase und Ohrläppchen vor.

Terminale Lymphgefäße Diese haben im Gewebe ein blindes, aber recht durchlässiges Ende, durch das Gewebeflüssigkeit und gewebsständige Leukozyten aufgenommen werden können.

20.1.2 Typen von Kapillarendothel

Nach ihrer Ultrastruktur unterscheidet man Endothelien vom kontinuierlichen, fenestrierten und diskontinuierlichen Typ.

Endothel vom kontinuierlichen Typ Dieser Typ findet sich im Herz- und Skelettmuskel, der Haut, dem Binde- und Fettgewebe, der Lunge und im ZNS. Die Interzellularspalten zwischen Endothelzellen stellen den Hauptpassageweg für Wasser, Glukose, Harnstoff und andere lipidunlösliche, niedermolekulare Moleküle dar (Abb. 20.2a). Interzellularspalten enthalten tight junctions, die gürtelförmig um Endothelzellen ziehen und die Lücken zwischen benachbarten Endothelzellen größtenteils verschließen. In Hirnkapillaren sind diese Verbindungsleisten besonders zahlreich. Sie bilden das morphologische Substrat für die äußerst geringe Durchlässigkeit von Hirnkapillaren (Blut-Hirn-Schranke, ▶ Kap. 22).

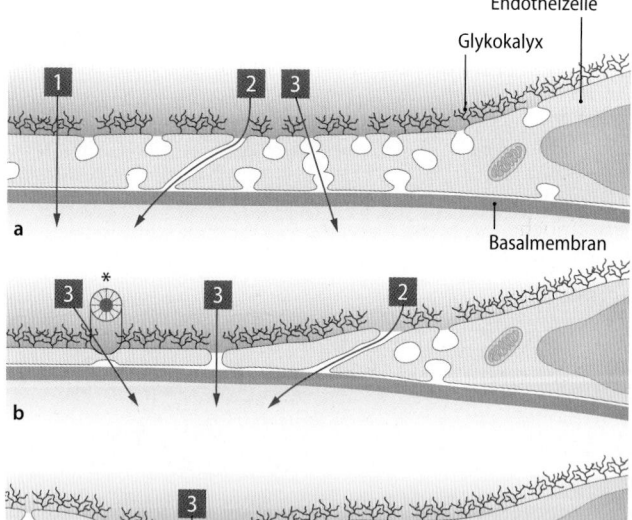

Abb. 20.2a–c Schematische Darstellung der verschiedenen Kapillarendothelien und ihre Besonderheiten. a Kontinuierlicher Typ. **b** Fenestrierter Typ. **c** Diskontinuierlicher Typ (mit lückenhafter Basalmembran). Passagewege: (1) durch die Glykokalyx und mittels transzellulärer Diffusion (lipidlösliche Stoffe), (2) durch die Glykokalyx und parazellulär durch Interzellularspalten (wasserlösliche Stoffe), (3) transendotheliale zelluläre Kanäle, große Poren und große Interzellularspalten. (*) perforiertes Diaphragma in der Aufsicht. Das Diaphragma, das die Poren der fenestrierten Kapillaren überdeckt, erscheint in der Aufsicht wie ein Wagenrad mit einer zentralen Achse und 12–14 breiten Speichen

Klinik

Diabetische Mikroangiopathie

Diese Erkrankung ist eine häufige **Komplikation** des Diabetes mellitus. Bei Hyperglykämie entstehen reaktive Aldehyde wie **Methylglyoxal**, die Zellen schädigen. Darüber hinaus ist Glukose in der Lage **nichtenzymatisch** Proteine zu **glykieren** (u. a. auch Hämoglobin und Proteine der Basalmembran). Dieser Prozess, bei dem es zur Ausbildung einer Schiff-Base zwischen der Glukose und der ε-Aminogruppe des Lysins kommt, ist zunächst reversibel. Bei chronischer Hyperglykämie laufen stabilisierende Prozesse ab, an deren Ende irreversibel quervernetzte Proteine stehen. Die Endprodukte der fortgeschrittenen Glykierung (**AGE;** advanced glycation end-product) lösen u. a. über Bindung an den Rezeptor für AGE (RAGE) auf Endothelzellen und Immunzellen eine Entzündungsreaktion aus. In der Folge kommt es zum **Aufquellen** der vaskulären Basalmembran und zur Deposition von Amyloid (d. h. nicht löslichen Protein- und Zuckeraggregaten) in der Gefäßwand, weshalb das Gefäßlumen verlegt wird. Die Folge sind **Durchblutungsstörungen,** u. a. der Füße (bei erhaltenen Fußpulsen), aber auch des Herzens, der Glomeruli (diabetische Glomerulosklerose **Kimmelstiel-Wilson**) und der Netzhaut (diabetische Retinopathie). Die diabetische Mikroangiopathie ist die häufigste Ursache für eine dialysepflichtige **Niereninsuffizienz** und erworbene Erblindung in Europa.

Neben den Interzellularspalten weisen die Endothelzellen zahlreiche Vesikel auf, die an der Endo- und Transzytose von wasserlöslichen Molekülen (v. a. Proteine) beteiligt sind.

Fenestriertes Kapillarendothel Fenestrierte Kapillaren sind für Wasser und kleine hydrophile Moleküle durchlässiger als Kapillaren vom kontinuierlichen Typ. Sie kommen in Geweben vor, die auf den Austausch von Flüssigkeit spezialisiert sind, wie Glomeruli der Niere, exokrine und endokrine Drüsen, den Plexus des Ziliarkörpers und im Plexus choroideus. Das Endothel weist **intrazelluläre Poren** (Fenestrae) mit einer Weite von 50–60 nm auf, die z. T. mit einer **perforierten Membran** (Diaphragma) überdeckt sind. Die Basalmembran ist bei diesem Kapillartyp vollständig (◻ Abb. 20.2b).

Diskontinuierliches Kapillarendothel Bei diesem Kapillartyp (Sinusoidkapillaren) sind inter- und intrazelluläre Lücken von 0,1–1 μm Breite vorhanden, die auch die Basalmembran miteinschließen (◻ Abb. 20.2c). Kapillaren vom diskontinuierlichen Typ finden sich in den Sinusoiden von Leber, Milz und Knochenmark. Sie gestatten nicht nur den Durchtritt von Proteinen und anderen Makromolekülen, sondern auch von korpuskulären Elementen.

In Kürze

Die Mikrozirkulation besteht aus Arteriolen, Kapillaren, postkapillären Venolen sowie terminalen Lymphgefäßen. Beim Kapillarendothel finden sich organspezifische Unterschiede. **Kontinuierliches Endothel** ist am **undurchlässigsten.** Im **fenestrierten Endothel** können Wasser und niedermolekulare Substanzen leicht durch die Poren fließen. **Sinusoidales** Endothel besitzt so große Lücken, dass auch Makromoleküle austreten können.

20.2 Transvaskulärer Stoff- und Flüssigkeitsaustausch

20.2.1 Stoffaustausch

Der Stoffaustausch zwischen Blut und interstitiellem Raum findet vor allem in den Kapillaren statt und erfolgt hauptsächlich durch Diffusion.

Lipidlösliche Stoffe Lipidlösliche Stoffe, zu denen auch O_2 und CO_2 gehören, können transzellulär durch die Plasmamembranen der Endothelzellen diffundieren; damit steht ihnen die **gesamte Endotheloberfläche** zum Transport zur Verfügung. Der Nettoaustausch dieser Stoffe ins Gewebe wird daher nicht nur von ihrer Diffusionsgeschwindigkeit, sondern auch dem konvektiven Transport, d. h. von der Kapillardurchblutung, begrenzt (◻ Abb. 20.3).

❭ Der Transport von Atemgasen in die Zelle wird u. a. durch die Kapillardurchblutung limitiert.

Wasserlösliche Stoffe Diffusion wasserlöslicher Stoffe, einschließlich des Wassers selbst, erfolgt nur über Poren und Interzellularspalten (◻ Abb. 20.3).

20.2.2 Flüssigkeitsaustausch und effektiver Filtrationsdruck

Differenzen im hydrostatischen und kolloidosmotischen Druck zwischen Kapillaren und Interstitium bestimmen Größe und Richtung des transvaskulären Flüssigkeitsaustauschs.

Kräfte der Kapillarfiltration Der Netto-Flüssigkeitsaustausch zwischen intravasalem und interstitiellem Raum erfolgt über **Konvektion** entlang eines Druckgradienten. Folgende Kräfte (**Starling-Kräfte**) sind daran beteiligt: der hydrostatische Druck in der Kapillare (P_C) und im Interstitium (P_{IS}) und der kolloidosmotische Druck in der Kapillare (π_{PL}) und im Interstitium (π_{IS}). Der **effektive Filtrationsdruck** (P_{eff}) ergibt sich aus der Differenz der hydrostatischen ($\Delta P = P_C - P_{IS}$) und

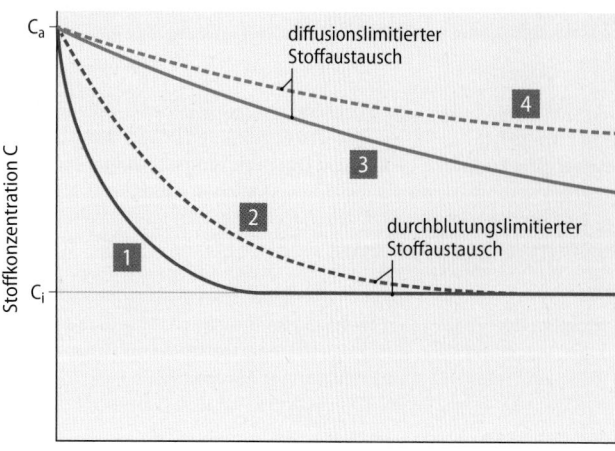

Abb. 20.3 Plasmakonzentration diffusibler Substanzen während der Passage entlang von Kapillaren. Bei hoher Permeabilität der Kapillarwand für eine Substanz wird ein Gleichgewicht der Plasmakonzentration und der im Interstitium vor Ende der Kapillare erreicht (1). Bei Erhöhung der Durchblutung nehmen auch distaler gelegene Kapillarabschnitte am Austausch teil (2). Die Durchblutung bestimmt den Stoffaustausch. Diese Situation gilt u. a. für O_2 und CO_2. Ist die Kapillarwand dagegen nur wenig für einen Stoff permeabel, so ist die Konzentration am Ende der Kapillare noch nicht im Gleichgewicht mit der Konzentration im Interstitium (3). Eine Erhöhung der Durchblutung begrenzt nun die Zeit für die Diffusion, sodass die Extraktionsrate fällt und die venöse Konzentration ansteigt (4). Der Effekt der erhöhten Durchblutung wird dadurch wieder aufgehoben und die kapillare Austauschrate bleibt weitgehend konstant (diffusionslimitierter Austausch). Dieses Verhalten wird zum Beispiel für einige Antibiotika beobachtet

der kolloidosmotischen Drücke ($\Delta\pi=\pi_{PL}-\pi_{IS}$) zwischen Kapillarinnenraum und interstitiellem Raum.

> **Der effektive Filtrationsdruck bestimmt den Netto-Flüssigkeitstransport durch die Kapillarwand.**

Hydrostatischer und kolloidosmotischer Druck Der hydrostatische Druck in Kapillaren beträgt im Mittel 25 mmHg. Im Interstitium vieler Gewebe ist ein hydrostatischer Druck um -1 mmHg normal, was über den Flüssigkeitssog erklärt wird, der von den Lymphkapillaren ausgeübt wird. Positive interstitielle Drücke finden sich in Organen, die von Kapseln umschlossen sind (Niere, Herz, Gelenke, Gehirn). Der **kolloidosmotische Druck** des **Blutplasmas** beträgt normalerweise **27 mmHg**. Er wird im Wesentlichen durch die Plasmaproteine, besonders **Albumin** hervorgerufen. Der Eiweißgehalt der interstitiellen Flüssigkeit ist niedriger als der des Blutplasmas. Es finden sich jedoch zwischen den Organen teils erhebliche Unterschiede (hohe Eiweißkonzentrationen in der Lunge und im Dünndarm; niedrige Eiweißkonzentration in den Extremitäten und der Niere). Anders als der interstielle hydrostatische Druck ist der kolloidosmotische Druck des Interstitiums dennoch keine vernachlässigbare Größe; typischerweise beträgt er 10–16 mmHg.

Effektiver Filtrationsdruck Betrachtet man nun die auswärtsgerichteten und einwärts-gerichteten Filtrationskräfte, so kann folgende Beziehung aufgestellt werden:

$$P_{eff} = \Delta P - \Delta\pi = (P_c - P_{IS}) - (\pi_{PL} - \pi_{IS}) \qquad 20.1$$

Mit den angegebenen Richtwerten für die einzelnen Komponenten ergibt sich ein mittlerer effektiver Filtrationsdruck von 9 bis 15 mmHg.

Starling-Gleichung Unter Einbeziehung des **Filtrationskoeffizienten** K_f (definiert als Produkt aus hydraulischer Leitfähigkeit der Kapillarwand und der Austauschfläche) lässt sich dann das pro Zeiteinheit filtrierte Volumen (J_v) angeben. Um eine allgemeingültige Formel zu schaffen, muss zusätzlich der osmotische Reflektionskoeffizient σ als Grad der Durchlässigkeit berücksichtig werden. Niedermolekulare Substanzen wie Glukose werden an der Kapillare nicht zurückgehalten, somit ist σ klein, während der Wert für die nicht filtrierbaren Plasmaproteine annähernd 1 ist. Zusammenfassend erhält man die **Starling-Gleichung**

$$J_v = K_f \times P_{eff} = K_f (\Delta P - \sigma\Delta\pi) \qquad 20.2$$

Kapillarfiltration Im Verlauf der Kapillare fällt der hydrostatische Druck, während der kolloidosmotische Druck aufgrund des Wasserverlustes steigt. Da sich somit im Verlauf der **effektive Filtrationsdruck** umkehrt, wurde Gleiches für die Kapillarfiltration postuliert: Die **Flüssigkeitsbewegung** zwischen Kapillaren und interstitiellem Raum für den arteriellen Schenkel der Kapillare ist auswärts gerichtet; kehrt sich dann aber im Verlauf des Gefäßes im venösen Schenkel um zu einer einwärts-gerichteten Filtration (Reabsorption).

Alternative Interpretation der Starling-Gleichung
Messungen unter Einbeziehung der endothelialen Glykokalyx zeigen, dass die transkapillär filtrierte Flüssigkeitsmenge weit geringer ist als bisher angenommen. Der kolloidosmotische Druckgradient im Gefäß wird v. a. durch die Glykokalyx als semipermeable Schicht aufgebaut und steht primär im Austausch mit der Flüssigkeit in den unterhalb der Glykokalyx gelegenen Interzellularspalten. Somit wird der kolloidosmotische Druckgradient v. a. durch die Differenz aus kapillärem kolloidosmotischen Druck und dem im Interzellularspalt herrschenden kolloidosmotischen Druck bestimmt ($\pi_{PL}-\pi_G$). Da der hydrostatische Druck in den Interzellularspalten höher ist als im Interstitium, wird die durch die Glykokalyx filtrierte Flüssigkeit dem Druckgradienten folgend ins Interstitium bewegt. Die Filtration von Proteinen in den Interzellularspalt ist dagegen sehr gering. Im Interzellularspalt herrscht daher ein weit niedrigerer kolloidosmotischer Druck als im Interstitium. Dieses führt zu einer weniger stark ausgeprägten Filtration als anhand des klassischen Starling-Modells angenommen. Nehmen nun im Verlauf der hydrostatische Druck in der Kapillare und damit die Netto-Filtration ins Gewebe ab, so kommt es zu einem Sistieren der Netto-Filtration mit Diffusion von Protein aus dem Interstitium in die Interzellularspalten. Dadurch steigt dort der kolloidosmotische Druck mit der Folge einer Abnahme des kolloidosmotischen Druckgradienten, sodass eine Reabsorption von Flüssigkeit nicht auftritt. Die initial abfiltrierte interstitielle Flüssigkeit wird folglich fast vollständig über die Lymphgefäße abtransportiert (Abb. 20.4).

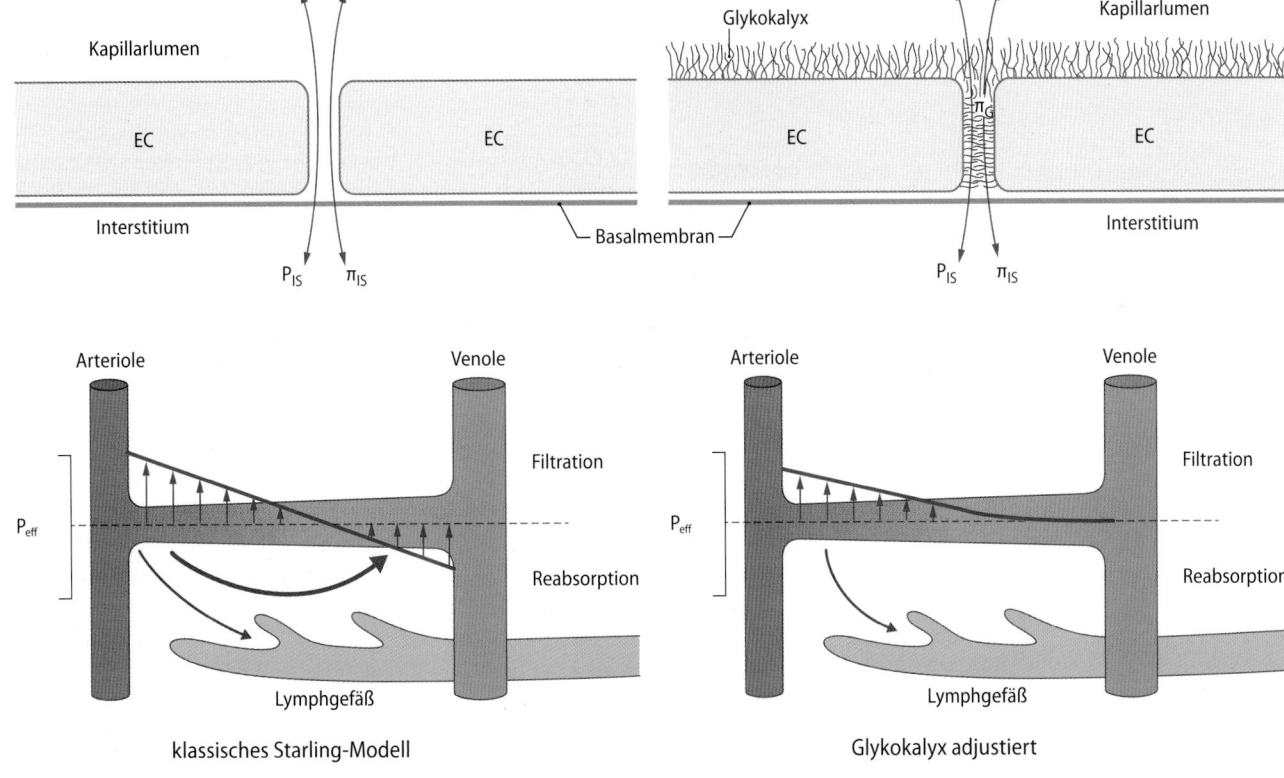

Abb. 20.4a,b   Schematische Darstellung zum transvaskulären Flüssigkeitsaustausch in der Mikrozirkulation. Netto-Flüssigkeitsaustausch nach dem klassischen Starling-Prinzip basierend auf einer Betrachtung von intrazellulärem und interstitiellem Flüssigkeitsraum (**a**) und unter Berücksichtigung der Glykokalyx (**b**). Die schräg durchgezogene Linie stellt den Verlauf des effektiven Filtrationsdrucks dar. P: Hydrostatischer Druck in der Kapillare ($_C$) und Interstitium ($_{IS}$), π Kolloidosmotischer Druck in Plasma ($_{PL}$) und Interstitium ($_{IS}$). P_{eff}: Effektiver Filtrationsdruck

20.2.3   Lymphgefäßsystem

Das Lymphgefäßsystem dient dem Flüssigkeitstransport und der Rückführung von Eiweiß und Leukozyten aus dem interstitiellen Raum ins Blut.

Aufbau des Lymphsystems   Das Lymphgefäßsystem durchsetzt als engmaschiges Netzwerk nahezu alle Gewebe. Es beginnt **blind** als **terminale Lymphgefäße** (Lymphkapillaren), deren Wand nur von einer einlagigen Endothelzellschicht gebildet wird. Lymphkapillaren weisen nur unvollständig ausgebildete Interzellularkontakte auf und sind somit sehr durchlässig. Ihre Basalmembran enthält zahlreiche Lücken, sodass gewebsständige Leukozyten, aber auch Krankheitserreger oder Tumorzellen leicht ins Lymphgefäßsystem einwandern können. Lymphkapillaren schließen sich zu größeren Gefäßen zusammen. Als afferente Lymphgefäße werden sie zunehmend von glatten Muskelzellen umgeben und drainieren in regionäre **Lymphknoten**. Dort wird die Lymphflüssigkeit gefiltert und zu **50 %** ins Blut **reabsorbiert**. Die aus dem Gewebe stammenden Leukozyten wandern in das Lymphknotenstroma ein und erfüllen dort ihre immunologische Aufgabe (z. B. Antigenpräsentation). Anschwellen von Lymphknoten deutet somit oft auf eine Immunreaktion (z. B. Infektion) in dem regional zugehörigen Gewebe hin. Vom Lymphknoten gelangt die Gewebeflüssigkeit zusammen mit Leukozyten über die efferenten lymphatischen Gefäße in die Blutzirkulation.

Zusammensetzung der Lymphe   Anfänglich gleicht diese grundsätzlich der der interstitiellen Flüssigkeit. Der **Eiweißgehalt** der Lymphe ist regional jedoch sehr verschieden (sehr **hoch** in der Lunge). Im Bereich des Magen-Darm-Trakts übernehmen die Lymphgefäße auch den Abtransport von absorbierten Stoffen, insbesondere von Fetten. Der durchschnittliche Eiweißgehalt der Sammellymphe im Ductus thoracicus beträgt 30–40 g/L. Da Lymphe Fibrinogen enthält, ist sie **gerinnungsfähig**.

Transport der Lymphe   Dieser erfolgt aktiv und passiv. Die Verankerung der terminalen Lymphgefäße in die umgebende Gewebematrix verhindert ein Kollabieren der Lymphgefäße (**Abb. 20.5**). Zahlreiche **Klappen** gestatten ausschließlich Strömung in Richtung venöses System. Der Lymphtransport wird durch **rhythmische Kontraktionen** (10–15/min) der glatten Lymphgefäßmuskulatur getrieben. Von großer Bedeutung für die Lymphströmung sind auch alle von außen wirkenden **Kompressionskräfte**, z. B. durch Kontraktionen der Skelettmuskulatur (analog zur Wirkung der Muskelpumpe

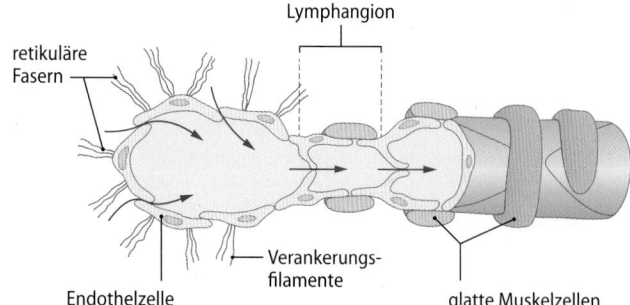

◘ Abb. 20.5   Lymphgefäße der Mikrozirkulation. Lymphendothelzellen sind über retikuläre Fasern mit dem umgebenden Gewebe eng verbunden und erleichtern dadurch zusätzlich den Eintritt von interstitieller Flüssigkeit in die Lymphkapillare. Die Endothelklappen in den Lymphgefäßen begrenzen die einzelnen funktionellen Einheiten der Lymphgefäße. Der Abschnitt eines Lymphgefäßes zwischen jeweils zwei Klappen wird als Lymphangion bezeichnet

bei den Venen). Die Lymphstromstärke kann dadurch bei Muskelarbeit auf das 15-fache des Ruhewerts steigen.

> **Lymphgefäße sind reich an Klappen, die retrograden Lymphstrom verhindern.**

Pro Tag werden beim Menschen unter Ruhebedingungen etwa **8 l Lymphflüssigkeit** gebildet. Von diesen werden ca. 50% bereits in den regionären Lymphknoten wieder absorbiert. Die verbleibenden ca. **4 l** fließen über efferenten Lymphgefäße und die großen Lymphbahnen in das **venöse System**.

20.2.4   Interstitielle Ödeme

Pathologische Flüssigkeitsansammlungen im Interstitium werden als Ödem bezeichnet.

Ödementstehung   Ödeme treten auf, wenn die kapilläre Filtration gegenüber der Resorption und dem Lymphabfluss überwiegt. Als Ursache hierfür kommt in Betracht:

- **Erhöhung des kapillären Filtrationsdrucks.** Sie ist Folge einer Dilatation der vorgeschalteten Arteriolen oder einer Erhöhung des venösen Drucks. Zur Dilatation der Arteriolen kommt es bei metabolischen Anpassungen (Muskelaktivität) oder bei Volumenüberladung. Eine Steigerung des Drucks in den Venen entsteht bei venösen Abflussstörungen (chronisch venöse Insuffizienz oder tiefe Beinvenenthrombose) oder durch einen Rückstau, wie bei der Herzinsuffizienz.
- **Erniedrigung des kolloidosmotischen Drucks im Plasma.** Beispiele sind Eiweißmangel (Hungerödem) oder renale Proteinverluste bei Glomerulonephritis.
- **Gesteigerte Durchlässigkeit der Kapillarwand.** Beispiel: entzündliches oder allergisches Ödem (▶ Abschn. 20.4.3).
- **Störung des Lymphabflusses.** Beispiele sind Anlagestörungen und Verlegung der Lymphgefäße nach Operation oder Strahlentherapie.

Zytotoxisches (zelluläres) Ödem

Dieser Form des Ödems liegt keine interstitielle Flüssigkeitsansammlung, sondern eine Zellschwellung zugrunde. Bei Gewebeverletzungen oder Durchblutungsstörungen kommt es zum Anstieg der intrazellulären Natriumkonzentration und einer Abnahme der intrazellulären Kaliumkonzentration, entweder durch einen gesteigerten Natriumeinstrom in die Zelle oder durch eine verminderte Pumpleistung der Na^+/K^+-ATPase bei Energiemangel. Die Abnahme der K^+-Konzentration depolarisiert die Zelle. Folge ist eine Zunahme der intrazellulären Chloridkonzentration. Die Zunahme der intrazellulären Osmolarität führt zum Wassereinstrom in die Zelle, die darauf anschwillt. Das zytotoxische Ödem ist von besonderer Bedeutung, wenn eine freie Ausdehnung des Gewebes nicht möglich ist, wie bei einer Ummantelung mit Faszien (Compartment-Syndrom) oder in der Schädelhöhle (Hirnödem). Da das Gewebe sich dabei nicht frei ausdehnen kann, steigt der interstitielle Druck und die Blutgefäße werden komprimiert. Das Gewebe wird zunehmend unterversorgt, was zu weiterer Zellschädigung führt. Ein Teufelskreis entsteht.

In Kürze

Stoffaustausch findet in der Mikrozirkulation statt. **Lipidlösliche Stoffe** können über die **gesamte Endothelfläche** diffundieren. Der **Transport von Wasser** und wasserlöslichen Molekülen ist auf die Passagewege durch **Poren** und **Interzellularspalten** beschränkt. Die transkapilläre hydrostatische Druckdifferenz (ΔP) bewirkt eine **Auswärtsfiltration**. Die kolloidosmotische Druckdifferenz zwischen Blutplasma und interstitieller Flüssigkeit ($\Delta \pi$) ist die **Gegenkraft**. Die filtrierte Flüssigkeit wird in **Lymphkapillaren** aufgenommen und erreicht über afferente Lymphgefäße regionäre Lymphknoten. Dort wird die Lymphe filtriert und zu ca. 50% reabsorbiert.

20.3   Gefäßtonus in der Mikrozirkulation

20.3.1   Elemente des Gefäßtonus

Der Gefäßtonus wird durch lokale und systemische Faktoren beeinflusst.

Definition   Die aktiv gehaltene Spannung, die in einem Gefäßsegment isometrisch von der glatten Muskulatur entwickelt wird, bezeichnet man als **Gefäßtonus**. Sie steht im Gleichgewicht mit der aufdehnenden Kraft, die durch den Blutdruck geliefert wird. Neben dieser Haltefunktion besitzt die glatte Gefäßmuskulatur durch ihre kontraktile Aktivität die Funktion der **Durchblutungsregulation**.

Myogener Gefäßtonus   Normalerweise stehen Blutgefäße immer unter einem basalen Gefäßtonus. Dieser ist eine aktive, statische Kontraktionsleistung der glatten Gefäßmuskelzellen als Folge der Aufdehnung durch den Blutdruck. Dieser **myogene Tonus** ist auch in **Abwesenheit** von vasokonstriktorischen Einflüssen der sympathisch-adrenergen Fasern vorhanden. Er findet sich somit auch an isolierten Blutgefäßen nach entsprechender Vordehnung. Die Folge ist, dass an

20

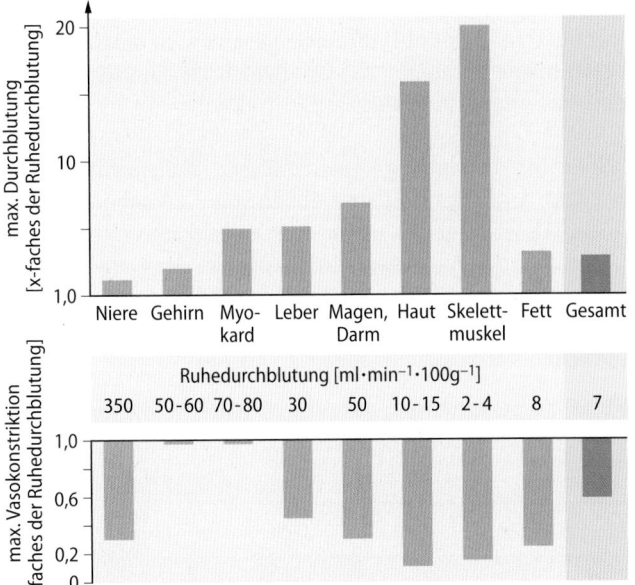

Abb. 20.6 Durchblutung der verschiedenen Organe. Gezeigt sind Durchblutungswerte unter Ruhebedingungen (gelb), sowie unter maximaler Vasodilatation und maximaler Vasokonstriktion (70 kg Proband, männlich)

fast allen arteriellen Blutgefäßen immer eine mehr oder minder ausgeprägte Vasokonstriktion vorhanden ist, die es den Gefäßen überhaupt erst ermöglicht mit einer Vasodilatation zu reagieren.

Der myogene Gefäßtonus wird in nahezu allen Organstromgebieten (Ausnahme: Plazenta und Umbilikalgefäße) durch vasokonstriktorisch-wirksame Impulse **sympathisch-adrenerger Nervenfasern** verstärkt. So findet sich in den verschiedenen Organen immer ein unterschiedlich stark ausgeprägter nerval-vermittelter **neurogener Tonus** (▶ Kap. 21.3).

Flussreserve Unter der Voraussetzung eines normalen Blutdrucks, wird die **Ruhedurchblutung** eines Organs von seinem Strömungswiderstand bestimmt. Dieser ergibt sich aus der speziellen, lokalen Gefäßarchitektur und aus dem herrschenden Gefäßtonus. Letzterer ist dabei entscheidend für das Ausmaß der **Flussreserve**, d. h. der maximal möglichen Durchblutungssteigerung:

❯ Je höher der Gefäßtonus, d. h. die „Vorkontraktion", desto größer das vasodilatatorische Potenzial.

In den einzelnen Organkreisläufen sind die maximal möglichen Durchblutungssteigerungen verschieden stark ausgeprägt (❏ Abb. 20.6). In Gefäßgebieten mit stark wechselnden funktionellen Anforderungen sind die relativen Durchblutungsänderungen am größten. Die Durchblutung lebenswichtiger Organe, wie Gehirn und Nieren, mit ständig hohen, aber weniger stark wechselnden Anforderungen, wird durch spezielle Regulationsmechanismen weitgehend konstant gehalten.

❯ Eine maximale Durchblutung aller Stromgebiete erfordert ein Herzminutenvolumen von 40 l/min und überschreitet die Auswurfleistung des Herzens damit bei weitem.

20.3.2 Aktueller Gefäßtonus

Das Ruhemembranpotenzial glatter Muskelzellen liegt mit −40 bis −60 mV nahe an der Schwelle der spannungsabhängigen Ca^{2+}-Kanäle. Änderungen des Ruhemembranpotenzials beeinflussen daher maßgeblich die intrazelluläre Ca^{2+}-Konzentration und somit den Kontraktionszustand.

Bildung des aktuellen Tonus Der Gefäßtonus setzt sich aus einer lokalen (intrinsischen) und einer systemischen (extrinsischen) Komponente zusammen. Zu den lokalen Einflussfaktoren zählen der basale myogene Tonus, die myogene Antwort (Bayliss-Effekt), lokale Gewebsmetabolite und Autakoide (Gewebehormone). Zu den systemischen Einflüssen (▶ Kap. 21.3) gehören systemisch-adrenerge, teilweise parasympathische Einflüsse und vasoaktive Hormone.

Membranpotenzial und Gefäßtonus Da die Myosinleichtkettenkinase durch Ca^{2+}-Calmodulin aktiviert wird (▶ Kap. 14.2), hat die intrazelluläre Ca^{2+}-Konzentration einen entscheidenden Einfluss auf den Kontraktionszustand von Blutgefäßen. Das **Membranpotenzial** von glatten Muskelzellen liegt mit **−40 bis −60 mV** nahe am Schwellenpotenzial spannungsabhängiger Ca^{2+}-Kanäle. Somit haben Änderungen des Membranpotenzials Einfluss auf den Ca^{2+}-Einstrom und auf die intrazelluläre Ca^{2+}-Konzentration. Die Öffnung von **K^+-Kanälen** führt im Allgemeinen über **Hyperpolarisation** der Zelle zu einem Abfall der intrazellulären Ca^{2+}-Konzentration und zur **Gefäßdilatation**.

Kalzium und Gefäßtonus Neben dem Membranpotenzial beeinflussen weitere Faktoren die intrazelluläre Ca^{2+}-Konzentration: Aktivierung Liganden-gesteuerter Kationenkanäle (z. B. purinerge P2X-Rezeptoren für ATP) führt zum **Kalziumeinstrom** über die Zellmembran. Verschiedene Vasokonstriktoren wie Noradrenalin induzieren über die Freisetzung von IP_3 die **Ca^{2+}-Freisetzung** aus dem sarkoplasmatischen Retikulum. Daneben beeinflussen andere Vasokonstriktoren wie Endothelin, Thromboxan und Angiotensin II die **Ca^{2+}-Sensitivität** des glatten Gefäßmuskels (▶ Kap. 14.4) über Aktivierung Rho-Kinase vermittelter Signalwege.

❯ Das glattmuskuläre Membranpotenzial hat einen starken Einfluss auf den Gefäßtonus.

Myogene Antwort Die myogene Antwort beschreibt eine Aktivierung von Kontraktionsmechanismen nach **druckinduzierter Dehnung** der Gefäßwand. Die akute Erhöhung des transmuralen Drucks führt in den terminalen Arterien und Arteriolen der meisten Gefäßgebiete zu einer Kontraktion der glatten Gefäßmuskulatur (**Bayliss-Effekt**; „myogene Antwort"). Diese dehnungsinduzierte Kontraktion der Gefäße ist der Grundmechanismus für die **Autoregulation der Organdurchblutung.** Durch sie kann in vielen Organen die Durchblutung bei Blutdruckänderungen weitgehend konstant gehalten werden. Der Bayliss-Effekt ist besonders ausgeprägt im **Gehirn** und in der **Niere,** ist aber auch bei Orthostase von Bedeutung: Hierbei steigt der arterielle Druck in den Beingefäßen um 80–90 mmHg an. Die myogene Antwort sorgt aber dann über eine entsprechende Vasokonstriktion für eine weitgehende Konstanthaltung des kapillären Filtrationsdrucks und beugt so der Entstehung von Ödemen vor.

Molekulare Grundlage der myogenen Antwort

Nach Dehnung der glatten Gefäßmuskelzelle kommt es zu einer schnellen Depolarisation mit anschließender Öffnung von spannungsabhängigen Ca^{2+}-Kanälen. Bei der folgenden Kontraktion spielen neben dem direkten Ca^{2+}-vermittelten Tonusanstieg auch unterschiedliche Ca^{2+}-sensitivierende Mechanismen (▶ Kap. 14) eine Rolle. Zu diesen gehören Sphingosin-1-Phosphat, reaktive Sauerstoffspezies und Arachidonsäuremetabolite, wie 20-Hydroxyeicosatetraensäure (20-HETE). Scheinbar verfügt die Zelle dabei über mehrere Mechanosensoren, u. a. G_q-gekoppelte Rezeptoren, wie der AT1-Rezeptor, die nachfolgend nicht-selektive depolarisierende Kationenkanäle der TRP-Familie aktivieren. Als weitere Mechanosensoren wurden hyperpolarisierende K_{2P}-K^+ Kanäle (TREK-1 und TRAAK), depolarisierende „epitheliale" Na^+ Kanäle (ENaC) und Cl_{Ca}-Kanäle beschrieben.

20.3.3 Lokale Gewebsmetabolite

Einige Stoffwechselprodukte, die im Gewebe vermehrt während verstärkter Tätigkeit der Organe anfallen, wirken vasodilatierend.

Metabolische Vasodilatation Das Ausmaß der durch Stoffwechselprodukte ausgelösten Dilatation ist von der Menge der gebildeten Metabolite abhängig. Daher ergibt sich für viele Organe, wie Herz, Skelettmuskel und Gehirn, eine weitgehend **lineare Beziehung** zwischen **Energieumsatz** (gemessen als Sauerstoffverbrauch) und **Durchblutung.**

Die Bedeutung einzelner Metabolite variiert von Organ zu Organ, wobei prinzipiell mehrere Faktoren gemeinsam mit den nervalen und endothelialen Faktoren (s. u.) den effektiv herrschenden Gefäßtonus bestimmen. Grundsätzlich lokal vasodilatorisch wirken:

- Erhöhung des CO_2-Partialdrucks bzw. der H^+-Konzentration,
- Erhöhung der extrazellulären K^+-Konzentration und der Gewebeosmolarität,
- Herabsetzung des arteriolären O_2-Partialdrucks (mit Ausnahme der Pulmonalgefäße).

Kalium und Gefäßtonus Erhöhung der extrazellulären K^+-Konzentrationen bis 12 mmol/l führt über eine Aktivierung einwärts **gleichrichtender K^+-Kanäle** zu einer Zunahme der K^+-Leitfähigkeit der glatten Gefäßmuskulatur und damit zu einer **Hyperpolarisation.** Des Weiteren steigert die Erhöhung der extrazellulären K^+-Konzentration die Umsatzrate der **elektrogenen Na^+-K^+-ATPase** in der glatten Muskulatur, was ebenfalls eine Membranhyperpolarisation und damit Vaso-

dilatation zur Folge hat. Sehr hohe extrazelluläre K^+-Konzentrationen (>18 mmol/l) führen dagegen durch die Reduktion des transmembranären K^+-Gradienten zu einer Membrandepolarisation und damit zur Kontraktion.

Adenosin In einigen Organen (Herz, Skelettmuskel, Gehirn) ist das beim zellulären Abbau von ATP gebildete Adenosin ein wichtiger metabolischer Vasodilatator. Zum einen hat es über den A_{2A}-**Adenosinrezeptor** an der glatten Gefäßmuskulatur eine direkte relaxierende Wirkung, zum anderen **hemmt** es die Freisetzung von **Noradrenalin** aus den präsynaptischen Varikositäten (▶ Kap. 21.3.3, Abb. 21.7).

❯ Moderate Erhöhung der extrazellulären K^+-Konzentration wirkt vasodilatierend.

Hypoxie-vermittelte Vasodilatation

Je nach Gefäßbett tragen unterschiedliche Mechanismen zu diesem Phänomen bei, u. a. kommt es zum Schluss spannungsabhängiger Kalziumkanäle vom L-Typ. Schwere Hypoxie induziert einen Abfall der intrazellulären ATP-Konzentration. In einigen Gefäßen öffnen daraufhin ATP-abhängige Kaliumkanäle, die glatten Muskelzellen hyperpolarisieren, das Gefäß dilatiert. Hypoxie fördert am Endothel die Freisetzung von **Stickstoffmonoxid** (NO) und **Prostazyklin** (PGI_2). Darüber hinaus kommt es zur Endothel-unabhängigen Bildung von NO durch Häm-katalysierte Spaltung von Nitrit.

20.3.4 Autakoide

An der lokalen Regulation des Gefäßtonus bzw. der Durchblutung sind Autakoide – körpereigene vasoaktive Substanzen mit parakriner Wirkung – beteiligt.

Definition Als Autakoide werden eine Reihe körpereigener, vasoaktiver Substanzen zusammengefasst, die **para-** bzw. **autokrine Effekte** haben. Hierzu gehören u. a. Histamin, Serotonin, Bradykinin, Kininogene, Angiotensine, die Gruppe der Eikosanoide (Prostaglandine, Thromboxane und Leukotriene), der plättchenaktivierende Faktor (platelet-activating factor) und schließlich auch die im Endothel gebildeten vasoaktiven Substanzen (▶ Abschn. 20.4.1). Einige Autakoide spielen für die **Durchblutungsregulation** unter physiologischen Bedingungen nur eine untergeordnete Rolle und sind verantwortlich für spezielle lokale Reaktionen während **entzündlicher Prozesse** und bei der **Blutstillung.**

Histamin Histamin wird aus den Granula der Mastzellen und basophilen Granulozyten bei Gewebeschädigung, Entzündung und allergischer Reaktion freigesetzt. Über den **H_1-Rezeptor** wirkt Histamin grundsätzlich als **Konstriktor** von glatten Muskelzellen, besonders in Bronchien. In Blutgefäßen kommt es aber über die Stimulation endothelialer H_1-Rezeptoren zur **NO-Freisetzung** aus dem Endothel. Da NO ein potenter Vasodilatator ist, führt Histamin an den endothelausgekleideten Blutgefäßen zur **Vasodilatation.** In unterschiedlicher Ausprägung sind auch H_2-Rezeptoren im Kreislauf vorhanden. Diese wirken über cAMP direkt vasodilatierend.

Klinik

Karzinoidsyndrom

Karzinoide sind die häufigsten Tumoren des neuroendokrinen Systems und kommen meistens im Gastrointestinaltrakt vor. Mehr als die Hälfte aller Karzinoide findet sich in der **Appendix vermiformis**, dort sind sie fast immer gutartig. Karzinoide des restlichen Verdauungstraktes hingegen metastasieren früh.

Unter dem Begriff Karzinoidsyndrom werden klinische Symptome zusammengefasst, die Folge der Sekretion humoral aktiver Peptide und biogener Amine, besonders **Serotonin**, aus dem Tumor sind. Zum Karzinoidsyndrom kommt es besonders bei duodenalen und jejunalen Karzinoiden und bei Lebermetastasen.

Das Syndrom beinhaltet die **Trias** aus **Hautrötung** (Flush, plötzlich livide Verfärbung von Gesicht, Hals und des thorakalen Bereichs), Steigerung der **intestinalen Motilität (Durchfall)** und **Endokardfibrose**. Seltener treten Hypotonie, Bronchospasmus und Teleangiektasien (Erweiterung oberflächlicher Hautgefäße) auf. Hypotonie und Flush sind Folge der endothelvermittelten Vasodilatation, während die Stimulation von Fibroblasten durch Serotonin zur Bindegewebsproduktion (Fibrosierung von Herzklappen und Retroperitoneum) führt.

> Histaminwirkung an endothelintakten Gefäßen: Dilatation. Histaminwirkung an Bronchien: Konstriktion.

Histamin steigert darüber hinaus die Kapillarpermeabilität durch Retraktion der Kapillarendothelzellen. Die **Ödementstehung** unter Histamin ist Folge der gesteigerten **Kapillarpermeabilität** und der erhöhten Durchblutung.

Serotonin Serotonin (5-Hydroxytryptamin; 5-HT) wird aus den Granula von **Thrombozyten** bei deren Aktivierung sezerniert. 90% der Serotoninmenge des Organismus sind aber in den enterochromaffinen Zellen des Gastrointestinaltraktes enthalten. Schließlich ist Serotonin auch ein Neurotransmitter im ZNS. Die vasomotorischen Effekte von Serotonin sind heterogen und abhängig von der Anzahl und Verteilung der 5-HT-Rezeptoren am Endothel und der glatten Gefäßmuskulatur. So lassen sich mit Serotonin an einer Reihe von Arterien mit intaktem **Endothel** bei luminaler Applikation **Dilatationen** auslösen, während Serotonin an Arterien mit **geschädigtem Endothel** bzw. bei Applikation von der adventitiellen Seite über glattmuskuläre Rezeptoren **Kontraktionen** auslöst. U. a. kommt es durch Serotonin im Rahmen einer Gefäßverletzung mit Plättchenaktivierung zur lokalen, primären Hämostase mit Vasokonstriktion, während umliegende Blutgefäße dilatieren.

Eikosanoide Diese Derivate der Arachidonsäure (▶ Kap. 3.2.6) sind fast alle vasoaktiv. Das hauptsächlich im Endothel gebildete Prostaglandin I_2 **(Prostazyklin)** führt an nahezu allen Gefäßen zu einer **Dilatation**. Dilatatorisch wirken auch die Prostaglandine E_1, E_2 und D_2, während **Prostaglandin $F_{2\alpha}$** sowie das hauptsächlich in Thrombozyten gebildete **Thromboxan A_2 vasokonstriktorisch** wirksam sind. Leukotriene (A_4, B_4, C_4, D_4), die Lipoxygenase-Produkte der Arachidonsäure, sind wichtige Mediatoren der entzündlichen Reaktion mit großer chemotaktischer Aktivität. Sie sind beteiligt an der Adhäsion von Leukozyten an das Endothel und an der Ausbildung endothelialer Lücken in den Venolen (1.000-fach potenter als Histamin). Darüber hinaus sind die **Leukotriene LTC_4** und **LTD_4** starke **Konstriktoren** der Gefäß- und Bronchialmuskulatur (Asthma).

In Kürze

Lokale Faktoren und Mechanismen führen zur Ausbildung eines **myogenen Gefäßtonus**. Die Erhöhung des **transmuralen Drucks** bedingt in terminalen Arterien und Arteriolen eine Kontraktion der Gefäßmuskulatur (**Bayliss-Effekt**, myogene Antwort). Bei **Stoffwechselsteigerungen** kommt es zur **metabolischen Vasodilatation** (Zunahme von P_{CO_2}, [H^+], [K^+] Abnahme von P_{O_2}, Anfall von Adenosin). Gewebehormone (**Autakoide**) modulieren lokal den Gefäßtonus. Thromboxan A_2 ist ein potenter Vasokonstriktor aus Thrombozyten. Prostaglandin I_2 wird im Endothel gebildet und wirkt vasodilatierend.

20.4 Das Endothel: zentraler Modulator vaskulärer Funktionen

20.4.1 Endothelvermittelte Tonusmodulation

Endothelzellen nehmen eine zentrale Stellung in der Kommunikation zwischen Blut und Gewebe ein.

Blut-Gefäß-Schnittstelle Endothelzellen sind nicht nur direkt den Kräften des fließenden Blutes ausgesetzt, sondern auch in kontinuierlichem Kontakt mit den korpuskulären und plasmatischen Blutbestandteilen. Sie sind wichtige **Vermittler** zwischen Gewebe und intravasalem Kompartiment. Endothelzellen sind zumeist etwa 0,2 μm dick (im Bereich des Kernes bis 1 μm) und von einer luminalen gelartigen Oberflächenschicht, der **Glykokalyx**, überzogen.

Funktionen des Endothels Unter physiologischen Bedingungen weisen Endothelzellen eine **antiadhäsive** und **antithrombotische** luminale Oberfläche auf, sodass Leukozyten, Plättchen und Plasmabestandteile ungehindert durch das Gefäßsystem fließen können. Der lokale **Gefäßtonus** wird ebenfalls durch Endothelzellen beeinflusst. Endothelzellen metabolisieren vasoaktive Substanzen. So bauen sie Serotonin und Noradrenalin ab und endotheliale **Ektonukleotidasen**

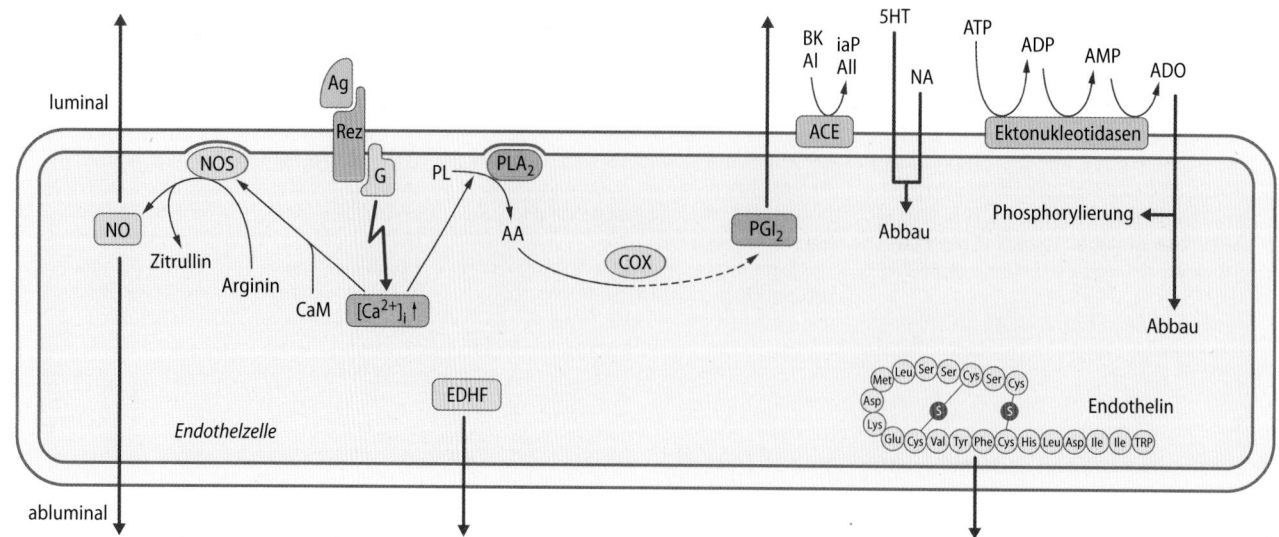

■ **Abb. 20.7   Lokale Metabolite und systemisch vasoaktive Substanzen und ihr Einfluss auf vasomotorische Funktionen des Endothels.** AI=Angiotensin I, AII=Angiotensin II, BK=Bradykinin, iaP=vasoinaktives Peptid, ACE=Angiotensin-Converting Enzyme, ADO=Adenosin, 5-HT=Serotonin, NA=Noradrenalin,

COX=Cyclooxygenase, PL=Phospholipide, PLA2=Phospholipase A2, AA=Arachidonsäure, CaM=Calmodulin, NOS=NO-Synthase, Ag=Agonist, Rez=Rezeptor, G=G-Protein. Aus Gründen der Übersichtlichkeit wurden keine Signaltransduktionskaskaden dargestellt, die zur Erhöhung der freien intrazellulären Kalziumkonzentration ($[Ca^{2+}]_i$) führen

spalten ATP und ADP zu AMP und **Adenosin**. Angiotensin-converting Enzyme (ACE) auf der Endotheloberfläche aktiviert Angiotensin I und inaktiviert Bradykinin (■ Abb. 20.7). Je nach Organlokalisation bzw. Art des Gefäßes zeigen Endothelzellen eine deutliche **Heterogenität** in ihrer Funktion (▶ Abschn. 20.1). Auch die **Verbindungen** zwischen Endothelzellen können sehr variabel sein (■ Tab. 20.1).

■ **Tab. 20.1   Funktion von Endothelzellen in Gefäßen der Mikrozirkulation und ihre Bedeutung bei der vaskulären Homöostase.**

Funktion	Dazugehörige endotheliale Faktoren
Durchblutungsregulation	NO, Prostazyklin, EDHF, Endothelin-1
Gefäßpermeabilität	VE-Cadherin, NO
Bildung der Oberflächenschicht (Glykokalyx)	Syndecan-1, CD44, Glykosaminoglykane (z. B. Heparansulfat, Hyaluronan)
Leukozytenauswanderung	Adhäsionsmoleküle - ICAM-1, VCAM-1, Selektine, Chemokine, Zytokine wie TNF-α, IL-1, NO
Hämostase	Hämostatische & fibrinolytische Faktoren: Tissue Plasminogen Activator (tPA), Thrombomodulin, Plasminogenaktivator Inhibitor (PAI-1), Von Willebrand Faktor
Austausch von Nährstoffen	Transporter (u.a. GLUTs)
Angiogenese	NO, Zytokine wie Angiopoietin-1, Rezeptoren für VEGF & Angiopoietin

❯ **Endothelzellen exprimieren auf ihrer Oberfläche das Angiotensin-converting Enzyme (ACE).**

Vasoaktive Autakoide   Das Endothel bildet sowohl Vasokonstriktoren als auch Vasodilatatoren. Zu den „endothelium-derived constricting factors" zählen **Endothelin-1** und **Thromboxan A₂**. Die wichtigsten endothelialen Mediatoren sind jedoch die „endothelium-derived relaxing factors– EDRFs", vor allem **Stickstoffmonoxid** (NO). Endothelzellen exprimieren daneben die Cyclooxygenase 2 (Cox2), die enzymatische Quelle des Vasodilatators **Prostaglandin I₂** (Prostazyklin). Schließlich existiert am Endothel ein heterogener, variabler Mechanismus („**EDHF**"), der nach Stimulation zur Hyperpolarisation der anliegenden glatten Muskelzellen führt, die daraufhin relaxieren.

Endothelium-derived hyperpolarizing factor (EDHF)
Grundsätzlich geht der Wirkung von EDHF eine Hyperpolarisation der Endothelzelle voraus, z. B. nach Stimulation mit Acetylcholin. Im einfachsten Fall eines EDHF wird diese Hyperpolarisation über gap junctions auf die darunterliegende Muskelzelle übertragen. Die endotheliale Hyperpolarisation geht auch mit K⁺-Freisetzung einher, welches dann als EDHF wirkt. Andere EDHFs sind H₂O₂ und Cytochrom P450-abhängig gebildete Arachidonsäureepoxide (Epoxyeicosatriensäuren–EETs).

Endothelin
Endotheline (ET) sind eine Peptidfamilie (ET-1, ET-2, ET-3; jeweils 21 Aminosäuren), die in Endothelzellen, aber auch in neuronalen, epithelialen und intestinalen Zellen gebildet werden. Im Endothel wird im Wesentlichen ET-1 synthetisiert. ET-1 ist ein potenter Vasokonstriktor, induziert aber auch starke proliferative Effekte, die über G-Protein-gekoppelte Rezeptoren, lokalisiert auf der glatten Gefäßmuskulatur, (ET_A- und ET_B-Rezeptor) vermittelt werden.
Die ET-1-induzierte Kontraktion resultiert aus einem transmembranären Ca²⁺-Einstrom über TRP-Kanäle und einer Aktivierung des **Rho/Rho-Kinase-Signalwegs**. Auch wenn ET-1 keine zentrale Rolle bei der Auf-

20

rechterhaltung des Blutdrucks spielt, so liefert es doch einen gewissen Beitrag zum basalen Gefäßtonus. Hemmung des Endothelinsystems führt zu Ödemen und Schwellung der Nasenschleimhaut („verstopfte Nase"). Pathophysiologisch wichtig sind Endotheline für die Entwicklung der pulmonalen, nicht jedoch der systemischen Hypertonie.

20.4.2 Endotheliale NO-Produktion

Endothelzellen exprimieren eine NO-Synthase, deren Aktivität über Ca^{2+}/Calmodulin und Phosphorylierung reguliert wird.

NO, ein zentraler Regulator des Gefäßtonus Bereits unter Ruhebedingungen kommt es in nahezu allen Gefäßen zu einer kontinuierlichen Freisetzung des **vasodilatierenden** Gases **Stickstoffmonoxid** (NO) aus dem Endothel. Diese basale NO-Freisetzung wirkt der sympathisch-adrenerg vermittelten Vasokonstriktion entgegen. Verschiedene, auf das Endothel einwirkende Einflüsse verstärken diese basale NO-Freisetzung. Hierzu zählen die durch das strömende Blut an der Endothelzelloberfläche erzeugte **Wandschubspannung** (v. a. in arteriellen Gefäßen), die durch die Herzaktion induzierte **pulsatorische Dehnung**, die **mechanische Deformation** der Gefäße in der kontrahierenden Skelettmuskulatur und im Herzen sowie die Absenkung des **O_2-Partialdrucks**.

Endotheliale NO-Synthase Die Bildung von NO erfolgt im Endothel durch die konstitutiv-exprimierte endotheliale NO-Synthase (eNOS). Hierzu muss das Enzym über Ca^{2+}/Calmodulin aktiviert werden, um nachfolgend die Bildung von NO aus der Aminosäure **L-Arginin** zu katalysieren, wobei als Nebenprodukt L-Zitrullin entsteht. Die NO-Synthase benötigt für den Prozess NADPH, Sauerstoff und die Ko-Faktoren FAD, Flavinmononukleotid (FMN), Häm, Zink und Tetrahydrobiopterin. Die Ca^{2+}/Calmodulin-Abhängigkeit der eNOS-Aktivierung erklärt, dass alle Stimuli, welche die endotheliale Ca^{2+}-Konzentration erhöhen (z. B. Acetylcholin, Bradykinin und Histamin), die NO-Produktion steigern. Ausgehend von einer physiologischen intrazellulären Kalzium-Konzentration wird die eNOS Aktivität durch Phosphorylierung moduliert. Proteinkinase A und Proteinkinase B (AKT) steigern die Aktivität, während Proteinkinase C-Isoformen und bestimmte Tyrosinkinasen zur Enzymhemmung führen.

Schubspannungsabhängige NO-Bildung Die der Mikrozirkulation vorgeschalteten Gefäßabschnitte werden nicht von der metabolisch-induzierten Vasodilatation erfasst. Die Dilatation in der Mikrozirkulation führt jedoch zu einer Blutflusssteigerung in den vorgeschalteten Arterien und Arteriolen. Diese wird vom Endothel registriert und stimuliert die NO-Produktion. **Flussabhängig** kommt es somit zur **Dilatation** der Arteriolen und Arterien, die der Mikrozirkulation vorgeschaltet sind. Auf diese Weise lässt sich bei gegebenem Perfusionsdruck die volle **Durchblutungsreserve** eines Organs ausschöpfen.

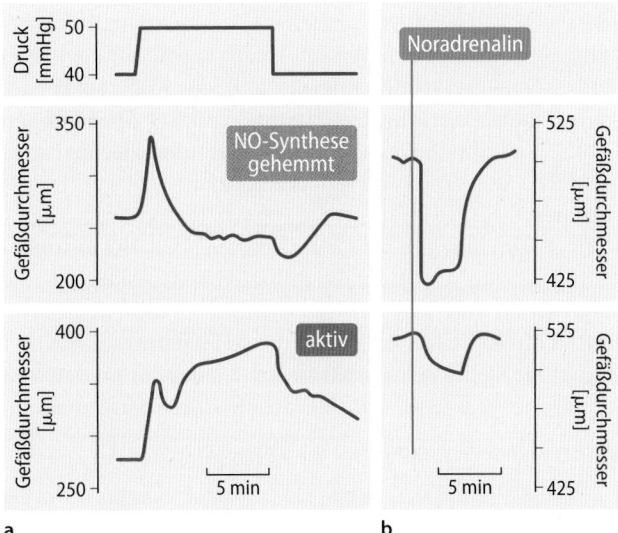

■ **Abb. 20.8a,b** Schubspannungsabhängige Bildung von NO in Endothelzellen nach myogener sowie Noradrenalin-induzierter Vasokonstriktion in einer isoliert perfundierten Arterie. **a** Die sprunghafte Erhöhung des transmuralen Drucks führt in einem isoliert perfundierten Gefäß ohne NO-Produktion (Hemmung der NO-Synthase) ausschließlich zu einer myogenen Antwort. In dem Gefäß mit aktiver NO-Produktion ist durch die ständige schubspannungsabhängige NO-Produktion die myogene konstriktorische Reaktivität so reduziert, dass nur noch die druckpassive Durchmesserzunahme in Erscheinung tritt. **b** Nach Hemmung der NO-Synthase ist die Noradrenalin-induzierte Kontraktion wesentlich stärker als bei aktiver NO-Synthase. Dies erklärt sich durch den Wegfall der NO-vermittelten dilatatorischen Komponente

> ❯ **Die flussabhängige Dilatation passt den Durchmesser der kleinen Leitungsgefäße dem Durchblutungsbedarf der Mikrozirkulation an.**

Die Schubspannung an der Endothelzelloberfläche ist umgekehrt proportional zur 3. Potenz des Gefäßradius. Daraus ergibt sich, dass eine **Vasokonstriktion** ebenfalls zu einer verstärkten **NO-Freisetzung** führen kann. Dies bedeutet, dass myogen- oder neurogen-induzierte Vasokonstriktionen in den zuführenden Arterien durch die schubspannungsinduzierte NO-Freisetzung abgeschwächt werden. Besonders wichtig ist dieser Prozess in den stark innervierten Arterien des Skelettmuskels: Aktivität des Muskels führt nicht nur zur metabolischen Vasodilatation der Widerstandsgefäße, sondern hebt auch die sympathisch-adrenerg vermittelten Konstriktionen in den vorgeschalteten Arterien weitgehend auf. Ähnliche Effekte lassen sich auch für die myogene Antwort beobachten, da diese durch Hemmung der NO-Bildung verstärkt wird.

Wirkung von NO am Gefäß Nach Bildung im Endothel diffundiert NO in die glatten Gefäßmuskelzellen. Dort trifft es auf die **lösliche Guanylylzyklase** (sGC, auch lösliche Guanylatzyklase), dem wichtigsten **NO-Sensor**. sGC wird durch NO-Bindung an das zweiwertige Häm-Eisen des Enzyms aktiviert und katalysiert dann die Umwandlung von GTP zu **cGMP**, welches in der Folge die Proteinkinase G (PKG oder cGK) aktiviert was zur Relaxation führt (▶ Kap. 14.4.3). Indirekt senkt NO den Gefäßtonus, indem es die Noradrenalinfreisetzung aus Varikositäten hemmt. Nachrangige NO-Sensoren sind andere eisenhaltige Enzyme, z. B. der Komplex IV der mitochondrialen Atmungskette und reaktive SH-Gruppen (Thiole) in Enzymen. Über den letztgenannten Mechanismus kann NO die sarkoplasmatische Kalzium-ATPase (Serca) hemmen.

In Folge dieser vielfältigen Reaktionen hat **NO vasoprotektive** Effekte. Es hemmt die Adhäsion von Leukozyten, die Aggregation von Thrombozyten und die Proliferation von glatten Muskelzellen. NO senkt die Gefäßpermeabilität und fördert die Gefäßheilung. **NO** ist somit eines der potentesten körpereigenen **anti-arteriosklerotisch wirkenden Moleküle**.

> NO relaxiert Gefäße über die Aktivierung der löslichen Guanylylzyklase.

Endotheliale Dysfunktion   Einige der **NO-freisetzenden Vasodilatatoren**, z. B. Serotonin, Acetylcholin und Histamin, lösen bei **direktem Kontakt** mit der glatten Muskulatur **Kontraktionen** aus (▶ Abschn. 20.3.4). Die Antwort eines Gefäßes auf solche Substanzen stellt dabei einen Nettoeffekt von endothelabhängiger Dilatation und direkter glattmuskulärer Konstriktion dar. Unter **physiologischen Bedingungen** überwiegt die **Dilatation**. Bei funktionellen Störungen des Endothels (z. B. bei **Rauchern** oder Patienten mit **Hypercholesterinämie** oder **Diabetes**) kommt es zu einem Übergewicht der **konstriktorischen Reaktionen**. Dieser Zustand, der im Wesentlichen einer reduzierten NO-Verfügbarkeit entspricht, wird als **endotheliale Dysfunktion** bezeichnet und ist ein wichtiger **Prädiktor** der **kardiovaskulären Mortalität**.

Molekulare Basis der endothelialen Dysfunktion   Der endothelialen Dysfunktion liegen eine **reduzierte Produktion** und ein **beschleunigter Abbau** von NO zugrunde. Ursache ist eine **gesteigerte Produktion** des **Superoxidanion**-Radikals ($O_2^{-\bullet}$). NO, welches selbst ein Radikal ist, reagiert mit sehr hoher Geschwindigkeit mit $O_2^{-\bullet}$ unter Bildung von **Peroxynitrit** (ONOO⁻), einem der stärksten Oxidationsmittel im Organismus. ONOO⁻ kann Zink, Tetrahydrobiopterin oder Thiole in der **NO-Synthase** oxidieren. Das Enzym wird dadurch entweder inaktiviert oder sogar **entkoppelt**: Statt Elektronen von NADPH auf NO werden diese auf O_2 übertragen, was wiederum zur $O_2^{-\bullet}$ Bildung führt. Die NO-Synthase wechselt daher von der Bildung protektiven NO's zur Produktion von NO-zerstörendem $O_2^{-\bullet}$.

> Endotheliale Dysfunktion ist ein Zustand oxidativen Stresses.

Bildung von Superoxidanionen   Superoxidanionen ($O_2^{-\bullet}$) werden von einer Vielzahl an Systemen gebildet. Neben **Mitochondrien** gehören hierzu u. a. Xanthinoxidase, Cytochrom-P450-Monoxygenasen, Cyclooxygenasen und unter pathophysiologischen Bedingungen, wie oben erwähnt, auch die **NO-Synthase**. Die wichtigste $O_2^{-\bullet}$ -Quelle sind jedoch **NADPH-Oxidasen der Nox-Familie**. Die Isoform **Nox2** ver-

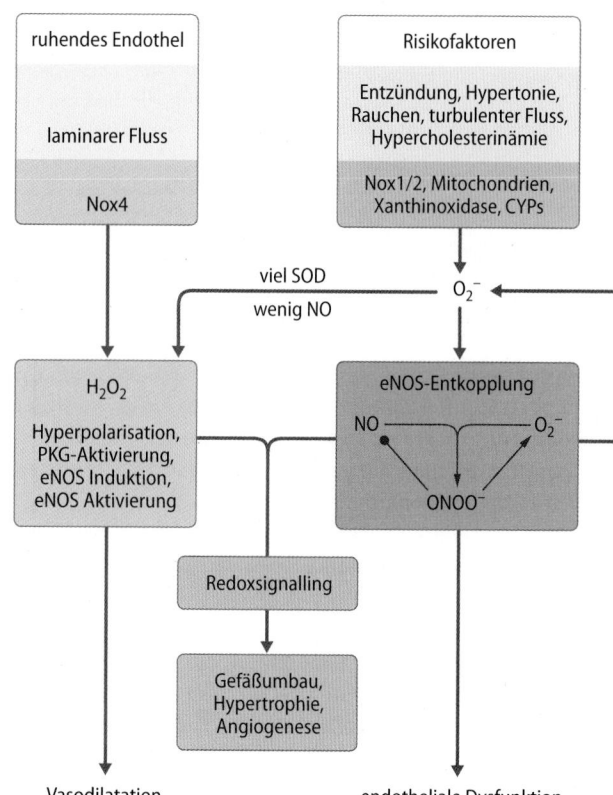

■ **Abb. 20.9   Redox-Regulation in Gefäßen.** Verschiedene Systeme in der Zelle sind zur Produktion von Superoxidanionen (O_2^-) befähigt. O_2^- inaktiviert Stickstoffmonoxid (NO) und das entstehende Peroxynitrit (ONOO⁻) entkoppelt die endotheliale NO-Synthase (eNOS). Die eNOS bildet darauf anstelle von NO ebenfalls O_2^-. Die Folge ist endotheliale Dysfunktion, was die Entwicklung von Arteriosklerose begünstigt. Ist viel Superoxiddismutase-Aktivität (SOD) vorhanden, wird O_2^- in H_2O_2 umgewandelt. H_2O_2 kann NO nicht inaktivieren und wirkt ebenfalls dilatierend. Im ruhenden Gefäß wird H_2O_2 unter anderem von der NADPH Oxidase Nox4 gebildet. Grundsätzlich sind Radikale in der Lage über Redox-Signaling Umbauprozesse im Gefäßsystem zu aktivieren, die z. B. zur Änderung der Lumenweite, zur Stenose oder zur Angiogenese führen. PKG: Proteinkinase G. CYPs: Cytochrom P450 Monoxygenasen. Nox: NADPH Oxidasen

mittelt u. a. in **Leukozyten** die O_2^--Produktion und leistet so einen Beitrag zur **Immunabwehr**. Nox2 und das engverwandte Nox1 sind auch im kardiovaskulären System exprimiert und gelten als die Auslöser der endothelialen Dysfunktion. Sie werden durch Auslöser der endothelialen Dysfunktion, z. B. Rauchen und Entzündung, induziert und aktiviert. **Superoxiddismutasen** (SODs) bauen $O_2^{-\bullet}$ zu Wasserstoffperoxid (H_2O_2) ab (■ Abb. 20.9).

Wasserstoffperoxid
Wasserstoffperoxid (H_2O_2) hat grundsätzlich eine andere Wirkung als $O_2^{-\bullet}$, da es nicht NO, sondern im Wesentlichen reaktive Thiole (SH-Gruppen) in Proteinen oxidiert. Hierüber kann es die Proteinkinase A und G aktivieren, was zur Vasodilatation führt. H_2O_2 verstärkt die antioxidative Abwehr und fördert die Bildung von NO über Aktivierung und Induktion der NO-Synthase. Neben Superoxiddismutasen wird H_2O_2 direkt von der NADPH Oxidase Nox4 produziert.

> Superoxidanionen limitieren die protektiven Effekte von NO.

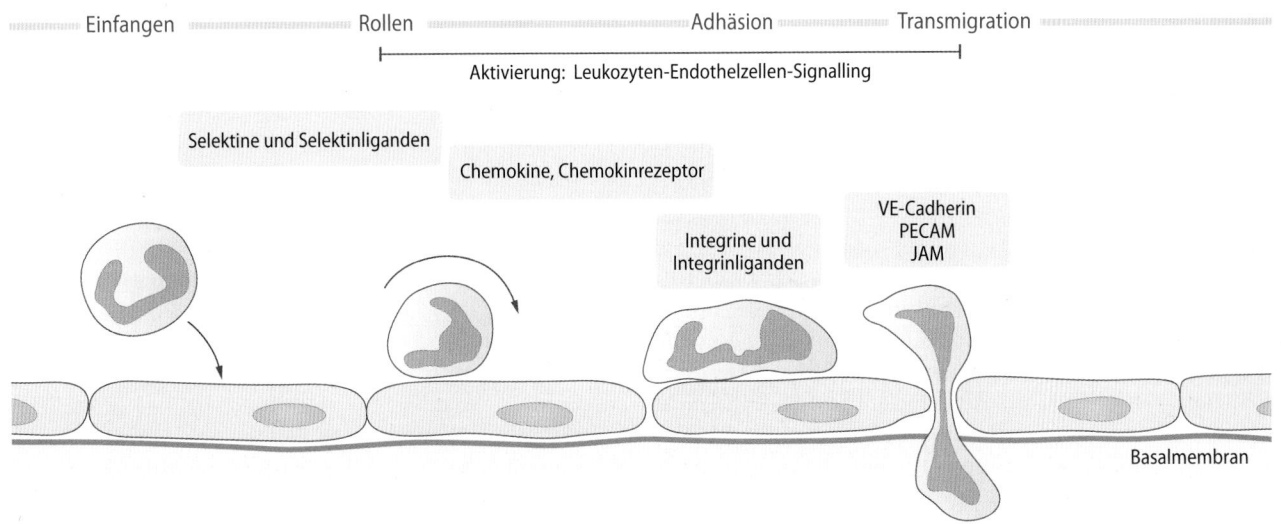

Einfangen ························· **Rollen** ··· **Adhäsion** ················· **Transmigration** ·····················

Aktivierung: Leukozyten-Endothelzellen-Signalling

Selektine und Selektinliganden

Chemokine, Chemokinrezeptor

Integrine und Integrinliganden

VE-Cadherin
PECAM
JAM

Basalmembran

◘ Abb. 20.10   **Interaktion von Leukozyten mit dem Endothel in einer postkapillären Venole während der Entzündungsreaktion.** Blau hinterlegt sind die Moleküle, die die Interaktion zwischen den Zellen vermitteln.

20.4.3 Endothelreaktionen bei Entzündung und Hämostase

Aktivierung des Endothels ermöglicht die Leukozytenauswanderung und die Blutgerinnung.

Permeabilitätssteigerung   Trotz einer Vielzahl auslösender Faktoren für eine Entzündungsreaktion (▶ Kap. 25.1) lassen sich einige grundsätzliche Vorgänge beobachten. Die Gefäße **dilatieren** und die Permeabilität nimmt zu – Flüssigkeit tritt ins Gewebe aus (**Ödem**). Für die Steigerung der Gefäßpermeabilität ist besonders **Histamin** (s. o.), im Weiteren auch Bradykinin verantwortlich. Die lokale Vasodilatation bei Entzündungsprozessen wird u. a. ausgelöst durch NO, Prostaglandine und Adenosin.

Leukozytenauswanderung   Diese erfolgt fast ausschließlich in **postkapillären Venolen** der Mikrozirkulation. Über eine Kaskade von Adhäsions- und Aktivierungsschritten zwischen dem entzündlich-veränderten Endothel und Leukozyten kommt es schließlich zu deren Auswanderung (**Diapedese**) (◘ Abb. 20.10). Zu Beginn steht das Rollen der Leukozyten. Hierbei vermitteln spezialisierte Glykoproteine der **Selektin-Familie**, die auf entzündlichem Endothel und auf Leukozyten exprimiert sind, ein Abbremsen der Blutzelle. Durch die Verlangsamung gelingt es Adhäsionsmolekülen aus der Familie der **Integrine** und Aktivierungsmolekülen (z. B. **Chemokine** und Chemokinrezeptoren) auf Leukozyten und Endothel miteinander zu interagieren. Die Leukozyten adhärieren darauf fest am Endothel und flachen sich ab bevor sie dann vorwiegend parazellulär durch die Gefäßwand ins Gewebe transmigrieren (Diapedese).

Klinik

Atherosklerose

Unter Atherosklerose versteht man eine langsam fortschreitende **Erkrankung der Arterienwand. Durch Einwanderung von Entzündungszellen kommt es im Laufe von Jahren** zu einer Verdickung der Intima. Lipide werden eingelagert und lipidspeichernde Makrophagen (Schaumzellen) angereichert (Atherom=altgriech. Weizengrütze, Talg). Die Bildung einer kollagenreichen Bindegewebematrix ist pathognomonisch („Sklerose"). Die Erkrankung manifestiert sich primär an **Prädilektionsstellen** mit **hämodynamischen Besonderheiten** (Turbulenzen an Abzweigungen, Totwasserzonen, Krümmungen). Hierzu gehören v. a. die Koronararterien, die A. carotis interna, die Bauchaorta und die A. femoralis.

Ursachen und Pathologie

Begünstigt durch Risikofaktoren (genetische Disposition, Hypercholesterinämie, Rauchen, Alter) kommt es zur entzündlichen Aktivierung des Endothels. Monozyten wandern in die Gefäßwand ein und transformieren zu Makrophagen. Über spezielle Rezeptoren (Scavenger-Rezeptoren) nehmen sie Lipoproteine (vor allem **oxidiertes LDL**) auf und wandeln sich in sog. „**Schaumzellen**" um. Zusammen mit extrazellulär-deponiertem Cholesterin (freigesetzt aus nekrotischen Zellen) bilden sie zunächst die bereits bei Jugendlichen nachweisbaren **fatty streaks,** gelbliche subintimale Lipidablagerungen, aus denen sich dann im Laufe von Jahren ein Lipidkern entwickelt (Atherom).

Unter dem Einfluss von Chemokinen und Wachstumsfaktoren (z. B. *platelet-derived growth factor*) kommt es des Weiteren zur Einwanderung von glatten Muskelzellen in den subintimalen Raum und nachfolgender Proliferation. Diese glatten Muskelzellen synthetisieren und sezernieren **Matrixbestandteile** (Proteoglykane, Elastin und Kollagen). Als Folge der **Plaquebildung** kann es zu einer Lumeneinengung (**Stenose**) und damit zu einer Drosselung der Durchblutung kommen. Prognostisch bedeutsamer ist jedoch der Aufbau der Plaques. Hieraus ergibt sich, ob eine Plaque stabil bleibt oder rupturiert. Die Ruptur stellt ein dramatisches Ereignis (**Akutes Koronarsyndrom**) dar, bei dem es durch Thrombusbildung zum Gefäßverschluss (**Infarkt**) kommen kann.

Endotheliale Regulation der Hämostase   Die primäre und sekundäre Hämostase gewährleisten eine effiziente Blutstillung bei Verletzungen von Gefäßen der Mikrozirkulation (▶ Kap. 23.6 und 23.7). Unter physiologischen Bedingungen besitzt das Endothel antithrombotische und antikoagulatorische Eigenschaften. Es verhindert die Aktivierung von Plättchen bzw. Gerinnungsfaktoren an der Endothelzellwand.

Hemmung der Thrombozytenaktivierung   Für eine Plättchenaggregation an der Gefäßwand müssen Plättchen nicht nur an die Gefäßwand binden, sondern dort auch aktiviert werden. Sowohl die Bindungspartner auf der Gefäßwand als auch Plättchen-aktivierende Moleküle sind auf dem Endothel nicht in ausreichender Form verfügbar. Eine hinreichende Aktivierung von Plättchen wird somit normalerweise nicht erreicht. Zu den Faktoren, die an der Hemmung der Plättchenaggregation beteiligt sind, zählen das von Endothelzellen freigesetzte PGI_2 und NO. Zusätzlich tragen bei CD39 (Abbau des Plättchenaktivators ADP zu AMP) sowie die 5'-Ektonukleotidase (CD73), die AMP zu Adenosin abbaut.

Hemmung der plasmatischen Gerinnung   Die antikoagulatorische Aktivität des Endothels wird über mehrere Systeme gewährleistet. Heparansulfat, eine wesentliche Komponente der endothelialen Oberflächenschicht (Glykokalyx), bindet Antithrombin-III (AT-III) (▶ Kap. 23.7). Auch wird auf Endothelzellen Tissue factor pathway inhibitor (TFPI) exprimiert. Schließlich ist auch Thrombomodulin auf Endothelzellen zu finden, das die Thrombin-vermittelte Aktivierung von Protein C ermöglicht. Der Komplex aus aktiviertem Protein C und S inaktiviert die Gerinnungsfaktoren V, IX, X, XI und XII – eine effektive Unterdrückung der plasmatischen Gerinnung stellt sich ein.

In Kürze

Das Endothel moduliert im Blut zirkulierende vasomodulierende Substanzen über Aufnahme und Metabolismus. Durch Autakoide reguliert es den Gefäßtonus. Endothelial produzierte Vasodilatatoren sind **NO**, **PGI_2** und **EDHF**. Über NO wird die **flussabhängige Vasodilatation** vermittelt. Das Endothel vermittelt die **Permeabilitätssteigerung** und **Ödembildung** bei der Entzündung. Physiologischerweise hemmt das Endothel die Aktivierung von Leukozyten, Plättchen und der plasmatischen Gerinnung. Im Rahmen von Entzündungen exprimiert es **Adhäsionsmoleküle** und **Zytokine**. Endotheliale **Selektine** vermitteln das Rollen, Leukozyten**integrine** die feste Anheftung von Leukozyten ans Endothel.

20.5   Blutgefäßneubildung

20.5.1   Formen der Gefäßneubildung

Unter dem Begriff Angiogenese versteht man den Prozess von Wachstum und Umstrukturierung eines primitiven kapillären in ein komplexes reifes Gefäßnetzwerk.

Angiogenese   Dieser Prozess hat eine zentrale Funktion bei der Embryonalentwicklung. Im ausgereiften Organismus stellt sie einen Sonderfall dar, z. B. im Rahmen der Proliferation des **Endometriums** oder bei der **Wundheilung** (▶ Kap. 80.2). Angiogenese spielt eine wichtige Rolle beim Wachstum von **Tumoren**, von **Fettgewebe**, bei der **Atherosklerose** sowie bei der diabetischen **Retinopathie**. Zur Angiogenese gehört der Vorgang der Aussprossung kapillarähnlicher Strukturen aus existierenden postkapillären Venolen sowie die Bildung neuer Kapillaren durch Einwachsen periendothelialer Zellen (**Intussuszeption**) bzw. transendothelialer Zellbrücken in vorhandene Kapillaren.

Vaskulogenese   Unter Vaskulogenese versteht man die Bildung von Blutgefäßen durch Differenzierung von **Vorläuferzellen** zu Endothelzellen mit der nachfolgenden Ausbildung eines primitiven vaskulären Netzwerks, ein Vorgang, der vornehmlich während der **Embryonalentwicklung** stattfindet.

Arteriogenese   Eine Sonderform der Gefäßneubildung ist die Arteriogenese. Sie umfasst die **Reifung präexistierender Gefäße** mit gleichzeitiger Rekrutierung glatter Muskelzellen entlang der Gefäßwand. Einen pathophysiologischen Sonderfall der Arteriogenese im adulten Organismus besteht in der exzessiven Größenzunahme (bis um das 20-fache) ursprünglich rudimentärer **Kollateralen** zu funktionsfähigen Arterien. Dieser Vorgang kann in der Skelettmuskulatur bzw. im Herzen bei Verschluss der zuführenden Arterie beobachtet werden.

> ❯ Im mangelversorgten Gewebe werden Kollateralen über den Prozess der Arteriogenese gebildet.

Phasen der Angiogenese   Unter normalen Bedingungen weisen Endothelzellen nur sehr geringe Replikationsraten (weniger als 0,01%) auf. **Angiogene Stimuli** aktivieren **Endothelzellen** und führen zu einer rasch einsetzenden **Proliferation**. Die Phase der **Aktivierung**, des **Aussprossens** in kapillarähnliche Strukturen und der **Differenzierung** lässt sich dabei grob schematisch gliedern:
- Zunahme der venolären Permeabilität einhergehend mit extravaskulären Fibrinablagerungen,
- Freisetzung von Proteasen aus dem Endothel,
- Abbau der Basalmembran und der das Gefäß umgebenden extrazellulären Matrix,
- Endothelzellmigration,
- Endothelzellproliferation sowie Ausbildung eines Kapillarlumens,
- Anastomosierung der neu gebildeten Kapillaren mit Beginn der Durchblutung,

20

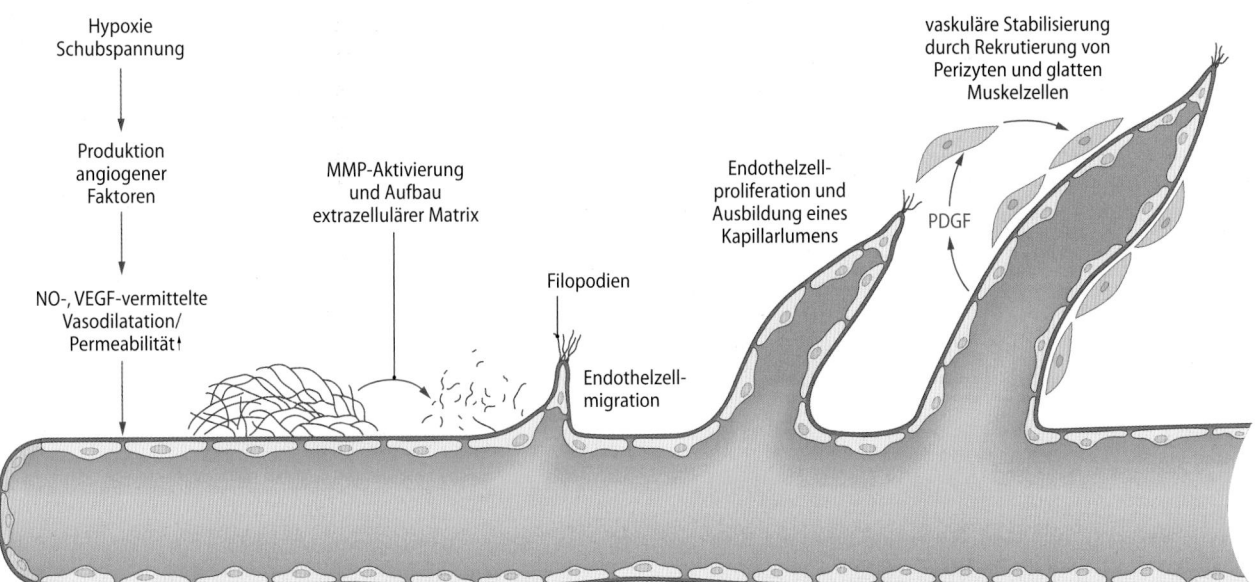

Abb. 20.11 Schematische Darstellung der Teilschritte der Angiogenese. Im letzten Schritt der Gefäßneubildung führt die Freisetzung von PDGF aus Endothelzellen zur Rekrutierung von Perizyten und glatten Muskelzellen, die die Stabilisierung der gebildeten Gefäße bewirken. PDGF=Platelet-derived growth factor, VEGF=Vascular endothelial growth factor, MMP=Matrix-Metalloproteinase

- Entwicklung der Wandstruktur, Rekrutierung und Differenzierung glatter Muskelzellen und Perizyten.

Die initiale Erhöhung der Gefäßpermeabilität ist im Wesentlichen Folge einer Aktivierung der Endothelzellen durch VEGF. Diese Aktivierung ist des Weiteren assoziiert mit einer verstärkten NO-Produktion und Vasodilatation der Widerstandsgefäße (■ Abb. 20.11).

20.5.2 Gefäßspezifische Wachstumsfaktoren

Die Familie des Vascular Endothelial Growth Factor (VEGF) bildet zusammen mit den dazugehörigen Rezeptoren das wesentliche Element für die Regulation der Angiogenese.

Vascular endothelial growth factor (VEGF) Bislang wurden fünf Gene für die VEGF-Proteinfamilie identifiziert (VEGF-A bis -E), von denen **VEGF-A** der wichtigste Vertreter ist. Die Expression von VEGF-A wird durch vielfältige Faktoren stimuliert. Von zentraler Bedeutung ist die **Hypoxie**-vermittelte Expression über den Hypoxie-induzierbaren Transkriptionsfaktor (**HIF**) (▶ Kap. 29.4).

VEGF-Wirkungen
VEGF wirkt über drei unterschiedliche Rezeptoren (VEGFR-1, VEGFR-2, und VEGFR-3). Während VEGFR-1 und -2 überwiegend im vaskulären Endothel exprimiert werden und hier die Wirkungen insbesondere der VEGF-A-Isoformen vermitteln, ist VEGFR-3 hauptsächlich am lymphatischen Endothel nachzuweisen. So führt z. B. eine Mutation des VEGFR-3, dessen wesentlicher Ligand VEGF-C ist, zu massiven Störungen im lymphatischen System (hereditäres Lymphödem).
Die Bedeutung von VEGF in der Embryonalentwicklung wird daran deutlich, dass bereits die Ausschaltung eines Allels des VEGF-A-Gens letal ist.

Angiopoietine Die zweite Familie endothelspezifischer Wachstumsfaktoren sind die Angiopoietine (**Ang-1, -2, -3, -4**), die über den **Tie2**-Rezeptor stimulatorische bzw. inhibitorische Effekte auf die Vaskulogenese und Angiogenese ausüben. Ang-1 und -2 sind Glykoproteine, die mit ähnlicher Affinität an Tie2 binden, wobei **Ang-2** als der natürliche **Antagonist** von **Ang-1** wirkt (ein analoges agonistisch-antagonistisches Muster zeigt sich bei Ang-4 und Ang-3). Während Ang-1 hauptsächlich in Perizyten und Endothelzellen, einschließlich glatten Muskelzellen exprimiert wird, ist Ang-2 in Endothelzellen von Geweben mit starkem vaskulären Remodeling zu finden, z. B. Ovar, Uterus und Plazenta.

Klinik

Tumorangiogenese

Tumorzellen haben einen gesteigerten Bedarf an Sauerstoff und Nährstoffen. Ab einem Tumorvolumen von ca. 2 mm³ sind die Diffusionsstrecken zu lang für eine hinreichende Versorgung der Tumorzellen aus den bestehenden Gefäßen. Tumore können daher nur weiterwachsen, wenn sie von zusätzlichen Blutgefäßen versorgt werden. Die Neubildung von Blutgefäßen (**Angiogenese**) kann über Sprossung (bzw. intussuszeptives Wachstum) bestehender Gefäße erfolgen. Wichtig ist hierbei die durch Hypoxie stimulierte Bildung **angiogener Faktoren** (v. a. der VEGF- und Angiopoietin-Familie) durch die Tumorzellen. Zur Tumorbehandlung wird die Hemmung angiogener Faktoren und deren Rezeptoren bzw. die Stimulation endogener Angiogeneseinhibitoren als adjuvante (zusätzliche) Maßnahme eingesetzt.

In Kürze

Unter **Angiogenese** versteht man die **Aussprossung** kapillarähnlicher Strukturen aus postkapillären Venolen, was im Wesentlichen über VEGF reguliert wird. **Vaskulogenese** ist die Gefäßneubildung aus Vorläuferzellen in der Embryonalzeit, **Arteriogenese** die Reifung größerer Gefäße aus vorbestehenden Gefäßen.

Literatur

Carmeliet P, Jain RK (2011) Molecular mechanisms and clinical applications of angiogenesis. Nature 473: 298-307

Levick JR (2010) An Introduction to Cardiovascular Physiology. 5th Ed. Hodder Arnold Publication, London

Levick JR, Michel CC (2010) Microvascular fluid exchange and the revised Starling principle. Cardiovasc Res 87: 198-210

Tarbell JM1, Simon SI, Curry FR (2014) Mechanosensing at the vascular interface. Annu Rev Biomed Eng. 16: 505-32

Tuma RF, Durán WN, Ley K (2008) Handbook of Physiology: Microcirculation. 2nd Ed. Academic Press, San Diego

20

Regulation des Gesamtkreislaufs

Rudolf Schubert, Ralf Brandes

© Springer-Verlag GmbH Deutschland, ein Teil von Springer Nature 2019
R. Brandes et al. (Hrsg.), *Physiologie des Menschen*, Springer-Lehrbuch
https://doi.org/10.1007/978-3-662-56468-4_21

Worum geht's?

Der Kreislauf muss sich an verändernde Bedingungen anpassen
Das Kreislaufsystem muss ständig die Blutverteilung auf die einzelnen Organe austarieren, sei es in Reaktion auf eine Blutverschiebung beim Aufstehen oder als Antwort auf geänderten Bedarf z. B. in den Verdauungsorganen nach dem Essen oder in den Skelettmuskeln bei körperlicher Arbeit. Der Blutdruck muss dabei in engen Grenzen konstant gehalten werden, um eine ausreichende Durchblutung der Organe zu ermöglichen.

Systemische Regulationsmechanismen sind notwendig zur Koordinierung der Durchblutungsanpassung
Die Anpassung der Durchblutung an einen veränderten Bedarf wird durch lokale Mechanismen auf Organebene gewährleistet. Diese sind jedoch „blind" für die Bedürfnisse der anderen Organe. Systemische Regulationsmechanismen erlauben eine übergeordnete, koordinierte Abstimmung der Durchblutungsanforderungen aller Organe. Dafür werden Stellgrößen reguliert, die die Funktion des Kreislaufsystems als Ganzes bestimmen, wie insbesondere der Blutdruck und das Blutvolumen. Bei Abweichungen von den dem Bedarf entsprechenden Werten dieser Parameter werden über das Kreislaufzentrum im Hirnstamm kurzfristige und langfristige Regulationsmechanismen ausgelöst. Diese ermöglichen es über die Beeinflussung der Gefäß-, Herz- und Nierenfunktion eine bedarfsangepasste und dabei balancierte Durchblutung aller Organe wiederherstellen (◘ Abb. 21.1).

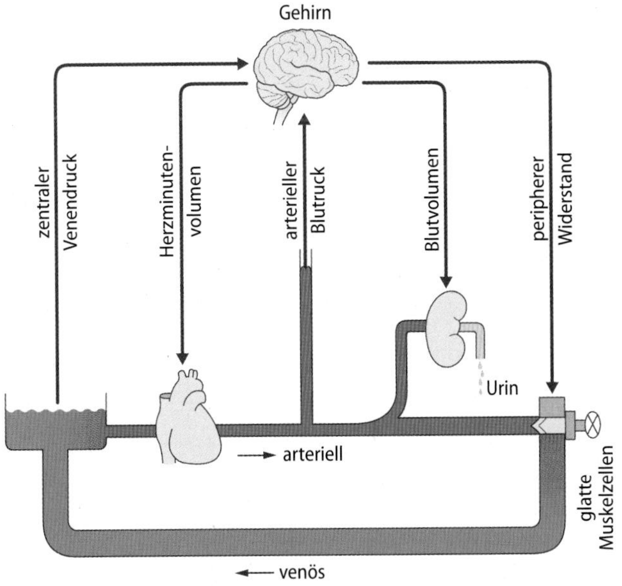

◘ **Abb. 21.1 Kreislaufregulation im Überblick.** Informationen über die Kreislauffunktion werden u. a. durch Messung von zentralem Venendruck und arteriellem Blutdruck erhoben. Stellgrößen, über die das vegetative Nervensystem diese Parameter beeinflusst, sind Herzminutenvolumen, peripherer Widerstand und Blutvolumen

21.1 Der systemische Blutdruck

21.1.1 Physiologie des Blutdrucks

Der arterielle Blutdruck hängt von Alter, Geschlecht, genetischen Faktoren, Ernährungszustand sowie Umwelteinflüssen ab und steigt in physischen und psychischen Belastungssituationen an.

Normwerte, Altersabhängigkeit Bei der Beurteilung des **Ruheblutdrucks** müssen **Einflussfaktoren** wie Alter, Geschlecht, genetische Faktoren, Ernährungszustand und Umwelteinflüsse berücksichtigt werden. Die Blutdruckwerte von repräsentativen Bevölkerungsgruppen ordnen sich dabei nach ihrer Häufigkeit in einer Gauß-Verteilungskurve mit einer diskreten Schiefe zu erhöhten Blutdruckwerten. Bei gesunden Erwachsenen zwischen dem 20. und 40. Lebensjahr liegt der **Häufigkeitsgipfel** für den **systolischen Druck** bei **120 mmHg**, für den **diastolischen Druck** bei **80 mmHg**. Mit zunehmendem Alter treten relativ stärkere Steigerungen des systolischen im Vergleich zum diastolischen Druck auf (◘ Abb. 21.2). Diese Effekte beruhen im Wesentlichen auf **Elastizitätsverlusten** der Arterien (► Abschn. 19.3).

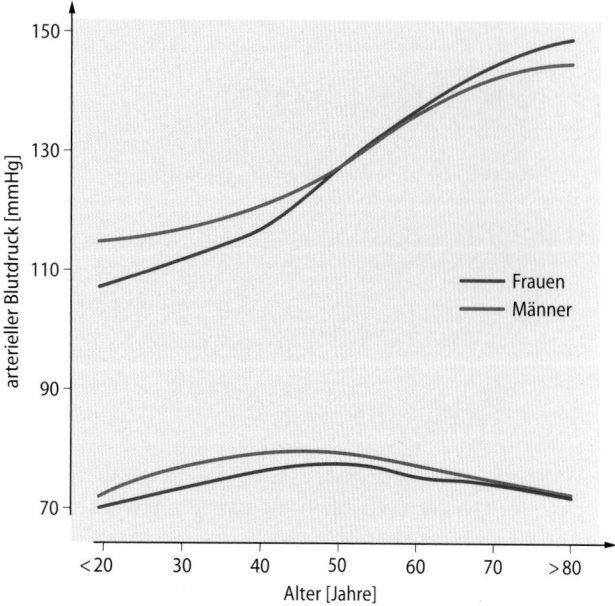

Abb. 21.2 Systolischer und diastolischer Blutdruck in Abhängigkeit vom Lebensalter

> **Definition Hypertonie: Diastolischer Blutdruck >90 mmHg, systolischer Blutdruck >140 mmHg bei wiederholter Messung.**

Blutdruckschwankungen

Bei kontinuierlicher Messung des Blutdrucks sind außer den Druckpulsen, die als Blutdruckschwankungen I. Ordnung bezeichnet werden, langsamere Schwankungen des mittleren Blutdrucks nachweisbar.

Diese Blutdruckschwankungen II. Ordnung stehen im Zusammenhang mit der Atmung. Bei normaler Atemfrequenz (12–16/min) fällt die Inspiration mit einem leichten Abfall, die Exspiration mit einem leichten Anstieg des Blutdrucks zusammen. Diese Wellen sind u. a. mechanisch bedingt, bei Einatmung kommt es durch die Ausdehnung des Lungengefäßbetts zu einer Verringerung des Schlagvolumens des linken Ventrikels. Die Blutdruckschwankungen III. Ordnung haben eine Periodendauer von 6–20 s und länger. Ihre Frequenz steht dabei häufig in einem ganzzahligen Verhältnis zur Atemfrequenz. Sie werden wahrscheinlich durch Schwankungen des Sympathikotonus am Herzen und an den peripheren Gefäßen ausgelöst.

Der Blutdruck weist außerdem – ähnlich wie die Herzfrequenz und zahlreiche andere Größen – eine endogene zirkadiane Periodik auf, die durch äußere Zeitgeber auf einen 24-Stunden-Rhythmus mit Maximalwerten gegen 15 und Minimalwerten gegen 3 Uhr synchronisiert wird.

Akute Blutdruckänderungen   Im täglichen Leben wird der arterielle Druck zusätzlich durch **Umwelteinflüsse, physische oder psychische Faktoren** beeinflusst. Ein klassisches Beispiel für akute Blutdrucksteigerungen im Rahmen einer psychogenen Alarmreaktion ist der sog. **Erwartungshochdruck**, der nicht nur vor Prüfungen oder Wettkämpfen, sondern auch bei der ersten ärztlichen Untersuchung auftritt. Der Blutdruck kann dabei Werte erreichen, die denen bei mittelschwerer Arbeit entsprechen.

Vegetative Hypotonie

Bei psychischem Stress, Schreck und Erwartungsangst (z. B. vor einer Blutentnahme) kann es auch zu einem starken Blutdruckabfall bis hin zur Ohnmacht kommen (vagovagale Synkope). Diese Reaktion, die mit Bradykardie und einer Dilatation der Muskelgefäße einhergeht, wird wahrscheinlich vom Gyrus cinguli des limbischen Systems ausgelöst und ist bei einigen Tierspezies als Totstellreflex noch deutlicher ausgeprägt.

Klinik

Hypertonie

Entgegen früherer Auffassung, den Anstieg des Blutdrucks mit steigendem Lebensalter (100 mmHg + Lebensalter) als normal zu betrachten, gelten heute nach den Kriterien der WHO für alle Altersstufen identische Blutdruckgrenzwerte. Eine leichte arterielle Hypertonie (Schweregrad 1) liegt vor, wenn der systolische Druck dauerhaft höher als 140 mmHg, und der diastolische höher als 90 mmHg ist; bei Werten ≥ 160/100 mmHg spricht man von einer mittelschweren (Schweregrad 2) und bei Werten > 180/110 mmHg von einer schweren Hypertonie (Schweregrad 3).
In der Klinik werden die Hypertonien überwiegend nach ätiologischen Gesichtspunkten in primär essenzielle und sekundär symptomatische Hypertonien unterteilt.

Primär essenzielle Hypertonie
Diese Form (ca. 90 % aller Hypertonien) hat **multifaktorielle Ursachen**. Essenziell bedeutet, dass trotz umfassender Diagnostik

eine organische Ursache nicht ermittelt werden kann. Als mögliche ätiologische Faktoren werden u. a. eine Erhöhung der intrazellulären Natriumkonzentration, eine gesteigerte Aktivität des sympathischen Nervensystems sowie psychosoziale Faktoren diskutiert. Eine individuelle **genetische Disposition** und **äußere Einflüsse** tragen zu etwa gleichen Teilen zur Entstehung bei. Dagegen sind **monogene Defekte** auf der Basis von Mutationen einzelner Gene **seltene Ursachen** der Hypertonie.

Sekundäre symptomatische Hypertonie
Hiervon beruhen rund 7 % auf Erkrankungen des **Nierenparenchyms** oder der **Nierengefäße** (renale Hypertonien). Bei etwa 3 % liegen **endokrine Störungen** vor (Phäochromozytom, Cushing-Syndrom, Conn-Syndrom, Hyperthyreose, Akromegalie u. a.). Der Rest beruht bis auf wenige Ausnahmen auf kardiovaskulären Erkrankungen (Aortenklappeninsuffizienz, Aortenisthmusstenose u. a.).

Folgen
Eine chronische Erhöhung des Blutdrucks kann eine Vielzahl an kardiovaskulären Erkrankungen nach sich ziehen: Auf der Basis einer vermehrten Bildung von Bindegewebe kommt es zu **Vernarbungsreaktionen** in der **Niere**. Die hohe Wandspannung am Herzen führt besonders subendokardial zur Mangeldurchblutung; es besteht die Gefahr des langsamen Untergangs von Herzmuskelgewebe und der Entwicklung einer **hypertensiven Kardiomyopathie**. Die bedeutendste Folgeerkrankung der Hypertonie ist jedoch der **hämorrhagische Schlaganfall** durch Ruptur einer gehirnversorgenden Arterie. Die **Inzidenz** dieser Erkrankung, die fast immer zu lebenslanger Behinderung oder Tod führt, ist bei Hypertonikern um das **3- bis 5-fache gesteigert**. Hypertonie ist daher der wichtigste Risikofaktor für den hämorrhagischen Schlaganfall.

21

21.1.2 Direkte und indirekte Blutdruckmessung

Im klinischen Alltag wird der arterielle Blutdruck überwiegend mit der indirekten Methode nach Riva-Rocci bestimmt

Direkte Blutdruckmessung Von einer **direkten Messung** spricht man, wenn das Manometer zur Druckmessung mit dem Blut im Gefäßsystem in offener Verbindung steht. Hierbei wird entweder eine Kanüle in das Blutgefäß eingeführt und mit dem außerhalb des Körpers befindlichen Manometer verbunden oder es wird ein Katheterspitzenmanometer direkt in das Gefäß eingeschoben. Die Methode wird häufig während Operationen oder auf der Intensivstation angewendet, da sie eine **kontinuierliche Messung** ermöglicht und auch bei niedrigen Blutdruckwerten zuverlässig funktioniert.

Indirekte Blutdruckmessung nach Riva-Rocci Die indirekte Messung erfolgt meist an dem in Herzhöhe gelagerten linken oder rechten Oberarm mithilfe einer Hohlmanschette; der Manschettendruck kann über ein Quecksilber- oder Membranmanometer abgelesen werden. Bei der **auskultatorischen Methode** nach Korotkow werden systolischer und diastolischer Blutdruck anhand charakteristischer Geräuschphänomene ermittelt, die distal von der Manschette mit einem Stethoskop über der A. brachialis in der Ellenbeuge abgehört werden (◘ Abb. 21.3). Zur Bestimmung des arteriellen Drucks wird der Manschettendruck zunächst schnell auf Werte gebracht, die über dem erwarteten systolischen Druck liegen. Die A. brachialis wird dadurch vollständig komprimiert, sodass die Blutströmung unterbrochen ist. Anschließend wird der Manschettendruck durch Öffnen des Manschettenventils langsam reduziert. In dem Augenblick, in dem der Manschettendruck den systolischen Blutdruck unterschreitet, tritt bei jedem Druckpuls ein kurzes scharfes Geräusch (**Korotkow-Geräusch**) auf, das durch den Durchstrom von Blut bei vorübergehender Aufhebung der Gefäßkompression während des systolischen Druckgipfels entsteht. Bei weiter abnehmendem Manschettendruck werden die Geräusche zunächst lauter und bleiben dann entweder auf einem konstanten Niveau ◘ Abb. 21.3a) oder werden wieder etwas leiser ◘ Abb. 21.3b). In einigen Fällen tritt nach initialer Zunahme der Lautstärke eine vorübergehende Abnahme, die sog. **auskultatorische Lücke** ◘ Abb. 21.3c), mit anschließender erneuter Zunahme auf. Der **diastolische Blutdruck** ist erreicht, wenn bei weiterer Abnahme des Manschettendrucks die Geräusche plötzlich dumpfer und schnell leiser werden.

Korotkow-Geräusche
Die Korotkow-Geräusche entstehen durch turbulente Strömungen, die sich als Folge der sehr hohen Strömungsgeschwindigkeit im Bereich der Einengung der A. brachialis durch die Manschette entwickeln. Bei Manschettendrücken etwas unterhalb des systolischen Blutdrucks tritt während der Systole eine kurze turbulente Strömung auf, die sich mit abnehmenden Manschettendrücken verlängert.

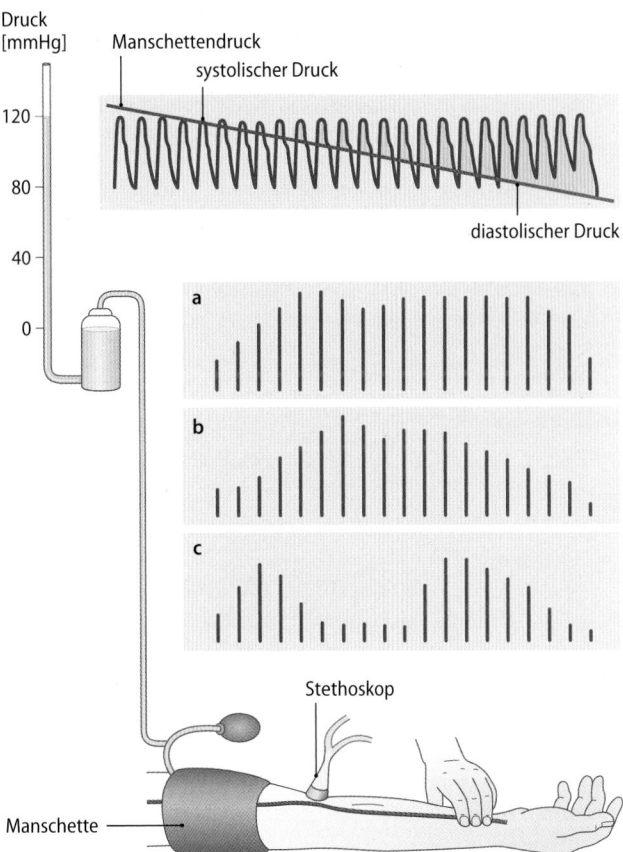

◘ **Abb. 21.3 Messung des Blutdrucks am Menschen nach dem Prinzip von Riva-Rocci.** Schematische Darstellung der häufigsten akustischen Phänomene (Korotkow-Geräusche) bei der auskultatorischen Methode. Einzelheiten siehe Text

Methodische Probleme der indirekten Blutdruckmessung Um eine Beeinflussung der gemessenen Werte durch hydrostatische Effekte auszuschließen, muss die Manschette auf **Herzhöhe** liegen. Die **Breite der Manschette** soll etwa die Hälfte des Armumfangs ausmachen, die Standardbreite für den Erwachsenen beträgt 12 cm. Bei großem Armumfang oder bei Messungen am Oberschenkel sind breitere, bei Kindern schmalere Manschetten erforderlich. Relativ zu schmale Manschetten erfordern zur Kompression der Arterie höhere Manschettendrücke und ergeben daher zu hohe Messwerte. Andere Probleme des Verfahrens sind, dass niedrige Blutdruckwerte häufig nicht korrekt ermittelt werden und dass das zu **schnelle Ablassen** des Manschettendrucks falsch niedrige Werte ergibt. Auch bedingt die Erkennung der akustischen Phänomene einen Einfluss der **Umgebung** und des **Untersuchers** auf das Messergebnis. Da das Verfahren jedoch einfach, billig und nicht-invasiv ist, ist die indirekte Blutdruckmessung zweifelsohne das häufigste, apparative diagnostische Verfahren der Medizin.

Klinik

Hypotonie

Bei **systolischen Blutdruckwerten** unter 100 mmHg liegt eine Hypotonie vor, die auf einer Abnahme des Herzzeitvolumens oder des totalen peripheren Widerstandes beruhen kann.

Primär essenzielle Hypotonie
Diese Form findet sich gehäuft bei jugendlichen Frauen mit leptosomem Habitus und gesteigerter Aktivität des sympathischen Systems. Körperliche Inaktivität und Stress sind fördernde Faktoren.

Sekundär symptomatische Hypotonie
Diese sind meist Folge von endokrinen Störungen (Nebennierenrindeninsuffizienz, Hypophysenvorderlappeninsuffizienz) und kardiovaskulärer Erkrankungen (Aortenstenose, Herzinsuffizienz).
Bei hypotoner Kreislaufregulationsstörung und **orthostatischer Hypotonie** manifestiert sich die Störung erst unter **Belastung**. Die Erkrankungen sind gekennzeichnet durch das **Fehlen** einer **adäquaten Vasokonstriktion** und **Herzfrequenzsteigerung** nach Übergang vom Liegen zum Stehen.

Man unterscheidet primäre Formen, wie das relativ seltene Krankheitsbild der **idiopathischen orthostatischen Hypotonie (Shy-Drager-Syndrom)**, das auf einem Untergang postganglionärer sympathischer Neurone beruht, von sekundären Formen, bei denen das vegetative Nervensystem aufgrund einer anderen Grunderkrankung (z. B. **Diabetes mellitus**) geschädigt ist. Formen der orthostatischen Hypotonie lassen sich mithilfe der **Kipptisch-Untersuchung** differenzieren.

In Kürze

Im Alter steigt der **systolische Blutdruck** ausgehend von 120 mmHg an, während der **diastolische Blutdruck** annähernd konstant bei 80 mmHg bleibt. Die Zunahme des Sympathikotonus bei bevorstehender Belastungssituation führt häufig zu einem Anstieg des Blutdrucks (**Erwartungshochdruck**). Ein arterieller Hochdruck (**Hypertonie**) liegt vor, wenn beim Erwachsenen der Blutdruck dauerhaft höher als 140/90 mmHg ist; von einer **Hypotonie** spricht man bei systolischen Werten unter 100 mmHg.

21.2   Die systemische Kreislaufregulation

Die wechselnden, z. T. konkurrierenden Anforderungen der Organe erfordern eine übergeordnete Kreislaufregulation. Deren wichtigste Aufgabe ist die Aufrechterhaltung des arteriellen Blutdrucks.

Koordination der Organperfusion Die lokale Kreislaufregulation (▶ Kap. 20.3) soll eine adäquate Durchblutung des jeweiligen Organs sichern. Die Anforderungen an die Durchblutung einzelner Organe konkurrieren jedoch oft miteinander, da die Gesamtdurchblutung nur begrenzt gesteigert werden kann. Zur Koordinierung der Durchblutungsänderungen aller Organe und zur Aufrechterhaltung eines adäquaten Perfusionsdrucks (arterieller Blutdruck) für alle Organe existieren übergeordnete Mechanismen der **systemischen Kreislaufregulation**. Da der mittlere Blutdruck in den großen Arterien gleich dem Produkt aus totalem peripherem Widerstand und Herzzeitvolumen ist, können Abnahmen des totalen peripheren Widerstandes durch Steigerungen des Herzzeitvolumens in weiten Grenzen ausgeglichen werden. Abnahmen des totalen peripheren Widerstandes aufgrund von Mehrbedarf in einzelnen Organstromgebieten können aber auch durch Vasokonstriktion in anderen Stromgebieten kompensiert werden. Die Durchblutung wird hierbei somit partiell umverteilt.

Blutvolumen und Gefäßkapazität **Venöser Rückstrom** bzw. **kardiale Vorlast** (▶ Kap. 15.4) sind abhängig vom Verhältnis zwischen **Gefäßkapazität** und **Blutvolumen**. Stärkere Änderungen der Gefäßkapazität sind u. a. die Folge von vasomotorischen Reaktionen der Kapazitätsgefäße (▶ Kap. 19.6), vor allem im Bereich der Splanchnikusvenen. Die Größe des Blutvolumens wird sowohl durch die kapilläre Filtrations-Reabsorptions-Rate als auch durch die renale Flüssigkeitsausscheidung in Relation zur Flüssigkeitsaufnahme bestimmt.

Grundsätzliche Regulationsmechanismen Die verschiedenen Anpassungsvorgänge lassen sich in **kurzfristige** bzw. **langfristige Regulationsmechanismen** einteilen. Zu den **kurzfristigen** gehören: (i) der **Pressorezeptorenreflex** (Baroreflex), (ii) die von den **arteriellen Chemorezeptoren ausgelösten Kreislaufeffekte** und (iii) die **Ischämiereaktion des ZNS** (Cushing-Reflex). Als gemeinsames Merkmal zeigen diese Mechanismen einen schnellen, innerhalb von wenigen Sekunden erfolgenden Wirkungseintritt. Die Intensität der Reaktionen ist stark, sie schwächt sich jedoch im Verlauf von wenigen Tagen entweder fast vollständig (Pressorezeptoren) oder teilweise (Chemorezeptoren, Ischämiereaktion des ZNS) ab. Die nerval vermittelten vasomotorischen Effekte werden durch hormonale Einflüsse ergänzt, an denen neben Adrenalin und Noradrenalin u. a. das verzögert wirkende Adiuretin (ADH) und Angiotensin II beteiligt sind. Die **langfristigen Regulationsmechanismen** wirken über eine Beeinflussung des **Blutvolumens**.

Prinzipien der systemischen Kreislaufregulation Die primäre Aufgabe der systemischen Kreislaufregulation ist die Konstanthaltung des arteriellen Blutdrucks. Über die Beeinflussung von Herzfrequenz und Schlagvolumen steht das Herzzeitvolumen unter direkter Kontrolle des **vegetativen Nervensystems**. Von den Faktoren, die den **totalen peripheren Widerstand** bestimmen kann nur der Gefäßradius reguliert werden. Da der Gefäßwiderstand von der 4. Potenz des Gefäßradius abhängig ist (▶ Kap. 19.2), können Veränderungen dieser Größe die Durchblutung besonders effektiv beeinflussen. Alle wesentlichen Regelsysteme setzen an dieser Stell-

21

größe an: Das **vegetative Nervensystem, zirkulierende Hormone, lokale Metabolite und Autakoide**.

> **Konstanthaltung des arteriellen Blutdrucks ist die primäre Aufgabe der Kreislaufregulation.**

In Kürze

Die **systemische Kreislaufregulation** ermöglicht die **Koordinierung** der Durchblutungsanforderungen der einzelnen Organe, um den normalen Ablauf der Kreislauffunktion unter Ruhebedingungen sowie unter wechselnden Anforderungen zu gewährleisten. Änderungen sowohl der **Herz-** als auch der **Kreislauffunktion** ermöglichen die Anpassung der Durchblutung von Organen und Geweben an wechselnden Bedarf.

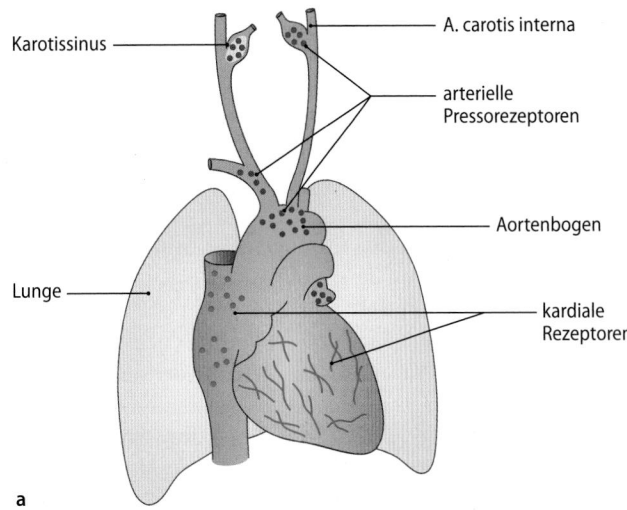

a

21.3 Kurzfristige systemische Kreislaufregulation ausgelöst durch Pressorezeptoren

21.3.1 Arterielle Pressorezeptoren

Pressorezeptoren (Barorezeptoren) im arteriellen Gefäßsystem dienen als Messfühler eines Regelkreises, über den der mittlere arterielle Blutdruck durch Anpassung von Herzzeitvolumen und totalem peripherem Widerstand konstant gehalten wird.

Lokalisation der arteriellen Pressorezeptoren   An der Grenze zwischen Adventitia und Media der großen thorakalen und zervikalen Arterien findet man zahlreiche buschartig verflochtene Nervenfasern mit Rezeptoren in Form ovaler, innerlich lamellierter Endorgane. Diese sogenannten Presso- oder Barorezeptoren werden durch **Dehnung der Gefäßwände** in Abhängigkeit von der Größe des transmuralen Drucks erregt. Die funktionell wichtigsten Pressorezeptorenareale liegen im Aortenbogen und Karotissinus (■ Abb. 21.4).

Druck-Aktivitäts-Charakteristik der arteriellen Pressorezeptoren   Bei konstanter Dehnung reagieren die Pressorezeptoren mit **konstanter Aktionspotenzialfrequenz**. Mit steigendem Druck kommt es zu einem Anstieg der Aktionspotenzialfrequenz, die bei höheren Drücken in eine Sättigung übergeht. Unter dynamischen (pulsatorischen) Bedingungen werden größere Anstiege der Aktionspotenzialfrequenz erreicht als unter statischen. Aufgrund dieses **Proportional-Differenzial-(PD-)Verhaltens** reagieren die Pressorezeptoren auf Druckschwankungen in den Arterien mit **rhythmischen Aktionspotenzialmustern**. Die Aktionspotenzialfrequenz ändert sich dabei umso stärker, je größer die Amplitude und/ oder der Quotient $\Delta P/\Delta t$ sind. Die Pressorezeptoren liefern somit nicht nur Informationen über den mittleren arteriellen Druck, sondern zugleich auch über die **Größe der Blutdruckamplitude, die Steilheit des Druckanstiegs** und die **Herzfrequenz**.

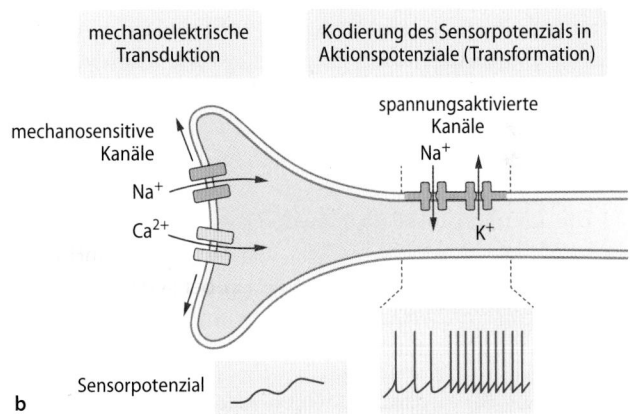

b

■ **Abb. 21.4   Lokalisation der arteriellen und kardialen Presso- (Dehnungs-)Rezeptoren** (a) sowie Modell der Mechanotransduktion an den Barorezeptorendigungen (b). Die dehnungsempfindlichen (mechanosensitiven) Kanäle gehören zu den Familien der epithelialen Na⁺-Kanäle (ENaC; Degenerin-Familie: DEG), der Säure-sensitiven Ionenkanäle (ASICs) und der Transienten Rezeptor Potenzial Kanäle (TRP)

21.3.2 Zentrale Kontrolle

An der zentralen Kontrolle des Kreislaufs sind in erster Linie Neurone in der Medulla oblongata beteiligt; die übergeordnete Steuerung erfolgt durch den Hypothalamus.

Kreislaufzentrum in der Medulla oblongata   In der Formatio reticularis und den bulbären Abschnitten der Pons liegen kreislaufsteuernde Neurone, von denen unter Ruhebedingungen ein normaler Blutdruck aufrechterhalten werden kann. Die Afferenzen der Pressorezeptoren erreichen über den N. vagus und den N. glossopharyngeus (Karotissinusnerv) den Nucl. tractus solitarii. Die Neurone dieses Kerns erregen Interneurone in der **kaudalen ventrolateralen Medulla** (■ Abb. 21.5). Diese Interneurone **hemmen** die für die Sympathikusaktivierung verantwortlichen Neurone in der **rostralen ventrolateralen Medulla**. Sie vermitteln somit die **negative Rückkopplung** des Regelkreises.

Die für die **Parasympathikusaktivierung** verantwortlichen Neurone im **Nucl. ambiguus** werden dagegen über den Nucl. tractus solitarii durch afferente Informationen aus den Pressorezeptoren **erregt**. Die Neurone im Nucl. ambiguus, deren Aktivierung insbesondere die Herzfrequenz senkt, sind auch als „kardio-inhibitorisches Zentrum" bekannt.

Steuerung durch Hypothalamus   Der **Hypothalamus** beeinflusst in Ruhe die tonische Aktivität der medullären kreislaufsteuernden Neurone (◘ Abb. 21.5) und bedingt daneben nach Aktivierung komplexe vegetative Allgemeinreaktionen des Selbsterhalts (▶ Kap. 72.1). Die Reizung der **hinteren Hypothalamusabschnitte** erzeugt den allgemeinen, sympathischen **Alarmzustand** (defence reaction), während **vordere Hypothalamusabschnitte** dämpfend wirken.

Einflüsse aus weiteren Abschnitten des ZNS   In der **Großhirnrinde** finden sich zahlreiche Gebiete, von denen bei Reizung Herz- und Gefäßreaktionen ausgelöst werden. Die bei Aktivierung der **motorischen Rindenfelder** ausgelösten kardiovaskulären Reaktionen können zu **lokalen Durchblutungssteigerungen in der Skelettmuskulatur** der Zielregion führen (**zentrale Mitinnervation**). Hierzu gehören auch **Erwartungs- oder Startreaktionen** einer beabsichtigten Leistung.

Die kreislaufsteuernden medullären Neurone erhalten auch Afferenzen von den eng benachbarten **medullären respiratorischen Neuronen**. So hemmen inspiratorische Neurone die für die Parasympathikusaktivierung verantwortlichen Neurone im Nucl. ambiguus.

❯ **Während der Inspiration steigt die Herzfrequenz an.**

21.3.3 Efferente Achse der nerval vermittelten Blutdruckregulation

Die vom Kreislaufzentrum ausgelösten Reaktionen werden über sympathisch-adrenerge und parasympathisch-cholinerge Efferenzen vermittelt.

Sympathisch-adrenerge vasokonstriktorische Efferenzen
Die sympathischen Fasern, welche die Blutgefäße innervieren, verlaufen in den arteriellen Gefäßen an der Grenze zwischen Adventitia und Media. In den Venen durchsetzen die Fasern auch die tieferen Schichten der Media. Die **Innervationsdichte** nimmt in der Regel zu den Kapillaren hin ab und ist auf der venösen Seite deutlich geringer als in den arteriellen Gefäßen (◘ Abb. 21.6). Terminale Arteriolen werden überwiegend von lokalen Mechanismen gesteuert. Die Nervenfasern weisen in ihren Terminalen zahlreiche **Varikositäten** (Erweiterungen) auf, die mit der Plasmamembran der glatten Gefäßmuskulatur **variable synapsenähnliche Strukturen** ausbilden.

Noradrenalin   Annähernd 80 % des während der Erregung eines Vasokonstriktorneurons freigesetzten **Noradrenalins** wird über einen Na^+-getriebenen Symport wieder aktiv in die

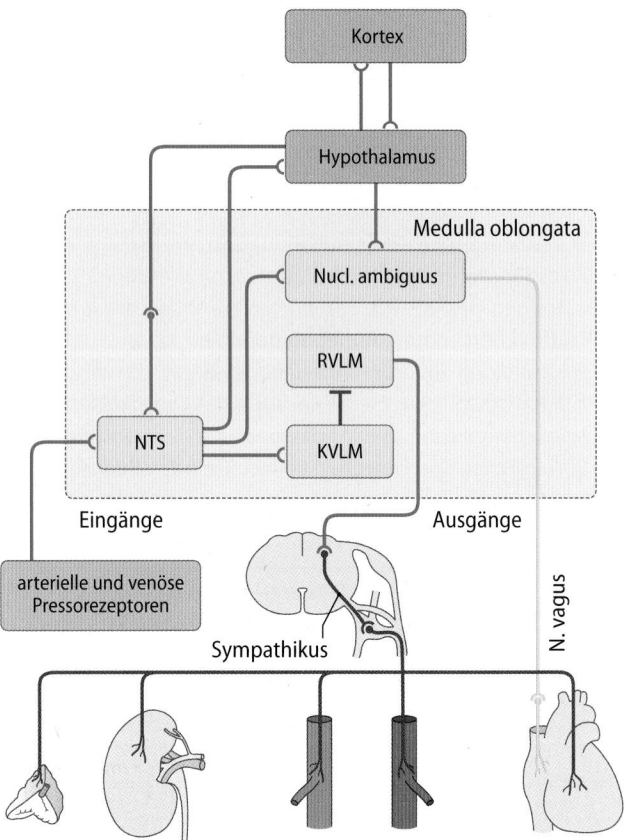

◘ **Abb. 21.5   Schematische Darstellung der wichtigsten afferenten und efferenten Verbindungen der medullären kreislaufsteuernden Kerngebiete.** RVLM=rostrale ventrolaterale Medulla; KVLM=kaudale ventrolaterale Medulla; NTS=Nucl. tractus solitarii

Varikositäten aufgenommen. Der Rest wird in den glatten Muskelzellen abgebaut oder über das Blut abtransportiert. Bei verstärkter sympathischer Aktivität steigt daher die **Plasmakonzentration von Noradrenalin**, sodass diese als ein indirektes Maß der sympathischen Aktivität genommen werden kann. Bei starker körperlicher Arbeit kann daher die Noradrenalinkonzentration im Plasma um das 10- bis 20-fache des Ruhewertes ansteigen.

Die **Aktionspotenzialfrequenz** der sympathisch-vasokonstriktorischen Fasern beträgt schon in **Ruhe** 1–2 AP/s (▶ Kap. 70.1) und führt bereits bei 8–10 AP/s zu maximaler Vasokonstriktion. Die Menge an Noradrenalin, die aus den Vesikeln freigesetzt wird, hängt dabei nicht nur von der Frequenz der Aktionspotenziale ab, sondern wird auch durch eine Reihe von Substanzen sowie lokalchemischen Einflüssen erheblich moduliert (◘ Abb. 21.7). So hemmt Noradrenalin selbst über **präsynaptische α$_2$-Adrenozeptoren** seine weitere Freisetzung. Hemmend wirksam sind des Weiteren H^+-Ionen, K^+-Ionen, Adenosin, Acetylcholin, Histamin, Serotonin und Prostaglandin E_1. Angiotensin II hingegen fördert die Synthese und Freisetzung von Noradrenalin.

Parasympathisch-cholinerge vasodilatatorische Efferenzen
Anders als adrenerge Nerven zeigen die cholinergen Fasern **keine tonische Grundaktivität**. Eine funktionell bedeutsame

21

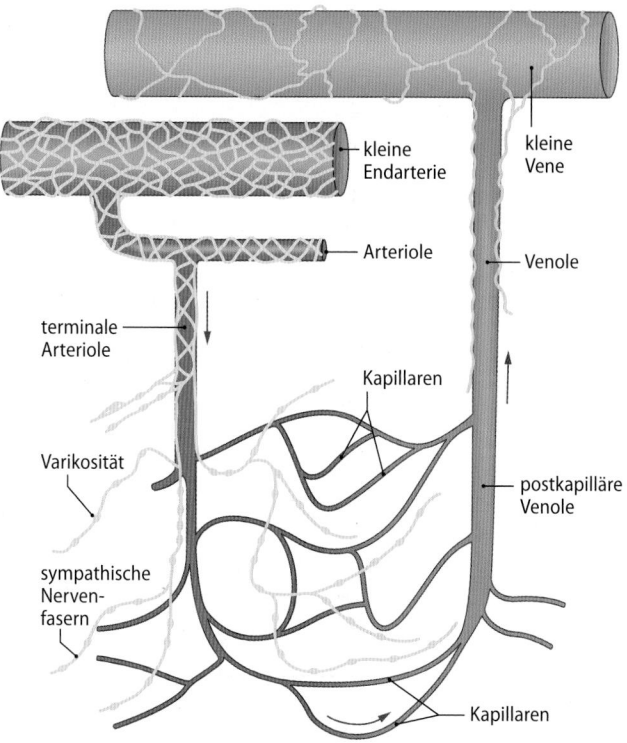

Abb. 21.6   Verteilung und Innervationsdichte der sympathisch-adrenergen Nervengeflechte in der Mesenterialstrombahn der Ratte. Bis hinein in die terminalen Arteriolen ist der arterielle Schenkel des Gefäßsystems von einem dichten sympathischen Nervengeflecht umgeben. Dieses findet sich, wenn auch mit geringerer Dichte, auch auf der venösen Seite. Über die Freisetzung von Noradrenalin aus Varikositäten dieses Plexus werden die Blutgefäße nerval tonisiert

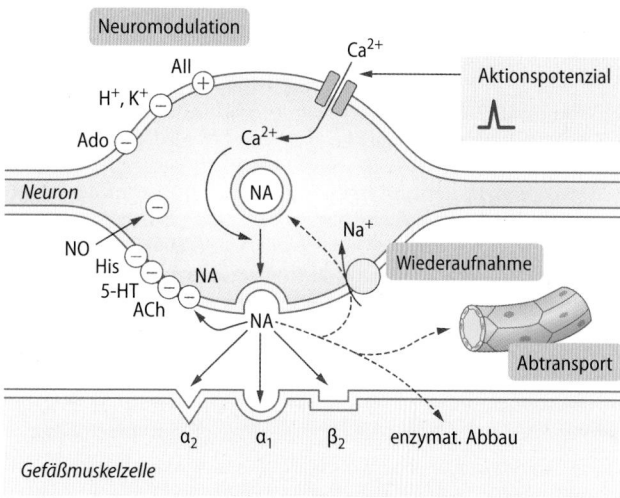

Abb. 21.7   Präsynaptische Modulation der Noradrenalinfreisetzung aus der adrenergen Varikosität sowie Mechanismen der Noradrenalininaktivierung in der Gefäßwand. NA=Noradrenalin; ACh=Acetylcholin; 5-HT=Serotonin; His=Histamin; Ado=Adenosin; AII=Angiotensin II; NO=Stickstoffmonoxid; α_1=α_1-Adrenozeptor; α_2=α_2-Adrenozeptor; β_2=β_2-Adrenozeptor; –=Hemmung; +=Förderung der Noradrenalinfreisetzung

parasympathisch-cholinerge Innervation von Gefäßen ist bisher nur an den **Genitalorganen**, an den kleinen **Piaarterien** des Gehirns und den **Koronararterien** nachgewiesen. Die durch diese Fasern ausgelöste Dilatation kommt entweder durch eine Acetylcholin-vermittelte Hemmung der Noradrenalinfreisetzung aus Varikositäten oder durch Bildung von Stickstoffmonoxid (NO) zustande. So wird die für die Erektion des Penis entscheidende Dilatation der Aa. helicinae in den Corpora cavernosa vollständig durch NO erzielt.

NO als Mediator der nerval vermittelten Vasodilatation
Acetylcholin bindet u. a. an endotheliale m3-muskarinische Rezeptoren. Der folgende Kalzium-Anstieg aktiviert die endotheliale Stickstoffmonoxidsynthase. Da Acetylcholin jedoch eine ausgesprochen geringe Halbwertszeit hat, ist ein zweiter Mechanismus von größerer Bedeutung: In Populationen von nicht-adrenergen, nicht cholinergen Neuronen (NANC-Neuronen) ist die ebenfalls Kalzium-abhängige neuronale Stickstoffmonoxidsynthase exprimiert. Depolarisation dieser Zellen führt über den transmembranären Kalziumeinstrom zur neuronalen Produktion von NO. Über diesen Mechanismus wird die Vasodilatation nach parasympathisch-cholinerger Stimulation in Speicheldrüsen und Drüsen des Gastrointestinaltraktes ausgelöst (► Kap. 38.3).

Klinik

Raynaud-Syndrom

Symptome
Das Raynaud-Syndrom stellt eine relativ häufige funktionelle Durchblutungsstörung unklarer Pathogenese dar (3 % der Bevölkerung), die vorwiegend junge Frauen betrifft (60–80 % der Fälle). Hierbei kommt es zu anfallsartigen Spasmen der Finger- oder Zehenarterien mit schmerzhafter Unterbrechung der Durchblutung. Das Syndrom ist klinisch mit Migräneattacken, Koronarspasmen (Prinzmetal-Angina) und pulmonaler Hypertonie assoziiert. Ein klassischer Raynaud-Anfall, der wenige Minuten bis mehrere Stunden andauern kann, zeigt einen phasenartigen Verlauf, bei dem es zu charakteristischen Hautverfärbungen kommt (Trikolore): (i) Initiale **Blässe** als Folge der

gedrosselten Durchblutung, gefolgt von (ii) **Zyanose** (bläuliche Verfärbung) durch desoxygeniertes Blut in den dilatierten, hypoxischen Gefäßen der Haut und (iii) **Rötung** als Folge der anschließenden reaktiven Hyperämie.

Primäres und sekundäres Raynaud-Syndrom
Beim **primären Raynaud-Syndrom** treten diese arteriellen Spasmen nach Kälteexposition oder emotionaler Belastung auf. Das etwas seltenere **sekundäre Raynaud-Phänomen** tritt als Begleiterscheinung u. a. von Autoimmunerkrankungen (insbesondere Sklerodermie), Vaskulitiden oder lokalen degenerativen Prozessen (Vibra-

tionsschäden, Karpaltunnelsyndrom, Sudeck-Dystrophie) auf. Ein sekundäres Raynaud-Phänomen kann darüber hinaus durch vasoaktive Pharmaka ausgelöst werden, wie Mutterkornalkaloide (Ergotamin), abschwellende Nasentropfen, Nikotin und β-adrenerge Blocker. Da sie die Symptomatik verschlechtern können, sind diese Pharmaka auch beim primären Raynaud-Syndrom kontraindiziert.

Therapie
Aufgrund fehlender Ätiologie nur symptomatisch: Neben Ca^{2+}-Kanalblockern, Antagonisten des α-adrenergen Rezeptors (z. B. Prazosin).

Klinik

Phäochromozytom

Pathologie
Phäochromozytome sind überwiegend gutartige Tumoren (~90 %) des Nebennierenmarks und der sympathischen Ganglien, die
von Zellen der Neuralleiste abstammen.
Die Tumoren produzieren kontinuierlich
oder schubweise Adrenalin und Noradrenalin, wobei die klinische Symptomatik der
Erkrankung wesentlich von dem Verhältnis
der beiden sezernierten Katecholamine
bestimmt wird.

Symptome
Bei überwiegender Sekretion von Noradrenalin sind Phäochromozytome eine seltene
Ursache der Hypertonie (0,1–0,2 % aller
Patienten mit arterieller Hypertonie), die
bei mehr als der Hälfte der Patienten in
einer anfallsartigen Form (paroxysmale
Hypertonie) auftritt. Leitsymptome sind
Kopfschmerzen, Schwitzen, Herzklopfen
und innere Unruhe. Dominiert die Adrena-
linsekretion, so stehen Tachykardie, Gewichtsabnahme und ein Diabetes mellitus
im Vordergrund.

Diagnose
Richtungsweisend ist eine autonome Kate-
cholaminüberproduktion, die direkt oder
über das Abbauprodukt Vanillinmandelsäu-
re im Urin nachgewiesen werden kann.

Therapie
Primär chirurgisch, nach Vorbereitung der
Patienten mit einer Kombination von α-
und β-adrenergen Blockern.

> Die vasomotorische Steuerung erfolgt überwiegend
> durch sympathisch-adrenerge, nur wenig durch para-
> sympathisch-cholinerge Neurone.

Sympathisch-adrenerge Efferenzen zum Nebennierenmark
Die Katecholamine **Adrenalin** und **Noradrenalin** werden
im Verhältnis 4:1 aus dem Nebennierenmark sezerniert,
während die Konzentrationen im Plasma hierzu invers sind
(Adrenalin : Noradrenalin = ca. 1:5). Der höhere Plasmaspiegel von Noradrenalin ist Folge des bereits beschriebenen
Abtransports von Noradrenalin von den tonisch-aktiven
sympathischen Nervenendigungen der Gefäßwand in das
Blut (◻ Abb. 21.7). Für die Ultrakurzzeit-Regulation des Blutdrucks z. B. bei der Orthostase ist die sympathisch-adrenerge
Efferenz zum Nebennierenmark nachrangig; diese Reaktion
wird durch direkte Innervation von Gefäßen und Herzen vermittelt. Die sympathisch-adrenergen Efferenzen zum Nebennierenmark haben jedoch eine bedeutende Rolle bei der
Einstellung des Gefäßtonus bei **Arbeit** und **physischer Aktivität**, bei denen es zu einer **Vasodilatation** in der Skelettmuskulatur kommt. So steigen die Plasmaspiegel von Adrenalin
und Noradrenalin bei körperlicher Arbeit von 0,1–0,5 bzw.
0,5–3 nmol/l bis auf 5 bzw. 10 nmol/l an.

Tonuseffekte der Katecholamine **Adrenalin** und **Noradrenalin** führen in **hohen Konzentrationen** zu einer **Vasokonstriktion** aller Gefäße. Dies ist vornehmlich bedingt durch die
Erregung von α_1-Adrenozeptoren an der glatten Muskulatur.
In **niedrigen Konzentrationen** löst **Adrenalin** jedoch in der
Skelettmuskulatur, im Myokard und in der Leber eine **Vasodilatation** aus. Dies ist durch die reiche Ausstattung dieser
Gefäßgebiete mit β-Adrenozeptoren und die hohe **Affinität
von Adrenalin für β-Adrenozeptoren** bedingt. **Noradrenalin**
hingegen führt aufgrund seiner höheren Affinität zu α-Adrenozeptoren **immer** zu einer **Vasokonstriktion**.

Da die Skelettmuskulatur schon in Ruhe mit ca. 20 %
einen beträchtlichen Anteil des Herzzeitvolumens beansprucht, werden die unterschiedlichen Effekte von Adrenalin
und Noradrenalin bei intravenöser Infusion auch an der Ge-
samtreaktion des Kreislaufs deutlich. So führt intravenöse
Infusion von Noradrenalin zu einer generalisierten Vasokonstriktion und damit zu einem **Blutdruckanstieg**. Die **Infusion
von Adrenalin** hingegen erniedrigt den **peripheren Widerstand** nur geringfügig, da die Vasodilatation in der Skelettmuskulatur nur wenig größer als die Vasokonstriktion in den
anderen Gefäßgebieten ist.

> Adrenalin relaxiert in niedrigen Konzentrationen viele
> Gefäße. In hohen Konzentrationen ist es ein Vasokon-
> striktor.

21.3.4 Funktion des Pressorezeptorreflexes

Durch reflektorisch ausgelöste Änderungen des peripheren
Widerstandes und des Herzzeitvolumens wird bei akuter Änderung des arteriellen Drucks eine schnelle Wiederannähe-
rung an den Ausgangsdruckwert erreicht.

Bedeutung der Pressorezeptoren-Afferenzen Der **stabilisierende Einfluss** auf den Blutdruck durch die von den arteriellen Pressorezeptoren ausgehenden reflektorischen Anpassungsvorgänge zeigt sich deutlich in der Häufigkeitsverteilung der Blutdruckwerte (◻ Abb. 21.8). Bei intakten
Karotissinusnerven finden sich ein Maximum im Bereich des
normalen mittleren Drucks von 100 mmHg und eine nur
geringe Streuung der Werte. **Nach Ausschaltung der Pressorezeptoren** streuen nach einiger Zeit die Werte dagegen in
einem weiten Bereich, ohne dass sich der mittlere Blutdruck
in Ruhe deutlich ändert – unter körperlicher Belastung
kommt es hingegen zu ausgeprägteren Blutdruckanstiegen.
Die zusätzliche Ausschaltung weiterer Afferenzen aus Vorhöfen, Kammern und Lunge führt hingegen zu einer dauerhaften Erhöhung des mittleren arteriellen Drucks (◻ Abb. 21.8).
Dies erklärt sich aus dem Wegfall der tonischen Hemmung
der Sympathikusaktivität, die über die letztgenannten **kardiopulmonalen Afferenzen** vermittelt wird.

> Die Pressorezeptoren-Afferenzen haben einen stabili-
> sierenden Einfluss auf den Blutdruck.

21

Pressorezeptorenstimulation

Bei experimentell erzeugter Blutdruckerhöhung adaptieren die arteriellen Pressorezeptoren unter Beibehaltung ihrer vollen Funktion im Verlauf von Stunden bis Tagen auf das erhöhte Druckniveau. Aufgrund dieses peripheren Resetting werden therapeutische Drucksenkungen durch die dann folgende Gegenregulation der an die höheren Drücke adaptierten Pressorezeptoren vermindert. Damit trägt dieser Selbststeuerungsmechanismus durch die Fixierung der erhöhten Druckwerte zur Ausbildung weiterer pathologischer Veränderungen bei.

Eine verstärkte Erregung der Pressorezeptoren durch Druck oder Schlag auf den Karotissinus von außen löst ebenfalls eine Absenkung des Blutdrucks und der Herzfrequenz aus. Bei älteren Menschen mit arteriosklerotischen Gefäßveränderungen kann dabei eine vorübergehender Herzstillstand (ca. 4–6 s) mit Bewusstseinsverlust auftreten (Karotissinussyndrom). Bei anfallsweise auftretenden Herzfrequenzsteigerungen (paroxysmale Tachykardie) ist es andererseits u. U. möglich, durch ein- oder doppelseitigen Druck auf den Karotissinus die Herzfrequenz zu normalisieren.

Funktionelle Bedeutung der Sympathikus-Efferenzen für die Kreislaufregulation Die Applikation von **ganglienblockierenden Pharmaka** oder eine **komplette Spinalanästhesie** führt durch Wegfall der sympathischen Efferenzen zu massiver Vasodilatation und Abfall des mittleren Blutdrucks auf 50–60 mmHg. Therapeutisch wird eine **lokale** Sympathikusblockade („Sympathikolyse") zur Durchblutungssteigerung bei komplexen Schmerzsyndromen wie dem Morbus Sudeck oder auch bei schwerem Raynaud-Syndrom (▶ Box „Raynaud Syndrom") eingesetzt.

Sympathektomie

Auch nach operativer Durchtrennung von sympathischen Nerven (**Sympathektomie**) tritt in den denervierten Gebieten eine Vasodilatation auf, wobei die neue Gefäßweite vornehmlich von lokalen Faktoren bestimmt wird. Einige Tage nach der Sympathektomie beginnt jedoch der Tonus wieder anzusteigen und kann nach einigen Wochen praktisch wieder die ursprünglichen Werte erreichen, obwohl eine Regeneration der Fasern noch nicht erfolgt ist. Dieser Effekt entsteht wahrscheinlich durch eine nach der Denervierung entstehende Hypersensibilität der Gefäßmuskulatur gegenüber Katecholaminen und anderen lokal produzierten oder zirkulierenden vasoaktiven Stoffen mit entsprechenden Steigerungen der glattmuskulären Aktivität.

Unter physiologischen Bedingungen sind **Vasodilatationen**, ausgelöst durch Absenkung der tonischen Aktivität der sympathisch-konstriktorischen Fasern, ein wesentlicher Teil des (i) **Barorezeptorreflexes** (▶ Abschn. 21.4) zur kurzfristigen Stabilisierung des arteriellen Blutdrucks und (ii) der Steigerung der Hautdurchblutung im Dienste der **Thermoregulation** (▶ Kap. 42.4).

Die funktionelle Bedeutung der **Sympathikusefferenzen** ist in verschiedenen Organen durchaus unterschiedlich. Ein Anstieg der Aktivität der sympathisch-konstriktorischen Nerven löst in dem betroffenen Organstromgebiet durch die Konstriktion der terminalen Arterien und Arteriolen eine Erhöhung des regionalen Strömungswiderstandes und damit eine **Abnahme der Durchblutung** aus. Dies lässt sich an der Haut und der Skelettmuskulatur am deutlichsten demonstrieren, weniger ausgeprägt, aber doch effektiv an den Nieren und der intestinalen Strombahn. Im Koronarsystem, im Gehirn und in der Lunge sind bei Aktivierung sympathisch-adrenerger Neurone dagegen keine physiologisch relevanten Durch-

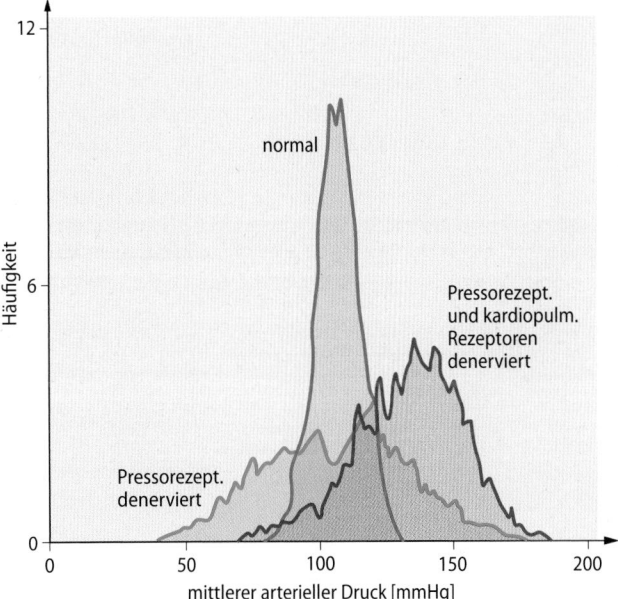

□ **Abb. 21.8 Häufigkeitsverteilung des mittleren Blutdrucks über 24 Stunden.** Messungen an einem Hund mit intakten Pressorezeptoren (**normal**), mehrere Wochen nach Denervierung der arteriellen Pressorezeptoren (**Pressorezept. denerviert**) sowie nach Denervierung der Pressorezeptoren und der Rezeptoren aus den Vorhöfen, Kammern und der Lunge (**Pressorezept. + kardiopulm. Rezept. denerviert**)

blutungsänderungen wahrnehmbar. Des Weiteren kann eine starke Vasokonstriktion in präkapillären Widerstandsgefäßen über die Erniedrigung des Kapillardrucks und damit des effektiven Filtrationsdrucks zu beträchtlichen **Verschiebungen von Flüssigkeit** aus dem extravasalen in den intravasalen Raum führen. Dieser Effekt ist vor allem im Skelettmuskel von Bedeutung, da dieser einen hohen interstitiellen Flüssigkeitsgehalt aufweist.

❯ Die tonische Aktivität der sympathisch-konstriktorischen Fasern bestimmt zu wesentlichen Teilen den peripheren Widerstand.

Pressorezeptorreflex Bereits im physiologischen Blutdruckbereich sind die Pressorezeptoren aktiv und hemmen somit die Sympathikus-aktivierenden Neurone in der RVLM. Bei arterieller Drucksteigerung werden als Folge der zunehmenden Pressorezeptorenaktivierung die postganglionären **sympathischen Efferenzen** zum Herzen und zu den Gefäßen stärker **gehemmt**, während die **parasympathischen** Nerven zum Herzen **erregt** werden. Durch die Abnahme des sympathisch-adrenerg vermittelten Gefäßtonus kommt es im Bereich der **Widerstandsgefäße** zu einer **Abnahme des totalen peripheren Widerstandes**, im Bereich der **Kapazitätsgefäße** zu einer **Zunahme der Kapazität**. Die Folge ist eine **Senkung des arteriellen Drucks** (□ Abb. 21.9). Dieser Effekt wird durch die gleichzeitige **Abnahme des Herzzeitvolumens** (Senkung der Herzfrequenz und der Kontraktionskraft) weiter verstärkt. Bei verminderter Erregung der Pressorezeptoren aufgrund einer arteriellen Drucksenkung laufen entgegengesetzte Reaktionen ab; der arterielle Druck steigt wieder an (□ Abb. 21.10).

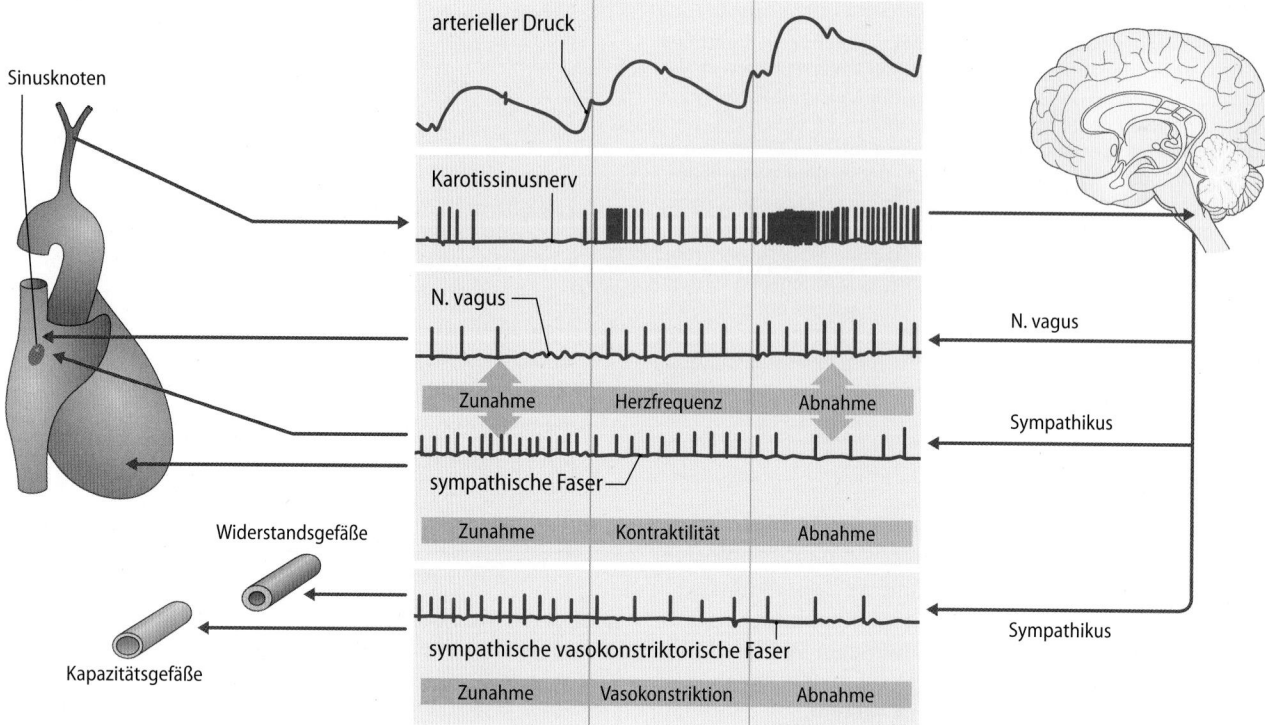

Abb. 21.9   Reflektorische Reaktionen bei veränderter Erregung der Pressorezeptoren im Karotissinus. Bei Erhöhung des arteriellen Drucks nimmt die Erregung der Pressorezeptoren zu. Die reflektorisch gesenkte Aktivität der sympathischen vasokonstriktorischen und kardia-len Fasern und die gesteigerte Aktivität der parasympathischen kardia-len Fasern lösen eine Abnahme des peripheren Widerstandes, der Herz-frequenz und des Schlagvolumens aus

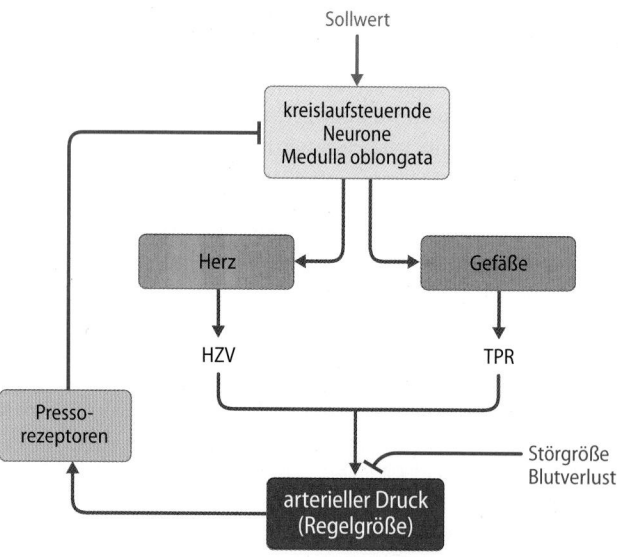

Abb. 21.10   Blockschema der Blutdruckregelung durch die arte-riellen Pressorezeptoren über den Sympathikus bei Blutdruckabfall. Die Pfeile bzw. Balken bedeuten Zunahme bzw. Abnahme der Aktions-potenzialfrequenz sowie der mechanischen Wirkung. HZV=Herzzeitvolu-men; TPR=totaler peripherer Widerstand

> **Der Pressorezeptorreflex wirkt akuten Änderungen des Blutdrucks entgegen.**

Baroreflex in der Orthostase   Beim Übergang vom Liegen zum Stehen (Orthostase) werden 400–600 ml Blut in die Peripherie verlagert (▶ Kap. 19.6). Ein Ausgleich dieser passiv ausgelösten Änderungen erfolgt durch aktive Anpassungs-vorgänge, die durch den Druckabfall an den arteriellen **Pressorezeptoren** und den **Dehnungsrezeptoren** in den intrathorakalen Gefäßabschnitten ausgelöst werden. Für die Kreislaufregulation bei Lagewechsel ist die Lokalisation der Pressorezeptoren im Aortenbogen und Karotissinus insofern bedeutungsvoll, als ihre Erregung im Stehen infolge der **hydrostatisch bedingten Druckabnahme** in ihrer Umge-bung zusätzlich reduziert wird, sodass allein dadurch bereits regulatorische Reaktionen ausgelöst werden.

Der bei Orthostase ausgelöste **Baroreflex** führt zu vaso-konstriktorischen Reaktionen der Widerstandsgefäße der Ske-lettmuskulatur, der Haut, der Nieren sowie des Splanchnikus-gebietes, sodass der **totale periphere Widerstand** ansteigt (**❑** Abb. 21.11). Als Ergebnis kehrt der **mittlere arterielle Druck** wieder in den Bereich der Ausgangswerte zurück. Die kompensatorische Abnahme der Gefäßkapazität, u. a. auch durch Kontraktion peripherer Venen, trägt dazu bei, dass der **zentrale Venendruck** nur wenig sinkt. Die **Herzfrequenz** steigt, kann allerdings die Verminderung des **Schlagvolu-mens** nicht voll ausgleichen, sodass das **Herzzeitvolumen** kleiner wird.

21

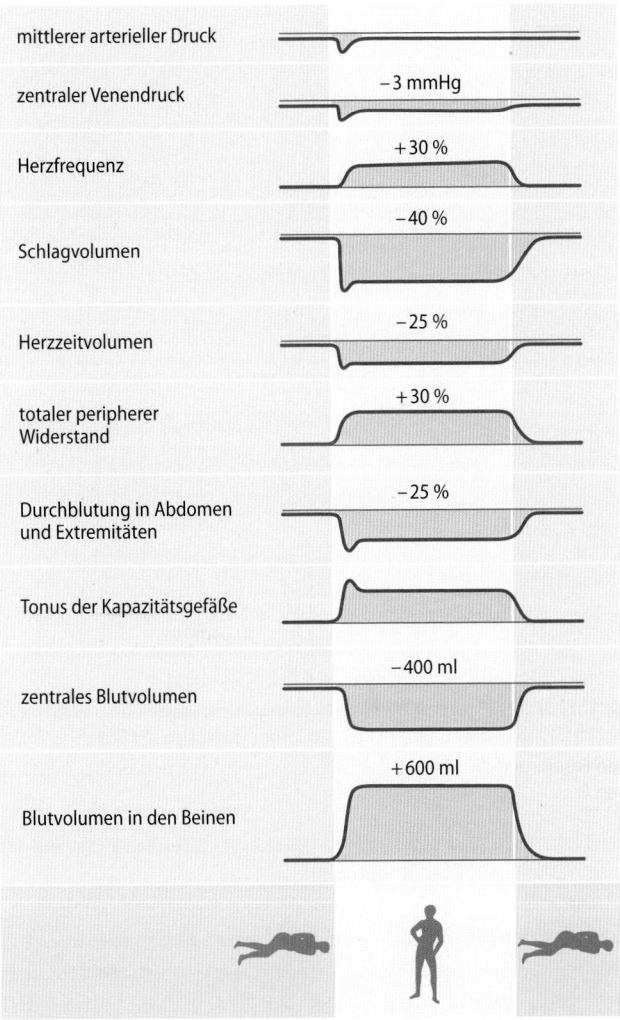

mittlerer arterieller Druck

zentraler Venendruck — −3 mmHg

Herzfrequenz — +30 %

Schlagvolumen — −40 %

Herzzeitvolumen — −25 %

totaler peripherer Widerstand — +30 %

Durchblutung in Abdomen und Extremitäten — −25 %

Tonus der Kapazitätsgefäße

zentrales Blutvolumen — −400 ml

Blutvolumen in den Beinen — +600 ml

Abb. 21.11 Veränderungen verschiedener kardiovaskulärer Parameter beim Übergang vom Liegen zum Stehen. Die Zahlenangaben stellen Durchschnittswerte dar, die erhebliche individuelle Abweichungen aufweisen können

Bei manchen Menschen, die häufig auch **hypotone Blutdruckwerte** aufweisen, reichen diese Anpassungsvorgänge nicht zur Aufrechterhaltung einer ausreichenden Kreislauffunktion aus, sodass beim raschen Aufrichten der Blutdruck stärker absinkt und als Folge einer zerebralen Minderdurchblutung Beschwerden wie Schwindel, Sehstörungen oder sogar ein Bewusstseinsverlust auftreten können (**orthostatische Regulationsstörungen** bzw. **orthostatische Synkope** oder **Kollaps**).

> Der Wechsel vom Liegen zum Stehen (Orthostase) führt durch Umverteilung des Blutvolumens zur Aktivierung kreislaufregulatorischer Mechanismen.

Kipptischversuch

Die Kreislaufregulation bei Lagewechsel kann als klinischer Test (orthostatische Belastungsprüfung – Kipptischversuch) verwendet werden, bei dem Herzfrequenz und Blutdruck in bestimmten Zeitabständen im Liegen und im Stehen gemessen werden. Für die Beurteilung der Kreislaufreaktion bei Orthostase wird dabei meist das Verhalten des diastolischen Drucks als entscheidendes Kriterium herangezogen.
Bei normaler Kreislauffunktion steigt nach 10-minütiger Orthostase der diastolische Druck um nicht mehr als 5 mmHg an, der systolische Druck zeigt Abweichungen von weniger als ±5 %. Die Herzfrequenz zeigt durchschnittliche Steigerungen bis zu 30 % und das Schlagvolumen nimmt bis zu 40 % ab (Abb. 21.11).

Klinik

Kreislaufschock

Im Kreislaufschock ist die adäquate Durchblutung lebenswichtiger Organe nicht mehr gewährleistet.

Schockformen
Schock fasst Zustände zusammen, bei denen es zu einem Missverhältnis zwischen dem Durchblutungsbedarf der Organe und dem vorhandenen Herzzeitvolumen kommt. Aufgrund der resultierenden Störung der **Mikrozirkulation** und damit der inadäquaten Gewebeperfusion wird im Schock die Funktion lebenswichtiger Organe nachhaltig beeinträchtigt (**Multiorganversagen**). Hinsichtlich ihres Entstehens unterscheidet man verschiedene Schockformen. Beim **kardiogenen Schock** ist das **Herzminutenvolumen** unzureichend. Der **septische, anaphylaktische** und **neurogene** Schock ist Folge eines Verlustes des **totalen peripheren Widerstands**.

Volumenmangelschock als Beispiel
Bei einem plötzlichen **Blutverlust** von mehr als 25–30 % kommt es zur Verringerung des

zentralen Venendrucks und somit zur Erniedrigung des Schlagvolumens. Der einsetzende **Blutdruckabfall** bedingt über den Pressorezeptorenreflex eine allgemeine **Sympathikusaktivierung**. Die Folgen sind – neben einer Steigerung der Herzfrequenz – vor allem eine massive periphere Vasokonstriktion.
Die Durchblutung der Körperperipherie wird zugunsten der lebenswichtigen Organe (Gehirn, Herz, Lunge) weitgehend eingeschränkt (**Zentralisation**).
Gleichzeitig setzen volumenregulatorische Reaktionen ein. Aufgrund der Konstriktion der Widerstandsgefäße und der Abnahme des venösen Drucks sinkt der **Kapillardruck** ab. Flüssigkeit tritt vermehrt aus dem interstitiellen Raum in die Kapillaren über (bis zu 500 ml in einer Stunde). Auf diese Weise wird das intravasale Volumen wieder erhöht, während interstitielles und intrazelluläres Flüssigkeitsvolumen abnehmen („**Autotransfusion**").
Sofern bei weiterem Blutverlust oder längerer Schockdauer keine Behandlung einsetzt, kann das Stadium der Zentralisaton nicht

mehr aufrechterhalten werden. Infolge zerebralen Sauerstoffmangels nimmt die Sympathikusaktivität ab. Gleichzeitig sammeln sich in den schlecht durchbluteten Organen **gefäßdilatierende Metabolite** an – die zunächst bestehende Arteriolenkonstriktion wird aufgehoben. Diese Weitstellung der Arteriolen führt – bei erhaltener Konstriktion der Venolen – zu einer Reduktion der Strömung in der Mikrozirkulation. Der venöse Rückfluss nimmt ab und der Blutdruck fällt weiter (Stadium der **Dezentralisation**).
Die mangelhafte Durchblutung einzelner Organe führt einerseits zu Gewebeschäden (Gewebenekrosen), andererseits über die Aktivierung des Endothels zu einer Steigerung der Kapillarpermeabilität und damit zu einem verstärkten Flüssigkeitsaustritt. Die Viskosität des Blutes nimmt zu und die Erythrozyten aggregieren (Sludge), bis schließlich der Blutstrom infolge intravasaler Gerinnung (Thrombosierung) sistiert. Der ursprünglich noch reversible Schock ist in ein irreversibles Stadium übergegangen.

In Kürze
Der **Pressorezeptorreflex** hält kurzfristig den arteriellen Blutdruck konstant. Von sympathoexzitatorischen Neuronen der RVLM wird dabei die Grundaktivität für die präganglionären sympathischen Neurone im Seitenhorn des Rückenmarks geliefert. Afferenzen der Pressorezeptoren hemmen diese Neurone in der RVLM. Eine **sympathisch ausgelöste Vasokonstriktion** ist besonders stark in Gefäßen der Haut und Skelettmuskulatur. **Parasympathisch-cholinerge Fasern** senken den Tonus der Genitalgefäße, Piaarterien und Koronararterien. **Sympathisch-adrenerge** Einflüsse auf das **Nebennierenmark** setzen **Katecholamine** frei.

21.4 Dehnungsrezeptoren und Chemorezeptoren

21.4.1 Kardiale Dehnungsrezeptoren

Kardiale Mechanorezeptoren nehmen an der Regulation des arteriellen Blutdrucks und des Blutvolumens teil.

Dehnungsrezeptoren der Vorhöfe In beiden Vorhöfen finden sich zwei funktionell wichtige Typen von **Dehnungsrezeptoren**:

- Die **A-Rezeptoren** entladen während der **Vorhofkontraktion**, während der a-Welle des Venenpulses,
- die **B-Rezeptoren** dagegen während der späten Ventrikelsystole bzw. beim **Anstieg des Vorhofdrucks** zur v-Welle des Venenpulses (□ Abb. 21.12). Sie messen somit den Füllungszustand der Vorhöfe und damit den **zentralen Druck** (▶ Kap. 15.3)

Die **afferenten Informationen** der Vorhofrezeptoren verlaufen in sensiblen Fasern des N. vagus zu den kreislaufsteuernden Neuronen des Nucl. tractus solitarii und nachgeschalteten Strukturen des ZNS.

Die Erregung von **A-Rezeptoren** steigert, etwas unüblich, **selektiv** die Aktivität des **sympathischen Systems** ohne die sonst begleitende Reduktion des Parasympathikus. Eine rasche Erhöhung des Drucks im Vorhof, u. a. bei Lageänderungen oder Infusion größerer Volumina steigert über diesen Mechanismus die Herzfrequenz (**Tachykardie**) und das Schlagvolumen und senkt so den **zentralen Venendruck**.

Bei isolierter Erregung der **B-Rezeptoren** treten ähnliche Effekte wie bei Erregung der arteriellen Pressorezeptoren auf. Die Reaktionen sind jedoch hauptsächlich auf die **Niere** begrenzt und rufen dort eine besonders starke **Vasodilatation** hervor. Diese Rezeptoren steigern somit über die Erhöhung der Nierendurchblutung die **renale Flüssigkeitsausscheidung**. Des Weiteren führt die Erregung der B-Rezeptoren auf Grund der Hemmung der renalen Sympathikusaktivität zu einer **Abnahme der Reninfreisetzung** und somit zu einer verminderten Aktivität des Renin-Angiotensin-Aldosteron-

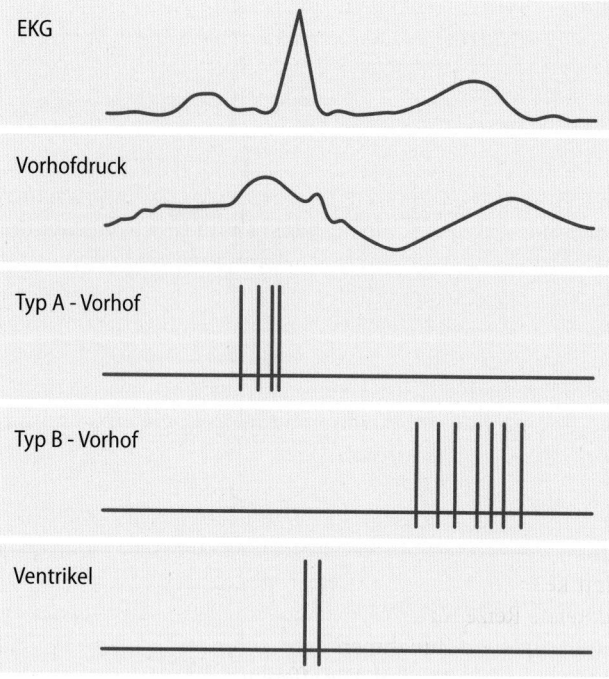

□ **Abb. 21.12** Aktivität von Vorhofrezeptoren sowie eines Ventrikelrezeptors in Beziehung zu EKG und Druck im linken Vorhof

Systems (s. u.), das für die langfristige **Volumenregulation** von entscheidender Bedeutung ist.

Die Vorhofrezeptoren nehmen zusammen mit den Rezeptoren an der Einmündung der Hohlvenen in den rechten Vorhof bei der **Regulation des intravasalen Volumens** insofern eine Sonderstellung ein, als sie durch ihre Lokalisation den **Füllungszustand des Niederdrucksystems** und die **Dynamik der Ventrikelfüllung** optimal erfassen können und zugleich sehr empfindlich reagieren. So beeinflussen bereits geringe Volumenschwankungen diese Rezeptoren, deren afferente Informationen zusätzlich auch die **osmoregulatorischen Strukturen** im Hypothalamus erreichen, von denen die **ADH-Sekretion** gesteuert wird (**Gauer-Henry-Reflex**). Eine Erregung der Vorhofrezeptoren setzt dabei die ADH-Sekretion herab, was zu einer gesteigerten **Flüssigkeitsausscheidung** führt.

Dehnungsrezeptoren der Kammern In den Ventrikeln sind in geringer Zahl ebenfalls **Dehnungsrezeptoren** mit vagalen Afferenzen vorhanden. Sie werden nur während der **isovolumetrischen Kontraktion** erregt (□ Abb. 21.12). Diese Rezeptoren sollen unter normalen Bedingungen die **negativ chronotropen vagalen Einflüsse** auf die Herzfrequenz aufrechterhalten, bei extremer Dehnung der Ventrikel jedoch eine reflektorische Bradykardie und Vasodilatation auslösen.

21

21.4.2 Systemische Kreislaufregulation ausgelöst durch Chemorezeptoren

Kardiale und arterielle Chemorezeptoren beeinflussen den arteriellen Blutdruck.

Chemorezeptoren des Herzens Auf **lokale Metabolite und Hormone** wie K^+, Azidose, Adenosin und Bradykinin, die insbesondere von ischämischen Kardiomyozyten freigesetzt werden, reagieren **chemorezeptive Afferenzen** des Herzens. Der **Sympathikus** ist die **Efferenz** dieses Reflexes, der dabei eine **Tachykardie** und einen **Blutdruckanstieg** auslöst. Sympathische chemorezeptive Sinne sind auch für die Auslösung des **Angina pectoris-Schmerzes** bei Mangeldurchblutung des Herzens verantwortlich.

Arterielle Chemorezeptoren Die Kreislaufwirkungen der **Chemorezeptoren im Glomus caroticum bzw. aorticum** sind keine echten propriozeptiven Regulationsvorgänge, da adäquate Reize für ihre Erregung die Abnahme des O_2-Partialdrucks (und Zunahmen des CO_2-Partialdrucks bzw. der H^+-Konzentration) sind. Die afferenten Impulse der Chemorezeptoren stimulieren nicht nur die Atmung (▶ Kap. 30), sondern auch die **sympathoexzitatorischen Neurone** in der ventrolateralen Medulla oblongata, sodass es zu einer **Vasokonstriktion** und **Tonuszunahme** der Kapazitätsgefäße kommt. Durch die Stimulation der Atmung werden außerdem **Dehnungsrezeptoren der Lunge** aktiviert, über deren Afferenzen die **parasympathischen Neurone** in der Medulla gehemmt werden, sodass ein Anstieg der **Herzfrequenz** und des **Herzzeitvolumens** (▶ Kap. 31.1.3) folgt.

Ischämiereaktion des ZNS Bei einer **unzureichenden Versorgung des Gehirns** infolge einer Abnahme des arteriellen Drucks, bei arterieller Hypoxie oder bei Störungen der Hirndurchblutung aufgrund von Gefäßerkrankungen, Hirntumoren u. a., kommt es über die Erregung medullärer sympathoexzitatorischer Neurone zu **vasokonstriktorischen Reaktionen** und damit zu Blutdrucksteigerungen (**Cushing-Reflex**). Der arterielle Druck kann dabei auf Werte von 250 mmHg und mehr ansteigen.

> **In Kürze**
> **Dehnungsrezeptoren** in beiden Vorhöfen des Herzens sind an der Kreislaufregulation beteiligt. Bei verstärkter Entladung kommt es zu einer Abnahme der Reninfreisetzung und Hemmung der ADH-Sekretion (**Gauer-Henry-Reflex**) und je nach Rezeptortyp zu Tachykardie oder dem Pressorezeptorenreflex vergleichbaren Effekten.

21.5 Langfristige systemische Kreislaufregulation

21.5.1 Renale Blutdruckregulation

Die langfristige Regulation des arteriellen Blutdrucks erfolgt vor allem durch die Niere.

Gefäßkapazität und Blutvolumen Die Funktion des Kreislaufsystems hängt von seinem Füllungszustand ab, d. h. vom Verhältnis zwischen **Gefäßkapazität** und **Blutvolumen**. Die Anpassung beider Größen erfolgt in erster Linie durch die **vasomotorischen Reaktionen der Kapazitätsgefäße** und das **Renin-Angiotensin-System** (s. u.).

Eine Anpassung des intravasalen **Volumens** an die Kapazität erfolgt im begrenzten Umfang durch den **transkapillären Flüssigkeitsaustausch** (▶ Kap. 20.2). Weiterreichende Änderungen sind dagegen nur durch Verschiebungen des **Gleichgewichtes** zwischen **Nettoflüssigkeitsaufnahme** und **-abgabe** zu erzielen. Die Regulation des extrazellulären Volumens durch das **renale Volumenregulationssystem** ist daher nicht nur für einen ausgeglichenen Wasser- und Elektrolythaushalt, sondern auch für die normale Kreislauffunktion äußerst wichtig.

Renales Volumenregulationssystem Ein **Anstieg des arteriellen Blutdrucks** führt zu einer erhöhten renalen Salz- und Flüssigkeitsausscheidung (◧ Abb. 21.13). Das kleinere Blutvolumen bewirkt eine Abnahme des mittleren Füllungsdrucks und damit des Herzzeitvolumens, wodurch der Blutdruck normalisiert wird. **Senkungen des Blutdrucks** lösen entgegengesetzte Reaktionen aus. Dieses renale Kontrollsystem, das den arteriellen Blutdruck über mehrere Tage wieder zur Norm bringt, wird über nervale und hormonelle Einflüsse moduliert, die an der Niere und an der glatten Gefäßmuskulatur angreifen (◧ Abb. 21.13).

Der Kopplung von Blutdruck und Urinproduktion liegt u. a. die Druckdiurese zugrunde. Hierbei kommt es blutdruckabhängig zu einer Zunahme der Urinausscheidung trotz einer im Bereich der Autoregulation konstanten Nierendurchblutung und glomerulären Filtrationsrate. Hierfür ist wahrscheinlich eine **druckabhängige Steigerung** der **Nierenmarkdurchblutung** verantwortlich, die ein **nur geringes autoregulatives Verhalten** zeigt. Der Durchblutungsanstieg in diesem Bereich führt zur Auswaschung des osmotischen Gradienten und zu einer Erhöhung des interstitiellen Drucks (▶ Kap. 33.2.6). Die Harnkonzentrierung wird erschwert und die Flüssigkeitsausscheidung steigt. Der steile Verlauf der **Urinausscheidungskurve** oberhalb des „normalen" Mitteldrucks von 100 mmHg (◧ Abb. 21.13) bedeutet, dass bereits sehr kleine Erhöhungen des arteriellen Drucks mit erheblichen Zunahmen der renalen Flüssigkeitsausscheidung verbunden sind.

> ❯ Die Druckdiurese ist Folge einer gesteigerten Nierenmarkperfusion und nicht einer gesteigerten glomerulären Filtration.

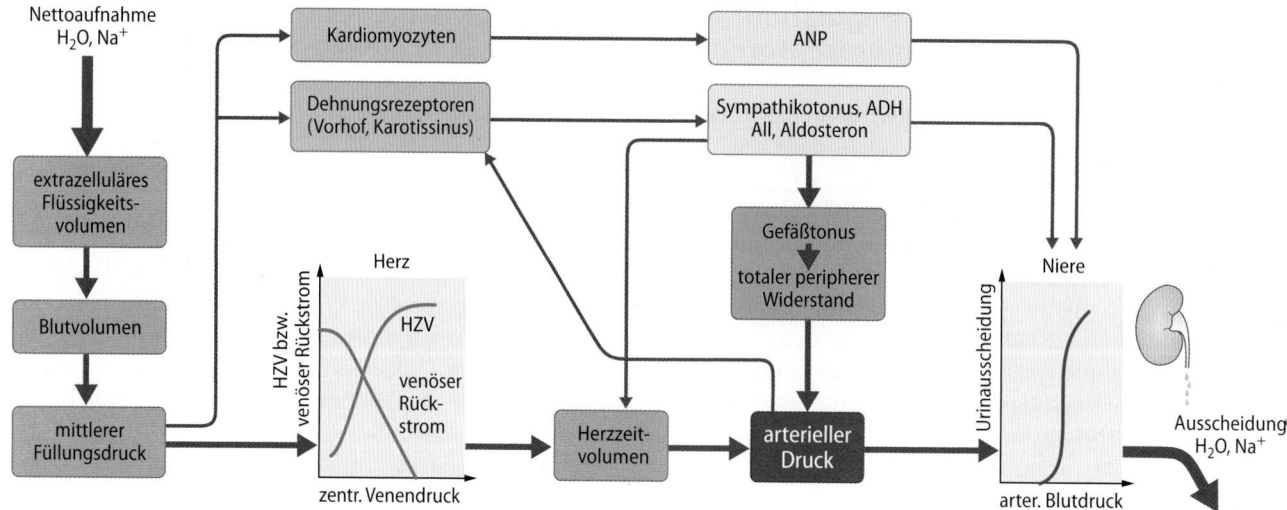

Abb. 21.13   Blockschema des renalen Volumenregulationssystems zur langfristigen Regulation des Blutdrucks. AII=Angiotensin II, ANP=atriales natriuretisches Peptid, ADH=antidiuretisches Hormon

21.5.2 Mechanismen der renalen Blutdruckregulation

An der Volumenregulation sind das Renin-Angiotensin-Aldosteron-System, Adiuretin und natriuretische Peptide beteiligt.

Renin-Angiotensin-Aldosteron-System   Jede Form einer **renalen Minderdurchblutung**, gleichgültig ob sie auf einer systemischen Blutdrucksenkung oder lokalen vasokonstriktorischen Reaktion bzw. pathologischen Veränderungen der Nierengefäße beruht, löst in der Niere über indirekte Mechanismen eine vermehrte **Reninfreisetzung** aus. Unter anderem steigert eine **Abnahme des intravasalen Volumens** durch die Sympathikusaktivierung die Reninfreisetzung. Diese Reaktion kann entweder direkt über die β-adrenerge Innervation der juxtaglomerulären Zellen oder indirekt über die α-adrenerg vermittelte Vasokonstriktion der afferenten Arteriolen ausgelöst werden.

Renin bewirkt eine erhöhte Produktion von **Angiotensin II**. Dies führt zur **Verstärkung** der **sympathisch-adrenerg** vermittelten **Vasokonstriktion**. Eine direkte **vasokonstriktorische Wirkung** von Angiotensin II findet sich dagegen im physiologischen Konzentrationsbereich fast ausschließlich in Blutgefäßen der **Niere**. Somit ist dieser blutdrucksteigernde Effekt von Angiotensin II weitgehend indirekter Natur (**Abb.** 21.14). Angiotensin II ist außerdem der stärkste Stimulus der **Aldosteronsekretion** (▶ Kap. 34.3.2). Das Hormon fördert die Salz- und Wasserretention, was ebenfalls das Blutvolumen vergrößert.

Angiotensin-II-Wirkungen
Die Wirkung von Angiotensin II erfolgt im Wesentlichen über zwei Rezeptorsubtypen, den **AT$_1$-** und den **AT$_2$-Rezeptor** (die Subskriptnummern sind nicht zu verwechseln mit den Peptiden, die mit römischen Ziffern bezeichnet werden). Beide Rezeptoren haben eine starke Affinität für Angiotensin II und praktisch keine für Angiotensin I. Antagonisten für den AT1-Rezeptor, über den die meisten der kardiovaskulär relevanten Effekte von Angiotensin II vermittelt werden, sind wichtige Therapeutika bei Herz-Kreislauferkrankungen.

Über den AT$_1$-Rezeptor löst Angiotensin II in Konzentrationen, die unterhalb der Schwelle für vasomotorische Reaktionen liegen, trophische Wirkungen aus. So kommt es am Myokard wie auch an Gefäßen im Zusammenwirken mit anderen Wachstumsfaktoren zu einer Hypertrophie der kontraktilen Zellen sowie zu einer verstärkten Synthese von Proteinen der extrazellulären Matrix (Fibrose). Angiotensin II induziert und aktiviert ebenfalls NADPH-Oxidasen der Nox-Familie, die daraufhin Sauerstoffradikale produzieren. Diese Wirkungen erklären die zentrale Rolle von Angiotensin II in der Pathogenese chronischer kardiovaskulärer Erkrankungen (Hypertonie, Atherosklerose, Herzinsuffizienz).

Zentrale Effekte von Angiotensin II   Das Peptidhormon hat eine Reihe von Effekten im ZNS. Es stimuliert die **ADH-Freisetzung** (siehe unten), den **Salzappetit** und das **Trinkverhalten** und bewirkt somit eine Vergrößerung des **Blutvolumens**. Auch aktiviert Angiotensin II in Konzentrationen, die nur vernachlässigbare vaskuläre Effekte auslösen, Neurone im Bereich der zirkumventrikulären Organe, die wiederum efferente, aktivierende Verbindungen zu den **sympathoexzitatorischen Neuronen** in der rostralen ventrolateralen Medulla besitzen. Auf diese Weise mindert zirkulierendes Angiotensin II die **Empfindlichkeit des Barorezeptorenreflexes**, d. h. die Abnahme der Herzfrequenz und der Sympathikusaktivität bei einem Druckanstieg.

Fenestriertes Endothel
Das dichte Endothel der Blut-Hirn-Schranke verhindert, dass zirkulierende Peptidhormone direkt Neurone im ZNS stimulieren bzw. von Neuronen ins Blut abgegeben werden. Um dies doch zu ermöglichen, haben sich im Bereich der zirkumventrikulären Organe Hirngefäße mit einem fenestrierten Endothel entwickelt.

Antidiuretisches Hormon (ADH, Adiuretin, Vasopressin)   Ein Anstieg der **Plasmaosmolarität**, der über **hypothalamische Osmorezeptoren** detektiert wird, löst in den **Terminalen der Neurohypophyse** eine **ADH-Freisetzung** aus. In Folge wird die Wasserrückresorption und das Trinkverhalten gesteigert, was die Osmolarität sinken lässt.

Dehnungsrezeptoren der Vorhöfe (und die arteriellen Barorezeptoren) modulieren über ihre Afferenzen zu **osmo-**

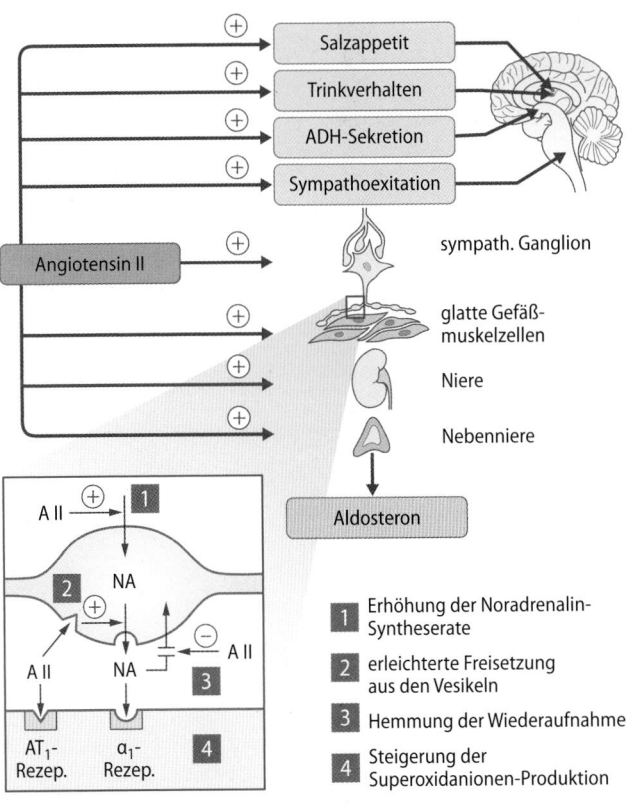

◘ Abb. 21.14   Darstellung der zentralen und peripheren Mechanismen, durch die Angiotensin II das Kreislaufsystem beeinflusst. Neben einer direkten vasokonstriktorischen Komponente hat Angiotensin II (A II), u. a. über Interaktionen mit Noradrenalin (NA) und zentrale Mechanismen indirekte blutdrucksteigernde Eigenschaften (mehr Informationen siehe Text)

Natriuretische Peptide   Dazu gehören das atriale natriuretische Peptid (**ANP**, Atriopeptin, A-Typ natriuretisches Peptid, 28 Aminosäuren), das natriuretische Peptid vom B-Typ (**BNP**, brain natriuretic peptide, 32 Aminosäuren) sowie das natriuretische Peptid vom C-Typ (**CNP**, 26 Aminosäuren).

Urodilatin
Das in den distalen Tubuluszellen der Niere gebildete und ins Tubuluslumen sezernierte **Urodilatin** wird den natriuretischen Peptiden vom A-Typ zugeordnet und dürfte als intrarenales, parakrin wirksames Peptid zur Kontrolle der Wasserhomöostase und Natriurese beitragen.

Nach **Dehnung der Vorhöfe** (Volumenexpansion, Erhöhung des zentralvenösen Drucks) setzen die **Vorhofmyozyten ANP und BNP** frei. Die Halbwertszeit der natriuretischen Peptide beträgt nur wenige Minuten, da sie durch das Enzym **neutrale Endopeptidase** (NEP, Neprilysin) gespalten werden. Natriuretische Peptide wirken über plasmamembranständige Rezeptoren mit intrazellulärer Guanylylzyklaseaktivität und erhöhen so die intrazelluläre cGMP-Konzentration. **ANP** bedingt über diesen Mechanismus die **Dilatation peripherer Venen** und somit eine **Blutverlagerung** von zentral nach peripher. Eine ANP-vermittelte **Vasodilatation der Nierengefäße** führt zum Auswaschen des osmotischen Gradienten und trägt so zur **Diurese** bei. Durch zirkulierendes ANP und BNP kommt es außerdem in den hypothalamusnahen zirkumventrikulären Organen zur **Hemmung der zentralen Effekte von Angiotensin II** (ADH-Freisetzung, gesteigertes Trinkverhalten, Blutdruckanstieg).

ANP und BNP aus dem Myokard
Bei chronischer hämodynamischer Überlastung des Herzens sezerniert das ventrikuläre Myokard ANP und BNP bzw. deren Vorläufer proANP und proBNP. Der Plasmaspiegel von NT-proBNP, welches bei der Abspaltung von BNP aus proBNP entsteht und eine längere Plasmahalbwertszeit hat, wird als diagnostischer und prognostischer Marker der Herzinsuffizienz eingesetzt.

regulatorischen **Strukturen** im Hypothalamus die ADH-Sekretion. Unter physiologischen Bedingungen, d. h. bei niedrigen ADH-Plasmakonzentrationen sind die Wirkungen dieses Peptidhormons vornehmlich über den hochaffinen V_2-Rezeptor des **Sammelrohrepithels der Niere** vermittelt (► Kap. 33.2.4). Somit führen **Zunahmen des Blutvolumens** über die verstärkte Erregung der Vorhofrezeptoren im Verlauf von 10–20 min zu einer **Hemmung der ADH-Freisetzung,** sodass die **renale Flüssigkeitsausscheidung** ansteigt. Abnahmen des Blutvolumens bewirken den entgegengesetzten Effekt. Die **Urinausscheidungskurve** (◘ Abb. 21.13) wird unter ADH-Einwirkung stark abgeflacht. **Vasokonstriktorische Effekte** von ADH, das deshalb auch als Vasopressin (AVP = Arginin-Vasopressin) bezeichnet wird, treten unter physiologischen Bedingungen nicht auf.

Vasokonstriktorische Effekte von ADH
Vasokonstriktorische Effekte von ADH zeigen sich nur bei exzessiver Freisetzung bei **starkem Blutverlust >15%** (hämorrhagischer Schock). Anders als die Blutgefäße des Hochdrucksystems reagieren **Hirn- und Koronargefäße** auf Vasopressin mit einer endothelvermittelten **Vasodilatation**, da Vasopressin in diesen Gefäßen über einen endothelialen V_1-Rezeptor die Bildung von Stickstoffmonoxid (NO) stimuliert. Dieser Mechanismus trägt bei Blutverlust und hämorrhagischem Schock zur Umverteilung des Herzzeitvolumens zugunsten des Gehirns und Herzens bei.

In Kürze

Die **Regulation des Blutvolumens** ermöglicht die langfristige Blutdruckregulation. Blutdruckzunahme verstärkt die renale Flüssigkeitsausscheidung. Das **Renin-Angiotensin System** vermittelt über **Angiotensin II** seine blutdrucksteigernden Effekte über indirekte Mechanismen im **ZNS** und in der **Niere (Aldosteron)**. ADH hemmt die **renale Flüssigkeitsausscheidung** und steigert das **Blutvolumen**. Atriales natriuretisches Peptid (ANP) und BNP werden bei Dehnung aus Vorhofmyozyten freigesetzt und bewirken u. a. eine Vasodilatation, eine Reduktion des Blutdrucks sowie des Blutvolumens.

Literatur

Deutsche Gesellschaft für Kardiologie, Herz-und Kreislaufforschung e.V., Deutsche Hochdruckliga e.V. DHL® (2014) ESC POCKET GUIDELINES. Leitlinien für das Management der arteriellen Hypertonie. Börm Bruckmeier, Grünwald

Levick JR (2010) An introduction to cardiovascular physiology, 5th edn. Hodder Arnold Publication, London

Lohmeiner TE, Iliescu R (2015) The baroreflex as a long-term controller of arterial pressure. Physiology (Bethesday) 30:148-158

Shattock MJ, Tipton MJ (2012) 'Autonomic conflict': a different way to die during cold water immersion? J Physiol 590: 3219–3230

Franklin SS, O'Brien E, Thijs L, Asayama K, Staessen JA (2015) Masked hypertension: a phenomenon of measurement. Hypertension 65:16–20

21

Spezielle Kreislaufabschnitte

Markus Sperandio, Rudolf Schubert, Ralf Brandes

© Springer-Verlag GmbH Deutschland, ein Teil von Springer Nature 2019
R. Brandes et al. (Hrsg.), *Physiologie des Menschen*, Springer-Lehrbuch
https://doi.org/10.1007/978-3-662-56468-4_22

Worum geht's? (☐ Abb. 22.1)

Entsprechend ihrer sehr unterschiedlichen Funktion sind auch die Anforderungen der Organsysteme an ihre Durchblutung höchst verschieden.

Lunge

Unabhängig vom aktuellen Herz-Minuten-Volumen muss das Blut vollständig durch die Lunge gepumpt werden. Der Gefäßwiderstand der Lungenstrombahn ist niedrig, sodass schon ein geringer Blutdruck zur Perfusion ausreicht. Die Lungengefäße zeigen ein druckpassives Verhalten und eine Steigerung der Durchblutung rekrutiert minderdurchblutete Gefäßabschnitte. Somit steigt der Blutdruck bei Zunahme der Durchblutung kaum an. Arteriolen der Lunge kontrahieren in Bereichen mit wenig Sauerstoff.

Gehirn

Die Blutgefäße des Gehirns zeigen eine ausgeprägte Autoregulation und eine stark eingeschränkte Wanddurchlässigkeit (Blut-Hirn-Schranke).

Haut

Die Haut ist nicht nur eine schützende Barriere, sie spielt auch eine wichtige Rolle in der Thermoregulation. Daher kann ihre Durchblutung, u. a. durch Öffnung arterio-venöser Kurzschlüsse, stark reguliert werden.

Skelettmuskel

Die Durchblutung des Skelettmuskels ändert sich belastungsabhängig sehr stark. Die Gefäße haben daher einen hohen Ruhetonus mit ausgeprägter metabolischer Regulation. Aufgrund des großen Anteils der Skelettmuskulatur am Gesamtorganismus hat ihr Gefäßstromgebiet einen bedeutenden Anteil am peripheren Widerstand.

Gastrointestinaltrakt

Die Serienschaltung des Darms mit der Leber ermöglicht, dass resorbierte Stoffe direkt in der Leber „entgiftet" werden. Die großen Venen dieses Systems sind wichtige Blutspeicher. Während körperlicher Belastung wird die Durchblutung dieses Organsystems reduziert.

Fetaler Kreislauf

Die Nabelschnurgefäße verbinden den fetalen mit dem mütterlichen Kreislauf. Durch zwei zusätzliche große Kurzschlussverbindungen, die den kleinen Lungen- mit dem großen Körperkreislauf verbinden, wird die Durchblutung der nicht belüfteten Lunge reduziert und sauerstoffreiches Blut aus der Plazenta direkt in den Körperkreislauf geleitet. Nach der Geburt müssen sich diese Kurzschlussverbindungen rasch verschließen.

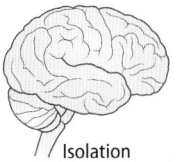

Isolation
Autoregulation

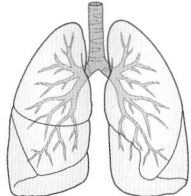

Diffusion
Blutspeicher

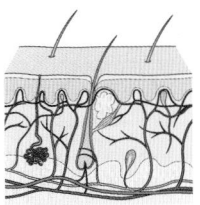

Wärmeregulation
Blutdruckregulation

Pfortadersystem
Blutspeicher

Umgehung der Lunge
extrakorporale Oxygenierung

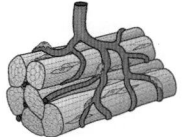

hohe Flussreserve
großes Stromgebiet

☐ **Abb. 22.1** Besonderheiten der Durchblutung in verschiedenen Organen

22.1   Lungenkreislauf

Im Lungenkreislauf sind der Gesamtströmungswiderstand und die sich daraus ergebenden Blutdrücke erheblich niedriger als im Körperkreislauf.

Funktionelle Besonderheiten der Lungenstrombahn   Die Hauptaufgabe der Lunge besteht im **Austausch der Atemgase** zwischen den Alveolen und den Lungenkapillaren (► Kap. 27.2). Diese Funktion wird über den **Pulmonalkreislauf** gewährleistet. Zusätzlich besitzt die Lunge mit den **Bronchialgefäßen**, die aus dem **Körperkreislauf** entstammen, eine zweite Blutversorgung, die die nutritive Versorgung des Lungengewebes sicherstellt.

Im eigentlichen **Pulmonalkreislauf** sind die arteriellen und venösen Gefäßabschnitte wesentlich **kürzer** und **dünnwandiger** und die Gefäßdurchmesser größer als in den entsprechenden Abschnitten des Körperkreislaufs. Der Gefäßbaum verzweigt sich stark, wobei schließlich die Lungenkapillaren einen dichten **Gefäßplexus** um die Alveolen bilden. Die Größe der **Kapillaroberfläche** beträgt unter Ruhebedingungen ca. **70 m²** und kann durch Einbeziehung von in Ruhe nicht durchbluteten Gefäßgebieten bei körperlicher Arbeit auf über 100 m² vergrößert werden.

Da die Lungenkapillaren im Gegensatz zu denen des Körperkreislaufs nicht in nennenswertem Umfang von einem mechanisch stützenden Interstitium umgeben sind, besitzen sie eine sehr große elastische Dehnbarkeit und den vorgeschalteten Arteriolen fehlt häufig die glatte Muskelzellschicht. Hieraus resultiert das ausgeprägte **druckpassive Durchblutungsverhalten** der Lungenstrombahn – ein myogener Tonus ist unter normoxischen Bedingungen nicht vorhanden. Die Folge ist ein sehr niedriger **Strömungswiderstand** im Pulmonalkreislauf – er beträgt nur etwa ein Zehntel des Widerstandes des Körperkreislaufs. Der **systolische Druck** in der A. pulmonalis beträgt **20–25 mmHg**, der **diastolische Druck 9–12 mmHg** und der mittlere Druck 10–15 mmHg. Im Bereich der Lungenkapillaren liegen die mittleren Drücke bei 9–13 mmHg und im linken Vorhof bei 5–12 mmHg.

Lageabhängigkeit der Lungenperfusion   Aufgrund der niedrigen intravasalen hydrodynamischen Drücke ist die Durchblutung der Lunge wesentlich stärker von **hydrostatischen Einflüssen** abhängig als die des Körperkreislaufs (◘ Abb. 22.2). So werden bei aufrechter Körperhaltung in den apikalen Gebieten der Lunge (beim erwachsenen Menschen ca. 15 cm über dem Ursprung der A. pulmonalis) die Gefäße zum Zeitpunkt der systolischen Druckspitze gerade noch perfundiert, während sie in der Diastole kollabiert sind. Im Gegensatz dazu herrscht im Bereich der Lungenbasis durch den zusätzlichen hydrostatischen Druck ein relativ hoher Perfusionsdruck in den Gefäßen, sodass diese sehr gut durchblutet werden. Insgesamt beträgt die Blutströmung pro Gramm Lungengewebe in den Lungenspitzen daher nur ca. 10 % der Blutströmung in den basalen Lungenabschnitten (◘ Abb. 22.2).

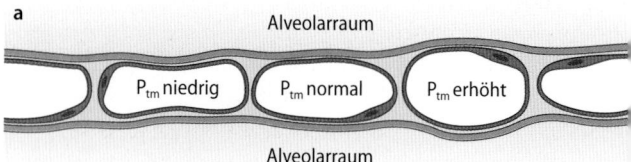

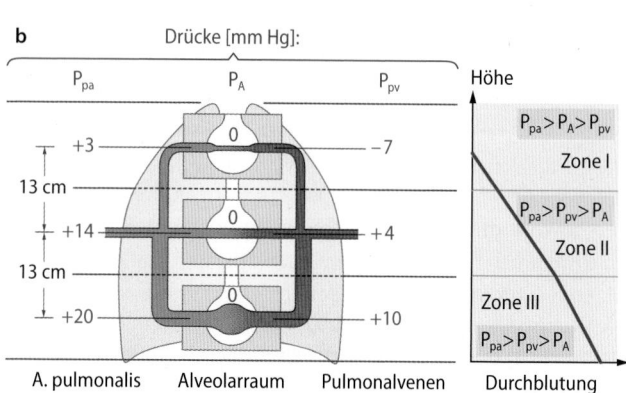

◘ **Abb. 22.2a,b   Schematische Darstellung der vertikalen Perfusionsgradienten in der Lunge beim aufrechten Stehen. a** Querschnitt durch Kapillarspalten bei unterschiedlichen transmuralen Drücken (P_{tm}). Das pulmonale Kapillarbett besitzt eine wesentlich größere elastische Weitbarkeit als die Kapillaren anderer Stromgebiete. **b** Die drei Zonen der Durchblutung der Lunge in aufrechter Position. P_{pa}=Druck A. pulmonalis, P_A=Druck im Alveolarraum, P_{pv}=Druck Pulmonalvenen. Links: Aus der Addition von hydrostatischem Druck und mittlerem pulmonalarteriellem hydrodynamischem Druck ergibt sich, dass in den apikalen Lungenabschnitten die Gefäße während der Diastole kollabieren, da der Druck in den Kapillaren kleiner als der in den benachbarten Alveolen ist. In den basalen Lungenabschnitten sind die Gefäße immer aufgedehnt. Rechts: Aus diesem Umstand folgt, dass die oberen Lungenanteile nur gering (rote Linie), während die basalen Lungenabschnitte am stärksten durchblutet werden

Rückenlage
Die Verteilung des Blutes ist, wenn auch im geringem Umfang, auch im Liegen abhängig von der Schwerkraft. In Rückenlage sammelt sich daher Blut in den dorsalen Lungenabschnitten.

Bei körperlicher Arbeit kann das Herzminutenvolumen bis auf das fünffache ansteigen. Trotzdem kommt es aufgrund der großen elastischen Weitbarkeit der Lungengefäße hierbei nur zu einem **geringen Druckanstieg** in der A. pulmonalis. Dieser ist jedoch ausreichend, um nun apikale Lungenabschnitte kontinuierlich zu perfundieren. Bei diesem Vorgang, der auch als **Rekrutierung** bezeichnet wird, kommt es zwangsläufig zu einer Zunahme der funktionellen Kapillaraustauschfläche und des Gesamtquerschnitts der aktiven Lungenkapillaren. Der Gesamtwiderstand der Lungenstrombahn fällt somit bei Steigerung der Durchblutung ab.

Intrathorakale Gefäße als Depotgefäße   Aufgrund der großen Dehnbarkeit der Lungengefäße können durch relativ geringe Änderungen des transmuralen Drucks kurzfristig bis zu 50 % des mittleren **Gesamtvolumens** des Lungenkreislaufs von **500 ml** aufgenommen oder abgegeben werden. Zusammen mit dem diastolischen Volumen des linken Herzens bildet das Volumen des **Lungenkreislaufs** das sog. **zentrale**

Blutvolumen (650 ml). Aus diesem schnell mobilisierbaren „Sofortdepot" können z. B. bei akuter Steigerung der Auswurfleistung des linken Ventrikels rund 300 ml zur Deckung des Mehrbedarfs abgegeben werden. Diese Effekte tragen auch dazu bei, ein mögliches **Missverhältnis** zwischen der **Förderleistung beider Ventrikel** auszugleichen.

> Das zentrale Blutvolumen ist ein Sofortdepot für die Füllung des linken Ventrikels bei Arbeit.

Euler-Liljestrand-Mechanismus Bei **niedrigen alveolären O$_2$-Partialdrücken** (unter 60 mmHg) treten lokale **vasokonstriktorische** Reaktionen in den Lungengefäßen auf, an denen sowohl die kleinen prä- als auch postkapillären Gefäße beteiligt sind. Die lokale Durchblutung wird dadurch der regionalen Ventilation angepasst (▶ Kap. 27.2). Die zellulären Mechanismen, die dieser **hypoxischen Vasokonstriktion** zugrunde liegen, sind weitgehend unklar. Neben einem Anstieg der intrazellulären Ca^{2+}-Konzentration, der über spannungsgesteuerte L-Typ Ca^{2+}-Kanäle und über nicht selektive Kationenkanäle der TRP-Familie vermittelt wird, scheint auch die Sauerstoff-abhängige Hemmung von K$^+$-Kanälen am Euler-Liljestrand-Mechanismus beteiligt zu sein.

> Einzig in der Lunge führt ein niedriger Sauerstoffpartialdruck zur Vasokonstriktion.

Höhenaufenthalte
Bei einem Aufenthalt in Höhen von über 3.000 m kann es aufgrund des niedrigen O$_2$-Partialdrucks der atmosphärischen Luft zu einer ausgeprägten hypoxischen pulmonalen Vasokonstriktion kommen, die aber inhomogen über das Gefäßbett der Lunge verteilt ist. Dies hat nicht nur einen Anstieg des pulmonalen Blutdrucks zur Folge, sondern kann im Verlauf auch zu einem Lungenödem führen.

In Kürze
Der Pulmonalkreislauf besitzt nur **10 % des Strömungswiderstandes** des großen Kreislaufs. Bei gleichem Herzminutenvolumen (HMV) sind die Blutdrücke hier somit viel niedriger: A. pulmonalis **systolisch 20–25 mmHg, diastolisch 9–12 mmHg**. Die regionale Lungenperfusion wird von der Orthostase beeinflusst. Steigerung des HMV führt zur **Rekrutierung** von Gefäßen, Hypoxie zur lokalen Vasokonstriktion (**Euler-Liljestrand-Effekt**).

22.2 Gehirnperfusion

Das empfindliche Gehirn muss besonders geschützt werden. Die Blut-Hirn-Schranke isoliert das Gehirn von äußeren Einflüssen, Krankheitserregern und Giftstoffen. Eine starke Autoregulation hält seine Durchblutung konstant.

Konstanthaltung der zerebralen Perfusion Die Durchblutung des Gehirns muss zu jeder Zeit in ausreichendem Umfang gewährleistet sein, da die Neurone der grauen Substanz einen **konstant hohen Bedarf** an Sauerstoff und Nährstoffen

(fast ausschließlich Glukose) aufweisen. Eine **Unterbrechung** der Gehirnperfusion führt innerhalb von 10 Sekunden zur **Bewusstlosigkeit**. Nach einer Perfusionsunterbrechung von 3 Minuten treten normalerweise **irreversible zerebrale Schäden** auf.

Strukurelle und funktionelle Mechanismen Zum **Schutz** vor **Minderperfusion** sind die kleinen Arterien und Arteriolen im Gehirnparenchym nur spärlich mit glatten Gefäßmuskelzellen ausgestattet. Diese Gefäße sind dabei einem wesentlich niedrigeren Druck als vergleichbare Gefäße in anderen Stromgebieten ausgesetzt, da ein **Großteil** des zerebralen **Gefäßwiderstandes** (40–50 %) bereits durch die **großen Hirnarterien** auf der Gehirnoberfläche generiert wird. Kleine Arterien und Arteriolen sowie die Kapillaren im Gehirnparenchym sind dagegen großzügig von **Perizyten** umgeben, die ebenfalls an der Gefäßtonusregulation beteiligt sind. Astrozytenfortsätze bedecken mehr als 90 % der äußeren Gefäßwand und vermitteln einen wichtigen Anteil der Kommunikation zwischen Gehirnparenchym und Gefäßen.

Da die arteriellen Gefäße **kaum** mit **sympathischen Nervenfasern** versorgt werden, dominieren **myogene Prozesse** die Tonuskontrolle. Die **Gehirndurchblutung** ist daher weitgehend unabhängig von Änderungen des lokalen Blutdrucks z. B. bei Lagewechsel. So gelingt eine vollständige Autoregulation der Gehirndurchblutung für einen mittleren Blutdruck im Bereich von 60 mmHg bis 150 mmHg.

Metabolische Kontrolle Auf den myogenen Grundtonus setzt die **bedarfskontrollierte Durchblutungsregulation** auf. Diese wird vor allem durch **lokale, vasoaktive Metabolite** gesteuert. Neuronale Aktivität führt zur Steigerung der interstitiellen Konzentration besonders von **Kaliumionen** und **Protonen** sowie **Adenosin**. Diese Faktoren erzeugen in den Perizyten und glatten Muskelzellen eine **Hyperpolarisation**. Spannungsabhängige Kalziumkanäle schließen, das Gefäß **dilatiert**. Darüber hinaus besitzen zerebrale Widerstandsgefäße eine besondere Empfindlichkeit für **CO$_2$**. Eine Zunahme des CO$_2$-Partialdrucks (**Hyperkapnie**) in kleinen Arterien und Arteriolen führt zur **Vasodilatation** mit einer deutlichen Zunahme der lokalen, zerebralen Durchblutung. Eine Erhöhung des pCO$_2$ um 1 mmHg hat bereits eine 2–4 % Steigerung der Gehirnperfusion zur Folge. Umgekehrt zeigt sich bei Abfall des CO$_2$-Partialdrucks (**Hypokapnie**) eine **Vasokonstriktion** mit einer Abnahme der zerebralen Perfusion.

Hypokapnie-Therapie
Die besondere pCO$_2$-Empfindlichkeit wird auch therapeutisch genutzt: In der Intensivmedizin werden beatmete Patienten mit erhöhtem intrakraniellen Druck (z. B. nach einer Subarachnoidalblutung) maschinell im unteren pCO$_2$-Referenzbereich eingestellt. Durch die Reduktion der zerebralen Perfusion wird der effektive Kapillarfiltrationsdruck reduziert, was den intrakraniellen Druck senken kann.

> Neuronale Aktivität erhöht interstitiell u. a. CO$_2$ und Kalium – diese vermitteln Vasodilatation.

Die Blut-Hirn-Schranke   Diese Struktur stellt eine wichtige **Barriere** für die Trennung des Blutkreislaufs vom inneren Milieu des Gehirns dar. Anatomisch wird die Blut-Hirn-Schranke besonders durch eine **kontinuierliche Endothelzellschicht** gebildet, die im Gegensatz zu anderen Endothelzellkompartimenten ein ausgesprochen dichtes Band von **tight junctions** aufweist. Dieses umgibt seitlich die Endothelzellen teilweise mehrfach und verknüpft benachbarte Endothelzellen fest miteinander (◘ Abb. 22.3).

Tight junctions

Tight junctions (Zonulae occludentes) werden von verschiedenen transmembranären Molekülen wie Occludin, Claudin 3 und 5, „Junctional Adhesion Molecules" (JAMs) sowie „Endothelial cell selective adhesion molecules" (ESAM) gebildet. Sie stehen über das Adaptormolekül Zo1 mit dem Actin-Zytoskelett in Verbindung. Tight junctions bilden für wasserlösliche Stoffe eine Barriere zwischen luminalem und basolateralem endothelialen Kompartiment und schließen die Endothelzellen zu einem kompakten Zellverband zusammen. Neben der mechanischen Abdichtung, die vor allem über Claudin 3 und 5 vermittelt wird, dienen Moleküle wie JAMs oder ESAM der Steuerung der parazellulären Leukozytentransmigration; Occludine scheinen an der Signalweiterleitung z. B. bei Entzündungsprozessen beteiligt zu sein. Eine weitere interendotheliale Verbindung besteht über adherens junctions (Zonulae adherentes). Diese Verbindung wird durch VE-Cadherin gebildet und spielt ebenfalls eine wichtige Rolle bei der Regulation der Gefäßpermeabilität und der Leukozytenauswanderung. Abbau von Zonulae adherentes führt dabei zum Auseinanderweichen der Endothelzellen (◘ Abb. 22.3, Insert).

Neben den Endothelzellen tragen auch Perizyten und Astrozyten zur Ausbildung der Blut-Hirn-Schranke bei (◘ Abb. 22.3). So sind Perizyten an der Proliferation und Ausdifferenzierung der kapillären und venolären Endothelzellen im Gehirn beteiligt, beeinflussen den Kapillardurchmesser und übernehmen immunologische Funktionen. Astrozyten steuern über Fußfortsätze, die in direkten Kontakt zu den Endothelzellen treten, die Ausbildung der tight-junctions-reichen Zell-Zell-Kontakte. **Astrozyten** sind ebenfalls an der **Gefäßtonusregulation** beteiligt und kommunizieren eine Veränderung des Energieverbrauchs des Gehirnparenchyms zu den Gefäßen. So führt eine verstärkte neuronale Aktivität zur Erhöhung der intrazellulären Ca^{2+}-Konzentration in Astrozyten mit der Folge einer Aktivierung von BK_{Ca}-Kaliumkanälen in den Astrozytenfußfortsätzen. Dies bewirkt eine vermehrte lokale Freisetzung von Kalium ins Interstitium mit Aktivierung von benachbarten $K_{ir}2.1$-Kaliumkanälen in den glatten Gefäßmuskelzellen. Die glatten Muskelzellen hypopolarisieren, was zur Vasodilatation führt.

> ❯ Neuronale Aktivität führt über Kaliumfreisetzung aus Astrozyten zur Vasodilatation.

Aufgrund der sehr dichten endothelialen Zell-Zell-Kontakte sind Transportprozesse zum Austausch von Nährstoffen und Flüssigkeit im Gehirn **kaum** über **parazelluläre Wege** möglich. Der **Transport** erfolgt daher zu großen Teilen **transzellulär**, weshalb das zerebrale Endothel reich an Kanälen und Transportern ist: **Aquaporin-4 und -9** sind für die Diffusion von Wasser verantwortlich. Der Glukosetransporter **GLUT-1** ist in zerebralen Endothelzellen sowohl luminal als auch abluminal exprimiert und ermöglicht den transendothelialen

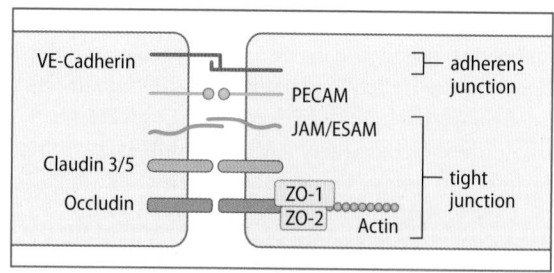

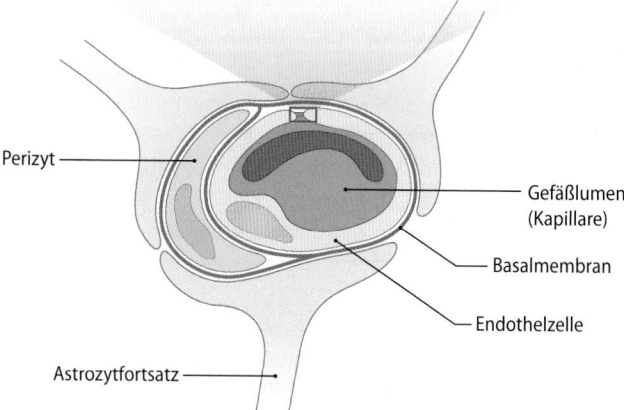

◘ **Abb. 22.3   Blut-Hirn-Schranke an einer Gehirnkapillare.** Endothelzellen stellen die erste luminal gelegene Barriere zwischen Blutkompartiment und Gehirnparenchym dar. Sie sind über tight junctions miteinander verbunden und sitzen einer Basalmembran auf, in die Perizyten eingebettet sind. Sowohl Perizyten als auch Endothelzellen stehen in direktem Kontakt mit Astrozytenfortsätzen. Insert: Tight junctions dienen primär der Abdichtung von Zwischenzellräumen, während adherens junctions dynamische Verbindungen knüpfen, die noch eine relativ hohe parazelluläre Permeabilität erlauben

Transport von Glucose, der wichtigsten Energiequelle im Gehirn.

> **In Kürze**
> Zur Stabilisation der zerebralen Durchblutung weisen Hirngefäße eine starke **myogene** Antwort auf. Lokale Schwankungen des Energiebedarfs werden über die besonders ausgeprägte **metabolische Autoregulation**, besonders über den **pCO_2**, gesteuert.

22.3   Hautdurchblutung

Die Durchblutung der Haut ist wesentlich für die Thermoregulation, trägt zur Blutdrucksteuerung bei, dient der Immunabwehr und der nonverbalen Kommunikation (Emotionen – Erröten/Erblassen).

Strukturelle Besonderheiten der Gefäßversorgung in der Haut
Die Haut wird in drei Schichten unterteilt: die äußere **avaskuläre Epidermis**, die darunterliegende **gut vaskularisierte Dermis** und die **Subkutis**. Die Oberfläche der Haut beträgt beim Erwachsenen ca. 1,7 m². Im Gegensatz zu vielen ande-

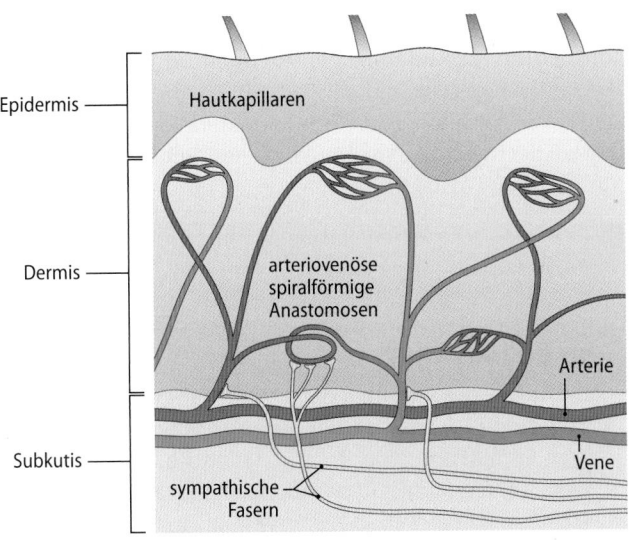

◘ Abb. 22.4 Die Dermis der Haut besitzt ein dichtes Netzwerk von Mikrogefäßen. Zahlreiche Kapillarschlingen ziehen dabei bis dicht an die Hautoberfläche. Je nach Temperatur können die Kapillarschlingen bedarfsangepasst durchblutet werden und dadurch Wärmeabgabe ermöglichen. Darüber hinaus besitzt die Haut spiralförmig verlaufende stark muskularisierte arteriovenöse Anastomosen. Bei thermischer Belastung öffnen diese, sodass die Hautperfusion ansteigt

ren Organen ist die Durchblutung der **Haut** aufgrund ihres sehr **niedrigen Energieverbrauchs** nicht primär an ihrer Versorgung mit Sauerstoff und Nährstoffen ausgerichtet. Vielmehr dient die Haut der **Körperkerntemperaturregulation** durch **Wärmeabgabe** (► Kap. 42.5). Hierfür besitzt sie ein umfangreiches Gefäßnetzwerk mit oberflächlichen Kapillarschlingen und zahlreichen arteriovenösen Anastomosen (◘ Abb. 22.4).

Regulation der Hautdurchblutung Vorstehende Körperabschnitte, die weit vom Rumpf entfernt sind, werden als Akren bezeichnet. In akralen Hautgebieten (Hand, Fuß, Ohr, Nase) finden sich zahlreiche sympathisch-noradrenerge vasokonstriktorische Fasern, v. a. im Bereich der arteriovenösen Anastomosen. Die Fasern besitzen bereits unter thermoindifferenten Bedingungen eine ausgeprägte tonische Aktivität, die größtenteils über α_2-adrenerge Rezeptoren auf den glatten Gefäßmuskelzellen **vasokonstiktorisch** umgesetzt wird. Eine **vasodilatatorische Gegenregulation** ist in diesen Hautabschnitten **passiv** und beruht v. a. auf einer zentralen Abnahme der **sympathischen Aktivität**.

Stammnahe Abschnitte
In der Haut stammnaher Abschnitte findet man kaum Anastomosen. Gefäße stammnaher Hautabschnitte enthalten neben sympathisch-noradrenergen vasokonstriktorischen Fasern auch sympathisch-cholinerge Fasern, die Acetylcholin freisetzen und über noch nicht genau bekannte Mechanismen eine Vasodilatation induzieren.

Aufgrund der großen Kapazität des subpapillären Venenplexus (ca. 1.500 ml) können große Mengen Blut durch die Haut aufgenommen oder abgegeben werden, sodass die Haut auch als **Blutdepot** dient. Starke Vasokonstriktion der Hautgefäße

kann einen Abfall des Blutdrucks z. B. bei einem Volumenmangelschock abfangen.

Thermische Belastung Bei Hitzebelastung kann die Hautdurchblutung von ca. **0,2 l/min** unter **thermoneutralen** Ruhebedingungen auf über **3 l/min** ansteigen. Das Ausmaß der Durchblutungsänderung zeigt erhebliche regionale Differenzen. Die größten Änderungen treten im Bereich der **akralen Extremitätenabschnitte** auf. So kann die Durchblutung der Finger je nach Umgebungstemperatur um das 100- bis 150-fache variieren. Dieses wird v. a. durch Eröffnung der zahlreichen sympathisch innervierten arteriovenösen Anastomosen ermöglicht. Diese Shunts erzeugen einen Kurzschluss unter Umgehung des Kapillarbetts, wodurch der Blutfluss massiv gesteigert wird, ohne dass der kapilläre Filtrationsdruck über die Maße ansteigt. Diese Form der Durchblutungsregulation erlaubt somit nicht nur eine wirkungsvolle Wärmeabgabe an die Haut, sondern verhindert auch ungünstige Einflüsse einer nicht nutritiven Mehrdurchblutung auf das zelluläre Milieu.

> ❯ Die Durchblutungsregulation erfolgt primär über den Sympathikus. Er reduziert die Hautdurchblutung.

Axonreflex Eine besondere Form der Vasoregulation, die vor allem in der Haut relevant ist, wird Axon- oder **C-Faser-Reflex** genannt (► Kap. 51.2). Nach einer mechanischen oder chemischen Reizung der Haut (z. B. Schnittwunde) kommt es durch Reizung afferenter nozizeptiver Nervenfasern (C-Fasern) mit antidromaler Weiterleitung entlang von Seitenästen der Nervenfasern zur Vasodilatation lokaler Gefäße. Diese Reaktion wird durch die Ausschüttung lokaler Neuropeptide (Substanz P und Calcitonin-gene related peptide, **CGRP**) vermittelt.

In Kürze

Eine starke **sympathische vasokonstriktorische** Innervation limitiert die Hautdurchblutung bei Thermoindifferenz. **Gefäßdilatation** wird durch **Abnahme** der Sympathikusaktivität und am Körperstamm durch **sympathische cholinerge Nervenfasern** ausgelöst. Die **Durchblutung** kann lokal auf das bis zu **150-fache** gesteigert werden, u. a. über die Öffnung **arteriovenöser Anastomosen**.

22.4 Durchblutung der Skelettmuskulatur

Die Durchblutung der Skelettmuskulatur muss an die Muskeltätigkeit angepasst werden. Das Stromgebiet der Muskulatur trägt wesentlich zum totalen peripheren Strömungswiderstand bei.

Gefäßtonus der ruhenden Muskulatur Die Skelettmuskulatur ist mit ca. 40 % am Gesamtgewicht des Körpers beteiligt. Da jegliche Form von Muskelaktivität Energie verbraucht und die Intensität von Bewegungen sich schnell ändern kann, ist eine rasche Bedarfsanpassung der Durchblutung des Muskels notwendig. Dabei muss aufgrund des **großen Stromgebietes** gleichzeitig gewährleistet bleiben, dass sich der totale periphere Strömungswiderstand nicht zu stark ändert. Die Folge wäre sonst ein Abfall des mittleren arteriellen Blutdrucks und somit eine Einschränkung der Perfusion anderer lebenswichtiger Organe.

Unter Ruhebedingungen weist die Skelettmuskulatur einen **starken myogenen Tonus** auf – die Durchblutung pro g Muskelgewebe ist gering. Obgleich die Skelettmuskulatur reichlich mit sympathischen Fasern versorgt wird, trägt der Sympathikus nur gering zum Ruhetonus ihrer Widerstandsgefäße bei. In **Ruhe** werden nur **ca. 30 % der Kapillaren** im Skelettmuskel durchblutet. Die Verteilung der **Perfusion** ist dabei sehr **variabel** und **inkonstant**, sodass alle Kapillaren abwechselnd durchblutet werden. Dieses wird v. a. über Vasomotion der vorgeschalteten Arteriolen erreicht (▶ Kap. 20.3). Im Gegensatz zum ständig arbeitenden Myokard (▶ Kap. 18.3) kommt es im Skelettmuskel in Ruhe nur zu einer mäßig ausgeprägten **Sauerstoffextraktion** von **30 %** aus dem Blut.

Belastungsabhängige Vasodilatation Bei starker **Belastung** kann die **Sauerstoffextraktion** auf **80–90 %** gesteigert werden, wobei es gleichzeitig zu einer starken Zunahme der Durchblutung kommt. Bei starker körperlicher Belastung kann die Durchblutung der Skelettmuskulatur auf 80–90 % des Herzzeitvolumens ansteigen und damit um den **Faktor 20** im Vergleich zur Ruhedurchblutung gesteigert werden. Diese wird durch die Bildung und Freisetzung von **vasodilatierenden Metaboliten** aus den Muskelzellen erreicht (**metabolische Vasodilatation**, ◻ Tab. 22.1). Die größte Bedeutung haben dabei der Abfall des **pH-Werts** und der Anstieg der **K^+-Ionen**-Konzentration. Über eine Steigerung der Umsatzrate der elektrogenen Na/K-ATPase und eine Aktivierung von einwärts-gleichrichtenden Kaliumkanälen (K_{IR}) kommt es beim lokalen Anstieg der K^+-Konzentration zur Hyperpolarisation des Gefäßmuskels. In der Folge schließen spannungsabhängige Kalziumkanäle – die glatten Muskelzellen relaxieren.

Die Blutgefäße des Skelettmuskels weisen darüber hinaus einen starken Besatz mit **β_2-Adrenorezeptoren** auf. Das in Vorbereitung auf und bei Belastung aus dem Nebennierenmark vermehrt freigesetzte Adrenalin führt über die Aktivierung dieser Rezeptoren zur Vasodilatation.

Bei Skelettmuskelarbeit kommt es während der **Muskelkontraktion** zur **Abnahme der Durchblutung**, da die Gefäße abgedrückt werden. Dynamische Muskelarbeit (Joggen) mit einem ständigen Wechsel von Kontraktion und Erschlaffung führt daher nicht so schnell zu Muskelermüdung wie statische Muskelarbeit (Armdrücken) (▶ Kap. 44.2).

> Physiologische Adrenalinspiegel führen im Skelettmuskel über β_2-Rezeptoren zur Vasodilatation.

In Kürze

Die Gefäße der Skelettmuskulatur besitzen einen **hohen Grundtonus**, der durch **lokale Metabolite** und β_2-**adrenerge Stimulation** reduziert wird. Statische Haltearbeit reduziert die Muskeldurchblutung stärker als dynamische Arbeit.

22.5 Gastrointestinaltrakt und Leber

Das Portalsystem der Leber ermöglicht es, Giftstoffe frühzeitig zu entfernen und Blutvolumen bei Bedarf in andere Organabschnitte umzuverteilen.

Portalsystem Die Venen des Gastrointestinaltraktes (GI-Trakt) und der Milz drainieren in das **Pfortadersystem** und somit in die Leber, wo das Blut ein zweites großes Kapillarbett durchläuft. Der durch die Leber aufgebaute **transhepatische Druckgradient** beträgt nur **2–4 mmHg**, sodass je nach Blutdruck in der V. cava inf. der Blutdruck in der V. portae 6–10 mmHg beträgt.

First-Pass-Effekt Da die Leber in den venösen Abfluss des GI-Trakts integriert ist, müssen alle Produkte dieses Kreislaufabschnitts wie Metabolite, Nahrungsbestandteile, bakterielle Toxine sowie gastrointestinale Hormone und Neurotransmitter ihren Filter passieren. Einige Substanzen werden dabei bereits beim ersten Durchgang durch die Leber effektiv aus dem Blut resorbiert, so dass die Plasmaspiegel im systemischen venösen Blut deutlich unter denen im Pfortaderblut liegen (**First Pass-Effekt**).

Das **sinusoidale**, sehr durchlässige **Endothel** ermöglicht dabei einen schnellen Flüssigkeitsaustausch zwischen Disséraum und intravasalem Kompartiment und damit einen schnellen Zugriff der Hepatozyten auf die Blutbestandteile. Die Mikroarchitektur der Leber („Zentralvenenläppchen") bedingt eine **große kapilläre Austauschfläche** bei nur geringem Perfusionswiderstand. Diese Anordnungen sind sinnvoll, da Giftstoffe, wie z. B. **Ammoniak**, frühzeitig abgebaut werden. Hohe Konzentrationen resorbierter Stoffe aus dem GI-Trakt erleichtern auch die hepatische Resorption z. B. von Gallensäuren im Rahmen des **enterohepatischen Kreislaufs**.

◻ **Tab. 22.1** Von Skelettmuskelzellen freigesetzte lokale Metabolite mit vasodilatatorischer Wirkung

Metabolit	Wirkmechanismus
Kaliumionen (K^+)	Aktivierung Na/K-ATPase und K_{IR} Kanäle
Adenosin	G_s-gekoppelte A_{2A}-Adenosinrezeptoren
Protonen	u. a. NO Freisetzung, TRP-Kanäle
H_2O_2	Oxidation von Proteinkinase G-Iα

Klinik

Leberzirrhose und Aszites

Leberzirrhose

Im Dissé-Raum liegende Ito- (Stellatum-) Zellen sind die **Perizyten** der sinusoiden Leberkapillaren. Nach Aktivierung wandeln sich diese Zellen in **Myofibroblasten** um, die proliferieren und Matrixbestandteile synthetisieren. In Folge nimmt der Bindegewebsanteil am Leberparenchym langsam zu. Endotheliale Dysfunktion und die lokale Produktion von Vasokonstriktoren erhöhen zusätzlich den Perfusionswiderstand. Der postkapilläre **venöse Abstrom** wird behindert und das Kapillarbett rarefiziert. Die Hepatozytenumsatzrate steigt aufgrund von erhöhter Apoptose, was den Prozess weiter beschleunigt. Leberzirrhose bezeichnet das Endstadium dieses **fibrösen Umbau-Prozesses**.

Ätiologie der Leberzirrhose

Chronische **Intoxikation** (besonders mit Ethylalkohol) und virale **Hepatitis** sind die häufigsten Ursachen der Leberzirrhose. Seltenere sind u. a. Autoimmunerkrankungen, wie die primär-sklerosierende Cholangitis oder die **Leberstauung** bei Lebervenenthrombose (Budd-Chiari-Syndrom) oder schwere Rechtsherz- oder Trikuspidalklappeninsuffizienz.

Portale Hypertonie

Wenn der transhepatische, venöse Druckgradient 5 mmHg überschreitet, liegt eine Steigerung des intrahepatischen Perfusionswiderstands vor. Wenn der Wert **10 mmHg** erreicht, wird klinisch von einer portalen Hypertonie gesprochen. Der venöse Abfluss aus dem Darm wird behindert, sodass Bakterien und bakterielle Giftstoffe aus dem Lumen in die ödematös-veränderte Darmschleimhaut übertreten können. Bei zunehmendem Pfortaderhochdruck werden **Porto-caval-Anastomosen** eröffnet, sodass Giftstoffe vermehrt in die systemische Zirkulation gelangen. In Folge kann z. B. **Ammoniak** neurotoxisch wirken.

Aszites

Bei diesem umgangssprachlich als „**Bauchwassersucht**" bezeichneten Prozess sammelt sich freie Flüssigkeit in der Peritonealhöhle. Bei mehr als **25 ml Flüssigkeit** spricht man von Aszites. Die Pathogenese ist der von **Ödemen** ähnlich (▶ Kap. 20.2.4), sodass intravasaler Proteinmangel, venöse Stauung, Überschreiten der lymphatischen Transportrate, Permeabilitätserhöhung bei peritonealer Entzündung oder peritonealer Tumoraussaat diagnostisch bedacht werden müssen.

Leberzirrhose ist die **häufigste Ursache** von Aszites, der bei mehr als 50 % aller Patienten mit Leberzirrhose vorliegt. Die Erkrankung begünstigt den Prozess über mehrere Faktoren:

- die portale Hypertonie erhöht den hydrostatischen Filtrationsdruck.
- durch die hepatische Funktionseinschränkung sinkt der Plasma-Albuminspiegel und somit der vaskuläre kolloidosmotische Druck.
- Stoffwechselendprodukte aus dem Darm erhöhen die vaskuläre Permeabilität.
- durch die sehr weiten Lebersinusoide tritt Albumin leicht ins Interstitium über, was den kolloidosmotischen Druckgradienten weiter reduziert.

In Folge steigt der **hepatische Lymphfluss** von 1 ml/min bis auf das 10-fache an. Wenn die lymphatische Transportkapazität überschritten wird, tritt Flüssigkeit in die Bauchhöhle aus. Während sich daher bei der intra- und post-hepatischen Stauung Aszites frühzeitig entwickelt, kommt es bei der Pfortaderthrombose, aufgrund der Aussparung der Leber, deutlich seltener zu Aszites.

First-Pass-Effekt in der Pharmakologie

Der First-Pass-Effekt ist auch pharmakologisch sehr bedeutsam, da viele Arzneimittel durch die Leber metabolisiert werden. Zu den Substanzen, die effektiv beim ersten Leberdurchgang abgebaut werden, zählen Nitroglyzerin und Opiate wie Morphium, aber auch Kokain. Auch Serotonin unterliegt einem starken First-Pass-Effekt, sodass serotoninproduzierede Karzinoide (▶ Kap. 20.3.4) des GI-Trakts kaum systemische Effekte verursachen. Durch inhalative, sublinguale oder rektale Applikation kann die Leber umgangen und so der First-Pass-Effekt verhindert werden.

Leberperfusion Obgleich die Leber nur einen Anteil von ca. 2,5 % am Körpergewicht hat, erhält sie fast **25 % des Herzminutenvolumens** (1 ml/min/g). Davon stammen ca. **75 %** aus der **V. portae**, der restliche Anteil aus der A. hepatica propria. Eine eigene arterielle Versorgung der Leber ist notwendig, da der Sauerstoffverbrauch des Organs mit 20 % des Grundumsatzes sehr hoch ist. Ca. 50 % des Sauerstoffs stammen dabei aus dem Pfortaderblut, das bei Nüchternheit eine Sauerstoffsättigung von bis zu 85 % aufweist. Dieser relativ hohe Wert fällt nach Nahrungsaufnahme jedoch beträchtlich ab.

Regulation des Perfusionswiderstands des GI-Trakts Die Widerstandsgefäße des GI-Trakts zeigen nur eine **sehr geringe myogene Autoregulation**. Der Perfusionswiderstand des Darms wird über eine tonisch-aktive **sympathische Vasokonstriktion** erzeugt. Die Arteriolen in diesem Bereich sind reichlich mit α-Adrenozeptoren, jedoch nur spärlich mit β_2-Rezeptoren ausgestattet. Somit führt hier, anders als im Skelettmuskel, nicht nur Noradrenalin sondern auch **Adrena**lin zur **Vasokonstriktion**. Unter Sympathikusstimulation, z. B. im Rahmen der Alarmreaktion oder nach Blutverlust, steigt der Perfusionswiderstand dieses Stromgebiets. Der Blutdruck kann besser aufrechterhalten werden und das verfügbare Perfusionsvolumen wird in akut-lebenswichtigen Organen und die Muskulatur „umgeleitet".

> Im Rahmen der Alarmreaktion wird die Perfusion des GI-Trakts reduziert.

Sympathikusaktivierung und die Folgen

Die Einschränkung der intestinalen Perfusion bei Sympathikusaktivierung, z. B. beim Schockgeschehen, führt zur lokalen Anhäufung von Stoffwechselendprodukten und Giftstoffen im intestinalen Epithel, was zum Ausfall der Darmfunktion führen kann (Ileus). Intensivmedizinisch kann durch Sympathikusblockade z. B. mittels periduraler Applikation von Lokalanästhetika die intestinale Sympathikusaktivität gesenkt und somit die Perfusion gesteigert werden.

Sekretorische Hyperämie Über die parasympathische Innervation des GI-Trakts durch den N. vagus ist die digestive Funktion mit der Blutperfusion gekoppelt. An parasympathischen postganglionären Terminalen wird **Acetylcholin** freigesetzt, das am Endothel über m3-Rezeptoren die Stickstoffmonoxid(NO)-Produktion steigert. Der Vagus aktiviert auch parasympathische nicht-adrenerge, nicht-cholinerge Nerven (**NANC-Neurone**) die Vasodilatatoren wie Substanz P, vasoaktives intestinales Polypeptid (VIP) und NO freisetzen. **Vagusstimulation**, wie sie im Rahmen der Verdauung erfolgt, führt so zur **Hyperämie** im GI-Trakt. Resorbierte Stoffe werden schneller abtransportiert, sodass die transepithelialen Gradienten aufrechterhalten werden.

> Aktivierung des Parasympathikus steigert die Perfusion des GI-Trakts.

Blutspeicher Splanchnikusgebiet Die Venen von GI-Trakt, Leber und Milz enthalten in Ruhe ca. **20 %** des gesamten **Blutvolumens**. Ähnlich wie die Arteriolen sind auch die Venen dieses Bereichs reichlich mit α-Adrenorezeptoren, jedoch nur spärlich mit β$_2$-Rezeptoren ausgestattet. Sympathikusstimulation bei körperlicher Belastung und Hypotonie mobilisiert durch **Venokonstriktion** Blut aus dem Splanchnikusgebiet und unterstützt so die Aufrechterhaltung des zentralen Venendrucks („**Autotransfusion**").

In Kürze

Die Leber erhält fast 25 % des Herzminutenvolumens. Im Rahmen des **First-Pass-Effektes** inaktiviert sie Giftstoffe aus dem GI-Trakt, bevor diese den Gesamtkreislauf erreichen. Im GI-Trakt führt die Aktivierung des Sympathikus zur Perfusionssenkung und Blutvolumenmobilisation.

22.6 Fetaler Kreislauf

Charakteristisch für den fetalen Kreislauf sind die weitgehende Parallelschaltung beider Ventrikel, die stark reduzierte Lungendurchblutung und der niedrige Sauerstoffpartialdruck.

Strukturelle Besonderheiten der fetalen Zirkulation Aus der Plazenta fließt das mit Sauerstoff gesättigte fetale Blut durch die V. umbilicalis über die Nabelschnur größtenteils über den **Ductus venosus Arantii** in die V. cava inferior und vermischt sich mit dem entsättigten Blut aus der unteren fetalen Körperhälfte (◨ Abb. 22.5). Ein geringerer Teil gelangt über den linken Ast der Pfortader in die Leber und über die Vv. hepaticae in die V. cava inferior. Das **Mischblut** der V. cava inferior strömt mit einer O$_2$-Sättigung von 60–65 % zum rechten Vorhof. Von dort wird es fast vollständig durch das **Foramen ovale** in den linken Vorhof geleitet. Durch den linken Ventrikel erfolgt dann der Weitertransport in die Aorta und die Verteilung auf den Körperkreislauf (◨ Abb. 22.5).

Das sauerstoffarme Blut der **V. cava superior** gelangt aufgrund des anatomischen Aufbaus des Herzens vorwiegend über den rechten Vorhof und **rechten Ventrikel** in den **Truncus pulmonalis**. Hier ist wegen der starken hypoxischen Vasokonstriktion im Lungengefäßbett der Strömungswiderstand stark erhöht und deshalb der Druck größer als in der Aorta, sodass das Blut zum größten Teil durch den **Ductus arteriosus Botalli** in die Aorta fließt und nur ein kleinerer Teil des Herzzeitvolumens (<10 %) durch das Kapillargebiet der Lungen und über die Lungenvenen zurück zum linken Vorhof

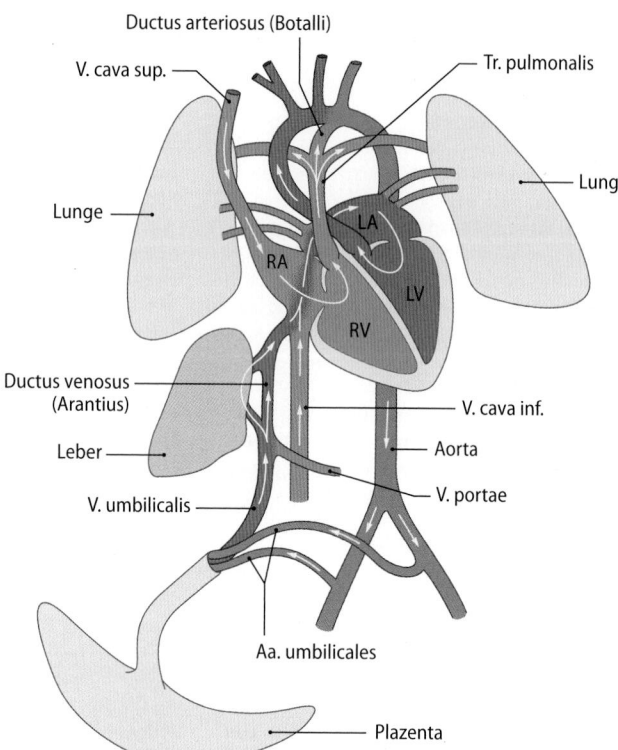

◨ **Abb. 22.5   Schematische Darstellung des fetalen Kreislaufs.** RV=rechter Ventrikel, LV=linker Ventrikel; RA=Rechter Vorhof, LA=linker Vorhof

gelangt. Aufgrund der Einmündung des Ductus arteriosus in die **Aorta distal** des Abgangs der großen Arterien für Kopf und obere Extremitäten werden diese Abschnitte, die das Gehirn versorgen, mit dem stärker O$_2$-gesättigten Blut aus dem linken Ventrikel versorgt. Aus den beiden Aa. umbilicales, die aus den Aa. iliacae abgehen, strömt das Blut über die Nabelschnur in die Plazenta zurück.

Durch das Foramen ovale sowie den Ductus arteriosus sind die beiden Ventrikel weitgehend **parallelgeschaltet**, wobei das Auswurfvolumen des linken Ventrikels etwas größer ist (55 % des gesamten Herzzeitvolumens) als das des rechten (45 %). Die Förderleistung des Doppelventrikels beträgt ca. 150–300 ml/kg × min, von denen etwa **60 % durch die Plazenta** und 40 % durch den Körper fließen. Der fetale arterielle Blutdruck liegt am Ende der Gravidität bei **50–60 mmHg**, die Herzfrequenz bei **150/min**.

Peri- und postnatale Anpassung

> Die intrauterin weitgehend parallelgeschalteten Ventrikel werden nach der Geburt funktionell in Serie angeordnet.

Durch die Geburt kommt die Blutströmung in den Nabelschnurgefäßen zum Stillstand. Da vorher ein beträchtlicher Teil des Blutvolumens beider Ventrikel durch die Aa. umbilicales geflossen war, ist nun der periphere Widerstand erhöht und der **Aortendruck steigt**. Ebenfalls steigt der CO$_2$-Partialdruck, weshalb die Lungenatmung einsetzt. Mit der **Ent-**

> **Klinik**
>
> **Persistierender fetaler Kreislauf**
>
> Der persistierende fetale Kreislauf (Synonym: persistierende pulmonale Hypertension des Neugeborenen) ist gekennzeichnet durch einen nach der Geburt persistierend **erhöhten Strömungswiderstand** in der Lungenstrombahn mit Aufrechterhaltung des Rechts-Links-Shunts auf Vorhofebene bzw. im Ductus arteriosus Botalli. Hierdurch kommt es aufgrund der gesteigerten rechtsventrikulären Nachlast zu einer **Rechtsherzbelastung** und zu einer **Sauerstoffunterversorgung**. Verschiedene Ursachen wie **Mekoniumaspiration**, systemische Infektion (**Sepsis**) oder Sauerstoffunterversorgung während der Geburt (**Geburtsasphyxie**) können zum postnatalen Persistieren des fetalen Kreislaufs führen. Therapeutische Maßnahmen zielen darauf ab, den pulmonalen Strömungswiderstand zu senken und damit die persistierende fetale Zirkulation zu durchbrechen. Neben einer unter Umständen notwendigen Beatmung der Neugeborenen werden daher in der Therapie v. a. vasodilatierende Substanzen wie z. B. inhalatives Stickstoffmonoxid (iNO) eingesetzt.

faltung der Lungen und dem Anstieg des alveolären Sauerstoffpartialdrucks sinkt der **Strömungswiderstand** im Lungenkreislauf. Hierdurch kommt es zu einer erheblichen Zunahme der Blutströmung in der A. pulmonalis bei gleichzeitiger Abnahme des pulmonalen Blutdrucks. Dies führt zur **Umkehrung** des **Druckgefälles** zwischen A. pulmonalis und Aorta und zur **Strömungsumkehr** im **Ductus arteriosus**, sodass der während der Fetalzeit herrschende **Rechts-Links-Shunt** sich zu einem **Links-Rechts-Shunt** umwandelt. Auch das Druckgefälle zwischen rechtem und linkem Vorhof kehrt sich um, da wegen des Wegfalls des Blutrückflusses aus der Plazenta der Druck im rechten Vorhof sinkt, während der Druck im linken Vorhof wegen des starken Zuflusses aus der Lunge steigt. Hierdurch werden die beiden **Vorhofsepten zusammengedrückt**, sodass es zu einem **funktionellen Verschluss** des **Foramen ovale** kommt.

Verschluss des Ductus arteriosus   Der Ductus arteriosus beginnt sich nach der Geburt durch **Kontraktion** der glatten Muskulatur zu verengen. Ein **funktioneller Verschluss** tritt gewöhnlich innerhalb der ersten drei Lebenstage ein. Für den anatomischen Verschluss bedarf es dann umfangreicher Umbauprozesse der Gefäßwand, die erst nach mehreren Monaten zum **permanenten anatomischen Verschluss** führen.

Während der Fetalzeit wird der Ductus arteriosus Botalli vor allem durch hohe **Prostaglandin-E_2**-Spiegel (PGE_2) offengehalten. Zusätzlich trägt auch der niedrige Sauerstoffpartialdruck zu diesem Prozess bei. Der postnatale Verschluss des Ductus arteriosus wird durch einen Abfall des PGE_2 Spiegels im Blut und die massive postnatale Zunahme des Sauerstoffpartialdrucks ermöglicht. Letzterer führt über die Hemmung von Kaliumkanälen zur Depolarisation der glatten Muskelzellen. PGE_2 wird während der Fetalzeit nicht nur in der Wand der Ductus arteriosus gebildet, sondern auch in der **Plazenta**. Nach der Geburt fällt mit der Plazenta ein wichtiger Produktionsort für PGE_2 weg. Im Weiteren wird der PGE_2-Spiegel zusätzlich durch die vermehrte Durchblutung der **Lunge** reduziert, in der **PGE_2 abgebaut** wird.

Prostaglandine in der Therapie
Prostaglandin-Derivate werden therapeutisch zur Offenhaltung der Ductus arteriosus bei der Transposition der großen Arterien eingesetzt. Bei dieser schweren Herzentwicklungsstörung (ca. 10 % aller angeborenen Herzfehler) entspringt die Aorta aus dem rechten und die A. pulmonalis aus dem linken Ventrikel. Ein Überleben ist nur solange möglich, wie die Rechts-Links Shunts offengehalten werden können. Mit der „arteriellen Switch-Operation" können heute kurz nach der Geburt anatomisch regelrechte Zustände hergestellt werden.

> **In Kürze**
>
> Im fetalen Kreislauf erfolgt die **Oxygenierung** in der **Plazenta**. Durch **Parallelschaltung** des Herzens bzw. der Ventrikel werden über 90 % des venösen Rückstroms direkt in den Körperkreislauf gepumpt. Nach der Geburt erfolgt über den **Verschluss** des **Foramen ovale** und des **Ductus arteriosus Botalli** die Umstellung der Zirkulation. Die Herzventrikel werden dann **sequentiell** perfundiert, sämtliches Blut fließt erst durch die Lunge und nachfolgend durch den linken Ventrikel in den Körperkreislauf.

Literatur

Howarth C (2014) The contribution of astrocytes to the regulation of cerebral blood flow. Front Neurosci 8: 103

Johnson JM, Kellogg DL Jr. (2010) Local thermal control of the human cutaneous circulation. J Appl Physiol 109: 1229-38

Vollmar B, Menger MD (2009) The hepatic microcirculation: Mechanistic contributions and therapeutic targets in liver injury and repaird. Physiol Rev 89:1269-1339

Olschewski A, Papp R, Nagaraj C, Olschewski H (2014) Ion channels and transporters as therapeutic targets in the pulmonary circulation. Pharmacol Ther 144: 349-368

Polin RA, Abman SH, Rowitch D. Benitz WE. (2016) Fetal and Neonatal Physiology, 5th Edition, Saunders Publisher, Philadelphia

Blut und Immunabwehr

Inhaltsverzeichnis

Allgemeine Eigenschaften des Blutes

Wolfgang Jelkmann

© Springer-Verlag GmbH Deutschland, ein Teil von Springer Nature 2019
R. Brandes et al. (Hrsg.), *Physiologie des Menschen*, Springer-Lehrbuch
https://doi.org/10.1007/978-3-662-56468-4_23

Worum geht's? (◘ Abb. 23.1)

Blut ist ein fließendes Organ
Das Blut strömt – angetrieben vom Herzen – durch den Kreislauf. Es transportiert Nährstoffe, Metaboliten, Hormone, Atemgase (O_2 und CO_2) und Wärme.

Blut besteht aus flüssigem Plasma und Zellen
Der Erwachsene hat ca. 5 Liter Blut. Etwas mehr als die Hälfte davon ist wässrige Flüssigkeit (Blutplasma). Darin sind Ionen und organische Stoffe (z. B. Glukose) gelöst. Das Blut enthält rote (Erythrozyten), weiße (Leukozyten) und plättchenförmige Zellen (Thrombozyten).

Das Blutplasma tauscht Stoffe mit dem Extravasalraum aus
Kleine Moleküle können aus dem Gefäßinneren in den umgebenden Raum gelangen und umgekehrt von dort in die Gefäße. Natrium- und Chloridionen im Blutplasma bestimmen den osmotischen Druck und damit den Wasseraustausch mit den Zellen. Die Proteine erzeugen den kolloidosmotischen Druck, der Flüssigkeit im Gefäßbett zurückhält.

Die Blutzellen haben besondere Aufgaben
Die Erythrozyten transportieren Hämoglobin-gebunden O_2 und unterstützen den Transport von CO_2. Die Leukozyten sind für Abwehr von Krankheitserregern zuständig, sie können die Wände der Blutgefäße durchdringen und in das umgebende Gewebe auswandern. Die Thrombozyten dichten verletzte Gefäße von innen ab, sie fördern die Thrombusbildung.

Blutstillung
Thrombozyten und plasmatische Faktoren sorgen dafür, dass bei Gefäßverletzungen wenig Blut verloren geht. Wenn das Endothel zerstört wird, bleiben die Thrombozyten an dahinterliegenden Strukturen haften, und der Gewebefaktor (Tissue factor) leitet die Gerinnung ein.

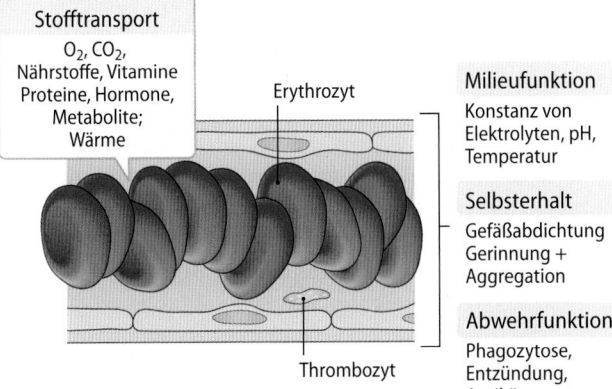

Stofftransport
O_2, CO_2, Nährstoffe, Vitamine Proteine, Hormone, Metabolite; Wärme

Erythrozyt

Milieufunktion
Konstanz von Elektrolyten, pH, Temperatur

Selbsterhalt
Gefäßabdichtung Gerinnung + Aggregation

Abwehrfunktion
Phagozytose, Entzündung, Antikörper

Thrombozyt

◘ Abb. 23.1   Zeichnung einer Kapillare mit dem gelblichen Blutplasma, den zahlreichen roten Erythrozyten und einem Thrombozyten (die raren Leukozyten fehlen)

23.1   Blut, das flüssige Organ

23.1.1   Funktionen

Blut ist ein flüssiges Organ, das Gase, gelöste Stoffe sowie Zellen transportiert und der Abwehr von Krankheitserregern dient.

Transportfunktion
- Blut transportiert die **Atemgase**, d. h. O_2 von der Lunge zu den peripheren Geweben und CO_2 von dort zur Lunge (► Kap. 28.3 und 28.4).
- Blut verteilt die **Nährstoffe** im Körper und bringt die **Metaboliten** zu den Ausscheidungsorganen.
- Blut ist **Vehikel** für Hormone, Vitamine und Mineralstoffe.
- Blut umverteilt die im Stoffwechsel gebildete **Wärme** und sorgt für die Wärmeabgabe über die Haut.

Milieufunktion   Beim Kreislauf werden die chemischen und physikalischen Eigenschaften des Blutes ständig durch bestimmte Organe kontrolliert und – wenn nötig – so korrigiert, dass die **Homöostase** gewahrt bleibt. Das bedeutet, dass die Konzentrationen gelöster Stoffe, der pH-Wert und die Temperatur weitgehend konstant gehalten werden.

Abwehrfunktion   Entzündungsfördernde **Zytokine, Antikörper und** phagozytierende oder zytotoxische **Leukozyten** bekämpfen in den Körper eingedrungene Krankheitserreger.

Blutstillung   Das Blut besitzt die Fähigkeit, durch primäre und sekundäre **Hämostase** verletzte Gefäße abzudichten und so Blutverlusten entgegenzuwirken.

23.1.2   Bestandteile

Die ca. 5 l Blut des erwachsenen Menschen bestehen überwiegend aus Plasma und Erythrozyten.

Volumen und Zusammensetzung   Das Blutvolumen des Erwachsenen beträgt **6–8 % des Körpergewichts**, im Mittel also 4–6 l **(Normovolämie)**. Eine Vermehrung wird als **Hypervolämie**, eine Verminderung als **Hypovolämie** bezeichnet.

Blut ist eine rote Flüssigkeit. Sie besteht aus dem gelblichen **Plasma** (ohne Fibrinogen = Serum) und den darin suspendierten roten Blutzellen **(Erythrozyten)**, weißen Blutzellen **(Leukozyten)** und Blutplättchen **(Thrombozyten)**.

> ❯ Blutanalysen haben eine große klinische Bedeutung,
> da Blut leicht zu gewinnen ist und seine Eigenschaften
> sich bei vielen Erkrankungen in typischer Weise ändern.

Hämatokrit   Der Hämatokrit (Hkt) gibt den relativen Anteil der **Erythrozyten** am Blutvolumen an. Er beträgt im venösen Blut im Mittel bei **Frauen 0,42 (0,37–0,47)** und bei **Männern 0,47 (0,42– 0,52)**. Neugeborene haben einen um etwa 20 % höheren (▸ Kap. 28.5), Kleinkinder einen um etwa 10 % niedrigeren Wert als Frauen.

Es bestehen Unterschiede zwischen den Hkt-Werten des venösen (relativ höherer Hkt), des arteriellen und des kapillären Blutes. Die Erythrozyten enthalten in der venösen Strombahn mehr HCO_3^--Ionen, Cl^--Ionen und Wasser, sodass die Zellen anschwellen. Die Multiplikation des im Kubitalvenenblut gemessenen Hkt mit 0,9 ergibt den mittleren Hkt im Körper. Bei Kenntnis des mittleren Hkt und des **Blutplasmavolumens** (PV) errechnet sich das Blutvolumen (BV) als

$$BV = \frac{PV}{(1 - 0,9 \times Hkt)} \qquad (23.1)$$

PV kann nach dem Verdünnungsprinzip mittels intravenöser Injektion von Farbstoffen, die an Plasmaproteine binden (z. B. Evansblau), oder von radioaktiv markierten Proteinen bestimmt werden.

Bezogen auf Wasser (= 1) beträgt die mittlere **relative Viskosität** des Blutes gesunder Erwachsener 4,5, die von Blutplasma 2,2. Die Blutviskosität nimmt mit steigendem Hkt

überproportional zu. Da der Strömungswiderstand entsprechend ansteigt, führt eine abnormale Erhöhung des Hkt zur Mehrbelastung des Herzens und u. U. zur Minderdurchblutung von Organen (▸ Kap. 19.2.4).

Hämatokritbestimmung
Automatische Zellzählgeräte („Counter") errechnen den Hkt aus dem mittleren Volumen der einzelnen Erythrozyten („mean corpuscular volume", MCV) und der Erythrozytenkonzentration im Blut. Manuell können die im Vergleich zum Plasma schweren Erythrozyten durch kurzes Zentrifugieren bei etwa 1000 g (g = relative Erdbeschleunigung) in standardisierten Hkt-Röhrchen vom Plasma getrennt und ihr Volumenanteil gemessen werden. Beim Zentrifugieren kommt es außerdem zu einer Abtrennung der leichteren Leukozyten und Thrombozyten, die zwischen dem Plasma und den sedimentierten Erythrozyten eine dünne gelblichweiße Schicht bilden (engl. „buffy coat").

> **In Kürze**
>
> Das Blut ist ein wichtiges **Transportmedium**, das die Gewebe mit O_2, Nährstoffen, Vitaminen und Hormonen versorgt. Das Blutvolumen des erwachsenen Menschen beträgt etwa 7 % des Körpergewichtes, d. h. 4–6 l (Normovolämie). Blut besteht aus einem nicht-zellulären Anteil, dem **Plasma** (ohne Fibrinogen = Serum), und aus Zellen. Über 99 % der Zellmasse sind **Erythrozyten**. Diese enthalten den roten Blutfarbstoff Hämoglobin und bewerkstelligen den Atemgastransport. Der Anteil der Erythrozyten am Gesamt-Blutvolumen wird als Hämatokrit bezeichnet. Dieser beträgt im Mittel bei Frauen 0,42 und bei Männern 0,47. Mit zunehmendem Hämatokrit steigt die **Blutviskosität**.

23.2   Blutplasma

23.2.1   Plasmaelektrolyte

Die Plasmaelektrolyte bestimmen den osmotischen Druck des Blutes.

Elektrolyte   ◼ Tab. 23.1 gibt einen Überblick über die ionale Zusammensetzung des Blutplasmas. Die Konzentration der einzelnen Ionen wird normalerweise in engen Grenzen gehalten **(Isoionie)**. Die Konzentration von Na^+ und Cl^- bestimmt wesentlich die Flüssigkeitsverteilung im Körper.

Der pH-Wert beträgt im arteriellen Blutplasma des Körperkreislaufs **normalerweise 7,40**, venöses Blutplasma ist je nach Stoffwechselaktivität etwas saurer.

Molarität vs. Molalität
Im Gegensatz zur Molarität (mol/l) bezieht sich Molalität (mol/kg) spezifisch auf das Lösungsmittel (z. B. das Wasser im Falle von Blutplasma), während der Raum, den Proteine und andere Stoffe einnehmen, ausgeschlossen wird.

Osmotischer Druck   Die **Osmolalität** beträgt normalerweise **280–296 mosmol/kg Plasmawasser**. Der **osmotische Druck** des Blutplasmas (ca. 745 kPa = 5.600 mmHg) wird v. a. durch

◻ Tab. 23.1 Mittlere Konzentrationen der Elektrolyte im Blutplasma (Molarität). Die Konzentrationen im Plasmawasser (Molalität) sind höher (das Plasmawasser umfasst nur ca. 93 % des Plasmavolumens, den restlichen Raum besetzen v. a. die Proteine)

Elektrolyte	mmol/l Plasma	mmol/kg Plasmawasser
Kationen		
Natrium	142	152
Kalium	4,4	4,7
Kalzium	2,5 gesamt 1,2 ionisiert	1,3
Magnesium	0,9 gesamt 0,5 ionisiert	0,6
Anionen		
Chlorid	104	110
Bikarbonat	22	24
Phosphat	1	1
Sulfat	0,5	0,5
Organische Säuren	6	
Proteine	16	
Insgesamt		ca. 290

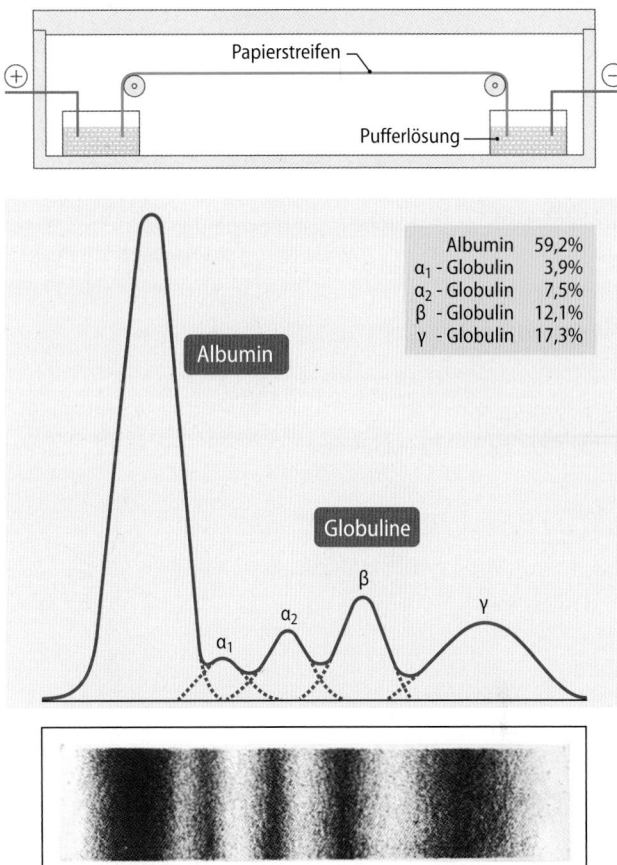

◻ Abb. 23.2 Elektropherogramm eines menschlichen Serums. Unten der angefärbte Papierstreifen, darüber die Photometerkurven, der prozentuale Anteil der einzelnen Proteinfraktionen und die Apparatur zur Papierelektrophorese

Na⁺ und Cl⁻ erzeugt. Isotonische Lösungen (z. B. die „physiologische Kochsalzlösung": 9 g/l NaCl) haben den gleichen osmotischen Druck wie das Plasma.

Der osmotische Druck bestimmt den Flüssigkeitsaustausch zwischen dem interstitiellen und dem intrazellulären Raum. Extrazelluläre **Hypotonie** führt zum **zellulären Ödem**. Bei extrazellulärer **Hypertonie** schrumpfen die Zellen dagegen.

23.2.2 Plasmaproteine

Die Proteinmoleküle erzeugen den kolloidosmotischen Druck und haben Funktionen als Transportmittel, Enzyme oder Hormone.

Konzentration und Fraktionen Die Plasmaproteinkonzentration beträgt im Mittel **70 g/l (65–80 g/l)**. Das sog. „Plasmaprotein" ist ein Gemisch aus tausenden unterschiedlichen Proteinen. Elektrophoretisch lassen sich die großen Fraktionen Albumin, α1-, α2-, β- und γ-Globuline trennen (◻ Abb. 23.2). Albumin sowie α- und β-Globuline stammen überwiegend aus der **Leber**, während die γ-Globuline von **Plasmazellen** des lymphatischen Systems produziert werden.

Plasmaproteinelektrophorese
Bei der Elektrophorese werden gelöste Proteine im elektrischen Gleichspannungsfeld getrennt. Die elektrophoretische Wanderungsgeschwindigkeit ist eine Funktion der angelegten Spannung, der Größe und Ge-

stalt der Moleküle und deren elektrischer Ladung, welche vom Abstand des isoelektrischen Punktes (IP) vom in der Lösung herrschenden pH bestimmt wird. Bei neutraler oder alkalischer Umgebung wandern die Proteine unterschiedlich schnell zur Anode (◻ Abb. 23.2). Die **Plasmaproteinelektrophorese** ist ein wichtiges diagnostisches Hilfsmittel, da viele Erkrankungen charakteristische Veränderungen des Proteinspektrums hervorrufen (Dysproteinämie).

Kolloidosmotischer Druck Plasmaproteine (v. a. Albumin) erzeugen den kolloidosmotischen Druck (**KOD**; syn. **onkotischer Druck**), welcher die Flüssigkeitsverteilung zwischen dem Gefäßinneren und dem Interstitium bestimmt. Die Plasmaproteine können wegen ihrer Molekülgröße die meisten Gefäßwände kaum passieren, sodass ein großer Konzentrationsgradient zwischen Blutplasma (KOD 25 mmHg = 3,3 kPa) und Interstitium (KOD ca. 5 mmHg = 0,7 kPa) besteht. Eine Abnahme der Proteinkonzentration im Plasma führt zu einer Flüssigkeitsretention im Interstitium, einem **interstitiellen Ödem**.

Albumin Etwa 60 % des Plasmaproteins ist Albumin (35–45 g/l; ◻ Tab. 23.2). Es wird in der Leber produziert und gehört zu den kleinsten Plasmaproteinen (69 kDa). Wegen seiner hohen Konzentration ist es für fast 80 % des kolloidosmo-

◻ Tab. 23.2   Proteinfraktionen des menschlichen Blutplasmas

Proteinfraktion		Mittlere Konzentration		Molekulare Masse kDa	IP	Physiologische Bedeutung
Elektrophoretisch	Proteine (u.a.)	g/l	µmol/l			
Albumin	Präalbumin (Transthyretin)	0,3	5	61	4,7	Bindung von Thyroxin
	Albumin	40,0	580	69	4,9	Kolloidosmotischer Druck; Vehikel
α_1-Globuline	Saures α_1-Glykoprotein	0,8	18	44	2,7	Akute-Phase-Protein
	α_1-Lipoprotein (HDL)	3,5	17	200	5,1	Lipidtransport (bevorzugt Phospholipide)
α_2-Globuline	Caeruloplasmin	0,3	2	160	4,4	Oxidaseaktivität, Bindung von Kupfer
	α_2-Makroglobulin	2,5	3	820	5,4	Plasmin- und Proteaseinhibition
	α_2-Haptoglobin	1,0	12	85	4,1	Hämoglobinbindung im Plasma
β-Globuline	Transferrin	3,0	33	75–80	5,8	Eisentransport
	β-Lipoprotein (LDL)	5,5	~ 1	$3 \times 10^3 – 2 \times 10^4$	–	Transport von Lipiden (bevorzugt Cholesterin)
	Fibrinogen	3,0	9	340	5,8	Blutgerinnung
γ-Globuline (Immunglobuline)	IgG	12,0	77	156	5,8	Antikörper gegen körperfremde Strukturen
	IgA	2,4	16	150	7,3	
	IgM	1,2	1	960		Agglutinine

IP = isoelektrischer Punkt; LDL = low density lipoproteins; HDL high density lipoproteins

tischen Drucks verantwortlich. Bei vielen pathologischen Zuständen ist die Albuminkonzentration **erniedrigt**, insbesondere bei **entzündlichen Erkrankungen** und bei **Leber- und Nierenfunktionsstörungen**.

Ihre große Gesamtoberfläche befähigt die Albuminmoleküle besonders gut, als Vehikel zu fungieren. Zu den vom Albumin gebundenen Stoffen gehören Kationen (wichtig v. a. Ca^{2+}), Bilirubin, Urobilin, Fettsäuren, gallensaure Salze und einige körperfremde Stoffe, wie z. B. gerinnungshemmende Kumarinderivate (s. u.).

❯❯ Die Albuminmoleküle erzeugen nahezu 80 % des kolloidosmotischen Druckes; außerdem dienen sie vielen anorganischen und organischen Stoffen als Vehikel.

Globuline   Die Fraktion der α_1-Globuline beinhaltet **Glykoproteine**, die verzweigte Kohlenhydratseitenketten besitzen. Wichtige Vertreter (◻ Tab. 23.2) sind
- die Lipide transportierenden α_1-Lipoproteine (HDL, high density lipoproteins),
- das Thyroxin-bindende Globulin (TBG),
- das Vitamin B_{12}-bindende Globulin (Transcobalamin),
- das Bilirubin-bindende Globulin und
- das Kortisol-bindende Globulin (Transkortin),
- der Proteaseinhibitor α_1-Antitrypsin.

In der Fraktion der α_2-Globuline finden sich das **Haptoglobin**, welches freies Hämoglobin bindet, das Kupfer bindende **Caeruloplasmin** und der Serinproteaseinhibitor α_2-**Antiplasmin**.

In der Fraktion der β-Globuline wandern **Lipoproteine geringer Dichte** (LDL, „low density lipoproteins"), die schlecht wasserlöslichen Stoffen als Lösungsvermittler dienen. Eine erhöhte Konzentration an LDL kann mit der Entwicklung der Arteriosklerose assoziiert sein. Mit der β-Globulinfraktion wandern auch Metall-bindende Proteine, unter ihnen das Eisentransportprotein **Transferrin**, welches bis zu zwei Eisenatome (Fe^{3+}) pro Molekül aufnehmen kann. Normalerweise beträgt die Sättigung des Transferrins mit Eisen jedoch nur etwa 30 % (1 mg Fe^{3+}/l Plasma).

Außerdem enthält die β-Globulin Fraktion die Akute-Phase-Proteine **C-reaktives Protein** (CRP), C3-/C4-Komplement und Fibrinogen. Die CRP-Produktion in der Leber wird durch den Immunmediator Interleukin-6 (Il-6) drastisch gesteigert. Eine erhöhte CRP-Konzentration spricht für ein akutes – meist bakterielles – oder chronisches Infektions- und Entzündungsgeschehen.

Die Fraktion der γ-Globuline enthält die elektrophoretisch am langsamsten wandernden **Immunglobuline** (Ig). Im Blutplasma sind nahezu ausschließlich IgG, IgA und IgM vorhanden (◻ Tab. 23.2) (▶ Kap. 25.2).

> Die α_1-, α_2- und β-Globuline dienen als spezifische Vehikel für Hormone, Lipide und Mineralstoffe; γ-Globuline sind lösliche Antikörper.

Albumin-Globulin-Quotient Bei normaler Ernährung produziert der Mensch in 24 Stunden etwa 0,2 g Albumin und 0,2 g Globulin pro Kilogramm Körpergewicht. Die Halbwertszeit von Albumin beträgt etwa 19 Tage, während die der einzelnen Globuline sehr unterschiedlich ist (α- und β-Globuline, IgA und IgM: 4–8 Tage; IgG: 20–25 Tage).

Bei entzündlichen Erkrankungen werden vermehrt Globuline produziert. Dabei bleibt die Gesamtmenge der Plasmaproteine meistens unverändert, denn mit der Zunahme der Globulinproduktion geht eine gleich große Verringerung der Albuminproduktion einher. Abnahmen des Albumin/Globulin-Quotienten führen zu einer Erhöhung der **Blutsenkungsgeschwindigkeit (BSG, auch: Erythrozytensedimentationsrate)**. Die BSG basiert auf dem Phänomen, dass die zellulären Bestandteile des Blutes schwerer sind als das Plasma (spez. Gewicht 1,096 versus 1,027) und im (ungerinnbar gemachten) stehenden Blut absinken („sedimentieren"). Bei der üblichen Bestimmung (s. u.) beträgt die **BSG** von **Frauen** 6–11 mm und die von **Männern** 3–9 mm.

BSG-Bestimmung

Zur BSG-Bestimmung (nach Westergren) werden 1,6 ml Blut mit einer 2-ml-Spritze, die 0,4 ml Natriumzitratlösung enthält, aus der Kubitalvene entnommen. Das durch die Zitratlösung ungerinnbar gemachte Blut wird in eine 200 mm hohe Pipette gefüllt. Nach 1 h wird die Höhe des erythrozytenfreien Überstandes abgelesen (= BSG). Verminderungen des Hkt führen über eine Verringerung der Blutviskosität zu einem Anstieg, Erhöhungen des Hkt zu einer Abnahme der BSG. Formveränderungen der Erythrozyten, wie z. B. bei der Sichelzellanämie, und starke Unregelmäßigkeiten der Erythrozytenformen (Poikilozytose, z. B. bei perniziöser Anämie) erschweren die Agglomeration und bewirken so eine Verminderung der BSG. Steroidhormone (Östrogene, Glukokortikoide) und Pharmaka (z. B. Salizylate) beschleunigen die BSG auf unbekannte Weise.

Die BSG steigt bei bakteriellen Infekten, Autoimmunerkrankungen und vermehrtem Gewebezerfall (Tumoren). Die begleitenden Entzündungsprozesse führen zur vermehrten Produktion großmolekularer Globuline wie Fibrinogen, Akute-Phase-Proteinen und γ-Globulinen, welche als sog. „Agglomerine" ein Zusammenballen der Erythrozyten verursachen. Die **Agglomerate** sinken schneller als Einzelzellen.

> Bei entzündlichen Erkrankungen nimmt der relative Anteil der Globuline zu, was sich in einer erhöhten Blutsenkungsgeschwindigkeit äußert.

23.2.3 Transportierte Plasmabestandteile

Das Blutplasma ist Transportmittel für Nährstoffe, Vitamine, Spurenelemente und Stoffwechselprodukte.

Nährstoffe, Vitamine und Spurenelemente Unter denen im Plasma transportierten Nährstoffen überwiegen die **Lipide**. Ihre Konzentration (normal 4–7 g/l) kann nach fetthaltigen Mahlzeiten so stark ansteigen (bis 20 g/l), dass das Plasma milchig aussieht (**Lipämie**). Etwa 80 % der Lipide liegen als Glyzeride, Phospholipide und Cholesterinester an Globulin gebunden vor (Lipoproteine), während die unveresterten Fettsäuren überwiegend Komplexe mit Albumin bilden.

Die Konzentration freier **Glukose** wird relativ konstant bei 4–6 mmol/l (0,7–1,1 g/l) gehalten. Die Konzentration der **Aminosäuren** beträgt ca. 0,04 g/l. **Vitamine** und **Spurenelemente** werden in freier Form oder an Protein gebunden transportiert.

Stoffwechselprodukte Das **Laktat** (Anion der Milchsäure) ist das mengenmäßig wichtigste Stoffwechselzwischenprodukt (normal ca. 1 mmol/l). Es entsteht beim anaeroben Glukose-Abbau, vor allem in Erythrozyten, Gehirn, Darm und Skelettmuskulatur. Seine Konzentration steigt bei Gewebshypoxie und schwerer Muskelarbeit. Es wird in Leber, Nieren und Herz zur Glukoneogenese verwendet.

Zu den Stoffwechselprodukten, die eliminiert werden müssen, gehören Harnstoff, Kreatinin, Harnsäure, Bilirubin und Ammoniak. Diese sind stickstoffhaltig und werden durch die Nieren ausgeschieden. Bei Nierenfunktionsstörungen ist ihre Konzentration daher im Plasma erhöht.

In Kürze

Blutplasma enthält pro kg etwa **910 g Wasser, 70 g Proteine** und **20 g kleinmolekulare Substanzen.** Das **Albumin** erzeugt 80 % des kolloidosmotischen Drucks des Plasmas. Albumin sowie α_1-, α_2- und β-Globuline dienen als Transportvehikel. Die γ-Globuline haben Abwehrfunktionen. Veränderungen der Plasmaproteinfraktionen können elektrophoretisch und anhand der Blutsenkungsgeschwindigkeit (BSG) erkannt werden. Plasma enthält energiereiche Lipide, Kohlenhydrate, Laktat und Aminosäuren.

23.3 Hämatopoiese

23.3.1 Stammbaum

Blutzellen sind Nachkommen pluripotenter hämatopoietischer Stammzellen.

Stammzellen Blutzellen haben eine begrenzte Lebenszeit, die wenige Stunden (neutrophile Granulozyten), mehrere Monate (Erythrozyten) oder viele Jahre (lymphozytäre Gedächtniszellen) betragen kann. Gealterte Zellen werden permanent durch junge ersetzt (Hämatopoiese; griech. „haima"= Blut; „poiein"= machen). Der **Stammbaum der Blutzellen** (◻ Abb. 23.3) zeigt, dass sich diese aus **pluripotenten hämatopoietischen Stammzellen** entwickeln. Stammzellen haben die Fähigkeit zur Autoreproduktion, was ihren Bestand aufrechthält. Außerdem können sie differenziertere Nachkommen hervorbringen, u. z. **myeloische** und **lymphatische Stammzellen.**

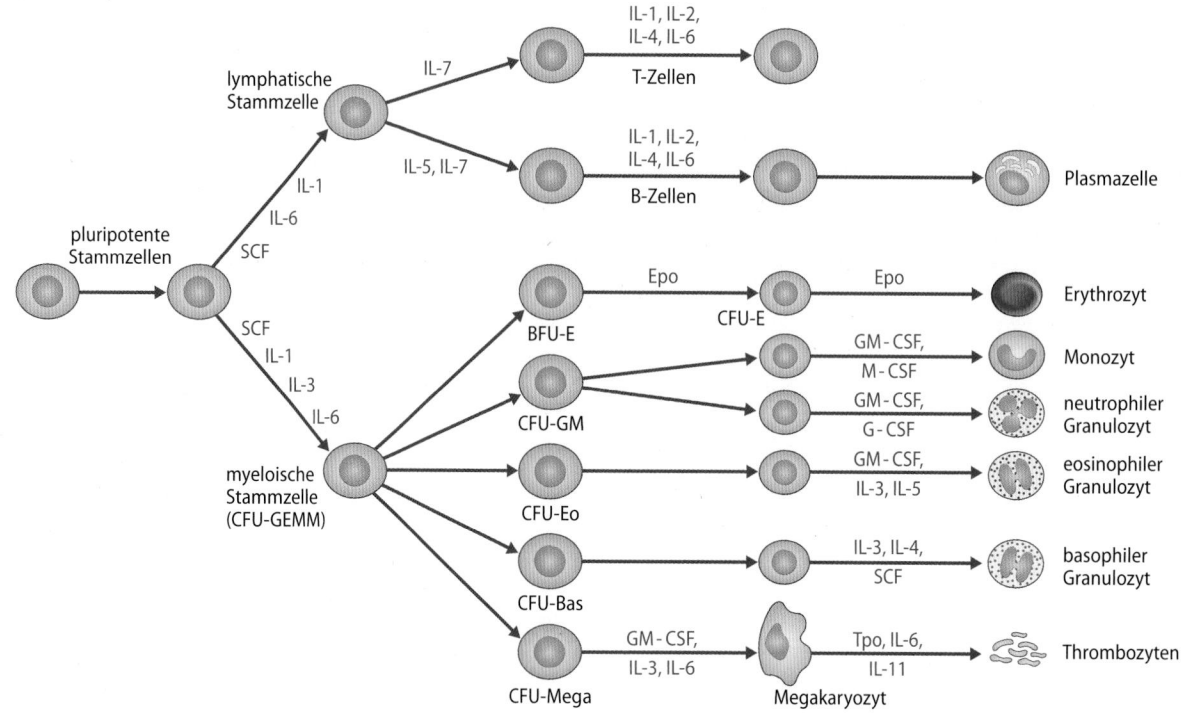

◻ Abb. 23.3   Stammbaumschema der Hämatopoiese. Die Blutzellen entstehen im Knochenmark und in den lymphatischen Organen als Nachkommen pluripotenter Stammzellen (CD34⁺-Zellen). Wachstumsfaktoren (IL=Interleukin; SCF=Stammzellfaktor; CSF=kolonienstimulierende Fak- toren; Epo=Erythropoietin; Tpo=Thrombopoietin) kontrollieren die Proliferationsrate und Differenzierung der Vorläuferzellen (BFU=burst forming unit; CFU=colony forming unit) von Granulozyten (G), Erythrozyten (E), Monozyten (M) und Megakaryozyten (M, Mega)

Die pluripotenten hämatopoietischen Stammzellen werden in der klinischen Praxis auch **CD34⁺-Zellen** genannt (CD für engl: „cluster of differentiation", womit das Vorhandensein bestimmter, mit Ziffern charakterisierter, Membranproteine gekennzeichnet wird). CD34⁺-Zellen werden therapeutisch zur **Stammzelltransplantation** angereichert. Hämatopoietische Stammzellen zeichnen sich außerdem durch **Plastizität** aus, d. h. sie können nicht nur mesodermale Zellen (Blutzellen), sondern auch endo- und ektodermale Zellen hervorbringen. Bei der Stammzelltherapie wird versucht, zerstörtes Gewebe (z. B. im Gehirn oder Herzen) zu regenerieren (▶ Kap. 83).

❯ Die Hämatopoiese wird durch spezifische Wachstumsfaktoren und Hormone geregelt.

Vorläuferzellen   Den myeloischen und lymphatischen Stammzellen folgen differenziertere Vorläuferzellen. Diese haben spezifische Funktionen, sind aber morphologisch noch nicht eindeutig zu unterscheiden – sie sehen alle **lymphozytenähnlich** aus. Die Vorläuferzellen bilden Kolonien weiter differenzierter Zellen (daher der englische Name „colony-forming unit"; **CFU**). Z. B. gibt die Bezeichnung CFU-GEMM an, dass aus dieser Zelle eine Kolonie aus **G**ranulozyten, **E**rythrozyten, **M**onozyten und **M**egakaryozyten heranwachsen kann.

23.3.2   Hormonelle Kontrolle

Hämatopoietische Wachstumsfaktoren   Die Proliferation und Differenzierung der Stamm- und Vorläuferzellen wird durch Wachstumsfaktoren gesteuert. Zwei davon sind echte Hormone: **Erythropoietin** wird hauptsächlich in der Niere und **Thrombopoietin** in der Leber produziert. Andere Faktoren (auch als Zytokine bezeichnet) werden lokal besonders von Fibroblasten und Endothelzellen produziert (Tabelle im Anhang). Erythropoietin (**Epo**, 30 kDa) und der Granulozyten-Kolonien stimulierende Faktor (**G-CSF**, 20 kDa) werden – gentechnisch gewonnen – häufig Patienten mit Blutzellarmut verabreicht.

❯ Rekombinantes humanes Epo (rhEpo) und rekombinanter humaner G-CSF (rhG-CSF) spielen in der praktischen Medizin eine große Rolle.

In Kürze

Gealterte Blutzellen werden permanent durch junge ersetzt, welche Nachkommen hämatopoietischer Stammzellen (**CD34⁺-Zellen**) sind. Den myeloischen und lymphatischen Stammzellen folgen differenziertere Vorläuferzellen (colony-forming units; **CFU**). Die Proliferation und Differenzierung der Stamm- und Vorläuferzellen wird durch Wachstumsfaktoren kontrolliert. Therapeutisch besonders wichtig sind gentechnisch gewonnenes **Erythropoietin** und **G-CSF**.

Klinik

Stammzelltransplantation

Der Pool CD34⁺-hämatopoietischer Stammzellen im Knochenmark ist normalerweise befähigt, zeitlebens ausreichend Blutzellen hervorzubringen. Diese Fähigkeit geht verloren, wenn Patienten mit bösartigen Erkrankungen wie Leukämien („Blutkrebs") oder Lymphomen („Lymphdrüsenkrebs") sich einer Hochdosis-Chemotherapie, möglicherweise in Kombination mit Radiotherapie, unterziehen müssen, da die Stammzellen dabei abgetötet werden.
Der Verlust kann durch die intravenöse Gabe neuer Stammzellen ausgeglichen werden, welche sich im Knochenmark ansiedeln („homing"). Die Transplantation ist **autolog**, wenn dem Patienten eigene, kryokonservierte, Stammzellen infundiert werden. Sie ist **allogen**, wenn die Zellen von einer fremden Person stammen. Der Spender muss ähnliche Gewebemerkmale (HLA, humane Leukozytenantigene) wie der Empfänger haben, damit es nicht zu einem Angriff immunkompetenter Spenderzellen auf gesundes Empfängergewebe kommt („Graft-versus-host"-Reaktion).
Früher wurden aus dem Beckenkamm gewonnene Zellen des roten **Knochenmarks** transplantiert (KMT). Heute wird die **peri**phere Blutstammzelltransplantation (PBSCT) bevorzugt, die für den Spender weniger belastend ist. Da im Blut nur wenige Stammzellen zirkulieren, wird der Spender einige Tage mit G-CSF behandelt, welches ein Ausschwemmen von Stammzellen aus dem Knochenmark bewirkt (**Stammzellmobilisierung**). Die Stammzellen werden in einem Rezirkulationssystem aus dem Blut des Spenders separiert (**Apherese**). Eine dritte Möglichkeit, die insbesondere für Kinder geeignet ist, ist die Transplantation von Stammzellen aus dem Nabelschnurblut von Neugeborenen.

23.4 Erythrozyten

23.4.1 Zahl, Form und Größe

Blut eines gesunden Erwachsenen enthält im Mittel pro Liter ca. 5×10^{12} Erythrozyten, kernlose bikonkave Scheibchen, die vollgestopft mit Hämoglobin sind.

Erythrozytenzahlen Die meisten Zellen des Blutes (volumenmäßig > 99 %) sind Erythrozyten. Frauen haben im Mittel $4,8 \times 10^{12}$ und Männer $5,3 \times 10^{12}$ Erythrozyten pro Liter Blut (◘ Tab. 23.3). Neben dem Wasser ist der O_2-bindende rote Blutfarbstoff Hämoglobin Hauptinhaltsstoff der Erythrozyten (▶ Kap. 28.2).

Altersabhängige Änderung der Erythrozytenkonzentration
Im Laufe der **Kindheit** ändert sich die Erythrozytenkonzentration. Beim Neugeborenen ist sie hoch ($5,5 \times 10^{12}$/l) infolge der fetalen O_2-Armut (▶ Kap. 28.5), des Blutübertrittes aus der Plazenta in den kindlichen Kreislauf bei der Geburt und des anschließenden starken Wasserverlustes. In den folgenden Monaten hält die Erythropoiese mit dem Erythrozyten-Abbau nicht Schritt und es entwickelt sich die sog. **Trimenonreduktion**, d. h. eine Abnahme der Erythrozytenkonzentration auf etwa $3,5 \times 10^{12}$/l im 3. Lebensmonat.
Bei Klein- und Schulkindern ist die Erythrozytenkonzentration etwas niedriger als bei Frauen.

Form Menschliche Erythrozyten sind kernlose bikonkave Scheiben. Ihr mittlerer Durchmesser beträgt 7,5 μm und größte Dicke (am Rande) 2 μm. Die flache Form führt zu einer großen Oberfläche im Vergleich zur Kugelform. Dadurch ist der Gastransfer erleichtert (▶ Kap. 28.1), da die Diffusionsfläche groß und die Diffusionsstrecke kurz ist. Außerdem können sich die flachen Erythrozyten bei der Passage durch enge und gekrümmte Kapillaren leicht verformen. Die Verformbarkeit nimmt mit dem Alter der Erythrozyten ab. Sie ist auch bei anomal geformten Erythrozyten, wie z. B. bei **Sphärozyten** (Kugelzellen) oder **Sichelzellen** vermindert, weshalb diese vermehrt in der Milz hängen bleiben, wo sie dann abgebaut werden.

Größe Das mittlere Erythrozytenvolumen („**mean corpuscular volume**", MCV) beträgt 85 fl (**Normozyt**). Anomal große Erythrozyten heißen **Makrozyten** (z. B. bei perniziöser Anämie) und anomal kleine **Mikrozyten** (z. B. bei Eisen-

◘ **Tab. 23.3** Blutbildparameter des Erwachsenen

Parameter		Normalwert (-bereich)	Einheit*
Erythrozyten	♀	4,8 (4,3–5,2)	10^{12}/l
	♂	5,3 (4,6–5,9)	10^{12}/l
Retikulozyten		0,07 (0,02–0,13)	10^{12}/l
Hämatokrit	♀	0,42 (0,37–0,47)	vol/vol
	♂	0,47 (0,40–0,54)	vol/vol
Hämoglobin	♀	140 (120–160)	g/l
	♂	160 (140–180)	g/l
MCV		85 (80–96)	fl
MCH		30 (27–34)	pg
MCHC		340 (300–360)	g/l
Leukozyten		7 (4–10)	10^9/l
Granulozyten		4,4 (2,5–7,5)	10^9/l
- Neutrophile		4,2 (2,5–7,5)	10^9/l
- Eosinophile		0,2 (0,04–0,4)	10^9/l
- Basophile		0,04 (0,01–0,1)	10^9/l
Monozyten		0,5 (0,2–0,8)	10^9/l
Lymphozyten		2,2 (1,5–3,5)	10^9/l
Thrombozyten		250 (150–400)	10^9/l

* in der klinischen Praxis auch: 10^{12} = T = Tera, 10^9 = G = Giga. MCV: Mittleres korpuskuläres Volumen, MCH: Mittlere korpuskuläre Hämoglobinmasse, MCHC: Mittlere korpuskuläre Hämoglobinkonzentration

mangel). Bei gleichzeitigem Vorkommen von Makro- und Mikrozyten spricht man von **Anisozytose**. Sind die Erythrozyten unregelmäßig gestaltet, liegt eine **Poikilozytose** vor (z. B. bei perniziöser Anämie oder Thalassämie).

Rotes Blutbild   Zu den Basisparametern des „Blutbildes" (◘ Tab. 23.3) gehören neben den Blutzellzahlen, dem Hämatokrit, der Hämoglobinkonzentration und dem MCV die Parameter MCH (**„mean corpuscular hemoglobin"**) und MCHC (**„mean corpuscular hemoglobin concentration"**). Das MCH gibt die errechnete mittlere Hämoglobinmasse des einzelnen Erythrozyten an (30 pg = **normochrom**, > 34 pg = **hyperchrom**, < 27 pg = **hypochrom**).

MCHC gibt die mittlere Hämoglobinkonzentration in den Erythrozyten an (ca. 340 g/l).

Erythrozytenuntersuchung

Zur klinischen Untersuchung der Erythrozyten werden Analyseautomaten verwendet. Dabei wird die Erythrozytenkonzentration in einer verdünnten Suspension entweder aus dem Grad der Streuung durchfallenden Laserlichtes (Durchflusszytometrie) oder aus elektrischen Leitfähigkeitsänderungen, die bei der Passage der Zellen durch ein dünnes Röhrchen auftreten, ermittelt. Die Automaten berechnen Hämatokrit, MCV, MCH und MCHC. Die mikroskopische Bestimmung der Erythrozyten in Zählkammern wird kaum noch durchgeführt. Die modernen Analyseautomaten liefern zudem Diagramme der Erythrozytenvolumen-Verteilungsbreiten („red cell distribution width", RDW). Erhöhte RDW-Werte (> 16,5 %) weisen auf abnormale Größenunterschiede der Erythrozyten hin (Anisozytose).

23.4.2   Erythropoiese

Die Erythrozytenbildung wird durch das renale Hormon Erythropoietin geregelt.

Umsatz der Erythrozyten   Erythrozyten werden in den hämatopoietischen Geweben gebildet, d. h. beim Embryo im Dottersack (bis zur 6. postkonzeptionellen [p. c.] Woche), beim Feten in Leber (6. Woche p. c. bis ca. Geburt) und Milz (15. Woche p. c. bis ca. Geburt) und anschließend (ab der 18. Woche p. c.) im roten Mark der platten kurzen Knochen (ab dem 2. Monat nach der Geburt praktisch ausschließlich dort). Bei der Erythropoiese unterscheidet man mehrere Differenzierungs- und Reifungsstadien (u. a. „colony-forming units-erythroid" [CFU-E] und Erythroblasten), bevor die jungen roten Blutzellen als Retikulozyten aus dem Knochenmark ausgeschwemmt werden (◘ Abb. 23.4). Erythrozyten kreisen 100–120 Tage im Blut. Dann werden sie von Makrophagen in Knochenmark, Leber und Milz zerstört. Rund 0,8 % der 25×10^{12} Erythrozyten eines Erwachsenen werden in 24 Stunden erneuert, d. h. pro Sekunde werden ca. $2–3 \times 10^6$ Retikulozyten produziert.

Retikulozyten   Retikulozyten sind kernlose junge rote Blutzellen, die etwas größer als Erythrozyten sind. Sie enthalten Mitochondrien und ribosomale RNA, die mittels Färbung mit Brillantkresyl- oder Methylenblau als **netzartige Strukturen** (Substantia granulo-reticulo-filamentosa) sichtbar werden.

Innerhalb von 1–2 Tagen verlieren die zirkulierenden Retikulozyten ihr Netzwerk und reifen zu organellfreien Erythrozyten. Normalerweise beträgt der Anteil der Retikulozyten **0,5–1,5 %** der roten Blutzellen (ca. $0,07 \times 10^{12}$ pro Liter). Hemmung der Erythropoiese führt zu einer Verminderung der Retikulozytenzahlen, Stimulation zu einer Zunahme. Im Extrem kann der Anteil der Retikulozyten bis auf über 40 % der roten Blutzellen ansteigen.

Regelung   Nach Blutverlusten kann die Erythropoieserate auf das Mehrfache ansteigen. Wirksamer Reiz ist dabei das Absinken des O_2-Partialdruckes im Gewebe. Unter diesen Umständen steigt die Konzentration von Erythropoietin (Epo) im Blutplasma. Dieses Glykoprotein (30 kDa; 165 Aminosäuren; 4 Glykane, 40 % Kohlenhydrat) stimuliert spezifisch die Erythropoiese. Epo wird v. a. von peritubulär gelegenen fibroblastenähnlichen Zellen in den Nieren gebildet. Bei O_2-Mangel – z. B. nach Blutverlust oder bei Aufenthalt in großer Höhe – nimmt die Epo-Produktion zu (◘ Abb. 23.4). Bei Niereninsuffizienz kommt es zum Epo-Mangel und zur Anämie. In geringen Mengen wird Epo auch in anderen Organen gebildet (Leber, Gehirn). In der **Fetalzeit** ist die **Leber** Hauptsyntheseort des Hormons.

HIF-2   Die renale Expression des Epo-Gens (**EPO**) wird vorwiegend durch den Transkriptionsfaktor HIF-2 (**Hypoxieinduzierbarer Faktor 2**) stimuliert, der bei O_2-Mangel besonders stabil ist und sich intrazellulär anreichert. HIF-2 und dessen Isoform HIF-1 aktivieren eine Vielzahl von Genen, deren Translationsprodukte den Organismus vor O_2- und Glukosemangel schützen (neben Epo u. a. der vaskuläre endotheliale Wachstumsfaktor VEGF, verschiedene glykolytische Enzyme und membranäre Glukosetransporter).

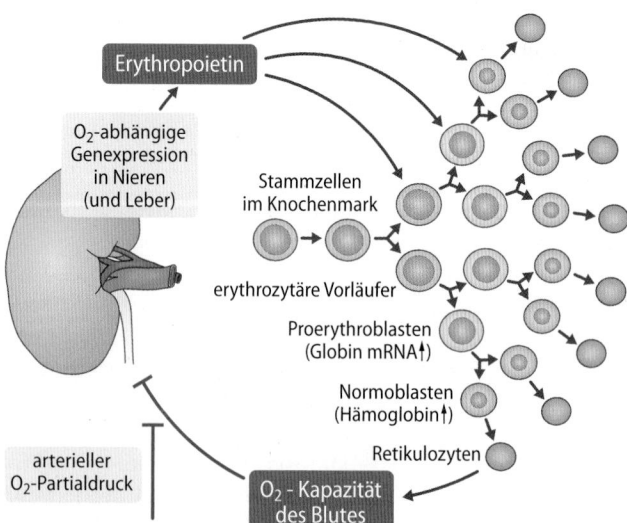

◘ **Abb. 23.4   Regelkreis der Erythropoiese.** Das in Abhängigkeit von der O_2-Versorgung („negatives Feedback") vor allem in den Nieren produzierte Hormon Erythropoietin fördert das Wachstum erythrozytärer Vorläufer im Knochenmark und erhöht so die Erythrozytenkonzentration (und damit die O_2-Kapazität) des Blutes. Das Schema ist sehr vereinfacht: In Wirklichkeit bringt eine einzige hämatopoietische Stammzelle ca. 10^{12} Nachkommen hervor

❯ Bei O$_2$-Mangel wird die renale Erythropoietin-Gen-expression durch den Hypoxie-induzierbaren Faktor 2 (HIF-2) stimuliert.

Erythropoietin(Epo)-Wirkung Epo bindet an spezifische homodimere transmembranäre Rezeptoren (Epo-R) seiner Zielzellen. Dadurch werden intrazellulär Tyrosinkinasen (u. a. Januskinase 2, JAK-2) aktiviert, die Signalmoleküle stimulieren, welche im Knochenmark den programmierten Zelltod (Apoptose) der **erythrozytären Vorläufer** (CFU-E) verhindern (❏ Abb. 23.4). Diese werden stattdessen zur **Proliferation** und **Differenzierung** angeregt, sodass die Zahl der hämoglobinbildenden Erythroblasten zunimmt. Letztlich stoßen diese ihren Kern in den Extrazellularraum aus und werden damit zu **Retikulozyten** (s. o.). Ein Anstieg der Epo-Konzentration im Blut führt nach 3–4 Tagen zur **Retikulozytose**. Ohne Epo können keine roten Blutzellen gebildet werden.

Androgene und Somatomedine („insulin like growth factors", IGF) steigern die Wirkung von Epo. Die Androgen-Wirkung erklärt die **Unterschiede** in Hämatokrit, Erythrozytenzahlen und Hämoglobinkonzentration von Männern und Frauen (s. o.).

23.4.3 Eisenmangel und andere Ursachen von Anämien

Eisenmangel verursacht eine hypochrome mikrozytäre Anämie, Vitamin B$_{12}$- oder Folsäuremangel dagegen eine hyperchrome makrozytäre Anämie.

Eisenhaushalt und -mangel Ca. 70 % der 3–4 g Eisen im Körper sind Bestandteil des Hämoglobins (▶ Kap. 28.2). Das beim Abbau gealterter Erythrozyten aus dem Häm freigesetzte Eisen wird im Blutplasma an das Glykoprotein Transferrin gebunden, zum Knochenmark transportiert und erneut zur Hämoglobinsynthese verwendet. Die normale Eisensättigung des Transferrins des Erwachsenen beträgt ca. 30 %. Die erythrozytären Vorläufer (und andere Zellen) besitzen spezifische Transferrin-Rezeptoren (TfR), mittels derer sie das Transferrin samt Fe^{3+} endozytotisch aufnehmen. Nach Abspaltung des Fe^{3+} wird der Transferrin-TfR-Komplex zurück in die Membran transportiert („Recycling") und das eisenfreie Transferrin (sog. Apotransferrin) in den Extrazellularraum abgegeben.

Makrophagen und **Hepatozyten** speichern ca. 0,7 g Eisen, welches an **Ferritin** gebunden ist (bis zu 4500 Fe^{3+}-Ionen pro

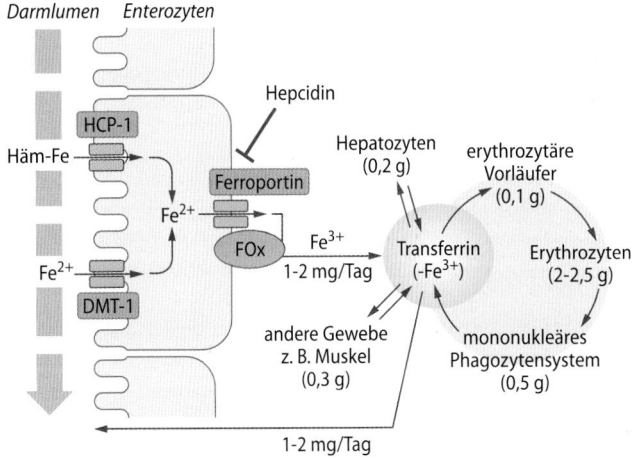

❏ **Abb. 23.5   Eisenhaushalt.** Ca. 70 % des Gesamteisens ist im Hämoglobin enthalten, der Rest in anderen Hämproteinen bzw. Ferritin-gebunden in Hepatozyten und Makrophagen. Im Dünndarm wird Nahrungseisen mittels spezieller Carrier-Proteine als Häm (durch „Heme Carrier Protein-1", HCP-1; ca. 0,4 mg/Tag) oder als Fe^{2+} (durch H$^+$-gekoppelten divalenten Metallionen Transporter, DMT-1; ca. 1,2 mg/Tag) resorbiert. Auf der basolateralen Seite schleust Ferroportin das Eisen aus der Zelle, und es wird durch die Ferrooxidase (FOx) zu Fe^{3+} oxidiert. Damit wird das mit Körperzellen verlorengegangene Eisen ersetzt. Im Blut zirkuliert Fe^{3+} an Transferrin gebunden. Hepcidin, dass u. a. bei Entzündungen in der Leber gebildet wird, induziert den Abbau von Ferroportin und reduziert damit die intestinale Eisenresorption

Ferritin-Molekül). Der Körper verliert normalerweise nur 1–2 mg Eisen pro Tag, das durch Nahrungseisen ersetzt werden muss (❏ Abb. 23.5). Durchschnittlich werden pro Tag ca. 0,4 mg Häm-Eisen und 1,2 mg Nicht-Häm-Eisen im Dünndarm (v. a. im Duodenum) resorbiert (▶ Kap. 40.4). Die Abgabe von Eisen aus den Enterozyten des Darmes und den Makrophagen wird durch das membranäre Transportprotein **Ferroportin** bewerkstelligt. Die Aktivität von Ferroportin wird durch das Leberhormon **Hepcidin** gehemmt. Hepcidin ist ein aus 25 Aminosäuren aufgebautes Akute-Phase-Protein, welches an das Ferroportin bindet, woraufhin dieses internalisiert und proteolytisch abgebaut wird. Die Hepcidin-Synthese wird bei gesteigerter Erythropoiese unterdrückt. Verantwortlich hierfür ist das Glykoproteinhormon **Erythroferron** (37 kDa), das im Knochenmark gebildet wird und die Eisenverfügbarkeit vergrößert.

Eisenmangel ist die häufigste Ursache von Anämien. Dabei werden kleine Erythrozyten mit einer verminderten Hämoglobinmasse gebildet (**hypochrome mikrozytäre Anämie**).

Klinik

Polyzythämia vera

Die Polyzythämia vera gehört zu den chronischen **myeloproliferativen Erkrankungen**, bei denen Erythrozyten und u. U. andere Blutzellen vermehrt sind. Ursächlich ist eine erworbene klonale Entartung, die von hämatopoietischen Stammzellen ausgeht. Bei der Polyzythämia vera liegt i. d. R. eine Mutation des Janus-Kinase-2-Gens (**JAK-2**) vor. Die **mutierte JAK-2** ist konstitutiv aktiv, sodass die erythrozytären Vorläufer auch ohne Erythropoietin proliferieren. Die Patienten (oft Männer >60 J.) entwickeln eine Erythrozytose. Die Folge sind Mikrozirkulationsstörungen und Thromboembolien. Zu den therapeutischen Maßnahmen gehören Aderlässe und die Verabreichung von Thrombose verhindernden Medikamenten.

Klinik

Eisenmangel

Eisenmangel kann verursacht sein durch
- unzureichenden Eisengehalt der Nahrung (u. a. bei Kleinkindern),
- **verminderte Eisenresorption** aus dem Verdauungstrakt (z. B. beim Malabsorptionssyndrom),

- **chronische Blutverluste** (z. B. bei verstärkten menstruellen Blutungen sowie bei Ulzera oder Karzinomen im Verdauungstrakt) und
- funktionell durch **Entzündungen** mit gesteigerter **Hepcidin**-Produktion („Anämie chronischer Erkrankungen"). Die Eisenspeicher sind dabei gefüllt.

Megaloblastäre Anämien   Kennzeichen dieser Anämien ist das Auftreten anomal großer Erythrozyten (Megalozyten oder Makrozyten) und ihrer unreifen Vorläufer (Megaloblasten) im Blut bzw. Knochenmark. Ursache der Störung ist ein **Mangel an Vitamin B$_{12}$** (perniziöse Anämie) oder **Folsäure**. Beide Vitamine werden für die DNA-Synthese benötigt.

Renale Anämie   Der Epo-Mangel bei chronischer Niereninsuffizienz führt unbehandelt zu einer normochromen, normozytären Anämie. Diese lässt sich durch die Therapie mit rekombinantem humanem Epo (rhEpo) lindern.

Aplastische Anämie   Die aplastischen Anämien und die **Panzytopenien** sind dadurch gekennzeichnet, dass trotz Vorhandenseins aller für die Blutzellbildung notwendigen Stoffe die Hämatopoiese im Knochenmark eingeschränkt ist. Bei den aplastischen Anämien betrifft die Verminderung nur die Erythrozyten, bei den Panzytopenien alle im Knochenmark gebildeten Blutzellen. Ursachen der Panzytopenien können Schädigungen des Knochenmarkes durch ionisierende Strahlen (Radiotherapie), Zellgifte (Zytostatika, Benzol etc.) oder Verdrängung des normalen Gewebes durch Tumorgewebe sein.

Hämolytische Anämien   Bei hämolytischen Anämien ist der Erythrozytenabbau verstärkt. Die Hämolyse ist u. a. gesteigert bei der erblichen **Kugelzellanämie**, der **Sichelzellanämie** und den **Thalassämien** sowie bei Malaria, Sepsis, Vergiftungen (z. B. mit Blei oder Kupfer), Autoimmunreaktionen gegen Erythrozyten und Inkompatibilität der Rhesusfaktoren (Erythroblastosis fetalis, ▶ Kap. 24.1).

23.4.4 Stoffwechselaktivität der Erythrozyten

Die kernlosen Erythrozyten gewinnen ihr ATP anaerob durch Glykolyse.

Anaerobe ATP-Gewinnung   Erythrozyten besitzen keine Mitochondrien. Deshalb sind sie auf den anaeroben Abbau von Glukose, die sie über den Glukosetransporter 1 (GLUT 1) aufnehmen, angewiesen. Neben dem in der Glykolyse gebildeten ATP, das insbesondere für den aktiven Ionentransport durch die Erythrozytenmembran benötigt wird, entstehen reduzierende Stoffe wie NADH (reduziertes Nikotinsäureamid-Adenin-Dinukleotid) und – im Pentosephosphat-Zyklus – NADPH (reduziertes Nikotinsäureamid-Adenin-Dinukleotidphosphat).

Reduktionsstoffe   **NADH** wird u. a. für die Reduktion des ständig autoxidativ ($Fe^{2+} \rightarrow Fe^{3+}$) entstehenden **Methämoglobins** zu O$_2$-Transport fähigem Hämoglobin benötigt (mittels Methämoglobinreduktase), **NADPH** für die Reduktion des im Erythrozyten vorhandenen Glutathions (mittels Glutathionreduktase). Das reduzierte **Glutathion** schützt intrazelluläre Proteine mit SH-Gruppen, insbesondere Hämoglobin und Proteine der Erythrozytenmembran, gegen eine Oxidation.

Glukose-6-Phosphatdehydrogenase
Ein Mangel an Glukose-6-Phosphatdehydrogenase (G6P-DH) der Erythrozyten ist der häufigste hereditäre Enzymdefekt. Er wird X-chromosomal vererbt. Die Erkrankung äußert sich durch intermittierende hämolytische Episoden, die durch Infekte oder die Zufuhr bestimmter Medikamente (z. B. Sulfonamide) und Nahrungsmittel (Fava-Bohnen) ausgelöst werden.

Klinik

Anämien

Anämie ist ein **Krankheitssymptom** und keine eigenständige Krankheit. Eigentlich steht der Begriff für ein verkleinertes (Gesamt-)Volumen der zirkulierenden Erythrozyten („Blutarmut"), im klinischen Sprachgebrauch i. d. R. für eine erniedrigte Hämoglobinkonzentration des Blutes. Dabei können die Zahl der Erythrozyten und/oder die Beladung der einzelnen Erythrozyten mit Hämoglobin verringert sein. Anämie ist in hohem Alter häufig. Bei Störungen der **Erythrozytenproduktion** (z. B. aufgrund Eisen-, Vitamin-B$_{12}$- oder Epo-Mangel) sind die Retikulozytenkonzentrationen erniedrigt

($< 0,02 \times 10^{12}$/l). **Hämolytische Anämien** sind dagegen durch erhöhte Retikulozytenkonzentrationen und veränderte Hämoglobinumsatzparameter gekennzeichnet (erniedrigtes Haptoglobin, erhöhtes indirektes Bilirubin und vermehrte Serum-Laktatdehydrogenase). Der suizidale Erythrozytenuntergang (Eryptose) ist u. a. bei Sepsis, hämolytisch-urämischem Syndrom, Niereninsuffizienz und Behandlung mit Zytostatika gehäuft.
Die Symptome einer chronischen Anämie sind durch die verminderte O$_2$-Versorgung des Gewebes erklärlich. Die Patienten leiden

unter Müdigkeit, Atemnot, Herzjagen, Kopfschmerz und Schwindelgefühl. Ihre körperliche Leistungsfähigkeit ist vermindert. Außerdem fällt die **Blässe** der Haut und Schleimhäute auf. Weitere Symptome können im Zusammenhang mit der Ursache der Anämie stehen (z. B. Zungenbrennen bei Vitamin-B$_{12}$-Mangel, Ikterus bei Hämolyse).
Nach einer **akuten Blutung** ist die Hämoglobinkonzentration des Blutes zunächst normal. Die klinischen Symptome sind dabei vor allem durch die Hypovolämie verursacht, letztlich kann ein Kreislaufschock resultieren.

23

Klinik

Sichelzellanämie

Ursache der Sichelzellanämie ist der Ersatz des Glutamats in Position 6 der β-Kette des Hämoglobins durch Valin (HbS). Bei homozygoten Trägern des Sichelzellgens sind bis zu 50 % des normalen HbA durch HbS ersetzt. Die Löslichkeit von desoxygeniertem HbS beträgt nur rund 4 % der Löslichkeit von HbA. Bei der O_2-Abgabe (Desoxygenation) im Gewebe bildet HbS ein faseriges Präzipitat, das die Erythrozyten zu sichelförmigen Zellen deformiert. Wegen ihrer schlechten Verformbarkeit verstopfen die Sichelzellen kleine Gefäße. Folgen sind u. a. Nierenversagen, Herzinfarkte sowie Knocheninfarkte mit Schmerzen und nachfolgender Arthrose. Die Patienten sind vor allem bei O_2-Mangel gefährdet (z. B. bei niedrigem O_2-Druck im Flugzeug).

23.4.5 Biophysikalische Eigenschaften

Erythrozyten sind verformbar und ändern ihr Volumen in Abhängigkeit von den osmotischen Bedingungen.

Membranproteine Erythrozyten können Kapillaren mit einer lichten Weite <7,5 µm, d. h. enger als der flache Erythrozyt ist, passieren. Die gute Verformbarkeit wird durch Strukturproteine, die mit der Innenseite der Erythrozytenmembran assoziiert sind, ermöglicht. Besonders wichtig sind **Spektrin**, das aus zwei verdrillten flexiblen Ketten besteht und Oligomere bilden kann, **Aktin** und **Protein 4.1**. Das Netz dieser Proteine ist mit speziellen Brückenproteinen wie **Protein 4.2** oder **Ankyrin verknüpft**. Ein genetischer Mangel an einem dieser Proteine kann zur gesteigerten intra- oder extravasalen Hämolyse führen, wie z. B. bei hereditärer Elliptozytose oder Sphärozytose (Kugelzellanämie).

Osmotische Eigenschaften Im hypertonen Medium verlieren die Erythrozyten Flüssigkeit. Durch Faltungen der Membran kommt es zur **Stechapfelform**. Im hypotonen Medium schwellen Erythrozyten dagegen an und nähern sich der Kugelform (Sphärozyten). Letztlich platzt die Membran und das Hämoglobin wird frei **(osmotische Hämolyse)**. Rund 50 % der Erythrozyten eines Gesunden sind in einer hypotonen wässrigen Lösung mit 4,3 g/l NaCl hämolysiert. Bei bestimmten Defekten der Erythrozytenmembran oder der Hämoglobinsynthese ist dieser Prozentsatz erhöht, und es kann sich eine hämolytische Anämie entwickeln.

In Kürze

Die meisten Zellen im Blut sind Erythrozyten. Diese enthalten eine hochkonzentrierte Hämoglobinlösung für den O_2-Transport, aber keine Organellen. Dank eines komplexen Netzwerkes membranassoziierter Proteine sind sie leicht verformbar und können enge Kapillaren passieren. Sie zirkulieren normalerweise 100–120 Tage im Blut, bevor sie phagozytiert werden. Gealterte Erythrozyten werden kontinuierlich durch junge ersetzt, welche Nachkommen hämatopoietischer Stamm- und Vorläuferzellen sind. Für die Proliferation und Differenzierung der erythrozytären Vorläufer ist **Erythropoietin** notwendig, ein Glykoproteinhormon, welches überwiegend in den Nieren produziert wird.

Das **„rote Blutbild"** umfasst Angaben zur Hämoglobin-, Erythrozyten- und Retikulozytenkonzentration im Blut sowie den Hämatokrit. Zur Differenzialdiagnostik von Anämien sind mittleres Volumen (MCV) und Hämoglobinmasse (MCH) der einzelnen Erythrozyten aufschlussreich.

Anämien entstehen bei unzureichender Neubildung oder vermehrtem Verlust von Erythrozyten. Bildungsstörungen ergeben sich bei einem Eisen-, Vitamin-B_{12}-, Folsäure- oder – bei chronischer Niereninsuffizienz – Erythropoietinmangel. Anämie durch Erythrozytenverlust ist Folge von gesteigertem suizidalem Erythrozytenuntergang (Eryptose) oder Hämolyse (u.a. bei Sepsis, hämolytisch-urämischem Syndrom, Niereninsuffizienz, hereditären Enzym- oder Membrandefekten).

23.5 Leukozyten

23.5.1 Normwerte und allgemeine Eigenschaften

Das Blut eines gesunden Erwachsenen enthält im Mittel pro Liter 7×10^9 Leukozyten, also Granulozyten, Monozyten und Lymphozyten.

Leukozytenzahl Der gesunde Erwachsene hat im Mittel 7×10^9 Leukozyten (weiße kernhaltige Blutzellen) pro Liter Blut (7.000/µl). Im Gegensatz zu den relativ konstanten Erythrozytenzahlen schwankt die Zahl der Leukozyten je nach Tageszeit und körperlicher Aktivität. Bei $> 10 \times 10^9$/l Leukozyten (> 10.000/µl) spricht man von einer **Leukozytose**, bei $< 4 \times 10^9$/l (< 4.000/µl) von einer **Leukopenie**. Zu Leukozytosen kommt es vor allem bei entzündlichen Erkrankungen und – in schwerster Form – bei Leukämien. Säuglinge und Kleinkinder weisen normalerweise höhere Leukozytenzahlen (etwa 10×10^9/l bzw. 10.000/µl) auf.

Arten und Bildung Nach morphologischen und funktionellen Gesichtspunkten und ihrem Bildungsort unterscheidet man drei große Leukozytenarten: Granulozyten, Monozyten und Lymphozyten (◻ Tab. 23.3). Alle sind – wie die Erythrozyten und Thrombozyten – Nachkommen der pluripotenten hämatopoietischen Stammzellen. Die Vorläufer der Lymphozyten sind die ersten, die von der gemeinsamen Stammzelllinie abzweigen (◻ Abb. 23.3). Granulozyten und Monozyten entstehen im Knochenmark („myeloisch") unter dem Einfluss bestimmter Glykoproteinhormone (CSF, „colony stimulating factors"), v. a. GM-CSF (Granulozyten-Monozyten-Kolonien stimulierender Faktor) und G-CFS (Granulozyten-Kolonien stimulierender Faktor) (◻ Abb. 23.3).

Vorkommen   Die größte Zahl der Leukozyten (> 50 %) hält sich im extravasalen, interstitiellen Raum auf, und mehr als 30 % befinden sich im Knochenmark. Offenbar stellt das Blut für die Zellen – mit Ausnahme der basophilen Granulozyten (s. u.) – vornehmlich einen Transitweg von den Bildungsstätten im Knochenmark und im lymphatischen Gewebe zu den Einsatzorten dar.

Emigration   Leukozyten sind amöboid beweglich. Sie können die Wände der Blutgefäße durchdringen (**Diapedese**). Leukozyten werden durch bestimmte körpereigene und bakterielle Stoffe angelockt (**Chemotaxis**). Sie wandern in Richtung ansteigender Konzentrationen der chemotaktischen Stoffe, d. h. zum Infektions- oder Entzündungsort. Chemotaktisch wirksam sind u. a. Interleukin-8, der Komplementfaktor C5a (▸ Kap. 25.1.6), Eikosanoide und der Plättchenaktivierende Faktor (PAF, ein leukozytäres Phospholipid).

Phagozytose   Neutrophile Granulozyten und Monozyten können Fremdkörper umschließen und in sich aufnehmen. Sie verfügen über Abbauprozesse beschleunigende Enzyme (u. a. Hydroperoxidasen, Proteasen, Amylasen, Lipasen und Nukleotidasen).

Leukozytenbestimmung

Die Zahl der Leukozyten lässt sich in Analyseautomaten oder mikroskopisch in Zählkammern (Hämatozytometer) bestimmen, wobei die Leukozytenkerne nach Hämolyse in hypotoner Lösung ausgezählt werden. Zur Quantifizierung der unterschiedlichen Leukozyten mittels Durchflusszytometrie werden die Zellen mit spezifischen Antikörpern markiert (Differentialblutbild). Bei der mikroskopischen Untersuchung färbt man einen luftgetrockneten Ausstrich von Kapillarblut mit standardisierten Gemischen aus sauren und basischen Farbstoffen (z. B. nach Giemsa).

23.5.2 Granulozyten

Granulozyten spielen eine wichtige Rolle bei der unspezifischen Abwehr von Krankheitserregern (angeborene Immunität); man unterscheidet neutrophile, eosinophile und basophile Granulozyten.

Granulozytenarten   Rund 60 % der Blutleukozyten sind Granulozyten, wobei nach der Anfärbbarkeit der Granula **neutrophile, eosinophile** und **basophile** unterschieden werden (◻ Tab. 23.3). Granulozyten stammen aus dem Knochenmark (**myeloische Leukozyten**). Sie exprimieren zahlreiche

Oberflächenrezeptoren für Signalmoleküle, z. B. für Zytokine und hämatopoietische Wachstumsfaktoren wie GM-CSF und G-CSF, Immunglobuline, Komplementfaktoren und Adhäsionsmoleküle.

Neutrophile Granulozyten   Über 95 % der Granulozyten sind Neutrophile, welche auch **polymorphkernige neutrophile Granulozyten (engl. „polymorphonuclear leukocytes" – PMN)** genannt werden. Der erwachsene Mensch bildet $> 1 \times 10^6$ PMN pro Sekunde. Deren Zirkulationszeit im Blut beträgt nur wenige Stunden bis Tage. Etwa 50 % der intravasalen PMN zirkulieren nicht, sondern haften an der Endothelwand, insbesondere der Lungen- und Milzgefäße. Diese ruhenden Zellen können in Stresssituationen schnell mobilisiert werden (Kortisol- und Adrenalinwirkung). Zu Beginn akuter Infektionen nimmt die Zahl der PMN im Blut besonders rasch zu (die Neubildungsrate kann – angetrieben durch G-CSF – von 10^{11} auf 10^{12} pro Tag zunehmen). Typisch für Infektionen ist auch das vermehrte Auftreten von unreifen Neutrophilen, sog. Metamyelozyten („Stabkernige" und „Jugendliche", sog. **Linksverschiebung**).

PMN haben wichtige Funktionen im angeborenen unspezifischen Abwehrsystem (▸ Kap. 25.1). Sie produzieren bei Aktivierung u. a. reaktive O_2-Spezies, Prostaglandine und Leukotriene, welche Entzündungen, lokale Durchblutungszunahme und Schmerzen auslösen. Die Granula von PMNs enthalten u. a. Lysozym (greift Bakterienwände an), antimikrobielle Peptide und Lactoferrin. Die Konzentration der von zerfallenen PMNs freigesetzten Serinprotease **PMN-Elastase** im Serum gibt diagnostische Hinweise auf den Schweregrad von Entzündungen.

> ❯ Polymorphkernige neutrophile Granulozyten (PMN) stellen die erste Verteidigungslinie der unspezifischen zellulären Abwehr krankheitserregender Bakterien dar.

Eosinophile Granulozyten   2–4 % der Blutleukozyten sind Eosinophile. Sie sind etwas größer als Neutrophile und enthalten azidophile Granula mit Proteinen (u. a. Neurotoxin und Eosinophilen-Peroxidase), welche Parasiten (z. B. Würmer) zerstören. Die Degranulation wird v. a. über IgA-Rezeptoren (FcαR) gesteigert. Rezeptoren für IgG (FcγR) und IgE (FcεR) sind ebenfalls vorhanden. Eosinophile verweilen 4–10 Stunden im Blut, insgesamt beträgt ihre Lebensdauer ca. 10 Tage. Eosinophile werden durch GM-CSF und Interleukin 5 (IL-5) stimuliert. Die Eosinophilenzahl im Blut unterliegt einer ausgeprägten **24-h-Periodik** (tagsüber um 20 % niedriger, um Mitternacht rund 30 % höher als der 24-h-Mittelwert). Diese Schwankungen sind durch die zirkadiane Rhythmik der Kortisolsynthese bedingt. Ein Anstieg der Glukokortikoide im Blut führt zur Abnahme der Eosinophilen, eine Senkung zur Zunahme. Eine **Eosinophilie** (Anstieg der Eosinophilenzahl) wird insbesondere bei **allergischen Reaktionen** und **Wurminfektionen** beobachtet.

Basophile Granulozyten   0,5–1 % der Blutleukozyten sind Basophile. Ihre mittlere Verweildauer im Blut beträgt 12 Stun-

Klinik

Entzündung

Schon die antiken Mediziner kennzeichneten die Entzündung als Antwort des Gewebes auf einen schädlichen Reiz mit den Symptomen **Dolor (Schmerz)**, **Rubor (Rötung)**, **Calor (erhöhte Temperatur)**, **Tumor (Schwellung)** und **Functio laesa** (Funktionseinbuße).
Lokale Entzündungsreaktionen werden vor allem durch die Leukozytenaktivierung und -migration und eine gesteigerte Prostaglandin- und Leukotriensynthese verursacht. Systemisch wirksam sind verschiedene immunmodulierende Proteine („Zytokine"), die v. a. von aktivierten Leukozyten und Gewebemakrophagen produziert werden. Das Zytokin Interleukin 6 (IL-6) stimuliert in der Leber die Synthese der **Akute-Phase-Proteine** (z. B. C-reaktives Protein, Serumamyloid A, Haptoglobin, Fibrinogen, saures α_1-Glykoprotein, Hepcidin). Diagnostisch ist die Entzündungsreaktion durch folgende Befunde gekennzeichnet: Leukozytose, Verschiebung des Serumproteinprofils in der Elektrophorese, **Erhöhung der Blutsenkungsgeschwindigkeit** (BSG), Vermehrung der Akute-Phase-Proteine (v. a. CRP) und neutraler Proteinasen (v. a. PMN-Elastase) im Plasma.

---

den. Ihr Protoplasma enthält grobe basophile Granula mit Heparin und Histamin. Nach der Aufnahme von Nahrungsfetten ist die Zahl basophiler Granulozyten im peripheren Blut erhöht. **Heparin** aktiviert Lipoproteinlipasen und damit den Fettverdau nach Nahrungszufuhr. Außerdem hemmt Heparin die Blutgerinnung. Aktivierte Basophile setzen nach Stimulation durch Antigen-Antikörperkomplexe aus ihren Granula **Histamin** frei. Dadurch kann es zu allergischen Symptomen, wie Gefäßerweiterung (u. U. mit Blutdruckabfall bis zum anaphylaktischen Schock), Hautrötung, Quaddelbildung und Bronchospasmen, kommen.

23.5.3 Monozyten

Monozyten und Gewebemakrophagen werden als mononukleäres Phagozytensystem zusammengefasst.

Makrophagen Die großen Monozyten (Ausstrichdurchmesser 12–20 µm) stellen 2–10 % der Blutleukozyten. Ihre Phagozytosekapazität ist größer als die der anderen Leukozyten. Monozyten wandern nach 2–3 Tagen aus dem Blut in das umgebende Gewebe ein, wo sie als **Gewebemakrophagen für mehrere Monate** sesshaft werden können. Besonders viele Gewebemakrophagen befinden sich in den Lymphknoten, den Alveolarwänden und den Sinus von Leber, Milz und Knochenmark. Monozyten und Gewebemakrophagen bilden als **mononukleäres Phagozytensystem** (früher retikuloendotheliales System [RES] genannt) antimikrobielle Stoffe, Leukotriene und Zytokine. Zudem haben Makrophagen Antigen-präsentierende Funktion (▶ Kap. 25.2).

23.5.4 Lymphozyten

B- und T-Lymphozyten bewerkstelligen die spezifische Immunabwehr (erworbene Immunität).

Lymphozyten-Prägung 20–50 % der Leukozyten im Blut des Erwachsenen sind Lymphozyten, bei Kindern u. U. sogar über 50 %. Die von den **lymphatischen Stammzellen** (◻ Abb. 23.3) abstammenden Lymphozytenvorläufer erwerben in den primären lymphatischen Organen **Knochenmark** und **Thymus** typische Eigenschaften (sog. Prägung). Lymphozyten, deren Vorläufer im Knochenmark geprägt worden sind, werden B-Lymphozyten oder **B-Zellen** genannt (B steht beim Menschen für „bone marrow"). Lymphozyten, deren Vorläufer im Thymus geprägt worden sind, werden als T-Lymphozyten oder **T-Zellen** bezeichnet.

B-Zell-System Etwa 15 % der lymphozytenähnlichen Zellen im Blut sind B-Zellen. Sie bewirken die **spezifische humorale Immunreaktion**, d. h. die Abwehr von Fremdkörpern mittels löslicher Antikörper. Hierzu werden sie als Plasmazellen im Gewebe sesshaft (▶ Kap. 25.2).

T-Zell-System 70–80 % der lymphozytenähnlichen Zellen im Blut sind T-Zellen. Sie bewirken die **spezifische zelluläre Immunreaktion**. T-Zellen befinden sich nicht andauernd in Blut und Lymphe auf Wanderschaft, sondern halten sich zwischenzeitlich in den sekundären lymphatischen Organen **Lymphknoten** und **Milz** auf. Nach antigener Stimulation vermehren sie sich und differenzieren sich entweder zu **T-Effektor- oder** zu langlebigen **T-Gedächtniszellen** (▶ Kap. 25.2).

❯ B-Zellvorläufer werden im Knochenmark (bone marrow) und T-Zellvorläufer im Thymus geprägt.

Null-Zellen Ca. 10 % der lymphozytenähnlichen Zellen im Blut lassen sich nach ihren Oberflächenmerkmalen weder den B- noch den T-Zellen zuordnen. In diese Gruppe gehören hämatopoietische Stamm- und Vorläuferzellen und **NK-Zellen** („natural-killer"-Zellen). NK-Zellen zerstören antigen- und antikörperunabhängig andere Zellen, wie etwa Tumorzellen. NK-Zellen gehören **nicht zum spezifischen Immunsystem**.

In Kürze

Erwachsene haben im Mittel 7×10^9 Leukozyten/l Blut. Leukozyten sind kernhaltig, amöboid beweglich und wandern in entzündete Gewebe. Sie durchdringen die Wände der Blutgefäße (**Diapedese**), wenn sie durch chemotaktische Stoffe angelockt werden. **Polymorphkernige neutrophile Granulozyten** (PMN) phagozytieren und produzieren reaktive O_2-Spezies und Eikosanoide. **Eosinophile Granulozyten** enthalten Granula mit Lipiden und Proteinen, die Parasiten zerstören können. **Basophile Granulozyten** enthalten Granula mit Heparin, welches die Blutgerinnung hemmt, und Histamin, welches allergische Reaktionen fördert. **Monozyten** produzieren zusammen mit Gewebemakrophagen als mononukleäres Phagozytensystem zahlreiche Entzündungsmediatoren (u. a. Leukotriene und Zytokine). **B-Lymphozyten** entwickeln sich zu Antikörper produzierenden Plasmazellen, **T-Lymphozyten** sind für spezifische zelluläre Immunreaktionen verantwortlich. Die **natürlichen Killer-Zellen** (NK-Zellen) gehören nicht zum spezifischen Immunsystem.

23.6   Thrombozyten

23.6.1   Bildung und Funktion

Blut eines gesunden Erwachsenen enthält im Mittel pro Liter 250×10^9 Thrombozyten, die durch die Sequestrierung von Megakaryozyten gebildet wurden.

Plättchenbildung, -reaktivität und -abbau   Der Erwachsene hat zur **Blutstillung** im Mittel 150×10^9 bis 400×10^9 Thrombozyten pro Liter Blut. Thrombozyten sind kleine flache und kernlose Plättchen (Längsdurchmesser 1–4 µm, Dicke 0,5–0,75 µm). Sie entstehen durch den intravasalen Zerfall sog. **Proplättchen**, die ihrerseits durch Abschnürung des Zytoplasmas von Knochenmarksriesenzellen (**Megakaryozyten**) gebildet worden sind. Ein Megakaryozyt bringt 6–8 Proplättchen und jedes dieser bis zu 1.000 Thrombozyten hervor. Intakte Blutgefäße mit heiler Gefäßwand fördern die Thrombozytenstabilität durch endotheliales Prostacyclin (syn. PGI$_2$), welches die cAMP-Konzentration, und Stickoxid (NO), welches die cGMP-Konzentration in den Plättchen erhöht. Die zyklischen Nukleotide vermindern die Plättchen-Reaktivität. Die **Verweildauer** der Thrombozyten im Blut beträgt **5–11 Tage**. Dann werden sie in Leber, Lunge und Milz eliminiert.

Regulation der Thrombopoiese   Die Megakaryozytenbildung wird durch Zytokine (vor allem **Interleukin-3, -6 und -11**) stimuliert (◘ Abb. 23.3). Außerdem gibt es einen spezifischen Megakaryozytenwachstumsfaktor, das Glykoproteinhormon **Thrombopoietin** (70 kDa), welches v. a. von Hepatozyten produziert wird. Die Thrombopoietinkonzentration im Plasma wird durch die Megakaryozyten und Blutplättchen geregelt, da diese das Hormon binden, internalisieren und abbauen.

> Megakaryopoiese und Thrombopoiese werden durch das Glykoproteinhormon Thrombopoietin geregelt.

Plättchengranula   Man unterscheidet **α-Granula, elektronendichte Granula** und **Lysosomen** (◘ Tab. 23.4). Die Proteine in den α-Granula stammen größtenteils aus dem Blutplasma und sind über das **offene kanalikuläre System** in die Thrombozyten gelangt. Die nach Kontakt der Plättchen mit verletzten Gefäßoberflächen freigesetzten Inhaltsstoffe der α-Granula und elektronendichten Granula spielen eine wichtige Rolle bei der Plättchenaggregation und der Gerinnung (s. u.). Die lysosomalen Enzyme dienen wahrscheinlich der Zerstörung von Krankheitserregern.

Thromboxan-Synthese   Thrombozyten besitzen in hoher Aktivität das Enzym Thromboxan-Synthase, womit sie befähigt sind, die aus Zellmembranen freigesetzte Arachidonsäure in **Thromboxane** umzubauen, welche die Aggregationsneigung der Plättchen steigern (v. a. Thromboxan A$_2$).

23.6.2   Primäre Hämostase

Die Thrombozyten verhindern Blutverluste durch Adhäsion und Aggregation sowie durch die Freisetzung blutstillender Stoffe.

Thrombozytenadhäsion   Nach Verletzungen mit Einriss von Kapillaren und kleinen Arterien hört die Blutung beim Gesunden innerhalb weniger Minuten auf. Dieser Prozess, die **primäre Hämostase,** kommt v. a. durch Vasokonstriktion und den mechanischen Verschluss kleiner Gefäße durch einen Thrombozytenpfropf zustande.

◘ **Tab. 23.4**   Inhaltsstoffe der Thrombozytengranula

Elektronendichte Granula	α-Granula	Lysosomen
Anionen ATP, ADP, GTP, GDP, anorganische Phosphate **Kationen** Kalzium, Serotonin	**Plasma(gleiche) Proteine** Fibrinogen, Gerinnungsfaktoren V und VIII, Fibronektin, Albumin, Kallikrein, α$_2$-Antiplasmin, Thrombospondin, vaskulärer endothelialer Wachstumsfaktor **Plättchenspezifische Proteine** von-Willebrand-Faktor, Plättchenfaktor 4 (Antiheparin), β-Thromboglobulin, Wachstumsfaktor („platelet derived growth factor")	**Saure Hydrolasen** β-Hexosaminidase, β-Galaktosidase, β-Glukuronidase, β-Arabinosidase, β-Glyzerophosphatase, Arylsulfatase

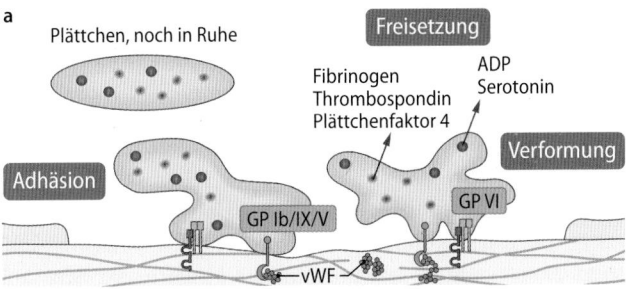

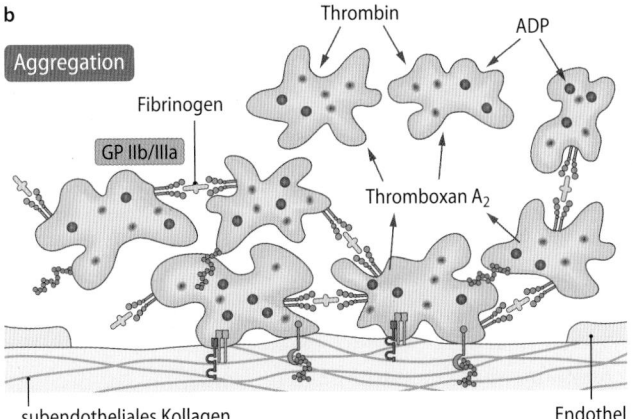

Abb. 23.6a,b Entwicklung eines Thrombozytenpfropfes an einer verletzten Gefäßwand. a Aktivierte Thrombozyten verformen sich, präsentieren Glykoproteinrezeptoren (GP) und entleeren ihre Granula. Der an subendotheliale Strukturen bindende von-Willebrand-Faktor (vWF) heftet die Plättchen (über Rezeptor GPIb/IX/V) an die Gefäßwand (Thrombozytenadhäsion). Thrombozyten haben auch Rezeptoren (z. B. GPVI), die direkt an **subendotheliale Matrixproteine** binden. **b** Andere Rezeptoren (hier GPIIb und GPIIIa für Fibrinogen) binden Proteine, die die Thrombozyten untereinander verknüpfen (Thrombozytenaggregation). Die wichtigsten Stimulatoren der Aggregation sind ADP, Thrombin und Thromboxan A$_2$

Die Blutplättchen heften sich an die Bindegewebsfasern des zerstörten Gefäßbereiches. Dieser, als **Thrombozytenadhäsion** bezeichnete Prozess wird v. a. durch den **von-Willebrand-Faktor** (vWF) vermittelt, ein großes oligomeres Glykoprotein (>20.000 kDa), welches in Endothelzellen und Blutplättchen gespeichert ist. Außerdem findet es sich im Plasma, wo es den Gerinnungsfaktor VIII gebunden hält (daher der frühere Name: Faktor-VIII-assoziiertes Antigen). Genetisch bedingte Defekte der vWF-Synthese verursachen die **von-Willebrand-Erkrankung**, welche mit einer Prävalenz von 1–2 % die häufigste angeborene hämorrhagische Diathese (Blutungsneigung) ist. Der vWF bildet Brücken zwischen Kollagen und den Thrombozyten, welche den spezifischen vWF-Rezeptorkomplex **Glykoprotein Ib/IX/V** (GPIb/IX/V) exprimieren (**◘** Abb. 23.6). Außerdem besitzen Thrombozyten Glykoprotein-Rezeptoren (z. B. **GPVI** und **GPIa/IIa**) für **subendotheliale Matrixproteine** wie Kollagen, Fibronektin oder Laminin. Einige dieser Rezeptoren sind Integrine, also heterodimere Transmembranproteine (so wird der GPIa/IIa-Komplex auch als **Integrin α2β1** bezeichnet).

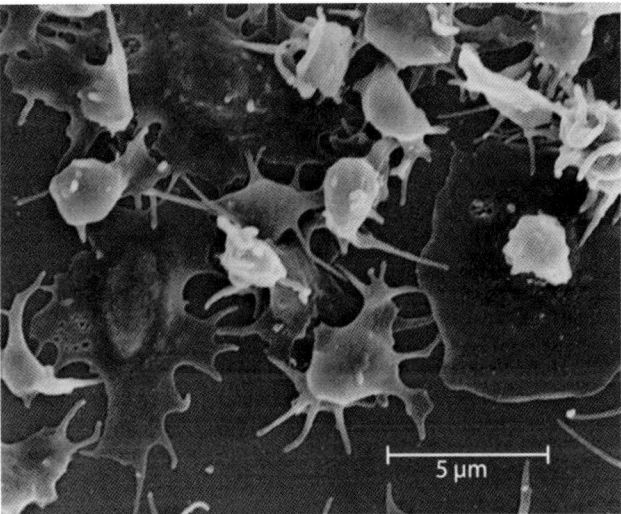

◘ Abb. 23.7 Aktivierte Blutplättchen im Stadium der Adhäsion. Man erkennt die nach zentral verlagerten Granula und in der Peripherie stachelartige Pseudopodien. Rasterelektronenmikroskopische Aufnahme. (Freundlicherweise zur Verfügung gestellt von Herrn Prof. Dr. Armin J. Reininger, München)

Reversible Thrombozytenaggregation Die Bindung von GP VI an Kollagen ist der wichtigste Reiz für die Aktivierung weiterer Thrombozyten. Die Plättchen bilden stachelartige Pseudopodien und nehmen eine kugelige Form an (**Umformung, ◘** Abb. 23.7). Sie setzen aus ihren elektronendichten Granula **Ca^{2+}** frei, welches eine Verkürzung von thrombozytären Aktin-Myosinfilamenten bewirkt. Unter der Einwirkung von **ADP und ATP** (aus zerstörten Zellen) kommt es zur – zunächst **reversiblen** – **Aggregation**. ADP und ATP wirken über membranäre purinerge Rezeptoren (P2Y-Rezeptoren), die G$_q$- oder G$_i$-gekoppelt sind, sodass die Ca^{2+}-Konzentration erhöht und die cAMP-Konzentration erniedrigt wird. Thrombin, Adrenalin, Serotonin, Thromboxan A$_2$ (s. u.) und der sog. Plättchen-aktivierende Faktor (PAF, ein Phospholipid aus Leukozyten) verstärken die Wirkung der Purine. ADP und seine Agonisten bewirken eine Konformationsänderung bestimmter Rezeptoren **(GPIIb/IIIa)** der Thrombozytenmembran, sodass deren Bindungsfähigkeit zunimmt. An diese Rezeptoren, die zur Familie der Integrinrezeptoren gehören, bindet nun **Fibrinogen** und verknüpft zunehmend viele Blutplättchen.

> ADP und seine Agonisten aktivieren den Glykoprotein IIb/IIIa-Komplex mittels G$_q$- und G$_i$-gekoppelter purinerger Rezeptoren. Ca^{2+} und cAMP wirken antagonistisch: Ca^{2+} fördert die Aggregation, cAMP hemmt sie.

Freisetzungsreaktion Der Gerinnungsfaktor **Thrombin** (s. u.), der in dieser Phase der Blutstillung bereits in geringen Mengen entsteht, bindet an spezifische Rezeptoren der Thrombozytenmembran und induziert dadurch die Phosphorylierung intrazellulärer Proteine sowie – gemeinsam mit ADP – die Abgabe von **Ca^{2+}** aus den elektronendichten Granula in das Zytosol der Thrombozyten. Damit wird die Ca^{2+}-abhängige

Phospholipase A_2 aktiviert, die die Freisetzung von Arachidonsäure katalysiert. Die Arachidonsäure wird durch die Enzyme Zyklooxygenase und Thromboxan-Synthase in die zyklischen Endoperoxide Prostaglandin G_2 und H_2 und weiter in Thromboxane umgewandelt. Die Endoperoxide und **Thromboxan A_2** lösen eine Verformung und Aggregation weiterer Plättchen aus, die daraufhin ebenfalls ihre **Inhaltsstoffe** freisetzen. Infolge der Strukturauflösung der Thrombozyten werden negativ geladene Phospholipide innerer Schichten der Zellmembran und des Granulomers nach außen gekehrt. Die Phospholipide (früherer Name: Plättchenfaktor 3) binden bestimmte Faktoren des Fibringerinnungssystems (z. B. Faktor V_a und VIII_a; s. u.), die damit lokal angereichert werden.

Vasokonstriktion   Die verletzten Gefäße werden durch vasokonstriktorische Mediatoren (Thromboxan A_2, Serotonin, Katecholamine) **verengt** und durch die an den Kollagenfasern haftenden Thrombozyten verstopft.

Irreversible Aggregation   Das aus den α-Granula der Thrombozyten freigesetzte **Thrombospondin** bewirkt den Übergang in die **irreversible Aggregation**. Durch Anbindung dieses großen Glykoproteins werden nämlich die Fibrinogenbrücken, welche die Plättchen vernetzen, verfestigt.

Verstärkereffekte   Bei einigen Reaktionsschritten erfolgt eine **positive Rückkoppelung**, d. h., aktivierte Thrombozyten bilden Stoffe, welche ihrerseits neue Thrombozyten aktivieren. Ein Beispiel hierfür ist die Freisetzung von ADP, ein anderes die Synthese von Thromboxan A_2. Durch die Wirkung dieser Mediatoren werden **lawinenartig** immer mehr Thrombozyten in die Reaktion einbezogen.

23.6.3   Pathophysiologie der Thrombozyten

Plättchenmangel (Thrombozytopenie) oder -funktionsuntüchtigkeit (Thrombozytopathie) verursachen eine Blutungsneigung mit punktförmigen Blutungen in Haut und Schleimhäuten.

Thrombozytopenien   Wenn weniger als 50×10^9 Blutplättchen pro Liter Blut vorhanden sind, kann es zur Blutungsneigung **(hämorrhagische Diathese) kommen**. Solche Störungen der primären Hämostase (s. u.) verursachen spontane Blutungen aus den Kapillaren, die als punktförmige (petechiale) Blutaustritte in der Haut und der Schleimhaut sichtbar sind (**thrombozytopenische Purpura**). Ursachen einer Thrombozytopenie können eine verminderte Bildung von Thrombozyten (Amegakaryozytose) aufgrund eines Thrombopoietinmangels (vor allem bei Leberschäden) oder einer Knochenmarkschädigung (z. B. durch ionisierende Strahlen, durch Zytostatika oder durch neoplastische Prozesse) sowie ein gesteigerter Verlust von Thrombozyten sein (z. B. bei Immunreaktionen, Virusinfektionen, ausgedehnten Blutungen).

Thrombozytopathien   Außerdem gibt es angeborene Störungen der Thrombozytenfunktion, bei denen die Thrombozytenzahl normal, aber die **Speicherfähigkeit** der α-Granula („grey-platelet-syndrome") oder der elektronendichten Granula („storage pool disease") eingeschränkt ist.

Blutungszeit   Die **primäre Hämostase** wird in der Praxis durch die Bestimmung der Blutungszeit überprüft. Hierfür wird eine kleine Stichwunde in der Fingerbeere oder am Ohrläppchen gesetzt und dann die Zeit bis zum Stillstand der Blutung gestoppt (**Normalwert < 6 min**).

> Die primäre Hämostase wird anhand der **Blutungszeit** geprüft.

23.6.4   Hemmung der Plättchenaggregation

Eine Aggregationshemmung wird durch Prostazyklin, welches die Adenylatzyklase aktiviert, sowie pharmakologisch u.a. durch Zyklooxygenasehemmstoffe erwirkt.

Körpereigene Aggregationshemmung   Eine Ausbreitung der Plättchenaggregate über den verletzten Gefäßbereich hinaus wird dadurch verhindert, dass das umgebende – intakte – Endothel kontinuierlich **Prostazyklin** freisetzt, welches die Thrombozytenaggregation hemmt. **Prostazyklin** aktiviert die membranständige Adenylatzyklase. **cAMP** steigert den Rückstrom der Ca^{2+}-Ionen aus dem Zytosol in die elektronendichte Granula und **stabilisiert** so Thrombozyten.

Pharmakologische Aggregationshemmung   Endotheldefekte können auch ohne äußere Verletzung zur Thrombozytenaggregation führen. In der Klinik wird versucht, das Auftreten von **Thrombosen** durch die Verabreichung von Medikamenten wie **Acetylsalizylsäure** zu verhindern, welches die Zyklooxygenase und somit die Thromboxansynthese hemmt. Therapeutisch werden zudem ADP-Rezeptor-Blocker gegen den thrombozytären purinergen Rezeptor $P2Y_{12}$ und Antikörper gegen den Rezeptorkomplex IIb/IIIa zur Aggregationshemmung eingesetzt.

In Kürze

Die kernlosen Thrombozyten (ca. $250 \times 10^9/l$) sind Abkömmlinge von **Megakaryozyten**. Ihre Bildung wird durch das hepatische Glykoproteinhormon **Thrombopoietin** gefördert. Thrombozyten zirkulieren 5–11 Tage. Die **primäre Hämostase** kommt durch **Vasokonstriktion** und den **Thrombozytenpfropf** zustande. Bei der **Plättchenadhäsion** bildet der **von-Willebrand-Faktor** (vWF) Brücken zwischen dem Glykoprotein Ib/IX/V der Thrombozyten und Kollagen. Glykoprotein VI verankert die Plättchen. Bei der reversiblen **Plättchenaggregation** bindet **Fibrinogen** an Glykoproteine IIb und IIIa der Thrombozyten. Es kommt zur Freisetzung der Inhaltsstoffe der Thrombozytengranula und zur **Thrombo-xan-A$_2$-Produktion**. Die Verfestigung der Fibrinogen-brücken durch Thrombospondin führt zur irreversiblen Aggregation. Therapeutisch wird die Plättchenaggregation durch Hemmstoffe der Thromboxansynthese und Thrombozyten-Rezeptorblocker unterdrückt. Plättchenmangel (**Thrombozytopenie**) oder -funktionsuntüchtigkeit (**Thrombozytopathie**) führen zur kapillären Blutungsneigung. Zur Überprüfung der primären Hämostase wird die **Blutungszeit** bestimmt (<6 min).

23.7 Fibrinbildung und -auflösung

23.7.1 Sekundäre Hämostase

Die Gerinnung (Koagulation) wird durch extrinsische und intrinsische Wege eingeleitet.

Grundzüge der Koagulation Der Thrombozytenpfropf kann für sich allein größere Gefäßläsionen nicht abdichten. Erst durch die **Koagulation (sekundäre Hämostase)** werden die Gefäße mit dem roten Abscheidungsthrombus, welcher Erythrozyten und Leukozyten enthält, endgültig verschlossen. Außerdem ist die Koagulation verantwortlich für die Thrombenbildung im venösen Gefäßsystem. ◻ Abb. 23.8 zeigt die komplexen Schritte des Gerinnungsvorgangs und die beteiligten Faktoren. Letztlich spaltet das Enzym **Thrombin** aus dem löslichen **Fibrinogen** Fibrin ab, welches das fädige Gerüst der Gerinnsel bildet.

Nomenklatur der Gerinnungsfaktoren Die verschiedenen Gerinnungsfaktoren kennzeichnet man mit römischen Ziffern (▶ Tab. „Blutgerinnungsfaktoren" im Anhang). Im Allgemeinen handelt es sich um **proteolytische Enzyme** (die aktivierten Faktoren XII, XI, X, IX, VII, II und Kallikrein sind Serinproteasen), die im Plasma in inaktiver Form als Proenzyme vorliegen und sich erst bei der Gerinnung in einer **kaskadenartig** ablaufenden Kette von Reaktionen aktivieren. Die aktive Form der Faktoren wird durch ein abgesetztes „a" gekennzeichnet (z. B. II$_a$).

Einleitende Schritte Bei der Zerstörung der Gefäßwand und der Aktivierung von Thrombozyten werden Proteine und Phospholipide exponiert, die zusammen mit den plasmatischen Gerinnungsfaktoren V$_a$ und X$_a$ sowie Ca^{2+}-Ionen einen Enzymkomplex bilden, welcher die Aktivierung von **Prothrombin** zu Thrombin katalysiert (sog. Prothrombinaktivator). Schematisch vereinfachend lassen sich zwei Wege darstellen: Man spricht vom **extrinsischen System** der Gerinnung, wenn das aktivierende Protein (Tissue factor) und Phospholipid aus verletzten Gefäß- und Bindegewebszellen stammt, und vom **intrinsischen System** der Gerinnung, wenn plasmatische Faktoren den Prozess auslösen. Im Organismus ergänzen sich beide Systeme (◻ Abb. 23.8).

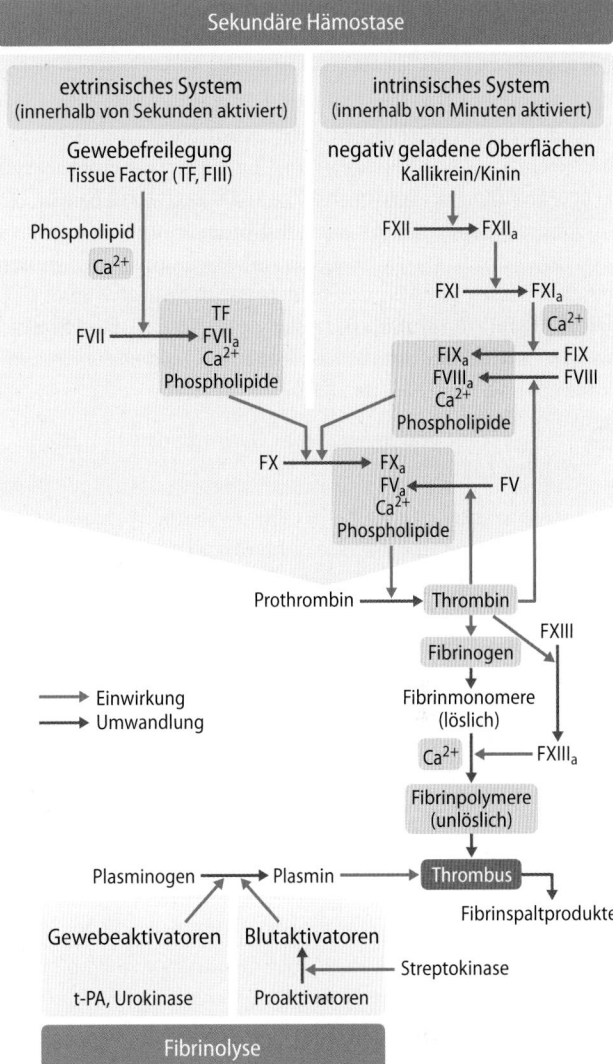

◻ **Abb. 23.8** Faktoren der Koagulation (Fibringerinnung) und der Fibrinolyse

Extrinsisches System Die Koagulation wird eingeleitet, wenn das nach einer Endothelläsion zugängliche Membranprotein „Tissue factor" (**TF, Faktor III**; 47 kDa), welches von Gefäßmuskelzellen und Fibroblasten exprimiert wird, einen Komplex mit **Phospholipid** bildet. Dieser Komplex, der in der Labormedizin auch als **Thromboplastin** bezeichnet wird, bindet den **Gerinnungsfaktor VII**. Der TF/FVII$_a$/Phospholipid-Komplex aktiviert in Anwesenheit von Ca^{2+}-Ionen den **Faktor X** (◻ Abb. 23.8).

Tissue factor gibt also das Startsignal für die Koagulation. Um seine Aktivität zu begrenzen, produzieren Endothelzellen den Hemmstoff „Tissue factor pathway inhibitor" (TFPI, ca. 40 kDa), der an Faktor X$_a$ bindet und diesen blockiert.

❯ In vivo wird die Koagulation v. a. durch Tissue factor (TF, Faktor III) eingeleitet, wenn dieser nach einer Verletzung des Endothels mit dem plasmatischen Faktor VII in Kontakt kommt.

Intrinsisches System   Intravaskulär wird die Koagulation eingeleitet, wenn der **Faktor XII** mit negativ geladenen Oberflächen wie Kollagen (oder in vitro mit Glas) in Berührung kommt. An der Aktivierung und Wirkung von Faktor XII sind außerdem hochmolekulares Kininogen und proteolytische Enzyme wie Kallikrein und Thrombin beteiligt. In der Folge werden die **Faktoren XI** und **IX** aktiviert. Faktor IX$_a$ bildet gemeinsam mit **Phospholipid** der inneren Thrombozytenmembran (sog. Plättchenfaktor 3) und Ca^{2+}-Ionen einen Enzymkomplex, der proteolytisch **Faktor X** aktiviert. Diese Reaktion wird stark beschleunigt durch **Faktor VIII$_a$**, welcher seinerseits durch das zunehmend gebildete Thrombin aktiviert wird ($\blacksquare$ Abb. 23.8).

❯ Extrinsischer und intrinsischer Gerinnungsweg treffen sich bei Faktor X.

Querverbindungen   In vivo gibt es zwischen den extrinsischen und den intrinsischen Prozessen Querverbindungen, sog. **alternative Wege der Koagulation**. So kann der extrinsische TF/Faktor VII$_a$/Phospholipid-Komplex auch den intrinsischen Faktor IX aktivieren. Folglich werden bei einem Mangel an **Faktor VIII** oder **IX** ausgeprägtere Blutungsneigungen (**hämorrhagische Diathesen**) beobachtet als bei einem Mangel an Faktor XI oder XII, da im letzteren Fall Faktor IX alternativ durch Faktor VII$_a$ aktiviert werden kann. Andererseits kann Faktor VII durch Spaltprodukte von Faktor XII und durch Faktor IX$_a$ aus dem intrinsischen System aktiviert werden.

Thrombinbildung   Der Prothrombinaktivator (Komplex aus Faktor X$_a$, Faktor V$_a$, Ca^{2+} und Phospholipid) spaltet proteolytisch aus dem inaktiven Proenzym **Prothrombin** (72 kDa) das enzymatisch aktive **Thrombin** (35 kDa) ab ($\blacksquare$ Abb. 23.8). Thrombin ist seinerseits eine Peptidase, die Arginylbindungen spaltet und zu einer partiellen Proteolyse von Fibrinogen führt.

Fibrinbildung   Bei der Proteolyse wird das dimere **Fibrinogen** (340 kDa) zunächst in seine beiden Untereinheiten aus je drei Polypeptidketten (α, β, γ) gespalten. **Thrombin** spaltet dann in den α- und β-Ketten vier Arginyl-Glycinylbindungen und setzt so die vasokonstriktorisch wirkenden **Fibrinopeptide A und B** frei. Die zurückgebliebenen **Fibrinmonomere** lagern sich längs-parallel zu Fibrinpolymeren aneinander, die zunächst nur durch elektrostatische Kräfte zusammengehalten werden. Außerdem bedarf es zu dieser **Polymerisation** der Anwesenheit von Fibrinopeptid A und Ca^{2+}. Das entstandene Gel kann durch Reagenzien, die Wasserstoffbrücken lösen (wie z. B. Harnstoff), wieder verflüssigt werden.

Rolle von Faktor XIIIa   Erst unter der Wirkung des durch Thrombin in Gegenwart von Ca^{2+} aktivierten **fibrinstabilisierenden Faktor XIII$_a$**, einer Transglutaminase, entstehen kovalente Bindungen zwischen den Fibrinmonomeren, wodurch diese sich verfestigen. Das Blutgerinnsel hat dann eine gallertige Konsistenz.

Nachgerinnung   Innerhalb einiger Stunden trennt sich durch **Retraktion** (Zusammenziehung) der Fibrinfäden die gallertige Masse in den roten Thrombus, der in den Zwischenräumen seines Maschenwerkes aus Fibrinfäden die Blutzellen enthält, und eine darüberstehende klare gelbliche Flüssigkeit, das **Serum** (fibrinogenfreies Plasma). Die Retraktion wird durch **Aktin und Myosin der Thrombozyten** erwirkt, die unter ATP-Spaltung ineinander gleiten. Durch Retraktion wird das Gerinnsel mechanisch verfestigt. Im Organismus werden die Wundränder zusammengezogen und das Einsprossen von Bindegewebszellen gefördert.

23.7.2 Fibrinolyse

Zur Fibrinolyse löst das Enzym Plasmin das Gerinnsel auf.

Aktivierung der Fibrinolyse   Der Koagulation folgt die Phase der Fibrinolyse, in der das Gerinnsel aufgelöst und das Gefäß wieder durchgängig wird. Hierfür ist das Plasmaglobulin **Plasminogen** (81 kDa) verantwortlich, welches durch Gewebe- oder Blutfaktoren zu **Plasmin** aktiviert wird ($\blacksquare$ Abb. 23.8). Plasmin ist eine Serinprotease mit großer Affinität zu Fibrin, aus dem sie lösliche Peptide abspaltet, welche zudem die Thrombinwirkung und somit die weitere Bildung von Fibrin hemmen. Plasmin spaltet außerdem Fibrinogen, Prothrombin und die Gerinnungsfaktoren V, VIII, IX, XI und XII. Plasmin fördert somit nicht nur die Auflösung vorhandener Blutgerinnsel, sondern hemmt auch die Gerinnselneubildung.

Plasmin spaltet aus dem quervernetzten Fibrin dimere Bruchstücke ab. Die Konzentration dieser sog. **D-Dimere** im Plasma kann zur Diagnose und Verlaufskontrolle von Thrombosen gemessen werden. Das vermehrte Auftauchen von D-Dimeren weist auf eine gesteigerte Fibrinolyse hin.

Plasminogenaktivatoren   Die aus dem **Gewebe** stammenden Aktivatoren (**t-PA**, „tissue-type"-Plasminogenaktivator) wandeln Plasminogen direkt in Plasmin um ($\blacksquare$ Abb. 23.8). Im Urin kommt ein besonders wirksamer Aktivator vor, die **Urokinase** (u-PA), welche der Auflösung von Fibringerinnseln im Harntrakt dient. Die **Blutaktivatoren** (u. a. Faktor XII$_a$) benötigen zur Plasminogenspaltung sog. **Proaktivatoren**. Die wichtigsten Proaktivatoren (u. a. Präkallikrein) sind Lysokinasen, die durch traumatische oder entzündliche Prozesse aus Leukozyten freigesetzt werden. Ein körperfremdes Fibrinolytikum ist die von hämolytischen Streptokokken produzierte **Streptokinase**, die – ebenso wie u-PA und gentechnisch hergestelltes t-PA – zur therapeutischen Fibrinolyse (Thrombolyse, vor allem bei akutem Herzinfarkt und Schlaganfall) appliziert werden.

23

23.7.3 Serinprotease-Inhibitoren

Plasma enthält Serinprotease-Inhibitoren, welche die Aktivität der fibrinbildenden und -auflösenden Enzyme bremsen.

Hemmfaktoren der Koagulation Mehrere Plasmaproteine zügeln die enzymatische Aktivität der Serinproteasen, indem sie das Serinmolekül im aktiven Zentrum der Enzyme blockieren. Ein besonders wichtiger Hemmfaktor ist **Antithrombin** (früherer Name Antithrombin III). Antithrombin ist ein Glykoprotein, das in der Leber gebildet wird. Zu seiner vollen Wirksamkeit ist Heparin notwendig (s. u.). Es hemmt die Wirkung der Faktoren II_a, X_a, IX_a, XI_a, XII_a, sowie die von Kallikrein. Ein anderer wichtiger Hemmfaktor ist **Protein C** (hemmt Faktor V_a und VIII_a). Protein C wird durch Thrombin aktiviert, insbesondere, wenn dieses an **Thrombomodulin** gebunden ist. Thrombomodulin ist ein transmembranäres Protein der Endothelzellen, welches demnach die Koagulation gerade dort unterdrückt, wo das Endothel intakt ist. Zu den Hemmfaktoren im Plasma gehören außerdem **Protein S**, welches als **Kofaktor** für Protein C wirkt. Weitere Inhibitoren sind α_2-**Makroglobulin** (hemmt Faktor II_a Kallikrein und Plasmin), α_1-**Antitrypsin** (hemmt Faktor II_a und Plasmin) und der **C1-Inaktivator** (hemmt Faktor XI_a, Faktor XII_a und Kallikrein). Die Kenntnis der Serinprotease-Inhibitoren ist klinisch wichtig, weil Patienten mit einem ererbten Mangel an gerinnungshemmenden Faktoren zu Venenthrombosen neigen.

Hemmfaktoren der Fibrinolyse Die Plasminaktivität wird vor allem durch α_2-**Antiplasmin** gebremst. Seine Anwesenheit im Plasma führt dazu, dass Plasmin seine fibrinolytische Wirkung ungezügelt nur im Inneren von Gerinnseln entfaltet, da dort aufgrund der Adsorption von Plasminogen an Fibrin die Plasminkonzentration hoch, die α_2-Antiplasmin-Konzentration indes niedrig ist, weil Letzteres nur langsam aus dem strömenden Blut in das Gerinnsel diffundieren kann. Therapeutisch verwendet man zur Fibrinolyseverlangsamung synthetische Protease-Inhibitoren, wie z. B. **ε-Aminokapronsäure**.

23.7.4 Gerinnungsstörungen

Störungen des Gleichgewichtes zwischen den gerinnungsfördernden und -hemmenden Prozessen können zur Blutungsneigung oder zu Thrombosen führen.

Folgen mangelhafter Gerinnung Einschränkungen der sekundären Hämostase äußern sich in vermehrten und verlängerten Blutungen nach Schnittverletzungen, verstärkten Regelblutungen sowie Gelenkblutungen und -versteifungen. Es gibt erworbene und ererbte Gerinnungsstörungen.

Erworbene Gerinnungsstörungen Ein erworbener Mangel an – meist gleich mehreren – plasmatischen Gerinnungsfaktoren tritt typischerweise nach starken Blutungen (**Verbrauchskoagulopathie**) oder bei Infektionskrankheiten auf. Bei entzündlichen oder degenerativen **Lebererkrankungen** kann die Synthese der Faktoren I, II, V, VII, IX und X so stark beeinträchtigt sein, dass die Gerinnungsfähigkeit herabgesetzt ist. Auch **Vitamin-K-Mangel** führt zu Blutgerinnungsstörungen, weil reduziertes Vitamin K (**Vitamin KH₂**) für die Synthese der Faktoren II, VII, IX und X in der Leber notwendig ist. Vitamin-K-Mangel kommt bei Erwachsenen praktisch nur bei gestörter Fettresorption vor (z. B. bei Mangel an Gallensäuren), denn das fettlösliche Vitamin ist in pflanzlicher Nahrung vorhanden und wird auch von Darmbakterien gebildet. Bei Säuglingen kommt Vitamin-K-Mangel häufiger vor, da Muttermilch nur einen geringen Vitamin-K-Gehalt hat.

Ererbte Gerinnungsstörungen Bei den **angeborenen Mangelzuständen** ist i. Allg. nur die Aktivität eines einzelnen Gerinnungsfaktors erniedrigt (▸ Tab. im Anhang). Bei der beim männlichen Geschlecht auftretenden, rezessiv geschlechtsgebunden vererbten „Bluterkrankheit", der Hämophilie, besteht in der überwiegenden Zahl (75 %) der Erkrankungen ein Mangel an biologisch aktivem Faktor VIII (**Hämophilie A**). Bei den anderen Patienten mit der Bluterkrankheit fehlt funktionstüchtiger Faktor IX (**Hämophilie B**). Im klinischen Erscheinungsbild, im Erbgang und bei den globalen Gerinnungsprüfungen unterscheiden sich die beiden Hämophilieformen nicht.

23.7.5 Hemmstoffe der Gerinnung

Eine Gerinnungshemmung wird durchgeführt, um Thrombosen oder Embolien in den Arterien oder in den Venen zu vermeiden bzw. aufzulösen.

Heparin Durch Heparin wird die Blutgerinnung *in vivo* und *in vitro* gehemmt. Heparin bindet an **Antithrombin** und bewirkt dessen Konformationsänderung zur aktiven Form. He-

---

Klinik

Hämophilie A

Die Hämophilie A ist eine geschlechtsgebundene (X-chromosomale) rezessive Anomalie, an der Männer manifest erkranken. Heterozygote Frauen („Konduktorinnen") sind dagegen phänotypisch symptomfrei. Pathogenetisch ist der Gerinnungsfaktor VIII des intrinsischen Systems inaktiv, sodass eine schwere **hämorrhagische Diathese** vorliegt, die durch Blutungen in **Gelenke** und weiche Gewebe charakterisiert ist. Die Häufigkeit der Erkrankung beträgt ca. 5 auf 100.000 Personen. Man spricht von der „**Bluterkrankheit**", obwohl – bei der klinischen Untersuchung – die Blutungszeit (s. o.) normal ist. Auch die Thromboplastin-(INR) und Thrombinzeiten sind normal (s. u.). Dagegen ist die partielle Thromboplastinzeit verlängert. Die Patienten werden mit gentechnisch gewonnenem rekombinantem Faktor VIII behandelt.

parin hemmt folglich die Bildung und die Wirkung von Thrombin. Es wirkt indirekt, weil es die Affinität von Antithrombin zum Thrombin und zum Faktor X$_a$ steigert. Heparin ist ein Gemisch saurer Glykosaminoglykane, die zu therapeutischen Zwecken aus tierischen Geweben extrahiert werden (v. a. aus Schweinedarm). Besonders reich an Heparin sind außerdem Leber- und Lungengewebe sowie Mastzellen und basophile Granulozyten. Bei einer Heparinüberdosierung kann als **Gegenmittel** das – basische – **Protaminchlorid** verabreicht werden, welches Heparin neutralisiert.

Kumarine   Da Heparin parenteral appliziert werden muss, rasch abgebaut wird und nur 4–6 Stunden wirkt, bevorzugt man zur Dauertherapie von Patienten mit Thromboseneigung Kumarinderivate (z. B. Phenprocoumon), welche oral als Tabletten verabreicht werden können. Kumarine verhindern die Reduktion von Vitamin K in der Leber (v. a. durch **Hemmung der Vitamin-K-Epoxid-Reduktase**). Kumarine unterdrücken damit die Synthese der Vitamin-K-abhängigen Faktoren II, VII, IX und X. In der ärztlichen Praxis werden die Kumarine (pharmakologisch ungenau) auch als Vitamin-K-Antagonisten bezeichnet.

Direkte orale Antikoagulantien   Seit einiger Zeit sind gerinnungshemmende Arzneistoffe verfügbar, die direkt einzelne Gerinnungsfaktoren hemmen und oral eingenommen werden können. So gibt es einen oral anwendbaren Hemmer von Thrombin (Faktor II$_a$), der zur postoperativen Antikoagulation eingesetzt wird. Andere direkte Antikoagulantien vermindern die enzymatische Aktivität von Faktor X$_a$.

Hirudin   Verschiedene tierische Stoffe bewirken eine lokale Gerinnungshemmung. Dazu gehört Hirudin, ein im Speichel von **Blutegeln** enthaltenes Polypeptid, das die Wirkung von Thrombin unterdrückt. Bestimmte Schlangengifte verhindern ebenfalls die Fibrinbildung. Auch der Speichel blutsaugender Insekten hat gerinnungshemmende Wirkung.

Ca^{2+}-Komplexbildner   Zur Gewinnung von Plasma für **Laboruntersuchungen** und zur BSG-Bestimmung (s. o.) muss die Blutgerinnung in vitro verhindert werden. Dafür werden zu den Blutproben Stoffe gegeben, die das in mehreren Phasen der Blutgerinnung notwendige **Ca^{2+}** komplexieren. Dazu eignen sich Zitrat- oder Oxalat-haltige Lösungen sowie der Chelatbildner **EDTA** (Ethylendiamin-Tetra-Azetat).

> Thrombosegefährdete Patienten können parenteral mit Heparin und oral mit anderen direkt wirkenden Antikoagulantien oder den indirekt wirkenden Kumarinen behandelt werden.

23.7.6   Gerinnungsprüfungen

Zur Prüfung der Gerinnungsfähigkeit werden Rekalzifizierungs-, Thromboplastin-, partielle Thromboplastin- und Thrombinzeit gemessen.

Rekalzifizierungszeit   Zur Bestimmung der Rekalzifizierungszeit wird Zitratblut mit einer Glasperle in schräg stehende, in einem Wasserbad bei 37°C langsam rotierende Teströhrchen gefüllt. Dann werden im Überschuss **Kalziumionen** zugefügt und die Zeit vom Ca^{2+}-Zusatz bis zum Mitrotieren der Glasperle gemessen (**Normwert: 80–130 s**).

Thromboplastinzeit   Mit der Bestimmung der Thromboplastinzeit (**TPZ**; auch Prothrombinzeit genannt) wird die Thrombinbildung nach Aktivierung mit **Thromboplastin** gemessen, also der extrinsische Teil des Gerinnungssystems überprüft. Thromboplastine sind Gemische aus rekombinantem oder nativem Tissue Factor und Phospholipiden. Die TPZ ist die am häufigsten verwendete Methode zur Kontrolle einer Behandlung mit Kumarinen (Vitamin-K-Epoxid-Reduktasehemmern). Zu Oxalat- oder Zitratplasma werden im Überschuss **Thromboplastin** und **Kalziumionen** gegeben und die Zeit bis zum Eintritt der Gerinnung gemessen (Normalwert 10–30 s, abhängig vom Testbesteck). Verlängerungen ergeben sich bei einem Mangel an den Faktoren des **extrinsischen Gerinnungssystems**, an **Prothrombin** oder **Fibrinogen**.

Das Gemisch aus Tissue factor und Phospholipid (sog. Thromboplastin) ist von Hersteller zu Hersteller unterschiedlich. Um einen Vergleich zwischen verschiedenen Laboratorien zu ermöglichen, ist die **INR** („international normalized ratio") eingeführt worden, wozu das verwendete Thromboplastin gegen die Referenzpräparation der WHO abgeglichen wird (**INR-Normwert: 0,85–1,27**). Erhöhte INR-Werte zeigen verlängerte Gerinnungszeiten an (z. B. ist die Gerinnungszeit bei INR 2,0 verdoppelt).

Quick und INR
Früher wurde statt der INR der Quick-Wert verwendet (benannt nach Armand Quick). Dabei wurde das Ergebnis in Prozent angegeben (Normalwert >70 %), wobei 100 % dem Mittelwert eines Normalplasmas entsprach. INR und Quick-Wert stehen im umgekehrten Verhältnis. Bei der INR-Bestimmung wird für das Thromboplastin der International Sensitivity Index (ISI) gegen das Referenz-Thromboplastin der WHO bestimmt. Die INR berechnet sich dann nach der Formel: TPZ (Thromboplastinzeit) des Patientenplasmas geteilt durch die TPZ eines Normalplasmas potenziert mit dem ISI. Ein erhöhter INR-Wert (ohne Einnahme gerinnungshemmender Medikamente) kann z. B. durch Vitamin-K-Mangel oder schwere Lebererkrankungen bedingt sein. Unter Antikoagulantien-Therapie sollen die INR-Werte zwischen 2,0 und 3,5 liegen. Je höher die INR ist, desto stärker ist der Schutz vor Gerinnseln. Gleichzeitig ist aber auch das Blutungsrisiko erhöht (z. B. durch gastrointestinale Blutungen).

Partielle Thromboplastinzeit   Die Bestimmung der partiellen Thromboplastinzeit (auch „aktivierte partielle Thromboplastinzeit" genannt) ist ein Test zur Kontrolle des **intrinsischen Gerinnungssystems** (u. a. Faktor VIII und Faktor IX). Bei der Bestimmung der partiellen Thromboplastinzeit werden zu Zitratplasma im Überschuss Phospholipide (z. B. Kephalin) sowie ein Oberflächenaktivator (z. B. Kaolin) gegeben, sodass in der Folge die Gerinnungsfaktoren XII und XI aktiviert werden. Nach Zugabe von **Kalziumionen** wird dann die Zeit bis zur Gerinnselbildung gemessen (**Normwert: 23–35 s**).

Thrombinzeit Die Bestimmung der Thrombinzeit kann zur Überprüfung eines Fibrinogenmangels bzw. einer **Fibrinolysetherapie** dienen. Dazu wird die Gerinnungszeit nach Zugabe von **Thrombin** und Kalziumionen zu Zitratplasma gemessen **(Normwert: 12–19 s)**.

Erweiterte Gerinnungsdiagnostik Zur differenzierten Diagnostik können u. a. die Konzentrationen von Antithrombin, Fibrinogen und Fibrin-Spaltprodukten (sog. D-Dimere) im Plasma sowie die Reptilasezeit bestimmt werden (Reptilase ist ein Schlangengift, das wie Thrombin Fibrinogen spaltet, aber nicht durch Antithrombin hemmbar ist, sodass die Gerinnselbildung nur von der Fibrinogenkonzentration im Plasma abhängt).

In Kürze

Gerinnungsfaktoren werden mit römischen Ziffern, die aktive Form durch „a" gekennzeichnet. Im extrinsischen System aktiviert der Komplex aus Tissue factor (Faktor III) und Phospholipid (sog. Thromboplastin) mit Faktor VII_a und Ca^{2+}-Ionen den Faktor X. Im intrinsischen System werden nacheinander die Faktoren XII, XI und IX aktiviert. Faktor IX_a im Komplex mit Phospholipid (Plättchenfaktor 3), Faktor VIII_a und Ca^{2+}-Ionen aktiviert Faktor X. Der Komplex aus Faktor X_a, Faktor V_a, Ca^{2+} und Phospholipid spaltet proteolytisch aus Prothrombin (Faktor II) Thrombin ab. Thrombin spaltet Fibrinogen (Faktor I) in Monomere, die sich locker zu Polymeren verbinden. Faktor XIII_a verfestigt Fibrin kovalent. Dem Prozess der Fibrinbildung steht die fibrinolytische Plasminaktivität gegenüber. Fibrinbildende und fibrinolytische Faktoren werden durch Serinprotease-Inhibitoren gezügelt.

Defekte der **sekundären Hämostase** beruhen auf einem ererbten oder erworbenen Mangel an Gerinnungsfaktoren; klinisch äußern sich diese v. a. in **verlängerten Blutungen** nach Schnittverletzungen sowie Gelenkblutungen. Zur Differenzierung von Gerinnungsstörungen dienen primär Rekalzifizierungs-, Thromboplastin-, partielle Thromboplastin- und Thrombinzeit.

Literatur

American Society of Hematology. Hematology. American Society of Hematology Education Program Books (jährlich neue Ausgaben im Internet unter: http://www.hematology.org)

Greer JP, Arber DA, Glader B (eds) (2014) Wintrobe's clinical hematology, 13th edn. Lippincott Williams & Wilkins, Philadelphia

Krämer I, Jelkmann W (Hrsg) (2011) Rekombinante Arzneimittel. Springer, Berlin Heidelberg New York, 2. Aufl.

Lang F, Föller M (eds) (2012) Erythrocytes, Imperial College Press, London

Thomas I (Hrsg) (2012) Labor und Diagnose, 8. Aufl. TH-Books Verlagsgesellschaft, Frankfurt

Blutgruppen und -transfusion

Wolfgang Jelkmann

© Springer-Verlag GmbH Deutschland, ein Teil von Springer Nature 2019
R. Brandes et al. (Hrsg.), *Physiologie des Menschen*, Springer-Lehrbuch
https://doi.org/10.1007/978-3-662-56468-4_24

Worum geht's?

Agglutination

Vermischt man Blut von einem Menschen mit dem anderer, dann verklumpt das Blutgemisch in jedem zweiten Fall. Dieser Prozess wird Agglutination genannt.

Jeder hat seine eigenen Blutgruppeneigenschaften

Erythrozyten und andere Körperzellen haben auf der Außenseite der Membran Kohlenhydrat- und Proteinstrukturen, die von Mensch zu Mensch unterschiedlich sind. Sie werden in „Blutgruppen" kategorisiert. Die klinisch wichtigsten Blutgruppensysteme sind das AB0- und das Rhesus-System. Gegen die fremden Blutgruppenstrukturen können Antikörper gebildet werden, die dann im Blutplasma zirkulieren.

Bluttransfusionen müssen verträglich sein

Vor einer Transfusion muss abgesichert werden, dass das fremde Blut oder Erythrozytenkonzentrat für den Empfänger „verträglich" ist und es nicht zu einer Agglutinationsreaktion kommt. Erythrozytenkonzentrate werden AB0-gleich transfundiert, in Notfällen zumindest kompatibel (◻ Abb. 24.1). Plasma von Menschen mit Blutgruppe AB enthält keine Agglutinine, bei A sind Anti-B-, bei B Anti-A- und bei 0 Anti-A- und Anti-B-Antikörper im Plasma vorhanden. Die Antikörper im AB0-System sind überwiegend **IgM** (komplette Antikörper) und **agglutinieren** Erythrozyten durch Vernetzung. Die Transfusion inkompatibler Erythrozyten führt zur Major-Reaktion, d. h. einem Angriff der Empfänger-Antikörper auf die Spender-Erythrozyten. Bei der Minor-Reaktion werden die Empfänger-Zellen durch Agglutinine des Spender-Plasmas angegriffen.

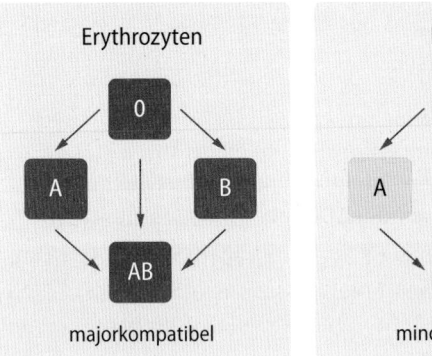

◻ Abb. 24.1 AB0-Kompatibilität von Spender-Erythrozyten und -Blutplasma

24.1 Blutgruppensysteme

24.1.1 Immunologische Grundlagen

Bei einer Mischung gruppenunverträglicher Blutsorten ballen sich die Erythrozyten zusammen.

Agglutination Vermischt man die Erythrozyten und das Serum von zwei Personen auf einem Objektträger, so beobachtet man in etwa 40 % der Fälle eine **Zusammenballung** der Erythrozyten, die als Agglutination bezeichnet wird. Gelegentlich ist dieser Vorgang mit einer Hämolyse kombiniert, d. h. einer Auflösung antikörperbeladener Erythrozyten durch die Zerstörung ihrer Zellmembran mit Übertritt von Hämoglobin in das Blutplasma. Die Hämolyse ist Folge der Aktivierung des Komplementsystems (▶ Kap. 25.1). Die gleichen Phänomene treten auf, wenn durch eine Erythrozytentransfusion im Körper zwei **inkompatible** (unverträgliche) Blute zusammenkommen. Die Folgen sind die intra- und extravasale Lyse der agglutinierten Erythrozyten, Verstopfung von Nierentubuli durch Hämoglobinzylinder und systemische Immunreaktionen, die zum Tode führen können. Die Agglutination wird durch eine **Antigen-Antikörper-Reaktion verursacht**.

Agglutinogene und Agglutinine In der Zellmembran der Erythrozyten befinden sich **Glykolipide** mit **Antigeneigenschaften**, die sog. **Agglutinogene**. Die spezifischen Antikörper, die mit den Agglutinogenen körperfremder Erythrozytenmembranen reagieren und die Agglutination bewirken, sind im Blutplasma gelöst. Sie gehören zur γ-Globulin-Fraktion und werden als **Agglutinine** bezeichnet.

Blut-gruppen-system	Antikörper	Hämo-lytische Trans-fusions-reaktion	Fetale hämo-lytische Anä-mie bei Blut-gruppen-In-kompatibilität
AB0	Anti-A	Ja	Nein
	Anti-B	Ja	Nein
	Anti-H	Nein	Nein
Rh	Anti-D	Ja	Ja
MNSs	Anti-M, -N, -S, -s	Sehr selten	Sehr selten
P	Anti-P$_1$	Nein	Nein
Lutheran	Anti-Lu^b	Ja	Selten
Kell	Anti-K	Ja	Ja
Lewis	Anti-Le^a, -Le^b	Ja	Nein
Duffy	Anti-Fy^a	Ja	Wahrscheinlich
Kidd	Anti-Jk^a	Ja	Selten

◘ Tab. 24.1   Klinisch wichtige Blutgruppensysteme

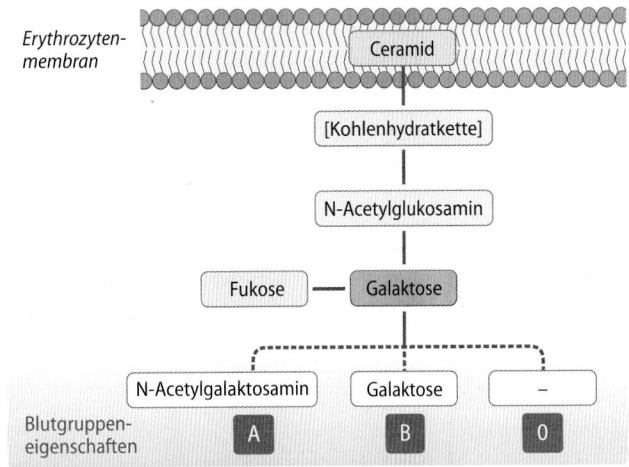

◘ **Abb. 24.2   Aufbau der die AB0-Blutgruppenzugehörigkeit be-stimmenden Glykolipide der Erythrozytenmembran**

Blutgruppensysteme   Das Blut jedes Menschen ist durch einen bestimmten Satz spezifischer Erythrozytenantigene charakterisiert (neben Glykolipiden auch Proteine). Unter den vielen bekannten Erythrozytenantigenen sind ca. 30, die heftigere Reaktionen auslösen können. Die wichtigsten neun Blutgruppensysteme sind in ◘ Tab. 24.1 wiedergegeben. Glücklicherweise ist die Immunogenität der meisten Merkmale so gering, dass sie vor Blutübertragungen nicht routinemäßig bestimmt werden müssen. Andererseits haben das **AB0-System** und das **Rh-System** eine große Bedeutung für die praktische Medizin.

24.1.2   AB0-System

Das AB0-System ist für die Transfusionsmedizin am wichtigsten.

Antigene Eigenschaften   Im AB0-System können menschliche Erythrozyten drei unterschiedliche Antigeneigenschaften haben, die **Eigenschaft A**, die **Eigenschaft B** oder die **Eigenschaft AB** (d. h. A und B gemeinsam). Wie ◘ Abb. 24.2 zeigt, ist die Blutgruppenzugehörigkeit von der Struktur der endständigen **Zuckerreste** von Glykolipiden der Erythrozytenmembran abhängig (terminal bei A: N-Acetylgalaktosamin und bei B: Galaktose). Fehlen diese, liegt die **Blutgruppe 0** (Null) vor (Merkmal H). Gegen die **Agglutinogene A und B** werden Agglutinine gebildet, die im Blutplasma als Antikörper zirkulieren. Antikörper gegen die Eigenschaft H kommen beim Menschen nicht vor.

Bei der Blutgruppe A gibt es die Untergruppen A$_1$ (80 %) und A$_2$ (20 %), wobei A$_1$-Erythrozyten mehr antigene Struk-turen haben als A$_2$-Erythrozyten. Für die Transfusionsmedizin ist die Untergruppen-Einteilung aber von geringer Bedeutung, da Unverträglichkeits-Reaktionen zwischen A$_1$- und A$_2$-Blut kaum auftreten.

> Die Blutgruppenzugehörigkeit im AB0-System ist genetisch durch die Expression der Erythrozytenmerkmale A und B festgelegt.

Postnatale Antikörperbildung   Als **Auslöser der Antikörperproduktion** werden Darmbakterien vermutet, die die gleichen antigenen Determinanten wie Erythrozyten besitzen (sog. **heterophile Antigene**). Das Blut von Neugeborenen enthält daher noch keine Agglutinine des AB0-Systems. Erst wenn im Laufe des ersten Lebensjahres der Darm mit Bakterien besiedelt wird, bildet der kindliche Organismus Antikörper gegen diejenigen Antigene, die die eigenen Erythrozyten nicht besitzen. Das Plasma von Personen der Blutgruppe 0 z. B. enthält dann **Anti-A-** und **Anti-B-Antikörper**, das der Blutgruppe **AB** dagegen **keine**. Da die Antigene polyvalente Kohlenhydratstrukturen (und nicht Proteine) sind, verläuft die Antikörperbildung ohne Mitwirkung von T-Lymphozyten (T-Zell-unabhängig). Möglicherweise ist die Kreuzreaktion mit bakteriellen Strukturen immunologisch vorteilhaft.

Die Antikörper im AB0-System gehören überwiegend zur **IgM-Klasse**. Sie besitzen daher zehn Antigenbindungsstellen und können Erythrozyten durch Vernetzung agglutinieren (**komplette Antikörper**). Außerdem aktivieren IgM das Komplementsystem.

Vererbung   Je zwei der drei **Allele A, B oder 0 (H)** finden sich im diploiden Chromosomensatz. Sie bestimmen den **Blutgruppenphänotyp**. Genau genommen hängen die antigenen Eigenschaften im AB0-System von der genetischen Präsenz und Aktivität bestimmter Enzyme ab, die in der Erythrozytenmembran verankert sind und Zuckerreste über-

◻ Tab. 24.2 Antigene und Antikörper der Blutgruppen im AB0-System

Blutgruppen-Phänotyp (Prävalenz in Mitteleuropa)	Genotyp	Agglutinogene (in Erythrozytenmembran)	Agglutinine (im Plasma)
0 (40 %)	00	H (praktisch unwirksam)	Anti-A Anti-B
A (44 %)	0A oder AA	A	Anti-B
B (11 %)	0B oder BB	B	Anti-A
AB (5 %)	AB	A und B	–

tragen (Glykosyltransferasen). Das Enzym der 0-Spezifität ist inaktiv. Wie aus ◻ Tab. 24.2 ersichtlich, sind die Blutgruppeneigenschaften **A und B gegen 0 dominant**, sodass 0 phänotypisch nur in homozygoter Form auftritt. Da sich hinter dem Phänotyp A oder B der Genotyp A0 bzw. B0 verbergen kann, können Eltern mit der Blutgruppe A oder B natürlich Kinder mit der Blutgruppe 0 zeugen. Für **A** und **B** gilt das Prinzip der **Kodominanz**.

Der Erbgang erlaubt Rückschlüsse aus dem Blutgruppenphänotypus eines Kindes auf die biologischen Eltern. Bei **gerichtlichen Vaterschaftsverfahren** wird z. B. davon ausgegangen, dass ein Mann mit der Blutgruppe AB nicht der Vater eines Kindes mit der Blutgruppe 0 sein kann.

❯❯ Im AB0-System werden gegen die Agglutinogene A und B (membranäre Glykolipide) Agglutinine gebildet (bei Blutgruppe 0 Anti-A- und Anti-B-, bei A Anti-B-, bei B Anti-A- und bei Blutgruppe AB keine Antikörper).

Geographische Verteilung der Blutgruppen   Über 40 % der Mitteleuropäer haben die Blutgruppe A, 40 % die Gruppe 0, gut 10 % die Gruppe B und rund 5 % die Gruppe AB. Bei den Ureinwohnern Amerikas kommt die Gruppe 0 in über 90 % vor. In der zentralasiatischen Bevölkerung macht die Gruppe B über 20 % aus.

24.1.3 Rhesus-System

Im Rhesus-System kennzeichnet das erythrozytäre Partialantigen D die Rh-positive Blutgruppeneigenschaft; Rh-negative Schwangere bilden Antikörper (IgG) gegen Rh-positive Erythrozyten ihrer Feten.

Rh-Eigenschaft der Erythrozyten   Das Rhesus-System umfasst mehrere in der Erythrozytenmembran benachbarte Antigene. Anders als im AB0-System wird die Antigenität im Rh-System durch **Proteine** und nicht durch Kohlenhydrate bewirkt. Die Rh-Proteine sind nicht glykosyliert. Sie bilden aber in der Erythrozytenmembran Komplexe mit dem sog. Rh-assoziierten Glykoprotein. Rhesus-Proteine sind praktisch nur in den Membranen von Erythrozyten und erythrozytären Vorläufern vorhanden und nicht in anderen Geweben.

Es gibt zwei Rhesus-Gene (RHD und RHCE). Diese kodieren die korrespondierenden Proteine RhD und RhCcEe, sodass fünf Rh-Antigene exprimiert werden können (D, **C**, **E**, **c** und **e**). Unter diesen hat D die größte **antigene Wirksamkeit**. Blut, das **D-Erythrozyten** enthält, wird daher vereinfacht als **Rh-positiv (Rh)** bezeichnet, Blut ohne die D-Eigenschaft („d") als **Rh-negativ (rh)**. In Europa findet man die Rh-positive Eigenschaft bei 85 % und die Rh-negative bei 15 % der Bevölkerung.

Beim Phänotyp rh-positiv können im Genotyp entweder DD oder Dd vorliegen, beim Phänotyp Rh-negativ ist der Genotyp stets dd.

❯❯ Blut, das D-Erythrozyten enthält, wird als Rh-positiv bezeichnet.

Herkunft des Namens Rhesus
Der Name Rhesus leitet sich von der historischen Beobachtung ab, dass Serum von Kaninchen, die gegen Erythrozyten von Rhesusaffen immunisiert wurden, bei den Erythrozyten der meisten Europäer zu einer Antigen-Antikörper-Reaktion führt.

Rh-Inkompatibilität und Schwangerschaft   Während der Schwangerschaft können aus dem Blut eines Rh-positiven Feten geringe Volumina Erythrozyten in den Kreislauf einer **Rh-negativen Mutter** gelangen, wo sie die Bildung von Anti-D-Antikörpern anregen. Größere Volumina (10–15 ml)

Klinik

Stammzelltransplantation bei Leukämie

Bei der **autologen** Knochenmark- oder Blut-Stammzelltransplantation (SZT) werden dem Patienten eigene, früher abgenommene und gelagerte Stammzellen infundiert.
Bei der **allogenen** (homologen) SZT erhält der Empfänger Stammzellen von einem gesunden Spender. Vor der SZT werden bei Patienten mit Leukämie („Blutkrebs") zur Elimination des entarteten Stammzell-Klons alle blutbildenden Zellen mit einer Kombination aus Chemo- und Radiotherapie ab-

getötet („myeloablative Therapie"). Nach der SZT beginnt die **Hämatopoiese** innerhalb von ca. zwei Wochen, sich zu regenerieren. Die Geschwindigkeit der Regeneration hängt u. a. von der Anzahl der transplantierten CD34⁺-Zellen ab.
Zur Bestimmung der Histokompatibilität allogener Transplantate wird vorrangig die Ähnlichkeit der HLA-Merkmale (humane Leukozytenantigene, Synonym: MHC, ▶ Kap. 25.2) von Spender und Empfänger

herangezogen – und nicht die Blutgruppe im AB0-System. Bei ca. 50 % der allogenen Transplantationen liegt ein AB0-„Mismatch" vor (Andersartigkeit der Blutgruppe). Die Stammzellen selber haben keine AB0-Antigene.
Die neuen Blutzellen des Empfängers haben natürlich nach der SZT die Blutgruppe des Spenders.

fetaler Erythrozyten gelangen i. Allg. erst beim Geburtsvorgang in den mütterlichen Kreislauf. Wegen des relativ langsamen Anstieges der mütterlichen Antikörperkonzentration verläuft die erste Schwangerschaft meistens ohne ernstere Störungen. Erst bei erneuter Schwangerschaft mit einem Rh-positiven Kind kann die Anti-D-Antikörperbildung der Mutter so stark werden, dass der diaplazentare Antikörperübertritt zur Zerstörung kindlicher Erythrozyten führt. Die Rhesus-Inkompatibilität ist die häufigste Ursache des sog. **Morbus haemolyticus neonatorum** (auch: **Erythroblastosis fetalis).** Die Neugeboren sind anämisch und fallen durch eine starke Gelbsucht (Icterus praecox) auf. In schweren Fällen (Hydrops fetalis) droht der intrauterine Tod.

❯ Anti-D-Antikörper können als IgG die Plazentaschranke passieren, da dort spezielle Transportmoleküle für IgG vorhanden sind. Für die im AB0-System auftretenden IgM ist die Plazenta dagegen nicht durchlässig.

Mittels Anti-D-Prophylaxe muss bei Rh-negativen Müttern, die ein Rh-positives Kind austragen, die Bildung von Antikörpern gegen die fetalen Erythrozyten verhindert werden. Dazu wird den Frauen vor oder unmittelbar nach der Geburt (und genauso nach Fehlgeburten!) **Anti-D-γ-Globulin** injiziert. Dadurch werden die Rh-positiven kindlichen Erythrozyten schnell aus dem mütterlichen Blutkreislauf eliminiert, sodass das Immunsystem der Mutter gar nicht erst zur Anti-D-Antikörperbildung angeregt wird.

In Kürze

Bei einer Mischung inkompatibler Blutsorten ballen sich die Erythrozyten zusammen (Agglutination = Antigen-Antikörper-Reaktion). I. d. R. beruht dies auf einer AB0-Inkompatibilität. Im **AB0-System** sind gegen die **Agglutinogene** A und B (membranäre Glykolipide) Agglutinine vorhanden. Diese sind **IgM** (komplette Antikörper), die postnatal gegen heterophile Antigene entstehen. Bei Blutgruppe 0 enthält das Plasma Anti-A- und Anti-B-, bei Blutgruppe A Anti-B-, bei Blutgruppe B Anti-A-Antikörper und bei Blutgruppe AB keine Antikörper.

Die 2 Rhesus-Gene (RHD und RHCE) kodieren 5 Rh-Proteine (D, C, E, c und e). Erythrozyten mit dem D-Protein werden als Rh-positiv (Rh) bezeichnet, solche ohne („d") als Rh-negativ (rh). Anti-D-Antikörper werden nur nach Sensibilisierung mit dem D-Antigen gebildet. Anti-D-Antikörper sind IgG und können die Plazentaschranke passieren. Rh-negative Schwangere bilden Antikörper gegen Rh-positive Erythrozyten ihrer Feten, wodurch es zum Morbus haemolyticus neonatorum (Erythroblastosis fetalis) kommen kann. Anti-D-Prophylaxe bei vorherigen Schwangerschaften soll der Erkrankung vorbeugen.

24.2 Transfusionsmedizinische Bedeutung

24.2.1 Bluttransfusion

Bluttransfusionen dürfen nur AB0-kompatibel durchgeführt werden.

Allogene Erythrozytentransfusion Anwendungsgebiete für die Transfusion von Erythrozytenkonzentraten sind schwere akute und chronische Anämien. Erythrozytenkonzentrate werden i. d. R. AB0-gleich transfundiert, d. h. Spender und Empfänger haben die gleiche Blutgruppe. In Ausnahmefällen können auch AB0-ungleiche – sog. „majorkompatible" – Erythrozyten transfundiert werden, gegen die der Empfänger keine Isoagglutinine hat. Hinsichtlich des Rh-Systems wird i. d. R. nur das **D-Antigen** berücksichtigt, also lediglich festgestellt, ob es sich um Rh-positives oder Rh-negatives Blut handelt. Dennoch sollen bei Mädchen und Frauen im gebärfähigen Alter und bei Patienten, denen wiederholt Blut übertragen werden muss, ausschließlich Rh-untergruppengleiche Erythrozyten transfundiert werden, um Sensibilisierungen im Rh-System zu vermeiden. Außerdem sollen Mädchen und Frauen im gebärfähigen Alter keine Kell-Antigen (K-) positiven Erythrozyten übertragen werden, weil Anti-K-Antikörper einen Morbus haemolyticus neonatorum auslösen können.

Antigenität anderer Blutzellen Bei der Übertragung von Fremdblut kann es nicht nur zur Immunisierung gegen erythrozytäre, sondern auch gegen **thrombozytäre und leukozytäre Alloantigene** kommen. Meist sind MHC der Klasse I (▶ Kap. 25.2) für die Transfusionsreaktion verantwortlich, die zu Schüttelfrost und Fieber führen und lebensbedrohlich sein kann.

Rahmenbedingungen und Durchführung

Das Transfusionsgesetz setzt strenge Maßstäbe an die Gewinnung und Anwendung von Blutprodukten. Nur gesunde Personen dürfen zur Spende zugelassen werden. Vor der Freigabe der aus der Spende hergestellten Blutkomponenten muss die Unbedenklichkeit durch verschiedene Laboruntersuchungen abgesichert werden (Fehlen von Antikörpern gegen AIDS- und Hepatitis-C-Virus sowie gegen den Syphilis-Erreger Treponema pallidum, fehlendes Hepatitis-B-Oberflächenantigen, fehlendes Hepatitis-C-Virus-Genom und niedrige Aktivitäten der alkalischen Transaminase). Üblicherweise werden bei der Vollblutspende 450 ml in speziellen Beuteln mit integriertem Leukozytenfilter und Stabilisatorlösung entnommen. Aus dem Vollblut werden gefrorenes Frischplasma, Erythrozytenkonzentrat und zur Herstellung von Thrombozytenkonzentraten der sog. „buffy coat" gewonnen. Grundvoraussetzungen für die risikoarme Transfusion von Erythrozytenkonzentraten sind die Beachtung der Blutgruppenserologie (AB0, Rh-Faktor D, Antikörpersuche und Kreuzprobe [s. u.]) und sorgfältige Kontrollen durch den Arzt bzw. die Ärztin („Bedside-Test" = Kompatibilitätsprüfung am Krankenbett, Beobachtung der Symptomatologie des Patienten).

24.2.2 Blutgruppenbestimmung

Zur Blutgruppenbestimmung im AB0-System werden Erythrozyten der Versuchsperson mit kommerziell erhältlichen monoklonalen Testreagenzien gegen die Agglutinogene A

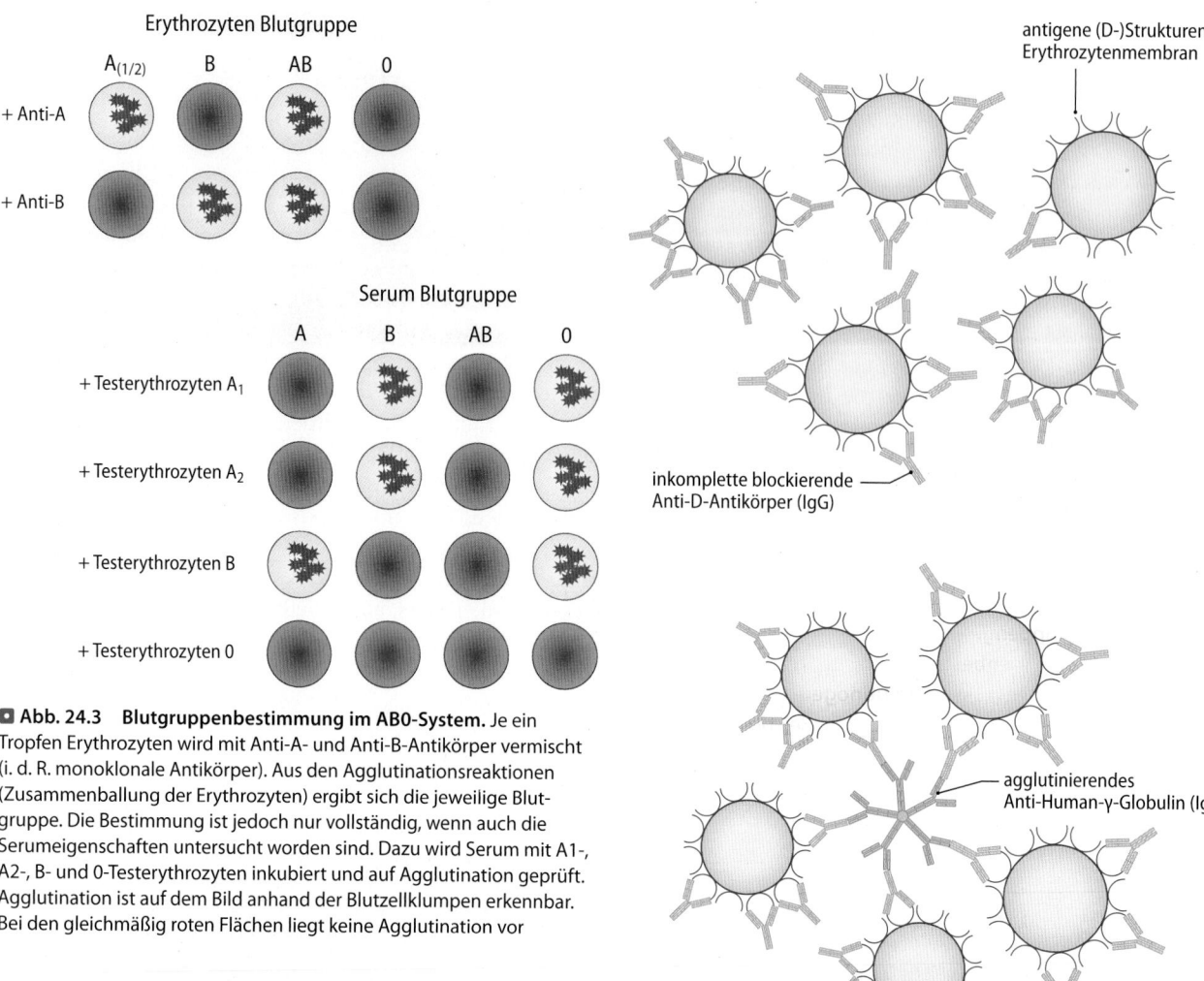

Erythrozyten Blutgruppe

Abb. 24.3   Blutgruppenbestimmung im AB0-System. Je ein Tropfen Erythrozyten wird mit Anti-A- und Anti-B-Antikörper vermischt (i. d. R. monoklonale Antikörper). Aus den Agglutinationsreaktionen (Zusammenballung der Erythrozyten) ergibt sich die jeweilige Blutgruppe. Die Bestimmung ist jedoch nur vollständig, wenn auch die Serumeigenschaften untersucht worden sind. Dazu wird Serum mit A1-, A2-, B- und 0-Testerythrozyten inkubiert und auf Agglutination geprüft. Agglutination ist auf dem Bild anhand der Blutzellklumpen erkennbar. Bei den gleichmäßig roten Flächen liegt keine Agglutination vor

Abb. 24.4   Nachweis von inkompletten nicht agglutinierenden Antikörpern durch agglutinierendes Anti-Human-γ-Globulin

und B auf einem **Objektträger** gemischt. Dann wird auf Agglutination geprüft (■ Abb. 24.3). Bei der Gegenprobe wird Serum der Versuchsperson mit Testerythrozyten bekannter Blutgruppenzugehörigkeit (A_1, A_2, B und 0) zusammengebracht und auf Agglutination getestet.

Blutgruppenbestimmung im Rhesus-System   Der direkte Test auf das Rh-Merkmal D kann mit monoklonalen Anti-D-Antikörpern der IgM-Klasse durchgeführt werden, da diese Rh-positive Erythrozyten agglutinieren.

Besonders empfindlich sind aber indirekte Tests, bei denen die Rh-Eigenschaft durch Inkubation der Erythrozyten mit **Anti-D-Antikörper der IgG-Klasse** und **Anti-Human-γ-Globulin** der IgM-Klasse nachgewiesen wird (Coombs-Test, ■ Abb. 24.4).

Kreuzprobe   Zum Ausschluss von Verwechslungen, Fehlbestimmungen und Unverträglichkeiten aufgrund anderer inkompatibler Gruppenmerkmale muss vor jeder Erythrozytenübertragung im Labor eine sog. Kreuzprobe durchgeführt werden. Dazu werden Erythrozyten des Spenders auf einem Objektträger mit frischem Serum des Empfängers bei 37°C vermischt **(frühere Bezeichnung: Major-Test)**. Der Test muss eindeutig negativ ausfallen, d. h. es darf keine Agglutination oder Hämolyse zu beobachten sein. Die Kreuz-

probe ist eine Verträglichkeitsprobe und keine Blutgruppenbestimmung.

AB0-Identitätstest   Unmittelbar vor der Transfusion von Erythrozytenkonzentraten (oder von Granulozytenkonzentraten) ist von der transfundierenden Ärztin (dem Arzt) oder unter ihrer direkten Aufsicht der AB0-Identitätstest („Bedside-Test") am Empfänger vorzunehmen (z. B. auf Testkarten). Er dient der Bestätigung der zuvor bestimmten AB0-Blutgruppenmerkmale des Empfängers und ist nicht mit einer Verträglichkeitsprobe gleichzusetzen.

Hämotherapie nach Maß   Früher wurde nur Vollblut transfundiert. Heute werden Vollblutkonserven in die unterschiedlichen Zellsorten und das gerinnungsaktive Plasma aufgetrennt. Am häufigsten werden **Erythrozytenkonzentrate** zur Behandlung schwerer Anämien transfundiert. **Thrombozytenkonzentrate** werden Patienten transfundiert, die aufgrund eines Thombozytenmangels (Thrombozytopenie)

24

oder -funktionsstörung (Thrombozytopathie) bluten oder davon bedroht sind (▶ Kap. 23.6). Thrombozytenkonzentrate sind AB0-kompatibel, bevorzugt AB0-gleich zu übertragen. Das Merkmal D soll wegen der Möglichkeit einer Immunisierung berücksichtigt werden. Granulozytenkonzentrate werden bei Infektionen aufgrund eines Granulozytenmangels transfundiert. Sie müssen ebenfalls AB0-kompatibel sein.

Plasmaprodukte werden v. a. zur Substitution von Gerinnungsfaktoren verabreicht. Je nach Konservierung werden gefrorenes Frischplasma (FFP, „fresh frozen plasma") und lyophilisierte (gefriergetrocknete) Produkte eingesetzt. Da Plasma Isoagglutinine enthält, muss es AB0-kompatibel transfundiert werden.

In Kürze

Die Blutgruppenzugehörigkeit ist durch ererbte antigene Membranbestandteile der roten (und anderer) Blutzellen festgelegt. Für die allogene (homologe) **Transfusion von Erythrozyten** darf nur **AB0-kompatibles** und **Rhesus-(D-)gruppengleiches** Blut verwendet werden. Zur **AB0-Blutgruppenbestimmung** werden Erythrozyten mit Antikörpern gegen die **Agglutinogene A** und **B** gemischt und auf Agglutination geprüft. Bei der Gegenprobe wird Serum der Person mit Testerythrozyten bekannter Blutgruppenzugehörigkeit zusammengebracht. Die Rh-Eigenschaft wird durch Inkubation der Erythrozyten mit Anti-D-Antikörper und Anti-Human-γ-Globulin geprüft. Außerdem muss vor jeder Blutübertragung im Labor eine Kreuzprobe zur Verträglichkeitsprüfung durchgeführt werden. Der **„Bedside-Test"** unmittelbar vor der Transfusion richtet sich vor allem gegen Verwechslungen. Wenige Milliliter inkompatiblen Blutes können beim Empfänger einen lebensbedrohlichen allergischen Schock bewirken. Auch thrombozytäre und leukozytäre Alloantigene können Transfusionsreaktionen verursachen.

Literatur

American Society of Hematology. Hematology. American Society of Hematology Education Program Books (jährlich neue Ausgaben im Internet unter: http://www.hematology.org)

Bundesärztekammer. Querschnitts-Leitlinien (BÄK) zur Therapie mit Blutkomponenten und Plasmaderivaten – 4. Auflage (2008) http://www.bundesaerztekammer.de/page.asp?his=0.6.38.3310.8181.11825

Greer JP, Arber DA, Glader B (eds) (2014) Wintrobe's clinical hematology, 13th edn. Lippincott Williams & Wilkins, Philadelphia

Heinrich PC, Müller M, Graeve L (Hrsg) (2014) Biochemie und Pathobiochemie 9. Aufl. Springer, Berlin Heidelberg New York

Kiefel V (Hrsg) (2011) Transfusionsmedizin und Immunhämatologie. Grundlagen - Therapie – Methodik, 4. Aufl. Springer, Berlin Heidelberg New York

Immunsystem

Erich Gulbins, Karl S. Lang

© Springer-Verlag GmbH Deutschland, ein Teil von Springer Nature 2019
R. Brandes et al. (Hrsg.), *Physiologie des Menschen*, Springer-Lehrbuch
https://doi.org/10.1007/978-3-662-56468-4_25

Worum geht's?

Das Immunsystem wird bei allen Krankheiten aktiviert
Infektionen, Autoimmunität, aber selbst Herzinfarkte, Knochenbrüche und Tumorleiden führen zur Aktivierung des Immunsystems. Da dieses System das Potenzial hat, den Ausgang dieser Erkrankungen entscheidend zu beeinflussen, ist die Entwicklung spezifischer Aktivatoren oder Inhibitoren des Immunsystems von großer Bedeutung. Dies wird am besten durch den großen Erfolg von Immunsuppressiva, die bei Organtransplantationen eingesetzt werden, deutlich.

Das Immunsystems dient der Abwehr von Krankheitserregern

Die Hauptaufgaben des Immunsystems sind die **Abwehr schädlicher Mikroorganismen**, d. h. die Erkennung von Krankheitserregern (Pathogenen) sowie die spezifische Einleitung von Mechanismen zu deren Bekämpfung und Elimination bei gleichzeitig minimalem Schaden des körpereigenen Gewebes. Die Reaktion des Immunsystems **gegen Pathogene** macht den Körper häufig, aber nicht immer, immun gegen den spezifischen Krankheitserreger. Die gezielte Applikation abgeschwächter oder abgetöteter Pathogene oder Bestandteile von Krankheitserregern wird daher für **Impfungen** genutzt. Manche Pathogene ändern die vom Immunsystem erkannten Strukturen jedoch so schnell und häufig, dass kein dauerhafter Schutz aufgebaut werden kann. Gegen körpereigene Strukturen oder körperassoziierte Strukturen, z. B. kommensale Darmbakterien oder Lebensmittel, darf das Immunsystem jedoch nicht reagieren.

Beim Immunsystem unterscheidet man eine angeborene und eine adaptive Immunantwort

Als **angeborene Immunität** wird ein System von Zellen, wie Makrophagen und Granulozyten sowie lösliche Faktoren, wie entzündungsvermittelnde Botenstoffe (Zytokine), Komplementfaktoren und Sauerstoffradikale bezeichnet, die unmittelbar und jederzeit uniform auf Krankheitserreger, insbesondere Bakterien, Würmer und Parasiten reagieren. Wichtige Abwehrmechanismen sind das Fressen von Pathogenen, Produktion von Sauerstoff-

radikalen und anderer bakterizider Moleküle sowie die Induktion eines antiviralen Status von Körperzellen. Das adaptive Immunsystem kann gegen die unterschiedlichsten Moleküle in unserer Umwelt reagieren, solange diese nicht im Körper vorkommt. Viren und intrazelluläre Bakterien werden sehr viel schlechter vom angeborenen Immunsystem erkannt und meist durch das **adaptive Immunsystem** eliminiert. Das adaptive Immunsystem erkennt spezifisch körperfremde Moleküle (=Antigene), T- und B-Lymphozyten werden durch diese aktiviert und können sehr gezielt gegen diese Moleküle, oder Zellen, die diese Moleküle tragen, reagieren (◘ Abb. 25.1).

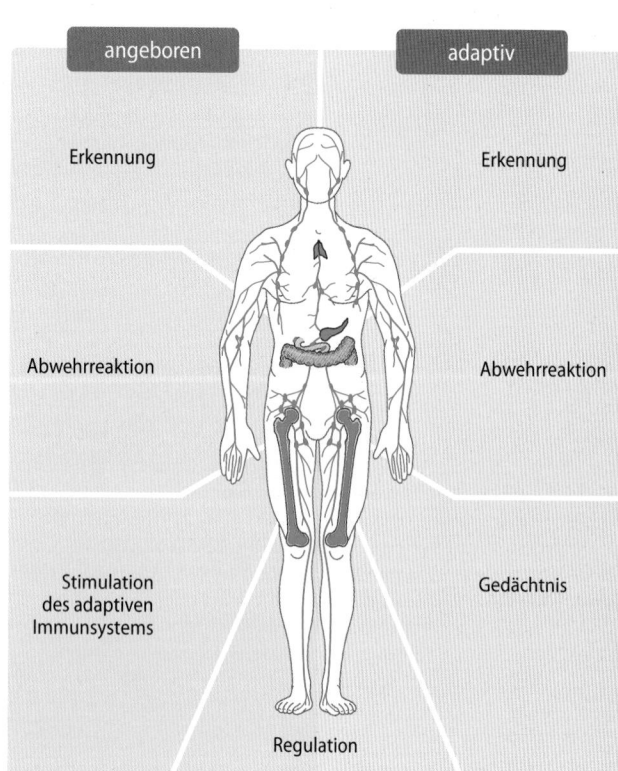

◘ **Abb. 25.1 Übersicht Immunsystem:** Dargestellt sind die wichtigsten Funktionen des angeborenen (links) und des adaptiven (rechts) Immunsystems

25.1 Angeborene Immunität

25.1.1 Abwehr des Eindringens von Krankheitserregern

Der Organismus schützt sich vor dem Eintritt von Krankheitserregern durch Barrieren wie Haut und Schleimhäute, bakterizide Substanzen und einen sauren pH auf der Oberfläche von Schleimhäuten.

Initiale Infektion: Eintrittspforten und Schutzmechanismen **Krankheitserreger** müssen, wenn sie in unseren Körper eindringen, zunächst die **Epithelzellschichten** der **Haut** oder auch der Mundhöhle, des Magens, Darmes, der Lunge, Vagina oder Harnröhre überwinden. Intakte Epithelschichten bieten eine wirksame Barriere. Weitere Mechanismen, die das Eindringen von Krankheitserregern erschweren, sind

- die **Salzsäuresekretion** der Belegzellen des Magens (▶ Kap. 39.3), wodurch im Lumen ein pH von unter 2 erreicht wird, in dem nur wenige Erreger überleben können. Mit der Nahrung aufgenommene Erreger werden daher weitgehend abgetötet.
- die Auskleidung der **Atemwege** mit **Schleim**, den Erreger nur schwer überwinden können (▶ Kap. 26.1). Der **Schleim** wird durch Bewegungen der **Flimmerhaare** des auskleidenden Epithels rachenwärts transportiert und dann verschluckt. In dem Schleim befinden sich zudem **bakterizide Peptide und Lipide**. Die Gesamtheit dieses Abwehrmechanismus wird auch als **mukoziliäre Clearance** bezeichnet.
- die **Ansäuerung** der **Vagina** durch harmlose Bakterien (Döderleinsche Milchsäurebakterien), die Glykogen aus Epithelzellen zu Milchsäure abbauen und damit das Wachstum pathogener Keime hemmen.
- der normalerweise **saure pH des Urins, wodurch eine** Vermehrung von Erregern verhindert wird. Eine Alkalinisierung des Harns begünstigt umgekehrt das Auftreten von Harnwegsinfekten. Wichtigster Schutz vor einem Harnwegsinfekt ist jedoch das ungehinderte Abfließen des Urins. Ein Rückstau von Harn (z. B. bei Harnsteinen; ▶ Kap. 36.4) führt regelmäßig zu Harnwegsinfekten.

25.1.2 Allgemeine Prinzipien der angeborenen Immunität

Die angeborene (innate) Immunität beruht auf zellulären und humoralen Mechanismen, die unmittelbar, stets und uniform zur Verfügung stehen, um Krankheitserreger zu bekämpfen.

Funktion der angeborenen Immunität Unter dem **angeborenen Immunsystem** versteht man unterschiedliche **zelluläre** sowie **humorale** (lösliche) **Bestandteile**, die Krankheitserreger (**Pathogene**) erkennen und eliminieren können (◻ Abb. 25.2). Das angeborene Immunsystem ist bereits bei Geburt vorhanden und steht bei einer Infektion unmittelbar zur Verfügung, sodass es auch als eine erste „Verteidigungslinie" gelten kann. Das angeborene Immunsystem reagiert auf verschiedene Krankheitserreger mit identischen oder ähnlichen Mechanismen, z. B. der Freisetzung von Sauerstoffradikalen.

Zellen der angeborenen Immunität Zu den zellulären Anteilen des angeborenen Immunsystems gehören insbesondere neutrophile, eosinophile und basophile Granulozyten, Makrophagen/Monozyten, Mastzellen, dendritische Zellen und natürliche Killerzellen.

25.1.3 Makrophagen und Granulozyten (oder: Phagozyten)

Krankheitserreger werden durch Phagozytose und/oder durch extrazelluläre zytotoxische Substanzen abgetötet.

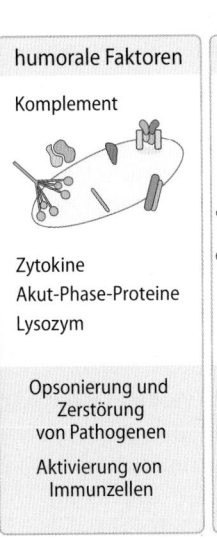
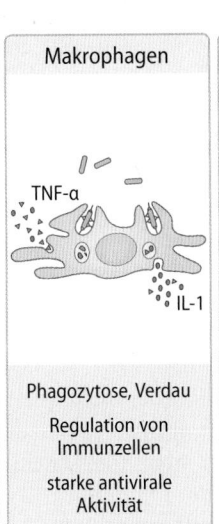
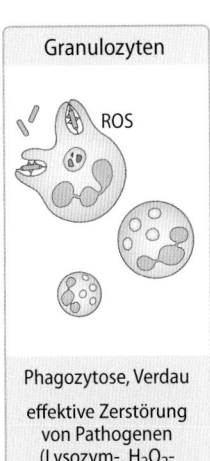
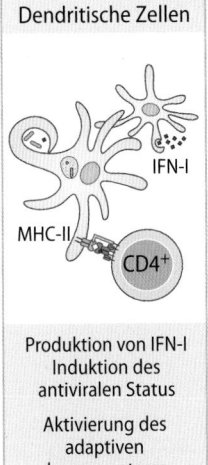
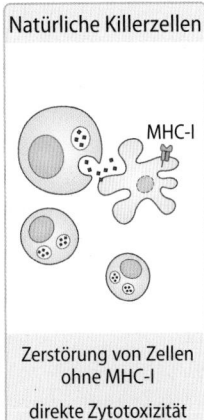
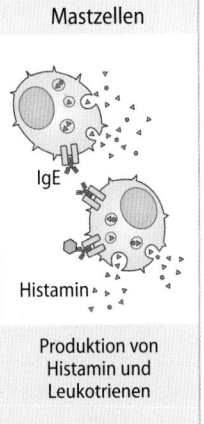

humorale Faktoren	Makrophagen	Granulozyten	Dendritische Zellen	Natürliche Killerzellen	Mastzellen
Komplement		ROS		MHC-I	
	TNF-α		IFN-I		IgE
Zytokine Akut-Phase-Proteine Lysozym	IL-1		MHC-II CD4⁺		Histamin
Opsonierung und Zerstörung von Pathogenen; Aktivierung von Immunzellen	Phagozytose, Verdau; Regulation von Immunzellen; starke antivirale Aktivität	Phagozytose, Verdau; effektive Zerstörung von Pathogenen (Lysozym-, H₂O₂-Produktion)	Produktion von IFN-I; Induktion des antiviralen Status; Aktivierung des adaptiven Immunsystems	Zerstörung von Zellen ohne MHC-I; direkte Zytotoxizität gegen Antikörper-opsonisierte Zellen	Produktion von Histamin und Leukotrienen

◻ **Abb. 25.2** **Übersicht angeborene Immunkomponenten.** Dargestellt sind die humoralen und zellulären Komponenten des angeborenen Immunsystems (TNFα=Tumornekrosefaktor-α ; ROS=Reaktive Sauerstoffspezies; IFN=Interferon; MHC=Major Histokompatibilitätssystem)

Makrophagen Diese Zellen kommen in praktisch jedem Gewebe vor. Monozyten, die aus dem Blut in ein Gewebe rekrutiert werden, differenzieren zu Makrophagen. Makrophagen exprimieren bestimmte Rezeptoren, die es ihnen erlauben, Pathogene zu binden, zu **phagozytieren und intrazellulär zu verdauen**. Die Krankheitserreger werden in sog. Phagolysosomen aufgenommen, in denen sie durch proteolytische, glykolytische und lipolytische Enzyme sowie Nukleasen abgebaut werden. Bestimmte Botenstoffe, wie z. B. Interferon-γ, oder Tumornekrosefaktor-α, erhöhen die Phagozytosekapazität von Makrophagen.

Dendritische Zellen Diese initiieren lokale oder systemische Immunantworten. Die aus myeloiden und lymphoiden Vorläuferzellen stammenden dendritischen Zellen kommen in unterschiedlichsten Geweben vor. Treffen sie im Gewebe auf Pathogene, phagozytieren sie diese, wandern in den Lymphknoten, verdauen die Proteine des Pathogens teilweise zu Fragmenten und **präsentieren** diese zusammen mit zelleigenen Molekülen, den Major-Histokompatibilitäts-(**MHC**)-**Molekülen**, auf der Oberfläche. Diese Antigen-MHC-Komplexe **aktivieren adaptive Immunzellen** (s. u.). Zudem setzen sie Entzündungsmediatoren (**Zytokine**), die **angeborene Immunzellen** aktivieren, frei.

Granulozyten Zu dieser Klasse von Zellen gehören 3 Vertreter:
- **Neutrophile Granulozyten**, die häufigste Form, setzen verschiedene Enzyme, wie das Zucker-spaltende Lysozym, saure Phosphatasen, saure Proteasen und Kollagenasen frei. Die Enzyme töten Bakterien und bauen Kollagen ab, sodass weitere Entzündungszellen ins Gewebe einwandern können. Durch Expression der **NADPH-Oxidase** und **Myeloperoxidase** können Granulozyten Sauerstoffradikale bilden, die stark toxisch auf bakterielle Membranen wirken. Zelltrümmer neutrophiler Granulozyten, der Bakterien und des infizierten Gewebes bezeichnet man als **Eiter**.
- **Eosinophile Granulozyten** setzen aus intrazellulären Speichergranula u. a. das eosinophile kationische Protein, das **major basic protein** sowie das eosinophile Protein X frei, die toxisch auf Parasiten, insbesondere Würmer, wirken. Entzündungsmediatoren, die in besonderem Maße von eosinophilen Granulozyten gebildet werden, sind Leukotrien C4 und D4.
- **Basophile Granulozyten** setzen bei einer Infektion insbesondere **Histamin** und **Serotonin** frei, wodurch es zu einer Gefäßdilatation, Expression von Adhäsionsmolekülen und zu einem weiteren Einwandern von Entzündungszellen kommt.

Natürliche Killerzellen (NK-Zellen) Diese Zellen töten MHC-Klasse I (MHC-I)-negative und Antikörper-beladene Zellen. Praktisch jede Körperzelle exprimiert das Molekül MHC-I, anhand dessen Fremdantigene erkannt werden können (siehe adaptive Immunantwort, ▶ Abschn. 25.2). Manche entartete oder Virus-infizierte Zellen regulieren MHC-I herunter, um sich der adaptiven Immunantwort zu entziehen. Diese Zellen können durch natürliche Killerzellen erkannt und vernichtet werden. Daneben töten NK-Zellen Antikörper-beladene Zellen, da die Bindung von Antikörpern an der Oberfläche einer Zielzelle die Fähigkeit der NK-Zellen steigert, diese zu lysieren.

> Zellen des angeborenen Immunsystems töten Krankheitserreger und dienen der Vernetzung des angeborenen und adaptiven Immunsystems.

25.1.4 Muster-Erkennungs-Rezeptoren

Bakterienstrukturen werden von bestimmten Rezeptoren, den sog. Muster-Erkennungs-Rezeptoren, der Immunzellen gebunden und die Immunzellen dadurch aktiviert.

Pattern-Recognition-Rezeptoren Makrophagen, Monozyten und Granulozyten haben verschiedene Rezeptorsysteme, sog. Pattern-Recognition-Rezeptoren (PRR) entwickelt, um Erreger-spezifische Bestandteile erkennen zu können. Diese Bestandteile sind zum Beispiel **Lipopolysaccharide** oder doppelsträngige **RNS**. Die Bindung von Erregerbestandteilen an diese Rezeptoren aktiviert angeborene Immunzellen.

Klassen von Pattern-Recognition-Rezeptoren Man unterscheidet verschiedene Proteinfamilien von Pattern-Recognition-Rezeptoren. Die wichtigsten sind die Scavenger-Rezeptoren, C-Typ-Lektin-Rezeptoren und **Toll-ähnlichen Rezeptoren (TLR)**. Diese erkennen Pathogene extrazellulär oder nach Phagozytose in Endosomen. Toll-ähnliche Rezeptoren (**toll-like receptors**) sind an der unmittelbaren, unspezifischen Abwehr von Krankheitserregern beteiligt.

25.1.5 Zytokine

Zytokine sind Moleküle, die insbesondere von Zellen des Immunsystems freigesetzt werden und Entzündungsmechanismen regulieren.

Wirkungsprinzip Da eine Infektion in aller Regel viele verschiedene Zellen im Körper betrifft und somit sehr unterschiedliche Zellen für die Elimination wichtig sind, ist eine **Kommunikation** von Zellen mittels **Zytokinen** essentiell. Je nach Pathogen (Virus, Bakterium, Pilz, Parasit) werden unterschiedliche Zytokine produziert, die sehr unterschiedliche Wirkungen auf andere Körperzellen haben (◘ Tab. 25.1).

Interferonsystem Eine der wichtigsten **Zytokinklassen** sind **Interferone**, die eine antivirale Aktivität in sämtlichen Körperzellen induzieren. Man unterscheidet Interferon α und β (Typ-I-Interferon) von Interferon γ (Typ-II-Interferon). Die **Produktion von Interferon α wird u. a. durch virale doppelsträngige RNS induziert**, was zu einer Interferonproduktion von virusinfizierten Zellen führt. Das produzierte Interfe-

□ Tab. 25.1 Zytokine

Immunologisch wichtiges Plasmaprotein	Einteilung	Wichtigste Produzent	Wichtigste Funktion
Interleukin-1 alpha	Botenstoff, Interleukin	Epithelzellen	Pro-inflammatorisch, induziert Fieber
Interleukin-1 beta	Botenstoff, Interleukin	Monozyten, andere Körperzellen	Pro-inflammatorisch, induziert Fieber
Interleukin-2	Botenstoff, Interleukin	T Zellen	Stimuliert T Zellen, Th1 Differenzierung
Interleukin-4	Botenstoff, Interleukin	T Zellen, Mastzellen	Isotyp Switch in B Zellen zu IgG4 und IgE, Th2 Differenzierung
Interleukin-6	Botenstoff, Interleukin	Makrophagen, Andere	Induktion akute Phase Proteine, B-Zell-differenzierung
Interleukin-10	Botenstoff, Interleukin	T Zellen, Makrophagen	Hemmt CD8$^+$-T-Zellen, Th2 Differenzierung
Interleukin-12	Botenstoff, Interleukin	Monozyten, DCs, Makrophagen	Th1 Differenzierung
Interferon-alpha	Botenstoff, Interferon type I	Plasmazytoide dendritische Zellen, Makrophagen, andere Körperzellen	Antiviral
Interferon-beta	Botenstoff, Interferon type I	Plasmazytoide dendritische Zellen, Makrophagen, andere Körperzellen	Antiviral
Interferon-gamma	Botenstoff, Interferon type II	Makrophagen, Lymphozyten	Antiviral, antibakteriell, Th1 Differenzierung
TNF-alpha	Zytokine	Makrophagen, Lymphozyten	Stimulierung der Phagozytose, antibakteriell
CRP	Opsonin, Akute-Phase-Proteine	Hepatozyten	Bindung von Pathogenen
C1-C3	Komplementsystem, Akute-Phase-Proteinen	Hepatozyten	Bindung von Pathogenen
C3-C9	Komplementsystem, Akute-Phase-Proteinen	Hepatozyten	Zerstörung von Komplementbindenden Zellen

CRP: C-reaktives Protein

ron α bindet an den Interferonrezeptor umliegender Zellen, wodurch die **Proteinsynthese** und die **Virusreplikation** gehemmt werden. Interferon stimuliert ferner die Expression von MHC-I-Molekülen, wodurch virusinfizierte Zellen besser von CD8$^+$-T-Zellen erkannt werden (s. u.). Interferon γ kann von T-Zellen und Makrophagen-Subpopulationen produziert werden.

Histamin und Eikosanoide Diese gehören zu den bekanntesten Mediatoren. Sie steigern die vaskuläre Permeabilität (▶ Kap. 20.2) und locken Entzündungszellen aktiv an (Chemotaxis).

Interleukine (IL) Man unterscheidet entzündungsfördernde (=proinflammatorische) Interleukine (z. B. IL-1, IL-2, IL-6, IL-12) von anti-inflammatorisch wirkenden Interleukinen (z. B. IL-10).

Tumornekrosefaktor (TNF) TNF spielt vor allem bei bakteriellen Infektionen eine Rolle, da es Makrophagen/Monozyten stimuliert. Zusammen mit IL-1 und IL-6 induziert TNF Fieber.

Zytokine und Therapie
Zytokine oder blockierende Antikörper gegen Zytokine (sog. Biologica) sind bereits in therapeutischer Anwendung, z. B. IFN-ß bei Multipler Sklerose; Blockade von TNF-alpha und IL-6, IL-1-Rezeptor-Antagonist bei entzündlichen Erkrankungen. Durch den rasanten Erkenntnisgewinn in der Immunologie sind viele weitere solcher therapeutischen „Biologica" zu erwarten.

25.1.6 Komplementsystem

Das Komplementsystem aktiviert Entzündungszellen und zerstört Krankheitserreger.

Funktion Das **Komplementsystem** besteht aus Proteinen, die kaskadenähnlich aktiviert werden und letztlich in der Erregermembran Poren bilden. Über diese strömen Na$^+$, Ca^{2+} und Wasser ein, der Erreger schwillt an und stirbt.

Klassischer Weg der Komplementaktivierung Präformierte Antikörper (s. u.) binden an Antigene, z. B. auf der Oberfläche von Bakterien. Die **Antigen-Antikörper-Komplexe** aktivieren den **Faktor C1** des Komplementsystems. C1 ist eine

25

Protease, die C2 und C4 spaltet, sodass sich der aktive **C4b2a-Komplex (=C3 Konvertase)** bildet. C3 Konvertase spaltet Faktor C3 zu **C3b welches wiederum** C5 proteolytisch zu **C5b** aktiviert. C5b induziert nun die Komplexbindung von C6, C7, C8 und C9 zum **C5-9-Komplex** (auch als **Membranangriffskomplex** bezeichnet), der sich in die (Erreger-)Zellmembran einlagert und die Lyse vermittelt. Diesen Weg nennt man den klassischen Weg der Komplementkaskade.

Alternativer Weg der Komplementaktivierung   Hierbei aktivieren Polysaccharide (**Lectin**) auf der Oberfläche von Bakterien den Faktor C3 zu C3b und unter Mithilfe der Plasmaproteine Faktor B und D kommt es zur Bildung einer aktiven Protease (C3bBb), die wie oben C5 spaltet und die Bildung des Membranangriffskomplexes induziert.

Das Komplementsystem wird auch durch Moleküle, die in der Klinik als Biomarker für Entzündungen dienen, z. B. das **C-reaktive Protein** (CRP) aktiviert. CRP, ein reaktiver Faktor gegen das Hüllprotein von Pneumokokken, lagert sich an die Oberfläche toter Zellen an und aktiviert das Komplementsystem.

Weitere Wirkungen des Komplementsystems   Die bei der Aktivierung des Komplementsystems freigesetzten Komponenten C3a, C4a und C5a wirken auf Zellen der Immunabwehr **chemotaktisch** und steigern die **Gefäßpermeabilität** (anaphylaktische Wirkung). C3b fördert die Anlagerung von Antigen-Antikörper-Komplexen an die Zellmembran (C3b Opsonine).

In Kürze

Das angeborene Immunsystem reagiert unmittelbar auf Krankheitserreger. **Zellen** des unspezifischen Immunsystems sind neutrophile, basophile und eosinophile Granulozyten sowie Makrophagen, Monozyten und dendritische Zellen. Zum **humoralen System** gehören u. a. Zytokine, Interferone und das Komplementsystem. Durch die **Effektormechanismen** des angeborenen Immunsystems werden Entzündungsreaktionen ausgelöst und/oder Erreger direkt abgetötet. Zu diesen gehören: Freisetzung von Entzündungsmediatoren wie Histamin und Prostaglandine, Sekretion von Zytokinen, Phagozytose von Krankheitserregern, Bildung von Sauerstoffradikalen und die Aktivierung des Komplementsystems.

25.2   Spezifisches Immunsystem

25.2.1   Allgemeine Prinzipien des adaptiven Immunsystems

Das spezifische Immunsystem besteht aus T- und B-Lymphozyten. Es werden Millionen von B-Zellen und T-Zellen produziert, die sich durch ihre Antigen-Spezifität unterscheiden. Somit reagiert jeder Lymphozyt spezifisch auf ein Antigen.

Cluster of Differentiation (=CD)   Sämtlichen **Membranproteinen** auf Lymphozyten wurde eine Nummer (z. B. CD8) zugeteilt. Das erleichtert die Beschreibung von Immunzellen, die sich durch die Expression verschiedener Membranproteine ergibt.

Zellen des Immunsystems   Die wichtigsten **Effektorzellen** des adaptiven Immunsystems sind **CD8$^+$** zytotoxische T-Zellen, **CD4$^+$** T-Helferzellen und **B-Zellen**. T- und B-Lymphozyten erkennen bestimmte Strukturen des Krankheitserregers (**Antigene**) und können sehr spezifisch gegen bestimmte Erreger reagieren. Die Erkennung der Antigene erfolgt durch Antigenrezeptoren, den B-Zellrezeptor auf B-Zellen und den T-Zellrezeptor auf T-Zellen. Durch unterschiedliche zufällige Umordnung von bestimmten Genabschnitten (Rearrangement) während der Entwicklung von Lymphozyten entstehen Millionen von Lymphozyten, die alle unterschiedliche Antigen-Rezeptoren exprimieren. Jeder Lymphozyt reagiert **spezifisch** auf ein bestimmtes, zufälliges Antigen. Lymphozyten, die auf körpereigene Antigene reagieren, werden normalerweise während ihrer Entwicklung **eliminiert**. Gelangt nun ein Antigen in den Körper, kommt es zur Aktivierung der Lymphozyten, die spezifisch für dieses bestimmte Antigen sind. Diese Lymphozyten teilen sich exzessiv und die zahlreichen Tochterzellen können dann ihre Effektorfunktion gegen den Erreger entfalten. Nach Infektion entwickeln sich einige der Tochterzellen zu langlebigen **Gedächtniszellen**. Bei Zweitinfektion ist man nun sofort geschützt (=immunologisches Gedächtnis) (◘ Abb. 25.3).

25.2.2   Antigene und deren Präsentation

B-Lymphozyten können ohne weitere Präsentation Antigene unterschiedlichster Art (z. B. Proteine, Zuckerverbindungen, Lipide etc.) erkennen. Im Gegensatz erkennen T-Zellen Peptidantigene nur, wenn sie auf MHC-I (CD8-T-Zellen) oder MHC-II (CD4-T-Zellen) präsentiert werden.

Antigen   Dieses ist ein **Molekül, gegen das das Immunsystem** reagieren kann. Rezeptoren des spezifischen Immunsystems (z. B. Antikörper oder T Zellrezeptor) binden spezifisch an bestimmte Stellen eines Antigens, das **Epitop**. Praktisch jedes Protein und sämtliche großmolekularen Strukturen können als Antigen wirken. Hierzu zählen körperfremde Proteine, auch wenn sie harmlos sind, z. B. **Pollen**, Gluten, Insektengift etc. Ein gesundes Immunsystem sollte jedoch nur gegen Antigene reagieren, die dem Körper schaden. Zeigt das Immunsystem eine starke Reaktion gegen harmlose körperassoziierte oder körpereigene Antigene, schadet die Immunreaktion dem Körper und man spricht von **Allergie** oder **Autoimmunität**.

Major-Histocompatibility-(MHC)-System-Komplex   Die **MHC-Moleküle** (beim Menschen auch als HLA, **human leukocyte antigen**, bezeichnet) werden in drei Klassen eingeteilt (MHC-Klasse-I, -II, -III). Der MHC-III-Lokus spielt für die Antigen-

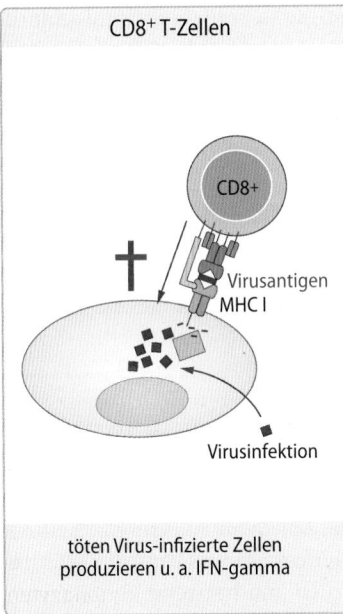

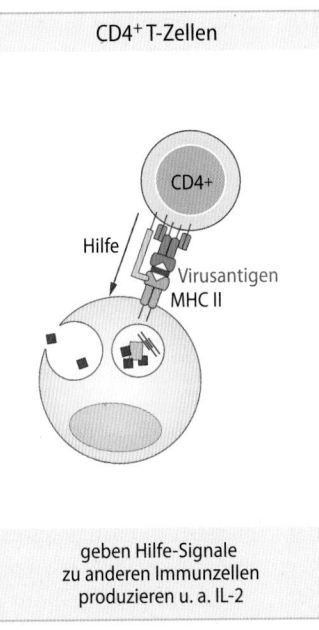

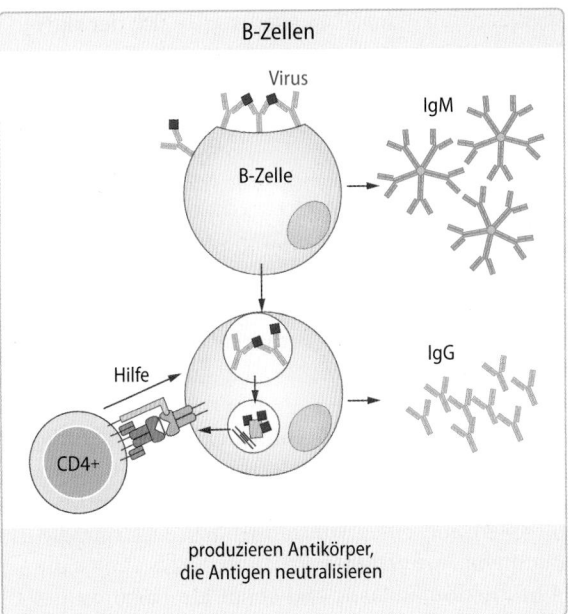

Abb. 25.3 Adaptives Immunsystem. CD8-T-Zellen wirken direkt zytotoxisch auf Zellen, die spezifische Antigene auf MHC-I präsentieren. CD4-T-Zellen vermitteln Hilfesignale an Immunzellen, die spezifische Antigene auf MHC-II exprimieren. B-Zellen produzieren Pathogen-spezifische Antikörper

präsentation eine untergeordnete Rolle. **MHC-I** und **MHC-II** dienen der **Antigenpräsentation.** CD8$^+$-T-Zellen erkennen ihr Antigen immer zusammen mit MHC-I-Molekülen, während CD4$^+$-T-Zellen zur Antigenerkennung MHC-II-Moleküle benötigen. MHC-II-Moleküle sind nur auf **Immunzellen** exprimiert. Es gibt einen wesentlichen Unterschied zwischen der Prozessierung MHC-I- und MHC-II-restringierter Peptide: Peptidfragmente degradierter **zytosolischer Proteine** werden in das endoplasmatische Retikulum eingeschleust und binden dort an **MHC-I**-Moleküle. Diese werden dann an der Oberfläche exprimiert und sind dort CD8$^+$-zytotoxischen T-Zellen zugänglich. Vesikel mit **phagozytierten Proteinen** dagegen verschmelzen mit Lysosomen, was zu einer Zerkleinerung der phagozytierten Proteine und einer Assoziation und Präsentation mit **MHC-II**-Molekülen führt.

> CD4$^+$-T-Zellen sind MHC-II, CD8$^+$-T-Zellen MHC-I restringiert. B-Zellen werden von freien Antigenen aktiviert.

25.2.3 B-Lymphozyten-Entwicklung

Während der Entwicklung von B-Zellen findet ein genomisches Rearrangement der B-Zellrezeptor Region statt, sodass Millionen von B-Lymphozyten mit genomisch unterschiedlichen Antigenrezeptoren entstehen; jede B-Zelle trägt jedoch nur Rezeptoren einer Spezifität.

Reifung von B-Lymphozyten **B-Lymphozyten** reifen im Knochenmark (B wie **bone marrow**) heran. Zunächst werden die Immunglobulingene „rearrangiert" und als IgM auf der Oberfläche der B-Zellen exprimiert. Erkennt eine B-Zelle Antigene im Knochenmark, ist sie autoreaktiv und wird durch

Apoptose eliminiert. Reife B-Zellen wandern in Lymphknoten oder die Milz.

Rearrangement = V(D)J recombination Um zu garantieren, dass gegen praktisch jeden Erreger eine spezifische Immunantwort generiert werden kann, werden **Millionen** von verschiedenen Antigen-Rezeptoren gebildet (**Abb. 25.4**). Der variable Teil der leichten und schweren Kette des B-Zell-Rezeptors wird aus unterschiedlichen Gensegmenten kombiniert. Für den variablen Teil der schweren Kette gibt es ca. 40 sog. variable Gene (V), 25 diversifying Gene (D) und 6 joining Gene (J). In jeder heranreifenden B-Zelle werden zufällig durch **Rearrangement** der DNS nur ein V, D und J Segment

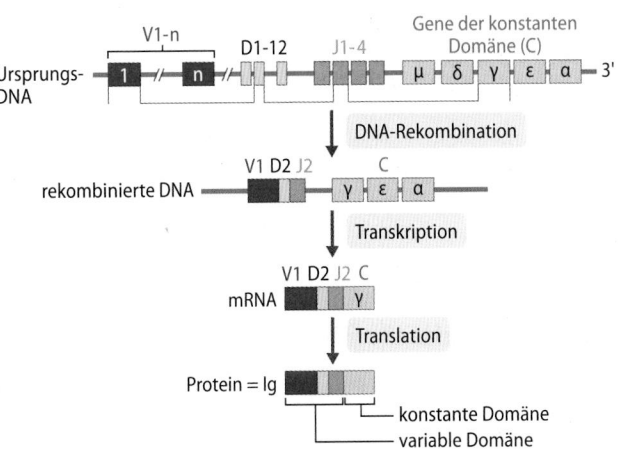

Abb. 25.4 Genetische Grundlagen der Antikörpervielfalt. Wie in einem Baukastensystem werden verschiedene variable (V), diversity- (D-) und junction- (J-) Gene mit einer konstanten Kette (C) kombiniert, wodurch extrem viele unterschiedliche Immunglobuline gebildet werden können. Die herausgeschnittenen DNA-Abschnitte werden abgebaut

aneinandergefügt, sodass eine reife B-Zelle nur je ein VDJ-Gensegment dieser Regionen exprimiert.

So wird z. B. das variable Gen Nr. V10 mit dem diversity-Gen Nr. D4 und dem junction-Gen Nr. J2 zu einer bestimmten variablen Domäne (bzw. dem dafür kodierenden Gen) zusammengesetzt, während eine andere B-Zelle eine ganz andere Kombination wählt. Durch die Kombination relativ weniger Gene entsteht eine enorme Vielfalt variabler B-Zell-Rezeptor-Gene. Zudem sind diese Rekombinationsprozesse teilweise ungenau, wodurch die Vielfalt weiter stark erhöht wird.

B-Zell-Rezeptoren   Auf der Oberfläche einer B-Zelle befindet sich ein **B-Zell-Rezeptor**, der spezifisch ein bestimmtes Antigen erkennt. Der B-Zell-Rezeptor ist ein Membran-gebundenes Immunglobulin. Er besteht aus je zwei identischen schweren und leichten Ketten, die durch Disulfid-brücken verbunden sind. Jede Kette des Rezeptors hat einen variablen und einen konstanten Teil. Der variable Teil bestimmt die **Antigenspezifität**, während der konstante Teil die **Immunglobulinklasse** und somit die Funktion des B-Zell-Rezeptors bestimmt. Nach Aktivierung von B-Zellen wird der Rezeptor in löslicher Form als Antikörper sezerniert. Sezernierte Immunglobuline des Typs IgM und IgD unterscheiden sich vom zellständigen B-Zell-Rezeptor somit nur durch eine kurze transmembrane und eine sehr kurze intrazelluläre Domäne (◘ Abb. 25.5).

> Die Millionen von B-Zellen unterscheiden sich im variablen Teil ihres Antigenrezeptors, der spezifisch verschiedene Antigene erkennt.

25.2.4 B-Lymphozyten-Aktivierung und Antikörperproduktion

Die Funktion von B-Lymphozyten ist die Produktion Erreger-spezifischer Antikörper. Durch Bindung von Antikörpern an Erreger können diese neutralisiert, effizient phagozytiert oder durch Komplementaktivierung zerstört werden.

Aktivierung von B-Lymphozyten   **B-Zellen** werden durch Bindung passender Antigene an ihren membrangebundenen B-Zellrezeptor stimuliert und **bilden** daraufhin die entsprechenden **löslichen Antikörper. Antikörper sind extrazellulär wirksam und unterdrücken die Verbreitung von Erregern im Organismus**. Das spielt sowohl für extrazelluläre Erreger (Bakterien oder Parasiten), wie auch für primär intrazelluläre Erreger (z. B. Viren) eine wichtige Rolle in der Immunantwort. Antikörper können Erreger sofort nach einer Infektion neutralisieren und stellen somit die wichtigste Komponente des immunologischen Gedächtnisses dar. Antikörper können auch mit der Muttermilch an das Kind weitergegeben werden. Somit wird ein Teil der Immunität der Mutter an das neugeborene Kind übertragen („Leihimmunität").

T-Zell-unabhängige und -abhängige Aktivierung von B-Zellen und Bildung von Antikörpern   Bindet eine B-Zelle mit dem B-Zell-Rezeptor ihr passendes Antigen, so kommt es zur Aktivierung der B-Zelle, zur B-Zell-Proliferation und schließlich zur Sekretion von **IgM-Antikörpern**. Ohne Einfluss von T-Lymphozyten wird diese B-Zelle IgM-Antikörper sezernieren.

Bei stärkeren Immunreaktionen kommt es jedoch zur **Internalisierung** des Antikörper-Antigen-Komplexes. Das Antigen wird in Lysosomen in Peptidfragmente zerlegt, die Fragmente an MHC-II-Moleküle gebunden und auf der Oberfläche der B-Zelle präsentiert. Eine für dieses Antigen spezifische CD4$^+$-T-Zelle kann nun das auf einem MHC-II-Molekül präsentierte Antigen erkennen und über Zellinteraktionsmoleküle, insbesondere CD40L auf der T-Zelle und CD40 auf der B-Zelle, und Zytokine die B-Zelle stimulieren. Die B Zelle produziert dann **IgG** oder auch **IgE** bzw. **IgA**.

Somatische Hypermutation   Oft reicht die Affinität des gebildeten Immunglobulins nicht aus, um Antigene zu neutralisieren. In einem weiteren Reifungsprozess kann die Affinität der Antikörper erhöht werden (**somatische Hypermutation**). In sog. Keimzentren von Lymphfollikeln wird der variable Teil der Antikörper zufällig mutiert. Dadurch bilden viele B-Zellen Antikörper, die das Antigen nicht mehr binden können. Diese B-Zellen sterben. Einige B-Zellen bilden jedoch Antikörper, die besser binden. Diese B-Zellen nehmen das Antigen sehr viel schneller auf, präsentieren es CD4$^+$-T-Zellen auf MHC-II-Molekülen, werden von den T-Zellen stimuliert und proliferieren stark. Nach einigen Runden der Hypermutation entsteht eine B-Zelle, die hochaffines neutralisierendes IgG produziert. Sie proliferiert sehr schnell und ein Teil der Zellen differenziert zu **Plasmazellen**. Diese wandern vornehmlich ins **Knochenmark** und sezernieren Antikörper, die im gesamten Organismus Antigene neutralisieren können.

Struktur und Eigenschaften von Antikörpern   Immunglobuline (Ig) teilt man in fünf Klassen ein: IgM, IgG, IgA, IgD und IgE. Alle Antikörper (◘ Abb. 25.5) bestehen aus je zwei **schweren und leichten Ketten.** Alle Ketten bestehen aus konstanten Anteilen, die bei allen Immunglobulinen einer Klasse (z. B. IgG) gleich sind, sich aber bei verschiedenen Antikörperklassen unterscheiden. Der konstante Anteil der schweren Ketten bestimmt den Typ des Immunglobulins. Der zweite Teil jeder Kette ist dagegen variabel und zwischen verschiedenen Antikörpern auch der gleichen Klasse verschieden (s. o.). Der variable Teil bestimmt die Antigenbindung, während der konstante Teil die Effektor-Funktion beeinflusst.

Eigenschaften der Antikörper   Die Antikörper der verschiedenen Klassen weisen unterschiedliche Eigenschaften auf:

- **IgM** werden auf der Oberfläche von reifen B-Zellen exprimiert und als **Pentamer** (fünf zusammenhängende Untereinheiten) sezerniert. Wegen ihrer Größe sind die IgM nicht plazentagängig und bieten damit dem Embryo keinen Schutz. IgM sind die wichtigsten Antikörper beim **ersten Kontakt** mit einem Krankheitserreger (Erstantwort).

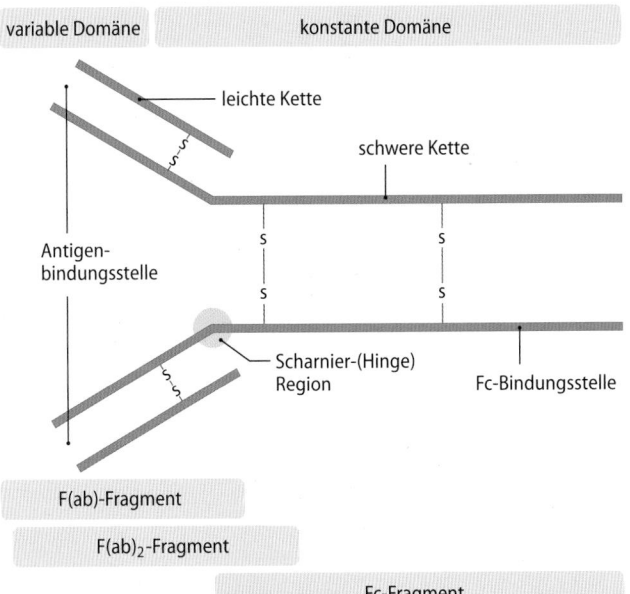

variable Domäne   konstante Domäne

leichte Kette

schwere Kette

Antigen-
bindungsstelle

Scharnier-(Hinge)
Region

Fc-Bindungsstelle

F(ab)-Fragment

F(ab)₂-Fragment

Fc-Fragment

◻ **Abb. 25.5   Schematische Übersicht über den Aufbau von Immun-globulinen**

- **IgG** werden ins Serum sezerniert. Sie sind die wichtigsten Antikörper der **Sekundärantwort**, also nach Stimulation der spezifischen Immunabwehr.
- **IgA** befinden sich auf den Schleimhäuten der meisten Menschen und schützen die Schleimhautoberfläche gegen Erreger.
- **IgE** befinden sich als lösliche Form im Blut, zellgebunden befinden sie sich auf der Oberfläche von Mastzellen. IgE ist für die Bekämpfung von Parasiten wichtig und für viele allergische Reaktionen (▸ Abschn. 25.3.1) verantwortlich.
- **IgD** werden auf der Oberfläche von reifen B-Zellen exprimiert und dienen der Zellaktivierung.

Immunglobulin-Klassenwechsel   In den ersten Tagen einer Infektion kommt es zur Bildung und Sekretion von **IgM-Molekülen**, also des Ig-Typs, der auch auf der Zelloberfläche einer noch ruhenden B-Zelle vorhanden ist. IgM-Moleküle formen jedoch in Lösung Pentamere und sind daher durch sterische Behinderung nicht sehr effektiv bei der Elimination von Krankheitserregern. Nach 3–4 Tagen fusioniert die B-Zelle den variablen Anteil des Immunglobulins mit dem γ-Gen. Dadurch entstehen nun **IgG-Moleküle**, die als Monomere sezerniert werden. Da nur das μ- gegen das γ-Gen ausgetauscht wurde, ist die variable Domäne gleichgeblieben. Das gebildete IgG erkennt also das gleiche Antigen, wie das zuvor synthetisierte IgM. Aufgrund der biologischen Eigenschaften (Vorliegen als Monomere, Bindung an sog. Fc-Rezeptoren) der IgG Moleküle können sie jedoch Krankheitserreger effizienter als IgM bekämpfen.

Wirkungsweise von Antikörpern   Mit seinem antigenerkennenden Anteil bindet der Antikörper an das Bakterium mit seinem konstanten Teil, dem sog. Fc-Teil, an spezielle Rezep-toren auf der Oberfläche von Phagozyten, sog. **Fc-Rezeptoren**. Diesen Prozess bezeichnet man als **Opsonierung**. Dadurch wird das Bakterium sozusagen aktiv an die Oberfläche der phagozytierenden Zelle gebunden und kann nun leicht internalisiert werden. Antikörperbeladene Bakterien aktivieren zudem **das Komplementsystem**, das die Bakterien lysiert (s. o.). Antikörper können Erreger oder Toxine **neutralisieren**, sodass körpereigene Zellen nicht mehr infiziert werden können bzw. Toxine nicht mehr wirken. Die Stelle des Antikörpers, die das Epitop bindet, bezeichnet man als Paratop.

> **Bei Infektion werden nur die wenigen B-Zellen aktiviert, die für das Pathogen spezifisch sind.**

25.2.5   T-Lymphozyten-Entwicklung

Im Thymus werden T-Lymphozyten mit unterschiedlichen T-Zell-Rezeptoren gebildet. Die Affinität des T-Zell-Rezeptors zu körpereigenen Peptiden bestimmt im Thymus die negative Selektion autoreaktiver T-Zellen und Differenzierung.

T-Zell-Rezeptor   Alle **T-Zellen** tragen auf ihrer Oberfläche den **T-Zell-Rezeptor**. Dieser besteht bei den meisten T-Zellen aus einer α- und einer β-Kette, die sich von T-Zelle zu T-Zelle unterscheiden. Die α- und β-Kette hat je einen variablen Anteil sowie einen konstanten Teil. Der variable Teil gibt der T-Zelle ihre Spezifität.

Reifung der T-Lymphozyten   T-Zellen reifen im Thymus. Dort beginnen sie durch „**Rearrangement**" von Gensegmenten einen individuellen T-Zell-Rezeptor zu generieren, sodass unzählige T-Zell-Rezeptoren mit unterschiedlichster Spezifität entstehen. In zwei anschließenden **Selektionsschritten** wird geprüft, ob die zufällig entstandenen T-Zell-Rezeptoren für die Antigenbindung geeignet sind. Thymozyten, die eine schwache Affinität zu MHC-Molekülen haben und somit potentiell fremde, auf MHC-Molekülen präsentierte Antigene erkennen können, reifen schließlich heran und verlassen den Thymus, während T-Zellen, die eigene Antigene erkennen, absterben (◻ Abb. 25.6).

25.2.6   CD4-Helfer-T-Lymphozyten

CD4-T-Zellen sind essentielle Regulatoren der spezifischen Immunabwehr.

Aktivierung   T-Zellen erkennen fremde Antigene nur dann, wenn sie zusammen mit **MHC-Molekülen** auf der Oberfläche der Zelle präsentiert werden. Die T-Zelle erkennt mit ihrem T-Zell-Rezeptor sowohl das fremde antigene Peptid als auch das MHC-Molekül, das körpereigen ist – man spricht deswegen auch vom **altered self**, das erkannt wird. Zudem interagieren die T-Zell-Oberflächenproteine CD4 bzw. CD8 mit dem MHC-Komplex, sodass die Bindung des T-Zell-Rezeptors an das Antigen gefördert wird.

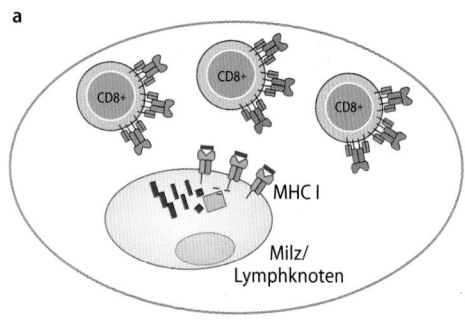

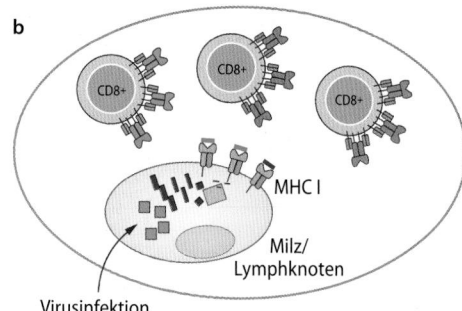

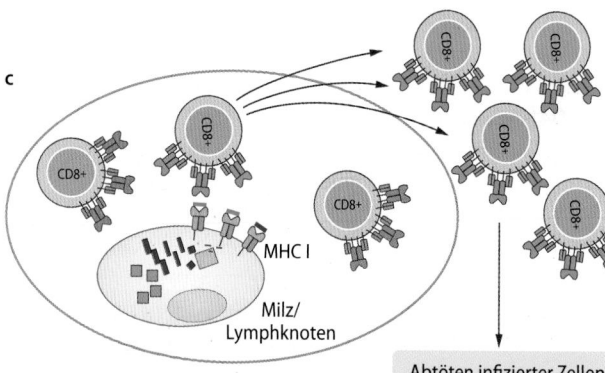

Abtöten infizierter Zellen

□ **Abb. 25.6a–c   Schematische Übersicht über Aktivierung spezifischer T-Zellen. a** Körpereigene Antigene (rote Proteine) werden durch CD8⁺-T-Zellen nicht erkannt (Selektion im Thymus). **b** Bei Virus-Infektion (dunkelgrüne Partikel) wird ein neues Antigen in den Körper eingeführt. **c** Die T-Zellen, die für das neue Virus-Antigen spezifisch sind und einen T-Zellrezeptor exprimieren, der dieses Antigen erkennt (dunkelgrüne CD8⁺-Zellen), expandieren schnell und patrouillieren dann durch den Körper, um virusinfizierte Zellen (die dieselben Antigene auf MHC-I präsentieren) zu töten

Funktion   Eine zentrale Rolle in der weiteren Regulation der Immunantwort spielen die (CD4⁺) T-Helferzellen. T-Helferzellen stimulieren andere Immunzellen. T-Helferzellen sezernieren insbesondere Interleukin-2 (IL-2), wodurch sie selbst, aber insbesondere auch zytotoxische T-Zellen, die infizierte Zellen direkt abtöten (s. u.), stark proliferieren. B-Zellen werden durch weitere Zytokine zum Klassenwechsel stimuliert. Zudem stimulieren T-Zellen die Phagozytoseaktivität von Makrophagen ca. 1000-fach. Verschiedene T-Helfersubtypen unterscheiden sich durch ihr Zytokinprofil und haben somit unterschiedliche Wirkungen. Sog. Th1-Zellen werden typischerweise bei Virusinfektionen gebildet und induzieren eine starke IgG-Antwort. Th2-Zellen sind klassischerweise bei

Parasitenbefall und allergischen Reaktionen erhöht und vermitteln einen Klassenwechsel zu IgE. Th17-Zellen wurden bei einigen Autoimmunerkrankungen vermehrt gefunden. Die Aktivität von CD4⁺-Helferzellen wird durch sog. regulatorische T-Zellen kontrolliert.

Mykobakterien
Mykobakterien sind intrazellulär, können dort in Vesikeln überleben und sich vermehren. Bei Infektion mit dem Tuberkulose-Mykobakterium ist eine Interaktion von CD4⁺-T-Zellen mit Makrophagen essentiell, damit Makrophagen aggressiv genug werden, um effizient Mykobakterien zu verdauen.

25.2.7   CD8-zytotoxische T-Lymphozyten

CD8⁺-T-Lymphozyten töten erregerinfizierte körpereigene Zellen.

Zytotoxische T-Zellen-Funktion   CD8⁺-T-Zellen, die auch als **T-Killerzellen** bezeichnet werden, sind in der Lage, ihre Zielzellen direkt zu zerstören. Für die Zerstörung z. B. virusinfizierter Zellen verwenden T-Killerzellen drei Proteine, das **Perforin**, **Granzym** und den CD95-Liganden (**CD95L**). Perforin permeabilisiert die Membran der Zielzelle, wodurch diese stirbt. Granzym und CD95-Liganden induzieren über intrazelluläre Proteine bzw. Oberflächenrezeptoren Apoptose.

Zytotoxische T-Zellen-Spezifität   Um zu verhindern, dass jede Zelle, die den T-Killerzellen begegnet, getötet wird, werden nur solche Zellen, die auf ihrer Oberfläche das für den T-Zell-Rezeptor passende Antigen im Komplex mit MHC-Klasse-I-Molekülen tragen, angegriffen.

❯ CD8⁺-T-Zellen eliminieren intrazelluläre Pathogene, insbesondere Viren.

Tumorentwicklung
Während der Tumorentstehung kann es zur Mutation unterschiedlicher Proteine kommen, sodass viele Tumorzellen tumorspezifische Antigene auf ihren MHC-I-Molekülen präsentieren. Man versucht nun, CD8⁺-T-Zellen, die diese körperfremden Antigene erkennen können, spezifisch zu aktivieren, um so eine sehr spezifische Therapie gegen Tumorzellen einzuleiten. Erste Daten sehen vielversprechend aus. Die Herausforderung ist jedoch, die spezifischen CD8⁺-T-Zellen in genügend hoher Menge zu induzieren.

25.2.8   Immunologisches Gedächtnis

Die Schaffung eines immunologischen Gedächtnisses verhindert die erneute Erkrankung bei Infektion mit dem gleichen Krankheitserreger.

Gedächtniszellen   Die oben besprochene Aktivierung von T- und B-Zellen führt zu einer massiven Proliferation der Zellen, zu einer Reifung der T-Zellen in T-Helfer und T-Killerzellen und zur Synthese von Antikörpern, die den Krankheitserreger meist nach wenigen Tagen eliminieren. Ist der Krankheitserreger verschwunden, fehlt den Zellen das stimu-

Klinik

Von der Virusinfektion zur erfolgreichen Immunaktivierung

Erstinfektion
Eine erfolgreiche Immunantwort erfordert funktionelle Immunzellen am Ort der Infektion. Bei einer Erstinfektion kann es oft Jahre dauern, bis das Virus auf Immunzellen trifft. Infiziert sich ein Individuum mit einem Virus (z. B. **Papillomavirus** der Haut, HPV 12), wird dieses Virus zunächst lokal replizieren, es entsteht z. B. eine Viruswarze. Solange das Virus in der Haut bleibt, wird es auf keine T-Zelle stoßen, da dort im Gegensatz zu Lymphknoten und Milz **keine naiven (also nicht-aktivierte) T-Zellen** vorkommen und so auch keine Immunantwort gegen virusbefallene Zellen ausgelöst wird. Die Warze wird daher oft über Jahre nicht abgestoßen.

Auslösung einer Immunantwort
Falls es nun aber durch **vermehrte Virusreplikation** oder durch mechanischen Einfluss zu vermehrter Virusfreisetzung kommt, führt dies zur **Infektion dendritischer Zellen** der Haut (Langerhans-Zellen) und/oder zur Verschleppung von Viren über Lymphgefäße zu Lymphknoten. Dort werden ebenfalls Makrophagen oder dendritische Zellen infiziert und die viralen Antigene CD4+- und CD8+-T-Zellen präsentiert. Eine ähnliche Wirkung erzielt die Aktivierung dendritischer Zellen z. B. über den **Toll-ähnlichen Rezeptor 7** durch den Wirkstoff Imiquimod. Findet sich nun unter den vielen naiven CD4+-T-Zellen eine virusspezifische CD4+-Zelle, wird diese stark proliferieren und Zytokine produzieren. Diese Zytokine fördern die Proliferation von

CD8+-T-Zellen, die ihr Antigen auf den emigrierten Langerhans-Zellen erkannt haben. Ferner werden B-Zellen, die das Antigen auf ihrer Oberfläche binden, zur Phagozytose angeregt. Nun präsentieren auch **virusspezifische B-Zellen** virale Antigene auf MHC-II und werden so weiter durch CD4+-T-Zellen zur Proliferation und zum **Klassenwechsel** (s. o.) stimuliert. Die nun ausdifferenzierten B-Zellen produzieren HPV-12-spezifische Antikörper. Die aktivierten T-Zellen infiltrieren das befallene Gewebe. Dort werden sie auf die HPV-12-infizierten Zellen treffen und diese eliminieren, sodass die Viruswarze verschwindet. Durch die neu gebildeten **Antikörper** und durch eine erhöhte Frequenz von CD4+- und CD8+-T-Zellen ist man nun immun gegen diese Warzen.

lierende Antigen und sie sterben durch **Apoptose** wieder ab. Nur ein geringer Anteil der Zellen überlebt diesen Prozess und geht in einen **Ruhezustand** über, in dem die Zelle für Jahre überleben kann. Diese Zellen bezeichnet man als Gedächtniszellen.

Immunität Die **Gedächtniszellen** sind in der Lage, sehr schnell auf eine Re-Infektion mit dem gleichen Krankheitserreger bzw. Antigen zu reagieren, da alle **Reifungsprozesse** schon abgeschlossen sind. So hat insbesondere bei den B-Zellen bereits der Übergang von der IgM- zur IgG-Synthese und die **somatische Hypermutation** (s. o.) stattgefunden. Durch diese sehr schnelle Reaktion der Gedächtniszellen auf eine wiederholte Auseinandersetzung mit einem Krankheitserreger bzw. Antigen kann der **Ausbruch** der Krankheit **verhindert** oder zumindest stark abgeschwächt werden.

Immunisierung Diese Mechanismen macht man sich bei der **Impfung** zu Nutze, bei der man dem Körper abgeschwächte lebende oder tote Erreger oder Toxine eines Erregers verabreicht. Alle empfohlenen routinemäßig durchgeführten Impfungen beruhen auf der Aktivierung von B-Zellen mit der Induktion neutralisierender Antikörper. Wird nun der Körper mit dem entsprechenden Krankheitserreger infiziert, so kann dieser sofort durch Antikörper eliminiert werden, ohne dass es zu Symptomen kommt. Diese Art der Impfung wird auch als **aktive Immunisierung** bezeichnet. Gibt man dem Körper nur Antikörper bzw. ein Immunglobulingemisch, so bezeichnet man dies als **passive Immunisierung**. Sie wird u. a. eingesetzt, wenn bereits eine Infektion vorliegt oder vermutet wird und die Wirkung der aktiven Immunisierung zu spät einsetzen würde.

In Kürze
Die wichtigsten Zellen des adaptiven Immunsystems sind die CD4+- und CD8+-T-Zellen sowie die B-Zellen. **CD4+-T-Zellen unterstützen** andere Immunzellen. **CD8+-T-Zellen töten** Körperzellen, die fremde Antigene auf MHC-Molekülen exprimieren. **B-Zellen** produzieren **Antikörper** gegen körperfremde Antigene.

25.3 Pathophysiologie des Immunsystem

25.3.1 Autoimmunerkrankungen

Wenn sich das Immunsystem gegen Antigene des eigenen Körpers richtet und weitere Kontrollsysteme versagen, kommt es zu Autoimmunerkrankungen. Diese entstehen wahrscheinlich durch exogene Stimuli auf dem Boden einer genetischen Veranlagung.

Definition Autoimmunität Grundsätzlich unterscheidet man zwischen **Immunpathologie und Autoimmunität**. Immunpathologie ist jede Form der pathologischen Veränderung, die auf das Immunsystem zurückzuführen ist (z. B. eine überschießende Reaktion gegen Bienengift). Autoimmunität ist die Reaktion des Immunsystems auf bestimmte körpereigene Stoffe oder Zellen.

Entfernung autoimmuner Zellen **Autoimmunerkrankungen** entstehen durch eine Reaktion von Immunzellen gegen körpereigene Zellen, die als fremd erkannt werden. Um eine solche, für den Organismus potenziell sehr gefährliche Reaktion zu verhindern, wird das Immunsystem normalerweise vielfältig kontrolliert. Die **Kontrollmechanismen versagen** bisweilen, wobei es zur Entwicklung von **Autoimmunerkran-**

kungen kommt. Wie sich diese Erkrankungen entwickeln, ist noch nicht hinreichend geklärt. Eine populäre Hypothese ist, dass es durch virale Infektionen zur Präsentation von Antigenen auf den infizierten Zellen kommt, die körpereigenen Antigenen ähnlich sind (**Mimicry-Hypothese**). Somit werden durch eine Virusinfektion autoreaktive Immunzellen aktiviert.

25.3.2 Hypersensitivitätsreaktionen (Allergien)

Eine Reaktion des Immunsystems auf harmlose Antigene kann eine Allergie auslösen.

Typ I   Dieser Typ der allergischen Reaktionen wird auch als **Sofortreaktion** oder Reaktion vom anaphylaktischen Typ bezeichnet. Das Immunsystem richtet sich dabei gegen harmlose Antigene, z. B. Blütenpollen. Nach einem ersten Kontakt mit diesen Antigenen, die man auch als **Allergene** bezeichnet, bilden B-Lymphozyten **IgE**. IgE-Moleküle binden mit ihrem Fc-Teil an Fc-Rezeptoren von Mastzellen, was primär noch nicht zur Aktivierung dieser Zellen führt. Vernetzt nun bei erneuter Exposition ein Allergen zwei IgE-Moleküle miteinander, so werden die Mastzellen aktiviert, die daraufhin degranulieren und **Histamin** und **Serotonin** freisetzen sowie **Leukotriene** synthetisieren und sezernieren.

Durch diese Mediatoren wird das klinische Bild der **allergischen Reaktion**, z. B. einer allergischen Rhinitis (**Heuschnupfen**) erzeugt. Histamin führt zu einer Erweiterung der Gefäße, Austritt von Serum aus den Gefäßen und Ödem in Schleimhäuten und der Haut (Urtikaria – „Nesselsucht"), Drüsensekretion und Bronchokonstriktion. Massive Hypotonie bei generalisierter Histaminausschüttung führt zu einem **anaphylaktischen Schock**. Leukotriene wirken insbesondere bronchokonstriktorisch und vermitteln **Asthma bronchiale**. Zur Behandlung allergischer Sofortreaktionen verwendet man insbesondere **Antihistaminika**, die die Bindung von Histamin an seine Rezeptoren und so die Entzündungsreaktion verhindern.

Typ II   Dieser Hypersensibilitätstyp beruht auf der Bildung von **IgG-Immunglobulinen** gegen körpereigene Zellen. Durch die Bindung der Antikörper wird in den Geweben der Zielzellen das Komplementsystem aktiviert und damit eine **Entzündung** ausgelöst. Zu einer Reaktion-Typ-II kommt es u. a. bei der Transfusion von nicht kompatiblen Spendererythrozyten, wobei Antikörper des Empfängers mit Antigenen der Spendererythrozyten reagieren (▶ Kap. 24.1).

Typ III   Bei diesem Typ der Hypersensibilität kommt es zur Ablagerung von **Fremdantigen/Antikörperkomplexen im Gewebe.** Die Komplexe führen zur Aktivierung des Komplementsystems, was eine Gewebsdestruktion zur Folge hat. Besonders häufig sind die Glomerula der Niere (Glomerulonephritis) und Herzklappen (Endokarditis) betroffen, z. B. nach Infektion mit einigen Streptokokkensubtypen beim Scharlach.

Typ IV   Typ-IV-Hypersensitivitäten werden nicht durch lösliche Antikörpermoleküle, sondern durch **CD4+-T-Lymphozyten** ausgelöst. Klassische Beispiele sind die Kontaktdermatitis (z. B. Nickelallergie) und die Sensibilisierung von T-Lymphozyten durch Tuberkelbakterien. Die aktivierten T-Zellen induzieren die Produktion von **Zytokinen**, die schließlich eine Entzündung des Gewebes vermitteln. Da diese Entzündungsreaktion erst einige Tage nach Kontakt mit dem Antigen entsteht, wird die **Typ-IV-Hypersensibilität** auch als verzögert bezeichnet.

> ❯ Eine Immunreaktion gegen harmlose, in der Umwelt obligat vorkommende Antigene nennt man Allergie.

25.3.3 Immunschwäche

Eine Immunschwäche kann angeboren sein oder erworben werden, letzteres bei Schädigung oder Erkrankungen des Immunsystems oder im Rahmen ärztlicher Behandlung.

Ursachen von Immunschwäche   Einige sehr seltene genetische Defekte führen zu Immunschwäche. Sehr viel häufiger ist eine **erworbene Immunschwäche**. Bei einer Tumortherapie mit Zytostatika oder Bestrahlung werden häufig nicht nur die Tumorzellen abgetötet, sondern auch die Lymphozyten geschädigt. Die Behandlung von Autoimmunerkrankungen (s. o.) mit immunsuppressiv wirkenden **Glukokortikosteroiden** beeinträchtigt ebenfalls die Immunabwehr. Eine weitere Ursache einer Immunschwäche ist ferner AIDS, die Infektion mit **HIV** (▶ Box unten). Regelmäßig ist die Immunabwehr im höheren Alter geschwächt.

Zystische Fibrose
Auch bei primär intaktem Immunsystem können verschiedene Erkrankungen das Auftreten von Infektionskrankheiten begünstigen. So leiden Patienten mit zystischer Fibrose (▶ Box Kapitel 3) häufig unter Infektionen mit dem Krankheitserreger *Pseudomonas aeruginosa*.

Auswirkungen von Immunschwäche   Im Körper immungeschwächter Patienten können sich Erreger vermehren, die normalerweise kaum infektiös sind. Die Patienten erkranken daher schwer an Infektionen mit sonst harmlosen Erregern.

25.3.4 Transplantation

Bei Transplantation von einem Spenderorgan in einen Empfänger kommt es ohne therapeutische Maßnahmen zu einem Abstoßen des Transplantats. Histologisch erkennt man eine starke Lymphozyteninfiltration.

Transplantatabstoßung   In der menschlichen Bevölkerung gibt es eine hohe Diversität von **MHC-Molekülen**, die unterschiedliche Bindungsaffinitäten zu Peptiden und T-Zellrezeptoren aufweisen. Diese Diversität dient einer weiteren Potenzierung der Anzahl von Antigenen, gegen die das Immunsystem reagiert. Wenn man Gewebe von einem Menschen auf einen

Klinik

HIV

Das **human immunodeficieny virus** (HIV) infiziert CD4-positive **T-Helferzellen**, die durch die Infektion sterben. Dadurch sinkt die Zahl der T-Helferzellen im Körper kontinuierlich ab, was schließlich zur Insuffizienz sowohl des T- als auch des B-Zell-Systems führt. T-Helferzellen spielen eine zentrale Rolle in der Regulation der Immunantwort, da ohne sie weder eine vollständige Aktivierung von CD8$^+$-T-Zellen noch von B-Lymphozyten erfolgen kann. Die Patienten leiden daher häufig an Infektionen durch normalerweise nicht gefährliche Erreger, sog. **opportunistische Infektionen**, die schließlich zum Tod führen.

anderen überträgt, können ca. 0,1–10% aller CD8$^+$-T-Zellen das **fremde MHC-I-Molekül** hochaffin binden, werden aktiviert und stoßen das Gewebe ab.

Therapie Die **Abstoßung** eines transplantierten Organes muss unbedingt verhindert werden, damit das Organ nicht vom Immunsystem des Empfängers zerstört wird. Dieses Ziel wird mit einer Vielzahl spezifischer und unspezifischer Immunsuppressiva, von **Glukokortikoiden** bis zu Antikörpern gegen T-Zellen, Hemmstoffen der intrazellulären Signaltransduktion von Lymphozyten oder Stoffen, die die Auswanderung von Lymphozyten aus den lymphatischen Geweben ins Blut und das Transplantat blockieren, erreicht.

In Kürze

Man unterscheidet **vier Typen der Hypersensitivität**: Bei der Typ-I-Reaktion werden über allergenspezifische IgE-Antikörper Mastzellen aktiviert und eine allergische Sofortreaktion ausgelöst. Hypersensitivitätsreaktionen des Typs II, III und IV werden durch Immunglobuline, Immunkomplexe bzw. T-Zellen vermittelt. Bei **Immundefizienzen** ist die Empfindlichkeit gegenüber Krankheitserregern erhöht.

Literatur

Flajnik MF, Kasahara M (2010) Origin and evolution of the adaptive immune system: genetic events and selective pressures. Nat Rev Genet 11(1):47–59

Goldsby RA, Kindt TJ, Osborne BA, Kuby J (2003) Immunology, 5th edn. Freeman, New York

Klein L, Hinterberger M, Wirnsberger G, Kyewski B (2009) Antigen presentation in the thymus for positive selection and central tolerance induction. Nat Rev Immunol 9(12):833–44

Lunge

Inhaltsverzeichnis

Ventilation und Atemmechanik

Oliver Thews, Karl Kunzelmann

© Springer-Verlag GmbH Deutschland, ein Teil von Springer Nature 2019
R. Brandes et al. (Hrsg.), *Physiologie des Menschen*, Springer-Lehrbuch
https://doi.org/10.1007/978-3-662-56468-4_26

Worum geht's?

Die Lunge dient der O_2-Aufnahme und der CO_2-Abgabe

Die Lungenatmung dient dem Transport von Sauerstoff (O_2) aus der Umgebung in die Alveolen (Lungenbläschen) und von Kohlendioxid (CO_2), das im Körperstoffwechsel gebildet wird, in umgekehrter Richtung. Sowohl frische als auch verbrauchte Luft strömen über die Atemwege aufgrund von Bewegungen des Brustkorbes und des Zwerchfells.

Atemmuskulatur und elastische Fasern erzeugen Lungendrücke und Atemvolumina

Nur ein Teil (2/3) des eingeatmeten Luftvolumens von etwa 0,5 l gelangt in den Alveolarraum und kann dort zum Gasaustausch genutzt werden, wohingegen 1/3 in den Atemwegen verbleibt (Totraum). Bei 14 Atemzügen pro Minute (in Ruhe) atmet der Mensch 7 l/min (Atemminutenvolumen). Das Atemzugvolumen kann durch maximale Ein- und Ausatmung auf etwa 5 l gesteigert werden (Vitalkapazität), jedoch verbleibt auch bei maximaler Exspiration ein Luftrest (Residualvolumen) in der Lunge. Bei Einatmung wird durch die Brustkorb- und Zwerchfellbewegung ein Unterdruck (relativ zum äußeren Luftdruck) erzeugt, wo-

durch die Luft in den Alveolarraum gesogen wird. Bei Exspiration steigt der Druck in den Alveolen über den äußeren Luftdruck. Zwischen Lunge und Brustkorb (Pleuraspalt) herrscht auch bei normaler Ausatmung ein Unterdruck, der die Lunge im entfalteten Zustand hält.

Bei der Atmung müssen mechanische Widerstände überwunden werden

Während der Atembewegung müssen verschiedene Atmungswiderstände überwunden werden, da das Lungengewebe gedehnt werden und die Luft durch das starre Rohrsystem der Atemwege strömen muss. Das elastische Verhalten von Lunge und Thorax lässt sich durch Ruhedehnungskurven beschreiben. Bei rascher Atmung treten Strömungswiderstände auf, die vom Durchmesser der Atemwege abhängen. Die normale Atmung kann durch eine Abnahme der Dehnbarkeit der Lunge (z. B. bei Lungenfibrose) oder durch eine Verengung der Atemwege (z. B. Asthma bronchiale) gestört werden. Messungen der Atembewegung bei ruhiger und beschleunigter Atmung geben Auskunft über diese Erkrankungen.

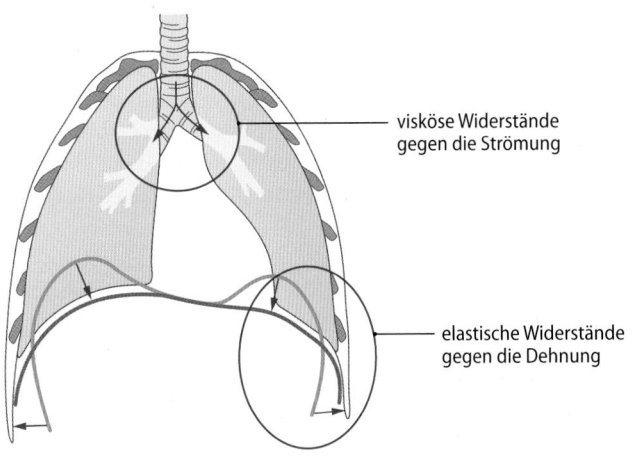

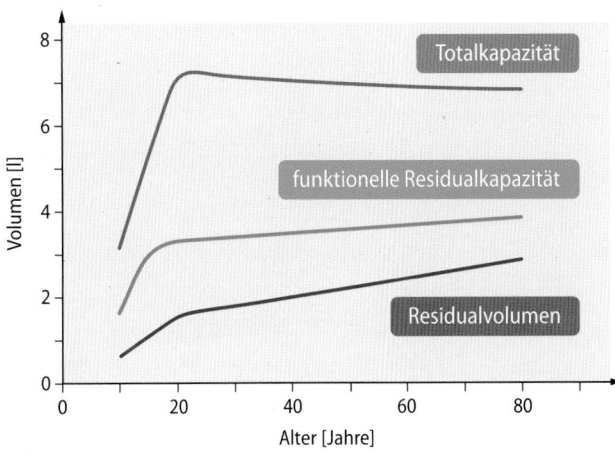

● Abb. 26.1   **Atemwiderstände und altersabhängige Entwicklung wichtiger respiratorischer Größen**

26

26.1   Grundlagen der Atmungsfunktion

26.1.1   Änderung des Thoraxvolumens

Der Thoraxraum wird durch inspiratorische bzw. exspiratorische Zwerchfell- und Rippenbewegungen vergrößert und verkleinert.

Prozesse des Atemgastransports   Um Sauerstoff aus der Umgebungsluft in den Organismus aufzunehmen, muss das Atemgasgemisch zunächst durch **Konvektion** (Strömung) bis in die Lungenalveolen transportiert werden (**Ventilation**). Anschließend gelangt O_2 durch **Diffusion** von dort ins Blut und CO_2 aus dem Blut in die Alveolen. Im Blut werden die Atemgase wiederum durch Konvektion transportiert. Die Ventilation wird durch eine Änderung des Thoraxvolumens erreicht (■ Abb. 26.2).

Zwerchfellbewegung   Der wirkungsvollste Inspirationsmuskel ist das **Diaphragma**. Das Zwerchfell wölbt sich kuppelförmig in den Thoraxraum hinein; in Ausatmungsstellung liegt es in einer Ausdehnung von drei Rippenhöhen der inneren Thoraxwand an (■ Abb. 26.2). Bei der Einatmung kommt es zu einer Abflachung, wodurch sich die Muskelplatte von der inneren Thoraxwand entfernt. Die dabei eröffneten Räume (**Recessus phrenicocostales**) bieten für die hier lokalisierten Lungenpartien eine große Entfaltungsmöglichkeit und damit eine entsprechend gute Belüftung.

Rippenbewegungen   Die Rippen sind jeweils mit dem Wirbelkörper und einem Processus transversalis gelenkig verbunden. Um die Verbindungsgerade zwischen den beiden Gelenken (**Rippenhalsachse**) können die Rippen eine Drehbewegung ausführen. Beim Erwachsenen sind die Rippen von hinten oben nach vorne unten geneigt, sodass unter der Einwirkung der Inspirationsmuskeln die Rippenbögen ange-

hoben werden. Hierdurch erweitern sich Tiefen- und Querdurchmesser des Thorax. Die inspiratorische Rippenhebung wird hauptsächlich durch die *äußeren Zwischenrippenmuskeln* (Mm. intercostales externi) bewirkt. Für die Ausatmung, die normalerweise passiv erfolgt (▶ Abschn. 26.3), kann zusätzlich der größte Teil der **inneren Zwischenrippenmuskeln** (Mm. intercostales interni) eingesetzt werden.

Atemhilfsmuskulatur
Bei erhöhter Atmungsarbeit (z. B. bei Atemnot) werden die regulären Atemmuskeln durch Hilfsmuskeln unterstützt. Als **Hilfseinatmer** wirken alle Muskeln, die am Schultergürtel, am Kopf oder an der Wirbelsäule ansetzen und in der Lage sind, die Rippen zu heben bzw. den Schultergürtel zu fixieren (**Mm. pectorales major et minor, Mm. scaleni, M. sternocleidomastoideus, Mm. serrati**). Voraussetzung für ihren Einsatz als Atemmuskeln ist die Fixierung ihres Ansatzpunktes. Typisch hierfür ist das Verhalten von Patienten in Atemnot, die sich auf einen festen Gegenstand aufstützen und den Kopf nach hinten beugen. Als **Hilfsausatmer** dienen vor allem die **Bauchmuskeln**, welche die Rippen nach unten ziehen und als Bauchpresse die Baucheingeweide mit dem Zwerchfell nach oben drängen.

Brust- und Bauchatmung
Je nachdem, ob die Erweiterung des Brustraums bei normaler Atmung überwiegend durch Hebung der Rippen oder mehr durch Senkung des Zwerchfells zustande kommt, unterscheidet man einen abdominalen Atmungstyp (Bauchatmung) von einem kostalen Atmungstyp (Brustatmung). Da bei Neugeborenen die Abwärtsneigung der Rippen in Ruhestellung weniger ausgeprägt ist, überwiegt bei Säuglingen der abdominale Atmungstyp.

26.1.2   Aufbau und Funktion der Atemwege

Die Atemwege leiten über ein verzweigtes Röhrensystem, dessen Weite durch das vegetative Nervensystem kontrolliert wird, die Luft zur Gasaustauschzone. Hierbei wird die Inspirationsluft gereinigt, erwärmt und befeuchtet.

Aufbau des Atemwegssystems   Bei der Inspiration wird die Frischluft über ein verzweigtes Röhrensystem zu den Gasaustauschgebieten geleitet (■ Abb. 26.3). Bis etwa zur 16. Teilungsgeneration (**Terminalbronchiolen**) hat das Atemwegssystem vorwiegend eine Leitungsfunktion. Daran schließen sich die **Bronchioli respiratorii** an (17.–19. Generation), in deren Wänden bereits einige Alveolen vorkommen. Mit der 20. Aufzweigung beginnen die **Alveolargänge** (Ductuli alveolares), die mit Alveolen dicht besetzt sind. Dieser Bereich, der überwiegend dem Gasaustausch dient, wird als **Respirationszone** bezeichnet.

Offenhalten der Atemwege   Nur die **großen Bronchien** besitzen in ihrer Wand **Knorpelspangen**, welche die Atemwege unabhängig von der Atemstellung offen halten. Die **kleinen Atemwege** verfügen nur über eine weiche bindegewebige Wandstruktur, deren Kollabieren verhindert wird, indem das umgebende Lungengewebe einen **radialen Zug** ausübt (▶ Abschn. 26.3; ■ Abb. 26.4a). Die gleiche Zugwirkung führt dazu, dass auch Blutgefäße bei subatmosphärischem Blutdruck (z. B. in der Lungenspitze) offenbleiben. Entsteht jedoch ein starker Überdruck in den Alveolen (z. B. bei forcier-

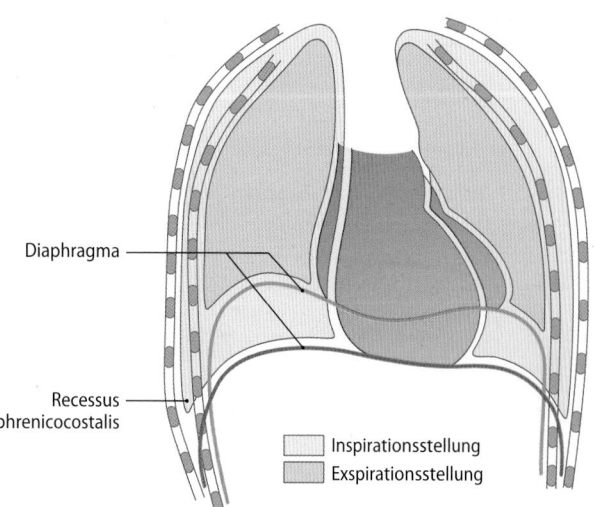

Diaphragma —

Recessus —
phrenicocostalis

Inspirationsstellung
Exspirationsstellung

■ **Abb. 26.2   Volumenänderung des Thorax.** Formänderungen des Thoraxraums beim Übergang von der Exspirationsstellung (blau) zur Inspirationsstellung (grau)

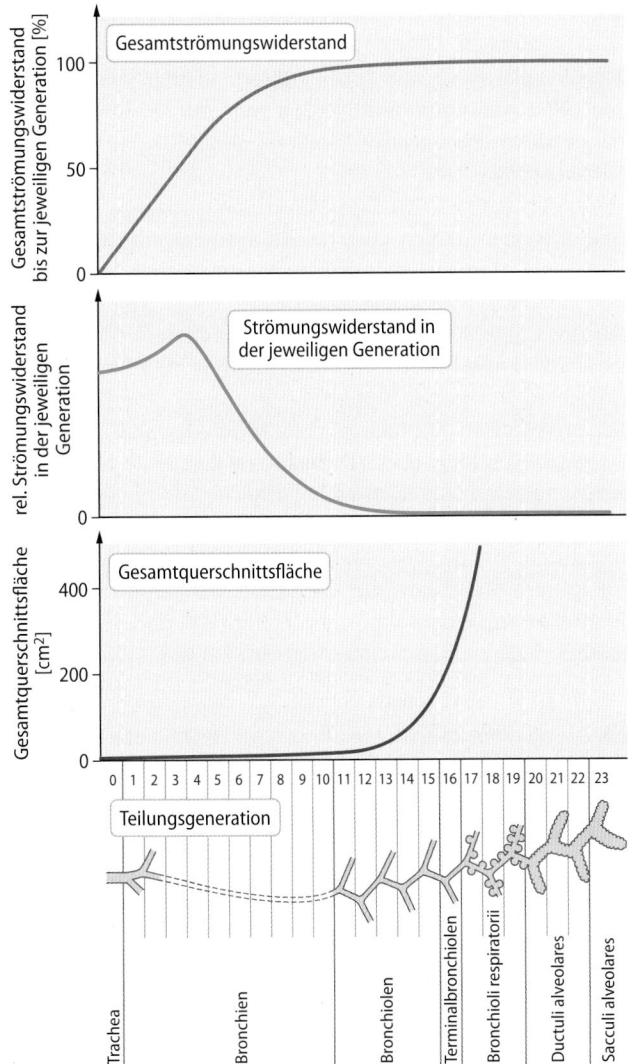

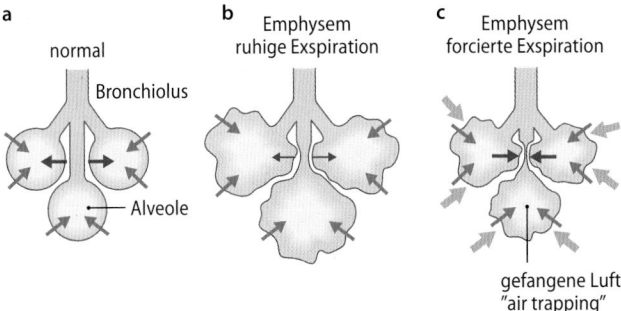

Abb. 26.4a–c **Bedeutung der alveolären Zugspannung für die Atemwege. a** Aufgrund der Oberflächenspannung und elastischer Bindegewebsfasern üben die Alveolen eine Zugspannung auf das umgebende Gewebe aus (Pfeile). Im Bereich der kleinen Bronchien und Bronchioli führt dies zu einer Erweiterung der Atemwege (rote Pfeile). **b** Bei einer Abnahme der Zugspannung, z. B. durch Zerstörung der Alveolarstruktur bei Lungenemphysem, wird die Weite der kleinen Atemwege vermindert. Bei ruhiger Atmung kann die Luft aber noch strömen. **c** Wird jedoch unter diesen Bedingungen durch forcierte Exspiration von außen Druck ausgeübt (graue Pfeile), können die Atemwege stark komprimiert werden, sodass das Ausströmen der Luft nicht mehr möglich ist (gefangene Luft, „air trapping")

Abb. 26.3 Organisation der Atemwege. Aufzweigungen des Atemwegssystems (unten) mit der Kurve des Gesamtquerschnitts (rot), der Kurve des Strömungswiderstands in den einzelnen Teilungsschritten (grün) sowie des kumulativen Gesamtwiderstands (blau), die den einzelnen Teilungsgenerationen zugeordnet sind. Man erkennt die starke Zunahme des Atemwegsquerschnitts in der Übergangszone, die sich in der Respirationszone weiter fortsetzt, wodurch der Strömungswiderstand stark absinkt. Der größte Widerstand findet sich etwa in der 4. Teilungsgeneration. Etwa 80 % des Gesamtströmungswiderstands treten in den oberen Atemwegen bis zur 7. Teilungsgeneration auf

Stimulation der **β₂-Adrenozeptoren** (▶ Abschn. 26.2) zu einer Erschlaffung der glatten Bronchialmuskulatur und damit zu einer Erweiterung der Bronchien (**Bronchodilatation**). Der **Parasympathikus** bewirkt eine Kontraktion der glatten Muskulatur, wodurch die Bronchien verengt werden (**Bronchokonstriktion**). Neben Acetylcholin (**M₃-Rezeptoren**) wird eine Bronchokonstriktion auch durch andere Mediatoren ausgelöst (z. B. Histamin, Leukotrien D₄, Substanz P). Eine übermäßige Aktivierung des Parasympathikus ist bei vielen Atemwegserkrankungen Ursache für eine Engstellung der Bronchien und damit für eine Zunahme des Strömungswiderstands in den Atemwegen (z. B. bei Asthma bronchiale; ▶ Box „Asthma bronchiale").

ter Exspiration), können die kleinen Atemwege von außen komprimiert werden. Dieses Phänomen tritt insbesondere bei Patienten auf, bei denen die Zugwirkung des Lungengewebes vermindert ist (z. B. bei Lungenemphysem; ▶ Box „Lungenemphysem"). Bei diesen Patienten kann während forcierter Exspiration eine weitere Ausatmung behindert werden („**air trapping**") (■ Abb. 26.4b).

❯ **Die kleinen Atemwege werden durch Zugspannung der umgebenden Alveolen offengehalten.**

Vegetative Kontrolle der Bronchialweite Die Weite der Bronchien wird durch das vegetative Nervensystem kontrolliert. Unter dem Einfluss des **Sympathikus** kommt es durch

Reinigung der Atemluft Die Reinigung der Inspirationsluft erfolgt teilweise bereits in der **Nase**, in der kleinere Partikel, Staub und Bakterien von den Schleimhäuten abgefangen werden. Deshalb besteht bei chronischer Mundatmung eine erhöhte Anfälligkeit für Erkrankungen des Atmungsapparats. Eingeatmete Partikel lagern sich auch auf der **Schleimschicht** der zuleitenden Atemwege ab. Der von Becherzellen und subepithelialen Drüsenzellen sezernierte Schleim wird ständig durch rhythmische Bewegung der Zilien des Respirationsepithels oralwärts befördert und anschließend verschluckt. Damit der Schleim ohne Behinderung transportiert werden kann (**mukoziliäre Clearance**) tauchen die Zilien in einen Flüssigkeitsfilm ein, der durch die Transportaktivität des Flimmerepithels konstant auf eine Höhe von etwa 7 µm eingestellt wird. Dies geschieht durch die Transportfunktion der Flimmerepithelzellen, unter Zuhilfenahme von epithelialen Natriumkanälen (ENaC) sowie cAMP-regulierten (CFTR) und Ca²⁺-aktivierten (Anoctamin) Chloridkanälen (■ Abb. 26.5). Bei der Erkrankung **Mukoviszidose** ist die mukoziliäre Clearance defekt, was zu schweren Pneumonien (Lungenentzündungen) und zur Zerstörung des Lungen-

26

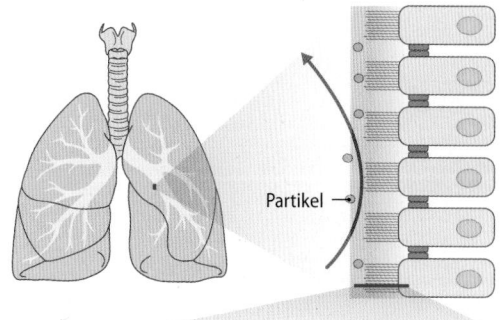

mukoziliäre Clearance

Partikel

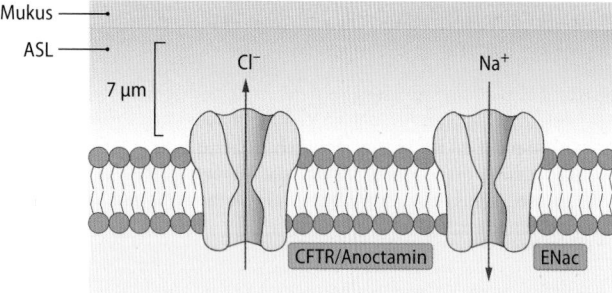

Mukus

ASL

7 µm

Cl⁻   Na⁺

CFTR/Anoctamin   ENac

■ **Abb. 26.5   Transportfunktion des Alveolarepithels.** Die Luftwege sind mit einem respiratorischen Epithel ausgekleidet, über das NaCl und Wasser auf dessen Oberfläche gelangt (ASL = Airway surface liquid). Der Zilienschlag transportiert den aufliegenden Mukus und die darin befindlichen eingeatmeten Partikel oralwärts (mukoziliäre Clearance)

gewebes führt (▶ Abschn. 26.3). Sind die Zilien geschädigt, wie dies etwa bei **chronischer Bronchitis** oder beim **Rauchen** der Fall ist, kommt es gleichfalls zu Schleimansammlungen in den Atemwegen. Zusammen mit einer entzündungsbedingten Bronchokonstriktion führt dies zu einem erhöhten Atemwegswiderstand.

❯ **Für die Verflüssigung des Schleims ist die Sekretion von Cl⁻-Ionen über spezifische Kanäle notwendig.**

Hustenreflex   Größere in die Atemwege gelangte Fremdkörper und Schleimablagerungen lösen durch Reizung der Schleimhäute in der Trachea und den Bronchien den Hustenreflex aus. Hierbei handelt es sich zunächst um eine forcierte Exspiration gegen die geschlossene Glottis, die sich plötzlich öffnet, sodass der Fremdkörper mit dem extrem beschleunigten Ausatmungsstrom herausbefördert wird.

Lufterwärmung und -befeuchtung
Die Erwärmung und Befeuchtung der Inspirationsluft findet zum überwiegenden Teil bereits im Nasen-Rachen-Raum an der großen Oberfläche der Nasenmuscheln und der gut durchbluteten Nasenschleimhaut statt. In den tieferen Atemwegen wird die Luft weiter erwärmt und befeuchtet, sodass sie bei Eintritt in die Alveolen die Körpertemperatur (37°C) angenommen hat und vollständig mit Wasserdampf gesättigt ist.

26.1.3   Aufbau und Funktion der Alveolen

Alveolen bieten mit einer großen Gesamtoberfläche und kurzen Diffusionswegen günstige Bedingungen für den Atemgasaustausch; die alveoläre Oberflächenspannung wird durch Surfactant reduziert.

Bedingungen für den alveolären Gasaustausch   Der Austausch der Atemgase zwischen der Gasphase und dem Blut in den Lungenkapillaren erfolgt in den Alveolen. Ihre Zahl wird auf etwa 300 Mio., ihre **Gesamtoberfläche** auf **80–140 m²** geschätzt. Die Alveolen sind von einem dichten Kapillarnetz umgeben, sodass das Blut auf einer großen Oberfläche mit den Alveolen in Kontakt gebracht wird. Der alveoläre Gasaustausch geschieht durch **Diffusion** (▶ Kap. 27.1). Hierfür ist neben einer großen Austauschoberfläche ein möglichst kurzer Diffusionsweg wichtig. Das Kapillarblut ist vom Gasraum nur durch eine dünne Gewebeschicht getrennt. Diese **alveolokapilläre Membran**, die aus dem Alveolarepithel (Typ-I-Epithelzellen), einem schmalen Interstitium und dem Kapillarendothel besteht, hat insgesamt eine Dicke von weniger als 1 µm.

❯ **Die alveolokapilläre Membran wird aus Alveolarepitelzellen Typ I, der Basalmembran und dem Kapillarendothel gebildet und hat eine Dicke von weniger als 1 µm.**

Oberflächenspannung der Alveolen   Die an jeder Grenzfläche zwischen Gas- und Flüssigkeitsphase entstehende **Oberflächenspannung** in den Alveolen ist maßgeblich dafür verantwortlich, dass die Lunge das Bestreben hat, sich zusammenzuziehen, was neben den elastischen Rückstellkräften von Lunge und Thorax zur passiven Ausatmung beiträgt. Die Oberflächenspannung der Alveolen wird aber durch oberflächenaktive Substanzen (**Surfactant**), die von den Alveolarepithelzellen des Typs II sezerniert werden, auf 1/10 reduziert. Surfactant ist ein **Phospholipoproteinkomplex** bestehend aus 80 % Phospholipiden, 10 % Neutrallipiden und 10 % Apoproteine SP-A, -B, -C und -D. Frühgeborene weisen oftmals einen Mangel an Surfactant auf, was zum **Atemnotsyndrom** führt.

Surfactant
Für die Sekretion von Surfactant werden in den Typ-II-Zellen Lamellenkörperchen (*lamellar bodies*) gebildet, die aus konzentrisch angeordneten Schichten von Lipiden und Proteinen bestehen. Die Freisetzung erfolgt durch Exozytose, stimuliert durch die Lungendehnung eines tiefen Atemzugs (Gähnen, Seufzen). Anschließend entsteht eine monomolekulare Lipidschicht, wobei sich die Surfactantmoleküle in Form eines Maschenwerks (tubuläres Myelin) anordnen. Surfactant verhindert außerdem, dass die kleinen Alveolen in sich zusammenfallen und die enthaltene Luft in die großen Alveolen entleert wird (s. Druckerhöhung aufgrund der Laplace-Beziehung ▶ Abschn. 26.2).

In Kürze

Der O_2-Transport von der Umgebungsluft bis in das Blut erfolgt zunächst durch **Konvektion** zu den Lungenalveolen (=Ventilation) und anschließend durch **Diffusion** von den Alveolen in das Lungenkapillarblut. Die **Einatmung** (Inspiration) kommt durch Hebung der Rippenbögen sowie durch Senkung der Zwerchfellkuppel zustande. Die **Ausatmung** (Exspiration) erfolgt passiv (durch die Oberflächenspannung der Alveolen und elastischen Eigenschaften des Lungengewebes) sowie aktiv durch Senkungen der Rippenbögen. Die Atemwege bilden ein verzweigtes Röhrensystem mit 23 Teilungsgenerationen. Ihre Aufgaben sind die **Reinigung**, **Befeuchtung** und **Erwärmung** der Inspirationsluft. Eingeatmete Partikel bleiben im Bronchialschleim hängen und werden mit diesem durch rhythmische Zilienbewegungen mundwärts befördert. Die Atemwege sind sowohl **sympathisch (Bronchodilatation)** als auch **parasympathisch (Bronchokonstriktion)** innerviert. Die **Alveolen** haben eine Gesamtoberfläche von etwa 80–140 m². Der Gasraum ist vom Lungenkapillarblut durch die nur 1 μm dicke **alveolokapilläre Membran** getrennt. Der Flüssigkeitsfilm auf der Innenwand der Alveolen erzeugt an der Grenzfläche eine starke Oberflächenspannung, die durch oberflächenaktive Substanzen (**Surfactant**) herabgesetzt wird.

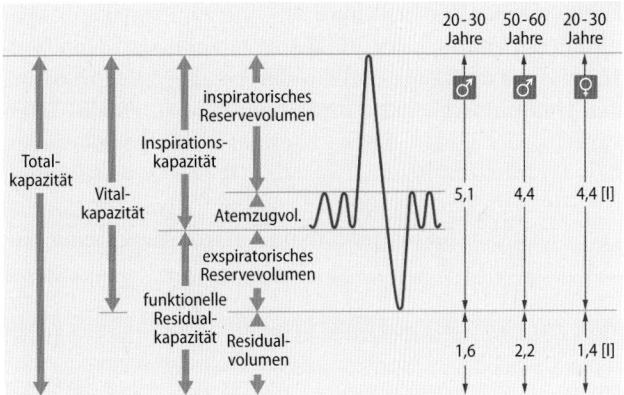

☐ **Abb. 26.6 Lungenvolumina und -kapazitäten.** Die angegebenen Werte für die Vitalkapazität und das Residualvolumen (rechts) zeigen die Abhängigkeit dieser Größen von Alter und Geschlecht

26.2 Ventilation

26.2.1 Atemvolumina und -kapazitäten

Das Atemzugvolumen kann sowohl bei der Einatmung als auch bei der Ausatmung vertieft werden; selbst bei maximaler Exspiration bleibt Luft in der Lunge zurück.

Volumeneinteilung Das Volumen des einzelnen Atemzugs ist bei der Ruheatmung im Verhältnis zum Gasvolumen der gesamten Lunge verhältnismäßig klein. Über das normale Atemzugvolumen hinaus können sowohl bei der Inspiration als auch bei der Exspiration erhebliche Zusatzvolumina aufgenommen bzw. abgegeben werden. Aber auch bei tiefster Ausatmung bleibt immer ein Restvolumen in den Alveolen und den zuleitenden Atemwegen zurück. Die folgenden **Volumina** werden unterschieden, wobei zusammengesetzte Volumina als **Kapazitäten** bezeichnet werden (☐ Abb. 26.6):

- **Atemzugvolumen:** In- bzw. Exspirationsvolumen, das beim Erwachsenen in Ruhe etwa 0,5 l beträgt.
- **Inspiratorisches Reservevolumen:** Volumen, das nach normaler Inspiration noch zusätzlich eingeatmet werden kann.
- **Exspiratorisches Reservevolumen:** Volumen, das nach normaler Exspiration noch zusätzlich ausgeatmet werden kann.

- **Residualvolumen:** Volumen, das nach maximaler Exspiration noch in der Lunge zurückbleibt.
- **Vitalkapazität:** Volumen, das nach maximaler Inspiration maximal ausgeatmet werden kann (= Summe aus Atemzug-, inspiratorischem und exspiratorischem Reservevolumen).
- **Inspirationskapazität:** Volumen, das nach normaler Exspiration maximal eingeatmet werden kann (= Summe aus Atemzug- und inspiratorischem Reservevolumen).
- **Funktionelle Residualkapazität:** Volumen, das nach normaler Exspiration noch in der Lunge enthalten ist (= Summe aus exspiratorischem Reserve- und Residualvolumen). Dieser Wert entspricht der **Atemruhelage**.
- **Totalkapazität:** Volumen, das nach maximaler Inspiration in der Lunge enthalten ist (= Summe aus Vitalkapazität und Residualvolumen).

Von diesen Größen kommt neben dem Atemzugvolumen der Vitalkapazität und der funktionellen Residualkapazität eine klinische Bedeutung zu.

26.2.2 Vitalkapazität und funktionelle Residualkapazität

Die Vitalkapazität beschreibt die maximale Ausdehnungsfähigkeit der Lunge, die von zahlreichen individuellen Größen abhängt. Die funktionelle Residualkapazität dient dazu, die Atemgaspartialdrücke in den Alveolen während In- und Exspiration annähernd konstant zu halten.

Vitalkapazität Die **Vitalkapazität** (VC) stellt ein Maß für die Ausdehnungsfähigkeit von Lunge und Thorax dar. Selbst bei extremen Anforderungen an die Atmung wird jedoch die mögliche Atemtiefe niemals voll ausgenutzt. Die Angabe eines „Normalwertes" für die Vitalkapazität ist kaum möglich, da sie von **Alter, Geschlecht, Körpergröße, Körperposition** und **Trainingszustand** abhängig ist.

26

Einflussgrößen der Vitalkapazität   Mit zunehmendem Alter nimmt die Vitalkapazität ab (◘ Abb. 26.1), was auf den Elastizitätsverlust der Lunge und die zunehmende Einschränkung der Thoraxbeweglichkeit zurückzuführen ist. Da die Totalkapazität der Lunge in etwa konstant bleibt, bedeutet dies, dass im Alter das Residualvolumen (◘ Abb. 26.1) zunimmt. Die Abhängigkeit der Vitalkapazität (VC) von der Körpergröße lässt sich für **jüngere Männer** durch die folgende Beziehung schnell abschätzen:

$$VC(l) = 7 \times (\text{Körpergröße in m} - 1) \qquad (26.1)$$

Die Werte der Vitalkapazität von **Frauen** weisen eine ähnliche Abhängigkeit auf, sind jedoch meist um **10–20 % kleiner**. Die Körperposition hat insofern eine Bedeutung, als die Vitalkapazität bei stehenden Personen etwas größer ist als bei liegenden. Schließlich hängt die Vitalkapazität vom Trainingszustand ab; ausdauertrainierte Sportler haben eine erheblich größere Vitalkapazität als untrainierte Personen, was durch eine erhöhte Beweglichkeit des Atemapparats sowie eine Stärkung der Atemmuskulatur bedingt ist. Die Messung der Vitalkapazität kann bei langsamer (quasi-statischer) Atmung (VC) erfolgen oder bei maximal beschleunigter Atmung (forcierte Vitalkapazität, FVC). Normalerweise sind VC und FVC gleich. Bei Patienten mit obstruktiven Lungenerkrankungen (▶ Abschn. 26.3) kann es aber dazu kommen, dass bei forcierter Exspiration nicht die gesamte Vitalkapazität ausgeatmet werden kann (▶ Abschn. 26.1.2), sodass die FVC kleiner ist als die VC.

❯ Aufgrund der reduzierten Elastizität des Bindegewebes nimmt im Alter die Vitalkapazität ab, das Residualvolumen zu.

Bedeutung und Größe der funktionellen Residualkapazität
Würde die Frischluft ohne eine Durchmischung mit der bereits in der Lunge enthaltenen Luft direkt in die Alveolen gelangen, so würden dort (und somit auch im arteriellen Blut) die Atemgaspartialdrücke bei jedem Atemzug stark schwanken. Mit der **funktionellen Residualkapazität** (FRC), die mehrfach größer ist als das Volumen der in Ruhe eingeatmeten Frischluft, treten jedoch infolge des Mischeffektes nur noch geringe zeitliche Schwankungen auf. Die Größe der FRC hängt von verschiedenen Parametern ab. Im Mittel findet man bei jüngeren Männern einen FRC-Wert von 3,0 l, bei älteren Männern von 3,4 l. Bei Frauen ist der FRC-Wert um 10–20 % kleiner.

26.2.3   Messung der Lungenvolumina

Lungenvolumina werden spirometrisch oder mit indirekten Verfahren bestimmt, wobei die aktuellen Gasbedingungen (Luftdruck, Temperatur, Wasserdampfdruck) während der Messung berücksichtigt werden müssen.

Pneumotachographie   In einem sog. offenen spirometrischen System wird zunächst die **Atemstromstärke** (Volu-

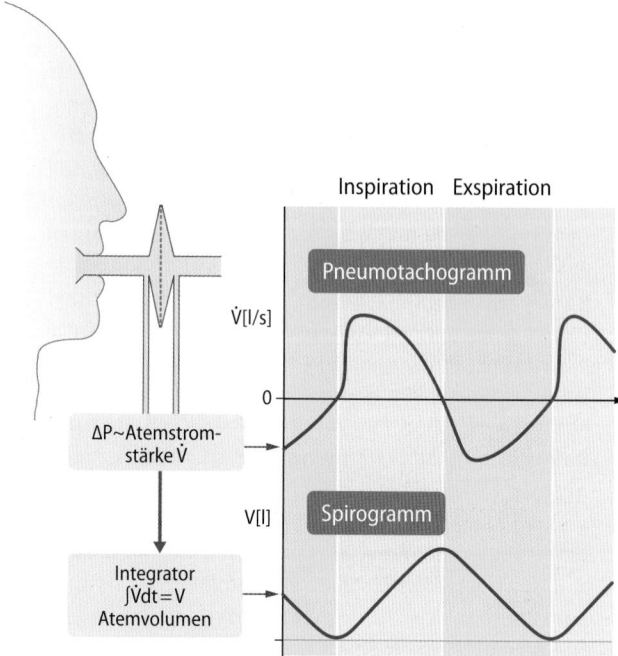

◘ **Abb. 26.7   Messprinzip des Pneumotachographen.** Die Druckdifferenz an einer Widerstandsstrecke des Atemmundstückes ist der Atemstromstärke $\dot{V}$ proportional (Pneumotachogramm). Die zeitliche Integration von $\dot{V}$ liefert das ventilierte Volumen V (Spirogramm)

mengeschwindigkeit) mittels eines **Pneumotachographen** gemessen (◘ Abb. 26.7). Die Aufzeichnung der Atemstromstärke $dV / dt = \dot{V}$ nennt man **Pneumotachogramm**. Aus der Integration dieser Kurve, die in den meisten Pneumotachographen bereits elektronisch durchgeführt wird, können die geförderten Volumina V ermittelt werden, sodass neben dem Pneumotachogramm auch die Kurve der Atemvolumina (**Spirogramm**) ausgegeben wird.

Messung der funktionellen Residualkapazität (FRC)   Da die FRC dasjenige Volumen darstellt, das jeweils am Ende der normalen Exspiration in der Lunge zurückbleibt, kann diese Größe nicht spirometrisch, sondern nur auf indirekte Weise ermittelt werden. Im Prinzip geht man dabei so vor, dass man ein Fremdgas (Helium) in den Lungenraum einmischt (Einwaschmethode) oder den in der Lunge enthaltenen Stickstoff durch Sauerstoffatmung austreibt (Auswaschmethode). Das gesuchte Volumen ergibt sich dann aus einer Massenbilanz. Beide Methoden haben den Nachteil, dass bei Patienten mit ungleichmäßig belüfteten Lungenregionen die Ein- bzw. Auswaschung relativ lange dauert. Aus diesem Grunde wird heute vielfach anstelle der funktionellen Residualkapazität das **intrathorakale Gasvolumen** mithilfe des **Körperplethysmographen** (▶ Abschn. 26.3, ◘ Abb. 26.10) bestimmt.

Umrechnungsbeziehungen für verschiedene Volumenmessbedingungen
Bei der Spirometrie müssen die Bedingungen, unter denen sich das Gas in der Lunge bzw. dem Spirometer befindet, berücksichtigt werden. Das Volumen V einer Gasmenge hängt von der jeweiligen Temperatur T, dem einwirkenden Druck P sowie dem Wasserdampfpartialdruck P_{H_2O}

ab. In der Atmungsphysiologie unterscheidet man die folgenden Bedingungen:

- STPD-Bedingungen (*standard temperature, pressure, dry*): Physikalischen Standardbedingungen; T=273 K; P=760 mmHg
- BTPS-Bedingungen (*body temperature, pressure, saturated*): Körper-Bedingungen in der Lunge; T=310 K; $P=P_B$-47 mmHg
- ATPS-Bedingungen (*ambient temperature, pressure, saturated*): Umgebungsbedingungen im Spirometer; $T=T_a$; $P=P_B - P_{H_2O}$

mit P_B: aktueller Barometerdruck, P_{H_2O}: aktueller Wasserdampfpartialdruck, T_a: aktuelle Raumtemperatur in K.
Für die Umrechnung eines Gasvolumens von den Zustandsbedingungen 1 auf die Zustandsbedingungen 2 gilt nach der allgemeinen Gasgleichung die Beziehung:

$$\frac{V_1}{V_2} = \frac{T_1}{T_2} \cdot \frac{P_2}{P_1} \tag{26.2}$$

Möchte man beispielsweise ein für Körperbedingungen angegebenes Volumen (V_{BTPS}) auf Standardbedingungen (V_{STPD}) umrechnen, so gilt:

$$V_{STPD} = \frac{273\ K}{310\ K} \cdot \frac{P_B - 47\ mmHg}{760\ mmHg} \times V_{BTPS} = \frac{P_B - 47\ mmHg}{863\ mmHg} \times V_{BTPS} \tag{26.3}$$

26.2.4 Totraum

Als Totraum wird dasjenige Volumen der Atemwege und Alveolarräume bezeichnet, das zwar belüftet wird, in dem aber kein Gasaustausch stattfindet.

Anatomischer Totraum Das Volumen der leitenden Atemwege wird als anatomischer Totraum bezeichnet. Hierzu gehören die **Räume von Nase bzw. Mund, Pharynx, Larynx, Trachea, Bronchien** und **Bronchiolen**. Das Volumen des Totraums hängt von der Körpergröße und -position ab. Für den sitzenden Probanden gilt die Faustregel, dass die Größe des Totraums (in ml) dem doppelten Körpergewicht (in kg) entspricht. Das Totraumvolumen des Erwachsenen beträgt somit etwa 150 ml.

Messung des Totraumvolumens
Das Atemzugvolumen (V_E) setzt sich aus zwei Volumenanteilen zusammen: Der eine Teil des ausgeatmeten Volumens entstammt dem Totraum (V_D), der andere dem Alveolarraum (V_A):

$$V_E = V_D + V_A \tag{26.4}$$

Hieraus wird deutlich, dass auch die jeweils ausgeatmeten O_2- und CO_2-Mengen aus zwei Anteilen bestehen. Der erste Anteil kommt aus dem Totraum, in dem von der vorhergehenden Inspiration her die Gasfraktionen der Frischluft (F_I) herrschen. Der zweite Teil aus dem Alveolarraum mit den dort herrschenden Gasfraktionen (F_A). Da die Gasmenge das Produkt aus Volumen V und Fraktion F ist, gilt für jedes Atemgas (mit F_E als mittlerer Gasfraktion in der gesamten Exspirationsluft):

$$V_E \times F_E = V_D \times F_I + V_A \times F_A \tag{26.5}$$

Setzt man V_A aus Gl. 26.4 ein und berücksichtigt man, dass für CO_2 $F_I=0$ ist, erhält man die sog. **Bohr-Formel**:

$$\frac{V_D}{V_E} = \frac{F_{A_{CO_2}} - F_{E_{CO_2}}}{F_{A_{CO_2}}} \tag{26.6}$$

Nach Gl. 26.6 lässt sich somit der Totraumanteil des Exspirationsvolumens (V_D/V_E) aus den gemessenen Fraktionen der Atemgase ermitteln.

Funktioneller Totraum Unter dem funktionellen oder physiologischen Totraum versteht man alle diejenigen Anteile des Atmungstraktes, in denen kein Gasaustausch stattfindet. Vom anatomischen unterscheidet sich der funktionelle Totraum dadurch, dass ihm außer den zuleitenden Atemwegen auch noch diejenigen Alveolarräume zugerechnet werden, die zwar belüftet, aber **nicht durchblutet** sind. Solche Alveolen, in denen trotz Belüftung ein Gasaustausch nicht möglich ist, existieren beim Lungengesunden nur in geringer Zahl. Beim Gesunden sind daher der anatomische und der funktionelle Totraum praktisch identisch. Wenn aber einzelne Lungenabschnitte nicht mehr durchblutet, aber weiterhin belüftet werden (z. B. bei einer Lungenembolie), erhöht sich das Volumen des funktionellen Totraums und bei geringerer Ventilation intakter Alveolen verschlechtert sich die Arterialisierung des Blutes (▶ Kap. 27.2).

> Das normale Totraumvolumen beträgt etwa 150 ml. Eine Zunahme des Totraums kann zu einer Verschlechterung der Arterialisierung des Blutes führen, da bei gleicher Atemtiefe weniger Frischluft in die Alveolen gelangt (alveoläre Hypoventilation) und so der Gasaustausch eingeschränkt wird.

Klinik

Lungenemphysem

Pathologie
Das Lungenemphysem ist durch eine vermehrte Luftfüllung der Lunge gekennzeichnet. In den meisten Fällen handelt es sich nicht um eine passive Überdehnung, sondern um eine Destruktion des Gewebes durch proteolytische Prozesse. Normalerweise besteht im Lungengewebe ein Gleichgewicht zwischen der Aktivität von Proteasen und deren Hemmstoffen, den Antiproteasen (z. B. α_1-Antitrypsin, α_2-Makroglobulin). Treten gehäuft bakterielle Infekte oder inhalative Noxen (z. B. Tabakrauch, Reizgase) auf, kommt es zum Überwiegen

der proteolytischen Aktivität. Dies führt zur irreversiblen Zerstörung elastischer Fasern und des alveolentragenden Gewebes der Lunge. Bei fast 1 % der Bevölkerung liegt genetisch bedingt ein **Mangel an α_1-Antitrypsin** vor. Diese Patienten entwickeln häufig bereits in der Jugend ein schweres Lungenemphysem.

Symptome
Das Lungenemphysem ist charakterisiert durch eine vermehrte Luftfüllung der Lunge, die bereits äußerlich durch eine Erweiterung des Brustkorbs in Ruhestellung

(„Fassthorax") sichtbar wird. Durch die Zerstörung der Lungenstruktur kommt es zu einer Reduktion der diffusiven Austauschfläche. Daneben führt die fehlende elastische Zugspannung auf die kleinen Bronchien dazu, dass bei der Exspiration der Atemwegswiderstand (Resistance; ▶ Abschn. 26.3) deutlich zunimmt. Es resultiert somit bei Emphysempatienten eine **Entspannungsobstruktion**, die das Ausatmen besonders bei forcierter Exspiration erschwert (sog. schlaffe Lunge).

26

26.2.5 Atemzeitvolumen

Das Atemzeitvolumen nimmt bei steigender Belastung zu. Es setzt sich aus der pro Zeiteinheit in die Alveolen gelangenden Luftmenge (alveoläre Ventilation) und der Belüftung des funktionellen Totraums (Totraumventilation) zusammen.

Definition des Atemzeitvolumens   Das Atemzeitvolumen, d. h. das in der Zeiteinheit eingeatmete oder ausgeatmete Gasvolumen, ergibt sich als Produkt aus **Atemzugvolumen** und **Atemfrequenz**. Das Ausatmungsvolumen ist normalerweise etwas kleiner als das Einatmungsvolumen (respiratorischer Quotient < 1; ▶ Kap. 27.1). Daher ist genau genommen zwischen dem inspiratorischen und dem exspiratorischen Atemzeitvolumen zu unterscheiden. Man hat vereinbart, die Ventilationsgrößen auf die Ausatmungsphase zu beziehen, und dies durch den Index E zu kennzeichnen. Für das (exspiratorische) Atemzeitvolumen gilt also die Beziehung:

$$\dot{V}_E = V_E \times f \qquad (26.7)$$

(Der Punkt über $\dot{V}_E$ bedeutet in diesem Fall „Volumen pro Zeiteinheit"; V_E ist das exspiratorische Atemzugvolumen, f die Atemfrequenz.)

Normwerte des Atemzeitvolumens   Die Atemfrequenz des Erwachsenen liegt unter Ruhebedingungen im Mittel bei 14 Atemzügen/min, jedoch mit größeren interindividuellen Schwankungen (10–18/min). Höhere Atemfrequenzen findet man bei Kindern (20–30/min), Kleinkindern (30–40/min) und Neugeborenen (40–50/min). Für den Erwachsenen in Ruhe ergibt sich also mit einem Atemzugvolumen von 0,5 l und einer Atemfrequenz von 14/min nach Gl. 26.7 ein Atemzeitvolumen von 7 l/min. Bei körperlicher Arbeit steigt das Atemzeitvolumen mit dem erhöhten O_2-Bedarf an, um bei extremer Belastung Werte von 120 l/min zu erreichen.

Atemgrenzwert   Das Atemzeitvolumen bei maximal forcierter, **willkürlicher Hyperventilation** wird als Atemgrenzwert bezeichnet. Die Messung des Atemgrenzwerts erfolgt bei forcierter Hyperventilation mit einer Atemfrequenz von 40–60/min. Der Test soll nur für die Dauer von etwa 10 s durchgeführt werden, um die nachteiligen Folgen der Hyperventilation (Alkalose, ▶ Kap. 37.3) zu vermeiden. Der Sollwert für den Atemgrenzwert liegt für einen jungen Mann bei 120–170 l/min.

Alveoläre Ventilation und Totraumventilation   Derjenige Teil des Atemzeitvolumens $\dot{V}_E$, der zur Belüftung der Alveolen führt, wird als alveoläre Ventilation ($\dot{V}_A$) bezeichnet. Der restliche Anteil heißt Totraumventilation ($\dot{V}_D$):

$$\dot{V}_E = \dot{V}_A + \dot{V}_D \qquad (26.8)$$

Die drei Ventilationsgrößen stellen jeweils das Produkt aus dem entsprechenden Volumen und der Atemfrequenz dar. Bei einem Atemzugvolumen von 0,5 l mit einem alveolären

Anteil von 0,35 l und einem Totraumanteil von 0,15 l sowie einer Atemfrequenz von 14/min beträgt die Gesamtventilation 7 l/min, die alveoläre Ventilation 5 l/min und die Totraumventilation 2 l/min.

> ❯ Das Atemzeitvolumen beträgt 7 l/min, wobei 5 l/min für den Gasaustausch in den Alveolen zur Verfügung stehen (alveoläre Ventilation).

Alveoläre Ventilation in Abhängigkeit von der Atemzugtiefe
Die Atemgasfraktionen im Alveolarraum werden entscheidend durch die alveoläre Ventilation bestimmt. Atmet ein Patient rasch aber flach (V_E = 0,2 l, f = 35/min), so ergibt sich ein normales Atemzeitvolumen von 7 l/min, jedoch würde fast ausschließlich der vorgeschaltete Totraum belüftet, während der nachgeschaltete Alveolarraum von der Frischluft kaum erreicht würde. Andererseits führt jede Vertiefung der Atmung zu einer Steigerung der alveolären Ventilation. Durch eine am Mund angesetzte Röhre („Giebel-Rohr" in der Physiotherapie) kann der Totraum künstlich vergrößert und damit der Patient veranlasst werden, vertieft zu atmen.

In Kürze

Das **Atemzugvolumen** beträgt bei Ruheatmung des Erwachsenen etwa 0,5 l und wird den Erfordernissen angepasst. Die **Vitalkapazität** als Maß für die Ausdehnungsfähigkeit von Lunge und Thorax hängt von Alter, Geschlecht, Körpergröße und Trainingszustand ab. Die **funktionelle Residualkapazität** (FRC) dient dem Ausgleich der inspiratorischen und exspiratorischen Atemgasfraktion im Alveolarraum. Als **Totraum** werden Lungenabschnitte bezeichnet, die zwar belüftet werden, jedoch nicht am Gasaustausch teilnehmen. Der **anatomische Totraum** umfasst die leitenden Atemwege. Dem **funktionellen Totraum** werden zusätzlich noch diejenigen Alveolarräume zugerechnet, die zwar belüftet, aber nicht durchblutet sind. Bei Lungenfunktionsstörungen kann der funktionelle Totraum erheblich größer sein als der anatomische Totraum. Das **Atemzeitvolumen**, das Produkt aus Atemzugvolumen und Atemfrequenz, beträgt beim Erwachsenen in Ruhe etwa 7 l/min und kann bei körperlicher Belastung bis auf 120 l/min ansteigen. Diese Größe setzt sich zusammen aus der **alveolären Ventilation**, die bei Ruheatmung etwa 5 l/min beträgt, und der **Totraumventilation** (etwa 2 l/min).

26.3   Atmungsmechanik

26.3.1 Elastische Atmungswiderstände

Aufgrund der elastischen Retraktion hat die Lunge das Bestreben, ihr Volumen zu verkleinern; bei der Inspiration müssen diese elastischen Atmungswiderstände überwunden werden, um Lunge und Thorax zu dehnen.

Atmungsmechanik   Unter dem Begriff Atmungsmechanik versteht man die Analyse der **Druck-Volumen-Beziehungen**

und der **Druck-Stromstärke-Beziehungen**, die sich während des Atmungszyklus ergeben. Diese Beziehungen werden maßgeblich von den **Atmungswiderständen** bestimmt.

Elastische Retraktion der Lunge Die Lungenoberfläche steht infolge der Dehnung ihrer elastischen Parenchymelemente und der Oberflächenspannung der Alveolen (▶ Abschn. 26.1.3) unter einer **Zugspannung** (◘ Abb. 26.8). Die Lunge hat also das Bestreben, ihr Volumen zu verkleinern. Ein Zusammenfallen (Kollabieren) der Lunge wird dadurch verhindert, dass zwischen Lungengewebe und Thoraxwand ein luftfreier, flüssigkeitsgefüllter Gleitraum (**Pleuraspalt**) besteht. Somit folgt die Lunge direkt jeder Thoraxbewegung, ist aber trotzdem gegenüber der Thoraxwand frei verschieblich.

Um die elastische Zugspannung der Lunge zu überwinden, muss bei Ruheatmung nur während der Inspiration Arbeit geleistet werden. Die Exspiration erfolgt aufgrund der Lungenretraktion weitgehend passiv. Das pulmonale Retraktionsbestreben hat zur Folge, dass im flüssigkeitsgefüllten Spalt zwischen den beiden Pleurablättern ein **subatmosphärischer Druck** herrscht. Die Druckdifferenz zwischen dem Pleuraspalt und dem Außenraum wird als **intrapleuraler Druck** bezeichnet. Bei Ruheatmung liegt diese Druckdifferenz am Ende der Exspiration etwa 5 cm H_2O (0,5 kPa) und am Ende der Inspiration etwa 8 cm H_2O (0,8 kPa) unter dem Atmosphärendruck und wird daher als „negativ" bezeichnet (▶ Box „Pneumothorax"). Der intrapleurale Druck kann näherungsweise über die Messung des **Ösophagusdruckes** mit einem in die Speiseröhre des Patienten eingebrachten Ballonkatheter ermittelt werden.

❯ Im Pleuraspalt herrscht aufgrund des Retraktionsbestrebens der Lunge ein subatmosphärischer Druck zwischen -5 und -8 cm H_2O (-0,5 bis -0,8 kPa).

Intrapleurale Drücke beim Neugeborenen Der Dehnungszustand der Neugeborenenlunge unterscheidet sich von dem der Erwachsenenlunge. Einige Minuten nach dem ersten Atemzug wird am Ende der Inspiration ein intrapleuraler Druck von etwa –10 cm H_2O (–1 kPa) gemessen. Am Ende der Exspiration ist jedoch die Druckdifferenz zwischen dem Pleuraspalt und dem Außenraum gleich Null, sodass bei Er-

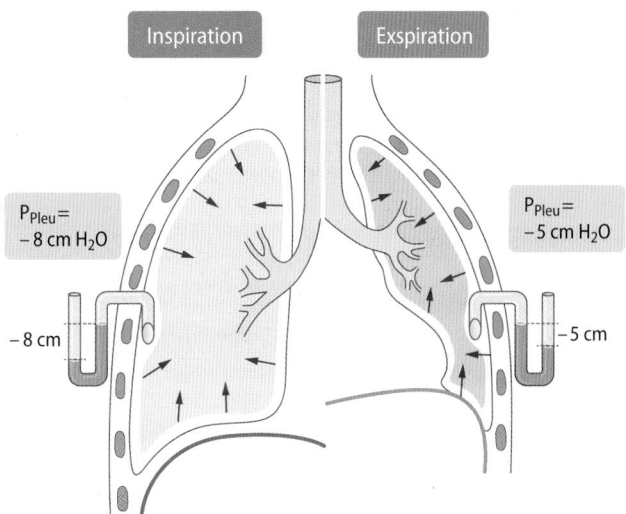

◘ Abb. 26.8 **Intrapleuraler Druck.** Der elastische Zug der Lunge (Zugrichtung: rote Pfeile) bewirkt im Pleuraspalt einen „negativen" Druck gegenüber dem Außenraum, der durch ein angeschlossenes Manometer nachgewiesen werden kann

öffnung des Thorax die Lunge nicht kollabiert. Erst allmählich bildet sich ein stärkerer Dehnungszustand der Lunge in der endexspiratorischen Phase aus.

26.3.2 Messung der elastischen Atmungswiderstände

Das elastische Verhalten von Lunge und Thorax lässt sich durch Ruhedehnungskurven beschreiben; hierbei wird das Lungenvolumen in Abhängigkeit vom dehnenden Druck dargestellt.

Messung der statischen Druck-Volumen-Beziehungen Um die elastischen Eigenschaften von Lunge und Thorax zu bestimmen, misst man die Beziehung zwischen dem Lungenvolumen und dem jeweils wirksamen Druck. Um eine solche „statische" **Druck-Volumen-Beziehung** zu ermitteln, ist es notwendig, die Atemmuskulatur auszuschalten, damit sich allein die elastischen Kräfte auswirken können. Hierzu ist es erforderlich, dass der entsprechend trainierte Proband kurz-

Klinik

Pneumothorax

Pneumothorax
Der enge Kontakt zwischen Lungenoberfläche und innerer Thoraxwand ist nur so lange gewährleistet, wie der Pleuraspalt geschlossen und luftfrei bleibt. Wenn infolge einer Verletzung der Brustwand oder der Lungenoberfläche Luft in den Spalt eindringt, kollabiert die Lunge, d. h., sie zieht sich ihrer inneren Zugspannung folgend auf den Hilus hin zusammen. Eine solche Luftfüllung des Raumes zwischen den Pleuralblättern bezeichnet man als **Pneumotho-**

rax. Die kollabierte Lunge kann den Thoraxbewegungen nur noch unvollständig oder gar nicht mehr folgen, eine effektive Ventilation findet nicht mehr statt. Ist der Pneumothorax auf eine Seite beschränkt, bleibt in körperlicher Ruhe eine ausreichende Arterialisierung des Blutes durch die Funktion des anderen Lungenflügels erhalten.

Ventilpneumothorax
Ein lebensbedrohlicher Zustand tritt auf, wenn während der Inspiration durch den

Unterdruck zwar Luft durch eine Verletzung in den Pleuraspalt eindringen kann, diese jedoch aufgrund einer Verlegung der Öffnung während der Exspiration nicht wieder ausströmt. Bei diesem als **Ventilpneumothorax** bezeichneten Krankheitsbild kommt es durch das bei jedem Atemzug zunehmende Luftvolumen im Pleuraspalt zu einer Verlagerung der intrathorakalen Organe zur gesunden Seite mit einer starken Einschränkung der Gasaustauschfläche und einem Abknicken der großen intrathorakalen Blutgefäße.

26

fristig seine Atemmuskulatur entspannt, oder es muss durch Anwendung von Muskelrelaxanzien während künstlicher Beatmung eine Erschlaffung herbeigeführt werden. Eine Kurve, die den Zusammenhang zwischen Lungenvolumen und Druck unter statischen Bedingungen darstellt, wird als **Ruhedehnungskurve** oder auch als **Relaxationskurve** bezeichnet.

Ruhedehnungskurven   Die Ruhedehnungskurve des gesamten ventilatorischen Systems, d. h. von Lunge und Thorax zusammen, lässt sich bestimmen, indem der Proband ein bestimmtes Luftvolumen inspiriert und bei entspannter Atemmuskulatur die Druckdifferenz zwischen dem alveolären und dem atmosphärischen Druck gemessen wird (**intrapulmonalen Druck** P_{Pul}). Diese Situation ist vergleichbar einem Patienten, dem man unter Narkose bei relaxierter Atemmuskulatur ein definiertes Volumen in die Lunge insuffliert und den für die Dehnung des Atmungsapparates notwendigen Druck im Mundraum misst. Die Ruhedehnungskurve von Lunge und Thorax (◻ Abb. 26.9, rote Kurve) hat einen S-förmigen Verlauf, wobei jedoch im Bereich der normalen Atmungsexkursionen weitgehende Linearität besteht. In diesem Bereich setzt also das ventilatorische System der Inspirationsbewegung einen näherungsweise konstanten Widerstand entgegen.

Elastische Dehnung des Thorax   Für die elastische Dehnung des Thorax ist die Druckdifferenz zwischen dem Pleuraspalt und dem Außenraum, d. h. der **intrapleurale Druck** P_{Pleu}, maßgebend. Wenn man bei dem oben beschriebenen Verfahren gleichzeitig den intrapleuralen Druck (oder den Ösophagusdruck, s. o.) registriert, kann man durch Zuordnung zu den jeweiligen Volumina die Ruhedehnungskurve für den Thorax allein bestimmen. Wie ◻ Abb. 26.9 zeigt, wird die Steilheit dieser Kurve (grün) mit dem Lungenvolumen größer. Wirkt kein Druck auf den Thorax (P_{Pleu}=0 mmHg), nimmt der Thorax seine Ruhestellung ein, die etwa bei einem Volumen von 4 l liegt.

Elastische Dehnung der Lunge   Der elastische Dehnungszustand der Lunge ist von der Differenz zwischen dem intrapulmonalen und dem intrapleuralen Druck $P_{Pul} - P_{Pleu}$ abhängig. Die Beziehung zwischen den Lungenvolumina und Werten für $P_{Pul} - P_{Pleu}$ liefert daher die Ruhedehnungskurve der Lunge allein (◻ Abb. 26.9, blaue Kurve). Wirkt kein Druck auf die Lunge ein, kollabiert sie und nimmt ein minimales Volumen ein.

> ❯ Die Ruhedehnungskurven beschreiben das passive Dehnungsverhalten von Lunge und/oder Thorax.

Elastische Kraftwirkung
Die drei Kurven in ◻ Abb. 26.9 zeigen, wie sich die elastischen Kräfte bei verschiedenen Füllungszuständen der Lunge auswirken. Das gesamte ventilatorische System befindet sich in einer elastischen Ruhelage (P_{Pul} = 0), wenn am Ende der normalen Ausatmung die funktionelle Residualkapazität FRC (▶ Abschn. 26.2) in der Lunge enthalten ist. In diesem Fall stehen die Erweiterungstendenz des Thorax und das Verkleinerungsbestreben der Lunge im Gleichgewicht. Bei einer inspiratorischen Volumenzunahme verstärkt sich der nach innen gerichtete elastische Zug der Lunge, während gleichzeitig die nach außen gerichtete Zugwirkung des Thorax abnimmt. Bei etwa 55 % der Vitalkapazität hat der Thorax seine Ruhestellung erreicht (P_{Pleu} = 0), sodass eine darüber hinaus gehende Volumenzunahme zu einer Umkehrung der Zugrichtung führt.

26.3.3   Compliance von Lunge und Thorax

Die Compliance (Volumendehnbarkeit) ergibt sich aus dem Verhältnis der Volumenänderung zur jeweils dehnungsbestimmenden Druckänderung. Sie entspricht der Steigung der jeweiligen Ruhedehnungskurve.

Compliance   Ein Maß für die elastischen Eigenschaften des Atmungsapparates bzw. seiner beiden Teile stellt die Steilheit der jeweiligen Ruhedehnungskurve dar, die als Volumendehnbarkeit oder als **Compliance** bezeichnet wird. Es gelten die Definitionen:

Compliance von Thorax und Lunge

$$C_{Th+L} = \frac{\Delta V}{\Delta P_{Pul}} \tag{26.9}$$

Compliance des Thorax

$$C_{Th} = \frac{\Delta V}{\Delta P_{Pleu}} \tag{26.10}$$

Compliance der Lunge

$$C_L = \frac{\Delta V}{\Delta (P_{Pul} - P_{Pleu})} \tag{26.11}$$

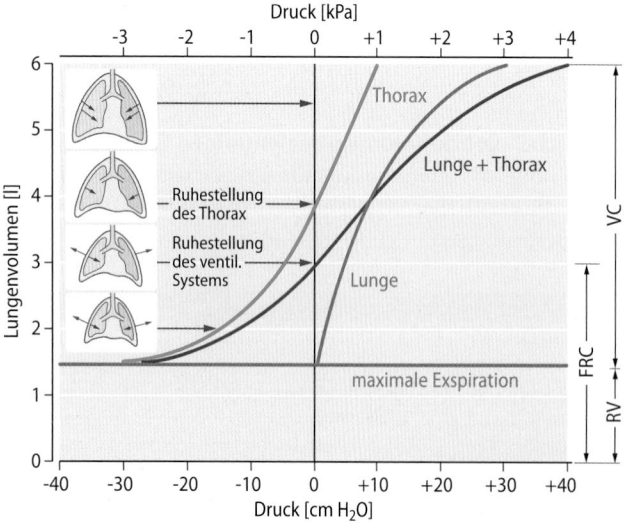

◻ **Abb. 26.9   Ruhedehnungskurven des gesamten Atmungsapparats (rot), der Lunge (blau) und des Thorax (grün).** Die Druck-Volumen-Beziehungen gelten für passive Veränderung des Lungenvolumens bei entspannter Atmungsmuskulatur. In den eingezeichneten Schemata sind bei verschiedenen Lungenvolumina die am Thorax und an der Lungenoberfläche angreifenden elastischen Kräfte veranschaulicht. FRC=funktionelle Residualkapazität; VC=Vitalkapazität; RV=Residualvolumen

Zwischen diesen drei Gleichungen besteht die Beziehung:

$$\frac{1}{C_{Th+L}} = \frac{1}{C_{Th}} + \frac{1}{C_L} \qquad (26.12)$$

Die Compliance stellt jeweils den reziproken Wert des elastischen Widerstandes dar. Der elastische Widerstand des gesamten Atmungsapparates ergibt sich additiv aus den Widerständen von Thorax und Lunge. Wie ◩ Abb. 26.9 zeigt, besitzt die Ruhedehnungskurve des ventilatorischen Systems (Lunge + Thorax) im Bereich der normalen **Atmungsexkursionen** die **größte Steilheit** und somit die größte Compliance. In diesem Bereich ergeben sich für den gesunden Erwachsenen folgende Compliancewerte:

$$C_{Th+L} = 0,1 \; l/cm \; H_2O = 1 \; l/kPa$$
$$C_{Th} \quad\; = 0,2 \; l/cm \; H_2O = 2 \; l/kPa$$
$$C_L \quad\;\; = 0,2 \; l/cm \; H_2O = 2 \; l/kPa$$

Eine Abnahme dieser Werte ist kennzeichnend für die **restriktive Ventilationsstörung** (▶ Box „Restriktive Ventilationsstörungen").

26.3.4 Visköse Atmungswiderstände

Visköse Atmungswiderstände sind sowohl bei der Inspiration als auch bei der Exspiration zu überwinden:

Die viskösen (nicht-elastischen) Atmungswiderstände treten bei dynamischer Atmung auf und setzen sich aus folgenden Anteilen zusammen:

- den **Strömungswiderständen** in den leitenden Atemwegen,
- den nicht-elastischen **Gewebewiderständen**,
- den **Trägheitswiderständen** (vernachlässigbar klein).

Strömungswiderstand   Die Strömung der Inspirations- und Exspirationsgase durch die Atemwege wird durch die jeweilige Druckdifferenz zwischen den Alveolen und dem Außenraum bewirkt. Die Differenz zwischen dem intrapulmonalen Druck und dem Außendruck stellt also die „treibende Kraft" für die Bewegung der Atemgase dar. Die Strömung in den Atemwegen ist teilweise laminar, jedoch treten an Verzweigungsstellen der Bronchien und an pathologischen Engstellen **Turbulenzen** auf. Für die laminare Luftströmung gilt das **Hagen-Poiseuille-Gesetz.** Danach ist die **Volumenstromstärke** $\dot{V}$ der treibenden Druckdifferenz ΔP, d. h. dem **intrapulmonalen Druck P_{Pul}, proportional.** Für die Strömung in den Atemwegen gilt also:

$$\dot{V} = \frac{\Delta P}{R} = \frac{P_{Pul}}{R} \qquad (26.13)$$

beziehungsweise

$$R = \frac{\Delta P}{\dot{V}} = \frac{P_{Pul}}{\dot{V}} \qquad (26.14)$$

R bezeichnet den **Strömungswiderstand**, der nach dem Hagen-Poiseuille-Gesetz von dem Querschnitt und der Länge des Rohres sowie von der Viskosität des strömenden Mediums abhängt. R wird gewöhnlich als **Atemwegswiderstand** oder **Resistance** bezeichnet. Um seine Größe zu ermitteln, müssen also die Druckdifferenz zwischen Mund und Alveolen und gleichzeitig die Atemstromstärke gemessen werden (◩ Abb. 26.10). Bei ruhiger Mundatmung findet man normalerweise Resistancewerte von etwa $R = 2 \; cm \; H_2O \cdot l^{-1} \cdot s$ $(0,2 \; kPa \cdot l^{-1} \cdot s)$. Der Atemwegswiderstand wird normalerweise hauptsächlich von den Strömungsverhältnissen in der Trachea und den großen Bronchien (3. bis 4. Teilungsgeneration) bestimmt, da in den kleinen Bronchien und Bronchiolen der Gesamtquerschnitt stark zunimmt (◩ Abb. 26.3).

Gewebewiderstand   Neben dem Atemwegswiderstand ist bei der Inspiration und der Exspiration noch ein Widerstand zu überwinden, der durch die **Gewebereibung** und die nichtelastische Deformation der Gewebe im Brust- und Bauchraum entsteht. Dieser Widerstand ist jedoch verhältnismäßig klein (etwa 10 % des gesamten viskösen Widerstands).

> ❯ Der Strömungswiderstand (Resistance) ist die wichtigste Komponente (90 %) der viskösen Atmungswiderstände. Er hängt entscheidend vom Querschnitt der Atemwege ab.

Körperplethysmograph
Die Bestimmung der Resistance erfordert die fortlaufende Messung des intrapulmonalen Drucks. Hierbei wendet man ein indirektes Messverfahren mithilfe des Körperplethysmographen an (◩ Abb. 26.10a). Der Körperplethysmograph besteht aus einer luftdicht abgeschlossenen, durchsichtigen Kammer mit Platz für einen sitzenden Probanden. Der Proband atmet Luft durch ein Mundstück, an dem ein Drucksensor und ein Pneumotachograph (◩ Abb. 26.7) angeschlossen sind. Zunächst bestimmt man das intrathorakale Gasvolumen, das gemessen am Ende einer normalen Exspiration etwa der funktionellen Residualkapazität (▶ Abschn. 26.2) entspricht. Dazu wird am Ende der Ausatmung kurzzeitig das Mundstück verschlossen, sodass der Pulmonalraum vom Kammerraum getrennt ist. Bei einer inspiratorischen Anstrengung des Probanden werden dann gleichzeitig die Änderung des Munddrucks und die des Kammerdrucks gemessen. Nach der Kalibrierung mithilfe einer Eichpumpe lässt sich daraus das intrathorakale Gasvolumen V aus dem Druck P berechnen.
Für die Resistancebestimmung lässt man den Probanden wieder frei atmen. Da infolge des Atemwegswiderstandes die intrapulmonalen Volumenänderungen den Thoraxbewegungen nur verzögert folgen, kommt es zu Druckänderungen in der Lunge. Dabei ändert sich der Druck in der abgeschlossenen Körperplethysmographenkammer näherungsweise proportional dazu in umgekehrter Richtung. Auf diese Weise ist man in der Lage, den jeweiligen intrapulmonalen Druck P_{Pul} auf dem Umweg über die Messung des Kammerdrucks zu bestimmen. Gleichzeitig wird die Atemstromstärke mit dem Pneumotachographen registriert. Man trägt beide Größen gegeneinander kontinuierlich auf (◩ Abb. 26.10b). Der Quotient von intrapulmonalem Druck und Atemstromstärke (= Kehrwert der Steigung der Kurve) liefert dann nach Gl. 26.14 den gesuchten Resistancewert.

26

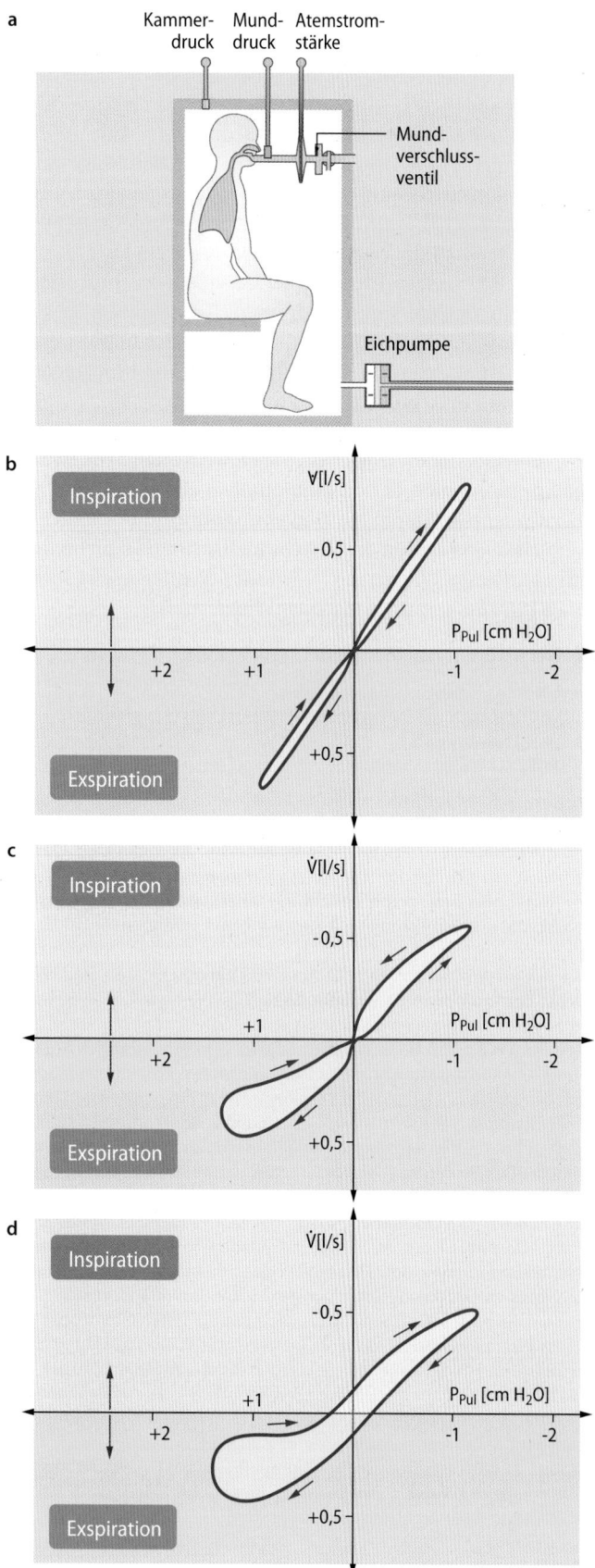

Abb. 26.10a–d Messung der Resistance. a Körperplethysmograph (vereinfacht dargestellt). **b** Registrierung der Resistancekurve eines Lungengesunden (R = 1,5 cm $H_2O \cdot l^1 \cdot s$). Die Atemstromstärke $\dot{V}_E$ wird über einen Pneumotachographen gemessen, der intrapulmonale Druck P_{Pul} ergibt sich (nach Kalibrierung) indirekt aus der Änderung des Drucks in der Körperplethysmographenkammer. **c und d** Kurvenverläufe bei Patienten mit (**c**) mäßiggradiger bzw. (**d**) starker obstruktiver Ventilationsstörung (Abflachung der Kurve=Zunahme der Resistance). **d** Bei einer ausgeprägten Obstruktion kann es zu einer Öffnung der Kurve (=Druckdifferenz) beim Wechsel von In- zu Exspiration (=Strömungsnull) kommen. Diese Druckdifferenz lässt sich auf gefangene Luft ("air trapping") bei dynamischer Atmung zurückführen

26.3.5 Druck- und Volumenänderungen während des Atemzyklus

Im Atmungszyklus hängt die Druck-Volumen-Beziehung von den elastischen und viskösen Atmungswiderständen ab.

Druckänderungen bei langsamer Atmung   Betrachtet man zunächst die intrapleuralen und intrapulmonalen Druckverläufe bei sehr langsamer Atmung, also unter quasi-statischen Bedingungen, dürfen die viskösen Atmungswiderstände vernachlässigt werden. Auf den Pleuraspalt wirkt sich dann nur der elastische Zug der Lunge aus und erzeugt hier einen „negativen" Druck. Während der Inspiration kommt es zu einer zunehmenden, während der Exspiration zu einer abnehmenden Negativierung des **intrapleuralen Drucks** P_{Pleu}. Dieser Druckverlauf ist schematisch in ■ Abb. 26.11 dunkelgrün dargestellt und als „statisch" bezeichnet. Der Druck in den Alveolen entspricht jedoch während des gesamten Atmungszyklus etwa dem Außendruck, sofern die Glottis geöffnet ist (**intrapulmonale Druck** P_{Pul}=0).

Druckänderungen bei dynamischer Atmung   Bei regulärer (dynamischer) Atmung dagegen führt die inspiratorische Thoraxerweiterung zu einer Senkung des alveolären Drucks unter den Außendruck. Dies ist dadurch bedingt, dass die Luft infolge des viskösen Atemwegswiderstands nicht schnell genug in die Alveolen strömen kann. Bei Ruheatmung sinkt der **intrapulmonale Druck** während der Inspiration auf etwa −1 cm H_2O (−0,1 kPa) ab; umgekehrt steigt er während der exspiratorischen Thoraxverkleinerung kurzzeitig auf etwa +1 cm H_2O (+0,1 kPa) an (■ Abb. 26.11, rote Kurve). Diese intrapulmonalen Drücke wirken sich auch auf den Pleuraspalt aus und beeinflussen additiv den **intrapleuralen Druckverlauf** (Pfeile in ■ Abb. 26.11). Die intrapleuralen Druckänderungen im Atmungszyklus sind also von den Thoraxexkursionen, der elastischen Zugspannung der Lunge und dem Strömungswiderstand in den Atemwegen abhängig. Bei ruhiger Atmung bleibt auch während tiefer Exspiration der intrapleurale Druck stets negativ. Nur bei stark forcierter Ausatmung treten positive Drücke im Pleuraspalt auf.

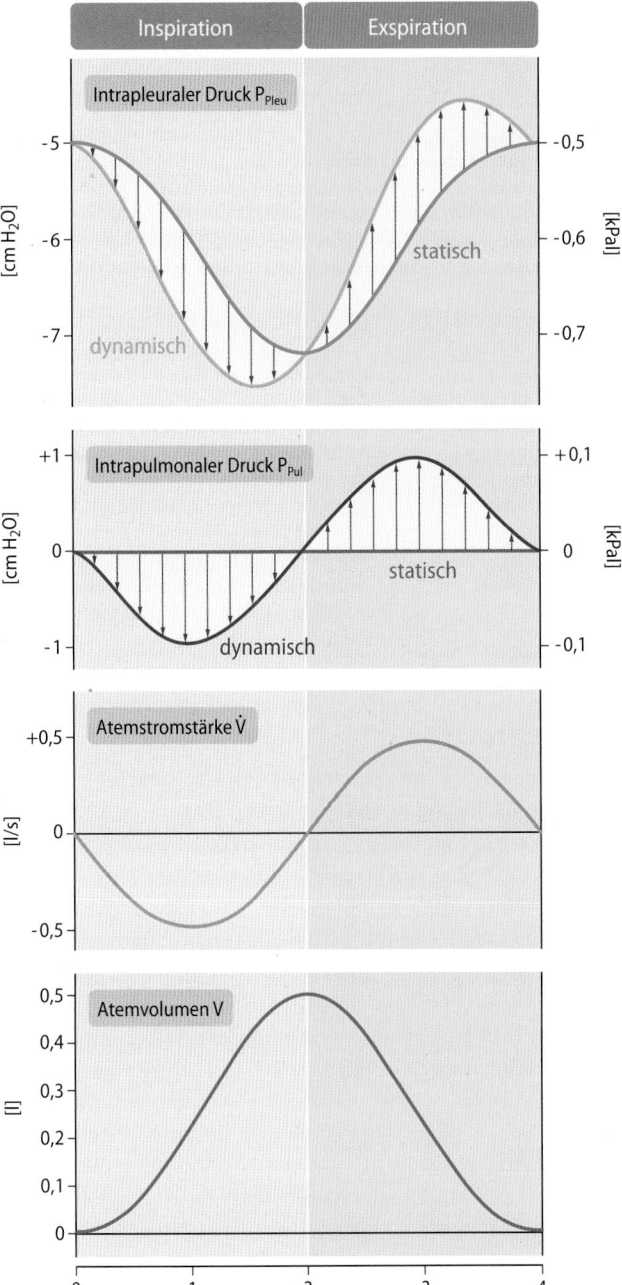

**◘ Abb. 26.11   Druckverläufe (schematisch) während der Atembe-
wegung.** Zeitliche Änderung des intrapleuralen Drucks P_{Pleu}, des intrapulmonalen Drucks P_{Pul}, der Atemstromstärke $\dot{V}_E$ und des Atemvolumens V während eines Atmungszyklus. Die als „statisch" gekennzeichneten Druckverläufe würden bei sehr langsamer Atmung gelten, wenn nur
elastische Atmungswiderstände zu überwinden wären. Infolge der zusätzlich vorhandenen viskösen Widerstände bei dynamischer Atmung
kommt es inspiratorisch zu einer Negativierung und exspiratorisch zu
einer Positivierung von P_{Pleu} und P_{Pul} (dargestellt durch Pfeile)

> **❯** Bei dynamischer Atmung überlagern sich elastische
> und viskose Atmungswiderstände, was während der
> Inspiration zu einem negativen intrapulmonalen und
> intrapleuralen Druck führt. In der Exspiration wird er
> intrapulmonale Druck positiv, der intrapleurale Druck
> bleibt negativ.

26.3.6 Atmungsarbeit

Die Aufzeichnungen des Atemvolumens in Abhängigkeit vom
intrapleuralen Druck lässt den Einfluss der elastischen und viskösen Widerstände auf die Atmungsarbeit erkennen.

Druck-Volumen-Diagramm   Stellt man das geförderte Atem-
volumen in Abhängigkeit vom jeweiligen intrapleuralen
Druck dar, erhält man die Druck-Volumen-Beziehungen im
Atmungszyklus (Druck-Volumen-Diagramm; ◘ Abb. 26.12).

Atemschleife   Wären bei der Inspiration allein **elastische
Widerstände** zu überwinden, so müsste jede Volumenänderung in der Lunge der Änderung des intrapleuralen Druckes
näherungsweise proportional sein. Im Druck-Volumen-Diagramm würde die Abhängigkeit der beiden Größen durch eine
Gerade dargestellt (◘ Abb. 26.12a). Bei Exspiration würde dieselbe Gerade in umgekehrter Richtung durchlaufen. Wegen
der zusätzlich zu überwindenden **viskösen Atmungswiderstände** ist jedoch die während der Inspiration aufgenommene
Kurve nach unten durchgebogen (◘ Abb. 26.12b). Für die Förderung eines bestimmten Volumens ist eine stärkere Abnahme
des intrapleuralen Drucks notwendig, als dies nach Maßgabe
der Proportionalitätsgeraden der Fall wäre. Erst am Ende der
Einatmung (im Punkt B) erreicht die Inspirationskurve die
Gerade, weil jetzt nur noch die elastische Zugspannung wirksam ist. Die Exspirationskurve ist infolge der viskösen Widerstände in umgekehrter Richtung durchgebogen und erreicht
am Ende dieser Atmungsphase wieder den Ausgangspunkt A.
Der geschilderte Kurvenverlauf des dynamischen Druck-Volumen-Diagramms wird auch als **Atemschleife** bezeichnet.

Druck-Volumen-Diagramm bei forcierter Atmung   ◘ Abb.
26.12c gibt die Druck-Volumen-Kurve bei vertiefter und beschleunigter Atmung wieder. Die Beschleunigung kommt in
einer stärkeren Durchbiegung der Inspirations- und Exspi-

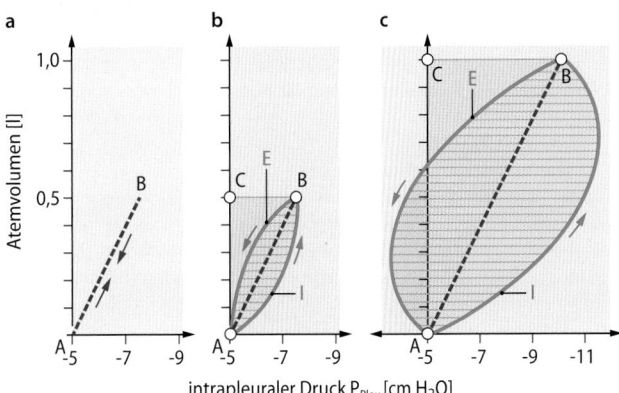

◘ Abb. 26.12a–c   Atmungszyklus im Druck-Volumen-Diagramm.
a Fiktive Atmung gegen rein elastische Widerstände. **b** Normale Ruheatmung. **c** Vertiefte und beschleunigte Atmung; I=Inspiration; E=Exspi-
ration. Die Anteile der Atmungsarbeit werden durch folgende Flächen
dargestellt: rot: inspiratorische Arbeit gegen die elastischen Widerstände; waagerecht schraffiert: inspiratorische und exspiratorische Arbeit
gegen die viskösen Widerstände; grün: Anteil der Exspirationsarbeit, der
durch die Exspirationsmuskeln aufgebracht werden muss

26

Klinik

Asthma bronchiale

Symptome

Beim Bronchialasthma, eine der häufigsten Lungenerkrankungen in Mitteleuropa, kommt es zu entzündlich-obstruktiven Veränderungen der Atemwege mit **bronchialer Hyperreaktivität** und **anfallsweise auftretender Atemnot**. Die Atemwegsobstruktion wird verursacht durch

- eine Tonuserhöhung der glatten Bronchialmuskulatur (**Bronchokonstriktion**),
- eine vermehrte Schleimsekretion (**Hyperkrinie**) mit zäher Konsistenz (**Dyskrinie**) und/oder
- eine ödematöse Schwellung der Bronchialschleimhaut.

Diese Funktionsstörungen führen zu einer Zunahme des Atemwegswiderstandes (Resistance, ◘ Abb. 26.10c), wobei im Asthmaanfall insbesondere die Exspiration erschwert und verlängert ist.

Pathomechanismus

Die Funktionsstörungen der Atemwege entstehen durch eine Entzündungsreaktion in der Bronchialschleimhaut, wobei verschiedene Mediatoren beteiligt sind. **Histamin** aus bronchialen Mastzellen führt im Asthmaanfall zu einer **Sofortreaktion** des Bronchialsystems. Anschließend werden Arachidonsäuremetaboliten (Leukotriene, Prostaglandine) und Interleukine vermehrt gebildet und erzeugen eine **verzögerte Reaktion**. Schließlich kommt es über chemotaktische Prozesse zu einer Vermehrung von T-Lymphozyten und eosinophilen Granulozyten, die für die **Spätreaktion** verantwortlich sind. Alle genannten Mediatoren tragen zur Hyperreaktivität des Bronchialsystems bei, wobei eine Zunahme des Parasympathikustonus eine wichtige verstärkende Rolle spielt.

Ursachen

Als Auslöser für Bronchialasthma müssen zwei Ursachen unterschieden werden.

- Beim **exogen allergischen Asthma** kommt es nach einem Allergenkontakt (z. B. Blüten- oder Gräserpollen) zu einer überschießenden Histaminfreisetzung mit Erhöhung der Epithelpermeabilität, sodass Allergene in die Schleimhaut eindringen können und dort eine verstärkte Mediatorfreisetzung bewirken.
- Beim **nichtallergischen Asthma** führen unspezifische inhalative Reize (Kaltluft, Staub, Tabakrauch etc.) zu einer überschießenden Erregung von Bronchialwandsensoren (irritant receptors). Über vagale Reflexe führen diese Stimuli zu einer Freisetzung von Histamin aus Mastzellen und zur Auslösung einer Entzündungsreaktion.

rationskurve zum Ausdruck, da bei raschen alveolären Druckänderungen die Strömung nicht schnell genug folgen kann. Bei hoher Atemfrequenz wirken sich also die viskösen Atemwegswiderstände stärker aus als bei Ruheatmung.

❯ Je stärker forciert geatmet wird, desto größer wird die Bedeutung der viskösen Atmungswiderstände für die Atmungsarbeit.

Atmungsarbeit

Die physikalische Arbeit, die bei der Überwindung der elastischen und viskösen Widerstände geleistet wird, ergibt sich aus dem Produkt aus **Druck** und **Volumen**. Im Druck-Volumen-Diagramm lässt sich die Arbeit als Fläche veranschaulichen. Die roten Flächen in ◘ Abb. 26.12 stellen die inspiratorische Arbeit gegen die elastischen Widerstände dar. Unter dynamischen Bedingungen kommt sowohl bei der Inspiration als auch bei der Exspiration noch ein Arbeitsanteil hinzu, der zur Überwindung der viskösen Widerstände benötigt wird (waagerecht schraffiert in ◘ Abb. 26.12). Bei forcierter Atmung (◘ Abb. 26.12c) muss sogar für die Exspiration aktive Muskelarbeit geleistet werden (grün schraffiert).

O₂-Verbrauch der Atemmuskulatur

Insgesamt werden bei ruhiger Atmung etwa 2 % des aufgenommenen Sauerstoffs für die Kontraktionsarbeit der Atemmuskeln benötigt. Bei körperlicher Arbeit steigt der Energiebedarf der Atemmuskulatur überproportional an, sodass bei schwerer körperlicher Belastung bis zu 20 % des aufgenommenen Sauerstoffs für die Atmungsarbeit benötigt werden.

In Kürze

Unter **Atmungsmechanik** versteht man die Analyse der Druck-Volumen-Beziehungen und der Druck-Stromstärke-Beziehungen, die sich während des Atmungszyklus ergeben. Diese Beziehungen werden maßgeblich von den elastischen und viskösen Atmungswiderständen bestimmt. Der **elastische Atmungswiderstand** entsteht

durch das Bestreben der Lunge, sich zusammenzuziehen, woraus im Pleuraspalt ein subatmosphärischer Druck resultiert. Die elastischen Widerstände sind nur bei der Inspiration zu überwinden. Ruhedehnungskurven (Relaxationskurven) beschreiben den Zusammenhang zwischen Druck und Volumen des Atmungsapparates bei passiver Dehnung. Die Steilheit dieser Kurven ist ein Maß für die Volumendehnbarkeit oder **Compliance** von Lunge und/oder Thorax. **Visköse Atmungswiderstände** sind bei dynamischer Atmung zu überwinden. Nach dem Hagen-Poiseuille-Gesetz ergibt sich der Atemwegswiderstand (**Resistance**) aus dem Verhältnis des intrapulmonalen Drucks zur Atemstromstärke. Die Resistance lässt sich mit dem Körperplethysmographen messen. Am viskösen Atmungswiderstand ist zu etwa 10 % auch der Gewebewiderstand beteiligt. Die Aufzeichnung des geförderten Atemvolumens in Abhängigkeit vom jeweiligen intrapleuralen Druck wird als **Atemschleife** bezeichnet.

26.4   Ventilationsstörungen

26.4.1   Restriktive und obstruktive Störungen

Bei Ventilationsstörungen kann die Ausdehnungsfähigkeit von Lunge bzw. Thorax oder der Strömungswiderstand in den Atemwegen pathologisch verändert sein.

Krankhafte Veränderungen im Bereich des Atmungsapparates führen in vielen Fällen zu Störungen der Lungenbelüftung.

Aus diagnostischen Gründen werden diese Störungen in zwei Gruppen unterteilt: **restriktive** und **obstruktive Ventilationsstörungen**.

Restriktive Ventilationsstörungen Als restriktive Ventilationsstörungen werden Zustände bezeichnet, bei denen die Ausdehnungsfähigkeit von Lunge und/oder Thorax eingeschränkt ist. Dies ist beispielsweise bei pathologischen Veränderungen des Lungenparenchyms (z. B. bei Lungenfibrose, ▸ Box „Restriktive Ventilationsstörungen") oder bei Verwachsungen der Pleurablätter der Fall.

Obstruktive Ventilationsstörungen Obstruktive Ventilationsstörungen sind dadurch charakterisiert, dass die leitenden Atemwege eingeengt und damit der Strömungswiderstand erhöht ist. Solche Obstruktionen liegen etwa vor bei Schleimansammlungen oder Spasmen der Bronchialmuskulatur (chronische Bronchitis, Asthma bronchiale; ▸ Box „Asthma bronchiale"). Bei der **Mukoviszidose** (zystische Fibrose) liegt ein rezessiv-vererbter Defekt des CFTR-(cystic fibrosis transmembrane conductance regulator-)Gens vor. Bei dieser Erkrankung ist die Chloridsekretion über den CFTR-Chloridkanal gestört. Gleichzeitig wird vermehrt Natriumchlorid resorbiert, wodurch die Befeuchtung der Atemwege reduziert und die aufliegende Schleimschicht dehydriert ist. Der hierdurch entstehende hochvisköse und zusätzlich vermehrt sezernierte Schleim kann nicht mehr abtransportiert werden und es resultiert eine hochgradige Atemwegsobstruktion mit der Neigung zu rezidivierenden Infektionen. Da bei einer obstruktiven Ventilationsstörung die Ausatmung ständig gegen einen erhöhten Widerstand erfolgen muss, kann es im fortgeschrittenen Stadium zu einem **Lungenemphysem** kommen (▸ Box „Lungenemphysem").

❯ Bei einer restriktiven Ventilationsstörung ist die Compliance (Volumendehnbarkeit) von Lunge und/oder Thorax vermindert. Bei obstruktiven Ventilationsstörungen ist zumeist die Resistance (Strömungswiderstand) erhöht.

26.4.2 Lungenfunktionsprüfungen

Lungenfunktionsprüfungen gestatten die Differenzierung zwischen restriktiven und obstruktiven Ventilationsstörungen.

Differenzierung der Funktionsstörungen Die Verfahren, die zum Nachweis der restriktiven bzw. obstruktiven Funktionsstörungen geeignet sind, ergeben sich aus den Charakteristika dieser Störungen:
- Eine Einschränkung der Ausdehnungsfähigkeit der Lunge bei einer restriktiven Störung lässt sich durch die **Abnahme der Compliance** nachweisen.
- Die Erhöhung der Strömungswiderstände bei einer obstruktiven Störung erkennt man an einer **Zunahme der Resistance**.

Tab. 26.1 Kriterien für die Differenzierung von Ventilationsstörungen

	Ventilationsstörung	
	Restriktiv	Obstruktiv
Compliance	↓	0
Resistance	0	↑
Vitalkapazität (VC)	↓	0 – ↓
Totalkapazität (TLC)	↓	0 – ↑
Intrathorakales Gasvolumen (IGV)	↓	↑
Relative Sekundenkapazität (FEV$_1$/VC)	0 – ↑	↓
Maximale Atemstromstärke (PEF)	0 – ↑	↓

Die Verfahren zur Bestimmung der Compliance und Resistance erfordern einen größeren apparativen Aufwand. Es gelingt jedoch, eine grobe Differenzierung der Funktionsstörungen anhand einfach zu messender Parameter vorzunehmen (**Tab. 26.1**).

Indirekte Zeichen einer restriktiven Störung Die Abnahme der **Vitalkapazität** kann als indirektes Zeichen für das Vorliegen einer restriktiven Störung gewertet werden. Doch auch bei obstruktiven Veränderungen kann bei forcierter Exspiration die Vitalkapazität vermindert sein, da die Ausatmung durch den Verschluss der kleinen Atemwege behindert wird („**air trapping**", **Abb. 26.4c**). Auf eine Restriktion lässt sich daher nur schließen, wenn gleichzeitig zur Vitalkapazität auch die **Totalkapazität** der Lunge verkleinert ist.

Intrathorakales Gasvolumen Zur Differenzierung von Ventilationsstörungen kann außerdem das **intrathorakale Gasvolumen (IGV)** dienen, das bei jungen, lungengesunden Menschen in etwa der **funktionellen Residualkapazität (FRC)** entspricht. Es wird mithilfe des **Körperplethysmographen** (**Abb. 26.10**) bestimmt. Bei älteren Patienten (insbesondere mit Lungenemphysem; ▸ Box „Lungenemphysem") werden einzelne Lungenabschnitte aufgrund einer regionalen Obstruktion vermindert belüftet, sodass hier ein mehr oder weniger abgeschlossenes Gasvolumen vorliegt („**gefangene Luft**"), wodurch das IGV größer als die FRC sein kann.

❯ Die Vitalkapazität und das intrathorakale Gasvolumen können für die Erkennung einer restriktiven Störung herangezogen werden.

26

Klinik

Restriktive Ventilationsstörungen

Bei restriktiven Ventilationsstörungen ist die Ausdehnungsfähigkeit von Lunge und/oder Thorax vermindert. Als Auslöser unterscheidet man pulmonale von extrapulmonalen Ursachen:

- Eine häufige Ursache für eine pulmonale Restriktion ist eine Vermehrung des nicht elastischen Bindegewebes in der Lungenstruktur. Eine solche herdförmig auftretende oder diffus narbige Bindegewebseinlagerung wird als **Lungenfibrose** bezeichnet. Ursachen hierfür können chronische Entzündungen der Alveolen durch inhalierte Allergene (exogen-allergische Alveolitis) sein oder eine länger dauernde Inhalation anorganischer Stäube (Pneumokoniose z. B. durch Silikate, Asbestfasern, kobalthaltige Metallstäube). Schließlich ist eine Bindegewebevermehrung bei einigen Chemotherapeutika oder nach Bestrahlung bekannt.
- Bei extrapulmonalen Restriktionen ist die Ausdehnungsfähigkeit des Thorax eingeschränkt, z. B. Behinderung der Atemexkursion durch Deformation des Thoraxskeletts (z. B. Kyphoskoliose).

Die Verwachsung der Pleurablätter (z. B. als Folge chronischer Entzündungen, nach Operationen oder bei Bestrahlung der Lunge) schränkt ebenfalls die Dehnbarkeit des Gesamtatmungsapparates ein. Die Restriktion entsteht dadurch, dass das Lungengewebe nicht mehr frei gegenüber der Thoraxwand verschieblich ist.

26.4.3 Erfassung einer Atemwegsobstruktion

Die Sekundenkapazität und die maximale Atemstromstärke können als Maß für den Strömungswiderstand dienen.

Sekundenkapazität Eine obstruktive Funktionsstörung lässt sich durch die Sekundenkapazität (1-s-Ausatmungskapazität, forced expiratory volume FEV_1) erfassen. Darunter versteht man dasjenige Volumen, das innerhalb einer Sekunde maximal forciert ausgeatmet werden kann (◘ Abb. 26.13a). Die **Sekundenkapazität** wird meist relativ bezogen auf die forcierte Vitalkapazität angegeben (FEV_1/FVC=relative Sekundenkapazität, **Tiffeneau-Test**). Für den Lungengesunden beträgt die **relative Sekundenkapazität** bis zu einem Alter von 50 Jahren 70–80 %, im höheren Alter 65–70 %. Bei einer obstruktiven Störung ist infolge der erhöhten Strömungswiderstände die Ausatmung verzögert und damit die relative Sekundenkapazität vermindert.

Fluss-Volumen-Kurve und maximale Atemstromstärke Trägt man die Atemstromstärke gegen das in- bzw. exspirierte Volumen auf, erhält man die sog. Fluss-Volumen-Kurve. Wie bei der Bestimmung der Sekundenkapazität fordert man den Probanden auf, nach einer tiefen Inspiration maximal forciert auszuatmen (◘ Abb. 26.13b). Anhand der gewonnen Kurve lässt sich neben der forcierten exspiratorischen Vitalkapazität (FVC) auch der Maximalwert der exspiratorischen Atemstromstärke (peak expiratory flow, **PEF**) bestimmen. Beim Lungengesunden sollte dieser Wert etwa 10 l/s betragen. Bei Vorliegen erhöhter Atemwegswiderstände wird der PEF-Wert wesentlich unterschritten. Während beim Lungengesunden die Fluss-Volumen-Kurve nach Erreichen des exspiratorischen Spitzenflusses annähernd linear abfällt, kommt es bei Patienten mit Atemwegsobstruktion zu einem abgeknickten Kurvenverlauf (◘ Abb. 26.13b).

Klinik

Künstliche Beatmung

Die mechanische Beatmung dient als Unterstützung oder Ersatz einer unzureichenden Spontanatmung eines Patienten, wobei die Ursache in einer Störung der Atemmechanik, in einer Lungenschädigung sowie in einer zentralen oder peripheren Atemlähmung liegen kann. Während bei assistierter Beatmung eine vorhandene Spontanatmung des Patienten unterstützt wird (z. B. durch Aufrechterhaltung eines konstanten positiven Drucks in den Atemwegen), übernimmt bei der **kontrollierten Beatmung** eine mechanische Einheit die gesamte Ventilation.

Die am häufigsten eingesetzte, kontrollierte Beatmungsform ist die Überdruckbeatmung, bei der nach Intubation des Patienten eine Pumpe das Atemzugvolumen in die Lunge insuffliert. Hierbei unterscheidet man eine volumenkontrollierte **Beatmung**, bei der ein vorgegebenes Luftvolumen unter Druckzunahme zugeführt wird, von einer druckkontrollierten **Beatmung**, bei der die mechanische Inspiration endet, sobald ein vorgegebener Beatmungsdruck überschritten wird. Während bei der Spontanatmung ein intrapulmonaler Unterdruck während der Inspiration entsteht, wodurch die größeren thorakalen Gefäße des Niederdrucksystems gedehnt werden und somit der Strömungswiderstand abnimmt, wird bei der Überdruckbeatmung ein positiver intrapulmonaler Druck erzeugt, der zu einer Kompression der Blutgefäße führt.

Eine physiologischere Atembewegung wird durch die Unterdruckbeatmung („Eiserne Lunge") erzeugt, bei der der Thorax durch einen äußeren Unterdruck gedehnt und so eine Inspiration erzeugt wird.

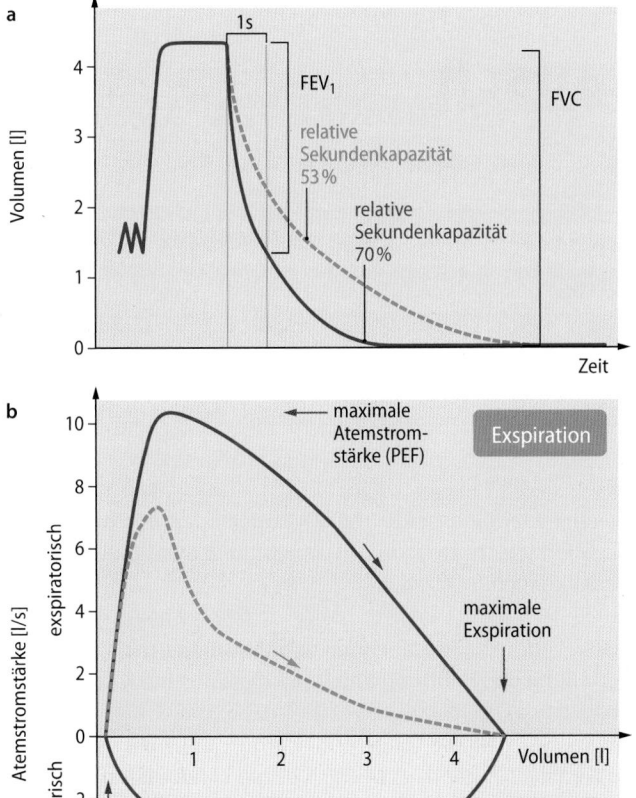

a

b

□ **Abb. 26.13a,b   Nachweis einer Atemwegsobstruktion. a** Messung der relativen Sekundenkapazität. Nach tiefer Inspiration und kurzzeitigem Atemanhalten atmet der Proband so schnell wie möglich (maximal forciert) aus. Das in 1 s exspirierte Volumen (FEV_1) wird als prozentualer Anteil der forcierten Vitalkapazität (FVC) angegeben (rote Kurve: Lungengesunder; grüne Kurve: Patient mit obstruktiver Ventilationsstörung). **b** Verlauf der **Fluss-Volumen-Kurve.** Nach tiefer Einatmung wird maximal forciert exspiriert (rote Kurve: Lungengesunder; grüne Kurve: Exspiration eines Patienten mit obstruktiver Ventilationsstörung)

Literatur

Lumb AB (2011) Nunn's applied respiratory physiology. 7th Edition. Churchill Livingstone, Edinburgh London

Matthys H, Seeger W (2008) Klinische Pneumologie. 4. Auflage. Springer, Berlin Heidelberg New York

Ulmer WT, Nolte D, Lecheler J, Schäfer T (2003) Die Lungenfunktion. 7. Auflage. Thieme, Stuttgart

West JB (2011) Respiratory physiology. 9th Edition. The essentials. Lippincott Williams & Wilkins, Philadelphia

West JB (2012) Pulmonary pathophysiology. 8th Edition. The essentials. Lippincott Williams & Wilkins, Philadelphia

In Kürze

Restriktive Ventilationsstörungen sind gekennzeichnet durch Abnahme der Ausdehnungsfähigkeit von Lunge oder Thorax, Abnahme der jeweiligen Compliance, der Vitalkapazität und des intrathorakalen Gasvolumens. **Obstruktive Ventilationsstörungen** sind gekennzeichnet durch Zunahme des Strömungswiderstands (Resistance) durch Einengung der Atemwege, Abnahme der relativen Sekundenkapazität und der maximalen exspiratorischen Atemstromstärke (Atemstoß).

Pulmonaler Gasaustausch und Arterialisierung

Oliver Thews

© Springer-Verlag GmbH Deutschland, ein Teil von Springer Nature 2019
R. Brandes et al. (Hrsg.), *Physiologie des Menschen*, Springer-Lehrbuch
https://doi.org/10.1007/978-3-662-56468-4_27

Worum geht's? (◼ Abb. 27.1)

In den Alveolen gelangt der Sauerstoff in das Blut
Nachdem über die Ventilation O_2-reiches Gas in die Alveolen transportiert wurde, findet dort der eigentliche Gasaustausch mit dem Blut statt. Hierbei wird O_2 in das Blut aufgenommen und CO_2 aus dem Blut abgegeben. Dieser Austausch erfolgt passiv über den Vorgang der Diffusion. Wenn das Blut die Lungenkapillaren verlässt, herrschen dort die gleichen Gaspartialdrücke wie in der Alveole. Eine Störung der Diffusion verschlechtert die Sauerstoffanreicherung des Blutes.

Die Anreicherung des Blutes mit O_2 und die Abgabe von CO_2 hängen nicht nur von der Belüftung ab
Wie gut das arterielle Blut mit Sauerstoff angereichert wird hängt davon ab, wie viel Frischluft in die Alveolen gelangt (Ventilation), aber auch, wie viel Blut zur Verfügung steht, um den Sauerstoff aufzunehmen (Perfusion). Außerdem ist von Bedeutung, ob O_2 und CO_2 ungehindert durch die Grenzschicht zwischen Alveolarluft und Blut hindurchtreten können (Diffusion).

Insbesondere beim Stehenden spielt die ungleiche Verteilung der Belüftung und Durchblutung eine wichtige Rolle
Funktionell stellt die Lunge kein homogenes Organ dar. So wird die Lungenbasis deutlich besser belüftet als die Lungenspitze. Auch die Durchblutung ist insbesondere beim Stehen in den unteren Lungenabschnitten sehr viel höher als in den oberen Abschnitten. In der Lungenspitze ist die Belüftung besser als die Durchblutung, in der Lungenbasis überwiegt die Durchblutung. Diese Ungleichverteilung der relevanten Parameter bewirkt eine Verschlechterung der O_2-Aufnahme. Je gleichmäßiger die Verteilung ist, desto effektiver ist die Arterialisierung.

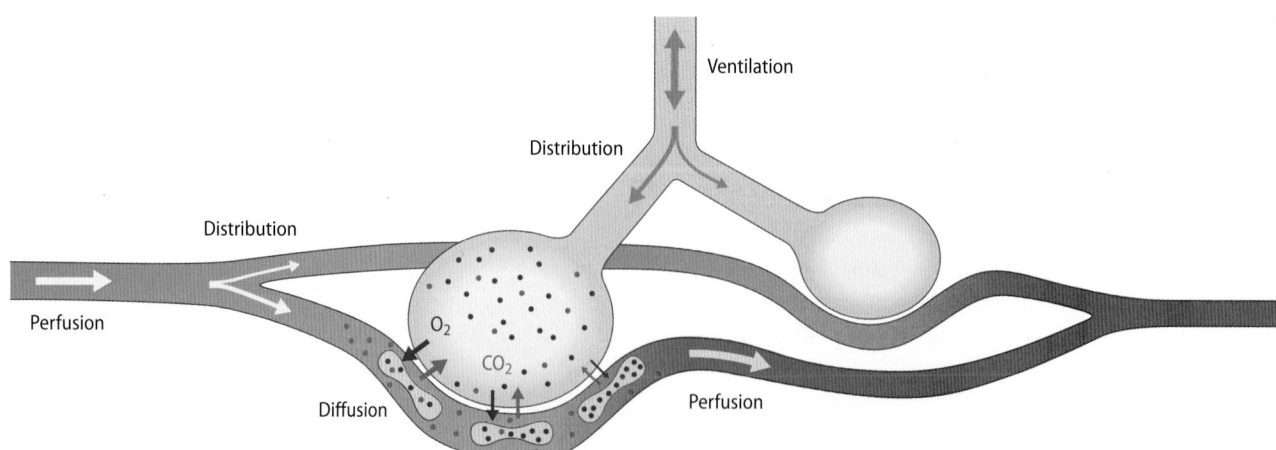

◼ Abb. 27.1 Zusammenspiel von Diffusion, Perfusion und Ventilation

27.1 Pulmonaler Gasaustausch

27.1.1 Mechanismen des alveolären Gasaustausches

Zwischen Alveolen und Blut werden O_2 und CO_2 über Diffusion passiv ausgetauscht. Bei dieser Arterialisierung wird das Blut mit O_2 angereichert, der CO_2-Gehalt reduziert und der pH-Wert leicht alkalischer.

Nachdem über die Ventilation (▶ Kap. 26.2) ein O_2-reiches Gasgemisch die Alveole erreicht hat, muss der Sauerstoff in das Kapillarblut gelangen, um mit dem Blutstrom weitertransportiert zu werden. Der Austausch zwischen Alveole und Blut erfolgt passiv über **Diffusion**, wobei das O_2-Partialdruckgefälle die treibende Kraft darstellt. Die alveoläre Gaszusammensetzung bestimmt daher maßgeblich die Größe des Diffusionsstroms. Im Gegenzug verlässt CO_2 ebenfalls über Diffusion das Blut. Durch die CO_2-Abgabe reduziert sich auch die H^+-Konzentration des Blutes (▶ Kap. 37.2), wodurch es leicht alkalischer wird. Diese gleichzeitige O_2-Aufnahme, CO_2-Abgabe und pH-Anhebung in der Lunge wird als **Arterialisierung** des Blutes bezeichnet.

27.1.2 Zusammensetzung des alveolären Gasgemisches

Die alveolären Atemgasfraktionen werden sowohl von der O_2-Aufnahme bzw. CO_2-Abgabe als auch von der alveolären Ventilation bestimmt.

Berechnung der alveolären Atemgasfraktionen   Wenn bei der Inspiration Frischluft eingeatmet wird, gelangt diese nicht direkt in die Alveolen. Aufgrund der funktionellen Residualkapazität vermischt sich das eingeatmete Frischluftvolumen mit verbrauchter Luft und es entsteht ein Gasgemisch, das einen geringeren O_2- und einen größeren CO_2-Anteil besitzt als die inspirierte Umgebungsluft. Um die O_2- und CO_2-Fraktionen im alveolären Gasgemisch zu berechnen, geht man von einer Bilanzbetrachtung aus: Die **O_2-Aufnahme** des Blutes ($\dot{V}_{O_2}$) ergibt sich aus der den Alveolen inspiratorisch zugeführten O_2-Menge ($F_{I_{O_2}} \times \dot{V}_A$), abzüglich der von hier exspiratorisch abgeführten O_2-Menge ($F_{A_{O_2}} \times \dot{V}_A$). Die **$CO_2$-Abgabe** aus dem Blut ($\dot{V}_{CO_2}$) entspricht der CO_2-Menge, die exspiratorisch aus den Alveolen entfernt wird ($F_{A_{CO_2}} \times \dot{V}_A$), da mit dem Inspirationsstrom praktisch kein CO_2 in die Alveolen gelangt. Daher gelten die Beziehungen:

$$\dot{V}_{O_2} = F_{I_{O_2}} \times \dot{V}_A - F_{A_{O_2}} \times \dot{V}_A \qquad (27.1)$$

$$\dot{V}_{CO_2} = F_{A_{CO_2}} \times \dot{V}_A \qquad (27.2)$$

und nach Umformung:

$$F_{A_{O_2}} = F_{I_{O_2}} - \frac{\dot{V}_{O_2}}{\dot{V}_A}, \; F_{A_{CO_2}} = \frac{\dot{V}_{CO_2}}{\dot{V}_A} \qquad (27.3)$$

Tab. 27.1 Inspiratorische, alveoläre und exspiratorische Fraktionen bzw. Partialdrücke der Atemgase bei Ruheatmung auf Meereshöhe

	Fraktionen		Partialdrücke	
	O_2	CO_2	O_2	CO_2
Inspirationsluft	0,209	0,0004	150 mmHg (20 kPa)	0,3 mmHg (0,04 kPa)
Alveoläres Gasgemisch	0,14	0,056	100 mmHg (13,3 kPa)	40 mmHg (5,3 kPa)
Exspiriertes Gasgemisch	0,16	0,04	114 mmHg (15,2 kPa)	29 mmHg (3,9 kPa)

Bei Anwendung der Gl. 27.3 ist darauf zu achten, dass für alle Größen der Gleichung die gleichen Messbedingungen gelten und diese Bedingungen mit dem Wert angegeben werden (z. B. STPD, ▶ Kap. 26.2).

Alveoläre Atemgasfraktionen bei Ruheatmung   Bei der Berechnung der alveolären Atemgasfraktionen nach Gl. 27.3 werden alle einzusetzenden Zahlenwerte auf Standardbedingungen bezogen. Für den Erwachsenen in körperlicher Ruhe beträgt die O_2-Aufnahme $\dot{V}_{O_2\,(STPD)} = 0,28$ l/min (Referenzbereich: 0,25–0,30 l/min) und die CO_2-Abgabe $\dot{V}_{CO_2\,(STPD)} = 0,23$ l/min (Referenzbereich: 0,20–0,25 l/min). Die alveoläre Ventilation besitzt unter Körperbedingungen einen Wert von $\dot{V}_{A\,(BTPS)} = 5$ l/min; nach Umrechnung auf Standardbedingungen hat man in Gl. 27.3 $\dot{V}_{A\,(STPD)} = 4,1$ l/min einzusetzen (▶ Kap. 26.2). Unter Berücksichtigung des Wertes für die inspiratorische O_2-Fraktion $F_{I_{O_2}} = 0,209$ (20,9 Vol.- %; ▮ Tab. 27.1) ergibt sich folgende **Zusammensetzung des alveolären Gasgemisches**:

$$F_{A_{O_2}} = 0,14 \; (14 \text{ Vol.- \%})$$
$$F_{A_{CO_2}} = 0,056 \; (5,6 \text{ Vol.- \%})$$

Der Rest besteht aus Stickstoff und einem sehr kleinen Anteil an Edelgasen.

Analyse des alveolären Gasgemisches
Mit schnell messenden Geräten können die Atemgasfraktionen im exspirierten Gasgemisch fortlaufend verfolgt werden, sodass die zeitliche Änderung während der Exspiration erfasst wird. Zu Beginn der Exspiration stammt das Gasgemisch aus dem Totraum und entspricht in etwa der zuletzt eingeatmeten Frischluft. Im Verlauf Ausatmung nimmt der CO_2-Anteil immer stärker zu bzw. der O_2-Anteil ab. Das Gasgemisch, das am Ende der Exspiration (endexspiratorisch) erfasst wird, entspricht der alveolären Gaszusammensetzung (▮ Tab. 27.1).

27.1.3 Gaspartialdrücke im alveolären Gasgemisch

Die alveolären Partialdrücke betragen bei Ruheatmung im Mittel 100 mmHg für O_2 und 40 mmHg für CO_2. Diese Werte werden auch von der Lungenperfusion beeinflusst.

27

Partialdrücke in der atmosphärischen Luft Nach dem Dalton-Gesetz übt jedes Gas in einem Gemisch einen Partialdruck (Teildruck) P_{Gas} aus, der seinem Anteil am Gesamtvolumen, d. h. seiner Fraktion F_{Gas}, entspricht. Sowohl die atmosphärische Luft als auch das alveoläre Gasgemisch enthalten neben O_2, CO_2, und N_2 auch noch Wasserdampf, der ebenfalls einen bestimmten Druck P_{H_2O} ausübt. Da die Gasfraktionen für das „trockene" Gasgemisch angegeben werden, ist für die Berechnung der Partialdrücke der Gesamtdruck (Barometerdruck P_B) um den **Wasserdampfdruck** P_{H_2O} zu reduzieren:

$$P_{Gas} = F_{Gas} \cdot \left(P_B - P_{H_2O} \right) \qquad (27.4)$$

Unter Berücksichtigung der Werte für die atmosphärischen O_2- und CO_2-Fraktionen (◘ Tab. 27.1) betragen die zugehörigen Partialdrücke im Flachland etwa $P_{I_{O_2}} = 150$ mmHg (20 kPa) und $P_{I_{CO_2}} = 0,3$ mmHg (0,04 kPa). Mit zunehmender Höhe vermindern sich die O_2- und CO_2-Partialdrücke in der Inspirationsluft, da der Barometerdruck P_B in der Höhe abnimmt.

> ❯ **Der Gaspartialdruck errechnet sich aus dem Luftdruck multipliziert mit der Fraktion des Gases im Gasgemisch.**

Partialdrücke im alveolären Gasgemisch Für die Untersuchung des Gasaustausches in der Lunge ist es zweckmäßig, die O_2- und CO_2-Anteile im alveolären Gasgemisch als Partialdruck anzugeben. Führt man in Gl. 27.3 die Partialdrücke nach Gl. 27.4 mit $P_{H_2O} = 47$ mmHg ein, so ergeben sich unter Berücksichtigung der Gasbedingungen die Beziehungen:

$$P_{A_{O_2}} = P_{I_{O_2}} - \frac{\dot{V}_{O_2(STPD)}}{\dot{V}_{A(BTPS)}} \times 863 \left(mmHg \right) \qquad (27.5)$$

$$P_{A_{CO_2}} = \frac{\dot{V}_{CO_2(STPD)}}{\dot{V}_{A(BTPS)}} \times 863 \left(mmHg \right) \qquad (27.6)$$

Diese sog. **Alveolarformeln** erlauben die Berechnung der alveolären Partialdruckwerte. Legt man die Daten für die Ruheatmung im Flachland zugrunde ($P_{I_{O_2}} = 150$ mmHg, $\dot{V}_{O_2(STPD)} = 0,28$ l/min, $\dot{V}_{CO_2(STPD)} = 0,23$ l/min, $\dot{V}_{A(BTPS)} = 5$ l/min), so erhält man:

$P_{A_{O_2}} = 100$ mm Hg (13,3 kPa)
$P_{A_{CO_2}} = 40$ mm Hg (5,3 kPa)

Diese Daten gelten als **Normwerte** für den gesunden Erwachsenen. Dabei muss man jedoch einschränken, dass es sich um zeitliche und örtliche Mittelwerte handelt. Geringe zeitliche Schwankungen der alveolären Partialdrücke treten auf, weil die Frischluft diskontinuierlich in den Alveolarraum einströmt. Regionale Variationen entstehen durch die ungleichmäßige Belüftung und Durchblutung der verschiedenen Lungenabschnitte (▶ Abschn. 27.2).

Wie aus Gl. 27.5 und Gl. 27.6 deutlich wird, sind bei vorgegebenen Austauschraten für O_2 und CO_2 ($\dot{V}_{O_2}$ und $\dot{V}_{CO_2}$) die alveolären Partialdrücke vor allem von der alveolären Ventilation $\dot{V}_A$ abhängig. Eine Zunahme der alveolären Ventila-

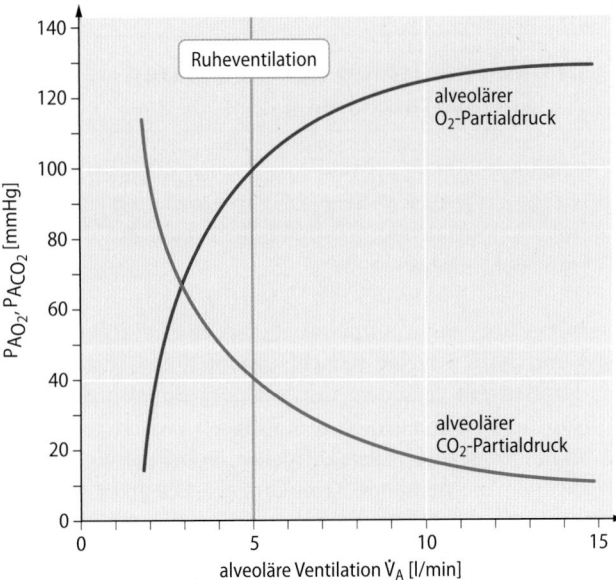

◘ **Abb. 27.2** **Zusammensetzung des alveolären Gasgemisches.** Abhängigkeit der alveolären Atemgaspartialdrücke ($P_{A_{O_2}}$ und $P_{A_{CO_2}}$) von der alveolären Ventilation $\dot{V}_A$ auf Meereshöhe bei körperlicher Ruhe (O_2-Aufnahme: 0,28 l/min, CO_2-Abgabe: 0,23 l/min). Die blaue Gerade markiert die Werte für $P_{A_{O_2}}$ und $P_{A_{CO_2}}$ unter normalen Ventilationsbedingungen

tion (**Hyperventilation**) hat einen $P_{A_{O_2}}$-Anstieg und einen $P_{A_{CO_2}}$-Abfall zur Folge, eine Abnahme (**Hypoventilation**) hat den umgekehrten Effekt (◘ Abb. 27.2).

> ❯ **Bei alveolärer Hyperventilation sinkt der $P_{A_{CO_2}}$ unter 40 mmHg, bei Hypoventilation steigt er über 40 mmHg an.**

Einfluss der Perfusion auf die alveolären Partialdrücke Mit der Ventilation gelangt Sauerstoff in die Alveolen, der von dort in die Kapillare diffundiert. Jedoch kann dieser Sauerstoff nur weitertransportiert werden, wenn die Kapillare auch durchblutet wird. Ist der Blutstrom in den Alveolargefäßen nur gering, verbleibt relativ mehr O_2 in der Alveole und der alveoläre P_{O_2} steigt an. Wenn die Durchblutung hoch ist, wird O_2 schnell abtransportiert und der alveoläre P_{O_2} sinkt. Die entscheidende Größe, welche die alveolären O_2- und CO_2-Partialdrücke bestimmt, ist hierbei das **Verhältnis der alveolären Ventilation $\dot{V}_A$ zur Lungenperfusion $\dot{Q}$**. Für den Lungengesunden in körperlicher Ruhe hat dieses Verhältnis $\dot{V}_A / \dot{Q}$ einen Wert von 0,8–1,0.

> ❯ **Das Verhältnis von Ventilation zu Perfusion $\dot{V}_A / \dot{Q}$ ist eine entscheidende Größe für Qualität des alveolären Gasaustausches.**

27.1.4 Veränderte Ventilationsformen

Veränderungen der Ventilationsgrößen können durch Anpassung an die Stoffwechselbedingungen des Organismus, durch willkürliche Beeinflussung oder pathologische Zustände bedingt sein.

Kennzeichnung veränderter Ventilationszustände Eine Veränderung der Ventilationsgröße kann durch willkürliche Beeinflussung der Atmung, durch Anpassung an die Stoffwechselbedürfnisse des Organismus (z. B. bei körperlicher Arbeit) oder durch pathologische Bedingungen verursacht sein und sich auf die alveolären Partialdrücke auswirken. Zur Abgrenzung der Ursachen wurden folgende Fachausdrücke definiert:

- **Normoventilation**: Normale Ventilation, bei der in den Alveolen ein CO_2-Partialdruck von etwa 40 mmHg (5,3 kPa) aufrechterhalten wird.
- **Hyperventilation**: Steigerung der alveolären Ventilation, die über die jeweiligen Stoffwechselbedürfnisse hinausgeht ($P_{A_{CO_2}} < 40$ mmHg).
- **Hypoventilation**: Minderung der alveolären Ventilation unter den Wert, der den Stoffwechselbedürfnissen entspricht ($P_{A_{CO_2}} > 40$ mmHg).
- **Mehrventilation**: Atmungssteigerung über den Ruhewert hinaus (etwa bei körperlicher Arbeit), unabhängig von der Höhe der alveolären Partialdrücke.
- **Eupnoe**: Normale Ruheatmung.
- **Hyperpnoe**: Vertiefte Atmung mit oder ohne Zunahme der Atmungsfrequenz.
- **Tachypnoe**: Zunahme der Atmungsfrequenz.
- **Bradypnoe**: Abnahme der Atmungsfrequenz.
- **Apnoe**: Atmungsstillstand, hauptsächlich bedingt durch das Fehlen des physiologischen Atmungsantriebs (z. B. bei Abnahme des arteriellen CO_2-Partialdrucks).
- **Dyspnoe**: Erschwerte Atmung, verbunden mit dem subjektiven Gefühl der Atemnot.
- **Orthopnoe**: Dyspnoe bei Stauung des Blutes in den Lungenkapillaren (oft infolge einer Linksherzinsuffizienz), die insbesondere im Liegen auftritt und daher den Patienten zum Aufsetzen zwingt.
- **Asphyxie**: Atmungsstillstand oder Minderatmung bei Lähmung der Atmungszentren mit starker Einschränkung des Gasaustausches (Hypoxie und Hyperkapnie; ► Kap. 31.2).

27.1.5 Diffusiver Gasaustausch in der Lunge

Der pulmonale Gasaustausch erfolgt durch Diffusion. In den Lungenkapillaren kommt es zu einem vollständigen Angleich der O_2- und CO_2-Partialdrücke an die alveolären Werte.

Gesetzmäßigkeiten des pulmonalen Gasaustausches In den Lungenalveolen wird ein hoher O_2-Partialdruck (100 mmHg) aufrechterhalten, während das venöse Blut mit einem niedrigeren O_2-Partialdruck (40 mmHg) in die Lungenkapillaren eintritt. Für CO_2 besteht eine Partialdruckdifferenz in entgegengesetzter Richtung (46 mmHg am Anfang der Lungenkapillaren, 40 mmHg in den Alveolen). Diese Partialdruckdifferenzen stellen die „treibenden Kräfte" für die O_2- und CO_2-Diffusion und damit für den pulmonalen Gasaustausch dar.

Nach dem **1. Fick-Diffusionsgesetz** ist der Diffusionsstrom $\dot{M}$, d. h. die Substanzmenge, die durch eine Schicht der Fläche F und der Dicke d hindurchtritt, der wirksamen Konzentrationsdifferenz ΔC direkt proportional:

$$\dot{M} = D \times \frac{F}{d} \times \Delta C \qquad (27.7)$$

Der Proportionalitätsfaktor D, der **Diffusionskoeffizient**, hat einen vom Diffusionsmedium, von der Art der diffundierenden Teilchen und von der Temperatur abhängigen Wert. Für Gase muss in Gl. 27.7 die Konzentration durch den Partialdruck P ersetzt werden und es gilt:

$$\dot{M} = K \times \frac{F}{d} \times \Delta P \qquad (27.8)$$

Der Proportionalitätsfaktor K wird als **Krogh-Diffusionskoeffizient** oder als **Diffusionsleitfähigkeit** bezeichnet. Auch K ist vom Diffusionsmedium, dem Gas und der Temperatur abhängig.

> ❯❯ Die Diffusion hängt vom Partialdruckgefälle (=treibende Kraft), von der Austauschfläche sowie der Dicke der trennenden Schicht ab.

Diffusionseigenschaften der Lunge Für die Diffusionsmedien in der Lunge ist K_{CO_2} etwa 23-mal größer als K_{O_2}, d. h., unter sonst gleichen Bedingungen diffundiert etwa 23-mal mehr CO_2 als O_2 durch eine vorgegebene Schicht. Dies ist der Grund dafür, dass in der Lunge trotz kleiner CO_2-Partialdruckdifferenzen stets eine ausreichende CO_2-Abgabe durch Diffusion sichergestellt ist. Nach Gl. 27.8 erfordert ein effektiver Diffusionsprozess eine große Austauschfläche F und einen kleinen Diffusionsweg d. Beide Voraussetzungen sind in der Lunge mit einer Alveolaroberfläche von etwa 80–140 m² und einer Diffusionsstrecke von nur etwa 1 µm (◻ Abb. 27.3) in idealer Weise erfüllt.

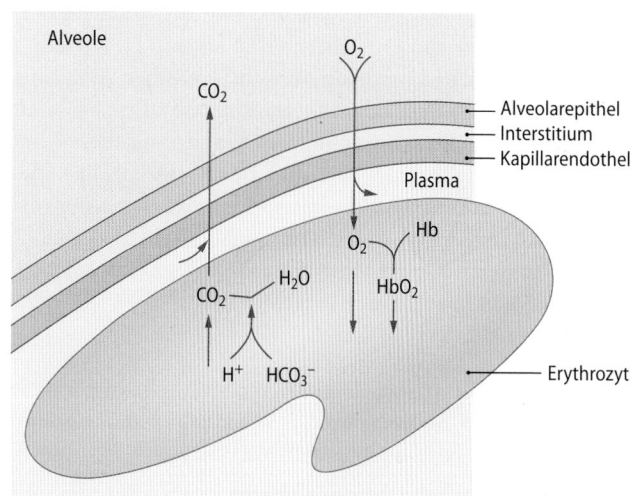

◻ **Abb. 27.3** O_2- und CO_2-Transportwege beim pulmonalen Gasaustausch

27

O$_2$-Diffusion im Erythrozyten

Wie man aus ◻ Abb. 27.3 erkennt, ist der größte Diffusionsweg im Inneren der Erythrozyten zu überwinden. Hier wird jedoch die O$_2$-Diffusion durch einen zusätzlichen Transportprozess unterstützt. Die O$_2$-Moleküle werden, sobald sie in den Erythrozyten eingedrungen sind, an Hämoglobin Hb angelagert, das dabei in das Oxyhämoglobin HbO$_2$ übergeht (▶ Kap. 28.3). Die HbO$_2$-Moleküle haben nun ebenfalls die Möglichkeit, in Richtung auf das Zentrum des Erythrozyten zu diffundieren und damit den intraerythrozytären O$_2$-Transport zu beschleunigen (facilitated diffusion).

Die CO$_2$-Moleküle diffundieren in entgegengesetzter Richtung vom Erythrozyten in den Alveolarraum. Dies kann allerdings erst geschehen, nachdem CO$_2$ aus seinen chemischen Bindungen freigesetzt worden ist (▶ Kap. 28.4).

27.1.6 Bestimmung der Diffusionskapazität

Mit der Messung der Diffusionskapazität der Lunge lässt sich der Diffusionswiderstand in den Alveolen erfassen.

Dynamik des diffusiven Gasaustausches Während seiner Passage durch die Lungenkapillare steht der einzelne Erythrozyt nur für verhältnismäßig kurze Zeit von etwa 0,3–0,7 s mit dem Alveolarraum in Diffusionskontakt. Diese **Kontaktzeit** reicht jedoch aus, um die Gaspartialdrücke im Blut denen des Alveolarraums praktisch vollständig anzugleichen. ◻ Abb. 27.4 zeigt, wie sich der O$_2$-Partialdruck im Kapillarblut dem alveolären O$_2$-Partialdruck zunächst schnell, dann immer langsamer nähert. Dieser Modus des O$_2$-Partialdruckanstiegs ist eine Folge des Fick-Diffusionsgesetzes: Die anfangs große alveolokapilläre O$_2$-Partialdruckdifferenz wird im Laufe der Passagezeit immer kleiner, sodass die Diffusionsrate ständig abnimmt. Unter physiologischen Ruhebedingungen reicht die Kontaktzeit aus, um einen vollständigen Angleich der Partialdrücke zu erreichen, selbst wenn die Diffusionsleitfähigkeit z. B. durch eine Vergrößerung des Diffusionswegs (▶ Box „Lungenödem") eingeschränkt ist. Wenn es aber zusätzlich zu einer Zunahme des Herzzeitvolumens kommt (z. B. bei körperlicher Anstrengung), wird die Kontaktzeit verkürzt und reicht nicht mehr für einen Partialdruckausgleich zwischen Alveole und Blut aus. Da die Diffusionsleitfähigkeit von O$_2$ schlechter ist als von CO$_2$ kommt es unter diesen Bedingungen zunächst zu einer Abnahme des arteriellen O$_2$-Partialdrucks (**Hypoxämie**). Erst bei einer noch stärkeren Einschränkung des Gasaustausches steigt auch der arterielle CO$_2$–Partialdruck (**Hyperkapnie**). Bei einer Hypoxie ohne Hyperkapnie spricht man von einer **respiratorischen Partialinsuffizienz**, wohingegen das gleichzeitige Vorliegen von Hypoxie und Hyperkapnie als **respiratorische Globalinsuffizienz** bezeichnet wird.

❯ Erythrozyten stehen nur für 0,3–0,7 s mit dem Alveolarraum in Kontakt. Trotzdem erfolgt ein vollständiger Angleich der Partialdrücke.

Partialdrücke in den Lungenkapillaren Das Blut, das mit einem O$_2$-Partialdruck von 40 mmHg in die Kapillare eintritt, verlässt diese mit einem O$_2$-Partialdruck von 100 mmHg. Der

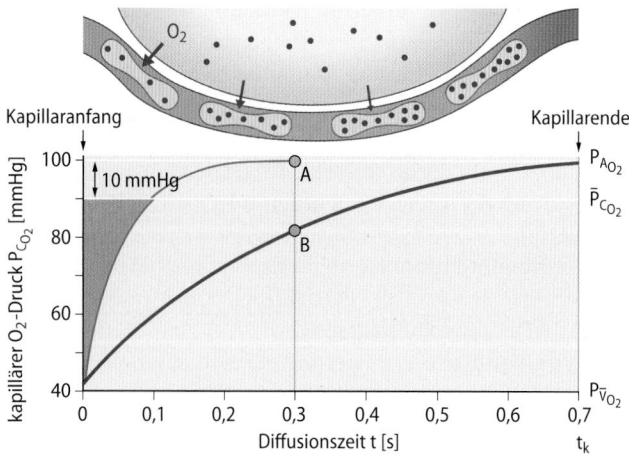

◻ **Abb. 27.4 Zunahme des O$_2$-Partialdrucks im Erythrozyten während der Passage durch die Lungenkapillare.** Oben: O$_2$-Aufnahme der Erythrozyten (angedeutet durch Punktierung). Unten: Zugehörige Kurve des kapillären O$_2$-Partialdrucks (P$_{CO_2}$) in Abhängigkeit von der Diffusionszeit unter physiologischen Bedingungen (blaue Kurve) und bei einem Patienten mit Diffusionsstörung (rote Kurve). Bei langer Kontaktzeit (0,7 s) kommt es in beiden Kurven am Ende der Kapillare zu einem Angleich der Partialdrücke zwischen Alveole und Blut. Wenn aber die Strömungsgeschwindigkeit des Blutes zunimmt (z. B. bei körperlicher Anstrengung) und die Kontaktzeit verkürzt wird (z. B. auf 0,3 s), wird das Blut des Gesunden weiterhin sehr gut oxygeniert (Punkt A), im Blut des Patienten mit Diffusionsstörung bleibt der kapilläre O$_2$-Partialdruck jedoch deutlich unter dem alveolären Wert (Punkt B). Alveolärer O$_2$-Partialdruck (P$_{AO_2}$); gemischt-venöser O$_2$-Partialdruck (P$_{\bar{v}O_2}$); $\bar{P}_{CO_2}$ =O$_2$-Partialdruck, gemittelt über die gesamte Zeit des Diffusionskontaktes; t$_k$=Kontaktzeit

CO$_2$-Partialdruck, der am venösen Kapillarende 46 mmHg beträgt, fällt mit der Abdiffusion des CO$_2$ auf 40 mmHg ab. In der Lunge des Gesunden gleichen sich die Partialdrücke im Blut den alveolären Werten praktisch vollständig an.

O$_2$-Diffusionskapazität der Lunge

Ein Maß für die „Diffusionsfähigkeit" der gesamten menschlichen Lunge ergibt sich aus dem Fick-Diffusionsgesetz (Gl. 27.8). Hierzu geht man von der Überlegung aus, dass die in der gesamten Lunge diffundierende O$_2$-Menge mit der O$_2$-Aufnahme $\dot{V}_{O_2}$ identisch ist. Fasst man ferner die Faktoren K, F und d zu einer neuen Konstanten D$_L$ = K × F/d zusammen, ergibt sich:

$$\dot{V}_{O_2} = D_L \times \overline{\Delta P_{O_2}} \; ; \; D_L = \frac{\dot{V}_{O_2}}{\Delta P_{CO_2}} \tag{27.9}$$

Die Größe D$_L$ wird als *O$_2$-Diffusionskapazität* der Lunge bezeichnet (nicht zu verwechseln mit dem Diffusionskoeffizient D aus Gl. 27.7). $\overline{\Delta P_{O_2}}$ stellt in diesem Fall die mittlere O$_2$-Partialdruckdifferenz zwischen dem Alveolarraum und dem Lungenkapillarblut dar. Da die O$_2$-Partialdrücke vom venösen zum arteriellen Kapillarende ansteigen, muss sich die Mittelbildung über die gesamte Kapillarlänge erstrecken (◻ Abb. 27.4).

❯ Die Diffusionskapazität der Lunge beschreibt die Diffusionseigenschaften der Gesamtheit aller Alveolen.

Normwerte der Diffusionskapazität und Diffusionsstörungen
Für einen gesunden Erwachsenen in körperlicher Ruhe findet man eine Sauerstoffaufnahme von etwa = 300 ml/min und eine mittlere O$_2$-Partialdruckdifferenz von etwa = 10 mmHg

Klinik

Lungenödem

Ursachen
Bei verschiedenen Lungenerkrankungen kann es zu einem verstärkten Wasseraustritt aus den Kapillaren in das Lungengewebe kommen. Übersteigt die Wasserfiltration den Abtransport mit der Lymphe, entsteht eine Flüssigkeitsansammlung im Lungengewebe, ein Lungenödem. Hierbei kann es zu einer Volumenzunahme des Interstitiums (interstitielles Lungenödem) oder zu einem Übertritt von Flüssigkeit in die Alveolen (alveoläres Ödem) kommen.
Ursache für die Entstehung eines Lungenödems kann die Erhöhung des intravasalen, hydrostatischen Drucks sein, z. B. als Folge einer Stauung des Blutes vor dem linken Herz bei Linksherzinsuffizienz oder bei Herz-

klappenfehlern. Das Lungenödem kann sich aber auch durch eine gesteigerte Permeabilität der Lungenkapillaren für Wasser und Makromoleküle (Proteine) bilden, z. B. bei infektiösen Lungenerkrankungen, Sepsis oder durch Inhalation schädigender Gase (z. B. Stickstoffdioxid, Phosgen, Ozon). Selbst Sauerstoff (z. B. bei Aufenthalt in Überdruckkammern) kann aufgrund seiner oxidativen Wirkung ein Lungenödem induzieren.

Symptome
Die Flüssigkeitsansammlung im Interstitium führt zu einer Zunahme des Diffusionsweges bis auf das 10-fache, wodurch der diffusive Gasaustausch (insbesondere für O_2) verschlechtert wird. Daneben kann bei

einem Lungenödem die Ausdehnungsfähigkeit der Lunge eingeschränkt werden bzw. eine Obstruktion in den kleinen Atemwegen auftreten.

Therapie
Um den diffusiven Gasaustausch zu verbessern, sollte therapeutisch die Flüssigkeitsansammlung reduziert werden (z. B. durch Korrektur einer Herzinsuffizienz oder durch Diuretika). Gleichzeitig kann durch eine Sauerstoffgabe der alveoläre O_2-Partialdruck (und somit die treibende Kraft für die O_2-Diffusion) erhöht werden.

(1,33 kPa). Nach Gl. 27.9 beträgt also der Wert für die normale O_2-Diffusionskapazität $D_L = 30$ ml $\cdot$ min^{-1} $\cdot$ mmHg^{-1} (230 ml $\cdot$ min^{-1} $\cdot$ kPa^{-1}). Unter pathologischen Bedingungen ergeben sich manchmal erheblich kleinere D_L-Werte. Dies ist ein Zeichen für einen erhöhten Diffusionswiderstand in der Lunge, der durch eine Reduktion der Austauschfläche F oder eine Zunahme des Diffusionsweges d bedingt sein kann. Eine Abnahme von D_L führt zu einer **Diffusionsstörung** (▶ Box „Lungenödem").

In Kürze

Pulmonaler Gasaustausch
Die alveolären O_2- bzw. CO_2-Fraktionen sind vom Verhältnis der O_2-Aufnahme bzw. CO_2-Abgabe zur alveolären Ventilation abhängig. Bei Ruheatmung beträgt
- die alveoläre O_2-Fraktion 14 Vol.- %,
- die alveoläre CO_2-Fraktion 5,6 Vol.- %.

Aus der **Alveolarformel** berechnen sich unter Ruhebedingungen im Mittel folgende alveoläre Partialdrücke:
- O_2-Partialdruck = 100 mmHg (13,3 kPa)
- CO_2-Partialdruck = 40 mmHg (5,3 kPa)

Veränderung der Ventilationsgröße
Eine Veränderung der Ventilationsgröße kann verschiedene Ursachen haben:
- willkürliche Beeinflussung der Atmung,
- Anpassung an die Stoffwechselbedürfnisse des Organismus (z. B. bei körperlicher Arbeit),
- pathologische Bedingungen.

Beispiele sind Hyper- und Hypoventilation. Eine **alveoläre Hyperventilation** ist gekennzeichnet durch Zunahme der Ventilation über die Stoffwechselbedürfnisse hinaus mit Abfall des alveolären CO_2-Partialdrucks unter 40 mmHg. Eine **alveoläre Hypoventilation** ist

gekennzeichnet durch Minderung der Ventilation unter den Bedarf mit Anstieg des CO_2-Partialdrucks.

1. Fick-Diffusionsgesetz
Das 1. Fick-Diffusionsgesetz beschreibt den pulmonalen Gasaustausch. Der Diffusionsstrom ist hierbei
- proportional zur Partialdruckdifferenz,
- proportional zur Austauschfläche,
- umgekehrt proportional zur Schichtdicke.

Der Proportionalitätsfaktor (**Krogh-Diffusionskoeffizient**) hat für CO_2 einen etwa 23-mal größeren Wert als für O_2.

Diffusiver Gasaustausch
Während der Kontaktzeit von etwa 0,3–0,7 s kommt es zum vollständigen Angleich der Partialdrücke im Blut an die Werte der Alveolarluft. Ein Maß für die Diffusionsverhältnisse in der gesamten Lunge ist die Diffusionskapazität, die normalerweise für den Erwachsenen in Ruhe 30 ml $\cdot$ min^{-1} $\cdot$ mmHg^{-1} beträgt.

27.2 Lungenperfusion und Arterialisierung des Blutes

27.2.1 Verteilung der Lungendurchblutung und Ventilation

Die Lungendurchblutung ist regional unterschiedlich und lageabhängig; in aufrechter Position sind die basalen Lungenpartien stärker durchblutet als die Lungenspitzen.

Pulmonaler Strömungswiderstand Die Lungenperfusion von 5–6 l/min in Ruhe wird durch eine mittlere Druckdifferenz zwischen Pulmonalarterie und linkem Vorhof von nur

27

8 mmHg (1 kPa) aufrechterhalten (▶ Box „Pulmonale Hypertonie"). Verglichen mit dem Körperkreislauf hat das Lungengefäßsystem also einen sehr kleinen Strömungswiderstand. Wenn bei schwerer körperlicher Arbeit die Lungendurchblutung auf das 4-fache des Ruhewertes ansteigt, nimmt der Pulmonalarteriendruck lediglich um den Faktor 2 zu. Dies bedeutet, dass der Strömungswiderstand mit zunehmender Durchblutung reduziert wird. Die Widerstandsminderung erfolgt dabei druckpassiv durch Dehnung der Lungengefäße und durch Rekrutierung von Reservekapillaren. Während in Ruhe nur etwa 50 % der vorhandenen Kapillaren durchblutet werden, erhöht sich dieser Anteil mit steigender Belastung. Damit nimmt gleichzeitig die Oberfläche für den pulmonalen Gasaustausch, also auch die Diffusionskapazität (▶ Abschn. 27.1) zu.

❯❯ Die Lungengefäße werden bei Druckerhöhung passiv gedehnt, sodass der Strömungswiderstand abnimmt.

Änderungen des Strömungswiderstandes beim Atmen

Der pulmonale Strömungswiderstand wird bis zu einem gewissen Grad durch die Atmungsexkursionen beeinflusst. Bei der Einatmung erweitern sich die großen intrathorakalen Arterien und Venen, weil der Zug der außen angreifenden elastischen Fasern zunimmt. Gleichzeitig kommt es jedoch zu einem Anstieg des Strömungswiderstandes in den Kapillaren, weil diese in Längsrichtung gestreckt und dabei eingeengt werden. Der Widerstand der Lungengefäße ist etwa in Atemruhelage am geringsten.

Regionale Perfusionsverteilung   Die Lungendurchblutung weist besonders starke **regionale Ungleichmäßigkeiten (Inhomogenitäten)** auf, deren Ausmaß hauptsächlich von der Körperlage abhängt. In aufrechter Position sind die basalen Lungenpartien wesentlich stärker durchblutet als die Lungenspitzen. Ursache hierfür ist die hydrostatische Druckdifferenz zwischen den Gefäßregionen im Basis- und Spitzenbereich, die bei einer Höhendifferenz von 30 cm immerhin 23 mmHg (3 kPa) beträgt. Daher liegt der arterielle Druck in den oberen Lungenpartien unterhalb des alveolären Drucks, sodass die Kapillaren weitgehend kollabiert sind. In den unteren Lungenpartien dagegen haben die Kapillaren ein weites Lumen. Als Folge dieser regionalen Verteilung der Strömungswiderstände findet man eine fast lineare Zunahme der Durchblutung von der Spitze bis zur Basis der Lunge (◘ Abb. 27.5). Bei körperlicher Arbeit, aber auch im Liegen nehmen die regionalen Inhomogenitäten der Lungenperfusion ab.

Regionale Ventilationsverteilung   Bei aufrechter Körperlage ist das Lungengewebe regional unterschiedlich mit Luft gefüllt, da aufgrund der Schwerkraft die apikalen Lungenabschnitte stärker gedehnt werden. Wenn bei der Inspiration das Thoraxvolumen zusätzlich erweitert wird, kommt es insbesondere im Bereich der Recessus phrenicocostales (▶ Kap. 26.1.1) zu einer starken Entfaltung der Lunge. Die Inspirationsluft gelangt daher vorrangig in die basalen Lungenabschnitte, sodass die Belüftung der Lunge (d. h. der Einstrom von Frischluft in die Alveolen) apikal geringer ist als basal, und somit eine **Inhomogenität der Ventilation** (◘ Abb. 27.5) entsteht.

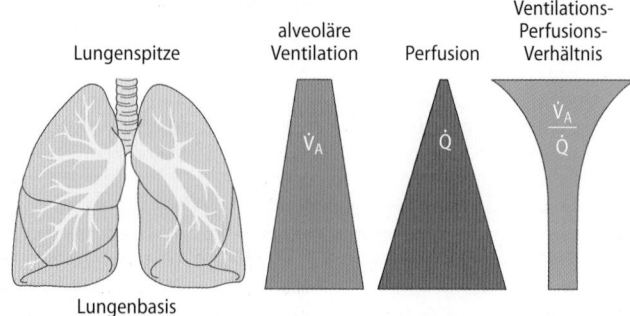

◘ **Abb. 27.5**   **Regionale Verteilung von Ventilation ($\dot{V}_A$) und Perfusion ($\dot{Q}$) in aufrechter Körperlage.** Sowohl $\dot{V}_A$ als auch $\dot{Q}$ nehmen im Stehen von der Lungenspitze zur Lungenbasis hin zu. Da die Zunahme der Durchblutung jedoch deutlich ausgeprägter ist, vermindert sich das Verhältnis von Ventilation zu Perfusion ($\dot{V}_A / \dot{Q}$) von der Spitze zur Basis

❯❯ Die Verteilung der Lungendurchblutung ist lageabhängig.

27.2.2   Regionale Regulation der Lungenperfusion

Eine Verminderung des alveolären O_2-Partialdrucks führt zu einer Vasokonstriktion der Lungenarteriolen und somit zu einer Reduktion der Lungendurchblutung.

Hypoxische Vasokonstriktion   Die regionale Lungenperfusion hängt auch von den jeweiligen Atemgasfraktionen in den benachbarten Alveolarräumen ab. Insbesondere führt eine Abnahme des alveolären O_2-Partialdrucks zu einer Konstriktion der Arteriolen und damit zu Minderdurchblutung (**Euler-Liljestrand-Mechanismus**). Während im gesamten übrigen Organismus ein O_2-Mangel zu einer Erweiterung der Blutgefäße führt (▶ Kap. 20.3 und 22.1), kommt es in der Lunge zum Gegenteil, einer **Vasokonstriktion**. Durch diese hypoxiebedingte Widerstandserhöhung wird die Durchblutung in schlecht ventilierten Lungenbezirken eingeschränkt und der Blutstrom in gut ventilierte Gebiete umgeleitet. Bis zu einem gewissen Grade wird also die regionale Lungenperfusion $\dot{Q}$ der jeweiligen alveolären Ventilation $\dot{V}_A$ angepasst. Da bei einem Höhenaufenthalt der alveoläre P_{O_2} in der gesamten Lunge absinkt, führt der Euler-Liljestrand-Mechanismus zu einer Vasokonstriktion und somit zu einer Widerstandserhöhung im gesamten Lungenkreislauf (▶ Box „Pulmonale Hypertonie").

❯❯ Hypoxie führt in Lungengefäßen zu einer Vasokonstriktion.

Ursachen der Vasokonstriktion

Der Mechanismus, über den der O_2–Mangel zu einer Vasokonstriktion führt, ist derzeit noch nicht endgültig aufgeklärt. Als gesichert gilt, dass es durch die Hypoxie zu einer Depolarisation der glatten Gefäßmuskelzellen kommt, die dann zu einem Ca^{2+}-Einstrom in die Zelle und somit zu einer Kontraktion führt. Die hypoxische Vasokonstriktion wird noch von anderen Mediatoren (NO, Prostaglandin E_1, Endothelin 1) moduliert, woraus sich therapeutische Ansatzpunkte für die pulmonale Hypertonie (▶ Box „Pulmonale Hypertonie") ergeben.

Venös-arterielle Shunts

Während der überwiegende Anteil des Herzzeitvolumens mit den Alveolen in Diffusionskontakt tritt, nimmt ein kleiner Teil des zirkulierenden Blutvolumens nicht am Gasaustausch teil. Dieses Blut, das in venöser Form direkt dem arterialisierten Blut zugemischt wird, bezeichnet man als **Kurzschluss- oder Shuntblut**. Normalerweise bestehen anatomische Kurzschlüsse über die Vv. bronchiales und die in den linken Ventrikel mündenden kleinen Herzvenen (Vv. cordis minimae = Vv. Thebesii).

Obwohl beim Gesunden der Kurzschlussblutanteil nur etwa 2 % des gesamten Herzzeitvolumens ausmacht, wird dadurch doch der arterielle O_2-Partialdruck um 5–8 mmHg gegenüber dem O_2-Partialdruck am Ende der Lungenkapillaren gesenkt (Abb. 27.7). Unter bestimmten Bedingungen können bei angeborenen Herzfehlern (z. B. bestimmten Ventrikelseptumdefekten) wesentlich größere Anteile des venösen Blutes in die arterielle Strombahn gelangen und dort zu einer **Hypoxämie** (Abnahme des O_2-Partialdrucks im Blut) sowie zu einer **Hyperkapnie** (Erhöhung des CO_2-Partialdrucks) führen.

27.2.3 Arterialisierung des Blutes

Maßgebend für die Arterialisierung des Blutes sind Ventilation, Diffusion und Perfusion sowie deren regionale Verteilungen (Distribution).

Arterialisierungsfaktoren   Unter der Arterialisierung des Blutes versteht man die durch den pulmonalen Gasaustausch herbeigeführten Änderungen der O_2- und CO_2-Partialdrücke und des pH-Werts. Faktoren, die den Grad der Arterialisierung beeinflussen, sind in erster Linie die **alveoläre Ventilation** $\dot{V}_A$, die **Lungenperfusion** $\dot{Q}$ und die **Diffusionskapazität** D_L (Abb. 27.6). Wie bereits ausgeführt, bestimmen diese Größen jedoch nicht unabhängig voneinander den Atmungseffekt. Maßgebend sind vielmehr ihre wechselseitigen Verhältnisse, speziell das **Ventilations-Perfusions-Verhältnis** ($\dot{V}_A / \dot{Q}$). Ein hoher Quotient (>1) bedeutet, dass das Lungengewebe gut belüftet wird, aber nur wenig Blut den Sauerstoff aufnehmen kann, d. h. wenig Blut verlässt mit einem hohen P_{O_2} die Lungenkapillare. Bei einem niedrigen Quotienten (<1) ist die Durchblutung besser als die Ventilation, sodass relativ viel Blut nicht so gut oxygeniert wird.

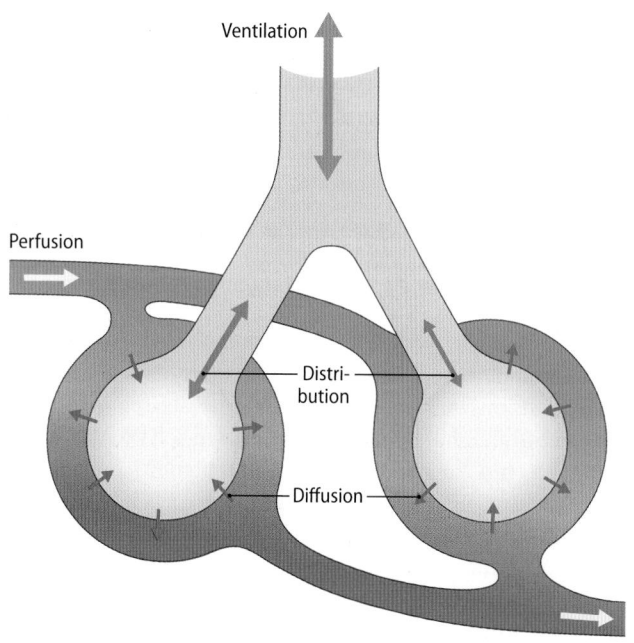

 Abb. 27.6   Schematische Darstellung der für den Arterialisierungseffekt in der Lunge maßgebenden Faktoren

Diese Betrachtung gewinnt noch an Bedeutung, wenn man berücksichtigt, dass Ventilation, Perfusion und Diffusion ungleichmäßig verteilt sind. Die **regionalen Unterschiede (Inhomogenitäten)** (Abb. 27.5) von Ventilation, Perfusion und Diffusion beeinflussen die Arterialisierung des Blutes. Die ungleichmäßige Verteilung oder **Distribution** mindert den Arterialisierungseffekt, d. h., sie führt zu einer Herabsetzung des arteriellen O_2-Partialdrucks und zu einer geringgradigen Erhöhung des arteriellen CO_2-Partialdrucks.

Inhomogenitäten des Ventilations-Perfusions-Verhältnisses Da Ventilation und Perfusion bei aufrechter Körperlage bereits inhomogen verteilt sind, gilt dies auch für $\dot{V}_A / \dot{Q}$, jedoch nimmt der $\dot{V}_A / \dot{Q}$-Quotient von der Lungenspitze zur Basis

---

Klinik

Pulmonale Hypertonie

Pathologie
Unter pathologischen Bedingungen kann der Blutdruck in den Lungenarterien deutlich zunehmen. Man spricht von einer pulmonalen Hypertonie, wenn der mittlere Pulmonalarteriendruck in Ruhe über 20 mmHg (Normwert: 14 mmHg) liegt.

Ursachen
Neben einer Stauung des Blutes vor dem linken Herzen (z. B. bei Linksherzinsuffizienz) kann die pulmonale Hypertonie durch eine verstärkte Pumpleistung des rechten Ventrikels verursacht sein. Eine solche vermehrte Rechtsherzbelastung tritt beispielsweise auf, wenn aufgrund eines

angeborenen Defekts der Herzscheidewand Blut direkt aus der linken in die rechte Herzkammer übertritt (Links-Rechts-Shunt). Die häufigsten Ursachen für eine pulmonale Hypertonie liegen aber in einer **Widerstandserhöhung in der Lungenstrombahn**. So führt eine Reduktion der Zahl der Lungenkapillaren, z. B. bei Lungenemphysem (► Box „Lungenemphysem") oder bei Lungenfibrose (► Box „Restriktive Ventilationsstörungen") zu einer Abnahme des Gesamtgefäßquerschnitts. Die Zahl der durchbluteten Kapillaren ist ebenfalls vermindert bei einer akuten Verlegung von Lungenarterien durch Thromben, die mit dem Blutstrom verschleppt wurden (Lungenembolie).

Aber auch Ventilationsstörungen oder ein Aufenthalt in großen Höhen können eine pulmonale Hypertonie bewirken: Durch Abnahme des alveolären O_2-Partialdrucks kommt es in diesen Fällen zu einer Vasokonstriktion der Lungenarteriolen (Euler-Liljestrand-Mechanismus). Schließlich erhöht auch die Zunahme der Blutviskosität (bei Polyglobulie; ► Kap. 19.2) den Widerstand in der Lungenstrombahn. Die Widerstandserhöhung führt zu einer chronischen Belastung des rechten Herzens mit Hypertrophie bzw. Dilatation des Kammermyokards (**Cor pulmonale**).

27

hin ab (■ Abb. 27.5). Dies liegt darin begründet, dass sich die Perfusion stärker ändert als die Ventilation. Es entsteht daher eine **Inhomogenität des Ventilations-Perfusions-Verhältnisses**, bei der im Bereich der Lungenspitze die Ventilation besser ist als die Perfusion ($\dot{V}_A / \dot{Q} > 1$), an der Lungenbasis aber die Perfusion überwiegt ($\dot{V}_A / \dot{Q} < 1$).

> ❯ Das Verhältnis von Ventilation zu Perfusion $\dot{V}_A / \dot{Q}$ ist in der Lunge inhomogen verteilt.

Beeinflussung der Arterialisierung durch Verteilungsinhomogenitäten Die ungleichmäßige Verteilung von Ventilation und Perfusion wirkt sich auf die Arterialisierung ungünstig aus, was an einem Beispiel erläutert werden soll (■ Abb. 27.7). Zum besseren Verständnis ist in aufrechter Körperlage der Alveolarraum lediglich in ein oberes ($\dot{V}_A / \dot{Q} > 1$) und ein unteres ($\dot{V}_A / \dot{Q} < 1$) Teilgebiet gegliedert. In diesem Beispiel ergibt sich im oberen Abschnitt ein alveolärer P_{O_2} von 114 mmHg (auch im Blut in diesem Abschnitt), im unteren von nur 91 mmHg. Der mittlere alveoläre P_{O_2} beträgt dann unter Berücksichtigung der Ventilationsverteilung 102 mmHg. Das in den beiden Teilgebieten unterschiedlich arterialisierte Blut mischt sich nun und es stellt sich ein P_{O_2} von 97 mmHg ein, wobei die Perfusion der Lungenbasis den dominierenden Einfluss hat. Durch Beimischung von Shuntblut sinkt der P_{O_2} um weitere 5 mmHg ab, sodass der arterielle P_{O_2} nur noch 92 mmHg beträgt. Obwohl also in allen Lungengebieten ein vollständiger Angleich des kapillären P_{O_2} an den alveolären Wert stattfindet, liegt, infolge der funktionellen Inhomogeni-

täten und venösarteriellen Kurzschlüsse, der arterielle P_{O_2} um etwa 10 mmHg unter dem mittleren alveolären P_{O_2}. Aus den gleichen Gründen kommt es zu einem P_{CO_2}-Anstieg im arteriellen Blut, der jedoch so gering ist, dass er i. d. R. vernachlässigt werden kann.

27.2.4 Gaspartialdrücke im arteriellen Blut

Die arteriellen Blutgaspartialdrücke sind vom Lebensalter abhängig und lassen sich mit Gaselektroden bestimmen.

Arterielle Blutgaswerte Die Güte der Arterialisierung (als Folge von Ventilation, Perfusion und Diffusion) spiegelt sich in der jeweiligen Höhe der arteriellen O_2- und CO_2-Partialdrücke wider. Die beiden Werte liefern also ein Qualitätsmaß für die Beurteilung der Lungenfunktion. Daher ist es notwendig, ihre „Normalwerte" zu kennen. Wie fast alle biologischen Größen weisen auch die arteriellen Blutgaswerte nicht unbeträchtliche physiologische Variationen auf.

> ❯ Die arteriellen Blutgase sind klinisch wichtige Parameter zur Beurteilung der Lungenfunktion.

Abhängigkeit vom Lebensalter Während der arterielle O_2-Partialdruck bei gesunden Jugendlichen im Mittel 90 mmHg (12,0 kPa) beträgt, findet man bei 40-jährigen Werte um 80 mmHg (10,6 kPa) und bei 70-jährigen um 70 mmHg (9,3 kPa). Diese Abnahme des arteriellen O_2-Partialdrucks ist wahrscheinlich auf die mit dem Alter zunehmenden Verteilungsinhomogenitäten in der Lunge zurückzuführen. Der arterielle CO_2-Partialdruck, der beim Jugendlichen etwa 40 mmHg (5,3 kPa) beträgt, verändert sich dagegen mit dem Alter nur wenig, da die Diffusionsfähigkeit von CO_2 sehr viel höher ist als für O_2 (▶ Abschn. 27.1.5) und somit auch bei zunehmender Inhomogenität eine ausreichende CO_2–Abgabe sichergestellt bleibt.

Messung der arteriellen Blutgaswerte
Zur Bestimmung des arteriellen O_2-Partialdrucks wendet man heute hauptsächlich das polarographische Verfahren an. Eine Messelektrode (Platin oder Gold) und eine Bezugselektrode, die beide in eine Elektrolytlösung eintauchen, sind mit einer Spannungsquelle (Polarisationsspannung 0,6 V) verbunden. Gelangen O_2-Moleküle durch eine gasdurchlässige Kunststoffmembran an die Oberfläche des Edelmetalls, so werden sie dort reduziert. Der damit verbundene elektrische Strom entspricht dem O_2-Partialdruck in der Lösung. Für die Messung reichen wenige Tropfen arteriellen Blutes aus, die aber nicht mir der Luft in Kontakt kommen dürfen.
Die Messung des arteriellen CO_2-Partialdrucks kann ebenfalls in sehr kleinen Blutproben erfolgen. Hierzu benutzt man eine Elektrodenanordnung, wie sie auch für die pH-Messung eingesetzt wird, die allerdings zusätzlich von der Blutprobe durch eine gasdurchlässige Kunststoffmembran getrennt ist. Die Elektrode taucht hierbei in eine Elektrolyt-Lösung (NaHCO$_3$). CO_2 aus der Blutprobe beeinflusst das CO_2-HCO$_3^-$-Gleichgewicht, wodurch sich der pH-Wert der Lösung ändert. Die elektrometrische Anzeige gibt daher nach entsprechender Kalibrierung direkt den CO_2-Partialdruck des Blutes an.

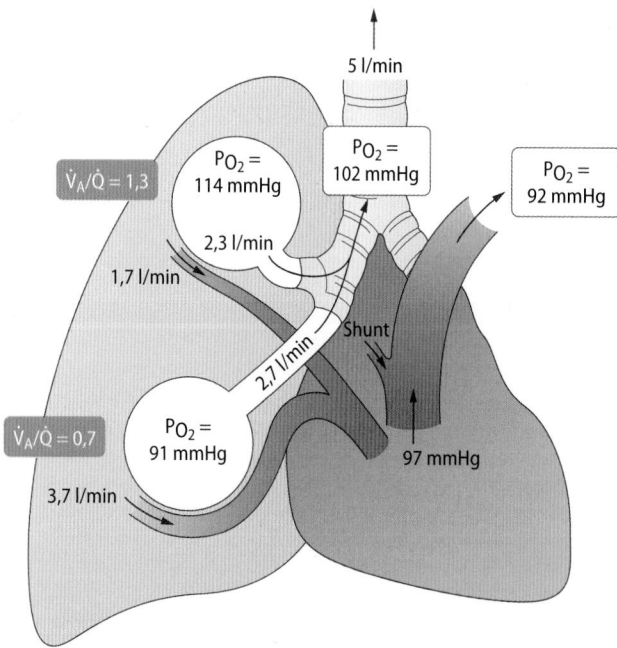

■ **Abb. 27.7   Auswirkungen der regionalen Inhomogenitäten in der Lunge auf die Arterialisierung des Blutes.** Die Lunge ist vereinfachend in zwei unterschiedlich belüftete und durchblutete Bezirke unterteilt; die Angaben zur alveolären Ventilation und zur Perfusion beziehen sich auf beide Lungenflügel. Infolge der funktionellen Inhomogenitäten und der venösarteriellen Shunts entsteht eine alveoloarterielle O_2-Partialdruckdifferenz von 10 mmHg

In Kürze

Lungenperfusion

Das Lungengefäßsystem besitzt nur einen geringen Strömungswiderstand. Bei Erhöhung des Pulmonalarteriendrucks während körperlicher Arbeit kommt es zu einer zusätzlichen Widerstandsminderung, da die Gefäße druckpassiv erweitert und Reservekapillaren eröffnet werden.

Bei aufrechter Körperhaltung sind wegen der hydrostatischen Druckdifferenz die basalen Lungenpartien wesentlich stärker durchblutet als die Lungenspitzen. Die Lungenbasis ist auch besser belüftet als die Lungenspitze.

Alveoläre Hypoventilation führt zu einer Hypoxie-bedingten Konstriktion der Arteriolen und damit zu einer Widerstandserhöhung, sodass die Durchblutung an die verminderte Ventilation angepasst wird (Euler-Liljestrand-Mechanismus).

Ein kleiner Teil des zirkulierenden Blutes (2 %) nimmt nicht am Gasaustausch teil (venös-arterielle Shuntperfusion).

Arterialisierung des Blutes

Unter der Arterialisierung des Blutes versteht man die durch den pulmonalen Gasaustausch herbeigeführten Änderungen der O_2- und CO_2-Partialdrücke sowie des pH-Werts. Die Partialdruckwerte, die sich nach der Lungenpassage im Blut einstellen, werden beeinflusst durch die alveoläre Ventilation, die Lungenperfusion, die Diffusionskapazität und die Verteilung (Distribution) dieser Größen.

In den Lungenspitzen haben das Ventilations-Perfusions-Verhältnis und damit auch der alveoläre O_2-Partialdruck einen größeren Wert als in der Lungenbasis. Nach Mischung des arterialisierten Blutes aus allen Regionen und Beimischung des Shuntblutes ergibt sich ein arterieller O_2-Partialdruck, der um etwa 10 mmHg unter dem mittleren alveolären Wert liegt.

Beim Jugendlichen liegt der arterielle O_2-Partialdruck bei etwa 90 mmHg. Dieser Wert vermindert sich mit zunehmendem Alter.

Literatur

Lumb AB (2011) Nunn's applied respiratory physiology. 7th Edition. Churchill Livingstone, Edinburgh London

Matthys H, Seeger W (2008) Klinische Pneumologie. 4. Auflage. Springer, Berlin Heidelberg New York

Ulmer WT, Nolte D, Lecheler J, Schäfer T (2003) Die Lungenfunktion. 7. Auflage. Thieme, Stuttgart

West JB (2011) Respiratory physiology. 9th Edition. The essentials. Lippincott Williams & Wilkins, Philadelphia

West JB (2012) Pulmonary pathophysiology. 8th Edition. The essentials. Lippincott Williams & Wilkins, Philadelphia

Atemgastransport

Wolfgang Jelkmann

© Springer-Verlag GmbH Deutschland, ein Teil von Springer Nature 2019
R. Brandes et al. (Hrsg.), *Physiologie des Menschen*, Springer-Lehrbuch
https://doi.org/10.1007/978-3-662-56468-4_28

Worum geht's? (◘ Abb. 28.1)

Blut dient als Transportmittel für Gase
Die Körperzellen verwenden für die oxidative Energieumwandlung **Sauerstoff (O_2)** und sie geben **Kohlendioxid (CO_2)** ab. Der Gastransport zwischen der Lunge und den anderen Organen wird durch das in den Gefäßen zirkulierende Blut bewerkstelligt.

Für den O_2 Transport ist das Hämoglobin zuständig
Die O_2-Kapazität nimmt mit der Hämoglobinkonzentration des Blutes zu. Hämoglobin ist der rote Blutfarbstoff der Erythrozyten. Er ist ein **Protein aus vier Untereinheiten.** Jede davon ist aus einer **Globinkette** und einer **Hämgruppe** aufgebaut. Das Häm besteht aus einem Porphyrinring mit einem zentralen **Fe^{2+},** an das sich reversibel O_2 anlagern kann. Dabei ändert sich die Konformation des gesamten Hämoglobinmoleküls.

CO_2 wird als Bikarbonat transportiert
In den Erythrozyten wird CO_2 mit Wasser zu Kohlensäure. Diese zerfällt in Bikarbonat- und Wasserstoff-Ionen. Die meisten **Bikarbonat-Ionen** diffundieren in das Blutplasma. Die Wasserstoff-Ionen werden durch Hämoglobin abgepuffert.

Der Fetus muss vor O_2-Mangel geschützt werden
Der Fetus ist auf die Versorgung mit O_2 über die Plazenta angewiesen. Damit die O_2-Versorgung trotz des sehr niedrigen O_2-Partialdrucks im fetalen Blut ausreicht, hat das fetale Blut eine **hohe Hämoglobinkonzentration** und eine sehr **große O_2-Affinität.**

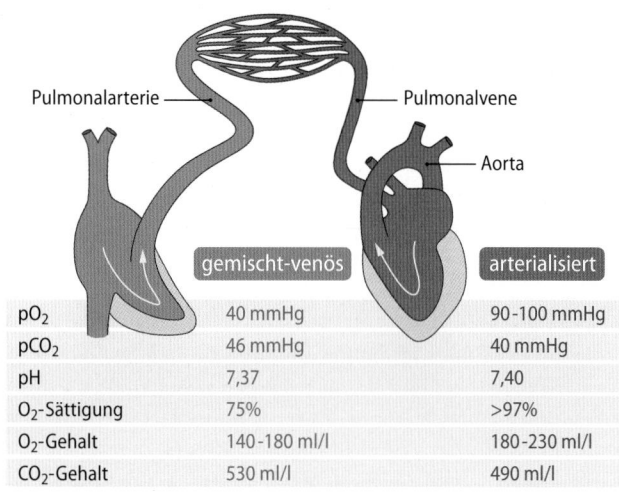

	gemischt-venös	arterialisiert
pO_2	40 mmHg	90-100 mmHg
pCO_2	46 mmHg	40 mmHg
pH	7,37	7,40
O_2-Sättigung	75%	>97%
O_2-Gehalt	140-180 ml/l	180-230 ml/l
CO_2-Gehalt	530 ml/l	490 ml/l

◘ **Abb. 28.1** Gaswerte im arteriellen und venösen pulmonalen Kreislauf bzw. der Aorta

28.1 Biophysikalische Grundlagen

28.1.1 Aufnahme der Atemgase ins Blut

Die Konzentration eines gelösten Gases hängt von Partialdruck und Löslichkeitskoeffizient ab.

Gasaustausch Die Körperzellen benötigen für die oxidative Energieumwandlung Sauerstoff (O_2), wofür sie Kohlendioxid (CO_2) abgeben. Der Gasaustausch erfolgt in mehreren Schritten:
- Die Lungenbelüftung sorgt für den Gasaustausch mit der Umgebung (**äußere Atmung**).
- Das Blut transportiert konvektiv die Atemgase.
- Die Kapillaren dienen dem diffusiven Austausch mit den Geweben (**innere Atmung**).

Stofftransport durch Diffusion Der O_2-Partialdruck (PO_2) fällt von ca. 160 mmHg (21 kPa) in der Luft (in Meereshöhe) bis unter 5 mmHg (0,7 kPa) in den Körperzellen. Der CO_2-Partialdruck (PCO_2) beträgt 40–60 mmHg (5–8 kPa) in den Körperzellen und 0,3 mmHg (0,04 kPa) in der Luft.

Löslichkeit von Gasen Die Konzentration (C) eines in einer Flüssigkeit gelösten Gases (G) ist seinem **Partialdruck** (P) proportial

$$C_G = P_G \times \alpha_G \tag{28.1}$$

(Henry-Gesetz)

Der Proportionalitätsfaktor α (**Bunsen-Absorptions- oder Löslichkeitskoeffizient**) ist ein Maß für die physikalische Löslichkeit des Gases. Er hat die Dimension: Gasvolumen in

Milliliter (STPD, standard temperature [0 °C] and pressure [760 mmHg], dry) pro Milliliter Flüssigkeit pro Atmosphäre Druck (atm, 760 mmHg). Der Löslichkeitskoeffizient hängt von der Art des Gases, dem Lösungsmittel und der Temperatur ab.

Löslichkeitskoeffizienten von O_2 und CO_2   Der **Löslichkeitskoeffizient von O_2** beträgt bei atmosphärischem Druck (760 mmHg) in wässrigen Lösungen 0,024 ml/ml. Für den normalen arteriellen PO_2 von 95 mmHg errechnet sich also ein O_2-Gehalt von ca. 0,003 ml pro ml Plasma. Sollen Gasvolumina molar ausgedrückt werden, gilt: 1 ml = 45 μmol (22,4 l = 1 Mol).

Der **Löslichkeitskoeffizient von CO_2** beträgt bei atmosphärischem Druck in wässrigen Lösungen 0,57 ml/ml und ist somit 24-fach höher als der von O_2.

Gelöstes O_2 und CO_2 im Blut   In körperlicher Ruhe verbraucht der Mensch etwa 300 ml O_2/min. Bei einem Herzzeitvolumen von 5 l/min könnten in rein physikalischer Lösung jedoch nur 15 ml O_2 mit dem Blut angeliefert werden (0,003 ml O_2 × 5.000 ml Blut/min). Tatsächlich liegen O_2 und CO_2 im Blut jedoch nur zu einem geringen Anteil gelöst vor. O_2 wird größtenteils an **Hämoglobin gebunden** und CO_2 **in Bikarbonat** (HCO_3^-) umgewandelt. Infolgedessen besteht keine lineare Korrelation zwischen dem Gehalt und dem Partialdruck der Atemgase im Blut. O_2 folgt einer sigmoidalen und CO_2 einer hyperbolen **Bindungskurve** (s. u.).

28.1.2 Diffusion der Atemgase

Partialdruckdifferenzen und Diffusionskonstanten bestimmen den Diffusionsstrom von O_2 und CO_2.

Diffusionskoeffizienten   Die Stärke des O_2- und CO_2-Diffusionsstroms in der Lunge und in den peripheren Geweben ist nach dem 1. Fick-Diffusionsgesetz der **Partialdruckdifferenz** der Atemgase sowie der **Diffusionsfläche** proportional und der Schichtdicke des Hindernisses umgekehrt proportional.

Da die Molekülgröße von O_2 kleiner ist als die von CO_2, ist der **Diffusionskoeffizient** von O_2 etwas größer als der von CO_2 (**Graham-Gesetz:** Der Diffusionskoeffizient ist umgekehrt proportional der Quadratwurzel aus der molekularen Masse). Das Produkt aus Diffusionskoeffizient und Löslichkeitskoeffizient ergibt die **Krogh-Diffusionskonstante** (ml Gas/cm × min × 760 mmHg). Da CO_2 24-mal besser löslich ist als O_2 (s. o.), ist die **Diffusionskonstante von CO_2 ca. 20-mal so groß wie die von O_2**.

Alveoloarterielle Sauerstoffdifferenz   Normalerweise besteht beim Gasaustausch in der Lunge und in der Peripherie weder für O_2 (da große Partialdruckdifferenzen) noch für CO_2 (da große Diffusionskonstante) eine Diffusionsbegrenzung. Die geringe Differenz zwischen dem PO_2 im Alveolarraum (100 mmHg) und in den Arterien des großen Kreislaufs (etwa 95 mmHg) – **die alveoloarterielle Sauerstoffdifferenz** ($AaDO_2$) – ergibt sich vor allem durch Inhomogenitäten des Belüftungs-Durchblutungs-Verhältnisses in der Lunge. In ◘ Abb. 28.1 sind die wichtigsten Blutgaswerte für gemischt-venöse und arterielle Stromgebiete gegenübergestellt.

Stickstoff N_2 ist physiologisch **inert**, das heißt, es wird im Organismus nicht umgesetzt. Seine Löslichkeit und Diffusionsgeschwindigkeit sind vergleichsweise gering. Bei atmosphärischem Druck enthält 1 l Blut 9 ml N_2. Medizinische Probleme treten auf, wenn der Umgebungsdruck plötzlich abnimmt und sich Gasblasen im Blut bilden.

In Kürze

Die Konzentration eines gelösten Gases ist proportional seinem **Partialdruck**. Außerdem hängt sie vom **Löslichkeitskoeffizienten** ab. Die Atemgase werden in der Lunge und in den Geweben durch **Diffusion** ausgetauscht. Der Proportionalitätsfaktor, der Bunsen-Löslichkeitskoeffizient, hat im Blut für CO_2 einen etwa 24-mal größeren Wert als für O_2.

Klinik

Dekompressionskrankheit

Bei einem raschen **Abfall des Umgebungsdruckes**, wie er bei Tauchern durch zu schnelles Aufsteigen oder bei Fliegern durch einen Druckverlust bei der Flugzeugkabine vorkommen kann, werden Stickstoff und Sauerstoff aus den Körperflüssigkeiten freigesetzt und gehen in die Gasform über. Intra- und extrazellulär bilden sich **Gasblasen**, die durch mechanischen Druck Gewebe schädigen und als **Gasembolien** Gefäße verlegen können. Die Embolien entstehen vor allem durch **Stickstoffansammlungen**, da der Sauerstoff umgesetzt wird und verschwindet. Leichte Formen des Dekompressionstraumas äußern sich in Mikrozirkulationsstörungen in der Haut mit Rötung, Schwellung und Juckreiz. Wenn der Außendruck akut auf die Hälfte des Ausgangswertes abfällt, kommt es zur lebensbedrohlichen Dekompressionskrankheit. Diese ist vor allem durch zentralnervöse Störungen gekennzeichnet, weil im fettreichen Nervengewebe viel Stickstoff gespeichert ist, welcher nun entweicht. Innerhalb einer halben Stunde nach dem Unfall zeigen sich erste Symptome der Erkrankung (Kopfschmerzen, Sehstörungen, Schwindelgefühl, Gelenk- und Muskelschmerzen, Sensibilitätsstörungen und Schwäche in den Beinen). In schwersten Fällen kann sich ein zerebrales psychoorganisches Syndrom mit Desorientierung und Bewusstseinseintrübung entwickeln. Zur Therapie ist eine sofortige Rekompression in einer **Überdruckkammer** indiziert.

28.2 Hämoglobin

28.2.1 Struktur und Funktion

Der rote Blutfarbstoff Hämoglobin ist ein Protein aus vier Untereinheiten mit je einer Globinkette und einem Häm.

Aufgaben des Hämoglobins Der in den Erythrozyten enthaltene rote Blutfarbstoff Hämoglobin

- dient als **Vehikel für O_2**. In den Lungenkapillaren lagert sich O_2 an Hämoglobin an (**Oxygenation**). Über 98 % des O_2 im arterialisierten Blut ist an Hämoglobin gebunden. In den Gewebekapillaren wird O_2 wieder vom Hämoglobin abgegeben (**Desoxygenation**),
- trägt zur Pufferung bei (▶ Kap. 37.2) und
- trägt zum CO_2-Transport bei (s. u.).

Molekulare Struktur Hämoglobin ist ein **tetrameres Protein** mit einer molekularen Masse von 64,5 kDa (◱ Abb. 28.2). Seine **vier Untereinheiten** bilden eine Funktionseinheit, denn sie beeinflussen sich gegenseitig. Jede Untereinheit besteht aus einer Polypeptidkette, dem **Globin**, und einer prosthetischen Gruppe, dem **Häm**. Jeweils zwei der vier Globinketten sind identisch.

Das **Häm** ist aus vier über Methinbrücken miteinander verbundenen Pyrrolringen aufgebaut (Porphyrinring), die in der Mitte über ihre vier Stickstoffatome ein zweiwertiges Eisenatom (Fe^{2+}) komplex binden. Der Porphyrinring hat konjugierte Doppelbindungen, die die **rote Farbe** verursachen. An das **Fe^{2+}-Atom** lagert sich bei der Oxygenation O_2 an. Es wird dabei nicht oxidiert. Andererseits geht die Oxygenation mit einer Änderung der Quartärstruktur des Moleküls einher (**Konformationsänderung**). Das Eisen ist nämlich mit der Globinkette über deren proximalen Histidinrest kovalent verbunden. Durch dieses Histidin werden Strukturänderungen des Häms auf das Globin übertragen.

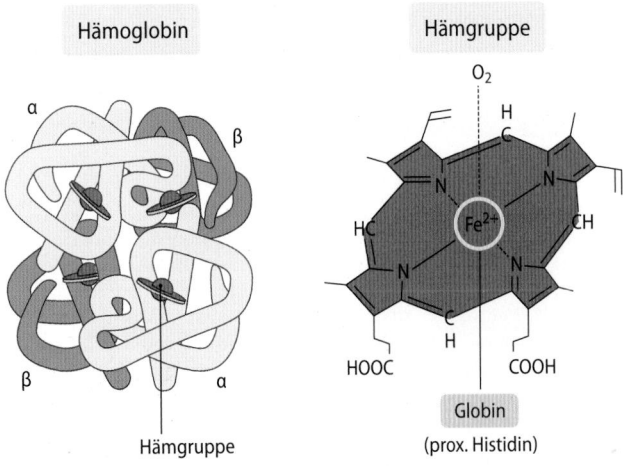

◱ **Abb. 28.2** **Aufbau des Hämoglobinmoleküls aus vier (je zwei identischen) Globinketten (blau) und vier Hämgruppen (rot).** Jedes Häm (rechts vergrößert dargestellt) besteht aus einem Porphyrinring und einem zentralen zweiwertigen Eisen, an dessen 6. Koordinationsstelle sich reversibel O_2 anlagern kann (Oxygenation)

Spektroskopie
Hämoglobin hat eine charakteristische Absorptionsbande bei 400 nm (Soret-Bande), die durch den Porphyrinanteil hervorgerufen wird. **Oxygeniertes** Hämoglobin hat **zwei weitere Absorptionsmaxima** (541 und 577 nm), **desoxygeniertes** Hämoglobin dagegen **nur ein Maximum** dazwischen (555 nm). Desoxygeniertes Hämoglobin absorbiert also Licht im langwelligen Spektralbereich etwas stärker und im kurzwelligen Spektralbereich etwas schwächer als oxygeniertes. Daher erscheint **venöses** Blut **bläulich-rot** und **arterielles feuerrot**.
Die **Hämoglobin-(Hb-)Konzentration** kann durch Extinktionsmessung mit monochromatischem Licht bestimmt werden. Da Hämoglobin in stark verdünnten Lösungen aber wenig beständig ist und seine Extinktion sich mit der O_2-Beladung ändert, ist zuvor die Umwandlung in eine farbstabile Verbindung notwendig. Üblicherweise wird alles Hämoglobin in **Zyanmethämoglobin** überführt, dessen Konzentration dann photometrisch ermittelt wird.

❯ **Bei der Oxygenation lagern sich O_2-Moleküle an die Fe^{2+}-Atome des Häms.**

28.2.2 Hämoglobin-Isoformen

Die Erythrozyten des Erwachsenen enthalten überwiegend HbA, die des Feten HbF.

HbA Das Hämoglobin des erwachsenen Menschen (HbA, A = adult) hat (überwiegend) zwei **α-Ketten** aus 141 Aminosäuren und zwei β-Ketten aus 146 Aminosäuren (α_2, β_2). In der klinisch-chemischen Diagnostik (bei Diabetes mellitus) werden eine nicht glykierte (HbA$_o$, normalerweise > 94 %) und eine glykierte (HbA$_1$, normalerweise < 6 %) Form unterschieden. Glykiertes Hämoglobin entsteht durch die nichtenzymatische Verbindung (Schiff-Basen) von Hexosen mit den terminalen Valylresten der β-Ketten. Die Hämoglobinvariante mit gebundener Glukose wird als HbA$_{1C}$ bezeichnet. Gesteigerter Anteil von HbA$_{1C}$ ist ein diagnostisch wichtiger Hinweis auf erhöhte Glukosekonzentrationen bei Diabetes mellitus (▶ Kap. 76.2).

Daneben findet sich zu einem kleinen Prozentsatz (2 %) das sog. **HbA$_2$,** das anstelle der β-Ketten zwei **δ-Ketten** besitzt (α_2, δ_2). Die δ-Ketten bestehen ebenfalls aus 146 Aminosäuren, wovon aber zehn anders als in den β-Ketten sind.

❯ **Die vorwiegenden Hämoglobin-Isoformen des Erwachsenen sind HbA (98 %) und HbA$_2$ (2 %).**

Globin-Isoformen in der Ontogenese In der Embryonalzeit werden die Hämoglobine Gower 1 (ζ_2, ϵ_2), Portland (ζ_2, γ_2) und Gower 2 (α_2, ϵ_2) gebildet. Ab dem 3. Schwangerschaftsmonat wird **fetales Hämoglobin** (HbF) gebildet, welches aus **zwei α- und zwei γ-Ketten** zusammengesetzt ist (α_2, γ_2). HbF-haltige Erythrozyten haben eine hohe Affinität, O_2 zu binden (s. u.). HbF macht quantitativ ab der 8. Schwangerschaftswoche den Hauptteil des Gesamthämoglobins aus. Das reife **Neugeborene** besitzt etwa **80 % HbF** und **20 % HbA**. HbF-haltige Erythrozyten sind gegenüber oxidativem Stress besonders empfindlich. Im Alter von 12–18 Monaten erreicht das Kleinkind den **Hämoglobinstatus des Erwachsenen** (HbF < 1 %).

Störungen der Hämoglobinsynthese Zwei Typen angeborener Defekte der Hämoglobinbildung werden unterschieden:

- Zum einen kann die Globinkette qualitativ verändert sein. I. d. R. ist dabei ein Nukleotid in der DNA abnormal, sodass eine **andere Aminosäure** im Globin erscheint. Dieser Typ wird als **Hämoglobinopathie** bezeichnet. Bekanntestes Beispiel ist der Einbau von Valin anstelle von Glutamat in Position 6 der β-Kette (HbS), der zur Sichelzellanomalie führt.

- Zum anderen kann die **Synthese** einer (α oder β) oder zweier (β und δ) Globinkettenarten quantitativ **vermindert** sein, während die Aminosäurensequenz normal ist. Diese Störung führt zu den **Thalassämie-Syndromen**.

In Kürze

Der rote Blutfarbstoff Hämoglobin ist ein **tetrameres Protein**; jede seiner vier Untereinheiten besteht aus einer **Globinkette** und einem **Häm**. Die Hauptaufgaben des Hämoglobins sind die Anlagerung von O₂ in den Lungenkapillaren (**Oxygenation**), die Abgabe von O₂ in den Gewebekapillaren (**Desoxygenation**) und die Pufferung von Protonen. Die O₂-Bindung erfolgt über ein Eisenatom (Fe^{2+}), das sich im Zentrum des Häms befindet. Während der menschlichen Entwicklung werden Globinpaare mit unterschiedlichen Aminosäuren gebildet. Die Erythrozyten des **Erwachsenen** enthalten vorwiegend **HbA** (98 %), die des **Feten** vorwiegend **HbF**.

28.3 Transport von O₂ im Blut

28.3.1 O₂-Beladung des Blutes

Die O₂-Kapazität des Blutes steigt mit der Hämoglobinkonzentration.

Maximale O₂-Beladung Die maximale O₂-Aufnahmefähigkeit einer hämoglobinhaltigen Lösung wird als **O₂-Kapazität** bezeichnet. Das tetramere Hämoglobinmolekül (Hb) kann vier Moleküle O₂ binden:

$$Hb + 4\,O_2 \rightleftharpoons Hb(O_2)_4 \qquad (28.2)$$

Unter Berücksichtigung des Molvolumens für ideale Gase (22,4 l) kann ein Mol Hämoglobin (64.500 g) 89,6 l O₂ (4 × 22,4 l) binden. Pro Gramm Hämoglobin errechnen sich damit 1,39 ml O₂. In der Praxis ergeben Blutanalysen etwas niedrigere Werte, da das Hämoglobin z. T. als Methämoglobin und als CO-Hämoglobin vorliegt, welche kein O₂ binden können (s. u.). Daher wird i. d. R. mit der **Hüfner-Zahl** gerechnet: **1 g Hämoglobin bindet maximal 1,34 ml O₂**.

❯ 1 g Hämoglobin bindet bis zu 1,34 ml O₂ (Hüfner-Zahl).

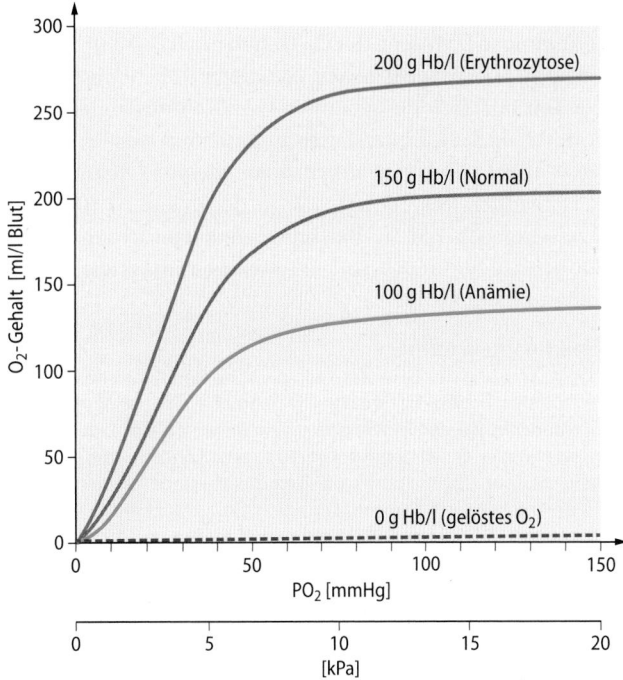

◨ **Abb. 28.3 O₂-Bindungskurven bei unterschiedlicher Hämoglobinkonzentration.** Abhängigkeit des O₂-Gehaltes des Blutes vom O₂-Partialdruck (PO₂) und der Hämoglobinkonzentration (Hb) des Blutes unter Standardbedingungen (pH 7,40; PCO₂ 40 mmHg; 37°C)

O₂-Kapazität des Blutes Mithilfe der Hüfner-Zahl lässt sich aus der **Hämoglobinkonzentration** des Blutes die O₂-Kapazität berechnen. Beispielsweise beträgt bei einer Person mit 150 g Hb/l die O₂-Kapazität des Blutes 201 ml O₂/l. Damit kann – gebunden an Hämoglobin – ca. 70-mal mehr O₂ transportiert werden, als dies in physikalischer Lösung der Fall wäre.

Die O₂-Kapazität des Blutes ist eine wichtige **Determinante der körperlichen Leistungsfähigkeit ("aerobe Kapazität")**. ◨ Abb. 28.3 zeigt beispielhaft, dass bei einem anämischen Patienten mit einer Hämoglobinkonzentration von 100 g pro Liter Blut nur etwa halb so viel O₂ pro Blutvolumen transportiert werden kann, wie bei einer Person mit einer doppelt so hohen Hämoglobinkonzentration. Die (kleine) physikalisch gelöste O₂-Menge ist dabei in beiden Fällen gleich.

Bei PO₂-Werten über 100 mmHg ist das Hämoglobin praktisch vollständig mit O₂ gesättigt, sodass nur noch der Gehalt an physikalisch gelöstem O₂ zunimmt.

O₂-Gehalt im arteriellen und venösen Blut Der Gehalt des Blutes an chemisch gebundenem Sauerstoff hängt von der aktuellen O₂-Sättigung ab (% HbO₂). Unter Berücksichtigung der Hüfner-Zahl errechnet sich der O₂-Gehalt ([O₂]) als

$$[O_2] = 1{,}34\,[Hb] \times (\%\,HbO_2) \qquad (28.3)$$

Aus den genannten Werten für die **arterielle O₂-Sättigung** (> 97 %) und die **gemischt-venöse O₂-Sättigung** (ca. **75 %** bei körperlicher Ruhe) ergibt sich demnach ein Gehalt an chemisch gebundenem Sauerstoff im arteriellen und gemischt-venösen Blut von ca. 200 bzw. 150 ml O_2/l. Die **arteriovenöse Differenz der O_2-Gehalte (avD$_{O2}$)** beträgt also **50 ml O_2/l**. Hieraus geht hervor, dass unter Ruhebedingungen insgesamt nur 25 % des gesamten O_2 des Blutes bei der Passage durch die Gewebekapillaren ausgeschöpft werden. Allerdings ist die O_2-Ausschöpfung in den einzelnen Organen sehr unterschiedlich. Sie beträgt z. B. in den Nieren <10 %, im Herzen dagegen >50 %. Bei schwerer körperlicher Arbeit kann der O_2-Verbrauch so stark ansteigen, dass die avD$_{O2}$ insgesamt mehr als 100 ml O_2/l beträgt.

Künstliche Sauerstoffträger

Die O_2-Versorgung des Gewebes kann bei schweren Anämien unzureichend werden, sodass Erythrozyten, Hämoglobin oder andere O_2-Träger verabreicht werden müssen. In vielen Regionen der Erde gibt es Engpässe in der Gewinnung von Erythrozytenkonzentraten. Zudem besteht bei der Übertragung von Fremdblutbestandteilen ein Restrisiko der Infektion mit Krankheitserregern. Daher wird seit Jahren versucht, „künstliche" O_2-Träger zu therapeutischen Zwecken herzustellen. Dabei werden zwei Ansätze verfolgt: modifizierte Hämoglobinlösungen und Perfluorkarbonemulsionen. Hauptprobleme des therapeutischen Einsatzes von freiem Hämoglobin sind seine große O_2-Affinität und seine kurze intravasale Verweildauer sowie als Nebenwirkungen ausgeprägte Vasokonstriktionen, Nierenschädigungen und Antigenität. Um diese Nachteile zu vermeiden, werden Hämoglobinmoleküle polymerisiert oder mikroverkapselt. Perfluorkarbone sind inerte Kohlenwasserstoffe, die O_2 und CO_2 proportional zum jeweiligen Gas-Partialdruck physikalisch lösen. Sie können jedoch nur vorübergehend als Erythrozytenersatz eingesetzt werden.

28.3.2 Abhängigkeit der O_2-Bindung vom O_2-Partialdruck

Die Lage der S-förmigen Hämoglobin-O_2-Bindungskurve wird durch den Halbsättigungsdruck (P_{50}) gekennzeichnet.

O_2-Bindungskurve Der Grad der Beladung der Hämoglobinmoleküle mit O_2, die **O_2-Sättigung**, hängt vom Sauerstoffpartialdruck (PO_2) ab. In Abwesenheit von O_2 (Anoxie) ist das Hämoglobin desoxygeniert (O_2-Sättigung 0 %). Mit steigendem PO_2 nimmt die O_2-Sättigung zu (◘ Abb. 28.3). Die O_2-Bindungskurve des Blutes zeigt einen charakteristischen S-förmigen Verlauf, der v.a. bei logarithmischer Darstellung deutlich wird (◘ Abb. 28.4a). Bei PO_2 90–100 mmHg (12–13 kPa) ist das Hämoglobin zu über 97 % mit O_2 gesättigt. Bei einem arteriellen PO_2 von 60 mmHg (8 kPa) beträgt die O_2-Sättigung immer noch 90 %. Der flache Verlauf der Bindungskurve im oberen Abschnitt ist günstig, weil damit selbst bei einer abnormalen Erniedrigung des arteriellen PO_2 (z. B. bei Höhenaufenthalt oder Lungenfunktionsstörungen) eine hohe O_2-Sättigung des arterialisierten Blutes gewährleistet bleibt. Der steile Abschnitt der Hämoglobin-O_2-Bindungskurve (zwischen PO_2 60 mmHg und 10 mmHg) ermöglicht die Abgabe von O_2 bei relativ hohen O_2-Partialdrücken und somit einen starken O_2-Diffusionsstrom aus den Kapillaren in das umgebende Gewebe. Der PO_2 des gemischt-venösen Blutes beträgt bei Menschen in körperlicher Ruhe durchschnittlich 40 mmHg (5,3 kPa) entsprechend einer O_2-Sättigung von 75 % (◘ Abb. 28.4a).

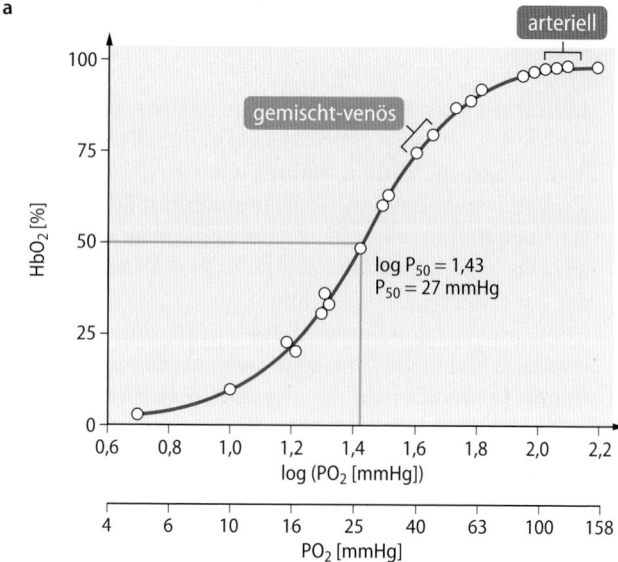

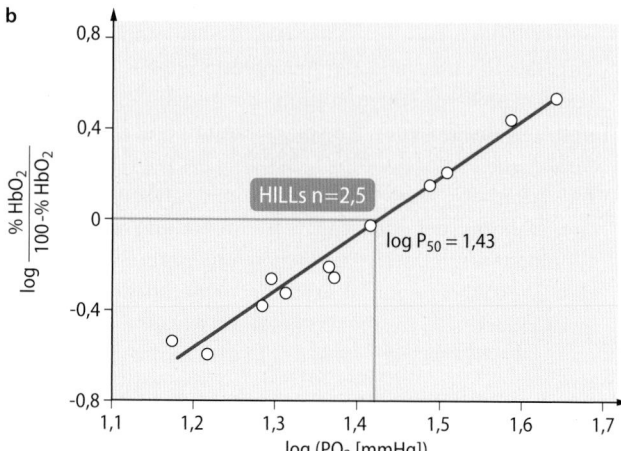

◘ **Abb. 28.4a,b** O_2-Bindungskurve eines menschlichen Blutes bei logarithmischer Auftragung des PO_2 (pH 7,40; PCO_2 40 mmHg; 37°C). **a** S-förmiger Verlauf bei Auftragung der prozentualen Sättigung (% HbO$_2$) auf der Ordinate mit Angabe des arteriellen und gemischt-venösen Bereichs sowie des P_{50}, **b** Hill-Plot (linearisierter Bereich zwischen 20 % und 80 % HbO$_2$)

Pulsoxymetrie

Die O_2-Sättigung des Blutes kann mithilfe eines Pulsoxymeters kontinuierlich in vivo gemessen werden. Dazu wird ein Sensor, der aus zwei lichtemittierenden Dioden und – auf der Gegenseite – einem Photodetektor besteht, an die Messstelle (Ohrläppchen oder Fingerbeere) geklippt. Die Lichtabsorption im kapillarisierten Gewebe wird abwechselnd bei 660 nm (rot) und 940 nm (infrarot) bestimmt. Da das rote Licht stärker vom desoxygenierten als vom oxygenierten Blut absorbiert wird (und umgekehrt infrarotes Licht stärker vom oxygenierten Blut), kann die O_2-Sättigung des Blutes computerunterstützt ermittelt werden. Die Pulsoxymetrie wird vor allem für sportphysiologische Untersuchungen, in der Lungenheilkunde und in der Intensivmedizin genutzt.

O_2-Affinität Die Position der **Hämoglobin-O_2-Bindungskurve** kann unter physiologischen und pathophysiologischen Bedingungen verändert sein. Um dies quantitativ auszudrücken, wurde als Maß für die O_2-Affinität von Hämoglobin- oder Blutproben der **P_{50}-Wert** eingeführt, der angibt,

Klinik

Akute und chronische Bergkrankheit

In der Höhe nimmt der O_2-Partialdruck in der Luft und – infolgedessen – auch im Alveolargas und im arteriellen Blut ab (z. B. in 3.000 m auf 50–60 mmHg). Bei zu raschem Aufstieg, unzureichender Atemantwort und mangelhafter Flüssigkeitsausscheidung kann sich eine „akute Bergkrankheit" entwickeln.

Die Berg- oder Höhenkrankheit befällt ca. 30 % aller Touristen, die sich rasch auf über 3.000 m begeben. Symptome der sog. „gewöhnlichen Form" sind starkes Herzklopfen, Atemnot bei körperlicher Ruhe, Kopfschmerz, Erbrechen und Schlafstörungen.

In schweren Fällen entwickeln sich **Höhenödeme** im Gehirn und/oder in den Lungen. Das **Höhenhirnödem** wird durch mehrere Faktoren verursacht, vor allem durch die **hypoxieinduzierte zerebrale Mehrdurchblutung** und eine vergrößerte kapilläre Permeabilität. Betroffene Bergsteiger fallen durch Einschränkungen der Bewegungskoordination (Ataxie) und geistige Verwirrtheit auf, u. U. werden sie bewusstlos. Wesentlich für die Pathogenese des **Höhenlungenödems** sind **hypoxie-induzierte pulmonale Vasokonstriktion** und Perfusionsinhomogenitäten. Es äußert sich in

Reizhusten, zunehmender Atemnot (Dyspnoe) und schaumig-blutigem Auswurf. Die Hochlandbewohner Mittel- und Südamerikas (> 3.500 m) zeigen häufig Zeichen der „chronischen Bergkrankheit". Diese wird hauptsächlich durch die hypoxie-induzierte Vermehrung roter Blutzellen (**Erythrozytose**) und die **Konstriktion der Widerstandsgefäße** in der Lunge verursacht. Typische Symptome sind hier exzessive **Hämatokriterhöhungen**, **Lungenhochdruck**, Herzinsuffizienz und Thrombosen. Der Zustand bessert sich, wenn die Betroffenen in tiefer gelegene Regionen umziehen.

bei welchem PO_2 50 % des Hämoglobins mit O_2 beladen ist (◨ Abb. 28.4a). Der P_{50} beträgt unter Standardbedingungen (pH 7,40; PCO_2 40 mmHg und 37°C) beim erwachsenen Menschen knapp **27 mmHg** (3,6 kPa). Der P_{50} hängt von der Aminosäuresequenz der Hämoglobinketten ab und ist demnach speziesspezifisch.

Zur Differentialdiagnostik kann es erforderlich sein, die **Steilheit der Hämoglobin-O_2-Bindungskurve** in ihrem mittleren Bereich zu charakterisieren. Hierzu wird der logarithmierte Quotient von oxygeniertem Hämoglobin (% HbO_2) zum desoxygenierten Hämoglobin (100 – % HbO_2) gegen den logarithmierten PO_2 aufgetragen. In diesem – sog. **Hill-Plot** – erhält man eine Gerade mit der Steigung „n" (◨ Abb. 28.4b). Der **Hill-Koeffizient** „n" von menschlichem Blut beträgt 2,5–2,8. Bei einer eingeschränkten Kooperativität der Hämoglobinuntereinheiten ist der Kurvenverlauf flach und n < 2,5.

❯ Die Hämoglobin-O_2-Bindungskurve stellt einen Kompromiss dar zwischen den Fähigkeiten, in der Lunge O_2 aufzunehmen und in der Peripherie O_2 abzugeben.

28.3.3 Molekulare Mechanismen der O_2-Bindung

Die Oxygenation bewirkt eine Konformationsänderung der Hämoglobinmoleküle und eine Abgabe von H^+-Ionen.

Kooperativität der Hämoglobinuntereinheiten Der S-förmige Verlauf der O_2-Bindungskurve impliziert, dass die Anlagerung von O_2 an das Hämoglobin die Bindung weiterer O_2-Moleküle begünstigt. Das Einfangen von O_2 erfolgt **kooperativ**, d. h., es kommt dabei zu **Wechselwirkungen der vier Untereinheiten** des Hämoglobins. Beim desoxygenierten Hämoglobin sind sie durch elektrostatische Kräfte, d. h. nichtkovalent, verkettet (Ionenbindungen). Die α-Untereinheiten des Hämoglobins sind über polare Gruppen miteinander verbunden. Außerdem sind sie mit den benachbarten β-Untereinheiten verbunden. Bei der Oxygenierung werden

Bindungen gelöst und es rotiert ein α/β-Dimer um 15° gegen das andere. Funktionell werden so **allosterische Effekte** möglich, d. h. lokale Ladungsänderungen können den Funktionszustand an weit entfernten Stellen des tetrameren Moleküls beeinflussen.

T- und R-Struktur Desoxygeniertes Hämoglobin ist aufgrund seiner insgesamt acht Ionenbindungen ein strafferes und gespannteres Molekül als oxygeniertes Hämoglobin. Die Quartärstruktur des **desoxygenierten Hämoglobins** wird T-Struktur (engl. tense = gespannt) genannt, die des **oxygenierten Hämoglobins R-Struktur** (engl. relaxed = enspannt). Der Übergang der T- in die R-Struktur wird durch die Anlagerung von O_2 an das Fe^{2+} des Häms bewirkt. Im desoxygenierten Hämoglobin befindet sich das Fe^{2+} aufgrund der sterischen Hemmung zwischen dem proximalen Histidinrest und den Stickstoffatomen des Porphyrins etwa 0,06 nm außerhalb der Hämebene. Bei der Oxygenierung **bewegt sich das Eisenatom** in die Porphyrinebene hinein (◨ Abb. 28.5). Durch den Zug am proximalen Histidin werden mehrere Ionenbindungen aufgebrochen und die Globinketten beweglicher. Der S-förmige Verlauf der O_2-Bindungskurve beruht also darauf, dass für das erste O_2-Molekül mehr Ionenbindungen gelöst werden müssen als für die folgenden. Die O_2-Anlagerung erfolgt im HbA in der Reihenfolge α_1, α_2, β_1 und zuletzt β_2, weil sich die Hämtaschen der α-Ketten leichter öffnen als die der β-Ketten.

Oxygenierung und Pufferkraft Hämoglobin hat eine große **Pufferkapazität**, weil seine Konzentration im Blut hoch ist und es viele **Histidinreste** enthält. Desoxygeniertes Hämoglobin puffert noch besser als oxygeniertes Hämoglobin, weil mit dem Übergang in die T-Struktur die negative Ladung der Histidinreste und terminal gelegener Aminosäuren zunimmt, sodass sich vermehrt Protonen anlagern.

Alternativ können die α-Aminogruppen am N-terminalen Ende mit CO_2 Karbaminoverbindungen eingehen. Die Fähigkeit des Hämoglobins, bei der **O_2-Abgabe H^+ und CO_2 aufzunehmen**, wird Christiansen-Douglas-Haldane-Effekt oder verkürzt **Haldane-Effekt** genannt. Umgekehrt gibt

desoxygeniert (T-Struktur)

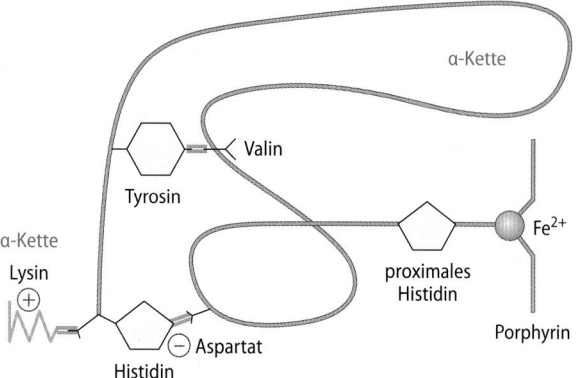

oxygeniert (R-Struktur)

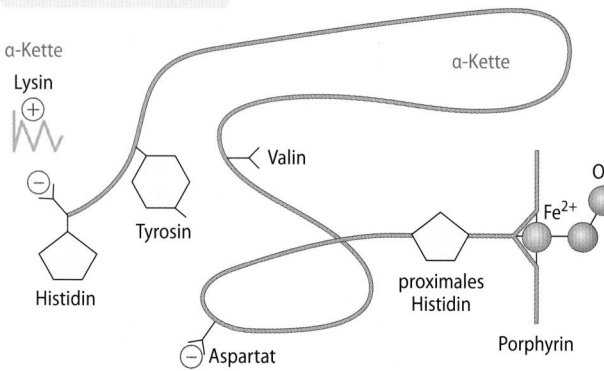

◨ Abb. 28.5 O_2-Abhängigkeit der Konformation des Hämoglobin-moleküls am Beispiel einer β-Kette. Im desoxygenierten Zustand (T-Struktur) ragt das Fe^{2+} aus der Ebene des Porphyrinrings. Elektrostatische Kräfte stabilisieren das tetramere Molekül (rot). Der Zug des O_2 am Fe^{2+} im oxygenierten Hämoglobin überträgt sich über das proximale Histidin auf das ganze Molekül, sodass Ionenbindungen gelöst werden (R-Struktur). Orange Markierungen deuten elektrostatische Wechselwirkungen und Wasserstoffbrückenbindungen an

Hämoglobin bei der Oxygenation Protonen ab (0,7 Mol H^+ pro Mol O_2).

28.3.4   Modulatoren der Hämoglobin-O_2-Affinität

Die O_2-Affinität der Erythrozyten wird durch 2,3-Bisphospho-glyzerat, Protonen, CO_2 und Temperaturerhöhungen verringert.

Lage der Hämoglobin-O_2-Bindungskurve   Eine **Rechtsverla-gerung** der Kurve bedeutet eine **Abnahme der O_2-Affinität.** Dabei wird die O_2-Aufnahme in den Lungen erschwert, die O_2-Abgabe im Gewebe dagegen erleichtert. Eine **Linksverla-gerung** der Kurve wirkt sich entgegengesetzt aus. Betrachtet man die S-förmige O_2-Bindungskurve mit ihrem flachen oberen Abschnitt (◨ Abb. 28.4a), ist offensichtlich, dass Ver-änderungen der O_2-Affinität des Blutes – bei normal hohem arteriellen PO_2 – **vor allem** Auswirkungen auf die **O_2-Abga-befähigkeit** haben.

2,3-Bisphosphoglyzerat-Wirkung   Die O_2-Affinität einer reinen Hämoglobinlösung ist sehr viel größer als die des Blutes. Erythrozyten enthalten nämlich hohe Konzentra-tionen an 2,3-Bisphosphoglyzerat (2,3-BPG; 4–5 mmol/l, d. h. äquimolar zum Hämoglobintetramer). Diese Phosphat-verbindung, die in einem **Nebenweg der Glykolyse** gebildet wird, vernetzt die beiden β-Ketten des desoxygenierten Hämoglobins und **fixiert** so die T-Struktur. Dadurch wird die O_2-Affinität der Erythrozyten gesenkt (P_{50} 27 mmHg in 2,3-BPG-haltigem normalem Blut im Vergleich zu P_{50} 18 mmHg in 2,3-BPG freien Erythrozyten) und somit die O_2-Abgabe des Blutes erleichtert.

Da die einleitenden Schritte der **Glykolyse pH-abhängig** sind (vor allem die Phosphofruktokinasereaktion), führt eine Alkalose zu einer erhöhten 2,3-BPG-Konzentration (z. B. bei

Klinik

Methämoglobinämie und Carboxyhämoglobinämie

Methämoglobinämie
An der Hämgruppe kann eine Autoxidation stattfinden, sodass das zweiwertige in dreiwertiges Eisen übergeht. Das Ergebnis ist Hämiglobin oder – im klinischen Sprach-gebrauch – **Methämoglobin**. Normaler-weise enthält das menschliche Blut sehr wenig Methämoglobin (<1 %). Bei mangel-hafter Aktivität der NADPH-abhängigen Cytochrom B5-Reduktase (**Methämoglobin-reduktase**) in den Erythrozyten (z. B. bei Kleinkindern und unter dem Einfluss be-stimmter Medikamente, vor allem Anilin-derivaten) kann vermehrt Methämoglobin anfallen. Dieses ist ungünstig, weil Fe^{3+} im Häm kein O_2 binden kann und die O_2-Affini-tät des verbleibenden Hämoglobins (mit Fe^{2+}) abnormal erhöht ist. Therapeutisch werden reduzierende Stoffe wie z. B. Methy-

lenblau verabreicht, in schweren Fällen kann ein Blutaustausch notwendig werden.

Carboxyhämoglobinämie
Der Organismus produziert permanent in sehr kleinen Mengen Kohlenmonoxid (CO), und zwar bei dem Abbau von Häm durch die Hämoxygenase. Das farb- und geruch-lose CO bindet wie O_2 an das Fe^{2+} von Häm. Die *CO-Affinität des Hämoglobins* ist jedoch etwa 250-mal größer als die O_2-Affinität des Hämoglobins. Normalerweise liegt etwa 1 % des Hämoglobins im Blut als CO-Hämo-globin vor. Da bei der (unvollständigen) Verbrennung organischer Stoffe CO ent-steht, ist der Anteil des CO-Hämoglobins bei Rauchern vergrößert (5–15 % des Ge-samthämoglobins). Eine akute Erhöhung der CO-Hämoglobinkonzentration (HbCO)

auf >40 % ist lebensbedrohlich (z. B. Selbst-mordversuch mit Auspuffgasen). Wenn die Fe^{2+}-Bindungsstelle des Häms durch CO besetzt ist, kann sich dort kein O_2 anlagern. Zudem bewirkt die CO-Anlagerung einen Übergang des Hämoglobins in die R-Struk-tur, sodass das verbliebene oxygenierte Hämoglobin den O_2 nur bei sehr niedrigen O_2-Partialdrücken abgibt (extreme **Links-verlagerung der O_2-Bindungskurve**). Da CO-Hämoglobin eine **hellrote Farbe** hat, sehen CO-Vergiftete i. d. R. rosig aus, selbst wenn es zum Koma und zur Atemlähmung gekommen ist. Zur Lebensrettung muss versucht werden, durch eine – möglichst hyperbare – O_2-Beatmung das CO vom Fe^{2+} des Hämoglobins zu verdrängen.

Höhenaufenthalt durch die respiratorische Alkalose und den erhöhten Anteil an basischem desoxygeniertem Hämoglobin), eine Azidose dagegen zu einem 2,3-BPG-Abfall.

Bohr-Effekt Der **pH-Wert des Blutes** kann systemisch von der Norm abweichen oder selektiv in einzelnen Organen erniedrigt sein (z. B. durch **Milchsäurebildung** in arbeitender Muskulatur). Ein Anstieg der H$^+$-Konzentration und des PCO$_2$ vermindern akut die O$_2$-Affinität des Blutes (◻ Abb. 28.6). Damit wird die O$_2$-Abgabe an das Gewebe **erleichtert**. Da CO$_2$ zu Kohlensäure hydratisiert wird, welche in Bikarbonat und Protonen dissoziiert (s. u.), wirkt CO$_2$ ebenfalls überwiegend durch eine Zunahme der H$^+$-Ionen. Letztere binden bevorzugt an desoxygeniertes Hämoglobin (vor allem an die terminalen Histidinreste in Position 146 der β-Ketten, welche dann Ionenbindungen mit den NH$_2$-terminalen Gruppen der α-Ketten eingehen) und stabilisieren so die T-Struktur des Hämoglobins. CO$_2$ bindet z. T. auch direkt an Aminogruppen des Hämoglobins (Karbamatbildung; s. o.). Die **Abhängigkeit** der O$_2$-Affinität vom **pH** und **PCO$_2$** wird als „Bohr-Effekt" bezeichnet.

Temperatur-Einfluss Es besteht eine inverse Korrelation zwischen der Temperatur und der O$_2$-Affinität des Hämoglobins (◻ Abb. 28.6). Ebenso wie beim Bohr-Effekt können **lokale** und **systemische Effekte** unterschieden werden. Lokale Abweichungen der Bluttemperatur (z. B. Erhöhung in der arbeitenden Muskulatur oder Erniedrigung in der Körperschale) wirken sich ausschließlich auf die O$_2$-Abgabe aus, während die Oxygenation in der Lunge unbeeinflusst ist, solange die Körperkerntemperatur konstant bleibt.

Wie oben betont, ist die O$_2$-Abgabefähigkeit – aufgrund des sigmoiden Verlaufes der O$_2$-Bindungskurve – ohnehin stärker von der O$_2$-Affinität des Blutes abhängig als die

O$_2$-Beladung. So ist die erleichterte O$_2$-Abgabe aufgrund der niedrigen O$_2$-Affinität durch die Temperaturerhöhung bei fiebrigen Patienten günstig, da deren Energieumsatz – und infolgedessen der O$_2$-Bedarf – vergrößert ist. Die entgegengesetzte Reaktion ist ebenfalls von klinischer Relevanz. Die vergrößerte O$_2$-Affinität des Hämoglobins bei **niedrigen Körpertemperaturen** geht nämlich mit einer erschwerten O$_2$-Abgabe einher. Die Gewebshypoxie, die sich bei unterkühlten Patienten entwickelt, ist teilweise durch die hohe O$_2$-Affinität des Blutes bedingt.

> **In Kürze**
>
> Die O$_2$-Kapazität des Blutes steigt mit der Hämoglobinkonzentration. Die Anlagerung von O$_2$ an die vier Fe^{2+}-Atome des tetrameren Hämoglobinmoleküls steigt mit dem Sauerstoff-Partialdruck. Die Hämoglobin-O$_2$-Bindungskurve des Blutes zeigt einen charakteristischen **S-förmigen Verlauf** mit Sättigungsverhalten. Die **O$_2$-Affinität** der Erythrozyten ist vermindert bei pH-Abfall (Bohr-Effekt), CO$_2$-Partialdruckerhöhung, Temperaturerhöhung und 2,3-Bisphosphoglyzeratvermehrung. **Desoxygeniertes Hämoglobin hat eine** stärkere **Pufferfähigkeit als oxygeniertes Hämoglobin (Haldane-Effekt). Methämoglobin kann kein O$_2$ binden.** CO ist giftig, weil es die Fe^{2+}-Atome besetzt.

28.4 Transport von CO$_2$ im Blut

28.4.1 Transportformen

CO$_2$ entsteht metabolisch in großen Mengen als Endprodukt der Oxidation kohlenstoffhaltiger Verbindungen; in den Erythrozyten wird es zu Kohlensäure hydratisiert, welche in HCO$_3^-$ und H$^+$ zerfällt.

CO$_2$-Diffusion ins Blut Das **arterialisierte** Blut strömt mit einem CO$_2$-Partialdruck (PCO$_2$) von **40 mmHg** (5,3 kPa) in die peripheren Gewebekapillaren. In den umgebenden Zellen herrscht ein höherer CO$_2$-Druck, da diese bei der Oxidation kohlenstoffhaltiger Verbindungen permanent CO$_2$ bilden (insgesamt ca. 16 Mol/24 h). Dem **Druckgefälle** folgend diffundieren die physikalisch gelösten CO$_2$-Moleküle in die Kapillare. Der PCO$_2$ auf der venösen Seite des Kapillarbettes variiert in Abhängigkeit von der lokalen Stoffwechselaktivität und Blutstromstärke zwischen 40 und 60 mmHg (5,3–8,0 kPa). Der PCO$_2$ im **gemischt-venösen** Blut (im rechten Vorhof, ◻ Abb. 28.1) beträgt im Mittel **46 mmHg** (6,1 kPa).

Hydratation Im Blut bleibt nur ein geringer Teil des CO$_2$ physikalisch gelöst. Der überwiegende Teil wird in den Erythrozyten zu Bikarbonat (HCO$_3^-$) hydratisiert. Dabei wird jeweils ein Proton (H$^+$) freigesetzt:

$$CO_2 + H_2O \leftrightarrow HCO_3^- + H^+ \tag{28.4}$$

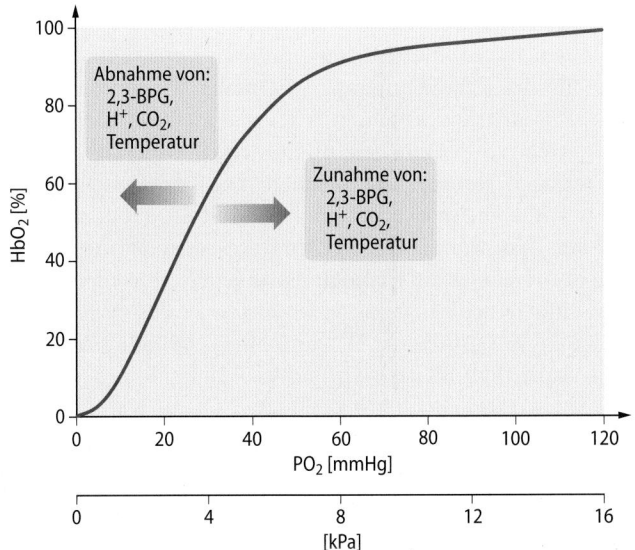

◻ **Abb. 28.6 Parameter, die die O$_2$-Affinität der Erythrozyten beeinflussen.** Die Effekte lassen sich genau quantifizieren (Bohr-Effekt: Δlog P$_{50}$/ΔpH = -0,48; Temperatureffekt: Δlog P$_{50}$/ΔT = 0,023). Eine Affinitätsabnahme verschiebt die Kurve nach rechts

28

Die Hydratisierungsreaktion verläuft ohne katalytische Unterstützung sehr langsam. Im Blut ist sie jedoch sehr schnell, da die Erythrozyten reichlich das zinkabhängige Enzym **Karboanhydrase** (syn. Karboanhydratase, s. Lehrbücher der Biochemie für Details der Metallionenkatalyse) besitzen (□ Abb. 28.7). Die meisten HCO_3^--Ionen, die in den Erythrozyten entstehen, diffundieren in das Blutplasma. Dabei findet ein Austausch gegen Cl^--Ionen statt (**Chloridverschiebung** oder Hamburger-Shift). Dieser wird durch den **Anionenaustauscher AE1** (frühere Bezeichnung: Bande-3-Protein) bewerkstelligt. Die H^+-Ionen, die bei der Dissoziation der Kohlensäure anfallen, werden zum großen Teil durch Hämoglobin abgepuffert. Der pH-Wert in den Erythrozyten (pH 7,2) fällt kaum ab, da die **Pufferkapazität** aufgrund der hohen Konzentration des Hämoglobins in den Erythrozyten (330 g/l) und seiner zahlreichen Histidinreste sehr groß ist. Zudem wird die Pufferung begünstigt, weil gleichzeitig O_2 an das Gewebe abgeben wird und desoxygeniertes Hämoglobin – im Vergleich zu oxygeniertem – besonders gut puffert, u. a. wegen der verminderten Dissoziation der Imidazolringe im Histidin (Haldane-Effekt, s. o.).

❯ CO_2 wird im Blut überwiegend in Form von Bikarbonat (HCO_3^-) transportiert.

Karbamatbildung   Etwa 5 % des CO_2 im Blut wird in Form von Karbaminoverbindungen – überwiegend als Karbaminohämoglobin – transportiert:

$$Hb - NH_2 + CO_2 \leftrightarrow Hb - NHCOO^- + H^+ \qquad (28.5)$$

Desoxygeniertes Hämoglobin bindet mehr CO_2 als oxygeniertes, da bei der Desoxygenation zusätzliche NH_2-Gruppen entfaltet werden.

CO_2-Abgabe in den Lungenkapillaren   Bei der Lungenpassage des Blutes laufen die genannten Reaktionen in umgekehrter Richtung ab, da ein CO_2-Gefälle zwischen dem in den Lungenkapillaren heranströmenden Blut (PCO_2 46 mmHg) und dem Alveolarraum (PCO_2 40 mmHg) besteht. HCO_3^- diffundiert aus dem Blutplasma in die Erythrozyten und verbindet sich dort mit H^+ zu Kohlensäure, welche in H_2O und CO_2 zerfällt (□ Abb. 28.7). Die Reaktion wird durch die Verfügbarkeit der H^+-Ionen erleichtert, welche das Hämoglobin bei seiner Oxygenation abgibt (s. o). Die Oxygenation fördert außerdem die Freisetzung von CO_2 aus Karbaminohämoglobin. Normalerweise gleicht sich der PCO_2 im Blut während der Lungenpassage dem alveolären PCO_2 an. Bei schweren Diffusionsstörungen (z. B. bei Lungenentzündung) besteht dagegen häufig ein alveolo-endkapillärer PCO_2-Gradient.

Kohlendioxidverhältnisse
Im gemischt-venösen Blut werden ca. 530 ml CO_2 pro Liter transportiert. Das arterialisierte Blut enthält insgesamt noch ca. 480 ml CO_2 pro Liter. Davon sind 90 % in Bikarbonat umgewandelt, 5 % liegen als Karbaminohämoglobin und 5 % in physikalischer Lösung vor.

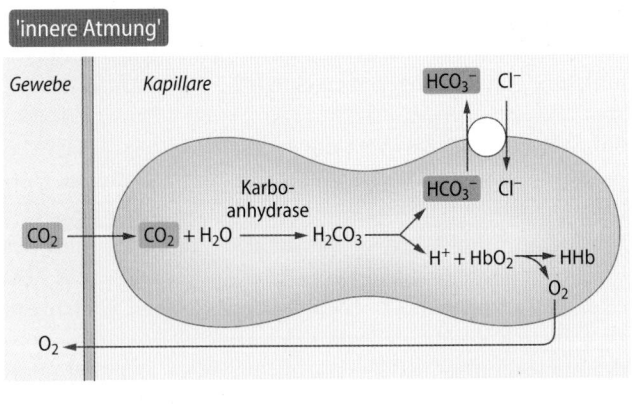

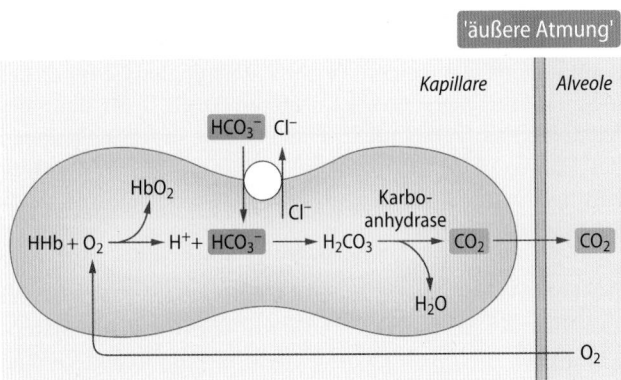

□ **Abb. 28.7**   Netto-Reaktionen im Erythrozyten beim Gasaustausch im Gewebe („innere Atmung") und in der Lunge („äußere Atmung")

28.4.2 CO_2-Bindungskurve

Der CO_2-Transport zeigt – im Gegensatz zum O_2-Transport – keine Sättigung.

Die CO_2-Bindungskurve unterscheidet sich grundlegend von der O_2-Bindungskurve (□ Abb. 28.8). Zum einen zeigt sie einen **hyperbolen Verlauf**. Zum anderen fehlt bei der CO_2-Bindung die Sättigung. Aus diesem Grund kann die CO_2-Bindungskurve nicht in % des Maximums, sondern nur in Konzentrationseinheiten (ml CO_2/l oder mmol CO_2/l Blut) aufgetragen werden. Bei gleichem PCO_2 kann desoxygeniertes Blut mehr CO_2 aufnehmen, weil die H^+-Ionen, die bei der Dissoziation von Kohlensäure entstehen, vermehrt von desoxygeniertem Hämoglobin abgepuffert werden. Nach dem Massenwirkungsgesetz wird das Reaktionsgleichgewicht damit in Richtung H^+- und HCO_3^--Bildung verschoben. Außerdem ist desoxygeniertes Hämoglobin besser als oxygeniertes Hämoglobin befähigt, CO_2 zu Karbamat zu binden. □ Abb. 28.8b veranschaulicht, wie mit steigendem PCO_2 die Menge des gebildeten HCO_3^- (und des physikalisch gelösten CO_2) immer weiter zunimmt. Lediglich die Karbamatbildung zeigt ein Sättigungsverhalten und bleibt bei hohem PCO_2 konstant.

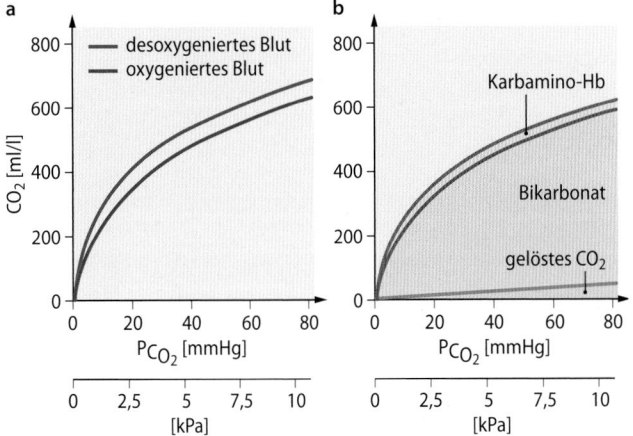

◻ Abb. 28.8a,b CO_2-Transport im Blut. **a** CO_2-Bindungskurven für das desoxygenierte und oxygenierte Blut. **b** Anteile der unterschiedlichen CO_2-Transportformen im oxygenierten Blut in Abhängigkeit vom PCO_2

In Kürze

Das im Stoffwechsel gebildete CO_2 diffundiert ins Blut. In den Erythrozyten wird das CO_2 mithilfe der Karboanhydrase zu Kohlensäure hydratisiert. Diese dissoziiert sofort in H^+ und HCO_3^-. Die Protonen werden vom Hämoglobin abgepuffert, HCO_3^- gelangt im Austausch gegen Cl^- ins Blutplasma. CO_2 bildet außerdem mit Aminogruppen des Hämoglobins Karbamat. Alle diese Prozesse werden bei der pulmonalen CO_2-Abgabe in umgekehrter Richtung durchlaufen. Die CO_2-Bindungskurve des Blutes zeigt keine Sättigungscharakteristik. Der CO_2-Gehalt beträgt im arteriellen Blut etwa **480 ml pro Liter** und im venösen Mischblut etwa **530 ml pro Liter**.

28.5 Fetaler Gasaustausch

28.5.1 O_2- und CO_2-Transport

Der Fetus ist auf die diaplazentare Versorgung mit O_2 von der Mutter angewiesen. Umgekehrt diffundiert CO_2 aus dem fetalen in das mütterliche Blut.

Gefäßsystem Die **Plazenta** besteht aus einem mütterlichen und einem fetalen Anteil. Der **diaplazentare Gasaustausch** ist für den Erhalt und das Wachstum des Feten essenziell. Das mütterliche Blut strömt durch die **Spiralarterien** von der Dezidua in Richtung auf die fetale Chorionplatte und über die Basalvenen wieder ab (▶ Kap. 22.6). Die fetalen Blutgefäße (Äste der Nabelschnurvene und -arterien) befinden sich in den Zottenbäumen, die in den intervillösen Raum ragen. Fetales und mütterliches Blut sind durch dünne Gewebeschichten (fetales Kapillarendothel, Basalmembranen und Synzytiotrophoblast) getrennt, durch die den **Partialdruckdifferenzen** entsprechend O_2 in **maternofeta-**

ler und CO_2 umgekehrt in **fetomaternaler Richtung** diffundieren.

O_2- und CO_2-Partialdrücke Der **PO_2** des arterialisierten fetalen Blutes der V. umbilicalis ist sehr niedrig, nämlich **23–34 mmHg** (3,0-4,5 kPa). Der **PCO_2** des arterialisierten fetalen Blutes beträgt im **Mittel 50 mmHg** (6,7 kPa) und der pH-Wert 7,3.

Werte zum Ende der Schwangerschaft
Im mütterlichen arteriellen Blut beträgt der PCO_2 im Mittel nur 32 mmHg (4,3 kPa) am Ende der Schwangerschaft und das pH 7,44, weil die Mütter hyperventilieren.

28.5.2 Fetales Hämoglobin

Das fetale Blut mit HbF aus 2 α- und 2 γ-Ketten hat eine besonders hohe O_2-Affinität.

O_2-Versorgung Ohne Adaptation wäre das fetale arterialisierte Blut bei einem O_2-Partialdruck von knapp 30 mmHg und pH 7,3 nur zu ca. 40 % mit O_2 gesättigt. Tatsächlich ist es jedoch zu etwa 60 % gesättigt, weil die fetalen Erythrozyten eine besonders **hohe O_2-Affinität** haben. Das fetale Hämoglobin (HbF), das anstelle der β-Ketten zwei **γ-Ketten** enthält, besitzt weniger Bindungsstellen für 2,3-Bisphosphoglyzerat. Der P_{50} des fetalen Blutes beträgt unter Standardbedingungen nur 22 mmHg, gegenüber 27 mmHg beim Erwachsenen (s. o.).

Hämoglobinkonzentration Die niedrigen O_2-Partialdrücke in den fetalen Geweben bewirken eine Stimulation der Erythropoiese. Die Erythrozyten- und Hämoglobinkonzentrationen und damit der O_2-Gehalt des Blutes sind dadurch trotz der niedrigen O_2-Sättigung ausreichend hoch. Die fetale **Hämoglobinkonzentration** beträgt vor der Geburt im **Mittel 160 g/l**.

⟩ Fetales Blut ist durch eine hohe O_2-Affinität und eine hohe Hämoglobinkonzentration gekennzeichnet.

Hämoglobinveränderungen nach der Geburt
In den ersten 3 Monaten nach der Geburt fällt die Hämoglobinkonzentration des Blutes auf ein Minimum von ca. 120 g/l (sog. Trimenonreduktion). Die neu gebildeten Erythrozyten beinhalten zunehmend HbA, sodass zunächst Erythrozyten mit hoher O_2-Affinität (mit HbF) und solche mit niedrigerer O_2-Affinität (mit HbA) nebeneinander im Blut zirkulieren. Wenn im Kindesalter von 12–18 Monaten alle HbF-haltigen Erythrozyten eliminiert sind, ist die O_2-Affinität des adulten Blutes erreicht.

In Kürze

In der Plazenta diffundiert O_2 aus dem mütterlichen in das fetale Blut und CO_2 in umgekehrter Richtung. Die O_2-Aufnahme des Feten wird begünstigt durch eine hohe **O_2-Affinität** der Erythrozyten (mit **HbF**) und eine **hohe Hämoglobinkonzentration** des Blutes. Der fetale O_2-Partialdruck ist sehr niedrig. Die O_2-Sättigung beträgt im arterialisierten Blut der Nabelvene nur ca. 60 % und der pH Wert 7,3.

Literatur

Geers C, Gros G (2000) Carbon dioxide transport and carbonic anhydrase in blood and muscle. Physiol Rev 80: 681-715

Jelkmann W (2012) Functional significance of erythrocytes. In: Erythrocytes (F. Lang, M. Föller, ed.), Imperial College Press, London, pp. 1-56

Roach RC, Wagner PD, Hackett PH (2001) Hypoxia: from genes to the bedside. Kluwer Plenum, New York

Roemer VM (2005) Messgrößen in der Perinatalmedizin – pO_2 und SO_2. Z Geburtsh Neonatol 209: 173-185

Winslow RM (2002) Blood substitutes. Current Opinion Hematol 9: 146-151

Der Sauerstoff im Gewebe

Ulrich Pohl, Cor de Wit

© Springer-Verlag GmbH Deutschland, ein Teil von Springer Nature 2019
R. Brandes et al. (Hrsg.), *Physiologie des Menschen*, Springer-Lehrbuch
https://doi.org/10.1007/978-3-662-56468-4_29

Worum geht's? (◻ Abb. 29.1)

Sauerstoff ist essentiell für die Funktion der Körperorgane

Sauerstoff (O_2) ist essentiell für die Energieversorgung von Zellen. Ein länger dauernder O_2-Mangel – meist die Folge einer Durchblutungsstörung – führt daher zunächst zu Funktionsausfällen und später zu irreversiblen Zell- und Organschäden. Es gibt keine nennenswerten Sauerstoffspeicher in den Zellen und der Sauerstoffunabhängige Stoffwechsel reicht für den Energiebedarf nicht aus. Daher muss ständig ausreichend O_2 über die Blutgefäße des Kreislaufs angeliefert werden.

Der Sauerstoffbedarf der Organe wird über das Kreislaufsystem gedeckt

Der O_2-Bedarf kann je nach Organ und dessen Aktivitätszustand erheblich variieren. Hormone (z. B. Schilddrüsenhormone), Aktivitätsänderungen (körperliche Belastung) und Körpertemperatur modulieren den Sauerstoffbedarf. Dies erfordert i. d. R. eine Änderung der Organdurchblutung. Der O_2-Austausch zwischen Blut und Gewebe findet hauptsächlich in den kleinsten Blutgefäßen, den Kapillaren, statt. Normalerweise wird im Organ O_2 nicht vollständig aus dem Blut ausgeschöpft, eine mehr oder minder große „Reserve" im Blut bleibt übrig. Bei plötzlichem Mehrverbrauch von O_2 in einem Organ kann so als Kompensation vorübergehend mehr O_2 aus dem Blut entnommen werden.

Anpassung an Sauerstoffmangelsituationen

Wenn ein Organ nicht ausreichend mit O_2 versorgt wird, entsteht O_2-Mangel. Dies kann an einer ungenügenden O_2-Aufnahme in der Lunge, einer zu niedrigen Sauerstoffkapazität des Blutes (Anämie) oder einer Durchblutungsstörung des Organs (z. B. aufgrund von starken Gefäßverengungen oder Gefäßverschlüssen) liegen. Je nach Ausmaß des O_2-Mangels kommt es zu Zelltod (Infarkt) oder erheblichen Funktionseinschränkungen. In manchen Organen senken die Zellen als Antwort auf den O_2-Mangel ihren Energieverbrauch. Ein chronischer O_2-Mangel kann die Neubildung kleiner Blutgefäße (Angiogenese) auslösen.

Zuviel Sauerstoff kann schädlich sein

Aus O_2 werden auch immer sog. Sauerstoffradikale gebildet, welche Zellmembranen, Enzyme und die DNA schädigen können. Werden z. B. Patienten über längere Zeit mit reinem O_2 beatmet, werden die zellulären Enzymsysteme, die die entstandenen Radikale normalerweise schnell „entgiften", überfordert.

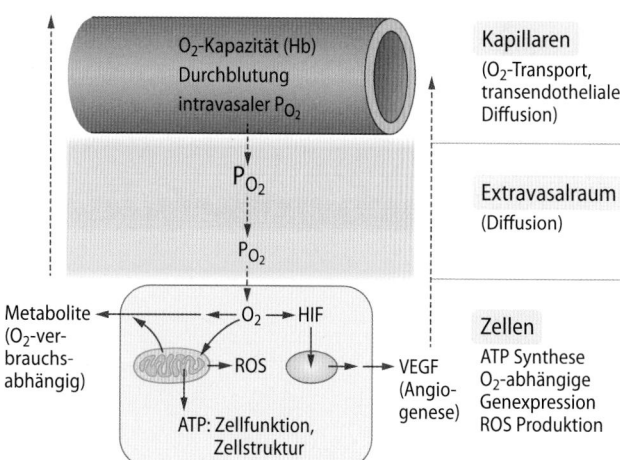

◻ **Abb. 29.1 Sauerstoffversorgung der Gewebe.** ROS=Reaktive Sauerstoffspezies, VEGF=Vascular Endothelial Growth Factor, HIF=Hypoxieinduzierter Transkriptionsfaktor

29

29.1   Sauerstoffangebot und -verbrauch

29.1.1   Sauerstoffbedarf und -angebot

Zellen sind zur Erhaltung ihrer Struktur und Funktion auf eine kontinuierliche O_2-Zufuhr angewiesen.

O_2-Bedarf und O_2-Angebot Die Zellen benötigen kontinu-ierlich **Energie** in Form von ATP für die Erhaltung ihrer **Struktur** und für ihre spezifischen **Funktionen**. Der dadurch für die Atmungskette entstehende **O_2-Bedarf** muss durch ein entsprechendes **O_2-Angebot** gedeckt werden. Darunter ver-steht man die Menge von O_2, die pro Zeiteinheit mit dem Blut zu einem Organ transportiert wird. Sie hängt sowohl von der sog. **O_2-Kapazität** des Blutes ab, d. h. der maximalen Menge von O_2, die das Blut bei Vollsättigung des Hämoglobins trans-portieren kann, als auch der Menge Blut, die pro Zeiteinheit durch das Organ fließt (Durchblutung). Das O_2-Angebot er-rechnet sich also aus dem **Produkt von arteriellem O_2-Gehalt** (C_{aO_2}) und Höhe der **Durchblutung** ($\dot{Q}$):

$$O_2 - Angebot = C_{aO_2} \times \dot{Q} \qquad (29.1)$$

Größe des O_2-Angebotes Das mittlere O_2-Angebot für die einzelnen Organe kann für physiologische Bedingungen aus dem O_2-Gehalt des arteriellen Blutes und den in ◻ Tab. 29.1 zusammengestellten Durchblutungswerten ermittelt werden. Besonders große Werte ergeben sich für die **Nierenrinde** und die **graue Substanz des Gehirns**, kleine Werte für die ru-hende Skelettmuskulatur, das Nierenmark und die weiße Substanz des Gehirns.

Erhöhung des O_2-Angebotes Eine akute Erhöhung des O_2-Angebotes erfolgt durch eine Steigerung der Durchblu-tung. Vor allem bei chronischem O_2-Mangel (z. B. Höhen-aufenthalt) kann es mittelfristig auch zu einer **Erhöhung der O_2-Kapazität des Blutes** infolge verstärkter **Erythrozyten-bildung** und **Hämoglobinsynthese** kommen. Der Anpas-

sung durch die gesteigerte Erythrozytenbildung sind jedoch Grenzen gesetzt, da mit der Zunahme des Hämatokritwertes die **Viskosität** des Blutes steigt und wegen des dadurch erhöh-ten Strömungswiderstands die Belastung des Herzens größer wird. Die Zunahme des Hämatokrits ist die Folge einer erhöh-ten Bildung und Freisetzung des Hormons **Erythropoietin** vorrangig im Nierengewebe, welche durch Hypoxie ausgelöst wird.

> ❯ Steigerung des O_2-Angebots: Akut durch Durch-
> blutungszunahme – mittelfristig durch Erhöhung der
> O_2-Kapazität des Blutes.

29.1.2   Sauerstoffverbrauch

Solange die Durchblutung ausreicht, um die zur Deckung des Energiebedarfs benötigte Menge von O_2 in die Organe zu transportieren, sind deren O_2-Bedarf und O_2-Verbrauch von gleicher Größe.

O_2-Verbrauch unter Ruhebedingungen Bei körperlicher Ruhe und normaler Körpertemperatur lassen sich für den O_2-Verbrauch der verschiedenen Organe oder für Teilbe-reiche einzelner Organe die in ◻ Tab. 29.1 zusammengestell-ten Werte angeben. Die Größe des O_2-Verbrauchs ($\dot{V}_{O_2}$) eines Organs lässt sich nach dem **Fick-Prinzip** aus der **Durchblu-tung** ($\dot{Q}$) des Organs und der **Differenz der O_2-Gehalte** im zufließenden arteriellen und abfließendem venösen Blut (**arteriovenöse O_2-Differenz**, avD_{O_2}), ermitteln, entspre-chend der Gleichung:

$$V_{O_2} = avD_{O_2} \times \dot{Q} \qquad (29.2)$$

Ein großer O_2-Verbrauch besteht schon bei körperlicher Ruhe im Herzmuskelgewebe, in der grauen Substanz des Gehirns (z. B. der Großhirnrinde), in der Leber und in der Nierenrinde, während die O_2-Verbrauchswerte in inaktivem

◻ **Tab. 29.1** Mittelwerte für die Durchblutung ($\dot{Q}$) und den O_2-Verbrauch ($\dot{V}_{O_2}$) verschiedener Organe des Menschen bei 37°C

Organ	Region bzw. Belastungszustand	Durchblutung [ml × 100 g^{-1} × min^{-1}]	O_2-Verbrauch [ml × 100 g^{-1} × min^{-1}]
Gehirn	Gesamtes Gehirn	40–60	3–4
	Graue Substanz	60–100	5-10
	Weiße Substanz	20–30	1–2
Niere	Gesamte Niere	400	6
	Rinde	400–500	9
	Inneres Mark	25	0,4
Herzmuskel	Körperliche Ruhe	80–90	7–10
	Starke Belastung	Bis ca. 400	Bis ca. 40
Skelettmuskel	In Ruhe	3–5	0,3–0,5
	Starke Belastung	50–150	10–20

Skelettmuskelgewebe, in der Milz und in der weißen Substanz des Gehirns gering sind (◫ Tab. 29.1).

Regionale Unterschiede des O_2-Verbrauchs Innerhalb der Organe, besonders Gehirn, Herz und Niere, gibt es z. T. erhebliche regionale Unterschiede bezüglich des O_2-Verbrauchs. Die Durchblutung und der O_2-Gehalt von Venen innerhalb dieser Organe kann nicht-invasiv z. B. mithilfe der **Positronenemissionstomographie (PET)** direkt bestimmt und so unter Verwendung des **Fick-Prinzips** der regionale O_2-Verbrauch berechnet werden. Im Gehirn nehmen beispielsweise O_2-Verbrauch und Durchblutung in bestimmten Gehirnarealen mit erhöhter Aktivität erheblich zu, während sich dessen Gesamtdurchblutung dabei im Wachzustand typischerweise nur wenig ändert.

Erhöhter O_2-Verbrauch bei gesteigerter Organfunktion Jede Leistungssteigerung eines Organs führt zu einer Zunahme seines Energiebedarfs und damit zu einer Erhöhung des O_2-Verbrauchs seiner Zellen. Unter körperlicher Belastung nimmt der O_2-Verbrauch des **Herzmuskelgewebes** gegenüber dem Wert bei Ruhebedingungen bis um das 3- bis 4-fache zu, während der O_2-Verbrauch arbeitender **Skelettmuskelgruppen** auf mehr als das 20- bis 50-fache des Ruhewertes anwachsen kann.

Modulation des O_2-Verbrauchs Neben einer gesteigerten Organaktivität beeinflussen verschiedene Faktoren, vor allem **Hormone**, die **Körpertemperatur** sowie Modulatoren des **mitochondrialen Sauerstoffumsatzes**, wie das mit Hämproteinen interagierende NO oder die **mitochondrialen Uncoupling-Proteine** (z. B. UCP1 im braunen Fettgewebe), den basalen O_2-Verbrauch der Zellen. Verbrauchssteigernde Hormone sind u. a. Katecholamine sowie die Schilddrüsenhormone. Der O_2-Verbrauch der Gewebe ist auch in starkem Maße temperaturabhängig. Eine Erniedrigung der Körpertemperatur verursacht, insbesondere nach Ausfall oder medikamentöser Ausschaltung der Temperaturregulation, eine Abnahme des O_2-Bedarfs der Gewebe als Folge des reduzierten Energieumsatzes der Zellen und wird medizinisch zur Organprotektion eingesetzt.

Durchblutung und O_2-Bedarf
Der O_2-Bedarf eines Organs oder des Gesamtorganismus kann durch eine Messung des jeweiligen O_2-Verbrauchs erfasst werden. Dies setzt aber voraus, dass die Organdurchblutung bzw. das Herzminutenvolumen ausreichen, um den tatsächlichen Bedarf zu decken. Bei ungenügender Durchblutung ist nämlich der gemessene O_2-Verbrauch wesentlich niedriger als der tatsächliche O_2- bzw. Energiebedarf, weil bei einer Durchblutungsstörung nur noch ein Teil des eigentlich benötigten O_2 angeliefert – und daher verbraucht – werden kann.

❯ **Der Sauerstoffverbrauch steigt bei erhöhter Organaktivität und unter dem Einfluss von Hormonen.**

29.1.3 Sauerstoffutilisation

Unter der O_2-Utilisation eines Organs versteht man das Verhältnis seines O_2-Verbrauchs zum O_2-Angebot.

O_2-Ausschöpfung Den Anteil des O_2-Angebots, der im Organ tatsächlich aus dem Blut aufgenommen und von den Zellen verbraucht wird, bezeichnet man als **O_2-Ausschöpfung** oder -**utilisation**. Sie ergibt sich aus Gl. (1) und (2), wie folgt:

$$O_2 - \text{Utilisation} = \left(\frac{\text{avD}_{O_2} \times \dot{Q}}{C_{a_{O_2}}} \times \dot{Q} \right) = \frac{\text{avD}_{O_2}}{C_{a_{O_2}}}$$

$$\text{(29.3)}$$

Unterschiedliche Nutzung des O_2-Angebots Das O_2-Angebot wird in den Organen unterschiedlich genutzt. In der Niere, die aus Gründen der Primärharnbildung im Verhältnis zu ihrem Sauerstoffverbrauch besonders gut durchblutet wird, beträgt die O_2-Utilisation nur etwa 25%. Dagegen liegt sie in der **Großhirnrinde**, der **Skelettmuskulatur** und dem **Myokard** unter Ruhebedingungen bei ca. 40–60%, wobei im Myokard die höchsten Werte erreicht werden. Die O_2-Utilisation nimmt bei gesteigerter Organfunktion i. d. R. zu. **Höchstwerte**, die im Extremfall **ca. 90%** erreichen, beobachtet man unter den Bedingungen **schwerer körperlicher Belastungen** in der arbeitenden Skelettmuskulatur und im Myokard.

Utilisation im Herzmuskel
Da die Utilisation im Myokardgewebe bereits unter Ruhebedingungen hoch ist, kann sie bei körperlicher Belastung mit erhöhtem myokardialen Sauerstoffbedarf nicht mehr signifikant gesteigert werden. Die erforderliche Zunahme der O_2-Versorgung kann daher im Wesentlichen nur durch eine entsprechende Mehrdurchblutung erzielt werden (**Koronarreserve** ▶ Kap. 18.3). Deshalb tritt bei starken **Gefäßverengungen in den Koronargefäßen**, welche die mögliche Durchblutungssteigerung begrenzen, zunächst vor allem unter Belastung ein O_2-Mangel im Myokard auf (Symptom-**Angina pectoris**), welcher auch mithilfe des EKG erfasst werden kann (**Belastungs-EKG**).

❯ **Die O_2-Utilisation steigt mit der Organaktivität, kann aber die Mehrdurchblutung nicht ersetzen.**

In Kürze

Der O_2-Bedarf der Organe muss ständig durch das O_2-Angebot von Blut und Kreislauf gedeckt werden. Er hängt von der **Aktivität der Zellen** ab und kann innerhalb eines Organs regional unterschiedlich sein. Verschiedene Faktoren, vor allem die **Körpertemperatur, Hormone** und **Modulatoren der Atmungskette** beeinflussen den O_2-Bedarf. Das O_2-Angebot ist normalerweise größer als der O_2-Verbrauch, d. h. die Sauerstoffausschöpfung (**O_2-Utilisation**) aus dem arteriellen Blut ist nicht vollständig.

29.2 Sauerstoffversorgung der Organe

29.2.1 Sauerstoffaustausch

Der Austausch von O_2 zwischen Blut und Zellen hängt hauptsächlich von der Zahl der aktuell von Blut durchströmten Gefäßkapillaren sowie der Partialdruckdifferenz zwischen Blut und Gewebe ab.

O_2-Austausch Unter Ruhebedingungen werden pro Minute ca. 250–300 ml O_2 über die Lunge neu in das arterielle Blut aufgenommen und über das Arteriensystem des Kreislaufs an die Körperorgane verteilt. In den Organen wird ein Teil des in den Erythrozyten transportierten O_2 „entnommen", da dieser aufgrund der zwischen Blut und Gewebe bestehenden **Partialdruckunterschiede** in die Parenchymzellen der Kapillarumgebung diffundiert („O_2-Austausch"). Wie viel O_2 die Zellen dabei jeweils tatsächlich erreicht, hängt u. a. vom **P_{O_2}** in den Blutgefäßen, den **Diffusionswiderständen** für O_2 in den Gefäßwänden, den erforderlichen Diffusionsstrecken sowie schließlich von dem O_2-Verbrauch der Zellen ab. ◘ Abb. 29.2 zeigt die Sauerstoffpartialdrücke im Blut verschiedener Gefäßabschnitte des Kreislaufsystems. Bei körperlicher Ruhe sind die in ◘ Abb. 29.2 schematisch dargestellten **mittleren Partialdrücke für O_2** zu messen.

O_2-Abgabe aus den Gefäßen Aus den großen arteriellen Gefäßen wird praktisch kein O_2 an das umgebende Gewebe abgegeben, was erklärt, warum diese Gefäße **Vasa vasorum** zur Versorgung ihrer Wandstrukturen benötigen. Während der Passage der kleinen Arterien und der **Arteriolen** hingegen wird bereits eine signifikante Menge von O_2 aus dem Blut abgegeben. Sie dient vorrangig der Deckung des O_2-Bedarfs der Muskulatur dieser Gefäße. Ein Teil der aus den Arteriolen abgegebenen O_2-Moleküle gelangt dabei in das Blut von parallel verlaufenden kleinen Venen mit entgegengesetzter Strömungsrichtung (**funktionelles Gegenstromsystem**) und wird mit ihm abtransportiert, sodass der P_{O_2} in den Venen i. d. R. höher als im Gewebe ist. Der intravasale P_{O_2} sinkt also bereits vor dem Erreichen der Kapillaren ab. Dennoch wird die größte O_2-Menge vom Blut im Bereich der **Kapillaren** abgegeben. Ihre dünnen Wände haben einen sehr geringen eigenen O_2-Bedarf und setzen der O_2-Diffusion nur einen geringen Widerstand entgegen. Wegen der in den Kapillaren niedrigen **Strömungsgeschwindigkeit** des Blutes reicht die für die O_2-Abgabe zur Verfügung stehende Zeit (ca. 0,3–5 Sekunden) normalerweise dafür gut aus. Bestimmende Faktoren für die Diffusion von O_2 aus den Kapillaren in das umliegende Gewebe sind die **Durchblutung** sowie die **O_2-Partialdruckdifferenz**, die Zahl aktuell durchbluteter **Kapillaren** bzw. der dadurch gegebenen funktionellen **Austauschfläche** und, davon abhängig, die Länge der Diffusionsstrecken im Gewebe. Die **Zahl der Kapillaren** im Gewebe variiert von Organ zu Organ und in vielen Fällen auch innerhalb eines Organs. Ein besonders dichtes **Kapillarnetz** und damit günstige Bedingungen für den O_2-Austausch findet man in Geweben mit hohem **Energieumsatz**. Für den mittleren **Kapillar-**

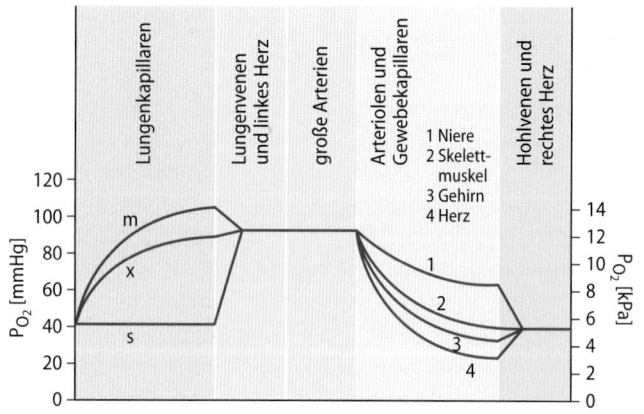

◘ **Abb. 29.2 PO_2-Werte im Blut des großen und kleinen Kreislaufs unter Ruhebedingungen.** Die Kurve X stellt den Mittelwert des PO_2 in den Lungenkapillaren dar. In den maximal belüfteten Alveolen liegt die Kurve darüber (m). In Kapillaren, die durch nicht-ventilierte Alveolen verlaufen und die somit Shunts darstellen, steigt der PO_2 nicht an (Kurve s)

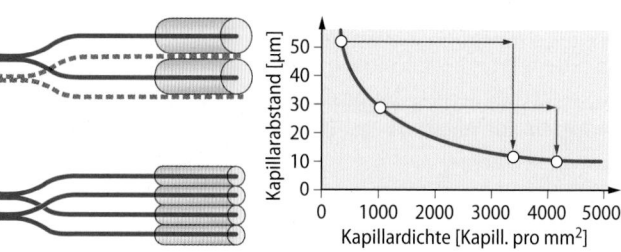

◘ **Abb. 29.3 Funktionelle Kapillardichte in Ruhe und unter Belastung.** Bei erhöhtem Sauerstoffbedarf werden im Muskel mehr Kapillaren gleichzeitig durchströmt als in Ruhe. Dies führt zu einer Zunahme der funktionellen Kapillardichte (horizontale Pfeile) und einer Reduktion des Kapillarabstands (vertikale Pfeile). Im Myokard (rot) ist die Kapillardichte höher als im Skelettmuskel (schwarz)

abstand in der Hirnrinde wurden ca. 40 μm, in der Skelettmuskulatur ca. 35 μm bestimmt. Allerdings werden unter Ruhebedingungen in zahlreichen Organen, z. B. der Skelettmuskulatur, nicht alle Kapillaren gleichzeitig mit Blut durchströmt. Vielmehr bewirkt die **Vasomotion** der vorgeschalteten Arteriolen rhythmische Änderungen der Kapillarperfusion. Unter Belastung kommt es zur Rekrutierung weiterer Kapillaren, so dass die funktionelle Kapillardichte ansteigt (◘ Abb. 29.3).

❯ Die weitaus größte Sauerstoffmenge wird in den Kapillaren an das Gewebe abgegeben.

Krogh-Zylinder Um den O_2-Austausch zwischen Blut und Gewebe beschreiben zu können, wurden verschiedene Modellvorstellungen entwickelt. Als besonders nützlich für das Verständnis des Gasaustausches erwies sich das 1918 veröffentlichte Modell von August Krogh (Nobelpreis für Physiologie oder Medizin 1920), das den Versorgungsbezirk einer Kapillare als einen sie umgebenden Zylinder beschreibt (◘ Abb. 29.4). Insbesondere lässt sich mithilfe dieses Modells gut ableiten, dass die Senkung des arteriellen P_{O_2} oder die

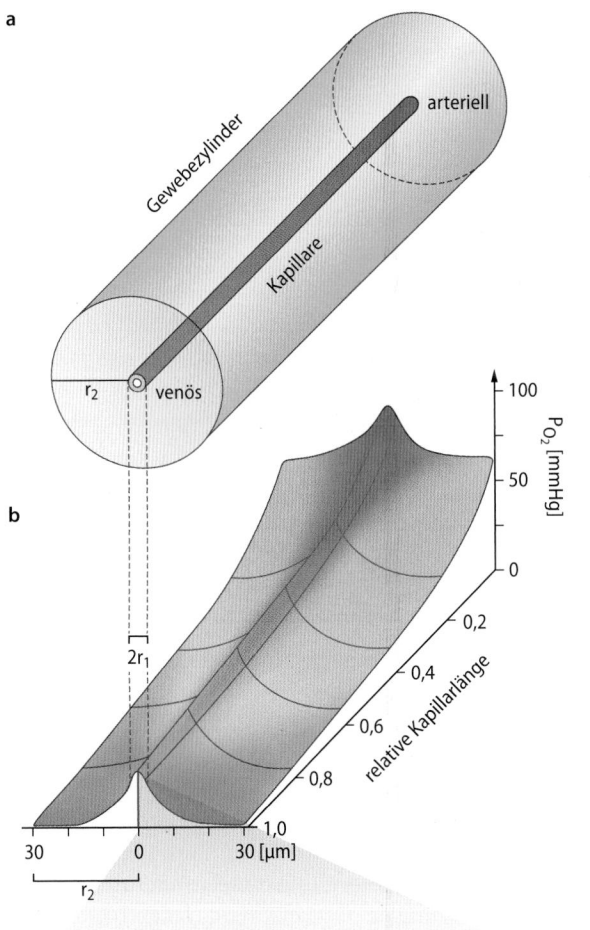

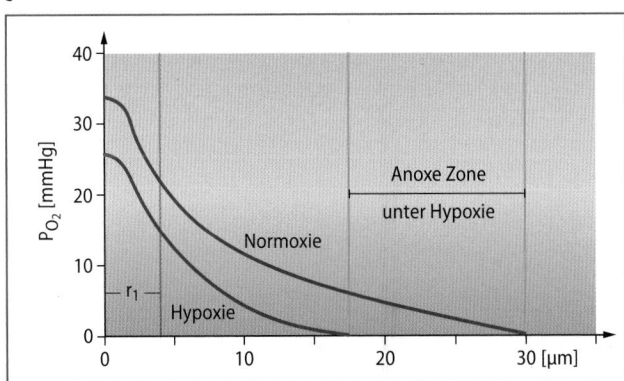

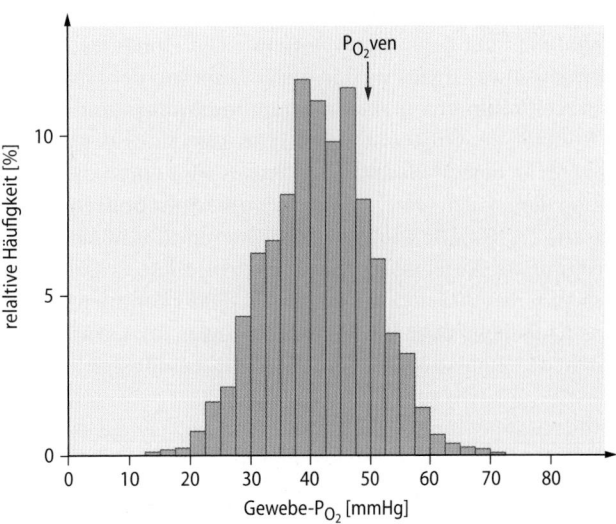

versorgten Gewebezylinders liegen ("Anoxische Zone", ◘ Abb. 29.4c). Durch Herabsetzung des Gefäßmuskeltonus in den vorgeschalteten Arteriolen kann sowohl die **Perfusion** einer einzelnen Kapillare als auch die **Zahl gleichzeitig durchströmter Kapillaren** erhöht werden. Der von einer Kapillare zu versorgende Gewebebezirk (**Kroghscher Zylinder**) wird dadurch kleiner und kann wegen der kürzeren Diffusionsstrecken und der abnehmenden Zahl der "Verbraucher" diese effektiver mit O_2 versorgen (◘ Abb. 29.3).

29.2.2 O_2-Partialdrucke im Gewebe

Für die Diffusion von **Gasen** sind Partialdruckunterschiede, nicht Konzentrationsunterschiede, von Bedeutung.

P_{O_2}-Verteilung im Gewebe Da die Partialdrücke für O_2 in den Kapillaren normalerweise höher sind als in deren Umgebung, diffundiert Sauerstoff durch die Kapillarwand. Im Gewebe sind die O_2-Partialdrücke uneinheitlich. Sie sind in Kapillarnähe am höchsten und sinken mit zunehmender Entfernung von den Kapillaren (vgl. Abschnitt Krogh-Zylinder). Auch in den Zellen nimmt der O_2-Partialdruck von der Membran zum Zellinneren hin ab. Für einen normalen oxidativen Stoffwechsel muss der O_2-Partialdruck in den Mitochondrien einer Zelle mindestens 0,1–1 mmHg (13,3–133 Pa) erreichen. Die ◘ Abb. 29.5 zeigt die Häufigkeitsverteilung der gemessenen O_2-Partialdrücke in einem Skelettmuskel bei arterieller **Normoxie**. Die Abbildung zeigt, dass es im Gewebe keinen einheitlichen P_{O_2} gibt, sondern dass lokal Werte auftreten, die zwischen denen des arteriellen Blutes und einem Minimalwert wenig über Null liegen. Sie weisen statistisch eine sogenannte "**Normalverteilung**" auf. Solange diese Werte am Ende der Diffusionsstrecke, also in den Mitochondrien, über etwa 1 mmHg (133 Pa) liegen, kann ein normaler oxidativer Stoffwechsel stattfinden (**kritischer P_{O_2} der Mitochondrien**).

◘ **Abb. 29.4a–c Versorgungsbereich einer Kapillare** (Krogh-Zylinder, **a**) mit P_{O_2} Verteilung im Gewebe (**b, c**). Mit zunehmende Länge des Gefäßes und mit zunehmendem Abstand vom Gefäß sinkt der P_{O_2}. Besonders niedrig ist er in peripher-gelegenen Gewebeanteilen am Ende der Kapillare. **c** zeigt eine vergrößerte Darstellung der Situation am Kapillarende unter Normoxie und Hypoxie. Mit zunehmendem Abstand vom Gefäß sinkt der P_{O_2}. Unter Normoxie werden trotzdem auch periphere Gewebeanteile ausreichend mit Sauerstoff versorgt. Unter Hypoxie entsteht jedoch in der Peripherie eine anoxische Zone

Herabsetzung der Durchblutung (welche im Kapillarblut ebenfalls zu einer P_{O_2}-Senkung führen, ◘ Abb. 29.4c) sich in erster Linie kritisch auf die **O_2-Versorgung** derjenigen Zellen auswirkt, die an der äußeren Grenze des von einer Kapillare

◘ **Abb. 29.5 PO_2-Verteilung im Skelettmuskel**

Messung der Partialdrücke
Eine Messung **lokaler O$_2$-Partialdrücke** und damit der **Sauerstoffversorgung** ist sowohl mit optischen Verfahren als auch mithilfe von Mikroelektroden möglich (**polarographisches Verfahren**). Da die O$_2$-Partialdruckmessungen Hinweise auf die momentane O$_2$-Versorgung des Gewebes liefern, sind sie z. B. hilfreich bei plastischen Operationen mit Gewebeverpflanzungen und initial eingeschränkter Durchblutung oder bei der Festlegung von Amputationsgrenzen bei schweren Durchblutungsstörungen der peripheren Extremitäten. Da diese optischen und polarographischen Messungen invasiv sind, wird die Gewebssauerstoffversorgung aber klinisch oft nur indirekt beurteilt. Mit der **Nahinfrarotspektroskopie** steht inzwischen eine Methode zur Verfügung, die es vor allen Dingen bei Neugeborenen ermöglicht, direkte Hinweise auf die O$_2$-Versorgung von Geweben über die Bestimmung der **O$_2$-Sättigung des Hämoglobins** im Kapillarblut und den Oxidationsgrad der Zytochrome in den Zellen, z. B. des Gehirngewebes, zu erhalten.

29.2.3   Anpassung an wechselnden O$_2$-Bedarf

Das O$_2$-Angebot an ein Organ wird durch die Änderung der Durchblutungsgröße an dessen O$_2$-Bedarf angepasst.

Anpassungsmechanismen   Die mit jeder **Funktionssteigerung** eines Organs einhergehende **Erhöhung des O$_2$-Bedarfs** muss durch eine entsprechende Anpassung der O$_2$-Versorgung beantwortet werden. Dazu gehören eine – je nach Organ noch in unterschiedlicher Höhe mögliche – vermehrte **O$_2$-Utilisation** aus dem arteriellen Blut und, größenordnungsmäßig viel bedeutsamer, eine Erhöhung des **O$_2$-Angebotes**. Das O$_2$-Angebot in einem Gewebe kann durch die Zunahme der Durchblutung und die Erhöhung des O$_2$-Gehaltes im arteriellen Blut gesteigert werden. Da jedoch unter physiologischen Bedingungen die O$_2$-Sättigung des Hämoglobins im arteriellen Blut bereits nahezu vollständig ist, besteht **kaum** die Möglichkeit, durch Hyperventilation eine weitere Zunahme des arteriellen O$_2$-Gehaltes zu erreichen. Die **Erhöhung des O$_2$-Angebotes** an eine momentane Steigerung des O$_2$-Bedarfs in einem Gewebe wird daher vorrangig durch die **Zunahme der Durchblutung** erreicht.

Regulation der Organdurchblutung   Die Höhe der Durchblutung eines Organs wird in erster Linie von der Größe des **Herzzeitvolumens** und dem **Strömungswiderstand** in den Arteriolen des Organs bestimmt. Die Anpassung des O$_2$-Angebotes an den O$_2$-Bedarf eines Organs wird durch die Regulation der lokalen Durchblutung mithilfe **metabolischer Faktoren**, des **Gefäßendothels** sowie **humoral** und **neuronal** beeinflusster Regelmechanismen erreicht. Diese sind ausführlich in ▸ Kap. 20.3 und 20.4 dargestellt. Dazu kommen Signalmechanismen, über die P$_{O_2}$-Änderungen im Gefäß selbst direkt den Tonus der Gefäßmuskelzellen beeinflussen können.

Langzeitanpassung   Besteht ein lang andauernd erhöhter O$_2$-Bedarf in einem Organ, so kommt es zusätzlich zu einer Anpassung der Größe der zuführenden Blutgefäße (**Remodeling**) und ggf. zu einer Neubildung von Blutgefäßen im Organ (**Angiogenese**, ▸ Kap. 20.5).

❯ Bei erhöhtem O$_2$-Bedarf tragen Durchblutungssteigerung und vermehrte Utilisation zu dessen Deckung bei.

> **In Kürze**
>
> Die O$_2$-Abgabe vom Blut an das Gewebe erfolgt vorwiegend in den **Kapillaren**; O$_2$ diffundiert entlang eines **Partialdruckgefälles** zu den Zellen. Die O$_2$-Partialdrücke im Gewebe sind daher lokal unterschiedlich und niedriger als der arterielle P$_{O_2}$. Eine Erhöhung des O$_2$-Bedarfs bei gesteigerter Organfunktion wird überwiegend durch ein **erhöhtes O$_2$-Angebot** ausgeglichen. Letzteres kommt vor allem durch eine **gesteigerte Durchblutung** zustande.

29.3   O$_2$-Mangel

O$_2$-Mangel führt je nach Dauer und Ausmaß zu Einschränkungen der Organfunktion oder zum Zelltod.

Ursachen für O$_2$-Mangel   Ein O$_2$-Mangel kann aufgrund einer **Störung** der **Lungenatmung** und/oder der **Durchblutung** von Organen entstehen. In seiner Folge wird die Neubildung von ATP in den betroffenen Zellen stark eingeschränkt. Die alternative Energiegewinnung mittels **anaerober Glykolyse** kann eine Störung der O$_2$-Versorgung längerfristig nicht kompensieren. Zudem wird das dabei entstandene **Laktat** zusammen mit Protonen aus den Zellen in den Extrazellulärraum transportiert, aus dem diese bei mangelnder Durchblutung oder mangelndem Abbau z. B. in der Leber nur noch unvollständig entfernt werden können. Es entsteht eine Gewebe-**Azidose**. Aufgrund der Abnahme von ATP-abhängigen Synthese- und Transportvorgängen werden die Zellfunktionen bei O$_2$-Mangel in vielfacher Weise beeinträchtigt. Fehlt O$_2$ einige Zeit vollständig, kommt es schließlich nach einiger Zeit zu einer **irreversiblen Zellschädigung**.

Fehlende Sauerstoffvorräte   In den Gewebezellen gibt es keine nennenswerten O$_2$-Vorräte. Selbst in den Muskelzellen, in denen Myoglobin (ein intrazelluläres O$_2$-bindendes **Hämprotein**) exprimiert wird, ist der Sauerstoffspeichereffekt sehr gering. Im Herzen reichen z. B. die O$_2$-Vorräte zur Aufrechterhaltung des oxidativen Stoffwechsels ca. 8 Sekunden. Man kann allenfalls von einem **Kurzzeitspeicher** sprechen, der im Myokard vor allem während des kontraktionsbedingten Abfall der Muskeldurchblutung in der Systole zur Deckung des O$_2$-Bedarfs der Zellen beitragen kann (Pufferfunktion). Myoglobin erfüllt also weniger eine Funktion als Sauerstoffspeicher als vielmehr eine wichtige Transportfunktion, indem es den O$_2$-Transport im Intrazellularraum erleichtert, weil sich die sauerstoffbeladenen Myoglobinmoleküle in der Zelle bewegen können (**„erleichterte Diffusion"** oder **facilitated diffusion**). Dies ist besonders bei niedrigem extrazellulären P$_{O_2}$ von Bedeutung.

> Ein O₂-Mangel entsteht bei Störungen der Lungen-
atmung oder der Organdurchblutung.

29.3.1 Störungen der Sauerstoffversorgung

Die mangelhafte O₂-Versorgung eines Organs kann auf unzureichender Durchblutung, unzureichender O₂-Aufnahme
in der Lunge oder unzureichender O₂-Kapazität des Blutes
beruhen.

Störungen der O₂-Aufnahme in der Lunge oder Störungen
des O₂-Transportes im Blut führen zu einer mangelhaften
O₂-Versorgung der Organe, sodass entweder eine **Gewebehypoxie** (P_{O_2} < normal) oder sogar **Gewebeanoxie**
(P_{O_2} = 0 mmHg) entsteht. Weitere Ursachen einer ungenügenden O₂-Versorgung sind die Einschränkung der Organdurchblutung (**Ischämie**), die Erniedrigung des P_{O_2} im arteriellen Blut (**arterielle Hypoxie**) sowie die Herabsetzung der
O₂- Kapazität des Blutes (**Anämie**).

Ischämische Gewebehypoxie Die Einschränkung der
Organdurchblutung führt zu einer stärkeren O₂-Ausschöp-
fung des Blutes während der Kapillarpassage und somit
zu einer **Vergrößerung der arteriovenösen Differenz** des
O₂-Gehaltes. Die direkte Folge ist ein besonders ausgeprägter
O₂-Partialdruckabfall im Kapillarblut und den nachfolgenden
Venen (**venöse Hypoxie**). Da die vermehrte Ausschöpfung
i. d. R. jedoch nicht ausreicht, um den weiter bestehenden
O₂-Bedarf vollständig zu decken, kommt es zu einer mangel-
haften O₂-Versorgung der Zellen (◘ Abb. 29.6).

Arterielle Gewebehypoxie Bei einer Senkung des P_{O_2} (**Hypoxie**) und des O₂-Gehaltes (**Hypoxämie**) im arteriellen Blut
infolge einer **alveolären Hypoventilation** ist die O₂-Ver-

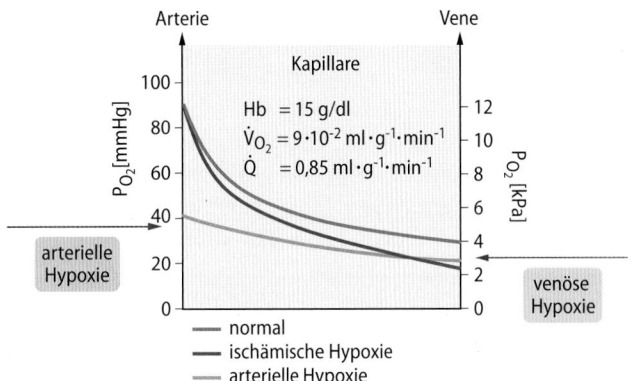

◘ **Abb. 29.6 Abfall des kapillären O₂-Partialdrucks bei Reduktion
der Durchblutung um 1/3 und bei arterieller Hypoxie am Beispiel der
menschlichen Großhirnrinde**

sorgung der Gewebe ebenfalls eingeschränkt. Wie aus
◘ Abb. 29.7 zu entnehmen ist, werden jedoch die im Kapillarblut der Organe auftretenden O₂-Partialdruckveränderungen
unter diesen Bedingungen vorrangig durch den Mittel-
abschnitt der **effektiven O₂-Bindungskurve** bestimmt. Daher
stellt sich innerhalb der Kapillaren ein sehr flaches O₂-Partial-
druckprofil ein. Hierdurch können die ungünstigen Ausgangsbedingungen für die O₂-Versorgung der Gewebe z. T.
ausgeglichen werden.

Anämische Gewebehypoxie Eine Erniedrigung des Hämo-
globingehaltes des Blutes (**Anämie**) reduziert die **O₂-Kapazität** des Blutes. Wie in ◘ Abb. 29.7 am Beispiel des Herzmuskelgewebes wiedergegeben, fällt unter diesen Bedingungen
der O₂-Gehalt des Blutes während der Kapillarpassage ebenfalls auf sehr niedrige Werte. Der zugehörige P_{O_2} kann insbesondere am venösen Kapillarende so weit absinken, dass
eine ausreichende O₂-Diffusion zu den zu versorgenden

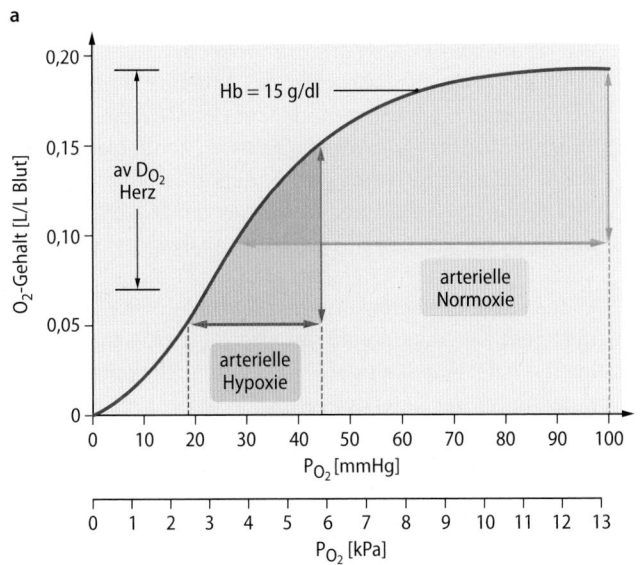

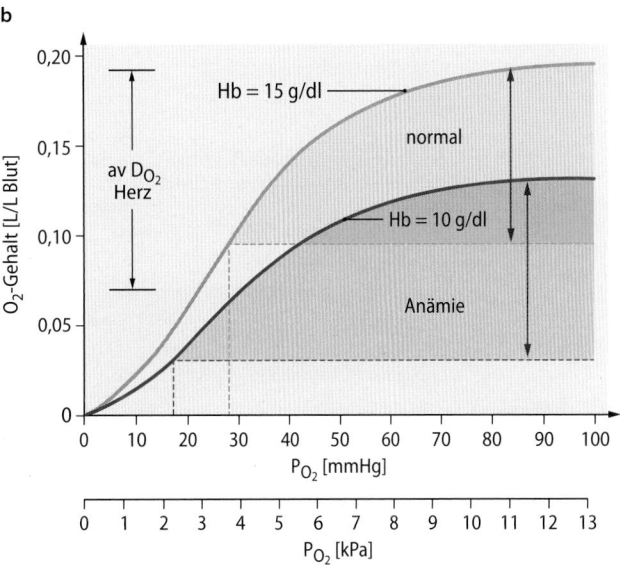

◘ **Abb. 29.7a,b a** Einfluss von arterieller Hypoxie bzw. **b** Anämie auf
den P_{O_2}-Abfall im Kapillarblut des Herzens. Hb=Hämoglobin. avD$_{O_2}$ markiert den physiologischen Bereich der arterio-venösen Sauerstoffdifferenz des Herzens

29

Zellen unmöglich wird. Für dieses Zellgebiet wurde in Analogie zu bewässertem Weideland der Begriff der „letzten Wiese" geprägt.

Gewebeanoxie   Jede akute Gewebeanoxie, hervorgerufen durch die plötzliche Unterbrechung der Durchblutung oder durch eine starke arterielle Hypoxie, führt nach einem kurzen **freien Intervall**, in dem keine Funktionsveränderungen nachgewiesen werden können, zu einer Einschränkung des Zellstoffwechsels und damit der Zellfunktion. Sobald mit abnehmendem Energievorrat selbst ein verminderter Tätigkeitsumsatz der Zelle nicht mehr möglich ist, tritt die vollständige **Lähmung der Zellfunktion** ein (◘ Abb. 29.8). Die Zeitspanne vom Einsetzen der Gewebeanoxie bis zum vollständigen Erlöschen der Organfunktion wird als **Lähmungszeit** bezeichnet. Diese beträgt für das Gehirn nur ca. 8–12 Sekunden.

Wiederbelebungszeit   Die **Zellstruktur** kann im Gegensatz zur Funktion deutlich länger, je nach Höhe des Energiebedarfs für Minuten bis Stunden, aufrechterhalten werden. Solange die Zellstruktur erhalten bleibt, ist eine erfolgreiche Wiederbelebung des Organs möglich (**Wiederbelebungszeit**), **danach setzen irreversible Zellschäden** und schließlich der **Zelltod** ein. Bei **Neuronen** treten irreversible Schäden bereits nach weniger als 10 Minuten dauernder Anoxie auf, in der **Skelettmuskulatur** erst nach mehreren Stunden. Für die **Niere** und die **Leber** beträgt die Wiederbelebungszeit etwa 3–4 Stunden. Für die **Wiederbelebungszeit des gesamten Organismus** ergibt sich bei normaler Körpertemperatur jedoch nur eine Zeitspanne von ca. **4 Minuten**. Sie ist erheblich kürzer als die Wiederbelebungszeiten aller lebenswichtigen Organe. Dies ist hauptsächlich darauf zurückzuführen, dass das durch Hypoxie geschädigte Herz nach dieser Zeitspanne nicht mehr den für eine normale Gehirndurchblutung erforderlichen arteriellen Mitteldruck entwickeln kann.

❯ Die Wiederbelebungszeit verschiedener Organe nach Eintritt einer Anoxie beträgt 10 Minuten (Gehirn) bis mehrere Stunden (Muskel).

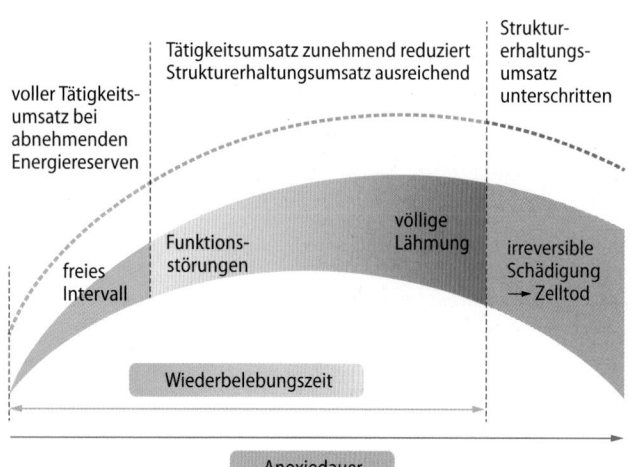

◘ Abb. 29.8   Zeitschema der Organveränderungen unter Anoxie

29.3.2 Zelluläre Anpassungsmechanismen bei Ischämie

Eine begrenzte Anpassung an Ischämiebedingungen erfolgt durch die Reduktion der Stoffwechselaktivität bzw. die Erhöhung der zellulären Ischämietoleranz.

Erhöhte Ischämietoleranz   Durch mehrmalige kurze (1–3 min) Unterbrechungen der Organdurchblutung vor einer länger andauernden Ischämie (**Preconditioning**) kann eine erhöhte Ischämietoleranz erreicht werden. Die kurzzeitigen Durchblutungsunterbrechungen lösen Adaptationsmechanismen im Gewebe aus, bei denen u. a. die Stimulation von Gi-Protein gekoppelten Rezeptoren durch **Adenosin** und anderen Agonisten eine wichtige Rolle spielt. Über verschiedene intrazelluläre Signalwege, an denen u. a. die **Proteinkinase C** und weitere Kinasen beteiligt sind, werden die **Mitochondrienmembranen stabilisiert** und so ischämiebedingte Schäden der Mitochondrien reduziert. Außerdem wird eine vermehrte Expression von Genen induziert, die die **Hypoxietoleranz** erhöht. Durch Preconditioning kann die Ischämietoleranz u. a. im Myokard, im Gastrointestinaltrakt, in den Nieren und auch im Gehirn verbessert werden.

Anpassung an chronische Ischämie   Auch eine länger dauernde, ausgeprägte Durchblutungseinschränkung kann zelluläre Adaptationsvorgänge im Gewebe auslösen, wenn es durch den Sauerstoffmangel nicht irreversibel geschädigt wurde. Diese bestehen in einer **Reduktion der Stoffwechselaktivität** und damit natürlich auch der Organfunktion. Man nennt diesen erstmals am Myokard beobachteten Zustand **Hibernation** (engl. für Winterschlaf). Die zellulären Grundlagen dieses Adaptationsvorganges sind bislang nicht völlig geklärt.

> **In Kürze**
> Das O_2-Angebot an ein Organ entspricht dem Produkt aus arteriellem O_2-Gehalt und Größe der Durchblutung. Kurzfristige Anpassungen des Angebots erfolgen über Durchblutungsänderungen. In der Mehrzahl der Organe muss der momentane O_2-Bedarf kontinuierlich durch ein entsprechendes **O_2-Angebot** gedeckt werden. Bei unausgeglichenem Verhältnis von O_2-Angebot und O_2-Bedarf in einem Organ tritt eine **Gewebehypoxie** auf. Ursache einer Herabsetzung des O_2-Angebotes können eine Einschränkung der Durchblutung (Ischämie) oder die Erniedrigung des arteriellen O_2-Gehaltes infolge einer Anämie oder Hypoxie sein. Ein vollständiger Ausfall der Sauerstoffversorgung führt zur **Gewebeanoxie**. Diese führt in Abhängigkeit von der Dauer zu reversiblen Störungen der Funktion oder irreversiblen Störungen von Funktion und Struktur der Zellen.

29.4 Sauerstoff als Signalmolekül

29.4.1 Funktionelle Sauerstoffsensoren

Hypoxie führt zu kompensatorischen Anpassungsmechanismen des Gefäßsystems und induziert die Expression von Genen.

Gefäßsensoren Die Anpassung der Durchblutung an den jeweiligen O_2-Bedarf der Gewebe ist eine wichtige Voraussetzung für die Funktionsfähigkeit der Organe. Vor allem bei arterieller Hypoxie werden in Gefäßen selbst, also unabhängig von der metabolischen Regulation O_2-abhängige Signalwege aktiviert, die zu einer Gefäßerweiterung führen. Im **Endothel** der Blutgefäße des Körperkreislaufs bewirkt die Senkung des P_{O_2} eine Erhöhung der Ca^{2+}-Konzentration, die eine vermehrte Synthese **vasodilatierender Endothelfaktoren**, vor allem von **Prostazyklin** und **NO**, zur Folge hat. Die **glatten Muskelzellen** der Blutgefäße besitzen außerdem K^+_{ATP}**-Kanäle**, die bei einem durch Hypoxie induzierten Abfall des ATP/ADP-Quotienten aktiviert werden. Als Folge der erhöhten Kaliumleitfähigkeit kommt es zur **Hyperpolarisation** der Zellmembran und nachfolgend zur Erschlaffung der Gefäßmuskelzellen und zur Vasodilatation. Die Erhöhung des P_{O_2} im Blut (**Hyperoxie**, z. B. bei Beatmung mit reinem Sauerstoff) löst dagegen eine allgemeine Verengung der peripheren Widerstandsgefäße (jedoch nicht der Lungengefäße) aus. In den **Erythrozyten** löst die Senkung des P_{O_2} im Blut eine vermehrte Freisetzung von **ATP** aus, welches die Endothelzellen zur vermehrten Produktion der Vasodilatatoren **Prostazyklin** und **NO** anregt (▶ Kap. 20.4).

Hypoxieinduzierte Genexpression Der P_{O_2} beeinflusst die Stabilität einer Familie von **Transkriptionsfaktoren**, deren Hauptvertreter der **„hypoxie-induzierbare Faktor 1α"** (hypoxia-inducible factor 1α, HIF-1α) ist. HIF-1α ist ein Protein, das in allen Körperzellen kontinuierlich gebildet wird. Bei Normoxie werden unter dem Einfluss der Dioxygenasen PHD2 (Prolylhydroxylase) und FIH-1 (factor inhibiting HIF-1) Prolin- und Asparagin-Seitenketten von HIF-1α hydroxyliert, was einerseits zum vermehrten Abbau von HIF-1α über das Proteasom und andererseits zu einer verminderten Transkriptionsaktivität von HIF-1α führt, weil die Bindung des Co-Aktivators p300 reduziert wird. Unter Hypoxiebedingungen sind

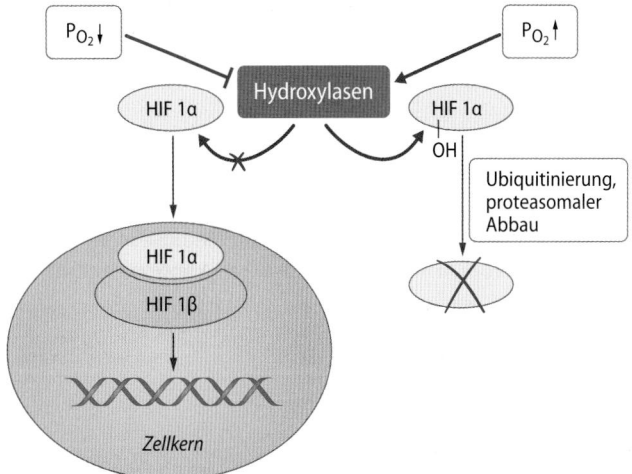

◘ **Abb. 29.9** Schematische Darstellung des Mechanismus der sauerstoffabhängigen Genexpression durch den Transkriptionsfaktor HIF-1α. Die sauerstoffabhängige-Hydroxylierung von HIF-1α führt zu dessen Degradation im Proteasom. Bei Sauerstoffmangel akkumuliert HIF-1α im Zytosol, transloziert in den Zellkern, dimerisiert dort mit HIF-1β und aktiviert die Genexpression

diese Dioxygenasen nicht mehr in der Lage, HIF-1α (vollständig) zu hydroxylieren. Das so „stabilisierte" Protein gelangt nach Phosphorylierung in den Zellkern, wo es sich u. a. mit dem konstitutiv gebildeten HIF-1β zu einem Heterodimer verbindet. Dieser Proteinkomplex bindet an „**hypoxieresponsive Elemente**" (HRE) in den Promotoren verschiedener Zielgene und führt zu deren vermehrter Expression (◘ Abb. 29.9). HIF-1α beeinflusst aber auch noch über andere Mechanismen die Transkription zahlreicher Gene. U. a. löst HIF-1α eine gesteigerte Bildung von **Erythropoietin**, z. B. beim Höhenaufenthalt, aus. Es ist auch an der Kontrolle der Transkription des endothelialen Gefäßwachstumsfaktors **VEGF** (vascular endothelial growth factor) beteiligt, der eine außerordentlich wichtige Rolle bei der Induktion der Gefäßneubildung (**Angiogenese**) spielt (▶ Kap. 20.5). Darüber hinaus führt eine Expression entsprechender Gene auch zu einem kompensatorisch erhöhten glykolytischen Stoffwechsel hypoxischer Zellen.

❯ Der HIF-1α induziert Gene der Hypoxie-Anpassung.

❯ Chronischer O_2-Mangel führt zur adaptiven Induktion von Genen, welche die Erythropoiese, Stoffwechselveränderungen und die Bildung neuer Blutgefäße begünstigen.

Klinik

Frühgeborenenretinopathie

Durch O_2- und Glukosemangel wird die Bildung und Freisetzung von Wachstumsfaktoren stimuliert, welche die Aussprossung neuer Gefäße aus bereits vorhandenen Blutgefäßen (Angiogenese) auslösen. Dieser sinnvolle Kompensationsmechanismus kann jedoch auch zu pathologischen Veränderungen führen. Bei Frühgeborenen erfolgt durch die vorzeitige Exposition für höhere arterielle Sauerstoff-Partialdrücke als sie im Fetalkreislauf bestehen eine verzögerte „frühe" Gefäßbildung. Dieser Effekt kann durch die oft notwendige zusätzliche Sauerstoffbeatmung wegen unreifer Lungen noch verstärkt werden. Wegen der unzureichenden Bildung von kleinen Blutgefäßen in der Retina tritt im weiteren Verlauf in manchen Bereichen der Retina eine Hypoxie auf. Dies führt in einer „späten" Phase der Gefäßbildung zu Gefäßeinsprossungen in den Glaskörper sowie zu Blutungen. Es kommt in der Folge auch häufig zu Gewebsverdichtungen in der Netzhautperipherie sowie einer Netzhautablösung, was faktisch zur Erblindung der Frühgeborenen führt, wenn nicht rechtzeitig therapeutisch eingegriffen wird. Ein vielversprechender Ansatz ist es, die frühe Gefäßbildung durch Gabe von IGF anzuregen.

29

In Kürze

O$_2$ dient im Gewebe nicht nur als Substrat für den Energiestoffwechsel, sondern er hat auch **Signalfunktionen**: Im Endothel, den Erythrozyten und der glatten Muskulatur der Blutgefäße kommt es so zu einer vermehrten Bildung von **gefäßerweiternden Faktoren** und zur **Vasodilatation**. Bei länger dauernder Hypoxie kommt es durch Stabilisierung des Transkriptionsfaktors HIF-1α zur **adaptiven Expression von Genen**, welche eine zelluläre und systemische Anpassung an die chronische Hypoxie ermöglichen.

29.5   Sauerstoff als Noxe

29.5.1   Reaktive Sauerstoffspezies

Reaktive Sauerstoffspezies und andere Radikale schädigen in hohen Konzentrationen Zellmembranen und hemmen Zellfunktionen.

Reaktive Sauerstoffspezies   Unter reaktiven Sauerstoffspezies (ROS) versteht man **O$_2$-Radikale** wie z. B. das **Superoxidanion** O$_2^-$, sowie sehr reaktionsbereite Sauerstoffverbindungen wie z. B. das **Wasserstoffperoxid** (H$_2$O$_2$).

Zellschäden   ROS können im Organismus mit zahlreichen anderen Molekülen, z. B. mit Metallen, NO oder Lipiden, interagieren und dabei neue Radikale (z. B. **Peroxynitrit** oder **Lipidperoxide** sowie **Carbon-Centered Radikale**) erzeugen (**Radikalkettenreaktion**), wodurch es u. a. zu erheblichen Beeinträchtigungen der Integrität aller Zellmembranen kommen kann. Unmittelbare Folgen sind u. a. ein verstärkter Kalziumeinstrom in die Zellen und eine Störung zahlreicher Rezeptor-gekoppelter Signalprozesse. Es können auch Störungen der Mitochondrienintegrität auftreten, sodass der oxidative Stoffwechsel beeinträchtigt wird. ROS-vermittelte DNA-Schäden können schließlich auch zum programmierten Zelltod (Apoptose) führen bzw. Mutationen induzieren, die die Krebsentstehung begünstigen.

29.5.2   Entstehung reaktiver Sauerstoffspezies

Reaktive Sauerstoffspezies entstehen bei verschiedenen enzymatisch gesteuerten Reaktionen, die entweder konstitutiv oder bei O$_2$-Mangel in den Zellen ablaufen.

ROS-Bildung   Eine wichtige Quelle für die Entstehung von **Superoxidanionen** (O$_2^-$) in den Körperzellen sind einige Komplexe der **Atmungskette**. Etwa 1–3% der in der Atmungskette umgesetzten Sauerstoffmoleküle werden in O$_2^-$ überführt. Die O$_2^-$-Konzentration in den Zellen nimmt mit steigendem Sauerstoff-Partialdruck entsprechend zu. In Leukozyten

und in den Zellen der Gefäßwand entstehen Superoxidanionen vorwiegend bei Reaktionen, die durch die zelltypischen Isoformen der **NADPH-Oxidase** katalysiert werden (▶ Kap. 20.4.2). Die Bildung von O$_2^-$ in den Gefäßwandzellen kann u. a. durch **Angiotensin II** und die druckinduzierte **Dehnung der Gefäßwand** gesteigert werden. Das **Wasserstoffperoxid** (H$_2$O$_2$) entsteht in der Zelle aus 2 O$_2^-$-Molekülen und 2 Protonen, vorwiegend als Produkt des Enzyms **Superoxiddismutase** (SOD), welches in zwei Isoformen im Zytosol bzw. in den Mitochondrien vorliegt.

29.5.3   Antioxidativer Zellschutz

Antioxidativ wirksame Enzyme und Moleküle reduzieren die Konzentrationen von reaktiven Sauerstoffspezies in den Zellen und im Blutplasma.

Enzymatischer Abbau reaktiver Sauerstoffspezies   Die Zellen verfügen über eine Reihe von **antioxidativen Schutzmechanismen**. Zu ihnen gehören die Enzyme **Superoxiddismutase** (SOD) und **Katalase**, welche die O$_2^-$- bzw. H$_2$O$_2$-Konzentrationen in der Zelle kontrollieren. **Peroxidasen** und **Reduktasen** wie z. B. **Glutathionreduktasen** oder **Peroxiredoxine** bauen Radikale ebenfalls katalytisch ab. Sie gelten als **antioxidative Schutzenzyme**, da sie unter physiologischen Bedingungen die intrazellulären Konzentrationen von reaktiven Sauerstoffspezies niedrig halten. Einige antioxidative Enzyme, wie z. B. die **GSH-S-Transferase** oder **Hämoxygenase 1**, können bei erhöhter ROS-Bildung kompensatorisch auch vermehrt exprimiert werden. Z. B. führt die Oxidation von Cystein-Seitenketten im „Kelch-like ECH-associated protein 1" (**KEAP1**) zur vermehrten nukleären Translokation des normalerweise mit KEAP1 verbundenen Transkriptionsfaktors **NRF2**, welcher u. a. in die vermehrte Expression von antioxidativen Enzymen involviert ist. Bei Hyperoxie, bei Reperfusion (s. u.) und bei Entzündungen, sowie vermutlich im Alter sind diese Enzymsysteme jedoch oft nicht mehr ausreichend, sodass reaktive Sauerstoffspezies potenziell vermehrt Zellschäden auslösen können.

Antioxidanzien   Da Metallionen wie Eisen oder Kupfer die Oxidation fördern, sind auch Metallionen bindende Proteine wie das **Transferrin**, das **Haptoglobin** oder das **Caeruloplasmin** im Plasma antioxidativ wirksam. Moleküle, die Radikalschäden in Zellen minimieren (**Heat-shock-Proteine**), müssen ebenfalls zu dieser Gruppe gezählt werden. Daneben spielen α-Tocopherol (Vitamin E), Vitamin C, Glutathion, Bilirubin und Harnsäure als **Radikalfänger** eine Rolle. Die naheliegende Erwartung, dass man durch Einnahme von Vitamin E oder Vitamin C radikalinduzierte Gefäßveränderungen verhindern könne, hat sich in größeren Patientenstudien aus bisher ungeklärten Gründen jedoch nicht bestätigt.

Klinik

Reperfusionsschaden

Bei einer vollständigen Unterbrechung der Durchblutung tritt im Gewebe innerhalb kurzer Zeit eine **Anoxie** auf. Durch die Wiederherstellung der Durchblutung *(Reperfusion)* während der Wiederbelebungszeit sollte es gelingen, einen Gewebeschaden zu vermeiden. Bei einem akuten **Herzinfarkt** versucht man daher beispielsweise, einen dauernden Gewebeschaden durch die schnelle Wiedereröffnung der betroffenen Koronararterie – durch **Fibrinolyse** und mechanisch durch den Einsatz eines **Dilatationskathethers** – zu vermeiden. Der Wiedereintritt von O_2 in das ischämische Gewebe bei der Reperfusion kann jedoch dazu führen, dass dieses sogar zusätzlich geschädigt wird *(Reperfusionsschaden)*. Ursache hierfür ist eine vermehrte ROS-Bildung beim Wiederanstieg des P_{O_2} in den Zellen, welche die Zellen zusätzlich schädigt. Vergleichbare Effekte kann man auch in transplantierten Organen nach ihrer Reperfusion beobachten. Diese Reperfusionsschäden können durch die nachträgliche Gabe von **antioxidativ** wirkenden Medikamenten, z. B. Superoxiddismutase, Vitamin C oder Metallchelatoren, bisher nur in sehr begrenztem Ausmaß verhindert werden.

29.5.4 Doppelfunktion der reaktiven Sauerstoffspezies

Reaktive Sauerstoffspezies sind wichtige Signalmoleküle in der Zelle; wenn sie im Übermaß gebildet werden, schädigen sie jedoch Zellstrukturen und Enzyme.

Die ROS-Konzentration bestimmt die Wirkung ROS sind in niedrigen zellulären Konzentrationen offensichtlich für zahlreiche **Signalprozesse** notwendig. Beispielsweise kann durch die ROS-abhängige, temporäre Hemmung von Tyrosinphosphatasen eine vermehrte Tyrosinphosphorylierung von Regulatorproteinen eingeleitet werden. Auch **Transkriptionsfaktoren** wie NFκB und AP1 werden ROS abhängig reguliert. Selbst die normalerweise durch die zyklischen Nukletotide cAMP und cGMP gesteuerten Proteinkinasen PKA und PKG können direkt durch ROS aktiviert werden. In **höheren** Konzentrationen hemmen ROS jedoch wichtige Enzyme des Energiestoffwechsels, z. B. die **Aconitase**. Außerdem schränken sie die DNA-Synthese durch Hemmung der **Ribonukleotidreduktase** ein und wirken dadurch **zelltoxisch**. Sie reagieren schließlich direkt mit dem endothelialen Vasodilatator **NO** und bewirken durch dessen Inaktivierung eine Vasokonstriktion sowie längerfristig einen Umbau der Gefäßwand (Atherosklerose), (▶ Kap. 20.4.3).

Literatur

Holmström KM, Finkel T. (2014) Cellular mechanisms and physiological consequences of redox-dependent signalling. Nat Rev Mol Cell Biol.15:411-21

Krogh A (1918/19) The number and distribution of capillaries in muscles with calculations of the oxygen pressure head necessary for supplying the tissue. J Physiol 52: 409

Pittman RN. (2013) Oxygen transport in the microcirculation and its regulation. Microcirculation 20:117-37

Sanada S, Komuro I, Kitakaze M. (2011) Pathophysiology of myocardial reperfusion injury: preconditioning, postconditioning, and translational aspects of protective measures. Am J Physiol Heart Circ Physiol. 301:H1723-41

Semenza GL. (2009) Regulation of oxygen homeostasis by hypoxia-inducible factor-1. Physiology 24: 97-106

In Kürze

In den Zellen werden kontinuierlich reaktive Sauerstoffspezies gebildet. In geringen Konzentrationen spielen diese eine wichtige Rolle als **Signalmoleküle**. In hohen Konzentrationen rufen sie **Zellschäden** hervor. Reaktive Sauerstoffspezies entstehen bei **Hyperoxie**, bei **Reperfusion** zuvor ischämischer Gewebeareale und bei **Entzündungen**. Verschiedene Enzyme der Zelle, Metallchelatoren und Radikalfänger haben antioxidative Wirkung und senken die Konzentrationen der reaktiven Sauerstoffspezies.

Chemorezeption

Dörthe M. Katschinski

© Springer-Verlag GmbH Deutschland, ein Teil von Springer Nature 2019
R. Brandes et al. (Hrsg.), *Physiologie des Menschen*, Springer-Lehrbuch
https://doi.org/10.1007/978-3-662-56468-4_30

Worum geht's? (■ Abb. 30.1)

Chemische Atemantriebe sind für die Kontrolle der Atmung verantwortlich

Der prozentuale Anteil des Sauerstoffs in der Einatemluft beträgt 21 % und ist konstant, egal ob man sich auf Meeresniveau oder auf dem höchsten Gipfel der Erde, dem Mount Everest (8850 m), befindet. Auf Meereshöhe beträgt der Luftdruck 1013 Hektopascal (hPa). Mit steigender Höhe nimmt der Luftdruck ab. Bis zum Mount Everest fällt er um zwei Drittel und bewegt sich dort in Abhängigkeit von Wetterlage und Temperatur nur noch zwischen etwa 325 und 340 hPa. In gleicher Weise vermindert sich daher der Sauerstoffpartialdruck. Auf solchen Höhen ist die größte Herausforderung für den Körper der Mangel an Sauerstoff im Blut und im Gewebe. Beteiligt an entsprechenden Anpassungsreaktionen sind Chemorezeptoren, die eine Kontrolle der Atmung und des Säure-Basen Haushaltes in Abhängigkeit von den Atemantrieben pCO_2, pO_2 und pH übernehmen. Als Folge kommt es zu einer schnelleren und vertieften Atmung in der Höhe. Nachdem 1953 Edmund Hillary und Tenzing Norgay als Erste auf dem Gipfel des Mount Everest standen, erreichten Reinhold Messner und Peter Habeler 1978 den Gipfel erstmals ohne zusätzlichen Sauerstoff.

Chemorezeptoren messen die Atemgase

Bei den Chemorezeptoren werden periphere Rezeptoren von zentralen Chemorezeptoren unterschieden. Veränderungen der arteriellen Blutgas-Partialdrücke von CO_2 und O_2 bzw. Veränderungen des pH-Wert werden sehr sensitiv von Chemorezeptoren detektiert. Periphere Chemorezeptoren liegen in den Glomera in der Nähe der großen arteriellen Gefäße wie der A. carotis und Aorta.

Die in den Glomera vorhandenen Glomuszellen sind in der Lage, abhängig von den Blutgas- bzw. pH Veränderungen, über eine Transmitterausschüttung den N. glossopharyngeus bzw. N. vagus zu stimulieren. Nachfolgend wird durch einen kontrollierten Regelkreis die Atmung derart verändert, dass die Blutgas-Partialdrücke bzw. der pH-Wert wieder normalisiert werden. Zentrale Chemorezeptoren liegen in der Medulla oblongata und registrieren vor allem Veränderungen des pCO_2 im Liquorraum, die indirekt arterielle pCO_2-Abweichungen widerspiegeln. Wichtigster Atemreiz ist dabei der Partialdruck von Kohlendioxid.

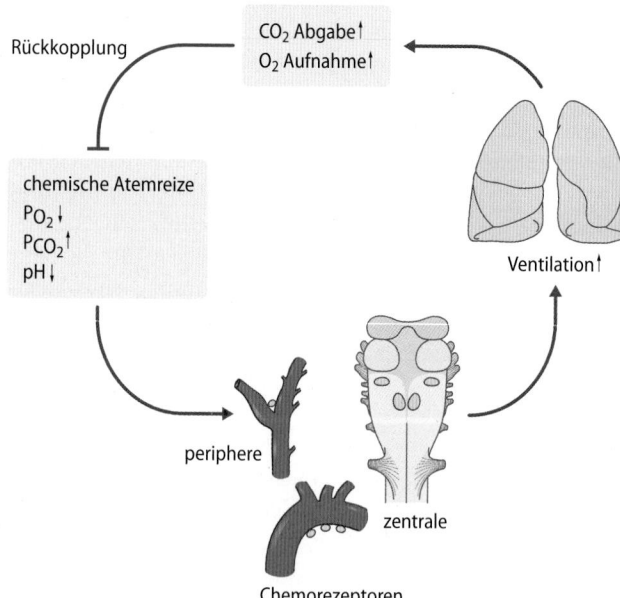

■ Abb. 30.1 Regelkreis der Atmung auf Ebene der Chemorezeptoren

30.1 Chemorezeptoren

30.1.1 Lage und Aufbau der Glomera

Chemorezeptoren bzw. Chemosensoren in den peripheren Glomera sind auf die Wahrnehmung von Veränderungen des pO_2, pCO_2 und pH spezialisiert.

Arterielle Chemorezeptoren Periphere Chemorezeptoren werden auch als arterielle Chemorezeptoren bezeichnet, da sie an den beiden großen arteriellen Gefäßen A. carotis und dem Aortenbogen liegen. Die **Glomera carotica** in den Aufgabelungen der Halsschlagadern und **Glomera aortica** in der Wand des Aortenbogens haben eine sehr hohe spezifische Durchblutung ($20\ ml \times min^{-1} \times g^{-1}$) (■ Abb. 30.2a). Diese ist

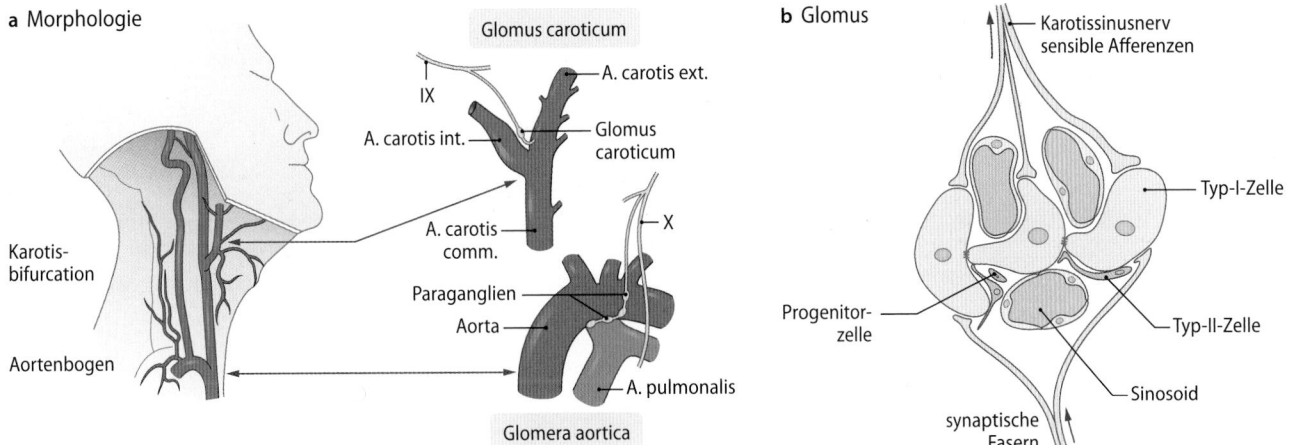

a Morphologie

Glomus caroticum

IX
A. carotis ext.
A. carotis int.
Glomus caroticum
A. carotis comm.
X
Paraganglien
Aorta
A. pulmonalis
Karotis-bifurcation
Aortenbogen

Glomera aortica

b Glomus

Karotissinusnerv sensible Afferenzen
Typ-I-Zelle
Progenitor-zelle
Typ-II-Zelle
Sinosoid
synaptische Fasern

◻ Abb. 30.2a,b   Chemorezeptoren. a Die arteriellen Chemorezeptoren liegen in den Glomera aortica und in verschiedenen Glomera um den Aortenbogen bzw. der A. subclavia. Die afferenten Nervenfasern verlaufen über die beidseitigen Karotissinusnerven zu den Nn. glossopharyngei bzw. über die beidseitigen Aortennerven und die Nn. laryngei superiores zu den Nn. vagi und enden an Neuronen des Nucleus tractus solitarius. **b** Glomera sind Gefäßknäuel mit einer sehr starken Durchblutung. In enger Nachbarschaft zu den Kapillaren liegen Typ-I-Glomuszellen, die die arteriellen Chemosensoren darstellen. Die Typ-II-Zellen sind selbst keine Chemosensoren, haben aber unterstützende Funktionen. Zusätzlich kommen in den Glomera Progenitorzellen vor, die sich zu Typ-I-Glomuszellen differenzieren können

annähernd 40-mal grösser als die des Gehirns bezogen auf 1 g Organgewicht. Dadurch wird erreicht, dass die Glomuszellen praktisch arteriellen pO_2-, pCO_2- und pH-Bedingungen ausgesetzt sind. Der Begriff Glomus kommt aus dem Latein und bezeichnet ein Knäuel. Im Fall der Glomera sind Gefäßknäuel gemeint, die ihre Zuflüsse aus den ihnen anliegenden großen Arterien bekommen. Die Glomera carotica werden durch die Karotissinusnerven, Ästen des N. glossopharyngeus (IX.) innerviert, die Glomera aortica durch den Aortennerv, einem Ast des N. laryngeus superior und damit letztendlich dem N. vagus (X).

Glomuszellen   Es werden zwei verschiedene Typen von Glomuszellen unterschieden, Typ-I- und Typ-II-Zellen (◻ Abb. 30.2b). Das Verhältnis von Typ-I- zu Typ-II-Zellen in den Glomera beträgt ca. 4:1. Die **Typ-I-Glomuszellen** sind die eigentlichen **chemosensitiven Zellen**. Sie reagieren auf Veränderungen des pO_2, pCO_2 und pH. Typ-I-Glomuszellen stammen aus dem Neuroektoderm. Sie sind in den Glomera Cluster-artig angeordnet und über gap junctions miteinander verbunden. Wie andere sekundäre Sinneszellen sind sie erregbar, können nach Depolarisation Neurotransmitter freisetzen und stehen in synaptischer Verbindung mit afferenten Fasern, die die entstehenden Aktionspotenziale weiterleiten. Die Depolarisation bzw. Transmitterfreisetzung erfolgt als Reaktion auf Veränderungen der zu regulierenden Blutgas-Partialdrücke bzw. dem pH-Wert. **Typ-II-Glomuszellen** sind Glia-ähnliche, nicht-erregbare Zellen, die die Typ-I-Glomuszellen umgeben. Sie werden den Stützzellen zugeordnet. Bei einem länger anhaltenden Sauerstoffmangel, z. B. bei einem langen Höhenaufenthalt, aber auch bei Patienten mit kardiopulmonalen Erkrankungen, die zu einer Hypoxämie führen, können die Glomera ein Vielfaches ihrer normalen Größe annehmen. Dieser Zustand ist nach Behebung des Sauerstoffmangels reversibel. Die unter Hypoxämie neu gebildeten Typ-I-Glomus-

zellen leiten sich aus stammzellähnlichen **Progenitorzellen** ab. Typ-II-Glomuszellen speisen den Pool der Progenitorzellen und sind damit entscheidend an der Formbarkeit der Glomera beteiligt.

> **❯** Typ-I-Glomuszellen sind sekundäre Sinneszellen, die in der Lage sind Veränderungen des arteriellen pO_2, pCO_2 bzw. des pH zu detektieren.

30.1.2 Antwort der Typ-I-Glomuszellen auf Veränderungen des arteriellen pO_2, pCO_2 oder pH

Typ-I-Glomuszellen reagieren mit einer gesteigerten Transmitterausschüttung auf Veränderungen der arteriellen Atemreize pO_2, pCO_2 oder pH.

Chemische Atemreize   Veränderungen des arteriellen pO_2, pCO_2 oder pH werden von Typ-I-Glomuszellen registriert. Sie leiten eine veränderte Atmung ein, wodurch die Blutparameter normalisiert werden. Veränderungen von pO_2, pCO_2 und pH werden daher auch als chemische Atemreize bezeichnet.

Sauerstoffsensing   Die Typ-I-Glomuszellen detektieren akute Veränderungen des arteriellen pO_2. Für die Sauerstoffempfindlichkeit der Typ-I-Glomuszellen sind **Kalium-Kanäle** verantwortlich, die an der Ausbildung des Ruhemembranpotenzials beteiligt sind (◻ Abb. 30.3). Bei einem Absinken des Sauerstoffpartialdruckes wird ihre Offenwahrscheinlichkeit gesenkt. Es kommt zu einer Depolarisation, die einen Einstrom von Ca^{2+} durch **Spannungs-abhängige Ca^{2+} Kanäle** sowie eine nachfolgende Transmitterfreisetzung und damit Erregung der afferenten Nerven zur Folge hat. Typ-I-

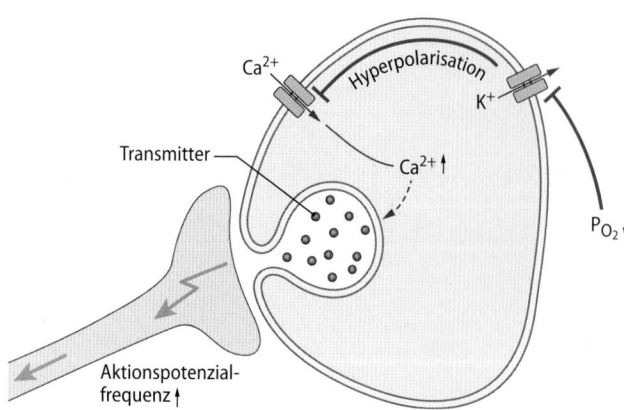

◨ Abb. 30.3   Sauerstoffsensing der Typ-I-Glomuszellen. Die Typ-I-Glomuszellen besitzen Kaliumkanäle, deren Offenwahrscheinlichkeit sich in Abhängigkeit von dem Sauerstoffpartialdruck ändert – bei Hypoxie sinkt sie. Dadurch kommt es zu einer Depolarisation, einem Einstrom von Kalzium und einer gesteigerten Transmitterausschüttung, die schlussendlich die Erregung der afferenten Nerven zur Folge haben

Glomuszellen haben eine hohe Vesikeldichte mit verschiedenen Neurotransmittern wie **ATP**, Acetylcholin, Dopamin, Serotonin und Katecholamine. Für die synaptische Übertragung des **Sauerstoffsignals** ist hauptsächlich ATP verantwortlich, das die Liganden-gesteuerten P2-X unspezifischen Kationenkanäle der afferenten Fasern stimuliert. Die Funktion der übrigen Transmitter ist nicht genau geklärt. Neben den Typ-I-Glomuszellen werden Sauerstoff-abhängige Kaliumkanäle auch in anderen neurosekretorischen Zellen sowie in glatten Muskelzellen der arteriellen pulmonalen Gefäße gefunden. Wie ihre Offenwahrscheinlichkeit direkt durch Sauerstoff beeinflusst wird, wird intensiv untersucht. Trotzdem ist der Mechanismus aber letztlich immer noch unklar.

Detektion von Veränderungen des pCO₂ und pH   Steigt der arterielle pCO_2, gelangt in Folge mehr CO_2 in die Glomuszellen. Dies führt zu einem raschen Absinken des intrazellulären pHs, da CO_2 schnell die Zellmembran überqueren kann. Eine Ansäuerung des Zytosols kann auch als Folge eines Absinkens des arteriellen pH-Wertes durch **metabolische Veränderungen** erfolgen. Wie auch andere Körperzellen verfügen Glomuszellen über Transportprozesse für H^+ und HCO^{3-} zur intrazellulären pH-Regulation. Da ein Absinken des arteriellen pH-Wertes erst verspätet durch diese Transportprozesse zu einer zytosolischen Ansäuerung führt, läuft die Antwort auf einen veränderten pH-Wert im Vergleich zu einem veränderten pCO_2 langsamer ab. Die Antwort der Typ-I-Glomuszellen auf Veränderungen des pCO_2 und pH wird durch **pH-sensitive Kanäle** vermittelt. Dabei spielen u. a. TASK (TWIK-related acid sensitive K^+)-Kalium Kanäle eine Rolle. Analog zur Detektion von Änderungen im Sauerstoffdruck kommt es nachfolgend zu einer Transmitterfreisetzung und damit Erregung der afferenten Nerven.

Verschaltung der peripheren Chemorezeptoren   Da sowohl Veränderungen des arteriellen pO_2, pCO_2 und pH zu Veränderungen der Ventilation führen, die entsprechende Ent-

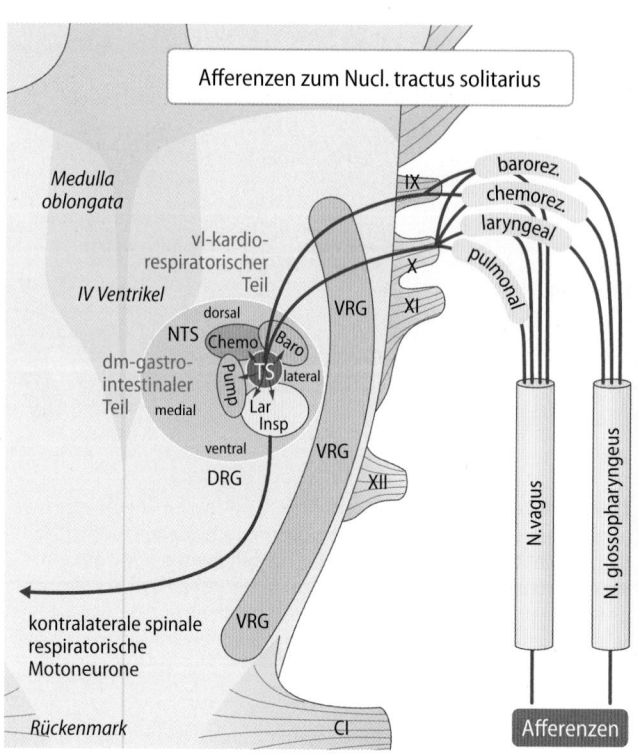

◨ Abb. 30.4   Afferenzen zum Nucl. tractus solitarius. Die Afferenzen aus dem Respirationstrakt und der Lunge (laryngeale und pulmonale Afferenzen), aber auch Afferenzen der arteriellen Chemorezeptoren und Carorezeptoren verlaufen in den N. glosspharyngeus bzw. die Nn. vagi und projizieren zum Nucl. tractus solitarius (NTS). Der NTS weist eine komplexe Struktur auf: Die laryngealen und pulmonalen Afferenzen ziehen zu den medialen und ventralen Subkernen des NTS, während die Chemorezeptor- und Barorezeptorafferenzen zu den dorsalen Subkernen ziehen. Hier liegen die Interneurone, über die die weitere Verschaltung festgelegt wird. Im medialen Teil des NTS enden die nicht eingezeichneten Afferenzen aus dem Gastrotintestinaltrakt. In den ventralen Abschnitten des NTS liegen respiratorische Neurone der dorsalen respiratorischen Gruppe (DRG), deren Axone zu den spinalen Motoneuronen des N. phrenicus ziehen

gleisungen korrigieren sollen, wird der Atemantrieb durch die beiden Atemgase bzw. den pH-Wert als ein **rückgekoppelter Atemantrieb** bezeichnet. Dafür ist eine entsprechende Verschaltung notwendig. Glomuszellen sind sekundäre Sinneszellen. Sie übermitteln Veränderungen des pO_2, pCO_2 bzw. pH-Wert wie oben beschrieben durch eine gesteigerte Transmitterfreisetzung. Die Aktionspotenzialfrequenz der afferenten Fasern des N. glossopharyngeus bzw. des N. vagus wird dadurch beeinflusst. Die weitere Signalübermittlung erfolgt durch die afferenten Fasern zum Nucleus tractus solitarius (◨ Abb. 30.4). Über Interneurone wird das gesamte respiratorische Netzwerk aktiviert und damit die Rückkopplung eingeleitet.

30.1.3   Zentrale Chemorezeptoren

Lage und Funktion   Im Vergleich zu den peripheren Chemorezeptoren stehen zentrale Chemorezeptoren nicht in direkter Verbindung mit dem arteriellen Blut. Sie liegen in der **Medulla**

oblongata im Bereich des Nucleus retrotrapezoideus. Im Unterschied zu den peripheren Chemorezeptoren reagieren zentrale Chemorezeptoren vor allem auf **Veränderungen des pCO_2** im Liquorraum. Durch Übertritt des CO_2 vom arteriellen Blut über die **Blut-Hirn-Schranke**, spiegelt die dortige Ansäuerung direkt Veränderungen im arteriellen Blut wider. Ähnlich wie bei den peripheren Chemorezeptoren sind an der Antwort der Zellen vermutlich pH-sensitive Kalium Kanäle beteiligt. Im Gegensatz zu den peripheren Chemorezeptoren reagieren die zentralen Chemorezeptoren praktisch nicht auf Veränderungen des arteriellen pO_2.

❯ Durch eine Hemmung von Sauerstoff-sensitiven bzw. pH-sensitiven Kaliumkanälen wird die Transmitterausschüttung der Typ-I-Glomuszellen reduziert.

In Kürze

Die Aufgabe der **peripheren Chemorezeptoren** ist eine schnelle und sensitive Detektion von **Veränderungen des arteriellen pO_2, pCO_2 und pH**. Dies geschieht in den Glomera carotica und aortica durch die Typ-I-Glomuszellen. **Sauerstoff und pH-abhängige Ionenkanäle** reagieren auf die Veränderungen von dem arteriellen pO_2, pCO_2 bzw. pH mit einer veränderten Offenwahrscheinlichkeit. In der Folge wird die Depolarisation und damit einhergehend Transmitterausschüttung der Typ-I- Glomuszellen beeinflusst. Die Information wird über die **N. glossopharyngeus** und **N. vagus** an das zentrale respiratorische Netzwerk, in dem die **rückgekoppelte Antwort** eingeleitet wird. **Zentrale Chemorezeptoren** liegen in der Medulla oblongata und reagieren auf Veränderungen des pCO_2 im Liquorraum.

30.2 Veränderungen der Ventilation in Abhängigkeit von pO_2, pCO_2 und pH

30.2.1 Respiratorische Antwort auf Veränderungen der arteriellen O_2- und CO_2-Partialdrücke und des pH

Die Beeinflussung der Ventilation durch die chemischen Atemantriebe pCO_2, pH und pO_2 lassen sich anhand sogenannter **respiratorischer Antwortkurven** ermitteln.

Registrierung der respiratorischen Antwortkurven Atmung und Abgabe von CO_2 sind miteinander gekoppelt. Eine durch einen niedrigen pO_2 oder erniedrigten pH gesteigerte Atmung führt damit unter physiologischen Bedingungen automatisch zu einem veränderten pCO_2. Daher werden die respiratorischen Antwortkurven als physiologische Antworten registriert bzw. die Versuchsbedingungen so gewählt, dass bei Veränderungen des pH bzw. des pO_2 der pCO_2 konstant gehalten wird (◻ Abb. 30.5). Der Vergleich der **physiologischen Antwort** mit der **Antwort bei einem konstanten pCO_2** erlaubt

wichtige Einblicke in die Interaktion der chemischen Atemantriebe und ihrer physiologischen Funktion.

❯ Eine gesteigerte Ventilation senkt den arteriellen pCO_2. Dies reduziert die Ventilationsantwort bei primären Veränderungen des pH bzw. des arteriellen pO_2.

30.2.2 Ventilationsantwort in Abhängigkeit vom pCO_2, pH und pO_2

pCO_2-Antwortkurve Abweichungen des pCO_2 führen vermittelt über die Typ-I-Glomuszellen zu einer veränderten Ventilation. Durch eine vermehrte bzw. verminderte Abatmung von CO_2, können entsprechende Störungen ausgeglichen werden. Die pCO_2-Antwortkurve der Ventilation zeigt einen **steileren Anstieg des Atemzeitvolumens** als die pH und pO_2-Antwortkurven. Bereits geringe Veränderungen des arteriellen pCO_2 haben also einen deutlichen Einfluss auf die Ventilation. Quantitativ betrachtet führt eine Erhöhung des pCO_2 um 1 mmHg zu einem Anstieg des Atemminutenvolumens von 2–3 l/min. Das Atemminutenvolumen ist demnach durch eine nur geringe Veränderung des pCO_2 um ca. 40–50 % angestiegen. Damit ist der **pCO_2 der effektivste chemische Atemantrieb** unter physiologischen Bedingungen. Ab einer Erhöhung des pCO_2 (Hyperkapnie) von 70 mmHg wirkt das CO_2 stark **narkotisch**, daher ist in diesem Bereich eine drastische Abnahme des Atemzeitvolumens zu beobachten.

pH-Antwortkurve Veränderungen im Metabolismus können zu pH-Wert-Entgleisungen führen, ohne dass primär die Atmung beeinflusst ist (**metabolische Azidose bzw. Alkalose**). Entsprechende pH-Veränderungen müssen durch eine modulierte Atmung korrigiert werden können (**Kompensation**). Dabei wird eine Normalisierung des pH-Werts durch eine vermehrte bzw. verminderte Abgabe von CO_2 erreicht. Dies zeigt sich in der physiologischen pH-Antwortkurve. Eine vermehrte Abgabe von CO_2, die zielführend ist für die Kompensation, beeinflusst die pH-Antwortkurve. Im Vergleich zu der pCO_2-Antwortkurve verläuft die pH-Antwortkurve flacher. Wird jedoch der pCO_2, der normalerweise durch das pH-induziert gesteigerte Atemminutenvolumen gesenkt wird, konstant gehalten, verläuft die pH-Antwortkurve deutlich steiler als die pH-Antwortkurve ohne Konstanthaltung des pCO_2. Aus dem Vergleich der **physiologischen Antwortkurve** und der **Antwortkurve unter konstanten pCO_2** Bedingungen kann geschlossen werden, dass der korrigierte pCO_2 gewissermaßen die pH-Antwort der Glomuszellen bremst.

pO_2-Antwortkurve Ein Absinken des arteriellen pO_2 führt zu einem gesteigerten Atemminutenvolumen. Dies zeigt sich in der pO_2-Antwortkurve. Im Vergleich zu der pCO_2-Antwort ist die Ventilation **erst bei deutlichen Abweichungen** des pO_2 verändert. Eine entsprechende Abnahme tritt unter besonderen Bedingungen auf, z. B. bei Patienten mit **Lun-**

30

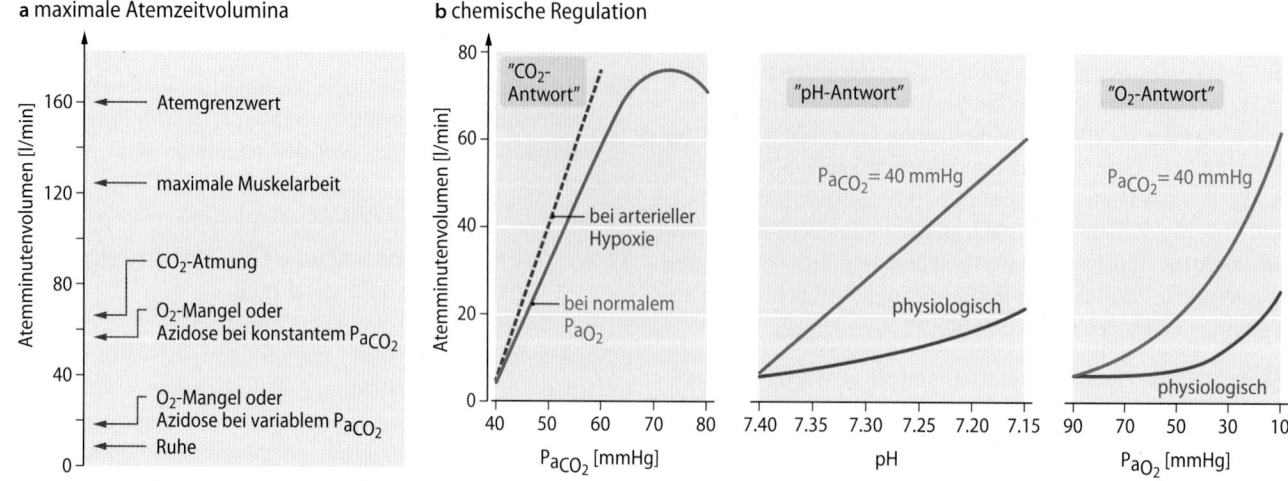

a maximale Atemzeitvolumina

b chemische Regulation

■ **Abb. 30.5a,b   Änderung der Atemzeitvolumina bei willkürlicher Mehrventilation und chemorezeptiver Atmungsregulation. a** Maximale Atemzeitvolumina, die bei verschiedenen Regulationsprozessen erreicht werden können. **b** Sog. Antwortkurven der Atmungsregulation. Die chemorezeptive Regulation besteht in einer „Antwort" auf Änderungen des arteriellen P_{O_2}, des arteriellen P_{CO_2} und der $[H+]_a$ (arterielle H+-Konzentration). Rote Kurven=physiologische Ventilationsantwort; blaue Kurven=Ventilationsantwort bei konstantem alveolärem CO_2-Partialdruck

generkrankungen oder bei **Aufenthalt in großer Höhe.** Die hypoxische Atemsteigerung in der Höhe setzt ab etwa 1500 m unmittelbar nach Ankunft ein. Die Ventilation Gesunder kann unter hypobarer Hypoxie und körperlicher Belastung nur bis auf etwa 6300 m gesteigert werden. Darüber nimmt das maximale Atemminutenvolumen bis auf Höhe des Mount Everest trotz weiterer Zunahme der Atemfrequenz immer weiter ab. Dies ist auf ein immer kleiner werdendes Atemzugvolumen zurückzuführen. Die Hyperventilation entwickelt sich in extremen Höhen zunehmend in Richtung einer tachypnoischen Flachatmung, wodurch der alveoläre pO_2 rasch weiter abnimmt. Vergleichbar mit der pH-Antwortkurve wird die pO_2-Antwortkurve durch eine gesteigerte Abatmung von CO_2 beeinflusst. Bei einem **konstant gehaltenen pCO_2** verläuft die pO_2-Antwort deutlich steiler. Dieser Effekt wird als **hypokapnische Atembremse** bezeichnet.

Vergleich der Ventilationsantworten von pCO_2, pH und pO_2
Der Vergleich der drei Ventilationsantworten zeigt, dass unter physiologischen Bedingungen Veränderungen des pCO_2 eine weitaus stärkere Antwort auslösen als Veränderungen im pO_2 oder pH. Die größere Bedeutung des pCO_2 als Atemantrieb lässt sich auch anhand des folgenden Beispiels ableiten: Durch Hyperventilieren vor einem Tauchgang kann eine Ohnmacht unter Wasser herbeigeführt werden. Durch das vermehrte Abatmen von CO_2 wird unter Wasser erst verspätet ein ent-

sprechend hoher arterieller pCO_2-Wert erreicht, der eine deutliche Ventilationsantwort auslösen würde. Das alleinige Absinken des arteriellen pO_2 unter diesen Bedingungen kann den fehlenden starken Atemreiz nicht kompensieren. Obwohl also periphere Chemorezeptoren im Vergleich zu den zentralen Chemorezeptoren auf Veränderungen aller drei Atemreize pO_2, pCO_2 und pH-Wert reagieren, zeigt dieses Beispiel, dass unter physiologischen Bedingungen die Detektion des pCO_2 zur Anpassung der Atmung am wichtigsten ist. Unter pathophysiologischen Bedingungen, die mit einer veränderten Oxygenierung des Bluts einhergehen (wie einer inspiratorischen Hypoxie in der Höhe oder bei Lungenerkrankungen), nimmt die Bedeutung der Detektion des pO_2 zu.

> **Der effektivste chemische Atemantrieb ist eine Veränderung des pCO_2.**

30.3   Adaptation der Atemantwort

Die Ventilation ist eine Funktion der verschiedenen Regelungskomponenten pCO_2, pO_2 und pH, die sich gegenseitig beeinflussen.

Die Empfindlichkeit des Atemzentrums gegenüber einem Anstieg des CO_2-Partialdrucks hängt wesentlich vom gleich-

---

Klinik

Überdruckbeatmung

Ein **Anstieg des pO_2** führt nur zu einer geringen Verminderung der Ventilation. Die Glomus-Sauerstoffsensoren reagieren auf derartige Veränderungen kaum. Dies lässt sich möglicherweise dadurch erklären, dass solche Bedingungen nur unter nicht-phy-

siologischen Voraussetzungen zu erwarten sind wie z. B. **intensivmedizinische Überdruckbeatmung,** beim Gerätetauchen unter Verwendung von mit Sauerstoff angereicherter Luft oder einer großen Tauchtiefe. Problematisch unter diesen Bedingungen

ist daher weniger eine Beeinflussung der Ventilation, sondern eine beginnende toxische Wirkung des vermehrt in physikalischer Lösung vorliegenden Sauerstoffs **(Sauerstoffintoxikation).**

zeitig bestehenden Sauerstoffpartialdruck im arteriellen Blut ab. Je höher dieser ist, desto später spricht die Atemanregung auf einen hyperkapnischen Reiz an. Der Einfluss des pO_2 auf die Atmungsregulation wird bei einer chronisch gestörten Abatmung von CO_2 wichtig. Besteht eine **Hyperkapnie über längere Zeit**, adaptieren die Chemorezeptoren. Diese reagieren nun erschwert auf die Hyperkapnie mit einer Steigerung der Ventilation. In diesem Fall wird die Modulation des Atemantriebs durch den pO_2 entscheidend. Zusätzliche Sauerstoffzufuhr und damit Korrektur des pO_2 bei betroffenen, schwer lungenkranken Patienten kann dann den Atemantrieb weiter reduzieren.

In Kürze

Periphere und zentrale Chemorezeptoren sind verantwortlich für die Atmungsregulation als Antwort auf Veränderungen des arteriellen pO_2, pCO_2 bzw. pH. Die **zentralen Chemorezeptoren** reagieren vor allem auf Veränderungen des pCO_2, während die **peripheren Chemorezeptoren** alle drei Stimuli detektieren. Veränderungen der Atemgase werden sensitiv durch **Beeinflussung des Membranpotenzials** und nachfolgender Transmitterausschüttung durch die **Typ-I-Glomuszellen** detektiert. Im Vergleich zu pO_2- bzw. pH-Wert stimulieren Veränderungen des pCO_2 die Atmung deutlich stärker. Ein Abatmen von CO_2 bei alleinigen Veränderungen des pO_2 oder des pH-Wert bremst die gesteigerte Atmung unter physiologischen Bedingungen (physiologische Antwortkurve). Bei einem **langfristig gesteigerten pCO_2**, nimmt die Bedeutung des pO_2 als Atemantrieb zu.

Literatur

López-Barneo J, Ortega-Sáenz P, Pardal R, Pascual A, Piruat JI, Durán R, Gómez-Diaz R (2009) Oxygen sensing in the carotid body. Ann N Y Acad Sci 1177: 119-31

Nurse CA, Piskuric NA (2013) Signal processing at mammalian carotid body chemoreceptors. Semin Cell Dec Biol 24: 22-30

Guyenet PG, Bayliss DA (2015) Neural control of breathing and CO2 homeostasis. Neuron 2: 946-61

Atmungsregulation

Diethelm W. Richter

© Springer-Verlag GmbH Deutschland, ein Teil von Springer Nature 2019
R. Brandes et al. (Hrsg.), *Physiologie des Menschen*, Springer-Lehrbuch
https://doi.org/10.1007/978-3-662-56468-4_31

Worum geht's? (◼ Abb. 31.1)

Atembewegungen

Die Atembewegungen werden durch langsame rhythmische Muskelkontraktionen gesteuert. Zum Einatmen werden zuerst die oberen Luftwege geöffnet. Danach kontrahieren sich das Zwerchfell und die externen Interkostalmuskeln. Sobald die Zwerchfellkontraktion nachlässt, beginnt die Ausatmung. Diese wird durch die Eigenelastizität der Lunge und des Thorax angetrieben, aber auch aktiv durch eine neuronal geregelte Abnahme der Zwerchfellaktivität sowie eine Verengung der Stimmritze abgebremst. Eine durch die Kontraktion der Bauchmuskulatur gesteuerte aktive Ausatmung tritt nur bei forcierter Atmung auf.

Atemrhythmus

Der neuronale Atemrhythmus läuft in drei Zyklusphasen ab: (1) Eine anwachsende inspiratorische Aktivität steuert die Einatmung. (2) Eine abnehmende post-inspiratorische Aktivität steuert ein langsames Nachlassen der inspiratorischen Muskelkontraktionen und verengt die Stimmritze. (3) Eine exspiratorische Aktivität steuert die aktive Ausatmung.

Zentrales Netzwerk

Das Atemzentrum ist ein über den Hirnstamm und die Pons verteiltes neuronales Netzwerk. Es umfasst die beidseitig angelegten Prä-Bötzinger- und Bötzinger-Neuronen-Komplexe und die ventrale respiratorische Gruppe von Neuronen. Die endgültigen Aktivitätsmuster werden über retikulospinale, meist kreuzende Bahnen auf die respiratorischen Motoneurone des Rückenmarks übertragen.

Neuronale Aktivitäten

Der Rhythmus wird durch früh-inspiratorische Neurone angestoßen, sobald deren synaptische Hemmung in der post-inspiratorischen und evtl. auch exspiratorischen Phase beendet ist. Eine intensive synaptische Interaktion mit anderen erregenden und hemmenden Neuronen produziert dann eine anwachsende inspiratorische Entladungssalve, die anschließend von zwei alternierenden post-inspiratorischen und exspiratorischen Zyklusaktivitäten abgelöst wird.

Phonation

Die Phonation wird während der Ausatmung durch einen post-inspiratorisch kontrollierten Luftstrom und eine Fein-

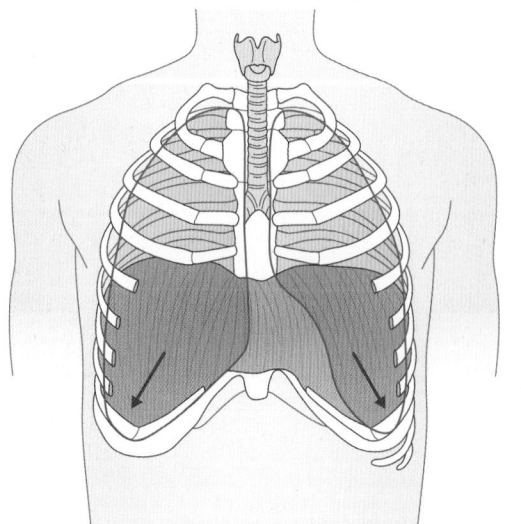
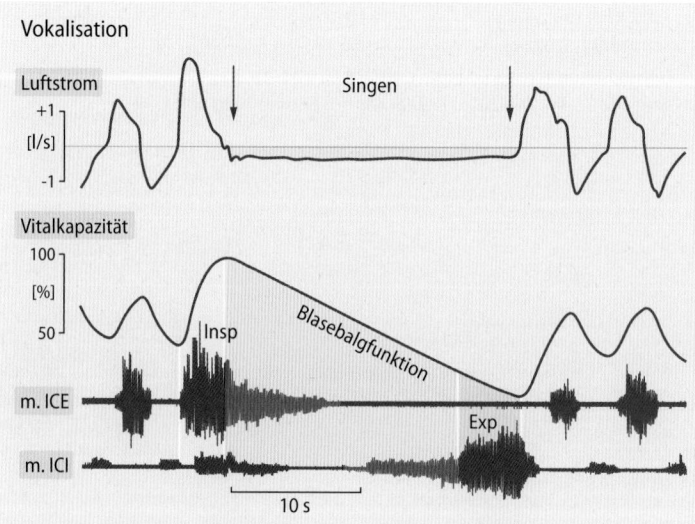

◼ **Abb. 31.1 Zusammenhang zwischen Atmung, Atemrhythmus und Phonation.** Exp=Expiration, Insp=Inspiration. m. ICE=musculi intercostales externi, m=ICI: musculi intercostales interni

einstellung der Kehlkopfmuskeln gesteuert. Exspiratorische Neurone werden dabei solange gehemmt, bis eine chemorezeptiv gesteuerte aktive Exspiration oder Inspiration einsetzen muss.

Regulatorische Anpassung und Schutzreflexe
Die Anpassung der Atmung geschieht u. a. durch Rückkopplungen von Muskel- und Gelenkrezeptoren. Auch die

oberen Luftwege, die Bronchien und das Lungenparenchym sind mit mechano- und chemo-sensiblen Rezeptoren ausgestattet, durch die wichtige Regel- (Lungendehnungsreflex) und Schutzreflexe (Niesen, Husten, juxtakapillärer Reflex) ausgelöst werden.

31.1 Physiologie der Atemregulation

31.1.1 Atembewegungen

Die Atmung wird durch eine Kontraktionen des Zwerchfells und der Interkostalmuskeln ermöglicht. Synchron dazu wird die Stimmritze vor dem Einatmen geöffnet und beim Ausatmen wieder leicht geschlossen.

Die mechanischen Atembewegungen bestehen aus zwei Phasen, der Einatmung und der Ausatmung. Die Einatmung wird durch eine anwachsende Zwerchfellkontraktion angetrieben. Infolge dieser Zwerchfellsenkung steigt auch das Lungenvolumen stetig an. Sobald die Zwerchfellkontraktion nur etwas schwächer wird, beginnt schon die Ausatmung. Am Anfang sinkt das Lungenvolumen relativ langsam ab, weil es durch eine post-inspiratorische Zwerchfellkontraktion noch

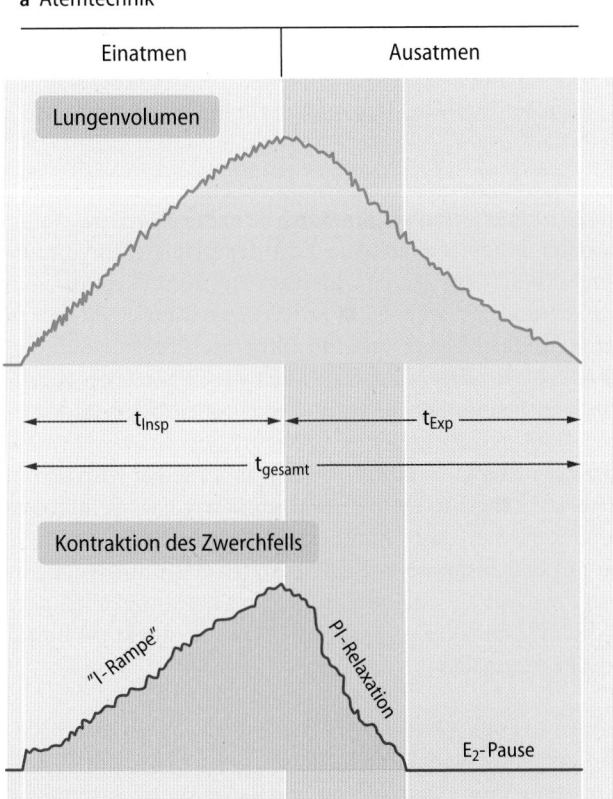
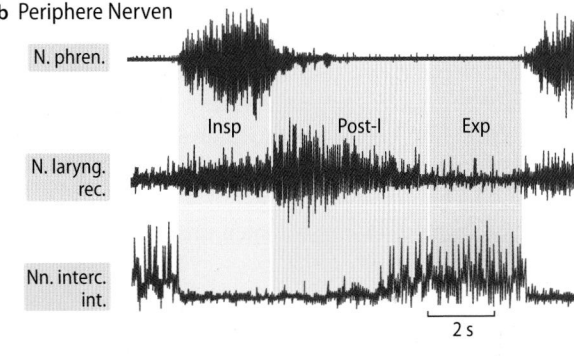
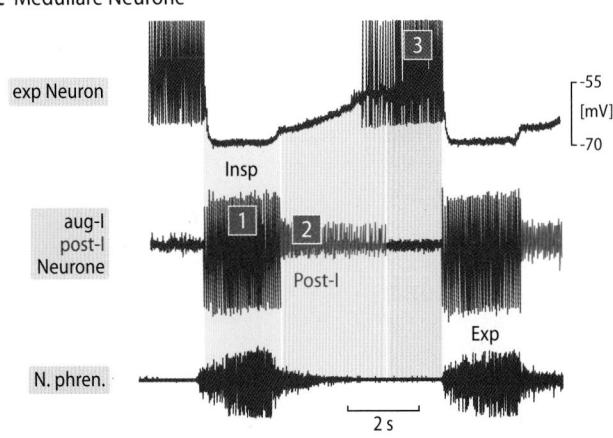

Abb. 31.2a–c Atemmotorik im Überblick. a Die mechanischen Atembewegungen bestehen nur aus zwei Phasen: der Einatmung und der Ausatmung. **b** Die neuronale Kontrolle des Atemrhythmus läuft jedoch in drei Zyklusphasen ab: Inspiration (**Insp**), Postinspiration (**Post-I**) und Exspiration (**Exp**). Die neuronale Steuerung dieser Phasen wird in den Aktivitätssalven der peripheren Nerven, dem N. phrenicus, N. laryngeus recurrens und den Nn. intercostales interni, sichtbar. Beachten Sie die typischen anwachsenden inspiratorischen und abfallenden postinspiratorischen Aktivitätskomponenten in der Nervus-phrenicus-Aktivität. **c** Auch die verschiedenen Neuronenklassen des Atemzentrums zeigen

eine entsprechend alternierende Erregung und Hemmung während der verschiedenen Atemphasen. Exspiratorische Neurone (exp. Neuron) werden während der Inspiration maximal gehemmt. Zu dieser Zeit entladen die antagonistischen inspiratorischen Neurone (siehe größere Aktionspotenziale in der extrazellulären Ableitung). Während der Postinspiration depolarisieren exspiratorische Neurone nur langsam, denn ihre Erregung wird wegen einer Hemmung durch post-inspiratorische Neurone noch weiter verzögert (siehe kleine rot markierte Aktionspotenziale). Erst danach können sie eine Salve von Aktionspotenzialen entladen

gehalten wird (◼ Abb. 31.2a). Eine meist schwache Kontraktion der Bauchmuskeln beendet die Ausatmung (◼ Abb. 31.2). Die neuronale Kontrolle des Atemrhythmus läuft in drei Zyklusphasen ab: Inspiration (**Insp**), Postinspiration (**Post-I**) und Exspiration (**Exp**). Die neuronale Steuerung dieser Phasen wird in den Aktivitätssalven der peripheren Nerven, dem N. phrenicus, dem N. laryngeus recurrens und den Nn. intercostales interni sichtbar.

Inspirationsbewegungen Kurz vor dem Beginn der Inspiration (I-Phase) wird der obere Luftweg durch laryngeale Abduktormuskeln geöffnet (siehe den frühen Aktivitätsbeginn im N. laryngeus recurrens in ◼ Abb. 31.2b). Die Einatmung wird dann durch eine anwachsende (aug-I) Aktivität des N. phrenicus gesteuert (◼ Abb. 31.2c). Dieser rampenförmige Aktivitätsanstieg führt zu einer zunehmenden Kontraktion des Zwerchfells (◼ Abb. 31.2a) und somit zur stetigen Senkung der Zwerchfellkuppel. Gleichzeitig wird der Thorax durch Aktivierung der externen Interkostalmuskeln erweitert.

Postinspiration Die Ausatmung beginnt, sobald die Kontraktion der inspiratorischen Muskeln nachlässt (◼ Abb. 31.2a) und die elastischen Retraktionskräfte der Lunge und des Thorax überwiegen. Die Ausatmung wird dabei aber durch ein kontrolliertes Nachlassen der Zwerchfellkontraktion und einen durch die Kontraktion **laryngealer Adduktormuskeln** (◼ Abb. 31.2b) erhöhten **exspiratorischen Strömungswiderstand** aktiv abgebremst und verlangsamt. Die Postinspiration hält also das eingeatmete Zugsvolumen und verbessert damit auch den Gasaustausch in der Lunge.

❯ In der Postinspiration wird die Stimmritze verengt, was zur Phonation genutzt werden kann.

Aktive Exspiration Die Abdominal- und insbesondere die exspiratorischen Interkostalmuskeln werden bei ruhiger Atmung nur schwach aktiviert. Bei forcierter Atmung sind beide und daneben auch noch exspiratorische Hilfsmuskeln aktiv, die auf den Rumpf und den Schultergürtel wirken. (◼ Abb. 31.2b, untere Spur).

31.1.2 Atemzentrum

Verschiedene, bilateral angelegte **Netzwerkteile** im Hirnstamm und Pons bilden zusammen das Atemzentrum. Die Neuronenklassen dieser Gebiete interagieren synaptisch und erzeugen einen stabilen Rhythmus, der an psychische und motorische Verhaltensweisen angepasst wird.

Verteiltes Netzwerk Das respiratorische Netzwerk verteilt sich auf mehrere Gebiete in der Medulla oblongata und die Pons (◼ Abb. 31.2). Der Atemrhythmus entsteht in einem Gebiet, das **Prä-Bötzinger-Komplex** genannt wird. Dieses Gebiet liegt beim Menschen in der lateralen Medulla oblongata und erstreckt sich dorsal von der Olive in rostro-kaudaler Richtung vom Austritt der Hypoglossuswurzeln bis zum Austritt der Vaguswurzeln.

Das respiratorische Netzwerk hat einen im medullären Prä-Bötzinger-Komplex (pre-BötC) gelegenen inspiratorischen Rhythmusgenerator, benötigt aber zur Stabilisierung des **3-Phasenrhythmuses** auch noch synaptische Interaktionen mit anderen Neuronenpopulationen. Die sind der medulläre Bötzinger-Komplex (BötC) und das im pontinen Bereich der **parabrachialen Kerngebiete** gelegene **Nucleus-Kölliker-Fuse**(KF)-Kerngebiet.

❯ Der Prä-Bötzinger-Komplex ist der **primäre Rhythmusgenerator.**

Dabei werden durch eine alternierende Aktivierung bzw. Hemmung von drei antagonistisch verschalteten, d. h. früh-inspiratorischen, post-inspiratorischen und exspiratorischen Neuronenklassen, drei Zyklusphasen bestimmt.

Für die Anpassung der Netzwerkaktivität an ein geändertes Verhalten bekommt das Atemzentrum zahlreiche Zuströme von **kortikalen und sub-kortikalen Hirnarealen**. Hierdurch passt es seine Aktivitäten u. a. an die Bedingungen bei körperlicher Arbeit, Temperaturänderungen, psychischer Reaktionen, Geruchswahrnehmungen und auch bei Schmerzen an.

❯ Supramedulläre Efferenzen steigern die Aktivität des Atemzentrums bei Temperaturerhöhung, Schmerz und Arbeit.

Prä-Bötzinger-Komplex (pre-BötC) Im Prä-Bötzinger-Komplex der Medulla oblongata liegt der primäre Rhythmusgenerator. Er liegt kaudal vom Nucl. facialis und rostral vom Nucl. reticularis lateralis (◼ Abb. 31.3b). Dabei wird er von der ventral gelegenen **unteren Olive** nach dorsal verdrängt (◼ Abb. 31.3d). Der Komplex enthält vorwiegend prä- (pre-I) und früh-inspiratorische (early-I) Neurone (◼ Abb. 31.3a).

Bötzinger-Komplex (BötC) Er liegt unmittelbar rostral vom pre-BötC (◼ Abb. 31.2b,c) und enthält vorwiegend post-inspiratorische (post-I) und exspiratorische (exp) Neurone, die mit den inspiratorischen Neuronen des pre-BötC hemmend synaptisch verbunden sind. Von hier projizieren aber auch bulbospinale exspiratorische Neurone direkt ins thorakale Rückenmark.

Pontine Gruppe (PRG) Sie liegt in den Nuclei parabrachiales mediales und Nucl. Kölliker-Fuse. Letzterer zeichnet sich durch eine große Anzahl von post-I-Neuronen aus, welche die Informationen von trigeminalen, fazialen, laryngealen, pharyngealen, bronchialen und pulmonalen Afferenzen verarbeiten und zu den medullären Gebieten projizieren.

Dorsale respiratorische Gruppe (DRG) Sie liegt in den ventralen Kernen des Tractus solitarius (TS) (◼ Abb. 31.3b, ◼ Abb. 31.4a) und enthält neben sensorischen Interneuronen auch inspiratorische Ausgangsneurone zum Rückenmark. Die sensorischen Interneurone leiten die Informationen von

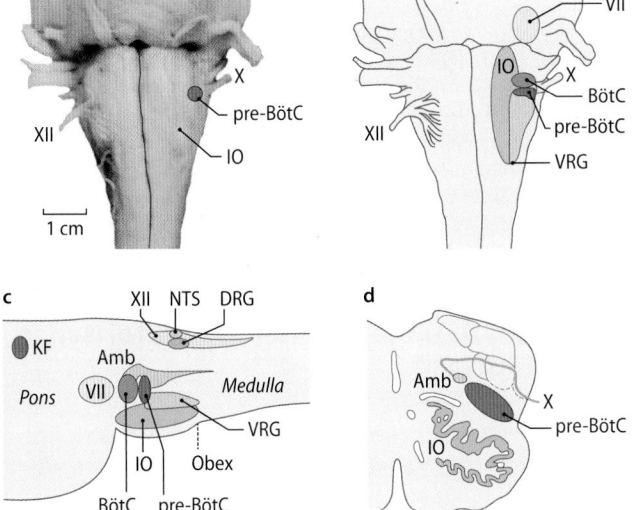

Abb. 31.3a–d   Respiratorische Netzwerke. Die Abbildung zeigt die Lokalisation der respiratorischen Neuronengruppen, projiziert auf die Ebenen einer Ventralansicht (**a+b**), eines lateralen Sagittal- (**c**) und eines Transversalschnittes (**d**) des Hirnstamms. Abkürzungen: NTS=Nucl. tractus solitarius; DRG=Dorsale respiratorische Neuronengruppe; VRG=Ventrale respiratorische Neuronengruppe; Amb: Nucl. ambiguus; IO=Untere Olive; X=N. vagus; XII=Nucl. hypoglossus

laryngealen und pharyngealen Afferenzen zu den pontinen Neuronen weiter. Spät-inspiratorische (late-I) Interneurone werden durch Afferenzen der Lungendehnungsrezeptoren (LDR) monosynaptisch aktiviert, entladen mit zunehmender Inhalation immer stärker und hemmen dadurch die Inspiration zunehmend. Dieser Reflex wird dadurch ein wichtiger Regelmechanismus, der den Übergang von der Inspiration in die Postinspiration steuert.

Ventrale respiratorische Gruppe (VRG)   Die Lokalisation dieser Neuronengruppe erstreckt sich vom Obex bis ins zervikale Rückenmark (◻ Abb. 31.3). Sie enthält die mit einem inspiratorisches crescendo Muster (aug-I) entladenden Ausgangsneurone zum Rückenmark.

31.1.3   Kardio-respiratorische Kopplung

Die respiratorischen Gebiete und kardiovaskulären Netzwerke liegen in der Medulla oblongata eng benachbart. Über synaptische Verbindungen werden Kreislaufregulation und Atmung synchronisiert. Das Atemzentrum ist auch an der Steuerung von **Kehlkopf- und Schluckmotorik** beteiligt.

Kardio-Respiratorische Kopplung   Die respiratorischen Gebiete des Prä-Bötzinger-Komplex und Bötzinger-Komplex liegen in enger Nachbarschaft zu den kardiovaskulären und kardiovagalen Netzwerken in der Medulla oblongata (◻ Abb. 31.4a). Die **vagalen kardio-inhibitorischen Neurone** sind in einem Gebiet lateral vom **Nucl. ambiguus** lokalisiert und mit dem respiratorischen Netzwerk synaptisch gekoppelt. Dadurch werden sie in der Inspiration gehemmt und in der Postinspiration aktiviert (◻ Abb. 31.4b). Diese Aktivitätsschwankungen tragen zur **respiratorischen Arrhythmie** bei (◻ Abb. 31.4c). Sympathikusneurone zeigen auch respiratorisch modulierte Aktivitätsschwankungen: Diese bestehen aus einer Aktivitätssteigerung während der Inspiration und

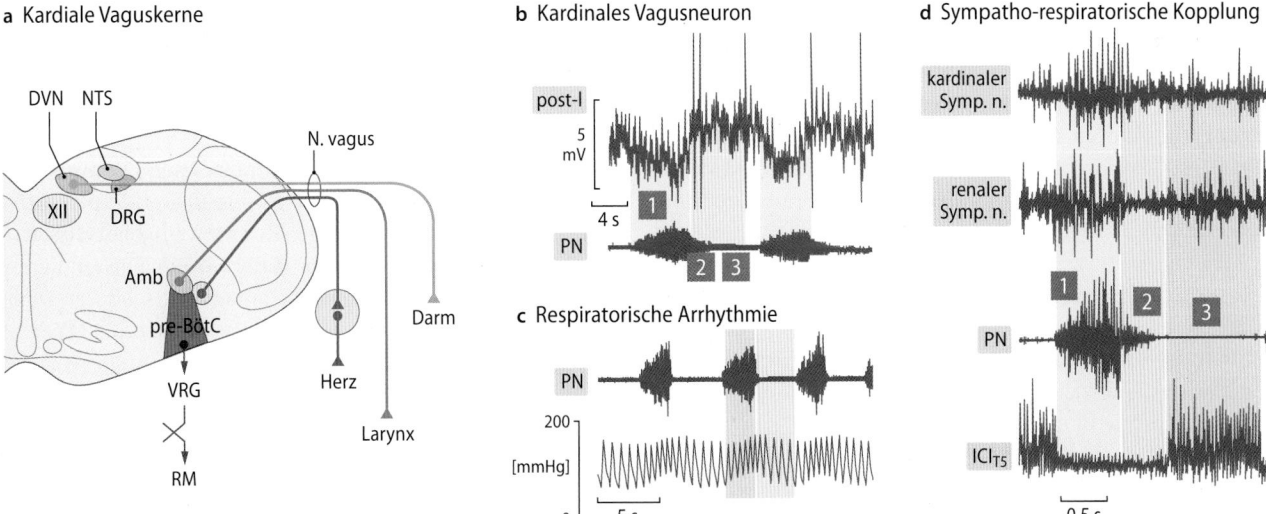

Abb. 31.4a–d   Kardio-respiratorische Kopplung. a Kardiovagale Kerngebiete. In diesem Querschnittsschema ist die Lokalisation der efferenten vagalen Kerngebiete dargestellt. Die vagalen kardio-inhibitorischen Neurone liegen in enger Nachbarschaft zu den Prä-/Bötzinger-Komplexen unmittelbar neben dem Nucl. ambiguus (Amb), der die Kehlkopfmuskeln steuert. **b, c** Die Neurone zeigen eine post-I-Aktivierung (**b**), was zur respiratorischen Schwankung der Herzfrequenz beiträgt (respiratorische Arrhythmie, **c**). Die Amplituden der Aktionspotenziale sind zur besseren Darstellung verkürzt gezeichnet. **d** Sympathikusneurone zeigen ebenfalls respira-torisch modulierte Aktivitätsschwankungen. Diese bestehen aus einer Aktivitätssteigerung während der Inspiration und meist auch einer ausgeprägten Hemmung in der Postinspiration. **DVN**=Dorsale Vagusneurone, die den Darm innervieren; **NTS**=Nucl. tractus solitarius; **DRG**=Dorsale respiratorische Gruppe; **Amb**=Nucl. ambiguus; **Pre-BötC**=Prä-Bötzinger-Komplex; **VRG**=Ventrale respiratorische Gruppe; **RM**=Rückenmark. Die 1–3 markierten Zeitbereiche markieren die Phasen der 1) Frühinspiration, (2) Postinspiration und (3) aktiven Exspiration

31

meist auch einer ausgeprägten Hemmung in der Postinspiration (◘ Abb. 31.4d).

> **Die synaptische Aktivierung vagaler kardio-inhibitorischer Neurone während der Postinspiration verlangsamt den Herzschlag.**

Respiratorische Neuronenklassen Die für eine normale Rhythmogenese wichtigen Neurone (◘ Abb. 31.5a–c) werden nach dem zeitlichen Einsetzen und Muster ihrer Spontanaktivitäten in verschiedene Klassen unterteilt: **Prä-I-(pre-I)Neurone.** Im Prä-Bötzinger-Komplex-Gebiet gibt es sog. „pre-I-Neurone", die bei einem niedrigen Membranpotenzial spontan Salven von Aktionspotenzialen entladen können. Tatsächlich haben diese Neurone unter normalen Bedingungen aber ein negativeres Ruhemembranpotenzial und werden sogar vor jeder Inspiration auch noch effektiv synaptisch gehemmt.

> **Während der Inspiration werden Sympathikusneurone synaptisch aktiviert – die Herzfrequenz steigt.**

Früh-inspiratorische (Early-I-) Neurone Early-I-Neurone im Prä-Bötzinger-Komplex werden in der Postinspiration und Exspiration synaptisch gehemmt (◘ Abb. 31.5a). Wenn diese hemmende Hyperpolarisation beendet ist, können sie einen in allen Neuronen vorhandenen niederschwelligen Ca(T)-Strom aktivieren. Nach dieser Ca(T) induzierten **„Rebound"-Depolarisation** auf über –60 mV können dann auch die Na(P)-Kanäle der early-I- und pre-I-Neurone aktiviert werden, was die angestoßene inspiratorische Salve verstärkt.

Hemmende früh-inspiratorische Neurone Etwa ein Viertel der potenziellen Bursterneurone sind glycinerg hemmend. Diese early-I-Neurone sind in einem inhibitorischen Neuronenverband („**Konnektom**") fest integriert und werden darüber besonders in der Postinspiration synaptisch gehemmt, sodass ihre nächste inspiratorische Entladungssalve erst wieder nach Beendigung der Postinspiration auftreten kann (◘ Abb. 31.5c).

Post-inspiratorische (Post-I-) Neurone Diese werden schon in der späten Inspirationsphase durch Afferenzen der Lungendehnungsrezeptoren aktiviert und entladen eine robuste Salve von Aktionspotenzialen gegen Ende der Inspiration. Als glycinerge Neurone üben sie einen „Reset"-Effekt aus, der die inspiratorische Aktivität komplett zum Stillstand bringt und dabei auch die Exspirationsphase effektiv verzögert. Die exspiratorischen (Exp) Neurone werden erst verzögert aktiv, wenn ihre post-I-Hemmung nachlässt.

Inhibitorisches Konnektom Die neuronalen Oszillationen entstehen durch die antagonistische Verschaltung von early-I-, post-I- und auch expiratorischen Neuronen in einem **inhibitorischen Konnektom** (◘ Abb. 31.5c). Von zentraler Bedeutung ist dabei der Antagonismus zwischen den **glycinergen** early-I- und post-I-Neuronen.

Verschaltung der Neuronenklassen
Early-I- und post-I-Neurone werden zusätzlich auch durch expiratorische (Exp) Neurone (GABAerg) gehemmt. Dieser aktive Exspirationszyklus ist für die primäre Rhythmogenese aber nicht essentiell und fehlt bei pathologischen Hyperventilationsanfällen in der Klinik sowie beim Hecheln mancher Tiere.
Das Netzwerkmodell in ◘ Abb. 31.5c zeigt die Verschaltung der verschiedenen Neuronenklassen. In Computersimulationen kann damit ein normaler Atemrhythmus simuliert und auf Ursachen von Störungen (z. B. Ausfall der synaptischen Hemmung bei **Hypoxie**) getestet werden.

31.1.4 Rhythmogenese der respiratorischen Aktivität

Der Atemrhythmus entsteht primär im Prä-Bötzinger-Komplex. Die dabei beteiligten Neurone werden aber von anderen Neuronengruppen des verteilten Netzwerks effektiv kontrolliert.

Antagonistische Verschaltung Für einen normalen Atemrhythmus muss das ganze respiratorische Netzwerk intakt sein. Erst dann können die drei Gruppen von early-I-, post-I- und auch Exp-Neuronen nach einem antagonistischen Verschaltungsprinzip synaptisch interagieren und die **drei alternierenden Zyklusphasen** Inspiration, Postinspiration und Exspiration generieren.

Initiierung der Inspiration Die Inspiration wird in vivo durch early-I-Neurone des Pre-BötC gestartet, wenn diese von einem negativen Membranpotenzial ausgehend, transient einen inaktivierenden Kalziumstrom Ca(T) anstoßen, der eine „Rebound"-Depolarisation auslöst. Diese kann dann sekundär auch die Na(P)-Kanäle der pre-I- und auch der early-I-Neurone aktivieren (◘ Abb. 31.5a). Für die Entwicklung einer robusten inspiratorischen Salve hat die Na(P) ausgelöste Entladung also eine wichtige Verstärkungsfunktion.

Zyklusbildung der Atmung Das **inhibitorische Konnektom** besteht aus inhibitorischen early-I-, post-I- und Exp-Neuronenklassen, die sich gegenseitig in ihren jeweiligen Aktivitätsphasen antagonistisch hemmen (◘ Abb. 31.5c). Die zellulären Oszillationen entstehen durch die antagonistische Verschaltung von early-I-, post-I- und auch Exp-Neuronen (◘ Abb. 31.5b), wobei der Wechsel der Zyklusphasen durch Adaptation der Neuronenentladung und reflektorische Hemmprozesse, z. B. Afferenzen von Lungendehnungsrezeptoren geregelt wird.

> **Für einen normalen Atemrhythmus muss das gesamte respiratorische Netzwerk intakt sein.**

Fehlende Schrittmacher Die meisten pre-I-Neurone werden bei Depolarisation spontan aktiv und sind glutamaterg. Sie könnten daher theoretisch eine „endogene Schrittmacher-Funktion" der Atmung ausüben. Die Frequenz der Entladungssalven ist jedoch viel zu niedrig, um eine ausreichende Atmung zu gewährleisten. Außerdem werden die

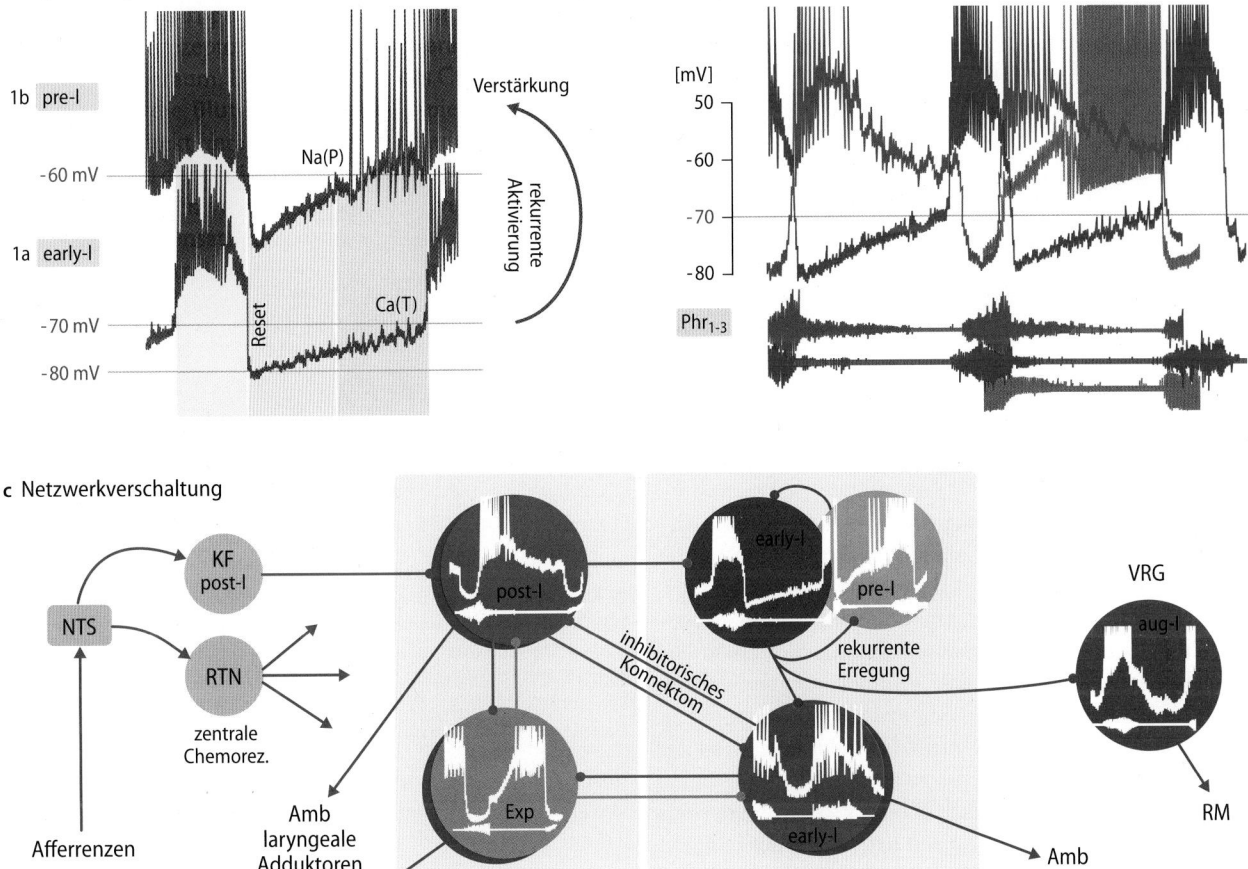

a Inspirationsgenerator

1b pre-I

Verstärkung

Na(P)

-60 mV

rekurrente Aktivierung

1a early-I

Reset   Ca(T)

-70 mV

-80 mV

b Zelluläre Oszillatoren

[mV]
50

-60

-70

-80

Phr$_{1-3}$

c Netzwerkverschaltung

NTS

KF post-I

RTN

zentrale Chemorez.

Afferrenzen

Amb laryngeale Adduktoren

RM

BötC

post-I

Exp

inhibitorisches Konnektom

early-I

pre-I

rekurrente Erregung

early-I

pre-BötC

VRG

aug-I

RM

Amb laryngeale Abduktoren

🔲 **Abb. 31.5a–c   Zelluläre Prozesse der Rhythmogenese. a** Die Inspiration wird in vivo durch early-I-Neurone gestartet, wenn diese von einer synaptischen Hyperpolarisation des Membranpotenzials ausgehend, eine Ca(T) getragene „Rebound"-Depolarisation auslösen. Diese kann dann auch die Na(P)-Kanäle der pre-I- und early-I-Neurone selbst aktivieren. **b** Die zellulären Oszillationen entstehen durch die antagonistische Verschaltung von early-I-, post-I- und auch Exp-Neuronen. **c** Netzwerkverschaltung. Die roten Kreise im Hintergrund der Neuro-

nenklassen deuten an, dass jede Gruppe nicht nur hemmende, sondern auch erregende Interneurone besitzt, welche die Gruppenaktivität durch rekurrente Erregung stabilisieren. Die erregenden Interaktionen sind durch rote und die hemmenden durch blaue Verbindungslinien dargestellt. Alle Aktivitätsphasen können durch kortikale Kommandos verändert werden. Phr=N. phrenicus; Amb=Nucl. ambiguus; VRG=ventrale respiratorische Gruppe; (die Amplitude der Aktionspotenziale ist zur besseren Darstellung verkürzt gezeichnet)

pre-I-Neurone durch das Netzwerk kontrolliert: Sie erhalten intensive hemmende Zuströme, sodass sie nur zu bestimmten Zyklusphasen aktiv werden können. Ein Drittel der pre-I-Neurone ist zudem glycinerg, was zeigt, dass sie auch an der antagonistischen glycinergen Hemmung von early-I- und post-I-Neuronen beteiligt sind. Unter in-vivo-Bedingungen wirken pre-I-Neurone also nur als **Verstärker einer inspiratorischen Salve**, nachdem sie von early-I-Neuronen aktiviert wurden (🔲 Abb. 31.5a).

Na(P)-Ionenkanäle
Die „pre-I-Neurone", aber auch early-I-Neurone besitzen sehr langsam inaktivierende, also „persistierend" aktive Na(P)-Ionenkanäle, die sich bei einem niedrigen Membranpotenzial von –60 bis –45 mV öffnen und eine ganze Salve von schnellen Na(v)-Aktionspotenzialen entladen können. Die Frequenz dieser endogenen Entladungssalven ist für eine normale Atmung aber viel zu langsam und würde keinen ausreichenden Gasaustausch erlauben.

> ❯ **Neurone mit endogener Entladungsfähigkeit werden durch das respiratorische Netzwerk kontrolliert und stabilisieren die physiologische Atmung.**

Experimentelles Hirnstammpräparat
Wichtige Erkenntnisse über die Mechanismen der Rhythmogenese wurden durch eine schrittweise Reduktion des Atemzentrums gewonnen: Ein normaler 3-Phasen-Rhythmus entsteht nur, wenn das gesamte Netzwerk intakt bleibt. Bleibt nur das kaudale Ende der Medulla oblongata mit dem pre-BötC und der ventralen respiratorischen Gruppe (VRG) mit dem Rückenmark verbunden, tritt nur ein 1-Phasenrhythmus auf. Dabei müssen die respiratorischen Neurone mit hohen CO_2-Reizen aktiviert werden. Auch wenn zusätzlich noch der BötC erhalten bleibt, findet sich bei CO_2-Aktivierung nur ein zwei-zyklischer Aktivitätsrhythmus. Eine normale Atmung entsteht also nicht autonom durch im Pre-BötC gelegene endogen aktive Schrittmacherneurone.

31.1.5   Reflektorische Kontrolle

Reflexe passen die Atmung an die Bedürfnisse des Organismus an und vermitteln die Rückkopplung über periphere Rezeptoren.

Anpassung der Atmung   Die Atmung muss laufend an die Bedürfnisse des **Stoffwechsels** sowie das **motorische und emotionale Verhalten** angepasst werden. Dafür erhält das Atemzentrum Informationen von vielen Hirngebieten und sensorischen Rückkopplungen über entsprechende periphere Rezeptoren. Der oberen Luftwege, die Bronchien und das Lungenparenchym sind mit chemo- und mechanosensiblen Rezeptorzellen ausgestattet, von denen wichtige Regel- und Schutzreflexe ausgelöst werden. Für die chemorezeptiven Reflexe siehe ▶ Kap. 30.2.

Lungendehnungsreflex (Hering-Breuer-Reflex)   Bei jeder Einatmung wird der Bronchialbaum gedehnt. Dies ist der adäquate Reiz für die dort lokalisierten Lungendehnungsrezeptoren, die als langsam adaptierende Proportionalrezeptoren den Dehnungsgrad permanent quantitativ messen. Die Information wird an P-Neurone („Pumpen Neurone", so benannt, weil sie bei künstlicher Beatmung nur synchron mit der Atempumpe entladen) im medialen Nucl. tractus solitarius sowie an inspiratorische Rβ-Neurone im ventro-lateralen Nucl. tractus solitarius gemeldet (◻ Abb. 31.6), die anders als inspiratorische Rα-Neurone von den Afferenzen der Lungendehnungsrezeptoren monosynaptisch aktiviert werden. Dadurch wird eine abgestufte Hemmung der inspiratorischen Neurone in der ventralen respiratorischen Gruppe ausgelöst. Auch post-I-Neurone werden aktiviert und verstärken diese Hemmung der Inspiration. Letztlich unterstützt der Lungendehnungsreflex das Ende der Inspiration.

> Lungendehnungsrezeptoren erzeugen eine hemmende Rückkopplung, und tragen damit zur Beendigung der Inspiration bei.

Laryngeale und tracheale (irritant) Reflexe   Freie, mechano- und chemosensible Nervenendigungen im subepithelialen Gewebe der Kehlkopf- und Trachealbereiche können starke inspirations- und exspirationsfördernde Hustenreflexe auslösen. Sie projizieren als vagale Afferenzen zu den **ventralen Kernen des Nucl. tractus solitarius**. Die reflektorische Veränderung des Atemrhythmus besteht aus einer starken Aktivierung aller inspiratorischen, postinspiratorischen und exspiratorischen Neurone. Das dadurch ausgelöste **Husten** erhöht den exspiratorischen Luftstrom auf Geschwindigkeiten von bis zu 200 km/h. Diese turbulente Luftströmung reinigt die Trachea und den Larynx. Aufgrund des Strömungswiderstands kann der intrapulmonale Druck dabei auf 30 cm H_2O ansteigen. Folglich besteht bei chronischem Husten die Gefahr einer Überblähung der Lunge und einer mechanischen Überbeanspruchung der Alveolarwände (Emphysem). Akut kann es beim Husten sogar zum Pneumothorax kommen.

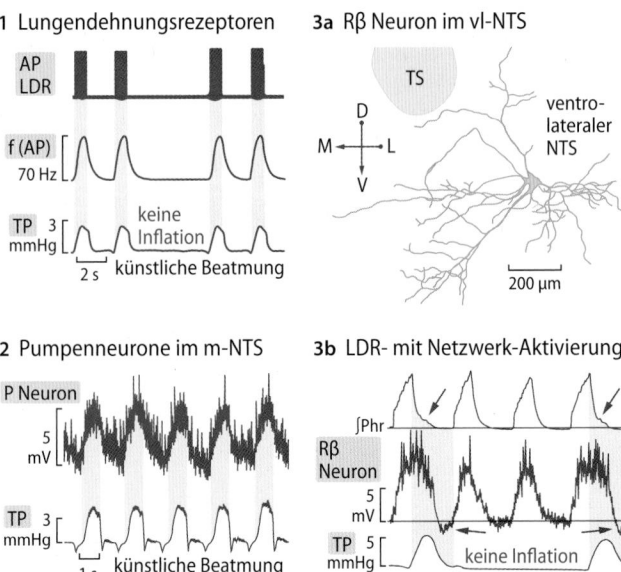

1 Lungendehnungsrezeptoren

2 Pumpenneurone im m-NTS

3a Rβ Neuron im vl-NTS

3b LDR- mit Netzwerk-Aktivierung

◻ **Abb. 31.6   Hering-Breuer-Reflex. (1)** Lungendehnungsrezeptoren LDR) messen den Dehnungszustand des Bronchialbaums mit einer empfindlichen Frequenzkodierung f(AP/Hz) und aktivieren über eine monosynaptische Kopplung **(2)** Pumpen- und **(3)** inspiratorische Rβ-Neurone. Die im medialen Subkern des Nucl. tractus solitarius gelegenen Pumpen-Neurone **(2)** leiten dann die Information an die pontinen Neurone des Kölliker-Fuse-Kerns weiter. Die im ventro-lateralen Subkern des **Nucl. tractus solitarius (NTS)** lokalisierten inspiratorische Rβ-Neurone **(3a)** integrieren die Informationen über die Stärke der Inspiration und das Ausmaß der Bronchialdehnung. In ihrer Reflexantwort werden die einzelnen Parameter dieses Regelprozesses sichtbar. **(3b)** zeigt die Stärke der inspiratorischen Aktivität, das Ausmaß der Bronchialdehnung, aber auch die reflektorische Verstärkung der postinspiratorischen Aktivität im N. phrenicus (rote Pfeile) und eine verstärkte Hemmung in der Exspiration (blaue Pfeile)

> Die starke, turbulente Luftströmung beim Husten reinigt die Bronchien.

Deflationsreflex (Head-Reflex)   Bei einer forcierten Expirationsphase werden schnell adaptierende „**Irritant-Rezeptoren**" aktiviert, die ebenfalls im N. vagus zum Nucl. tractus solitarius projizieren. Der ausgelöste Deflationsreflex hemmt die Exspiration und aktiviert die Inspiration und Postinspiration. Durch Aktivierung entsprechender Interneurone erfolgt auch eine parasympathisch gesteuerte Bronchokonstriktion.

Tauchreflex   Physiologisch bewirkt die über fazio-nasale Reize ausgelöste starke Hemmung der Atmung mit einem kompletten Verschluss des Larynx einen effektiven Schutz vor einer Aspiration von Wasser. Ein solcher Tauchreflex wird möglicherweise auch durch starkes Schwitzen von auf dem Bauch liegenden Kindern ausgelöst und könnte damit auch beim **plötzlichen Kindstod** eine Rolle spielen (s. u.).

Atemsteigerung bei Arbeitsbeginn   Bei Arbeitsbeginn kann die Anpassung der Atmung nicht chemorezeptiv geregelt sein. Die Startreaktion zu Beginn der Arbeit entsteht vielmehr

Klinik

Atemantrieb beim Lungenödem

Im juxtakapillären Interstitium der Alveolarsepten, also im Extrazellulärraum um die Lungenkapillaren, befinden sich freie Nervenendigungen unmyelinisierter vagaler Axone, die pulmonale C-Faser-Reflexe auslösen. Jede Erhöhung des Extrazellulärvolumens, z. B. beim **Lungenödem**, führt zur Aktivierung dieser Rezeptoren. Die Folge ist eine massive reflektorische Hemmung der Inspiration, was mit einer starken Aktivierung von post-I-Neuronen und kardialen Vagusneuronen verbunden ist. Diese als J- oder **juxtakapillärer Reflex** bezeichnete Reaktion scheint ein Schutz vor körperlicher Überbelastung zu sein. Auch motorische Atemreflexe werden in dieser Situation stark gehemmt. Im pathologischen Extremfall erfolgt eine vollständige Unterdrückung der Atmung (**reflektorische Apnoe**) und ein massiver Abfall der Herzfrequenz und des arteriellen Blutdruckes. Alle Erkrankungen, die zu einem **Lungenödem** führen (z. B. Lungenentzündungen, Insuffizienz des linken Herzens), können über diesen Reflex also symptomatische Atemstörungen verursachen. Patienten mit sich entwickelndem Lungenödem müssen daher intensiv überwacht werden.

durch eine **Mitinnervation** des medullären kardio-respiratorischen Netzwerks durch **sensomotorische Afferenzen**.

In Kürze

Die Atembewegungen werden durch das Zwerchfell, die Interkostal- und die Abdominalmuskulatur gesteuert. Die Muskeln des Kehlkopfes passen dabei die oberen Luftwege an. Die neuro-muskuläre Regelung **zeigt drei Atemphasen**: (1) Inspiration, (2) Postinspiration und eine meist schwache aktive (3) Exspiration.

Das Atemzentrum ist bilateral angelegt und über die Medulla oblongata und die Pons verteilt. Die einzelnen Netzwerkanteile sind synaptisch eng miteinander verknüpft und produzieren einen normalen Drei-Phasen Rhythmus. Dieser besteht aus: (1) inspiratorischen, (2) post-inspiratorischen und (3) exspiratorischen Zyklusphasen.

Der **Atemrhythmus** entsteht in einem verteilten Netzwerk durch einen koordinierten Wechsel von starken erregenden und hemmenden Interaktionen. Eine zentrale Rolle spielt das antagonistische Verschaltungsprinzip (inhibitorisches Konnektom) zwischen eng miteinander gekoppelten Neuronenklassen. Diese antagonistische Kopplung kontrolliert einen periodischen Wechsel von early-I-, post-I- und expiratorischen Aktivitätssalven, welche die 3 Zyklusphasen Inspiration, Postinspiration und Exspiration bestimmen.

Das respiratorische System besitzt Regel- und Schutzreflexe. Der sog. **Hering-Breuer Reflex** dient zur negativen Rückkopplungsregelung während einer Inspiration. Andere Reflexe dienen zur Freihaltung der Luftwege und Trennung vom pharyngealen Weg. Mehrere Reflexe dienen dem **mechanischen** und **chemischen** Schutz des Lungengewebes und der Anpassung von Atmung und Kreislauf in der Lunge.

31.2 Pathophysiologie der Atemregulation

31.2.1 Störungen des Atemrhythmus

Störungen des Atemrhythmus sind häufig Zeichen für andere klinische Probleme.

Narkoseeffekte Ziele einer Narkose sind, das Bewusstsein und die Schmerzempfindung eines Patienten auszuschalten, um operative Eingriffe durchführen zu können. Dazu werden Substanzen verabreicht, die im zentralen Nervensystem und so auch auf das Atemzentrum wirken. Unter den meisten Narkotika wird die Erregbarkeit von Neuronen reduziert und damit auch die Stärke von Reflexen abgeschwächt und bei höherer Dosis völlig blockiert. Die Atmung wird dadurch stark abgeschwächt und bei vielen Vollnarkosen tritt wegen der Absenkung der neuronalen Erregbarkeit eine **komplette Apnoe** ein, sodass eine künstliche Beatmung notwendig ist.

Opioid-Rezeptoren
Die bei großen Operationen benutzten Opioide wie Fentanyl wirken über Opioid-Rezeptoren, welche den zellulären cAMP-Spiegel und darüber die Erregbarkeit der Neurone senken.

Willkürliches Atemhalten und psychische Reaktionen Eine ständig vorhandene Aktivität der Formatio reticularis bewirkt ein unspezifisches Aktivitätsrauschen, die das medulläre Regelsysteme stören kann. Diese unspezifische retikuläre Hintergrundaktivität wird in der Postinspiration gehemmt, sodass **feinmotorische Aktivitäten** besser durchgeführt werden können. Bei konzentrierter und feinmotorischer Arbeit wird daher oftmals der Atem in der Postinspiration angehalten. Auch beim Erschrecken halten wir den Atem an. Bei verschiedenen, vorwiegend psychischen Erkrankungen wird oft ein viel zu langes Atemanhalten beobachtet, das bis zu einer gefährlichen **Hypoxie** mit **Kreislaufkollaps** führen kann.

Dyspnoe Mit diesem Wort wird medizinisch die **Atemnot** bezeichnet. Es handelt sich somit nicht um eine Störung der Atemregulation, sondern vielmehr um ein Gefühl, nicht ausreichend Luft zu bekommen. Auch wenn sich Dyspnoe fast regelmäßig bei den Erkrankungen der Lunge (Asthma, pulmonale Hypertonie, Lungenfibrose, Lungenödem) findet, ist

31

Klinik

Obstruktive Atmung und Schlafapnoe

Das **Schlafapnoe-Syndrom** beschreibt eine Atmung, bei der während des Schlafes immer wieder **Atempausen** auftreten, die etliche Sekunden dauern. Solche Episoden können sich während einer Nacht hundertfach wiederholen. Als krankhaft wertet man mehr als **10 Pausen pro Stunde**. Bei „obstruktiven" Schlafapnoen sind die oberen Atemwege verengt. Ursachen können Fehlbildungen, Schwellungen und Tumore sein. Besonders typisch ist das durch Fettpolster ausgelöste Schlafapnoe-Syndrom. Hierbei liegt eine **Adipositas** vor, die häufig

mit einem **metabolischen Syndrom** gekoppelt ist. Wenn im Schlaf dann die Muskeln von Rachen und Zunge erschlaffen, können die oberen Luftwege noch stärker eingeengt werden. Beim Rückfall der Zunge in den Rachenbereich kann es zu einer kompletten Verlegung der oberen Atemwege kommen. Die dabei ausgelösten laryngealen Reflexe und der einsetzende Anstieg des P_{CO2} wecken die Person („**Weckreaktion**") nach einiger Zeit und sie schnappt nach Luft. Insgesamt kommt es damit nicht nur zu einem wiederholten Abfall des P_{O2},

sondern auch zu einem chronischen Schlafentzug. Die Erkrankung führt neben der chronischen Tagesmüdigkeit zu Bluthochdruck und zu einer deutlichen Steigerung der kardiovaskulären Mortalität.
Wenn die Ursache der Verlegung nicht operativ behoben werden kann, wird durch eine Maske, die während des Schlafs getragen wird, der Luftdruck in den Atemwegen maschinell erhöht (**CPAP-Maske** – continuous positive airway pressure). Durch den erhöhten Druck in den luftleitenden Wegen wird der Atemwegskollaps verhindert.

---

sie auch das Leitsymptom der **Herzinsuffizienz**. Ebenfalls findet sich eine Dyspnoe häufig bei Patienten mit **Anämie** oder Belastungsintoleranz aufgrund von Systemerkrankungen wie **Tumorleiden**.

31.2.2 Klinische Diagnostik von Atemrhythmusstörungen

Die klinische Beschreibung von Atemrhythmusstörungen unterscheidet charakteristische, für verschiedene Erkrankungen typische Atemstörungen (◘ Abb. 31.7).

Oberflächliche Atmung Eine **schnelle oberflächliche Atmung** kann bei Herzinsuffizienz, Lungenödem, Fieber bzw. pathologischen Prozessen im Hirnstamm oder psychischen Erkrankungen auftreten.

Kussmaul-Atmung Bei einer starken Störung des Säure-Basen-Status (Coma diabeticum, Azidose bei Niereninsuffizienz) wird eine massive chemorezeptive Aktivierung ausgelöst, was zu einer vertieften und beschleunigten Kussmaul-Atmung führt.

Biot-Atmung Bei Hirnverletzungen im Bereich des Stammhirns, Meningitiden und einem erhöhten Hirndruck können sehr unregelmäßige Atembewegungen auftreten, die sogar periodisch aussetzen. Dies ergibt das Bild der **ataktischen** oder Biot-Atmung.

Cheyne-Stokes-Atmung In der Amplitude periodisch anwachsende und abnehmende Atembewegungen sind typisch für die Cheyne-Stokes-Atmung. Man beobachtet sie in geringer Ausprägung während des Schlafs, beim Aufenthalt in Höhenregionen und verstärkt bei Herzerkrankungen mit chronischer Hypoxie oder bei Schlaganfällen.

Schnappatmung Nur noch vereinzelte, kurze starke Inspirationsbewegungen sind bei der Schnappatmung zu beobachten. Sie ist Zeichen einer gravierenden Störung des respiratorischen Netzwerks während der Agonie. Die Atemzüge

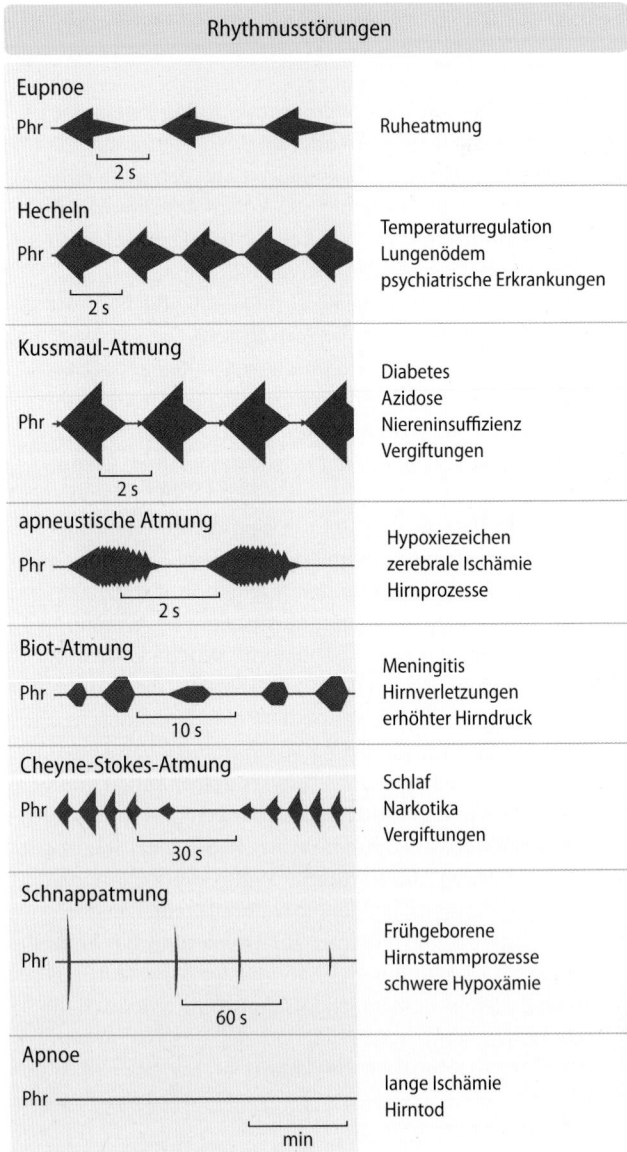

◘ **Abb. 31.7   Klinisch relevante Atemrhythmusstörungen.** Das Schema zeigt die Aktivitätsmuster des N. phrenicus (Phr), wie sie bei verschiedenen Atemrhythmusstörungen auftreten können. Beachten Sie die unterschiedliche Zeitskalierung. Die wichtigsten Erkrankungen, bei denen solche Störungen auftreten, sind in der gelben Spalte genannt

treten immer seltener auf und werden zunehmend schwächer, bis eine **terminale Apnoe** eintritt.

Zentrale Apnoe Eine echte zentrale Apnoe bedeutet einen exspiratorischen Atemstillstand mit völligem Verlust jeglicher respiratorisch-neuronaler Aktivität im Hirnstamm. Diese Situation ist lebensgefährlich, sie führt ohne Sauerstoffversorgung durch künstliche Beatmung innerhalb von Minuten zum Tod.

Hirntod Man sollte nicht vergessen, dass ein Fehlen von Atembewegungen nicht notwendigerweise eine irreversible Schädigung des Atemzentrums anzeigt. Das medulläre respiratorische Netzwerk verfügt im Vergleich zu anderen Hirnarealen über effektivere Schutzmechanismen, wie z. B. den K(ATP)- bzw. Kir6.2-Kanal, der bei einem Abfall der intrazellulären ATP-Konzentration aktiviert wird und dessen K^+-Ausstrom das Membranpotenzial der Neurone stabilisiert und somit einen fatalen Ca^{2+}-Einstrom verhindert. Dies macht das Atemzentrum relativ resistent gegen Hypoxie. Die Folge kann aber auch ein **Apallisches Syndrom** sein, bei dem die Atmung noch funktioniert, aber die viel empfindlicheren kortikalen Netzwerke irreversibel geschädigt sind.

> **In Kürze**
> **Störungen der Atemregulation** führen u. a. zu Dyspnoe, Kussmaulatmung, Biot Atmung, Cheyne-Stokes-Atmung, Schnappatmung und zentraler Apnoe

Literatur

Abdala AP, Paton JF, Smith JC. (2014) Defining inhibitory neurone function in respiratory circuits: Opportunities with optogenetics? J Physiol. 2014 Nov 10. [Epub ahead of print]

Jasinski PE, Molkov YI, Shevtsova NA, Smith JC, Rybak IA. (2013) Sodium and calcium mechanisms of rhythmic bursting in excitatory neural networks of the pre-Bötzinger complex: a computational modelling study. Eur J Neurosci. 37(2):212-30

Richter DW, Smith JC (2014) Respiratory Rhythm Generation In Vivo, Physiology 29:58-71. Review

Schwarzacher SW, Rüb U, Deller T. (2011) Neuroanatomical characteristics of the human pre-Bötzinger complex and its involvement in neurodegenerative brainstem diseases. Brain. 134:24-35

Shevtsova NA, Büsselberg D, Molkov YI, Bischoff AM, Smith JC, Richter DW, Rybak IA. (2014) Effects of glycinergic inhibition failure on respiratory rhythm and pattern generation. Progr Brain Res, 209:25-38

Niere

Inhaltsverzeichnis

Aufbau der Niere und glomeruläre Filtration

Markus Bleich, Florian Lang

© Springer-Verlag GmbH Deutschland, ein Teil von Springer Nature 2019
R. Brandes et al. (Hrsg.), *Physiologie des Menschen*, Springer-Lehrbuch
https://doi.org/10.1007/978-3-662-56468-4_32

Worum geht's? (◘ Abb. 32.1)

Die Niere sichert das Gleichgewicht der Körperflüssigkeiten

Nahrungsaufnahme, Flüssigkeitszufuhr und Stoffwechsel belasten den Organismus durch eine potenzielle Störung der Bilanz zwischen Zufuhr, Speicherung und Ausscheidung von Stoffen. Stoffwechselprodukte oder Schadstoffe können die Körperfunktionen ebenfalls beeinträchtigen. Deshalb benötigen wir ein Organ, welches in der Lage ist, Wasser und Stoffe auszuscheiden. Die Niere filtriert hierfür in den Glomerula zunächst im Überschuss Plasmaflüssigkeit mit den darin gelösten Stoffen und holt sich dann das zurück, was für eine ausgeglichene Bilanz notwendig ist. So können auch körperfremde Stoffe ausgeschieden werden.

Das Nephron ist die funktionelle Einheit der Niere

Die Nierenfunktion hängt von der Anzahl intakter Nephrone ab. Ein Nephron besteht aus einem glomerulären Filter und einem Tubulus. Im Glomerulum wird Primärharn filtriert. Das Filtrat wird dann, passend zur Stoff- und Wasserbilanz im Tubulus rückresorbiert. Krankheiten der Niere betreffen die Fähigkeit zu filtrieren oder die Funktionen des tubulären Transports. Nimmt die Anzahl der Nephrone ab, reichern sich Stoffe im Körper an. Der glomeruläre Filter hält Eiweiß und Zellen im Blut zurück. Ist er beschädigt, kommt es zum Verlust von Eiweiß im Harn (Proteinurie) oder es wird zu wenig Filtrat gebildet.

Starke Durchblutung für Filtration und Transport

Die Filtration im Glomerulum erfordert einen entsprechenden Filtrationsdruck in den Glomerulumkapillaren. Die Transportfunktion des Tubulus erfordert Energie. Beides wird durch eine starke und autoregulierte Durchblutung der Niere bereitgestellt.

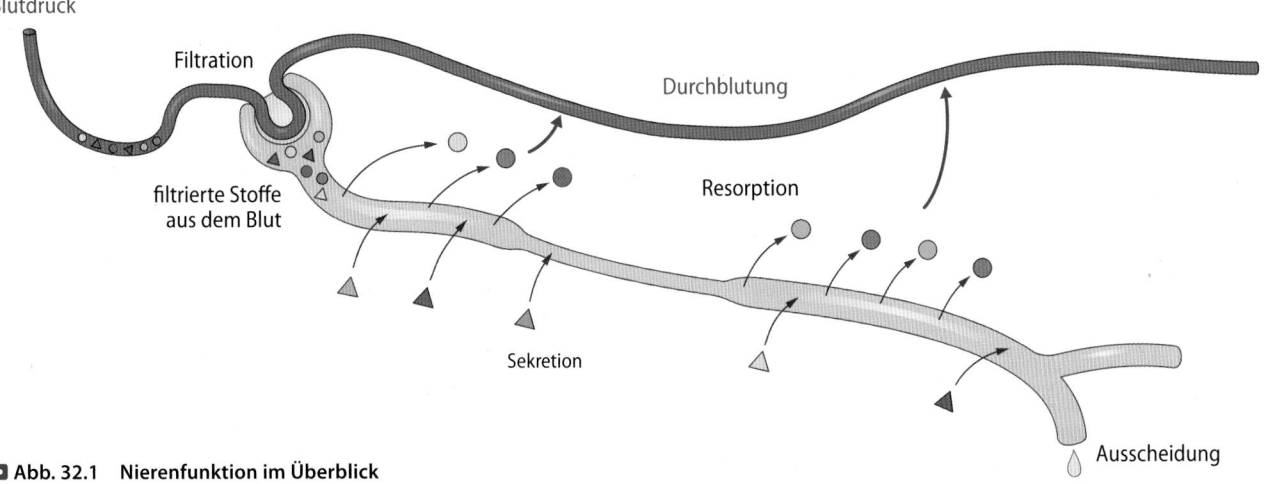

◘ Abb. 32.1 Nierenfunktion im Überblick

32.1   Aufgaben und Funktion der Niere

32.1.1   Aufgaben der Niere

Die Niere ist das wichtigste Ausscheidungsorgan; außerdem reguliert sie den Elektrolyt-, Wasser-, Mineral- und Säure-Basen-Haushalt und damit indirekt den Blutdruck und die Mineralisierung des Knochens, schließlich bildet sie Hormone.

Renale Ausscheidung   Die Niere eliminiert überflüssige oder schädliche Substanzen. Diese sog. **harnpflichtigen Substanzen** sind wasserlöslich und können den Körper, wie etwa **Harnstoff, Harnsäure** und **Ammoniak**, nur über den Harn verlassen. Auch wasserlösliche Pharmaka und Giftstoffe (sog. Xenobiotika) werden über die Niere ausgeschieden. Dabei hält die Niere für den Körper wertvolle Substanzen wie Glukose, Milchsäure und Aminosäuren zurück.

Renale Regulation   Die Niere übernimmt außerdem viele wichtige Aufgaben bei der Regulation des Elektrolyt-, Wasser-, Mineral- und Säure-Basen-Haushaltes:

- Über die Wasser- und NaCl-Ausscheidung kontrolliert die Niere **Volumen** und **Elektrolytzusammensetzung** des Extrazellulärraums.
- Über das Plasmavolumen reguliert die Niere den **Blutdruck**.
- Auch über Bildung von **Prostaglandinen, Kininen, Urodilatin** und **Renin** beeinflusst die Niere den Blutdruck.
- Über ihren Einfluss auf die Plasmakonzentration von Kalzium und Phosphat steuert die Niere deren Einlagerung in die Knochengrundsubstanz **(Mineralisierung des Knochens)**.
- Über die H^+- und HCO_3^--Ausscheidung wirkt sie bei der Regulation des **Säure-Basen-Haushaltes** mit. Ferner scheidet sie H^+ und Ammoniak als NH_4^+ aus, das sie aus Glutamin gewinnt.
- Das nach Desaminierung von Glutamat übrige Kohlenstoffskelett baut sie zu Glukose auf **(Glukoneogenese)**.
- Die Niere bildet **Hormone** wie **Erythropoietin**, das die Blutbildung stimuliert, **Kalzitriol**, das den Mineralhaushalt reguliert und immunsuppressiv wirkt, sowie **Klotho**, das Altersvorgänge verzögert.

32.1.2   Bau der Niere

Der Mensch hat zwei Nieren. Eine menschliche Niere enthält ca. 1 Mio. Nephrone, die jeweils aus einem Glomerulum und dem Tubulusapparat bestehen; im Glomerulum wird Plasmaflüssigkeit abfiltriert, aus der während der Passage durch das Tubulussystem Urin entsteht.

Glomerula   Die **Glomerula** liegen in der Nierenrinde, die das tiefer gelegene Nierenmark umspannt (□ Abb. 32.2). Sie bilden einen Filter, durch den aus Plasma eine Flüssigkeit (Primärharn) abfiltriert wird. Die **Endothelzellen** der Glome-

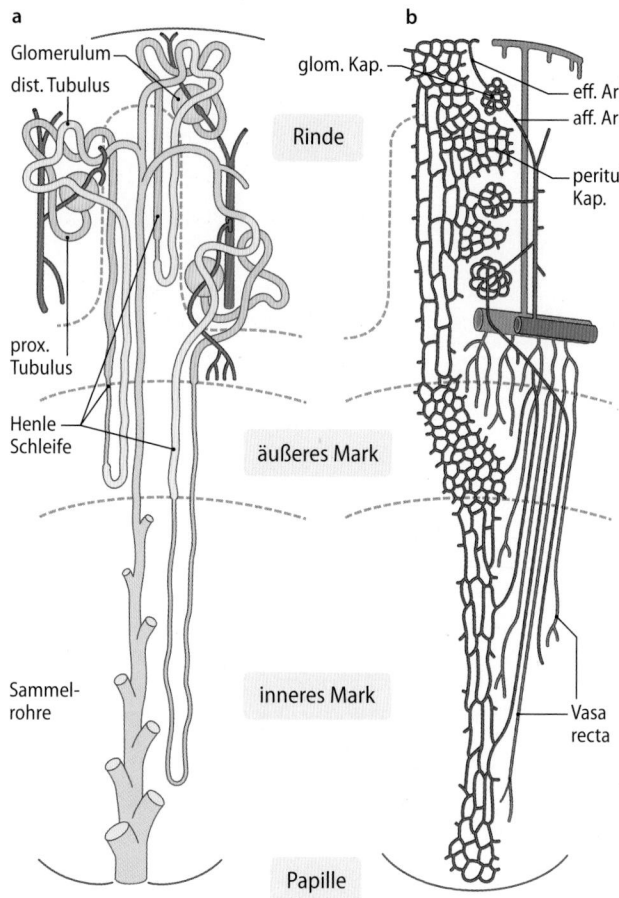

□ **Abb. 32.2a,b   Strukturelle Organisation der Niere. a** Oberflächliche Nephrone (links) und tiefes (juxtamedulläres) Nephron (rechts). **b** Anordnung der Gefäße in der Niere: Aus den Aa. interlobulares gehen afferente Arteriolen (aff. Art.) ab, die in das glomeruläre Kapillarknäuel (glom. Kap.) münden. Von hier wird das Blut über efferente Arteriolen (eff. Art.) in das peritubuläre Kapillarnetz (peritub. Kap.) geleitet. Beachte, dass efferente Arteriolen juxtamedullärer Glomerula in markwärts ziehende Vasa recta münden. Aufsteigende Vasa recta und kortikale Venolen sammeln das kapilläre Blut, das schließlich über die Nierenvene zurück in den Kreislauf fließt. (Nach Koushanpour u. Kriz 1986)

rulumkapillaren sind von einer **Basalmembran** umgeben (□ Abb. 32.3). Auf der anderen Seite der Basalmembran werden die Gefäße durch Fußfortsätze der **Podozyten** gestützt. Diese Fußfortsätze bilden lückenlose Kontakte untereinander (**Schlitzmembran**) und umschließen damit die Kapillare von außen als weiterer Teil des Filters. Zwischen den Kapillarschlingen liegen ferner noch **Mesangiumzellen**. Sie haben Stützfunktion, können z. B. Proteine phagozytieren und sind an Entzündungsvorgängen beteiligt.

> **Der glomeruläre Filter besteht aus dem Endothel, der Basalmembran und der Schlitzmembran zwischen den Podozytenfußfortsätzen.**

Tubulussystem   Aufgabe des Tubulussystems ist die Bildung von Urin aus dem Primärharn. Das Tubulussystem besteht aus mehreren, morphologisch und funktionell unterschiedlichen Abschnitten (□ Abb. 32.4). Die filtrierte Flüssigkeit gelangt

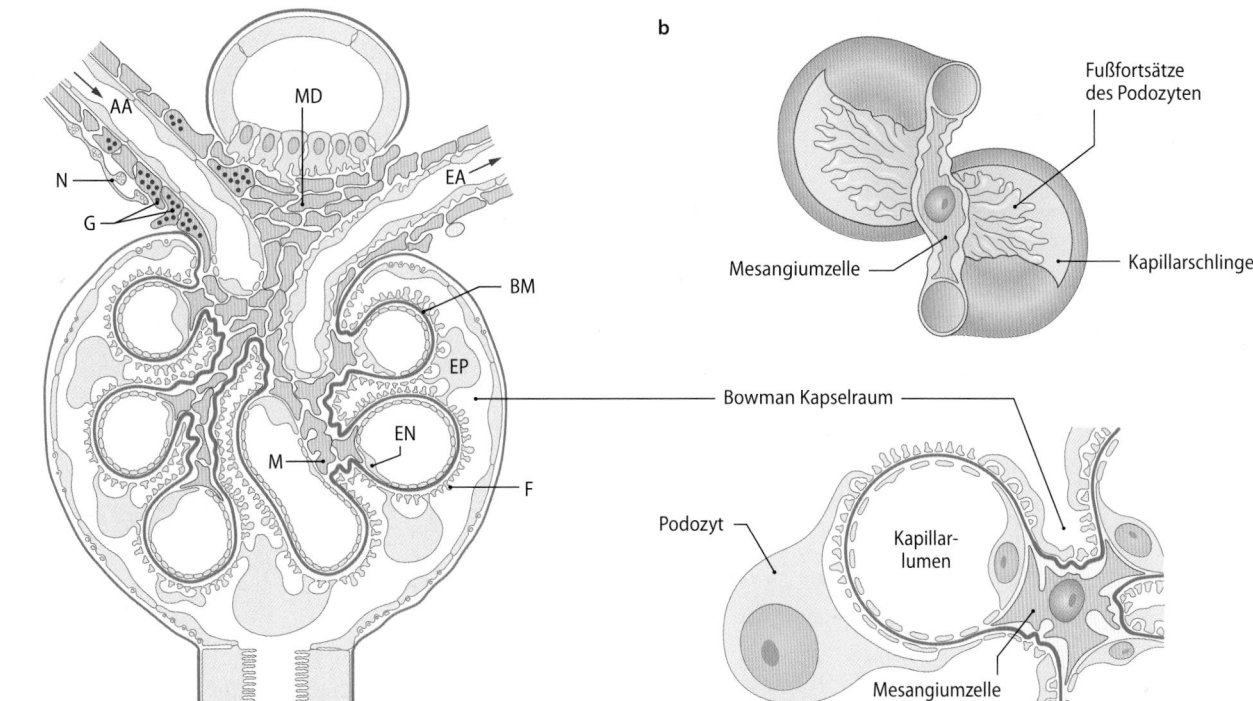

◼ Abb. 32.3a,b Glomerulumstruktur. a Die afferente Arteriole (AA) wird von sympathischen Nervenfasern (N) versorgt. Die glatten Muskelzellen weisen deutliche Granula (G) auf. Endothelzellen (EN), Basalmembran (BM), Podozyten (Epithelzellen=EP mit Fußfortsätzen=F), Mesan-

giumzellen (M), Macula-densa-Segment des Tubulus (MD), efferente Arteriole (EA). **b** Anordnung von intraglomerulären Mesangiumzellen und Podozyten zur mechanischen Stabilisierung der Kapillaren

zunächst in den mitochondrienreichen **proximalen Tubulus**, der in die **Henle-Schleife** mündet. Die Henle-Schleife besteht aus drei unterschiedlichen Abschnitten, der Pars recta des proximalen Tubulus, dem dünnen Teil und dem wiederum mitochondrienreichen dicken aufsteigenden Teil. Die Henle-Schleife ist ein Nephronabschnitt, der die Tubulusflüssigkeit von der Nierenrinde in das Nierenmark und wieder zurück zum Glomerulum des gleichen Nephrons leitet. Dort tritt das Ende der Henle-Schleife in einen engen Kontakt mit dem Vas afferens. Das anliegende Tubulusepithel ist dabei besonders hoch **(Macula densa)**. Die spezialisierten glatten Muskelzellen an dieser Kontaktstelle enthalten Speichergranula (◼ Abb. 32.3), aus denen sie das Enzym **Renin** freisetzen können. Zusammen mit der Macula densa und dem extraglomerulären Mesangium bilden sie den **juxtaglomerulären Apparat**.

Von der Macula densa gelangt die Tubulusflüssigkeit über das **distale Konvolut** und das **Verbindungsstück** in der Nierenrinde zum **Sammelrohr**, in das jeweils annähernd 3000 Nephrone münden. Über ca. 300 Ductus papillares erreicht die letztlich zum Urin gewordene Tubulusflüssigkeit das Nierenbecken. Distales Konvolut, Verbindungsstück und Sammelrohr weisen morphologisch unterschiedliche Zellen auf: Die wichtigsten sind die distalen Tubuluszellen, die mitochondrienreichen Hauptzellen und die Schaltzellen.

Die **Schlussleisten (tight junctions)** (◼ Abb. 32.4) zwischen den jeweiligen Zellen weisen im proximalen Tubulus und in der Henle-Schleife nur wenige Netzwerkmaschen (Zonulae occludentes) auf, es handelt sich demnach um Epi-

thelien mit hoher **Permeabilität**. Im Gegensatz dazu sind die Epithelien in distalem Konvolut, Verbindungsstück und Sammelrohr dichter.

Ableitende Harnwege Der in der Niere gebildete Harn sammelt sich zunächst im **Nierenbecken**, um dann über den **Ureter** in die **Harnblase** transportiert zu werden. Im Ureter wird der Harn durch **peristaltische Kontraktionswellen** (2–6/min) vom Nierenkelch zur Harnblase vorwärtsgetrieben (2–6 cm/s). Dehnung (Dilatation) des Ureters steigert die Frequenz, mechanische Reizung kann spontane Kontraktionen auslösen. Bei Füllung der Harnblase wird die Wandmuskulatur zunächst passiv gedehnt, bis schließlich der **Blasenentleerungsreflex** ausgelöst wird (▶ Kap. 71.3).

> Die transportaktiven Tubulusabschnitte proximaler Tubulus, dicke aufsteigende Henle Schleife und distales Konvolut zeichnen sich durch eine hohe Dichte an Mitochondrien zur Energiegewinnung aus.

32.1.3 Funktionelle Organisation der Nephrone

Durch tubuläre Resorption und Sekretion entsteht aus der filtrierten Flüssigkeit letztlich der Endharn. Bei den Transportprozessen steht quantitativ die Na⁺-Resorption im Vordergrund, der überwiegende Teil des filtrierten Natriums wird im proximalen Tubulus resorbiert.

32

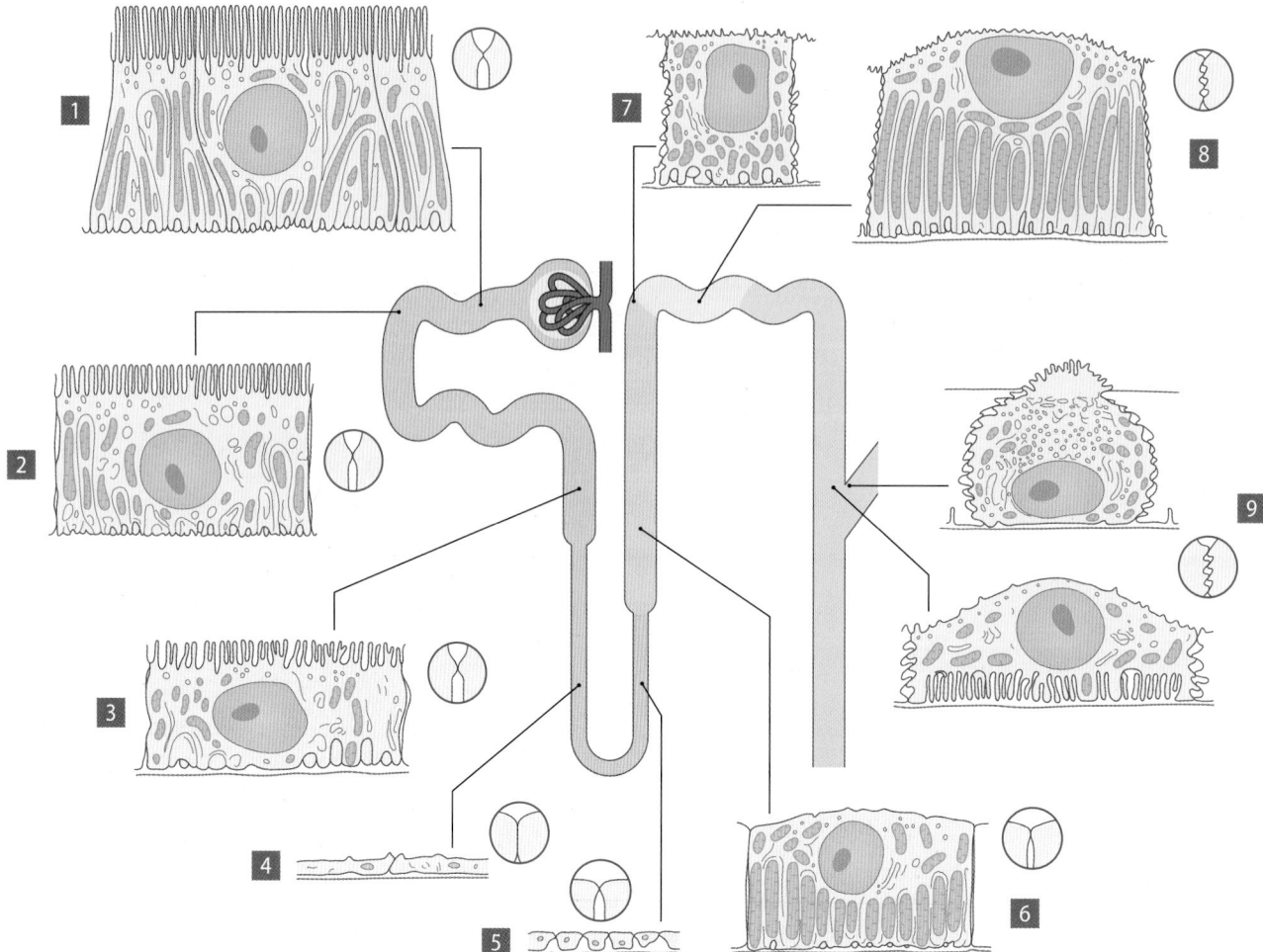

◘ Abb. 32.4 Longitudinale Heterogenität der Tubulusepithelien. Epithelzellen (luminal oben) und vergrößerte Darstellungen der Schlussleisten. (1–3) Segmente des proximalern Tubulus; (4) dünner absteigender Schenkel, (5) dünner aufsteigender Schenkel, (6) dicker aufsteigender Schenkel der Henle-Schleife; (7) Macula densa; (8) distales Konvolut; (9) kortikaler Teil des Sammelrohres mit Schaltzelle und Hauptzelle (Nach Bulger u. Dobyan 1982, Kriz u. Kaissling 1992)

Bildung des Endharns In den **Glomerula** beider Nieren werden normalerweise ca. 120 ml/min, d. h. ca. 170 l/Tag Plasmaflüssigkeit **filtriert** (▶ Abschn. 32.2). Das ist pro Tag mehr als das Dreifache des gesamten Körperwassers. Im folgenden Tubulussystem werden annähernd 99 % des filtrierten Wassers und über 90 % der im Filtrat gelösten Substanzen wieder zurückgeholt **(resorbiert)**. Darüber hinaus werden einige Substanzen aus dem Blut in die Tubulusflüssigkeit transportiert **(sezerniert)**. Durch tubuläre Resorption und Sekretion wird ein Urin erzeugt, dessen Zusammensetzung weit von der des Plasmawassers abweicht.

Am Beginn des Nephrons müssen **große Flüssigkeitsmengen** transportiert und gegen Ende des Nephrons die **Feineinstellung** der Urinzusammensetzung gewährleistet werden. Entsprechend unterscheiden sich die Transporteigenschaften von proximalem Tubulus, Henle-Schleife, distalem Konvolut und Sammelrohr. Darüber hinaus ist keiner der genannten Abschnitte in sich morphologisch oder funktionell homogen, und es gibt Unterschiede zwischen oberflächlichen und tiefen (juxtamedullären) Nephronen **(Heterogenität)**.

❯ Die glomeruläre Filtrationsrate der beiden menschlichen Nieren beträgt zusammen ca. 120 ml/min.

Besondere Bedeutung des Na+-Transportes Da es sich um ein Ultrafiltrat von Plasma handelt, sind etwa 80 % der filtrierten gelösten Substanzen Na+ und Cl−. Die Resorption von NaCl spielt daher in allen Segmenten die dominierende Rolle.

In Kürze

Aufgaben der Niere
Die Niere spielt eine entscheidende Rolle für die richtige **Zusammensetzung der Körperflüssigkeit**. Diese Aufgabe erfüllt sie durch **kontrollierte Ausscheidung** oder **Rückresorption** filtrierter Plasmabestandteile. Zusätzlich beteiligt sie sich an der **Glukoneogenese** und bildet **Hormone**. Damit wird sie zu einem zentralen Organ für den **Salz- und Wasserhaushalt**, den **Blutdruck**, den **Knochenstoffwechsel** und die **Blutbildung**.

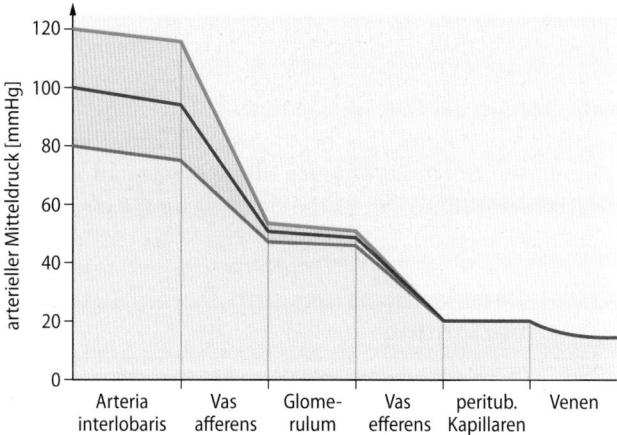

Bau der Niere

Die Aufgaben der Niere werden von etwa einer Million **Nephrone** pro Niere wahrgenommen. Es gibt kortikale und juxtamedulläre Nephrone. Jedes Nephron besteht aus zu- und abführenden Gefäßen, dem Glomerulum sowie dem Tubulussystem. Das **Tubulussystem** wird unterteilt in den proximalen Tubulus, die Henle-Schleife, das distale Konvolut, das Verbindungsstück und das Sammelrohr.

Am Tag werden etwa 170 l Plasmaflüssigkeit in den Glomerula filtriert und damit der Kontrolle durch die Niere unterworfen. Die Tubuli holen den weitaus größten Teil filtrierter Flüssigkeit durch Resorption zurück. H^+ sowie einige organische Säuren und Basen werden sezerniert.

Abb. 32.5 Druckabfall in verschiedenen Gefäßabschnitten der Niere. Durchschnittswert (rot). Bei hohem (grün) oder niedrigem (blau) Blutdruck wird der Kapillardruck im Glomerulum durch Regulation des Blutdruckabfalls über das Vas afferens nahezu konstant gehalten. (Die experimentelle Messung des glomerulären Kapillardrucks erfolgt mit einer Tubuluspunktion im proximalen Tubulus. Nachdem der Abfluss der Tubulusflüssigkeit stromabwärts blockiert wurde stehen der gemessene Druck im Tubulus und der Druck in den Kapillaren im Gleichgewicht)

32.2 Die Bildung des Primärharns

32.2.1 Gefäßabschnitte der Niere

Die glomerulären Arteriolen (Vasa afferentia und efferentia) weisen einen hohen Widerstand und damit einen hohen Druckabfall auf. Sie bestimmen den Filtrationsdruck.

Gefäßversorgung der Niere Das Blut aus der **A. renalis** gelangt zunächst über die **Aa. interlobares** zu den **Aa. arcuatae**, aus denen senkrecht die **Aa. interlobulares** entspringen (**□** Abb. 32.2). Die Aa. interlobulares geben die **Vasa afferentia** ab, die sich in den Glomerula in viele parallele **Gefäßschlingen** aufteilen (**□** Abb. 32.3). Die Kapillarschlingen münden in die **Vasa efferentia**, die sich nun erneut aufzweigen:

- Die Vasa efferentia oberflächlich gelegener Glomerula geben die **peritubulären Kapillaren** ab, die ein Gefäßnetz um die Tubuli in der Nierenrinde bilden.
- Vasa efferentia aus tiefer gelegenen Glomerula (sog. juxtamedullären Glomerula) geben die **Vasa recta** ab, die als lange Kapillarschleifen in das Nierenmark eintauchen.
- Weitere **Vasa recta** werden direkt aus den Arterien unter Umgehung der Glomerula gespeist.

Vasa recta und peritubuläre Kapillaren münden schließlich in die **Vv. interlobulares**, die das Blut über die **Vv. arcuatae** und **Vv. interlobares** zur **V. renalis** leiten. In der Niere sind somit **zwei Kapillarnetze** (Glomerulumkapillaren und peritubuläre Kapillaren bzw. Vasa recta) hintereinandergeschaltet.

❯ Portalsystem: Die Nierenarterien speisen zwei in Reihe geschaltete Kapillarsysteme: 1. Glomeruläre Kapillaren, 2. peritubuläre Kapillaren und Vasa recta.

Druckverlauf in den Nierengefäßen Der Druckverlauf in den einzelnen Gefäßabschnitten der Niere ist in **□** Abb. 32.5

dargestellt: In Aorta und Nierenarterie (A. renalis) findet beim Gesunden kein wesentlicher Druckabfall statt, da der Widerstand dieser Gefäßabschnitte sehr gering ist. Die Aa. interlobares weisen bereits einen deutlichen Widerstand auf. Der **größte Widerstand** liegt jedoch normalerweise in den **Vasa afferentia**, hier findet also der **größte Druckabfall** statt.

Jedes Vas afferens gibt mehrere **parallel geschaltete Glomerulumkapillaren** ab, die sehr kurz sind und somit einen sehr geringen Widerstand aufweisen. Damit kommt es in den Glomerulumkapillaren nur zu einem **sehr geringen Druckabfall**. Die Glomerulumkapillaren münden in das **Vas efferens**, das wiederum einen erheblichen Widerstand aufweist und einen entsprechend **großen Druckabfall** bewirkt. Der relativ hohe Widerstand im Vas efferens hält den Druck in den Glomerulumkapillaren hoch und gewährleistet damit den für eine normale Filtrationsrate erforderlichen **Filtrationsdruck** (s. u.).

Die weiteren Gefäßabschnitte, wie **peritubuläre Kapillaren und Venen**, bieten dem Blutfluss wiederum einen geringen Widerstand.

❯ Wegen der hintereinanderliegenden Widerstände von Vas afferens und Vas efferens herrscht in den Glomerula ein hoher Kapillardruck von ca. 50 mmHg.

Widerstand der Vasa recta Die aus den Vasa efferentia der juxtamedullären Nephrone an der Rinden-Mark-Grenze entspringenden **Vasa recta** (**□** Abb. 32.2) weisen trotz ihrer enormen Länge normalerweise keinen sehr hohen Widerstand auf, da eine Vielzahl von Vasa recta **parallelgeschaltet** sind. Allerdings ist der Blutfluss in den Vasa recta bei Beeinträchtigung der Fließeigenschaften des Blutes in hohem Maße gefährdet. So nimmt man an, dass im **postischämischen Nierenversagen** (▶ Box „Schockniere") die Strömungsverlangsamung in den Vasa recta zum Erliegen der Durchblutung dieser Gefäßabschnitte führt, wodurch die benachbarten Zellen nicht mehr hinreichend mit Blut versorgt werden. Die Durchblutung der Vasa recta unterliegt einer **eingeschränkten Autoregulation**, was bei hohem Blutdruck zu einer **vermehrten Durchblutung des Nierenmarks** und zu einer **Druckdiurese** führt.

32.2.2 Renaler Blutfluss und Durchblutungsverteilung

Etwa 20 % des Herzminutenvolumens passieren die Niere; die Nierenrinde ist hervorragend, das Nierenmark eher schlecht durchblutet.

Renaler Blutfluss (RBF)   Normalerweise passieren etwa **15–25 %** (ca. 1,2 l pro Minute) **des Herzminutenvolumens** die beiden Nieren, obwohl sie zusammen nur 0,4 % des Körpergewichtes ausmachen. Bezogen auf ihr Gewicht sind die Nieren die **bestdurchbluteten Organe** des Körpers. Die arteriovenöse Sauerstoffdifferenz ist entsprechend gering.

Durchblutungsverteilung   Das die Niere durchströmende Blut verteilt sich sehr ungleich auf Nierenrinde und Nierenmark (◘ Tab. 32.1): Praktisch das **gesamte Blut** passiert die in der **Nierenrinde liegenden Glomerula**. Das von den Vasa recta durchblutete Nierenmark, das immerhin ein Drittel des Nierengewichtes ausmacht, erhält weniger als 10 % der renalen Durchblutung.

Die relativ **schlechte Blutversorgung** des **Nierenmarks** wird noch dadurch verschärft, dass die Anordnung der Vasa recta in Form von Schleifen die Zulieferung von O_2 sowie den Abtransport von CO_2 und Stoffwechselprodukten erschwert (▶ Kap. 33.2).

> **Die Funktion der Nieren erfordert eine sehr gute Organdurchblutung von ca. 1,2 l/min.**

Regulation der Nierenmarkdurchblutung   Einige Mediatoren wie **Prostaglandine**, Acetylcholin und Bradykinin verbessern die Blutversorgung durch eine **Gefäßerweiterung** (Vasodilatation), die im Nierenmark stärker ausfällt als in der Nierenrinde. Darüber hinaus kommt es bei Blutdruckabfall vorwiegend zu einer Vasodilatation im Nierenmark. Damit wird normalerweise einer Unterversorgung der Nierenmarkzellen vorgebeugt.

32.2.3 Permselektivität des glomerulären Filters

Der glomeruläre Filter verhindert normalerweise die Filtration der meisten Plasmaproteine, während andere Stoffe ungehindert passieren; er ist permselektiv.

Permselektivität   Eine für die Funktion der Niere wesentliche Eigenschaft des glomerulären Filters ist seine **selektive Permeabilität** (Permselektivität) gegenüber Inhaltstoffen des Plasmas (Soluten). Für die Passage durch den glomerulären Filter ist zum einen die **Größe der Moleküle** maßgebend. Moleküle mit einem Durchmesser >4 nm bzw. einem Molekulargewicht >50 kDa können den Filter nicht passieren (◘ Tab. 32.2). Zum anderen spielt die **Ladung der Moleküle** eine wesentliche Rolle (◘ Abb. 32.6): Negativ geladene Moleküle werden von negativen Fixladungen des glomerulären Filters abgestoßen und passieren erheblich schwerer als positiv geladene Moleküle. Da die meisten Plasmaproteine negativ geladen sind, wird ihre Filtration durch die Ladung zusätzlich erschwert. Bei

◘ Tab. 32.1   Durchblutung beider Nieren und intrarenale Blutverteilung. (Insgesamt werden die 300 g Nierengewebe mit 1,2 l/min durchblutet)

	Gewichtanteil [%]	RBF-Anteil [%]
Rinde	70	93
Äußeres Mark	20	6
Inneres Mark	10	1

RBF=renaler Blutfluss

Klinik

Schockniere

Ursachen
Einer der Mechanismen zur Aufrechterhaltung des Blutdruckes, z. B. bei schweren Blutverlusten, ist die durch den Sympathikus ausgelöste **Konstriktion** von Nierengefäßen (▶ Kap. 21.3). Dabei kann es zu einer **Ischämie** des Nierengewebes kommen, die ein ischämisches akutes Nierenversagen (Schockniere) zur Folge hat.

Folgen
Selbst nach Wiederherstellung von Blutvolumen und Blutdruck (z. B. durch Transfusionen) bleibt die glomeruläre Filtrationsrate (GFR) massiv erniedrigt, die Niere scheidet keinen oder wenig Urin aus (**Anurie/Oligurie**) und der Patient muss vorübergehend an die **Dialyse**. Die Mechanismen, welche die GFR erniedrigt halten, sind immer noch nicht voll verstanden. Es wird allerdings angenommen, dass die ischämischen Tubuluszellen **Adenosin** bilden, das in der Niere im Gegensatz zu anderen Organen eine starke **vasokonstriktorische** Wirkung ausübt. Die Drosselung der GFR verhindert, dass die ischämischen Tubuluszellen zu energetisch aufwändiger Na^+-Resorption gezwungen werden. Wenn sich die Tubuluszellen teilweise erholen, dann setzt die GFR wieder ein. Allerdings bleibt die Transportkapazität der Tubuluszellen häufig für einige Wochen eingeschränkt und es kommt trotz herabgesetzter GFR zu massiver Ausscheidung von Wasser und Elektrolyten (**polyurische Phase** des akuten Nierenversagens). Bisweilen erholt sich die Niere nicht mehr, und es bleibt eine dauerhafte (chronische) Niereninsuffizienz zurück.

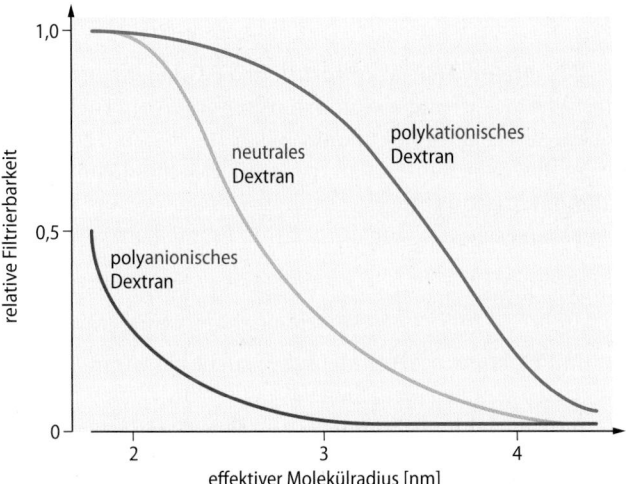

◻ Abb. 32.6 Permselektivität des glomerulären Filters. Einfluss der elektrischen Ladung und des Molekulargewichts eines Moleküls auf die relative Filtrierbarkeit (1=frei filtrierbar) in Glomerula der Ratte. Ein Teilchen mit der Größe von z. B. 3 nm wird bei positiver (kationischer) Ladung stärker filtriert, als im neutralen oder negativ (anionisch) geladenen Zustand

◻ Tab. 32.2 Beziehungen zwischen Molekulargewicht, Molekülgröße und glomerulärer Filtrierbarkeit

Substanz	Molekulargewicht (Da)	Molekülradius (nm)	Molekülmaße (nm)	Siebkoeffizient ($C_{Filtrat}/C_{Plasma}$)
Wasser	18	0,10		1,0
Harnstoff	60	0,16		1,0
Glukose	180	0,36		1,0
Rohrzucker	342	0,44		1,0
Inulin	5500	1,48		0,98
Myoglobin	17.000	1,95	$5,4 \times 0,8$	0,75
Eieralbumin	43.500	2,85	$8,8 \times 2,2$	0,22
Hämoglobin	68.000	3,25	$5,4 \times 3,2$	0,03
Serumalbumin	69.000	3,55	$15,0 \times 3,6$	< 0,01

Neutralisierung der Fixladungen kommt es zur gesteigerten Filtration von Plasmaproteinen (▸ Box „Proteinurie").

Gibbs-Donnan-Potenzial

Die Summe der negativen und positiven Ladungen (Anionen und Kationen) in einer Lösung ist immer gleich. Die Zurückhaltung *(Retention)* der negativ geladenen Proteine am glomerulären Filter führt im Ausgleich zu einer entsprechend niedrigeren Konzentration von kleinen Anionen auf der gleichen Seite. Da der Filter für diese kleinen Anionen aber permeabel ist, bildet sich ein negatives Diffusionspotenzial aus, das seinerseits kleine Kationen durch den Filter auf die Blutseite zieht. Ist das sog. Gibbs-Donnan-Gleichgewicht erreicht, halten sich die Spannung (etwa 1,5 mV=Gibbs-Donnan-Potenzial) und die Gradienten für kleine Anionen und Kationen die Waage. Folglich ist im Filtrat die Konzentration an frei filtrierbaren **einwertigen Kationen** um etwa 5 % **geringer** und an frei filtrierbaren **einwertigen Anionen** um etwa 5 % **höher** als im Plasma. Dieser Verteilungsunterschied hat allerdings eine untergeordnete quantitative Bedeutung für die Nierenfunktion.

> ❯ **Der glomeruläre Filter ist undurchlässig für Zellen und für Proteine ab einer Größe von etwa 50 kD – alle weiteren Plasmabestandteile werden frei filtriert.**

Proteinbindung Die Proteine binden Kalzium und eine Vielzahl organischer Substanzen. Der an Proteine gebundene Anteil einer Substanz steht im Gleichgewicht mit dem freien, im Plasmawasser gelösten Anteil. Damit nimmt bei Zunahme

---

Klinik

Proteinurie

Ursachen
Normalerweise passieren nur sehr wenige Plasmaproteine den glomerulären Filter. Sie werden im gesunden proximalen Tubulus weitgehend resorbiert und daher nicht ausgeschieden. Bei pathologisch gesteigerter Filtration von Proteinen kann die tubuläre Resorption nicht Schritt halten. Auch bei eingeschränkter tubulärer Resorption kommt es zur Ausscheidung von Proteinen.

– **Prärenale Proteinurie** ist Folge pathologisch gesteigerter Konzentration filtrierbarer Proteine im Plasma, wie etwa von Hämoglobin bei Hämolyse und Myoglobin bei Untergang von Muskelzellen. Tumoren von Antikörper-produzierenden Plasmazellen bilden bisweilen große Mengen filtrierbarer Antikörperfragmente („leichte Ketten").

– **Glomeruläre Proteinurie** ist Folge einer Schädigung des glomerulären Filters.

Diese kann das Endothel, die Basalmembran sowie die Schlitzmembran zwischen den Fußfortsätzen der Podozyten betreffen. In jedem Fall resultiert eine Einschränkung oder ein Verlust der Permselektivität. Werden bei Entzündungen des Glomerulums (Glomerulonephritis) die negativen Fixladungen am glomerulären Filter neutralisiert, können negativ geladene Plasmaproteine leichter filtriert werden (◻ Abb. 32.6; ▸ Box „Glomerulonephritis"). Dabei sind vor allem die Albumine betroffen, die relativ klein sind aber durch ihre stark negativen Ladungen vom normalen glomerulären Filter zurückgehalten werden.

– **Tubuläre Proteinurie** ist Folge eines genetischen Defektes oder einer Schädigung des proximalen Tubulus. Dabei werden normalerweise filtrierte Proteine ausgeschieden. Die Menge an ausgeschiedenen Proteinen ist jedoch im Vergleich zur glomerulären und prärenalen Proteinurie gering.

Folgen
Der Proteinverlust bei glomerulärer Proteinurie senkt die Proteinplasmakonzentration (Hypoproteinämie), mindert den onkotischen Druck des Plasmas und begünstigt somit die Entwicklung von Ödemen. Bei Auftreten von Proteinurie, Hypoproteinämie und Ödemen spricht man von einem nephrotischen Syndrom. Die überwiegende Filtration der Albumine und das Zurückbleiben der relativ großen Lipoproteine begünstigt dabei die Entwicklung einer Hyperlipidämie. Vor allem bei prärenaler Proteinurie können die Proteine im Tubuluslumen ausfallen und die Tubuluszellen schädigen.

der Konzentration an freier Substanz auch die Konzentration an proteingebundener Substanz zu. Vor allem bei **schlecht wasserlöslichen** Substanzen ist der **proteingebundene Anteil hoch.**

Proteinbindung und -ausscheidung
An körpereigenen Substanzen werden z. B. unkonjugiertes Bilirubin, Steroidhormone und fettlösliche Vitamine zu einem großen Anteil an Plasmaproteine gebunden. Auch Fremdstoffe (Xenobiotika), also z. B. Toxine und Medikamente, werden z. T. an Proteine gebunden. Die Proteinbindung spielt vor allem bei der renalen Ausscheidung von Medikamenten eine große Rolle. Der proteingebundene Anteil eines Medikamentes wird nämlich nicht filtriert.
Die Proteinbindung spielt auch bei der Ausscheidung einer Substanz (z. B. eines Medikamentes), die tubulär sezerniert wird, eine Rolle. Durch tubuläre Sekretion (▶ Kap. 33.1) kann die Konzentration des frei gelösten Medikamentes gesenkt werden. Dadurch verschiebt sich das Gleichgewicht und das gebundene Medikament wird z. T. aus der Proteinbindung freigesetzt. Dadurch kann es gleichfalls sezerniert werden. Dennoch behindert die Proteinbindung auch die Sekretion, da das proteingebundene Medikament nur aus der Proteinbindung freigesetzt wird, wenn die Konzentration an freiem Medikament gesenkt wird. Ein Absinken der Substratkonzentration behindert wiederum die Sekretion. Daher führt eine starke Proteinbindung (z. B. von Medikamenten) zu einer verzögerten renalen Ausscheidung, selbst wenn ein Sekretionsmechanismus vorliegt.

32

Die Proteinbindung einer Substanz behindert ihre Ausscheidung über die Nieren.

32.2.4 Glomeruläre Filtration

Das glomerulär filtrierte Volumen hängt vom Ultrafiltrationskoeffizienten und vom effektiven Filtrationsdruck ab.

Das **pro Zeiteinheit filtrierte Volumen** wird als glomeruläre Filtrationsrate **GFR** (▶ Kap. 34.4.1) bezeichnet. Sie wird durch das **Druckgefälle über den glomerulären Filter** und dessen Durchlässigkeit bestimmt. Der Ultrafiltrationskoeffizient ist ein Maß für die **Durchlässigkeit**.

Ultrafiltrationskoeffizient und effektiver Filtrationsdruck Normalerweise werden etwa 20 % der Plasmaflüssigkeit, die die Nieren durchströmt (renaler Plasmafluss) in den Glomerula filtriert. Die **glomeruläre Filtrationsrate** (GFR) ist abhängig von der Fläche (F) und der hydraulischen Leitfähigkeit des glomerulären Filters (L_P), sowie vom effektiven Filtrationsdruck (P_{eff}):

$$GFR = L_p \times F \times P_{eff} \quad (32.1)$$

Die hydraulische Leitfähigkeit und die Filtrationsfläche sind nicht getrennt bestimmbar. Sie lassen sich zu einem **Ultrafiltrationskoeffizienten** (K_f) zusammenfassen:

$$K_f = L_p \times F \quad (32.2)$$

Bei Erkrankungen der Glomerula (▶ Box „Glomerulonephritis"), kann z. B. die Basalmembran verdickt sein (hydraulische Leitfähigkeit sinkt) oder Glomerula vernarben teilweise oder vollständig (Filtrationsfläche sinkt). In beiden Fällen sinkt die GFR.

Der **effektive Filtrationsdruck** ist die Differenz aus **hydrostatischem** (Δp) und **kolloidosmotischem** ($\Delta\pi$) **Druckunterschied** zwischen Glomerulumkapillare (p_K, π_K) und glomerulärem Bowman-Kapselraum (p_B, π_B). Der **kolloidosmotische oder onkotische Druck** wird durch Proteine erzeugt und bewegt Wasser in Richtung der höheren Proteinkonzentration:

$$P_{eff} = \Delta p - \Delta\pi = (p_K - p_B) - (\pi_K - \pi_B) \quad (32.3)$$

p_K und p_B können beim Menschen nicht bestimmt werden. Abgeleitet aus Tierversuchen vermutet man Werte von etwa 50 mmHg (p_K) und 15 mmHg (p_B) (◘ Abb. 32.7). π_K liegt zu Beginn der Kapillare bei 25 mmHg, während π_B vernachlässigbar ist, da praktisch keine Proteine filtriert werden.

Die glomeruläre Filtrationsrate (GFR) der Nieren wird bestimmt durch die Anzahl der intakten Glomerula, durch den Filtrationsdruck und durch die Permeabilität des Filters.

Filtrationsgleichgewicht Der **kolloidosmotische Druck** wird im Wesentlichen durch die nicht filtrierbaren Plasmaproteine hervorgerufen. Durch den Filtrationsprozess werden diese Proteine im Blut entlang der Kapillare konzentriert, sodass die Proteinkonzentration und mit ihr π_K ansteigen (◘ Abb. 32.7). Auf diese Weise wird der effektive Filtrations-

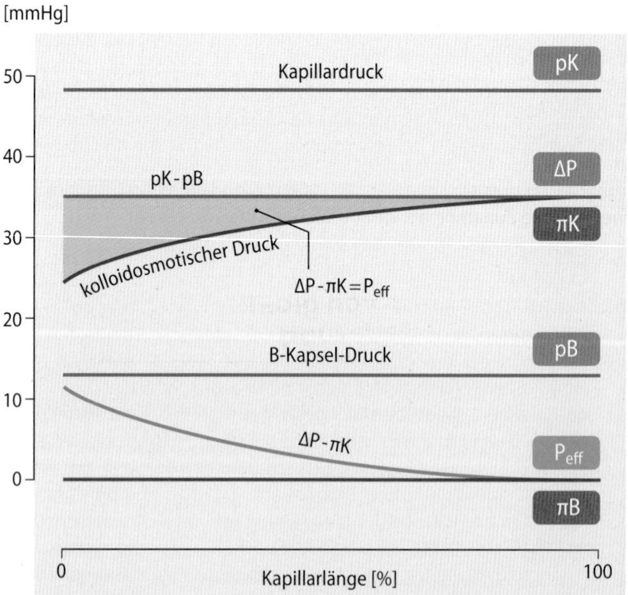

◘ **Abb. 32.7 Druckverläufe am glomerulären Filter. Hydrostatischer (p) und kolloidosmotischer (π) Druck in Glomerulumkapillaren (pK, πK) und Bowman-Kapselraum (pB, πB) als Funktion der relativen Länge der glomerulären Kapillarschlinge.** Δp und Δπ sind die entsprechenden Druckgradienten über dem glomerulären Filter. Da πB praktisch null ist, ist Δπ identisch mit πK. Der Druckgradient Δp–Δπ (grüne Fläche, bzw. Peff=grüne Kurve) ist die treibende Kraft für die glomeruläre Filtration. Sie kann gegen Ende der Kapillarschlinge gegen null gehen (Filtrationsgleichgewicht). (Messungen an der Ratte)

druck entlang der Glomerulumkapillare kleiner und sinkt normalerweise gegen Ende der Kapillarschlingen gegen null (Filtrationsgleichgewicht). Der durch die Filtration zunehmende kolloidosmotische Druck limitiert somit die glomeruläre Filtration.

> Im Filtrationsgleichgewicht halten sich filtrierende Drücke (Kapillardruck) und Gegendrücke (Druck auf der Harnseite, kolloidosmotischer Druck in der Kapillare) die Waage.

GFR und renaler Plasmafluss Aufgrund des hohen Ultrafiltrationskoeffizienten kann das Filtrationsgleichgewicht in Glomerulumkapillaren erreicht werden. Die dafür notwendige Kapillarstrecke hängt von der Stromstärke in den Kapillaren, d. h. vom renalen Plasmafluss ab. Bei gleichen hydrostatischen Drücken und Zunahme des renalen Plasmaflusses kann pro Zeiteinheit mehr Volumen filtriert werden, bevor das Filtrationsgleichgewicht erreicht wird. Ist der Plasmafluss niedriger, wird das Filtrationsgleichgewicht früher erreicht und die Filtrationsrate sinkt. Solange das Filtrationsgleichgewicht erreicht wird, ist die GFR daher proportional zum renalen Plasmafluss.

Der effektive Filtrationsdruck und damit die GFR (Gl. 32.3) ist also eine Funktion der **Widerstände** in Vas afferens/Vas efferens (hydrostatischer Druck) und der **Nierendurchblutung** (Erreichen des Filtrationsgleichgewichtes). Beide Faktoren unterliegen der differenzierten Steuerung von Vas afferens und Vas efferens.

Zunahme des kolloidosmotischen Druckes

Eine Zunahme des Widerstandes im Vas efferens steigert den hydrostatischen Druck im Filter, führt aber auch zu einer Abnahme des renalen Blutflusses. Das bedeutet, dass das Filtrationsgleichgewicht entlang der Glomerulumkapillare früher erreicht wird. Der Anstieg des kolloidosmotischen Druckes führt dann relativ schnell zu einer Limitierung der Filtration. Eine Kontraktion des Vas efferens hat also letztlich trotz Steigerung des hydrostatischen Druckes in den Glomerulumkapillaren keine wesentliche Zunahme der glomerulären Filtrationsrate zur Folge.

32.2.5 Regulation von glomerulärer Filtration und Durchblutung

Renale Durchblutung und glomeruläre Filtration bleiben bei Blutdruckänderungen weitgehend konstant; diese Eigenschaft bezeichnet man als Autoregulation.

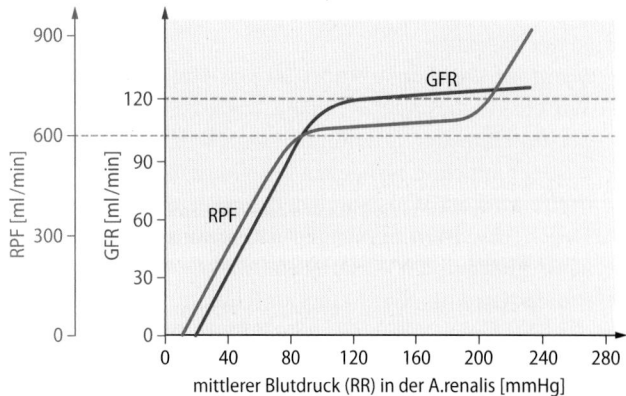

□ **Abb. 32.8 Autoregulation des renalen Plasmaflusses (RPF) und der glomerulären Filtrationsrate (GFR).** Im Bereich physiologischer Blutdruckwerte bleiben GFR und RPF durch Anpassung der Gefäßwiderstände nahezu konstant. Daten von Ratte bzw. Hund, angepasst an Werte des Menschen

Autoregulation Die Fähigkeit der Niere, ihre Durchblutung und Filtration auch bei wechselndem systemischem Blutdruck konstant zu halten, wird als **Autoregulation** bezeichnet. □ Abb. 32.8 zeigt, dass die Niere normalerweise in der Lage ist, innerhalb eines aortalen Blutdruckbereiches von etwa **80–180 mmHg** sowohl Durchblutung, als auch glomeruläre Filtrationsrate annähernd konstant zu halten. Die Niere erzielt die Konstanz ihrer Durchblutung bei Blutdruckanstieg durch Vasokonstriktion und bei Blutdruckabfall durch Vasodilatation. Bei plötzlichen Änderungen des Blutdruckes benötigt die Niere nur einige Sekunden, um den Widerstand entsprechend anzupassen.

> Glomeruläre Filtrationsrate (GFR) und renaler Plasmafluss (RPF) sind über einen Blutdruckbereich von 80–180 mmHg durch Autoregulation nahezu konstant.

Mechanismen der Autoregulation Die Nierendurchblutung wird vor allem durch entsprechende **Widerstandsänderungen** des Vas afferens autoreguliert. Bei Zunahme des Blutdruckes steigt der Widerstand im **Vas afferens**. Wahrscheinlich sind für die Autoregulation mehrere Mechanismen verantwortlich, die möglicherweise an unterschiedlichen Segmenten des Vas afferens wirksam werden. Das Zusammenspiel

---

Klinik

Glomerulonephritis

Das Glomerulum kann durch **Entzündung** geschädigt werden (Glomerulonephritis). Sie wird häufig durch **Antigen-Antikörper-Komplexe** ausgelöst, welche in den glomerulären Kapillaren hängen bleiben und dort eine Entzündungsreaktion auslösen. Das Immunsystem kann sich auch direkt gegen Komponenten der glomerulären Basal-membran richten. Folgen sind die Zerstörung des glomerulären Filters mit Verlust der Permselektivität durch Schwinden negativer Fixladungen (▶ Box „Proteinurie"), die Abnahme des Ultrafiltrationskoeffizienten durch Herabsetzung von Fläche und Wasserdurchlässigkeit des Filters und die Zunahme des Gefäßwiderstandes durch Einengung des glomerulären Gefäßbettes. Letztlich werden Proteine ausgeschieden (**Proteinurie**), der renale Plasmafluss und die glomeruläre Filtrationsrate nehmen ab. Die Abnahme der glomerulären Durchblutung steigert die Ausschüttung von Renin, das über Angiotensin die Entwicklung eines Bluthochdruckes fördert.

von drei Mechanismen trägt im Wesentlichen zur Autoregulation der Niere bei:

- **Myogene Vasokonstriktion (Bayliss-Effekt,** ▶ Kap. 20.3). Wie eine Reihe anderer Gefäße reagieren Nierengefäße bei Zunahme des intramuralen Druckes (bei Blutdruckanstieg) mit einer myogenen Vasokonstriktion. Auf diese Weise wird der Widerstand dem jeweiligen arteriellen Druck (bzw. transmuralen Druck) angepasst und eine autoregulatorische Wirkung erzielt.
- **Prostaglandine.** Eine Mangeldurchblutung vor allem des Nierenmarks stimuliert die Bildung von Prostaglandinen, deren vasodilatatorische Wirkung insbesondere im Nierenmark wirksam wird. Die Vasodilatation wirkt einer Abnahme der Durchblutung entgegen.
- **Tubuloglomerulärer Feedback.** Eine Zunahme der glomerulären Filtrationsrate führt zu einer Zunahme des filtrierten NaCl. Halten die NaCl-Resorption in proximalem Tubulus und Henle-Schleife nicht Schritt, dann gelangt mehr NaCl bis zur Macula densa (◘ Abb. 32.3). Bei Zunahme der NaCl-Konzentration an der Macula densa wird das zugehörige Vas afferens kontrahiert. Folge ist eine Drosselung der glomerulären Filtration. Diese tubuloglomeruläre Rückkopplung gewährleistet nicht nur eine Autoregulation der Nierendurchblutung, sondern vor allem eine Anpassung der Filtrationsrate an die tubuläre Transportkapazität. Ist bei Schädigung der Niere die Transportkapazität eingeschränkt, dann sinkt über die tubuloglomeruläre Rückkopplung auch die Filtrationsrate.

❯ Die glomeruläre Filtrationsrate des einzelnen Nephrons wird an die Transportkapazität des zugehörigen Tubulussystems angepasst (tubuloglomerulärer Feedback).

Hormonelle Steuerung von Nierendurchblutung und glomerulärer Filtrationsrate   Eine Vielzahl von **Hormonen** und Mediatoren beeinflusst die renale **Durchblutung** (Tabelle ▶ Anhang) und stellt die Autoregulation auf einen anderen Wert ein. Die Stärke einer Hormonwirkung auf die GFR hängt von ihrer Wirkung auf die Durchblutung und auf den hydrostatischen glomerulären Filtrationsdruck ab (▶ Abschn. 32.2.4.). Dies ist in ◘ Abb. 32.9 vereinfacht dargestellt. Die Widerstände der beiden Arteriolen sind **in Reihe** geschaltet. Geht man von einem konstanten Blutdruck aus, so bestimmt in diesem Modell ihre **Summe** den renalen Blutfluss. Da der Blutdruck stufenweise über die beiden Widerstände abfällt, bestimmt ihr **Verhältnis** den hydrostatischen glomerulären **Filtrationsdruck.**

Hormone mit gleichsinniger Wirkung an Vas afferens und efferens   Wirken nun typische **Vasokonstriktoren wie Angiotensin II oder Noradrenalin** auf beide Gefäße in gleicher Weise, führt das zu einer Senkung der Nierendurchblutung bei relativ geringer Wirkung auf den hydrostatischen Filtrationsdruck. Umgekehrt führen **Vasodilatatoren**, die an beiden Gefäßen angreifen, zu einer Steigerung der Nierendurchblutung bei relativ geringer Wirkung auf den hydrostatischen Filtrationsdruck.

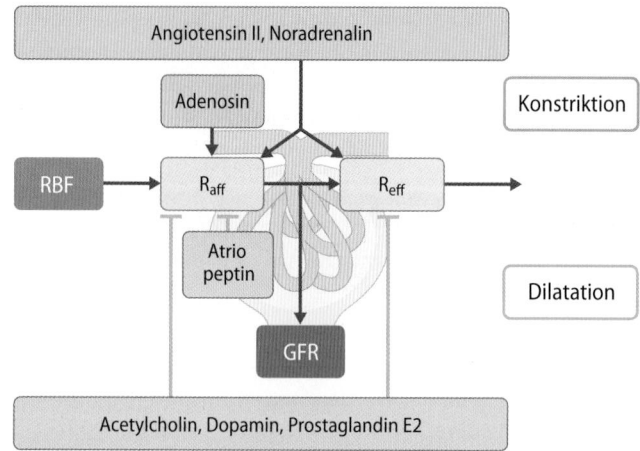

◘ **Abb. 32.9   Hormonelle Steuerung der Nierendurchblutung und der glomerulären Filtrationsrate.** RBF ist der renale Blutfluss, R_{aff} und R_{eff} sind die Widerstände von Vas afferens und efferens. Ihr Verhältnis bestimmt damit den hydrostatischen Filtrationsdruck. Die Hormone können auf beide Widerstände oder vorwiegend auf einen wirken. Dementsprechend kann die Nierendurchblutung mit unterschiedlich starker Wirkung auf die GFR kontrolliert werden

Hormone mit vorwiegender Wirkung am Vas afferens   Einige Hormone wirken aber unterschiedlich stark auf die afferenten und efferenten Gefäße. Damit kann die glomeruläre Filtration deutlich verändert werden. Ein Beispiel ist **Adenosin.** Es führt vorwiegend zur Kontraktion des Vas afferens. Die Folge ist ein stärkerer afferenter Druckabfall und damit ein niedrigerer Filtrationsdruck. Gleichzeitig sinkt der renale Blutfluss. Die glomeruläre Filtrationsrate sinkt deutlich. **Atriopeptin** wirkt dilatierend. So werden der Filtrationsdruck und der renale Blutfluss gesteigert, die Filtrationsrate nimmt zu.

❯ Gefäßwirksame Hormone steuern die Nierenfunktion differenziell über die Organdurchblutung und den hydrostatischen Filtrationsdruck.

Hyperfiltration   Bei eiweißreicher Diät wird in der Niere Dopamin gebildet, das über Dopaminrezeptoren den Widerstand im Vas afferens herabsetzt. Folge ist eine Hyperfiltration. Es gibt einige Erkrankungen wie z. B. Diabetes mellitus, bei denen Hyperfiltration und Nierenerkrankung vergesellschaftet sind.

In Kürze

Normalerweise passieren etwa 20 % des Herzminutenvolumens die beiden Nieren, wobei die **Nierenrinde** hervorragend, das **Nierenmark** eher schlecht durchblutet wird. Renale Durchblutung und glomeruläre Filtration sind **autoreguliert.** Der Blutdruck wird vor allem zwischen den Vasa afferentia und efferentia aufgeteilt und liefert den glomerulären Filtrationsdruck. Der glomeruläre Filter ist **permselektiv**, d. h. er verhindert normalerweise die Filtration der negativ geladenen größeren Plasmaproteine. Bei Entzündungen des Glomerulums (Glomerulonephritis) geht die Permselektivität des Filters verloren.

Literatur

Seldin and Giebisch's The Kidney, Physiology & Pathophysiology; Alpern, Caplan, Moe (Editors), 5. Auflage, 2013, Academic Press
Brenner and Rector's The Kidney, 10. Auflage, 2016, Saunders/Elsevier
Medical Physiology, 2. Auflage, 2012, Boron, Boulpaep, Saunders/Elsevier
Mineral Metabolism, Current Opinion in Nephrology and Hypertension; Wolf, Bushinsky, Moe, Quaggin (Editors), Volume 22(4), 2013
Renal Autoregulation in Health and Disease, Mattias Carlström, Christopher S. Wilcox, William J. Arendshorst, Physiological Reviews, 2015 Vol. 95 no. 2, 405-511 DOI: 10.1152/physrev.00042.2012

Tubulärer Transport

Markus Bleich, Florian Lang

© Springer-Verlag GmbH Deutschland, ein Teil von Springer Nature 2019
R. Brandes et al. (Hrsg.), *Physiologie des Menschen*, Springer-Lehrbuch
https://doi.org/10.1007/978-3-662-56468-4_33

33

Worum geht's? (◨ Abb. 33.1)

Aus der Tubulusflüssigkeit werden alle lebenswichtigen Bestandteile zurückgewonnen

Die glomeruläre Filtration erzeugt die primäre Tubulus-flüssigkeit (Primärharn). Die Aufgabe der Nierentubuli ist die Rückgewinnung von Wasser und allen Stoffen, die der Körper für die Aufrechterhaltung seiner Funktionen benötigt. Im ersten Teil des Tubulus werden Zucker, Eiweiß-bausteine und Bikarbonat fast vollständig resorbiert. Wasser und Salze werden zu einem großen Teil zurückge-holt. Weiter stromabwärts findet ein fein abgestimmter Transport von Wasser und Salzen statt.

Membranproteine ermöglichen einen gerichteten trans- und parazellulären Stofftransport

Die Tubuluszellen sind miteinander verbunden und gren-zen die Tubulusflüssigkeit von der Körperflüssigkeit ab. Die Rückgewinnung von Stoffen, aber auch deren gezielte Ausscheidung erfolgt durch Membranproteine. Sie bestim-men die Richtung des Transports, die Art der Stoffe sowie die transportierte Stoffmenge. Dabei werden sowohl Trans-portwege durch die Zellen, als auch zwischen den Zellen ermöglicht.

Die Harnkonzentrierung erfolgt mithilfe eines osmotischen Gradienten im Gegenstromsystem

Normalerweise wird nur etwa 1 % des in beiden Nieren filtrierten Volumens als Harn ausgeschieden. Der Harn ist konzentriert. Damit die Tubulusflüssigkeit in den Körper zurückgeholt werden kann, muss ein osmotisches Druck-gefälle für die Bewegung von Wasser aufgebaut werden. Dies geschieht über eine Anreicherung von Stoffen im Interstitium, die dieses osmotische Druckgefälle er-zeugen.

Transportproteine im Nierentubulus sind Angriffspunkte von wichtigen Arzneimitteln

Volumen und Zusammensetzung der Körperflüssigkeiten werden durch die Transportfunktionen der Niere bestimmt. Sind Krankheiten durch zu viel Volumen (z. B. Blut-Hoch-druck) oder durch falsche Salzkonzentrationen der Körper-flüssigkeiten bedingt, können Sie durch Medikamente be-handelt werden, die an den Transportproteinen der Nieren-tubuli angreifen (Diuretika).

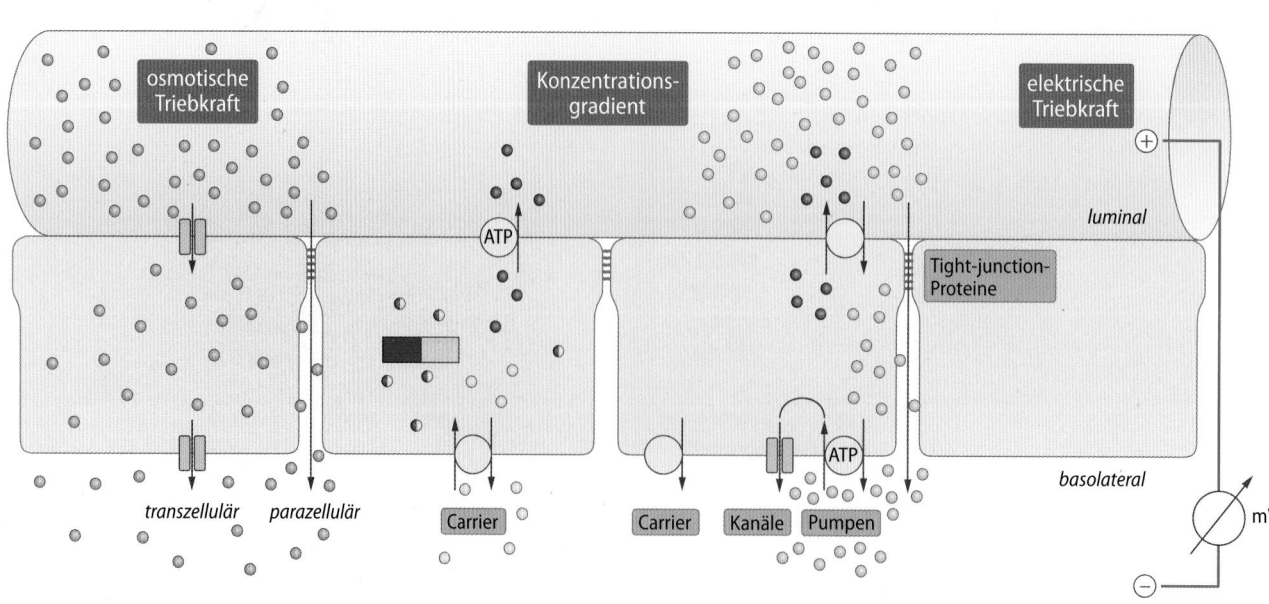

◨ Abb. 33.1 Tubulärer Transport

Substanz	Proximaler Tubulus	Henle Schleife	Distaler Tubulus	Urin	Menge bzw. Konzentration im Urin
Wasser	60	20	19	1	0,7–20 l/Tag
Kreatinin	0	0	0	100	13 mmol/Tag
Natrium	60	30	10	0,5	100–200 mmol/l
Chlorid	55	35	9	1	100–240 mmol/l
Kalium	60	25	−5	20	35–80 mmol/l
Bikarbonat	90	0	10	0,1	0–50 mmol/l
Kalzium	60	30	9	1	3–8 mmol/Tag
Phosphat	70	10	0	20	30–40 mmol/Tag
Magnesium	30	60	0	10	2–8 mmol/Tag
Glukose	99	1	0	0	< 0,5 mmol/Tag
Aminosäuren	99	0	0	1	7 mmol/Tag
Harnstoff	50	−60	60	50	150–900 mmol/l
Harnsäure	60	30	0	10	3 mmol/Tag
Oxalat	−20	−10	0	130	7 mmol/Tag

* Proximaler Tubulus ohne pars recta; Henle-Schleife inklusive pars recta des proximalen Tubulus und aufsteigendem dicken Teil; Distaler Tubulus: distales Konvolut bis zum Sammelrohr.

◻ **Abb. 33.2   Resorption von Wasser und Soluten in verschiedenen Tubulusabschnitten***. Transport in % der filtrierten Menge bzw. verblei-bende Menge im Urin. Negative Werte bedeuten Sekretion. Die Farben symbolisieren die Größe des Transports (rot>orange>grün>blau>violett)

33.1   Transportprozesse im proximalen Tubulus

33.1.1   Proximal-tubulärer Transport von Na⁺ und von HCO₃⁻

Im proximalen Tubulus werden etwa 60 % des filtrierten Wassers bzw. NaCl und 95 % des filtrierten Bikarbonats resorbiert.

Proximal-tubulärer Massentransport   Im proximalen Tubulus wird ein großer Teil des filtrierten Wassers und der darin gelösten Teilchen (Solute) wieder resorbiert (◻ Abb. 33.2). Allgemein gilt, dass der proximale Tubulus sehr **große Transportkapazitäten** aufweist, jedoch keine hohen osmotischen Gradienten aufbauen kann. An der luminalen Zellmembran der proximalen Tubuluszellen befinden sich eine Reihe **Na⁺-gekoppelter Transportprozesse** (◻ Abb. 33.3). Treibende Kraft dieser Transportprozesse ist der steile **elektrochemische Gradient für Na⁺** aus dem Extrazellulärraum in die Zelle. Er

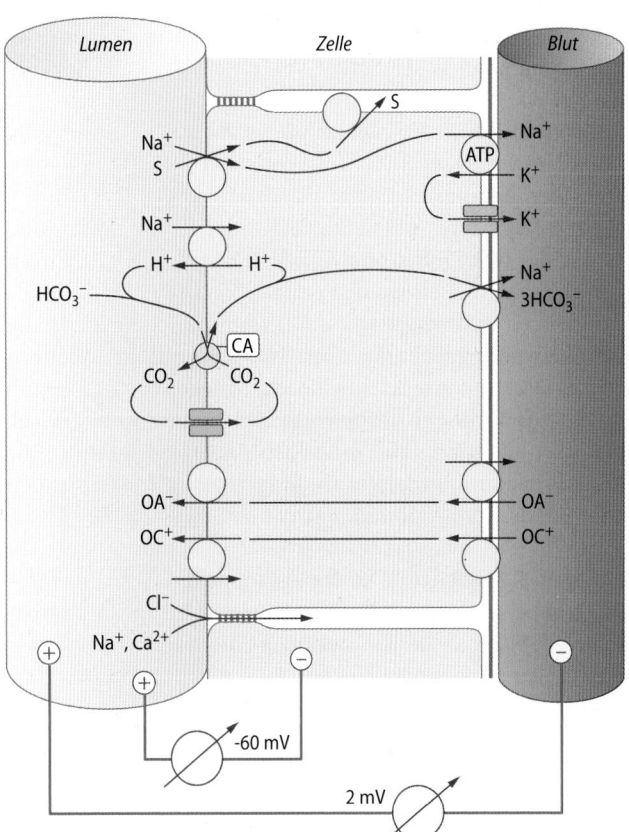

◻ **Abb. 33.3   Transportprozesse im proximalen Tubulus.** (Karbo-anhydrase=CA; Substrat=S; organische Anionen und Kationen=OA⁻ und OC⁺) werden durch eine Vielzahl unterschiedlicher Carrier, Austauscher (gegen H⁺, Na⁺ oder organische Ionen) oder durch primär aktive Pumpen transportiert

wird durch die **Na⁺/K⁺-ATPase** an der basolateralen Zellmembran aufrechterhalten. Das auf diese Weise in der Zelle akkumulierte K^+ verlässt die Zelle über Kanäle und erzeugt damit das **intrazellulär negative Zellmembranpotenzial.**

❯ Der transzelluläre Na^+-Transport ist die Basis aller tubulären Transportvorgänge.

Bikarbonatresorption Der quantitativ bedeutsamste Na^+-gekoppelte Transporter ist der **Na⁺/H⁺-Austauscher**, der H^+-Ionen im Austausch gegen Na^+ aus der Zelle transportiert (▶ Kap. 3.4). Die H^+-Ionen reagieren im Tubuluslumen mit filtriertem HCO_3^- zu CO_2. Diese Reaktion läuft normalerweise sehr langsam ab, wird jedoch durch die in der luminalen Zellmembran sitzende **Carboanhydrase** (Typ IV) beschleunigt. Das gebildete CO_2 diffundiert in die Zelle, bildet Kohlensäure und wird, wiederum unter Vermittlung von Carboanhydrase, in H^+ und HCO_3^- umgewandelt. HCO_3^- verlässt die Zelle über einen **Na⁺,3HCO₃⁻-Symporter**. Treibende Kraft für diesen Transport ist das negative basolaterale Zellmembranpotenzial, das an den zwei Netto-Ladungen dieses Symporters angreift und damit sowohl HCO_3^- als auch Na^+ gegen einen chemischen Gradienten aus der Zelle treibt. Durch die genannten Mechanismen wird der größte Teil an filtriertem HCO_3^- resorbiert (◘ Abb. 33.2).

Na⁺-gekoppelter Symport Weitere Transportprozesse koppeln den Transport von Na^+ über die luminale Zellmembran an die Resorption von **Glukose, Aminosäuren, Laktat**, weitere **organische Säuren, Phosphat** und **Sulfat**. Die auf diese Weise zellulär akkumulierten Substrate verlassen die Zellen über verschiedene passive Transportprozesse in der basolateralen Membran (▶ Kap. 3.4).

Resorption durch den parazellulären Weg Die Resorption vor allem von Na^+, HCO_3^-, Glukose und Aminosäuren entzieht der Tubulusflüssigkeit osmotisch aktive Substanzen. Wasser folgt durch Wasserkanäle in der Zellmembran und durch die **tight junctions** zwischen den Zellen. Im Strom resorbierten Wassers werden gelöste Teilchen (u. a. Na^+, Cl^-) mitgerissen (**solvent drag**), da die tight junctions für diese Teilchen permeabel sind. Der Aufbau der tight junctions (▶ Kap. 3.2) und ihre Selektivität ermöglichen die Resorption **großer Stoffmengen bei geringen Stoffgradienten** (Wasser, Na^+, K^+, Cl^-, Ca^{2+}, Mg^{2+}) und verhindern gleichzeitig die Rückdiffusion von energieaufwändig resorbierten Substraten wie Glukose und Aminosäuren.

Luminales Potenzial Die **Na⁺**-gekoppelten Transportprozesse ohne Ladungsausgleich erzeugen zu Beginn des proximalen Tubulus ein Lumen-negatives Potenzial. In der zweiten Hälfte des proximalen Tubulus sind die meisten Substrate bereits resorbiert und das Lumen-negative Potenzial verringert sich. Die luminale Konzentration von Substanzen, die nicht oder relativ gering resorbiert werden, steigt dabei an (◘ Abb. 33.4). Unter anderem nimmt die luminale Konzentration von Cl^- zu. Der Anstieg der luminalen Cl^--Konzentration

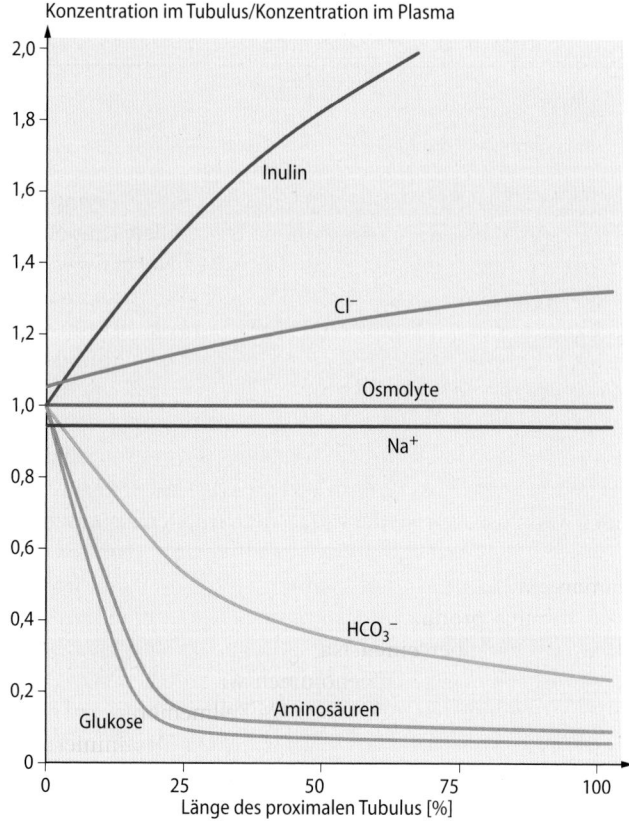

Konzentration im Tubulus/Konzentration im Plasma

luminales transepitheliales Potenzial [mV]

◘ **Abb. 33.4   Relative Solutkonzentrationen und transepitheliales Potenzial entlang des proximalen Tubulus.** Die Inulinkonzentration als Indikator der Wasserresorption steigt stetig auf einen Wert von etwa 2,5 an. Die Na^+-Konzentration ändert sich praktisch nicht, da Na^+ und Wasser in gleichem Umfang resorbiert werden. Die Cl^--Resorption bleibt wegen der HCO_3^--Resorption hinter der Wasserresorption zurück und die Cl^--Konzentration steigt an. Die unterschiedlichen Startwerte für Na^+ und Cl^- ergeben sich aus der Gibbs-Donnan-Verteilung am glomerulären Filter (▶ Kap. 32.2, ▶ Kap. 3.3)

fördert die Diffusion von Cl^- aus dem Tubuluslumen. Die Cl^--Diffusion hinterlässt in der zweiten Hälfte des proximalen Tubulus **ein** Lumen-positives Potenzial. Dieses Potenzial treibt die Resorption von Kationen wie Na^+, K^+ und Ca^{2+} durch die **tight junctions**. Insgesamt ist mehr als die Hälfte der proximal tubulären Resorption von Na^+ passiv, getrieben durch solvent drag und elektrisches Potenzial.

Bedeutung passiver Na⁺-Resorption Durch **parazellulären Transport** und $Na^+,3HCO_3^-$-Symport (s. o.) wird ein großer Teil des Na^+ passiv bzw. tertiär aktiv resorbiert. Während die Na^+/K^+-ATPase ein ATP für den Transport von 3 Na^+-Ionen verbraucht, kann der proximale Tubulus fast 10 Na^+-Ionen pro ATP resorbieren. Da die Niere in erster Linie für die Na^+-Resorption Energie verbraucht (ca. 85 %), ist die Ökonomie der Na^+-Resorptionsmechanismen bedeutsam.

33.1.2 Proximal-tubulärer Transport weiterer Elektrolyte

Im proximalen Tubulus werden Phosphat, Sulfat, Mg^{2+} und Ca^{2+} resorbiert sowie NH_4^+ sezerniert.

Phosphat **Phosphat** wird durch den **3 Na^+,HPO_4^{2-}-Symport** (NaPiIIa) in die Zelle aufgenommen. Über einen Uniporter verlässt Phosphat die Zelle zur Blutseite. Normalerweise werden etwa 70 % des filtrierten Phosphats im proximalen Tubulus resorbiert (◻ Abb. 33.2). Parathormon hemmt die Phosphatresorption durch Internalisierung der luminalen Phosphattransporter.

Sulfat (SO_4^{2-}) **Sulfat** wird durch einen **3 Na^+, SO_4^{2-}-Symport** im proximalen Tubulus resorbiert. Es verlässt die proximalen Tubuluszellen wieder über einen Anionenaustauscher.

Ammonium (NH_4^+)-Produktion und -Sekretion Der proximale Tubulus produziert NH_4^+ durch Desaminierung von **Glutamin**, das über einen Na^+-gekoppelten Transport aus dem Blut in die Zelle aufgenommen wird. NH_3 verlässt die Zelle vorwiegend durch die luminale Zellmembran und bindet im sauren Tubuluslumen H^+. Das bei der Desaminierung von Glutamin gebildete 2-Oxo-Glutarat wird z. T. zu Glukose aufgebaut (▶ Kap. 34.1).

Magnesium (Mg^{2+}), Kalzium (Ca^{2+}) Im proximalen Tubulus wird Mg^{2+} nur **mäßig resorbiert** und die luminale Mg^{2+}-Konzentration steigt daher gegen Ende des proximalen Tubulus an. Dagegen werden, vorwiegend parazellulär ca. 60 % des filtrierten Kalziums resorbiert.

> Im proximalen Tubulus wird die Phosphatausscheidung der Nieren kontrolliert.

Homöostatische Mechanismen

Tubulusepithelzellen müssen, ungeachtet ihrer transepithelialen Transportfunktion, für eine stabile Zusammensetzung ihres Intrazellulärraumes sorgen. Hierfür gibt es Rückkopplung zwischen basolateralen und luminalen Transportmechanismen. Kommt es z. B. zu einer Hyperpolarisation der basolateralen Membran, führt dies zu einem vermehrten HCO_3^--Transport aus der Zelle, die Zelle wird saurer. Gleichzeitig aktiviert diese pH-Senkung den luminalen Na^+/H^+-Antiporter und steuert so dagegen. Das Ergebnis ist ein stabiler Zell-pH-Wert und eine vermehrte Resorption von HCO_3^-. Darüber hinaus hat die Zelle basolaterale Transporter, im proximalen Tubulus z. B. einen basolateralen Na^+/Ca^{2+}-Antiporter und einen Na^+/H^+-Antiporter. Diese dienen nicht dem transepithelialen Transport, sondern in erster Linie der Regulation intrazellulärer Ca^{2+}- und H^+-Konzentrationen als second messenger (▶ Kap. 2).

33.1.3 Proximal-tubulärer Transport von Kohlenhydraten

Glukose, Galaktose und andere Zucker werden im proximalen Tubulus fast vollständig rückresorbiert.

Glukose Monosaccharide wie **Glukose** und Galaktose (nicht aber Fruktose) werden durch Na^+-gekoppelten **Sym**port luminal resorbiert (◻ Abb. 33.3) und verlassen die Zelle basolateral über einen Uniporter (**GLUT2**). Der luminale Transport wird durch zwei Pumpen bewerkstelligt, ein Transporter mit geringerer Affinität, der den Transport von Glukose an ein Na^+ koppelt (**SGLT2**), und ein hochaffiner Transporter, der den Transport von Glukose oder Galaktose an zwei Na^+ koppelt (**SGLT1**). SGLT2 findet man vor allem in der ersten Hälfte des proximalen Tubulus, wo er mit relativ geringem Energieaufwand die Resorption des größten Teils der filtrierten Glukose bewältigt. SGLT1, der neben dem Ende des proximalen Tubulus auch im Dünndarm exprimiert ist, ermöglicht durch seine hohe Affinität und die hohe treibende Kraft die Resorption der restlichen Glukose.

> Die Triebkraft der Glukosetransporter ist besonders groß, weil Membranpotenzial und Na^+-Gradient zusammenwirken.

Glukosurie Die maximale Glukosetransportrate der Niere wird bei einer Verdoppelung der normalen Plasmakonzentration von 5 auf 10 mmol/l erreicht (Nierenschwelle; ▶ Kap. 34.2). Beim **Diabetes mellitus** (▶ Kap. 76.2) kann die Plasmakonzentration über die Nierenschwelle ansteigen und Glukose wird dann ausgeschieden (**Überlaufglukosurie**). Aber auch eine Abnahme der maximalen tubulären Transportrate kann zur Glukosurie führen (**renale Glukosurie**). Die maximale Transportrate ist häufig bei einer **Schwangerschaft** herabgesetzt, selten ist eine Glukosurie Folge eines **genetischen Defektes** oder einer **Schädigung des Tubulusepithels** (▶ Box „Genetische Defekte im proximalen Tubulus"). Eine Glukosurie ist beabsichtigte Wirkung beim Einsatz von **SGLT2-Hemmern** bei der Therapie des Diabetes mellitus Typ 2 (▶ Abschn. 33.4.2).

Weitere Zucker Galaktose wird wie Glukose durch SGLT1 sekundär aktiv resorbiert, Fruktose durch einen passiven Uniporter (GLUT5). Einige Disaccharide werden durch Enzyme (Maltase, Trehalase) an der luminalen Membran gespalten und die Monosaccharide können dann resorbiert werden.

33.1.4 Proximal-tubulärer Transport von Aminosäuren, Proteinen und Harnstoff

Aminosäuren, Peptide und Proteine werden im proximalen Tubulus fast vollständig, Harnstoff teilweise zurückresorbiert.

Aminosäuren Die meisten filtrierten Aminosäuren werden praktisch vollständig resorbiert (◻ Abb. 33.5). Jeweils verschiedene Na^+-**gekoppelte Symporter** vermitteln den Transport von anionischen Aminosäuren (Glutamat, Aspartat) und neutralen Aminosäuren (z. B. Alanin, Phenylalanin, Prolin). Kationische Aminosäuren (Arginin, Lysin, Ornithin) und die schwefelhaltige Aminosäure Zystin werden u. a. durch einen Austauscher resorbiert (rBAT), der auch neutrale Aminosäuren akzeptiert. Neutrale Aminosäuren können bei manchen Transportern als Austauschsubstrat dienen und zirkulieren

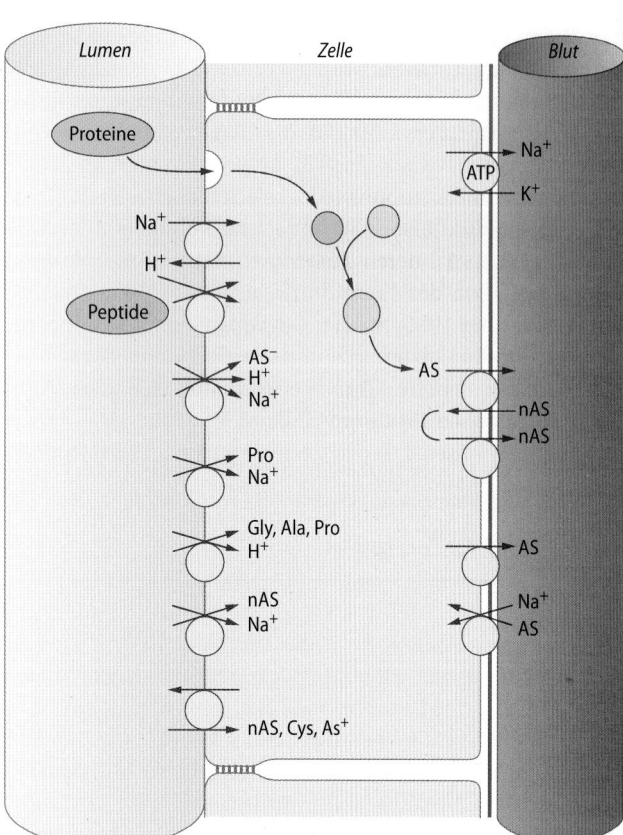

☐ Abb. 33.5   Proximal-tubuläre Resorption von Proteinen, Peptiden und Aminosäuren. Saure Aminosäuren (AS⁻), Prolin (Pro), neutrale Aminosäuren (nAS), Zystin (Cys), kationische Aminosäuren (AS⁺). Protein in Endozytosevesikeln (grün) wird in Endolysosomen zu AS verdaut (gelb)

damit über die Membran. Die Aminosäuretransportsysteme sind sättigbar, bei Überschreiten der Nierenschwelle oder bei Transportdefekten kommt es zur **Aminoazidurie**.

Peptide und Proteine   Bestimmte Di- und Tripeptide (u. a. Carnitin) können im proximalen Tubulus durch **Peptid-H⁺-Symporter** (Pept1 und Pept2) resorbiert werden (☐ Abb. 33.5). Ferner existieren in der luminalen Membran Enzyme, die Peptide und Proteine (u. a. Peptidhormone) spalten können (Aminopeptidasen, Endopeptidasen, γ-Glutamylpeptidase). Die dabei gebildeten Aminosäuren werden resorbiert.

Größere Proteine und Peptide mit Disulfidbrücken (z. B. Insulin, Albumine) werden durch **Endozytose** in die proximalen Tubuluszellen aufgenommen (☐ Abb. 33.5). Pro Tag gelangen einige Gramm niedermolekulare Proteine (Lysozym, α_1- und β_2-Mikroglobulin, Cystatin C) durch den glomerulären Filter in den Tubulus. Die Resorptionskapazität des proximalen Tubulus ist hierfür ausreichend, sodass es bei intaktem glomerulärem Filter nicht zur **Proteinurie** kommt.

Harnstoff   Das proximale Tubulusepithel ist konstitutiv permeabel für Harnstoff. Hierzu tragen Membranproteine und der parazelluläre Weg bei. Demnach wird etwas mehr als die Hälfte des filtrierten Harnstoffs proximal-tubulär resorbiert.

33.1.5 Proximal-tubulärer Transport organischer Säuren und Basen

Organische Säuren und Basen werden im proximalen Tubulus durch Na⁺-gekoppelte Transportprozesse, Austauscher und Uniporter resorbiert und sezerniert.

Resorption und Sekretion organischer Säuren   Einige organische Säuren (u. a. Laktat, Zitrat, Azetat, Azetazetat) werden luminal durch **Na⁺-gekoppelten Transport** resorbiert. Gleichzeitig ermöglichen basolaterale Na⁺-gekoppelte Prozesse die Aufnahme von organischen Säuren aus dem Blut.

Tertiär aktiver Transport
Die durch einen Na⁺-Dikarboxylat-Transporter aufgenommenen Dikarboxylsäuren stehen neben der Energiegewinnung für den Austausch gegen andere organische Säuren zur Verfügung. Gleichermaßen steht 2-Oxo-Glutarat für den Austausch bereit. Der Gradient von Dikarboxylat und 2-Oxo-Glutarat über die Zellmembran liefert dabei die Triebkraft für die zelluläre Aufnahme anderer organischer Säuren (**tertiär aktiver Transport**).

Die in der Zelle akkumulierten Säuren verlassen die Zelle teilweise über **Anionenaustauscher** oder **Uniporter** in der luminalen Zellmembran. Auf diese Weise wird u. a. Paraaminohippursäure (PAH) **sezerniert**, die zur Messung der Nierendurchblutung eingesetzt wird (▶ Kap. 34.4).

Harnsäure   Harnsäure, ein Endprodukt des Purinstoffwechsels, wird über Anionentransporter sowohl **sezerniert** als auch

Klinik

Genetische Defekte im proximalen Tubulus

Genetische Erkrankungen mit Transportdefekten im proximalen Tubulus
Es gibt mehrere erbliche Erkrankungen, die mit einer Funktionsstörung des proximalen Tubulus einhergehen. Sie beruhen auf einem genetischen Defekt einzelner Transportproteine, auf einem Fehler in der Steuerung oder auf einem Mangel in der Energieversorgung der Zelle. Ist z. B. das Gen für einen der Glukosetransporter (SGLT) defekt, kommt es zur Glukosurie

mit erheblichen Flüssigkeitsverlusten, da der Nierentubulus stromabwärts keine alternativen Transporter für Glukose besitzt. Klinische Beispiele gibt es auch für verschiedene Aminosäuretransporter, für den Phosphattransport und für die Protein-Endozytose.

Fanconi-Syndrom
Bei dieser Erkrankung liegt u. a. in der proximalen Tubuluszelle eine Schädigung der

Energieversorgung vor (z. B. durch eine Schädigung der Mitochondrien). Folge ist eine Verminderung aller proximal tubulären Funktionen. Im Urin ist gleichzeitig der Verlust von Glukose, Phosphat, Bikarbonat, Kalzium, Aminosäuren usw. sichtbar. Dies hat schwerwiegende sekundäre Auswirkungen auf den Knochen, den Elektrolyt- und den Säure-Basen Haushalt.

resorbiert. Auch wenn die Resorption bei weitem überwiegt wird vor allem gegen Ende des proximalen Tubulus Harnsäure auch sezerniert. Letztlich werden etwa 10 % ausgeschieden. **Kochsalzmangel** fördert über Stimulation der proximalen Natriumresorption die **Harnsäureresorption** und steigert somit die Plasmaharnsäurekonzentration (Hyperurikämie; ▶ Box „Hyperurikämie und Gicht").

Oxalat Formiat und das Dikarboxylsäureanion Oxalat werden über einen Anionenaustauscher im proximalen Tubulus im Austausch gegen Cl^- sezerniert. Dabei werden etwa 20 % mehr Oxalat ausgeschieden als filtriert. Oxalat ist wie Harnsäure **schlecht löslich** und fällt bisweilen im Urin aus (▶ Abschn. 33.4).

Zitrat Der Na^+-Zitrat-Transporter kann Zitrat vollständig resorbieren. Er ist ausgesprochen pH-empfindlich und Zitrat wird bei **Alkalose** vermehrt ausgeschieden. Da Zitrat mit Ca^{2+} gut **lösliche Komplexe** bildet, wirkt es einem Ausfallen von Ca^{2+}-Salzen im Urin entgegen (▶ Abschn. 33.4). Wahrscheinlich deshalb nimmt der Körper den Verlust von energetisch wertvollem Zitrat bei Alkalose in Kauf.

Transport organischer Basen Organische Kationen (Cholin, Acetylcholin, Adrenalin, Dopamin, Histamin, Serotonin, etc.) können gleichfalls durch **Uniporter** und **Antiporter** resorbiert und/oder sezerniert werden (◨ Abb. 33.3). Im Allgemeinen überwiegt die tubuläre Sekretion, sodass die Kationen effizient ausgeschieden werden. Die Kationentransporter sind insbesondere für die Ausscheidung von Pharmaka von klinisch-praktischer Bedeutung.

33.1.6 Proximal-tubulärer Transport von Xenobiotika, Nephrotoxizität

Eine wichtige Aufgabe der Niere ist die Ausscheidung von Pharmaka, Giften und weiteren Fremdstoffen (sog. Xenobiotika).

Transport biotransformierter Xenobiotika Fremdstoffe werden z. T. in der **Leber** durch Biotransformation so vorbereitet, dass sie entweder durch die **Galle** (schlecht wasserlösliche Substanzen) ausgeschieden oder durch die Transportprozesse

der **Niere** (gut wasserlösliche Substanzen) erfasst werden können. Unter anderem werden sie an Glukuronat, Gluthion, Sulfat oder Azetat gekoppelt und können somit durch die Transportprozesse für organische Säuren transportiert werden (s. o.).

Die proximale Tubuluszelle verfügt über eine Vielzahl von Transportprozessen für organische Kationen und Anionen (◨ Abb. 33.3), deren Zusammenwirken eine Sekretion oder Resorption der Fremdstoffe vermittelt. Beteiligt sind dabei **Na^+- und H^+-Symporter, Antiporter** und **Uniporter** sowie **Pumpen.** Letztere gehören zur Familie der sog. ABC (ATP-binding cassette)-Transporter und werden auch „**Multidrug-Resistance-Proteine**" genannt. Die beteiligten Transportprozesse weisen z. T. sehr **geringe Substratspezifität** auf, sodass ganz unterschiedliche Substanzen transportiert werden. Ebenfalls ist die Niere in der Lage, einige Xenobiotika abzubauen (▶ Abschn. 33.4).

> Der proximale Tubulus sezerniert eine Vielzahl organischer Verbindungen und körperfremde Substrate. Er trägt damit zur Entgiftungsfunktion bei.

Nephrotoxizität Durch die zelluläre Aufnahme erreichen Fremdstoffe in proximalen Tubuluszellen mitunter sehr hohe Konzentrationen. Handelt es sich dabei um giftige Substanzen (z. B. Zyklosporin, Zisplatin, Schwermetalle), dann sind die proximalen Tubuluszellen mehr als andere Zellen gefährdet.

In Kürze

Der proximale Tubulus weist sehr **große Transportkapazitäten** auf, kann jedoch **keine hohen osmotischen Gradienten** aufbauen. Die zelluläre Na^+-Konzentration wird durch eine Na^+/K^+-ATPase in der basolateralen Zellmembran niedrig gehalten. Wichtigste Transportprozesse im proximalen Tubulus sind Na^+/H^+-Antiport, Na^+-gekoppelte Symporter für Substrate und der $Na^+,3HCO_3^-$-Symport. Ferner wirken H^+-Symporter für Peptide und Xenobiotika, Austauscher für Aminosäuren, organische Säuren und Basen sowie Kanäle und Uniporter.

Klinik

Hyperurikämie und Gicht

Ursachen
Gesteigerte Bildung von Harnsäure kann zur Hyperurikämie führen, wie bei übermäßiger diätetischer Purinzufuhr (vor allem Innereien), bei verstärktem Zellabbau (z. B. bei Tumortherapie) sowie in sehr seltenen Fällen durch Stoffwechseldefekte, bei denen ungebremst Harnsäure produziert wird (u. a. Lesh-Nyhan-Syndrom). Die bei weitem häufigste Ursache von einer Hyperurikämie ist

eine herabgesetzte renale Harnsäure-Ausscheidung. Sie tritt vor allem dann auf, wenn die proximal-tubuläre Natriumresorption gesteigert ist. Zum Beispiel führt die Behandlung einer Hypertonie mit Diuretika, welche die distal-tubuläre Na^+-Resorption hemmen, zu einem Kochsalzverlust, der eine kompensatorische Steigerung der proximal-tubulären Natriumresorption nach sich zieht.

Folgen
Harnsäure ist nur begrenzt löslich und kann bei Hyperurikämie (>0,4 mmol/l) vor allem in Gelenken ausfallen. Die Harnsäurekristalle erzeugen dann eine äußerst schmerzhafte Entzündung, die letztlich zur Zerstörung der Gelenke führen kann (Gicht). Harnsäure kann darüber hinaus in der Niere und im Harn ausfallen (▶ Abschn. 33.4).

33.2   Transportprozesse der Henle-Schleife und Harnkonzentrierung

33.2.1   Harnkonzentrierung

Die Fähigkeit zur Harnkonzentrierung erspart den Zwang ständiger Wasserzufuhr. Zur Harnkonzentrierung wird im Nierenmark Hyperosmolarität erzeugt, die Wasser aus dem Sammelrohr zieht.

Bedeutung der Harnkonzentrierung   In Abhängigkeit von den Bedürfnissen des Körpers scheidet die Niere einen hoch konzentrierten (bis zu 1400 mosmol/l) oder einen stark verdünnten (bis zu 50 mosmol/l) Harn aus. Auf diese Weise sind wir von der Flüssigkeitszufuhr in weiten Grenzen unabhängig. Die Harnkonzentrierung ist Folge der **Wasserresorption im Sammelrohr**. Wasser folgt einem osmotischen Gradienten in das hochosmolare Nierenmark. Die hohe Osmolarität des Nierenmarks wird durch Transportprozesse in der Henle-Schleife aufgebaut.

Henle-Schleife   Die wichtigste Aufgabe der 3-teiligen Henle-Schleife ist die Erzeugung eines **hyperosmolaren Nierenmarks**. Der absteigende dicke Teil der Henle-Schleife gehört zum proximalen Tubulus und verfügt über die in ◘ Abb. 33.3 gezeigten Transportsysteme. Der **dünne Teil** der Henle-Schleife weist praktisch **keinen aktiven Transport** auf. In diesem Segment diffundieren Ionen über die **tight junctions** und Cl⁻ zusätzlich über Cl⁻-Kanäle in der luminalen und basolateralen Zellmembran. Die dünnen absteigenden Schleifensegmente sind gut **durchlässig für Wasser**, die dünnen und dicken aufsteigenden Schleifenanteile sind **wasserdicht**.

❯ Die dünnen absteigenden Teile der Henle-Schleife erlauben die Diffusion von NaCl und Wasser.

Im **dicken, wasserdichten aufsteigenden Teil der Henle-Schleife** erfolgt eine sekundär-aktive NaCl-Resorption. Diese ist der „Motor" für die Harnkonzentrierung und treibt alle weiteren Prozesse der Harnkonzentrierung. Da hier NaCl resorbiert wird, ohne dass Wasser folgen kann (◘ Abb. 33.6) **nimmt die Osmolarität im Tubuluslumen ab** und die Osmolarität steigt im Interstitium an.

❯ Der dicke aufsteigende Teil der Henle-Schleife ist wasserdicht – die Tubulusflüssigkeit wird verdünnt und das Interstitium hyperosmolar.

Gegenstrommultiplikation   Durch die gesteigerte interstitielle Osmolarität werden dem absteigenden Schenkel der Henle-Schleife mehr Wasser als osmotisch aktive Solute entzogen und die luminale Osmolarität steigt bis zur Schleifenspitze an. Durch die Anordnung des Tubulus in Form einer Schleife wird bis zur Schleifenspitze das Vierfache der Blutosmolarität erzielt, ohne dass große Gradienten über einzelne Tubulusepithelien aufgebaut werden müssen (**Gegenstromsystem bzw. Gegenstrommultiplikation**; ◘ Abb. 33.6).

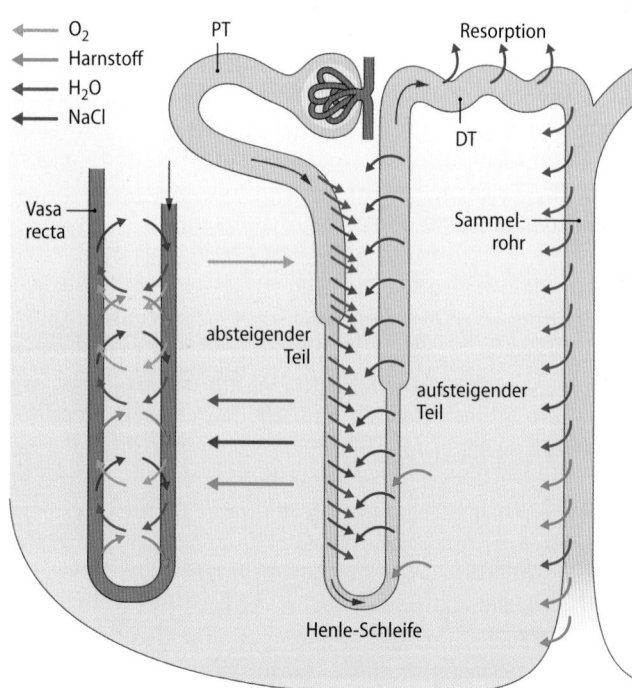

◘ **Abb. 33.6   Harnkonzentrierung.** Transport (als Pfeile dargestellt) von Kochsalz (rot), Harnstoff (grün), Wasser (blau) und Sauerstoff (hellblau) im Nephron und den Vasa recta; PT=proximaler Tubulus, DT=distales Konvolut, SR=Sammelrohr

33.2.2   Transportprozesse der Henle-Schleife

Die Henle-Schleife dient in erster Linie der Schaffung eines hyperosmolaren Interstitiums.

Dicker aufsteigender Teil der Henle-Schleife   Der wichtigste Abschnitt der Henle-Schleife ist der wasserimpermeable dicke aufsteigende Teil (◘ Abb. 33.7): Hier wird Na⁺ durch den **Na⁺, K⁺, 2Cl⁻-Symport** (**NKCC**) in die Zelle transportiert. Der steile elektrochemische Gradient für Na⁺ wird dabei genutzt, um K⁺ und Cl⁻ zu transportieren. Das aufgenommene K⁺ rezirkuliert zum größten Teil wieder über **K⁺-Kanäle** (**ROMK**) zurück in das Lumen, Cl⁻ verlässt die Zelle vorwiegend über **Cl⁻-Kanäle** (**ClCKb/Barttin**) in der basolateralen Zellmembran. Na⁺ wird im Austausch gegen K⁺ durch die Na⁺/K⁺-ATPase der basolateralen Zellmembran aus der Zelle gepumpt. Das dabei aufgenommene K⁺ verlässt die Zelle z. T. über einen basolateralen KCl-Symport.

Da die dicke aufsteigende Henle-Schleife Solute resorbiert, aber Wasser im Lumen zurücklässt, ist die Tubulusflüssigkeit am Ende der Schleife verdünnt (hypoton). Man nennt diesen Abschnitt deshalb auch **Verdünnungssegment**. Bleiben die folgenden Tubulusabschnitte ebenfalls wasserdicht, wird ein hypotoner Harn ausgeschieden (▸ Abschn. 33.2.4).

Wegfall der Harnkonzentrierung
Durch Mutation kann es zu einem Funktionsverlust des Na⁺, K⁺, 2Cl⁻-Symporters (NKCC), der K⁺-Kanäle (ROMK) oder der Cl⁻-Kanäle (ClCKb/Barttin) kommen. Dies führt durch den Wegfall der Harnkonzentrierung zu **massiven Kochsalz- und Wasserverlusten** und kann, zusammen mit den damit verbundenen sekundären Entgleisungen des Kalium- und

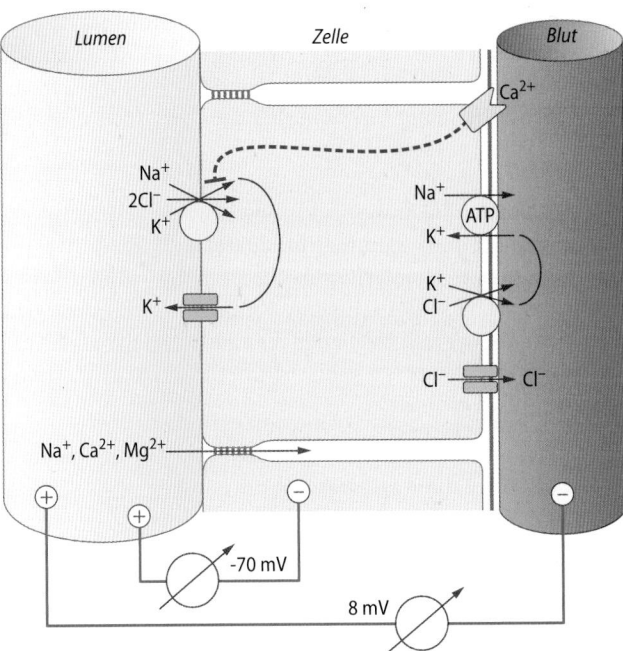

◘ Abb. 33.7 Transportprozesse im dicken aufsteigenden Teil der Henle-Schleife. Der luminale Na^+, K^+, $2Cl^-$-Symport wird durch einen Ca^{2+}-Rezeptor gehemmt (orange)

Säure-Basen-Haushaltes, lebensbedrohlich sein (Bartter-Syndrom). Die Hemmung des Na^+, K^+, $2Cl^-$-Symporters wird andererseits therapeutisch genutzt (Schleifendiuretika, ▸ Abschn. 33.4).

Magnesium (Mg^{2+})- und Kalzium (Ca^{2+})-Transport Das in das Lumen zurückkehrende K^+ und das die Zelle basolateral verlassende Cl^- erzeugen ein Lumen-positives **transepitheliales Potenzial** (◘ Abb. 33.7), das Kationen (Na^+, Ca^{2+}, Mg^{2+}) durch die **tight junctions** aus dem Lumen treibt. Durch dieses Potenzial trägt die dicke aufsteigende Henle-Schleife wesentlich zur tubulären Resorption von Ca^{2+} (30 %) und Mg^{2+} (60 %) bei (◘ Abb. 33.2). Die Hemmung der Na^+-Resorption in diesem Segment z. B. durch **Schleifendiuretika** (▸ Abschn. 33.4) kann über renale Mg^{2+}-Verluste zu **Mg^{2+}-Mangel** führen, da der Mg^{2+}-Verlust im distalen Konvolut nicht mehr ausreichend kompensiert werden kann.

Kalzium (Ca^{2+})-Rezeptor Bei Zunahme der Ca^{2+}-Konzentration wird ein Ca^{2+}-Rezeptor (**Ca^{2+}-sensing receptor**, CaSR) aktiviert, der den Na^+, K^+, $2Cl^-$-Symporter und damit indirekt die Resorption von Na^+, Mg^{2+} und Ca^{2+} hemmt. Darüber hinaus setzt gesteigerte Ca^{2+}-Konzentration wie im proximalen Tubulus die Durchlässigkeit der Schlussleisten herab und mindert damit den parazellulären Transport von Ca^{2+} (und anderen Elektrolyten). Auf diese Weise wird verständlich, dass **Hyperkalziämie**, z. B. bei knochenauflösenden Tumoren zur **Diurese** führen kann.

Ammonium (NH_4^+)-Transport
Der Na^+, K^+, $2Cl^-$-Symport kann statt K^+ auch NH_4^+ resorbieren. Die Resorption von NH_4^+ in der dicken Henle-Schleife führt zur Akkumulierung von NH_3/NH_4^+ im Nierenmark. Da das Sammelrohr für NH_3 jedoch durchlässig ist, gewährleisten die hohen NH_3/NH_4^+-Konzentrationen im Nierenmark eine effiziente Ausscheidung von NH_4^+ in den Urin.

> ❯ Hemmung des NKCC mit Schleifendiuretika führt zu Verlusten von Mg^{2+} und Ca^{2+}.

33.2.3 Harnstoff

Harnstoff als Osmolyt Harnstoff hat eine Plasmakonzentration von 4–10 mmol/l, macht aber im Harn 50 % aller Solute aus. Dies entspricht einer etwa 100-fachen Anreicherung von Harnstoff, der offensichtlich ausgeschieden werden muss. Das Problem für die Niere besteht nun darin, Harnstoff in großer Menge auszuscheiden, ohne gleichzeitig den Wasserhaushalt und die Konzentrierungsfunktion zu gefährden. Damit die hohe Harnstoffkonzentration in der Tubulusflüssigkeit nicht zu einer osmotischen Diurese führt, hat die Niere Mechanismen entwickelt, die zu einer **hohen interstitiellen Harnstoffkonzentration** im inneren Mark führen. Dies gleicht die osmotische Wirkung des luminalen Harnstoffs aus und trägt zur **Harnkonzentrierung** bei.

Harnstoffkanäle (früher Harnstofftransporter) Die Anreicherung von Harnstoff im Nierenmark hat folgende Voraussetzungen:

- Die **Vasa recta** des äußeren Marks verfügen über eine sehr hohe Harnstoffpermeabilität durch den **Harnstoffkanal UT-B**. Gleichzeitig ist die Durchblutung langsam und ermöglicht damit die volle Ausnutzung des Gegenstromeffektes: Harnstoff bleibt im Mark gefangen, weil er vom aufsteigenden zum absteigenden Ast diffundiert.
- Das **Sammelrohr** ist bis zum inneren Mark **undurchlässig** für Harnstoff kann aber Wasser resorbieren. Die luminale Harnstoffkonzentration steigt entsprechend an. Im letzten Abschnitt des Sammelrohrs im inneren Mark ermöglichen nun die **Harnstoffkanäle UT-A1/3** die Diffusion von Harnstoff ins Interstitium. UT-A1 wird durch antidiuretisches Hormon aktiviert.
- Harnstoff in den dünnen absteigenden Tubuli der Henle-Schleifen kann die darauffolgenden Tubulusabschnitte (aufsteigende Henle-Schleife bis medulläres Sammelrohr) nicht mehr verlassen und wird aufgrund der Wasserresorption im **Sammelrohr** weiter **konzentriert**.

Aktive Harnstofftransporter
Wahrscheinlich existieren am Ende des proximalen Tubulus aktive Harnstofftransporter. Sie sezernieren den Harnstoff aus dem äußeren Mark in die Henle-Schleife, die ihn wiederum im inneren Mark über die Harnstoffkanäle UT-A2 dem Interstitium und dem Gegenstromsystem zur Harnstoffanreicherung zuführt. Damit hätte die Niere neben dem Natriumtransport einen zweiten energieabhängigen Prozess zur Harnkonzentrierung.

Die **Anreicherung** von Harnstoff erfordert Energiezufuhr, die indirekt vom NaCl-Transport in der dicken aufsteigenden Henle-Schleife bereitgestellt wird. Die **„Energieübertragung"** vom NaCl-Gradienten auf den Harnstoffgradienten erfolgt im kortikalen Sammelrohr, wo die vom interstitiellen NaCl abhängige Wasserresorption die luminale Konzentration von Harnstoff steigert.

a

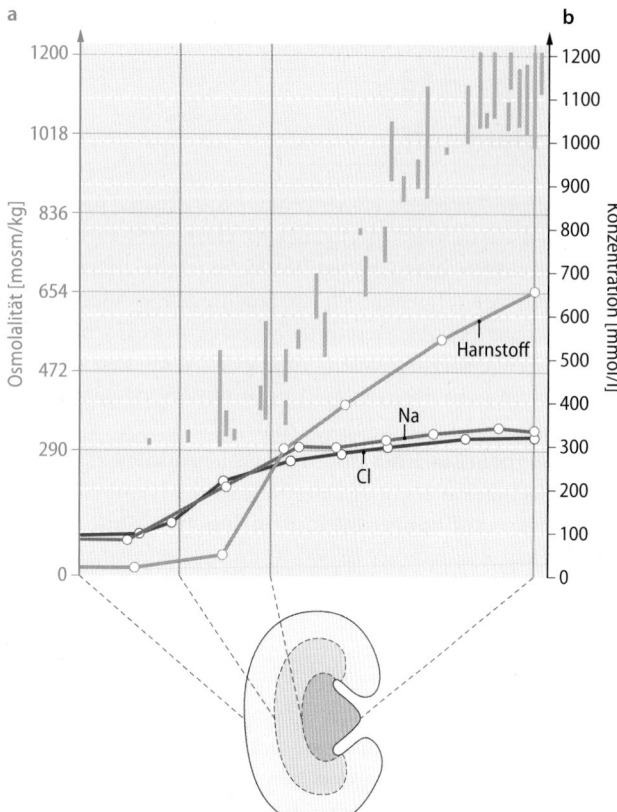

b

■ **Abb. 33.8a,b   Konzentrationen von Kochsalz und Harnstoff im Nierenmark. a** Osmolarität von Gewebe aus der Nierenrinde und aus der äußeren und inneren Zone des Nierenmarks (Ratte). Das kortikale Gewebe ist isoton mit dem Blutplasma (≈ 290 mosmol/kg); die Nierenpapille ist hyperton (≈ 1.200 mosmol/kg); **b** Konzentration von Harnstoff, Natrium und Chlorid in Gewebeschnitten der Nierenrinde und der äußeren und inneren Zone des Nierenmarks in Antidiurese (Hund)

Dementsprechend führt eine erhöhte Wasserausscheidung durch „viel Trinken" zu einer erhöhten Harnstoffausscheidung, was klinisch zur „Entgiftung" bei noch kompensierter Niereninsuffizienz genutzt werden kann.

❯ **Die Harnstoffanreicherung im inneren Mark erfordert kontinuierlichen NaCl-Transport.**

33.2.4   Regulation der Harnkonzentrierung

Die Steuerung der Harnkonzentrierung erfolgt durch den Einbau von Wasserkanälen in das Sammelrohr unter dem Einfluss von antidiuretischem Hormon (ADH).

ADH-abhängige Wasserresorption   Das antidiuretische Hormon (ADH) stimuliert nach Bindung an V_2-Rezeptoren Gs-gekoppelt den Einbau von Wasserkanälen **(Aquaporin 2)** in die luminale Zellmembran von Verbindungsstück und Sammelrohr und steigert damit deren Wasserpermeabilität. Unter dem Einfluss von ADH kann Wasser somit dem osmotischen Gradienten folgend resorbiert werden **(Antidiurese)**.

Das Hormon stimuliert ferner den **NaCl-Transport** durch Aktivierung des Na$^+$, K$^+$, 2Cl$^-$-Symporters (NKCC) in der dicken aufsteigenden Henle-Schleife und fördert den Einbau von Harnstoffkanälen im Sammelrohr des inneren Marks (s. o.).

Wasserdiurese   In Abwesenheit des Hormons werden Verbindungsstück und Sammelrohr impermeabel für Wasser und trotz hoher Osmolarität im Nierenmark wird ein hypoosmolar Harn ausgeschieden (Wasserdiurese). Es wird also mehr Wasser ausgeschieden als eine plasmaisotone Ausscheidung der Solute im Urin erfordern würde (sog. **freies Wasser**).

❯ **Bei der Harnkonzentrierung ermöglicht dem luminalen Aquaporin 2 die Wasserresorption.**

33.2.5   Durchblutung des Nierenmarks

Die Durchblutung des Nierenmarks erfolgt über Gefäße, die in Schleifen angeordnet sind; dadurch wird ein Auswaschen des Marks verhindert, aber auch die Versorgung der Zellen beeinträchtigt.

Gegenstrommechanismus in den Vasa recta   Die Hyperosmolarität des Nierenmarks würde schnell **ausgewaschen**, wenn das Mark normal durchblutet wäre. Die Anordnung der Vasa recta in langen Schleifen verhindert dies. Die absteigenden Vasa recta nehmen, entsprechend den chemischen Gradienten, **NaCl und Harnstoff** von Interstitium und aufsteigenden Vasa recta auf (■ Abb. 33.6), sodass am Ende der Vasa recta eine nur geringfügig gesteigerte Osmolarität vorliegt.

Versorgungsmangel im Nierenmark   Die spezielle Anordnung der Vasa recta bedeutet, dass auch die Zulieferung von Substraten wie Glukose und O_2 sowie der Abtransport von Stoffwechselprodukten erschwert sind. So geben Erythrozyten in den absteigenden Vasa recta ihr O_2 an die desoxygenierten Erythrozyten der aufsteigenden Vasa recta ab und verarmen damit an O_2. Das Gegenstromsystem führt so zum **Mangel** an allem, was im Nierenmark verbraucht wird und zur Anhäufung von Stoffwechselprodukten. Aus diesem Grund sind stark Energie-verbrauchende Prozesse im tiefer gelegenen dünnen Teil der Henle-Schleife nicht mehr möglich.

33.2.6   Störungen der Harnkonzentrierung

Die Harnkonzentrierung ist bei gestörtem tubulären Transport, Mangel an Harnstoff und bei Auswaschen des Nierenmarkes beeinträchtigt.

Ursachen eingeschränkter Harnkonzentrierung   Hierzu kommt es, wenn die Hyperosmolarität des Nierenmarks nicht aufgebaut werden kann oder wenn eine herabgesetzte Wasserpermeabilität des Sammelrohrs einen osmotischen Ausgleich zwischen Tubulusflüssigkeit und Interstitium verhindert. Die Osmolarität ist vor allem dann herabgesetzt, wenn die NaCl-Resorption in der dicken aufsteigenden Henle-Schleife beeinträchtigt ist. Ursachen sind:

- **Schleifendiuretika, genetische Defekte:** Schleifendiuretika hemmen den Na^+, K^+, $2Cl^-$-Symporter. Auch toxische Schädigung oder genetische Defekte des Transporters, der K^+- oder Cl^--Kanäle beeinträchtigen die NaCl-Resorption im dicken und/oder dünnen Teil der Henle-Schleife (▶ Abschn. 33.4).
- **Kaliummangel:** Hierbei sinkt der Leitwert der luminalen K^+-Kanäle, die luminale K^+-Konzentration sinkt ab, sodass der Umsatz des Na^+, K^+, $2Cl^-$-Symporters sinkt.
- **Hyperkalziämie:** Hohe extrazelluläre Ca^{2+}-Spiegel senken die Permeabilität der **tight junctions**. Aktivierung des Ca^{2+}-Rezeptor hat darüber hinaus einen hemmenden Einfluss auf die Resorption in der dicken Henle-Schleife (◻ Abb. 33.7).
- **Proteinarme Ernährung:** Die Osmolarität im Nierenmark ist reduziert da weniger Harnstoff zur Verfügung steht.
- **Nierenentzündungen:** Entzündungsmediatoren führen zur Dilatation der Vasa recta. Die Hyperosmolarität des Nierenmarks wird ausgewaschen.
- **Blutdrucksteigerung:** Der Bayliss-Effekt ist in den juxta-medullären Glomerula, die die **Vasa recta** speisen, nur gering ausgeprägt. Zunahme des Blutdrucks steigert folglich die Nierenmarkperfusion und führt zum Auswaschen des osmotischen Gradienten (Druckdiurese).
- **Osmotische Diurese:** Werden nicht oder nur teilweise resorbierbare osmotisch aktive Substanzen filtriert, dann wird die Flüssigkeitsresorption beeinträchtigt. Bei forcierter osmotischer Diurese werden letztlich große Mengen isotonen Harns ausgeschieden.
- **Diabetes insipidus:** Die Wasserpermeabilität des Sammelrohres ist bei ADH-Mangel (zentraler Diabetes insipidus) oder bei Unempfindlichkeit der Nierenepithelien für ADH (renaler Diabetes insipidus) herabgesetzt (▶ Kap. 35: ▶ Box „Diabetes insipidus"). Es werden bis zu 20 l hypotonen Harns pro Tag ausgeschieden.

In Kürze

Die Niere kann einen konzentrierten (1200 mosmol/L) oder verdünnten Harn (30 mosmol/l) ausscheiden. **NaCl-Resorption** im wasserdichten dicken aufsteigenden Teil der Henle-Schleife erzeugt ein hyperosmolares Mark. Interstitielles NaCl entzieht dem absteigenden Teil der Henle-Schleife Wasser und steigert die Osmolalität bis zur Schleifenspitze. Die Anordnung als Schleife ermöglicht ein **Gegenstromsystem**. Zur Osmolalität des Nierenmarks trägt auch **Harnstoff** bei, der aus dem Sammelrohr im inneren Mark zurück in das Interstitium diffundiert. Während der Antidiurese erfolgt die Wasserresorption über **Wasserkanäle**, die unter dem Einfluss von antidiuretischem Hormon in die luminale Membran von Verbindungsstück und Sammelrohr eingebaut werden. Die Anordnung der **Vasa recta** parallel zu den Schleifen verhindert ein „Auswaschen" der hohen Osmolalität, führt jedoch auch zu einem Versorgungsmangel im Nierenmark. Die Harnkonzentrierung wird eingeschränkt durch Hemmung der NaCl-Resorption in der dicken aufsteigenden Henle-Schleife, Harnstoffmangel, gesteigerte Perfusion der Vasa recta oder Mangel bzw. fehlende Wirksamkeit von ADH.

33.3 Transportprozesse im distalen Konvolut und Sammelrohr

33.3.1 Feineinstellung der Urinzusammensetzung

Im distalen Konvolut und Sammelrohr geschieht die Feineinstellung der Urinzusammensetzung.

Aufgabe und Anteile Das distale Konvolut und Sammelrohr sind für die **endgültige Zusammensetzung** des Harns verantwortlich. Dort kann gegen **hohe Gradienten** transportiert werden, es existiert jedoch nur eine **geringe Transportkapazität**. Eine herabgesetzte Transportleistung vorgeschalteter Nephronabschnitte kann deshalb hier nur teilweise ausgeglichen werden.

Distales Konvolut, Verbindungsstück und Sammelrohr sind sehr **heterogene** Nephron-Segmente. Im distalen Konvolut überwiegen die **NaCl-, Mg^{2+}- und Ca^{2+}-resorbierenden** Tubuluszellen. Im Verbindungsstück und Sammelrohr findet man die Na^+-resorbierenden und K^+-sezernierenden Hauptzellen sowie die Schaltzellen, welche **H^+- oder HCO_3^-** sezernieren und zur Cl^--Resorption beitragen.

33.3.2 Transportprozesse im distalen Konvolut

Im distalen Konvolut werden NaCl, Mg^{2+} und Ca^{2+} resorbiert.

NaCl Die NaCl-Resorption erfolgt über einen elektrisch neutralen **NaCl-Symport** (◻ Abb. 33.9). Cl^- verlässt die Zelle über Cl^- Kanäle oder einen KCl-Symport in der basolateralen Zellmembran. Na^+ wird aus der Zelle durch die Na^+/K^+-ATPase transportiert, das dabei akkumulierte K^+ verlässt die Zelle durch K^+-Kanäle und den KCl-Symport.

Kalzium (Ca^{2+})-Resorption Das distale Konvolut ist der Ort der Feineinstellung der Ca^{2+}-Ausscheidung. Ca^{2+} wird über spezifische **Ca^{2+}-Kanäle** (TRPV5) luminal aufgenommen und über eine Ca^{2+}-ATPase und einen **Na^+/Ca^{2+}-Austauscher** basolateral sezerniert (◻ Abb. 33.9). In der Zelle wird Ca^{2+} durch **Calbindin** gebunden, was die Zunahme der Ca^{2+}-Konzentration auf niedrige Werte **puffert**.

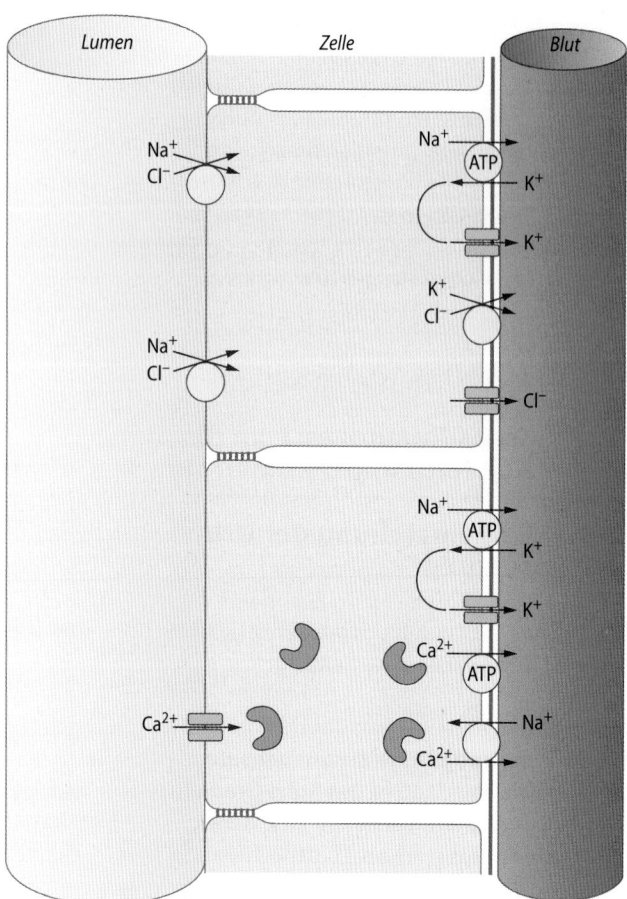

☐ Abb. 33.9   Transportprozesse in den Epithelzellen des distalen Konvoluts. Die luminale Resorption von NaCl erfolgt über einen Symporter. NaCl verlässt die Zelle basolateral über Cl⁻ Kanäle, KCl-Symport und Na⁺/K⁺-ATPase. Basolaterale Kaliumkanäle stabilisieren das negative Membranpotenzial und rezirkulieren K⁺. In verschiedenen Abschnitten des distalen Konvoluts werden transzellulär über Ionenkanäle Mg^{2+} und Ca^{2+} resorbiert

Magnesium (Mg^{2+})-Resorption im distalen Konvolut   Ähnlich wie Ca^{2+} erfolgt die luminale Resorption von Mg^{2+} über TRP-Kanäle (TRPM6 und TRPM7). Die basolaterale Abgabe erfolgt Na⁺ abhängig oder über eine Mg^{2+}-ATPase.

33.3.3   Transportprozesse im Verbindungsstück und Sammelrohr

Im Verbindungsstück und Sammelrohr werden Na⁺ und Cl⁻ resorbiert sowie K⁺ und H⁺ sezerniert.

Hauptzellen   Im Verbindungsstück und im Sammelrohr findet man vorwiegend Hauptzellen, die durch epitheliale **Na⁺-Kanäle** (ENaC) und **K⁺-Kanäle** (u. a. ROMK) in der luminalen Zellmembran charakterisiert sind (☐ Abb. 33.10). Die positive Ladung, die mit jedem Na⁺ in die Zelle gelangt, wird durch ein K⁺ ausgeglichen, das ins Lumen oder auf die interstitielle Seite strömt. Na⁺ wird durch die **Na⁺/K⁺-ATPase** in der basolateralen Zellmembran wieder aus der Zelle gepumpt. Ein Teil des akkumulierten K⁺ speist die luminale

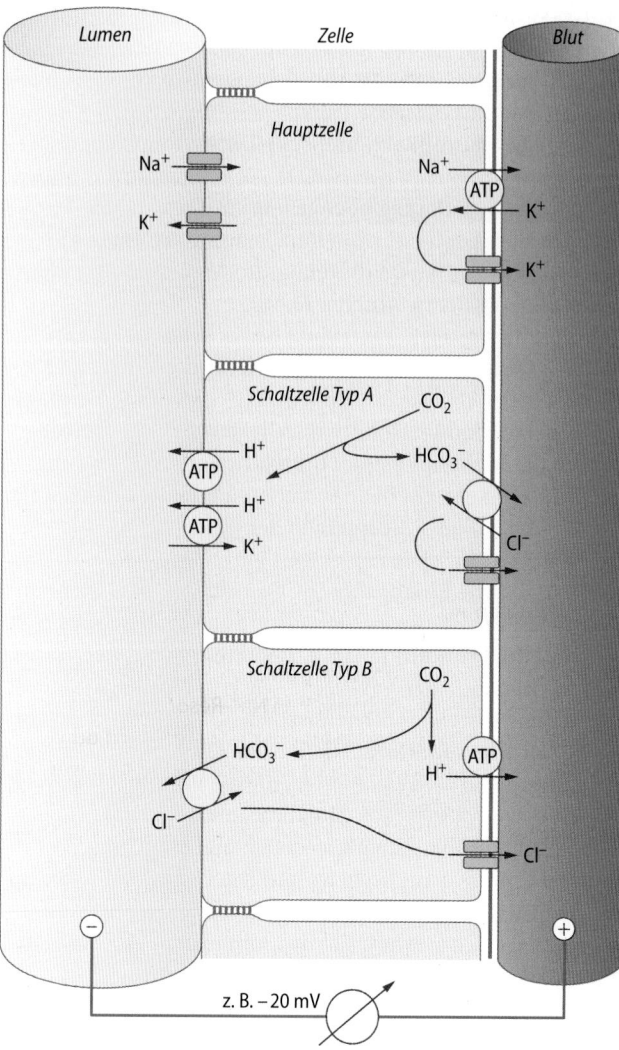

☐ Abb. 33.10   Transportprozesse in Zellen des Sammelrohres. Oben: Hauptzelle, Na⁺-Resorption und K⁺-Sekretion; Mitte: Schaltzelle Typ A, Säuresekretion; Unten: Schaltzelle Typ B, Sekretion von HCO_3^- und Cl⁻ Resorption

K⁺-Sekretion, ein Teil kann basolateral über K⁺-Kanäle rezirkulieren. Die Zelle resorbiert somit Na⁺ teilweise im Austausch gegen K⁺, d. h. eine gesteigerte Na⁺-Resorption im Sammelrohr hat i. d. R. eine gesteigerte **K⁺-Ausscheidung** zur Folge.

Luminales Potenzial   Der luminale Einstrom von Na⁺ erzeugt ein **Lumen-negatives** transepitheliales Potenzial. Dieses wird besonders stark, wenn viele epitheliale Na⁺-Kanäle z. B. bei Salzmangel aktiviert werden. Das negative luminale Potenzial treibt die parazelluläre Cl⁻-Resorption und die H⁺-Sekretion (☐ Abb. 33.10).

Schaltzellen   Zwischen den Hauptzellen sind im Sammelrohr Schaltzellen eingestreut, die entweder H⁺ (Typ A) oder HCO_3^- (Typ B) sezernieren: In den Schaltzellen des Typs A wird die H⁺-Sekretion durch eine **H⁺-ATPase** oder (bei K⁺-Mangel) durch eine **H⁺/K⁺-ATPase** bewerkstelligt (☐ Abb. 33.10). Das in der Zelle gebildete HCO_3^- verlässt die Zelle über einen

Cl⁻/HCO₃⁻-Austauscher (AE1) in der basolateralen Zellmembran. Das so akkumulierte Cl⁻ verlässt die Zelle über basolaterale **Cl⁻-Kanäle**. Die HCO₃⁻-Sekretion in den Schaltzellen (Typ B) wird vorwiegend durch einen luminalen **Cl⁻/HCO₃⁻-Austauscher** (Pendrin), basolaterale Cl⁻-Kanäle und eine basolaterale H⁺-ATPase bewerkstelligt. Durch luminale Cl⁻/HCO₃⁻-Austauscher und Cl⁻-Kanäle resorbieren Schaltzellen Cl⁻. Cl⁻ kann das Lumen auch parazellulär verlassen, da das luminale Potenzial im Sammelrohr durch die Resorption von Na⁺ negativ wird (s. o.).

> **❯** Eine erhöhte Na⁺-Resorption im Sammelrohr steigert die K⁺-Ausscheidungsrate.

In Kürze

Distales Konvolut, Verbindungsstück und Sammelrohr dienen der **Feineinstellung der Urinzusammensetzung**: Die **Na⁺-Resorption** erfolgt über NaCl-Symport im distalen Konvolut und über epitheliale Na⁺-Kanäle in Hauptzellen von Verbindungsstück und Sammelrohr. Die **K⁺-Ausscheidung** ist eng an die Na⁺ Resorption gekoppelt und wird durch erhöhte Na⁺-Resorption gesteigert. Die **Ausscheidung** von Ca²⁺ und Mg²⁺ wird durch Resorption im distalen Konvolut geregelt. **H⁺-Ionen** werden durch H⁺-ATPase und K⁺/H⁺-ATPase sezerniert, **Bikarbonat** durch Cl⁻/HCO₃⁻-Austauscher.

33.4 Transportdefekte, Wirkung von Diuretika, Urolithiasis

33.4.1 Transportdefekte

Gestörte renale Transportprozesse führen zur inadäquaten Ausscheidung der betroffenen Substanzen.

Ursachen Renale Transportmechanismen können durch seltene genetische Defekte (Tabelle Genetische Transportdefekte, ▶ Anhang) oder durch Schädigung der Niere (z. B. Schwermetallvergiftung) beeinträchtigt werden.

Auswirkungen

- Störungen der proximalen HCO₃⁻-Resorption oder der distal-tubulären H⁺-Sekretion führen zu proximal-tubulärer oder distal-tubulärer **Azidose**.
- Eine gesteigerte Aktivität des epithelialen Na⁺-Kanals führt über Kochsalzüberschuss zu **Blutdrucksteigerungen** (Liddle-Syndrom).
- Genetische Defekte der Kochsalzresorption in der Henle-Schleife (Bartter-Syndrom) oder im distalen Konvolut (Gitelman-Syndrom) führen zu massiven **Kochsalzverlusten**.
- Beim **renalen Diabetes mellitus** ist die Affinität oder maximale Transportrate der tubulären Glukosetransporter eingeschränkt und **Glukose geht verloren**.

Verschiedene Transportdefekte beeinträchtigen die **Resorption von Aminosäuren**. Neben dem Verlust der Substrate kann die gesteigerte Konzentration im Urin pathophysiologische Relevanz erlangen. Insbesondere führt die gesteigerte Konzentration schwer löslicher Substanzen zu „Harnsteinen" (**Urolithiasis**, s. u.).

33.4.2 Diuretika

Durch Diuretika wird eine gesteigerte Ausscheidung von Wasser und Elektrolyten erzwungen. Sie hemmen direkt oder indirekt renale Transportprozesse.

Wirkung der Diuretika Die verschiedenen Klassen von Diuretika haben unterschiedliche Zielmoleküle (◘ Tab. 33.1) und Wirkorte (◘ Abb. 33.11). Eine Ausnahme bilden Osmodiuretika (und die Glukose bei Diabetes mellitus), die aufgrund ihres Verbleibs im Tubulus diuretisch wirken. Hemmstoffe des Natrium-Glukose Transporters SGLT2 im proximalen Tubulus wirken über die verbleibende Glukose wie Osmo-Diuretika.

Proximale Diuretika
Die proximale NaCl-Resorption kann durch die Hemmung des luminalen Na⁺/H⁺-Antiporters oder der Carboanhydrase eingeschränkt werden. Dabei kommt es gleichzeitig zu gesteigerter Ausscheidung von Bikarbonat. Leider kompensieren die folgenden Tubulusabschnitte

---

◘ Tab. 33.1 Diuretika

Diuretikagruppe	Zielmolekül	Wirkung auf die Ausscheidung
Schleifendiuretika (Furosemid)	Na⁺/K⁺/2Cl⁻-Symporter	H₂O ↑↑, Na⁺↑↑↑, K⁺↑↑, Cl⁻↑↑↑, Mg²⁺↑
Thiazide (Hydrochlorothiazid)	NaCl-Symporter	H₂O ↑, Na⁺↑↑, Cl⁻↑↑, K⁺↑↑
K⁺-sparende Diuretika (Amilorid)	Epitheliale Na⁺-Kanäle, Mineralokortikoidrezeptor	H₂O ↑, Na⁺↑, Cl⁻↑, K⁺↓
Aquaretika (Vaptane)	ADH-Rezeptor (V2), Wasserkanäle (z. B. Aquaporin 2)	H₂O ↑↑↑
Osmo-Diuretika (Mannitol); SGLT2-Hemmer (Gliflozine)	Wirken durch den Verbleib von Zucker als Osmolyt im Tubulus	H₂O ↑↑, Na⁺↑, Cl⁻↑, HCO₃⁻↑

↓ Abnahme, ↑ Zunahme der Ausscheidung, In Klammern ist jeweils ein typischer Vertreter genannt

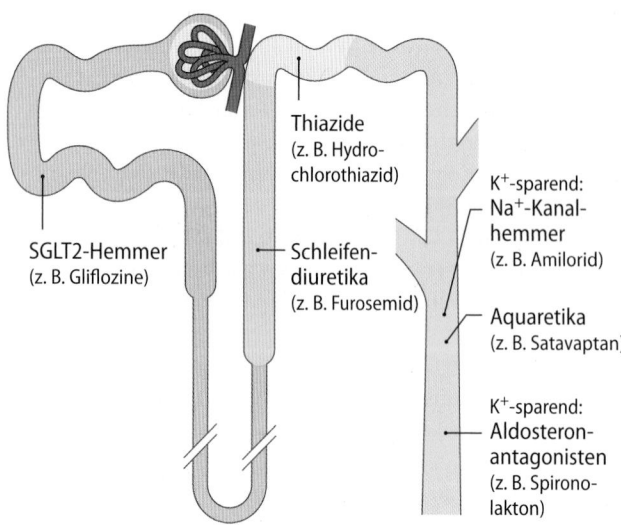

Abb. 33.11   Wirkorte verschiedener Diuretika. Osmo-Diuretika (Glukose, Mannit) wirken im gesamten Nephron

einen großen Teil der Wirkung durch verstärkten NaCl-Transport. Hemmer der Carboanhydrase werden daher zur Steigerung der Kochsalzausscheidung **nicht eingesetzt**. Sie kommen nur noch in der Augenheilkunde zur Senkung des Augeninnendrucks oder zur Steigerung der Bikarbonatausscheidung bei Höhenkrankheit zum Einsatz. Im Gegensatz dazu kann die osmodiuretische Wirkung der SGLT2-Hemmer nicht kompensiert werden, da Glukose jenseits des proximalen Tubulus nicht mehr resobiert wird.

Schleifendiuretika   Dies sind die am stärksten diuretisch wirksamen Substanzen. Sie hemmen den **Na⁺, K⁺, 2Cl⁻-Symporter** (**NKCC2**) in der dicken aufsteigenden Henle-Schleife, den „Motor" für die Harnkonzentrierung. Das erhöhte Na⁺-Angebot steigert im Sammelrohr die Na⁺-Resorption wodurch es zur **K⁺-Sekretion** und zu K⁺-Verlust kommt. Da ein großer Teil der renalen Magnesiumresorption an den NaCl Transport gekoppelt ist, kommt es auch zu **Magnesiumverlust**. Die Dosis der Schleifendiuretika kann nicht beliebig gesteigert werden, da sie auch Na⁺, K⁺, 2Cl⁻-Symporter (NKCC1) in anderen Epithelien (u. a. Stria vascularis des **Innenohrs; ▶** Kap. 52.4) hemmen. Normalerweise erreichen die Schleifendiuretika jedoch durch proximal-tubuläre Sekretion und Wasserresorption entlang des Tubulus in der Henle-Schleife Konzentrationen, die weit über der im Blut liegen. Nur so ist es möglich, eine Diurese ohne gleichzeitiges Auftreten von Taubheit zu erzielen.

Frühdistale Diuretika   Thiazide hemmen den NaCl-Symport im distalen Konvolut. Auch **Thiazide** sind gut wirksame Diuretika, erzeugen jedoch ebenfalls **K⁺-Verluste**. Der durch Thiaziddiuretika erzeugte Volumenmangel führt zur kompensatorischen Steigerung der Na⁺-Resorption im proximalem Tubulus und in der dicken aufsteigenden Henle-Schleife. Dabei wird in diesen Segmenten auch **mehr Ca²⁺ resorbiert**. Thiaziddiuretika mindern somit die Ca²⁺-Ausscheidung, was bei Patienten mit Ca²⁺-haltigen Nierensteinen genutzt werden kann (s. u.).

K⁺-sparende Diuretika   Die Hemmung der epithelialen Na⁺-Kanäle durch **Na⁺-Kanalhemmer** (z. B. Amilorid) oder die Reduktion ihrer Expression durch **Aldosteronantagonisten** (z. B. Spironolacton) mindert nicht nur die Na⁺-Resorption, sondern auch die K⁺-Sekretion (sog. K⁺-sparende Diuretika) mit der Folge von **Hyperkaliämie**.

Aquaretika
Diese Substanzen blockieren Aquaporine oder hemmen die Signalübertragung des antidiuretischen Hormons am Rezeptor (V2-Rezeptor). Wegen ihrer Wirkung auf die freie Wasserausscheidung erzeugen sie eine Hypernatriämie und werden deshalb zur Behandlung der Hyponatriämie eingesetzt. Für den klinischen Einsatz stehen erste Substanzen (V2-Antagonisten) zur Verfügung.

Osmotische Diurese   Hierfür werden Substanzen eingesetzt, die tubulär unzureichend resorbiert werden, z. B. **Mannitol**. Dieser Polyalkohol wird filtriert und durch die Flüssigkeitsresorption im Nephron zunehmend konzentriert. Die hohe luminale Mannitolkonzentration hält zunehmend osmotisch Wasser zurück und behindert damit die weitere Wasserresorption. Durch die fehlende Konzentrierung des Urins wird auch die NaCl-Resorption behindert.

Osmotische Diurese kann auch durch **Glukose** oder **Bikarbonat** ausgelöst werden, wenn die Resorption mit der Filtration nicht Schritt hält. Übersteigt z. B. bei **Diabetes mellitus** die filtrierte Glukosemenge das renale Transportmaximum, kommt es zur Überlaufglukosurie (▶ Abschn. 33.1.3). Bei der folgenden osmotischen Diurese gehen auch Elektrolyte (vor allem Na⁺ und K⁺) verloren. Der Wasserverlust führt zu **Durst**, oft ein erster Hinweis auf das Vorliegen eines Diabetes mellitus.

Diabetestherapie mit SGLT2-Hemmstoffen
Diabetes mellitus Typ 2 ist eine häufige Erkrankung. Hohe Energiezufuhr über die Nahrung und Bewegungsmangel gehen dabei einher mit einer verminderten Insulinwirkung und unzureichender Insulinsekretion. Die daraus hervorgehende chronische Hyperglykämie hat schwere Folgen für die Patienten wie Gefäßverschlüsse, Bluthochdruck, Erblindung und Nierenversagen. Ein therapeutischer Ansatz zur Behandlung des Typ 2 Diabetes mellitus ist die Hemmung der renalen Glukoseresorption durch SGLT2-Hemmer (Gliflozine). Sie senken die Transportkapazität des proximalen Tubulus für Glukose und bewirken damit eine Glukosurie (▶ Kap. 34.2). Damit wird die Blutglukosekonzentration gesenkt, es geht Energie verloren und es stellt sich durch den Verbleib der Glukose im Tubulus eine Diurese ein. Gleichzeitig bleibt die Insulinregulation intakt, es wird aber wegen des Glukoseverlustes weniger Insulin benötigt. Die für den Diabetes mellitus typische und nierenschädigende Hyperfiltration geht im Rahmen der osmodiuretischen Wirkung, wahrscheinlich über den tubuloglomerulären Feedback vermittelt zurück, da durch die verminderte Resorptionsleistung der Henle-Schleife mehr NaCl an der Macula densa ankommt.

> **Viele Diuretika sind Saluretika. Sie fördern primär die NaCl- und nur indirekt die Wasserausscheidung.**

33.4.3   Nieren- und Harnsteinbildung

Eine gestörte Ausscheidung von Wasser und schlecht löslichen Substanzen kann zum Ausfallen dieser Substanzen (Urolithiasis) führen.

◻ Tab. 33.2 Nierensteine und Ursachen der Steinbildung. Die meisten Nierensteine (ca. 80 %) enthalten Kalziumoxalat, ca. 30 % Kalzium-Magnesium-Phosphat, 10 % Harnsäure, nur wenige Zystin oder Xanthin

Steine	Ursachen*	Begünstigende Faktoren (außer geringem Harnvolumen)
Ca-Oxalat	Gesteigerte Produktion oder Absorption von Oxalat, gesteigerte Absorption oder Mobilisierung von Ca^{2+}	Verminderte Ausscheidung von Zitrat (Kalziumbinder) oder Pyrophosphat
$Ca-CO_3-PO_4$ $Mg-NH_4-PO_4$	Gesteigerte Absorption oder Mobilisierung von Kalziumphosphat	Alkalischer Urin (Harnwegsinfekte), Zitratmangel
Harnsäure	Überproduktion von Harnsäure	Saurer Urin
Natriumurat	Überproduktion von Harnsäure	Alkalischer Urin
Zystin	Renaler Resorptionsdefekt	Saurer Urin
Xanthin	Gestörter Abbau	

* Produktion im Stoffwechsel, Absorption im Darm oder Mobilisierung aus dem Knochen

Einige Ionen oder organische Substanzen erreichen im Harn bisweilen Konzentrationen, die nicht mehr löslich sind (**Übersättigung**). Wird der sog. metastabile Bereich (s. u.) überschritten, dann fallen diese Substanzen aus (Urolithiasis, ◻ Tab. 33.2).

Konkrement bildende Substanzen Besonders häufig bilden **Kalziumoxalat** und **Kalziumphosphat** Nierensteine. Seltener sind **Harnsäure-, Zystin-** oder **Xanthin**-Urolithiasis. Primäre Ursache der Urolithiasis kann ein genetischer oder erworbener **Transportdefekt** sein (Tabelle Genetische Transportdefekte, ▶ Anhang). Die Harnkonzentration von Konkrement bildenden Substanzen ist bei normalem tubulärem Transport gesteigert, wenn die Plasmakonzentration gesteigert ist und damit mehr filtriert oder sezerniert wird. So begünstigt **gesteigerte intestinale Absorption** von Oxalat, Purinen oder Kalzium oder vermehrte **Bildung von Harnsäure** bei gesteigertem Zelluntergang die Urolithiasis.

Urolithiasis begünstigende Eigenschaften des Urins Starke **Antidiurese** führt zu hohen Konzentrationen Konkrement bildender Substanzen. Die Steinbildung wird ferner vom **Urin-pH** beeinflusst, der die Ladung und damit die Löslichkeit der Substanzen bestimmt. Verschiedene Mechanismen mindern physiologischer Weise das Risiko der Ausfällung durch Steigerung von Löslichkeit (pH-Wert, Zitrat) und Diurese.

Harnsteinbildung
Der **Ca^{2+}-Rezeptor** in der Henle-Schleife hemmt bei Hyperkalziämie die NaCl-Resorption in diesem Segment und setzt die Fähigkeit zur Urinkonzentrierung herab. Damit wird ein Zusammentreffen von gesteigerter Kalziumausscheidung und Antidiurese normalerweise unterbunden.
Saurer pH führt das mäßig lösliche Urat vermehrt in die sehr schlecht lösliche Harnsäure über und begünstigt damit die Entwicklung von Harnsäuresteinen. Kalziumphosphat ist wiederum in alkalischem Milieu sehr viel schlechter löslich als im sauren Milieu und ein alkalischer Urin fördert die Bildung von $CaHPO_4$-Steinen.
Eine Übersättigung führt nicht sofort zum Ausfällen der gelösten Substanzen. Im sog. **metastabilen Bereich** bleiben die Substanzen zunächst gelöst. Lange **Verweildauer** (inkomplette Entleerung der ableitenden Harnwege, z. B. bei Missbildungen des Harnleiters) und das Auftreten von **Kristallisationskernen** fördert das Ausfallen. Steigen die Konzentrationen über den metastabilen Bereich, dann bilden sich auf jeden Fall Kristalle.

Auswirkungen Die Konkremente bleiben in der Niere oder in den ableitenden Harnwegen hängen. Folgen sind Verstopfung von Tubuli mit **Nierenversagen** oder Verlegung mit äußerst schmerzhafter Dehnung des Harnleiters (**Nierenkoliken**). Der Rückstau von Urin begünstigt die Besiedlung mit Erregern und damit das Auftreten von **Harnwegsinfekten**.

❯ Harnstau erhöht den Druck in der Bowman-Kapsel und mindert die glomuläre Filtration.

Therapie und Metaphylaxe
Die meisten Harnsteine können mit Stoßwellen zertrümmert werden (**Lithotrypsie**). Mitunter müssen die Konkremente chirurgisch entfernt werden. Das Risiko erneuten Auftretens von Steinen (Rezidiv) wird durch **reichliches Trinken** gesenkt (Metaphylaxe = Nachsorge). Kennt man die Zusammensetzung der Steine, so kann man deren renale Ausscheidung durch **diätetische Maßnahmen** mindern.

In Kürze

Die renale Salz- und Wasserausscheidung kann durch **Diuretika** gesteigert werden. Diese greifen an den Transportmechanismen für Salz bzw. an den Konzentrierungsmechanismen an. Ihre Spezifität wird durch ihre Konzentrierung entlang des Tubulus begünstigt. Eine gestörte Ausscheidung von Wasser und schlecht löslichen Substanzen kann zum Ausfallen dieser Substanzen (**Urolithiasis**) führen. Dies geschieht bei Übersättigung des Urins, wodurch vor allem Kalziumoxalat, Kalziumphosphat, Harnsäure oder Zystin ausfallen können.

Literatur

Bankir et al., New insights into urea and glucose handling by the kidney, and the urine concentrating mechanism, Kidney International, 2012, (81) 1179–1198

Brenner and Rector's The Kidney, 10. Auflage, 2016, Saunders/Elsevier

Diuretics, Handbook of experimental Pharmacology 117; Greger, Knauf, Mutschler (Editors), Springer 1995

Medical Physiology, 2. Auflage, 2012, Boron, Boulpaep, Saunders/Elsevier

Seldin and Giebisch's The Kidney, Physiology & Pathophysiology; Alpern, Caplan, Moe (Editors), 5. Auflage, 2013, Academic Press

Integrative renale Funktion und Regulation

Markus Bleich, Florian Lang

© Springer-Verlag GmbH Deutschland, ein Teil von Springer Nature 2019
R. Brandes et al. (Hrsg.), *Physiologie des Menschen*, Springer-Lehrbuch
https://doi.org/10.1007/978-3-662-56468-4_34

Worum geht's? (◨ Abb. 34.1)

Die Niere hat besondere Aufgaben im Stoffwechsel.
Die Niere unterstützt den Organismus durch die Beteiligung am Stoffwechsel von Kohlenhydraten und Eiweißbausteinen. Damit hilft sie gleichzeitig bei der Aufrechterhaltung des Säure-Basen-Gleichgewichtes.

Steuerung der Nierenfunktion

Mehrere Rückkopplungsmechanismen passen die Nierenfunktion den aktuellen Bedürfnissen an. Sie verhindern darüber hinaus eine Überlastung der Transportsysteme, welche einen unkontrollierten Verlust von Wasser und Stoffen zur Folge hätte. Die Nierenfunktion wird durch Hormone gesteuert. Diese Botenstoffe kontrollieren die Menge des Filtrates, den tubulären Transport und damit die Harnmenge und -zusammensetzung.

Die Nierenfunktion kann gemessen und berechnet werden

Die Bestimmung der Nierenfunktion ist, im Vergleich zu anderen Organen, relativ leicht. Man benötigt hierfür eine Blutprobe und eine Urinprobe. Die Urinprobe stammt aus einem bekannten Volumen, das über einen bestimmten Zeitraum gesammelt wurde. In diesen Proben werden zunächst mit klinisch-chemischen Methoden die Konzentrationen der gelösten Stoffe bestimmt und dann damit die Nierenfunktionsparameter berechnet. Eine wichtige Eigenschaft der Niere ist ihre Reinigungsfunktion. Damit beschreibt man die Fähigkeit der Niere, ein bestimmtes Blutvolumen von einem Stoff zu befreien und diesen Stoff im Urin auszuscheiden.

34.1 Stoffwechsel und biochemische Leistungen der Niere

34.1.1 Stoffwechsel der Niere

Die Niere ist normalerweise gut mit Sauerstoff versorgt. Sie ist zur Glukoneogenese befähigt und baut Aminosäuren um.

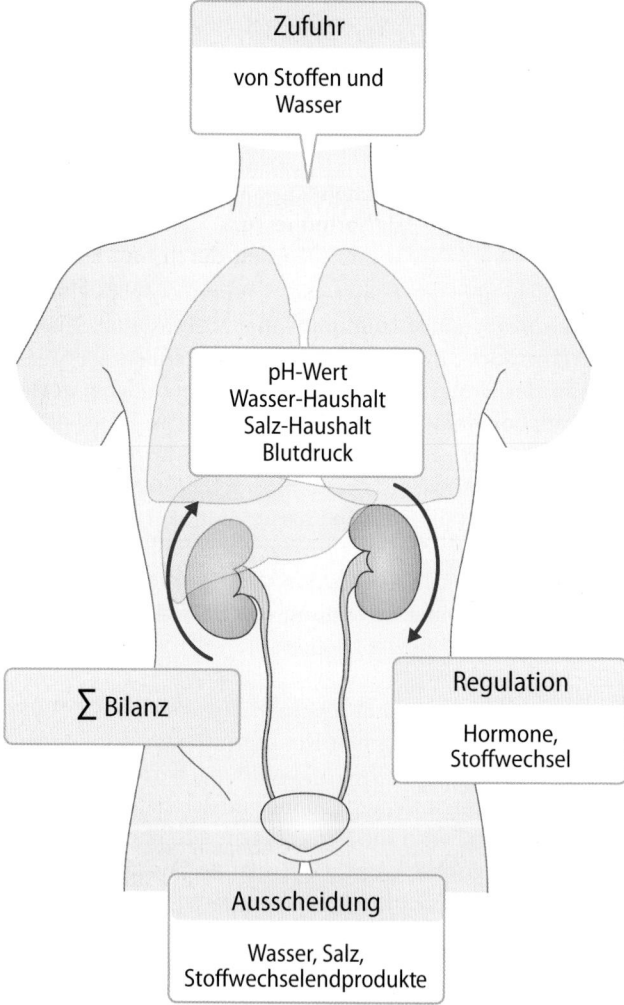

◨ **Abb. 34.1** **Die Nierenfunktion steht im Mittelpunkt der Organfunktionen, die das Gleichgewicht des Organismus (Homöostase) aufrechterhalten.** Sie steuert die Stoffbilanz durch Kontrolle der Ausscheidung unter dem Einfluss von Hormonen

O_2-Verbrauch Die Durchblutung der Nieren ist sehr viel größer als für ihre O_2-Versorgung erforderlich wäre (▶ Kap. 32.2), sodass sie nur etwa 7 % des angebotenen O_2 verbraucht. O_2 wird vor allem für die Energetisierung des **Na^+-Transportes** benötigt. Entsprechend korreliert der O_2-Verbrauch (ca. 17 ml/min) mit der tubulären Na^+-Resorption.

Stoffwechselleistungen Im Gegensatz zum proximalen Tubulus, der Energie aus Fettsäuren gewinnt, verbrauchen alle weiteren Segmente, insbesondere das Nierenmark, Glukose.

Die Niere ist zur Glukoneogenese (auch aus Laktat) befähigt. Glutamin wird durch Desaminierung zu 2-Oxo-Glutarat, das schließlich zu Glukose aufgebaut wird. Glukose wird in das Blut abgegeben und die beiden NH_4^+ zur Säureeliminierung verwendet (▶ Kap. 37.2).

Die Niere bildet **Arginin** aus Aspartat und Zitrullin und kann *β-Alanin* und **Serin** produzieren. Auch wenn die Niere über die Enzyme der Harnstoffsynthese verfügt, produziert sie keine relevanten Mengen dieses Stoffwechselendprodukts.

34.1.2 Renale Inaktivierung von Hormonen und Xenobiotika

Die Niere baut Hormone ab und entgiftet einige Fremdstoffe.

Inaktivierung von Hormonen Die Niere inaktiviert Hormone, vor allem **Peptidhormone** (u. a. Glukagon, Insulin, Parathormon). Die Hormone werden durch luminale Peptidasen oder lysosomalen Abbau inaktiviert. Auch **Steroidhormone** können die Zellmembranen leicht passieren und werden in den Tubuluszellen durch Oxidoreduktasen und Hydroxylasen metabolisiert. Zellen, welche Mineralokortikoidrezeptoren (Typ-I-Kortikosteroidrezeptoren) aufweisen, exprimieren gleichzeitig eine **11β-OH-Steroiddehydrogenase**, die Kortisol in Kortison umwandelt (▶ Abschn. 34.2).

Entgiftung von Fremdstoffen Die Niere scheidet Xenobiotika nicht nur aus (▶ Kap. 33.1.6), sondern kann Xenobiotika auch selbst umwandeln, wie etwa durch Kopplung an Acetylzystein unter Bildung von Merkaptursäure.

In Kürze

Die Niere verbraucht nur einen Bruchteil des angebotenen O_2. Weitere renale Stoffwechselleistungen sind **Fettsäureverbrennung**, Verwendung von Aminosäuren und Laktat für die **Glukoneogenese**, Abbau filtrierter **Proteine, Inaktivierung** von Peptidhormonen und Steroidhormonen und die **Entgiftung** von Xenobiotika.

34.2 Regulation der Nierenfunktion

34.2.1 Regulation der Nierenfunktion durch Rückkopplungsmechanismen

Ihre Aufgabe in der Regulation des Salz-Wasser-Haushaltes kann die Niere nur erfüllen, wenn ihre Funktionen präzise kontrolliert werden.

Glomerulotubuläre Balance Eine Zunahme der glomerulären Filtrationsrate (GFR) ist in aller Regel mit einer proportionalen Zunahme der proximal-tubulären Resorption verbunden. Die **Transportkapazität** kann der **GFR angeglichen** werden, indem eine größere Zahl von Transportern in der luminalen Membran eingebaut oder aktiviert wird. Darüber hinaus werden von der GFR abhängige Änderungen der Druckverhältnisse in Interstitium und peritubulären Kapillaren (onkotischer Druck) als Mechanismen diskutiert.

Tubuloglomerulärer Feedback Der enge Kontakt von Tubulusepithel und Vas afferens im juxtaglomerulären Apparat dient u. a. der Anpassung der glomerulären Filtration an die NaCl-Transportkapazität von proximalem Tubulus und Henle-Schleife (▶ Kap. 32.2.5). Hält der Transport in den beiden Segmenten mit der Filtration nicht Schritt, dann steigt die **NaCl-Konzentration** an der **Macula densa** und führt zu einer Freisetzung von **ATP** als Botenstoff auf der basolateralen Seite der Macula-densa-Zellen. Der Abbau von ATP führt schließlich zur Bildung von **Adenosin,** welches über A1-Adenosinrezeptoren das Vas afferens kontrahiert. So wird die GFR gesenkt und auf diese Weise verhindert, dass bei eingeschränkter Transportkapazität von proximalem Tubulus und Henle-Schleife $NaCl^-$- und Wasserverluste auftreten. Diese wären angesichts der geringen Transportkapazität des distalen Konvoluts und Sammelrohrs unvermeidlich.

Nierenschwelle Die meisten Transportprozesse der Niere sind sättigbar. Insbesondere die Resorption der organischen Substanzen (u. a. Glukose, ▶ Kap. 33.1, Aminosäuren), aber auch von Phosphat und Sulfat wird durch ein **Transportmaximum** charakterisiert. Wird das Transportmaximum dieser Substanzen überschritten, dann wird die zusätzlich filtrierte Menge ausgeschieden (◘ Abb. 34.6). Die Niere verhindert somit einen übermäßigen Anstieg der Plasmakonzentrationen filtrierter und sättigbar resorbierter Substanzen durch automatische Zunahme der Ausscheidung.

34.2.2 Extrarenale Regulation der Nierenfunktion

Glomeruläre Filtration und tubulärer Transport werden durch Blutdruck, Nervensystem und Hormone reguliert.

Blutdruck Die Durchblutung und Filtration der Niere wird unabhängig vom arteriellen Mitteldruck zwischen 80 und 180 mmHg weitgehend konstant gehalten (Autoregulation, ▶ Kap. 32.2.5). Die Nierenmarkdurchblutung autoreguliert dagegen bei Zunahme des Blutdruckes nur wenig und ein Blutdruckanstieg mindert die Harnkonzentrierung und Na^+-Resorption. Die renale **Wasser-** und **Na^+-Ausscheidung** ist somit eine steile Funktion des **systemischen Blutdruckes**, wie in ▶ Kap. 21.5 näher ausgeführt wird.

Nervale Kontrolle Die Nieren stehen unter der Kontrolle von **sympathischen Nerven**, die normalerweise jedoch eine geringe Aktivität aufweisen. Bei Aktivierung des Sympathikus (z. B. Volumenmangel) senken die Nerven über Kontraktion von Aa. interlobulares sowie von Vasa afferentia und efferentia die **glomeruläre Filtrationsrate**. Sie stimulieren ferner die **tubuläre Resorption** u. a. von Na^+, HCO_3^-, Cl^- und Wasser. Schließlich stimulieren die Nerven vorwiegend über β_1-Rezeptoren die Ausschüttung von **Renin**. So kommt es bei Volumenmangel oder arterieller Hypotonie zur Abnahme der Salz- und Wasserausscheidung.

Hormonelle Kontrolle   Nierendurchblutung, glomeruläre Filtrationsrate und tubuläre Transportprozesse werden durch eine Vielzahl von Hormonen kontrolliert (▶ Kap. 32.2.5 und Tabelle renale Hormonwirkungen ▶ Anhang). Die Bedeutung der renalen Wirkung dieser Hormone wird im Zusammenhang mit der Regulation des Salz-Wasser- (▶ Kap. 35), Mineral- (▶ Kap. 36) und Säure-Basen-Haushaltes (▶ Kap. 37) sowie bei der Beschreibung der Wirkungen der Hormone (▶ Kap. 75 und Kap. 77) näher erläutert. Wegen der besonderen Bedeutung soll im Folgenden noch auf die Regulation der Na^+-Resorption in Verbindungsstück und Sammelrohr eingegangen werden.

> ❯ Die Aktivierung von sympathischen Nierennerven senkt die Durchblutung und die GFR; sie steigert die Salzresorption und Reninfreisetzung.

34.2.3 Regulation der Na^+-Resorption in Verbindungsstück und Sammelrohr

Die Na^+-Resorption und K^+-Sekretion sind eng aneinandergekoppelt. Beide werden vor allem durch Mineralokortikoide reguliert.

Regulation der Na^+-Resorption   Die Na^+-Resorption wird durch eine Vielzahl von Hormonen reguliert (▶ Kap. 32.2.5). Besondere Bedeutung hat **Aldosteron** (▶ Kap. 77.2), das die renale Na^+-Ausscheidung vor allem über Aktivierung der epithelialen Na^+-Kanäle drosselt. Aldosteron wirkt über intrazelluläre Mineralokortikoidrezeptoren, deren Aktivierung einen gesteigerten Einbau und eine gesteigerte Funktion von **Na^+-Kanälen** (ENaC), **K^+-Kanälen** (ROMK) und **Na^+/K^+-ATPase** in der luminalen bzw. basolateralen Zellmembran bewirkt. Die Wirkung von Aldosteron wird z. T. durch eine Kinase (Serum- und Glukokortikoid-induzierbare Kinase, SGK1) vermittelt. Die Aktivität der **SGK1** wird durch Insulin und IGF1 (insulin like growth factor) gesteigert.

11β-Hydroxysteroid-Dehydrogenase   An den Mineralokortikoidrezeptor binden auch Glukokortikoide (▶ Kap. 77.2). Angesichts der ca. 300-fach höheren Plasmakonzentration an Glukokortikoiden würde der Mineralokortikoidrezeptor praktisch ausschließlich durch Glukokortikoide reguliert werden, wenn **Glukokortikoide** nicht in den Hauptzellen des distalen Nephrons durch die 11β-Hydroxysteroid-Dehydrogenase **abgebaut** würden. Hemmung oder genetische Defekte des Enzyms führen zu massiv gesteigerter distal-tubulärer Na^+-Resorption und damit zur Hypertonie (s. u.).

Mineralocorticoid escape   Bei einem über Wochen anhaltenden Aldosteronüberschuss (z. B. Aldosteron produzierender Tumor; ▶ Kap. 77.2) beobachtet man zwar einen anhaltend hohen Blutdruck aber überraschenderweise weder schwere Ödeme noch Hypernatriämie und Kaliumverlust. Offensichtlich erzwingt die Volumenexpansion eine Natriurese trotz anhaltendem Hyperaldosteronismus (sog. **mineralocorticoid escape**). Ursachen sind die Aktivierung natriuretischer Faktoren, die am Sammelrohr angreifen, die Drosselung der proximal tubulären Natriumresorption und die Bluthochdruckbedingte Natriurese.

Regulation der K^+-Ausscheidung   Die K^+-Sekretion ist in erster Linie eine Funktion der Na^+-Resorption im Verbindungsstück und Sammelrohr, da die **Depolarisation der luminalen Zellmembran** durch Aktivierung der Na^+-Kanäle die elektrische treibende Kraft für die K^+-Sekretion steigert.

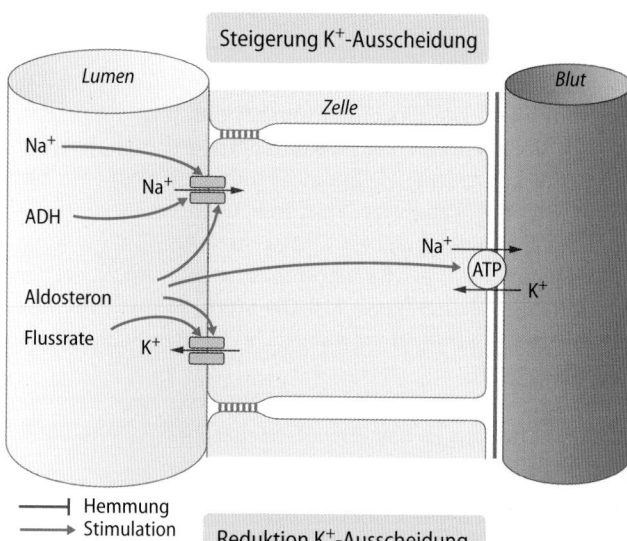

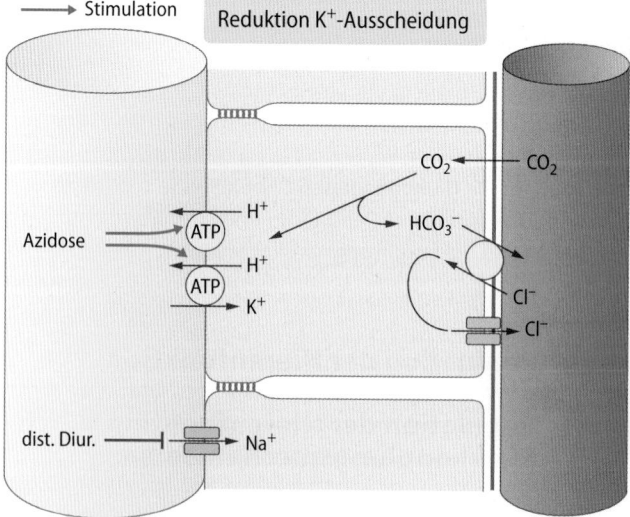

❒ **Abb. 34.2 K^+-Sekretion im Sammelrohr.** Die K^+-Sekretion vom distalen Konvolut bis zum Sammelrohr. Oberer Teil: Die K^+-Ausscheidung wird gesteigert durch vermehrtes tubuläres Na^+-Angebot, durch ADH, Aldosteron und eine gesteigerte tubuläre Flussrate. Unterer Teil: Die K^+-Ausscheidung wird herabgesetzt durch gesteigertes tubuläres Angebot von Cl^-, Diuretika die den Natriumkanal hemmen (dist. Diur.) und Azidose

Gesteigertes Na$^+$-Angebot im distalen Tubulus und Stimulation der Kanäle durch Aldosteron und ADH fördern damit die renale K$^+$-Ausscheidung (◪ Abb. 34.2). Darüber hinaus stimuliert die Aldosteron-abhängige Kinase SGK1 auch den Einbau von K$^+$-Kanälen in die luminale Zellmembran. Eine gesteigerte H$^+$-Sekretion wirkt hingegen antikaliuretisch, da sie das Tubuluslumen positiver macht und damit die K$^+$-Sekretion mindert (◪ Abb. 34.2).

In Kürze

Glomeruläre Filtration und tubulärer Transport werden durch verschiedene intrarenale und extrarenale Mechanismen reguliert. **Intrarenale Mechanismen** sind u. a. glomerulotubuläre Balance, tubuloglomeruläre Rückkopplung und Autoregulation. **Extrarenale Mechanismen** sind Blutdruck, sympathische Innervation, Hormone und Mediatoren.

34.3   Renale Hormone

34.3.1   Erythropoietin und Thrombopoietin

Erythropoietin (EPO) ist der wichtigste humorale Regulator der Erythropoiese; seine Bildung wird durch Hypoxie stimuliert.

Erythropoietin (EPO)   Das Glykoproteinhormon **Erythropoietin** wird in der **Niere** und in weit geringerem Maße in Leber und Gehirn gebildet. In der Niere ist hierfür eine spezielle Fibroblastenpopulation zwischen den proximalen Tubuli in der Nierenrinde verantwortlich. Die Synthese und Freisetzungsrate von EPO in den Blutkreislauf hängen direkt von der O$_2$-Zufuhr zur Nierenrinde ab. Die Steuerung erfolgt über den Transkriptionsfaktor HIF (**hypoxia-inducible factor**), dessen Stabilität vom O$_2$-Druck abhängig ist (▶ Kap. 29.4).

Renale Anämie   Bei Niereninsuffizienz (▶ Box „Chronische Niereninsuffizienz") ist die Regulation der EPO-Bildung deutlich gestört. Dieser Defekt resultiert zum einen aus einer stark verminderten Empfindlichkeit der EPO-Bildung gegenüber Veränderungen der Hämoglobinkonzentration, wie auch aus einem Verlust an EPO-produzierenden Fibroblasten. In der Folge bildet sich die für chronische Nierenerkrankungen typische renale Anämie aus. Die renale Anämie wird heute erfolgreich mit **gentechnisch hergestelltem menschlichem EPO** behandelt.

Thrombopoietin   Die Niere bildet auch Trombopoietin, ein Peptidhormon, das die **Bildung von Megakaryozyten** und damit von Thrombozyten stimuliert. Quantitativ betrachtet ist die renale Thrombopoietin-Bildung jedoch deutlich geringer als die in der **Leber**. Entsprechend führen Nierenerkrankungen auch nicht zu auffälligen Störungen der Thrombozytenbildung.

❯❯ Niereninsuffizienz führt durch Mangel an Erythropoietin zur renalen Anämie.

34.3.2   Renin-Angiotensin-System (RAS)

Das Renin-Angiotensin-System ist eine Kaskade proteolytischer Aktivierungen. Angiotensin II ist der biologische Effektor des Renin-Angiotensin-Systems und reguliert Blutdruck und Extrazellulärvolumen.

Renin   Diese **Protease** wird von spezialisierten glatten Muskelzellen des juxtaglomerulären Apparates gebildet (▶ Kap. 32.1). Renin wird als enzymatisch inaktives **Prorenin** synthetisiert und intrazellulär in Sekretvesikel verpackt. Hier wird es proteolytisch zu enzymatisch aktivem Renin umgewandelt und anschließend, z. B. bei Sympathikusstimulation, durch regulierte Exozytose in die Blutbahn freigesetzt.

Bildung von Angiotensin   Das einzige derzeit bekannte Substrat für Renin ist das Glykoprotein **Angiotensinogen**, welches hauptsächlich in der Leber und im Fettgewebe gebildet wird. Renin spaltet im Plasma aus dem Angiotensinogen ein N-terminales Dekapeptid, das **Angiotensin I**, ab, welches durch das **Angiotensin-I-Konversionsenzym** (ACE) auf Endothelzellen proteolytisch um zwei Aminosäuren zum Oktapeptid **Angiotensin II** (ANGII) verkürzt wird. Weil das Endothel von Lunge und Niere eine besonders hohe Aktivität an Konversionsenzym aufweisen, spielen diese Organe für die Generierung von ANGII eine besonders wichtige Rolle (◪ Abb. 34.3). In geringer Aktivität lässt sich ACE auch im Plasma nachweisen.

Bedeutung der Angiotensinogenkonzentration
Die Affinität von Renin zu Angiotensinogen ist gering und das Enzym ist normalerweise nicht gesättigt. Daher führt eine Zunahme der Angiotensinogenkonzentration bei gleichbleibender Reninkonzentration zu gesteigerter Bildung von Angiotensin I und damit auch von Angiotensin II.

Wirkungen von Angiotensin II (ANGII)   ANGII ist der eigentliche Mediator des Renin-Angiotensin-Systems. Es dient der Kontrolle von Extrazellulärvolumen und Blutdruck (◪ Abb. 34.3):
- ANGII stimuliert im proximalen Tubulus direkt die **Natriumresorption**.
- Durch die Stimulation der **Aldosteronproduktion** in der Nebennierenrinde fördert ANGII indirekt in den Verbindungstubuli und in den Sammelrohren die Natriumresorption und nachfolgend auch die Wasserresorption.
- Zentral bewirkt ANGII **Durstgefühl** und **Salzappetit**, sodass die Salz- und Wasserzufuhr gesteigert wird.
- ANGII aktiviert ferner die Sekretion von **ADH** aus dem Hypophysenhinterlappen und erhöht so die Wasserreabsorption in den Sammelrohren der Niere.

Mit diesen Wirkungen führt ANGII zu einer Zunahme des Extrazellulärvolumens.

34

An Blutgefäßen führt ANGII, vor allem über eine gesteigerte Verfügbarkeit und Wirkung von Noradrenalin und die Bildung von Sauerstoffradikalen zu einer Tonussteigerung **von glatten Gefäßmuskelzellen.** Im ZNS erhöht ANGII die **Sympathikusaktivität.** Alle diese Faktoren steigern den Perfusionswiderstand in verschiedenen Kreislaufgebieten. Eine direkt vasokonstriktorische Wirkung von ANGII findet sich dagegen vornehmlich an renalen Gefäßen (▶ Kap. 20.3). Die Erhöhung des Kreislaufwiderstands bei gleichzeitiger Sympathikusstimulation und somit Suppression des Baroreflexes führt so zu einem Anstieg des Blutdrucks (▶ Kap. 21.3). Dieser **Blutdruckanstieg** wird mittelfristig durch die Erhöhung des Extrazellulärvolumens unterstützt, da ANGII sowohl bei der Zufuhr, als auch bei der renalen Ausscheidung in den Volumenhaushalt eingreift.

Angiotensin(AT-)-Rezeptoren   Die Wirkungen von ANGII werden über **AT1-Rezeptoren** vermittelt. Ihre Aktivierung bewirkt eine Stimulation der Phospholipase C mit nachfolgender Kalziumfreisetzung aus intrazellulären Speichern, eine Hemmung der Adenylatzyklase sowie eine Hemmung von K^+-Kanälen, wodurch Zellen depolarisieren können. In zahlreichen (vor allem fetalen) Geweben findet sich als weitere Isoform des Angiotensinrezeptors der **AT2-Rezeptor.** AT2-Rezeptoren vermitteln antagonistische Wirkungen zum AT1-Rezeptor.

Mechanismen der Reninfreisetzung   Die wesentliche physiologische Funktion des Renin-Angiotensin-Systems ist die Erhöhung eines erniedrigten Extrazellulärvolumens oder Blutdruckes. Daher wird die Freisetzung von Renin als Schlüsselregulator des Systems durch einen **Blutdruckabfall** in der Niere stimuliert. Mit dem Blutdruckabfall geht eine sympathische Aktivierung einher. **Katecholamine** (Adrenalin, Noradrenalin und Dopamin) sind also physiologisch wichtige direkte Stimulatoren der Reninsekretion. Entsprechend führt eine Aktivitätssteigerung der **sympathischen Nierennerven** über beta-adrenerge Rezeptoren zu einer Stimulation der Reninsekretion. Auch Stresssituationen gehen mit einer verstärkten Reninsekretion einher. Die Stimulation von alpha-adrenergen Rezeptoren

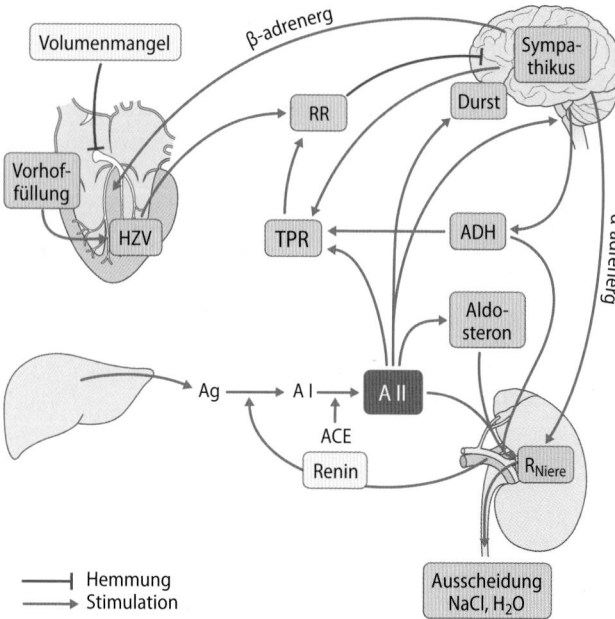

⬛ **Abb. 34.3   Regulation und Wirkungen von Angiotensin II.** Bei Volumenmangel nimmt die Herzfüllung ab. Folge ist eine Abnahme des Herzzeitvolumens (HZV), Abfall des Blutdruckes (RR) und folgende Aktivierung des Sympathikus, der über α-Rezeptoren den Gefäßwiderstand peripher (TPR) und in der Niere (R_{Niere}) steigert. Die Drosselung der Nierendurchblutung und der Sympathikus stimulieren die Ausschüttung von Renin, das aus dem hepatisch gebildeten Plasmaprotein Angiotensinogen (Ag) das Oligopeptid Angiotensin I (AI) abspaltet. Converting Enzym (ACE) bildet daraus Angiotensin II (AII), das Durst auslöst, den Gefäßwiderstand steigert und die Ausschüttung von ADH und Aldostron stimuliert. ADH und Aldosteron fördern die renale NaCl- und H_2O-Rückresorption und führen somit zur Volumenretention

verschiebt zusätzlich die Empfindlichkeit der intrarenalen Blutdruckmessung und erhöht damit ebenso die Reninfreisetzung.

ANGII blockiert durch negative Rückkopplung über AT1-Rezeptoren die Reninfreisetzung. Diese direkte Hemmung wird dann deutlich, wenn bei Patienten therapeutisch (z. B. zur Blutdrucksenkung; ▶ Abschn. 34.3) AT1-Rezeptorblocker oder ACE-Inhibitoren eingesetzt werden, was dann zu einer deutlichen Steigerung der Reninsekretion führt.

Klinik

Nierenfunktion und Bluthochdruck

Die Niere ist ein Schlüsselorgan der Blutdruckregulation. Nierenerkrankungen führen häufig zur Hypertonie, aber auch die scheinbar gesunde Niere kann für die Entwicklung einer Hypertonie verantwortlich sein.

Renale Hypertonie

Eine Drosselung der Nierendurchblutung innerhalb der Niere (z. B. Glomerulonephritis, Pyelonephritis, Zystenniere), an der A. renalis (Nierenarterienstenose) oder an der Aorta oberhalb der Nierenarterien (Aortenisthmusstenose) mindert die Nie-

rendurchblutung. Die folgende Stimulation des Renin-Angiotensin-Mechanismus führt zur Hypertonie, da **Angiotensin** II teilweise vasokonstriktorisch wirkt, den Sympathikus aktiviert, glatte Muskelzellen für Noradrenalin sensibilisiert (▶ Kap. 21.3) und direkt sowie über Stimulation der **Aldosteronfreisetzung** die renale Kochsalzausscheidung drosselt.

Gesteigerte renale Kochsalzresorption in der Niere kann auch ohne primäre Vasokonstriktion durch Erzeugung einer Hypervolämie zur Hypertonie führen (**Volumenhochdruck**). Die Ursachen hierfür können

hormonell (z. B. gesteigerte Ausschüttung von Aldosteron oder von IGF1, ▶ Kap. 74.2) oder genetisch (Überfunktion von NaCl-Transportmechanismen) sein. Eine länger andauernde Hypertonie führt zu einer Schädigung der renalen Arteriolen, die folgende Gefäßverengung mindert die renale Durchblutung und fördert damit Reninausschüttung und **Na⁺-Retention**. So kann eine primär extrarenale Ursache letztlich zur renalen Hypertonie führen. In etwa 6 % aller Patienten mit Hypertonie findet man als Ursache eine **Nierenarterienstenose** oder Nierenerkrankung.

Auch die NaCl-Konzentration an der **Macula densa** hat Einfluss auf die Reninsekretion. Eine niedrige NaCl-Konzentration steigert die Reninfreisetzung. Renin ist allerdings nicht an den Mechanismen des TGF (tubuloglomerulärer Feedback) beteiligt.

> ● Die wichtigsten Stimuli des Renin-Angiotensin-Systems sind niedriger Blutdruck und gesteigerte sympathische Aktivität.

34.3.3 Calcitriol, Urodilatin, Prostaglandine und Klotho

Die Niere regelt über die selbstgebildeten Signalstoffe Calcitriol, Urodilatin, Kinine, Prostaglandine und Klotho ihre eigene Funktion. Die renal gebildeten Hormone beeinflussen aber auch extrarenale Funktionen.

Calcitriol Die proximalen Tubuluszellen bilden das Kalziumphosphat regulierende Hormon 1,25-Dihydroxycholekalziferol (**Calcitriol**), wie in ▸ Kap. 36.2 näher ausgeführt wird. Niereninsuffizienz führt regelmäßig zu herabgesetzter Calcitriolausschüttung.

Urodilatin Während in den Herzvorhöfen aus dem Vorläufermolekül Pro-Atriopeptin durch proteolytische Spaltung das 28 Aminosäuren umfassende Atriopeptin abgetrennt wird, spalten die distalen Tubuli der Niere ein um 4 Aminosäuren verlängertes Peptid, das Urodilatin, aus Pro-Atriopeptin ab. Urodilatin hemmt die tubuläre Natriumresorption, erhöht die **GFR** und bewirkt so eine Steigerung der renalen **Natriumausscheidung**.

Kinine Siehe ▸ Kap. 20.3. Über B_2-Rezeptoren induziert Bradykinin eine lokale **Vasodilatation** und **fördert die renale Salz- und Wasserausscheidung**.

Prostaglandine Aus Arachidonsäure werden durch Zyklooxygenase Prostaglandine gebildet (▸ Kap. 2.6). Die Zyklooxygenasen findet man in der Niere des Erwachsenen hauptsächlich in der Wand der Blutgefäße, in den Sammelrohren und den interstitiellen Zellen des Nierenmarkes. Prostaglandine wirken vorwiegend lokal und sind wichtig für eine normale Nierenentwicklung. Das wichtigste Prostaglandin in der erwachsenen Niere, **PGE_2**, wirkt an den Blutgefäßen **vasodilatorisch**, stimuliert im juxtaglomerulären Apparat die **Reninsekretion**, hemmt in der dicken aufsteigenden Henle-Schleife und im distalen Nephron die **Natriumresorption** und mindert im Sammelrohr die **Wasserresorption**. Im Nierenmark schützt PGE_2 die Zellen vor der hohen Osmolarität.

Zyklooxygenasehemmer
Die Bildung von Prostaglandinen kann durch Hemmer der Zyklooxygenase unterbunden werden. Die Zyklooxygenasehemmer (z. B. die Acetylsalizylsäure in Schmerzmitteln) vermindern dementsprechend die Nierendurchblutung und können zu **Nierenfehlbildungen** führen, die vor allem die Nierenrinde betreffen. Obwohl Zyklooxygenasehemmstoffe (bei normaler Dosierung) keine wesentlichen renalen Funktionseinschränkungen hervorrufen, können sie **bei chronischer hochdosierter Anwendung** zu Nierenentzündung und **Nierenversagen** führen (Analgetikaniere).

Klotho Klotho wird vor allem in der Niere gebildet. Als Membranprotein ist es Kofaktor des **FGF23**-Rezeptors, dessen Stimulation in der Niere die **Phosphatausscheidung** steigert und die Bildung von Calcitriol vermindert (▸ Kap. 36.4). Der extrazelluläre Anteil von Klotho kann proteolytisch abgespalten werden. Dadurch wird es als Hormon in die Zirkulation freigesetzt. In dieser Funktion steigert es die distal-tubuläre Ca^{2+}-Resorption und hemmt die Phosphatresorption auch unabhängig von FGF23. Ein Mangel an Klotho führt zur Entmineralisierung von Knochen (▸ Kap. 36.2).

> ● Niereninsuffizienz führt über eine Hyperphosphatämie und den Mangel an renalen Hormonen (Calcitriol und Klotho) zu Knochenschwäche und Gefäßverkalkungen.

Klinik

Schwangerschaftsnephropathie

Bei normaler Schwangerschaft bildet die Plazenta vasodilatatorisch wirksame Mediatoren (u. a. Prostaglandine, vor allem PGE_2). Der Gefäßwiderstand und der Blutdruck sinken. Die renale Vasodilatation steigert den renalen Plasmafluss und die glomeruläre Filtrationsrate. Trotz renaler Vasodilatation steigt die Ausschüttung von **Renin** und so die Bildung von Angiotensin II und die Ausschüttung von Aldosteron. Die Natriumresorption wird erhöht und trotz gesteigerter GFR letztlich weniger Kochsalz und Wasser ausgeschieden. Extrazellulärvolumen und Plasmavolumen nehmen zu. Aufgrund der vasodilatatorischen Mediatoren kommt es trotz hoher Angiotensinkonzentrationen und trotz Hypervolämie zu keiner Hypertonie.

Bei etwa 5 % der Schwangeren treten jedoch Ödeme, Proteinurie und Hypertonie auf ("Schwangerschaftsnephropathie" oder "EPH[edema, proteinuria, hypertension]-Gestose"). Die verantwortlichen Mechanismen sind nur teilweise bekannt. Thrombokinase aus der Plazenta stimuliert die Blutgerinnung und in den Glomerula der Niere lagert sich Fibrin ab.
Die Schädigung des glomerulären Filters führt zu **Proteinurie**, durch renalen Verlust von Plasmaproteinen sinkt der onkotische Druck und die Bildung peripherer Ödeme wird begünstigt. Darüber hinaus werden auch periphere Kapillaren geschädigt. Die Bildung von Ödemen geschieht auf Kosten des Plasmavolumens, es kommt zur Hypovolämie. Die Plazenta bildet weniger

vasodilatatorisch wirksame Prostaglandine und es überwiegen vasokonstriktorische Einflüsse (z. B. Angiotensin II). Folgen sind Hypertonie und Zunahme des Widerstandes von Nierengefäßen. Renaler Plasmafluss, glomeruläre Filtrationsrate und renale Natriumausscheidung sind herabgesetzt. Das Überwiegen vasokonstriktorischer Einflüsse kann lokale **Gefäßspasmen** auslösen, die u. a. eine Mangeldurchblutung des Gehirns mit Auftreten von **Krampfanfällen** und Koma (Eklampsie) auslösen können.

34

Klinik

Hepatorenales Syndrom

Bei pathologischem Ersatz von intaktem Lebergewebe durch Bindegewebe (Leberzirrhose) kommt es bisweilen zum **oligurischen Nierenversagen**, ein lebensbedrohlicher Krankheitsverlauf, den man als hepatorenales Syndrom bezeichnet. Ursache ist vor allem eine gestörte Kreislaufregulation: Bei Leberzirrhose kommt es durch die Einengung des Gefäßbettes im erkrankten Organ zu einem Blutrückstau im Pfortaderkreislauf mit Zunahme des hydrostatischen Druckes in den Kapillaren und gesteigerter Filtration von Flüssigkeit in die Bauchhöhle (Aszites). Gleichzeitig führt die herabgesetzte Produktion von Plasmaproteinen im Leberparenchym zur Hypoproteinämie und damit zu gesteigerter Filtration von Plasmawasser in der Peripherie (Ödeme). Aszites und Ödeme mindern das zirkulierende Plasmavolumen. Hinzu kommt eine Vasodilatation im Splanchnikusgebiet. Diese Faktoren senken den Blutdruck und stimulieren den **Sympathikus** der über renale Vasokonstriktion die Nierendurchblutung (Ischämie) und GFR senkt. Es kommt zur Ausschüttung von **Renin**, mit folgender Bildung von Angiotensin II und Ausschüttung von **ADH** und **Aldosteron**. ADH und Aldosteron steigern die tubuläre Rückresorption von Wasser und Kochsalz und die Niere scheidet kleine Volumina eines hochkonzentrierten Harnes aus (Oligurie).

In Kürze

Die Niere bildet Hormone bzw. humoral wirksame Faktoren mit unterschiedlichen Funktionen: Besonders **Erythropoietin** zur Stimulation der Erythropoese, **Renin**, ein Enzym, das die Bildung von Angiotensin induziert, **Calcitriol** zur Retention von Ca^{2+} und Phosphat und **Prostaglandine** als lokal-wirksame Mediatoren.

34.4   Messgrößen der Nierenfunktion

34.4.1   Glomeruläre Filtrationsrate (GFR)

Wichtigster Parameter der Nierenfunktion ist die glomeruläre Filtrationsrate (GFR) als Maß für die Anzahl intakter Nephrone.

Bestimmung der GFR   Substanzen, die frei filtriert werden, weisen im Filtrat praktisch die gleiche Konzentration auf wie im Plasma (C_P). Ihre filtrierte Menge pro Zeit (M_p) ist demnach $C_P \times$ GFR. Werden sie weder resorbiert noch sezerniert, wie das Polysaccharid **Inulin**, dann ist ihre ausgeschiedene Menge pro Zeit (M_U) gleich der filtrierten Menge pro Zeit, d. h.

$$M_U = M_p \quad \text{oder} \quad C_U \times \dot{V}_U = GFR \times C_P \qquad (34.1)$$

Dabei ist C_U die Konzentration der Substanz im Urin und $\dot{V}_U$ die Urinstromstärke (**Harnzeitvolumen**). Bestimmt man C_U, $\dot{V}_U$ und C_P, dann kann man aus diesen Werten die **GFR** errechnen:

$$GFR = C_u \times \dot{V}_U / C_P \qquad (34.2)$$

Einfacher ist die Bestimmung der GFR mithilfe von **Kreatinin**. Es wird ständig von der Muskulatur abgegeben und muss nicht von außen zugeführt werden. Da es tubulär nur geringfügig transportiert wird, erlaubt es ebenfalls eine Abschätzung der GFR. Da die GFR das Volumen darstellt, das pro Zeit von Kreatinin befreit (geklärt) wurde, spricht man auch von Kreatininclearance.

❯ Die Kreatininclearance ist ein gutes Maß für die glomeruläre Filtrationsrate.

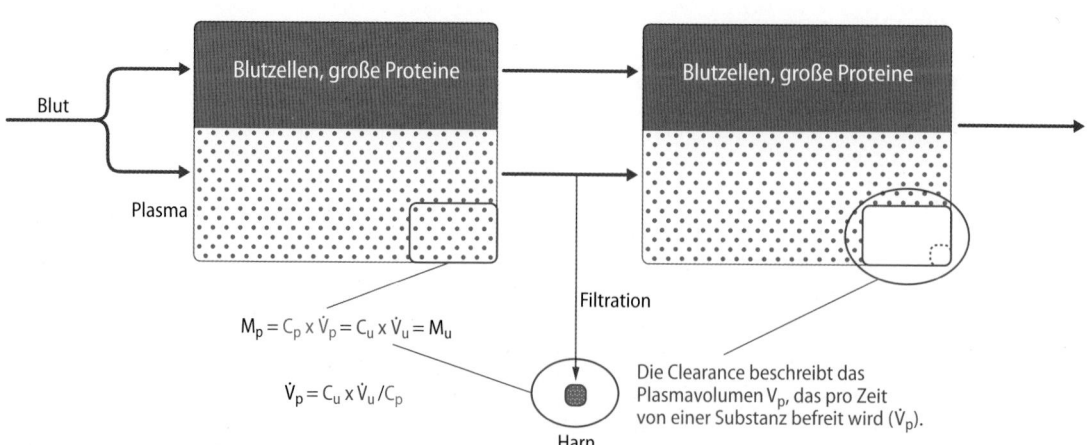

◻ **Abb. 34.4   Clearance und glomeruläre Filtrationsrate.** Ein Teil des Plasmavolumens mit der darin enthaltenen Substanz wird filtriert (Rahmen). Im Filtrat befindet sich die Stoffmenge M_P. Das filtrierte Flüssigkeitsvolumen wird zu 99 % rückresorbiert, die filtrierte Stoffmenge (M_U) landet mit der verbleibenden Flüssigkeit (V_U, kleines Quadrat) im Urin. Beschreibt man beide Stoffmengen über ihre Konzentration ($M = C \times V$), setzt sie gleich, formt um und betrachtet pro Zeit, so kommt man zur Clearance. In diesem Beispiel entspricht die Clearance der glomerulären Filtrationsrate GFR, da genau das filtrierte Volumen pro Zeit von der Substanz befreit wurde

Beispiel

Die Kreatininkonzentration im Plasma (C_P) eines Patienten sei 0,1 mmol/l, die Konzentration im Urin (C_U) 5 mmol/l, die Urinstromstärke $\dot{V}_U$ = 2 ml/min. Dann beträgt die glomeruläre Filtrationsrate GFR = 5 [mmol/l] × 2 [ml/min] / 0,1 [mmol/l] = 100 ml/min.

Kreatininplasmakonzentration Im klinischen Alltag wird häufig die Plasmakonzentration von Kreatinin als erstes Maß für die Nierenfunktion herangezogen. Da Kreatinin praktisch ausschließlich über die Niere ausgeschieden wird, muss die pro Zeiteinheit **gebildete Kreatininmenge** auch **renal ausgeschieden** werden. Bei Abnahme der GFR sinkt die renale Ausscheidungsrate von Kreatinin (M_U) zunächst unter die pro Zeiteinheit produzierte Kreatininmenge (M). Da weniger ausgeschieden als produziert wird, steigt die Plasmakonzentration (C_P) solange an, bis die pro Zeiteinheit filtrierte Menge (M_P) wieder die produzierte Menge erreicht hat. Im Gleichgewicht ist M_U = M = M_P. Bei konstanter Kreatininproduktion ist somit das Produkt von GFR und Plasmakonzentration konstant (GFR × C_P = M_U = M_P), und die **Plasmakonzentration steigt umgekehrt proportional zur GFR** (◘ Abb. 34.5).

Allerdings ist die Kreatininproduktion u. a. eine **Funktion der Muskelmasse** und keineswegs konstant. Eine gesteigerte Kreatininproduktion erfordert eine gesteigerte renale Ausscheidung, d. h. bei gleicher GFR eine erhöhte Plasmakreatininkonzentration. Eine mäßige Abnahme der GFR kann daher leicht übersehen werden, wenn gleichzeitig weniger Kreatinin produziert wird.

Bei **chronischer Niereninsuffizienz** (▶ Box „Chronische Niereninsuffizienz") steigt der Plasmakreatininspiegel entsprechend der Abnahme der GFR an. Mit ihm steigt auch die Konzentration anderer renal ausgeschiedener Solute. Der Anstieg an Konzentrationen toxischer Solute zwingt letztlich zur Blutwäsche bzw. Dialyse (▶ Box „Nierenersatztherapie").

> Die Abschätzung der GFR aus der Kreatininplasmakonzentration ist unsicher.

34.4.2 Clearance transportierter Solute

Die Clearance und fraktionelle Ausscheidung von Soluten ist eine Funktion von Filtration, Resorption und Sekretion.

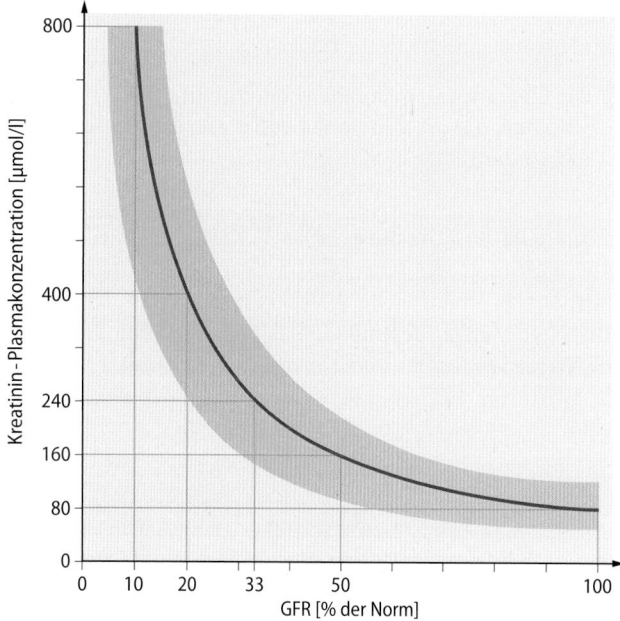

◘ **Abb. 34.5 Abhängigkeit der Kreatininplasmakonzentration von der glomerulären Filtrationsrate (GFR).** Die alleinige Abschätzung der GFR aus der Kreatininplasmakonzentration ist unsicher, da die Kurve mit der Abnahme der GFR zunächst sehr flach verläuft und einen großen individuellen Streubereich hat

Allgemeiner Clearancebegriff Die filtrierte Menge von Inulin und Kreatinin wird zur Gänze ausgeschieden. Das Plasmavolumen, das von **Inulin** und **Kreatinin** „geklärt" wurde (Clearance), entspricht somit der GFR. Ein bestimmtes Plasmavolumen kann aber auch, zusätzlich zur Filtration, durch tubulären Transport geklärt werden. Auch hier landet die Stoffmenge des geklärten Volumens im Urin (◘ Abb. 34.4). Man kann also die renale Clearance C einer beliebigen Substanz mit der Plasmakonzentration C_P, der Urinkonzentration C_U und dem Harnzeitvolumen $\dot{V}_U$ berechnen:

$$C = C_U \times \dot{V}_U \Big/ C_P \tag{34.3}$$

Bei Substanzen, die aus dem Filtrat resorbiert werden (z. B. Glukose), ist die Clearance kleiner als die GFR. Bei Substan-

Klinik

Chronische Niereninsuffizienz

Ursachen

Häufigste Ursachen einer fortschreitenden Zerstörung von Nierengewebe sind Diabetes mellitus und Glomerulonephritis. Ersatz der Glomerula und Tubuli durch Bindegewebe führt zur sog. Schrumpfniere. Bei Verlust von mehr als 80 % der Nephrone ist die Niere meist nicht mehr in der Lage, ihre Hormonproduktion und Ausscheidungsfunktion hinreichend zu erfüllen (chronische Niereninsuffizienz).

Folgen

Auswirkung einer chronischen Niereninsuffizienz ist ein Anstieg der Konzentrationen von normalerweise durch die Niere ausgeschiedenen („harnpflichtigen") Substanzen im Blut (**Urämie**). In aller Regel täuscht das Urinvolumen über das wirkliche Ausmaß der Störung hinweg, da parallel zur GFR auch die tubuläre Resorption abnimmt, sodass die Minderung des Harnzeitvolumens zunächst nur mäßig ausfällt. Der Urin ist jedoch wenig konzentriert und die Ausschei-

dung wesentlicher Bestandteile des Urins ist herabgesetzt. Eine Konsequenz der eingeschränkten Nierenfunktion ist die **Retention von Phosphat** (▶ Kap. 36.4). Die herabgesetzte renale Eliminierung von H^+ führt zur **Azidose** (▶ Kap. 37.1), die Retention von Kochsalz und Wasser zur **Hyperhydratation** (▶ Kap. 35.5) und die Retention von K^+ zur **Hyperkaliämie** (▶ Kap. 35.6). Schließlich zieht die verminderte Ausschüttung von Erythropoietin regelmäßig eine **Anämie** nach sich.

zen, die sezerniert werden (z. B. Paraaminohippursäure), ist die Clearance größer als die GFR.

> Die Clearance einer Substanz beschreibt das Plasmavolumen, das pro Zeiteinheit von dieser Substanz befreit wird.

Fraktionelle Ausscheidung Das Verhältnis der Clearance einer Substanz zur GFR wird fraktionelle Ausscheidung genannt. Die fraktionelle Ausscheidung ist der Anteil der filtrierten Menge, der mit dem Urin ausgeschieden wird. Die Werte von Inulin und Kreatinin sind damit 1 (100 %), die Werte für Wasser und Kochsalz liegen bei etwa 0,01 (1 %).

Beispiel
Bei einem Patienten werden eine Harnstoffkonzentration von 5 mmol/l im Plasma und eine Harnstoffkonzentration von 80 mmol/l im Urin gemessen. Die Urinstromstärke sei 3 ml/min. Die Harnstoff-Clearance beträgt somit: C = 80 [mmol/l] × 3 [ml/min] / 5 [mmol/l] = 48 ml/min. Ist die GFR des Patienten 100 ml/min, dann ist seine fraktionelle Harnstoffausscheidung 0,48 (48 %). Das heißt, der Patient scheidet etwa die Hälfte des filtrierten Harnstoffs aus.

Osmotische Clearance, freie Wasser-Clearance Die Clearance der Gesamtheit an osmotisch aktiven Substanzen ist die osmotische Clearance (U_{osm} und P_{osm} sind die Osmolaritäten von Harn bzw. Plasma):

$$C_{osm} = \dot{V}_U \times \frac{U_{osm}}{P_{osm}} \tag{34.4}$$

Die freie Wasser-Clearance V_{H2O} ist das Volumen Wasser, welches der zunächst isotonen Tubulusflüssigkeit bei der Bildung des Endharns zugeführt wird.

Freie Wasser-Clearance
Die Überlegungen zur freien Wasser-Clearance gehen darauf zurück, dass man die Niere ganz vereinfacht als ein Organ betrachtet, welches das isotone Plasmafiltrat je nach Bedarf in verdünnter, isotoner oder konzentrierter Form ausscheiden kann. Zur Beschreibung wurde deshalb ein Modell erstellt. Dabei teilt man das Harnzeitvolumen ($\dot{V}_U$) gedanklich in einen isotonen Anteil und einen Anteil aus Wasser. Der erste Teil ist ein Plasma-isotones Volumen ($\dot{V}_{isoton}$). Der zweite Teil ist ein Volumen freies Wasser ($\dot{V}_{H2O}$). Die Summe dieser beiden Volumina ergibt wieder das Harnzeitvolumen: $\dot{V}_{H2O} + \dot{V}_{isoton} = \dot{V}_U$. Setzt man in Gl. 34.4 $U_{osm} = P_{osm}$, so erkennt man, dass der gedachte isotone Anteil des Harn-

zeitvolumens der osmotischen Clearance entspricht. Damit ist $\dot{V}_{H2O} + C_{osm} = \dot{V}_U$ und die freie Wasser-Clearance ist: $\dot{V}_{H2O} = \dot{V}_U - C_{osm}$. Anschaulicher könnte man die freie Wasser-Clearance als das Wasservolumen bezeichnen, welches die Niere der isotonen Tubulusflüssigkeit vor der Ausscheidung zugeführt hat. Damit wird auch klar, dass die freie Wasser-Clearance negativ wird, wenn der Harn konzentriert ist.

Die freie Wasser-Clearance ist die Differenz von Harnzeitvolumen und osmotischer Clearance.

$$\dot{V}_{H2O} = \dot{V}_U - C_{osm} \tag{34.5}$$

oder

$$\dot{V}_{H2O} = \dot{V}_U \left(1 - \frac{U_{osm}}{P_{osm}}\right) \tag{34.6}$$

Aus Gl. 34.6 wird leicht ersichtlich: Bei einem hypoosmolaren Urin ($U_{osm} < P_{osm}$) hat die freie Wasser-Clearance einen positiven Wert. Ist die Urinosmolarität höher als im Plasma, dann resultiert eine **negative freie Wasser-Clearance**.

Beispiel
Ein Patient scheidet 6 ml/min eines Harns mit 145 mosmol/kg Wasser aus. Zur plasmaisotonen (P_{osm} = 290 mosmol/kg H_2O) Lösung der ausgeschiedenen osmotisch aktiven Substanzen wären 6 [ml/min] × 145 [mosmol/kg Wasser] / 290 [mosmol/kg Wasser] = 3 ml/min erforderlich. Die freie Wasser-Clearance beträgt demnach 6 ml/min – 3 ml/min = 3 ml/min. Beträgt die Urinosmolarität 580 mosmol/kg H_2O, dann wären (bei einer Urinstromstärke von 6 ml/min) 12 ml/min zur plasmaisotonen Lösung der Urinbestandteile erforderlich. Es resultiert somit eine negative freie Wasser-Clearance von 6 – 12 = –6 ml/min.

34.4.3 Sättigbare Transportprozesse

Sättigbare Transportprozesse werden durch maximale Transportrate (bzw. Nierenschwelle) und Affinität charakterisiert.

Transportmaximum und Affinität sättigbarer Transportprozesse Eine Reihe von renalen Transportprozessen (◘ Abb. 34.6a,b) weisen eine maximale Transportrate (r) auf, die im Bereich bzw. nicht weit über der filtrierten Rate (f) liegt. Für die Ausscheidungsrate der betroffenen Substanzen (a) sind die kinetischen Parameter des Transportsystems, wie **maximale Transportrate** (T_m) und **Affinität** entscheidend. Bei

Klinik

Nierenersatztherapie

Dialyse
Ein Patient mit fortgeschrittener Niereninsuffizienz kann nur überleben, wenn die Eliminierung der harnpflichtigen Substanzen gewährleistet wird. Die im Körper akkumulierten Elektrolyte, Wasser und organischen Substanzen können durch Dialyse aus dem Körper entfernt werden. Dabei wird Blut durch semipermeable technische Kapillaren geleitet, welche die Diffusion der Substanzen in eine externe Elektrolytlösung

erlauben (Hämodialyse). Eine Hämodialysesitzung dauert i. d. R. 4 Stunden und ist etwa alle 3 Tage erforderlich. Als Alternative kann der Peritonealraum mit Dialyselösungen durchspült werden. Aus dem Blut diffundieren dabei die „harnpflichtigen Substanzen" in den Peritonealraum und werden auf diese Weise entfernt. Wasser wird dabei durch Verwendung hypertoner Lösungen eliminiert. Die Regulation der Elektrolytzusammensetzung des Körpers durch die Niere

kann durch keine der beiden Verfahren völlig ersetzt werden. Die künstlichen Membranen bei Hämodialyse bzw. das Peritoneum (Epithel) bei Peritonealdialyse erlauben ferner nicht das Passieren von einigen größeren Peptiden, die normalerweise in der Niere abgebaut werden. Diese Peptide stören u. a. die Funktion von Zellen der Immunabwehr. Die Dialyse kann nicht die Regulation durch die Nieren und nicht die metabolischen Funktionen der Niere ersetzen.

Vorliegen einer einfachen Kinetik gilt für die Transportrate (r) die **Michaelis-Menten-Beziehung**:

$$r = C \times Tm / (C + C\tfrac{1}{2}) \qquad (34.7)$$

wobei C die aktuelle Substratkonzentration und $C_{\tfrac{1}{2}}$ diejenige Substratkonzentration ist, bei welcher halbmaximal transportiert wird. Für die Ausscheidung der Substanz gilt:

$$a = f - r \qquad (34.8)$$

Mit zunehmender Plasmakonzentration (P) steigt einerseits die filtrierte Rate: $(f = P \times GFR)$ und andererseits die Konzentration am Transporter (C) und damit die Transportrate.

Resorptionsprozesse mit hoher Affinität (◨ Abb. 34.6a) Bei hoher Affinität bzw. kleinem $C_{\tfrac{1}{2}}$ sind nur geringe Substratkonzentrationen erforderlich, um die maximale Transportrate zu erreichen, und die Substanz wird fast vollständig resorbiert, solange die filtrierte Menge nicht die **maximale Transportrate** übersteigt. Sobald die maximale Transportrate überschritten ist, wird die zusätzlich filtrierte Menge vollständig ausgeschieden. Der Übergang von vollständiger Resorption zu beginnender Ausscheidung (Nierenschwelle) ist scharf (◨ Abb. 34.6a, rote Linie).

Für **Phosphat** ist die Nierenschwelle normalerweise etwa 20 % niedriger als die Plasmakonzentration, es werden also etwa 20 % der filtrierten Menge ausgeschieden. Für **Glukose** (◨ Abb. 34.6a) ist die Nierenschwelle (G2, 10 mmol/l) etwa doppelt so hoch wie die Plasmakonzentration im Nüchternzustand (G1, ca. 5 mmol/l). Glukose wird daher nur bei massiv gesteigerten Plasmakonzentrationen (G3, > 10 mmol/l) ausgeschieden, wie sie bei Diabetes mellitus auftreten können (▸ Kap. 76.2). Weitere Substrate von Transportprozessen mit hoher Affinität sind einige **Aminosäuren**.

Resorptionsprozesse mit niederer Affinität (großes $C_{\tfrac{1}{2}}$) (◨ Abb. 34.6b) Niederaffine Transportprozesse arbeiten bei niedrigen Substratkonzentrationen weit unter dem Trans-

portmaximum und es wird Substanz ausgeschieden, bevor die filtrierte Menge die maximale Transportrate übersteigt (H1). Eine weitere Zunahme der Plasmakonzentration (H_2) steigert nicht nur die filtrierte Menge, sondern auch die Resorptionsrate, die Ausscheidung (a) steigt also weniger steil an als die filtrierte Menge (f). Beispiele sind **Harnsäure** und **Glycin**.

> Der Membrantransport in den Nierentubuli kann oft durch eine Michaelis-Menten-Beziehung (T_m, $C_{1/2}$) beschrieben werden.

34.4.4 Bestimmung des renalen Blutflusses

Die Clearance von sezernierten Substanzen kann den renalen Plasmafluss erreichen.

Bestimmung des renalen Plasmaflusses Wird eine Substanz sezerniert (◨ Abb. 34.6c, rote Linie), dann addieren sich filtrierte und transportierte Mengen. Bei **Sekretionsprozessen mit hoher Affinität** (z. B. Paraaminohippursäure) wird die gesamte, die Niere passierende Substanz ausgeschieden, **solange der Transportprozess noch nicht gesättigt ist** (◨ Abb. 34.6c, PAH1):

$$a = P \times RPF \qquad (34.9)$$

Dabei ist RPF das pro Zeiteinheit die Niere passierende Plasmavolumen (renaler Plasmafluss, RPF) und P die Plasmakonzentration der Substanz. Kommt der Transportprozess in Sättigung (◨ Abb. 34.6c, PAH2) steigt die Ausscheidungsrate (a) nur noch um den filtrierten Anteil (f) weiter an.

Renaler Blutfluss Aus dem RPF und dem Hämatokrit (Hkt) kann der renale Blutfluss (RBF) errechnet werden:

$$RBF = RPF / (1 - Hkt) \qquad (34.10)$$

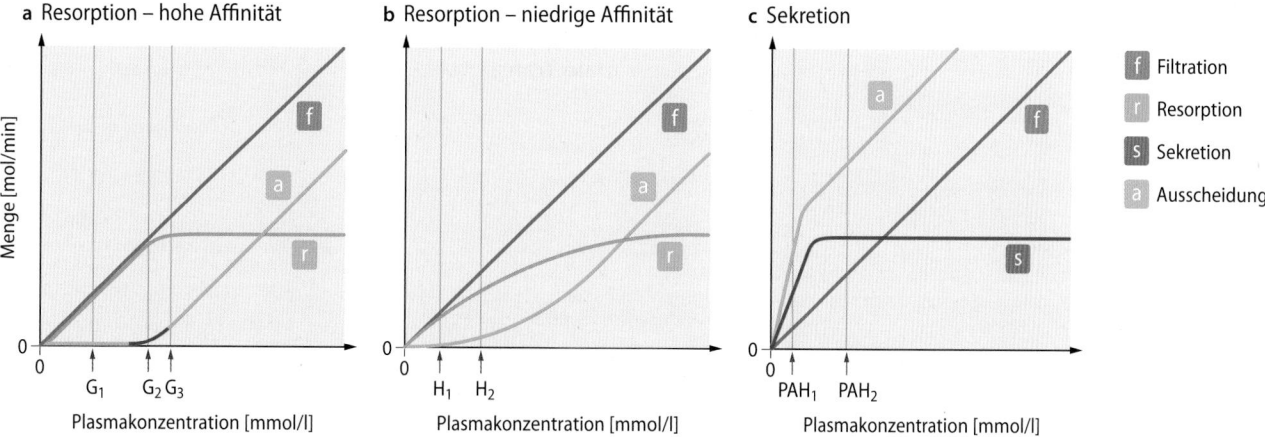

a Resorption – hohe Affinität   **b** Resorption – niedrige Affinität   **c** Sekretion

f Filtration
r Resorption
s Sekretion
a Ausscheidung

◨ **Abb. 34.6a–c   Filtration, Resorption und Ausscheidung von Substanzen, die in der Niere** sättigbar transportiert werden. **a** Resorption mit hoher Affinität (Beispiel: Glukose, Phosphat). **b** Resorption mit niederer Affinität (Beispiel: Harnsäure). **c** Sekretion (Beispiel: Paraaminohippursäure, PAH). Details siehe Text

In Kürze

Wichtige Messparameter der Nierenfunktion sind die glomeruläre Filtrationsrate (GFR), der renale Plasmafluss (RPF) und die fraktionelle Ausscheidung einzelner Substanzen. Die renale Clearance einer Substanz ist das Plasmavolumen, welches in einem Zeitraum von dieser Substanz befreit („geklärt") wird. Viele Substanzen werden durch sättigbare Transportprozesse resorbiert oder sezerniert, die durch **Affinität** und **Transportmaximum** (bzw. Nierenschwelle) charakterisiert werden.

Literatur

Seldin and Giebisch's The Kidney, Physiology & Pathophysiology; Alpern, Caplan, Moe (Editors), 5. Auflage, 2013, Academic Press

Brenner and Rector's The Kidney, 10. Auflage, 2016, Saunders/Elsevier

Medical Physiology, 2. Auflage, 2012, Boron, Boulpaep, Saunders/Elsevier

Intrarenal Purinergic Signaling in the Control of Renal Tubular Transport, 2010, Annual Review of Physiology Vol. 72: 377–393

Renal denervation: current implications and future perspectives, Clinical Science (2014) 126, (41–53)

34

Wasser- und Elektrolyt-Haushalt

Pontus Persson

© Springer-Verlag GmbH Deutschland, ein Teil von Springer Nature 2019
R. Brandes et al. (Hrsg.), *Physiologie des Menschen*, Springer-Lehrbuch
https://doi.org/10.1007/978-3-662-56468-4_35

Worum geht's?

Wasser- und Elektrolytbilanz müssen sorgfältig reguliert werden

Die tägliche Einfuhr von Wasser und Salzen über die Nahrung schwankt. Ihr Bestand und ihre Verteilung auf die verschiedenen Räume muss jedoch in engen Grenzen konstant gehalten werden, um lebensbedrohliche Funktionsstörungen zu vermeiden. Die Hauptlast dieser Bilanzierung trägt die Niere. Endokrine Regelkreise messen das Extrazellulärvolumen und die Konzentration osmotisch aktiver Teilchen und führen zu einer Erhöhung oder Verminderung der Ausscheidung (◻ Abb. 35.1).

Flüssigkeitsräume

Wasser macht mehr als 50 % der Körpermasse aus und ist auf den Extra- und den Intrazellularraum verteilt. Die Volumina dieser Räume kann man durch Verdünnungsmethoden bestimmen. Zwischen den Räumen werden Wasser und Elektrolyte kontrolliert ausgetauscht. Plasmaproteine binden osmotisch aktive Teilchen und bestimmen den kolloidosmotischen Druck. Vor allem das ZNS muss vor bereits geringen Schwankungen der Osmolarität geschützt werden.

Wasser- und Kochsalz-Aufnahme und -Ausscheidung

Extrazellulärvolumen und -osmolarität werden kontinuierlich gemessen; NaCl bestimmt im Wesentlichen die Osmolarität des Extrazellularraums. Ein Verlust von Salz und/oder Wasser muss schnell kompensiert werden. Dazu werden über Hormone und Transmitter die Salz- und Wasseraufnahme über die Steuerung von Durst, Salzappetit und Trinkverhalten angeregt und Sparmaßnahmen in den Ausscheidungsorganen in Gang gesetzt. Entsprechend ist die Ausscheidung von Wasser und Kochsalz geregelt. Die wesentlichen hormonellen Regelkreise der Osmo- und Volumenregulation sind (i) das ADH (antidiuretisches Hormon)-System, (ii) das Renin-Angiotensin-Aldosteron-System, (iii) die natriuretischen Peptide sowie (iv) zentrale Mechanismen.

Störungen des Wasser- und Elektrolyt-Haushalts

Abweichungen im Wassergehalt des Körpers werden als **Hypo- oder Hyperhydratation** bezeichnet. Dabei kann die Osmolarität der Extrazellularflüssigkeit normal (isoosmolar), zu hoch (hyperosmolar) oder zu niedrig (hypoosmolar) sein. Verschiedene Ursachen können dazu führen, dass Wasser in das Interstitium übertritt und Ödeme entstehen.

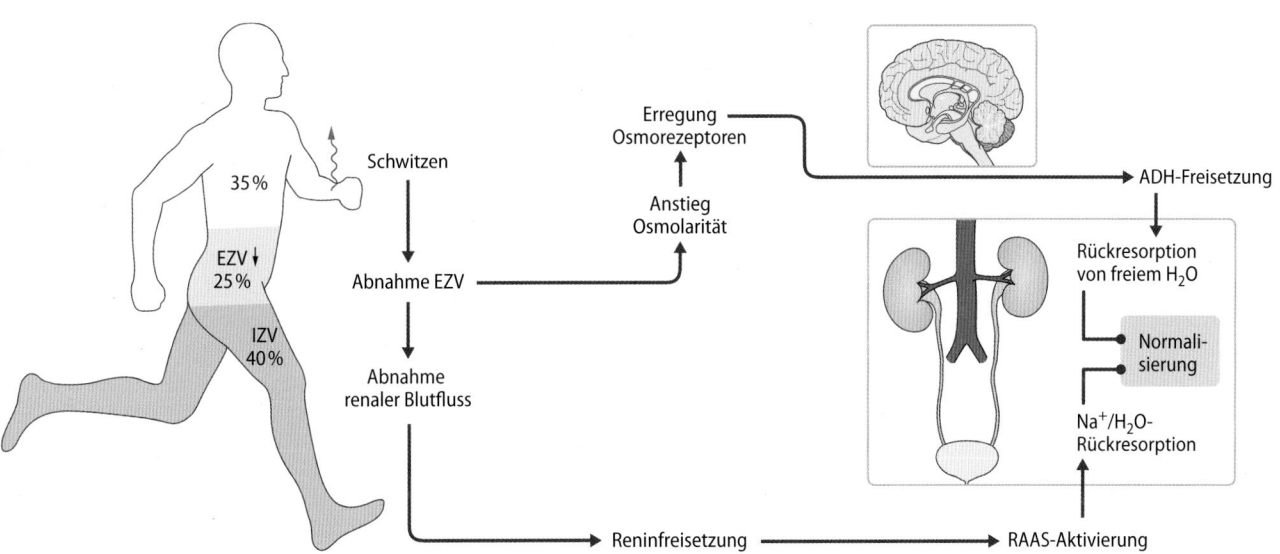

◻ **Abb. 35.1   Regulation von Wasser- und Elektrolyt-Haushalt im menschlichen Körper:** Kompensation von Änderungen des Extrazellulärvolumen und/oder der Osmolarität. IZV=Intrazelluläres Volumen, EZV=Extrazelluläres Volumen

35.1   Flüssigkeits- und Elektrolytbilanz

35.1.1   Wasserbilanz

Zufuhr und Ausscheidung gewährleisten das richtige Volumen und die korrekte Elektrolytzusammensetzung des Körpers. Mehr als 2,5 l werden täglich durch die Nieren- und Darmtätigkeit sowie über die Körperoberfläche ausgeschieden.

Flüssigkeitsaufnahme   Ohne **Trinken** geht es nicht: Dem Organismus muss ständig Wasser zugeführt werden. Allein über die Nierenausscheidung gehen täglich ca. 1,5 l an Flüssigkeit verloren (◙ Abb. 35.2). Beim Schwitzen können mehrere Liter am Tag über die Haut verdunsten.

Flüssigkeitsdefizite werden nicht ausschließlich durch Trinken und Essen (die Nahrung besteht durchschnittlich zu 60 % aus Wasser) ausgeglichen. Wasser entsteht auch beim **oxidativen Abbau** der Nahrung. Bei der Verbrennung von 1 g Fett entsteht über 1 ml Wasser, bei Kohlenhydraten 0,6 ml/g und bei Eiweiß 0,44 ml/g Wasser. Auf diese Weise fließen uns täglich etwa 300 ml an Wasser zu. Dieses **Oxidationswasser** reicht bei der Wüstenspringmaus zur Begleichung ihrer gesamten Wasserbilanz aus. Der Mensch muss zusätzlich mehr als einen Liter Wasser trinken und einen weiteren knappen Liter mit der Nahrung aufnehmen.

Flüssigkeitsabgabe   Die **Haut** stellt normalerweise eine effektive Barriere gegen den Verlust von Wasser dar. Bei Verlust dieser Barriere (z. B. bei Verbrennungen) können jedoch große Mengen an Wasser verdunsten. Unbemerktes Verdunsten von Wasser heißt **Perspiratio insensibilis**. Dazu gehört das durch die Haut „abgedampfte" und das abgeatmete Wasser. Wir verlieren bis zu 500 ml Wasser am Tag über die **Abatmung**. Auch der **Darm** muss Wasser sparen; normalerweise werden nur 200 ml Wasser mit dem Stuhl ausgeschieden.

❯❯ **Wasser geht über Stuhlgang, Urin, Lunge und Haut verloren.**

Eine pathologische Steigerung der sezernierten Darmflüssigkeitsmenge kann einen lebensbedrohlichen Flüssigkeitsverlust nach sich ziehen (bis zu 20 l/Tag, z. B. bei Cholera).

35.1.2   Elektrolytbilanz

Die Elektrolytbilanz wird in engen Grenzen geregelt. Unter physiologischen Bedingungen ist die Niere das maßgebliche Ausscheidungsorgan für Kochsalz.

Elektrolytaufnahme   Die tägliche Elektrolytaufnahme schwankt erheblich. So ist z. B. der **Salzappetit** des durchschnittlichen Europäers beträchtlich und dadurch der Konsum höher als erforderlich.

Elektrolytausscheidung über die Niere und den Darm   Die **Nieren** tragen die Hauptlast der Bilanzierung, indem sie die überschüssigen Elektrolyte ausscheiden. Aber auch die ente-

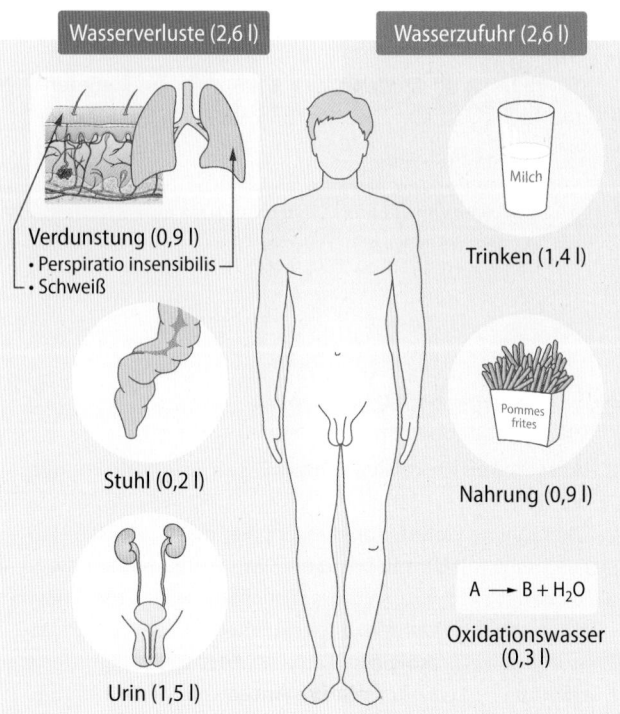

◙ **Abb. 35.2   Tägliche Wasserbilanz des Menschen (durchschnittliche Werte).** Die Bilanz ist über die Zeit ausgeglichen, d. h. die Wasserzufuhr entspricht der Wasserabgabe. Hauptquellen des Wassers sind Getränke und Nahrungsmittel. Eine Wasserabgabe erfolgt hauptsächlich über die Urinausscheidung und die Verdunstung

◙ **Tab. 35.1**   Täglicher Elektrolytumsatz des Körpers bei Erwachsenen

	Gesamtumsatz [mmol/24 h]	Ausscheidung in % der Gesamtausscheidung		
		Urin	Fäzes	Schweiß
Natrium	150	95	4	1
Kalium	100	90	10	–
Chlorid	100	98	1	1
Kalzium	20	30	70	
Magnesium	15	30	70	–

rale Absorption und Ausscheidung von Elektrolyten (vor allem divalenten Kationen wie z. B. Ca^{2+}, Mg^{2+}, ◙ Tab. 35.1) wird dem jeweiligen Elektrolytbedarf angepasst. Daher schwanken die Bestände nicht nennenswert. Eine Beeinträchtigung der **intestinalen Absorption** kann hingegen bedrohlich werden, da Verdauungssekrete viel Salz und Bikarbonat enthalten. Kochsalz kann in erheblichen Mengen über den Schweiß verlorengehen.

In Kürze

Die Zufuhr und Ausscheidung gewährleisten Volumen- und Elektrolytzusammensetzung. **Wasser- und Elektrolytzufuhr** werden durch orale Aufnahme und Bildung von Oxidationswasser gewährleistet, die **Flüssigkeitsabgabe** über die renale Ausscheidung, Stuhl, Schweißsekretion und Perspiratio insensibilis. Die Elektrolytbilanz wird vor allem über die Nieren reguliert.

35.2 Flüssigkeitsräume

35.2.1 Wasseranteil des Organismus

Wasser macht mehr als die Hälfte des Körpergewichtes aus. Der jeweilige Anteil ist u. a. von Lebensalter und Geschlecht abhängig.

Wasseranteil des Körpers Wasser macht ca. **50–75 % der Körpermasse** aus. Der **relative Anteil** von Wasser hängt von verschiedenen Faktoren ab: (■ Abb. 35.3)

- **Alter:** Die Verringerung vor allem des Intrazellulärvolumens im Alter ist v. a. eine Folge der verringerten Muskelmasse.
- **Geschlechts- und konstitutionelle Unterschiede:** Fettgewebe enthält nur etwa 20 % Wasser. Der Wasseranteil am Körpergewicht bei fettleibigen Personen ist daher geringer als bei schlanken. Aufgrund des höheren Fettanteils haben Frauen einen geringeren Wasseranteil als Männer.

> Wasser macht ca. 50–75 % der Körpermasse aus; der Anteil ist u. a. vom Alter, Geschlecht und Ernährungszustand abhängig.

35.2.2 Flüssigkeitsräume

Das Körperwasser ist auf zwei gegeneinander abgegrenzte Flüssigkeitsräume verteilt, den Extra- und den Intrazellularraum.

Extrazellularraum In einem Zellverband ist nicht jede Zelle im Austausch mit der Außenwelt. Stattdessen wird ein „inneres Milieu" gebildet, das dem der ursprünglichen Außenwelt ähnlich war, der Extrazellularraum. Den größten Anteil des Extrazellularraums nimmt der **interstitielle Raum** ein (■ Abb. 35.4). Es ist der eigentliche Raum zwischen den Zellen. Der interstitielle Raum ist keine bloße Flüssigkeitsansammlung, sondern gleicht mehr einem Gel, damit die Schwerkraft kein Absacken bewirkt. Ein dichtes Netzwerk aus **Kollagenen** und **Proteoglykanen** durchzieht den interstitiellen Raum, die winzigen Zwischenräume sind mit Flüssigkeit gefüllt. Der interstitielle Raum kann so flüssig sein wie die Lymphe oder Wharton-Sulze im Nabelstrang, aber auch so hart wie Knorpel.

Plasmaraum und Transzellularraum Diese sind ebenfalls Bestandteil des Extrazellularraumes. Der **Plasmaraum**, also das Blut ohne seine korpuskularen Anteile, ist durch die Endothelzellschicht begrenzt und stellt **ca. 20 %** des Extrazellularraums. Der Transzellularraum wird durch **Epithel** abgegrenzt. Er befindet sich in den Pleura-, Peritoneal- oder

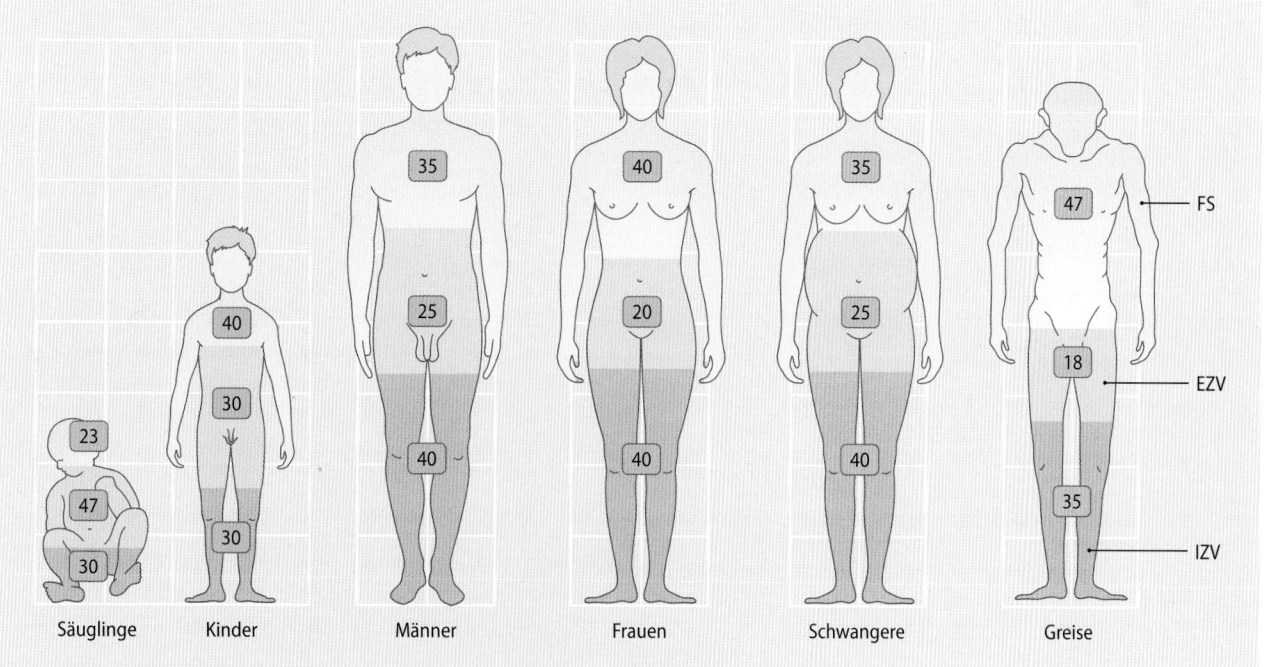

■ **Abb. 35.3   Anteil von intra- und extrazellulärem Wasser am Körpergewicht;** Einfluss von Geschlecht und Alter. Anhaltswerte, die große Variabilität aufweisen (insbes. bei Fettleibigkeit). EZV=Extrazellulärvolumen; IZV=Intrazellulärvolumen; FS=feste Substanzen (Knochen, Fett etc.)

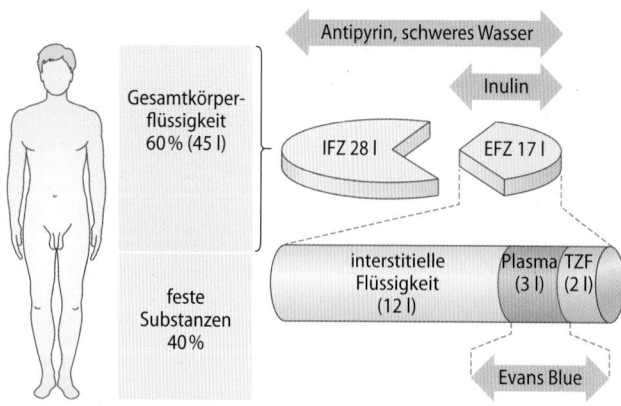

◻ Abb. 35.4   Flüssigkeiten und Flüssigkeitsräume des Körpers sowie die zur Volumenbestimmung verwendeten Indikatorsubstanzen. Die Körperflüssigkeiten machen über die Hälfte des Körpergewichtes aus. Der Anteil an intrazellulärer Flüssigkeit (IZF) ist höher als der der extrazellulären Flüssigkeit (EZF). Letztere befindet sich überwiegend im interstitiellen Raum, die transzelluläre Flüssigkeit (TZF) trägt weniger zur Gesamtheit des EZF bei

35

Perikardräumen sowie im Liquorraum, in den Augenkammern, den Lumina des Urogenitaltraktes und des Gastrointestinaltrakts und in den Drüsen.

Intrazellularraum   Das größte Kompartiment, mit etwa **30–40 %** des Körpergewichtes, bzw. **2/3** des Gesamtkörperwassers ist der Intrazellularraum, die Summe der Volumina einzelner Zellen (◻ Abb. 35.4). Etwa die Hälfte des Intrazellularraums ist Zytosol.

❯ Ca. 1/3 des Körperwassers finden sich im Extrazellularraum, davon entfallen ca. 20 % auf den Plasmaraum.

35.2.3   Bestimmung der Flüssigkeitsräume und Elektrolytpools

Man verwendet eine definierte Menge verschiedener Indikatorsubstanzen zur Bestimmung der einzelnen Flüssigkeitsräume.

Verdünnungsprinzip   Die Konzentration einer beliebigen Substanz (c) ist als Menge (M) pro Volumen (V) definiert:

$$c = \frac{M}{V} \tag{35.1}$$

Beispiel
Stellen Sie sich vor, sie fügen einen Teelöffel mit 1 g Zucker zu einem nicht bekannten Volumen an Kaffee hinzu. Sie rühren um und erhalten danach eine Zuckerkonzentration von 0,5 g/l. Das Kaffeevolumen beträgt also 2 l (1 g/0,5 g/l = 2 l). Nach dem gleichen Prinzip werden die Flüssigkeitsräume des Körpers bestimmt.

Gesamtkörperwasserbestimmung   Für seine Bestimmung wird der Farbstoff Antipyrin verwendet, allerdings nutzt man auch **schweres Wasser** (D_2O) und mit Tritium oder ^{18}O mar-

kiertes Wasser. Diese Moleküle dringen in alle Flüssigkeitsräume des Körpers ein.

Extrazellulärvolumen   Häufig benutzt werden inerte Zucker wie **Inulin**, radioaktives Natriumbromid ist eine Alternative. Zum Teil gelangen diese Indikatoren in den Intrazellularraum und keiner erreicht in vertretbarem Zeitraum den gesamten Extrazellularraum. Eine exakte Abschätzung des Extrazellularraums ist daher kaum möglich.

Blut- und Plasmavolumen   Eingesetzt wird **Evans Blue**, ein Farbstoff, der sich durch Bindung an Plasmaproteine fast ausschließlich im Plasmaraum verteilt. In der Nuklearmedizin finden zudem radioaktiv-markierte Proteine Verwendung, z. B. radioaktivmarkiertes Albumin. Das Blutvolumen kann durch ^{51}Cr-**markierte Erythrozyten** ermittelt werden.

Interstitielles Volumen und Intrazellulärvolumen   Diese Volumen können **nicht direkt** bestimmt, aber aus der Differenz von Extrazellularraum und Plasmavolumen ermittelt werden. Die transzelluläre Flüssigkeit bleibt dabei unberücksichtigt. Das Intrazellularvolumen wird aus der Differenz von Gesamtkörperwasser und Extrazellularvolumen ermittelt.

Bestimmung des Elektrolytpools   Durch Hinzufügen **radioaktiver Elektrolyte** wird die Menge eines bestimmten Elektrolyts im Körper bestimmt. Das Verfahren ähnelt dem zur Volumenbestimmung durch Indikatorlösungen. Für den Na^+-Bestand hat sich $^{22}Na^+$ als nützlich erwiesen. Die Größe des Na^+-Bestandes (M_{Na}) entspricht:

$$M_{Na} = M_{22Na} \left[Na^+ \right] / \left[22_{Na^+} \right] \tag{35.2}$$

35.2.4   Volumenbewegungen zwischen Flüssigkeitsräumen

Ein aktiver Flüssigkeitsaustausch gewährleistet das Gleichgewicht der Flüssigkeitsräume.

Onkotischer Druck und Ionentransportsysteme   Große Moleküle wie Proteine sind osmotisch wirksamer, als ihre Konzentration vermuten lässt: Der von ihnen erzeugte onkotische Druck treibt Wasser aus dem Interstitium in die Zelle. Diese Sogwirkung wird durch die angereicherten organischen Substanzen noch verstärkt. Um zu verhindern, dass die Zelle platzt, besitzt jede Zelle des Menschen eine Reihe von Ionentransportsystemen, die die intrazelluläre Osmolarität anpassen.

❯ Plasmaproteine halten den onkotischen Druck aufrecht; Ionentransportsysteme regulieren den Elektrolytgehalt der einzelnen Kompartimente.

Regulation des Zellvolumens   Einzelzellen sind gelegentlich Osmolalitätsschwankungen der Extrazellulärflüssigkeit aus-

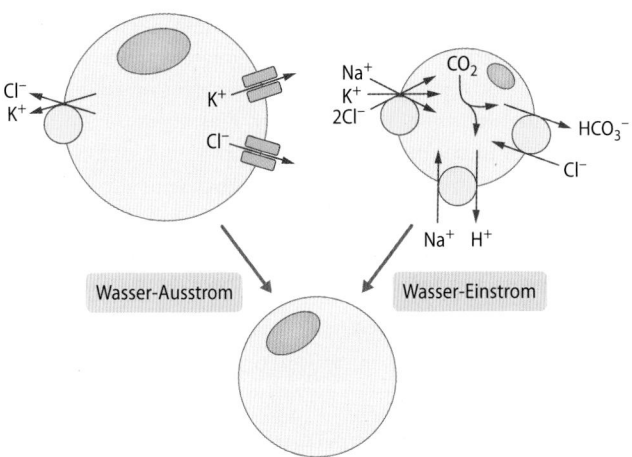

Abb. 35.5 Wichtige Elektrolyttransporter bei der Zellvolumenregulation

gesetzt. Durch Wasserkanäle (**Aquaporine**) in der Zellmembran sind diese für Wasser permeabel, die Zellen **schwellen** bei Kontakt mit hypoosmolarer Extrazellulärflüssigkeit an und **schrumpfen** in hyperosmolarer Flüssigkeit. Kurzfristig können Einzelzellen diesen Volumenveränderungen durch die **Aktivierung volumensensitiver Ionenkanäle** entgegenwirken:

- Bei erhöhtem Zellvolumen strömt das osmotisch wirksame KCl durch **K$^+$- und Cl$^-$-Kanäle** sowie einen **KCl-Symport** (**Abb. 35.5**) hinaus in das Interstitium. Eine entsprechende Menge an Wasser folgt dem KCl durch Wasserkanäle.
- Verlieren Zellen an Volumen, dann nehmen sie über Aktivierung eines **Na$^+$/K$^+$/2Cl$^-$-Kotransports** oder eines **Na$^+$/H$^+$- und Cl$^-$/HCO$_3^-$-Austauschs** Ionen auf und gewinnen damit auch Wasser (**Abb. 35.5**).

❯ **Zellulären Volumenänderungen wird durch die Aktivierung von Na$^+$/K$^+$/2Cl$^-$-Kotransport und Na$^+$/H$^+$- und Cl$^-$/HCO$_3^-$-Austausch entgegengewirkt.**

Eine geringe Zunahme der Osmolalität von ca. 1 % führt bereits zu einem deutlichen Anstieg der ADH-Plasmaspiegel (▶ Kap. 33.3, ▶ Abschn. 35.3). Das ADH-System ist so empfindlich, da Wasser die Membran aller Zellen über deren Aquaporine schnell passieren kann. Über die schnelle Regulation der Osmolarität ist ADH somit wesentlich für die **Konstanthaltung** des **Zellvolumens** verantwortlich.

Organische Osmolyte Zellvolumenregulation über Ionen hat den Nachteil, dass Änderungen der intrazellulären Ionenkonzentration die Funktion der intrazellulären Proteine beeinträchtigen. Außerdem haben Elektrolytverschiebungen unweigerlich Folgen für das **Membranpotenzial**. Insbesondere dem Gehirn sind bei dieser Form der Regulation enge Grenzen gesetzt. Daher nutzen Zellen zusätzlich organische Osmolyte zur Volumenregelung:

- Der **Proteinabbau** erzeugt osmotisch aktive Aminosäuren;

- nach Aufnahme von Glukose kann die Zelle über die Aldosereduktase osmotisch wirksames **Sorbitol** bereitstellen;
- über Na$^+$-gekoppelte Transportprozesse werden **Inositol,** ein Alkohol, **Betain**, ein Oxidationsprodukt des Cholins und die nicht-essentielle Aminosäure **Taurin** aufgenommen.

Organische Osmolyte sind besonders bei den exzessiven Osmolaritäten im Nierenmark erforderlich.

35.2.5 Zusammensetzung der Flüssigkeitsräume

Die Elektrolytzusammensetzung der Flüssigkeitsräume ist für die Ausübung zahlreicher Zellfunktionen entscheidend.

Intra- und Extrazellularraum Die Elektrolytkonzentrationen dieser Flüssigkeitsräume unterscheiden sich maßgeblich. Die Zellen reichern eine Vielzahl organischer Substanzen an, wie z. B. Aminosäuren und Substrate der Glykolyse (**Tab. 35.2**). Sie enthalten darüber hinaus eine hohe Konzentration an negativ geladenen **Proteinen**, die nicht ohne Weiteres die Zellmembran passieren können.

Tab. 35.2 Elektrolytkonzentrationen in den Flüssigkeitsräumen des Körpers

	Plasma		Interstitielle Flüssigkeit
	mval/l	mmol/l	mmol/l
Na$^+$	141	141	143
K$^+$	4	4	4
Ca^{2+}	5	2,5	1,3
Mg^{2+}	2	1	0,7
Summe	152		151
Cl$^-$	103	103	115
HCO$_3^-$	25	25	28
HPO$_4^{2-}$	2	1	1
SO$_4^{2-}$	1	0,5	0,5
Organische Säuren	4	4	5
Proteine	17	2	< 5
Summen	152		151
pH	7,4		7,4
Volumen	3[a]		12

[a] davon sind nur 94 % Wasser, 6 % sind Proteinvolumen, d. h., die Konzentrationen der Elektrolyte im Plasmawasser sind um etwa 6 % größer als im Plasma

Verteilung osmotisch wirksamer Teilchen Als Folge des Na^+/K^+-Austauschs ist die **extrazelluläre Na^+-Konzentration** sehr viel höher als die intrazelluläre. Andererseits findet sich intrazellulär eine wesentlich höhere Protein- und K^+-Konzentration (◻ Tab. 35.2).

> Das quantitativ wesentliche Kation des Extrazellularraums ist Natrium, das des Intrazellularraums Kalium.

Intrazelluläre Elektrolytkonzentration Im Gegensatz zum Na^+, das bei erregbaren Zellen eigentlich nur bei einer Depolarisation durch die Zellmembran diffundieren kann, hat es K^+ wesentlich leichter, diese Barriere zu überwinden. Aufgrund der hohen Ruheleitfähigkeit kann K^+ aus der Zelle herausströmen, was eine **Hyperpolarisation** erzeugt, die wiederum Cl^- aus der Zelle treibt. Die intrazelluläre Cl^--Konzentration beträgt daher nur ein Bruchteil der extrazellulären (◻ Tab. 35.2). Darüber hinaus führt die Stoffwechselaktivität der Zelle zur Anreicherung von Phosphatverbindungen und H^+. In der Zelle ist die **H^+-Konzentration** höher (pH 7,1) als in Interstitium und Plasma (pH 7,4).

Transzelluläre Flüssigkeiten Die Elektrolytzusammensetzung transzellulärer Flüssigkeit weist häufig erhebliche Unterschiede zum Interstitium auf. Gallen-, Pankreas- und Darmsaft sind besonders reich an Salzen und **Bikarbonat** (HCO_3^-). Bei Durchfällen gehen also nicht nur große Mengen an Wasser verloren, sondern auch an Bikarbonat. Dieser Verlust kann zu einer **Azidose** führen. Dagegen ist ausgeprägtes Schwitzen mit Verlusten an NaCl verbunden. Die Kochsalzkonzentration im **Schweiß** ist zwar weniger als halb so hoch wie im Plasma, nichtsdestotrotz gehen bei starkem Schwitzen große Elektrolytmengen verloren.

35.2.6 Zusammensetzung des Blutplasmas

Die Plasmaproteine spielen eine große Rolle für die Kapillarfiltration und binden einen Teil der Elektrolyte.

Austausch zwischen Blutplasma und Interstitium Plasmaproteine nehmen mit 6 % nur einen geringen Teil des Plasmavolumens ein. Dabei erzeugen sie einen onkotischen Druck, der die Flüssigkeit im Gefäßraum zurückhält. Die onkotische Druckdifferenz zwischen dem Kapillarraum und dem Interstitium ist somit der Gegenspieler des hydrostatischen Druckunterschieds, denn der **hydrostatische Druck** presst die Flüssigkeit aus der Kapillare in das interstitielle Gewebe (Filtration; ► Kap. 20.2.2). Im Allgemeinen können die Plasmaproteine die Endothelschicht schlecht überwinden. Dadurch ist die interstitielle Proteinkonzentration geringer als die des Plasmas und die **onkotische Druckdifferenz** geht nicht verloren.

Gibbs-Donnan-Gleichgewicht Plasmaproteine verursachen ein **Ionenungleichgewicht**: Ihre negative Ladung erzeugt ein plasmanegatives Potenzial, das Kationen im Plasma zurück-

hält und Anionen in das Interstitium treibt. Der proteingebundene Anteil an Ca^{2+} ist in der proteinarmen interstitiellen Flüssigkeit geringer und die Ca^{2+}-Konzentration ist dort entsprechend niedriger. Bei normaler Plasmaproteinkonzentration baut sich ein Potenzial von ca. −1 mV auf, welches anziehend auf die Kationen wirkt. Daher sind die Konzentrationen von K^+ und Na^+ im Plasmawasser etwa 5 % höher als im Interstitium, die Cl^-- und HCO_3^--Konzentrationen um die gleiche Größe geringer, was als Gibbs-Donnan-Gleichgewicht bezeichnet wird.

> Die negative Ladung der Plasmaproteine hält Kationen im Plasma zurück und treibt Anionen in das Interstitium.

35.2.7 Osmolarität, Osmolalität und onkotischer Druck

Nicht alle Plasmateilchen sind osmotisch wirksam, denn die Plasmaproteine binden einen Teil davon; der onkotische Druck schwankt lageabhängig.

Osmotisch wirksame Teilchen im Blutplasma Die Plasmaosmolarität wird in sehr engen Grenzen konstant gehalten. Die Summe der Anionen, Kationen und Nichtelektrolyte ergibt die Gesamtzahl osmotisch wirksamer Teilchen; deren Konzentration beträgt näherungsweise **300 mmol/l** (◻ Tab. 35.2). Die tatsächlich wirksame Konzentration ist geringer, da ein Teil der Elektrolyte an Proteine gebunden ist oder in undissoziierter Form vorliegt. Die Osmolarität liegt daher bei **270 mosm/l**.

> Die Osmolarität des Blutplasmas wird bei 270 mosm/l konstant gehalten.

Die für den Organismus entscheidende Größe ist die osmotisch wirksame Teilchenzahl im frei diffundierenden Plasmawasser. Die **Plasmaproteine** nehmen 6 % des Plasmavolumens ein; hinzu kommen noch die im Plasma vorhandenen **Fette**. Daher ist die tatsächliche Plasmaosmolarität niedriger als die maßgebliche Osmolalität des Plasmas, die sich auf die Menge osmotisch wirksamer Teilchen pro kg H_2O bezieht. Die physiologische Osmolalität des menschlichen Plasmas beträgt ca. **290 mosm/kg H_2O**.

Lageabhängige Druckverhältnisse Die hydrostatischen Druckverhältnisse und damit die Filtrationsbedingungen sind im Körper unterschiedlich. Im **Stehen** lastet im Gegensatz zur Lungenstrombahn ein extrem hoher Blutdruck auf den Fußkapillaren. Damit trotzdem in allen Körperabschnitten ein Filtrationsgleichgewicht erreicht wird, schwankt die Kapillardurchlässigkeit für Proteine und die Lungenkapillaren lassen beträchtlich mehr Plasmaproteine ihre Endothelschicht passieren als Kapillaren der Füße. Der onkotische Druck des Lungeninterstitiums beträgt dadurch etwa 70 % des entsprechenden Drucks in den Kapillaren.

Infusionswirkung

Diese Betrachtung hilft dabei, wichtige klinische Beobachtungen zu verstehen: Werden einem Patienten übermäßig proteinhaltige Infusionen verabreicht, z. B. um verringerte Plasmaproteinmengen bei Leberzirrhose oder Verhungern auszugleichen, entweichen nach einer gewissen Infusionsmenge die Proteine in das Lungeninterstitium, Wasser fließt nach und es entsteht ein lebensbedrohliches Lungenödem.

> **In Kürze**
>
> Mehr als die Hälfte des Körpers besteht aus Wasser. Das **intrazelluläre Wasser** (2/3) befindet sich vorwiegend zytosolisch und enthält v. a. Kalium, negativ geladene Phosphatverbindungen und Proteine. **Extrazelluläres Wasser** in Interstitium, Plasmavolumen und transzellulären Räumen enthält v. a. NaCl. Der **Kochsalzbestand** bestimmt die Größe des Extrazellulärvolumens. Die ungleiche Ionenverteilung über die Zellmembran erzwingt die Regulation des Zellvolumens. Anorganische Ionen und kleinmolekulare Substanzen bewegen sich – mit Ausnahme des Gehirns – frei über das Interstitium hinweg.

35.3 Regelung der Wasser- und Kochsalzausscheidung

35.3.1 Erfassung von Osmolalität und Volumen

Trinken über den erforderlichen Bedarf hinaus führt zu zusätzlicher Harnausscheidung; am Anfang des dahintersteckenden Regelkreises steht die Messung des zugeführten Volumens und der Osmolalität.

Störungen von Volumen- und Osmolalitätsgleichgewicht Gelegentlich nimmt man mehr Flüssigkeit zu sich, als für das Ausgleichen des Volumenhaushaltes notwendig wäre. Ist das zugeführte Getränk nicht isoosmolar, muss der Körper Osmolalitätsunterschiede erfassen und gegensteuern. Andererseits können auch Volumenänderungen ohne Osmolalitätsverschiebung auftreten.

Der Organismus muss daher **Osmolalität** und **Volumenabweichungen** ermitteln können und die entsprechenden regulatorischen Vorgänge einleiten. Grundsätzlich hat die Konstanthaltung der **Plasmaosmolalität** sogar **Vorrang vor der Volumenkonstanz.**

> Die Wiederherstellung einer normalen Osmolarität erfolgt auch auf Kosten der Volumenkonstanz.

Osmolalität und ADH Die Osmolalität wird von Neuronen im Hypothalamus registriert, die in den **zirkumventrikulären Organen** des 3. Ventrikels (vor allem im Organum vasculosum der Lamina terminalis) liegen. Wasser und niedermolekulare Solute haben freien Zugang zu allen Flüssigkeitskompartimenten, daher führt Wasser zur graduellen Zellschwellung, ein Anstieg der Osmolarität zur Schrumpfung der genannten Neurone, welche eine Messung der Osmolalität erlaubt. Die osmosensiblen Neurone enthalten dehnungsinaktivierte Kationenkanäle, deren Öffnungswahrscheinlichkeit bei Zellschrumpfung abnimmt. Es kommt zur Depolarisation der Zelle, sodass ihre Aktionspotenzialfrequenz steigt. Synaptisch werden Neurone im hypothalamischen **Nuclei supraopticus** und **paraventricularis** erregt, die darauf **Antidiuretisches Hormon (ADH)** freisetzen (◼ Abb. 35.6). In Folge wird Wasser in der Niere zurückgehalten, die Osmolalität des Extrazellularraums sinkt wieder. Getrieben vom osmotischen Gradienten strömt Wasser in die Zelle ein, die ADH-Freisetzung sistiert.

> Das ADH-System dient primär der Konstanthaltung des Zellvolumens.

Volumenmessung Aufgrund der **Kompartimentierung** des Organismus ist die Erfassung von Volumenänderungen für den Körper schwierig. Sie erfolgt im Wesentlichen über **Dehnungsrezeptoren** an den Veneneinmündungen in den rechten und linken Vorhof (▶ Kap. 21.4) sowie in der Leber. Zusätzlich wird bei Dehnung der kardialen Vorhöfe atrialnatriuretisches Peptid (ANP) freigesetzt (▶ Kap. 21.5)

> Das Plasmavolumen wird von Dehnungsrezeptoren in den Vorhöfen und der Leber gemessen.

Gauer-Henry-Reflex Bei einer Dehnung volumensensitiver Rezeptoren werden die ADH-Ausschüttung und die sympathische Nierennervenaktivität gehemmt. Besonders die Dehnungsrezeptoren im Übergang von der V. cava zum rechten Vorhof haben einen starken Einfluss auf die **ADH-Ausschüttung**. Die verminderte ADH-Freisetzung bei Vorhofdehnung erfolgt über Afferenzen des N. vagus und wird als Gauer-Henry-Reflex bezeichnet.

> Die Verminderung der ADH-Freisetzung bei Vorhofdehnung wird als Gauer-Henry-Reflex bezeichnet.

Baden und der Gauer-Henry-Reflex
Der lästige Harndrang beim Baden führt das Wirken des Gauer-Henry-Reflexes vor Augen: Blut wird durch den vermehrten Umgebungsdruck aus den Venen der unteren Körperpartien in die venösen Abflusswege gepresst. Die zunehmende Stimulation der Dehnungsrezeptoren senkt den ADH-Spiegel und hemmt die Nierennervenaktivität und führt so zu einer vermehrten Harnausscheidung.

35.3.2 Volumenausscheidung

Am Ende der Regelstrecke steht die Niere und im geringeren Umfang der Darm; das regelnde Netzwerk umfasst das sympathische Nervensystem sowie das ANP und ADH-System.

Verschiedene Systeme beeinflussen die Volumenausscheidung. Während **ADH** und das **Renin-Angiotensin-System Flüssigkeit** retinieren, fördert das **atrial-natriuretische Peptid** (ANP) die Volumenausscheidung (◼ Abb. 35.6)

ADH ADH hemmt im Wesentlichen die **renale Wasserausscheidung** ohne Beeinflussung der Salzausscheidung durch

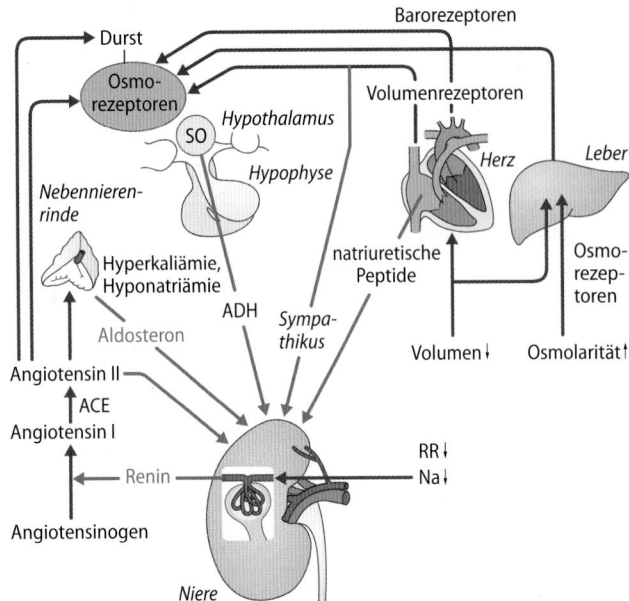

Abb. 35.6   Regelung des Volumens und der Osmolalität. Sowohl das Blutvolumen als auch die Osmolalität können wahrgenommen werden und damit Durstempfinden auslösen und die Flüssigkeitsausscheidung regulieren. An der Ausscheidungsregelung sind in der Hauptsache das ADH, das Renin-Angiotensin-System, der Perfusionsdruck, die Sympathikusaktivität sowie natriuretische Peptide beteiligt. SO=Nucl. supraopticus

Einbau von Aquaporinen in das renale Sammelrohr. Freisetzung von ADH führt somit zu einer Volumenretention auf Kosten einer Abnahme der Osmolarität. Aufgrund dieses Nebeneffektes sind der Volumenregulation über ADH Grenzen gesetzt.

> Unterschreitet die Plasmaosmolalität 280–290 mosm/l, sistiert die ADH-Freisetzung.

Morgenkater
Ethanol hemmt die kalziumvermittelte ADH-Freisetzung durch die Blockade spannungsabhängiger Kalziumkanäle in der Neurohypophyse. Dadurch wird mehr freies Wasser ausgeschieden als aufgenommen wurde. Der morgendliche Kopfschmerz nach Alkoholgenuss ist mit dieser alkoholbedingten ADH-Hemmung in Verbindung gebracht worden: Die Osmolalitätssteigerung und nachfolgende Umverteilung von Zellflüssigkeit – auch im Gehirn – führt zur Schrumpfung der Zellen.

Natriuretische Peptide   Das **atriale natriuretische Peptid (ANP)** wird auf Vorhofdehnung und somit bei einer Zunahme des Plasmavolumens hin freigesetzt. Es erhöht die Natrium- und Wasserausscheidung (▶ Kap. 21.5). ANP wirkt auch hemmend auf den Durst und kann in sehr hohen Dosen Gefäße relaxieren.

Sympathische Nierennerven   Der Beitrag von Nierennerven zur Erhaltung der Natriumbilanz ist gering: Eine denervierte Niere (z. B. in der ersten Zeit nach Transplantation) leistet gleichfalls zuverlässige Dienste.

Flüssigkeitsausscheidung über den Stuhl   Zahlreiche Transportprozesse im Darm sind mit denen an den Nierentubuli

identisch. So bewirkt **Aldosteron** auch eine vermehrte Wasserretention, vor allem im Dickdarm. Aldosteron kann deswegen zu Obstipation führen. Patienten mit Verstopfung sollten daher reichlich trinken.

Renin-Angiotensin-System (RAS)   Dieses System beeinflusst sowohl den Wasser- als auch den Elektrolyt-Haushalt (**Abb. 35.7**). Primär wird es über den arteriellen Blutdruck reguliert. Fällt dieser unter eine gewisse Schwelle, kommt es zur enormen Steigerung der Reninfreisetzung. Unter Alltagsbedingungen wird Renin über eine erhöhte **Sympathikusaktivität** (β_1-adrenerg vermittelt) in den Blutkreislauf freigegeben. Verringert sich das Plasmavolumen, etwa durch Dursten, werden die Dehnungsrezeptoren in den großen Venen und den Vorhöfen weniger erregt, die Sympathikusaktivität steigt und Renin wird freigesetzt. Auch eine verringerte **Kochsalzaufnahme** hat einen Reninanstieg im Plasma zur Folge. Hierbei spielen vermutlich mehrere Mechanismen eine Rolle, wie z. B. die Wahrnehmung der NaCl-Konzentration im Harn durch die **Macula densa** (▶ Kap. 34.2).

> Eine Aktivierung des Renin-Angiotensin-Systems führt zu Natrium- und Wasserretention, Kaliumausscheidung und Durst.

In Kürze

Ein Regelkreis sorgt für das **Volumen- und Osmolalitätsgleichgewicht.** Dehnungsrezeptoren am Übergang der V. cava zum rechten Vorhof und in der Leber registrieren den Füllungszustand der Kapazitätsgefäße; die Osmolalität wird im Hypothalamus ermittelt. Bei **Volumen- oder Osmolalitätsabweichungen** wird das Trinkverhalten und die renale Ausscheidung von Wasser und Salz angepasst. ADH kontrolliert die Wasserausscheidung, das Renin-Angiotensin-Aldosteron-System steuert in erster Linie die Salzausscheidung und sympathische Nierennerven sowie natriuretische Peptide wirken modulierend.

35.4   Regelung der Wasser- und Kochsalzaufnahme

35.4.1   Durst

Durst entsteht bei einem Anstieg der Osmolalität im Plasma oder einer Abnahme des extrazellulären Flüssigkeitsvolumens und führt zur Suche nach Wasser und zum Trinken.

Auslösung von Durst   Verliert der Körper etwa 2 % seines Wassers, steigt die Plasmaosmolalität um circa 1–2 % an und es entsteht **osmotischer Durst** (durch Zellschrumpfung). Eine Abnahme des extrazellulären Volumens bei unveränderter Plasmaosmolalität (z. B. bei Blutverlust) erniedrigt den zentralvenösen Druck und den arteriellen Blutdruck. Bei Abnahme dieser Drücke um ≥ 10 % entsteht **hypovolämischer Durst** (**Abb. 35.7**).

Osmotischer Durst entsteht durch einen Anstieg der Plasmaosmolarität. Hypovolämischer Durst entsteht durch eine Abnahme des Blutdrucks.

Beide Arten von Durst wirken meist synergistisch. Die adäquaten Reize und die Sensoren, die osmotischen oder hypovolämischen Durst jeweils auslösen, sind verschieden; die neuronalen Strukturen für beide Durstformen im Hypothalamus sind identisch.

Osmotischer Durst   Der Verlust von Wasser (z. B. durch exzessives Schwitzen) erhöht die Osmolalität der Extrazellulärflüssigkeit, was zur Zellschrumpfung führt. Die **Osmosensoren** in den zirkumventrikulären Organen sind für die Erregung der beiden hypothalamischen (neuronalen und hormonellen) Zielsysteme in der Erzeugung von Trinken und Wasserretention verantwortlich. Die osmosensiblen Neurone sind erregend synaptisch mit den **ADH-freisetzenden** und **oxytozinergen** Neuronen in den Nuclei supraopticus und paraventricularis verknüpft. Eine Zerstörung der zirkumventrikulären Organe führt zu einer Störung des Trinkverhaltens **(Adipsie)**; eine Zerstörung der ADH-freisetzenden Neurone führt hingegen zum exzessiven Trinken **(Polydipsie)**.

Hypovolämischer Durst   Hypovolämischer Durst wird ausgelöst bei Abnahme der Aktivität in **vagalen Afferenzen** vom rechten Vorhof und den **großen Venen** und vermutlich in arteriellen Barorezeptorafferenzen und bei Aktivierung des **Renin-Angiotensin-Systems.** Die Aktivität in den Afferenzen gelangt über den Nucl. tractus solitarii (NTS) in der Medulla oblongata und über aszendierende Bahnen zum Hypothalamus. **Angiotensin II** steigert die Ausschüttung von ADH und Oxytozin, welches Durst und Salzappetit hervorruft (◘ Abb. 35.7).

35.4.2 Salzappetit

Salzappetit wird unabhängig vom hypovolämischen Durst geregelt.

Aldosteron   **Volumenverlust** löst sowohl **Wasseraufnahme** als auch **Aufnahme von NaCl** (Salz) aus, um Volumen und Osmolalität der Extrazellulärflüssigkeit wieder in ein Gleichgewicht zu bringen. Dieser Effekt ist ebenfalls Folge der Aktivierung des Renin-Angiotensin-Systems. Aldosteron vermittelt dabei den verzögerten Salzappetit.

Aldosteronmangel
Wilkins und Richter berichteten 1940 von einem 4-jährigen Jungen, der exzessiv Salz aufnahm. Im Krankenhaus wurde er daran gehindert und starb wenige Tage später. Die Autopsie ergab, dass er einen Tumor beider Nebennierenrinden aufwies. Seine Nebennierenrinde konnte kein Aldosteron produzieren und er verlor unkontrolliert Na^+ im Urin.

Angiotensin II und Oxytozin   Angiotensin II wirkt direkt auf spezialisierte Rezeptorpopulationen für Salzappetit in den **zirkumventrikulären Organen und vermittelt den akuten Salzappetit.** Gleichzeitig aktivieren Angiotensin II wie auch Aldosteron oxytozinerge Neurone im Hypothalamus und hemmen verzögert die Mechanismen der Salzaufnahme (und damit den Salzappetit), was einer überschießenden Salzaufnahme entgegenwirkt.

35.4.3 Trinkverhalten

Trinken löscht Durst lange vor Erreichen des Soll-Wertes im Gewebe.

Präresorptive und resorptive Durststillung   Vom Beginn des Trinkens bis zur Beseitigung eines Wassermangels im Intrazellularraum vergeht geraume Zeit, da das in Magen und Darm aufgenommene Wasser in den Blutkreislauf überführt (resorbiert) werden muss. Es ist aber eine alltägliche und experimentell vielfach bestätigte Beobachtung, dass das Durstgefühl erlischt, lange bevor der extra- und intrazelluläre Wassermangel beseitigt ist. Diese **präresorptive Durststillung** verhindert eine übermäßige Aufnahme von Wasser und überbrückt die Zeit bis zur **resorptiven Durststillung.** Die **präresorptive Durststillung** arbeitet mit großer Präzision: Die getrunkene Wassermenge entspricht in engsten Grenzen der benötigten.

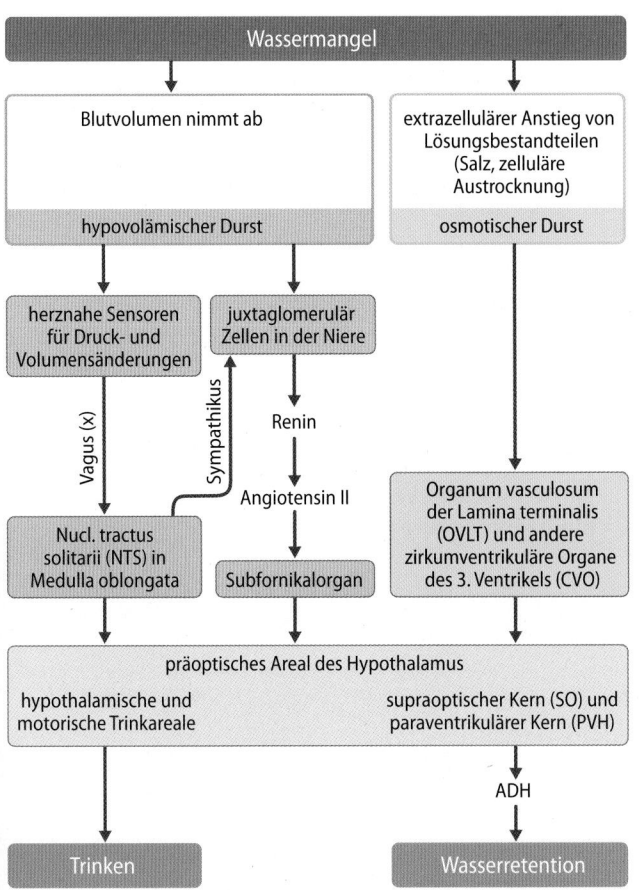

◘ **Abb. 35.7   Hypovolämischer und osmotischer Durst bei Wassermangel**

Abschätzung der Trinkmenge   Sensoren im Zungen-Rachen-Raum sowie in Magen, Duodenum und Leber informieren das Hirn über vagale Afferenzen grob über die aufgenommene Wassermenge und hemmen den motorischen Trinkakt. Die Rezeptoren dieser Afferenzen im Duodenum, die an der präresorptiven Durststillung beteiligt sind, registrieren die Wassermenge oder die Na^+-Konzentration.

Durstschwelle   Ist der Durst endgültig gestillt (resorptive Durststillung) und das relative (bei Aufnahme von zu viel Kochsalz) oder absolute Wasserdefizit beseitigt, so tritt bei langsamen physiologischen Wasserverlusten erneut Durst auf, wenn diese etwa 0,5 % des Körpergewichts erreichen. Diese **Durstschwelle** verhindert, dass kleine Wasserverluste schon zum Auftreten von Durst führen.

Primäres und sekundäres Trinken   Trinken und Durststillung sind variable Verhaltensweisen, die aus angeborenen und erlernten Mechanismen zur Beseitigung des Wassermangels und zur Herstellung des positiven Befriedigungsgefühls bei Durststillung bestehen. Trinken als Folge eines absoluten oder relativen Wassermangels in einem der Flüssigkeitsräume des Körpers bezeichnen wir als primäres Trinken, Trinken ohne offensichtliche Notwendigkeit der Wasserzufuhr als sekundäres Trinken.
- **Primäres Trinken** ist eine physiologische homöostatische Reaktion, die bei regelmäßiger Lebensweise und ausreichender Verfügbarkeit von Wasser selten auftritt.
- **Sekundäres Trinken** ist die übliche Form der Flüssigkeitszufuhr. Im Allgemeinen nehmen wir meist schon im Voraus das physiologisch benötigte Wasser auf. Zum Beispiel wird mit und nach dem Essen Flüssigkeit aufgenommen, wobei wir anscheinend gelernt haben, die Flüssigkeitsmenge an die Speise anzupassen, bei salzhaltiger Kost also mehr zu trinken, selbst wenn noch kein Durstgefühl aufgetreten ist.

In Kürze

Osmotischer Durst entsteht durch Anstieg der Osmolalität im Plasma, **hypovolämischer Durst** durch die Abnahme des extrazellulären Flüssigkeitsvolumens. **Volumen- und Salzverlust** führen über renale hormo-

nelle und zentrale Regulationsmechanismen zu Wasser- und Salzaufnahme. **Durststillung** erfolgt i. d. R. antizipatorisch, bevor der Wassermangel in den Körperzellen beseitigt ist (präresorptive Durststillung). Dabei sind Lernprozesse und Sensoren u. a. im Rachenraum beteiligt.

35.5   Entgleisung des Wasser-Elektrolyt-Haushaltes

35.5.1   Abweichungen vom Sollwert

Hypohydration und Hyperhydratation   umschreiben den Zustand des Wassermangels oder Überschusses; man unterscheidet isotone, hypo- und hypertone Hydratationsstörungen.

Auswirkung auf die Flüssigkeitsräume   **Isotone** Veränderungen der Flüssigkeitspegel bleiben auf den Extrazellulärraum beschränkt, der Intrazellulärraum bleibt daher in seinen normalen Ausmaßen erhalten (◘ Abb. 35.8). Nimmt dagegen die Osmolalität zu (**hypertone** Auslenkung), ziehen die angereicherten Teilchen das Wasser aus den Zellen heraus. In der Folge schrumpfen diese. Das Gegenteil geschieht bei **Hypotonizität** der Körperflüssigkeit, hier kommt es zur Zellschwellung.

Hypohydration   Kann ausreichend Wasser getrunken werden, treten Hypohydrationsstörungen kaum auf, nicht einmal beim völligen Fehlen des Hormons ADH (Diabetes insipidus). Der Patient scheidet dann zwar Unmengen an Harn aus (bis 20 l/d), aber der Durstmechanismus sorgt für einen entsprechenden Ausgleich. **Hypohydration** tritt z. B. bei älteren Menschen auf, die ein verspätet einsetzendes Durstempfinden haben, und bei Personen, deren Mobilität eingeschränkt ist. Auslösende Ereignisse sind häufig Durchfälle, Erbrechen, Verbrennungen oder eine Diuretikatherapie.

> **Hypo- bzw. Dehydratationen treten zumeist nur dann auf, wenn Wasserverluste und eine Störung der Durstmechanismen zusammenkommen.**

Klinik

Empfohlene Flüssigkeitsaufnahme

Steht ausreichend Wasser zur Verfügung, erreicht der gesunde Organismus von allein eine ausgeglichene Flüssigkeitsbilanz. Ein gesunder Erwachsener muss nicht daran erinnert werden, ausreichend zu trinken. Im Alter allerdings tritt das Durstgefühl mit größerer Latenzzeit ein und es besteht das Risiko einer Dehydrierung (▸ Abschn. 35.5). Ist eine ausreichende Nierendurchspülung z. B. zur Nierensteinprophylaxe nötig, reicht eine Trinkmenge aus, die zur Entfärbung des Harns (niedrige Harnosmolarität) führt. Dialysepatienten, die keinen Harn mehr ausscheiden, sollen nur die über Haut, Lunge und Stuhl erfolgenden Flüssigkeitsverluste bilanzieren und zwischen zwei Dialysesitzungen (i. d. R. 2–3 Tage) weniger als 2 l Wasser retinieren. Häufig stellt diese Trinkbeschränkung für den Patienten eine Belastung dar, denn die Anhäufung von harnpflichtigen Substanzen und Angiotensin II löst enormen Durst aus. Auch bei Patienten mit eingeschränkter myokardialer Pumpfunktion kann eine Trinkmengenbeschränkung sinnvoll sein.

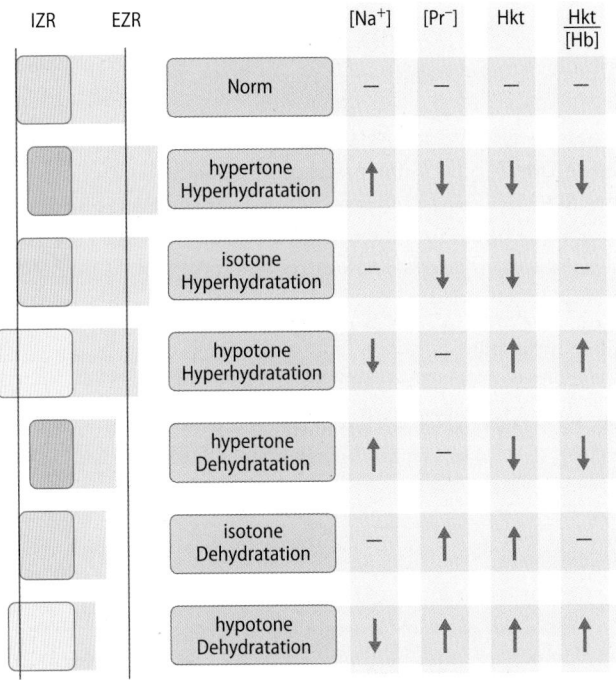

IZR	EZR		[Na$^+$]	[Pr$^-$]	Hkt	$\dfrac{\text{Hkt}}{[\text{Hb}]}$
		Norm	–	–	–	–
		hypertone Hyperhydratation	↑	↓	↓	↓
		isotone Hyperhydratation	–	↓	↓	–
		hypotone Hyperhydratation	↓	–	↑	↑
		hypertone Dehydratation	↑	↓	↓	↓
		isotone Dehydratation	–	↑	↑	–
		hypotone Dehydratation	↓	↑	↑	↑

◻ **Abb. 35.8   Störungen des Wasser- und NaCl-Haushaltes.** Links die jeweiligen Änderungen von Intrazellulärraum (IZR, rötlich) und Extrazellulärraum (EZR, blau). Rechts die jeweiligen Änderungen der extrazellulären Na$^+$-Konzentration ([Na$^+$]), der Plasmaproteinkonzentration ([Pr$^-$]), des Hämatokrits (Hkt) und des Verhältnisses von Hämatokrit und Hämoglobinkonzentration (Hkt/[Hb])

Hypo- und hypertone Hypohydration   Man unterscheidet zwei Formen der Hypohydration:
- Werden erhebliche Verluste der Körperflüssigkeiten durch Trinken hypoosmolarer Flüssigkeiten kompensiert, kann eine **hypotone Hypohydration** entstehen. Hypotone Hypohydration kommt auch bei eingeschränkter Fähigkeit zur Salzretention vor, beispielsweise beim **Aldosteronmangel.**
- Können Flüssigkeitsverluste nicht durch Trinken ausgeglichen werden, resultiert eine **hypertone Hypohydration.** Besonders rasch erfolgt dies bei schwerer Arbeit in der Hitze oder bei **Fieber,** denn hierbei geht reichlich hypoosmolare Flüssigkeit verloren.

Hyperhydratation   Hyperhydratation entsteht bei Störungen der **Wasserelimination,** z. B. beim oligurischen Nierenversagen.

Auch **Hyperaldosteronismus** kann zur Hyperhydratation führen, wie beim **Conn-Syndrom.** Bei diesem Krankheitsbild verursachen die hohen Aldosteronspiegel eine ständige Retention von Na$^+$ und Wasser im distalen Tubulus und im Sammelrohr. Dies erfolgt auf Kosten von K$^+$, das im Austausch ins Tubuluslumen gelangt. Der Bestand von Na$^+$ kann beträchtliche Ausmaße annehmen, bedrohlich wird jedoch der gleichzeitige K$^+$-Verlust. Je nach Trinkverhalten entsteht eine **hyper- oder normotone Hyperhydratation.**

Lakritzen haben eine aldosteronähnliche Wirkung, weshalb es beim chronischen Genuss zu einer Hyperhydratation und zum Bluthochdruck kommen kann. Dagegen kann eine **hypotone Hyperhydratation** bei einem Überschuss an reinem Wasser entstehen, z. B. durch **glukosehaltige Infusionslösung** bei niereninsuffizienten Patienten: Sobald die Glukose von den Zellen abgebaut wird, bleibt reines Wasser zurück, welches nicht mehr hinreichend ausgeschieden wird.

35.5.2 Ödeme

Flüssigkeitsansammlungen im interstitiellen Raum werden (extrazelluläre) Ödeme genannt; sie können durch Erhöhung der Kapillarpermeabilität sowie durch Veränderungen des hydrostatischen oder onkotischen Drucks entstehen.

Entstehung   Ödeme werden gebildet, wenn **Plasmawasser in das Interstitium** übertritt, daher sind diese Aufquellungen nicht etwa gleichzusetzen mit einer Hyperhydratation.

> ❯ Ab einem Gesamtvolumen von **2,5 bis 3 Liter Flüssigkeit** werden Ödeme klinisch diagnostizierbar.

Durch den Plasmawasserverlust wird häufig sogar eine Hypohydration in den übrigen Verteilungsräumen verursacht. Folgende Veränderungen begünstigen eine Ödembildung (▶ Kap. 20.2.4):
- Eine Erhöhung der Kapillarpermeabilität z. B. durch **Histamin** (Insektenstich),
- ein gesteigerter Kapillardruck (**Rechtsherzinsuffizienz** mit gesteigertem Venendruck),
- eine verminderte Plasmaproteinkonzentration (Eiweißverlust beim **nephrotischen Syndrom**),
- eine Störung des **Lymphabflusses** (Lymphbahnresektion bei Tumorentfernung).

Klinik

Diabetes insipidus

Pathologie und Ursachen
Kann ADH nicht gebildet oder freigesetzt werden, liegt ein **zentraler Diabetes insipidus** vor. Befindet sich dagegen der Defekt an der ADH-Ansprechbarkeit der Nierenepithelien, spricht man von einem **renalen Diabetes insipidus** (selten). Bei voll ausgeprägtem Erscheinungsbild des Diabetes insipidus scheidet die Niere die maximal mögliche Harnmenge aus, etwa 20 l täglich.

Therapie
Bei der renalen Form des Diabetes insipidus bleibt die therapeutische Gabe von ADH-Analoga erfolglos. In diesem Fall werden Thiaziddiuretika gegeben, die über den so erfolgten Kochsalzverlust zur Verminderung des Extrazellulärvolumens führen. Als Folge wird das Renin-Angiotensin-System aktiviert, die Sympathikusaktivität erhöht und der Blutdruck leicht verringert. Alle diese Veränderungen verursachen über verschiedene Mechanismen (▶ Abschn. 35.4) eine gesteigerte Wasserresorption.

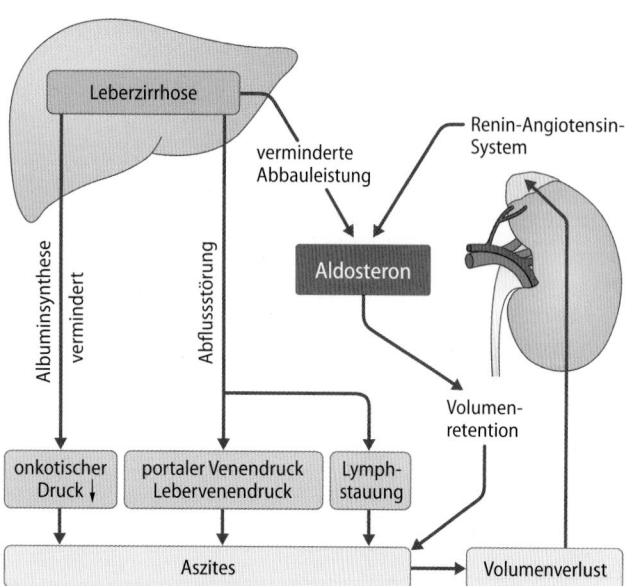

Abb. 35.9   Entstehung und Aufrechterhaltung des Aszites am Beispiel der Leberzirrhose

Ödeme bei Leberzirrhose   Aufgrund der Insuffizienz der Leber werden nicht mehr hinreichend Plasmaproteine synthetisiert. Der onkotische Druck fällt, Wasser tritt ins Interstitium über (**Abb. 35.9**). Da die Sinusoidalräume der Leber geschädigt sind, staut sich zudem die Lymphe. Dieses gesellt sich zu einer venösen Abflussbehinderung und Zunahme des Blutdruckes in der Pfortader („**portale Hypertension**"), es wird also mehr Plasma abgepresst. Eiweiße können die Wände der Sinusoide besonders leicht passieren und reichern sich jetzt im Bauchraum als Exsudat an (Bauchwassersucht/ **Aszites**). Daraus resultieren ein weiteres Absinken der Plasmaproteinkonzentration und ein erheblicher Plasmaflüssigkeitsverlust (bis zu vielen Litern). Als Reaktion auf das verminderte Plasmavolumen wird **Aldosteron** freigesetzt, um Na⁺ zu retinieren. Da die Leber das gebildete Aldosteron nicht mehr abbauen kann, schießt der Aldosteronspiegel in die Höhe. Das Plasmavolumen weitet sich stark aus und treibt zusätzlich Flüssigkeit in den Bauchraum hinein. Beim Punktieren des Bauchraumes ist Vorsicht geboten, denn die sofort nachfließende Plasmaflüssigkeit kann einen **Volumenmangelschock** auslösen.

Nykturie bei Ödemen   Nächtlicher Harndrang (**Nykturie**) ist häufig die Folge von Flüssigkeitsverschiebungen. Typisch für viele generalisierte Ödeme ist die Lageabhängigkeit der Flüssigkeitseinlagerung. Bei Herzinsuffizienz, Leberzirrhose und venöser Insuffizienz erfolgt die Flüssigkeitseinlagerung schwerkraftabhängig.

> **Aufgrund der Orthostase dominiert bei kardialen Ödemen die Flüssigkeitseinlagerung in die Beine.**

Im Liegen sinken die Filtrations- und Resorptionskräfte (▶ Kap. 20.2.4), welche vermehrt interstitielle Flüssigkeit in die Kapillaren resorbieren und Flüssigkeit strömt in die Gefäße zurück. Das Plasmavolumen nimmt zu, eine isotone

Hyperhydratation entsteht. In Folge wird **ANP** freigesetzt und die Freisetzung von **ADH** und **Renin** gehemmt. Es kommt zur Diurese, die zu nächtlichem Wasserlassen zwingt.

Hirnödeme   Besonders tückisch ist eine **Osmolalitätsveränderung** für das Gehirn, denn der Schädel lässt keine Ausbreitung zu. Ein Hirnödem beschränkt die Blutzufuhr, den venösen Abfluss und die kapilläre Filtration. Wird zusätzlich der Liquorabfluss gestört, kann es zum erhöhten Liquordruck kommen (**Hirndruck**).

Stauungspapille
Durch die Augenhintergrundspiegelung (Funduskopie) kann der Arzt Zeichen des Hirndrucks erkennen: Der hohe Gehirndruck behindert den örtlichen Kreislauf und Lymphabfluss der Netzhaut. Es bietet sich das Bild eines vorquellenden Sehnervs (**Stauungspapille**) und die Retinavenen sind erweitert.

In Kürze
Überwässerung und Dehydrierung treten in Form von **Hypohydration** (Austrocknung) z.B. bei großer Hitze, Durchfällen oder heftigem Erbrechen und **Hyperhydratation** (Wasserüberschuss) bis zur Wasserintoxikation z. B. bei niereninsuffizienten Patienten auf, wenn Zufuhr oder Elimination von Wasser nicht ausreichend gewährleistet sind. Ödeme sind Flüssigkeitseinlagerungen im Interstitium, z. B. durch erhöhten hydrostatischen Druck in der Kapillare, verminderten onkotischen Druck, Lymphabflussstörungen oder eine Zunahme der Kapillarpermeabilität.

35.6   Kaliumhaushalt

35.6.1   Kaliumbilanz

Aufnahme und Ausscheidung von Kalium stehen normalerweise im Gleichgewicht; für die kurzfristige Regulation sind Umverteilungsprozesse von besonderer Bedeutung.

Aufnahme   Der extrazelluläre Raum enthält nur **60–80 mmol K⁺**, während das Trinken einiger Gläser Orangensaft eine Zufuhr von etwa 40 mmol bedeutet. Die Zufuhr von Kalium unterliegt erheblichen Schwankungen, welche v. a. durch die Niere in engem Rahmen ausgeglichen werden müssen. Fleisch, Bananen, Aprikosen, Feigen und Kartoffeln enthalten reichliche Mengen Kalium, wovon ein Teil mit dem Kochwasser verloren geht.

Umverteilung   Besonders schnell ist die Ausscheidung von Kalium nicht. Daher ist eine **rasche Kompensation** des Kaliums vonnöten. Dies bewerkstelligen die Zellen selber. Ist die Zelle von hoher K⁺-Konzentration umgeben, kommt es zur Aufnahme von Kalium, vermutlich ist Kalium dabei selbst ein wichtiger auslösender Faktor. Fördernd auf die K⁺-Aufnahme wirken weiterhin **Insulin** und **β₂-adrenerge Stimulation**, indem sie die Na⁺/K⁺-ATPase stimulieren.

❯ Die schnelle Kompensation von Kaliumaufnahme oder -verlust erfolgt durch Umverteilung.

Eliminierung Schweiß und Stuhl enthalten viel Kalium, aber i. d. R. wird nur etwa 10 % der aufgenommenen Menge auf diesem Wege ausgeschieden. Bei erhöhtem Kaliumspiegel kann das **Darmepithel** die Elimination von Kalium erheblich steigern, sodass der Darm maximal ein Drittel der auszuscheidenden Menge bewältigt.

Bei Aufenthalt in **großer Hitze** ohne hinreichende Hydrierung geht Kalium über die großen Mengen an Schweiß verloren. Um das extrazelluläre Volumen zu erhalten, wird Aldosteron freigesetzt. Dadurch werden zwar die Wasser- und Natriumverluste verringert, allerdings auf Kosten verstärkter Kaliumausscheidung über die Nieren, den Stuhl und den Schweiß. Entscheidende Schaltstellen für die renale Kaliumausscheidung sind distaler Tubulus und Sammelrohr. Aldosteron bewirkt an den Hauptzellen eine vermehrte Aufnahme von Na^+. Aus Elektroneutralitätsgründen verlässt K^+ das Zellinnere und tritt in das Tubuluslumen über; der gleiche Transportmechanismus regelt die Eliminierung über das Kolonepithel.

Um K^+ zu resorbieren, exprimieren die Schaltzellen im distalen Tubulus und Sammelrohr eine **H^+/K^+-ATPase**. Kalium wird hier also aktiv gegen Protonen ausgetauscht. In Folge dieses Regelwerkes ist die Niere in der Lage, erhebliche Mengen an Kalium zu resorbieren oder auszuscheiden.

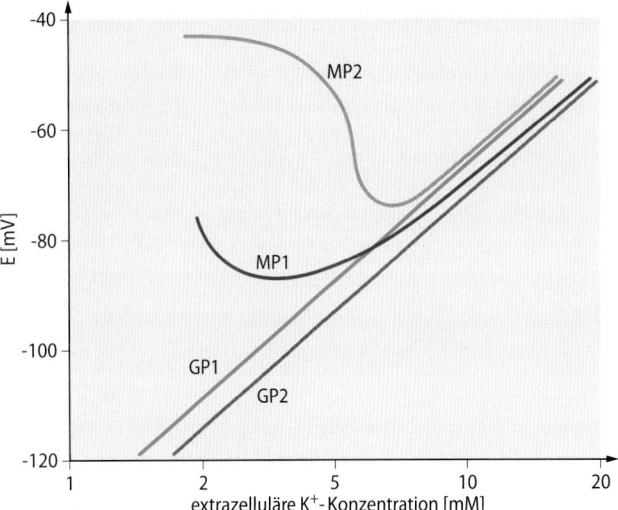

◻ Abb. 35.10 Abhängigkeit von Membranpotenzial und Kalium-gleichgewichtspotenzial von der extrazellulären K^+-Konzentration. Kaliumgleichgewichtspotenzial einer Zelle mit 150 mmol/l (grün, GP1) bzw. 120 mmol/l (lila, GP2) intrazellulärer K^+-Konzentration. Zellmembranpotenzial (MP) einer Zelle mit hoher K^+-Leitfähigkeit und hoher intrazellulären K^+-Konzentrationen (rot, MP1, 150 mmol/l Kalium, z. B. gesunde Myokardzelle) und einer Zellen mit geringer K^+-Leitfähigkeit und geringer intrazellulären K^+-Konzentrationen (orange, MP2, 120 mmol/l Kalium, z. B. ischämische Myokardzelle). Bei zellulärem K^+-Verlust wird die Kurve für EK parallel nach links verschoben. (Nach Ten Eik et al. 1992)

35.6.2 Kaliumhaushalt

Das Zellmembranpotenzial steht und fällt mit der ungleichen Verteilung des Kaliums über die Zellmembran, daher ist der Kaliumhaushalt für die Erregbarkeit von Neuronen, Skelett- und Herzmuskel so bedeutsam.

Bedeutung des Kaliums Entweichen nur 2 % des intrazellulären Kaliums, verdoppelt sich der extrazelluläre Kaliumgehalt. Die Blut-Hirn-Schranke schützt das zentrale Nervensystem vor Kaliumschwankungen. Periphere Neurone, Skelettmuskeln, das Herz und die glatte Muskulatur sind jedoch Änderungen der Plasmakaliumkonzentration ausgeliefert und ihre Funktion wird bei **Hyper- oder Hypokaliämie** empfindlich gestört. Auch die Ausschüttung einiger Hormone ist von der K^+-Konzentration abhängig. So stimuliert Hyperkaliämie über Depolarisation der Zellmembran die Ausschüttung von **Insulin, Aldosteron** und **Glukokortikosteroiden**. K^+ ist ferner für den Transport in einer Vielzahl von Epithelien erforderlich. So halten K^+-Kanäle die treibende Kraft für **elektrogene Transportprozesse** aufrecht.

Hyperkaliämie Moderate Hyperkaliämie (K^+ > 6 mmol/l) verursacht über eine Zunahme der K^+-Leitfähigkeit eine Hyperpolarisation der Zellmembran. Wenn die extrazelluläre Kaliumkonzentration weiter ansteigt (>8 mmol/l) kommt es entsprechend der Nernstgleichung zur Depolarision. Beide Zustände erhöhen die zelluläre Erregbarkeit und führen so z. B. zu Herzrhythmusstörungen (▶ Kap. 16.1). Ab 8 mmol/l Kalium setzen Parästhesien und eine allgemeine **Muskelschwäche** ein. Solch hohe Kaliumspiegel erreicht man aber als Gesunder nicht, denn die Niere kann große Mengen an Kalium ausscheiden. Allerdings kann es bei eingeschränkter Nierenfunktion durchaus rasch zur bedrohlichen K^+-Akkumulation kommen, genauso wie bei vermehrtem Austritt von Kalium aus der Zelle, z. B. bei **Chemotherapie** zur Krebsbehandlung, **Verbrennungen** oder **Traumata**.

Hypokaliämie Nach Nernst müsste eine Abnahme des extrazellulären Kaliums eine Hyperpolarisation hervorrufen. Da aber eine verringerte extrazelluläre K^+-Konzentration gleichzeitig die Kaliumleitfähigkeit der Zellmembranen herabsetzt, wird der Einfluss des Kaliums auf das Ruhemembranpotenzial gemindert, die Zellmembran kann also tatsächlich entgegen der Erwartung **depolarisiert** werden (◻ Abb. 35.10). Paradoxerweise gleichen somit die klinischen Zeichen einer Hypokaliämie (z. B. Extrasystolen) denen der Hyperkaliämie. Bei der glatten Muskulatur ist der Einfluss des Kaliums auf seine Membranleitfähigkeit hingegen weniger deutlich **(Darmträgheit, Blasenerschlaffung)**.

Kaliumverlust Verlust an Kalium kann viele Gründe haben, z. B. eine Diuretikatherapie oder intestinale Verluste bei Durchfällen. Eine verringerte K^+-Zufuhr allein ist selten für einen Mangelzustand verantwortlich, denn die renale K^+-Elimination kann bis auf 2 % der filtrierten Menge beschränkt werden.

Klinik

Hungern, Essen, Hypokaliämie: die Realimentationshypokaliämie

Die Wirkung von Insulin auf die zelluläre K$^+$-Aufnahme ist umso stärker, je länger der Körper an Insulinmangel litt, die Zellen also an K$^+$ verarmt sind. Fehlt ihnen seit geraumer Zeit die Nahrung, wie dies z. B. bei **Anorexiepatientinnen** auftreten kann, wird kein oder nur sehr wenig Insulin ausgeschüttet. Die Zellen – insbesondere die der Leber – werden besonders empfindlich gegenüber Insulin. Reichliche Nahrungszufuhr in diesem Zustand stimuliert massiv die Insulinausschüttung und die Zellen reagieren darauf überschießend. Die Folge ist eine massive zelluläre K$^+$-Aufnahme und bedrohliche Hypokaliämie.

> Eine Hypokaliämie senkt die Kaliumleitfähigkeit und kann so Zellen depolarisieren.

Wechselwirkung mit dem Säure-Basen-Haushalt   Aus Elektroneutralitätsgründen verlassen K$^+$-Ionen die Zelle, wenn sich H$^+$ im Zellinnern anhäuft. Dieser einfache Mechanismus scheint eine klinisch sehr wichtige Beobachtung zu erklären: Azidosen gehen häufig mit einer Hyperkaliämie einher. An der Entstehung dieser **hyperkaliämischen Azidose** sind aber auch andere Geschehnisse beteiligt, denen eine noch größere Bedeutung zukommt: Damit die ständig in den Zellen entstehenden H$^+$-Ionen letztlich über die Lunge (als CO_2) und Nieren eliminiert werden können, müssen sie zuerst die Hürde der Zellmembran nehmen. Dies tun sie mithilfe des **Na$^+$/H$^+$-Antiporters**. Bei erhöhtem H$^+$-Angebot im Zellinnern schleust dieser Na$^+$ in das Zellinnere. Na$^+$ wird dann über die Na$^+$/K$^+$-ATPase im Austausch gegen Kalium aus der Zelle entfernt, sodass als Nettoeffekt H$^+$ aus der Zelle tritt und im Gegenzug K$^+$ hineingelangt.

Insulin und Kalium   Der schlecht eingestellte Diabetiker weist häufig eine Hyperkaliämie auf. Wichtig ist hierbei die wegfallende Insulinwirkung auf die Membrantransportprozesse besonders in Leber, Muskulatur und Fettgewebe. Insulin stimuliert die Aufnahme von K$^+$: Es steigert die **Na$^+$ Aufnahme** über den Na$^+$-K$^+$-2Cl$^-$-Symporter und den Na$^+$/H$^+$-Antiporters. Dadurch erhält die **Na$^+$/K$^+$-ATPase**, welche durch Insulin ebenfalls stimuliert wird, mehr Substrat und wird zusätzlich aktiviert. Insulin und K$^+$ regulieren sich offenbar gegenseitig, da die Freisetzung von Insulin aus den B-Zellen des Pankreas nicht nur vom Glucosespiegel abhängt, sondern auch über die extrazelluläre K$^+$-Konzentration geregelt wird. Die vorsichtige kombinierte Gabe von **Insulin** und **Glukose** kann therapeutisch eingesetzt werden, um eine akute **Hyperkaliämie** durch forciertes Einschleusen des Kaliums in die Zelle zu lindern. Glukagon wirkt wie auf die Glucosekonzentration auch hier **antagonistisch** zu Insulin.

Aldosteron und Kalium   Aldosteron wirkt kaliuretisch, indem es die Kaliumsekretion in das distale Nephron steigert. Daher ist eine Kaliumsubstitution bei einer Hypokaliämie nur dann effektiv, wenn keine erhöhten Aldosteron-Plasmaspiegel wie z. B. bei primärem (Conn-Syndrom, Adenom) oder sekundärem (gesteigerte Renin-Aktivität) Hyperaldosteronismus vorliegen.

> Bei Hyperaldosteronismus ist die Kaliumausscheidung erhöht – eine alleinige Kaliumsubstitution ist wenig erfolgversprechend.

In Kürze

Gerät die **Kaliumbilanz** aus dem Gleichgewicht, können sehr schnell lebensbedrohliche Zustände entstehen. Der überwiegende Teil des Kaliums befindet sich **intrazellulär**; die ungleiche Verteilung von K$^+$ über die Membran ist maßgeblich für die Aufrechterhaltung des Ruhemembranpotenzials. Daher führen größere Veränderungen dieses Gleichgewichts zu Störungen der Erregung am Herzen. K$^+$ wird hauptsächlich unter der Kontrolle von **Aldosteron** über die Niere ausgeschieden. Die Zellen regeln zudem die Aufnahme des extrazellulären Kaliums über das K$^+$ selbst, Insulin, H$^+$-Ionen und weitere Mechanismen.

Literatur

Ayus JC, Achinger SG, Arieff A (2008) Brain cell volume regulation in hyponatremia: role of sex, age, vasopressin, and hypoxia. Am J Physiol 295(3): F619–624

Hoffmann EK, Lambert IH, Pedersen SF (2009) Physiology of cell volume regulation in vertebrates. Physiol Rev 89(1): 193–277

Reinhardt HW, Seeliger E (2000) Toward an integrative concept of control of total body sodium. News Physiol Sci 15: 319–325

Seeliger E, Safak E, Persson PB, Reinhardt HW (2001) Contribution of pressure natriuresis to control of total body sodium: balance studies in freely moving dogs. J Physiol 537: 941–947

Kalzium-, Magnesium- und Phosphathaushalt

Florian Lang

© Springer-Verlag GmbH Deutschland, ein Teil von Springer Nature 2019
R. Brandes et al. (Hrsg.), *Physiologie des Menschen*, Springer-Lehrbuch
https://doi.org/10.1007/978-3-662-56468-4_36

Worum geht's? (◘ Abb. 36.1)

Funktion von Kalzium und Phosphat

Kalzium ist ein wichtiger intrazellulärer Botenstoff (second messenger). Es vermittelt u. a. die Muskelkontraktion, löst Exozytose aus und beeinflusst die Genexpression. Extrazelluläres Kalzium ist u. a. für die Blutgerinnung erforderlich und mindert die neuromuskuläre Erregbarkeit. Phosphatverbindungen sind u. a. wichtig für Membranaufbau, Energiestoffwechsel, Regulation von Proteinfunktionen und für die Pufferung. Die eingeschränkte Löslichkeit von Kalziumphosphatsalzen ist Voraussetzung für die Mineralisierung der Knochen. Die Knochenmineralien sind vorwiegend schwer lösliche Salze von Ca^{2+} mit Phosphat.

Regulation von Kalzium und Phosphat

Für die Kalziumphosphatbilanz sind die intestinale Aufnahme und renale Ausscheidung maßgebend. Der Kalziumphosphathaushalt wird durch mehrere Hormone reguliert. Parathormon wird bei einer Hypokalziämie ausgeschüttet und steigert die Plasmakalziumkonzentration vor allem durch Mobilisierung aus dem Knochen. Parathormon stimuliert ferner die Bildung von Calcitriol, das v. a. die enterale Kalzium- und Phosphatabsorption steigert. Die Bildung von Calcitriol wird durch FGF23 gehemmt, das u. a. bei hinreichender Knochenmineralisierung ausgeschüttet wird und die renale Phosphatausscheidung steigert. Calcitonin steigert die Knochenmineralisierung sowie die renale Calciumphosphat-Ausscheidung und Calcitriol-Bildung.

Störungen von Kalzium und Phosphat

Wichtigste Erkrankung des Kalziumphosphathaushaltes ist die Niereninsuffizienz, bei der die eingeschränkte renale Phosphatausscheidung zu Hyperphosphatämie mit massiver Gefäßverkalkung führt. Eine Überproduktion an Parathormon, der Hyperparathyreoidismus, führt zur Entmineralisierung des Knochens und Nierensteinen durch Übersättigung des Urins mit Ca^{2+}-Salzen. Hypokalziämie mit Steigerung der neuromuskulären Erregbarkeit ist u. a. eine Folge des Mangels an Parathormon. Hyperkalziämie beeinträchtigt die Erregung des Herzens, fördert gastrointestinale Sekretion und führt zu Polyurie und Nierensteinen. Mangel an Phosphat führt zu Demineralisierung des Knochens sowie zur Beeinträchtigung des Energiehaushaltes (ATP).

Magnesium

Extrazelluläres Magnesium hemmt Kationen-Kanäle und senkt darüber hinaus die zelluläre Erregbarkeit. Intrazellulär komplexiert es ATP und ist daher für energieumsetzende Prozesse von Bedeutung. Die zelluläre Mg^{2+}-Aufnahme wird durch Insulin, Schilddrüsenhormone und Alkalose gesteigert. Die intestinale Absorption wird durch Calcitriol, Parathormon und Somatotropin stimuliert und durch Komplexierung an verschiedene Anionen gehemmt.

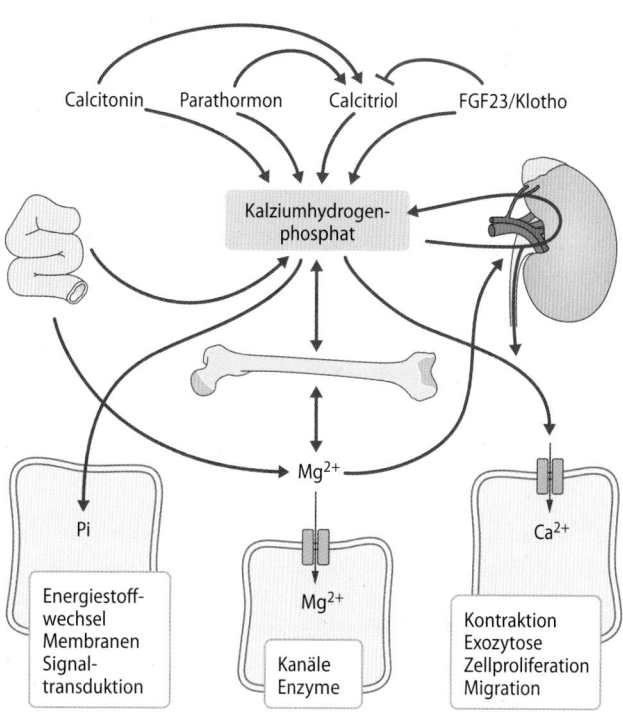

◘ Abb. 36.1 **Kalzium-Phosphat-Magnesium-Haushalt.**
$1,25(OH)_2D_3$=Calcitriol; FGF23=Fibroblast Growth Factor 23; PTH=Parathormon

36.1 Physiologische Bedeutung von Kalziumphosphat

36.1.1 Gegenseitige Beeinflussung von Kalzium und Phosphat

Kalzium und Phosphat bilden schwer lösliche Salze, eine Voraussetzung für die Mineralisierung der Knochen; die Konzentrationen von Kalzium und Phosphat senken sich gegenseitig.

Eingeschränkte Löslichkeit von Kalziumphosphatsalzen Kalzium- und Phosphathaushalt sind wegen der **eingeschränkten Löslichkeit** von Kalziumphosphatsalzen miteinander „vermascht". Die Löslichkeitsgrenze von Kalziumhydrogenphosphat ($CaHPO_4$) liegt nur wenig über den normalen Plasmakonzentrationen. Eine Zunahme der Ca^{2+}-Konzentration kann daher zum **Ausfallen** von Kalziumphosphat führen, wenn nicht gleichzeitig die Phosphatkonzentration gesenkt wird. Gleichermaßen fällt Kalziumphosphat bei Zunahme der Phosphatkonzentration ohne gleichzeitige Senkung der Ca^{2+}-Konzentration aus.

Die Ausfällung von $CaHPO_4$ wird durch verschiedene **kristallisationshemmende Proteine** normalerweise verhindert. Diese sind u. a. das Matrix gLA-Protein (MGP) und das Plasmaprotein α2-HS-Glykoprotein/Fetuin-A. Somit kann auch eine herabgesetzte Expression dieser Proteine eine Verkalkung von Gefäßen, Nieren und Muskeln nach sich ziehen.

Mineralisierung des Knochens Die begrenzte Löslichkeit der Kalziumphosphatsalze ist Voraussetzung für die Mineralisierung der Knochen. Da die alkalischen, nicht aber die sauren Kalziumphosphatsalze schwer löslich sind, liegen im Knochen die **alkalischen Salze** vor, vor allem Hydroxyapatit ($[Ca_{10}(PO_4)_6(OH)_2]$; s. u.). Die Mineralisierung des Knochens kann nur bei hinreichend hohen Konzentrationen von Kalzium und Phosphat und bei Vermeidung einer Azidifizierung des umgebenden Milieus aufrechterhalten bleiben.

36.1.2 Physiologische Bedeutung von Kalzium

Ca^{2+} ist der wichtigste intrazelluläre Transmitter, wirkt über Ca^{2+}-Rezeptoren von außen auf Zellen, ist für die Blutgerinnung erforderlich und beeinflusst die Durchlässigkeit von Epithelien und Endothelien.

Ca^{2+} als intrazellulärer Transmitter Normalerweise beträgt die zytosolische Ca^{2+}-Konzentration etwa 0,1 μmol/l, d. h. nur etwa $1/10^4$ der freien extrazellulären Ca^{2+}-Konzentration (s. u.). Sie kann jedoch bei Aktivierung von Zellen binnen weniger Millisekunden durch Einstrom über Ca^{2+}-Kanäle und Freisetzung aus intrazellulären Speichern auf das über 10-fache gesteigert werden (▶ Kap. 2.4). Eine Zunahme der intrazellulären Ca^{2+}-Konzentration stimuliert u. a. Muskelkontraktion, epithelialen Transport, Hormon- bzw. Transmitterausschüt-

tung und Stoffwechselaktivitäten wie die Glykogenolyse. Die Aktivität einer Reihe von Ionenkanälen (K^+-Kanäle, Cl^--Kanäle, Connexone) und Enzymen (z. B. NO-Synthase, Phosphorylasekinase, Adenylatzyklase, Phospholipase A_2) wird durch die intrazelluläre Ca^{2+}-Aktivität positiv reguliert. Eine Zunahme der zytosolischen Ca^{2+}-Konzentration führt ferner zur Aktivierung einiger Transkriptionsfaktoren (z. B. NFAT, AP1) und stimuliert so die Expression von Genen (▶ Kap. 2.5). Kalzium ist daher ein **second messenger.**

Wirkungen von extrazellulärem Ca^{2+} Die Festigkeit des Knochens hängt von seiner Mineralisierung ab, also von seinem Gehalt an Ca^{2+}-Salzen. Extrazelluläres Ca^{2+} mindert die Durchlässigkeit von Schlussleisten (**tight junctions**) in Endothelien und Epithelien (▶ Kap. 3.2) und ist für die Blutgerinnung erforderlich (▶ Kap. 23.7). Kalzium verschiebt die Schwelle von Na^+-Kanälen erregbarer Zellen zu mehr negativen Werten. Eine Abnahme der extrazellulären Ca^{2+}-Konzentration steigert daher die neuromuskuläre Erregbarkeit.

Ca^{2+}-Rezeptoren der Plasmamembran Extrazelluläres Ca^{2+} hemmt über spezifische Gq-Protein gekoppelte Rezeptoren (Ca^{2+}-sensing Rezeptoren) die Ausschüttung von Parathormon (◌ Abb. 36.2). Ferner wird bei gesteigerten extrazellulären Ca^{2+}-Konzentrationen u. a. der für die **Harnkonzentrierung** erforderliche Transport im dicken Teil der Henle-Schleife **gehemmt** (▶ Kap. 33.2), die **H^+-Sekretion im Magen gesteigert** und die **HCO_3^--Sekretion** im Pankreas **gehemmt**. Auf diese Weise wird verhindert, dass bei hohen Ca^{2+}-Konzentrationen alkalisches Kalziumphosphat ausfallen kann. Die Wirkung kann sich allerdings auch negativ auswirken. Bei Hyperkalziämie ist die Harnkonzentrierung eingeschränkt (▶ Kap. 33.2) und über gesteigerte H^+-Sekretion im Magen und Ansäuerung

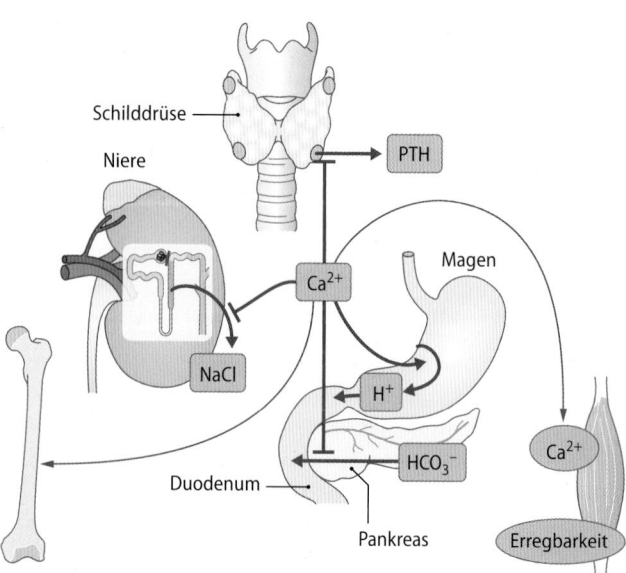

◌ **Abb. 36.2 Wirkungen von extrazellulärem Kalzium über den Kalziumrezeptor.** Wirkung auf die Ausschüttung von Parathormon aus den Nebenschilddrüsen, die pankreatische Bikarbonatsekretion, die gastrische H^+-Sekretion und die Elektrolytresorption in der Henle-Schleife. PTH=Parathormon

des Mageninhaltes kann das Epithel geschädigt werden (▶ Box „Peptische Ulzera, Kapitel 39).

❯ Die Stimulation von Ca^{2+}-Rezeptoren **hemmt die Para-thormonausschüttung, beeinträchtigt die Harnkonzen-trierung und fördert die H⁺ Sekretion im Magen.**

36.1.3 Physiologische Bedeutung von Phosphat

Phosphat ist Bestandteil vieler organischer Verbindungen. Die Phosphorylierung von Proteinen reguliert deren Aktivität. Phosphate sind wichtige Puffer.

Intrazelluläre Bedeutung von Phosphat Phosphatverbindungen, wie ATP, cAMP, Phospholipide der Zellmembran, Nukleinsäuren sowie Substrate des Intermediärstoffwechsels sind für das Überleben der Zelle unverzichtbar. Beispielsweise erfordert der Abbau von Glukose über die Glykolyse die Kopplung der Glukose an Phosphat. Enzyme und Transportproteine können durch Phosphorylierungen aktiviert oder inaktiviert werden. Massiver Phosphatmangel beeinträchtigt u. a. die Bildung von ATP und die Integrität der Zellmembran.

Phosphat als Puffer Sowohl **intrazellulär** als auch extrazellulär wirken Phosphat und seine Verbindungen als Puffer (▶ Kap. 37.1). Bei einem Blut-pH von 7,4 liegen $H_2PO_4^-$ und HPO_4^{2-} im Verhältnis von 1:4 sowie H_3PO_4 und PO_4^{3-} nur in verschwindend geringen Konzentrationen vor. Bei Zunahme der H⁺-Konzentration bindet HPO_4^{2-} ein H⁺ und reagiert zu $H_2PO_4^-$. Damit wird H⁺ abgepuffert.

> **In Kürze**
>
> Kalzium und Phosphat beeinflussen sich wegen der eingeschränkten Löslichkeit von Kalziumphosphatsalzen gegenseitig. Die begrenzte Löslichkeit der Kalziumphosphatsalze ist Voraussetzung für die Mineralisierung der Knochen. Intrazelluläres **Kalzium** dient u. a. als second messenger, extrazelluläres Kalzium aktiviert den Ca^{2+} Rezeptor, ist für die Blutgerinnung erforderlich, dichtet Endothelien und Epithelien ab, und mindert die neuromuskuläre Erregbarkeit. **Phosphatverbindungen** sind wichtig für den Membranaufbau, für den zellulären Energiestoffwechsel, für die Regulation von Proteinfunktionen sowie als Puffer.

36.2 Regulation des Kalziumphosphat-haushaltes

36.2.1 Verteilung und Bilanz von Kalziumphosphat

Kalziumphosphat wird vorwiegend im Knochen abgelagert; die Bilanz ist in erster Linie eine Funktion enteraler Aufnahme und renaler Ausscheidung.

Verteilung von Kalzium im Körper Der Körper enthält normalerweise etwa 1 kg (25 mol) Ca^{2+}. Mehr als **99 %** des Ca^{2+} sind im **Knochen** gespeichert. Die Ca^{2+}-Konzentration im Blut beträgt 2,5 mmol/l. Davon sind jedoch 40 % an Plasmaproteine, weitere 10 % an Phosphat, Zitrat, Sulfat und HCO_3^- gebunden. Biologisch relevant ist jedoch nur das freie Ca^{2+}, dessen Konzentration nur bei etwa 1,2 mmol/l liegt.

Verteilung von Phosphat im Körper Der Körper enthält etwa 0,7 kg Phosphor in Form von anorganischen Phosphaten (PO_4^{3-}, HPO_4^{2-}, $H_2PO_4^-$) und seinen organischen Verbindungen. Etwa **86 %** davon liegen in Form von Phosphatsalzen im **Knochen** vor. Etwa 1 % (ca. 30 mmol) sind extrazellulär gelöst. Die Plasmakonzentration liegt bei circa 1 mmol/l. Etwa 13 % liegen intrazellulär. Der größte Teil davon ist organisch gebunden. Die zytosolische Konzentration an freiem Phosphat beträgt etwa 1 mmol/l.

Kalzium- und Phosphatbilanz Täglich werden etwa 1 g Ca^{2+} (25 mmol) und etwa 1,5 g Phosphor (50 mmol) oral aufgenommen, wobei die Zufuhr in Abhängigkeit von der Diät großen Schwankungen unterworfen ist. Insbesondere **Milchprodukte** sind reich an Ca^{2+} und Phosphat. Im Darm werden normalerweise nur etwa 2 mmol/Tag Ca^{2+} und etwa 20 mmol/Tag Phosphat netto absorbiert. Im Gleichgewicht wird die gleiche Menge an Kalzium und Phosphat renal ausgeschieden. Bei Mangel an Kalzium und Phosphat kann durch Stimulation der beteiligten Transportprozesse der Anteil an enteral absorbiertem Kalzium und Phosphat gesteigert und die renale Ausscheidung gedrosselt werden.

Regulation zellulärer Ca^{2+}-Konzentration Intrazellulär ist Ca^{2+} vorwiegend an zytosolische Proteine gebunden (abgepuffert) und in intrazellulären Organellen gespeichert (sequestriert). In der ruhenden Zelle beträgt die zytosolische freie Ca^{2+}-Konzentration nur 0,1 μmol/L. Die zytosolische Ca^{2+}-Konzentration wird durch eine Ca^{2+}-ATPase und Na^+/Ca^{2+}-Austauscher in der Zellmembran niedrig gehalten (◘ Abb. 36.3). Wegen des steilen elektrochemischen Gradienten für Ca^{2+} sind dabei 3 Na^+-Ionen erforderlich, um ein Ca^{2+} aus der Zelle zu transportieren. Eine Ca^{2+}-ATPase vermittelt auch den Transport in die Speichervesikel, vor allem in die des **endoplasmatischen Retikulums**. In diesem Kompartiment kann die Ca^{2+}-Konzentration auf über **10 mmol/L** ansteigen. Verschiedene Ca^{2+}-Kanäle vermitteln den Ca^{2+}-Einstrom entlang des steilen elektrochemischen Gradienten. Epitheliale Ca^{2+}-Kanäle vermitteln die enterale

Absorption oder renale Resorption von Ca^{2+}. Spannungs-abhängige Ca^{2+}-Kanäle werden bei Depolarisation der Zell-membran aktiviert, Liganden gesteuerte Ca^{2+}-Kanäle bei Stimulation durch Hormone oder Transmitter (▶ Kap. 4). Ca^{2+} kann ferner aus Speichervesikeln in das Zytosol frei-gesetzt werden (▶ Kap. 2.4). Die Entleerung der Vesikel führt in der Folge zur Aktivierung von Ca^{2+}-Kanälen in der Zell-membran (**Ca^{2+}-release activated channels**, CRAC).

Regulation der zellulären Phosphatkonzentration   Phosphat wird in Epithelien mithilfe von Na$^+$-gekoppelten Transport-prozessen in die Zellen aufgenommen. In der apikalen Mem-bran proximaler Tubuluszellen spielt der Transporter NaPiIIa die entscheidende Rolle, im Darm der Transporter NaPiIIb. In anderen Zellen wird Phosphat z. T. im Austausch gegen OH$^-$ oder HCO$_3^-$ und z. T. Na$^+$ gekoppelt transportiert (NaPiIII). Die zytosolische Phosphatkonzentration wird durch Einbau von Phosphat in organische Verbindungen niedrig gehalten.

36.2.2 Parathormon

Aufgabe von Parathormon (Parathyrin, PTH) ist die Konstant-haltung der Plasma-Ca^{2+}-Konzentration.

Bedeutung   Sowohl Kalzium als auch Phosphat sind für das Überleben von Zellen unentbehrlich. Allerdings sind die Ca^{2+}-abhängigen Funktionen sehr viel stärker von der extra-zellulären Konzentration abhängig als die Phosphat-abhän-gigen Funktionen. Daher hat die Konstanthaltung der Plas-makalziumkonzentration im Mineralhaushalt absoluten Vor-rang. Sie ist Aufgabe von PTH.

Ausschüttung   Parathormon (Parathyrin, PTH) ist ein Pep-tid (84 Aminosäuren), das in den Nebenschilddrüsen gebildet wird. Wichtigster Stimulus für die Parathormonausschüttung ist ein **Absinken der freien Ca^{2+}-Konzentration** im Extra-zellulärraum. Ca^{2+} wird dabei über einen niedrig-affinen Gq-Protein gekoppelten Rezeptor (**Ca^{2+}-Sensing-Rezeptor**) gemessen (◻ Abb. 36.2), der die Parathormon-Freisetzung hemmt. Der Ca^{2+}-Sensing-Rezeptor wirkt über Phospholi-pase C, Phospholipase A2 und Hemmung der cAMP-Bil-dung. Die Nebenschilddrüse reagiert sehr empfindlich auf Änderungen der Plasmakalziumkonzentration: Unterhalb von 1 mmol/L freiem extrazellulärem Ca^{2+} ist die Parathor-mon-Sekretion maximal, oberhalb von 1,25 mmol/L beträgt sie nur noch 10 %. Die Parathormonausschüttung wird ferner durch Phosphatüberschuss sowie durch Adrenalin gefördert und ist bei massivem Mg^{2+}-Mangel herabgesetzt. Eine anhal-tend niedrige extrazelluläre Ca^{2+}-Konzentration stimuliert nicht nur die Parathormonausschüttung, sondern führt auch zu einer Hyperplasie der Nebenschilddrüse.

Direkte Parathormonwirkungen auf Niere und Knochen   Die Wirkungen von Parathormon erfolgen über einen Gs- und Gq-Protein gekoppelten Rezeptor (▶ Kap. 2.3) und zielen auf

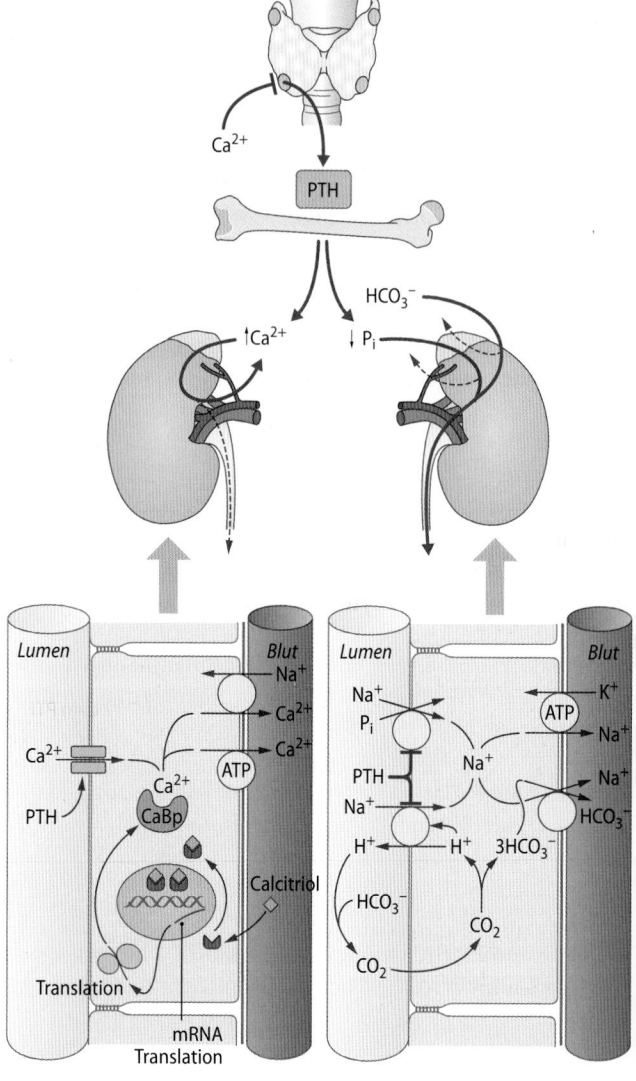

◻ **Abb. 36.3   Ausschüttung und direkte Wirkungen von Parathor-mon (PTH).** Die Ausschüttung von Parathormon wird durch Hypokalzä-mie stimuliert. Das Hormon mobilisiert CaHPO4 aus dem Knochen, stimu-liert die renale Ca^{2+}-Resorption und hemmt die renale Phosphatresorption sowie die proximal-tubuläre H$^+$-Sekretion und damit die Bikarbonat-resorption. CaB =Ca^{2+} Bindendes Protein, Calbindin; PTH=Parathormon; D-Hormon=1,25(OH)2D3, Calcitriol

eine schnelle Steigerung der Plasma-Ca^{2+}-Konzentration ab (◻ Abb. 36.3). Parathormon fördert die **Mobilisierung von Ca^{2+}** aus dem Knochen und stimuliert die **Ca^{2+}-Resorption** im distalen Tubulus der Niere. Nun kann Ca^{2+} nur gemein-sam mit Phosphat aus dem Knochen mobilisiert werden, und eine Zunahme sowohl der Ca^{2+}- als auch der Phosphatkon-zentration im Blut würde das Ausfällen von Ca^{2+}-Phosphat begünstigen. Damit wäre die Ca^{2+}-steigernde Wirkung von Parathormon zunichte gemacht. Parathormon **hemmt** daher die **renale Resorption von Phosphat** und senkt damit die Plasmaphosphatkonzentration. Ferner hemmt Parathormon die renale Resorption von Bikarbonat und verhindert damit eine metabolische Alkalose, die sonst bei Mobilisierung der stark alkalischen Knochensalze auftreten würde. Parathormon hemmt die Bikarbonatresorption durch Hemmung des proximal-tubulären Na$^+$/H$^+$-Austauschers. Damit wird gleichzeitig die proximal-tubuläre Na$^+$-Resorption gehemmt.

❯ **Parathormon steigert die Plasma-Ca^{2+}-Konzentration.**

Stimulation der Calcitriolbildung Durch die Wirkungen auf Knochen und Niere erreicht Parathormon eine schnelle Korrektur der **Plasma-Ca^{2+}**-Konzentration. Die Korrektur ist jedoch auf Kosten der Mineralisierung des Knochens erzielt worden, die langfristig wieder ausgeglichen werden muss. Parathormon stimuliert daher die Expression der 1α-Hydroxylase in der Niere und somit die Bildung von **1,25-Dihydroxycholekalziferol** (Calcitriol) (◻ Abb. 36.4), das u. a. die enterale Absorption von Ca^{2+} und Phosphat steigert (s. u.).

Weitere Parathormonwirkungen Neben seinen Wirkungen auf Niere und Knochen steigert Parathormon die intrazelluläre Ca^{2+}-Konzentration in einer Vielzahl von Geweben, u. a. Herz, Leber, Thyrozyten und B-Zellen der Langerhans-Inseln.

PTH-related peptide (PTHrP)
Beim Stillen wird unter der stimulierenden Wirkung von Oxytozin PTHrP von der Brustdrüse abgegeben. Wie PTH fördert PTHrP die Mobilisierung von Kalziumphosphat aus dem Knochen. PTHrP kann auch von Tumorzellen gebildet werden und zu Hyperkalziämie sowie zu Entmineralisierung von Knochen bei Tumoren führen.

36.2.3 Calcitriol

Calcitriol fördert die enterale Absorption und renale Resorption von Kalziumphosphat und schafft damit die Voraussetzung für die Knochenmineralisierung. Die Bildung von Calcitriol wird durch Parathormon stimuliert.

Bildung, Inaktivierung Calcitriol (1,25-Dihydroxycholekalziferol) ist ein **Steroid**. Seine Vorstufe, das 25-Hydroxycholekalziferol (Kalzidiol), wird in der Leber aus Vitamin-D$_3$ gebildet. Vitamin-D$_3$ wird mit der Nahrung zugeführt oder entsteht in der Haut unter UV-Bestrahlung aus 7,8-Dihydrocholesterin (◻ Abb. 36.4). Die Bildung des biologisch wirksamen 1,25-Dihydroxycholekalziferols (Calcitriol) erfolgt vorwiegend durch die **1α-Hydroxylase** in der Niere. Die Expression des Enzyms wird durch Parathormon, Calcitonin sowie einen Mangel an Ca^{2+} und Phosphat stimuliert. Calcitriol wird durch 24-Hydroxylierung inaktiviert.

Wirkungen Calcitriol wirkt wie alle Steroidhormone vorwiegend über **intrazelluläre nukleäre Rezeptoren** und beeinflusst so die Genexpression. Es fördert in Darm und Niere u. a. die Expression von **Calbindin** und von Kanälen und Pumpen der Ca^{2+}- und Phosphatresorption. Somit erhöht Calcitriol die **Verfügbarkeit** von **Ca^{2+} und Phosphat** und begünstigt auf diese Weise die Mineralisierung des Knochens (▶ Abschn. 36.1.3).

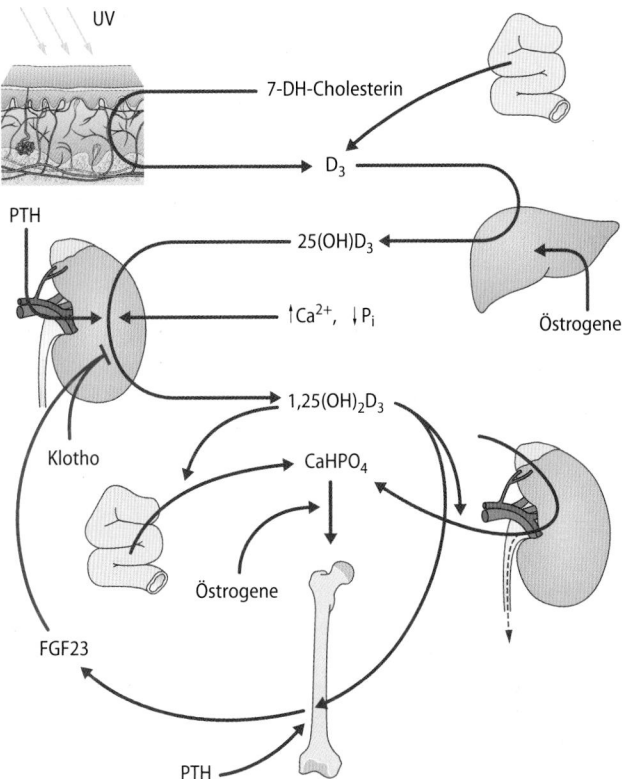

◻ **Abb. 36.4   Bildung und Wirkungen von Calcitriol (1,25[OH]$_2$D$_3$).** Aktives 1,25(OH)$_2$D$_3$ wird durch eine renale 25-Hydroxycholecalciferol-1α-Hydroxylase gebildet und durch eine 24-Hydroxylase inaktiviert. Die 1α-Hydroxylase wird durch Parathormon (PTH) stimuliert und durch FGF23 gehemmt. 1,25(OH)$_2$D$_3$ = Calcitriol; 7,8-DH Cholesterin = 7,8-Dehydrocholesterin; FGF23 = Fibroblast Growth Factor 23; PTH = Parathormon

Calcitriolwirkungen
Calcitriol kann eine Reihe weiterer Wirkungen entfalten, wie eine Steigerung der Erythropoiese, Minderung der Aktivierbarkeit von Blutplättchen und Hemmung der Zellproliferation. Calcitriol beeinflusst ferner Überleben und Tätigkeit von Makrophagen und Monozyten, hemmt Proliferation und Aktivität von T-Lymphozyten, und kann auf diese Weise eine immunsuppressive Wirkung entfalten. Schließlich wirkt Calcitriol möglicherweise antidepressiv.

Vitamin-D-Mangel Ein Mangel an Vitamin D führt beim Kind zu **Rachitis** und beim Erwachsenen zu **Osteomalazie** (▶ Box „Rachitis, Osteomalazie"). Durch Vitamin-D-Mangel gefährdet sind neben Kleinkindern vor allem Schwangere und heranwachsende Jugendliche, da die Mineralisierung des fetalen Skeletts bzw. des wachsenden Knochens die Aufnahme großer Mengen an CaHPO$_4$ erfordert. Ein Wegfall der weiteren Wirkungen von Calcitriol kann u. a. Anämie zur Folge haben.

Vitamin-D-Vergiftung Ein Überschuss an Calcitriol kann Folge unkritischer Vitaminzufuhr sein. Ferner kann die gesteigerte Bildung von Calcitriol in **aktivierten Makrophagen** bei bestimmten entzündlichen Erkrankungen (Sarkoidose) zu Calcitriolüberschuss führen. Dabei kommt es durch die Zunahme der Kalzium- und Phosphatkonzentrationen im Blut zu Weichteilverkalkungen (vor allem Niere und Gefäße) mit entsprechender Schädigung der betroffenen Organe. Die Gewebsverkalkung beschleunigt das Altern.

36.2.4 FGF23

FGF23 wird vor allem im Knochen gebildet. Es fördert die Phosphatausscheidung und reduziert die Calcitriolbildung.

Bildung   Die Bildung und Ausschüttung von FGF23 wird durch den **Phosphatgehalt** im Knochen reguliert. Sie wird durch Phosphatüberschuss, Parathormon und Calcitriol stimuliert. Die FGF23-Ausschüttung wird ferner durch Katecholamine, Dehydratation und Entzündungen gesteigert.

Wirkung   Wichtigste Wirkungen von FGF23 sind die Hemmung der **1α Hydroxylase** und damit der Calcitriolbildung, Stimulation der 24-Hydroxylase und damit Kalizitriolinaktivierung, sowie Steigerung der renalen Phosphatausscheidung. FGF23 vermittelt seine Wirkung über einen Rezeptor, der das Protein **Klotho** als Korezeptor benötigt. Klotho kommt vor allem in der Niere und in der Stria vascularis des Gehirns vor.

Klotho-(FGF23)-Inaktivierung

Der extrazelluläre Anteil von Klotho kann abgespalten werden und wird ins Blut und in den Liquor abgegeben. Ein genetischer Knockout von FGF23 oder Klotho führt in Mäusen zu exzessiver Bildung von Calcitriol, massiven Gefäß- und Gewebsverkalkungen und dramatisch beschleunigtem Altern. FGF23 beeinflusst nicht nur den Mineralhaushalt, sondern fördert u. a. Hypertrophie des Herzens und Gefäßverschlüsse.

36.2.5 Calcitonin

Calcitonin wird bei Hyperkalziämie ausgeschüttet; es senkt die Plasmakonzentrationen von Kalzium und Phosphat vorwiegend über Steigerung der Knochenmineralisierung.

Ausschüttung   Der Kalziumphosphathaushalt wird ferner durch das Peptidhormon Calcitonin aus den **C-Zellen** der Schilddrüse reguliert. Das Hormon wird bei **Hyperkalziämie** ausgeschüttet.

Wirkungen   Calcitonin fördert den Einbau von Kalziumphosphat in die Knochen, stimuliert die Bildung von Calcitriol und damit die **enterale Kalziumphosphatabsorption**, hemmt jedoch die renale Kalzium- und Phosphatresorption (◻ Abb. 36.4). Das Hormon spielt wahrscheinlich bei der Mineralisierung des Skeletts von Kindern und bei der Erhaltung der Mineralisierung des mütterlichen Skeletts während des Stillens eine Rolle. Ansonsten ist Calcitonin **verzichtbar** und muss nach Schilddrüsenentfernung nicht substituiert werden.

> Anders als Schilddrüsenhormone muss Calcitonin nach Entfernung der Schilddrüse nicht substituiert werden.

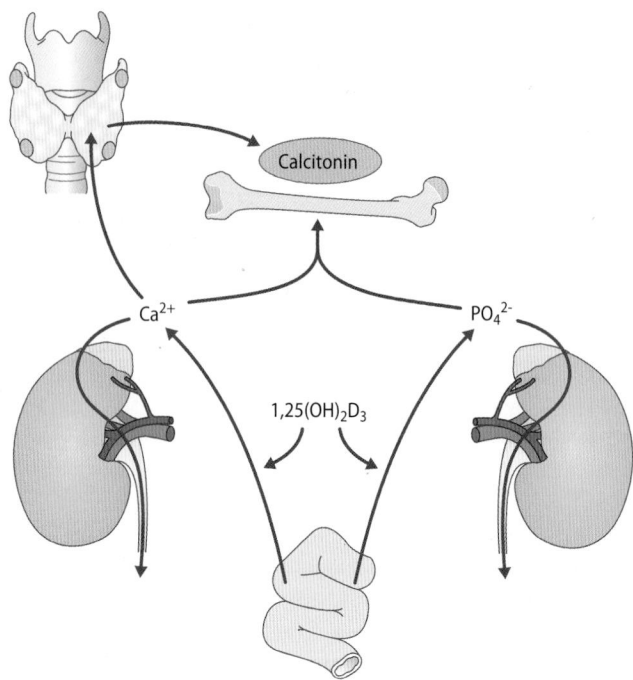

◻ **Abb. 36.5   Die Wirkungen von Calcitonin.** Das Hormon fördert die enterale Absorption und Einlagerung von $CaHPO_4$ in den Knochen und hemmt die Kalzium- und Phosphatresorption in der Niere. $1,25(OH)_2D_3$=Calcitriol

36.2.6 Weitere Regulatoren von renalem und intestinalem Kalzium- und Phosphattransport

Weitere Hormone beeinflussen die Kalzium- und Phosphatausscheidung; darüber hinaus reagiert die Niere auch ohne Hormone auf Störungen der Kalzium- und Phosphatkonzentrationen im Plasma.

Regulation renaler Ca^{2+}-Ausscheidung   Die renale Ca^{2+}-Ausscheidung steigt mit zunehmender **Ca^{2+}-Plasmakonzentration**. Verantwortlich ist einerseits eine Abdichtung der Schlussleisten (**tight junctions**) durch Ca^{2+} und damit eine Abnahme der parazellulären Ca^{2+}-Resorption. Darüber hinaus wird bei Zunahme der extrazellulären Ca^{2+}-Konzentration ein Ca^{2+}-Rezeptor an der dicken Henle-Schleife aktiviert, der die Resorption in diesem Segment hemmt (◻ Abb. 36.2). In der Folge wird die Resorption nicht nur von Ca^{2+}, sondern auch von Mg^{2+} und Na^+ beeinträchtigt.

Thiaziddiuretika

Die Ca^{2+}-Ausscheidung wird durch **Thiaziddiuretika** gemindert. Die Diuretika führen über Hemmung der Kochsalzresorption im frühdistalen Tubulus zu Kochsalzverlusten. Folge ist eine gesteigerte Na^+-Resorption in proximalem Tubulus und Henle-Schleife, wobei auch vermehrt Ca^{2+} resorbiert wird (▶ Kap. 33.4). Thiaziddiuretika werden daher mit Erfolg zur Verhinderung von Kalziumsteinen eingesetzt.

Die renale Ca^{2+}-Resorption wird ferner durch **Alkalose** stimuliert und durch Azidose, Somatotropin, Schilddrüsenhormone, Nebennierenrindenhormone, Insulin und Glukose gehemmt.

Klinik

Rachitis, Osteomalazie

Ursachen
Mangelhafte Mineralisierung von Knochengrundsubstanz führt beim Kind zur Rachitis, beim Erwachsenen zur Osteomalazie. Häufigste Ursache ist **Mangel an Vitamin D**. Er ist Folge unzureichender diätetischer Zufuhr oder intestinaler Absorption bei gleichzeitigem Fehlen von Sonnenexposition. Rachitis trat regelmäßig bei den schlecht ernährten Kindern auf, die im 19. Jahrhundert als Arbeiter in Kohlebergwerken eingesetzt wurden. Fehlende Aktivierung von Vitamin D zu Calcitriol tritt bei **Niereninsuffizienz** auf,

bei der aber gleichzeitig die renale Phosphatausscheidung beeinträchtigt ist und daher selten eine typische Osteomalazie auftritt. Bei sehr seltenen genetischen Defekten fehlt der Calcitriolrezeptor oder ist die proximal-tubuläre Phosphatresorption eingeschränkt, sodass trotz Anwesenheit von Calcitriol ein Phosphatmangel auftritt („Vitamin-D-resistente Rachitis"). Bei stark erniedrigten extrazellulären Phosphatkonzentrationen wird das zur Mineralisierung des Knochens erforderliche Ionenprodukt von Ca^{2+} und HPO_4^{2-} nicht erreicht. Die extrem

seltenen FGF23-produzierenden Tumoren können ebenfalls eine Ursache der Osteomalazie sein.

Folgen
Bei Osteomalazie sind die Knochen biegsam und deformierbar, es treten Knochenschmerzen und Ermüdungsfrakturen auf. Rachitis führt ferner zu Zwergwuchs, Auftreten von O- oder X-Beinen, Wirbelsäulendeformierungen und Auftreibungen der Rippenknorpel (Rosenkranz). Der Knochenschädel ist weich (Kraniotabes).

Regulation renaler Phosphatausscheidung Schon aufgrund der Sättigbarkeit der renalen Phosphatresorption (▶ Kap. 33.1) wird bei Zunahme der **Phosphatkonzentration** im Blut das überschüssige Phosphat ausgeschieden. Darüber hinaus steigert die Niere bei Phosphatmangel die Resorptionsrate und senkt sie bei Phosphatüberschuss. Die renale Phosphatresorption wird durch Ca^{2+}-Überschuss, Mg^{2+}-Mangel, metabolische Azidose, Glukokortikoide, den atrialen natriuretischen Faktor und eine Reihe von Diuretika gehemmt. Die Phosphatresorption wird gesteigert durch Schilddrüsenhormone, Insulin, Somatotropin (IGF1), Katecholamine (α-Rezeptoren), Mg^{2+} und metabolische Alkalose.

Regulation enteraler Kalzium- und Phosphatabsorption Normalerweise wird nur ein kleiner Teil (ca. 10 %) des oral zugeführten Kalziums und Phosphats absorbiert, womit den Transportprozessen im Darm eine wichtige regulatorische Rolle in der Kalzium-Phosphat-Bilanz zukommt. Der absorbierte Anteil sinkt mit steigender Zufuhr.

Eine Reihe von **Hormonen**, wie Parathormon, Calcitonin, Somatotropin, Prolaktin, Östrogene und Insulin stimulieren die intestinale Kalzium- und Phosphatabsorption zumindestens teilweise über Calcitriol. Pathophysiologisch bedeutsam ist, dass die Kalzium-Absorption durch Komplexierung an Oxalat und Fettsäuren unterbunden wird.

Phosphatonine
Für die tumorassoziierte Hypophosphatämie (TIO, tumor induced osteomalacia) sind neben PTHrP (s. o.) u. a. sFRP4 (soluble frizzled related protein), MEPE (matrix extracellular phosphoglycoprotein) und FGF23 (fibroblast growth factor-23) verantwortlich, Mediatoren mit hemmender Wirkung auf die renale Phosphatresorption und auf die Synthese von Calcitriol. Das FGF23 spielt bei zwei genetisch bedingten Erkrankungen eine Rolle, die über renalen Phosphatverlust eine Hypophosphatämie hervorrufen. In der XLH (X-linked hypophosphatemic rickets) ist die PHEX (phosphate regulating homology of endopeptidase on X chromosome) defekt, eine Protease, die normalerweise FGF23 proteolytisch abbaut. Bei der ADHR (autosomal-dominant hypophosphatemic rickets) verhindern Mutationen im FGF23 seinen proteolytischen Abbau durch PHEX. In beiden Fällen kommt es über gesteigerte FGF23-Konzentration zur Hypophosphatämie.

In Kürze
Für die Kalziumphosphatbilanz sind **enterale Absorption** und **renale Ausscheidung** maßgebend. Eine positive Bilanz ist Voraussetzung für die Mineralisierung des Knochens. An der Aufrechterhaltung einer ausgeglichenen Ca^{2+}-Phosphat-Bilanz sind verschiedene Hormone beteiligt: Bei Absinken der Ca^{2+}-Konzentration im Blut wird **Parathormon** ausgeschüttet, das Kalziumphosphat aus dem Knochen mobilisiert, die renale Ca^{2+}-Resorption und die renale Ausscheidung von Phosphat, Bikarbonat und Na^+ steigert sowie die Bildung von Calcitriol stimuliert. **Calcitriol** stimuliert die enterale Kalziumphosphatabsorption und schafft damit die Voraussetzung für die Remineralisierung des Knochens. Die Bildung von Calcitriol wird durch **FGF23** aus dem Knochen gehemmt, dessen Wirkung den Korezeptor Klotho benötigt. **Calcitonin** wird bei Hyperkalziämie ausgeschüttet und senkt die Kalziumphosphatkonzentration im Blut vorwiegend durch Förderung der Mineralisierung des Knochens. Die Niere scheidet auch ohne Vermittlung von Hormonen bei steigender Kalzium- oder Phosphatkonzentration im Blut vermehrt Ca^{2+} bzw. Phosphat aus.

36.3 Knochen

36.3.1 Zusammensetzung, Bildung und Abbau des Knochens

Knochen besteht aus Knochenmatrix und schwer löslichen Salzen von Ca^{2+} mit Phosphat, Karbonat und Fluorid; er wird durch Osteoblasten auf- und durch Osteoklasten abgebaut.

Zusammensetzung Knochen besteht aus Knochenmatrix und Mineralien: Die Proteine der Knochenmatrix sind zu annähernd 90 % Kollagen, weitere Komponenten sind Osteokalzin, Sialoproteine, Proteoglykane und Osteonektin. Die Knochenmineralien, die etwa zwei Drittel des Knochengewichtes ausmachen, bestehen vorwiegend-aus Hydroxyapatit ($[Ca_{10}(PO_4)_6(OH)_2]$), Bruschit ($[CaHPO_4(H_2O)_2]$), Octokalziumphosphat ($[Ca_8H_2(PO_4)_6(H_2O)_5]$) und Komplexen mit weiteren Anionen (F^-, CO_3^{2-}) oder Kationen (Na^+, K^+, Mg^{2+}).

Knochenumbau   Der **Knochenaufbau** ist Aufgabe der **Osteoblasten**, welche die organischen Komponenten synthetisieren und sezernieren sowie deren Mineralisierung vermitteln. Mithilfe einer alkalischen Phosphatase spalten sie Pyrophosphat, das relativ gut löslich ist und die Mineralisierung stören würde. Knochen wird durch **Osteoklasten** abgebaut (◘ Abb. 36.6), die über eine lokale Azidose (H^+-ATPase) die Knochenmineralien auflösen und die Proteine mithilfe von lysosomalen Proteasen abbauen.

36.3.2 Regulation von Knochenbildung und -mineralisierung

Die Bildung und Mineralisierung der Knochen wird durch Kalzium-, Phosphat- und H^+-Konzentrationen, durch Hormone und durch mechanische Beanspruchung reguliert.

Kalziumphosphat und pH   Die Mineralisierung der Knochen hängt von der Verfügbarkeit von Ca^{2+} und Phosphat ab und ist damit eine Funktion der Ca^{2+}- und Phosphatkonzentration im Plasma. Eine kalziumarme Diät begünstigt Entmineralisierung des Knochens (▶ Box „Osteoporose"). Darüber hinaus erfordert die Mineralisierung einen alkalischen pH, da die Kalziumphosphatsalze im sauren Milieu löslich sind.

Parathormon und Calcitriol   Die Hormone Parathormon und Calcitriol stimulieren in Osteoblasten die Bildung von RANKL (**Receptor Activator of NF-κB Ligand**), der die Entwicklung von Knochen-abbauenden Osteoklasten fördert (▶ Box „Osteoporose"). Die Folge ist ein Knochenabbau. **Calcitriol** stimuliert aber auch die Bildung von Kollagen und fördert die Mineralisierung des Knochens durch Steigerung der Konzentrationen an Ca^{2+} und Phosphat im Blut. Der Calcitriol-vermittelte Anstieg der Ca^{2+}-Konzentration unterdrückt ferner die Ausschüttung von Parathormon. Letztlich überwiegt die mineralisierende Wirkung von Calcitriol.

Weitere Hormone und Mediatoren   Calcitonin hemmt den Knochenabbau durch Dezimierung und Hemmung von Osteoklasten sowie Förderung der Bildung von Calcitriol. Östrogene

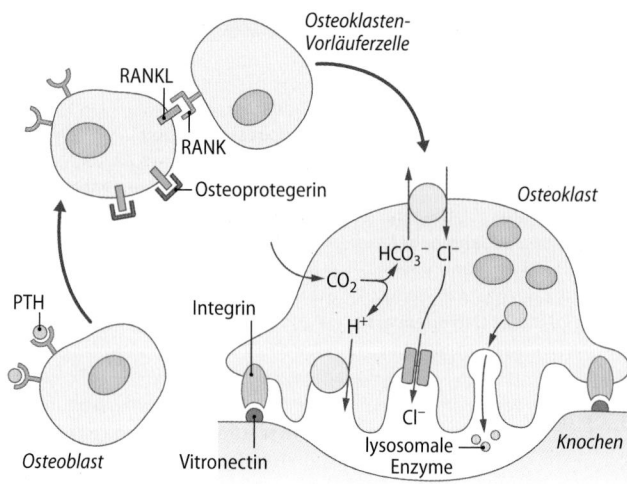

◘ **Abb. 36.6**   Bildung und Wirkungsweise von Osteoklasten

hemmen die Apoptose von Osteoblasten und stimulieren die Apoptose von Osteoklasten. Sie fördern somit den Knochenaufbau. Der **Östrogenmangel** in der Postmenopause begünstigt die Entmineralisierung des Knochens. Östrogene sind auch beim Mann Voraussetzung für normalen Knochenaufbau. Der Knochenumsatz wird ferner durch Schilddrüsenhormone und Glukokortikosteroide gesteigert. Ein **Überschuss an Glukokortikosteroiden** führt jedoch über gesteigerte Osteoklastenaktivität zur **Entmineralisierung des Knochens. Somatotropin** fördert die Bildung und Mineralisierung des Knochens u. a. über **insulin-like growth factors** (IGF-I, IGF-II), Stimulation der Calcitriolbildung, Stimulation enteraler Kalzium- und Phosphatabsorption und Aktivierung der Osteoblasten.

Lokale Faktoren

Knochenaufbau und/oder Knochenumbau werden nicht nur durch Hormone, sondern auch durch lokale Mediatoren stimuliert, wie durch RANKL (s. o.), bone morphogenetic protein (BMP), tumor growth factor (TGF-β), β-Mikroglobulin, platelet derived growth factor (PDGF), tumor necrosis factor (TNF-α, TNF-β), Interleukin-6, sowie Prostaglandine PGE_1 und PGE_2. RANKL wird durch *Osteoprotegrin* aus Mesenchymalzellen gehemmt.

Mechanische Beanspruchung   Der Knochen wird durch ständigen Umbau den mechanischen Erfordernissen angepasst. Mechanische Belastung aktiviert die Tätigkeit der Osteoblasten und damit Knochenaufbau und -mineralisierung. Bei fehlender-mechanischer Belastung (Bettruhe, Gipsverband,

---

36

Klinik

Morbus Paget

Bei Morbus Paget liegt eine gesteigerte Zahl und Aktivität von **Osteoklasten** vor, die zu gesteigertem Knochenabbau führen. Ursachen sind u. a. eine vermehrte Bildung oder eine Überempfindlichkeit von Osteoklasten gegenüber RANKL oder Interleukin 6. Weitere Ursache ist eine unkontrollierte Teilung von Osteoklasten. Die Störung wird wahrscheinlich durch genetische Defekte oder Virusinfektionen hervorgerufen. Folge ist u. a. massiver Knochenabbau mit verzögert einsetzendem, gesteigertem Aufbau von wenig stabilem Knochen. Die Patienten leiden unter Knochenschmerzen und Knochenbrüchen. In einer späteren „sklerotischen" Phase nimmt die Osteoklastentätigkeit ab (die Osteoklasten sind „ausgebrannt") und es wird harter, dichter Knochen gebildet.

Klinik

Osteoporose

Osteoporose ist die Folge eines **Verlustes von Knochenmasse** inklusive Grundsubstanz und Knochenmineralien. Eine Osteoporose tritt vor allem bei fortgeschrittenem Lebensalter auf. Die Knochendichte erreicht mit etwa 20 Jahren ihr Maximum und nimmt dann kontinuierlich ab, wobei der Abfall bei postmenopausalen Frauen durch **Wegfall der Östrogenwirkung** besonders steil ist. Hypogonadismus, Glukokortikoid-überschuss, Hyperthyreose, Hyperparathyreoidismus, kalziumarme Diät, gestörte enterale Ca²⁺-Absorption und Bewegungsarmut beschleunigen den Verlust an Knochenmasse. Einige genetische Defekte des Bindegewebsstoffwechsels führen ebenfalls zur Osteoporose. Eine mechanische Beanspruchung durch Sport oder durch Übergewicht verzögern die Entwicklung einer Osteoporose. Durch therapeutische Zufuhr von Östrogenen (mit Gestagenen) kann die Entwicklung verlangsamt werden, wobei allerdings erhebliche Nebenwirkungen in Kauf genommen werden müssen (u. a. Thrombosegefahr). Wichtigste Auswirkungen von Osteoporose sind das gehäufte Auftreten von **Knochenbrüchen** und Knochenschmerzen.

Schwerelosigkeit) wird Knochen abgebaut und Kalziumphosphat freigesetzt.

> Bei fehlender Belastung wird Knochen entmineralisiert und dabei Kalziumphosphat frei

In Kürze

Knochen besteht aus der Knochenmatrix und **Mineralien**. Die Proteine der **Knochenmatrix** sind annähernd 90 % Kollagen. Die **Knochenmineralien** sind vorwiegend schwer lösliche Salze von Kalzium mit Phosphat. Knochen wird durch Osteoblasten aufgebaut und durch Osteoklasten abgebaut. Der **Aufbau** von Matrix und **Mineralisierung** der Knochen wird durch Kalzium-, Phosphat- und H⁺-Konzentrationen, durch Parathormon, Calcitriol, Calcitonin, Östrogene, Schilddrüsenhormone, Glukokortikoide, Somatotropin (bzw. IGF), und lokale Mediatoren reguliert. Einen entscheidenden Einfluss auf den Knochenbau hat schließlich die mechanische Beanspruchung.

36.4 Störungen des Kalziumphosphathaushaltes

36.4.1 Störungen der Parathormonausschüttung

Die Ausschüttung von Parathormon ist bei Nebenschilddrüsentumoren und bei Niereninsuffizienz gesteigert (Hyperparathyreoidismus), bei Insuffizienz der Nebenschilddrüsen herabgesetzt (Hypoparathyreoidismus).

Primärer Hyperparathyreoidismus Ein primärer Überschuss an Parathormon tritt bei Parathormon-produzierenden Tumoren auf. Ein primärer Überschuss an Parathormon führt durch Mobilisierung von Ca²⁺ aus dem Knochen und durch gesteigerte enterale Absorption zu einem Anstieg der Ca²⁺-Konzentration im Blut, die bei normaler Niere trotz stimulierter renaler Resorption eine gesteigerte renale Ausscheidung von Ca²⁺ zur Folge hat. Die gesteigerte renale Ausscheidung von Ca²⁺ kann zu einer Übersättigung des Urins mit Ca²⁺-Salzen und damit zu Nierensteinen führen (Urolithiasis). Die Entmineralisierung des Knochens kann bei Hyperparathyreoidismus Knochenbrüche nach sich ziehen.

Sekundärer und tertiärer Hyperparathyreoidismus Sehr viel häufiger als der primäre Überschuss ist die gesteigerte Ausschüttung von Parathormon bei Niereninsuffizienz (**sekundärer Hyperparathyreoidismus**). Die eingeschränkte Fähigkeit der Niere, Phosphat auszuscheiden, führt zu einer Zunahme der Konzentration an Phosphat, das Ca²⁺ bindet und damit ein Absinken der Konzentration an freiem Ca²⁺ bewirkt (◘ Abb. 36.7). Das in der Folge kompensatorisch zur Steigerung der Plasma-Ca²⁺-Konzentration ausgeschüttete Parathormon mobilisiert Knochenmineralien. Wegen der Unfähigkeit der Niere, Phosphat auszuscheiden, häuft sich jedoch Phosphat weiter an, CaHPO₄ fällt aus und die Konzentration an freiem Ca²⁺ kann nicht ansteigen. Es folgt eine Hyperplasie

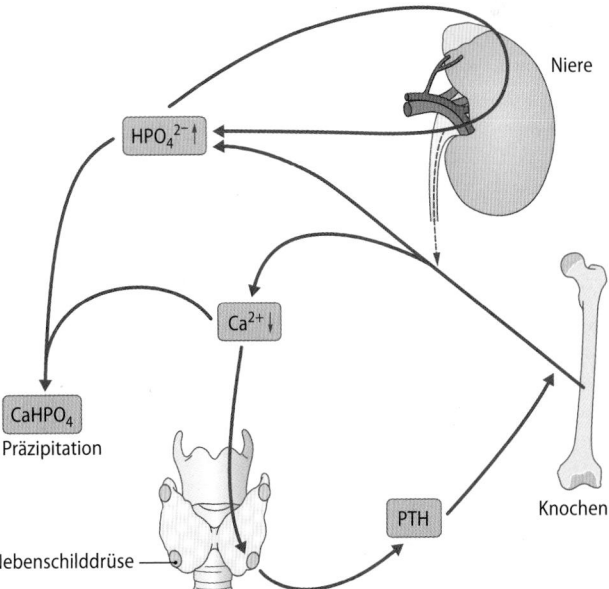

◘ **Abb. 36.7 Gestörter Kalziumphosphatstoffwechsel bei Niereninsuffizienz.** Gestörte Ausscheidung von Phosphat mit Anstieg der Plasmakonzentration (HPO₄²⁻ ↑), Komplexierung von Ca²⁺, Abnahme der Konzentration an freiem Ca²⁺ (Ca²⁺ ↓), Enthemmung der Parathormonausschüttung, Mobilisierung von Kalziumphosphat aus dem Knochen

der Nebenschilddrüsen (**tertiärer Hyperparathyreoidismus**) mit der Ausschüttung immer größerer Mengen an Parathormon, einer Entmineralisierung der Knochen, einem Ausfallen von $CaHPO_4$ in Gefäßen und Geweben und einer toxischen Wirkung von Parathormon auf Herz, Leber, Schilddrüse, B-Zellen des Pankreas etc.

> Bei Niereninsuffizienz kommt es zu sekundärem und tertiärem Hyperparathyreoidismus.

Hypoparathyreoidismus Ein Mangel an Parathormon kann Folge einer Läsion oder versehentlichen Entfernung der Nebenschilddrüsen bei einer Schilddrüsenoperation sein. Darüber hinaus sind genetische Defekte (defektes G-Protein) bekannt, bei denen die Zielorgane für Parathormon unempfindlich sind (**Pseudohypoparathyreoidismus**). Der Mangel an Parathormon oder seiner Wirksamkeit führt zu Hypokalziämie und Störungen des Knochenaufbaus.

36.4.2 Hypo- und Hyperkalziämie

Die freie Ca^{2+}-Konzentration sinkt bei gesteigerter Bindung, eingeschränktem renalem oder intestinalem Ca^{2+}-Transport oder gesteigerter Aufnahme in Knochen; Hyperkalziämie ist meist Folge von Hyperparathyreoidismus, Calcitriolüberschuss oder Demineralisierung des Knochens durch Tumoren oder Inaktivität

Hypokalziämie Das freie, biologisch wirksame Ca^{2+} wird vor allem durch gesteigerte Einlagerung in die Knochen, eingeschränkte enterale Absorption, Verluste von Ca^{2+} durch die Nieren und verstärkte Bindung von Ca^{2+} im Blut herabgesetzt. Die Bindung an Phosphat ist bei Hyperphosphatämie gesteigert, die Bindung an Plasmaproteine bei Alkalose. Bei metabolischer Alkalose wird das Absinken des freien Ca^{2+} noch durch Bindung an Bikarbonat verstärkt. Bei Entzündungen des Pankreas (akute Pankreatitis) wird u. a. das pankreatische Verdauungsenzym Lipase aktiviert. Die Lipase baut retroperitoneales Fettgewebe ab und die dabei freiwerdenden Fettsäuren binden gleichfalls Ca^{2+}. Wichtigste Ursache von Hypokalziämie ist jedoch Mangel an Parathormon (**Hypoparathyreoidismus**) oder fehlende Wirksamkeit des Hormons (**Pseudohypoparathyreoidismus**; s. o.). Beides führt zu Komplexierung von Ca^{2+} durch steigende Phosphatkonzentrationen, zu renalen Ca^{2+}-Verlusten durch herabgesetzte Resorption, zur Umverteilung in die Knochen durch eingeschränkte Mobilisierung und zur verminderten intestinalen Absorption wegen reduzierter Bildung von Calcitriol. Mg^{2+}-Mangel kann über Hemmung der Parathormonausschüttung und -wirkung eine Hypokalziämie hervorrufen.

Eine Hypokalziämie steigert die neuromuskuläre Erregbarkeit (Tetanie). Im Herzen wird das Aktionspotenzial durch verzögerte Aktivierung von Ca^{2+}-sensitiven K^+-Kanälen verlängert. Über Stimulation der Parathormonausschüttung führt eine Hypokalziämie zur Entmineralisierung des Knochens.

Hyperkalziämie Ursachen einer Zunahme des freien Ca^{2+} sind unter anderem **Hyperparathyreoidismus** (▶ Abschn. 36.4.1), **Tumoren** (▶ Abschn. 36.2.2) und **Thiaziddiuretika** (▶ Abschn. 36.2.5). Auch exzessive parenterale **Zufuhr** oder gesteigerte **intestinale Absorption** können Hyperkalziämie hervorrufen. Hyperkalziämie stört die Erregungsbildung im Herzen und löst über Stimulation von Ca^{2+}-Rezeptoren in der Henle-Schleife Polyurie sowie in Magen und Pankreas Störungen des Gastrointestinaltraktes aus. Ferner drohen bei Hyperkalziämie Ausfällungen von Kalzium, vor allem im Urin (Nephrolithiasis).

36.4.3 Hypophosphatämie und Phosphatüberschuss

Hypophosphatämie führt zu Demineralisierung des Knochens und Zusammenbrechen des zellulären Energiehaushaltes Phosphatüberschuss führt zur Ausfällung von Kalziumphosphatsalzen und senkt die Konzentration von freiem Ca^{2+} im Blut.

Hypophosphatämie Die Plasmakonzentration von Phosphat ist bei Phosphatmangel oder Verschiebung von Phosphat in die Zellen erniedrigt. Die zelluläre Aufnahme von Phosphat kann aus verschiedenen Gründen gesteigert sein: Bei Stimulation der **Glykolyse**, wie bei **Alkalose** und unter dem Einfluss von Insulin; durch Glukagon, Adrenalin, Sexualhormone, Glukokortikosteroide sowie Phosphodiesterasehemmer (wirken über Hemmung des cAMP-Abbaus) und durch vermehrte Phosphataufnahme in Tumorzellen. **Renale Phosphatverluste** treten u. a. bei **Hyperparathyreoidismus** auf. Auch verminderte diätetische Zufuhr (z. B. Alkoholiker) oder gestörte intestinale Absorption (**Malabsorption, Vitamin-D-Mangel**) sowie gesteigerte Mineralisierung des Knochens (hungry bone syndrome) können Hypophosphatämie auslösen. Hypophosphatämie begünstigt die Entmineralisierung des Knochens. Schwerer Phosphatmangel steigert das Phosphorylierungspotenzial von ATP/(ADP-×-P) und schränkt damit die Bildung von ATP ein. Der gestörte Energiestoffwechsel beeinträchtigt die Funktion der Muskulatur, des Herzens, des Nervensystems, der Blutzellen und der Niere. Eine Abnahme des erythrozytären 2,3-BPG steigert die O_2-Affinität von Hämoglobin und behindert damit die O_2-Abgabe im Gewebe. Da im Urin Phosphat nicht mehr ausreichend als Puffer zur Verfügung steht, kann sich eine metabolische Azidose entwickeln.

Hyperphosphatämie Ein Phosphatüberschuss ist meist Folge einer **gestörten renalen Ausscheidung**, wie bei einer Niereninsuffizienz, einem Mangel an Parathormon (Hypoparathyreoidismus) oder einer fehlenden Wirkung von Parathormon (Pseudohypoparathyreoidismus). Darüber hinaus können **exzessive diätetische Aufnahme**, gesteigerte **intestinale Absorption** bei Calcitriolüberschuss, zelluläre Phosphatverluste und **Demineralisierung des Knochens** eine Hyperphosphatämie hervorrufen.

36

Ein Phosphatüberschuss führt zur Komplexierung von Ca^{2+} mit Kristallbildung in Gelenken, Haut, Muskeln und Gefäßen. Die Komplexierung führt ferner zu Hypokalziämie, Stimulation der Parathormonausschüttung, weiterer Mobilisierung von Kalziumphosphat aus dem Knochen und zu weiterer Zunahme der Plasmaphosphatkonzentration (usw.).

In Kürze

Primärer Hyperparathyreoidismus führt vor allem zu Entmineralisierung des Knochens (Knochenbrüche) und Übersättigung des Urins mit Ca^{2+}-Salzen (Nierensteine). **Sekundärer und tertiärer Hyperparathyreoidismus** sind meistens Folge der gesteigerten Ausschüttung von Parathormon bei Niereninsuffizienz und führen zur Entmineralisierung der Knochen sowie zum Ausfallen von $CaHPO_4$ in Gefäßen und Geweben. **Hypoparathyreoidismus** ist meist Folge der versehentlichen Entfernung der Nebenschilddrüsen bei einer Schilddrüsenoperation und führt zu Hypokalziämie. **Hypokalziämie** ist häufig Folge von Parathormonmangel und führt vor allem zur gesteigerten neuromuskulären Erregbarkeit. **Hyperkalziämie** bei Demineralisierung des Knochens durch Tumoren oder Inaktivität oder Hyperparathreoidismus führt zu Störungen der Erregung des Herzens und der gastrointestinalen Sekretion, zu Polyurie und zu Nierensteinen. **Hypophosphatämie** führt u. a. zu Demineralisierung des Knochens und Zusammenbrechen des zellulären Energiehaushaltes. **Hyperphosphatämie** bewirkt eine Ausfällung von $CaHPO_4$-Salzen im Gewebe.

36.5 Magnesiumstoffwechsel

36.5.1 Physiologische Bedeutung von Mg^{2+}

Magnesium reguliert die Aktivität von Ionenkanälen und Enzymen.

Regulation von Kanälen Mg^{2+} hemmt K^+-Kanäle, Ca^{2+}-Kanäle und NMDA-Kanäle (▶ Kap. 4.5). Unter anderem durch die Wirkung auf **Ionenkanäle** mindert ein Mg^{2+}-Überschuss und steigert ein Mg^{2+}-Mangel die **neuromuskuläre Erregbarkeit**. Darüber hinaus hemmt Mg^{2+} die Ausschüttung von Neurotransmittern.

Regulation von Enzymen Mg^{2+} beeinflusst eine Vielzahl von Enzymen (z. B. Kinasen, Phosphatasen, Adenylatzyklase, Phosphodiesterasen, Myosin-ATPase) und Pumpen (z. B. Na^+/K^+-ATPase, Ca^{2+}-ATPase, H^+-ATPase). Unter anderem über seine Wirkung auf **Adenylatzyklase** und **Phosphodiesterasen** beeinflusst es Hormonwirkungen, über seine Wirkung auf die Myosin-ATPase die Muskelkontraktion. Sowohl Mg^{2+}-Mangel als auch Mg^{2+}-Überschuss mindern die Kontraktilität des Herzens. Die Wirkung von Mg^{2+} auf Na^+/K^+-ATPase und K^+-Kanäle fördert die zelluläre Auf-

nahme von K^+. Umgekehrt kommt es bei Mg^{2+}-Mangel zu zellulären K^+-Verlusten.

36.5.2 Regulation des Mg^{2+}-Haushaltes

Die zelluläre Mg^{2+}-Aufnahme wird durch intrazelluläre Alkalose, Insulin und Schilddrüsenhormone stimuliert; die Mg^{2+}-Bilanz wird durch intestinale Absorption und renale Ausscheidung reguliert

Magnesiumverteilung im Körper   Der Körper enthält etwa 1-mol Mg^{2+}. Davon sind **zwei Drittel im Knochen**, **ein Drittel in den Zellen**. Im Extrazellulärraum befinden sich etwa 1 % des Körpermagnesiums. Die Plasmakonzentration von Mg^{2+} liegt bei 0,9 mmol/l. Davon sind etwa 20 % an Plasmaproteine gebunden.

Regulation der zellulären Mg^{2+}-Aufnahme   Obgleich die intrazelluläre Mg^{2+}-Konzentration mehr als das Zehnfache der extrazellulären Mg^{2+}-Konzentration beträgt, kann Mg^{2+} **passiv** in die Zellen aufgenommen werden, getrieben durch das außen positive Membranpotenzial. In der Zelle ist Mg^{2+} zum größten Teil gebunden. Aus der Zelle muss Mg^{2+} unter Einsatz von Energie über eine Mg^{2+}-ATPase transportiert werden. Die zelluläre Aufnahme von Mg^{2+} wird durch intrazelluläre **Alkalose** gesteigert, die durch Dissoziation intrazellulärer Proteine Bindungsstellen für Mg^{2+} freimacht. Insulin und Schilddrüsenhormone erzeugen eine intrazelluläre Alkalose durch Aktivierung des Na^+/H^+-Austauschers und fördern damit die Aufnahme von Mg^{2+} in die Zellen.

Regulation der Mg^{2+}-Bilanz   Täglich werden etwa 0,3 g Mg^{2+} (30 mmol) aufgenommen. Mg^{2+} ist vor allem in Fleisch und Gemüse enthalten. Oral zugeführtes Mg^{2+} wird normalerweise unvollständig (ca. 30 %) aus dem Darm absorbiert. Die **intestinale Absorption** wird durch Calcitriol, Parathormon und Somatotropin stimuliert und durch Aldosteron und Calcitonin gehemmt. Ca^{2+} und die Komplexierung von Mg^{2+} an verschiedene Anionen (Phosphat, Oxalat und Fettsäuren) beeinträchtigen die intestinale Mg^{2+}-Absorption. Die **renale Mg^{2+}-Ausscheidung** hängt im besonderen Maße von der Resorption in der Henle-Schleife ab. Sie wird durch hohe Konzentrationen an Mg^{2+} (Hypermagnesiämie) und Ca^{2+} (Hyperkalziämie), durch Hypokaliämie sowie durch Diuretika gehemmt, die an der Henle-Schleife wirken („Schleifendiuretika"). Die Resorption wird umgekehrt durch Parathormon, Glukagon und Calcitonin stimuliert.

36.5.3 Störungen des Mg^{2+}-Haushaltes

Störungen des Mg^{2+}-Haushaltes beeinflussen vor allem die neuromuskuläre Erregbarkeit

Mg^{2+}-Mangel   Ursachen von Mg^{2+}-Mangel sind unzureichende diätetische Zufuhr, intestinale Malabsorption oder renale Mg^{2+}-Verluste. Ursachen renaler Verluste sind Aldosteronüberschuss (Hyperaldosteronismus) oder eine gestörte **renal-tubuläre Resorption** (u. a. Salz-Verlust-Niere, Fanconi-Syndrom, Schleifendiuretika, Bartter-Syndrom). Bei Phosphatmangel wird die renale Mg^{2+}-Resorption wahrscheinlich durch Energiemangel, bei ketozidotischem Diabetes mellitus (▶ Kap. 76.2) wahrscheinlich durch Bindung von Mg^{2+} an Säuren im Tubuluslumen beeinträchtigt. Erhebliche Mg^{2+}-Mengen können auch über die Brustdrüse beim **Stillen** und über die Haut bei **Verbrennungen** verloren gehen. Hypomagnesiämie kann ferner durch gesteigerte **zelluläre Aufnahme** von Mg^{2+} (Wirkung von Schilddrüsenhormonen und Insulin) auftreten. Bei Entzündungen des Pankreas **(Pankreatitis)** werden aus dem geschädigten Pankreas Lipasen frei, die umliegendes Fettgewebe abbauen. Die frei werdenden Fettsäuren können Mg^{2+} binden und damit die Konzentration an freiem Mg^{2+} senken. **Auswirkungen** von Mg^{2+}-Mangel bzw. von Hypomagnesiämie sind vor allem gesteigerte neuromuskuläre (Krämpfe) und kardiale (Herzrhythmusstörungen) Erregbarkeit. Bei Mg^{2+}-Mangel sind K^+-Kanäle enthemmt und die Zellen verlieren K^+. Durch Wegfall der stimulierenden Wirkung von Mg^{2+} auf die Parathormonausschüttung kommt es zu Hypoparathyreoidismus und damit zu reduzierter Mobilisierung von Ca^{2+} aus dem Knochen. Damit wird die Entwicklung einer Hypokalziämie gefördert.

Mg^{2+}-Überschuss   Ursache eines Mg^{2+}-Überschusses kann **exzessive Aufnahme** sein, bisweilen Folge unkritischer ärztlicher Verschreibung (iatrogener Mg^{2+}-Überschuss). Die **renale Ausscheidung** ist bei Niereninsuffizienz und bei Mangel an Aldosteron herabgesetzt. Hypermagnesiämie kann auch Folge **zellulärer Mg^{2+}-Verluste** sein. **Auswirkungen** des Mg^{2+}-Überschusses sind vor allem eine herabgesetzte neuromuskuläre, kardiale und glattmuskuläre Erregbarkeit. Über Stimulation der Parathormonausschüttung (Hyperparathyreoidismus) kann es zur Hyperkalziämie kommen.

In Kürze

Mg^{2+} hemmt K^+-Kanäle, Ca^{2+}-Kanäle und NMDA-Kanäle, beeinflusst eine Vielzahl von Enzymen und hemmt die Ausschüttung von Neurotransmittern. Insulin, Schilddrüsenhormone und Alkalose stimulieren die zelluläre Mg^{2+}-Aufnahme. Die **intestinale Absorption** wird durch Calcitriol, Parathormon und Somatotropin stimuliert und durch Aldosteron, Calcitonin, Ca^{2+} und Komplexierung an verschiedene Anionen gehemmt. Die **renale Ausscheidung** wird durch Hypermagnesiämie, Hyperkalziämie, Hypokaliämie und Schleifendiuretika gehemmt und durch Parathormon, Glukagon und Calcitonin stimuliert. **Mg^{2+}-Mangel** steigert, **Mg^{2+}-Überschuss** mindert die neuromuskuläre Erregbarkeit.

Literatur

Garcia AG, Garcia-De-Diego AM, Gandia L, Borges R, Garcia-Sancho J (2006) Calcium signaling and exocytosis in adrenal chromaffin cells. Physiol Rev 86(4): 1093–1131

Hebert SC (2004) Calcium and salinity sensing by the thick ascending limb: a journey from mammals to fish and back again. Kidney Int Suppl 2004: S28–S33

Kuro-o M (2006) Klotho as a regulator of fibroblast growth factor signaling and phosphate/calcium metabolism. Curr Opin Nephrol Hypertens 15: 437–441

Murer H, Hernando N, Forster I, Biber J (2000) Proximal tubular phosphate reabsorption: molecular mechanisms. Physiol Rev 80: 1373–1409

Satrustegui J, Pardo B, Del-Arco A (2007) Mitochondrial transporters as novel targets for intracellular calcium signaling. Physiol Rev 87(1): 1–28

36

Säure-Basen-Haushalt

Florian Lang

© Springer-Verlag GmbH Deutschland, ein Teil von Springer Nature 2019
R. Brandes et al. (Hrsg.), *Physiologie des Menschen*, Springer-Lehrbuch
https://doi.org/10.1007/978-3-662-56468-4_37

Worum geht's? (◻ Abb. 37.1)

Bedeutung des pH

Die H^+-Konzentration und damit der pH-Wert haben einen starken Einfluss auf die Funktion von Proteinen. Der pH-Wert beeinflusst daher vielfältige Vorgänge im Körper. Hierzu gehören u. a. der Stoffwechsel, die Funktion von Ionenkanälen, die Proteinbindung von Ca^{2+} und die Muskelkontraktion.

Pufferung des pH

Änderungen der H^+-Konzentration werden durch Puffer gedämpft. Die wichtigsten Puffer im *Blut* sind Proteine, insbesondere Hämoglobin, und das CO_2/HCO_3^--System, das als offenes System besonders effizient ist. Die wichtigsten Puffer im *Harn* sind NH_3/NH_4^+ und Phosphat.

Regulation des Säure-Basen-Haushaltes

Der Säure-Basen-Haushalt wird durch CO_2-Abatmung in der Lunge, H^+ oder HCO_3^--Ausscheidung bzw. -Rückresorption in der Niere und Glutaminstoffwechsel in der Leber reguliert. Beeinflusst wird er ferner u. a. durch Produktion von CO_2 und H^+ im Stoffwechsel, Sekretion von H^+ im Magen, Sekretion von HCO_3^- in den Darm, Mineralisierung des Knochens und zelluläre Abgabe von H^+ oder HCO_3^-.

Störungen des Säure-Basen-Haushaltes

Säure-Basen-Störungen können respiratorischen und nichtrespiratorischen Ursprungs sein. Unzureichende Abatmung von CO_2 führt zur respiratorischen Azidose, übermäßige Abatmung von CO_2 zur respiratorischen Alkalose. Verluste von HCO_3^- über die Niere, zelluläre HCO_3^--Aufnahme oder gesteigerter HCO_3^--Verbrauch durch überschüssiges H^+ führen zur nichtrespiratorischen Azidose. Die nichtrespiratorische Alkalose ist Folge eines Über-schusses an extrazellulärem HCO_3^- bei gestörter Ausscheidung durch die Niere, zellulärer HCO_3^--Abgabe oder gesteigerter Bildung bei H^+-Verlusten.

Folgen sind vor allem Störungen der Glykolyse, eine veränderte K^+-Konzentration im Blut sowie Störungen der Erregungsfortleitung und Kontraktion des Herzens, der neuromuskulären Erregbarkeit und Änderungen des peripheren und zerebralen Gefäßwiderstandes. Respiratorische Störungen des Säure-Basen-Haushaltes können durch gesteigerte renale H^+- oder HCO_3^--Ausscheidung kompensiert werden, nichtrespiratorische Störungen des Säure-Basen-Haushaltes durch Anpassung der CO_2-Abatmung.

Die Diagnostik des Säure-Base-Haushalts basiert auf der Messung von pH, pCO_2 und Pufferbasen im Blut.

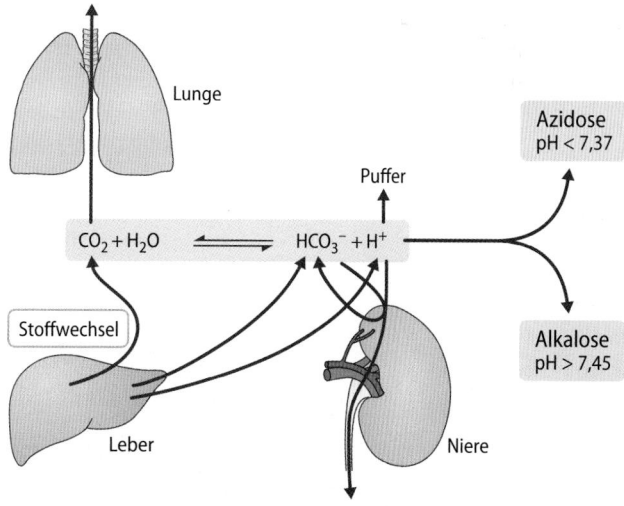

◻ Abb. 37.1 Säure-Basen-Haushalt

37.1 Bedeutung und Pufferung des pH

37.1.1 pH-abhängige Funktionen

Die Eigenschaften von Proteinen sind von der umgebenden H^+-Konzentration abhängig; daher beeinflusst die H^+-Konzentration eine Vielzahl ganz unterschiedlicher Funktionen.

H^+-Konzentrationen in Extra- und Intrazellulärraum Normalerweise liegt der pH im Blut zwischen **7,37 und 7,45**, das entspricht einer H^+-Konzentration von etwa **0,04** μmol/l ($pH = -\log [H^+]$). In den Zellen ist die H^+-Konzentration normalerweise etwas höher (pH 7,0–7,3). Bei Zunahme der H^+-Konzentration bzw. Abfall des pHs im Blut unter **7,37** spricht man von einer **Azidose**, bei einem Abfall der

H$^+$-Konzentration bzw. Anstieg des pHs über **7,45** von einer **Alkalose**.

Wirkung der H$^+$-Konzentration Die Eigenschaften von Enzymen, Transportproteinen, Rezeptoren etc. werden durch die Dissoziation bestimmter Aminosäuren (vor allem Histidin) und damit vom umgebenden pH beeinflusst. Damit sind viele zelluläre Funktionen pH-abhängig. Ferner wirkt H$^+$ über Stimulation von H$^+$ Rezeptoren, wie GRP4 (G protein coupled receptor 4) und TDAG8 (T-cell death associated gene 8). GPR4 vermittelt unter anderem die Sauerwahrnehmung in der Zunge, TDAG4 ist an der immunsuppressiven Wirkung von Glukokortikoiden beteiligt.

> **Der Normalwert für den Blut-pH-Wert beträgt 7,37–7,45.**

Stoffwechsel Unter anderem werden die Schrittmacherenzyme der Glykolyse (v. a. Phosphofruktokinase) durch eine Zunahme der H$^+$-Konzentration (Azidose) gehemmt und durch eine Abnahme der H$^+$-Konzentration (Alkalose) stimuliert. Eine Alkalose fördert die Glykolyse und Milchsäureproduktion, hemmt die Glukoneogenese und begünstigt die Anhäufung von Zitrat. Eine Azidose fördert andererseits den Glukoseabbau über den Pentosephosphatzyklus. Na$^+$/K$^+$-ATPase-Aktivität, DNA-Synthese und Zellteilung (Zellproliferation) werden durch intrazelluläre Azidose gehemmt. Wachstumsfaktoren stimulieren den Na$^+$/H$^+$-Austauscher, der den zellulären pH steigert und damit eine Voraussetzung für die Zellproliferation schafft.

Kanäle Viele Ionenkanäle sind in hohem Maße pH-empfindlich. Insbesondere werden einige K$^+$-Kanäle durch eine Alkalose geöffnet und durch eine Azidose verschlossen. Damit fördert u. a. die Alkalose die Ausscheidung von K$^+$ über K$^+$-Kanäle der Nierenepithelien. Alkalose steigert und Azidose senkt ferner den Ca^{2+}-Einstrom über Ca^{2+}-Kanäle.

Skelett- und Herzmuskel, Kreislauf Eine Azidose mindert die **Kontraktionskraft** von Herz- und Skelettmuskel u. a. durch Hemmung des Ca^{2+}-Einstroms (s. o.). Darüber hinaus verdrängt H$^+$ Ca^{2+} von den Bindungsstellen am Troponin. Azidose begünstigt die Erweiterung (Vasodilatation), Alkalose die Verengung (Vasokonstriktion) von **Gefäßen**. Eine Azidose reduziert die Durchlässigkeit von gap junctions. Dadurch wird u. a. die Erregungsfortleitung im Herzen verzögert.

Bindung von O$_2$ und Ca^{2+} im Blut Eine Azidose mindert und eine Alkalose steigert die Sauerstoffaffinität von Hämoglobin (▶ Kap. 28.3). Alkalose stimuliert die Dissoziation von Plasmaproteinen, die dann vermehrt Ca^{2+} binden. Andererseits komplexiert HCO$_3^-$ Ca^{2+}. Ist eine Alkalose Folge eines Bikarbonatüberschusses (metabolische Alkalose, s. u.), dann addieren sich beide Wirkungen und die freie Ca^{2+}-Konzentration im Plasma sinkt stark ab. Bei gesteigerter Abatmung von CO$_2$ (Hyperventilation) kommt es einerseits zur

Alkalose (s. u.) und damit zur gesteigerten Bindung von Ca^{2+} an Proteine. Gleichzeitig sinkt aber die Bikarbonatkonzentration im Blut und damit die Bindung von Ca^{2+} an Bikarbonat. Die Konzentration an freiem Ca^{2+} ändert sich dabei kaum.

37.1.2 Eigenschaften von Puffern

Puffer können bei hoher H$^+$-Konzentration H$^+$ binden und bei niederer H$^+$-Konzentration wieder abgeben; damit schwächen sie Änderungen der H$^+$-Konzentration ab.

Henderson-Hasselbalch-Gleichung Ein Puffersystem kann reversibel H$^+$ binden oder abgeben:

$$AH \leftrightarrow H^+ + A^- \qquad \qquad \textbf{37.1}$$

Dabei ist AH die undissoziierte Säure und A$^-$ das dissoziierte Säureanion.

Die Zahl der Moleküle AH, welche pro Zeiteinheit H$^+$ abgeben (J^1), ist proportional zur Konzentration von AH ([AH]):

$$J^1 = k^1 \times [AH] \qquad \qquad \textbf{37.2}$$

Umgekehrt ist die Reaktion von H$^+$ und A$^-$ zu AH (J^{-1}) eine Funktion der Konzentrationen von H$^+$ ([H$^+$]) und A$^-$ ([A$^-$]):

$$J^{-1} = k^{-1} \times [H^+] \times [A^-] \qquad \qquad \textbf{37.3}$$

k^1 und k^{-1} sind „Konstanten", welche die jeweilige Geschwindigkeit der Reaktion beschreiben. Sie hängen u. a. von Temperatur und Ionenstärke ab, nicht aber von [H$^+$], [A$^-$] und [AH].

Im Gleichgewicht ist J^1 = J^{-1} und k$^1 \times$ [AH] = k$^{-1} \times$ [H$^+$] $\times$ [A$^-$] sowie k^1/k^{-1} = K = [H$^+$] $\times$ [A$^-$]/[AH]

Logarithmieren der Gleichung führt zu:

$$\lg K = \lg [H^+] + \lg ([A^-]/[AH]) \qquad \qquad \textbf{37.4}$$

und, da lg [H$^+$] = – pH, und lg K = – pK, gilt:

$$pH = pK + \lg([A^-]/[AH]) \qquad \qquad \textbf{37.5}$$

Diese Henderson-Hasselbalch-Gleichung beschreibt den Zusammenhang zwischen dem pH und dem Verhältnis von [A$^-$]/[AH] (◘ Abb. 37.2).

Beispielrechnung
Harnsäure hat einen pK von 5,8. Sie liegt bei einem pH von 6,8 zu etwa 91 % in dissoziierter Form ([A$^-$]) und zu etwa 9 % in undissoziierter Form ([AH]) vor:
- lg ([A$^-$]/[AH]) = pH – pK = 6,8 – 5,8 = 1,0
- lg1,0 = 10, d. h. [A$^-$]/[AH] = 10:1

Bei einem pH von 5,8 ist die Hälfte der Säure dissoziiert, bei einem pH von 4,8 nur noch etwa 9 %.

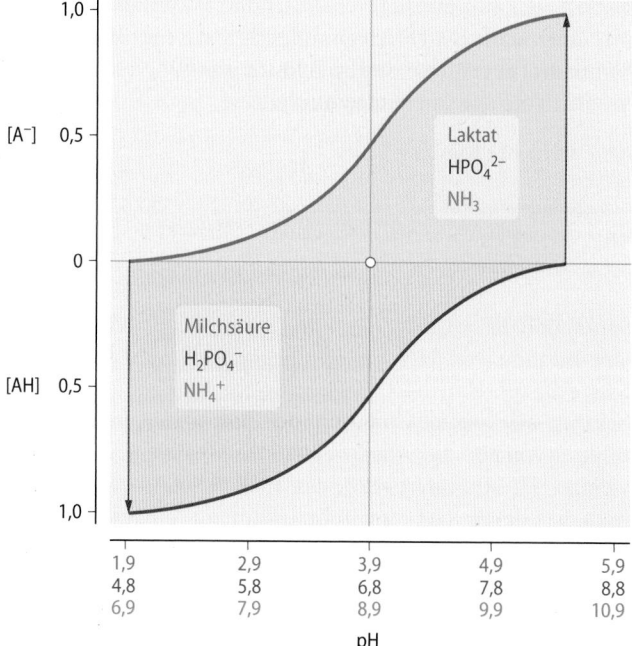

Abb. 37.2 Dissoziation von Puffersystemen. Relative Konzentration der protonierten Form [AH] (**rot**) und der nichtprotonierten Form [A⁻] (**blau**) verschiedener Puffersysteme (Milchsäure/Laktat; $H_2PO_4^-$/HPO_4^{2-}; NH_4^+/NH_3) als Funktion des pH. Bei zunehmendem pH (sinkender H^+-Konzentration) geben Milchsäure, $H_2PO_4^-$ und NH_4^+ Protonen (H^+) ab, damit sinken die Konzentrationen an Milchsäure, $H_2PO_4^-$ und NH_4^+ (**rot**) und die Konzentrationen an Laktat, HPO_4^{2-} und NH_3 (**blau**) steigen entsprechend. Die Summe von protonierter Form und nichtprotonierter Form bleibt jeweils konstant

Gleichung für schwache Basen In Analogie zur Henderson-Hasselbalch-Gleichung für schwache Säuren gilt folgende Gleichung für schwache Basen:

$$pH = pK + lg([B]/[BH^+])\qquad\textbf{37.6}$$

wobei [B] und [BH⁺] die Konzentrationen der freien und der H^+-bindenden Base sind.

Pufferkapazität Ein Puffersystem dämpft Änderungen der H^+-Konzentration durch H^+-Bindung (bei zunehmender H^+-Konzentration) bzw. H^+-Abgabe (bei abnehmender H^+-Konzentration). Das Ausmaß dieser Dämpfung wird durch die sog. Pufferkapazität (K_p) zum Ausdruck gebracht:

$$K_P = \Delta[H^+] / \Delta pH\qquad\textbf{37.7}$$

Die Pufferkapazität steigt mit der Konzentration der Puffer. Darüber hinaus sinkt die Pufferkapazität mit dem Abstand von pH und pK.

Beispielrechnung
Milchsäure hat einen pK von 3,9 (**Abb. 37.1**). Mischt man 9 mmol/l Laktat ([Lac⁻]) und 9 mmol/l Milchsäure ([LacH]), dann stellt sich ein pH von 3,9 ein:

$$pH = pK + lg([Lac^-] / [LacH]) = 3,9 + 0$$

denn lg 1 = 0.

Werden nun 3 mmol/l NaOH dazugegeben (und damit 3 mmol/l H^+ entfernt), dann geben 3 mmol/l Milchsäure H^+ ab und dissoziieren zu Laktat. Die Laktatkonzentration steigt auf 12 mmol/l und die Milchsäurekonzentration sinkt auf 6 mmol/l. Der pH steigt dadurch auf:

$$pH = pK + lg([Lac^-] / [LacH]) = 3,9 + 0,3 = 4,2$$

Eine Steigerung des pH von 3,9 auf 4,2 erfordert also 3 mmol/l NaOH und die Pufferkapazität ist demnach 3 mmol/l/0,3 pH = 10 mmol/l pro pH-Einheit.
Werden nun nochmals 3 mmol/l NaOH dazugegeben, dann steigt die Laktatkonzentration auf 15 mmol/l und die Milchsäurekonzentration sinkt auf 3 mmol/l. Der pH steigt auf:

$$pH = pK + lg([Lac^-] / [LacH]) = 3,9 + 0,7 = 4,6$$

Beim zweiten Schritt war die Pufferkapazität 3 mmol/l/0,4 pH = 7,5 mmol/l pro pH-Einheit.

37.1.3 Puffer im Blut

Die Hälfte der Pufferbasen des Blutes sind Proteine; wirkungsvollstes Puffersystem im Blut ist aber das H_2CO_3/HCO_3^--System, das über Abatmung von CO_2 und Ausscheidung von HCO_3^- reguliert werden kann.

Proteine Die Pufferbasen des Blutes (normalerweise ca. 48 mmol/l) sind etwa zur Hälfte Proteine. Im Bereich des normalen Blut-pH können Proteine H^+ vor allem durch Anlagerung an **Histidin** binden. Normalerweise werden bei einer Absenkung des Blut-pH um eine pH-Einheit 5 mmol/l H^+ an Plasmaproteine (vor allem Albumine) gebunden, und 16 mmol/l H^+ an Hämoglobin. Desoxygeniertes Hämoglobin weist eine geringere Azidität als oxygeniertes Hämoglobin auf (▶ Kap. 28.3) und bindet daher bei gleichem pH mehr H^+.

> Die Gesamtpufferbasenkapazität des Blutes beträgt ca. 48 mmol/l.

H_2CO_3/HCO_3^--System Noch wirkungsvoller als die Proteine ist das H_2CO_3/HCO_3^--System (pK 3,3). H_2CO_3/HCO_3^- ist nämlich ein „offenes Puffersystem": CO_2 wird im Stoffwechsel ständig gebildet und von der Lunge abgeatmet (▶ Kap. 27.1). Auf der anderen Seite kann HCO_3^- von der Niere in Kooperation mit der Leber gebildet oder eliminiert werden (s. u.). In Anwesenheit des Enzyms Karboanhydrase steht H_2CO_3 im Gleichgewicht mit CO_2:

$$[CO_2] = 10^{2,8} \times [H_2CO_3]\qquad\textbf{37.8}$$

und damit kann die Henderson-Hasselbalch-Gleichung folgendermaßen formuliert werden:

$$pH = 6,1 + lg[HCO_3^-]/[CO_2]\qquad\textbf{37.9}$$

oder, wenn man statt der CO_2-Konzentration den CO_2-Druck einsetzt:

$$pH = 6,1 + lg[HCO_3^-] / (0,226\,[\text{mmol} \times l^{-1} \times kPa^{-1}]$$
$$\times pCO_2[kPA])\qquad\textbf{37.10}$$

Beispielrechnung
Bei einer Bikarbonatkonzentration ([HCO_3^-]) von 24 mmol/l und einem pCO_2 von 5,3 kPa (40 mmHg) ist der pH 7,4 (6,1 + lg 20).

> **Der pKa-Wert des CO_2-HCO_3^- Systems beträgt 6,1.**

Die Proteine und das CO_2/HCO_3^--System sind bei weitem die beiden wichtigsten Puffer im Blut. Die Konzentration anderer Puffer, wie Phosphat und organischer Säuren, ist zu gering, um einen nennenswerten Beitrag zur Pufferkapazität des Blutes zu leisten. Phosphat ist jedoch intrazellulär ein wichtiger Puffer.

Summe der Pufferbasen im Blut Wird durch die Lunge weniger CO_2 abgeatmet als im Stoffwechsel erzeugt wird, dann steigt im Blut die CO_2- bzw. die Kohlensäurekonzentration. Kohlensäure dissoziiert zu HCO_3^- und H^+, das durch Proteine abgepuffert wird. Für jedes mmol/l HCO_3^-, das auf diese Weise entsteht, verschwindet ein mmol/l Pufferbase bei den Proteinen. Die Gesamtkonzentration der Pufferbasen des Blutes bleibt somit bei Änderungen der CO_2-Konzentration praktisch konstant. Bei CO_2- unabhängigen Änderungen der HCO_3^- Konzentration (▶ Abschn. 37.3), z. B. durch Verluste über die Niere, ändert sich die Gesamtkonzentration der Pufferbasen entsprechend.

37.1.4   Bedeutung der Puffer im Harn

Selbst bei saurem Urin-pH kann die Niere relevante Mengen von H^+ nur an Puffer gebunden ausscheiden; wichtigste Puffersysteme sind NH_3/NH_4^+ und HPO_4^{2-}/$H_2PO_4^-$.

Renale Säureausscheidung Vor allem durch Abbau von **schwefelhaltigen Aminosäuren** zu Sulfat entstehen normalerweise täglich bis zu 100 mmol H^+, die durch die Nieren ausgeschieden werden müssen. Jedoch selbst bei einem Urin-pH von 4,5 ist die freie H^+-Konzentration nur etwa 30 µmol/l. Daher kann die Niere H^+ nur mithilfe von Puffern ausscheiden. Zwei Puffersysteme sind von besonderer Bedeutung:

Das **NH_3/NH_4^+-System**, das normalerweise etwa 60 % zur täglichen H^+-Ausscheidung beiträgt, sowie das **HPO_4^{2-}/$H_2PO_4^-$-System**, das etwa 30 % beisteuert. Ein kleiner Teil von H^+ wird an Harnsäure (pK 5,8) gebunden ausgeschieden.

NH_3/NH_4^+-Puffer NH_3 wird bei Azidose im proximalen Tubulus der Niere unter dem Einfluss der **Glutaminase** aus Glutamin gebildet und als NH_4^+ ausgeschieden. Damit scheidet die Niere sowohl H^+ als auch Stickstoff aus. NH_3 ist eine schwache Base mit einem pK von 9, bei einem Blut-pH von 7,4 ist das Verhältnis NH_4^+/NH_3 etwa 40:1. Im Allgemeinen sind die Zellmembranen gut für NH_3 permeabel, während NH_4^+ die Zellmembran nur mithilfe von Transportsystemen (z. B. Na^+-K^+, 2Cl^--Kotransporter) passieren kann. NH_3 diffundiert in das saure Tubuluslumen, bindet dort H^+ und kann als NH_4^+ das proximale Tubuluslumen nicht mehr verlassen. Im dicken Teil der Henle-Schleife wird NH_4^+ z. T. über den Na^+, K^+, 2Cl^--Kotransport resorbiert und akkumulieren damit im Nierenmark. Die Diffusion von NH_3 in das saure Lumen des Sammelrohres und die dortige Bildung von NH_4^+ erlaubt dann die effiziente Ausscheidung von NH_4^+.

NH_4^+ als nicht titrierbare Säure
Mit jedem ausgeschiedenen NH_4^+ wird ein H^+ eliminiert. Beim Titrieren des sauren Harns mit NaOH bis zum neutralen pH von 7,0 bleibt H^+ an NH_4^+ gebunden (pK 9). NH_4^+ wird demnach als nicht titrierbare Säure des Harns bezeichnet.

Regulation der NH_3/NH_4^+-Ausscheidung Die proximal-tubuläre Bildung von NH_3 ist in hohem Maße abhängig vom **Säure-Basen-Haushalt**: Azidose stimuliert und Alkalose hemmt die renale Glutaminase. Eine anhaltende renale Bildung von NH_3 bei Alkalose wäre schädlich, da bei Alkalose weniger H^+ sezerniert wird, das Tubuluslumen relativ alkalisch ist, damit NH_3 im Tubuluslumen weniger zu NH_4^+ reagiert und NH_4^+ weniger ausgeschieden wird. Das im proximalen Tubulus gebildete NH_3 würde also z. T. nicht ausgeschieden, sondern in das Blut abgegeben werden. NH_3 bzw. NH_4^+ ist jedoch bereits in sehr geringen Konzentrationen toxisch (vor allem für das Nervensystem).

Phosphatpuffer Phosphat ist eine trivalente Säure, die in Abhängigkeit vom herrschenden pH völlig, teilweise oder gar nicht dissoziiert ist: Die pK der jeweiligen Reaktionen liegen bei 2,0, 6,8 und 12,3. Beim pH des Blutes (pH 7,4) liegt Phosphat zu 80 % als HPO_4^{2-} und zu 20 % als $H_2PO_4^-$ vor. Weit unter 1 % sind PO_4^{3-} oder H_3PO_4. Bei Ansäuerung des Urins bindet HPO_4^{2-} H^+ und reagiert somit zu $H_2PO_4^-$. Bei einem Harn-pH von 7,4 wird kein zusätzliches H^+ an Phosphat gebunden, bei pH 5,8 sind es etwa 91 % $H_2PO_4^-$ und etwa 9 % HPO_4^{2-}. Bei einem Blut-pH von 7,4 und einem Harn-pH von 5,8 haben etwa 70 % des ausgeschiedenen Phosphats auf der Passage vom Blut zum Harn H^+ gebunden. Für die **Ausscheidung von H^+ als Phosphat** ist daher neben der Menge an ausgeschiedenem Phosphat auch der **Harn-pH** maßgebend (◨ Abb. 37.3). Bei der Wirkung von Phosphat auf den Säure-Basen-Haushalt muss ferner berücksichtigt werden, dass bereits bei der Mobilisierung des Phosphats aus dem Knochen und Bildung von HPO_4^{2-} H^+ verbraucht wird.

Phosphat als titrierbare Säure
Beim Titrieren des sauren Harns mit NaOH bis zum pH von 7,0 gibt $H_2PO_4^-$ H^+-Ionen ab. Phosphat ist demnach im Gegensatz zu NH_4^+ eine titrierbare Säure des Harns.

In Kürze

Die H^+-Konzentration beeinflusst u. a. Stoffwechsel, Ionenkanäle, die zytosolische und extrazelluläre Ca^{2+}-Konzentration und die Muskelkontraktion. Änderungen der H^+-Konzentration werden durch Puffer gedämpft. Die wichtigsten Puffer im **Blut** sind Proteine, insbesondere Hämoglobin, und das CO_2/HCO_3^--System, das als offenes System besonders effizient ist. Die wichtigsten Puffer im **Harn** sind NH_3/NH_4^+ und Phosphat.

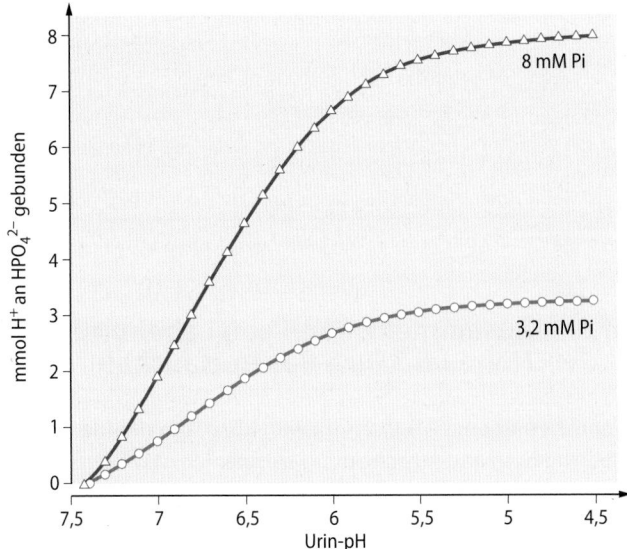

Abb. 37.3   Renale Ausscheidung von Phosphat-gepufferten H⁺.
Die Menge (mmol pro Liter Harn) der durch Phosphat gepufferten Protonen im Harn als Funktion des Harn-pH bei einem Plasma-pH-Wert von 7,4. Ist der Urin nicht saurer als das Plasma (pH 7,4), dann bindet Phosphat im Harn nicht mehr H^+ als im Plasma und über Phosphat wird kein H^+ ausgeschieden. Bei Ansäuerung des Harns wird zunehmend H^+ an Phosphat gebunden. Die Menge der an Phosphat gebundenen H^+ hängt dabei auch von der Menge an ausgeschiedenem Phosphat ab. Daher ist die Kurve bei einer Harnphosphatkonzentration von 10 mmol/l (**rot**) steiler als bei 3,2 mmol/l (**blau**)

37.2   Regulation des pH

37.2.1   Zelluläre pH-Regulation

Die Zellen verfügen über mehrere Transportprozesse, die den zytosolischen pH regulieren.

H⁺-Transportpozesse   Die Zellen halten ihren pH auch bei Änderungen des extrazellulären pH erstaunlich konstant im Bereich von etwa pH 7,1. Der quantitativ wichtigste H^+-Transporter ist der Na^+-getriebene Na^+/H^+-Austauscher in der Zellmembran (**Abb. 37.4**). Er wird durch intrazelluläre Protonen aktiviert. Bei einem Na^+-Gradienten von beispielsweise 1:10 (außen 150, innen 15 mmol/l) kann er den intrazellulären pH auch dann noch auf 7,1 halten, wenn der extrazelluläre pH auf 6,1 gesunken ist. Noch größere pH-Gradienten können die ATP-verbrauchenden H^+-ATPase und H^+/K^+-ATPase überwinden. Sie spielen immer dort eine wichtige Rolle, wo H^+ in ein saures extrazelluläres Milieu gepumpt werden muss, wie im Magen (▶ Kap. 39.4) oder im distalen Tubulus und Sammelrohr der Niere (▶ Kap. 33.3). Na^+/H^+-Austauscher und H^+-ATPasen werden auch zur Ansäuerung intrazellulärer Vesikel eingesetzt. Monocarboxylattransporter exportieren Laktat zusammen mit einem Proton. Die Transporter sind vor allem für Zellen mit starker Laktatproduktion (z. B. Tumorzellen) bedeutsam.

Bikarbonattransport   Da CO_2 die Zellmembran gut passieren kann und die Zelle HCO_3^- aus CO_2 nachbildet, führt ein

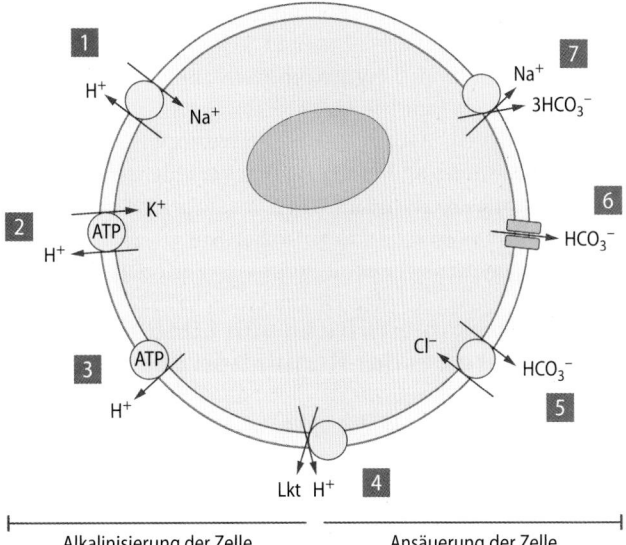

Abb. 37.4   Transportprozesse in der zellulären pH-Regulation.
Transportprozesse, die zur Alkalinisierung der Zelle führen (**1–4**) und Transportprozesse, die normalerweise die Zelle ansäuern (**5–7**). (1) Na^+/H^+-Austauscher, (2) K^+/H^+-ATPase, (3) H^+-ATPase, (4) Monocarboxylat-Transporter, (5) Cl^-/HCO_3^--Austauscher, (6) HCO_3^--Kanal, (7) $Na^+,3HCO_3^-$-Symport

zellulärer Verlust von HCO_3^- zu intrazellulärer Ansäuerung. Bikarbonat kann die Zelle über den HCO_3^-/Cl^--Austauscher („Bande-3-Protein" in Erythrozyten), über Anionenkanäle und über einen Kotransport mit Na^+ verlassen. Insbesondere der Symport mit Na^+ arbeitet dicht am elektrochemischen Gleichgewicht und kann daher auch Bikarbonat in die Zelle transportieren.

37.2.2   Bildung von H⁺ und CO₂ im Stoffwechsel

Im Stoffwechsel entsteht CO_2, das über die Lunge abgeatmet werden muss, und H^+, das durch die Niere ausgeschieden wird.

CO_2-Produktion und Abatmung   Im Stoffwechsel werden durch den Abbau von Substraten täglich etwa 15 mol CO_2 produziert. Eine gesunde Lunge ist in der Lage, die CO_2-Abgabe in hohem Maße zu steigern. Eine Zunahme der CO_2-Produktion führt daher in aller Regel zu keiner Zunahme der CO_2-Konzentration im arterialisierten Blut.

Bildung von Säuren im Stoffwechsel   Zusätzlich zu CO_2 (bzw. H_2CO_3) entstehen im Stoffwechsel Säuren, die nicht durch die Lunge eliminiert werden können („fixe Säuren"), und deren H^+ letztlich durch die Niere ausgeschieden werden muss. Der vorwiegende Anteil fixer Säuren entsteht beim **Abbau schwefelhaltiger Aminosäuren**: SH-Gruppen werden zu SO_4^{2-} und 2 H^+ oxidiert. Bei der anaeroben Glykolyse entsteht **Milchsäure,** beim Abbau von Triazylglyzeriden (Lipolyse) werden **Fettsäuren** gebildet (**Abb. 37.5**). Beide sind beim Blut-pH praktisch vollständig dissoziiert, d. h. für jedes Molekül Säure entsteht ein H$^+$. Die Fettsäuren können zu **Azetazetat** und **β-Hydroxybutyrat** umgebaut werden, wiederum beim Blut-pH völlig dissoziierte Säuren. Milchsäure, Fettsäuren, Azetazetat und β-Hydroxybutyrat werden meist wieder verstoffwechselt (z. B. wird Milchsäure für die Glukoneogenese verwendet), wobei das freigesetzte H$^+$ wieder verschwindet.

37.2.3 Zusammenwirken von Lunge und Niere bei der Regulation des Blut-pH

Die Lunge atmet CO_2 ab; die Niere kann HCO_3^- oder H$^+$ ausscheiden; beide Organe tragen zur Aufrechterhaltung eines normalen Blut-pH bei.

Kooperation von Lunge und Niere   Die Lunge und die Niere erfüllen komplementäre Aufgaben bei der Regulation des Säure-Basen-Haushaltes. Die Lunge beeinflusst den pH, indem sie CO_2 abatmet, die Niere reguliert den Säure-Basen-Haushalt über die Ausscheidung von H$^+$ oder HCO_3^-.

Regulation durch CO_2-Abatmung   Wenn die renale H$^+$-Ausscheidung mit der metabolischen Produktion von H$^+$ nicht Schritt hält, dann muss die Lunge vermehrt CO_2 abatmen, um eine Zunahme der H$^+$-Konzentration zu verhindern:

$$H^+ + HCO^{3-} \rightarrow CO_2 + H_2O \qquad \textbf{37.11}$$

Die täglich abgeatmete Menge von CO_2 ist normalerweise im Bereich von 15 mol, ein Vielfaches der von der Niere täglich ausgeschiedenen H$^+$-Menge (normalerweise bis zu 100 mmol, s. o.).

Notwendigkeit der renalen H$^+$-Ausscheidung   Trotzdem kann die Lunge eine anhaltend herabgesetzte renale H$^+$-Ausscheidung nicht kompensieren: Die Entfernung von H$^+$ durch **Abatmung von CO_2 verbraucht HCO_3^-** und mindert daher die HCO_3^--Konzentration im Blut. Andererseits ist der Blut-pH eine Funktion des Verhältnisses von $[HCO_3^-]/[CO_2]$. Bei abnehmender HCO_3^--Konzentration muss auch die CO_2-Konzentration im Blut gesenkt werden, um den pH konstant zu halten. Bei herabgesetzter CO_2-Konzentration im Blut sinkt auch die CO_2-Konzentration in der Exspirationsluft und die Abatmung des gebildeten CO_2 erfordert eine Steigerung des Atemvolumens. Die Lunge muss dabei so lange vermehrt atmen, bis die HCO_3^--Konzentration wieder (durch die Niere) korrigiert wurde.

Beispiel
Bei einem Patienten mit Nierenversagen scheide die Niere kein H$^+$ aus, obgleich 100 mmol/l H$^+$ metabolisch gebildet werden. Alle überzähligen H$^+$ (100 mmol) müssen mit dem extrazellulären HCO_3^- zu CO_2 reagieren, das abgeatmet wird. Die dabei zusätzlich gebildeten 0,1 mol CO_2 fallen bei einer täglichen Produktion von 15 mol CO_2 kaum ins Gewicht. Durch die Reaktion von H$^+$ zu HCO_3^- sinkt jedoch gleichzeitig die extrazelluläre HCO_3^--Konzentration bei einem Extrazellulärvolumen von 20 l um 5 mmol/l (100 mmol/20 l), also um 20 %. Um den pH konstant zu halten,

muss die CO_2-Konzentration gleichfalls um mindestens 20 % gesenkt werden (wenn man die weitere Abnahme des HCO_3^- vernachlässigt). Die durch die Lunge abgeatmete CO_2-Menge ($\dot{M}_{CO_2}$) ist eine Funktion der CO_2-Konzentration in den Alveolen und diese ist identisch zur CO_2-Konzentration im arterialisierten Blut ($[CO_2]_a$): $\dot{M}_{CO_2} = \dot{V}a \times [CO_2]_a$, wobei $\dot{V}a$ die Ventilation der Alveolen ist (▶ Kap. 27.1). Bei Sinken von $[CO_2]_a$ um 20 % muss die alveoläre Ventilation $\dot{V}a$ um 25 % gesteigert werden, wenn noch die gleiche Menge an CO_2 (15 mol/Tag) abgeatmet werden soll.

37.2.4 Zusammenwirken von Leber und Niere im Säure-Basen-Haushalt

Die Leber gibt bei Azidose Glutamin ab, das in der Niere zur NH_4^+-Bildung und Ausscheidung erforderlich ist; bei Alkalose bildet die Leber Harnstoff und die Niere scheidet kein NH_4^+ aus.

Glutaminstoffwechsel   Die renale Ausscheidung von H$^+$ geschieht normalerweise zu etwa zwei Drittel in der Form von NH_4^+. Um NH_3 produzieren zu können, ist die Niere auf die Zufuhr von Glutamin angewiesen. Die Glutaminkonzentration im Blut hängt wiederum vom Glutaminstoffwechsel in der Leber ab (◘ Abb. 37.5): Normalerweise verbraucht die Leber Glutamin für die **Harnstoffsynthese**, bei der formal zwei NH_4^+ und zwei HCO_3^- eingesetzt werden:

$$2\,NH_4^+ + 2\,HCO_3^- = CO(NH_2)_2 + 3\,H_2O + CO_2 \qquad \textbf{37.12}$$

Die **Glutaminase** in den periportalen Zellen der Leber liefert dabei NH_4^+. Die perivenösen Zellen der Leber sind umgekehrt unter Vermittlung der sog. Glutaminsynthetase in der Lage, unter Verbrauch von NH_4^+ Glutamin zu bilden.

Bei Alkalose steigt in der Leber die Glutaminaseaktivität und der Nettoverbrauch von Glutamin. Bei Azidose wird die hepatische Glutaminase gehemmt und die Nettoproduktion von Glutamin überwiegt. Bei Azidose steht der Niere daher mehr Glutamin für die NH_4^+-Produktion zur Verfügung. Im Gegensatz zur hepatischen Glutaminase wird die **renale Glutaminase** durch **Azidose stimuliert**. Das in der Niere gebildete NH_4^+ wird ausgeschieden und nicht wie in der Leber unter Verbrauch von HCO_3^- zur Harnstoffsynthese herangezogen. Das beim Glutaminabbau gebildete HCO_3^- bleibt dem Körper somit erhalten. Bei einer Alkalose wird das NH_4^+ aus Glutamin unter Verbrauch von HCO_3^- in Harnstoff eingebaut und mit dem Harnstoff werden nicht nur NH_4^+, sondern auch HCO_3^- eliminiert.

37.2.5 Gastrointestinaltrakt

Die H$^+$-Sekretion im Magen wird durch HCO_3^--Produktion begleitet; durch das Pankreas- und das Darmepithel werden HCO_3^--reiche Flüssigkeiten sezerniert.

H$^+$-Sekretion im Magen   Das im Magen sezernierte H$^+$ wird in den Belegzellen aus CO_2 bzw. H_2CO_3 gewonnen, wobei das

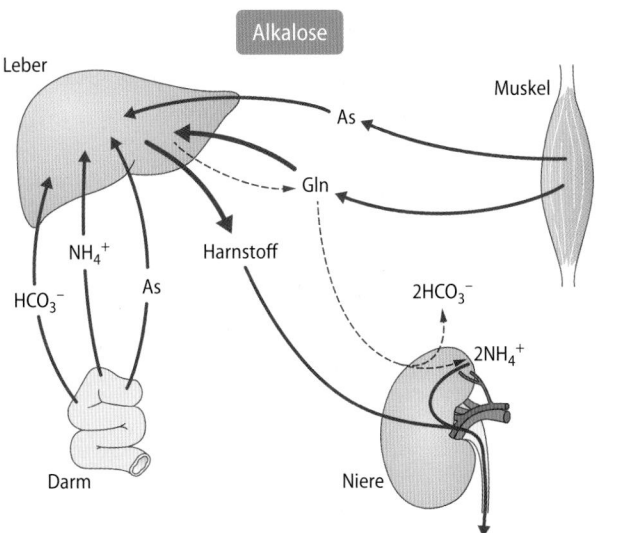

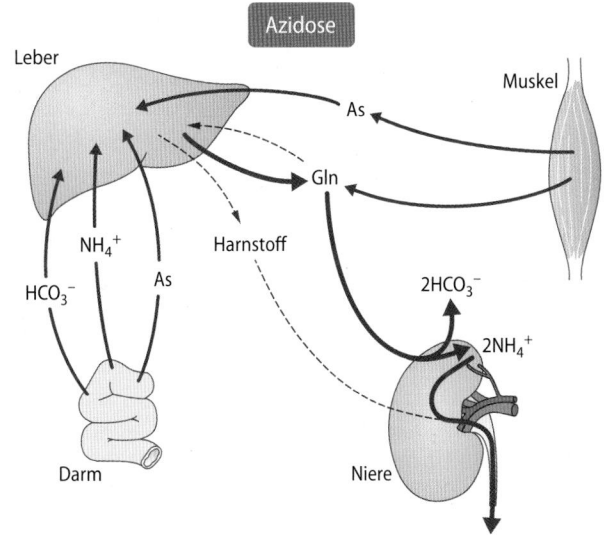

Abb. 37.5 Kooperation von Leber und Niere bei der Regulation des Säure-Basen-Haushaltes. Die Leber erhält u. a. aus Darm und Muskel NH_4^+, HCO_3^- und Aminosäuren (u. a. Glutamin). Bei Alkalose ist die Glutaminase der Leber aktiviert, die Leber baut Glutamin ab und bildet aus NH_4^+ und HCO_3^- Harnstoff. Die Niere scheidet den Harnstoff, jedoch kein H^+ aus. Bei Azidose wird die Glutaminase in der Leber gehemmt, die Harnstoffsynthese gedrosselt und die Leber produziert Glutamin. Das Glutamin wird durch die bei Azidose stimulierte Glutaminase in der Niere zu NH_3 abgebaut, das mit H^+ als NH_4^+ ausgeschieden wird. Dabei wird HCO_3^- in das Blut abgegeben

gebildete HCO_3^- in das Blut abgegeben wird (■ Abb. 37.5). Die Bikarbonat-Produktion während der Salzsäuresekretion des Magens erzeugt eine vorübergehende postprandiale Alkalose **(alkaline tide)**.

Sekretion in Darm und Pankreas Wenn der saure Mageninhalt in das Duodenum gelangt, wird dort die Sekretion HCO_3^--reichen **Pankreassaftes** stimuliert, wodurch das Darmlumen wieder neutralisiert und andererseits das bei der H^+-Sekretion im Magen gebildete HCO_3^- wieder verbraucht wird (■ Abb. 37.5). Bei **Erbrechen** von saurem Mageninhalt entfällt die Neutralisierung im Duodenum und es entsteht im Körper ein HCO_3^--Überschuss, also eine metabolische **Alkalose**. Umgekehrt können Pankreasfisteln und Durchfälle eine Azidose auslösen.

37.2.6 Knochen

Die Knochensalze sind massiv alkalisch; Mineralisierung des Knochens hinterlässt H^+ und Mobilisierung von Knochen verbraucht H^+.

Wirkung des Säure-Basen-Haushaltes auf die Mineralisierung des Knochens Karbonat und alkalische Phosphatsalze sind schwer wasserlöslich und werden daher zur Mineralisierung des Knochens eingesetzt (▶ Kap. 36.3). Eine Azidose fördert die Auflösung der Knochenmineralien und eine Alkalose fördert die Mineralisierung der Knochen (■ Abb. 37.6).

Wirkung der Knochenmineralisierung auf den Säure-Basen-Haushalt Umgekehrt muss zur Mineralisierung von Knochen stark alkalisches Phosphat bzw. Karbonat gebildet werden, d. h. bei der Mineralisierung des Knochens wird H^+ in das Blut abgegeben und die Auflösung der alkalischen Knochenmineralien verbraucht H^+. Ca^{2+} fördert die Mineralisierung der Knochen und die Zufuhr von $CaCl_2$ kann eine Azidose auslösen.

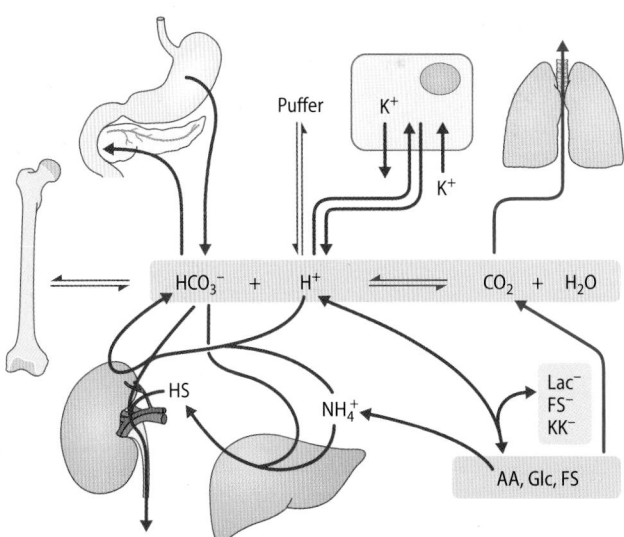

Abb. 37.6 Faktoren, die den Säure-Basen-Haushalt beeinflussen. Bei der Mineralisierung des Knochens wird HCO_3^- verbraucht, das bei Entmineralisierung wieder freigesetzt wird, bei der Sekretion von H^+ im Magen verbleibt HCO_3^- im Blut, das zur Sekretion von HCO_3^- im Pankreas und Darm wieder verbraucht wird. H^+ wird an Puffer (z. B. Hämoglobin) gebunden. Wenn Zellen K^+ aufnehmen, geben sie H^+ ab, und wenn sie K^+ abgeben, nehmen sie H^+ auf. Die Lunge atmet CO_2 ab, das im Stoffwechsel entsteht. Im Stoffwechsel werden ferner u. a. Milchsäure (Laktat), Fettsäuren (FS), Ketonkörper (KK) und Schwefelsäure (Abbau schwefelhaltiger Aminosäuren) gebildet, die bei Dissoziation H^+ abgeben. Die H^+-Ionen werden durch die Niere ausgeschieden, die bei Alkalose auch HCO_3^- eliminieren kann. AS=Aminosäuren, Glc=Glukose

37.2.7 Wirkung von Elektrolyten auf den Säure-Basen-Haushalt

Die extra- und intrazelluläre H⁺-Konzentration wird durch Elektrolyte beeinflusst, vor allem Kalium, aber auch Natrium und Kalzium.

Kochsalz Renaler und zellulärer HCO_3^-- und H⁺-Transport erfolgen Na⁺-gekoppelt. Die proximal-tubuläre Bikarbonatresorption erfordert die H⁺ Sekretion durch den luminalen Na⁺/H⁺ Austauscher. Der Carrier vermittelt gleichzeitig die proximal-tubuläre Na⁺-Resorption. Bei einem Mangel an Kochsalz bzw. herabgesetztem Extrazellulärvolumen wird Angiotensin II gebildet (▶ Kap. 35.4), das den proximal-tubulären Na⁺/H⁺ Austauscher stimuliert und dabei nicht nur die Na⁺-, sondern auch die Bikarbonat-Resorption steigert. Die erzwungene proximal-tubuläre Bikarbonatresorption unterbindet eine renale Bikarbonatausscheidung (▶ Box „Volumendepletionsalkalose"). Ein Überschuss an NaCl senkt Angiotensin II und mindert die Aktivität des luminalen Na⁺/H⁺ Austauschers. Damit sinkt die proximal-tubuläre HCO_3^--Resorption. Daher kann die Infusion einer Kochsalzlösung zur Bikarbonaturie und somit zur Azidose führen.

Kalium Für den Säure-Basen-Haushalt ist K⁺ noch bedeutsamer als NaCl: Das Zellmembranpotenzial fast aller Zellen wird durch K⁺-Kanäle aufrechterhalten. Eine Zunahme der extrazellulären K⁺-Konzentration mindert das chemische Gefälle für K⁺ und führt daher in den meisten Zellen zur Depolarisation. Umgekehrt führt eine Abnahme der extrazellulären K⁺-Konzentration eher zu einer Hyperpolarisation von Zellen. Das Zellmembranpotenzial treibt nun das negativ geladene HCO_3^- aus der Zelle. So führt im proximalen Tubulus eine **Hyperkaliämie** über Depolarisation und herabgesetzten basolateralen HCO_3^--Ausstrom zu einer intrazellulären Alkalinisierung, die den Na⁺/H⁺-Austauscher an der luminalen Zellmembran und damit die proximal-tubuläre H⁺-Sekretion hemmt. Folge der herabgesetzten renalen H⁺-Sekretion ist eine (extrazelluläre) Azidose. Umgekehrt führt eine **Hypokaliämie** z. T. über gesteigerte renale H⁺-Ausscheidung zu einer (extrazellulären) Alkalose (▶ Abb. 37.7).

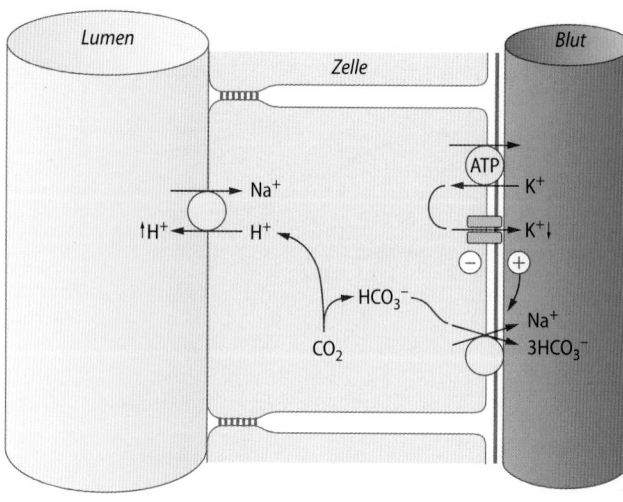

□ **Abb. 37.7 Zusammenhang von extrazellulärer K⁺-Konzentration und H⁺-Ausscheidung durch die Niere.** Bei Hypokaliämie nimmt der K⁺-Gradient über die basolaterale Membran des proximalen Tubulus zu, K⁺ strömt vermehrt aus, die Zelle hyperpolarisiert und der elektrische Gradient des Na⁺,3HCO_3^--Kotransporters nimmt zu. HCO_3^- wird aus der Zelle getrieben, die intrazelluläre H⁺-Konzentration steigt an und stimuliert den Na⁺/H⁺-Austauscher. Folge ist gesteigerte H⁺-Sekretion, die eine Alkalose erzeugen kann. Bei Hyperkaliämie nehmen K⁺-Gradient, Membranpotenzial, Na⁺,3HCO_3^--Kotransport, HCO_3^--Ausstrom, intrazelluläre H⁺-Konzentration, Na⁺/H⁺-Austauscher-Aktivität und H⁺-Sekretion ab. Folge ist Azidose

Kalzium Die Zufuhr von Kalzium fördert die Mineralisierung des Knochens (s. o.) und begünstigt somit die Entwicklung einer Azidose.

In Kürze

Die Regulation des Säure-Basen-Haushaltes beruht auf der Kooperation von der **Lunge**, die CO_2 abatmet, der **Niere**, die je nach Bedarf H⁺ oder HCO_3^- ausscheidet und der **Leber**, die Glutamin entweder zur Harnstoffsynthese verwendet oder der Niere zur Bildung von NH_4^+ bereitstellt. Weitere Einflussfaktoren sind die Produktion von CO_2 und H⁺ im **Stoffwechsel**, die Sekretion von H⁺ im **Magen** und von HCO_3^- in den **Drüsen**. Bei Zunahme der extrazellulären Kaliumkonzentration geben die Zellen H⁺ ab. Renale HCO_3^--Verluste sind die Folge von **Kochsalzüberschuss**, während es bei **Volumenmangel** zur renalen HCO_3^--Retention kommt

Klinik

Volumendepletionsalkalose

Bei einem Volumen- und Kochsalzmangel wird vermehrt Angiotensin II gebildet, das den proximal-tubulären Na⁺/H⁺-Austauscher stimuliert. Damit wird der Niere auch eine gesteigerte HCO_3^--Resorption aufgezwungen, die eine Korrektur der Alkalose durch Bikarbonaturie verhindert. Der Mechanismus ist verantwortlich für die Alkalose nach Erbrechen von saurem Mageninhalt und tritt bei Behandlung mit Schleifendiuretika auf, die über Hemmung der NaCl-Resorption in der Henle-Schleife zu einem Volumendefizit führen. Bei Zufuhr hinreichender Volumina isotoner Kochsalzlösungen (z. B. durch Infusion) setzt Bikarbonaturie ein und die Volumendepletionsalkalose verschwindet.

37.3 Störungen des Säure-Basen-Haushaltes

37.3.1 Ursachen von Säure-Basen-Störungen

Störungen des Säure-Basen-Haushaltes (Azidosen oder Alkalosen) werden nach ihrer Entstehung in respiratorische oder nichtrespiratorische Störungen eingeteilt.

◻ Tab. 37.1 Änderungen von Messwerten im Blut bei Störungen des Säure-Basen-Haushaltes

	pH	pCO$_2$	[HCO$_3^-$]$_a$	[HCO$_3^-$]$_s$	BE
Respiratorische Azidose	↓	↑	↑	n	0
Nichtrespiratorische Azidose	↓	n	↓	↓	↓
Respiratorische Alkalose	↑	↓	↓	n	0
Nichtrespiratorische Alkalose	↑	n	↑	↑	↑

[HCO$_3^-$]$_a$=aktuelles Bikarbonat; [HCO$_3^-$]$_s$=Standardbikarbonat; BE=base excess; n=normal

Einteilung Störungen des Säure-Basen-Haushaltes können in respiratorische Störungen mit primärer Änderung der CO$_2$-Konzentration und nichtrespiratorische (metabolische oder renale) Störungen mit primärer Änderung der HCO$_3^-$- (oder H$^+$-) Konzentration eingeteilt werden. ◻ Abb. 37.7 stellt einige graphische Darstellungen der verschiedenen Störungen zusammen, ◻ Tab. 37.1 die Veränderungen der jeweiligen Messwerte.

Respiratorische Azidose Eine respiratorische Azidose ist das Ergebnis **unzureichender Abatmung von CO$_2$** durch die Lunge. Ursache kann alveoläre Hypoventilation oder eingeschränkte Diffusion von CO$_2$ sein (► Kap. 27.1). Darüber hinaus führt die Hemmung der erythrozytären Karboanhydrase zu einer respiratorischen Azidose, da sie die beschleunigte Bildung von CO$_2$ während der kurzen Kontaktzeit des Blutes mit den Alveolen verhindert und damit die CO$_2$-Abatmung einschränkt. Die respiratorische Azidose kann in begrenztem Umfang durch gesteigerte renale Bildung von HCO$_3^-$ und Ausscheidung von H$^+$ kompensiert werden (**renale Kompensation**).

Respiratorische Alkalose Eine respiratorische Alkalose entsteht durch inadäquat **gesteigerte Abatmung von CO$_2$** durch die Lunge (Hyperventilation), u. a. bei Sauerstoffmangel oder Aufenthalt in großer Höhe oder unter dem Einfluss von Hormonen, Neurotransmittern und exogener Substanzen, die die Atmung stimulieren (► Kap. 31.2). Emotionale Erregung geht mitunter mit massiver Hyperventilation einher. Die respiratorische Alkalose kann durch gesteigerte **renale HCO$_3^-$-Ausscheidung kompensiert** werden. Darüber hinaus führt die Stimulation der Glykolyse bei Alkalose (► Abschn. 37.1) zur gesteigerten Milchsäurebildung und damit zum vermehrtem Anfallen von H$^+$.

❯ Bei respiratorischen Störungen ist primär der pCO$_2$ verändert.

Nichtrespiratorische Azidose Die nichtrespiratorische Azidose wird durch Verschiebung von HCO$_3^-$ in die Zellen, durch metabolischen HCO$_3^-$-Verbrauch oder durch **HCO$_3^-$-Verluste** hervorgerufen. Die nichtrespiratorische bzw. metabolische Azidose ist durch erniedrigte HCO$_3^-$-Konzentration im Blut charakterisiert. Ursache können HCO$_3^-$-Verluste über Nieren oder Darm oder herabgesetzte HCO$_3^-$-Bildung in der Niere (bzw. verminderte H$^+$-Ausscheidung) sein (► Box „Volumendepletionsalkalose"). Der Überschuss an H$^+$ kann ferner Folge von **Stoffwechselstörungen** sein, die zu gehäufter Bildung von Milchsäure (z. B. bei schwerer körperlicher Arbeit, Sauerstoffmangel), Fettsäuren, Azetazetat und β-Hydroxybutyrat (z. B. bei Diabetes mellitus – ► Box „Azidose bei DM", Fasten, Hyperthyroidose) führen. Darüber hinaus führt **Hyperkaliämie** zur (extrazellulären) Azidose (◻ Abb. 37.7). Die metabolische Azidose kann durch Hyperventilation (teilweise) kompensiert werden.

Nichtrespiratorische Alkalose Die nichtrespiratorische Alkalose ist meist Folge zellulärer HCO$_3^-$-Abgabe oder **eingeschränkter renaler HCO$_3^-$-Ausscheidung**. Die nichtrespiratorische bzw. metabolische Alkalose ist durch eine Zunahme der HCO$_3^-$-Konzentration im Blut charakterisiert. Sie ist Folge von Erbrechen sauren Mageninhaltes (► Abschn. 37.2), von inadäquater renaler HCO$_3^-$-Produktion bei gesteigerter renaler H$^+$-Ausscheidung (z. B. bei Überschuss an Aldosteron; ► Kap. 34.3) oder von Hypokaliämie (► Abschn. 37.2.7). **Volumenmangel** unterstützt die Entwicklung einer nichtrespiratorischen Alkalose, da er die zur renalen Kompensation erforderliche Bikarbonaturie verhindert. Der respiratorischen Kompensation einer nichtrespiratorischen Alkalose sind enge Grenzen gesetzt, da wegen der erforderlichen O$_2$-Aufnahme die Ventilation nicht beliebig reduziert werden kann.

❯ Bei unkompensierten nichtrespiratorischen Störungen ist der pCO$_2$ unverändert.

37.3.2 Auswirkungen von Säure-Basen-Störungen

Eine Azidose hemmt die Glykolyse, steigert die zelluläre K$^+$-Abgabe, mindert die Kontraktilität von Herz und Skelettmuskel und beeinträchtigt die Erregungsausbreitung im Herzen; eine Alkalose fördert Glykolyse und zelluläre K$^+$-Aufnahme.

Klinik

Azidose bei entgleistem Diabetes mellitus

Insulin hemmt die Lipolyse. Beim Insulinmangel des Diabetes mellitus (► Kap. 76.2) ist die Lipolyse enthemmt und das Fettgewebe gibt große Mengen an Fettsäuren ab. Die Fettsäuren werden in der Leber zum Teil zu Azetazetat und β-Hydroxybutyrat umgewandelt. Fettsäuren, Azetazetat und β-Hydroxybutyrat sind beim Blut-pH fast vollständig dissoziiert. Die freigesetzten H$^+$ erzeugen eine metabolische Azidose, die zu respiratorischer Kompensation zwingt (Kussmaul'sche Atmung).

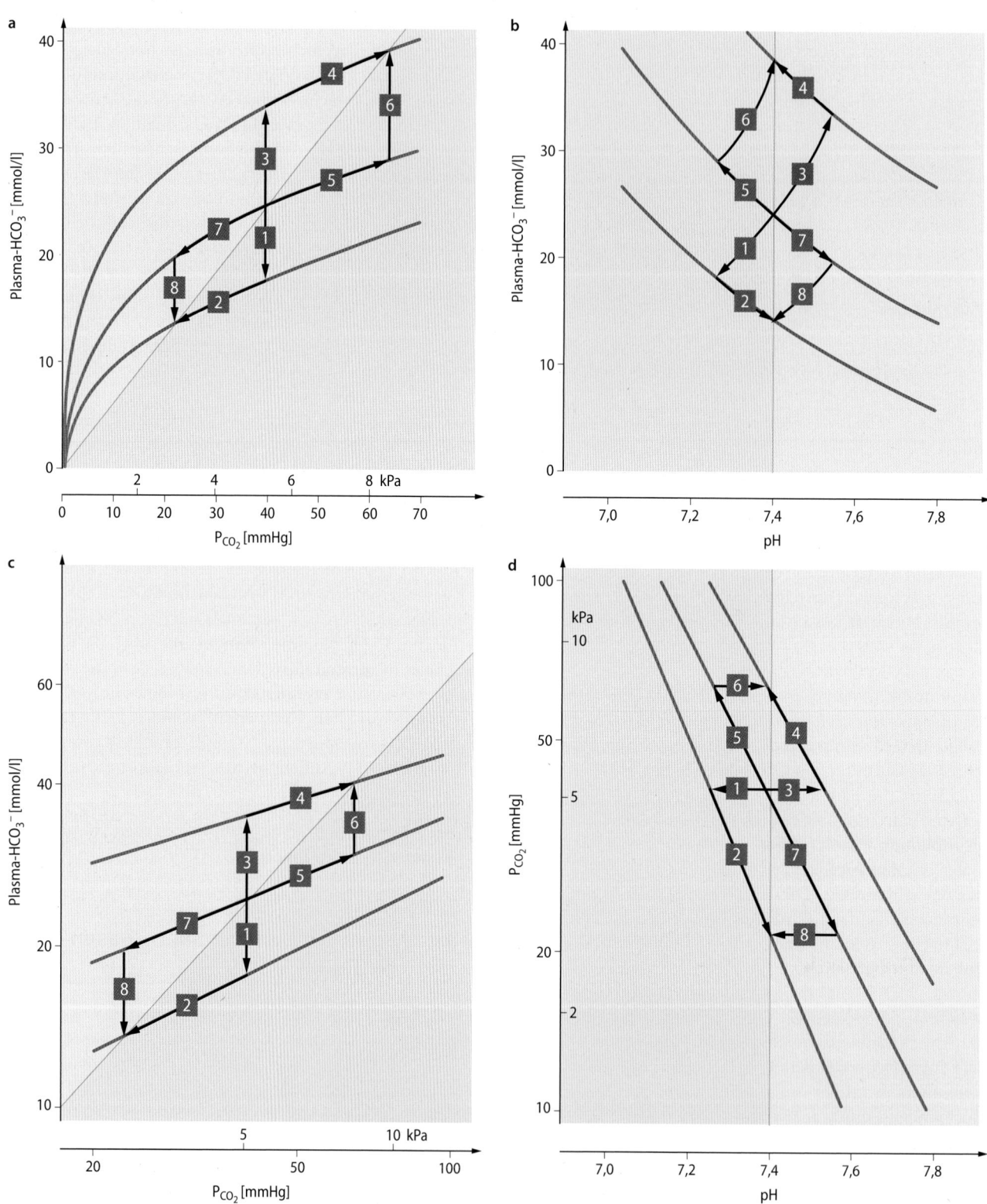

■ **Abb. 37.8a–d** **Verhalten von pCO$_2$, pH und HCO$_3^-$-Konzentration im Blut bei verschiedenen Störungen des Säure-Basen-Haushaltes und ihren Kompensationen. a** HCO$_3^-$-Konzentration als Funktion des pCO$_2$ (linearer Maßstab). **b** HCO$_3^-$-Konzentration als Funktion des pH. **c** Logarithmus der HCO$_3^-$-Konzentration als Funktion des pCO$_2$ (loga-rithmischer Maßstab). **d** Logarithmus des pCO$_2$ als Funktion des pH. (1) nichtrespiratorische Azidose, (2) respiratorische Kompensation, (3) nichtrespiratorische Alkalose, (4) respiratorische Kompensation, (5) respiratorische Azidose, (6) renale Kompensation, (7) respiratorische Alkalose, (8) renale Kompensation; **rot:** Azidose, **blau:** Alkalose

Auswirkungen einer Azidose Eine Azidose hemmt die Glykolyse und fördert die Glukoneogenese. Folge ist eine Zunahme der Plasmaglukosekonzentration (Hyperglykämie). Die Azidose führt über zelluläre Abgabe von HCO_3^- und Depolarisation sowie über Hemmung der Na^+/K^+-ATPase zu zellulären K^+-Verlusten (Hyperkaliämie). Über Verschluss der **gap junctions** wird bei Azidose die **Erregungsfortleitung im Herzen** verlangsamt. Da die Azidose gleichzeitig die Herzkraft senkt und zu peripherer Vasodilatation führt, droht ein **Blutdruckabfall**. Die bei respiratorischer Azidose stark ausgeprägte Vasodilatation der Gehirngefäße kann zu **Drucksteigerung im Gehirn** führen.

Auswirkungen einer Alkalose Eine Alkalose stimuliert die Glykolyse und hemmt die Glukoneogenese. Dadurch droht eine Abnahme der Plasmaglukosekonzentration (Hypoglykämie). Die Alkalose steigert die zelluläre Aufnahme von K^+, sodass die extrazelluläre K^+-Konzentration absinkt (Hypokaliämie). Sie senkt die freie Konzentration von Ca^{2+} durch gesteigerte Bindung an Plasmaproteine und (bei metabolischer Alkalose) an HCO_3^-. Die Kombination von Alkalose und Hypokaliämie begünstigt das Auftreten von **Herzrhythmusstörungen**. Eine chronische metabolische Alkalose mindert den Atemantrieb und begünstigt das Auftreten von Schlafapnoe. Eine abrupte Korrektur einer Azidose (z. B. zu Beginn der Dialyse) kann zum Ausfallen von Kalziumphosphat in den Gefäßen führen, da alkalisches $CaHPO_4$ sehr viel schlechter löslich ist als saures $Ca(H_2PO_4)_2$ (▶ Kap. 36.4). Respiratorische Alkalose führt zusätzlich zur **zerebralen Vasokonstriktion** und gesteigerten neuromuskulären Erregbarkeit. Bei der sog. Hyperventilationstetanie kann die Konstriktion der Gehirngefäße zur Mangeldurchblutung des Gehirns führen (▶ Kap. 22.2). Folge ist u. a. das Auftreten von **Krämpfen**.

❯ Hypokaliämie ist eine häufige Folge von Alkalose.

37.3.3 Diagnostik von Säure-Basen-Störungen

Säure-Basen-Störungen werden durch Messung von pH und CO_2-Konzentration im Blut diagnostiziert.

Messung von pH und pCO_2 Respiratorische und nichtrespiratorische Störungen des Säure-Basen-Haushaltes lassen sich durch Messungen von pH und pCO_2 leicht unterscheiden (◻ Abb. 37.8, ◻ Tab. 37.1). pCO_2 kann entweder direkt gemessen (CO_2-Elektrode) oder durch die Astrup-Methode indirekt bestimmt werden (◻ Abb. 37.9).

Astrup-Methode
pCO_2 konnte früher nicht direkt gemessen und musste daher indirekt bestimmt werden. Das Blut wurde nach Messung des aktuellen pH mit zwei Gasgemischen bekannter Zusammensetzung äquilibriert und dabei jeweils der pH gemessen. Dadurch erhielt man zwei Wertepaare mit dem jeweils bekannten pCO_2 und dem gemessenen pH. Die beiden Wertepaare wurden nun in ein Diagramm mit logarithmischer Skala für

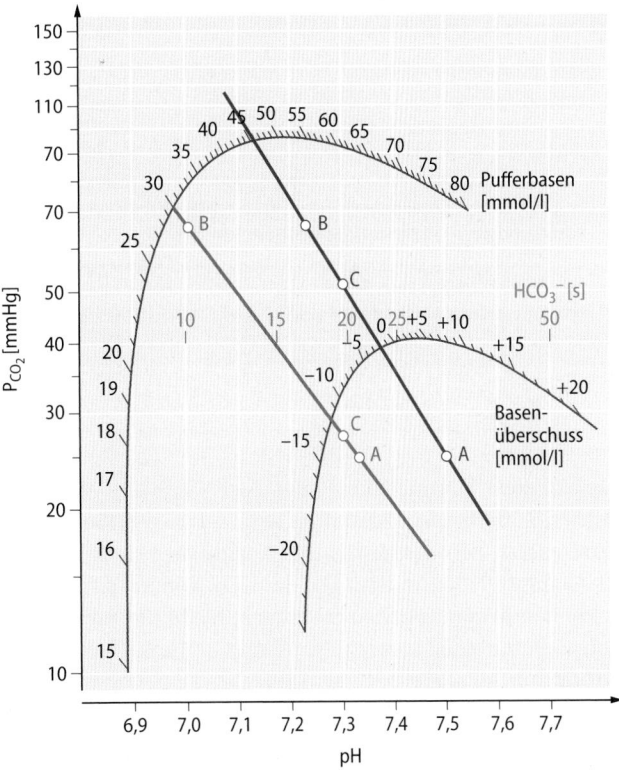

◻ **Abb. 37.9 Astrup-Nomogramm.** Bestimmung von PCO_2, HCO_3^-, Basenüberschuss und Pufferbasen aus pH-Messungen im Blut. Bei der Astrup-Methode wird der aktuelle pH (pHa) und dann der pH nach Equilibration mit zwei verschiedenen pCO_2 (in unserem Beispiel mit 25 mmHg und 65 mmHg) gemessen. Die jeweiligen Wertepaare (pH gegen pCO_2) werden als **Punkte** in ein Nomogramm eingetragen (A, B). Auf der **Verbindungslinie** kann man den pCO_2 beim aktuellen pH ablesen (C). Bei 40 mmHg pCO_2 lässt sich ferner das Standardbikarbonat ablesen. Extrapolation der Gerade erlaubt schließlich die Bestimmung von Basenüberschuss (**base excess**, BE) und Pufferbasen (**buffer base**, BB). Die beiden Beispiele zeigen eine teilweise respiratorisch kompensierte nichtrespiratorische Azidose (**blau**, Werte ca.: pHa = 7,3, pCO_2 = 28 mmHg, $[HCO_3^-]_s$ = 15 mmol/l, BE = 12 mmol/l, BB = 30 mmol/l) sowie eine nicht kompensierte respiratorische Azidose (**rot**, pHa = 7,3, pCO_2 = 52 mm Hg, $[HCO_3^-]$ = 27 mmol/l, BE = 2 mmol/l, BB = 46 mmol/l)

den pCO_2 eingetragen (◻ Abb. 37.9). Die Messwerte ergaben zwei Punkte, die durch eine Gerade verbunden wurden. Der aktuelle pH wurde auf diese Gerade eingetragen. Der dazugehörende aktuelle pCO_2 konnte dann abgelesen werden.

Errechnung von $[HCO_3^-]$ Bei Kenntnis von pH und pCO_2 lässt sich $[HCO_3^-]$ mit der Henderson-Hasselbalch-Gleichung errechnen. Darüber hinaus können die Bikarbonatkonzentration und das sog. **Standardbikarbonat** graphisch ermittelt werden. Das Standardbikarbonat ist die HCO_3^--Konzentration bei einem pCO_2 von 40 mmHg und einer vollständigen Sättigung des Hämoglobins mit Sauerstoff. Es ist also bei reinen respiratorischen Störungen konstant.

Pufferbasen und Basenüberschuss Die Pufferbasen sind alle für eine H^+-Bindung verfügbaren Puffer, also im Wesentlichen HCO_3^- und zur H^+-Bindung befähigte Aminosäuren in Proteinen (vor allem Histidin). Bei normaler Hämoglobinkonzentration beträgt dieser Wert 48 mmol/l. Aus der Differenz

Klinik

Renal-tubuläre Azidose

Ursachen

Eine eingeschränkte Fähigkeit der Niere, H^+ auszuscheiden, führt zur renal-tubulären Azidose. Ursachen gestörter Funktion oder Regulation der beteiligten Transportprozesse sind genetische Defekte oder erworbene Schädigung der Nierenepithelzellen. Man unterscheidet zwei Formen:

- Eine **proximal-tubuläre Azidose** wird vor allem durch herabgesetzte Aktivität des proximal-tubulären Na^+/H^+-Austauschers NHE3 oder des basolateralen $Na-HCO_3^-$-Symporters NBC verursacht.
- Bei **distal-tubulärer Azidose** liegt ein Defekt der H^+-ATPase oder der H^+/K^+-ATPase vor.

Folgen

Folge einer proximal-tubulären Azidose sind Bikarbonaturie und damit Sinken der Plasma-HCO_3^--Konzentration. Bei erniedrigter HCO_3^--Plasmakonzentration kann ein normal saurer Urin erzeugt werden. Bei distal-tubulärer Azidose kann selbst bei erniedrigten HCO_3^--Plasmakonzentrationen keine Urinazidifizierung unter etwa 6,5 pH-Einheiten erzielt werden. Die Azidose wird in der Regel durch gesteigerte Abatmung von CO_2 durch die Lunge kompensiert. Bei distal-tubulärer Azidose begünstigt der ständig alkalische Urin das Ausfallen von schlecht löslichen alkalischen Phosphatsalzen und damit die Harnsteinbildung.

---

der aktuellen Summe aller Puffer Basen und der physiologischen Pufferbasekonzentration wird der **Basenüberschuss** (base excess, BE) berechnet. Der Normalwert des BE ist –3 bis +3 mmol/l. Bei Änderungen der CO_2-Konzentration, also bei reinen respiratorischen Störungen, bleibt die Konzentration an Pufferbasen konstant (▶ Abschn. 37.1). Bei **nichtrespiratorischer Alkalose** (z. B. bei Erbrechen) entsteht hingegen ein Basenüberschuss, der **BE** wird **positiv**, bei **nichtrespiratorischer Azidose** (z. B. bei renalen HCO_3^--Verlusten) ein Basendefizit (negativer Basenüberschuss), der **BE** wird **negativ**. Die Pufferbasen bzw. der positive oder negative Basenüberschuss können durch graphische Verfahren bestimmt werden (◨ Abb. 37.10). Das Ausmaß von Basenüberschuss oder Basendefizit erlaubt eine erste Schätzung der für einen therapeutischen Ausgleich erforderlichen HCO_3^--Mengen.

> **Bei akuten respiratorischen Störungen kommt es zu keiner Veränderung des Basenüberschusses.**

In Kürze

Respiratorische Störungen des Säure-Basen-Haushaltes haben ihre Ursache in unzureichender (Azidose) oder übermäßiger (Alkalose) Abatmung von CO_2. **Nicht respiratorische Azidosen** sind häufig Folge eines Verlustes von extrazellulärem HCO_3^- über die Niere, einer zellulären HCO_3^--Aufnahme, oder eines gesteigerten HCO_3^--Verbrauches durch überschüssiges H^+. Nicht respiratorische Alkalosen entstehen als Folge des Überschusses an extrazellulärem HCO_3^- bei gestörter Ausscheidung durch die Niere, zellulärer HCO_3^--Abgabe oder gesteigerter Bildung bei H^+-Verlusten. Zur Diagnostik müssen im Blut der pH, pCO_2 und die Pufferbasenkonzentration ermittelt werden.

Literatur

Alpern RJ, Caplan MJ, Moe OW (2013) The Kidney, 5th edition. Academic Press

Chadha V, Alon US (2009) Hereditary renal tubular disorders. Semin Nephrol 29(4): 399–411

Chiche J, Brahimi-Horn MC, Pouysségur J (2009) Tumor hypoxia induces a metabolic shift causing acidosis: a common feature in cancer. J Cell Mol Med [Epub ahead of print]

Wagner CA, Devuyst O, Bourgeois S, Mohebbi N (2009) Regulated acid-base transport in the collecting duct. Pflugers Arch 458(1): 137–56

Weber C, Kocher S, Neeser K, Joshi SR (2009) Prevention of diabetic ketoacidosis and self-monitoring of ketone bodies: an overview. Curr Med Res Opin 25(5): 1197–20

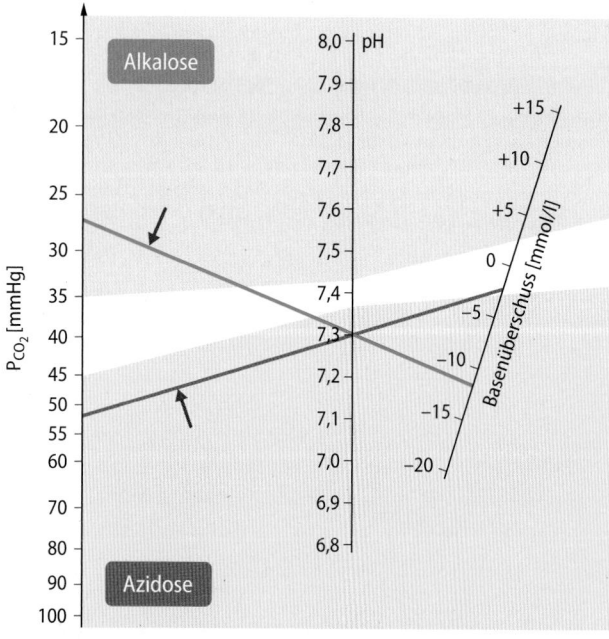

◨ **Abb. 37.10   Nomogramm zur Bestimmung des Basenüberschusses.** Eine Gerade von dem jeweils gemessenen pCO_2 (**links**) und pH (**Mitte**) im arterialisierten Blut wird zur Skala des Basenüberschusses BE (**rechts**) extrapoliert. Die beiden Beispiele zeigen eine teilweise respiratorisch kompensierte nichtrespiratorische Azidose (**grün**, pCO_2= 28 mmHg; pH = 7,3; BE = –12 mmol/l) sowie eine nicht kompensierte respiratorische Azidose (**gelb**, pCO_2= 52 mmHg; pH = 7,3; BE = –2 mmol/l). Der Normbereich ist **weiß**

37

Magen-Darm-Trakt

Inhaltsverzeichnis

Allgemeine Aspekte des Gastrointestinaltrakts

Wilfrid Jänig, Peter Vaupel

© Springer-Verlag GmbH Deutschland, ein Teil von Springer Nature 2019
R. Brandes et al. (Hrsg.), *Physiologie des Menschen*, Springer-Lehrbuch
https://doi.org/10.1007/978-3-662-56468-4_38

Worum geht's? (□ Abb. 38.1)

Der Gastrointestinaltrakt ist das größte Organsystem des Körpers

Der Gastrointestinaltrakt (GIT) besteht aus einer nach innen gestülpten Körperoberfläche von ca. 200 m², die einen langen Schlauch bildet. Er beginnt mit der Speiseröhre (Ösophagus) und endet am Anus. Zu ihm gehören im weiteren Sinne die Mundhöhle mit den Speicheldrüsen und der Pharynx sowie die Leber und die Bauchspeicheldrüse (Pankreas). Die wichtigste Funktion des GIT ist die Aufnahme (Absorption) der Nährstoffe. Dafür muss der Speisebrei zerkleinert, gespeichert, enzymatisch aufgeschlossen und transportiert werden.

Der GIT ist die größte Barriere des Körpers

Als größte Barriere des Körpers verfügt der GIT über ein leistungsfähiges Immunsystem, das den Körper vor der Invasion von Bakterien, Viren und toxischen Substanzen schützt. An der Oberfläche des GIT erfolgen die Aufnahme von gelösten Darminhalten und die Resorption von etwa 9 Liter Wasser/Tag, wobei 7,5 Liter Wasser aus den Drüsen des GIT stammen. Über die Galle erreichen Stoffwechselendprodukte und Giftstoffe den Darm und werden ausgeschieden.

Das Darmnervensystem regelt die Funktionen des GIT

Der GIT besitzt ein eigenes Nervensystem, das die Funktionen Motilität und Sekretion relativ unabhängig vom Gehirn regeln kann. Dieses Darmnervensystem besteht aus afferenten Neuronen, Interneuronen und Motorneuronen, die Reflexkreise bilden. Das Gehirn greift in die Funktionen des Darmnervensystems über parasympathische und sympathische Neurone ein, wobei die zentralnervöse Kontrolle am Anfang und am Ende des GIT am stärksten ist. Neuronale Rückmeldungen erhält das Gehirn vom GIT über vagale und spinale viszerale Afferenzen. Kontrolliert durch das Darmnervensystem wird der Nahrungsbrei durchmischt, zur Absorption vorbereitet und entlang des Darmrohrs durch die Peristaltik nach aboral transportiert.

Der GIT besitzt das größte Hormonsystem des Körpers

Dieses Hormonsystem ist an der Regulation der meisten Funktionen des GIT beteiligt und in die Kommunikation mit dem Gehirn eingebunden.

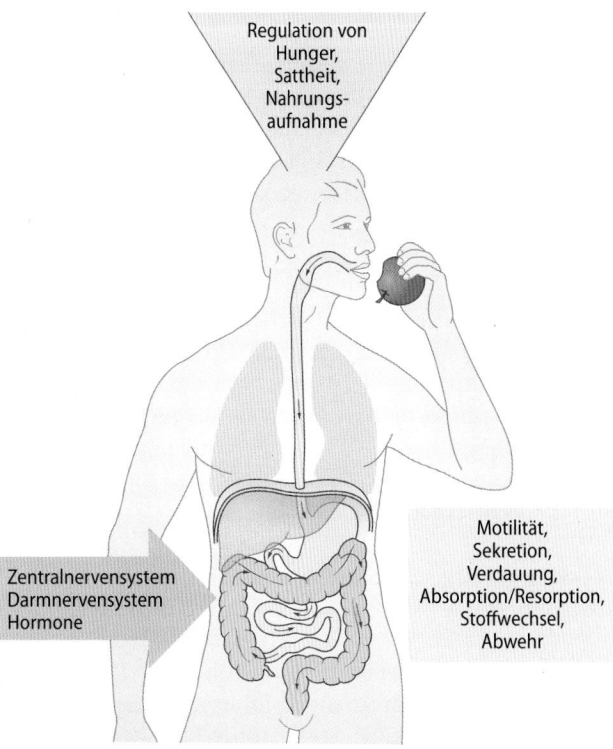

□ **Abb. 38.1** Allgemeine Prinzipien von globalen Funktionen und Regulationen des Gastrointestinaltrakts

38.1 Allgemeine Funktionseinheiten

38.1.1 Aufgaben des GIT

Der GIT dient der Absorption von Nahrungsbestandteilen bzw. der Resorption von Inhaltsstoffen der Sekrete. Die Nahrung muss vorher zerkleinert, transportiert, gespeichert und gespalten werden. Einige Giftstoffe werden über den GIT ausgeschieden.

Allgemeine Funktion Diese besteht in der Überführung der aufgenommenen Nahrungsbestandteile in absorbierbare Substanzen und deren anschließende Aufnahme in Blut bzw. Lymphe. Diese Aufgaben werden durch eine geordnete Abfolge verschiedener Vorgänge bewältigt:

- **Mechanische Prozesse** dienen der Aufnahme, Zerkleinerung, Durchmischung und dem Transport der Nahrung.
- Durch Zumischung von **Verdauungssekreten** mit ihren Enzymen werden die Makronährstoffe (Kohlenhydrate, Fette, Eiweiße) hydrolytisch gespalten und in absorbierbare Bruchstücke zerlegt **(Verdauung)**.
- Die Endprodukte der Verdauung werden – ebenso wie Wasser, Elektrolyte und die Mikronährstoffe (Spurenelemente, Vitamine) – aus dem Darmlumen über die Darmschleimhaut ins Blut oder in die Lymphe aufgenommen **(Absorption bzw. Resorption)**. Der Begriff Absorption beschreibt die Aufnahme von Nahrungsbestandteilen im Darm, Resorption die Aufnahme von Sekretbestandteilen im Darm.
- Nicht absorbierte bzw. absorbierbare Nahrungsbestandteile sowie Bakterien und deren Produkte werden mit dem Stuhl ausgeschieden. Eine Vielzahl von Xenobiotika (Arzneimittel u. a.) und Giftstoffe (z. B. **Schwermetalle**) wird primär von der Leber über die Galle eliminiert **(Ausscheidung)**.
- Der GIT spielt eine große Rolle für die Aufrechterhaltung des **Wasser- und Elektrolythaushalts. Bei Erbrechen und Durchfall kann es daher zu schwerwiegenden Verlusten von Wasser und Elektrolyten kommen** (▶ Kap. 41.1.3). Der GIT besitzt ein eigenständiges, leistungsfähiges **Immunsystem** (▶ Abschn. 38.4).

38.1.2 Wandaufbau des GIT

Der GIT weist eine charakteristische Schichtung auf, die den lokalen Funktionen Motilität und Sekretion angepasst ist.

Funktionseinheiten des Gastrointestinaltrakts Der GIT besteht aus einem durchlaufenden Rohr vom Mund bis zum Anus, mit den Abschnitten Oropharynx, Ösophagus, Magen, Dünn- und Dickdarm, in welche die Ausführungsgänge der exkretorischen Drüsen einmünden: Mundspeicheldrüsen, Pankreas und Leber.

Die einzelnen Wandabschnitte des GIT sind prinzipiell gleichartig aufgebaut. Charakteristische Modifikationen sind durch die unterschiedlichen Funktionen bedingt:

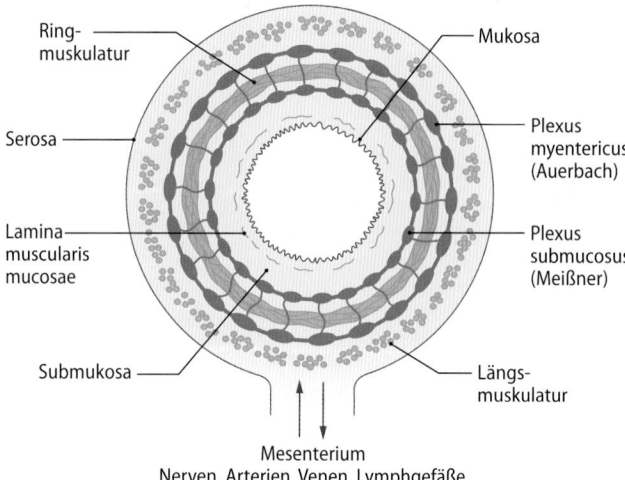

□ **Abb. 38.2 Wandschichten des Dünndarms und Lage des Darmnervensystems.** Schematische Darstellung

- Vorwiegend dem **Weitertransport** dienen der Oropharynx und die Speiseröhre;
- **Reservoirfunktion** haben vor allem Magen, Gallenblase, Zäkum und Rektum;
- Hauptort der **Verdauung** und **Absorption ist der (obere) Dünndarm.**

Aufbau des Magen-Darm-Rohrs Als epitheliale Grenzfläche besitzt der GIT einen charakteristischen Wandaufbau (□ Abb. 38.2). Die Kontaktfläche ist die **Schleimhaut** (Tunica mucosa). Darunter liegt submuköses Bindegewebe (Tela submucosa) gefolgt von 2 Lagen glatter **Muskulatur** (Tunica muscularis, Längs- und Ringmuskulatur), die von Adventitia umgeben ist (Tunica adventitia). Je nach Lage findet sich ein Überzug mit Serosa (viszerales Peritoneum, Tunica serosa). Der Epithelüberzug der Tunica mucosa unterscheidet sich charakteristisch zwischen den verschiedenen Abschnitten des GIT und besitzt häufig eine eigene glatte Muskelschicht (Lamina muscularis mucosa). Krypten und Zotten vergrößern die **Oberfläche** des Epithels. Das Darmnervensystem (DNS) ist im Plexus myentericus und Plexus submucosus zwischen Längs- und Ringmuskulatur und innerhalb der Ringmuskulatur angelegt.

38.1.3 Sekretion durch Drüsen

Der GIT ist reich an Drüsen. In den Azini der großen Drüsen wird der Primärspeichel gebildet, der im sich anschließenden Ausführungsgang modifiziert wird. Hormone und das vegetative Nervensystem beeinflussen die Sekretion.

Sekretion im GIT Bei einer mittleren Flüssigkeitsaufnahme über die Nahrung und durch Trinken von 1,5 Litern/Tag werden im GIT täglich ca. **7,5 Liter** Flüssigkeit zusätzlich sezerniert (□ Abb. 38.3). **Mehr als die Hälfte** dieses Flüssigkeitsvolumens entstammt der **Sekretion von Schleimhäuten**

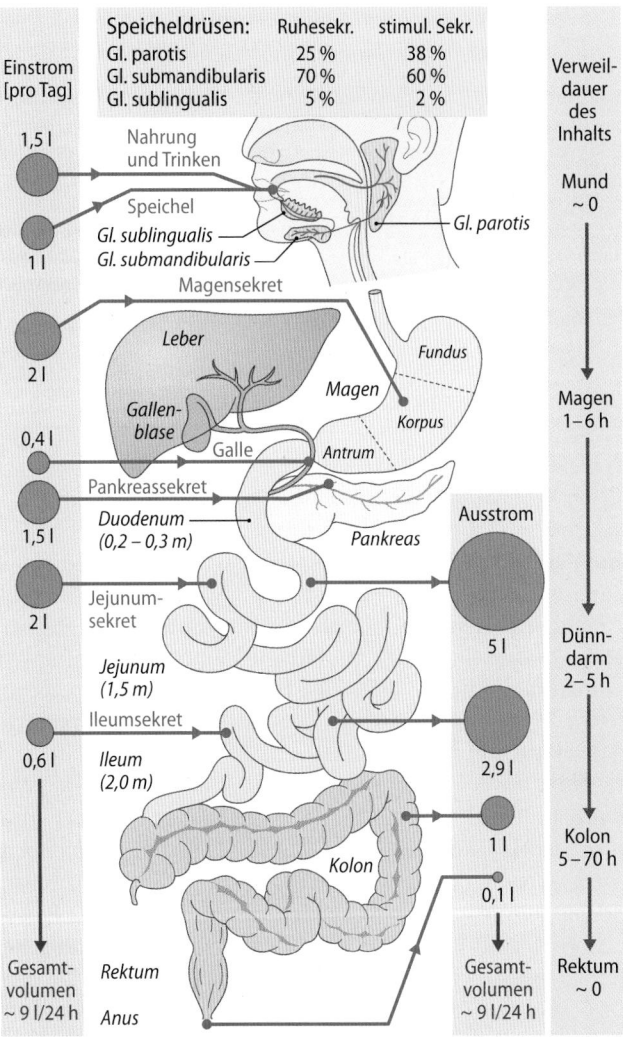

Speicheldrüsen:	Ruhesekr.	stimul. Sekr.
Gl. parotis	25 %	38 %
Gl. submandibularis	70 %	60 %
Gl. sublingualis	5 %	2 %

Abb. 38.3 Absorption bzw. Resorption und Sekretion entlang des GIT. Übersicht über die an der Verdauung und Absorption beteiligten Organe, die gastrointestinale Flüssigkeitsbilanz sowie die Passagezeiten bzw. Verweildauern des Inhalts

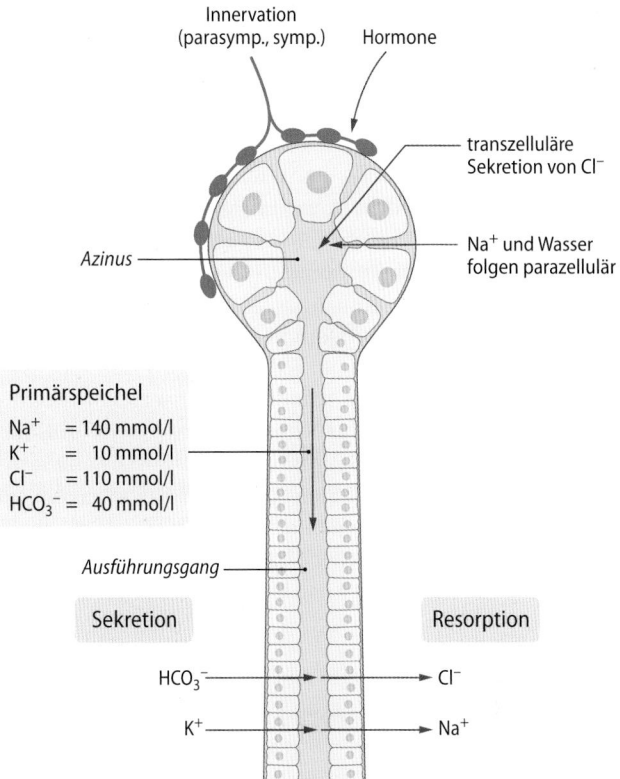

Primärspeichel

$Na^+ = 140$ mmol/l
$K^+ = 10$ mmol/l
$Cl^- = 110$ mmol/l
$HCO_3^- = 40$ mmol/l

Abb. 38.4 Allgemeiner Aufbau von Drüsen des GIT und Elektrolyttransporte als Antriebe für die Sekretion. Im Azinus werden Anionen (vorwiegend Cl^-) transzellulär transportiert, Na^+ und Wasser folgen parazellulär. Im Ausführungsgang wird der Primärspeichel modifiziert. Der Azinus wird durch cholinerge postganglionäre parasympathische Neurone, noradrenerge sympathische Neurone oder cholinerge Motorneurone des Darmnervensystems aktiviert. Außerdem stehen die Drüsen unter hormonaler Kontrolle

des Magens und Dünndarms. Die großen Drüsen bilden zusammen ca. 3 Liter Sekret.

Die Sekretion im GIT übersteigt die orale Flüssigkeitsaufnahme bei weitem. Dieser Zusammenhang ist für das Verständnis von Durchfallerkrankungen extrem wichtig. Die Flüssigkeitsverluste sind hierbei nicht die Folge der oralen Flüssigkeitsaufnahme, sondern der Sekretion. Somit ist eine Beschränkung der oralen Flüssigkeitsaufnahme nicht hilfreich, sondern sogar gefährlich, da dies der Austrocknung (Exsikkose) Vorschub leistet.

Drüsen des GIT   Im Epithel des GIT finden sich von proximal nach distal zunehmend intraepitheliale schleimproduzierende **Becherzellen**. Im Magen bilden Nebenzellen den Schleim. **Submukös gelegene Drüsen** finden sich in vielen Abschnitten und sind als Brunner-Drüsen charakteristisch für den Zwölffingerdarm (Duodenum). Als große **Organdrüsen** gehören zum GIT die **Speicheldrüsen**, das **Pankreas** und die **Leber**, welche die größte exokrine Drüse des Körpers ist.

Allgemeiner Aufbau von Drüsen   Die kleinste funktionelle Einheit einer Drüse ist der **Azinus**, in dem das **primäre Drüsensekret** gebildet wird (Abb. 38.4). Der **Ausführungsgang** leitet das Sekret in Richtung (Darm-)Lumen, vereint Sekret von mehreren Azini und verändert es durch **Resorption** und **Sekretion**. Grundsätzlich werden Drüsen histologisch und funktionell nach der Konfiguration des Azinus in **serös**, **mukös** oder gemischt **seromukös** eingeteilt.

Azinus   Die Produktion des primären Drüsensekrets ist grundsätzlich in allen Drüsen die Folge einer **transzellulären Cl⁻-Sekretion**. Da die Schlussleisten des Azinus leck sind, folgen entsprechend des Lumen-negativen Potenzials **parazellulär Na⁺** und andere Kationen nach. Durch den **osmotischen Gradienten** getrieben, tritt **Wasser** aus dem Interstitium in das Lumen über. Im Azinus wird somit ein **isotones** NaCl-reiches **Primärsekret** gebildet. In mukösen Drüsen werden diesem Primärsekret **Muzin,** d. h. (Schleim-)Komponenten, beigemischt. Diese makromolekularen Glykoproteine besitzen eine hohe Wasserbindekapazität. Sie fördern das Gleiten an Grenzschichten und tragen zum Barriere-Erhalt bei. Im Azinus werden darüber hinaus dem Sekret **Enzyme** zugesetzt, die zum **Barriere-Erhalt** oder dem **Aufschluss der Nahrung** dienen.

Ausführungsgang Die Modifikation des Sekrets im Ausführungsgang betrifft weitgehend die Elektrolytzusammensetzung. Vorzugsweise wird Cl^- gegen HCO_3^- ausgetauscht, weshalb in vielen Ausführungsgängen das Sekret **leicht alkalisch** wird. Die Schlussleisten der Ausführungsgänge sind weniger durchlässig als die des Azinus. In den Ausführungsgängen der Speicheldrüsen wird z. B. Na^+ über epitheliale Na^+-Kanäle (ENaC) im Austausch gegen H^+ resorbiert, sodass ein **hypotones Sekret** produziert wird.

Regulation Drüsen sind vom **vegetativen Nervensystem** innerviert und werden zusätzlich durch **Hormone** des GIT gesteuert. Im Allgemeinen erhöht die Aktivierung parasympathischer postganglionärer Neurone durch Freisetzung von **Acetylcholin** die **seröse Sekretionsrate**. Die Wirkung sympathischer Neurone durch Freisetzung von Noradrenalin auf die Drüsen ist bei verschiedenen Drüsen unterschiedlich; in Speicheldrüsen wird z. B. der Muzinanteil erhöht. Die Wirkung von GIT-Hormonen ist je nach Drüse recht unterschiedlich (s. u.).

38.1.4 Absorptionsvorgänge

Hauptabsorptionsort ist der Dünndarm. Wasserresorption erfolgt entlang eines osmotischen Gradienten; die Absorption von Nährstoffen und Elektrolyten findet passiv über parazelluläre oder transzelluläre Mechanismen statt.

Absorptive und resorptive Aufgaben des GIT Die Hauptaufgabe des GIT ist die Absorption von Nährstoffen und Wasser. Die täglich im GIT transportierte Wassermenge (ca. 9 Liter) wird bis auf eine geringe Restmenge im Stuhl fast vollständig resorbiert (Abb. 38.3). Im quantitativ-bedeutsamen Umfang finden Resorptionsvorgänge hauptsächlich im **Dünndarm** statt (▸ Kap. 41.2), wo spezifische Transportsysteme exprimiert werden. Substanzen, die im GIT per **Diffusion** aufgenommen werden können, wie Ethylalkohol, werden zum Teil bereits im **Magen** absorbiert. Im **Dickdarm** erfolgt nur noch eine geringe Resorption, dominierend ist der Entzug der verbleibenden Reste von **Wasser** und **Elektrolyten.** Einige fettlösliche Substanzen können auch durch Diffusion aufgenommen werden.

Prinzipien der Resorption Die **Wasserresorption** erfolgt grundsätzlich entlang eines **osmotischen Gradienten**. Die Leitfähigkeit des GIT ist von der Dichte des Epithels abhängig und besonders hoch im **Dünndarm**. Wie im proximalen Tubulus der Niere (▸ Kap. 33.1) erfolgt die Absorption niedermolekularer Substanzen wie Glukose und Aminosäuren vorwiegend Na^+-gekoppelt.

Applikationsrouten
Für die Pharmakotherapie ist die Kenntnis von Resorptionsrouten von großer Bedeutung. Da z. B. einige Substanzen beim ersten Durchgang durch die Leber aus dem Blut geklärt werden (First-Pass-Effekt, ▸ Kap. 22.5), sollte bei ihrer Applikation die Leber umgangen werden. Die sublinguale Applikation von Nitraten bei Angina pectoris ist ein

entsprechendes Beispiel. Die Substanz ist lipidlöslich und wird daher per Diffusion aus dem Mund resorbiert. Der Wirkungseintritt bei Aufnahme über die Mundschleimhaut ist darüber hinaus sehr schnell. Bekannte andere Beispiele betreffen Ca^{2+}-Kanalblocker (bei Bluthochdruckkrisen) sowie Rauschmittel, wie Kokain und Heroin, die im Rahmen missbräuchlicher Einnahme geschnupft (Aufnahme über die Nasenschleimhaut) oder geraucht (Aufnahme über die Lunge) werden. Inhaltsstoffe von Suppositorien („Zäpfchen") werden über die Rektalschleimhaut resorbiert. Diese drainiert ebenfalls nicht zur Leber. Neben Schmerzmitteln (z. B. Paracetamol) kann z. B. Diazepam, ein GABA-Rezeptorantagonist, der zur Durchbrechung eines epileptischen Krampfanfalls eingesetzt wird, rektal appliziert werden.

38.1.5 Phasen der Verdauung

Funktionell kann man die Verdauung in vier Phasen unterteilen: kephale, gastrale, intestinale und interdigestive Phase

Im Vergleich zu vielen Pflanzenfressern nimmt die Nahrungsaufnahme beim Menschen nur eine geringe Zeit in Anspruch. Lange interdigestive **Nüchternphasen** (z. B. über Nacht) wechseln sich ab mit kürzeren Zeiten der Nahrungsaufnahme und des Verdauens. Hieraus ergeben sich spezifische Phasen mit funktionellen Besonderheiten, nämlich 3 digestive und eine interdigestive:

Kephale Phase Diese Phase kennzeichnet die Vorbereitung zur Nahrungsaufnahme. Nahrung hat den Magen noch nicht erreicht, aber **spezifische Reize** (Geruch, Anblick, Schmecken, Vorstellung) sind vorhanden. Die kephale Phase („Kopfphase") ist geprägt durch vagale **parasympathische Reflexe** (▸ Abschn. 38.2.1), welche die Sekretion der Drüsen im Mund und Magen stimulieren und so zur **Nahrungsaufnahme vorbereiten**.

Gastrale Phase Wenn die **Nahrung** den Magen erreicht, stimuliert sie dort **afferente Neurone** des DNS und Zellen für die Produktion lokaler **Hormone**. Das Hormon, das diese Phase charakterisiert, ist **Gastrin**, ein gastrointestinales Hormon, das von den enteroendokrinen G-Zellen des Antrums und Duodenums gebildet wird. Über Gastrin, parasympathische Reflexe und Reflexe des Darmnervensystems wird die **Säure-** und **Enzym-Sekretion** im Magen stimuliert und die **Motilität** des Magens aktiviert (▸ Kap. 39.2). Je nach Nahrungszusammensetzung und -menge im Magen kann die gastrale Phase wenige Minuten bis Stunden dauern.

Intestinale Phase Mit dem Übertritt des Nahrungsbreis in den **Dünndarm** beginnt die intestinale Phase. Leithormon dieser Phase ist **Sekretin**, das die Bicarbonatsekretion stimuliert. Dadurch wird der durch den Magensaft gesäuerte Nahrungsbrei (Chymus) neutralisiert. Wiederum steuern lokale Hormone und Reflexe Peristaltik und Zuführung von Sekreten. Die Säure-Produktion und Peristaltik des **Magens** wird über **negative Rückkopplung** vom Duodenum hormonell und neuronal über das DNS gehemmt.

Interdigestive Phase Bei Abwesenheit der drei vorgenannten Phasen liegt Nüchternheit vor. Die Hormone **Motilin** und **Ghrelin** werden in dieser Phase produziert und können Hunger auslösen. Der GIT ist in der **interdigestiven Phase** meistens inaktiv bis auf eine basale Säuberungsfunktion, den **migrierenden myoelektrischen Motorkomplex** (▶ Abschn. 38.3.3), der eine Reinigung des distalen Magens und Dünndarms bewirkt.

38.2   Steuerung des GIT

38.2.1   Allgemeine Aspekte der Steuerung

Das Gehirn kontrolliert und moduliert Funktionen des GIT über funktionell spezialisierte parasympathische und sympathische Endstrecken.

Beteiligte Strukturen Die Funktionen des GIT werden lokal durch das **Darmnervensystem** und **gastrointestinale Hormone** reguliert. Diese Funktionen werden über parasympathisches und sympathisches Nervensystem an das Verhalten des Organismus angepasst. Dabei stehen Anfang und Ende des GIT vorwiegend unter direkter Kontrolle des **Gehirns**. Aktivitäten der quergestreiften Muskulatur am Anfang und Ende des GIT unterliegen der Kontrolle des somatischen Nervensystems (◻ Abb. 38.5).

Extrinsische Innervation des GIT Die **extrinsische Innervation des GIT** projiziert über paravaskuläre Nerven und perivaskuläre Nervenbündel durch die Mesenterien zum GIT. Sie besteht aus präganglionären parasympathischen Neuronen, postganglionären sympathischen Neuronen und viszeralen (vagalen sowie spinalen) afferenten Neuronen.

Parasympathische efferente Innervation Parasympathische präganglionäre Neurone, die den GIT vom Ösophagus bis zur linken Kolonflexur innervieren, projizieren durch den N. vagus. Ihre Aktivierung führt zur (1) Erhöhung der **Motilität**, (2) Hemmung der Motilität (Relaxation des Magens), (3) Anstieg der **Sekretion** oder (4) Aktivierung **endokriner Zellen**. Präganglionäre parasympathische Neurone, die den Enddarm innervieren, liegen im Sakralmark (S2-S4) und vermitteln **Entleerung** und **Kontinenz**.

Sympathische efferente Innervation Die meisten sympathischen postganglionären Neurone, die zum GIT projizieren, liegen in den **prävertebralen sympathischen Ganglien**, einige auch in den Grenzstrangganglien. Sie reduzieren die Durchblutung des GIT (**Vasokonstriktion**), und wirken **motilitäts-** oder **sekretionshemmend**. Ihre Wirkung wird präsynaptisch über α_2-Adrenozeptoren durch Abnahme der Freisetzung von erregendem Transmitter (Acetylcholin) und vermutlich auch postsynaptisch (über α_1-Adrenozeptoren) vermittelt. Die Sphinktermuskulatur wird direkt von postganglionären motilitätsregulierenden Neuronen innerviert und **kontrahiert** bei Aktivierung der Neurone.

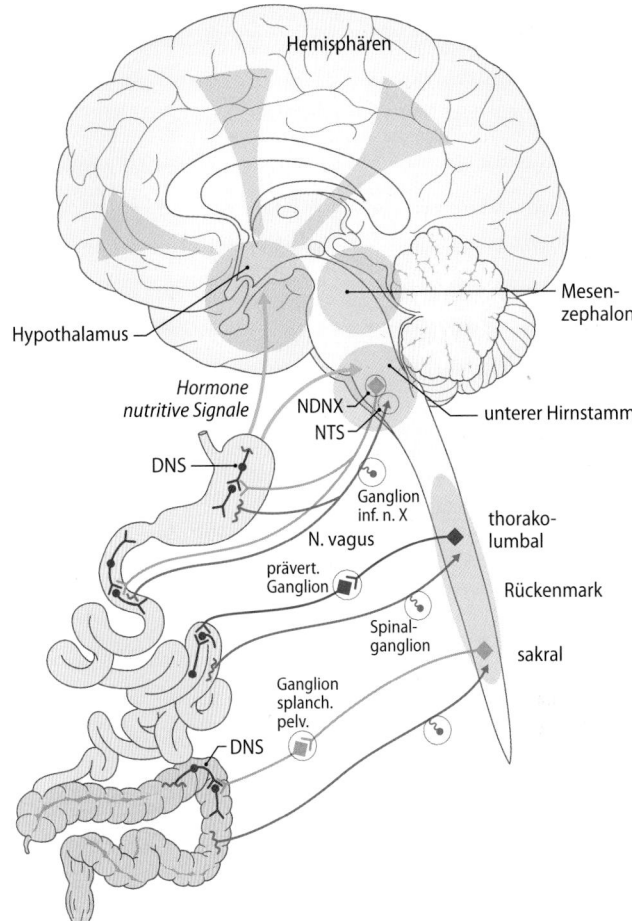

◻ **Abb. 38.5   Afferente und efferente Systeme, über die GIT** und **Zentralnervensystem** miteinander **kommunizieren.** Blau: Afferente neuronale Verbindungen (spinal, vagal). Grün: Hormonale und nutritive afferente Signale. Rot: Sympathische Verbindungen. Orange: Parasympathische Verbindungen. Ganglion inf. n. X=Ganglion inferius nervi vagi, DNS=Darmnervensystem, NTS=Nucl. tractus solitarii, NDNX=Nucl. dorsalis nervi vagi

❯ Parasympathische Neurone zum GIT fördern die Motilität und Sekretion oder hemmen die Motilität.

Vago-vagale Reflexe Diese sind die Grundelemente der Regulation des GIT durch das Gehirn über den unteren Hirnstamm. Vagale afferente Neurone vom GIT projizieren zum Nucl. tractus solitarii des Hirnstamms. Dort aktivieren sie über Glutamat hemmende (Transmitter: **γ-amino-Buttersäure – GABA**) oder erregende (**Glutamat** oder **Noradrenalin**) Sekundärneurone. Diese Interneurone projizieren zu den präganglionären Neuronen des N. vagus im Nucl. dorsalis nervi vagi, die durch den N. vagus zum GIT projizieren (▶ Kap. 71.3).

Reflexfunktion
Nur wenige dieser Reflexe sind bisher systematisch untersucht worden. So erzeugt z. B. die Dehnung des Ösophagus oder Füllung des Magens durch Aktivierung dehnungssensibler vagaler Afferenzen eine Hemmung der Magenmotilität mit Erschlaffung des Magens durch reflektorische Aktivierung hemmender Motorneurone, die Stickoxid (NO) und das Peptid VIP (Vasoactive-Intestinal-Peptide) als Transmitter benutzen.

Klinik

Ileus und Krämpfe

Störungen der motorischen Funktion des GIT sind häufige Krankheitsursachen. Das Erlöschen der Peristaltik mit **Lähmung** des GIT wird als **Ileus** bezeichnet und ist eine lebensbedrohliche Erkrankung. Übermäßige Peristaltik kann zu schmerzhaften **Krämpfen** und **Koliken** führen und u. a. ein Symptom einer Infektion sein.

Ileus

Der Ileus („Darmverschluss") ist durch eine Unterbrechung der Darmpassage und Überdehnung der Darmwand mit Stuhl- und Windverhalten charakterisiert. Zwei Typen von Ileus werden unterschieden: Beim **mechanischen Ileus** liegt eine Behinderung der Darmpassage durch Tumorobstruktion, Strangulation durch Verwachsungsstränge, Verdrehungen des Darms u. a. vor. Beim **funktionellen (reflektorischen) Ileus** sind mögliche Ursachen

Bauchfellentzündung (Peritonitis), Hypokaliämie, Motilitätsstörungen und Irritation nach chirurgischen Eingriffen, Durchblutungsstörungen des Darms u. a. Mittelbare Folgen eines Ileus sind eine Ischämie der Darmwand, die über ein interstitielles Ödem zu einer Sekretions- und Resorptionsstörung der Darmschleimhaut mit einer Ansammlung von Verdauungssekreten und passivem Einstrom von Plasma und Elektrolyten in das Darmlumen führt. Weiterhin tritt eine Reizung des Peritoneums auf. Die Stase des Darminhalts hat eine schnelle pathologische Keimbesiedlung des Darms und Freisetzung von mikrobiellen Endotoxinen zur Folge. Schließlich entwickelt sich ein (kombinierter) hypovolämischer, toxischer und septischer Schock mit Dekompensation lebenswichtiger Organsysteme.

Krämpfe, Koliken

Psychische Erregung, lokale Entzündung, Reizung durch Giftstoffe oder Engstellen führen zu einer **schmerzhaften Überaktivität** der Darmmotilität mit Krämpfen und Spasmen. Da der **Parasympathikus** über Acetylcholin weitgehend stimulierend auf die GIT Motilität wirkt, ist **Blockade** der Wirkung von **Acetylcholin** therapeutisch wirksam. Blockade von **muskarinischen Rezeptoren** ist eine gängige Therapie, die auch bei anderen Beschwerden starker glattmuskulärer Aktivität (z. B. Menstruationsschmerzen) wirkt.
Koliken sind durch sehr starke an- und abschwellende Schmerzen gekennzeichnet, die durch krampfartige Muskelkontraktionen des Darms und der Gallenblase verursacht werden. Sie sind häufig von vegetativen Reaktionen begleitet (Übelkeit, Erbrechen, Kreislaufkollaps).

Afferente Signale vom GIT zum Gehirn Folgende Rückmeldungen vom GIT erhält das Gehirn:

- **Vagale viszerale afferente Neurone** übertragen die Chemo- oder Mechano-Information.
- **Spinale viszerale afferente Neurone** haben besonders nozizeptive Funktionen, sind aber auch eingebunden in Organregulationen.
- **Gastrointestinale Hormone** informieren über Nahrungszusammensetzung und Aktivität der endokrinaktiven Drüsen und Gewebe (u. a. auch Fettgewebe)
- **Nutritive Signale,** wie z. B. die Konzentration von Glukose oder Lipiden im Blut.

38.2.2 Gastrointestinale Hormone

Gastrointestinale Hormone und Peptide steuern Motilität, Sekretion und Schleimhautwachstum; darüber hinaus sind sie an der Regulation der Absorption und lokalen Durchblutung der Mukosa beteiligt.

Funktionen gastrointestinaler Hormone Um eine optimale Verdauung und Absorption der Nahrungsstoffe zu gewährleisten, müssen die Funktionen der einzelnen Abschnitte bzw. Organe des GIT aufeinander abgestimmt werden. Hierzu trägt eine Vielzahl von **endo-, para-, auto-** und **neurokrinen** Substanzen bei (◘ Tab. 38.1), die den GIT zum hormonreichsten und -aktivsten Organsystem machen. Von den mehr als **20 aktiven Zellarten** finden sich die meisten in Einzelzellen oder Zellgruppen der Schleimhaut des **oberen Dünndarms** (◘ Tab. 38.1).

Hormonklassen Chemisch gehören die meisten GIT-Hormone zur Klasse der **Peptidhormone** und wirken über **G-Protein-gekoppelte Rezeptoren**. Hierzu zählen neben anderen

Hormonen **Gastrin**, das Leithormon der gastralen Phase, **Sekretin**, das Leithormon der intestinalen Phase, und **Cholezystokinin**, das in der intestinalen Phase die Enzymsekretion und die Kontraktion der Gallenblase vermittelt. Diese Hormone werden ins **Blut** abgegeben und haben damit Wirkungen entfernt von ihrem Produktionsort. Das Peptid **Somatostatin**, welches hemmende Effekte vermittelt, wirkt vorwiegend lokal, d. h. parakrin (◘ Tab. 38.1).

Somatostatin zur Sekretionshemmung

Die hemmende Wirkung von Somatostatin, dem Produkt der D-Zellen, wird therapeutisch genutzt. Zur Vermeidung von Komplikationen nach chirurgischen Eingriffen am Pankreas sowie zur Behandlung von endokrin-aktiven GIT-Tumoren werden Somatostatin-Analoga zur Sekretionshemmung eingesetzt.

Gastringruppe Die gastrointestinalen Hormone und eine Reihe der genannten Peptide können entsprechend ihrer Aminosäurensequenzen in mehrere Gruppen eingeteilt werden (◘ Tab. 38.1). Die sog. **Gastringruppe** wird gebildet aus **Gastrin** und **Cholezystokinin,** welche am C-terminalen Ende die gleichen 5-endständigen Aminosäuren besitzen. Sie binden an den gleichen Rezeptortyp (**CCK-Rezeptoren**) und haben deshalb ähnliche Wirkung, die allerdings je nach Spezifität und Subtyp des Rezeptors unterschiedlich stark sein kann. Gastrin ist ein Agonist am **CCK-B**-Rezeptor (B steht für Brain) und wirkt damit stärker auf die Belegzellen des Magens als Cholezystokinin. Umgekehrt bewirkt Cholezystokinin, ein Agonist am **CCK-A**-Rezeptor (A steht für Alimentary), eine stärkere Gallenblasenkontraktion als Gastrin.

Sekretingruppe Eine weitere Gruppe wirkungsverwandter Hormone und Peptide stellt die sog. Sekretin-Gruppe dar. Zu ihr zählen das 1902 als erstes Hormon entdeckte **Sekretin** und das **vasoaktive intestinale Peptid (VIP)** (welches im strengen

◻ Tab. 38.1 Hormone, hormonartige Peptide und Neuropeptide des GIT (Auswahl)

Hormon (Peptid)	Hauptsyntheseorte	Freisetzungsreiz	Hauptwirkungen (Auswahl)	Intrazelluläre Wirkungsvermittlung
Gastrin	G-Zellen (Antrum, Duodenum)	Proteinabbauprodukte im Magen, Magenwanddehnung, Aktivierung durch Parasympathikus und Darmnervensystem	HCl-Sekretion ↑ Pepsinogensekretion ↑ Schleimhautwachstum ↑ Magenmotilität ↑	PLC +
Cholezystokinin (CCK)	I-Zellen (Duodenum, Jejunum), Neurone des Darmnervensystems	Proteinabbauprodukte und langkettige Fettsäuren im Duodenum	Sekretion von Pankreasenzymen ↑ Gallenblasenkontraktion ↑ Relaxation des Sphinkter Oddi ↑ Verstärkt Sekretinwirkung Pepsinogensekretion ↑ Verzögert Magenentleerung „Sättigungshormon" im ZNS	PLC +
Sekretin	S-Zellen (Duodenum, Jejunum)	pH < 4 im Duodenum, Gallensalze im Duodenum ↑	HCO_3^--Sekretion im Pankreas und in den Gallengängen ↑ HCl-Sekretion ↓ Pepsinogensekretion ↑ Verzögert Magenentleerung	AC +
Glukoseabhängiges insulinotropes Peptid (GIP) (gastric inhibitory peptide])	K-Zellen (Duodenum, Jejunum)	Glukose, Fett- und Aminosäuren im Duodenum ↑	Insulinsekretion ↑ HCl-Sekretion ↓ Magenmotilität ↓	AC +
Glucagon-likepeptide 1 (GLP-1)	L-Zellen (Dünndarm)	Glukose im Dünndarm	Insulinsekretion ↑ HCl-Sekretion ↓ Magenmotilität ↓	AC +
Enteroglukagon	L-Zellen (Ileum, Kolon)	Glukose, Fettsäuren im Ileum ↑	Schleimhautwachstum ↑ HCl-Sekretion ↓ Pankreassekretion ↓ Motilität ↓	AC +
Somatostatin	D-Zellen (Pankreas, Dünndarm, Magen), Nervenendigungen	Fettsäuren, Peptide und Gallensalze im Dünndarm ↑	Magensaftsekretion ↓ Interdigestive Motilität ↓ Freisetzung von Gastrin, VIP, Motilin, CCK und Sekretin ↓ („Generalhemmung")	AC -
Motilin	M-Zellen (Duodenum, Jejunum)	pH ↓ und Fettsäuren ↑ im Duodenum	Interdigestive Motilität ↑ Beschleunigt Magenentleerung	PLC +
Neurotensin	N-Zellen (Ileum), Nervenendigungen	Fettsäuren im Dünndarm ↑	Magensaftsekretion ↓ Pankreasekretion ↑	AC -, PLC +
Pankreatisches Polypeptid (PP)	F-Zellen (Pankreas)	Proteinabbauprodukte im Dünndarm ↑, Vagusaktivierung	Pankreassekretion ↓ Darmmotilität ↓	AC -
Ghrelin	Gr-Zellen (Magen) ε-Zellen (Langerhans-Inseln des Pankreas)	Glukose im Magen ↓	Nahrungsaufnahme ↑ Energieumsatz ↓ Magenentleerung ↓ HCl-Sekretion ↑ Freisetzung von Wachstumhormon ↑	PLC +

↓=erniedrigt; ↑=erhöht; +=Aktivierung, -=Hemmung
AC=Adenylylzyklase, PLC=Phospholipase C

Sinne kein Hormon, sondern ein Transmitter ist). **Die Hormone der Sekretingruppe haben** eine identische Aminosäurensequenz innerhalb ihrer Peptidketten.

Inkretine   Zu dieser Klasse von Hormonen zählen „Glucosedependent insulinotropic peptide" (GIP) und vor allem **Glucagon-like-Peptide-1 (GLP-1)**. Inkretine werden von enteroendokrinen Zellen des Darms in Antwort auf intraluminale Glukose freigesetzt und fördern die Freisetzung von **Insulin**. Inkretine haben daher eine blutzuckersenkende, anti-diabetogene Wirkung. Der **„Inkretin-Effekt"** erklärt die Beobachtung, dass die Insulin-Freisetzung bei oraler Applikation von Glukose höher ist als bei parenteraler Applikation gleicher Mengen an Glukose, weil die Inkretine reflektorisch über parasympathische Neurone aus den enteroendokrinen Zellen ins Blut freigesetzt werden.

Ghrelin   Dieses Hormon ist das Produkt der Gr-Zellen im Fundus des Magens und wirkt zentral **appetitsteigernd** (▶ Kap. 43.2.1). Ghrelin wird als Prä-pro-Polypeptidkette transkribiert und durch limitierte Proteolyse und Acylierung zum 28-Aminosäuren-langen aktiven Acyl-Ghrelin umgewandelt. Die höchsten Ghrelinkonzentrationen werden während des **Fastens** erreicht. Die Produktion von Ghrelin ist postprandial gehemmt und besonders hoch bei **leerem Magen**. Unter diesen Bedingungen fördert Ghrelin die **interdigestive Motilität** (▶ Abschn. 38.3.5). Im Magen hemmt Ghrelin den afferenten Schenkel des N. vagus, was ebenfalls appetitsteigernd wirkt.

Acyl-Ghrelin
Applikation von rekombinantem Acyl-Ghrelin fördert beim Menschen Appetit und die Magenentleerung. Versuche, Ghrelin-Rezeptorantagonisten zur Appetitkontrolle einzusetzen, verliefen jedoch enttäuschend.

Biogene Amine und Neuropeptide   Eine weitere wichtige Gruppe sind **biogene Amine,** wie Histamin (Decarboxylierungsprodukt von Histidin) und Serotonin (5-Hydroxytryptamin, Decarboxylierungsprodukt von Tryptophan). Biogene Amine werden lokal gebildet und wirken lokal (**parakrin**) und sind deshalb im strengen Sinne keine Hormone des GIT.

   Neuropeptide werden aus den Varikositäten von Nervenendigungen freigesetzt und wirken ebenfalls lokal auf direktem Wege (**Neurokrinie**). Für manche Neuropeptide, die bislang nur im Gehirn bekannt waren, wie Enkephaline und Endorphine, wurden Opioidrezeptoren auch im Darm identifiziert. Eine Reihe „gastrointestinaler" Hormone kommt umgekehrt auch in Neuronen des zentralen und peripheren Nervensystems vor und werden dort als Transmitter benutzt, wie z. B. Substanz P, Somatostatin, VIP und Neurotensin.

Inkretine in der Therapie des Diabetes mellitus Typ 2
Bei dieser Erkrankung liegt häufig ein relativer Insulinmangel vor. Da Inkretine die Insulinfreisetzung aus den B-Zellen des Pankreas stimulieren, wird dieses System pharmakologisch genutzt. GLP-1 wird durch das Enzym Dipeptidylpeptidase 4 (DPP-4) abgebaut. Die Gruppe der **Gliptine** hemmt DPP-4 und steigert so Halbwertszeit und Plasmakonzentration von GLP-1. Direkte GLP-1-Agonisten (Inkretin-Analoga) werden ebenfalls klinisch beim Typ-2-Diabetes eingesetzt.

Hormonfreisetzung   Stimuliert wird die Freisetzung der gastrointestinalen Hormone und Peptide zum einen durch **Aktivierung von vagalen parasympathischen Neuronen** und vermutlich von Motorneuronen des **Darmnervensystems,** zum andern verfügen gastrointestinale endokrine Zellen am apikalen Zellpol über **Mechano-** und **Chemosensoren,** die auf bestimmte Substanzen im Darmlumen reagieren und die Freisetzung der Hormone aus den Zellen bewirken. Die Freisetzung der Peptidhormone erfolgt – anders als bei anderen endokrinen Systemen – durch den **direkten Kontakt** von Nahrungsbestandteilen mit endokrin-aktiven Zellen im jeweiligen Darmabschnitt.

In Kürze
Rückmeldungen vom GIT erhält das Gehirn über vagale **chemo-** oder **mechanosensible** Afferenzen und über **nozizeptive** spinale viszerale Afferenzen. **Hormonale** und **nutritive Signale** informieren über Zusammensetzung der Nahrung und die Aktivität von endokrin-aktiven Zellen. Eine Vielzahl von **endo-, para-, auto- und neurokrinen Substanzen,** die in der Magen-Darm-Schleimhaut und im Pankreas gebildet werden, sind an der Regulation und Koordination von Sekretion, Motilität, Schleimhautwachstum, Absorption und lokaler Durchblutung der Mukosa beteiligt.

38.3   Das Darmnervensystem und seine Funktionen

38.3.1   Globale Funktionen des Darmnervensystems (DNS)

Sensomotorische neuronale Programme des DNS koordinieren Motilität, Sekretion und Absorption des GIT.

Durchtrennung der extrinsischen (parasympathischen und sympathischen) Innervation des GIT beeinträchtigt nur unwesentlich seine elementaren Funktionen, jedoch deren **Anpassung** an und **Koordination** mit Funktionen, die vom ZNS gesteuert werden. Das Darmnervensystem kann die elementaren Funktionen des GIT **unabhängig** vom ZNS regeln.

   Das Darmnervensystem enthält **sensomotorische Programme,** die der Regulation und Koordination von Motilität (glatte Muskulatur), Sekretion und Absorption (Mukosa), endokrinen Zellen sowie lokaler Durchblutung der Mukosa (Blutgefäße) zugrunde liegen. Bausteine dieser neuronalen Programme sind Reflexkreise, die **afferente Neurone, Interneurone** und **Motorneurone** mit ihren synaptischen Verknüpfungen bilden.

Interaktion von Darmnervensystem und ZNS   In der Nähe der Effektororgane liegen Reflexkreise, die das Verhalten des GIT fortlaufend an die Bedingungen im Lumen anpassen. Das ZNS registriert das Verhalten des GIT über viszerale spinale und vagale Afferenzen sowie über hormonelle und nutritive Rückmeldungen (● Abb. 38.5). Das ZNS passt die Funktionen des Darmnervensystems an das Verhalten des Organismus über spezielle parasympathische und sympathische Efferenzen an. Das ZNS hat somit eine mehr **strategische Rolle** in der Steuerung neuronaler Programme des Darmnervensystems. Das ZNS kontrolliert **direkt** Nahrungsaufnahme (Ösophagus, Magen), Entleerungsfunktion (Kolon-Rektum; ▶ Kap. 71.5) und den Gefäßwiderstand im GIT (über Vasokonstriktorneurone im Rahmen der Blutdruckregulation).

38.3.2 Komponenten des Darmnervensystems

Das Darmnervensystem besteht aus intrinsischen primär afferenten Neuronen, Interneuronen und Motorneuronen. Weniger als 1 % der Neurone projizieren zu prävertebralen sympathischen Ganglien.

Anatomie und funktionelle Einheiten Das Darmnervensystem ist im Plexus myentericus (Auerbach-Plexus) und Plexus submucosus (Meißner-Plexus) repräsentiert. Es besteht aus afferenten Neuronen, Interneuronen sowie Motorneuronen und reguliert verschiedene Effektorgewebe. Beide Plexus bestehen aus **Ganglien**, die über Nerven miteinander verbunden sind. Ihre Neurone projizieren im Wesentlichen zu den verschiedenen Schichten des GIT. Der **Plexus myentericus** (● Abb. 38.6) liegt zwischen der **Längs**- und der **Ringmuskulatur** und reicht vom Ösophagus bis zum Enddarm. Er vermittelt vor allem die Kontrolle der **Motilität**. Der **Plexus submucosus** liegt innerhalb der Ringmuskulatur und erstreckt sich vom Duodenum bis zum Enddarm. Einzelne Ganglien kommen in der Submukosa von Magen und Ösophagus und in der Mukosa des GIT vor (● Abb. 38.2). Der Plexus ist besonders wichtig für die Kontrolle **sekretorischer Vorgänge.**

Intrinsische primär afferente Neurone (IPAN) Die **IPANe** sind synaptisch miteinander verknüpft und bilden Netzwerke aus. Ihre primären Transmitter sind **Acetylcholin** und ein **Tachykinin** (Neuropeptid). Sie können durch mechanische Reizung der Darmwand (Dehnung, Kontraktion), Scherreize an der Mukosa oder intraluminale chemische Reize (z. B. Glukose, H⁺-Ionen, Lipide) erregt werden. Die intraluminalen Reize werden durch entero-endokrine Zellen, die Serotonin (5-Hydroxytryptamin, 5-HT) oder andere Substanzen (Cholezystokinin, Motilin, ATP) freisetzen, vermittelt (● Abb. 38.13).

Interneurone Die **Interneurone** sind synaptisch miteinander verknüpft und bilden Netzwerke aus. Die Neurone dieser Netzwerke projizieren entweder deszendierend nach aboral oder aszendierend nach oral. Ihr Haupttransmitter ist Acetylcholin.

Motorneurone Die **Motorneurone** des Darmnervensystems sind nicht synaptisch miteinander verknüpft und bilden

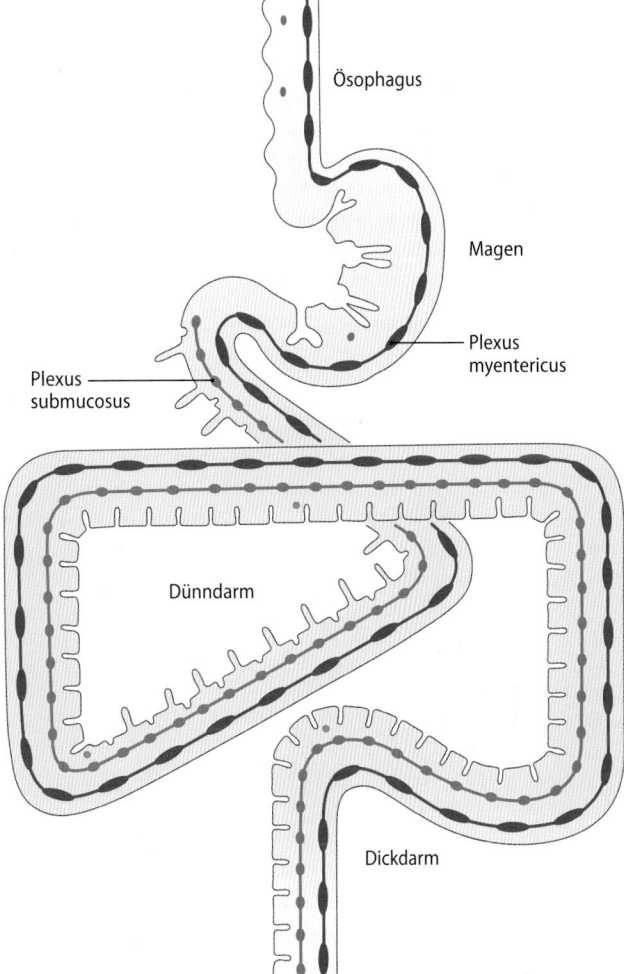

● **Abb. 38.6 Verteilung der Ganglien des Darmnervensystems über den GIT.** Der Plexus myentericus (rot) ist über die gesamte Länge vorhanden, der Plexus submucosus (blau) nur im Darm. Einzelne Ganglien kommen in der Submukosa von Ösophagus und Magen und in der Mukosa von Dünn- und Dickdarm vor

deshalb keine Netzwerke aus. Sie innervieren die glatte Muskulatur des GIT, die Drüsen oder sekretorischen Epithelien sowie endokrine Zellen. Die meisten erregenden Motorneurone zur glatten Muskulatur benutzen **Acetylcholin** als Haupttransmitter, vermutlich zusammen mit einem Tachykinin. Die hemmenden Motorneurone zur glatten Muskulatur benutzen Stickoxid (**NO, nitric oxide**) als Transmitter, kombiniert mit anderen kolokalisierten Substanzen (z. B. VIP [vasoactive intestinal peptide], ATP [Adenosin-3-Phosphat], PACAB [pituitary adenylyl cyclase activating peptide]). Neurone, die weder Acetylcholin noch Noradrenalin als Transmitter benutzen, werden manchmal als NANC (non-adrenergic, non-cholinergic) Neurone bezeichnet. Die Sekretomotorneurone liegen im Plexus submucosus und benutzen **Acetylcholin** und/oder **VIP** als Transmitter (● Abb. 38.13).

Effektoren des Darmnervensystems Diese sind die **glatte Muskulatur**, die **sekretorischen Epithelien**, **endokrine Zellen** und möglicherweise auch das Immunsystem des GIT. Ob alle endokrinen Zellen des GIT durch das Darmnervensystem innerviert werden, ist unklar. Glatte Muskelzellen und Epithelien bilden funktionelle Synzytien aus: die Zellen sind durch gap junctions (Nexus; ▶ Kap. 9.5) elektrisch miteinander gekoppelt. Auf diese Weise werden elektrische Ereignisse zwischen Zellen eines Synzytiums elektrotonisch übertragen.

38.3.3 Motilität des GIT in der Verdauungsphase

Der GIT zeigt mehrere Formen der Motilität, die dem Transport und der Durchmischung seines Inhalts dienen.

Postprandiale Aktivitätsmuster Nach der Nahrungsaufnahme zeigt der GIT typische phasische Bewegungsmuster (◼ Abb. 38.7):

Der **oral-aborale Transport** des Darminhalts ist an die **propulsive Peristaltik** gebunden (s. u.).

Der **Durchmischung** dienen die folgenden Formen:

- **Nichtpropulsive Peristaltik** besteht aus ringförmigen Kontraktionen, die sich nur über kurze Strecken nach aboral fortpflanzen. Da die Frequenz der Kontraktionen im Dünndarm von oral nach aboral abnimmt („Frequenzgradient": 12/min – 8/min), kann der Darminhalt auch durch nichtpropulsive Peristaltik langsam analwärts verschoben werden.
- **Segmentation** entsteht durch lokale Kontraktionen der Ringmuskulatur in Abständen von 10–20 cm, mit einer Breite von etwa 1 cm und einer Dauer von 2–3 s.
- **Pendelbewegungen** werden durch lokal begrenzte rhythmische Kontraktionen der Längsmuskulatur und der Muscularis mucosae ausgelöst.

Sphinktere Verschiedene Abschnitte des GIT sind durch glattmuskuläre **Sphinktere** abgegrenzt:

- Unterer Ösophagussphinkter,
- Sphincter pylori,
- Sphincter Oddi,
- Valva ileo-caecalis (Sphincter ileo-caecalis),
- Sphincter ani internus.

Die glatte Sphinktermuskulatur wird durch erregende und hemmende Motorneurone innerviert. Normalerweise sind die Muskeln kontrahiert, die Sphinktere somit geschlossen. Dehnung des Darms **oral** eines Sphinkters führt zu seiner **Erschlaffung** durch reflektorische Aktivierung hemmender Motorneurone. Dehnung des Darms **aboral** eines Sphinkters bedingt seine **Kontraktion** durch Aktivierung erregender Motorneurone.

Langsame Wellen und Kontraktionen der glatten Muskulatur des GIT Das Membranpotenzial der glatten Muskelzellen des distalen Magens (distaler Korpus, Antrum) und des gesamten Darms zeigt unter physiologischen Bedingungen rhythmische **Depolarisationen** und **Repolarisationen** von 10 bis 20 mV und einer Frequenz von 3 bis 13 Zyklen/min. Diese Potenzialschwankungen werden als **langsame Wellen** (slow waves) be-

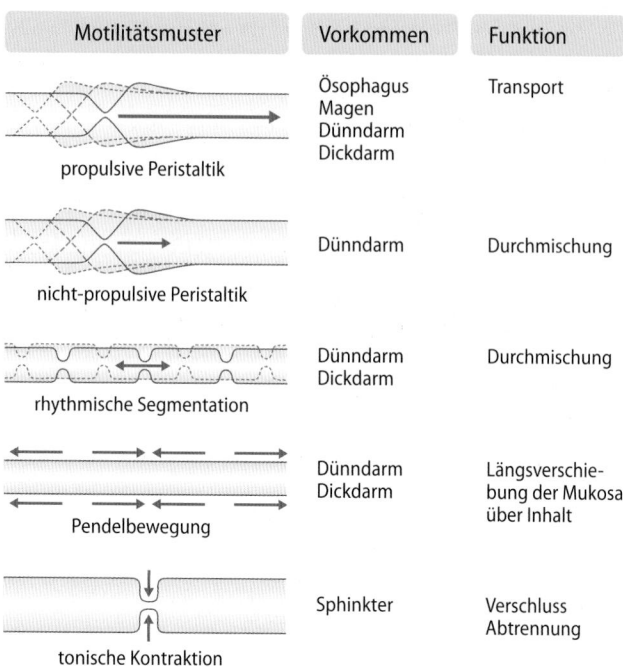

Motilitätsmuster	Vorkommen	Funktion
propulsive Peristaltik	Ösophagus Magen Dünndarm Dickdarm	Transport
nicht-propulsive Peristaltik	Dünndarm	Durchmischung
rhythmische Segmentation	Dünndarm Dickdarm	Durchmischung
Pendelbewegung	Dünndarm Dickdarm	Längsverschiebung der Mukosa über Inhalt
tonische Kontraktion	Sphinkter	Verschluss Abtrennung

◼ **Abb. 38.7** Motilitätsmuster im GIT und ihre funktionelle Bedeutung nach einer Mahlzeit (postprandial)

zeichnet (◼ Abb. 38.8). Sie breiten sich von oral nach aboral aus. ◼ Abb. 38.9b zeigt die rhythmischen Depolarisationen intrazellulär abgeleitet von der zirkulären Muskulatur des Antrums an drei verschiedenen Orten (am Beispiel des Meerschweinchens). Im **Dünndarm und Dickdarm** werden die rhythmischen Depolarisationen von rhythmischen Kontraktionen der glatten Muskulatur begleitet, wenn die Depolarisationen zur Öffnung von spannungsabhängigen Ca^{2+}-Kanälen vom L-Typ mit Aktionspotenzialen (sog. „Spikes") führt (▶ Kap. 14.4.1). Im **Korpus und Antrum** sind Aktionspotenziale selten und die Kontraktionen werden durch Kalziumströme der langsamen Wellen selbst ausgelöst. Die rhythmischen Kontraktionen führen zum anhaltenden Tonus der Wandmuskulatur. Die Stärke der langsamen Wellen (und damit die Auslösung und Stärke der Kontraktionen) werden durch Aktivierung cholinerger Motorneurone des Darmnervensystems gefördert, wobei die Förderung zur Auslösung von Kontraktionen im Dünndarm und Dickdarm wichtig ist.

> **Rhythmische Depolarisationen und Kontraktionen der glatten Muskulatur des GIT breiten sich von oral nach aboral aus.**

Interstitielle Zellen nach Cajal (ICC) Die langsamen Wellen werden nicht im Synzytium der glatten Muskulatur ausgelöst, sondern von den ICC. Diese Zellen sind weder glatte Muskelzellen noch Neurone, sondern bilden eine eigene Population von Stromazellen, die das Stammzell-Antigen cKit tragen. Sie liegen als **Zellsynzytien** zwischen Ring- und Längsmuskulatur, in der Schicht der glatten Muskulatur oder bei den Varikositäten der Motoraxone. Die **ICC-Synzytien** sind über gap junctions mit der glatten Muskulatur elektrisch gekoppelt (◼ Abb. 38.9a). ICC haben drei Funktionen:

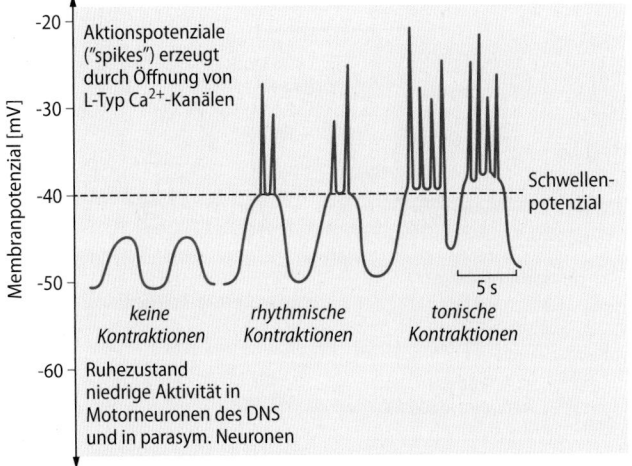

Abb. 38.8 Rhythmische Depolarisationen und Repolarisationen des Membranpotenzials der Dünndarmmuskulatur („langsame Wellen", „slow waves"). Bei unterschwelligen langsamen Wellen kontrahiert der Darm nicht (links). Dieser Zustand liegt bei niedriger Aktivität in Motorneuronen des Darmnervensystems (DNS) und in parasympathischen Neuronen vor. Bei überschwelligen langsamen Wellen (Mitte: gerade überschwellig; rechts), die durch Aktivierung des Darmnervensystems und der parasympathischen Innervation ausgelöst werden, entstehen Aktionspotenziale („spikes") durch Öffnung von Ca^{2+}-Kanälen vom L-Typ erzeugt. Diese Aktionspotenziale lösen rhythmische oder tonische Kontraktionen des Darms aus

— Sie depolarisieren spontan und sind die **Schrittmacher** für die Erzeugung der langsamen Wellen der glatten Muskulatur.
— Sie sind für die **Fortleitung der Depolarisation** der glatten Muskulatur von oral nach aboral verantwortlich (Abb. 38.9b).
— Sie vermitteln zum Teil die Übertragung der Aktivität von den Motoraxonen auf die glatte Muskulatur.

Schrittmacheraktivität Die **molekularen Mechanismen**, die der Schrittmacheraktivität zugrunde liegen, sind nur z.T. bekannt (Abb. 38.10). Der Oszillator in den ICC besteht aus einer zyklischen Freisetzung von **Ca^{2+}** aus dem endoplasmatischen Retikulum über **Inositol-3-Phosphat (IP$_3$)-Rezeptoren** und zyklischen Wiederaufnahmen über die sarkoplasmatische Ca^{2+}-ATPase. Dieses führt zu einem zyklischen Anstieg von Ca^{2+} im Zytosol der ICC und einem Ca^{2+}-abhängigen vorübergehenden Einwärtsstrom durch einen **Chloridkanal** mit Depolarisation der Zellmembran der ICC.

ICC haben eine relativ hohe intrazelluläre Cl$^-$-Konzentration, weshalb das Gleichgewichtspotenzial von Cl$^-$ positiver als das Ruhemembranpotenzial ist. Cl$^-$ diffundiert daher bei geöffnetem Kanal von intrazellulär nach extrazellulär, was zu einer Depolarisation der Zelle führt. Diese breitet sich elektrotonisch über die ICC-Zelle und das ICC-Synzytium aus. Die Depolarisation verstärkt die intrazelluläre Ca^{2+}-Freisetzung durch eine G-Protein-gekoppelte Aktivierung der Phospholipase C (PLC) und intrazelluläre Freisetzung von IP$_3$, welche die Ca^{2+}-Freisetzung aus den intrazellulären Speichern in den gekoppelten ICC-Zellen auslöst. Der Rhythmus der langsamen Wellen wird durch

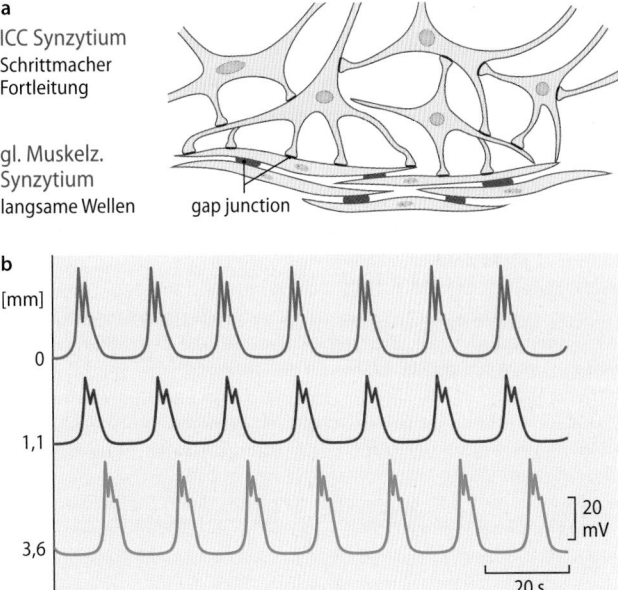

Abb. 38.9a,b Langsame Wellen in der glatten Muskulatur des Antrums. a Synzytium der interstitiellen Zellen nach Cajal (ICC) und Synzytium der glatten Muskelzellen. Die Kommunikation zwischen den ICC, von den ICC zu den glatten Muskelzellen und zwischen den glatten Muskelzellen geschieht elektrisch über gap junctions (schwarz). **b** Simultane Ableitung von drei oral-aboral angeordneten Orten der glatten Muskulatur (0 mm, 1,1 mm, 3,6 mm) des Antrums. Beachte die zeitlichen Verzögerungen der Depolarisationen, die sich mit etwa 3/min über das Antrum in aboraler Richtung ausbreiten **b** mit freundl. Genehmigung von van Helden DF et al. Exptl Pharmacol Physiol 37, 516–526 (2010)

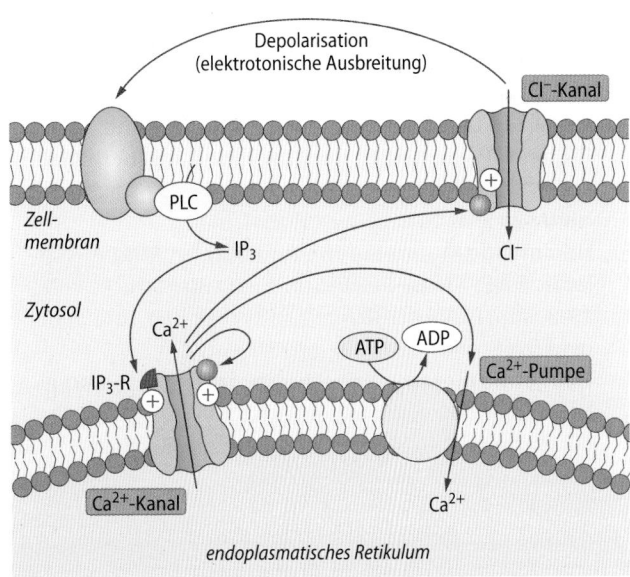

Abb. 38.10 Signaltransduktion in Cajal-Zellen. Molekulare Mechanismen, die der Schrittmacheraktivität in den ICC zugrunde liegen. Pfeil in Chlorid-Kanal: Stromrichtung (Depolarisation). ATP=Adenosin-3-Phosphat, ADP=Adenosin-2-Phosphat, IP$_3$=Inositol-3-Phosphat, IP$_3$-R=Inositol-3-Phosphat-Rezeptor, PLC=Phospholipase C. Einzelheiten siehe Text. Mit freundl. Genehmigung von van Helden DF et al. Exptl Pharmacol Physiol 37, 516–526 (2010)

den zeitlichen Ablauf der Ca^{2+}-Freisetzung aus seinen intrazellulären Speichern und der Wiederaufnahme in diese Speicher bestimmt.

> Interstitielle Zellen nach Cajal sind die Schrittmacher für die Erzeugung der langsamen Wellen der glatten Muskulatur.

„Neben"-Wirkungen von Opiaten im GIT

Aufgrund ihrer starken analgetischen (schmerzhemmenden) Wirkung sind Opiate (z. B. Morphium) sehr wichtige Arzneistoffe. Typische Nebenwirkungen sind die suchterzeugenden, berauschenden Effekte und die Wirkungen auf den GIT. Hier stehen Übelkeit und Verstopfung (Obstipation) im Vordergrund. Während die Übelkeit eine zentralnervöse Nebenwirkung ist, ist die Verstopfung Folge der Aktivierung von μ-Opioidrezeptoren im GIT. μ–Rezeptoren hemmen die Peristaltik und steigern den Tonus der glatten Sphinktermuskulatur. Medizinisch ist diese Nebenwirkung von größter Relevanz bei Abflussbehinderungen. Verlegungen der Gallenwege oder Harnleiter durch Steine werden in ihrer Symptomatik durch Opiate verschlimmert. Deshalb ist deren Gabe hier kontraindiziert.

38.3.4 Propulsive Peristaltik

Der Transport von oral nach aboral im GIT wird besonders neuronal durch propulsive Peristaltik vermittelt.

Die propulsive Peristaltik besteht aus einer koordinierten Kontraktion und Erschlaffung der Ring- und Längsmuskulatur. Sie ist wesentlich verantwortlich für den oral-aboralen Transport des Darminhalts und wird durch Dehnung der Darmwand oder Scherreize an der Mukosa ausgelöst. Mechanische Reize stimulieren lokale IPAN-Netzwerke, die aus synaptisch verknüpften intrinsischen primär afferenten Neuronen bestehen und die dann nachgeschaltete Neurone aktivieren (◨ Abb. 38.11). Hierzu gehören:

- **Oralwärts gelegene erregende Motorneurone.** Diese führen zur Kontraktion der Ring- und Längsmuskulatur über wenige Millimeter proximal des Reizes. Der Transmitter an allen Synapsen ist Acetylcholin.
- **Hemmende Motorneurone zur aboralen Ringmuskulatur.** Folge ist ihre Erschlaffung auf einer Strecke von 10-20 mm distal des Reizes. Die Transmitter sind Stickoxid (NO) und VIP.
- **Erregende Motorneurone zur aboralen** Längsmuskulatur. Durch die Kontraktion dieser Muskulatur wird der Darm wie ein Strumpf über den Inhalt gezogen. Der Transmitter ist Acetylcholin.

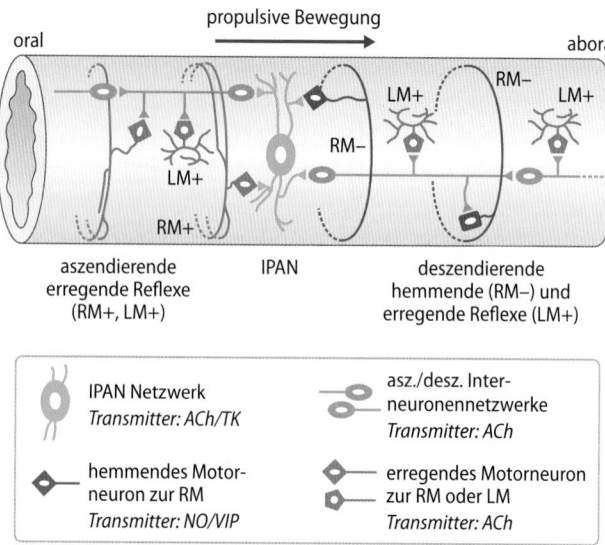

◨ **Abb. 38.11   Neuronale Mechanismen der propulsiven Peristaltik im Dünndarm.** Aktivierung des Netzwerkes intrinsischer primär afferenter Neurone (IPAN) führt zu folgenden Reflexen: (1) Aszendierende Reflexaktivierung der Ring- (RM) und Längsmuskulatur (LM) durch Aktivierung von erregenden Motorneuronen. (2) Deszendierende Reflexhemmung der RM durch Aktivierung von hemmenden Motorneuronen. (3) Deszendierende Reflexerregung der LM durch Aktivierung von erregenden Motorneuronen. Die Verschaltung kann dabei jeweils monosynaptisch oder über Interneurone erfolgen. IPAN-Netzwerke verwenden Acetylcholin (ACh) und ein Tachykinin (TK) als Transmitter, Interneurone und erregende Motorneurone Acetylcholin. NO und Vasoactive-Intestinal-Peptide (VIP) sind die Transmitter der hemmenden Motorneurone

Die erregenden Motorneurone zur aboralen Längsmuskulatur finden sich nicht im Dickdarm. Vielmehr wird hier die Längsmuskulatur in den Tänien kaudal des Reizes durch hemmende Motorneurone gehemmt und erschlafft.

> Die propulsive Peristaltik wird durch Dehnungs- und/ oder Scherreize ausgelöst.

38.3.5 Interdigestive Motilität

Wenn Magen und Dünndarm keine nennenswerten Nahrungsreste mehr enthalten (**interdigestive Phase**), durchläuft der Dünndarm einen Motilitätszyklus, der als **wandernder (migrierender) myoelektrischer Komplex (MMK)** bezeichnet wird. Verbleibende Darminhalte werden durch den MMK

Klinik

Kongenitales Megakolon (Hirschsprung-Krankheit)

Kleinkinder mit dieser Krankheit zeigen röntgenologisch ein verengtes distales Segment im Rektum oder Rektum-Sigmoid mit einem dilatierten proximalen Kolon. Dehnung des Rektums, die bei Gesunden zur reflektorischen Erschlaffung der glatten Muskulatur analwärts und des Musculus sphincter ani internus führt, erzeugt bei

diesen Patienten eine Kontraktion dieser Muskulatur. Die Erschlaffung wird bei Gesunden durch Aktivierung **inhibitorischer Motorneurone des DNS**, welche die zirkuläre Muskulatur innervieren, erzeugt. Diese Motorneurone sind nicht cholinerg und benutzen **Stickoxid (NO)** und das **Neuropeptid VIP** (Vasoactive-Intestinal-Peptide)

als Transmitter. Bei Patienten mit kongenitalem Megakolon fehlen diese inhibitorischen Motorneurone infolge einer Entwicklungsstörung im distalen Segment des Enddarms oder sind an Zahl reduziert. Als Therapie wird das verengte Segment des Enddarms chirurgisch entfernt.

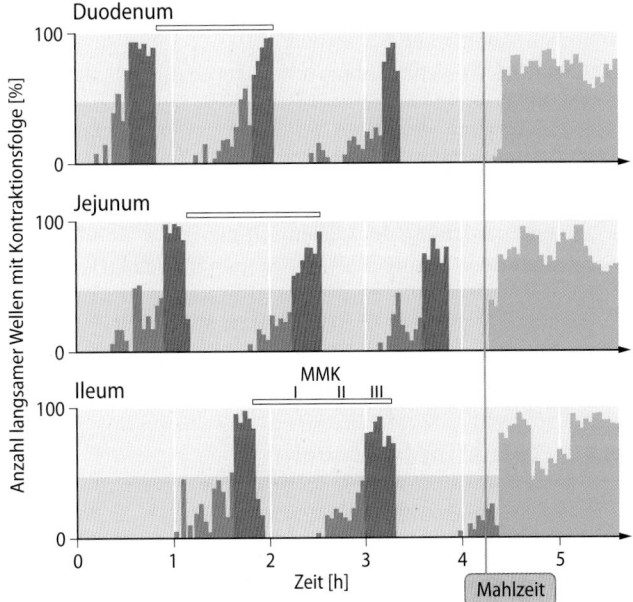

■ **Abb. 38.12   Der interdigestive migrierende myoelektrische Komplex (MMK) beim Menschen.** Der MMK läuft zwischen den Mahlzeiten alle 80–120 Minuten über den Dünndarm von oral nach aboral ab. In Phase I werden keine langsamen Wellen von Kontraktionen begleitet, in Phase II (dunkelblau) bis zu 50 % und in Phase III (rot) bis zu 100 %. Der MMK dient der Säuberung des Dünndarms von abgeschilferten Zellen der Mukosa, Sekreten und unverdauten Substanzen. Bei Nahrungsaufnahme oder ihrer Vorbereitung wird der MMK sofort unterbrochen

nach distal verschoben und der Dünndarm wird „gereinigt". Der Prozess beugt auch dem Aufsteigen von **Bakterien** des Dickdarms in Dünndarmabschnitte vor. Während des MMK kontrahiert sich die Gallenblase und die Sekretion von Pankreas und intestinaler Schleimhaut wird aktiviert. Der MMK ist abhängig vom Darmnervensystem und vermutlich an ein Netzwerk deszendierender cholinerger Interneurone gebunden, die Somatostatin exprimieren. Er ist völlig unabhängig von der extrinsischen (parasympathischen und sympathischen) Innervation des GIT und wird bei Nahrungsaufnahme durch Aktivierung parasympathischer Neurone im Nucl. dorsalis nervi vagi sofort unterbrochen (■ Abb. 38.12). Die Hormone **Motilin** (s. u.) und **Ghrelin** (▶ Abschn. 38.2.2), die bevorzugt während der Nüchternperiode produziert werden, fördern den MMK.

MMK
Der MMK läuft beim Menschen etwa alle 80–120 min über den Dünndarm von oral nach aboral ab und hat seinen Ursprung im Duodenum (oder seltener im Antrum). Dickdarm und Magen zeigen keinen MKK. Der MKK hat eine Geschwindigkeit etwa 4 cm/min im proximalen Jejunum und etwa 0,5 cm/min im distalen Ileum und besteht aus 3 Phasen (■ Abb. 38.12): In **Phase I**, die etwa 50 % der Zykluszeit andauert, sind die langsamen Wellen unterschwellig und es finden keine Kontraktionen statt. In **Phase II** (dunkelblau in ■ Abb. 38.12), die etwa 30–35 % der Zykluszeit andauert, werden bis zu 50 % der langsamen Wellen von Kontraktionen begleitet. Diese Kontraktionen sind irregulär und nicht propulsiv oder breiten sich nur über kurze Entfernungen aus. In **Phase III** (rot in ■ Abb. 38.12), die etwa 15–20 % der Zykluszeit andauert, sind bis zu 100 % aller langsamen Wellen von Kontraktionen begleitet. In dieser Phase laufen die Kontraktionen wie bei der propulsiven Peristaltik ab und befördern den Darminhalt in analer Richtung.

❯ **Der Dünndarm wird in der interdigestiven Phase durch den migrierenden myoelektrischen Komplex (MMK) gesäubert.**

Motilin   Bei diesem Hormon der M-Zellen des Duodenums handelt es sich um einen Verwandten des Ghrelins (▶ Abschn. 38.2.2). Motilin wird besonders während des **Fastens** und bei **Ansäuerung** des Duodenums produziert. Es stimuliert die **Entleerung des Magens** und fördert die **interdigestive Motilität**. Während der Nüchternphase steigt seine Konzentration zyklisch alle 90-120 an und überlappt dann mit Phase III des MMK. Das Antibiotikum **Erythromycin** ist ein Agonist am Motilin-Rezeptor und wird klinisch zur Stimulation der Motilität eingesetzt, u. a. bei Patienten mit paralytischem Ileus, der häufigsten Form des funktionellen Ileus, oder Magenparese.

38.3.6   Sekretomotor-Reflexe

Ähnlich wie die Peristaltik unterliegen die Drüsen in der Wand des GIT der neuronalen Kontrolle des Darmnervensystems. **Mechanische Reize** der Darmwand (Dehnung, Kontraktion) und intraluminale **chemische Reize** erregen **intrinsische primär afferente Neurone** (IPANe). Die intraluminalen Reize werden durch enteroendokrine Zellen (EC) über Freisetzung von Serotonin, Cholezystokinin (CCK) oder vermutlich auch Motilin vermittelt (■ Abb. 38.13).

IPAN-Neurone sind mit **Sekretomotorneuronen** im Plexus submucosus monosynaptisch sowie über Interneurone im Plexus myentericus di- oder polysynaptisch verschaltet. Die Sekretomotorneurone aktivieren über **Acetylcholin**

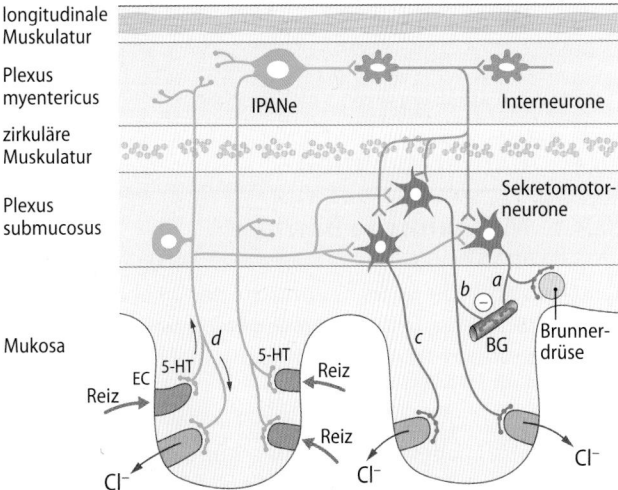

■ **Abb. 38.13   Sekretomotor-Reflexe des Darmnervensystems.** Alle Neurone sind cholinerg. Grün, IPANe: Intrinsische primär afferente Neurone. Orange: Interneurone. Blau: Sekretomotorneurone. Sekretomotorneurone aktivieren entweder nur sekretorische Zellen (Neuron c) oder bewirken gleichzeitig eine Dilatation von Blutgefäßen (BG) durch Freisetzung von VIP mit nachfolgendem Anstieg der Durchblutung der Mukosa (Neurone a und b). Drüsenzellen können auch durch Kollateralen der IPANe aktiviert werden (Neuron d). EC=enteroendokrine Zelle. 5-HT=5-Hydroxy-Tryptamin (Serotonin)

die **Cl⁻-Sekretion** in Drüsenzellen. Subgruppen von Sekretomotorneuronen innervieren mit Kollateralen lokale Blut-
gefässe der Mukosa. Aktivierung dieser Motorneurone führt
neben der Aktivierung von Drüsenzellen durch Freisetzung
von **Vasoactive-Intestinal-Peptide** (VIP) lokal zur **Vasodilatation** und damit zum lokalen Anstieg der Durchblutung
(Motorneurone *a* und *b* in ◘ Abb. 38.13). Dieser lokale
Mechanismus ist wichtig, um eine genügende Plasmazufuhr
zu den Drüsenepithelien zu gewährleisten. IPAN-Neurone
selbst können nach Art eines sog. Axonreflexes über Kollateralen die Drüsenzellen aktivieren. Der Transmitter ist Acetylcholin (*d* in ◘ Abb. 38.13).

Die Sekretomotor-Reflexe des Darmnervensystems
stehen natürlich auch unter der Kontrolle des ZNS über
parasympathische und sympathische Sekretomotorneurone.
Die Mechanismen dieser extrinsischen Kontrolle sind wenig
erforscht.

> **In Kürze**
>
> In der Verdauungsphase besteht die Motilität des GIT
> aus mehreren Bewegungsmustern, die der Durchmi-
> schung und dem Transport des Darminhalts nach aboral
> dienen. Diese Bewegungsmuster werden vom Darm-
> nervensystem organisiert und laufen auf der Grundlage
> **langsamer elektrischer Wellen** der glatten Muskulatur
> ab. Diese langsamen Wellen werden vom Synzytium der
> **interstitiellen Zellen nach Cajal** (ICC) erzeugt und auf
> das Synzytium der glatten Muskulatur übertragen. Die
> ICC sind für die **Schrittmacheraktivität** und die **Fort-
> leitung der langsamen Wellen** verantwortlich. Die **pro-
> pulsive Peristaltik** besteht aus 3–4 koordinierten Re-
> flexen des Darmnervensystems. In der interdigestiven
> Phase wird der Dünndarm durch den **migrierenden
> myoelektrischen Komplex** gereinigt.

38.4   Barrierefunktion

38.4.1   Mechanische Barriere

Der Darm bildet die größte Grenzfläche des Organismus. Die
intestinale Barriere verhindert weitgehend das Eindringen
von Erregern. Sie besteht aus dem Epithel und einer Schleimschicht.

Barrierefunktion des Darmepithels   Mit einer Gesamtoberfläche von etwa 200 m² bildet der Darm die größte Grenzfläche zwischen Organismus und Außenwelt. Die Darmschleimhaut kommt permanent mit Fremd- und Schadstoffen, Bakterien, Viren, Pilzen und Parasiten aus der Umwelt in Kontakt.

Komponenten der Barriere   Gegen eine Schädigung des
Darmepithels bildet die Schleimhaut eine unspezifische
Barriere („Mukosablock"), deren Integrität im Wesentlichen
durch den **Muzin-Schutzfilm** gewährleistet wird. Weitere

unspezifische Mechanismen für einen wirksamen Schutz vor
potenziell schädlichen Substanzen sind:
- Abtötung von Mikroorganismen durch die Salzsäure
  des Magens,
- Lyse von Bakterienmembranen durch α-Defensine aus
  den Panethzellen,
- enzymatischer Abbau (z. B. durch Lysozym),
- Detergenswirkung der Gallensäuren,
- reinigende Wirkung des wandernden myoelektrischen
  Motorkomplexes (▶ Abschn. 38.3.5) und
- antibakterielle Wirkung von β-Defensinen und Cathelici-
  dinen des Darmepithels.

38.4.2   Intestinale Abwehr

Der GIT verfügt über ein eigenes Immunsystem, das die Mukosa vor dem Eindringen potenziell schädigender Substanzen,
Viren, Bakterien und parasitärer Mikroorganismen schützt.

Darm-assoziiertes Immunsystem   Dieses System (**Gut-Associated Lymphoid Tissue, GALT**) stellt sowohl quantitativ als
auch funktionell einen wesentlichen Anteil am Immunsystem
des Organismus dar. Es umfasst 20–25 % der Darmschleimhaut und enthält ca. 50 % aller lymphatischen Zellen des Körpers. Zum GALT gehören:
- Lymphfollikel der Mukosa und die Peyer-Plaques sowie
- Lymphozyten, Plasmazellen und Makrophagen, die
  in der Lamina propria und zwischen den Epithelzellen
  diffus verteilt sind.

Antigene werden von spezialisierten Zellen des direkt über
den Peyer-Plaques liegenden Mikrovilli- und Glykokalyx-
freien Darmepithels, den **Microfold-Zellen (M-Zellen)**, aufgenommen und anschließend von diesen mit antigenpräsentierenden Zellen (**Makrophagen, dendritischen Zellen**) in
Kontakt gebracht. Letztere präsentieren in den **Peyer-Plaques**
und **solitären Lymphfollikeln** die Antigene CD4-T-Lympho-
zyten, die hierdurch aktiviert werden. Aktivierte Lymphozyten verlassen die Lymphfollikel über die Lymphgefäße, proliferieren und reifen in den mesenterialen Lymphknoten,
gelangen anschließend in den Ductus thoracicus und von
dort über den Blutkreislauf zur Lamina propria und zum
Darmepithel zurück, um ihre verschiedenen Effektorfunk-
tionen auszuüben (**homing**).

Sekretorische Immunität   **IgM-tragende B-Lymphozyten**
reifen unter dem Einfluss von T-Helferzellen (CD4-T-Lym-
phozyten) bzw. von T-Helferzellen-sezernierten Zytokinen
(z. B. IL-4) zu **IgA-bildenden Plasmazellen** in der **Lamina
propria** heran. Mukosaständige Plasmazellen produzieren
sowohl IgA als auch J-Ketten, sodass zwei IgA-Moleküle zu
einem IgA-Dimer zusammengefügt werden. Letzteres bindet
an eine sog. **Sekretionskomponente** in der basolateralen
Membran der Enterozyten. Der so entstandene Komplex wird
durch Transzytose zur apikalen Seite des Enterozyten transportiert und ins Darmlumen sezerniert.

Das sezernierte **IgA** schützt aufgrund seiner **neutralisierenden** bzw. **blockierenden Wirkung** (▶ Kap. 25.2.4) die Schleimhaut, indem es das Eindringen von Antigenen in die Mukosa verhindert. Sekretorisches IgA ist relativ resistent gegenüber proteolytischen Enzymen, wodurch es seine Funktion behält.

Zelluläre Immunität Die zwischen den Epithelzellen gelegenen Lymphozyten sind vor allem CD8-T-Zellen (**zytotoxische T-Zellen**). Neben der klassischen T-Zell-Zytotoxizität und der antikörpervermittelten Zytotoxizität tragen auch **natürliche Killerzellen** zur „oralen Immunität" bei. CD8-T-Regulatorzellen des GALT sind für die sog. **orale Immuntoleranz** verantwortlich. Letztere bewirkt, dass nicht jedes Antigen in der Nahrung eine Immunantwort auslöst bzw. durch wiederholte Antigenkontakte Überempfindlichkeitsreaktionen auftreten.

Klinik

Homöostase der intestinalen Abwehr bei Darmerkrankungen

Eine fein abgestimmte Regulation der immunologischen Vorgänge im GALT hält die Homöostase der intestinalen Abwehr aufrecht. Störungen in diesem System können zu lokalen Reaktionen (**akuten infektiösen Enteritiden, chronisch-entzündlichen Darmerkrankungen**) oder systemischen Reaktionen (**Nahrungsmittelallergien**) führen. Eine Störung der Immunantwort des GALT liegt der **Zöliakie** zugrunde. Sie wird durch eine Überempfindlichkeit gegen Gliadin in der Glutenfraktion des Weizens und anderer Getreidearten ausgelöst und führt zu starken Entzündungsprozessen in der Dünndarmschleimhaut, Durchfällen und zur **Malabsorption.**

In Kürze

Die intestinale Barriere verhindert das Eindringen von Erregern über den GIT; sie besteht u. a. aus der **Epithel-** und der **Muzinschicht.** Sie ist selbstreinigend und antimikrobiell. Das Gut-Associated Lymphoid Tissue (GALT), ein Element der erworbenen Immunität, unterstützt die Barrierefunktion, u. a. indem es Antikörper produziert.

Literatur

Steinert RE, Feinle-Bisset C, Asarian L, Horowitz M, Beglinger C, Geary N (2017): Ghrelin, CCK, GLP-1 and PYY(3-36): Secretory controls and physiological roles in eating and glycemia in health, obesity and after RYGB. Physiol Rev 97:411-463

Furness JB, Callaghan BP, Rivera LR, Cho H-J (2014) The enteric nervous system and gastrointestinal innervation: integrated local and central control. Advances in Experimental Medicine and Biology 817, 39-71

Jänig W (2006) The integrative action of the autonomic nervous system: neurobiology of homeostasis. Cambridge, New York: Cambridge University Press

Brierley SM, Hughes P, Harrington A, Blackshaw LA (2012 Innervation of the gastrointestinal tract by spinal and vagal afferent nerves. In: Johnson LR (Hrsg) Physiologyy of the gastrointestinal tract, Vol. 1, 5. Auflage, Amsterdam, Boston, Heidelberg: Elsevier, 703-731)

Coen SJ, Hobson AR, Aziz Q (2012) Processing of gastrointestinal sensory signals in the brain. In: Johnson LR (Hrsg) Physiology of the gastrointestinal tract, Vol. 1, 5. Auflage, Amsterdam, Boston, Heidelberg: Elsevier, 689-702

Oberer Gastrointestinaltrakt (GIT)

Peter Vaupel, Wilfrid Jänig

© Springer-Verlag GmbH Deutschland, ein Teil von Springer Nature 2019
R. Brandes et al. (Hrsg.), *Physiologie des Menschen*, Springer-Lehrbuch
https://doi.org/10.1007/978-3-662-56468-4_39

Worum geht's? (◨ Abb. 39.1)

Der obere GIT dient dem Transport, der Speicherung und dem Aufschluss der Nahrung

Im Mund wird die Nahrung zerkleinert, in schluckbare Portionen zerteilt und durch den Speichel gleitfähig gemacht. Schlucken befördert die Nahrung in den Magen, wo sie gespeichert und weiter zerkleinert wird.

Die enzymatische Verdauung beginnt im Magen

Durch die Salzsäure im Magen werden die Nahrungsproteine denaturiert und der Speisebrei desinfiziert. Enzyme zur Spaltung von Nahrungsbestandteilen werden zugesetzt. Pepsin-Proteasen spalten Eiweiße, die Magenlipase Fettsäureester.

Die Peristaltik des oberen GIT ist vielschichtig

Der Schluckakt ist ein bedingter Reflex, bei dem der Bolus über eine peristaltische Welle koordiniert in den Magen transportiert wird. Distal vom Bolus gelegene Abschnitte der Speiseröhre sowie die Sphinktere dilatieren und oral gelegene Bereiche kontrahieren. Im Magen gibt es Abschnitte für die mechanische Nahrungszerkleinerung (Antrum) mit ausgeprägter Peristaltik, während der Fundus als Speicherort praktisch keine Peristaltik zeigt. Das Darmnervensystem, der Parasympathikus und Hormone, wie Motilin und Gastrin, regulieren die peristaltische Aktivität.

Eine Protonenpumpe ist das Hauptenzym der Magensäureproduktion

Die H^+/K^+-ATPase an der lumenseitigen Oberfläche der Belegzellen der Magendrüsen sezerniert Protonen im Austausch gegen K^+. Das dabei intrazellulär gebildete Bicarbonat (HCO_3^-) wird basolateral im Austausch gegen Chlorid aus der Zelle geschleust. Cl^- erreicht dann das Drüsenlumen über Kanäle.

Die aktive Magensäureproduktion wird auf mehreren Ebenen reguliert.

Die Säureproduktion steht unter der Kontrolle von Parasympathikus und Darmnervensystem. Lokale Substanzen wie Histamin und Gastrin wirken ebenfalls fördernd. Gastrin, das Hormon des Magens, wird u. a. lokal gebildet, wenn der pH-Wert des Magens zu hoch ist. Sekretin, das u. a. gebildet wird, wenn der pH-Wert im Dünndarm zu niedrig ist, hemmt die Magensäureproduktion, indem es die Gastrinproduktion reduziert.

39

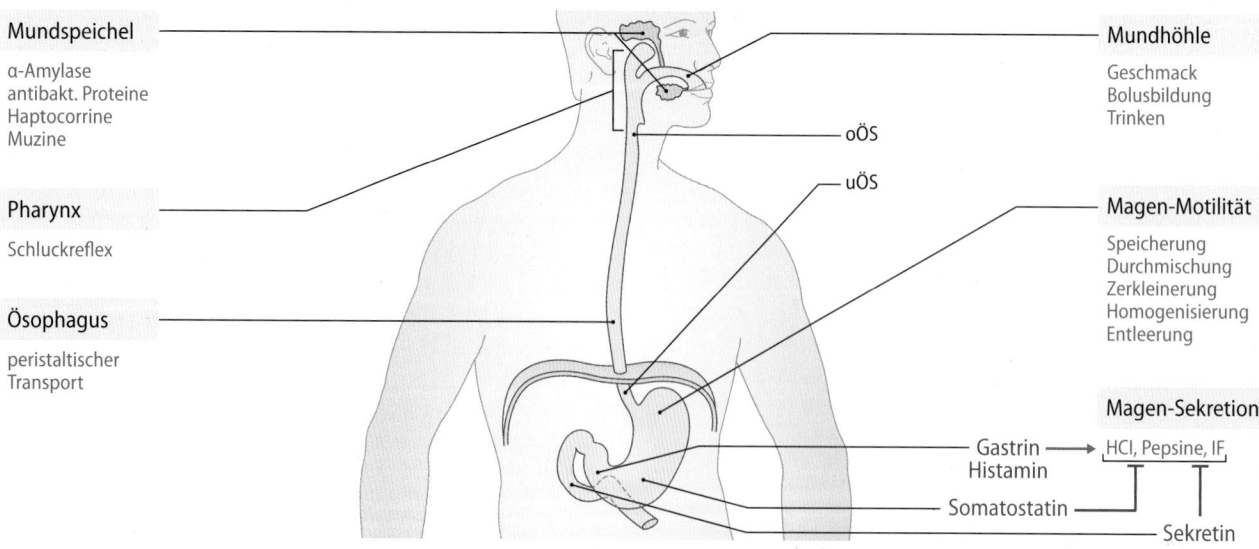

◨ Abb. 39.1   Funktionen und Regulation des oberen GIT. oÖS=oberer Ösophagussphinkter, uÖS=unterer Ösophagussphinkter, HCl=Salzsäure, IF=Intrinsic Factor

39.1 Nahrungsaufnahme: Kauen und Schlucken

39.1.1 Kauen, Bolusbildung

In der Mundhöhle wird die aufgenommene feste Nahrung durch Kauen und Einspeicheln in einen gleitfähigen Zustand überführt.

Kauen Beim Kauen wird die feste Nahrung zerschnitten, zerrissen und zermahlen. Kauen erleichtert die Verdauung und Absorption (z. B. Verbesserung des enzymatischen Aufschlusses durch Oberflächenvergrößerung). Die Strukturen, die am Kauvorgang beteiligt sind, umfassen Ober- und Unterkiefer mit den Zähnen, die Kaumuskulatur, Zunge und Wangen sowie Mundboden und Gaumen. Die rhythmische Aktion des Kauvorgangs erfolgt primär **willkürlich**, dann weitgehend unbewusst. Der Berührungsreiz der Speisepartikel steuert **reflektorisch** die Kaubewegung: seitwärts, vor- und rückwärts, auf und ab. Der Ablauf eines solchen Kauzyklus nimmt ca. 0,6–0,8 s in Anspruch. Die **Kräfte**, die dabei aufgewandt werden, betragen im Bereich der Schneidezähne 100–250 N, im Bereich der Molaren 300–650 N mit einem Maximum bis zu 1900 N. Mit zunehmendem Abstand der Zähne voneinander nimmt die Kraft ab.

Bolusbildung Zunge und Wangen schieben die Bissen zwischen die Kauflächen. Feste Nahrung wird zu Partikeln bis zu einer Größe von wenigen mm^3 zermahlen. Der durch den Kauvorgang stimulierte **Speichelfluss** bereitet die Konsistenz des Bissens **(Bolus)** zum Schlucken vor. Beim Kauen wird durch Freisetzung flüchtiger Komponenten aus der Nahrung sowie durch Auflösung oder Aufschwemmung fester Bestandteile im Speichel die Geschmackswahrnehmung gefördert. Dies führt reflektorisch zur weiteren Anregung des Speichelflusses und der Magensaftsekretion (◘ Abb. 39.8).

39.1.2 Speichel

Durch den Speichel wird der Bissen gleitfähig gemacht, die Geschmackswahrnehmung gefördert, Verdauungsenzyme und Abwehrstoffe bereitgestellt sowie die Zähne vor Entmineralisierung geschützt.

Speicheldrüsen Die zahlreichen kleinen schleimbildenden Drüsen in der Wangen- und Gaumenschleimhaut sowie die serösen Zungendrüsen reichen für die Befeuchtung des Mundes nicht aus. Dies bewirken drei große paarige Drüsen, die **Glandula parotis** (Ohrspeicheldrüse), **Glandula submandibularis** (Unterkieferdrüse) und **Glandula sublingualis** (Unterzungendrüse). Sie setzen sich aus den Azini (Drüsenendstücken) und einem System intra-, inter- und extralobulärer Gänge zusammen. Entsprechend ihrem histologischen Aufbau und dem produzierten Speichel unterscheidet man **seröse Drüsen**, die neben **Wasser** und **Elektrolyten** Glykoproteine sezernieren (Gl. parotis) und **gemischte Drüsen**, die

zusätzlich **saccharidreiche Glykoproteine** (**Muzine**) produzieren (Gl. submandibularis und Gl. sublingualis).

Speichelsekretion Täglich werden **0,6–1,5 l Mundspeichel** gebildet. Er hält den Mund feucht und erleichtert das Sprechen, macht die gekaute Nahrung **gleitfähig** und fördert die Geschmacksentwicklung. Er ist essenziell für die **Gesundheit der Zähne**, die ohne Speichel kariös werden. Der Speichel hat eine reinigende und durch seinen Gehalt an **Lysozym, Laktoferrin, Histidin-reichen Proteinen** (sog. Histatinen) und **sekretorischem IgA** eine antibakterielle bzw. antivirale Wirkung. Weiterhin enthält der Speichel eine **Peroxidase**, die zusammen mit **Thiocyanationen** (SCN⁻) ein wirksames antibakterielles System darstellt. Mangelnder Speichelfluss bzw. Mundtrockenheit wirkt über das Durstgefühl (▸ Kap. 35.4.1) an der Regulation der Flüssigkeitsbilanz des Körpers mit.

Regulation der Speichelsekretion Auch ohne Nahrungsaufnahme findet immer eine geringe **Basalsekretion (Ruhesekretion)** von Mundspeichel statt (ca. 0,5 l/Tag). Kommt es zu einer mechanischen Reizung der Mundschleimhaut durch aufgenommene Speisen und/oder zu Geschmacksempfindungen, so wird die Sekretion reflektorisch gesteigert. Aber auch der Anblick, der Geruch oder die bloße Vorstellung von Speisen „lassen das Wasser im Munde zusammenlaufen" („bedingte Reflexe", **kephale Sekretionsphase**). Bei Übelkeit (Nausea) wird die Sekretionsrate ebenfalls reflektorisch erhöht.

Die Zusammensetzung des Speichels wird durch die differenzierte Innervation der Speicheldrüsen über das vegetative Nervensystem variiert. Eine Aktivierung des **Parasympathikus** bewirkt über muskarinische **M₃-Rezeptoren** in allen Drüsen eine **Steigerung der Sekretion** eines dünnflüssigen, glykoproteinarmen Speichels, die mit einer Durchblutungszunahme der Drüsen einhergeht. Letztere wird durch die gefäßerweiternde Wirkung von Vasoaktivem Intestinalem Peptid (VIP), das von den postganglionären parasympathischen Neuronen freigesetzt wird, vermittelt. Eine Erregung des **Sympathikus** löst dagegen durch Stimulation der Unterkieferdrüse über **α₁-Adrenozeptoren** die Sekretion geringer Mengen eines **viskösen, Muzin-, K⁺- und HCO₃⁻-reichen Speichels** aus.

Die einzelnen Drüsen haben an der Gesamtspeichelproduktion folgende Anteile (nicht stimuliert bzw. stimuliert):

- Glandula submandibularis (70 % bzw. 63 %),
- Glandula parotis (25 % bzw. 34 %) und
- Glandula sublingualis (5 % bzw. 3 %).

Elektrolyte Der Speichel besteht zu 99 % aus **Wasser**. Die wichtigsten darin enthaltenen **Elektrolyte** sind Na^+, K^+, Cl^- und HCO_3^-. Der **Primärspeichel**, der von den Azini sezerniert wird, ist plasmaisoton. In den Azini wird Cl^- über einen basolateralen $Na^+/K^+/2Cl^-$-Symporter zellulär aufgenommen und über einen apikalen **Cl^--Kanal** (Typ Calciumactivated chloride channel, CaCC) in das Lumen sezerniert (◘ Abb. 39.2a). Na^+ folgt passiv parazellulär, Wasser gelangt para- und transzellulär ins Azinuslumen. Die basolateral gelegene Na^+/K^+-ATPase und K^+-Kanäle sind für die Erhaltung

a Azinus

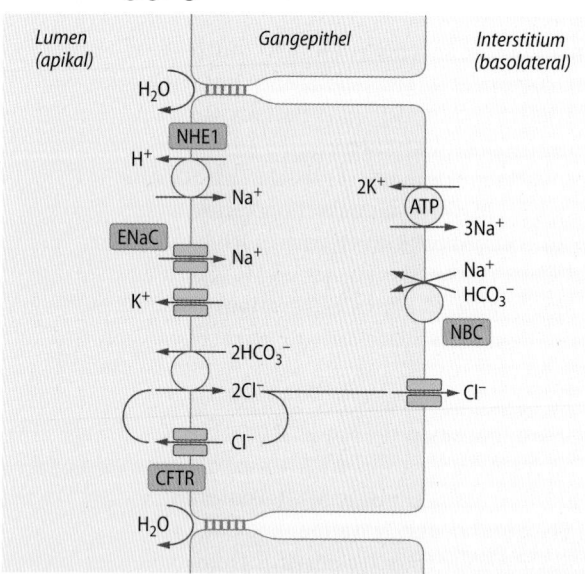

b Ausführungsgang

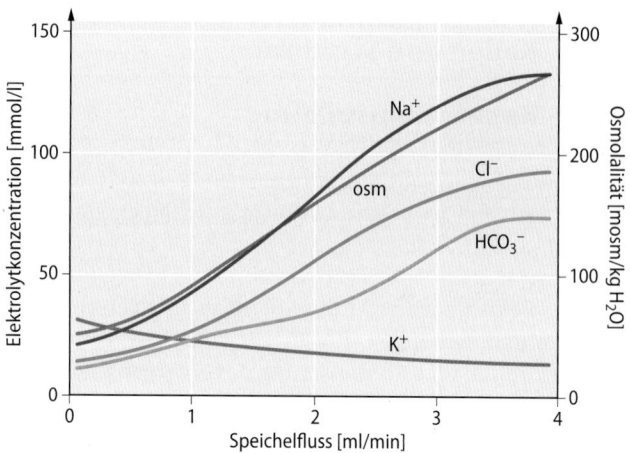

■ **Abb. 39.3   Osmolalität und Elektrolytzusammensetzung des Mundspeichels als Funktion der Sekretionsrate.** Mit zunehmender Sekretionsrate steigt die Osmolalität (osm) an

■ **Abb. 39.2a,b   Modell der wichtigsten Transportwege für Elektrolyte in den Speicheldrüsen. a** Bildung des Primärsekrets in den Azinuszellen: Cl^- wird über einen basolateralen $Na^+/K^+/2Cl^-$-Symporter zellulär aufgenommen und über einen apikal gelegenen Chloridkanal (CaCC =Calcium-activated chloride channel) sezerniert; Na^+ und Wasser folgen passiv auf parazellulärem Weg. **b** In den Ausführungsgängen wird Na^+ apikal über Kanäle (ENaC=epithelialer Natriumkanal) sowie Na^+/H^+-Austauscher (Exchanger=NHE) und basolateral über die Na^+/K^+-ATPase resorbiert. An der Cl^--Resorption sind luminal Cl^-/HCO_3^--Austauscher im Verbund mit Cl^--Kanälen (Typ CFTR=Cystic fibrosis transmembrane conductance regulator) und basolateral Cl^--Kanäle beteiligt. ATP=Adenosin-3-Phosphat, NBC=Natrium-Bicarbonate-Carrier

eines gleichbleibenden elektrochemischen Gradienten verantwortlich.

In den Ausführungsgängen werden, bei relativ geringer Wasserpermeabilität, Na^+ (Aldosteron-abhängig) und Cl^- aus dem Lumen resorbiert und kleinere Mengen an K^+ und HCO_3^- sezerniert (■ Abb. 39.2b), wodurch der **Mundspeichel hypoton** (<100 mosm/kg H_2O) und alkalisch wird (■ Abb. 39.3).

Die Elektrolytzusammensetzung des Speichels ändert sich mit der Sekretionsrate: Mit zunehmendem Sekretvolumen steigen die Na^+-, HCO_3^-- und Cl^--Konzentrationen an, wäh-

rend die K^+-Konzentration leicht abfällt (■ Abb. 39.3), da die zur Verfügung stehende Zeit zur Resorption von Na^+ bzw. Sekretion von K^+ mit steigender Durchflussrate verkürzt bzw. die maximale Kapazität der Transportsysteme erreicht ist. Die Osmolalität nimmt dadurch zu und nähert sich der des Plasmas. Der **pH-Wert** des Mundspeichels liegt bei Ruhesekretion zwischen 6,5 und 7,0 und steigt nach Stimulation auf 7,0–7,8 an.

Makromoleküle des Speichels   Die Speicheldrüsen sezernieren verschiedene Makromoleküle: α-Amylase, Glykoproteine, Muzine, Haptocorrine (R-Proteine, wirken zusammen mit dem Intrinsic Factor bei der Vitamin-B_{12}-Absorption, ▸ Kap. 41.4), antibakterielle Proteine (s. o.), häufig auch Blutgruppenantigene und Wachstumsfaktoren, welche die wundheilende Wirkung des Speichels erklären. Die funktionell wichtigsten Substanzen sind die *α-Amylase*, die vorwiegend von der Gl. parotis abgegeben wird, und **Muzine** (aus Gl. submandibularis und Gl. sublingualis). Die α-Amylase (**Ptyalin**) hat ihr Wirkungsoptimum bei pH 6,7–6,9, die Speichellipase dagegen im sauren pH-Bereich. Speichel enthält hohe Konzentrationen von Kalzium und Phosphat, die im alkalischen Milieu leicht präzipitieren (Zahnstein); dies wird verhindert durch Statherine, die einer spontanen Präzipitation entgegenwirken. Auch wird Opiorphin, ein stark schmerzstillendes Endorphin, sezerniert.

Funktionelle Bedeutung der Speichel-α-Amylase
Für den Kohlenhydrataufschluss während des Kauens ist die α-Amylase bedeutungslos. Die Kontaktzeit und die Enzymmengen sind zu gering, während im Magen das Enzym sofort inaktiviert wird. Die Amylase im Speichel dient daher vornehmlich der Mundhygiene: Nach dem Essen werden die verbleibenden schlechter wasserlöslichen, klebrigen Stärkemoleküle in gut wasserlösliche Mono- und Disaccharide gespalten. Der häufig propagierte Merksatz „Die Verdauung fängt bereits im Mund an" lässt sich auf dieser Basis nicht herleiten, da die Verweildauer der Nahrung im Mund zu kurz ist.

❯ Speichel ist hypoton. Mit steigender Flussrate nähert er sich der Isoosmolarität.

Klinik

Sjögren-Syndrom (Sicca-Syndrom)

Störungen der Speichelsekretion führen zur **Xerostomie** (Mundtrockenheit). Ursachen sind vor allem Medikamente (einige Antidepressiva, Anticholinergika, Parkinsonmedikamente) und das Sjögren-Syndrom. Bei dieser auch als Sicca-Syndrom (sicca= trocken) bezeichneten Erkrankung werden Autoantikörper gegen Strukturen der Speicheldrüsen gebildet. Die nachfolgende Entzündung zerstört die Drüsen. Als Folge der fehlenden Speichelproduktion kommt es häufig zu Geschwürbildung (**Aphten**) und Schwierigkeiten beim Kauen, Schlucken und Sprechen. Die fehlende HCO_3^--Sekretion hat eine Senkung des lokalen pH-Werts zur Folge. Durch Wegfall der bakteriziden Wirkung des Speichels wachsen vermehrt Bakterien, die Milchsäure produzieren. Letztere verstärkt den Abfall des pH-Werts. Die H^+-Ionen demineralisieren den Zahnschmelz. Hierdurch treten, bei gleichzeitig reduziertem Proteinschutzfilm (Pellicle), gehäuft Parodontitis und Karies auf.

In Kürze

Aufgenommene feste Nahrung wird in der Mundhöhle durch Kauen zerkleinert und durch Einspeicheln des Bissens (Bolus) in einen gleitfähigen Zustand überführt. Bestandteile des in einer mittleren Menge von 1 l/Tag gebildeten Mundspeichels sind u. a. Elektrolyte, Muzine und α-Amylase. Der in den Azini gebildete Primärspeichel hat eine ähnliche Elektrolytzusammensetzung wie das Blutplasma. Während der Gangpassage werden durch Absorption Na^+ und Cl^- entzogen, K^+ und HCO_3^- dagegen in kleineren Mengen sezerniert, wodurch der Mundspeichel hypoton und alkalisch wird. Die Regulation der Speichelsekretion erfolgt reflektorisch, vor allem durch parasympathische Aktivierung.

39.1.3 Schlucken und Ösophaguspassage

Der Schluckakt gliedert sich in eine willkürliche orale Phase sowie eine reflektorisch ablaufende pharyngeale und eine ösophageale Phase, in welcher der Bissen durch peristaltische Wellen in den Magen befördert wird.

Orale Phase In der ersten, **willkürlich** gesteuerten Phase des Schluckakts, hebt sich die Zungenspitze, trennt eine Portion des gekauten Bissens im Mund ab und schiebt sie, unterstützt durch eine Kontraktion des Mundbodens, in die Mitte des Zungengrunds und des harten Gaumens (◻ Abb. 39.4, **1**). Lippen und Kiefer schließen sich, der weiche Gaumen hebt sich während der vordere Teil der Zunge den Bolus in Richtung Rachen (Pharynx) presst (◻ Abb. 39.4, **2**). Der weiche Gaumen und die kontrahierten palatopharyngealen Muskeln bilden dabei eine Trennwand zwischen der Mundhöhle und dem Nasen-Rachen-Raum und verschließen ihn (**Passavant-Wulst**).

Pharyngeale Phase Wenn der Bissen (oder Speichel) den Pharynx erreicht hat, setzt ein **unwillkürlicher Reflexablauf** (**Schluckreflex**) ein. Während der pharyngealen Phase muss der Luftweg gesichert werden. Hierzu wird die Stimmritze kurz verschlossen und die Atmung reflektorisch unterbrochen. Der Kehlkopf hebt sich und verlegt so den Atemweg (◻ Abb. 39.4, **3**). Der ankommende Bissen biegt dabei den Kehldeckel (Epiglottis)

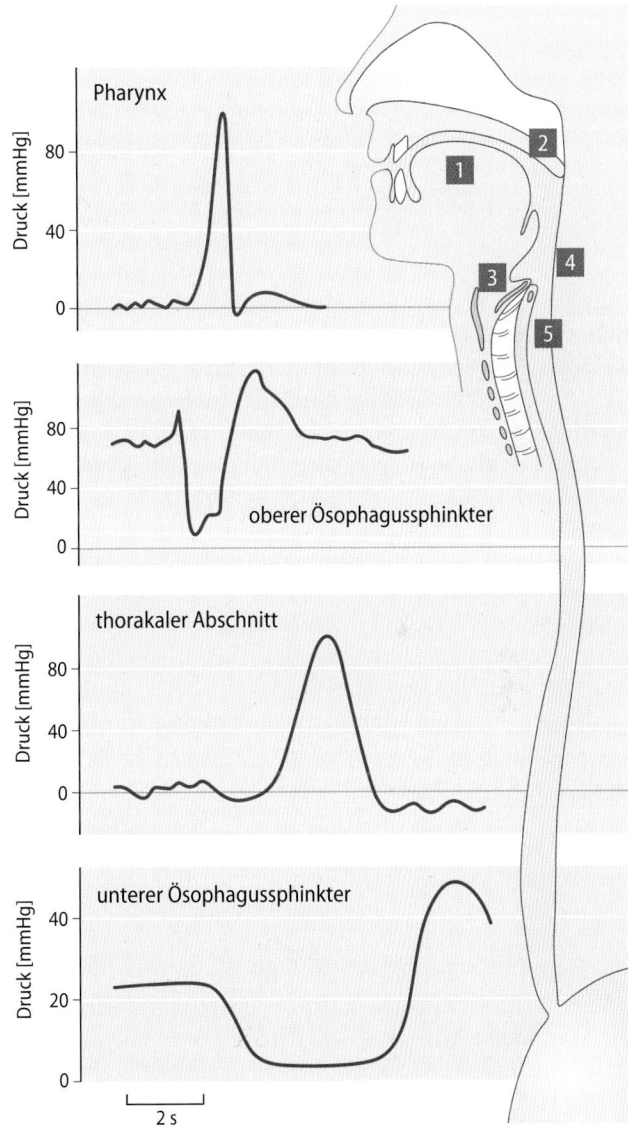

◻ **Abb. 39.4 Oropharyngeale und ösophageale Phasen des Schluckakts. 1** Pressen der Zunge nach oben gegen den harten Gaumen, **2** Verschluss des Nasopharynx durch den Passavant-Wulst und das angehobene Gaumensegel; **3** Anheben des Larynx und Umbiegen der Epiglottis über den Eingang der Luftröhre; **4** Peristaltik der Pharynxmuskulatur; **5** Reflektorisches Öffnen des oberen Ösophagussphinkters. Die Druckänderungen beim Schlucken sind für den Pharynx, den oberen Ösophagussphinkter, den thorakalen Abschnitt und den unteren Ösophagussphinkter als Kurven dargestellt

über den Eingang der Luftröhre (Trachea) und verhindert so die Aspiration von Nahrungspartikeln in die Trachea. Versagt dieser Mechanismus, resultiert ein **„Verschlucken"**. Der obere Schließmuskel (oberer Ösophagussphinkter; s. u.) öffnet sich unter Erschlaffen von Anteilen des M. constrictor pharyngis (◻ Abb. 39.4, **5**). Durch die Pharynxmuskulatur und die Zunge gelangt der Bolus, geschoben mit einem Druck von 4–10 mmHg (◻ Abb. 39.4, **4**), über die Epiglottis in die Speiseröhre. An dem gesamten reflektorischen Vorgang dieser zweiten Phase wirken mehr als 20 Muskeln zusammen, deren relativ kleine motorische Einheiten feinste Bewegungsabläufe ermöglichen.

Schluckimpulse

Die afferenten Impulse von Mechanosensoren beim Schlucken laufen u. a. über den N. glossopharyngeus und den oberen laryngealen Ast des N. vagus. Die Motorneurone, die den Pharynx versorgen, sind in sechs Hauptgruppen angeordnet. Sie entstammen den motorischen Kernen der Nn. trigeminus, facialis, glossopharyngeus, hypoglossus, dem Ncl. ambiguus sowie den spinalen Segmenten C1–C3. Nach synaptischer Übertragung der afferenten Impulse auf Neurone des Netzwerks im Hirnstamm, das den Schluckvorgang koordiniert („Schluckzentrum"), läuft der komplexe Schluckvorgang unwillkürlich weiter ab.

Ösophageale Phase   In dieser dritten Phase passiert der Bolus die Speiseröhre, die einen muskulären Schlauch von 25–30 cm Länge bildet. Sowohl am Beginn wie auch am Ende ist die Speiseröhre in Ruhe durch die **tonische Dauerkontraktion** von Sphinkteren, dem **oberen** (oÖS) und **unteren Ösophagussphinkter** (uÖS), verschlossen. Die Muskulatur im oberen Drittel des Ösophagus ist **quergestreift** und somatomotorisch innerviert, das untere Drittel besteht aus glatter Muskulatur mit vegetativer Innervation. Die neuronale Versorgung erfolgt im Wesentlichen über den **N. vagus**.

Der oÖS stellt eine 2–4 cm lange Zone mit erhöhtem Tonus der quergestreiften Muskulatur dar. Dieser Abschluss zum Pharynx mit einem Verschlussdruck von 50–100 mmHg verhindert ein ständiges Eindringen von Luft. Der Muskeltonus des oÖS nimmt schluckinduziert kurzfristig (1–2 s) deutlich ab (◻ Abb. 39.4).

Ösophaguspassage   Bei aufrechter Körperhaltung erreichen **Flüssigkeiten** innerhalb von nur 1 s den Magen, da – bei offenen Sphinkteren – eine rasche Kontraktion des Mundbodens für den Transport ausreicht („Spritzschluck" ohne Peristaltik). Der **Transport fester Bissen** erfordert dagegen peristaltische Kontraktionen der Ösophagusmuskulatur:

- Als **primäre Peristaltik** wird der vorwiegend parasympathisch gesteuerte Bewegungsablauf bezeichnet, der die Fortsetzung des begonnenen Schluckakts darstellt (◻ Abb. 39.4).
- Eine **sekundäre Peristaltik** entsteht durch afferente mechanische Impulse im Ösophagus selbst. Sie ist nicht schluckinduziert und wird durch Reste eines Bissens verursacht, die durch die primäre Peristaltik den Magen nicht erreicht haben. Die sekundäre Peristaltik wird durch das Darmnervensystem koordiniert.

❯ **Die sekundäre Peristaltik ist die Folge mechanischer Stimulation des Ösophagus.**

Peristaltische Welle   Diese erfasst im Ösophagus jeweils einen Kontraktionsabschnitt von 2–4 cm Länge, schreitet mit einer Geschwindigkeit von 2–4 cm/s nach distal fort und erreicht den uÖS nach ca. 9 s (◻ Abb. 39.4). Die **Passagegeschwindigkeit** hängt allerdings wesentlich von der Konsistenz des Bissens und der Körperlage ab. In aufrechter Körperhaltung erreicht breiiger Inhalt nach 5 s und feste Partikel nach 9–10 s den Magen. Der Druck der peristaltischen Welle steigt nach distal an und erreicht, ausgehend von einem subatmosphärischen Ruhedruck von –4 bis –6 mm Hg, im unteren Ösophagus 30–130 mmHg. Die **Druckamplitude** nimmt mit der Größe des Bissens zu. Der uÖS öffnet sich für 5–8 s, bevor der Bissen in den Magen eintritt und schließt sich danach wieder. Dabei nimmt er nach einer kurzen Phase erhöhten Drucks, erneut den Ruhetonus an, wenn der Bissen in den Magen übergetreten ist. Die **Relaxation des uÖS** erfolgt reflektorisch unter dem Einfluss von hemmenden Motorneuronen des Darmnervensystems, deren Transmitter Stickoxid (NO) und/oder das Vasoaktive Intestinale Polypeptid (VIP) ist (▶ Kap. 38.3).

Unterer Ösophagussphinkter und gastro-ösophagealer Reflux   Der Ruhetonus des uÖS beträgt 15–30 mmHg. Hierdurch wird ein **Rückfluss (Reflux)** von saurem Mageninhalt (Chymus) in den Ösophagus verhindert. Der Tonus des uÖS wird durch verschiedene Faktoren beeinflusst. Er steigt mit zunehmendem intraabdominellem Druck (z. B. bei Aktivierung der Bauchpresse), leicht alkalischem Magen-pH und proteinreicher Mahlzeit an. Verschiedene **Nahrungsbestandteile** oder Genussmittel setzen ihn herab: Fett, Schokolade, Pfefferminzöl, Alkohol, Kaffee und Nikotin. Auch gastrointestinale Hormone bzw. Peptide beeinflussen den Tonus des uÖS. **Gastrin, Motilin und Substanz P** steigern den Sphinkterdruck, während ihn **Cholezystokinin (CCK), Glukagon, GIP** (gastric inhibitory peptide), **VIP** sowie **Progesteron** herabsetzen. Der letztgenannte Einfluss erklärt das häufig beobachtete **Sodbrennen** durch Reflux von saurem Mageninhalt in den Ösophagus während der Spätschwangerschaft infolge der hohen Progesteronkonzentration im Blut bei gleichzeitiger Drucksteigerung im Bauchraum.

❯ **Fett, Schokolade, Pfefferminzöl, Alkohol, Kaffee und Nikotin senken den Tonus des unteren Ösophagussphinkters.**

Aufstoßen   Beim sog. **Aufstoßen** (Entfernen von verschluckter Luft und CO_2 aus dem Magen) oder bei starker Dehnung der Magenwand kann ein „physiologischer" Reflux aufgrund transienter, parasympathisch gesteuerter Sphinkteröffnungen (Dauer ca. 30 s) auftreten. Die Wiederherstellung des normalen (neutralen) pH-Werts im Ösophagus nach sporadischem Reflux von saurem Mageninhalt beruht auf zwei Mechanismen: Durch sekundäre Peristaltik wird ein Großteil des Refluxvolumens wieder in den Magen befördert (**Volumen-Clearance**); durch zurückbleibende geringe Mengen sauren Magensaftes bleibt der pH-Wert zunächst noch sauer, wird jedoch durch das nachfolgende Schlucken von alkalischem Speichel neutralisiert (**pH-Clearance**).

Klinik

Dysphagie

Definition
Als Dysphagie wird die Behinderung des Schluckakts bezeichnet. Im Anfangsstadium tritt die Störung nur bei Aufnahme fester Nahrung, im fortgeschrittenen Stadium auch bei Zufuhr von flüssiger Nahrung auf.

Ursachen
Ursachen sind insbesondere neuromuskuläre Störungen (z. B. Achalasie). Mechanische Behinderungen der Nahrungspassage können u. a. bei Narbenbildungen, Speiseröhrentumoren oder Kompression von außen auftreten. Bei der **Achalasie** (◘ Abb. 39.5a) sind

die normale Ösophagusmotilität und die Sphinkterfunktion gestört. Die Peristaltik im unteren Ösophagus ist dadurch unkoordiniert und die Öffnung des uÖS beim Schlucken bleibt aus. Die Nahrung staut sich im Ösophagus und erweitert ihn (**Megaösophagus**). Der Achalasie liegt vielfach ein Untergang der inhibitorischen Motorneurone des Darmnervensystems im Auerbach-Plexus des unteren Ösophagus zugrunde, auch wird ein Verlust der Cajal-Zell-Netzwerke diskutiert (◘ Abb. 38.6 in ▶ Kap. 38.3.2). Die in Südamerika als Ausprägung der **Chagas-Krankheit** bekannte Störung wird durch eine

Trypanosomen-Infektion verursacht, während in Europa die Ursache der Schädigung nicht geklärt ist.

Untersuchungsmethoden
Die wichtigsten Methoden, um eine Störung der Ösophagusmotilität beim Menschen zu erfassen, sind röntgenologische Kontrastmitteldarstellungen und andere bildgebende Verfahren, Druckmessung (Manometrie) mit Kathetern, Endoskopie und Langzeit-pH-Metrie mit einer pH-empfindlichen Sonde zur Erfassung eines Refluxes im unteren Ösophagusdrittel.

Klinik

Refluxkrankheit

Ursachen und Symptome
Bei länger dauerndem pathologischem Reflux von saurem Mageninhalt in den Ösophagus kann die Schleimhaut so geschädigt werden, dass eine Entzündung (Refluxösophagitis) entsteht. Die dabei auftretenden ungeordneten, heftigen Kontraktionen des Ösophagus, sog. tertiäre Kontraktionen,

können starke, brennende Schmerzen hinter dem Brustbein hervorrufen und zum Krankheitsbild des diffusen Ösophagusspasmus führen, das vom Schmerzcharakter her mitunter schwer von einer Angina pectoris bei koronarer Herzkrankheit abzugrenzen ist.

Folgen
Die Folge einer lang dauernden Refluxkrankheit ist die metaplastische Umwandlung des Plattenepithels im unteren Ösophagus in weniger widerstandsfähiges Zylinderepithel (Barrett-Ösophagus, ◘ Abb. 39.5b), was mit einem erhöhten Karzinomrisiko vergesellschaftet ist.

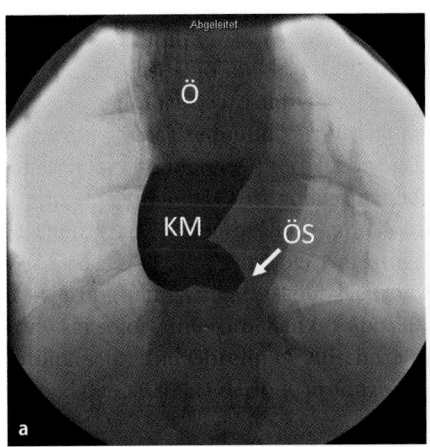
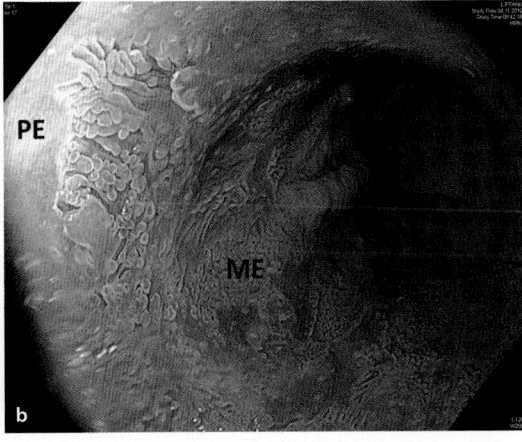

◘ **Abb. 39.5a,b Achalasie und Barrett-Ösophagus. a** Achalasie: Fehlende Öffnung des unteren Ösophagussphinkers (ÖS) beim Schluckakt. Röntgenaufnahme nach Kontrastmittelschluck. Der Ösophagus (Ö) ist geweitet, das Kontrastmittel (KM) tritt nicht in den Magen über. (Mit freundlicher Genehmigung von Prof. T. Vogl, Radiologie, Universitätsklinikum Frankfurt) **b** Barrett-Ösophagus. Endoskopischer Blick in den unteren Ösophagus. Behandlung mit Essigsäure zur besseren Abgrenzung der veränderten Schleimhaut. Während das physiologische unverhornte Plattenepithel des Ösophagus (PE) homogen erscheint, wird die unebene Struktur des metaplastischen Epithels (ME) des Barrett-Ösophagus durch Essigsäure kontrastiert. (Mit freundlicher Genehmigung von Dr. A. Thal & Prof. S. Zeuzem, Med. Klinik I, Universitätsklinikum Frankfurt)

Sodbrennen
Dieses zählt zu den häufigsten Beschwerden in der Bevölkerung. Der „klassische" Auslöser ist saurer gastro-ösophagealer Reflux, der durch bestimmte Nahrungsmittel (z. B. Hefeteig oder fettreiche, scharf gewürzte Speisen) und Getränke (z. B. Weiß- oder Rotwein) begünstigt wird.

In Kürze

Aufgenommene feste Nahrung wird in der Mundhöhle durch Kauen zerkleinert und durch Einspeicheln des Bissens (Bolus) in einen gleitfähigen Zustand überführt. Das Schlucken des Bissens wird durch eine willkürliche Zungenbewegung, die den Bolus in den Rachen befördert, eingeleitet (orale Phase). Sobald der Bissen den Pharynx erreicht hat, setzt ein unwillkürlicher Reflexablauf ein (pharyngeale Phase). Die Funktion des Ösophagus besteht im Transport des Bissens aus dem Pharynx in den Magen (ösophageale Phase). Der Schluckakt löst eine kurzzeitige Erschlaffung des oberen Ösophagussphinkters aus, die von einer peristaltischen Welle und einer vorübergehenden Erschlaffung des unteren Ösophagussphinkters gefolgt ist. Durch den unteren Verschlussmechanismus wird ein Rückfluss (Reflux) von Mageninhalt in den Ösophagus verhindert.

39.2   Magen: Motilität

39.2.1   Reservoirfunktion, Magenfüllung

Im proximalen Magen werden die geschluckten Speisen vorübergehend gespeichert und danach in tiefere Abschnitte verschoben.

Reservoirfunktion   Der **proximale Magenabschnitt** (Fundus) weist keine peristaltischen Wellen auf. In dieser Region wird reflektorisch durch präganglionäre vagale Neurone eine Wandspannung aufgebaut, die sich dem jeweiligen Füllungszustand des Magens anpasst. Dieser relativ konstante Muskeltonus reicht aus, um Flüssigkeiten des Magens bei geöffnetem Pylorus ins Duodenum zu pressen. Bereits während des Schluckakts, d. h. bevor der Bissen in den Magen übertritt, sinkt der Mageninnendruck aufgrund einer Erschlaffung der Magenmuskulatur. Diese als **rezeptive Relaxation** bezeichnete Anpassung der Wandspannung wird auf einen **vago-vagalen Reflex** zurückgeführt (◘ Abb. 39.6). Die afferenten Impulse gehen von Dehnungssensoren im Pharynx und Ösophagus aus. Die präganglionären parasympathischen Neurone im Nucleus dorsalis nervi vagi aktivieren hemmende Motorneurone des Darmnervensystems, welche die Transmitter NO (Stickoxid) und VIP (Vasoactive Intestinal Peptide) nutzen.

Führt die Nahrungsaufnahme im Magen zur Erregung von Dehnungssensoren in der Magenwand, tritt eine zusätzliche Erschlaffung der Magenmuskulatur auf. Dieser als **adaptive Relaxation** (oder **Akkommodation**) bezeichnete

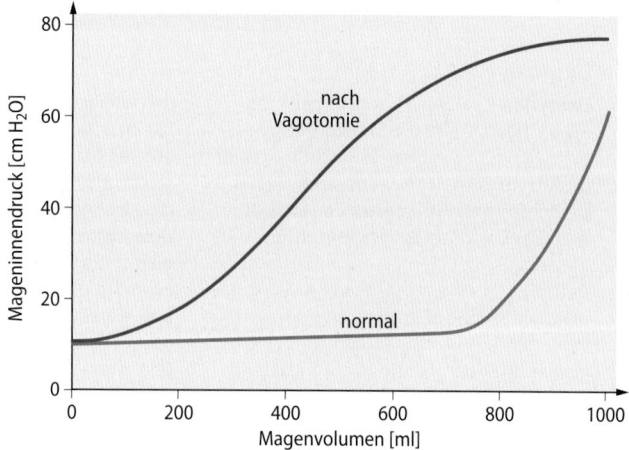

◘ **Abb. 39.6   Akkommodationsfunktion des Magens.** Darstellung des intraluminalen Drucks im Magen mit zunehmender Magenfüllung unter Normalbedingungen und nach Durchtrennung des N. vagus (Vagotomie). Ohne intakte vagale Afferenzen und präganglionäre Neurone, kommt es nicht zur reflektorischen Relaxation (Akkommodation) des Magens durch Aktivierung inhibitorischer Motorneurone

Vorgang beruht auf einem Reflex des Darmnervensystems. Beide Mechanismen erlauben eine Magenfüllung bis zu etwa 0,9 l, ohne dass der Mageninnendruck wesentlich ansteigt und verhindern auf diese Weise u. a. eine beschleunigte Entleerung. Modulierend wirken gastrointestinale Hormone: Gastrin, CCK, Sekretin, GIP und Glukagon bewirken eine Erschlaffung, Motilin dagegen ruft eine Tonussteigerung hervor (◘ Tab. 38.1).

> **Akkommodation bezeichnet die adaptive Relaxation des Magens nach Nahrungsaufnahme**

Magenfüllung   Nach der Aufnahme **fester Speisen** weist der Mageninhalt eine Schichtung auf. Die zuletzt aufgenommenen Nahrungsbestandteile liegen an der kleinen Kurvatur und die am längsten im Magen befindlichen im Pylorusbereich. Der anhaltende Muskeltonus im proximalen Magen schiebt den Mageninhalt langsam in untere Korpusabschnitte weiter. Aufgenommene **Flüssigkeiten** fließen an der Innenwand in distale Abschnitte ab.

39.2.2   Durchmischung und Homogenisierung

Im distalen Magen wird der Speisebrei durchmischt, zerkleinert und homogenisiert; Fette werden mechanisch emulgiert.

In der Schrittmacherzone im oberen Korpusdrittel des Magens entstehen die zirkulären **peristaltischen Wellen** mit einer Frequenz von ca. 3/min. Sie wandern pyloruswärts und schieben den Inhalt in Richtung Magenausgang. Die sich nach distal über Korpus und Antrum ausbreitende Kontraktionswelle wird am geschlossenen Pylorus reflektiert. Dadurch wird der eingezwängte Inhalt mit großer Kraft wieder zurück in den Magen geworfen (**Retropulsion**). Hierbei reiben sich feste Nahrungsbestandteile aneinander und werden zerdrückt, zermahlen (homogenisiert) und intensiv durch-

Klinik

Erbrechen

Erbrechen (Vomitus, Emesis) ist ein komplexer Schutzreflex, der von Neuronenverbänden im unteren Hirnstamm ausgelöst und koordiniert wird. Zu diesen Neuronenverbänden gehören der **Ncl. tractus solitarii** und die chemosensible **Area postrema**, in der die Blut-Hirn-Schranke offen ist. Die Area postrema wird manchmal als „Brechzentrum" bezeichnet.

Symptome
Erbrechen ist charakterisiert durch Würgen und wird durch eine tiefe Inspiration mit nachfolgendem Verschluss der Glottis und des Nasopharynx eingeleitet. Anschließend erschlaffen Magenmuskulatur und Ösophagussphinktere; das Zwerchfell und die Bauchdeckenmuskulatur kontrahieren dann ruckartig und bewirken eine Erhöhung des intraabdominalen Drucks. Als Folge davon wird der Mageninhalt (teilweise) retrograd entleert. Aufgrund einer Tonussteigerung

im Duodenum und oberen Jejunum kann bei erschlafftem Pylorus auch Galle und Duodenalinhalt durch eine retrograde Riesenkontraktion (**retrograde giant contraction**) in den Magen gelangen und dann erbrochen werden. Erbrechen ist von vegetativen Symptomen (Übelkeit, Blässe, Schweiß- und Speichelsekretion, Blutdruckabfall und Tachykardie) begleitet.

Ursachen
Erbrechen kann durch eine Vielzahl von Ursachen ausgelöst werden:
- mechanische Reizung des Oropharynx,
- mechanische und chemische Alteration von Magen und Darm,
- Entzündungen im Bauchraum,
- starke Schmerzzustände (Koliken, Herzinfarkt),
- hormonelle Umstellungen in der Schwangerschaft,

- Stoffwechselkrankheiten (z. B. nichtrespiratorische Azidose bei entgleistem Diabetes mellitus),
- Reisekrankheit und Schwerelosigkeit im All,
- Hirndrucksteigerung,
- bestimmte Arzneistoffe (z. B. Apomorphin, Digitalis, Dopaminagonisten, Zytostatika),
- Intoxikationen (z. B. Alkohol, Lebensmittelvergiftung),
- psychische Einflüsse (z. B. ekelerregender Geruch oder Anblick, Verwesungsgeruch).

Chronisches Erbrechen führt zum Verlust von H^+-, K^+- und Cl^--Ionen sowie von Wasser, gefolgt von einer **Hypovolämie** und einer **nichtrespiratorischen Alkalose** (▶ Kap. 37.3.1).

---

mischt (**„Antrummühle"**). Fette werden dabei mechanisch emulgiert. Diese Motilität wird durch Aktivierung präganglionärer Neurone im dorsalen Vaguskern verstärkt. Gastrin und Motilin steigern die Motilität; die Hormone GIP und Enteroglukagon hemmen sie.

39.2.3 Magenentleerung

Für die Magenentleerung wird der Chymus portioniert. Die **Flüssigkeitsentleerung** aus dem Magen ist wegen des niedrigen Pylorustonus vor allem vom Druckgradienten zwischen Antrum und Duodenum abhängig. Die **Entleerung fester Bestandteile** wird hauptsächlich vom Pyloruswiderstand und von der Größe der Partikel beeinflusst. Flüssigkeiten verlassen den Magen relativ schnell (z. B. Wasser den nüchternen Magen mit einer Halbwertszeit von 10–20 min), feste Bestandteile dagegen erst, wenn sie auf eine Partikelgröße von weniger als 2 mm zerkleinert sind. 90 % der Partikel haben bereits eine Größe von 0,25 mm und weniger, wenn sie den Magen verlassen.

Große Nahrungsteile
Große Nahrungsbestandteile können den Magen während der Entleerungsphase nicht verlassen. Solche Partikel werden aber in der Verdauungsruhe während des interdigestiven wandernden myoelektrischen Motorkomplexes (▶ Kap. 38.3.5) mitgenommen. Hierbei kommt es zu kräftigen Antrumkontraktionen, welche auch große unverdauliche Nahrungspartikel durch den Pylorus ins Duodenum treiben.

Einfluss der Nahrung auf die Entleerung Je nach Zusammensetzung und Energiedichte der Speisen beträgt die Verweildauer im Magen zwischen **1 und 6 h**. Die entsprechende Zeit für isotone Elektrolytlösungen ist **0,5–1 h**, für nährstoff-

haltige Flüssigkeiten 1 h, für Reis 2 h, für Brot oder Kartoffeln 2–3 h und für Schweinsbraten oder Ölsardinen bis zu 8 h. Saurer Chymus wird langsamer entleert als neutraler, hyperosmolarer und kalter langsamer als hypoosmolarer bzw. warmer, Fette (besonders langkettige Fettsäuren mit einem Optimum bei 14 C-Atomen) langsamer als Eiweißabbauprodukte sowie Eiweißprodukte langsamer als Kohlenhydrate.

Regulation der Entleerung Ein **vago-vagaler Reflex** bedingt, dass beim Eintreffen der peristaltischen Wellen im Antrum die Pylorusmuskulatur synchron erschlafft. Kleine Portionen Chymus (ca. 10 ml) werden so ins Duodenum transportiert. **Gastrointestinale Hormone** sind an der Regulation der Magenentleerung beteiligt. Cholezystokinin (CCK), Sekretin, GIP (Gastric Inhibitory Peptide) und Gastrin steigern den Tonus des Pylorus, während **Motilin** den Tonus herabsetzt. Die durch Chemosensoren im Duodenum gesteuerte Verzögerung der Magenentleerung wird vor allem auch durch **Sekretin** und **CCK** vermittelt.

Pylorusstenose
Häufige Ursachen für eine **verzögerte Magenentleerung** sind Pylorusstenosen. Diese können angeboren als kindliche Pylorusmyohypertrophie vorkommen oder erworben sein. Ursachen im Erwachsenenalter sind Narbenbildung, Tumorwachstum oder die diabetische Neuropathie mit Funktionsstörungen bzw. -ausfällen des N. vagus. Sie ähnelt der Motilitätsstörung, die bei Durchtrennung des N. vagus (operative Vagotomie) auftritt.

❯ Motilin fördert, Sekretin und Cholezystokinin hemmen die Magenentleerung.

Klinik

Dumping-Syndrom

Spezielle Folgen einer zu schnellen Magenentleerung nach teilweiser oder kompletter Magenentfernung oder Magen-Bypass werden als **Dumping-Syndrom** zusammengefasst. Man unterscheidet zwei Formen:

- Das rasch (20–60 min) nach dem Essen auftretende **Früh-Dumping** ist durch eine schnelle, unkontrollierte Entleerung des Mageninhalts ins Jejunum bedingt, wodurch dieses plötzlich überdehnt wird und infolge der Hyperosmolarität des Nahrungsbreis dem Blutplasma größere Flüssigkeitsmengen entzogen werden. Als Folge der Hypovolämie kommt es zu Blutdruckabfall, Tachykardie, Schweißausbruch, Schwindel und Schwäche. Die Darmüberdehnung löst Übelkeit, Erbrechen und Schmerzen aus.
- Das **Spät-Dumping**, das erst 1,5–3 h nach dem Essen, insbesondere nach dem Verzehr größerer Mengen von Kohlenhydraten, beobachtet wird, ist durch Symptome einer Hypoglykämie (Schwächegefühl, Schwitzen, Unruhe, Zittern, Heißhunger) gekennzeichnet. Es ist auf eine überschießende Insulinsekretion infolge der raschen Zuckerabsorption zurückzuführen, die eine reaktive Hypoglykämie auslöst.

39.3 Magen: Sekretion

39.3.1 Sekretionsprodukte des Magens

Die Magenmukosa sezerniert täglich 2–3 l Magensaft, dessen wesentliche Bestandteile Salzsäure, Intrinsic factor, Pepsinogene, Muzine und Bikarbonat sind.

Magenmukosa Der Magen ist von einer Schleimhaut mit einem Zylinderepithel ausgekleidet und bildet für den Magen typische Drüsen (Foveolae gastrica) mit einer segmentalen Gliederung.

- Das **Oberflächenepithel** bildet **Schleim** und gibt **Bikarbonat** (Hydrogenkarbonat) sowie Cl⁻ (über CFTR-Kanäle) ab.
- Die in den mittleren Abschnitten der Fundus- und Korpusdrüsen liegenden **Belegzellen** („Parietalzellen") sezernieren **HCl** sowie den **Intrinsic factor.**
- Die vor allem in basalen Regionen lokalisierten **Hauptzellen** produzieren **Pepsinogene.**
- Die im pylorusnahen Abschnitt und im Kardiabereich liegenden Drüsenzellen sezernieren, wie die **Nebenzellen** der tubulären Drüsen, im Fundus- und Korpusabschnitt wahrscheinlich nur **Schleim** (Muzin).
- Enteroendokrine Zellen sind in die Drüsen eingestreut. Das Epithel des Antrums enthält u. a. **G-Zellen** (**Gastrin**-Sekretion) und **D-Zellen** (**Somatostatin**-Produktion). Weitere endokrine Produkte des Magens sind u. a. Ghrelin und lokal wirkende Substanzen wie Histamin und Prostaglandine.

Sekretion und Absorption Die Bikarbonat- und Muzinsekretion im Magen erfolgt kontinuierlich. HCl- und Pepsinogenabgabe dagegen unterliegen einer Regulation im Zusammenhang mit der Verdauung. Im **Nüchternzustand** (interdigestive Phase) werden nur geringe Mengen (45–70 ml/h) eines zähflüssigen, neutralen bis leicht alkalischen Sekrets abgegeben; dagegen kommt es im Zusammenhang mit der Nahrungsaufnahme zur Bildung eines stark sauren (pH = 0,8–1,5), nahezu blutisotonen, enzymreichen Sekrets.

Die **absorptive Fähigkeit** der Magenschleimhaut ist gering; sie beschränkt sich im Wesentlichen auf gut **lipidlösliche Stoffe**, wie **Ethylalkohol**, der schnell und in größeren Mengen bereits im Magen absorbiert werden kann. Die Oberfläche des Magens ist wenig durchlässig für CO_2.

Salzsäure Die im Magen produzierte HCl hat wichtige Funktionen. Sie **denaturiert** Proteine und macht sie damit zugänglich für Proteasen. Gleichzeitig **aktiviert** HCl die in den Hauptzellen gebildete inaktive **Protease** Pepsinogen zu Pepsin. Salzsäure tötet effektiv Mikroorganismen ab und desinfiziert damit die Nahrung. Schließlich setzt HCl Eisen, Kalzium und Vitamin B_{12} aus Nahrungsproteinen frei.

> Salzsäure führt zu einer deutlichen Keimreduktion der Nahrung

Intrinsic factor Der **Intrinsic factor**, ein Glykoprotein mit einer Molekülmasse von etwa 48 kDa, wird ebenfalls von den Belegzellen sezerniert. Er ist – zusammen mit Vitamin-B_{12}-bindenden Proteinen des Mundspeichels, den **Haptocorrinen** (=R-Proteinen; Glykoproteine mit Molekülmassen von ca. 65 kDa [▶ Kap. 41.4.1]) – entscheidend für die **Absorption von Vitamin B_{12}** im Ileum (▶ Kap. 41.4). Freies Vitamin B_{12} wird zunächst an Haptocorrin gebunden und bildet dadurch einen magensaftresistenten Komplex. Diese Verbindung sowie Protein-Vitamin-B_{12}-Komplexe der Nahrung werden durch Pankreasenzyme im oberen Dünndarm gespalten. Das dadurch freigesetzte Vitamin B_{12} wird anschließend an den trypsinresistenten Intrinsic factor gebunden. Dieser Komplex ist resistent gegenüber Proteolyse und Absorption im oberen Dünndarm und wird schließlich durch rezeptorvermittelte Endozytose im Ileum aufgenommen. Von dort gelangt Vitamin B_{12}, gebunden an das Transportprotein **Transcobalamin**, ins Pfortaderblut, und wird z. T. in der Leber gespeichert oder mit dem Blutstrom weitertransportiert (◻ Abb. 41.4).

Pepsinogene Die Hauptzellen des Magens sezernieren ein Gemisch aus **Proteasenvorstufen**, die **Pepsinogene**. Die Stimulation der Pepsinogensekretion erfolgt über **M₃-Cholinozeptoren**, durch cholinerge Neurone des Darmnervensystems, die durch präganglionäre parasympathische Neurone aktiviert werden sowie über **Cholezystokinin** (CCK-A)- und

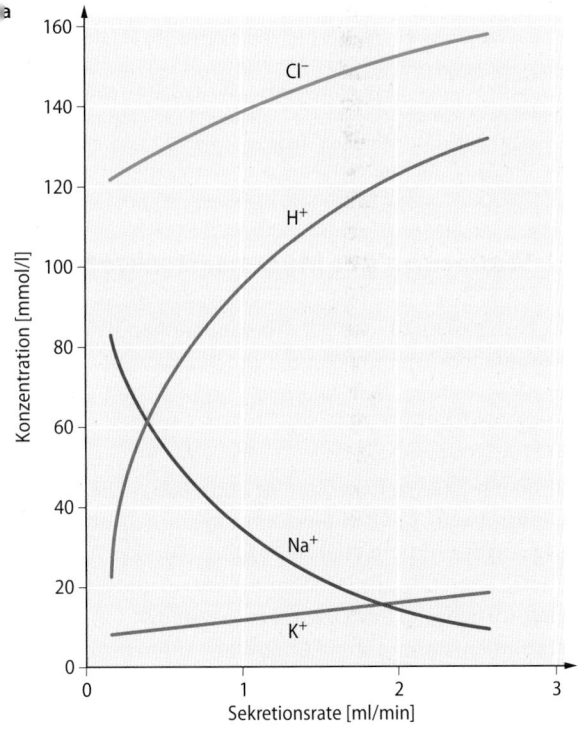

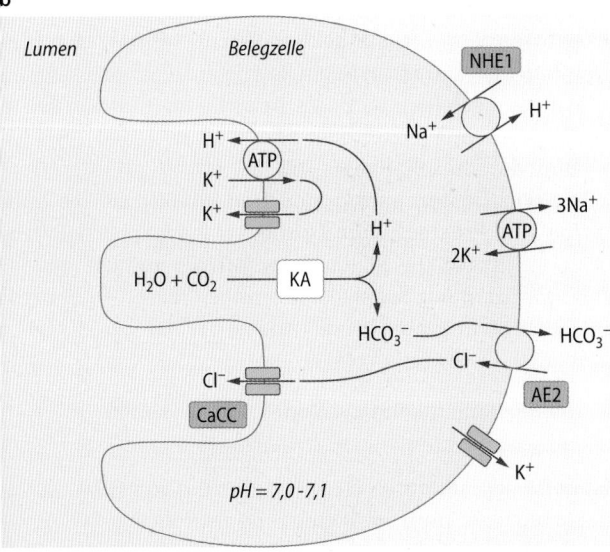

◘ Abb. 39.7a,b   Sekretionsvorgänge im Magen. a Zusammenhang zwischen Sekretionsrate und Elektrolytgehalt des Magensafts. **b** Mechanismus der Salzsäuresekretion in Belegzellen. CaCC=Calcium activated Chloride Channel, KA=Karboanhydratase, NHE=Na^+/H^+-Austauscher (Exchanger). AE2=Anionenaustauscher 2

Sekretinrezeptoren. Vorstufen von acht verschiedenen Isoenzymen (Endopeptidasen) sind elektrophoretisch nachgewiesen worden. Die Pepsinogene werden durch die Magensalzsäure zu den wirksamen eiweißspaltenden Enzymen, den **Pepsinen** aktiviert. Die erfolgt durch Abspaltung eines blockierenden Oligopeptids, ein Vorgang, der sich anschließend autokatalytisch fortsetzt. Pepsine wirken nur bei sauren pH-Werten mit Optima zwischen 1,8 und 3,5; sie werden im alkalischen Milieu irreversibel inaktiviert.

Magenlipase   Ein weiteres Sekretionsprodukt der Hauptzellen ist eine säurestabile **Triacylglyzerollipase (Magenlipase).** Beim Erwachsenen spielt sie bei der Fettverdauung nur eine untergeordnete Rolle (ca. 20 % Aktivität der Pankreaslipase); beim Säugling dient sie der Hydrolyse des Milchfettes.

Muzin   In den Oberflächenzellen, den Nebenzellen sowie in den Kardia- und Pylorusdrüsen wird **Schleim (Muzin)** produziert, der den gesamten Magen in einer bis zu 0,5 mm dicken Schicht als visköses Gel überzieht. Salzsäure und Pepsinogene gelangen wahrscheinlich durch feine „Spalten" in der Schleimschicht (Ø 5 μm) von der apikalen Zellmembran ins Magenlumen.

Der Schleim erzeugt einen **Gleitfilm** und schützt die Schleimhaut vor mechanischen und chemischen Schäden. Die Schleimschicht muss ständig intakt gehalten bzw. erneuert werden, da sie dauernden mechanischen und enzymatischen Angriffen ausgesetzt ist. Hauptbestandteile des Schleims sind unterschiedliche saccharidreiche **Glykoproteine** (Muzine), darunter eines mit einer Molekülmasse von ca. 2000 kD. In seinem Kohlenhydratanteil bestehen individuelle genetische Unterschiede hinsichtlich der terminalen Monosaccharidsequenzen, die immunologisch den Blutgruppenantigenen des **AB0-Systems** ähnlich sind.

Bikarbonat   In den Schleim wird vom Oberflächenepithel **Bikarbonat** sezerniert, das eine wichtige Schutzfunktion hat. HCO_3^- wird in der dem Magenepithel aufliegenden, strömungsfreien Flüssigkeits- bzw. Schleimschicht (**unstirred layer**) festgehalten und puffert dort die Salzsäure. Im Schleim existiert daher ein pH-Gradient von pH=7 an der Zelloberfläche bis zu pH=2 im Magenlumen, so dass die Zelloberfläche vor der Salzsäure geschützt ist.

Elektrolyte des Magensaftes   Die Zusammensetzung der Elektrolyte im Magensaft ist abhängig von der **Sekretionsrate.** Die Belegzellen sezernieren nach Stimulation H^+, Cl^- und K^+, die Schleimzellen andauernd Na^+, K^+ und HCO_3^-. Mit zunehmender Sekretionsrate nimmt der Anteil des Sekrets der Belegzellen zu und in gleichem Verhältnis das Sekret der Oberflächenzellen und damit die Konzentration von Na^+ ab; HCO_3^- verschwindet ganz, da es im Magensaft mit Protonen zu CO_2 und H_2O reagiert (◘ Abb. 39.7a).

Mechanismus der HCl-Produktion   Die **Belegzellen** („Parietalzellen") sind einzigartig in ihrer Eigenschaft, HCl in hoher Konzentration (bis 150 mmol/l) zu produzieren. Durch sie wird eine H^+-Konzentrierung etwa um den Faktor 10^6 gegenüber dem Blut erzielt.

Tubulovesikel
Belegzellen sind charakterisiert durch Tubulovesikel, deren Membran die Protonen-transportierende H^+/K^+-ATPase („Protonenpumpe") enthält, und durch intrazelluläre Canaliculi, die an der apikalen, dem Drüsenlumen zugewandten Seite der Zelle, münden. Belegzellen sind reich an Mitochondrien zur ATP-Bereitstellung. Nach Stimulation treten innerhalb von 10 min deutliche morphologische Veränderungen in der Zelle auf: Die Tubulovesikel im Zytoplasma, die in Ruhe vorherrschen,

fusionieren mit der Membran der sekretorischen Canaliculi, wodurch die Protonenpumpen und die Ionenkanäle in die Canaliculus-Membran eingebaut werden. In Verdauungsruhe werden die Protonenpumpen wieder in die Tubulovesikel zurückverlagert.

Der Transport von Protonen aus den Belegzellen in den Magensaft (3×10^6 H$^+$-Ionen/s) erfolgt **primär-aktiv**. Durch die **H$^+$/K$^+$-ATPase** wird dabei im gleichen Verhältnis H$^+$ gegen K$^+$ ausgetauscht (◻ Abb. 39.7b). H$^+$ entstammt der durch eine **Karboanhydratase (KA)** katalysierten Dissoziationsreaktion der Kohlensäure, wobei äquivalente HCO$_3^-$-Mengen entstehen. HCO$_3^-$ tritt entlang eines Konzentrationsgradienten im Austausch gegen Cl$^-$ ins Interstitium über. Auf dem Höhepunkt dieses Vorgangs kommt es zur „Alkaliflut" (transiente metabolische Alkalose) im venösen Blut des Magens. Das durch die H$^+$/K$^+$-ATPase luminal in die Zelle aufgenommene K$^+$ rezirkuliert über **K$^+$ Kanäle** (KCNQ1) zurück in das Lumen. Der K$^+$-Strom hyperpolarisiert die Membran, wodurch Cl$^-$ über **Cl$^-$-Kanäle** (CaCC [Calcium activated chloride channels]) ins Lumen getrieben wird. Ohne Rezirkulation von K$^+$ steht nicht genug K$^+$ für die Aktivität der H$^+$/K$^+$-ATPase zur Verfügung. Dem Transport der Ionen folgt ein osmotisch bedingter Wasserstrom in den Magen (◻ Abb. 39.7b).

Protonenpumpenhemmer
Benzimidazolderivate können die H$^+$/K$^+$-ATPase und damit die HCl-Sekretion vollständig hemmen. Zu dieser Klasse gehören Protonenpumpenblocker vom Typ Omeprazol. Dieses bindet irreversibel an die Protonenpumpe, unterdrückt daher nachhaltig die Säurebildung und wird deshalb therapeutisch bei Hyperazidität, Magengeschwüren, Refluxösophagitis und Helicobacter-pylori-Infektionen eingesetzt.

Mechanismus der Bikarbonat-Sekretion   In Nebenzellen wird HCO$_3^-$ über einen **Na$^+$,2HCO$_3^-$-Symporter** basolateral aufgenommen. Die luminale Abgabe erfolgt durch einen **HCO$_3^-$-Kanal**. Darüber hinaus gelangt HCO$_3^-$, das von den Belegzellen während der Sekretionsphase vermehrt ins Blut abgegeben wird, durch senkrecht in der Schleimhaut verlaufende Kapillarschlingen zur Epitheloberfläche. Die Durchblutung dieser Kapillaren wird wesentlich durch **Prostaglandin E$_2$ (PGE$_2$)** gesteuert. PGE$_2$ fördert darüber hinaus die HCO$_3^-$- und **Muzinsekretion**.

> Prostagladin E$_2$ fördert die Schleim- und Bikarbonatproduktion sowie die Magenschleimhautdurchblutung.

Säuresekretionskapazität des Magens
Durch eine in den unteren Magenabschnitt eingelegte Sonde kann der Magensaft abgesaugt und die Säureproduktion als Funktionsparameter der Magensaftsekretion bestimmt werden. Die Basalsekretion beträgt – gemessen als H$^+$-Sekretionsrate – 2–3 mmol/h. Der maximale Säureausstoß bei stimulierter Sekretion liegt zwischen 20 und 35 mmol/h. Die Werte sind bei Frauen etwas niedriger als bei Männern.

39.3.2 Steuerung der Magensaftsekretion

Die Magensaftsekretion wird im Zusammenhang mit der Nahrungsaufnahme neuronal und hormonal gesteuert; Aktivierung parasympathischer Neurone, Histamin und Gastrin fördern sie.

Regulation der Belegzellaktivität (◻ Abb. 39.8)   Die Magensaftsekretion ist an die **HCl-Sekretion** gekoppelt und damit abhängig von der Aktivität der Belegzellen. **Direkte Aktivatoren** der HCl-Sekretion sind Histamin, Gastrin und cholinerge Sekretomotorneurone des Darmnervensystems.

Histamin entstammt den **ECL-Zellen** (enterochromaffinlike cells) der Magendrüsen und den Mastzellen der Fundusschleimhaut; es wirkt G$_s$-gekoppelt über **H$_2$-Rezeptoren** an Belegzellen. **Acetylcholin** wird aus Neuronen des Darmnervensystems freigesetzt und bewirkt über **M$_3$-cholinerge Rezeptoren** G$_q$-Protein-gekoppelt eine Stimulation der Phospholipase C. **Gastrin** ist ein Polypeptid, das von G-Zellen im Antrum gebildet wird. Es bewirkt über den Gastrin (CCK$_B$-)-Rezeptor G$_q$-Protein-gekoppelt ebenfalls eine Stimulation der Phospholipase C (◻ Tab. 38.1).

Die wichtigsten endogenen Hemmstoffe der HCl-Sekretion sind Prostaglandin E$_2$ und das Polypeptid **Somatostatin**, welches in D-Zellen u. a. im Antrum und Duodenum gebildet wird. Beide Substanzen hemmen rezeptorvermittelt und G$_i$-Protein-gekoppelt die Adenylylzyklaseaktivität und damit die HCl-Sekretion (◻ Tab. 38.1).

> Somatostatin hemmt die Magensäuresekretion.

Histamin   Dieses durch Decarboxylierung von **Histidin** gebildete biogene Amin spielt eine zentrale Rolle bei der Regulation der HCl-Sekretion. Die Histamin-produzierenden ECL-Zellen werden durch **Gastrin** stimuliert. Ob ECL-Zellen

---

Klinik

Störung der Mukosabarriere

Zu den **protektiven Mechanismen** der sog. Mukosabarriere zählt neben der bikarbonathaltigen, strömungsfreien Muzinschicht die Unversehrtheit der Membranen aller Oberflächenzellen. Diese wird durch eine gute Schleimhautdurchblutung, eine ungestörte PGE$_2$-Wirkung, die Intaktheit der interzellulären Schlussleisten und die Fähigkeit zur Epithelregeneration gewährleistet. Eine Vielzahl an Faktoren reduziert den Schutz der Magenschleimhaut gegen die

von ihren Drüsen produzierten Pepsine und HCl („**Barrierebrecher**"). Von klinisch größter Bedeutung sind hierbei **Glukokortikoide** und nichtsteroidale entzündungshemmende Arzneimittel (NSARs [nichtsteroidale Antirheumatika], syn. **Cyclooxygenase-Hemmer**) wie die Acetylsalicylsäure, Diclofenac und Ibuprofen. Diese Substanzgruppen reduzieren die **Prostaglandin-E$_2$-Synthese**. In Folge wird weniger Muzin- und HCO$_3^-$-sezerniert. Da Prosta-

glandine auch vasoaktiv sind, wird auch die **Durchblutung** der Schleimhaut reduziert, was den HCO$_3^-$-Antransport reduziert. Weitere Barrierebrecher sind
- biologische Detergenzien (Gallensalze und Lysolezithin der Galle),
- Alkohol (Epithelschädigung),
- Rauchen und Stress (Minderdurchblutung der Schleimhaut),
- Helicobacter-pylori-Infektionen (gesteigerte Gastrinsekretion).

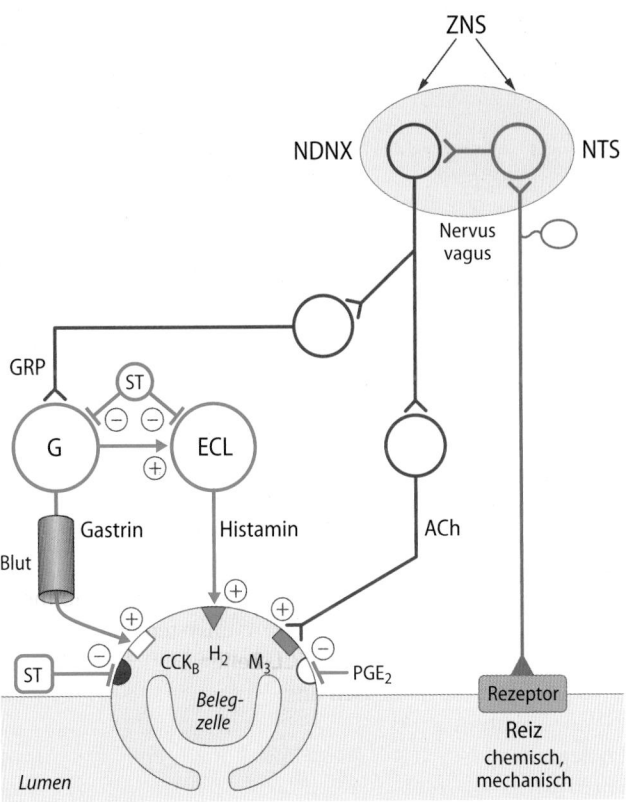

Abb. 39.8   Regulation der Salzsäureproduktion. Direkter und indirekter Weg der Stimulation der Säureproduktion. Beim direkten Weg werden die Belegzellen neuronal durch Acetylcholin (über M_3-Rezeptoren), Gastrin (aus G-Zellen über CCK_B-Rezeptoren) und Histamin (aus ECL-Zellen über H_2-Rezeptoren) aktiviert. Beim indirekten Weg werden die ECL-Zellen über Gastrin zur Histaminfreisetzung stimuliert. Somatostatin (ST), freigesetzt aus D-Zellen, hemmt parakrin die G-Zellen, ECL-Zellen und Belegzellen. Prostaglandin E_2 hemmt die Belegzellen. G-Zellen werden durch Neurone des Darmnervensystems über Freisetzung von GRP (Gastrin Releasing Peptide) aktiviert. ACh=Acetylcholin, CCK=Cholezystokinin, ECL-Zellen=enterochromaffin-like cells, H_2=Histaminrezeptor H_2, M_3=Muskarinrezeptor M_3, NDNX=Nucleus dorsalis nervi vagi, NTS=Nucleus tractus solitarii, PGE_2=Prostaglandin E_2, ZNS=Zentralnervensystem

durch cholinerge Motorneurone des Darmnervensystems innerviert sind, ist unklar (◘ Abb. 39.8).

Blockade der H_2-Rezeptoren
Pharmakologische Blockade von H_2-Rezeptoren (z. B. mit der Substanz Ranitidin) setzt effektiv sowohl die Gastrin- als auch die neuronal-vermittelte HCl-Sekretion herab. H_2-Blocker werden bei dyspeptischen Beschwerden und Gastritis zur Reduktion der Magensäureproduktion eingesetzt. H_2-Blocker wirken rasch, sind jedoch weniger effektiv als die direkte Hemmung der Protonenpumpe (z. B. mit Omeprazol).

Basale Sekretion   In der **Nüchternperiode** (interdigestive Phase) sezerniert die Magenschleimhaut nur 10–15 % des Sekretvolumens, das nach maximaler Stimulation gebildet wird. Nach Vagusdurchtrennung (Vagotomie) und nach Entfernen des Antrums (Sitz der G-Zellen) sistiert diese Basalsekretion. Eine Ruheaktivität der parasympathischen Sekretomotorneurone wird deshalb für die basale gastrinabhängige Magensaftsekretion verantwortlich gemacht. Die **Nahrungs-**

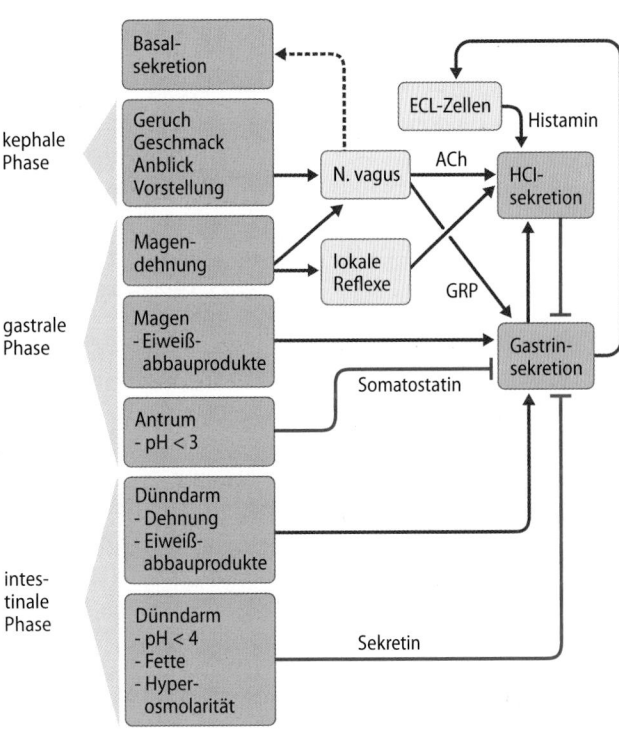

Abb. 39.9   An der HCl-Sekretion beteiligte fördernde und hemmende Mechanismen während der verschiedenen Verdauungsphasen. ACh=Acetylcholin; ECL-Zellen=enterochromaffin-like cells; GRP=Gastrin-Releasing-Peptide; hemmende Einflüsse (rot), fördernde Mechanismen (schwarz)

aufnahme ist der adäquate Reiz für die Stimulation der Magensaftsekretion. Ihre Beeinflussung setzt bereits vor dem Essen ein und dauert nach Beendigung der Mahlzeit noch an, wobei die folgenden drei Phasen abgegrenzt werden können.

Kephale Phase   Anblick, Geruch und Geschmack von **Speisen,** aber auch die Erwartung des Essens und die bloße Vorstellung stimulieren die Magensaftsekretion. Schmerz, Angst und Trauer wirken sekretionshemmend, Aggressionen, Ärger, Wut und Stress dagegen sekretionssteigernd. Auch Hypoglykämie (Blutglukosekonzentration < 45 mg/dl) wirkt sekretionsfördernd.

Die Magensaftsekretion während der kephalen Phase wird **zentralnervös** über **präganglionäre parasympathische Neurone** im Nucl. dorsalis nervi vagi ausgelöst und beginnt 5–10 min nach Stimulation. Die kephale Phase bewirkt 40–45 % der maximalen Sekretion. Vagotomie oder Denervierung des Antrums verhindert die Sekretion in dieser Phase. Die Sekretion von Gastrin wird vor allem durch parasympathische präganglionäre Neurone, die endokrine Sekretomotorneurone des Darmnervensystems aktivieren, erzeugt (◘ Abb. 39.9). Diese Sekretomotorneurone setzen GRP (Gastrin-releasing Peptide) frei.

Gastrale Phase   Diese Phase wird ausgelöst durch die **Dehnung** des Magens infolge Nahrungsaufnahme und durch **chemische Einflüsse** bestimmter Nahrungsbestandteile. Die durch **Dehnung erzeugte Sekretion** wird **reflektorisch** über afferente und efferente Signale im N. vagus sowie durch Reflexwege des Darmnervensystems vermittelt.

Die **chemischen Reize** wirken vorwiegend über die Freisetzung von **Gastrin** aus den G-Zellen des Antrums. Chemische Reize der gastralen Phase sind besonders **Eiweißabbauprodukte** wie Peptide verschiedener Kettenlänge und Aminosäuren, hier besonders Phenylalanin und Tryptophan, ferner auch Ca^{2+}-Ionen (durch Stimulation des Calciumsensing Rezeptors der G-Zellen) sowie Alkohol (Aperitif-Effekt), Kaffee (Koffein und/oder Röststoffe), Bitterstoffe der Enzianwurzel und ätherische Öle des Kümmels u.a. Die gastrale Phase ist für 50–55 % der maximalen Sekretion verantwortlich. Bei einem **pH<3** im Antrum wird über **Somatostatin** aus D-Zellen parakrin die Gastrinfreisetzung aus den G-Zellen im Antrum gehemmt. Endokrin wird hierüber die HCl- und Pepsinogensekretion der Fundus- und Korpusdrüsen reduziert („**negative Rückkopplung**") (◨ Abb. 39.9).

Antazida

Diese sind Substanzen, die zur Pufferung der Salzsäure bei kurzfristiger Therapie von Refluxbeschwerden und Sodbrennen eingesetzt werden. Typische eingesetzte Puffersubstanzen sind Aluminium- und Magnesiumhydroxid. Da die alkalischen Puffer nur den pH-Wert des Magenlumens steigern, nicht jedoch die Regulationsmechanismen der Säureproduktion beeinflussen, stimulieren sie die Gastrin- und Histaminfreisetzung und somit die Magensäureproduktion. Die therapeutische Wirkung von Antazida ist somit gering und typischerweise nur kurzanhaltend.

Intestinale Phase   Vom Dünndarm aus **stimulieren** sowohl die Dehnung der Darmwand als auch die Anwesenheit von Eiweiß und Eiweißabbauprodukten die Magensekretion. Der Effekt wird durch Gastrin und möglicherweise durch das Hormon Enterooxyntin aus der Dünndarm-Mukosa vermittelt, trägt jedoch nur wenig (ca. 5 %) zur Magensaftsekretion bei.

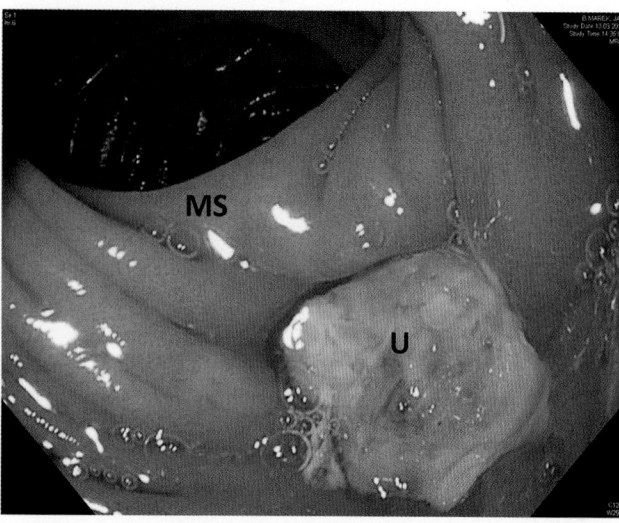

◨ **Abb. 39.10   Peptisches Ulkus.** Endoskopischer Blick auf die Pylorusregion des Magens. Das nekrotische Gewebe auf der Oberfläche des Geschwürs (U) grenzt sich gelblich gegen die umliegende Magenschleimhaut (MS) ab. (Mit freundlicher Genehmigung von Dr. A. Thal & Prof. S. Zeuzem, Med. Klinik I, Universitätsklinikum Frankfurt)

Die intestinale Phase ist vielmehr durch eine **Hemmung** der Säureproduktion charakterisiert. Tritt saurer (pH < 4), stark fetthaltiger (Fettsäuren mit mehr als 10 C-Atomen) oder hyperosmolarer Chymus ins Duodenum, wird die Säureproduktion reduziert. Die Basis hierfür ist die Freisetzung von **Sekretin** aus S-Zellen der Dünndarm-Mukosa (◨ Abb. 39.9). Sekretin hemmt an G-Zellen die **Gastrin**-Freisetzung, was indirekt die Stimulation der Säureproduktion reduziert. Sekretin reduziert somit die Säurebelastung des Darms. Gleichzeitig fördert es die Pepsinogensekretion. Bei stark fetthaltigem Darminhalt wird die Gastrinproduktion zusätzlich

39

Klinik

Peptisches Ulkus

Klinik und Epidemiologie
Etwa 200 von 100 000 Menschen erkranken pro Jahr an einem Geschwür (Ulkus) im oberen Gastrointestinaltrakt, d. h. einen umschriebenen, tiefreichenden Wanddefekt, mit Tendenz zur Chronifizierung. Typische klinische Zeichen für die Erkrankung, wie Schmerzen im Oberbauch, Appetitlosigkeit und Übelkeit, finden sich nur bei einer Minderzahl der Patienten. Bei den gelegentlich lebensgefährlichen **Blutungen** aus einem Geschwür kann es zu Teerstuhl oder Erbrechen koagulierten Blutes kommen. Mehr als 50 % der Patienten mit einer Ulkus-bedingten Magenblutung hatten keine vorhergehenden Beschwerden.

Pathogenese
Peptische Ulzera finden sich am häufigsten im proximalen Duodenum (Zwölffingerdarmgeschwür) und im distalen Magen (Magengeschwür, ◨ Abb. 39.10). Grund-

sätzlich gilt, dass ein Ungleichgewicht zwischen protektiven und aggressiven Faktoren zugunsten der „Barrierebrecher" zur Ulkusbildung führt. Das alte Postulat „ohne Säure kein Geschwür" gilt deshalb auch heute noch. Zusätzlich zur Säure spielt Pepsin eine wesentliche Rolle, da die Kombination beider Faktoren viel stärker ulzerogen wirkt als Säure allein. Die wichtigste Ursache für die Ulkusbildung ist eine Infektion mit dem Bakterium Helicobacter pylori.

Helicobacter pylori
Dieses Bakterium wird bei über 95 % der Patienten mit Ulcus duodeni und in ca. 80 % der Patienten mit Ulcus ventriculi nachgewiesen. Helicobacter pylori überlebt im sauren Milieu des Magens, weil es einerseits mittels des Enzyms **Urease** Harnstoff zu NH_3 und CO_2 spaltet und dadurch in seiner unmittelbaren Umgebung die Salzsäure neutralisiert, andererseits weil es sich im nahe-

zu physiologischen pH-Bereich in der Tiefe der Magengrübchen ansiedelt. Helicobacter pylori verursacht, möglicherweise durch die Ammoniakbildung, eine Entzündung der Schleimhaut (Gastritis). Letztere führt unter Vermittlung von Entzündungszellen und Zytokinen (IL-1, IL-8, TNFα) zur Aktivierung der G-Zellen und Hemmung der D-Zellen. Die resultierende Mehrproduktion von Gastrin (Hypergastrinämie) hat eine Steigerung der HCl- und Pepsinsekretion zur Folge, welche die mukosalen Schutzmechanismen überfordern.

Therapie
Ziel ist die Heilung des Ulkus durch Verhinderung der säurevermittelten „Selbstverdauung" der Magenwand und die Elimination (Eradikation) von Helicobacter pylori. Letzteres erfolgt mit einer **Antibiotika**-Kombinationstherapie. Die Säureproduktion wird durch **H⁺/K⁺-ATPase-Blocker** gehemmt.

durch die Peptide **Neurotensin**, **Peptid YY** und **GIP** (Gastric-Inhibitory-Peptide) gehemmt.

❯ **Sekretin hemmt die Gastrinproduktion.**

In Kürze

Die Magenmukosa sezerniert täglich 2–3 l Magensaft mit verschiedenen Bestandteilen. Die von den Belegzellen gebildeten **H$^+$-Ionen** erzeugen im Lumen eine H$^+$-Konzentrierung etwa um den Faktor 10^6 (pH 1–2) gegenüber dem Zytosol. Die HCl-Sekretion der Belegzellen wird über Rezeptoren für Acetylcholin, Histamin und Gastrin stimuliert. Bei maximaler Sekretion können H$^+$-Sekretion und Sekretvolumen bis um das 12-fache gesteigert werden. Die Hauptzellen geben ein Gemisch von Proteasenvorstufen (**Pepsinogene**) ab, deren Aktivierung zu Pepsinen durch HCl eingeleitet und autokatalytisch fortgesetzt wird. Die **Muzine** des Magensaftes machen den Chymus gleitfähig und sind zusammen mit **Bikarbonat** protektiv für die Magenschleimhaut.

Die neuronale und hormonale Steuerung der Magensaftsekretion erfolgt in drei Phasen: In der **kephalen Phase** wird sie vom Zentralnervensystem ausgelöst. In der **gastralen** und **intestinalen Phase** wird sie reflektorisch durch eine Dehnung von Magen und Duodenum sowie durch Eiweißabbauprodukte im Magen (Gastrin-vermittelt) und Duodenum unterhalten. Gehemmt wird sie in der **intestinalen Phase** durch sauren, hyperosmolaren und stark fetthaltigen Darminhalt im oberen Dünndarm.

Literatur

Schubert ML (2009): Gastric exocrine and endocrine secretion. Curr Opin Gastroenterol 25:529-536

Hunt RH, Camilleri M, Crowe SE, El-Omar EM, Fox JG, Kuipers EJ, Malfertheiner P, McColl KEL, Pritchard DM, Rugge M, Sonnenberg A, Sugano K, Tack J (2015) The stomach in health and disease. Gut 64:1650-1668

Johnson LR (2014) Gastrointestinal physiology. 8. Auflage. Elsevier, Mosby, Philadelphia

Johnson LR, Barrett KE, Ghishan FK, Merchant JL, Said HM, Wood JD (Herausgeb.)(2012) Physiology of the gastrointestinal tract. 5th Edit., vol 1 und 2. Academic Press, San Diego

Podolsky DK, Camilleri M, Fritz JG, Kallo AN, Shanahan F, Wang TC (Herausgeb.)(2016) Yamada´s Textbook of Gastoenterology. 6th Edit. Wiley, Chichester

Exokrines Pankreas und hepatobiliäres System

Peter Vaupel, Wilfrid Jänig

© Springer-Verlag GmbH Deutschland, ein Teil von Springer Nature 2019
R. Brandes et al. (Hrsg.), *Physiologie des Menschen*, Springer-Lehrbuch
https://doi.org/10.1007/978-3-662-56468-4_40

Worum geht's?

Bauchspeicheldrüse und Leber geben ihre Sekrete in den Zwölffingerdarm ab

Im Zwölffingerdarm, der dem Magen direkt nachgeschaltet ist, enden der Ausführungsgang der Bauchspeicheldrüse (Pankreas) und der Gallengang. Die von dieser Drüse bzw. von der Leber gebildeten Sekrete, das Pankreassekret und die Galle, sind für die Verdauung unverzichtbar. Über die Galle werden des Weiteren Fremd- und Giftstoffe entsorgt (◘ Abb. 40.1).

Das Sekret der Bauchspeicheldrüse neutralisiert den sauren Chymus und schließt den Darminhalt auf

Pankreassekret ist reich an Bikarbonat (Hydrogenkarbonat) und neutralisiert damit die Magensäure. Das Sekret enthält daneben eine Vielzahl von Enzymen, die u. a. Fette, Kohlenhydrate und Eiweiße spalten. Anders als die Ausgangsnährstoffe, können diese Spaltprodukte in nachfolgenden Darmabschnitten aufgenommen werden. Die Aktivität der Bauchspeicheldrüse unterliegt neben der neuronalen Kontrolle auch einer Steuerung durch lokale Hormone aus dem Zwölffingerdarm. Sekretin, das bei saurem Darminhalt gebildet wird, fördert die Bikarbonatsekretion. Cholezystokinin, welches bei einem hohen Anteil von Fett und Eiweiß im Darm freigesetzt wird, fördert die Enzymabgabe durch das Pankreas.

Die Leber produziert Gallensäuren für die Fettverdauung

Da Fette schlecht wasserlöslich sind, ist ihre Emulgierung im Darm erforderlich. Neben der Peristaltik des distalen Magens sind die seifenartigen (tensidartigen) Gallensäuren und Phospholipide als Gallenbestandteile an der Vergrößerung des Oberflächen/Volumen-Verhältnis beteiligt. Durch die Emulgierung können die fettspaltenden Enzyme besser

40

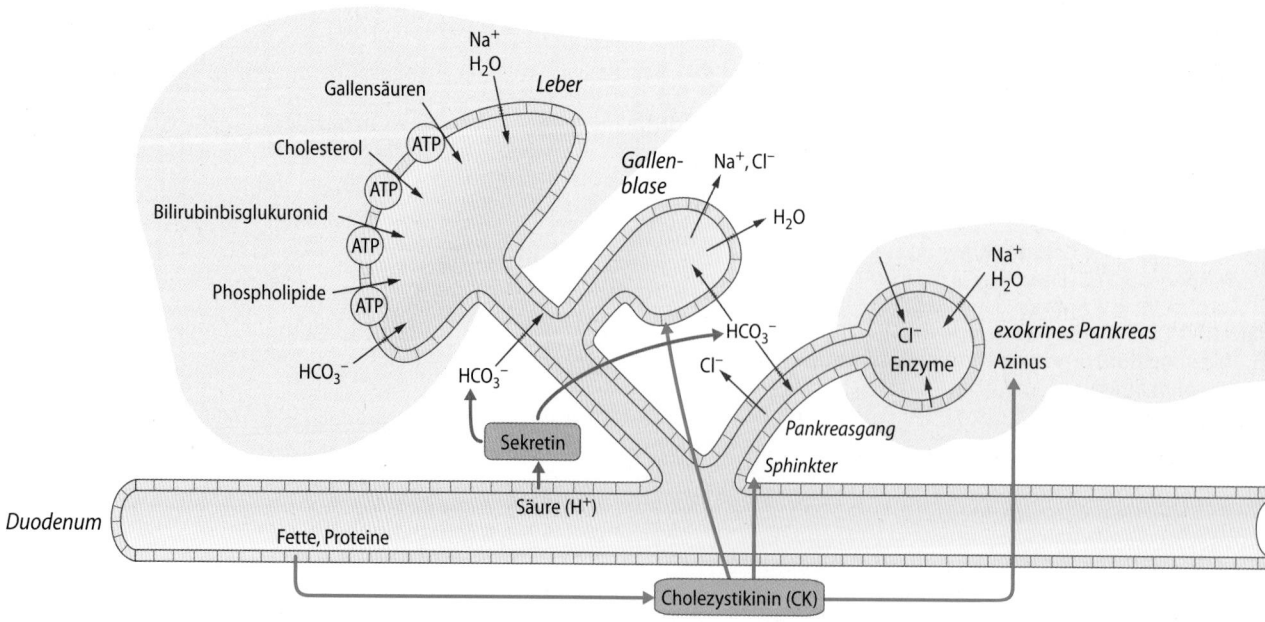

◘ Abb. 40.1   Wichtige Sekretionsvorgänge in Leber, Gallenwegen und exokrinem Pankreas mit hormonaler Rückkopplung

angreifen. Aus den Spaltprodukten der Fette und den Gallensäuren entstehen im Darm spontan Mizellen, deren Inhaltsstoffe nach Schleimhautkontakt zur Absorption gelangen. Ein Teil der von der Leber in die Galle sezernierten Substanzen werden nach der Resorption im Dünndarm über das Pfortaderblut in die Leber zurückgeführt. Das Hormon Cholezystokinin, das bei fettreichem Darminhalt gebildet wird, fördert die Bereitstellung von Galle, indem es die Gallenblase und Gallengänge kontrahieren lässt.

Der Mechanismus der Gallenproduktion ist ungewöhnlich

Während i. d. R. in Drüsen der Wasserausstrom in das Lumen die Folge der Chloridsekretion ist, sezerniert die Leber darüber hinaus viele weitere osmotisch wirksame Substanzen. Neben den Gallensäuren zählen hierzu viele Stoffwechselendprodukte und Gifte, die von nicht-selektiven Pumpen in die Gallenkapillaren transportiert werden.

40.1   Exokrines Pankreas

40.1.1   Pankreassekret

Das Pankreas produziert täglich etwa 2 l eines plasmaisotonen, alkalischen Sekrets, das als wichtige Funktionsbestandteile eine Vielzahl hydrolytischer Enzyme enthält.

Enzyme   Neben endokrin tätigen, inselartig eingestreuten Zellgruppen (Langerhans-Inseln, ► Kap. 76.1.2) besitzt das Pankreas überwiegend exokrine Anteile, die bei Stimulation eine Vielzahl **hydrolytischer Enzyme** bzw. Proenzyme für die Verdauung sezernieren.

Die Zellen der den Schaltstücken aufsitzenden Azini weisen apikal zahlreiche Zymogengranula auf, in denen die Proenzyme bzw. Enzyme gespeichert sind und aus denen sie durch **Exozytose** freigesetzt werden. Die Granula der Azinuszellen enthalten alle Enzyme in einem konstanten Verhältnis, das auch im fertigen Sekret erhalten bleibt. Eine **Adaptation** an einen besonders vorherrschenden Nahrungsbestandteil, z. B. Fett, ist möglich, nimmt aber mehrere Wochen in Anspruch.

Etwa 90 % der Proteine des Pankreassaftes sind Verdauungsenzyme, wobei die proteolytischen Enzyme (Endo- und Exopeptidasen) überwiegen (◘ Tab. 40.1). Letztere sowie die Kolipase (Kofaktor für die Lipase) und die Phospholipase A müssen erst aus **Vorstufen** aktiviert werden. Die Aktivierung im Darmlumen erfolgt durch ein Bürstensaumenzym der Duodenalschleimhaut, die **Enteropeptidase**, eine Endopeptidase. Das hierdurch aus Trypsinogen aktivierte Trypsin wirkt autokatalytisch und aktiviert auch die anderen Proteasen. Umgekehrt hemmt ein **Trypsininhibitor** des Pankreassaftes als zusätzliche Sicherung die Wirkung von Trypsin. Der Trypsininhibitor verhindert vor allem während der Passage durch die Ausführungsgänge die Wirkung von vorzeitig aktiviertem Trypsin, und wirkt so einer Selbstverdauung des Organs entgegen. Lipase, Amylase und die Ribonukleasen werden bereits in aktiver Form sezerniert.

Exokrine Pankreasinsuffizienz

Bei unzureichender Produktion von Pankreasenzymen wird die Nahrung nicht ausreichend aufgeschlossen (Maldigestion) und kann daher im Dünndarm nicht ausreichend absorbiert werden (Malabsorption). Die verminderte Aufnahme von Nährstoffen (Malassimilation) führt zu Gewichtsverlusten, Mangelerscheinungen und Verdauungsbeschwerden.

Osmotisch-wirksame Kohlenhydrate binden Wasser, was zu Durchfällen führt. Fette werden dabei erst im Dickdarm durch Bakterien gespalten, wobei Stoffe entstehen, die den Darm reizen und zu schmerzhaften Krämpfen führen. Therapeutisch werden die Enzyme, besonders die Lipase, als magenunlösliche Präparation bei den Mahlzeiten substituiert.

Elektrolyte   Die Hauptanionen des Pankreassaftes sind Cl^- und HCO_3^-, die Hauptkationen Na^+ und K^+. Im Gegensatz zum Mundspeichel ist der Bauchspeichel **isoton** zum Blutplasma unabhängig von der Sekretionsrate. Während die Kationenkonzentrationen bei Stimulation konstant bleiben, ändern sich die Konzentrationen von HCO_3^- und Cl^- gegenläufig derart, dass die Summe der Konzentrationen der beiden Anionen stets konstant bleibt ($\approx$ 150 mmol/l; ◘ Abb. 40.2).

Bei maximaler Sekretion betragen die Bikarbonatkonzentration 130–140 mmol/l und der pH-Wert ca. 8,2. Das **Primärsekret** der Azinuszellen ist wie in den Mundspeicheldrüsen Cl^--reich. In der digestiven Phase werden unter dem Einfluss von **Sekretin** auf die Epithelzellen der intralobulären Gangabschnitte große Volumina eines HCO_3^--reichen, alkalischen Sekrets sezerniert.

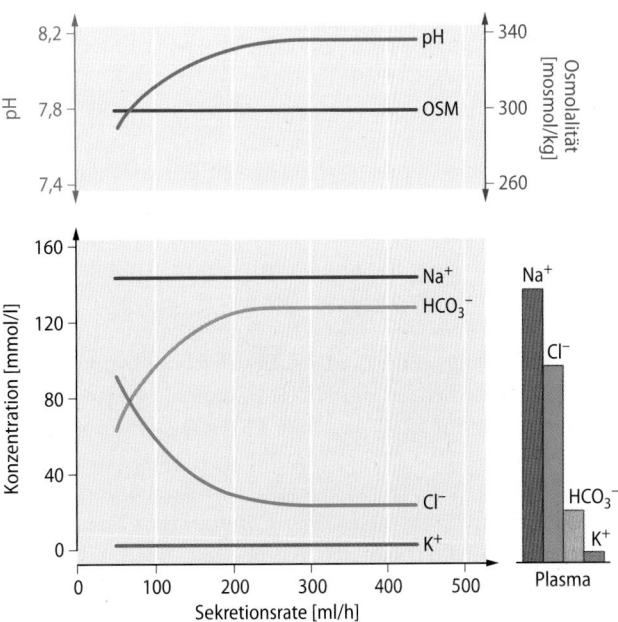

◘ **Abb. 40.2**   Osmolalität, pH-Wert und Elektrolytzusammensetzung des Pankreassekrets in Abhängigkeit von der Sekretionsrate

◘ Tab. 40.1 Hydrolytische Enzyme des Pankreassaftes (Auswahl)

Proenzym	Enzym	Substrate	Funktion	Spaltprodukte
A. Endopeptidasen				
Trypsinogen	Trypsin	Proteine, Polypeptide	Spaltung von Arg- und Lys-Bindungen	Poly-, Oligopeptide
Chymotrypsinogen	Chymotrypsin	Proteine, Polypeptide	Spaltung von Phe-, Tyr- und Trp-Bindungen	Poly-, Oligopeptide
Proelastase	Elastase	Proteine, Elastin	Spaltung von Gly-, Ala-, Val- und Ile-Bindungen	Poly-, Oligopeptide
B. Exopeptidasen				
Prokarboxypeptidase A	Karboxypeptidase A	Poly-, Oligopeptide	Abspaltung C-terminaler Peptid-Bindungen	Aminosäuren
Prokarboxypeptidase B	Karboxypeptidase B	Poly-, Oligopeptide	Abspaltung C-terminaler Arg- und Lys-Bindungen	Aminosäuren
Proaminopeptidasen	Aminopeptidasen	Poly-, Oligopeptide	Abspaltung N-terminaler Aminosäuren	Aminosäuren
C. Lipidspaltende Enzyme				
	Lipase	Triacylglyzerole	Spaltung von Fettsäure-estern in Position 1 u. 3	Fettsäuren, 2-Mono-acylglyzerole
Prophospholipase A	Phospholipase A	Phospholipide	Spaltung von Fettsäure-estern in Position 2	Fettsäuren, Lysolezithin
D. Kohlenhydratspaltende Enzyme				
	α-Amylase	Stärke, Glykogen	Spaltung von 1,4-α-Glykosid-Bindungen	Oligosaccharide, Maltose
	Maltase (geringe Aktivität)	Maltose	Spaltung von 1,4-α- Glykosid-Bindungen	Glukose
E. Ribonukleasen				
	Ribonukleasen	RNS	RNS-Hydrolyse	Nukleotide
	Desoxyribonukleasen	DNS	DNS-Hydrolyse	Nukleotide

Ala=Alanin, Arg=Arginin, DNS=Desoxyribonukleinsäure, Gly=Glycin, Ile=Isoleuzin, Lys=Lysin, Phe=Phenylalanin, RNS=Ribonukleinsäure, Tyr=Tyrosin, Trp=Tryptophan, Val=Valin

HCO$_3^-$-Sekretion In den Schaltstücken und intralobulären Ausführungsgängen des Pankreas wird Bikarbonat (Hydrogenkarbonat) sezerniert. Getrieben von einer niedrigen intrazellulären Na$^+$-Konzentration, wird H$^+$ im Antiport gegen Na$^+$ basolateral aus der Zelle geschleust. Ein basolateraler Na$^+$/HCO$_3^-$-Symporter (NBC, Natrium-Bikarbonat-Carrier) fördert des Weiteren die intrazelluläre (Karboanhydratase-abhängige) Anreicherung von HCO$_3^-$. Luminal verlässt HCO$_3^-$ im Austausch mit Cl$^-$ über einen **Cl$^-$/HCO$_3^-$-Antiporter** die Zelle (◘ Abb. 40.3). Cl$^-$-Ionen rezirkulieren über zwei **Cl$^-$-Kanäle (CaCC** = Kalzium-abhängiger Chloridkanal **und CFTR= Cystic Fibrosis Transmembrane Conductance Regulator)**. Ersterer wird durch cholinerge Neurone, letzterer durch **Sekretin** (▸ Kap. 38.2.2) G$_s$-gekoppelt über die **cAMP**-Kaskade aktiviert. Na$^+$-Ionen und eine entsprechende Menge an Wasser folgen passiv auf parazellulärem Weg, wodurch das ins Duodenum abgegebene Sekret stets isotonisch bleibt (◘ Abb. 40.2).

Zystische Fibrose
Bei Patienten mit **zystischer Pankreasfibrose (Mukoviszidose)**, der häufigsten autosomal-rezessiv vererbten, monogenen Stoffwechselkrankheit, liegt ein Defekt des CFTR-Kanals vor. In Folge werden nur kleine Volumina eines zähflüssigen Pankreassekrets produziert. Dies führt zu einem Sekretstau, Zystenbildung, häufigen Entzündungen, bindegewebigem Umbau und letztendlich zum Verlust funktionellen Pankreasgewebes (exokrine Pankreasinsuffizienz).

❯ Das Pankreassekret ist alkalisch und isoton.

40.1.2 Regulation der Pankreassekretion

Aktivierung parasympathischer Neurone und Cholezystokinin fördern die Produktion eines enzymreichen Sekrets in den Azini, Sekretin führt zur Bildung eines bikarbonatreichen Sekrets in den Ausführungsgängen.

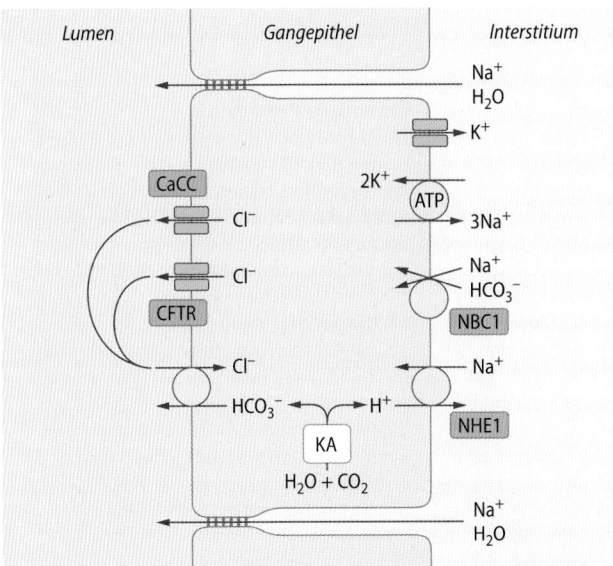

◻ **Abb. 40.3 Modell der wichtigsten Elektrolyttransporte in den Ausführungsgängen des Pankreas.** Die Menge an NaCl und Wasser ist niedrig im Primärsekret. Durch Sekretion von HCO_3^- im Austausch für Cl^- und passiven Ausstrom von Na^+ und Wasser wird eine zunehmende Menge an isotonem Sekret gebildet. KA=Karboanhydratase. CaCC=Kalzium-abhängiger Chloridkanal. CFTR=Cystic fibrosis transmembrane conductance regulator Chloridkanal. NBC=Na^+/HCO_3^--Carrier. NHE1=Na^+/H^+-Exchanger

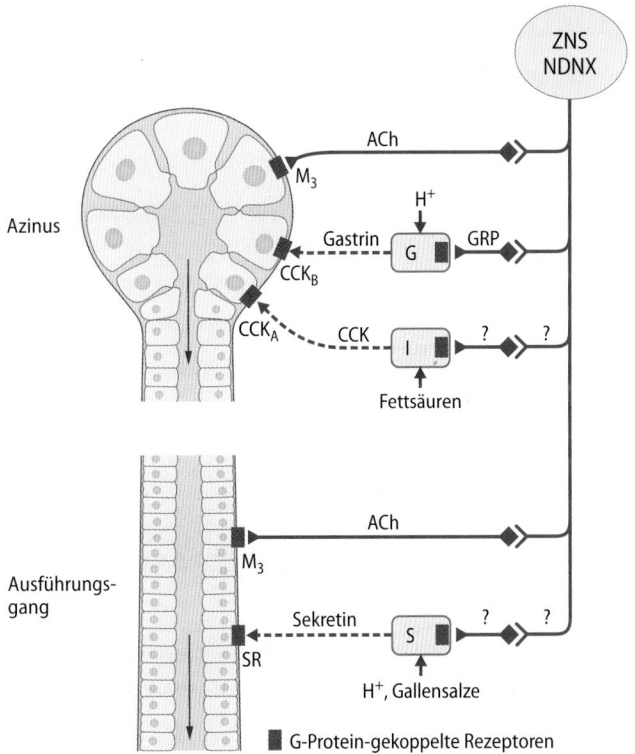

◻ **Abb. 40.4 Regulation der Pankreassekretion.** Darstellung der Hormone und Neurone des Darmnervensystems mit ihren Stimuli. ACh=Acetylcholin; CCK=Cholezystokinin; FS=Fettsäuren; G-Zelle=Gastrin-produzierende Zelle; GRP=Gastrin Releasing Peptide; I-Zelle=CCK-produzierende Zelle; CCK_A=CCK_A-Rezeptor (A steht für alimentary); CCK_B=CCK_B-Rezeptor (B steht für Brain); M_3=Cholinozeptor; NDNX=Nucleus dorsalis nervi vagi; S-Zelle=Sekretin-produzierende Zelle; SR=Sekretinrezeptor; ZNS=Zentralnervensystem

Interdigestive Pankreassekretion In **Verdauungsruhe** findet lediglich eine geringe **Basalsekretion** (0,2 ml/min) statt, deren HCO_3^--Ausstoß 2–3 % und deren Enzymsekretion 10–15 % der maximal stimulierbaren Menge ausmachen. In der interdigestiven Phase steigt die Pankreassekretion lediglich in den Phasen II und III des wandernden **myoelektrischen Motorkomplexes** (MMK, ◻ Abb. 38.12) an. Ein reichlicher Fluss von Pankreassaft (etwa 4 ml/min) setzt meist wenige Minuten nach Einnahme einer Mahlzeit ein und hält etwa 3 h lang an.

Stimulations-Sekretions-Kopplung in der Azinuszelle Die Sekretion von Enzymen in der digestiven Phase wird vor allem durch Sekretomotorneurone des Darmnervensystems und durch das Hormon **Cholezystokinin (CCK)** stimuliert. Das Hormon **Sekretin** hat an den Azinuszellen nur eine untergeordnete stimulierende Wirkung. In der basolateralen Membran der Azinuszellen sind G_q-gekoppelte **M_3-Cholinozeptoren** für Acetylcholin und G_q-gekoppelte **CCK_A Rezeptoren** für Cholezystokinin lokalisiert. Die G_q-gekoppelten Anstiege von Diacylglyzerol und Ca^{2+} bewirken die Exozytose der Proenzyme bzw. Enzyme. Bei der Aktivierung der Sekretion unterscheidet man, wie beim Magen, mehrere Phasen (◻ Abb. 39.9):

Kephale Phase Abhängig von der Aktivierung präganglionärer parasympathischer Neurone steigt die Bikarbonatsekretion um 10–15 % und der Enzymausstoß um 20–30 %. Die Sekretionssteigerung der Enzyme in den Azinuszellen wird in dieser Phase durch cholinerge Sekretomotorneurone über M_3-Cholinozeptoren vermittelt und ist daher durch Atropin hemmbar.

Gastrale Phase Reflexe des Darmnervensystems, aktiviert durch Dehnung der Magenwand, vago-vagale Reflexe und vermutlich auch eine Gastrinfreisetzung, sind hier für die Sekretionssteigerung um ca. 15 % verantwortlich.

Intestinale Phase Hier kommt es, vermittelt vor allem durch gastrointestinale Hormone, zur Sekretionssteigerung um ca. 60 %. **Sekretin** wird bei **Ansäuerung** (pH < 4,5) des proximalen Duodenums durch den Chymus von den S-Zellen der Schleimhaut sezerniert. Die Sekretin-induzierte HCO_3^--Produktion des Pankreas im Verein mit dem Sekret der Brunner-Drüsen der Duodenalschleimhaut und der Galle neutralisieren die Magensäure. Für die optimale Wirkung der Pankreasenzyme muss der pH-Wert des Chymus zwischen 6–8 liegen. Entsprechend müssen 20–40 mmol H^+ neutralisiert werden, welche die aktivierte Magenschleimhaut stündlich sezerniert.

Die **Cholezystokininfreisetzung** aus endokrinen Zellen der Dünndarmmukosa (I-Zellen) wird stimuliert durch **Abbauprodukte von Fetten** (langkettige Fettsäuren mit mehr als 10 C-Atomen, 2-Monoacylglyzerole), durch Peptide und Aminosäuren sowie durch Ca^{2+}-Ionen. Kohlenhydrate haben diese Wirkung nicht. Diese humorale Stimulation wird durch vago-vagale Reflexe, Sekretin und GRP (Gastrin Releasing Peptide) unterstützt.

Klinik

Pankreatitis

Ursachen der akuten Pankreatitis
Der lebensbedrohlichen akuten Pankreatitis liegt eine „**Selbstverdauung**" von Pankreasgewebe zugrunde. Als Ursache wird vor allem eine vorzeitige Aktivierung von proteo- und lipolytischen Enzymen durch Fusion von Zymogengranula und Lysosomen in den Azinuszellen angesehen. Auslöser ist in den meisten Fällen eine **Abflussbehinderung** in der gemeinsamen Mündung von Ductus choledochus und Ductus pancreaticus (z. B. durch einen **Gallenstein**). Aber auch ein akuter Alkoholabusus zusammen mit einer fettreichen Mahlzeit kann durch Proteinpräzipitation in den Pankreasgängen und Permeabilitätssteigerung der Gangepithelien zu einer Zellschädigung führen und dadurch eine akute Pankreatitis

verursachen. Im Vordergrund stehen dabei die **Lipaseaktivierung** sowie die Umwandlung von Trypsinogen in **Trypsin**.

Symptome der akuten Pankreatitis
Die akute Pankreatitis verursacht i. d. R. **starke Oberbauchschmerzen**. Lebensbedrohliche Verläufe treten dann auf, wenn durch Trypsin gefäßaktive Substanzen, wie Kallikrein und Kinine, freigesetzt werden, welche die **Gefäßpermeabilität** erheblich steigern und eine **systemische Vasodilatation** bewirken. Hierdurch werden starke Blutdruckabfälle und **Schockzustände** ausgelöst. In den Blutkreislauf gelangte aktivierte Verdauungsenzyme können das Alveolarepithel und die Nieren schädigen. Folgen sind eine Atem- und Niereninsuffizienz.

Chronische Pankreatitis
Die chronische Pankreatitis wird am häufigsten durch langjährigen **Alkoholabusus** hervorgerufen. Neben einer direkten Schädigung der Azini durch Ethylalkohol und/oder seiner Abbauprodukte wird – wie auch bei der akuten Pankreatitis – eine Veränderung der Sekretzusammensetzung mit nachfolgender Proteinpräzipitation (s. oben) als wichtiger verursachender Mechanismus diskutiert (z. B. Fehlen der „Schutzproteine" Lithostatin und Glykoprotein-2). Eine Maldigestion (in erster Linie eine gestörte Fettverdauung) und ein Diabetes mellitus treten erst bei weit fortgeschrittener Schädigung des Pankreasgewebes (> 90 %) auf.

> Fettabbauprodukte sind starke Reize der Cholezystokinin-Sekretion und fördern die Enzymsekretion des Pankreas.

Enzymproduktion
Einige gastrointestinale Peptide können die Pankreassekretion hemmen. Zu ihnen zählen Somatostatin, Glukagon, Peptid YY und das pankreatische Polypeptid PP. Diese inhibitorischen Peptide sind dafür verantwortlich, dass in der intestinalen Phase nur 60–70 % der maximal möglichen, d. h. durch intravenöse Injektion von Sekretin bzw. CCK zu erzielenden, Sekretionssteigerung (max. 15 mmol HCO_3^-/h) erreicht werden.
Das Pankreas weist eine große Funktionsreserve auf. Es produziert i. d. R. etwa 10-fach größere Enzymmengen als für eine ausreichende Hydrolyse der höhermolekularen Nahrungsbestandteile erforderlich wären. Ein völliges Fehlen der Mundspeichel- bzw. Magensaftenzyme hat daher keinerlei Folgen für die Verdauung. Selbst bei einer Entfernung von 90 % des Pankreas reicht die Restfunktion der belassenen 10 % aus, um eine Verdauungsinsuffizienz (Maldigestion) zu vermeiden.

Pankreas

Das exokrine Pankreas produziert im Mittel täglich 2 l eines plasmaisotonen, alkalischen Sekrets, das eine Vielzahl **hydrolytischer Enzyme** enthält, die meistens als inaktive Vorstufen abgegeben werden. In der digestiven Phase wird die Pankreassekretion durch **Sekretin**, **Cholezystokinin** und **Aktivierung parasympathischer Neurone** erheblich gesteigert und der Ausstoß hydrolytischer Enzyme deutlich erhöht. Der Pankreassaft enthält reichlich **Bikarbonat**, das über einen CFTR-regulierten HCO_3^-/Cl^--Antiporter in die Gänge sezerniert wird. Sekretin stimuliert im Gangepithel den Austausch von Cl^- gegen HCO_3^--Ionen, sodass größere Volumina eines alkalischen Sekrets ins Duodenum abgegeben werden. Hierdurch wird eine Neutralisierung des sauren Chymus erreicht und ein pH-Optimum für die Pankreasenzyme geschaffen.

40.2   Leber

40.2.1   Bauelemente und Funktionen der Leber

Die Leber ist mit ca. 1,5 kg das größte innere Organ unseres Körpers mit vielfältigen, z. T. sehr komplexen Funktionen.

Funktionen im Stoffwechsel Die Leber ist das wichtigste Organ des **Intermediärstoffwechsels** (▶ Kap. 43.1). Sie produziert die meisten Plasmaproteine (u. a. Albumin) und Gerinnungsfaktoren, metabolisiert Arzneistoffe und Gifte (Biokonversion, Xenobiotika-Stoffwechsel, Alkoholabbau) und synthetisiert u. a. Harnstoff zur **Ammoniak-Entgiftung**. Die Leber speichert u. a. **Eisen**, **Kupfer** und **Vitamine**, besonders Vitamin B_{12} und Vitamin A. Sie produziert Hormone (u. a. Somatomedine, Erythropoietin und Thrombopoietin), bildet 25(OH)Vitamin D_3 und aktiviert Schilddrüsenhormon. Das venöse Blut des Darms fließt vor Erreichen der systemischen Zirkulation durch die Leber. Hierbei werden bereits einige Substanzen effektiv aus dem Blut geklärt (**First-Pass-Effekt**, ▶ Kap. 22.5), was u. a. die schlechte orale Bioverfügbarkeit einiger Arzneistoffe erklärt.

Leberzellen bilden und speichern **Glykogen**. Bei Hypoglykämie bauen sie dieses ab und halten so die **Blut-Glukosekonzentration** aufrecht. Darüber hinaus können Leberzellen aus Laktat und einer Reihe von Aminosäuren Glukose bilden (**Glukoneogenese**). Die meisten **Aminosäuren** werden letztlich in der Leber abgebaut. Ausnahme sind die verzweigtkettigen essenziellen Aminosäuren (Valin, Leucin, Isoleucin), die hauptsächlich in die Skelettmuskulatur aufgenommen werden und deren Energiestoffwechsel bzw. Proteinsynthese steigern. Die Leber bildet aus Fettsäuren die **Ketonkörper Azetazetat** und **β-Hydroxybutyrat**. Beide dienen bei länger dauerndem Hungern als Substrate für das **Gehirn**, das keine Fettsäuren zur Energiegewinnung heranziehen kann. Die wichtigsten Funktionen der Leber sind in ◻ Tab. 40.2 zusammengefasst.

▣ Tab. 40.2	Die wichtigsten Leistungen der Leber
1.	**Kohlenhydratstoffwechsel**
	Glykogensynthese, Glukoneogenese
	Glykogenolyse, Glykolyse
	Fruktose- und Galaktose-Utilisation
2.	**Aminosäuren- und Proteinstoffwechsel**
	Biosynthese von Plasmaproteinen (z. B. Albumin, Gerinnungsfaktoren, Faktoren der Fibrinolyse, Transportproteine, Apolipoproteine)
	Biosynthese nichtessenzieller Aminosäuren
	Abbau von Aminosäuren
	Harnstoffsynthese, Ammoniakstoffwechsel
	Kreatinsynthese, Glutathionsynthese
3.	**Lipidstoffwechsel**
	Biosynthese und Abbau von Triacylglyzerolen, Lipoproteinen und Phospholipiden
	Oxidation und Synthese von Fettsäuren
	Ketogenese
	Biosynthese und Exkretion von Cholesterol
4.	**Biotransformation**
	Entgiftung, Inaktivierung, Umwandlung in wasserlösliche Verbindungen und Ausscheidung körpereigener Stoffe (Endobiotika, z. B. Häm, Steroidhormone, Schilddrüsenhormone) und körperfremder Substanzen (Xenobiotica, z. B. Arzneimittel)
	Ethanolabbau
	Bioaktivierung von Arzneimitteln (z. B. von Zyklophosphamid)
	Giftung von Stoffen (z. B. Methanol)
5.	**Abwehrfunktionen**
	Phagozytoseaktivität (von-Kupffer-Sternzellen)
	Synthese von Komplementfaktoren und Akute-Phase-Proteinen
	Aktivität der Pit-Zellen (leberspezifische Natürliche Killer-Zellen)
6.	**Speicherfunktionen**
	Lipid- und Retinolspeicherung (Ito-Zellen), Speicherung fettlöslicher Vitamine
	Kupfer, Vitamin B_{12}, Folsäure
	Glykogen (ca. 150 g)
7.	**Synthese von Hormonen, Mediatoren bzw. ihrer Vorstufen**
	IGF-1, IGF-2 (▶ Kap. 74.2)
	Erythropoietin, Thrombopoietin
	Angiotensinogen, Kininogen
	Hydroxylierung von Vitamin D_3
	T4 → T3-Konversion (▶ Kap. 75.1)

▣ Tab. 40.2	(Fortsetzung)
8	**Regulation des Säure-Basen-Haushalts** (▶ Kap. 37.2)
9	**Pränatale Hämatopoiese, postnataler Erythrozytenabbau**
10.	**Regulation der Eisenhomöostase**
	Eisenspeicherung
	Sekretion des Regulatorpeptids Hepcidin
11.	**Sekretion von Gallensäuren, Gallenbildung**

Funktionen bei der Verdauung Die Leber ist die größte **exokrine Drüse** des Körpers. Sie ist zuständig für die Bildung und Sekretion der **Galle** (▶ Abschn. 40.2.3). Galle ist reich an verschiedenen seifenartigen Substanzen, die für Aufschluss und Absorption von Nahrungsfetten im Darm notwendig sind. Hierzu gehören neben **Phospholipiden** besonders die **Gallensäuren**, die in der Leber aus **Cholesterol** gebildet werden. Gallensäuren werden zusammen mit den Nahrungsfetten im Darm resorbiert und zur Leber zurückgeführt und dort von den Hepatozyten erneut in die Galle sezerniert (**enterohepatischer Kreislauf**, ▶ Abschn. 40.2.5).

Bauelemente der Leber Die Leberläppchen, die grundsätzlichen feinstrukturellen Bauelemente der Leber, bestehen aus einer Vielzahl von radiär verlaufenden, in Balken und Platten angeordneten Zellsträngen. Zwischen dem Balkenwerk der Leberzellplatten verläuft ein radiäres, anastomosierendes Kapillarnetz (▣ Abb. 40.5). Diese Kapillaren, die **Lebersinusoide**, deren **Endothel fenestriert** ist, sind von den Leberzellen durch den **Disse-Raum** getrennt. **Von-Kupffer-Sternzellen**, die Makrophagen der Leber, ragen mit ihren Fortsätzen in diesen perikapillären Raum, in dem sich auch die **Ito-Zellen** (hepatische Sternzellen) finden. Ito-Zellen speichern **Vitamin A** und sind für die Kollagensynthese bei der Leberzirrhose verantwortlich (s. u.).

Gallenwege Durch Aussparungen (Rinnen) in der Wand einander gegenüber-liegender Leberzellen werden die **Gallenkanälchen** gebildet. Letztere beginnen im **Läppchenzentrum** und leiten die von den **Hepatozyten** gebildete Galle zur Läppchenperipherie, entgegen der Flussrichtung des Blutes in den Sinusoiden (▣ Abb. 40.5). Die Gallenkanälchen münden in intrahepatische, mit Epithel ausgekleidete **Gallengänge**, die sich kurz vor der Leberpforte zum Lebergang (Ductus hepaticus) vereinigen. Im Nebenschluss zweigt der Gallenblasengang (Ductus cysticus) ab, der in der **Gallenblase** endet. Der Endabschnitt der Gallenwege, der **Ductus choledochus**, mündet zumeist gemeinsam mit dem Ductus pancreaticus an der Papilla duodeni ins Duodenum.

Blutgefäßsystem der Leber Die Versorgung der Leber erfolgt durch Blut aus der **Pfortader** (V. portae, ca. 75 %) und der A. hepatica propria (ca. 25 %, ▶ Kap. 22.5). Auf der Ebene des Leberläppchens vereinen sich diese Gefäße in Kapillaren

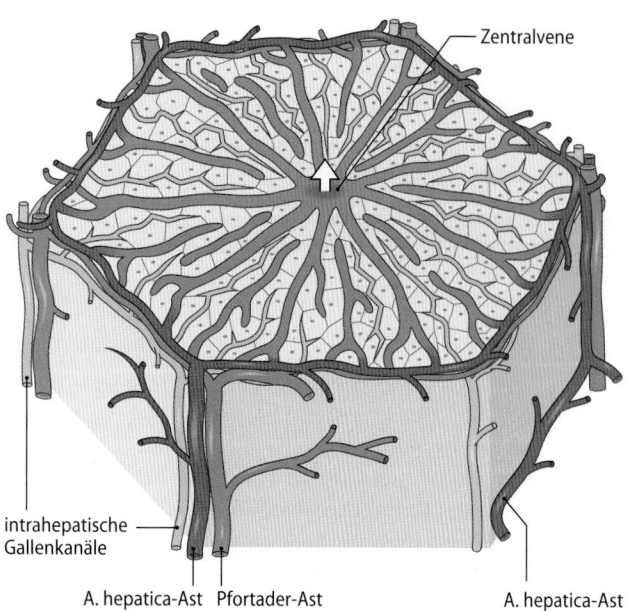

■ **Abb. 40.5   Dreidimensionale schematische Darstellung eines Leberläppchens.** Violett, Äste der Pfortader; rot, Äste der Leberarterie; grün, intrahepatische Gallengänge; blau und zentraler Pfeil, Zentralvene

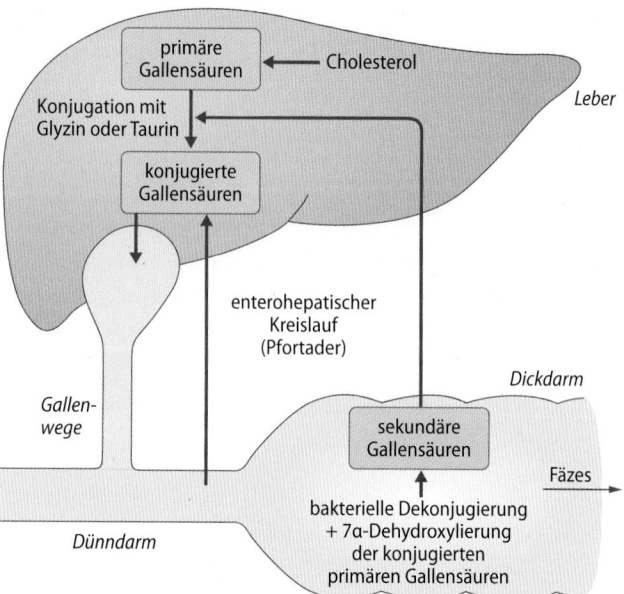

■ **Abb. 40.6   Hepatische Synthese der primären Gallensäuren aus Cholesterol und Umwandlung in sekundäre Gallensäuren im Dickdarm.** Primäre Gallensäuren werden in den Leberzellen mit Taurin oder Glycin konjugiert und nachfolgend in die Gallenkanälchen sezerniert. Die sekundären, dehydroxylierten Gallensäuren sowie die konjugierten primären Gallensäuren werden aus dem Darm praktisch quantitativ resorbiert und mit dem Pfortaderblut erneut der Leber zugeführt (enterohepatischer Kreislauf). Relativer Anteil der einzelnen Gallensalze in der Galle: Cholat 39 %, Chenodesoxycholat 38 %, Desoxycholat 15 %, Lithocholat 8 %

(Sinusoide), die dann entlang der Leberzellplatten zur Zentralvene verlaufen (■ Abb. 40.5).

Gefäßarchitektur

Die Gefäßarchitektur der Leber ist von pathophysiologisch großer Bedeutung. Entlang der Leberzellplatten wird kontinuierlich Sauerstoff verbraucht. Bei einer Sauerstoff-Mangelversorgung der Leber treten somit Hypoxie-bedingte Schädigungen zuerst um den Bereich der Zentralvene auf. Bei einer Belastung der Leber mit Giftstoffen, z. B. Ethanol oder Tetrachlorkohlenstoff, nimmt durch den Metabolismus der Hepatozyten die Giftstoffkonzentration in Richtung Zentralvene ab. Schädigungen finden sich somit bevorzugt Zentralvenen-fern.

40.2.2   Hepatozelluläre Transportsysteme und Stoffwechsel der Hepatozyten

Als exokrine Drüsenepithelien nehmen Leberzellen Substanzen blutseitig auf, metabolisieren sie teilweise und sezernieren sie in die Galle.

Primäre und sekundäre Gallensäuren   Hepatozyten synthetisieren aus Cholesterol die **primären Gallensäuren** Cholsäure und Chenodesoxycholsäure (■ Abb. 40.6). Aus dem Blut nehmen Hepatozyten die **sekundären Gallensäuren** Desoxycholsäure und Lithocholsäure auf, die zuvor von der Darmschleimhaut resorbiert wurden. Zwar werden die Gallensäuren größtenteils im **terminalen Ileum** aus dem Darm resorbiert, ein kleiner Teil erreicht jedoch den **Dickdarm** und kommt dort mit Darmbakterien in Kontakt, die dann sekundäre Gallensäuren bilden. Sekundäre Gallensäuren unterscheiden sich von primären Gallsäuren vor allem durch Dehydroxylierungen, u. a. an Position 7. Dieses ist Folge der **Dehydroxylaseaktivität** von Darmbakterien. Im Hepatozyten werden die Gallensäuren mit den Aminosäuren **Glycin** oder **Taurin** über

eine Säureamidbindung verknüpft (Konjugation), wobei die entsprechenden Tauro- und Glyko-Gallensäuren entstehen. Alternative Verknüpfungen erfolgen mit Sulfat und Glucuronsäure (Phase II-Reaktion, s. u.). Die **Konjugation** erhöht die Wasserlöslichkeit und den amphiphilen (Tensid-) Charakter der Gallensäuren.

Basolaterale Aufnahme   Wie viele andere Epithelien, verfügen Hepatozyten basolateral über eine typische Ausstattung mit Kanälen und Transportern. Hierzu gehören u. a. die primär-aktive Na^+/K^+-ATPase, Aminosäuren- und Glukosetransporter, sowie K^+ und Cl^--Kanäle. Daneben exprimieren Hepatozyten spezifische Transporter (u. a. NTCP und OATP, s. unten) für ihre Entgiftungs- und Stoffwechselfunktion. Die hepatische Aufnahme von **sekundären konjugierten Gallensäuren** erfolgt in ihrer dissoziierten Form, also als **Gallensalze** (GS^-) im **Symport mit Na^+** oder im weniger bedeutenden Umfang im **Antiport mit Cl^-**. Die weniger-polaren unkonjugierten Gallensäuren können neben dem Na^+-gekoppelten Symport vergleichbar gut **per Diffusion** in die Hepatozyten aufgenommen werden (■ Abb. 40.7).

NTCP (Na⁺-Traurocholate-Cotransporting-Polypeptide)

Dieses ist ein 50-kDa-Glykoprotein, das als 2 Na^+/GS^--Symporter an der basolateralen Seite der Hepatozyten fungiert. Wie viele Transportproteine der Leber ist es relativ unselektiv und vermittelt die Aufnahme von verschiedenen organischen Verbindungen in die Leber. Hierzu gehören Steroidhormone (Progesteron, 17β-Estradiol), Pilzgifte wie Amanitin und Phalloidin, aber auch eine Vielzahl an Arzneistoffen, z. B. der Calcium-Kanalblocker Verapamil oder das Diuretikum Furosemid. Die Expression von NTCP ist beim Früh- oder Neugeborenen noch gering, was die hepatische Klärrate für viele seiner Substrate reduziert.

OATP (Organic-Anion-Transporting-Polypeptide)

Im Unterschied zu NTCP erfolgt bei dieser Klasse von Carriern der Transport im Austausch gegen Anionen. Wichtiges Anion ist dabei Cl$^-$, aber auch Glutathion wird z. B. durch dieses Molekül transportiert. OATPs transportieren zahlreiche amphiphile Substanzen in die Zellen, neben Gallensalzen u. a. auch Medikamente, Toxine, u. a. von Schimmelpilzen, Xenobiotika und Hormone (Schilddrüsenhormon, Prostaglandine).

Biotransformation Dieser Begriff bezeichnet eine wichtige Stoffwechselfunktion der Leber im Rahmen der **Entgiftung**. Diese wird in 2 Phasen geteilt:

- **Phase I**: Katalysiert durch mischfunktionelle Monooxygenasen der **Cytochrom-P-450**-Familie werden die meisten hydrophoben Zielsubstanzen (z. B. Fremdstoffe) durch Oxidationsreaktionen modifiziert. Im Vergleich hierzu spielen Reduktionen, Hydrolysen, Methylierungen, Dealkylierungen, Hydroxylierungen oder Desaminierungen eine geringere Rolle. Die Leber exprimiert mehr als 50 dieser Enzyme, die eine recht geringe Substanzspezifität haben. Viele Arzneimittel induzieren P-450-Monooxygenasen (z. B. Barbiturate) und/oder werden durch sie metabolisiert. Hierzu gehören beispielsweise der Zyklooxygenasehemmstoff Ibuprofen, der Angiotensin-II-Rezeptorblocker Losartan und der Protonenpumpenhemmstoff Omeprazol. Die Reaktion eines Substrats mit P-450-Monooxygenasen kann auch zur **Giftung** von Substanzen führen, wie im Falle des hepatotoxischen Schmerzmittels Paracetamol.
- **Phase II**: Die Umwandlungsprodukte der ersten Phase werden anschließend konjugiert (s.o.), um ihre Wasserlöslichkeit zu erhöhen. Von besonderer Bedeutung sind hierbei Konjugatbildungen mit aktivierter Glucuronsäure, aktivierter Schwefelsäure, Glycin und die Bildung von Mercaptursäure-Derivaten mit Glutathion.
- Nachfolgend werden die wasserlöslichen Konjugate in das Blut bzw. den Tubulusharn oder die Galle **sezerniert**.

Sekretion Wie viele exokrine Zellen sezernieren Hepatozyten **Cl$^-$** über Chloridkanäle und **HCO$_3^-$** im Austausch gegen Chlorid (◘ Abb. 40.7). Im Austausch gegen OH$^-$ wird darüber hinaus Sulfat ausgeschieden. Hepatozyten sind, wenn auch in nur beschränktem Maße, zur Wiederaufnahme von „Wertstoffen" (z. B. Aminosäuren) aus den Gallenkanälchen in der Lage. Charakteristisch für Leberzellen ist ihre Ausstattung mit relativ **unselektiven Transportern** für Giftstoffe und Gallensalze. Auch wenn deren Namen historisch-gewachsen vielfältig sind, gehören viele zur Gruppe der **ABC-Transporter** (ATP-bindende Cassetten-Transporter), die **primär-aktiv** unter ATP-Verbrauch arbeiten. Zu den ABC-Transportern gehören u. a. der Transporter für Phospholipide (Multi-Drug-Resistance [MDR] Protein 2,3/FIC1), ABC G5/G8 für Cholesterol und Multidrug-resistance-related-Protein (MRP) 2 für Bilirubinbisglucuronid (s. u.).

Multi-Drug-Resistance Proteine

Die geringe Selektivität von vielen ABC-Transportern bedingt, dass sie auch Arzneistoffe aus der Zelle herauspumpen. Zellulärer Stress, aber auch spezifische Rezeptoren sind in der Lage, die Genexpression der Transporter zu steigern. Klinisch ist dieses Phänomen für einen Teil der Chemotherapeutika-Resistenzen bei Krebserkrankungen verantwortlich. Tumorzellen, die diese Proteine exprimieren, sind in der Lage, Krebsmedikamente (z. B. 5-Fluoruracil) aus der Zelle zu schleusen. Die entsprechenden Zellen sterben dann durch das Medikament nicht ab und werden selektioniert; der Tumor wird resistent gegenüber dem Chemotherapeutikum.

Sekretion von Gallensalzen Die apikale Sekretion von Gallensalzen erfolgt ausschließlich **primär-aktiv über ABC-Transporter**. Die höchste Spezifität hat dabei ABCB11 („bile salt export pump, BSEP"). Sulfat- und Glukuron-konjugierte Gallensäuren werden über ABCC2 („Multidrug-resistance-related-Protein 2 – MRP2) in das Lumen der Gallenkanalikuli gepumpt.

Gallensäuren als Signalstoffe, Gallensäuren-Rezeptoren

Die Expression einiger ABC-Transporter und von Schlüsselenzymen des Gallensäuren(GS)-Stoffwechsels (Biosynthese, Konjugation, Metabolismus) unterliegt einer besonderen Regulation, da hohe intrazelluläre GS-Konzentrationen hepatotoxisch wirken. Bei diesen Vorgängen sind primäre GS bevorzugte Liganden für den nukleären Transkriptionsfaktor **Farnesoid-X-Rezeptor** (FXR), der als „Schlüsselregulator" G-Protein-gekoppelt die Expression zahlreicher Gene der GS- Homöostase steuert: Transportproteine für die Sekretion in die Gallenkanälchen (BSEP, MRP2) werden vermehrt exprimiert (positive Rückkopplung), die Biosynthese und der Import der GS aus dem Pfortaderblut (NTCP) dagegen herabgesetzt (negative Rückkopplung). Durch Aktivierung des FXR regulieren Gallensäuren demnach ihren eigenen Metabolismus, sodass diesem Rezeptor eine protektive Rolle zukommt. Bei einem Rückstau der Galle oder bei einem starken Anstieg der hepatozellulären Gallensalz-Konzentration werden die ABC-Transporter Multidrug-resistance-related-Proteine MRP1, 3 und 4 über diesen Weg induziert und exportieren Gallensalze ins Blut. Neben der Synthese und dem Transport von Gallensalzen ist die FXR-Aktivität auch an der Regulation des Lipid-, Glukose- und Energiestoffwechsels beteiligt. Weiterhin vermittelt der FXR auch antientzündliche Wirkungen im Lebergewebe.

Sekundäre Gallensäuren sind wichtige Liganden für G$_s$-Protein-gekoppelte, Adenylylzyklase- stimulierende Rezeptoren der Cholangiozytenmembran (**TGR5**), deren Erregung zu einer Aktivierung des Chlorid-Transports über den CFTR-Kanal der Gallengangepithelien führt. Die vermehrte Chloridsekretion hat, osmotisch bedingt, einen gesteigerten Wasserfluss zur Folge und damit einen Anstieg des Gallenflusses („choleretische Wirkung der Gallensäuren"). Die TGR5-Aktivierung wirkt weiterhin protektiv bei Leberentzündungen und ist an der Regulation des (Energie-)Stoffwechsels beteiligt.

40.2.3 Gallenbildung

Die Galle enthält als wichtige Funktionsbestandteile Gallensalze bzw. Gallensäuren, Phospholipide, Cholesterol und Bilirubin; die Sekretion der Lebergalle ist teilweise Gallensäurenabhängig.

Sekretion der Lebergalle Die tägliche Gallenproduktion beträgt ca. **650 ml**, von denen etwa **80 %** aus den **Hepatozyten** und ca. **20 %** aus den Cholangiozyten des **Gallengangepithels** stammen. Bei der Bildung der Galle durch die Leberzellen wirken zwei quantitativ etwa gleichbedeutende Mechanismen

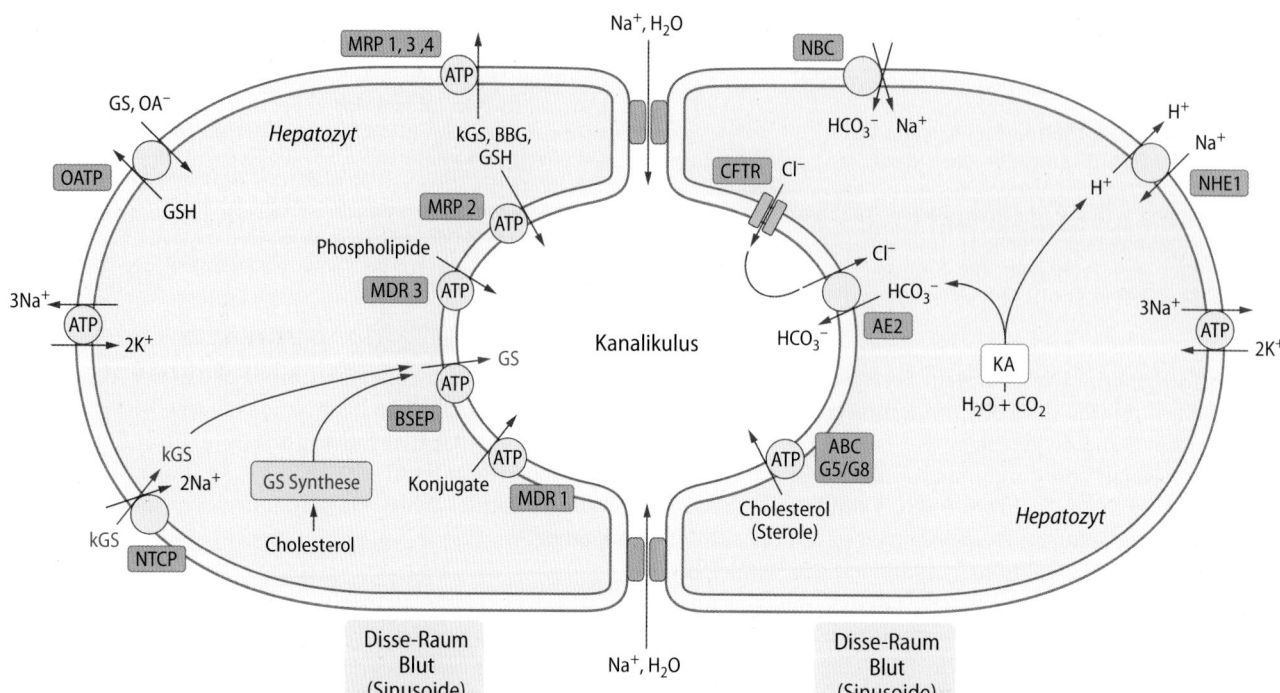

Abb. 40.7   Hepatozelluläre Transportvorgänge der Gallenbildung. Das wichtigste Transportprotein für die basolaterale Aufnahme von Gallensalzen aus dem Blut ist der NTCP-Symporter, für die apikale Sekretion in die Gallenkanälchen die BSEP-Pumpe. ABC=ATP-Binding Cassette, AE=Anion Exchanger, BBG=Bilirubinbisglucuronid, BSEP=Bile Salt Export Protein, CFTR=Cystic Fibrosis Transmembrane Regulator, GS=Gallensäuren, GSH=Glutathion, KA=Karboanhydratase, kGS=konjugierte Gallensalze/Gallensäuren, MDR=Multidrug-resistance Protein, MRP=Multidrug-resistance related Protein, NBC=Natrium-Bikarbonat-Symporter, NHE=Natrium-Protonen-Exchanger, NTCP=Natrium-Taurocholat Cotransportierendes Peptid, OATP=Organic Anion Transport Polypeptide, OA⁻=Organische Anionen

zusammen, die Gallensäuren-abhängige und -unabhängige Sekretion.

Gallensäuren-abhängige und -unabhängige Gallenbildung **Lebergalle** ist **isoton**, da die Schlussleisten der Hepatozyten zu den Gallenkanalikuli undicht sind. Gallensalze machen etwas mehr als die Hälfte der osmotisch-wirksamen Bestandteile der Lebergalle aus. Die hepatische Sekretion von Gallensalzen führt dazu, dass Wasser parazellulär in die Gallenkanalikuli strömt. Dieser Effekt wird als **Gallensäuren-abhängiger** Weg der **Gallenbildung** bezeichnet.

Die treibende Kraft für die **Gallensäuren-unabhängige Sekretion** (ca. 250 ml/Tag) ist u. a. die sekundär-aktive HCO_3^-- sowie primär-aktive Glutathion- und Bilirubinsekretion in die Gallenkanälchen. Wasser folgt dem so geschaffenen osmotischen Gradienten und ein isotones Primärsekret wird gebildet.

Cholesterol und **Phospholipide** werden ebenfalls primär-aktiv in die Gallenkanälchen sezerniert (Abb. 40.7). Auch viele Arzneistoffe und andere körperfremde Substanzen (Xenobiotica), Schadstoffe, jodhaltige Röntgenkontrastmittel zur Darstellung der Gallenwege und Gallenblase (Cholangio- und Cholezystographie) sowie Bromosulfalein (Substanz zum Testen der Exkretionsfunktion der Leberzellen) werden unter ATP-Verbrauch eliminiert.

Cholangiozytäre Sekretion   Auf dem weiteren Weg durch die großen **intrahepatischen Gallengänge** werden Menge

und Zusammensetzung der primär gebildeten Lebergalle verändert. Unter dem Einfluss von **Sekretin** wird eine HCO_3^--reiche Flüssigkeit sezerniert. Der Mechanismus ist vergleichbar mit dem in den Pankreasgangepithelien und ist demnach bei zystischer Fibrose ebenfalls gestört. Gallengangepithelien tragen erheblich zur **Alkalisierung** der Galle bei. Das von den Gangepithelien produzierte Gallenvolumen beträgt 125–150 ml/Tag

40.2.4   Bildung der Blasengalle

In der Gallenblase wird in Verdauungsruhe die Lebergalle zur Blasengalle eingedickt; in der Verdauungsphase wird die Gallenblasenentleerung durch Cholezystokinin und Aktivierung parasympathischer Neurone ausgelöst.

Blasengalle   Die plasmaisotone **Lebergalle** ist durch den Gallenfarbstoff Bilirubin goldgelb gefärbt und wird mit einer Rate von etwa 0,4 ml/min gebildet (mittlere Zusammensetzung Tab. 40.3). In den Verdauungsphasen fließt sie direkt ins Duodenum ab.

In den interdigestiven Phasen gelangen etwa 50 % der Lebergalle über den Ductus cysticus in ein Reservoir, die Gallenblase (Fassungsvermögen etwa 60 ml), wo sie zur **Blasengalle** konzentriert wird. Die große **Resorptionskapazität** der Gallenblase ermöglicht innerhalb von 4 h eine Reduzierung des Gallenvolumens auf 10 % des Ausgangsvolumens. Ent-

Tab. 40.3 Mittlere Zusammensetzung der Leber- und Blasengalle

Bestandteile	Lebergalle (mmol/l)	Blasengalle (mmol/l)
Na^+	150	180*
K^+	5	13
Ca^{2+}	2,5	11
Cl^-	105	60
HCO_3^-	30	19
Gallensäuren	20	180
Phospholipide	3	30
Gallenfarbstoffe	1	5
Cholesterol	4	17
pH-Wert	7,25**	6,90

* Die Na^+-Konzentration in der Blasengalle unterliegt – abhängig von der Konzentration der polyanionischen Mizellen – erheblichen Schwankungen (170–220 mmol/l)
** Wegen des alkalischen pH-Werts liegen die Gallensäuren in der Lebergalle hauptsächlich als gut lösliche Gallensalze vor

sprechend werden Gallensäuren, Bilirubin, Cholesterol und Phospholipide bis auf das 10-fache konzentriert. Die grünbraune Blasengalle bleibt trotzdem **plasmaisoton**, da die genannten Stoffe in Mizellen eingeschlossen sind. Trotz der Resorption ist die Na^+-Konzentration in der Blasengalle höher als in der Lebergalle (■ Tab. 40.3). Der Grund hierfür liegt in der Bildung von polyanionischen Mizellen in der Galle (s. u.).

> **Die Blasengalle ist isoton, da viele Amphiphile in Mizellen eingeschlossen sind.**

Gallenkonzentrierung Treibende Kraft für die Gallenkonzentrierung ist eine elektroneutrale Na^+- und Cl^--Resorption, die durch einen (stärker aktiven) Na^+/H^+- und einen (schwächer aktiven) HCO_3^-/Cl^--Austauscher in der apikalen Membran vermittelt wird. Basolateral verlässt Cl^- über CFTR- und ORCC-Cl^--Kanäle (Outward-Rectifying-Chloride-Channels) die Zelle. Angetrieben wird das System durch die Na^+/K^+-ATPase in der basolateralen Membran. Die Na^+- und Cl^--Resorption wird von einem **osmotischen Wasserstrom** über das lecke Epithel gefolgt.

Gallenblasenmotilität Die in der interdigestiven Phase in die Gallenblase geflossene und dort eingedickte Galle wird während der Verdauungsphase **Cholezystokinin (CCK)-vermittelt** durch **Kontraktion** der Gallenblase (bei gleichzeitiger Relaxierung des Sphincter Oddi) entleert. CCK wird vor allem durch **Fette** im Duodenum aus den I-Zellen freigesetzt. Die Motilität der Gallenblase wird auch durch Aktivierung parasympathischer Neurone oder Parasympathomimetika erhöht, jedoch wesentlich schwächer als durch CCK.

Kontraktion
Die Kontraktion der Gallenblase setzt bereits 2 min nach Kontakt der Dünndarmmukosa mit Fettprodukten ein; die vollständige Entleerung ist nach 15–90 min erreicht. Dabei kommt es einerseits zu einer anhaltend tonischen Kontraktion, die zu einer Verkleinerung des Durchmessers der Gallenblase führt, und andererseits zu rhythmischen Kontraktionen mit einer Frequenz von 2–6/min. Hierbei werden Drücke von 25–30 mmHg erreicht. Pankreatisches Polypeptid, VIP und Somatostatin bewirken eine Relaxation des Ileums.

40.2.5 Mizellenbildung und enterohepatischer Kreislauf der Gallensäuren

Gallensäuren, die in gemischten Mizellen ins Duodenum gelangen, dienen als Emulgatoren bei der Fettverdauung; sie werden zu 95 % im terminalen Ileum resorbiert und über die Pfortader wieder der Leber zugeführt.

Bildung von Mizellen **Gallensäurenmoleküle** sind **amphiphile Moleküle**, d. h. sie verfügen über einen hydrophilen (mit Karboxyl- und OH-Gruppen) und einen hydrophoben Molekülabschnitt (Steroidkern mit Methylgruppen) und haben somit **Detergenswirkung**. Aufgrund dieser Struktur bilden Gallensäurenmoleküle (wie Seifen) an der Phasengrenze zwischen Öl und Wasser einen nahezu monomolekularen Film mit Ausrichtung ihrer hydrophilen (polaren) Gruppen zum Wasser und der lipophilen (apolaren) Gruppen zur Fettphase. In wässriger Lösung entstehen so durch „Selbstassemblierung" **Mizellen**, d. h. strukturierte Molekülaggregate mit einem Durchmesser von 3–10 nm.

Voraussetzung dafür ist, dass die Konzentration der Gallensäuren einen bestimmten Wert, die sog. **kritische mizellare Konzentration** von 1–2 mmol/l, überschreitet. In den inneren lipophilen Kern können Lipide, wie Cholesterol und Phospholipide, inkorporiert werden. Auf diese Weise werden „gemischte Mizellen" gebildet (■ Abb. 40.8), die für die Fettverdauung und -absorption im Darm von großer Bedeutung sind (▶ Kap. 41.5). Das **unlösliche Cholesterol** wird so in Lösung gebracht. Es fällt erst kristallin aus, wenn seine Konzentration das Fassungsvermögen der Mizellen übersteigt, ein wesentlicher Vorgang bei der Entstehung von **Cholesterol-Gallensteinen**.

Gallensäuren gelangen in gemischten Mizellen ins Duodenum. Trotz der Verdünnung durch den Mageninhalt auf 5–10 mmol/l bleibt ihre Konzentration noch sicher über der kritischen mizellaren Konzentration. Beim physiologischen **pH-Wert** des Dünndarms sind die **Gallensalze gut löslich**, bei einem pH-Wert unter 4 werden sie zunehmend unlöslich.

Enterohepatischer Kreislauf Der Gesamtvorrat des Körpers an Gallensäuren (**Gallensäurenpool**) beträgt nur 2–4 g und reicht für die tägliche Fettverdauung nicht aus. Bei einer fettreichen Mahlzeit ist bis zum 5-fachen dieser Menge erforderlich (für 100 g Fett werden etwa 20 g Gallensäuren benötigt). Deshalb rezirkulieren die vorhandenen Gallensäuren täglich mehrfach durch den Darm und die Leber (**enterohepatischer Kreislauf**). Die Frequenz dieser Rezirkulation ist u. a.

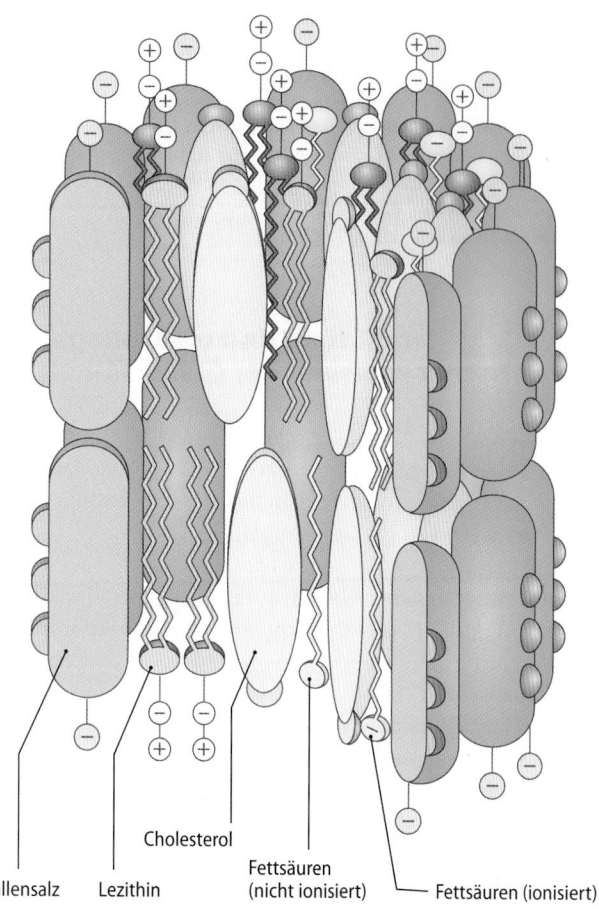

Cholesterol

Gallensalz   Lezithin   Fettsäuren (nicht ionisiert)   Fettsäuren (ionisiert)

□ **Abb. 40.8   Schematischer Aufbau einer gemischten Mizelle.** Cholesterol, Lezithin, Fettsäuren und Monoacylglyzerole befinden sich im Zentrum der gemischten Mizelle, umgeben von Gallensäuren, deren hydrophile Gruppen zur Oberfläche und wässrigen Phase orientiert sind. Die elektrischen Ladungen der einzelnen Komponenten sind durch + und – Symbole gekennzeichnet

abhängig von der Nahrungszusammensetzung und schwankt zwischen 4–12 Umläufen/Tag (□ Abb. 40.9).

Die in den Dünndarm abgegebenen primären und sekundären Gallensäuren werden im unteren Ileum zu 95 % über einen sekundär-aktiven Na⁺-Symport (**apical sodium bile acid transporter** [ASBT]) resorbiert. Etwa 1–2 % der Gallensäuren werden im oberen Dünndarm durch nichtionische, im unteren Dünndarm und Dickdarm durch ionische Diffusion passiv aus dem Lumen aufgenommen. Aufgrund der intensiven **Resorption im Ileum** treten nur 3–4 % der ursprünglich ins Duodenum abgegebenen Gallensäuren in den Dickdarm über.

Erkrankungen des Ileums
Erkrankungen des terminalen Ileums, z. B. Ileitis terminalis (Morbus Crohn) und schwerer Durchfall, können die Wiederaufnahme der Gallensäuren soweit reduzieren, dass der Gallensäurenpool ausgewaschen wird. In Folge kommt es zu Fettunverträglichkeit (Maldigestion) und Problemen bei der Aufnahme fettlöslicher Nahrungsinhaltsstoffe, wie z. B. von fettlöslichen Vitaminen (Malabsorption).

Nach ihrer Resorption werden die Gallensäuren, gebunden an ein zytosolisches Transportprotein, an die basolaterale Enterozytenmembran transportiert und dort aktiv oder über

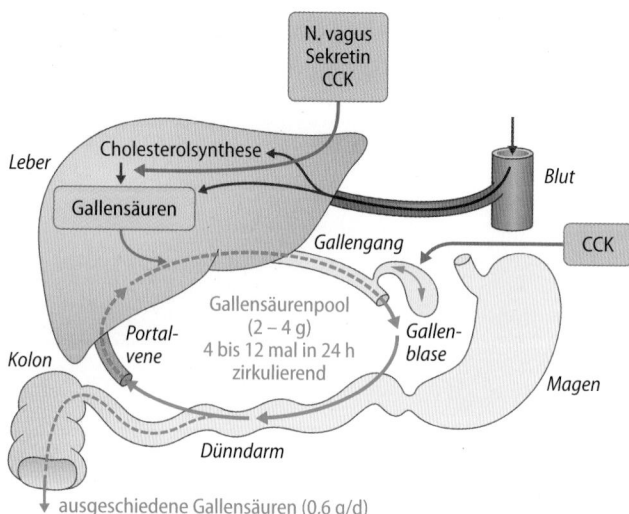

□ **Abb. 40.9   Enterohepatischer Kreislauf der Gallensäuren.** Gallensäuren werden in der Leber gebildet (stimuliert durch parasympathische Neurone, Sekretin, CCK und Gallensalze als Signalmoleküle) und als sog. Blasengalle in der Galle der Gallenblase gespeichert. CCK führt zur Entleerung der Galle in den Zwölffingerdarm. Im distalen Dünndarm werden ca. 95 % der Gallensäuren wieder im Symport mit Na⁺ resorbiert und über die Portalvene der Leber zugeführt

einen Anionenaustauscher exportiert. Sie gelangen anschließend ins **Pfortaderblut** und erreichen somit wieder die **Leber**, wo sie – nach Konjugierung in den Hepatozyten – erneut für die kanalikuläre **Sekretion** zur Verfügung stehen. Der über den Stuhl verloren gegangene Anteil von ca. **0,6 g/Tag** wird in der Leber aus Cholesterol neu synthetisiert.

❯ Im unteren Ileum werden 95 % der intestinalen Gallensäuren resorbiert.

40.2.6 Gallenfarbstoffe

Das vorwiegend aus dem Hämoglobinabbau stammende Bilirubin wird in der Leber konjugiert, in die Galle sezerniert, im unteren Ileum und Kolon teilweise resorbiert und über die Pfortader wieder in die Leber zurückgeführt.

Bildung und Exkretion des Bilirubins   Beim Abbau des **Hämoglobins** und anderer Hämoproteine (z. B. Zytochrome, Myoglobin) entstehen **Porphyrine**, die nicht weiter verwertet werden können. Der dabei zuerst auftretende Gallenfarbstoff ist das (grüne) **Biliverdin**, das durch Hydrierung zu (orangerotem) **Bilirubin**, dem wichtigsten Gallenfarbstoff, reduziert wird. Letzteres ist in Wasser praktisch unlöslich („indirektes bzw. nicht-konjugiertes" Bilirubin). Es wird daher im Blut an **Albumin gebunden** transportiert und von den Leberzellen – nach Abspaltung von Albumin – vorrangig über einen Anionenaustauscher aufgenommen. Es fallen ca. 4 mg/kg Körpergewicht, also 200–300 mg/Tag an. In der Leber wird der überwiegende Teil (ca. 80 %) an Glukuronsäure gekoppelt („**Konjugation**") und größtenteils als **wasserlösliches** („direktes bzw. konjugiertes") Bilirubin in Form von **Bilirubin-**

Klinik

Gallensteine

Klinik

Eine der häufigsten Erkrankungen in Mitteleuropa ist die Cholelithiasis (Gallensteinleiden). Die Symptome sind häufig gering oder unspezifisch (Völlegefühl, Druckgefühl im Oberbauch). Klinisch bedeutsam wird meistens erst die Entzündung der Gallenblase (**Cholezystitis**) oder Gallensteine, die zur Verlegung der Gallenwege (**Verschlussikterus**) führen. Besonders gefährlich sind Gallensteine, die den Ausführungsgang des Pankreas mitverlegen, da es hier häufig zur lebensbedrohlichen akuten **Pankreatitis** kommen kann.

Zusammensetzung

Je nach Zusammensetzung unterscheidet man zwischen Cholesterol- (ca. 80 % aller Gallensteine) und Pigmentsteinen (etwa 20 %):

— Cholesterolsteine enthalten hauptsächlich (> 75 %) Cholesterol,
— Pigmentsteine vorwiegend Kalziumbilirubinat

Die „Verkalkung", die normalerweise durch die schwach saure Reaktion der Blasengalle abgeschwächt wird, ist Folge von entzündlichen (Begleit-)Prozessen.

Ursachen

Die Bildung von Cholesterolsteinen beruht auf einer **Cholesterolübersättigung** der Galle. Cholesterol wird in den gemischten Mizellen mit Lezithin in Lösung gehalten. Steigt die Cholesterolkonzentration oder sinkt der Gallensäuren- bzw. Lezithinanteil unter einen kritischen Wert, **kristallisiert Cholesterol aus** (◗ Abb. 40.10). Verschiedene Faktoren **prädisponieren** zur Erhöhung des Cholesterolspiegels: **Estro-**

gene, hoher Kohlenhydratanteil in der Nahrung, Übergewicht, ferner Prozesse, die zur Erniedrigung der Gallensäurenkonzentration führen, wie **Entzündung** des **Ileums** (Morbus Crohn) oder eine operative Entfernung des Ileums.

Therapie

Die lithogene (steinbildende) Galle kann in geeigneten Fällen durch die **orale Verabreichung** von **Gallensäuren** wieder in nichtlithogene Galle umgewandelt werden, in der sich kleine Cholesterolgallensteine wieder auflösen können. Hierfür eignet sich wegen ihrer fehlenden Durchfallwirkung vor allem **Ursodesoxycholsäure**. Große Steine entziehen sich dieser Therapie. Bei Beschwerden müssen Steine chirurgisch, endoskopisch (◗ Abb. 40.11) oder durch extrakorporale Stoßwellenlithotripsie entfernt werden.

---

bisglukuronid, z. T. auch als Sulfatester, primär-aktiv in die Gallenkanälchen sezerniert (s. o.).

◗ Indirektes Bilirubin ist nicht konjugiert und daher wasserunlöslich.

Direktes/indirektes Bilirubin

Die Bezeichnung „direktes" und „indirektes" Bilirubin liegt in der zugrundeliegenden analytischen Messmethode begründet. „Direktes" konjugiertes Bilirubin ist wasserlöslich und reagiert direkt mit diazotiertem 2,4-Dichloranilin zu einem roten Azofarbstoff. Wasserunlösliches unkonjugiertes Bilirubin nimmt an dieser Reaktion erst teil, wenn es durch einen Lösungsvermittler („Accelerator", z. B. Methanol oder Coffein) aus der Albuminbindung gelöst wurde. In Anwesenheit des Accelerators erhält man also die Gesamtmenge beider Bilirubine. Nach Abzug des direkten Bilirubins bleibt (indirekt) der an Albumin-gebundenen Anteil übrig – das indirekte Bilirubin.

Im Darm, insbesondere im Dickdarm, werden die Bilirubinkonjugate unter der Einwirkung von anaeroben Bakterien teilweise gespalten; das freie Bilirubin wird dann schrittweise zu (farblosem) **Urobilinogen** und **Sterkobilinogen** reduziert. Diese werden durch Dehydrierung in der Niere in (orangegelbes) **Urobilin** und im Darm in (gelb-braunes) **Sterkobilin** überführt. Letzteres wird mit dem Kot ausgeschieden.

Bilirubin, ein effektives Antioxidans

Bilirubin ist einerseits ein Ausscheidungsprodukt, andererseits erfüllt es eine nützliche Funktion als ein potentes **Antioxidans** (Schutz vor Peroxidbildung). Bilirubin, Harnsäure und Vitamin C sind die wichtigsten Antioxidanzien im Blutplasma bzw. Extrazellularraum. In der Lipidphase von Membranen zählt es neben Vitamin E zu den effektivsten Schutzfaktoren gegen die Lipidperoxidation. Patienten mit reduzierter hepatischer Klärrate für Bilirubin (z. B. **Morbus Gilbert-Meulengracht**, einem Mangel an UDP-Glucuronyltransferase) neigen zwar zur Gelbsucht, besitzen aber gegenüber der Gesamtbevölkerung eine höhere **Lebenserwartung**. Sie scheinen weniger Arteriosklerose und Karzinome zu entwickeln.

Enterohepatischer Kreislauf Freies Bilirubin und seine Metabolite werden im unteren Ileum und im Dickdarm zu 15–20 % resorbiert, über die Pfortader der Leber zugeleitet, in die Hepatozyten aufgenommen und von dort erneut aktiv in die Gallenkanälchen ausgeschieden (**Rezirkulation** im enterohepatischen Kreislauf). Der Rest wird mit dem Stuhl eliminiert und ist für dessen **gelbbraune Farbe** verantwortlich. Ein kleinerer Anteil (≤ 10 %) gelangt über den Körperkreislauf in den Nieren zur Ausscheidung und führt zur **Gelbfärbung** des **Urins**.

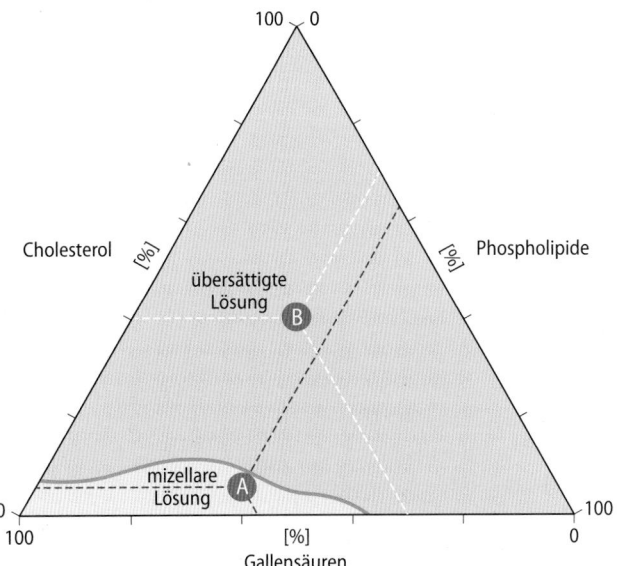

◗ **Abb. 40.10** **Löslichkeit von Cholesterol in der Galle in Abhängigkeit vom Verhältnis der relativen Konzentrationsverhältnisse von Gallensäuren, Phospholipiden und Cholesterol.** Im orangenen Bereich (A) liegt Cholesterol in Mizellen vor. Bei Abnahme der Konzentration von Gallensäuren und/oder Phospholipiden (im blauen Bereich, B) fällt Cholesterol aus

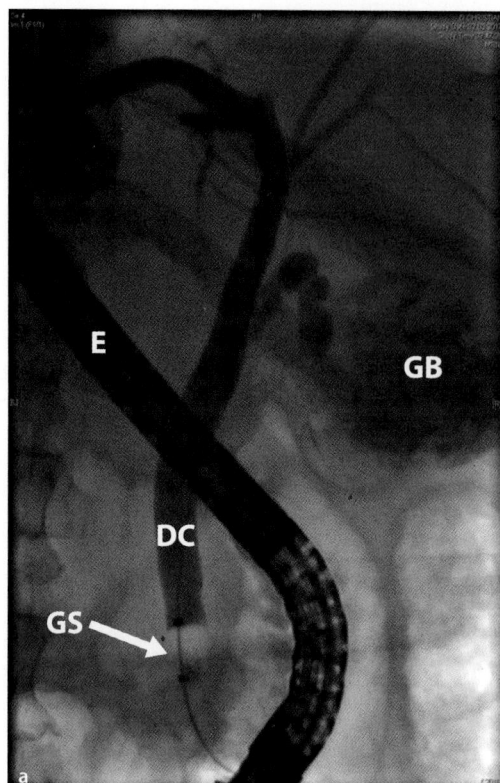

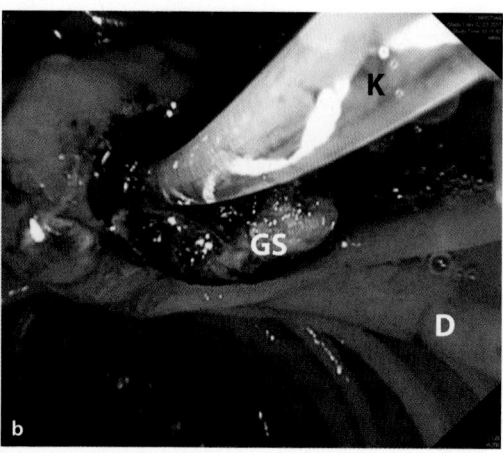

■ **Abb. 40.11a,b   Gallensteine: a** Endoskopische retrograde Cholangio-Pankreatikografie (ERCP). Über ein Endoskop (E) wird die Papilla duodeni aufgesucht und sondiert; danach wird Kontrastmittel appliziert. Retrograd stellen sich die Gallenwege (DC) dar. Als Schatten in der Gallenblase (GB) sind eine große Zahl an Steinen erkennbar. Ein Gallenstein (GS) liegt direkt vor der Papilla duodeni und blockiert den Galleabfluss. **b** Entfernung eines Gallensteins aus dem Ausführungsgang. Die Papilla duodeni ist mit einem Fangkatether (K) sondiert, über den ein Stein (GS) extrahiert wird. D: Duodenum. (Mit freundlicher Genehmigung von Dr. A. Thal und Prof. S. Zeuzem, Med. Klinik I, Universitätsklinikum Frankfurt)

Klinik

Ikterus

Symptome
Klinisches Symptom einer Störung des Bilirubinstoffwechsels ist die sogenannte Gelbsucht, eine Gelbfärbung von Haut, Sklera und Schleimhäuten und assoziiertem, starkem Juckreiz.

Ursachen
Eine Gelbsucht als Ausdruck erhöhter Bilirubinkonzentrationen im Plasma (> 2 mg/dl bzw. 35 µmol/l) kann entstehen, wenn die Bilirubinbildung stark erhöht ist, wie beispielsweise beim gesteigerten Abbau von

Erythrozyten (prähepatischer Ikterus mit erhöhtem direktem und indirektem Bilirubin). Intrahepatische Ursachen sind eine Störung der Konjugation, des Transports in der Leberzelle oder der Exkretion in die Gallenkanälchen, z. B. bei Hepatitis, Intoxikationen oder genetischen Defekten (hepatozellulärer Ikterus mit erhöhtem indirektem Bilirubin). Bei Behinderung des Gallenabflusses, z. B. durch Gallensteine oder Tumoren im Bereich der ableitenden Gallenwege liegt ein Verschlussikterus (posthepatischer Ikterus) vor. Bei posthepatischem Ikterus kommt

es vor allem zu einer Erhöhung des direkten Bilirubins.
Ein Anstieg der Urobilinogenkonzentration im Urin – und eine damit verbundene Dunkelfärbung – kann auf eine Erkrankung der Leber mit Störung der Bilirubinexkretion hinweisen. Ein völliges Fehlen im Urin und ein **entfärbter Stuhl** bei einer gleichzeitig bestehenden **Gelbsucht** ist auf einen vollständigen **Verschluss** der ableitenden Gallenwege zurückzuführen, da Bilirubin nicht mehr in den Darm gelangt und somit auch nicht in Urobilinogen umgewandelt wird.

In Kürze

In der Leber werden täglich ca. 650 ml Galle produziert. Davon entfallen etwa 80 % auf die Sekretion durch die Hepatozyten und 20 % entstammen dem Epithel der großen intrahepatischen Gallengänge. Gesteuert wird die Sekretion der plasmaisotonen Galle vor allem durch Gallensäuren und Sekretin. In der interdigestiven Phase wird ein Großteil der Lebergalle in der Gallenblase gespeichert und konzentriert. Dies kann zu einer 10-fachen Konzentrierung von organischen Gallenbestandteilen führen. In

der Verdauungsphase fließt Lebergalle direkt ins Duodenum. Die Gallenblasenkontraktion wird – bei gleichzeitig relaxiertem Sphincter Oddi – durch Cholezystokinin und parasympathisch ausgelöst. Gallensäuren wirken als Detergenzien. Ihre wichtigste Funktion ist die Lösungsvermittlung von wasserunlöslichen Verbindungen durch Ausbildung von Mizellen. Gallensäuren rezirkulieren zu >95 % vom Resorptionsort im terminalen Ileum über die Pfortader zur Leber.

Literatur

Marin JJG, Macias RIR, Briz O, Banales JM, Monte MJ (2016): Bile acids in Physiology, Pathology and Pharmacology. Current Drug Metabolism 17:4-29

Chey WY, Chang TA (2014): Secretin. Pancreas 43:162-182

Johnson LR (2014) Gastrointestinal physiology.8. Auflg. Elsevier, Mosby, Philadelphia

Johnson LR, Barrett KE, Ghishan FK, Merchant JL, Said HM, Wood JD (Herausgeb.) (2012) Physiology of the gastrointestinal tract. 5. Auflg., vol 1 und 2. Academic Press, San Diego

Vaupel P, Schaible HG, Mutschler E (2015) Anatomie, Physiologie und Pathophysiologie des Menschen, 7. Auflg. Wissenschaftliche Verlagsgesellschaft, Stuttgart

Unterer Gastrointestinaltrakt

Peter Vaupel, Wilfrid Jänig

© Springer-Verlag GmbH Deutschland, ein Teil von Springer Nature 2019
R. Brandes et al. (Hrsg.), *Physiologie des Menschen*, Springer-Lehrbuch
https://doi.org/10.1007/978-3-662-56468-4_41

Worum geht's?

Im Dünndarm wird die Nahrung aufgeschlossen

Der Chymus wird im Zwölffingerdarm mit den Sekreten von Bauchspeicheldrüse und Leber vermischt. Auch das Epithel des Dünndarms gibt Flüssigkeit in den Darminhalt ab. Enzyme aus den Drüsensekreten und des Bürstensaums der Enterozyten spalten die in der Nahrung enthaltenen Eiweiße, Kohlenhydrate und Fettsäureester in kleine, absorbierbare Moleküle. Die Galle unterstützt über ihre Detergenswirkung die Spaltung der Fette. Die Peristaltik des Dünndarms durchmischt dabei den Brei und sorgt dafür, dass die Nahrungskomponenten mit den Darmoberflächen und den Enzymen ständig in Kontakt geraten.

Natrium-Ionen sind für die Nährstoffabsorption und Wasserresorption von großer Bedeutung

Das Epithel des Dünndarms nimmt viele Nährstoffe, besonders Glukose und die meisten Aminosäuren, sekundär-aktiv im Symport mit Na^+ in die Zelle auf. Auf der Blutseite verlassen die Nährstoffe die Zelle über Carrier und Na^+ über die Na^+/K^+-ATPase. In der Folge entsteht ein osmotischer Gradient über die Zelle. Wasser gelangt entlang dieses Gradienten aus dem Darmlumen sowohl durch die offenen Schlussleisten als auch transzellulär über Wasserkanäle ins Interstitium (◘ Abb. 41.1).

Fette, Vitamine und Spurenelemente besitzen spezifische Transportsysteme

Mikronährstoffe (Spurenelemente, Vitamine) werden typischerweise im Dünndarm über spezielle Transportmechanismen aufgenommen. Die Absorption von Fetten ist komplex und abhängig von der Art des Fettes. Fettsäuren und Fettsäureester werden aus Galle-Mizellen in die Darmzelle aufgenommen, dort in Transportprotein gehüllt und in die Darmlymphe abgegeben. So wird die Leber umgangen und der Körper direkt mit Nahrungsfetten versorgt.

Der Dickdarm hat vorwiegend Speicherfunktion

Anders als der Dünndarm ist der Dickdarm nicht lebensnotwendig. Er dient der Speicherung und Eindickung des Stuhls. Dickdarmepithelien sind weitgehend wasserdicht, die verbleibenden Spuren von Na^+ werden über Na^+-Kanäle resorbiert. Der Stuhl ist reich an Bakterien, die seine Bestandteile zerlegen und enzymatisch verändern. Einige fettlösliche Bakterienspaltprodukte werden im Dickdarm resorbiert, wie kurzkettige Monokarbonsäuren. Die große Zahl an Bakterien in diesem Darmabschnitt erfordert eine besonders intensive Barrierefunktion im Dickdarm.

41

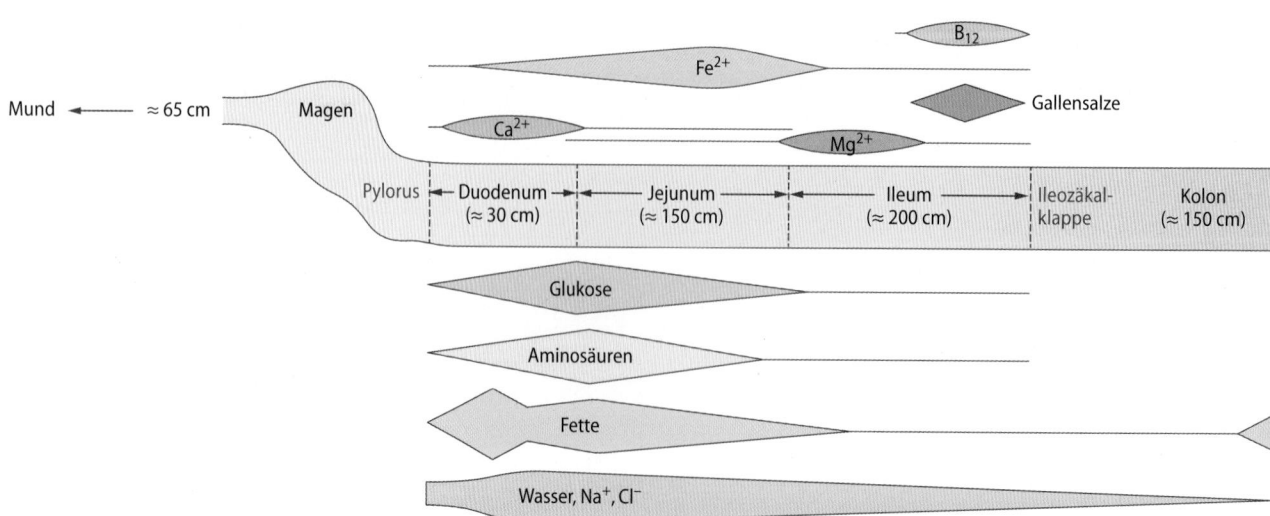

◘ Abb. 41.1 Schematische Darstellung der Lokalisation und Intensität wichtiger Absorptionsvorgänge entlang des Darmrohrs

41.1 Dünndarmmotilität

41.1.1 Gliederung

Duodenum, Jejunum und Ileum bilden den Dünndarm. Diese Abschnitte weisen sowohl histomorphologisch als auch funktionell deutliche Unterschiede auf.

Dünndarmabschnitte Der Dünndarm gliedert sich in drei Abschnitte: das **Duodenum** (20–30 cm lang), das am Treitz-Band beginnende **Jejunum** (1,5 m lang) und das **Ileum**, das sich ohne definierte Grenze anschließt (2 m lang). Die Gesamtlänge des Dünndarms beträgt im tonisierten Zustand (in vivo) etwa 3,75 m, im relaxierten Zustand (post mortem) etwa 6 m.

Funktionelle Unterschiede Das **Duodenum** ist durch einen besonders dichten Besatz mit **enteroendokrinen Zellen** charakterisiert. Auch münden die Ausführungsgänge von Leber und Pankreas in diesen Darmabschnitt. Typisch für das Duodenum sind submuköse **Brunner-Drüsen**, deren HCO_3^--haltiges Sekret zur Neutralisierung der Magen-Salzsäure beiträgt. Das **Jejunum** ist der Hauptort der **Nährstoffabsorption** und ist dicht mit **Zotten zur Oberflächenvergrößerung** besetzt. Das **Ileum** ist das Endstück des Dünndarms. Die Zotten werden kürzer und **Krypten** tauchen auf. Die Absorptionsleistung ist dennoch hoch und einige Nahrungsbestandteile, besonders **Vitamin B$_{12}$**, und **Gallensalze** werden vorzugsweise in diesem Darmabschnitt absorbiert (◧ Abb. 41.1).

41.1.2 Transportmechanismen

Die Dünndarmmotilität dient der Durchmischung des Nahrungsbreis mit den Verdauungssekreten, dem Weitertransport des Darminhalts und der Absorptionsförderung.

Durchmischung Durch die Bewegungen des Dünndarms wird der Darminhalt in der digestiven Phase mit den Verdauungssäften, insbesondere mit dem Pankreassekret und der Galle, intensiv durchmischt. Die wichtigsten Bewegungsabläufe im Dünndarm sind **rhythmische Segmentationen** und **Pendelbewegungen** (◧ Abb. 38.7), deren Frequenz von oral nach aboral abnimmt, sodass sich der Darminhalt auch bei den nicht-propulsiven Bewegungen langsam nach aboral verschiebt.

Zottenbewegungen Zottenbewegungen dienen der besseren **Durchmischung** des Darminhalts, wirbeln die ruhende, der Schleimhaut aufliegende Schicht (unstirred layer) auf und fördern dadurch die Absorption. Durch die Aktivität der Muscularis mucosae bewegen sich die Zotten stempelartig, wobei ein Frequenzgefälle besteht zwischen proximal und distal mit der höchsten Aktivität im Duodenum. Zottenkontraktionen fördern auch die **Entleerung** der zentral in der Zotte verlaufenden Lymphkapillare (Chylusgefäß) in größere Lymphgefäße tieferer Darmwandschichten.

Propulsiver Transport Für den **Transport** des Inhalts im Dünndarm – abhängig von der Nahrungszusammensetzung in 2,5-5 h bis zum Zäkum – ist die propulsive Peristaltik verantwortlich („oral-aboraler Transport", ◧ Abb. 38.7). Diese Peristaltik verhindert darüber hinaus eine Zusammenballung von verschluckten unverdaulichen Materialien (z. B. Bezoar-Bildung aus Haaren, ungenügend gekauten, verfilzten Pflanzenfasern oder geronnener Milch). Der Einfluss **gastrointestinaler Hormone** und Peptide auf die Dünndarmmotilität ist **gering** bzw. unklar. Gesichert ist lediglich die motilitätssteigernde Wirkung von Cholezystokinin (CCK). Spasmolytisch wirken dagegen ätherische Öle aus Pfefferminzblättern, Anis, Fenchel, Kümmel, Wermutkraut und Kamillenblüten.

Ileozäkaler Übergang Am Ende des Dünndarms kontrolliert ein ca. 4 cm langes Segment den Übertritt von Darminhalt in den Dickdarm. Dieser **Abschnitt** ist tonisch kontrahiert, bei einem intraluminalen Druck von ca. 20 mmHg („ileozäkaler Sphinkter"). Dehnung des terminalen Ileums führt zu einer Erschlaffung, bei Druckerhöhung im Zäkum steigt der Tonus an, sodass ein zäkoilealer Reflux erschwert wird. Darüber hinaus bildet der als **Bauhin-Klappe** ins Zäkum hineinragende Endteil des Ileums ein **Ventil**, das einem Druck im Zäkum von bis zu 40 mmHg widersteht. Diese Barriere trägt auch dazu bei, dass die Bakterienbesiedlung im Ileum um einen Faktor 10^5 niedriger ist als im Zäkum.

41.1.3 Sekretion und Elektrolyte

Die Dünndarmmukosa produziert täglich ca. 2,5 l eines bikarbonat- und muzinreichen Sekrets.

Sekretbildung Im Nüchternzustand ist das Darmsekret im Wesentlichen das Resultat eines Fließgleichgewichts zwischen ein- und ausströmender Flüssigkeit. Im Mittel werden täglich ca. 2,5 l Darmsaft gebildet. Die **Becherzellen** der Zotten und der Lieberkühn-Krypten produzieren – wie die Brunner-Drüsen des Duodenums (s. unten) – **Muzine**, die das Epithel als unstirred layer gelartig überziehen. Die Muzine schützen das Darmepithel vor Proteasen sowie im Duodenum vor dem sauren Chymus und ermöglichen ein weitgehend reibungsfreies Gleiten des Darminhalts.

Die **Hauptzellen** der Dünndarmkrypten sezernieren eine plasmaisotone NaCl-Lösung. Cl^- wird dabei durch apikale Cl^--Kanäle vom CFTR-Typ (cAMP-abhängig) oder CaCC-Typ (Ca^{2+}-abhängig) abgegeben, die durch das **vasoaktive intestinale Peptid (VIP)** bzw. **cholinerge Neurone** des Darmnervensystems aktiviert werden. Na^+ folgt passiv auf parazellulärem Weg. Wasserbewegungen erfolgen parazellulär über die Schlussleisten und transzellulär durch Aquaporine.

Die **Brunner-Drüsen** des Duodenums produzieren ein muzin- und bikarbonatreiches, alkalisches Sekret. Die HCO_3^--Sekretion ins Lumen erfolgt – wie im Pankreasgangepithel und den Gallenwegen – über einen HCO_3^-/Cl^--Austauscher (AE), der über einen Na^+/H^+-Antiporter (NHE) von der Na^+/K^+-ATPase in der basolateralen Membran angetrieben wird.

Enzymgehalt

Das Sekret der Drüsen des Dünndarms enthält praktisch keine Enzyme. Durch Abschilferung von Mukosazellen können allerdings sekundär Enzyme, die im Bürstensaum dieser Zellen lokalisiert sind, ins Darmlumen gelangen.

Regulation der Dünndarmsekretion Die Sekretions- und Absorptionsvorgänge im Dünndarm werden sowohl **neuronal** als auch **humoral** reguliert. Die Mukosa und Submukosa enthalten reichlich **Chemo-** und **Mechanosensoren**, die auf Änderungen der Zusammensetzung des Darminhalts (Aminosäuren- bzw. Glukosekonzentration, pH u. a.) sowie mechanische Reize reagieren. Über lokale Reflexe werden Motorneurone des Darmnervensystems zu den Drüsenzellen aktiviert (◘ Abb. 38.13). Diese Neurone sind **cholinerg** mit und ohne **VIP** als kolokalisiertem Neurotransmitter. Ihre Erregung führt zur Aktivierung der Epithelzellen und zur Vasodilatation der lokalen Blutgefäße.

    Entzündungsmediatoren (Zytokine, Histamin, Serotonin, Prostaglandin E_2, Leukotriene, Bradykinin u. a.) und **gastrointestinale Hormone** (Sekretin, Gastrin, CCK) steigern die Sekretion. Aktivierung parasympathischer vagaler Sekretomotorneurone wirkt ebenfalls sekretionsfördernd. Aktivierung postganglionärer sympathischer noradrenerger Neurone dagegen hemmt die Neurone des Plexus submucosus und damit die Sekretion.

> ❯ Zahlreiche gastrointestinale Hormone und Entzündungsmediatoren wirken sekretionssteigernd.

Dünndarmsekretion

Die Dünndarmmukosa produziert täglich ca. 2,5 l Sekret. Die von den Becherzellen und Brunner-Drüsen gebildeten **Muzine** haben vor allem Schutzfunktionen. Die Brunner-Drüsen produzieren außerdem ein **bikarbonatreiches alkalisches Sekret**. Die Hauptzellen der Dünndarmkrypten sezernieren eine enzymfreie, plasmaisotone **NaCl-Lösung**, die Epithelzellen der Duodenalkrypten HCO_3^-. Die Sekretion wird lokal durch das Darmnervensystem geregelt. Diese Regulation steht unter der Kontrolle von Parasympathikus und Sympathikus sowie von gastrointestinalen Hormonen.

41.2 Absorption von Elektrolyten und Wasser im Dünndarm

41.2.1 Grundlagen der Absorptionsvorgänge

Im Dünndarm werden täglich 60–100 g Elektrolyte und im Mittel 9 l Wasser absorbiert. Er ist der Hauptort für die Absorption der energiehaltigen Verdauungsprodukte und von Mikronährstoffen.

Absorbierende Oberfläche und Durchblutung der Dünndarmmukosa Die für den transepithelialen Absorptionsprozess

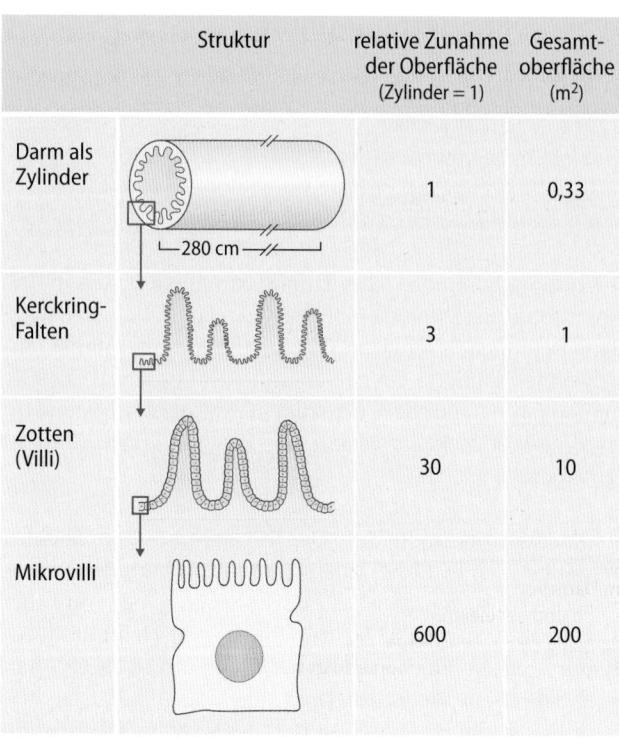

◘ **Abb. 41.2** Vergrößerung der Schleimhautoberfläche des Dünndarms durch spezielle morphologische Strukturen

der Verdauungsprodukte erforderliche **große Oberfläche** ist im Dünndarm durch die Ausbildung von Falten, Zotten und Mikrovilli gewährleistet (◘ Abb. 41.2).

    Eine weitere Voraussetzung für eine effiziente Absorption ist ein adäquater Abtransport der absorbierten Substanzen mit dem Blutstrom. Erforderlich hierfür sind eine relativ **hohe Durchblutung** und deren Regulation in der digestiven Phase. In Verdauungsruhe beträgt die Durchblutung lediglich $0,3$–$0,5$ $ml \cdot g^{-1} \cdot min^{-1}$. In der Darmwand verteilt sich das Blut zu ca. 75 % auf die Schleimhaut, zu etwa 5 % auf die Submukosa und ca. 20 % auf die Muscularis propria. Nach dem Essen steigt die Durchblutung um das **3–5-fache** an. Der Anteil der Schleimhautdurchblutung nimmt unter diesen Bedingungen von 75 auf 90 % zu. An dieser Regulation sind wahrscheinlich CCK, VIP, nicht-cholinerge-nicht-adrenerge **Neurone** und **lokale Metabolite**, wie Adenosin beteiligt.

Permeabilität der Darmmukosa In den oberen Darmabschnitten erfolgt der Stoffaustausch bis zu **90 %** auf **parazellulärem Weg**, wobei **osmotische**, **hydrostatische** und **elektrochemische Gradienten** den Transport antreiben. Die **Durchlässigkeit** der Schlussleisten und damit die passive Permeabilität des Epithels nehmen im Intestinaltrakt von proximal nach distal deutlich ab (◘ Abb. 41.3).

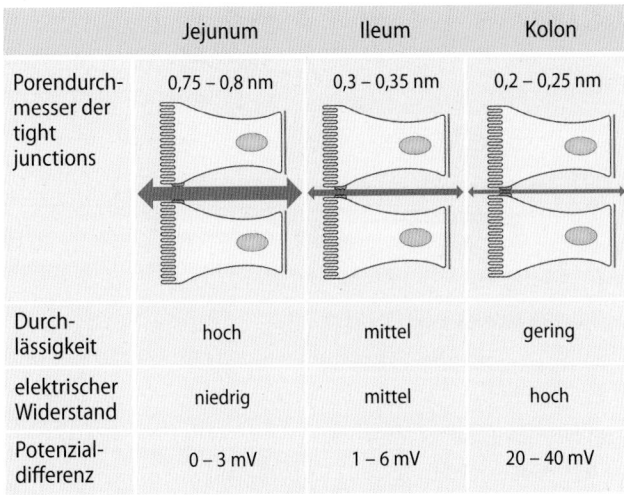

	Jejunum	Ileum	Kolon
Porendurchmesser der tight junctions	0,75 – 0,8 nm	0,3 – 0,35 nm	0,2 – 0,25 nm
Durchlässigkeit	hoch	mittel	gering
elektrischer Widerstand	niedrig	mittel	hoch
Potenzialdifferenz	0 – 3 mV	1 – 6 mV	20 – 40 mV

⬛ Abb. 41.3   Passive Durchlässigkeit des Epithels in Abhängigkeit von der Porengröße der tight junctions. Die Porengröße nimmt im Darm von proximal nach distal ab, die transepitheliale Potenzialdifferenz und der elektrische Widerstand des Epithels entsprechend zu. Demzufolge können „dichte" Epithelien große Gradienten aufbauen und der transepitheliale Transport erfolgt vorwiegend transzellulär

41.2.2   Transportmechanismen für Elektrolyte und Wasser

Der transzelluläre Transport von Na$^+$ ist der Motor der intestinalen Absorption. Wasser und Cl$^-$ folgen passiv, getrieben durch osmotische und elektrische Gradienten.

Die Transportmechanismen der intestinalen Mukosa unterscheiden sich nicht wesentlich von denen anderer Epithelien. Aus diesem Grund wird auf die Darstellung dieser Mechanismen in ▶ Kap. 3 verwiesen.

Na$^+$-Absorption   Von den täglich mit der Nahrung aufgenommenen 2–2,5 g Na$^+$ und den mit den Sekreten in den Darm gelangten weiteren 6 g verlassen nur 50 mg den Körper mit dem Stuhl. Der größte Teil wird im Dünndarm (ca. 85 %),

der Rest (etwa 15 %) im Kolon absorbiert. Bei den verschiedenen Mechanismen des Na$^+$-Transports in den Enterozyten ist stets die **basolaterale Na$^+$/K$^+$-ATPase** die primär-aktive Pumpe, da sie eine niedrige intrazelluläre Na$^+$-Konzentration aufrechterhält, die wiederum als treibende Kraft für sekundäraktive Transporte wirkt (⬛ Tab. 41.1). Die Carrier-vermittelte, sekundär-aktive Aufnahme von Na$^+$ in die Enterozyten des Dünndarms über die apikale Bürstensaummembran erfolgt:

- im **Duodenum** elektroneutral durch **Na$^+$/H$^+$-Antiport** (NHE3).
- im **Jejunum** vorrangig elektrogen über verschiedene **Na$^+$-Substrat-Symporter**. Neben Glukose, Galaktose, verschiedenen Aminosäuren, Phosphat, Sulfat und Gallensäuren benutzen auch einige wasserlösliche Vitamine diesen Transportmechanismus (▶ Abschn. 41.4.1). Die auf diese Weise postprandial in die Enterozyten aufgenommenen Substrate gelangen an der basolateralen Membran zumeist über **Carrier** ins Interstitium.
- im **Ileum** elektroneutral (ladungsgleiche Aufnahme von Na$^+$ und Cl$^-$) unter Mitwirkung eines **Na$^+$/H$^+$** (NHE3)- und eines **HCO$_3^-$/Cl$^-$** (DRA)-**Antiporters** (vor allem interdigestiv; ⬛ Tab. 41.1). Bei hohem Kochsalzangebot im Darmlumen hemmen die Polypeptide Guanylin und Uroguanylin den Na$^+$/H$^+$-Antiporter und damit die Na$^+$-Absorption.

Der elektrogene Na$^+$-Transport baut ein **Lumen-negatives transepitheliales Potenzial** auf, das die parazelluläre Cl$^-$-Absorption antreibt (s. u.).

Aufgrund der hohen Permeabilität der Schlussleisten im oberen Dünndarm (s. o.) erfolgt die Na$^+$-Absorption in der interdigestiven Phase zu 85 % **passiv** auf parazellulärem Weg durch **solvent drag** (▶ Kap. 3.2.3, 3.3); nur 15 % werden durch die oben geschilderten Mechanismen transportiert. Nach einer Mahlzeit werden dagegen nur noch ca. 40 % passiv, der Rest Carrier-vermittelt absorbiert.

Absorption von K$^+$, Cl$^-$ Die **K$^+$-Absorption** (tägliche Zufuhr: 3-3.5 g) im Jejunum und Ileum erfolgt zum großen Teil durch

⬛ **Tab. 41.1** Wichtige transzelluläre Absorptionsmechanismen im Darm			
	Apikale Membran	**Basolaterale Membran**	**Hauptabsorptionsort**
Monosaccharide			
Glukose, Galaktose	2Na$^+$-Symporter (SGLT-1)	Glukosetransporter (GLUT-2)	Oberer Dünndarm
Fruktose	Glukosetransporter (GLUT-5)		
Proteolyseprodukte			
Tri- und Dipeptide	H$^+$-Symporter (PepT1)	H$^+$-Symporter (PepT1)	Oberer Dünndarm
Kationische AS$^+$, Zystin	Antiporter (b^{o+})	Antiporter (y$^+$L)	
Neutrale AS^0	Na$^+$-Symporter (B^0)	Na$^+$-Symporter (A)	
Anionische AS$^-$	2Na$^+$/H$^+$-Symporter (X$^-_{AG}$)	Na$^+$- Symporter (A)	
Iminosäuren, β-Aminosäuren	Na$^+$/Cl$^-$-Symporter IMINO, BETA	Na$^+$-Symporter	

◧ Tab. 41.1 (Fortsetzung)

	Apikale Membran	Basolaterale Membran	Hauptabsorptionsort
Lipolyseprodukte			
Kurz-, mittelkettige FFS, Glyzerol	Na^+-Symporter (SMCT1) Aquaporine, Diffusion	H^+-Symporter (MCT1,4) Aquaporine, Diffusion	Oberer Dünndarm
Langkettige FFS, Monoazylglyzerol	Carrier-vermittelt (FS-Translokase/CD36-Transporter)	Exozytose (in Chylomikronen)	
Cholesterol	Sterol-Carrier (NPC1L1, SRB1)	Exozytose (in Chylomikronen)	
Gallensäuren (Gallensalze)	Na^+-Gallensalz-Symporter (ASBT), Diffusion	Uniporter (OST= Organic Solute Transporter)	Ileum
Elektrolyte			
Na^+	Na^+/Substrat-Symporter Na^+/H^+-Antiporter (NHE3) Na^+-Kanäle (ENaC)	Na^+/K^+-ATPase	Jejunum[1] Duodenum, Ileum, proximaler Dickdarm distaler Dickdarm
K^+	K^+-Kanäle H^+/K^+-ATPase	K^+-Kanäle	Jejunum[1], Duodenum, Ileum, proximaler Dickdarm distaler Dickdarm[2]
Cl^-	HCO_3^-/Cl^--Antiporter (DRA)	Cl^--Kanäle (ClC2)	Ileum, Dickdarm[2]
HCO_3^-	CO_2-Diffusion in die Zelle	HCO_3^-/Cl^--Antiporter (AE1), Na^+/HCO_3^--Symporter (NBC1)	Jejunum
Ca^{2+}	Ca^{2+}-Kanal (TRPV6=CaT1)	Ca^{2+}-ATPase (PMCA1), Ca^{2+}/$3Na^+$-Antiporter (NCX1)	Dünndarm[3]
Mg^{2+}	Mg^{2+}-Kanal (TRPM6)	$2Na^+$/Mg^{2+}-Antiporter, Mg^{2+}-ATPase (?)	Distales Jejunum, Ileum
HPO_4^{2-}, $H_2PO_4^-$	$2Na^+$, Phosphat-Symporter (NaP$_i$-IIb)	Phosphat-Kanäle (?)	oberer Dünndarm
Eisen			
Fe^{2+}	Fe^{2+}/H^+-Symporter (DMT1)	Ferroportin (FPN)	Duodenum
Häm	Häm-Carrier (HCP1), Endozytose		
Transferrin-Fe^{2+}	rezeptorvermittelte Endozytose		
Wasserlösliche Vitamine			
C, Biotin, Pantothensäure, Niacin	Na^+-Symporter (substratspezifisch)	Carrier-vermittelt	Oberer Dünndarm[4]
Folsäure	Folat$^-$/H^+-Symporter (PCFT) Reduced Folate Carrier (RFC)	RFC-Carrier, MDR-related protein	Oberer Dünndarm[4] unterer Dünndarm
B_{12}	Rezeptorvermittelte Endozytose	Multidrug Resistance Protein1 (MDRP1)	Ileum
B_1, B_2, B_6	Carrier-vermittelt (substratspezifisch)	Carrier-vermittelt	Oberer Dünndarm
Fettlösliche Vitamine			
A (Retinol) D_3, E, K_1	Diffusion Cholesterol-Carrier (s.o.)	Exozytose (in Chylomikronen)	Oberer Dünndarm
Wasser	H_2O-Kanal (Aquaporin)	H_2O-Kanal	Alle Abschnitte

AS = Aminosäuren, FFS = freie Fettsäuren
1 Absorption im oberen Dünndarm in der interdigestiven Phase vorrangig passiv durch solvent drag
2 Absorption im oberen Dünndarm vorrangig parazellulär durch Diffusion und solvent drag
3 bei niedrigem Ca^{2+}-Angebot; bei hohem Angebot überwiegt die passive parazelluläre Aufnahme im Dünndarm
4 bei höheren Konzentrationen erfolgt die Absorption auch parazellulär durch Diffusion

41

auf **parazellulärem Weg** aus dem Lumen in das Interstitium. Im Kolon wird das von den Epithelzellen der Krypten sezernierte K^+ teilweise von den Zottenepithelien, vor allem bei K^+-Mangelzuständen, wieder absorbiert. Angetrieben wird diese Absorption durch eine primär-aktive apikale **H^+/K^+-ATPase** (vgl. Protonenpumpe in den Belegzellen des Magens, ▶ Kap. 39.3.1).

Die **Cl^--Absorption** (tägliche Zufuhr: 3 g) im Dünndarm erfolgt überwiegend **passiv** über **tight junctions** durch **solvent drag** und aufgrund der transepithelialen Potenzialdifferenz. Die Serosaseite der Enterozyten ist elektropositiv gegenüber dem Lumen. Im **Kolon** mit seinen dichteren Schlussleisten wird Cl^- nur noch teilweise parazellulär, bevorzugt über einen **tertiär-aktiven HCO_3^-/Cl^--Antiporter** (DRA), aufgenommen. Das auf diese Weise sezernierte HCO_3^- dient der Bindung von H^+ aus kurzkettigen organischen Säuren (vor allem Monokarbonsäuren), die beim bakteriellen Abbau unverdaulicher Kohlenhydrate entstehen.

Chloriddiarrhoe (CLD)
Ein autosomal-rezessiv vererbter Defekt des tertiär-aktiven HCO_3^-/Cl^--Antiporters DRA führt zur sog. Chloriddiarrhoe mit Cl^--reichen, wässrigen Stühlen und einer metabolischen Alkalose wegen der verminderten Bikarbonatsekretion.

Bicarbonat-Transport HCO_3^- wird im Duodenum, Ileum und Kolon in das Darmlumen sezerniert. Im Jejunum findet dagegen eine **HCO_3^--Resorption** statt. Das im Darmlumen vorhandene Bicarbonat kann unter Einwirkung der in den Mikrovilli lokalisierten **Karboanhydratase** z. T. in CO_2 umgesetzt werden. Dadurch steigt der CO_2-Partialdruck im Lumen bis auf 300 mmHg an, sodass CO_2 in die Zelle diffundiert. Im Enterozyten entsteht unter Einwirkung einer Karboanhydratase erneut HCO_3^-, das anschließend im **Austausch gegen Cl^-** (AE1) oder über einen **Na^+/HCO_3^- Symport** (NBC1) an die interstitielle Flüssigkeit abgegeben wird.

Absorption von Ca^{2+}, Phosphat (P_i) und Mg^{2+} Etwa 1 g Ca^{2+} wird täglich vor allem in Form von Milch und Milchprodukten (z. B. Casein) aufgenommen. Aus solchen **Ca^{2+}-Proteinaten** wird bei saurem pH-Wert im Magen Ca^{2+} freigesetzt, wovon **lediglich 35 %** im oberen Dünndarm absorbiert werden. Der Rest wird mit den Fäzes ausgeschieden. Bei niedrigen Ca^{2+}-Konzentrationen im Darminhalt erfolgt die Absorption durch die Bürstensaummembran über **Ca^{2+}-Kanäle (TRPV6)** ins Zytosol der Enterozyten des oberen Dünndarms (◻ Abb. 41.4). Im Zytosol wird Ca^{2+} an das Protein **Calbindin-D** gebunden und diffundiert Protein-gebunden an die basolaterale Membran. Dort wird Ca^{2+} durch eine **Ca^{2+}-ATPase** und einen **$3Na^+/Ca^{2+}$-Antiporter** (NCX1) in das Interstitium transportiert (◻ Tab. 41.1). **Calcitriol** (▶ Kap. 36.3.2) stimuliert die luminalen Ca^{2+}-Kanäle und die Synthese von Calbindin. **Parathormon** fördert die Calcitriolbildung in der Niere und somit indirekt die **Ca^{2+}-Absorption** im Darm. Bei hohen Ca^{2+}-Konzentrationen im Darmlumen wird Ca^{2+} im gesamten Darm auch passiv auf parazellulärem Weg aufgenommen (◻ Abb. 41.4).

Anorganisches Phosphat (HPO_4^{2-} und $H_2PO_4^-$, tägliche Zufuhr: 0.8 g) wird vor allem im Jejunum über einen **2 Na^+/**

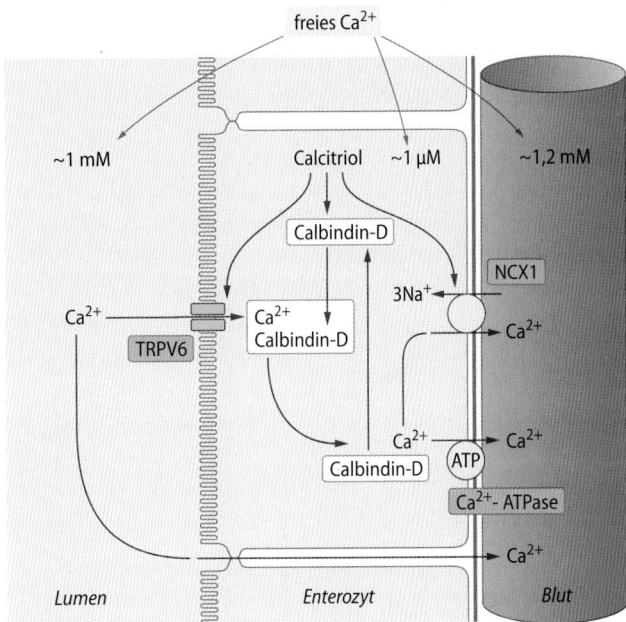

◻ **Abb. 41.4 Mechanismen der transzellulären und parazellulären (passiven) intestinalen Kalziumabsorption.** Calcitriol induziert die wesentlichen transzellulären Transportprozesse. Calbindin dient als intrazellulärer Kalzium-Puffer. Der Einstrom in die Enterozyten erfolgt entlang eines steilen Konzentrationsgefälles (ca. 1000:1), der Export ins Interstitium beruht auf „Bergauf-Transport" (etwa 1: 1000). TRPV6=lumenseitiger Ca^{2+}-Kanal, NCX1=basolateraler $Ca^{2+}/3Na^+$-Antiporter

Phosphat-Symporter (NaP_i-IIb) über die apikale Membran absorbiert. **Calcitriol** steigert die Aktivität dieses Transportsystems und fördert somit die Phosphataufnahme. An der basolateralen Membran wird Phosphat über einen Kanal passiv ins Interstitium transportiert.

Die Absorption von **Magnesiumionen** (tägliche Zufuhr: 350 mg) erfolgt im gesamten Dünndarm vor allem parazellulär durch **solvent drag**, aber auch über einen Mg^{2+}-Kanal im Ileum (◻ Tab. 41.1).

Wasserabsorption Durchschnittlich **9 l Flüssigkeit** passieren täglich den Dünndarm. Davon stammen etwa **1,5 l** aus der **Nahrung** und ca. 7,5 l aus den Sekreten der Drüsen und des Darms (◻ Abb. 38.3). Über **85 %** davon werden im Dünndarm absorbiert, etwa 55 % im Duodenum und Jejunum sowie 30 % im Ileum. Der Rest wird vom Dickdarm aufgenommen, sodass nur ca. **1 %** (d. s. ca. **100 ml**) mit dem **Stuhl** zur Ausscheidung gelangt.

❯ Täglich passieren ca. 9 l Flüssigkeit den Dünndarm.

Die Wasserbewegung durch die **Schlussleisten** und transzellulär durch **Aquaporine** erfolgt im Zusammenhang mit dem Transport gelöster Substanzen. Die Durchlässigkeit der Schleimhaut für Wasser ist im oberen Dünndarm relativ groß, sodass Abweichungen der **Osmolalität** des Duodenalinhalts von der des Plasmas im Duodenum in wenigen Minuten ausgeglichen werden (◻ Abb. 41.5).

Im Kolon ist die Permeabilität deutlich geringer als im oberen Dünndarm. Da die Darmbakterien osmotisch wirk-

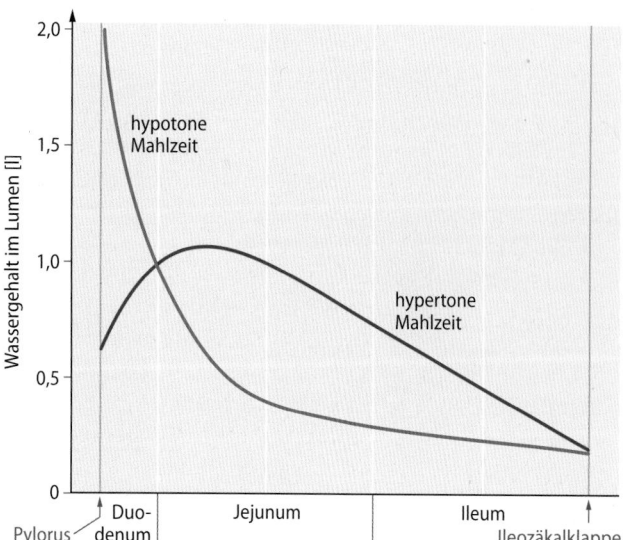

◻ Abb. 41.5 Wassergehalt entlang des Dünndarms in Abhängigkeit von der Osmolarität des Darminhalts. Da die intestinalen Wasserbewegungen im Wesentlichen parazellulär sind, führt ein hyperosmolarer Nahrungsbrei zum Einstrom von Wasser aus dem Interstitium in das Darmlumen

same Substanzen bilden (z. B. kurzkettige organische Säuren), wird ein osmotischer Gradient zwischen der Schleimhaut und dem Darmlumen aufgebaut, und die Fäzes werden **hyperosmolar** (≈360 mosmol/l).

Postprandiale Hypotonie
Aus sehr kohlenhydrathaltigen, ballaststoffarmen Nahrungsmitteln (z. B. Nudeln, polierter Reis) können im Dünndarm in kurzer Zeit große Mengen an osmotisch wirksamen Oligo- und Monosacchariden freigesetzt werden. Diese ziehen Wasser aus dem Extrazellularraum in den Darm. Das Blutvolumen sinkt, sodass es bei empfänglichen Menschen zu Kollapsneigung und Blutdruckabfall kommen kann.

> **In Kürze**
>
> Die treibende Kraft für die meisten Absorptionsvorgänge an den Dünndarmzotten ist ein **transepithelialer Na⁺-Transport**. Wasser folgt vorrangig dem osmotischen Gradienten. Die Absorption von K⁺, Cl⁻ und HCO₃⁻ beruht im Wesentlichen auf passivem Transport. Ca²⁺ und Mg²⁺ werden Calcitriol-abhängig über luminale Kanäle bzw. basolaterale Transporter aufgenommen.

41.3   Verdauung und Absorption von Nährstoffen im Dünndarm

41.3.1   Kohlenhydrate

Verwertbare Kohlenhydrate werden größtenteils in Form von Stärke aufgenommen. Ballaststoffe sind unverdauliche Kohlenhydrate. Die apikale Absorption von Glukose und Galaktose im oberen Dünndarm erfolgt als Na⁺-Symport, die der Fruktose über einen Uniporter.

Kohlenhydrate   Diese liegen in der Nahrung vorwiegend als **α-1,4** und **α-1,6-glykosidisch-verknüpfte Polymere** vor (Stärke 55–60 %, Glykogen ca. 2 %). **Stärke**, ein Polysaccharid aus pflanzlicher Nahrung, besteht zu 20-30 % aus Amylose (α-1,4-glykosidische Bindung von Glukosemonomeren) und zu 70-80 % aus Amylopektin, das neben α-1,4- auch α-1,6-Glykosidbindungen an den Kettenverzweigungen enthält. **Gykogen** entstammt tierischer Nahrung. Weitere Kohlenhydrate der Nahrung sind die 1,2-verknüpften **Disaccharide** Saccharose (ca. 30 %), Laktose (ca. 7 %) und Maltose (ca. 1 %). **Monosaccharide** (D-Glukose, D-Galaktose, D-Fruktose) nehmen nur einen geringen Anteil ein (1-2 %). Als täglicher Bedarf an Kohlenhydraten werden für gesunde Erwachsene 5-6 g/kg Körpergewicht angegeben. Sie sollen etwa 50-60 % der gesamten Energiezufuhr abdecken. Empfohlen werden vorzugsweise Vollkornprodukte.

Ballaststoffe   β-1,4-glykosidische Bindungen, wie sie in den pflanzlichen Kohlenhydraten **Zellulose** und **Pektin** vorkommen, können durch Verdauungsenzyme des Menschen **nicht gespalten** werden. Sie werden deshalb im Dünndarm nicht absorbiert und gelangen in den Dickdarm. Dort können sie durch Bakterien zu kurzkettigen Monokarbonsäuren abgebaut und als solche absorbiert werden. Ballaststoffe im Magen fördern u. a. das Sattheitsgefühl, verkürzen die Passagezeiten und wirken positiv auf die **Darmflora**. Sie binden **Wasser** und tragen damit erheblich zum Stuhlvolumen bei. Außerdem wirken sie der Entstehung von kolorektalen Karzinomen entgegen (Empfohlene Zufuhr an Ballaststoffen: >30 g/Tag.)

Verdauung   Kohlenhydrate können nur als Monosaccharide absorbiert werden. Die Verdauung der Stärke wird im Wesentlichen durch **Pankreas-Amylase** (Ptyalin) vermittelt, indem sie im Inneren des Makromoleküls die glykosidischen Bindungen unter Bildung von Oligosacchariden (mit 6–7 Glukoseeinheiten) spaltet (◻ Tab. 40.1). Endprodukte dieser intraluminalen Spaltung sind Maltose, Maltotriose und α-Grenzdextrine (◻ Abb. 41.6a). Diese kurzkettigen Zucker werden – wie auch die aufgenommene Saccharose und Laktose – durch spezifische, an der **Bürstensaummembran** lokalisierte **Oligosaccharidasen** in Monosaccharide gespalten. Die Spaltung α-1,6-glykosidischer Bindungen erfolgt dabei durch die Isomaltase. Die Aktivität der membrangebundenen Enzyme ist so hoch, dass nicht die Spaltung der Kohlenhydrate deren Aufnahme begrenzt, sondern die Absorption der Monosaccharide. Einzige Ausnahme ist die Hydrolyserate der Laktose. Diese ist langsamer als die Absorption ihres Spaltprodukts Galaktose.

> ❯ Anders als für alle anderen Oligosaccharide ist für Laktose die Spaltung durch Laktase limitierend für die Absorption.

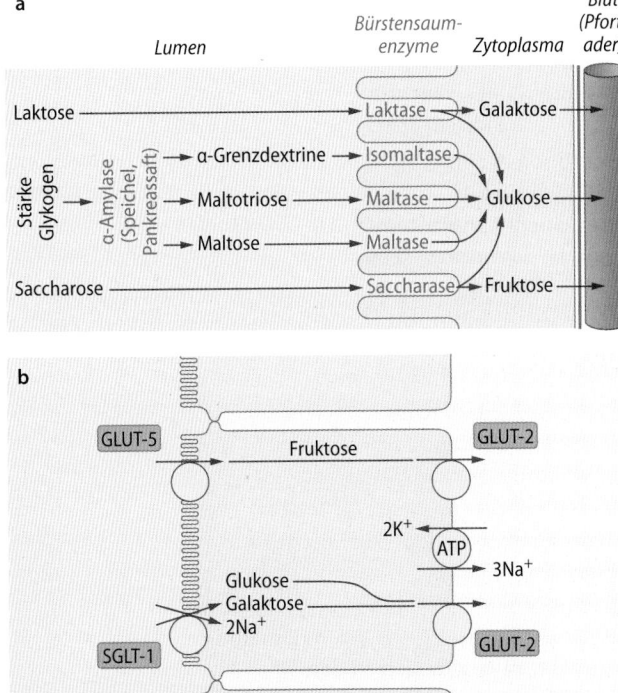

◘ Abb. 41.6a,b Hydrolytische Spaltung der Nahrungskohlenhydrate (a) und Absorption der Monosaccharide im oberen Dünndarm (b). a Die Endprodukte der pankreatischen Kohlenhydratverdauung und die beiden Nahrungsdisaccharide werden an der Bürstensaummembran in ihre Monosaccharid-Einheiten gespalten, die bei den drei mittleren der dargestellten Zucker ausschließlich aus Glukose bestehen. **b** Absorptionsmechanismen für Monosaccharide. SGLT1=2Na⁺/Glukose-Symporter, GLUT=Glukosetransporter

Absorption   D-Glukose und D-Galaktose werden (miteinander konkurrierend) **sekundär-aktiv** im Symport mit **2 Na⁺** über den Transporter **SGLT1** aufgenommen und entlang des Konzentrationsgradienten über den Uniporter **GLUT2** Insulin-unabhängig basolateral aus der Zelle geschleust. (◘ Abb. 41.6b). Diese Absorption erfolgt relativ schnell und ist im oberen Dünndarm weitgehend abgeschlossen. Das Absorptionsmaximum liegt bei 120 g/h.

Da im Vergleich zu Stärke die Monosaccharide osmotisch wirksamer sind, wird durch die schnelle Absorption auch das Entstehen eines hyperosmolaren Darminhalts verhindert. Die Absorption der D-**Fruktose** erfolgt apikal über den Uniporter **GLUT5**, basolateral ebenfalls durch GLUT2.

Die Absorption der **Pentosen** Ribose und Desoxyribose (Spaltprodukte des Nukleinsäurenabbaus) ist vor allem passiv (u. a. GLUT2), die Aufnahme von **Mannose** beruht auf einem Na⁺-Symport (SGLT4).

In Kürze

Die Verdauung der Polysaccharide erfolgt durch **α-Amylase** im oberen Dünndarm. Die entstandenen Hydrolyseprodukte sowie Di- und Trisaccharide werden von **Oligosaccharidasen** der Bürstensaummembran des Dünndarms zu Monosacchariden abgebaut. Diese gelangen im Na⁺-Symport (Glukose, Galaktose) über **SGLT1** oder durch den **GLUT5**-Uniporter (Fruktose) in die Enterozyten. Die Monosaccharide werden basolateral über den **GLUT2**-Uniporter exportiert. Hauptabsorptionsorte sind Duodenum und Jejunum.

Klinik

Laktasemangel

Pathogenese
Milchzuckerunverträglichkeit in Folge von **Laktasemangel** ist ein typisches Beispiel einer gestörten Verdauung (**Maldigestion**). Wegen zu geringer Aktivität des membranständigen, milchzuckerspaltenden Enzyms Laktase in den Mikrovilli kann Laktose nicht in Glukose und Galaktose gespalten werden. Laktose wird deshalb auch nicht absorbiert und gelangt in nachfolgende Darmabschnitte bzw. ins **Kolon**. Dort wird sie durch **Bakterien** abgebaut („fermentiert"). Die dabei entstehenden, osmotisch wirksamen Abbauprodukte, insbesondere niedermolekulare **Monokarbonsäuren** (z. B. Essig-, Propion- und Buttersäure), wirken abführend (**laxierend**) und können zu Blähungen (**Meteorismus**), verstärktem Abgang von Darmgasen (**Flatulenz**) und **Krämpfen** führen. Im deutschsprachigen Raum sind etwa 15 % der Erwachsenen laktoseintolerant.

Hintergrund
Während im Allgemeinen Neugeborene bzw. Säuglinge über eine ausreichende **Laktaseaktivität** verfügen, nimmt die Expression jenseits des Säuglingsalters rasch ab, wobei erhebliche ethnische Unterschiede bestehen. Im sonnenarmen Nordeuropa ist die Abnahme geringer, da dort aufgrund der **Milchviehhaltung** Menschen mit hoher Laktaseaktivität selektiert wurden. Ethnien ohne Milchviehhaltung (z. B. im sonnenreichen Südostasien) haben dagegen eine hohe Rate an Laktoseintoleranz im Erwachsenenalter.

Diagnostik
Richtungsweisend ist die Beobachtung der Patienten, dass sie **unvergorene Milchprodukte** nicht vertragen, während die Symptome z. B. bei **Joghurt**, bei dem Milchzucker durch bakterielle Fermentation zu Milchsäure abgebaut wurde, geringer oder nicht

vorhanden sind. Objektiviert werden kann die Erkrankung durch den **Milchzucker-Provokationstest**. Bei ausreichender Laktaseaktivität kommt es nach Aufnahme einer Testdosis Laktose normalerweise zum Anstieg der Blutglukose. Bei Laktasemangel setzen Darmbakterien aus Milchzucker **Wasserstoff** (H₂) frei, der in der Ausatemluft nachgewiesen werden kann. Eine wichtige **Differenzialdiagnose** ist die **Allergie gegen Kuhmilcheiweiß**. Hierbei kommt es zu den typischen Beschwerden (z. B. Jucken) auch nach Genuss laktosefreier Milchprodukte, während Ziegenmilch häufig ohne Beschwerden konsumiert werden kann.

Therapie
Die Therapie besteht vor allem in Expositionsvermeidung. Das Enzym Laktase kann in Tablettenform substituiert werden oder bereits der Nahrung zugesetzt werden („laktosefreie Milch").

41.3.2 Proteine

Proteine werden durch Endo- und Exopeptidasen sowie Oligo- und Aminopeptidasen hydrolytisch gespalten. Im Dünndarm erfolgt die Absorption von Tri- und Dipeptiden durch H⁺-Symport und von L-Aminosäuren durch zahlreiche gruppenspezifische Transportsysteme.

Aufnahme Für den gesunden Erwachsenen wird eine **tägliche Proteinzufuhr** von 0.85–1,0 g/Kg Körpergewicht empfohlen; dies entspricht etwa 15 % der Gesamtenergiezufuhr. Etwa die Hälfte soll als tierisches Eiweiß (Fleisch, Fisch, Milch, Eier) aufgenommen werden, um eine ausreichende Zufuhr von **essenziellen Aminosäuren** sicherzustellen (Isoleuzin, Leuzin, Lysin, Methionin, Phenylalanin, Threonin, Tryptophan, Valin und Histidin; bedingt essenziell ist Arginin).

Verdauung Im Magen werden Proteine zunächst durch die Salzsäure **denaturiert**, sofern eine Denaturierung nicht bereits bei der Speisenzubereitung erfolgt ist. Nur bis zu 15 % des Nahrungseiweißes werden durch die **Magen-Pepsine** (Endopeptidasen) hydrolysiert. Patienten ohne Pepsinproduktion im Magen haben somit eine weitgehend normale Proteinverdauung, da die proteolytische Aktivität im Dünndarm außerordentlich hoch ist. Die Bildung der **Pankreaspeptidasen** setzt 10–20 min nach dem Essen ein und bleibt bestehen, solange sich Proteine im Darm befinden. Ein Teil der Enzyme wird mit dem Stuhl ausgeschieden.

Die im Pankreassekret enthaltenen Endo- und Exopeptidasen (◘ Tab. 40.1) werden – wie die Kolipase und die Phospholipase A – zunächst aus Vorstufen aktiviert. Diese Aktivierung erfolgt in Form einer limitierten Proteolyse durch die Enteropeptidase, d.i. eine Endopeptidase des Bürstensaums der Duodenalschleimhaut. Das hierdurch aus Trypsinogen aktivierte Trypsin wirkt autokatalytisch und aktiviert die anderen Proteasen. Diese spalten die Nahrungseiweiße vor allem zu Oligopeptiden mit maximal acht Aminosäuren. In weiteren Schritten werden die Oligopeptide durch Enzyme des Bürstensaums, **Aminopeptidasen** und **Oligopeptidasen**, zu etwa 35 % in Aminosäuren und zu ca. 65 % in Di- und Tripeptide zerlegt (◘ Abb. 41.7a).

Absorption der Proteolyseprodukte Nach der Hydrolyse von Proteinen und Peptiden werden bevorzugt **Di-** und **Tripeptide** schnell aufgenommen. Die Absorption erfolgt in Form eines H⁺-Symports (PepT1). In den Enterozyten werden Di- und Tripeptide dann durch zytoplasmatische **Aminopeptidasen** zu **L-Aminosäuren** hydrolysiert, die mittels **Carrier**

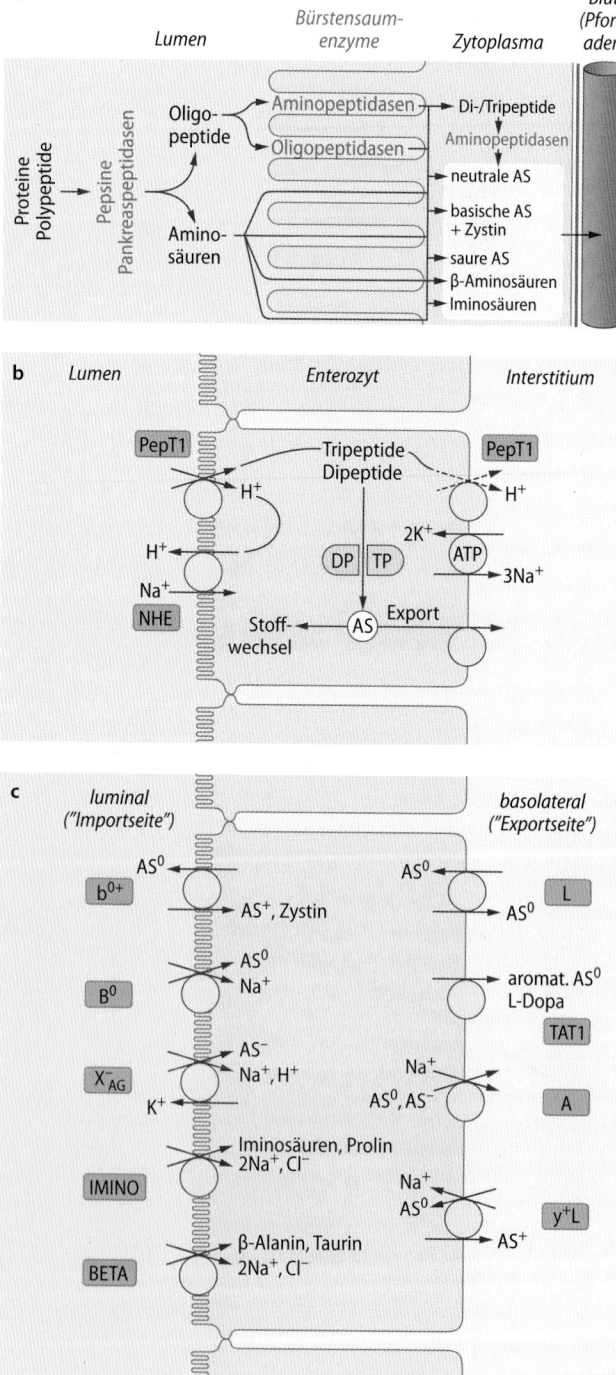

◘ **Abb. 41.7a–c Proteinverdauung und Absorption der Proteolyseprodukte. a** Darmlumen: Spaltung der Proteine und Polypeptide in Oligopeptide und Aminosäuren (AS). Bürstensaummembran: Weitere Spaltung der Oligopeptide durch spezifische Peptidasen und Aufnahme der Di- und Tripeptide sowie der AS. Zytoplasma: Spaltung von Di- und Tripeptiden durch Zytosolpeptidasen in AS. Basolaterale Membran: Ausschleusung der AS aus der Zelle ins Pfortaderblut. **b** Absorption von Tri- und Dipeptiden im oberen Dünndarm. PepT1=Oligopeptid, H⁺-Symporter, NHE3=Na⁺/H⁺-Austauscher. AS=L-Aminosäuren, DP=Dipeptidasen, TP=Tripeptidasen. **c** Luminale (apikale) Absorption von AS im oberen Dünndarm. Wichtige Transportsysteme in der apikalen Membran („Importseite"): b⁰⁺=Na⁺-unabhängige Aufnahme von kationischen (=basischen) AS⁺ und Zystin im Austausch gegen neutrale Aminosäuren AS; B⁰=Na⁺-abhängiger Symporter für neutrale AS⁰ und Glutamin; X⁻_AG=Na⁺-abhängiger Transporter für anionische (saure) AS⁻; IMINO=Na⁺-abhängiger Transporter für Iminosäuren und Prolin; BETA=Na⁺-abhängiger Transport für β-Alanin und Taurin. Transportsysteme der basolateralen Membran („Exportseite") sind u. a.: L Austauscher für neutrale AS; TAT1=Uniporter für aromatische AS⁰ und L-DOPA; A=Na⁺-abhängige Symporter für AS⁰ und AS⁻; y⁺L=Na⁺-abhängiger Austauscher für neutrale AS⁰ und kationische AS⁺

über die basolaterale Membran ins Interstitium gelangen (s. u. und ◼ Abb. 41.7b).

⟩ **Tri- und Dipeptide werden weitestgehend im Entero-zyten gespalten. Basolateral werden fast ausschließlich Aminosäuren abgegeben.**

Die Absorption („Import") der im Rahmen der Verdauung freigesetzten Aminosäuren in die Enterozyten erfolgt – wie im Tubulusepithel der Niere (▶ Kap. 33.1.4) – durch zahlreiche gruppenspezifische, sich teilweise überschneidende Transportsysteme in der luminalen Membran (Auswahl, ◼ Abb. 41.7c):

- Die meisten **neutralen Aminosäuren (AS⁰**, z. B. L-Alanin, L-Leuzin) werden über Na⁺-Symporter aufgenommen (B⁰)
- **Saure (anionische) Aminosäuren** (AS⁻, L-Aspargin-säure, L-Glutaminsäure) werden mithilfe eines Na⁺-getriebenen Na⁺/H⁺-Symporters in die Enterozyten importiert (X⁻_{AG}).
- **(Di)basische (kationische) Aminosäuren** (AS⁺, L-Lysin, L-Hydroxylysin, L-Arginin, L-Ornithin) sowie Zystin (Disulfid aus Zystein) werden im Austausch gegen die neutralen Aminosäuren Alanin und Glutamin absorbiert (b⁰⁺).
- Die basische Aminosäure **Histidin**, die **Iminosäuren** (L-Prolin, L-Hydroxyprolin), die β-Aminosäure β-Alanin und die Aminosäurenderivate Betain und Taurin sowie GABA werden über gruppeneigene Na⁺- getriebene Na⁺,Cl⁻-Symporter in die Enterozyten transportiert (IMINO bzw. BETA), wobei sich die einzelnen Aminosäuren gegenseitig kompetitiv hemmen.

Der Export von Prolin-haltigen Dipeptiden, die gegen die intrazelluläre Hydrolyse relativ resistent sind, erfolgt durch einen **H⁺-Symporter** durch die basolaterale Membran in das Interstitium. Für den entsprechenden Aminosäuren-Export existieren neben einigen Austauschern auch Uniporter und verschiedene Na⁺-Symporter (◼ Abb. 41.7c).

Im Duodenum werden bereits 50–60 % der Spaltprodukte des Nahrungseiweißes absorbiert. Bis zum Ileum sind etwa 90 % der Bausteine des exogen zugeführten (täglich etwa 1 g/kg) und endogenen sezernierten Proteins (ca. 85 g/Tag) aufgenommen. In das Kolon gelangen lediglich ca. 10 % an unverdauten Proteinen, die dort bakteriell abgebaut werden. Eine geringe Eiweißmenge wird im Stuhl ausgeschieden. Sie entstammt vorwiegend aus abgeschilferten Zellen und Bakterien.

Absorption intakter Proteine Beim **Neugeborenen** bzw. Säugling bis zum 6. Lebensmonat findet eine geringe Aufnahme von intakten Proteinen durch apikale Endozytose in die Enterozyten statt. Auf diese Weise können **Immunglobuline** der Muttermilch durch Transzytose in den Organismus des Säuglings gelangen.

Klinik

Hartnup-Syndrom und Zystinurie

Ein angeborener Defekt des B⁰-Transportsystems für neutrale Aminosäuren führt zum **Hartnup-Syndrom**. Betroffen sind der Darm (Malabsorption) und die Niere (Resorptionsstörung im proximalen Tubulus) (▶ Kap. 33.4). Schwerwiegend hierbei ist besonders der Tryptophan-Mangel. Ein Defekt des Aminosäurenaustauschers b⁰⁺ hat eine Malabsorption für dibasische und neutrale Aminosäuren sowie Zystin zur Folge. In der Niere führt der Defekt zur **Zystinurie** mit Steinbildung.

GALT
Beim Erwachsenen nehmen die Enterozyten nur sehr geringe Mengen (ca. 3.5 μg/Tag) an intakten Proteinen bzw. Polypeptiden durch Endozytose auf. Ein Großteil davon wird sehr schnell lysosomal in den Enterozyten abgebaut. Lediglich 10 % erreichen durch Exozytose den interstitiellen Raum der Darmschleimhaut. Nur kleinste Proteinmengen werden von den zum Darm-assoziierten Immunsystem (Gut-associated lymphoid tissue, GALT; ▶ Kap. 38.4.2) gehörenden M-Zellen der Darmschleimhaut aufgenommen und von dort mit antigenpräsentierenden Zellen in Kontakt gebracht. Letztere präsentieren die dabei prozessierten Proteine an T-Lymphozyten. Hierdurch kann eine Immunantwort in Gang gesetzt werden. Wahrscheinlich können über diesen Weg Überempfindlichkeitsreaktionen und allergisch-entzündliche Darmerkrankungen ausgelöst werden. Weiterhin wird auch eine parazelluläre Aufnahme kleinster Proteinmengen über undichte („lecke") tight junctions diskutiert.

In Kürze

Die Verdauung der Proteine beginnt im Magen mit der **Denaturierung** und der **hydrolytischen Spaltung** durch Pepsine. Pankreaspeptidasen setzen im oberen Dünndarm die Hydrolyse in Oligopeptide fort, die wiederum durch Peptidasen der Bürstensaummembran zu Tri- und Dipeptiden, sowie Aminosäuren weiter abgebaut werden. Die Absorption der Tri- und Dipeptide erfolgt im **H⁺-Symport**. Aminosäuren gelangen über eine **Vielzahl gruppenspezifischer Transportsysteme** (Symporter, Austauscher) in die Enterozyten. Hauptort der Oligopeptidabsorption ist das **Jejunum**, für die Aminosäurenaufnahme der gesamte obere Dünndarm.

41.3.3 **Lipide**

Nahrungsfette bzw. -öle werden im Duodenum durch Pankreasenzyme gespalten. Die Lipolyseprodukte bilden mit Gallensäuren wasserlösliche gemischte Mizellen, die bei Kontakt mit der Bürstensaummembran langkettige Fettsäuren, Monoazylglyzerole, Cholesterol und fettlösliche Vitamine freigeben. Diese werden dann Carrier-vermittelt absorbiert.

Nahrungsfette Bei einer ausgewogenen Ernährung eines gesunden Erwachsenen soll die **Fettaufnahme** etwa **30 % der Energiezufuhr** betragen (Tagesbedarf: etwa 1 g/kg Körpergewicht, Phospholipidzufuhr: 1–2 g). Die tägliche Cholesterolzufuhr sollte 300 mg nicht übersteigen. Der Anteil der gesättigten Fettsäuren (z. B. Palmitin- oder Stearinsäure) soll maximal 10 % der als Fett aufgenommenen Energiemenge betragen. Als Anteil einfach ungesättigter Fettsäuren (z. B. Ölsäure) in der Nahrung werden 10–13 % empfohlen. **Langkettige, mehrfach ungesättigte Fettsäuren** sind **essenziell** und müssen mit der Nahrung zugeführt werden. Ihr Anteil an der Energiezufuhr soll sich auf 7–10 % belaufen. Die wichtigsten essenziellen Fettsäuren sind **Linolsäure**, eine ω-6-Fettsäuren, und die α-Linolensäure aus der Gruppe der ω-3-Fettsäuren. Sie sind Ausgangssubstanzen der **Eikosanoidsynthese** (▶ Kap. 2.6). Der Tagesbedarf von ω-3-Fettsäuren wird mit 0.5 %, von ω-6-Fettsäuren mit 2,5 % der täglichen Energiezufuhr angegeben. Der Quotient ω-6/ω-3 soll maximal 5:1 betragen

Emulgierung und Hydrolyse der Fette   Zur **Fettverdauung** müssen die Nahrungslipide (vor allem Triazylglyzerole) zunächst im wässrigen Chymus fein **emulgiert** werden. Die im Magen grob verteilten Fette werden bei alkalischem pH-Wert des Dünndarms in Gegenwart von Proteinen, schon vorhandenen Fettabbauprodukten (Mono- und Diazylglyzerolen), Lezithin und Gallensäuren, sowie durch das Einwirken von Scherkräften zu einer Emulsion mit einer Tröpfchengröße von 0,5–1,5 µm umgewandelt. Die enzymatische Spaltung beginnt bereits im Magen durch Einwirkung von **säurestabilen Lipasen** aus den Zungengrunddrüsen und den Hauptzellen der Magenmukosa (▶ Kap. 39.3.1). Langkettige Fettsäuren im oberen Dünndarm sind der adäquate Reiz für die Freisetzung von **Cholezystokinin** (CCK) aus den I-Zellen der Schleimhaut mit nachfolgender Stimulation der Pankreasenzymsekretion und Gallenblasenkontraktion.

Die **Pankreaslipase** besteht aus zwei Komponenten: einer Kolipase, die aus einer Pro-Kolipase durch Trypsin aktiviert und an der Öl-Wasser-Grenze fixiert wird, sowie der Lipase, die sich mit der Kolipase zu einem Komplex verbindet. Bei der nun einsetzenden Hydrolyse der Triazylglyzerole werden die Fettsäurenreste an C-1 und C-3 abgespalten, sodass **2-Mono-azylglyzerole** entstehen (◪ Abb. 41.8). Eine **vollständige Hydrolyse** unter Freisetzung des dritten Fettsäurerestes und Glyzerol findet nur in **geringem Maß statt**.

Die vom **Pankreas** sezernierte **Lipase** wird in großem Überschuss gebildet, sodass ca. 80 % des Fetts bereits gespalten sind, wenn es den mittleren Abschnitt des Duodenums erreicht hat. Aus diesem Grund tritt eine Störung der Fettverdauung wegen Lipasemangels erst bei fast vollständigem Ausfall der Pankreassekretion ein.

> **Pankreas-Lipase wird im großen Überschuss gebildet. Lipasemangel ist daher ein Spätzeichen der Pankreasinsuffizienz.**

Neben der Lipase sind noch andere lipidspaltende Pankreasenzyme wirksam, die ebenfalls durch Trypsin aktiviert werden. Die **Phospholipase A** spaltet in Anwesenheit von Ca^{2+} und Gallensäuren eine Fettsäure aus dem Phospholipid Lezithin ab, wodurch Lysolezithin entsteht. Die in der Nahrung vorhandenen Cholesterolester werden durch eine **Cholesterolesterase** in Cholesterol und freie Fettsäuren gespalten.

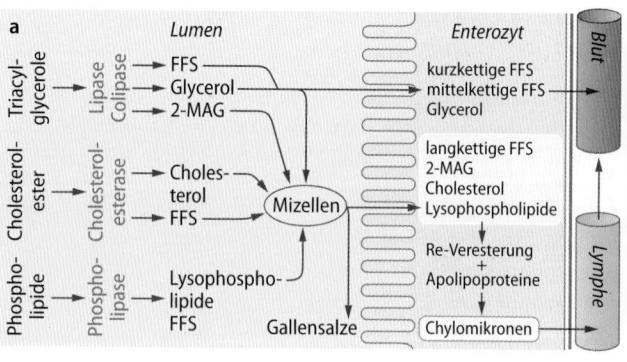

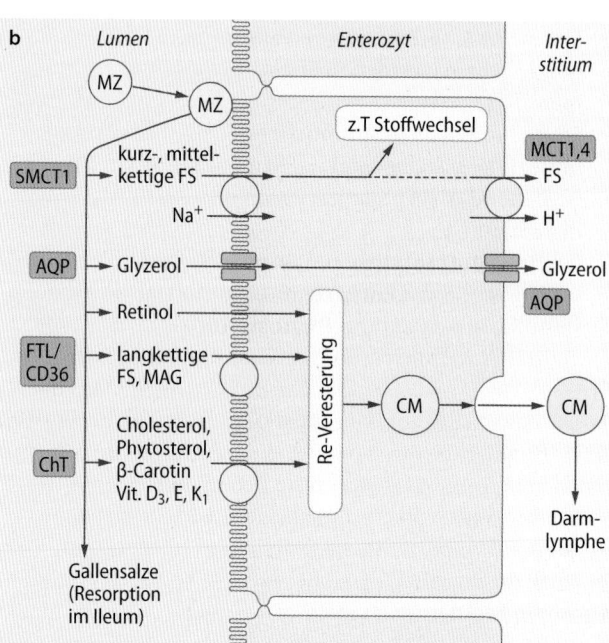

◪ **Abb. 41.8a,b   Fettverdauung und Absorption der Lipolyseprodukte. a** Triazylglyzerole werden im Darmlumen durch Kolipase und Lipase in freie Fettsäuren (FFS) und 2-Monoazylglyzerole (2-MAG) gespalten. Letztere werden mizellär gelöst und aus den Mizellen in die Enterozyten aufgenommen. **b** Absorption der Lipolyseprodukte. Kurz- und mittelkettige FFS werden über Monocarboxylat-Transporter aufgenommen (SMCT1 bzw. MCT1,4). Glyzerol gelangt durch Aquaporine (AQP) in die Enterozyten. Langkettige FS werden über die FS-Translokase (CD36-Transporter) und Sterole mithilfe Cholesterol-Transportern ChT absorbiert (Niemann-Pick C1-like protein [NPC1L1] und Scavenger Receptor B1 [SRB1]). Die in der Zelle aus langkettigen FS und 2-Monoazylglyzerolen resynthetisierten Triazylglyzerole gelangen, mit einer Eiweißhülle versehen, als Chylomikronen in die Lymphe. ChT=Cholesterol-Transporter, CM=Chylomikronen, FS=Fettsäuren, FTL=FS-Translokase, MAG=Monoazylglyzerol, MCT=H$^+$-gekoppelter Monocarboxylat-Transporter, MZ=gemischte Mizellen, SMCT=Na$^+$-gekoppelter Monocarboxylat-Transporter

Mizellenbildung   Die Produkte der Lipolyse sind überwiegend schwer wasserlöslich. Sie werden daher zum weiteren Transport im wässrigen Milieu des Darminhalts in Mizellen eingebaut, deren Grundgerüst aus **Gallensäurenmolekülen** besteht (▶ Kap. 40.2.5). Im Innern dieser Mizellen sind die hydrophoben (apolaren) Molekülabschnitte der Lipide, die fettlöslichen Vitamine und langkettige Fettsäuren sowie Cholesterolester konzentriert, während die hydrophileren (polaren) Bestandteile, wie 2-Monoazylglyzerole, Lysolezithin und die Gallensalze zur Peripherie hin orientiert sind (◘ Abb. 40.8). Diese gemischten Mizellen (Durchmesser: 3–10 nm) ermöglichen durch die hydrophile „Verpackung" hydrophober Substanzen eine Steigerung der Konzentration der Fettabbauprodukte im Darmlumen um den Faktor 500–1 000. Die Mizellenbildung erleichtert darüber hinaus die **enzymatische Hydrolyse** aufgrund der **Oberflächenvergrößerung**.

Absorption der Lipolyseprodukte Die Absorption von Lipiden ist so effizient, dass über 90 % der Spaltprodukte (allerdings nur 50 % des Cholesterols) im Duodenum und im Anfangsteil des Jejunums aufgenommen werden. Die Fettausscheidung im Stuhl beträgt bei durchschnittlicher Fettzufuhr 5–7 g/Tag.

Beim Kontakt mit der apikalen Enterozytenmembran setzen Mizellen ihre Bestandteile frei. **Kurz- und mittelkettige Fettsäuren** werden apikal durch Na^+-gekoppelten Monocarboxylat-Transporter (SMCT1) in die Zelle aufgenommen und basolateral durch H^+-gekoppelte Monocarboxylat-Transporter (MCT1,4) abgegeben. **Glyzerol diffundiert u. a. über Wasserkanäle** in die Enterozyten und von dort in das Pfortaderblut. **Cholesterol (und Phytosterole)** werden über **Cholesteroltransporter** (NPC1L1=Niemann-Pick C1-like Protein 1; SRB1=Scavenger Receptor Class B Type 1) im oberen Dünndarm absorbiert. **Monoazylglyzerole** und **langkettige Fettsäuren** gelangen ebenfalls durch **Carrier-vermittelten Transport** (FTL = Fettsäuren-Translokase = CD36-Transporter) in die Enterozyten. Die **Gallensäuren** werden nach Freisetzung aus den Mizellen auch ins Darmlumen freigesetzt. Dort stehen sie zur erneuten Mizellenbildung zur Verfügung. Alternativ werden Gallensäuren im terminalen Ileum im **Na^+-Symport** (ASBT=Apical-Sodium-Bile-Salt-Transporter) und durch nicht-ionische Diffusion (d.h. in der protonierten Form) absorbiert. (Bzgl. der Absorption der fettlöslichen Vitamine ▶ Abschn. 41.4.1)

Nicht-ionische Diffusion
Enterozyten tragen apikal einen Na^+/H^+-Antiporter (NHE), der zu einer Protonierung kurzkettiger Fettsäuren und Gallensäuren führt. Über diesen Mechanismus wird eine Aufnahme in die Enterozyten ermöglicht.

Die mit der Nahrung zugeführten **Sterole** (ca. 0,5 g/Tag; Gemisch aus Cholesterol und Phytosterolen) vermischen sich im oberen Dünndarm mit dem Cholesterol aus der Gallenflüssigkeit (ca. 1 g/Tag). Etwa die Hälfte dieser Menge (ca. 0,75 g/Tag) wird über die Cholesterol-Transporter absorbiert und unterliegt somit einem **enterohepatischen Kreislauf**.

Nach Passage durch die Zellmembran werden langkettige Fettsäuren und Monoazylglyzerole im Enterozyten von fettsäurebindenden Proteinen (FABPs=fatty acid binding proteins) zum glatten endoplasmatischen Retikulum transportiert. Hier erfolgt die **Resynthese** zu **Triazylglyzerolen** und anderen Lipiden. Auf ähnliche Weise findet auch die „Wiederveresterung" zu Phospholipiden statt (z. B. Bildung von Lezithin aus Lysolezithin). Die Reesterifizierung von Cholesterol erfolgt durch eine Azyltransferase. Die Ileummukosa ist darüber hinaus in der Lage, Cholesterol de novo zu synthetisieren. Die resynthetisierten Triazylglyzerole,

Phospholipide und Cholesterolester werden im Enterozyten mit einer besonderen Proteinhülle umgeben. Die so entstandenen, komplex aufgebauten Partikel nennt man **Chylomikronen** (◘ Abb. 41.8).

Chylomikronen Diese setzen sich zu 85–90 % aus Triazylglyzerolen, 7–9 % Phospholipiden, 4 % Cholesterol bzw. Cholesterolestern, fettlöslichen Vitaminen (A, D, E, K) und zu 1–2 % aus Apolipoproteinen zusammen. Ihr Durchmesser schwankt zwischen 100 und 800 nm.

Chylomikronen werden im Golgi-Komplex in sekretorische Vesikel verpackt, die mit der basolateralen Zellmembran fusionieren, und anschließend durch **Exozytose** in den Extrazellularraum ausgestoßen werden. Von dort führt ihr weiterer Transportweg über den zentralen **Lymphgang** und letztendlich den Ductus thoracicus in das Blut. Nach einer fettreichen Mahlzeit sind die Chylomikronen in solchen Mengen im Plasma enthalten, dass dieses milchig-trüb erscheint (Verdauungshyperlipidämie). Außer den Chylomikronen gelangen interdigestiv auch Lipoproteine mit sehr niedriger Dichte (Very Low Density Lipoproteins, VLDL) in die Lymphbahn und dann ins Blut. VLDL werden ebenfalls in den Enterozyten gebildet und durch Exozytose ausgeschleust.

> Durch den Abtransport der Chylomikronen mit der Lymphe wird der First-pass-Effekt der Leber umgangen.

In Kürze
Zur Verdauung werden Nahrungsfette zunächst **emulgiert** und anschließend durch **Lipasen** im oberen Dünndarm in Hydrolyseprodukte gespalten. Wegen ihrer schlechten Wasserlöslichkeit werden diese Produkte in **Mizellen** eingebaut. Die Inhaltsstoffe der Mizellen werden nach Enterozytenkontakt zur Absorption freigeben. **Kurz- und mittelkettige Fettsäuren** werden über Na^+-gekoppelten Symport, **Glyzerol** über Wasserkanäle in die Enterozyten aufgenommen. Cholesterol, Monoazylglyzerole und **langkettige Fettsäuren** gelangen **Carrier-vermittelt** in die Enterozyten. Dort werden sie zu Lipiden resynthetisiert, in **Chylomikronen** verpackt und durch Exozytose in die Darmlymphe abgegeben.

41.4 Absorption von Mikronährstoffen

41.4.1 Absorption von Vitaminen

Für die Vitamine existieren spezifische Absorptionsmechanismen. Fettlösliche Vitamine werden aus Mizellen freigesetzt und nachfolgend absorbiert.

Mikronährstoffe Neben den Makronährstoffen enthält die Nahrung nicht-energieliefernde essenzielle Bestandteile, die für lebenswichtige **Stoffwechselfunktionen** und das Immunsystem unentbehrlich sind. Hierzu gehören Vitamine und Spurenelemente.

Absorption wasserlöslicher Vitamine Die Absorption wasserlöslicher Vitamine aus Nahrungsmitteln findet im Dünndarm statt. Die **Vitamine C, Pantothensäure, Biotin und Niacin** gelangen durch verschiedene substratspezifische **Na$^+$-Symportsysteme** in die Enterozyten. Die **Vitamine B$_1$, B$_2$ und B$_6$** werden durch **Na$^+$-unabhängige Carrier** absorbiert. **Folsäure** bzw. **Folat$^-$** wird nach Hydrolyse von Polyglutamat-Folat durch eine membranständige γ-Glutamylcarboxypeptidase absorbiert. Im oberen Dünndarm erfolgt die Absorption bevorzugt über einen **Folat$^-$/H$^+$-Symporter** (PCFT), im unteren Dünndarm über einen Folat$^-$-Carrier (RFC) (◘ Abb. 41.9). **Vitamin B$_{12}$** gelangt über einen hochspezialisierten Prozess in die Mukosa des **Ileums** (◘ Abb. 41.10). Es durchläuft einen enterohepatischen Kreislauf.

Bei höheren („pharmakologischen") Konzentrationen im Dünndarm werden die wasserlöslichen Vitamine zunehmend durch Diffusion absorbiert.

Intrinsic Factor (IF)

Die für die Vitamin-B$_{12}$-Absorption notwendige IF-Bereitstellung durch die Belegzellen korreliert mit der HCl-Sekretion. Sie wird durch Histamin, Gastrin und Acetylcholin stimuliert bzw. durch deren Antagonisten gehemmt. Protonenpumpen-Hemmer beeinflussen die IF-Sekretion dagegen nicht.

Absorption fettlöslicher Vitamine Vitamin A wird entweder in Form von β-Carotin (aus pflanzlicher Nahrung) oder als Retinylester (aus tierischen Produkten) aufgenommen. **Retinylester (RE)** werden im Rahmen der Fettverdauung von Esterasen des Pankreas und des Bürstensaums zu **Retinol** hydrolytisch gespalten, als solches mizellär gebunden und durch **freie Diffusion** absorbiert (◘ Abb. 41.8b). Es folgt im Enterozyt zunächst eine Bindung an ein Retinol-bindendes Protein (CRBP II), dann eine Reveresterung und Einbau in Chylomikronen mit nachfolgender Ausschleusung in die Lymphbahn. **β-Carotin** wird nach Freisetzung aus den gemischten Mizellen bevorzugt Carrier-vermittelt (SRB1=Scavenger Receptor B1), aber auch durch Diffusion, absorbiert und in Enterozyten in 2 Moleküle Retinal gespalten. Retinal wird anschließend zu Retinol reduziert, dann verestert und nachfolgend ebenfalls in Chylomikronen eingebaut.

Auch die **Vitamine D$_3$, E und K$_1$** gelangen zusammen mit den Nahrungslipiden in Mizellen an die Enterozytenoberfläche, wo sie nach Freisetzung absorbiert werden (◘ Abb. 41.8b). Nach neueren Erkenntnissen werden sie vorwiegend über

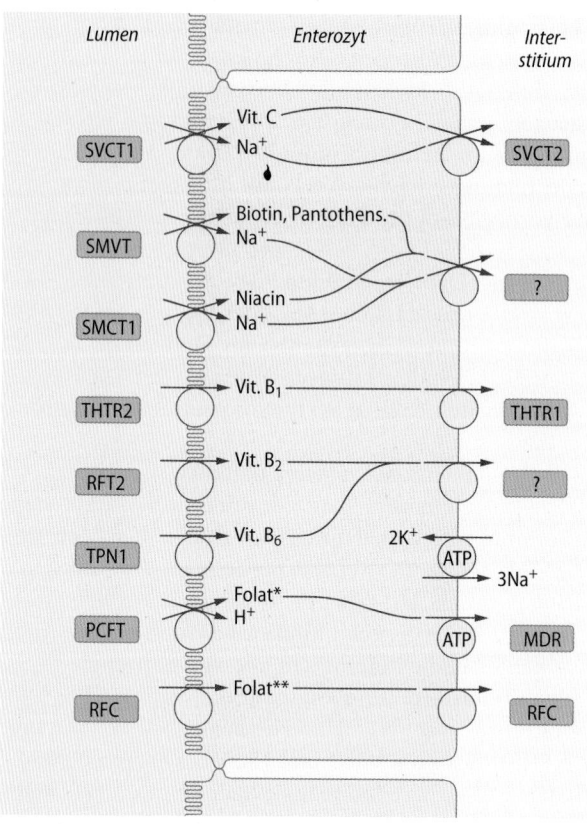

◘ **Abb. 41.9 Schematische Darstellung der Absorption von wasserlöslichen Vitaminen.** Na$^+$-gekoppelte Transporte wasserlöslicher Vitamine: Vitamin C (SVCT=Sodium-dependent Vitamin-C-Transporter); Biotin, Pantothensäure (SMVT=Sodium-dependent Multivitamin-Transporter); Niacin (SMCT1=Sodium-dependent Monocarboxylate-Transporter). Na$^+$-unabhängige Transporte wasserlöslicher Vitamine: Vitamin B$_1$ (THTR=Thiamin-Transporter); Vitamin B$_2$ (RFT2=Riboflavin-Transporter 2); Vitamin B$_6$ (TPN1=Transport of Pyridoxine Protein 1). Folat-Transport: PCFT=Proton-Coupled Folate$^-$-Transporter [H$^+$/Folate$^-$-Symporter] im oberen Dünndarm (*) und RFC=Reduced Folate-Carrier im unteren Dünndarm (**). In der Nahrung liegt Folsäure als Folat-Polyglutamat vor. PCFT transportiert jedoch nur Folat-Monoglutamat, das unter Wirkung der Glutamat-Carboxypeptidase II (Folathydrolase) freigesetzt wird. MDR=Multi-Drug Resistance Protein. Details des basolateralen Exports einiger wasserlöslicher Vitamine sind derzeit noch nicht bekannt

Cholesteroltransporter (NPC1L1 und SRB1) im oberen Dünndarm aufgenommen (▶ Abschn. 41.3.3). Bei pharmakologisch hohen intraluminalen Konzentrationen gelangen die fettlöslichen Vitamine auch durch freie Diffusion in die Enterozyten.

41

Klinik

Vitamin-B$_{12}$-Mangel

Diagnose
Vitamin B$_{12}$ wird u. a. für die Produktion der Basen Adenin und Guanin benötigt. Klinischer Mangel führt zu vielfältigen Symptomen, wobei die Diagnose einer megaloblastären, hyperchromen Anämie (▶ Kap. 23.4.3), z. T. kombiniert mit neurologischen Störungen, richtungsweisend ist.

Ätiologie
Aufgrund des komplexen Prozesses der Vitamin-B$_{12}$-Absorption führen Operationen und verschiedene Krankheiten indirekt zum Vitamin-B$_{12}$-Mangel. Magenentfernung und Zerstörung der Belegzellen im Rahmen einer Autoimmun-Gastritis (Atrophische Gastritis, Typ-A-Gastritis) führt zum Verlust der Intrinsic-Factor-Produktion. Das Sicca-Syndrom (Sjögren-Syndrom) beruht auf dem Untergang der Speicheldrüsen und Verlust der Haptocorrin-Bildung. Bei der Ileitis terminalis (Morbus Crohn) kann aufgrund der Entzündung des terminalen Ileums die Absorptionsfähigkeit zum Erliegen kommen. Therapeutisch kann in all diesen Fällen Vitamin B$_{12}$ durch regelmäßige subkutane Injektionen supplementiert werden.

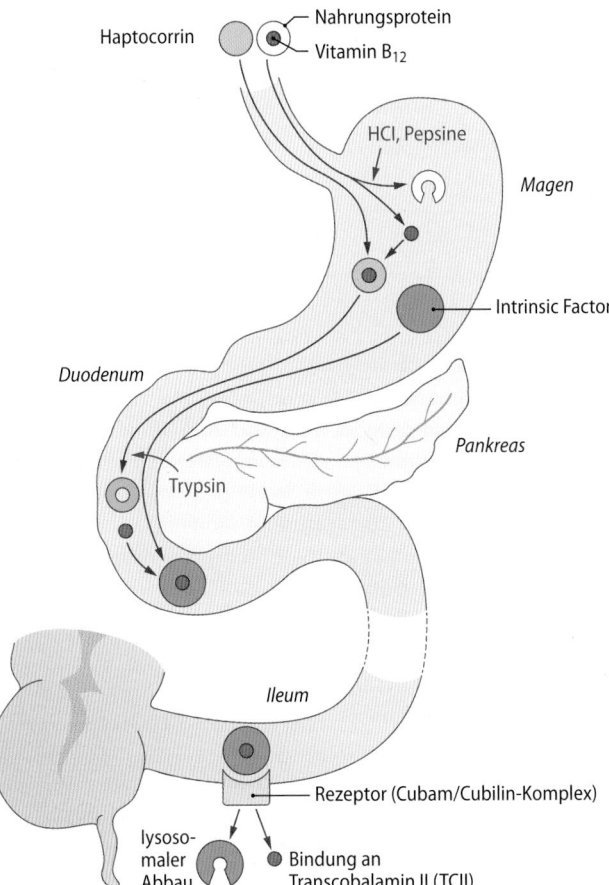

 Abb. 41.10 **Schematische Darstellung der Vitamin-B$_{12}$-Absorption.** Vitamin B$_{12}$ liegt in der Nahrung in freier Form oder an Proteine gebunden vor. Freies Vitamin B$_{12}$ wird von einem säurefesten Transportprotein, dem **Haptocorrin** (HC= R-Bindeprotein [R: Rapid Electrophoresis]) des Speichels gebunden. An Nahrungsprotein gebundenes B$_{12}$ wird im Magen durch HCl und Pepsine freigesetzt und anschließend ebenfalls an Haptocorrin gebunden. Im Duodenum setzt Trypsin Vitamin B$_{12}$ aus diesem Komplex frei; B$_{12}$ wird dann vom Trypsin-resistenten **Intrinsic Factor** (IF) aufgenommen. Dieser B$_{12}$-IF-Komplex ist gegenüber Peptidasen stabil und gelangt ins distale Ileum, wo er nach Bindung an **Cubilin**, einem Bestandteil des Cubam-Rezeptors durch **Endozytose** absorbiert wird. Nach Fusion des Endosoms mit einem Lysosom wird der B$_{12}$-IF-Komplex gespalten und B$_{12}$ gelangt an der basolateralen Membran durch **Multidrug Resistance related Protein 1** (MRP1)-vermittelten Export ins Pfortaderblut. Vitamin B$_{12}$ wird dann (gebunden an **Transcobalamin II**, TCII) zu teilungsaktiven Zielzellen transportiert. Das im Pfortaderblut transportierte Vitamin B$_{12}$ entstammt zu 1/3 der Nahrung, 2/3 werden aus dem **enterohepatischen Kreislauf von B$_{12}$** bereitgestellt

41.4.2 Absorption von essenziellen Spurenelementen

Spurenelemente sind lebensnotwendige, in niedrigen Dosen physiologisch wirksame Substanzen. Sie werden durch spezifische Transportsysteme aufgenommen.

Eisenhaushalt Der mittlere Eisengehalt des Körpers beträgt bei Männern 50 mg/kg, bei Frauen 40 mg/kg. Zellverluste, im Wesentlichen über abgeschilferte Darmepithelien (und die Regelblutung), sind der wesentliche Mechanismus der Eisenausscheidung. In der täglichen Nahrung sind **10–20 mg Eisen** enthalten, wovon nur etwa 10 % im **oberen Dünndarm** absorbiert werden. Bei Eisenmangel (z. B. nach Blutverlust) können bis zu 25 % des Nahrungseisens aufgenommen werden.

> Physiologischerweise werden nur 10 % des Nahrungseisens absorbiert.

Eisenabsorption Freies (d. h. Nicht-Häm-) Eisen wird ausschließlich in der **Ferro- (Fe^{2+}-) Form** absorbiert. Da ein Großteil des Nahrungseisens in der Ferri- (Fe^{3+}-)Form vorliegt, muss es nach Freisetzung aus der Nahrung durch die Magensalzsäure erst zur zweiwertigen Form reduziert werden. Hierzu dienen reduzierende Substanzen in der Nahrung (z. B. Vitamin C, Citrat, SH-Gruppen in Proteinen), sowie ein duodenales Cytochrom B-Enzym (DcytB), eine **Ferrireduktase**, im Bürstensaum (Abb. 41.11). Im sauren Milieu des Magens lagert sich Fe^{2+} an Muzin an, wodurch es für die Absorption im Duodenum leicht verfügbar bleibt.

Nicht-Hämeisen wird durch einen **Fe^{2+}/H$^+$-Symporter** (DMT-1=Divalenter Metallionen-Transporter 1) der luminalen Zellmembran in die Enterozyten des Duodenums aufgenommen. Die Expression dieses Transporters, der neben Fe^{2+} auch andere essenzielle Spurenelemente (z. B. Zn^{2+}, Co^{2+}, Cu^{2+}, Mn^{2+}) befördert, wird durch Vermittlung von sog. **Eisen-Regulationsproteinen** (IRPs) an den Eisenstatus der Enterozyten bzw. des Gesamtorganismus angepasst. Die Aktivität dieses Transporters wird weiterhin bei Sauerstoffmangel durch den Hypoxie-induzierten Transkriptionsfaktor HIF (▸ Kap. 29.4.1) hochreguliert. Für den weiteren Transport durch das Zytosol bindet Fe^{2+} an **Mobilferrin** („mukosales Transferrin"). Den Export durch die basolaterale Membran vermittelt ein weiterer Carrier, das **Ferroportin** (FPN). Die Aktivität von Ferroportin wird durch das Regulatorpeptid **Hepcidin** aus der Leber gedrosselt. Auf der Blutseite wird Fe^{2+} anschließend durch eine kupferhaltige **Ferrooxidase** (Hephaestin) zu Fe^{3+} oxidiert und dann an Plasma-**Transferrin** gebunden. In diesem Zustand gelangt Eisen zu den Zielzellen. Überschüssiges Eisen wird in der Darmschleimhaut an Apoferritin, unter Bildung von Ferritin, gebunden. Letzteres steht als langsam austauschbarer Speicher zur Verfügung.

Transferrin-gebundenes Fe^{2+} wird durch Transferrinrezeptor-vermittelte Endozytose über die apikale Enterozytenmembran aufgenommen.

> Hepcidin hemmt die intestinale Eisenabsorption.

Hepcidin und Infektanämie
Patienten mit chronischen Entzündungen, z. B. im Rahmen von Autoimmunerkrankungen oder chronischen Infekten zeigen häufig Zeichen einer Eisenmangelanämie. Grund ist, dass Entzündungsmediatoren die Hepcidin-Produktion in der Leber stimulieren und so die intestinale Eisenabsorption hemmen. Evolutionär ist diese Reaktion sehr sinnvoll, da viele Bakterien (besonders Mykobakterien, die Erreger der Tuberkulose) sehr eisenabhängig sind. Eisenmangel bei chronischen Infekten kann daher zur Bekämpfung der Krankheitserreger beitragen.

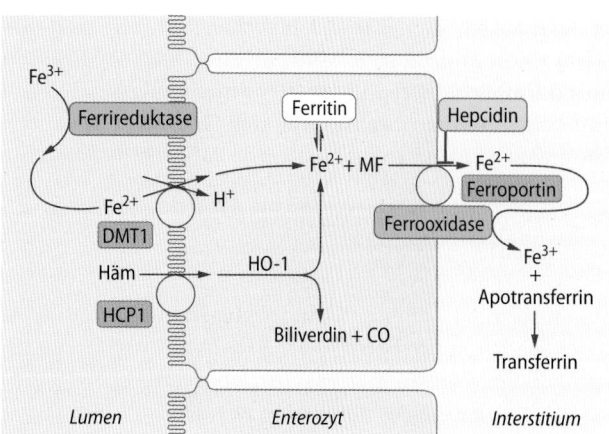

Abb. 41.11   Schematische Darstellung der Absorption von Eisen im Duodenum. Die Absorption von Nicht-Hämeisen erfolgt in der Fe²⁺-Form bedarfsgesteuert über einen H⁺-gekoppelten Metallionen-transporter (DMT1 [Divalenter Metallionen-Transporter]). Die Häm-Eisen-Aufnahme erfolgt durch einen Hämtransporter (HCP1 [Häm-Carrier-Protein]), der wahrscheinlich auch Folat transportiert, sowie durch Endozytose. Die basolateral Ausschleusung von Fe²⁺ erfolgt durch Ferroportin, das durch Hepcidin gehemmt wird. MF=Mobilferrin

Häm-Eisen aus tierischer Nahrung wird im gesamten Dünndarm über den **Häm-Carrier** (HCP1) und wahrscheinlich auch durch **Endozytose** absorbiert. Es deckt bei mitteleuropäischer Mischkost 20–35 % des Eisenbedarfs. Die Freisetzung des Eisens aus dem Porphyringerüst erfolgt durch eine **Hämoxygenase** (HO-1) in den Enterozyten (Abb. 41.11). Es entstehen dabei **Fe²⁺**, CO und Biliverdin.

Absorption von Kupfer, Zink und Iodid   Cu²⁺ (tägl. Bedarf: ca.1,5 mg) wird zunächst aus seiner Proteinbindung freigesetzt, durch eine Reduktase der Büstensaummembran zu Cu⁺ reduziert und anschließend über einen **Cu²⁺-Transporter** (CTR-1) in die Enterozyten aufgenommen. Bei Eisenmangel kann auch Cu²⁺ über den unter diesen Bedingungen hochregulierten Symporter DMT-1 (s. o.) absorbiert werden. An der basolateralen Membran wird Cu⁺ unter Energieverbrauch durch eine **Cu²⁺-ATPase** exportiert.

Zink (tägl. Bedarf: 8–10 mg) kann in allen Darmabschnitten absorbiert werden. Nach Freisetzung aus seiner Proteinbindung wird Zn²⁺ bevorzugt über den **ZIP-4-Transporter** aufgenommen und durch den Efflux-Transporter ZnT-1 (= Zink-Transporter1) über die basolaterale Membran exportiert.

Iod (tägl. Bedarf: 0.18 – 0.20 mg) wird vor allem als Kaliumiodat (z. B. im Speisesalz) aufgenommen. Im Dünndarm wird Iodat zu Iodid reduziert und über den **2Na⁺/I⁻ -Symporter** (*NIS*) aufgenommen.

> **In Kürze**
> Vitamine gelangen bevorzugt **Carrier-vermittelt** in die Enterozyten. Lediglich Vit. B₁₂ wird durch **Rezeptor-vermittelte Endozytose** aufgenommen. Die Eisenabsorption ist bedarfsgeregelt. Beteiligt sind ein apikaler Fe²⁺/H⁺-Symporter, ein Häm-Carrier sowie Endozytose-

> Mechanismen (für Häm- und Transferrin-Fe). Der basolaterale Export geschieht über Ferroportin, das durch **Hepcidin** gehemmt wird.

41.5   Dickdarm

41.5.1   Kolorektale Motilität

Im Kolon und Rektum wird der Darminhalt durchmischt, eingedickt und gespeichert; 3- bis 4-mal täglich auftretende, propulsive Massenbewegungen sind mit Stuhldrang und Stuhlentleerung korreliert.

Mischbewegungen   Die Hauptkomponenten der Motilität des 1,2–1,5 m langen Kolons sind **nichtpropulsiv.** Hieraus ergeben sich **lange Transitzeiten**, die erhebliche intra- und interindividuelle Unterschiede aufweisen. Je nach Nahrungszusammensetzung oder psychischem Zustand beträgt die durchschnittliche **Passagezeit** bei gesunden Erwachsenen etwa **20–35 h** (mit Schwankungen zwischen 5 und 70 h). Die Kolonpassage nimmt demnach im Mittel etwa 4-mal mehr Zeit in Anspruch als der Transport vom Mund zum Zäkum (6–8 h).

Frauen weisen im Mittel eine ca. 35 % längere Transitzeit auf als Männer. Dabei ist es durchaus möglich, dass unverdaute Nahrungspartikel, die im Zentralstrom des Kolons weitertransportiert werden, schon wenige Stunden nach Aufnahme im Stuhl erscheinen, während andere in Haustren (s. u.) liegen bleiben und erst nach einer Woche oder noch später ausgeschieden werden.

Die häufigste Bewegungsform im Kolon sind **Segmentationen**, die den Darminhalt durchmischen. Im Gegensatz zum Dünndarm ist ihre niedrigste Frequenz proximal im Zäkum (ca. 8/min) und ihr Maximum im distalen Kolon (ca. 15/min). Eine Hauptschrittmacherzone wird im distalen Kolon vermutet, von wo aus Kontraktionswellen der Ringmuskulatur sowohl rückwärts („**Antiperistaltik**") als auch in aboraler Richtung verlaufen. Hierdurch wird der Darminhalt im Zäkum und im Colon ascendens längere Zeit zurückgehalten und eingedickt (**Reservoirfunktion**).

Kontraktionen und Septierung
Die Segmentationen führen zu ringförmigen Einschnürungen und, zusammen mit dem ständig erhöhten Tonus der drei bandartigen Längsmuskelstreifen (Taenien), zu Aussackungen der Darmwand (Haustren). In **Letzteren** bleibt der Inhalt über einen längeren Zeitraum liegen. So ist eine ausreichende Absorption von Elektrolyten, Wasser und kurzkettigen Monokarbonsäuren aus dem bakteriellen Kohlenhydratabbau, sowie ein bakterieller Aufschluss nicht absorbierbarer oder nicht absorbierter Nahrungsbestandteile gewährleistet.
Die Ringmuskelkontraktionen bleiben lange Zeit an derselben Stelle bestehen, sodass der Eindruck entsteht, es handele sich um präformierte Strukturen. Sie setzen dem Koloninhalt einen Widerstand entgegen, der eine zu schnelle Passage ins Rektum verhindert. Verschwinden sie und treten in benachbarten Bereichen wieder auf, wird dadurch der Inhalt kräftig durchmischt. Die Segmentationen sind abhängig vom Darmnervensystem und werden gefördert oder gehemmt durch kraniale oder sakrale parasympathische Neurone.

Bei (pathologisch) herabgesetzter segmentaler Kontraktion, d. h. beim Fehlen des Widerstandes der ringförmigen Kontraktionen, läuft der flüssige Inhalt vom Zäkum bis zum Rektum und verursacht Durchfälle. Diese sogenannte **vegetativ-funktionelle Diarrhoe** tritt auf bei gesteigertem Sympathikustonus, z. B. bei Angst, Furcht oder Stress.

Propulsionsbewegungen Peristaltische Wellen sind im Kolon selten. Dafür treten, insbesondere nach den Mahlzeiten, **propulsive Massenbewegungen** auf, die für den Transport des Darminhalts vom proximalen Kolon bis ins Rektosigmoid verantwortlich sind. Die Massenbewegungen beginnen mit dem **Sistieren** der **Segmentationen** und einer Tänienerschlaffung. Anschließend startet die **Kontraktionswelle proximal** auf einem relativ langen Kolonabschnitt von ca. 50 cm und setzt sich analwärts fort, wobei die lokale Ausdehnung der Druckwelle auf etwa 20 cm sowie auch deren Dauer abnimmt. Hierdurch werden beträchtliche Stuhlmengen durch die aboral relaxierten Abschnitte verschoben. Solche Bewegungen treten durchschnittlich 3- bis 4-mal täglich auf und können mit Stuhldrang und ggf. nachfolgender Stuhlentleerung verbunden sein (s. u.). Sie treten morgens nach dem Aufstehen und häufig nach dem Essen auf, aber nicht nachts. Die Massenbewegungen starten bevorzugt im Querkolon nach Aufnahme energiereicher Nahrungsmittel (vor allem Fett) und treten bei erhöhten Plasmakonzentrationen von Cholezystokinin auf.

Darmnervensystem

Die propulsiven Massenbewegungen des Kolons werden durch das **Darmnervensystem** vermittelt. Die Kontraktionen von Längs- und Ringmuskulatur werden durch Aktivierung cholinerger Motorneurone verursacht, die Erschlaffung des Kolons durch Aktivierung hemmender Motorneurone, die Stickoxid (NO) und VIP als Transmitter benutzen. Diese koordinierte Aktivität der Kolonmuskulatur wird gefördert (oder gehemmt) durch vagale präganglionäre Neurone, die ihre Zellköper im Ncl. dorsalis nervi vagi haben (Colon ascendens und transversum), und durch sakrale präganglionäre Neurone (Colon descendens).

Stuhlgang Die **tägliche Stuhlmenge** beträgt bei ausgewogener europäischer Kost 100–150 g. Sie wird – wie die Passagezeit – durch die Zusammensetzung der Kost beeinflusst und kann bei sehr faserstoffreicher Nahrung bis auf 500 g ansteigen. Die **Defäkationsfrequenz** kann zwischen 3 Stühlen/Tag und 3 Stühlen/Woche schwanken. (Die Regulation von Defäkation und Kontinenz des Enddarms ist in ▶ Kap. 71.4 beschrieben).

❯ Die Kolon-Passagezeit beträgt etwa 20–35 h (mit Schwankungen zwischen 5 und 70 h).

> **In Kürze**
>
> **Kolon und Rektum** haben Speicherfunktion zur Absorption von Elektrolyten, Wasser und Monokarbonsäuren aus dem bakteriellen Kohlenhydratabbau, sowie Entleerungsfunktion. Beide Funktionen werden durch das Darmnervensystem und parasympathische Neurone vermittelt.

41.5.2 Sekretion und Resorption

Die Dickdarmmukosa produziert kleine Volumina eines alkalischen, muzinreichen Sekrets, wodurch das Gleiten des Stuhls gefördert wird. Mit Ausnahme von kurzkettigen Monokarbonsäuren (Fettsäuren) findet im Dickdarm kaum Absorption statt.

Eindicken und Speichern Beim Erreichen des Dickdarms sind praktisch alle verwertbaren Nährstoffe dem Darminhalt entzogen. Aufgabe dieses Darmabschnittes ist es, das restliche Wasser und Elektrolyte bis auf geringe Reste zu resorbieren und eine Reservoirfunktion auszuüben. Von den durch die Darmbakterien produzierten Stoffen werden einzig

Klinik

Diarrhoe

Als Diarrhoe (**Durchfall**) wird die gehäufte Entleerung (> 3/Tag) bzw. erhöhte Menge (> 700 g/Tag) an dünnflüssigen, wässrigen Stühlen bezeichnet. Häufigste Formen sind die sekretorische und die osmotische Diarrhoe. Langandauernde Durchfälle können infolge größerer Flüssigkeits- und Elektrolyt-Verluste einen **hypovolämischen Schock** sowie eine **nichtrespiratorische Alkalose** auslösen. Eine schwere Diarrhoe mit Blutbeimischungen wird als **Dysenterie** bezeichnet.
Nach der Pathogenese unterscheidet man folgende Formen:

- Bei der **sekretorischen Diarrhoe** steigern bakterielle Gifte über eine Aktivierung apikaler Cl⁻-Kanäle vom CFTR-Typ die Chloridsekretion. Die Folge sind z. T. lebensbedrohliche Flüs-

sigkeitsverluste. Zu den bekanntesten Giften zählen die Toxine von **Cholera-Vibrionen** und **Salmonellen** (Wirkung cAMP-vermittelt) sowie von **pathogenen Kolibakterien** (cAMP- oder cGMP-vermittelt). VIP-produzierende Tumoren können über eine cAMP-abhängige Aktivierung von Cl⁻-Kanälen ebenfalls zu einer gesteigerten Flüssigkeitssekretion führen. Nichtkonjugierte Dihydroxygallensäuren und Dihydroxyfettsäuren können Ca^{2+}-vermittelt eine Diarrhoe verursachen (◩ Abb. 41.12).

- Eine **osmotische Diarrhoe** kann nach Einnahme schwer absorbierbarer Substanzen (z. B. bestimmter Abführmittel, wie Sorbitol, Mannitol oder Magnesiumsalze) auftreten. Die Substanzen sind im Dünndarm osmotisch aktiv und

fördern den Flüssigkeitseinstrom ins Lumen. Malabsorption von langkettigen Fettsäuren und Monosacchariden (z. B. bei Laktoseintoleranz) mit dem damit verbundenen Wegfall der Na^+- und Wasserabsorption kann ebenfalls zu osmotischen Durchfällen führen (▶ Abschn. 41.3.1).

- **Motilitäts-bedingte Diarrhoen** treten bei Stress und Angst, diabetischer Neuropathie oder Hyperthyreose auf.

- **Entzündliche Diarrhoen** werden durch Schädigung bzw. Zerstörung der resorptiven Mechanismen, u. a. bei bakteriellen oder viralen Infektionen oder bei chronisch-entzündlichen Darmerkrankungen (M. Crohn, Colitis ulcerosa) verursacht.

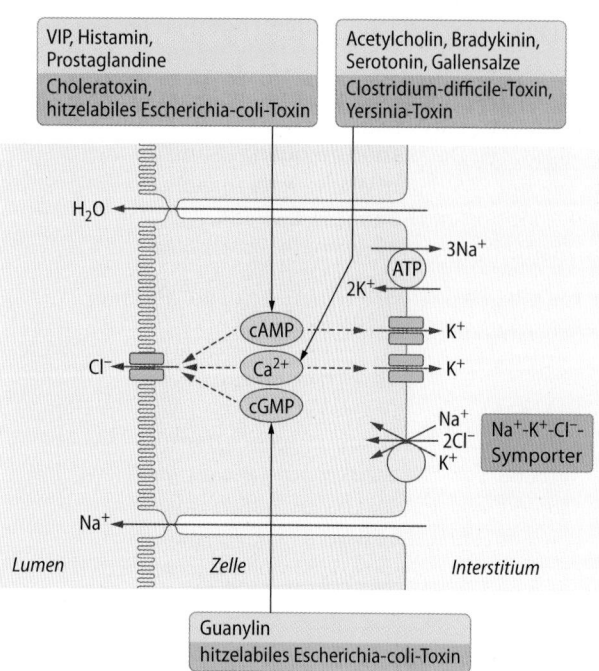

□ Abb. 41.12   Physiologische und pathophysiologische Stimulation der Cl⁻-Sekretion. Grün: physiologische Sekretionsstimulatoren; rot: Toxin-stimulierte Sekretion

kurzkettige Fettsäuren in nennenswertem Umfang absorbiert.

Sekretkomponenten   Die im Oberflächenepithel des Dickdarms stattfindende Absorption übersteigt die in den Krypten lokalisierte Sekretion bei weitem. Die Kolonmukosa ist ausgesprochen reich an **Becherzellen** und produziert normalerweise nur **kleinere Volumina** einer **plasmaisotonen**, Muzin-, HCO_3^-- und K^+-reichen, alkalischen Flüssigkeit. Sekretionssteigernd wirken aus dem Dünndarm ins Kolon gelangte Dihydroxygallensäuren sowie VIP, langkettige Fettsäuren, bakterielle Enterotoxine (z. B. Escheria-coli-Toxine) und einige Leukotriene.

Elektrolytsekretion   Die HCO_3^--Sekretion ins Lumen erfolgt – wie in den Brunner-Drüsen, im Pankreasgangepithel (▶ Kap. 40.1.1) und den Gallenwegen – über einen HCO_3^-/Cl⁻-Austauscher (DRA). Das von den Epithelzellen der Krypten sezernierte K^+ gelangt im proximalen Kolon bevorzugt über einen luminalen K^+-Kanal, im distalen Kolon vor allem auf parazellulärem Weg ins Lumen. Die Intensität dieser Sekretionsvorgänge nimmt vom proximalen zum distalen Kolon hin deutlich ab.

Elektrolytresorption   Im **Kolon** sind die Schlussleisten etwa 3–4-mal dichter als im Dünndarm, sodass die transzelluläre Aufnahme dominiert. Im proximalen Kolon gelangt Na^+ über einen gekoppelten **Na^+/H^+-** und **HCO_3^-/Cl⁻-Antiport**, im distalen Kolon über **epitheliale Na^+-Kanäle** (ENaC) in die Zelle. Im Gegensatz zum Dünndarm tritt hier Na^+ entlang eines Gradienten über **Kanalproteine** in die Zelle ein. Aldosteron fördert die Na^+-Absorption im Kolon, da es die Zahl der

(durch Amilorid hemmbaren) Na^+-Kanäle erhöht und die Aktivität der basolateralen Na^+/K^+-ATPase steigert.

> **In Kürze**
>
> Das Sekret des Kolons ist isoton, alkalisch und reich an Muzinen. Das verbleibende NaCl und Wasser werden weitgehend resorbiert. An Nährstoffen ist einzig die Aufnahme von kurzkettigen Fettsäuren (Monokarbonsäuren) von Bedeutung.

41.5.3   Darmbakterien

Das Kolon ist mit Bakterien, hauptsächlich Anaerobiern besiedelt, die unverdaute Faserstoffe aufspalten und u. a. kurzkettige Fettsäuren, Methan und Wasserstoff produzieren. Die Gase im GIT haben normalerweise ein Volumen von 30–200 ml.

Bakterielle Besiedlung des Dickdarms   Während der Magen und der obere Dünndarm normalerweise keimarm sind, nimmt die Zahl der Bakterien nach distal hin zu. Die Zahl der Bakterien pro Milliliter Darminhalt steigt von 10^6–10^7 im Ileum an der Bauhin-Klappe sprunghaft auf 10^{11}–10^{12} im Kolon an. Die Mehrzahl der Kolonbakterien, die ein mikrobielles Ökosystem („**Darm-Mikrobiom**") ausbilden, sind obligate **Anaerobier**, in erster Linie Firmicutes-, Bacteriodetes- und Proteobacteria-Stämme. Aerobe Stämme wie E. coli, Enterokokken und Laktobakterien machen nur 1 % der Kolonbakterien aus. Es gibt etwa 1000 Bakterienarten im Kolon, die Gesamtstuhltrockenmasse wird zu 30–50 %, gelegentlich sogar bis zu 75 % aus Bakterien gebildet. Die physiologische Darmflora schützt wesentlich vor einer Ansiedlung und Ausbreitung pathologischer Keime.

Nahrungsaufschluss durch Darmbakterien   Die Anaerobier spalten unverdauliche pflanzliche Faserstoffe (Ballaststoffe, z. B. Zellulose) teilweise auf, wodurch u. a. **kurzkettige Monokarbonsäuren** (z. B. Essig-[60 %], Propion-[20 %] und Buttersäure [20 %]) entstehen. Diese werden von der Kolonschleimhaut absorbiert und energetisch verwertet, wobei sie etwa 70 % des lokalen Energiebedarfs decken. Durch die Absorption der Monokarbonsäuren steigt der im Zäkum leicht abgefallene pH-Wert wieder an, sodass der Rektuminhalt eine neutrale Reaktion aufweist. Wird ein Kolonabschnitt durch eine Operation mit künstlichem Darmausgang von der Stuhlpassage ausgeschlossen, ist eine ausreichende Ernährung der Schleimhaut nicht mehr gewährleistet, und es kann zu einer „**Diversionskolitis**" kommen.

Aus pflanzlichen Faserstoffen entstehen weiterhin **CH₄** und **H₂**. Die Bakterien produzieren zudem Ammoniak, toxische Merkaptane, Phenole und Biotin. Ammoniak bzw. Ammoniumionen werden normalerweise in der Leber aufgenommen und zu Harnstoff entgiftet. Die Konzentration von Ammoniak im Blut kann bei schweren Leberfunktionsstörungen so stark ansteigen, dass zentralnervöse Störungen auftreten. Anders als vielfach behauptet, ist die Vitamin-K_2-Resorption im Kolon so gering, dass sie nicht zur Bedarfsdeckung beiträgt. Umgekehrt leiden Patienten nach Entfernung des Kolons (z. B. bei Colitis ulcerosa) auch nicht an Vitamin-K-Mangel.

Darm-Mikrobiom und Gesamtorganismus

Die kurzkettigen Fettsäuren, die vom Mikrobiom gebildet werden, wirken im Organismus u. a. über G-Protein-gekoppelte Rezeptoren. Sie beeinflussen so u. a. das Sättigungsgefühl, die Geschwindigkeit der Magen-Darm-Passage sowie die Produktion und Wirkung bestimmter Hormone. Mikrobiom-Signale werden daher unter anderem mit Insulinintoleranz, Diabetes mellitus und dem metabolischen Syndrom in Verbindung gebracht (Gesamtzahl der Darmbakterien 100 Billionen).

> Im Kolon produziertes bakterielles Vitamin K_2 (Menachinon) ist für die Versorgung des Körpers praktisch ohne Bedeutung.

Darmgas Das Gasvolumen, das durch das Rektum ausgeschieden wird, beläuft sich im Mittel auf etwa 700 ml/Tag mit erheblichen individuellen Schwankungen zwischen 0,2 und 2,0 l/Tag. Die Gasmenge kann bei bestimmter Nahrung, z. B. Hülsenfrüchte erheblich zunehmen. Ursächlich sind vom Menschen unverdauliche langkettige Zucker, die von Bakterien unter Gasbildung metabolisiert werden. Hierzu gehören u. a. **Inulin** (Schwarzwurzeln), Rhamnose, Raffinose und Stachyose, die u. a. in Hülsenfrüchten, Zwiebeln, Kohl und Sauerkraut vorkommen. Eine vermehrte Gasansammlung infolge gesteigerter Bildung und/oder verminderter Resorption bzw. verringertem Abgang als **Flatus** („Darmwind"), bezeichnet man als **Meteorismus** (Geblähtsein).

Zusammensetzung der Darmgase Die Zusammensetzung des intestinalen Gasgemisches wird zu 99 % von folgenden Gasen bestimmt: N_2, O_2, CO_2, H_2 und CH_4, von denen wiederum N_2, H_2 und CO_2 den größten Anteil ausmachen. Diese Gase sind geruchlos. Der unangenehme Geruch des Flatus stammt von Spuren flüchtiger bakterieller **Eiweißabbauprodukte** (z. B. Schwefelverbindungen, wie Schwefelwasserstoff, Dimethylsulfid und Methanthiol).

Koloskopie

H_2 und CH_4 bilden mit O_2 ein explosibles Gemisch. Es sind intraluminale Explosionen mit z. T. tödlichem Ausgang beschrieben worden, die während einer koloskopischen Polypenabtragung mittels Hochfrequenzdiathermie bei Patienten eintraten. Ursächlich war dabei eine unvollständige Darmreinigung oder der Einsatz von Mannitol als Reinigungsmittel, welches bakteriell gespalten wurde.

In Kürze

Anaerobe Bakterien des Dickdarms spalten unverdaute und unverdauliche Nahrungsstoffe und produzieren verschiedene toxische und nicht-toxische Substanzen. Intestinale Gase entstammen verschluckter Luft (N_2 und O_2) und dem Blutplasma. H_2 und CH_4 werden durch bakterielle Gärungsvorgänge im Kolon freigesetzt. CO_2 entsteht in größeren Mengen aus der Reaktion von HCO_3^- mit H^+ aus der Salzsäure, aus Fett- und Aminosäuren im Darmlumen.

Literatur

Beulens JWJ, Booth SL, van den Heuvel EGHM, Stoecklin E, Baka A, Vermeer C (2013) The role of menaquinones (vitamin K2) in human health. Br J Nutri 110:1357-1368

Johnson LR (2014) Gastrointestinal physiology. 8. Auflg. Elsevier, Mosby, Philadelphia

Johnson LR, Barrett KE, Ghishan FK, Merchant JL, Said HM, Wood JD (Herausgeb.) (2012) Physiology of the gastrointestinal tract. 5. Auflg., vols. 1 und 2. Academic Press, San Diego

Stipanuk MH, Caudill MA (2013) Biochemical, physiological, and molecular aspects of human nutrition. 3. Auflg. Elsevier, St. Louis

Energie und Leistung

Inhaltsverzeichnis

Energie- und Wärmehaushalt, Thermoregulation

Pontus B. Persson

© Springer-Verlag GmbH Deutschland, ein Teil von Springer Nature 2019
R. Brandes et al. (Hrsg.), *Physiologie des Menschen*, Springer-Lehrbuch
https://doi.org/10.1007/978-3-662-56468-4_42

Worum geht's?

Der Mensch ist gleichwarm und hat einen hohen Energieumsatz

Als gleichwarmer (**homoiothermer**) Organismus ist der Mensch meist „wärmer" als seine Umgebung und über einen weiten Bereich von der Umgebungstemperatur unabhängig. Gleichzeitig hat er einen hohen Energieumsatz, der durch den Erhaltungsstoffwechsel, den Verbrauch bei körperlicher Arbeit und die spezifisch-dynamische Wirkung der Nahrungsaufnahme und Verdauung bestimmt wird. Die Nährstoffkomponenten Fett, Protein und Kohlehydrate decken im Wesentlichen den Energiebedarf.

Die Körpertemperatur des Menschen ist trotzdem nicht konstant

Im Kopf und Rumpf (Körperkern) wird die Temperatur bei ca. 37°C konstant gehalten, während sie in der „Schale" geringer ist und zwischen ca. 27°C und 36°C variiert. Der **Sollwert** der Körperkerntemperatur schwankt im zirkadianen Rhythmus und mit dem weiblichen Zyklus, aber auch pathophysiologisch z. B. bei Fieber.

Die Anpassung an die Umgebungstemperatur erfordert genaues Messen und schnelles Reagieren

Unterscheiden sich Soll- und Istwert der Temperatur, kommen schnell bewusste und unbewusste **Regulationsmechanismen** in Gang: Wir ändern unser Verhalten (Kleidungswechsel) und beginnen zu zittern oder zu schwitzen. Die Kapazität sehr junger und sehr alter Menschen zur Temperaturregulation ist eingeschränkt, sie benötigen als Patienten diesbezüglich besondere ärztliche Aufmerksamkeit. (◻ Abb. 42.1)

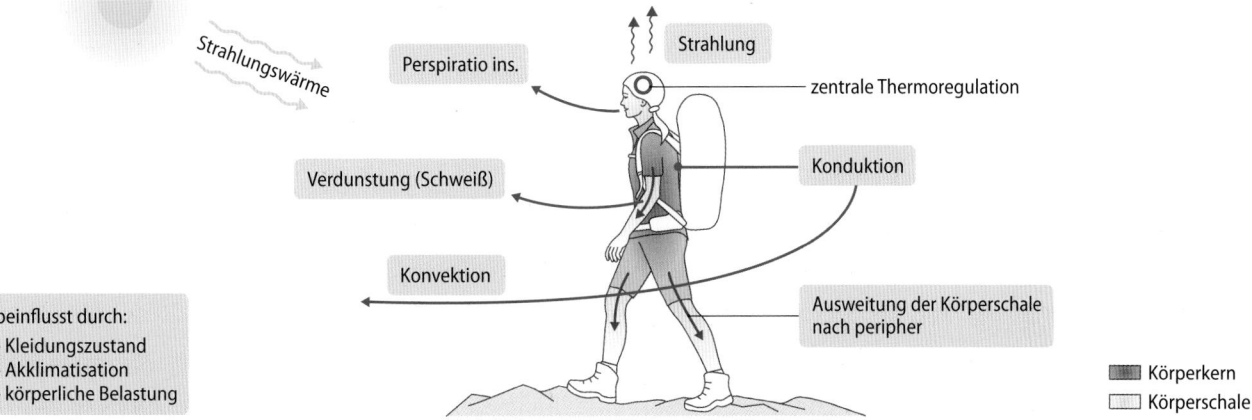

◻ **Abb. 42.1** **Die wesentliche Aufgabe der zentralen Thermoregulation ist die schnelle Anpassung des Menschen an seine Umgebungstemperatur, wie z. B. bei körperlicher Belastung in warmer Umgebung.** Perspiratio insensibilis (Perspiratio ins.) bezeichnet die unmerkliche Flüssigkeitsabgabe vor allem über die Atemluft, die ebenfalls zur Wärmeabgabe beiträgt

42.1 Nährstoffbrennwerte

42.1.1 Brennwertbestimmung und spezifisch – dynamische Wirkung

Nährstoffe haben unterschiedliche Brennwerte, dabei stellen Fette und Alkohol bei der Verbrennung pro Gramm mehr Energie zur Verfügung als Proteine und Kohlenhydrate.

Physikalischer und physiologischer Brennwert Im Stoffwechsel werden Nährstoffe schrittweise zu energieärmeren Stoffen abgebaut, wobei **Energie** zur Bildung energiereicher Verbindungen (vor allem ATP) eingesetzt wird, ein großer Teil jedoch als **Wärme** verlorengeht. Als Maß der Energie hat das Joule die Einheit Kalorie abgelöst ($1\,kcal \approx 4{,}19\,kJ$, $1\,J = 1\,Ws$ $= 2{,}39 \times 10^{-4}\,kcal$, $1\,kJ/h \approx 0{,}28\,W$).

Bei **vollständiger Verbrennung** von Nährstoffen entstehen CO_2 und Wasser, dabei wird durchschnittlich

- aus Fetten 38,9 kJ/g,
- aus Kohlenhydraten 17,2 kJ/g,
- aus Proteinen 23 kJ/g und
- aus Ethanol 29,7 kJ/g frei (**physikalische Brennwerte**; ◘ Tab. 42.1).

Da bei physiologischer Verwertung der Kohlenhydrate und Fette CO_2 und Wasser entstehen, entspricht der **physiologische Brennwert** (= biologischer Brennwert) bei diesen Nährstoffen dem physikalischen. Bei den Proteinen gilt das jedoch nicht, da der Abbau im Körper bei dem Stoffwechselprodukt Harnstoff stehenbleibt. Diese Verbindung könnte physikalisch weiter verbrannt werden, daher ist der physiologische Brennwert (17,2 kJ/g) geringer als der physikalische (◘ Abb. 42.2).

> ❯ Bei Kohlehydraten und Fetten entspricht der physiologische Brennwert dem physikalischen Brennwert.

Spezifisch-dynamische Wirkung von Nährstoffen Da Aufnahme und Verdauung von Nährstoffen Energie erfordern und das gestiegene Substratangebot den Stoffwechsel anregt, steigt nach dem Essen der Energieumsatz an (**spezifisch-dynamische Wirkung**), besonders bei **Proteinverwertung** (bis zu 30 %).

Der beim Abbau von Proteinen entstehende **toxische Ammoniak** wird in der Leber unter Energieverbrauch zu Harnstoff entgiftet. Bei Leberinsuffizienz kommt es zu Vergiftungssymptomen (hepatische Enzephalopathie).

42.1.2 Messung des Energieumsatzes

Die direkte und indirekte Kalorimetrie dienen der Energieumsatzbestimmung; die direkte Methode misst die Wärmeabgabe, die indirekte ermittelt den Energieumsatz über den Sauerstoffverbrauch.
Das Verhältnis von CO_2-Abgabe zu O_2-Aufnahme erlaubt eine Aussage zu den anteilig verbrannten Substanzklassen über den respiratorischen Quotienten.

Direkte Kalorimetrie Um umgesetzte Energie direkt zu bestimmen, wird z. B. der Organismus in einen thermisch isolierten, von Eis umgebenen Raum gebracht und Schmelzwasser gesammelt, dessen Menge direkt mit der erzeugten Körperwärme korreliert (Lavoisier 1780).

Indirekte Kalorimetrie und energetisches Äquivalent Heutige Verfahren ermitteln den **Energieumsatz** über den **Sauerstoffverbrauch** für die Verbrennung der Nahrung, wobei aus einem Liter Sauerstoff ca. 20 kJ Energie gewonnen wird (Mischkost, Europäer; ◘ Abb. 42.2). Genauer lässt sich die aus Sauerstoff erzeugte Energie nur bestimmen, wenn die Zusammensetzung der verbrannten Nahrung bekannt ist. So werden bei der ausschließlichen Glukoseverbrennung 21,0 kJ pro Liter Sauerstoff gewonnen. Das **energetische Äquivalent** (= kalorisches Äquivalent) von Glukose beträgt daher 21,0 kJ/l O_2.

$$C_6H_{12}O_6 + 6O_2 \rightarrow 6CO_2 + 6H_2O + 2826\,kJ \qquad (42.1)$$

Bei der Verbrennung von Fetten, die mehr O_2 benötigt, ist das energetische Äquivalent geringer (19,6 kJ/l O_2). Proteine (18,8 kJ/ l O_2) tragen i. d. R. nur einen kleinen Teil zur Deckung des Energiebedarfs bei (ca. 15 % in Europa).

Bei Verbrennung von 1 mol Glukose (≈ 180 g) werden 2826 kJ frei; daraus ergibt sich ein Brennwert der Glukose von 15,7 kJ/g (◘ Tab. 42.1).

Respiratorischer Quotient Das **energetische Äquivalent** der Nahrung ist von ihrer Zusammensetzung abhängig. Ob der Körper zu einem Zeitpunkt eher Fette oder Zucker verbrennt, lässt sich aus dem Verhältnis von Kohlendioxidabgabe/Sauerstoffaufnahme schließen, dem **respiratorischen Quotienten** (RQ). Bei der Verbrennung von Glukose wird genauso viel CO_2 abgegeben wie O_2 gebildet wird, der RQ beträgt 1 (Gl. 42.1). Weil man für die Verbrennung von Fetten mehr Sauerstoff benötigt, liegt der RQ niedriger (0,7), für Proteine bei 0,81 und der durchschnittliche mitteleuropäische RQ bei 0,82. Das energetische Äquivalent in unseren Breiten ist 20,2 kJ/l O_2 (◘ Abb. 42.2).

42

◘ **Tab. 42.1** Physikalischer und physiologischer Brennwert von Nährstoffen in kJ/g (gemäß einer gemischten europäischen Kost)

	Fette	Proteine	Kohlenhydrate	Glukose	Ethanol
Physikalischer Brennwert	38,9	23,0	17,2	15,7	29,7
Physiologischer Brennwert	38,9	17,2	17,2	15,7	29,7

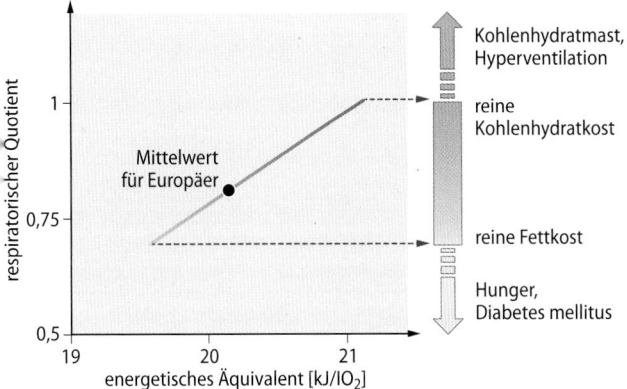

◨ Abb. 42.2 Energetisches Äquivalent und respiratorischer Quotient. Energetisches Äquivalent des Sauerstoffs und dessen Abhängigkeit vom RQ ohne Berücksichtigung des Proteinanteils von 15 % am Gesamtumsatz. Durchschnittlicher Respiratorischer Quotient: 0,82

⊙ Das energetische Äquivalent der Nahrung ist von ihrer Zusammensetzung abhängig und liegt in West- und Mitteleuropa bei 20,2 kJ/l O_2.

Ist der RQ bestimmt worden, kann durch eine Tabelle das entsprechende **energetische Äquivalent** bestimmt werden. Wird dieser Wert mit der Sauerstoffaufnahme über die Zeit multipliziert, erhält man den Energieumsatz.

Energieumsatz =
energetisches Äqivalent × O_2 – Aufnahme / Zeit   **(42.2)**

Proteinverbrauch Den **Proteinverbrauch** bestimmt man über die **Harnstoffausscheidung im Urin** (ca. 30 g (0,5 mol) pro Tag, bei proteinreicher Ernährung bis zu 90g).

Spiroergometrie Bei einer **Spiroergometrie** misst man während körperlicher Belastung des Probanden Atemfrequenz, Atemminutenvolumina, Sauerstoffaufnahme und Kohlendioxidabgabe zur Ermittlung des Atemminutenvolumens und des Respiratorischen Quotienten (RQ = VCO_2/VO_2) für die Beurteilung der Herz-Kreislauf- und der Lungenfunktion.

In Kürze

Fette und Ethanol liefern pro g mehr Energie als Proteine oder Kohlenhydrate. Die Bestimmung des Energieumsatzes ist über die Bestimmung der **Sauerstoffaufnahme** möglich, die Ermittlung des Kohlenhydrat- und Fettanteils der Nahrung über den **respiratorischen Quotienten**, womit das entsprechende **energetische Äquivalent** aus einer Tabelle abgelesen werden kann.

42.2 Energieumsatz

42.2.1 Gesamtumsatz und Wirkungsgrad

Der Gesamtumsatz umfasst nicht alle energieverbrauchenden Prozesse; das Verhältnis von äußerer Arbeit zum Gesamtumsatz bezeichnet man als Wirkungsgrad.

Der **Gesamtumsatz** bezeichnet die pro Tag verbrauchte Energiemenge aus Grundumsatz, Muskeltätigkeit (Arbeitsumsatz) und Energieumsatz für abgegebene Wärme, nicht jedoch für regenerative Prozesse und Wachstum benötigte Energie. Die Effizienz eines energieumwandelnden Vorgangs kann man mit dem **Wirkungsgrad** quantifizieren, der sich aus dem Verhältnis der äußeren Arbeit zum Gesamtumsatz errechnet (körperliche Arbeit: max. 25 %, min. 75 % werden in Wärme umgewandelt).

42.2.2 Grundumsatz, Ruhe-, Arbeits- und Freizeitumsatz

Der Grundumsatz ist als morgendlicher Ruheumsatz im Liegen bei Nüchternheit und Indifferenztemperatur der Umgebung definiert. Ruhe-, Arbeits- und Freizeitumsätze beziehen energieverbrauchende Tätigkeiten ein und liegen höher als der Grundumsatz.

Der **Energieumsatz** des Menschen variiert mit Arbeitsintensität, Tageszeit, Nahrungsaufnahme und Umgebungstemperatur. Der **Grundumsatz** wird daher unter **Standardbedingungen** gemessen:

- **morgens** (der Energieumsatz schwankt zirkadian)
- **nüchtern** (spezifisch-dynamische Wirkung, ► Abschn. 42.1)
- während körperlicher und geistiger **Ruhe** im **Liegen** (Ruheumsatz)
- bei **Indifferenztemperatur** (Kältezittern erhöht den Energieumsatz, Wärme steigert die Kreislaufarbeit)

Der Grundumsatz

- wird zu je einem Viertel von der **Leber** und der **ruhenden Skelettmuskulatur** geleistet (◨ Abb. 42.3),
- nimmt im **Alter** ab,
- ist bei **Frauen** geringer als bei Männern (◨ Abb. 42.4),
- wird meist auf **Körpergewicht oder -oberfläche** bezogen und
- liegt bei etwa **7000 kJ/d** (ca. 85 W) (◨ Tab. 42.2).

Der Grundumsatz kann bei Erkrankungen, die mit anabolen oder katabolen Stoffwechsellagen einhergehen, erheblich schwanken, so z. B. bei:

- **Schilddrüsenerkrankungen:** Bei einer Schilddrüsenüberfunktion (**Hyperthyreose**) kann der Grundumsatz um >100 % steigen und bei Schilddrüsenunterfunktion (**Hypothyreose**) bis auf 60 % des Normalwerts erniedrigt sein.

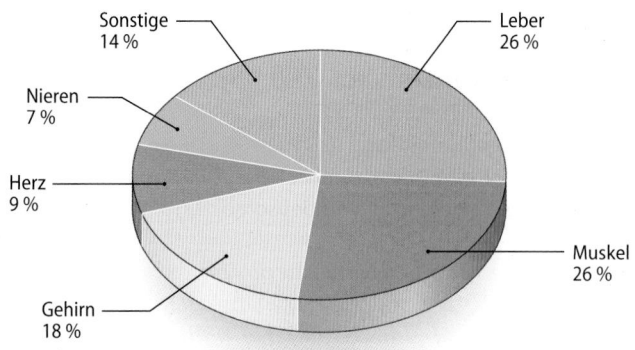

◘ Abb. 42.3   Organanteile am Grundumsatz. Den größten Anteil am Grundumsatz haben die Leber, die Skelettmuskulatur und das Gehirn

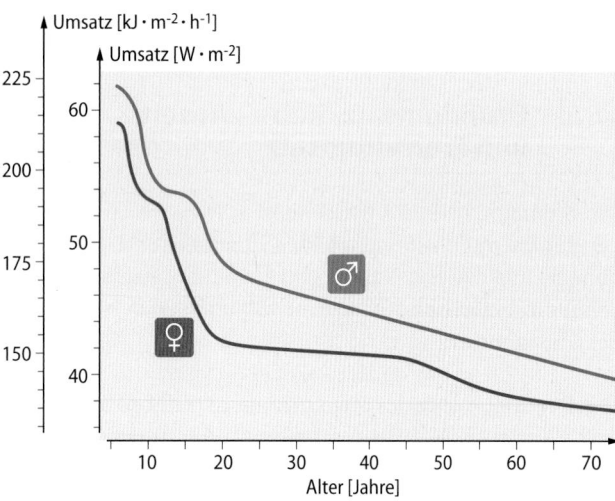

◘ Abb. 42.4   Grundumsatz. Einfluss von Alter und Geschlecht. Lebensalter und Geschlecht haben einen großen Einfluss auf den Grundumsatz. Der relative Energieumsatz nimmt besonders während der ersten 20 Lebensjahre kontinuierlich ab

◘ Tab. 42.2   Exemplarische Energieumsätze am Beispiel einer 70 kg schweren Person

Bedingung		Energieumsatz		$\dot{V}_{O_2}$
		MJ/d	W	ml/min
Grundumsatz	♀	6,3	76	215
	♂	7,1	85	245
Freizeitumsatz	♀	8,4	100	275
	♂	9,6	115	330
Zulässige Höchstwerte für jahrelange berufliche Arbeit, pro Tag	♀	15,5	186	535
	♂	20,1	240	690
Zulässige Höchstwerte für jahrelange berufliche Arbeit, pro Arbeitszeit	♀		360	1000
	♂		490	1400
Arbeitsumsatz bei Ausdauerleistungen (Leistungssportler)		4,3	1200	3400

Energiebedarf bei besonderen Tätigkeiten

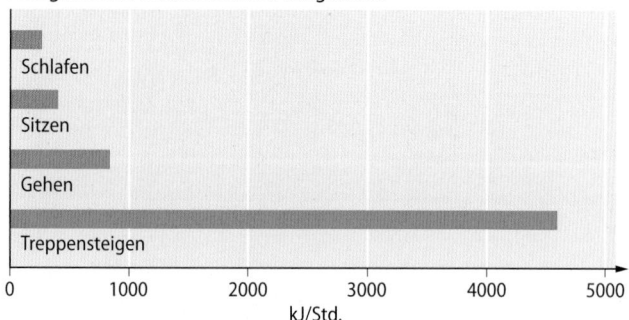

Energietagesbedarf

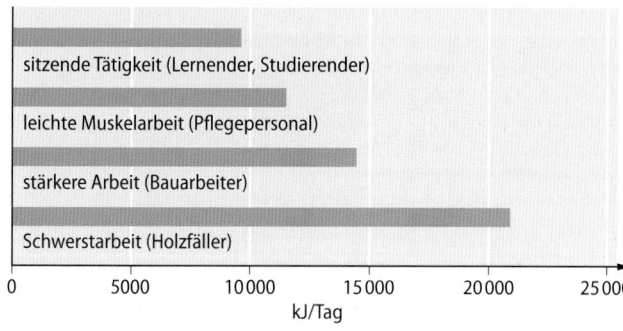

◘ Abb. 42.5   Energieumsatz bei verschiedenen Tätigkeiten sowie beispielhafte Tagesumsätze

- **Verletzungen, Verbrennungen** oder **Fieber** führen zu einem katabolen Stoffwechsel und einer Zunahme der Stoffwechselaktivität mit erhöhtem Proteinstoffwechsel und einer bis auf das Dreifache erhöhten Stickstoffausscheidung im Urin.
- Bei **Kreislaufschock mit peripherer Mangeldurchblutung** ist der Energieumsatz u. U. bis auf Werte unterhalb des Grundumsatzes erniedrigt.

Arbeitsumsatz   Dieser bezeichnet den Energieumsatz bei Arbeit. Dieser ist vergleichsweise gering: Zur Deckung des Energieverbrauchs eines 100-m-Laufs reichen weniger als der Brennwert von 2 g Glukose aus, rechnerisch sind vier Marathonläufe erforderlich, um knapp 1 kg Fett zu verbrennen. Geistige Arbeit erhöht den Energiebedarf, dies liegt jedoch nicht an einem wesentlich erhöhten Energieverbrauch der Nervenzellen, sondern an der reflektorischen Erhöhung der Muskelaktivität.

Freizeitumsatz   Als **Freizeitumsatz** bezeichnet man den Energieumsatz bei kontemplativer Freizeitgestaltung. Er entspricht damit dem täglichen Gesamtumsatz weiter Bevölkerungskreise (◘ Abb. 42.5).

> **Klinik**
>
> **Energieumsatz bei Nahrungsmangel**
> Beim Fasten wird der Energiebedarf zunächst von der Glykogenolyse der Leber und der Lipolyse im Fettgewebe gedeckt, nach >6 Std. durch hepatische Glukoneogenese aus Aminosäuren (Muskelproteolyse) und nach einigen Tagen aus freien Fettsäuren

42

und Ketonkörpern, wobei die Stimulation der Lipolyse durch Wachstumshormon eine Rolle spielt. Nahrungsentzug reduziert den Grundumsatz und die Körperkerntemperatur: Bei verminderter Plasmaglukosekonzentration fallen die Insulinspiegel. Im ventromedialen Hypothalamus befindliche Neurone steuern die Sympathikusaktivität in Abhängigkeit von der insulingesteuerten Glukoseaufnahme, tragen zur diätetischen Thermogenese bei und veranlassen die Anpassung des Grundumsatzes.

In Kürze

Der Energieumsatz schwankt in Abhängigkeit von der Tageszeit und Belastung, daher unterscheidet man Arbeits-, Freizeit-, Ruhe- und Grundumsatz. Der **Grundumsatz** als Referenzgröße wird **morgens in Ruhe, nüchtern** und bei **Behaglichkeitstemperatur** gemessen. Pathologische Veränderungen des Energieumsatzes müssen bei der Therapie berücksichtigt werden

42.3 Körpertemperatur

42.3.1 Energiebedarf und Körpertemperatur

Nach der Reaktions-Geschwindigkeits-Temperatur-Regel beschleunigt eine Temperaturerhöhung um 10°C eine Reaktion um etwas das Doppelte.

Reaktions-Geschwindigkeits-Temperatur-Regel In der Tierwelt unterscheidet man **poikilotherme = wechselwarme** und **homoiotherme = gleichwarme** Tiere. Der schwankende Energieumsatz wechselwarmer Lebewesen erlaubt monatelange Nahrungskarenz bei Kälte, denn wie alle chemischen Reaktionen beschleunigt eine Temperaturerhöhung um 10°C die Stoffwechselprozesse des Körpers im Mittel auf etwa das Doppelte.

Reaktionsgeschwindigkeit und Überlebenszeit Klinisch findet die RGT-Regel u. a. in der Chirurgie und in der Intensiv- und Notfallmedizin Anwendung, denn bei einer Kühlung steigt die Überlebenszeit eines Organs bei verminderter Durchblutung. Auch für den Gesamtorganismus gilt die RGT-Regel, deshalb haben **Erfrierungstote** und in kalten Gewässern **beinahe Ertrunkene** eine wesentlich bessere Aussicht auf erfolgreiche Wiederbelebung.

Reanimationsmaßnahmen müssen stets bis zur vollständigen Wiedererwärmung fortgeführt werden („Nobody is dead until he is warm and dead.").

42.3.2 Temperaturregelung im Körperkern und an der Körperoberfläche

Nicht alle Körperbereiche werden auf konstanter Temperatur gehalten: Die Körperschale ist wechselwarm.

Wechselwarme Körperzonen Der Mensch ist nicht im Ganzen homoiotherm, z. B. kann die Temperatur der Hände um über 30°C schwanken. Unterschiede in der Stoffwechselaktivität und in der regionalen Durchblutung bedingen auch innerhalb des Körperkerns Temperaturunterschiede von über 1°C. Besonders warm sind Leber und Gehirn. Deren Temperatur wird in der **Gerichtsmedizin** zur Todeszeitbestimmung genutzt.

Körperkern und Körperschale Es besteht ein Temperaturgefälle zwischen **Körperkern** und der Körperoberfläche. Im Unterschied zum annähernd gleichmäßig warmen Körperkern (36,5–37°C) bezeichnet man die Gewebsschichten unter der Haut, in der das Temperaturgefälle auftritt, als **Körperschale.** Nur innerhalb des Körperkerns ist der Mensch homoiotherm. (◘ Abb. 42.6; ◘ Abb. 42.7).

Beim Unbekleideten beträgt die **mittlere Hauttemperatur** innerhalb der Umgebungstemperaturen, bei denen weder geschwitzt noch gezittert wird („thermoneutraler Bereich"), 33–34°C. Der **thermoneutrale Bereich** liegt für die Umgebungstemperatur beim Unbekleideten bei 28–30°C, beim Bekleideten zwischen 20°C und 22°C.

Temperaturfeld des Körpers ◘ Abb. 42.7 zeigt schematisch für einen unbekleideten ruhenden Menschen die Temperaturverteilung bei warmer (35°C) und kühler (20°C) Umgebungstemperatur. In warmer Umgebung ist die Hautdurchblutung hoch, die Haut warm, und die durch den Temperaturgradienten gekennzeichnete Körperschale umfasst nur oberflächliche Gewebsschichten (◘ Abb. 42.7b). In kalter Umgebung wird die Hautdurchblutung stark gesenkt, der Temperaturgradient

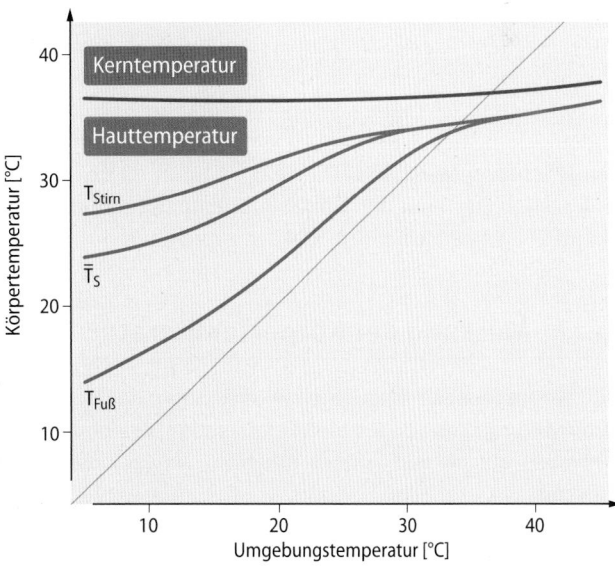

◘ **Abb. 42.6 Regionale Körpertemperaturen in Abhängigkeit von der Umgebungstemperatur.** Schematische Darstellung der Kerntemperatur (rot), der mittleren Hauttemperatur (Ts) und zweier einzelner Hauttemperaturen (jeweils blau) als Funktion der Umgebungstemperatur. Deutlich erkennbar ist der starke Abfall der akralen Hauttemperatur (Fuß) in der Kälte und der leichte Kerntemperaturanstieg bei Hitzeeinwirkung. Nur vorübergehend ist es möglich, „der Kälte die Stirn zu bieten", ab 30°C nimmt auch diese Temperatur ab

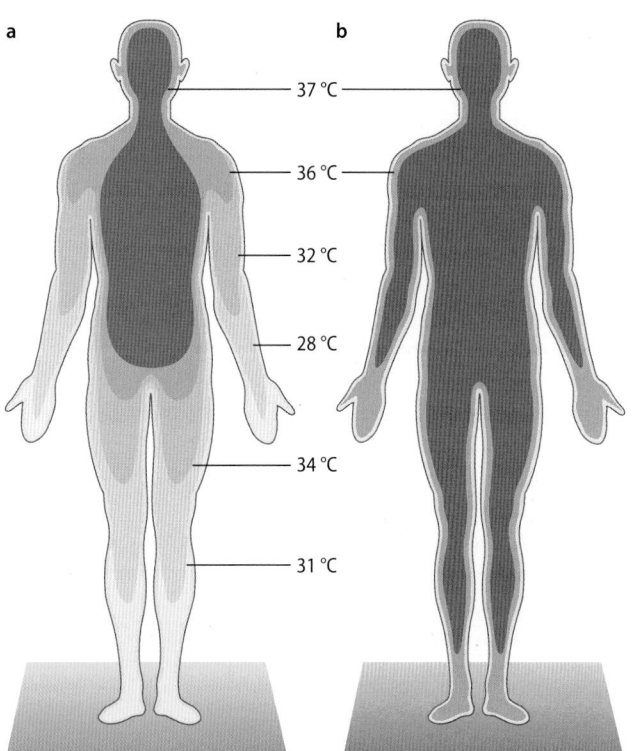

Abb. 42.7   Temperatur des Körperkerns und der Körperschale. Temperaturfeld des menschlichen Körpers ohne Bekleidung nach längerem Aufenthalt in kalter (a; 20°C) und warmer (b; 35°C) Umgebung. Dunkelrot: gleichwarmer Körperkern; grau: Kutis und Subkutis; hellrot: wechselnder Anteil an der Körperschale mit schematisierten Isothermen (Grenze von Bereichen mit gleicher Körperwärme). Bei warmer Umgebung ist die Körperschale praktisch auf die Kutis und Subkutis beschränkt; in der Kälte werden tiefere Gewebsschichten, insbesondere an den Extremitäten, in die Schale mit einbezogen

erfasst größere Areale, die Körperschale nimmt zu und der gleichwarme Körperkern schrumpft (■ Abb. 42.7a). Am Rumpf nimmt das **radiäre Temperaturgefälle** zu, zusätzlich bildet sich in den Extremitäten ein **Temperaturgefälle in Längsrichtung (axial)** aus. Die Temperaturen an den Akren ändern sich stark mit der Umgebungstemperatur, kurzzeitig bis auf 5°C, ohne bleibenden Schaden zu nehmen.

42.3.3   Messung der Körpertemperatur

Die Messergebnisse verschiedener Methoden der Körpertemperaturmessung bilden die Körperkerntemperatur unterschiedlich gut ab und können erheblich voneinander abweichen.

Sublingual- und Rektaltemperatur   Die **Sublingualtemperatur** liegt etwa 0,2–0,5°C tiefer als die Rektaltemperatur und wird z. B. durch Atemluft und Nahrung beeinflusst. Die **Rektaltemperatur** liegt näher an der eigentlichen Körperkerntemperatur, allerdings ist eine einheitliche Messtiefe einzuhalten.

Axillartemperatur   Bei hinreichend warmer Umgebung ist die **Axillartemperatur** als gute Näherung der Kerntempera-

tur anzusehen, doch ist mit Einstellzeiten von bis zu 30 min zu rechnen, wenn infolge Vasokonstriktion die Körperschale zuvor stärker ausgekühlt war (Kälte, Fieberanstieg).

Besondere Messmethoden   Die **Ösophagustemperatur** zeigt Kerntemperaturänderungen schneller an als die Rektaltemperatur. Die Messung der **Gehörgangstemperatur** nahe am Trommelfell mit Infrarot-Thermometern ist angenehm nichtinvasiv, jedoch noch nicht verlässlich. Ob die Tympanaltemperatur als repräsentativ für die Gehirntemperatur angesehen werden kann, ist umstritten.

> **In Kürze**
>
> Der Mensch ist **homoiotherm**. Die Körperkerntemperatur wird innerhalb gewisser Grenzen konstant gehalten, die Körperschale weist Temperaturschwankungen auf. Die Messergebnisse verschiedener Methoden der Körpertemperaturmessung können erheblich voneinander abweichen.

42.4   Wärmeregulation

42.4.1   Innere und äußere Thermosensoren

An vielen Stellen im Körper kommen thermosensorische Strukturen vor; die Messfühler der Haut sind eindeutig charakterisiert.

Thermosensoren der Haut   In der Haut kommen Kalt- und Warmsensoren in regional unterschiedlicher Dichte vor (▶ Kap. 49.2.3). An den Füßen und Händen gibt es nur wenige Thermosensoren (■ Abb. 42.8), im Gesicht und auf der Brust sind Thermosensoren in Fülle vorhanden.

Innere Thermosensoren   Rostraler Hirnstamm (**Regio praeoptica/vorderer Hypothalamus**) und Rückenmark sind Hauptareale der Thermosensitivität, des Weiteren findet man Thermosensoren im unteren Hirnstamm (Mittelhirn, Medulla oblongata), in der Dorsalwand der Bauchhöhle und möglicherweise in der Muskulatur.

Subpopulationen anteriorer Hypothalamusneurone sprechen auf lokale Temperaturänderungen an: Erwärmung wärmeempfindlicher Neurone steigert die Entladungsrate (■ Abb. 42.9) und löst Entwärmungsmechanismen wie eine Zunahme der Atemfrequenz aus. In geringerer Zahl lassen sich auch kälteempfindliche Neurone nachweisen, deren Aktivität mit sinkender Temperatur zunimmt. Sowohl die synaptische Transmission als auch die Neurone selbst können temperaturempfindlich sein.

42

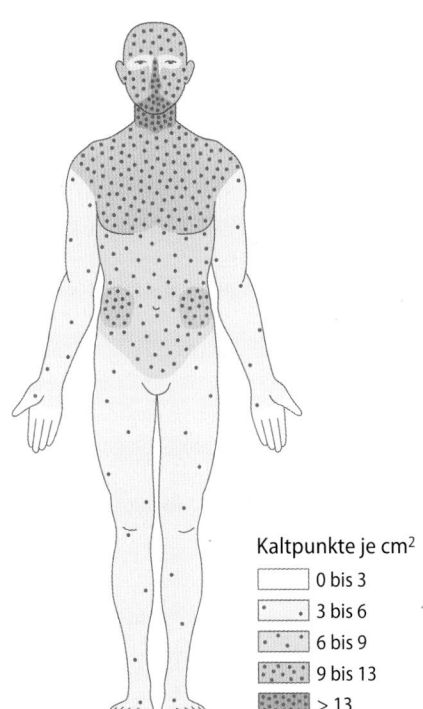

Abb. 42.8 Verteilung der Kaltpunkte. Die meisten Kaltpunkte befinden sich im Innervationsgebiet des N. trigeminus. Die Hautareale in unmittelbarer Nähe zum Körperkern weisen deutlich mehr Kaltpunkte auf als die peripheren Bereiche. Dadurch können zur besseren Wärmeerhaltung im Innern die Arme und Beine auskühlen, ohne dass man unerträglich friert

Kaltpunkte je cm²

0 bis 3
3 bis 6
6 bis 9
9 bis 13
> 13

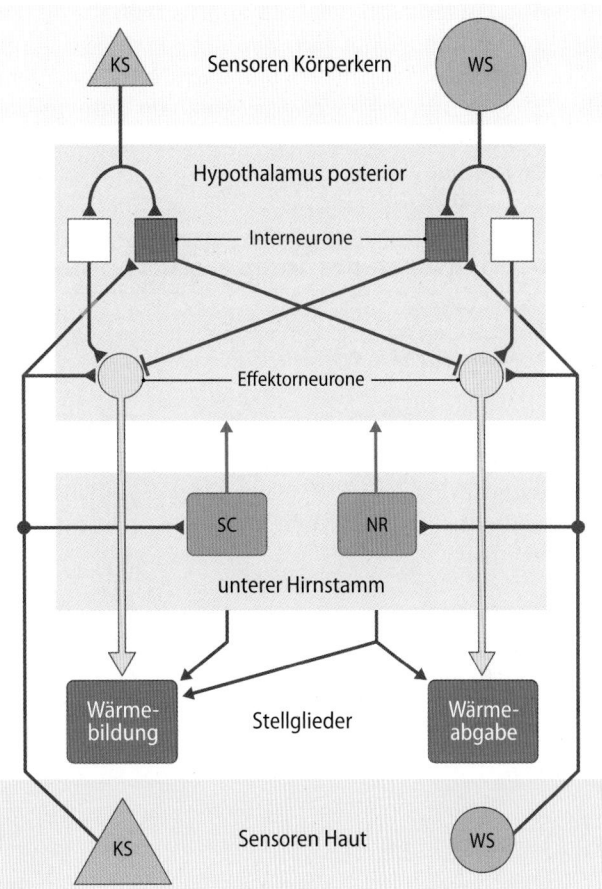

Abb. 42.9 Die neuronale Verschaltung thermischer Afferenzen mit den efferenten neuronalen Netzwerken in stark vereinfachter Form. Die grau schattierten Flächen zeigen thermointegrative Bereiche: oben der dominierende Bereich, im Wesentlichen der hintere Hypothalamus; darunter der untere Hirnstamm, der wichtige Strukturen (blau) zur Verarbeitung von Thermoafferenzen aus der Haut enthält (NR=Nuclei Raphé; SC=Regio subcoerulea). Rot: inhibitorische Zwischenneurone (Interneurone) im Hypothalamus, die eine reziproke Hemmung der Entwärmungs- bzw. Wärmebildungsprozesse vermitteln. Gelb: deszendierende Neuronensysteme (Effektorneurone) zur Kontrolle der Stellglieder der Wärmebildung und -abgabe. KS=Kaltsensoren; WS=Warmsensoren (die Größe der Symbole soll grob die quantitative Bedeutung anzeigen). Die Symbole für Neurone repräsentieren Neuronenpools. Die z. T. bekannten Verschaltungen zwischen SC, NR und Hypothalamus sind durch blaue Pfeile dargestellt. Die vom unteren Hirnstamm abwärts zeigenden gelben Pfeile stellen Bahnverbindungen dar, durch welche die Kontrolle von Wärmebildung und -abgabe mithilfe der Effektorneurone moduliert wird. Deszendierende Verbindungen zu Hinterhornneuronen des Rückenmarks, über die eine Eingangshemmung von thermosensorischen Afferenzen erfolgen kann, sind nicht eingezeichnet

42.4.2 Afferente Bahnen der Temperatursensoren

Der Hypothalamus empfängt als Schaltzentrale Signale der äußeren und inneren Thermosensoren.

Thermoafferente Bahnen Hypothalamusneurone sind vermutlich Bestandteile eines Netzwerks, das die lokalen mit den afferent zugeleiteten Temperatursignalen integriert und in efferente Steuersignale umsetzt. Thermoafferente Signale laufen über multisynaptische Abzweigungen des **Tractus spinothalamicus.** Nur die Temperatursignale aus der Gesichtshaut erreichen den Hypothalamus über Projektionsbahnen des **kaudalen Trigeminuskerns.**

> Thermoafferente Signale laufen über den Tractus spinothalamicus und über Projektionsbahnen des kaudalen Trigeminuskerns zum Hypothalamus.

Ein weiterer Teil der kutanen thermischen Afferenzen erreicht über zwei Kerngebiete des unteren Hirnstammes, die Regio subcoerulea und die Raphekerne, den Hypothalamus (**Abb. 42.9**). Dagegen führen der Tractus spinothalamicus und der Vorderseitenstrang die aufsteigenden Signale der Thermosensoren des Rückenmarks.

Hypothalamus Innere Thermosensoren aus der Regio praeoptica und aus den zervikothorakalen Anteilen des Rücken-

marks ziehen zu den **kaudalen Anteilen** des Hypothalamus (Area hypothalamica posterior). Dort erfolgt die Umsetzung von Temperatursignalen in Steuersignale für die Thermoregulation. Neurone an der Grenze vom vorderen zum hinteren Hypothalamus sprechen auf Hauttemperaturänderungen an den Extremitäten und am Rumpf an. Im Hypothalamus besteht **keine räumliche Trennung** zwischen thermosensorischen und verschaltenden Funktionen. Zum Beispiel sprechen einige Neurone der Regio praeoptica (der bedeutendste thermosensorische Bereich des Hypothalamus) auch auf

Temperaturänderungen der Haut an. Neurophysiologische Hinweise auf die quantitative Verteilung von Warm- und Kaltsensoren haben zu der Vermutung geführt, dass die Temperatursignale aus der Haut vorwiegend von Kaltsensoren, die Signale aus dem Körperinneren vorwiegend von Warmsensoren geliefert werden.

42.4.3   Effektoren der Temperaturregulation

Vor allem das sympathische Nervensystem steuert die thermoregulatorischen Stellglieder.

Braunes Fettgewebe   Die Wärmebildung im – beim **Säugling** wichtigen – braunen Fettgewebe wird über β_3-adrenerge Rezeptoren des Sympathikus gesteuert, der die Lipolyse steigert und die Thermogeninsynthese induziert (s. u., zitterfreie Wärmebildung).

Schweißproduktion   **Verdunstung**, also evaporative Wärmeabgabe, ist bei hoher Umgebungstemperatur wichtig (▶ Abschn. 42.5). **Cholinerge sympathische Nervenfasern** steuern das thermoregulatorische Schwitzen beim Menschen. Daher ist es durch Atropin hemmbar. Die Schweißproduktion kann durch lokale Bedingungen im Bereich der Schweißdrüsen moduliert werden, so z. B. über die Temperatur gesteigert und hohe örtliche Durchfeuchtung gemindert werden.

Formen des thermoregulatorischen Schwitzens
Vom thermoregulatorischen Schwitzen zu unterscheiden ist das emotionale Schwitzen bei starker psychischer Anspannung in Verbindung mit einer Vasokonstriktion der Hautgefäße z. B. an den Plantarflächen von Händen und Füßen (Kaltschweiß). Damit kann auch verstärktes Schwitzen der apokrinen Schweißdrüsen (z. B. Achselhöhle) verbunden sein. Bei manchen Personen ist die Schwelle für das emotionale Schwitzen sehr niedrig und ruft einen hohen Leidensdruck hervor.

Vasomotorik   Die thermoregulatorische Steuerung erfolgt durch **noradrenerge** sympathische Nerven über α_1-**Rezeptoren**. Zunahme der sympathischen Aktivität bewirkt Vasokonstriktion, Aktivitätsabnahme entsprechend eine Vasodilata-

---

Klinik

Thermoregulation bei Querschnittslähmung
Pathophysiologie
Die Leitungsunterbrechung im Rückenmark betrifft deszendierende Bahnen und damit die periphere vegetative und somatomotorische Innervation thermoregulatorischer Stellglieder sowie die aufsteigenden Bahnen, in denen thermische Afferenzen geleitet werden. Daher ist die Temperaturregulation deutlich eingeschränkt.

Symptome
Unterhalb der Verletzungsebene kommt es zum Ausfall des Kältezitterns, die Hautvasomotorik spricht nicht mehr an und das Schwitzen ist eingeschränkt. Reflektorische, auf spinaler Ebene vermittelte thermoregulatorische Vasomotorik und Schwitzen werden nur bei sehr starker thermischer Belastung beobachtet. In Folge dieser Störungen treten größere Abweichungen der Kerntemperatur bei thermischer Belastung auf.

---

tion. Die Gesamtdurchblutung der Haut beträgt im thermoneutralen Bereich 0,2–0,5 l/min und kann bei extremer Wärmebelastung in Ruhe 4 l/min überschreiten. Man nimmt an, dass zudem lokale Faktoren auf die Hautdurchblutung einwirken: Wird die Sympathikusaktivität an der Haut blockiert, bleibt immer noch eine Dilatationsreserve erhalten. Eine maximale Vasodilatation tritt erst bei beginnender Schweißsekretion auf. Vermutlich werden über die aktivierten **Schweißdrüsen dilatierende Mediatoren** freigesetzt.

Vasomotorik bei Kälte   Bei großer Kälte nimmt die sympathische Transmitterfreisetzung ab. Es kommt zur vorübergehenden schützenden (paradoxen) Vasodilatationen, erkennbar etwa an einer rot anlaufenden Nase bei Kälte. Ist die Haut wieder aufgewärmt, wird wieder Noradrenalin freigesetzt und die Hautdurchblutung nimmt wieder ab. So entstehen rhythmische, etwa 20-minütige Schwankungen in der Hautdurchblutung.

> ❯ Bei großer Kälte kommt es etwa alle 20 Minuten zur vorübergehenden schützenden (paradoxen) Vasodilatation.

Zentrale Zitterbahn   Im hinteren Hypothalamus entspringt die **zentrale Zitterbahn**, welche Anschluss an das nichtpyramidale motorische System findet und Zittern auslöst.

In Kürze

Die Thermoregulation erfolgt in einem Regelkreis mit **negativer Rückkopplung**. **Thermosensoren** befinden sich in Haut, Hypothalamus, unteren Hirnstamm, Rückenmark, dorsalem Bauchraum und vermutlich Skelettmuskulatur. Als Stellglieder der Thermoregulation dienen **Zittern**, Abbau von **braunem Fettgewebe**, **Schwitzen** und die Steuerung der **Hautdurchblutung**.

42.5   Wärmebildung, Wärmeabgabe

42.5.1   Wärmeerzeugung

Die regulatorische Steigerung der Wärmebildung kann über Erhöhung des Muskeltonus, Kältezittern oder über das Verbrennen von braunem Fettgewebe erfolgen.

Wärmebildung in Ruhe   Beim ruhenden Menschen, der nicht zittert, werden Nährstoffe zu energieärmeren Stoffen abgebaut, wobei ein großer Teil der Energie als **Abwärme** „verlorengeht" (▶ Abschn. 42.1). Kompensatorische Mechanismen werden wirksam, wenn der Sollwert der Körpertemperatur vom Istwert abweicht, z. B. in kühler Umgebung.

Willentliche und unwillentliche Regelung der Körpertemperatur   Kleidung und das Aufsuchen thermisch günstiger Aufenthaltsorte sind Ausdruck der willentlichen Thermo-

42

regulation (Verhaltensthermoregulation), Zittern und Schwitzen erfolgen unwillkürlich (autonom).

Zittern Zusätzlich zur Wärmebildung durch aktive Betätigung der Muskulatur kann auch die Muskelaktivität unwillkürlich gesteigert werden: Bei Abkühlung nimmt zunächst der Muskeltonus zu und geht bei stärkerer Auskühlung in rhythmische Muskelkontraktionen über (**Kältezittern**). Die damit erreichbare maximale Wärmebildung beträgt beim Menschen das **3- bis 5-fache** des Grundumsatzes. Beim Menschen ist im Gegensatz zu befellten Tieren die Effektivität des Zitterns gering, weil mit zunehmender Intensität des Kältezitterns die Blutzufuhr zur Körperoberfläche zunimmt und damit Wärme verloren geht.

❯ Der Energieverbrauch beim Zittern entspricht dem 5-fachen des Grundumsatzes.

Kritische Umgebungstemperatur Unterhalb der kritischen Umgebungstemperatur von ca. **25°C** beim unbekleideten Menschen überwiegt, mittlere relative Luftfeuchte vorausgesetzt, der Wärmeverlust die Wärmeproduktion. Beleibte Personen tolerieren etwas niedrigere Temperaturen.

Zitterfreie Wärmebildung Das menschliche Neugeborene verfügt zwar unmittelbar nach der Geburt über alle autonomen thermoregulatorischen Reaktionen, sie sind jedoch noch nicht ausreichend effektiv. Die regulative Wärmebildung des Neugeborenen kann durch zitterfreie Thermogenese im **braunen Fettgewebe** erfolgen, das eine multilokuläre Fettverteilung und zahlreiche Mitochondrien aufweist. Entkoppelnde Proteine in der inneren Mitochondrienmembran sorgen im braunen Fettgewebe dafür, dass der durch die Atmungskette erzeugte Protonengradient nicht zur ATP-Bildung eingesetzt werden kann und die Energie somit als Wärme frei wird (▶ Abschn. 42.3). UCP-1, auch **Thermogenin** genannt, ist ein solcher H^+-Uniport-Carrier. Bei länger anhaltendem Reiz wird neben der Wärmebildung die Mitochondriendichte erhöht und es kommt zu einer Hyperplasie von braunem Fettgewebe.

Wärmeabgabe des braunen Fettgewebes Das wärmeerzeugende Gewebe liegt zwischen den Schulterblättern sowie in der Axilla und ist reichlich vaskularisiert. Durch Öffnen des Gefäßnetzes über β_2-adrenerge Stimulation wird die Weiterleitung der Wärme gewährleistet. Auf diesem Wege kann die Wärmebildung um das 1- bis 2-fache des Grundumsatzes gesteigert werden; erst bei **extremer Kältebelastung** tritt bei Neugeborenen Kältezittern auf.

42.5.2 Wärmeleitung und Wärmeabgabe über Konduktion und Konvektion

Die gebildete Wärme muss im Körper verteilt und an die Umwelt abgegeben werden; Konvektion ist für die innere Wärmeleitung hauptverantwortlich.

Konduktion Wärme leitet sich über **Materie** fort (Konduktion). Die Wärmeleitfähigkeit von Wasser ist um ein Vielfaches höher als die der Luft, weshalb sich eine Saunatemperatur von 90°C gut ertragen lässt, eine Wanne mit entsprechend heißem Wasser jedoch nicht. Auch ist der Wärmeverlust im kalten Wasser immens.

Konvektion Wind verschafft Kühlung durch Fortwehen der vom Körper aufgewärmten Luft an der Hautoberfläche. Diese Art der Wärmeabgabe wird Konvektion genannt. Auch bei Windstille kommt es zur konvektiven Wärmeabgabe, da die erwärmte Luftschicht an der Haut aufwärts steigt und durch kühlere Luft ersetzt wird. Diesen Vorgang nennt man **natürliche** oder **freie Konvektion** im Gegensatz zur **erzwungenen Konvektion**, die eine äußere Luftströmung voraussetzt (z. B. Fächer). **Schwimmen** verursacht in kalten Gewässern einen beschleunigten konvektiven Wärmeverlust, welcher die Energieumsatzsteigerung durch die arbeitende Muskulatur übersteigt. Daher sollten Schiffbrüchige zum Überleben in kaltem Wasser Bewegung meiden. Konvektion ist auch der Haupttransportmechanismus der inneren Wärme. Die hohe spezifische Wärme des Blutes (87 % derjenigen des Wassers) erlaubt den konvektiven Wärmetransport mit dem Blutstrom durch die Körperschale zur Hautoberfläche.

Verringerung der Konvektion durch Kleidung Der Isolationseffekt der Kleidung beruht auf eingeschlossenen kleinen Lufträumen, in denen keine nennenswerte Konvektion auftritt. Folglich wird die Wärme dort nur konduktiv über die schlecht wärmeleitende Luft abgegeben. Kleidung hilft sowohl gegen Kälte als auch gegen extreme Wärme, daher sind Kameloide sowohl in der Wüste (Dromedare und Kamele) als auch in den Bergen (Lamas und Alpakas) befellt.

Regelung der Wärmeleitung Die Blutversorgung der exponierten Körperteile, wie etwa die der Finger, ist im **Gegenstrom** angeordnet: Das warme arterielle Blut erreicht die kalten Akren (Finger, Zehen, Ohren und Nase), nachdem es an dem zurückströmenden abgekühlten venösen Blut vorbeigeflossen ist. So wird es an der der Kälte ausgesetzten Fingern kalt, dafür bleibt das Körperinnere warm, denn das aus den Händen und Füßen zurückfließende kalte Blut wird an den Arterien aufgewärmt, bevor es in den Körperkern zurückströmt.

Die Wärmeabgabe über Konvektion kann der Mensch effektiv regeln: In den Akren kann sich die Durchblutung um mehr als das 100-fache ändern. Neben den präkapillären Arteriolen kommen dort zusätzlich große geschlängelte **arteriovenöse Anastomosen** vor, deren Dilatation bei Abnahme der Sympathikusaktivität die Akrendurchblutung besonders stark heraufsetzt. Am Rumpf und an den oberen Extremitäten bewirkt die Änderung der α-adrenergen Gefäßinnervation nur eine 10-fache Durchblutungsänderung und im Bereich von Stirn und Kopf ist die thermoregulatorische Abnahme der Durchblutung noch geringer ausgeprägt (◘ Abb. 42.6), weshalb man bei Verdacht auf Fieber die Hand zur Wärmeprüfung auf die Stirn auflegt.

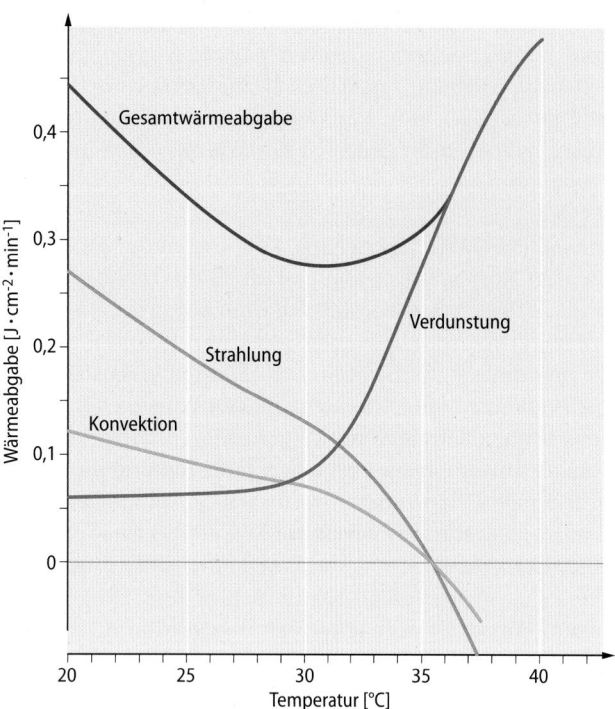

Abb. 42.10   Mechanismen der Wärmeabgabe. Ab ca. 30°C kommen wir ins Schwitzen. Dargestellt sind Wärmeabgabe durch Strahlung, Konvektion und Verdunstung bei verschiedenen Raumtemperaturen. Bei herkömmlicher Zimmertemperatur stellt die Strahlung die Hauptform der Wärmeabgabe dar, gefolgt von der Konvektion und der Verdunstung

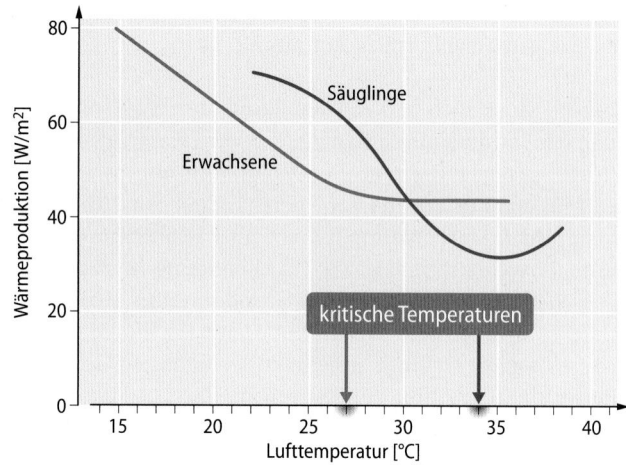

Abb. 42.11   Wärmeerzeugung beim Säugling und Erwachsenen. Beim Säugling setzen thermoregulatorische Maßnahmen bereits bei Temperaturen unterhalb von 34°C ein. Dies ist deswegen erforderlich, weil die isolierende Körperschale dünner und die Ruheproduktion von Wärme pro Oberfläche gering ist. Die untere Temperaturgrenze, bei der Homoiothermie gewährleistet ist, liegt beim Erwachsenen zwischen 0–5°C, bei Neugeborenen dagegen zwischen 23°C und 25°C

42.5.3   Wärmeabgabe durch Strahlung

In einem klimatisierten Raum erfolgt die Wärmeabgabe hauptsächlich über Strahlung.

Strahlung   Von der Haut ausgehende Infrarotstrahlung trägt erheblich zur Wärmeabgabe bei (**Abb. 42.10**). Bei Behaglichkeitstemperatur erfolgt mehr als die Hälfte der Wärmeabgabe des bekleideten Menschen über Strahlung.

Wärmestrahlung und Hautpigmentierung   Die Hautpigmentierung bei Menschen dunkler Hautfarbe schluckt das sichtbare Licht und einen Teil der UV-Strahlung, lässt aber die infrarote Wärmestrahlung passieren. Daher sind Wärmeabgabe und -aufnahme über Strahlung von der Hautpigmentierung unabhängig.

42.5.4   Wärmeabgabe durch Verdunstung

Übersteigen die Außentemperaturen die der Körperschale, erfolgt Wärmeabgabe nur noch über Verdunstung (Schwitzen).

Evaporative Wärmeabgabe   Konvektion und Strahlung, also **trockene Wärmeabgabe**, setzen ein **Temperaturgefälle** zwischen Haut und Umgebung voraus. Bei Außentemperaturen oberhalb der Körpertemperatur kann Wärme nur noch über Schwitzen abgegeben werden. Schwitzen ist die effektivste

Form der Wärmeabgabe: Die Verdunstungswärme des Wassers beträgt ca. 2400 kJ/l. Es ist also möglich, durch das Verdunsten von 3 l Wasser auf Haut- und Schleimhautoberflächen die Ruhewärmeproduktion eines ganzen Tages abzugeben.

Schweißfreisetzung   Exokrine Schweißdrüsen geben nach sympathisch-cholinerger Stimulation die zu verdunstende Flüssigkeit an die Hautoberfläche ab. Die Sekretionsrate kann kurzzeitig 2 l/h überschreiten. Schweiß ist i. d. R. hypoton (NaCl-Konzentration: 5–100 mmol/l), dennoch kann der **Salzverlust bei großer Hitze** beträchtlich sein (▶ Kap. 35.1.1 und 35.2.5).

> **Schwitzen kann zu erheblichen Salz- und Wasserverlusten führen.**

Wird der Wasserverlust beim Schwitzen nicht ersetzt, nimmt die Schweißsekretion mit zunehmender Dehydratation ab. Die Wärmeabgabe über Evaporation gelingt, solange der **Wasserdampfdruck** an der Haut (ca. 47 mmHg bei 37°C) größer ist als der der Umgebung. Der Wasserdampfdruck resultiert aus dem Produkt der Temperatur und der relativen Feuchte, also kann in der Sauna Wärme abgegeben werden, vorausgesetzt, es ist darin trocken. Aufgüsse erhöhen die thermische Belastung. Auch in einer Umgebung mit 100 % relativer Feuchte können wir über Verdunstung Wärme abgeben, sofern die Außentemperatur geringer ist als die der Hautoberfläche. Dauerhaft überleben wir aber kein Klima, bei dem Wasserdampfsättigung herrscht und gleichzeitig die Temperaturen über 37°C liegen.

Perspiratio insensibilis   Über die Perspiratio insensibilis (= unmerkliche Flüssigkeitsabgabe, **500–800 ml pro Tag**) diffundiert Wasserdampf einerseits durch die äußeren Schichten der Epidermis und wird andererseits von den Schleimhäuten der Atemwege an die Atemluft abgegeben. Diese passive evaporative Wärmeabgabe deckt etwa 20 % der Gesamtwärmeabgabe ab.

42.5.5 Klimafaktoren

Effektivtemperatur ist ein Klimasummenmaß, welches verschiedene Faktoren berücksichtigt; bei Indifferenztemperatur empfinden wir das Klima als angenehm.

Raumklima und Effektivtemperatur   Zur Beurteilung der Wirkung des Raumklimas auf den Menschen müssen vier Umweltfaktoren berücksichtigt werden:

- Lufttemperatur
- Luftfeuchte
- Windgeschwindigkeit
- Strahlungstemperatur

Dabei kann eine erhöhte Strahlungswärme, wie z. B. beim Kachelofen, eine niedrige Lufttemperatur ausgleichen. Die unterschiedlichen Kombinationen der vier Klimafaktoren werden zweckmäßig zu einem Klimasummenmaß zusammengefasst, z. B. der **Effektivtemperatur.**

Vor allem bei tiefen Temperaturen und hohen Windgeschwindigkeiten entsteht eine effektive Empfindungstemperatur, die unter der gemessenen Lufttemperatur liegen kann. Der **Wind-Chill-Index**, ein Maß für die „gefühlte Temperatur", ist die effektive Empfindungstemperatur, die sich infolge des turbulenten Wärmeentzuges an der Hautoberfläche bei einer bestimmten Lufttemperatur und Windgeschwindigkeit ergibt. So ist z. B. bei einer Lufttemperatur von 0°C und einer Windgeschwindigkeit von 30 Stundenkilometern die effektive Empfindungstemperatur auf der Haut –13°C.

Thermische Neutralzone   Derjenige Bereich der Umgebungstemperatur, bei dem weder gezittert noch geschwitzt wird (◻ Abb. 42.12), wird als thermische Neutralzone bezeichnet. Das bedeutet aber nicht, dass es uns bei diesen Temperaturen behaglich sein muss. Die wohlige **Indifferenztemperatur** liegt an der oberen Grenze der thermischen Neutralzone.

Behaglichkeitstemperatur   Beim sitzenden, leicht bekleideten Menschen bei geringer Luftbewegung und einer relativen Luftfeuchte von 50 % liegt die Behaglichkeitstemperatur bei **25–26**°C. Eine empirisch ermittelte Behaglichkeitsskala (◻ Abb. 42.13) gibt für jeden Grad von Diskomfort die entsprechende Effektivtemperatur an. Aufgrund der höheren Wärmeübertragung im Wasser muss die **Wassertemperatur 35–36**°C betragen, damit im Wasser thermische Behaglichkeit erreicht wird.

Diskomfort   Wie in ◻ Abb. 42.13 dargestellt, erhält man für einen bestimmten Diskomfort den numerischen Wert der Ef-

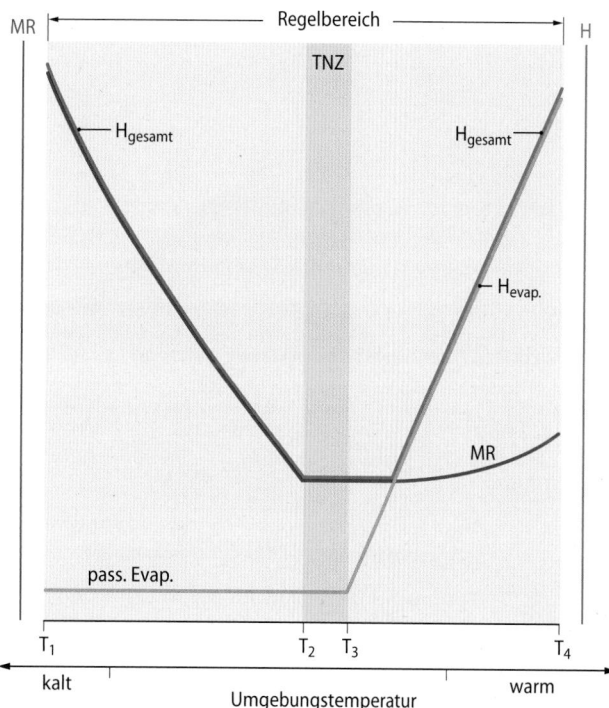

◻ **Abb. 42.12   Wärmebilanz in Abhängigkeit von der Umgebungstemperatur (mittlere Luftfeuchte).** Innerhalb der thermischen Neutralzone (TNZ) reicht zur Aufrechterhaltung der Temperaturbilanz die Anpassung der Hautdurchblutung aus. Darunter (unterhalb von T2) muss Kältezittern als weitere Wärmequelle herangezogen werden. Als Folge steigt die metabolische Rate an (rote Linie, MR). Unterhalb T1 übersteigt der Wärmeverlust die maximal mögliche Wärmebildung; es kommt zur Hypothermie. Oberhalb T3 muss Wärme durch Schwitzen abgegeben werden (blaue Kurve, H). Unterhalb T3 erfolgt die Wärmeabgabe über Verdunstung ausschließlich durch Perspiratio insensibilis (passive Evaporation). Oberhalb T4 übersteigen metabolische Wärmebildung und Wärmeeinstrom die maximal mögliche evaporative Wärmeabgabe; es kommt zu Hyperthermie

fektivtemperatur auf der Abszisse, wenn man den Schnittpunkt zwischen der entsprechenden Diskomfortlinie und der Kurve für 50 % relative Feuchte auf der Abszisse abliest. Zum Beispiel entsprechen alle durch das violette Feld gegebenen **Temperatur-Feuchte-Kombinationen** (von 29°C und 100 % relativer Feuchte bis zu 45°C und 20 % relativer Feuchte) dem Grad von Diskomfort, der durch die Effektivtemperatur 37°C charakterisiert ist. Der Diskomfort bei Wärmebelastung steigt mit der mittleren Hauttemperatur und der Schweißbedeckung an. Bei Überschreitung der **maximalen Schweißbedeckung** (100 % in ◻ Abb. 42.13) ist ein Ausgleich der Wärmebilanz nicht mehr möglich; Schweiß tropft ab, weil mehr erzeugt wird als verdunsten kann. Klimabedingungen jenseits dieser Grenze werden nur kurzfristig toleriert.

42.5.6 Wärme- und Kälteakklimatisation

Die adaptiven Veränderungen der Wärmethermoregulation betreffen vornehmlich das Schwitzen; gegen Kälte sind wir schlecht gerüstet.

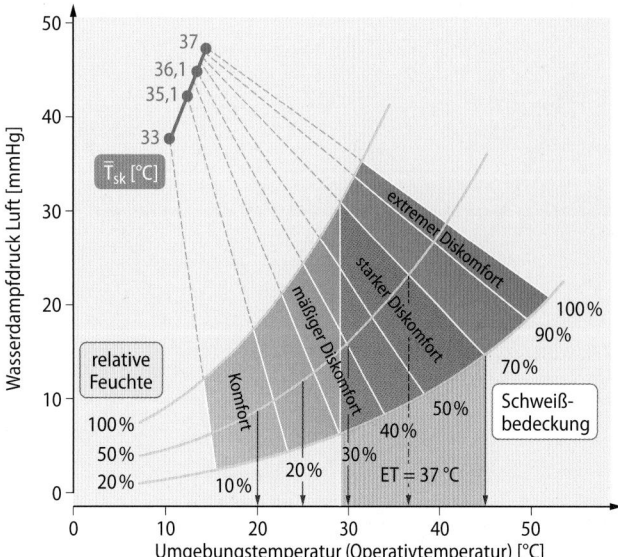

Abb. 42.13 **Thermischer Diskomfort.** Psychometrisches Diagramm zur thermischen Unbehaglichkeit (Diskomfort) eines leicht Arbeitenden, in Abhängigkeit von Wasserdampfdruck in der Luft und Umgebungstemperatur (Operativtemperatur = gewichteter Mittelwert aus Strahlungs- und Lufttemperatur). Der Proband ist leicht bekleidet, es herrscht geringe Luftbewegung (0,5 m/s). $\overline{T}_{sk}$ (blaue Linie) = mittlere Hauttemperatur; orange bis rot: Bereich des mit der Temperatur und dem Wasserdampf-druck zunehmenden Diskomforts; gelbe Linien: relative Luftfeuchte (20, 50, 100 %). Schwarze Prozentzahlen an den auf die $\overline{T}_{sk}$-Linie nach links oben konvergierenden Linien geben den Grad der Schweißbedeckung der Haut an. Bei 70 %iger Schweißbedeckung ist starker Diskomfort zu verzeichnen zwischen knapp 30°C bei 100 %iger relativer Luftfeuchte und 45°C bei 20 %iger Luftfeuchte (violetter Bereich). Die Effektivtem-peratur ist die Operativtemperatur bei 50 % relativer Feuchte (schwarze gestrichelte Linie), also entspricht der violette Bereich einer Effektivtem-peratur von 37°C

Kurzfristige Kreislaufanpassung bei Wärme Ist der Mensch großer Hitze ausgesetzt, wird vermehrt Wärme an die Kör-peroberfläche gebracht und dort abgegeben. Die Variabilität der Organdurchblutung ist bei der **Haut** am größten und kann bei Bedarf auf 7 l/min, d. h. das **20-fache** des Ruhewerts, gesteigert werden. Dadurch wird effektiv Wärme abgegeben, kompensatorisch ist jedoch ein starker Anstieg des Herzzeit-volumens erforderlich. Gleichzeitig kommt es zu einer Vaso-konstriktion im Bereich der Bauchorgane, der Nieren und der Skelettmuskulatur.

Die zum inneren Wärmetransport notwendige Steige-rung des **Herzzeitvolumens** kann erheblich sein, besonders bei Arbeit. Es muss zudem reichlich Schweiß produziert werden und der Wasser- und Elektrolythaushalt kann an seine Grenzen stoßen. Bei zusätzlichen Kreislaufbelastungen durch raschen Lagewechsel (Orthostase) und Dehydratation durch Schwitzen besteht das Risiko, einen Hitzekollaps zu erleiden. Eine individuelle Adaptation wird erzielt, indem die drei Hauptherausforderungen an **Körperkerntemperatur, Kreislauf** und **Wasser-Elektrolyt-Haushalt** gegeneinander abgewogen werden.

Langfristige Wärmeakklimatisation Akklimatisation ist die physiologische Anpassung an besondere Klimaverhältnisse.

Hitzeadaptation scheint an den Schweißdrüsen selbst zu er-folgen und führt zu **vermehrter Schweißproduktion.**

> Hitzeadaptation führt zu vermehrter Schweiß-produktion.

Interessanterweise setzt bei Hitzeakklimatisierten das Schwit-zen bereits bei geringeren Körpertemperaturen ein, wodurch der Wärme-transportierende Kreislauf geschont wird. Die Schweißproduktion nimmt ab, wenn die Hautoberfläche mit Schweiß benetzt ist **(Hidromeiosis).** Vermehrte Aldosteron-freisetzung vermindert den Verlust an Salzen über den Schweiß, und man findet beim Hitzeakklimatisierten eine **Zu-nahme** des Plasmavolumens und des Plasmaproteingehalts.

Einen individuellen Zuschnitt der Hitzeadaptation er-kennt man an der besonderen Hitzeanpassung in den Tropen bei Menschen, die stärkere körperliche Belastungen vermei-den, im Vergleich zu körperlich Arbeitenden. Bei ihnen wird im Vergleich zum körperlich Tätigen die Schwitzschwelle zu höheren Körpertemperaturen hin verstellt. Der Adaptierte schwitzt deshalb bei der alltäglichen Hitzebelastung weniger stark und spart dadurch Wasser ein **(Toleranzadaptation).**

Kurzfristige Kreislaufanpassung bei Kälte In kalter Umge-bung nimmt die Hautdurchblutung ab, ebenso Herzfrequenz (Kältebradykardie) und Herzzeitvolumen. Kurzfristige starke Kaltreize können zu starken Blutdrucksteigerungen führen, bei schmerzhaften Kaltreizen steigen Blutdruck und Herzfrequenz an. Beim sog. **Hines-Brown-Test** (cold pressure test) untersucht man klinisch die Kreislaufregulation durch Blutdruckkon-trollen vor, bei und nach Eintauchen einer Hand in Eiswasser. Normal sind systolische Blutdruckanstiege um 10–25 mmHg und eine Rückkehr zum Ausgangswert nach ca. 3 Minuten. Er-höhte Werte findet man v. a. bei Phäochromozytom, aber auch bei Bluthochdruck anderer Genese, teilweise bereits im prä-hypertonen Stadium einer essentiellen Hypertonie.

Langfristige Anpassung an Kälte Es gibt gegenüber Kälte eine Art Toleranzadaptation bei regelmäßig auftretender zeit-weiliger Kältebelastung, dabei ist die Zitterschwelle zu nied-rigeren Werten hin verschoben. Bei Inuit und den indigenen Kawesqar der westpatagonischen Inseln findet man einen um 25–50 % erhöhten Grundumsatz. Ob dies jedoch eine spezi-fische Anpassung ist, ist noch ungewiss.

In Kürze

Bei **Indifferenztemperatur** erfolgt Wärmeabgabe größ-tenteils über Strahlung. **Schwitzen** ist der effektivste Mechanismus der Wärmeabgabe. Übersteigt die Außen-temperatur die der Körperoberfläche, bleibt nur die Verdunstung zur Wärmeabgabe. Wärmeproduktion über **Zittern** erzeugt zusätzliche Wärme. Neugeborene nutzen eine **zitterfreie Wärmebildung** über das braune Fettge-webe. Eine Anpassung an besonders warme und kalte Regionen (Akklimatisation) erfolgt hauptsächlich über vermehrte Schweißproduktion (**Wärmeakklimatisation**).

42

Klinik

Fetale und neonatale Thermoregulation

Feten haben einen hohen Energieumsatz, der die Körperkerntemperatur des ungeborenen Kindes um 0,3 bis 0,5°C im Vergleich zur Mutter erhöht. 85 % der fetal erzeugten Wärme gelangt über die Nabelschnur in den mütterlichen Kreislauf. Der verbleibende Anteil wird über die Oberfläche des Kindes an die Mutter abgegeben. Wird der umbilikale Kreislauf eingeschränkt, kann die fetale Körpertemperatur ansteigen, was sich auf Körperwachstum und Gehirnentwicklung auswirken kann. Gezielte zusätzliche Wärme kann der Fötus nicht aufbringen, denn die zitterfreie Wärmebildung über das braune Fettgewebe wird aktiv durch Substanzen der **Plazenta, wie Adenosin** und **Prostaglandin E₂** unterdrückt,

um den Sauerstoffbedarf des Föten zu reduzieren. Durch die Hemmung der Wärmeerzeugung können im 3. Trimenon der Schwangerschaft Reserven von braunem Fettgewebe für die Zeit nach der Geburt aufgebaut werden.

Kurz nach der Geburt kühlt der kindliche Körper rasch ab. **Neugeborene** haben ein ungünstiges Oberflächen-Volumen-Verhältnis, und die Isolierschicht ist geringer, denn die Körperschale ist schmal und das subkutane Fettgewebe nur dürftig angelegt. Die thermoneutrale Zone liegt daher zwischen 32–34°C (◘ Abb. 42.11).

Frühgeborene, die vor der 28. Schwangerschaftswoche zur Welt kommen, kühlen bereits unter 40°C Umgebungstemperatur

ab. Herkömmliche Erwärmung dieser Kinder mittels Abtrocknung, Wickeln in ein trockenes Tuch und anschließender Erwärmung mittels Strahlung reicht zur Aufrechterhaltung der Körpertemperatur zumeist nicht aus, denn sie sind durch ihre geringere Fettisolierung und ihr ungünstigeres Oberflächen-Volumen-Verhältnis weniger gut thermisch isoliert, was ungeschützt zu einem steilen Temperaturabfall des Körpers führen kann. Eine mögliche Hypothermie ist mit einer höheren Mortalität und Morbidität assoziiert. Daher kann eine Reifung in thermostatisierten Inkubatoren erforderlich sein.

42.6 Physiologische und pathophysiologische Veränderungen der Temperaturregulation

42.6.1 Physiologische Änderungen der Körperkerntemperatur

Die Körpertemperatur steigt bei schwerer Arbeit, des Weiteren gibt es zirkadiane und zyklusbedingte Schwankungen.

Körpertemperatur bei körperlicher Betätigung Das Beispiel eines Marathonlaufs zeigt die Flexibilität der Thermoregulation: Der Sollwert wird nicht unter allen Umständen verteidigt. Der anfängliche Temperaturanstieg wird wahrgenommen und danach wird der **Sollwert** auf eine erhöhte Betriebstemperatur eingestellt, um die Wärmeabgabe über Verdunstung, die von der Oberflächentemperatur abhängt, zu erleichtern:

Zu Beginn des Laufs kann die Hauttemperatur des Läufers wegen Vasokonstriktion vorübergehend abnehmen, bevor sie sich auf einem höheren Temperaturniveau stabilisiert. Wie weit die Körperkerntemperatur steigt, hängt von der Umgebungstemperatur ab, ausreichendes Schwitzen vorausgesetzt (keine Dehydratation). Die Rektaltemperatur des Läufers am Ziel beträgt ca. **39–40°C** (siehe auch ◘ Abb. 42.14). Damit wird die Wärmeabgabe über Verdunstung erleichtert, denn die Verdunstung hängt von der Oberflächentemperatur ab.

> Bei schwerer körperlicher Arbeit wird der Sollwert der Körpertemperatur auf eine erhöhte Betriebstemperatur eingestellt.

Zirkadiane Rhythmik Am frühen Morgen ist die Körperkerntemperatur knapp einen Grad niedriger als der abendliche Höchstwert (◘ Abb. 42.15) Diese Tagesrhythmik (**zirkadiane Periodik**; ► Kap. 64.1) ist nicht durch gesteigerte Aktivität bedingt, sondern bleibt auch bei Isolationsversuchen ohne äußerliche Zeitgeber erhalten.

> Die Körperkerntemperatur variiert zirkadian und zyklusabhängig.

Zyklusabhängige Temperaturschwankungen Kurz nach der Ovulation nimmt die Basaltemperatur der Frau Progesteron-vermittelt um durchschnittlich 0,5°C zu. Dieses erhöhte Niveau bleibt bis zur nächsten Menstruation erhalten (◘ Abb. 42.15). Die morgendliche Basaltemperatur kann

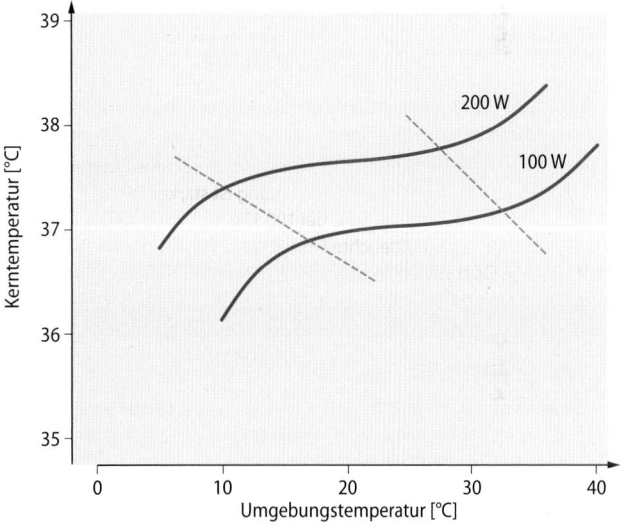

◘ **Abb. 42.14 Körperkerntemperatur bei Arbeitsbelastung.** Ösophagus-Temperatur als Funktion der Umgebungstemperatur (50 % relative Feuchte) bei einer trainierten Versuchsperson (rote Linien), jeweils nach 2-stündiger Arbeitsbelastung (Fahrradergometer) in zwei Belastungsstufen (Näherungswerte in Watt) in schematischer Darstellung. Zwischen den blauen gestrichelten Linien liegt der Bereich, in dem der Körperkerntemperaturanstieg während Arbeit nur wenig von der Umgebungstemperatur beeinflusst wird

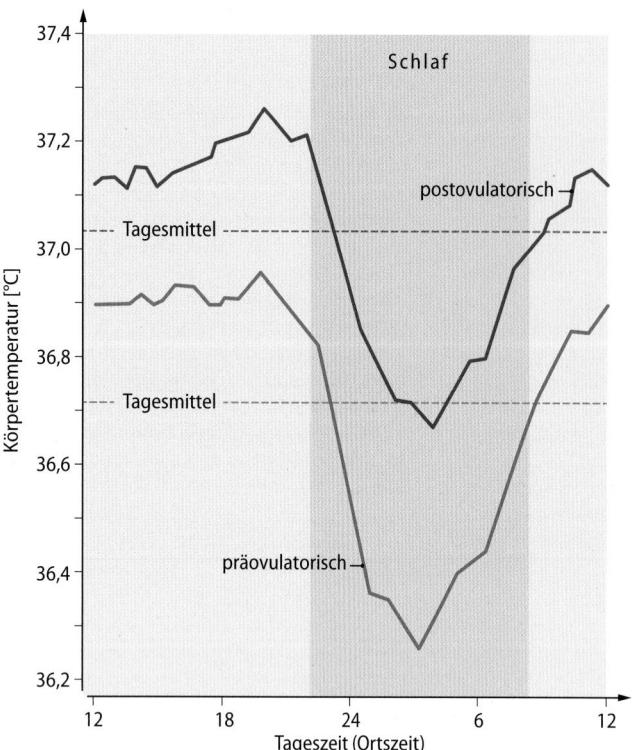

◻ Abb. 42.15   Zirkadiane Rhythmik der Körpertemperatur. Die Körperkerntemperatur weist einen Tagesgang auf. Das Minimum ist in der Nacht (frühe Morgenstunden) erreicht. Die untere blaue Kurve zeigt Mittelwerte von 10 Frauen in der ersten Hälfte des Zyklus (präovulatorisch). Die obere rote Kurve zeigt entsprechende Werte in der zweiten Zyklushälfte (postovulatorisch). Dunkelblauer Bereich: Schlafzeit; hellblauer Bereich: Wachzeit. Beim Mann tritt der gleiche Tagesgang auf

daher zur **Zyklusdiagnostik** bestimmt werden (▶ Kap. 80.1 und 80.2).

42.6.2 Pathophysiologische Abweichungen der Körperkerntemperatur

Bei Fieber ist die Körperkerntemperatur durch eine Sollwertverstellung erhöht; äußere Wärme- und Kälteeinwirkung können ebenso die Körperkerntemperatur verändern.

Fieber   Bei Fieber wird der innere **Sollwert** durch **Entzündungsmediatoren** (▶ Kap. 25.1) verstellt. Fieber tritt zweiphasig auf: Bei Temperaturanstieg erhöht der Organismus seine Temperatur durch Vasokonstriktion der Hautgefäße und Kältezittern (**Schüttelfrost**), der Patient erscheint blass und hat eine kühle Haut. Beim Fieberabfall ist die Haut reichlich durchblutet und Schwitzen setzt ein. Kerntemperaturen über 39,5–40°C belasten Stoffwechsel und Kreislauf extrem. Kurzfristig können Temperaturanstiege bis 42°C ertragen werden, Temperaturen über 43°C sind nur in Einzelfällen ohne Schaden überlebt worden. Therapeutische Fiebersenkung erfolgt in Abhängigkeit von Körpertemperatur und dem Risiko des Patienten. **Antipyrese** z. B. bei alten Menschen ist notwendig, um den Kreislauf zu schonen, bei Kleinkindern können heftige Fieberreaktionen mit **Fieberkrämpfen** einhergehen. Hochschwangere und Neugeborene zeigen bei Infektionskrankheiten häufig keine Fieberreaktion, da antipyretische Mediatoren vom Hypothalamus freigesetzt werden.

42

Klinik

Maligne Hyperthermie

Ursachen

Maligne Hyperthermie ist eine schwere Narkosekomplikation (v. a. bei Inhalationsnarkosen und Succinylcholin) mit erblicher Disposition durch plötzliche exzessive Tonussteigerung und Wärmebildung in der Muskulatur. Ursächlich scheinen Mutationen in **Ryanodinrezeptoren** der Skelettmuskelzellen (RYR$_1$) vorzuliegen, es sind aber auch Fälle von maligner Hyperthermie bei Patienten mit Mutationen der α_1-Untereinheit des **Dihydropyridinrezeptors** beschrieben worden.

Symptome

Durch gesteigerte intrazelluläre Freisetzung oder Einstrom von Ca^{2+} treten extrem hohe intrazelluläre Ca^{2+}-Konzentrationen in der Muskulatur mit Tachykardie und Hyperkapnie auf, es kommt unbehandelt zu einer Hypoxie, generalisierten Muskelkrämpfen, Azidose, Hyperkaliämie und extremer Hyperthermie mit Kreislaufversagen, Proteindenaturierung, Muskelgewebszerfall und Nierenversagen.

Gegenmaßnahmen

Familiär belastete Risikopatienten dürfen weder Inhalationsnarkotika noch depolarisierende Muskelrelaxantien erhalten. Im Akutfall muss die Narkose schnell beendet oder mit alternativen Narkotika (i.v.) fortgeführt, der Patient mit 100 % O_2 hyperventiliert und das Muskelrelaxans Dantrolen, das den Ryanodinrezeptor blockiert, verabreicht werden.

Klinik

Sonnenstich

Der Sonnenstich wird auf Hitzestau und Reizung der Hirnhäute zurückgeführt und ist erkennbar durch einen heißen Kopf bei meist kühler Körperhaut, Übelkeit und Nackensteifigkeit (Meningismus). Anfällig sind vor allem Säuglinge und Kleinkinder.

Hitzschlag

Der Hitzschlag ist ein lebensbedrohliches Krankheitsbild, das bei anhaltender Hyper-

thermie mit Körperkerntemperaturen über 40°C auftreten kann. Kennzeichnend sind schwere Beeinträchtigungen des Gehirns mit Gehirnödem und zunächst funktionellen und dann strukturellen Schäden, die zu Desorientiertheit, Delirium, Bewusstlosigkeit und Krämpfen führen. Die Funktionsstörung des Gehirns führt zur Beeinträchtigung der Thermoregulation, insbesondere kommt die Schweißsekretion zum Erliegen,

wodurch der Krankheitsverlauf beschleunigt wird.

Hitzekollaps

Weniger gefährlich als der Hitzschlag ist der Hitzekollaps, der schon bei relativ geringfügigen Hitzebelastungen auftreten kann. Er beruht auf einer orthostatischen Überforderung des Kreislaufs. Blutdruckabfall führt zur Ohnmacht. Die Körpertemperatur ist dabei nur wenig erhöht und liegt meist zwischen 38 und 39°C.

Hitzeerschöpfung und Hitzekrämpfe
Zur Hitzeerschöpfung kann es bei längerer körperlicher Belastung in der Wärme kommen, insbesondere wenn der durch die Schweißproduktion entstehende Flüssigkeits- bzw. Salzverlust nicht ausgeglichen wird. Ein Volumenmangelschock mit peripherer Vasokonstriktion tritt ein. Die ausreichende Zufuhr von Elektrolyten und Wasser führt i. d. R. zu einer Normalisierung in 1–2 h. Als Komplikation der Hitzeerschöpfung können Hitzekrämpfe auftreten, vor allem bei körperlicher Schwerstarbeit in heißer Umgebung. Hitzekrämpfe treten vor allem dann auf, wenn der durch exzessive Schweißsekretion auftretende Wasserverlust, nicht aber der NaCl-Verlust, durch Trinken ausgeglichen wird.

Klinik

Hypothermie

Kälteabwehrmaßnahmen können bei niedriger Außentemperatur oder kaltem Wasser überbeansprucht werden. Der Körper kann durch Zittern und Erhöhung des Muskeltonus die Wärmebildung um etwa das Vierfache steigern. Reicht dies nicht aus, kühlt der Körper zunehmend aus. Sind die thermoregulatorischen Abwehrvorgänge bei Kälte bis zu einer Körperkerntemperatur von etwa 34°C zunächst stark aktiviert, werden sie bei weiter sinkender Körpertemperatur zunehmend gehemmt (◘ Abb. 42.16). Ältere Menschen können zu Hypothermie neigen: Die Kerntemperatur kann auf 35°C sinken, ohne dass Kältezittern und Vasokonstriktion einsetzen.

Bei Körperkerntemperaturen um 26–28°C kann es über Beeinflussung des Aktionspotenziales am Herzen zum Tod durch **Kammerflimmern** kommen. Langsames Abkühlen führt über Kreislaufversagen zum Tode. In diesem Falle beansprucht die innere Wärmekonvektion ein Herzzeitvolumen von mehr als 20 l/min. Alkoholintoxikation schwächt die Kältewahrnehmung ab und führt so zur verminderten Kompensation.

Therapie
Hypotherme Patienten müssen bei der Notfallversorgung vorsichtig und in Reanimationsbereitschaft umgelagert werden, ohne dass die Extremitäten über die Höhe des Rumpfes erhoben werden, da das Zurückfließen kälteren Blutes aus den Extremitäten in Richtung Herz zu plötzlichen schweren Herzrhythmusstörungen führen kann (Bergungstod). Bei der Behandlung ausgeprägter Hypothermien ist die Wiedererwärmung über die Haut oft nachteilig. Die Erwärmung der Haut stellt einen intensiven Temperaturreiz dar, welcher die sympathisch vermittelte Vasokonstriktion mindert. Der somit thermisch induzierte Anstieg der Durchblutung in der noch kalten Körperschale verursacht einen zusätzlichen Abfall der Kerntemperatur. Ein geeigneteres Vorgehen ist die Wärmezufuhr durch extrakorporale Zirkulation oder die Spülung des Peritonealraumes mit warmen Lösungen.

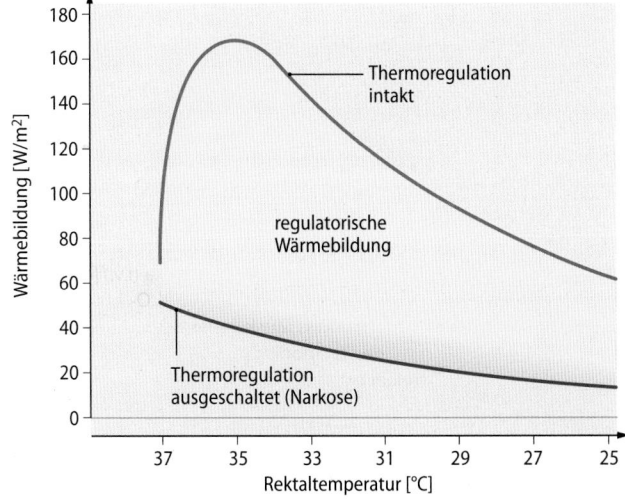

◘ Abb. 42.16 **Wärmebildung bei Abkühlung. Beim homoiothermen Organismus begegnet der Körper einem Temperaturabfall mit einer Zunahme der Stoffwechselaktivität.** Bei leichter Narkose (obere blaue Kurve) bleibt die Thermoregulation intakt, daher steigt die Stoffwechselrate bei Abkühlung zunächst bis zu einem Maximum an. Sie fällt aber bei weiter sinkender Körpertemperatur gemäß der RGT-Regel ab. Bei tiefer Narkose (untere rote Kurve) wird die Thermoregulation gestört. Daher folgt die Stoffwechselrate von Beginn der Abkühlung an der RGT-Regel. Gelb: Bereich der thermoregulatorischen Wärmebildung

Pyrogene und Sollwertverstellung Fieberauslösende Stoffe (=Pyrogene), z. B. **exogene Pyrogene** wie Zellwandfragmente von Bakterien, die aus **Lipopolysacchariden** bestehen **(Endotoxine)**, regen **Makrophagen** zur Bildung **endogener Pyrogene** wie Interleukine (IL-1, IL-6), Interferone und Tumornekrosefaktoren an. Diese Mediatoren stimulieren die Bildung von **Prostaglandin-E$_2$** (PGE$_2$) durch die Phospholipase A$_2$, welche aus den Phospholipiden der Zellmembranen Arachidonsäure freisetzt. **Zyklooxygenasen** bilden dann aus Arachidonsäure PGE$_2$. PGE$_2$ verstellt den Sollwert im Hypothalamus, indem es an thermosensitiven und/oder integrativen Strukturen angreift. Eine wirksame Weise, die Temperatur zu senken, ist die Hemmung der Cyklooxygenase, etwa durch **Acetylsalizylsäure** oder **Paracetamol**.

> Interleukin 1 führen über die Bildung von Prostaglandin E2 zu einer Sollwertverstellung im Hypothalamus und damit zu Fieber.

In Kürze

Die Körpertemperatur schwankt physiologisch **zirkadian** und zyklusabhängig sowie zwischen Ruhe und Arbeitsbelastung. Bei Fieber führen **Pyrogene** über die Bildung von Prostaglandin E2 zu einer Verstellung des Sollwertes im Zentralnervensystem und einer Erhöhung der Körpertemperatur.

Literatur

Blatteis CM (2007) The onset of fever: new insights into its mechanism. Prog Brain Res 162: 3–14

Halle M, Persson PB (2003) Role of leptin and leptin receptor in inflammation. Am J Physiol 284(3): R760–762

Korner J, Woods SC, Woodworth KA (2009) Regulation of energy homeostasis and health consequences in obesity. Am J Med 122(4 Suppl 1): S12–8

Marino FE (2008) The evolutionary basis of thermoregulation and exercise performance. Med Sport Sci 53: 1–13

Regulation von Metabolismus und Nahrungsaufnahme

Wilfrid Jänig

© Springer-Verlag GmbH Deutschland, ein Teil von Springer Nature 2019
R. Brandes et al. (Hrsg.), *Physiologie des Menschen*, Springer-Lehrbuch
https://doi.org/10.1007/978-3-662-56468-4_43

Worum geht's?

Regulation und Nahrungsaufnahme aus phylogenetischer Sicht

Für das Überleben der landlebenden Vertebraten in einer feindlichen Umwelt hat die Natur in 100–300 Mio. Jahren die Mechanismen der Suche, Aufnahme und Verarbeitung energiereicher Substanzen optimiert. Dieser evolutionäre Prozess führte zur Entwicklung von „Überlebensgenen", die in Interaktion mit Umwelteinflüssen die Grundlage für die Regulation von Metabolismus und Nahrungssuche sind und den Organismus vor Hunger und Tod schützen. Mechanismen, die den Organismus vor einem Überangebot und hoher Aufnahme von Nahrung schützen, sind weniger ausgeprägt oder von der Natur nicht vorgesehen.

Welche Systeme sind an der Regulation von Metabolismus und Nahrungsaufnahme beteiligt?

Die wichtigsten Effektorgewebe in der Regulation von Stoffwechsel und Nahrungsaufnahme sind die Leber, der Gastrointestinaltrakt, das endokrine Pankreas und das Fettgewebe. Die wichtigsten neuronalen Zentren liegen im unteren Hirnstamm für die Nahrungsaufnahme und im Hypothalamus für den Metabolismus. Diese Zentren erhalten fortlaufend neuronale und hormonale Information von den Effektorgeweben und regulieren diese über vegetative (parasympathische und sympathische) Kanäle (◘ Abb. 43.1). Dieses homöostatische Regulationsgeschehen steht unter der Kontrolle des kortikolimbischen Systems.

Warum ist die Kenntnis der Regulation von Metabolismus und Nahrungsaufnahme wichtig?

Die Häufigkeit von Übergewicht (Körper-Masse-Index >25) liegt in den USA bei 69 % der Bevölkerung und die Häufigkeit von Fettsucht (Körper-Masse-Index >30) bei etwa 35 %. Diese Entwicklung setzte in den letzten 100 Jahren ein und erfasst alle entwickelten Länder.

Fettsucht ist keine Folge willkürlichen Fehlverhaltens. Sie ist eine zentralnervöse Krankheit, bei der die Regulation von Metabolismus und Nahrungsaufnahme gestört ist. Dadurch kann es zur Entwicklung anderer Erkrankungen kommen. Die Entstehung dieser Erkrankung ist durch niedrige Aktivitäten der Skelettmuskulatur und einer hohen Verfügbarkeit und Aufnahme von Nahrung charakterisiert. Die Behandlung dieser Erkrankung und ihrer Folgen setzt die Kenntnis der zugrunde liegenden Mechanismen voraus.

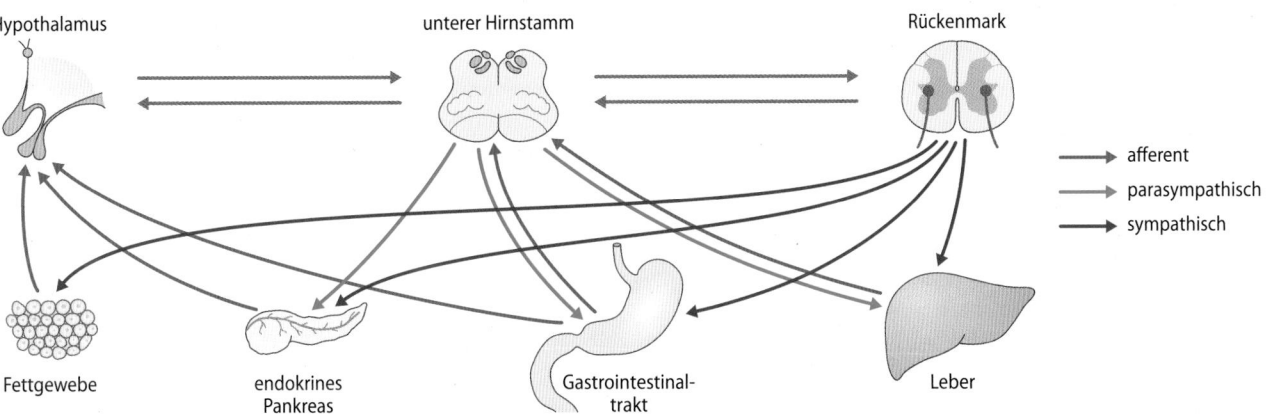

◘ **Abb. 43.1** **Kommunikationskanäle zwischen den Effektorgeweben des Metabolismus (unten) und den neuronalen Zentren (oben).** Blau: afferente neuronale und hormonale Signalübertragung von den Effektorgeweben zum unteren Hirnstamm und Hypothalamus. Efferente Signalübertragung über parasympathische (grün) oder sympathische Endstrecken (rot) zu den Effektorgeweben

43.1 Neuronale Kontrolle von Brennstoffreserven und Stoffwechselmechanismen

43.1.1 Brennstoffversorgung von Geweben

Die Versorgung der Gewebe mit Brennstoffen unterscheidet sich zwischen der prandialen und der interdigestiven Phase.

Brennstoffversorgung   Die Zellen aller Gewebe brauchen für ihren Stoffwechsel eine kontinuierliche Versorgung mit Sauerstoff und Brennstoffen (Glukose, Lipide, Aminosäuren). Sauerstoff wird über das respiratorische System und den Blutweg angeliefert und kann nicht gespeichert werden. Die kalorischen Brennstoffe werden über den Gastrointestinaltrakt (Nahrungsaufnahme; Verdauung und Absorption von Nährstoffen im Dünndarm) und den Blutweg zu den Zellen transportiert. Dabei müssen die **prandiale (digestive)** Phase und **die interdigestive (postabsorptive)** Phase der Brennstoffversorgung unterschieden werden (◘ Abb. 43.2).

Prandiale Phase   In der prandialen Phase (◘ Abb. 43.2a) findet die **Absorption** von Brennstoffen (Glukose, Lipide, Aminosäuren) aus dem Dünndarm statt. In den Geweben werden die Brennstoffe aus dem Blut zur zellulären Energieversorgung aufgenommen oder/und weiter verarbeitet (s. u.). Die Anreicherung des Blutes mit den Brennstoffen führt zur Freisetzung von **Insulin** aus den **B-Zellen der Langerhans-Inseln** im Pankreas. Die Insulinausschüttung wird dabei durch drei Faktoren ausgelöst (▶ Kap. 76.1.2):

1. Anstieg der Glukosekonzentration im Blut (Substratphase),
2. Aktivierung enteroendokriner Zellen in der Mukosa des Gastrointestinaltrakts und Ausschüttung von gastrointestinalen Hormonen ins Blut (gastrale und intestinale Phase; ▶ Kap. 38.1.5),
3. Aktivierung parasympathischer Neurone, die die B-Zellen der Langerhans-Inseln innervieren (zephalische Phase).

Insulin fördert die zelluläre Aufnahme von Glukose und die Speicherung von Brennstoffen (Glykogensynthese, Lipogenese).

Interdigestive Phase   In der **interdigestiven Phase**, die zwischen den Perioden der Nahrungsaufnahme (◘ Abb. 43.2b) liegt, findet keine Aufnahme von Brennstoffen aus dem Dünndarm statt. Um die Versorgung der Gewebe mit Energie zu gewährleisten, werden die Energieträger (Glukose, Lipide, Ketonkörper) aus den Speichern (im Wesentlichen Fettgewebe und Leber) mobilisiert und ans Blut abgegeben. **Lipolyse** findet im Fettgewebe statt, **Glykogenolyse** im Skelettmuskel sowie **Glukoneogenese**, **Glykogenolyse** und **Ketogenese** in der Leber. Die Ausschüttung von Insulin fällt auf niedrige Werte ab und fördert auf diese Weise die Umstellung von der prandialen Phase in die interdigestive Phase.

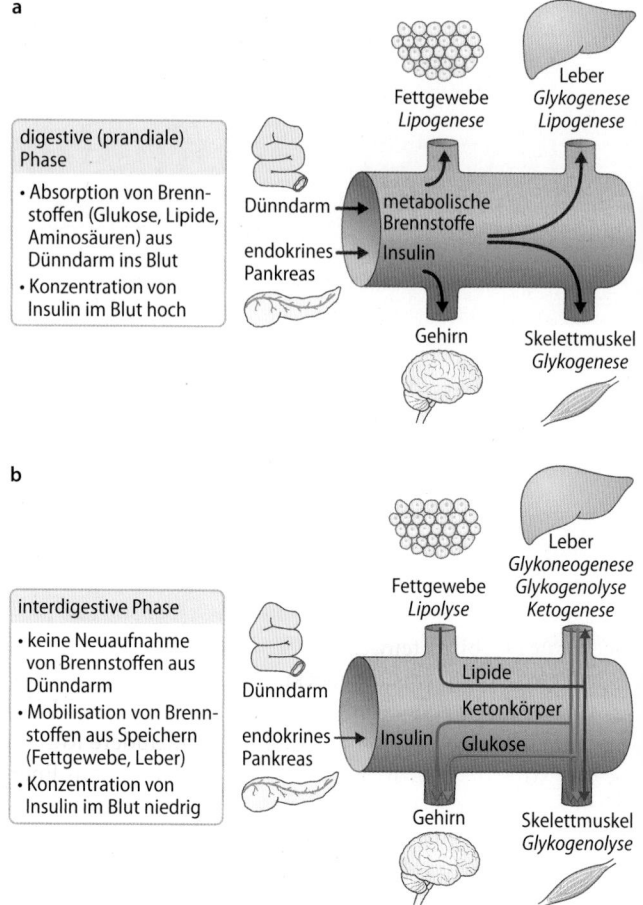

◘ **Abb. 43.2a,b**   **a** Fluss metabolischer Brennstoffe (Glukose, Lipide, Aminosäuren) in der prandialen (digestiven) Phase und in der **b** interdigestiven (postabsorptiven) Phase. In der prandialen Phase wird das Blut mit Brennstoffen über den Dünndarm geflutet, nachdem sie die Leber passiert haben. Alle Gewebe nehmen die Brennstoffe aus dem Blut auf. In der interdigestiven Phase zwischen den Mahlzeiten decken die Gewebe ihre Brennstoffe aus den Energiespeichern des Körpers ab

43.1.2 Brennstoffreserven und Stoffwechselmechanismen von Geweben

Die Brennstoffreserven und Stoffwechselmechanismen sind von Gewebe zu Gewebe verschieden.

Die Brennstoffreserven (◘ Tab. 43.1) und die Stoffwechselmuster der im Kontext dieses Kapitels wichtigen Organe **Gehirn, Skelettmuskulatur, Fettgewebe** und **Leber** (◘ Abb. 43.2) sind sehr unterschiedlich. Diese Unterschiede sollen kurz besprochen werden, weil sie für das Verständnis der neuronalen Regulation des Stoffwechsels wichtig sind.

Gehirn   Glukose ist unter normalen Bedingungen der **einzige Brennstoff** des Gehirns. In Ruhe verbraucht es 60 % des Gesamtumsatzes von Glukose des Organismus. Das Gehirn kann keine Fettsäuren verbrennen, weil an Albumin gebundene Lipide die Bluthirnschranke nicht passieren können; auch kann das Gehirn keinen Brennstoff speichern. Im Zustand des chronischen Hungerns (Fasten) wird der Energie-

◻ Tab. 43.1 Brennstoffreserven eines 70 kg schweren Mannes (verfügbare Energien in Kilo-Joule)

Organ	Glykogen oder Glukose	Triazyl- glyzerine	Mobilisierbare Proteine
Leber	1700	2000	1700
Fettgewebe	300	570000	200
Skelettmuskel	5000	2000	100000
Gehirn	30	0	0

Definition von Begriffen zum Aufbau und Abbau von Brennstoffen Glykogenese=Bildung von Glykogen aus Glukose, Glykogenolyse=Abbau von Glykogen zu Glukose, Glukoneogenese=Bildung von Glukose aus Nicht-Kohlehydrat-vorstufen (Laktat, Glycerin, Aminosäuren), Lipogenese=Synthese von Fettsäuren und Triazylglyzerinen, Lipolyse=Spaltung von Triazylglyzerinen in freie Fettsäuren und Glyzerin, Ketogenese=Bildung von Ketonkörpern aus Acetyl-CoA

bedarf des Gehirns teilweise durch **Ketonkörper**, die in der Leber gebildet werden, abgedeckt.

Skelettmuskulatur Der Skelettmuskel (und andere Körpergewebe) oxidiert Glukose, Lipide und Ketonkörper zur Energiegewinnung. Er hat (für den Eigenverbrauch) die **größte Glykogenreserve** im Körper gespeichert und kann unter extremen Hungerbedingungen Aminosäuren aus Proteinen zur Energiegewinnung bereitstellen.

Fettgewebe Im Fettgewebe werden Lipide synthetisiert, gespeichert und mobilisiert. Mehr als **95 %** aller gespeicherten Brennstoffvorräte befinden sich als **Triazylglyzerine** im Fettgewebe (◻ Tab. 43.1). Die Freisetzung von Lipiden (Lipolyse) steht unter neuronaler und hormoneller Kontrolle.

Leber Die Leber ist das **Hauptorgan** des Stoffwechsels in der Versorgung der Gewebe mit Brennstoffen und das Hauptorgan für die Kontrolle des Blutglukosespiegels. In der Leber finden Glykogenese und Lipogenese (Synthese freier Fettsäuren) in der prandialen Phase statt. In der interdigestiven Phase stehen die Glykogenolyse, Glukoneogenese und (besonders im Zustand des Fastens) Ketogenese im Vordergrund.

43.1.3 Kommunikation zwischen Effektorgeweben des Metabolismus und Gehirn

Das Gehirn kommuniziert mit den Effektorgeweben des Metabolismus über multiple afferente und efferente vegetative Kanäle.

Die homöostatische Regulation von Nahrungsaufnahme und Metabolismus durch das Gehirn erfordert genaue afferente Rückmeldungen von und efferente (vegetative) Kanäle zu den Effektorgeweben der Regulation des Metabolismus

(Leber, Gastrointestinaltrakt, endokrines Pankreas, Fettgewebe). ◻ Abb. 43.3 stellt diese afferenten und efferenten Kommunikationskanäle, die Bereiche des Zentralnervensystems (ZNS), mit denen sie assoziiert sind, und ihre Hauptfunktionen dar.

Afferente Verbindungen Das Zentralnervensystem erhält neuronale, hormonale und nutritive Informationen von den metabolischen Effektorgeweben (siehe auch ▶ Kap. 38.2.1 und ◻ Abb. 38.5):

1. Viszerale afferente Neurone der Leber und des oberen Gastrointestinaltrakts projizieren durch den **N. vagus** zum Nucl. tractus solitarii. Sie informieren über chemische und mechanische Parameter des Gastrointestinaltrakts zum ZNS. Chemische intraluminale Reize werden durch Serotonin, Cholezystokinin, Motilin oder andere Peptide, die von Mukosazellen freigesetzt werden, zu den Terminalen der viszeralen Afferenzen vermittelt.
2. Nutritive Signale sind die Konzentrationen von **Glukose** oder **Lipiden** im Blut. Sie wirken über die Area postrema auf den unteren Hirnstamm und auf den Hypothalamus (nicht aufgeführt in ◻ Abb. 43.3).
3. Hormonale afferente Signale werden von allen Organabschnitten des Gastrointestinaltrakts und vom Fettgewebe (Leptin) gebildet. Sie wirken über den **Nucl. arcuatus** (und zirkumventrikuläre Organe) auf Zentren im Hypothalamus und über die **Area postrema** auf den dorsalen Vaguskomplex im unteren Hirnstamm. Wichtige gastrointestinale Hormone sind z. B. Cholezystokinin (CCK), Glukagon-like Peptide 1 (GLP-1), pankreatisches Peptid (PP), Peptid YY (PYY) und Ghrelin (◻ Tab. 38.1). Gastrointestinale Hormone informieren über den Verdauungszustand im Gastrointestinaltrakt; Insulin informiert über den Glukosestoffwechsel sowie indirekt über die Größe des Fettgewebes und Leptin über die Größe des Fettgewebes.

Efferente neuronale Verbindungen Der Informationsfluss vom Zentralnervensystem zu den Effektorgeweben des Metabolismus wird über **vegetative Neurone** vermittelt. Es muss angenommen werden, dass diese vegetativen Kanäle funktionell spezifisch sind (▶ Kap. 38.2.1 und 70.1.5):

1. Parasympathische Neurone im Nucl. dorsalis nervi vagi (NDNX) und sympathische Neurone (einschließlich das sympathoadrenale System) zur Leber sind in die Glykogenese und Glykogenolyse eingebunden.
2. Parasympathische Neurone im Nucl. dorsalis nervi vagi und sympathische Neurone sind an der Regulation des Gastrointestinaltrakts beteiligt (Motilität, Sekretion, endokrine Zellen, Blutfluss).
3. Parasympathische Neurone im Nucl. dorsalis nervi vagi und sympathische Neurone modulieren die Freisetzung von Insulin aus den B-Zellen und von Glukagon aus den A-Zellen des endokrinen Pankreas.
4. Die Aktivierung von sympathischen Neuronen führt zur Lipolyse und zur Freisetzung von Fettsäuren und Glyzerin aus dem Fettgewebe.

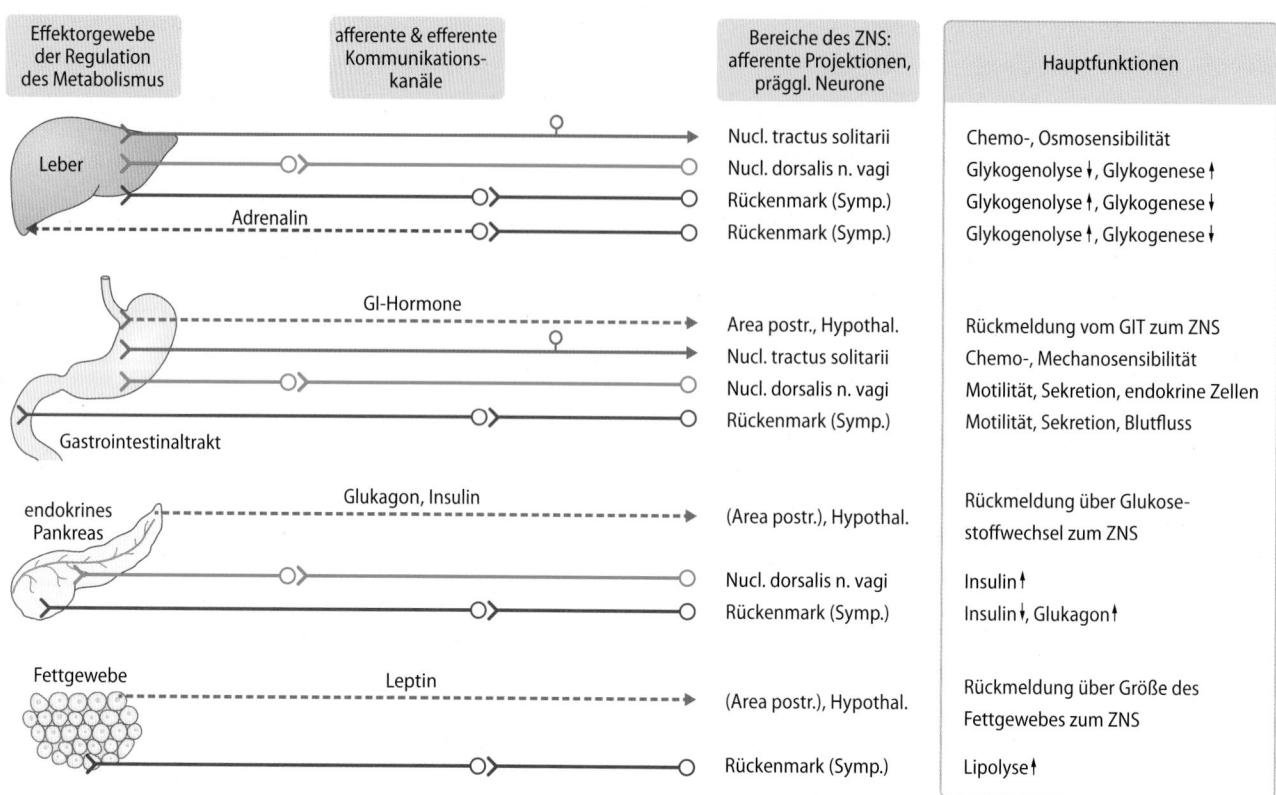

Abb. 43.3   Afferente (blau) und efferente Verknüpfungen (grün, rot) der Effektorgewebe der Regulation des Metabolismus mit dem Zentralnervensystem (ZNS) und ihre Funktionen. Die afferente Signalübertragung geschieht neuronal über den N. vagus zum Nucl. tractus solitarii oder hormonal (unterbrochene Bahnen) über die Area postrema zum unteren Hirnstamm und/oder über den Nucl. arcuatus zu Zentren im Hypothalamus. Die efferente Signalübertragung geschieht über spezifische vegetative Endstrecken, die ihren Ursprung in Nucl. dorsalis nervi vagi (grün, parasympathisch) oder in der intermediären Zone des thorakolumbalen Rückenmarks (rot, sympathisch) haben. GIT=Gastrointestinaltrakt

43

In Kürze

Die Versorgung der Gewebe mit Brennstoffen geschieht über den Blutweg. In der **prandialen Phase** werden die Brennstoffe aus dem Dünndarm und in der **interdigestiven Phase** aus den Energiespeichern (Fettgewebe, Leber) angeliefert. Die Effektorgewebe der Regulation des Metabolismus sind **Leber, Gastrointestinaltrakt, endokrines Pankreas** und **Fettgewebe**. Diese Gewebe stehen unter neuronaler (vegetativer) Kontrolle und melden ihre metabolischen Zustände zu den Regulationszentren im Hypothalamus sowie unteren Hirnstamm über afferente neuronale und hormonale Kanäle.

43.2   Homöostatische Regulation von Metabolismus und Nahrungsaufnahme

43.2.1   Regulation von Fettgewebe und Nahrungsaufnahme

Die Energiereserven des Körpers unterliegen einer homöostatischen Langzeitregulation und die Nahrungsaufnahme einer homöostatischen Kurzzeitregulation.

Regulation des Fettgewebes   Die Hauptenergiereserve des Körpers ist das Fettgewebe (Tab 43.1). Ein kleiner Teil der verfügbaren Energiereserve ist als Kohlenhydrat (in der Leber und im Skelettmuskel) gespeichert (Abb. 43.2).

Die Regulation des Fettgewebes und damit des **Körpergewichts** ist eine **Langzeitregulation**, die langsam und quantitativ sehr genau ist. Normalweise wird die Größe des Fettgewebes (und damit auch das Körpergewicht) auf <1 % über Monate und Jahre konstant gehalten. Allerdings nimmt das Körpergewicht nichtübergewichtiger Frauen und Männer in unserer Gesellschaft zwischen dem 25. und 65. Lebensjahr statistisch um etwa 11 kg zu.

Die Kontrollzentren der homöostatischen Regulation von Fettgewebe und Körpergewicht liegen im **Hypothalamus**. Sie erhalten zwei **Rückkopplungssignale**, deren Konzentration im Blut proportional zur Größe des Fettgewebes ist und die deshalb als **Adipositassignale** bezeichnet werden. Es handelt sich dabei um das Peptid **Leptin**, welches von den Adipozyten synthetisiert und sezerniert wird, und um **Insulin** aus den B-Zellen des Pankreas (Abb. 43.3).

Regulation der Nahrungsaufnahme   Die Regulation der Nahrungsaufnahme über den Gastrointestinaltrakt (GIT) ist eine **Kurzzeitregulation**, die **schnell** und **quantitativ relativ ungenau** ist. Die Regulationszentren liegen im Hypothalamus und in der **Medulla oblongata** im **dorsalen vagalen Motor-**

komplex. Dieser besteht aus dem Nucl. tractus solitarii (NTS), dem Nucl. dorsalis nervi vagi (NDNX) und der Area postrema (s. ◘ Abb. 71.7).

Diese Zentren erhalten multiple afferente neuronale, hormonale und nutritive Signale vom Gastrointestinaltrakt, die vor allem die **Beendigung der Nahrungsaufnahme** einleiten und deshalb als **Sättigungssignale** bezeichnet werden. Vagale Afferenzen zum Nucl. tractus solitarii signalisieren mechanische Reize vor allem vom Magen und chemische Reize. Zu letzten gehören auch die Konzentration von Glukose, Aminosäuren und Lipiden im Dünndarm. Diese Reize werden z. T. über **Cholezystokinin (CCK)**, **Glukagon-like Peptide 1 (GLP-1)**, **pankreatisches Peptid (PP)** und **Neuropeptid PYY** aus dem Gastrointestinaltrakt vermittelt. Nutritive Signale sind die Konzentrationen von Glukose und Lipiden im Blut. Sie signalisieren über das neurohämale Organ Area postrema den Lipid- bzw. Glukosegehalt im oberen Dünndarm und hemmen die Nahrungsaufnahme.

Anders als die o. g. Botenstoffe fördert das Neuropeptid **Ghrelin** aus der Mukosa des Magens die Nahrungsaufnahme. Während Hungerphasen steigt die Konzentration von Ghrelin im Magen und im Blut an; nach der Nahrungsaufnahme nimmt die Konzentration von Ghrelin ab. Es wirkt zusammen mit einigen anderen Peptiden (z. B. PYY) und nutritiven Signalen über den Nucl. arcuatus des Hypothalamus (◘ Abb. 43.6).

Regulatorisches Modell ◘ Abb. 43.4 zeigt ein qualitatives Modell der Energiehomöostase, in dem dargestellt wird, wie der Fettgehalt des Körpers kompensatorisch mit der Nahrungsaufnahme gekoppelt ist. In einer **katabolischen Stoff-**

wechsellage ist der Energieverbrauch größer als die Energieaufnahme; die Energiebilanz ist deshalb negativ. In einer **anabolischen Stoffwechsellage** ist der Energieverbrauch kleiner als die Energieaufnahme; die Energiebilanz ist deshalb positiv. Der Inhalt der Abbildung lässt sich in vier Aussagen zusammenfassen (siehe 1 – 4 in ◘ Abb. 43.4):

1. Die **Adipositassignale Leptin** und **Insulin** zirkulieren im Blut. Ihre Konzentrationen sind im Steady State zur Größe der Fettgewebe proportional, werden aber in Abhängigkeit von der Nahrungsaufnahme moduliert.
2. Hohe Konzentrationen von Leptin und Insulin im Blut während einer Gewichtszunahme hemmen die anabolischen und aktivieren die katabolischen neuronalen Mechanismen im Hypothalamus. Als Folge davon nimmt der Energieverbrauch zu und die Nahrungsaufnahme nimmt ab. Die **Energiebilanz** ist **negativ**.
3. Niedrige Konzentrationen von Leptin und Insulin im Blut während einer Gewichtsabnahme aktivieren die anabolischen und deaktivieren die katabolischen neuronalen Mechanismen im Hypothalamus. Als Folge davon nimmt der Energieverbrauch ab und die Nahrungsaufnahme nimmt zu. Die **Energiebilanz** ist **positiv.**
4. Die Nahrungsaufnahme erzeugt neuronale und hormonale Sättigungssignale zum unteren Hirnstamm, welche die Nahrungsaufnahme hemmen. Leptin-/Insulin-sensible neuronale Mechanismen und Mechanismen der Nahrungsaufnahme werden im unteren Hirnstamm miteinander integriert.

Wirkungen von Insulin
Die peripheren Wirkungen von Insulin auf die Speicherung von Brennstoffen und den Metabolismus sind anabol (▶ Kap 76). Die zentralnervösen Wirkungen von Insulin, die hier beschrieben werden (◘ Abb 43.4 bis ◘ Abb. 43.6) sind katabol (Hemmung der Produktion und Freisetzung von Glukose durch die Leber, Abnahme der Nahrungsaufnahme, Zunahme des Energieverbrauchs). Intrazerebroventrikuläre Infusion von Insulin löst diese katabolen Wirkungen aus. Eine Blockade der Insulinrezeptoren im Hypothalamus verhindert die zentralnervös ausgelösten katabolen Wirkungen von Insulin und fördert die anabole Stoffwechsellage.

Metabolismus und Nahrungsaufnahme: ein Konzept ◘ Abb.
43.5 stellt ein allgemeines Modell der Regulation von Metabolismus und Nahrungsaufnahme dar. Die Kontrollzentren liegen im Hypothalamus und unteren Hirnstamm und sind miteinander integriert. Sie erhalten afferente Rückmeldungen von den Effektorgeweben (blau). Diese Zentren wirken über vegetative Systeme auf die Effektorgewebe (rot, ◘ Abb. 43.5) und über somatomotorische Systeme in der Aufnahme von Nahrung in den Oralraum, im Kauakt und im Transport von Nahrung in den Magen durch den Schluckakt (nicht gezeigt in ◘ Abb. 43.5; ▶ Kap. 38.2). Die homöostatische Regulation von Energiereserven und Nahrungsaufnahme ist mit anderen homöostatischen Regulationen im Hypothalamus integriert. Diese sind z. B. die Regulation von Flüssigkeitsmatrix, Körpertemperatur, Reproduktion, zirkadianer Rhythmik.

Die Nahrungsaufnahme steht dabei unter der Kontrolle
1. **kortikolimbischer Systeme**, die für die Erzeugung der **Empfindungen Hunger** und **Sattheit** verantwortlich sind, und

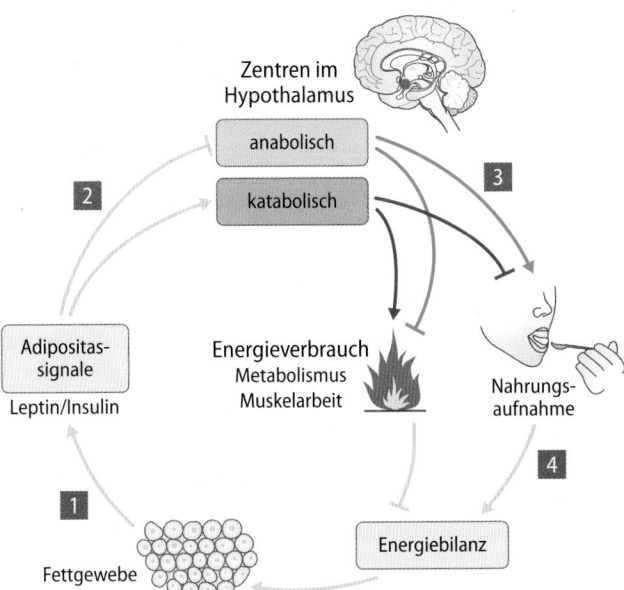

◘ **Abb. 43.4   Schema der Regulation von Metabolismus und Nahrungsaufnahme und ihre Integration.** Hohe Konzentrationen von Leptin/Insulin erzeugen eine katabolische Stoffwechsellage und negative Energiebilanz (Abnahme der Nahrungsaufnahme, Zunahme des Energieverbrauchs). Niedrige Konzentrationen von Leptin/Insulin erzeugen eine anabolische Stoffwechsellage und positive Energiebilanz. Die Zahlen 1 bis 4 entsprechen den Aussagen 1 bis 4 im Text. Nach Schwartz MW et al. Nature 404, 661–671, 2000

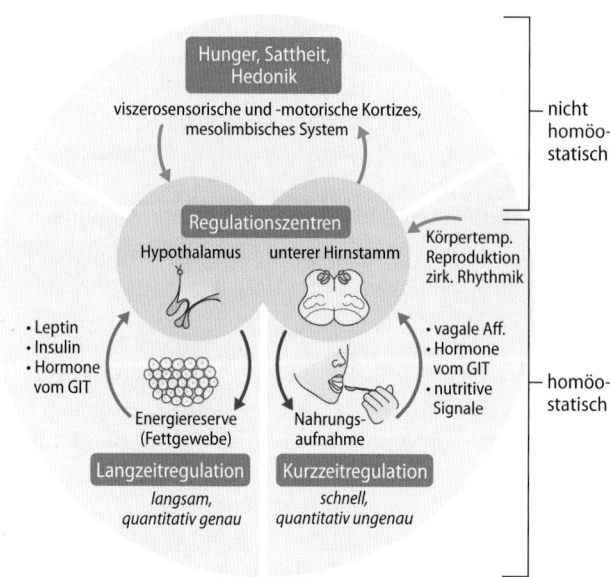

Abb. 43.5 Konzept der homöostatischen Lang- und Kurzzeit-regulation von Energiereserven und Nahrungsaufnahme und ihre Kontrolle durch zerebrale Systeme. Rückkopplungssignale für homöostatische Regulationen sind mit Punkten markiert. Nutritive Signale sind Glukose und Lipide. Unter **Hedonik** wird die subjektive Bewertung von körperlichen Zuständen (hier Hunger und Sattheit) als angenehm oder unangenehm verstanden.

2. des **mesolimbischen Systems**, welches für die **sub-jektive Bewertung** der Empfindungen als angenehm oder unangenehm verantwortlich ist (▶ Abschn. 43.2.2; ▪ Abb. 43.6, ▪ Abb. 43.7).

❯ Die Regulation des Fettgewebes ist langsam und genau. Die Regulation der Nahrungsaufnahme ist schnell und ungenau.

43.2.2 Zentren und Neurotransmitter der Regulation von Metabolismus und Nahrungsaufnahme

Die neuronalen Zentren der Regulation von Metabolismus und Nahrungsaufnahme liegen im Hypothalamus und im unteren Hirnstamm.

Hypothalamus und dorsaler Vaguskomplex   Die Zentren der homöostatischen Lang- und Kurzzeitregulationen des Fettge-webes und der Nahrungsaufnahme liegen im **Hypothalamus** und im **dorsalen Vaguskomplex (DVK)** der **Medulla oblon-gata.** Beide Zentren sind synaptisch miteinander verknüpft und wirken zusammen (▪ Abb. 43.5). Die verschiedenen Populationen von Neuronen im Hypothalamus und unteren Hirnstamm wirken über unterschiedliche Transmitter, wie in ▪ Abb. 43.6 dargestellt. Dabei wird die **katabole Stoffwech-sellage** (rot in▪ Abb. 43.6) von der **anabolen Stoffwechsel-lage** unterschieden (grün in ▪ Abb. 43.6).

Differenzielle Regulation der Stoffwechsellage   Die folgende Beschreibung ist eine Führung durch die ▪ **Abb. 43.6**, um zu zeigen, dass der homöostatischen Regulation von Meta-

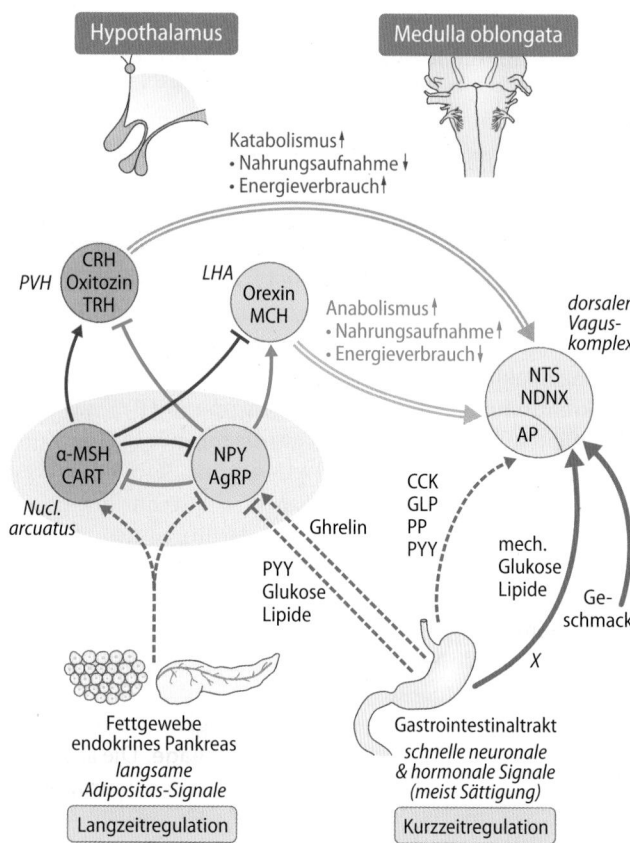

Abb. 43.6 Neuronale und hormonale Komponenten der Regu-lation von Metabolismus und Nahrungsaufnahme. **Blau:** Afferente hor-monale (gestrichelt), neuronale (durchgezogen) und nutritive Signale. Doppellinienhinweispfeile: Kommunikation vom Hypothalamus zum dor-salen Vaguskomplex. **Rot:** Neurone und Transmitter, deren Aktivierung den Katabolismus fördern. **Grün:** Neurone und Transmitter, deren Aktivie-rung den Anabolismus fördern. Die Neuronenpopulationen im Hypothala-mus (Nucl. arcuatus, Nucl. paraventricularis hypothalami [PVH], laterales hypothalamisches Areal [LHA]) sind histochemisch durch ihre Neuropep-tide (s. Text) und ihre synaptischen Verschaltungen charakterisiert. Der dorsale Vaguskomplex besteht aus Nucl. tractus solitarii (NTS), Nucl. dor-salis nervi vagi (NDNX) und Area postrema (AP). X=N. vagus CCK=Chole-zystokinin; GLP=Glukagon-Like Peptide; PP=pankreatisches Peptid; PYY=Peptid YY. Nach Schwartz MW et al. Nature 404, 661–671, 2000

bolismus und Nahrungsaufnahme integrative neuronale Mechanismen im Hypothalamus zugrunde liegen. Die Daten, auf denen diese Darstellung beruht, wurden experimentell an Ratten und Mäusen mit verschiedenen Methoden (da-runter auch genetisch veränderte Tiere) gewonnen. Die in ▪ Abb. 43.6 dargestellten neuronalen Mechanismen gelten auch für den Menschen.

1. Hohe Konzentrationen von **Leptin** und **Insulin** im Blut **fördern** die **katabole Stoffwechsellage** und **hemmen** die **anabole Stoffwechsellage.** Sie erregen Neurone im **Nucl. arcuatus** des Hypothalamus über spezifische Lep-tin- bzw. Insulinrezeptoren. Diese Neurone enthalten α-Melanozyten-stimulierendes Hormon (α-MSH), welches aus dem Vorhormon Proopiomelanokortin (POMC) abgespalten wird, und das Peptid „Cocain-and Amphetamine-regulated Transcript" (CART). Die Neu-rone aktivieren Neurone im **Nucl. paraventricularis**

hypothalami (**PVH**), die die Peptide Oxytozin, Cortiko-tropin-Releasing-Hormon (CRH) oder Thyreotropin-Releasing-Hormon (TRH) enthalten. Diese Aktivierung geschieht über das Peptid α-MSH und den **Melano-kortinrezeptor Mc4R**. Die oxytozinergen Neurone im PVH projizieren zum dorsalen Vaguskomplex im unteren Hirnstamm (NTS, NDNX) und hemmen die Nahrungsaufnahme.

2. Mikroinjektion von α-MSH oder CART in den Hypothalamus fördert die katabole Stoffwechsellage durch Hemmung der Nahrungsaufnahme und Aktivierung des Energieverbrauchs durch Muskelarbeit. Pharmakologische Unterbrechung der Signalkette Leptin/Insulin→ α-MSH→Mc4R führt zur Abnahme des Katabolismus und fördert den Anabolismus (siehe unten), was sich in einer Zunahme der Nahrungsaufnahme, des Fettgewebes und des Körpergewichtes niederschlägt.

3. Eine zweite Gruppe von Neuronen im Nucl. arcuatus wird durch hohe Konzentrationen von Leptin und Insulin im Blut gehemmt. Abnahme der Konzentration beider Peptide bei Abnahme des Fettgewebes und des Körpergewichtes aktiviert deshalb diese Neuronengruppe durch Abnahme der Hemmung. Diese Aktivierung fördert die **anabole Stoffwechsellage**. Die aktivierten Neurone enthalten die Peptide **NPY (Neuropeptid Y)** und **Agouti-related-Peptide (AgRP)**. Ihre Erregung führt zur Aktivierung von Neuronen im **lateralen hypothalamischen Areal** (LHA), die durch NPY und die Y_1- und Y_5-Rezeptoren vermittelt wird. Die Neurone im LHA enthalten entweder das Peptid Orexin oder das Peptid Melanin-concentrating-Hormon (MCH). Mikroinjektion beider Peptide in den Hypothalamus erhöht die Nahrungsaufnahme und fördert deshalb die anabole Stoffwechsellage.

4. Die NPY/AgRP-Neurone im Nucl. arcuatus werden durch das **Peptid YY** (PYY) vom Gastrointetsinaltrakt sowie die nutritiven Signale im Blut (Glukose und Lipide) **gehemmt**. Das Peptid **Ghrelin** aus der Magenmukosa erregt sie. Ghrelin **stimuliert** daher akut die Nahrungsaufnahme.

5. Die Neurone, deren Erregung eine katabole Stoffwechsellage erzeugt (rot in ◻ Abb. 43.6), und die Neurone, deren Erregung eine anabole Stoffwechsellage erzeugt (grün in ◻ Abb. 43.6), hemmen sich gegenseitig. Diese **reziproke Hemmung** wird im Nucl. arcuatus durch den **Transmitter GABA** vermittelt. Im Nucl. paraventricularis hypothalami wirkt das AgRP wie ein endogener Antagonist an den Mc4-Rezeptoren und blockiert die α-MSH-vermittelte synaptische Übertragung auf die oxitozinergen Neurone.

6. Die afferenten neuronalen und hormonellen Signale vom Gastrointestinaltrakt zum Nucl. tractus solitarii und zur Area postrema sind **Sättigungssignale** und hemmen die Nahrungsaufnahme. Die vagalen Afferenzen sind mechanosensibel oder chemosensibel (für Glukose und/oder Lipide). Die gastrointestinalen hormonellen Sättigungssignale sind CCK, GLP-1, PP und PYY.

❯❯ Die Integration von Langzeit- und Kurzzeitregulation des Metabolismus im Gehirn bestimmen die Stoffwechsellage des Organismus.

> **In Kürze**
>
> Metabolismus und Nahrungsaufnahme werden homöostatisch neuronal reguliert. Die wesentlichen Effektoren sind der **Gastrointestinaltrakt** (einschließlich Leber und Pankreas) und das **Fettgewebe** (der Langzeitenergiespeicher). Die Regulation der Nahrungsaufnahme ist schnell und quantitativ ungenau und die Regulation des Energiespeichers langsam und genau. Die Zentren dieser Regulation liegen im **Hypothalamus** und **unteren Hirnstamm** und sind miteinander synaptisch verschaltet. Sie erhalten afferente neuronale, hormonale und nutritive Rückmeldungen von den metabolischen Effektoren. Wichtige afferente Signale sind Insulin und Leptin, deren Konzentration im Blut proportional zur Größe des Fettgewebes sind. Die Regulationszentren bestimmen die anabole oder katabole Stoffwechsellage des Organismus.

43.3 Hunger, Sattheit und Sättigung

43.3.1 Zentrale Repräsentationen der Empfindungen von Hunger und Sattheit

Die Empfindungen Hunger und Sattheit sowie die spezifischen Geschmacks- und Geruchsempfindungen sind in den viszerosensorischen Kortizes repräsentiert.

Anteile und Eingänge des Viszeralkortex   Die **viszerosensorischen Kortizes** bestehen aus dem **Inselkortex** (granulär und agranulär), dem **orbito-frontalen Kortex** und dem **anterioren zingulären Kortex**. Die viszerosensorischen Kortizes vermitteln die Empfindungen Hunger und Sattheit. Sie werden durch vielfältige afferente Eingänge aktiviert (◻ Abb. 43.7):

1. mechano- und chemosensible Afferenzen vom Gastrointestinaltrakt,
2. mechanosensible Afferenzen vom Oropharynx,
3. Geschmacksafferenzen und
4. vermutlich auch gastrointestinale Hormone.

Verlauf der Afferenzen
Die Afferenzen vom Gastrointestinaltrakt, vom Oropharynx und von den Geschmacksrezeptoren projizieren viszerotop zum **Nucl. tractus solitarii** (NTS). Die Sekundärneurone im NTS projizieren viszerotop zum Nucl. dorsalis nervi vagi (NDNX), zum **Nucl. parabrachialis** (PB) und zu einem spezifischen Thalamuskern, der zum dorsalen posterioren Inselkortex projiziert (basaler Teil des Nucl. ventromedialis, **VMb**). Der PB projiziert einerseits zu den Kerngebieten der hypothalamischen Regulationszentren und andererseits über den VMb zum den viszerosensorischen Kortizes (◻ Abb. 43.7). Weitere synaptische Eingänge bekommt der Inselkortex von den hypothalamischen Kerngebieten.

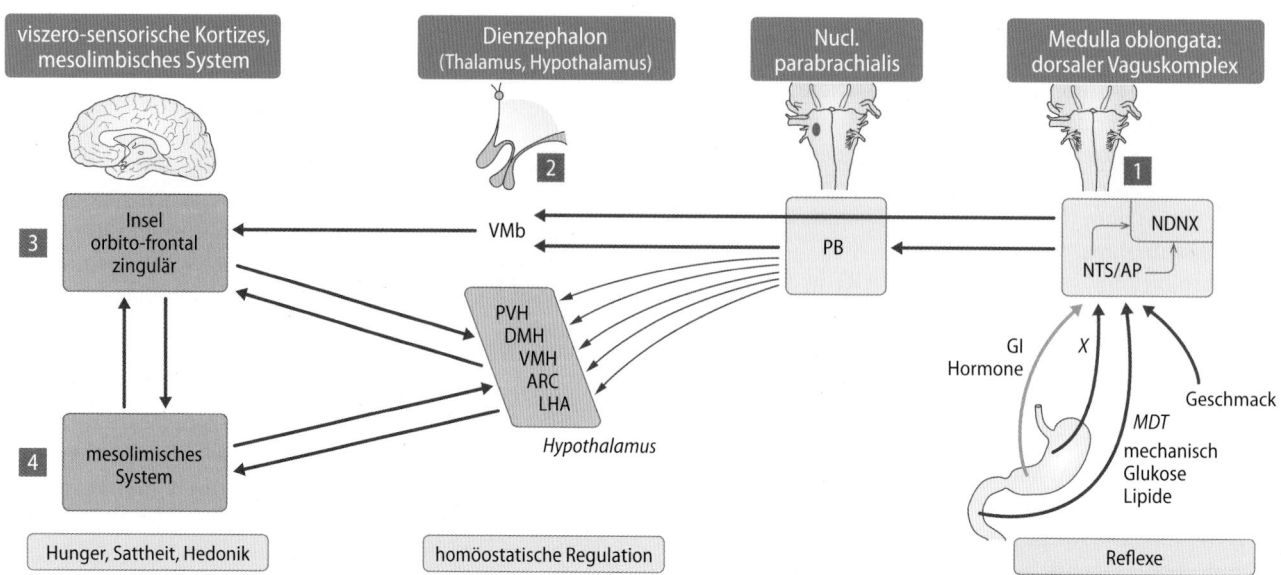

◨ **Abb. 43.7 Zentrale Repräsentation afferenter Signale vom Gastrointestinaltrakt und von Geschmacksrezeptoren.** Übertragung afferenter Signale über den Nucl. tractus solitarii (NTS) und die Area postrema (AP) (1) zu den Reflexzentren in der Medulla oblongata (besonders NDNX), (2) zu den Regulationszentren im Hypothalamus, (3) zu den viszerosensorischen Kortexarealen und (4) zum mesolimbischen System. GI Hormone=gastrointestinale Hormone (siehe ◨ Abb. 43.6). PB=Nucl. parabrachialis. Dienzephalon: ARC=Nucl. arcuatus; DMH=Nucl. dorsomedialis hypothalami; LHA=laterales hypothalamisches Areal; NDNX=Nucl. dorsalis nervi vagi; PVH=Nucl. paraventricularis hypothalami; VMH=Nucl. ventromedialis hypothalami; VMb=basaler Teil des Nucl. ventromedialis im Thalamus; X=N. vagus

Viszerotopie Im Nucl. parabrachialis, Nucl. ventromedialis basalis (VMb) des Thalamus und Inselkortex sind das Geschmackssystem und der Gastrointestinaltrakt (neben anderen viszeralen Organen) topisch organisiert. Diese Viszerotopie ist die Grundlage für die allgemeinen Körperempfindungen (wie z. B. Hunger und Sattheit) und spezielle Geschmacksempfindungen. Das **dopaminerge mesolimbische Verstärkersystem** (▶ Kap. 68.3.2; ◨ Abb. 68.9) regelt die subjektive Bewertung körperlicher Zustände (hier Hunger und Sattheit) in angenehm oder unangenehm (d. h. ihre **Hedonik**) und verstärkt oder schwächt sie ab. Dieses System kommuniziert über den Nucl. accumbens reziprok mit den viszerosensorischen Kortizes und mit den hypothalamischen Kerngebieten, die in die homöostatische Regulation des Metabolismus integriert sind (◨ Abb. 43.6).

❯ **Der viszerale sensorische Inselkortex vermittelt die Empfindungen Hunger und Sattheit.**

43.3.2 Präresorptive und resorptive Sättigung

Präresorptive und resorptive Sättigung sorgen für eine zeitlich gut abgestimmte Nahrungsaufnahme.

Faktoren der präresorptiven Sättigung Die mit der Nahrungsaufnahme verbundene **Reizung der Geruchs-, Geschmacks- und Mechanorezeptoren** des Nasen-Mund-Rachen-Raumes und der Speiseröhre und möglicherweise der Kauakt selbst tragen zur präresorptiven Sättigung bei. Diese Sättigung tritt ein, **bevor** die Nahrung in den Magen gelangt. Ihr Einfluss auf Einleitung und Aufrechterhaltung der Sättigung ist allerdings gering.

Faktoren der resorptiven Sättigung An der resorptiven Sättigung sind **chemosensible und mechanosensible vagale Afferenzen und gastrointestinale Hormone des Verdauungstraktes**, welche die Regulationszentren über die im Darm vorhandene Konzentration an verwertbaren Nahrungsstoffen informieren, beteiligt (◨ Abb. 43.6). Außerdem spielen gastrointestinale Hormone bei der Langzeitsättigung eine bedeutsame Rolle. So wirken verschiedene Hormone des GITs über die Area postrema (siehe rechte Seite von ◨ Abb. 43.7) hemmend und fördern die Sättigung.

❯ **Afferenzen des Nasen-Mund-Rachen-Raumes, vagale Afferenzen vom Vorderdarm sowie gastrointestinale Hormone vermitteln Sättigungen.**

In Kürze

Die Empfindungen Hunger und Sattheit sind im **viszeralen sensorischen** Kortex repräsentiert. Präresorptive und resorptive Sättigungsmechanismen sorgen für eine zeitlich abgestimmte Nahrungsaufnahme. Diese werden durch Reizung der **Geruchs-, Geschmacks- und Mechanorezeptoren** des Nasen-Mund-Rachen-Raumes, Reizung von chemo- und mechanosensiblen Afferenzen des Gastrointestinaltrakts und gastrointestinale Hormone aktiviert.

43.4 Modulation der Regulation von Metabolismus und Nahrungsaufnahme

43.4.1 Mesolimbisches System und Regulation des Metabolismus

Die homöostatischen Regulationen von Energiereserven und Nahrungsaufnahme werden über das mesolimbische System häufig durch gelernte Anreize zur Nahrungssuche und -aufnahme überspielt.

Nichthomöostatische Einflüsse Die homöostatischen Regulationen der Energiereserven und der Nahrungsaufnahme können durch **nichthomöostatische Mechanismen** außer Kraft gesetzt werden (◘ Abb. 43.5 und ◘ Abb. 43.6). Hierzu gehören zentralnervöse Mechanismen, die z. B. durch Anblick, Geruch, Vorstellung und Erwartung von wohlschmeckender und schön zubereiteter Nahrung aktiviert werden. Diese Einflüsse werden vermutlich über das **mesolimbische dopaminerge Verstärkersystem** vermittelt, das für die Erzeugung von Freude und die positive Verstärkung von Verhalten verantwortlich ist (**Belohnungssystem**). Unter pathophysiologischen Bedingungen ist es für die Entstehung und Aufrechterhaltung von Sucht verantwortlich (▶ Kap. 68.3.3).

Mesolimbisches Verstärkungssystem Ein wichtiger Kern des mesolimbischen Belohnungssystems ist der **Nucl. accumbens**. Dieser erhält seine dopaminergen synaptischen Eingänge vom ventralen Tegmentum des Mittelhirns (VTA) und steht unter der Kontrolle des **visceralen sensorischen Kortex** (◘ Abb. 43.7). Der Nucl. accumbens des mesolimbischen Verstärkersystems ist mit den Neuronen im lateralen hypothalamischen Areal (LHA) synaptisch reziprok verbunden. Das mesolimbische Verstärkersystem aktiviert über diese neuronale Verbindung durch Hemmung GABAerger Neurone die Neurone im lateralen hypothalamischen Areal. In Konsequenz **fördert** dies die **Nahrungsaufnahme** und damit die **anabole Stoffwechsellage** (◘ Abb. 43.6). Weiterhin können die Neurone im Nucl. accumbens von den MCH-Neuronen im lateralen hypothalamischen Areal (◘ Abb. 72.3) aktiviert werden (◘ Abb. 43.8).

Integration der Systeme Die synaptischen Verschaltungen zwischen lateralem hypothalamischen Areal, Nucl. accumbens, visceralen Kortizes und dopaminergem System sind vermutlich neuronale Substrate der **Integration homöostatischer und nichthomöostatische Mechanismen** der Regulation von Metabolismus und Nahrungsaufnahme. Diese Verschaltung könnte somit eine **Schnittstelle zwischen beiden Mechanismen** sein. Unter physiologischen Bedingungen stehen die homöostatischen Regulationssysteme und das endogene Verstärkersystem im Gleichgewicht. Unter pathophysiologischen Bedingungen scheint das mesolimbische Verstärkersystem die Arbeitsweise des homöostatischen Regulationssystems so zu verschieben, dass es zu **Entgleisungen**

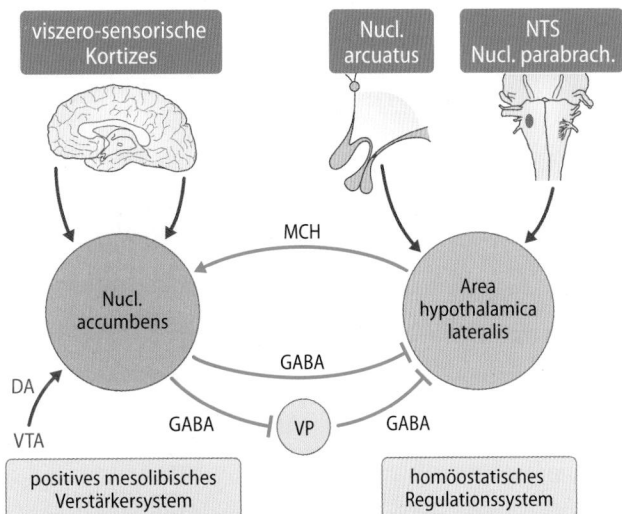

◘ **Abb. 43.8 Integration zwischen homöostatischen Regulationssystemen von Metabolismus/Nahrungsaufnahme und positivem Verstärkersystem.** Der Nucl. accumbens wird vom lateralen Hypothalamus über MCH-Neurone aktiviert und wirkt über (hemmende) GABAerge Neurone auf den lateralen Hypothalamus. Er steht unter der Kontrolle des visceralen sensorischen Kortex und des dopaminergen Systems im ventralen tegmentalen Areal (VTA) des Mesenzephalons. DA=Dopamin; MCH=Melatonin-concentrating-Hormon; NTS=Nucl. tractus solitarii; VP=ventrales Pallidum

im Essverhalten kommt. Das schlägt sich medizinisch in **Übergewicht** oder **Untergewicht** nieder.

Konditionierte Nahrungsaufnahme Bei ausreichendem Nahrungsangebot wird Essen i. d. R. durch klassische Konditionierung (▶ Kap. 66.1.2) ausgelöst. Soziale Reize und Umgebungsreize, wie Essenszeit, Geschmack und Aussehen von Speisen und die beim Essen anwesenden Personen bestimmen Zeitpunkt und Menge der Nahrungsaufnahme mehr als physiologische Faktoren. Vor allem süße Geschmacksreize allein erhöhen den Appetit, auch wenn der Hunger schon längst „gestillt" ist. Wesentlich für die Selektion bestimmter Nahrungsmittel sind besonders gelernte Geruchsaversionen oder -vorlieben. Es handelt sich hier also um eine **vorausplanende Nahrungsaufnahme**, die abhängig ist von Kultur und Erziehung und bei der nicht ein bereits entstandenes Defizit ausgeglichen, sondern der **erwartete Energiebedarf vorwegnehmend abgedeckt** wird.

> Die homöostatische Regulation von Metabolismus und Nahrungsaufnahme wird durch kortikale Systeme und das mesolimbische Verstärkersystem moduliert.

Übergewicht und Fettsucht als medizinisches und gesundheitspolitisches Problem
Übergewicht und Fettsucht sind ein Ausdruck für die neuronale Fehlregulation von Metabolismus und Nahrungsaufnahme. Beide können durch den Body-Mass-Index (BMI) quantitativ bestimmt werden (Körpergewicht in kg geteilt durch die Körpergröße in Metern zum Quadrat [kg/m²]). Der BMI ist proportional zur Menge des Fettgewebes. Nach epidemiologischen Untersuchungen der Weltgesundheitsorganisation (WHO) gilt folgende Beziehung zwischen der Maßzahl des BMI und der Einstufung des Körpergewichtes als normal oder krankhaft (◘ Tab. 43.2).

Tab. 43.2	Zusammenhang zwischen BMI und Gewicht	
BMI	WHO	Populäre Beschreibung
<18,5	Untergewicht	Dünn
18,5-24,9	Normalgewicht	Gesund, normal
25-30,9	Grad 1 Übergewicht	Übergewichtig
30-39,9	Grad 2 Übergewicht	Fettsüchtig
>40	Grad 3 Übergewicht	Krankhaft fettsüchtig

Ein erhöhter BMI korreliert mit der Häufigkeit des Auftretens bestimmter Erkrankungen, wie z. B. Erkrankungen des kardiovaskulären Systems (Bluthochdruck, Koronarerkrankungen), Diabetes mellitus Typ 2, Gelenk- und Wirbelsäulenerkrankungen (Osteoarthritis), obstruktiven Schlafstörungen sowie einigen Krebserkrankungen.

43.4.2 Entgleisung der Regulation von Metabolismus und Nahrungsaufnahme

Magersucht (Anorexia nervosa) und Fettsucht (Adipositas) kombiniert mit Essattacken nach freiwilligen Perioden des Fastens (Bulimia nervosa) haben biologische und psychologische Ursachen.

Wie am Anfang dieses Artikels erwähnt, sind Übergewicht und **Fettsucht** keine Folge persönlichen Fehlverhaltens, sondern eine Krankheit der Regulation von Metabolismus und Nahrungsaufnahme. Das gleiche gilt für die **Magersucht**. Die Entwicklung dieser Erkrankungen hängt einerseits von genetischen Mechanismen ab und anderseits von Umweltfaktoren, wobei beide Prozesse miteinander interagieren. Die Umweltfaktoren bestehen aus der physischen (Muskel-) Aktivität, dem Grad der Nahrungsaufnahme und dem kulturellen Hintergrund des Essverhaltens. Die Mechanismen der Interaktion zwischen Genetik und Umweltfaktoren sind bisher weitgehend unbekannt. Stellvertretend wird diese Problematik in zwei Fallbeispielen behandelt.

Anorexie und Bulimie   Essensverweigerung, welche zur Magersucht führt (Anorexie), und **Ess-Brech-Sucht** (Bulimie) sind überdurchschnittlich häufig bei Mädchen oder jüngeren Frauen der Mittel- und Oberschicht anzutreffen. Ihre Entstehung wird häufig primär kulturell-psychologisch durch die Angst vor Übergewicht und Verlust des Schlankheitsideals erzeugt (Körperschemastörung).

Die **pathobiologischen Folgen exzessiven Fastens**, die mit der psychologischen Störung ursächlich nicht verknüpft sind, stellen die eigentliche Gefährdung dar und halten den Teufelskreis aus Fasten und Erfolgserlebnis (schlank bleiben) aufrecht: **Endokrine Systeme**, vor allem das **Hypophysen-Nebennierenrinden-System** und Systeme, welche die **Sexual- und Reproduktionsfunktionen** steuern, sind während des Fastens gestört. Vereinzelt wurde sogar der Verlust von Hirn-

substanz beobachtet. Diese Veränderungen werden für die negativen Langzeitfolgen (psychische Störungen, dauerhafte Gewichtsprobleme) bei etwa 30 % der Patienten verantwortlich gemacht. Es wird vermutet, dass die psychischen und organischen Folgen dieser Störungen das Beibehalten strenger Fastenregeln erleichtern.

Krankhafte Fettsucht (Adipositas)   Anders ist die Situation bei der krankhaften Fettsucht. **Biologisch-hereditäre Faktoren** der Stoffwechselrate spielen dabei eine große Rolle, aber auch hier wird durch häufiges Diäten und Fasten der langfristige Gewichtsanstieg erhöht und damit das Problem verschlimmert. Diäten führen häufig zum Phänomen des Cycling ("**Jojo-Effekt**"): nach jeder Gewichtsreduktion durch Diät stellt sich das Körpergewicht durch Rückfall in die alten Essgewohnheiten auf einen höheren Wert ein. Natürlich überschreitet bei übergewichtigen Personen die Netto-Energieaufnahme die verbrauchte Energie; aber Übergewichtige nehmen i. A. kaum mehr Kalorien als Normalgewichtige auf. Untersuchungen an getrennt aufgewachsenen **eineiigen Zwillingen** und Adoptierten zeigen, dass die Stoffwechselrate und Wärmeabgabe in Ruhe, die Energieabgabe bei Bewegung und die Vorlieben für die Zusammensetzung der Nahrung (Anteile an Kohlenhydraten, Proteinen und Fetten) zu **50-80 % genetisch determiniert** sind. Adipöse sind häufig **effiziente "Verwerter"**, die ihre überschüssigen Kalorien im Langzeitfettreservoir ablegen und weniger in Wärme umwandeln.

> Fettsucht und Magersucht kann die Folge kortikaler Fehlkontrolle von Metabolismus und Nahrungsaufnahme sein.

In Kürze

Die **homöostatischen Regulationen** stehen unter der Kontrolle des viszeralen Kortex und werden vom dopaminergen mesolimbischen System moduliert. Diese Einflüsse können die homöostatischen Regulationen von Metabolismus und Nahrungsaufnahme überspielen. Entgleisungen der homöostatischen Regulationen und ihrer übergeordneten Modulation führen zu **Übergewicht** (Adipositas) oder **Anorexie** (Magersucht).

Literatur

Berthoud H-R, Morrison C (2008) The brain, appetite, and obesity. Ann Rev Psychol 59, 55-92

Guyenet S, Schwartz MW (2012) Regulation of food intake, energy balance, and body fat mass: implications for the pathogenesis and treatment of obesity. J Clin Endocrinal Metab 97, 745-755

Jänig W (2006) The integrative action of the autonomic nervous system. Neurobiology of homeostasis. Cambridge University Press, Cambridge New York

Schwartz MW (2005) Diabetes, obesity, and the brain. Science 307, 375-379

Woods SC, Stricker EM (2013) Food intake and metabolism. In: Squire LR, Berg D, Bloom FE, du Lac S, Ghosh A, Spitzer NC (Hrgb) Fundamental neuroscience. 4. Auflage. Academic Press Waltham MA USA, Elsevier Amsterdam, pp.767-782

43

Sport und Leistungsphysiologie

Klara Brixius

© Springer-Verlag GmbH Deutschland, ein Teil von Springer Nature 2019
R. Brandes et al. (Hrsg.), *Physiologie des Menschen*, Springer-Lehrbuch
https://doi.org/10.1007/978-3-662-56468-4_44

Worum geht's?

Arbeit, Leistung und Belastung

Körperliche Bewegung und körperliche **Aktivität** unterliegen physikalischen Gesetzen, sei es im Zusammenhang mit der Verrichtung von Alltagstätigkeiten (z. B. Einkaufen), im Berufsleben (z. B. Hebetätigkeiten in der Pflege), im Sport- und Freizeitbereich oder in der Therapie (Prävention, Rehabilitation). Dabei ist die hierbei verrichtete **Arbeit** das Produkt von der Kraft und dem Weg, entlang dem die Kraft verrichtet wird. Arbeit pro Zeiteinheit ist **Leistung**. Die „**Belastung**" einer Person durch eine erbrachte Leistung ist ferner eine Funktion ihrer Leistungsfähigkeit in Abgrenzung von der Leistung als einem physiologischen Parameter, der von den individuellen Möglichkeiten abhängig ist, mit denen sich eine Person beanspruchen kann.

Arbeit und Leistung können nur unter der Bereitstellung von Energie verrichtet werden

Dies gilt auch für den menschlichen Organismus. Die Muskelarbeit, die für das Verrichten einer Tätigkeit erbracht wird, benötigt Adenosintriphosphat (ATP). Für die Bereitstellung und die Resynthese von ATP wird Energie im Rahmen von Stoffwechselvorgängen verbraucht. Allerdings wird bei der Muskelkontraktion auch Energie in Form von Wärme erzeugt, sodass die Wärmeproduktion und -abgabe bei hohen körperlichen Belastungen ein kritischer Punkt ist, insbesondere unter extremen Umweltbedingungen (z. B. Hitze, Kälte).

Körperliche Aktivität erfordert kurz- und langfristige Anpassungsreaktionen des gesamten Körpers

Eine Aktivität erfordert auch, dass die verschiedenen Mechanismen von Leistungserbringung, Energieverbrauch, Energiebereitstellung und Wärmabgabe über Regelkreise bzw. Feedbackmechanismen miteinander kommunizieren. Weiterhin kommt es kurz- und langfristig zu einer systemischen Anpassung an die Belastung u. a. des kardiovaskulären, pulmonalen, muskulären, hormonalen und metabolischen Systems. Veränderungen der Leistungsfähigkeit können mittel- bis langfristig nur durch Veränderungen der mRNA-Synthese und Proteinexpression über die Zeit durch akute und chronische Summation von körperlichen Aktivitätsimpulsen geschehen (◘ Abb. 44.1).

Bewegung entsteht durch willkürliche und reflektorische Ansteuerung der Muskulatur im zentralen Nervensystem

Dem zentralen Nervensystem werden beim Verrichten von körperlicher Aktivität über periphere Rezeptoren und Analysatoren Informationen über den Zustand der Muskulatur und des Körpers gegeben. Durch den Prozess des **motorischen Lernens** können Bewegungsvorgänge unter ökonomischen Aspekten optimiert werden.

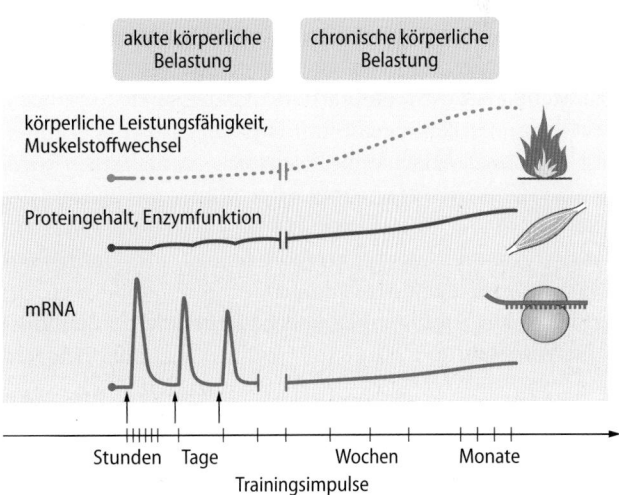

◘ **Abb. 44.1** Veränderungen der Leistungsfähigkeit, mRNA-Synthese und Proteinexpression über die Zeit durch akute und chronische Summation von körperlichen Aktivitätsimpulsen

44.1   Physikalische Grundlagen von Muskelarbeit

44.1.1   Mechanische Aspekte der Muskelarbeit

Physikalische Definitionen und Gesetze sind eine Grundlage der Sport- und Leistungsphysiologie.

Mechanische Grundsätze   Sport- und Leistungsphysiologie kommt nicht ohne die Kenntnis mechanischer Grundsätze aus. „**Kraft**" bezeichnet die Einwirkung, die eine Masse beschleunigen kann (z. B. Werfen eines Balles). „**Arbeit**" bedeutet, dass die Kraft entlang eines Weges verrichtet wird (z. B. Heben eines Gewichtes über eine definierte Höhe). Als „**Leistung**" gilt die Arbeit pro Zeiteinheit. Mit dem Begriff „**Last**" bzw. „**Belastung**" sind in diesem Zusammenhang äußere Kräfte gemeint, die auf einen Organismus einwirken (z. B. der Tretwiderstand, der am Fahrradergometer eingestellt werden kann). Generell ist in der Sport- und Leistungsphysiologie mit dem Begriff „Kraft" „**Muskelkraft**" gemeint.

Aktivität, Belastung und Arbeit
Die Begriffe „körperliche Aktivität", „körperliche Belastung" und „körperliche Arbeit" werden häufig synonym gebraucht, obwohl sie sich eigentlich unterscheiden. „Körperliche Aktivität" beschreibt überwiegend die Bewegung im Freizeitbereich, die damit nicht die körperliche Anstrengung umfasst, wie sie bei beruflichen Tätigkeiten auftreten kann. „Körperliche Belastung" impliziert das subjektive Anstrengungsempfinden. „Körperliche Arbeit" kann im Zusammenhang mit Sport- und Leistungsphysiologie eigentlich nicht verwendet werden, da „Arbeit" physikalisch definiert ist.

Haltekraft   Bei der sog. „**Haltekraft**" kommt es zu einer Muskelanspannung (z. B. Halten eines Eimers mit Wasser in einer bestimmten Höhe). Hierbei wirkt die vom Muskel entwickelte Kraft ohne sichtbare Muskelverkürzung (**isometrische Kontraktion**) einer äußeren Kraft (Gewicht des Wassereimers) entgegen. Bei der in dieser Situation verrichteten „**statischen Arbeit**"/„**Haltearbeit**" handelt es sich um keine Arbeit im physikalischen Sinn. Dies liegt darin begründet, dass bei dieser Arbeit keine Wegstrecke zurückgelegt wird. Der Muskel verrichtet hierbei jedoch innere Arbeit, da der Querbrückenzyklus nach wie vor abläuft (▶ Kap. 13.2). Ein statisch belasteter Muskel ermüdet schnell, weil der bei der Kontraktion erzeugte Muskelinnendruck mit größer werdender Kraft den Kapillardruck übersteigt und damit den Blutzufluss drosselt.

Haltungsarbeit   Von „**Haltungsarbeit**" spricht man im Unterschied zur Haltearbeit dann, wenn nur innere Kraftwirkungen vorliegen, also eine Körperstellung beibehalten wird (Eigengewicht der Gliedmaßen). Im Körper ist statische Muskelarbeit durch langanhaltende, ausdauernde Kontraktion der betreffenden Muskeln charakterisiert. Muskelfasern, die diese Arbeit verrichten, sind überwiegend aus Typ-I-Muskelfasern (▶ Kap. 13.6.2) aufgebaut.

Dynamische Arbeit   Von „**dynamischer Arbeit**" wird gesprochen, wenn die Muskulatur im Wechsel **konzentrisch** (z. B. Anheben einer Last durch aktive Muskelverkürzung) oder **exzentrisch** (Kontraktion bei gleichzeitiger Verlängerung des Muskels) kontrahiert und dann wieder erschlafft, wie z. B. beim Radfahren. Dies ist die günstigere Form der Muskelarbeit unter körperlicher Belastung, denn bei dynamischer Arbeit ist die Durchblutung und damit auch die Sauerstoff- und Nährstoffversorgung des Muskels auch bei hohen Belastungsintensitäten möglich.

> ❯ Im physikalischen Sinne wird beim Halten einer Last keine äußere Arbeit verrichtet.

Dosierung der Muskelkraft   Als **Maximalkraft** wird die größtmögliche Kraft bezeichnet, die das neuromuskuläre System willkürlich gegen einen Widerstand ausüben kann. Sie ist vom Muskelfaserquerschnitt der aktivierten motorischen Einheiten abhängig. Der Körper kann die bei einer Kontraktion entwickelte Kraft durch eine zunehmende Aktivierung von motorischen Einheiten (verstärkte **Rekrutierung**) oder durch eine Erhöhung der Anzahl der auf die Zelle eintreffenden Aktionspotenziale (**Frequenzierung**) erhöhen.

Eine **Rekrutierung** von Muskelfasern erfolgt nicht nach Faserart, sondern nach dem Größenprinzip. Bei geringem Kraftbedarf werden kleine und mit höherem Kraftbedarf größere motorische Einheiten aktiviert. Hat ein Muskel 50–80 % seines Kraftmaximums erreicht, erfolgt eine weitere Krafterhöhung nur über eine Steigerung der **Aktionspotenzialfrequenz**. Bewegung kann dann mit einem Muskel besonders fein abgestuft werden, wenn der Muskelfaserquerschnitt eine hohe Zahl von motorischen Einheiten aufweist. Dahingegen ist bei Muskeln mit wenigen, aber dafür großen motorischen Einheiten eine größere Kraftentwicklung, aber keine Feinkoordination möglich.

Schnellkraft
Unter dem Begriff „Schnellkraft" wird die Fähigkeit des neuromuskulären Systems verstanden, innerhalb der zur Verfügung stehenden Zeit einen größtmöglichen Kraftimpuls zu geben. In der stärker Schnellkraftbeanspruchten Muskulatur, wie sie beim Weitsprung, Sprint oder Gewichtheben benötigt wird, dominieren die überwiegend anaerob arbeitenden Typ-II-Muskelfasern.

44.1.2   Physiologische Parameter der Effizienz körperlicher Belastung

Die Muskulatur arbeitet umso effizienter, je weniger die durch die Kontraktion erzeugte Energie in Wärme übergeht.

Arbeitsumsatz   Der Begriff bezeichnet die **Energie-Differenz** zwischen **Gesamtumsatz** und **Ruheumsatz** und entspricht damit dem Energieumsatz der betreffenden Tätigkeit (▶ Kap. 42.2). Der unter körperlicher Arbeit erzeugte Energieumsatz kann jedoch nur zum kleineren Teil für die Muskelkontraktion und die ATP-Resynthese genutzt werden, der Rest geht als Wärme verloren. Daher ist der Energieumsatz bei körperlicher Arbeit ca. 4–5mal größer als die tatsächlich erbrachte physikalische Leistung.

Klinik

Krafttraining und Muskelaufbau in der Rehabilitation

Isometrisches/statisches Krafttraining
Diese Form des Trainings ist durch relativ kurz-andauernde Muskelanspannungen gegen **hohe Widerstände** gekennzeichnet. Sie wird besonders zum **Muskelaufbau** eingesetzt, da sie gezielt auf bestimmte Muskelgruppen und Winkelstellungen anwendbar ist und innerhalb kurzer Zeit eine Kraftzunahme erreicht. Die intermuskuläre Koordination und die Muskelausdauer werden nicht verbessert.

Dynamisches/auxotonisches Krafttraining
Hierbei wird eine Last abwechselnd mit **konzentrischen** (überwindenden) und **exzentrischen** (nachgebenden) Belastungsphasen bewegt. Bei konzentrischer Kraft ist die Last

kleiner als die aufgewendete Kraft. Beim dynamisch-exzentrischen Krafttraining wirkt auf die aktivierte Muskulatur eine Kraft ein, die größer ist als die vom Muskel entwickelte Kontraktionskraft. Der Muskel wird dadurch **gedehnt** und die elastischen Strukturen des Muskel-Sehnen-Apparats zusätzlich gespannt. Durch eine reflektorische Aktivierung (Muskelspindel und Golgiapparat) von Muskelfasern und wirkende Elastizitätskräfte kann in der exzentrischen Phase ca. 10–40 % mehr Gewicht bewegt werden als in der konzentrischen Phase.

Isokinetisches Krafttraining
Während sich beim Anheben eines Gewichtes die Belastung für die Muskulatur wäh-

rend des Beugens und Streckens ändert (**auxotonisches**, dynamisches **Training**), bleibt bei dieser Sonderform des dynamischen Trainings die Bewegungsgeschwindigkeit und Belastung der Muskulatur während der gesamten Bewegung weitgehend konstant. Es passt sich dabei der **variabel** gestellte **Widerstand** durch die konstant gehaltene Bewegungsgeschwindigkeit genau der aufgewendeten Kraft des Trainierenden an. Erreicht wird dies über **spezielle Apparaturen** (Isokineten). Diese Form des Trainings ist besonders in frühen Phasen der **Rehabilitation** geeignet, um z. B. atrophierte Muskeln aufzubauen.

Wirkungsgrad   Der **Wirkungsgrad η** kennzeichnet das Verhältnis zwischen der physikalisch erbrachten Leistung und dem Energieumsatz und wird in % angegeben.

$$\eta\,\% = \frac{{}^{Arbeit}\!/_{Zeit}}{Arbeitsumsatz} \times 100 \qquad (44.1)$$

Vom **Nettowirkungsgrad** spricht man dann, wenn als Arbeitsumsatz nur der über den Ruheumsatz hinausgehende Energieumsatz in die Formel eingesetzt wird. Vom **Bruttowirkungsgrad** spricht man dann, wenn der Gesamtumsatz (Arbeits- und Ruheumsatz) in die Formel eingesetzt wird. Bei isometrischer Arbeit ist die Wegeänderung des Muskels „0" und damit auch die physikalische Arbeit und der Wirkungsgrad.

In Kürze

Physikalisch lässt sich körperliche Arbeit durch die Begriffe **Kraft** (Beschleunigung einer Masse, z. B.: Ballwerfen), **Arbeit** (Kraft entlang eines Weges) und **Leistung** (Arbeit auf Zeit) charakterisieren. Der **Arbeitsumsatz** entspricht dem über den Ruhewert hinausreichenden Energieumsatz, der durch körperliche Arbeit entsteht. Da ein Teil der Energie an Wärme verlorengeht, ist der Energieumsatz bei körperlicher Arbeit ca. 4–5mal größer als die tatsächlich erbrachte physikalische Leistung. Das Verhältnis von erbrachter Leistung und eingesetzter Energie wird als **Wirkungsgrad** bezeichnet.

44.2 Energiebereitstellung bei der Muskelarbeit

44.2.1 ATP-Abbau und -Regeneration

Muskuläre Arbeit benötigt und verbraucht ATP, das anaerob durch die Hydrolyse von Kreatinphosphat und die Glykolyse sowie aerob durch die Oxidation von Fettsäuren und Kohlehydraten generiert wird.

Bedeutung von ATP für die Muskelkontraktion   ATP ist die primäre Energiequelle bei der Muskelkontraktion (▸ Kap. 12.1). Die Menge an ATP beträgt jedoch lediglich 5 mmol pro 1 Kilogramm Muskelgewebe, was nur für einige wenige Muskelkontraktionen ausreicht. ATP muss daher kontinuierlich regeneriert werden (◘ Abb. 44.2). Die energieverbrauchenden Prozesse und die Wege der ATP-Resynthese laufen dabei in der Muskulatur parallel ab, wobei das Ausmaß und die Dauer der Belastung die Koordination der Prozesse determinieren.

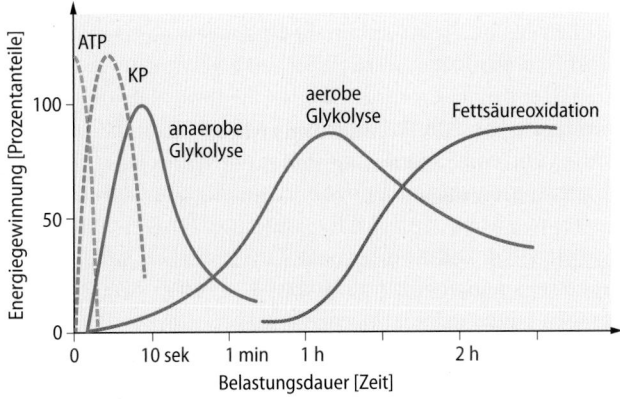

◘ **Abb. 44.2   Schematische Zusammenfassung der ATP-liefernden Prozesse in der Muskulatur.** KP=Kreatinphosphat

Oxidation von Fettsäuren und Kohlenhydraten   Bei langandauernden, moderaten Belastungen gewinnt der Muskel Energie überwiegend über die Oxidation von Fettsäuren und Kohlenhydraten in Mitochondrien. Wegen des hierfür benötigten Sauerstoffs spricht man von **aerober Energiebereitstellung**. Die Geschwindigkeit der ATP-Bildung beträgt im Fall der Glukose-Oxidation im Muskel nur 0,5 μmol ATP/g Muskelgewebe pro Sekunde und im Fall der Oxidation von Fetten sogar nur 0,25 μmol/g Muskelgewebe pro Sekunde. Der Anteil der oxidativen Stoffwechselprozesse an der Energiegewinnung steigt erst während der Belastung an und spielt besonders in der Erholung eine zentrale Rolle (◘ Abb. 44.3).

Hydrolyse von Kreatinphosphat   Hierbei wird ein energiereiches Phosphat von Kreatinphosphat auf Adenosindiphosphat unter enzymatischer Katalyse der **Kreatinkinase** übertragen. Diese Reaktion hat den Vorteil, dass sie sauerstoffunabhängig ist und kein Laktat bildet (**alaktazide anaerobe Energiebereitstellung**). Die Hydrolyse von Kreatinphosphat ist das schnellste ATP-generierende System und liefert 1,6–3,0 μmol ATP pro Gramm Muskel pro Sekunde. Deshalb kommt sie insbesondere bei kurzen, hochintensiven Belastungen besonders zum Tragen, wie z. B. dem 100-Meter-Sprint. Unter solchen Bedingungen sind die Glykolyse und ganz besonders die Sauerstoff-abhängigen (oxidativen) Stoffwechselprozesse zu langsam.

Adenylatkinase-Reaktion   Durch diesen auch als **Myokinase**-Reaktion bezeichneten Vorgang wird alaktazid-anaerob Energie bereitgestellt. Von einem Molekül **ADP** kann ein Phosphatrest auf ein weiteres Molekül ADP übertragen werden, es entstehen **ATP** und **AMP**. Ein Teil des AMP wird über die AMP-Desaminase direkt in Inosinmonophosphat und **Ammoniak** umgewandelt und letzteres direkt ins Blut abgegeben. Die Myokinase-Reaktion tritt vor allem bei hoher Belastung unter Glykogenverarmung auf. Dabei führt der Ammoniakanstieg zu einer zunehmenden Ermüdung auch des Gehirns (**zentrale Ermüdung**) und einer allmählichen Abnahme der Leistung.

Glykolyse   Bei diesem Stoffwechselprozess wird Glukose im Zytosol zu zwei Molekülen **Pyruvat** abgebaut. Da die Glykolyse keinen Sauerstoff benötigt, läuft sie sowohl unter aeroben als auch anaeroben Bedingungen ab. Dem in der Glykolyse gebildeten Pyruvat stehen zwei Stoffwechselwege offen. Der dabei bevorzugte Weg ist die Einschleusung in den Zitratzyklus und die Atmungskette der Mitochondrien. Sollte es aufgrund von Sauerstoffmangel zur Steigerung der NADH-Konzentration und zum unzureichenden Pyruvatabbau über diesen Weg kommen, wird Pyruvat unter NADH-Verbrauch im Zytosol zu **Laktat** umgebaut. Grundsätzlich laufen beide Prozesse nebeneinander ab, sodass auch unter Ruhe geringe Mengen Laktat gebildet werden.

Die Glykolyse kommt erst zum Erliegen, wenn es aufgrund der Anhäufung von Laktat zu einer **Übersäuerung** der Muskulatur kommt. Hierdurch wird die **Phosphofruktokinase** deaktiviert. In dieser Situation entstehen die „dicken

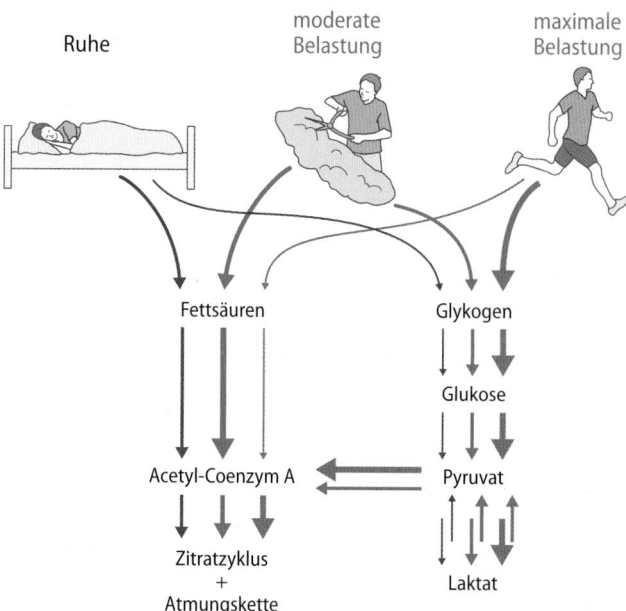

◘ **Abb. 44.3**   Schematische Darstellung der Fettsäure- und Glukose-oxidation unter Ruhe (schwarze Pfeile), moderater (grüne Pfeile) und maximaler Belastung (lila Pfeile). Je nach Belastung der Muskulatur verändert sich der Anteil der beiden Systeme an der ATP-Generierung, was durch die Strichdicke der Pfeile charakterisiert wird

Beine", wenn beim Sprint auf den letzten Metern „nichts mehr geht."

❯ Die Laktatbildung aus Pyruvat ermöglicht die Regeneration von NAD^+ und somit die Aufrechterhaltung der Glykolyse.

44.2.2   Glukosebereitstellung und Regulation der Blut-Glukose-Konzentration unter körperlicher Belastung

Glykogenolyse und hepatische Glukoneogenese erhalten die muskulären Glukosespiegel bei körperlicher Belastung aufrecht.

Glykogenolyse   Glukose kann in der Muskulatur aus dem ca. 500 g großen Glykogenspeicher durch **Glykogenolyse**, d. h. der Spaltung von „Glukosepolymeren" gewonnen werden. Dieser phosphorylytische Prozess liefert hauptsächlich **Glukose-6-Phosphat**, das direkt in die Glykolyse eingeschleust werden kann. Glukose, die aus dem Blut in die Muskulatur aufgenommen wird, muss dagegen erst unter ATP-Verbrauch zu Glukose-6-Phosphat aktiviert werden. Die Glykogenspeicher der Muskulatur werden wegen der Schnelligkeit der ATP-Bildung immer dann eingesetzt, wenn Leistung zusätzlich gesteigert werden soll oder wenn der Glukoseverbrauch des Muskels die zelluläre Aufnahme übersteigt, z. B. bei Leistungen jenseits der Dauerleistungsgrenze.

❯ Im Muskel sind ca. 500 g Glykogen gespeichert.

Glykogenspareffekt

Die oben beschriebenen Stoffwechselwege dürfen nicht so verstanden werden, dass sie nacheinander nach Beginn einer körperlichen Belastung durchlaufen werden, sondern wechselweise – in Abhängigkeit der Situation – mobilisiert werden. Selbst in Ruhe findet in gewissem Maß eine anaerobe Energiebereitstellung statt. Trainierte Ausdauersportler können jedoch bei niedrigen bis mittleren Belastungen vermehrt Fettsäuren (aus den Muskelzellen) als Energiequelle nutzen. Dadurch werden die muskeleigenen Kohlenhydratvorräte in Form von Glykogen nicht so schnell aufgebraucht. Dieser sog. „Glykogenspareffekt" ist Ursache dafür, dass Ausdauersportler nicht so schnell erschöpfen und für einen Zwischen- oder Endspurt zusätzlich Glukose mobilisieren können.

Hepatische Glukoneogenese   Eine Besonderheit im Rahmen des Glukosestoffwechsels unter körperlicher Belastung stellt die **hepatische Glukoneogenese** dar. Bei dieser wird unter beträchtlichem Energieeinsatz Glukose aus 2 Laktatmolekülen synthetisiert. Dabei wird Laktat zunächst zu Pyruvat oxidiert und dann in den Mitochondrien zu Oxalacetat carboxyliert. Um aus den Mitochondrien wieder ausgeschleust zu werden, erfolgt die Reduktion zu Malat. Im Zytosol wird Malat wieder zu Oxalacetat umgewandelt, das unter enzymatischer Katalyse durch die Phosphoenolpyruvatkinase in Phosphoenolpyruvat transformiert wird. Von hier aus laufen dann die weiteren Schritte bis zur endgültigen Bildung von Glukose rückwärts zur Glykolyse. Freie Glukose kann durch erleichterte Diffusion über den Glukosecarrier 4 (**GLUT4-Transporter**) ins Blut übertreten und im Anschluss vom arbeitenden Muskel aufgenommen werden (**Cori-Zyklus**).

> Musklär-freigesetztes Laktat kann von Leber, Herz und Nieren verstoffwechselt werden.

Metabolische Regulation der Glukoseaufnahme unter körperlicher Belastung   Körperliche Belastung bewirkt in den Geweben metabolische Veränderungen wie z. B. Sauerstoffmangel, Azidose, Anstieg von Adenosinmonophosphat (AMP). In deren Folge werden zelluläre Signalwege aktiviert, die eine

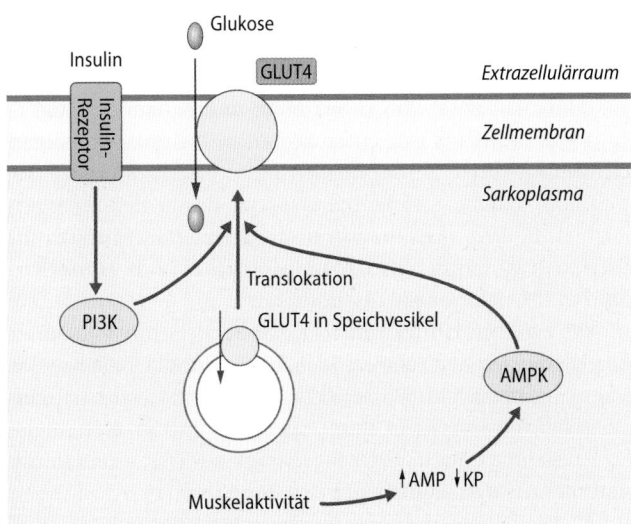

□ **Abb. 44.4   Insulin- und sportinduzierte GLUT4-Translokation.**
PI3K=Phosphatidyl-Inositol-3-Kinase; KP=Kreatinphosphat

akute und langfristige Anpassung des Muskels und des Gesamtorganismus an die Belastung induzieren. Auf diesen Mechanismen beruht u. a. die anti-diabetogene Wirkung von körperlicher Aktivität. Die Skelettmuskelzelle muss für die Glukose-Aufnahme den **GLUT4-Transporter** (GLUT4) in die Zellmembran einbauen. Dieser Prozess ist überwiegend Insulin-abhängig und bei Insulinresistenz (z. B. Diabetes Mellitus Typ II) vermindert. So ist die beim Typ-II-Diabetes dysregulierte Aufnahme der Glukose in die Skelettmuskulatur bei körperliche Aktivität gesteigert, da es hierbei über die verstärkte Bildung von **AMP** zur Aktivierung der AMP-abhängigen Kinase (AMPK) kommt, die unabhängig von Insulingekoppelten Signalwegen die Glukoseaufnahme steigern kann (□ Abb. 44.4).

44.2.3 Hormonelle Stabilisierung der Blutglukose unter körperlicher Belastung

Da das Gehirn vornehmlich Glukose verbrennt, ist die Aufrechterhaltung der Blutglukosekonzentration durch metabolische und hormonelle Regulationsmechanismen essentiell.

Interaktion von Adrenalin, Insulin und Glukagon   Körperliche Aktivität führt über die Aktivierung des vegetativen Nervensystems zu einer verstärkten Produktion und Ausschüttung von **Adrenalin** aus der Nebenniere. Dieses hemmt die Insulinfreisetzung aus der Bauchspeicheldrüse. Hierdurch wird die Glukoseaufnahme aus dem Blut in die Muskulatur und das Fettgewebe gesenkt. Körperliche Aktivität fördert direkt, aber auch indirekt über Adrenalin die pankreatische Freisetzung von **Glukagon**. Adrenalin und Glukagon fördern die hepatische Glykogenolyse und Adrenalin steigert die Glykogenolyse im Muskel (▶ Kap. 76.1). Durch den unter Ausdauerbelastung abfallenden Insulinspiegel wird die Glykogenolyse weiter gesteigert, sodass aus der Leber vermehrt Glukose ins Blut abgegeben wird. All diese Mechanismen tragen dazu bei, unter Belastung die Glukosekonzentration im Blut konstant zu halten.

> Adrenalin hemmt die Insulinfreisetzung und fördert die Glykogenolyse.

Hypothalamus-Hypophysen-Achse   Über eine Aktivierung der Hypothalamus-Hypophysen-Achse erhöht sich unter körperlicher Belastung die Freisetzung von **Kortisol**, Wachstumshormon und Schilddrüsenhormon. Kortisol erhöht die **Glykogenneubildung** aus Aminosäuren in der Leber und **hemmt** die **Glukoseutilisation** im Muskel. Die letztgenannte Wirkung wird auch bei länger andauernder Einwirkung des Wachstumshormons erzielt, das zusätzlich die Lipolyse in den Fettzellen steigert. Trijodthyronin bewirkt eine gesteigerte Glykogenolyse und auch Glukoneogenese in der Leber. Schilddrüsenhormone, Kortisol und das Wachstumshormon verstärken so die Hyperglykämie-Wirkung von Adrenalin und Glukagon.

Das gilt es, für Diabetiker beim Sport zu beachten
Durch die Förderung der Glukose-Aufnahme kann es bei körperlicher Belastung beim Typ-I- und Typ-II-Diabetes zu einer Abnahme des Insulinbedarfs kommen. Wird die Insulinkonzentration in diesem Fall nicht gesenkt, drohen somit gefährliche Hypoglykämien. Diabetiker und Diabetikerinnen sollten daher bei sportlicher Tätigkeit Traubenzucker oder zuckerhaltige Getränke griffbereit halten.

44.2.4 Sportphysiologische Bedeutung von Laktat

Der Blutlaktatspiegel ist ein Maß der Leistung von Muskulatur, kardiovaskulärem System und Leber. Effektivität von Training und Leistungsfähigkeit des Gesamtorganismus können über den Blutlaktatspiegel ermittelt werden.

Muskuläre Laktatfreisetzung   Bei starker körperlicher Belastung kommt es zu einer verstärkten Laktatbildung in der Muskelzelle. Durch die daraus folgende intrazelluläre **Azidose** verlangsamen sich die muskulären Stoffwechselprozesse. Laktat kann sowohl durch passive Diffusion als auch über einen Symport mit Protonen über Monocarboxylattransporter (MCT) aus der Zelle ausgeschleust werden. Der Laktat-Transport über **MCT** überwiegt im Muskel und wirkt der intrazellulären Azidose entgegen. Über diesen Mechanismus kann bei schwerer Belastung der pH-Wert der Muskelzelle zumindest für eine gewisse Zeit normalisiert werden.

Der Laktattransport erfolgt bidirektional. Somit kann – in Abhängigkeit der intrazellulären Konzentration – Laktat sowohl aus der Zelle raus, als auch in die Zelle hinein transportiert werden. Die Folge ist, dass der arbeitende Muskel Laktat freisetzt, der ruhende Muskel (und die Leber) jedoch Laktat aufnimmt und daraus Pyruvat regeneriert. Insbesondere der **Herzmuskel** profitiert hiervon (▶ Kap. 18.2).

MCT-Isoformen
In der Muskulatur des Menschen sind hauptsächlich zwei MCT-Isoformen vorhanden. MCT1 (Monocarboxylat-Transporter Isoform 1) nimmt Laktat eher in die Muskelzelle auf, während MCT4 (Monocarboxylat-Transporter Isoform 4) Laktat eher aus der Muskelzelle heraustransportiert. Typ-I-Muskelfasern haben einen höheren Anteil an MCT1 als Typ-II-Muskelfasern. Die stärker glykolytisch arbeitenden Typ-II-Muskelfasern haben höhere Anteile am MCT4 im Vergleich zu den Typ-I-Fasern.

Laktattransporter sind trainierbar   Jede Form von körperlichem Training bewirkt langfristig eine Induktion der Laktattransporter. Dies verbessert systemisch den Laktatstoffwechsel und somit die körperliche Leistung. Laktat wird dann schneller aus der arbeitenden Muskulatur ausgeschleust und besser in die nicht-arbeitende Muskulatur oder andere MCT-exprimierende Zellen aufgenommen.

Muskelermüdung/Laktatazidose
Laktat und Muskelermüdung
Umgangssprachlich wird formuliert „Laktat macht den Muskel sauer und müde". Der Kotransport von Laktat und einem Proton ist jedoch vielmehr dafür verantwortlich, dass der Anstieg von Laktat im Blut mit einem pH-Wert-Abfall einhergeht. Laktat ist daher eher ein Indikator der Muskelermüdung und kann als solcher zur Gestaltung der Trainingssteuerung eingesetzt werden kann.

Laktatazidose
Bei hohen Laktatkonzentrationen im Blut kommt es zur Laktatazidose. pH-Wert-vermittelt wird das Atemzentrum stimuliert, die Atmung wird erst vertieft, bei Fortschreiten der Azidose auch beschleunigt (Kussmaulatmung). Weitere zentralnervöse Wirkungen hoher Laktatwerte sind Unwohlsein und Übelkeit, die als Warnsignale vor körperlicher Überbelastung anzusehen sind.

Laktat in der Trainingssteuerung   Die Laktatkonzentration im Blut beträgt in Ruhe 1,0 bis 1,8 mmol/l. Die Menge des von der Muskulatur unter körperlicher Belastung in das Blut abgegebene Laktat kann zur Trainingssteuerung herangezogen werden, indem belastungsabhängig die Blut-Laktat-Konzentration im Kapillarblut ermittelt wird („Laktat-Kurven"). Der Verlauf der Laktat-Leistungskurve ist abhängig vom Trainingszustand und vom Füllungsstand der Glykogenspeicher. **Entleerte Speicher** führen zu einer **Rechtsverschiebung** der Laktat-Leistungskurve, da nicht genügend Glukose aus Glykogen bereitgestellt werden kann, und täuschen damit einen verbesserten Trainingszustand vor. Die zelluläre Glukoseaufnahme in die Muskelzelle kann in diesem Fall die fehlenden Glykogenspeicher nicht kompensieren. Kohlehydratreiche Nahrung dagegen verschiebt die Kurve nach links.

> ❯ Die Laktatkonzentration in Ruhe liegt zwischen 1,0 und 1,8 mmol/l.

Die Zwei-Millimol-pro-Liter-Laktatschwelle   Körperliche Belastungen, bei denen die Blutlaktatkonzentrationen nicht über einen Wert von 2 mmol/l ansteigen, gelten als **moderate aerobe Belastungen**. Das heißt, die Sauerstoffaufnahme des Muskels ist für die Bereitstellung von ATP ausreichend. Laktatwerte von über 2 mmol/l Laktat bedeuten, dass der Muskel seine Energie neben der Oxidation von Substraten auch zunehmend über **anaerobe Stoffwechselwege** gewinnen muss. Gleichzeitig ist aber der **Laktatabbau** durch **Leber** und Herz noch ausreichend, um einen „steady state" zu erhalten. Die Belastung kann daher relativ lange durchgehalten werden (◻ Abb. 44.5).

Die Vier-Millimol-pro-Liter-Laktatschwelle   Bei einem Laktatwert von mehr als 4 mmol/l ist der Laktatanfall durch den nun stark anaerob-arbeitenden Muskel so hoch, dass die Abbaukapazität von Leber, Herz und ruhender Muskulatur überschritten ist. Diese Situation führt zur baldigen **Ermüdung**. Im Training werden Belastungen oberhalb der 4-mmol/l-Laktatschwelle benutzt, um durch den Energiemangel die Hypoxiesituation in der belasteten Muskulatur, aber auch systemisch, Adaptationsprozesse (z. B. **Hypertrophie** und **Angiogenese**) zu initiieren.

Die Sauerstoffaufnahme stellt sich bei Belastungsstufen im Bereich der aeroben Schwelle (d. h. bis 2 mmol/l Laktat bzw. im Übergangsbereich bis 4 mmol/l Laktat) auf ein steady state ein. Oberhalb von 4 mmol/l Laktat (anaerobe Schwelle) erreicht die O_2-Aufnahme innerhalb der fünf Minuten Meßzeit kein steady state mehr, mit zunehmender Belastung nähern sich die Kurven von O_2-Aufnahme und CO_2-Abgabe immer stärker an, was von einem Abflachen des Herzfrequenzanstiegs begleitet wird. Schließlich wird die Belastung abgebrochen (◻ Abb. 44.5).

44

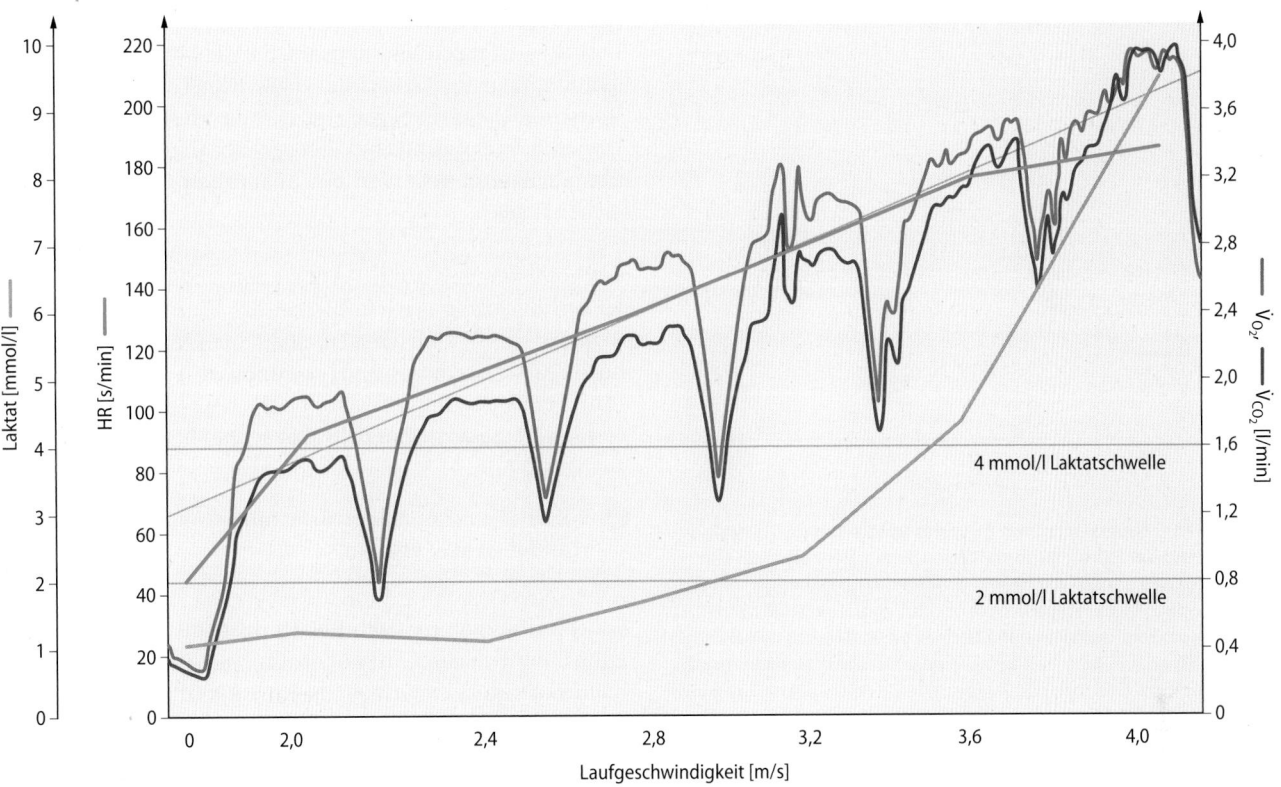

□ Abb. 44.5 **Laufbandspiroergometrie eines Ausdauerleistungssportlers mittels Stufentest.** Aufgetragen sind die Veränderungen von O₂-Aufnahme und CO₂-Abgabe, Herzfrequenz und Laktatkonzentration

In Kürze

Der ATP-Gehalt des Muskels beträgt 5 mmol/kg. Die **ATP-Resynthese** erfolgt **aerob** über die **Atmungskette** und **anaerob** durch Abbau von **Kreatin-Phosphat**, die **Myokinase-Reaktion** und **Laktatbildung**. Glykogen ist die Glukosespeicherform im Körper und stellt diese bei körperlicher Aktivität bereit. **Adrenalin, Kortisol, Somatotropin, Glukagon** und **Schilddrüsenhormone** fördern die **Glukosebereitstellung** im Blut und wirken bei Belastung einem Abfall der Blutglukose entgegen. Bei langandauernder, moderater Belastung werden lipolytisch **Fettsäuren** aus Adipozyten bereitgestellt, die vom Muskel verstoffwechselt werden. Eine **moderate Belastung** erhöht den Blut-Laktatwert nicht über **2 mmol/l**, während ein Wert von mehr als **4 mmol/l** eine **Ausbelastung** anzeigt.

44.3 Systemische Wirkungen: Effekte von Aktivität und Training

44.3.1 Sauerstoff und respiratorisches System

Die in der Lunge aufgenommene und über die Erythrozyten transportierte O₂-Menge ist für die Leistungsfähigkeit bei körperlicher Belastung von entscheidender Bedeutung für die ATP-Bereitstellung in der arbeitenden Muskulatur.

Sauerstoffaufnahme Zur Energiegewinnung werden die Nahrungsbestandteile in einer Sauerstoff-verbrauchenden Reaktion zu Wasser und Kohlendioxid **oxidiert**. Die Sauerstoffaufnahme ist daher ein Maß des Energieumsatzes und die Basis für die **indirekte Kalorimetrie** (▶ Kap. 42.1). Auch wenn der Körper kurzfristig Energie aus **anaeroben Quellen** bereitstellen kann, müssen diese Quellen nach Ende einer Belastung **regeneriert** werden. Hieraus folgt, dass es unter Steady-State-Bedingungen eine enge **Korrelation** zwischen geleisteter körperlicher **Arbeit** und **Sauerstoffaufnahme** gibt. Ausgehend von einer Sauerstoffaufnahme in Ruhe von ca. 250 ml kann dieser Wert unter körperlicher Belastung bis auf das ca. **20-fache ansteigen** (□ Abb. 44.6).

> ❯ Der Anteil der Atemmuskulatur am Sauerstoffverbrauch beträgt in Ruhe ca. 1–2 % und kann unter Belastung je nach Atemtechnik auf 10–20 % ansteigen.

Bei Belastung steigt im Muskel die Sauerstoffaufnahme. Die Muskeldurchblutung wird hierbei über nervale Mechanismen und lokale Metabolite gesteigert – mehr oxygeniertes Blut erreicht den Muskel. Eine gesteigerte **Entsättigung** des arteriellen Blutes trägt ebenfalls zur Muskelversorgung bei, was zur Abnahme der venösen Sauerstoffsättigung führt. In der Folge erreicht mehr Blut mit zusätzlich geringerem P₍O2₎ die Lunge. Pro Zeiteinheit muss daher mehr Sauerstoff zur vollständigen **Aufsättigung** des Bluts über die Alveolarwand diffundieren – die Sauerstoffaufnahme steigt.

Beim Gesunden ist das **respiratorische System** für die Sauerstoffaufnahme **keine beschränkende Größe**. Auch

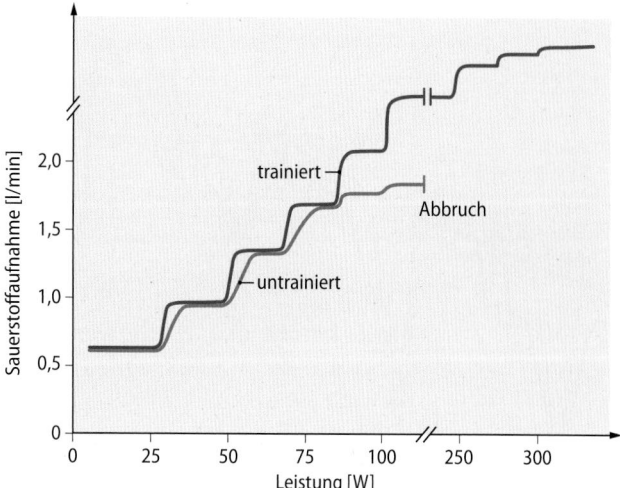

◘ Abb. 44.6 **Sauerstoffaufnahme eines trainierten und untrainierten während der Fahrradergometrie.** Zu Beginn der Belastung kommt es bei beiden Personen unabhängig vom Trainingszustand und bei angenommener gleicher körperlicher Konstitution zur gleichen absoluten Zunahme der Sauerstoffaufnahme bei gleicher Belastungssteigerung (50 W/Stufe) unabhängig vom Basalwert der Sauerstoffaufnahme. Allerdings dauert das Erreichen des Steady-State-Zustands bei der untrainierten Person deutlich länger als bei der trainierten Person. Mit zunehmender Belastung ist der Anstieg der Sauerstoffaufnahme bei der untrainierten Person deutlich geringer als bei der trainierten Person und sie bricht die Belastung ab

wenn unter Belastung die Atmung gesteigert wird, ist die maximale Sauerstoffaufnahme über die Leistungsfähigkeit des Herz-Kreislauf-Systems limitiert.

> ❯ **Auch unter maximaler Belastung wird beim Gesunden das Blut in der Lunge komplett mit Sauerstoff gesättigt.**

Sauerstoffdefizit   Normalerweise passt sich der Körper innerhalb weniger Sekunden an eine **nicht-erschöpfende** Belastung an. Misst man in einer solchen Situation den O_2-Verbrauch, stellt man jedoch fest, dass es wesentlich länger dauert (2–5 Minuten), ein neues, höheres **Plateau** zu erreichen. Die **Anpas**

sung des Herz-Kreislauf- und Atmungssystems zu Beginn der Belastung erfolgten also **langsam**. Für die Muskulatur entsteht hierdurch ein sog. Sauerstoffdefizit (früherer Begriff „Sauerstoffschuld"). Damit ist gemeint, dass die Muskulatur dabei zur Deckung ihres eigentlichen Energie-Bedarfes in dieser Situation auf **Energiereserven aus anaeroben Quellen** zurückgreifen muss.

Erschöpfende Belastung   Anders als bei der nicht-erschöpfenden Belastung erreicht hierbei das Sauerstoffdefizit **kein Plateau**. Der Beitrag der anaeroben Energiegewinnung ist so hoch, dass der Laktatspiegel kontinuierlich ansteigt. Für die Dauer der Belastung entwickelt sich somit ein immer größer werdendes Sauerstoffdefizit, das schließlich zum Abbruch zwingt (◘ Abb. 44.7).

> ❯ **Bei einer erschöpfenden Belastung erreicht das Sauerstoffdefizit kein Plateau.**

Sauerstoffaufnahme nach Belastungsende   Nach Beendigung einer Belastung nimmt die O_2-Aufnahme invers-exponentiell ab, wobei man drei Phasen unterscheiden kann.

1. Die erste schnelle Phase (Halbwertszeit ca. 30 s) dient der **Wiederauffüllung** der **energiereichen Speicher**, z. B. dem Kreatinphosphat.
2. In der zweiten Phase (Halbwertszeit ca. 15 min) wird das angefallene **Laktat** abgebaut. Weiterhin wird infolge der noch erhöhten Katecholamin-Spiegel und der erhöhten **Körperkerntemperatur** vermehrt Sauerstoff benötigt, um den gesteigerten Stoffwechselbedarf zu decken. Auch sind die **Herztätigkeit** und die Atmung noch gesteigert, was ebenfalls den Sauerstoffbedarf erhöht. Schließlich wird noch vermehrt Sauerstoff benötigt, um die verschobenen **Ionenkonzentrationen** zu regenerieren.
3. Nach intensiver Belastung schließt sich eine dritte Phase an, die bis zu mehreren Tagen dauern kann. In dieser Phase wird Sauerstoff vermutlich für **reparative** und entzündliche Vorgänge, den Muskelaufbau sowie für die **Glukoneogenese** eingesetzt.

44

a Moderate Belastung

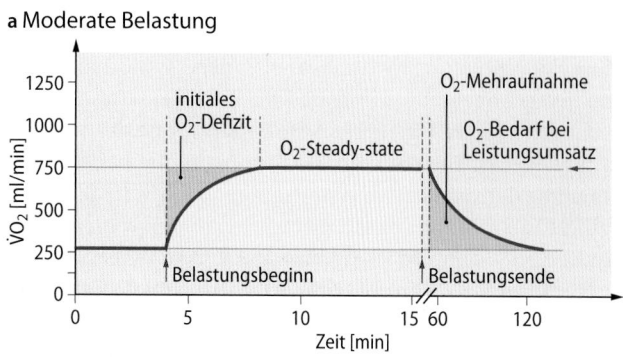

b Belastung oberhalb der Dauerleistungsgrenze

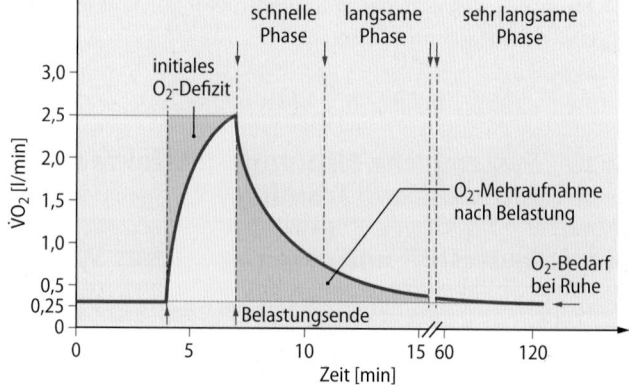

◘ Abb. 44.7 **a** Sauerstoffdefizit bei einer nicht-erschöpfenden und **b** einer erschöpfenden Belastung. (Modifiziert nach Weineck 2010)

Regulation des Atemminutenvolumens unter akuter körperlicher Belastung   Bei akuter körperlicher Arbeit steigt das **Atemminutenvolumen.** Das Atemzugvolumen nimmt auf Kosten des inspiratorischen und exspiratorischen Reservevolumens zu und kann bei maximaler Leistung 50 % der **Vitalkapazität** erreichen. Trotzdem ist die Vitalkapazität für die maximale Sauerstoffaufnahme kaum aussagekräftig, da sie stärker von den Körperdimensionen als von der körperlichen Leistungsfähigkeit abhängig ist. Die **Atemfrequenz** kann bei Kindern unter maximaler körperlicher Aktivität auf 70 Atemzüge/min und bei Erwachsenen auf **40–50 Atemzüge/min** ansteigen.

Ausdauertraining

Bei submaximaler Belastung steigert der Ausdauertrainierte das Atemminutenvolumen vornehmlich durch eine Erhöhung des Atemzugvolumens, während beim Untrainierten dies häufig über eine stärkere Zunahme der Atemfrequenz geschieht. Um eine gleiche alveoläre Ventilation zu erreichen, benötigt der Ausdauertrainierte aufgrund der geringeren Totraumventilation daher ein kleineres Atemminutenvolumen.

Regulation der Atmung   Die Anpassung der Atmung an die Stoffwechselsituation wird über das „Atemzentrum" erreicht. Körperliche Aktivität stimuliert die Atmung vor allem durch

- einen Anstieg der H^+-Ionenkonzentration im Blut, der zur Stimulation von Chemosensoren im Aortenbogen, Karotissinus und im Hirnstamm führt, die auf das „Atemzentrum" wirken.
- nervale Impulse der Muskelspindeln der Interkostalmuskulatur, die neben einer verstärkten Kontraktion vermutlich auch auf das Atmungszentrum wirken.
- Mitinnervation des „Atemzentrums" durch den motorischen Kortex.

Atemgrenzwert   Der Wert ist definiert als die **Luftmenge,** die willentlich **maximal pro Minute ventiliert** werden kann. Der Atemgrenzwert weist eine bessere Korrelation zur maximalen Sauerstoffaufnahme auf als die Vitalkapazität, da der Atemgrenzwert ein Maß für die tatsächlichen **Atmungsreserven** ist. Nach körperlicher Anstrengung ist der Atemgrenzwert um 10 % erhöht, da unter Sympathikusaktivität die Bronchien dilatieren und der Strömungswiderstand fällt (▶ Kap. 26.3). Da die maximale Atemfrequenz durch Training nicht gesteigert werden kann, kommen höhere Atemgrenzwerte bei Ausdauertrainierten hauptsächlich über größere **Atemzugvolumen** zustande.

Atemäquivalent   Dieser Wert ist definiert als das **Verhältnis** von **Atemminutenvolumen zur Sauerstoffaufnahme.** Der Normalwert des einheitenlosen Atemäquivalents beträgt in Ruhe ca. 25, was bedeutet, dass 25 l Luft ventiliert werden, während $1 \, l \, O_2$ aufgenommen wird. Eine Abnahme des Atemäquivalents bedeutet somit eine ökonomisierte Atmung. Dieses ist häufig zu Beginn einer körperlichen Belastung zu beobachten, da sich Belüftung und Durchblutung der Lunge erhöhen. Im Bereich der **Dauerleistungsgrenze** (s. u.) erreicht das Atemäquivalent bei ausdauertrainierten Personen den kleinsten Wert von ca. **20.** Bei Belastung jenseits der

Dauerleistungsgrenze dient die Atmung besonders der respiratorischen Kompensation der **Laktatazidose.** Somit kommt es zu einem überproportionalen Anstieg des Atemminutenvolumens. Im Grenzbereich der körperlichen Leistungsfähigkeit kann dann das Atemäquivalent auf Werte von **30–35** steigen.

❯ Ein Anstieg des Atemäquivalents während einer Belastung zeigt eine Laktatazidose an.

Wirkung von Ausdauertraining auf das respiratorische System Das Atemminutenvolumen beträgt in Ruhe ca. 7 l/min (junger Mann, 1,80 cm, 80 kg). Unter Belastung kann dieser Wert auf 100–125 l/min ansteigen und bei ausdauertrainierten Personen sogar Werte von 200 l/min erreichen. Dieser Unterschied beruht auf einer Erhöhung des **Atemzugvolumens,** nicht jedoch der maximalen Atemfrequenz. Der Ausdauertrainierte erreicht zu Beginn der Belastung schneller ein größeres Atemzugvolumen und bei gleicher **submaximaler Leistung** weist er außerdem ein **kleineres Atemminutenvolumen** auf als untrainierte. Dies wird auf die relativ kleinere Totraumventilation des Ausdauertrainierten zurückgeführt.

44.3.2 **Kardiovaskuläres Systems**

Neben der neuro-muskulären Komponente (s. u.) determiniert im Wesentlichen das kardiovaskuläre System die körperliche Leistungsfähigkeit.

Herzfrequenz   Im Rahmen einer körperlichen Belastung kommt es über mehrere Mechanismen zur Steigerung der Herzfrequenz:

- Abnahme des peripheren Widerstandes aufgrund von Gefäßdilatation im arbeitenden Muskel – Verlust der hemmenden Wirkung des Baroreflex auf den Sympathikus (▶ Kap. 21.3).
- Mitinnervation des Kreislaufzentrums durch den motorischen Kortex und nervale Impulse aus Muskelspinden, Chemo- und Schmerzsensoren.
- Stimulation des Sympathikus durch höhere Zentren des ZNS (Bereitschaftsreaktion).

Als **maximale Herzfrequenz** gilt die Anzahl der Herzschläge pro Minute, die bei größtmöglicher körperlicher Anstrengung erreicht wird. Für diesen altersabhängigen Wert gilt die Faustformel „**220 Schläge pro Minute minus Lebensalter**"

❯ Die maximale Herzfrequenz nimmt mit dem Lebensalter ab: „220 – Alter".

Schlagvolumen   Unter **akuter** körperlicher Belastung kommt es durch die Kontraktion der Skelettmuskulatur zu einem verstärkten **venösen Blutrückstrom** und einer Zunahme der kardialen Vorlast bzw. der kardialen diastolischen Füllung. Dies und die positiv-inotrope Wirkung des Sympathikus erhöhen das Schlagvolumen (Steigerung von ca. 80 auf 120 ml im Sitzen und von ca. 60 auf 120 ml im Stehen).

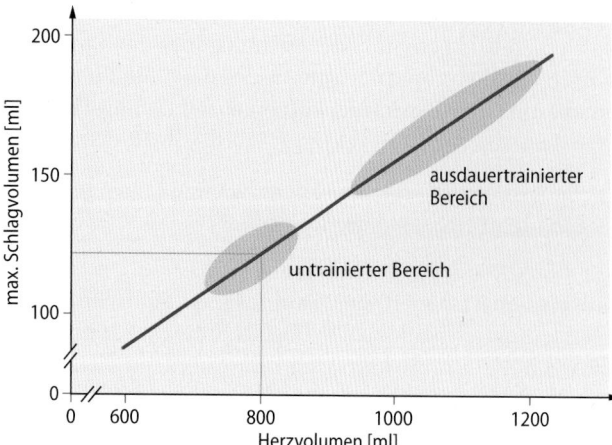

Abb. 44.8 Zusammenhang zwischen totalem Herzvolumen und maximalem Schlagvolumen bei untrainierten und trainierten Personen

Beim Ausdauertrainierten kann das Schlagvolumen unter Belastung Werte von 200 ml erreichen (■ Abb. 44.8).

Herzzeitvolumen Das Herzzeitvolumen ist der wichtigste Leistungsparameter des Kreislaufsystems und entscheidend für den **Sauerstofftransport**. Das Herzzeitvolumen beträgt in Ruhe ca. 6 l/min und kann bei Belastung auf das mehr als **8-fache ansteigen** (ausdauertrainierte Männer 40–45 l/min, ausdauertrainierte Frauen 30–35 l/min). Bei der Zunahme des Herzminutenvolumens hat die **Frequenzsteigerung** einen größeren Effekt (maximal Verdreifachung) als die Steigerung des Schlagvolumens (maximale Verdoppelung).

Dauerleistungsgrenze Mit diesem Wert wird die körperliche Belastung bezeichnet, unter der **keine muskuläre Ermüdung** auftritt. Der Laktatspiegel steigt in dieser Zeit kaum an und sollte zwischen 1,5–4 mmol/l betragen. Bei einer körperlichen Belastung unterhalb der Dauerleistungsgrenze steigt die **Herzfrequenz** zunächst an, erreicht dann aber ein **Plateau** (**steady state**), das bei unveränderter Belastung stundenlang beibehalten werden kann. Nach der Belastungsphase fällt die Herzfrequenz innerhalb weniger Minuten wieder auf den Ruhewert ab.

Ermüdung und Erholung Bei Belastungen oberhalb der Dauerleistungsgrenze steigt die Herzfrequenz immer weiter an, was als **Ermüdungsanstieg** bezeichnet wird. Die **Laktatkonzentration** im Blut erreicht Werte weit über **4 mmol/l**. Nach **erschöpfender Belastung** kann es mehrere Stunden dauern, bevor die Herzfrequenz wieder den Ruhewert erreicht.

Die Beanspruchung des Herz-Kreislaufsystems kann über die **Erholungspulssumme** charakterisiert werden. Das ist diejenige Anzahl von **Pulsschlägen über dem Ruhepuls**, die im Anschluss an eine Belastung benötigt wird, bis der **Ruhepuls** wieder erreicht ist. Unter moderater Belastung ist die Erholungspulssumme deutlich geringer als bei Belastungen oberhalb der Dauergrenze. Nach exzessiver Be-

lastung kann die Herzfrequenz auch noch am folgenden Tag erhöht sein.

Herzfrequenz und Blutlaktatspiegel Bei zunehmender **Belastung** kommt es neben einem Anstieg des Laktatspiegels auch zu einem Anstieg der **Herzfrequenz**. Daher kann auch ein Herzfrequenzanstieg ein Maß der Belastungsintensität sein. Die Herzfrequenz kann, wie oben erwähnt, jedoch nicht beliebig gesteigert werden. Der Beginn des steilen Anstiegs der Laktatkurve (meist bei 4 mmol/l) entspricht im Wesentlichen dem Punkt, an dem der Anstieg der Herzfrequenz nicht mehr linear zur Belastung ansteigt, sondern abflacht. Das **Herzminutenvolumen** kann trotz weiter steigendem Sauerstoffbedarf in der Muskulatur nicht weiter erhöht werden, sodass die anaerobe Situation des Muskels verschärft wird. Die 4-mmol/l-Laktatschwelle kann daher unblutig anhand der belastungsabhängigen Ermittlung der Herzfrequenz abgeschätzt werden („**Conconi**"-Test).

> Bei Ausdauerleistungen des Trainierten ist die physiologische Leistungsgrenze primär durch das Herzminutenvolumen limitiert.

Vorstartreaktion Bei geplanter körperlicher Aktivität (z. B. bei einem Wertkampf) erfolgt die Aktivierung der Kreislaufzentren in der Medulla oblongata bereits vor Arbeitsbeginn, was als **Vorstartreaktion** bezeichnet wird (■ Abb. 44.9). Diese Reaktion beruht auf kortikalen Efferenzen zum Kreislaufzentrum, die zu einer **Sympathikusaktivierung** führen (► Kap. 70.1). Herzfrequenz, Atemfrequenz, Atemzugvolumen und Blutdruck steigen an.

Lokale Regulation des Gefäßtonus Mit Beginn der körperlichen Belastung steigt der Stoffwechsel in der belasteten Muskulatur an. Muskelversorgende Arteriolen dilatie-

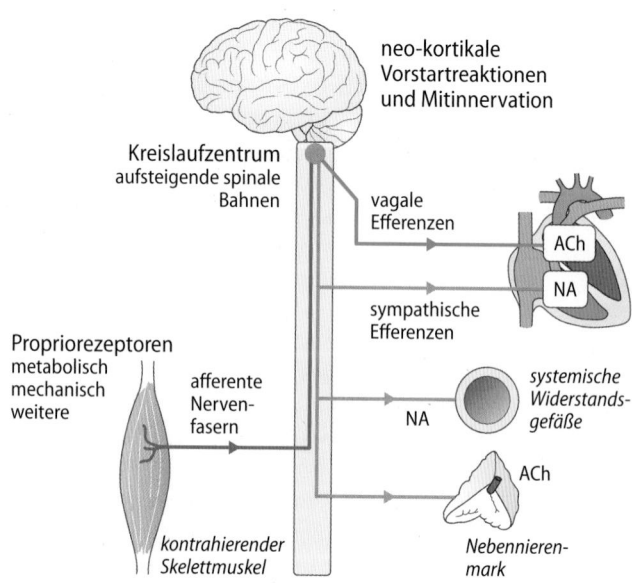

Abb. 44.9 **Vorstartreaktion.** In Erwartung körperlicher Aktivität bereiten zentralnervöse neokortikale Efferenzen die Peripherie auf die muskuläre Belastung vor (Modifiziert nach Dickhut et al. 2004)

Klinik

Sportherz: Effekte von Ausdauertraining auf das Herz

Klinischer Hintergrund
Das Herzvolumen von Personen, die über Jahre Ausdauertraining betrieben haben, ist im Verhältnis zu ihrer Körpermasse häufig deutlich erhöht. Dieses Phänomen wird als Sportherz bezeichnet. Die Vergrößerung des Herzbinnenraums geht dabei mit einer adäquaten Größenzunahme der Kardiomyozyten einher. Die Wanddicke nimmt zu, sodass es nicht zu einer Steigerung der tangentialen Wandspannung kommt (LaPlace-Gesetz, ▶ Kap. 15.2). Im Unterschied zu einem krankhaft vergrößerten Herzen, z. B. bei **dilatativer Kardiomyopathie**, besitzt das Sportherz eine deutlich größere Leistungsfähigkeit als das gesunde „Normalherz". Der Vorteil des Sportlerherzens besteht darin, dass es eine dem gesunden Herzen vergleichbare Auswurfleistung bei niedriger Herzfrequenz erbringt („**Trainingsbradykardie**", die Ruheherzfrequenz des Tour-de-France-Fahrers kann 38 S/min betragen). Die **maximal-**erreichbare Herzfrequenz ist hiervon **nicht betroffen**. Dies bedeutet auch, dass das Sportherz bei gleicher Leistung aufgrund der längeren Diastolendauer besser durchblutet wird.

Kapillarisierung des Herzmuskels
Der Größenzunahme des Herzens ist besonders durch die Sauerstoffversorgung Grenzen gesetzt. Im Rahmen von Training kommt es daher zur Steigerung der **Angiogenese**, u. a. durch Freisetzung von Wachstumsfaktoren wie dem vascular endothelial growth factor (**VEGF**). Pathologische Bedingungen stellen sich ein, wenn die Angiogenese nicht mit der Hypertrophie mithalten kann. Die Kardiomyozyten werden **hypoxisch**, degenerieren oder sterben ab. Dieser Effekt kann z. B. bei der schweren **Aortenklappenstenose** vorkommen, mit körperlichem Training wird er **nicht** erreicht.

Probleme des Sportherzens
Das hohe Schlagvolumen des Sportherzens hat Folgen für den Blutdruck. Zur Aufrechterhaltung des mittleren Blutdrucks werden weniger Schläge benötigt (s.o.). Das hohe Volumen eines Schlages kann nur teilweise im aortalen Windkessel gespeichert werden, der systolische Blutdruck ist häufig erhöht. Aufgrund der verlängerten Zeitdauer bis zum nächsten Schlag fällt der Blutdruck zwischen den einzelnen Schlägen deutlicher ab: Der diastolische Blutdruck ist erniedrigt, die Blutdruckamplitude deutlich erhöht. Die Folge sind u. a. orthostatische Anpassungsschwierigkeiten.

Rückbildung des Sportherzens
Eine weitere Besonderheit des Sportherzens besteht darin, dass es sich bei Beendigung der Sportkarriere und damit der hohen Trainingsumfänge – ähnlich wie auch die hypertrophierte Skelettmuskulatur – auf seine „normale" Größe zurückbildet.

---

ren darauf wegen folgender **metabolische** Mechanismen (▶ Kap. 20.3)

- abfallendem Sauerstoffpartialdruck,
- ansteigendem Kohlendioxidpartialdruck,
- abfallendem pH-Wert,
- lokalem Anstieg der Kalium-Konzentration,
- vermehrter Bildung von Adenosin durch die erhöhte ATP-Spaltung.

Blutdruck unter Belastung Die belastungsinduzierte Steigerung des Schlagvolumens bedingt, dass der systolische Blutdruck bei Belastung stark ansteigt. Bei Ausbelastung sind Werte von **180 bis 240 mmHg** keine Seltenheit. Bei **dynamischer Belastung** (z. B. Fahrradfahren) fällt gleichzeitig der periphere Widerstand ab, sodass der diastolische Blutdruck unverändert bleibt oder um bis zu 10 mmHg fällt. Bei **statischer Haltebelastung** kann aufgrund der muskelvermittelten **Kompression** der Blutgefäße der periphere Widerstand nicht abfallen. Somit steigt bei dieser Form der Belastung der diastolische Blutdruck ebenfalls deutlich an (◘ Abb. 44.10).

> ❯ Dynamische Belastung: Isolierter Anstieg des systolischen Blutdrucks. Statische Haltebelastung: Anstieg aller Blutdruckwerte.

Effekte von Ausdauertraining auf das vaskuläre System Ausdauertraining bewirkt die Freisetzung von Wachstumsfaktoren, Stickstoffmonoxid und vermittelt anti-entzündliche Effekte in der Herz- und auch der Skelettmuskulatur. Diese Mechanismen fördern die Angiogenese, verbessern die Blutversorgung des Muskels und reduzieren den **peripheren Widerstand**.

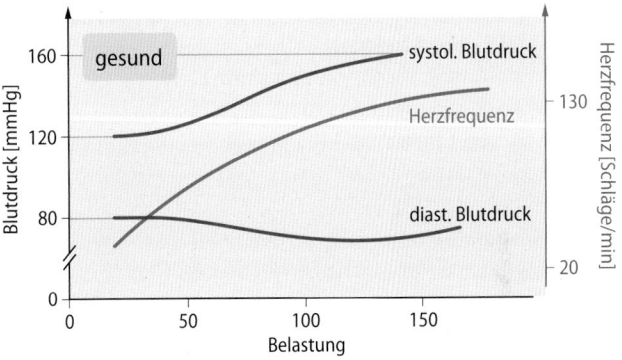

◘ **Abb. 44.10** **Blutdruck- und Herzfrequenz-Registrierung während der Fahrradergometrie (siehe auch ▶ Abschn. 44.4 und ◘ Tab. 44.1).** Die Belastung wurde nach dem WHO-Schema bei einer gesunden Person durchgeführt. Infolge der Belastung kommt es zunächst zu einem Abfall des diastolischen Blutdrucks, der durch eine verstärkte NO-Freisetzung aus den Endothelzellen infolge der erhöhten Scherkräfte des Blutflusses gekennzeichnet ist

Kurzfristige Veränderungen des Blutplasmas bei körperlicher Belastung Körperliche Aktivität führt über die Reduktion des Plasmavolumens zur Erhöhung des Hämatokrits. Dies erfolgt nicht nur durch Schwitzen und Verdunstung, sondern ist auch Folge des erhöhten Blutdrucks in den **Kapillaren** der arbeitenden Muskulatur (▶ Kap. 20.1). Flüssigkeit tritt vermehrt in den **interstitiellen Raum** aus, der Muskel nimmt an Masse zu, das Plasmavolumen nimmt ab. Je nach Aktivität normalisiert sich das Plasmavolumen ein bis zwei Stunden nach der Belastung wieder. Bei körperlicher Aktivität nehmen die **Thrombozytenaggregation** und die Aktivität der Gerinnungsfaktoren zu. Da es aber gleichzeitig zu einer erhöhten

Aktivität der **Fibrinolyse** kommt, bleibt die Bildung von Blutgerinnseln normalerweise aus.

Effekte von Ausdauertraining auf das Blutvolumen   Längerfristig erhöht Ausdauertraining die **Albuminkonzentration** im Blut – das Blutvolumen steigt. Der Anstieg der Plasmaproteine in dieser Situation beruht auf einem verstärkten Proteintransport der Lymphe und einer verstärkten Proteinbildung der Leber. Das erhöhte Blutvolumen trägt zur Steigerung des Herzminutenvolumens bei.

> Während akute Belastung das Blutvolumen reduziert, führt langfristiges Ausdauertraining zu seiner Zunahme.

Sport und Eisen
Eisenbedarf des Sportlers
Sportler haben aufgrund verstärkten Schwitzens einen erhöhten Bedarf an Natrium, Kalium, Magnesium und auch Eisen. Pro Liter Schweiß gehen 0,3–0,4 mg Eisen verloren.

Marschhämoglobinurie
Dieses Phänomen entsteht durch lange Marschstrecken oder Laufen, vor allem bei Marathon-Strecken auf hartem Untergrund. Es ist die Folge der Schädigung von Erythrozyten im Bereich der Kapillaren der Fußsohle.

44.3.3 Belastungsabhängige Regulation der Wärmeabgabe

Eine Muskelkontraktion geht mit einer Wärmebildung einher. Der Körper muss diese Wärme abführen, damit es nicht zur Überhitzung kommt.

Wärmeproduktion unter körperlicher Aktivität   Bei körperlicher Aktivität steigt die Wärmeproduktion (◘ Abb. 44.11). Im Muskel produzierte Wärme wird mit dem Blutstrom zur Haut transportiert und dort abgegeben (▸ Kap. 42.5). Ab einer gewissen Wärmelast tritt **Schweißbildung** ein, um die Kühlung durch **Verdunsten** zu ermöglichen. Die tolerierte Wärmelast ist individuell unterschiedlich und abhängig von Geschlecht, Alter und Umgebungsbedingungen. Menschen, die regelmäßig Sport treiben, sind an die Situation **adaptiert** und **schwitzen** demzufolge **schneller** und **stärker**.

> Ausdauertrainierte schwitzen schneller als untrainierte Menschen.

Wärmeabgabe unter körperlicher Belastung   Diese ist von der **Umgebungstemperatur** und **Luftfeuchtigkeit** abhängig und bei einer hohen Umgebungstemperatur und hohen Luftfeuchtigkeit erschwert. Infolge der verstärkten Hautdurchblutung verlagert sich ein Teil des Blutvolumens in die Peripherie und das Interstitium, wodurch der venöse Rückstrom abnimmt und die kardiale Vorlast sinkt, was durch einen Anstieg der Herzfrequenz kompensiert werden muss. In Folge steigt die Herzfrequenz unter Belastung schneller an, sodass ein Leistungsabfall früher zu beobachten ist als bei normalen Temperaturen.

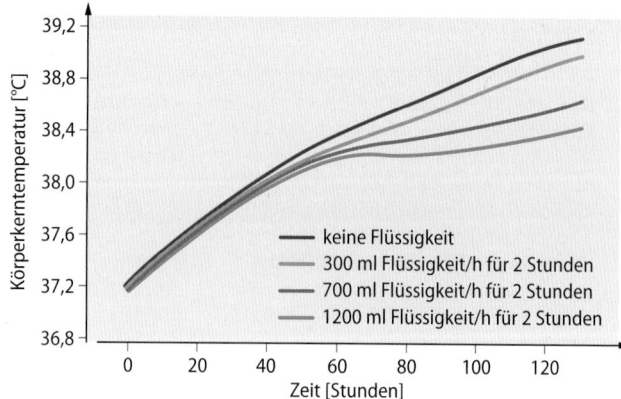

◘ **Abb. 44.11   Veränderungen der Körperkerntemperatur bei Ausdauerathleten während einer zweistündigen Belastung auf dem Fahrradergometer bei 70 % der maximalen Sauerstoffaufnahme bei unterschiedlicher Flüssigkeitsaufnahme.** (Modifiziert nach Hamilton et al. 1991)

Flüssigkeitsaufnahme bei körperlicher Belastung   Der Schweißverlust von Profi-Fußballern während eines 90-minütigen Fußballspiels ist unabhängig von der Umgebungstemperatur und der Luftfeuchtigkeit ca. doppelt so hoch, wie die Flüssigkeitsaufnahme der Spieler während des Spiels. Eine verminderte Zufuhr von Flüssigkeit während langanhaltender körperlicher Aktivität führt zu einem Anstieg der Körperkerntemperatur bis zu 39°C und ggf. mehr wegen mangelnder Schweißbildung.

Zufuhr bei Belastung
Bei intensiver Belastung (z. B. Triathlon) sollte die Wasserzufuhr 0,5–1 l/h betragen. Aufgrund der Hypotonie der Schweißflüssigkeit kann es im Plasma zum Anstieg der Natriumkonzentration kommen (hypertone Dehydratation). Auch die Plasma-Kalium-Konzentration steigt, weil infolge der Daueraktivität der Muskulatur der Kalium-Ausstrom größer als der Kalium-Rücktransport ist. Bei der Flüssigkeitssubstitution sollte bedacht werden, dass bei ausschließlicher Zufuhr von Wasser die Magenentleerungsrate geringer ist als bei isotonen Getränken. Auch kann die fehlende Zufuhr von Salz mittelfristig aufgrund des Salzverlustes zur Hyponatriämie führen. Isotone Lösungen stellen wegen der schnellen Resorption einen guten Flüssigkeitsersatz dar, sind jedoch ernährungsphysiologisch problematisch, da im Wesentlichen Zucker zur Anpassung der Osmolarität eingesetzt wird.

> **In Kürze**
>
> Bei **dynamischer Belastung** kommt es zum Anstieg von Herzfrequenz und Schlagvolumen, von Atemfrequenz und Atemzugtiefe sowie des systolischen Blutdrucks. Der diastolische Blutdruck bleibt unverändert oder fällt und das Blutvolumen nimmt ab. **Langfristige Trainingseffekte** bewirken eine Ökonomisierung der Herzarbeit durch Erhöhung des Blutvolumens und Schlagvolumens und einem Absenken der Herzfrequenz. Als **Dauerleistungsgrenze** wird die körperliche Belastung bezeichnet, unter der keine muskuläre Ermüdung auftritt. Das **Atemäquivalent** ist Verhältnis von Atemminutenvolumen zur Sauerstoffaufnahme.

44

Tab. 44.1	Belastungsschemata Fahrradergometrie		
	WHO-Schema	BAL-Schema	Kinder
Anfangs-belastung	25 Watt	50 Watt	0,5 Watt/kg Körpergewicht
Belastungs-steigerung	25 Watt	50 Watt	0,5 Watt/kg Körpergewicht
Stufendauer	2 min	3–5 min	2 min

44.4 Messung der kardiovaskulären Leistungsfähigkeit

Bei präventiven oder rehabilitativen Untersuchungen sind Verfahren zur Erfassung der körperlichen Belastbarkeit notwendig – eine Erfassung der Belastbarkeit verhindert Überlastung z. B. bei kardiovaskulären Erkrankungen.

Fahrradergometrie Dieses Verfahren wird genutzt, um eine in ihrer Intensität genau definierte Belastung zu erzeugen. Die Fahrradergometrie hat gegenüber anderen Verfahren, wie dem **Laufband**, viele Vorteile: Durch das Sitzen wird die **Sturzgefahr** minimiert und eine kontinuierliche Blutdruck- und EKG-Registrierung, wie auch Spirometrie und kapilläre Blutentnahmen sind **ohne Unterbrechung** der Belastung möglich. Die zyklische Bewegung ist einfach, sodass **Körperkoordination** und **Gleichgewichtskontrolle**, anders als beim Laufen, von nachrangiger Bedeutung sind.

> Laufbandergometrie: hoher Einfluss von Koordination, daher ungeeignet zur Erfassung der kardiovaskulären Leistungsfähigkeit bei älteren und nicht-sportlichen Personen.

Belastungsschemata Fahrradergometrie Diese unterscheiden sich in der **Anfangsbelastung**, der **Dauer der Belastung** und der **Stufenerhöhung** (Tab. 44.1). In der Klinik wird für Erwachsene meistens das WHO-Schema (World Health Organization) angewandt. Das BAL-Schema des **B**undes**a**usschusses für den **L**eistungssport wird zur Messung der kardiovaskulären Funktion bei Leistungssportlern benutzt.

WHO-Schema vs. BAL-Schema
Die Stufendauer orientiert sich beim WHO-Schema und bei den Kindern an der kürzesten Zeitspanne, die notwendig ist, damit sich Herzfrequenz und Blutdruck an die erhöhte Belastung adaptieren. Im BAL-Schema wird eine längere Zeitspanne während einer Stufe erfasst, da die Personen besser belastbar sind und es hier von größerer Bedeutung ist, dass sich Werte in jeder Stufe stabilisieren, insbesondere wenn gleichzeitig die Sauerstoffaufnahme gemessen wird.

Maximale kardiale Leistungsfähigkeit Mittels der Fahrradergometrie kann die maximale kardiale Leistungsfähigkeit bestimmt werden. Dies ist die Wattzahl, die eine Person bei maximaler Herzfrequenz erreicht. Als Richtgröße gilt:
- für Männer: 3 W/kg – 1 % pro Lebensjahr ab einem Alter von 30 Jahren,
- für Frauen: 2,5 W/kg – 0,8 % pro Lebensjahr ab einem Alter von 30 Jahren.

Submaximale kardiale Belastbarkeit Wenn die maximale Leistungsfähigkeit nicht gemessen werden kann (z. B. wegen Erkrankung), wird die Belastung bei einer normierten submaximalen Herzfrequenz gemessen, die sog. „**physical work capacity**" (PWC) für die Herzfrequenz 130 Schläge/Minute (**PWC130**), 150 Schläge/Minute (**PWC150**) oder 170 Schläge/Minute (**PWC170**). Die Belastung wird nach einem entsprechenden Schema (z. B. WHO oder BAL) so lange erhöht, bis die vorgegebene Herzfrequenz erreicht ist. Um Aussagen zur körperlichen Fitness zu machen, wird der erreichte Belastungswert mit der PWC-Normtabelle verglichen.

Borg-Skala/RPE-Skala Die Borg-Skala, auch RPE-Skala (ratings of perceived exertion), ermöglicht die Erfassung des **subjektiven Belastungsempfindens** in Ergänzung zu den

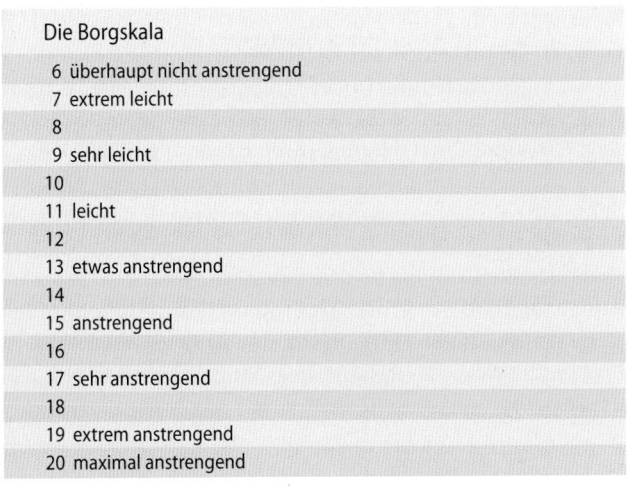

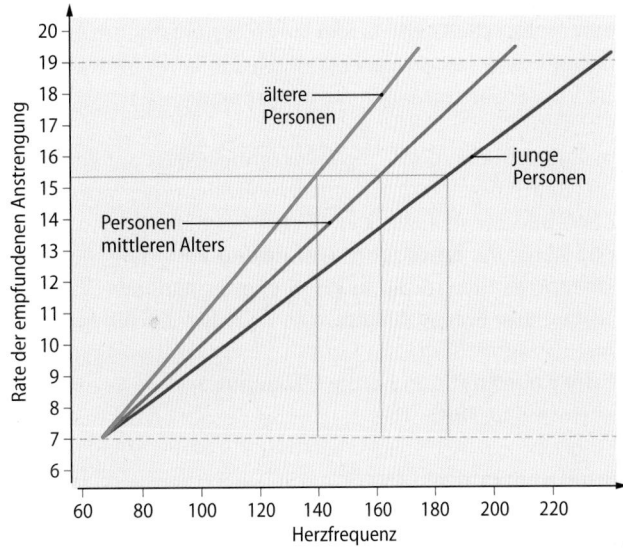

 Abb. 44.12 Borg-Skala sowie Schema zum subjektiven Belastungsempfinden in Abhängigkeit vom Alter. (Modifiziert nach Borg 2004)

physiologischen Messgrößen. Bei jeder fahrradergometrischen Belastungsstufe wird nachgefragt, als wie anstrengend die Belastung empfunden wird. Die Antwort von „extrem leicht" bis „maximal anstrengend" wird in eine Skala von 6–20 übersetzt. Die numerischen Werte der Skala mit 10 multipliziert entsprechen den ungefähren Herzfrequenzwerten, die bei der Anstrengung der jeweiligen Belastungsstufe empfunden werden sollten. ◘ Abb. 44.12 macht deutlich, dass sich das subjektive Belastungsempfinden mit dem Alter ändert. Junge Menschen empfinden die gleiche Belastung bei einer deutlich höheren Herzfrequenz als ältere Menschen.

6-Minuten-Gehtest   Das Verfahren ist einfach und ohne Apparaturen durchführbar. Für den Test wird eine vorgegebene Rundstrecke (meist die 400-Meter-Stadionrunde) so lange so schnell wie möglich gegangen/gelaufen, bis 6 Minuten vorüber sind. Die **zurückgelegte Strecke** wird als Parameter der Leistung erfasst. Dieses Testverfahren kann auch bei erkrankten Personen eingesetzt werden, da die Testanforderungen beim Gehen so gestaltet sind, dass die Belastung unterhalb der anaeroben Schwelle bleibt.

> **In Kürze**
>
> Das **Belastungs-EKG** nach **WHO-Schema** ist das am häufigsten genutzte Verfahren, um standardisiert körperliche Leistungsfähigkeit zu erfassen. Die **Borg-Skala** dient der Erfassung der subjektiven Belastungsintensität.

44.5   Regulation und Adaptation der Skelettmuskulatur unter körperlicher Belastung

44.5.1   Zentralnervöse Steuerung der Muskulatur und motorisches Lernen

Beim motorischen Lernen wird durch systematisches Üben eine optimale neuronale und muskuläre Ausführung von motorischen Bewegungsabläufen erarbeitet.

Bewegungsregulation   Eine Bewegung erfolgt auf der Basis von Regelvorgängen zwischen zentralem Nervensystem (ZNS) und Muskulatur. Der efferente Schenkel zur Muskulatur ist für die **Bewegungsausführung** zuständig, der **propriozeptive** afferente Schenkel leitet Informationen über den Zustand u. a. der Muskulatur zum ZNS. Das Zusammenspiel dieser Systeme bildet die Grundlage für die **sportartspezifische Koordination** und die Ökonomie von Bewegungsabläufen (▶ Kap. 45.4).

Motorisches Lernen   Der Prozess gliedert sich in drei Phasen:
- Phase der Grobkoordination,
- Phase der Feinkoordination und
- Phase der variablen Verfügbarkeit.

In der Phase der Grobkoordination wird ein erster grober Bewegungsentwurf im assoziativen Kortex geschaffen; die Bewegung ist gekennzeichnet durch eine unzureichende Regelung des Bewegungsvollzugs und entsprechend **störanfällig**. In der zweiten Phase, der Feinkoordination, wird der Bewegungsvollzug vor allem durch die verstärkte Einbeziehung des **Kleinhirns** verbessert. Es entsteht ein **harmonischer Vollzug** der Bewegungen, die Bewegungsvorstellung im assoziativen Kortex wird präziser und der Bewegungsablauf kann unter konstanten Bedingungen gut geregelt und koordiniert werden. In der dritten Phase muss der Lernende zunächst unter konstanten und später auch unter variablen bzw. schwierigen Bedingungen die Bewegung sicher und erfolgreich anwenden. Mögliche Störungen müssen im Voraus **antizipiert** (eingeplant) und situativ darauf reagiert werden.

44.5.2   Muskuläre Adaptationsprozesse im Lebenslauf und unter körperlicher Aktivität

Körperliche Bewegung baut Skelettmuskelmasse auf und erhält sie über lange Zeit, auch im Alter, was eine der Voraussetzungen für ein selbstbestimmtes Leben ist.

Geschlechterspezifische Unterschiede im Muskelanteil   Der Anteil der Skelettmuskulatur am Körpergewicht beträgt bei einem 30–40 Jahre alten Mann normalerweise **41–52 %**, bei einer 30–40-jährigen Frau **33–38 %**. Der Muskelanteil von Männern ist über alle Altersstufen von der Pubertät an höher als der Muskelanteil der Frauen. Dies lässt sich auf die anabole (Proteinsynthese-steigernde) Wirkung von **Testosteron** zurückführen, die stärker ist als die der **Östrogene**.

Hormonelle Steuerung des Muskelaufbaus   Beim jungen Menschen ist der Einfluss der Hormone auf die Skelettmuskulatur so ausgerichtet, dass die Proteinsynthese überwiegt. Dies wird im Wesentlichen über eine Aktivierung des AKT/Proteinkinase B/**mTOR** (mechanistic Target of Rapamycin)-Signalwegs durch die Hormone **IGF1** (Insulin-like growth factor1), **Testosteron** und **Östrogen** erreicht. Es ist unklar, ob Östrogene hier direkt oder indirekt wirken. Die Aktivierung der Proteinkinase B/AKT ist hierbei der zentrale Signalweg. Dieser inhibiert den nukleären Export von **FOXO** (Forkhead-Box-Protein-Class-O)-Transkriptionsfaktoren und dadurch den Proteinabbau. Desweiteren wird die Skelettmuskelautophagie inhibiert. Beides, Blockade von FOXO und der Skelettmuskelautophagie wirkt fördernd auf den Proteinaufbau (**anabol**). Auch die Serum-und-Glukokortikoid-induzierte Kinase 1 (**SGK1**) trägt über eine Aktivierung des AKT/ProteinkinaseB/mTOR-Signalwegs zum Erhalt der Muskelmasse bei.

Hormonelle Steuerung des Muskelabbaus   Muskelabbau kann über drei Prozesse vermittelt werden:
- verstärkter Proteinabbau durch Proteasen oder beschleunigter Muskelproteinumsatz,

- **Autophagie** von Organellen und größeren zellulären Strukturen,
- Muskelzellapoptose.

Myostatin ist ein vom Muskel gebildetes Protein, das über eine parakrine Wirkung die Proteinsynthese durch Hemmung der AKT blockiert. Die Blockade der AKT durch Myostatin führt zur Aktivierung von FOXO-Transkriptionsfaktoren, die über **autophagische Prozesse** zum Muskelabbau beitragen. **TNFα** (Tumornekrose-Faktor α) ist ein Entzündungsmediator, der besonders von Makrophagen gebildet wird. Er induziert Signalwege, die zur **Apoptose** (selbstprogrammierter Zelltod) der Muskelzelle führen. Die Wirkung von Myostatin und TNFα auf den Muskelproteinstoffwechsel ist in jungen Jahren noch wenig ausgeprägt, sodass insgesamt der Proteinaufbau in der Zelle überwiegt bzw. zumindest stabil bleibt.

Effekte von Training auf altersabhängige Veränderungen der Muskulatur Im Alter nimmt die Muskelmasse ab (**Altersinvolution**). Dies beruht u. a. auf einer Abnahme der anabolen Hormone IGF-1, Testosteron und Östrogens und damit einhergehender Einschränkung der Proteinsynthese. Hinzu kommt, dass Prozesse, die den Abbau der Muskelmasse fördern an Bedeutung zunehmen. Durch eine verstärkte **Aktivierung des Immunsystems** im Altersgang steigt die Konzentration an Tumornekrose-Faktor α im Plasma an, das den Proteinabbau und die Apoptose der Muskelzellen fördert. Des Weiteren wird die hemmende Wirkung von **Myostatin** auf den Proteinaufbau durch AKT-Blockade verstärkt. Dabei ist unklar, ob dies durch eine verstärkte Bildung von Myostatin in der Muskulatur oder/und durch Veränderungen des Myostatin-Rezeptors zustande kommt. Die Myostatin-induzierte AKT-Blockade fördert darüber hinaus die **Autophagie** der Muskelzelle. Wenn es bei dem Prozess auch zu funktionellen Einschränkungen kommt, wie z. B. eine Abnahme der Ganggeschwindigkeit oder der Handgriffkraft, wird dies als **Sarkopenie** bezeichnet. Körperliche Aktivität wirkt diesem katabolen Übergewicht entgegen.

> Sarkopenie bezeichnet die alterungsbedingte Muskelmassenabnahme mit funktionellen Einschränkungen.

Veränderung der Muskulatur durch Immobilisation Körperliche Bewegung ist der adäquate Stimulus zum Erhalt der Muskulatur. Fehlen diese Stimuli, z. B. durch Aufenthalt in der Schwerelosigkeit, Ruhigstellung in einem Gips oder durch Nervenschäden, kommt es zu einem Abbau der Muskulatur. Diese **Immobilisations-Atrophie** trifft vor allem die langsamen Typ-I-Fasern, was sich in Problemen der Stütz- und Haltefunktion nach Wiedereinsetzen der Belastung äußert.

Atropie und Training Körperliche Aktivität wirkt der Muskelatrophie entgegen, wenn es auch nicht möglich ist, alle degenerativen Prozesse aufzuhalten. Bewegung

- stimuliert die **Muskelhypertrophie** durch Förderung der Proteinsynthese,

- aktiviert **Satellitenzellen** und fördert so die Muskelregeneration,
- verbessert die **Mitochondrienfunktion**,
- verhindert die Atrophie von **motorischen Endplatten**.

Myokine
Myokine sind para- und endokrin-wirksamen muskuläre Zytokine und Peptide. Besonders wichtig sind einige Interleukine (IL). IL6 wird bei Ausdauerbelastungen freigesetzt und korreliert mit Dauer und Intensität der Belastung und der Muskelmasse. Es hat pro- aber auch antiinflammatorische Wirkung. IL8 wird bei erschöpfender und exzentrischer körperlicher Belastung freigesetzt und hat inflammatorische, aber auch angiogene Wirkungen. Die Freisetzung von IL15 ist eine Reaktion auf Krafttraining und wirkt anabol.

44.5.3 Metabolische Adaptation der Skelettmuskulatur

Muskuläre Adaptation muss auch zur Anpassung metabolischer Prozesse führen, damit es nicht zu einem kompletten ATP-Verbrauch der Muskelzelle kommt.

Die AMP-aktivierte Proteinkinase (AMPK) Dieses Enzym wird durch eine Abnahme des zellulären Energiestatus bzw. durch Erhöhung des AMP/ATP-Verhältnisses bei körperlicher Aktivität stimuliert. Seine Funktion ist die Umverteilung zellulärer Energieressourcen, um das zelluläre Überleben zu sichern. AMPK stimuliert die Glukoseaufnahme durch Aktivierung der Translokation von **GLUT4** in die Zellmembran. Weiterhin unterstützt AMPK die Fettsäure-Oxidation und **hemmt** die Glykogen-, Fettsäure-, **Cholesterol**- und Proteinsynthese. Dies erreicht AMPK u. a. durch Hemmung der HMG-CoA-Reduktase und der Acetyl-CoA-Carboxylase. Des Weiteren aktiviert AMPK Transkriptionsprozesse, die langfristig die Fettsäure-Oxidation unterstützen, u. a. die mitochondriale Biogenese. Man spricht in diesem Fall auch von „**excitation-transcription-coupling**". Neben dem AMP/ATP-Verhältnis kann die AMPK durch die Adipokine Leptin und Adiponectin reguliert werden und durch Phosphorylierung mittels der AMPK-Kinase maximal aktiviert werden. Die Substanz AICAR, die u. a. missbräuchlich im Doping eingesetzt wird und Metformin, ein Antidiabetikum, sind **AMPK-Aktivatoren**.

> Die AMP-aktivierte Proteinkinase ist ein Sensor für intrazellulären Energiemangel.

PGC-1α
Dieses Protein ist ein transkriptionaler Koaktivator der AMPK, der Gene reguliert, die in den Energiemetabolismus eingebunden sind. Außerdem beeinflusst PGC-1α die Mitochondrienbiogenese und -funktion und determiniert die Ausprägung des Muskelfasertyps. PGC-1α gilt als „Masterintegrator" für externe Stimuli, die auf den Muskel einwirken, wie z. B. für körperliche Aktivität, hier insbesondere Ausdaueraktivität.

Peroxisomen-Proliferator-aktivierende Rezeptoren (PPAR) PPAR sind Transkriptionsfaktoren mit einer Schlüsselrolle in der Lipidhomöostase. Es gibt verschiedene Isoformen des Enzyms. Für den Sport ist insbesondere die PPARδ Isoform

Klinik

Bodybuilding

Definition
Bodybuilding ist eine Sportart mit dem Ziel der **Körpergestaltung und -präsentation**. Das Krafttraining wird so gestaltet, dass Muskelgruppen gezielt aufgebaut und geformt werden. Dies wird durch überwiegend konzentrisches Training, Kraftausdauertraining und isokinetisches Training erreicht. Unterstützt wird der Prozess des Muskelaufbaus durch eine spezielle Ernährung, die in eine Masse- und eine Definitionsphase eingeteilt wird.

Massephase
Die **Massephase** hat das Ziel, durch einen **Kalorienüberschuss** in Kombination mit einem gezielten Training bei geringem Körperfett ein Optimum an Muskelaufbau zu erreichen. Der Körper soll durch ausreichende Eiweißzufuhr (1,5–2 g Eiweiß/kg Körpergewicht/Tag) in einem anabolen Zustand gehalten werden. Die Unterstützung dieses Prozesses durch spezielle Nahrungsergänzungsmittel ist üblich.

Definitionsphase
Vor Wettkämpfen wird mit dieser Phase durch eine **negative Kalorienbilanz** versucht, den Körperfettanteil ohne Abnahme der Muskelmasse zu senken. Der Muskelaufbau soll in der Präsentation besser zur Geltung kommen. Durch eine niedrige Zufuhr an Kohlenhydraten (<50 g/Tag) wird ein Anstieg der Ketonkörper im Blut und im Extrazellularraum über den Normwert induziert (Ketose).

Bodybuilding und Doping
Unter medizinischen Aspekten ist Bodybuilding vor allem aufgrund des verbreiteten Dopingmissbrauchs auch im Amateurbereich kritisch zu sehen (▶ Abschn. 44.5.5).

---

entscheidend. Bei Ausdauertraining werden im Muskel PPARδ-Transkriptionsprogramme aktiviert, die die Verbrennung von Fettsäuren begünstigen. PPARδ induziert auch eine Verschiebung von glykolytischen Typ-II- hin zu oxidativen Typ-I-Fasern. PPARδ wird durch PGC-1α und AMPK stimuliert. Es wird deutlich, dass Sport-vermittelte Aktivierung des Systems günstige Effekte auf das kardiovaskuläre Risikoprofil hat, da es sowohl die Insulinsensitivität erhöht als auch den Fettstoffwechsel günstig beeinflusst.

44.5.4 Trainingsinduzierte muskuläre Adaptation

Training verbessert die körperliche Leistungsfähigkeit. Der Trainingserfolg hängt jedoch davon ab, dass adäquate Stimuli für die körperliche Belastung gewählt werden.

Üben und Trainieren „Training" ist definiert als ein **systematisches Wiederholen** von Bewegungsabläufen zur **Leistungssteigerung** bei morphologisch-fassbaren **Anpassungserscheinungen**. Der Begriff „Üben", der auch schon im Zusammenhang mit dem sensomotorischen Training verwendet wurde, impliziert ein systematisches Wiederholen von Bewegungsabläufen **ohne morphologische Veränderung**. Hier geht es um die Optimierung und Ökonomisierung des Bewegungsablaufes. Um eine Adaption der Skelettmuskulatur und damit einen Aufbau des Muskels zu erreichen, müssen ausreichend starke Trainingsreize gesetzt werden. Hierfür sind neuromuskuläres Training oder Krafttraining geeignet.

Ausdauertraining Hierbei werden durch längerdauernde Belastungen im **aeroben Bereich** körperliche Adaptationsprozesse angestoßen, die langfristig zu einer Verbesserung und Ökonomisierung der **Kreislauffunktion** und der Durchblutung der Skelettmuskulatur und des Herzens führen. Ausdauertraining bewirkt somit **systemische Effekte**, während die **Muskelhypertrophie** nur **geringfügig** stimuliert wird.

Dies ist durch den geringen Belastungsgrad (40–60 % der maximalen Sauerstoffaufnahme) und dem damit verbundenen **Fehlen anaerober** lokaler **Wachstumsstimuli** begründet.

Ermüdungswiderstandsfähigkeit Die Ermüdungswiderstandsfähigkeit kann als Synonym zum Begriff Ausdauer verwendet werden und wird definiert als die Fähigkeit, eine gegebene Leistung möglichst lange durchzuhalten. Das bedeutet auch, dass die ATP-(Re-)Synthese möglichst lange bei der vorgegebenen Belastung erhalten bleibt. Während die Fettdepots des Körpers selbst bei schlanken Personen mehrere Wochen ausreichen, kann der Glykogenspeicher bei normaler Belastung nur etwa einen Tag Energie liefern, bei intensiver Belastung nur etwa 90 Minuten. Vereinfacht kann daher eine Belastung umso länger durchgehalten werden, je höher der Anteil der Fettsäureverbrennung an der Energiebereitstellung ist. Jedoch wird für die ATP-Bildung bei **Fettsäureverbrennung** mehr **Sauerstoff** eingesetzt als bei Kohlenhydratverbrennung. Da bei schwerer Belastung **durchblutungsbedingt** die Sauerstoffaufnahme des Muskels limitiert ist, wird hierbei die aerobe Oxidation zur Seite der Kohlehydrate hin verschoben. Bei moderatem aerobem Ausdauertraining ist die muskuläre Sauerstoffaufnahme zwar erhöht, aber nicht limitierend, sodass hier Fettsäureverbrennung möglich ist.

Klinik

Übertrainingssyndrom

Hierunter wird eine Stagnation oder Abnahme der Leistung im laufenden Training verstanden. Das Übertrainingssyndrom entsteht durch ein Ungleichgewicht von Erholungsphasen und Trainingsbelastung. Die Hauptsymptome, die mindestens zwei Wochen anhalten müssen, sind ungewöhnlich rasche Ermüdung, geringe Belastbarkeit und Leistungsabfall. Weitere Zeichen sind orthostatische Dysregulation, Infektanfälligkeit, Muskel- und Gliederschmerzen, Übelkeit, Schlafstörungen, depressive Verstimmungen, Zyklusstörungen und Libidomangel.

Ausdauertraining und Verbrennung

Während beim Untrainierten im Rahmen einer Ausdauerbelastung im Mittel **40 % Fette** und **60 % Kohlenhydrate** verbrannt werden, kehrt sich das Verhältnis beim Ausdauertrainierten um. Nur ein kleiner Anteil dieser Fettsäuren stammt dabei aus der Muskulatur, der größere Teil wird aus dem Fettgewebe durch Lipolyse freigesetzt. Förderlich für den Fettabbau ist die cAMP-vermittelte **lipolytische Wirkung** des während des Sports freigesetzten **Adrenalins** (s. u.).

Sportmedizinischer Ansatz des Ausdauertrainings Moderates (aerobes) Ausdauertraining bewirkt längerfristig eine Erhöhung der **Mitochondriendichte** und verbessert dadurch die Oxidation von Fettsäuren. Dies gilt insbesondere für die Muskelfasern, die durch größere motorische Einheiten aktiviert werden und eine geringere Mitochondriendichte haben. Die **durch große motorische Einheiten angesteuerten Muskelfasern** werden allerdings erst bei längerfristiger Bewegung aktiviert, wenn der Glykogengehalt der **mitochondrienreichen Muskelfasern mit kleinen Motoneuroneinheit** abnimmt. Der Schlüsselfaktor für die Mitochondrienbildung ist eine **Kalzium-abhängig erhöhte Transkription von Peroxisomen-Proliferator aktiviertem Rezeptor Gamma Coaktivator 1α (PGC-1α)**. Bei einer langandauernden Kontraktion der Muskulatur steigt die intrazelluläre Kalzium-Konzentration an und dies umso mehr, je länger der Muskel belastet wird. Der Kalzium-Anstieg führt zur Aktivierung der **Kalzium-Calmodulin-aktivierten Kinase (CamK II)**, die die PGC-1α Transkriptionsfaktoren „**myocyte-enhancer-factor 2" (MEF2)** und **cAMP-response element binding protein (CREB)** durch Phosphorylierung aktiviert.

Ausdauertraining und Durchblutung

Moderates Ausdauertraining **fördert** darüber hinaus die **Durchblutung** über Neubildung sowie Vergrößerung des Durchmessers der muskelversorgenden Gefäße, u. a. über den oben beschriebenen PGC1α-Mechanismus sowie über weitere Angiogenese-unterstützende Mechanismen (z. B. NO-Freisetzung, Erhöhung zirkulierender endothelialer Progenitorzellen). In Folge sinkt der periphere Widerstand und durch den erhöhten Blutfluss steigt die Sauerstoffversorgung der Muskulatur bei Aktivität.

Krafttraining

Bei dieser Form von Training soll u. a. durch hohe, anaerobe Belastung ein spezifischer **Hypertrophie-Impuls** in der Muskulatur gesetzt werden. Ein gezielter Aufbau des Trainings ist notwendig, um eine optimale Stimulation der Kraftentwicklung erreichen zu können (vgl. rehabilitatives Krafttraining).

Klinik

Rehabilitatives Muskelaufbautraining

Über das rehabilitative Krafttraining (**neuromuskuläres Training**) soll ein spezifischer Hypertrophie-Impuls in der z. B. nach einer Kniegelenkoperation atrophierten Muskulatur gesetzt werden. Hierbei ist ein gezielter Aufbau des Trainings notwendig, um eine optimale Stimulation der Kraftentwicklung erreichen zu können. Die Kraftintensität, mit der während des Trainings gearbeitet wird, wird als das sog. **One repetition maximum** (1 RPM) quantifiziert und bezeichnet man das Gewicht, das man in einer vorgegebenen Übung maximal einmal bewegen kann.

Muskelfaserswitch Muskelfasern in den Muskelfaserbünden können, je nach Myosin-ATPase-Aktivität, histochemisch in Typ-I-aerobe und Typ-II-glykolytische Muskelfasern unterschieden werden (▶ Kap. 13.6.2). Ausdauertraining wirkt sich dabei stärker auf die **Typ-I-Fasern** aus und kann sogar zum **Faser-Switch** von Typ-II- nach Typ-I-Fasern führen.

Muskelhypertrophie Differenzierte Skelettmuskelzellen sind **post-mitotisch** und können nur an Größe zunehmen (Hypertrophie). Als Hypertrophiereiz wird im Allgemeinen eine erhöhte Muskelspannung ggf. bei reduzierter Durchblutung angesehen. Die Muskelfaserhypertrophie ist bei den Krafttrainingsmethoden am größten, bei denen am stärksten ATP abgebaut wird. Ausreichend intensives und längerfristiges Krafttraining führt vor allem zur Hypertrophie der Fast-twitch-Fasern vom Typ II-x.

Aktivierung von Satellitenzellen Für den Muskelaufbau unter Training ist auch eine Aktivierung von Satellitenzellen von Bedeutung. Dieses sind Vorläuferzellen (**Progenitorzellen**), die in Muskelzellen differenzieren und somit den Muskel regenerieren können. Satellitenzellen **ersetzen** damit **untergegangene Muskelfasern** und können geringgradig zur Zellzahlvermehrung (**Hyperplasie**) beitragen. Satellitenzellen werden im Wesentlichen durch IGF-1, HGF (Hepatocyte Growth Factor) und LIF (Leukemia Inhibiting Factor) stimuliert.

> **Muskelkater entsteht durch Mikroläsionen und eine nachfolgende Entzündung.**

Klinik

Muskelkater

Definition
Muskelkater (ursprünglich Muskelkatarrh) sind muskuläre Schmerzen, die frühestens einige Stunden nach ungewohnten oder besonders intensiven Belastungen auftreten. Die Schmerzen bei (insbesondere isometrischen) Kontraktionen haben nach ein bis drei Tagen ihren Höhepunkt und dauern etwa eine Woche an.

Ursachen.
- Eine ungewohnte körperliche Aktivität wird nach einer längeren Bewegungspause/Immobilität ausgeführt.
- Ein gut trainierter Sportler oder Sportlerin übt eine neue unbekannte Bewegung.
- Ein trainierter Sportler/Sportlerin setzt sich einer ungewohnt starken Belastung aus z. B. Wettkampf oder Marathonlauf.

Die Gemeinsamkeit der Situationen ist eine unvollkommene intramuskuläre Koordination der Bewegung aus Unerfahrenheit oder Ermüdung.

Ätiologie
Muskelkater entsteht durch **Mikroläsionen** vor allem im Bereich der Z-Scheiben der Sarkome (◘ Abb. 44.13). Die metabolische und mechanische Belastung bewirkt vermutlich einen Anstieg der **intrazellulären**

Ca²⁺-Konzentration durch einen erhöhten Ca^{2+}-Einstrom über die geschädigte Zellmembran und/oder verminderte Ca^{2+}-Rückaufnahme in das sarkoplasmatische Retikulum aufgrund von ATP-Mangel. Kalzium aktiviert Lipasen und Proteasen, wie **Calpain**, die Zellstrukturen auflösen bzw. zerstören.

Klinik

Der Muskelkaterschmerz entsteht sekundär vermutlich durch Ödeme und inflammatorische Prozesse. Man spürt den Schmerz u. a. deshalb zunächst nicht, weil die Nozizeptoren im Bindegewebe sitzen. Die Ursache für das verspätete Schmerzempfinden liegt in dem verzögerten Anlaufen der Entzündungsreaktion und der Sensibilisierung der Nozizeptoren durch die dabei freigesetzten Substanzen. Durch die Ca^{2+}-Überladung der

Muskelzelle kommt es zur Aktivierung von Ca^{2+}-abhängigen proteolytischen und phospholipolytischen Prozessen wie z. B. der Phospholipase A_2, die zur Freisetzung von Arachidonsäure und dann nachfolgend von Eikosanoiden führt, die die inflammatorische Reaktion auslösen. Um Muskelkaterschmerzen abzumildern, hat sich die Einnahme von nicht-steroidalen anti-inflammatorischen Substanzen (NSAID: non-steroidal anti-inflammatory drugs) als wirksam erwiesen.

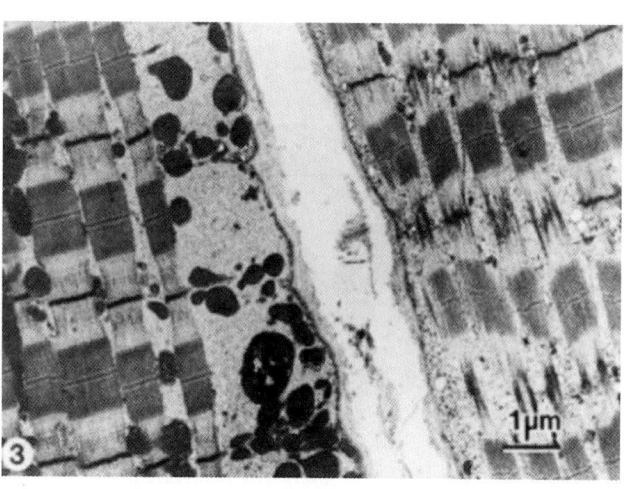

◻ Abb. 44.13 Elektronenmikroskopische Aufnahme von Muskelfasern nach einer exzentrischen Belastung. In der Muskelfaser auf der linken Hälfte des Bildes sind die Sarkomerstrukturen intakt. Die rechte Hälfte des Bildes zeigt vor allem im unteren Bereich zerstörte Z-Scheiben. (Aus Fridén J et al. 1983)

In Kürze

Sensomotorisches Training optimiert Bewegungsausführung. Für die Entwicklung und den Erhalt der Muskelmasse ist eine Regulation von muskulärem Proteinauf- und -abbau notwendig. Anabol wirken besonders **IGF-1 und anabole Steroide**. Im Alter überwiegt der Proteinabbau, wobei katabol besonders Myostatin und TNFα wirken. Durch gezieltes Training (Rekrutierung und Frequenzierung) wird eine **Hypertrophie** der Muskulatur erreicht. Der Muskel nutzt den durch den ATP-Abbau bedingten Anstieg von AMP, um Hypertrophieprogramme über **AMPK** und **PGC-1α** zu aktivieren. Hierbei kommt es neben einer Hypertrophie zur Steigerung der Fähigkeit zur Glukoseaufnahme und Fettsäureoxidation.

44.5.5   Doping im Sport

Leistung kann nicht nur durch Training gesteigert werden. Doping erzielt Leistungssteigerungen durch unerlaubte Einnahme von Substanzen oder Nutzung unerlaubter Methoden.

Hintergrund   Die mediale Darstellung und Wertschätzung des Sports und nicht zuletzt die finanzielle Unterstützung des Sports im Leistungs-, Breiten- und Freizeitsportbereich ist von **immer neuen Erfolgen** abhängig, die Grenzen und eine Stagnation der körperlichen (Hoch-)Leistungsfähigkeit nur schwer akzeptieren können.

Definition   Doping ist die **unerlaubte** Einnahme und Nutzung von Substanzen oder Methoden zur Steigerung der sportlichen (heutzutage auch der beruflichen) Leistung (für eine detaillierte Information siehe Welt-Anti-Doping-Agentur, www.wada-ama.org).

Muskeldoping   Häufig werden im Sport, meist illegal, Substanzen eingesetzt, die die Proteinsyntheserate der Muskulatur erhöhen (**Anabolika** bzw. **anabole Steroide**, z. B. über Testosteron-Analoga). Die Nebenwirkungen sind hier erheblich. Testosteronmissbrauch führt zur Hodenatrophie und steigert u. a. das Risiko für Herz-Kreislauf-Erkrankungen. Neben risikosteigernden Effekten auf den Cholesterinstoffwechsel, kommt es nicht nur zu einem Wachstum der Skelett- sondern auch der Herzmuskulatur ohne eine gleichzeitige Zunahme der Blutgefäße. Hierdurch werden Ischämie-Situationen begünstigt.

„Sympathisches" Doping β_2-agonistische Wirkstoffe, die pharmakologisch zur Bronchiospasmolyse bei **Asthma** eingesetzt werden, werden ebenfalls häufig zum illegalen Muskelaufbau verwendet. β_2-Agonisten, wie z. B. Clenbuterol, haben im Vergleich zu anabolen Steroiden weniger massive Nebenwirkungen, da sie nicht in die Hypothalamus-Hypophysen-Gonaden-Regulation eingreifen. Die Nebenwirkungen, wie z. B. Herzfrequenzsteigerung, leichter Muskeltremor, Kopfschmerzen, erhöhte Körpertemperatur, sind nur vorübergehend.

Gendoping   Zwei Bereiche werden unterschieden: Der erste Bereich umfasst die Anwendung **genetisch modifizierter Zellen** und die Applikation von **DNA**, z. B. um lokal Wachstumsfaktoren zu produzieren.

Der zweite Gendoping-Bereich umfasst Substanzen, die eine **Aktivitätsänderung (Genexpression)** von Genen bewirken können, was u. a. auch die Substanz AICAR betrifft oder den PPARδ Receptoragonist GW1516 (▶ Abschn. 44.5.3).

44

GW1516 (GSK150, „Endurobol") bewirkt eine Zunahme der Typ-I-Fasern und verbessert (ohne Training) die Ausdauerfähigkeit, wurde aber wegen Tumorinduktion im Tierversuch vom Markt genommen.

Blutdoping Eine weitere Möglichkeit, die körperliche Leistungsfähigkeit zu erhöhen, ist die Erhöhung der **Sauerstofftransportfähigkeit** des Blutes. Dies kann z. B. durch die Einnahme von synthetisch hergestelltem **Erythropoietin** erreicht werden, dass die Anzahl der Erythrozyten erhöht sowie die Laktattransport-Kapazität der Erythrozyten (nicht der Skelettmuskulatur). Verboten ist auch die Erhöhung der Sauerstofftransportkapazität durch Bluttransfusion. Ebenfalls verboten ist der Einsatz von künstlichen Sauerstofftransportsubstanzen, wie z. B. das „Designerhämoglobin" Perfluorocarbon. Dies kann in großen Mengen Gase binden und ist eigentlich für Notfallpatienten gedacht, die durch Blutverlust eine Unterversorgung mit Sauerstoff erleiden.

Schmerzdoping Die Hauptwirkung der **Analgetika** besteht in einer Schmerzhemmung und -beseitigung. Hierbei spielt vor allen Dingen die psychisch beruhigende und euphorisierende Wirkung der Analgetika eine Rolle. Hinzu kommt die Beseitigung bewegungseinschränkender Schmerzen. Hierbei wird die Projektion von auf den Thalamus eintreffenden Impulsen auf die entsprechenden Areale der Hirnrinde gedämpft.

Motivationsdoping Zu der Gruppe der motivationssteigernden Substanzen zählen die psychomotorischen Stimulanzien und die sympathomimetischen Amine, die zu einer psychovegetativen Enthemmung und Antriebssteigerung führen. Über das Aufheben des Ermüdungsgefühls, die Steigerung des Selbstvertrauens und das Gefühl der physischen Stärke heben sie die Stimmungslage an, erhöhen die Sinneswahrnehmung und verbessern die Koordination und Reaktion. Hauptvertreter dieser Gruppe sind **Amphetamin**, -derivate und Ephedrin sowie Phenylethylamin-Analoga. Auch **Koffein** zählt hierzu. Im Allgemeinen sind nur ca. 80 % (individuelle Schwankungen sind möglich) der maximalen Leistungsfähigkeit durch normalen Willenseinsatz zugänglich. Die übrigen 20 % können nur durch Extremsituationen (z. B. Wut, Angst, Lebensgefahr) oder durch entsprechende Dopingsubstanzen mobilisiert werden. Die in diesem Abschnitt beschriebenen Substanzen können „nur" den Zeitpunkt der Ermüdung, nicht aber die Maximalleistung selbst beeinflussen. Wenn die Tagesdosis von 15 mg Amphetamin überschritten wird, arbeitet der gedopte Sportler oder die gedopte Sportlerin bis zur totalen Erschöpfung.

Koffein und andere Substanzen
Koffein
Koffein wurde erstmals 1984 als Dopingmittel erklärt (illegal ab mehr als 12 µg Koffein/ml Blut). Koffein wirkt im ZNS erregend und bewirkt eine „Erhellung des Bewusstseins", es beschleunigt Gedanken, Assoziationen und verkürzt die Reaktionszeit. Daher eignet sich Koffein besonders für Spielsportler und -sportlerinnen, die meist bis zur letzten Sekunde hellwach und konzentriert sein müssen. Außerdem bewirkt Koffein durch eine Mitinnervation des Atmungs- und Vasomotorenzentrums sowie durch direkten Einfluss auf Herz und Gefäße kreislaufstimulierend. Koffein erhöht ebenfalls die Freisetzung von Acetylcholin an der motorischen Endplatte, insbesondere bei Typ-I-Muskelfasern. Eine Tasse Kaffee hat ca. 120 mg Koffein, eine Tasse Tee 50 mg und ein Glas Cola 40 mg.

Insulinbehandlung und Doping
Insulin gilt aufgrund seiner anabolen Wirkung als Dopingmittel. Auch in der Zellkultur insbesondere von Muskelzellen wird Insulin eingesetzt, um das Überleben und das Wachstum der Zellen zu verbessern. Bei insulin-abhängigem Diabetes ist jedoch auch im Hochleistungssport die Insulinbehandlung zulässig.

Diuretika
Diuretika werden gerne in Sportarten mit Gewichtsklasseneinteilung genutzt, um in die niedrigere Gewichtsklasse eingeteilt zu werden. Sie werden außerdem genutzt, um die Einnahme von anderen Dopingsubstanzen zu verschleiern.

Schießsport und Doping
Bei den sog. „Präzisionssportarten" ist eine „ruhige Hand" von entscheidender Bedeutung. Daher werden Alkoholtests bei Schießsportveranstaltungen durchgeführt. Alkohol führt zu einer Verringerung des natürlichen Tremors und verbessert damit die Schießleistung („Zielwasser"). Eine ähnliche leistungsfördernde Wirkung bei diesen Sportarten – und deshalb verboten – haben β-Blocker, die den Wettkampfstress reduzieren, sowie Tranquilizer, d. h. Psychopharmaka, die entspannend (sedierend) und anxyolytisch (angstlösend) wirken.

> **In Kürze**
>
> **Doping** ist die unerlaubte Einnahme und Nutzung von Substanzen oder Methoden zu Steigerung der sportlichen Leistung. Hierdurch soll u. a. der Aufbau von Muskelmasse erreicht werden (z. B. anabole Steroide, β_2-Agonisten), Körpergewicht künstlich reduziert werden (z. B. Diuretika), kognitive Leistungen verbessert und Ermüdung (geistige und muskulär) verhindert werden.

Literatur

Graf, C (Hrsg.): Lehrbuch der Sportmedizin. 2. völlig neu bearb. und erw. Auflage. Deutscher Ärzte Verlag Köln, 2012

Hollmann W, Strueder H.K.: Sportmedizin. 5., völlig neu bearb. und erw. Auflage. Schattauer Stuttgart, New York, 2009

Jensen TE, Sylow L, Rose AJ, Madsen AB, Angin Y, Maarbjerg SJ, Richter EA. Contraction-stimulated glucose transport in muscle is controlled by AMPK and mechanical stress but not by sarcoplasmic reticulum Ca^{2+} release. Mol Metab 2014 Jul 28;3(7):742-53. doi: 10.1016/j.molmet.2014.07.005

Greene NP, Fluckey JD, Lambert BS, Greene ES, Riechman SE, Crouse SF. Regulators of blood lipids and lipoproteins? PPARδ and AMPK, induced by exercise, are correlated with lipids and lipoproteins in overweight/obese men and women. Am J Physiol Endocrinol Metab. 2012 Nov 15;303(10):E1212-21. doi: 10.1152/ajpendo.00309.2012. Epub 2012 Sep 18

Neuronale Kontrolle von Haltung und Bewegung

Inhaltsverzeichnis

Spinale Motorik

Frank Weber, Frank Lehmann-Horn

© Springer-Verlag GmbH Deutschland, ein Teil von Springer Nature 2019
R. Brandes et al. (Hrsg.), *Physiologie des Menschen*, Springer-Lehrbuch
https://doi.org/10.1007/978-3-662-56468-4_45

Worum geht's? (◨ Abb. 45.1)

Zentrale Netzwerke organisieren die motorischen Abläufe

Wir können nur durch Bewegungen mit unserer Außenwelt interagieren. Unser Überleben hängt von einer effektiven Kontrolle des Verhaltens und damit der Motorik ab. Motorische Systeme funktionieren grundsätzlich so, dass zentrale Netzwerke Motoneurone anfeuern, die Kontraktionen von Muskeln veranlassen, die Gliedmaßen oder Körperteile bewegen.

Aufgaben des Rückenmarks: Reflexbögen und Mustergeneratoren

Auf der untersten Ebene bestimmen die Neurone des Rückenmarks die Muskelaktivität. Spinale Reflexbögen und Mustergeneratoren bilden komplexe Grundbausteine, die von übergeordneten Zentren modifiziert werden können.

Das α-Motoneuron als gemeinsame Endstrecke

Die gemeinsame Endstrecke des Verhaltens ist das α-Motoneuron im Vorderhorn des Rückenmarks, dessen Axon die quergestreifte Muskulatur innerviert. Die resultierende Muskelkontraktion steht unter propriozeptiver Kontrolle. Als Sensoren dienen spezialisierte Muskelfasern, die Rückkopplung ist via Muskeldehnungsreflex, dem Prototyp eines Reflexes, organisiert. Die Motoneurone erhalten aber auch Input über deszendierende oder lokale Interneurone, die Befehle höherer Zentren oder präprozessierte sensorische Information übermitteln. Die Interneuronenverbände bilden die neuronale Basis weiterer komplizierterer Reflexe, wie dem Flexorreflex, und genenerieren neuronale Muster, die die Grundlagen für die Muskelkontraktion der Extremitäten- und Rumpfmuskulatur beim Stehen und Gehen bilden. Das Gehen wird durch motorische Zentren im Hirnstamm organisiert und durch die Aktivitäten weiterer höherer motorischer Zentren wie Kleinhirn- und Stammganglien modifiziert.

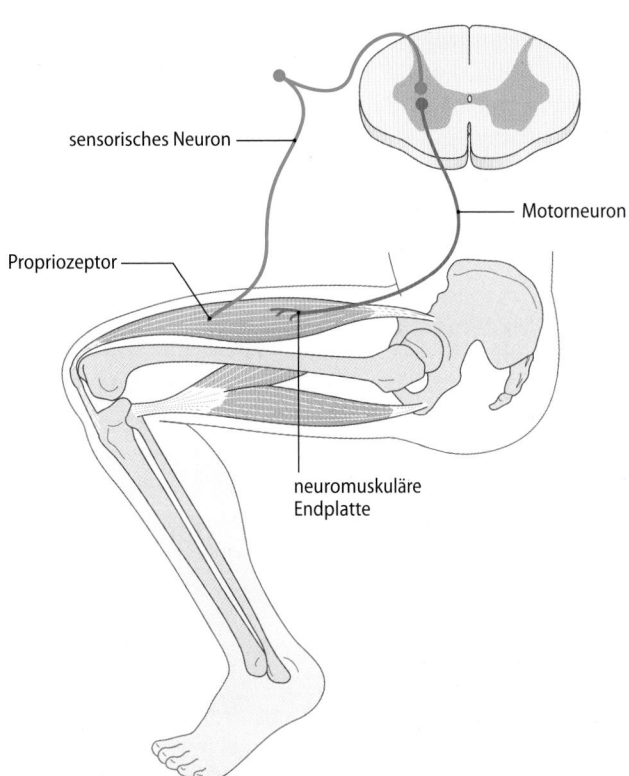

sensorisches Neuron

Motorneuron

Propriozeptor

neuromuskuläre Endplatte

◨ **Abb. 45.1**   Überblick über die motorischen Systeme

45.1 Organisation des Rückenmarks für motorische Funktionen

45.1.1 Neuromuskuläre Grundlagen

Eine Bewegung wird durch alternierende Kontraktionen funktionell antagonistischer Muskeln bewirkt.

Unter dem Gesichtspunkt der Motorik besteht eine Gliedmaße aus steifen Stützelementen, die drehbar gelagert sind, und aus der Muskulatur, die direkt oder über Bindegewebe angreifen, aber nur Zugkräfte ausüben kann. Damit der Körperteil nach der Auslenkung in seine alte Lage zurückkehren kann, ist die Muskulatur i. d. R. in entgegengesetzt wirkenden Gruppen angeordnet (**Antagonisten**), die als **Extensoren** und **Flexoren** wirken und sich **alternierend** kontrahieren: Wenn sich der Flexor kontrahiert, erschlafft der Extensor. Diese beiden Phasen einer Bewegung findet man überall: beim Gehen beispielsweise wechselt die Standphase mit der Schwungphase ab. Auf das sich bewegende Gelenk wirken viele Kräfte: äußere Kräfte (Reibung, Viskosität der Umgebung, Schwerkraft) und innere Kräfte (Gelenkreibung, inerte Kräfte des Bindegewebes und der Muskulatur).

Die Eigenschaften und die **anatomische Struktur** der quergestreiften Muskulatur bestimmen das physikalische Verhalten. Die Kraft der Muskelfaser hängt (bei gegebener Erregung) von der Faserlänge, der Kontraktionsgeschwindigkeit und der Vordehnung ab. Die viskoelastischen Eigenschaften des Bindegewebes, das die Muskelfasern bündelt und die Kräfte überträgt, sind bei der seriellen Anordnung von Muskel und Sehne von Bedeutung: Hier kann sich der Muskel kontrahieren, ohne dass am Gelenk eine Bewegung zu beobachten ist; der Muskel dehnt dann lediglich die Sehne.

Die geometrische Anordnung der Muskelfasern ist von großer Bedeutung: durch ihre **parallele Anordnung** addieren sich die Kräfte der einzelnen Muskelfasern. Der Skelettmuskel ist umso kräftiger, je voluminöser er ist. Bei serieller Anordnung addieren sich die Verkürzungen. Die Muskelkraft bestimmt zusammen mit äußeren Kräften die Dynamik des Bewegungsapparates und legt, zusammen mit der Nachgiebigkeit von Sehne und Bindegewebe, die aktuelle Länge der Muskelfaser fest, die zusammen mit den Kräften der Muskelbündel registriert wird (s. u.) und dem ZNS als lokale Rückmeldung zur Verfügung steht.

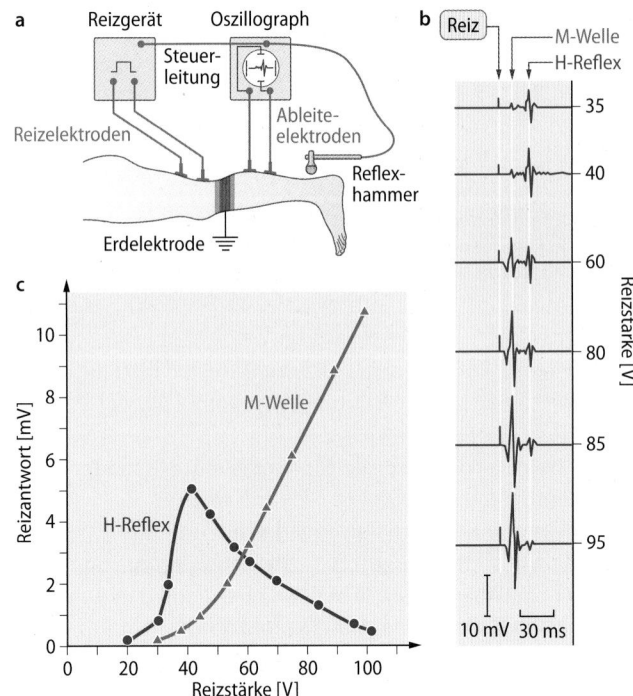

□ Abb. 45.2a–c Auslösung und Registrierung von T- und H-Reflexen am Menschen. a Versuchsanordnung. Zum Auslösen eines T-Reflexes des M. triceps surae wird ein Reflexhammer mit Kontaktschalter benutzt. Dadurch wird bei Beklopfen der Sehne die Aufzeichnung gestartet und die Reflexantwort elektromyographisch sichtbar gemacht. Für den H-Reflex wird der N. tibialis mit 1 ms langen Rechteckimpulsen durch die Haut gereizt; der Reiz triggert die Aufzeichnung. **b** H- und M-Antworten bei zunehmender Reizstärke. **c** Amplituden der H- und M-Antworten (Ordinate) in Abhängigkeit von der Reizstärke (Abszisse) bei einer gesunden Versuchsperson

45.1.2 Motoneurone

Die Muskelaktivierung wird durch Motoneurone bestimmt.

Motoneurone und Interneurone Jedes Segment des Rückenmarks hat etliche Millionen Neurone in seiner grauen Substanz. Die Muskulatur wird durch die sog. Motoneurone innerviert. Es sind multipolare Neurone, die durch ihr myelinisiertes Axon und dessen Kollateralen mit der Muskulatur verbunden sind, die Zellkörper und Dendriten liegen im Vorderhorn des Rückenmarks. Wesentlich zahlreicher als die Motoneurone (etwa dreißig Mal so häufig) sind Interneurone. Sie sind klein, leicht erregbar, feuern oft spontan, haben sehr viele synaptische Verbindungen untereinander. Motoneurone und Interneurone zusammen bilden die morphologische Basis für die integrativen Funktionen des Rückenmarks. Die grundsätzliche Anordnung von Motoneuronen, Interneuronen und Afferenzen im Rückenmark zeigt □ Abb. 45.6c.

α- und γ-Motoneurone Pro Segment gibt es einige 1000 Motoneurone, sie sind 50 % bis 100 % größer als die übrigen Neurone. Ihre Axone verlassen das Rückenmark über die Vorderwurzeln und innervieren ohne weitere Umschaltung die quergestreifte Skelettmuskulatur. Es gibt hiervon zwei Typen: die α- und die γ-Motoneurone. α-Motoneurone innervieren die Arbeitsmuskulatur, γ-Motoneurone die Muskel-

spindeln, die parallel zur Arbeitsmuskulatur liegen und als Längensensor zur Messung und Regulation der Muskellänge dienen. Motoneurone erhalten ihren Input von deszendierenden Interneuronen, von lokalen Interneuronen, die bereits verarbeitete sensorische Informationen weiterleiten, und ohne weitere Umschaltung direkt von afferenten Neuronen. Ein spinales Motoneuron hat bis zu 2000 Input-Synapsen am Soma und bis zu 8000 Input-Synapsen an seinen Dendriten. Dadurch können die spinalen Motoneurone durch eine Vielzahl spinaler und supraspinaler Zentren beeinflusst werden. Wesentlicher Input ist die Innervation durch die primäre motorische Rinde über den Tractus corticospinalis (Pyramidenbahn, ▶ Kap. 48.1). Daneben gibt es weitere absteigende Bahnsysteme mit Projektion auf die Motoneurone, wie den vestibulospinalen und den rubrospinalen Trakt, sowie serotonerge und noradrenerge absteigende Bahnen.

Die motorische Einheit Die Axone der α-Motoneurone bestehen aus großen Aα-Fasern mit einem Durchmesser von etwa 14 µm, die sich nach Eintritt in den Muskel aufzweigen und Muskelfasern innervieren. I. d. R. wird die Faser eines Skelettmuskels über eine Synapse, die neuromuskuläre Endplatte, aktiviert. Umgekehrt kann jeder Endplatte ein bestimmtes Motoneuron zugeordnet werden.

> Die kleinste in einem Muskel aktivierbare Einheit, die motorische Einheit, wird durch die Gesamtheit der Muskelfasern definiert, die durch ein einziges Motoneuron innerviert und aktiviert werden.

Sie kann einige wenige bis zu vielen 100 Muskelfasern umfassen (z. B. im M. gastrocnemius 1800 Fasern pro Motoneuron, im M. rectus lateralis des Auges lediglich 5).

Die motorische Einheit ist die elementare Einheit für die motorische Kontrolle: Die Kraft, die der Muskel produziert, wird reguliert durch die Entladungsfrequenz einer einzelnen motorischen Einheit und durch zusätzliche Rekrutierung weiterer Motoneurone. Dabei werden zuerst die kleinen und danach die großen motorischen Einheiten rekrutiert; die größeren motorischen Einheiten ermüden früher. Dies ist Folge einer biophysikalischen Gesetzmäßigkeit: Der Membranwiderstand des Motoneurons ist bei kleinen Motoneuronen größer, weil ihre kleinere Oberfläche weniger parallel geschaltete Ionenkanäle aufweist. Nach dem Ohmschen Gesetz produziert deshalb ein identischer synaptischer Einwärtsstrom ein größeres exzitatorisches postsynaptisches Potenzial, das zur Entladung eines Aktionspotenzials führt. Die Reihenfolge der Rekrutierung der motorischen Einheiten wird also durch einen spinalen Mechanismus bestimmt, nicht durch bewusste, willkürliche Innervation.

Spinale Interneurone   Häufiger als Motoneurone findet man in der grauen Substanz des Rückenmarks Interneurone. Sie sind klein, leicht erregbar, oft spontan aktiv und können sehr schnell entladen (bis zu 1500/s). Sie bilden ausgedehnte Netzwerke, die die Basis der integrativen Funktionen des Rückenmarks darstellen (sog. „Eigenapparat" des Rückenmarks). Die Neurone des Tractus corticospinalis, der die Bewegungsinformation aus der primären motorischen Rinde transportiert, enden fast alle an spinalen Interneuronen, wo die kortikospinalen Signale mit denen anderer spinaler Tractus oder von Spinalnerven verrechnet werden, bevor sie schließlich auf die Vorderhornzellen konvergieren.

Die **Interneuronenverbände** stehen unter starker Kontrolle der supraspinalen motorischen Zentren. Je nach motorischer Aufgabe treten sie in wechselnder Konstellation in Aktion. Interneurone werden bereits in der Vorbereitungsphase einer Intentionsbewegung von motorischen Zentren moduliert. Sie integrieren die verschiedenen Afferenzen multimodal: Die absteigenden Bahnen haben die Aufgabe, die für ein Programm erforderlichen Interneurone zu selektionieren. Diese Selektion geschieht durch Veränderung der synaptischen Effektivität. Nimmt diese zu, spricht man von **Bahnung (Fazilitiation),** das Gegenteil ist **Hemmung (Disfazilitiation).** Das Ergebnis dieser komplexen Verarbeitung wird schließlich auf die **„gemeinsame Endstrecke"** der Motoneurone übertragen. Ia-Afferenzen und kortikospinale Bahn wirken direkt (monosynaptisch) auf die Motoneurone.

Abstimmung der Empfindlichkeit der Motoneurone   Eine besondere Gruppe von Interneuronen, die **Renshaw-Zellen,** spielen eine wichtige Rolle bei der Abstimmung der Empfind-

lichkeit der Motoneurone. Renshaw-Zellen haben eine hemmende Wirkung und projizieren diese auf die Alpha-Motoneurone. Sie werden durch proximal des Axonhügels der Motoneurone entspringende rückläufige Kollateralen des Axons innerviert und bilden wiederum hemmende Synapsen auf den gleichen oder benachbarten Motoneuronen (rekurrente Hemmung). Sie hemmen also Motoneurone proportional zur eigenen Aktivität. Die synaptische Einwirkung der Kollaterale auf das Interneuron erfolgt wie an der motorischen Endplatte über die Freisetzung von Acetylcholin. Die hemmenden Transmitter der Renshaw-Zelle selbst sind die Aminosäuren Glycin oder GABA, deren Freisetzung zu einer Hyperpolarisation an der subsynaptischen Membran des Motoneurons und damit zu seiner Hemmung führt.

> Renshaw-Zellen vermitteln eine rekurrente Hemmung.

In Kürze

Für motorische Funktionen sind die Segmente des Rückenmarks in **Vorderhörner** und **Hinterhörner** organisiert. In den Vorderhörnern befinden sich die **Motoneurone,** die die Muskulatur innervieren. Die Gliedmaßen werden i. d. R. alternierend innerviert. **Alpha-Motoneurone** innervieren die **Arbeitsmuskulatur, Gamma-Motoneurone** die **Muskelspindeln.** Die Rekrutierung der Muskeln wird durch die **motorischen Einheiten** geordnet. **Spinale Interneurone** organisieren den Eigenapparat des Rückenmarks und wirken modulierend auf die Motoneurone.

45.2   Spinale Reflexe

45.2.1   Reflexe: Definition und Sensoren

Ein Reflex ist eine zweckgerichtete stereotype Antwort auf einen definierten Reiz.

Spinale Reflexe   Reflexe dienen der Stabilisierung eines Zustands oder Vorgangs. Bei spinalen Reflexen liegt das Reflexzentrum im Rückenmark. Spinale Reflexe sind **unbedingte Reflexe,** die im Gegensatz zu den **erworbenen** bedingten Reflexen **genetisch determiniert** sind. Der segmental organisierte **Reflexbogen** besteht aus einem oder mehreren Rezeptortypen (Sensoren), einem afferenten Schenkel (zuführende sensible Fasern zum ZNS), einem Reflexzentrum (Interneurone und Somata der Motoneurone) und einem efferenten Schenkel zum Effektor. Die **Zahl der Interneurone** ist sehr unterschiedlich; nur beim monosynaptischen Dehnungsreflex (s. u.) ist der afferente Schenkel direkt mit dem efferenten gekoppelt. Die **Latenzzeit** des Reflexes hängt ab von:

- der Leitungsstrecke im afferenten und efferenten Schenkel,
- der Anzahl der involvierten Synapsen und
- der Zahl der Interneurone.

Spinale Reflexe dienen der Einstellung und Stabilisierung der Länge und Kraft des Muskels.

45.2.2 Die Muskelspindel als Sensor der spinalen Motorik

Die Muskelspindeln und die Sehnenorgane sind Mechanosensoren des Muskels. Sie messen Länge, Längenänderung und Spannung.

Intrafusale Muskelfasern   In jedem Muskel liegen eine Anzahl Muskelfasern, die dünner und kürzer als die gewöhnlichen Fasern sind. Jeweils einige von ihnen liegen zusammen und sind von einer bindegewebigen Kapsel umgeben (◻ Abb. 45.3). Dieses Gebilde wird seiner Form wegen Muskelspindel (lat. „fusus" = Spindel) genannt. Die in der Kapsel liegenden Muskelfasern werden als **intrafusale** Fasern bezeichnet, während die gewöhnlichen Muskelfasern, die als eigentliche Arbeitsmuskulatur den Großteil des Muskels ausmachen, **extrafusale** Fasern genannt werden. Aufgrund der Kernanordnung lassen sich zwei Typen intrafusaler Muskelfasern unterscheiden:

- die **Kernkettenfasern**, bei denen die Kerne in den mittleren Faserabschnitten geldrollen- bzw. kettenförmig hintereinander angeordnet sind,
- und die **Kernsackfasern**, bei denen die Kerne über eine kurze Strecke den gesamten Querschnitt in dichter Anhäufung ausfüllen.

Die Kernsackfasern sind doppelt so lang und ihr Durchmesser ist doppelt so groß wie der der Kernkettenfasern. Die Muskelspindeln setzen an beiden Enden über 0,5–1 mm lange, sehnenartige Bindegewebszüge am Perimysium extrafusaler Faszikel an.

Sensible Innervation der Muskelspindeln
Kernsack- und Kernkettenfasern werden im Zentrum auf etwa 500 µm Länge von einer **annulospiralen** Endigung umschlungen, die zu einer markhaltigen Nervenfaser mit einem Durchmesser von 10–20 µm wird. Man bezeichnet die annulospirale Endigung auch als primär sensible Endigung, die afferenten Nervenfasern auch als **Ia-Fasern** (◻ Tab. 45.1, ▶ Kap. 50.1). Jede Ia-Faser versorgt nur eine Muskelspindel. Ia-Afferenzen phasischer Spindeln sind im weiteren Verlauf großkalibrig (15 µm Durchmesser) und myelinisiert, weshalb ihre Aktionspotenziale mit hoher Geschwindigkeit fortgeleitet werden (beim Menschen bis zu 80 m/s). Viele Muskelspindeln besitzen eine weitere sensible Innervation durch eine oder mehrere afferente Fasern der Gruppe II (Durchmesser 5–6 µm, Leitungsgeschwindigkeit etwa 40 m/s). Diese beginnen peripher von den primär sensiblen Endigungen nahezu ausschließlich an den Kernkettenfasern (sekundär sensible Endigungen). Sie ähneln den primären Endigungen in Form und Ausdehnung und werden als spiralig beschrieben. Im Gegensatz zu den Ia-Fasern verzweigen sich die Gruppe-II-Fasern oft auf zwei oder mehr Spindeln.

Efferente Innervation der Muskelspindeln
Die intrafusalen Muskelfasern besitzen, wie die extrafusalen eine motorische Innervation (◻ Tab. 45.1). Die efferenten fusimotorischen γ-Motoaxone stammen aus den γ-Zellsomata, die wie die α-Zellsomata im Vorderhorn des Rückenmarks liegen, aber wesentlich kleiner sind. Entsprechend ist auch der Durchmesser der γ-Motoaxone geringer (2–8 µm) als der der α-Motoaxone (Durchmesser 12–21 µm). Die γ-Motoaxone verzweigen sich innerhalb des Muskels auf mehrere Muskelspindeln und dort auf mehrere intrafusale Fasern. Die γ-Motoaxone bilden auf den polaren peripheren Abschnitten

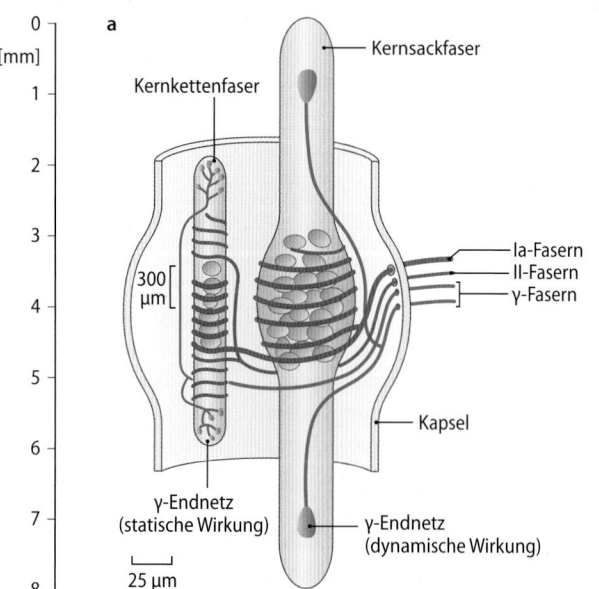

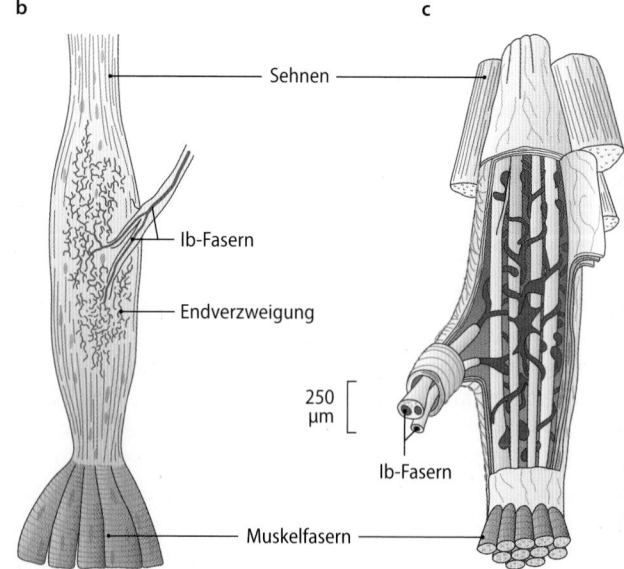

◻ **Abb. 45.3   Aufbau und Funktion von Muskelspindeln.** Kernketten- und Kernsackfasern bedingen die statische und dynamische Dehnungsempfindlichkeit der Muskelspindel. Die Kernkettenfasern generieren eine statische Antwort in Ia- und II-Muskelspindelafferenzen (rot). Die Kernsackfasern sind über Ia-Afferenzen vor allem für die dynamische Antwort bei Dehnungsreiz verantwortlich. So weisen die Ia-Spindelafferenzen eine dynamische und statische Empfindlichkeit auf, die II-Spindelafferenzen eine vorwiegend statische Dehnungsempfindlichkeit. Die efferente γ-Innervation (blau) an den quergestreiften Polregionen der Muskelspindel lässt sich ebenfalls in zwei Typen unterscheiden: die „statischen γ-Motoneurone" erhöhen die statische, die „dynamischen γ-Motoneurone" die dynamische Empfindlichkeit der Muskelspindel

Tab. 45.1	I–IV-Nomenklatur der Nerven nach Lloyd & Chang sowie die allgemeinere A-B-C Klassifikation nach Erlanger & Gasser						
Rezeptortyp	Afferenter Fasertyp	Vorkommen	Adäquater Reiz	Reiz-antwort	Zentrale Effekte	Funktion	
Primäre MS-Endigung	Ia (Aα)	Parallel zum extrafusalen Muskel	Dynamisch (dL/dt), weniger tonisch (L)	Phasisch + statisch	Monosynaptisch exzitatorisch zum MN des Agonisten, disynaptisch hemmend zum MN der Antagonisten	Phasischer MDR, Kompensation von Störungen, Tonusregulation zusammen mit Golgi-Rezeptoren	
Sekundäre MS-Endigung	II (Aβ)	Parallel zum extrafusalen Muskel	Tonisch (L)	Statisch	Polysynaptisch zum MN des gedehnten Muskels	Tonischer MDR, Flexorreflex, beteiligt am Positionssinn	
Golgi-Sehnenorgan	Ib (Aα)	Übergang Muskel–Sehne (in Serie zum Muskel)	Änderung der aktiven Muskelspannung	Phasisch + statisch	Disynaptisch inhibitorisch zum MN des Agonisten und exzitatorisch zum MN des Antagonisten	Spannungsservo, zusammen mit Ia-Afferenzen	
Vor allem freie Endigungen	Aβ (II), Aδ (III), C (IV) „Flexorreflex-Afferenzen"	Haut, Muskel, Periost, Ligament, Gelenkkapsel	Nozizeptive und unerwartete Einwirkung, Muskelischämie	Phasisch + statisch	Exzitatorisch auf Flexor-MN und inhibitorisch auf Extensor-MN, beides polysynaptisch	Flexorreflex und andere Schutzreflexe	

MS=Muskelspindel; L=Muskellänge; dL/dt=Muskellängenänderung; MN=Motoneuron; MDR=Muskeldehnungsreflex; zsm=zusammen

der intrafusalen Muskelfasern zwei Typen von Endigungen aus: γ-Endplatten (vorwiegend auf Kern-Ketten-Fasern) und γ-Endnetze (vorwiegend auf extrafusalen Muskelfasern).

Auswirkung der γ-Motoneuronenaktivität auf die Spindelaktivität Schwelle und Empfindlichkeit der Muskelspindeln können über die Aktivität efferenter fusimotorischer Fasern verstellt werden. Im Vergleich zu den Muskelspindeln mit Ia-Afferenzen und dynamischer Empfindlichkeit haben die Muskelspindeln mit Sekundärafferenzen eine höhere Schwelle. Die Entladungsfrequenz der γ-Motoneurone bestimmt in beiden Fällen den Dehnungszustand und damit die Empfindlichkeit der Sensoren. Wichtig ist, dass die γ-Aktivität die polaren Regionen kontrahiert und damit den zentralen Bereich dehnt. Als Folge erhöht sich die Entladungsfrequenz der Muskelspindeln.

Entladungsmuster von Muskelspindeln und Sehnenorganen In den Sehnen liegen nahe dem muskulären Ursprung reich verzweigt marklose Nervenendigungen zwischen Kollagensträngen, umhüllt von einer bindegewebigen, etwa 1 mm langen und 0,1 mm dicken Kapsel. Das sind die Sehnenorgane (syn. **Golgi-Sehnenorgane** (Abb. 45.4), deren Sehnenstränge von jeweils **10–20 extrafusalen Muskelfasern** stammen. Die Nervenendigungen werden durch Zug der extrafusalen Muskelfasern an den Sehnensträngen durch Querkräfte gequetscht und dadurch aktiviert. Die Nervenendigungen vereinen sich zu wenigen dicken myelinisierten Nervenfasern von 10–20 μm Durchmesser, die als Ib-Fasern bezeichnet werden.

> **Muskelspindeln liegen parallel, Sehnenorgane in Serie zur extrafusalen Muskulatur.**

Daraus ergeben sich charakteristische Unterschiede der Entladungsmuster vor allem bei der Kontraktion des Muskels, die in Abb. 45.4 gezeigt werden.

Ist ein Muskel etwa auf seine Ruhelänge gedehnt (Abb. 45.4a), entladen die primären Muskelspindelendigungen, während die Sehnenorgane stumm sind. Bei Dehnung (Abb. 45.4b) nimmt die Impulsfrequenz der Ia-Fasern auf eine der Dehnung proportionale Impulsfrequenz zu; auch die Sehnenorgane beginnen zu feuern. Folgt der Dehnung, z. B. aufgrund eines phasischen Reflexes, eine rein extrafusale Kontraktion (Abb. 45.4c), wird die **Muskelspindel** entlastet und die Rezeptorentladungen hören auf. Das **Sehnenorgan** bleibt dagegen gedehnt, seine Entladungsfrequenz nimmt während der Kontraktion sogar vorübergehend zu, da die Beschleunigung der Last zu einer kurzzeitigen stärkeren Dehnung des Sehnenorgans führt.

> **Die Muskelspindeln messen die Länge und Längenänderung des Muskels. Sehnenorgane registrieren die Spannung des Muskels.**

Bei isometrischer Kontraktion nimmt die Entladungsfrequenz der Sehnenorgane stark zu, während die der Muskelspindeln etwa gleich bleiben sollte. Tatsächlich nimmt die Entladungsrate der Muskelspindeln sogar ab, da es trotz konstanter äußerer Länge des Muskels zu einer Verkürzung der kontraktilen auf Kosten der elastischen Elemente kommt, wodurch die Muskelspindeln entspannt werden („**Spindelpause**").

Aktivierung der Muskelspindeln durch intrafusale Kontraktion Außer durch Dehnung des Muskels gibt es eine zweite Möglichkeit, die primären Afferenzen zu erregen, nämlich durch Kontraktion der intrafusalen Muskelfasern über eine

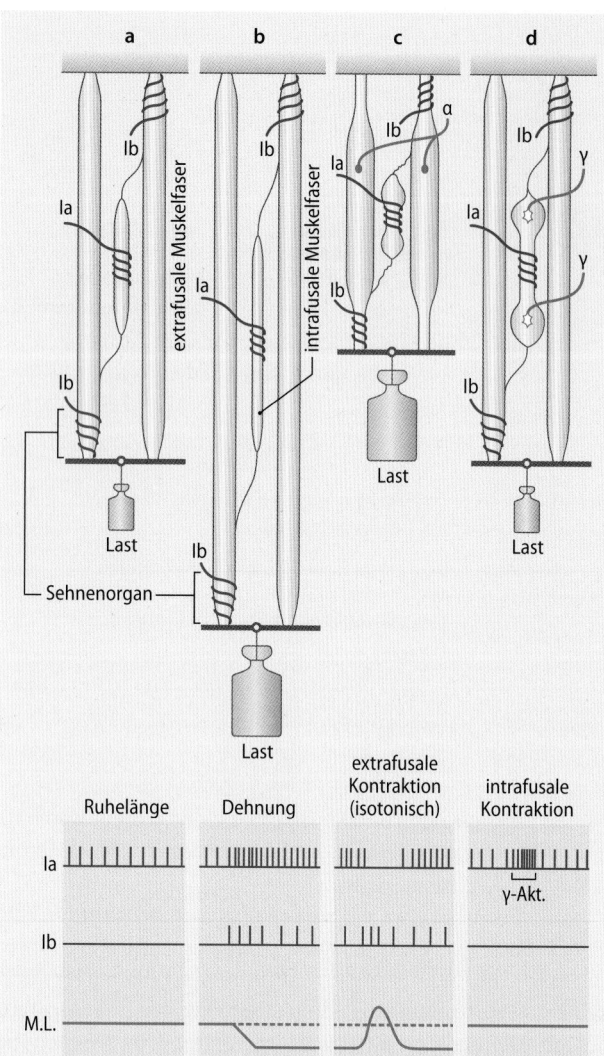

Abb. 45.4a–d Lage (oben) und Entladungsmuster (unten, blau hinterlegt) der Muskelspindeln und Sehnenorgane. a Lage im Muskel in Ruhe, **b** Formveränderungen bei passiver Dehnung, **c** bei isotonischer Kontraktion der extrafusalen Muskelfasern, **d** bei alleiniger Kontraktion der intrafusalen Muskelfasern (γ-Aktivierung). Ia-Entladungsmuster der primären Muskelspindelafferenzen über Ia-Fasern; Ib-Entladungsmuster der Sehnenorgane über Ib-Fasern; ML=Muskellänge. γ-Akt.=γ-Aktivierung. (Nach Birbaumer u. Schmidt 2006)

Aktivierung der fusimotorischen γ-Motoneurone. Eine isolierte Kontraktion der intrafusalen Muskelfasern ändert zwar nicht Länge und Spannung des gesamten Muskels, reicht aber aus, den zentralen Anteil der intrafusalen Fasern zu dehnen und damit Erregungen in den primär sensiblen Anteilen zu induzieren (■ Abb. 45.4d). Die beiden Wege der Spindelaktivierung – Dehnung des Muskels und intrafusale Kontraktion – können sich in ihrer Wirkung addieren. Andererseits kann durch intrafusale Kontraktion die Wirkung extrafusaler Kontraktion mehr oder weniger kompensiert und dadurch der mögliche Messbereich vergrößert werden (s. u.).

Kontraktionssteuerung des Skelettmuskels Nach dem bisher Gesagten gibt es zwei Möglichkeiten, eine Kontraktion der extrafusalen Muskulatur auszulösen: Erstens durch direkte

Erregung der α-Motoneurone, zweitens über eine Erregung der γ-Motoneurone, die ihrerseits via intrafusaler Kontraktion die primären Muskelspindeln aktivieren und über die α-Motoneurone die extrafusale Muskulatur zur Kontraktion bringen (sog. γ-Schleife). Allerdings würde die γ-Schleife die willkürliche Verstellung der Muskellänge genauso behindern wie eine äußere Störung. Das γ-System wird deshalb durch die α-γ-Koaktivierung, d. h. durch Gleichzeitigkeit von Kraft- und Längenkommando funktionell stillgelegt. Sie verkürzt die intra- und extrafusalen Muskellängen auf den richtigen Sollwert. Bleibt die Verkürzung der extrafusalen Muskellänge hinter dem Sollwert zurück, weil etwa ein Gelenk während einer Bewegung mit einer zusätzlichen Last beladen wird, so dehnt die durch die γ-Motoneurone verursachte Kontraktion der intrafusalen Muskulatur den Äquatorialbereich des Sensors. Dadurch werden Muskelspindelafferenzen erregt und generieren ein **Differenzsignal**. Die Erregung der Ia-Fasern rekrutiert dann zusätzliche Motoneurone. So kann die Kontraktionskraft bei wechselnden Lasten gesteuert werden.

45.2.3 Muskeldehnungsreflexe

Muskeldehnungsreflexe sind Eigenreflexe, die der Lagestabilisierung dienen. Die Muskeldehnungsreflexe sind teils phasischer, teils tonischer Natur.

Phasischer Muskeldehnungsreflex Muskeldehnungsreflexe sind die einfachsten spinalen Reflexe. Sensor und Effektor betreffen den gleichen Muskel, deshalb bezeichnet man sie auch als **Eigenreflexe**. Sie umfassen einen tonischen Teil, der die Muskellänge regelt, und einen phasischen Teil, der auf plötzliche Längenänderung reagiert. Der Reflexbogen des **phasischen Dehnungsreflexes** (■ Abb. 45.5) setzt sich zusammen aus den Sensoren in den Muskelspindeln (Kernsackfasern), den schnellen Ia-Spindelafferenzen, den Synapsen zwischen den Nervenendigungen der Ia-Afferenzen und den großen Vorderhornzellkörpern homonymer α-Motoneurone sowie den großen motorischen Einheiten mit Muskelfasern vom Typ II.

Da die durch das Hinterhorn laufenden Ia-Afferenzen monosynaptisch mit den im Vorderhorn liegenden Zellkörpern der α-Motoneurone verschaltet werden, ist der phasische Dehnungsreflex ein **monosynaptischer Reflex**. Monosynaptisch deshalb, weil die motorische Endplatte beim Zählen der Synapsen vernachlässigt wird. Allerdings sind nicht alle primäre Spindelafferenzen monosynaptisch verschaltet, tatsächlich sind die monosynaptisch verschalteten Spindelafferenzen sogar in der Minderheit. Nur wenn diese Afferenzen synchron gereizt werden, etwa durch kurze aufgezwungene Muskeldehnungen, dominiert die Wirkung des monosynaptischen Reflexbogens.

Klinisch löst die abrupte Dehnung durch den Schlag mit dem Reflexhammer eine Entladungssalve in den Ia-Afferenzen aus, die zur Aktivierung der α-Motoneurone und einer ungeregelten Verkürzung des Muskels führt (**T-Reflex**, von engl. tendon = Sehne) (■ Abb. 45.5). Statt mit dem Reflexhammer kann man die Spindelafferenzen auch in dem den Muskel versor-

45

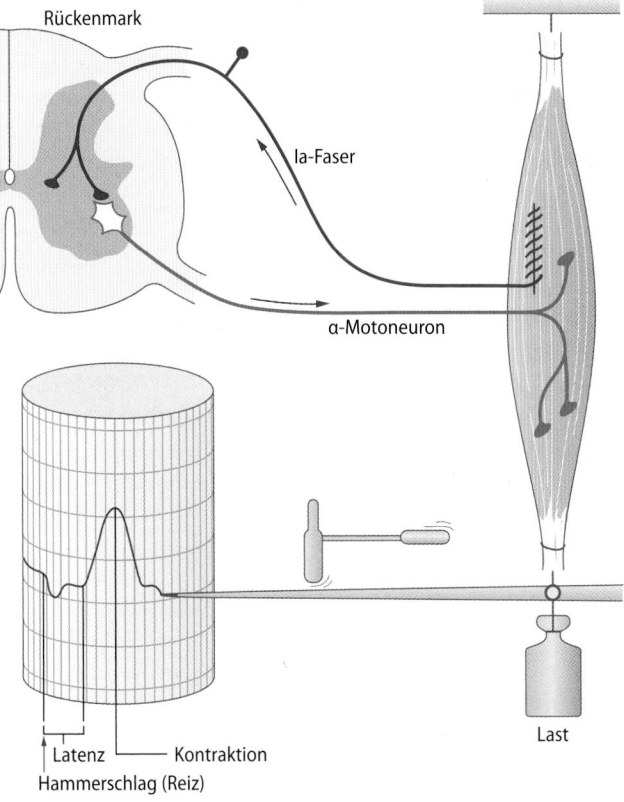

Latenz — Kontraktion
Hammerschlag (Reiz)

Last

Abb. 45.5 Arbeitsweise des phasischen Dehnungsreflexes.
Der Schlag mit dem Reflexhammer führt nach kurzer Latenz zu einer
ungeregelten Verkürzung des Muskels. Die hier gezeigten Verhältnisse
entsprechen denen beim Schlag mit dem Reflexhammer auf eine Mus-
kelsehne. (Nach Birbaumer u. Schmidt 2006)

genden gemischten Nerv elektrisch reizen, dann spricht man
vom **H-Reflex** (nach dem Erstbeschreiber Paul Hoffmann)
(**Abb. 45.2**).

Tonischer Dehnungsreflex   Dieser unterscheidet sich vom
phasischen dadurch, dass er sich vor allem der Kernkettenfasern in den Muskelspindeln, also der sekundären Spindelafferenzen bedient. Er wird über segmentale Interneurone auf
homonyme α-Motoneurone verschaltet und ist deshalb ein
disynaptischer Reflex. Er reagiert auf rampenförmige Abweichungen der voreingestellten Muskellänge und ist wichtigster
Bestandteil des Regelkreises zur **Stabilisierung der Muskellänge**. Eine konstante Muskellänge ist Voraussetzung für isometrische Haltungen, z. B. bei der Stabilisierung von Gelenken als Stütze für weiter distal initiierte Zielbewegungen.

45.2.4 Modulation von Dehnungsreflexen

Mono- und disynaptische Dehnungsreflexe können in ihrer
Intensität, nicht aber in ihrer Latenz moduliert werden.

Latenz und Stärke   Die Latenzzeit ist konstant, weil die Zahl
der beteiligten Synapsen klein ist. Die Stärke der Reflexantwort kann moduliert werden durch

- die Reizstärke und damit die Zahl der aktivierten Muskelspindeln und die Frequenz der Entladungen aus den
  einzelnen Spindeln,
- die Aktivität der γ-Motoneurone auf die intrafusalen
  Muskelfasern,
- die Hemmung der α-Motoneurone (durch Golgi-Sehnenorgane),
- durch absteigende Bahnen im Rückenmark übermittelte
  hemmende (**inhibierende**) und bahnende (**fazilitie-
  rende**) supraspinale Einflüsse auf α- und γ-Motoneurone,
- die Vordehnung des Muskels, die für die Aktivität
  der Spindelafferenzen und damit für die Reflexantwort
  bedeutsam ist (**Abb. 45.5**),
- die Stärke der Vorinnervation.

Daher nimmt die Reflexantwort bei zunehmender Stärke des
äußeren Reizes über dem Schwellenwert zunächst zu, bis der
Maximalwert (Sättigung) erreicht ist. Eigenreflexe sind konstant auslösbar und nur bei Maximierung zentraler Zuflüsse
unterdrückbar (z. B. durch willentliche **Versteifung**). Sie stehen allerdings unter einer hemmenden supraspinalen Kontrolle. Bei der **klinischen Untersuchung** (**Abb. 45.6**) prüft
man, ob die Schwelle für die Auslösung des Dehnungsreflexes
seitengleich ist und ob sie absolut betrachtet pathologisch erhöht oder erniedrigt ist. Wegen der Abhängigkeit der Reflexantwort von der Gelenkstellung (Muskellänge) und von
der aktiven Spannung des gedehnten Muskels, muss auf symmetrische Gelenkstellungen und symmetrische Vorinnervation (am besten völlige Entspannung) geachtet werden. Der
Einfluss der willkürlichen Vorinnervation kann daran beobachtet werden, dass Auf-die-Zähne-Beißen oder ein kraftvol-
les Verhaken und Auseinanderziehen der Hände (**Jendrassik-
Handgriff**) die Reflexantwort verstärkt. Die Erregbarkeit der
motorischen Einheiten rückt durch die so ausgelöste willentlich herbeigeführte Vorerregung näher zum Schwellenwert.
Mit dem gleichen Effekt kann durch Ablenkung die supraspinale Hemmung herabgesetzt werden.

**Pathologische Veränderungen des phasischen Muskeldeh-
nungsreflexes**   Pathologische Veränderungen des Muskel-
dehnungsreflexes können helfen, Ort und Art einer Schädigung im Nervensystem festzulegen. Bei einer neurologischen
Untersuchung weisen Seitenunterschiede der Schwelle für die
Reflexauslösung sowie erloschene, lokal abgeschwächte oder
gesteigerte Dehnungsreflexe auf eine Störung der Senso-
motorik hin. Reflexbefunde und mögliche Ursachen (zusätzliche sensible und/oder motorische Ausfälle) engen die Lokalisation der Schädigung weiter ein:

- **Segmentale Hypo- oder Areflexie**: Schädigung der
  Afferenz (am häufigsten Kompression der Hinterwurzel
  durch einen Bandscheibenvorfall) oder der Efferenz, etwa
  der Zellkörper von Vorderhornzellen. Wenn nur ein einzelnes Rückenmarkssegment betroffen ist, kommt es aufgrund der Plexusbildung der Spinalnerven jedoch nur zu
  partiellen Ausfallserscheinungen.
- **Nicht segmental organisierte Hypo- oder Areflexie**: bei
  entsprechendem Verteilungsmuster auf einen Nerven-

plexus oder einen Stammnerv hinweisend (z. B. Trauma, Mononeuritis); bei symmetrischem Befall rein motorische (Muskelkrankheit) oder sensomotorische Störung (Polyneuropathie); die Muskelspindeln sind praktisch nie betroffen.

- **Hyperreflexie:** Physiologischerweise stehen die phasischen Dehnungsreflexe unter dem Einfluss hemmender Bahnen, die mit der (fördernden) Pyramidenbahn zum Vorderhorn ziehen. Da eine isolierte Pyramidenbahnschädigung, außer bei einer Läsion in der Pyramide selbst, nicht möglich ist, führt eine **Funktionsstörung in absteigenden Bahnen** wegen fehlender Hemmung praktisch immer zur **Steigerung der Dehnungsreflexe**. Eine **Hyperreflexie** findet sich u. a. halbseitig nach einer kontralateralen supraspinalen Schädigung, z. B. nach einem ischämischen Hirninfarkt im Versorgungsgebiet der A. cerebri media. Die Reflexenthemmung geht praktisch immer mit einer pathologischen Erhöhung des Muskeltonus ("Spastizität") einher. Bei einer Hyperreflexie können sich die Dehnungsreflexe im monosynaptischen Reflexbogen fortwährend selbst auslösen. Die Reflexzuckungen hören dann nicht mehr auf ("unerschöpflich"), man spricht von **Kloni**. Steigert sich die Reflexerregbarkeit weiter, wird der monosynaptische Reflexbogen überschritten; es kommt im Verlauf zu **Massenreflexen** (Beugereflexe und gekreuzte Streckreflexe, s. u.).
- **Spastizität** beschreibt einen geschwindigkeitsabhängig gesteigerten Dehnungswiderstand der Muskulatur, verbunden mit einer zentralen Parese und pathologischen Fremdreflexen (s. unten). Der bei Basalganglienerkrankungen auftretende Rigor meint eine geschwindigkeitsunabhängige Erhöhung des Muskeltonus, hier sind die Dehnungsreflexe nicht betroffen.

Beim tief bewusstlosen (komatösen), beatmeten und kreislaufstabilen Patienten können die spinalen Muskeldehnungsreflexe (und generell die spinalen Reflexe) trotz **Hirntod** noch Stunden bis Tage auslösbar sein. Das Vorhandensein supraspinaler Reflexe belegt dagegen Hirnstammaktivität und widerlegt damit den Hirntod.

> Veränderungen des Muskeldehnungsreflexes helfen, Ort und Art einer Schädigung im Nervensystem festzulegen.

45.2.5 Fremdreflexe

Bei Fremdreflexen liegen Sensor und Effektor nicht im gleichen Organ; polysynaptische Reflexe sind über spinale Interneuronenketten mit den motorischen Einheiten verknüpft.

Bauplan und Funktion   Sind Interneurone zwischen Afferenz und Efferenz geschaltet, spricht man entsprechend ihrer Zahl von di-, oligo- oder polysynaptischen Reflexen. Dazu kommt, dass die Sensoren i. d. R. nicht im Muskel selbst, sondern in anderen Geweben (z. B. Sehnen, Haut, Gelenken) liegen. Daher der Name Fremdreflexe. Fremdreflexe sind Schutz-

reflexe. So führen z. B. Reizungen im Gesichtsbereich zum Schutz der Augen zu einem beidseitigen Lidschluss. Häufig sind Fremdreflexe der erste (unbewusste) Anteil einer Fluchtreaktion, weshalb sie auch **Fluchtreflexe** genannt werden.

Auch **nicht schmerzhafte** Reize können, falls sie unerwartet sind, zu Reflexantworten führen, die dann aber bei regelmäßiger Reizwiederholung zur sukzessiven Abnahme der Reflexantwort führen (**Habituation**). Fremdreflexe sind auch bei gleichbleibender Reizung in der Latenzzeit, Dauer, Amplitude und Ausbreitung der Antwort variabel. Verschiedene Einflüsse, wie Vorinnervation, Erwartung, vorbestehende Entzündungen etc. haben einen modulierenden Effekt. Dies ist der polysynaptischen Übertragung (◌ Abb. 45.6) zuzuschreiben, denn mit jeder zusätzlichen Synapse im Reflexbogen steigt die **Variabilität** und die Unsicherheit in der Übertragung.

Flexorreflex   Der Beugereflex ist der wichtigste und bekannteste Fremdreflex (◌ Abb. 45.6). Dabei wird, z. B. nach einer schmerzhaften Reizung, die betroffene Extremität durch Beugung (Flexion) der entsprechenden Gelenke weggezogen. Klinisch wird ein Flexorreflex durch mittelstarkes Bestreichen der Fußsohle mit einem spitzen Gegenstand geprüft (**Fußsohlenreflex**). Die Reaktion besteht aus einer Plantarflexion aller Zehen, einer Dorsalflexion des Fußes und, bei starker Reizung, einer Flexion im Knie- und Hüftgelenk. Die Flexorreflex-Afferenzen bilden keine homogene Fasergruppe; neben den kutanen Nozizeptoren der Körperoberfläche sind auch die hochschwelligen Afferenzen der Tiefensensibilität beteiligt sowie die dünnen sekundären Muskelspindelafferenzen. Gleichzeitig werden die ipsilateralen Extensoren gehemmt. Diese reziproke antagonistische Hemmung (◌ Abb. 45.6c) zwischen Beugern und Streckern findet sich auch beim monosynaptischen Dehnungsreflex und erfolgt dort über eine disynaptische Hemmung der Motoneurone über „Ia-Interneurone" (◌ Tab. 45.1). Im Gegensatz zum Dehnungsreflex wirkt der Flexorreflex bei starker Reizung zusätzlich auch reziprok auf die Beuger und Strecker der kontralateralen Extremität (**gekreuzter Streckreflex**).

Klinisch relevante Fremdreflexe   Klinisch wichtige Fremdreflexe sind der **Bauchhautreflex** (Auslösung durch Bestreichen der Bauchhaut in drei Etagen von lateral bis zur Mittellinie, Antwort Anspannung der Bauchmuskulatur, fehlt bei Pyramidenbahnläsion), der **Kremasterreflex** (Bestreichen der Oberschenkelinnenseite, Antwort langsame Kontraktion des M. cremaster, fehlt bei Läsionen in der Höhe L1, L2 des Rückenmarks) und der **Lidschlussreflex**. Beim Lidschlussreflex handelt es sich, anders als bei den beiden vorgenannten nicht um einen spinalen, sondern um einen supraspinalen Reflex. Er wird ausgelöst durch einen mittelstarken Schlag mit dem Reflexhammer auf die Stirn-Nasenwurzel (**Glabellareflex**), durch Berührung der Kornea (**Korneareflex**), oder elektrisch durch Reizung des N. supraorbitalis (**Blinkreflex**). Die Reflexantwort kann elektromyographisch vom M. orbicularis oculi abgeleitet werden, wobei der Lidschluss auch bei einseitiger Reizung immer beidseitig erfolgt. Der Lidschlussreflex hat sein Zentrum im Hirnstamm, der Reflexbogen um-

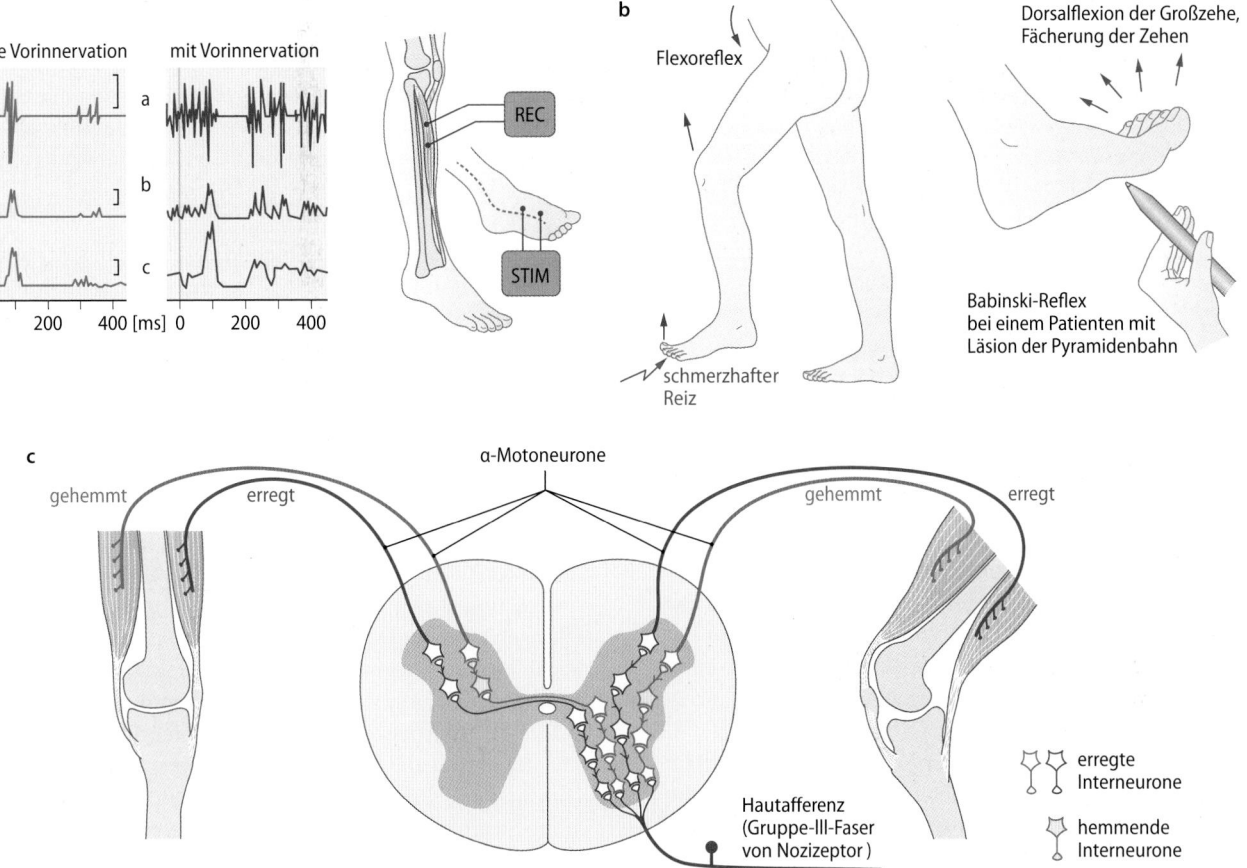

Abb. 45.6a–c   Normale und pathologische Flexorreflexe des Beins.
a Elektromyographische Analyse des Flexorreflexes, der durch elektrische Reizung von plantaren Hautnerven ausgelöst wird (links). STIM=Ort der Stimulation. REC=Ort der Ableitung. Die von den Fußhebern (M. tibialis ant.) ausgelöste Aktivität besteht aus einer ersten polyphasischen Antwort und einer kleinen späten Antwort (blaues EMG rechts in a). Bei einer Vorinnervation erfolgt eine Fazilitation beider Komponenten (rotes EMG in a). In b wird das gleichgerichtete EMG gezeigt (negative Amplituden werden in positive umgewandelt), in c die über 32 Reizfolgen gemittelte Antwort. **b** Beugesynergie des linken Beines bei einem schmerzhaften Reiz der Fuß-

sohle mit Dorsalflexion der Großzehe; das rechte Bein wird kompensatorisch gestreckt. Rechts positives Babinski-Phänomen nach Bestreichen der Plantarfläche bei einem erwachsenen Patienten mit Läsion der Pyramidenbahn: tonische Dorsalflexion der Großzehe, die so lange anhält, wie der Reiz, der mehrmals wiederholt werden muss, ausgeübt wird. (Im Säuglingsalter wegen der noch mangelhaften Myelinisierung der Pyramidenbahn normal). **c** Intrasegmentale Verschaltung einer afferenten Faser von einem Nozizeptor der Haut des Fußes. Die Gruppe-III-Afferenz (Aδ-Afferenz). Die Reflexwege des ipsilateralen Flexorreflexes und des kontralateralen Extensorreflexes sind rot eingetragen

fasst die sensorischen Trigeminusafferenzen und -kerne sowie die Fazialismotoneurone.

Pathologische Reflexantworten   In jedem Falle pathologisch und ein sicheres Zeichen für eine Funktionsstörung in zentralen absteigenden motorischen Bahnen sind allein die Reflexe der **Babinski**-Gruppe. Manchmal lässt sich die pathologische Hyperextension der Großzehe nicht auf die klassische Weise nach Babinski, sondern nur durch eine der Varianten Chaddock (kräftiges Bestreichen des äußeren Rands des Fußrückens), Oppenheim (kräftiges Bestreichen der Schienbeinkante vom Knie zum Sprunggelenk), Strümpell (Supination des Fußes bei Beugung des Knies gegen Widerstand, eigentlich eine pathologische Mitbewegung) auslösen. Alle pathologischen Reflexe sind Fremdreflexe.

> Fremdreflexe vermitteln Schutz- und Fluchtreaktionen und spinale Automatismen. Fremdreflexe aus der Babinski-Gruppe sind pathologisch.

Fremdreflexe und Schädigungsort
Die Fremdreflexe stehen unter dem fördernden Einfluss der aus dem Hirnstamm absteigenden motorischen Bahnen. Ihre Abschwächung, rasche Ermüdbarkeit oder ihr Ausfall weist auf eine Funktionsstörung dieser Bahnen hin. Dagegen findet man bei **chronischen Läsionen im Rückenmark** einen **extrem gesteigerten Flexorreflex** mit heftigen Beugesynergien des ganzen Beines, gelegentlich mit gleichzeitiger Streckung des anderen Beines. Dies ist die Folge der Schädigung multisegmentaler spinaler Verschaltungen. Auch bei **Basalganglienstörungen** und manchen **Demenzformen** kann man eine **Enthemmung** bestimmter Fremdreflexe beobachten, z. B. einen gesteigerten Glabellareflex.
Die Prüfung **vegetativer Reflexe** kann für die klinische Diagnostik ebenfalls Hinweise erbringen. Im Bereich des Rückenmarkes sind die reflektorische Entleerung der Harnblase (Detrusoraktivierung bei bestimmter Blasenfüllung) und die reflektorische Kotentleerung (Defäkation) zu nennen. Bei chronisch-isoliertem Rückenmark erfolgen diese Funktionen rein reflektorisch, d. h. ohne willentliche Kontrolle der Sphinkter. Die Patienten können lernen, durch rhythmische Druckausübung auf die Bauchdecke, die Reflexe auszulösen.

In Kürze

Spinale Reflexe sind unbedingte Reflexe mit segmental organisiertem Reflexbogen. Die wichtigsten Sensoren sind die **Muskelspindeln**, die die Länge, und die **Golgi-Sehnenorgane**, die die Spannung messen. Die Muskelspindeln sind sowohl motorisch wie sensibel innerviert und können sowohl durch Dehnung als auch durch intrafusale Kontraktion aktiviert werden. **Muskeldehnungsreflexe** dienen der Lagestabilisierung.

Die **α-Motoneurone** bilden den efferenten Schenkel des Reflexbogens für phasische und tonische Muskeldehnungsreflexe. Sie aktivieren die extrafusalen Muskelfasern, mit denen sie motorische Einheiten bilden. Die **γ-Motoneurone** aktivieren intrafusale Muskelfasern und passen den Arbeitsbereich der Muskelspindeln der jeweiligen Aufgabe an. Die **α-γ-Kopplung** ermöglicht durch funktionelle Ausschaltung des Dehnungsreflexes eine willkürliche Änderung der Muskellänge.

Die Ausprägung der Reflexantwort hängt nicht nur von der Aktivität der Sensoren, sondern auch von dem Einfluss übergeordneter motorischer Zentren ab. Die **klinische Bedeutung** liegt im Nachweis und in der Lokalisierbarkeit pathologischer Veränderungen.

Bei **Fremdreflexen** liegen Sensor und Effektor nicht im gleichen Organ, sie können habituieren. **Pathologische Reflexe** sind als Fremdreflexe organisiert.

45.3 Spinale postsynaptische Mechanismen

45.3.1 Reziproke antagonistische und autogene Hemmung

Reziproke und autogene Hemmung tragen zur Regulierung von Muskelkraft, -spannung und -länge bei.

Spinale Hemmung Bei der Aktivierung des Agonisten werden gleichzeitig die ipsilateralen Antagonisten gehemmt, denn die Ia-Afferenzen bilden nicht nur monosynaptische erregende Verbindungen mit homonymen α-Motoneuronen, sondern auch **disynaptische hemmende** Verbindungen zu den antagonistischen Motoneuronen. Diese Hemmung wird als **reziproke antagonistische** Hemmung bezeichnet. Da die Ia-Fasern des antagonistischen Muskels entsprechende Verknüpfungen besitzen, werden durch passive, d. h. von außen erzwungene Änderungen der Gelenkstellung vier Reflexbögen aktiviert, die insgesamt dazu dienen, die Änderung der Gelenkstellung weitgehend rückgängig zu machen, also die vorgegebene **Muskellänge konstant** zu halten. Wird nämlich z. B. durch den Einfluss der Schwerkraft ein Kniegelenk gebeugt, so wird die Dehnung der Muskelspindeln des Extensors die Extensormotoneurone verstärkt erregen und die Flexormotoneurone verstärkt hemmen. Außerdem wird die Entdehnung der Muskelspindeln des Flexors die homonyme Erregung der Flexormotoneurone vermindern und die reziproke Hemmung der Extensormotoneurone reduzieren. Eine solche „Wegnahme von Hemmung" wird als **Disinhibition** bezeichnet. Damit nimmt insgesamt die Erregung der Extensormotoneurone zu und die der Flexormotoneurone ab. Die vier Reflexbögen bilden zusammen ein **Längenkontrollsystem** des Muskels.

Autogene Hemmung und Regelkreis zur Konstanthaltung der Muskelspannung Die Ib-Afferenzen der Sehnenorgane verzweigen sich im Rückenmark über mehrere Segmente hinweg. Sie ziehen sowohl zu den aszendierenden Bahnen als auch zu spinalen Interneuronen. Ist ein Muskel auf seine Ruhelänge gedehnt, sind die Golgi-Sehnenorgane stumm (◘ Abb. 45.6a). Sowohl bei passiver Spannungszunahme, vor allem aber bei aktiver Kraftentwicklung, beginnen die Sehnenorgane über Ib-Fasern Aktionspotenziale auszulösen. Ihre Empfindlichkeit ist so hoch, dass sie die Wirkung einzelner motorischer Einheiten über die aszendierenden Bahnen melden und damit zur genauen Steuerung der Muskelkraft beitragen können. Darüber hinaus können sie über Ib-Interneurone einen hemmenden Einfluss auf den Ursprungsmuskel und seine Agonisten (**autogene Hemmung**) sowie über andere Ib-Interneurone einen aktivierenden Einfluss auf α-Motoneurone der Antagonisten ausüben. An den Ib-Interneuronen des Rückenmarks werden zahlreiche extramuskuläre Mechano- und Schmerzafferenzen, supraspinale Informationen, Spannungsinformationen der Ib-Fasern und intramuskuläre Längeninformationen der Ia-Spindelafferenzen integriert (s. u.), wodurch eine fein abgestufte **Regelung der Muskelspannung** und **Muskelkoordination** ermöglicht wird.

Autogene Hemmung und Muskelkraftkonstanz Die Abnahme der Muskelspannung führt zu einer Disinhibition der homonymen Motoneurone, wodurch die Muskelspannung wieder zunimmt. Dadurch kann ein unerwünschter Kraftabfall bei Ermüdung des Muskels kompensiert werden. Die konstante Kraftentfaltung eignet sich für isotonische Bewegungen, z. B. zur Hebung des Arms zu Beginn einer Greifbewegung. Ermüdung kann übrigens peripher und zentral bedingt sein (zentrale motivationsunabhängige Ermüdung).

> Muskellänge und -spannung werden durch spinale Mechanismen reguliert.

Autogene Hemmung und Interneuronenverbände Für die meisten Alltagsbewegungen gilt, dass isometrische Kräfte in Muskeln der Stützmotorik mit isotonischen Bewegungen in Nachbarmuskeln kombiniert werden. Da Muskeln je nach Aufgabenstellung oft die eine oder die andere Funktion erfüllen sollen, müssen in den Muskeln beide Rezeptortypen vorhanden sein – Muskelspindeln und Golgi-Sehnenorgane. Rezeptoren in Haut und Gelenken nehmen zusätzlich auf die gleiche Ib-Interneuronen-Population Einfluss. ◘ Abb. 45.7 zeigt die ausgeprägte Konvergenz der verschiedenen absteigenden Bahnen und Rezeptortypen. Durch bahnende oder

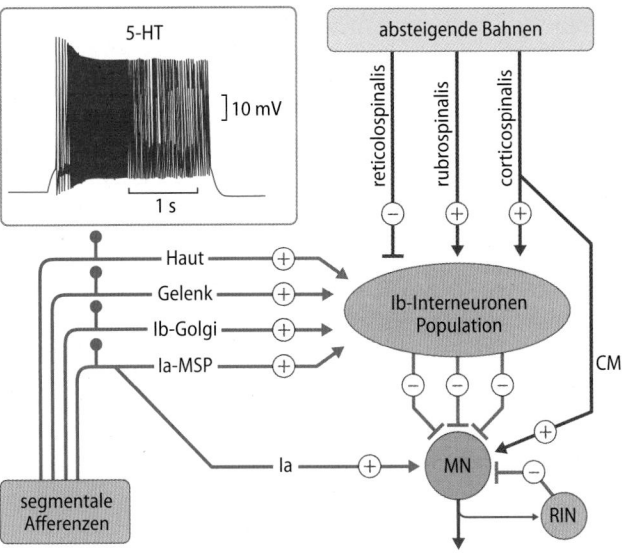

Abb. 45.7   Bahnung und Hemmung spinaler Reflexe. Einsatzfigur oben links: Die intrazelluläre Potenzialmessung eines Schildkröten-Motoneurons zeigt in Anwesenheit von Serotonin (5-HT) eine hochfrequente und langanhaltende Entladungssalve von Aktionspotenzialen. Die Verbindungen eines Ib-Interneurons in einem Rückenmarkssegment werden nicht nur durch die Ib-Afferenzen der Golgi-Sehnenorgane erregt, sondern auch durch Muskelspindel-, Gelenk- und Hautafferenzen. Zudem konvergieren verschiedene absteigende motorische Bahnen auf diese Interneurone. Nicht eingezeichnet sind die serotonergen absteigenden Bahnen, die direkt auf die Motoneurone einwirken. Zusätzlich ist der Effekt der Renshaw-Zellen dargestellt. MSP=Muskelspindel, MN=α-Motoneuron, RIN=Renshaw-Inhibition. (Nach Hounsgaard u. Kein)

hemmende Effekte der absteigenden Bahnen können je nach Bedarf Schaltkreise „geöffnet" oder „geschlossen" werden (**Gating-Phänomen**). Ferner können durch den Mechanismus der präsynaptischen Hemmung Effekte von primären Afferenzen unterdrückt werden.

Spinale postsynaptische Hemm-Mechanismen tragen auch zur Regulierung von Muskelkraft und -länge bei. Unter **reziproker antagonistischer Hemmung** versteht man, dass Ia-Faser-Aktivität der Muskelspindeln im Agonisten den Antagonisten hemmt. Unter **autogener Hemmung** versteht man, dass die **Golgi-Sehnenorgane** über Ib-Fasern zur Fein-

einstellung der Muskelkraft beitragen. Dem Längenregistrierungssystem der Muskelspindeln ist damit ein Kraftregistrierungssystem der Sehnenorgane an die Seite gestellt. Ob überwiegend die Muskellänge oder die Muskelkraft geregelt wird, hängt von der jeweiligen Aufgabenstellung ab (Stützmotorik versus Zielbewegung). Die **Renshaw-Hemmung** (s. o.) dient vor allem der Limitierung der über Ia-Afferenzen ausgelösten exzitatorischen Reflexe.

45.3.2 Autorhythmische Netzwerke organisieren periodische Aktivierungsmuster der Muskulatur

Oszillierende Schrittmacher-Interneurone bestimmen den Takt periodischer spinaler Aktivierungsmuster.

Interneurone der grauen Substanz   Sie bilden die Grundlage für die **Eigenfunktion** des Rückenmarks. Im Tierversuch kann ein fiktives Bewegungsmuster, das dem des intakten Tieres weitgehend entspricht, in den **Motoneuronen** von isolierten, aus wenigen Segmenten bestehenden, Rückenmarksabschnitten nachgewiesen werden. Dabei werden die Motoneurone zyklisch erregt und gehemmt, die Interneurone sind reziprok inhibitorisch verschaltet. Der **Takt** wird durch oszillierende Interneurone, sog. Schrittmacherneurone, bestimmt, deren Membranpotenzial sich rhythmisch verändert. Auch beim Menschen wird das basale motorische Muster des Gehens (**Lokomotion**) auf spinaler Ebene generiert. Die Kontraktion von Flexor- oder Extensormuskeln der Beine wird durch sich gegenseitig hemmende Netzwerke kontrolliert (**Halbzentren**). Diese zentralen Mustergeneratoren werden nicht durch sensorischen Input angetrieben und können komplexe lokomotorische Muster erzeugen.

Rückkopplung   Die **Propriozeption** steuert das Gehen in zeitlicher (timing) und räumlicher (Amplitude der Bewegung) Hinsicht. Ein sensorischer Input aus kutanen Rezeptoren erlaubt die Anpassung an unerwartete Hindernisse (phasenabhängige Reflexumkehr). Absteigende Bahnen aus dem Hirnstamm (kortikospinale, vestibulospinale, retiku-

---

Klinik

Lebensgefährliche Muskelkrämpfe durch Disinhibion

Das Konvulsivum und Pflanzenalkaloid **Strychnin** verhindert die Glycinbindung und damit die Öffnung des als Chloridkanal funktionierenden Glycinrezeptors. In Verschnitten illegaler psychoaktiver Substanzen wie Heroin oder Kokain taucht es als Verunreinigung auf. Strychnin wurde auch in einigen unter dem Etikett „Ecstasy" kursierenden Tabletten nachgewiesen und aufgrund seiner, in niedrigen Dosen anregenden (analeptischen) Wirkung in die Dopingliste aufgenommen. Die Disinhibition der begrenzenden Muskelsteuerungs-

mechanismen bewirkt bei höheren Dosen eine **simultane tetanische Kontraktion von Agonisten und Antagonisten**. Die so verursachte Versteifung (Reflexkrampf) läuft bei vollem Bewusstsein ab und ist wegen der dadurch ausgelösten Zerrungen von Sehnen und Gelenkkapseln äußerst schmerzhaft. Auch höhere Zentren des Gehirns werden unter Strychnineinfluss leichter erregbar. Die Krämpfe werden durch akustische, optische und taktile Reize ausgelöst und verstärkt. Als Gegenmittel werden Antikonvulsiva aus der Gruppe der

Benzodiazepine eingesetzt, die den durch GABA gesteuerten Chloridkanal stimulieren und damit die blockierende Wirkung des Strychnins auf den Glycin-gesteuerten Chloridkanal kompensieren. Wie Strychnin wirkt bei der **Tetanuserkrankung** das Toxin des Bakteriums Clostridium tetani. Hier verhindert das Toxin die Vesikelexozytose von Glycin und GABA durch Spaltung von Synaptobrevin II und schaltet damit die Hemmung durch die Renshaw-Zellen ab.

Klinik

Querschnittslähmung

Die Eigenfunktionen des Rückenmarkes manifestieren sich in pathologischer Weise bei Querschnittsverletzungen. Nach akuter Verletzung sind kaudal von der Läsion die Körperteile gelähmt und schlaff (**Muskelatonie**) es können auch keine somatosensorischen und vegetativen Reflexe ausgelöst werden. Nach dieser Phase des **spinalen Schocks**, die beim Menschen mehrere Wochen andauert, kehren allmählich Reflexe und Muskeltonus zurück. Ursache dafür ist ein Umbau bestehender Synapsen und die Neusprossung (**sprouting**) von Synapsen an Interneuronen, präganglionären Neuronen und Motoneuronen, wodurch sich das Rückenmark in Grenzen selbst reorganisiert. Die Langzeitveränderungen bestehen in einer **Enthemmung** der Eigenreflexe (brüske Dehnungsreflexe, unerschöpfliche Kloni), in **pathologischen Fremdreflexen** (positives Babinski-Phänomen, Flexorreflexe mit ausgeprägten Mitbewegungen und gekreuzten Extensorreflexen) bzw. in einer **spastischen Tonuserhöhung**. Es bleibt das Unvermögen der Empfindung und willentlicher Kontrolle der Bewegungen. Parallel besteht ein **vegetatives Querschnittssyndrom** mit veränderten vegetativen Reflexen, gestörter Kontrolle von Blase und Mastdarm und veränderter Sexualfunktion, wobei eine Erektion durch manuelle Reizung möglich ist und Schwangerschaften ausgetragen werden können.

---

lospinale Bahnen) sind notwendig für die Initiierung und die adaptive Kontrolle des Gehens. Das Kleinhirn sorgt für die Feinabstimmung lokomotorischer Muster durch Regulierung der Intensität und des Zeitpunktes absteigender Signale.

> Je rhythmischer und stereotyper eine Bewegung ist, desto dominanter der zentrale Rhythmusgenerator.

Ohne sensorisches Feedback wird ein autonomer alternierender Rhythmus vom ZNS alleine aufrechterhalten.

> Das Rückenmark kann ein alternierendes Muskelaktivierungsmuster autonom aufrechterhalten.

In Kürze

Spinale postsynaptische Hemm-Mechanismen halten **Muskellänge** und **Muskelspannung** konstant. Die **reziproke Hemmung** koordiniert über inhibitorische Ia-Interneurone das Wechselspiel zwischen agonistischen und antagonistischen Muskeln. Zunahme der Muskelspannung führt zur **autogenen Hemmung** der Motoneurone des sensortragenden Muskels. Die Hemm-Mechanismen können durch absteigende Bahnen, durch Medikamente oder Toxine beeinflusst werden.
Der Eigenapparat des **Rückenmarks** erzeugt die basalen motorischen **Muster der Fortbewegung**, die durch supraspinale Einflüsse und durch Propriozeption modifiziert werden.

45.4 Die motorischen Funktionen des Hirnstamms

45.4.1 Die motorischen Zentren des Hirnstamms

Regelkreise, die den Hirnstamm einbeziehen, ermöglichen die aufrechte Körperhaltung und weitere stützmotorische Funktionen.

Anatomie   Der Hirnstamm besteht aus verlängertem Mark (**Medulla oblongata**), Brücke (**Pons**) und Mittelhirn (**Mesencephalon**). Er kann als bloße Fortsetzung des Rückenmarks begriffen werden, weil er wie das Rückenmark motorische und sensorische Kerne hat, die motorische und sensorische Funktionen für Gesicht und Kopf gewährleisten, wie es das Rückenmark für den übrigen Körper tut. Andererseits ist der Hirnstamm sein eigener Herr, weil er eine Vielzahl von Kontrollfunktionen ausübt: Kontrolle von Atmung und kardiovaskulärem System, teilweise Kontrolle der gastrointestinalen Funktionen, Kontrolle von Gleichgewicht und Augenbewegungen, und Kontrolle zahlreicher Körperbewegungen, v. a. stereotyper Bewegungen. Außerdem ist er eine Relaisstation für Signale aus höheren Zentren.

Zentren und ihre Efferenzen   Das Gleichgewicht des Körpers im Gravitationsfeld der Erde wird normalerweise ohne willkürliche Anstrengung aufrechterhalten. Hierfür sorgen Regelkreise, die motorische Hirnstammzentren einbeziehen. Definiert man als motorische Hirnstammzentren diejenigen Strukturen, deren efferente Bahnen die motorischen Reflexbögen des Rückenmarks und der motorischen Hirnnerven direkt beeinflussen, und die selbst einbezogen sind in die efferenten Bahnen höherer motorischer Zentren, so lassen sich im Hirnstamm von kaudal nach rostral vier Kerngruppen abgrenzen (◘ Abb. 45.8), von denen Bahnen entspringen. Sie dienen der **Stützmotorik** und **wirken entweder erregend auf Flexormotoneurone (und hemmend auf Extensoren) oder erregend auf Extensormotoneurone (und hemmend auf Flexoren)**. Beide Klassen verfügen über getrennte Interneuronensysteme.

- Erregend auf **Flexormotoneurone** wirken die lateral im Rückenmark verlaufenden Bahnen. Sie entspringen im Hirnstamm weit caudal (**Tractus reticulospinalis lateralis** aus der Formatio reticularis in der Medulla oblongata) bzw. rostral (**Tractus rubrospinalis** aus dem Nucleus ruber des Mittelhirns).
- Erregend auf **Extensormotoneurone** wirken die im Rückenmark medial verlaufenden Bahnen. Sie entspringen aus dem mittleren Abschnitt des Hirnstamms. Aus der Kernregion des Nucl. vestibularis, insbesondere der Nucl. vestibularis lateralis Deiters am Übergang von der Medulla oblongata zum Pons entspringt der **Tractus vestibulospinalis**, aus der Formatio reticularis der Brücke der **Tractus reticulospinalis medialis**.

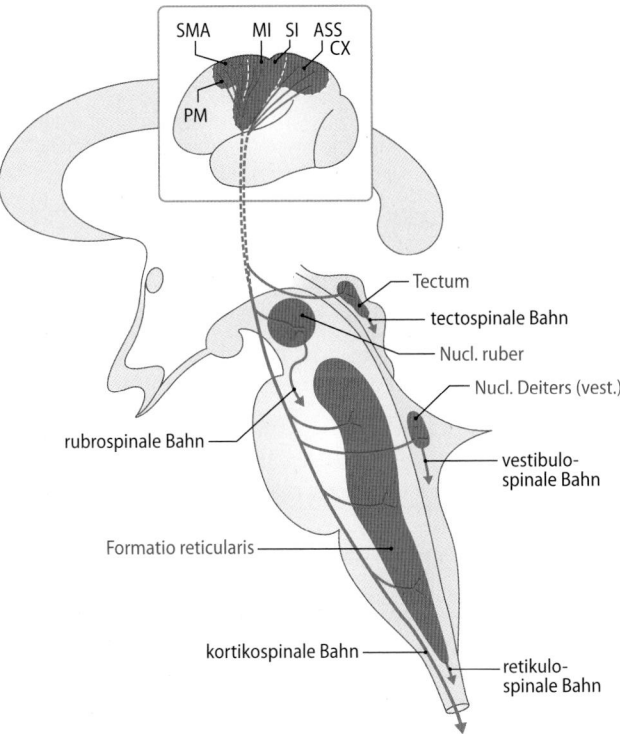

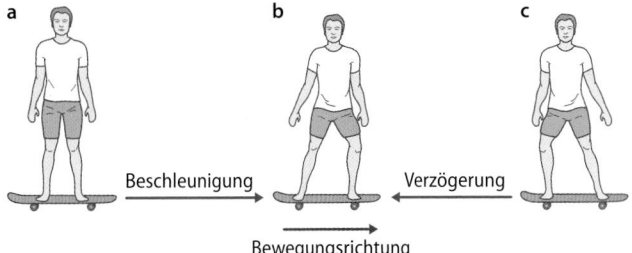

Beschleunigung   Verzögerung

Bewegungsrichtung

◩ **Abb. 45.9** Reflektorische Körperstellung bei horizontaler Beschleunigung und Abbremsung

◩ **Abb. 45.8** Überblick über die stützmotorischen Zentren des Hirnstamms, näheres s. Text. MI=primärer Motorkortex, SMA=supplementär motorische Area, PM=prämotorischer Kortex, SI=primärer sensomotorischer Kortex, ASSCX=parietaler Assoziationskortex

Normalerweise wird die Aktivität dieser Systeme durch die höheren Zentren (Stammganglien, Kleinhirn, motorischer Kortex) moduliert und übersteuert. Bei schwerwiegenden Hirnfunktionsstörungen, bei denen nur noch der Hirnstamm funktioniert, etwa im Koma, kommt es zu Massenbewegungen, die durch diese Tractus vermittelt und bei denen Arme und Beine synchron gebeugt oder gestreckt werden (sog. **Beuge-Streck- bzw. Streck-Strecksynergismen**).

Afferenzen Der Hirnstamm erhält aus der Peripherie afferente Zuflüsse von der gesamten Somatosensorik einschließlich der Hirnnerven. Für die Stützmotorik sind besonders die Zuflüsse vom Gleichgewichtsorgan und von Rezeptoren von Muskeln, Faszien und Gelenken des Halses zur Berechnung der Körperhaltung relativ zur thorakalen Wirbelsäule von Bedeutung. Die somatosensorischen Afferenzen aus der Peripherie werden mit denen des vestibulären Systems und des visuellen Systems abgeglichen. Änderungen im Muster vestibulärer und somatosensorischer Afferenzen führen zur Korrektur der tonischen Aktivität der Extremitäten- und Stützmuskulatur.

45.4.2 Halte- und Stellreflexe

Durch die Haltereflexe (Stehreflexe) wird eine geeignete Körperhaltung eingenommen und das Gleichgewicht bewahrt; dies wird durch Halsreflexe unterstützt.

Haltereflex Wichtige Informationen zur Position des Individuums im Raum werden über das **vestibuläre** und das **visuelle** System gewonnen. Zusätzlich informieren **Rezeptoren der Halsmuskulatur** über die relative Position des Kopfes gegenüber der Wirbelsäule (Halsreflex, s. u.). Diese Systeme unterstützen über eine tonische Modulation der Extremitätenmuskulatur die Stabilität des Stehens und bilden den Haltereflex. So zeigt ◩ Abb. 45.9 eine symmetrische Körperbelastung des Skateboard-Fahrers bei konstanter Geschwindigkeit (A). Eine Beschleunigung bewirkt eine reflektorische Gewichtsverlagerung in Richtung der Beschleunigung entgegen der Trägheitskraft (B). Die Verzögerung des Skateboards, z. B. durch ein Hindernis, bewirkt eine reflektorische Gewichtsverlagerung in die Gegenrichtung (C). Der reflektorische Anteil dieser Körperstellungen wird vom Vestibularorgan, der absteigenden vestibulospinalen Bahn und den spinalen Reflexen geleistet. Die **Haltereflexe** werden auch **Stehreflexe** genannt, da sie die Haltung des stehenden Individuums beeinflussen.

Halsreflexe Diese sind besondere Haltereflexe. Die Rezeptoren des Halses melden jede Änderung der Kopfstellung relativ zur Körperstellung. Diese Informationen führen in den motorischen Zentren des Hirnstammes zu Korrekturen der Tonusverteilung der Körpermuskulatur, die als **tonische Halsreflexe** bezeichnet werden. Sie wirken Labyrinth-Reflexen entgegen, sodass isolierte Kopfbewegungen ohne unerwünschte Tonusasymmetrien in den Extremitätenmuskeln stattfinden können.

Stellreflexe Das Aufrichten in die normale Körperstellung erfolgt in einer bestimmten Reihenfolge. Zunächst wird über Meldungen aus dem Labyrinth der Kopf in die Normalstellung im Schwerefeld der Erde gebracht (**Labyrinth-Stellreflexe**). Das Aufrichten des Kopfes, z. B. aus liegender Stellung, verändert dann die Lage des Kopfes zum übrigen Körper, was durch Rezeptoren des Halses angezeigt wird. Dies bewirkt, dass der Rumpf dem Kopf in die Normalstellung folgt (**Hals-Stellreflex**). Nimmt man noch die optischen Stellreflexe hinzu, so wird klar, dass das Aufrichten in die normale Körperstellung zu den bestgesicherten Funktionen des ZNS gehört. Für die Stellreflexe und für die Abstimmung von stütz- und zielmotorischen Aufgaben ist die Einbeziehung der motorischen Mittelhirnzentren wichtig, vor allem des im Tegmentum gelegenen **Nucl. ruber** mit seinen Eingängen aus

Zwischenhirn und Kleinhirn und seinen Ausgängen zum Rückenmark und über die zentrale Haubenbahn zur **unteren Olive** (s. u.). Die **Bedeutung der Stellreflexe** beim Menschen ist durch die **ausgeprägte übergeordnete Willkürmotorik** eingeschränkt.

> **Motorische Hauptaufgabe des Hirnstammes ist die Kontrolle von aufrechter Haltung und Gleichgewicht.**

45.4.3   Stehen und Gehen

Das motorische Grundbewegungsmuster mit alternierender Aktivierung von Agonist und Antagonist ist im Rückenmark festgelegt, wo Gruppen von Interneuronen rhythmisch aktiv sind, die von einem supraspinalen Netzwerk aktiviert werden.

Aufrechte Haltung   Weiter oben wurde gezeigt, dass die basalen Mechanismen der Lokomotion durch spinale Interneuronennetzwerke gewährleistet werden. Diese spinalen Netzwerke reichen aus, um den Körper gegen die Schwerkraft aufzurichten, aber sie reichen nicht aus, um aufrechte Haltung und Gleichgewicht zu gewährleisten. Hierfür sind neben den o. a. Hirnstammzentren das **vestibulospinale System**, die **Stammganglien** und das **Kleinhirn** nötig, außerdem **visuelle** und **sensorische Informationen**, sowie die motorischen Rindenfelder. Die somatosensorischen Afferenzen sind für das Timing und die Richtung der Haltungsbewegungen wichtig, sie interagieren mit dem spinalen Netzwerk. Die Hirnstammzentren integrieren die Informationen aus den verschiedenen Modalitäten. Die vestibuläre Information ist nötig für die Aufrechterhaltung des Gleichgewichtes während Kopfbewegungen und auf instabilen Oberflächen; die visuelle Information sorgt für „vorausschauendes" Wissen über potentiell destabilisierende Situationen.

Den integrierenden Hirnstammzentren sind das **Spinozerebellum** und die **Stammganglien** übergeordnet. Im Spinozerebellum wird die Amplitude der Haltungsbewegungen erfahrungsabhängig geregelt, beim Gehen integriert das Kleinhirn die sensorischen Signale und passt die Geschwindigkeit an. Die Stammganglien sind wichtig für die rasche Anpassung der Haltungsbewegungen an die Erfordernisse der Umgebung. Stammganglien und Kleinhirn regulieren Tonus und Kraft der Haltungsbewegungen. Kortikale Inputs sind notwendig zur antizipatorischen Haltungskompensation bei Willkürbewegungen. Frontale Rindenfelder initiieren das Gehen und beeinflussen über die Stammganglien Lokomotionszentren in Hirnstamm und Kleinhirn. Kortikale Netzwerke, die den Hippocampus einbeziehen, dienen der räumlichen Repräsentation der Umgebung im Gehirn.

Gangsteuerung des Menschen
Hierfür nimmt man das folgende Netzwerk an: Initiation des Gehens über frontale Rindenfelder; via Stammganglien Enthemmung des subthalamischen Lokomotionszentrums (Nucl. subthalamicus) und Weitergabe des Signals an Lokomotionszentren im Mittelhirn (v. a. Nucl. pedunculopontinus). Die rhythmische Aktivität dort steht unter der Kontrolle des Kleinhirns. Die Verbindungen zwischen Mittelhirnzentren und den spinalen Mustergeneratoren erfolgt über Neurone der pontinen Formatio reticularis.

Normalerweise läuft das Gehen automatisiert ab und erfordert nur wenig Aufmerksamkeit; gleichmäßiges und ungestörtes Gehen wird weitgehend von Hirnstamm und Rückenmark gesteuert. Die Hirnkontrolle ist wichtig für jede Änderung. In schwierigen Situationen, die mehr Haltungskontrolle erfordern, müssen andere Aktivitäten gegebenenfalls unterbrochen werden, um die Haltungskontrolle sicherzustellen. Für die individuelle Ausprägung sind noch weitere kortikale Netzwerke nötig, z. B. das limbische System. So können Affekte das Gangbild ändern.

Das Gangbild, insbesondere die **selbstgewählte Ganggeschwindigkeit**, hat sich als aussagekräftiger Parameter herausgestellt, um die Gesundheit älterer Menschen zu beurteilen. Im Durchschnitt liegt die spontane Gehgeschwindigkeit bei 1 bis 1,5 m/s. Geht ein älterer Mensch spontan langsamer als 0,6 m/s, so ist er i. d. R. auf Hilfe angewiesen. Andererseits sind praktisch alle Personen, die schneller als 1 m/s gehen, selbstständig.

Klinik

Supratentorielle kortikale und subkortikale Erkrankungen

Supratentorielle kortikale und **subkortikale Erkrankungen** (z. B. **zerebrale Mikroangiopathie, Normaldruckhydrozephalus**) führen zu Gangstörungen mit verkürzter, oft asymmetrischer Schrittlänge und verminderter Schritthöhe. Oft ist hier die Interaktion zwischen Gehen und Kognition gestört: Die Patienten können häufig nicht gleichzeitig gehen und reden und bleiben deshalb beim Reden stehen.

In Kürze

Die **reflektorische Kontrolle der Körperhaltung** im Raum wird gesichert durch Bahnen, die im Hirnstamm entspringen und synergistisch wirken: die Tractus rubrospinalis und reticulospinalis lateralis erregend auf Flexoren und hemmend auf Extensoren, die Tractus vestibulospinalis und reticulopsinalis medialis erregend auf Extensoren und hemmend auf Flexoren. **Gleichgewicht** und **aufrechte Haltung** werden durch Interaktion von Hirnstammzentren mit dem vestibulospinalen System, den Stammganglien, dem Kleinhirn, mit visuellen und auditorischen Informationen und mit motorischen Rindenfeldern gewährleistet.

Literatur

Birbaumer N, Schmidt RF (2010) Biologische Psychologie, 7. Aufl. Springer, Berlin Heidelberg New York

Galizia CG, Lledo PM (eds) (2013) Neuroscience – From Molecule to Behavior: A University Textbook. Springer, Heidelberg

Hall J (ed) (2011) Guyton and Hall Textbook of Medical Physiology, Saunders, Philadelphia

Kandel ER, Schwartz JH, Jessell TM (2013) Principles of neural science. McGraw-Hill, Columbus

Kleinhirn

Birgit Liss, Dennis Kätzel

© Springer-Verlag GmbH Deutschland, ein Teil von Springer Nature 2019
R. Brandes et al. (Hrsg.), *Physiologie des Menschen*, Springer-Lehrbuch
https://doi.org/10.1007/978-3-662-56468-4_46

Worum geht's? (◻ Abb. 46.1)

Das Kleinhirn ermöglicht die schnelle Koordination von Bewegung und Haltung.

Erinnern Sie sich noch daran, als Sie das letzte Mal versuchten, einen Basketball in einen Korb zu werfen? Wahrscheinlich haben Sie sich auf den Winkel der Hand konzentriert oder auf die antizipierte Flugbahn. Aber haben Sie bewusst Ihre Oberschenkel und Ihre Rückenmuskeln angespannt, um Ihr **Gleichgewicht** bei der Vorwärtsbewegung abzufangen? Oder Ihre Augenmuskeln gesteuert, um Ihre Körperbewegung so zu kompensieren, dass Sie den **Blick stabil** auf den Korb richten konnten? Haben Sie die Bewegung ihrer Finger- und Armmuskeln so **aufeinander abgestimmt**, dass der Ball geradlinig beschleunigt wird? Vermutlich nicht. All dies sind Funktionen Ihres Kleinhirns. In jedem Augenblick Ihres aktiven Lebens koordiniert es Ihre **Haltung und Gleichgewicht (Stützmotorik)**, Ihre Bewegungen **(Zielmotorik)** und es erlaubt ebenso das **Erlernen** und **Speichern** von komplexen Bewegungsabläufen.

Das Kleinhirn gliedert sich in drei Bereiche mit unterschiedlicher Funktion

Das Kleinhirn koordiniert **komplexe Bewegungsabläufe** des Körpers durch **somatosensorische Rückkopplungen** und **motorische Lernvorgänge**. Der Kleinhirnkortex wird vertikal in **drei Zonen** unterteilt, die jeweils spezifische Funktionen vermitteln. Im Beispiel der o. g. Wurfbewegung reguliert das **Vestibulozerebellum** das Gleichgewicht und die Okulomotorik. Es ist verantwortlich für die korrekte Spannung von Rumpf- und Oberschenkelmuskeln und die Stabilisierung des Blicks während der Bewegung. Das **Spinozerebellum** koordiniert die Anpassung der Armmuskelstellungen relativ zueinander. Das **Pontozerebellum** schließlich ermöglicht den schnellen, synchronen Bewegungsablauf der Finger.

Motorisches Lernen im Kleinhirn erfolgt über fehlerbasierte Rückkopplung

Horizontal besteht die Rinde des Kleinhirns aus drei Zellschichten, deren **stereotype Verschaltung** die Korrektur- und Lernfunktionen des Zerebellums auf zellulärer und molekularer Ebene realisiert. Dieser zentrale Schaltkreis besteht aus **5 Nervenzelltypen**, die z. T. veränderbare Synapsen besitzen und **motorisches Lernen** ermöglichen (Plastizität). Er hat mit den GABAergen Purkinjezellen nur **eine Ausgangsstation**, die die Aktivität der subkortikalen **Kleinhirnkerne** selektiv hemmt und moduliert.

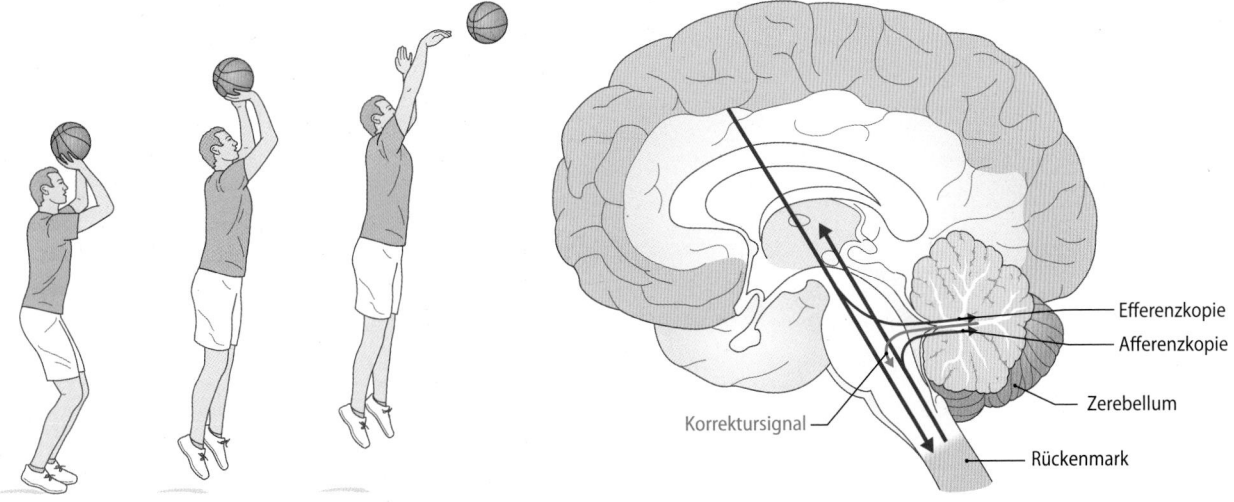

◻ **Abb. 46.1   Das Kleinhirn vermittelt die Koordination von Bewegung und Haltung.** Am Beginn des Wurfs eines Balls in einen Korb (Position 1→2) ermittelt das Kleinhirn kontinuierlich und unbewusst die Abweichungen zwischen gewollter Bewegung, der Efferenzkopie, und tatsächlicher Bewegung und Haltung, der Afferenzkopie. Zum Ende (Position 2→3) wird die Bewegung ballistisch und ist somit nicht mehr korrigierbar.

Efferenzkopie
Afferenzkopie
Zerebellum
Korrektursignal
Rückenmark

46.1 Funktion und Gliederung des Kleinhirns

Das Kleinhirn ist somatotopisch organisiert und seine drei vertikalen Kompartimente vermitteln unterschiedliche Funktionen.

Allgemeine Funktion Das Kleinhirn (oder Zerebellum) vermittelt – ähnlich wie die Basalganglien – die Motorik des Körpers nicht direkt durch die Innervation der spinalen Motorneurone. Vielmehr kommuniziert es **indirekt mit höheren Motorneuronen** im Thalamus bzw. Neokortex, aber auch mit den Motorkernen im Hirnstamm. Bewegungsabläufe werden durch das Kleinhirn **koordiniert**, **optimiert** und **korrigiert**. Entsprechend bewirken **Schädigungen des Kleinhirns** keinen kompletten Bewegungsausfall, sondern eher komplexe Störungen von Haltung, Gleichgewicht und Bewegungsabläufen (■ Tab. 46.1).

Gliederung des Kleinhirns Das Zerebellum ist in den **Kleinhirnkortex (oder Kleinhirnrinde)** und **subkortikale Kleinhirnkerne** unterteilt. Beide Teile erhalten externe Afferenzen. Aber meist senden nur die **Kleinhirnkerne** Efferenzen aus dem Kleinhirn heraus (■ Abb. 46.2, ■ Tab. 46.1). Wie der Motorkortex ist auch der Kleinhirnkortex **somatotopisch** organisiert. Er bildet also spezifische Körperareale auf bestimmten Arealen des Kleinhirns ähnlich einer Karte ab. Funktionell, anatomisch und phylogenetisch unterscheidet man **drei Kleinhirnkompartimente: Vestibulozerebellum**, **Spinozerebellum** und **Pontozerebellum.** Diese haben unterschiedliche Aufgaben und ihre Störungen führen je nach Lokalisation zu unterschiedlichen pathophysiologischen Symptomatiken, z. B. pathologischem Spontan-**Nystagmus**, **Intentionstremor** und **Dysarthrie** (■ Tab. 46.1). Treten alle diese drei Symptome auf, spricht man von **Charcot Trias I**.

> Alle Efferenzen des Kleinhirns entstammen den Kleinhirnkernen oder den Nucl. vestibulares.

In Kürze

Das Kleinhirn besteht aus **Kleinhirnkortex und subkortikalen Kleinhirnkernen.** Es ist zentral für die Koordination unserer **Motorik.** Es besteht aus drei **somatotop organisierten** Kompartimenten mit unterschiedlichen Funktionen: dem Vestibulozerebellum, dem Spinozerebellum und dem Pontozerebellum (auch Zerebrozerebellum). Kleinhirnläsionen führen nicht zu kompletten Bewegungsausfällen, sondern zu komplexen Störungen von Bewegungsabläufen.

46.2 Vestibulo- und Spinozerebellum

46.2.1 Vestibulozerebellum

Das Vestibulozerebellum reguliert Gleichgewicht, Halte- und Okulomotorik.

Stabilisierung von Blick und Körperhaltung Das Vestibulozerebellum ist der phylogenetisch älteste Teil des Zerebellums und im **Lobus flocculonodularis** lokalisiert. Es erhält primär **vestibuläre Afferenzen** von den Nuclei vestibulares, welche

46

■ **Tab. 46.1** Funktionelle Anatomie, Physiologie und Pathophysiologie des zerebellären Kortex

Funktionaler Teil	Vestibulozerebellum	Spinozerebellum	Pontozerebellum (Zerebrozerebellum)
Phylogenetischer Teil	Archizerebellum	Paleozerebellum	Neozerebellum
Lage	Lobus flocculonodularis (Kaudale Lappen)	Mediale (Vermis) und paramediane Zone (auch Pars intermedia)	Lateral
Afferenzen	Vestibularkerne Pons Prätektum	Pons Rückenmark, Formatio reticularis	Zerebraler Kortex via Pons
Efferenzen (Kleinhirnkerne)	Nuclei vestibulares medialis und lateralis	Vermis: Formatio reticularis via Nucl. fastigii Paramediane Zone: Nucl. ruber via Nucl. interpositus	Ventrolateraler Thalamus via Nucl. dentatus
Physiologische Funktion	Halte- und Stützmotorik, Gleichgewicht, Okulomotorik	Vermis: Okulomotorik, Bewegung proximaler Muskeln (z. B. Stützmotorik) Paramediane Zone: Bewegung distaler Muskeln (z. B. beim Gehen oder Greifen)	Planung und Regulierung räumlich und zeitlich komplizierter Bewegungen, z. B. Sprache & Zielmotorik Prozedurales Gedächtnis
Symptomatik bei Schädigung	Patholog. Spontan-Nystagmus Gestörter Vestibulo-okulärer Reflex Stand- und Rumpfataxie	Vermis: Stand- und Gangataxie Paramediane Zone: Hyper- und Dysmetrie, Intentionstremor, Dysdiadochokinese	Dysarthrie Asynergie Dekomposition von Bewegungen

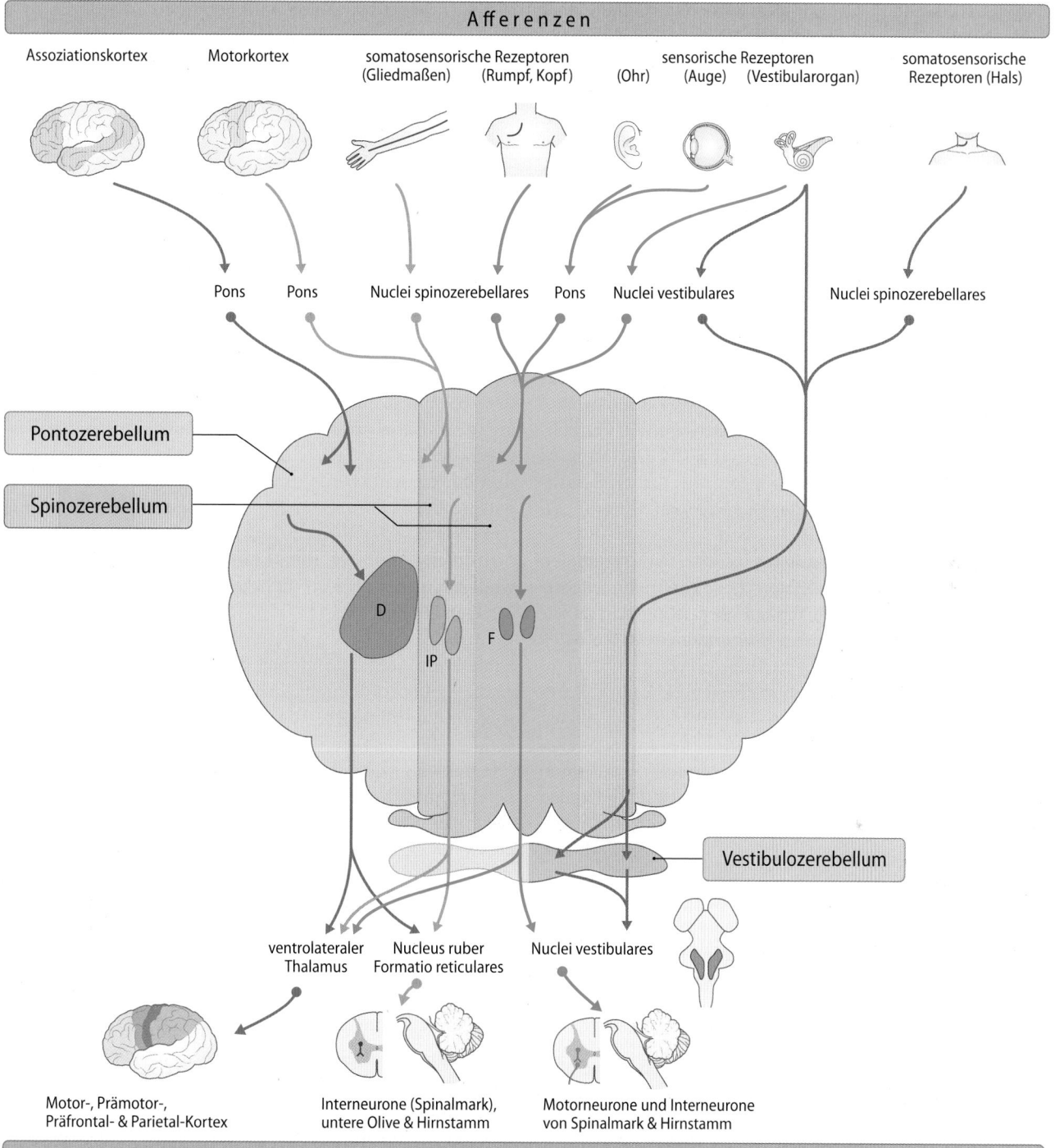

Afferenzen

Assoziationskortex Motorkortex somatosensorische Rezeptoren (Gliedmaßen) (Rumpf, Kopf) (Ohr) sensorische Rezeptoren (Auge) (Vestibularorgan) somatosensorische Rezeptoren (Hals)

Pons Pons Nuclei spinozerebellares Pons Nuclei vestibulares Nuclei spinozerebellares

Pontozerebellum

Spinozerebellum

D

IP F

Vestibulozerebellum

ventrolateraler Thalamus Nucleus ruber Formatio reticulares Nuclei vestibulares

Motor-, Prämotor-, Präfrontal- & Parietal-Kortex Interneurone (Spinalmark), untere Olive & Hirnstamm Motorneurone und Interneurone von Spinalmark & Hirnstamm

Efferenzen

◻ **Abb. 46.2 Die drei funktionellen Kompartimente des Kleinhirns.** Die Oberfläche des Kleinhirns ist entfaltet gezeichnet. Funktionell lässt sich das Kleinhirn anhand seiner afferenten Eingänge (oben) und seiner efferenten Ausgänge (unten) in Vestibulozerebellum (violett), Spinozerebellum (grün: Vermis, orange: Paramediane Zone) und Pontozerebellum (blau) unterteilen. Die farbigen Pfeile kennzeichnen die Projektionsrichtung der Verschaltungen in die drei Kleinhirnkompartimente, innerhalb derselben zu den Kleinhirnkernen und aus ihnen heraus. Die Strukturen im Inneren repräsentieren die den Kleinhirnkompartimenten jeweils zugeordneten subkortikalen Kleinhirnkerne (D=Nucl. dentatus, IP=Nucl. interpositus - beim Menschen: Nucl. globosus und Nucl. emboliformes, F=Nucl. fastigii)

Lage- und Beschleunigungsinformationen vermitteln, aber auch **visuelle Eingänge** aus dem Prätektum und dem visuellen Kortex. Darüber hinaus erhält es **somatosensorische Informationen** über die Lage des Körpers.

Durch die **Verarbeitung dieser drei Informationseingänge** kann das Vestibulozerebellum das durch die Bewegung einer Extremität beeinträchtigte Gleichgewicht des Körpers aufrechterhalten. Es macht dies, in dem es unter anderem die Rumpf- und Beinmuskeln kompensatorisch anspannt oder entspannt (**Tonusadaptation**). Diese Funktion wird u. a. über seine „schnellen" Ausgänge vermittelt, die **ohne** weitere Verschaltung direkt zurück auf die **Nuclei vestibulares** projizieren. Funktionell können diese daher auch als Kerne des Zerebellums betrachtet werden, obwohl sie außerhalb liegen (◘ Abb. 46.2): Der **mediale** Teil des Vestibulozerebellums steuert über den Nucl. vestibularis **lateralis** und die vestibulospinalen Trakte die Rumpfmuskeln und die Extensoren der Extremitäten. Er koordiniert somit das **Gleichgewicht**. Die **lateralen** Teile des Vestibulozerebellums regulieren über den Nucl. vestibularis medialis **Kopf-** und **Augenbewegungen**.

Vestibulozerebelläre Dysfunktionen   Läsionen des **medialen** Vestibulozerebellums führen entsprechend zu **Gleichgewichts-Störungen**: Patienten haben Schwierigkeiten, aufrecht zu stehen (**Standataxie**) oder zu sitzen (**Rumpfataxie**) (◘ Tab. 46.1). Schädigungen des **lateralen** Vestibulozerebellums führen zu Problemen, den Blick im Raum zu fixieren. So kann z. B. ein Objekt, das sich kontinuierlich in Richtung der geschädigten Seite bewegt, nur durch ruckartige Augenbewegungen (**Sakkaden**) verfolgt werden. Auch die **Fixierung des Blicks auf einen stabilen Punkt** im Raum ist gestört. Es kommt zum spontanen **Nystagmus**: Statt ein Ziel zu fixieren, schweifen die Augen unkontrolliert ab und werden dann wieder durch schnelle ruckartige Augenbewegungen (Sakkaden) zurückgeführt. Bei Problemen der **Blickfixation bei Bewegung des Kopfes** oder Körpers ist der **vestibulookuläre Reflex (VOR)** gestört. Normalerweise dreht dieser Reflex die Augen proportional in die entgegengesetzte Richtung der Kopfbewegung, um den Blick insgesamt stabil zu halten (▶ Kap. 60.1.4).

Vestibulookulärer Reflex (VOR)
Der vestibulookuläre Reflex (VOR) beruht auf vestibulärer und nicht visueller Information. Er ist auch bei bewusstlosen und leicht-komatösen Patienten vorhanden. Als **Puppenaugenphänomen** bezeichnet man eine Störung des VOR, bei dem sich die Augen starr gemeinsam mit dem Kopf bewegen, die Blick-Fixierung durch entsprechende Augenbewegungen also nicht möglich ist. Dies ist nur bis ca. zum 10. Lebenstag nicht pathologisch.

46.2.2 Spinozerebellum

Zielgerichtete komplexe Bewegungsabläufe, wie z. B. ein Ballwurf, erfordern kontinuierliche motorische Kurskorrekturen („Soll-Ist" Vergleiche) durch das Spinozerebellum.

Funktion und Gliederung   Das Spinozerebellum reguliert die Stütz- und Zielmotorik. Es besteht aus zwei Teilen: Dem medialen **Vermis** und den **paramedianen Zonen**, die auch Pars intermedia genannt werden. In **Arbeitsteilung** vermittelt dieser Bereich des Kleinhirns das feinabgestimmte Zusammenspiel der Muskeln während der Ausführung von Bewegungen. Hierfür stellt das Spinozerebellum kontinuierlich „Soll-Ist"-Vergleiche an.

Afferenz- und Efferenzkopien   Die Information über die von den kortikalen Motorneuronen „gewünschte" Bewegung wird als **motorische Efferenzkopie** bezeichnet. Aus dieser Information berechnet das Kleinhirn ein Modell der Bewegungstrajektorie einschließlich der hierbei **erwarteten sensorischen Afferenzen**, z.B. hinsichtlich der Position von Muskeln und Gelenken. Die Information über die **tatsächliche Stellung** der betreffenden Muskeln und Gelenke wird dem Kleinhirn über sensorische Afferenzen vermittelt und als **sensorische Afferenzkopie** bezeichnet. Durch den Vergleich der aus der Efferenzkopie vorhergesagten Afferenzen und der tatsächlichen sensorischen Afferenzkopie wird ein entsprechendes Korrektursignal für die laufende Bewegung berechnet. Das Spinozerebellum ist der einzige Teil des Kleinhirns, der **Afferenzen direkt aus dem Rückenmark** erhält, wodurch diese „Soll-Ist"-Rückkopplungsschleifen schneller erfolgen können.

Fehlerkorrektur   Funktionell kann das Spinozerebellum so die **Zielmotorik** durch Kurskorrekturen während der Bewegung koordinieren. Diese Funktion findet sich insbesondere bei nicht-repetitiven, neuen Bewegungsmustern. Ebenfalls kann das Spinozerebellum die **Stützmotorik** an die Zielmotorik anpassen, um die durch die Bewegungen entstehenden Perturbationen von Balance und Haltung auszugleichen.

> **Das Spinozerebellum erhält direkt Afferenzen aus dem Spinalmark.**

Koordination von proximalen Muskeln   Der **Vermis** koordiniert insbesondere die **proximalen (Rumpf-) Muskeln** und (ebenso wie das Vestibulozerebellum) die **Augenmuskeln** über seine Projektionen zu den Vestibularkernen. Hierfür erhält er entsprechende **Afferenzkopien** über den Tractus spinocerebellaris, nämlich **somatosensorische spinale Eingänge** von Kopf und Rumpf. Über vestibulo- und pontozerebelläre Bahnen erhält er auch **auditorische, visuelle und vestibuläre Eingänge**. Der Vermis erhält jedoch **keine Efferenzkopie**.

Koordination von distalen Muskeln   Die **paramediane Zone** reguliert die Bewegung der **distalen Muskeln**, z. B. beim Gehen oder Greifen, indem sie die Aktivität des **Nucl. ruber**, der **Formatio reticularis** und der unteren Olive moduliert. Die **Afferenzen** der **paramedianen Zone** sind Informationen über die Lage und Stellung der Extremitäten von Muskelspindeln, Gelenkrezeptoren und Golgi-Sehnenorganen, die direkt aus dem Rückenmark eingehen (über die Tractus spinocerebellares). Zusätzlich erhält die paramediane Zone Efferenzkopien **aus dem motorischen Kortex** über Kollaterale, des Tractus corticospinalis und den Pons.

Plastizität **Lernvorgänge** im Spinozerebellum führen zur Anpassung von Bewegungen an veränderte Bedingungen. Plastizität ermöglicht es, dass z. B. geschädigte Muskeln stärker aktiviert werden, um für ihre Schwäche zu kompensieren.

Spinozerebelläre Dysfunktionen **Ausfallerscheinungen** durch Läsionen im Spinozerebellum beinhalten insbesondere Störungen der Ziel- und Stützmotorik (◘ Tab. 46.1, ◘ Abb. 46.3a). Bewegungen können nicht mehr durch die Verrechnung des sensorischen Feedbacks von Muskeln und Gelenken fortlaufend korrigiert werden: Bei der **Dysmetrie** greifen Patienten über das Ziel hinaus oder erreichen es nicht. Auch bestehen Probleme schnelle alternierende Bewegungen auszuführen, z. B. beim Einschrauben einer Glühlampe, was als **Dysdiadochokinese** bezeichnet wird (◘ Abb. 46.3a). Als **Intentionstremor** wird das Zittern während einer zielgerichteten Bewegung bezeichnet. Typischerweise nimmt diese Form von Tremor bei Annäherung an das Ziel zu (z. B. beim Finger-Nase-Versuch) und ist eine Folge von überschießenden und zu langsamen Korrekturbewegungen bei Störung des Spinozerebellums: Statt Korrekturen auf Basis der durch die Efferenzkopie antizipierten Bewegungstrajektorie *vor* der Ausführung (feedforward) veranlassen zu können, kann das Kleinhirn nur noch auf Grundlage der eingehenden Afferenzen nachträglich (feedback) korrigieren.

Intentionstremor

Der **Intentionstremor** bei spinozerebellärer Schädigung ist zu unterscheiden von einem **Ruhetremor**, der dem Zittern von Extremitäten entspricht, die gerade nicht an einer Willkür-Bewegung beteiligt sind. Ein Ruhetremor ist symptomatisch für Störungen der Basalganglien, besonders beim Morbus Parkinson (▶ Kap. 47.4).

❯ Intentionstremor, Dysdiadochokinese und Dysmetrie sind klinische Zeichen spinozerebellärer Funktionsstörungen.

In Kürze

Vestibulo- und Spinozerebellum vermitteln durch schnelle **somatosensorische Rückkopplungen** Gleichgewicht, Körperhaltung und zielgerichtete Bewegungsabläufe. Das **Vestibulozerebellum** reguliert die Okulomotorik über die Vestibularkerne und Gleichgewichtsreaktionen über vestibulospinale Bahnen. Das **Spinozerebellum** koordiniert und korrigiert insbesondere zielgerichtete Bewegungsabläufe durch die Integration sensorischer Signale über die Stellung von Muskeln und Gelenken (**Afferenz- und Efferenzkopien, „Soll-Ist"-Vergleiche**). Beide Systeme können durch Lernvorgänge (Plastizität) Bewegungen an veränderte Bedingungen anpassen (**motorisches Lernen**). Symptome von Läsionen dieser Kleinhirngebiete sind insbesondere pathologischer Spontan-**Nystagmus, Intentionstremor, Ataxien und Dysmetrien**.

46.3 Pontozerebellum

Motorisches Lernen und die Erstellung komplexer Bewegungsmuster sind Funktionen des Pontozerebellums.

Bewegungsprogramme Sehr komplexe Bewegungsabläufe, wie Sprechen oder Musizieren, verlangen so schnelle und gezielte Bewegungen von einer so großen Anzahl von Muskeln, dass Feedbackregulation kaum möglich ist. Das Pontozerebellum, welches auch als **Zerebrozerebellum** bezeichnet wird, erlernt und speichert solche Bewegungsabläufe. Diese können bei Bedarf abgerufen und dann „automatisch" ausgeführt werden.

Efferenzen des Pontozerebellums Das Pontozerebellum entspricht den beiden Kleinhirn-Hemisphären und ist evolutionär der jüngste Teil des Zerebellums. Es kommuniziert fast

---

Klinik

Akute und chronische Alkoholtoxizität

Das Zerebellum ist eine der Gehirnregionen, die sowohl durch akuten Alkoholeinfluss (Alkohol-Intoxikation) als auch durch chronischen übermäßigen Alkoholkonsum (Alkoholismus) schwer betroffen ist. In beiden Fällen ist besonders das Spinozerebellums beeinträchtigt (insbesondere der obere/superiore, vordere/anteriore Teil). **Akuter Alkoholeinfluss** führt u. a. im Spinozerebellum zu einer reversibel verstärkten GABAergen Hemmung der Körnerzellen durch die Golgizellen (▶ Abschn. 46.4). Dies führt z. B. zu einer Beeinträchtigung von Balance und Motorkoordination bei Betrunkenen. Bei **chronischem Alkoholkonsum bzw. Alkoholismus** erfolgt die Schädigung

des Zerebellums zunehmend irreversibel: hier kommt es u. a. zu einer **Degeneration der Purkinjezellen** (▶ Abschn. 46.4) und in geringerem Maße auch anderer Zellen (z. B. Körnerzellen) des spinozerebellären Kortex sowie seines indirekten Projektionsziels, der Nucl. vestibulares. Diese zunehmende Degeneration führt entsprechend zu einer progressiven und kaum mehr reversiblen Gangataxie, die sich in überweiten, torkelnden und unregelmäßigen Schritten zeigt (◘ Tab. 46.1). Wesentliche Ursache für diese Degeneration ist ein Mangel an Vitamin B1 (Thiamin), bedingt durch eine unzulängliche Ernährung des Alkoholkranken. Bei besonders schweren

Fällen kann dies zum **Wernicke-Korsakoff-Syndrom (WKS)** führen. Hier verursacht die spinozerebelläre Schädigung nicht nur schwere Gangataxien, sondern auch Koordinationsstörungen der Augenmuskeln, die zu pathologischen Nystagmen führen. Weitere nicht-motorische WKS-Symptome sind Verwirrtheit und Gedächtnisstörungen. Alkoholkonsum der Mutter während der Schwangerschaft kann das Spinozerebellum des Ungeborenen schädigen und zum **fetalen Alkoholsyndrom** führen. Hier kommt es u. a durch den Verlust von Purkinje- und Körnerzellen zu einem insgesamt verkleinerten Zerebellum und zu irreversiblen Störungen.

ausschließlich mit dem **zerebralen Kortex** und erhält **keine sensorischen Afferenzen,** sondern bekommt über die Pons Eingänge von den **präfrontalen, prämotorischen und supplementär-motorischen Kortexarealen** (also Teilen des Assoziationskortex). Zusätzlich erhält es motorische **Efferenzkopien aus dem primären Motokortex M1** und aus dem **Spinozerebellum** über die **untere Olive.**

❯ **Das Pontozerebellum erhält keine sensorischen Afferenzen.**

Implizites Lernen   Das Pontozerebellum hat synchron mit seinem wichtigsten „Kommunikationspartner", dem Assoziationskortex, in der Evolution zum Menschen enorm an Volumen gewonnen. Dementsprechend ist es insbesondere an **Funktionen** beteiligt, die in höheren Primaten bzw. Menschen besonders ausgebildet sind: Vor allem das korrekte Ausführen von **raumzeitlich sehr komplexen und schnellen Bewegungsabläufen.** Dies sind insbesondere komplizierte **Bewegungen der Hand** und die **Sprachmotorik.** Das Pontozerebellum hat hierbei die Rolle eines **prozeduralen Gedächtnisses** und es ermöglicht **implizites Lernen:** Es speichert und ermöglicht – nach entsprechend ausgiebigem Training – sehr komplizierte automatisierte Bewegungsabläufe, wie z. B. das Spielen eines Instruments. Für diese komplexen Bewegungssequenzen ist dann kein bewusstes Nachdenken mehr notwendig und die einzelnen Schritte laufen weitgehend **ohne sensorisches Feedback oder bewusste Kontrolle** ab. Dies unterscheidet das Pontozerebellum funktional von den anderen beiden Teilen des Kleinhirns, die Bewegungsabläufe und -korrekturen durch sensorisches Feedback vermitteln.

Kortiko-zerebelläre-thalamo-kortikale Projektionsschleifen   Zunächst wird eine Bewegung in **präfrontalen, prämotorischen und supplementär-motorischen Kortexarealen** auf relativ abstrakter Ebene generiert, selektiert und repräsentiert (▶ Kap. 48.1). Eingänge aus diesen drei Arealen rufen dann aus dem **Bewegungs-Gedächtnisspeicher** des Pontozerebellums die entsprechenden konkreten Schritte der benötigten – **vorher gelernten und trainierten** – Bewegungssequenz ab. Diese werden dann über den Nucl. dentatus und den **ventrolateralen Thalamus** (der ebenso Eingänge aus den **Basalganglien** enthält) an den **primären Motorkortex M1** geschickt.

Pontozerebelläre Dysfunktion   Ausfallerscheinungen des Pontozerebellums führen zu **Beeinträchtigungen von komplexen, erlernten Bewegungen.** So tritt z. B. **Asynergie** auf, was bedeutet, dass die einzelnen Muskelbewegungen einer Sequenz nicht mehr aufeinander abgestimmt werden. Ist die Sprechmotorik betroffen, kommt es zu einer unklaren, verwaschenen oder abgehackten Sprache (**Dysarthrie**). Als Folge der Asynergie kann es weiterhin zu **Dekompositionen** von Bewegungsabläufen kommen, d. h. Komponenten einer Bewegung, werden nicht mehr gleichzeitig, sondern nacheinander ausgeführt (◻ Tab. 46.1, ◻ Abb. 46.3b).

❯ **Asynergie, Dysarthrie und Dekomposition sind Zeichen pontozerebellärer Dysfunktion.**

Lateralisierung von Funktionen
Die Kopplung zwischen Pontozerebellum und Kortex geht so weit, dass sich im Kleinhirn eine dem Großhirn analoge **Lateralisierung von Funktionen** (grob: Sprache links vs. räumliches Denken rechts) findet, sodass z. B. Dyslexie oft mit einer verminderten Aktivität in der rechten Kleinhirnhemisphäre einhergeht (die mit dem linken Neokortex verbunden ist).

Kognitive und emotionale Funktionen   Das Pontozerebellum ist auch an **nicht-motorischen Funktionen** beteiligt. Hierzu gehören höhere Aspekte der Sprachfähigkeit, wie **Wortfindung und Sprachprozessierung** (nicht nur Sprechmotorik). So wird eine bestimmte Region im rechten Pontozerebellum deutlich stärker aktiviert, wenn Probanden ein passendes Wort finden müssen, als wenn sie das gleiche Wort nur laut vorlesen. Studien, insbesondere an zerebellär geschädigten Patienten, weisen auch auf eine Beteiligung des Pontozerebellums an komplexen kognitiven und emotiven Funktionen hin, wie **flexible Handlungsplanung, Arbeitsgedächtnis, Aufmerksamkeit, Schmerz** und **Suchtverhalten.**

In Kürze

Das **Pontozerebellum** erhält **keine sensorischen Afferenzen.** Es ermöglicht als **motorische bzw. prozedurale „Speicherinstanz"** raumzeitlich komplexe motorische Lernvorgänge. So können (über kortiko-zerebelläre-thalamo-kortikale Projektionsschleifen) sehr komplexe, schnelle Bewegungsabläufe ohne sensorischen Feedback abgerufen und durchgeführt werden, wie z. B. Klavierspielen oder Sprechen.

46.4   Die zelluläre Verschaltung des Kleinhirns

46.4.1   Die fünf wichtigsten Zelltypen

Der neuronale Schaltkreis des Kleinhirn-Kortex besteht aus 5 wesentlichen Zelltypen und ist hochgradig stereotyp mit nur einer Ausgangsstation: den GABAergen Purkinjezellen.

Der Kleinhirnkortex gliedert sich einheitlich in drei Zellschichten (**Molekularschicht, Purkinjezellschicht und Körnerzellschicht**), die fünf verschiedene Neuronentypen enthalten (◻ Abb. 46.4, ◻ Tab. 46.2).

Körnerzellen   99 % der ca. 100 Milliarden Neuronen des Kleinhirns sind **glutamaterge Körnerzellen,** deren hohe Zahl die akkurate Repräsentation von Bewegungstrajektorien erlaubt. Sie sind die einzigen erregenden Neuronen im Kleinhirnkortex und der häufigste kernhaltige Zelltyp des Körpers überhaupt. Die Axone der kleinen Körnerzellen nennt man **Parallelfasern,** da sie in der Molekularschicht parallel zu den

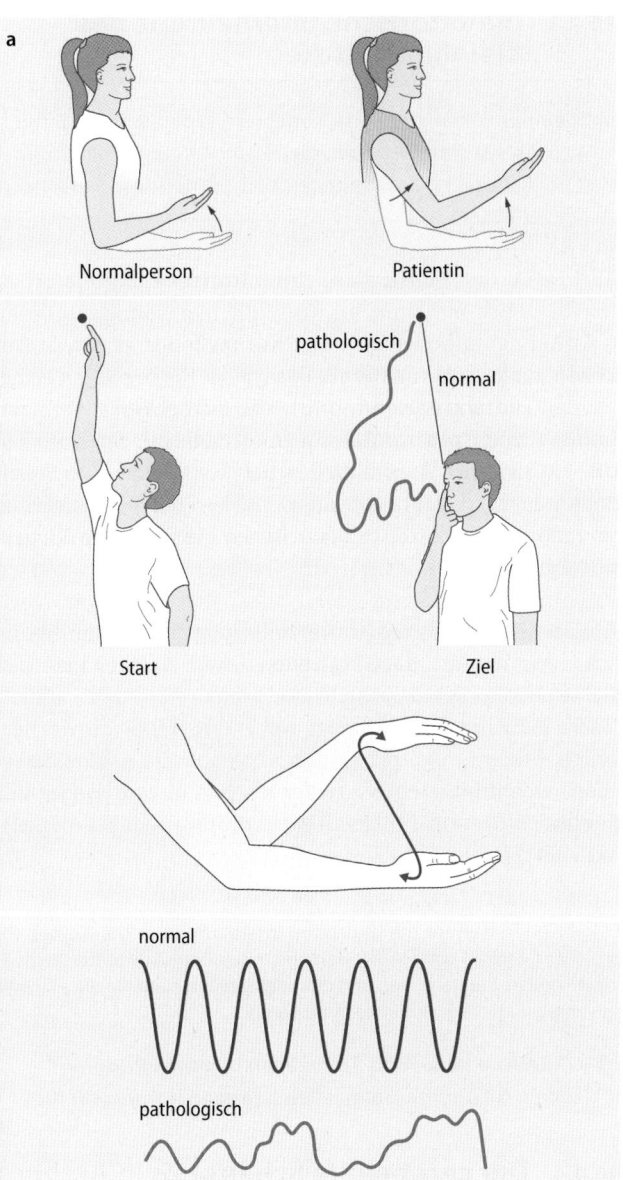

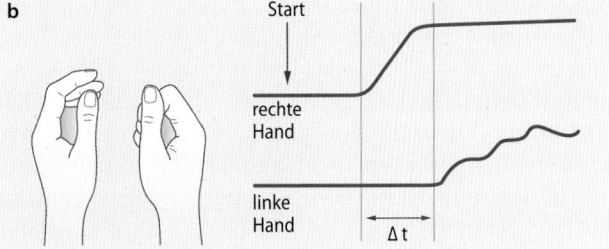

■ **Abb. 46.3a,b   Pathophysiologie von Kleinhirnschädigungen.**
a Beispiele für Schädigungen des paramedianen Spinozerebellums.
Oben: Gezeigt ist eine Flexion des Ellenbogens (Normalperson). Die
Patientin kann den Ellenbogen nicht beugen, ohne gleichzeitig die
Schulter zu bewegen, da die Oberarmmuskeln nicht mehr das Drehmo-
ment kompensieren, das die Ellenbogenbewegung auf das Schulterge-
lenk ausübt. Mitte: Gezeigt ist die Bewegung des Zeigefingers von oben
zur Nasenspitze, wobei die rote Linie die normale, zielgerichtete
Bewegung des Fingers zeigt und die blaue Linie die pathologische Bewe-
gungsbahn eines Patienten mit Dysmetrie und Intentionstremor. Unten:
Bei alternierender Drehung der Handfläche weicht die pathologische
Bewegung der Hand der Patientin (blau) stark vom normalen sinusförmi-
gen Verlauf ab (Dysdiadochokinese). **b** Beispiel für Schädigungen des
Pontozerebellums. Die Hände sollen gleichzeitig beim Startsignal zur
Faust geschlossen werden. Die Kurven (rechts) zeigen die Druckmessun-
gen (Gummibälle, die zusammengepresst werden). Bei einem Patienten
mit Schädigung im linken Pontozerebellum wird die linke Hand mit zeitlicher Verzögerung (Doppelpfeil) geschlossen und zwar erst, nachdem
die Bewegung der rechten Hand abgeschlossen ist (Dekomposition).
Δt=Latenzzeit

■ **Tab. 46.2   Zelltypen des zerebellären Kortex: funktionelle Anatomie und Physiologie**

	Körnerzelle	Golgizelle	Purkinjezelle	Korbzelle	Sternzelle
Schicht des Somas	Körnerzellschicht	Körnerzellschicht	Purkinjezellschicht	Molekularschicht	Molekularschicht
Zelltyp	Exzitatorisches IN	Inhibitorisches IN.	Inhibitorisches PN	Inhibitorisches IN	Inhibitorisches IN
Transmitter	Glutamat	GABA	GABA	GABA	GABA
Exzitatorische Afferenzen	Moosfasern	Parallelfasern	Kletterfasern Parallelfasern	Parallelfasern	Parallelfasern
Inhibitorische Afferenzen	Golgizelle	-	Korbzelle Sternzelle	-	-
Efferenzen	Golgizelle, Purkinjezel-le, Korb- und Sternzelle	Körnerzelle	Kleinhirnkern einschl. Nucl. vestibulares	Purkinjezelle	Purkinjezelle
Physiologische Funktion	Exzitation aller Zellen des Kleinhirnkortex	Laterale Hemmung der Körnerzellen	Integration, Plastizität, und Ausgang aus Kleinhirnkortex	Laterale Hemmung der Purkinjezellen	Laterale Hemmung der Purkinjezellen

IN=Interneuron; PN=Projektionsneuron

Auffaltungen – und damit senkrecht zu den Dendriten der Purkinjezellen – verlaufen.

Inhibitorische Purkinjezellen und Interneurone Die **GABAergen Purkinjezellen** mit ihren großen Dendritenbäumen sind gewissermaßen das funktionelle und anatomische Gegenteil der Körnerzellen und sie bilden als **einzige Ausgangsstation** des Kleinhirnkortexes seinen **zentralen Konvergenzpunkt**. Sie inhibieren die exzitatorischen Projektionsneurone der Kleinhirnkerne bzw. der Nuclei vestibulares. **Drei Typen von inhibitorischen Interneuronen – Korb-, Stern- und Golgizellen** – modulieren die Aktivität von Körner- und Purkinjezellen.

❯ Glutamaterge Körnerzellen sind die einzigen erregenden Neuronen im Kleinhirnkortex.

46.4.2 Exzitatorische Fasern des Kleinhirnkortex

Der Kleinhirnkortex besitzt nur einen Typ exzitatorischer Interneurone, die glutamatergen Körnerzellen. Die Kleinhirnkerne und die Körnerzellen selbst werden durch eingehende Projektionsfasern, die Kletterfasern und Moosfasern, erregt.

Exzitatorische Eingänge Das Kleinhirn erhält zwei Typen **exzitatorischer Eingänge: Kletterfasern** und **Moosfasern**. Die Kletterfasern sind die Axone der Neurone, die außerhalb des Kleinhirns in der unteren Olive liegen.

❯ Jede Purkinjezelle wird von genau einer Kletterfaser erregt.

Dieselbe Kletterfaser kann aber über Verzweigungen mehrere Purkinjezellen innervieren (**Divergenz**). Die **Moosfasern** sind die Axone der Projektionsneurone aus Pons, Spinalmark und Vestibularkernen. Sie erregen die glutamatergen **Körnerzellen,** die wiederum mit ihren Axonen, den **Parallelfasern,** die Purkinjezellen erregen. Eine Körnerzelle bildet jeweils mit Zehntausenden von Purkinjezellen synaptische Verknüpfungen.

Kollateralen zu Kleinhirnkernen Sowohl Kletter- als auch Moosfasern senden auf ihrem Weg zum zerebellären Kortex auch **exzitatorische Axonkollaterale an die Kleinhirnkerne**. Diese sind essentiell, da die Purkinjezellen, die auf die Kleinhirnkerne projizieren, **inhibitorisch** sind. Um aber mit einer Purkinjezell-vermittelten Inhibition ein informatives Ausgangssignal zu erzeugen, muss eine **basale Aktivität der Kleinhirnkerne** vorhanden sein, die dann durch die Verrechnung im Kleinhirnkortex (s. u.) selektiv gehemmt werden kann. Die in kontextabhängiger Purkinjezell-Hemmung jeweils verbleibenden spezifischen Restaktivitäten in den jeweiligen Kleinhirnkernen stellen das physiologische Verrechnungsergebnis des Kleinhirns dar (**Erregungsdifferenz**).

❯ Purkinjezellen hemmen die Kleinhirnkerne.

46.4.3 Inhibitorische Interneurone des Kleinhirnkortexes

Im Kleinhirnkortex finden sich mehrere Typen spezialisierter inhibitorischer Interneurone, die lokal laterale Hemmungen und Rückkopplungshemmungen von Körner- und Purkinjezellen vermitteln.

Korbzellen und Sternzellen **Inhibitorische Signale** erhalten die Purkinjezellen im Wesentlichen von zwei Typen GABAerger Interneurone, den **Korbzellen** und den **Sternzellen,** die jeweils von **Parallelfasern** der **Körnerzellen** erregt werden (**Vorwärts-Hemmung**). Die **Korbzellen** feuern mit hoher Aktionspotenzial-Frequenz (>100 Hz). Sie hemmen die Aktivität der Purkinjezellen nahe am Soma. Die **Sternzellen** dagegen inhibieren die Dendriten der Purkinjezellen und modulieren so die exzitatorischen Eingänge von Kletter- und Parallelfasern.

Golgizellen Auch die **Körnerzellschicht** besitzt inhibitorische Interneurone, die **Golgizellen**. Ihre Dendriten befinden sich in der Molekularschicht und werden von den Parallelfasern der Körnerzellen erregt, wobei ihre Axone die Körnerzellen wiederum direkt an ihren synaptischen Moosfaser-Eingängen inhibieren. Sie stellen also ein direktes **negatives Feedback-System (Rückwärts-Hemmung)** der Körnerzellaktivität dar.

Inhibitorische Interneurone
Es gibt noch **weitere inhibitorische Interneurone** in der Körnerzellschicht, die nur in einigen Arealen und in geringer Zahl auftreten (z. B. Lugarozellen, Bürstenzellen und Chandelierzellen), und die die Aktivität des zerebellären Schaltkreises modulieren.

❯ GABAerge Korb- und Sternzellen hemmen Purkinjezellen. GABAerge Golgizellen hemmen Körnerzellen.

46.4.4 Der zerebelläre Schaltkreis in Aktion

Die Verrechnungen und das Ausgangssignal im Kleinhirn beruhen im Wesentlichen auf einer gezielten und modifizierbaren Hemmung bestehender Aktivität, nicht auf der Erzeugung neuer Signale.

Wie kann das Kleinhirn über die o. g. Schaltkreise und die selektive Inhibition sowohl Bewegungsprogramme speichern als auch Bewegungen koordinieren?

Sowohl die **glutamatergen Kleinhirnkerne** als auch die **GABAergen Purkinjezellen des zerebellären Kortex** sind im wachen Gehirn **ständig aktiv**, da sie jeweils fortlaufend über Kletter- bzw. Moos- und Parallelfasern erregt werden. Im sich bewegenden Körper ändert sich die Aktivität der Purkinjezellen daher kontinuierlich – entsprechend der eingehenden motorischen und sensorischen Signale sowie als **Ergebnis der Verrechnungen innerhalb des Kleinhirnkortex-Schaltkreises**.

46

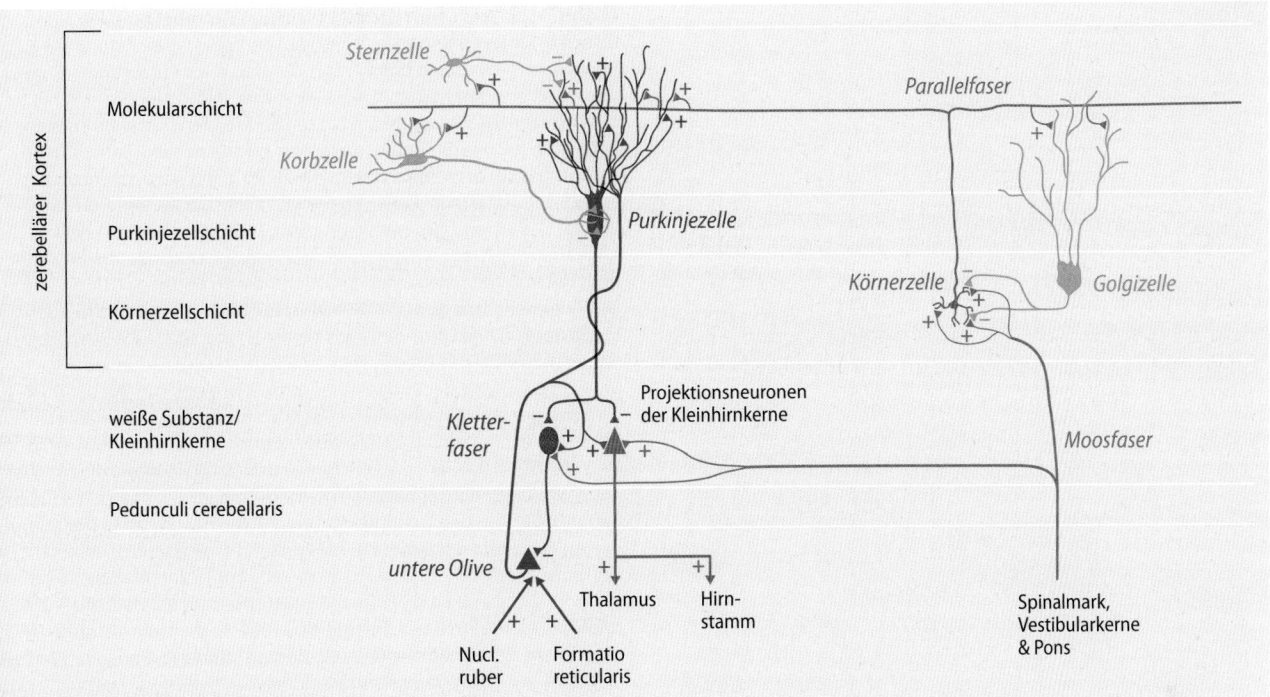

Abb. 46.4 Funktionelle Anatomie der fünf wichtigsten Nervenzelltypen des zerebellären Kortex. Schematische Darstellung des zerebellären Kortex mit Kleinhirnkernen, Efferenzen und Afferenzen. Gezeigt sind die Lage und Verknüpfungsmuster der fünf wichtigsten Zelltypen des Kortex, die in drei Schichten angeordnet sind. Die afferenten glutamatergen Projektionen der Moos- und Kletterfasern sind darunter dargestellt. Inhibitorische Neurone sind grau bzw. orange und ihre Synapsen mit (-) gekennzeichnet. Exzitatorische Körnerzellen, Projektionsneuronen und eingehende Kletter- und Moosfasern sind rot, rosa oder lila und ihre Synapsen mit (+) gekennzeichnet

Laterale Hemmung Wenn über das Kletterfaser-Moosfaser-Parallelfasersystem ein erregendes Signal in den Kleinhirnkortex gesandt wird, werden entsprechend der Verschaltung einige Purkinjezellen stärker, andere schwächer erregt. Da gleichzeitig auch inhibitorische Stern- und Korbzellen aktiviert werden, werden die schwächer erregten Purkinjezellen durch diese relativ stärker gehemmt. Diese sog. **laterale Hemmung** durch die Interneurone der Molekularschicht führt zu einer Selektion und Verstärkung bestimmter Purkinjezellpopulationen im Sinne einer **räumlichen Kontrastverschärfung** (▶ Kap. 49.3.4). Die gleichzeitig aktivierten Golgizellen, die eine negative Rückkopplungsschleife der Körnerzellen bilden, bewirken wiederum eine **zeitliche Kontrastverschärfung**: nur in Phasen einer starken Körnerzell-Erregung können Aktionspotenziale von den Körnerzellen weitergeleitet werden, während sie in Phasen schwächerer Aktivität ganz gehemmt werden. Die daraus resultierenden **Gruppen selektiv erregter Purkinjezellen** hemmen spezifische Bereiche der Kleinhirnkerne stärker. Sie werden auch **Erregungsstreifen** genannt, da sie längs in Richtung der Parallelfasern wie Streifen angeordnet sind.

Synaptische Plastizität Indem die Funktionen bestimmter **Synapsen** des zerebellären Schaltkreises kontextabhängig **dauerhaft verändert** werden (**synaptische Plastizität**), kann auch **motorisches Lernen** realisiert werden. Wenn z. B. Kletterfaser- und Parallelfaser-Synapsen im gleichen Abschnitt des Dendriten einer Purkinjezelle zur gleichen Zeit (bzw.

in zeitlicher Koinzidenz) erregt sind, wird die Parallelfaser-Purkinjezell-Synapse in ihrer **Aktivität geschwächt**, also eine **Langzeit-Depression (long-term-depression, LTD)** der entsprechenden Synapse bewirkt (□ Abb. 46.5). Es konnte gezeigt werden, dass dieses LTD der Parallelfaser-Synapse eine einfache Form des impliziten Lernens, nämlich die klassische Konditionierung des Lidschlagreflexes, ermöglicht (□ Abb. 46.6). Dies ist der erste (und bis heute fast einzige) Fall, für den nachgewiesen werden konnte, dass synaptische Plastizität tatsächlich einem Lernvorgang – also dem Erwerb eines Gedächtnisinhalts – unterliegt.

Auch **Langzeit-Potenzierungen (long-term-potentiation, LTP)** sind an Parallelfaser-Purkinjezell-Synapsen (und anderen zerebellären Synapsen) beschrieben, die das Gegenteil bewirken, also eine **Verstärkung der Synapse**. Die molekularen Mechanismen von LTD/LTP werden in Kapitel 11 erklärt.

> **Synaptische Plastizität in Form von Langzeitdepression LTD ist ein molekulares Korrelat des motorischen Lernens.**

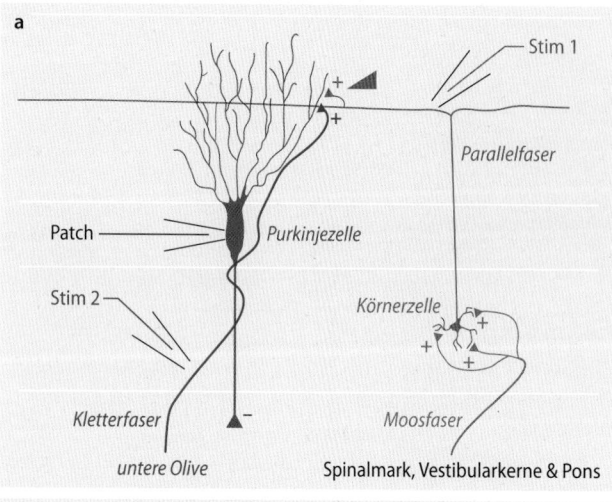

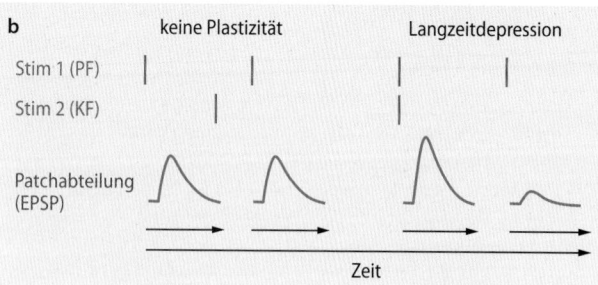

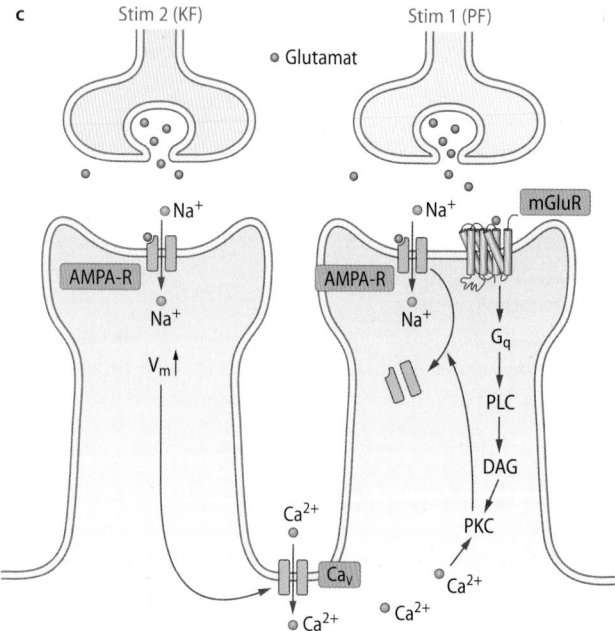

Abb. 46.5a–c   Langzeitdepression einer zerebellären Parallel-faser-Purkinjezell-Synapse. a Im Tierexperiment werden durch zwei Stimulationselektroden (Stim 1, Stim 2) selektiv die Parallelfaser (Stim 1) oder die Kletterfaser (Stim 2) aktiviert, die dieselbe zerebelläre Purkinje-zelle erregen. Die Stärke der erzeugten erregenden postsynaptischen Potenziale (EPSPs) der Purkinjezelle wird mittels der sog. Patch-Clamp-Technik (Patch) gemessen. **b** zeigt die EPSPs in Antwort auf entsprechende Stimulationen. **Links:** Werden Parallel- und Kletterfasern zu unterschiedlichen Zeitpunkten simuliert, bleibt die Amplitude des nachfolgenden EPSPs der Purkinjezelle bei Parallelfaserstimulation unverändert. **Rechts:** Werden Parallel- und Kletterfasern zeitlich synchron stimuliert (innerhalb von ca. 100–200 ms), ist die Stärke des nachfolgenden EPSPs der Purkinjezelle signifikant kleiner als das erste EPSP (Langzeitdepression, LTD). **c** Illustration der molekularen Grundlagen der LTD in der Postsynapse der Purkinjezelle (pinkes Dreieck in a). An der **Postsynapse der stimulierten Kletterfaser** werden durch präsynaptisch freigesetztes Glutamat (lila) ionotrope Glutamatrezeptoren des AMPA-Typs (AMPA-R) aktiviert, die eine Depolarisation generieren, die zur Öffnung von spannungsabhängigen Kalziumkanälen (Ca_V) führt, wodurch Kalzium (Ca^{2+}) in den Dendriten strömt. An der **Postsynapse der stimulierten Parallelfase**r bindet das präsynaptisch freigesetzte Glutamat (lila) sowohl an AMPA-R als auch an metabotrope Glutamatrezeptoren (mGluR), die über eine G_q-Protein-Kaskade (Phospholipase C, PLC) Diacylglycerin (**DAG**) freisetzt. Der **gleichzeitige** Anstieg von Ca^{2+} und DAG aktiviert die **Proteinkinase C** (PKC), die eine Internalisierung der AMPA-R an der Parallelfasersynapse und somit deren Schwächung bewirkt

In Kürze

Der Kleinhirnkortex gliedert sich in **drei Zellschichten** (Molekularschicht, Purkinjezellschicht und Körnerzellschicht) und **fünf Zelltypen** (GABAerge Sternzellen, Korbzellen, Golgizellen, und Purkinjezellen, sowie glutamaterge Körnerzellen, die die vier GABAergen Zelltypen erregen). Die zwei erregenden **Haupteingänge** zum Kleinhirnkortex werden von dem Moosfaser-Parallelfaser-System und den Kletterfasern gebildet, die über Axonkollateralen auch die Kleinhirnkerne erregen. Die **lokale Verschaltung** der fünf Zelltypen führt zu **kontextabhängigen Verrechnungen** der ursprünglichen Eingangssignale innerhalb des Kleinhirnkortexes durch Mechanismen wie **Divergenz,** räumliche und zeitliche **Kontrastverstärkung** und **synaptische Plastizität**. Die GABAergen **Purkinje-Zellen** bilden die **zentrale Integrationsstation** des Kleinhirnkortexes: Sie sind dessen einzigen Projektionsneurone und sie hemmen selektiv die Erregung bestimmter Neuronpopulationen der Kleinhirnkerne. Das verbleibende Erregungsmuster der Projektionsneurone der Kleinhirnkerne bildet das eigentliche **integrative Ausgangssignal** des Kleinhirns.

46

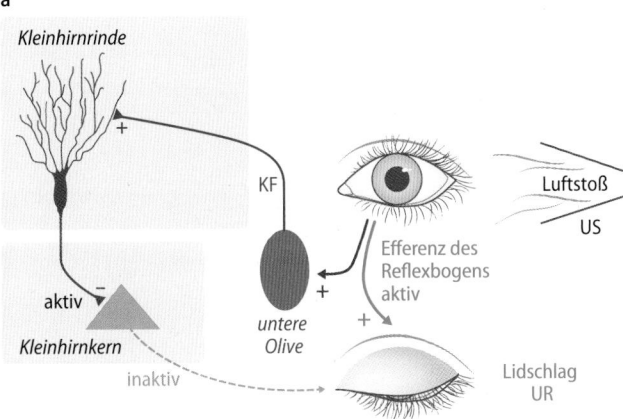

a

b * Koinzidente Aktivierung löst LTD der PF-Synapse aus

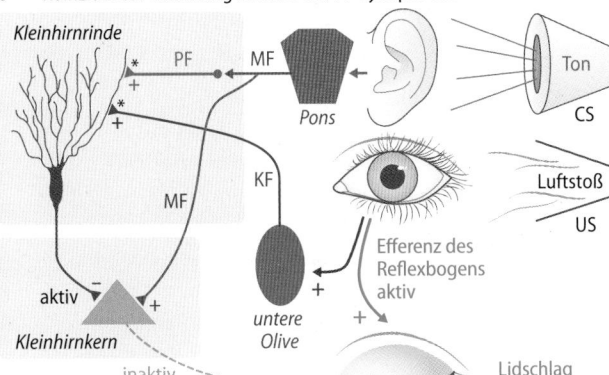

c

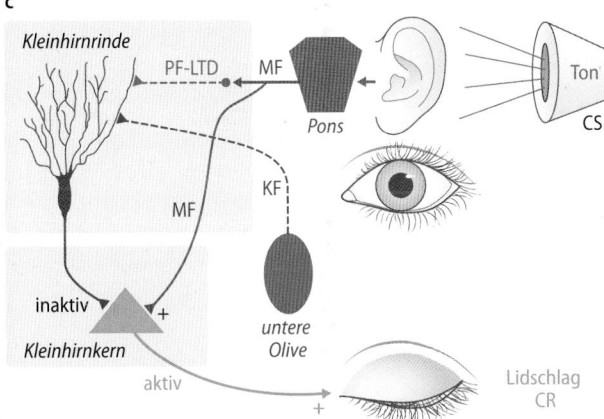

□ **Abb. 46.6   Konditionierungslernen des Lidschlagreflexes durch Langzeitdepression der zerebellären Parallelfaser-Purkinjezell-Synapse. a** Ausgangssituation: der Lidschlag (unkonditionierte Reaktion, UR) wird direkt durch einen Luftstoß auf das Auge (unkonditionierter Stimulus, US) ausgelöst, ohne dass das Kleinhirn zu diesem Reflex beiträgt. **b** Ein akustischer Stimulus löst den Lidschlag normalerweise nicht aus (nicht gezeigt). Wird der Ton (konditionierter Stimulus, CS) aber gleichzeitig mit dem Luftstoß (US) präsentiert, kommt es zur gleichzeitigen Aktivierung des Parallelfasereingangs (PF, durch CS über Moosfasern, MF) und des Kletterfasereingangs (KF, durch US) am gleichen Dendriten einer Purkinjezelle, wodurch der Parallelfasereingang später durch Langzeitdepression (LTD) abgeschaltet wird (siehe Abb. 46.5) **c** Wird nach diesem Lernvorgang nur noch der Ton (CS) allein (ohne US) präsentiert, ist dies ausreichend, um den Lidschlag auszulösen: die Purkinjezelle wird wegen des LTDs nun nicht mehr von dem Ton (Parallelfasereingang, PF) aktiviert. Damit entfällt die Hemmung des Kleinhirnkerns, der stets auch durch den auditorischen Eingang (über Kollateralen der Moosfasern, MF) aktiviert wird. Diese ungehemmte Aktivität des Kleinhirnkerns löst nun den Lidschlag (als konditionierte Reaktion, CR) aus. Dieses Beispiel veranschaulicht auch nochmals die Arbeitsweise des Zerebellums: sein Ausgangssignal ist die nach Purkinke-Zell-vermittelter Hemmung verbleibende Restaktivität der durch Kollateralen der Afferenzen erzeugten Aktionspotenziale in den Kleinhirnkernen. Die inhibitorische Purkinje-Zelle ist grau und ihre Ausgangssynapse mit (-) gekennzeichnet, wenn sie aktiv ist. Alle anderen dargestellten Neuronen bzw. Verbindungen sind exzitatorisch und deren jeweils aktive Synapsen mit (+) gekennzeichnet. Inaktive Verbindungen sind gestrichelt

Literatur

Carey MR. (2011) Synaptic mechanisms of sensorimotor learning in the cerebellum. Curr Opin Neurobiol. 21(4):609–15

Cerminara N.L., Lang E.J., Sillitoe R.V., Apps R. (2015): Redefining the cerebellar cortex as an assembly of non-uniform Purkinje cell microcircuits. Nat Rev Neurosci. 16(2):79–93

De Zeeuw CI, Ten Brinke MM. (2015) Motor Learning and the Cerebellum. Cold Spring Harb Perspect Biol. 7(9):a021683

Strick, P.L., Dum, P.D., Fiez, J.A. (2009) Cerebellum and nonmotor function. Ann. Rev. Neurosci. 32:413–34

Witter L, De Zeeuw CI. (2015) Regional functionality of the cerebellum. Curr Opin Neurobiol. 33:150–5

Basalganglien

Jochen Roeper

© Springer-Verlag GmbH Deutschland, ein Teil von Springer Nature 2019
R. Brandes et al. (Hrsg.), *Physiologie des Menschen*, Springer-Lehrbuch
https://doi.org/10.1007/978-3-662-56468-4_47

Worum geht's? (◘ Abb. 47.1)

Die Basalganglien haben wichtige motorische Funktionen

Die Basalganglien sind ein neuronales Netzwerk von Kerngebieten unterhalb der Hirnrinde. Sie regeln situationsabhängig, ob eine erlernte Handlung ausgeführt oder unterdrückt wird.

Die Basalganglien steuern die Motorik über die Konkurrenz von zwei Verrechnungspfaden

Für die Auswahl von motorischen Handlungen werden parallel Handlungs-aktivierende und -hemmende Teil-Netzwerke aktiviert. So können gleichzeitig gewünschte Bewegungen ausgeführt und unerwünschte Bewegungen unterdrückt werden. Die Basalganglien realisieren diese Arbeitsteilung mit zwei parallelen Verrechnungs-Pfaden, dem direkten GO-Pfad und indirekten NoGO-Pfad.

Die Basalganglien vermitteln das „wie" und „wann" von Handlungen

Motorischen Handlungen müssen unter Beteiligung der Basalganglien erlernt werden. Beim motorischen Lernen tragen sie entscheidend sowohl zum „wie" als auch zum „wann" einer Handlung bei. Neben dem Erlernen einer Handlungsabfolge vermitteln sie die Kompetenz, wann eine Handlung erfolgsversprechend ist und wann nicht. Die Basalganglien bilden damit ein über Belohnungslernen rückgekoppeltes Netzwerk, das adäquates und flexibles Handeln ermöglicht.

Das belohnungs-abhängige Erlernen wird durch die Neuromodulatoren Dopamin und Acetylcholin gesteuert

Informationen aus verschiedenen Bereichen der Großhirnrinde erreichen die Eingangsneurone der Basalganglien im Striatum. Diese Neurone verwenden den hemmenden Neurotransmitter GABA und sind mit Ausgangsneuronen der Basalganglien verschaltet, die ebenfalls GABA freisetzen. Über diese doppelte Hemmung werden motorikfördernde Zielneurone im Thalamus erregt. Die verstärkte Freisetzung des Neurotransmitters Dopamin bei gleichzeitiger Unterdrückung der Acetylcholinausschüttung im Striatum fördert diesen Weg und begünstigt die Bewegungsausführung und das motorische Lernen.

Erkrankungen der Basalganglien

Der striatale Dopaminmangel und der daraus resultierende hypercholinerge Tonus bei Morbus Parkinson führt zur Erhöhung der Muskelspannung, einem Zittern der Muskeln in Ruhe und der Schwierigkeit, motorische Handlungen zu aktivieren. Der Einsatz von Dopaminagonisten und cholinergen Antagonisten ist daher eine zentrale Achse der Therapie bei Morbus Parkinson.

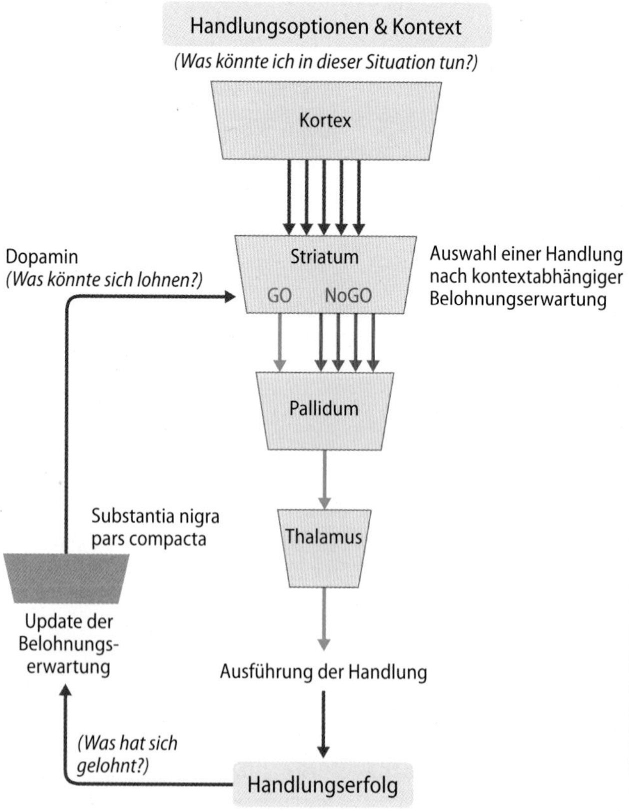

◘ Abb. 47.1 Informationsverarbeitung in den Basalganglien – Auswählen von Handlungen nach Belohnungserwartungen

47

47.1 Wozu Basalganglien?

47.1.1 Motorische Aufgaben der Basalganglien

Die Basalganglien bestehen aus zwei in Reihe geschalteter GABAergen Projektionsneuronen in Striatum und Pallidum.

Funktionelle Bedeutung Unter den Basalganglien (BG) versteht man in erster Näherung ein poly-synaptisches **neuronales Netzwerk aus mehreren parallelen Verrechnungspfaden.** Es besteht im einfachsten Falle (der direkte Pfad) aus zwei **in Reihe geschalteten Typen von GABAergen Projektionsneuronen** in den subkortikal-gelegenen Kerngebieten **Striatum** und **Pallidum**, die kortikale Informationen verrechnen. Ziel dieser Verrechnung ist es, der jeweiligen Situation angepasste motorische Handlungen zu erlernen bzw. bereits gelernte Handlungen entsprechend von Belohnungserwartungen auszuwählen und auszuführen. Dies erfolgt durch die **Aktivierung von thalamo-kortikalen motorischen Arealen** (▶ Kap. 48.1.3). Die Basalganglien bilden damit den zentralen Anteil einer Verrechnungsschleife zwischen kortikalen Eingängen und thalamo-kortikalen Ausgängen.

Evolution der Basalganglien Bereits bei einfachen Vertebraten erschließen die Basalganglien neue motorische Freiheitsgrade, die eine größere, flexiblere und individuellere Vielfalt von motorischen Handlungen ermöglichen. Im Gegensatz dazu steht bei der einfacheren und stereotypen Motorik der **Mustergenerator** (central pattern generator, CPG, ▶ Kap. 45.3.2) im Vordergrund, der nur ein begrenztes Repertoire von motorischen Handlungsmustern erlaubt (u. a. Atmen, Kauen, Schlucken). Dies steht im Kontrast zu der enormen Vielfalt individueller motorischen Leistungen, zu denen höhere Vertebraten, Säugetiere und der Mensch fähig sind, die aber erst nach einer längeren Lernzeit erworben werden. Beim Menschen gehören hierzu vor allem die **Sprache** und der **Werkzeuggebrauch**. Auch der **soziale Kontext**, in dem eine motorische Handlung eingebettet ist, wird bei wachsender Gruppengröße immer komplexer. Hier stellen die Basalganglien eine **offene motorische Lern-Plattform** bereit, um diese zusätzlichen Herausforderungen an die Motorik zu meistern.

47.1.2 Belohnungs-abhängiges Erlernen vom motorischen Routinen

Die Basalganglien erlauben kontext- und belohnungsabhängiges Erlernen und Auswählen von motorischen Handlungen.

Belohnungs-abhängige Lernplattform der Motorik Die Basalganglien verfügen neben der **parallelen neuronalen Repräsentation** von alternativen motorischen Handlungssequenzen (Was könnte ich gleich alles tun?) und kontextueller Information (In welcher Situation befinde ich mich?) über ein **Bewertungssystem.** Dieses sagt den Erfolg oder Misserfolg

einer geplanten Handlung voraus, bewertet aber auch den eingetretenen Erfolg oder Misserfolg einer bereits ausgeführten Handlung. Damit können die Voraussagen dieses Bewertungssystems stets aktualisiert und an eine sich verändernde Umwelt angepasst werden. Entsprechend wird die Vielfalt des motorischen Lernens in den Basalganglien nach einem **einfachen Algorithmus** organisiert: führt unerwartet eine Handlung A in Kontext B zum Erfolg, wird ein positives Signal erzeugt. In Folge dessen wird die Handlung A beim erneuten Eintreten von Kontext B mit höherer Wahrscheinlichkeit ausgeführt. Wenn dagegen unerwartet eine Handlung C in Kontext D nicht belohnt oder gar bestraft wird, wird ein negatives Signal erzeugt. Somit wird diese Handlung beim erneuten Eintreten von Kontext D vermieden. Diese **belohnungsabhängige Form des motorischen Lernens (reward-based learning)** in den Basalganglien ergänzt das **Fehler-basierte motorische Lernen (error-based learning)** im Kleinhirn.

> ❯ Basalganglien: reward-based learning – Kleinhirn: error-based learning.

Automatisierung von Handlungen Mithilfe des belohnungsabhängigen Lernens der Basalganglien kann ein Kontext-spezifisches Repertoire von erfolgreichen **motorischen Routinen** – im Sinne von **Situations-Handlungs-Assoziationen** – angelegt werden, die ohne langwierige kognitive Analyse ausgeführt werden. Ein Großteil des menschlichen motorischen Verhaltens im Routine-Alltag kann damit quasi **automatisch** ablaufen. Die verschiedenen Teilleistungen der Basalganglien werden durch die **elektrischen Aktivitätsmuster** verschiedener Neuronentypen und ihrer Konnektivität zu einem neuronalen Netzwerk implementiert (▶ Abschn. 47.2). Der Aspekt des belohnungs-abhängigen Lernens wird vor allem durch die Neuromodulator-gesteuerte **Plastizität von kortiko-striatalen Synapsen ermöglicht** (▶ Abschn. 47.3).

> **In Kürze**
>
> Die Basalganglien bilden ein **neuronales Netzwerk**, mit dessen Hilfe belohnungsabhängig motorische Handlungen erlernt und Kontext-spezifisch ausgeführt oder gehemmt werden können. Sie dienen so der **flexiblen Kontrolle höherer Motorik.**

47.2 Neurophysiologische Funktionsprinzipien der Basalganglien

47.2.1 Schaltplan der Basalganglien

Handlungen werden durch Reihenschaltung zweier hemmender GABAerger Neurone über das Prinzip der Disinhibition ermöglicht.

Neuronales Netzwerk Um ihre Funktion des Belohnungs-abhängigen Auswählens von motorischen Handlungen zu rea-

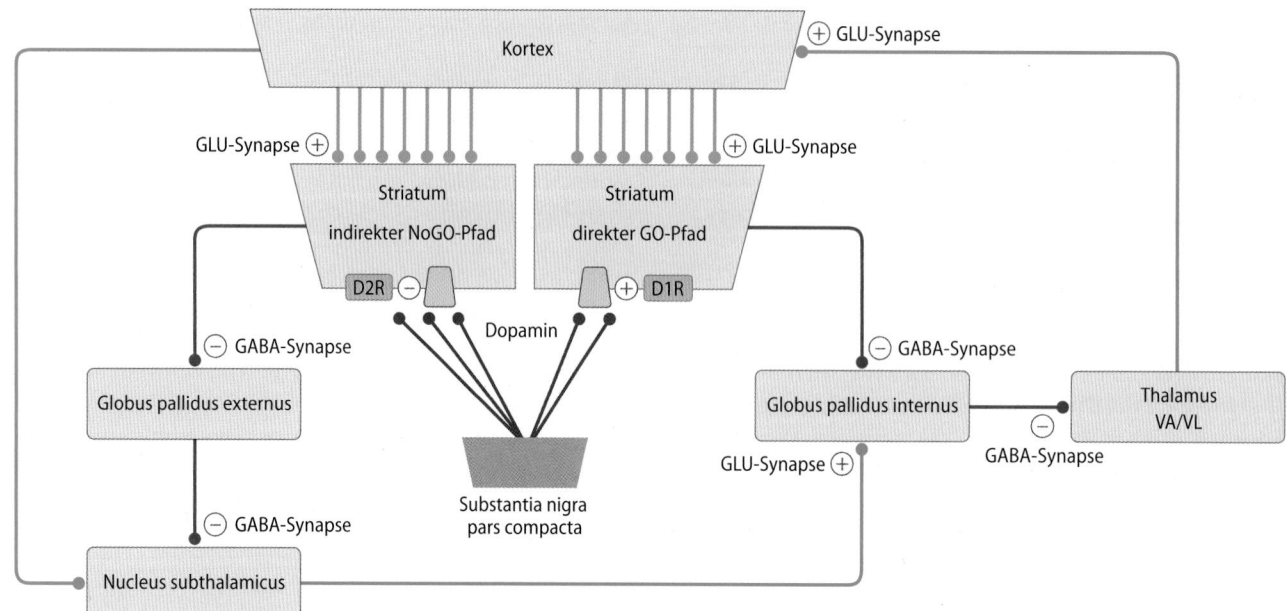

◘ Abb. 47.2   Synaptischer Schaltplan der Basalganglien. D1R=Metabotrope exitatorische Dopamin Typ 1 Rezeptoren, D2R=Metabotrope inhibitorische Dopamin Typ 2 Rezeptoren, GLU=Glutamaterge Synapse (grün – exzitatorisch), GABA-Synapse (rot – inhibitorisch), DOPAMIN (schwarz – neuromodulatorisch)

lisieren, sind die Basalganglien Teil einer polysynaptischen, gerichteten (**feed-forward**), kortiko-kortikalen Verrechnungsschleife, die Neuronen aus verschiedenen kortikalen Arealen (z. B. somatosensorisch) mit denjenigen in prämotorischen und motorischen kortikalen Arealen verbinden.

Ebenen der Basalganglien   Eingebettet zwischen **kortikalen Eingängen** (**Afferenzen**) und **thalamo-kortikalen Ausgängen** (**Efferenzen**) bestehen die Basalganglien im einfachsten Falle aus zwei prinzipiellen, mit einander in Reihe verknüpften Schaltstationen. Diese sind das **Striatum** (Nucl. caudatus/ Putamen), das als Basalganglien-Eingangskern vor allem kortikale Afferenzen empfängt, und das nachgeschaltete **Pallidum**, welches als Basalganglien-Ausgangskern neuronale Signale an thalamo-kortikale Areale sendet (◘ Abb. 47.2).

47.2.2   Direkter Weg der Basalganglienschleife

Die Reihenschaltung zweier GABAerger Neurone ist das Grundmotiv des Schaltplans der Basalganglien.

Eingangsebene   Die „**medium spiny neurons**" (**MSN**) der Eingangsebene im Striatum erhalten zahlreiche Afferenzen von kortiko-striatalen Projektionsneuronen aus der Hirnrinde. Diese kortikalen Afferenzen bilden erregende **glutamaterge Dornen**(spine)-**Synapsen** (▸ Kap. 10.1.1) an den MSNs. Daneben erhalten die MSN auch erregende Eingänge aus intralaminären thalamischen Kernen, die neben kontextuellen Informationen aus dem Kleinhirn auch unerwartete oder hoch relevante Ereignisse aus subkortikalen sensorischen Zentren (z. B. Vierhügelplatte) vermitteln. MSN, die

dominierende Neuronenpopulation (MSN >90 %; >10 % Interneuronen) im Striatum, sind inhibitorische GABAerge Projektionsneuronen, die auf Neuronen im Globus pallidus (GPN) projizieren und diese durch aktivitäts-abhängige Ausschüttung des Neurotransmitter GABA hemmen.

Ausgangsebene   Bei den pallidalen Zielneuronen handelt es sich ebenfalls um GABAerge Projektionsneuronen, welche neben internen Projektionen auch die Ausgangsstruktur der Basalganglien bilden. So projizieren Globus-pallidus-Neurone im internen Segment (GPi) auf thalamische Zielneuronen in **ventro-anterioren (VA)** und **ventro-lateralen (VL) thalamischen Kerngebieten**. Diese thalamischen Relayneurone beeinflussen vor allem prämotorische kortikale Areale (z. B. SMA = supplementäres motorisches Areal; ▸ Kap. 48.1.2).

GABAerge Reihenschaltung   Das funktionelle Verständnis der Basalganglien ergibt sich aus der Betrachtung der zwei in Reihe geschalteter GABAerger Projektionsneuronen, dem **medium spiny neuron** (MSN) als Basalganglien-Eingangsneuron und dem **Globus-pallidus-internus**-Neuron (GPi) als Basalganglien-Ausgangsneuron. Um zu verstehen, was funktionell durch diese **Reihenschaltung zweier hemmender GABAergen Neuronen** erreicht wird, müssen wir die unterschiedliche elektrische Aktivität von MSN und GPi im motorischen Ruhezustand betrachten. Während die MSN im Striatum eine nur sehr geringe überschwellige elektrische Aktivität zeigen (~1 Hz), sind die GPi-Neurone tonisch aktiv und feuern permanent Aktionspotenziale mit einer hohen Frequenz zwischen 50–70 Hz (◘ Abb. 47.3). In Folge dieser hohen Aktivität von inhibitorischen Basalganglien-Ausgangsneuronen werden die thalamischen Zielneurone durch die Ausschüttung von GABA sehr effizient gehemmt. Sie können daher im motorischen Ruhezustand kortikalen Neuronen in prämotorischen Arealen nicht aktivieren und in Folge unterbleibt eine kortikal-vermittelte Motorik. Daraus ergibt sich eine zentrale Funktion der Basalganglien: die **Stabilisierung eines motorischen Ruhezustands**, bei dem nicht intendierte motorische Handlungen unterdrückt werden.

> **Eine motorische Hemmung ist das Grundprinzip der Basalganglien im Ruhezustand.**

47.2.3 Auslösung einer Handlung durch Disinhibition

Disinhibition als zweites Grundprinzip der Basalganglien ermöglicht die Aktivierung von motorischen Handlungen.

Hemmung der Ausgangsebene Damit es zu einer thalamo-kortikalen Aktivierung der Motorik kommt, muss die tonische Hemmung durch die GPi-Neurone durchbrochen werden. Dies geschieht durch eine **transiente GABAerge Hemmung der GPi-Neurone** durch Aktivierung der übergeordneten MSN im Striatum. In Folge der kortikalen Aktivierung erhöhen die MSN der Eingangsebene kurzfristig ihre elektrische Entladungsrate (~5 Hz, >1 s) und steigern so die GABA-Ausschüttung ihrer hemmenden Synapsen im Globus pallidus. Die Aktivierung von GABA-Rezeptoren auf GPi-Neuronen führt nun zur Hemmung ihrer tonischen elektrischen Aktivität.

Initiierung einer Handlung Durch die GABAerge Hemmung des GPi wird wiederum die GPi-abhängige Hemmung von thalamischen Zielneuronen reduziert, sodass diese durch ihr elektrisches **Rebound-Verhalten** aktiviert werden (Rebound-Verhalten, ▶ Kap. 64.2.2). Über Aktivierung von prämotorischen Kortexarealen wird dann eine motorische Handlung initiiert. Diese bei der **Reihenschaltung von zwei GABAergen Neuronen (MSN-GPi)** auftretende **Hemmung der Hemmung** nennt man **Disinhibition**. Sie bildet damit das zweite Grundprinzip des Basalganglien-Netzwerkes und erlaubt die Aktivierung von motorischen Handlungen (◻ Abb. 47.3).

47.2.4 Direkter und indirekter Verrechnungspfad

Der parallele Ablauf von Hemmung und Disinhibition bildet das duale Arbeitsprinzip der Basalganglien.

Entscheidungen bei motorischen Handlungssequenzen Handlungen werden sowohl über die **positive Auswahl** der richtigen Reihenfolge von Bewegungselementen als auch gleichzeitig durch die **Hemmung** von ungewollten, den Handlungsablauf störenden Bewegungen bestimmt. Da diese beiden Aspekte zeitgleich ablaufen müssen, besitzen die Basalganglien **zwei parallele Verrechnungspfade**, in denen die zu aktivierenden und die zu hemmenden Bewegungskomponenten zunächst getrennt verrechnet werden.

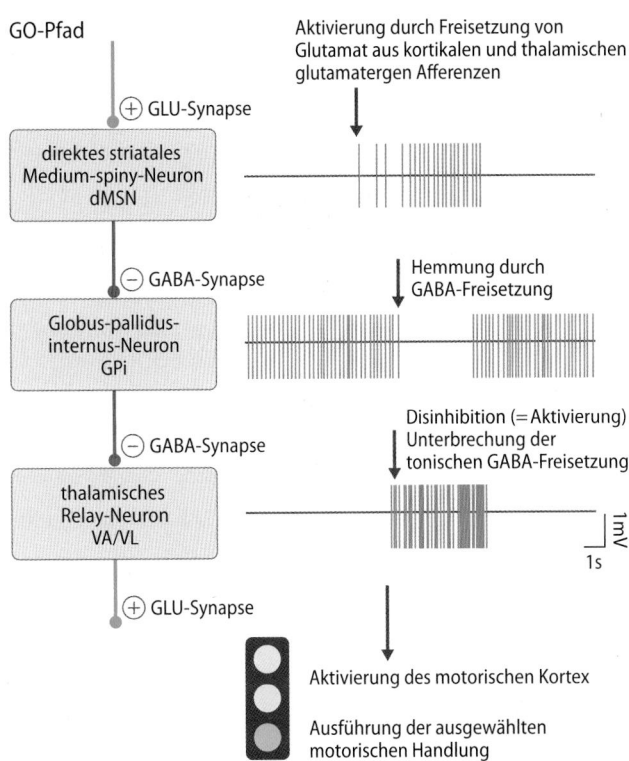

◻ **Abb. 47.3 Neuronale Aktivität im GO-Pfad der Basalganglien.** Links: Synaptische Verknüpfung (glutamaterg = grün; GABAerg = rot). Rechts: Neuronale Aktivitätsmuster der GO-Pfad-Neuronen bei der Aktivierung einer motorischen Handlung

Der direkte GO-Pfad Den **aktivierenden GO-Pfad** (direkter Pfad) haben wir schon kennengelernt. Er führt nach kortikaler Aktivierung durch Vermittlung der in Reihe geschalteten GABAergen Projektionsneuronen MSN und GPi zur Disinhibition thalamo-kortikaler Zielneuronen (◻ Abb. 47.3). Zu besserer Differenzierung bezeichnen wir die striatalen Neurone dieses **direkten Pfades** als dMSN (direkt).

Der indirekte NoGO-Pfad Der zweite Verrechnungspfad der Basalganglien, der nach kortikaler Aktivierung Bewegungsunterdrückend wirkt, wird auch **NoGO-Pfad** (indirekter Pfad) genannt. Dieser Pfad besitzt neben dem schon eingeführten Element der Reihenschaltung zweier GABAerger Neurone – hier **iMSN** (indirekt) im Striatum und Neurone im **externen Segment des Globus pallidus** (GPe) – noch zwei weitere, nachgeschaltete Neuronen. Die Axone der GPe-Neuronen projizieren nicht auf thalamische Relay-Neuronen außerhalb, sondern auf Nervenzellen eines weiteren Kerngebietes **innerhalb** der Basalganglien. Es handelt sich hier um Nervenzellen im **subthalamischen Nucleus** (subthalamic nucleus = **STN**). STN-Neuronen sind – als einzige innerhalb der Basalganglien – **glutamaterg** und werden nach kortikaler Aktivierung im indirekten Pfad über die GABAerge **iMSN-GPe-Reihenschaltung** disinhibiert (◻ Abb. 47.4). Beide Pfade verwenden also das gleiche Operationsprinzip der Disinhibition, jedoch mit unterschiedlichen Zielneuronen.

Im Gegensatz zum direkten GO-Pfad, besitzt der indirekte NoGO-Pfad allerdings keine eigenen Basalganglien-Aus-

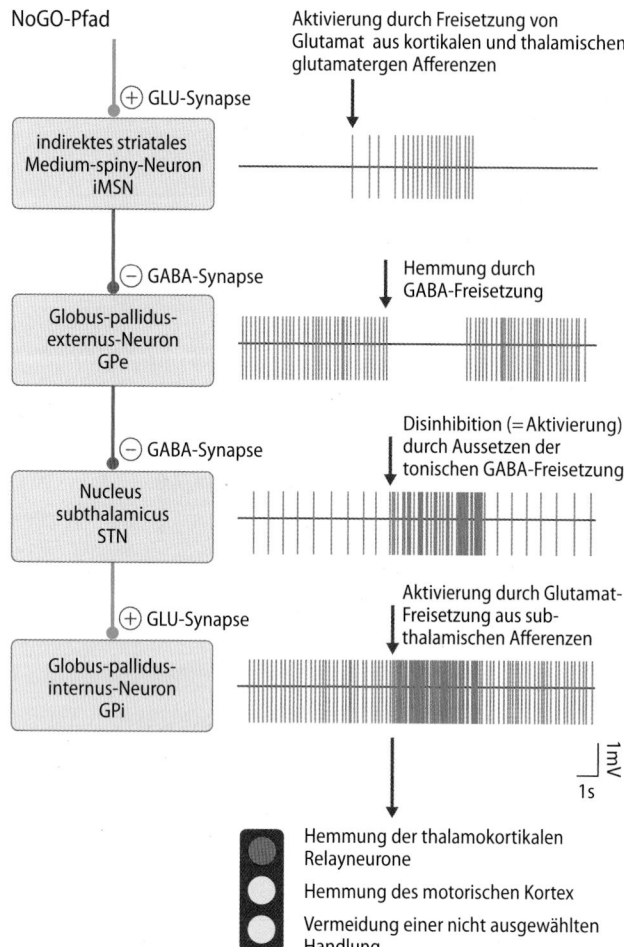

NoGO-Pfad

Aktivierung durch Freisetzung von Glutamat aus kortikalen und thalamischen glutamatergen Afferenzen

⊕ GLU-Synapse

indirektes striatales Medium-spiny-Neuron iMSN

⊖ GABA-Synapse

Hemmung durch GABA-Freisetzung

Globus-pallidus-externus-Neuron GPe

⊖ GABA-Synapse

Disinhibition (= Aktivierung) durch Aussetzen der tonischen GABA-Freisetzung

Nucleus subthalamicus STN

⊕ GLU-Synapse

Aktivierung durch Glutamat-Freisetzung aus sub-thalamischen Afferenzen

Globus-pallidus-internus-Neuron GPi

1 mV
1 s

Hemmung der thalamokortikalen Relayneurone

Hemmung des motorischen Kortex

Vermeidung einer nicht ausgewählten Handlung

Abb. 47.4 Neuronale Aktivität im NoGO-Pfad der Basalganglien. Links: Synaptische Verknüpfung (glutamaterg = grün; GABAerg = rot). Rechts: Neuronale Aktivitätsmuster der NoGO-Pfad Neurone bei der Hemmung einer motorischen Handlung

gangsneuronen. Um dennoch Einfluss zu nehmen, projizieren die STN-Neuronen auf die Ausgangsneuronen des direkten Pfades – die Nervenzellen im GPi. In Folge ihrer Disinhibition, bewirken die glutamatergen STN-Neuronen über ihre erregenden Synapsen eine Erhöhung der Entladungsrate der GPi-Neuronen und folglich eine Unterdrückung motorischer Bewegungskomponenten.

In Kürze

Das Basalganglien-Netzwerk nutzt die Prinzipien von **Inhibition** und **Disinhibition thalamischer Zielneuronen** durch in Reihe geschaltete GABAerge Projektionsneurone in Striatum und Pallidum, um Hemmung oder Aktivierung von motorischen Handlungen zu erreichen. Die Basalganglien besitzen mit dem **GO-Pfad** und **NoGO-Pfad** zwei parallele Verrechnungswege, die zeitgleich die jeweils zu aktivierenden und die zu hemmenden Bewegungskomponenten einer motorischen Handlung berechnen können.

47.3 Neuromodulatorische Steuerung der Basalganglien

47.3.1 Dopaminerge Mittelhirnneurone

Die axonale Freisetzung von Dopamin im Striatum wird durch dopaminerge Mittelhirnneurone in der Substantia nigra pars compacta gesteuert.

Erfolgsorientierte Handlungsentscheidungen Ein Großteil der bereits erlernten motorischen Handlungen läuft situations- und kontextabhängig fast automatisch ab. Wir betreten morgens das Bad und gleiten scheinbar mühelos durch eine alltägliche Choreographie **motorischer Routinen**. Jedoch haben wir alle diese Routinen als Kinder erlernen müssen. Gleichzeitig müssen wir im Verlauf des Medizinstudiums und des Arztberufes eine große Vielzahl von neuen motorischen Handlungen erlernen und im korrekten Kontext anwenden. Ebenso wichtig ist es aber z. B., bei überraschenden medizinischen Notfallsituationen sofort ablaufende Routinetätigkeiten unterbrechen zu können und adäquat zu reagieren.

> Bei all diesen Funktionsweisen der Basalganglien – dem Situations-spezifischen Erlernen von erfolgreichen Handlungssequenzen und dem Situations-spezifischen Auswählen von erlernten Handlungen, die Erfolg versprechen – spielt die Interaktion des Neuromodulators Dopamin mit den zwei parallelen Verrechnungspfaden der Basal Ganglien eine zentrale Rolle.

Dopaminerge Neurone Der Neurotransmitter Dopamin wird im Striatum von Axonen **dopaminerger Neuronen** ausgeschüttet, deren Zellkörper in Mittelhirnarealen (hauptsächlich in der **Substantia nigra pars compacta**) liegen. Ein entscheidender Anteil der Dopaminausschüttung ist gekoppelt an das elektrische Entladungsverhalten der dopaminergen Neurone. Da diese Zellen Schrittmacherneurone sind, die tonisch eine niedrige Aktionspotenzialfrequenz von ca. 3–6 Hz erzeugen, wird kontinuierlich Dopamin im Striatum ausgeschüttet, sodass sich eine basale extrazelluläre **Dopaminkonzentration** von ca. 10 nM einstellt.

> Die basale extrazelluläre Dopaminkonzentration beträgt ca. 10 nM.

47.3.2 Dopaminrezeptoren und Signaltransduktion

Dopamin-D1-Rezeptoren sind G_{alphaS} gekoppelt und wirken exzitatorisch. Dopamin-D2-Rezeptoren sind G_{alphaI} gekoppelt und wirken inhibitorisch.

Dopaminrezeptoren Dopamin wirkt über metabotrope, G-Protein-gekoppelte Neurotransmitterrezeptoren. Dabei lassen sich verschiedene **Dopaminrezeptor-Subtypen** differenzieren. Der D1-Rezeptor-Typ (**D1R**, D5R) wirkt über G_{alphaS}

47

und aktiviert somit die **Adenylatzylase** (AC). Der D2-Rezeptor-Typ (**D2R, D3R,** D4R) stimuliert dagegen G_{alphaI} und hemmt somit die Adenylylcylase.

Dopaminwirkung auf striatale Zielneuronen Dopaminrezeptoren sind auf vielen Neuronentypen vorhanden, u. a. auch als hemmende **D2-Autorezeptoren** auf den dopaminergen Neuronen selbst. Die höchste Dichte von Dopaminrezeptoren befindet sich jedoch auf den MSN der Eingangsebene des Striatums. Hier gilt eine wichtige Zuordnung zwischen Dopaminrezeptor-Subtypen und den zwei parallelen Verrechnungspfaden der Basalganglien: **D1R** werden nur auf **dMSN** des **GO-Pfades** exprimiert – **D2R** finden sich dagegen selektiv auf den **iMSN** des **NoGO**-Pfades. Diese strenge Zuteilung von Dopaminrezeptor-Subtypen zu den Basalganglien-Verrechnungspfaden hat wichtige funktionelle Konsequenzen: Die Stimulation von **D1R** führt zu einer **schnellen Erhöhung** der **Erregbarkeit** von dMSN. Die Aktivierung von D2R senkt dagegen die **Erregbarkeit** von **iMSN**.

Somit steigert ein erhöhter Dopaminspiegel die Aktivierbarkeit von motorischem Handeln auf zweifache Weise: Die D1R-vermittelte Steigerung der Erregbarkeit des direkten GO-Pfades erleichtert die Bewegungsaktivierung. Die D2R-vermittelte Absenkung der Erregbarkeit des indirekten NoGO-Pfades bremst die Bewegungshemmung. Diese doppelte Wirkung von Dopamin erklärt u. a. auch die motorische Hyperaktivität von Personen, die durch Substanzen wie Amphetamin oder Kokain, die als Dopaminwiederaufahme-Hemmer wirken, ihren striatalen Dopaminspiegel massiv erhöhen.

> Dopamin aktiviert den GO-Pfad über D1-Rezeptoren und hemmt den NoGO-Pfad über D2-Rezeptoren.

47.3.3 Aktivitätssteuerung dopaminerger Neurone

Dopaminerge Neurone im Mittelhirn sind Schrittmacherzellen, deren Entladungsfrequenz sich bei unerwarteten Belohnungen oder Reizen, die Belohnungsoptionen ankündigen, kurzfristig etwa verzehnfacht.

Neuronale Aktivität dopaminerger Neuronen Wie kommt es zur physiologischen Erhöhung der Dopaminausschüttung im Dienste der flexiblen Auswahl und Ausführung von angemessenen motorischen Handlungen? D2R besitzen eine **hohe Affinität** zu Dopamin im nanomolaren Bereich. So sind D2R bei den niedrigen extrazellulären Dopaminkonzentrationen in Ruhe bereits partiell aktiviert und damit der NoGO-Pfad schon z. T. gehemmt. Die **D1R** der dMSN des GO-Pfades besitzen dagegen eine deutlich **niedrigere Affinität** für Dopamin und werden erst durch einen starken Anstieg der extrazellulären Dopaminkonzentration aktiviert. Dies geschieht durch erregende synaptische Stimulation dopaminerger Neurone im Mittelhirn, die in Folge für einige 100 ms ihre Entladungsfrequenz etwa verzehnfachen. Diese Entladungs-

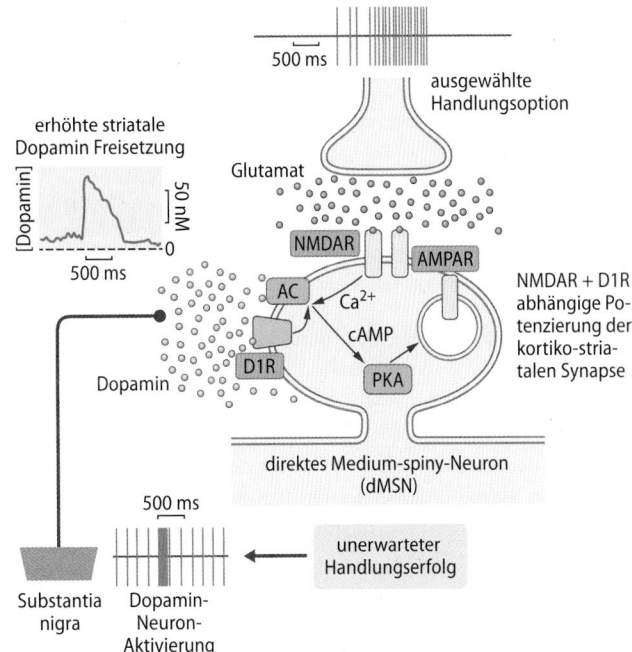

□ **Abb. 47.5** **Dopaminwirkung auf die kortiko-striatale Synapse von medium spiny neurons (MSN) beim Belohnungslernen** D1R: D1-Dopaminrezeptor, AC: Adenylatzyklase, PKA: Proteinkinase A. Neuronale Burst-Aktivität in Dopaminneuronen der Substantia nigra führt zu phasischer Dopaminfreisetzung im Striatum. Die neuronale Aktivität in kortikalen Afferenzen führt zur Glutamatfreisetzung im Striatum

muster der dopaminergen Neurone bezeichnet man auch als **Burst-Entladungen**. Im Striatum führt sie zu einer kurz anhaltenden extrazellulären Dopaminerhöhung auf >100 nM, die ausreichend ist, um nun auch D1R auf dMSNs zu aktivieren. In Folge der D1R-vermittelten Erhöhung der Erregbarkeit von dMSN, wird der GO-Pfad stark aktiviert, die Aktivitätsbalance zwischen GO- und NoGO-Pfad verschiebt sich zugunsten des ersteren und motorische Handlungen können nun deutlich leichter ausgeführt werden.

Dopaminfreisetzung bei erfolgsbasiertem Lernen Zwei **Bedingungen,** unter denen die Burst-Entladung von dopaminergen Neuronen ausgelöst wird, sind bereits gut verstanden: so bei **positiver Überraschung** – d. h. eine Handlung führt unerwartet zum Erfolg – oder bei einer **erlernten Belohnungserwartung** – ein sensorischer Stimulus weist auf eine erfolgsversprechende Handlungsmöglichkeit hin. Die Burst-Entladungen sind also in Bezug auf Handlungen sowohl reaktiv als auch prädiktiv. Bei der positiven Überraschung (positive reward prediction error) dient die **Dopaminausschüttung auch als Lernsignal**, um erfolgreiche Handlungen und Situationen assoziativ miteinander zu verknüpfen (□ Abb. 47.5). Dies geschieht durch eine D1R-abhängige Langzeitpotenzierung (LTP) von genau denjenigen kortiko-striatalen Synapsen von dMSN, die an der erfolgreichen Handlung aktiv beteiligt waren.

Lernen durch Langzeitpotenzierung im GO-Pfad
D1R-vermittelt wird hier die Adenylatzyklase aktiviert. Die Dopamin-induzierte cAMP-Produktion ist aber nur ausreichend für die Induktion und Expression von Langzeitplastizität (LTP), wenn diese Synapsen in den vorangegangenen Sekunden bereits aktiv waren und es zu einer Kalzium-abhängigen Aktivierung (priming) der Adenylatzyklase (AC) kam. Die AC-Aktivität leistet also die zeitliche Integration von Handlungs-abhängiger LTP-Induktion und Belohnungs-abhängiger D1R-Stimulation und induziert dadurch eine selektive Potenzierung von denjenigen glutamatergen kortiko-striatalen Synapsen, die Aspekte der erfolgreichen Handlung und ihres Kontextes kodiert haben.

Dopaminfreisetzung zur Handlungsaktivierung Ist der Zusammenhang zwischen Situation und erfolgsversprechender Handlung bereits erlernt worden, erfolgt die Burst-Entladung der dopaminergen Neuronen auf den ersten sensorischen Hinweis, der diese erfolgsversprechende Situation verlässlich ankündigt. Die Dopaminausschüttung führt hier nicht vorrangig zu Lernvorgängen, sondern erhöht über D1R die Aktivität derjenigen dMSN, die bereits über potenzierte synaptische Verbindungen verfügen.

Das **transiente Dopaminsignal** hat also eine doppelte Funktion: es ermöglicht sowohl das **Erkennen** und **Erlernen von neuen erfolgreichen Handlungen**, wie auch das **Auswählen** und das schnelle **Ausführen von bereits erlernten Handlungen**, die situationsspezifisch entweder als erfolgversprechend vorausgesagt werden oder Teil einer fest eingeübten motorischen Routine sind.

47.3.4 Cholinerge Neuromodulation im Striatum

Cholinerge Interneurone im Striatum sind Schrittmacherzellen, die Acetylcholin freisetzen und ihre Aktivität im Kontext von Belohnungsreizen kurzfristig pausieren.

Cholinerge Interneuronen Acetylcholin wird im Striatum von lokalen cholinergen Interneuronen freigesetzt (ca. 1 % aller striatalen Neurone). Diese sind ähnlich wie die dopaminergen Mittelhirnneuronen **spontanaktive Schrittmacherzellen** im niederfrequenten Bereich. Der cholinerge Tonus wird durch eine hohe Konzentration von **Acetylcholinesterase** im Striatum begrenzt. Das ausgeschüttete Acetylcholin wirkt über eine Vielzahl von **muskarinerger und nicotinerger Acetylcholinrezeptoren** auf MSN, GABAergen Interneuronen und sogar auf dopaminerge Axone. Von den diversen Acetylcholinrezeptoren soll hier nur ein wichtiges Beispiel besprochen, da es ein weiteres zentrales Funktionsprinzip der Basalganglien illustriert: das antagonistische Wechselspiel zwischen den Neuromodulatoren Dopamin und Acetylcholin. So exprimieren dMSN vorrangig $G_{\alpha i}$-gekoppelten M4-Rezeptoren. Die Aktivierung dieser M4-Rezeptoren hemmt also die Adenylatcyclase in dMSN und wirkt damit den Dopaminrezeptoren vom D1-Typ auf diesen Neuronen entgegen. (▶ Abschn. 47.3.2). Auf diesem Wege begrenzt die Freisetzung von Acetylcholin die dopaminerge Stimulation des GO-Pfades.

Aktivitätssteuerung cholinerger Interneurone Ähnlich wie bei dopaminergen Neuronen (▶ Abschn. 47.3.3) wird die Spontanaktivität der cholinergen Interneurone durch synaptische Aktivität entscheidend verändert – allerdings im umgekehrten Sinne. Während z. B. ein mit einer Belohnungserwartung-assoziierter Reiz die Dopaminfreisetzung transient deutlich erhöht, kommt es im Gegensatz bei cholinergen Interneuronen zu einer **Pause ihrer elektrischen Aktivität** und somit zu einem Abfall der Acetylcholinfreisetzung. In Folge können D1R deutlich stärker als M4-Rezeptoren stimuliert werden, was u. a. zu einer Netto-Aktivierung des GO-Pfades führt. Die Feuerpause in cholinergen Interneuronen wird vorrangig durch **thalamische Afferenzen** induziert, die für wichtige oder überraschende sensorischen Stimuli kodieren. Somit kommt es zu einer zeitlich abgestimmten **Kontrastverstärkung zwischen den zwei Neuromodulatoren** im Striatum. Damit wird das Dopamin-vermittelte Lernsignal genau dann besonders effizient, wenn der Abfall des cholinergen Tonus einen hoch-relevanten Handlungskontext für den Organismus anzeigt.

> **In Kürze**
> **Dopamin** wirkt in den Basalganglien **Motorik fördernd**. Über **D1R** aktiviert es den **GO-Pfad**, über **D2R** hemmt es den **NoGO-Pfad**. In Ruhe wird der Neurotransmitter in geringen Mengen von dopaminergen Neuronen der Substantia nigra freigesetzt. Nach Handlungserfolg oder vor Ausführung einer erfolgversprechenden Handlung steigt die Dopaminfreisetzung vorübergehend. Das von cholinergen Interneuronen freigesetzte Acetylcholin wirkt als funktioneller Antagonist zu Dopamin.

47.4 Morbus Parkinson

47.4.1 Degeneration im Mittelhirn und Dopaminmangel im Striatum

Striataler Dopaminmangel verursacht eine Dominanz des indirekten NoGO-Pfades und Hypokinese.

Degeneration dopaminerger Neuronen Beim Morbus Parkinson (Parkinson Disease, Paralysis agitans), der nach Morbus Alzheimer zweithäufigsten neurodegenerativen Erkrankung, ist das **Absterben von dopaminergen Mittelhirnneuronen** vor allen in der **Substantia nigra pars compacta** ursächlich. In Folge dieser dopaminergen Neurodegeneration gehen auch die Axone im Striatum zugrunde und immer weniger Dopamin wird dort ausgeschüttet. Durch den zunehmenden **Dopaminmangel** kommt es zu einer **Verschiebung der Balance** zwischen GO-Pfad, der nun weniger effizient über D1R-Stimulation aktiviert werden kann, und NoGO-Pfad, der weniger effizient durch D2R-Stimulation gehemmt werden kann.

Klinisches Symptom der Hypokinese   Beim Morbus Parkinson wird **mit fortschreitendem striatalem Dopaminmangel** der **GO-Pfad immer schwächer**. Dieser Mechanismus ist für das motorische Leitsymptom der **Hypokinesie** und **Bradykinesie** verantwortlich. Darunter versteht man die Schwierigkeit der Parkinsonpatienten, Willkürbewegungen zu initiieren und mit gewünschter Effizienz auszuführen. Im Verlauf der Erkrankung wird die Schrittlänge beim Gehen immer geringer, die Schrift kleiner und auch die Mimik verarmt. Es wird für den Parkinsonpatienten zunehmend schwierig, flexibel und schnell zwischen verschiedenen motorischen Handlungen umzuschalten, wohl weil auch die für die D1R Aktivierung benötigten transienten Dopaminerhöhungen in Folge der Degeneration abgeschwächt sind.

Parkinson-Trias   Der striatale Dopaminmangel bei Morbus Parkinson hat noch weitere Konsequenzen, die das klinische Bild entscheidend prägen. Zum einen ist der Muskeltonus deutlich erhöht, man spricht hier auch von einem **Rigor**, zum anderen zeigen die Patienten einen deutlichen feinschlägigen **Ruhetremor**. Dieser hat eine Frequenz von etwa 4 Hz und schwächt sich bei Willkürbewegungen deutlich ab. Zusammen mit der Hypo-/Bradykinese bilden Rigor und Ruhetremor die zentrale **Trias der motorischen Beeinträchtigungen** bei Morbus Parkinson.

Hypercholinerger Tonus bei Parkinson   Als weitere Konsequenz des striatalen Dopaminmangel kommt es zu einer **Disinhibition von cholinergen Interneuronen**, die vor allen den hemmenden D2R exprimieren. Das antagonistische Wechselspiel der beiden Neuromodulatoren Dopamin und Acetylcholin (▶ Abschn. 47.3.4) spielt auch bei Parkinson eine wichtige Rolle. Sinkt in Folge der Neurodegeneration der striatale Dopaminspiegel, können **hemmende D2R auf cholinergen Interneuronen** nicht mehr effizient stimuliert werden. So nimmt nicht nur die Spontanaktivität zu, sondern auch die für die Dopaminwirkung so entscheidenden Feuerpausen der cholinergen Interneuronen gehen verloren.

47.4.2 Pathologische Netzwerkaktivität der Basalganglien

Striataler Dopaminmangel verursacht eine Hypersynchronisation des Basalganglien-Netzwerkes und verursacht so Rigor und Tremor.

Erhöhte Synchronisation bei Dopaminmangel   Zur Erklärung des Tremors und Rigor ist es notwendig einen weiteren Aspekt einzuführen: das Basalganglien-Netzwerk kann die **Synchronisation** seiner neuronalen Aktivität dynamisch regeln. So schaltet das Basalganglien-Netzwerk flexibel zwischen einem bewegungsfördernden niedrigen Synchronisationsgrad und einem **bewegungshemmenden hohen Synchronisationsgrad** – vor allem im Bereich der **beta-Wellen** (13–30 Hz) – dynamisch hin- und her. Der Dopaminmangel bei Morbus Parkinson resultiert dabei in einer starken Zunahme der Synchronisation neuronaler Aktivität (**Hyper-Synchronisation**) im gesamten Netzwerk, wobei vor allem der **subthalamische Nukleus** und der **Globus pallidus** betroffen sind. Diese Hyper-Synchronisation mit dem gemeinsamen pathologischen Oszillieren von Neuronen in STN, GPe und GPi bildet einen **zentralen Generator für den Ruhetremor**. Da der STN über pedunkulopontine Kerne auch die Erregbarkeit spinaler Dehnungsreflexe steuert, führt dessen pathologische Synchronisation auch zu einer erhöhten spinalen Erregbarkeit und so zum Rigor.

> Tremor und Rigor sind Folge hypersynchroner Oszillationen im Basalganglien Netzwerk.

Therapie   In der pharmakologischen Therapie werden vor allem **L-Dopa** (die Bluthirnschanken-gängige Vorstufe von Dopamin), **Dopaminrezeptor-Agonisten** aber auch – und dies bereits lange vor der Einführung von L-Dopa – **Anticholinergika** verabreicht. Aufgrund der anticholinergen Nebenwirkungen auf die Gedächtnisfunktionen (▶ Kap. 67.3) werden letztere nur zurückhaltend bei älteren Patienten eingesetzt. Die dopamimetische Therapie des Morbus Parkinson ist in den ersten Krankheitsjahren meist sehr effektiv, langfristig stellen sich aber oft schwere Nebenwirkungen wie ON-OFF Fluktuationen oder medikament-induzierte Dyskinesien ein. Zusätzlich hat sich daher die tiefe Hirnstimulation (**DBS = deep brain stimulation**) zu einem zweiten Standbein der symptomatischen Parkinsontherapie entwickelt.

Wirkung der tiefen Hirnstimulation   Die Unterdrückung der pathologischen Synchronisation des subthalamischen Nukleus ist durch Ansteuerung lokal-implantierter Reizelektroden möglich. Bereits intraoperativ kann durch hochfrequente (ca. 140 Hz) STN-Stimulation die Synchronisation reduziert werden, was mit einer akuten Abnahme des Ruhetremors einhergeht. Mittelfristig kann bei Parkinsonpatienten mit STN-Stimulation auch die Dosis von L-DOPA oder Dopaminrezeptor-Agonisten gesenkt werden – die Patienten profitieren dann von deutlich verringerten Nebenwirkungen (■ Abb. 47.6).

Nicht-motorische Funktionen der Basalganglien

Die BG sind auch für das Belohnungs-abhängige Entdecken, Erlernen und kontextabhängige Auswählen von abstrakteren „Informations"-Sequenzen von Bedeutung. Dies gilt sowohl für die Verarbeitung von kognitiven Informationen (z. B. semantisches Wissen, Regelverständnis) als auch für emotionale Inhalte. Erkrankungen wie die Schizophrenie, die kognitive und emotionale Verrechnung der BG betreffen, führen zu schweren psychotischen Störungen, bei denen die Trennschärfe zwischen selbst-initiierten Handlungen und passivem Erleben verloren geht. Therapeutisch setzt man vor allem D2R-Antagonisten (Antipsychotika, Neuroleptika) ein, da einige Aspekt der Schizophrenie mit einer striatalen Dopaminüberfunktion einhergehen. Darüber hinaus sind die Dopamin-Mittelhirnneuronen eine entscheidende Zielstruktur von Drogen wir Kokain, Heroin oder Alkohol und den damit einhergehenden Suchterkrankungen..

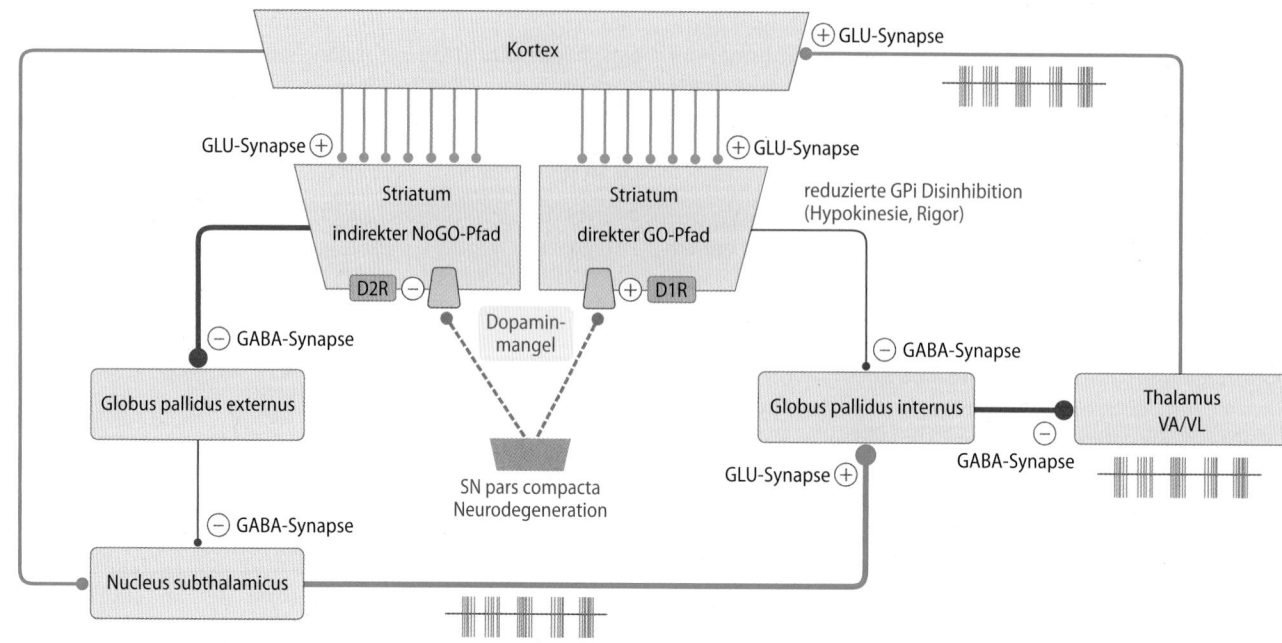

Abb. 47.6   Pathophysiologie der Basalganglien bei Morbus Parkinson. Striataler Dopaminmangel resultiert in reduzierter Aktivität des GO-Pfades und gesteigerter Aktivität des NoGO-Pfades. Dopaminmangel führt auch zu einer pathologischen Synchronisation der Netzwerkaktivität in den Basalganglien

---

Klinik

Weitere Erkrankungen

Hyperkinetische Bewegungsstörungen
Bei diesen Erkrankungen findet man ein strukturelles oder funktionelles Ungleichgewicht zugunsten des GO-Pfads. Bei hyperkinetischen Bewegungsstörungen können entweder einzelne, sozial unangemessene Handlungen nicht unterdrückt werden, oder die Patienten verfügen im Wachzustand über keinen stabilen motorischen Ruhezustand und es kommt permanent zu unwillkürlichen Bewegungen.

Chorea Huntington
Bei dieser auch als Chorea major (älterer Name: erblicher Veitstanz) bezeichneten Erkrankung handelt es sich um eine neurodegenerative Erbkrankheit, bei der u. a. die GABA-ergen Neurone des NoGO-Pfades im Striatum absterben. Bei den Patienten kommt es meist im mittleren Erwachsenenalter zu unkontrollierbaren Hyperkinesien wie schleudernden Extremitätenbewegungen oder plötzlichem Grimassieren und einem zunehmenden Abbau kognitiver Fähigkeiten. Die Krankheit kann symptomatisch zwar mit Dopaminantagonisten gelindert werden, ist aber unheilbar und führt meist 10–15 Jahren nach Krankheitsausbruch im Rahmen der zunehmenden Demenz zum Tod.

Gilles-de-la-Tourette-Syndrom
Im Gegensatz zur Chorea Huntington findet sich hier ein **funktionelles Ungleichgewicht** zugunsten des GO-Pfades. Typisch sind motorische Tics, bei denen der Ruhezustand immer wieder von unwillkürlichen kurzen Bewegungen, z. B. Grimassieren oder Zunge herausstrecken, unterbrochen wird. Die Patienten fallen dadurch auf, dass sie unwillkürliche Flüche und Obszönitäten im Sinne verbaler Tics ausstoßen. Zur Behandlung werden **Antagonisten von Dopaminrezeptoren** oder **Agonisten von cholinergen Rezeptoren** eingesetzt.

In Kürze

Der **striatale Dopaminmangel** bei **Morbus Parkinson** nach Degeneration von dopaminergen Neuronen in der Substantia nigra pars compacta führt zu **Hypokinesie**, da der GO-Pfad weniger stimuliert und der NoGO-Pfad weniger gehemmt wird. Der Dopaminmangel bewirkt auch eine pathologische Synchronisation in den Basalganglien, was zum **Ruhetremor** und **Rigor** beiträgt. In der symptomatischen Therapie werden **L-Dopa** und Dopaminrezeptoragonisten eingesetzt. Die **tiefe Hirnstimulation** des subthalamischen Nukleus unterdrückt besonders effektiv den Tremor.

Literatur

Bronfeld & Bar-Gad (2013) Tic disorders: what happens in the basal ganglia. Neuroscientist 19:101–8

Grillner & Robertson (2015) The basal ganglia downstream control of brainstem motor centres – an evolutionary conserved strategy. Curr Opin Neurobiol. 33:47–52

Okun (2012) Deep-brain stimulation for Parkinson's disease. N Engl J Med 367:1529–38

Schultz (2015) Neuronal reward and decision signals: from theory to data. Physiol Rev.95:853–951

Surmeier et al. (2014) Dopaminergic modulation of striatal networks in health and Parkinson´s disease. Curr Opin Neurobiol 29:109–17

Höhere Motorik

Frank Weber, Frank Lehmann-Horn

© Springer-Verlag GmbH Deutschland, ein Teil von Springer Nature 2019
R. Brandes et al. (Hrsg.), *Physiologie des Menschen*, Springer-Lehrbuch
https://doi.org/10.1007/978-3-662-56468-4_48

Worum geht's? (◘ Abb. 48.1)

Kortikale Kontrolle der motorischen Funktionen

Die motorischen Rindenfelder des Großhirns sind für Willkürbewegungen zuständig. Diese Form der Bewegung unterscheidet sich von Reflex- oder basalen motorischen Rhythmusbewegungen: sie sind **willkürlich** und **selbstinitiiert**. Sie erfordern eine innere Entscheidung, mit einem Objekt zu interagieren. Willkürbewegungen sind somit Resultat der Auswahl aus verschiedenen Handlungsalternativen, einschließlich derjenigen, nicht zu agieren. Sie sind auf die Zukunft gerichtet und oft Teil einer Handlungsabfolge. Willkürbewegungen drücken die Absicht aus zu handeln.

Primäre motorische Rindenfelder

An der Kontrolle von Willkürbewegungen sind viele Kortexareale beteiligt. Diese prozessieren Intention zum Handeln, Ausführung von Handlung und die motorische Kontrolle sequentiell. Die **motorische Endstrecke** wird dabei direkt vom **primär motorischen Kortex** angesprochen. Somatotop organisiert ist er somit direkt für die Ansteuerung der Muskulatur verantwortlich.

Sekundär-motorische Rindenfelder

Den primär-motorischen Rindenfeldern vorgeschaltet sind die supplementär-motorische Area und der prämotorische Kortex. In diesen Bereichen erfolgt die **Bewegungsplanung**, v. a. bei selbst-initiierten Bewegungen. Der prämotorische Kortex ist auch zuständig für die Planung und Initiierung sensomotorisch ausgelöster Bewegungsabläufe.

Integration des motorischen Systems

Sowohl die primär-, als auch die sekundär-motorischen Rindenfelder entsenden kortikospinale Projektionen. Die Hauptefferenz ist dabei die Pyramidenbahn.

Sequentiell und parallel werden auch subkortikale Neuronensysteme in **Basalganglien** und **Kleinhirn** aktiviert. Bereits bei der Planung von Bewegungen sind motorische Rindenfelder aktiv; etwa eine Sekunde vor einer Bewegung beginnt das **Bereitschaftspotenzial**, das im EEG abgeleitet werden kann.

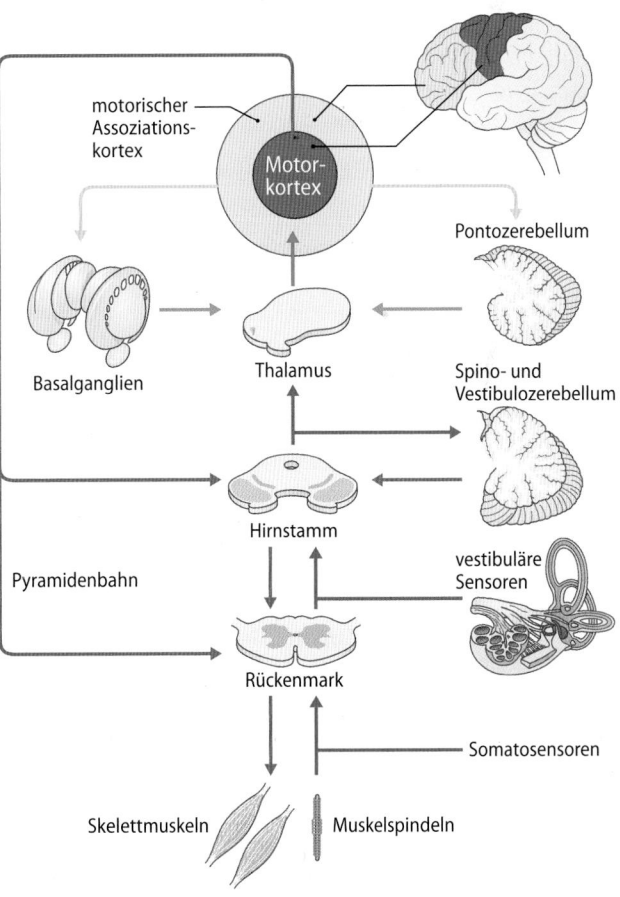

◘ Abb. 48.1 Übersicht über die motorischen Systeme

48.1 Funktionelle Organisation der motorischen Rindenfelder

48.1.1 Areale des Motorkortexes und ihre Aufgaben

Der Motorkortex besteht aus dem primär-motorischen Kortex (MI) und den sekundär-motorischen Arealen (prämotorischer Kortex und supplementär-motorische Area).

Motorkortex   Unter dem Sammelbegriff Motorkortex werden die vor der Zentralfurche gelegenen Areale, die einen typischen zytoarchitektonischen Aufbau besitzen, zusammengefasst. Dazu gehören der **primär-motorische Kortex** (Area 4 nach Brodmann, einer der Ursprünge der Pyramidenbahn) und die **sekundär-motorischen Areale** mit dem prämotorischen Kortex (laterale Area 6) und mit dem **supplementär-motorischen Areal** (SMA, mediale Area 6), die der Bewegungsvorbereitung dienen. Auch das für die Sprachproduktion wichtige **Broca-Areal** und das sog. **frontale Augenfeld**, das für willkürliche Augenbewegungen zuständig ist, sind Teil des prämotorischen Kortex. Rostral und ventral von der supplementär-motorischen Area liegt im rostralen Zingulum (lat „cingulum" = Gürtel) die Area 24. Dieser rostrale zinguläre Kortex wird von manchen Autoren ebenfalls den sekundär-

motorischen Arealen zugerechnet. ◻ Abb. 48.2 zeigt die Anteile des Motorkortexes sowie weitere Rindenareale, die aber nicht unter dem Sammelbegriff Motorkortex firmieren.

Primär-motorischer Kortex   Das Rindenareal des **Gyrus praecentralis** wird als primär-motorischer Kortex bezeichnet, weil hier bei elektrischer Stimulation direkt Kontraktionen des kontralateralen Zielmuskels ausgelöst werden können. Der primär-motorische Kortex liegt rostral der Zentralfurche und ist zum größten Teil in der Vorderwand der Furche versteckt. Er wird wegen seiner sensorischen Zuflüsse auch motosensorischer Kortex genannt. Beim Menschen ist der Gyrus praecentralis vor allem durch seine beträchtliche Dicke von 3,5–4,5 mm und durch die Riesenpyramidenzellen (Betz-Zellen, Durchmesser 50–100 μm) in der unteren V. Rindenschicht gekennzeichnet (Vb, von außen gezählt). Die Axone dieser und anderer, weniger großer Pyramidenzellen in der III. und oberen V. Schicht (Va), ziehen als Ausgang des motorischen Kortex als **Tractus corticospinalis** (Pyramidenbahn) zu den Motoneuronen in den Vorderhörnern des Rückenmarks, während ihre Dendriten größtenteils der Rindenoberfläche zustreben.

Somatotopie   In Stimulationsversuchen zeigte sich eine bemerkenswerte **Somatotopie**: benachbarte Regionen des Kör-

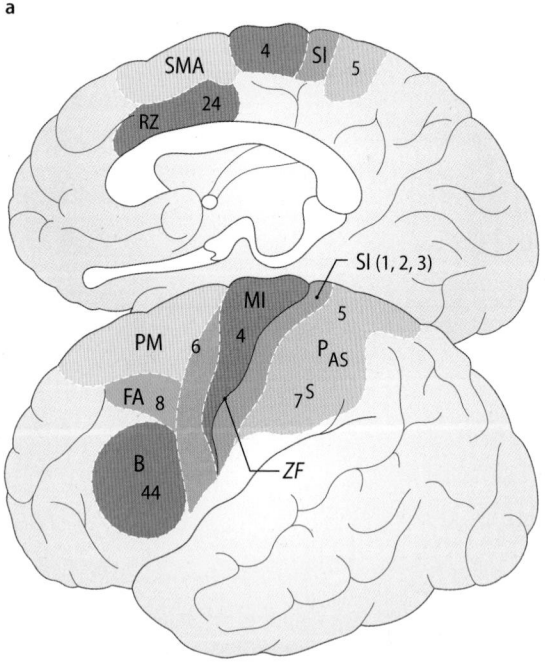

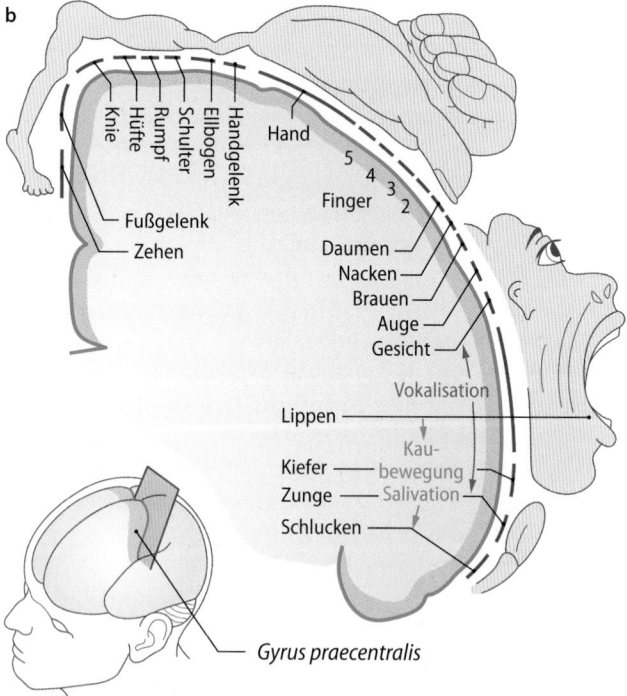

◻ **Abb. 48.2a,b   Sensomotorische Repräsentationsfelder der menschlichen Hirnrinde. a** Lage des primär-motorischen Kortex (MI, Area 4) und sekundär-motorischer Felder: Rostral von MI auf der lateralen Oberfläche der prämotorische Kortex (PM; laterale Area 6), auf der mesialen Oberfläche das supplementär-motorische Areal (SMA, mediale Area 6). Ventral und rostral der SMA ist das motorische Feld im rostralen Zingulum (RZ, Area 24). Das frontale Augenfeld (FA, Area 8) ist ein okulomotorisches kortikales Zentrum, von dem auch Kopfbewegungen gesteuert werden. Ventral anschließend befindet sich auf der dominanten Hemisphäre das

expressive Sprachzentrum von Broca (Area 44). Kaudal der Zentralfurche (ZF) liegt das primär-sensorische Areal (SI) und der parietale Assoziationskortex (Area 5 und Area 7). Von diesen somatosensorischen Arealen können auch motorische Effekte ausgelöst werden. **b** Motorischer Homunculus mit verzerrter Darstellung entsprechend der ungleichen somatotopischen Repräsentation im primär-motorischen Kortex (MI). Homunculus nach den Ergebnissen der kontralateralen Elektrostimulation von Penfield u. Rasmussen in Creutzfeldt (1983)

pers liegen auch in ihren Repräsentationen auf der primär-motorischen Rinde nebeneinander. Der Körper ist somit verkleinert auf der Hirnrinde abgebildet, wobei die **Kopfregion lateral unten und die untere Extremität medial oben** repräsentiert ist. Allerdings sind die Proportionen verzerrt, da bestimmte Körperbereiche eine sehr fein abgestimmte Motorik besitzen, dies gilt beim Menschen vor allem für die Hand und die Sprechmuskulatur. Andere Regionen können hingegen nur vergleichsweise wenig präzise bewegt werden (Rücken) oder haben einen höheren Anteil automatischer Regulation (Halte- und Stützmuskulatur). Die jeweiligen Rindenareale sind entsprechend größer oder kleiner (◨ Abb. 48.2b). Man spricht traditionell veranschaulichend vom **Homunculus** (lateinisch: Menschlein), wenn man den Gehirnregionen diejenigen Körperteile zuordnet, für die sie zuständig sind.

❯ Motorische Rindenfelder sind der primär motorische Kortex, die supplementär motorischen Areale und der prämotorische Kortex.

Funktionelle Neuronenpopulation des Motorkortexes Die Pyramidenzellen und viele Interneurone des Motorkortexes sind senkrecht zur Oberfläche angeordnet, sodass histologisch **Neuronensäulen** von etwa 80 µm Durchmesser erkennbar sind. Eine solche strukturelle Organisation des Kortex in vertikalen Säulen findet man außer im motorischen Kortex auch in den primären sensorischen Kortexarealen. Die verschiedenen Säulen grenzen aneinander, die Neurone innerhalb einer Säule interagieren miteinander. Viele dieser Säulen bilden eine funktionelle Einheit mit einem Durchmesser von etwa 1 mm. Benachbarte Pyramidenzellen innerhalb einer **motorischen Säule** entladen, in Abhängigkeit von der jeweiligen Bewegung, teils gleich-, teils gegensinnig. Der gemeinsame Nenner für dieses Verhalten ist die Bewegung des zugehörigen Gelenks. Diejenigen kortikalen Neurone, die einen bestimmten Muskel beeinflussen, sind also nicht in einer einzigen motorischen Säule zu finden. Eine motorische Säule ist vielmehr eine funktionelle Neuronenpopulation, die eine Reihe von Muskeln beeinflusst, die an einem bestimmten Gelenk angreifen. Es sind also nicht Muskeln, sondern Bewegungen im Kortex repräsentiert.

❯ Motorische Säulen im Motorkortex repräsentieren Bewegungen und nicht Muskeln.

48.1.2 Supplementär-motorische Areale (SMA) und prämotorischer Kortex

Die Aufgabe der SMA besteht in der Kontrolle der Willkürbewegungen im Gesamtzusammenhang des Verhaltens.

Sekundär-motorische Areale, SMA Rostral des primär-motorischen Kortex schließen zwei Bereiche an, die kollektiv als sekundär-motorische Areale bezeichnet werden. Dazu gehören im mesialen Anteil der Area 6 die **supplementär-motorische Area** und im lateralen Anteil der prämotorische

Kortex. In der SMA ist die Population von kortikospinalen Neuronen groß und die Schwellenintensität für elektrische Reizung nur wenig höher als im primär-motorischen Kortex. Die Reizschwelle im prämotorischen Kortex ist dagegen deutlich höher als im primär-motorischen Kortex. In der SMA ist die somatotopische Organisation weniger ausgeprägt als im primär-motorischen Kortex. Ihre Aufgabe besteht in der Kontrolle der Willkürbewegungen im Gesamtzusammenhang des Verhaltens. Sie wird mehr bei **selbst initiierten** Bewegungen eingesetzt, ihre Neurone sprechen besonders auf propriozeptive Reize an.

❯ Die SMA spielt eine wichtige Rolle in der Auswahl und Durchführung angemessener Willkürhandlungen.

Läsionen der SMA verursachen Störungen der Initiierung (= **Akinesie** bzw. Mutismus, wenn das Sprechen betroffen ist) oder der Unterdrückung von Bewegungen. Mangelnde Unterdrückung äußert sich in Enthemmungsphänomenen, wie zwanghaftem Greifen oder Betasten visuell präsentierter Objekte; man spricht von der anarchischen Hand, **alien hand**. Es kann auch sein, dass ganze Handlungsfolgen nicht mehr situationsangemessen unterdrückt werden können, dies betrifft vor allem Gewohnheitshandlungen, beispielsweise das ständige Aufsetzen einer Brille (**Utilisationsverhalten**). Das **Bereitschaftspotenzial** entsteht über der SMA 0,8 bis 1,0 s vor dem Beginn der Bewegung (s. u.).

Willkürbewegungen: der parietale und der prämotorische Kortex Willkürbewegungen drücken die Absicht aus, zu handeln. Sie brauchen sensorische Informationen über die Umgebung und über den eigenen Körper; das Greifen nach einem Objekt benötigt sensorische Information über die Position des Objektes im Raum. Die Neurone des **prämotorischen Kortex** sprechen eher auf kutane und visuelle Reize an, der prämotorische Kortex wird mehr bei **sensorisch** geführten Bewegungen eingesetzt. Der **peripersonelle Raum** ist in verschiedenen Kortexarealen, beispielsweise im inferioren parietalen und im ventralen prämotorischen Kortex repräsentiert, die unterschiedliche **motorische und sensorische Eigenschaften** haben. Neurone im inferioren parietalen Kortex assoziieren die physikalischen Eigenschaften eines Objektes mit spezifischen motorischen Handlungen; es gibt dort visuell dominante Neurone, motor-dominante Neurone etc., deren Aktivität von der Handlungsabsicht abhängt.

Der **superiore parietale Kortex** benutzt sensorische Informationen, um Armbewegungen auf Objekte im peripersonellen Raum zu führen, während der prämotorische und der **primäre Motorkortex** mehr spezifische motorische Pläne über beabsichtigte Greifbewegungen formulieren. Der primäre motorische Kortex schließlich transformiert die Absicht zuzugreifen in angemessene Bewegungen. Die genaue Planung der Durchführung der Bewegung, ihrer Schnelligkeit und ihres Umfangs, wird den **Stammganglien** (▶ Kap. 47.1) überlassen. Einige Nervenzellen im prämotorischen Areal sind sowohl bei der Planung und Ausführung als auch bei der passiven Beobachtung derselben Bewegung bei einem anderen Individuum aktiv (sog. **Spiegelneurone**).

> Alle motorischen Rindenfelder entsenden kortiko-
> spinale Projektionen zur Durchführung, Planung und
> Initiierung von Bewegungen.

48.1.3 Afferenzen zum Motorkortex

Thalamokortikale Bahnen, kortikokortikale Verbindungen und
aufsteigende, extrathalamische Bahnsysteme bilden die Afferenzen zum Motorkortex.

Thalamokortikaler Eingang   Die Afferenzen des Motor-
texes stammen vorwiegend aus dem ventralen Thalamus.
Dort werden Informationen aus dem Kleinhirn und den Basalganglien sowie sensible Reize aus dem medial-lemniskalen
System zusammengefasst. Informationen aus den Basalganglien (vor allem aus dem Globus pallidus) werden vom Thalamus vorwiegend in die prä- und supplementär-motorische
Rinde geleitet. Verbindungen aus dem Gyrus cinguli, der dem
limbischen System zugerechnet wird, bestehen zu allen Teilen
des Motorkortexes.

Kortikokortikale Eingänge   Über Assoziationsfasern, also
Verbindungen innerhalb der Hirnrinde, erhalten die prämotorischen Gebiete umfangreiche sensorische Informationen aus dem Parietallappen, die supplementär-motorischen
Areale hingegen werden vor allem vom präfrontalen Kortex
gespeist, der für höhere kognitive Leistungen (Bewusstsein,
Absicht, Motivation) zuständig ist.

Aufsteigende, extrathalamische Fasersysteme   Das motorische Kortexareal ist besonders dicht mit noradrenergen
Fasern aus dem Locus coeruleus und den dopaminergen
Fasern aus der Substantia nigra und anderen dopaminergen
Kernen des Hirnstammes versorgt. Diese aminergen Neurone
sind Teil eines weit verzweigten Systems, das Wachheit und
Aufmerksamkeit steuert. Sie üben eine modulierende Wirkung auf die synaptische Übertragung aus und sind durch
eine ausgeprägte **kollaterale Divergenz** im kortikalen Endi-
gungsgebiet charakterisiert. Dies steht im Gegensatz zur
streng topologischen Relation der obigen zwei Fasersysteme.
Wegen der ausgeprägten Divergenz ist die Funktion der
aminergen Bahnen schwierig zu beschreiben. Man stellt sich
vor, dass die noradrenergen Bahnen den Cortex darauf vorbereiten, einen Stimulus zu erhalten.

48.1.4 Efferenzen des Motorkortexes

Der Motorkortex entsendet Efferenzen zu anderen kortikalen
Arealen, zu subkortikalen motorischen Zentren, zu motorischen Zentren des Hirnstamms sowie zum Rückenmark.

Die kortikospinale Bahn   Sie erreicht als Pyramidenbahn die
Motoneurone über oligo- oder polysynaptische Verschaltungen, vereinzelt auch monosynaptisch. Die Efferenzen zu kortikalen und subkortikalen Arealen sind umfangreicher und

projizieren zum Striatum, zu somatosensorischen und sekundär-motorischen Rindengebieten und zum Thalamus.
Die meisten absteigenden Axone stammen aber von kleineren
Pyramidenzellen des primär-motorischen Kortex, nur etwa
5 % gehen von den Betz-Riesenzellen aus. Efferenzen werden
auch aus der supplementär-motorischen und prämotorischen
Rinde und aus den somatosensiblen Feldern beigesteuert. Aus
jeder Hirnhälfte ziehen etwa 1 Mio. Axone ipsilateral durch
die **innere Kapsel und den Hirnschenkel**. Die kortikonukle-
ären Axone verlassen die Bahn im Hirnstamm, um die jeweiligen Hirnnervenkerne zu versorgen. Die kortikospinalen
Axone ziehen durch Pons und Pyramide zum Rückenmark.

> Wegen des Verlaufs durch die Pyramide, nicht wegen
> des teilweisen Ursprungs in Pyramidenzellen, wird
> dieser Teil Pyramidenbahn genannt (◻ Abb. 48.3).

Pyramidenbahnaxone
Entwicklungsgeschichtlich ist die Pyramidenbahn die jüngste der deszendierenden Bahnen und bei Primaten und Menschen deutlich stärker
ausgebildet als bei anderen Säugern. In der Pyramide kreuzen 75–90 %
der Fasern zur Gegenseite. Der andere, kleinere Teil verläuft ungekreuzt
nach kaudal. Dieser Anteil erreicht i. d. R. nur das Zervikal- und Thorakalmark, wobei ein Teil der Axone noch auf segmentaler Ebene auf die
kontralaterale Seite kreuzt, sodass sich der Prozentsatz der gekreuzten
Axone noch weiter erhöht.
Die **Pyramidenbahnaxone** enden im Rückenmark weitgehend an Interneuronen, sie geben zahlreiche Kollateralen ab, verzweigen sich also
divergent zu den Motoneuronen. Wenn es dem Individuum dennoch
gelingt, willentlich nur ganz wenige motorische Einheiten zu aktivieren,
heißt das, dass die **Selektion mittels modulierender Interneurone** erfolgt. Der anatomische Bauplan ist funktionell flexibel; die synaptischen
Verbindungen können durch Bahnung geöffnet oder durch Hemmung
geschlossen werden. Nur etwa 2 % der Pyramidenbahnaxone enden in
Form schneller, markhaltiger Fasern monosynaptisch an α-Motoneuronen, wo sie zur direkten Steuerung der Feinmotorik (z. B. der Finger)
dienen. Dabei wirken die Axone der Pyramidenbahn überwiegend **erregend auf Flexoren und hemmend auf Extensoren.**

> Die Pyramidenbahn ist die Haupteffrenz des Motor-
> kortexes. Nur ein kleiner Anteil endet monosynaptisch
> an den Motoneuronen.

Weiter ist in Bezug auf die Pyramidenbahn zu beachten:
– Die Axone der Pyramidenbahn geben **zahlreiche Kollaterale** zu anderen für die Motorik wichtigen Strukturen
  ab, so zu den **pontinen Kernen** (von dort als **Moosfasern** zum Kleinhirn ziehend) und zur **unteren Olive**
  (von dort als **Kletterfasern** zum Kleinhirn ziehend).
  Die Signale stellen eine Kopie des motorischen Befehls
  dar (**Efferenzkopie**). Die Bedeutung liegt in der **Optimierung der motorischen Ausführung**. Die anatomischen Verbindungen zu den genannten supraspinalen
  Strukturen haben sich beim Menschen besonders stark
  entwickelt. Bildlich gesprochen wird bei jeder „Befehls-
  ausgabe" eine Vielfalt von unterschiedlichen Erregungs-
  herden in den kortikalen und subkortikalen Strukturen
  „aufleuchten".
– Die Pyramidenbahn bildet das **efferente Segment eines
  transkortikalen Dehnungsreflexes**, dessen afferenter
  Teil sich aus ausgedehnten propriozeptiven und kutanen

a

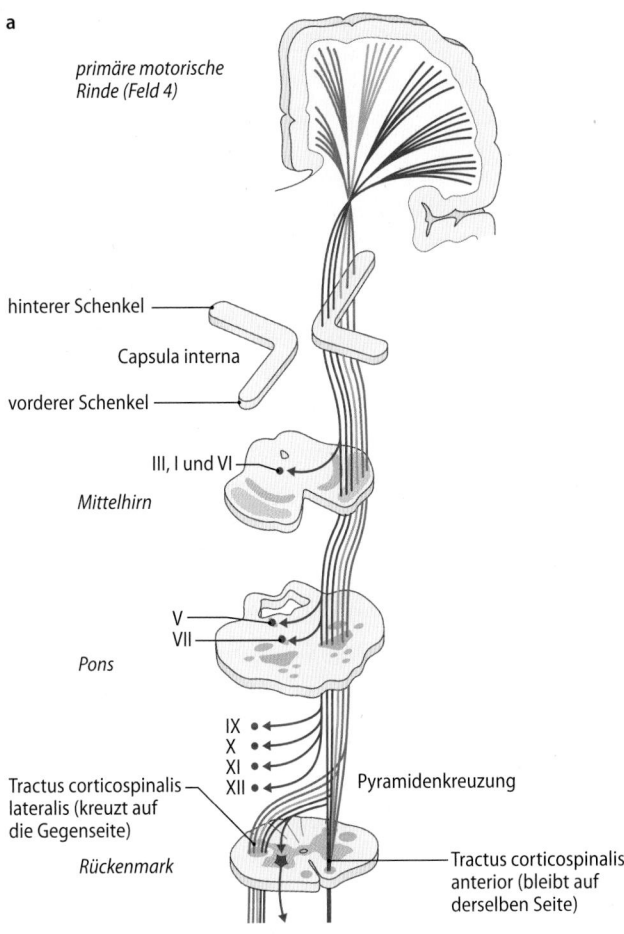

primäre motorische
Rinde (Feld 4)

hinterer Schenkel

Capsula interna

vorderer Schenkel

III, I und VI

Mittelhirn

V
VII

Pons

IX
X
XI
XII

Tractus corticospinalis
lateralis (kreuzt auf
die Gegenseite)

Rückenmark

Pyramidenkreuzung

Tractus corticospinalis
anterior (bleibt auf
derselben Seite)

b

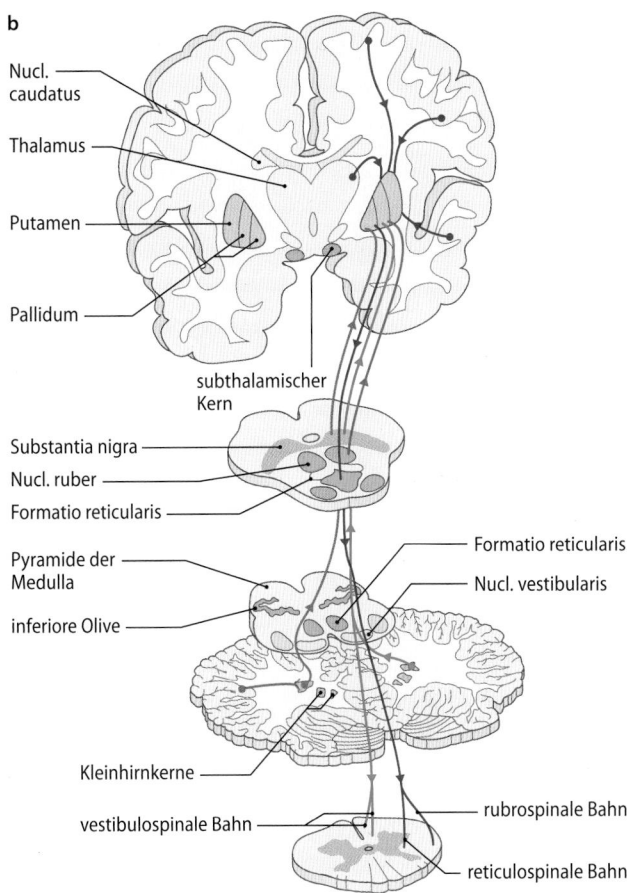

Nucl.
caudatus

Thalamus

Putamen

Pallidum

subthalamischer
Kern

Substantia nigra

Nucl. ruber

Formatio reticularis

Pyramide der
Medulla

inferiore Olive

Formatio reticularis

Nucl. vestibularis

Kleinhirnkerne

vestibulospinale Bahn

rubrospinale Bahn

reticulospinale Bahn

☐ **Abb. 48.3a,b   Kortikospinalmotorische Bahnen. a** Verlauf der Pyramidenbahn, die überwiegend in der Pyramide kreuzt, und der im Hirnstamm verschalteten Kollateralen, die oberhalb der Pyramide kreuzen („extrapyramidale" Bahnen). **b** Verlauf der Bahnen, die zwischen den Basalganglien und den motorischen Hirnstammzentren ziehen und in den Hirnstammzentren auf rubro- und retikulospinale Systeme umgeschaltet werden. (Nach Bierbaumer und Schmidt 2006)

rezeptiven Feldern speist, die auf den motorischen Kortex projizieren und auf diese Weise ein weiteres Feedbacksystem darstellen, das der Kontrolle der Haltungs- und Stützmotorik und der Aufrechterhaltung des Gleichgewichts dient (**Long-loop**-Reflex).

— Efferenzen zu motorischen Hirnstammzentren. Aus der Rindenschicht Va der etwa gleichen motorisch-sensorischen Areale, aus denen die Pyramidenbahn entspringt, ziehen Efferenzen zu motorischen Hirnstammzentren (☐ Abb. 48.3). Dies sind vor allem **kortikorubrale** und

kortikoretikuläre Verbindungen, die nach Umschaltung in den entsprechenden Kerngebieten als **Tractus rubrospinalis** und als mediale und laterale Anteile des **Tractus reticulospinalis** zu Interneuronen des Rückenmarks ziehen. Sie sind neben der Pyramidenbahn wesentlich an der Steuerung des motorischen Apparates beteiligt.

❯ Indirekte Verbindungen des Motorkortexes zum Rückenmark über die motorischen Zentren des Hirnstamms wurden früher als extrapyramidales System bezeichnet.

Klinik

Capsula-interna-Infarkt

Die Capsula interna, durch die alle absteigenden Bahnen ziehen, liegt im Versorgungsgebiet der A. cerebri media. Aufgrund ihrer Größe und Lokalisation ist diese Arterie bei Patienten mit erhöhtem zerebrovaskulärem Risiko besonders häufig von Verschlüssen betroffen. Der thrombotische oder thromboembolische Verschluss der A. cerebri media (sog. **Mediainfarkt**, para-

digmatisch für den ischämischen **Schlaganfall** oder „stroke") bewirkt typischerweise eine brachiofazial betonte, sensomotorische Hemiparese. Wie in ▶ Kap. 45.4.2 besprochen, führt eine Schädigung motorischer Bahnen oberhalb des Nucl. ruber zur Beugung in den oberen und zur Streckung in den unteren Extremitäten (Enthemmung des Schwerkraftreflexes). Das in Knie und

Sprunggelenk gestreckte Bein wird funktionell zu lang und muss deshalb beim Gehen in der Hüfte nicht nur gebeugt, sondern nach abduziert werden, man spricht von Zirkumduktion. Es resultiert das sog. Wernicke-Mann-Gangbild. Dies trifft für Patienten im chronischen Stadium nach Mediainfarkt zu (☐ Abb. 48.4).

Abb. 48.4   Patient im chronischen Stadium nach linksseitigem Mediainfarkt mit Hemiparese rechts

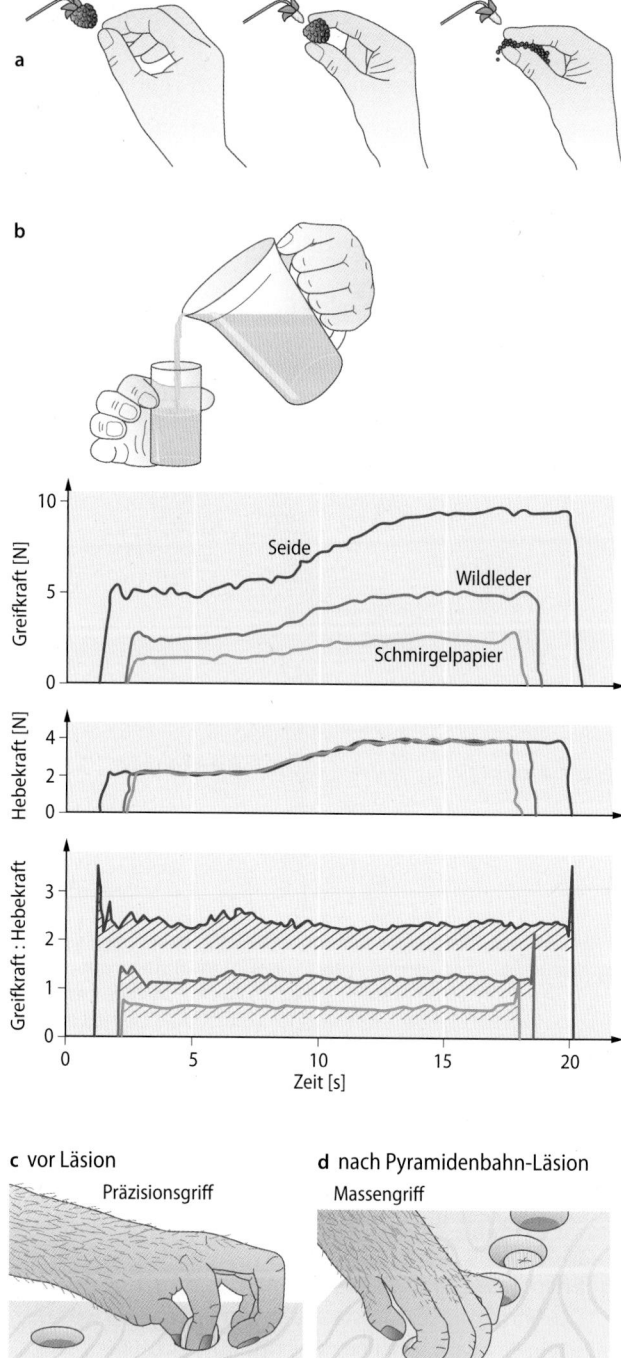

Abb. 48.5a–d   Anpassung der Kraft für den Präzisionsgriff und Verlust des Präzisionsgriffs bei Läsion der Pyramidenbahn. a zeigt die Notwendigkeit einer präzisen Anpassung der Kraft in Abhängigkeit von der Beschaffenheit des Objekts (Mitte). Wird die Kraft zu schwach eingestellt, rutscht die Beere ab (links); wenn die Kraft zu groß ist, wird die Beere zerdrückt (rechts). **b** Die Greifkraft für das Halten des Glases muss fortlaufend seinem Füllungsgrad angepasst werden. Die quantitative Untersuchung dieser bimanuellen Aufgabe bestätigt die präzise Koordination der Greifkraft, die parallel mit der Belastung ansteigt (und damit entsprechend der Hebekraft der Armbeuger). Wie die Kurven zeigen, bleibt das Verhältnis Greifkraft zu Hebekraft beim Einschenken stabil (markiert durch die beiden Vertikalen), wobei die Greifkraft umso größer ist, je glatter die Oberfläche des Glases beschaffen ist (Schmirgelpapier < Wildleder < Seide). Die schraffierten Flächen entsprechen der Sicherheitsmarge, die für eine bestimmte Reibung zwischen Hand und Glas notwendig ist, damit das Glas nicht abrutscht. **c** Kleine Futterstücke werden beim Affen mit einer intakten Pyramidenbahn mit dem Präzisionsgriff aus kleinen Vertiefungen herausgeholt. **d** Nach Pyramidotomie kann der Affe Futterstücke nur aus größeren Vertiefungen und mit einem globalen Fingerschluss ergreifen

48.1.5   Das kortikomononeurale System der Handmotoneurone

Einige Pyramidenbahnfasern mit monosynaptischer Verschaltung auf Handmotoneurone ermöglichen den Präzisionsgriff.

Präzisionsgriff   Ein Teil der Pyramidenbahnfasern aus dem primär-motorischen Kortex ist mit den Motoneuronen der Handmuskeln **monosynaptisch** verbunden. Dieses System entwickelt sich bei Primaten und findet die höchste Entfaltung beim Menschen (**Abb. 48.5a,b**); es etabliert sich relativ spät in der menschlichen Ontogenese. Neugeborene haben noch keinen Präzisionsgriff; dieser entwickelt sich erst mit der Bildung von monosynaptischen Kontakten der Pyramidenbahn mit den Motoneuronen; die Reifung erfolgt innerhalb des **ersten** Lebensjahres. Bei experimenteller Durchtrennung der Pyramidenbahn des Affen manifestiert sich die motorische Störung vorwiegend am Verlust der Handgeschicklichkeit (**Abb. 48.5**).

In Kürze

Der Motorkortex besitzt eine typische Zytoarchitektur mit Aufbau in funktionellen Säulen, die nicht Muskeln, sondern Bewegungen repräsentieren. Unterschieden werden der ausgeprägt somatotop organisierte **primär-motorischer Kortex** für die Feinabstimmung von Bewegungen bzw. Stabilisierung von Gelenken; der **prämotorische Kortex** für sensorisch geführte Bewegungen und die **supplementär-motorische Area** für selbst initiierte Bewegungen.

Der **Motorkortex** erhält Zuflüsse aus dem Parietallappen und aus aufsteigenden, extrathalamischen Fasersystemen mit modulierender Wirkung von Noradrenalin und Dopamin. Er entsendet **kortikokortikale** Fasern zu sensorischen und sekundär-motorischen Rindenarealen, ferner absteigende Bahnen **zum ipsilateralen Striatum der Basalganglien** und zum **Thalamus,** sowie absteigende Bahnen zu **pontinen Kernen** und weiter zum **Zerebellum** sowie Bahnen zur **unteren Olive.** Weiterhin absteigende Bahnen, die nach Umschaltung in den motorischen Hirnstammzentren und Kreuzung zur Gegenseite außerhalb der Pyramide zum Rückenmark ziehen; **kortikonukleäre** Bahnen zu den kontralateralen Hirnnervenkernen; **kortikospinale Bahn (Pyramidenbahn)**, deren Fasern vorwiegend in der Pyramide zur Gegenseite kreuzen und meist oligo- oder polysynaptisch **erregend auf Flexor-Motoneurone und hemmend auf Extensor-Motoneurone** wirken. Ein kleiner Teil der Pyramidenbahn wirkt monosynaptisch auf Motoneurone und ermöglicht die Handgeschicklichkeit (kortikomotoneurale Bahn).

Die absteigenden Efferenzen des Motorkortexes sind häufig durch **Mediainfarkte** gestört, die ipsilateral die Capsula interna schädigen. Dadurch entsteht im chronischen Stadium kontralateral eine spastische Hemiparese, die durch das Wernicke-Mann-Bild charakterisiert ist.

in Gang zu bringen, sind Motivation und eine Zielvorstellung im Sinne einer Strategiefindung notwendig. Ferner muss die Handlung in Relation zur momentanen Körperposition und zum äußeren Handlungsraum geplant sein.

Die Zielvorstellung ist mit Erwartung verknüpft, wobei beide beim motorischen Lernen ständig miteinander verglichen werden. Hierbei sind räumlich **weit verteilte neuronale Netzwerke** involviert: Sie finden sich im präfrontalen Assoziationskortex, in den Basalganglien, im Hirnstamm und im Zerebellum. Sensorisches Feedback eines Bewegungsaktes wird mit dem gespeicherten erwarteten Feedback verglichen. Differenzen zwischen den zwei Signalen werden genutzt, um das zentral gespeicherte Modell des Bewegungsablaufes zu korrigieren. Bei zielgerichteten motorischen Handlungen bestehen zudem neuronale **Belohnungsmechanismen** aus dopaminergen Neuronen des mesolimbischen Dopaminsystems.

> Im Assoziationskortex wird der Bewegungsplan erstellt.

Motorische Einstellung und innerer Bewegungsantrieb Je mehr man sich auf eine Handlung vorbereitet, desto besser gelingt deren Durchführung (**preparatory set**). Jeder Sportler kennt diesen Effekt der **mentalen Einstellung zur motorischen Leistung**. Konzeptionell ist die motorische Vorbereitungsphase eng verknüpft mit dem Begriff der Bewegungsplanung und der Programmierung. Motorisches Lernen, Aufmerksamkeit und Motivation tragen ebenfalls zu Reaktionsfähigkeit und motorischer Leistung bei. Neurone mit Aktivitätsmuster, die einen Preparatory-set-Charakter erkennen lassen, sind häufig im präfrontalen Kortex anzutreffen. Für das menschliche Handeln ist die **Selbstinitiierung** mindestens so wichtig wie reaktives Verhalten. Diesbezüglich ist man aber fast ausschließlich auf **subjektive Einsichten** angewiesen. Die Tatsache, dass bei Parkinson-Patienten die Bewegungen aus eigenem Antrieb gestört sind, während die sensorisch ausgelösten oder geführten Bewegungen viel besser gelingen, zeigt, dass sie an andere Hirnstrukturen gebunden sind als reaktive Bewegungen.

48.2 Bereitschaft und Einstellung zum Handeln

48.2.1 Handlungsantrieb und Bewegungsentwurf

Ein mentaler Vorbereitungsprozess geht der Ausführung einer Handlung voraus.

Strukturen und ihre Aufgaben Die mentalen Prozesse, die einer komplexen Bewegung vorausgehen, finden im **limbischen System** und im **Assoziationskortex** statt. Das limbische System wird vor allem durch Emotionen und Motivationen beeinflusst. Der Begriff Assoziationskortex fasst parasensorische, paralimbische und frontale Kortexareale zusammen, die nicht an der eigentlichen Bewegungsausführung beteiligt sind, sondern den Bewegungsplan erstellen. Um eine Aktion

48.2.2 Prozesse der Bereitschaft in Rückenmark und Kortex

Schon vor Bewegungsbeginn ändert sich die Erregbarkeit im Rückenmark; Motoneurone werden selektiert und die Skelettmuskeln in Bereitschaft versetzt. Der Änderung der Erregbarkeit im Rückenmark geht die kortikale Bereitschaft voraus; das „Bereitschaftspotenzial" lässt sich etwa eine Sekunde vor der Bewegung registrieren.

Neuronale Ereignisse vor Bewegungsbeginn Bereits vor Beginn einer selbst initiierten, nicht reflektorischen Bewegung ändert sich die **Erregbarkeit des Rückenmarks** (▸ Kap. 45.2.4). So wird der monosynaptische H-Reflex mehrere hundert Millisekunden vor der Bewegung gebahnt. Das bedeutet, dass der motorische Kortex die Effektoren bereits vor **Bewegungsbeginn** in erhöhte Bereitschaft versetzt. Auch die Selektion der

Klinik

Pathophysiologie von Handlungsantrieb und Bewegungsentwurf

Schädigungen des frontalen und parietalen Assoziationskortexes sowie limbischer Rindenareale beeinträchtigen den Bewegungsentwurf. Da es sich hierbei um Läsionen von Strukturen handelt, die in der motorischen Planung hierarchisch weit „oben" angesiedelt sind, manifestieren sich diese Störungen nicht als motorische Schwäche oder als Lähmung, wie man es von motorischen Störungen erwarten würde, sondern als **Beeinträchtigung der Bewegungsplanung und -ausführung**. Nicht nur die Bewegung an sich, sondern das **Verhalten** des Individuums als Ganzes ist gestört, wie die folgenden Beispiele zeigen:

Fehlender Bewegungsantrieb
Schädigungen des **mediofrontalen Kortex** können zur globalen Einschränkung des Bewegungsantriebes führen. Dies manifestiert sich als Verhaltensauffälligkeit (**Apathie, Adynamie**).

Perseverationen und Utilisationsverhalten
Schädigungen des **Präfrontalkortexes** können zu schweren Störungen der motorischen Willkürhandlung führen. Diese kann zwar im Ablauf korrekt, aber den äußeren Umständen völlig unangepasst sein. Handlungen des Alltags, wie z. B. Händewaschen, erfolgen sinnlos in ungeeigneter Situation und ohne jeden Zusammenhang; sie werden z.B. beharrlich wiederholt. Man bezeichnet dieses beharrliche Wiederholen von Bewegungen in unpassendem Zusammenhang als (motorische) **Perseveration**. Die Planung von komplexen sequenziellen Handlungen (z. B. Einkaufen in einem Warenhaus) sind gestört, in schweren Fällen unmöglich. Auch die bei der Funktion der SMA geschilderten Phänomene wie das **Utilisationsverhalten** gehören hierher.

Apraxien
Schädigungen des **parietalen Assoziationskortexes**, insbesondere der dominanten Hemisphäre, sind ebenfalls durch eine Unfähigkeit zur Ausführung erlernter zweck-

mäßiger Handlungen charakterisiert. Die Unfähigkeit zur Ausführung erlernter Handlungen wird als **Apraxie** bezeichnet. Unter den verschiedenen apraktischen Manifestationen ist der gemeinsame Nenner die mangelnde Integration der Motorik in den Rahmen der äußeren Gegebenheiten. Obwohl es nicht an der Kraft und Beweglichkeit der Gliedmaßen fehlt, können die Patienten mit Gegenständen und Werkzeugen nicht richtig umgehen, d. h. es fehlt der Bewegungsplan für die gegebene Handlung mit den vorliegenden Objekten.

Motivationsbedingte Störungen der Motorik
Läsionen im **limbischen Kortex** führen zu chaotischen Handlungsabläufen. Sie zeigen, wie wichtig die richtige Einordnung der Handlung in die Zielvorstellung und in den aktuellen Kontext der Körperstellung und des Handlungsraumes ist. Dazu werden die beim Menschen so mächtigen frontalen und parietalen Assoziationsareale benötigt.

Motoneurone ist bereits im Voraus bestimmt. Ebenso ändert sich die Erregbarkeit der Muskelspindel auf Muskeldehnung: Bei neuartigen und schwierigen Bewegungen erhöht sich der γ-Tonus und damit die dynamische Dehnungsempfindlichkeit der Muskelspindel (**Fusimotor-Set**). In die gleiche Richtung geht der Mechanismus der variablen Reflexübertragung, die sich der momentanen motorischen Aufgabe anpasst. Wie schon beschrieben, erfolgt dies dadurch, dass Reflexwege „geöffnet" und „geschlossen" werden (**Gating-Phänomen**). Die obigen Prozesse, die sich auf „niedriger" Stufe manifestieren, sind wiederum unter Kontrolle der „höheren" Zentren des Gehirns (**kortikale Bereitschaft**). Die Planung und Programmierung einer Intentionsbewegung entsteht auf Niveau der Hirnrinde in Kooperation mit den transstriatalen und transzerebellären Schleifen.

EEG-Desynchronisation und Bereitschaftspotenzial   Schon in der Pionierzeit der Elektroenzephalographie (EEG, ▶ Kap. 63.4.1) beobachtete Hans Berger, dass bei Bewegungsbeginn der α-Rhythmus in den schnelleren β-Rhythmus übergeht; die genaue Messung der zeitlichen Relation dieser EEG-Desynchronisation mit der Fingerbewegung ergab einen Vorlauf von 1–1,5 s vor Bewegungsbeginn (◻ Abb. 48.6).

Das **Bereitschaftspotenzial** wird ebenfalls elektroenzephalographisch registriert. Es geht der selbst initiierten Bewegung ebenfalls um etwa 1 s voraus. Es wird als Gleichspannungs(DC)-Potenzial registriert. DC-Potenziale umfassen auch langsame Feldpotenzialänderungen; das mittlere Erregungsniveau der Hirnrinde spiegelt sich im DC-Potenzial. Wird ein System vor einer Aufgabe mobilisiert, so wird das DC-Potenzial negativer. Das Bereitschaftspotenzial mani-

festiert sich als langsam ansteigende Negativierung, die kurz vor Bewegungsbeginn in ein steileres motorisches Potenzial übergeht, das den Beginn einer synchronen Aktivität der Motorkortex-Neurone widerspiegelt (◻ Abb. 48.6b). Bereits die **Vorstellung einer Handlung**, also ein rein mentaler Prozess, bewirkt örtlich begrenzte Änderungen der kortikalen Aktivität. Wie Untersuchungen mit der funktionellen Kernspintomographie gezeigt haben, unterscheidet sich das Aktivierungsmuster einer vorgestellten von dem einer tatsächlich ausgeführten Bewegung nur dadurch, dass bei der rein mentalen Vorstellung einer Bewegung der primäre sensomotorische Kortex nicht aktiviert wird. Die prämotorischen Kortexareale werden auch bei einem rein mentalen, bewegungslosen Prozess in Anspruch genommen.

> **Im EEG zeigt sich das Bereitschaftspotenzial als langsam-ansteigende Negativierung.**

Motorik und freier Wille
Das **Bereitschaftspotenzial** wurde 1964 von Kornhuber und Deecke anhand von Fingerbewegungen beschrieben. Seine Amplitude ist sehr klein im Vergleich zu den spontanen Hirnpotenzialen. Es muss deshalb durch Mittelung über sehr viele gleichartige und einfache Bewegungen untersucht werden und geht der Bewegung um 1 bis 1,5 s voraus (s. o.). 1983 wiederholte Libet das gleiche Experiment leicht abgeändert: Während die Probanden nach eigenem Entschluss ihre Hand bewegen konnten, mussten sie eine Uhr im Auge behalten, die zufällig anhielt. Die Probanden mussten sich die Uhrzeit merken, an der sie zum ersten Mal bewusst den Drang verspürten, ihre Hand zu bewegen. Im Durchschnitt berichteten die Probanden den bewussten Entschluss zur Bewegung 200 ms vor Beginn der Muskelaktivität. Das Bereitschaftspotenzial hatte aber schon 1 s vor Bewegungsbeginn, also mindestens 800 ms früher, begonnen. Der „bewusste" Bewegungsentschluss könnte also eine Folge des Bereitschaftspotenzials bzw. eine Folge derjenigen Prozesse, die zum Bereitschaftspotenzial führen, sein.

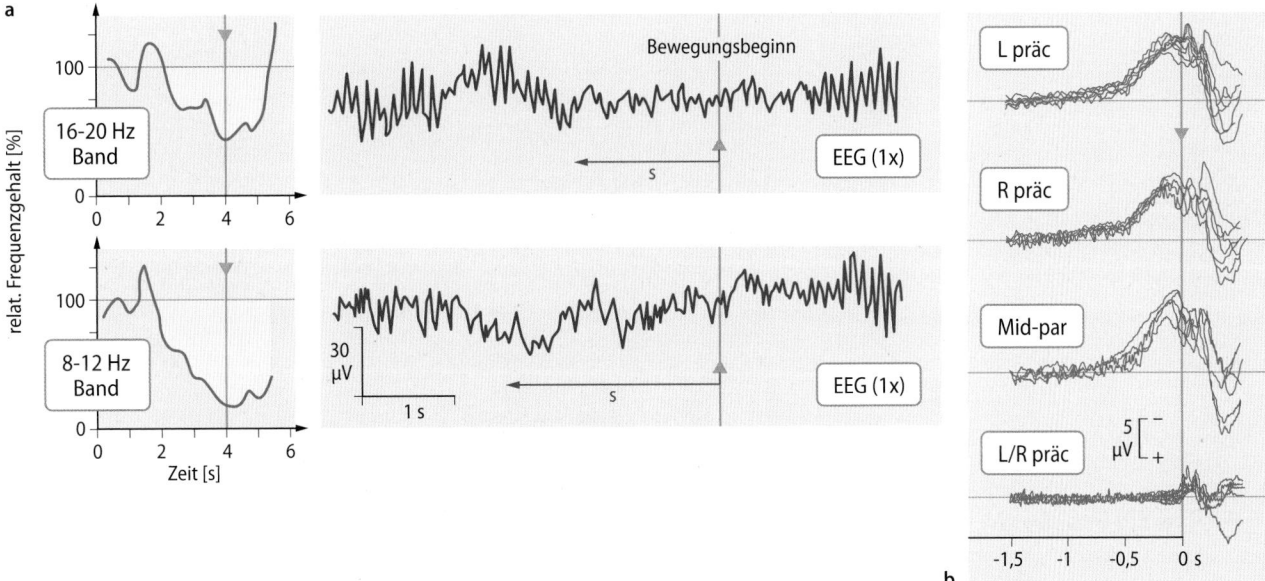

□ **Abb. 48.6a,b   Elektrophysiologische Phänomene im Elektro-enzephalogramm des Menschen, die der Bewegung vorausgehen. a** Desynchronisation im Elektroenzephalogramm (EEG). Rechts: 2 EEG-Originalregistrierungen. Schon aus diesen Rohdaten ist ersichtlich, dass 1–2 s vor Bewegungsbeginn eine Änderung im Wellenmuster zugunsten von Ausschlägen höherer Frequenz und niedrigerer Amplitude auftritt. Die Veränderung des Frequenzgehalts im Verlauf der Zeit ist für das Frequenzband 16–20 Hz, respektive 8–12 Hz, in 2 Graphiken links dargestellt (Bewegungsbeginn beim orangen Pfeil, Mittelung von etwa 50 Einzelbewegungen eines Fingers). Die normierte Energie ist in den Frequenzbändern als Amplitude dargestellt. Die Verringerung der Energie im 16–20-Hz-Band ist geringer als im 8–12-Hz-Band. Die Frequenzerhöhung ist also aus dem Verhältnis aus 16–20 zu 8–12 ablesbar. **b** Bereitschaftspotenziale des Menschen bei Willkürbewegun-gen des Zeigefingers. Jede Einzelkurve stellt eine Mittelwertkurve dar, die bei derselben Person an verschiedenen Tagen aufgenommen wurde (je 1.000 Bewegungen). Die Zeit 0 (oranger Pfeil) entspricht dem ersten erfassbaren Bewegungsbeginn. Das Bereitschaftspotenzial beginnt in diesem Fall etwa 800 ms vor der Bewegung. Es ist bilateral und weit ausgedehnt über präzentralen und parietalen Regionen zu registrieren. Ca. 90 ms vor der Bewegung beginnt die sog. prämotorische Positivierung und gleich daran anschließend das „Motorpotenzial", das nur deutlich in der untersten bipolaren Ableitung erscheint. Dieses Motorpotenzial ist beschränkt auf die der Bewegung entgegengesetzte Präzentralwindung und beginnt 50–100 ms vor der Bewegung. Die Potenziale, die während der Bewegung auftreten, sind sensorisch hervorgerufene (reafferente) Potenziale. L/R präc links/rechts präzentral, par parietal. (Nach Deecke et al. 1976)

Dieses Experiment ist außerordentlich intensiv diskutiert worden. Man hat aus ihm die Schlussfolgerung gezogen, dass es **keinen freien Willen** gibt, denn der „Entschluss" folgte ja dem Bereitschaftspotenzial. Dies ist eine gewagte Schlussfolgerung mit weitreichenden Auswirkungen, denn ohne freien Willen gibt es **keine** Verantwortung des Einzelnen für sein Handeln. Die philosophische Diskussion dauert noch an.

Das neurophysiologische Gegenargument lautet: Die Willensbildung hat schon **vor** Beginn des ganzen Versuchs stattgefunden. Die Bewegungs-vorbereitung wird zunächst unbewussten Routineprozessen der Stamm-ganglien, der SMA und dem davor gelegenen motorischen Assoziations-kortex überlassen, die ihrerseits dem motorischen Kortex zuarbeiten, von dem dann die Kommandos für die einzelnen Fingerbewegungen ausgehen. Obwohl es sich um viele kleine stereotype Bewegungen des Zeigefingers handelt, wird 200 ms vor Bewegungsbeginn, also noch rechtzeitig, um etwas ändern zu können, das Bewusstsein eingeschaltet („Veto-Recht"). Dies zeigt, dass selbst unbedeutende Bewegungen kontrolliert werden, wenn sie willentlich sind.

Die Geschichte des Bereitschaftspotenzials ist ein Beispiel dafür, wie physiologische Untersuchungen philosophische und gesellschaftliche Diskussionen weitreichend beeinflussen können.

In Kürze

Die Bereitschaft zum Handeln manifestiert sich in einer Aktivierung neuraler Prozesse in weit verteilten Gebieten des Gehirns. Diese können beim Menschen als langsam ansteigende Summenpotenziale mittels elektro-enzephalographischer Methoden registriert werden. Die **Desynchronisation** im EEG und die **Bereitschaftspotenziale** gehen den selbst initiierten Bewegungen um 1–1,5 s voraus. Auch die Erregbarkeit des Rückenmarks nimmt vor selbst initiierten Bewegungen zu. Die Bereitschaft zum Handeln ist an bestimmte Hirnregionen gebunden. Bei Läsionen im Präfrontalkortex werden Handlungen in nicht adäquatem Kontext ausgeführt (**Perseveration**); bei mediofrontalen Läsionen ist der generelle Bewegungsantrieb reduziert; bei Läsionen im parietalen Assoziationskortex ist der Bewegungsplan gestört (**Apraxie**) und Läsionen des limbischen Systems verursachen motivationsbedingte Defizite.

Literatur

Birbaumer N, Schmidt RF (2010) Biologische Psychologie, 7. Aufl. Springer, Berlin Heidelberg New York

Hall J (ed) (2011) Guyton and Hall Textbook of Medical Physiology, Saunders, Philadelphia

Kandel ER, Schwartz JH, Jessell TM (2013) Principles of neural science. McGraw-Hill, Columbus

Allgemeine Sinnes- physiologie und somatosensorisches System

Inhaltsverzeichnis

Allgemeine Sinnesphysiologie

Hermann Otto Handwerker, Martin Schmelz

© Springer-Verlag GmbH Deutschland, ein Teil von Springer Nature 2019
R. Brandes et al. (Hrsg.), *Physiologie des Menschen*, Springer-Lehrbuch
https://doi.org/10.1007/978-3-662-56468-4_49

Worum geht's?

Das Gehirn benötigt Informationen über Zustand und Veränderungen von Umwelt und eigenem Körper
Sinnesorgane liefern dem Gehirn Informationen über Reize aus der Umgebung und aus unserem Körper. Dazu sind sie mit Nerven, Leitungsbahnen und neuronalen Zentren im Gehirn zu Sinnessystemen verbunden.

Objektive Ebene
Spezialisierte Sinnesorgane wandeln äußere und innere physikalische und chemische Reize in neuronale Erregungen und kodieren dabei Intensität, Qualität und Dauer der Reize (◘ Abb. 49.1). Die nachfolgende Verarbeitung der neuronalen Erregung dient der Optimierung von Empfindlichkeit und Erkennung von relevanten Reizmustern im Gehirn, die eine frühe und angemessene Reaktion ermöglichen. Insofern dienen unsere Sinnessysteme nicht dazu, ein möglichst getreues Abbild unserer Umwelt zu generieren, sondern handlungsrelevante Ereignisse möglichst früh und sicher zu erkennen.

Subjektive Ebene
Aus den neuronalen Erregungsmustern in Sinnessystemen gehen in gesetzmäßiger Weise Empfindungen und Wahrnehmungen hervor. Diese Gesetze werden in der Wahrnehmungspsychologie untersucht, einem Gebiet, das ursprünglich im 19. Jahrhundert von Physiologen entwickelt und „subjektive Sinnesphysiologie" genannt wurde.

Medizin
In der klinischen Medizin werden objektive Verfahren eingesetzt, um zum Beispiel die Leitungsgeschwindigkeit von Sinnesbahnen zu erfassen („evozierte Potenziale"). Ebenso werden die subjektiven Empfindungen und Wahrnehmungen genutzt, um zum Beispiel in der Audiometrie oder der Sehprüfung die Funktion von Sinnessystemen zu kontrollieren. Aus der Art und dem Verteilungsmuster von Funktionseinschränkungen lassen sich darüber hinaus wichtige Rückschlüsse auf den möglichen Ort einer Störung im Nervensystem gewinnen.

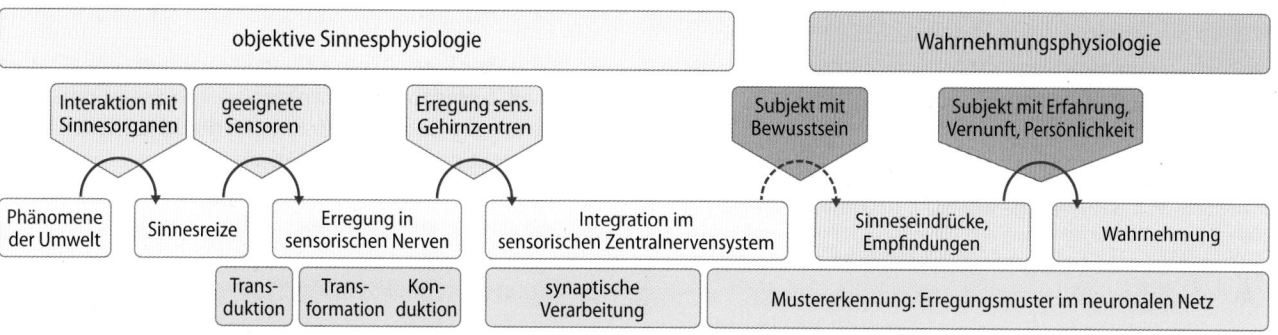

◘ Abb. 49.1　Informationsverarbeitung in der Sinnesphysiologie

49.1 Sinnesmodalitäten und Selektivität der Sinnesorgane für adäquate Reizformen

49.1.1 Sinnesmodalitäten und Sinnesqualitäten

Die von einem Sinnesorgan vermittelten Empfindungen werden als Sinnesmodalität bezeichnet, sie können in verschiedenen Qualitäten auftreten.

Gesetz der spezifischen Sinnesenergien Dieses von Johannes Müller (1826) formulierte Gesetz besagt, dass eine Sinnesmodalität nicht durch den Reiz bestimmt wird, sondern durch das gereizte Sinnesorgan. Empfindungskomplexe wie Sehen, Hören, Riechen und Schmecken werden als **Sinnesmodalitäten** bezeichnet. Innerhalb einer Sinnesmodalität gibt es wiederum verschiedene **Qualitäten**. So ist die Farbe Rot eine Qualität der Modalität Sehen. Das Gesetz der spezifischen Sinnesenergien wurde gelegentlich mit einem (undurchführ-

49

baren) Gedankenexperiment veranschaulicht: Wenn wir den Sehnerv und den Hörnerv vertauschen könnten, dann würden wir Blitze hören und den Donner sehen.

Qualitätsschwellen Die Intensität unterschiedlicher Sinnesmodalitäten lässt sich nicht direkt miteinander vergleichen. Anders ist es bei den Qualitäten: Verändert man die Frequenz eines Tones langsam, dann lässt sich eine **Qualitätsschwelle** angeben, ab der wir einen höheren, also qualitativ anderen Ton hören. In gleicher Weise kann man durch Veränderung der Frequenz elektromagnetischer Schwingungen die Farbe eines Lichts ändern. Auch in dieser Sinnesmodalität lässt sich eine Schwelle bestimmen, ab der man eine andere Farbe sieht. Diese Schwellen beim Übergang von einer Sinnesqualität zu einer anderen dürfen nicht mit den **Intensitätsschwellen** verwechselt werden.

Einteilung der Sinne In der klassischen Medizin des Altertums und der frühen Neuzeit wurden fünf Sinne unterschieden: das **Sehen**, das **Gehör**, das **Gefühl**, der **Geschmack** und das **Riechen**. Wir kennen heute eine ganze Reihe weiterer Sinnesmodalitäten, z. B. den Temperatursinn und den Gleichgewichtssinn. Es wird immer eine Interpretationsfrage sein, über wie viele Sinne der menschliche Körper verfügt.

Schmerz und andere **Dysästhesien** (Missempfindungen), aber auch das Jucken, sind schwierig einzuordnen. Der Schmerz ist eine Sinnesmodalität, der das Jucken als Qualität zugeordnet werden kann, während der **Kitzel** eher in den Bereich der Mechanorezeption gehört. Nozizeptoren, die Sensoren des Schmerzsinnes, haben eine Sonderstellung unter den Hautsensoren, da sie nicht in erster Linie Informationen über die Außenwelt vermitteln, sondern Informationen über Verletzungen oder drohende Verletzungen unseres Körpers. Schmerz ist eine körperbezogene Sinnesmodalität. Eine eingehende Darstellung der Schmerzphysiologie findet sich in ▶ Kap. 51. Die ungeordnete Aktivierung von Sinneskanälen, z. B. beim „Aufwachen" einer „eingeschlafenen" Hand oder bei Hyperventilation führt zu Missempfindungen wie „Kribbeln" oder „Ameisenlaufen", die als **Parästhesie** bezeichnet wird.

Sinnesorgane anderer Wirbeltiere
Man sollte sich auch vergegenwärtigen, dass andere Wirbeltierarten Sinnesorgane für Reize haben, die wir nicht wahrnehmen können. So besitzen Schlangen im Grubenorgan empfindliche **Infrarotsensoren**,

mit denen sie die Körperwärme von Beutetieren erfühlen, und Fledermäuse orten ihre Umgebung mit **Ultraschallsensoren**, die das Echo der von ihnen selbst ausgesandten Ultraschallsignale auffangen. Manche Fische verfügen über **Sinnesorgane für elektrische Felder**, mit denen sie die Muskelaktionsströme von Beutetieren wahrnehmen können, die sich im Sand des Seebodens versteckt haben. Der Mensch baut sich mit seiner Technik vergleichbare künstliche Sinnesorgane, deren Signale aber in visuelle (oder seltener in akustische) Signale umgesetzt werden müssen.

 Der Mensch verfügt über mehr als fünf Sinne. Wie viele es wirklich sind, ist eine Interpretationsfrage.

49.1.2 Adäquate Reize

Sinnesorgane haben eine besondere Empfindlichkeit für spezifische Reize; diese nennt man adäquate Reize.

Adäquate und inadäquate Sinnesreize Im Laufe der Evolution haben sich in allen tierischen Organismen spezialisierte Sinnesorgane herausgebildet, die daraufhin angelegt sind, auf bestimmte physikalische oder chemische Reize optimal zu reagieren. Meist ist das der Reiz, der die **minimale Energie** benötigt, um das betreffende Organ zu erregen. Wir nennen die Reizformen, auf die ein Sinnesorgan optimal reagiert, **adäquate Reize**. Ein Beispiel: Stäbchen und Zapfen der Retina lassen sich zwar auch erregen, wenn man den Bulbus kräftig mit dem Finger massiert. Dies führt nämlich zu „inadäquaten" visuellen Eindrücken. Optimale und damit adäquate Reize sind aber elektromagnetische Schwingungen mit Wellenlängen zwischen 400 und 800 nm. Bei dieser Reizart genügt die Energie weniger Photonen, um die Retinasensoren zu erregen.

Da Sensoren im biophysikalischen Sinn nicht absolut spezifisch sind, ist es nicht immer einfach, aus einer rein formalen Betrachtung des Energiebedarfs den adäquaten Reiz für ein Sinnesorgan zu erschließen. So reagieren z. B. die **Kaltsensoren** in der Schleimhaut von Mund und Nase nicht nur auf Abkühlung, sondern auch auf Kontakt mit einem chemischen Reiz, nämlich **Menthol**. Die Erregung der Kaltsensoren durch diese chemische Substanz (z. B. beim Rauchen einer Mentholzigarette) führt daher zur Kälteempfindung.

Ursachen der spezifischen Reizempfindlichkeit Die spezifische Empfindlichkeit eines Sinnesorgans für adäquate Reize

---

Klinik

Allodynie

Klinik
Bei manchen neurologischen Erkrankungen, aber auch beim banalen Sonnenbrand, kann leichtes Streicheln der Haut, beim Sonnenbrand auch Anziehen eines Hemdes, sehr schmerzhaft sein. Man nennt diesen **Schmerz** Allodynie, da er durch Erregung empfindlicher **Mechanosensoren** hervorgerufen wird, deren Reizung nor-

malerweise nur Berührungsempfindungen hervorruft.

Ursachen
Die Mechanosensoren werden in diesem Fall adäquat gereizt, aber ihre Erregungen führen im Zentralnervensystem durch **Veränderung der synaptischen Übertragungen** zur Erregung von Neuronen, die

zur Schmerzentstehung beitragen. Dieses pathophysiologische Phänomen stellt einerseits eine Abweichung vom „Gesetz der spezifischen Sinnesenergien" dar. Es belegt aber andererseits eindrucksvoll, dass nicht der Reiz, sondern der gereizte Sinneskanal die Modalität der Wahrnehmung bestimmt (therapeutisch genutzt z. B. für Cochlea- und Retinaimplantate).

kann durch die Membraneigenschaften der Sensoren, aber auch durch den Bau des gesamten Sinnesorgans bedingt sein. So sind z. B. adäquate Reize für die Sinneszellen im Vestibularorgan und in der Kochlea des Innenohrs jeweils Änderungen von Druckgradienten in der Endolymphe, welche die Haarzellen mechanisch erregen (▶ Kap. 52.4). Aber durch den Bau der Kochlea ist gewährleistet, dass solche Druckänderungen nur dann auftreten, wenn mechanische Schwingungen mit Frequenzen von 20–20 000 Hz die Kochlea erreichen, während im Vestibularorgan entsprechende Gradienten bei Lageänderungen des Kopfes auftreten.

49.1.3 Sinnesorgane als Sensoren in Regelkreisen

Manche Sensoren haben vor allem die Aufgabe, an der Regelung physiologischer Prozesse mitzuwirken; sie erzeugen meist keine bewussten Empfindungen.

Regelkreise, die nicht auf bewusste Empfindung angewiesen sind Vor allem die Sensorsysteme für Muskellänge, Sehnendehnung, Gelenkstellung und andere Parameter der Lage und Bewegung unseres Körpers (Propriozeptoren) und die Sensoren im Bereich der inneren Organe (Enterozeptoren oder Viszerozeptoren) sind in Regelkreise eingebunden. Der überwiegende Anteil der Information, die dem ZNS von solchen Sensoren zugeleitet wird, erreicht unser Bewusstsein nicht. So sind uns z. B. die Informationen der Barorezeptoren aus dem Karotissinus, die kontinuierlich den arteriellen Blutdruck registrieren, nicht bewusst.

> **In Kürze**
>
> Das **Gesetz der spezifischen Sinnesenergien** besagt, dass Sinneswahrnehmungen in ihrer Modalität durch das aktivierte Sinnesorgan bestimmt werden. **Sinnesmodalitäten** bezeichnen Empfindungskomplexe wie Hören, Riechen und Schmecken. Die **Qualitäten** innerhalb der Modalität spiegeln die Eigenschaften des Reizes wider; die Farbe Rot ist also eine Qualität der Modalität Sehen. Der Reiz, der die **minimale Energie** benötigt, um das betreffende Sinnesorgan zu erregen, wird als **adäquater Reiz** bezeichnet (z. B. Licht beim Auge, Schall beim Ohr etc.). Die Selektivität der Sinnesorgane für adäquate Reize ist aber nicht absolut, Erregung durch inadäquate Reize ist möglich. Neben den klassischen **fünf Sinnen** (Sehen, Hören, Schmecken, Riechen, Fühlen) gibt es noch eine Vielzahl anderer Sinne (z. B. Gleichgewichtssinn, Temperatursinn, Tiefensensibilität, Schmerzsinn). Viele Sinnesorgane wirken als Messfühler an der Regelung physiologischer Prozesse mit, auch ohne bewusste Empfindungen zu vermitteln.

49.2 Informationsübertragung in Sensoren und afferenten Neuronen

49.2.1 Transduktionsprozess

Sensoren sind Abschnitte der Zellmembran sensorischer Neurone, die auf die Aufnahme von Reizen und ihre „Übersetzung" (Transduktion) in nervöse Erregung spezialisiert sind.

Sensoren In jedem Sinnesorgan gibt es Rezeptoren, deren Erregung den sensorischen Prozess auslösen. Der Begriff **Rezeptor** bezeichnete ursprünglich eine Sinneszelle. Heute werden darunter auch Molekülkomplexe in Zellmembranen verstanden, die mit anderen Molekülen (z. B. Hormonen) spezifisch reagieren. Sinnesphysiologen verstehen unter dem Begriff Rezeptor den Membranbereich einer Sinneszelle, der darauf spezialisiert ist, Reize in neuronale Information umzuformen. Zur Vermeidung von Begriffsverwirrung bezeichnen wir diesen „**sinnesphysiologischen Rezeptor**" auch als **Sensor**.

Im Bereich der somatoviszeralen Sensibilität sind Sensoren die peripheren Endigungen afferenter Neurone. Diese können als **nackte Nervenendigungen** frei im Gewebe liegen oder in spezialisierte Strukturen, z. B. in **Korpuskeln** oder in Muskelspindeln, eingebettet sein. In einigen Sinnesorganen sind die afferenten Nervenendigungen hingegen mit spezialisierten, nichtneuralen Sinneszellen verbunden, z. B. in der Kochlea mit den **Haarzellen**. In der Retina gibt es schließlich Sinneszellen neuralen Ursprungs, die **Stäbchen** und **Zapfen**, auf deren Außenglieder die hier verwendete Definition des Sensors ebenfalls zutrifft.

Transduktion Reizung von Sensoren führt zu lokalen Änderungen des Membranpotenzials, dem **Sensorpotenzial**. Synonym wird der Ausdruck „**Rezeptorpotenzial**" verwendet. Man nennt diesen Vorgang der Übersetzung eines Reizes in eine Membranpotenzialänderung Transduktion. Da Sensorpotenziale in den zugehörigen afferenten Nervenfasern Aktionspotenziale generieren (◘ Abb. 49.2), hat man sie auch als **Generatorpotenziale** bezeichnet. Man kann Sensoren definieren als **Membranabschnitte von Zellen, die Sensorpotenziale ausbilden**. Diese werden dann in den zugehörigen afferenten Nervenfasern in Folgen von Aktionspotenzialen umcodiert. Bei Berührungs- und Schmerzsensoren der Haut wird das Sensorpotenzial in den Terminalen afferenter Nervenfasern gebildet (primäre Sinneszelle). Dagegen entsteht das Sensorpotenzial bei vielen Sinnesorganen (z. B. Haarzellen Innenohr) in einer nichtneuronalen Zelle (sekundäre Sinneszelle). In diesem Fall wird das afferente Axon über einen synaptischen Mechanismus erregt.

> ❯ Transduktion: Umsetzung von Reizen in Membranpotenzialänderungen.

49

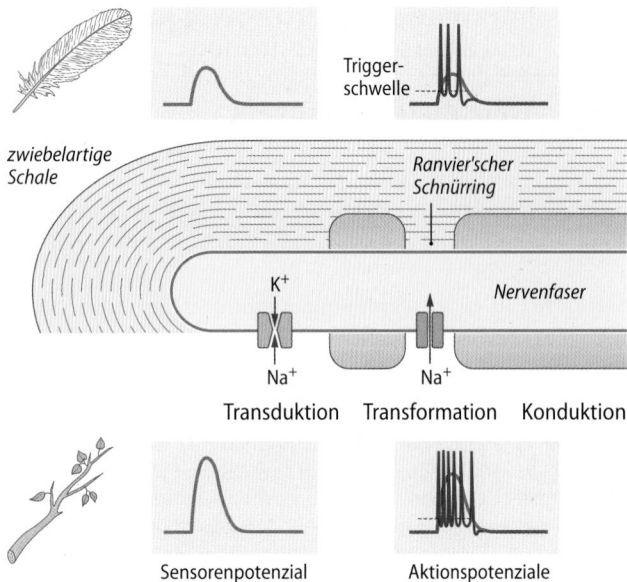

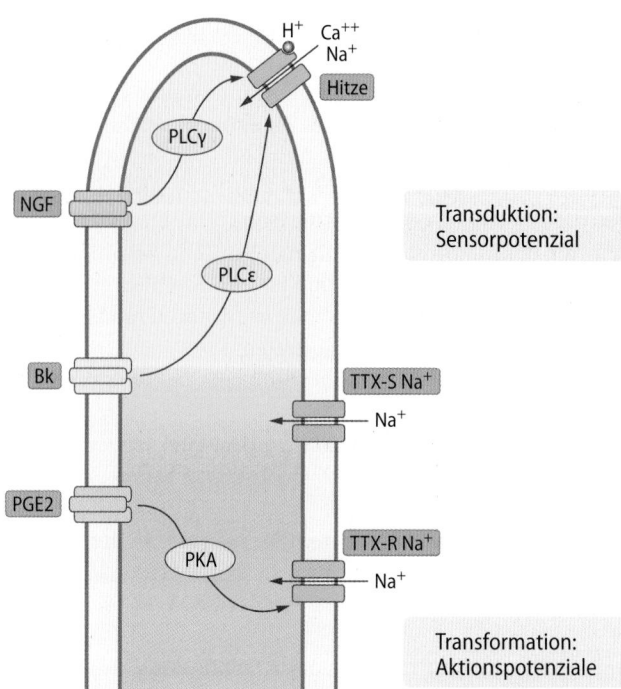

□ **Abb. 49.2 Kodierung der Reizstärke in Aktionspotenzialfrequenzen am Beispiel des Pacini-Körperchens.** Leichte Berührungsreize bewirken eine leichte Depolarisation (Sensorpotenzial) an der sensorischen Endigung über die Aktivierung von mechanisch aktivierten Ionenkanälen. Das entstehende Sensorpotenzial wird elektrotonisch weitergeleitet und erzeugt am ersten Ranvier'schen Schnürring Aktionspotenzialfolgen über die Aktivierung von spannungsaktivierten Natriumkanälen. Stärkere mechanische Reize verursachen ein stärkeres Sensorpotenzial, das Aktionspotenziale mit höheren Frequenzen auslöst

49.2.2 Transduktion chemischer Reize

Chemische Reize reagieren in vielen Fällen mit spezifischen Rezeptoren. Diese können die Leitfähigkeit von Ionenkanälen kontrollieren oder intrazelluläre Second-messenger-Kaskaden beeinflussen.

Funktion von Chemosensoren   Membranrezeptoren für chemische Mediatoren dienen einerseits der **Kommunikation zwischen den Zellen**, ermöglichen aber auch die **Reaktion auf Einflüsse der Außenwelt.**

Als Beispiel seien die Sinneszellen der **Riechschleimhaut** genannt. Die Sensoren befinden sich bei diesen Sinneszellen in den Zilien, die von den Dendriten ausgehen, die sich aus dem Riechepithel in das Nasenlumen erstrecken. In der Membran der Zilien finden sich Rezeptorkomplexe, die spezifisch mit ganz bestimmten Geruchsstoffen reagieren, die z. T. eine komplexe chemische Struktur haben. Diese sehr spezifischen **Rezeptorkomplexe** sind an G-Proteine gekoppelt, die u. a. die **Adenylatzyklase** aktivieren. Das gebildete cAMP phosphoryliert unspezifische Kationenkanäle und erhöht dadurch deren Na⁺- und Ca⁺⁺-Leitfähigkeit. Der resultierende Kationeneinstrom bedingt eine Depolarisation des Membranpotenzials, das **Sensorpotenzial.**

Dieser Typ der Transduktion, bei dem Rezeptorkomplexe intrazelluläre Signalwege aktivieren, findet sich nicht nur in olfaktorischen Sinneszellen, sondern z. B. auch bei **Nozizeptoren** (□ Abb. 49.3). Die beteiligten Rezeptorkomplexe werden auch als metabotrope Rezeptoren bezeichnet, zu

□ **Abb. 49.3 Erleichterte Transduktion und Transformation an sensorischen Nervenendigungen.** Verschiedene membranständige Rezeptormoleküle an einer nozizeptiven Nervenendigung sind abgebildet: auf der linken Seite metabotrope Rezeptoren (G-Protein-gekoppelt und Rezeptor-Tyrosinkinasen), auf der rechten Seite ionotrope Rezeptoren. Für die Entstehung des Sensorpotenzials (oben, gelb) und die Weiterleitung von Aktionspotenzialen (unten, grün) sind unmittelbar ionotrope Rezeptoren verantworlich, allerdings kann deren Empfindlichkeit durch metabotrope Rezeptoren moduliert werden. NGF=Nervenwachstumsfaktor (nerve growth factor); Bk=Bradykinin; PGE2=Prostaglandin E2; TTX-R=Tetrodotoxin-resistent; TTX-S=Tetrodotoxin-sensitiv; PLC=Phospholipase C; PKA=Proteinkinase A; TK=Tyrosinkinase

denen neben der zahlenmäßig dominierenden Familie der **G-Protein-gekoppelten Rezeptoren** auch noch die **Rezeptor-Tyrosinkinasen-Membranproteine** gehören. Demgegenüber bilden ionotrope Rezeptoren Ionenkanäle aus, deren Leitfähigkeit durch Konformationsänderung reguliert wird und so das Membranpotenzial direkt verändern kann. Ionotrope Rezeptoren können durch die Bindung von Liganden aktiviert werden („ligandengesteuert"), das können z. B. Protonen (H⁺) oder unterschiedliche Temperaturen sein, die so das Sensorpotenzial auslösen. Für die Entstehung und die Weiterleitung der Aktionspotenziale sind spannungsabhängige Natriumkanäle verantwortlich. Die unterschiedlichen Rezeptorkomplexe sind zwar primär unabhängig voneinander aktivierbar, allerdings modulieren metabotrope Rezeptoren über intrazelluläre Signalketten die Empfindlichkeit von ionotropen Rezeptoren, wodurch die Transduktion, aber auch die Transformation, erleichtert werden kann (□ Abb. 49.3).

49.2.3 Transduktion thermischer Reize

Der molekulare Mechanismus der Thermosensoren basiert auf Kanalkomplexen, deren Konfiguration und Leitfähigkeit durch die Temperaturänderung verändert wird; dadurch entsteht dann das Sensorpotenzial. Für die Transduktion von Kälte- und Wärmereizen sind Rezeptor-Kanal-Komplexe der TRP-Familie besonders wichtig

Molekulare Strukturen von Thermosensoren Auch bei Thermosensoren geht die Transduktion von Rezeptormolekülkomplexen in der Sensormembran aus, die überwiegend der „**Transient-Receptor-Potenzial**"-(TRP-)Familie angehören. Die TRP-Rezeptorfamilie wurde anhand einer Fliegenmutante entdeckt, in der das TRP-vermittelte lang dauernde Rezeptorpotenzial der Photorezeptoren in ein transientes verändert war. Die Mitglieder der 6 TRP-Hauptfamilien bilden Kationenkanäle aus jeweils 4 homomeren Untereinheiten, die sich unter anderem in ihrer Durchlässigkeit für monovalente (Na$^+$, K$^+$; Kontrolle des Membranpotenzials) und divalente (Ca^{++}, Mg^{++}; Second-messenger-Funktion) Kationen unterscheiden. Sie werden insbesondere durch Temperaturreize, aber auch durch sauren pH (TRPV1), Hypoxie bzw. reaktive Sauerstoffspezies (TRPA1, TRPM7) und Liganden aktiviert. Dadurch können sie beim Menschen insbesondere sensorische Funktionen erfüllen, dienen aber auch der Regulation des Tonus von Blutgefäßen und der Homöostase intrazellulärer Vesikel. Sensorisch decken TRP-Kanäle den physiologisch relevanten Temperaturbereich von ca. 10–55°C mit fünf unterschiedlichen Rezeptormolekülen ab. Leichte Erwärmung der Haut aktiviert TRPV3 (und TRPV4), während schmerzhafte Hitzereize dagegen TRPV1 erregen. Bei leichtem Abkühlen der Haut wird TRPM8 aktiviert. Die TRP-Rezeptoren werden auch spezifisch durch Moleküle pflanzlichen Ursprungs erregt, wobei interessanterweise diese chemisch hervorgerufenen Empfindungen die Temperaturempfindung widerspiegelt (Chili „brennend", Menthol „kühlend", Campher „warm") (◘ Abb. 49.5).

Capsaicin, der scharfe Inhaltsstoff von Chili, erleichtert die Aktivierung von TRPV1-Rezeptoren. Dadurch wird die behandelte Haut für Hitzereize empfindlicher (◘ Abb. 49.5). Die Reiz-Antwort-Kurve für Hitzeschmerz verschiebt sich somit nach links: nach Capsaicin-Behandlung führen schon milde Hitzereize zu starken Schmerzen, vergleichbar mit einer heißen Dusche auf einem Sonnenbrand.

> **Empfindlichere Transduktion: stärkere Empfindung.**

Funktion und Arbeitsbereiche von Thermosensoren TRP-Kanäle sind an den sensorischen Endigungen von Nervenfasern der menschlichen Haut exprimiert, die für die Detektion von Abkühlung (Kaltsensoren) und Erwärmung (Warmsensoren), aber auch von noxischer Kälte und Hitze (Nozizeptoren) zuständig sind. Diese Zuordnung (z. B. TRPV1-Nozizeptoren) ist allerdings nicht exklusiv: Das heißt, nicht alle nozizeptiven Nervenendigungen exprimieren TRPV1. Zudem werden auch heteromultimere TRP-Rezep-

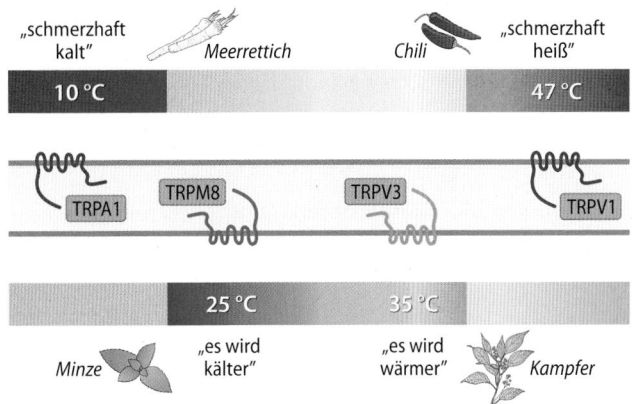

◘ **Abb. 49.4 Rezeptormoleküle der Thermosensation.** Ausgewählte Mitglieder der TRP-Rezeptorfamilie sind den Temperaturbereichen, in denen sie aktiviert werden, farblich zugeordnet. Die einzelnen TRP-Rezeptoren haben nicht nur spezifische Aktivierungstemperaturen, sondern auch spezifische Liganden, die aus Pflanzen gewonnen werden können (z. B. Menthol aus Minze, Capsaicin aus Chili). Während Rezeptoren für die extremen Temperaturen (TRPV1 und evtl. TRPA1) vornehmlich auf Nozizeptoren gefunden werden (oben), sind für die Warm- und Kaltempfindung vermutlich TRPV3 und TRPM8 wesentlich (unten)

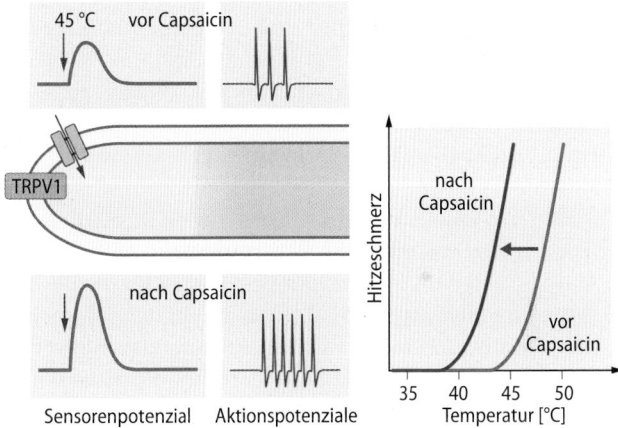

◘ **Abb. 49.5 Sensibilisierung des Hitzeschmerzes durch erleichterte Aktivierung von TRPV1.** Milde Hitzereize von 45°C aktivieren TRPV1-Kanäle auf nozizeptiven Afferenzen, bewirken ein Sensorpotenzial (oben links) und einige Aktionspotenziale, die als leicht schmerzhaft empfunden werden. Unter der Wirkung von Capsaicin aus Chili, das die Öffnung von TRPV1 erleichtert, werden Sensorpotenzial und Aktionspotenziale beim gleichen Hitzereiz verstärkt (unten links). Damit verursachen nach Capsaicinbehandlung schon leichte Hitzereize einen starken Hitzeschmerz (rechts)

toren z. B. TRV1/TRPA1 und eine Vielzahl von Rezeptoren eingebaut, die nicht zur TRP-Familie gehören. Die Funktion einer sensorischen Nervenfaser wird somit nicht allein durch die Expression eines spezifischen Rezeptormoleküls determiniert, sondern ergibt sich aus dem Zusammenspiel der verschiedenen Rezeptoren an ihren sensorischen Endigungen und der zentralnervösen Verknüpfung des afferenten Neurons.

49

49.2.4 Transduktion mechanischer Reize

Auch die Funktion von Mechanosensoren hängt von Rezeptormolekülen in den Sensormembranen ab, die mit Membrankanälen verbunden sind.

Funktion von Mechanosensoren   Ein gut erforschtes Beispiel eines Mechanosensors ist das Vater-Pacini-Körperchen (PC-Sensor). Dieser Sensor besteht aus dem **marklosen** Ende einer **markhaltigen** Nervenfaser, das von einer zwiebelartigen Schale umgeben ist. Diese Schale wirkt als Verstärker für die mechanischen Reize und überträgt sie auf die Zellmembran der Nervenendigung. Dort sind mechanisch aktivierbare Ionenkanäle eingebaut, die das Sensorpotenzial erzeugen (siehe ◘ Abb. 49.2). Das Sensorpotenzial löst am ersten Ranvier'schen Schnürring Aktionspotenziale aus, die nach zentral fortgeleitet werden. Aufgrund der fehlenden mechanisch aktivierbaren Ionenkanäle ist die Axonmembran dort mechanisch unempfindlich.

Arbeitsweise von Mechanosensoren   Die molekulare Struktur der mechanoempfindlichen Ionenkanäle (stretch activated channel) in primären Afferenzen ist noch nicht vollständig aufgeklärt. Bislang wurde eine Familie von Mechanosensoren identifiziert, die entsprechend ihrer Funktion als Wandler von mechanischer in elektrische Energie „**Piezo**" genannt werden. Piezo-Proteine sind mechanisch aktivierte unspezifische Kationenkanäle mit einem Molekulargewicht von ca. 300 kDa und vermitteln bei mechanischer Stimulation eine Depolarisation. Während Piezo 1 in nicht-neuronalen Zellen z. B. als Sensor für den Blutstrom wirkt, wird **Piezo 2** in sensorischen Afferenzen exprimiert und ist für die Berührungsempfindlichkeit essentiell. Piezo 2 vermittelt bei mechanischer Stimulation einen rasch inaktivierenden Einwärtsstrom und ist demnach insbesondere für die phasischen Komponenten der Mechanotransduktion verantwortlich. Demgegenüber scheint es für die Erregungsschwellen von unmyelinisierten Mechanonozizeptoren keine Rolle zu spielen. Es ist damit zu erwarten, dass noch weitere Sensormoleküle an der Mechanotransduktion starker und lang andauernder Reize beteiligt sind.

49.2.5 Kodierung der Reizintensität

Sensorpotenziale sind kontinuierlich abgestufte lokale Antworten, d. h. sie bilden mit ihrer Amplitude die Reizgröße ab.

Sensorschwelle und der Arbeitsbereich von Sensoren   I. d. R. muss der adäquate Reiz eine Mindestgröße erreichen, um eine **Erregungsschwelle** zu überschreiten. Andererseits führen extrem starke Reize häufig nicht mehr zu einem größeren Sensorpotenzial. Jeder Sensor hat somit einen **Empfindlichkeits-** oder **Arbeitsbereich**.

Die Sensorpotenziale sind bei den meisten Sensoren **depolarisierend**. Bei den **Photosensoren** in der Retina, den Stäbchen und Zapfen, findet ein Ionenstrom vorwiegend im

Dunkeln statt. Die eintreffenden Photonen verändern die Konfiguration eines photosensiblen Moleküls in den Außengliedern der Sensoren, was einen Second-messenger-Prozess auslöst, der zur Abnahme der Leitfähigkeit von Na^+-Kanälen führt. Hier findet man also ein **hyperpolarisierendes** Sensorpotenzial.

Empfindlichkeit des Transduktionsprozesses   Der Reiz ist nicht die unmittelbare Energiequelle des Sensorpotenzials. Er steuert nur – wie bereits dargestellt – Ionenströme durch die Membran. In einigen Fällen scheint der Transduktionsprozess so empfindlich zu sein, dass die theoretische Grenze erreicht wird. So können z. B. die Haarzellen der Kochlea bereits durch eine Bewegung erregt werden, die nicht größer ist als der Durchmesser eines Wasserstoffatoms. Schon ein einziges Lichtquant kann so große Membranströme an einzelnen Stäbchen der Netzhaut auslösen, dass das entstehende Generatorpotenzial die Aktivität der nachgeschalteten Ganglienzellen der Retina messbar beeinflusst. In diesen Fällen ist mit der Transduktion ein beachtlicher **Verstärkungsprozess** verbunden. Die Empfindlichkeit von Sensoren kann durch Sensibilisierung oder Adaptation der Transduktionsproteine, aber auch durch Sensibilisierung oder Adaptation des Transformationsprozesses moduliert werden (siehe ◘ Abb. 49.3 und ◘ Abb. 49.5).

49.2.6 Prozess der Transformation

Sensorpotenziale werden in afferenten Neuronen in Aktionspotenzialfolgen umcodiert; diesen Vorgang nennt man Transformation; dabei wird die Größe der Potenzialänderung des Sensorpotenzials in Aktionspotenzialfolgen unterschiedlicher Frequenz transformiert, die fortgeleitet werden

Das Sensorpotenzial als Generatorpotenzial   Im nächsten Schritt des sensorischen Erregungsprozesses werden **Sequenzen von Aktionspotenzialen** durch das Sensorpotenzial induziert, das daher auch als Generatorpotenzial bezeichnet wird. Beim Pacini-Körperchen (PC-Sensor) findet diese Transformation am ersten Schnürring der afferenten Nervenfaser statt. Das Generatorpotenzial muss sich zu diesem Ort der Aktionspotenzialauslösung hin elektrotonisch ausbreiten, ganz ähnlich wie die synaptischen Potenziale am Motoneuron zum Axonhügel (siehe ◘ Abb. 49.2).

Bei einigen Sinneszellen, wie bei den Haarzellen des Innenohrs und bei den Photorezeptoren der Retina, werden Aktionspotenziale erst bei nachgeschalteten Zellen ausgelöst. In diesen Fällen sind synaptische Prozesse zwischen das Sensorpotenzial und die Aktionspotenziale geschaltet. Bei Stäbchen und Zapfen haben die postsynaptischen Potenziale in den Ganglienzellen der Retina die Funktion von **Generatorpotenzialen**.

Umcodierung zu Aktionspotenzialen   Während beim Generatorpotenzial die Größe der Depolarisation die Reizgröße abbildet, folgen die Amplituden der fortgeleiteten Aktionspotenziale dem Alles-oder-Nichts-Gesetz. Die Abbildung der

Reizgröße erfolgt durch Frequenzänderung. **Impulsfrequenzen** der afferenten Nervenfasern **folgen** kontinuierlich der **Amplitude der Generatorpotenziale**. Eine ähnliche Umkodierung von einem lokalen Potenzial, dessen Amplitude variiert, zu einem fortgeleiteten Signal, dessen Frequenz sich ändert, findet wieder an zentralnervösen Synapsen statt.

> **Generatorpotenzial: direkte Abbildung der Reizgröße in Membranpotenzialänderung. Aktionspotenziale: umcodierte Reizgröße in Aktionspotenzialfrequenz**

In Kürze

Die Information über einen Reiz wird bei der Übermittlung ins ZNS zweimal „übersetzt": Die Stärke von physikalischen und chemischen Reizen wird von speziellen Sensoren in eine Änderung des Membranpotenzials übersetzt (**Transduktion**). Das so entstehende Sensorpotenzial bildet die Reizstärke durch seine Amplitude „analog" ab. Bei den Transduktionsprozessen kann man die Transduktion chemischer, thermischer und mechanischer Reize unterscheiden. Damit dieses Potenzial über die afferenten Neuronen weitergeleitet werden kann, wird es in eine Folge von Aktionspotenzialen umcodiert (**Transformation**). Die Amplitude des Sensorpotenzials wird dabei durch die Frequenz der Aktionspotenziale abgebildet. Bei manchen Sinnessystemen erfolgt die Transformation mehrstufig, z. B. unter Zwischenschaltung einer Synapse.

49.3 Informationsverarbeitung im neuronalen Netz

49.3.1 Periphere (primäre) und zentrale (sekundäre) rezeptive Felder

Alle Sensoren einer Nervenfaser bilden ihr primäres rezeptives Feld; die Verzweigung der afferenten Nervenfasern in ihrem Zielgewebe ist unterschiedlich ausgeprägt, sie bilden somit unterschiedlich große rezeptive Felder.

Primäre rezeptive Felder   Afferente Nervenfasern verzweigen sich in ihrem Innervationsgebiet (der Peripherie) meist in mehrere Kollateralen, die jeweils in Sensoren enden; alle Sensoren einer Nervenfaser bilden ihr primäres rezeptives Feld. Ein Mechanosensor in der Haut wird vor allem durch Reize erregt, die auf die Haut unmittelbar über ihm einwirken. Die afferente Nervenfaser dieses Sensors ist aber terminal in Kollateralen verzweigt, die ebenfalls an den terminalen Sensoren ausbilden. Das afferente Stammaxon kann in diesen Fällen von verschiedenen Hautstellen her erregt werden (◘ Abb. 49.6).

Liegen die Sensoren eines afferenten Axons nahe beieinander, ergibt sich ein zusammenhängendes rezeptives Feld, liegen sie weiter voneinander entfernt, ergibt sich ein rezep-

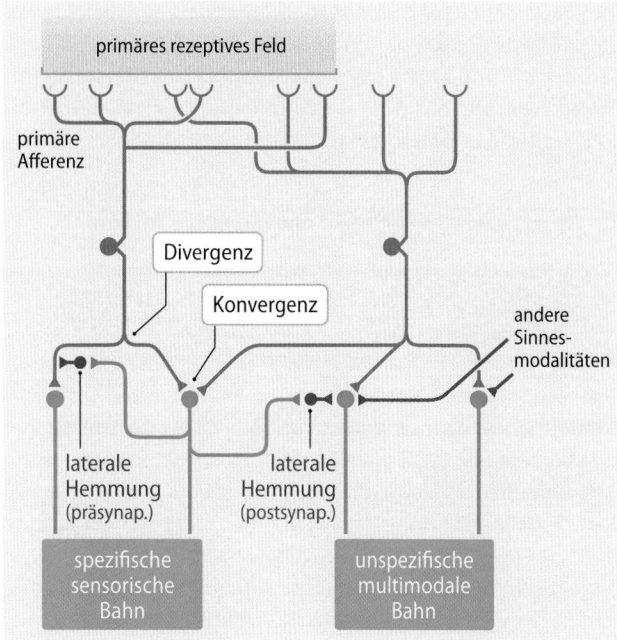

◘ **Abb. 49.6**   Schematische Darstellung eines Sinnessystems

tives Feld, das aus mehreren unzusammenhängenden empfindlichen Hautstellen besteht. Zur Unterscheidung von den rezeptiven Feldern zentraler Neurone nennen wir die der primären Afferenzen **primäre rezeptive Felder**.

Sekundäre rezeptive Felder und Funktionsanpassung   Die Anzahl der Kollateralen der primär afferenten Axone und ihre mehr oder weniger weite Ausbreitung im innervierten Gewebe bestimmen Form und Größe der peripheren rezeptiven Felder. Bei nachgeschalteten Neuronen im ZNS wird die Größe der rezeptiven Felder zudem bestimmt durch die **Konvergenz verschiedener afferenter Neurone**. Unterschiedlich viele primär afferente Neurone entsenden Nervenfasern, die auf ein zentrales Zielneuron konvergieren und synaptische Kontakte mit einzelnen zentralen sensorischen Neuronen haben. Die rezeptiven Felder dieser zentralen Neurone (zentrale rezeptive Felder) können daher größer sein als die primären Felder afferenter Nervenfasern (z. B. das rechte Neuron der spezifisch sensorischen Bahn in ◘ Abb. 49.6).

> **Primäre rezeptive Felder: Kollateralen der primären Afferenzen in der Peripherie, Größe anatomisch weitgehend festgelegt. Sekundäre rezeptive Felder: Konvergenz vieler primärer Afferenzen auf ein zentrales Neuron, Größe variiert je nach synaptischer Stärke.**

Die **Größe** peripherer und zentraler rezeptiver Felder ist funktionsangepasst. Kleine Felder bedingen ein besseres sensorisches Auflösungsvermögen. Die rezeptiven Felder von **Mechanoafferenzen** der Haut in der Fingerspitze, dem wichtigsten Tastorgan, sind meist kleiner als solche in der Haut des Unterarms oder gar des Rumpfes. Bei den sensorischen Neuronen höherer Ordnung vergrößert sich dieser Unterschied: Im **somatosensorischen Projektionsfeld des Kortex** haben

49

die „Fingerspitzen"-Neurone viel kleinere rezeptive Felder als die „Rumpf"-Neurone. Entsprechendes gilt für die Retina. Rezeptive Felder von Ganglienzellen, die mit **Sensoren der Fovea centralis** des Auges verbunden sind, sind kleiner als solche, die von **Sensoren der Retinaperipherie** innerviert werden.

❯ Kleine rezeptive Felder = hohe räumliche Auflösung.

49.3.2 Sensorische Bahnen als neuronale Netzwerke

Sinnesbahnen im Zentralnervensystem sind nicht einfach Bündel von Axonen, die Informationen linear zu zentralen Neuronen leiten; die Projektionsneurone dieser Bahnen sind untereinander synaptisch verbunden, wodurch eine Netzwerkstruktur entsteht

Allgemeine Struktur sensorischer Bahnen   Die **primär** afferenten Nervenfasern enden nach ihrem Eintritt ins Rückenmark oder in den Hirnstamm an **sekundären** sensorischen Neuronen (◘ Abb. 49.6). Deren Axone sammeln sich zu **sensorischen Bahnen**, die in höheren Kerngebieten enden. Charakteristischerweise sind mehrere solcher sensorischen Zentren für ein Sinnessystem hintereinandergeschaltet. Letzte Station bilden bei fast allen Sinnen die Neurone im **Projektionsfeld der Hirnrinde**. Diesen sind bei den meisten Sinnessystemen Neurone in einem **thalamischen Projektionskern** vorgeschaltet. Bei der Somatosensorik ist ihnen wiederum ein sensorisches Kerngebiet im Rückenmark oder Hirnstamm vorgeschaltet, an dessen Neuronen die afferenten Nervenfasern aus der Peripherie enden.

Eine **sensorische Bahn** besteht somit aus einer **Kette** von **zentralen Neuronen**, die durch Impulse der betreffenden Sensoren erregt werden und die durch Synapsen miteinander verbunden sind. Alle neuralen Verschaltungen innerhalb einer solchen sensorischen Bahn und die Hemmsysteme, die mit ihr verbunden sind, bilden gemeinsam ein **Sinnessystem**.

Divergenz und Konvergenz sensorischer Bahnen   ◘ Abb. 49.6 zeigt schematisch einige charakteristische Züge eines solchen sensorischen Systems. Die primären Afferenzen verzweigen sich üblicherweise in ihren peripheren Ausläufern im Zielorgan zu verschiedenen Sensoren und bilden so ein primäres rezeptives Feld. Sie verzweigen sich aber auch an ihren zentralen Enden und bilden synaptische Kontakte an verschiedenen sekundären Neuronen. Man nennt diese Verzweigung **Divergenz**. An jedem sekundären sensorischen Neuron bilden andererseits mehrere primäre Afferenzen synaptische Kontakte. Das wird als **Konvergenz** bezeichnet. In den höheren sensorischen Zentren liegt die gleiche Vernetzung vor.

Redundanz sensorischer Bahnen   Eine Sinnesbahn kann somit einerseits als Kette hintereinander geschalteter (in Serie liegender) Neurone verstanden werden. Andererseits wird die Sinnesinformation aber durch Konvergenz und Divergenz

gleichzeitig über viele parallele Kanäle übermittelt. Diese parallele Übermittlung in einem neuronalen Netzwerk führt zur **Redundanz**. Sie ist wahrscheinlich die wichtigste Ursache für die außerordentliche „Betriebssicherheit" sensorischer Systeme. Ausfall von Neuronen durch Erkrankung oder Altern beeinträchtigt die Funktion dieser Systeme erst, wenn sie eine große Zahl von Neuronen erfasst hat.

49.3.3 Hemmende Synapsen im neuronalen Netz

Die Vernetzung in Sinnesbahnen wird nicht nur durch erregende synaptische Kontakte bestimmt; hemmende Synapsen sind für die Informationsverarbeitung ebenso wichtig wie erregende

Funktionen von hemmenden Synapsen   Verschiedene Formen der **Hemmung** treten gesetzmäßig in sensorischen Systemen auf. Im nächsten Abschnitt wird die Funktion der **Hemmung zur Informationsextraktion** beschrieben. Sie dient aber auch anderen Zwecken:

- **Erregungsbegrenzung im neuronalen Netz**: Hemmung wird benötigt, um eine unkontrollierte Ausbreitung der Erregung im neuronalen Netzwerk zu verhindern. Die Ausschaltung von hemmenden Glycin-Rezeptoren durch Strychnin führt zu einem Zusammenbruch jeder geordneten Informationsvermittlung im ZNS, zu Krämpfen und zum Tod.
- **Verstärkungsanpassung**: Häufig geben höhere sensorische Neuronen Kollaterale ab, welche Interneurone innervieren, die rückläufig vorgeschaltete sensorische Neurone derselben Bahn hemmen. Diese **Rückkopplungshemmung** dient der Einstellung der Verstärkung in der betreffenden sensorischen Bahn.
- **Funktionsanpassung**: Höhere Hirnzentren können durch absteigende Hemmbahnen (**deszendierende Hemmung**) die Übermittlung in Sinnessystemen beeinflussen. Diese Hemm-Mechanismen dienen u. a. der Ausblendung von Sinnesinformationen bei der Fokussierung der Aufmerksamkeit. Eine andere wichtige Funktion der deszendierenden Hemmung ist die Anpassung der Sensorik an die Motorik, z. B. beim Auge die Anpassung des Sehvorganges an die motorische Aktivität der Augenmuskel, die dazu führt, dass während Sakkaden der Sehvorgang ausgeblendet wird.
- **Kontrastbildung**: Rezeptive Felder zentraler sensorischer Neurone sind häufig komplex, d. h., diese Neurone werden durch die Erregung einer Gruppe von Sensoren erregt, durch die anderer Sensoren gehemmt.

49.3.4 Hemmende rezeptive Felder

Erregende rezeptive Felder zentraler Neurone sind häufig von hemmenden rezeptiven Feldern umgeben, die der Kontrastverschärfung dienen

Laterale Hemmung Viele Neurone im visuellen und im somatosensorischen System werden z. B. vom Zentrum ihres rezeptiven Feldes her erregt, von einem mehr oder minder großen und mehr oder minder regelmäßig geformten Umfeld hingegen gehemmt. Solche hemmenden rezeptiven Umgebungsfelder kommen dadurch zustande, dass die primären Afferenzen mit Interneuronen verbunden sind, die an den betreffenden zentralen sensorischen Neuronen hemmende Synapsen bilden. Da die Hemmung von sozusagen „seitwärts" liegenden Neuronen derselben Sinnesbahn ausgeht, sprechen wir von lateraler Hemmung.

Kontrastverschärfung Die komplexen rezeptiven Felder zentraler sensorischer Neurone dienen dazu, bestimmte Züge der Sinnesinformation herauszuheben (Eigenschaftsextraktion). Eine wichtige Aufgabe ist die Kontrastverschärfung. Letztlich führt diese Hervorhebung der Kontraste dazu, dass z. B. die Augen uns weniger Informationen über absolute Helligkeiten liefern, dafür aber umso genauere über **Helligkeitsunterschiede** im Bild, also über **Begrenzungen einzelner Bildelemente**.

Aufgaben der Eigenschaftsextraktion im neuronalen Netz Über die Kontrastverschärfung hinaus werden in den Projektions- und Assoziationsfeldern des Kortex erheblich komplizertere Informationen aus der sensorischen Erregung extrahiert. So gibt es im somatosensorischen System Neurone, welche die Geschwindigkeit und Richtung codieren, mit der sich ein Reiz über die Haut bewegt. Im visuellen Kortex findet man die Einfach- und Komplexzellen, die bestimmte geometrische und Bewegungseigenschaften visueller Reize darstellen.

Im Einzelnen wird die Organisation der jeweiligen kortikalen sensorischen Projektionsfelder in den Kapiteln über die betreffenden Sinnessysteme besprochen. Allgemein gilt, dass unsere zentralen Sinnessysteme – vor allem die kortikalen – eine Analyse der einlaufenden Informationen vornehmen und für den bewussten Wahrnehmungsprozess **Extrakte** oder **Abstraktionen** der Sinnesinformation liefern.

49.3.5 Multisensorische Hirnregionen

Alle Sinnessysteme haben auch Verbindung zu „unspezifischen", multisensorischen Systemen, die u. a. der Steuerung der Aufmerksamkeit dienen.

Unspezifische Neuronengruppen mit sensorischem Zustrom erhalten meist Informationen von mehreren Sinnessystemen, sie sind also **multimodal**. Ein wichtiges unspezifisches System erstreckt sich über das retikuläre Kerngebiet des Hirnstamms und des Thalamus. Wahrscheinlich übermitteln die spezifischen („unimodalen") Sinnesbahnen die präzise Information über Sinnesreize (sie vermitteln, was geschieht), während die unspezifischen, multimodalen zuständig sind für die sensorische Integration und für die Verhaltensanpassung, welche diese Reize erfordern (sie vermitteln, wie wichtig

das ist, was geschieht). Häufig besteht diese Verhaltensanpassung in einer Verhaltensaktivierung und in einer Ausrichtung der Aufmerksamkeit. Dies scheint eine wichtige Aufgabe des aufsteigenden retikulären Aktivierungssystems (ARAS) zu sein

> **In Kürze**
>
> Die zentralnervösen Anteile von Sinnessystemen sind Ketten hintereinander geschalteter, konvergent und divergent verknüpfter Neurone; sie sind als neuronale Netzwerke organisiert. Sie nehmen ihren Ausgang von den Sensoren der primär afferenten Fasern, die wiederum auf sekundäre, diese auf tertiäre etc. Neurone aufgeschaltet werden. Letzte Station ist meist die Hirnrinde. Bei jeder Umschaltung findet eine zunehmend komplexere Informationsverarbeitung statt. Ein einfaches Strukturelement dieser Verarbeitung ist die **laterale Hemmung** zur Kontrastverstärkung. Primär afferente Nervenfasern verzweigen sich in ihrem Innervationsgebiet meist in mehrere Kollateralen, die jeweils in Sensoren enden; alle Sensoren einer Nervenfaser bilden ihr **primäres rezeptives Feld**. Die rezeptiven Felder der zentralen Neurone (**zentrale oder sekundäre rezeptive Felder**) werden durch die primären Felder der afferenten Nervenfasern bestimmt, die auf einzelne zentrale sensorische Neurone konvergieren. Die Größe der zentralen rezeptiven Felder lässt sich durch Modulation der synaptischen Übertragung anpassen.

49.4 Sinnesphysiologie und Wahrnehmungspsychologie

49.4.1 Empfindungen und Wahrnehmungen

Sinnesreize induzieren subjektive Sinneseindrücke, die wir als Empfindungen bezeichnen; Wahrnehmungen beruhen auf Empfindungen, sie werden aber durch Erfahrungen und angeborene Einstellungen modifiziert

Wahrnehmung als erfahrungsgeprägte Empfindung Den Unterschied zwischen Empfindung und Wahrnehmung soll ein Beispiel verdeutlichen: Elektromagnetische Schwingungen der Wellenlänge 400 nm lösen den Sinneseindruck „blau" aus. Die Aussage: „Ich sehe eine blaue Fläche, in die runde weiße Flächen verschiedener Größe eingelagert sind", beschreibt Sehempfindungen. Allerdings würden wir selten so sprechen. „Sehempfindungen" sind ein Konstrukt einer analytischen Bemühung. Normalerweise nimmt unser Bewusstsein unmittelbar eine Deutung des Gesehenen vor, wir ordnen es in Erfahrenes und Erlerntes ein. Der geschilderten Empfindung entspricht z. B. die Wahrnehmung „Ich sehe einen blauen Himmel mit Wolken". **Wahrnehmungen sind immer erfahrungsgeprägt.** Daher sieht ein Meteorologe Stratocumuli, ein Kinderbuchillustrator hingegen Schäfchen-

49

◧ **Abb. 49.7 Vexierbild.** Die „Hasenente" von Jastow in Attneave (1971)

wolken. Wahrnehmungen werden von vielen psychischen Faktoren beeinflusst, z. B. der Gemütslage.

Wahrnehmung von Vexierbildern   Noch deutlicher ist das Umschlagen von einer in die andere perspektivische Wahrnehmung in Vexierbildern: Bei längerer Betrachtung kippt die Wahrnehmung bei vielen Menschen spontan von einer in die andere Anschauung, ohne dass sich die von den Augen vermittelte Information verändert hat. Es fällt ferner auf, dass wir die beiden perspektivischen Anschauungen nur schwer gleichzeitig sehen können, obwohl wir wissen, dass das Bild ambivalent ist. Damit wird deutlich, dass Wahrnehmungen durch aktive, integrative Prozesse des Hirns strukturiert und eindeutig gemacht werden.

Klinik

Agnosie

Bei bestimmten Hirnrindenprozessen kann es zu einer Agnosie kommen, einer **Störung** des **Wahrnehmungsprozesses**. So können z. B. Tumore oder Verletzungen im Okzipitallappen der Hirnrinde zu einer visuellen Agnosie führen, die in der Unfähigkeit besteht, gesehene Gegenstände mit den Erinnerungen an diese Gegenstände zu verknüpfen. Ein Patient, der an einer solchen Krankheit leidet, wird zwar den Sinneseindruck z. B. eines Buches empfinden, aber es nicht als Buch wahrnehmen, d. h. nicht begreifen, dass es etwas ist, das man aufschlagen und in dem man lesen kann. Ein normaler Wahrnehmungsprozess kommt nicht zustande.

49.4.2 Bindungsproblem

Die verschiedenen Aspekte eines Sinnesreizes werden in unterschiedlichen Kortexarealen verarbeitet und durch Bindung zu einer einheitlichen Wahrnehmung verknüpft.

Auch wenn sich das **Bewusstsein** – zumindest derzeit – nicht aus unseren Kenntnissen der Hirnprozesse ableiten lässt, so können doch viele Bewusstseinsphänomene durch entsprechende Hirnprozesse erklärt werden. Die Aktivität von Neuronen in der Hirnrinde wird in vielen Fällen durch bestimmte Eigenschaften der Sinnesreize hervorgerufen, z. B.

durch eine bestimmte Farbe, durch Formelemente oder Bewegungen. Die Analyse verschiedener Aspekte eines Sinnesreizes kann in verschiedenen Hirnregionen stattfinden. Unser Bewusstsein spiegelt aber eine einheitlich empfundene komplexe Reizsituation wider, von der noch nicht bekannt ist, wie sie zustande kommt.

Da sich die Konstellationen der Neurone, die in verschiedenen Hirnregionen erregt werden, mit den Reizmustern rasch ändern, ist zu vermuten, dass es einen Mechanismus geben muss, der bei Bedarf rasch z. T. weit auseinanderliegende Hirnregionen in irgendeiner Form funktionell verbindet. Diese Forderung nennt man **Bindungsproblem**. Ein Anzeichen der Bindung scheint darin zu bestehen, dass verschiedene Neuronengruppen in der Hirnrinde im selben Rhythmus von ca. 40 Hz aktiviert werden.

In Kürze

Die objektive **Sinnesphysiologie** beschreibt die Kette physikochemischer Ereignisse von der Aufnahme der Sinnesreize bis zur Verarbeitung in den sensorischen Gehirnzentren. Die aufgenommenen Sinnesreize induzieren subjektive Sinneseindrücke (Empfindungen). Diese werden durch die Verknüpfung mit Erfahrungen zu Wahrnehmungen. Die Erklärung von **Bewusstseinsprozessen** durch neuronale Prozesse wird je nach philosophischer Einstellung unterschiedlich gedeutet. Die Entstehung einer integrierten Wahrnehmung aus der Aktivität verschiedener, räumlich getrennter Neuronengruppen ist noch ungelöst „Bindungsproblem".

49.5 Sensorische Schwellen

49.5.1 Entwicklung des Schwellenkonzeptes

Das wichtigste Konzept der subjektiven Sinnesphysiologie und ein zentrales Konzept der Wahrnehmungspsychologie ist das Konzept der Wahrnehmungsschwelle.

Zwar lässt sich das Konzept der Schwelle auf neuronale Erregungen und auf Wahrnehmungen anwenden, es wurde aber zunächst für die Erforschung der Beziehung von Reizen und subjektiven Empfindungen entwickelt. Mit der Zuordnung von Empfindungsintensitäten zu physikalischen Reizparametern befasst sich die **Psychophysik**. Ein zentrales Konzept der Psychophysik ist das der sensorischen (Intensitäts-)Schwelle.

Reizschwelle   Die kleinste Reizintensität, die bei einer bestimmten Reizkonfiguration gerade noch eine Empfindung hervorruft, wurde als Reizschwelle (abgekürzt **RL** für „Reizlimen") oder **Absolutschwelle** bezeichnet. Von manchen Autoren wird nur der kleinstmögliche Wert der Reizschwelle bei optimaler Reizkonfiguration und Adaptation Absolutschwelle genannt. An anderen Stellen dieses Lehrbuchs sind die Reizschwellen für das Hören in Abhängigkeit von der Frequenz des Reizes und für das Sehen in Abhängigkeit von der Adaptationszeit dargestellt.

Unterschiedsschwelle Untersucht man überschwellige Reize, dann lässt sich eine weitere Intensitätsschwelle definieren, die Unterschiedsschwelle (abgekürzt **DL** für Differenzlimen oder **jnd** = just noticeable difference). Wie die englische Abkürzung ausdrückt, versteht man darunter den Betrag, um den ein Reiz größer sein muss als ein Vergleichsreiz, damit er gerade eben merklich als stärker empfunden wird. Als Erster hat E. H. Weber (1834) beim Vergleich von Gewichten (Kraftsinn) nachgewiesen, dass zwei schwere Gewichte sich um einen größeren Betrag unterscheiden müssen als zwei leichte, damit sie unterschieden werden können. Im Bereich mittlerer Reizstärken muss immer der gleiche Bruchteil des Ausgangsgewichtes dazugetan werden, um einen Unterschied zu bemerken.

Das **Weber-Gesetz** besagt, dass die Änderung der Reizintensität, die gerade eben noch wahrgenommen werden kann, ein konstanter Bruchteil der Ausgangsreizintensität ist. Das gilt für verschiedene Sinnesmodalitäten. Nach diesem Gesetz ist der Quotient aus erforderlicher Reizänderung pro Ausgangsreizstärke über verschiedene Reizstärken konstant. Man nennt diese wichtige Größe **Weber-Quotient**.

Der Weber-Quotient ist eine nützliche Messgröße, um die **relative Empfindlichkeit von Sinnessystemen** zu untersuchen. Es ist zwar nicht möglich, in physikalischen Dimensionen die Empfindlichkeit des Auges für Lichtintensitäten mit der des Ohres für Schallpegel zu vergleichen, man kann aber die Weber-Quotienten beider Sinnesmodalitäten miteinander vergleichen, die ja dimensionslos sind. Dabei findet man, dass die Unterscheidungsfähigkeit unseres Sehorgans für Lichtstärken etwas besser ist als die unseres Ohres für Schallintensitäten.

49.5.2 Methoden der Messung von Sinnesschwellen

Verschiedene Methoden der Messung von Sinnesschwellen wurden entwickelt; sie lassen sich nicht nur auf subjektive **Wahrnehmungsschwellen**, sondern auch auf **Verhaltensschwellen** von Versuchstieren und auf die Erregungsschwellen von Neuronen anwenden.

Statische Betrachtung von Schwellen Da biologische Systeme in ihren Reaktionen variabel sind, wird ein Proband schwache Reize wahrscheinlich manchmal wahrnehmen und manchmal übersehen. Die Schwelle kann daher nicht definiert werden als die Reizintensität, unterhalb derer ein Reiz nie wahrgenommen wird. Der Reiz muss vielmehr dem Probanden mehrmals dargeboten und die „wahre", mittlere Schwelle mit einem statistischen Verfahren abgeschätzt werden. Es gibt mehrere Techniken der Schwellenbestimmung, die sich teilweise auch für die Bestimmung von Unterschiedsschwellen einsetzen lassen:

Bei der **Grenzmethode (method of limits)** werden abwechselnd auf- und absteigende Reizserien geboten, die z. B. mit einem intensiven Reiz beginnen, der vom Probanden leicht wahrgenommen wird. Dann verringert man die Intensität so lange, bis der Reiz unterschwellig wird. Danach beginnt man mit einem sehr schwachen Reiz, der so lange gesteigert wird, bis die Schwelle erreicht ist. Entscheidend ist, dass mehrere Werte gewonnen werden, deren Mittelwert als Schätzung des Schwellenwertes genommen wird.

Die **Konstantreizmethode (method of constant stimuli)** gilt als zuverlässig, aber zeitaufwändig. Als Schwelle wird derjenige Reiz definiert, der **in der Hälfte der Fälle wahrgenommen** wird. Dabei werden den Probanden verschiedene Reize in randomisierter Reihenfolge immer wieder dargeboten. Der Proband gibt an, ob er den Reiz wahrnimmt oder nicht. Dabei sollte der schwächste der ausgewählten Reize so klein sein, dass er fast nie wahrgenommen wird, der stärkste so groß, dass er fast immer wahrgenommen wird. Gemessen wird der Prozentsatz der wahrgenommenen Reize verschiedener Reizstärken. ☐ Abb. 49.8 zeigt ein Beispiel einer solchen Messung. Verbindet man die gemessenen relativen Wahrnehmungshäufigkeiten für Reize verschiedener Intensität untereinander, dann erhält man in den meisten Fällen eine s-förmige Kurve, die **psychometrische Funktion** genannt wird. Als Schwelle wird dabei, wie gesagt, diejenige Reizgröße definiert, bei der **50 % der Reize erkannt** werden. Im Beispiel von ☐ Abb. 49.8 ist das keiner der gewählten Reize, sondern ein auf der Kurve interpolierter Punkt. Häufig ist die s-förmige psychometrische Funktion gut an die kumulierte Form der Normalverteilung (das Integral der Gauss-Verteilung) anzupassen. Man nennt diese Funktion **Ogive**. Trägt man die mit dem Konstantreizverfahren gewonnenen relativen Häufigkeiten in einem solchen Fall auf der Ordinate als Wahrscheinlichkeitswerte (Z-Werte) auf, dann ordnen sie sich zu einer Geraden an (☐ Abb. 49.8b). Die Tatsache, dass die psychometrische Funktion häufig einer Ogive folgt, ist auch von theoretischem Interesse. Sie belegt, dass ein **statistischer Prozess** die **Schwankungen der Wahrnehmung** bedingt.

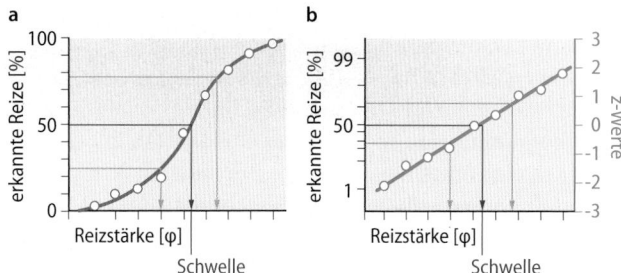

☐ **Abb. 49.8a,b** **Psychometrische Funktion, wie sie sich bei Bestimmung der Schwellenreizstärke mit dem Konstanzverfahren ergibt.** Die Schwelle ist definiert als der Punkt auf der Kurve, der 50 % erkannten Reizen entspricht. **a** Darstellung der relativen Trefferhäufigkeit (Ordinate) in Abhängigkeit von der Reizstärke (Abszisse). **b** Häufig entsprechen die s-förmigen psychomotorischen Funktionen dem Integral einer Normalverteilungskurve (Ogive). Transformiert man die relativen Trefferhäufigkeiten in Z-Werte (z. B. auf Wahrscheinlichkeitspapier), wird die psychometrische Funktion zur Geraden. (Nach Gescheider 1984)

49

In Kürze

Das Schwellenkonzept wurde für die Erforschung der Beziehung von Reizen und subjektiven Empfindungen entwickelt. Man betrachtet dabei verschiedene Schwellenwerte: Unter **Reiz- oder Absolutschwelle** versteht man diejenige minimale Reizintensität, die gerade oder eben noch eine Empfindung in einem Sinnessystem hervorruft. Die **Unterschiedsschwelle** ist derjenige Reizzuwachs, der nötig ist, um eine eben merklich stärkere Empfindung auszulösen. Nach Webers Gesetz ist dieser Reizzuwachs ein konstanter Bruchteil des Ausgangsreizes, der Weber-Quotient. Schwellenbestimmung: Bei allen Schwellenbestimmungen müssen Reize mehrfach und in abgestufter Intensität dargeboten werden, um die Variabilität der Sinnesschwellen zu berücksichtigen. Wichtige Verfahren sind zum einen die **Grenzmethode**, bei der abwechselnd auf- und absteigende Reizserien dargeboten werden und die **Konstantreizmethode**, bei der derjenige Reiz als Schwelle gilt, der bei 50 % aller Reizversuche wahrgenommen wird.

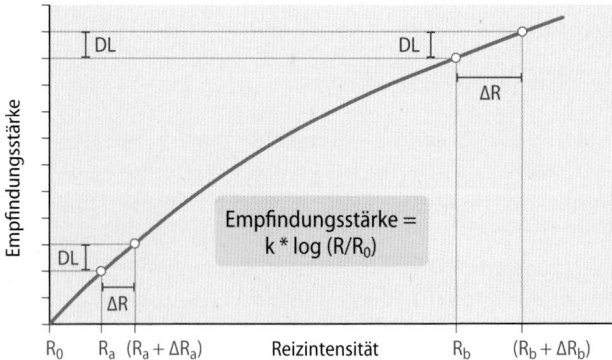

□ **Abb. 49.9   Schematische Darstellung der Beziehung zwischen Reizstärke und Empfindungsgröße nach Fechners psychophysischer Beziehung.** Ausgehend von der Empfindungsschwelle werden immer größere Zunahmen der Reizstärke „ΔR" erforderlich, damit die Empfindungsstärke um eine Unterschiedsschwelle (DL) zunimmt. Damit muss die Reizstärke logarithmisch steigen, um eine lineare Zunahme der Empfindungsstärke zu bewirken. RO Reizstärke zum Erreichen der Empfindungsschwelle; Δ/R Reizzuwachs zum Erreichen einer eben merklichen stärkeren Empfindung (Unterschiedsschwelle); DL eben merklich stärkere Empfindung (Unterschiedsschwelle)

49.6   Psychophysische Beziehungen

49.6.1   Fechners psychophysische Beziehung

Eine psychophysische Beziehung postuliert eine mathematisch definierbare Beziehung zwischen **Reizintensitäten** und **Wahrnehmungsintensitäten**; nach Fechner nimmt bei einer logarithmischen Zunahme der Reizstärke die Empfindungsstärke linear zu.

Psychophysik Die psychophysische Beziehung nach **G. T. Fechner** beruht auf Webers Gesetz und besagt, dass eine **logarithmische** Zunahme der Reizstärke zu einer **linearen** Zunahme der Empfindungsstärke führt.

Auf der Basis von Unterschiedsschwellen und Webers Gesetz definierte G. T. Fechner eine **Skala der Empfindungsstärke**. Der Nullpunkt dieser Empfindungsstärkeskala ist die Reizschwelle, die nächst stärkere Empfindung ist gerade um eine Unterschiedsschwelle (DL) größer, die nächste wieder um eine DL usw. Eine DL ist nach Fechner der kleinste mögliche Empfindungszuwachs. Daher sind die DL die Grundeinheiten der Empfindungsstärke. Bei höheren Reizstärken nimmt die Reizzunahme pro Unterschiedsschwelle (ΔR) zu (□ Abb. 49.9). Um einen linearen Zuwachs an Empfindungsstärke (E) zu bewirken, muss demnach die Reizstärke R logarithmisch über die Reizstärke an der Absolutschwelle (R0) steigen, „**Fechners psychophysische Beziehung**":

$$E \sim \log\left(\frac{R}{R0}\right) \tag{49.1}$$

Die subjektive Wahrnehmungsgröße, y-Ordinate in Fechners Gesetz, entspricht dabei einer **Skala der Unterscheidbarkeit, nicht unbedingt** der **Empfindungsstärke**.

Klinik

Lärmempfindlichkeit bei Schwerhörigen

Patienten, die an Innenohrschwerhörigkeit leiden, benötigen einen höheren Schalldruck, um einen Ton zu hören. Wird der Schalldruck jedoch über die Hörschwelle hinaus erhöht, empfinden Schwerhörende den Ton im Vergleich zu Gesunden eher als unangenehm laut (positives Recruitment). Dies erklärt, warum Schwerhörende zwar einerseits um höhere Sprachlautstärken bitten, sich aber auch eher über unangenehm laute Sprache beschweren. Die Grundlage dieses Phänomens ist der steilere Verlauf der Reiz/Empfindungskurve aufgrund der reduzierten Verstärkung leiser und reduzierter Dämpfung lauter Töne.

49.6.2   Stevens psychophysische Beziehung

Stevens verwandte nicht Messungen der Unterschiedsschwellen, sondern direkte Schätzungen der subjektiven Wahrnehmungsintensität und kam zu dem Schluss, dass die Beziehung zwischen Reizstärke und Wahrnehmungsintensität einer Potenzfunktion folgt.

Ordinal- versus Rationalskalen S. S. Stevens (1906–1973) verwandte bei der Suche nach einer psychophysischen Beziehung Methoden der **direkten Skalierung** der Empfindungsstärke. Im Gegensatz zu Fechners indirekter Skala aus Unterschiedsschwellen, die lediglich den Rang einer **Ordinalskala** besitzt, soll die Empfindungsstärke nach Stevens auf einer **Rationalskala** geschätzt werden, die auch Multiplikation erlaubt (also Aussagen wie „doppelt so hell"). Das Grundprinzip dieser Messung der Empfindungsstärke ist somit die **proportionale Zuordnung**. □ Tab. 49.1 stellt die verschiedenen Skalenarten zusammen und vergleicht die in ihnen möglichen Rechenoperationen. Die Skalentypen sind in aufstei-

◻ Tab. 49.1 Skalenarten und die mit ihnen erlaubten Operationen. (Mod. nach Stevens 1975)

Skala	Operationen	Transformationen	Statistik	Beispiel
Nominal	Identifizieren, Klassifizieren	Ersetzen einer Klassenbezeichnung durch eine andere	Zahl der Fälle, Modalwert	Nummern einer Fußballmannschaft
Ordinal	Rangordnung	Manipulationen, welche die Rangordnung erhalten	Median, Perzentil, Rangkorrelation	Schulnoten, Ranglisten im Sport
Intervall	Distanzen oder Differenzen messen	Multiplikation oder Addition von Konstanten	Arithmetisches Mittel, Standardabweichung	Temperatur in Grad Celsius
Rational	Verhältnisse, Brüche, Vielfache	Multiplikation von Konstanten	Geometrisches Mittel	Temperatur in Kelvin

gender Reihenfolge geordnet. Die statistischen Operationen, die in den niedrigeren Skalenarten erlaubt sind (◻ Tab. 49.1), können auch in den höheren angewandt werden, aber nicht umgekehrt.

Stevens Potenzfunktion Die Messungen mit Rationalskalen zur direkten Einschätzung der Wahrnehmungsstärke waren nach Stevens am besten durch eine **Potenzfunktion** zu beschreiben. Demnach ist die Empfindungsstärke E proportional zu $(R/R0)^k$:

$$E = \left(\frac{R}{R0}\right)^k \tag{49.2}$$

Dabei bezeichnet R die aktuelle Reizstärke und R0 die Reizstärke an der Absolutschwelle. Der Exponent k ist von der Sinnesmodalität und den Reizbedingungen abhängig.

Die unterschiedliche Größe der Exponenten bei verschiedenen Sinnesmodalitäten lässt sich damit erklären, dass sich Reizintensitäten über verschieden große Bereiche erstrecken können – bei der Lichtintensität über vier Dekaden, beim Warmsinn höchstens über eine. Um den gleichen Zuwachs an Empfindungsstärke zu erzielen, muss damit die Lichtintensität stärker erhöht werden als die Intensität eines Warmreizes. Damit ist der Exponent der Stevensschen Potenzfunktion für Licht kleiner als für Wärme.

In Kürze

Fechners psychophysische Beziehung besagt, dass einer logarithmischen Reizzunahme eine lineare Zunahme der Empfindungsintensität entspricht. Diese Beziehung beschreibt eher die Unterscheidbarkeit von Reizen, als die subjektive Empfindungsstärke. **Stevens psychophysische Beziehung** besagt, dass Reizstärke und Empfindungsstärke über eine Potenzfunktion miteinander verbunden sind. Diese Beziehung ergibt sich, wenn die Empfindungsstärke nicht indirekt über Unterschiedsschwellen bestimmt, sondern direkt geschätzt wird

Intermodaler Intensitätsvergleich Eine wichtige Methode von Stevens Psychophysik beruht darin, die Intensität einer Wahrnehmung in einem Sinnessystem als Größe einer Wahrnehmung in einem anderen System auszudrücken. So lässt sich z. B. die Helligkeit eines Lichtes oder die Lautheit eines Tones als Kraft eines Handdruckes auf ein Dynamometer ausdrücken. Man nennt dieses Verfahren **intermodalen Intensitätsvergleich**. Dieser wird dadurch ermöglicht, dass unser Gehirn gut Proportionen abschätzen und Proportionen von Empfindungsgrößen miteinander vergleichen kann.

Klinik

Intermodaler Intensitätsvergleich beim Führen von Schmerztagebüchern

Bei Patienten, die an chronischen Schmerzen leiden, soll zur Erfassung der Schmerzen ein Schmerztagebuch geführt werden. Darin gibt der Patient seine Schmerzintensität zu bestimmten Tageszeiten auf einer **visuellen Analogskala** an, d. h. durch eine Markierung auf einer 10 cm langen, nicht unterteilten horizontalen Linie, deren linker Endpunkt „kein Schmerz" und deren rechter Endpunkt „stärkster denkbarer Schmerz" bedeuten. Obgleich man hier keine äußere Reizgröße zum Vergleich hat, handelt es sich bei dieser Schmerzmessmethode um einen intermodalen Intensitätsvergleich nach Stevens. Die Schmerzintensität wird als Länge eines Striches angegeben. Solche Angaben haben sich als stabil und aussagekräftiger erwiesen als rein verbale Schmerzangaben des Patienten. Den Arzt interessiert vor allem eine Zu- oder Abnahme der Strecke, mit der Patienten ihren Schmerz angeben. Er kann damit den Erfolg seiner Therapie einschätzen.

49

49.7   Integrierende Sinnesphysiologie

49.7.1   Beziehungen zwischen physiologischen und Wahrnehmungsprozessen

Moderne sinnesphysiologische Forschung bearbeitet häufig integrierende Fragestellungen, d. h., sie sucht nach dem Zusammenhang von physiologischen und Wahrnehmungsprozessen.

Zu Beginn dieses Kapitels wurde festgestellt, dass die Sinnesphysiologie mit zwei Bereichen zu tun hat, der „objektiven" Sinnesphysiologie und der Wahrnehmungspsychologie. Beide Bereiche befassen sich mit unterschiedlichen Gegenständen, einerseits der Funktion von Sinnessystemen, andererseits den subjektiven Wahrnehmungen. Die Aufgabe der Sinnesphysiologie kann sich nicht innerhalb eines der beiden Bereiche erschöpfen, beide müssen aufeinander bezogen werden.

Vergleich von Sensor- und Wahrnehmungsschwellen   Ein Beispiel dafür, wie sich neurophysiologische Funktionszusammenhänge auf die Wahrnehmung auswirken, lässt sich aus Schwellenbetrachtungen entwickeln. In einem vorhergehenden Abschnitt wurde eine Hypothese für die Reizschwelle RL eingeführt, die aus dem Bereich der Neurophysiologie, also der objektiven Sinnesphysiologie, stammt. Nach dieser Hypothese ist die Schwelle dann überschritten, wenn in einem Sinneskanal eine Erregung auftritt, die unterscheidbar größer ist als die Spontanaktivität in diesem Kanal. Die Ogivenform der psychometrischen Funktion (◻ Abb. 49.9) zeigt, dass tatsächlich ein statistischer Prozess bei der Wahrnehmung schwacher Reize im Spiel ist. Ist dafür die Variabilität der Funktion der Sensoren verantwortlich, oder Spontanaktivität von Neuronen im ZNS?

Unterschiedliche Übertragungspräzision in verschiedenen Sinneskanälen   Untersucht man z. B. die Antworten (Frequenz der Aktionspotenziale) von rasch adaptierenden Mechanosensoren der Haut der Hand (RA-Sensoren) auf einen schwachen kontrollierten Berührungsreiz, dann erhält man eine s-förmige Schwellenkurve, die der „psychometrischen Funktion" der Empfindung ähnelt (◻ Abb. 49.10). Man kann aus dieser Ogive eine Schwelle (RL) dieses Sensortyps ableiten. Außerdem beweist die s-förmige Schwellenfunktion des Sensors, dass zumindest ein Teil der Streuung bei Schwellenmessungen den Sensoren selbst und ihrer Einbettung in das umgebende Gewebe zuzuschreiben ist. Da elektrophysiologische Untersuchungen von RA-Sensoren an wachen Probanden vorgenommen werden können (Mikroneurographie), kann man gleichzeitig deren subjektive **psychometrische Funktion** bestimmen. Führt man ein solches Experiment bei einem **RA-Sensor an der Fingerspitze** durch, dann decken sich die beiden Funktionen weitgehend. Zentralnervöse Spontanaktivität scheint also in diesem Fall **nicht** zur Variabilität der Empfindungsschwelle beizutragen.

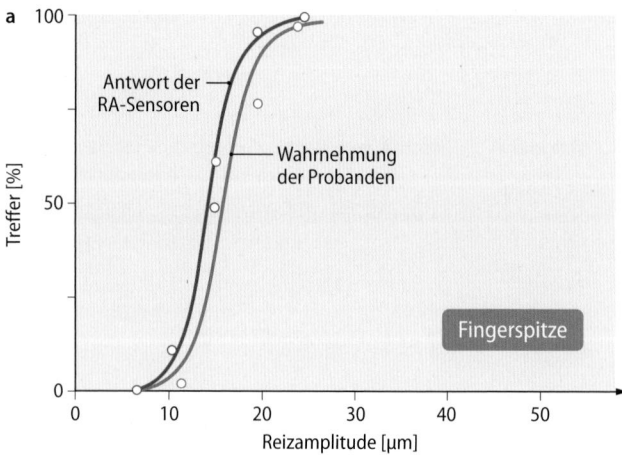

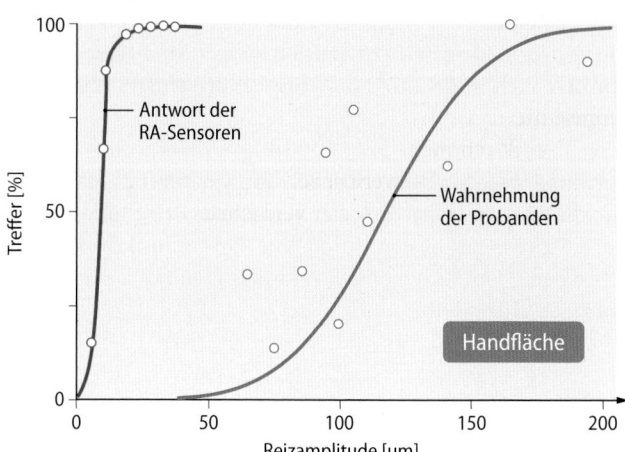

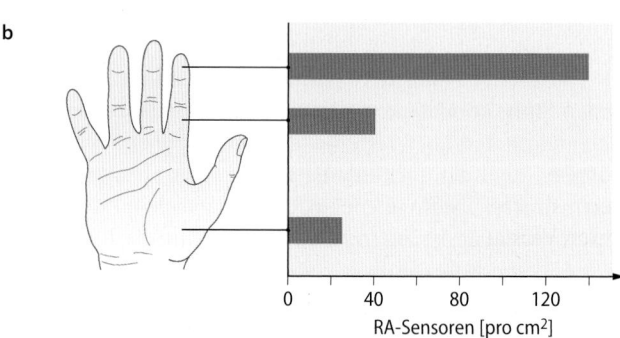

◻ **Abb. 49.10a,b   Schwellenfunktionen rasch adaptierender Mechanorezeptoren in der Haut (RA-Sensoren) und psychometrische Funktionen. a** Psychophysische Schwellenmessungen und Ableitungen der Hautafferenzen wurden gleichzeitig im mikroneurographischen Experiment vorgenommen. **b** Innervationsdichte der RA-Sensoren an verschiedenen Stellen der Handfläche. (Nach Vallbo u. Johansson, in Handwerker 1984)

Ganz anders ist das Ergebnis, wenn man die Schwellenfunktionen von **RA-Sensoren der Handfläche**, die etwa ebenso empfindlich sind wie die der Fingerspitzen, mit den entsprechenden psychometrischen Funktionen der Probanden vergleicht. Hier ist die psychometrische Funktion der Empfindungsschwelle nach rechts verschoben, was darauf hindeutet, dass im ZNS ein weiterer Informationsverlust eintritt. Die Ursache liegt vermutlich in **extrasensorischen Einflüssen** auf die synaptische Übertragung, die zu Spontanaktivität zentraler Neurone führen.

Übertragungssicherheit und Funktionen von Sinnessystemen
Ein Beispiel für die Aufgaben einer integrierenden Sinnesphysiologie ist die Untersuchung der Übertragungssicherheit in Sinnessystemen, die nicht durch einen rein neurophysiologischen oder einen rein wahrnehmungspsychologischen Ansatz bewertet werden kann. Die Übertragungssicherheit hängt eng mit der Redundanz zusammen. Auch ein kleinflächiger mechanischer Reiz, der die Sensoren in Fingerspitze und Handfläche erregt, wird immer mehrere RA-Sensoren erregen. Nun gehören die Fingerspitzen im Gegensatz zur Handfläche zu den wichtigsten Tastorganen. Die Dichte dieser Sensoren ist entsprechend in der Fingerspitze größer als in der Handfläche (◘ Abb. 49.10).

Auch im **somatosensorischen Projektionsfeld** des Kortex sind die Fingerspitzen durch größere Neuronengruppen repräsentiert. Folglich wird die Information aus dieser Körperregion durch mehr **parallele Kanäle** übermittelt und das kann den Informationsverlust bei den zentralnervösen synaptischen Übertragungen durch vermehrte Redundanz kompensieren.

Übertragungssicherheit Ein Vergleich der Schwellen afferenter Nervenfasern mit Empfindungsschwellen zeigt, dass bei den sensorischen Systemen mit dem besten Diskriminationsvermögen praktisch kein Informationsverlust bei der Übermittlung im ZNS auftritt. Hingegen kann bei anderen Sinnessystemen der „Verlust" beträchtlich sein. Im nozizeptiven System z. B. kann dieser „Verlust" ein Vorteil sein. Die Erregung einer einzelnen nozizeptiven Afferenz wird noch nicht zu Schmerz führen.

Funktionell wird die Übertragungssicherheit verstärkt durch die neuralen Prozesse, die mit der **Fokussierung der Aufmerksamkeit** verbunden sind. Diese Prozesse vermindern die Informationsverluste in einzelnen Sinneskanälen durch Verstärkung der synaptischen Übertragungsprozesse.

> **In Kürze**
> Die **Empfindungsschwelle** in einem Sinnessystem hängt nicht nur von der Empfindlichkeit der Sensoren ab, sondern auch von der Übertragungssicherheit in der jeweiligen Sinnesbahn. Je mehr Neurone im neuronalen Netz eines Sinneskanals die Sinnesinformation übertragen, je höher die **Redundanz**, umso höher die Übertragungssicherheit.

Literatur

Bushdid C, Magnasco MO, Vosshall LB, Keller A. Humans Can Discriminate More than 1 Trillion Olfactory Stimuli. Science. 2014;343(6177):1370-2. doi: 10.1126/science.1249168. PubMed PMID: WOS:000333108500042

Earley S, Brayden JE. Transient receptor potential channels in the vasculature. Physiol Rev. 2015;95(2):645-90. doi: 10.1152/physrev.00026.2014. PubMed PMID: 25834234

Hipp JF, Engel AK, Siegel M. Oscillatory synchronization in large-scale cortical networks predicts perception. Neuron. 2011;69(2):387-96. doi: 10.1016/j.neuron.2010.12.027. PubMed PMID: 21262474

Mori Y, Takahashi N, Polat OK, Kurokawa T, Takeda N, Inoue M. Redox-sensitive transient receptor potential channels in oxygen sensing and adaptation. Pflugers Arch. 2015. doi: 10.1007/s00424-015-1716-2. PubMed PMID: 26149285

Ranade SS, Woo SH, Dubin AE, Moshourab RA, Wetzel C, Petrus M, Mathur J, Begay V, Coste B, Mainquist J, Wilson AJ, Francisco AG, Reddy K, Qiu Z, Wood JN, Lewin GR, Patapoutian A. Piezo2 is the major transducer of mechanical forces for touch sensation in mice. Nature. 2014;516(7529):121-5. doi: 10.1038/nature13980. PubMed PMID: 25471886; PMCID: 4380172

Das somatosensorische System

Rolf-Detlef Treede, Ulf Baumgärtner

© Springer-Verlag GmbH Deutschland, ein Teil von Springer Nature 2019
R. Brandes et al. (Hrsg.), *Physiologie des Menschen*, Springer-Lehrbuch
https://doi.org/10.1007/978-3-662-56468-4_50

Worum geht's?

Fühlen mit dem fünften Sinn

Das somatosensorische System vermittelt fünf Sinnesfunktionen. Die Mechanorezeption dient der Objekterkennung mit dem Tastsinn. Die Propriozeption dient den Regelkreisen der Motorik und der Wahrnehmung von Kraft und Gelenkstellung. Die Thermorezeption informiert über die Umgebungstemperatur und spielt eine wichtige Rolle für das thermoregulatorische Verhalten. Die Nozizeption warnt vor Verletzungen, was oft als Schmerz wahrgenommen wird. Die Viszerozeption dient zahlreichen Regelkreisen der inneren Organe und vermittelt die bewussten Wahrnehmungen einiger weniger Funktionen.

Zwei somatosensorische Bahnsysteme vermitteln fünf Submodalitäten

Diese Sinnesfunktionen verteilen sich auf zwei Subsysteme mit unterschiedlicher Leitungsgeschwindigkeit in der Peripherie und unterschiedlichen Nervenbahnen in Hirnstamm und Rückenmark (Hinterstrang, Vorderseitenstrang); für die Viszerozeption kommt noch der X. Hirnnerv (N. vagus) als Signalweg dazu (◘ Abb. 50.1). Die Zuordnung von Struktur und Funktion der Somatosensorik spielt eine große Rolle bei der Diagnostik neurologischer, internistischer und anderer Krankheiten.

Das somatosensorische System hat vier Neuronenpopulationen

Auf zellphysiologischer Ebene sind die Signaltransduktions-Mechanismen für die Reizkodierung durch das 1. Neuron in den sensiblen Ganglien inzwischen teilweise bekannt und sind Ziel pharmakologischer und physikalischer Therapieverfahren. Die synaptischen Verschaltungen des 2.-4. Neurons im Zentralnervensystem enthalten vielfältige Modulationsmechanismen auf dem Weg der Sinnessignale ins Gehirn; diese Mechanismen werden bei pharmakologischen, physikalischen und verhaltenstherapeutischen Therapien ausgenutzt.

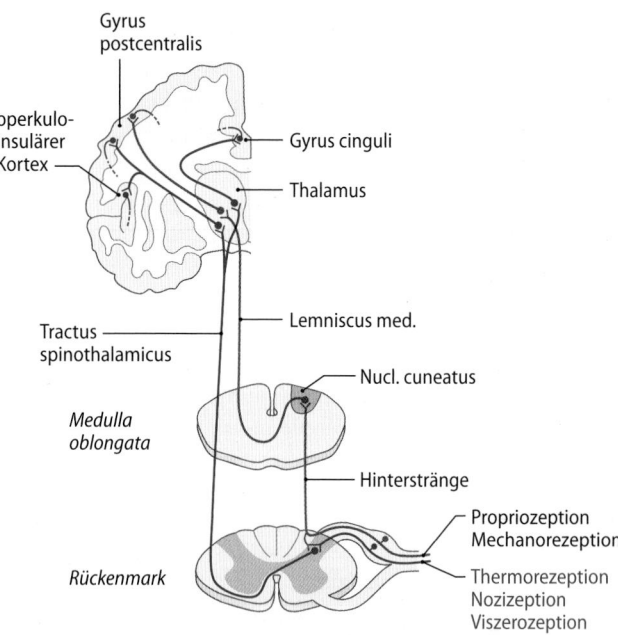

◘ **Abb. 50.1   Die Bahnen des somatosensorischen Systems. Schwarz:** Bahnen und Kerne des lemniskalen Systems (Mechanorezeption, Propriozeption). **Rot:** Bahnen und Kerne des spinothalamischen Systems (Thermorezeption, Nozizeption, Viszerozeption). (Mod. u. erw. nach Treede 2005)

50.1   Submodalitäten und Bahnsysteme der Somatosensorik

50.1.1   Fühlen mit dem fünften Sinn

Die Haut ist unser größtes Sinnesorgan. Ihre Sinnesleistungen umfassen mehrere Submodalitäten der Somatosensorik, die in zwei separaten Bahnsystemen des ZNS verarbeitet werden. Neben der Haut werden auch der Bewegungsapparat und die Eingeweide durch das somatosensorische System innerviert.

Drei Submodalitäten der Hautsensibilität   Nach der **traditionellen Zählung der fünf Sinne** vermittelt das somatosensorische System den fünften Sinn, das Gefühl. Mit dem Begriff „Gefühl" ist in erster Linie der Tastsinn der Haut gemeint, die **Mechanorezeption**. Die Haut kann aber noch weitere Sinneseindrücke vermitteln: Temperatur (**Thermorezeption**) und Schmerz (**Nozizeption**). Einige Autoren sprechen von Submodalitäten, andere von Qualitäten der Somatosensorik. Qualitäten werden in anderen Sinnesmodalitäten wie Hören, Sehen oder Schmecken durch parallele

◻ Tab. 50.1 Die fünf Submodalitäten der Somatosensorik

Submodalität	Afferente Nervenfasern				Bahn im ZNS	Funktion	
	Gruppe	Hautnerv	Muskelnerv	Viszeraler Nerv		Exterozeption	Interozeption
Mechanorezeption	II (Aβ)	x			HS–ML	x	
Propriozeption	Ia, Ib, II		x		HS–ML		x
Thermorezeption	III (Aδ), IV (C)	x			STT	x	x
Nozizeption	III (Aδ), IV (C)	x	x	x	STT	x	x
Viszerozeption	III (Aδ), IV (C)			x	STT		x

Nervenfasergruppen nach Lloyd und Hunt**: I–III**=myelisierte Axone unterschiedlicher Dicke und Erregungsleitungsgeschwindigkeit; **IV**=nicht myelinisierte Axone; Fasergruppen nach Erlanger und Gasser in Klammern; **HS–ML**=Hinterstränge und medialer Lemniskus; **STT**=spinothalamischer Trakt

Signalverarbeitung innerhalb desselben Bahnsystems kodiert (z. B. Tonotopie in der Kochlea, farbspezifische Ganglienzellen in der Retina, süß-sensitive Afferenzen von der Zunge). Das somatosensorische System besteht jedoch innerhalb des ZNS aus zwei separaten Bahnsystemen mit unterschiedlichem Verlauf und unterschiedlichen synaptischen Umschaltstationen (◻ Abb. 50.1). Daher sollte man hier von **Submodalitäten** sprechen, zumal innerhalb jeder Submodalität der Somatosensorik noch eigene Qualitäten unterschieden werden (▶ Abschn. 50.3 bis ▶ Abschn. 50.7).

Lemniskales und spinothalamisches System Die **Zweiteilung des somatosensorischen Systems** ist am augenfälligsten im Rückenmark (◻ Abb. 50.1). Dort werden die Signale der Mechanorezeption im ipsilateralen Hinterstrang geleitet und die Signale der Thermorezeption und Nozizeption im kontralateralen Vorderseitenstrang. Das Bahnsystem der Mechanorezeption wird **lemniskales System** genannt, weil die Hinterstrangbahn nach der ersten synaptischen Verschaltung in den Hinterstrangkernen der Medulla oblongata als Lemniscus medialis auf die Gegenseite kreuzt und zum somatosensorischen Thalamus zieht. Das Bahnsystem der Thermorezeption und Nozizeption wird **spinothalamisches System** genannt, weil die Fasern des Vorderseitenstrangs Axone des zweiten Neurons sind (erste synaptische Verschaltung bereits im Hinterhorn des Rückenmarks) und direkt zum somatosensorischen Thalamus ziehen. Als Synonym findet man auch den Begriff **extralemniskales System**.

Fünf Submodalitäten der Somatosensorik Neben der **Mechanorezeption** der Haut vermittelt das lemniskale System auch die **Propriozeption**, d. h. Sinneswahrnehmungen der Position des eigenen Körpers und der Muskelkraft. Das spinothalamische System vermittelt neben **Thermorezeption** und **Nozizeption** auch die **Viszerozeption**, d. h. Sinneswahrnehmungen aus den Eingeweideorganen. Entsprechend den innervierten Organen ziehen diese Afferenzen in Muskelnerven, Hautnerven oder viszeralen Nerven zunächst zum **Spinalganglion**, wo sich das Soma der somatosensorischen

Afferenzen befindet, und danach weiter über die Hinterwurzel ins **Rückenmark**. Diesen **spinalen Afferenzen** entsprechen im Kopfbereich **trigeminale Afferenzen** mit analogen Funktionen. Afferenzen der Nozizeption finden sich in allen peripheren Nerven, Afferenzen der übrigen vier somatosensorischen Submodalitäten sind, wie in ◻ Tab. 50.1 dargestellt, auf bestimmte Nerven beschränkt.

> Das lemniskale System vermittelt Mechanorezeption und Propriozeption, das spinothalamische System Thermorezeption, Nozizeption und Viszerozeption.

50.1.2 Sinneseindrücke und Regelkreise

Während die Aktivierung von Sensoren der Haut meist zu einer bewussten Wahrnehmung führt, ist dies bei den Afferenzen aus dem Bewegungsapparat nicht immer und bei Afferenzen aus den Eingeweiden nur selten der Fall. Hier stehen Reflexbögen und Regelkreise im Vordergrund.

Bahnen für Sinneseindrücke und zum ARAS Um bewusst wahrgenommene Sinneseindrücke zu erzeugen, müssen die Signale aller somatosensorischen Submodalitäten über die **spezifischen somatosensorischen Bahnen** (lemniskales und spinothalamisches System) und die somatosensorischen Kerne des **Thalamus** die somatosensorischen Areale in der **Großhirnrinde** erreichen. **Unspezifische Bahnen** verschiedener Sinnessysteme innervieren zusätzlich auch das **aszendierende retikuläre aktivierende System (ARAS)** in der Formatio reticularis des Hirnstamms. Das ARAS hält über unspezifische Thalamuskerne den **Wachzustand der Großhirnrinde** aufrecht (▶ Kap. 64.3 Wachen, Aufmerksamkeit, Schlaf). Die Bahnen der Nozizeption besitzen eine besonders starke Verbindung zum ARAS. Daher sind schmerzhafte Reize besonders wirksame Weckreize.

Regelkreise Daneben gibt es im Rückenmark und im Hirnstamm zahlreiche subkortikale Verschaltungen somatosenso-

50

Klinik

Brown-Séquard-Syndrom

Klinik

Eine 33-jährige Frau kommt wegen einer Schwäche des linken Beins in die Notaufnahme einer neurologischen Universitätsklinik. Die Beschwerden hatten 5 Tage zuvor mit lokalen Rückenschmerzen und einer gürtelförmigen Muskelverspannung der linken Rumpfwand begonnen. Gleichzeitig entwickelte sich ein Taubheitsgefühl des linken Beins. Im rechten Bein besteht kein Taubheitsgefühl, dafür aber ein dauerhaftes Wärmegefühl, das sich periodisch zu einem Brennschmerz steigert.

Die klinische Untersuchung zeigt eine **spastische Monoparese des linken Beins** mit gesteigerten Eigenreflexen und positivem Babinski-Zeichen („Pathologische Reflex-

antworten"). Die quantitative sensorische Testung ergibt eine **Beeinträchtigung der Detektion von Berührung und Vibration im linken Bein** sowie einen **Ausfall des Temperatursinns und der Schmerzempfindung für thermische und mechanische Reize im rechten Bein**. Bei halbseitiger Durchtrennung des Rückenmarks kommt es zu differenziellen somatosensorischen Defiziten auf beiden Körperseiten (◘ Abb. 50.2). Im betroffenen Segment sind Motorik und alle Submodalitäten der Somatosensorik ipsilateral zur Läsion ausgefallen. In den weiter kaudal gelegenen Segmenten kommt es ipsilateral zu einem Ausfall der Willkürmotorik (Lähmung) sowie zu einer Beeinträchtigung der Mechanorezeption

und der Propriozeption. Auf der kontralateralen Seite sind Thermorezeption und Nozizeption ausgefallen. Man nennt dies eine **dissoziierte Sensibilitätsstörung**.

Ursachen

Als Ursache für das Beschwerdebild konnte mittels einer Lumbalpunktion zur Gewinnung des Liquor cerebrospinalis und einer spinalen Magnetresonanztomographie ein entzündlicher Prozess in Höhe der Wirbelkörper Th4–Th5 (Segment Th6) identifiziert werden. Eine entzündungshemmende medikamentöse Behandlung (mit dem Glukokortikoid Kortisol in hoher Dosis) besserte die Symptomatik so weit, dass die Patientin gehfähig nach Hause entlassen werden konnte.

---

rischer Bahnen, die im Dienste **motorischer und vegetativer Reflexe** stehen. Propriozeptive Bahnen projizieren zusätzlich zum **Zerebellum** und zu den **Vestibulariskernen**. Bei den viszeralen Bahnen gibt es eine Besonderheit: der X. Hirnnerv (N. vagus) innerviert die meisten Eingeweideorgane nicht nur mit parasympathischen Efferenzen (▶ Kap. 70.1), sondern auch mit viszeralen Afferenzen. Diese **vagalen viszeralen Afferenzen** haben ihr Soma im Ganglion nodosum und sind hauptsächlich in viszerale Reflexwege eingebunden, während bewusste Wahrnehmungen aus den Eingeweiden vorwiegend durch die **spinalen viszeralen Afferenzen** vermittelt werden.

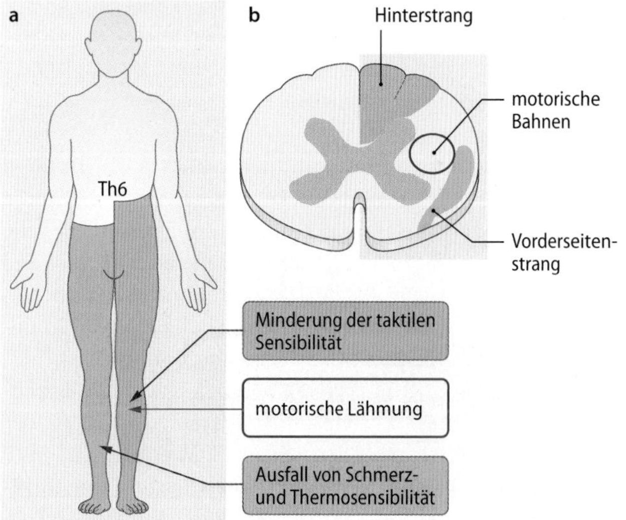

Deszendierende Bahnen Neben aszendierenden Bahnen zu Thalamus und Kortex sowie den Querverbindungen zu Reflexzentren im Rückenmark und im Hirnstamm besitzt das somatosensorische System auch deszendierende Bahnen. Als Teil der **Pyramidenbahn** ziehen diese vom somatosensorischen Kortex zu den Hinterstrangkernen und zum Hinterhorn des Rückenmarks. Weitere deszendierende Bahnen ziehen von verschiedenen Anteilen des Hirnstamms im **dorsolateralen Funiculus** ebenfalls zum Hinterhorn des Rückenmarks. Da die Funktionen dieser deszendierenden Bahnen insbesondere die Hemmung oder Bahnung der Nozizeption betreffen, werden sie im entsprechenden Kapitel behandelt (▶ Kap. 51.4).

◘ Abb. 50.2a,b **Dissoziierte Sensibilitätsstörungen beim Brown-Séquard-Syndrom. a** Topographie der sensiblen und motorischen Defizite nach halbseitiger Durchtrennung des linken Rückenmarks auf Höhe des Segments Th6. **b** Horizontalschnitt durch das Rückenmark auf der Höhe von Th6 und Lage der Bahnen, deren Durchtrennung die in **a** gezeigte und in dem Fallbeispiel in der Einleitung beschriebene klinische Symptomatik verursacht

In Kürze

Das **somatosensorische System** besteht aus zwei parallel angeordneten Bahnsystemen, die fünf Submodalitäten vermitteln: das **lemniskale System** vermittelt **Mechanorezeption** und **Propriozeption**, das **spinothalamische System** vermittelt **Thermorezeption, Nozizeption** und **Viszerozeption**. Das somatosensorische System dient der bewussten **Wahrnehmung** von Sinneseindrücken aus **Haut, Bewegungsapparat** und **Eingeweiden**, sowie motorischen und vegetativen **Regelkreisen**. Es ist außerdem an der Aufrechterhaltung des **Wachzustands** des Gehirns beteiligt. Die Signalübertragung an den Umschaltstationen des somatosensorischen Systems wird durch **deszendierende Bahnen** moduliert.

50.2 Funktionelle Eigenschaften somatosensorischer Neurone

50.2.1 1. Neuron: Spinalganglion

Die Spinalganglien enthalten die Sinneszellen der Somatosensorik.

Aufbau des 1. Neurons Das **Spinalganglion** enthält pseudounipolare Neurone und Gliazellen, die hier als Satellitenzellen bezeichnet werden. Die Axone der pseudounipolaren Neurone teilen sich nach kurzem Verlauf innerhalb des Ganglions in einen peripheren Ast, der ein Organ innerviert, und einen zentralen Ast, der bis zum 2. Neuron zieht und dort den präsynaptischen Anteil der ersten Synapse der somatosensorischen Bahn bildet. Der periphere Ast endet entweder in korpuskulären Endigungen (Mechanorezeption, Propriozeption) oder frei im Gewebe (Thermorezeption, Nozizeption, Viszerozeption).

Afferente Nervenfasergruppen Nach Dicke und Erregungsleitungsgeschwindigkeit werden die afferenten peripheren Nervenfasern in vier Gruppen eingeteilt (◻ Tab. 50.2). Myelinisierte Nervenfasern (Gruppe I–III) sind besonders empfindlich gegen Druck und werden daher bei **Nervenkompression** selektiv blockiert. Umgekehrt sind unmyelinisierte Nervenfasern (Gruppe IV) empfindlicher gegen **Lokalanästhetika**, was man sich klinisch bei der rückenmarknahen Lokalanästhesie zunutze macht.

Transduktion und Transformation Die Transduktion der Sinnesreize in **Generatorpotenziale** (▶ Kap. 49.2) findet sowohl in freien Nervenendigungen als auch in den korpuskulären Endigungen im Axon statt und nicht in den umgebenden Hilfszellen (◻ Abb. 50.3); die Neurone des Spinalganglions sind also **primäre Sinneszellen**. Die Transduktion für mechanische Reize erfolgt durch Ionenkanäle, die auf Zugspannungen in der Membran reagieren. Bei Nematoden sind dies z. B. MEC-4 und MEC-10 aus der Klasse der epithelialen Natriumkanäle/-Degenerine; das Analogon bei Wirbeltieren ist noch nicht identifiziert. Die Transduktion für thermische Reize erfolgt durch temperaturgesteuerte Ionenkanäle (z. B. TRPV1 als Prototyp der nozizeptiven Signaltransduktionskanäle). Die Transduktion für chemische Reize erfolgt durch ligandengesteuerte Ionenkanäle oder über G-Protein-gekoppelte Rezeptoren. Die Transformation der Generatorpotenziale in **fortgeleitete Aktionspotenziale** erfolgt bei myelinisierten Afferenzen nur im Bereich der Schnürringe, bei nicht myelinisierten Afferenzen über die gesamte Länge des Axons.

Präsynaptische Endigung Das zentrale Axonende enthält spannungsgesteuerte Kalziumkanäle zur Kopplung der einlaufenden Erregung an die Exozytose der synaptischen Vesikel. Diese enthalten als **Transmitter Glutamat** sowie modulatorische **Neuropeptide** (Substanz P; CGRP: **calcitonin gene related peptide**). An der ersten **synaptischen Umschaltstation** der somatosensorischen Bahnen wirken lokale und deszendierende Hemmprozesse teilweise durch **präsynaptische Hemmung**. Daher enthalten die zentralen Axonenden der Spinalganglienneurone auch **Rezeptoren für Neurotransmitter und Neuromodulatoren** wie γ-Aminobuttersäure (GABA), Serotonin, Noradrenalin, endogene Opioide und endogene Cannabinoide.

> Das erste Neuron wandelt die ursprünglichen physikalisch-chemischen Reize in elektrische Signale um.

◻ Tab. 50.2 Klassifizierung der afferenten peripheren Nervenfasern nach Leitungsgeschwindigkeit und Funktion

Fasergruppe	Leitungsgeschwindigkeit (Durchmesser)	Funktion
I (Aα*)	50–80 m/s	Ia: Primäre Muskelspindelafferenzen Ib: Afferenzen von Golgi-Sehnenorganen
II (Aβ)	30–70 m/s (7–14 μm)	Sekundäre Muskelspindelafferenzen Afferenzen von Mechanorezeptoren der Haut
III (Aδ)	2–33 m/s (2–7 μm)	Afferenzen von Kälterezeptoren der Haut Afferenzen von Nozizeptoren (Haut, Muskeln, Viszera) Afferenzen von Mechanorezeptoren der Haut
IV (C)	0,4–1,8 m/s (0,4–0,8 μm)	Afferenzen von Wärme- und Kälterezeptoren der Haut Afferenzen von Nozizeptoren (Haut, Muskeln, Viszera) Afferenzen von Mechanorezeptoren der Haut

Klassifikation der afferenten Nervenfasern nach Reflexstudien von Lloyd- und Hunt,-Klassifikation nach Summenaktionspotenzialmessungen von Erlanger und Gasser in Klammern dahinter (* der Begriff Aα-Fasern wird hierfür üblicherweise nicht verwendet, da er für die Axone der α-Motoneurone reserviert ist), Leitungsgeschwindigkeiten aus der Mikroneurographie beim Menschen, Faserdurchmesser aus Biopsien des N. suralis

50

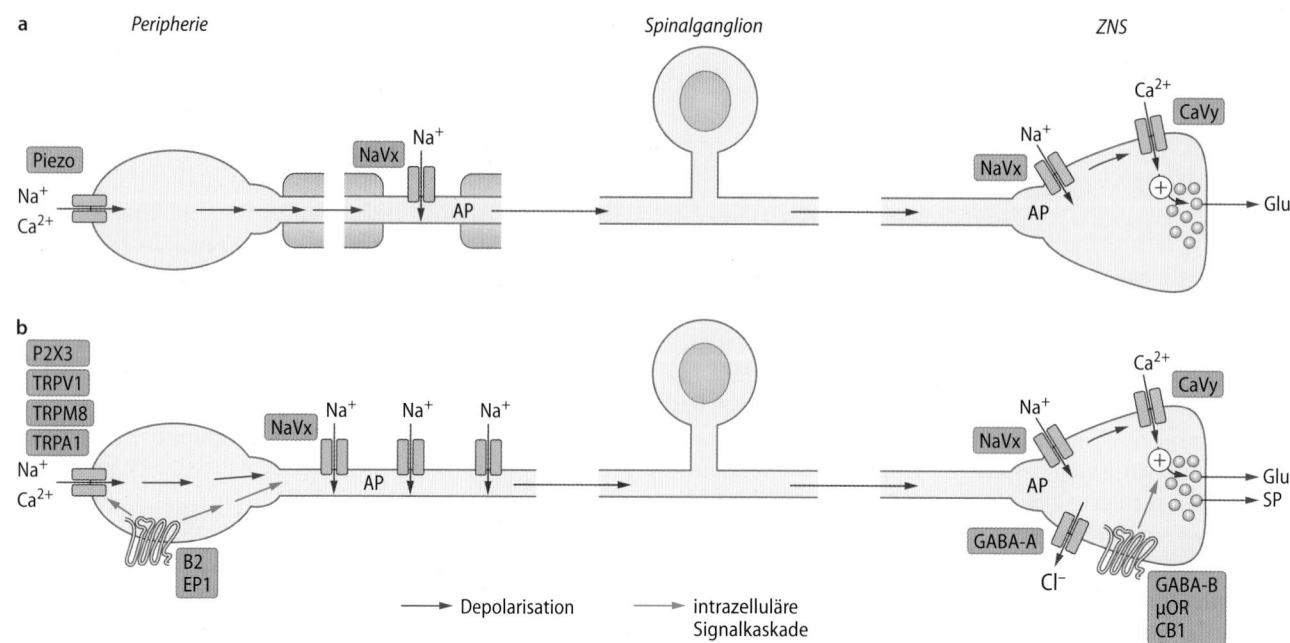

□ **Abb. 50.3a,b   Primäre Sinneszellen im Spinalganglion. a** Schematische Darstellung des ersten Neurons der Mechanorezeption. **Piezo (Typ2)** durch Zugspannung öffnende nichtselektive Kationenkanäle; **NaVx**=spannungsgesteuerte Natriumkanäle verschiedener Subtypen; **AP**=fortgeleitetes Aktionspotenzial; **CaVy**=spannungsgesteuerte Kalziumkanäle; **Glu**=Glutamat. **b** Schematische Darstellung des ersten Neurons der Nozizeption. **TRPV1** (Capsaicin, Protonen, Hitze), **TRPM8** (Menthol, Kälte), **P2X3** (ATP) ionotrope Rezeptoren, d. h. Ionenkanäle, die durch die in

Klammern stehenden Liganden und Reize geöffnet werden; **B2** (Bradykininrezeptor 2), **EP1** (Prostaglandinrezeptor 1), metabotrope Rezeptoren, die über intrazelluläre Signalkaskaden (Proteinkinase A und C) die Transduktion und Transformation modulieren; **SP**=Substanz P, ein modulatorisches Neuropeptid; **GABA$_A$**=präsynaptischer ionotroper Rezeptor für γ-Aminobuttersäure, Subtyp A; **GABA$_B$** (γ-Aminobuttersäure); **μOR** (Opioide), **CB1** (Cannabinoide) präsynaptische metabotrope Rezeptoren für die in Klammern stehenden Neurotransmitter und Neuromodulatoren

50.2.2   2. Neuron: Hinterstrangkerne und Hinterhorn des Rückenmarks

In den Hinterstrangkernen erfolgt die erste synaptische Verschaltung für Mechanorezeption und Propriozeption. Im Hinterhorn des Rückenmarks liegt die erste Synapse für Thermorezeption, Nozizeption und Viszerozeption.

Lemniskales System   Die zentralen Axonäste derjenigen Spinalganglienneurone, die ins lemniskale System projizieren, treten durch die Hinterwurzel ins Rückenmark ein und steigen ipsilateral ohne synaptische Umschaltung in den Hintersträngen bis zu einem Kerngebiet in der Medulla oblongata auf, den **Hinterstrangkernen (Nucl. cuneatus, Nucl. gracilis)**. Sie bilden dort Synapsen auf großen Neuronen, deren Axone als **Lemniscus medialis** die Mittelebene kreuzen und zum kontralateralen somatosensorischen Thalamus ziehen. Die Neurone der Hinterstrangkerne besitzen **kleine rezeptive Felder** und sind somatotopisch angeordnet, d. h. benachbarte Hautareale werden in geordneter Weise nebeneinander abgebildet (Fuß medial, Hand lateral). Es gibt wenig Konvergenz verschiedenartiger Eingänge (Mechanorezeption, Propriozeption). Die genaue räumliche Abbildung wird durch laterale Hemmung noch verbessert. Eine **deszendierende Kontrolle** vom sensomotorischen Kortex erreicht die Hinterstrangkerne über einen Nebenweg der **Pyramidenbahn.**

Spinothalamisches System   Die zentralen Axonäste derjenigen Spinalganglienneurone, die ins spinothalamische System projizieren, treten ebenfalls durch die Hinterwurzel ins Rückenmark ein. Sie ziehen jedoch direkt innerhalb des Eintrittsegments oder nach kurzem ab- oder aufsteigendem Verlauf in benachbarte Segmente in das Hinterhorn des Rückenmarks hinein und bilden dort erregende Synapsen mit der 2. Neuronenpopulation (□ Abb. 50.4).

Die **Projektionsneurone** des spinothalamischen Trakts befinden sich in den **oberflächlichen und tiefen Schichten** des Hinterhorns **(Lamina I und V nach Rexed)**, nicht aber in den mittleren Schichten. Ihre Axone kreuzen die Mittelebene ventral des Zentralkanals und ziehen dann zum kontralateralen somatosensorischen Thalamus.

Während dünne **myelinisierte Afferenzen (Gruppe III;** vgl. □ Tab. 50.2) die Projektionsneurone direkt erreichen können, werden dünne **nicht-myelinisierte Afferenzen (Gruppe IV)** vorher noch auf kleine **Interneurone in Lamina II** umgeschaltet, die ihrerseits die Projektionsneurone in Lamina I und V innervieren. Nur wenige Neurone, vor allem in **Lamina I,** erhalten Eingänge von einer einheitlichen Rezeptorpopulation; diese haben oft **kleine rezeptive Felder.** Insbesondere in **Lamina V** herrscht ein großes Maß an **Konvergenz** vor, und zwar nicht nur von Gruppe-III- und -IV-Afferenzen, sondern sogar von Gruppe-II-Afferenzen der Mechanorezeption und Gruppe-IV-Afferenzen der Nozizeption.

Auch viszerale Afferenzen und Hautafferenzen können auf dasselbe Projektionsneuron konvergieren; diese Konvergenz erklärt den übertragenen Schmerz (▶ Kap. 51.3). Konvergente Neurone in Lamina V können sehr **große rezeptive Felder** aufweisen.

❯ In Lamina V des Hinterhorns konvergieren nozizeptive, viszerale und mechanorezeptive Afferenzen teilweise auf dieselben zentralen Projektionsneurone.

Somatotopie und Dermatome Die afferente Innervation von Haut, Bewegungsapparat und Eingeweiden zeigt eine räumliche Ordnung entsprechend der **segmentalen Gliederung** der Spinalnerven, die durch das Foramen intervertebrale in den Wirbelkanal eintreten. Diese segmentale Gliederung bleibt bei der Signalverarbeitung im Hinterhorn des Rückenmarks erhalten. Innerhalb eines Segments werden proximale Regionen medial und distale Regionen lateral repräsentiert. Die Hautafferenzen jedes Spinalnerven innervieren ein definiertes Hautgebiet, das **Dermatom** (◘ Abb. 50.5a). Die **Dermatome der Mechanorezeption** überlappen sich, sodass eine Läsion eines einzelnen Spinalnerven nicht zu einem messbaren Ausfall des Tastsinns führt. Die Überlappung der **Dermatome der Nozizeption** ist weniger ausgeprägt, sodass die Läsion eines einzelnen Spinalnerven durch

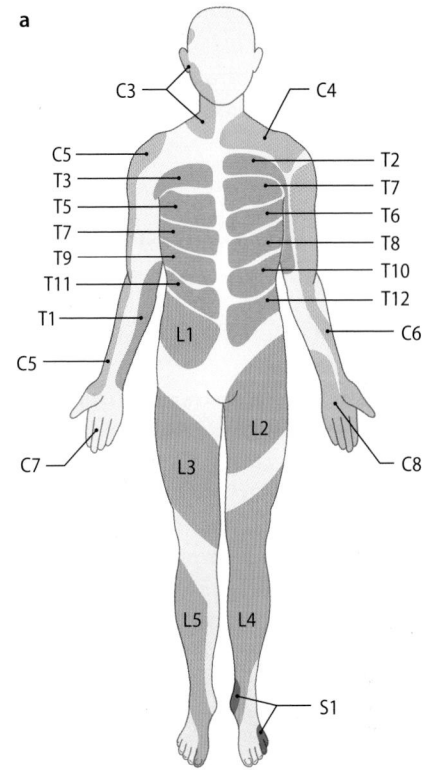

a

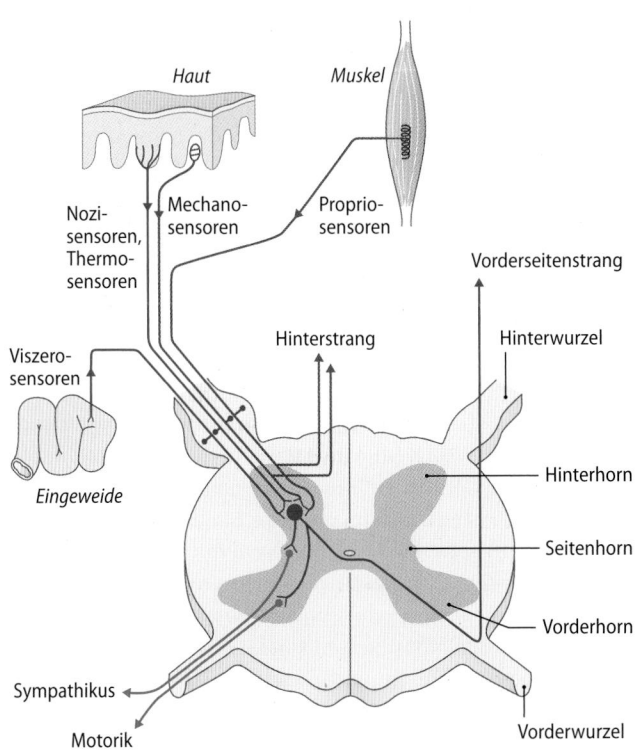

◘ **Abb. 50.4 Verschaltung der somatosensorischen Bahnen im Rückenmark.** Afferente Nervenfasern aus Haut, Bewegungsapparat und Eingeweiden treten durch die Hinterwurzel ins Rückenmark ein und bilden erregende Synapsen mit Neuronen im Hinterhorn. Dabei kommt es auch zur Konvergenz unterschiedlicher Typen von Afferenzen (**schwarz:** lemniskales System, **rot:** spinothalamisches System). Neben der Aktivierung aufsteigender Bahnen gibt es auch spinale motorische und vegetative Reflexe (**blau**)

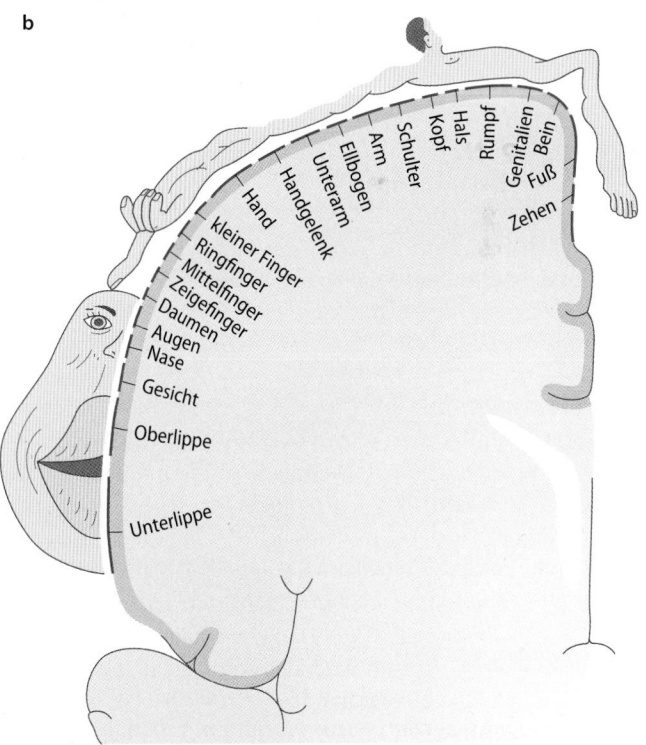

b

◘ **Abb. 50.5a,b Somatotopie: Dermatome und sensorischer Homunkulus. a** Dermatome: kutane Innervationsgebiete der Hinterwurzeln. Wegen der starken Überlappung ist hier für jede Körperseite nur eine Hälfte der Dermatome eingezeichnet. (Mod. nach Foerster 1936). **b** Sensorischer Homunkulus: räumliche Zuordnung zwischen Körperoberfläche und Neuronen im primären somatosensorischen Kortex (SI). Die Menge zentraler Neurone ist proportional zum räumlichen Auflösungsvermögen des Tastsinns in der jeweiligen Körperregion (◘ Abb. 50.8). (Mod. nach Penfield u. Rasmussen 1950)

50

klinische Sensibilitätsprüfung mit nozizeptiven Reizen detektiert werden kann (▶ Abschn. 50.8). Analog zu den Dermatomen gibt es auch **Myotome** (segmentale Zuordnung der Muskeln) und **Viszerotome** (segmentale Zuordnung der Eingeweide).

50.2.3 Spinale Reflexwege

Motorische Reflexe werden im Vorderhorn des Rückenmarks verschaltet, vegetative Reflexe im Seitenhorn.

Motorische Reflexe werden im **Vorderhorn** des Rückenmarks verschaltet (◻ Abb. 50.4). Die Afferenzen der Propriozeption (Gruppe-I- und -II-Fasern) ziehen ohne Umschaltung im Hinterhorn direkt ins Vorderhorn, wo sie erregende Synapsen mit Interneuronen bilden. Ia-Afferenzen erregen auch direkt die α-Motoneurone. Mechanorezeptive und nozizeptive Hautafferenzen der Gruppen II und III ziehen auf polysynaptischen Wegen ins Vorderhorn; nicht myelinisierte Afferenzen (Gruppe IV) wirken modulatorisch auf diese Reflexwege.

Vegetative Reflexe werden im **Seitenhorn** des Rückenmarks verschaltet (◻ Abb. 50.4). Hierhin ziehen besonders die dünnen Afferenzen (Gruppe III und IV) der Thermorezeption, Nozizeption und Viszerozeption. Im thorakolumbalen Bereich gehören die efferenten Neurone des Seitenhorns zum sympathischen Anteil des vegetativen Nervensystems, im sakralen Bereich zum parasympathischen Anteil.

50.2.4 Hirnstamm

Die somatosensorische Signalverarbeitung im Hirnstamm dient der Aufrechterhaltung des Wachzustands, der Verschaltung weiterer motorischer und vegetativer Reflexe und ist Ausgangspunkt einer deszendierenden Kontrolle des Rückenmarks.

Supraspinale Reflexe   Viele **vegetative und motorische Reflexe** werden nicht im Rückenmark, sondern in Hirnstammkernen verschaltet. Zu den motorischen Hirnstammkernen gehören der Nucl. ruber, der Nucl. vestibularis lateralis und Teile der Formatio reticularis (▶ Kap. 45.4). Zu den vegetativen Hirnstammkernen gehören zahlreiche Anteile der Formatio reticularis und des Nucl. parabrachialis (▶ Kap. 70.6). Hier treffen die aus dem Rückenmark aufsteigenden Bahnen auf den zweiten Signalweg der Viszerozeption (N. vagus und N. glossopharyngeus). Vagale Afferenzen haben ihr Soma im Ganglion nodosum und ihre erste synaptische Umschaltstation im Nucl. tractus solitarii. Von dort gibt es Projektionen zum Thalamus und Hypothalamus.

Unspezifisches sensorisches System   Die Formatio reticularis des Hirnstamms enthält auch das aszendierende retikuläre aktivierende System (ARAS). Diese Kernbereiche gehören zu einem **unspezifischen sensorischen System**, in

das verschiedene Sinnesbahnen projizieren, u. a. die Hörbahn und ein Nebenweg des spinothalamischen Systems (**Tractus spinoreticularis**). Das unspezifische sensorische System vermittelt die Weckreaktion (**arousal**) und steuert den **Schlaf-Wach-Rhythmus**. Diese Funktionen werden durch aufsteigende Bahnen zum Thalamus vermittelt, insbesondere zu den unspezifischen intralaminären Thalamuskernen.

Deszendierende Kontrolle   Weiterhin enthält die Formatio reticularis noradrenerge (**Locus coeruleus**) und serotoninerge Kernbereiche (**Raphekerne**), die Ausgangspunkte deszendierender Bahnen zum Hinterhorn des Rückenmarks sind. Diese Kernbereiche erhalten nozizeptive Eingangssignale über den Tractus spinoreticularis. Sie vermitteln sowohl **deszendierende Hemmung** als auch **deszendierende Fazilitierung** des nozizeptiven Systems und sind in ▶ Kap. 51 (Nozizeption) ausführlich besprochen.

50.2.5 3. Neuron: somatosensorischer Thalamus

Die somatosensorischen Thalamuskerne liegen zwischen den motorischen Thalamuskernen und den auditiven und visuellen Thalamuskernen und bilden den ventrobasalen Anteil des Thalamus.

Lateraler Thalamus   **Spezifische Thalamuskerne** besitzen reziproke exzitatorische Verbindungen mit topographisch präzise zugeordneten Teilen der Großhirnrinde. Entsprechend der Lage der korrespondierenden Kortexareale befindet sich der somatosensorische Thalamus zwischen den motorischen Thalamuskernen und den auditiven und visuellen Thalamuskernen und bildet den **ventrobasalen Anteil** des Thalamus. Bei Primaten unterteilt man den somatosensorischen Thalamus in den Nucl. ventralis posterior lateralis (VPL), Nucl. ventralis posterior medialis (VPM) und Nucl. ventralis posterior inferior (VPI). **VPL und VPM** projizieren zum primären somatosensorischen Kortex im Gyrus postcentralis (SI). **VPI** projiziert zum **sekundären somatosensorischen Kortex** (SII) im parietalen Operculum. Diese Kerne erhalten ihre erregenden Eingangssignale sowohl aus dem lemniskalen System (Propriozeption, Mechanorezeption) als auch aus dem spinothalamischen System (Thermorezeption und Nozizeption). **Nozizeptive und thermorezeptive Neurone** finden sich innerhalb des ventrobasalen Thalamus besonders in dessen am weitesten kaudal und ventral gelegenen Anteil. Dieser Bereich wird auch als **VMpo** bezeichnet (Nucl. ventralis medialis, pars posterior). **VMpo** projiziert in dorsale Anteile der Inselrinde und vermittelt Funktionen der Thermorezeption, Nozizeption und Viszerozeption.

Medialer Thalamus   Die nozizeptiven Bahnen innervieren außerdem sog. mediale Thalamuskerne. Hierzu gehört einerseits die Projektion zum limbischen Kortex im Gyrus cinguli über den **spezifischen Thalamuskern MD** (Nucl. medialis dorsalis), andererseits die Projektion im Rahmen des ARAS zu den **unspezifischen intralaminären Thalamuskernen CL** (Nucl. centralis lateralis) und **Pf** (Nucl. parafascicularis).

Somatotopie im Thalamus   Neurone in VPL und VPM besitzen kleine rezeptive Felder, die in einer somatotopen Ordnung die Haut repräsentieren. Dabei wird das **Gesicht medial** abgebildet (in VPM) und **Rumpf und Extremitäten** schließen sich nach **lateral** an (in VPL); das Fußareal liegt am weitesten lateral. Auch die Neurone in VPI und VMpo zeigen eine somatotope Anordnung.

Schlaf und Wachzustand   Wie in allen spezifischen Thalamuskernen, besitzen auch die somatosensorischen Neurone **zwei Funktionszustände**: Im relativ depolarisierten Zustand zeigen sie ein **tonisches Erregungsmuster**, das durch die Eingangssignale moduliert werden kann und Sinnesinformationen an die Großhirnrinde weiterleitet (Wachzustand). Im relativ hyperpolarisierten Zustand zeigen sie ein **rhythmisches Erregungsmuster**, das nicht durch Eingangssignale moduliert wird (funktionelle Deafferenzierung der Großhirnrinde im Schlaf).

> **Somatosensorische Afferenzen projizieren über ventrobasale Thalamuskerne in tiefe Kortexschichten.**

50.2.6   4. Neuron: somatosensorischer Kortex

Somatosensorische Kortexareale befinden sich im Gyrus postcentralis, im posterioren parietalen Kortex, im parietalen-Operculum und in der Inselrinde. Hier findet die Identifizierung, Formerkennung und Lokalisation somatosensorischer Reize statt.

Primärer somatosensorischer Kortex (SI)   Der primäre somatosensorische Kortex befindet sich im Gyrus postcentralis (◘ Abb. 50.6a). Die rezeptiven Felder der Neurone im primären somatosensorischen Kortex sind klein und somatotop angeordnet (Fuß medial, Gesicht lateral). Die Abbildung der kontralateralen Körperhälfte ist deutlich verzerrt (**Homunkulus**), mit einer Überrepräsentation von Mund, Fingern und Zehen (◘ Abb. 50.5b). Die Größe der Repräsentation im primären somatosensorischen Kortex ist nicht proportional zur realen Größe des entsprechenden Hautareals, sondern **proportional zur räumlichen Auflösung des Tastsinns** in diesem Areal (◘ Abb. 50.9).

Die Neurone sind in vertikal zur Hirnoberfläche liegenden Säulen angeordnet. Innerhalb einer **kortikalen Säule** findet man einheitliche rezeptive Felder und einheitliche Reiz-

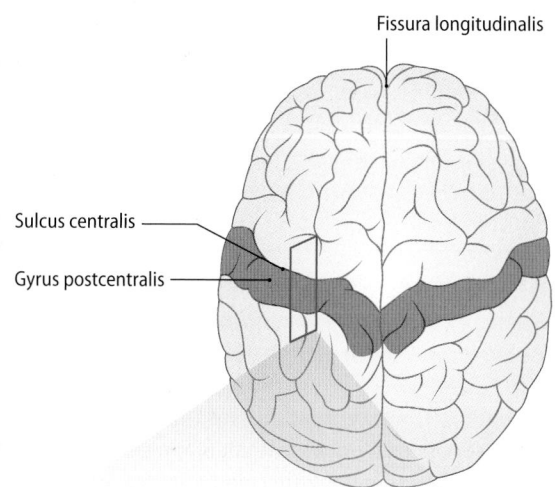

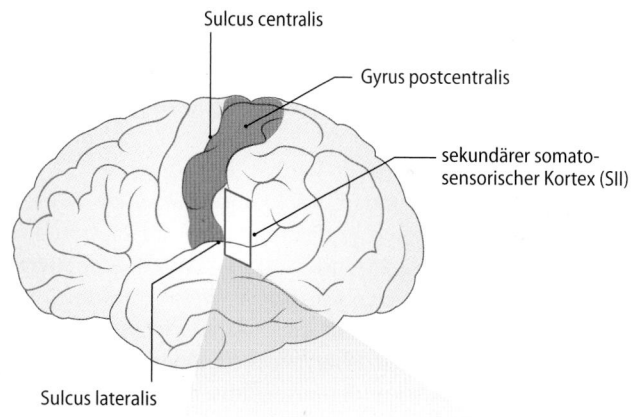

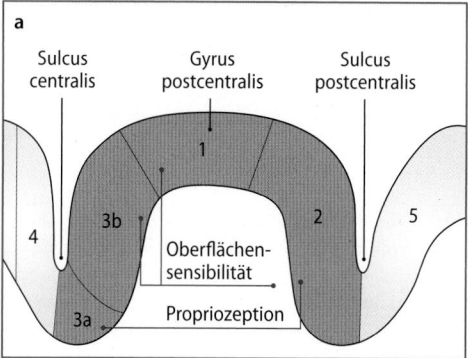

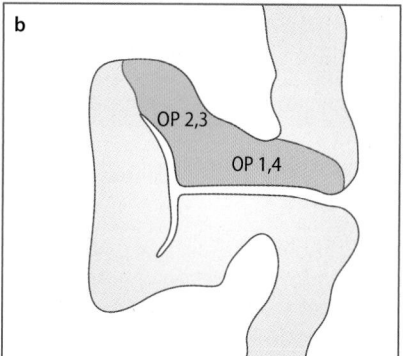

◘ **Abb. 50.6a,b   Somatosensorische Areale der menschlichen Großhirnrinde. a** Sagittalschnitt durch den primären somatosensorischen Kortex (SI) im Gyrus postcentralis mit den Arealen 3a, 3b, 1 und 2 (zytoarchitektonische Einteilung nach Brodmann). **b** Koronarschnitt durch den sekundären somatosensorischen Kortex (SII) im parietalen Opercu-

lum oberhalb der Fissura lateralis mit den Arealen OP1–OP4 (zytoarchitektonische Einteilung nach Zilles). Weitere somatosensorische Areale befinden sich im posterioren parietalen Assoziationskortex, der sich unmittelbar posterior zu SI anschließt (Area 5 und 7 nach Brodmann). **Rot:** SI; **grün:** SII

50

antworten. Der primäre somatosensorische Kortex besteht aus **vier zytoarchitektonisch unterscheidbaren Arealen** (Area 1, 2, 3a und 3b nach Brodmann, ◨ Abb. 50.6a). Area 3b und 1 erhalten hauptsächlich Eingangssignale aus der **Mechanorezeption** der Haut. Area 3a und 2 erhalten hauptsächlich Eingangssignale der **Propriozeption**. Innerhalb des primären somatosensorischen Kortex erfolgen einfache Schritte der Mustererkennung wie die Detektion der Orientierung von Objektkanten oder der Richtung, mit der ein Objekt über die Haut bewegt wird (▶ Abschn. 50.3).

Efferenzen des somatosensorischen Kortex   Efferente Verbindungen bestehen zum primären somatosensorischen Kortex der Gegenseite, zum sekundären somatosensorischen Kortex, zum parietalen Assoziationskortex, zum motorischen Kortex sowie deszendierend zum Thalamus, zu den Hinterstrangkernen und zum Hinterhorn des Rückenmarks. Werden die Nervensignale auf dem Weg zum primären somatosensorischen Kortex blockiert, dann wird der auslösende Reiz nicht bewusst wahrgenommen. Umgekehrt führt neuronale Aktivität im primären somatosensorischen Kortex auch dann zu somatosensorischen **Wahrnehmungen,** wenn z. B. bei Epilepsie kein peripheres Eingangssignal zugrunde liegt (s. u. „Fokale Sensorische Anfälle").

Sekundärer somatosensorischer Kortex (SII)   Der sekundäre somatosensorische Kortex befindet sich im **parietalen Operculum** (◨ Abb. 50.6b), oberhalb der Fissura Sylvii. Bei den meisten Menschen liegt er vollständig verborgen in der Tiefe der Fissur und kann auf einer Seitenansicht des Gehirns daher nicht dargestellt werden. Die rezeptiven Felder der Neurone im sekundären somatosensorischen Kortex sind ebenfalls somatotop gegliedert, wobei der Fuß medial nahe der Inselrinde repräsentiert ist und das Gesicht lateral nahe der Hirnoberfläche. Auf diese Weise kommen die Gesichtsareale von primärem und sekundärem somatosensorischem Kortex unmittelbar nebeneinander zu liegen. In der Umgebung des sekundären somatosensorischen Kortex liegen noch mehrere weitere vollständige somatotope Repräsentationen des Körpers. Die Anzahl und Funktion dieser multiplen Areale konnte noch nicht eindeutig bestimmt werden. Einige Neurone besitzen bilaterale rezeptive Felder.

Viele Neurone im sekundären somatosensorischen Kortex kodieren die **Form von Tastobjekten**.

Posteriorer parietaler Kortex   Der posteriore parietale Kortex (Brodmann Areale 5 und 7) zählt zu den somatosensorischen Assoziationsarealen. Viele der Neurone dort antworten sowohl auf Hautreize als auch auf visuelle Reize. Neben der Identifizierung des Reizorts wird Information zur Steuerung der Motorik bereitgestellt. Diese Region ist wichtig für die kortikale Repräsentation des **Körperschemas,** d. h. des subjektiven Bildes von der Form des eigenen Körpers und dessen Zugehörigkeit zum Selbst. Läsionen in dieser Region führen zum **Hemineglekt** der kontralateralen Seite, d. h. zu einem Defizit in der Raumwahrnehmung; dies gilt sowohl für die eigene kontralaterale Körperhälfte als auch für äußere Reize aus dem kontralateralen Außenraum.

Inselrinde   Die **Inselrinde** ist ein eigener Lappen der Großhirnrinde, der vollständig in die Tiefe verlagert ist. In der dorsalen hinteren Insel finden sich Projektionsziele zahlreicher somatosensorischer Bahnen, insbesondere der Thermorezeption, Nozizeption und Viszerozeption. Dies wird als zentrale Repräsentation **des inneren Zustandes des Körpers** gedeutet. Die Inselrinde projiziert in das **limbische System**.

> Der primäre somatosensorische Kortex enthält landkartenähnlich eine somatotope Repräsentation des Körperschemas.

50.2.7 Besonderheiten des trigeminalen Systems

Im Bereich des Kopfes (Ausnahme: obere zervikale Dermatome am Hinterkopf) werden die Funktionen der Somatosensorik durch den V. Hirnnerven vermittelt (N. trigeminus).

Mechanorezeption, Thermorezeption und Nozizeption   Das Ganglion des Nervus trigeminus enthält analog zum Spinalganglion die pseudounipolaren Neurone, die das 1. Neuron der somatosensorischen Bahn bilden. Die synaptische Verschaltung mit dem 2. Neuron erfolgt für die **Mechanorezeption** im ipsilateralen **Nucl. principalis** im Pons, für die **Ther-**

Klinik

Fokale sensorische Anfälle

Sinneseindrücke entstehen im Gehirn, nicht in den Sinnesorganen. Wie das folgende Fallbeispiel zeigt, kann das Gehirn auch ohne äußeren Reiz einen Sinneseindruck erzeugen:

Klinik
Ein 6-jähriger Junge bekommt abends beim Einschlafen bisweilen kribbelnde Missempfindungen in der linken Hand, die sich innerhalb kurzer Zeit über den Arm bis ins Gesicht

ausbreiten. Danach fühlt sich der Arm für einige Zeit taub an. Die Untersuchung beim Kinderarzt ergibt einen unauffälligen neurologischen Befund, mit normalen Reflexen, normaler Sensibilität und altersgemäßer intellektueller Entwicklung. Im EEG finden sich spikes und sharp waves in der rechten Zentralregion, nahe dem Handareal des somatosensorischen Kortex. Unter Behandlung mit Carbamazepin (Natriumkanalblocker) bleiben diese Missempfindungen aus.

Ursachen
Es handelt sich hierbei um ein fokales zerebrales Anfallsleiden mit spontanen synchronisierten Entladungen der Pyramidenzellen im somatosensorischen Kortex, sog. sensorische Jackson-Anfälle (benannt nach dem Neurologen Hughlins Jackson, 1835–1911). Die Prognose bei dieser Form der Epilepsie ist gut; meist ist nach der Pubertät keine Behandlung mehr nötig.

morezeption und Nozizeption im ipsilateralen **Nucl. caudalis** des spinalen Trigeminuskerns (oberes Halsmark). Beide Kerne projizieren zum kontralateralen somatosensorischen Thalamus in den **Nucl. ventralis posterior medialis (VPM)**, wo sich das 3. Neuron befindet. Der spinale Trigeminuskern entspricht funktionell dem Hinterhorn des Rückenmarks und projiziert außer in den Thalamus daher auch in die Formatio reticularis. Das 4. Neuron liegt in der Großhirnrinde, im am weitesten lateral gelegenen Teil des Gyrus postcentralis (◼ Abb. 50.5b).

Propriozeption und Viszerozeption   Die **Propriozeption** der Kaumuskulatur wird durch einen ungewöhnlichen Signalweg vermittelt: Hier liegt bereits das 1. Neuron innerhalb des ZNS im am weitesten kranial gelegenen **Trigeminuskern (Mittelhirn)**. Als Analogon der **Viszerozeption** im trigeminalen System kann man die **Innervation der Hirnhäute ansehen**. Diese ist im spinalen Trigeminuskern repräsentiert, was bei Kopfschmerzen relevant ist. Da sich das trigeminale System vom zervikalen Rückenmark bis ins Mittelhirn erstreckt, kann es bei Infarkten oder anderen Läsionen in dieser Region zu sehr komplexen Funktionsdefiziten kommen.

In Kürze

Sowohl das lemniskale System (Propriozeption, Mechanorezeption) als auch das spinothalamische System (Thermorezeption, Nozizeption, Viszerozeption) bestehen aus **vier Neuronenpopulationen**. Axone des lemniskalen Systems sind dick myelinisierte Fasern der **Gruppen I und II** mit korpuskulären Nervenendigungen. Die Umschaltung auf das 2. Neuron erfolgt ipsilateral in den Hinterstrangkernen. Nach Kreuzung der Bahnen im Hirnstamm zur Gegenseite und Umschaltung im sensorischen Thalamus (3. Neuron) erreichen die Signale schließlich den kontralateralen somatosensorischen Kortex (4. Neuron). Spinothalamische Afferenzen sind dünn myelinisierte bzw. nicht myelinisierte Fasern der **Gruppen III und IV** mit freien Nervenendigungen und werden im ipsilateralen Hinterhorn des Rückenmarks auf das 2. Neuron umgeschaltet. Nach Kreuzung auf gleicher Höhe im Rückenmark erreichen die Bahnen den Thalamus (3. Neuron) und den Kortex. Im **primären somatosensorischen Kortex** erfolgen erste Schritte der **Mustererkennung** (Kantenorientierung, Bewegungsrichtung). Der **sekundäre somatosensorische Kortex** ist an der **taktilen Objekterkennung** beteiligt. Die Reizlokalisation erfolgt unter Einbeziehung des posterioren parietalen Kortex. Die **Inselrinde** fungiert u. a. als übergeordnetes **homöostatisches Kontrollzentrum** des Körpers.

50.3   Mechanorezeption

50.3.1   Sinnesleistungen der Mechanorezeption

Mit den Fingerspitzen, den Lippen und der Zunge erkennen wir Gegenstände durch Betasten mit hoher räumlicher Auflösung (0,5–1 mm). Handflächen und Fußsohlen sind besonders empfindlich für Vibration bei 100–200 Hz; dabei genügen schon Schwingungsamplituden von weniger als 1 μm.

Qualitäten der Mechanorezeption   Die Mechanorezeption vermittelt die Qualitäten „Druck", „Berührung" und „Vibration".

Lokaler Druck   Mit **statischen Druckreizen** kann man die **Intensitätsschwelle** und die räumliche Unterschiedsschwelle prüfen (◼ Abb. 50.7a). Die **Intensitätsschwelle** ist besonders niedrig im Gesicht, an den proximalen Extremitäten und am Rumpf. Die höchsten Werte findet man aufgrund der stärkeren Verhornung an den Fingerspitzen und besonders am Fuß. Die **räumliche Unterschiedsschwelle** (auch Zweipunkt-Diskrimination genannt) zeigt eine andere Verteilung: Hier sind die Werte an der Zunge, den Lippen und Fingerspitzen besonders niedrig (0,5–1 mm), während sie im Bereich des Rumpfes besonders hoch sind (40 mm). Trotz der starken Verhornung der Zehenspitzen ist die räumliche Unterschiedsschwelle dort niedriger als am Rumpf. Die Regionen mit besonders niedriger räumlicher Unterschiedsschwelle (Zunge, Lippen und Fingerspitzen) bezeichnet man aufgrund des hohen räumlichen Auflösungsvermögens in Analogie zum visuellen System als **taktile Fovea**; hiermit können wir die **Form** von Gegenständen durch **Betasten** erkennen. Andere Hautareale erfüllen diese Funktion nicht, mit Ausnahme einer rudimentär erhaltenen Tastfunktion in den Zehenspitzen. Bei Säuglingen steht zunächst die Tastfunktion von Zunge und Lippen im Vordergrund; bei Kleinkindern wird dann die Umwelt mit Fingern und Augen zeitgleich exploriert. Hierdurch erlernen visuelles und somatosensorisches System einen gemeinsamen **Größenmaßstab der Umwelt**, der u. a. für die **Steuerung der Motorik** unabdingbar ist. Aufgrund der höheren räumlichen Auflösung der Zunge im Vergleich zu den Fingern erscheinen uns Objekte im Mund doppelt so groß wie sie tatsächlich sind.

Berührung durch bewegte Reize   Das schlechte räumliche Auflösungsvermögen am Rumpf gilt nur bei statischer Reizapplikation von räumlichen Mustern (simultane Raumschwelle). Bei zeitlich versetzter **Berührung** an zwei Orten (sukzessive Raumschwelle) oder bei Bestreichen der Haut ist das Auflösungsvermögen besser, und es kann auch die **Bewegungsrichtung** erkannt werden. Eine über die Haut laufende Fliege wird somit genau lokalisiert. Auch eine mit einem Wattestäbchen auf den Handrücken geschriebene Zahl kann man durch den Berührungssinn erkennen **(Stereognosie)**.

Vibration   Der **Vibrationssinn** der Haut besticht durch seine äußerst hohe Empfindlichkeit (◼ Abb. 50.7b): Geübte Ver-

a

b

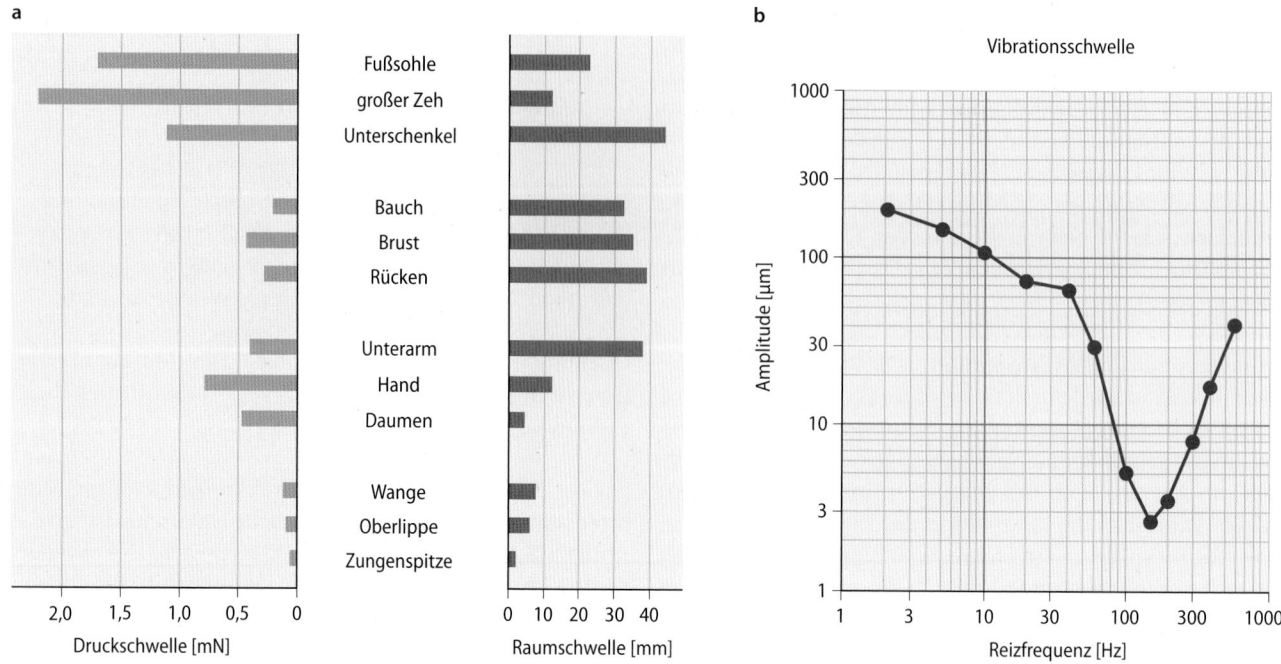

○ **Abb. 50.7a,b   Sinnesleistungen der Mechanorezeption. a** Druck-
schwelle **(blau):** minimale Krafteinwirkung, die von einer Versuchsperson
bemerkt wird; räumliche Unterschiedsschwelle **(rot):** minimaler Abstand
von zwei Kanten eines Gegenstands, die als getrennt wahrgenommen werden. **b** Vibrationsschwelle: minimale Amplitude der Bewegung der Hautoberfläche durch sinusförmige Schwingungsreize verschiedener Frequenz

suchspersonen können Schwingungen mit einer **Amplitude
von weniger als 1 μm** erkennen. Die **Vibrationsschwelle** ist
jedoch nur im Bereich von **100–200 Hz** so niedrig; unterhalb
und besonders oberhalb dieser Frequenzen steigt sie rasch
um mehrere Größenordnungen an. Vibrationsreize können
jedoch nur sehr **schlecht lokalisiert** werden. Man nimmt an,
dass mit den Fußsohlen detektierte Bodenschwingungen vor
der Annäherung großer und potenziell gefährlicher Lebewesen warnen können; beim Klettern gilt Ähnliches für die
Detektion von Schwingungen mittels der Handflächen. Der
Vibrationssinn dient auch der Texturerkennung beim Betasten von Oberflächen.

50.3.2 Neuronale Basis der Mechanorezeption

Vier korpuskuläre Nervenendigungen in der Haut entsprechen vier funktionell anhand von Adaptationsgeschwindigkeit und Größe der rezeptiven Felder unterscheidbaren
Mechanorezeptoren. Die somatosensorischen Kortexareale
haben unterschiedliche Aufgaben in der taktilen Mustererkennung.

Histologie der Mechanorezeptoren   In der unbehaarten
Haut der Fingerspitze kann man **vier Mechanorezeptor-
typen** funktionell unterscheiden, die jeweils einer **korpuskulären Nervenendigung** zugeordnet werden (○ Tab. 50.3,
○ Abb. 50.8a,b). Sie unterscheiden sich in zwei Eigenschaften:
Geschwindigkeit der Adaptation bei konstantem Druckreiz
und Größe der rezeptiven Felder (○ Abb. 50.8c–f).

Adaptationsgeschwindigkeit   Die beiden langsam adaptierenden Mechanorezeptoren SA1 und SA2 (SA von „slowly
adapting") zeigen nach der Adaptation noch eine statische
Antwort; bei Beendigung des Reizes endet auch ihre Aktivität
(○ Abb. 50.8c). Sie funktionieren als **Proportional-Differenzial-Fühler;** reine Proportionalfühler kommen bei der Mechanorezeption der Haut nicht vor. Daher adaptiert auch
unsere Druckempfindung, und man nimmt z. B. das Tragen
von Kleidung nur bei Bewegungen war. Die beiden schnell
adaptierenden Mechanorezeptoren RA („rapidly adapting")
und PC („pacini corpuscle") weisen keine statische Reizantwort auf (d. h. keine Aktonspotenziale während der Plateauphase), sind also reine **Differenzialfühler** (○ Abb. 50.8d).
Interessanterweise führt jede Druckänderung unabhängig
vom Vorzeichen zu einer Aktivierung; das ist z. B. bei der
differenziellen Antwortkomponente von Thermorezeptoren
anders. RA-Rezeptoren sind Geschwindigkeitssensoren und
PC-Rezeptoren Beschleunigungssensoren; sie unterscheiden
sich daher bereits in der Geschwindigkeit der Adaptation.

Größe der rezeptiven Felder   SA1-Rezeptoren haben kleine
rezeptive Felder (3 mm Durchmesser), weil sie nur auf senkrecht zur Haut aufgebrachte Druckreize reagieren. Weil SA2-
Rezeptoren auf die lateralen Zugspannungen in der Haut reagieren, sind ihre rezeptiven Felder groß (3 cm Durchmesser).
Die rezeptiven Felder der RA-Rezeptoren sind ähnlich klein
wie die der SA1-Rezeptoren (○ Abb. 50.8e). PC-Rezeptoren
liegen in der Subkutis, sind aber extrem empfindlich; daraus
resultieren sehr große rezeptive Felder (○ Abb. 50.8f). Mechanorezeptoren der Haut sind ohne äußere Reizung nicht spontan aktiv. Nur bei SA2-Rezeptoren kann eine scheinbare Spon-

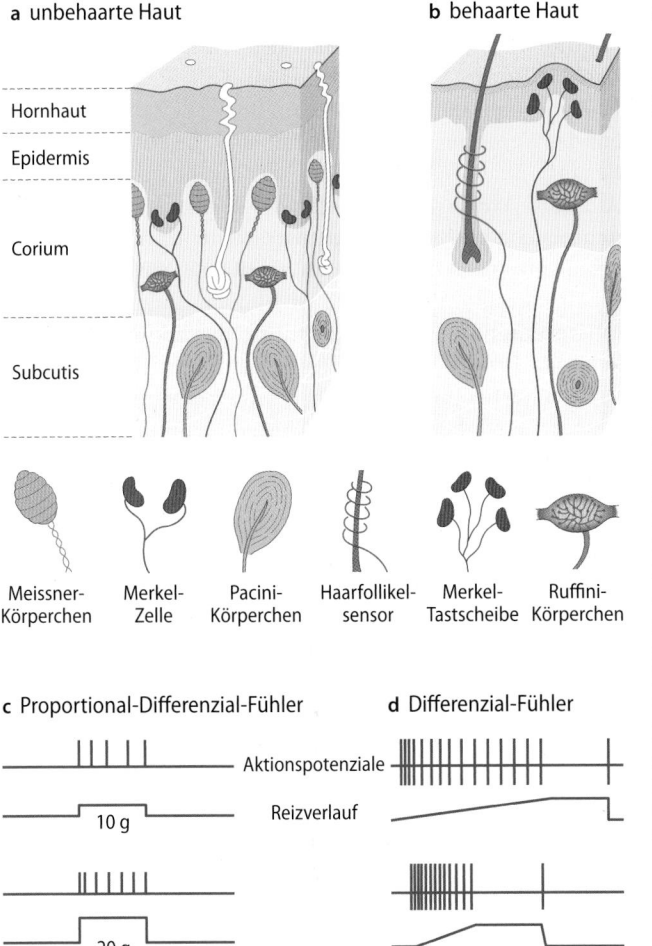

a unbehaarte Haut   **b behaarte Haut**

Hornhaut

Epidermis

Corium

Subcutis

Meissner-Körperchen   Merkel-Zelle   Pacini-Körperchen   Haarfollikel-sensor   Merkel-Tastscheibe   Ruffini-Körperchen

c Proportional-Differenzial-Fühler   **d Differenzial-Fühler**

Aktionspotenziale

Reizverlauf

10 g

20 g

40 g

2 s   ] 1 mm

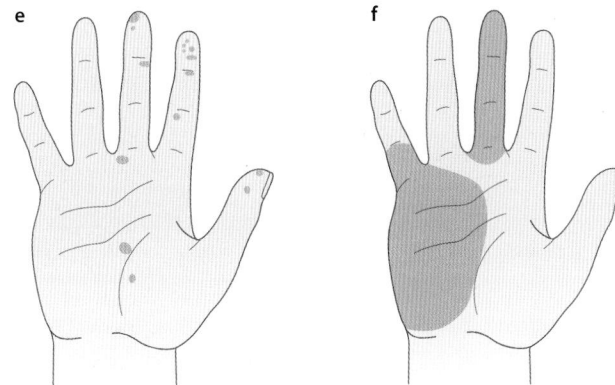

e   **f**

☐ **Abb. 50.8a–f   Mechanorezeptoren der Haut. a** Histologie der korpuskulären Nervenendigungen in der **unbehaarten** Haut der Hand-flächen, Fußsohlen und Lippen. Meissner-Körperchen und Merkel-Zellen liegen oberflächlich, Pacini-Körperchen und Ruffini-Körperchen tief in der Haut. **b** Korpuskuläre Nervenendigungen in der **behaarten** Haut der übrigen Körperoberfläche. Tastscheiben entsprechen funktionell den Merkel-Zellen, Haarfollikelrezeptoren funktionell den Meissner-Körper-chen. **c** Bei langsam adaptierenden Mechanorezeptoren nimmt bei rechteckförmigen Reizen die Frequenz der Aktionspotentiale während des Reizes ab, ist am Ende jedoch größer als Null und proportional zur Reizstärke. **d** Schnell adaptierende Mechanorezeptoren. **e** Kleine rezepti-ve Felder bei oberflächlichen Mechanorezeptoren. Bei rampenförmigen Reizen ist die Entladungsfrequenz proportional zur Änderung der Reiz-stärke über die Zeit. Bei gleichbleibender Reizstärke adaptiert sie schnell und vollständig. **f** Große rezeptive Felder bei tiefen Mechanorezeptoren. **Blaue Fläche:** Das rezeptive Feld ist das Hautareal, von dem aus adäqua-te Reize die Nervenendigung erreichen und zu einer Erregung führen können. Es ist immer größer als die Nervenendigung selbst

dichte ist an den Fingerspitzen besonders hoch (☐ Abb. 50.9a), während sich SA2- und PC-Rezeptoren gleichmäßig im Be-reich der Hand verteilen. SA1-Rezeptoren reagieren stärker, wenn sich eine Kante innerhalb ihres rezeptiven Felds befin-det, als wenn nur Kontakt mit einer ebenen Fläche besteht. Aufgrund dieser Eigenschaft sind die SA1-Rezeptoren für die **Objekterkennung** besonders wichtig. Neben der peripheren Innervationsdichte spielt auch die Größe des kortikalen Re-präsentationsareals im **primären somatosensorischen Kor-tex** eine Rolle für Unterschiede im räumlichen Auflösungsver-mögen der Mechanorezeption in verschiedenen Hautregionen (☐ Abb. 50.5b).

Formkodierung beim Tastsinn   Von den peripheren SA1-Re-zeptoren bis zu kortikalen Neuronen in SI (Area 3b) gibt es noch eine Punkt-zu-Punkt Repräsentation der Hautober-

tanaktivität vorliegen, wenn die vorliegende Gelenkstellung zu Zugspannungen im rezeptiven Feld führt.

Räumliches Auflösungsvermögen des Tastsinns   SA1-Rezep-toren und RA-Rezeptoren liefern aufgrund ihrer kleinen re-zeptiven Felder die genaueste Information für die **räumliche Diskrimination** der Mechanorezeption. Ihre **Innervations-**

☐ **Tab. 50.3**   Mechanorezeptoren der Haut

Typ	Adaptation	Adäquater Reiz	Rezeptives Feld	Nervenendigung	Lage
SA1	Langsam	Vertikaler Druck	Klein	Merkel	Basale Epidermis
SA2	Langsam	Laterale Zugspannung	Groß	Ruffini	Dermis
RA	Schnell	Geschwindigkeit	Klein	Meissner	Apikale Dermis
PC	Sehr schnell	Beschleunigung	Groß	Pacini	Subkutis, Mesenterium

SA=slowly adapting; **RA**=rapidly adapting; **PC**=Pacini

50

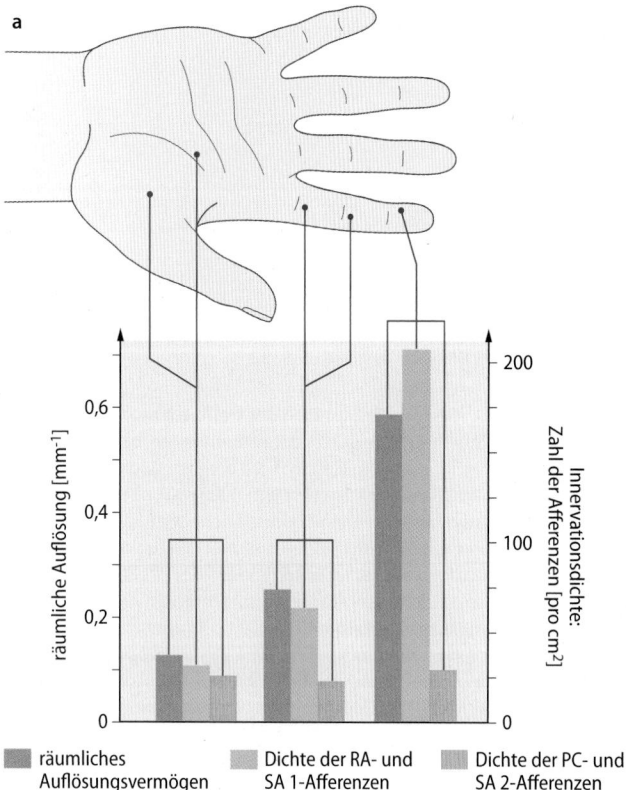

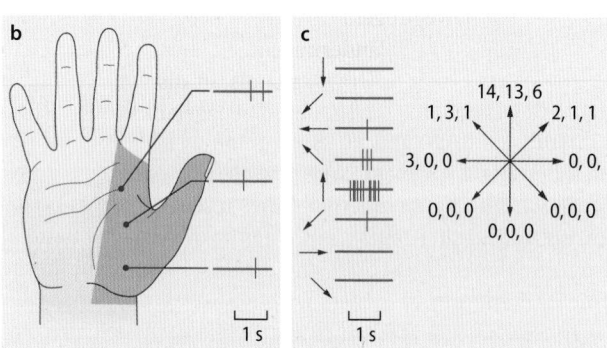

◘ **Abb. 50.9a–c Räumliches Auflösungsvermögen und Formkodierung des Tastsinns. a** Das räumliche Auflösungsvermögen des Tastsinns (**lila**: Kehrwert der räumlichen Unterschiedsschwelle) korreliert mit der Innervationsdichte von Mechanorezeptoren mit kleinem rezeptiven Feld (**grün**: SA1, RA), nicht aber mit der Innervationsdichte der Mechanorezeptoren mit großem rezeptiven Feld (**orange**: SA2, PC). (Nach Vallbo u. Johansson 1984). **b,c** Bewegungssensitives Neuron im primären somatosensorischen Kortex (Area 1). **b** Statische Druckreize (Reizorte **rot** markiert) lösen im gesamten rezeptiven Feld am Daumenballen nur geringe Antworten aus (jeder senkrechte Strich im rechten Bildteil ist ein Aktionspotenzial). **c Links**: Beim Bestreichen des rezeptiven Felds hängt die Zahl der Aktionspotenziale von der Richtung ab (**Pfeile**), unabhängig von der Position des Reizes im rezeptiven Feld. **Rechts**: Bewegungen von proximal nach distal lösen die stärkste Antwort aus (**Zahlen**: Anzahl der Aktionspotenziale je Reiz, drei Reizwiederholungen je Richtung; Daten aus Hyvärinen u. Poranen 1978)

fläche und eine formgetreue Repräsentation von Tastobjekten. Innerhalb der Subregionen des primären somatosensorischen Kortex werden die Eigenschaften der rezeptiven Felder komplexer. Einige Neurone antworten z. B. bevorzugt auf das Vorliegen einer Kante mit einer bestimmten Orientierung, unabhängig von der Position im rezeptiven Feld. Auf diese Weise repräsentieren die kortikalen Neurone zunehmend **abstrakte Objektmerkmale** und nicht mehr einen einzelnen Ort an der Hautoberfläche. Mit dieser Eigenschaftsextraktion einzelner Objektmerkmale beginnt die **Mustererkennung.** Weitere Schritte der taktilen Objekterkennung („was?") erfolgen im **sekundären somatosensorischen Kortex** (◘ Abb. 50.6b) als Teil eines **ventralen Pfades** der Signalverarbeitung. Diese Mustererkennung erfolgt analog zu der im visuellen System, wo bereits mehr Details bekannt sind.

Bewegungskodierung beim Tastsinn Hierfür liefern vor allem die RA-Rezeptoren relevante Informationen an das ZNS. In Area 1 des primären somatosensorischen Kortex befinden sich **bewegungssensitive Neurone** (◘ Abb. 50.9). Diese Neurone antworten nur schwach auf statische Druckreize innerhalb ihres rezeptiven Feldes. Wird der Druckreiz jedoch über die Haut bewegt, antworten die Neurone bevorzugt auf eine bestimmte Bewegungsrichtung, unabhängig davon, in welchem Teil des rezeptiven Felds dieser bewegte Reiz appliziert wird. Dies wird dadurch ermöglicht, dass die kortikalen Neurone gleichzeitig Afferenzen mehrerer benachbarter peripherer rezeptiver Felder erhalten, deren Eingänge sich gegenseitig hemmen oder aktivieren können. Die weitere Signalverarbeitung für die Lokalisation taktiler Reize („wo?") erfolgt im **posterioren parietalen Kortex** (Area 5 und 7). Diese Region ist Teil eines **dorsalen Pfades** der Signalverarbeitung, in dem es auch zur Konvergenz somatosensorischer und visueller Eingänge kommt.

Periphere Kodierung von Vibrationsreizen PC-Rezeptoren antworten besonders gut auf **Vibrationsreize** mit Frequenzen zwischen 100 und 200 Hz. Als Schwelle gilt die Schwingungsamplitude, bei der die afferente Nervenfaser pro Schwingungsperiode genau ein Aktionspotenzial generiert; bei niedrigerer Amplitude fehlen einige Antworten, bei höherer Amplitude kommt es zu multiplen Aktionspotenzialen pro Periode. Im Bereich der maximalen Empfindlichkeit kodieren die **PC-Rezeptoren** genau die Schwingungsamplituden, die auch als Vibration wahrgenommen werden (◘ Abb. 50.10). Unterhalb von 40 Hz sind die Schwellen der PC-Rezeptoren jedoch höher als die entsprechenden Schwellen des Vibrationssinns In diesem Frequenzbereich liefern die **RA-Rezeptoren** die afferenten Signale für den Vibrationssinn.

a

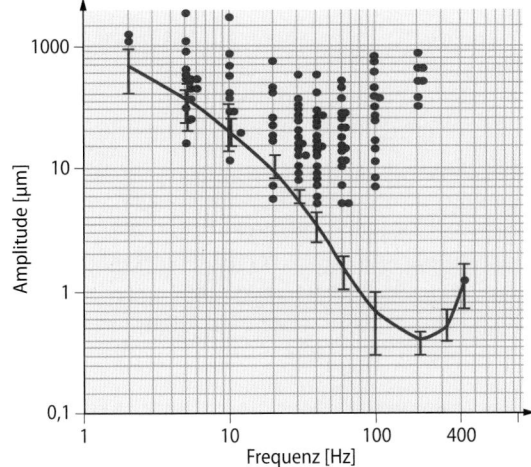

b

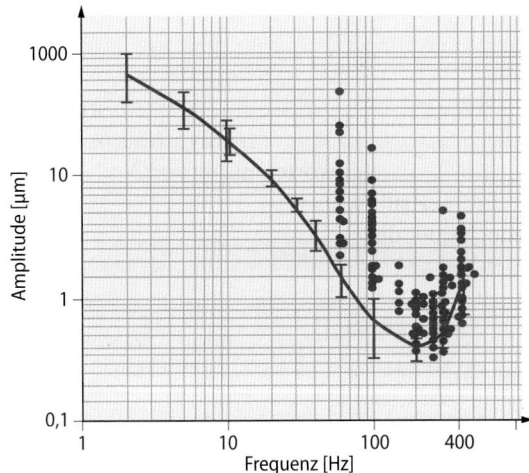

■ **Abb. 50.10a,b Kodierung von Vibrationsreizen durch Meissner-(RA) und Pacini-Körperchen (PC). a** Frequenzfolgeschwellen von RA-Rezeptoren. **b** Frequenzfolgeschwellen von PC-Rezeptoren. Jeder **Punkt** zeigt eine Kombination von Vibrationsfrequenz und -amplitude, bei welcher der jeweilige Rezeptor pro Schwingungsperiode genau ein Aktionspotenzial generiert und somit den Rhythmus der Vibration genau kodiert. Die **durchgezogenen Linien** zeigen die Vibrationsschwellen von Rhesusaffen, die das Erkennen von Vibrationen trainiert hatten, und bei denen die peripheren Ableitungen durchgeführt wurden

In Kürze

Mittels der Mechanorezeption der Haut erkennen wir räumliche Details von **Tastobjekten**, lokalisieren Ort und Richtung von **Berührungen** und nehmen **Vibrationen** wahr. **SA1-Rezeptoren** adaptieren langsam und besitzen kleine rezeptive Felder; sie ermöglichen die Erkennung räumlicher Details von Tastobjekten. **SA2-Rezeptoren** adaptieren langsam und besitzen große rezeptive Felder; sie reagieren besonders auf tangentiale Zugspannungen innerhalb der Haut. **RA-Rezeptoren** adaptieren schnell und besitzen kleine rezeptive Felder; sie antworten nur bei bewegten Reizen. **PC-Rezeptoren** adaptieren noch schneller und besitzen große rezeptive Felder; sie sprechen besonders auf Beschleunigung an

wie z. B. bei Vibration mit 100–200 Hz. Im **primären somatosensorischen Kortex** wird die Form taktiler Objekte in Area 3b repräsentiert, bewegte Reize in Area 1.

50.4 Propriozeption

50.4.1 Sinnesleistungen der Propriozeption

Die Propriozeption vermittelt die Qualitäten „Lage", „Bewegung" und „Kraft". Die Leistungen dieser somatosensorischen Submodalität sind essenziell für die Stütz- und Zielmotorik.

Lagesinn Auch bei geschlossenen Augen sind wir über die Stellung der Gelenke genau orientiert. Diese Fähigkeit kann man überprüfen, indem man z. B. ein Ellenbogengelenk passiv in eine bestimmte Position bringt und diese dann aktiv durch den anderen Arm nachstellen lässt. Der Lagesinn der Finger- und Zehengelenke wird durch kleine Bewegungen nach dorsal und palmar bzw. plantar geprüft (■ Abb. 50.11a).

Bewegungssinn Die Wahrnehmungsschwelle für den Bewegungssinn ist eine Funktion der Winkelgeschwindigkeit der Bewegung. Sie unterscheidet sich nicht zwischen aktiven und passiven Bewegungen. An proximalen Gelenken werden bereits kleinere Winkeländerungen detektiert (z. B. 0,2 Grad bei 0,3 Grad/s im Schultergelenk) als an distalen Gelenken (z. B. 1,2 Grad bei 12,5 Grad/s im Fingergelenk).

Kraftsinn Mittels des Kraftsinns wird das Ausmaß der Muskelkraft wahrgenommen, das für die Aufrechterhaltung einer Gelenkstellung oder für die Durchführung einer Bewegung erforderlich ist (■ Abb. 50.11b). Die Unterschiedsschwelle liegt bei etwa 5 % der Ausgangskraft (**Weber-Quotient** = 0,05). Die Reizstärkekodierung ist über einen Bereich von etwa drei Größenordnungen nahezu linear (■ Abb. 50.11c): Der Exponent der **Potenzfunktion nach Stevens** beträgt daher 1,0. Wenn man das Gewicht von Gegenständen genauer abschätzen möchte, bewegt man diese in der Hand auf und ab, und nutzt somit die Sinnesleistungen von Kraftsinn und Bewegungssinn gemeinsam.

Ergorezeption Auch bei Ausfall der normalen Propriozeption durch eine Läsion des lemniskalen Systems (s. Fallbeschreibung unten „Ein Leben ohne Propriozeption") bleibt ein **grober Kraftsinn** erhalten. Dieser beruht vermutlich auf der Temperaturempfindlichkeit freier Nervenendigungen im Muskel oder auf deren Chemosensitivität für Metabolite des Energiestoffwechsels. Diese Nervenendigungen sind über dünne Afferenzen (Gruppe III und IV) mit dem spinothalamischen System verbunden.

50

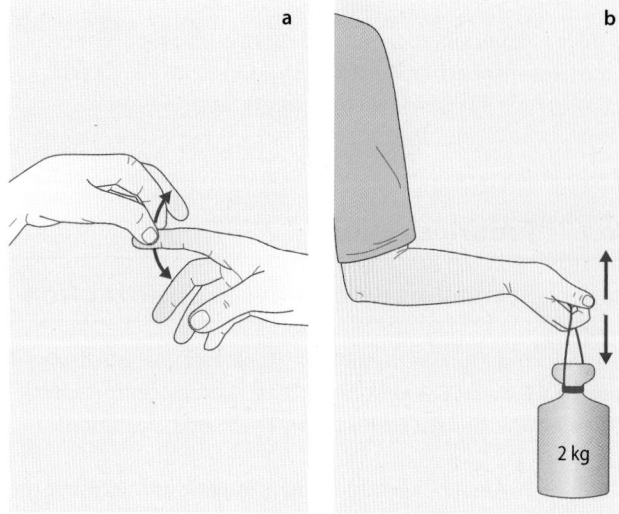

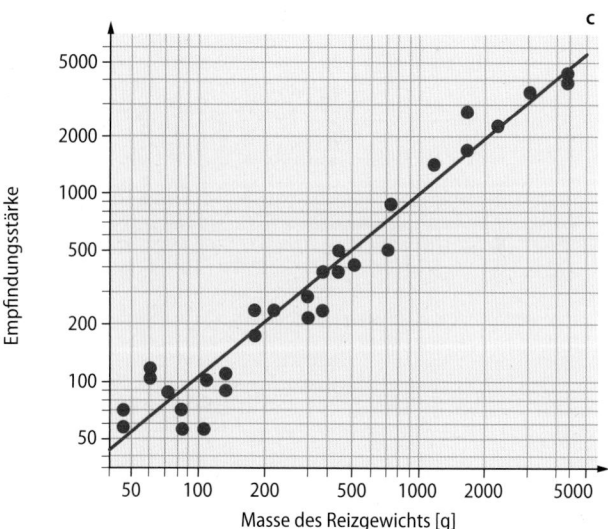

☐ **Abb. 50.11a-c   Sinnesleistungen der Propriozeption. a** Prüfung des Lagesinns durch passive Bewegung der Gelenke. Die Versuchsperson soll mit geschlossenen Augen angeben, in welcher Position sich der Zeigefinger befindet. **b** Prüfung des Kraftsinns mittels verschieden schwerer Gewichte. Die Versuchsperson soll mit geschlossenen Augen die Empfindungsstärke auf Rationalskalenniveau durch Zahlen angeben (z. B. ein doppelt so schwer erscheinendes Gewicht durch Verdopplung der Zahl; Referenzwert: Zahlenwert „500" bei einem Gewicht von 500 g). **c** Die subjektive Empfindungsstärke des Kraftsinns folgt einer Stevens-Potenzfunktion. Achtzehn verschiedene Gewichte wurden von einer Versuchsperson jeweils zweimal hochgehoben. Die Steigung im doppelt logarithmischen Maßstab (hier: 0,98) entspricht dem Exponenten der Potenzfunktion

---

Klinik

Ein Leben ohne Propriozeption

Die Propriozeption liefert dem motorischen System auf allen Ebenen Rückmeldungen über die Ausführung der motorischen Kommandos. Welche Folgen ein Ausfall dieser Rückmeldungen hat, illustriert das folgende Fallbeispiel:

Klinik

Ein 19-jähriger Mann entwickelt kurz nach einer Mononucleosis infectiosa (Pfeiffer'sches Drüsenfieber) eine sensible Neuropathie. Berührungssinn und Propriozeption sind unterhalb des Nackens vollständig ausgefallen. Die Muskelkraft ist bei klinischer Testung erhalten. Aufgrund der fehlenden Propriozeption ist der Patient zunächst vollkommen unfähig sich zu bewegen. Im Laufe einer 2-jährigen Rehabilitation erlernt der Patient wieder das Laufen. Inzwischen ist er wieder berufstätig und führt seinen eigenen Haushalt. Jede Bewegung und allein die Aufrechterhaltung der Körperposition erfordern eine bewusste Willensleistung und visuelle Rückmeldung über die Körperposition. Daher ist der Patient leicht ermüdbar. Die Neuropathie ist auch 20 Jahre später unverändert, aber der Ausfall der Propriozeption ist durch Lernen weitgehend kompensiert.

Ursachen

Das Elektromyogramm ist normal, aber das sensible Neurogramm (Aβ-Fasern) ist ausgefallen. Laser-evozierte Potenziale (▸ Abschn. 50.8) zeigen eine normale Nozizeption. Es handelt sich somit um eine rein sensible Neuropathie mit Befall nur der dicken myelinisierten Nervenfasern.

50.4.2   Neuronale Basis der Propriozeption

Die Funktionen der Propriozeption beruhen hauptsächlich auf den Leistungen der Muskelspindeln (Längensensor) und der Golgi-Sehnenorgane (Kraftsensor).

Gelenkafferenzen   Die **Gelenkkapseln** enthalten neben freien Nervenendigungen der nozizeptiven Afferenzen der Fasergruppen III und IV (▸ Kap. 51.2) auch korpuskuläre Endigungen von Gruppe-II-Afferenzen vom Typ der **Ruffini-Endigungen**. Zum Lagesinn tragen die Dehnungsrezeptoren in den Gelenkkapseln genau wie die SA2-Rezeptoren in der Haut jedoch nur relativ wenig bei. Wie der erhaltene **Lagesinn** nach Gelenkersatz zeigt, sind hierfür hauptsächlich Muskelafferenzen verantwortlich (☐ Tab. 50.4).

Muskelafferenzen   Der Skelettmuskel enthält zwei Typen von **korpuskulären Endigungen**: Muskelspindeln und Golgi-Sehnenorgane (☐ Abb. 50.12). **Muskelspindeln** enthalten die Endigungen von Gruppe-Ia- (überwiegend dynamische Reizantwort) und Gruppe-II-Afferenzen (überwiegend statische Reizantwort). Sie sind parallel zu den Muskelfasern angeordnet und signalisieren daher die Muskellänge. Ihr **adäquater Reiz** ist die **Längenzunahme** des Muskels. Sie sind die Sensoren des **Längenregelkreises** der Spinalmotorik.

Golgi-Sehnenorgane enthalten die Endigungen von Ib-Afferenzen und finden sich am Übergang vom Muskel in die Sehne. Sie sind dort in Serie zu den Muskelfasern angeordnet und signalisieren die **Muskelkraft**. Sie sind die Sensoren des **Kraftregelkreises** der Spinalmotorik und sind als einzige Propriozeptoren durch isometrische Kontraktionen aktivier-

◘ Tab. 50.4 Propriozeption: Sinnesleistung und Rezeptoren

Rezeptortyp	Adäquater Reiz	Antwortcharakteristik	Lage	Fasertyp	Sinneseindruck
Primäre Muskelspindelendigung	Dehnung	Dynamisch und statisch	Muskel	Ia	Bewegung
Sekundäre Muskelspindelendigung	Dehnung	Statisch	Muskel	II (Aβ)	Lage
Golgi-Sehnenorgan	Aktive Kraft	Dynamisch und statisch	Sehne	Ib	Kraft
Ruffini-Rezeptor	Dehnung	Dynamisch und statisch	Gelenk	II (Aβ)	(Lage)

bar. Bei passiver Dehnung des Muskels sind Golgi-Sehnen-organe recht unempfindlich und haben wesentlich höhere Schwellen als die Muskelspindeln. Daher wurde ihnen früher fälschlicherweise eine nozizeptive Funktion zugeschrieben. Bei aktiver Muskelkontraktion sind ihre Schwellen jedoch äußerst niedrig. Das liegt daran, dass eine geringe Muskelkraft dadurch erzeugt wird, dass einige wenige motorische Einheiten sich maximal kontrahieren, was die am Übergang von Muskelfasern zu Kollagenfasern liegenden Nervenendigungen erregt. Ihr **adäquater Reiz** ist die **aktiv erzeugte Muskelkraft**.

Eine Regelung der Empfindlichkeit des **Längenregelkreises** erfolgt über **Gamma-Motoneurone** (▶ Kap. 45). Dabei wird die Empfindlichkeit der Muskelspindeln immer so eingestellt, dass sie eine mittlere Aktionspotenzialfrequenz generieren und daher auch eine Verkürzung des Muskels durch Aktivitätsabnahme signalisieren können. Die Empfindlichkeit des **Kraftregelkreises** wird über die **Ib-Interneurone** geregelt. Golgi-Rezeptoren sind nicht spontanaktiv.

Kortikale Projektion Die propriozeptiven Signale erreichen über das **lemniskale System** hauptsächlich Area 3a und 2 im primären somatosensorischen Kortex sowie den primären motorischen Kortex (◘ Abb. 50.6). Neben der bewussten Wahrnehmung von Lage, Bewegung und Kraft dienen diese Signalwege auch der **Rückmeldung über die Bewegungsausführung** an das motorische System. Propriozeptive Affe-

renzen projizieren auch in die spinozerebellären Bahnen und liefern dort dem **Spinozerebellum** die Afferenzkopie zur Feinregelung der Zielmotorik.

> **In Kürze**
>
> Mittels der Propriozeption nehmen wir **Lage** und **Bewegung** der Gelenke sowie die von den Skelettmuskeln erzeugte **Kontraktionkraft** wahr. Die Funktionen der Propriozeption beruhen hauptsächlich auf den Leistungen von zwei peripheren Rezeptortypen im Muskel: **Muskelspindeln** (Längensensoren) und **Golgi-Sehnenorganen** (Kraftsensoren). **SA2-Rezeptoren** in den Gelenkkapseln und in der Haut leisten nur einen geringen Beitrag. Im **primären somatosensorischen Kortex** wird die Propriozeption in Area 3a und Area 2 repräsentiert. Die Signalwege der Propriozeption dienen auch der **Rückmeldung** über Kraftentwicklung und Bewegungsausführung an das **motorische System**. Nach Verlust der normalen Propriozeption bei Läsionen des lemniskalen Systems bleibt ein grober Kraftsinn erhalten (**Ergorezeption**).

50.5 Thermorezeption

50.5.1 Sinnesleistungen der Thermorezeption

Schon geringe Veränderungen der Hauttemperatur werden uns bewusst, wenn sie schnell erfolgen. Aber innerhalb kurzer Zeit adaptiert unser Temperatursinn. Außerhalb des Bereichs 30–35°C kommt es auch bei langer Reizdauer zu einer dauerhaften Kalt- bzw. Warmempfindung.

Statische Temperaturempfindungen Die Thermorezeption vermittelt die Qualitäten **„Wärme"** und **„Kälte"**. Im Bereich der üblichen Hauttemperaturen (30–35°C) kann die Wärme- oder Kälteempfindung durch Adaptation nach einiger Zeit völlig verschwinden (**„thermisch neutral"**, d. h. weder warm noch kalt). Dieser Temperaturbereich heißt **thermische Indifferenzzone** (◘ Abb. 50.13a). Außerhalb dieser Indifferenzzone kommt es zu dauerhaften statischen Temperaturempfindungen. Oberhalb von ca. 45°C wird die Wärmeempfindung durch den Hitzeschmerz ersetzt; unterhalb von ca. 15°C wird die Kälteempfindung durch den Kälteschmerz ersetzt.

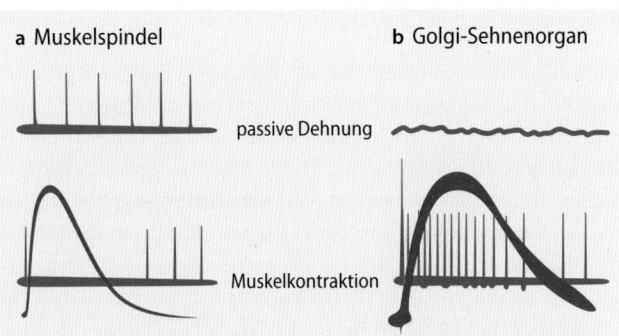

◘ Abb. 50.12a,b Funktionelle Eigenschaften der peripheren Propriozeptoren. a Eine Ia-Afferenz aus der Muskelspindel wird durch leichte passive Dehnung des Muskels aktiviert und durch Muskelkontraktion inaktiviert (Spindelpause). **b** Eine Ib-Afferenz aus dem Golgi-Sehnenorgan antwortet nicht auf leichte passive Dehnung, wird aber schon bei einer geringen aktiven Muskelkontraktion aktiviert. Jeder senkrechte Strich ist ein Aktionspotenzial. Die geschwungene Linie stellt den Kraftverlauf bei einer Einzelzuckung dar. Zur Anatomie der Muskelspindeln und Golgi-Sehnenorgane ▶ Kap. 45.2.

50

a

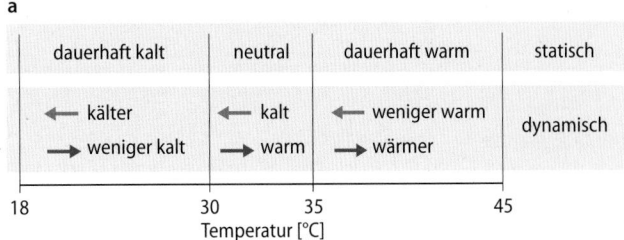

c

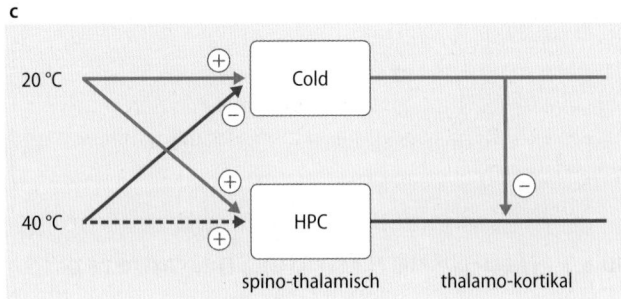

b

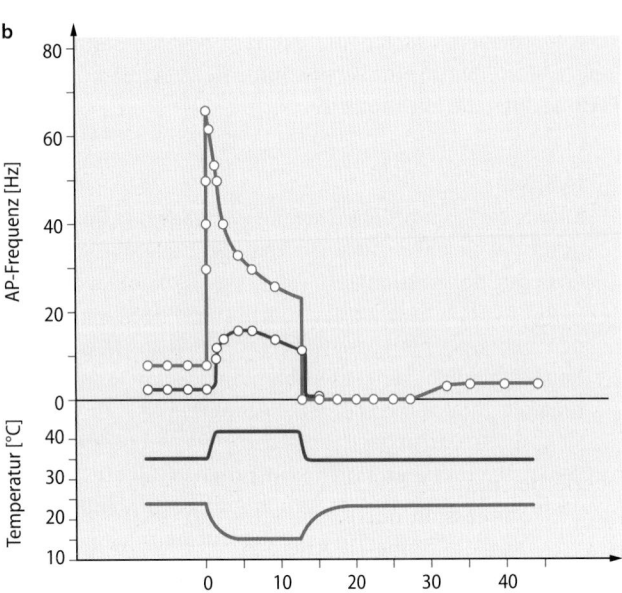

d

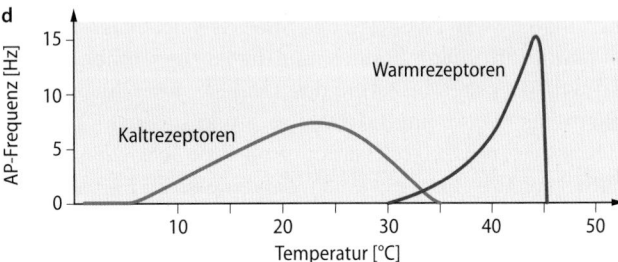

e

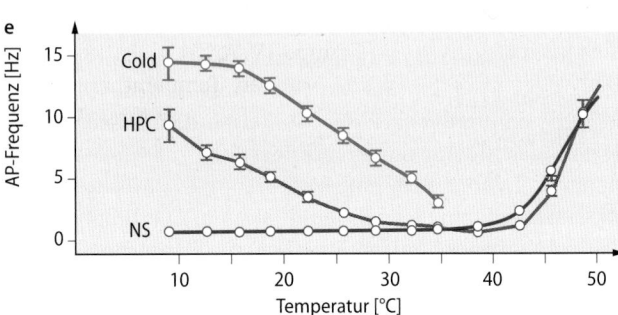

◘ **Abb. 50.13a–f   Sinnesleistungen der Thermorezeption und zentrale Verarbeitung. a Oben:** Statische Temperaturempfindungen. Unterhalb von 30°C wird die Hauttemperatur dauerhaft als kalt empfunden, oberhalb von 35°C dauerhaft als warm. Wenn eine Hauttemperatur zwischen 30 und 35°C (thermische Indifferenzzone) lange bestehen bleibt, verschwindet die Temperaturempfindung durch Adaptation. **Unten:** Dynamische Temperaturempfindungen bei schnellen Temperaturänderungen **(Pfeile)** gibt es innerhalb und außerhalb der thermischen Indifferenzzone. **b** Funktionelle Eigenschaften der **peripheren** Thermorezeptoren. Statische und dynamische Reizantworten eines Kälterezeptors (blau) im Handrücken des Menschen (Aδ-Faser = Gruppe III) sowie eines Wärmerezeptors (rot) in der Handfläche eines Rhesusaffen (C-Faser = Gruppe IV). **c** Modell der Verschaltung der Kälterezeptoren und Wärmerezeptoren auf cold- und HPC-Neurone in Lamina I und deren thalamokortikale Projektion. **d–e** Funktionelle Eigenschaften der **zentralen** Neurone der Thermorezeption. **d** Eingangssignale für die zentralen Neurone im Rückenmark: Statische Antworten der peripheren Thermorezeptoren (**blau:** Kälterezeptoren, **rot:** Wärmerezeptoren). **e** Übersicht: Statische Antworten der thermosensitiven Neurone in Lamina I des Rückenmarks (**cold:** kältespezifisch; **NS**=nozizeptiv spezifisch; **HPC**=empfindlich für Hitze, Kälte und Kneifen: **heat-pinch-cold**)

Dynamische Temperaturempfindungen   Sie treten schon bei kleinen Temperaturänderungen innerhalb der Indifferenzzone auf. Die **Detektionsschwellen** für Abkühlung und Erwärmung hängen von der Geschwindigkeit der Temperaturänderung, der Größe der gereizten Hautfläche und der Ausgangstemperatur ab. Je schneller die Temperaturänderung erfolgt und je größer die Fläche ist, desto geringere Temperaturänderungen werden wahrgenommen. **Abkühlung** nimmt man besser bei niedriger Ausgangstemperatur wahr, **Erwärmung** besser bei höherer Ausgangstemperatur. Geübte Versuchspersonen können unter optimalen Bedingungen Temperaturänderungen von 0,2°C wahrnehmen.

Allgemeinempfindungen   Im Unterschied zur lokalisierten Wahrnehmung von Temperatur und Temperaturänderungen in kleinen Hautarealen sind **Frieren und Hitzegefühl** nicht lokalisierte Allgemeinempfindungen, die außer von der Haut-

temperatur auch besonders von der Körperkerntemperatur abhängen. Frieren wird als unangenehm empfunden, und man sucht dann einen wärmeren Ort auf oder zieht eine besser isolierende Kleidung an. Diese Allgemeinempfindungen dienen der **Homöostase der Körperkerntemperatur**, indem sie das thermoregulatorische Verhalten durch einen starken Handlungsantrieb dahingehend steuern, dass die Wärmeabgabe bei erhöhter Körperkerntemperatur gesteigert wird und umgekehrt (▶ Kap. 42.5). Bei großflächiger Reizung sind Temperaturempfindungen der Haut häufig affektiv gefärbt, z. B. erfrischende Kühle beim Duschen nach dem Sport oder unangenehme Kälte beim Warten an der Bushaltestelle.

Paradoxe Temperaturempfindungen   Es gibt zwei Sinnestäuschungen der Thermorezeption. Bei schneller Erhitzung der Haut auf über 45°C tritt vorübergehend eine **paradoxe Kälteempfindung** auf, die nach kurzer Zeit durch den Hitzeschmerz abgelöst wird. Leichte Abkühlung kann unter einem selektiven A-Faserblock, bei einigen Polyneuropathien und häufig auch bei der multiplen Sklerose, paradoxerweise als heiß wahrgenommen werden (**paradoxe Hitzeempfindung**). An den Füßen tritt diese Sinnestäuschung manchmal auch bei gesunden Probanden auf.

50.5.2 Neuronale Basis der Thermorezeption

Freie Nervenendigungen in der Haut fungieren als Kältesensoren oder als Wärmesensoren. Beide sind Proportional-Differenzial-Fühler mit statischen Antworten im thermischen Indifferenzbereich (30–35°C) und hoher Empfindlichkeit für kleine Temperaturänderungen.

Periphere Thermorezeptoren   In der Haut gibt es zwei Typen von Thermorezeptoren. Beide sind **freie Nervenendigungen**; ihre genaue Lage in der Haut (Epidermis oder Dermis) ist noch nicht bekannt. Die **Kälterezeptoren** (vorwiegend Gruppe-III-Afferenzen) werden durch Abkühlung aktiviert, die **Wärmerezeptoren** (Gruppe-IV-Afferenzen) durch Erwärmung. Bei einer stufenförmigen Temperaturänderung zeigen beide zunächst eine starke Änderung ihrer Aktionspotenzialfrequenz, die sich danach durch Adaptation dem Ausgangswert annähert, ohne ihn jedoch zu erreichen (◻ Abb. 50.13b). Somit funktionieren beide Typen von Thermorezeptoren als **Proportional-Differenzial-Fühler** und kodieren mit ihrer differenziellen (dynamischen) Antwort die Temperaturänderung, mit ihrer proportionalen (statischen) Antwort die statische Hauttemperatur. Beide Typen von Thermorezeptoren haben im Bereich der normalen Hauttemperatur statische Antworten; durch diese „**Spontanaktivität**" (ohne zusätzlich applizierten Reiz) kann man sie bei Ableitungen aus Hautnerven leicht erkennen.

Kodierung der statischen Temperaturempfindungen   Die **statischen Antworten der Thermorezeptoren** weisen jeweils ein Maximum auf, die der Kälterezeptoren bei 20–25°C und die der Wärmerezeptoren bei 40–45°C (◻ Abb. 53.13d). Aufgrund dieser Form der Reiz-Antwort-Funktion kann jede statische Aktionspotenzialfrequenz bei einem einzelnen Thermorezeptor durch zwei verschiedene Temperaturen verursacht sein (jeweils links und rechts vom Maximum) und gibt daher keine eindeutige Information über die vorliegende Hauttemperatur. Erst durch das Zusammenwirken von Kälte- und Wärmerezeptoren wird die Information eindeutig: Sind beide Typen von Thermorezeptoren aktiv, liegt die Temperatur im Bereich von 30–40°C. Darunter sind nur die Kälterezeptoren statisch aktiv, darüber nur die Wärmerezeptoren. Die Temperaturempfindung entsteht im ZNS daher aus der **Differenz der Aktivitäten von Kälte- und Wärmerezeptoren**. Sie ist dabei kein einfaches Abbild der aus der Peripherie eintreffenden Signale, denn in der thermischen Indifferenzzone, wo die Empfindung vollständig adaptiert bis kein Temperatureindruck mehr besteht, zeigen beide Typen von Thermorezeptoren statische Reizantworten, adaptieren also unvollständig.

Zentrale Neurone der Thermorezeption   Im **Hinterhorn des Rückenmarks** (Lamina I) befinden sich Neurone (**Kalt-Neurone**) die durch Kälterezeptorafferenzen erregt und durch Wärmerezeptorafferenzen gehemmt werden (◻ Abb. 50.13e). Diese Neurone können die Hauttemperatur über einen weiten Bereich linear kodieren. Ihre Axone projizieren im spinothalamischen System zum **somatosensorischen Thalamus**. Von dort wird die Aktivität vor allem in die **dorsale Inselrinde** weitergeleitet. Andere Neurone in Lamina I werden sowohl durch Abkühlung als auch durch Erwärmung aktiviert und haben somit konvergente erregende Eingänge (**HPC-Neurone: aktivierbar durch heat, pinch, cold**). Die thalamokortikale Verarbeitung der Ausgangssignale dieser Neurone wird durch die Kalt-Neurone gehemmt (◻ Abb. 53.13c). Wenn also beide Neurone durch eine niedrige Hauttemperatur aktiviert werden, dominieren die Kalt-Neurone und es resultiert eine Kälteempfindung.

Neuronale Basis der paradoxen Temperaturempfindungen
Paradoxe Kälteempfindungen treten dann auf, wenn Kälterezeptoren durch Temperaturen oberhalb von 45°C inadäquat gereizt werden. Eine Enthemmung der HPC-Neurone erklärt das Auftreten **paradoxer Hitzeempfindungen**: Abkühlung kann dann paradoxerweise als Hitze empfunden werden, wenn diese Hemmung entfällt. Das geschieht in der Peripherie bei Blockade der myelinisierten Afferenzen durch Nervenkompression oder bei einigen Neuropathien. Dann fehlt die durch Gruppe-III-Afferenzen vermittelte Aktivierung der Kalt-Neurone im Rückenmark; die HPC-Neurone werden weiterhin durch kältesensitive Gruppe-IV-Afferenzen erregt.

In Kürze

Mittels der Thermorezeption erkennen wir **Temperaturänderungen** der Haut, sofern diese schnell erfolgen. Innerhalb der **thermischen Indifferenzzone** (30–35°C) nehmen wir die statische Hauttemperatur nicht wahr, weil die Temperaturempfindung vollständig adaptiert; außerhalb dieser Zone wird auch die statische Hauttemperatur als dauerhaft kalt oder warm empfunden. Die Funktionen der Thermorezeption beruhen auf der zentralen Verrechnung der Eingangssignale von zwei peripheren Rezeptortypen mit gegensätzlichen Reizantworten: **Kälterezeptoren** (freie Nervenendigungen von Gruppe-III-Afferenzen) werden durch Abkühlung aktiviert, **Wärmerezeptoren** (freie Nervenendigungen von Gruppe-IV-Afferenzen) durch Erwärmung. Im Kortex wird die Thermorezeption vor allem in der **dorsalen Inselrinde** repräsentiert. **Paradoxe Kälteempfindung** bei starken Hitzereizen beruht auf inadäquater Reizung der Kälterezeptoren. **Paradoxe Hitzeempfindung** bei Kältereizen beruht auf zentraler Disinhibition.

50

50.6 Nozizeption

50.6.1 Sinnesleistungen der Nozizeption

Leichte Berührung der Haut mit einem spitzen Gegenstand (Dorn, kurze Wollfaser) wird eher durch Nozizeptoren detektiert, die sich in der Epidermis befinden, als durch die tiefer in der Dermis liegenden Mechanorezeptoren des Tastsinns.

Vorbemerkung In ▶ Kap. 51 werden Nozizeption und Schmerz ausführlich besprochen. Hier werden nur einige im Kontext des somatosensorischen Systems behandelt.

Qualitäten der Nozizeption Die Nozizeption vermittelt zahlreiche **Schmerzqualitäten,** die man mittels Listen von Eigenschaftswörtern erfassen kann (MPQ: „McGill Pain Questionnaire", SES: „Schmerzempfindungsskala"). Stechender Schmerz wird aufgrund der Ergebnisse aus selektiven Nervenblockaden den Gruppe-III-Afferenzen zugeschrieben, brennender Schmerz den Gruppe-IV-Afferenzen. Wie drückende, bohrende oder weitere Schmerzqualitäten kodiert werden, ist unbekannt, und im Gegensatz zum Geschmackssinn gibt es für den Schmerzsinn noch keine klar definierte Zahl von Basisqualitäten. Weiterhin wird auch die **Juckempfindung** durch das nozizeptive System vermittelt. Einige durch das nozizeptive System vermittelte Empfindungen werden nicht unbedingt als Schmerz identifiziert: **„stechender Geruch"** und **„scharfer Geschmack"** sind Sinnesleistungen der Nozizeption der Schleimhäute, die **Schärfe einer Nadelspitze** oder die **„Kratzigkeit" von Wollstoffen** sind Sinnesleistungen der Nozizeption der Haut (für weitere Einzelheiten ▶ Kap. 51.1).

Räumliches Auflösungsvermögen Das **räumliche Auflösungsvermögen** der Nozizeption ist in den meisten Anteilen der Haut ähnlich hoch wie das der Mechanorezeption (ca. 1 cm räumliche Unterschiedsschwelle). Hautareale mit erhöhter Auflösung, wie dies Fingerspitze oder Zunge für den Tastsinn sind (mit 0,5–1 mm Auflösung), gibt es bei der Nozizeption nicht. Die Nozizeption des Bewegungsapparats und der Eingeweide hat eine wesentlich schlechtere räumliche Auflösung, und es kommt zu regelhaften Fehllokalisationen beim übertragenen Schmerz (für weitere Einzelheiten ▶ Kap. 51.3). Daher spricht man der Nozizeption insgesamt nur eine mäßige räumliche Auflösung zu.

50.6.2 Neuronale Basis der Nozizeption

Viele Nervenendigungen in der Epidermis reagieren auf aktuelle oder potenzielle Gewebeschädigung. Niederfrequente Aktionspotenzialfolgen von nozizeptiven Afferenzen unterhalb von 1 Hz werden nicht bewusst wahrgenommen.

Periphere Nozizeptoren Nozizeptive Afferenzen enden als **freie Nervenendigungen** dünner myelinisierter Nervenfasern (Gruppe III) und nicht myelinisierter (Gruppe IV) in der

Epidermis, Dermis, Teilen des Bewegungsapparats und einigen Eingeweideorganen. In der Epidermis reichen diese Endigungen bis in die obersten vitalen Zellschichten, eine ideale Position für die **Detektion tatsächlicher oder potenzieller Gewebeschädigung** (nozizeptiver Reiz). Nozizeptoren sind **polymodal** und reagieren auf mechanische, thermische und chemische Reize. Dabei ist ihre Schwelle für die physikalischen Reize höher als die der jeweiligen spezifischen Mechanorezeptoren und Thermorezeptoren. Bei punktförmiger und kurzdauernder Reizung können sie aufgrund ihrer oberflächlichen Lage ausnahmsweise auch empfindlicher reagieren als die tiefer gelegenen Mechanorezeptoren (Beispiel: eine Wollfaser übt nur eine geringe Kraft aus, dies aber auf eine sehr kleine Fläche; somit entsteht eine Verformung nur innerhalb der oberflächlichen Epidermis). Nozizeptoren **adaptieren** bei adäquater Reizung **langsam** und sind somit Proportional-Differenzial-Sensoren.

Reflexe und Wahrnehmung Niederfrequente Aktionspotenzialfolgen von nozizeptiven Afferenzen (unterhalb von 1 Hz) werden nicht bewusst wahrgenommen. Für die Schmerzempfindung ist somit erhebliche **zeitliche und räumliche Summation** an den zentralen Synapsen erforderlich (zentrale Schwelle). Diese niederfrequente Aktivität führt aber bereits zur peripheren Freisetzung vasoaktiver **Neuropeptide** (CGRP: **calcitonin gene related peptide,** Substanz P), und auch **spinale motorische Reflexe** können durch nozizeptive Afferenzen ohne begleitende Schmerzempfindung ausgelöst werden.

> **In Kürze**
>
> Die Hauptfunktion der Nozizeption ist die Auslösung unbewusster **Abwehrmechanismen** gegen **schädigende äußere und innere Reize** sowie der bewussten **Schmerzempfindung.** Daneben vermittelt die Nozizeption einige sensorisch-diskriminative Funktionen, wie die **Lokalisation spitzer Reize** oder die Intensität des **scharfen Geschmacks.** Die peripheren Rezeptoren der Nozizeption sind **freie Nervenendigungen** von Gruppe-III- und Gruppe-IV-Afferenzen. Sie sind **polymodal** und reagieren mit relativ hoher Schwelle auf mechanische, thermische und chemische Reize. Ihr **adäquater Reiz** ist die tatsächliche oder potenzielle Gewebeschädigung.

50.7 Viszerozeption

50.7.1 Sinnesleistungen der Viszerozeption

Die Funktionszustände der Eingeweideorgane werden ständig durch vagale und spinale viszerale Afferenzen an das ZNS gemeldet, dies führt i. d. R. jedoch nicht zu einer bewussten Wahrnehmung.

Qualitäten der Viszerozeption Die Zusammenstellung der Qualitäten der Viszerozeption ist aus folgenden Gründen schwierig:
1. Die Aktivität viszeraler Afferenzen wird überwiegend nicht bewusst wahrgenommen.
2. Nicht lokalisierte Gefühle wie Atemnot oder Übelkeit hängen auch von der Aktivität von Sensoren im ZNS ab.
3. Viszeraler Schmerz wird in die Haut fehllokalisiert.
4. Nicht schmerzhafte Empfindungen können durch parietale Afferenzen vermittelt sein.

In ◻ Tab. 50.5 sind die wichtigsten Sinnesleistungen der Viszerozeption zusammengefasst.

◻ Tab. 50.5 Sinnesleistungen der Viszerozeption

Organ	Peripherer Nerv		Sinnesleistung	
	Sympathikus	Parasympathikus	Schmerz	andere
Herz-Kreislauf-System				
Herz	x		x	
Blutgefäße	x		x	
Atemwege		x	x	
Gastrointestinaltrakt				
Ösophagus	x	x	x	x
Magen	x		x	x
Gallenwege	x		x	
Dünndarm	x		x	
Dickdarm	x	x	x	x
Urogenitales System				
Obere Harnwege	x		x	
Harnblase		x	x	x
Ovar, Uterus	x		x	
Hoden	x		x	

Sympathikus: Diese viszeralen Afferenzen verlaufen zusammen mit den Efferenzen des Sympathikus (spinale Afferenzen).
Parasympathikus: Diese viszeralen Afferenzen verlaufen zusammen mit den Efferenzen des Parasympathikus (spinale oder vagale Afferenzen).

Herz-Kreislauf-System Mechanorezeptoren detektieren im **Hochdrucksystem** den mittleren Blutdruck und im **Niederdrucksystem** das intravasale Volumen. Diese Signale gehen in **Regelkreise** des Kreislaufs und des Wasser- und Elektrolythaushalts ein, werden jedoch nicht bewusst wahrgenommen. Chemische Reizung nozizeptiver Afferenzen aus dem Herz oder den Blutgefäßen löst **Schmerzen** aus. Wenn man bei starker körperlicher Anstrengung seine eigene Herztätigkeit wahrnimmt, wird dieses lokalisierte Gefühl durch Mechanorezeptoren in der **Thoraxwand** detektiert.

Atmung Die Funktion der Atmung wird durch Chemorezeptoren im Glomus caroticum und im Atemzentrum in der Medulla oblongata kontrolliert und i. Allg. nicht bewusst wahrgenommen. Während auch bedrohlicher O_2-Mangel nicht wahrgenommen wird, kann ein starker Atemantrieb durch erhöhten pCO_2 zum Gefühl der **Atemnot** führen. Afferenzen aus der Lunge spielen hierfür keine Rolle, sie können jedoch **Hustenreiz** auslösen, der nicht nur einen viszerosomatischen Reflexbogen bildet, sondern auch bewusst wahrgenommen wird.

Gastrointestinaltrakt Afferenzen aus dem **Ösophagus** vermitteln ähnlich wie die aus der Mundhöhle noch taktile und thermische Sinneseindrücke. Sinneseindrücke aus den mittleren Darmabschnitten (Blähungen) resultieren wahrscheinlich aus der Aktivierung von Mechanorezeptoren in der **Bauchwand**. Das **Rektum** ist wieder mechanisch empfindlich und vermittelt das Gefühl des **Stuhldrangs**. Starke Dehnung, Spasmen, Ischämie und Gewebeschädigung durch Entzündung oder Tumore führen im gesamten Gastrointestinaltrakt zum **Eingeweideschmerz**. Die Allgemeinempfindungen mit Bezug zum Gastrointestinalttrakt beruhen überwiegend auf Signalen, die den Hypothalamus (**Hunger, Sattheit**) oder die Area postrema der Medulla oblongata (**Übelkeit**) auf humoralem Weg erreichen.

Parenchymatöse Organe und Hohlorgane Sinneseindrücke aus der **Leber** sind durchgehend schmerzhaft. Dabei reagieren aber nur die Kapsel, die Blutgefäße und die Gallenwege auf noxische Reize. Das Parenchym der Leber ist wie das von Pankreas, Niere, Nebenniere, Milz und Gehirn praktisch nicht innerviert. Überdehnung und Spasmen der ableitenden **Harnwege** werden als Schmerz wahrgenommen. Darüber hinaus wird auch der Füllungszustand der Blase wahrgenommen (**Harndrang**).

> Über die Afferenzen und Efferenzen der Viszerozeption werden über Regelkreise unbewusst die vegetativen Funktionen gesteuert.

50.7.2 Neuronale Basis der Viszerozeption

Viszerale Schmerzen werden über spinale Afferenzen und das spinothalamische System vermittelt. Signale für andere Empfindungen und für Regelprozesse verlaufen über den N. vagus. Eine zentrale Repräsentation des Zustandes des Körpers erfolgt in der Inselrinde (Interozeption).

50

Viszerale Afferenzen   Periphere Signale für Reflexe, Eingeweideschmerz, nicht schmerzhafte Empfindungen und die Allgemeinempfindungen erreichen das ZNS über die spinalen und vagalen viszeralen Afferenzen (◻ Abb. 50.14). I. d. R. wird dabei der **viszerale Schmerz** über die **spinalen Afferenzen** vermittelt, die in thorakolumbalen Segmenten zusammen mit den **sympathischen** Efferenzen verlaufen, in sakralen Segmenten zusammen mit den **parasympathischen** Efferenzen. Nach einer synaptischen Verschaltung in Lamina I oder X des Rückenmarks zieht diese Bahn zum somatosensorischen Thalamus und zum Nucl. parabrachialis. **Vagale Afferenzen** erreichen den Nucl. tractus solitarii und von dort den Hypothalamus. Beide Systeme konvergieren auch.

Zentrale Repräsentation   Die vordere **Inselrinde** stellt ein wichtiges Integrationszentrum für die bewusste Wahrnehmung der Viszerozeption dar. Hieraus resultiert das Konzept, dass eine Repräsentation des Zustandes des Körpers (**Interozeption**) in der Insel erfolgt, die möglicherweise auch zur Wahrnehmung des Selbst beiträgt. Efferente Signale zum vegetativen Nervensystem verlaufen über den vorderen Teil des **Gyrus cinguli** und den **Hypothalamus;** beide gehören zum **limbischen System.**

In Kürze

Mittels der Viszerozeption werden Konsistenz und Temperatur der Speisen im **Ösophagus** sowie der Füllungszustand von **Rektum** und **Harnblase** bewusst wahrgenommen. Andere Signale der Viszerozeption entziehen sich weitgehend unserem Bewusstsein, sind aber an **Regelkreisen** des vegetativen Nervensystems und an viszerosomatischen Reflexen beteiligt. **Viszerale Schmerzen** werden überwiegend durch **spinale Afferenzen** vermittelt (thorakolumbal: mit sympathischen Nerven, sakral: mit parasympathischen Nerven). Die kortikale Repräsentation der Viszerozeption ist in der **Inselrinde** lokalisiert.

50.8   Funktionsprüfungen des somatosensorischen Systems in der Klinik

Eine orientierende Funktionsprüfung der Somatosensorik gehört zu jeder klinischen Untersuchung. Die klinische Sensibilitätsprüfung umfasst die Beschreibung der Ausdehnung der Sensibilitätsstörungen für alle somatosensorischen Submodalitäten.

Topodiagnostik des Läsionsorts (◻ Tab. 50.6)   Die Prüfung der Somatosensorik ist Teil jeder neurologischen Untersuchung. Hierbei werden **Negativzeichen** („Minussymptome": Sensibilitätsausfall), **Positivzeichen** („Plussymptome": gesteigerte Empfindlichkeit), betroffene **Submodalitäten** der Somatosensorik (Mechanorezeption, Propriozeption, Thermorezeption, Nozizeption) sowie Lage und Ausdehnung des betroffenen Areals erhoben. Aus diesen Angaben kann man herleiten, an welchem Ort im somatosensorischen System eine Läsion vorliegt (**Topodiagnostik**). Zu diesem Zweck markiert man die betroffenen Hautareale mit einem abwaschbaren Stift und überträgt sie im Anschluss an die Untersuchung in ein Körperschema, in dem **Dermatome** und Versorgungsgebiete peripherer Nerven eingezeichnet sind (◻ Abb. 50.5).

Negativzeichen der Somatosensorik   Sensibilitätsausfälle (**Hypästhesie, Thermhypästhesie, Hypalgesie**) kann man mit einfachen überschwelligen Reizen diagnostizieren (◻ Tab. 50.6). Der Lagesinn distaler Gelenke (**Propriozeption**) und die Berührungsempfindlichkeit der Haut (**Mechanorezeption**) können ohne Hilfsmittel geprüft werden. Kalibrierte Stimmgabeln für die Prüfung des Vibrationssinns gehören zur neurologischen Grundausstattung. Für die Prüfung der **Thermorezeption** stehen meist nur metallische Gegenstände zur Verfügung (Griff des Reflexhammers), die eine leichte Abkühlung der Haut auf Raumtemperatur bewirken; alternativ kann man ein Desinfektionsmittel auf die Haut sprühen,

viszerale afferente Systeme

a vagale Afferenzen

Viszera

NTS

autonome Effektororgane

Funktionen

- Empfindungen: nicht schmerzhaft, Unwohlsein
- Emotion
- Regulationen, Reflexe in autonomen Systemen

b spinale Afferenzen

Haut
Muskel
Viszera

autonome Effektororgane

- Empfindungen: nicht schmerzhaft, Unwohlsein
  SCHMERZ
- Emotion
- Veränderungen in übertragenen Zonen
- Regulationen, Reflexe in autonomen Systemen

◻ **Abb. 50.14a,b   Projektionen und Funktionen vagaler und spinaler viszeraler Afferenzen. a** Vagale viszerale Afferenzen (**schwarz**) projizieren zum Nucl. tractus solitarii (NTS) in der Medulla oblongata. Zellkörper präganglionärer efferenter Neurone (**blau**), die durch den Nervus vagus projizieren, sind im Nucl. dorsalis nervi vagi und im Nucl. ambiguus lokalisiert. **b** Spinale viszerale Afferenzen (**rot**) konvergieren mit nozizeptiven Haut- und Muskelafferenzen (ebenfalls **rot**) auf viszerosomatische Neurone im Hinterhorn des Rückenmarks, die wiederum zum unteren und oberen Hirnstamm, Hypothalamus und Thalamus projizieren. Präganglionäre efferente Neurone (**blau**) befinden sich im Seitenhorn. Die synaptische Übertragung in der Medulla oblongata und im Hinterhorn steht unter der Kontrolle deszendierender Systeme vom oberen und unteren Hirnstamm (**lila**).

◻ Tab. 50.6 Klinische Sensibilitätsprüfung und Zusatzuntersuchungen

Submodalität	Klinischer Test	Afferente Nervenfasern	Bahn im ZNS	Zusatzuntersuchungen
Propriozeption	Gelenkstellung	Gruppe I	HS-ML	Muskeleigenreflexe SEP
Mechanorezeption	Berührung mit Wattebausch	Gruppe II (Aβ)	HS-ML	QST (Druckdetektionsschwelle)
	Stimmgabel	Gruppe II (Aβ)	HS-ML	QST (Vibrametrie) SEP, sensible NLG
Thermorezeption	Reflexhammergriff Reagenzglas 20°C Alkohol	Gruppe III (Aδ)	STT	QST (Thermotest)
	Reagenzglas 40°C	Gruppe IV (C)	STT	QST (Thermotest) LEP
Nozizeption	Sterile Sicherheitsnadel Zahnstocher	Gruppe III (Aδ)	STT	QST (kalibrierte Nadelreize) LEP
	(Nicht verfügbar)	Gruppe IV (C)	STT	QST (Hitzeschmerzschwelle) LEP
	Druck auf Sehne/Muskel	Gruppe III und IV (Aδ und C)	STT	QST (Druckalgesimetrie)

QST=quantitative sensorische Testung; SEP=somatosensorisch evozierte Potenziale (elektrische Nervenstammreizung); NLG=Nervenleitungsgeschwindigkeit; LEP=Laser-evozierte Potenziale; HS–ML=Hinterstränge und medialer Lemniskus; STT=spinothalamischer Trakt

das durch Evaporation kühlt. Die **Nozizeption der Haut** wurde früher durch Diskrimination des spitzen und des stumpfen Endes einer Sicherheitsnadel geprüft. Diese Sinnesleistung wird im Wesentlichen durch Gruppe-III-Afferenzen vermittelt. Aus hygienischen Gründen muss für jeden Patienten eine separate sterilisierte Sicherheitsnadel benutzt werden. Als Alternative eignen sich hölzerne Zahnstocher oder durchgebrochene Watteträger. Der **Tiefenschmerz** wird durch stumpfen Druck auf die Achillessehne, auf Muskeln oder auf das Nagelbett geprüft. Für die Prüfung des Hitzeschmerzes und des Kälteschmerzes gibt es kein einfaches klinisches Verfahren. Die klinische Sensibilitätsprüfung erfasst die Funktionsfähigkeit der dünnen Afferenzen (Gruppe III und IV) und des spinothalamischen Systems nur unvollständig.

Positivzeichen der Somatosensorik Eine gesteigerte Sensibilität gibt es im Grunde nur für die **Nozizeption** (Hyperalgesie und Allodynie). **Hyperalgesie** bedeutet Steigerung der Schmerzempfindlichkeit für adäquate Reizung nozizeptiver Nervenendigungen. Man unterscheidet Hyperalgesie für Hitzereize, Kältereize, spitze mechanische Reize (Oberflächenschmerz) und stumpfen Druck (Tiefenschmerz). Hitzehyperalgesie spricht für eine **periphere Sensibilisierung** der Transduktion oder Transformation in den nozizeptiven Nervenendigungen, mechanische Hyperalgesie für eine **zentrale Sensibilisierung** der nozizeptiven Signalübertragung im ZNS. **Allodynie** bedeutet, dass Schmerzempfindungen durch solche Reize **ausgelöst** werden, die keine nozizeptiven Nervenendigungen aktivieren (typisch: leichte Berührung). Allodynie ist ein Zeichen für veränderte konvergente Signalverarbeitung von Nozizeption und Mechanorezeption. Früher wurde dieses klinische Zeichen manchmal auch **Hyperästhesie** genannt. Da es sich dabei jedoch nicht um eine gesteigerte taktile Empfindung, sondern um eine Schmerzempfindung auf leichte Berührungsreize handelt, wurde hierfür 1979 der neue Begriff „dynamische mechanische Allodynie" eingeführt.

In Kürze

Bei der klinischen Sensibilitätsprüfung wird mindestens **eine lemniskale Funktion** (Mechanorezeption, Propriozeption) und mindestens **eine spinothalamische Funktion** (Thermorezeption, Nozizeption) geprüft. Man unterscheidet Funktionsverlust (Negativzeichen: **Hypästhesie, Hypalgesie**) und Funktionssteigerung (Positivzeichen: **Hyperalgesie, Allodynie**). Das räumliche Muster von Funktionsverlust und Funktionssteigerung gibt klinische Hinweise darauf, welche Teile des somatosensorischen Systems erkrankt sind.

Literatur

Craig AD (2009) How do you feel – now? The anterior insula and human awareness. Nat Rev Neurosc 10:59–70

Kandel ER, Schwartz JH, Jessell TM, Siegelbaum SA, Hudspeth AJ (2012) 5th edition, Principles of Neural Science, McGraw-Hill, New York

Mountcastle VB (1980) Neural mechanisms in somesthesis, Pain and temperature sensibilities. In: Mountcastle VB (Ed), Medical physiology. Mosby, St. Louis Toronto London, vol 1, pp 348–390, 391–427

Treede RD (2011) Quantitative sensorische Testung (QST), Elektrophysiologische Messverfahren. In: Baron R, Koppert W, Strumpf M, Willweber-Strumpf A (Hrsg), Praktische Schmerztherapie, 2. Aufl. 2011, Kapitel 9, Springer, Heidelberg, pp. 89-96, 97-104.

Vallbo ÅB, Hagbarth KE, Torebjörk HE, Wallin BG (1979) Somatosensory, proprioceptive, and sympathetic activity in human peripheral nerves. Physiol Rev 59: 919–957

Nozizeption und Schmerz

Hans-Georg Schaible

© Springer-Verlag GmbH Deutschland, ein Teil von Springer Nature 2019
R. Brandes et al. (Hrsg.), *Physiologie des Menschen*, Springer-Lehrbuch
https://doi.org/10.1007/978-3-662-56468-4_51

51

Worum geht's?

Der akute Schmerz ist gut, sinnvoll und unentbehrlich

Einer der häufigsten Gründe für einen Arztbesuch ist das Auftreten von Schmerzen. Allerdings kennt auch jeder gesunde Mensch den Schmerz. Er tritt immer dann auf, wenn von außen Reize auf den Körper einwirken, die potenziell gefährlich sind, weil sie den Körper schädigen können. Anders der Schmerz, der Anlass für die Konsultation eines Arztes ist: dieser Schmerz wird entweder ohne eine äußere Schmerzquelle empfunden oder er tritt bei Reizen und Verhaltensweisen auf, die normalweise nicht schmerzhaft sind. Er zeigt uns gewöhnlich eine Körperstörung oder Krankheit an (◘ Abb. 51.1).

Schmerzauslösende Reize werden in einem eigenen Sinnessystem erkannt und verarbeitet

Der Mensch verfügt über ein Sinnessystem, das potenziell oder aktuell gewebeschädigende Reize erkennt und als Schmerz empfindbar macht. Die Idee von einem „nozizeptiven System", das Schmerzen erzeugt, wurde bereits von Descartes dargestellt.

Auch Verletzungen oder Erkrankungen des nozizeptiven Systems können zu Schmerzen führen

Schmerzen können auch bei Verletzungen oder Erkrankungen des nozizeptiven Systems selbst entstehen. Diese „neuropathischen" Schmerzen dienen nicht der Erkennung von Gefahren oder Erkrankungen von Organen oder Geweben, sondern stellen eine Störung des nozizeptiven Systems dar (◘ Abb. 51.1).

Endogene Schmerzkontrollsysteme wirken über körpereigene Opioide

Wir sind der Entstehung von Schmerzen nicht völlig ausgeliefert, da wir über endogene Schmerzkontrollsysteme verfügen, die die nozizeptiven Vorgänge in Schach halten. Hierbei spielen z. B. körpereigene Opioide eine wichtige Rolle. Bei chronischen Schmerzen sind solche körpereigenen Schmerzkontrollsysteme häufig gestört.

Schmerzen können pharmakologisch und nicht-pharmakologisch bekämpft werden

Schmerzen können therapeutisch vielfältig angegangen werden, wobei sich die Schmerztherapie an den Mechanismen der Schmerzentstehung orientiert. Es ist daher wichtig, den vom Patienten beklagten Schmerz ätiologisch/pathogenetisch und mechanistisch einzuordnen.

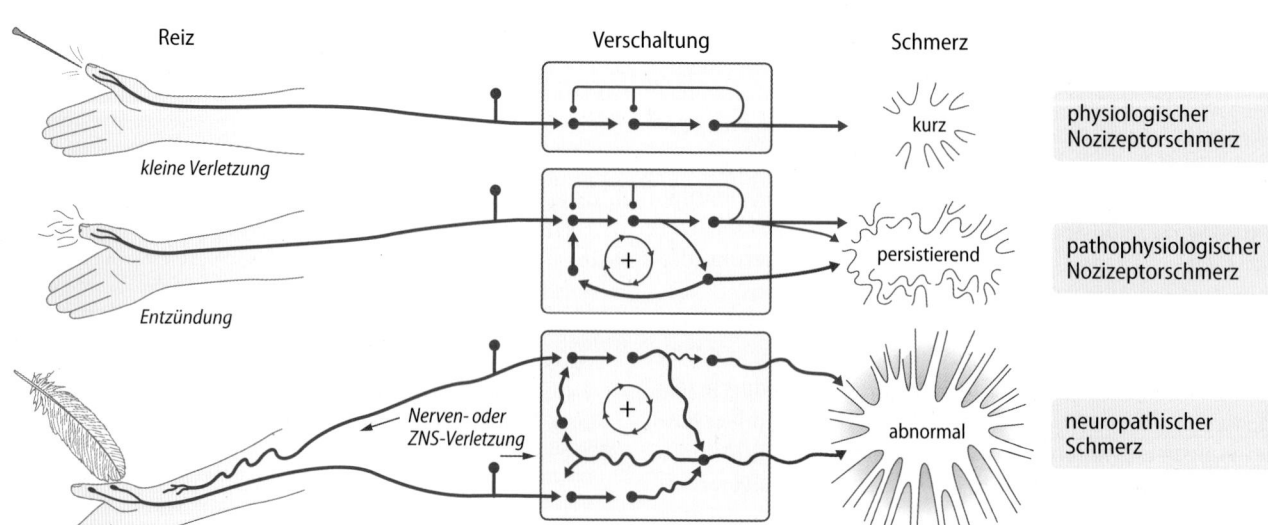

◘ **Abb. 51.1** Verschiedene Schmerzarten nach ihrer Ätiopathogenese)

51.1 Nozizeptives System und subjektive Empfindung Schmerz

51.1.1 Nozizeption und Schmerz

Subjektive Schmerzempfindungen entstehen durch die Aktivierung des nozizeptiven Systems.

Nozizeption und Schmerz Den Körper unversehrt zu halten, ist eine permanente Herausforderung. Das Nervensystem verfügt daher über ein Sinnessystem, das **nozizeptive System**, das gewebeschädigende (**noxische**) Reize erkennt. **Noxische Reize** sind mechanische, thermische oder chemische Reize, die das Gewebe potenziell oder aktuell schädigen. Die Erkennung noxischer Reize bezeichnet man als **Nozizeption**. Wenn nozizeptive Vorgänge bewusst werden, entsteht **Schmerz**. Der Schmerz ist demnach eine unangenehme Sinnesempfindung mit Warnfunktion (s. u.).

Der Körper wird nicht nur durch körperschädigende Reize von außen, sondern auch durch zahlreiche Erkrankungen von Organen und Geweben bedroht. Der klinisch bedeutsame Schmerz hat allerdings mehrere Merkmale, durch die er sich vom o. g. **Warnschmerz** unterscheidet. Er kann sehr heftig werden, wenn Krankheitsprozesse das nozizeptive System empfindlicher machen. Er kann chronisch werden und zu jahrelangem Leiden führen, wenn eine chronische Krankheit vorliegt und/oder wenn das Nervensystem selbst geschädigt wird. Es ist daher für den Arzt sehr wichtig, die Ursachen und Mechanismen der verschiedenen Schmerzarten zu kennen, um Schmerzen wirksam bekämpfen zu können. Besonders chronische Schmerzen führen zu einer massiven Einschränkung der Lebensqualität mit zahlreichen psychischen und sozialen Folgen.

Schmerzdefinition „Schmerz ist ein unangenehmes Sinnes- und Gefühlserlebnis, das mit aktueller oder potenzieller Gewebsschädigung verknüpft ist oder mit Begriffen einer solchen Schädigung beschrieben wird." Diese Definition stammt von der **International Association for the Study of Pain** (IASP). Nach ihr ist Schmerz eine elementare subjektive Sinnesempfindung, die spezifisch durch Einwirken noxischer Reize ausgelöst wird. Sie ist mit einem unlustbetonten Gefühlserlebnis verbunden. Die Definition besagt ferner, dass Schmerz immer als Ausdruck einer Gewebeschädigung empfunden wird, selbst wenn eine solche nicht vorliegt.

Das nozizeptive System Noxische Reize werden vom **nozizeptiven System** kodiert und verarbeitet. Nozizeptive Vorgänge sind mit geeigneten Messmethoden, z. B. mit der Ableitung von Aktionspotenzialen objektiv messbar. An der Nozizeption beteiligte Neurone werden **Nozizeptoren** oder **nozizeptive Nervenzellen** genannt. Sie bilden zusammen das **nozizeptive System**, das in ◘ Abb. 51.2 (links) schematisch dargestellt ist. Nozizeptoren des peripheren Nervensystems nehmen im Gewebe noxische Reize auf. Sie erregen synaptisch nozizeptive Neurone des Rückenmarks und des Trigeminuskerns (für den Kopfbereich). Vom Rückenmark oder

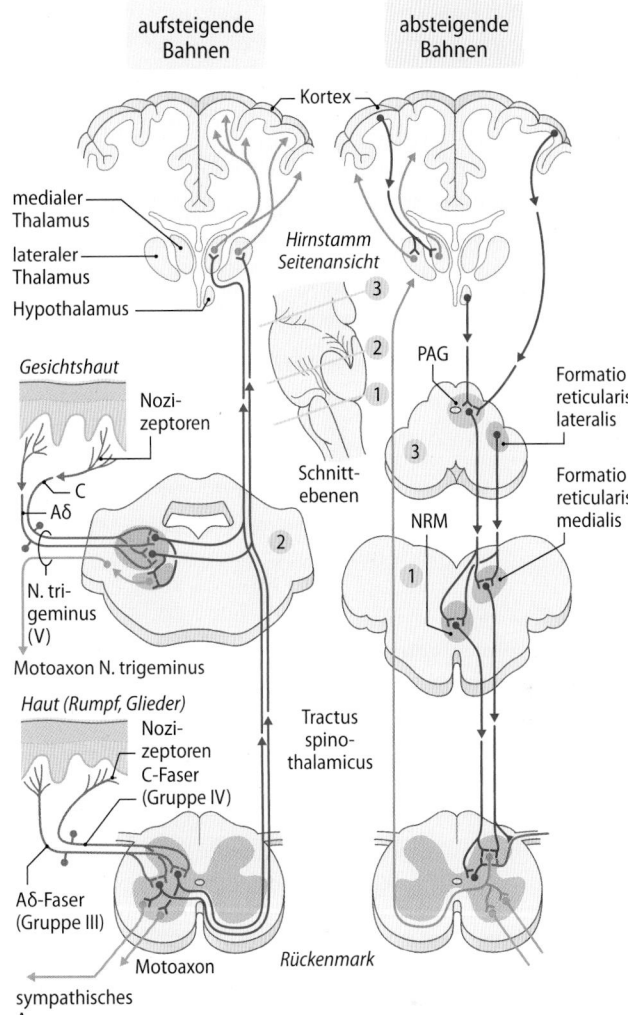

◘ **Abb. 51.2 Das nozizeptive System.** Links: Nervenzellen und Nervenbahnen des peripheren und zentralen Nervensystems, die noxische Reize aufnehmen und verarbeiten. Rechts: Absteigende Systeme, die die nozizeptive Verarbeitung im Rückenmark hemmen (deszendierende Hemmung) oder bahnen. Die Einsatzfigur gibt in einer Seitenansicht des Hirnstamms die Lage der Hirnstammschnitte an. (1) Kranialer Teil der unteren Olive. (2) Mitte der Pons. (3) Unteres Mesenzephalon. PAG=periaquäduktales Grau, NRM=Nucl. raphe magnus

Hirnstamm aufsteigende Bahnen aktivieren das nozizeptive thalamokortikale System, in dem die bewusste Schmerzempfindung entsteht. Von mehreren Hirngebieten ziehen Fasern zum Hirnstamm, wo **deszendierende Bahnen** ihren Ursprung nehmen (◘ Abb. 51.2, rechte Seite). Sie hemmen oder verstärken die nozizeptive Verarbeitung im Rückenmark.

51.1.2 Schmerzklassifikation nach Lokalisation und Art der Entstehung

Schmerzen werden nach der Lokalisation und Ätiopathogenese klassifiziert.

Lokalisation von Schmerzen Schmerzen werden einem Organtyp zugeordnet. Der **somatische Oberflächenschmerz**

51

entsteht durch noxische Reizung der Haut. Er wird i. d. R. als hell und gut lokalisierbar empfunden und klingt nach Aufhören des Reizes ab. Er warnt den Körper vor noxischen Reizen von außen. Der **somatische Tiefenschmerz** entsteht in Muskeln, Knochen, Gelenken und Bindegewebe. Er ist eher dumpf und häufig nicht streng lokalisiert. Er zeigt meistens Störungen des Bewegungsapparates an und ist häufig chronisch. **Viszeraler Tiefenschmerz** bezeichnet den Eingeweideschmerz bei Erkrankung innerer Organe. Er kann dumpf und schlecht lokalisiert, aber auch krampfartig (kolikartig) sein.

Ätiopathogenese von Schmerzen Für die Bewertung des Schmerzes ist die Ursache seiner Entstehung von erheblicher Bedeutung (◻ Abb 51.1). **Physiologischer Nozizeptorschmerz** entsteht, wenn noxische Reize auf **normales Gewebe** einwirken. Er ist ein Warnsignal und leitet unwillkürlich Gegenmaßnahmen ein, z. B. rasches Wegziehen der Hand von der Schmerzquelle. Ein intakter Schmerzsinn ist wichtig dafür, dass der Körper unversehrt bleibt (▶ Klinik-Box „Angeborene Schmerzunempfindlichkeit"). Ein **pathophysiologischer Nozizeptorschmerz** entsteht durch **pathophysiologische Organveränderungen** (z. B. eine Entzündung). Als wichtiges Krankheitssymptom erzwingt er häufig ein Verhalten, das für die Heilung einer Krankheit erforderlich ist (z. B. Ruhigstellen einer verletzten Extremität). Der Begriff **Nozizeptorschmerz** bringt hierbei zum Ausdruck, dass die primären nozizeptiven Vorgänge an der sensorischen Endigung (s. u.) ablaufen. **Neuropathischer Schmerz** entsteht durch **Verletzungen oder Erkrankungen der Nervenfasern** selbst (z. B. durch mechanische Schädigung oder Virusinfektionen von Nerven, im Rahmen von Stoffwechselerkrankungen, z. B. Diabetes mellitus oder durch eine Zytostatikatherapie). Er ist abnormal, weil er nicht im Dienst der Gefahrerkennung steht.

❯ Die Einordnung des Schmerzes nach Lokalisation und Ätiopathogenese ist eine Voraussetzung für eine adäquate Schmerztherapie.

Klinik

Angeborene Schmerzunempfindlichkeit

Bei dieser sehr selten auftretenden Anomalie fehlen Schmerzempfindungen und nozizeptive Schutzreflexe (s. u.). Von Kindheit an werden Verbrennungen und Verletzungen nicht beachtet, Wunden heilen schlecht, der Tod tritt häufig früh ein. Ursache kann z. B. ein genetischer Defekt sein, bei dem ein Rezeptor für den Wachstumsfaktor Nerve growth factor (NGF) nicht ausgebildet wird. Letzterer wird für das Wachstum von Nozizeptoren benötigt. Auch Mutationen einzelner Natriumkanaltypen (z. B. $Na_V1.7$ und $Na_V1.9$) können – je nach Mutation – zu Schmerzunempfindlichkeit oder zu pathologisch gesteigerter Schmerzhaftigkeit führen.

51.1.3 Erfassung von Nozizeption und Schmerz

Nozizeption und Schmerz können anhand verschiedener Parameter erfasst werden.

Messung von Nozizeption und Schmerz Die Nozizeption kann mit Methoden der **objektiven Sinnesphysiologie** erfasst werden. Dazu gehören Ableitungen von einzelnen nozizeptiven Nervenzellen oder Neuronenverbänden und die Verwendung bildgebender Verfahren, die die Aktivierung der kortikalen Schmerzmatrix bei Applikation noxischer Reize anzeigen (▶ Abschn. 51.4). Solche Daten messen aber nicht den Schmerz als Sinnes- und Gefühlserlebnis. Dieser wird mithilfe der **subjektiven Algesimetrie** erfasst. Hierbei nutzt man einzelne **Schmerzkomponenten** als Indikatoren für das Vorliegen und die Ausprägung von Schmerzen.

- Die **sensorisch-diskriminative Schmerzkomponente** umfasst die Analyse des noxischen Reizes nach Ort, Intensität, Art und Dauer.
- Die **affektive Schmerzkomponente** ist die unlustbetonte Emotion oder Leidenskomponente der Schmerzempfindung.
- Die **motorische Schmerzkomponente** zeigt sich in Wegziehreflexen, Schonhaltungen und Muskelverspannungen.
- Die **vegetative Schmerzkomponente** umfasst sowohl Aktivierungen des sympathischen Nervensystems als auch Reaktionen wie Blutdruckabfall und Übelkeit.
- Die **kognitive Schmerzkomponente** ist die Schmerzbewertung anhand früherer Schmerzerfahrung und stuft ihn nach seiner aktuellen Bedeutung ein.

Für die Schmerzerfassung beim wachen Menschen werden die sensorisch-diskriminative und affektive Schmerzkomponente genutzt. Die geringste schmerzauslösende Reizstärke ist die **Schmerzschwelle**. Z. B. liegt die thermische Schmerzschwelle der Haut bei 42–45°C. Die **Intensität schmerzhafter Reize** wird häufig auf einer **visuellen Analogskala (VAS)** angegeben, deren Endpunkte definiert sind als „kein Schmerz" bzw. „maximal vorstellbarer Schmerz" (wenn die sensorisch-diskriminative Schmerzkomponente bewertet werden soll) oder „unerträglicher Schmerz" (wenn die affektive Komponente bewertet werden soll). In dem in ◻ Abb. 51.3 gezeigten Experiment gibt der Proband auf einer VAS die Intensität des Schmerzes bei Applikation eines Hitzereizes auf die Haut an. In der Klinik kann eine VAS den Verlauf von Schmerzen dokumentieren.

Die Schmerzschwelle kann auch durch Messung der motorischen und vegetativen Komponente bestimmt werden. Z. B kann gemessen werden, bei welcher Temperatur eine Wegziehbewegung von einer Hitzequelle ausgelöst wird. Ein Blutdruckanstieg bei einem chirurgischen Eingriff weist darauf hin, dass die Narkose nicht tief genug ist.

❯ Die subjektive Empfindung Schmerz kann man nicht objektiv messen, sondern nur durch die subjektive Algesimetrie quantifizieren.

Schmerzen und Jucken Schmerzen stehen in einer Wechselbeziehung mit dem Jucken, da der Juckreiz durch Schmerzen gehemmt werden kann. Auch die neuronale Basis von Schmerzen und Jucken weist viele Ähnlichkeiten auf (siehe unten). Während in tiefen somatischen Strukturen und im

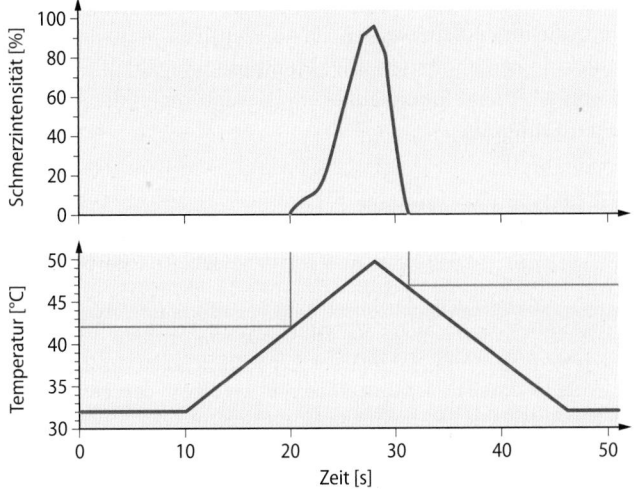

◻ Abb. 51.3 Schmerzmessung beim Menschen bei Applikation eines Hitzereizes auf die Haut. Die untere Kurve zeigt den Anstieg und den Abfall der Reiztemperatur (um 1°C pro Sekunde), die obere Kurve die empfundene Schmerzintensität des Probanden auf einer visuellen Analogskala (VAS). Der Schmerz beginnt bei 42°C, nimmt mit steigender Temperatur weiter zu und geht bei Abnahme der Reiztemperatur wieder zurück. (Mit freundlicher Genehmigung von Prof. Treede, Institut für Physiologie und Pathophysiologie der Universität Mannheim)

Viszeralbereich Schmerzen eine große Rolle spielen, ist bei der Haut neben Schmerzen auch das **Jucken** (**Juckreiz, Pruritus**) besonders belastend. Hierbei handelt es sich um eine unangenehme Sinnesempfindung, die den Wunsch zu kratzen auslöst. Besonders der chronische Juckreiz wird als ein Krankheitszustand von ähnlicher Bedeutung wie der Schmerz angesehen. Neben vielen Hautkrankheiten ist eine Reihe anderer Erkrankungen (z. B. Niereninsuffizienz, Leberzirrhose, Krebserkrankungen, neurologische Störungen) durch Jucken statt durch Schmerzen gekennzeichnet. Es kommt nur an der Haut und den Übergangsschleimhäuten vor. Experimentell kann Jucken durch **Histamin** und verschiedene andere Substanzen ausgelöst werden. Man unterscheidet dementsprechend **histaminerges** und **nicht-histaminerges Jucken** (z. B. durch Morphin). Bei Hautschädigungen wird Histamin aus Mastzellen der Haut freigesetzt.

In Kürze

Schmerz ist eine unangenehme Sinnesempfindung. Unterschieden werden **somatischer Oberflächenschmerz, somatischer Tiefenschmerz** und **viszeraler Tiefenschmerz**, nach der Entstehung der **physiologische** und der **pathophysiologische Nozizeptorschmerz** und der **neuropathische Schmerz**. Schmerz hat eine **sensorisch-diskriminative**, eine **affektive** und eine **kognitive** Komponente und wird häufig von einer **motorischen** und **vegetativen Reaktion** begleitet. **Nozizeption** ist die sensorische Aufnahme und Verarbeitung noxischer Reize durch das **nozizeptive System**. Deszendierende hemmende und erregende Bahnen kontrollieren nozizeptive Vorgänge auf der spinalen Ebene.

51.2 Peripheres nozizeptives System

51.2.1 Struktur und Antworteigenschaften der Nozizeptoren

Nozizeptoren des peripheren Nervensystems sind auf die Erkennung noxischer Reize spezialisierte Nervenfasern.

Strukturmerkmale der Nozizeptoren Die **sensorischen Endigungen** der Nozizeptoren im innervierten Gewebe sind **freie Nervenendigungen** (dünne unmyelinisierte Faserendigungen ohne besondere Strukturmerkmale). Sie sind teilweise von Schwannzellen bedeckt (◻ Abb. 51.4a). In den Endigungen werden noxische Reize in elektrische Rezeptorpotenziale umgewandelt (**Transduktion noxischer Reize**). Die meisten Nozizeptoren besitzen unmyelinisierte Axone (**C-Fasern**, Leitungsgeschwindigkeiten <2,5 m/s, meistens um 1 m/s). Ein Teil der Nozizeptoren hat dünn myelinisierte Axone (**Aδ-Fasern**, Leitungsgeschwindigkeiten 2,5–30 m/s). Am Beginn des Axons wird das Rezeptorpotenzial in eine Folge von Aktionspotenzialen umgewandelt (Vorgang der **Transformation**). In den Aδ-Fasern ist dieser Ort der erste Schnürring, bei den C-Fasern ist der genaue Ort der Transformation unbekannt.

Funktionsmerkmale von Nozizeptoren Jeder Nozizeptor innerviert einen definierten Ort in einem Gewebe. Dieser Ort wird **rezeptives Feld** genannt. Wenn diese Gewebestelle noxisch gereizt wird, werden in dem Nozizeptor Aktionspotenziale ausgelöst. In der Gewebestruktur des rezeptiven Feldes befindet sich die sensorische Endigung des

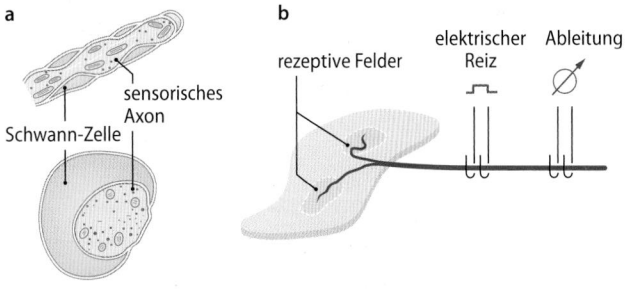

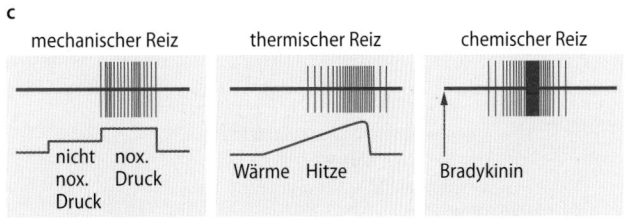

◻ Abb. 51.4a–c Nozizeptor. a Schematischer Längs- und Querschnitt der sensorischen Endigung einer nozizeptiven C-Faser. Das Axon ist von Schwann-Zellen bedeckt, aber in den Auftreibungen hat das Axon direkten Kontakt zur Umgebung. **b** Schematische Darstellung eines Nozizeptors mit zwei rezeptiven Feldern. Bei Reizung der rezeptiven Felder werden Aktionspotenziale ausgelöst, die am Axon abgegriffen werden können. Die elektrische Reizung des Axons dient der Bestimmung der Leitungsgeschwindigkeit. **c** Antworten eines Nozizeptors auf noxischen Druck, noxische Hitze und den schmerzerzeugenden Mediator Bradykinin

Nozizeptors. ■ Abb. 51.4b zeigt einen Nozizeptor mit zwei rezeptiven Feldern in der Haut. Werden diese Areale mechanisch, thermisch oder chemisch gereizt, werden in dem Nozizeptor Aktionspotenziale ausgelöst (■ Abb. 51.4c). Im normalen Gewebe werden Nozizeptoren nur durch intensive (schmerzauslösende) Reize erregt. Daher nennt man sie auch **hochschwellige Rezeptoren.** Demgegenüber sind Rezeptoren, die durch nicht-noxische Reize im physiologischen Bereich erregt werden (z. B. Berührungsrezeptoren, Warm- und Kaltrezeptoren), niederschwellig.

Die meisten Nozizeptoren sind **polymodal**, weil sowohl noxische mechanische Reize (z. B. starker Druck oder Quetschung), noxische thermische Reize (Temperatur >43°C und extreme Kaltreize) und chemische Reize Aktionspotenziale auslösen (■ Abb. 51.4c). Die Fasern besitzen Transduktionsmechanismen für diese Modalitäten (s. u.). Eine weitere Gruppe sind **stumme Nozizeptoren**, weil sie unter normalen Bedingungen weder durch mechanische noch durch thermische Reize zu erregen sind. Ein Teil dieser Nozizeptoren ist chemosensitiv.

51.2.2 Transduktionsmechanismen in Nozizeptoren

Die Erregung von Nozizeptoren durch noxische Reize entsteht durch Aktivierung von Ionenkanälen und Rezeptoren in der sensorischen Endigung.

Die sensorische Nervenendigung im Gewebe ist für Ableitungen mit Mikroelektroden nicht zugänglich. Dies macht die Analyse der Transduktionsmechanismen in der Endigung selbst nahezu unmöglich. Allerdings können die Transduk-

tionsmechanismen auch am Zellkörper der nozizeptiven Neurone untersucht werden, da nozizeptiven Transduktionsmoleküle auch dort in die Membran eingebaut werden. ■ Abb. 51.5 zeigt Ionenkanäle und Rezeptoren in der sensorischen Endigung.

Transduktionsmechanismus
Zur Erforschung der Transduktionsmechanismen werden die nozizeptiven Neurone aus den Spinalganglien isoliert und dann kultiviert. Obwohl hierbei die Axone abgeschnitten werden, überleben die meisten Nervenzellen diesen Eingriff und bilden neue Axone aus. An den isolierten Zellen können mithilfe von Mikroelektroden sowohl die Ströme durch die Ionenkanäle der Transduktion als auch durch spannungsgesteuerte Ionenkanäle sehr gut untersucht werden. In der sensorischen Endigung selbst lassen sich viele Transduktionsmoleküle immunhistochemisch nachweisen.

Transduktion noxischer mechanischer und thermischer Reize Vermutlich öffnen **noxische mechanische Reize** einen oder mehrere **mechanosensitive Kationenkanäle** in der Membran und depolarisieren dadurch die Endigung (■ Abb. 51.5). Bisher wurde allerdings kein solcher Kanal molekular identifiziert, daher ist die Transduktion mechanischer noxischer Reize bisher unverstanden.

Noxische Hitzereize öffnen Ionenkanäle aus der „transient receptor potential- (TRP-)"-Familie (■ Abb. 51.5). Der **TRPV1-Rezeptor** ist ein Kationenkanal, der durch Hitzereize von 42–45°C geöffnet wird und durch den dadurch ausgelösten Einstrom von Na⁺ und Ca²⁺ die Endigung depolarisiert. Er gilt als eines der Hitzetransduktionsmoleküle. Auf welche Weise der Hitzereiz den Kanal öffnet, ist noch unbekannt. TRPV1 wird auch durch die Substanz Capsaicin aktiviert, die im Pfeffer enthalten ist und beim Essen den typischen Brennschmerz verursacht.

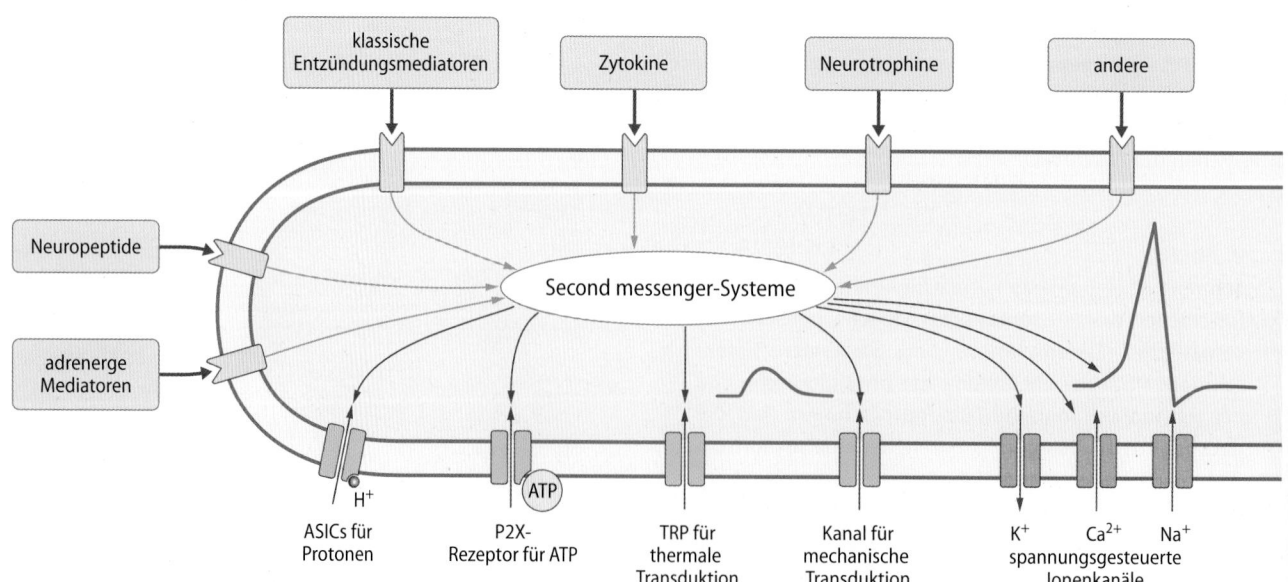

■ **Abb. 51.5   Ionenkanäle und Rezeptoren für Mediatoren in Nozizeptoren.** Schematisch dargestellt ist eine sensorische Endigung mit Rezeptoren für Mediatorklassen (oben und links), Ionenkanälen für die Transduktion und spannungsgesteuerten Ionenkanäle (unten). Rezep-

toren für klassische Mediatoren sind Rezeptoren für Prostaglandine, Bradykinin, Serotonin und Histamin. ASIC=acid sensing ion channel, P2X=purinerger Rezeptor, TRP=Transient-receptor-potential-Ionenkanal

TRP-Familie
Vermutlich besitzen alle thermosensitiven Neurone Transduktionsmoleküle der TRP-Familie. Der **TRPV2-Rezeptor** in manchen Nozizeptoren wird durch extreme Hitze, >50°C, geöffnet. Der Ionenkanal für die Transduktion noxischer Kältereize ist nicht bekannt. Auch nicht-noxische Warm- und Kaltempfindungen werden wahrscheinlich durch TRP-Kanäle vermittelt. **TRPM8** ist ein Kandidatenmolekül für Kaltempfindungen.

Chemosensibilität von Nozizeptoren Die Chemosensibilität von Nozizeptoren hat verschiedene Funktionen. 1) Bestimmte chemische Substanzen (z. B. ATP oder Protonen) können die Endigung des Nozizeptors direkt **aktivieren** (Aktionspotenziale auslösen) und so unmittelbar Schmerzen hervorrufen. 2) Viele Mediatoren (z. B. zahlreiche Entzündungsmediatoren) lösen selbst keine Aktionspotenziale aus. Sie **sensibilisieren** jedoch den Nozizeptor unter Einschaltung von Second-messenger-Wegen für mechanische, thermische oder chemische Reize, sodass geringere Intensitäten solcher Reize genügen, um Aktionspotenziale auszulösen. Diese Chemosensitivität spielt eine zentrale Rolle bei der entzündungsbedingten peripheren Sensibilisierung (▶ Abschn. 51.5). 3) Einige Mediatoren (z. B. Nervenwachstumsfaktor, NGF) steuern die Syntheseleistung des Nozizeptors für Transduktionsmoleküle, Transmitter etc. und haben daher eine trophische Funktion.

Die Chemosensibilität der Nozizeptoren wird durch Ionenkanäle (◻ Abb. 51.5 unterer Membranabschnitt) oder durch metabotrope Rezeptoren in der Membran (◻ Abb. 51.5 oberer Membranabschnitt) vermittelt. Second messenger können dann direkt oder indirekt auf die dargestellten Ionenkanäle wirken und deren Öffnungsschwelle und Öffnungscharakteristika verändern. Dies ist ein grundsätzlicher Mechanismus der **Sensibilisierung von Nozizeptoren** (▶ Abschn. 51.5). (Beachte: Nicht alle Nozizeptoren verfügen über das ganze Spektrum dieser Rezeptoren; sie sind hinsichtlich ihrer Chemosensibilität heterogen).

Ein Sensor für Säure ist der **acid sensing ion channel (ASIC)**. Dieser Na^+-permeable Ionenkanal wird bei niederen pH-Werten geöffnet, wie sie in entzündlichen Exsudaten vorliegen. Auch Muskelkontraktionen unter ischämischen Bedingungen führen über die Bildung von Milchsäure zur Ansäuerung. Bei schmerzhaften Muskelkontraktionen wird ATP in hoher Konzentration freigesetzt und wirkt als dort als wichtiger Schmerzmediator. ATP öffnet den **P2X3-Kanal** und bindet außerdem an metabotrope **P2Y-Rezeptoren** in der Membran. Auch Serotonin öffnet einen Ionenkanal (den **5-HT$_3$-Rezeptor**) und bindet an mehrere metabotrope Rezeptoren. Über die Öffnung der Ionenkanäle können diese Mediatoren die sensorischen Endigungen überschwellig aktivieren und innerhalb von Sekunden direkt Schmerz auslösen. Über die Bindung an metabotrope Membranrezeptoren können sie die Endigung längerfristig sensibilisieren.

Zu den **Rezeptoren für klassische Entzündungsmediatoren** gehören Rezeptoren für Bradykinin, Serotonin, Histamin und Prostaglandine. Deren Rezeptoren sind an G-Proteine gekoppelt. Die genannten Mediatoren lösen nach kurzer Latenz im Sekundenbereich kurzdauernde Aktivierungen und/oder Sensibilisierungen von einigen Minuten aus. Ein Teil der Nozizeptoren exprimiert **Rezeptoren für Wachs-**tumsfaktoren (z. B. für nerve growth factor, NGF). NGF ist für die Funktionserhaltung der NGF-sensitiven Nozizeptoren wichtig. Zusätzlich wird NGF vermehrt bei Entzündungen gebildet und wirkt dann als Schmerzmediator. Viele Nozizeptoren besitzen **Rezeptoren für Zytokine**, z. B. für TNF-α, Interleukin-1ß, Interleukin-6, Interleukin-17. Im Gegensatz zu den klassischen Entzündungsmediatoren bewirken NGF und Zytokine nach einer Latenz von Minuten bis Stunden eine lang andauernde Sensibilisierung (Stunden bis Tage) (▶ Abschn. 51.5). Schließlich besitzen viele Nozizeptoren auch **Rezeptoren für Neuropeptide** und **adrenerge Mediatoren** (◻ Abb. 51.5). Über Peptidrezeptoren können sowohl erregende Neuropeptide (z. B. Substanz P) als auch hemmende Neuropeptide (z. B. Somatostatin, Opioidpeptide) Einfluss auf die Nozizeptoren nehmen.

Spannungsgesteuerte Ionenkanäle In der sensorischen Endigung in ◻ Abb. 51.5 sind spannungsgesteuerte **Ionenkanäle** für Na^+, K^+ und Ca^{2+} dargestellt. **Kaliumkanäle** haben wesentlichen Einfluss auf die Höhe des Ruhepotenzials und die Erregbarkeit der sensorischen Endigung. **Natriumkanäle** sind für die Auslösung (Transformation) und Weiterleitung des Aktionspotenzials verantwortlich. **Kalziumkanäle** beeinflussen die Erregbarkeit und tragen zur Freisetzung von Mediatoren bei.

Lokalanästhetika
Sie (▶ Abschn. 51.6) blockieren spannungsgesteuerte Natriumkanäle. Der Augenarzt Carl Koller entdeckte 1884, dass Aufträufeln von Cocain das Auge örtlich betäubt. Ein Jahr später gelang mit Cocain erstmals eine Nervenleitungsanästhesie, was invasive Eingriffe ohne Allgemeinnarkose ermöglichte (die erste Allgemeinnarkose gelang 1844 mit Lachgas, 1846 wurde Äther eingeführt, 1847 Chloroform; bis heute ist der Wirkungsmechanismus der Allgemeinanästhetika allerdings nur unzureichend verstanden). Da Cocain auch Sucht erzeugt, wurden Alternativen gesucht. 1905 wurde Procain eingeführt, 1944 Lidocain, zwei dem Cocain strukturell ähnliche Substanzen ohne suchterzeugende Wirkung. Das Lidocain bekämpft als Antiarrhythmikum auch ventrikuläre Extrasystolen und Tachykardien.

Juckrezeptoren Eine Untergruppe der sensorischen Primärafferenzen wird als **Jucksensoren** angesehen. Es handelt sich weitgehend um C-Fasern, die teilweise dieselben Moleküle exprimieren wie Nozizeptoren, z. B. den TRPV1-Ionenkanal (s. o.). Daneben exprimieren diese Primärafferenzen auch Rezeptoren für **pruritogene Substanzen**, z. B. die **Mas-related G-protein-coupled receptor (Mrgpr) Familie**. Ob es sich bei den Jucksensoren und Nozizeptoren um zwei unterschiedliche Populationen von Nervenfasern handelt oder ob sich die Populationen überlappen, ist noch nicht geklärt. Auch ist noch offen, ob die spinale und zerebrale Verarbeitung der noxischen und pruritogenen Reize über getrennte oder gemeinsame Neurone erfolgt. Für eine getrennte Reaktion spricht, dass Jucken experimentell ohne Beeinträchtigung der Schmerzempfindung ausgeschaltet werden kann.

51

51.2.3 Efferente Funktion von Nozizeptoren

Über die Freisetzung von Peptiden im Gewebe erzeugen Nozizeptoren eine neurogene Entzündung.

Neurogene Entzündung Eine Subgruppe der Nozizeptoren bildet Neuropeptide (z. B. Substanz P und Calcitonin gene-related peptide, CGRP). Sie werden daher peptiderge Nozizeptoren genannt. Die Neuropeptide werden vom Zellkörper in die Endigungen transportiert und dort bei Aktivierung der Nozizeptoren freigesetzt. Sie bewirken im von ihnen innervierten Gewebe lokale Änderungen der Durchblutung und der Gefäßpermeabilität. Wegen der neuronal bedingten Entstehung dieser Symptome spricht man von einer **neurogenen Entzündung**. So beruht z. B. die schnell eintretende sichtbare lokale Reaktion der Haut nach einem Kratzer auf dieser efferenten Funktion.

Sensorisch-efferente Komponente entzündlicher Erkrankungen Da die Neuropeptide auch die Tätigkeit von Immunzellen beeinflussen, wird den peptidergen Nozizeptoren auch eine Rolle bei der Induktion von Entzündungen (z. B. Arthritis, Pankreatitis) zugeschrieben. Viele Immunzellen, z. B. Makrophagen, besitzen Rezeptoren für Substanz P. Daneben exprimieren viele Immunzellen auch adrenerge Rezeptoren, über die postganglionäre sympathische Fasern auf die Zellen einwirken können. Über diese neuronalen Rezeptoren wird die Bildung von Entzündungsmediatoren wie TNF-α gefördert oder gehemmt. Die efferente Funktion der sensorischen Nervenfasern ist i. d. R. proinflammatorisch, während die sympathischen Nervenfasern pro- oder antiinflammatorisch wirken können.

> Viele Nozizeptoren besitzen neben der sensorisch nozizeptiven und eine efferent sekretorische Funktion, die das Gewebe beeinflusst.

In Kürze

Nozizeptoren des peripheren Nervensystems haben **nicht-korpuskuläre unmyelinisierte sensorische Endigungen** und langsam leitende Axone (**Aδ-oder C-Fasern**). Sie sind **hochschwellig** und werden nur durch noxische Reize erregt. Die meisten sind **polymodal** und nehmen **noxische mechanische, thermische und chemische Reize** auf. Die nozizeptive **Transduktion** beruht auf der **Aktivierung von Ionenkanälen und Rezeptoren** in der sensorischen Endigung. Durch ihre **efferente Funktion** beeinflussen sie das von ihnen innervierte Gewebe.

51.3 Spinales nozizeptives System

51.3.1 Organisation und Funktionen

Nozizeptoren aktivieren synaptisch nozizeptive Neurone des Rückenmarks, die zum Hirnstamm und Thalamus aufsteigende Bahnen und/oder spinale Reflexbögen bilden.

Spinale Projektion der Nozizeptoren Wie in ▪ Abb. 51.2 (links) dargestellt, ziehen die proximalen Fortsätze der Nozizeptoren zum Rückenmark, wo sie synaptisch an nozizeptiven Neuronen der grauen Substanz enden. Nozizeptive Aδ-Fasern projizieren in das **oberflächliche Hinterhorn** (in die **Lamina I**) und in das **tiefe Hinterhorn** (vor allem in die **Lamina V**). Nozizeptive C-Fasern der Haut projizieren ebenfalls in das **oberflächliche Hinterhorn**, und zwar vor allem in die ventral der Lamina I gelegene **Substantia gelatinosa** (**Lamina II**), während nozizeptive C-Fasern aus der Muskulatur und vor allem aus dem Viszeralbereich in mehrere Laminae (II und tiefer) projizieren. Da sich die Nozizeptoren in der grauen Substanz stark verzweigen, werden durch einen Nozizeptor stets viele spinale Neurone synaptisch aktiviert. Gleichermaßen erhalten die nozizeptiven Neurone ihren Eingang von mehreren Nozizeptoren. Außerdem stehen viele Neurone untereinander über Interneurone in Kontakt. Die Komplexität der Verschaltung bestimmt das rezeptive Feld und das Antwortmuster der nozizeptiven Neurone (siehe unten).

Weiterleitung der nozizeptiven Information durch aufsteigende Bahnen Periphere nozizeptive Information gelangt über aufsteigende nozizeptive Bahnen zum Gehirn. Dort aktiviert sie das thalamokortikale System, das die bewusste Schmerzempfindung erzeugt. Die wichtigste aufsteigende Bahn ist die **Vorderseitenstrangbahn**, die im Rückenmark auf die Gegenseite kreuzt. Sie besteht aus dem **Tractus spinothalamicus** (▪ Abb. 51.2) und dem **Tractus spinoreticularis**. Zerstörung der Vorderseitenstrangbahn eliminiert die Schmerz- und Temperaturempfindung auf der kontralateralen Seite unterhalb der Läsion. Die Vorderseitenstrangbahn aktiviert auch Nervenzellen des Hirnstamms (▶ Abschn. 51.4). Auch die **Hinterstränge** enthalten aszendierende Axone nozizeptiver Zellen, die vor allem durch Nozizeptoren aus dem Eingeweidebereich aktiviert werden. Ein Teil der aufsteigenden Fasern projiziert über den **Nucl. parabrachialis** im Hirnstamm zu der **Amygdala**. Dieser Weg ist bedeutsam für die Angstreaktion, die durch Schmerzen ausgelöst wird.

Erzeugung motorischer Reflexe Noxische Reize lösen **motorische Reflexe** aus (s. o.). Sie sind teilweise spinal organisiert (Motoneurone werden direkt über spinale Interneurone aktiviert), teilweise über supraspinale Reflexbögen vermittelt. Ein typischer spinaler Reflex ist der **Wegziehreflex**, eine rasche Flexionsbewegung, die Hand, Fuß oder Pfote dem noxischen Reiz entzieht. Dabei kann es zu einem **gekreuzten Streckreflex** kommen: Tritt man in einen Nagel, wird der betroffene Fuß zurückgezogen, während im kontralateralen Bein die vermehrte Aktivierung der Extensoren die Körperhaltung stabilisiert. Durch Integration spinaler und supraspinaler Neuronenverbände entstehen auch komplexe motorische Reaktionen, z. B. **Schonhaltungen** verletzter Extremitäten.

Erzeugung vegetativer Reflexe Noxische Reize rufen auch **vegetative Reflexe** hervor (s. o.). Diese stehen unter der Kontrolle durch den Hirnstamm, sind aber in modifizierter Form auch nach Durchtrennung des Rückenmarks (Spinalisierung) nachzuweisen. Noxische Reizung der Haut führt zu sympathisch vermittelten Reflexen und neuroendokrinen Rektionen, die denen des Abwehrverhaltens ähnlich sind. Noxische Reize im tiefen somatischen und im viszeralen Bereich induzieren eher vegetative und neuroendokrine Reaktionen, die als Schonhaltung gedeutet werden können.

51.3.2 Subsysteme nozizeptiver Spinalneurone

Nozizeptive Rückenmarkneurone bilden nach der Konvergenz ihres nozizeptiven Eingangs Subsysteme, die der Erzeugung von Oberflächen- und Tiefenschmerz dienen.

Rezeptive Felder spinaler nozizeptiver Neurone Das rezeptive Feld einer Rückenmarkzelle ist das Areal, von dem aus das Neuron erregt werden kann. Da viele Nozizeptoren auf eine nozizeptive Zelle des Rückenmarks **konvergieren**, ist das rezeptive Feld eines Rückenmarkneurons größer als das rezeptive Feld eines peripheren Nozizeptors. Nozizeptive Neurone, die ihre Afferenz von distalen Extremitäten-

abschnitten bekommen, haben kleinere rezeptive Felder als solche, die Afferenz von proximalen Extremitäten- und Rumpfbereichen erhalten. Viele nozizeptive Rückenmarkneurone werden nicht nur von Nozizeptoren synaptisch aktiviert, sondern in geringerem Maße auch von niederschwelligen Primärafferenzen. Diese Rückenmarkneurone antworten mit geringer Entladungsfrequenz auf nicht-noxische Reize und mit höheren Entladungsfrequenzen auf noxische Reize. Sie kodieren die Intensität des noxischen Reizes mit ihrer Entladungsfrequenz.

Konvergenzmuster nozizeptiver Neurone Zahlreiche nozizeptive Rückenmarkzellen erhalten ausschließlich konvergenten Einstrom von Hautnozizeptoren (■ Abb. 51.6a). Dieses Subsystem dient der Erzeugung des **Oberflächenschmerzes**. Nozizeptoren aus Gelenken und Muskeln enden entweder synaptisch an Rückenmarkzellen, die zusätzlich Eingang von Hautnozizeptoren erhalten (■ Abb. 51.6b), oder an Rückenmarkzellen, die nur durch Nozizeptoren des Tiefengewebes aktiviert werden und somit spezifisch für den **somatischen Tiefenschmerz** sind (■ Abb. 51.6c). Alle Rückenmarkzellen, die von viszeralen Nozizeptoren synaptisch aktiviert werden, erhalten zusätzlichen afferenten Eingang von der Haut und/oder dem Tiefengewebe (■ Abb. 51.6d). Die ausgeprägte Konvergenz von Nozizeptoren aus verschiedenen Organen auf gemeinsame Rückenmarkneurone ist von erheblicher klinischer Bedeutung, weil Schmerzen trotz eines fokalen Krankheitsprozesses diffus und ausgedehnt empfunden werden können. Besonders **viszerale Schmerzen** werden sogar häufig in somatische Areale „übertragen" (► Klinik-Box „Übertragener Schmerz" und ■ Abb. 51.7).

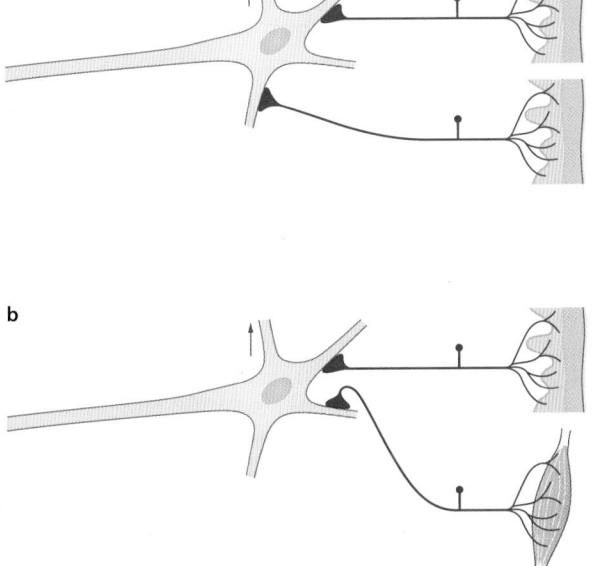

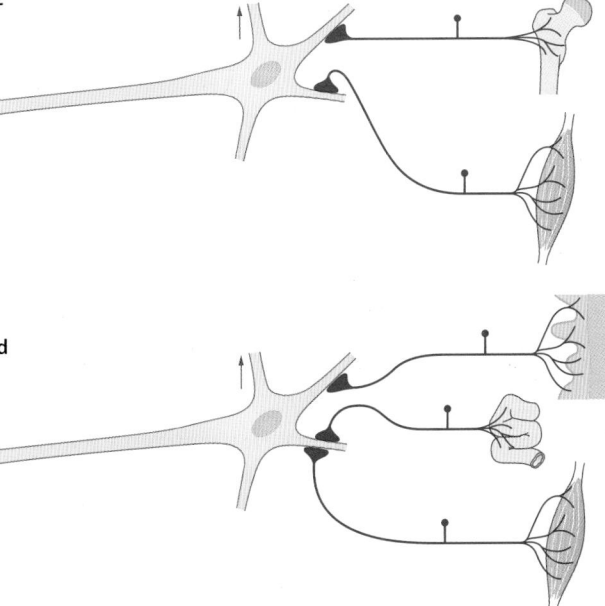

■ **Abb. 51.6a–d Konvergenz von nozizeptiven Afferenzen auf nozizeptive Neurone des Rückenmarks.** Schematisch dargestellt sind aszendierende Rückenmarkneurone mit verschiedenen Eingängen. **a** Neuron mit konvergentem Eingang nur von der Haut. **b** Neuron mit konvergen-tem Eingang von Haut und Skelettmuskel. **c** Neuron mit konvergentem Eingang aus dem Tiefengewebe. **d** Neuron mit konvergentem Eingang von Haut, Tiefengewebe und Viszera

Klinik

Übertragener Schmerz

Besonders bei viszeralen Erkrankungen wird der Schmerz häufig nicht dort empfunden, wo eine Noxe einwirkt, sondern in das somatische Areal übertragen, dessen Afferenzen in denselben Segmenten wie die viszeralen enden. Diese segmentale Organisation äußert sich auf der Haut als Dermatome;

Abb. 51.7a). Bei Ischämie des Herzens (Angina pectoris oder Herzinfarkt) wird der Schmerz häufig im linken Arm empfunden. Die **Head-Zonen** (nach dem Neurologen Head) beschreiben die somatischen Orte, in die der Schmerz bei Erkrankungen viszeraler Organe bevorzugt übertragen wird

(Abb. 51.7b,c). Offensichtlich kann das Gehirn bei Angina pectoris nicht eindeutig interpretieren, ob die entsprechenden aszendierenden Rückenmarkzellen von den somatischen Nozizeptoren aus dem Armbereich oder von den viszeralen Nozizeptoren aus dem Herzbereich aktiviert werden.

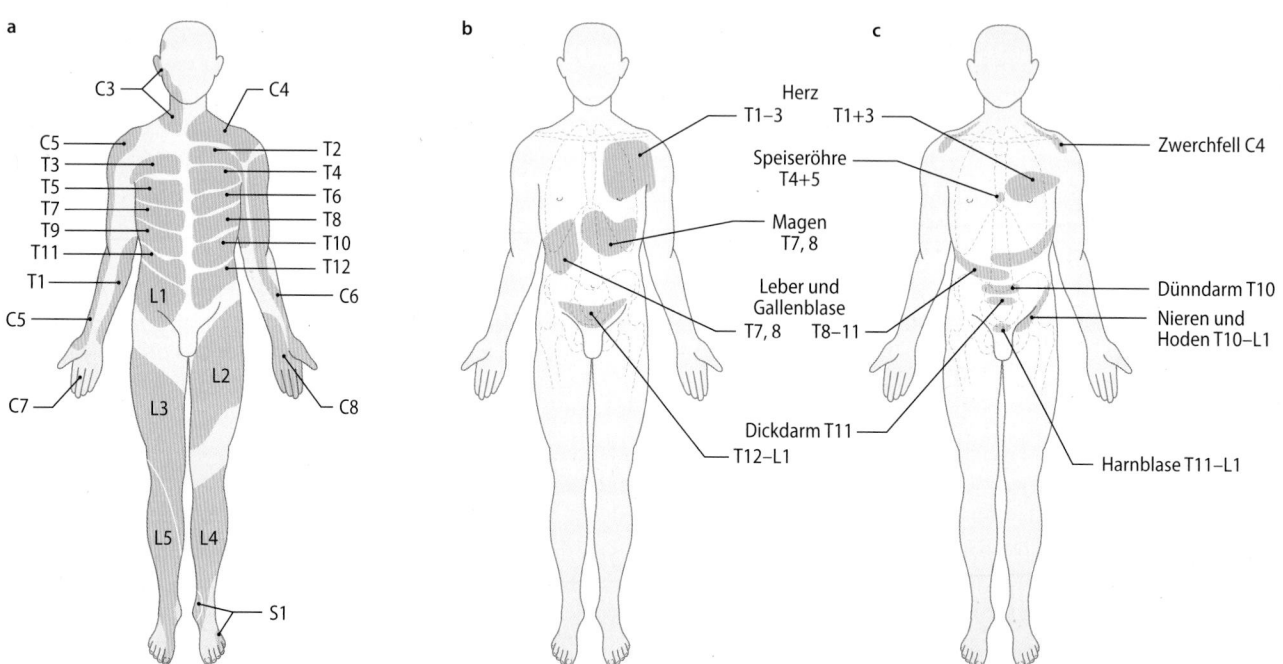

■ **Abb. 51.7a–c**   Dermatome (**a**) und Head-Zonen des Menschen für den Brust- und Bauchbereich (**b, c**). Angegeben sind die Spinalnerven, durch welche die viszeralen Afferenzen von den Organen in das Rückenmark eintreten

51.3.3 Transmitter und Rezeptoren der nozizeptiven synaptischen Übertragung im Rückenmark

Die synaptische Erregung von nozizeptiven Rückenmarkzellen erfolgt durch Glutamat; Neuropeptide und andere Mediatoren modulieren die synaptische Übertragung

Erregende und hemmende Synapsen an nozizeptiven Neuronen   Abb. 51.8 zeigt ein spinales Neuron, an dem ein niederschwelliger Mechanorezeptor (Aß-Faser), ein Nozizeptor (C-Faser) und ein inhibitorisches Interneuron synaptisch enden. **Mechanorezeptoren** und **Nozizeptoren** schütten an ihren synaptischen Endigungen **Glutamat** aus. **Peptiderge Nozizeptoren** setzen zusätzlich die **erregenden Neuropeptide (NP) Substanz P** und **CGRP** frei.

Inhibitorische Interneurone schütten an ihren Synapsen **GABA** und/oder **Glycin** oder **hemmende Neuropeptide (NP)**, insbesondere **Opioidpeptide** wie **Enkephalin (Enk)** aus (Abb. 51.8). Die postsynaptische Rückenmarkzelle besitzt Rezeptoren für diese Mediatoren (Abb. 51.8, unten). Wie stark das Rückenmarkneuron auf einen noxischen Reiz rea-

giert (wie viele Aktionspotenziale erzeugt werden), hängt davon ab, wie stark die exzitatorischen und inhibitorischen Eingänge sind.

Wirkungen von Glutamat und anderen Transmittern   Glutamat aktiviert postsynaptisch **N-Methyl-D-Aspartat-(NMDA-) Rezeptoren**, **non-NMDA-Rezeptoren (AMPA-** und **Kainatrezeptoren)** und **metabotrope Glutamatrezeptoren** (► Kap. 10.2). Bei nicht-noxischen Reizen, die nur Mechanorezeptoren aktivieren, werden durch Glutamat i. d. R. nur non-NMDA- (vor allem AMPA-)Rezeptoren geöffnet, da die Depolarisation der Neurone nicht ausreicht, um auch NMDA-Kanäle zu öffnen. Bei noxischen Reizen werden zusätzlich NMDA-Rezeptoren geöffnet, da die postsynaptische Zelle durch die Freisetzung von Glutamat und den Neuropeptiden Substanz P und CGRP (s. u.) so stark depolarisiert wird, dass der Magnesiumblock der NMDA-Rezeptoren aufgehoben wird. Werden mehrere starke noxische Reize schnell nacheinander appliziert, führt Aktivierung der NMDA-Rezeptor-Kanäle bei jedem weiteren Reiz zu einer stärkeren Antwort der Rückenmarkzelle (**Wind-up-Phänomen**). Dies ist eine kurzdauernde Form der **zentralen Sensibilisierung** (► Abschn. 51.5). Auch bei länger

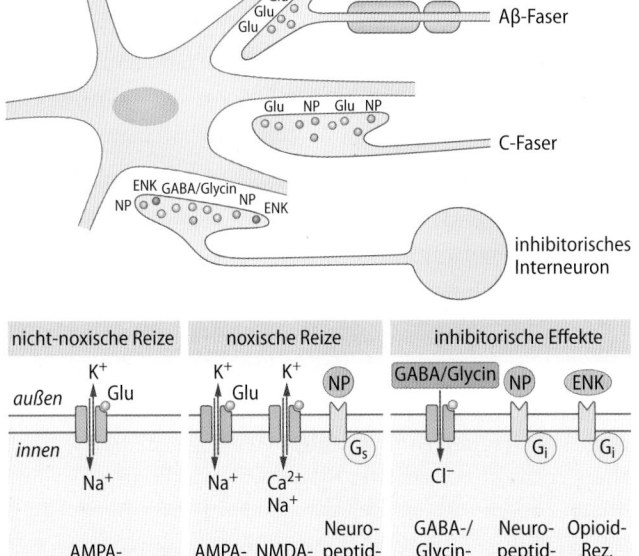

◻ Abb. 51.8   Synaptische Übertragung im Rückenmark. Eine Rückenmarkzelle erhält erregende Eingänge von einem Mechanorezeptor (Aβ-Faser), einem Nozizeptor (C-Faser) und hemmende Eingänge von einem Interneuron. Unten dargestellt sind Rezeptoren für diese Mediatoren in der postsynaptischen Membran. Glu=Glutamat, NP=Neuropeptid, G_s=stimulierendes G-Protein, G_i=G-Protein mit hemmender Wirkung, ENK=Enkephalin

dauernder zentraler Sensibilisierung (▶ Abschn. 51.5) spielen NMDA-Rezeptoren eine wesentliche Rolle. Metabotrope Glutamatrezeptoren tragen ebenfalls zu **neuroplastischen Vorgängen** bei.

Die **erregenden Neuropeptide Substanz P** und **CGRP** verstärken die synaptische Übertragung durch Glutamat, durch Bindung an Neuropeptidrezeptoren und Aktivierung von G_s-Proteinen. **GABA, Glycin, hemmende Neuropeptide** (z. B **endogene Opioide**) wirken über entsprechende Rezeptoren den erregenden Vorgängen entgegen (▶ Kap. 10.2 und ▶ Abschn. 51.4). Ebenfalls schmerzhemmend wirken Serotonin und Noradrenalin. Sie vermitteln ihren Effekt über die im Folgenden erklärte **tonische deszendierende Hemmung** (▶ Abschn. 51.4).

In Kürze

Das **spinale nozizeptive System** aktiviert über **aszendierende Bahnen** supraspinale Nervenzellen im Hirnstamm und im thalamokortikalen System sowie über nozizeptive Interneurone **Motoneurone** und **Nervenzellen des autonomen Nervensystems**. Die **nozizeptiven Neurone** im Rückenmark und Trigeminuskern erhalten konvergenten nozizeptiven Eingang von einem oder mehreren Organen (eine wichtige Grundlage **übertragener Schmerzen**). Sie werden durch **Glutamat** mit Wirkung an **non-NMDA- und NMDA-Rezeptoren** erregt. Die synaptische Übertragung wird durch **Neuropeptide** und **aminerge Transmitter** moduliert.

51.4   Thalamokortikales nozizeptives System und endogenes Schmerzkontrollsystem

51.4.1   Thalamokortikales System und bewusste Schmerzempfindung

Die Erzeugung einer bewussten Schmerzempfindung ist von der Aktivierung des thalamokortikalen Systems abhängig.

Thalamokortikales System und Schmerzmatrix Als **Schmerzmatrix** werden kortikale Areale bezeichnet, die bei Applikation noxischer Reize aktiviert werden. Die Schmerzmatrix wurde vor allem durch die Anwendung bildgebender Verfahren beim Menschen definiert. Nach ihren Aufgaben werden das **laterale** und das **mediale thalamokortikale System** mit den entsprechenden Arealen der Schmerzmatrix definiert (s. u.).

Nur wenn sich das thalamokortikale System im **Wachzustand** befindet, empfinden wir Schmerzen. Im Schlaf können zwar periphere und spinale nozizeptive Neurone aktiviert werden und nozizeptive Information zum Thalamus weiterleiten, doch wird die weitere Verarbeitung im Thalamus blockiert, sodass keine bewussten Schmerzen erzeugt werden. Bei starken Schmerzreizen wird allerdings das **aufsteigende retikuläre System** so stark aktiviert, dass wir aufgeweckt werden.

Narkose bei Operation
Bei Operationen wird durch **Narkosemittel** das Bewusstsein ausgeschaltet und damit auch die Schmerzempfindung verhindert. Allerdings werden durch die Narkosemittel die peripheren und spinalen nozizeptiven Vorgänge nicht ausgeschaltet. Es kann daher weiterhin zu starken nozizeptiven vegetativen Reaktionen und zu zentralen Sensibilisierungen kommen (s. u.), die sich während und nach der Operation ungünstig auswirken. Um diese nozizeptiven Vorgänge zu begrenzen, wird eine moderne Narkose immer durch eine Schmerztherapie ergänzt.

Laterales System Im und unterhalb des **Ventrolateralkomplexes des Thalamus** sind in somatotopischer Ordnung nozizeptive Zellen mit kleinen rezeptiven Feldern lokalisiert, die über den Tractus spinothalamicus synaptisch aktiviert werden. Diese Neurone projizieren in das **sensorische Kortexareal S1**, das neben Neuronen anderer somatosensorischer Modalitäten auch nozizeptive Neurone enthält. Zusammen bilden diese thalamischen und kortikalen Zellen das **laterale System**, das bei Aktivierung die **sensorisch-diskriminative Schmerzkomponente** erzeugt. Die **kortikale S2-Region** wird ebenfalls dem lateralen System zugeordnet. Bei noxischer Reizung auf einer Körperseite werden die ipsi- und kontralaterale S2-Region aktiviert. Die rezeptiven Felder dort gelegener nozizeptiver Zellen sind groß. Möglicherweise wird erst in S2 ein noxischer Reiz in eine Schmerzempfindung umgesetzt.

Mediales System Auch der **posteriore Komplex** und die **intralaminären Komplexkerne des Thalamus** enthalten nozizeptive Neurone. Sie haben allerdings große rezeptive Felder und damit in ihren Kodierungseigenschaften eine schlechte räumliche Auflösung. Diese Neurone projizieren zu assoziativen Kortexarealen und bilden zusammen mit diesen das **mediale System**. Dieses ist für die **affektive Schmerzkomponente** zuständig. Das assoziative Kortexareal **Insula** wird für eine Interaktion zwischen sensorischen und limbischen Aktivitäten verantwortlich gemacht, die dem noxischen Reiz seinen Leidenscharakter verleiht. Der **Gyrus cinguli anterior** dient besonders der Aufmerksamkeit und Antwortselektion bei noxischer Reizung. Der **präfrontale Kortex** ist in viele Aspekte von Affekt, Emotion und Gedächtnis eingebunden.

Interaktionen mit der Amygdala und anderen Gehirnregionen
Das nozizeptive System hat Zugang zu Gehirnregionen, die bei der Erzeugung von Depression und Angst eine wichtige Rolle spielen. Eine Verbindung zu der **Amygdala**, die für Furchtreaktionen verantwortlich sind, besteht über den spinoparabrachialen Weg (s. o.), und wie für die anderen Sinnessysteme auch über den Kortex. Enge Verbindungen werden zu den bei Depression aktivierten limbischen Schaltkreisen vermutet, da Schmerz und **Depression** häufig vergesellschaftet sind.

> ❯❯ Die sensorisch-diskriminative Schmerzkomponente wird vom lateralen System, die affektiv-emotionale Schmerzkomponente vom medialen System der Schmerzmatrix erzeugt.

51.4.2 Endogene Schmerzkontrollsysteme

Vom Hirnstamm im dorsolateralen Funiculus absteigende Bahnen vermitteln deszendierende Hemmung und Bahnung.

Deszendierende Hemmung und Erregung   Die rechte Seite in ◧ Abb. 51.2 zeigt die von Kerngebieten im Hirnstamm **absteigenden Bahnen**. Eine Schlüsselrolle hat das **periaquäduktale Grau (PAG)**. Seine Stimulation kann eine totale Analgesie erzeugen. Vom PAG projizieren Fasern zum **Nucl. raphe magnus (NRM)**. Von hier steigen Fasern im **dorsolateralen Funiculus** zum Rückenmark ab. Das PAG seinerseits erhält Zuflüsse aus kortikalen Arealen, die Schmerzreize verarbeiten, insbesondere aus dem präfrontalen Kortex und der Amygdala. Über dieses System modifiziert das Gehirn die Vorgänge im Rückenmark und erzeugt beispielsweise den „Placeboeffekt". Die über den Tractus spinothalamicus und den Tractus spinoreticularis nach supraspinal vermittelte spinale nozizeptive Aktivität kann diese Hirnstammkerne ebenfalls aktivieren und so über eine Rückkopplung die spinale nozizeptive Verarbeitung hemmen. Auch der **Locus coeruleus** hat neben seinen Projektionen in das Gehirn Projektionen zum Rückenmark. Die absteigenden Fasersysteme, die die Transmitter Serotonin, Noradrenalin und Dopamin enthalten, enden vor allem an spinalen Interneuronen.

Eine wichtige Funktion dieser absteigenden Fasern ist die **tonische Hemmung der Rückenmarkzellen**. Durch diese wird die Schwelle der Rückenmarkneurone angehoben und ihre Antworten auf noxische Reize werden abgeschwächt. Die

tonische deszendierende Hemmung stellt zusammen mit segmentalen inhibitorischen Interneuronen ein **endogenes antinoziptives System** dar, das Schmerzen in Schach hält. Sie nimmt z. B. bei akuter Entzündung zu. Allerdings wirken nicht alle deszendierenden Fasern hemmend. Subsysteme dieser Fasern wirken **deszendierend erregend**. Diese tragen zu einer Verstärkung der nozizeptiven Signalverarbeitung im Rückenmark bei. Die hemmende bzw. erregende Wirkung der beteiligten Transmitter (s. o.) hängt u. a. davon ab, welcher Rezeptorsubtyp jeweils aktiviert wird.

Endogene Opioide   Zur Klasse der endogenen Opioide gehören Substanzen wie Endorphine, Endomorphine, Enkephaline und Dynorphine. Diese sind neben anderen inhibitorischen Transmittern (z. B. **GABA**) wichtige Mediatoren des endogenen antinozizeptiven Systems. Sie wirken an **μ-** (Endorphine, Endomorphine), **δ-** (Enkephaline) und **κ-Rezeptoren** (Dynorphin). Diese sind an nozizeptiven Neuronen des Rückenmarks, des Hirnstamms und in supraspinalen Regionen vorhanden, aber keineswegs auf nozizeptive Nervenzellen beschränkt. Freisetzung der endogenen Opioide und Aktivierung der Opioidrezeptoren reduziert die Freisetzung exzitatorischer Transmitter und hyperpolarisiert postsynaptische Neurone. Die Opioidwirkung kann durch den Rezeptorantagonisten Naloxon aufgehoben werden. Therapeutisch eingesetzte Opioide wirken an μ-Rezeptoren (▶ Abschn. 51.6).

> **In Kürze**
>
> Im **thalamokortikalen nozizeptiven System** wird die **bewusste Schmerzempfindung** erzeugt. Das **laterale System** erzeugt die **sensorisch-diskriminative Schmerzkomponente**, das **mediale System** die **affektiv-emotionale**. Die **kortikale Schmerzmatrix** interagiert mit neuronalen Schaltkreisen, die Furcht und Depression erzeugen (z. B. die **Amygdala**). Vom Hirnstamm **deszendierende Bahnen mit hemmender Wirkung** bilden zusammen mit spinalen Interneuronen ein **endogenes Schmerzkontrollsystem**. Endogene Opioide und ihre Rezeptoren sind an den hemmenden Wirkungen beteiligt. **Deszendierende Bahnen mit erregender Wirkung** können zur Aggravierung von Schmerzen führen.

51.5   Klinisch bedeutsame Schmerzen

51.5.1   Erscheinungsformen und Ursachen klinischer Schmerzen

Klinisch relevant sind pathophysiologische Nozizeptorschmerzen und neuropathische Schmerzen.

Bedeutung und Charakteristika klinisch relevanter Schmerzen
Ohne warnende Schmerzen können Krankheiten lange Zeit unbemerkt bleiben, z. B. Krebserkrankungen in den Anfangsstadien. Darüber hinaus erzwingen Schmerzen ein Verhalten,

das die Heilung fördert (z. B. Schonung einer Extremität). Pathophysiologische Nozizeptorschmerzen sind daher sinnvoll. Manche Schmerzen, z. B. Migräne, neuropathische und andere chronische Schmerzen sind dagegen häufig sinnlos (s. unten). Krankheiten, bei denen der Schmerz das einzige Symptom ist, sind sog. Schmerzkrankheiten (z. B. Migräne und Fibromyalgie).

Der **pathophysiologische Nozizeptorschmerz** (▶ Abschn. 51.1) ist gekennzeichnet durch Hyperalgesie, Allodynie und Ruheschmerzen (◘ Tab. 21.1). Ein Sonnenbrand erzeugt eine thermische und mechanische Allodynie und Hyperalgesie der Haut, sodass die Dusche mit gewohnter Temperatur und Berührungen Schmerzempfindungen auslösen. Ein entzündetes Gelenk schmerzt schon bei normalen Bewegungen im Arbeitsbereich des Gelenks. Eine Hyperalgesie ist häufig nicht auf den Ort der Schädigung begrenzt (Zone der primären Hyperalgesie), sondern umfasst auch eine Zone im gesunden Gewebe um den Krankheitsherd herum (sekundäre Hyperalgesie).

Neuropathische Schmerzen (auch **neuralgische Schmerzen** genannt) entstehen durch Schädigung von Nervenfasern, z. B. durch Druck einer Bandscheibe auf Hinterwurzeln oder bei Diabetes mellitus. Solche Schmerzen sind häufig bohrend, brennend, einschießend und stehen oft in keinem Zusammenhang zu einem noxischen Reiz. Sie werden als abnormal empfunden. Zudem kann eine Hyperalgesia und eine Allodynie beobachtet werden. Ein typischer neuropathischer Schmerz ist die Trigeminusneuralgie (▶ Klinik-Box „Trigeminusneuralgie").

Auch die Entfernung eines Nervenastes kann zu Schmerzen führen. So ist der **Phantomschmerz** ein neuropathischer Schmerz, der nach Amputation einer Extremität auftreten kann (▶ Box „Phantomschmerz"). Bei Schädigung im Zentralnervensystem können zentrale Schmerzen entstehen (z. B. bei einem ischämisch bedingten Thalamussyndrom oder bei multipler Sklerose).

Chronischer Verlauf von Schmerzen   Üblicherweise spricht man von chronischen Schmerzen, wenn sie länger als ein halbes Jahr bestehen. Sie können durch chronische Erkrankungen (z. B. Rheumatoide Arthritis, Arthrose) bedingt sein. In manchen Fällen ist ein medizinisch fassbares Substrat als Schmerzursache nicht (mehr) nachzuweisen. In diesem Fall ist Schmerz kaum noch Ausdruck einer pathologischen Schädigung, sondern ein komplexes psychisches Geschehen, bei

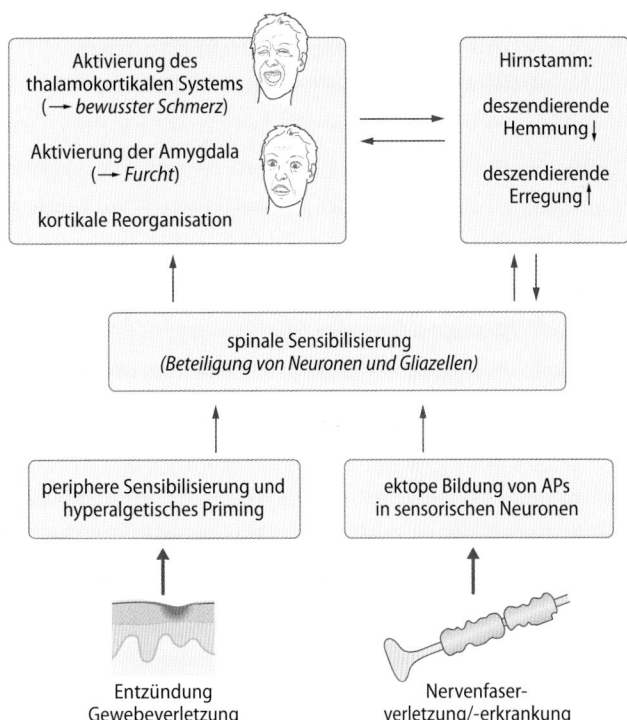

◘ **Abb. 51.9   Pathophysiologische Vorgänge bei Nozizeptorschmerzen und neuropathischen Schmerzen**

dem neben nozizeptiv-sensorischen auch psychologische und soziale Faktoren eine wesentliche Rolle spielen. Dies betrifft vor allem Rückenschmerzen, die unter den chronischen Schmerzen am häufigsten vorkommen. Ein besonders quälendes Schmerzsyndrom ist die **Fibromyalgie**. Die häufig therapieresistenten Schmerzen treten am ganzen Körper ohne sichtbaren Grund auf.

Mechanismen klinisch relevanter Schmerzen   Den klinisch relevanten Schmerzen liegt immer eine Kombination neuronaler Veränderungen zugrunde, die durch den Krankheitsprozess und **neuronale Plastizitätsprozesse** induziert werden. Hierbei sind neuronale Vorgänge in den peripheren Nozizeptoren und im zentralen nozizeptiven System beteiligt, die je nach Schmerzursache, Krankheits- und Schmerzstadium unterschiedlich starkes Gewicht haben können. ◘ Abb. 51.9 zeigt eine Übersicht über die an Schmerzzuständen beteiligten Mechanismen.

Klinik

Trigeminusneuralgie

Klinik und Ursachen
Sie kann nach Schädigung von Trigeminusfasern auftreten. Das Krankheitsbild ist durch heftige neuropathische Schmerzattacken im Innervationsgebiet des Trigeminusastes charakterisiert. Die Schmerzen werden häufig durch Kau- oder Sprechbewegungen ausgelöst, sie schießen plötzlich

ein und dauern wenige Sekunden. Die Patienten leben in der ständigen Angst vor der nächsten Attacke.

Ursachen
Häufig wird der Nerv in seinem Verlauf durch Druck der A. cerebelli superior oder A. basilaris auf den Nerven geschädigt.

Therapie
Behandelt wird mit Medikamenten, die die Erregbarkeit von Nervenzellen dämpfen (▶ Abschn. 51.6). Wenn dies nicht erfolgreich ist, wird eine operative Behandlung erwogen, bei der zwischen die Arterie und den Nerven ein Polster gelegt wird.

51

51.5.2 Periphere Mechanismen von Entzündungsschmerzen und neuropathischen Schmerzen

Eine Entzündung sensibilisiert polymodale Nozizeptoren und rekrutiert stumme Nozizeptoren; Grundlage neuropathischer Schmerzen kann die Bildung ektopischer Entladungen in Primärafferenzen sein.

Periphere Sensibilisierung bei Entzündung   Im entzündeten Gewebe setzen Entzündungszellen, Thrombozyten und das Plasma Mediatoren frei (◘ Abb. 51.10a), die **polymodale Nozizeptoren** sensibilisieren. Deren Erregungsschwelle nimmt ab, sodass sie durch normalerweise nicht-noxische Reizintensitäten (Berührung, Wärme) erregt werden, und ihre Antworten auf noxische Reize nehmen zu (◘ Abb. 51.10b). **Stumme Nozizeptoren**, die im normalen Gewebe wegen ihrer extrem hohen Erregungsschwelle durch mechanische und thermische Reize praktisch nicht aktivierbar sind (▶ Abschn. 51.2), werden bei Entzündung ebenfalls sensibilisiert und damit für mechanische und thermische Reize erregbar. Sie werden als zusätzliche Nozizeptoren „rekrutiert" und verstärken den Zustrom in das Rückenmark (vor allem bei somatischen und visceralen Tiefenschmerzen). Die Sensibilisierung der Nozizeptoren erzeugt die **primäre Hyperalgesie** im entzündeten Gewebe. Zusätzlich entwickeln viele Nozizeptoren im entzündeten Gebiet Spontanaktivität, die Basis für **Ruheschmerzen**.

Mechanismen der Sensibilisierung   **Entzündungsmediatoren** binden an Rezeptoren in der Membran der sensorischen

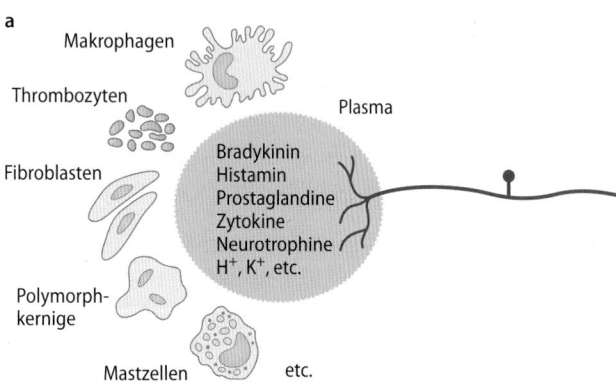

a

Makrophagen

Thrombozyten

Plasma

Fibroblasten

Bradykinin
Histamin
Prostaglandine
Zytokine
Neurotrophine
H^+, K^+, etc.

Polymorph-
kernige

Mastzellen   etc.

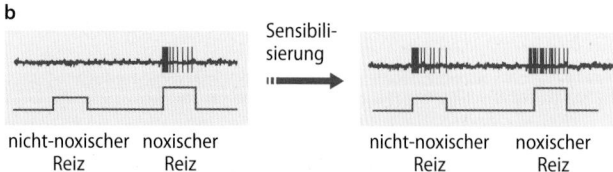

b

Sensibili-
sierung

nicht-noxischer   noxischer
Reiz   Reiz

nicht-noxischer   noxischer
Reiz   Reiz

◘ **Abb. 51.10a,b   Sensibilisierung eines Nozizeptors bei Entzündung. a** Bildung und Freisetzung von Entzündungsmediatoren aus Entzündungszellen, Thrombozyten und dem Plasma. Diese bilden im Bereich der sensorischen Nervenendigung ein entzündliches chemisches Milieu. **b** Senkung der Antwortschwelle eines Nozizeptors im Laufe des Sensibilisierungsprozesses: die Nervenendigung wird so empfindlich für mechanische und thermische Reize, dass auch normalerweise nicht-noxische Reize die Faser erregen

Nervenendigungen und aktivieren dadurch Second-messenger-Systeme, die dann Ionenkanäle der Nozizeptormembran empfindlicher machen (◘ Abb. 51.5). So aktiviert z. B. **Prostaglandin E₂** die Adenylatzyklase, führt damit zur cAMP-Bildung und nachfolgend zur Aktivierung der Proteinkinase A. Letztere phosphoryliert Ionenkanäle der Transduktion und Transformation (s. o.) und erhöht damit die Empfindlichkeit des Nozizeptors für noxische Reize und für die Bildung von Aktionspotenzialen. Während klassische Mediatoren (◘ Abb. 51.2) meist nur eine kurzzeitige Sensibilisierung auslösen, bewirken **proinflammatorische Zytokine** (TNF-α, Interleukin-6 etc) und **NGF** eine langanhaltende Sensibilisierung. Ihr Sensibilisierungsweg läuft über andere Second-messenger-Wege als die der klassischen Mediatoren.

Priming von Nozizeptoren

Eine Steigerung der Empfindlichkeit der Nozizeptoren für sehr lange Zeit wird auch **Priming** genannt. Auf der Grundlage des Primings kann auch die sensibilisierende Wirkung von Prostaglandin E₂ wesentlich länger dauern. Priming wird als peripherer Mechanismus chronischer Schmerzen angesehen. Es kann beispielsweise durch Interleukin-6 induziert werden.

Ektope Bildung von Aktionspotenzialen bei Schädigung von Nervenfasern   In verletzten oder erkrankten Nervenfasern werden Aktionspotenziale nicht nur durch Rezeptorpotenziale in der sensorischen Endigung ausgelöst. Sie werden entweder **an der lädierten Stelle** bzw. in einem Neurom (einem „Nervenfaserknäuel" an der Stelle, wo durchschnittene Nervenfasern aussprossen) oder in der **Hinterwurzelganglienzelle** selbst erzeugt. **Ektope Aktivität** kann episodenhaft ohne erkennbaren Anlass entstehen (dies führt zu plötzlich einschießenden Schmerzen ohne erkennbaren Grund) oder z. B. durch mechanische Reizung des lädierten Nervens ausgelöst werden. Ektope Entladungen entstehen auch in nicht nozizeptiven Afferenzen mit dicker Myelinscheide, wodurch **Parästhesien** hervorgerufen werden.

Mechanismen der Bildung ektoper Entladungen   An der lädierten Stelle können (vermehrt) Proteine in die Membran eingebaut werden, die die Erregbarkeit des Neurons verändern. So kann es zu einer Expression von **Na$_v$1.3** kommen, einem Natriumkanal, der im gesunden adulten Nerven normalerweise nicht nachweisbar ist. Nav1.3 hat eine Öffnungsschwelle nahe am Ruhepotenzial und begünstigt darüber hinaus eine **repetitive Impulsbildung.** Lädierte Nervenfasern werden im Gegensatz zu intakten Axonen auch durch **Entzündungsmediatoren** depolarisiert. Letztere stammen aus weißen Blutzellen, die sich an der Läsionsstelle ansammeln, oder aus lokalen Schwannzellen. In manchen Fällen erzeugt der **Sympathikus** die pathologische Erregbarkeit. Intakte Nozizeptoren werden durch das sympathische Nervensystem nicht erregt. Nach Nervenläsion können aber adrenerge Rezeptoren in die Membran eingebaut werden, wodurch die geschädigte Afferenz durch den Sympathikus aktivierbar wird.

▶ Cyclooxygenasehemmer sind bei neuropathischen Schmerzen weitgehend wirkungslos.

51.5.3 Zentrale Mechanismen klinischer Schmerzen

Eine zentrale Sensibilisierung verstärkt die nozizeptiven Vorgänge im Zentralnervensystem und erhöht die Schmerzhaftigkeit. Auch Lernprozesse können zur Persistenz von Schmerzen führen.

Induktion und Mechanismen der zentralen Sensibilisierung Der peripheren Sensibilisierung oder einer ektopen Impulsaktivität folgt häufig eine **zentrale Sensibilisierung** (◘ Abb. 51.9). Hierbei werden nozizeptive Neurone im Zentralnervensystem für nozizeptive Zuflüsse empfindlicher. Eine zentrale Sensibilisierung wurde bisher vor allem an Nervenzellen des Rückenmarks beobachtet. Ein verändertes Antwortverhalten nozizeptiver Neurone in supraspinalen Strukturen (Thalamus, Kortex etc.) kann spinale Sensibilisierungsprozesse widerspiegeln oder durch eine supraspinale Sensibilisierung entstehen.

◘ Abb. 51.11 zeigt die Sensibilisierung eines nozizeptiven Rückenmarkneurons (**spinale Sensibilisierung**) bei peripherer Entzündung. Im Verlauf der Entzündung nehmen die Antworten auf Reizung des entzündeten Gewebes und des benachbarten gesunden Gewebes zu (Antworten auf Reizung der Stellen 2 und 3). Das rezeptive Feld des Neurons wird größer. Der Kreis in ◘ Abb. 51.11b zeigt das rezeptive Feld vor Entzündung, der Kreis in ◘ Abb. 51.11c das expandierte rezeptive Feld während der Entzündung (jetzt führt auch die Reizung der Stellen 1 und 4 zu einer Antwort).

Ein sensibilisiertes Rückenmarkneuron antwortet stärker auf Reize. Die spinale Sensibilisierung erklärt ferner, weshalb häufig in gesunden Arealen um den Entzündungsherd herum eine **sekundäre Hyperalgesie** besteht (◘ Abb. 51.11a). Nach Abklingen des peripheren schmerzauslösenden Prozesses geht die spinale Sensibilisierung entweder zurück, oder sie bleibt über das schädigende Ereignis hinaus bestehen. Im letzteren Fall hat der nozizeptive Einstrom möglicherweise zu einer **Langzeitpotenzierung** (**LTP**) geführt, die vom nozizeptiven Eingang unabhängig geworden ist.

Die **spinale Sensibilisierung** wird durch prä- und postsynaptische Mechanismen induziert. Sensibilisierte periphere Nozizeptoren setzen vermehrt Glutamat und Neuropeptide (Substanz P und CGRP) frei (**präsynaptischer Mechanismus**). Die Aktivierung von NMDA-Rezeptoren und Neuropeptidrezeptoren in den Rückenmarkzellen erhöht die Empfindlichkeit der Rückenmarkneurone, ein **postsynaptischer Mechanismus** (▶ Abschn. 51.3 und ◘ Abb. 51.8). Die zentrale Sensibilisierung kann durch die Gabe von NMDA-Rezeptorantagonisten verhindert werden. Auch **spinale Prostaglandine**, **Wachstumsfaktoren** und **Zytokine** sind beteiligt. Während spinale Prostaglandine von spinalen Nervenzellen gebildet werden, stammen die Zytokine großenteils aus **Gliazellen**. Sowohl **Astrogliazellen** als auch **Mikrogliazellen** werden bei starker noxischer Reizung aktiviert und setzen die entsprechenden Mediatoren frei.

Reduktion der deszendierenden und lokalen Hemmung Ein wesentlicher zentralnervöser Beitrag zur Schmerzentstehung

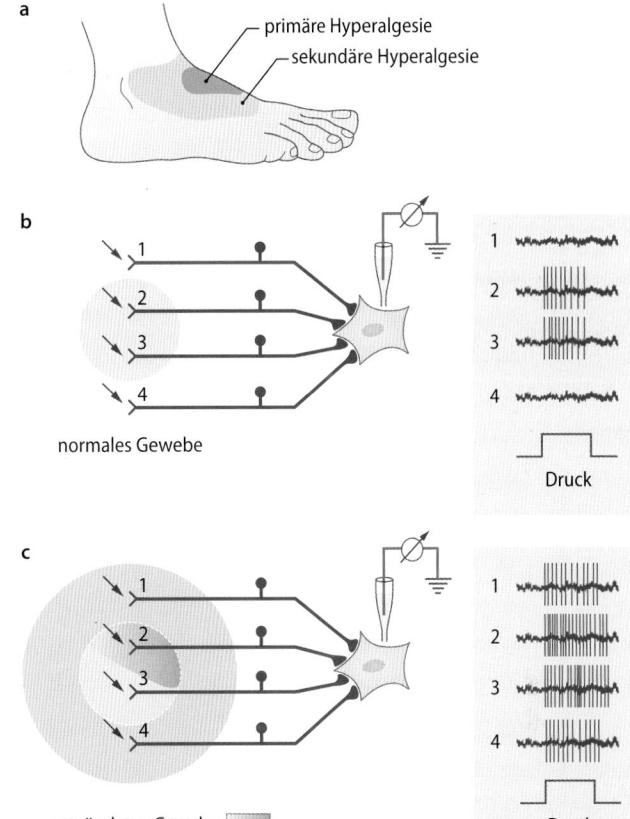

◘ **Abb. 51.11a–c Primäre und sekundäre Hyperalgesie und Sensibilisierung eines nozizeptiven Rückenmarkneurons bei Entzündung. a** Zonen der primären Hyperalgesie (sie entspricht dem Ort der Schädigung) und der sekundären Hyperalgesie (hier ist das Gewebe gesund). **b** Rezeptives Feld (Kreis) eines Rückenmarkneurons im gesunden Gewebe. Bei noxischem Druck auf die Stellen 2 und 3 (sie liegen innerhalb des ursprünglichen rezeptiven Feldes) werden Aktionspotenziale ausgelöst, bei noxischem Druck auf das umgebende Gewebe (Stellen 1 und 4) dagegen nicht. **c** Nach Ausbildung einer Entzündung im rezeptiven Feld nimmt die Antwort auf mechanische Reizung des entzündeten Areales zu (Druck auf Stelle 2), und auch Reizung des benachbarten Gewebes (Stelle 3) löst stärkere Aktivität aus. Zudem vergrößert sich das rezeptive Feld, sodass auch die Reize an den Stellen 1 und 4 Aktionspotenziale auslösen. (b, c: nach Fölsch, Kochsiek u. Schmidt 2000)

bei Entzündung und Neuropathie entsteht durch die **Abnahme der Aktivität der endogenen Schmerzkontrollmechanismen** (◘ Abb. 51.9). Patienten mit chronischen Schmerzen weisen eine stark reduzierte Aktivität der vom Hirnstamm absteigenden Hemmsysteme auf (siehe ▶ 51.4.2). Auch hemmende Interneurone in den Segmenten der nozizeptiven Vorgänge zeigen oftmals eine reduzierte Aktivität. Dadurch wird die **Balance zwischen Erregung und Hemmung** zugunsten der Erregung verschoben. Die Gründe für diese Vorgänge sind unbekannt. In manchen Fällen können Wiederaufnahmehemmer für Serotonin und Noradrenalin die Schmerzen lindern. Dies lässt vermuten, dass letzten Endes der Transmitterumsatz gestört ist.

Schmerz durch kortikale Reorganisation Eine kortikale Reorganisation kann zum Auftreten von Phantomschmerzen

51

Klinik

Phantomschmerz

Klinik
Phantomschmerz ist eine neuropathische Schmerzkrankheit, die nach Amputation oder Verlust eines Körperteils, z. B. einer Extremität auftritt. Hierbei wird der Schmerz bizarrerweise gerade in dem fehlenden Körperteil empfunden. Der Schmerz ist extrem unangenehm, tritt episodenhaft auf, und wandert häufig in der fehlenden Extremität von distal nach proximal.

Pathophysiologie
Bei Phantomschmerz liegt eine pathologische Aktivierung des nozizeptiven Systems vor, verbunden mit neuroplastischen Veränderungen im Kortex. Am Nervenstumpf können ektopische Entladungen entstehen, die das nozizeptive System inadäquat aktivieren. Zusätzlich zeigt der Kortex eine Reorganisation, bei der die somatotopischen Areale der fehlenden Extremität von benachbarten Körperarealen aus aktiviert werden können. Hierdurch kann es zu

pathologischen Aktivierungen kommen, die in die fehlende Extremität projiziert werden.

Therapie
In den Fällen, in denen ektopische Entladungen aus dem Nervenstumpf die Schmerzattacken verursachen, kann die Applikation eines Lokalanästhetikums in nahe gelegene Nerven oder Plexus vorübergehend Schmerzlinderung erzielen.

---

beitragen (▶ Klinik-Box „Phantomschmerz"). Kortikale Reorganisation verändert die normalen „Hirnkarten". Areale, die keinen sensorischen Eingang mehr besitzen, werden von anderen Eingängen „mitbenutzt". Die daraus resultierende Aktivierung wird „fälschlicherweise" der nicht mehr vorhandenen Gliedmaße zugeordnet. Weshalb diese Veränderungen zu Schmerzen führen, ist unbekannt.

Kortikale Lernprozesse   Ein Schmerzreiz kann wie viele andere Reize zu kortikalen Lernprozessen führen. Typisch für kortikale Lernprozesse ist Assoziation. Sowohl in Vorgängen der **klassischen** als auch der **operanten Konditionierung** wird der Schmerz mit anderen Erlebensinhalten in Verbindung gebracht. So kann ein Schmerzpatient die Erfahrung machen, dass er wegen seines Schmerzes deutlich mehr Zuwendung erfährt oder dass Rückenschmerzen eher als Begründung für Arbeitsunfähigkeit akzeptiert werden als ein Leistungs- oder Motivationsverlust (hierbei wird der Schmerz **positiv verstärkt,** weil er eine hilfreiche Funktion hat, und es entsteht daraus ein sekundärer Krankheitsgewinn). Solche Lernprozesse führen häufig zu einer Dissoziation von Nozizeption und Schmerz. Während bei akuten Schmerzen das Ausmaß des Schmerzes i. d. R. von der Nozizeption bestimmt wird, verliert der Schmerz durch Lernprozesse seine ursprüngliche Funktion, die Warnung vor Gewebeschädigung. Häufig sind dem Patienten diese Lernvorgänge nicht bewusst.

❯ Schmerzen neigen durch Lern- und Verstärkungsprozesse zur Chronifizierung.

In Kürze
Klinisch bedeutsam sind **pathophysiologische Nozizeptorschmerzen, neuropathische Schmerzen** einschließlich **zentraler Schmerzen.** Bei **chronischen Schmerzen** besteht häufig kein Zusammenhang mehr zwischen Nozizeption und Schmerz. Der **pathophysiologische Nozizeptorschmerz** entsteht durch die **Sensibilisierung von Nozizeptoren** am Ort der Erkrankung. Ein wichtiger peripherer Mechanismus **neuropathischer Schmerzen** sind Aktionspotenziale, die **ektopisch** an der erkrankten

Stelle oder im Hinterwurzelganglion entstehen. Nozizeptionsverstärkend wirkt die **zentrale Sensibilisierung.** Schmerzbegünstigend ist die **Abnahme der Aktivität der endogenen Schmerzkontrollsysteme. Kortikale Lernprozesse** (klassische und operante Konditionierung) tragen zur **Chronifizierung von Schmerzen** bei, und es entsteht häufig eine Dissoziation zwischen Nozizeption und Schmerz.

51.6   Grundlagen der Schmerztherapie

51.6.1   Pharmakologische Schmerztherapie

Medikamentöse Schmerztherapie beeinflusst die Freisetzung von Schmerzmediatoren, die Empfindlichkeit der schmerzverarbeitenden Systeme und die psychovegetative Komponente des Schmerzens.

Nichtsteroidale Analgetika   Meist werden Schmerzen mit **non-steroidal anti-inflammatory drugs (NSAIDs),** z. B. Acetylsalizylsäure bekämpft. NSAIDs hemmen **Zyklooxygenasen.** Letztere sind wichtige Enzyme für die Bildung von **Prostaglandinen** aus der Arachidonsäure. Da Prostaglandine Nozizeptoren sensibilisieren, reduzieren Zyklooxygenasehemmer vor allem die Nozizeptorsensibilisierung. Da Zyklooxygenasen auch im Rückenmark vorkommen und die dort gebildeten Prostaglandine zur zentralen Sensibilisierung beitragen, wirken NSAIDs auch im Zentralnervensystem. Zu beachten ist allerdings, dass NSAIDs vor allem den nozizeptiven, aber nicht den neuropathischen Schmerz bekämpfen (s. u.).

Spezifische Zyklooxygenase-2-Hemmer
Prostaglandine, die bei Entzündungen gebildet werden, werden i. d. R. durch die Zyklooxygenase-2 synthetisiert. Dieses Enzym ist induzierbar und wird nur bei entsprechender Stimulation aktiv. Viele Organe besitzen eine Zyklooxygenase-1, die Prostaglandine für physiologische Prozesse bildet. Zum Beispiel vermitteln sie eine wichtige Schutzfunktion des Magens gegenüber der aggressiven Salzsäure. Nichtselektive Zyklooxygenasehemmer wie Acetylsalizylsäure führen daher nicht nur zur

Schmerzlinderung, sondern auch häufig zu gastrointestinalen Nebenwirkungen bis hin zur tödlichen Magenblutung. Durch den Einsatz von Zyklooxygenase-2-Hemmern können solche Nebenwirkungen deutlich reduziert werden.

Opiate   Während NSAIDs als schwache Schmerzmittel eingestuft werden, sind Opiate stark schmerzlindernd. Therapeutisch eingesetzte **Opiate** wie **Morphin** wirken an **µ-Opioidrezeptoren**, die an vielen Stellen des nozizeptiven Systems vorkommen. Im Rückenmark verhindert Morphin einerseits die Freisetzung von Transmittern aus nozizeptiven Afferenzen (präsynaptische Wirkung), andererseits hyperpolarisiert Morphin die Rückenmarkzellen (postsynaptische Wirkung). Des Weiteren soll Morphin die absteigende Hemmung aktivieren, und es wirkt an vielen Orten im Gehirn, die an der Verarbeitung schmerzhafter Reize beteiligt sind (▶ Abschn. 51.4).

WHO-Stufenschema
Für den Einsatz von NSAIDs und Morphin gibt es ein Stufenschema der WHO. Bei leichten bis mittelschweren Schmerzen gibt man ein NSAID (Stufe 1). Bei mittelschweren bis schweren Schmerzen verabreicht man ein NSAID plus ein schwach wirksames Opiat (Stufe 2). Schwere Schmerzen werden mit einem NSAID und einem stark wirksamen Opiat behandelt (Stufe 3).

Lokalanästhetika   Schmerzen können durch örtliche Betäubung mit einem Lokalanästhetikum (s. oben) oder mit einem Nervenblock durch eine Infiltrationsanästhesie behandelt werden. Auf Schleimhäuten kann ein Lokalanästhetikum zur Oberflächenanästhesie benutzt werden. Die Blockade von Aktionspotenzialen kann aber nicht dauerhaft durchgeführt werden, weil nicht nur Nozizeptoren, sondern auch andere sensorische, motorische und efferente Nervenfasern von der Leitungsblockade betroffen sind.

Erregungsdämpfende Medikamente und Antidepressiva Neuropathische Schmerzen werden häufig mit Gabapentin behandelt. Diese Substanz bindet an die α_2-∂-Untereinheit spannungsabhängiger L-Typ-Kalziumkanäle, die die Erregbarkeit von Nervenzellen beeinflussen. Alternativ werden **Antikonvulsiva** eingesetzt, die ebenfalls die Erregbarkeit von Nervenzellen hemmen. **Antidepressiva** verstärken die endogene Schmerzhemmung, indem sie die Wiederaufnahme der Transmitter Noradrenalin und Serotonin hemmen. Letztere und auch andere Psychopharmaka beeinflussen nicht nur das nozizeptive System, sondern sie tragen auch über die Bekämpfung von Depression und Spannung zur Schmerzlinderung bei.

❯ Starke Schmerzen können häufig nur mit Opiaten erfolgreich unterdrückt werden.

51.6.2 Physikalische Schmerztherapie

Physikalische Maßnahmen können Schmerzen im Bewegungsapparat häufig lindern.

Ruhigstellung und Reizung   Ruhe und Ruhigstellung wirken in akuten Krankheitsstadien häufig schmerzlindernd, weil dadurch die Aktivierung sensibilisierter Nozizeptoren vermindert wird. Andererseits werden besonders chronische Schmerzen durch **Massage** und **Krankengymnastik** häufig gebessert. Vermutlich wirken diese Maßnahmen indirekt schmerzlindernd, weil sie die Durchblutung fördern, Fehlstellungen korrigieren und Muskelverspannungen lockern.

Kälte- und Wärmebehandlung   Kälte lindert akute Schmerzen. Sie bekämpft durch Drosselung der Durchblutung und Absenkung metabolischer Vorgänge den Entzündungsprozess. Außerdem kann sie die Temperatur im Gewebe soweit senken, dass sie unterhalb der Temperatur liegt, die sensibilisierte Nozizeptoren erregt. Wärme ist eher bei chronischen Schmerzen hilfreich. Worauf diese Wirkung beruht, ist nicht geklärt. Es wird spekuliert, dass Wärme die Durchblutung fördert und dadurch generell Heilungsvorgänge unterstützt.

Akupunktur   Bei manchen Patienten erzielt Akupunktur eine Schmerzlinderung, die über eine **Plazebowirkung** hinausgeht. Vermutlich werden durch die Akupunktur endogene Hemmsysteme aktiviert (▶ Abschn. 51.2.24). Hierbei kommt das **Prinzip der Gegenirritation** zum Tragen. Eine schmerzhafte Empfindung wird häufig durch andere gleichzeitig wirkende Sinnesreize, z. B. Reiben und Kratzen eines schmerzhaften Areals unterdrückt (afferente Hemmung). Nach diesem Konzept erzeugt die Akupunktur eine afferente Hemmung. Bisher wurde allerdings nicht geklärt, weshalb gerade die Reizung definierter Akupunkturpunkte diese afferente Hemmung besonders effektiv auslöst.

51.6.3 Operante Schmerztherapie

Operante Schmerztherapie kann zur Schmerzbekämpfung genutzt werden.

Einfluss kognitiver und lernpsychologischer Veränderungen **Chronische Schmerzen** sollen unabhängig von den pathophysiologischen Veränderungen zu mehr als 60 % von kognitiven und lernpsychologischen Mechanismen verursacht sein (siehe 51.5.4). Daher müssen bei vielen Patienten die physiologischen und psychologischen Ursachen des Schmerzes als Einheit behandelt und ihre Abhängigkeit von Lernprozessen, meist sozialer Natur, analysiert werden. Diesen diagnostischen Prozess nennt man **Verhaltensanalyse**. Mit einer anschließenden operanten Schmerzbehandlung werden dann die verstärkenden Einflüsse auf das Schmerzverhalten beseitigt und schmerzhemmendes Verhalten aufgebaut.

Strategien der operanten Schmerztherapie   Je nach individueller Entstehungsgeschichte und Biographie kommen unterschiedliche Strategien in Frage. Beispiele für die **Beseitigung verstärkender Einflüsse** sind die Nichtbeachtung der Schmerzäußerungen durch Bezugspersonen und die Einschränkung von Arztbesuchen. Ein Beispiel für den **Aufbau**

51

schmerzhemmenden Verhaltens ist ein Aktivitätstraining, das nicht benutzte Muskelgruppen aktiviert und überbeanspruchte ausschaltet (learned non-use). Operantes Training ist das erfolgreichste Verfahren zur Beseitigung chronischer Schmerzen. Da es aber zu schwierigen Umstellungen des gesamten sozialen Lebens eines Patienten führt und einen hohen Arbeitsaufwand von Seiten des Therapeuten verlangt, wird es selten angewandt.

> **In Kürze**
>
> Nichtsteroidale antiinflammatorische Substanzen (**NSAIDs**) hemmen die Prostaglandinsynthese und wirken der Sensibilisierung entgegen. **Opiate** hemmen über die Aktivierung von μ-Opioidrezeptoren präsynaptisch die Freisetzung von Transmittern und erzeugen postsynaptisch eine Hyperpolarisation. **Lokalanästhetika** blockieren die Fortleitung von Aktionspotenzialen, **Antikonvulsiva** hemmen die Erregbarkeit von Nervenzellen. Die medikamentöse Schmerztherapie kann durch **physikalische Schmerztherapie** (Ruhigstellung, Massage, Bewegungstherapie, Akupunktur, Kälte, Wärme) ergänzt werden. Bei chronischen Schmerzen kann eine **operante Schmerztherapie** durchgeführt werden.

Literatur

Bushnell MC, Ceko M, Low LA (2013). Cognitive and emotional control of pain and its disruption in chronic pain. Nature Rev Neurosci 14: 502-511

Julius D (2013) TRP channels and pain. Annu Rev Cell Dev Biol 29, 355-384

Schmidt RF, Gebhart GF, Eds., Encyclopedia of Pain. 2nd ed. Vol. 1-7, pp. 1-4348, Springer-Verlag, Berlin, Heidelberg, New York 2013

Wall and Melzack´s Textbook of Pain, sixth edition, edited by SB McMahon, I Tracey, M Koltzenburg, DC Turk. Elsevier Saunders, Philadelphia, PA, 2013

Waxman SG, Zamponi GW (2014) Regulating excitability of peripheral afferent: emerging ion channel targets. Nature Neuroscience 14, 153-163

Hören, Sprechen und Gleichgewicht

Inhaltsverzeichnis

Peripheres Auditorisches System

Tobias Moser, Hans-Peter Zenner

© Springer-Verlag GmbH Deutschland, ein Teil von Springer Nature 2019
R. Brandes et al. (Hrsg.), *Physiologie des Menschen*, Springer-Lehrbuch
https://doi.org/10.1007/978-3-662-56468-4_52

Worum geht's?

Bedeutung des Hörsinns

Hören und Sprechen sind die wichtigsten Kommunikationsmittel des Menschen. Das Gehör des Menschen erlaubt es, hochkomplexe, detaillierte Informationen aus der Umwelt zu extrahieren. Der Hörverlust des Erwachsenen oder die angeborene Taubheit des Säuglings bedeuten eine kommunikative Katastrophe für den Einzelnen. Der Betroffene kann in eine für den Gesunden kaum nachvollziehbare Isolation geraten.

Schall führt zur Schwingungen der Basilarmembran

Der Schall trifft auf das äußere Ohr auf, wird spektral verändert und von dort durch Trommelfell und Gehörknöchelchenkette (Mittelohr) zum Innenohr geleitet. Daraufhin entstehen in der Hörschnecke mechanische Schwingungen der Basilarmembran, die sog. Wanderwellen. Entsprechend der im Schall enthaltenen Frequenzen bilden diese Wanderwellen ihr jeweiliges Schwingungsmaximum an bestimmten Orten der Basilarmembran ab: mikromechanische Frequenzauftrennung (■ Abb. 52.1).

Die Haarzellen setzen den mechanischen Reiz in elektrische Impulse um

An den Schwingungsmaxima der Basilarmembran werden mechanosensitive Haarzellen im sog. Corti-Organ stimuliert: mechanoelektrische Transduktion. Die elektromotilen äußeren Haarzellen verstärken die Schwingung des Corti-Organs bei schwachen Schallreizen. Die inneren Haarzellen übertragen die Schallinformation durch Freisetzung von Glutamat an ihren spezialisierten Bandsynapsen mit Spiralganglionneuronen. Diese kodieren den Schallreiz in einen Raten- und Zeit-Code von Aktionspotenzialen und leiten diese an den Hirnstamm weiter. Haarzellen und Spiralganglionneurone können nach Verlust nicht neu gebildet werden.

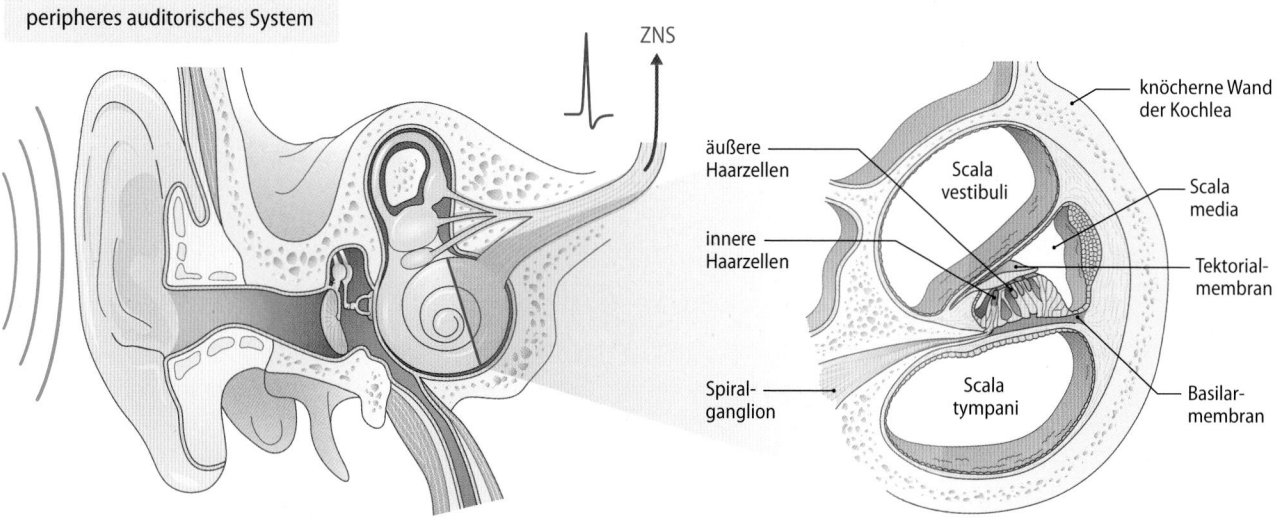

■ **Abb. 52.1 Aufbau und Funktion des Hörorgans**

52.1   Schall

52.1.1   Schallwellen

Das Ohr kann Schallwellen, winzige Druckschwankungen der Luft, verarbeiten; diese lassen sich mittels Frequenz und Schalldruck beschreiben.

Töne   Im täglichen Leben tritt Schall als Druckschwankungen in der Luft auf. Die Frequenz des Schalls wird in Hertz (Hz, Schwingungen pro Sekunde) gemessen. Ein **Ton** ist eine Sinusschwingung, die nur aus einer **einzigen Frequenz** besteht (◘ Abb. 52.2). Subjektiv besteht ein Zusammenhang zwischen der Frequenz und der empfundenen Tonhöhe. Je höher die Schallfrequenz, desto höher empfinden wir auch den Ton. Reine Töne sind im täglichen Leben allerdings selten. Sie werden jedoch klinisch verwendet, um das Hörvermögen von Patienten zu prüfen.

Klänge   Musik besteht i. d. R. nicht aus reinen Tönen, sondern aus **Klängen**. Dabei handelt es sich zumeist um einen **Grundton mit mehreren Obertönen**, deren Frequenz ein ganzzahliges Vielfaches der Grundfrequenz beträgt. Die Obertöne prägen die **Klangfarbe** und erlauben es uns z. B. musikalische Instrumente voneinander zu unterscheiden.

Geräusche   Viele Schallereignisse des täglichen Lebens umfassen in wechselndem Ausmaß praktisch alle Frequenzen des Hörbereichs. Sie werden akustisch als **Geräusche** bezeichnet.

Schalldruck   Ein Schallereignis wird außer durch seinen Frequenzgehalt auch durch die Amplitude der entstehenden Druckschwankungen charakterisiert. Diesen Druck nennt man **Schalldruck.** Er wird wie jeder andere Druck in Pascal (1 Pa = 1 N/m²) gemessen. Der **Schalldruckbereich**, der vom Ohr verarbeitet werden kann (dynamischer Bereich des Ohrs), ist sehr weit. Bei 1000 Hz z. B. beträgt der eben hörbare Schalldruck $3{,}2 \times 10^{-5}$ Pa und kann bis zur Schmerzgrenze etwa zweimillionenfach bis auf 63 Pa gesteigert werden. Das menschliche Gehör ist für den Frequenzbereich von 1000–5000 Hz besonders empfindlich (Maximum etwa 3500 Hz), in dem auch Babygeschrei liegt (◘ Abb. 52.3).

52.1.2   Schalldruck und Lautheit

Der Schalldruckpegel wird in Dezibel (SPL) gemessen, die Lautheitsempfindung in Phon. Bei 1 kHz sind Phon-Skala und dB-Skala identisch.

Schalldruckpegel und Lautheitspegel   Wie vom Weber-Fechner-Gesetz beschrieben, folgt unsere Lautheitswahrnehmung dem Schalldruck in einem logarithmischen Zusammenhang: Je größer der Schalldruck, desto größer muss die Schalldruckänderung für eine wahrgenommene Lautheitsänderung sein. Daher wird ein logarithmisches Maß verwendet, der **Schalldruckpegel (sound pressure level, SPL)**. Er wird in Dezibel (dB SPL) angegeben und ergibt einfach anzuwendende Zahlenwerte zwischen 0 und ungefähr 120. So wird z. B. im Kraftfahrzeugschein das Fahrgeräusch in dB angegeben. Die Bezeichnung „Pegel" besagt, dass der zu beschreibende Schalldruck P_x in einem logarithmischen Verhältnis zu einem einheitlich festgelegten Bezugsschalldruck P_0 (2×10^{-5} Pa) steht. Die genaue Definition des Schalldruckpegels lautet:

$$L = 20 \log \frac{P_x}{P_0} \, [\text{db SPL}] \qquad (52.1)$$

❯ Unsere Lautheitswahrnehmung folgt dem Logarithmus der Zunahme des Schalldrucks: Je größer der Schalldruck, desto größer muss die Schalldruckänderung für eine wahrgenommene Lautheitsänderung sein. Daher wird der Schalldruck meist in Dezibel (Schalldruckpegel) angegeben.

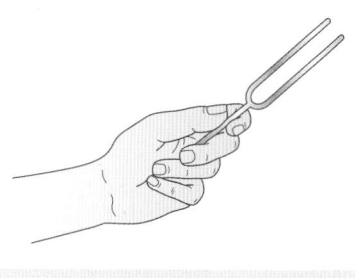
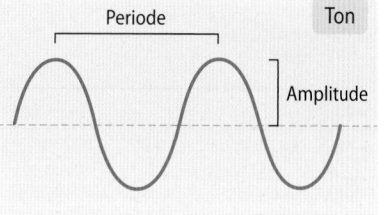
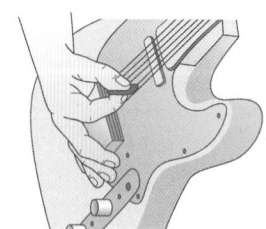
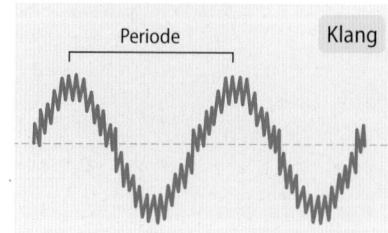

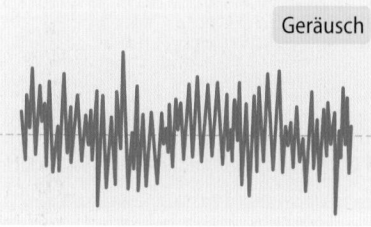

◘ **Abb. 52.2   Akustik: Schalldruckverlauf eines Tons, eines Klangs sowie eines Geräuschs in Abhängigkeit von der Zeit.** Die Periode lässt sich bei Ton (links) und Klang (Mitte), jedoch nicht mehr bei einem Geräusch (rechts) erkennen. Im Gegensatz zum Ton erkennt man beim Klang, dass innerhalb einer Periode zusätzliche Obertöne (zusätzliche Schalldruckspitzen in der Abb.) auftreten

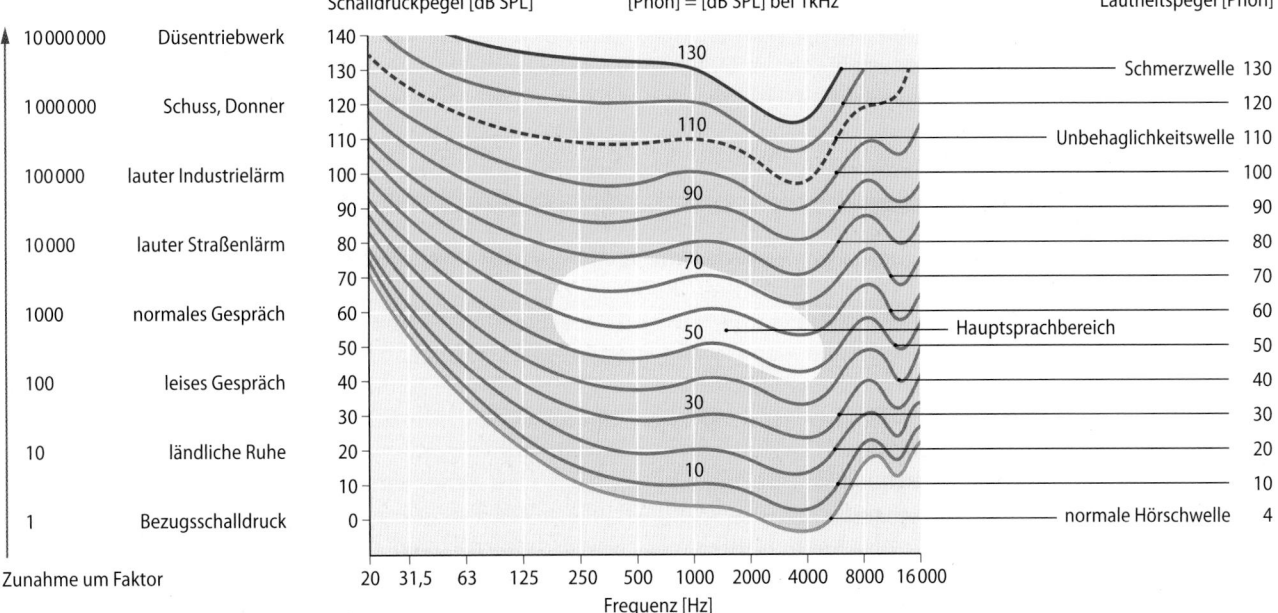

□ Abb. 52.3 Isophone, Hörfläche und Hauptsprachbereich (hell). Isophone sind Kurven gleicher Lautstärkepegel in Phon. Beachte, dass per definitionem Phon und Schalldruckpegel nur bei 1 kHz übereinstimmen

Wichtig ist das Verständnis, dass sich hinter wenigen Dezibel in Wirklichkeit eine **Vervielfachung des physikalischen Schalldrucks** verbirgt. So bedeuten 20 dB SPL tatsächlich eine Verzehnfachung des Schalldrucks. 80 dB SPL meinen vier Verzehnfachungsschritte (80 : 20 = 4), also eine Steigerung um 10^4 = 10.000. Der Hörverlust eines Patienten von 80 dB bedeutet damit, dass dieser zur Wahrnehmung eines bestimmten Tons gegenüber einem Gesunden den 10 000-fachen Schalldruck benötigt.

Pegel
Der Begriff des Pegels und damit eine dB-Skala werden nicht nur für den Schalldruck, sondern auch für andere Größen (z. B. elektrische Spannung) verwendet. Um Missverständnisse zu vermeiden, wird daher dem Schalldruckpegel in dB der Zusatz SPL (**sound pressure level**) hinzugefügt.

Hörbereich   Das subjektive Lautheitsempfinden ist von der Schallfrequenz abhängig und wird in **Phon** angegeben. Es handelt sich auch hier um ein logarithmisches Maß, das bei 1 kHz dem Schalldruckpegel (dB SPL) gleichgesetzt wird. Ein Ton, der bei einer beliebigen Frequenz so laut wie ein 1 kHz Ton mit x dB (SPL) wahrgenommen wird, hat eine Lautheit von x Phon. Der **menschliche Hörbereich** umfasst Frequenzen von 20 bis 16 000 Hz und Lautheitspegel zwischen 4 und 130 Phon. Der in □ Abb. 52.3 dargestellte menschliche Hörbereich wird als **Hörfläche** bezeichnet. In ihrer Mitte befindet sich der besonders wichtige **Hauptsprachbereich**. Er umfasst die Frequenzen und Lautstärken der menschlichen Sprache. Erfasst eine Hörstörung den Hauptsprachbereich, so hat dies eine für den Patienten schwerwiegende Einschränkung des Sprachverständnisses zur Folge.

In Kürze
Das Ohr verarbeitet Schallwellen, also Kompressionswellen oder Druckschwankungen der Luft. Diese Druckschwankungen werden durch **Schalldruck** und **Frequenz** beschrieben.
Töne sind Sinusschwingungen, die nur aus einer einzigen Frequenz bestehen. **Klänge** bestehen meist aus einem Grundton mit mehreren Obertönen. Als **Geräusche** bezeichnet man Schallereignisse des täglichen Lebens, die in wechselndem Ausmaß praktisch alle Frequenzen des Hörbereichs umfassen können.
Ein Schallereignis wird auch durch die **Amplitude** der entstehenden Druckschwankungen, den **Schalldruck**, charakterisiert. Aufgrund des großen dynamischen Bereichs des menschlichen Ohres, wird der **Pegel** des Schalldrucks verwendet. Der menschliche Hörsinn kann Druckschwankungen im Bereich von 0 bis etwa 120 dB (SPL) als Schall wahrnehmen, wobei eine Zunahme zu zunehmender Lautstärkeempfindung führt.

52.2   Schallleitung zum Innenohr

52.2.1 Äußeres Ohr und Mittelohr

Das Mittelohr ist eine Art Schalltrichter, um den hohen Schallwellenwiderstand des Innenohrs zu überwinden; ohne Mittelohr gingen 98 % der Schallenergie verloren.

Das Ohr des Menschen besteht aus dem **äußeren Ohr, dem Mittel- und dem Innenohr** (□ Abb. 52.1). Der Schall wird

52

durch **Reflexionen** an der **Ohrmuschel** in seinem Frequenzgehalt verändert, was vom Gehirn für die Lokalisation von Schallquellen genutzt wird, und gelangt durch die Luft des äußeren Gehörgangs bis zum Trommelfell (**Luftleitung**).

Schallübertragung im Mittelohr   Vom Trommelfell wird die Energie des Schalls durch Schwingungen über die Gehörknöchelchen Hammer, Amboss und Steigbügel fortgeleitet (◘ Abb. 52.4). Die Fußplatte des Steigbügels sitzt beweglich im ovalen Fenster zum Innenohr. Eine intakte und bewegliche **Gehörknöchelchenkette** ist Voraussetzung für eine normale Hörschwelle bei der Luftleitung. Aufgrund des Flächenverhältnisses von Trommelfell und Steigbügelfußplatte am ovalen Fenster (14:1), sowie aufgrund der Hebelwirkung der Gehörknöchelchen (langer Hebelarm: Hammergriff am Trommelfell, kurzer **Hebelarm**: Linsenbeinfortsatz des Amboss, Hebelarmverhältnis: ca. 1,3:1) wird dabei der Schalldruck mindestens 18-fach verstärkt. Gleichzeitig wird durch das große **Flächenverhältnis** von Trommelfell und Steigbügelfußplatte der niedrige Schallwellenwiderstand (Schallimpedanz) der Luft an die hohe Impedanz des flüssigkeitsgefüllten Innenohrs angepasst.

Trommelfelldefekt

Die Impedanzanpassung durch das Mittelohr bleibt auch bei Perforation des Trommelfells (Trommelfelldefekt) oder nach Einlage eines Paukenröhrchens (zur Drainage von Paukenerguß) zumindest teilweise erhalten. Auch nach Ersatz durch Biomaterialien (z. B. durch Temporalisfaszie oder dünne Knorpelscheibchen) mit anderen mechanischen Eigenschaften im Rahmen der Tympanoplastik-Operation (s. u., ► Klinik-Box) wird oft eine gute Schallübertragung erreicht. Die verbleibende Schallreflektion am Trommelfell wird im Messverfahren der Tympanometrie genutzt.

Stapediusreflex   Ab einem Schalldruckpegel von ca. 80 dB kommt es zu einer reflektorischen Anspannung des M. stapedius, dessen Sehne am Steigbügel ansetzt. Auf diese Weise wird die Gehörknöchelchenkette leicht versteift und die Schallübertragung des Mittelohrs vermindert, sodass mehr Schall am Trommelfell reflektiert wird. Dies bietet einen gewissen Schutz des Innenohrs, der jedoch Schäden durch zu lauten Schall nicht ausreichend verhindern kann. Der afferente Schenkel des Stapediusreflexes wird vom Hörnerv (N. acusticus) gebildet, der efferente vom N. facialis. Der Stapediusreflex wird zur Hördiagnostik, zur Anpassung von Kochleaimplantaten und zur Topodiagnostik der Fazialisparese genutzt. Dem M. tensor tympani wird eine Funktion beim Ausgleich großer Luftdruckschwankungen (z. B. während schneller Höhenänderungen) zugeschrieben.

Knochenleitung   Wenn ein schwingender Körper, etwa eine Stimmgabel, auf einen Schädelknochen aufgesetzt wird, wird der entsprechende Ton wahrgenommen, wobei das Mittelohr umgangen wird. Die Stimmgabel versetzt den Knochen in Schwingung (sog. Körperschall), die bis zum Innenohr fortgeleitet wird (**Knochenleitung**). Die Knochenleitung von Luftschall ist der Luftleitung über das Mittelohr jedoch unterlegen (ca. 50 dB) und spielt für den Hörvorgang nur eine untergeordnete Rolle, wird jedoch diagnostisch und rehabilitativ genutzt. Das Prinzip der Knochenleitung wird auch von knochenverankerten Hörgeräten genutzt, wenn eine Hörverbesserung bei Schallleitungsschwerhörigkeit durch Mikrochirurgie nicht erreicht werden kann und konventionelle Hörgeräte keine Option darstellen (z. B. chronisch entzündliche Ohren).

Impedanzanpassung   Die Gehörknöchelchen sind anatomisch so gebaut, dass sie die **Reflexion** von Schall verringern, sodass im Mittel ca. **60 % Schallenergie** auf das Innenohr übertragen werden kann. Der Trommelfell-Gehörknöchelchen-Apparat passt also die Impedanz der Luft an die Impedanz der Flüssigkeit des Innenohrs an. Diese **Impedanzanpassung** (Impedanz = Druck/Geschwindigkeit) wird durch das Flächenverhältnis von Trommelfell und Steigbügelfußplatte, die Herabsetzung der Geschwindigkeit der Steigbügelbewegung im Vergleich zum Trommelfell und schließlich die Hebelwirkung der Gehörknöchelchen bewirkt.

Die kleinere Steigbügelfußplatte überträgt die durch die Luft ursprünglich am größeren Trommelfell erzeugte Kraft auf das ovale Fenster. Da **Druck** = Kraft/Fläche ist, wird durch den Bau von Trommelfell und Gehörknöchelchen eine Druckerhöhung und damit eine Impedanzerhöhung erreicht. Weil es im Verlauf der Schallsignalübertragung entlang der Gehörknöchelchen zu einem **Amplitudenverlust** der Schwingungen kommt (niedrigere Amplitude des Steigbügels = geringere Geschwindigkeit des Steigbügels) und Impedanz = Druck/Geschwindigkeit ist, ergibt eine niedrigere Steigbügel-Geschwindigkeit eine **höhere Impedanz**, wodurch der Eintritt des Schallsignals in das Innenohr erleichtert wird.

Impedanz am Beispiel

Zur Illustration ein Beispiel aus dem täglichen Leben: Soll ein liegengebliebenes Auto (hohe Impedanz des Autos) angeschoben werden, wird man langsam anschieben (dadurch hohe Impedanz des Schiebenden) und nicht schnell gegen das Auto stoßen (niedrige Impedanz beim schnellen Stoßen).

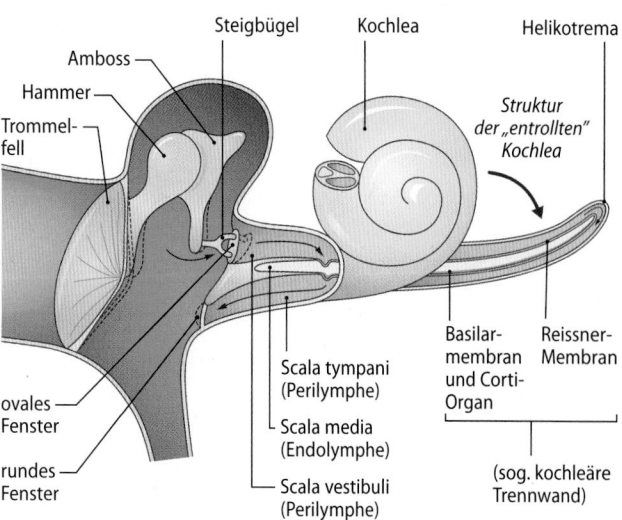

◘ **Abb. 52.4   Schema von Mittelohr und Kochlea.** Die Kochlea ist auch ausgerollt dargestellt, um die Skalen besser zu visualisieren

❯ **Ausfall des Mittelohres führt zu einem Hörverlust von ca. 50 dB (SPL).**

In Kürze

Das Ohr des Menschen besteht aus dem **äußeren Ohr**, durch das der Schall per Luftleitung zum Trommelfell gelangt, dem **Mittelohr**, in dem der Schall über die Gehörknöchelchen weitergeleitet wird, und dem **Innenohr**, in dem das Hörsinnesorgan liegt. Das Mittelohr bewirkt eine **Impedanzanpassung**, sodass 60 % der Schallenergie in das Innenohr eintreten kann.

52.3 Klinische Hörprüfung

52.3.1 Rinne- und Weber-Versuche

Die klinische Untersuchung mit der Stimmgabel dient zur orientierenden Prüfung der Luft- und Knochenleitung.

Rinne-Versuch Hierbei werden die **Luft-** und die **Knochenleitung** an einem Ohr miteinander verglichen. Dazu wird der Fuß einer schwingenden Stimmgabel solange auf den Knochen des **Mastoids** (hinter dem Ohr) aufgesetzt, bis der Patient den Ton nicht mehr hört. Ein Gesunder hört den Ton wieder, wenn die Stimmgabel, ohne neu angeschlagen zu werden, anschließend vor das Ohr gehalten wird (**Rinne positiv**). Bei einer Schallleitungsschwerhörigkeit wird der Ton auch vor dem Ohr nicht mehr gehört (Rinne negativ). Praktisch und schnell ist aber auch der direkte Lautheitsvergleich zwischen Stimmgabel auf dem Mastoid und unmittelbar anschließend vor dem Ohr, wo der Hörgesunde den Schall lauter als über die Knochenleitung vom Mastoid hört.

Weber-Versuch Der **Weber-Versuch** beruht auf dem beidohrigen Vergleich der Knochenleitung. Mit einer Stimmgabel wird in der Mitte der Stirn an der Haargrenze eine Schwingung der Schädelknochen angeregt. Ohrgesunde hören den Ton entweder in der Schädelmitte oder auf beiden Ohren gleich laut. Der einseitig **Schallleitungsschwerhörige** hört die Stimmgabel im **kranken Ohr** deutlich lauter ("Lateralisation"). Ein Gesunder kann dies leicht an sich selbst überprüfen, indem er den Weber-Versuch durchführt und ein Ohr mit dem Finger zuhält. Er wird den Ton auf diesem Ohr hören. Bei ausgeprägten **Schallempfindungsstörungen**, die auch die tiefen Töne betreffen, wird der Ton zur **gesunden Seite** lateralisiert. Allerdings beträgt die höchste Frequenz bei klinisch genutzten Stimmgabeln 512 Hz und der Tieftonbereich ist bei vielen Schallempfindungsstörungen anfänglich gut erhalten, sodass ein **„mittiger Weber"** eine Schallempfindungsschwerhörigkeit nicht ausschließt.

Lateralisation
Die Lateralisation bei Schallleitungsstörung kann mit dem Schalltransport erklärt werden. Der Schall wird im Mittelohr nicht nur von außen nach innen, sondern auch von innen nach außen transportiert und durch das Trommelfell abgegeben. Bei einer Schallleitungsstörung geht dem Innenohr bei der Stimmgabelprüfung nach Weber weniger Schallenergie verloren als beim gesunden Ohr (Mach-Schallabflusstheorie). Das schallleitungsgestörte Ohr hört die Stimmgabel daher lauter.

> **Schallleitungsstörung: Verlegung von Gehörgang oder Erkrankung des Mittelohres. Schallempfindungsstörung: Erkrankungen von Innenohr und/oder Hörnerv**

52.3.2 Klinische Audiometrie

Audiometrische Verfahren bestimmen das Hörvermögen, wobei die Hörschwelle am einfachsten zu erfassen ist.

Audiometrie Die **klinische Audiometrie** bestimmt das Hörvermögen mit **psychoakustischen** und **physiologischen** Methoden. Ton- und Sprachaudiometrie bilden die Grundlage für die Beschreibung der Schwerhörigkeit und Erfolgskontrolle bei der Rehabilitation des Hörens von **Erwachsenen**. Die Diagnostik des Hörvermögens von **kleinen Kindern** baut auf die physiologischen Methoden (▶ Abschn. 52.5.1) auf, welche auch für die Differentialdiagnostik von Hörstörungen Erwachsener von großer Bedeutung sind.

Tonschwellenaudiometrie Jeder Ton wird vom Untersuchten erst oberhalb eines bestimmten Schalldruckpegels, der **Hörschwelle**, gehört. Deshalb spricht man auch von **Tonschwellenaudiometrie**. Die Hörschwelle ist frequenzabhängig und zwischen 2 000 und 5 000 Hz am niedrigsten. Sie stellt eine Isophone dar (4 Phon) und testet die Empfindlichkeit des Hörens. Die gekrümmte Hörschwellenkurve (◘ Abb. 52.3) ist für den klinischen Alltag jedoch unpraktisch. Vielmehr hat man die beim Durchschnitt gesunder Jugendlicher messbare Hörschwelle für alle Frequenzen bestimmt und willkürlich als 0 dB (Hörverlust, HV) bezeichnet. Die beim Patienten bestimmte Hörschwelle wird auf diese 0-dB-Gerade bezogen in dB (HV) dargestellt (◘ Abb. 52.5), sodass für den medizinischen Alltag ein übersichtliches Bild entsteht. Diese Form der Darstellung heißt **Tonaudiogramm**. Im Audiogramm weicht die Messlinie beim Schwerhörigen dann um einen bestimmten dB-Betrag von der normalen Hörschwelle nach unten ab. Verschließt ein Gesunder beide Ohren mit den Fingern, so beträgt diese Abweichung beispielsweise 20 dB. Man spricht dann von einem **Hörverlust** (HV) von 20 dB HV (◘ Abb. 52.5b). Die Messung erfolgt über Kopfhörer (**Luftleitung**) und über einen Vibrator auf dem Schädelknochen (**Knochenleitung**).

Findet man einen Hörverlust für die Luftleitung trotz normaler Hörschwelle bei Knochenleitung liegt eine **Schallleitungsschwerhörigkeit** vor. Ist der Hörverlust bei beiden Verfahren gleich, besteht eine **Schallempfindungsschwerhörigkeit** (sensorineurale Schwerhörigkeit). Der Hörverlust wird hierbei ausschließlich durch das Innenohr bestimmt und bildet sich dementsprechend in gleicher Höhe bei der Luftleitung ab. Findet man einen Hörverlust bei Knochen- und Luftleitung und ist dabei der Hörverlust für die Luftleitung größer, liegt eine **kombinierte Schwerhörigkeit** vor.

Überschwellige und Sprachaudiometrie Auch oberhalb der Hörschwelle ("überschwellig") kann der Arzt Hörprüfungen

52

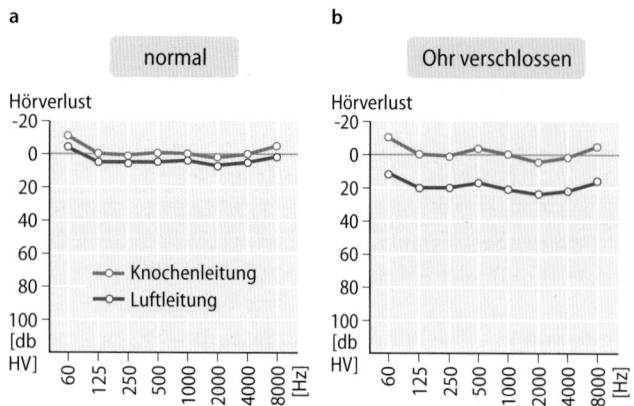

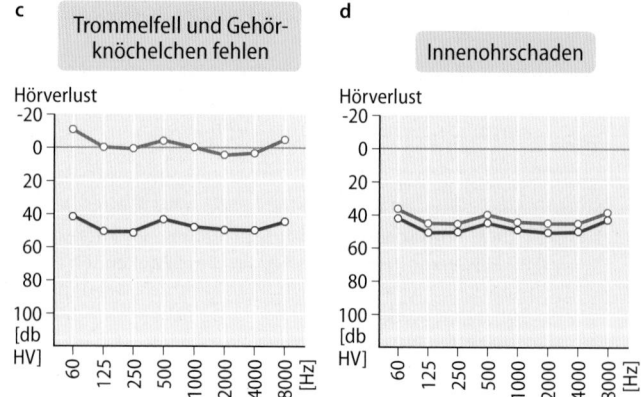

a normal

b Ohr verschlossen

c Trommelfell und Gehör-knöchelchen fehlen

d Innenohrschaden

◻ **Abb. 52.5a–d   Tonschwellenaudiogramm.** Die Schwelle bei Luftleitung (Kopfhörer) ist rot, die Schwelle bei der Knochenleitung (Vibrator wird auf Mastoidknochen aufgesetzt) ist blau gezeichnet. **a** Normales Audiogramm. **b** Schallleitungsstörung von ca. 20 dB bei verschlossenem Gehörgang. **c** Schallleitungsschwerhörigkeit von 40–50 dB bei Verlust bzw. Defekt von Gehörknöchelchen. Da das Innenohr nicht betroffen ist, ist die Knochenleitungsschwelle normal. **d** Hörverlust von 40–50 dB nach einer Schädigung des Innenohrs. Weder durch die Luftleitung, noch durch die Knochenleitung kann das Innenohr den Schall mit normaler Schwelle wahrnehmen

durchführen. Besonders wichtig ist die Sprachaudiometrie: sie prüft das Sprachverständnis ohne die Möglichkeit von Hilfsmitteln wie Lippenlesen und ohne Kontextinformation. Insbesondere das **Sprachverstehen im Störgeräusch** ist die Zielgröße bei der klinischen Beurteilung des Ausmaßes einer Schwerhörigkeit und des Versorgungserfolgs durch mikrochirurgische Operationen, Hörgeräte oder Hörprothesen (Kochlea-Implantat oder Hirnstamm-Implantat).

Die überschwellige Audiometrie unterstützt die Topodiagnostik der Innenohr-Schwerhörigkeit (**sensorineurale Schwerhörigkeit**). Ausschlaggebend für die Diagnostik retrokochleärer Ursachen, wie etwa einem **Akustikusneurinom** sind heute modernere Verfahren wie akustisch evozierte Potenziale (▶ Kap. 53.1) und die Kernspintomographie.

Mit hohen Schalldruckpegeln wird geprüft, ab wann Schall als unbehaglich wahrgenommen wird. Die so bestimmte Unbehaglichkeitsschwelle ist bei Patienten mit sensorineuraler Schwerhörigkeit oft vermindert, was dann die Hörgeräteversorgung erschwert. Eine herabgesetzte **Unbehaglichkeitsschwelle** kennzeichnet auch die sog. **Hyperakusis**, z. B. bei Ausfall des **N. facialis** und Erlöschen des Stapediusreflexes oder auch bei sensorineuraler Schwerhörigkeit.

Impedanzaudiometrie (Tympanometrie)   Die Tympanometrie nutzt die Schallreflexion am Trommelfell, um die **Impedanz** des Mittelohrs zu bestimmen. Dabei wird im abgedichteten Gehörgang ein Sondenton abgestrahlt (1000 Hz für kleine Kinder, 200 Hz für größere Kinder und Erwachsene) und der vom Trommelfell **reflektierte Schall** aufgezeichnet. Der durch eine starke gleichseitige oder gegenseitige Beschallung ausgelöste **Stapediusreflex** wird als Zunahme der Impedanz aufgezeichnet. Die Impedanz (bzw. ihr Kehrwert, die Compliance) wird zudem als Funktion des Luftdrucks im Gehörgang aufgezeichnet, der durch eine Pumpe variiert wird.

Die **Compliance** ist am größten (die Schallreflexion am kleinsten), wenn der statische Luftdruck im Mittelohr und Gehörgang gleich groß ist und nimmt bei Druckabweichungen in beide Richtungen ab, was eine typische **Gipfelbildung** der Compliance beim gesunden Mittelohr ergibt.

Tubenfunktionsstörung

Bei Tubenfunktionsstörung kann der Unterdruck im Mittelohr als Verschiebung des Compliance-Gipfels zu niedrigeren Drücken bzw. der Erguss im Mittelohr als Fehlen eines Compliance-Gipfels nachgewiesen werden: dann ist die Schallreflexion über alle Gehörgangsdrücke hoch (Cave: nicht bei der akuten Mittelohrentzündung durchführen da extrem schmerzhaft).

Klinik

Schallleitungsschwerhörigkeit

Ursachen

Krankhafte Veränderungen von Gehörgang, Trommelfell oder der Gehörknöchelchenkette stören die Schallleitung zum Innenohr und führen zu einem im Tonaudiogramm messbaren Hörverlust bei Luftleitung von bis zu ca. 40 dB.

Therapie

Die Schallleitungsschwerhörigkeit kann i. d. R. gut versorgt werden. Fehlende Gehörknöchelchen werden durch winzige künstliche Prothesen, z. B. aus Titan, bei einem mikrochirurgischen Eingriff ersetzt: **Tympanoplastik**. Ein festgewachsener Steigbügel (z. B. bei der Krankheit Otosklerose) kann mikrochirurgisch mittels LASER entfernt und stattdessen ein künstlicher Steigbügel (typische Größe 4,25×0,4 mm) aus Platin und Teflon implantiert werden (**Stapesplastik**). Wenn die passive Schallübertragung nicht ausreichend hergestellt werden kann, z. B. bei angeborenen Fehlbildungen des Ohrs oder chronischen Mittelohrentzündungen, kann das Hören Betroffener durch konventionelle oder implantierbare Hörgeräte i. d. R. gut rehabilitiert werden. Implantierbare Hörgeräte übertragen Schwingungen direkt auf den Schädelknochen (Knochenleitungshörgeräte), die Gehörknöchelchen oder das Innenohr.

Klinik

Adenoide

Tubenfunktionsstörungen sind bei kleinen Kindern sehr häufig und werden durch die vergrößerten Rachenmandeln (adenoide Vegetationen, auch Adenoide oder Polypen genannt) verursacht. Die Tuba auditiva wird hierdurch verlegt und die Paukenhöhle daher nicht mehr ventiliert. Die in der Paukenhöhle enthaltene Luft wird resorbiert, durch den entstehenden Unterdruck läuft Flüssigkeit in die Paukenhöhle. Diese **Paukenhöhlenergüsse** bedingen eine Schallleitungsschwerhörigkeit und müssen behandelt werden, weil sonst eine Sprachentwicklungsstörung droht. Der HNO-Arzt entfernt die Rachenmandel (Adenotomie), führt einen Trommelfellschnitt (Parazentese) durch und/oder legt kleine Röhrchen zur Ventilation der Paukenhöhle (Paukenröhrchen) in das Trommelfell ein.

In Kürze

Die Hörprüfung dient der Untersuchung des Hörvermögens des Patienten. Erkrankungen des **Mittelohrs** führen zu **Schallleitungsstörungen**, Erkrankungen des **Innenohres** zu **Schallempfindungsstörungen**. Bei einer einseitigen Schallleitungsstörung wird beim Weber-Versuch auf das schwerhörige Ohr lateralisiert, während der Rinne-Versuch für das erkrankte Ohr negativ ist.

Tonschwellenaudiometrie und Sprachaudiometrie sind die wichtigsten psychoakustischen Verfahren zur Charakterisierung des Hörvermögens. Mittels Vergleich der Schwellen bei Schallpräsentation mittels Kopfhörer gegenüber einem auf den Knochen aufgesetzten Vibrator können mit der Tonschwellenaudiometrie Probleme bei Schallleitung und Schallempfindung differenziert werden. Die Tympanometrie erlaubt eine objektive Untersuchung der Mittelohrfunktion.

52.4 Schalltransduktion im Innenohr

52.4.1 Hörsinnesorgan Innenohr

Die Kochlea des Innenohres ist das Hörsinnesorgan; ihre Sinneszellen heißen Haarzellen.

Funktion des Innenohrs Das Innenohr besteht aus zwei Hauptteilen. Die Kochlea (Hörschnecke) ist für die Schallverarbeitung, der Vestibularapparat für den Gleichgewichtssinn zuständig. In der Kochlea bildet das Schallsignal eine **Wanderwelle** entlang der schlauchförmigen **Scalen** aus. Das Amplitudenmaximum der Wanderwelle entsteht in Abhängigkeit von der jeweiligen Reizfrequenz an einem bestimmten Ort auf der Basilarmembran. Die Schwingungen der Basilarmembran und der Tektorialmembran lösen eine Abbiegung der Sinneshärchen der Rezeptorzellen (Haarzellen) des Corti-Organs aus. Dadurch wird ein Prozess eingeleitet, welcher das mechanische Schallsignal in ein zelluläres Signal (Rezeptorpotenzial) umwandelt (**transduziert**). Daraufhin setzen innere Haarzellen den afferenten Transmitter Glutamat frei, der in den Spiralganglionneuronen die Kodierung des Schallsignals als Folge von Aktionspotenzialen bewirkt (▶ Abschn. 52.5.1). Äußere Haarzellen sind für die aktive Verstärkung des Wanderwellenmaximums verantwortlich (▶ Abschn. 52.4.3).

Kochlea Die Kochlea ist ein aus mehreren Schläuchen aufgebautes Organ, das in Form eines Schneckenhauses in zweieinhalb Windungen aufgerollt ist (◘ Abb. 52.6). Zwei der drei Schläuche, die Scala vestibuli und die Scala tympani, sind über das **Helikotrema,** ein Fenster an der Kochleaspitze, verbunden. Gegen das Mittelohr ist die Scala vestibuli durch die Steigbügelfußplatte am **ovalen Fenster** abgegrenzt. Die Scala tympani endet am **runden Fenster** des Mittelohrs. Der Scala media grenzen von oben die Scala vestibuli und von unten die Scala tympani an.

Perilymphe und Endolymphe Scala vestibuli und tympani sind mit der aus dem Liquor stammenden **Perilymphe** gefüllt. Diese Flüssigkeit ähnelt anderen extrazellulären Flüssigkeiten, ist also Na^+-reich. Unterhalb der Scala vestibuli liegt die **Scala media**. Diese wird durch die **Reissner-Membran, die laterale** Kochleawand und das **Corti-Organ** auf der Basilarmembran begrenzt (◘ Abb. 52.6). **Tight junctions** dichten die Scala media ab. In der Scala media befindet sich die **Endolymphe**, eine K^+-reiche Flüssigkeit, deren Zusammensetzung intrazellulären Flüssigkeiten ähnelt. Die **Endolymphe** wird von der **Stria vascularis**, einem sehr gut durchbluteten Bereich der lateralen Kochleawand, produziert und weist ein positives elektrisches Potenzial (endokochleäres Potenzial, ca. + 85 mV, s. u.) auf.

Klinik

Hörsturz

Pathologie
Der Hörsturz ist eine plötzliche, innerhalb von Sekunden auftretende Innenohrschwerhörigkeit oder Innenohrertaubung ohne diagnostizierbare Ursache. Im Tonschwellenaudiogramm sieht man eine identische Verschlechterung der Schwellen von Luft- und Knochenleitung. Zusätzlich tritt bei zahlreichen Betroffenen ein Tinnitus (sub-

jektiv wahrgenommenes Ohrgeräusch in der Abwesenheit von Schall) und gelegentlich auch eine Gleichgewichtsstörung auf.

Prognose
Bei geringgradigem Hörsturz ist eine Spontanheilung recht wahrscheinlich. Höhergradige Hörstürze oder Ertaubungen führen

häufig zu einem chronischen Hörverlust mit Verlust der Sprachverständlichkeit.

Therapie
Die Evidenzlage für die Therapie des Hörsturzes ist noch recht schwach. Eingesetzt werden vor allem hochdosierte Glukokortikoide (systemisch oder lokal in der Paukenhöhle).

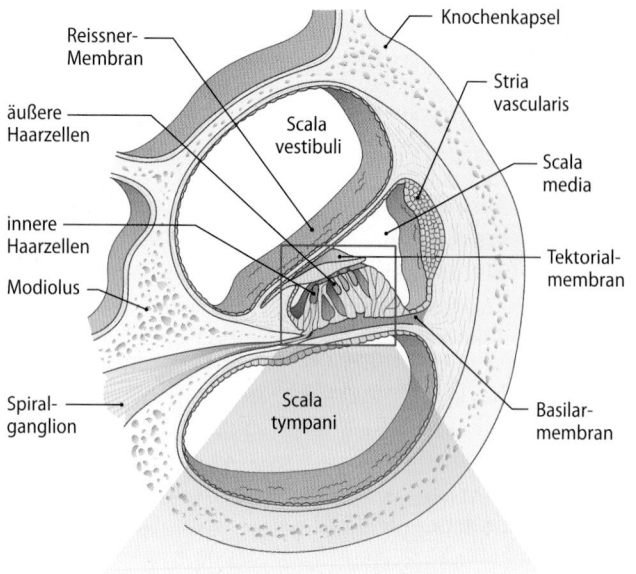

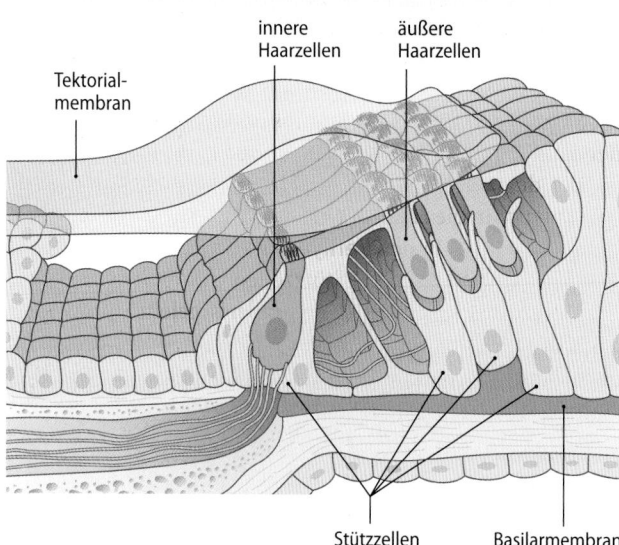

◘ Abb. 52.6   Querschnitt durch die Kochlea und das Corti-Organ. Oben: Kochlea mit Scala vestibuli, Scala media und Scala tympani. Die Reissner-Membran trennt Scala vestibuli und Scala media. Unten: Das Corti-Organ ruht auf der Basilarmembran und trennt Scala media und Scala tympani. Es enthält die inneren und äußeren Haarzellen und afferente und efferente Nervenfasern sowie verschiedene Typen von Stützzellen. Die äußeren Haarzellen sind über ihre Stereozilien mit der über dem Corti-Organ liegenden Tektorialmembran verbunden, die inneren Haarzellen haben keinen Kontakt

Corti-Organ mit Haarzellen   Das Gewebe zwischen Scala media und Scala tympani heißt nach seinem Entdecker Alfonso Corti „Corti-Organ". Es enthält die Hörsinneszellen (Haarzellen), Glia-artige Stützzellen sowie afferente und efferente Nervenfasern und ihre synaptischen Kontakte mit Haarzellen und untereinander. Seine Grenzmembran zur Scala tympani heißt **Basilarmembran**.

Mikromechanik der Kochlea: Wanderwelle   Wird das Ohr beschallt, so schwingt der Stapes mit der ovalen Fenstermem-

bran, sodass die Schallenergie durch das ovale Fenster in die Perilymphe der Scala vestibuli eintritt. Die Flüssigkeit ist **nicht kompressibel** und weicht daher aus; dabei werden Reissner-Membran, Scala media und Corti-Organ nach unten gedrückt (◘ Abb. 52.4). Dadurch wird auch die Flüssigkeit in der Scala tympani verdrängt. Diese ist ebenfalls inkompressibel, kann aber ausweichen, weil die Membran des runden Fensters gegen das Mittelohr gewölbt werden kann.

Im weiteren Verlauf einer Schallschwingung schließt sich die umgekehrte Bewegung an: Steigbügel und ovales Fenster werden wieder nach außen, die Reissner-Membran und das Corti-Organ nach oben, das runde Fenster nach innen bewegt. Da bei einem Schallereignis Schallschwingung auf Schallschwingung das ovale Fenster ein- und auslenken, führt dieser Vorgang zu einer ständigen Auf- und Abwärtsbewegung (**Auslenkung**) der Membranen und des Corti-Organs, die in Richtung Spitze der Kochlea läuft (**Wanderwelle**).

Sensitivität
Die große Empfindlichkeit des menschlichen Ohrs kann man ermessen, wenn man bedenkt, dass der kleinste wahrnehmbare Schalldruck im Innenohr zu Auslenkungen von nur etwa 10^{-10} m, führt. Diese Distanz entspricht ungefähr dem Durchmesser eines Wasserstoffatoms.

52.4.2   Deflektion der Sinneshärchen

Relativbewegungen zwischen den kochleären Membranen lenken die Sinneshärchen der Haarzellen aus; dies ist der adäquate Reiz für diese Sinneszellen und leitet die **mechanoelektrische Transduktion** ein.

Haarzellen   Die Rezeptorzellen des **Corti-Organs** werden auch als Haarzellen bezeichnet, da sie an ihrem oberen Ende jeweils bis zu 100 haarähnliche, submikroskopische Fortsätze, die **Stereozilien** (Sinneshärchen, zellbiologisch Mikrovilli), besitzen. Der Mensch besitzt **drei Reihen äußerer Haarzellen** sowie **eine Reihe innerer Haarzellen** (◘ Abb. 52.6). Über ihnen (in der Scala media) befindet sich eine gelatinöse Masse, die Tektorialmembran, welche die Spitzen der längsten Stereozilien der äußeren Haarzellen soeben berührt. Dadurch befindet sich zwischen Tektorialmembran und Haarzellen ein schmaler, mit Endolymphe gefüllter Spalt.

Deflektion der Stereozilien   Die schallinduzierte Auslenkung von Scala media und Corti-Organ führt zu einer Relativbewegung (Scherbewegung) zwischen **Tektorialmembran** und Corti-Organ, da diese an unterschiedlichen übereinanderliegenden Orten parallel aufgehängt sind (◘ Abb. 52.6). Da die Spitzen der längsten Stereozilien der **äußeren Haarzellen** mit der Tektorialmembran verbunden sind, werden diese bei der Scherbewegung deflektiert – diese Bewegung stellt den adäquaten Reiz für die Haarzellen dar (◘ Abb. 52.7).

Hydrodynamische Kopplung   Die **inneren Haarzellen** haben **keinen direkten Kontakt** mit der Tektorialmembran. Daher wird angenommen, dass der schmale endolymphatische Flüssigkeitsfilm zwischen Tektorialmembran und Haarzellen auf-

a

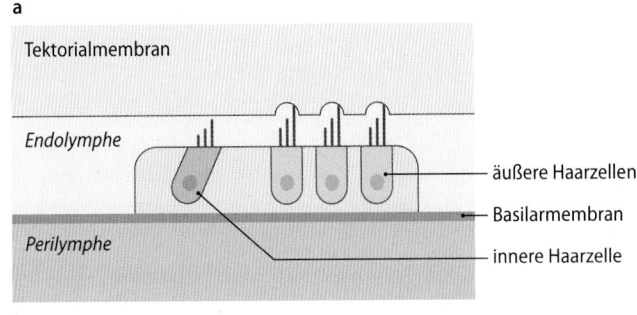

b

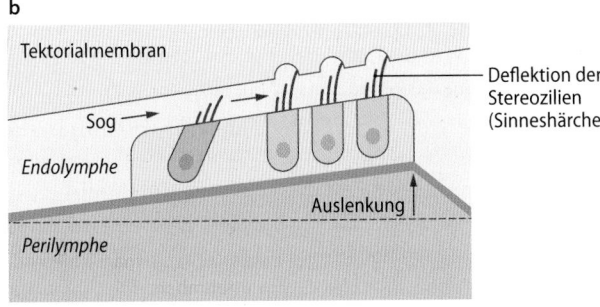

□ Abb. 52.7a,b   Mikromechanische und fluiddynamische Stimulation der Haarzellen. Anordnung der Haarzellen zwischen Tektorial- und Basilarmembran; **a in Ruhe:** Äußere Haarzellen sind mit ihren Stereozilien mit der darüberliegenden Tektorialmembran verbunden, innere berühren sie nicht; **b bei Auslenkung der Basilarmembran.** Die wanderwelleninduzierte Auslenkung der Basilarmembran – einschließlich Haarzelle – nach oben führt zu einer Deflektion der Stereozilien. Die Stereozilien der äußeren Haarzellen werden direkt durch Relativbewegungen der Tektorialmembran und Basilarmembran deflektiert. Die bei der Vibration der Kochlea entstehende radiäre Endolymphströmung (Pfeile) lenkt die Stereozilien der inneren Haarzellen aus

grund der Scherbewegung unter der Tektorialmembran hin- und hergleitet (radiäre subtektoriale Endolymphströmung; Pfeile in □ Abb. 52.7). Dadurch sollen die Stereozilien der inneren Haarzellen mitgenommen und ausgelenkt werden (**hydrodynamische Kopplung**).

52.4.3   Transduktionsprozess

Die mechanische Deflektion der Stereozilien öffnet mechanosensitive Ionenkanäle und bedingt so ein Rezeptorpotenzial der Haarzellen; mechanoelektrische Transduktion des Schallsignals.

Rezeptorpotenzial   Haarzellen besitzen wie alle erregbaren Zellen ein negatives Ruhemembranpotenzial (□ Abb. 52.8). Durch die Ruheoffenwahrscheinlichkeit der K^+-permeablen Transduktionskanäle **in vivo** bedingt, liegt es jedoch vermutlich zwischen -40 mV bis -55 mV. Eine Deflektion der Stereozilien infolge des Schallreizes ändert die Offenwahrscheinlichkeit der Transduktionskanäle und so das Membranpotenzial: es entsteht das **Rezeptorpotenzial**.

Ontogenetisch reife Haarzellen haben keine spannungsgesteuerten Natriumkanäle und bilden keine Aktionspotenziale. Das Rezeptorpotenzial dieser sekundären Sinneszellen (ein „analoges" Signal, siehe auch Photorezeptoren) enthält

mehr Information als ein einzelnes Aktionspotenzial (ein „digitales" oder „alles oder nichts"-Signal).

> ❯ **Haarzellen sind sekundäre Sinneszellen: Sie generieren Rezeptorpotenziale durch mechanoelektrische Transduktion, jedoch keine Aktionspotenziale.**

Endokochleäres Potenzial   Das Innenohr weist zwei elektrophysiologische und elektrochemische Besonderheiten auf, die das Rezeptorpotenzial bei physiologischer Erregung, aber auch bestimmte Formen der Schwerhörigkeit erklären (□ Abb. 52.8). Die Scala media enthält Endolymphe mit einer ungewöhnlich hohen extrazellulären Kaliumkonzentration von ca. 140 mmol/l und ist darüber hinaus gegenüber den übrigen Extrazellulärräumen des Körpers stark positiv geladen. Dieses ständig vorhandene Potenzial heißt **endokochleäres Potenzial und beträgt ca. +85 mV.** Es wird – wie die hohe K^+-Konzentration – von der Stria vascularis erzeugt (□ Abb. 52.8).

Kaliumkreislauf   Die **Stria vascularis** ist ein gut durchblutetes, der Niere ähnliches Epithel in der lateralen Kochleawand. Die Zellen der Stria vascularis haben einen komplexen Besatz von Ionenpumpen und -Kanälen, die zu einem **Kaliumtransport** vom **Perilymphraum** in die **Endolymphe** der Scala media führen (□ Abb. 52.9).

Bei der Schalltransduktion strömt K^+ aus dem **Endolymphraum** in die Haarzellen ein und über basolaterale Kaliumkanäle passiv in den **Perilymphraum** aus. Von dort wird K^+ unter anderem durch Stützzellen und Fibrozyten über Connexine zurück zur Stria vascularis geleitet. Damit die

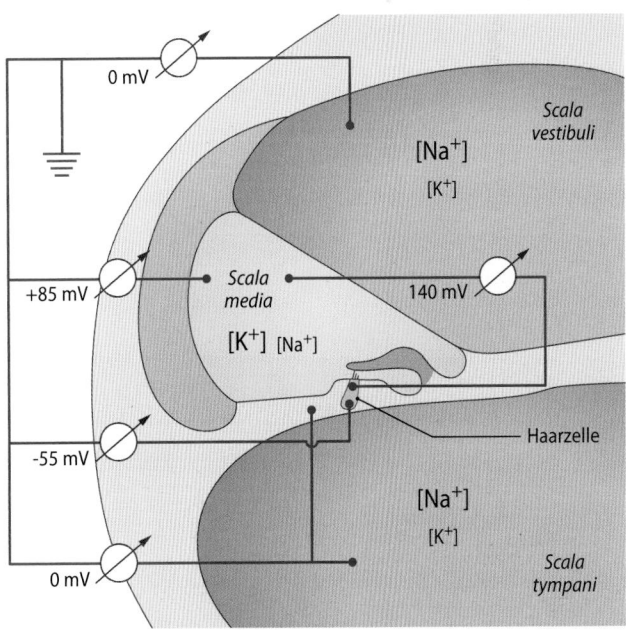

□ Abb. 52.8   Endokochleäres Potenzial. Das endokochleäre Potenzial und das Ruhemembranpotenzial der Haarzellen bedingen bei symmetrischer Kaliumkonzentration in Endolymphe und Haarzelle eine hohe treibende elektrische Kraft für Kalium von der Endolymphe in die Haarzelle, während es an der basolateralen Haarzellmembran zum Kaliumausstrom entlang des dortigen elektrochemischen Gradienten kommt

52

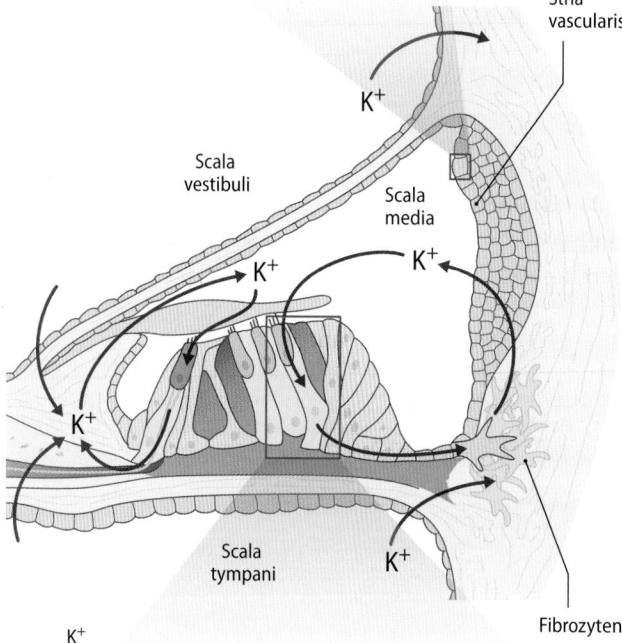

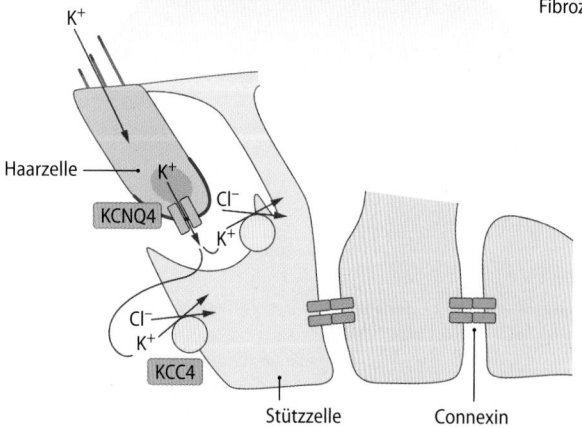

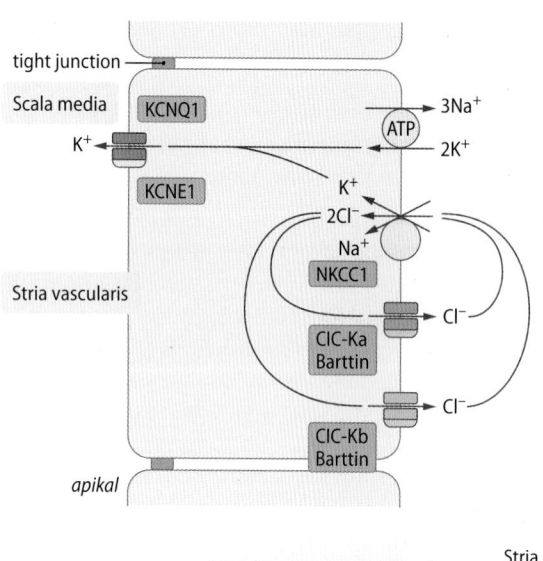

Abb. 52.9 Kaliumkreislauf. Die Scala media hat ein positives endokochleäres Potenzial und eine hohe Kaliumkonzentration in der Endolymphe. Das apikale Ende der im Ruhezustand hyperpolarisierten Haarzellen mit den Stereozilien ragt in die Endolymphe. Bei der Öffnung der Transduktionskanäle an den Spitzen der Stereozilien strömen Kaliumionen entlang des elektochemischen Gradienten aus der Endolymphe in die **Haarzelle** ein und **depolarisieren** die Zelle (Rezeptorpotenzial). Kaliumkreislauf der Kochlea: Die **Stria vascularis** pumpt K⁺ in die Endolymphe und baut so das endokochleäre Potenzial auf. Haarzellen nutzen basolaterale Kaliumkanäle zum passiven Ausstrom von K⁺ in den Perilymphraum. Von dort wird K⁺ unter anderem durch Stützzellen und Fibrozyten über Connexine zurück zur Stria vascularis geleitet

Transmembranale Potenzialdifferenz Die Zilien der Haarzellen ragen in den Endolymphraum. Das **Ruhemembranpotenzial** der Haarzellen beträgt **ca. −55 mV.** Hieraus errechnet sich für die Zilienoberfläche eine **transmembranale** Potenzialdifferenz von **ca. 140 mV** (◻ Abb. 52.8). Weil die K⁺-Konzentration in der Endolymphe mit 140 mmol/l etwa der intrazellulären K⁺-Konzentration entspricht, errechnet sich nach der Nernst-Gleichung (▶ Kap. 6.1) ein chemisches K⁺-Gleichgewichtspotenzial von 0 mV. Das bedeutet, dass die gesamte elektrische transmembranale Potenzialdifferenz (140 mV) als treibende Kraft für einen K⁺-Einstrom in die Zelle zur Verfügung steht.

An der basolateralen Membran wiederum besteht der übliche elektrochemische Gradient für K⁺ (chemisches K⁺-Gleichgewichtspotenzial von ca. -80 mV), sodass dort K⁺ während der Depolarisation durch spannungsgesteuerte K⁺-Kanäle ausströmt und die Haarzelle wieder hyperpolarisiert. Während in Neuronen und Muskelzellen Na⁺ über Ionen-Pumpen aktiv unter Verbrauch von ATP aus der Zelle transportiert werden müssen, geschieht dies für K⁺ in Haarzellen passiv durch Kanäle. Apikaler Einstrom von K⁺ anstelle von Na⁺ als depolarisierendes Kation ermöglicht es der Kochlea also, die **metabolische Last** der Haarzellen zu mindern, die wegen der auf maximale akustische Sensitivität gestalteten Anatomie relativ schlecht durch Blutgefäße versorgt sind. Es besteht also eine „Arbeitsteilung": Stria vascularis = „Batterie", Corti-Organ = „Verarbeitung akustischer Signale".

> Haarzellen nutzen den Einstrom von Kaliumionen zur Depolarisation. Sie sparen auf diese Weise metabolische Energie.

Ototoxische Medikamente
Medikamente mit gehörschädigender Wirkung (ototoxische Medikamente) sind vor allem Aminoglykosid-Antibiotika und platinhaltige Zytostatika. Es scheint, dass die Substanzen durch die große Pore des Transduktionskanals in die Haarzellen eindringen und z. B. deren Mitochondrien schädigen.
Eine Überdosierung von Schleifendiuretika (▶ Kap. 33.4) führt als Nebenwirkung zur Blockierung des Na-K-2Cl-Kotransporters der Stria vascularis. Durch den Zusammenbruch des endolymphatischen Potenzials kann die Transduktion nicht mehr stattfinden, sodass eine akute reversible Schwerhörigkeit entsteht.

Transduktionsprozess und Transduktionsmaschine Bei der mechanoelektrischen Transduktion führt die Deflektion der Zilien zur Öffnung von Transduktionskanälen. Über diese strömt K⁺ aufgrund der transmembranalen Potenzialdifferenz in die Zelle ein, die Zelle depolarisiert. Die an der Spitze der

Kompartimentierung aufrechterhalten werden kann, dichten **tight junctions** die Scala media ab. Die komplexe molekulare Physiologie des kochleären Kaliumzyklus ist bei genetischer Schwerhörigkeit, unter anderem auch bei Ohr-Niere-(otorenalem) Syndrom, betroffen (◻ Abb. 52.9).

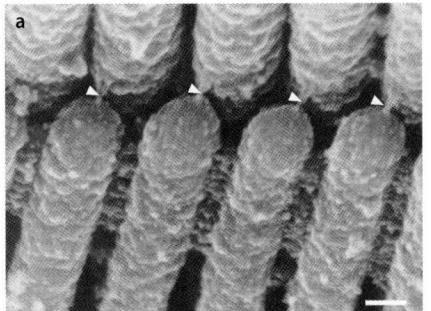

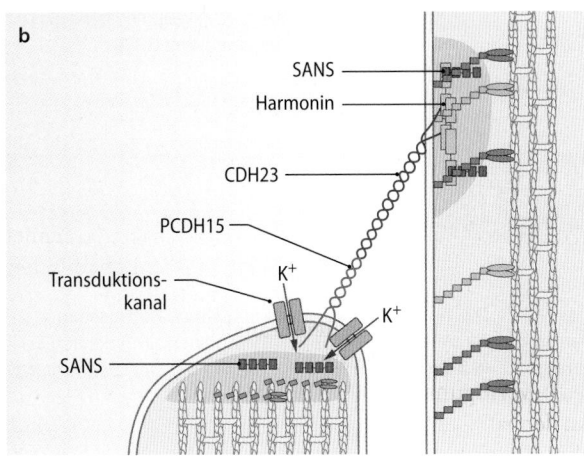

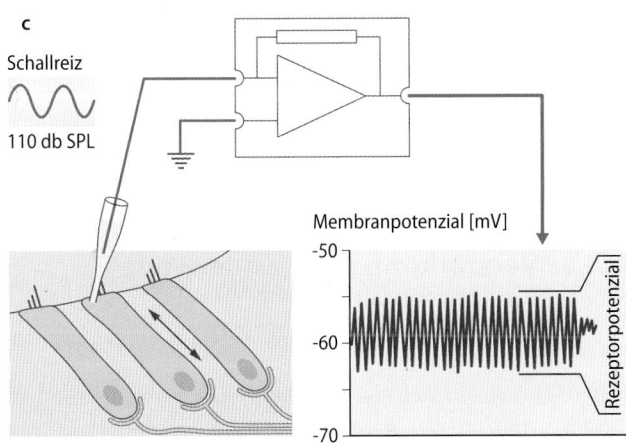

□ **Abb. 52.10a–c Mechanoelektrische Transduktion und Rezeptorpotenzial. a** Rasterelektronenmikroskopie von Haarzellen aus der Ratte die mit einem tip link verbunden sind (mit freundlicher Genehmigung von David N. Furness, Professor of Cellular Neuroscience, School of Life Sciences, Lead Director of the Electron Microscope Unit, Keele University). Größenmarker 100 nm. Eine akustische Reizung führt zu einer Anspannung der tip links, die zur Öffnung von Ionenkanälen in den Spitzen von Stereozilien führt. **b** Transduktionsmaschinerie: der Transduktionskanal enthält vermutlich „Transmembrane Channel-like proteins" (TMCs) und wird durch das aus Protocadherin 15 (PCDH15) und Cadherin 23 (CDH23) zusammengesetzte tip link geöffnet. Diese extrazellulären Matrixproteine sind, wie die an der Verankerung des tip links beteiligten Proteine Sans und Harmonin, beim Usher-Syndrom (kann zur Taubblindheit führen) von Mutationen betroffen. **c** Schallreize führen zu periodischen Auslenkungen der Stereozilien, welche zu periodischen Änderungen des Membranpotenzials der Haarzellen führen. Diese können durch elektrische Ableitungen aus den Zellen gemessen werden

Zilie lokalisierten Transduktionskanäle werden vermutlich durch „Transmembrane Channel-like Proteins" gebildet, die ein Teil einer komplexen **Proteinmaschine** sind (□ Abb. 52.10).

Ausgehend von einem Proteinkomplex an der Spitze des kürzeren Ziliums, der vermutlich den Transduktionskanal enthält, wird eine fadenartige extrazelluläre Verbindung (sog. **tip link**) zum nächst-längeren Zilium gebildet und dort verankert. Werden die Stereozilien in Erregungsrichtung deflektiert, so werden die **tip links** zwischen den Zilien gespannt. Der Zug der tip links öffnet mechanisch die Transduktionskanäle. Die resultierende Depolarisation wird als Rezeptorpotenzial bezeichnet. In den äußeren Haarzellen führt die Depolarisation zur **Verkürzung** der Zellen (► Abschn. 52.5.2), an den inneren Haarzellen zur **Transmitterfreisetzung** (► Abschn. 52.6.1).

In Kürze

In der Kochlea löst das Schallsignal wellenförmige Auf- und Abwärtsbewegungen der kochleären Strukturen aus. Diese sog. **Wanderwelle** hat in Abhängigkeit von der jeweiligen Reizfrequenz an einem bestimmten Ort entlang des Corti-Organs ihr Maximum.

Klinik

Taubheit durch Gendefekte des kochleären Kalium-Zyklus

Der sog. kochleäre Kalium-Zyklus bildet einen Hotspot für Taubheitsmutationen. Gendefekte von Connexin-26, welches die Connexin-Kanäle (**gap junctions**) zwischen den Stützzellen des Corti-Organs und den Fibrozyten der lateralen Wand der Scala media bildet, sind die häufigste Ursache für vererbte Schwerhörigkeit. Bei der dominanten Schwerhörigkeit DFNA2 findet sich ein genetischer Defekt von $K_V7.4$ in den Haarzellen.

$K_V7.1$ wird in der Stria vascularis und in Kardiomyozyten exprimiert. Eine Mutation (**Jervell-Lange-Nielsen-Syndrom**) führt daher zum erblichen Long-QT-Syndrom mit Taubheit. Die Chloridkanal-Untereinheit Barttin ist neben der Stia vascularis im aufsteigenden, wasserdichten Teil der Henle-Schleife exprimiert. Gendefekte führen daher zum erblichen **Bartter-Syndrom** mit Taubheit und eingeschränkter Harnkonzentrierung.

Das bei nicht-syndromaler Taubheit betroffene Transmembrane-Channel-like Protein 1 (TMC1) gilt aktuell als Kandidat für den Transduktionskanal der Haarzellen. Viele an der Transduktion beteiligte Proteine sind beim **Usher-Syndrom** (Schwerhörigkeit mit bzw. ohne Gleichgewichtsstörung und Netzhautdegeneration) betroffen.

52

Im Bereich des Wanderwellenmaximums kommt es zu einer **Relativbewegung** (Scherbewegung) zwischen Tektorialmembran und Corti-Organ, die zur **Auslenkung** der Stereozilien führt. Durch Zug an den tip links öffnen sich Transduktionsionenkanäle in den Stereozilien, worauf K⁺-Ionen aus der kaliumreichen Endolymphe in die Haarzellen einströmen. Sie lösen das **Rezeptorpotenzial** aus. Dieses führt zur Elektromotilität der äußeren Haarzellen und Freisetzung von Glutamat an den Synapsen der inneren Haarzellen.

52.5 Frequenzselektivität und Sensitivität

52.5.1 Wanderwelle

Die hohe Frequenzselektivität des Ohrs beruht auf verstärkten Wanderwellen entlang des Corti-Organs; jede Wanderwelle wandert vom Steigbügel in Richtung zum Helikotrema und bildet an ihrem frequenzspezifischen Ort ein Maximum.

Frequenzselektivität Das Ohr hat eine erstaunlich gute Fähigkeit, Tonhöhen zu unterscheiden, wenn die Töne sukzessiv angeboten werden. Bei 1 000 Hz können Änderungen um 0,3 %, also 3 Hz wahrgenommen werden (**Frequenzunterschiedsschwelle**).

Wanderwelle Die Ausbildung dieser **Frequenzselektivität** wird durch die passive und aktive Mikromechanik der Kochlea ermöglicht. Die aktive Mikromechanik der Kochlea beruht auf der Verstärkungsfunktion der äußeren Haarzellen (▶ Abschn. 52.5.2). Erklingt ein Ton, werden die schlauchförmige Scala media und das Corti-Organ gleichzeitig in die bereits geschilderten ständigen Auf- und Abwärtsbewegungen, also in Vibrationen, versetzt. Daraus resultieren **Wanderwellen**, die bis zur Schneckenspitze laufen und abhängig von den enthaltenen Frequenzen ihre Schwingungsmaxima an bestimmten Orten der Kochlea ausbilden (◘ Abb. 52.11).

Ortsprinzip Für das Verständnis der Frequenzselektivität ist von grundlegender Bedeutung, dass sich wegen der passiven mikromechanischen Eigenschaften der Basilarmembran das Schwingungsmaximum der Wanderwelle für **jede Tonfrequenz an einem anderen Ort** in Längsrichtung der Basilarmembran ausbildet. Hohe Frequenzen erzeugen das Maximum der Wanderwelle in der Nähe der Schneckenbasis, wo die Basilarmembran schmaler und steifer ist. Die weite und weichere Basilarmembran an der Schneckenspitze hingegen schwingt am besten für tiefe Frequenzen. Für jede Tonhöhe gibt es dadurch einen bestimmten Ort der Maximalauslenkung der Wanderwelle, was als **Tonotopie** oder Ortsprinzip bezeichnet wird.

Eine einzelne Frequenz wird also nur Haarzellen an einem bestimmten Ort reizen. Ein aus mehreren Tonhöhen be-

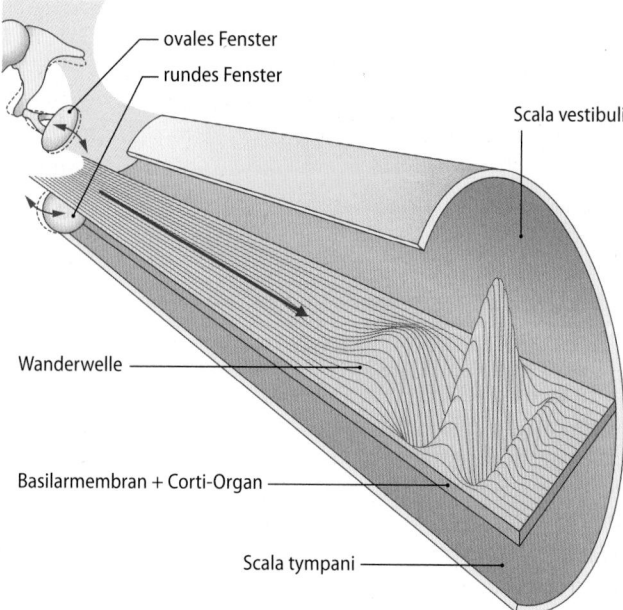

◘ **Abb. 52.11 Die Wanderwelle in den kochleären Membranen.** Die Wanderwelle startet nahe den Fenstermembranen, läuft die Basilarmembran entlang in Richtung Schneckenspitze und bildet der Frequenz entsprechend ein Maximum aus

stehendes Schallereignis wird entsprechend längs der Basilarmembran in seine Frequenzkomponenten zerlegt, es entstehen mehrere Schwingungsmaxima: **Frequenzzerlegung.**

❯ Die Kochlea realisiert eine Frequenzzerlegung quasi in Echtzeit.

52.5.2 Verstärkung der Wanderwelle – Elektromotilität der äußeren Haarzellen

Äußere Haarzellen sind die Ursache für die bis zu tausendfache Verstärkung der Wanderwelle; dazu sind sie aktiv beweglich (Elektromotilität) und treiben bei schwachem Schalldruck die Wanderwelle wie ein Motor an.

Motilität äußerer Haarzellen Bei niedrigem Schalldruck erzeugen die äußeren Haarzellen zusätzliche **nano- bis mikromechanische Schwingungen** in der Reizfrequenz. Äußere Haarzellen können sich bis zu 20 000-mal pro Sekunde (also bis 20 kHz) verkürzen und verlängern. Dadurch wirken sie wie Servomotoren, die die Wanderwelle nach ihrem ersten Schritt bis zu tausendfach verstärken. Die zusätzliche Schwingungsenergie entsteht nur an dem jeweils frequenzcharakteristischen, eng umschriebenen Ort der Basilarmembran. Nur dort werden jeweils einige wenige äußere Haarzellen durch die Tektorialmembran gereizt, die zusätzlich erzeugte Schwingungsenergie wird scharf lokalisiert an wenige innere Haarzellen abgegeben: die **Wanderwelle** wird in dem sehr eng umschriebenen Bereich **verstärkt**. Ohne diesen Verstärkungsmechanismus sind Schalldrücke bis ca. 60 dB SPL **nicht** in der Lage, die **inneren Haarzellen** zu stimulieren.

Prestin   Der für diesen Verstärkungsprozess verantwortliche **molekulare Motor** ist das Protein **Prestin** (ital. „presto" = schnell). Prestin ist ein den Anionentransportern verwandtes Protein, welches selbst keine Transportfunktion aufweist. Es ändert, ähnlich spannungsgesteuerten Ionenkanälen, bei Änderung des Membranpotenzials seine Konformation. Da bei **Depolarisation** sehr viele Prestin-Moleküle in der lateralen Zellmembran der äußeren Haarzellen quasi „in Serie" ihre Konformation ändern, verkürzt sich die äußere Haarzelle („**Elektromotilität**" ◘ Abb. 52.12). Bei Repolarisation elongiert sie. Dies führt durch die Verankerung der äußeren Haarzelle über Stützzellen an der Basilarmembran und über die Stereozilien an der Tektorialmembran zu einer Verstärkung der Wanderwelle bei schwacher Schallstimulation und zur Dämpfung der Wan-derwelle bei starkem Schall (aktive Mikromechanik) im Takt der Schallfrequenz.

Efferente Innervation äußerer Haarzellen   Neurone des oberen Olivenkerns im Hirnstamm projizieren in die Kochlea und bilden inhibitorischen Synapsen mit äußeren Haarzellen. Dabei bedienen sich diese cholinergen Synapsen eines unkonventionellen Mechanismus, bei dem Ca^{2+}-Einstrom durch nikotinische Acetylcholinrezeptoren einen inhibitorischen Kaliumausstrom durch Ca^{2+}-aktivierte Kaliumkanäle induziert. Auf diese Weise kann der Hirnstamm die kochleäre Verstärkung regulieren. Dieser Inhibition wird ähnlich dem Stapediusreflex eine gewisse Schutzfunktion gegenüber lautem Schall zugeschrieben.

> **❯ Depolarisation kontrahiert äußere Haarzellen über die Konformationsänderung von Prestin.**

Otoakustische Emissionen   Ein winziger Teil der Energie der Bewegungen der äußeren Haarzellen wird über das Mittelohr als Schall nach außen abgestrahlt und lässt sich mit hoch empfindlichen **Mikrophonen** messen. Diese **otoakustischen Emissionen** (OAE) dienen klinisch der Erfassung der Funktion der äußeren Haarzellen, die bei vielen Innenohrschwerhörigen eingeschränkt ist. OAE dienen auch dem **Neugeboren-Hörscreening beim Hausarzt und Kinderarzt.**

Sprachverständnisstörung   Bei vielen Innenohrschwerhörigen ist die scharfe **Frequenzabstimmung** der Kochlea **(tuning)** durch Störung oder Verlust der äußeren Haarzellen nicht mehr vorhanden. Als Folge leiden die Betroffenen insbesondere an einer Einschränkung des Sprachverstehens. Anstieg und Abfall des Amplitudenmaximums der Wanderwelle sind so flach, dass sich das Wellenmaximum für eine bestimmte Frequenz breit und unscharf auf der Basilarmembran abbildet. Nur die passive Mikromechanik der Kochlea funktioniert noch, die drastische Verstärkung durch äußere Haarzellen, die zur scharfen Spitze und damit zur **Frequenzselektivität** führt, fehlt.

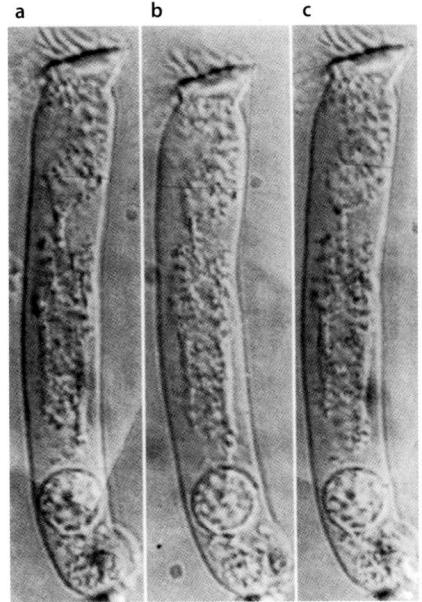

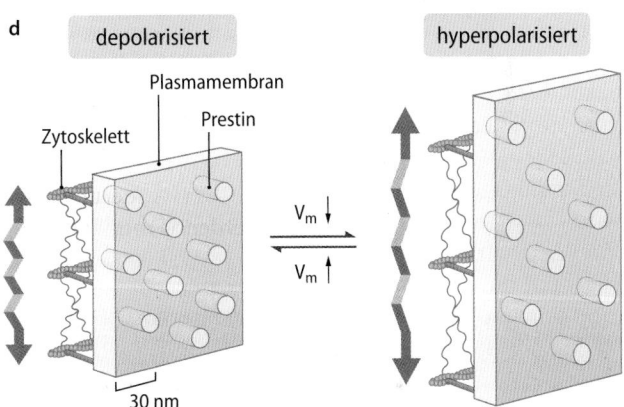

◘ **Abb. 52.12a–d   Die Motilität äußerer Haarzellen als Grundlage des kochleären Verstärkers. a** Haarzelle in Ruhe. **b** Verkürzung nach Stimulation. **c** Anschließende Elongation der Haarzelle. **d** Prestin ist ein integrales Membranprotein, das bei Änderung des Membranpotenzials (V_m) seine Konformation ändert und durch die Kopplung vieler Prestin-Moleküle zur mechanischen Längenveränderung der äußeren Haarzellen führt

Sprachverstehen
Aktuelle Studien zeigen, dass das Sprachverstehen in besonders starkem Maße auch durch Funktionsstörungen der Schallkodierung in den Spiralganglionneuronen gestört wird, sodass Sprachverständnisstörungen wohl von mehreren Pathomechanismen bedingt werden.

In Kürze

Die **Frequenzselektivität** des Innenohres ist eine zentrale Eigenschaft unseres Hörens und wichtig für das Sprachverstehen. Sie ist vor allem auf das **Ortsprinzip** (Tonotopie) zurückzuführen. Die mikromechanische Frequenzerlegung der Kochlea beruht auf passiven und aktiven Mechanismen: Die passive Wanderwelle wird an einem frequenzspezifischen Ort entlang der Kochlea bis zu tausendfach aktiv durch die Elektromotilität der äußeren Haarzellen verstärkt. In der Folge kommt es zu einer ortsspezifischen Reizung **innerer Haarzellen.**

52

52.6 Synaptische Schallkodierung

52.6.1 Präsynaptische Funktion der inneren Haarzelle

Innere Haarzellen erregen die Spiralganglionneurone durch glutamaterge synaptische Transmission an spezialisierten Bandsynapsen; Spiralganglionneurone kodieren den Schall in Aktionspotenziale und leiten die Information zum Hirnstamm.

Transmitterexozytose Wie unter ▶ Abschn. 52.4.3 besprochen, führt Reizung innerer Haarzellen zur Ausbildung eines **Rezeptorpotenzials**. Nachfolgend kommt es zur Aktivierung **spannungsgesteuerter Ca²⁺-Kanäle** ($Ca_V1.3$) an den etwa 1–2 Dutzend aktiver Zonen der Transmitterfreisetzung am **basalen Pol** der Zelle. Der resultierende **Ca²⁺-Einstrom** löst die **Exozytose** von synaptischen Vesikeln aus, die **Glutamat freisetzen**. Glutamat bindet postsynaptisch an AMPA-Rezeptoren der Nervenzellmembran (◘ Abb. 52.13).

Bandsynapsen Während der Schallstimulation setzt jede aktive Zone der inneren Haarzelle hunderte von Vesikeln pro Sekunde frei. Gleichzeitig erfolgt die Freisetzung **synchron** zum Stimulus mit einer zeitlichen Präzision unter einer Millisekunde. Die erfordert eine stets ausreichende Zahl freisetzungsbereiter Vesikel an der aktiven Zone. Dieses wird durch effiziente Rückgewinnung (**Endozytose**) und Wiederbereitstellung von Vesikeln sichergestellt. Die innere Haarzelle ist für diese herausfordernde präsynaptische Funktion molekular spezialisiert. Das **synaptische Band** (◘ Abb. 52.13), das überwiegend aus dem Protein **Ribeye** besteht, stabilisiert die Kalziumkanäle und Freisetzungsstellen für synaptische Vesikel an der aktiven Zone und ist ebenso

wie das Protein **Otoferlin** für die effiziente Bereitstellung der Vesikel erforderlich. Die $Ca_V1.3$ Ca²⁺ Kanäle sind beim Ruhemembranpotenzial bereits teilweise aktiv und zeigen wenig Inaktivierung. Dies ermöglicht die **ausdauernde Transmitterfreisetzung** an der aktiven Zone der Haarzelle.

Auditorische Synaptopathie
Genetische Defekte der Transmitterfreisetzung (z. B. Defekte von Otoferlin oder $Ca_V1.3$ Ca²⁺ Kanal) führen zu einer auditorischen Synaptopathie. Bei dieser Form der sensorineuralen Schwerhörigkeit kann die Funktion der äußeren Haarzellen typischerweise erhalten sein, was sich durch die Messung der OAE nachweisen lässt. Die Schallkodierung in den Spiralganglionneuronen ist aber gestört oder erloschen und so fehlen typischerweise die frühen akustisch evozierten Potenziale. Die Ausprägung der Schwerhörigkeit hängt vom Ausmaß der Einschränkung der Schallkodierung ab und reicht von Störungen des Sprachverstehen im Störgeräusch bis zur vollständigen Taubheit.

52.6.2 Schallkodierung

Spiralganglionneurone kodieren die Schallinformation. Bei zunehmendem Schalldruck nimmt die Rate ihrer Aktionspotenziale zu und es werden benachbarte Neurone rekrutiert.

Spiralganglionneurone Spiralganglionneurone sind **bipolare Nervenzellen**, deren Zellkörper im knöchernen Zentrum der Kochlea liegen. Sie werden peripher von Schwann-Zellen und zentral von Oligodendrozyten myelinisiert. Spiralganglionneurone senden einen peripheren Neurit zu den inneren Haarzellen und einen zentralen Neurit zu den Nervenzellen des **Kochleariskerns** im Hirnstamm.

Der periphere Neurit bildet eine postsynaptische Endigung, die eine große Zahl ionotroper Glutamatrezeptoren (**AMPA-Rezeptoren**) enthält. Das von der Haarzelle freige-

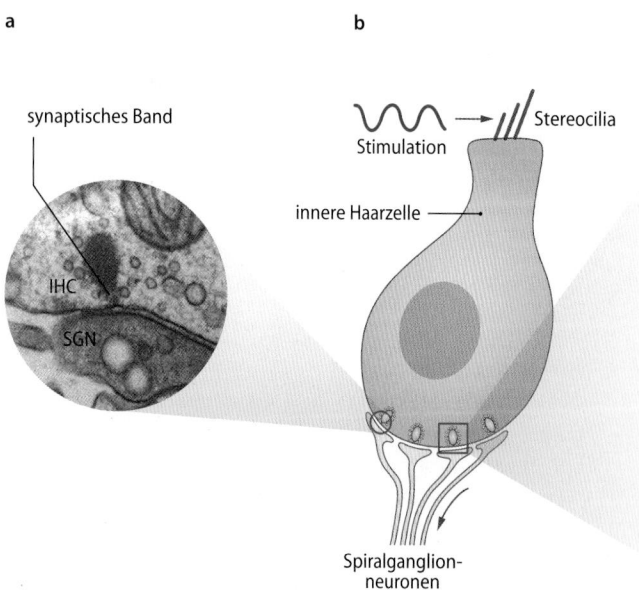

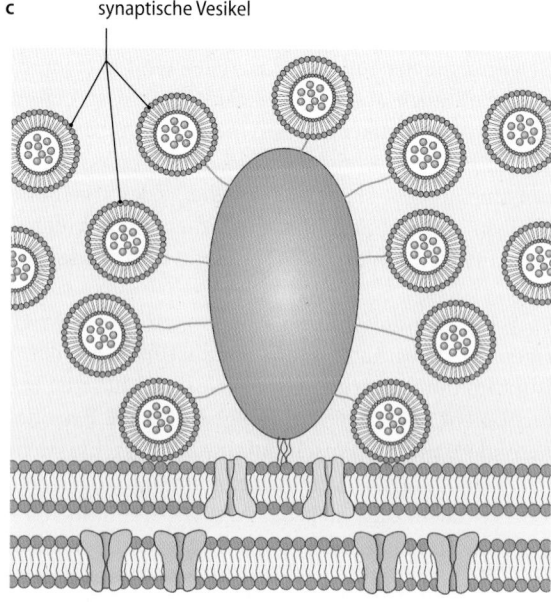

◘ **Abb. 52.13a–c   Die Bandsynapse zwischen innerer Haarzelle und Spiralganglionneuron. a** Transmissions-elektronenmikroskopische Aufnahme einer Bandsynapse: das synaptische Band ist eine elektronendichte Struktur, die zahlreiche synaptische Vesikel an der präsynaptischen aktiven Zone verankert. **b** Jede innere Haarzelle bildet mehrere Synapsen, jedes postsynaptische Spiralganglionneuron erhält jedoch nur Input von einer aktiven Zone. **c** Schema der Bandsynapse

setzte **Glutamat** führt somit zur Ausbildung eines erregenden postsynaptischen Potenzials. Dieses treibt an einer spezialisierten Membrandomäne vor dem Beginn der Myelinscheide die Generierung des Aktionspotenzials an, das dann saltatorisch fortgeleitet wird.

Kodierung der Schallfrequenz Die Zellkörper und peripheren Neuriten formen eine einer Wendeltreppe vergleichbare Struktur: Die Neuriten liegen wie feine Treppenstufen entlang der **tonotopen Karte** des Corti-Organs aufgereiht und werden dort je nach Frequenzzusammensetzung des Schallreizes erregt. Durch die verstärkende Funktion der äußeren Haarzellen und die so räumlich eng begrenzte Wanderwelle entsteht eine hervorragende **Frequenzabstimmung** (frequency tuning) der Spiralganglionneurone – das Ortsprinzip der Schallfrequenzkodierung (Ortskode, ◻ Abb. 52.14). Jedes Spiralganglionneuron repräsentiert also eine Schallfrequenz und diese „labeled line" setzt sich auch über die nachfolgenden Neurone der Hörbahn fort.

Kodierung des Schalldrucks Bei zunehmendem Schalldruck nimmt die Rate der Aktionspotenziale der Spiralganglionneurone an dem der Frequenz entsprechenden tonotopen Ort der Kochlea zu (Ratenkode des Schalldrucks) und es werden zusätzlich auch die benachbarten Regionen ausgelenkt und

somit weitere Spiralganglionneurone erregt (Populationskode des Schalldrucks).

Kodierung der zeitlichen Struktur des Schallsignals Die zeitliche Struktur des Schallsignals wird mit hoher Präzision kodiert (Zeitkode). Im **tieffrequenten Bereich** der Kochlea wird so die Schallfrequenz auch durch das zeitliche Muster der Aktionspotenziale des Hörnervens kodiert: dabei koppelt das zeitliche Auftreten des Aktionspotenzials stets an dieselbe Phase des Tonzyklus: Phasenkopplung. Diese besonders beeindruckende Leistung der Frequenzkodierung funktioniert bei Säugern bis zu Tonfrequenzen von **ca. 1 kHz** und erfordert eine zeitliche Präzision im **Submillisekunden**-Bereich. Die Analyse der Schalllokalisation und die Verarbeitung von Sprache baut auf diese Leistung.

Funktionelle Diversität

Vermutlich überträgt jede innere Haarzelle die im Rezeptorpotenzial enthaltene Information auf mehrere Spiralganglionneurone, die wiederum nur mit dieser einen inneren Haarzelle in Kontakt stehen. Diese Spiralganglionneurone haben die gleiche Frequenzabstimmung, unterscheiden sich aber in ihrer **akustischen Schwelle** und weiteren Eigenschaften. Man geht davon aus, dass diese funktionell verschiedenen Spiralganglionneurone kollektiv den gesamten Bereich hörbarer Schalldrücke kodieren und es uns so erlauben, die objektive **Lautstärke feinabgestuft** als subjektive Lautheit wahrzunehmen.

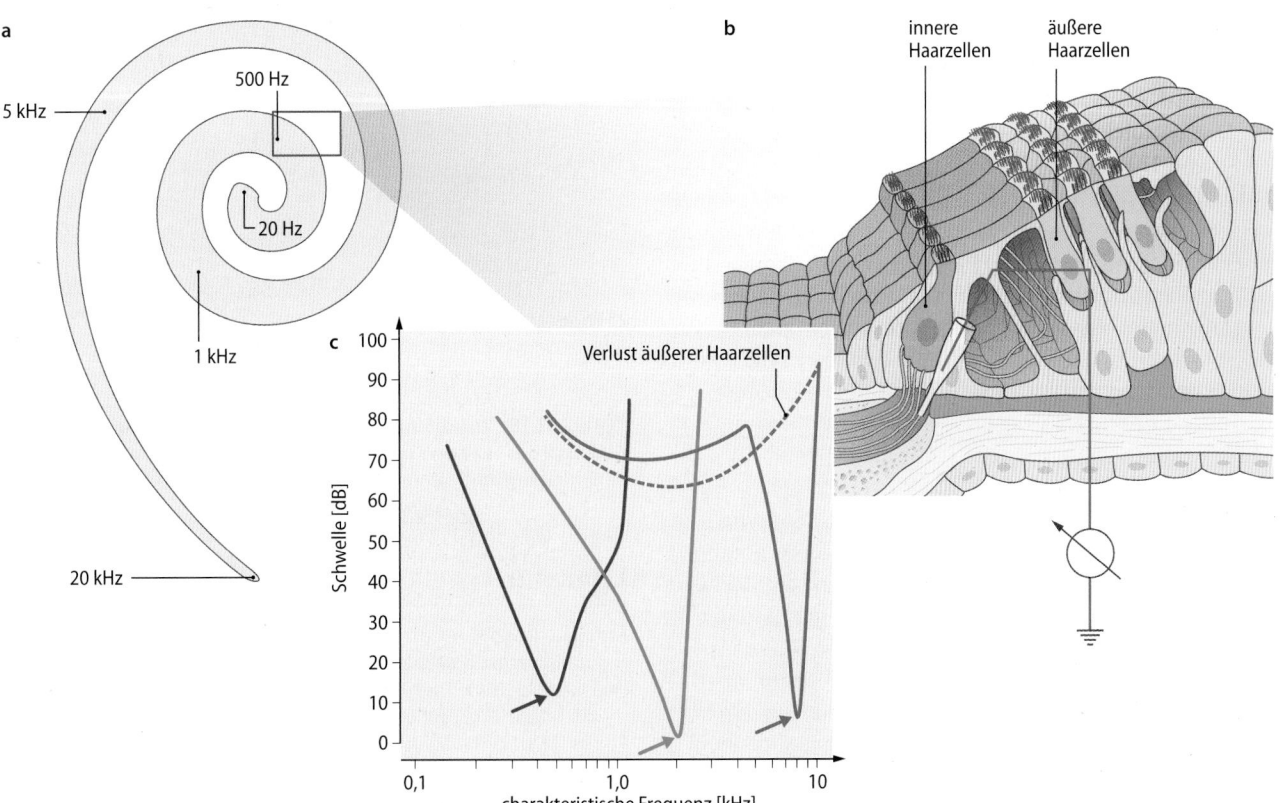

◻ **Abb. 52.14a–c Kodierung des Schalldrucks im Hörnerv. a** Tonotopie der Kochlea, die durch passive und aktive Mikromechanik entsteht. **b** An jedem tonotopen Ort wird die Wanderwelle durch Haarzellen verarbeitet und durch die Bandsynapsen zwischen inneren Haarzellen und Spiralganglionneuronen als neurales Signal kodiert. **c** Abstimmkurven (tuning curves) der Spiralganglionneurone: bei leisen Tönen werden nur die Spiralganglionneurone deren präsynaptische Haarzellen an der da-

zugehörigen Bestfrequenz liegen gereizt (Pfeil). Bei zunehmender Lautstärke nimmt die Zahl der Aktionspotenziale in den Fasern zu. Bei weiterer Steigerung des Schalldrucks kann die Zahl der Aktionspotenziale nicht mehr gesteigert werden. Daher werden zusätzlich Nachbarfasern aktiviert. Fällt die Funktion der äußeren Haarzellen aus, verlieren die Spiralganglionneuronen ihre Schallempfindlichkeit und ihre scharfe Abstimmung (gestrichelte Linie)

52

Klinik

Lärm- und Altersschwerhörigkeit

Lärmschwerhörigkeit
Schädigungen der Kochlea führen zur **Schallempfindungsschwerhörigkeit**. Solche Schäden werden z. B. durch Medikamente (Aminoglykosidantibiotika) oder durch Lärm verursacht. Durch Lärm werden insbesondere äußere Haarzellen geschädigt, aber offenbar auch Haarzellsynapsen angegriffen. Die **Hörschwelle** steigt an, die **Frequenzselektivität** nimmt ab und die Kodierung, insbesondere

zeitlich fluktuierender Signale wie Sprache, wird vor allem im Störgeräusch beeinträchtigt. Lärmschäden sind in der heutigen Zeit sehr häufig, da Lärm allgegenwärtig ist. Akustische Überstimulation führt im Tiermodell und vermutlich auch bei Menschen zum exzitotoxischen Verlust von Synapsen und Spiralganglionneuronen, der nicht immer in der tonaudiometrischen Hörschwellenmessung erkennbar ist („hidden hearing loss").

Altersschwerhörigkeit
Eine besondere Form der Schallempfindungsstörung ist die sog. Altersschwerhörigkeit (**Presbyakusis**). Zum Teil beruht auch sie auf chronischen Lärmschäden. Bei der Altersschwerhörigkeit sind insbesondere die hohen Frequenzen betroffen.

Elektrokochleographie   Zur Differenzialdiagnostik einer sensorineuralen Schwerhörigkeit und zum Nachweis der Funktion der Spiralganglionneurone kann man eine dünne Nadelelektrode durch das Trommelfell bis zum **Promontorium** vorschieben. Auf diese Weise können sowohl Summationspotenziale der Haarzellen, als auch das Summenaktionspotenzial des Spiralganglions abgeleitet oder das Spiralganglion elektrisch gereizt werden (Promontoriumstest, ◻ Abb. 52.15). Wenn die Haarzellen ausfallen oder verloren sind (die häufigste Ursache einer Taubheit), der Nerv und auch das zentrale Hörsystem aber noch intakt sind, dann berichtet der Patient über Hörempfindungen.

Kochlea-Implantat   Viele dieser gehörlosen Patienten können dann mit einer elektronischen Hörprothese (sog. **Kochlea-Implantat**) versorgt werden. Diese erregt, anstelle der Haarzellen, direkt elektrisch die Spiralganglionneurone. Kochlea-Implantate werden heute routinemäßig bei hochgradig schwerhörigen oder gehörlosen Erwachsenen und Kleinkindern eingesetzt und verhelfen der überwiegenden Mehrheit der weltweit ca. 0.5 Millionen Nutzer zu einem Sprachverstehen ohne weitere Hilfsmittel. Frühversorgte Kleinkinder mit nicht-syndromaler Schwerhörigkeit können häufig erfolgreich die reguläre Schulausbildung und ggf. sogar ein Studium absolvieren.

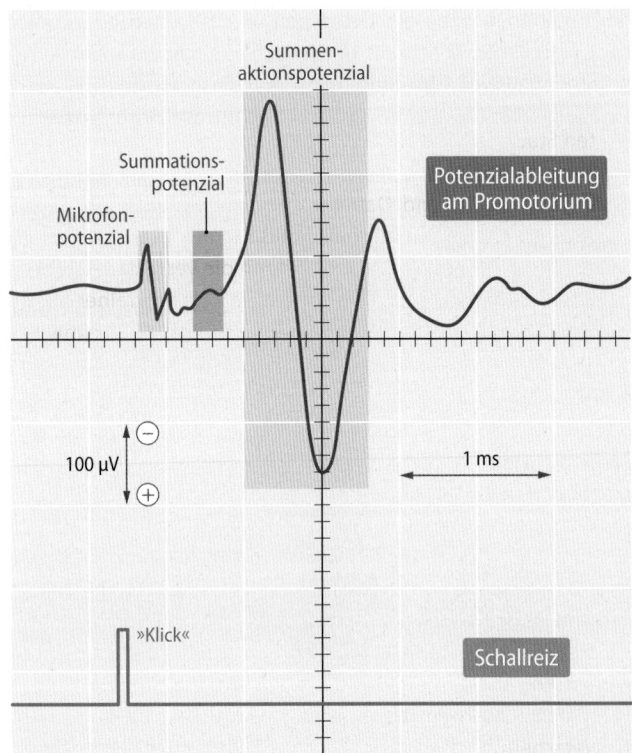

◻ **Abb. 52.15**   Mikrofonpotenzial der Kochlea und Summenaktionspotenzial des Hörnervs nach einem extrem kurzen Schallreiz („Klick") bei Ableitung am Promontorium

In Kürze

Bei Aktivierung von Ca²⁺-Einstrom an den Bandsynapsen der **inneren Haarzellen** durch das Rezeptorpotenzial wird Glutamat freigesetzt. Dieses bindet an AMPA-Rezeptoren von Spiralganglionneuronen und bedingt so ein postsynaptisches Potenzial, das zu **Nervenaktionspotenzialen** führt. Diesen Prozess nennt man Schallkodierung. Dabei wird die Schallfrequenz durch den Ort der Innervation durch das Spiralganglionneuron (Ortskode) sowie, für tiefe Frequenzen, durch den Zeitpunkt der Aktionspotenziale (Zeitkode) kodiert. Der Schalldruck wird durch die Rate der Aktionspotenziale (Ratenkode) der Spiralganglionneurone kodiert, wobei lauter Schall durch das dann breitere Maximum der Wanderwelle auch mehr Spiralganglionneurone aktiviert.

Literatur

Fettiplace R and Kim KX (2014) The physiology of mechanoelectrical transduction channels in hearing. Physiol Rev. 2014 Jul;94(3):951-86

Hudspeth AJ (2012) The Inner Ear. In Principles of Neural Science. McGraw-Hill Education, New York. 654–681

Purves D (2012) The Auditory System. In Neuroscience. Sinauer Associates, Inc., Publishers, Sunderland, 284-303

Rutherford and Moser (2016) The Ribbon Synapse Between Type I Spiral Ganglion Neurons and Inner Hair Cells. In: The Primary Auditory Neurons of the Mammalian Cochlea, Volume 52 of the series Springer Handbook of Auditory Research 117-156

Yost WA: (2007) Fundamentals of hearing. Academic Press, Burlington

Zentrale auditorische Verarbeitung

Tobias Moser, Hans-Peter Zenner

© Springer-Verlag GmbH Deutschland, ein Teil von Springer Nature 2019
R. Brandes et al. (Hrsg.), *Physiologie des Menschen*, Springer-Lehrbuch
https://doi.org/10.1007/978-3-662-56468-4_53

Worum geht's?

Die Hörbahn durchläuft Hirnstamm, Mittelhirn, Zwischenhirn und Cortex
Die beidseitig angelegte, gekreuzt und ungekreuzt verlaufende Hörbahn besteht aus hierarchisch geordneten Stationen, die afferent (in Richtung Hörrinde) und efferent (in Richtung Kochlea) durch Synapsen miteinander verbunden sind. Dabei erfolgen die zeitkritischen Analysen (z. B. für die Schalllokalisation) auf Hirnstammebene. Mittelhirn und Kortex führen die verschiedenen Aspekte eines akustischen Objekts in eine zentralnervöse Repräsentation zusammen und integrieren sie mit Informationen aus anderen sensorischen Modalitäten (◘ Abb. 53.1).

Schallattribute werden im Hirnstamm und Mittelhirn parallel verarbeitet
Die gesamte Information über akustische Reize wird zunächst vom Hörnerv als Aktionspotenzial-Kode zum Nucl. cochlearis (Schneckenkern) im Hirnstamm geleitet. Dort beginnt bereits die parallele Verarbeitung von Attributen des Schallreizes: Schallbeginn, zeitliche Feinstruktur (Phase) und Amplitude in den verschiedenen Frequenzen. Während der Nucl. cochlearis die parallele Verarbeitung durch verschiedene Zelltypen realisiert, findet die Aufgabenteilung weiter zentral im Hirnstamm zwischen verschiedenen Kernen: Trapezkörper-, obere Oliven-, und Schleifenkernen statt. Deren Output wird im Colliculus inferior (auditorisches Mittelhirn) integriert und verarbeitet, der bereits eine komplexe auditorische Repräsentation bildet.

Im auditorischen Kortex werden auditorische Objekte gebildet
Schließlich gelangt die auditorische Information über den Corpus geniculatum mediale zum auditorischen Kortex wo „auditorische Objekte" gebildet werden (z. B. das eines vorbeifahrenden Autos). Anschließend wird auditorische Information in höheren auditorischen assoziativen Kortexarealen weiterverarbeitet und mit Informationen aus anderen Sinnesmodalitäten integriert. Entlang der gesamten Hörbahn besteht das Prinzip der Tonotopie: die Neurone sind räumlich entsprechend ihrer besten Schallfrequenz angeordnet.

Störungen der Hörbahnfunktion führen zu Schwerhörigkeit
Störungen der Informationsleitung und -verarbeitung entlang der Hörbahn zum Beispiel durch Tumore oder Schlaganfall führen zu Schwerhörigkeit, die je nach dem Entstehungsort als neural (Hörnerv) oder zentral (Hirnstamm und höhere Abschnitte) bezeichnet wird.

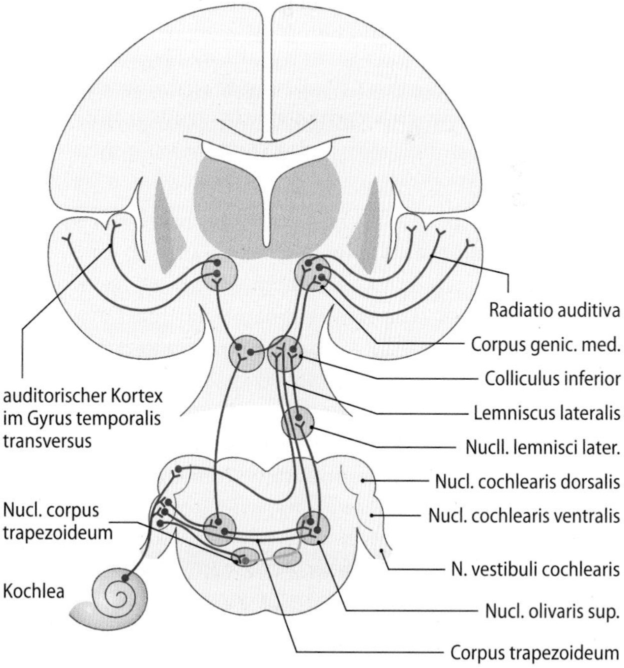
Radiatio auditiva
Corpus genic. med.
Colliculus inferior
Lemniscus lateralis
Nucll. lemnisci later.
Nucl. cochlearis dorsalis
Nucl. cochlearis ventralis
N. vestibuli cochlearis
Nucl. olivaris sup.
Corpus trapezoideum
auditorischer Kortex im Gyrus temporalis transversus
Nucl. corpus trapezoideum
Kochlea

◘ **Abb. 53.1 Schematische Darstellung der Hörbahn. Zur Vereinfachung wurde nur die vom rechten Ohr ausgehende afferente Hörbahn dargestellt.** Besonders zu beachten: Jedes Ohr ist mit beiden Hirnhälften verschaltet. Inhibitorische Verknüpfungen sind in grün dargestellt. Neben den afferenten (aufsteigenden) Verbindungen existieren auch efferente (absteigende) Projektionen zu allen Stationen bis hin zur Cochlea, die hier der Einfachheit halber nicht dargestellt wurden

53

53.1   Hirnstamm und Mittelhirn

53.1.1   Vom Ohr zum Gehirn

Die afferente (aufsteigende) Hörbahn leitet die Signale von der Kochlea bis zur Großhirnrinde.

Hörbahn   Die von den Haarzellen als Folge des Transduktionsprozesses ausgelöste Transmitterfreisetzung wird in Form einer neuronalen Erregung über Hörnerv, Hirnstamm, Mittelhirn, und Hörbahn bis zum auditorischen Kortex im Temporallappen weitergeleitet: **afferente Hörbahn**. An dieser afferenten Weiterleitung und Verarbeitung sind jeweils wenigstens **fünf bis sechs** hintereinander geschaltete, meist durch **glutamaterge Synapsen** verbundene Neurone beteiligt. Die afferenten Neurone und Synapsen von Kochlea und Hirnstamm sind auf die schnelle und **zeitlich präzise Informationsübertragung** spezialisiert. Neben den erregenden Verbindungen bestehen auch **inhibitorische Verbindungen,** die zu einer weiteren Schärfung der Frequenzrepräsentation und Zeitstruktur und zur Verarbeitung der Schallquellenlokalisation beitragen. Des Weiteren sind die Stationen der Hörbahn auch durch **efferente Neurone** verbunden, die eine „Top-down"-Kontrolle der kochleären Funktion und afferenten Verarbeitung in der Hörbahn ermöglichen.

> Zeitlich präzise Informationsübertragung kennzeichnet die untere Hörbahn mit Hörnerv und auditorischem Hirnstamm.

Akustisch evozierte Potenziale (AEP)   Die durch einen Schallreiz im Verlauf der Hörbahn hintereinander ausgelöste (evozierte) elektrische Aktivität wird klinisch zur Diagnostik genutzt (▶ Kap. 55.2, 55.3). Man spricht von den akustisch evozierten Potenzialen (AEP), synonym auch von **evoked response audiometry (ERA)**. Diese akustisch-evozierten Potenziale können durch reizsynchrone Mittelung des EEG abgeleitet werden. Die AEP werden nach ihrer Latenz in frühe (**FAEP** oder BERA: **brainstem evoked response audiometry**), mittlere (**MAEP**) und späte (**SAEP**) unterteilt, die jeweils Hörnerv und Hirnstamm, Mittelhirn und Kortex zugeordnet werden. Zusätzlich können binaurale Interaktionen durch die separate und kombinierte Reizung beider

Ohren sowie die auditorische Verarbeitung durch Ereigniskorrelierte Potenziale untersucht werden.

Brainstem-Evoked-Response-Audiometrie   Die zeitlich präzise Aktivierung vieler Spiralganglionneurone ist auch beim Menschen mittels elektrophysiologischer Ableitungen als Summenaktionspotenzial in der Elektrokochleographie und als Jewett-Welle-I in der Brainstem-Evoked-Response-Audiometrie (BERA, synonym: FAEP) nachweisbar (◨ Abb. 53.2). Bei Störung der Transmission an der Haarzellsynapse, oder der Erregungsbildung bzw. -fortleitung ist das Summenaktionspotenzial vermindert, verspätet oder abwesend. Dabei kann die kochleäre Verstärkung weiterhin intakt sein, sodass eine pathologische BERA trotz vorhandener otoakustischer Emissionen (▶ Kap. 52.5.2) vorliegt, was als audiologischer Befund zur Interpretation der Schwerhörigkeit als **auditorische Synaptopathie** (▶ Kap. 52.6.2) oder **Neuropathie** z. B. durch ein **Akustikusneurinom (Tumor am Hörnerven)** führt.

Hörnerv und Nucleus cochlearis   Eine Haarzelle wird jeweils von mehreren Spiralganglionneuronen afferent innerviert (▶ Kap. 52.2). Dabei wird die Information an funktionell und morphologisch verschiedene Spiralganglionneurone weitergegeben, die sich bei der Kodierung des gesamten hörbaren Schalldruckbereichs ergänzen. Die Aktionspotenziale der Spiralganglionneurone erregen die Neurone des Nucl. cochlearis, die wiederum eine **tonotope Organisation** aufweisen. Die Axone der Spiralganglionneurone verzweigen sich und innervieren im Nucl. cochlearis verschiedene Zellpopulationen die nun für die Verarbeitung **spezifischer Aspekte** der Schallinformation wie Zeitstruktur, Beginn und Ende sowie Schalldruck zuständig sind.

Buschzellen und Sternzellen   Die nach ihren buschförmigen Dendriten benannten Buschzellen sind Teil des für die Schalllokalisation zuständigen Netzwerks und haben vermutlich generell Bedeutung für die Verarbeitung von zeitlicher Schallinformation. Dieser Aspekt ist besonders wichtig bei der Verarbeitung von Sprache. Neben den Buschzellen finden sich im ventralen Nucl. cochlearis **multipolare Sternzellen**, die offenbar frequenzspezifisch den Schalldruck kodieren und Octopuszellen.

Klinik

Akustikusneurinom

Das gutartige Vestibularisschwannom, das häufig als Akustikusneurinom bezeichnet wird, führt ebenfalls zu einer pathologischen BERA. Jeder einseitigen (oder asymmetrischen) Hör- oder Gleichgewichtsstörung sollte deshalb mit einer BERA nachgegangen werden. Bei der Neurofibromatose Typ 2 kommt es regelmäßig beidseits zu Akustikusneurinomen. Beim Akustikusneurinom findet man aufgrund der verzögerten

Erregungsleitung eine charakteristische Latenzverlängerung der frühen akustisch evozierten Potenziale, wobei klinisch vor allem die Latenz der Welle V bzw. die Differenz der Latenzen der Wellen V und I betrachtet werden. Es muss dann ein Kernspintomogramm mit Kontrastmittel durchgeführt werden, das Akustikusneurinome, auch wenn sie sehr klein sind, zuverlässig nachweist. Die Therapie des Akustikusneu-

rinoms richtet sich nach der Größe, der Lage und dem Wachstumsverhalten des Tumors und ist auch von der Operationsfähigkeit des Betroffenen abhängig. Neben der Beobachtung des häufig sehr langsam wachsenden Tumors („wait and see"), stehen verschiedene neurochirurgische und HNO-ärztliche Operationsverfahren sowie die Gamma-Strahlentherapie zur Verfügung.

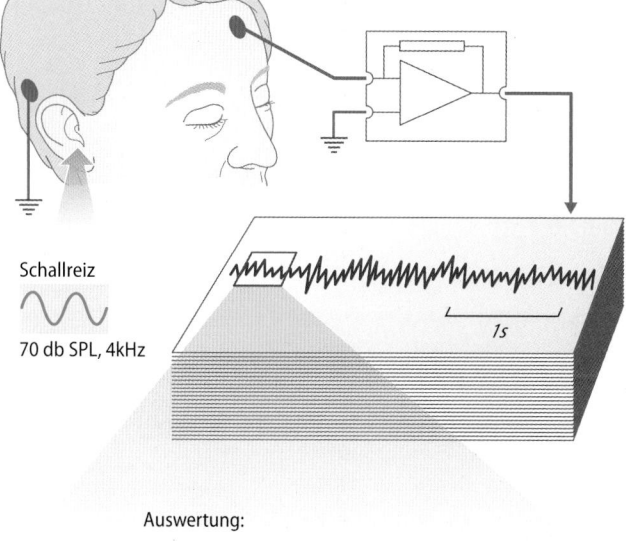

Schallreiz

70 db SPL, 4kHz

Auswertung:

rechnerische Mittelung von 2000 Messungen

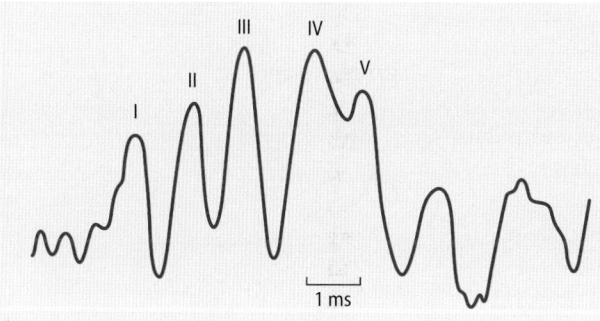

Abb. 53.2 Akustisch evozierte Potenziale (AEP), Brainstem-Evoked-Response-Audiometrie (BERA). Durch schallreizgetriggerte Mittelung werden die spezifischen Reizantworten (Wellen) aus der unspezifischen Hirnaktivität im EEG herausgehoben. Dargestellt sind die schnellen Hörnerven- und Hirnstammpotenziale. Die nach Jewett benannten Wellen I–V entstehen vermutlich im Verlauf der hintereinander geschalteten Neurone der Hörbahn. So wird beispielsweise die Welle I dem Hörnerv, Wellen II und III dem Kochleariskern, Welle IV primär dem oberen Olivenkern sowie Welle V primär dem Schleifenkern und dem Mittelhirn (Colliculus inferior) zugeordnet

Zeitliche Auflösung Die zeitliche Präzision der neuronalen Verarbeitung im **auditorischen Hirnstamm** erlaubt die Analyse von akustischen Laufzeitunterschieden zwischen beiden Ohren (interaural), die bereits ab etwa 10 Mikrosekunden wahrnehmbar sind. Die Aktionspotenziale in der Hörbahn sind ca. 0.5 ms lang, aber ihr zeitliches Auftreten ist so präzise, dass das Schalllokalisationsnetzwerk im Hirnstamm interaurale Zeitunterschiede der Erregung verarbeiten kann, die nur Bruchteile der Länge des Aktionspotenzials betragen (s. u.). Dies wird unter anderem durch **große glutamaterge axosomatische Synapsen** der unteren Hörbahn erreicht. Diese besitzen kelchartige präsynaptische Terminalien mit hunderten aktiven Zonen der Transmitterfreisetzung. So bilden Spiralganglionneurone im ventralen Teil des Nucl. cochlearis große kelchartige präsynaptische Terminalien (Held'sche Endkolben) auf den Somata der **Buschzellen**.

Auditorisches System

Die ersten Stationen des auditorischen Systems sind damit grundsätzlich anders als das visuelle System (▶ Kap. 57.2) organisiert. Im auditorischen System sind die ersten Verarbeitungsstationen auf Corti-Organ, Spiralganglion und Nucl. cochlearis räumlich verteilt, die laterale Inhibition im Hörsystem erstmals im Nucl. cochlearis implementiert.

> Ab dem Nucl. cochlearis erfolgt eine parallele Verarbeitung von verschiedenen Schalleigenschaften.

53.1.2 Binaurales Hören

Die zweiten und höheren Neurone kreuzen z. T. zur jeweils kontralateralen Hirnhälfte.

Kreuzung von 2. Neuronen Die Projektionen der Neurone des **Nucl. cochlearis ziehen gekreuzt und ungekreuzt** zu „höheren" auditorischen Hirnstammkernen. Hierzu gehören der **Trapezkörper** (Corpus trapezoideum), die **obere Olive** (Nucl. olivaris superior) **und die Schleifenkerne** (Nucl. lemnisci lateralis, ■ Abb. 53.1). Dadurch ist jedes Innenohr sowohl mit der **ispilateralen,** als auch mit der **kontralateralen** Hörrinde verbunden. In den Nervenzellen der Olivenkerne werden dabei erstmals im Verlauf der Hörbahn binaurale (von beiden Ohren aufgenommene) akustische Signale miteinander verglichen. Dieser Aspekt ist besonders für das Richtungshören von Bedeutung.

> Die obere Olive ist die 1. Station der Hörbahn, die von Signalen beider Ohren erreicht wird.

Schallortung in der Horizontalebene Die Richtung einer Schallquelle kann in der Horizontalebene mit einer Präzision von bis zu einem Grad geortet werden. Zwei Aspekte werden dabei zur Analyse herangezogen: **Laufzeitunterschiede** und Unterschiede im Schalldruckpegel (**Intensitätsunterschiede**) zwischen beiden Ohren. Dazu müssen zunächst einmal beide Ohren einigermaßen normal hören (binaurales Hören). I. d. R. liegen Schallquellen nicht genau in der durch den Kopf definierten Mittelebene (Mediansagittalebene), sondern seitlich. Dann ist die Schallquelle von einem Ohr weiter entfernt als vom anderen. Der Schall trifft dadurch am entfernteren Ohr später ein, was besonders für tiefe Frequenzen gilt. Gleichzeitig liegt das der Schallquelle abgewandte Ohr im Schallschatten des Kopfes. Somit wird der Schall gedämpft, er ist leiser (■ Abb. 53.3), was vor allem für hohe Frequenzen zum Tragen kommt. Das auditorische System ist dabei in der Lage, Intensitätsunterschiede von nur **1 dB** und Laufzeitunterschiede bis hinab zu 1×10^{-5} **s** sicher zu erkennen. Für beide Mechanismen ist die hohe zeitliche Präzision der Verarbeitung im auditorischen System essentiell.

> Die maximale Auflösung des auditorischen Systems bei der Schallortung in der Horizontalebene beträgt 1 Grad.

Intensitätsunterschiede Vor allem für hochfrequenten Schall kommt es durch den Kopf zu einer Abschwächung auf der Schall-abgewandten Seite. Der neuronale Schaltkreis, der die Analyse von Intensitätsunterschieden realisiert, führt die Erregung aus beiden Ohren über die Hörnerven und Nuclei cochleares zu den **lateralen oberen Oliven**. Deren Nervenzellen weisen einen „bevorzugten" Intensitätsunterschied auf, bei dem die Stimulation beider Ohren zur maximalen Aktivität führt. Dabei wird die Aktivität der Oliven-Neurone durch zeitlich präzise ipsilaterale Erregung (über die runden Buschzellen des Nucl. cochlearis) und kontralaterale Hemmung (disynaptisch über ovoide Buschzellen des Nucl. cochlearis und hemmende Neurone des mittleren Kerns des Trapezkörpers) abgestimmt.

Laufzeitunterschiede Vor allem tieffrequenter Schall (große Wellenlänge) trifft früher auf das Schall-zugewandte Ohr. Der neuronale Schaltkreis, der die Analyse von Laufzeitunterschieden realisiert, führt die Erregung aus beiden Ohren über die Hörnerven und Nuclei cochleares zu den **medialen oberen Oliven**. Deren Nervenzellen weisen einen „bevorzugten" Laufzeitunterschied auf, bei dem die Stimulation beider Ohren zur maximalen Aktivität führt. Dabei handelt es sich um eine graduelle Abhängigkeit, man spricht von einer Abstimmung (tuning) wie im ▶ Kapitel 52 für die Frequenzabstimmung auditorischer Neurone besprochen wird. Dabei wird in Abhängigkeit vom Laufzeitunterschied die Aktivität der Oliven-Neurone durch zeitlich präzise ipsi- und kontralaterale Erregung (über die runden Buschzellen des Nucl. cochlearis) und Hemmung (disynaptisch über ovoide Buschzellen des Nucl. cochlearis und hemmende Neurone der Kerne des Trapezkörpers) abgestimmt.

Stereoanlage
Stereoanlagen nutzen die psychophysisch und neurophysiologisch nachgewiesenen Laufzeit- und Intensitätsdifferenzen zur Bildung eines räumlichen Höreindrucks aus. Wird über Lautsprecher oder Kopfhörer das Schallsignal einseitig leiser angeboten, so wird die Schallquelle zur Gegenseite lokalisiert. Eine einseitige Schallverspätung (ungleicher Abstand von den Lautsprechern) kann durch Schalldruckerhöhung am anderen Lautsprecher ausgeglichen werden.

Schallortung in der Vertikalebene Bei der Schallortung in der vertikalen Ebene spielt die **Ohrmuschel** eine führende Rolle (◘ Abb. 53.3). Laufzeit- und Intensitätsdifferenzen erlauben zwar die Bestimmung des Raumwinkels, nicht jedoch die Entscheidung, ob sich die Schallquelle **oben oder unten, bzw. vorne oder hinten** befindet. Hierzu ist die Form der **Ohrmuschel**, die eine Richtcharakteristik besitzt, bedeutsam. Je nachdem, in welchem Winkel das Schallsignal auf die Ohrmuschel auftrifft, wird es **spektral verformt**. Offenbar können diese dadurch modulierten („verzerrten") Schallmuster erlernt und danach zentral wiedererkannt und ebenfalls zur Bildung eines Raumeindrucks verwandt werden.

Sprachverstehen bei Hintergrundlärm Das beidohrige Hören spielt eine wichtige Rolle bei der Schallanalyse in verrauschter Umgebung (z. B. Sprache bei einer Cocktailparty). Das Gehirn benutzt hier Intensitäts- und Laufzeitunter-

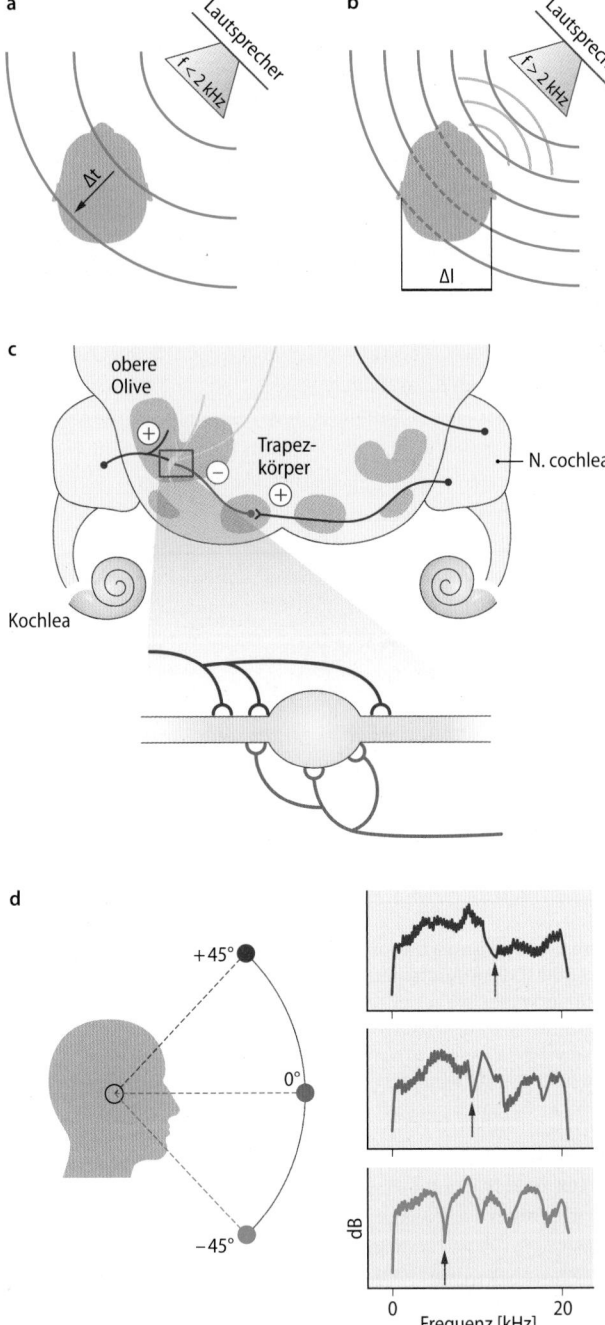

◘ **Abb. 53.3a–d Räumliches Hören.** Die drei Hauptmechanismen der Schallortung: Analyse von Laufzeitunterschieden (**a**) und Intensitätsunterschieden (**b,c**), sowie spektrale Veränderungen durch die Ohrmuschel in Abhängigkeit vom Einfallswinkel (**d**) (nach Grothe et al., 2010)

schiede zwischen den verschiedenen Schallquellen, um die Konzentration auf einen bestimmten Sprecher zu ermöglichen. Da Schallsignale i. d. R. durch andere Quellen gestört sind, ist diese Funktion des zentralen Hörsystems sehr wichtig. Daher sollten Schwerhörige mit notwendigen Hörhilfen möglichst beidseitig ausgestattet sein. Verständnisstörungen in solchen komplexen Hörsituationen sind häufig der erste Hinweis für eine Schwerhörigkeit.

In Kürze

Über wenigstens fünf bis sechs hintereinander geschaltete Neurone werden die Informationen des Schallsignals bis zum **auditorischen Kortex** weitergeleitet. Dabei ist die im Schallreiz enthaltene Information in den Folgen der Aktionspotenziale des Hörnervs verschlüsselt. Sie wird ab dem Nucl. cochlearis in parallelen neuronalen Netzwerken verarbeitet und ab dem Colliculus inferior zu einer objekt-bezogenen Repräsentation zusammengeführt. Die zeitkritische Analyse, etwa bei der Schallortung oder der Verarbeitung von zeitlich strukturierten Reizen, baut auf zeitlich präzise Mechanismen der synaptischen Transmission und Aktionspotenzialgenerierung auditorischer Neurone im Hirnstamm. Die binaurale Verarbeitung nutzt Laufzeit- und Intensitätsunterschiede des auf beide Ohren eintreffenden Schalls zur Ortung und Trennung von Schallquellen im Raum, wie es für uns etwa im Gruppengespräch erforderlich ist.

53.2 Auditorischer Kortex

53.2.1 Organisation und Funktion des auditorischen Kortex

Der sechs-schichtige primär-auditorische Kortex liegt in den Heschl-Querwindungen und weist eine tonotope Organisation auf. Sekundäre und tertiäre Arealen verarbeiten Schalllokalisation, Sprache, und dienen der Integration sensorischer Information und der Objekterkennung.

Kolumnäre Verarbeitung Wie andere kortikale Areale besteht der auditorische Kortex aus **6 Schichten** und weist eine **kolumnäre Organisation** auf. Haupteingänge erreichen den Kortex in der Granularschicht 4 aus dem **medialen Corpus geniculatum** des Zwischenhirns und enden hier vor allem auf Pyramidalzellen. Dem klassischen kortikalen Informationsverarbeitungsschema folgend werden in einer Kolumne die ankommenden Informationen sowohl in supragranuläre und infragranuläre Schichten weitergeleitet. Die supragranulären Schichten 2/3 versteht man eher als assoziierende Schichten, in denen auch Informationen aus weiter entfernten Bereichen des auditorischen Kortex über laterale Verbindungen integriert werden. Die Ergebnisse der Verarbeitung von Schicht 2/3 werden dann weiter in Schicht 5/6 gesandt. Von diesen infragranulären Schichten werden die Verarbeitungsergebnisse in andere kortikale Bereiche z. B. über den Balken in den kontralateralen Kortex und als Efferenzen in subkortikale Bereiche (Schicht 5 vor allem zurück zum Mittelhirn, aus Schicht 6 zum Zwischenhirn) weitergegeben.

Funktionell-anatomische Aufteilung Der auditorische Kortex befindet sich in den Heschl-Querwindungen des **Parietallappens** auf der superioren temporalen Ebene. Der auditori-

sche Kortex kann in eine Kern- sowie eine den Kern umschließende Gürtelregion eingeteilt werden. Ihren Haupteingang erhält die Kernregion vom lemniskalen (frequenzspezifischen) Teil des medialen Corpus geniculatum (**Thalamus**), während die Gürtelregion Eingänge sowohl aus der Kernregion als auch aus nicht-lemniskalen (nicht-frequenzspezifischen) Teilen des medialen Geniculatums erhält.

In der Kernregion findet man noch viele Neurone, die gut auf **reine Töne** antworten, wohingegen in Gürtelregionen eher rauschartige Reize bzw. spektral komplexere Reizmuster beantwortet werden. Über Kern und Gürtelregionen nehmen generell die Komplexität der beantworteten Signale und somit auch die Spezifität einzelner Neurone zu. Auffallend ist die starke Abhängigkeit der Antworten von **Verhaltenssituationen** (z. B. Aufmerksamkeit oder Vigilanz) und vorherigem **Erlebten** (z. B. eine verstärkte Antwort auf den eigenen Namen).

Parallele Prozessierung auditorischer Information Zwischen Kern und Gürtelregion des auditorischen Kortex bricht auch das Prinzip der tonotopen Organisation auf. Es zeigt sich eine Auftrennung in 2 **Hauptverarbeitungspfade**: ein ventraler Pfad („**Was-Pfad**"), entlang dessen vor allem die **Identität** akustischer Signale analysiert wird (das WAS) und ein dorsaler Pfad („**Wo-Pfad**"), in dem primär Bewegung analysiert, die räumliche Verortung von akustischen Signalen vorgenommen wird bzw. audiomotorische Integration stattfindet (das WO). Der ventrale Pfad startet in der Kernregion und zieht über den anteroventralen Teil des Gürtels in den präfrontalen Kortex. Der dorsale Pfad zieht aus der Kernregion und den posterodorsalen Gürtelarealen zum Inferotemporallappen und von dort zum prämotorischen Kortex.

53.2.2 Spezialisierte Hörneurone

Die höheren Neurone sind auf bestimmte Muster spezialisiert; sie reagieren jeweils nur auf spezifische Schallmuster.

Inhibitorische und exzitatorische Neurone Die einfache Kodierung des ersten und von Teilen des zweiten Neurons wandelt sich grundlegend ab dem dorsalen Nucl. cochlearis und weiter zunehmend mit jedem höheren Neuron. Zwar wird das **Ortsprinzip** bis zum auditorischen Kortex beibehalten, d. h., dass bestimmte Schallfrequenzen an bestimmten Orten der Hörrinde oder der auditorischen Kerne repräsentiert sind. Zusätzlich besitzen jedoch beispielsweise einige vom dorsalen Nucl. cochlearis ausgehende Neurone kollaterale und **Feedback-Verschaltungen**, die teils exzitatorisch, teils inhibitorisch wirksam sind (z. B. On-off-Neurone). Die Folge ist, dass einzelne Neurone z. B. des dorsalen Nucl. cochlearis bei Schallreiz auch gehemmt werden können. Diese Eigenschaft trägt zur Mustererkennung bei.

Neuronale Spezialisierung und Mustererkennung Eine grundsätzliche Eigenschaft der höheren Neurone der Hörbahn ist es, nicht auf reine Sinustöne, sondern auf bestimmte

53

Eigenschaften eines **Schallmusters** (z. B. Spracheigenschaften) zu reagieren. So können Hirnläsionen, etwa beim Schlaganfall, selektiv das Sprachverständnis stören, ohne dass das Unterscheidungsvermögen für Tonfrequenzen reduziert sein muss. Z. B. gibt es Neurone, die bei einer bestimmten Schallfrequenz aktiviert, durch höhere oder tiefere Töne jedoch gehemmt werden. Auch gibt es Neurone, die auf eine Frequenzzunahme und solche, die auf eine Frequenzabnahme (Frequenzmodulation) reagieren, wobei zusätzlich der Grad der Modulation von Bedeutung sein kann. Andere Zellen sprechen nur auf die Amplitudenänderung eines Tons an.

Diese **Spezialisierung** von Neuronen auf bestimmte Eigenschaften eines Schallmusters ist im auditorischen Kortex noch ausgeprägter als in den subkortikalen Stationen. Neurone können hochspezialisiert auf den Beginn oder das Ende, auf eine Mindestzeitdauer oder eine mehrfache Wiederholung, auf bestimmte Frequenz- oder Amplitudenmodulationen eines Schallreizes sein.

Auditorische Objekte   Man nimmt an, dass die Spezialisierung der Neurone es erlaubt, Muster innerhalb des Schallreizes herauszuarbeiten und für die kortikale Beurteilung vorzubereiten **(Informationsverarbeitung).** Das gesprochene Wort oder Musik bestehen aus derartigen Mustern, die wir trotz eines Störschalls (z. B. Umgebungsgeräusche) erkennen können. Eine solche komplexe Repräsentation wird dann auch als **auditorisches Objekt** bezeichnet. Voraussetzung ist die Fähigkeit des Kortex, die verschiedenen dekodierten Attribute eines Schallreizes wieder zu einem Ganzen zusammenzufügen. Diese werden dann im assoziativen Kortex mit anderen Sinneseindrücken (z. B. Sehen, Riechen, Fühlen) integriert und mit Erfahrungen abgeglichen.

53.2.3 Informationsverarbeitung

Das auditorische Signal wird mit den im Gedächtnis gespeicherten Erfahrungen verglichen. Dabei wird Unwichtiges weggefiltert, während Neues und Signifikantes bewusst wird und Verhaltensänderungen (Antworten) auslöst.

Interpretation und emotionale Verknüpfung   Ein auditorisches Signal passiert auf dem Weg vom Hirnstamm über die zentrale Perzeption bis zur Kognition (Definition s. u.) zahlreiche komplexe neuronale Netzwerke mit Billionen synaptischer Verbindungen mit fast allen anderen Teilen des Gehirns. Dies ermöglicht eine hochkomplexe Verarbeitung der Information, die dem Schallsignal innewohnt (z. B. Sprache). Dazu wird das ankommende auditorische Signal z. B. mit im **Gedächtnis** abgespeicherten **Vorerfahrungen** (wie erlernte Sprache) verglichen und (beispielsweise als **Sprache**) wiedererkannt und verstanden. Auch wird das Signal eng mit Emotionen verknüpft. So wird **Musik** nicht selten als emotional positiv empfunden.

Filterung   Darüber hinaus umfasst die zentrale Informationsverarbeitung eine Filterung einlaufender Stimuli. Filterung bedeutet, dass der **überwiegende Teil** der in das auditorische System einlaufenden Signale (wie auch beim visuellen System) die Bewusstseinsebene nicht erreicht, sondern vorher weggefiltert wird. Aus diesem Grund wird uns nur eine relativ geringe Zahl einlaufender Stimuli bewusst. **Bewusstsein** entsteht i. d. R. nur bei neuen oder signifikanten Stimuli, nachdem sie klassifiziert und evaluiert wurden. Dadurch wird eine „Überschwemmung" der Bewusstseinsebene mit Unwichtigem vermieden.

Stimulus-Antwort-Muster   Eine wichtige Eigenschaft der Informationsverarbeitung des auditorischen Systems (und aller anderen sensorischen Systeme) ist, dass ein Schallsignal grundsätzlich auch neuronale Antworten hervorruft, wodurch ein Stimulus-Antwort-Muster entsteht. Typische Antworten sind **Aufmerksamkeitsfokussierung**, **motorische Antworten** (z. B. Zuwendung oder Flucht) und die Entwicklung von **Gedanken** (z. B. Evaluationen, Klassifikationen) und **Handlungen** (z. B. Bewältigungsstrategien, **coping**).

Höhere Neurone sind zunehmend auf hochkomplexe Schallmuster (z. B. Muster in der Sprache) spezialisiert. Sie können dadurch bestimmte Eigenschaften des **Schallreizes** (z. B. sprachliche Informationen) herausarbeiten und so die anschließende **kortikale Beurteilung** ermöglichen.

Literatur

Grothe B, Pecka M, McAlpine D (2010) Mechanisms of sound localization in mammals. Physiological Reviews 90(3):983-1012
Oertel D, Doupe AJ (2012) The Auditory Central Nervous System. In Principles of Neural Science. McGraw-Hill E ducation, New York. Pp 682-711
Purves (2012) The Auditory System. In Neuroscience. Sinauer Associates, Inc., Publishers, Sunderland, pp284
Poeppel D, Overath T, Popper AN, Fay RR (2012) The Human Auditory Cortex. Springer, Berlin Heidelberg New York
Trussell LO, Popper AN, Fay RR (2012) Synaptic Mechanisms in the Auditory System. Springer, Berlin Heidelberg New York

Stimme, Sprechen, Sprache

Tobias Moser, Hans-Peter Zenner

© Springer-Verlag GmbH Deutschland, ein Teil von Springer Nature 2019
R. Brandes et al. (Hrsg.), *Physiologie des Menschen*, Springer-Lehrbuch
https://doi.org/10.1007/978-3-662-56468-4_54

Worum geht's? (▶ Abb. 54.1)

Sprache dient der Kommunikation
Die Lautsprache ist das wichtigste Kommunikationsmittel des Menschen. Sprache entsteht durch das komplexe Zusammenwirken von Atmung, Kehlkopf, Rachen und Mund, das vom ZNS gesteuert wird.

Der Kehlkopf dient der Tonerzeugung
Im Kehlkopf versetzt der durch das Atemsystem erzeugte Luftstrom die Stimmlippen bei fast geschlossener Stimmritze in Schwingungen (Stimme). Die Frequenz und Amplitude der in der Atemluft entstehenden Schwingungen werden durch die Eigenschaften der Stimmlippen und den durch die Atmung erzeugten Anpressdruck bestimmt. Die Stimmerzeugung wird durch Entzündungen oder Tumoren des Kehlkopfes eingeschränkt, auch können chirurgische und strahlentherapeutische Maßnahmen die Stimmerzeu-

gung beeinträchtigen. Beim Flüstern ist die Stimmritze hingegen nicht voll geschlossen.

Nicht alle Anteile von Sprache entstehen im Kehlkopf
Die Schwingungen werden durch den Mund-Rachen-Raum moduliert (Sprache, Singen).

Sprachstörungen sind häufige neurologische Probleme
Der Erwerb der Lautsprache baut auf Hören, Intelligenz und Lernvermögen sowie zugewandte lautsprachliche Kommunikation. Störungen der Sprache wie Lispeln und Stottern entstehen im Zuge der kindlichen Sprachentwicklung. Neurologische Erkrankungen wie der Schlaganfall können die Fähigkeit zur Sprachverarbeitung oder -produktion beeinträchtigen.

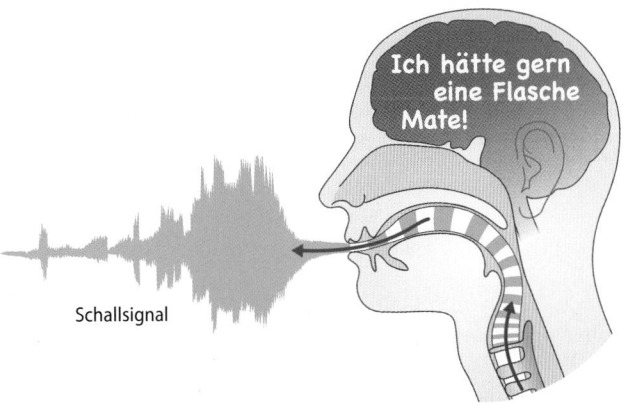

▶ Abb. 54.1 Darstellung des Luftstroms mit Phonation und Artikulation. Der Luftstrom aus der Lunge trifft im Kehlkopf auf die geschlossene Stimmritze (Glottis) und versetzt die Stimmlippen in Schwingung. Die resultierenden Schwingungen werden in dem durch Mund- und Rachenmotorik variablen Ansatzrohr moduliert. Das ZNS steuert das komplexe Zusammenspiel der verschiedenen Systeme und erlaubt es uns lautsprachlich zu kommunizieren

54.1   Stimme und Sprache

54.1.1   Die menschliche Sprache

Die Sprache des Menschen ist einmalig in der Natur; an ihr sind im Wesentlichen vier Organsysteme beteiligt.

Beteiligte Systeme   Für die Fähigkeit des Sprechens sind vier Systeme erforderlich:

- Der **Kehlkopf** erzeugt den Schall. Dieser Schall heißt Stimme. Die Stimmerzeugung des Kehlkopfs wird **Phonation** genannt.
- Der **Mund-Rachen-Raum** formt aus dem vom Kehlkopf angebotenen Schall verständliche Vokale und Konsonanten. Dieser Mechanismus heißt **Artikulation**.
- Phonation des Kehlkopfs und Artikulation des Mund-Rachen-Raums werden zentral durch das **Sprachzentrum** des Gehirns gesteuert.
- Zur Entwicklung der Sprache beim Kind, wie zu ihrer ständigen Kontrolle auch beim Erwachsenen, ist die **physiologische Hörfunktion** erforderlich. Klinisch spricht man daher auch vom Hör-Sprach-Kreis. Die zentralen Prozesse beim Sprechen und Aphasien werden unter ▶ Kap. 63.3.1 behandelt.

Hör-Sprach-Kreis   Dieser umfasst die ungestörte Funktion des Ohres, der Hörbahn, der Sprachwahrnehmung im **sensorischen Sprachzentrum** (Wernicke) sowie die Integration von Psyche und Intelligenz. Der Kreis geht weiter zur motorischen Steuerung der Phonation des Kehlkopfs und der Artikulation des Mund-Rachen-Raums. Sie beginnt in dem als **motorische Sprachregion** (Broca) bezeichneten Gebiet des präfrontalen Sprachzentrums des Gehirns und erreicht über mehrere Neurone, über die Hirnnerven die Muskulatur von Kehlkopf sowie Mund-Rachen-Raum. Unterstützt durch den synchronisierten Einsatz der Atemmuskulatur führt diese motorische Aktivität zur Phonation und Artikulation. Ist der Hör-Sprach-Kreis an einer Stelle durch eine Erkrankung unterbrochen, so ist die Sprache gestört oder fehlt.

> Gehörlose Kinder entwickeln ohne Hörrehabilitation und ohne pädagogische Förderung keine Lautsprache.

54.2   Stimme

54.2.1   Stimme ist Schall

Die Stimme ist Schall, der vom Kehlkopf erzeugt wird; Grundlage sind Schwingungen der Stimmlippen im Luftstrom.

Stimmbildung   Dieser Prozess wird als **Phonation** bezeichnet und läuft im Kehlkopf ab. Dabei wird Schall erzeugt. Physikalische Grundlage ist eine oszillierende Bewegung der Schleimhaut der Stimmlippen. Verliert ein Mensch seinen Kehlkopf, so verliert er seine Stimme, nicht jedoch die Fähigkeit zu sprechen, sodass bei einer Stimmrehabilitation die **lautsprachliche Kommunikation** ermöglicht werden kann (s. u.).

Stimmlippen und Stimmritze   Zur Schallerzeugung besitzt der Kehlkopf zwei Stimmlippen (Laienbezeichnung: Stimmbänder). Der Arzt kann sie ohne Belastung des Patienten mit einem Spiegel oder einem Endoskop (z. B. **Lupenlaryngoskop**, ◘ Abb. 54.2) beobachten. Dabei schaut der Untersucher durch Mund und Pharynx des Patienten rechtwinklig nach unten in den Kehlkopf. Anatomisch bestehen die Stimmlippen jeweils aus einem längs verlaufenden Muskelstrang (**M. vocalis**) zwischen Aryknorpel (Stellknorpel) und Schildknorpel. Die M. vocales sind von der **bindegewebigen Lamina propria** (Stimmband, reich an elastischen Fasern) und der von Plattenepithel-tragenden Schleimhaut bedeckt, die gegenüber dem Bindegewebe und dem Muskel sehr leicht verschieblich ist. Der Luft durchlassende Spalt (◘ Abb. 54.2 und ◘ Abb. 54.3) zwischen den Stimmlippen heißt **Glottis** (Stimmritze).

Phonation   Die Phonation ist an die Atmung gekoppelt. Sie wird durch eine Exspiration eingeleitet. Im Gegensatz zur normalen Ausatmung wird zur Stimmbildung aber die Glottis durch die Mm. interarytenoidei, die Mm. cricoarytenoidei lateralis und die Mm. thyroarytenoidei (◘ Abb. 54.3) fast verschlossen. Dadurch bildet die **Glottis einen Engpass** im Exspirationstrakt (◘ Abb. 54.2). In diesem Spalt ist die Strö-

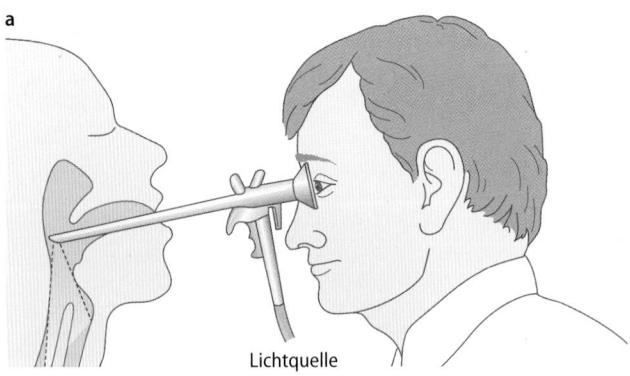

Lichtquelle

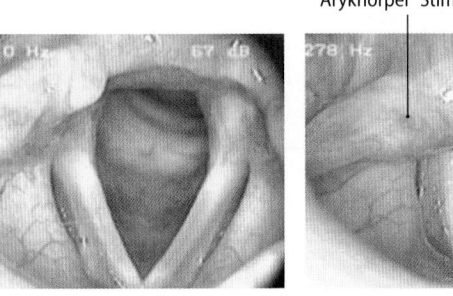

Aryknorpel Stimmlippen Epiglottis

Atmung: Glottis weit   Stimme: Glottis eng

Stroboskopie

◘ **Abb. 54.2a–c   Untersuchung des Kehlkopfes mit dem Lupenlaryngoskop.** Die indirekte Lupenlaryngoskopie (Schema in **a**) ermöglicht ein sehr gut aufgelöstes Bild, das entweder direkt betrachtet oder mit einer Kamera aufgenommen werden kann. Neben der Inspektion von Stimmlippen und Glottis kann bei Atmung der gesamte Larynx und die obere Trachea eingesehen und die Beweglichkeit von Stimmlippen und Aryknorpeln untersucht werden (**b**). Die Schwingungen der Stimmlippen können mit der Stroboskopie sichtbar gemacht werden, bei der die stroboskopische Beleuchtung mit der Stimme synchronisiert wird, sodass ein verlangsamtes Bild entsteht, auch mit dem Auge betrachtet oder einer normalen Videokamera aufgenommen werden kann (**c**)

mungsgeschwindigkeit der ausgeatmeten Luft erheblich höher als in der darunter liegenden Trachea oder in dem darüber liegenden Mund- und Pharynxraum. Mit der zunehmenden Strömungsgeschwindigkeit steigt die kinetische Energie des strömenden Gases. Bei zunehmender Strömungsgeschwindigkeit nimmt der Druck im strömenden Atemgas ab, er wird im Bereich der Glottis also geringer (**Bernoulli-Gesetz**). Wegen dieses Unterdrucks nähern sich die Schleimhäute der Stimmlippen einander. Dadurch wird der Spalt noch enger, sodass die Strömungsgeschwindigkeit noch weiter zunehmen muss, womit wiederum der Druck weiter abfällt. Dieser Prozess führt schließlich dazu, dass sich die Schleimhäute der Stimmlippen berühren und die Glottis ganz schließen und der Luftstrom plötzlich unterbrochen wird. Zu diesem Zeitpunkt kann der **subglottische Druck** die Stimm-

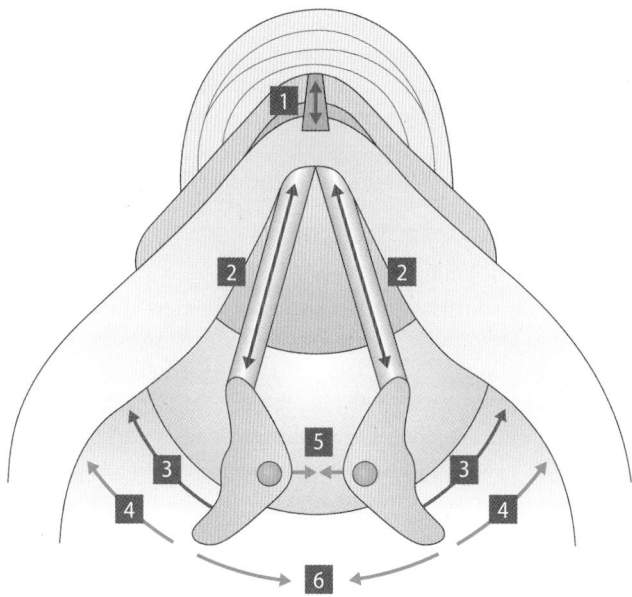

☐ Abb. 54.3 Zugrichtungen der inneren Kehlkopfmuskeln und des M. cricothyroideus. Die Blickrichtung entspricht dem lupenlaryngoskopischen Bild aus ☐ Abb. 54.2. Stimmlippenspannung: M. cricothyroideus (**1, ebenfalls paarig**) und M. vocalis (**2**). Glottisschluss: M. thyroarytenoideus (**3**), M. cricoarytenoideus lateralis (**4**), M. interarytenoideus (**5**). Glottisöffnung: M. cricoarytenoideus posterior (**6**)

ritze wieder aufpressen. Es entsteht wieder ein Luftstrom mit ungleicher Geschwindigkeitsverteilung, und der Zyklus beginnt von neuem.

Bernoulli-Schwingungen Die entstehenden Schleimhautschwingungen der Stimmlippen werden als **Bernoulli-Schwingungen** bezeichnet, da sie den Bernoulli-Gesetzen folgen. Im Rhythmus dieser Schwingungen wird der Luftstrom ständig verändert, wodurch ein hörbares Klanggemisch entsteht, das reich an Obertönen ist. Sie können in der Laryngoskopie direkt mit **Hochfrequenzkameras** oder nach Synchronisation einer stroboskopischen Beleuchtung auch bei niedrigerer Bildrate bzw. für die direkte Betrachtung mit dem Auge (**Stroboskopie**, ☐ Abb. 54.2) sichtbar gemacht und untersucht werden.

54.2.2 Lautstärke der Stimme

Der subglottische Druck bestimmt vorwiegend den Schalldruck der Stimme; dafür ist die Stimmlippen- und Atemmuskulatur verantwortlich.

Myoelastische Steuerung der Bernoulli-Schwingungen Mithilfe der Kehlkopfmuskulatur und der prälaryngealen Muskulatur können die Bernoulli-Schwingungen der Stimmlippen willkürlich gesteuert und dadurch die gewünschte Stimmfrequenz und Lautstärke erzeugt werden. Hierzu kann die Kehlkopfmuskulatur die Weite der Glottis und die Spannung der Stimmlippen variieren und dadurch die Schwingungsfähigkeit der Stimmlippen beeinflussen (**Zweimassenmodell**, myoelastische Theorie). Die Atemmuskulatur kann

schließlich den subglottischen Druck verändern. Der abgestrahlte Schalldruck der Stimme steigt mit dem subglottischen Druck.

> **Klinik**
>
> **Recurrenslähmung**
>
> Bei Patienten mit einer beiderseitigen Lähmung des N. recurrens (auch Recurrensparese) stehen beide Stimmlippen im Abstand von etwa 1 mm still. Ursachen können z. B. eine Virusentzündung oder eine nicht sachgerecht durchgeführte Schilddrüsenoperation sein. Die Lupenlaryngoskopie gehört daher zu den obligaten Untersuchungen nach Schilddrüsenoperation. Die Fähigkeit, Frequenz und Lautstärke der Stimme zu verändern, geht durch die Lähmung weitgehend verloren. Die Folgen sind eine leise, monotone, kaum modulationsfähige Stimme sowie Atemnot bis zum Ersticken. Erholen sich die Nerven nicht, so ist eine operative Erweiterung der Stimmritze z. B. durch lasermikrochirurgische **dorsale Glottiserweiterung** erforderlich, um die Luftnot zu beseitigen. Die Stimme kann nicht verbessert werden.

Schalldruckpegel Der maximale **Schalldruckpegel**, den ungeschulte Sprecher erzeugen können, beträgt in 1 m Entfernung etwa **75 dB SPL**, bei ausgebildeten Sängern bis zu **108 dB SPL**. Der subglottische Druck beträgt bei ruhiger Atmung etwa 2 cm H_2O (196 Pa) über dem Atmosphärendruck. Durch Schluss der Glottis, Kontraktion des M. vocalis in der Stimmlippe sowie durch die Atemmuskulatur kann ein Druck bis zu 16 cm H_2O (1570 Pa) erreicht werden.

54.2.3 Stimmhöhe

Mit der Spannung der Stimmlippen steigt die Stimmfrequenz; auch die anatomische Länge der Stimmlippen hat Einfluss auf die Tonhöhe.

Einstellung der Stimmfrequenz Die **Frequenz** der Stimme ("Tonhöhe") ist abhängig von der Frequenz der Schleimhautschwingungen der Stimmlippen. Der durchschnittliche Stimmumfang beträgt 1,3–2,5 Oktaven (Oktave: Verdopplung der Frequenz). Die **Grundfrequenz** des vom Kehlkopf erzeugten Klanggemischs hängt in hohem Maß von der muskulär erzeugten Spannung der Stimmlippen, in geringerem Maß vom subglottischen Druck ab. Mit zunehmender Spannung der Stimmlippen und/oder zunehmendem subglottischem Druck kann die Grundfrequenz der Stimme willkürlich erhöht werden.

Glottisbewegung
Unter laryngoskopischer Beobachtung zeigt sich zudem, dass beträchtliche Aus- und Abwärtsbewegungen der Glottis mit Tonhöhenänderungen einhergehen. Dabei kann der M. cricothyreoideus den Schildknorpel nach vorne kippen (☐ Abb. 54.3) und ihn dadurch von den Stellknorpeln entfernen, wodurch die Stimmlippen noch stärker angespannt werden können. Durch die Kombination dieser und weiterer Parameter ist eine Vielzahl von Schwingungsabläufen der Schleimhaut bei der Schallerzeugung des Kehlkopfs möglich.

Stimmgattungen Die endgültige, individuell unterschiedliche Länge der Stimmlippen beim Erwachsenen führt zu einem unterschiedlichen Grundschwingungsverhalten beim einzelnen Menschen. Dem entsprechen die **Stimmgattungen** (von tief nach hoch) Bass, Bariton und Tenor beim Mann sowie Alt, Mezzosopran und Sopran bei der Frau.

Kontrollmechanismen Zwei Kontrollmechanismen erlauben dem Gehirn die Steuerung der Stimme, um einen bestimmten Klang mit gewünschter Frequenz und Schalldruck willkürlich zu treffen:

- die Propriozeptoren in Kehlkopfmuskeln und -schleimhaut;
- die Kontrolle durch das Gehör (auditive Rückkopplung).

Vor lautem Sprechen oder beim Singen findet 0,3–0,5 s vor der Phonation eine elektromyographisch nachweisbare Muskelaktivitätsänderung (**präphonatorische Muskeleinstellung**) statt. Offenbar können erlernte Bewegungsabfolgen der Stimmlippen subkortikal programmiert werden, wie dies auch bei manuellen Fertigkeiten möglich ist.

Unter beidohriger Geräuschbelastung differieren selbst bei professionellen Sängern die Stimmeinsätze jedoch um bis zu 1,5 Halbtöne, sodass angenommen werden kann, dass die präphonatorische Muskeleinstellung nur eine relativ grobe Annäherung ergibt. Vielmehr ist es die **auditive Rückkopplung**, die bei intaktem Hör-Sprach-Kreis die exakte Kontrolle des Kehlkopfs, für die Erzeugung von Frequenz und Druck des gewünschten Schallsignals, ermöglicht.

In Kürze

Der **Kehlkopf** erzeugt Schall, der Stimme genannt wird (Phonation). Der Schall wird durch **Bernoulli-Schwingungen** der Stimmlippen erzeugt. Der Schalldruck der Stimme hängt dabei wesentlich vom subglottischen Druck ab. Die Spannung der Stimmlippen bestimmt vor allem die Stimmfrequenz.

54.3   Artikulation

Der Nasen-Mund-Rachenraum bildet das Ansatzrohr. Es formt aus dem Schallsignal des Kehlkopfs verständliche Laute; dazu kann seine Form durch Muskeln willkürlich verändert werden.

Ansatzrohr Die **Artikulation** (Lautbildung) erfolgt mit wenigen Ausnahmen in dem gesamten Hohlraum zwischen Stimmlippenebene und Mund- bzw. Nasenöffnung. Nach dem Vorbild von Blasinstrumenten werden diese Räume **Ansatzrohr** genannt. Es umfasst den supraglottischen Larynx, die drei Pharynxetagen, die Mundhöhle sowie die Nasenhaupthöhlen.

Verstellbarkeit des Ansatzrohrs Die Form des Ansatzrohrs kann durch die Rachen-, Gaumen-, Zungen-, Kau- und mimische Gesichtsmuskulatur willkürlich verändert werden. Dadurch ist physikalisch eine verstellbare **Resonanz dieser Hohlräume** möglich (◘ Abb. 54.4). Sie ist neben weiteren Mechanismen derjenige physikalische Grundmechanismus, der aus dem angebotenen Schallsignal des Kehlkopfs verständliche Vokale und Konsonanten der Sprache formt.

Je nach Bedarf bewegen sich die „Artikulationsorgane" Uvula, weicher Gaumen, Zungenrücken, Zungenrand, Zungenspitze sowie Lippen und formen an Zähnen, Alveolarkamm, Gaumen sowie im Nasenraum Vokale und Konsonanten (Mitlaute). Bei der Artikulation eines Konsonanten wird eine Verengung des Ansatzrohrs erzeugt, die den Atemluftstrom partiell oder komplett unterbricht und so zu hörbaren Luftverwirbelungen (Turbulenzen) führt. Konsonanten sind also Strömungsgeräusche. Zu den Konsonanten zählen im Deutschen die Gruppe der Obstruenten (Plosive: z. B. [p], Frikative: z. B. [f]) und die Gruppe der Sonoranten (Liquide/Laterale: z. B. [l], Nasale: z. B. [n]). Die Konsonanten können den prägenden anatomischen Strukturen zugeordnet werden: labial (z. B. [p]), alveolar (z. B. [s]), glottal (z. B. [h]), velar (z. B. [k]) und palatal (z. B. [j]). Sie können stimmlos (z. B. [p]) oder stimmhaft (z. B. [b]) sein.

Sonagraphie Die komplexen Schallwellen eines Sprachsignals können klinisch durch einen **Sonagraphen** mittels Filtern nach Frequenz, Schalldruck sowie in Abhängigkeit von der Zeit zerlegt werden. Dabei erweisen sich Vokale als Klänge, die aus einem Grundton (Stimme) und bestimmten harmonischen Obertönen bestehen und einen periodischen Schwingungsverlauf besitzen. Diese im Ansatzrohr durch Resonanz verstärkten Frequenzen sind für jeden Vokal spezifisch und erlauben die Identifikation etwa eines „e" oder „i". Bei der Produktion bestimmter Vokale erhält das Ansatzrohr etwa durch die Stellung der Zunge eine bestimmte Konfigu-

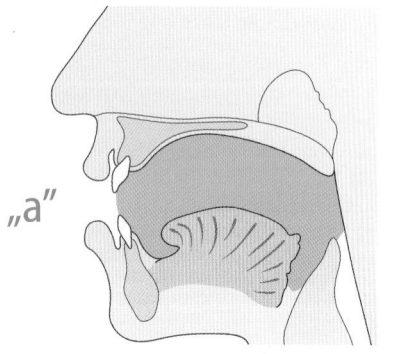
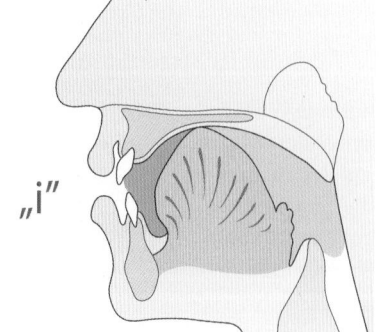
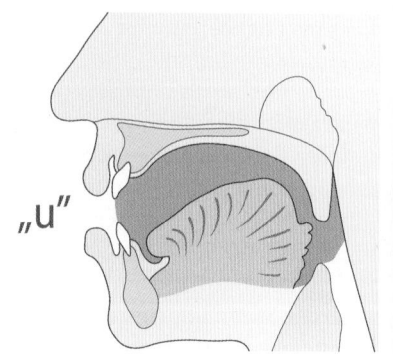

◘ **Abb. 54.4   Ansatzrohr.** Änderung der Form und des Ansatzrohrs durch die Zunge bei den Vokalen „a", „u" und „i"

ration, sodass aus physikalischen Gründen ganz bestimmte Resonanzeigenschaften entstehen.

Formanten Das Ansatzrohr wird durch die Stimme zur Resonanz angeregt. Die Resonanzfrequenzen kann man durch die Muskelveränderungen im Ansatzrohr je nach Vokal willentlich bestimmen. Die so willentlich entstehenden **Resonanzfrequenzen** nennt man **Formanten** eines Vokals. Das „e" etwa ist charakterisiert durch Formantfrequenzen von ca. 500 Hz, 1 800 Hz und 2 400 Hz. Das „i" besitzt Formantfrequenzen von 300 Hz, 2 000 Hz und 3 100 Hz.

Sprechen trotz Kehlkopfverlust

Nach operativer Entfernung des Kehlkopfs (z. B. bei Kehlkopfkrebs, einem typischen Raucherkrebs) kann mithilfe einer künstlichen Schallquelle ein Schallsignal im Hypopharynx erzeugt werden. Die künstliche Stimmbildung kann vom Patienten genutzt werden, im unverändert normalen Ansatzrohr eine **leidlich verständliche Sprache** zu bilden. Dabei werden mechanische Stimmprothesen oder elektronische Vibratoren („Elektrolarynx") verwendet. Besonders relevant für Kehlkopflose ist das Erlernen der Ruktussprache. Bei dieser Form der Phonation verschlucken die Patienten Luft und lassen sie dann zur Stimmgebung gezielt durch das bei der Laryngektomie entstandene pharyngoösophageale Segment entweichen. Mechanische Stimmprothesen setzen auf einen durch die Patienten gesteuerten Luftstrom von der Luftröhre zur Speiseröhre durch ein Ventil. Der durch die Atmung und den manuellen Verschluss des Tracheostoma steuerbare Luftstrom erleichtert dem Kehlkopflosen dann die Phonation mit dem pharyngoösophagealen Segment. Der Elektrolarynx dient als verlässliche Option, wenn die Ruktussprache nicht möglich ist, klingt aber unnatürlich „elektronisch". Den logopädischen Übungen kommt bei jeder Form der Stimmrehabilitation eine besondere Bedeutung zu.

In Kürze

Der **Mund-Rachen-Raum** formt aus dem im **Kehlkopf** erzeugten Schall verständliche Vokale und Konsonanten (Artikulation). Phonation des Kehlkopfs und Artikulation des Mund-Rachen-Raums werden zentral durch das **motorische Sprachzentrum** des Gehirns gesteuert.

Literatur

Habermann, G (2010) Stimme und Sprache. Thieme Stuttgart
Hisa Y (2017) Neuroanatomy and Neurophysiology of the Larynx. Springer, Berlin Heidelberg New York
Lenarz, T, Boenninghaus HG (2014) Hals-Nasen-Ohren-Heilkunde. Springer, Berlin Heidelberg New York
McFarland DH (2015) Netter's Atlas of Anatomy for Speech, Swallowing, and Hearing. Elsevier Mosby
Wendler J, Seidner W, Eysoldt U (2014) Lehrbuch der Phoniatrie und Pädaudiologie. Thieme, Stuttgart

Der Gleichgewichtssinn und die Bewegungs- und Lageempfindung des Menschen

Tobias Moser, Hans-Peter Zenner

© Springer-Verlag GmbH Deutschland, ein Teil von Springer Nature 2019
R. Brandes et al. (Hrsg.), *Physiologie des Menschen*, Springer-Lehrbuch
https://doi.org/10.1007/978-3-662-56468-4_55

Worum geht's? (◨ Abb. 55.1)

Der Gleichgewichtssinn ist eine integrative Leistung des ZNS

Zu unserem Gleichgewicht tragen die Vestibularorgane des Innenohrs, die Augen und das propriozeptive System ebenso bei wie die zentralnervöse Verarbeitung in Hirnstamm, Kleinhirn und Großhirn.

Die Vestibularorgane messen Beschleunigung

Der Vestibularapparat besteht aus den Bogengangs- und den Makulaorganen. Die Haarzellen der drei Bogengangsorgane detektieren Winkelbeschleunigung um je eine der drei Achsen, während die der Makulaorgane Linearbeschleunigung in der Vertikalen bzw. Horizontalen messen. Die Haarzellen übertragen die Information über Kopfstellung und Kopfbewegungen an Bandsynapsen auf die Vestibularisganglionneurone. Die Aktionspotenziale dieser Neurone werden dann an die Vestibulariskerne des Hirnstamms weitergeleitet.

Schwindel ist das Leitsymptom der Vestibularisstörungen

Störungen des Bewegungs- und Lagesinns führen zu Schwindel und Fallneigung. Schwindel ist eines der häufigsten Symptome, weswegen Patienten einen Arzt aufsuchen. Handelt es sich um Drehschwindel oder Liftschwindel, ist die Ursache mit ziemlicher Sicherheit in einer Erkrankung des peripheren Bewegungs- oder Lagesinns zu finden.

Gleichgewicht

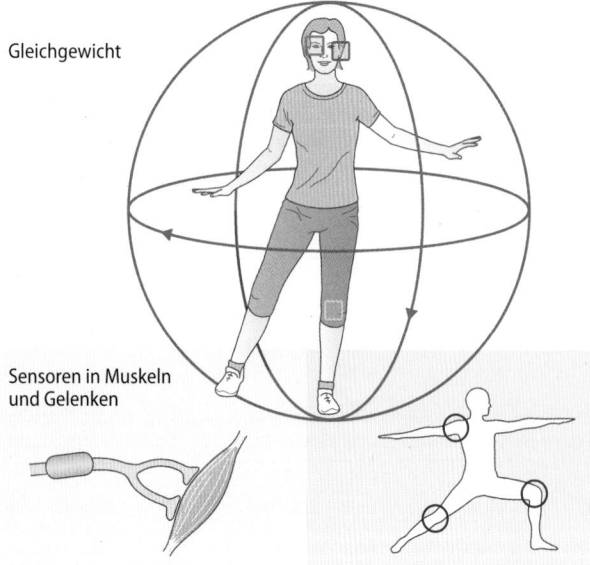

Sensoren in Muskeln und Gelenken

Gleichgewichtsorgan im Innenohr

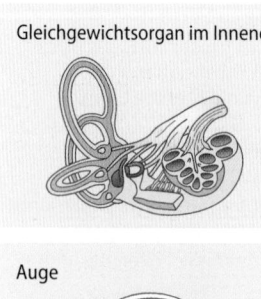

Auge

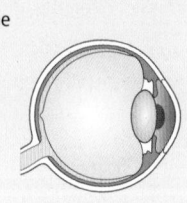

◨ **Abb. 55.1** Unser Gleichgewichtssinn entsteht durch Signale von Vestibularorganen, Augen und Propriozeptoren sowie deren zentralnervöse Verarbeitung

55.1   Gleichgewichtsorgane im Innenohr

55.1.1   Der Gleichgewichtssinn

Informationen, die zu Bewegungs- und Lageempfindungen führen, stammen vor allem aus den Vestibularorganen; sie werden durch Informationen aus dem visuellen und dem propriozeptiven System ergänzt und vorwiegend im Hirnstamm und Kleinhirn verarbeitet.

Vestibularorgan   Das Labyrinth des Innenohres beherbergt neben der Kochlea auch die Endorgane des Bewegungs- und Raumorientierungssinnes, sie bilden das Vestibularorgan bzw. den **Vestibularapparat**. Die Funktion des Vestibularapparats läuft ohne primäre Beteiligung des Bewusstseins ab und wird daher vom Gesunden nicht bemerkt. Funktionsstörungen nimmt der Patient dagegen sehr wohl wahr, er empfindet **Schwindel**.

Der Vestibulararapparat wird durch zwei Sinnesreize stimuliert:

- Rotationsbeschleunigung, also das Andrehen oder Abbremsen einer Bewegung um die eigene Achse, erregt die Bogengangsorgane.
- Linearbeschleunigung, also die Beschleunigung in einer Richtung, reizt die Makulaorgane.

Schwerkraft
Wenn wir die Augen schließen, können wir eindeutig die Richtung der Schwerkraft, also der Erdbeschleunigung, angeben. Es ist die Richtung, die wir als „unten" empfinden, es sei denn, wir befinden uns in einem Parabelflug oder im All. Die Beschleunigung wird durch die Haarzellen des Vestibularorgans detektiert.

❯❯ Bogengangsorgane kodieren Winkelbeschleunigung, Makulaorgane kodieren Linearbeschleunigung.

Propriorezeptoren   Wir können mit geschlossenen Augen feststellen, dass wir nach vorne laufen, gleichgültig, ob wir den Kopf dabei nach rechts gedreht haben (also mit dem linken Ohr vorne) oder ob wir den Kopf nach links gedreht haben (also mit dem rechten Ohr vorne). Da die Beschleunigungsrichtung beim Schritt nach vorne für die Vestibularorgane bei Kopfhaltung nach rechts genau umgekehrt zu der bei Kopfhaltung nach links ist, sind in dieser Situation Informationen von Muskel- und Gelenkrezeptoren (**Propriorezeptoren**), speziell der Halsregion, von zusätzlicher Bedeutung. Zusammen mit **visueller Information** erlauben sie dem Gehirn eine eindeutige Interpretation der Information aus den Vestibularorganen (◻ Abb. 55.2).

Der aufrechte Gang   Das Zusammenspiel der Vestibularorgane mit Propriorezeptoren spielt eine wichtige Rolle, wenn wir beispielsweise stolpern. Bevor man sich dessen bewusst wird, hat bereits eine motorische Gegenreaktion stattgefunden, die einen Sturz verhindert (▶ Kap. 45.4). Vestibulospinale Reflexe aktivieren die Fuß- und Beinmuskulatur und verhindern den Sturz. Die Funktion des **Vestibularapparat** des Innenohrs, ergänzt durch Informationen aus den **Propriorezeptoren,** ermöglicht also buchstäblich den auf-

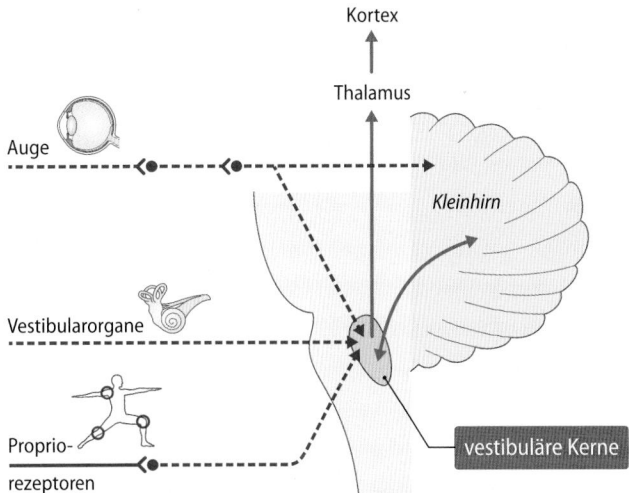

◻ **Abb. 55.2   Verbindungen des vestibulären Systems mit anderen Sinnessystemen.** Die Vestibularorgane im Innenohr sind die peripheren Rezeptororgane. Der Vestibularisnerv überträgt die Information synaptisch auf die Neurone der vestibulären Kerne, die über neuronale Verbindungen Informationen auch von Propriorezeptoren und Auge erhalten

rechten Gang des Menschen. Da bei geöffneten Augen auch die visuelle Information einen Beitrag zur Bewegungs- und Lageempfindung leistet, kann das Sehorgan bei beidseitigem Ausfall des Innenohrs diese teilweise kompensieren. Dies gelingt jedoch nur, solange es hell ist. Im Dunkeln erleiden die Betroffenen Gangunsicherheit, Schwindel und Fallneigung. Zudem kann das visuelle System aufgrund der langsameren zeitlichen Verarbeitung das Blickfeld bei Bewegungen des Körpers nicht ausreichend stabilisieren: zumindest ein funktionstüchtiges Innenohr wird für die die schnelle Blickfeldstabilisierung über den vestibulookulären Reflex (s. u.) benötigt.

55.1.2   Makula- und Bogengangsorgane

Der Vestibularapparat besteht beiderseits aus zwei Makulaorganen und drei Bogengangsorganen; ihre Sinneszellen heißen Haarzellen.

Fünf Gleichgewichtsorgane   Der Vestibularapparat befindet sich im Labyrinth des Innenohres. Er besteht aus fünf Organen (◻ Abb. 55.3). Es sind die zwei **Makulaorgane (Macula utriculi und Macula sacculi) sowie die drei Bogengangsorgane (horizontaler, hinterer sowie vorderer** Bogengang). Alle fünf Sinnesorgane besitzen Sinnesepithelien, deren Sinneszellen als Haarzellen bezeichnet werden. Die Sinneshärchen (Stereozilien) ragen in eine gallertige, mukopolysaccharidhaltige Masse. In den Bogengängen heißt sie **Cupula**. In den beiden Makulaorganen enthält das gallertige Kissen, das auf den Sinneszellen aufliegt, zusätzliche winzige Kalziumkarbonatkristalle, die unter dem Elektronenmikroskop wie Steine (Lithen) aussehen. Es wird daher **Otolithenmembran** (Otolith: Ohrstein) genannt.

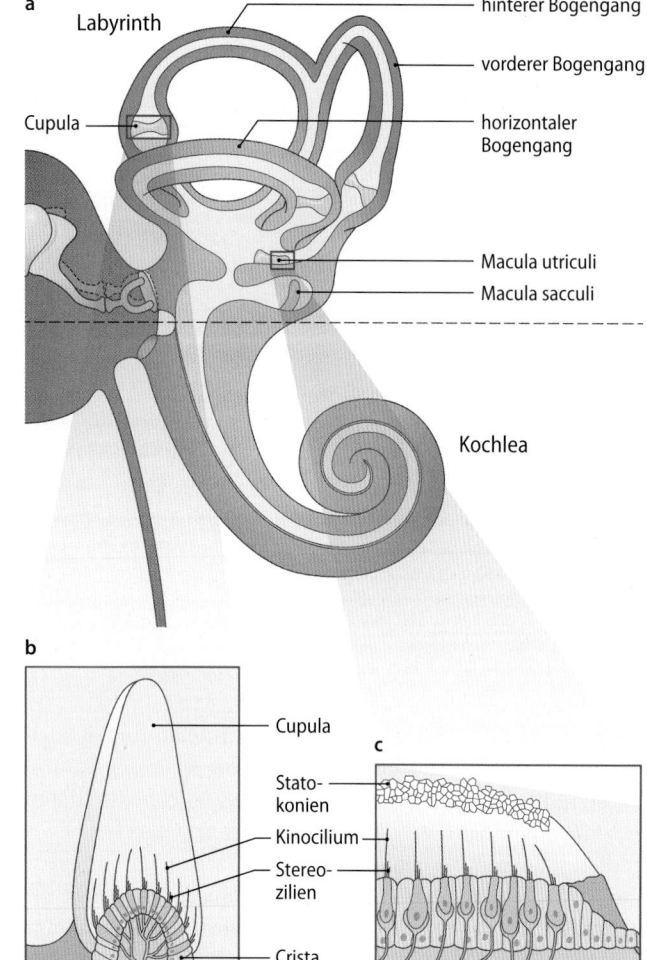

a

Labyrinth

hinterer Bogengang

vorderer Bogengang

Cupula

horizontaler Bogengang

Macula utriculi

Macula sacculi

Kochlea

55

b

Cupula

Stato-konien

Kinocilium

Stereo-zilien

c

Crista

☐ **Abb. 55.3a–c** **a** Das Labyrinth des Innenohrs im Schema **b** mit der Cupula der Bogengangsorgane und **c** Otholithenmembran der Makula-organe. Desweiteren dargestellt Endolymphe (hell) und Perilymphe (dunkel) des Labyrinths und der Kochlea

Haarzellen Die Sinneszellen der Vestibularorgane sind eng mit den Sinneszellen der Kochlea verwandt. Sie besitzen an ihrem oberen Ende zahlreiche feine Härchen (Zilien), die ihnen den Namen **Haarzellen** verliehen haben. Anders als die Haarzellen der Kochlea besitzen die vestibulären Haar-zellen neben den Stereozilien (aktinreiche Microvilli) auch ein größeres **Kinozilium** (tubulinreiches „echtes" Zilium). Nur die Stereozilien sind für die Rezeptoreigenschaft der Haarzellen verantwortlich.

Sekundäre Sinneszellen Die vestibulären Haarzellen sind, wie die der Kochlea, **sekundäre Sinneszellen**: Sie besitzen keine eigenen Nervenfortsätze, vielmehr übertragen sie die Sinnesinformation an **Bandsynapsen** auf die vestibulären Ganglionneurone, deren Aktionspotenzialgenerierung sie dabei stimulieren. Die zentralen Axone der **Vestibularganglionneurone** bilden die Pars vestibularis des N. vestibulo-cochlearis (**VIII. Hirnnerv**) und innervieren die Neurone der Vestibulariskerne im Hirnstamm.

In Kürze

Die Vestibularorgane vermitteln den Bewegungs- und Raumorientierungssinn. Die Informationen dieses Sinnes-systems, die zu Bewegungs- und Lageempfindungen füh-ren, werden durch das visuelle und das propriozeptive System ergänzt. Der Vestibularapparat besteht aus beid-seitig jeweils zwei **Makulaorganen** und drei **Bogen-gangsorganen**.
Alle fünf Sinnesorgane besitzen Sinnesepithelien, deren Sinneszellen als **Haarzellen** bezeichnet werden. Diese ragen in eine gallertige Masse, die in den Bogengangs-organen als Cupula und in den Makulaorganen, auf-grund kleiner Kalziumkristalle, als Otolithenmembran bezeichnet wird.

Klinik

Cupulolithiasis

Symptome
Die Patienten klagen über wenige Sekunden bis Minuten anhal-tende **Drehschwindelattacken**, die durch seitliche Kopfhaltung bzw. Kopflage z. B. im Bett provoziert werden können und von einem grobschlägigen, horizontal-rotierenden Nystagmus be-gleitet werden. Schwindelanfälle werden häufig durch bestimm-te, reproduzierbare Bewegungen ausgelöst. Eine Gangunsicher-heit, die wahrscheinlich phobisch bedingt ist, kann zusätzlich auch dauerhaft bestehen. Das Krankheitsbild wird auch als **benigner paroxysmaler Lagerungsschwindel** bezeichnet.

Ursachen
Man vermutet als Ursache eine Absiedelung von Otolithen in den **hinteren Bogengang**.

Therapie
Durch Lagerungsmanöver können die Otolithen aus dem Bogengang entfernt werden.

55.2 Gleichgewichtssinn durch Beschleunigungsmessung

55.2.1 Reizung der Haarzellen

Der adäquate Reiz der Haarzellen ist eine Deflektion ihrer Stereozilien, wodurch sich das elektrische Potenzial der Haar-zellen verändert; dieser Vorgang heißt mechanoelektrische Transduktion.

Mechanoelektrische Transduktion Die Haarzellen der Ves-tibularorgane (☐ Abb. 55.4) besitzen Stereozilien (Sinnes-härchen) und **tip links** wie die Haarzellen der Kochlea. Der Prozess der **mechanoelektrischen Transduktion** wie auch die Transduktionsmaschinen der vestibulären Haarzellen und der kochleären Haarzellen sind wohl im Wesentlichen identisch und werden in ▶ Kap. 52.4 besprochen.

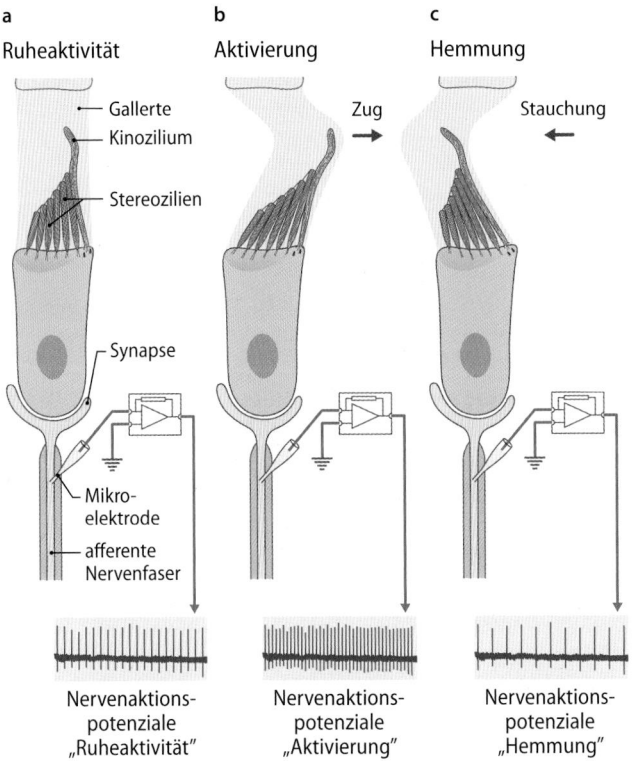

a Ruheaktivität   **b** Aktivierung   **c** Hemmung

Gallerte
Kinozilium

Stereozilien

Zug →   Stauchung ←

Synapse

Mikro-
elektrode

afferente
Nervenfaser

Nervenaktions-
potenziale
„Ruheaktivität"

Nervenaktions-
potenziale
„Aktivierung"

Nervenaktions-
potenziale
„Hemmung"

▣ Abb. 55.4a–c   Auslenkung der Stereozilien am Beispiel einer Cupula. a In Ruhe nimmt die Gallerte der Cupula eine mittlere Stellung ein und die Sinneshärchen stehen aufrecht. Die im Tierversuch mit einer Mikroelektrode gemessenen Aktionspotenziale zeigen die Ruheaktivität der afferenten Nervenfaser. **b** Wird die Gallerte der Cupula in Richtung zum Kinozilium ausgelenkt, so nimmt sie die Sinneshärchen der Haarzelle mit und biegt sie um. In der afferenten Nervenfaser ist eine Zunahme der Zahl der Nervenaktionspotenziale messbar. **c** In Gegenrichtung ist eine Hemmung mit Abnahme der Zahl der Nervenaktionspotenziale zu erkennen

Otolithenmembran   Der Unterschied zur Kochlea besteht darin, dass die Stereozilien in den Vestibularorganen in eine **Gelmatrix** eingebettet sind: die **Cupula** der Bogengänge (▣ Abb. 55.4) bzw. die **Otolithenmembran** der Makulaorgane. Diese Matrizes vermitteln, dass es bei Beschleunigung durch Relativbewegung zum Sinnesepithel zu einer Auslenkung der Stereozilien in exzitatorische oder inhibitorische Richtung kommt.

❯ Vestibuläre Haarzellen transduzieren einen Bewegungsreiz in ein Rezeptorpotenzial durch die Öffnung von mechanosensitiven Transduktionskanälen.

55.2.2   Synaptische Transmission und Kodierung

Vestibuläre Haarzellen nutzen glutamaterge Bandsynapsen um Information über Kopfbeschleunigung an die Vestibularganglionneurone zu übertragen. Die synaptische Transmission und folglich die Vestibularganglionneurone sind bereits im Ruhezustand aktiv und diese Aktivität wird bei Beschleunigung erhöht und beim Abbremsen vermindert.

Rezeptorpotenzial   Das Rezeptorpotenzial der Haarzellen führt über die Aktivierung von spannungsgesteuerten Ca^{2+} Kanälen zur **Transmitterfreisetzung an den glutamatergen Bandsynapsen** der vestibulären Haarzellen. Sowohl Makulaorgane als auch Bogengangsorgane weisen zwei Haarzelltypen auf: **Typ-I- und Typ-II-Haarzellen.** Dabei sind die Typ-I-Haarzellen von kelchförmigen postsynaptischen Endigungen eines Vestibularganglionneurons eingeschlossen, während die Typ II Haarzellen von Bouton (Knöpfchen)-ähnlichen postsynaptischen Endigungen kontaktiert werden. Die Molekularphysiologie der Bandsynapsen von vestibulären Haarzellen ähnelt der von kochleären inneren Haarzellen. Beschleunigungsreize ändern die Rate der Transmitterfreisetzung und erhöhen oder erniedrigen so die Entladungsrate im Nerv. Eine Abscherung in Richtung zum Kinozilium steigert die Aktivität der afferenten Nervenfasern (▣ Abb. 55.4b). Eine Abscherung in Gegenrichtung (vom Kinozilium weg) reduziert die Zahl der neuronalen Entladungen (▣ Abb. 55.4c). Bewegungen quer zu dieser Achse sind ohne Effekt. Der Grundmechanismus ist für Makula- und Bogengangsorgane identisch. Aufgrund ihrer unterschiedlichen anatomischen Konstruktion sind sie jedoch auf verschiedene Aufgaben spezialisiert. Neben der glutamatergen (quantalen) Transmission kommt es möglicherweise auch zu einer direkten Depolarisation des Vestibularganglionneurons durch das basolateral von der Typ-I-Haarzelle freigesetzte Kalium (ephaptische Transmission). Interessanterweise können die vestibulären Haarzellen der Makulaorgane auch durch lauten Schall stimuliert werden, was in der Klinik für die Messung ihrer Funktion mittels **vestibulär-evozierter myogener Potenziale (VEMP)** genutzt wird.

Reizkodierung im Gleichgewichtsnerv   Vestibularganglionneurone bilden den Gleichgewichtsnerv: N. vestibularis, Teil des N. vestibulocochlearis (Synonym: N. statoacusticus). Die synaptische Konnektivität der Vestibularganglionneurone unterscheidet sich von der der kochleären Spiralganglionneurone: **Jedes Vestibularganglionneuron erhält synaptischen Input von mehreren aktiven Zonen** einer oder gar mehrerer Haarzellen. Diese Nervenzelltypen unterscheiden sich in ihrem funktionellen Antwortverhalten. Vestibularganglionneurone zeigen eine **hohe Ruheaktivität** (▣ Abb. 55.4a), die durch vestibuläre Reize über die oben beschriebene Veränderung der Transmitterfreisetzung moduliert wird. Man ordnet Vestibularganglionneurone in drei Gruppen: In Neurone mit kelchförmigen postsynaptischen Endigungen, die mit einer oder mehreren Typ-I-Haarzelle(n) verbunden sind, Neurone mit Bouton-Endigungen und in dimorphe Neurone mit kelchförmigen Endigungen und Bouton-Endigungen (▣ Abb. 55.5).

55.2.3   Beschleunigungssinn in den Translationsrichtungen

Die Makulaorgane messen Translationsbeschleunigungen, die wir beim Beschleunigen oder beim Bremsen erleben; auch die Erdanziehung wird wahrgenommen.

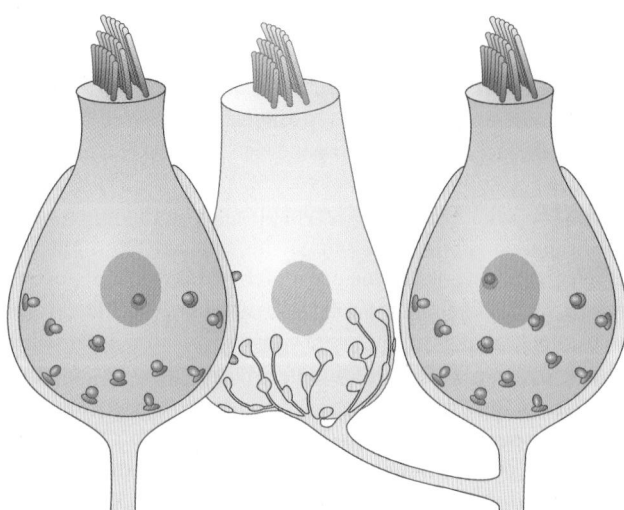

55

Abb. 55.5   Schematische Darstellung der afferenten Konnektivität der vestibulären Haarzellen und der Vestibularganglionneurone. Links: Typ I-Haarzelle, die mit mehreren aktiven Zonen ein Vestibular-ganglionneuron mit kelchförmiger postsynaptischer Endigung stimuliert. Mitte: Typ II-Haarzelle, die Synapsen mit mehreren Bouton-Endigungen eines dimorphen Vestibularganglionneurons ausbildet, das zusätzlich noch eine kelchförmige Synapse mit einer Typ I-Haarzelle eingeht

Beschleunigen und Bremsen   Mit den beiden Makulaorga-nen eines Ohres können wir **Translationsbeschleunigungen (Linearbeschleunigungen)** messen. Dazu gehören Beschleu-nigung oder Bremsen von Auto oder Flugzeug, im Lift oder bei Sturz und Sprung. Durch die Einlagerung der **Kalziumkar-bonatkristalle** (Statokonien) ist die spezifische Dichte der Oto-lithenmembran höher als die der sie umgebenden Endo-lymphe. Bei einer Translationsbeschleunigung des Körpers bleibt die verschiebbare Otolithenmembran nach dem Träg-heitsprinzip um einen winzigen Betrag zurück, ebenso wie ein beweglicher Gegenstand in einem beschleunigenden Fahrzeug nach hinten rutscht. Dadurch werden die Stereozilien abge-schert und die Haarzellen der Makulaorgane adäquat gereizt.

Erdanziehungskraft   Befindet sich der Mensch auf der Erde, so ist er einer Translationsbeschleunigung ständig ausgesetzt, der **Gravitationsbeschleunigung** (Schwerkraft). Bei aufrech-ter Körper- und Kopfhaltung steht die **Macula sacculi** unge-fähr in **vertikaler Stellung**. Die Schwerkraft verschiebt daher die Otolithenmembran nach unten und reizt die Haarzellen der Macula sacculi. Ändert sich die Lage des Kopfes im Raum, so ändern sich der Einfluss der Gravitationsbeschleunigung und damit die Verschiebung der Otolithenmembran und die Abscherung der Stereozilien. Entsprechendes gilt für die **Macula utriculi**, nur ist ihre anatomische Lage bei aufrechter Kopfhaltung nahezu **horizontal**. Die Gravitationsbeschleu-nigung bewirkt in dieser Lage keine Auslenkung der Stereo-zilien. Eine Änderung der Kopfhaltung aus der Normalpo-sition führt jedoch zu einer zunehmenden Auslenkung der Stereozilien der Haarzellen der Macula utriculi.

Stellung des Kopfes im Raum   Für jede Stellung des Kopfes im Raum gibt es daher eine bestimmte Konstellation der Ak-

tivität der jeweils zwei Makulaorgane des rechten und des linken Innenohrs. Dies führt zu einer bestimmten Erregungs-konstellation der dazugehörigen afferenten Nervenfasern, die vom zentralen Nervensystem zur Beurteilung der Stellung des Kopfes im Raum ausgewertet wird.

55.2.4   Beschleunigungssinn beim Drehen

Die Bogengangsorgane bilden einen nahezu kreisförmigen Kanal und können so auf Drehbeschleunigungen reagieren.

Bogengangsorgane   Sie erlauben es dem Menschen, **Dreh-beschleunigungen (Winkelbeschleunigungen)** wahrzu-nehmen. Jeder Bogengang bildet einen nahezu kreisför-migen geschlossenen Kanal, der mit Endolymphe gefüllt ist (**Abb. 55.3**). Jeder dieser Kanäle ist jedoch im Bereich der Ampulle durch eine gallertige Membran, die **Cupula**, unter-brochen. Die Cupula ist auf der Innenseite des Bogengangs mit der Wandung verwachsen. An der Außenseite des Ringes (**Abb. 55.6**) umkleidet sie die Haarzellen, sodass die Stereo-zilien in die Cupula hineinragen. Die Cupula enthält keine Kalziumkarbonatkristalle, daher haben Endolymphe und Cupula die gleiche spezifische Dichte.

Eine Translationsbeschleunigung führt daher nicht zur Relativbewegung zwischen Bogengang, Cupula und Zilien; die Haarzellen werden nicht gereizt. Anders ist dies bei **Dreh-beschleunigungen**. Wird der Kopf gedreht, bleibt die kreis-förmig angeordnete Endolymphe wegen ihrer Trägheit im Bogengang gegenüber den knöchernen Bogengangswänden zurück (**Abb. 55.6**). Da die Cupula mit der knöchernen Kanalwand verwachsen ist, wird sie mit dem Schädel bewegt. Sie wird daher durch die zurückbleibende Endolymphe als elastische Membran ausgelenkt. Diese Auslenkung lenkt die

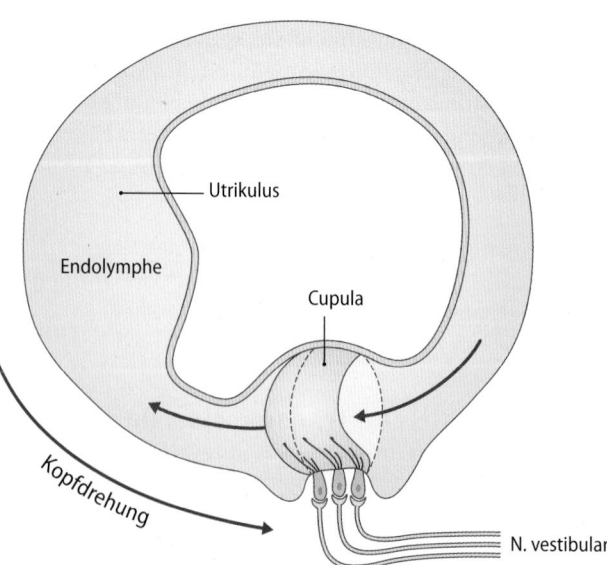

Abb. 55.6   Ein Bogengang mit Cupula und Haarzellen im Schema. Bei Kopfdrehung (**Pfeil**) wird auch der Bogengang gedreht. Die Endo-lymphe mit der Cupula bleibt jedoch zurück. Dadurch werden die Stereo-zilien ausgelenkt

Stereozilien der Haarzellen aus, wodurch diese adäquat gereizt werden (❑ Abb. 55.6).

Aktivitätsänderung des N. vestibularis   Folge einer Reizung von Haarzellen ist die beschriebene **Aktivitätsänderung** der afferenten Nervenfaser. Für den horizontalen Bogengang nimmt die Aktivität zu, wenn die Cupula in Richtung auf den Utrikulus (**utrikulopetal**) ausgelenkt wird. Hier sind die Haarzellen so angeordnet, dass die Kinozilien zum Utrikulus zeigen. Eine Drehbewegung nach links führt dadurch beim linken horizontalen Bogengang zu einer Erregung. Bei den vertikalen Bogengängen ist die Anordnung genau umgekehrt, sodass eine **utrikulofugale** Cupulaauslenkung (vom Utrikulus weg, eine Kopfbewegung nach hinten) zu einer Aktivierung der Nervenfasern führt.

Spezifische Muster für jede Winkelbeschleunigung   Die drei Bogengänge eines jeden Innenohrs sind **dreidimensional** angeordnet, sodass für jede Dimension des Raumes ein Bogengang zuständig ist. Zusammen mit den drei Bogengangsorganen des anderen Ohres ergibt sich dadurch für jede **Winkelbeschleunigung** ein spezifisches Muster an Aktivitätssteigerungen und Aktivitätshemmungen der jeweils zuständigen afferenten Nervenfasern. Diese Muster werden zentral ausgewertet und ergeben die Information, welche Drehbeschleunigung auf den Kopf einwirkt.

Kurze Kopfbewegungen   Im täglichen Leben werden die Bogengangsorgane fast immer durch reine **Kopfdrehungen** gereizt. Da die physiologische Drehbewegung des Kopfes aus anatomischen Gründen begrenzt ist, ist sie je nach Geschwindigkeit der Bewegung bereits nach Bruchteilen einer Sekunde beendet. Dabei wird der Kopf zunächst beschleunigt, dann wieder abgebremst und angehalten. Beim Beschleunigen wird die Cupula kurz ausgelenkt, beim Bremsen wieder in die Ruhelage zurückgebracht. Bei kurzen Kopfbewegungen entspricht daher die Cupulaauslenkung ungefähr auch der **Drehgeschwindigkeit**, und auch der Verlauf der Entladungsrate im Nerv entspricht näherungsweise der Drehgeschwindigkeit. Bei längerer Drehung adaptieren die Bogengänge, da die Cupula nach Beschleunigung der Endolymphe wieder in ihren Ruhezustand zurückkehrt.

In Kürze

Die **Makulaorgane** messen Translationsbeschleunigungen, wie z. B. beim Vorwärtsbeschleunigen, aber auch die Erdanziehung. Die **Bogengangsorgane** reagieren auf **Drehbeschleunigungen**. Wird der Kopf gedreht, bleibt die Endolymphe wegen ihrer Trägheit im Bogengang gegenüber den knöchernen Bogengangswänden zurück. Durch die zurückbleibende Endolymphe erfolgt eine Auslenkung der Stereozilien.
Die Reizung der Haarzellen erfolgt durch eine **Deflektion** ihrer Stereozilien. Durch die Auslenkung der Stereozilien kommt es zu einer Änderung des **elektrischen**

Potenzials der Haarzelle (Rezeptorpotenzial) und in der Folge zu einer Freisetzung des **Transmitters** Glutamat an den Bandsynapsen am unteren Ende der Haarzelle, welches die Vestibularganglionneurone aktiviert.

55.3   Funktion des Gleichgewichtssystems

55.3.1   Muskelreflexe und Körpergleichgewicht

Im zentralen vestibulären System einlaufende Informationen aktivieren die notwendigen Muskelreflexe und tragen so zum Körpergleichgewicht bei.

Berechnung der Haltung des gesamten Körpers   Die afferenten Nervenfasern des N. vestibularis leiten ihre Signale über **Kopfhaltung** und **Bewegung** an **vier verschiedene Kerne** (Nucl. superior Bechterew, Nucl. inferior Roller, Nucl. medialis Schwalbe und Nucl. lateralis Deiters) im **Hirnstamm** weiter. In diesen Kernen wird die vestibuläre Information über die Kopforientierung durch weitere Signale über die Stellung des Körpers im Raum ergänzt. Sie stammen vor allem von Somatosensoren der Halsmuskeln und -gelenke (**Halssensoren**). Die Informationen aus dem Labyrinth allein reichen nicht aus, um das Gehirn eindeutig über die Kopf- und Körperlage im Raum zu informieren. Ursache ist die Beweglichkeit des Kopfes gegenüber dem Rumpf. Die Halssensoren übermitteln daher zusätzlich noch die Haltung des Kopfes gegenüber dem Rumpf (▶ Kap. 50.3). Auf diese Weise kann das ZNS aus den Gesamtinformationen die **Gesamtkörperhaltung** berechnen. Dazu tragen noch zusätzliche somatosensorische Informationen von Sensoren weiterer Gelenke, wie etwa von Armen und Beinen, bei (▶ Kap. 50.3).

Steuerung von Muskelreflexen   Die in den Vestibulariskernen gesammelte Information aus Labyrinthsensoren, Halssensoren und weiteren somatosensorischen Eingängen trägt entscheidend zur Stützmotorik bei, die vor allem das Gleichgewicht des Körpers erhält. Auf diese Weise ist der aufrechte Gang des Menschen möglich. Zu den vestibulär ausgelösten Muskelreflexen zählen auch sog. **vestibulookuläre Reflexe**, die die Blickrichtung der Augen steuern und so die **Blickfeldstabilisierung bei Bewegung** ermöglichen. Vestibulookuläre Reflexe spielen bei der klinischen Prüfung des Gleichgewichtssinnes eine herausragende Rolle, da der Kopfimpulstest und die kalorischen und rotatorischen Gleichgewichtsprüfungen darauf basieren.

Wahrnehmung der Körperhaltung   Über die Steuerung der Muskelreflexe hinaus werden Signale über neuronale Bahnen zur Großhirnrinde gesandt, die eine **bewusste Wahrnehmung der Körperhaltung** ermöglichen. Diese bewusste Wahrnehmung kann einfach erprobt werden, indem man die

Augen schließt und eine beliebige Kopf- und Körperhaltung einnimmt. Man wird feststellen, dass man in entsprechender Kopf- und Körperhaltung mithilfe des hier dargestellten Sinnessystems trotz geschlossener Augen diese Haltung empfinden und wahrnehmen kann.

55.3.2 Statische und statokinetische Muskelreflexe

Zu den Muskelreflexen gehören statische Steh- und Stellreflexe, die durch eine Körperhaltung ausgelöst werden; statokinetische Muskelreflexe hingegen werden durch eine Köperbewegung induziert.

Stehreflexe   Diese ermöglichen es, den Tonus jedes einzelnen Muskels so zu steuern, sodass die jeweils gewünschte ruhige Körperhaltung zuverlässig eingehalten werden kann. Da der Muskeltonus reflektorisch gesteuert wird, spricht man von **tonischen Reflexen.** Die Anteile der Labyrinthe an diesen Reflexen werden als tonische Labyrinthreflexe bezeichnet. Untersuchungen am Tier ergaben, dass durch Änderung der Kopfhaltung ausgelöste tonische Labyrinthreflexe, vor allem der Makulaorgane, einen stets gleichsinnigen Streckertonus aller vier Gliedmaßen auslösen können.

Stellreflexe   Diese erlauben dem Körper, sich etwa aus einer ungewöhnlichen Lage in die normale Körperstellung zu begeben. Dabei sind zahlreiche Stellreflexe wie eine Kette hintereinander geschaltet. Beispielsweise wird zunächst über Labyrinthstellreflexe die Kopfhaltung verändert, was über Halssensoren empfunden wird (weil sich die Haltung des Kopfes gegenüber dem Körper verändert hat). Dieses wiederum bewirkt über Halsstellreflexe eine Normalstellung des Rumpfes.

Stehreflexe und **Stellreflexe** werden auch als **statische Reflexe** zusammengefasst. Sie werden durch eine Haltung ausgelöst.

Posturographie
Statische Reflexe werden klinisch mithilfe einer Plattform beurteilt (Posturographie). Die Plattform sieht ähnlich aus wie eine Personenwaage. Der Patient steht darauf. Sensoren an definierten Punkten der Plattform messen Druck und Lage, sodass der vom Patienten über die Fußsohlen ausgeübte Druck zur Erhaltung der aufrechten Position gemessen werden kann. Ein Gesunder übt einen gleichmäßigen Druck aus. Bei bestimmten Erkrankungen des Gleichgewichtssystems wird der Druck ständig wechselnd ausgeübt.

Bewegungsreflexe   Die letzte Gruppe von Reflexen sind die **Bewegungsreflexe,** bei denen es sich um **statokinetische Reflexe** handelt. Sie werden nicht durch eine Haltung, sondern durch eine Bewegung ausgelöst. Sie erlauben z. B. beim Laufen und Springen, aber auch im Lift oder beim Autofahren, das Gleichgewicht zu halten und reflektorisch eine jeweils adäquate Körperstellung zu finden.

So wird in einem Lift bei Beschleunigung nach unten ein erhöhter Extensorentonus, bei Beschleunigung nach oben ein erhöhter Flexorentonus ausgelöst. Besonders auffällig ist das Beispiel der Katze, die sich bei einem Sprung oder Sturz im freien Fall so dreht, dass sie stets in korrekter Körperstellung landet (über den Einbau dieser Reflexe in die Kontrolle der Körperhaltung, ▶ Kap. 5.4).

Klinische Testung
Beim Versuch nach **Romberg** wird der Stand mit geschlossenen Augen und Armen nach vorn ausgestreckt geprüft. Beim Versuch nach **Unterberger** wird der Patient aufgefordert mit geschlossenen Augen und den Armen nach vorn ausgestreckt auf der Stelle zu laufen.

55.3.3 Nervenbahnen zu Muskeln und Kleinhirn

Zur Auslösung der Reflexe dienen vor allem Bahnen zu Skelettmuskeln, Augenmuskeln und Kleinhirn.

Skelettmuskeln   Von den **Vestibulariskernen** ziehen Nervenbahnen zu den Motoneuronen des Halsrückenmarks, über welche als Folge statischer und statokinetischer Reflexe kompensatorische Bewegungen der Halsmuskeln ausgelöst werden.

Auch die übrige Skelettmuskulatur von Rumpf und Extremitäten wird über Verbindungen von den Vestibulariskernen zu ihren jeweiligen Motoneuronen gesteuert. Hervorzuheben ist der **Tractus vestibulospinalis**, über den neben α-Motoneuronen insbesondere γ-Motoneuronen von **Extensoren** aktiviert werden. Wichtig sind außerdem Verbindungen zur Formatio reticularis, die über den Tractus reticulospinalis ebenfalls α-Motoneurone erreichen, in diesem Fall jedoch polysynaptisch. Auch diese Verbindungen dienen statischen und statokinetischen Reflexen.

> ❯ Die schnelle vestibuläre Analyse von Kopfbewegungen ist essentiell für die Stabilisierung des Blickfelds und die Stützmotorik.

Kleinhirn   Von den Vestibulariskernen (sekundäre Vestibularisfasern) wie auch direkt vom Labyrinth (primäre Vestibularisfasern) verlaufen Afferenzen zu Lobulus, Uvula, Flocculus und Paraflocculus des Kleinhirns (▶ Kap. 46.2). Von dort aus gehen Efferenzen zurück zum Vestibulariskerngebiet. Die Fasern bilden damit einen hochpräzise abgestimmten **Regelkreis** für die motorischen Aufgaben des Kleinhirns, nämlich die Steuerung der **Stützmotorik** für die Körperhaltung sowie die Steuerung richtungsgezielter motorischer Bewegungen **(Zielmotorik).**

Bei Ausfall des Kleinhirns kann der Regelkreis nicht mehr wirksam werden, sodass die kleinhirnbedingte Steuerung von Haltung und Zielmotorik entfällt. Die Folge sind Fallneigung und überschießende Bewegungen (z. B. breitbeinige Schrittbewegungen beim Gehen). Man spricht von der **zerebellären Ataxie** (▶ Kap. 46.2).

55.3.4 Augenmuskeln

Bahnen zu den Augenmuskelkernen sind an statischen kompensatorischen Augenbewegungen beteiligt; die schnelle statokinetische Rückbewegung ist gut sichtbar und heißt Nystagmus.

Vestibulookuläre Reflexe Bei klinischen Gleichgewichtsfunktionsuntersuchungen spielen vestibulookuläre Reflexe (VOR) eine besonders wichtige Rolle. Physiologisch lassen auch sie sich in statische und statokinetische Reflexe einteilen. **Statische Reflexe** lösen kompensatorische, nachführende Augenbewegungen aus, damit sich bei Änderungen der Kopfhaltung das Blickfeld nicht ändert. Die Netzhautbilder bleiben dadurch gewissermaßen stehen. Neigt man den Kopf zu einer Seite, dann löst ein vestibulookulärer Reflex eine Drehbewegung des Augapfels aus, was dazu führt, dass die Pupillen weiterhin senkrecht stehen (**Gegenrotation**).

Nystagmus Naturgemäß hat die kompensatorische Augenbewegung einen maximal möglichen Ausschlag. Bevor dieser erreicht wird, erfolgt eine ruckartige Rückbewegung; in unserem Beispiel zur rechten Seite, die die Drehbewegung des Kopfes überholt. Darauf folgt wieder eine langsame Bewegung nach links. Die Abfolge von langsamer und schneller Bewegung geschieht so lange, bis die Drehbewegung des Kopfes beendet ist. Die **schnelle Komponente** dieser Augenbewegung kann man viel besser beobachten. Sie heißt **Nystagmus**.

❯ Beim Nystagmus wird die Richtung nach der Richtung der schnellen Augenbewegung bezeichnet.

Horizontalnystagmus

In unserem Beispiel handelt es sich um einen Horizontalnystagmus nach rechts, der vor allem durch die beiden horizontalen Bogengänge als vestibulärer Nystagmus ausgelöst wird: Dabei nimmt die Entladungsrate in den rechtsseitigen Vestibularganglionneuronen zu und in den linksseitigen ab. Der Arzt beobachtet den durch diesen Aktivitätsmismatch zwischen beiden Vestibularisnerven ausgelösten Nystagmus, indem er entweder dem Patienten eine Brille mit Vergrößerungsgläsern (Frenzel-Brille) aufsetzt bzw. indem er die Augenbewegungen mit der **Videonystagmographie** oder der Elektronystagmographie aufzeichnet.

Optokinetischer Nystagmus Sind die Augen geöffnet, dann löst die Verschiebung des Blickfelds einen zusätzlichen Reflex über das Auge aus, der als **optokinetischer Nystagmus** bezeichnet wird. Vestibulärer Nystagmus und optokinetischer Nystagmus wirken in unserem Beispiel synergistisch. Aber auch ohne visuellen Reiz (geschlossene Augen, im Dunkeln) wird ein Nystagmus bereits rein vestibulär ausgelöst.

Drehstuhlprüfung (Rotatorische Prüfung) Es wird die reflektorische Auslösung des Horizontalnystagmus untersucht, indem der Betroffene auf einem Drehstuhl langsam, beispielsweise 3 min lang gedreht wird. Zu Beginn der Drehbewegung wird beim Gesunden ein Nystagmus in Drehrichtung festzustellen sein, bedingt durch die Trägheit der Endolymphe (sog. **perrotatorischer Nystagmus**). Bei fortgesetzter Drehung nimmt dieser Nystagmus ab. Danach wird der Dreh-

stuhl plötzlich gestoppt. Dies führt erneut zu einer Auslenkung der Cupula, die beim Gesunden einen Nystagmus (sog. **postrotatorischer Nystagmus**) in entgegengesetzter Richtung auslöst. Die Drehstuhlprüfung kann auch als Pendelung und zur Prüfung der Funktion der Makulaorgane mit exzentrischer Rotation durchgeführt werden.

Kalorischer Nystagmus Unter physiologischen Bedingungen reagieren grundsätzlich immer rechtes und linkes Labyrinth gemeinsam. Für klinische Untersuchungen ist es jedoch möglich, rechtes und linkes Ohr auch getrennt zu stimulieren. Dazu wird das Labyrinth einer Seite abgekühlt oder erwärmt (**kalorische Reizung**, ◻ Abb. 55.7). Bei der kalorischen Gleichgewichtsprüfung wird gemessen, ob der Nystagmus symmetrisch von beiden Ohren ausgelöst werden kann. Seitenunterschiede, mangelnde oder fehlende Reaktionen sind pathologisch.

Kalorische Stimulation

Der Mechanismus der kalorischen Stimulation ist noch nicht abschließend geklärt. Nach der Thermokonvektions-Theorie bewirkt der Temperaturanstieg in den Bogengängen eine Flüssigkeitsexpansion und damit ein Aufsteigen der wärmeren, spezifisch weniger dichten Endolymphe im erwärmten Teil des Bogengangs (◻ Abb. 55.7). Dadurch entsteht eine Endolymphströmung über die Cupula, was zur Stimulation und damit zu Nystagmus führt. Es muss jedoch zusätzliche oder gar alternative Mechanismen geben, da die kalorische Prüfung auch in der Schwerelosigkeit funktioniert. In der Tat ist ein direkter Temperatureffekt auf die Haarzellen bzw. ihre Transmitterausschüttung zu erwarten.

Video-Kopfimpulstest Die Beurteilung des vestibulookulären Reflexes bei ruckartiger Bewegung in 3 Achsen und 3 Richtungen erfolgt durch Messung von Kopf- und Augen-

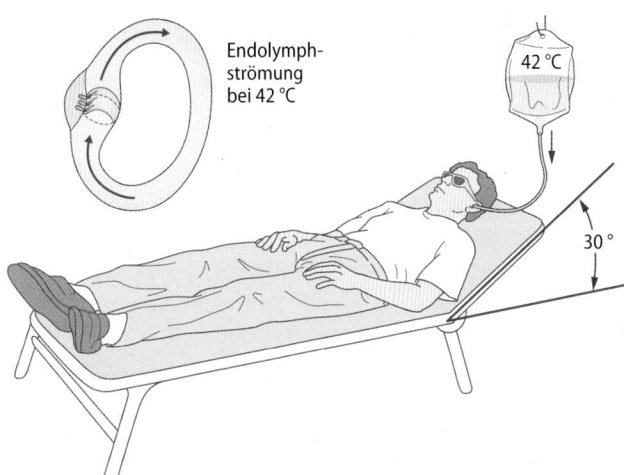

Endolymphströmung bei 42 °C

42 °C

30°

◻ **Abb. 55.7 Kalorische Labyrinthreizung in der Praxis.** 42°C warmes Wasser wird in den äußeren Gehörgang gespült und führt zur Erwärmung des Labyrinths. Nach der Thermokonvektionstheorie führt die Erwärmung zur Aufwärtsbewegung der Endolymphe im ungefähr senkrecht stehenden horizontalen Bogengang. Der Bogengang steht senkrecht, weil der Kopf um 30° von der Horizontalen angehoben ist. Die Thermokonvektionsströme führen zur Auslenkung von Cupula und Stereozilien und lösen einen Nystagmus zum selben Ohr aus. Bei Spülung mit 30°C kaltem Wasser ist der Effekt gegenläufig. Neben oder auch anstelle der Thermokonvektion werden aber auch direkte Temperatureffekte auf die Funktion von Haarzellen, ihrer Synapsen und der Vestibularganglionneurone diskutiert

55

Klinik

Menière-Krankheit

Symptome
Der Symptomenkomplex umfasst anfallsweise einsetzenden Drehschwindel mit meist einseitigem Tinnitus (Ohrgeräusch), Ohrdruck und Hörminderung. Im Anfall bzw. kurz danach kann ein Spontannystagmus zur gesunden Seite und eine kalorische Untererregbarkeit des betroffenen Labyrinths auftreten. Schwindelanfälle kündigen sich meist durch eine Verstärkung von Tinnitus, Ohrdruck und/oder Hörminderung an. Im anfallsfreien Intervall leiden viele Patienten unter ausgeprägter Gangunsicherheit, was wahrscheinlich phobisch bedingt ist.

Ursachen
Durch eine Fehlregulation in der Rückresorption der Endolymphe des Innenohres kommt es möglicherweise zunächst zu einem chronischen **Endolymphhydrops** und dann im Anfall zur vorübergehenden Öffnung der tight junctions (Zonulae occludentes) zwischen Endo- und Perilymphraum und zur Vermischung der K^+-reichen Endo- mit der K^+-armen Perilymphe. Hieraus entsteht vermutlich eine Kalium-Exzitotoxizität mit einer Dauerdepolarisation der Haarzellen und der afferenten Neurone des N. statoacusticus.

---

bewegungen. Bei einer peripheren, vestibulären Dysfunktion zeigt sich ein eingeschränkter vestibulookulärer Reflex an kompensatorischen Korrektursakkaden. Der Video-Kopfimpulstest hat sich in der Klinik inzwischen als eine sehr schnelle, reproduzierbare, wenig belastende und sehr aussagekräftige Methode zur **Beurteilung der Funktion der Bogengangsorgane** etabliert.

55.3.5 Kopf- und Körperhaltung

Bahnen zu Hypothalamus und Hirnrinde tragen zur bewussten Wahrnehmung von Kopf- und Körperhaltung bei.

Zentraler Seitenvergleich Der bewussten Wahrnehmung von Körper- und Kopfhaltung dienen Bahnen, die von den Vestibulariskernen über den Thalamus zur hinteren Zentralwindung der Hirnrinde verlaufen. Weitere wichtige Bahnen sind Verbindungen zu Vestibulariskernen der **kontralateralen Seite**, sodass die Informationen aus den Vestibularorganen beider Seiten miteinander verglichen werden können. Dieser Vergleich spielt bei zahlreichen Erkrankungen, die mit Schwindel einhergehen, eine sehr wichtige Rolle.

Schwindelkrankheiten Befindet sich ein Gesunder in ruhiger Körperhaltung, dann führt der zentrale Vergleich der an das Gehirn übermittelten Aktivität vom rechten und linken Labyrinth dazu, dass weder Schwindel noch Nystagmus ausgelöst werden. Fällt ein Labyrinth (z. B. das rechte Labyrinth) akut aus, entsteht ein **Aktivitätsmismatch** wie bei einer Drehung und ein auffälliger Nystagmus zur Gegenseite ist die Folge, in unserem Beispiel also nach links (sog. **Ausfallnystagmus**). Dieser kann meist nicht durch visuelles Fixieren unterdrückt werden und seine Beobachtung ist daher auch ohne Frenzelbrille möglich. Subjektiv erlebt der Patient eine solche akute peripher-vestibuläre Störung als schwersten Drehschwindel. In der Klinik wird dieses Krankheitsbild als Neuropathia (oder Neuritis/Neuronitis) vestibularis bezeichnet. Die Ursache ist noch unbekannt.

Bewegungskrankheiten Führen ungewöhnliche Reizkonstellationen dazu, dass den Hypothalamus ungewohnte Signalkonstellationen von den unterschiedlichen Sensoren erreichen, dann können Übelkeit, Erbrechen und Schwindel ausgelöst werden. Ungewohnten Reizmustern ist man bei komplexen dreidimensionalen Fahrzeugbewegungen (z. B. auf See, Schlingern des Schiffes) oder bei Diskrepanzen zwischen optischem Eindruck und vestibulären Empfindungen (Flugzeug: das Auge sieht den Innenraum in Ruhe, die Labyrinthe verspüren die Auf- und Abwärtsbeschleunigung des Flugzeuges) ausgesetzt. Man spricht von **Bewegungskrankheiten (Kinetosen)**. Säuglinge oder Patienten mit beidseitigem komplettem Labyrinthausfall leiden nicht an Kinetosen.

In Kürze

Stehreflexe erlauben es, den Tonus jedes einzelnen Muskels so zu steuern, dass man die jeweils gewünschte ruhige Körperhaltung zuverlässig einhalten kann. **Stellreflexe** ermöglichen es dem Körper, sich etwa aus einer ungewöhnlichen Lage in die normale Körperstellung zu begeben. Steh- und Stellreflexe bezeichnet man zusammen auch als **statische Reflexe. Statokinetische Reflexe** werden durch Bewegung ausgelöst und erlauben das Halten des Gleichgewichts bei Bewegungen.
Somatosensoren informieren über die Haltung des Kopfes gegenüber dem Rumpf. Dadurch wird die **Gesamtkörperhaltung** erfasst. Gleichgewichtsstörungen können klinisch durch Untersuchungen des **Nystagmus** diagnostiziert werden.
Klinisch wichtig sind eine genaue Anamnese und am Krankheitsbild orientierte Diagnostik von der Beobachtung von Spontannystagmus und vestibulospinalen Reaktionen, dem Kopfimpulstest bis hin zu kalorischen und rotatorischen Prüfungen und evozierten Potenzialen.

Literatur

Brandt T, Dieterich M, Strupp M (2012) Vertigo – Leitsymptom Schwindel Springer, Berlin
Curthoys IS. The interpretation of clinical tests of peripheral vestibular function. Laryngoscope. 2012 Jun;122(6):1342-52. doi: 10.1002/lary.23258. Epub 2012 Mar 27
Goldberg ME, Walker MF, Hudspeth AJ. (2012) The Vestibular System. In Principles of Neural Science. 917- 934McGraw-Hill Education, New York
Goldberg JM, Wilson VJ, Cullen KE, Angelaki KE, Broussard DM, Buttner-Ennever J, Fukushima K, Minor LB (2012) The Vestibular System: A Sixth Sense. Oxford University Press

Sehen

Inhaltsverzeichnis

Sehen: Licht, Auge und Abbildung

Ulf Eysel

© Springer-Verlag GmbH Deutschland, ein Teil von Springer Nature 2019
R. Brandes et al. (Hrsg.), *Physiologie des Menschen*, Springer-Lehrbuch
https://doi.org/10.1007/978-3-662-56468-4_56

Worum geht's?

Nicht nur elektromagnetische Wellen führen zu einer Lichtwahrnehmung
Jedes **Sinnessystem** hat seinen **adäquaten Reiz**. Für das Sehen ist dies elektromagnetische Strahlung in einem Wellenlängenbereich von 400–750 nm, die zur Wahrnehmung von Licht führt (◘ Abb. 56.2). Helligkeits- sowie Farbkontraste sind entscheidend für das Sehen und es besteht eine extreme **Anpassungsfähigkeit im Helligkeitsbereich.** Auch nichtadäquate Reize können Lichtwahrnehmungen auslösen (Phosphene und Halluzinationen). Tückischer Weise schädigen die unsichtbaren, dem Licht angrenzenden Wellenlängenbereiche (infrarot und ultraviolett) das Auge.

Gute optische Abbildung beruht auf brechenden Medien und reflektorischer Scharfeinstellung
Die unverzichtbare Basis jeder guten Sehleistung ist die optische **Abbildung im Auge** (◘ Abb. 56.1). Hier geht es um die physikalischen Grundlagen des Sehens. Eine besondere Rolle spielen dabei geometrische Faktoren (Größe des Augapfels) und die gute **Beschaffenheit aller brechenden Medien** von der Hornhaut (Tränenfilm, Krümmung) über die Linse (Akkommodation, Katarakt) bis zum Glaskörper (Trübungen, Ablösungen). Die **reflektorische Einstellung der Sehschärfe (Akkommodation)** durch die Linse ist in der Jugend sehr effektiv, nimmt aber altersabhängig ab.

Wichtige Funktionen von Kammerwasserproduktion und -abfluss
Die Stabilität des Augapfels wird durch den **Augeninnendruck** gewährleistet, der von einer Balance der Produktion und des Abflusses des Kammerwassers abhängt. Bei Störungen kann der Augeninnendruck pathologisch ansteigen. Das ist eine der Ursachen des Glaukoms.
Mit **Glaukom** (Sehnervenschädigung, Grüner Star) und **Katarakt** (Linsentrübung, Grauer Star) haben einige der wichtigsten und häufigsten Augenerkrankungen ihren Ursprung in den hier besprochenen Elementen des Auges.

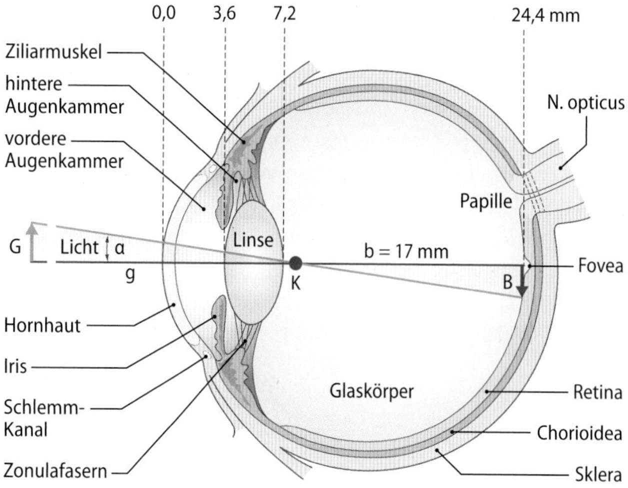

◘ **Abb. 56.1 Auge und optische Abbildung.** Schematischer Horizontalschnitt durch ein linkes Auge. Abbildung im vereinfachten Strahlengang mit Gegenstand (G), Gegenstandsweite (g), Sehwinkel (α), Knotenpunkt (K), Bildweite (b) und Bild (B)

56.1 Licht

56.1.1 Der adäquate Reiz

Elektromagnetische Wellen im Längenbereich von 400–750 nm sind der adäquate Reiz für das Sehen und werden von uns als Licht wahrgenommen.

Strahlung verschiedener Wellenlängen Die für uns wichtigste Lichtquelle ist die Sonne. Im **Regenbogen** sehen wir das weiße Licht der Sonne in seine spektralen Anteile zerlegt: Der langwellige Teil des Lichts erscheint uns rot, der kurzwellige blauviolett (◘ Abb. 56.2). Licht nur einer Wellenlänge heißt **monochromatisch**, spektral breitbandiges Licht **polychromatisch**. Elektromagnetische Wellen mit Wellenlängen unterhalb 400 nm (ultraviolett) und oberhalb 750 nm (infrarot) sind für uns nicht sichtbar, aber für das Auge schädlich. Die spektrale Empfindlichkeit des Auges ist bei Tageslicht und bei Dunkelheit unterschiedlich (◘ Abb. 56.2, B und C, siehe Sehen mit Zapfen und Stäbchen ▶ Kap. 57.1.2, ▶ Kap. 57.3).

Lichtstrom und Lichtstärke Der Lichtstrom (Einheit **Lumen**, lm) beschreibt die Gesamtmenge an Licht, die von einer Lichtquelle pro Zeiteinheit abgegeben wird. Diese Größe wird heut-

56

zutage häufig verwendet, um die Leistung von Lampen zu beschreiben. Der **Lichtstrom** ist jedoch zur Beschreibung der gesehenen Helligkeit **ungeeignet**, da hierfür die Verteilung des Lichtstroms im Raum und die Beschaffenheit der angestrahlten Objekte eine entscheidende Rolle spielen. Diese Einschränkung gilt auch für die **Lichtstärke** (Einheit **Candela**, cd), die zwar die Verteilung des Lichtstroms im Raum berücksichtigt, aber die Reflektion des Lichts durch die angestrahlten Objekte außer Acht lässt.

Leuchtdichte, Hell-Dunkel- und Farbkontraste   Die **Leuchtdichte** beschreibt die Lichtstärke pro Fläche (cd × m^{-2}), der von selbst leuchtenden oder beleuchteten Dingen ausgeht, sie ist ein **Maß für die gesehene Helligkeit**. Die **spektrale Reflektanz** der Objektoberflächen, **Farbkontraste** und **Hell-Dunkel-Kontraste** bestimmen bei Tageslicht das Aussehen der Gegenstände. Objekte absorbieren und reflektieren Licht unterschiedlicher Wellenlängen verschieden stark. Ist die **spektrale Reflektanz (spektraler Remissionsgrad)** ungleichmäßig über das sichtbare Spektrum verteilt, dann erscheinen uns die Oberflächen der betrachteten Objekte **bunt**. Der Unterschied der Leuchtdichte benachbarter Strukturen bestimmt ihren **Hell-Dunkel-Kontrast** (C)

$$C = \frac{(I_h - I_d)}{(I_h + I_d)} \qquad (56.1)$$

wobei I_h die Leuchtdichte des helleren, I_d die des dunkleren Gegenstandes ist.

Sehen

Sehen beruht vor allem auf der Wahrnehmung von Hell-Dunkel-Kontrasten und von Farbkontrasten. Mithilfe des Farbkontrastes können wir Gegenstände voneinander unterscheiden, deren Hell-Dunkel-Kontrast Null ist. Das Farbunterscheidungsvermögen des Menschen ist im Bereich der Grüntöne (Blätterfarben!) besonders gut. Orange- und Rottöne (typische Farben vieler Früchte) heben sich als Kontrastfarben besonders stark von den Grüntönen ab.

Leuchtdichtebereich   Durch Adaptation ist Sehen in einem Leuchtdichtebereich von **rund 1:10^{11}** möglich. Die mittlere Leuchtdichte unserer natürlichen Umwelt variiert zwischen etwa 10^{-6} cd × m^{-2} bei bewölktem Nachthimmel über 10^{-3} cd × m^{-2} bei klarem Sternenhimmel, 10^{-1} cd × m^{-2} in einer klaren Vollmondnacht bis etwa 10^7 cd × m^{-2} bei hellem Sonnenschein und hell reflektierenden Flächen (z. B. Schneefeldern). Das visuelle System kann sich durch verschiedene **Adaptationsprozesse** (▶ Kap. 57.3) weitgehend an diese sehr große Variationsbreite der natürlichen Umweltleuchtdichte anpassen. Bei konstanter Umweltbeleuchtung ist jedoch nur eine Anpassung im Bereich von etwa 1:40 erforderlich. In dieser Größenordnung variiert die mittlere **Reflektanz (Remissionsgrad)** der Oberflächen der meisten Objekte, spiegelnde Flächen ausgenommen.

> ❯ Das Auge kann sich an einen Helligkeitsbereich von 11 Zehnerpotenzen anpassen.

Ultraviolette und infrarote Strahlung   Wellenlängen unterhalb 400 nm (**ultraviolett, UV**) werden nicht nur in der Haut („Sonnenbrand"), sondern auch am Auge absorbiert und

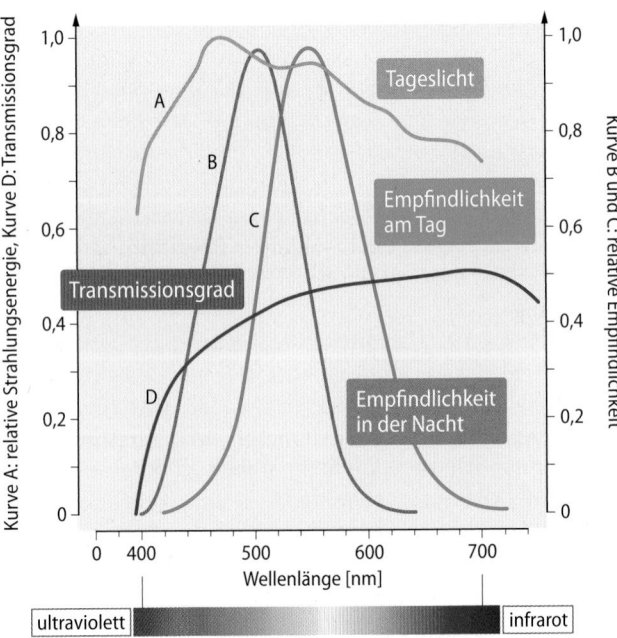

◻ Abb. 56.2   Lichtempfindlichkeit und Transmissionsgrad des menschlichen Auges. A Spektrum des sichtbaren Sonnenlichtes auf der Erdoberfläche, B spektrale Empfindlichkeit des menschlichen Sehsystems bei Tageslicht und C bei Dunkelheit. D Spektraler Transmissionsgrad des dioptrischen Apparates im menschlichen Auge

führen in extremen Fällen zu dauerhaften **Linsentrübungen** (grauer Star, Katarakt) oder vorübergehenden **Hornhautschädigungen** („Schneeblindheit" im Hochgebirge). Extreme und häufige Exposition gegenüber langwelliger, unsichtbarer Strahlung mit Wellenlängen oberhalb von 750 nm (**infrarot, IR**) kann ebenfalls zu dauerhaften Trübungen der Linse führen („Glasbläserstar", „Feuerstar").

> ❯ Ultraviolettes Licht und Infrarotstrahlung werden von Hornhaut und Linse absorbiert und führen zu Hornhautläsionen (UV) und Linsentrübungen (UV, IR).

56.1.2   Phosphene und Halluzinationen

Lichtwahrnehmungen sind auch ohne physikalisches Licht und ohne ein retinales Bild möglich.

Eigengrau   Hält man sich längere Zeit in einem **völlig dunklen Raum** auf, so sieht man das Eigengrau: Lichtnebel, rasch aufleuchtende Lichtpünktchen und bewegte undeutliche Strukturen von verschiedenen Graustufen füllen das Gesichtsfeld aus. Manche Menschen sehen dabei farbige Muster, Gesichter oder Gestalten, manche erkennen bildhafte Szenen. Diese **fantastischen Gesichtserscheinungen** sind keine pathologischen Symptome, sondern beruhen auf der **Spontanaktivität** im Sehsystem und kommen gehäuft bei hohem Fieber vor.

Phosphene   Licht wird auch wahrgenommen, wenn die Netzhaut oder das afferente visuelle System durch **inadä-**

quate Reize erregt werden. Inadäquate Reize können mechanischer, elektrischer oder auch chemischer Natur sein:

- **Deformationsphosphene** entstehen, wenn man in völliger Dunkelheit den Augapfel durch Druck mit dem Finger verformt, man sieht dann in dem der Druckstelle entgegengesetzten Bereich des Gesichtsfeldes einen **Lichtschein**, der sich bei anhaltender Deformierung allmählich ausbreitet. Dies ist das monokulare „**Druckphosphen**". Ursache ist die Dehnung der Zellmembranen, die zur Erregung von Netzhautzellen und Lichtwahrnehmung führt.
- **Elektrische Phosphene** entstehen, wenn die Netzhaut, der Sehnerv, das afferente visuelle System oder die primäre Sehrinde elektrisch gereizt werden. Letzteres ist z. B. auch durch eine **transkranielle Magnetstimulation** (TMS) möglich, ein Verfahren, das u. a. in der neurologischen Diagnostik und neurologisch-psychiatrischen Therapie angewendet wird.
- **Migränephosphene**, die meist als hell flimmernde, zickzackförmig strukturierte und gekrümmte Bänder gesehen werden, entstehen, wenn es in der primären Sehrinde zu Beginn eines Migräneanfalls in einem umschriebenen Gebiet zu einer vorübergehenden spontanen Erregung von Nervenzellen kommt.

Halluzinationen   Jeder kennt **szenische visuelle Halluzinationen** aus seinen Träumen (REM-Phase des Schlafes, ▶ Kap. 64.2). **Pathologische visuelle Halluzinationen** können im Verlauf von Psychosen auftreten. Szenische visuelle Halluzinationen sind besonders häufig bei drogeninduzierten Psychosen und beim alkoholischen Delirium.

> **Phosphene und visuelle Halluzinationen sind optische Wahrnehmungen, die nicht durch Licht ausgelöst werden.**

In Kürze

Elektromagnetische Wellen in einem Wellenlängenbereich von 400–750 nm sind der **adäquate Reiz** für die Photorezeptoren der Netzhaut und werden als Licht wahrgenommen. Die kürzesten, sichtbaren Wellenlängen führen zu Blau-Violett-Empfindungen, die längsten zu Rot-Empfindungen. Der wahrgenommene Intensitätsbereich beträgt etwa 10^{-4}–10^7 cd/m² (Leuchtdichte), was einem Verhältnis von 1:10^{11} entspricht. Die Unterscheidung von Objekten beruht beim Sehen vor allem auf der Wahrnehmung **von Hell-Dunkel-Kontrasten** (unterschiedliche Leuchtdichte) und **Farbkontrasten** (unterschiedliche Wellenlängen). **Lichtwahrnehmungen** sind auch ohne physikalisches Licht möglich. So ist die Sehwahrnehmung in absoluter Dunkelheit nicht schwarz, sondern grau (**Eigengrau**) und bei inadäquater Reizung der Netzhaut treten ebenso wie bei Reizung der Sehrinde durch transkranielle Magnetstimulation oder bei **Migräne** Lichteindrücke auf (**Phosphene**). **Unsichtbare elektromagnetische Strahlung** (ultraviolett und infrarot) ist biologisch wirksam und schädigt z. B. die Hornhaut oder die Linse des Auges.

56.2   Auge und dioptrischer Apparat

56.2.1   Aufbau des Auges

Das formstabile, kugelförmige **Auge** enthält den abbildenden, **dioptrischen Apparat**, der aus Hornhaut, Kammerwasser, Pupille, Linse und Glaskörper besteht, sowie die Netzhaut mit den retinalen Arterien und Venen.

Das Auge hat die Gestalt einer Kugel mit rund 24 mm anterioposteriorem Durchmesser und 7,5 g Gewicht (◻ Abb. 56.1). Das optische System des Auges ist ein nicht exakt zentriertes, zusammengesetztes Linsensystem. Der **dioptrische Apparat** besteht aus der durchsichtigen **Hornhaut (Kornea)**, den mit **Kammerwasser** gefüllten vorderen und hinteren **Augenkammern**, der von der Iris gebildeten **Pupille**, der **Linse** und dem **Glaskörper**, einem wasserklaren Gel, das den größten Raum des Auges ausfüllt.

Die hintere innere Oberfläche des Augapfels wird von der **Retina** (Netzhaut) ausgekleidet. Der Raum zwischen Retina und der den **Bulbus oculi** bildenden festen Sklera wird durch das Gefäßnetz der **Chorioidea** ausgefüllt. Am hinteren Pol des Auges hat die menschliche Retina eine kleine Grube, die **Fovea centralis**. Sie ist die Stelle des schärfsten Sehens bei Tageslicht und normalerweise der Schnittpunkt der optischen Achse des Auges mit der Netzhaut. Der **N. opticus** verlässt das Auge nasal der Fovea.

56.2.2   Optische Abbildung

Der dioptrische Apparat entwirft ein umgekehrtes und verkleinertes Bild auf der Netzhaut.

Brechkraftwerte   Für die Abbildung im Auge gelten die Gesetze der physikalischen Optik. In Luft entspricht die Brechkraft D einer Linse dem Kehrwert ihrer Brennweite f (gleich der Bildweite für einen unendlich weit entfernten Gegenstand) und wird in Dioptrien (dpt) ausgedrückt:

$$D\,[\text{dpt}] = \tfrac{1}{f}\,[\text{dpt}] \tag{56.2}$$

Die Gesamtbrechkraft des normalen Auges beträgt 58,8 dpt. Dazu leisten die einzelnen brechenden Medien des Auges aufgrund ihrer unterschiedlichen Dichte und Krümmung ganz unterschiedliche Beiträge: die Hornhaut +43 dpt, die fernakkommodierte Linse +19,5 dpt und die mit Kammerwasser gefüllte Vorderkammer −3,7 dpt (43 + 19,5 − 3,7 = 58,8 dpt).

Übergänge zwischen Medien unterschiedlicher Dichte
Beim Übergang von einem weniger dichten in ein dichteres Medium – z. B. von Luft (Brechungsindex n=1.0) zu Hornhaut (n=1,376) – resultiert eine Brechung zur optischen Achse hin (+dpt), im umgekehrten Fall aus der dichteren Hornhaut ins Kammerwasser (n=1,336) erfolgt die Brechung weg von der optischen Achse (-dpt). Entsprechendes gilt für konvexe Linsen (Sammellinsen mit +dpt) gegenüber konkaven Linsen (Zerstreuungslinsen mit –dpt).

Berechnung der Bildgröße   Für die praktische Berechnung der Abbildung lässt sich das zusammengesetzte optische System des Auges zu einem wassergefüllten System mit nur einer vorderen, brechenden Fläche und einem Knotenpunkt (K) vereinfachen (**reduziertes Auge**).

Reduziertes Auge

Im reduzierten Auge beträgt der Krümmungsradius der brechenden Fläche 5,5 mm, die vordere Brennweite ist 17 mm, was der Strecke vom Knotenpunkt zur Netzhaut entspricht (d. h. der Bildweite). Der hintere Brennpunkt liegt vor der Netzhaut. So entsteht bei der Konstruktion mit Knotenpunktstrahl, Parallelstrahl und Brennpunktstrahl ein reelles Bild auf der Netzhaut.

Im Strahlengang des **reduzierten Auges** liegt der für die Berechnung der Abbildungsgröße wichtige Knotenpunkt (K) 17 mm vor der Netzhaut. Alle Strahlen verlaufen definitionsgemäß ungebrochen durch den Knotenpunkt (◘ Abb. 56.1). Die **Bildgröße** auf der Netzhaut ergibt sich dann unter Verwendung des Strahlensatzes, wenn man Gegenstandsgröße G und Gegenstandsweite g mit Bildgröße B und Bildweite b in Beziehung setzt. Ein aufrechtes Objekt von 10 mm Größe in 570 mm Entfernung ergibt ein umgekehrtes Bild von 0,3 mm Größe auf der Netzhaut (G/g = B/b, B = G × b/g = 10 × 17/570 ≈ 0,3 mm). G/g bestimmt über den Tangens (Gegenkathete/Ankathete) den Winkel α, unter dem der Gegenstand gesehen wird (tg α = G/g = 10/570 ≈ 0,0175 = tg 1°). Entsprechend kann bei ausschließlicher Kenntnis des Sehwinkels unter Verwendung des Tangens und der bekannten Distanz vom Knotenpunkt zur Netzhaut (b in ◘ Abb. 56.1) die Bildgröße im Auge berechnet werden (B = tg α x b). Für unser Objekt, das unter **1° Sehwinkel** gesehen wird, ergibt sich erwartungsgemäß: B = 0,0175 × 17 ≈ **0,3 mm**.

❱ Das optische System des Auges hat eine Gesamtbrechkraft von rund 59 dpt und erzeugt bei 1° Sehwinkel eine Bildgröße von 0,3 mm auf der Netzhaut.

56.2.3 Abbildungsfehler

Die Abbildungsgüte des Auges wird durch physiologische und pathologische Abbildungsfehler beeinträchtigt.

Physiologische Abbildungsfehler   Das Linsensystem einer Kamera hat im Vergleich zum dioptrischen Apparat des Auges wesentlich bessere Abbildungseigenschaften. Eine Kamera mit den optischen Fehlern des Auges würde man umgehend zurückgeben. Die im Folgenden besprochenen „physiologischen" **Abbildungsfehler** des Auges werden jedoch durch verschiedene biologische Mechanismen **weitgehend kompensiert**.

- **Sphärische Aberration:** Die Kornea und die Linse des Auges haben wie alle einfachen Linsen im Randbereich eine stärkere Brechung und damit eine kürzere Brennweite als im zentralen Bereich nahe der optischen Achse. Die dadurch entstehende Unschärfe (sphärische Aberration) verringert sich bei Verkleinerung der Pupille infolge der Abblendung der störenden Randstrahlen.

- **Chromatische Aberration:** Wie bei allen einfachen Linsen wird auch durch den dioptrischen Apparat kurzwelliges Licht stärker gebrochen als langwelliges Licht (chromatische Aberration). Dadurch werden z. B. blaue Teile eines Bildes näher der Linse abgebildet als rote. Durch das Fehlen von Blaurezeptoren in der Fovea und eine geringere Empfindlichkeit im blauen Wellenlängenbereich (► Kap. 59.4.2) wird die Sehschärfe durch diesen Abbildungsfehler kaum beeinträchtigt.

- **Kleine Glaskörpertrübungen** kommen auch in gesunden Augen vor. Ihre Schatten werden beim Blick in den blauen Himmel oder gegen eine weiße Wand als kleine, runde oder fadenförmige, unregelmäßig geformte, graue Objekte wahrgenommen. Da sie sich mit jeder Augenbewegung scheinbar gegen den hellen Hintergrund verschieben, werden sie fliegende Mücken („mouches volantes") genannt. Sobald sie stationär sind verschwinden sie durch Adaptation bewegungs- und kontrastempfindlicher Sehzellen.

- **Streulicht:** Linse und Glaskörper enthalten Strukturproteine und andere kolloidal gelöste makromolekulare Substanzen. Daher entsteht bereits im normalen dioptrischen Apparat eine geringe **diffuse Dispersion** des Lichtes (**Tyndall-Effekt**). Dieses Streulicht beeinträchtigt die visuelle Wahrnehmung bei blendenden Lichtreizen (► Kap. 57.3). Pupillenverengung und Helladaptation verringern den Streulichteffekt.

Pathologische Abbildungsfehler   Im Alter verändert sich die Struktur des Linsenkerns und es kann zu weitergehenden, pathologischen **Linsentrübungen** kommen (► Klinik-Box „Katarakt").

❱ Die Fovea centralis enthält keine Blaurezeptoren.

Klinik

Katarakt (grauer Star)

Pathogenese
Bei älteren Menschen kann der Wassergehalt der Linse sich so verändern, dass es zu „Wasserspalten" und Verdichtungen der Linsenstruktur kommt, wodurch die Linse optisch trübe wird (Cataracta senilis, grauer Star).

Symptome
Der graue Star entwickelt sich langsam. Erste Anzeichen sind erhöhte Blendungsempfindlichkeit (z. B. nachts beim Autofahren), verstärkte Kurzsichtigkeit, Verblassen der Farbwahrnehmung und eine zunehmend verschwommene Abbildung.

Therapie
Die einzige wirksame Behandlung ist eine Operation, die sehr häufig durchgeführt wird und komplikationsarm ist. Bei dieser „Staroperation" wird die Linse entfernt und an ihrer Stelle eine entsprechend angepasste Kunststofflinse eingesetzt.

56.2.4 Refraktionsanomalien

Refraktionsanomalien (Myopie, Hyperopie) beruhen auf Diskrepanzen zwischen der Gesamtbrechkraft und der Größe des Auges. Dadurch werden Abweichungen von der Normalsichtigkeit (Emmetropie) bedingt. Die Abbildungsfehler können durch Brillen oder Kontaktlinsen korrigiert werden.

Augengröße und scharfe Abbildung Die Gesamtbrechkraft des Auges und seine Größe müssen genau aufeinander abgestimmt sein. Ein unendlich weit entfernter Gegenstand wird im normalen Auge scharf auf der Netzhaut abgebildet, wenn die Distanz zwischen Hornhautscheitel und Fovea centralis 24,4 mm beträgt (◘ Abb. 56.1). Bereits eine Abweichung um 0,1 mm führt zu einem Refraktionsfehler von 0,3 dpt, was bei Kurzsichtigkeit bereits eine korrekturbedürftige Fehlsichtigkeit darstellt. Die optimale Abstimmung von Augengröße und brechenden Medien erfolgt durch Kontrolle des Wachstums des Auges nach der Geburt (s. u.).

Myopie Im Normalfall wächst der bei Geburt zu kleine Augapfel, durch die unscharfe Abbildung stimuliert, bis er genau die optimale Länge erreicht hat. Wird der Bulbus jedoch länger als normal, so können ferne Gegenstände nicht mehr scharf gesehen werden, da die Bildebene vor der Fovea liegt (**Kurzsichtigkeit, Myopie**). Der Kurzsichtige muss eine Brille mit **konkaven Zerstreuungslinsen (– dpt)** tragen oder entsprechende Kontaktlinsen, wenn er in die Ferne scharf sehen will (◘ Abb. 56.3a,b). Korrigiert wird jeweils mit dem **schwächsten Minusglas**, mit dem die volle Sehschärfe in der Ferne erreicht wird, da stärkere Linsen künstlich den Zustand einer Hyperopie erzeugen (s. u.).

Die **Entstehung der Myopie** wird gefördert, wenn Lesen und Schreiben lernende Kinder aus zu kurzer Distanz auf die Seiten blicken, da die unscharfe Abbildung sehr naher Gegenstände zu weiterem Bulbuswachstum anregt. Kinder sind daher zu einer hinreichend großen Lese- und Schreibdistanz anzuhalten (> 30 cm). Sogar nach der in dieser Hinsicht besonders empfindlichen Entwicklungszeit kann häufiges Sehen im extremen Nahbereich (**Mobilgerätebildschirme**) noch zu Kurzsichtigkeit oder deren Verschlechterung führen.

Hyperopie Ist der Bulbus im Verhältnis zur Brechkraft des dioptrischen Apaarates zu kurz, so liegt eine **Weitsichtigkeit (Hyperopie)** vor (◘ Abb. 56.3c,d). Der Hyperope kann durch zusätzliche Nahakkommodation (▸ Abschn. 56.3) auch ohne Brille Gegenstände im Unendlichen scharf sehen, seine Akkommodation reicht jedoch oft nicht aus, um auch Gegenstände in der Nähe scharf zu sehen. Der Weitsichtige erhält **konvexe Sammellinsen (+ dpt)** oder entsprechende Kontaktlinsen, um seine Fehlsichtigkeit zu korrigieren. Verwendet wird das **stärkste Plusglas**, mit dem scharfes Sehen in der Ferne noch möglich ist. Die Korrektur erfolgt auch dann, wenn eine Kompensation durch Nahakkommodation möglich ist, weil diese eine kontinuierliche Anstrengung darstellt (Kopfschmerzen) und durch gleichzeitige Konvergenz der

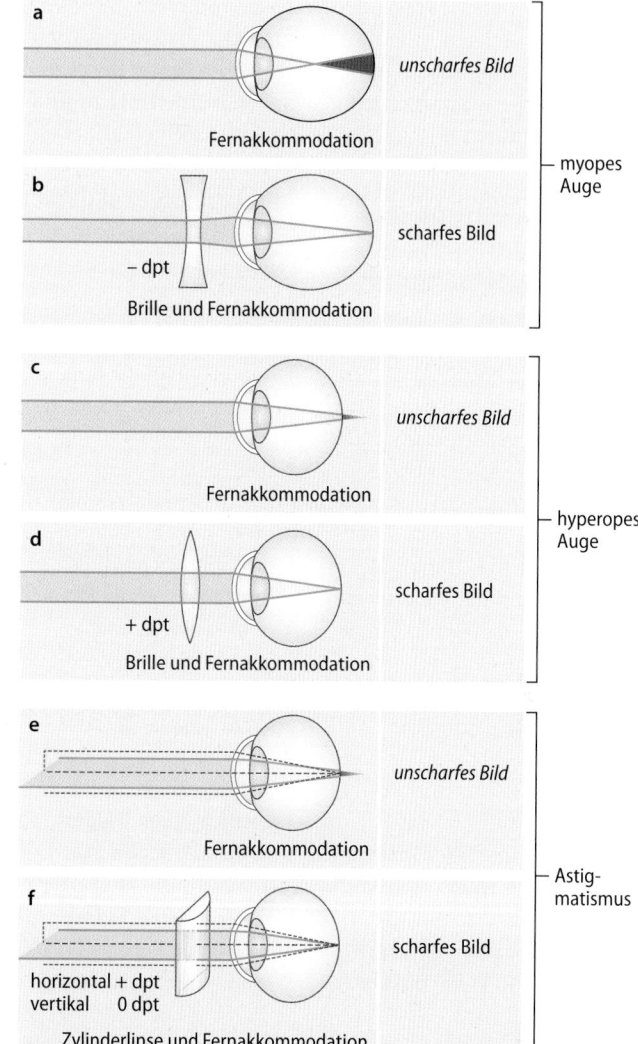

◘ **Abb. 56.3a–f Optische Abbildung bei Refraktionsanomalien.** **a** Strahlengang bei der Myopie (Kurzsichtigkeit). **b** Korrektur der Myopie durch eine konkave Zerstreuungslinse (-dpt). Der Bulbus ist zur Verdeutlichung der Ursache übertrieben lang gezeichnet ("Achsenmyopie"). **c** Strahlengang bei der Hyperopie beim Blick in die Ferne und **d** nach Korrektur mit einer konvexen Sammellinse (+dpt). **e** Strahlengang bei Astigmatismus mit schwächerer Hornhautkrümmung in der horizontalen Ebene. **f** Korrektur mit einer Zylinderlinse (+dpt in der horizontalen Ebene). Die zur Unschärfe führenden Strahlengänge sind jeweils vor oder hinter der Netzhaut rot markiert

Augen (Naheinstellungsreaktion, ▸ Abschn. 56.3) eine Schielstellung der Augenachsen bedingt (▸ Kap. 60.1.5).

> ❯ Eine Myopie wird mit der schwächstmöglichen konkaven Zerstreuungslinse, eine Hyperopie mit der stärkstmöglichen konvexen Sammellinse korrigiert.

Astigmatismus Die Hornhautoberfläche ist nicht ideal rotationssymmetrisch, sondern meist vertikal stärker als horizontal gekrümmt (Astigmatismus "nach der Regel"). Dadurch entsteht ein Brechkraftunterschied zwischen der vertikalen und der horizontalen Achse, der in einer Achse zur Abbildung eines Punktes als Linie führt (**Astigmatismus, Stabsichtig-**

keit, ◘ Abb. 56.3e). Wenn der Brechkraftunterschied in verschiedenen Achsen unter 0,5 dpt beträgt, spricht man von einem „physiologischen" Astigmatismus, der keiner Korrektur bedarf. Stärkere Brechkraftunterschiede werden bei **regulärem Astigmatismus** (zwischen aufeinander senkrecht stehenden Achsen) durch zylindrische Brillengläser (◘ Abb. 56.3f) oder bei **irregulärem Astigmatismus** mit Kontaktlinsen korrigiert.

In Kürze

Der **dioptrische Apparat** besteht aus Hornhaut, Augenkammern, Pupille, Linse, Glaskörper und bedingt die optische Abbildung auf der Netzhaut in Form eines umgekehrten und verkleinerten Bildes der Umwelt. Die Bildgröße beträgt 0,3 mm für ein Grad Sehwinkel. Die Gesamtbrechkraft des Auges beträgt 58,8 Dioptrien und ermöglicht die scharfe Abbildung auf der Netzhaut im normalsichtigen Auge. Die Abbildungsgüte des Auges wird durch **physiologische und pathologische Abbildungsfehler** vermindert. Die physiologischen Abbildungsfehler werden funktionell weitgehend kompensiert. Die pathologische Linsentrübung (**Katarakt**) wird operativ behandelt. Die wichtigen **Refraktionsanomalien** werden durch Missverhältnisse zwischen Bulbusgröße und Gesamtbrechkraft des Auges bedingt. Bei **Kurzsichtigkeit (Myopie)** ist der Bulbus relativ zur Gesamtbrechkraft zu lang, bei **Weitsichtigkeit (Hyperopie)** zu kurz. Die Kurzsichtigkeit wird durch Zerstreuungslinsen, die Weitsichtigkeit durch Sammellinsen korrigiert. Der **Astigmatismus („Stabsichtigkeit") ist eine Refraktionsanomalie**, die durch zylindrische Linsen korrigiert wird, wenn er ein physiologisches Maß von 0,5 dpt übersteigt.

56.3   Nah- und Fernakkommodation

Die Fokussierung naher und ferner Objekte beim Sehen (Nah- und Fernakkommodation) erfolgt durch Änderung der Linsenform.

Mechanik der Linsenkrümmung   Die Oberflächenkrümmung der Linse hängt von deren **Eigenelastizität** und von den **auf die Linsenkapsel einwirkenden Kräften** ab. Die passiven elastischen Kräfte des Ziliarapparates, der Chorioidea und der Sklera des Auges werden durch die **Zonulafasern** auf die Linsenkapsel übertragen. Die mechanische Spannung der Sklera hängt vom intraokulären Druck ab (▶ Abschn. 56.4.1). Die Spannung der Zonulafasern dehnt die Linse und bewirkt eine Abflachung vor allem der vorderen Linsenfläche (◘ Abb. 56.4a). Der Einfluss der passiven elastischen Kräfte auf die Linsenform wird durch den ringförmig um die Linse gelegenen **Ziliarmuskel** verändert, der radiäre, zirkuläre und meridional verlaufende glatte Muskelfasern besitzt und vorwiegend durch parasympathische (aber auch durch sympathische) Nervenfasern innerviert wird.

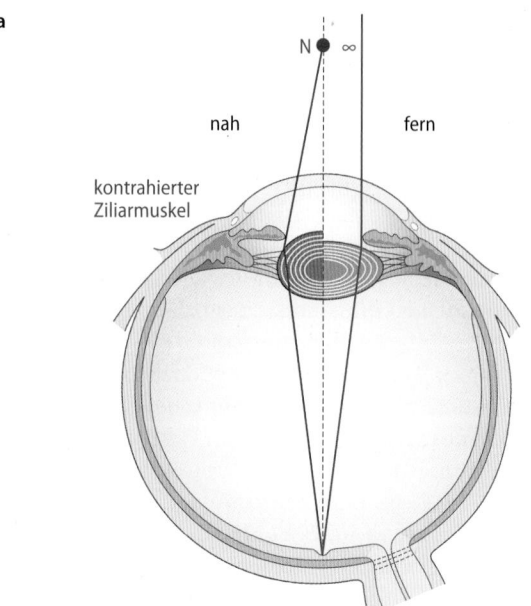

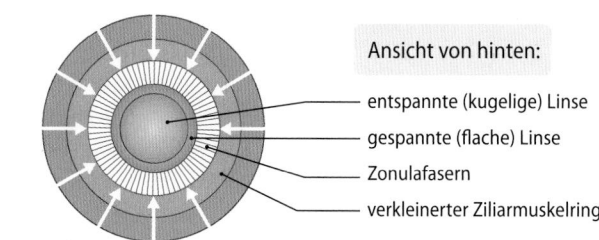

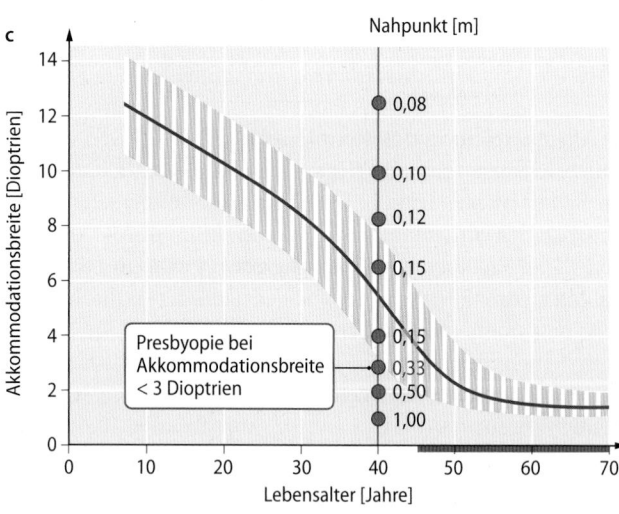

◘ **Abb. 56.4a–c   Akkommodation. a** Linkes Auge im Horizontalschnitt, rechte Hälfte in Fernakkommodation, linke Hälfte nahakkommodiert. **b** Schematische Darstellung von Ziliarmuskel, Zonulafasern und Linse. **c** Akkommodationsbreite in Abhängigkeit vom Alter. Der schraffierte Bereich zeigt die Streuung im Normalkollektiv. (Nach Eysel in Schmidt u. Schaible 2000)

Nacht- oder Leerfeldmyopie   Ohne Akkommodationsreiz im Dunkeln oder beim Blick auf eine weiße Wand ist das Auge des Normalsichtigen um 0,5–2 dpt nahakkommodiert.

Nahakkommodation   Bei **Parasympathikuserregung** kontrahiert sich der Ziliarmuskel schließmuskelartig und der

Durchmesser des durch ihn gebildeten Ringes wird kleiner (◻ Abb. 56.4b). Dadurch verringert sich die Zugkraft der Zonulafasern am Linsenrand und die Spannung der Linsenkapsel nimmt ab. Aufgrund der Eigenelastizität der Linse verstärkt sich die Krümmung der Linsenoberfläche (vor allem der Vorderfläche). Die **Brechkraft** der Linse **nimmt zu** bis bei maximaler Nahakkommodation der **Nahpunkt** erreicht ist.

Fernakkommodation Bei **Hemmung der parasympathischen Innervation** erschlafft der Ziliarmuskel, die Linse wird flacher und erreicht bei gleichzeitiger **Sympathikuserregung** ihre geringste Brechkraft am **Fernpunkt**. Im normalen Auge werden dann unendlich weit entfernte Gegenstände scharf auf der Netzhaut abgebildet.

Akkommodationsbreite Die **in Dioptrien gemessene** Differenz der Brechkraft (D) bei Einstellung des Nahpunktes (Dn = 1/Nahpunkt in m) und des Fernpunktes (Df = 1/Fernpunkt in m) ist die **Akkommodationsbreite (A)**

$$A = Dn - Df\,[dpt] \qquad (56.3)$$

Die Akkommodationsbreite gibt Aufschluss über die Elastizität der Linse. Sie beträgt im früh-jugendlichen Auge maximal 14 dpt (◻ Abb. 56.4c).

Nahakkommodation
Da im normalsichtigen Auge Df = 1/∞ = 0 ist, gilt A = Dn = 1/Nahpunkt. Dann ist der Nahpunkt in m = 1/Dn. Bei 14 dpt Akkommodationsbreite ist das 1/14 = 0,0714 m.; d. h. bei starker Nahakkommodation können im Kindesalter Gegenstände in 7 cm Entfernung auf der Netzhaut scharf abgebildet werden.

Altersabhängigkeit der Akkommodationsbreite Bei abnehmender Elastizität der Linse nimmt die Akkommodationsbreite ab (◻ Abb. 56.4c). Der Nahpunkt rückt daher mit höherem Alter immer weiter vom Auge weg; bei Normalsichtigkeit und korrigierter Myopie oder Hyperopie wird etwa im Alter von 45 Jahren ab einer Verminderung der Akkommodationsbreite auf 3 dpt eine Lesebrille mit Plusgläsern benötigt (**Alterssichtigkeit** oder **Presbyopie**). Bei Fehlsichtigkeiten mit Korrektur durch eine Brille addiert man die notwendige Nahkorrektur zum Dioptrienwert der Fernkorrektur, man verwendet z. B. Bi- oder Multifokalgläser, die im unteren Nahteil eine relativ zum oberen Fernteil positive Brechkraft besitzen. Myope mit einer Kurzsichtigkeit von 3 dpt oder mehr können lebenslang ohne Brille lesen, da ihr Fernpunkt sich ohne Korrektur bei 1/3 m oder näher befindet.

Akkommodationsbereich Der räumliche Abstand zwischen Nah- und Fernpunkt ist der **Akkommodationsbereich.** Er gibt Aufschluss über die Alltagstauglichkeit des Sehens in verschiedenen Entfernungen ohne Korrektur und ist im Gegensatz zur Akkommodationsbreite von Refraktionsanomalien abhängig. Dieser Bereich ist bei **Normalsichtigen** praktisch **unendlich groß**, ohne Korrektur bei **Weitsichtigen** in jüngeren Lebensaltern **kaum eingeschränkt**, bei **Kurzsichtigen** im gleichen Lebensalter jedoch **sehr klein.**

Akkommodation bei Hyperopie und Myopie

Der Unterschied im Akkommodationsbereich von Kurz- und Weitsichtigen beruht vor allem auf der unterschiedlichen Lage des Fernpunkts. In jugendlichem Alter mit 10 dpt Akkommodationsbreite und 2 dpt Weitsichtigkeit ist scharfes Sehen in der Ferne (► Abschn. 56.2.4) durch Nahakkommodation möglich. Dafür werden 2 dpt der Akkommodationsbreite „verbraucht": der Fernpunkt liegt im Unendlichen, der Nahpunkt bei 1/(10-2) dpt = 0,125 m. Der Akkommodationsbereich ist also immer noch unendlich groß. Demgegenüber liegt für 2 dpt Kurzsichtigkeit der Fernpunkt bei ½ dpt = 0,5 m und der Nahpunkt bei 1/12 dpt = 0,08 m. Der Akkommodationsbereich beträgt also nur 42 cm. Eine wesentliche Einschränkung des Akkommodationsbereichs bei Weitsichtigen tritt erst auf, wenn die Akkommodationsbreite deutlich geringer als die Hyperopie in dpt ist (z. B. in höherem Lebensalter)

❯ Die maximale Akkommodationsbreite beträgt 14 dpt.

Neuronale Kontrolle des Ziliarmuskels Der adäquate Reiz zur Änderung der Akkommodation ist eine unscharfe Abbildung auf der Netzhaut. Diese Eigenschaft des Reizmusters wird von Neuronen im fovealen Projektionsgebiet der sekundären Sehrinde (Area V2, ► Kap. 58.2.2) ermittelt. Von dort gibt es Verbindungen zum Edinger-Westphal-Kern des Hirnstammes, der die parasympathischen präganglionären Neurone für die **Nahakkommodation** enthält, deren Axone zum Ganglion ciliare ziehen, von wo der Ziliarmuskel über muskarinerge Synapsen innerviert wird. Parallel zur Kontrolle des Ziliarmuskels erfolgt die parasympathische Innervation der glatten Muskulatur der Iris. Bei Fixation eines nahen Objekts ist die Nahakkommodation automatsch gekoppelt mit Verengung der Pupillen und Konvergenz der Blickachsen (**Naheinstellungsreaktion**, ► Kap. 60.2).

Die **Fernakkommodation** erfolgt durch Verringern der parasympathischen Innervation und darüber hinaus durch Erregung der antagonistisch wirkenden sympathischen Fasern aus dem Ganglion cervicale superius.

❯ Die vollständige Fernakkommodation ist kein neuronaler Ruhezustand, sondern beruht auf einem Zusammenspiel von Hemmung parasympathischer und Erregung sympathischer Innervation.

In Kürze

Die **Akkommodation** (Einstellung der Sehschärfe beim Sehen naher und ferner Objekte) erfolgt durch Änderung der Form der eigenelastischen Linse. Bei **Nahakkommodation** (parasympathische Innervation) nimmt die Krümmung der Linsenoberfläche und die Brechkraft der Linse zu. Bei **Fernakkommodation** (Hemmung der parasympathischen Innervation und zusätzliche sympathische Innervation) nimmt die Krümmung der Linsenoberfläche und die Brechkraft ab. Die **Akkommodationsbreite** (Differenz der Dioptrienwerte von Nahpunkt und Fernpunkt) ist altersabhängig und beträgt bei der hohen Elastizität der Linse im Jugendalter maximal 12–14 dpt. Mit zunehmendem Alter nehmen Linsenelastizität und Akkommodationsbreite ab. Altersichtigkeit (**Presbyopie**) tritt bei

Normalsichtigen ein, wenn die Akkommodationsbreite 3 dpt unterschreitet. Der **Akkommodationsreflex** wird durch unscharfe Abbildung auf der Netzhaut aktiviert. Der neuronale **Reflexbogen** verläuft über kortikale Rindenareale zum Hirnstamm, wo sich die präganglionären Neurone für die parasympathische und sympathische Innervation des Ziliarmuskels befinden.

56.4 Augeninnendruck, Kammerwasser und Tränen

56.4.1 Augeninnendruck und Kammerwasserzirkulation

Die Stabilität der Form des Auges und die richtige Lage der Teile des dioptrischen Apparates werden durch den konstanten Augeninnendruck gewährleistet.

Augeninnendruck Der Augeninnendruck dient der Aufrechterhaltung der Bulbusform und der „richtigen" Distanz der verschiedenen Teile des dioptrischen Apparates vom Hornhautscheitel und der Netzhaut. Der Augeninnendruck hängt bei der konstanten Kammerwasserproduktion vor allem vom Abflusswiderstand und der davon abhängigen Menge des abfließenden Kammerwassers ab. Durch **Ultrafiltration** gelangt Plasmaflüssigkeit (2 µl/min) aus den Blutkapillaren des Ziliarkörpers in den Extrazellulärraum und

wird von dort von den Epithelzellen des Ziliarkörpers als **Kammerwasser** in die **hintere Augenkammer** sezerniert. Aus der hinteren Augenkammer fließt das Kammerwasser in die vordere Augenkammer und von dort über das Trabekelwerk im Kammerwinkel durch den **Schlemmkanal** in das venöse Gefäßsystem ab (◘ Abb. 56.1). Wenn sich Produktion und Abfluss entsprechen, besteht der **normale Augeninnendruck** (16–20 mmHg).

Tonometrie Der Augeninnendruck kann von außen durch Messung der augeninnendruckabhängigen Verformbarkeit der Kornea bestimmt werden. Bei dem heute bevorzugten Verfahren der **Applanationstonometrie** nach Goldmann erfolgt die Messung der Kraft, die notwendig ist, die Kornea über einen kleinen Bereich (3 mm Durchmesser) abzuflachen. Die neuere **Non-contact-Tonometrie** nutzt den Zeitverlauf der Verformung der Kornea nach einem Luftstoß, ist berührungsfrei und etwas weniger genau. Bei der viel älteren **Impressionstonometrie** nach Schiötz wird die Eindellung der Kornea gemessen, die ein Senkstift von definiertem Durchmesser und Gewicht bewirkt. Eine pathologische Erhöhung des Augeninnendrucks liegt vor, wenn dieser bei wiederholten Messungen über 20 mmHg (2,66 kPa) liegt. Beim akuten Glaukomanfall kann der Augeninnendruck bis über 60 mmHg (8 kPa) ansteigen (▶ Klinik-Box „Glaukom").

> Erhöhter Augeninnendruck ist ein Schlüsselsymptom für den grünen Star (Glaukom), aber ein Drittel der Glaukomerkrankungen gehen auch ohne Augeninnendruck einher.

Klinik

Glaukom (grüner Star)

Pathologie
Beim Glaukom liegt eine irreversible Schädigung von Nervenzellen und Fasern der Retina vor, die zu Gesichtsfeldausfällen führt aber ansonsten symptomlos verläuft. Oft geht damit eine Abflussbehinderung im Bereich des Kammerwinkels oder des Trabekelwerks mit erhöhtem Augeninnendruck einher. Entsprechende Schädigungen können aber auch ohne Druckerhöhung auftreten (Normaldruckglaukom).

Ursachen und Therapie
Beim **chronischen Glaukom („Offenwinkelglaukom")** ist oft der Abflusswiderstand im Trabekelwerk erhöht. Durch den erhöhten Augeninnendruck wölbt sich die Lamina cribrosa an der Durchtrittsstelle des Sehnervens durch die Sklera nach außen und die Sehnervenfasern werden durch mechanische Faktoren und eine gestörte Mikrozirkulation der Papillengefäße geschädigt. Diese Schädigungen verlaufen schleichend,

die typischen Gesichtsfeldausfälle werden erst spät bemerkt. Zu den Offenwinkel-Glaukomen gehören auch die **Normaldruckglaukome (30 %)**, bei denen eine verminderte Durchblutung am Sehnerven ursächlich sein kann. Behandelt wird mit Augeninnendruck-senkenden Medikamenten sowie mit speziellen Operationen (Laserbehandlung des Trabekelwerks, Filtrationsoperation) zur Wiederherstellung des Kammerwasserabflusses.
Der **akute Glaukomanfall („Winkelblockglaukom")** entsteht durch Verlegung des Kammerwinkels. Der akute Anstieg des Augeninnendrucks auf 60–80 mmHg führt zu einer tastbaren Härte des Bulbus. Als Folge der akuten Innendrucksteigerung treten bei geringem oder negativem transmuralem Druck in den Netzhautarterien retinale Durchblutungsstörungen mit Sehstörungen auf. Bei wiederholten Anfällen kann es zu bleibenden Gesichtsfeldausfällen kommen. Durch die extreme Druck-

erhöhung werden auch Nozizeptoren im Auge aktiviert und es treten starke Schmerzen auf. Der akute Glaukomanfall ist ein **medizinischer Notfall** und muss umgehend behandelt werden. Für das Winkelblockglaukom spielt die Pupillenweite eine wichtige Rolle. Die Verdickung der Iris bei Erweiterung der Pupille verstärkt die Verlegung des Kammerwinkels, deshalb ist die Gabe pupillenerweiternder Medikamente (Mydriatika) bei flacher Vorderkammer ein ärztlicher Kunstfehler.

Wirkweise der drucksenkenden Medikamente
Miotika (z. B. 0,5–2 % Pilocarpin) werden zur Pupillenkonstriktion, alpha-2-antagonistische Sympathomimetika (z. B. Clonidin-Tropfen) zur Verbesserung des Kammerwasserabflusses, Beta-Blocker (z. B. Betaxolol-Tropfen) und Karboanhydrasehemmer (z. B. Dorzolamid-Tropfen) zur Hemmung der Kammerwasserproduktion angewendet.

56.4.2 Tränen

Die äußere Oberfläche der Hornhaut ist von einem dünnen Tränenfilm überzogen, der die optischen Eigenschaften verbessert.

Zusammensetzung der Tränenflüssigkeit   Tränen sind leicht hyperton und schmecken salzig; sie haben im Vergleich zum Blutplasma einen etwas höheren Kalium- und niedrigeren Natriumgehalt. Tränenflüssigkeit enthält als Infektionsschutz gegen Krankheitserreger wirksame Enzyme wie Lysozym, Laktoferrin, Laktoperoxidase, Lipocaline und Immunglobulin A.

Tränenproduktion   Die Tränen werden ständig in kleinen Mengen durch die Tränendrüsen produziert (**1 ml je Auge und Tag**), mit dem Schleim der Becherzellen der Bindehaut vermischt und durch die Lidschläge gleichmäßig über Horn- und Bindehaut verteilt. Ein Teil der Tränenflüssigkeit geht durch Verdunsten in die Luft über, der Rest fließt durch den Tränennasengang in die Nasenhöhle ab. Der Tränenfilm, dessen wässrige Phase nach außen von einer Lipidschicht (Monolayer) bedeckt ist, „vergütet" die optischen Eigenschaften der Hornhaut und ist gleichzeitig „Schmiermittel" zwischen Augen und Lidern. Eine verminderte Tränenproduktion oder verstärkte Verdunstung führt zum **Sicca-Syndrom** (trockenes Auge). Die Tränen haben die Funktion einer **Spülflüssigkeit**.

Tränenreflex   Fremdkörper im Auge lösen reflektorischen Tränenfluss aus. Der afferente Schenkel des Reflexbogens sind Fasern des N. trigeminus, die zentral im pontinen Hirnstamm auf efferente, präganglionär-parasympathische Fasern zum Ganglion pterygopalatinum umgeschaltet werden. Von dort ziehen postganglionäre Fasern zu den Tränendrüsen. Auch emotional können Tränenausbrüche über Einflüsse des limbischen Systems auf den pontinen Hirnstamm ausgelöst werden.

> Ein hinreichender Tränenfilm ist entscheidend für Funktion der Hornhaut und optimale optische Eigenschaften.

In Kürze

Die Stabilität des Augapfels (Bulbus oculi) wird durch den **Augeninnendruck** gewährleistet, der von der Balance von Kammerwasserproduktion und -abfluss abhängt. Der Augeninnendruck beträgt normalerweise 16–20 mmHg. Die kontinuierliche **Tränenproduktion** schützt die empfindliche und für die optische Abbildung wichtige Hornhaut.

Literatur

Artal P (2015) Image formation in the living human eye. Annu. Rev. Vis. Sci. 1:1–17

Charman WN (2008), The eye in focus: accommodation and presbyopia. Clinical and Experimental Optometry 91: 207–225

Grehn F (2012) Augenheilkunde, 31. Aufl. Springer-Verlag, Berlin, Heidelberg, New York

Harten U (2011) Physik für Mediziner, 13. Aufl. Springer-Verlag, Berlin, Heidelberg, New York

Weinreb RN, Aung T, Medeiros FA (2014) The pathophysiology and treatment of glaucoma: a review. JAMA. 311:1901–1911

Die Netzhaut

Ulf Eysel

© Springer-Verlag GmbH Deutschland, ein Teil von Springer Nature 2019
R. Brandes et al. (Hrsg.), *Physiologie des Menschen*, Springer-Lehrbuch
https://doi.org/10.1007/978-3-662-56468-4_57

Worum geht's? (■ Abb. 57.1)

Mit dem Augenspiegel untersuchen wir den Augenhintergrund

Die **Papille** als runder Austrittsort des Sehnervens, die **Arterien** und **Venen**, die die inneren Schichten der Netzhaut versorgen, und der gefäßfreie Bereich der **Fovea** als zentraler Ort der Netzhaut mit der größten Sehschärfe sind wichtige Strukturen und zugleich Orientierungshilfen beim Augenspiegeln. Veränderungen an Papille, Gefäßen und Netzhaut können diagnostische Hinweise geben.

Die Netzhaut leistet die primäre Reizaufnahme sowie eine komplexe Weiterverarbeitung visueller Signale

Die mehrschichtige Netzhaut ist ein ausgelagerter Teil des Gehirns und enthält in ihrer äußersten Schicht die **Photorezeptoren**, deren **Phototransduktion** Licht in neuronale Erregung umwandelt. Durch die Signalverarbeitung in den folgenden komplexen Netzwerken mit erregender und hemmender, direkter, sowie lateraler Verschaltung, resultieren Zellen mit **rezeptiven Feldern** für das Hell- und Dunkel-

sehen. Die Aktionspotenzialmuster unterschiedlicher Ganglienzellklassen der innersten Schicht der Netzhaut leiten die visuelle Information über die Sehnervenfasern zu den folgenden Stationen der Sehbahn (▶ Kap. 58.1) weiter.

Die retinale Hell-Dunkel-Adaptation ist in erster Linie ein photochemischer Prozess

Durch Verschieben des Gleichgewichts zwischen aktivierbaren und nicht aktivierbaren Sehfarbstoffmolekülen in den Photorezeptoraussengliedern kann die Lichtempfindlichkeit an die Umweltleuchtdichte angepasst werden.

Die Sehschärfe beruht maßgeblich auf den anatomischen und funktionellen Vorgaben der Netzhaut

Die größte, erreichbare Sehschärfe hängt von der Photorezeptordichte in der Netzhaut sowie von den Verschaltungsprinzipien zwischen Rezeptoren und retinalen Ganglienzellen ab. Dabei spielen der retinale Ort und die Umweltleuchtdichte entscheidende Rollen.

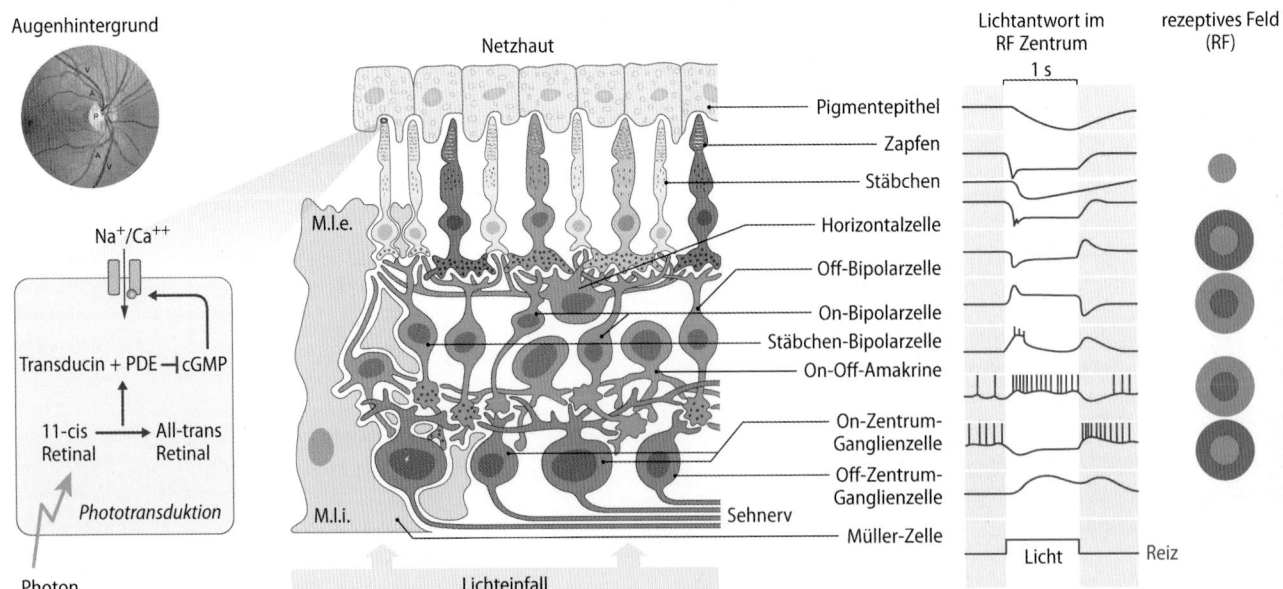

■ **Abb. 57.1   Aufbau und Funktionen der Netzhaut.** Die Phototransduktion leitet den Sehprozess in den Photorezeptoraußengliedern mit einer Hyperpolarisation ein. Die vertikal und horizontal verschalteten Netzhautzellen antworten unterschiedlich auf den Lichtreiz und erzeugen antagonistische rezeptive Felder mit lateraler Hemmung. Die retinalen Ganglienzellen kodieren die Lichtantworten als Aktionspotenzialmuster und leiten sie über den Sehnerven zentralwärts. M.l.e.=Membrana limitans externa, M.l.i.=Membrana limitans interna

57.1 Aufbau der Netzhaut

57.1.1 Augenhintergrund

Mit einem Augenspiegel kann der Augenhintergrund betrachtet werden.

Landmarken des Augenhintergrundes Blickt ein Tier aus dem Dunkeln in das Scheinwerferlicht eines Autos, so sieht der Autofahrer ein „Aufleuchten" der Tieraugen, weil das Scheinwerferlicht durch den Augenhintergrund reflektiert wird. Die unterschiedliche Lichtreflexion von Netzhaut, Gefäßen und Nervenfasern wird beim **Augenspiegeln (Funduskopie)** genutzt. Eine Fundusphotographie (◘ Abb. 57.2a) zeigt den Augenhintergrund in einem Sichtfeld von 30° mit der blassgelben **Papilla nervi optici** (nasal), den **Gefäßen** der Netzhaut (Arterien hellrot mit kleinerem Kaliber, Venen dunkelrot und weiter) und der Macula lutea (stärker pigmentierter Bereich) in einem gefäßfreien Areal, in dessen Mitte die Fovea centralis als Ort des schärfsten Sehens liegt.

Methoden der Funduskopie Einen kleineren Ausschnitt des Fundus sieht man beim Augenspiegeln im aufrechten Bild (**direkte Ophthalmoskopie**). ◘ Abb. 57.2b zeigt den vereinfachten Strahlengang. Der Untersucher blickt mit dem Augenspiegel direkt und fernakkommodiert in das Patientenauge und sieht ein etwa 16-fach vergrößertes Bild des Augenhintergrundes (G=Gegenstand; B'=Bild im Beobachterauge; B=gesehenes, aufrechtes, virtuelles Bild, ◘ Abb. 57.2b). Bei der **indirekten Ophthalmoskopie** (◘ Abb. 57.2c) befindet sich die Lichtquelle am Stirnband und eine Lupe (meist +20 dpt) wird direkt vor das Patientenauge gehalten; auf diese Weise entsteht ein etwa 4-fach vergrößertes, umgekehrtes Bild des Augenhintergrundes (B=vom Beobachter gesehenes reelles Bild). Die resultierenden Sichtfelder verhalten sich umgekehrt zur Vergrößerung: ca. 10° bei der direkten und ca. 40° bei der indirekten Ophthalmoskopie. Die Untersuchung des Augenhin-

tergrundes ermöglicht Rückschlüsse auf unterschiedlichste Grunderkrankungen nicht nur des Auges (▶ Klinik-Box „Klinische Bedeutung der Funduskopie").

Klinik

Klinische Bedeutung der Funduskopie
Die Betrachtung des Augenhintergrundes ist nicht nur für die augenärztliche Diagnostik wichtig (z. B. **Netzhautdegenerationen, Störungen des Pigmentepithels, Netzhauttumoren, Papillenveränderungen** z. B. bei erhöhtem Augeninnendruck), sondern auch für den Neurologen (z. B. **Vorwölbung der Papille (Stauungspapille)** bei erhöhtem Schädelinnendruck, **blasse Papille** bei Atrophien des N. opticus) und für den Internisten. Da die Arteria centralis retinae und ihre Hauptäste Arteriolen sind, können hier Veränderungen an diesem Abschnitt des Gefäßsystems unmittelbar betrachtet werden (wichtig z. B. bei **Diabetes mellitus, Bluthochdruckerkrankungen, Arterien- oder Venenverschlüssen**).

57.1.2 Zellen und Schichten der Netzhaut

Die Netzhaut ist ein vielschichtiges Netzwerk; sie enthält für das Sehen bei Tag und Nacht zwei unterschiedliche Klassen von Photorezeptoren.

Mikroskopisches Bild der Netzhaut Die Netzhaut (Retina) entsteht während der Embryonalentwicklung aus einer Ausstülpung des Zwischenhirnbodens; sie ist also ein **Teil des Gehirns**. Daher ist es nicht überraschend, dass die Retina ein komplexes neuronales Netzwerk ist (◘ Abb. 57.1). Im Mikroskop sieht man von der Chorioidea ausgehend von außen nach innen das Pigmentepithel und die Photorezeptoren (Zapfen und Stäbchen), die Horizontalzellen, Bipolarzellen, amakrine Zellen und Ganglienzellen. Die Axone der Ganglienzellen bilden den Sehnerv (N. opticus). Die Gliazellen der Netzhaut (**Müllerzellen**) erstrecken sich als Stütz- und

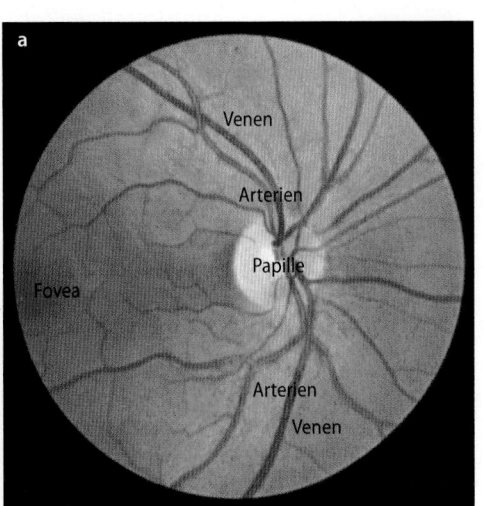

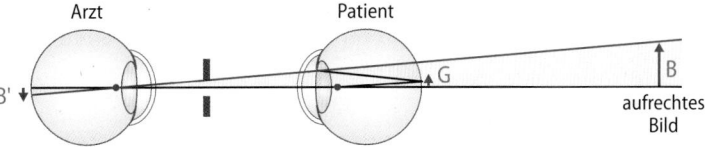

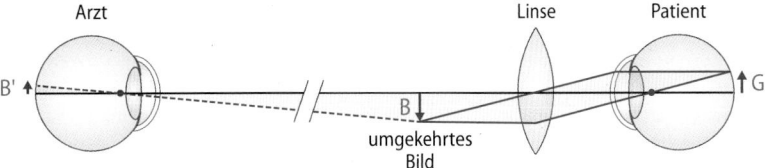

◘ **Abb. 57.2a–c Augenhintergrund des menschlichen Auges und Strahlengänge beim Augenspiegeln. a** Fundusphotographie des rechten Auges im aufrechten Bild (Foto: Prof. Dr. Franz Grehn). **b** Vereinfach-

tes Schema des Strahlenganges beim direkten Augenspiegeln im aufrechten Bild. **c** Indirekte Ophthalmoskopie. (b, c nach Eysel in Schmidt u. Schaible 2006)

Transportzellen durch alle Schichten der Netzhaut. Die mittlere Dicke der Netzhaut beträgt rund 200 µm.

> **Müllerzellen sind die Gliazellen der Netzhaut.**

Sehen mit Stäbchen und Zapfen Die Anpassung an die Beleuchtungsbedingungen der Umwelt wird durch zwei retinale Rezeptortypen mit unterschiedlichen Absolutschwellen erleichtert: **Stäbchen und Zapfen (Duplizitätstheorie):**

- **Photopisches Sehen:** Bei **Tageslicht** sind die **Zapfen** aktiv, die eine höhere Absolutschwelle haben und die Unterscheidung von Farben und Helligkeitsunterschieden ermöglichen.
- **Skotopisches Sehen:** Bei **Nacht** sind die **Stäbchen** für das Sehen verantwortlich, da sie eine niedrigere Absolutschwelle haben. Dabei erkennt man nur Helligkeitsunterschiede, aber keine Farben.
- **Mesopisches Sehen:** In der **Dämmerung** sind im Übergangsbereich zwischen dem skotopischen und dem photopischen Sehen **Stäbchen und Zapfen** aktiv, sodass noch eine eingeschränkte Farbwahrnehmung möglich.

Spektrale Empfindlichkeit bei Tag und Nacht (◻ Abb. 56.2)
Die spektrale Empfindlichkeit des menschlichen Auges hat für das skotopische Sehen ein Maximum bei etwa 500 nm (Absorptionsmaximum der Stäbchen), beim photopischen Sehen dagegen bei etwa 555 nm (mittleres Absorptionsmaximum der 3 Zapfentypen, ▶ Abschn. 57.2.2). Die prozentuale Verteilung von Stäbchen und Zapfen in der Netzhaut verschiedener Säugetierarten hängt auch davon ab, ob sie überwiegend nachtaktiv oder tagaktiv sind.

Zahl und Verteilung der Photorezeptoren Die Rezeptorschicht des menschlichen Auges besteht aus etwa 120 Mio. **Stäbchen** und 6 Mio. **Zapfen.** Die Rezeptordichte (Rezeptoren pro Flächeneinheit) ist für die Zapfen in der Mitte der Fovea, für die Stäbchen dagegen im parafovealen Bereich am höchsten (◻ Abb. 57.8). In der **Fovea centralis** gibt es keine Stäbchen, die Fovea ist also für das photopische Tagessehen spezialisiert und nachts blind. Die Zapfen der Fovea bilden eine regelmäßige Mosaikstruktur. In der Foveamitte beträgt der Durchmesser der Zapfenaußenglieder etwa 2 µm, der Zapfenabstand 2,5 µm. Ausgehend von diesen Werten errechnet sich als Grenzwert für die optische Auflösung der Netzhaut ein Sehwinkel von etwa 0,5 Winkelminuten.

Blutversorgung der Netzhaut Die Netzhautarterien, die von der A. centralis retinae im Bereich der Papille ausgehen, versorgen die inneren zwei Drittel der Netzhaut (Ganglienzellen bis äußere plexiforme Schicht). Über die Vv. centrales retinae erfolgt der venöse Abfluss. Das äußere Drittel (Pigmentepithel und Photorezeptoren bis äußere plexiforme Schicht) wird durch Diffusion aus dem venösen Plexus der Chorioidea (◻ Abb. 56.1) versorgt. Diese spezielle Blutversorgung ist Grundlage unterschiedlicher Ausfälle bei Durchblutungsstörungen der Netzhaut (▶ Klinik-Box „Ausfälle retinaler Funktion bei Störungen der Sauerstoffversorgung").

In Kürze
Mit dem Augenspiegel wird der **Augenhintergrund** betrachtet. Dabei können mögliche pathologische Veränderungen der Netzhaut, der Papille, der retinalen Blutgefäße und des Sehnervs beurteilt werden. Die **Netzhaut** entsteht in der Entwicklung als ein Teil des Gehirns, sie ist ein vielschichtiges, neuronales Netzwerk. Die Reizaufnahme erfolgt durch zwei unterschiedliche Klassen von Photorezeptoren, die sich durch ihre Lichtempfindlichkeit unterscheiden. Die **Zapfen** benötigen zu ihrer Aktivierung Tageslicht, die **Stäbchen** sind auch bei Dämmerung und Dunkelheit erregbar. In der Fovea centralis, der Stelle des schärfsten Sehens, gibt es nur Zapfen. In der restlichen Netzhaut finden sich Zapfen und Stäbchen.

57.2 Signalverarbeitung in der Netzhaut

57.2.1 Membranphysiologie der Photorezeptoren

Das Ruhemembranpotenzial der Photorezeptoren wird vom **Dunkelstrom** bestimmt.

Dunkelstrom und Ruhepotenzial Das Ruhemembranpotenzial der Photorezeptoren ist mit −30 bis −40 mV im Vergleich zu anderen Nervenzellen deutlich depolarisiert. Grund ist der

---

Klinik

Ausfälle retinaler Funktion bei Störungen der Sauerstoffversorgung

Die unterschiedlichen Versorgungsgebiete der Zentralarterie und der Chorioidea bedingen unterschiedliche Ausfälle der Netzhaut bei Zentralarterienverschluss oder Netzhautablösung. In beiden Fällen tritt in den betroffenen Gebieten eine akute Erblindung auf.
Bei **Zentralarterienverschluss** fällt z. B. durch eine Embolie die Versorgung der inneren Zellschichten aus und sofern keine Reperfusion, z. B. durch Thrombolyse oder durchblutungsfördernde Maßnahmen, innerhalb von

1–2 Stunden erreicht werden kann, degenerieren diese Schichten irreversibel und es resultieren bleibende Gesichtsfeldausfälle bei erhaltener Photorezeptorfunktion.
Bei der **Netzhautablösung** ist die Retina vom darunter liegenden Pigmentepithel abgelöst und damit die Versorgung der Rezeptorschicht von der Chorioidea aus unterbrochen. Der Zeitfaktor ist auch hier kritisch, das therapeutische Zeitfenster aber größer als beim Zentralarterienverschluss. Durch eine außen aufgenähte Plombe kann

die Sklera eingedellt und die Netzhaut wieder zum Anliegen gebracht werden; eine künstliche Narbe wird meist durch Kälte erzeugt, um die Anheftung zu stabilisieren. Gelingt die Wiederanheftung nicht innerhalb weniger Tage wird die Degeneration der Rezeptorschicht irreversibel, und die betroffenen Gesichtsfeldanteile bleiben blind, obwohl die inneren Schichten der Netzhaut durch die Zentralarterie weiter versorgt werden.

Dunkelstrom (◘ Abb. 57.3a): Im Dunkeln sind **CNG-(cyclic nucleotid gated) Kanäle** in der Rezeptor-Außengliedmembran geöffnet und es liegen hohe Natrium- und Kalziumleitwerte g_{Na}, g_{Ca} vor. Der Dunkelstrom wird zu etwa 85 % von Natriumionen und zu etwa 15 % von Kalziumionen getragen. Na^+ wird im Innenglied durch eine Na^+/K^+-ATPase aus dem Intra- in den Extrazellulärraum gepumpt. Ca^{++} wird durch ein Na^+/K^+-Ca^{++}-Austauschermolekül auswärts transportiert. Durch den kontinuierlichen Na^+/Ca^{++}-Einstrom wird die **Photorezeptormembran depolarisiert.** Damit verbunden ist eine kontinuierlich erhöhte **Transmitterausschüttung** an den Photorezeptorsynapsen. Der Transmitter der Photorezeptoren ist das **L-Glutamat.**

Lichtantwort Die in Dunkelheit depolarisierten Photorezeptoren antworten auf Licht mit einer **Hyperpolarisation.** Damit weichen Photorezeptoren vom üblichen Verhalten der Rezeptoren anderer Sinnessysteme ab, die bei adäquater Reizung depolarisieren (▶ Kap. 49.2).

> Bei Belichtung der Photorezeptoren erfolgt eine **Hyperpolarisation** der Zellmembran, bei Verdunklung eine **Depolarisation.**

Die negativen Rezeptorpotenziale von Zapfen und Stäbchen zeigen eine unterschiedliche Dynamik ihr Zeitverlauf ist bei Stächen langsamer als bei Zapfen (◘ Abb. 57.4, 6). Verbunden mit den hyperpolarisierenden Rezeptorpotenzialen ist eine verringerte Transmitterausschüttung am Rezeptorfuß (◘ Abb. 57.3a).

Die Entstehung von Dunkelstrom und Lichtantwort wird durch die molekularen Mechanismen der Phototransduktionskaskade erklärt (▶ Abschn. 57.2.2).

57.2.2 Phototransduktion

Die Lichtabsorption durch die Sehfarbstoffmoleküle leitet den Transduktionsprozess des Sehens ein.

Sehfarbstoffe Das **Außenglied** der Rezeptorzellen besteht aus rund 1000 Membraneinfaltungen (Zapfen) bzw. Membranscheibchen (Stäbchen) und ist durch ein dünnes Zilium mit dem übrigen Zellkörper verbunden (◘ Abb. 57.3a). Die Sehfarbstoffmoleküle sind regelmäßig in die Lipiddoppelschicht der Zellmembran der Außenglieder eingelagert (◘ Abb. 57.3b). Der **Sehfarbstoff der Stäbchen** heißt **Rhodopsin** ("Sehpurpur"); er sieht rot aus, weil Rhodopsin grünes und blaues Licht absorbiert. Dies kann durch Bestimmung der **spektralen Absorptionskurve** exakt gemessen werden. Rhodopsin hat zwei Absorptionsmaxima, eins bei etwa 500 nm im sichtbaren Bereich und eins im ultravioletten Bereich bei etwa 350 nm. Rhodopsin besteht aus einem **Glykoprotein (Opsin)** und einer **chromophoren Gruppe**, dem **11-cis-Retinal** (Aldehyd des Vitamins A_1; s. Lehrbücher der Biochemie).

Bei den Sehfarbstoffen der **drei Zapfentypen** ist das 11-cis-Retinal als chromophore Gruppe mit drei unterschied-

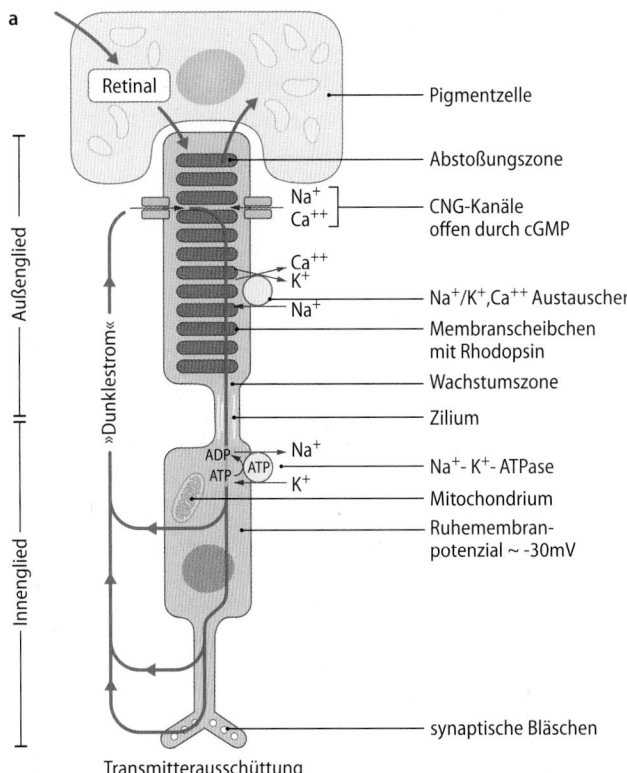

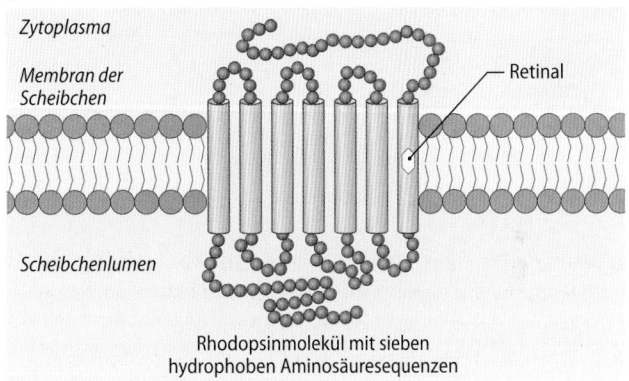

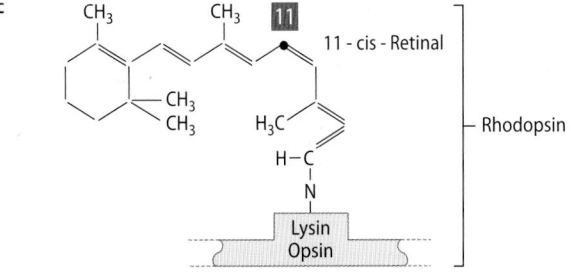

◘ **Abb. 57.3a–c Aufbau und Stromfluss beim Stäbchen, Rhodopsin und 11-cis-Retinal. a** Schematischer Aufbau eines Stäbchens der Netzhaut und einer Zelle des Pigmentepithels. Am äußeren Ende werden die Außenglieder der Photorezeptoren abgebaut und die Abbauprodukte von der Pigmentzelle aufgenommen. Die in Dunkelheit geöffneten CNG-Kanäle unterhalten den Dunkelstrom (Na^+/Ca^{++}-Einstrom) des Rezeptors (▶ Abschn. 57.2.1). Die synaptischen Vesikel im Rezeptorfuß enthalten als Transmitter Glutamat. **b** Schema eines Rhodopsinmoleküls, das mit sieben hydrophoben Aminosäuresequenzen die Lipiddoppelschicht der Scheibchenmembran durchdringt. **c** 11-cis-Retinal ist über Lysin an den Proteinteil des Rhodopsins gebunden. Nach Photonenabsorption tritt eine Photoisomerisation am C-Atom 11 ein (rot)

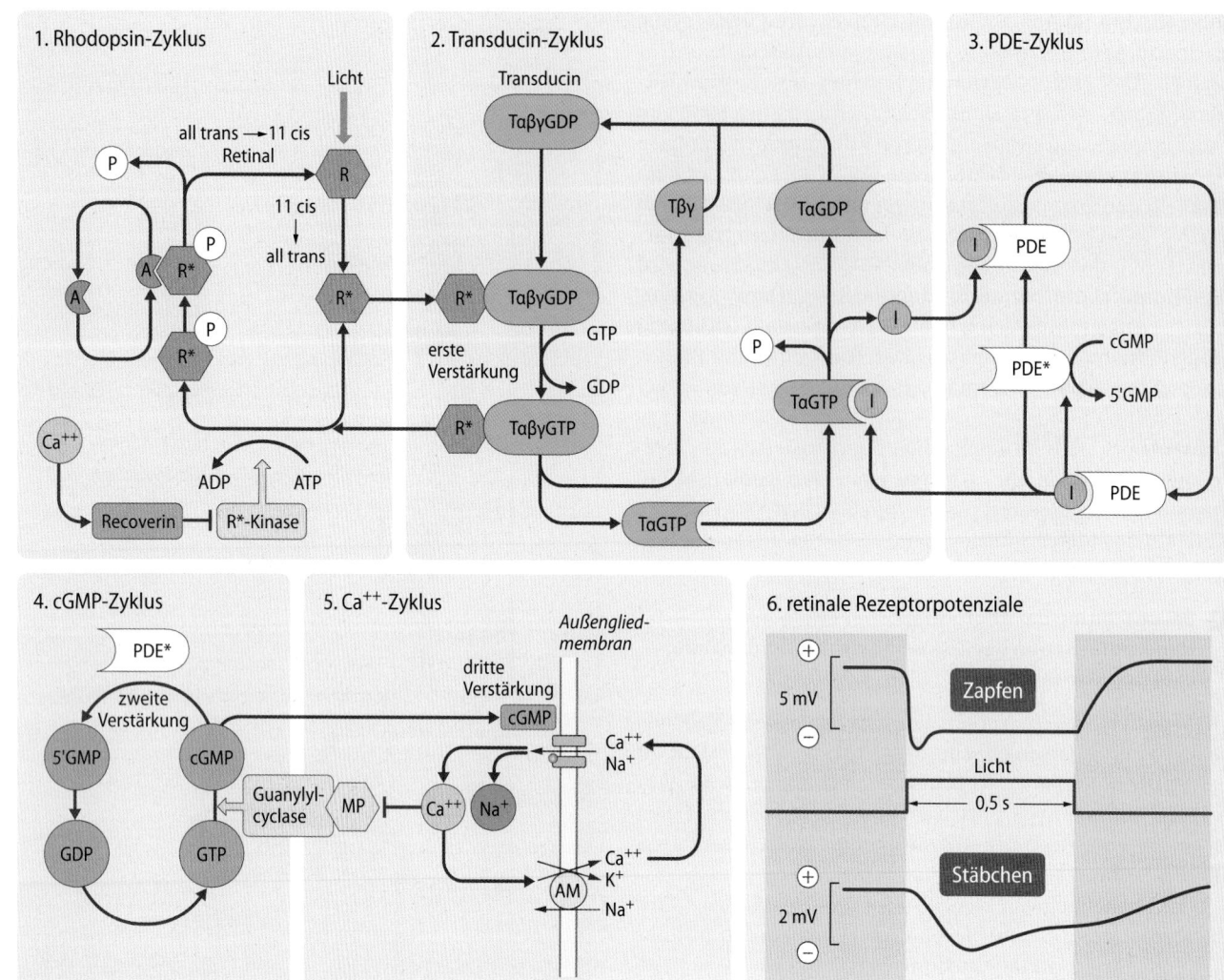

Abb. 57.4   Phototransduktion und retinales Rezeptorpotenzial. Beim Transduktionsprozess des Sehens erfolgt in drei Schritten eine vieltausendfache Verstärkung des Signals. Dabei sind fünf biochemische Regelkreise beteiligt (1.-5.), die im Text genauer erläutert werden. (Nach Lamb u. Pugh 2006, Burns u. Archavsky 2005, Müller u. Kaupp 1998). Letzter Schritt ist die hyperpolarisierende Lichtantwort an der Zapfen- oder Stäbchenmembran (6.)

lichen Glykoproteinen kombiniert („**Jodopsine**" oder „**Zapfenopsine**"), wodurch verschiedene spektrale Absorptionsmaxima im kurz- (420 nm), mittel- (535 nm) und langwelligen (565 nm) Bereich entstehen und das Farbensehen ermöglicht wird (▶ Kap. 59.4.2, ☐ Abb. 59.5d). Die mittel- und langwelligen Zapfensehfarbstoffe haben wie die Stäbchen ein zweites Absorptionsmaximum bei etwa 350 nm im ultravioletten Bereich.

Zerfall der Sehfarbstoffe nach Lichtabsorption   Der **Transduktionsprozess** des Sehens beginnt mit der Absorption eines Photons im π-Elektronenbereich der konjugierten Doppelbindungen des Retinals im Sehfarbstoffmolekül (☐ Abb. 57.3c). Dadurch erreicht das Molekül eine höhere Energiestufe und beginnt stärker zu schwingen, was mit einer Wahrscheinlichkeit („**Quantenausbeute**") von 0,5–0,65 eine **Stereoisomerisation** des **11-cis-Retinals** zu **All-trans-Retinal** bewirkt. Hierdurch wird eine komplexe, molekularbiologische Signalkaskade ausgelöst, die ausgehend vom depolarisierten **Ruhe-**

zustand (▶ Abschn. 57.2.1) über mehrere funktionelle Zyklen zur **Schließung der CNG(cyclic nucleotid gated)-Kationen-Kanäle** in der Rezeptoraußengliedmembran und zur Hyperpolarisation (☐ Abb. 57.4, 1–4), sowie zur erneuten Depolarisation nach Abschalten der Signalkaskade (☐ Abb. 57.4, 5) führt.

1. Rhodopsin-Zyklus   Nach Absorption eines Lichtquants entsteht durch Isomerisation des Rhodopsins (**R**) über mehrere Zwischenstufen **Metarhodopsin II (R*)**. Dieser G-Protein gekoppelte Rezeptor (GPCR) **aktiviert das G-Protein Transducin** im nächsten Regelkreis. R* wird durch Phosphorylierung **(P)** unter dem Einfluss der R*-Kinase und anschließende Bindung an das regulatorische Protein **Arrestin-1/visuelles Arrestin (A)** inaktiviert. Dadurch wird die **Signalkaskade abgeschaltet**. Danach wird das Retinal dephosphoryliert und aus der All-trans- in die 11-cis-Form zurückverwandelt, sodass es wieder für den ersten Schritt des Transduktionsprozesses zur Verfügung steht. Die Phosphorylierung unterliegt über Recoverin einer negativen Rückkopplung durch die intracelluläre Ca^{++}-Konzentration, sodass sie bei niedrigem Ca^{++} beschleunigt wird (Helladaptation, ▶ Abschn. 57.3).

2. Transducin-Zyklus und 3. PDE-Zyklus   R* (Metarhodopsin II) ist das Eingangssignal für den sehr rasch ablaufenden Transducinzyklus. Der G-Protein-GDP-Komplex (**T$_{\alpha\beta\gamma}$GDP**, Transducin) wird durch R* aktiviert und spaltet unter Austausch von GDP durch GTP einen **T$_\alpha$*GTP-Komplex** ab. Rund 400 T$_\alpha$*GTP-Komplexe können pro Sekunde durch ein R*-Molekül mittels raschen Durchlaufs durch den Zyklus gebildet werden (**1. Verstärkung**). Ein T$_\alpha$*GTP-Komplex **aktiviert die Phosphodiesterase 6 (PDE)** durch Bindung einer ihrer inhibitorischen Untereinheiten (**I**). Die aktivierte PDE* startet den cGMP- und den Ca^{++}-Zyklus und **hydrolysiert zyklisches Guanosin-Monophosphat (cGMP)** bis die PDE durch die wieder freigesetzte inhibitorische Untereinheit inaktiviert wird. Das führt auf dieser Ebene zur **Abschaltung** der Signalkaskade.

4. cGMP-Zyklus   Eine aktivierte PDE* hydrolysiert pro Sekunde bis zu 2.000 cGMP-Moleküle zu 5'GMP (**2. Verstärkung**). Da cGMP intrazellulär die CNG-Kationen-Kanäle offen hält, bewirkt der Abfall der cGMP-Konzentration eine **Schließung der Kanäle** und eine Unterbrechung des Na$^+$/Ca^{++}-Einstroms. Hier erfolgt die **3. Verstärkung**, da durch Kooperativität ein cGMP-Molekül 2–3 Kanäle offenhalten kann. Folge des Kanalschlusses ist die **Hyperpolarisation** der Photorezeptoren.

Durch die schnelle Abschaltung der Signalkaskade durch Arrestin (1.) oder PDE-Inaktivierung (2.) beträgt der Verstärkungsfaktor in der Kaskade bei einer einzelnen Lichtantwort 5.000–10.000 und ist damit viel kleiner als sich aus der einfachen Multiplikation der Aktivierungen pro Sekunde ergibt (2.000.000).

5. Ca^{++}-Zyklus   Ca^{++} strömt in Dunkelheit durch die geöffneten CNG-Kanäle ein. Ein Ionen-Austauschermolekül (**AM**) im Außenglied hält die intrazelluläre Ca^{++}-Konzentration durch Ca^{++}-Auswärtstransport auf einem konstanten Niveau. Bei geschlossenen CNG-Kanälen sinkt bei fortdauerndem Auswärtstransport die intrazelluläre Ca^{++}-Konzentration. Die Guanylylzyklase, deren Mediatorprotein (**MP**) von Ca^{++} gehemmt wird, wird aktiviert und erhöht die Synthese von cGMP aus Guanosintriphosphat (**GTP**). Dadurch erfolgt **nach Abschaltung der Phototransduktionskaskade** (s. o. 1. und 2.) ein Anstieg der cGMP Konzentration, die Öffnung der CNG-Kanäle und die **Rückkehr zum Ruhezustand** (▶ Abschn. 57.2.1). Diese Ca^{++}-vermittelte negative Rückkopplung spielt auch bei der Helladaptation eine wichtige Rolle (▶ Abschn. 57.3).

> Licht senkt den cGMP-Spiegel, CNG-Kanäle schließen und der Photorezeptor hyperpolarisiert.

57.2.3   Rezeptive Felder der Netzhaut

Rezeptive Felder der Netzhaut resultieren aus einer komplexen Signalverarbeitung und bestimmen die Information, die vom Auge ins Gehirn gelangt.

Definition und Funktion   **Rezeptives Feld (RF)** eines visuellen Neurons wird jener Bereich des Gesichtsfeldes bzw. der Netzhaut genannt, dessen adäquate Stimulation zu einer **Aktivitätsänderung des Neurons** führt. In der Netzhaut sind die RF rund und, mit den Bipolarzellen beginnend, „konzentrisch, antagonistisch" organisiert: Das RF-Zentrum ist von einer ringförmigen, hemmenden RF-Peripherie umgeben (◻ Abb. 57.5). Die räumliche Ausdehnung der RF nimmt innerhalb einer Zellklasse von der Fovea zur Netzhautperipherie zu. Das RF ist der Ausdruck der Signalkonvergenz und Signaldivergenz der Nervenzellen des retinalen Neuronennetzes. Die RF-Peripherie dient der Kontrastverschärfung durch laterale Hemmung.

Man unterscheidet in der Netzhaut einen **direkten Signalfluss** (Photorezeptoren–Bipolarzellen–Ganglienzellen) und einen **lateralen Signalfluss** über die Interneurone (Horizontalzellen, Amakrine) zu den Bipolar- und Ganglienzellen (◻ Abb. 57.1, ◻ Abb. 57.5). In der Fovea repräsentiert bei Helladaptation ein Zapfen das RF-Zentrum einer Ganglienzelle, die umgebenden Zapfen bilden die hemmende Peripherie. Bei Dunkeladaptation wird die Kontrastverschärfung durch die hemmende Peripherie zugunsten einer besseren Lichtausbeute aufgegeben und mehr Zapfen tragen zur Erregung des

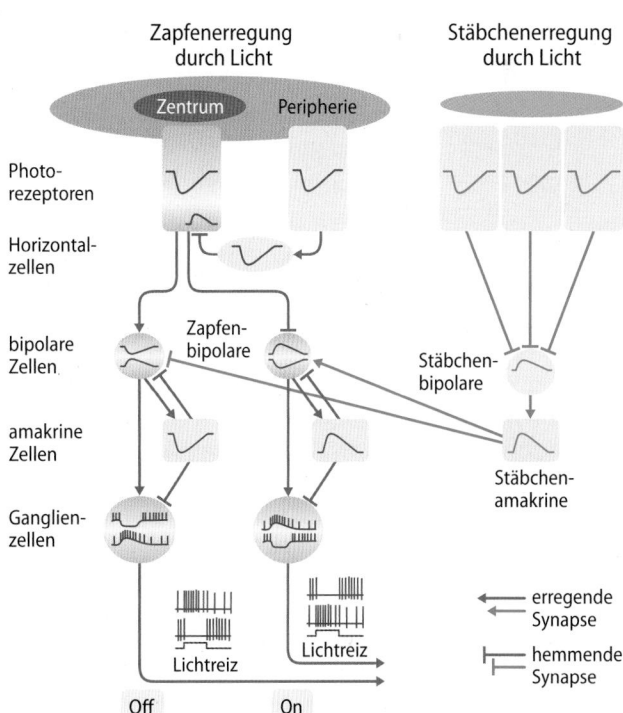

◻ **Abb. 57.5   Funktionelle Organisation rezeptiver Felder von Ganglienzellen der Säugetiernetzhaut.** Zur Reizung der rezeptiven Felder wurden Lichtpunkte entweder in das RF-Zentrum (rote Kurven) oder in die RF-Peripherie (blaue Kurven) projiziert

RF-Zentrums bei (► Abschn. 57.3 und ► Abschn. 57.4). Von den Stäbchen verläuft der Signalfluss über Stäbchen-bipolare und Stäbchen-amakrine Zellen zu den Zapfenbipolaren.

Bipolarzellen   Es gibt drei Arten von Bipolarzellen, die On- und Off-Zapfenbipolarzellen und die Stäbchenbipolarzellen.

- Bei den **On-Zapfenbipolarzellen** löst Belichtung der Zapfen im RF-Zentrum eine **Depolarisation** der Membran aus (◘ Abb. 57.5). Die durch Licht ausgelöste Hyperpolarisation der Zapfen wird bei der direkten Verschaltung mit den On-Bipolarzellen durch eine **hemmende Synapse** mit **metabotropen Glutamatrezeptoren** umgekehrt. Das hemmende Signal wird über, eine der G-Protein gesteuerten Phototransduktion entsprechende, Signalkaskade vermittelt. Allerdings wirkt hier der Transmitter Glutamat anstelle von Licht als Auslöser. Bei Belichtung in der RF-Peripherie erfolgt eine **Hyperpolarisation** der On-Bipolarzellen (Grundlage ist die laterale Hemmung benachbarter Photorezeptoren durch die Horizontalzellen).
- Die RF der **Off-Zapfenbipolarzellen** sind funktionell spiegelbildlich organisiert: bei Belichtung des RF-Zentrum erfolgt eine **Hyperpolarisation** (◘ Abb. 57.5, eine erregende Synapse mit **ionotropen Glutamatrezeptoren** überträgt die Hyperpolarisation der Zapfen auf die Bipolarzellen). Die **Depolarisation** bei Belichtung der RF-Peripherie beruht wiederum auf der lateralen Hemmung durch die Horizontalzellen.
- Die Antworten der **Stäbchenbipolaren** verhalten sich wie On-Zapfenbipolarzellen. Sie zeichnen sich im Unterschied zu den Zapfenbipolaren für eine höhere Lichtausbeute beim skotopischen Sehen durch eine **Signalkonvergenz von bis zu 50 Stäbchen** aus (◘ Abb. 57.5).

> ❯ Der Transmitter Glutamat löst an Bipolarzellen über unterschiedliche postsynaptische Membranrezeptoren Erregung oder Hemmung aus, wodurch das On- oder Off-Verhalten entsteht.

Horizontalzellen   Die **Horizontalzellen** übertragen Signale zwischen benachbarten Photorezeptoren und bestimmen insbesondere beim Zapfensehen die antagonistische Antwort bei Reizung der RF-Peripherie durch **laterale Hemmung**. Horizontalzellen haben ausgedehnte rezeptive Felder und werden durch Belichtung von Photorezeptoren in ihrem gesamten RF hyperpolarisiert. Über glutamaterge Übertragung an metabotropen, hemmenden Synapsen wird an benachbarten Photorezeptorinnengliedern eine Depolarisation ausgelöst (◘ Abb. 57.5).

Amakrine Zellen   Die **Amakrinen** sind, wie die Horizontalzellen, Interneurone (◘ Abb. 57.1). Man kennt etwa 30 Subtypen amakriner Zellen. Besondere Bedeutung haben die **Stäbchenamakrinen (AII)**, die beim skotopischen Sehen das Signal der **Stäbchenbipolaren** auf die On- und Off-Zapfenbipolaren weiterleiten (◘ Abb. 57.5). Die erregende Weiterleitung an die On-Bipolaren erfolgt **elektrisch** über **gap junc-**

tions, während die hemmende Übertragung an Off-Bipolaren über **glycinerge chemische Synapsen** erfolgt. Andere amakrine Zellen sind maßgeblich für die laterale Umfeldhemmung beim Stäbchensehen verantwortlich (◘ Abb. 57.5). Die hemmenden ionotropen Synapsen der Amakrinen verwenden meist Glycin oder GABA als Transmitter. Die ebenfalls hemmenden **dopaminergen Amakrinen bewirken** bei der Dunkeladaptation die Umschaltung vom Zapfen- zum Stäbchensehen (► Abschn. 57.3).

> ❯ Die Signalverarbeitung innerhalb der Netzhaut erfolgt ausschließlich mit postsynaptischen Potenzialen ohne Generierung von Aktionspotenzialen.

Ganglienzellen   Die **Ganglienzellen** zeichnen sich im Unterschied zu allen anderen Zellen der Netzhaut durch eine Kodierung von Erregung und Hemmung mit **Aktionspotenzialmustern** aus (◘ Abb. 57.1). Wir unterscheiden, wie bei den bipolaren Zellen, On- und Off-Zentrum-Zellen, die sich durch konzentrisch-antagonistische RF mit entgegengesetzten Reaktionen auszeichnen.

- Die **On-Zentrum-Ganglienzellen** reagieren auf Belichtung des RF-Zentrums mit einer Aktivierung der Impulsrate, auf Verdunklung mit einer Hemmung. Ihre Antwort auf Stimulation der RF-Peripherie ist spiegelbildlich: Lichthemmung und Dunkelaktivierung (◘ Abb. 57.5).
- Die **Off-Zentrum-Ganglienzellen** antworten genau entgegengesetzt (◘ Abb. 57.5, hemmende Licht- und erregende Dunkelantwort im RF-Zentrum, Lichterregung und Dunkelhemmung in der Peripherie).

Bei gleichzeitiger Reizung von Zentrum und Peripherie gleichen sich die Erregungs- und Hemmungsprozesse aus, wobei die Zentrumsantwort die Peripherieantwort leicht überwiegt.

> ❯ Ganglienzellen sind das dritte afferente Neuron der Sehbahn, aber das erste, welches zur Fortleitung in das Gehirn Aktionspotenziale generiert.

Korrelation von neuronaler Aktivierung und Wahrnehmung Bei etwa konstantem Adaptationszustand und umschriebener Belichtung der Netzhaut gilt zwischen der wahrgenommenen **subjektiven Helligkeit** eines Lichtreizes und dessen **Leuchtdichte** näherungsweise die logarithmische Reizstärkeabhängigkeit nach dem Weber-Fechner-Gesetz (► Kap. 49.5). So korreliert die wahrgenommene Helligkeit mit der **Impulsrate der On-Zentrum-Neurone** der Netzhaut. Ebenso entspricht die subjektive Dunkelheit der Aktivierung der Neurone des Off-Systems.

Helligkeitskontrast   Helligkeitswahrnehmungen sind von Kontrast und Kontext abhängig. Der Simultankontrast (◘ Abb. 57.6a) ist ein wichtiger Mechanismus, der die Sehschärfe und die Qualität des Formensehens verbessert. Der gleiche graue Fleck erscheint auf einem hellen Hintergrund dunkler als auf einem dunklen Hintergrund. Entlang der

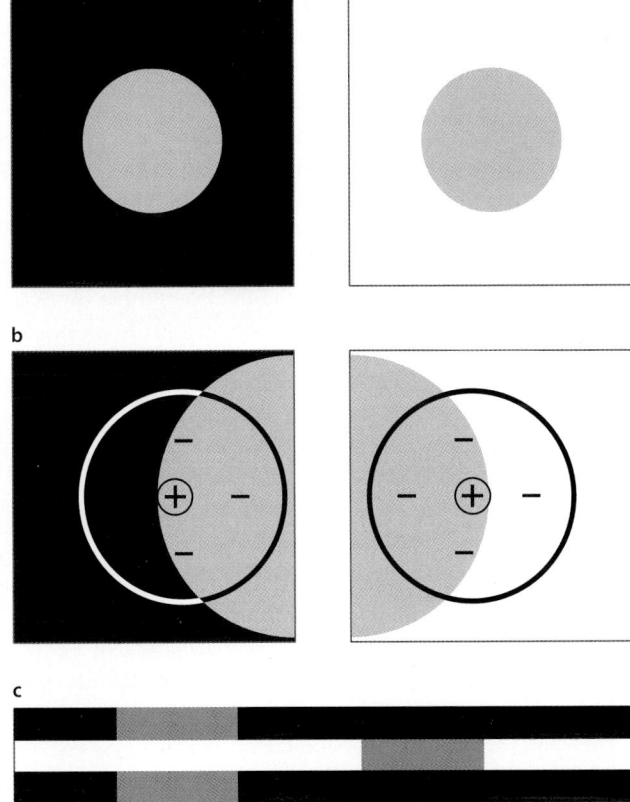

a

b

c

◻ **Abb. 57.6a–c Simultankontrast. a** Visueller Simultankontrast. **b** Erklärung des Grenzkontrastes am Beispiel eines On-Zentrum-Neurons. Durch das dunkle Umfeld wird an On-Neuronen weniger Hemmung ausgelöst und das gleiche Grau erscheint heller. **c** Im Widerspruch zu dieser Erklärung erscheinen bei der **White-Täuschung** die gleich grauen Rechtecke im Verlauf der schwarzen Streifen heller, obwohl sie die längeren Grenzen mit den weißen Streifen haben. In diesem Fall bestimmt die zentrale Verarbeitung im Kontext die Kontrastwahrnehmung stärker als der periphere Simultankontrast („das Objekt verdeckt den schwarzen bzw. den weißen Streifen")

Hell-Dunkel-Grenze ist der hellere Teil jeweils etwas heller und der dunklere dagegen etwas dunkler als die weitere Umgebung **(Grenzkontrast)**. Diese einfache Kontrasterscheinung wird klassischerweise mit der lateralen Hemmung in den rezeptiven Feldern retinaler Ganglienzellen erklärt (◻ Abb. 57.6b).

Auf höheren Ebenen der visuellen Verarbeitung gewinnt der Kontext einer Szene für die Kontrastwahrnehmung zunehmend an Bedeutung. So werden z. B. die gleich grauen Rechtecke bei der **white illusion** (White-Täuschung, ◻ Abb. 57.6c) im Kontext der von ihnen verdeckten schwarzen und weißen Streifen in einer Weise heller oder dunkler wahrgenommen, die der einfachen Erklärung durch laterale Hemmung in subkortikalen Neuronen widerspricht.

57.2.4 Klassen retinaler Ganglienzellen

Unterschiedliche retinale Ganglienzellen sind Ursprung spezifischer parallel-afferenter Systeme.

Die Ganglienzellen der Netzhaut lassen sich in funktionell und morphologisch unterschiedliche Klassen einteilen. Die **magnozellulären, parvozellulären und koniozellulären Ganglienzellen** bilden den Ursprung dreier funktionell spezialisierter Systeme für die bewußte visuelle Wahrnehmung, die sich in der striären Sehban über Zellen des Corpus geniculatum laterale im Thalamus (▶ Kap. 58.1) in die primäre Sehrinde (▶ Kap. 58.2) und höhere visuelle Areale fortsetzen (◻ Abb. 58.3, ▶ Kap. 59.1, ◻ Abb. 59.2). Die **bewegungsspezifischen Zellen** und die **photosensitiven Melanopsin-positiven Zellen** erfüllen Spezialfunktionen und projizieren in subkortikale Zentren.

Magnozelluläre Ganglienzellen (M-Zellen) bilden 10 % der Ganglienzellen mit großen Zellkörpern, relativ weitverzweigten, dichten Dendritenfeldern und großen Axondurchmessern. Sie besitzen **große rezeptive Felder** und antworten mit **hoher zeitlicher Auflösung (phasisch)**. M-Zellen sind **bewegungs- und sehr kontrastempfindlich** aber „farbenblind". Sie bilden die Grundlage für die Wahrnehmung von Bewegung und Tiefe.

Parvozelluläre Ganglienzellen (P-Zellen) sind mit 80 % die größte Population der Ganglienzellen mit mittelgroßen Zellkörpern und Axonen sowie kleinen, dichten Dendritenfeldern. Mit **kleineren rezeptiven Feldern** haben **sie eine höhere räumliche und geringere zeitliche Auflösung (tonisch)**. P-Zellen sind farbempfindlich (Rot-Grün) und haben eine geringere Kontrast- und keine Bewegungssensitivität. Sie sind entscheidend für die Farb- und Formwahrnehmung.

Die **verbleibende, funktionell heterogene** Gruppe von **10 %** der Ganglienzellen hat die kleinsten Zellkörper und Axondurchmesser, jedoch große, spärlich verzweigte Dendritenfelder.

Koniozelluläre Ganglienzellen (K-Zellen) sind **farbempfindlich für Blau-Gelb** und tragen wie die P-Zellen zur Farbwahrnehmung bei.

Bewegungsspezifische Ganglienzellen projizieren zu den Colliculi superiores, wo sie zusammen mit collicularen Fasern von M-Zellen zur **unbewussten Bewegungsdetektion** beitragen (▶ Kap. 58.1.3, ▶ Kap. 60.1.5).

Melanopsin-positiven Ganglienzellen sind intrinsisch lichtempfindlich. Diese rund 1 % photosensitiven retinalen Ganglienzellen (pRGC) antworten praktisch ohne Adaptation mit einer **Depolarisation** auf helles **Licht im blauen Bereich** (Absorptionsmaximum bei 483 nm). Ihre Antworten auf kurze Lichtreize dauern 10–100-fach länger als die der Zapfen und Stäbchen. Photopigment ist das Melanopsin und der Transduktionsprozess führt über Gq-Proteine, Phospholipase C, Isonitoltriphoshat (IP3), Diacylglyzerol und Proteinkinase C zur **Öffnung eines TRP Kanals** und **Na^+/Ca^{++}-Einstrom**. Die pRGC erhalten zusätzlich Signale von Photorezeptoren über bipolare und amakrine Zellen und projizieren insbesondere in die prätektale Region (Pupillenreflexbahn, ▶ Kap. 60.2) und den Hypothalamus (Schlaf-Wach-Rhythmus, zirkadiane Rhythmik, ▶ Kap. 64.1.3).

Parallelverarbeitung
Die differenzierte neuronale Klassenbildung in der Ganglienzellschicht der Netzhaut zeigt, dass das optische Bild, das die Eingangsschicht der Photorezeptoren erregt, schon in der Netzhaut in ein vielfaches Erregungsmuster funktionell unterschiedlicher Ganglienzelltypen umgesetzt wird (**Prinzip der parallelen Signalverarbeitung** im ZNS).

> **In Kürze**
>
> Lichtabsorption leitet die **Phototransduktion** durch Stereoisomerisation von 11-cis-Retinal zu All-trans-Retinal ein. Am Ende einer G-Protein gesteuerten Signalkaskade steht der Schluss **der CNG-Kationen-Kanäle** in den Rezeptoraußengliedern und eine **Hyperpolarisation** mit verminderter Glutamatfreisetzung an den Photorezeptorsynapsen.
>
> Die Signalverarbeitung im vertikal und horizontal verschalteten retinalen Netzwerk generiert antagonistisch organisierte **rezeptive Felder** mit erregendem Zentrum und hemmendem Umfeld. Das duale System von On-Neuronen und Off-Neuronen vermittelt Hell- und Dunkelwahrnehmung. Unterschiedliche Klassen **retinaler Ganglienzellen** verarbeiten spezifisch verschiedene Reizeigenschaften. Große und schnelle Ganglienzellen (**magnozelluläres System**) reagieren phasisch, kontrastempfindlich und „farbenblind". Kleine, langsamere Ganglienzellen (**parvozelluläres System**) reagieren tonisch, farbempfindlich (rot/grün) und räumlich hochauflösend aber „bewegungsblind". Das **koniozelluläre System** ist durch sehr kleine Zellen charakterisiert, deren rezeptive Felder für blau/gelb farbempfindlich sind. Die **Melanopsin-positiven Ganglienzellen** sind intrinsisch lichtempfindlich und liefern tonische Lichtsignale für den Pupillenreflex und die circadiane Rhythmik.

57.3   Hell- und Dunkeladaptation

Durch photochemische und neuronale Anpassungsprozesse verändert sich die Empfindlichkeit der Netzhaut.

Helligkeitskonstanz   Wenn sich an einem hellen Sonnentag dichte Wolken vor die Sonne schieben und dadurch die Stärke und die spektrale Zusammensetzung des Lichts verändert wird, bemerken wir die Abnahme der Helligkeit durch die zugleich erfolgende Adaptation nur kurzfristig: Die wahrgenommenen Hell- und Dunkelwerte der Objekte der Umwelt ändern sich bei Änderung der **Beleuchtungsstärke** nur geringfügig.

Dunkeladaptation   Wer bei Nacht aus einem hell erleuchteten Raum ins Freie tritt, kann zunächst in der nächtlichen Umgebung die Gegenstände nicht sehen, erkennt sie jedoch nach einiger Zeit in groben Umrissen. Während dieser **Dun-**keladaptation nimmt die **absolute Empfindlichkeit** des Sehsystems langsam zu, während die **Sehschärfe** zugleich abnimmt (▶ Abschn. 57.4). Die langsame Dunkeladaptation ist ein **photochemischer Prozess**. Bei Helladaptation ist das lichtempfindliche 11-cis-Retinal weitgehend zum lichtunempfindlichen all-trans-Retinal stereoisomerisiert, wird aber in Dunkelheit resynthetisiert (▶ Abschn. 57.2.2) und das Gleichgewicht verschiebt sich zugunsten des 11-cis-Retinal (◙ Abb. 57.7).

Durch Messung der **Schwellenreizstärke** kann man den zeitlichen Verlauf der Dunkeladaptation bestimmen (◙ Abb. 57.7). Bereits nach ca. 10 Minuten schaltet am Kohlrausch-Knick (im mesopischen Bereich des Sehens, ▶ Abschn. 57.1.2) die Zapfenadaptation auf die Stächenadaptation um, weil die Absolutschwelle der Zapfen unterschritten ist. Bei andauernder Dunkeladaptation erreicht das Stäbchensystem eine weit höhere Empfindlichkeit (◙ Abb. 57.7). Nach mehrstündigem Aufenthalt in völliger Dunkelheit kann die **Absolutschwelle** des Sehens eine Empfindlichkeit von etwa 1 bis 4 absorbierten Lichtquanten pro Rezeptor und Sekunde erreichen. Entsprechend der hohen Stäbchendichte neben der Fovea sieht man bei Nacht schwache Lichtreize nur mit der parafovealen Retina. Ein lichtschwacher Stern ist daher nur zu erkennen, wenn sein Bild auf den parafovealen Bereich der Netzhaut fällt. Er wird unsichtbar, sobald man ihn zu fixieren versucht.

Umschaltung vom photopischen Zapfensehen zum skotopischen Stäbchensehen   Beim photopischen Sehen werden die Zapfensignale direkt von Zapfenbipolaren auf Ganglienzellen übertragen. Ein verblüffend einfaches Prinzip steuert die Umschaltung von Zapfen auf Stäbchen bei der Dunkeladaptation: die Zapfen selbst signalisieren, wann ihr Adaptationsbereich ausgeschöpft ist. Die Umschaltung wird über **dopaminerge Amakrinen** gesteuert: Sie werden von Zapfen glutamaterg erregt und blockieren über hemmende Synapsen die Stäbchenamakrinen, die die Aktivität von Stäbchen auf die On- und Off-Bipolaren übertragen (◙ Abb. 57.5). Wenn die Zapfenerregung bei abnehmender Helligkeit erlischt, wird zugleich die hemmende Wirkung der dopaminergen Amakrinen aufgehoben und die Signale der Stäbchen werden über die nicht mehr gehemmten Stäbchenamakrinen in das afferente Sehsystem eingekoppelt.

Helladaptation   Die Helladaption verläuft **wesentlich schneller** als die Dunkeladaptation. Das dunkeladaptierte System passt sich innerhalb weniger Sekunden an die neue Umweltleuchtdichte an. Den Hauptanteil an dieser schnellen Abnahme der Lichtempfindlichkeit hat die Ca^{++}-vermittelte negative Rückkopplung der Lichtantwort auf die Phototransduktionskaskade: die Reduktion von Ca^{++} im Rezeptoraussenglied beschleunigt die Inaktivierung des Rhodopsin-Zyklus und aktiviert die cGMP Synthese (▶ Abschn. 57.2.2). Dadurch wird die Lichtempfindlichkeit der Kaskade verringert und die Lichtantworten werden schneller abgeschaltet und damit phasischer. Die Bleichung von aktivierbarem 11-cis-Retinal kann im geringen Umfang ebenfalls zur Helladaptation beitragen.

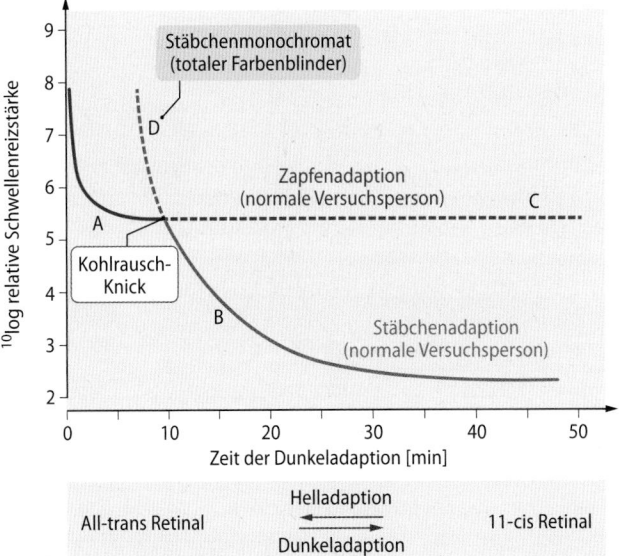

○ **Abb. 57.7 Dunkeladaptationskurven des Menschen. A,B** Kurve der Mittelwerte von normalen Versuchspersonen (rot Zapfenteil, lila Stäbchenteil). Am Kohlrausch-Knick wird von den Zapfen auf die Stäbchen umgeschaltet. **A,C** Dunkeladaptationskurve für das Zapfensystem des normal farbentüchtigen Menschen (Fovea centralis, rote Lichtreize). **D,B** Dunkeladaptationskurve eines total Farbenblinden, gemessen für den retinalen Ort 8° oberhalb der Fovea centralis. Diese Kurve muss nach links verschoben gedacht werden, da die Dunkeladaptation des Stächenmonochromaten ebenfalls zur Zeit 0 beginnt

Blendung   Ist der Leuchtdichtewechsel sehr groß, so kann vorübergehend **Blendung** auftreten. Dabei ist die Sehschärfe verringert. Plötzliche Blendung löst über Verbindungen der Netzhaut mit subkortikalen visuellen Zentren und den Neuronen des Fazialiskerns einen reflektorischen Lidschluss aus, eventuell auch eine Tränensekretion und über Verbindungen zum Trigeminus bei etwa 20 % der Menschen einen Niesreflex.

Sukzessivkontrast   Lokale Adaptation der Netzhaut löst die Erscheinung von **Nachbildern** aus. Betrachtet man z. B. den linken Teil von ○ Abb. 57.6a für eine halbe Minute und blickt dann auf eine weiße Fläche, so erscheint dort nach kurzer Zeit ein negatives Nachbild. Dieses Phänomen wird **Sukzessivkontrast** genannt und durch Lokaladaptation erklärt: Die schwarze Fläche der Abbildung führt zu einer geringeren Helladaptation der betroffenen Netzhautbereiche, die nachfolgend durch die homogen weiße Fläche stärker erregt werden und dadurch im Nachbild heller erscheinen.

Lichtabhängigkeit der lateralen Hemmung   Neben der Änderung des Gleichgewichts zwischen zerfallenem und nicht zerfallenem Sehfarbstoff (s. o.) spielen bei der Hell-Dunkel-Adaptation **neuronale Mechanismen** eine wichtige Rolle: Die lateralen Hemmungsmechanismen der Horizontal- und Amakrin-Zellen (▶ Abschn. 57.2.3) werden unter dopaminerger Kontrolle abgeschwächt, wenn die mittlere Beleuchtungsstärke der Netzhaut abnimmt. Dadurch werden die erregenden RF-Zentren retinaler Ganglienzellen größer. Die daraus

resultierende höhere Lichtempfindlichkeit wird durch eine verminderte Sehschärfe erkauft (▶ Abschn. 57.4):

Diesen Text können Sie nur lesen, wenn hinreichend viel Licht auf das Buch fällt.

Pupillenreaktion   Auch die bereits besprochene Abhängigkeit der **Pupillenweite** von der mittleren Umweltleuchtdichte ist eine neuronale Komponente der Hell-Dunkel-Adaptation, die sich gegenüber der photochemischen Adaptation durch ihre Schnelligkeit auszeichnet (▶ Abschn. 57.2).

❯ Bei der Hell- und Dunkeladaptation steuert die Pupillenreaktion den schnellsten, aber kleinsten und die langsame photochemische Adaptation den langsamsten, aber vielmillionenfach größeren Beitrag bei.

57.3.1 Zeitliche Übertragungseigenschaften

Die Flimmerfusionsfrequenz der Netzhaut spielt im Zeitalter des Films, des Fernsehens und der Arbeit am Bildschirm eine wichtige Rolle.

Wahrnehmung hochfrequenter Lichtreize   Technisch erzeugte visuelle Muster wie bei Film, Fernsehen oder der Arbeit am Bildschirm bestehen aus mit hoher Frequenz flimmernden Bildern. Durch Erhöhung der Frequenz und Verringerung der Amplituden wird erreicht, dass dieses Flimmern nicht wahrgenommen wird.

Flimmerfusionsfrequenz   Als **Flimmerfusionsfrequenz** (kritische Flimmerfrequenz, CFF) bezeichnet man die Frequenzgrenze, bei der intermittierende Lichtreize gerade keinen Flimmereindruck mehr hervorrufen. Im Bereich skotopischer Reizstärken (Stäbchensehen) beträgt die maximale CFF 22–25 Lichtreize pro Sekunde. Im photopischen Bereich steigt die CFF etwa proportional zum Logarithmus der Leuchtdichte, des Modulationsgrades und der Reizfläche bis zu maximal 90 Lichtreizen pro Sekunde an („Talbot-Gesetz"). Für die neuronale Flimmerfusionsfrequenz retinaler Ganglienzellen, der Zellen des CGL und der einfachen („simplen") Zellen der primären Sehrinde (▶ Kap. 58.2.1) gelten die gleichen Gesetze wie für die subjektive Flimmerfusionsfrequenz.

Brücke-Bartley-Effekt   Intermittierende Lichtreize im Frequenzbereich zwischen 3 und 15 Hz lösen eine besonders starke Aktivierung retinaler und kortikaler Nervenzellen aus. Dadurch kommt es in diesem Frequenzbereich zu einer subjektiven Helligkeitszunahme der Lichtreize (**Brücke-Bartley-Effekt**). Bei Patienten mit photosensibler Epilepsie kann durch Flimmerlicht dieser Frequenzen ein Krampfanfall ausgelöst werden.

❯ Je heller die Lichtreize und je größer ihre Amplituden sind, desto höher ist das zeitliche Auflösungsvermögen des Sehsystems und desto leichter nehmen wir Flimmerreize wahr.

In Kürze

Durch **Adaptation** bemerken wir die Veränderung von Helligkeit und Farben nur wenig. Der wichtige **Simultankontrast** beruht einerseits auf lateraler Hemmung, andererseits auf dem Kontext in der betrachteten Szene. Bei der photochemischen **Dunkeladaptation** wird die Empfindlichkeit der Netzhaut über die Verfügbarkeit des Licht-aktivierbaren 11-cis-Retinal an die Beleuchtungsbedingungen in der Umwelt angepasst. Wenn die Lichtstärke für die Empfindlichkeit der Zapfen nicht mehr ausreicht, wird automatisch auf Stäbchensehen umgeschaltet. Zusätzlich verändert sich die Größe der erregenden rezeptiven Feldanteile, da bei Dunkelheit die laterale Hemmung abgeschwächt wird. Die Pupillenreaktion ist ein vergleichsweise schneller Adaptationsmechanismus, der absolut betrachtet aber nur wenig Anpassung ermöglicht. Die subjektive Wahrnehmung des **Sukzessivkontrasts** ist eine Folge der photochemischen Adaptation. Die subjektive und neuronale **Flimmerfusionsfrequenz** zeigt die Dynamik der Helligkeitswahrnehmung. Sie ist bei hellen Lichtreizen am größten und erreicht in der Netzhaut 100 Hz.

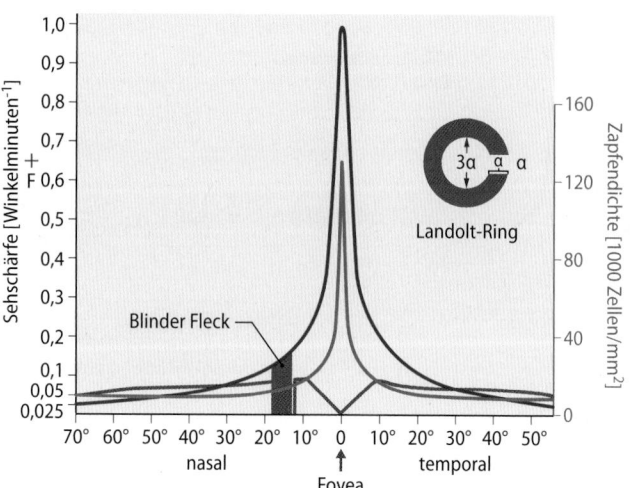

🔲 **Abb. 57.8   Zapfendichte und Sehschärfe im Gesichtsfeld.** Die Zapfendichte (rechte Ordinate) und die Sehschärfe (linke Ordinate) hängen vom Ort im Gesichtsfeld ab (horizontale Exzentrizität, Abszisse). Rot: photopisches Sehen, schwarz: skotopisches Sehen, blaue Kurve: Zapfendichte. Die Dichte der retinalen Zapfen nimmt von der Foveamitte zur Peripherie nach einer ähnlichen Funktion wie die photopische Sehschärfenkurve ab. Rechts ist ein Landolt-Ring eingezeichnet, wie er zur Sehschärfenbestimmung verwendet wird. Zur Demonstration des eigenen blinden Flecks befindet sich links ein rotes Fixationskreuz (F). Wenn man aus 20–25 cm Entfernung dieses Kreuz mit dem rechten Auge monokular fixiert, fällt der Landolt-Ring auf den blinden Fleck und wird nicht mehr gesehen

57.4   Sehschärfe (Visus)

Die Sehschärfe ist der wichtigste, quantitative Parameter der elementaren Sehleistung.

Definition und Bestimmung der Sehschärfe   Der **Visus** beschreibt die **Sehschärfe** als Kehrwert des Auflösungsvermögens. Der **Visus V** ist durch folgende Formel definiert:

$$V = \frac{1}{\alpha}[\text{Winkelminuten}^{-1}] \qquad (57.1)$$

wobei α die Lücke in Winkelminuten ist, die von der Versuchsperson in einem Reizmuster gerade noch erkannt wird (Normwerte bei Jugendlichen zwischen 0,8 –1,25 Winkelminuten entsprechend V = 1,25 – 0,8). Beim photopischen Sehen ist die Sehschärfe in der Fovea centralis am höchsten.

Zur quantitativen Bestimmung des Visus werden meist **Landolt-Ringe** benutzt, deren innerer Durchmesser dreimal so groß ist wie die Lücke im Ring (🔲 Abb. 57.8). Der Schwarz-Weiß-Kontrast und die mittlere Beleuchtungsstärke der Testmuster sind genormt. Der Patient muss bei monokularer Betrachtung der Landolt-Ringe die Lage der Lücke angeben. Zur Visusbestimmung können auch **normierte Schriftprobentafeln** oder **normierte Tafeln mit Schattenrissen bekannter Gegenstände** des Alltags verwendet werden (letztere für Vorschulkinder und Analphabeten). Der **Visus** ist der wichtigste sehphysiologische Wert. Seine Bestimmung gehört zu jeder augenärztlichen, nervenärztlichen und arbeitsphysiologischen Untersuchung.

Physiologische Grundlagen der Sehschärfe   Die Sehschärfe nimmt unter photopischen Beleuchtungsbedingungen von der Fovea zur Netzhautperipherie proportional zur retinalen Zelldichte der Zapfen und der Ganglienzellen ab (🔲 Abb. 57.8). Beim skotopischen Sehen ist die Sehschärfe im parafovealen Bereich am größten, da dort die Stäbchendichte am höchsten ist. An der Stelle des Sehnervenaustritts aus dem Auge (Papille, 🔲 Abb. 57.2) ist die Sehschärfe „Null" (**„blinder Fleck"**, 🔲 Abb. 57.8). Bei abnehmender Leuchtdichte nimmt die Sehschärfe ab, da sich die rezeptiven Feldzentren bei abnehmender Umfeldhemmung vergrößern (▶ Abschn. 57.2.3. ▶ Abschn. 57.3).

▶ **Die maximale foveale Sehschärfe wird nur im oberen photopischen Helligkeitsbereich erreicht.**

Visusbestimmung

Ein Visus von 1 liegt vor, wenn zwei Punkte unter einem Sehwinkel von Winkelminute getrennt wahrgenommen werden können. 1° Sehwinkel entspricht 0,3 mm auf der Netzhaut (▶ Kap. 56.2.2), dann entspricht 1' = 1/60° 5 μm. Da der mittlere Zapfenabstand in der Fovea 2,5 μm beträgt, erregen zwei Punkte im Abstand von 5 μm zwei Photorezeptoren, denen einer zwischengelagert ist. Durch die laterale Hemmung, die von diesem Zapfen ausgeht (▶ Abschn. 57.2.3), kann die Erregung der beiden Zapfen getrennt wahrgenommen werden.

Viel höher als die Zwei-Punkt-Sehschärfe ist die sog. „Nonius-Sehschärfe" (engl. Hyperacuity), bei der es um die Wahrnehmung eines seitlichen Sprungs im Verlauf einer Linie geht: hier beträgt die Auflösung 12–6 Winkelsekunden, ist also 5- bis 10-mal höher als die normale Sehschärfe. Sie ist damit höher als es sich mit den anatomischen Pixeln (Photorezeptoren) der Netzhaut erklären lässt und muss deshalb auf Informationsverarbeitung in nachgeschalteten Netzwerken beruhen.

In Kürze

Die **Sehschärfe** beruht auf der kombinierten Funktion der optischen Medien und der neuronalen Elemente des Auges. Für den Visus gilt $V = 1/\alpha$ [Winkelminuten^{-1}]. Im Normalfall beträgt der Visus 1, d. h. eine Differenz von 1 Winkelminute kann visuell aufgelöst werden.

Literatur

Dietze H, Albaladejo Gomez A (2013) Ophthalmoskopie. DOZ Verlag, Heidelberg

Dowling JE (2012) The Retina: An Approachable Part of the Brain, Revised Edition. Harvard University Press, Cambridge, MA

Lamb TD, Pugh EN (2006) Phototransduction, Dark Adaptation, and Rhodopsin Regeneration. The Proctor Lecture. Invest Ophthalmol Vis Sci. 47:5137–5152

Masland RH (2001) The fundamental plan of the retina. Nature Neuroscience 4:877–886

Schmidt TM, Do MTH, Dacey D, Lucas R, Hattar S, Matynia A (2011) Melanopsin-Positive Intrinsically Photosensitive Retinal Ganglion Cells: From Form to Function. J Neurophysiol 31:16094–16101

Sehbahn und Sehrinde

Ulf Eysel

© Springer-Verlag GmbH Deutschland, ein Teil von Springer Nature 2019
R. Brandes et al. (Hrsg.), *Physiologie des Menschen*, Springer-Lehrbuch
https://doi.org/10.1007/978-3-662-56468-4_58

58

Worum geht's? (◻ Abb. 58.1)
Signaltransport vom Auge zur Sehrinde
Die Hauptprojektion der Sehnervenfasern (◻ Abb. 58.1)
verläuft über die Sehnervenkreuzung zum Thalamus,
wo die visuellen Signale im **Corpus geniculatum late-**
rale (CGL) umgeschaltet und über die Sehstrahlung
zur primären Sehrinde fortgeleitet werden. Bei der Umschaltung werden die retinalen Signale im CGL durch
Hirnstammeinflüsse und kortikale Rückkopplung
moduliert.

Im Gesichtsfeld wird die getrennte Abbildung der
nasalen und temporalen Netzhauthälften vereint
Bei der Perimetrie werden die Gesichtsfeldgrenzen für
ein unbewegtes Auge bestimmt. Dabei können Ausfälle
festgestellt und entsprechend ihrer Form und Lage im
Gesichtsfeld bestimmten Schädigungen im Verlauf der
Sehbahn zugeordnet werden.

Spezialisierung und Parallelverarbeitung kenn-
zeichnen die Verarbeitung im Sehsystem
Getrennte Signalkanäle für Form und Farbe sowie Bewegung und Tiefe lassen sich von der Netzhaut zur
primären Sehrinde und darüberhinaus in höhere Hirnregionen verfolgen.

Der primäre visuelle Kortex (Sehrinde, V1) ist die
erste kortikale Station im Sehsystem
Die Nervenzellen in der primären Sehrinde haben fundamental andere Antworteigenschaften als die ihnen
vorgeschalteten, subkortikalen Zellen. **Lokale Eigen-**
schaften gesehener Objekte werden hier für jeden Ort
des Gesichtsfelds bezüglich Form, Farbe, Bewegung
und Tiefe analysiert. V1 erhält damit eine Schlüsselrolle
für das bewußte Sehen. Die spezifischen Reizantworten
aus V1 werden in den folgenden extrastriären okzipitalen **Sehrindenarealen V2 und V3** zunehmend voneinander getrennt.

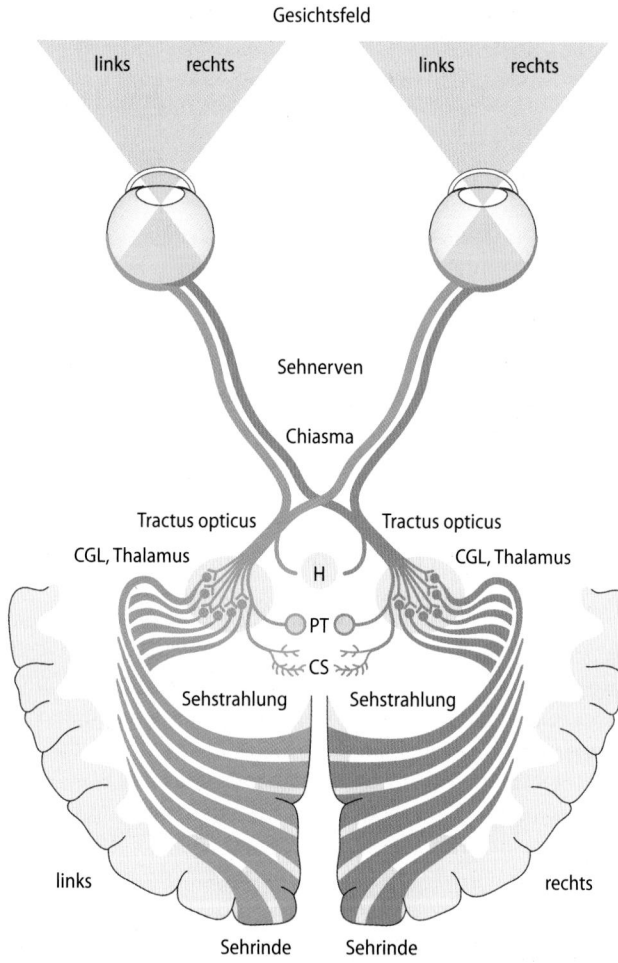

◻ **Abb. 58.1**   **Schema der Sehbahn im Gehirn des Menschen.**
CGL=Corpus geniculatum laterale; H=Hypothalamus; PT=Prätektum;
CS=Colliculi superiores

58.1   Striäre Sehbahn

58.1.1   Signaltransport und Verarbeitung vom Auge zur Sehrinde

Jedes Auge sendet 1 Mio. Sehnervenfasern über die Sehnervenkreuzung zum Zwischenhirn, wo eine Weiterverarbeitung
und Umschaltung der visuellen Signale auf die Sehstrahlung
zur Sehrinde erfolgt.

Sehnerv und Tractus opticus Der Sehnerv eines Auges enthält etwa 1 Mio. myelinisierter Axone unterschiedlichen Durchmessers. Dabei spiegelt sich das funktionelle Organisationsprinzip der **magno-, parvo- und koniozellulären Systeme** (▶ Kap. 57.2.4) in Axonen mit entsprechend abnehmenden Axondurchmessern und Leitungsgeschwindigkeiten wider. Die Sehnerven beider Augen kreuzen sich an der Schädelbasis im **Chiasma nervi optici** (◻ Abb. 58.1). Die aus der nasalen Retinahälfte stammenden Sehnervenfasern wechseln zur Gegenseite und verlaufen gemeinsam mit den ungekreuzten Sehnervenfasern aus der temporalen Retinahälfte im **Tractus opticus** zur ersten Schaltstationen der **primären Sehbahn**. Ab der Sehnervenkreuzung repräsentiert die Sehbahn in einer Hirnhälfte das jeweils gegenüberliegende Gesichtsfeld. Das ist für die Diagnose von Gesichtsfeldausfällen wichtig (▶ Abschn. 58.1.2).

Corpus geniculatum laterale Die wichtigsten und stärksten Projektionen der Retina des Menschen sind ihre Verbindungen mit dem **Corpus geniculatum laterale (CGL),** der **thalamischen Schaltstation** der Sehbahn im Zwischenhirn. Die magno- und parvozellulären Neurone der Retina projizieren in **zwei ventrale magnozelluläre** und **vier dorsale parvozelluläre** Schichten. Zwischen diesen Schichten liegen jeweils schmale interlaminäre Bereiche, deren Zellen **koniozellulären Eingang** erhalten. Die Antworteigenschaften der Nervenzellen des CGL entsprechen weitgehend denen der Netzhaut. Durch zusätzliche intragenikuläre Hemmungsmechanismen wird der **Simultankontrast** nochmals **verstärkt**. Insgesamt ist das CGL keine einfache Schaltstation, sondern ein Ort vielfacher visueller und nichtvisueller Interaktionen.

An den Nervenzellen des CGL enden nicht nur synaptische Kontakte von Axonen des Sehnervs und rückprojizierende Neurone aus der primären Sehrinde, sondern auch zahlreiche Synapsen von Axonen, deren Ursprungszellen im Hirnstamm liegen. Über diese **nicht-visuelle Modulation** wird die visuelle Signalverarbeitung im CGL in Abhängigkeit vom Wachheitsgrad, der räumlich gerichteten Aufmerksamkeit und den damit verknüpften Augenbewegungen moduliert. Zum Beispiel hyperpolarisieren die CGL-Zellen im Schlaf und wechseln vom tonischen in den „Burst"-Modus. Damit unterbrechen sie die im Wachzustand reizgetreue Übertragung von Signalen zur Sehrinde. Durch cholinerge Einflüsse von Hirnstammneuronen oder glutamaterge Einflüsse aus der Sehrinde wird der Wachzustand der Neurone wieder aktiviert.

Sehstrahlung Etwa 1 Mio. Axone der Schaltzellen des CGL ziehen über die **Sehstrahlung (Radiatio optica)** zu den Nervenzellen der **primären Sehrinde (Area striata** oder **Area V1** der okzipitalen Großhirnrinde). Von dort gehen weitere Verbindungen zu den prästriären visuellen Hirnrindenfeldern sowie zu den visuellen Integrationsregionen in der parietalen und temporalen Großhirnrinde (◻ Abb. 58.3, ▶ Kap. 59.1.1).

Retinotopie Das vom somatosensorischen System bekannte Prinzip der kortikalen Abbildung (▶ Kap. 50.2.2) gilt auch für die neuronale Abbildung der Netzhaut in der Sehrinde. Die subkortikalen und kortikalen Projektionen des visuellen Systems sind durch eine **retinotope Organisation** gekennzeichnet: Die Abbildung auf der Netzhaut wird als räumliches Erregungsmuster auf die zentralen Sehareale wie auf eine Landkarte projiziert. Diese retinotope Projektion ist nichtlinear verzerrt. Entsprechend der Rezeptordichte in der Retina nimmt von der Fovea zur Netzhautperipherie der **Vergrößerungsfaktor** (Größe des Projektionsgebiets von 1° Sehwinkel in mm) ab. Das kleine Gebiet der Fovea centralis nimmt einen sehr viel größeren Bereich des Corpus geniculatum laterale und der primären Sehrinde ein als ein flächengleiches Areal der Netzhautperipherie.

> Die Fovea als Ort der größten Sehschärfe wird im visuellen Kortex ebenso vergrößert abgebildet wie die Fingerspitzen im somatosensorischen Kortex.

58.1.2 Gesichtsfeld

Mit der Perimetrie werden monokulare Gesichtsfelder bestimmt und Gesichtsfeldausfälle festgestellt.

Gesichtsfelder und Blickfeld Das **monokulare Gesichtsfeld** ist der Teil der visuellen Welt, der mit **einem unbewegten Auge** wahrgenommen wird. Es wird nach innen durch die Nase begrenzt. Die beiden Hälften des Gesichtsfeldes sind in getrennten Hirnhälften repräsentiert (◻ Abb. 58.1). Das Gesichtsfeld ist im helladaptierten Zustand für Hell-Dunkel-Wahrnehmungen größer als für Farbwahrnehmungen (◻ Abb. 58.2b). Die funktionelle „Farbenblindheit" der äußeren Gesichtsfeldperipherie ist durch die geringe Zapfenzahl in diesen Bereichen der Netzhaut bedingt. Das **binokulare Gesichtsfeld** ist die Summe aller Orte im Sehraum, die mit **beiden unbewegten Augen** zugleich wahrgenommen werden können. In diesem Bereich ist die binokulare Tiefenwahrnehmung möglich (▶ Kap. 59.3). Hinzu kommen seitliche Bereiche, die das linke und das rechte Auge alleine sehen. Das **Blickfeld** der Augen ist der Bereich der visuellen Umwelt, der bei unbewegtem Kopf, aber **frei umherblickenden Augen** wahrgenommen werden kann. Das Blickfeld ist demnach größer als das Gesichtsfeld.

Perimetrie Die Bestimmung der Gesichtsfeldgrenzen erfolgt mit kleinen Lichtpunkten, die in einer **Perimeterapparatur** langsam aus der Peripherie ins Zentrum des Gesichtsfeldes bewegt werden (**kinetische Perimetrie**, ◻ Abb. 58.2) oder stationär an verschiedenen Stellen des Gesichtsfeldes mit zunehmender Intensität dargeboten werden (**statische Perimetrie**). Mit der statischen Perimetrie können **absolute und relative Gesichtsfeldausfälle** unterschieden werden.

Gesichtsfeldausfälle (Skotome) Der Verlust der visuellen Empfindung in einem Teil des Gesichtsfeldes wird **Gesichtsfeldausfall** genannt. Wenn der Bereich des Gesichtsfeldausfalles von **normalem** Gesichtsfeld umgeben ist, so bezeichnet

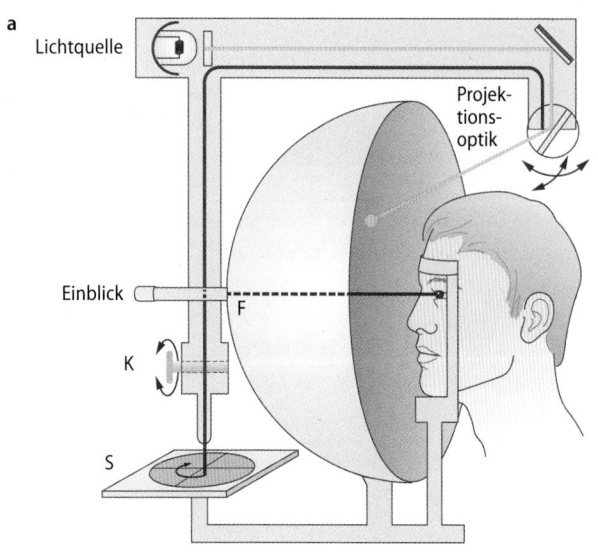

a

Lichtquelle

Projektions-optik

Einblick

F

K

S

Abb. 58.2a–g   Perimetrie zur Bestimmung der Grenzen und von Ausfällen des Gesichtsfeldes. a Perimeterapparatur, schematisiert. Die Messung des Gesichtsfeldes wird monokular durchgeführt. **b** zeigt das Resultat einer Bestimmung der normalen Gesichtsfeldgrenzen mit weißen, blauen und roten Lichtpunkten (BF=blinder Fleck). Der Fixationspunkt der Perimeterapparatur entspricht dem Mittelpunkt der Kreise, die den Abstand der Prüfmarken vom Fixationspunkt in Winkelgraden angeben. Moderne Perimeterapparaturen sind teilautomatisiert und an Digitalrechner angeschlossen. **c–g** Gesichtsfeldausfälle des rechten und linken Auges; **c** nach Durchtrennung des rechten N. opticus; **d** bei Schädigung der Sehnervenkreuzung (Hypophysentumor); **e** nach Durchtrennung des rechten Tractus opticus; **f** bei partieller Schädigung der rechten Sehstrahlung; **g** nach Schädigung der gesamten, rechten primären Sehrinde. (C–G aus Schmidt u. Schaible 2000)

man ihn als **Skotom**. Der **blinde Fleck** 15° temporal der Fovea ist ein physiologisches Skotom. **Pathologische** Gesichtsfeldausfälle sind entweder durch eine Schädigung der Netzhaut oder des zentralen visuellen Systems bedingt. Sie können wie die Grenzen des normalen Gesichtsfeldes quantitativ mit der **Perimetrie** bestimmt werden. Aus der Art der Skotome kann man auf den **Ort** einer Schädigung im Verlauf der Sehbahn schließen, wenn man die Anatomie (s. o.) sowie die **retinotope Organisation** der zentralen Sehbahn kennt (**Abb. 58.2c–g**). Läsionen im Auge oder im N. opticus bedingen **monokuläre** Skotome, für beide Augen gegenüberliegende **bitemporale** (oder seltener binasale) Gesichtsfeldausfälle sind auf eine Schädigung im Bereich des Chiasma nervi optici zurückzuführen. **Homonyme (gleichseitige) Ausfälle im Gesichtsfeld beider Augen** liegen kontralateral zur Läsion und beruhen auf Läsionen in der striären Sehbahn hinter dem Chiasma nervi optici.

> Der blinde Fleck (Austrittsort des Sehnervens) ist ein physiologisches Skotom im Gesichtsfeld.

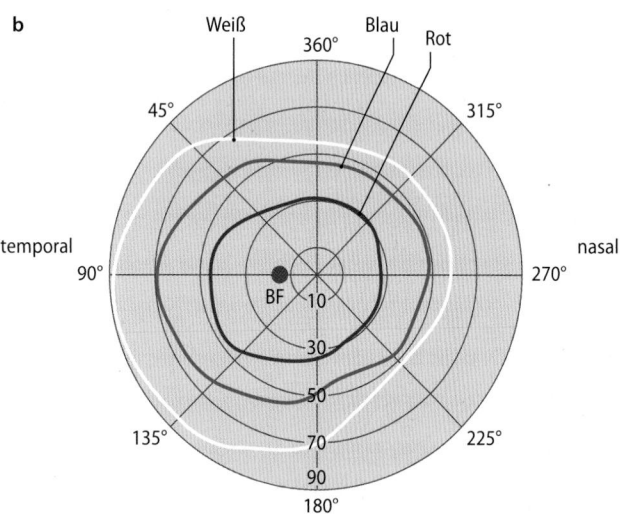

b

Weiß   Blau   Rot

360°

45°   315°

temporal   nasal
90°   270°

BF   10

30

50

135°   225°
70

90

180°

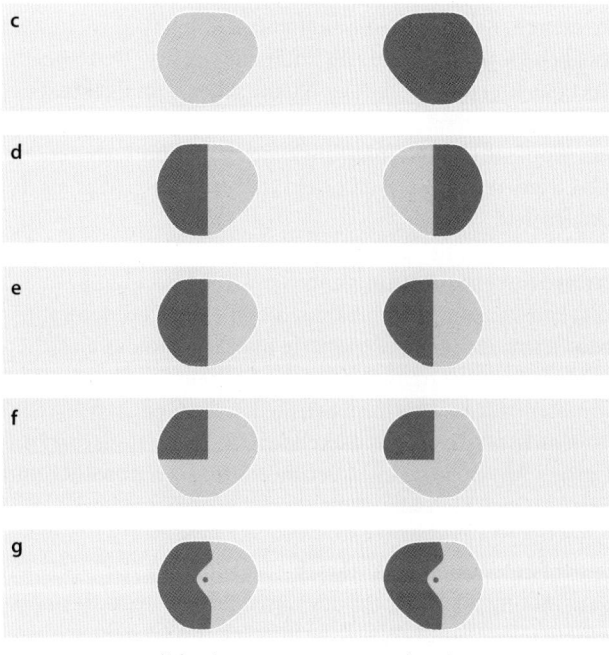

c

d

e

f

g

linkes Auge   rechtes Auge

In Kürze

Vom Auge zur Sehrinde

Etwa eine Million Sehnervenfasern übertragen die visuelle Information aus jedem Auge in das Gehirn. Die Afferenzen aus dem Auge dienen verschiedenen, spezialisierten Funktionen. Für die bewusste Wahrnehmung von Bildern projiziert die striäre Sehbahn retinotop in das Corpus geniculatum laterale (CGL) im Zwischenhirn, von wo die Informationen für das Form-, Farb-, Raum- und Bewegungssehen zur primären Sehrinde weitergeleitet werden.

Retinotopie und Gesichtsfeld

Zur Prüfung der visuellen Funktion kann das gesamte **Gesichtsfeld** mit der Perimetrie geprüft werden. Sowohl mit der statischen als auch mit der kinetischen Perimetrie lassen sich Gesichtsfeldgrenzen und Ausfälle (Skotome) innerhalb der Gesichtsfelder beider Augen bestimmen. Aus Form, Lage und monokularer oder binokularer Anordnung der Skotome kann der Ort einer Läsion in der Sehbahn ermittelt werden.

58

58.1.3 Parallele Signalverarbeitung

Die Parallelverarbeitung spezifischer Reizeigenschaften zieht sich als roter Faden von der Netzhaut bis zu den komplexen Funktionen und kognitiven Leistungen der höheren Hirnrindenareale.

Parallelverarbeitung Die Bildentstehung im Gehirn basiert auf der parallelen Verarbeitung von Form, Detail, Farbe, Bewegung und Tiefe. Die besondere Organisation und Lokalisation komplexer Hirnfunktionen im Sehsystem hat ihren Ursprung bereits in den unterschiedlichen Ganglienzellklassen der Netzhaut (▶ Kap. 57.2.4). Das phasische kontrast- und bewegungsempfindliche magnozelluläre (M), das tonische form- und detail- sowie farbempfindliche parvozelluläre (P) und das farbempfindliche koniozelluläre (K) System repräsentieren entsprechend ihrer funktionellen Spezialisierung die Ausgangspunkte verschiedener Verarbeitungswege. Bewegung, Kontrast und Tiefenwahrnehmung werden im M-System transportiert, Form, Detail und Farbe im P- und K-System. So wird in der striären Sehbahn von Beginn an die Analyse von Farben und Mustern einerseits sowie Bewegungen und Tiefeninformation andererseits auf spezifische Signalkanäle verteilt. Diese Kanäle werden im CGL in getrennten Schichten umgeschaltet (▶ Abschn. 58.1.1) und erreichen parallel den primären visuellen Kortex (▶ Abschn. 58.2.1).

▪ Abb. 58.3 fasst die in ▶ Kap. 57 und ▶ Kap. 58 beschriebenen parallelen Verarbeitungswege vom Auge in die Hirnrinde als Blockschaltbild zusammen und verdeutlicht die Signalwege zu den ersten **okzipital-extrastiären Arealen V2 und V3** (▶ Abschn. 58.2.2) sowie deren Anschluss an die wei-

terführenden dorsalen und ventralen Signalwege (▶ Kap. 59, ▪ Abb. 59.2).

In den höheren visuellen Arealen lässt sich das M-System über die primäre Sehrinde hinaus bis weit in die bewegungsspezifischen Areale des parietalen Kortex verfolgen (▶ Kap. 59.1.3), während das P- und K-System die Eingangssignale zur inferotemporalen Objekterkennung und Farbwahrnehmung liefert (▶ Kap. 59.1.2).

Die extrastiäre Sehbahn Die extrastiäre Sehbahn ist eine unabhängige, parallele Bahn, die mit visuell gesteuerten Bewegungen und visueller Aufmerksamkeit assoziiert ist. Von der Netzhaut durch die oberen Schichten der Colliculi superiores (CS, ▶ Kap. 60.1.5) erreichen bewegungsspezifische Antworten das Pulvinar und weiter die bewegungsspezifischen visuellen (▪ Abb. 58.3, MT/V5-Komplex) und visuomotorischen Areale im dorsalen Pfad der kortikalen Verarbeitung (▶ Kap. 59.1.3).

Dass die extrastiäre Sehbahn mehr zum Sehvorgang beiträgt, zeigt ihre Funktion nach Ausfall der primären Sehbahn. Die **„zweite Sehbahn"** bleibt bei postchiasmatischen Läsionen der striären Sehbahn i. d. R. erhalten. Patienten haben dann einen Verlust des bewussten Sehens, der maximal ein halbes Gesichtsfeld betrifft (▶ Abschn. 58.1.2). Unbewusste Antworten auf visuelle Reize im blinden Gesichtsfeldbereich können jedoch weiter festgestellt und auch emotionale Reaktionen wie Angst ausgelöst werden (▶ Klinik-Box „Blindsight").

> Die extrastiäre Sehbahn leistet unbewusste Beiträge zu visuomotorischen Funktionen und bildet die Grundlage für die Fähigkeit zum „Blindsehen" bei Läsionen der primären Sehrinde.

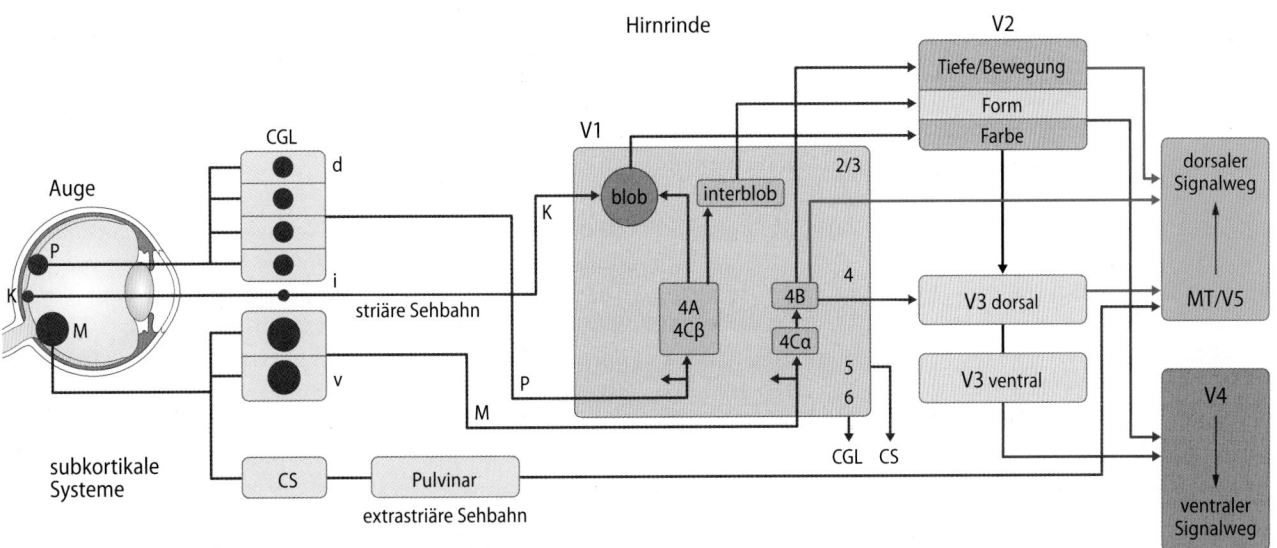

▪ Abb. 58.3   Parallele Verarbeitungswege vom Auge zur Hirnrinde. Im Auge beginnen die parvozellulären (P), magnozellulären (M) und koniozellulären (K) Signalwege. Die Signale werden im Corpus geniculatum laterale (CGL) über parvozelluläre dorsale (d) und magnozelluläre ventrale (v) Schichten sowie koniozelluläre intralaminäre Schichten (i) mit der striären Sehbahn zum Kortex weitergeleitet. In der primären Sehrinde V1 setzen sich die Signalwege über spezifische Schichten und Substruk-

turen fort und erreichen zum Teil direkt, zum Teil über V2 und V3 MT/V5 und den dorsalen kortikalen Signalweg (blaue Pfeile) sowie V4 und den ventralen Signalweg (rote Pfeile). Zusätzlich werden Signale von M-Zellen aus der Netzhaut mit der extrastiären Sehbahn über Colliculi superiores (CS) und Pulvinar direkt in den dorsalen Signalweg der kortikalen Verarbeitung eingekoppelt. Zytochromoxidase-reiche Strukturen in V1 (blobs) und V2 (breite und schmale Streifen) sind dunkler markiert

Klinik

„Blindsight"

Blindsehen („blindsight") ist bei Patienten mit postchiasmatischen Läsionen der striären Sehbahn zu beobachten. Das Phänomen beruht maßgeblich auf Leistungen der extrastriären Sehbahn und wird vor allem über afferente Eingänge aus dem inferioren Pulvinar vermittelt. „Blindsight" beschreibt die Fähigkeit, blinder (meist hemianoper) Patienten auf Reize im blinden Gesichtsfeld zu antworten, die nicht bewusst wahrgenommen werden. Im forcierten Test können bei „Blindsight" Antworten auf Orientierung, Bewegung, Helligkeitskontrast, Tiefenwahrnehmung durch Disparität, affektive Reize und in geringem Maße auch Farbkontrast festgestellt werden. In Experimenten mit funktioneller Kernspintomographie fanden sich nach Reizung im blinden Gesichtsfeld ereigniskorrelierte Aktivierungen auf der geschädigten Seite in den Colliculi superiores und dorsalen ebenso wie ventralen visuell-kortikalen Arealen. Bei Läsionen in V1 kann Blindsight auch über direkte Verbindungen von CGL zum MT/V5-Komplex vermittelt werden.

In Kürze

Form, Farbe, Bewegung und Tiefe bilden die Grundlage der Bildentstehung im Gehirn. Diese Reizeigenschaften werden bereits in der Netzhaut von unterschiedlichen Zellklassen vorverarbeitet. Die **parvozelluläre** Bahn für **Form und Farbe** und die **magnozelluläre** für **Bewegung** und **Tiefe** erreichen mit zunehmender Spezialisierung und räumlicher Trennung V1, V2 und V3. Von V3 an weist der Weg für die Analyse von Form und Farbe nach ventral, der für Bewegung und Tiefe nach dorsal (◻ Abb. 58.3).

Die **extrastriäre Sehbahn** stellt einen unabhängigen Weg visueller Information dar, auf dem unbewusste Wahrnehmungen für visuomotorische Funktionen direkt in den dorsalen Verarbeitungsweg eingekoppelt werden. Das Phänomen des „Blindsehens" bei Schädigungen der striären Sehbahn einschließlich V1 beruht maßgeblich auf der Funktion dieser zweiten Sehbahn.

58.2   Die Sehrinde

58.2.1   Die primäre Sehrinde (V1)

In der primären Sehrinde werden die lokalen Eigenschaften von Sehreizen bezüglich Orientierung, Bewegungsrichtung und Farbe für die kortikale Bildwahrnehmung vorverarbeitet.

In der primären Sehrinde (Area V1) erfolgen die ersten Schritte der kortikalen Verarbeitung von Form, Farbe und Bewegung und Tiefe. V1 ist durch die gemeinsame Repräsentation aller visuellen Verarbeitungskanäle ein Engpass für das bewusste Sehen. Schädigungen von V1 führen zu einer kortikalen Erblindung mit Verlust aller Funktionen bewusster visueller Wahrnehmung.

Funktionelle Anatomie   Neben der zytoarchitektonischen Differenzierung in **horizontale Zellschichten** mit Eingangs-, Verarbeitungs- und Ausgangsfunktionen besteht eine funktionelle Gliederung in **vertikalen Zellsäulen**. Nervenzellen einer Zellsäule reagieren funktionell einheitlich. Aus vielen Subsäulen entsteht eine „Hypersäule" („hypercolumn") mit etwa 1x1 mm Oberfläche, in alle spezifischen Analysen

für einen Ort im Gesichtsfeld vereint sind (◻ Abb. 58.4). Nervenzellen einer Hypersäule haben rezeptive Felder an der gleichen Stelle des Gesichtsfeldes.

❯ Die primäre Sehrinde weist eine modulare Struktur auf, in der gleichartige Antwortspezifitäten räumlich benachbart in retinotop organisierten Säulen angeordnet sind.

Magnozelluläre, parvozelluläre und koniozelluläre Systeme aus der Netzhaut (▶ Kap. 57.2.4) projizieren über die spezifischen Schichten im CGL (▶ Abschn. 58.1.1) in spezielle Subschichten der Eingangsschicht 4C (◻ Abb. 58.3, ◻ Abb. 58.4). Die Nervenzellen der unteren Subschicht **4Cβ** erhalten **parvozelluläre Eingänge** und projizieren in die Schichten 2/3 zu orientierungsspezifischen und farbspezifischen Zellen. Die Nervenzellen der darüberliegenden Schicht **4Cα** erhalten **magnozelluläre Eingänge** und projizieren zu bewegungsspezifischen Zellen in Schicht 4B. Die **koniozellulären** Afferenzen innervieren direkt ohne Umschaltung farbspezifische Zellen in den Schichten 1–3.

Dominanzsäulen   Die binokular innervierten Nervenzellen der Area V1 sind entweder durch Signale aus dem linken oder aus dem rechten Auge stärker aktiviert (**okuläre Dominanz**). Sie bilden okuläre Dominanzsäulen (◻ Abb. 58.4) und können aus Disparitäten die Tiefe im Raum analysieren (▶ Kap. 59.3).

Orientierungssäulen   Viele Neurone in den Schichten 1–3 und 4B reagieren spezifisch auf die **Orientierung** von Hell-Dunkel-Konturen (Schichten 1–3, ◻ Abb. 58.4 A) und deren **Bewegungsrichtungen** (Schicht 4B, ◻ Abb. 58.4 B). Entsprechend ihrer bevorzugten Orientierung bilden sie **Orientierungssäulen** (◻ Abb. 58.4).

Zwischen den Orientierungssäulen gibt es gesonderte Bereiche mit **farbspezifischen Nervenzellen**. Sie erhalten **parvozelluläre und koniozelluläre Afferenzen**. Diese Bereiche sind histochemisch durch stärkere Expression des Atmungskettenenzyms Zytochromoxidase geprägt, was auf eine höhere Aktivität dieser Zellen hinweist (**„Zytochromoxidase blobs"**, C.O.B, ◻ Abb. 58.4).

Projektionen   Die Axone der Nervenzellen der oberen Schichten (2/3 und 4B) projizieren zu extrastriären visuellen Arealen, z. B. in die Areae V2, V3 und V5. Die Zellen der unteren

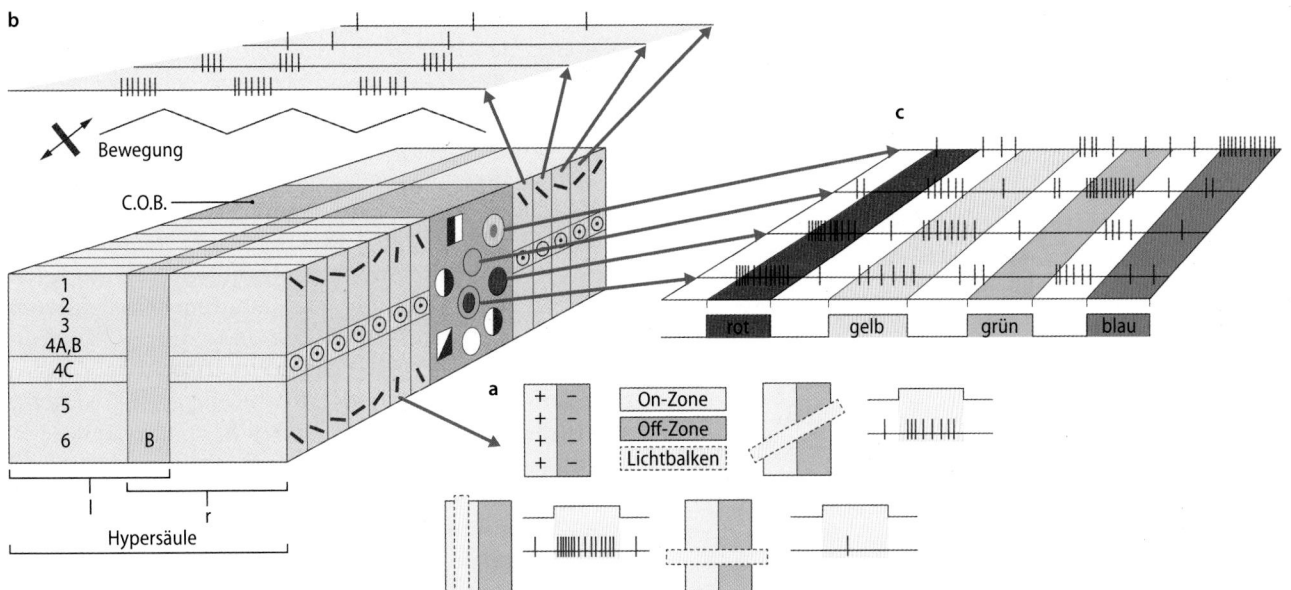

◘ Abb. 58.4a–c Säulenorganisation der primären Sehrinde und spezifische neuronale Reizantworten. Eine „komplette Hypersäule" enthält alle speziellen Analyseeigenschaften. Ein Teil der Nervenzellen wird dominant durch das rechte Auge (r), ein anderer durch das linke Auge (l) aktiviert. Zwischen den okulären Dominanzbereichen liegen binokulare Bereiche (B, hellblau), in denen die Nervenzellen gleich stark vom linken und rechten Auge aktiviert werden („binokulare Fusion"). In der Eingangsschicht 4C gibt es Nervenzellen mit konzentrisch organisierten rezeptiven Feldern, die wie subkortikale Zellen auch auf diffuse Lichtreize reagieren. Die farbspezifischen Zellen in den zytochromoxidasereichen Bereichen (C.O.B.) reagieren z. T. auch auf unbunte Hell-Dunkel-Reize. Die zytochromoxidasereichen Bereiche sind umgeben von „Säulen", in denen die Nerven-

zellen oberhalb und unterhalb der Schicht 4C orientierungsabhängige Reaktionen haben. **a** Richtungsspezifität: Zellen in den orientierungsabhängigen Säulen sind besonders empfindlich auf bewegte Kontrastgrenzen bestimmter Orientierung und Bewegungsrichtung. **b** Orientierungsspezifität: Schema eines einfachen rezeptiven Feldes (RF) aus parallel angeordneten On- und Off-Zonen. **c** Die farbempfindlichen Zellen in den C.O.B. reagieren je nach Spezifität unterschiedlich auf rote, gelbe, grüne oder blaue Lichtpunkte, die jeweils in das RF-Zentrum oder die Peripherie projiziert werden. Gegenfarbenneurone (hier rot-grün und gelb-blau) werden im Zentrum farbspezifisch erregt, in der Peripherie farbspezifisch gehemmt

Schichten senden kortikofugale Axone zurück zu den subkortikalen Zentren des visuellen Systems (aus Schicht 5 zu den Colliculi superiores und aus Schicht 6 zum CGL).

> **Die primäre Sehrinde (V1) vereint alle visuellen Funktionen für die bewusste Wahrnehmung an einem Ort.**

Eigenschaften rezeptiver Felder In der Eingangsschicht 4C des primären visuellen Kortex finden sich noch konzentrische, antagonistische rezeptive Felder (RF) wie in Retina und CGL. In den weiterverarbeitenden Schichten ober- und unterhalb entstehen RF mit ganz neuen, spezifischen Reizantworteigenschaften.

Einfache rezeptive Felder Die RF vieler orientierungsspezifischer Neurone der primären Sehrinde haben parallel angeordnete On- und Off-Zonen (◘ Abb. 58.4a). Dies hat zur Folge, dass eine diffuse Belichtung des ganzen rezeptiven Feldes die Spontanaktivität dieser Neurone i. d. R. nur wenig ändert. Wird jedoch ein „Lichtbalken" mit optimaler Orientierung und Position in das RF projiziert, löst er eine starke neuronale Aktivierung aus (**Orientierungsspezifität**; ◘ Abb. 58.4a). Oft tritt bei bewegten Reizen diese Antwort nur in einer Bewegungsrichtung, nicht jedoch in der Gegenrichtung auf (**Richtungsspezifität**; ◘ Abb. 58.4b). Ist der Lichtbalken senkrecht zu der Optimalrichtung orientiert, so sind

die Nervenzellen nur noch schwach aktiviert. Bei diesen **einfachen Zellen** wird die stärkste Antwort mit der optimalen Reizorientierung nur an einem Ort im RF (On-Zone) ausgelöst.

Komplexe rezeptive Felder Im Gegensatz zu den einfachen Zellen sind bei den ebenfalls orientierungsspezifischen **komplexen Zellen** der Area V1 die On- und Off-Zonen nicht getrennt nachweisbar. Optimal orientierte Reize (Balken oder Konturen) erregen diese Zellen unabhängig von ihrer Position im rezeptiven Feld (**Ortsinvarianz**).

Endhemmung und hyperkomplexe rezeptive Felder Der gesamte Bereich des RF, in dem der spezifische Reiz aktivierend wirkt, wird **exzitatorisches rezeptives Feld (ERF)** genannt. Bei vielen Zellen ist das ERF von einem hemmenden Feld umgeben (**inhibitorisches rezeptives Feld, IRF**). Solche Zellen haben die Eigenschaft der **Endhemmung**, die über die Orientierungsspezifität hinaus zu **Größen- oder Längenspezifität** führt. Das hat ihnen die Benennung als **hyperkomplexe Zellen** eingetragen, was eine hierarchische Einordnung oberhalb der komplexen Felder nahelegt. Da jedoch sowohl einfache wie komplexe Zellen mit Endhemmung gefunden werden, spricht man heute nicht mehr von „hyperkomplexen", sondern „endgehemmten" Zellen („endstopped").

Farbspezifische Zellen In den zytochromoxidasereichen „blobs" (◼ Abb. 58.4, C.O.B.) findet sich ein hoher Anteil an farbspezifischen Zellen, die als **Doppelgegenfarbenneurone** mit antagonistischen Feldern beleuchtungsunabhängig auf Farbkontraste reagieren. Damit leisten sie einen ersten Beitrag zur Farbkonstanz (▶ Kap. 59.4.1).

❯ Orientierungs- und Richtungs- und Farbspezifität sind fundamentale Antworteigenschaften von Neuronen in der primären Sehrinde.

In Kürze

Der primäre visuelle Kortex (V1) ist **retinotop** organisiert. Die Projektion des kleinen, zentralen Teils des Gesichtsfeldes um die Fovea centralis nimmt den größten Teil der Fläche in V1 ein. In der primären Sehrinde erfolgt eine grundsätzliche Veränderung der Eigenschaften **rezeptiver Felder**. Während die subkortikalen Felder mit ihrem konzentrisch-antagonistischen Aufbau primär der hohen Raumauflösung und Kontrastverschärfung dienen, widmen sich die **kortikalen Zellen** zunehmend **komplexeren Analysen**. Die kortikalen Zellen antworten spezifisch auf die Orientierung, Bewegungsrichtung oder Farbe eines Reizes. Die binokulären Eingänge sind in okulären Dominanzsäulen gruppiert, die Orientierungsspezifität in Orientierungssäulen und die Farbspezifität in speziellen, zytochromoxidasereichen Bereichen.

58.2.2 Die extrastriäre okzipitale Sehrinde

In den frühen extrastriären visuellen Hirnrindenarealen erfolgt eine zunehmende Trennung der parvozellulären und magnozellulären Signalströme.

Signale der Nervenzellen aus V1 werden in die direkte Nachbarschaft im Okzipitallappen zu den extrastriären Rindenarealen V2 und V3 weitergeleitet.

Area V2 Die Nervenzellen im sekundären visuellen Kortex (V2) antworten ähnlich wie die Zellen in V1 auf **Orientierung, räumliche Frequenz, Größe, Form und Farbe** sowie **Bewegung und Tiefe**. V2 gehört zytoarchitektonisch zur Brodman Area 18 der Großhirnrinde und erhält die wichtigsten visuellen Zuflüsse aus der Area V1. Anstelle der funktionellen Organisation der Nervenzellen in kortikalen „Säulen" in Area V1 (▶ Kap. 59.2.2), sind die Nervenzellen der Area V2 funktionell in „Streifen" angeordnet. 3 Arten von Streifen verlaufen entlang der Hirnoberfläche und lassen sich mithilfe der **Zytochromoxidasefärbung** und auch funktionell unterscheiden:

Die separate Repräsentation der Farbsignale setzt sich aus den Zytochromoxidase-reichen „blobs" von V1 in **schmalen Zytochromoxidase-reichen Streifen** von V2 fort. Neu in V2 ist eine räumliche Trennung der parvozellulären und magnozellulären Signalströme aus den „interblob" Bereichen von V1 (◼ Abb. 58.3). In V2 sind die magnozellulären Signale für Bewegung und Tiefe (binokulare Disparität, Nah- und Fern-Neurone, ▶ Kap. 59.3) in **breiten Zytochromoxidasereichen Streifen** und die parvozellulären Signale für Form und Detail in **blassen Zytochromoxidase-armen Streifen** repräsentiert (◼ Abb. 58.3). Hier werden die Neurone besonders von Konturen bestimmter Orientierung aktiviert. Ein Teil dieser Nervenzellen **ergänzt unterbrochene Konturen** und unterstützt damit bereits auf dieser frühen Verarbeitungsebene die Objekterkennung bei teilweise verdeckten Objekten. Die Funktion solche Neurone erklärt auch die Wahrnehmung von Scheinkonturen bei bestimmten optischen Täuschungen (Kanizsa-Figuren).

Area V3 Im tertiären visuellen Kortex (V3) lassen sich ein dorsaler und ein ventraler Bereich unterscheiden (◼ Abb. 58.3). **Dorsal** dominieren globale **Bewegung und Tiefeninformation**, **ventral** finden sich in V3 **Form- und Farbempfindlichkeit**. Die rezeptiven Felder sind deutlich größer als in Area V1.

V3 gehört zytoarchitektonisch zu den Brodman-Arealen 18/19 und erhält Eingänge direkt aus V1 (Schicht 4B) und aus V2. Von V3 ausgehend setzen sich zwei verschiedene Verarbeitungswege über die Großhirnrinde nach ventral und dorsal in die mittleren und höheren Areale visueller Verarbeitung fort (▶ Kap. 59.1.1).

In Kürze

Die magno- und parvozelluläre Parallelverarbeitung erfährt im Verlauf der extrastriären okzipitalen visuellen Areale V2 und V3 eine zunehmende **funktionelle Trennung**. In **V2** sind **Farbverarbeitung, Formanalyse** sowie bewegungs- und tiefenspezifische Signale jeweils in benachbarten, streifenartigen Strukturen gruppiert. Im dorsalen Teil von **V3** erfolgt die weitere Analyse von **Bewegung und Tiefe**. Die Zellen sind hier meist orientierungs- und oft richtungs- und disparitätsempfindlich. Im ventralen Teil von V3 dominiert die Verarbeitung von Form und Farbe. Diese dorso-ventrale Spezialisierung setzt sich in höheren visuellen, multisensorischen und visuomotorischen Arealen fort. Sie ist Ausgangspunkt für zwei grundsätzlich verschiedene Verarbeitungswege.

Literatur

Bear MF, Connors BW, Paradiso MA (Hrsg.) (2015) Neuroscience: Exploring the Brain, 4. Aufl., Wolters Kluwer, Riverwoods
Hirsch JA, Martinez LM (2006) Circuits that build visual cortical receptive fields. Trends in Neurosci 29:30–39
Kandel ER, Schwartz JH, Jessell TM, Siegelbaum SA, Hudspeth AJ (Hrsg.) (2013) Principles of neural science. 5. Aufl., McGraw-Hill, New York
Nassi JJ, Callaway EM (2009) Parallel processing strategies of the primate visual system. Nat Rev Neurosci 10: 360–372
Rowe F (2016) Visual Fields via the Visual Pathway. 2. Aufl., CRC Press, Boca Raton

Höhere visuelle Leistungen

Ulf Eysel

© Springer-Verlag GmbH Deutschland, ein Teil von Springer Nature 2019
R. Brandes et al. (Hrsg.), *Physiologie des Menschen*, Springer-Lehrbuch
https://doi.org/10.1007/978-3-662-56468-4_59

Worum geht's (◘ Abb. 59.1)

Konstruktion visueller Wahrnehmungen im Gehirn
Mit den **höheren visuellen Leistungen** werden aus lokalen Merkmalen komplexe Eigenschaften ermittelt und zu Bildern zusammengesetzt. Im Verlauf der kortikalen Verarbeitung werden Objekte identifiziert und im Raum lokalisiert. Es resultieren die wahrgenommenen Bilder und visuell gesteuerte, motorische Aktionen.

Was und Wo, Wahrnehmen und Handeln
Die unterschiedlichen Aspekte der gesehenen Umwelt werden auf getrennten Wegen verarbeitet. Es geht um das „was?" und „wo?". Eine ventrale parvozelluläre Bahn analysiert **Farben und Formen** und führt schließlich zur spezifischen **Wahrnehmung von Objekten** und deren Speicherung im Gedächtnis. Eine parietale magnozelluläre Bahn analysiert **Bewegung und Tiefe im Raum** und mündet letztendlich in **visuell gesteuerten Augenbewegungen und Handlungen.**

Die Bedeutung visuell evozierter Potenziale der Großhirnrinde
Während die funktionelle Bildgebung Details zur Lokalisation visueller Funktionen erschließt, können **visuell evozierte Potenziale** Aufschluss über ihren zeitlichen Ablauf geben. Frühe Potenziale signalisieren den subkortikalen Zustrom, späte Wellen werden von der intrakortikalen Verarbeitung und kognitiven Prozessen bestimmt.

Tiefenwahrnehmung und Farbensehen verknüpfen frühe und höhere visuelle Verarbeitung
Die **Tiefenwahrnehmung** verwendet **binokuläre** (Disparität) und **monokuläre Mechanismen** (z. B. Perspektive, Verdeckung und Bewegungsparallaxe) zur Wahrnehmung des Raumes. Beim **Farbensehen** werden aus den Signalen von **3 unterschiedlichen Zapfentypen** mit unterschiedlichen spektralen Absorptionsmaxima (420, 535, 565 nm) im Gehirn mehr als **200 unterscheidbare Farbtöne** errechnet. Die **Störungen** des Farbensehens entstehen meist aufgrund genetischer Defekte in der Netzhaut. Viel seltener finden sich zentrale Störungen.

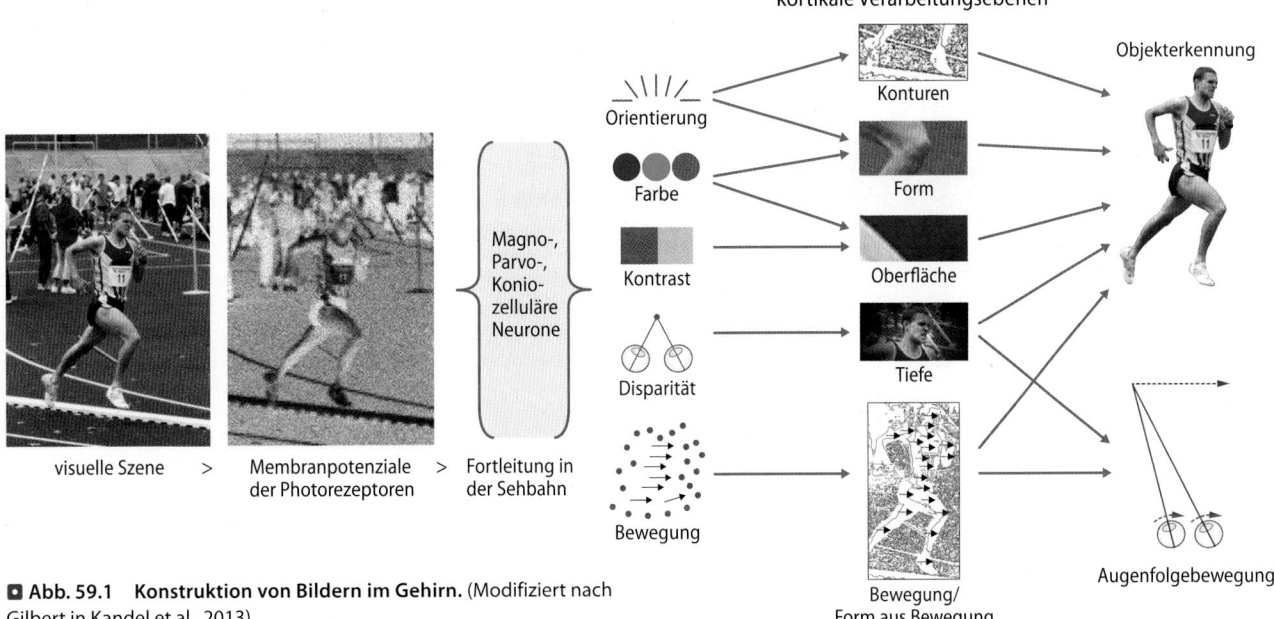

◘ **Abb. 59.1   Konstruktion von Bildern im Gehirn.** (Modifiziert nach Gilbert in Kandel et al., 2013)

59

59.1 Was und Wo – Wahrnehmen und Handeln

59.1.1 Getrennte Verarbeitungswege führen zu kognitiven visuellen Funktionen

Für die Objekterkennung sind Assoziationsfelder im unteren Temporallappen, für die Bewegung und Lokalisation Assoziationsfelder temporo-okzipital, im Parietallappen und in der präfrontalen Hirnrinde zuständig.

Bildkonstruktion im Gehirn   ☐ Abb. 59.1 fasst die Bildverarbeitung im Sehsystem zusammen. Bei der optischen Projektion des Bildes auf die Netzhaut (► Kap. 57.2) werden die Bildpunkte lokal durch den Phototransduktionsprozess als Membranpotenzialwerte einzelner Photorezeptoren kodiert und intraretinal weiterverarbeitet. Verschiedene Typen retinaler Ganglienzellen senden die afferenten Signale über die primäre Sehbahn retinotop zur Sehrinde (► Kap. 58.2). Dort beginnen die **ersten kortikalen Verarbeitungsschritte** mit der Analyse der lokalen Reizmuster bezüglich elementarer Eigenschaften wie Orientierung, Farbe, Kontrast, binokularer Disparität und Bewegung. In der **höheren kortikalen Verarbeitung** erfolgt die **Verbindung** der elementaren Eigenschaften zu Konturen, Formen und Oberflächeneigenschaften. Kontrast, Disparität und gemeinsame Bewegung ermöglichen die Differenzierung zwischen **Objekt** und **Hintergrund**. In den höchsten Verarbeitungsschritten resultieren daraus **Objekterkennung** und visuomotorische Reaktionen (► Abschn. 59.1).

> ❯ Die Wahrnehmung von Bildern entsteht erst schrittweise in höheren visuellen Hirnarealen.

Was und Wo   In ☐ Abb. 59.2 ist das Prinzip der „Arbeitsteilung" verschiedener kortikaler Areale für die „höheren" visuellen Leistungen auf verschiedenen Verarbeitungswegen dargestellt (**parallele visuelle Signalverarbeitung,** ► Kap. 58.1.3): Die visuelle Objektidentifikation („**Was** sehe ich?") ist vor allem eine Funktion der Assoziationsfelder des unteren Temporallappens, die im weiteren Verlauf mit Gedächtnis-assoziierten Strukturen in Verbindung stehen. Die räumliche Lokalisation der Gegenstände und die visuelle räumliche Orientierung („**Wo** sind oder **wohin** bewegen sich die Objekte?") ist dagegen eine Leistung der parietalen und der präfrontalen Assoziationsregionen, die zu visuell gesteuerten motorischen Funktionen überleiten. In Anbetracht dieser funktionellen Spezialisierung wurden diese unterschiedlichen Wege visueller Verarbeitung von Ungerleider und Mishkin als unterschiedliche Verarbeitungswege für „Was" (ventral, temporal, vorwiegend P) und „Wo" (dorsal, parietal, vorwiegend M) charakterisiert. Wegen ihrer besonderen Beziehung zur bewussten Wahrnehmung (ventral) und motorischen Handlungen (dorsal) wurden die beiden Verarbeitungswege von Goodale und Milner auch mit den Begriffen „**Wahrnehmen**" und „**Handeln**" verbunden.

> ❯ Die Antworten auf die Fragen „Was" (sehe ich) und „Wo" (sehe ich es) liefern wichtige Informationen für die Wahrnehmung von Objekten und für visuell gesteuerte Handlungen.

Visuelle Hirnregionen   ☐ Abb. 59.2 zeigt die innere und äußere Oberfläche des menschlichen Gehirns mit den sichtbaren visuellen Hirnrindenfeldern Area V1 und den visuellen „**extrastriären**" Regionen. Ein großer Teil der visuellen Hirnrindenfelder ist in den Sulci des Hinterhaupt- und Schläfenlappens verborgen. Etwa 60 % der Großhirnrinde sind **retinotop** organisierte „elementare" visuelle Felder, visuelle Assoziationsregionen und visuell-motorische oder -okulomotorische Integrationsregionen. Dank der Fortschritte in der funktionellen Magnet-Resonanz Bildgebung (fMRI) lernen wir immer mehr über die Lokalisation komplexer Hirnfunktionen beim Menschen. In diesem Kapitel werden Nomenklatur und Topographie der aus fMRI-Studien bekannten, menschlichen Hirnregionen verwendet.

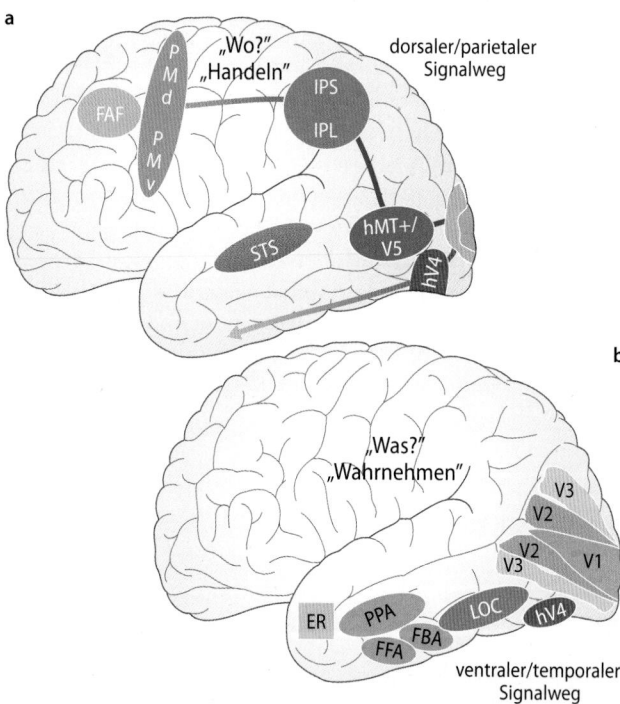

☐ **Abb. 59.2a,b   Kortikale Areale visueller Leistungen. a** Laterale Hemisphärenansicht mit dem dorsal-parietalen Verarbeitungsweg für Raumwahrnehmung und Handeln (Wo?, blau). hMT+/V5=bewegungsspezifischer Komplex, IPL=inferiorer Parietallappen, IPS=intraparietaler Sulcus, PMd/PMv=dorsaler und ventraler prämotorischer Kortex, FAF=frontales Augenfeld. **b** Mediale Hemisphärenansicht mit dem ventral-temporalen Verarbeitungsweg für Objektwahrnehmung (Was?, grün). V1/V2/V3=okzipitale Sehrindenfelder, V4=farbspezifisches Areal, LOC=lateral okzipitaler Komplex, FBA=fusiformes Körperareal, FFA=fusiformes Gesichtsareal, PPA=parahippokampales Ortsareal, ER=entirhinaler Kortex

59.1.2 Von Formen und Farben zur Objekterkennung

Im inferioren Temporallappen befinden sich ausgedehnte visuelle Assoziationsfelder, die der Objektwahrnehmung dienen.

Der ventrale Weg zur visuellen Objektwahrnehmung Der **ventrale, temporale Weg** für die visuelle **Objektverarbeitung und -wahrnehmung** verläuft ausgehend vom ventralen Teil von V3 vorwiegend im lateralen okzipitalen und inferotemporalen Kortex. Beim Menschen finden sich spezialisierte Gebiete zur **Gesichter-, Körper und Ortserkennung** insbesondere in den Gyri fusiformis und parahippocampalis. Sie befinden sich ventral und sind deshalb nicht von lateral, sondern nur in der Medialansicht der Hemisphäre und eher von unten zu sehen (❑ Abb. 59.2). Im weiteren Verlauf ist der temporal-ventrale Weg mit Strukturen verbunden, die mit Lernen und Gedächtnis befasst sind. Als Grundlage für ein **Bildgedächtnis** bestehen Verbindungen zum **entorhinalen Kortex (ER)** und weiter zum Hippocampus. Die Bilder werden vermutlich in Regionen des unteren Temporallappens und angeschlossenen Gebieten (prärhinal, limbisches System) gespeichert.

Höhere Funktionen der Farbwahrnehmung Die **farbspezifische Region hV4** liegt an der okzipital-mesialen Oberfläche des **Gyrus fusiformis** in der menschlichen Großhirnrinde. Die farbempfindlichen Nervenzellen der Areae V2 und V3 senden ihre Axone in die Area hV4. Von dort bestehen Verbindungen zum linken **Gyrus angularis** (Benennung von Farben) und über den **Gyrus parahippocampalis** in das limbische System (**emotionale Bedeutung** der Farben). Area hV4 hat eine wichtige Funktion bei der **Objektwahrnehmung** durch die spezifischen Antworten auf charakteristische **Oberflächenfarben, Farbkontraste** und **Farbkonturen**. Viele der Zellen weisen in ihren Antworten die in ▸ Abschn. 59.4.1 und ▸ Abschn. 59.4.2 beschriebene **Farbkonstanz** auf. Der Ausfall von hV4 führt zu einer **kortikalen Farbenblindheit** (▸ Abschn. 59.4.3).

❯ Die für die Farbwahrnehmung wichtige Funktion der Farbkonstanz wird in der farbspezifischen Area V4 realisiert.

Spezifische Funktionen zur Objekterkennung Antworten auf intakte **Objekte und Objektkategorien** werden beim Menschen anterior von hV4 im **LO-Komplex** gefunden (❑ Abb. 59.2, LOC). Im LO-Komplex werden Objekte der Außenwelt verarbeitet, ohne sie auf den Betrachter zu beziehen.

Der Prozess der **Objekterkennung** korrespondiert mit einer kohärenten Aktivierung ausgedehnter neuronaler Netze, die jeweils verschiedene elementare visuelle Eigenschaften eines Sehdinges repräsentieren. Diese Reaktionen werden auch durch Lernprozesse, d. h. durch frühere Erfahrungen mit visuellen Objekten, beeinflusst. In den homologen Gebieten des inferotemporalen Kortex des Affen reagieren Nervenzellen einheitlich auf bestimmte **Gestaltkompo-**

nenten (komplexe Winkel, sternförmige Strukturen, farbige Streifenmuster, Konturen bestimmter Krümmungen und kreisförmige Mehrfachkontraste), aber auch auf **„Elementargestalten"** wie Gesichter oder Hände.

Erkennung von Gesichtern Eine besonders wichtige Art visueller Signale sind Gesichter, da sie die Identifikation unserer Artgenossen besonders gut ermöglichen. Mit funktionellen Magnetresonanz-Untersuchungen wurde die **spezifische visuelle Verarbeitung von Gesichtern** beim Menschen insbesondere im fusiformen Gesichts-Areal (FFA, ❑ Abb. 59.2) und in einem weiteren Gesichtsareal des benachbarten lateralen okzipitalen Kortex gefunden. Im **Elektroenzephalogramm** des Menschen lassen sich ereigniskorrelierte Potenziale registrieren, die Komponenten enthalten, die als **„gesichterspezifisch"** angesehen werden können (▸ Abschn. 59.2, ❑ Abb. 59.3).

Spezifische Verarbeitung von Bildern von Körpern und Körperteilen Die visuelle **Identifikation von Körpern und Körperteilen** erfolgt in Nachbarschaft des fusiformen Gesichtsareals im **fusiformen Körperareal** (FBA, ❑ Abb. 59.2). Spezifische Reaktionen auf Körper und Körperteile finden sich auch in einem weiter entfernten extrastriären Körperareal in Nachbarschaft der Area hMT+/V5.

Wahrnehmung biologischer Bewegungen Im Sulcus temporalis superior (STS) führen „biologische Bewegungen" wie z. B. kohärent bewegte Punkte, die einer laufenden Person entsprechen, zu einer selektiven Aktivierung. Hier werden demnach die **Aktionen Anderer** identifiziert. Der STS trennt den mittleren vom oberen temporalen Gyrus. Diese Region steht mit den ventralen Funktionen der Objekterkennung ebenso wie mit den dorsalen Funktionen der Bewegungsanalyse (▸ Abschn. 59.1.3) in Verbindung.

Spezifische Verarbeitung von Orten In der Nachbarschaft des fusiformen Gesichterareals (FFA) befindet sich ventral im parahippocampalen Kortex das **parahippokampale Ortsareal** (PPA), in dem eine spezifische Aktivität bei der visuellen Verarbeitung von Orten (Räume, Häuser, Plätze, Landschaften) beobachtet wird.

❯ Die spezifischen Funktionen zur Objekterkennung finden sich entlang eines ventralen Verarbeitungsweges.

59.1.3 Von Lokalisation und Bewegungsanalyse zum zielgerichteten Handeln

Ein Teil der visuellen Assoziationsregionen der okzipitoparietalen Großhirnrinde ist auf die Signalverarbeitung bewegter visueller Muster spezialisiert.

Der dorsale Weg zur Lokalisation und Bewegungswahrnehmung Der **dorsale, parietale Verarbeitungsweg** der Be**wegung- und Raumwahrnehmung** verläuft ausgehend vom

Klinik

Objekt- und Prosopagnosie

Objektagnosie
Beim Menschen liegen die Regionen für die visuelle Objekterkennung im inferioren okzipitotemporalen Übergangsgebiet (LOC und VO-Komplex) und im inferioren Temporallappen. Bilaterale Schädigungen in diesen Bereichen bewirken eine visuelle **Objektagnosie:** Ein Gegenstand kann zwar noch in seiner **Lage im Raum** erkannt werden, nicht jedoch in seiner **Gegenständlichkeit** als Stuhl, Tisch, Krug, Hammer oder komplizierte Maschine. Die Patienten können die Objekte nur visuell nicht erkennen, eine taktile oder auditorische Objekterkennung ist dagegen meist noch möglich.

Prosopagnosie
Erleidet ein Patient eine rechtsseitige oder bilaterale Läsion im mesialen temporookzipitalen Übergangsbereich (lateraler okzipitaler Kortex, Gyrus fusiformis), so entsteht eine Prosopagnosie: Der Patient kann Gesichter zwar noch als eine Kombination von Augen, Nase, Mund und Ohren erkennen, nicht jedoch verschiedene Personen unterscheiden. Alle Gesichter erscheinen ihm ohne **Individualität** ähnlich. Der Patient kann aber zum Beispiel von früher bekannte Personen an der Stimme erkennen.

dorsalen Teil von V3 durch den mediotemporalen und parietalen Kortex frontalwärts. Dieser parietal-dorsale Weg setzt sich zum prämotorischen Kortex (PM) und zum frontalen Augenfeld (FAF) fort (◘ Abb. 59.2). Weiter nach präfrontal ziehende Verbindungen können über das entorhinal-hippocampale System zum **räumlichen Gedächtnis** beitragen.

Bewegungsanalyse im hMT+/V5-Komplex Der **hMT+/V5-Komplex** liegt beim Menschen nach funktionellen Untersuchungen im temporo-occipitalen Kortex posterior zur Kreuzung des Sulcus temporalis inferior mit dem Sulcus occipitalis lateralis und damit im Knotenpunkt zwischen dem okzipitalen, parietalen und temporalen Kortex. Während visueller Bewegungsstimulation kann man in diesen Regionen aus der Erhöhung der **regionalen Hirndurchblutung** auf eine Zunahme der neuronalen Aktivität schließen. Eine Blockade dieser Region durch **transkranielle magnetische Stimulation** der Hirnrinde unterbricht die Bewegungswahrnehmung.

Afferenter Zustrom Die Area MT/V5 erhält ihren hauptsächlichen visuellen Erregungszufluss von den bewegungsempfindlichen Nervenzellen der Areae V1 (Schicht 4B), von den zytochromoxidasereichen, breiten Streifen in V2 und aus V3 (► Kap. 58.2.2). Auch Verbindungen aus den tiefen Schichten der **Colliculi superiores** übertragen über das **Pulvinar** visuomotorische Signale zur Area MT/V5 (◘ Abb. 58.2). Diese Verbindungen gehören zur **extrastriären Sehbahn** und bilden die Grundlage für unbewusste visuelle Wahrnehmung **(blindsight)**, die bei Patienten in erblindeten Gesichtsfeldbereichen festgestellt werden kann (► Kap. 58.1.3).

Funktionelle Spezifität Area hMT+/V5 reagiert in ihren posterioren Teil richtungsspezifisch auf bewegte Objekte unabhängig von ihrer Form (z. B. kleine, bewegte Reizpunkte). In anterioren Teilen von hMT+/V5 findet man Antworten auf **großflächige bewegte visuelle Reize**, wie sie bei aktiven Bewegungen des Körpers oder des Kopfes im Raum entstehen („optic flow").

Offenbar werden von MT aus auch **Augenfolgebewegungen** gesteuert. Dafür sprechen die Projektionen in die pontinen Blickzentren und in den Kern des optischen Traktes im Hirnstamm (NOT; ◘ Abb. 60.4).

Klinik

Akinetopsie, Bewegungsagnosie
Patienten, die an **umschriebenen bilateralen Läsionen des hMT+/V5-Komplexes** leiden, können Bewegungen im extrapersonalen Raum nur noch eingeschränkt wahrnehmen **(Akinetopsie, Bewegungsagnosie)**. Die Patienten berichten auch über eine Beeinträchtigung der Stabilität der visuellen Welt bei Eigenbewegungen, was auf eine Störung der „Verrechnung" zwischen Efferenzkopiesignalen der Blick- und Körpermotorik mit den afferenten visuellen Bewegungssignalen hinweist.

Bei Affe und Mensch finden sich homologe Areale, die orientierungsspezifische Bewegungen von Objekten und optische Flussfelder bei Eigenbewegungen analysieren.

Verbindungen des dorsalen Pfads zu visuell gesteuerten Handlungen Fast alle parietalen Areale sind bewegungsempfindlich wie der hMT+/V5-Komplex und kodieren u. a. **dreidimensionale Wahrnehmung** durch Verrechnung von Disparitäten. Regionen im inferioren Parietallappen (IPS, IPL) dienen im weiteren Sinne der **Raumwahrnehmung.** Die weiterführende Verarbeitung in der parieto-frontalen Hirnrinde (PM, FAF) betrifft visuell-gesteuerte Blick-, Greif- und Körperbewegungen. Zu deren Feinabstimmung bestehen vielfältige somatosensorische Einflüsse aus dem Arm-, Hand- und Gesichtsbereich sowie Rückkopplungen motorischer Aktionen.

Der intraparietale Sulcus (IPS) In der Region um den intraparietalen Sulcus (IPS) findet man **sakkadenkorrelierte Aktivität** und stark **aufmerksamkeitsabhängige Antworten.** Außerdem kodieren dorsale Bereiche des IPS z. B. die genauen **Koordinaten von Objekten (Ort, Größe)** zur Vorbereitung des Greifens. Entsprechend stehen diese Gebiete in Verbindung zu parieto-frontalen, prämotorischen Arealen, die sich mit visuomotorischer Integration befassen (PM, FAF).

Der prämotorische Kortex (PM) Möglicherweise kodiert der dorsale Teil bevorzugt die Position eines Objektes im Raum, während ventral in PM die Hand- und Fingeröffnung zum

59

Klinik

Hemineglekt

Der untere posterior-parietale Kortex (IPL), die parahippokampale Region und möglicherweise auch der obere temporale Gyrus spielen wichtige Rollen für die räumliche Aufmerksamkeit und raumorientiertes Verhalten. Erleidet ein Patient eine einseitige Hirnläsion dieser Bereiche (z. B. bei einem Infarkt der A. cerebri media), so vernachlässigt er die Signale in der zur Läsion **kontralateralen Hälfte des extrapersonalen Raumes**. Dieser **visuelle Hemineglekt** ist bei Läsionen im Bereich des rechten Parietallappens stärker ausgeprägt als im Bereich des linken. Beim Menschen ist die **rechte Großhirnhälfte** für die räumliche Orientierung wichtiger als die linke, in deren Integrationsregionen **sprachbezogene Leistungen** dominieren (▶ Kap. 69.2). Der visuelle Hemineglekt bezieht sich nicht nur auf den extrapersonalen Raum, sondern auch auf die **einzelnen Objekte**. Von jedem Objekt wird jeweils nur eine Seite richtig wahrgenommen. Zeichnungen werden so ausgeführt, als ob nur die rechte oder linke Hälfte des Objektes vorhanden wäre. Patienten mit einem räumlichen Hemineglekt erleben ihre visuelle Welt als **vollständig**, obgleich sie tatsächlich jeweils nur einen Teil der Dinge wahrnehmen. Ein Maler zeichnet dann in einem Selbstportrait die Seite kontralateral zu seiner Hirnläsion nicht oder nur sehr vage, bezeichnet das Portrait beim Betrachten jedoch als vollständig.

Greifen eines Objekts vorbereitet wird. PM wurde neben einer posterior gelegenen parieto-occipitalen Region (V6/PO) als prominentes Gebiet des menschlichen **Spiegelneuronsystems** identifiziert. Hier werden Aktivierungen bei der Beobachtung von Aktionen anderer und bei der Vorbereitung eigener Aktionen ausgelöst.

Das frontale Augenfeld (FAF) Das frontale Augenfeld (FAF) spielt eine zentrale Rolle bei der Vorbereitung von willkürlichen Augenbewegungen, insbesondere für Sakkaden, aber auch für Folgebewegungen.

In Kürze

Die höheren visuellen Leistungen werden nach dem Prinzip der „Arbeitsteilung" erbracht. Objekterkennung einerseits und Bewegungs- und Raumanalyse andererseits verwenden dazu spezialisierte Verarbeitungswege. Die **Objekterkennung** erfolgt im okzipitotemporalen Übergangsgebiet und im inferioren Temporallappen. Hier wird die Frage „Was sehe ich?" beantwortet. **Inferotemporale Leistungen** gehen bis zur spezifischen Erkennung von Gesichtern, Körperteilen oder Orten. Dieser Verarbeitungsweg mündet im Bildgedächtnis. Die **Raum- und Bewegungsanalyse** erfolgt in den parietalen visuellen und visuomotorischen Arealen. Hier erfolgt die Antwort auf die Fragen „Wo?" und „Wohin?". Dieser Verarbeitungsweg mündet in prämotorischen Arealen, die der Vorbereitung von bewussten Augenbewegungen und visuell gesteuerten Hand- und Armbewegungen dienen.

59.2   Visuell evozierte Potenziale (VEP)

Die Ableitung kortikaler Summenpotenziale ermöglicht die objektive Bestimmung von Störungen der visuellen Signalverarbeitung

Beurteilung von Störungen der afferenten Sehbahn Die Ableitung kortikaler Summenpotenziale nach visueller Reizung

stellt eine einfache, nicht-invasive und zeitlich hochauflösende Methode zur Beurteilung der Hirnfunktion dar.

Messmethodik Die Messung der **visuell evozierten Potenziale (VEP)** ermöglicht die „objektive" Beurteilung der Funktion des afferenten visuellen Systems und der frühen kortikalen Verarbeitung. Dazu wird das **Elektroenzephalogramm (EEG**; ▶ Kap. 63.4) im Okzipitalbereich nach Lichtreizung der Augen registriert. Die lichtevozierten Veränderungen des EEG werden durch rechnergestützte Mittelwertbildung genau erfasst und quantitativ ausgewertet. Diese Methode bietet eine hohe zeitliche Auflösung im Millisekundenbereich mit geringer räumlicher Auflösung (relativ ungenaue Lokalisation der Quellen).

Reize Ein großflächiger, diffuser Lichtblitz bewirkt das **Blitz-VEP**, dessen Wellen und Latenzzeiten sich mit der Leuchtdichte und der spektralen Zusammensetzung des Reizlichtes ändern. Klinisch wird meist das **Musterwechsel-VEP** angewandt (◻ Abb. 59.3a). Reize sind i. d. R. schwarz-weiße Schachbrett- oder Streifenmuster, die auf einem Bildschirm generiert werden und deren Hell-Dunkel-Flächen periodisch wechseln.

Bedeutung früher und später Wellen Die charakteristische positive Welle, die etwa 100 ms nach dem Reiz auftritt (P2/P100) wird für die Diagnostik der afferenten Sehbahn verwendet (▶ Schädigungen des Nervus opticus). Mit komplexen visuellen Reizmustern und speziellen Aufgabestellungen werden **ereigniskorrelierte Potenziale (EKP)** ausgelöst, die Komponenten **visuell-kognitiver Prozesse** mit längerer Latenz enthalten (z. B. P3/P300). Beispiele für **EKP** sind in ◻ Abb. 59.3b–d und im zugehörigen Text erläutert.

❯ Eine verzögerte, verkleinerte und verbreiterte positive Welle P2/P100 im VEP weist auf Leitungsstörungen in der afferenten Sehbahn hin.

Analyse visuell kognitiver Leistungen im VEP Mit **ereigniskorrelierten Potenzialen (EKP)** können intrakortikale Verarbeitungsschritte einschließlich **kognitiver Funktionen** (wie zum Beispiel **Aufmerksamkeit**, erfüllte oder getäuschte Er-

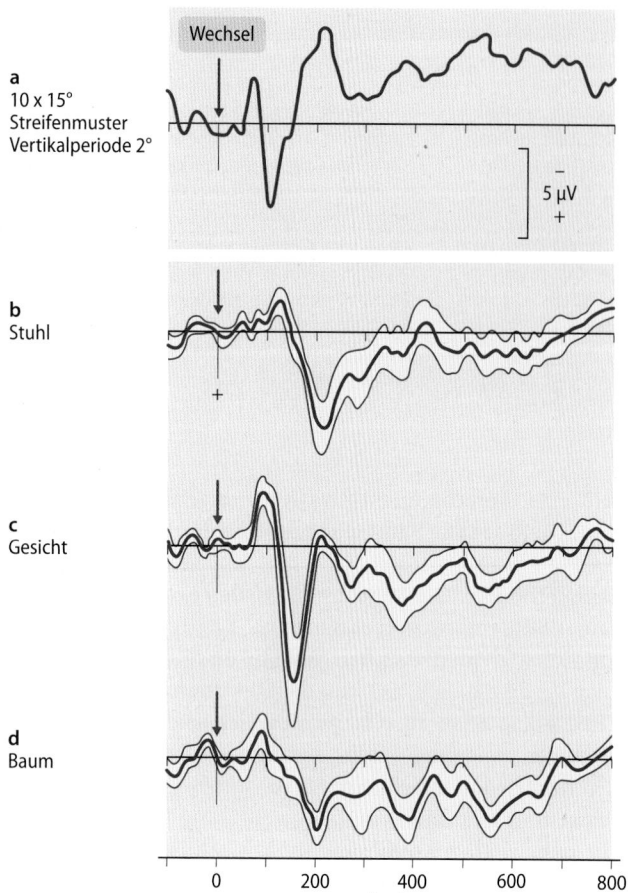

a
10 x 15°
Streifenmuster
Vertikalperiode 2°

Wechsel

5 µV
−
+

b
Stuhl

+

c
Gesicht

d
Baum

0   200   400   600   800
[ms]

◻ **Abb. 59.3a–d   Visuell evozierte Potenziale (VEP). a** Aus 40 Antworten gemitteltes VEP von einer Versuchsperson (okzipitale Elektrode). Zum Zeitpunkt des Pfeils wechselte ein vertikales Streifenmuster von 2° Periode jeweils so, dass alle schwarzen Streifen weiß und alle weißen Streifen schwarz wurden. **b–d** Ereigniskorrelierte Potenziale (EKP), die durch einen Gestaltwechsel (bei Pfeil) hervorgerufen wurden (Ableitung zwischen der zentralen Elektrode über dem Vertex, Elektrode Cz des internationalen 10–20 Systems und gekoppelten Mastoidelektroden). Mittelwerte von jeweils 40 Reaktionen fünf erwachsener weiblicher Versuchspersonen mit ihrer statistischen Fehlerbreite (gelb) dargestellt (Nach Bötzel u. Grüsser 1989)

Klinik

Schädigungen des N. opticus
Bei Kompressionen des N. opticus, wie sie bei orbitalen Tumoren oder Verletzungen des Gesichtsschädels vorkommen können, aber auch bei Sehnerventzündungen wie der Retrobulbärneuritis, die z. B. bei multipler Sklerose auftreten kann, sind Veränderungen im VEP ein sensitives Zeichen einer Schädigung. Die Leitungsgeschwindigkeit der geschädigten Axone ist reduziert, dadurch sind die Latenzzeiten der VEP-Gipfel signifikant verlängert (z. B. P100-Latenz über 120 ms) und auch die Form des VEP ist verändert (z. B. verkleinerte und verbreiterte P2-Amplitude). Eine weitere diagnostische Hilfe ist die Seitendifferenz bei monokulärer Reizung beider Augen. Das nichtinvasive Verfahren des VEP lässt sich sehr gut zur Frühdiagnostik und zu Verlaufskontrollen einsetzen.

wartung) abgelesen werden. Im Gegensatz zum exogenen VEP handelt es sich beim EKP um endogene Potenziale. Diese kognitiven Potenziale sind oft unabhängig von der Sinnesmodalität über die sie ausgelöst werden. So tritt die sog. **„mismatch negativity"** (N200, 150–250 ms) nicht nur bei einem abweichenden visuellen Reiz in einer Reizfolge, sondern auch bei entsprechend unerwarteten Tönen in einer Tonfolge auf. Die parietal maximale P300 reflektiert **Bewertungs- und Entscheidungsprozesse**. Eine verkleinerte P300 wird als ein Zeichen bei der **Demenzdiagnostik** gewertet.

◻ Abb. 59.3b–d zeigt visuelle EKP, die Unterschiede bei der Verarbeitung von Gesichtern im Vergleich zu anderen Objekten zeigen. In den durch drei Stimuluskategorien (Stuhl, Gesicht, Baum) ausgelösten VEP zeigen sich deutliche Unterschiede. Das durch Gesichter hervorgerufene VEP enthält „gesichterspezifische" Komponenten im Zeitbereich zwischen 100 und 300 ms nach Reizbeginn.

❯ Die frühen Komponenten des VEP sind exogene, sensorische Potenziale, die späteren Wellen repräsentieren endogene kortikale Prozesse.

In Kürze

Mit den **visuell evozierten Potenzialen (VEP)** steht eine Methode zur objektiven Messung von visuell afferenten und kortikalen Funktionen zur Verfügung. Die Ableitung kortikaler Summenpotenziale und die Beurteilung von Form und Latenz der frühen P100–Welle werden für die Diagnostik der afferenten Sehbahn verwendet. Die endogenen **ereigniskorrelierten Potenziale (EKP)** sind spätere Komponenten, die zur Prüfung **kognitiver Leistungen** genutzt werden (z. B. mismatch negativity und P300).

59.3   Tiefenwahrnehmung

Die Tiefenwahrnehmung kommt durch monokulare Signale und durch das stereoskopische binokulare Tiefensehen zustande.

Mechanismen des Tiefensehens   Wir nehmen unsere Umwelt als ein nach **räumlicher Tiefe** gestaffeltes **Sehfeld** wahr, in dem wir die **Entfernungen** der Gegenstände relativ gut abschätzen können. Der räumliche Tiefeneindruck entsteht durch monokulare visuelle **Anhaltspunkte** und im näheren Bereich durch das binokulare **stereoskopische Sehen**.

Monokulare Tiefenwahrnehmung   Monokulare Signale, die beim Sehen mit einem Auge eine räumliche Tiefenwahrnehmung ermöglichen, sind die zur Scharfeinstellung erforderliche **Akkommodation**, **Größenunterschiede** bekannter Gegenstände, **Schatten**, **perspektivische Verkürzungen** und die **Farbsättigung** entfernter Sehdinge bei Dunst oder Nebel. Besonders robuste Mechanismen sind die **Verdeckung** von fernen durch nahe Dinge und die **Bewegungsparallaxe** (Verschiebungen von Objekten relativ zueinander) bei Kopf- und Eigenbewegungen. Nahe Gegenstände verschieben sich stärker als ferne, und Gegenstände näher als unser Fixationspunkt bewegen sich in Gegenrichtung zu unserer eigenen Bewegung während die Objekte hinter dem Fixationspunkt sich in dieselbe Richtung wie wir bewegen.

Binokulare Stereoskopie   Da sich die Augen seitlich versetzt im Kopf befinden, ist das Netzhautbild eines Gegenstandes in endlicher Entfernung aus geometrisch-optischen Gründen auf jeder Netzhaut unterschiedlich. Die seitliche Verschiebung (**Querdisparation**) der beiden Netzhautbilder ist umso größer, je näher oder entfernter ein Gegenstand im Vergleich zum Fixationspunkt ist (◘ Abb. 59.4). Das räumliche Sehen mithilfe der unterschiedlichen Netzhautbilder ist besonders für Objekte im Greifraum und in der näheren Umgebung wichtig.

Horopter   Netzhautorte, auf denen in beiden Augen derselbe Punkt im Sehraum abgebildet ist, werden korrespondierende Netzhautstellen genannt. Der Fixationspunkt fällt in beiden Augen auf die Foveae, die damit korrespondierende Netzhautstellen sind. Alle Punkte, die gemeinsam mit dem Fixationspunkt auf korrespondierende Netzhautstellen fallen, liegen definitionsgemäß auf einer Fläche im Raum, die **Horopter** genannt wird. Sein Horizontalschnitt geht durch die Knotenpunkte des optischen Systems beider Augen und den Fixationspunkt (**Horopterkreis**, ◘ Abb. 59.4). Die **Querdisparationen** α und β eines Objekts außerhalb des Horopters liegen nasal („ferner"), die Querdisparationen α' und β' eines Objekts innerhalb jedoch temporal der korrespondierenden Netzhautstellen („näher").

Binokulare Fusion   Das binokulare Einfachsehen ist nur möglich, wenn die Querdisparation einen kritischen Wert nicht überschreitet. Wie in ◘ Abb. 59.4 illustriert ist, werden alle Gegenstände außerhalb oder innerhalb des **Horopters** auf nicht korrespondierenden Netzhautstellen abgebildet. Beim normalen binokularen Sehen werden die dadurch bedingten **Doppelbilder** unterdrückt (**binokulare Fusion**). Größere Querdisparationen von über 12–16 Winkelminuten (Summe der Winkel α und β oder α' und β' der ◘ Abb. 59.4) überfordern die Fusion und die **Doppelbilder** werden störend wahrgenommen (z. B. beim Schielen, ► Kap. 60.1.5).

Neurophysiologie   Das neurophysiologische Korrelat der stereoskopischen Tiefenwahrnehmung sind Nervenzellen mit geometrisch verschiedener binokularer Konvergenz in **V1** und **V2** (► Kap. 58.2), die als **Null-Disparität-Zellen** vom Horopter oder als **Nah- und Fern-Zellen** von innerhalb oder außerhalb des Horopters optimal erregt werden. Die **Null-Disparität-Zellen** haben binokulare rezeptive Felder an korrespondierenden Netzhautstellen beider Augen und werden daher durch Konturen vom Fixationspunkt und im Horopterbereich am stärksten aktiviert.

Ein anderer Teil der binokular aktivierten Neurone hat rezeptive Felder, die in der linken und der rechten Retina

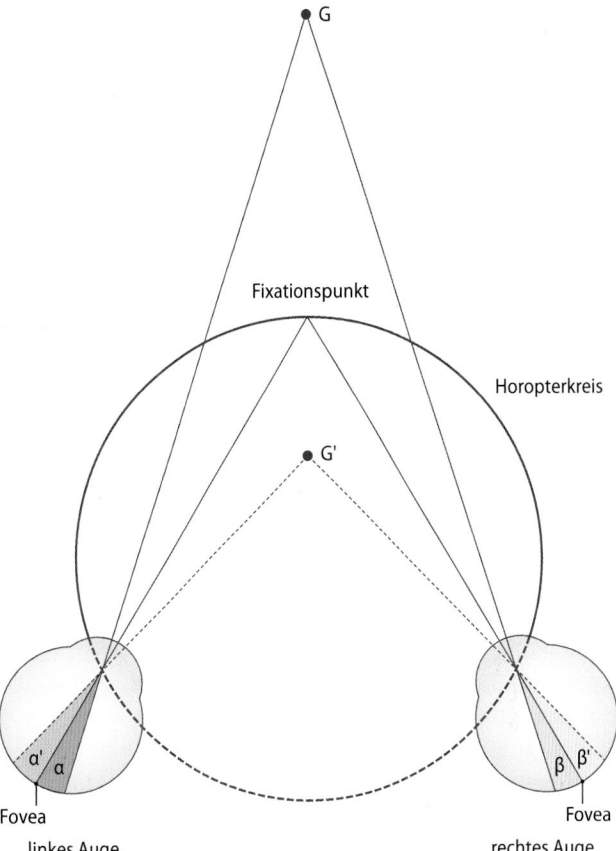

◘ **Abb. 59.4   Schema des Binokularsehens.** Befindet sich ein Gegenstand (G) weiter entfernt als die Horopterebene, so wird sein Bild im linken Auge rechts, im rechten Auge links (d. h. jeweils nasal) von der Fovea entworfen (Querdisparationen α, β). Ist der Gegenstand näher als die Horopterebene (G'), dann ist seine Verschiebung auf der Retina entgegengesetzt (nach temporal von der Fovea, α', β')

nicht exakt korrespondierenden Netzhautstellen entsprechen, sondern nach nasal oder temporal verschoben sind. Diese Nervenzellen werden optimal aktiviert, wenn die Abbildung eines Objekts genau die entsprechende Querdisparation auf den beiden Netzhäuten aufweist. Im Vergleich zur Fixationsebene signalisieren **Nah-Zellen** mit temporalwärts verschobenen Feldern dann „näher" und **Fern-Zellen** mit nasalwärts verschobenen Feldern „weiter entfernt" als der Horopter.

> **In Kürze**
>
> **Tiefenwahrnehmung** entsteht durch unterschiedliche Mechanismen mit einem Auge (monokular) oder mit zwei Augen (binokular). Beim **binokularen stereoskopischen Sehen** werden die horizontalen Abbildungsunterschiede zwischen den beiden Augen (Querdisparation) zur Errechnung der räumlichen Tiefe genutzt. Dies erfolgt durch spezifische Fern- und Nah-Neurone im visuellen Kortex (V1, V2). Dieser Mechanismus ist für nahe und mittlere Entfernungen relevant. Durch den zentralen Vorgang der binokularen Fusion werden die gegeneinander verschobenen Bilder zu einem Sinnes-

eindruck verschmolzen, sofern die Querdisparation nicht zu groß ist.

Die **monokulare Tiefenwahrnehmung** beruht auf Verdeckung ferner Objekte durch nähere, Bewegungsparallaxe bei Kopf- und Eigenbewegungen, Akkommodation, Größenunterschieden, Perspektive, Schatten, Farbsättigung und Konturunschärfe.

59.4   Farbensehen

59.4.1   Sinnesphysiologie der Farbwahrnehmung

Beim Farbensehen gelten physiologische Regeln, die weit über eine physikalische Bestimmung der Wellenlänge von Lichtreizen hinausgehen.

Farbenraum   Die reinen bunten Farben (**Farbtöne**) bilden ein Kontinuum, das durch die Mischung mit Graustufen (**Sättigung**) und die **Helligkeit** zu einem dreidimensionalen **Farbenraum** ergänzt wird, der alle **Farbvalenzen** beschreibt. Farbton und Sättigung beschreiben eine **Farbart**. Ein reines Rot ergibt mit Weiß gemischt die Farbart Rosa, mit Schwarz die Farbart Braun. Jede Farbart kann in vielen unterschiedlichen Helligkeitswerten vorliegen. Die Zahl der **unterscheidbaren Farbvalenzen** ergibt sich multiplikativ aus der Zahl der unterscheidbaren Farbtöne (ca. 200–400), Sättigungsstufen (ca. 20–25) und Helligkeitsstufen (ca. 500–700). Entsprechend hat ein normal Farbtüchtiger einen Farbenraum mit etwa **2–7 Mio. unterscheidbaren Farbvalenzen**.

Arten der Farbwahrnehmung   Bei der Farbwahrnehmung unterscheiden wir bunte Farben (Rot, Orange, Blau usw.) und unbunte Farben vom tiefsten Schwarz über die verschiedenen Graustufen zum hellsten Weiß. Nur ein Teil der bunten Farben ist im **sichtbaren Spektrum** des Sonnenlichts enthalten (Regenbogen). Die **Purpurfarben** zwischen Blau und Rot kommen im Spektrum des Sonnenlichtes nicht vor. Insofern ist unser Farbensehen kein physikalisches Messsystem für Wellenlängen. Unsere Farbwahrnehmung entsteht maßgeblich durch physiologische Prozesse im Gehirn.

❯ **Beim Farbensehen sieht das Gehirn mehr als die Augen.**

Subtraktive Farbmischung   Die Mischung von Malerfarben wird als **subtraktive Farbmischung** bezeichnet. Sie ist ein rein **physikalischer Vorgang**, bei dem die Pigmente der Malerfarbe breitbandige Farbfilter darstellen, die Teile der spektralen Anteile des Lichts absorbieren und nur die verbleibenden Anteile reflektieren. Mischt man eine gelbe Pigmentfarbe, die kurzwellige Anteile des weißen Lichts absorbiert, und eine blaue Pigmentfarbe, die die langwelligen Anteile absorbiert, so treffen nur die verbleibenden Anteile aus dem

mittleren Wellenlängenbereich auf das Auge und als Mischfarbe wird Grün wahrgenommen (■ Abb. 59.5a).

Additive Farbmischung   Eine **additive Farbmischung** entsteht, wenn auf die **gleiche Netzhautstelle** Licht verschiedener Wellenlänge fällt. Die Mischung von Gelb und Blau kann hierbei im Gegensatz zur subtraktiven Farbmischung z. B. Weiß ergeben (■ Abb. 59.5b). Die additive Farbmischung ist ein **physiologischer (neuronaler) Mechanismus**. Aus monochromatischen Farben lassen sich durch additive Farbenmischung Farbtöne eines anderen Bereichs des Spektrums oder des nicht spektralen Bereichs zwischen Rot und Blau (**Purpur**) erzeugen. So kann z. B. Weiß durch Mischung von zwei Komplementärfarben entstehen und durch additive Mischung von zwei oder drei Farbtönen können alle beliebigen anderen Farbarten erzeugt werden (▸ Normfarbtafel, s. u.). Farbfernseher und Farbmonitore nutzen die additive Farbmischung: die roten, grünen und blauen (RGB) Farblichtpunkte liegen so eng beieinander, dass sie bei hinreichender Beobachtungsdistanz auf einen Netzhautort fallen an dem sie verschiedene Zapfentypen zugleich erregen können (▸ Abschn. 59.4.2). Für den normal Farbtüchtigen (etwa 95 % der Bevölkerung) kann so jede Farbart durch eine additive Farbmischung erzeugt werden.

Normfarbtafel   Die Normfarbtafel (■ Abb. 59.5c) dient zur geometrischen Darstellung der sinnesphysiologischen (additiven) Farbmischung. Werden zwei Farben aus der Normfarbtafel miteinander **additiv** gemischt, so wird eine Farbart wahrgenommen, die auf einer Geraden zwischen den beiden Mischfarben liegt. Die Farbe Weiß entsteht durch additive Farbmischung von **Komplementärfarben**, die in der Normfarbtafel (■ Abb. 59.5c) auf Geraden liegen, die durch den Weißpunkt E verlaufen. **Purpurfarben** entstehen durch additive Mischung von monochromatischem Licht der beiden Enden des Spektrums.

❯ **Farben, deren Verbindungslinie in der Normfarbtafel durch den Weißpunkt verläuft (Gegenfarben), ergeben bei additiver Farbmischung Weiß.**

Farbkonstanz   Unter natürlichen **Beleuchtungsbedingungen** ist die Wahrnehmung der Oberflächenfarben von der spektralen Zusammensetzung des Lichtes innerhalb bestimmter Grenzen unabhängig. Dabei interpretieren wir die spektrale Reflektanz der Objektoberflächen jeweils in Relation zur Beleuchtung und zu anderen Objekten im Sehraum. Die Farbkonstanz ist zur Wiedererkennung der Objekte in der natürlichen Umwelt unter verschiedenen Beleuchtungsbedingungen wichtig (z. B. bläuliches Mittagslicht, rötliches Licht beim Sonnenuntergang). Bei spektral eingeschränktem Kunstlicht stößt die Farbkonstanz an ihre Grenzen: Die Farben von Stoffmustern erscheinen uns bei Kunstlicht oft anders als bei Tageslicht.

a subtraktive Farbmischung

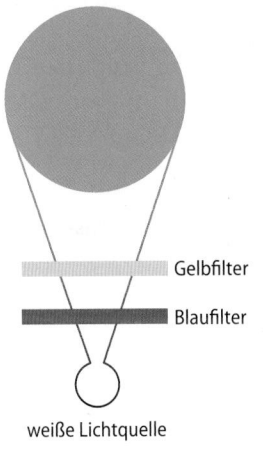

Gelbfilter

Blaufilter

weiße Lichtquelle

b additive Farbmischung

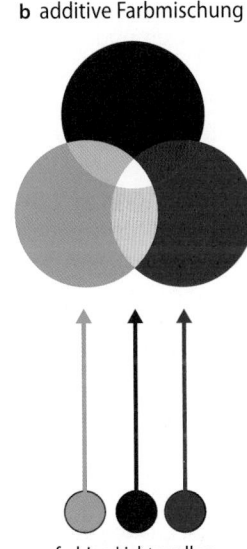

farbige Lichtquellen

☐ **Abb. 59.5a–d Farbmischung, Normfarbtafel und spektrale Absorptionskurven der Photopigmente von Zapfen und Stäbchen. a** Subtraktive Farbmischung. **b** Additive Farbmischung. **c** Normfarbtafel nach DIN 5033. Der Weißbereich liegt um den Punkt E. Die „Basis" des „Farbendreiecks" bilden die Purpurtöne. Die additive Mischfarbe M zwischen zwei beliebigen Farben A und B liegt auf der Geraden AB. Komplementärfarben liegen jeweils auf Geraden durch den Weißpunkt E. **d** Normierte spektrale Absorptionskurven der Sehfarbstoffe der drei verschiedenen Zapfentypen (K=kurzwellig; M=mittelwellig; L=langwellig) und der Stäbchen (S) in der menschlichen Netzhaut wurden mikrophotometrisch bestimmt. Unterhalb ist die Zuordnung der Farben des sichtbaren Spektrums zu den Wellenlängen dargestellt. Ultraviolette Strahlung (UV) und infrarote Strahlung (IR) liegen außerhalb des sichtbaren Bereichs

c

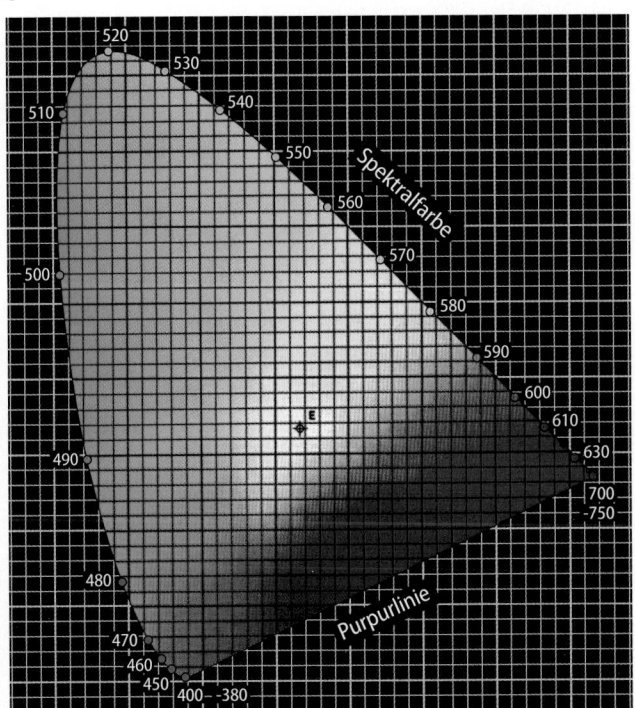

Normfarbtafel nach DIN 5033 (Mittelpunktsvalenz E)

d

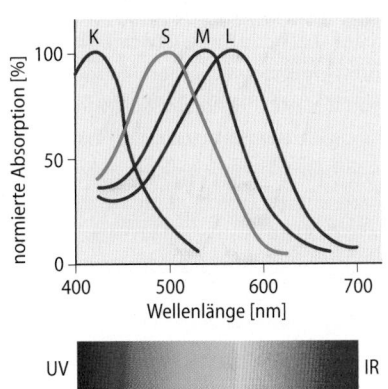

59.4.2 Neurophysiologie des Farbensehens

Die trichromatische Farbverarbeitung der drei verschiedenen Zapfensysteme der Netzhaut wird im zentralen Sehsystem durch antagonistische Prozesse (Gegenfarbenneurone) ergänzt.

Spektrale Absorptionskurven   Die **Mikrospektrophotometrie** bestimmt die **spektralen Absorptionskurven** einzelner Stäbchen und Zapfen (☐ Abb. 59.5d). Die Absorptionskurve für die **Stäbchen** entspricht der des Rhodopsins und stimmt in guter Näherung mit der spektralen Empfindlichkeit des skotopischen Sehens überein (☐ Abb. 57.2). Die drei **Zapfentypen** mit ihren verschiedenen Sehfarbstoffen (Jodopsine oder Zapfenopsine; ► Kap. 57.2.2) haben unterschiedliche spektrale Absorptionsmaxima: **K-Zapfen** im kurzwelligen Bereich bei **420 nm** (Blau), **M-Zapfen** im mittelwelligen Bereich bei **535 nm** (Grün) und **L-Zapfen** im langwelligen Bereich bei **565 nm** (Gelb, oft als „Rotzapfen" bezeichnet). Die drei Zapfentypen verteilen sich zur Peripherie mit abnehmender Dichte über die gesamte Netzhaut (☐ Abb. 57.8), wobei es in der Fovea keine K-Zapfen gibt. In ☐ Abb. 59.5d sind die Absorptionskurven normiert dargestellt. Die **absolute Empfindlichkeit** der Stäbchen ist ca. 2 Zehnerpotenzen höher und die der K-Zapfen etwa 1,5 Zehnerpotenzen niedriger als die der M- und L-Zapfen. Stäbchen und mittel- und langwellige Zapfen haben ein **zweites Absorptionsmaximum** im ultravioletten Bereich bei 350 nm. Diese Empfindlichkeit für UV-Licht wird funktionell durch die UV-blockierende Filterfunktion der optischen Medien ausgeschaltet und ist deshalb in ☐ Abb. 59.5d nicht dargestellt.

Signalverarbeitung in der Netzhaut   Die drei verschiedenen Zapfensysteme (K, M, L) sind die unabhängigen Rezeptoren des photopischen Sehens. Die primäre Signalaufnahme in der Netzhaut erfolgt demnach **trichromatisch**. Die trichromatische **Farbtheorie von Young, Maxwell und Helmholtz** besagt, dass durch Mischung von drei monochromatischen Farben jede beliebige Farbe erzeugt werden kann. Licht einer gegebenen Wellenlänge erregt jeweils zwei oder drei verschiedene Sehpigmente in unterschiedlicher Stärke und durch die Verrechnung der Rezeptorsignale kann die erregende Wellenlänge ermittelt werden. Die Zapfensignale werden auf den nachfolgenden Neuronen (Bipolarzellen, Ganglienzellen) so verschaltet, dass **Gegenfarbenneurone** entstehen. Die **Gegenfarbentheorie von Hering** postuliert, dass auch durch Mischung der Gegenfarbenpaare Rot–Grün, Blau–Gelb und Schwarz–Weiß jede beliebige Farbe erzeugt werden kann. In den **parvozellulären retinalen Ganglienzellen** (▶ Kap. 57.2.4) werden die L-Zapfensignale antagonistisch mit den M-Zapfensignalen zu **Rot-Grün-Neuronen** kombiniert. In den **koniozellulären Ganglienzellen** (▶ Kap. 57.2.4) werden die K-Zapfensignale antagonistisch mit den gemeinsamen Signalen der L- und M-Zapfen zu **Blau-Gelb-Neuronen** verschaltet. Bei den häufigeren Rot-Grün- und Grün-Rot-Neuronen ebenso wie bei den selteneren Blau-Gelb-Neuronen gibt es jeweils On- und Off-Neurone.

> ❯❯ Die rezeptiven Felder der farbempfindlichen Ganglienzellen der Netzhaut basieren auf inhibitorischer Verschaltung von Gegenfarben in Zentrum und Umfeld.

Rezeptive Felder farbempfindlicher, zentraler Neurone   Die rezeptiven Felder der farbempfindlichen parvozellulären und koniozellulären Neurone im Corpus geniculatum laterale und die Gegenfarbenneurone der primären Sehrinde (◼ Abb. 58.4c) entsprechen denen der retinalen Ganglienzellen. Sie sind nicht wirklich farbspezifisch, da sie auch auf Helligkeitsunterschiede reagieren. Erst die **Doppelgegenfarbenneurone** in den zytochromoxidasereichen Bereichen der primären Sehrinde sind farbspezifisch. Sie reagieren unabhängig von der Beleuchtung nur auf den **Farbkontrast** zwischen Zentrum und Peripherie des rezeptiven Feldes (▶ Farbkonstanz).

Rot-Grün-Doppelgegenfarbenneuronen
Bei Rot-Grün-Doppelgegenfarbenneuronen stehen [Rot+] und [Grün−] Antworten im Zentrum [Rot-] und [Grün+] Antworten in der Peripherie gegenüber. Auf eine Veränderung des Rotanteils in der Beleuchtung würden sie nicht reagieren, da sich die entgegengesetzten Rotantworten in Zentrum und Peripherie aufheben.

Die farbspezifischen Zellen in hV4 (▶ Abschn. 59.1.2) reagieren nur auf relativ enge Ausschnitte des Farbenraumes.

Farbkontrastphänomene   Umgibt ein leuchtend grüner Ring eine graue Fläche, so erscheint diese infolge von **farbigem Simultankontrast** leicht rötlich getönt. Verschwindet der Ring, so sieht der Beobachter auf weißem Hintergrund den **farbigen Sukzessivkontrast**: einen roten Ring, der eine grünliche Binnenstruktur umgibt. Farbige Nachbilder erscheinen jeweils im Farbton der Gegenfarbe.

59.4.3   Störungen des Farbensehens

Man unterscheidet periphere Störungen des Farbensinnes im Auge und zentrale Farbwahrnehmungsstörungen in höheren Kortexarealen.

Arten von Farbsinnesstörungen   Störungen des Farbensehens sind meist entweder durch eine pathologische Veränderung der Sehfarbstoffe, der Signalverarbeitung in den Photorezeptoren und in den nachgeschalteten Nervenzellen oder durch eine Veränderung der spektralen Durchlässigkeit des dioptrischen Apparates bedingt. Bei den peripheren Farbsinnesstörungen unterscheidet man zwei große, genetisch bedingte Klassen, die **trichromatischen** und die **dichromatischen Störungen des Farbensehens**. Viel seltener treten **zentrale Störungen der Farbwahrnehmung** als Folge von Läsionen der extrastriären visuellen Hirnrinde auf.

Anomalien beim trichromatischen Sehen   Die mildeste Form der Farbsinnesstörungen ist die **Farbanomalie, bei der ein Rezeptortyp schwächer ausgeprägt ist.** Die Menge der von farbanomalen Trichromaten unterscheidbaren Farbvalenzen ist im Vergleich zum normal farbtüchtigen Menschen reduziert. Es gibt drei Klassen von Farbanomalien: Am häufigsten sind die **Rot-Grün-Störungen:** Die **Protanomalie** (Rotschwäche, Männer 1,6 %) und die **Deuteranomalie** (Grünschwäche, Männer 4,2 %). **Die Rot-Grün-Störungen** sind bei Männern wesentlich häufiger, weil sich die verantwortlichen Gene auf dem X-Chromosom befinden und rezessiv vererbt werden. Bei Frauen steht für einen Defekt auf einem X-Chromosom noch ein zweites zur Kompensation zur Verfügung. Die **Tritanomalie** (Blauschwäche) ist sehr selten (gemeinsam mit der Tritanopie 0,0001 %), bei ihr liegt das verantwortliche Gen nicht auf dem X-Chromosom, sondern auf Chromosom 7.

Dichromatisches Sehen   Bei einer geringeren Zahl von Farbensehstörungen fehlt einer der drei Farbrezeptoren vollständig. **Protanope** (Rotblinde, 0,7 % der Männer) und **Deuteranope** (Grünblinde, 1,5 % der Männer) können den Farbenraum nur durch die Mischung von **zwei** Primärfarben vollständig beschreiben. Damit ist die Zahl der unterscheidbaren Farbvalenzen sehr viel kleiner als bei Trichromaten.

Die sehr selten vorkommende, **autosomal rezessiv vererbte Tritanopie** (Blaublindheit) ist durch eine Gelb-Blau-Verwechslung charakterisiert. Das blauviolette Ende des Spektrums sowie der Bereich zwischen 565 und 550 nm erscheinen den Tritanopen in Grautönen. Das **skotopische Sehen** ist bei den genannten Farbsinnesstörungen i. d. R. normal.

Totale Farbenblindheit   Weniger als 1 Millionstel der Bevölkerung sind total farbenblind und sehen die Welt etwa so, wie ein normal Farbtüchtiger sie auf einem Schwarz-Weiß-Bild wahrnimmt. Total Farbenblinde („Monochromaten") leiden meist auch unter einer Störung der Helladaptation im photopischen Bereich. Ihre Blendungsschwelle ist sehr niedrig (Ausfall der Blockade der Stäbchenamakrinen durch Zapfensignale, ▶ Kap. 58.3). Normales Tageslicht ist für sie unangenehm, weshalb sie Tageslicht meiden und meist Sonnenbrillen tragen („Photophobie"). Da total Farbenblinde die spektrale Helligkeitskurve des Normalen für den **skotopischen Adaptationsbereich** haben (◼ Abb. 57.7), obwohl ihre Netzhaut Stäbchen und Zapfen aufweist, ist anzunehmen, dass beide Rezeptortypen hier Rhodopsin (◼ Abb. 57.3b) als Sehfarbstoff enthalten.

Störungen des Stäbchensystems   Menschen mit Funktionsstörungen der Stäbchen haben keine Farbsinnesstörungen, zeigen jedoch eine **eingeschränkte Dunkeladaptation**. Ursache dieser **Nachtblindheit** kann ein Mangel von Vitamin A_1 in der Nahrung sein, das Vorstufe des Retinals der Sehfarbstoffe ist (▶ Kap. 57.2.2).

Prüfung des Farbsinns mit dem Anomaloskop   Im Anomaloskop von Nagel wird eine **additive Farbmischung** (▶ Abschn. 59.4.1) zur Prüfung von Farbsinnesstörungen genutzt. Auf die eine Hälfte einer Kreisfläche wird spektrales Gelb (λ = 589 nm) projiziert, auf die andere Hälfte ein Gelb, das aus Mischung von spektralem Rot (λ = 671 nm) mit spektralem Grün (λ = 546 nm) entsteht. Die Versuchsperson muss die Mischung aus Rot und Grün so einstellen, dass die Mischfarbe Gelb von der Spektralfarbe Gelb nicht mehr zu unterscheiden ist. Normal Farbtüchtige stellen für den Rotanteil etwa 40, für den Grünanteil etwa 33 von 73 relativen Einheiten ein. Durch abweichende Einstellungen können Rot- und Grünstörungen sowie totale Farbenblindheiten differenziert werden.

❯ X-Chromosal-rezessiv vererbte Rot-Grün-Farbsinnesstörungen treten bei Frauen (0.4 %) viel seltener als bei Männern (8 %) auf.

Zentrale Störungen der Farbwahrnehmung   Bei Läsionen im Bereich von hV4 (durch Verschluss von Ästen der A. cerebri posterior) entsteht eine **kortikale Hemiachromatopsie:** Die kontralateral zur Läsion gelegene Gesichtsfeldhälfte wird nur noch in Hell-Dunkel-Tönen wahrgenommen, während in der ipsilateralen Gesichtsfeldhälfte das Farbensehen erhalten ist. Eine bilaterale Läsion bewirkt eine vollständige **kortikale Achromatopsie**. Die Patienten sehen die ganze Welt nur noch in Grautönen.

Aus dem Bereich der Area hV4 des Menschen gibt es **Verbindungen zum Gyrus angularis** der linken Hirnhälfte. Patienten mit Läsionen dieser Verbindungen oder des Gyrus angularis selbst können Farben und Objekte nur noch schwer einander zuordnen. Es kommt oft zum Verlust der richtigen **Benennung** der Farben (**Farbenanomie**). Bei diesen Patienten lässt sich keine der „peripheren" Farbsinnesstörungen nachweisen. Sie stellen z. B. Farbmischungsgleichungen am Anomaloskop richtig ein.

In Kürze

Die Grundlagen der **Farbwahrnehmung** bestehen in der differenziellen Verrechnung der Signale von drei Zapfentypen (kurz-, mittel- und langwellig) in der Netzhaut und der nachfolgenden Verarbeitung von zunehmend farbspezifischen Neuronen in der Sehrinde und höheren kortikalen Arealen. Aufgrund von Farbton, Sättigung und Helligkeit können wir etwa 2–7 Mio. unterschiedliche Farbvalenzen wahrnehmen. Dabei bedient sich unser Sehsystem der physiologischen **additiven Farbmischung**.

Es gibt verschiedene periphere Störungen des Farbensinnes. Bei den **Farbanomalien** sind alle drei Rezeptortypen vorhanden (trichromatisch), aber ein System ist relativ schwächer als die anderen ausgeprägt. Bei den **Farbenblindheiten** fehlt ein Rezeptortyp, das Farbensehen erfolgt dann dichromatisch. Eine totale Farbenblindheit liegt bei Stäbchenmonochromaten vor, denen alle Zapfentypen fehlen. Die genetische Information für das mittel- und langwellige Photopigment befindet sich auf dem **X-Chromosom**. Deshalb treten Rot-Grün-Schwächen und Rot-Grün-Farbenblindheiten bei Männern wesentlich häufiger als bei Frauen auf. **Zentrale Störungen der Farbwahrnehmung** betreffen speziell Area hV4.

Literatur

Anzai A, DeAngelis GC (2010) Neural computations underlying depth perception. Curr Opin Neurobiol 20:367–375

Kandel ER, Schwartz JH, Jessell TM, Siegelbaum SA, Hudspeth AJ (Hrsg.) (2013) Principles of neural science. 5. Aufl., McGraw-Hill, New York

Milner DA, Goodale MA (2006) The visual brain in action. 2nd Edition, Oxford University Press, Oxford pp. 297

Solomon SG, Lennie P (2007) The machinery of colour vision. Nature Rev Neurosci 8:276–286

Wandell BA, Dumoulin SO, Brewer AA (2007) Visual Field Maps in Human Cortex. Neuron 56: 366–383

Augenbewegungen und Pupillomotorik

Ulf Eysel

© Springer-Verlag GmbH Deutschland, ein Teil von Springer Nature 2019
R. Brandes et al. (Hrsg.), *Physiologie des Menschen*, Springer-Lehrbuch
https://doi.org/10.1007/978-3-662-56468-4_60

Worum geht's? (◘ Abb. 60.1)

Das Sehen ist mit wichtigen motorischen Funktionen verbunden

Die Motorik spielt beim Sehen eine wichtige Rolle, bei der **Akkommodation** (▶ Kap. 56.3), der **Pupillenreaktion** und insbesondere bei den spontanen, reflektorischen und zielgerichteten **Augenbewegungen**. Die visuelle Wahrnehmung ist das Ergebnis der Wechselwirkung sensorischer und motorischer Leistungen des Auges und des Zentralnervensystems.

Augenbewegungen explorieren die Welt und erweitern das Gesichtsfeld zum Blickfeld

Wenn wir Objekte genauer betrachten, werden sie mithilfe von sprungartigen Augenbewegungen und Fixationsperioden abgetastet (◘ Abb. 60.2). Durch die ausgedehnte, **freie Beweglichkeit der Augen** kann das Gesichtsfeld zielgenau in alle Richtungen erweitert werden. Verschiedene Klassen von Augenbewegungen stehen dazu zur Verfügung. Während **Fixationsperioden** werden interessante Eigenschaften analysiert, mit **sprungartigen Bewegungen** werden neue Objekte eingefangen. Langsamere **Folgebewegungen** halten das Ziel im Zentrum des Blicks. Kopfbewegungen werden durch Augenbewegungen kompensiert, um die Bilder stabil und aufrecht zu halten.

Die Pupillenweite reguliert die Beleuchtungsstärke auf der Netzhaut und verändert die Tiefenschärfe

Schnelle Änderungen der Umweltleuchtdichte beeinflussen die Sehleistung (Blendung oder zu wenig Licht auf der Netzhaut). Die **dynamische Regelung der Pupillenweite** stellt einen ersten Mechanismus zur Anpassung an wechselnde Leuchtdichten dar. Bei der Naheinstellung der Sehschärfe hilft die Verengung der Pupille zur Erhöhung der Tiefenschärfe.

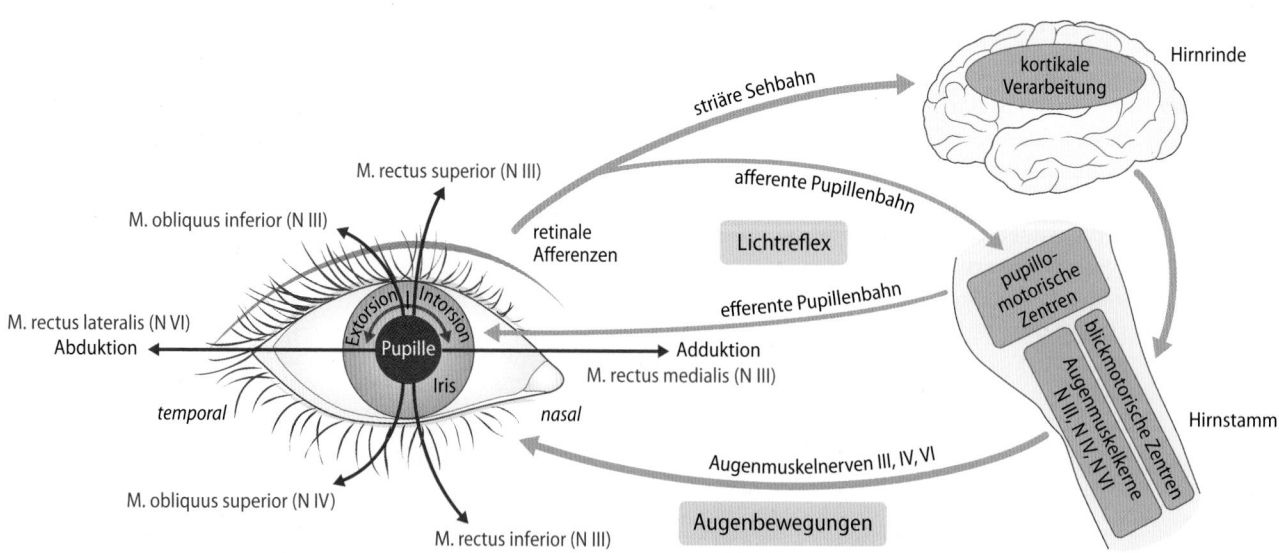

◘ **Abb. 60.1** **Augenbewegungen und Pupillomotorik.** Auge mit Bewegungsrichtungen, Zugrichtungen der Augenmuskeln und neuronaler Steuerung aus blickmotorischen Zentren

60.1 Augenbewegungen

60.1.1 Grundfunktionen der Visuomotorik

Die Augen sind frei beweglich und erschließen damit ein Blickfeld, das weit über das Gesichtsfeld der unbewegten Augen hinausgeht.

Blickbewegungen Hauptaufgabe der Blickbewegungen ist es, stationäre Objekte zu **erfassen** und bewegte Objekte zu **verfolgen**. Die Blickbewegungen lenken die Stelle des schärfsten Sehens der Netzhaut beider Augen (Fovea) auf das jeweils in einem „Augenblick" interessierende Objekt. Hat dieses eine größere Ausdehnung, so „tastet" unser Blick das Objekt ab. Dies sind aktive visuomotorische Leistungen beim Sehen, die Aufmerksamkeit erfordern. Nur wenn wir in Gedanken versunken sind und die Umwelt uns nicht interessiert, „stiert" der Blick ins Leere.

Kontinuierliche Wahrnehmung Durch Augen-, Kopf- und Körperbewegungen verschieben sich die Bilder der visuellen Umwelt alle 0,2–0,6 s auf der Netzhaut. Unser Gehirn erzeugt aus den diskontinuierlichen und unterschiedlichen Netzhautbildern eine einheitliche und **kontinuierliche Wahrnehmung** der visuellen Objekte („Sehdinge") und des uns umgebenden **extrapersonalen Raumes**. Trotz der retinalen Bildverschiebungen werden die Raumrichtungen („Koordinaten") richtig und die Gegenstände unbewegt wahrgenommen, weil die afferenten visuellen Signale mit der „**Efferenzkopie**" der motorischen Kommandos und mit vestibulären Signalen im Gehirn verrechnet werden (▶ Kap. 55.3).

60.1.2 Abtasten visueller Objekte

Bei der Betrachtung komplexer visueller Reizmuster bestimmen das Reizmuster und das Interesse des Beobachters die Augenbewegungen.

Augenbewegungen beim Betrachten Beim freien Umherblicken in einem visuell gut strukturierten Raum treten sprungartige Augenbewegungen (Sakkaden, ▶ Abschn. 60.1.4) in allen Richtungen auf. ◻ Abb. 60.2 zeigt die zweidimensionale Aufzeichnung der **Augenposition** einer Versuchsperson bei der Betrachtung eines Gesichtes und einer Vase. **Konturen, Konturunterbrechungen, Konturüberschneidungen** der betrachteten Objekte sind bevorzugte Fixationspunkte. Darüber hinaus bestimmt auch das **Interesse** an dem betrachteten Objekt und dessen **Bedeutung** die Art der Fixationen. Schaut man ein Gesicht an, so werden Augen und Mund häufiger fixiert als andere Bereiche. I. d. R. wird die rechte Gesichtshälfte des Betrachteten um etwa 30 % länger angesehen als die linke.

Augenbewegungen beim Lesen Eine besonders regelhafte Form der Augenbewegungen tritt beim Lesen auf: Der Fixationspunkt verschiebt sich beim Lesen westlicher Texte in

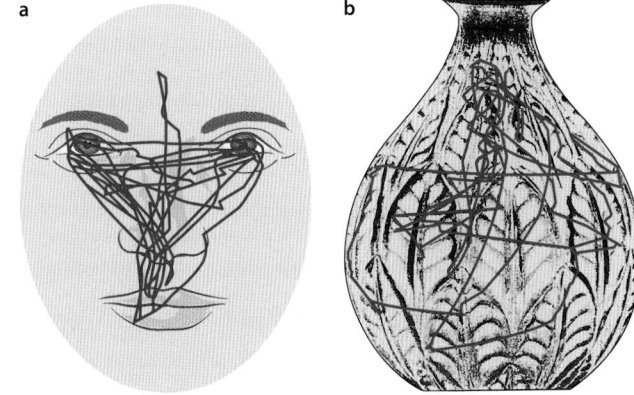

◻ **Abb. 60.2   Visuelles Abtasten von Bildern.** Bei Betrachtung **a** eines Gesichts und **b** einer Vase wurden die Augenbewegungen zweidimensional aufgezeichnet. (Nach Yarbus 1967)

raschen Sprüngen (**Sakkaden**, ▶ Abschn. 60.1.4) von links nach rechts über die Zeile. Zwischen den Sakkaden liegen **Fixationsperioden** von 0,2–0,6 s Dauer (◻ Abb. 60.3g–h). Ist der Fixationspunkt beim Lesen am Zeilenende angelangt, so bewegen sich die Augen meist mit einer Sakkade wieder nach links zum nächsten Zeilenanfang. Die Amplitude und die Frequenz der Lesesakkaden sind von der formalen Struktur des Textes (Größe, Gliederung, Groß- und Kleinschreibung) abhängig. Sie werden jedoch auch vom **Textverständnis** bestimmt.

Ist ein Text unklar geschrieben oder gedanklich schwierig, so treten gehäuft **Regressionssakkaden** auf (◻ Abb. 60.3h). Dies sind Sakkaden entgegengesetzt zur „normalen" Leserichtung. Zahlreiche Regressionssakkaden kennzeichnen auch die Augenbewegungen eines gerade das Lesen lernenden Kindes. Kinder mit einer Lese- und Rechtschreibschwäche (**Legasthenie**) zeigen ebenfalls häufige Regressionssakkaden.

60.1.3 Koordination der Augenbewegungen

Konjugierte Augenbewegungen, Vergenz- und Torsionsbewegungen sind so koordiniert, dass der fixierte Gegenstand in beiden Augen jeweils in der Fovea centralis gleich abgebildet wird.

Funktion der Augenmuskeln ◻ Abb. 60.1 zeigt die Zugrichtungen der sechs äußeren Augenmuskeln und ihre Innervation durch drei Hirnnerven: N. oculomotorius (III), N. abducens (IV) und N. trochlearis (VI). Die neuronale Steuerung der Augenbewegungen wird im Hirnstamm in **prämotorischen Kernen** vorbereitet (▶ Abschn. 60.1.5). Die binokulare Koordination der Augenbewegungen bewirkt, dass fixierte Gegenstände in beiden Augen in der Fovea abgebildet werden. Man unterscheidet für das Zusammenwirken der Augen bei Änderung des Fixationspunktes oder der Kopfstellung drei unterschiedliche Programme:

Konjugierte Augenbewegungen Beide Augen bewegen sich jeweils zusammen in die gleiche Richtung. Blickhebung ist von einer Lidhebung, Blicksenkung von einer Lidsenkung begleitet, da der **M. levator palpebrae** gemeinsam mit dem **M. rectus superior** vom Okulomotoriuskern innerviert wird.

Vergenzbewegungen   Die Augen bewegen sich nicht-konjugiert spiegelbildlich zur Sagittalebene des Kopfes. Wird der Blick von einem Punkt in großer Entfernung zu einem Punkt in der Nähe verlagert, so führen beide Augen **Konvergenzbewegungen** aus, bei denen sich die Sehachsen beider Augen aufeinander zu bewegen. Eine **Divergenzbewegung** kommt zustande, wenn von einem Gegenstand in der Nähe zu einem Punkt in der Ferne geblickt wird. Die Sehachsen beider Augen bewegen sich auseinander, bis sie beim Blick in große Entfernung parallel zueinander stehen. Vergenzbewegungen haben Amplituden bis zu 5° und Geschwindigkeiten bis zu 5°/s.

Torsionsbewegungen   Hierbei handelt es sich um Drehbewegungen der Augen. Bewegt sich ein Punkt in der oberen Augenhälfte nach temporal, sprechen wir von Extorsion, bewegt er sich nach nasal von Intorsion (◼ Abb. 60.1). Gleichsinnige Torsionsbewegungen treten auf, wenn die Versuchsperson ihren Kopf zur Seite neigt. Die Torsionsbewegungen in der frontoparallelen Ebene treten als Sakkaden oder Folgebewegungen auf (▶ Abschn. 60.1.4) und sind i. d. R. nicht größer als 15°.

> ❯ Bei konjugierten Augenbewegungen bewegen sich
> die Blickachsen beider Augen gleichsinnig, bei Vergenzbewegungen gegensinnig.

60.1.4 Augenbewegungsarten

Es gibt verschiedene Arten von Augenbewegungen mit unterschiedlicher zeitlicher Dynamik: Sakkaden, Fixationsperioden, Augenfolgebewegungen und vestibulookuläre Bewegungen

Sakkaden   Beim freien Umherblicken bewegen sich unsere Augen in raschen Rucken von 10–80 ms Dauer von einem Fixationspunkt zum nächsten (◼ Abb. 60.3a–c). Die Sakkadenamplitude kann wenige Winkelminuten betragen (**„Mikrosakkaden"**), aber auch Werte über 90° erreichen. Die mittlere Winkelgeschwindigkeit der Augen während der Sakkaden nimmt mit der Sakkadenamplitude zu und erreicht bei großen Sakkaden (> 57°) Werte über 500°/s. Während der Sakkade ist die visuelle Wahrnehmung unterdrückt (sakkadische Suppression). Sakkaden sind konjugiert und können willkürlich oder reflektorisch erfolgen.

Fixationsperioden   Zwischen den Sakkaden treten pro Stunde rund 10.000 **Fixationsperioden** von 0,2–0,6 s Dauer auf (◼ Abb. 60.3a). Die zur Gestaltwahrnehmung relevante retinale Signalaufnahme erfolgt während dieser Fixationsperioden.

Gleitende Augenfolgebewegungen   Wird ein bewegtes Objekt mit den Augen verfolgt, so treten **gleitende Augenfolgebewegungen** auf (◼ Abb. 60.3e). Folgebewegungen sind willkürlich und konjugiert. Ihre Winkelgeschwindigkeit entspricht näherungsweise der Winkelgeschwindigkeit des verfolgten Objektes, wenn dieses nicht schneller als 100°/s ist. Dabei wird das Bild des bewegten Gegenstandes auf 1° genau im Bereich der Fovea centralis „gehalten". Bei höheren Geschwindigkeiten helfen Korrektursakkaden und Kopfbewegungen bei der Verfolgung des bewegten Objektes.

Gleitende Augenbewegung
Gleitende Augenbewegungen entstehen auch, wenn ein ruhender Gegenstand mit den Augen fixiert wird und der Kopf oder der ganze Körper bewegt wird: Fixieren Sie die Pupille eines Ihrer Augen im Spiegel und drehen Sie den Kopf langsam nach rechts, links, oben oder unten – jedes Auge bewegt sich gleichmäßig in der Orbita und steht im Raum still!

Augenfolgebewegungen können im Dunkeln auch durch auditorische Reize oder durch taktile Reize ausgelöst werden (◼ Abb. 60.3e). Sie sind wie die auditorischen und taktil ausgelösten Sakkaden weniger präzise und mit Sakkaden gemischt, weil die visuelle Rückkopplung fehlt.

Vestibulookuläre Bewegungen   Wird der Blick weniger als 10° um die **Grundstellung der Augen im Kopf** (Blick horizontal geradeaus) verlagert, so wird die Blickposition überwiegend durch **Augenbewegungen** verändert. Bei größeren Blickamplituden werden die Sakkaden des Auges immer von **Kopfbewegungen** begleitet. Die neuronale Aktivierung von Augenmuskeln und Halsmuskeln beginnt meist zur gleichen Zeit, jedoch wird wegen der größeren Masse des Kopfes dieser etwas später und langsamer bewegt als die Augen. Dies hat zur Folge, dass bei einer zielgerichteten Blickbewegung zunächst eine sakkadische Augenbewegung zum Blickziel ausgeführt wird und der Kopf etwas verzögert folgt, wobei gleichzeitig die Augen im Kopf zurückbewegt werden. Während dieser Phase der Kopfbewegung bleibt der Blick im Raum unbewegt (◼ Abb. 60.3d). Dieser **„vestibulookuläre Reflex"** (VOR) stabilisiert die Welt indem er Kopfbewegungen durch Augenbewegungen kompensiert. Dies wird durch vestibuläre Signale und Signale von Mechanorezeptoren der Halsmuskulatur gesteuert.

Optokinetischer Nystagmus   Ein **optokinetischer Nystagmus (OKN)** wird visuell ausgelöst und entsteht z. B., wenn man aus dem Seitenfenster eines fahrenden Eisenbahnwagens die Umwelt betrachtet. Beide Augen führen dann konjugierte gleitende Augenbewegungen entgegengesetzt zur Fahrtrichtung aus. Die Winkelgeschwindigkeit der Augenbewegungen hängt während der langsamen Nystagmusphase von der Fahrgeschwindigkeit des Zuges und der Distanz des fixierten Gegenstandes ab. Den langsamen Nystagmusphasen folgen schnelle **Rückstellsakkaden** in Fahrtrichtung. Die Richtung eines Nystagmus wird durch die Sakkadenrichtung definiert. Deshalb erfolgt ein „Eisenbahnnystagmus" definitionsgemäß immer in Fahrtrichtung. Die klinische Untersuchung des OKN ermöglicht Rückschlüsse auf Schädigungen in den beteiligten Hirnregionen.

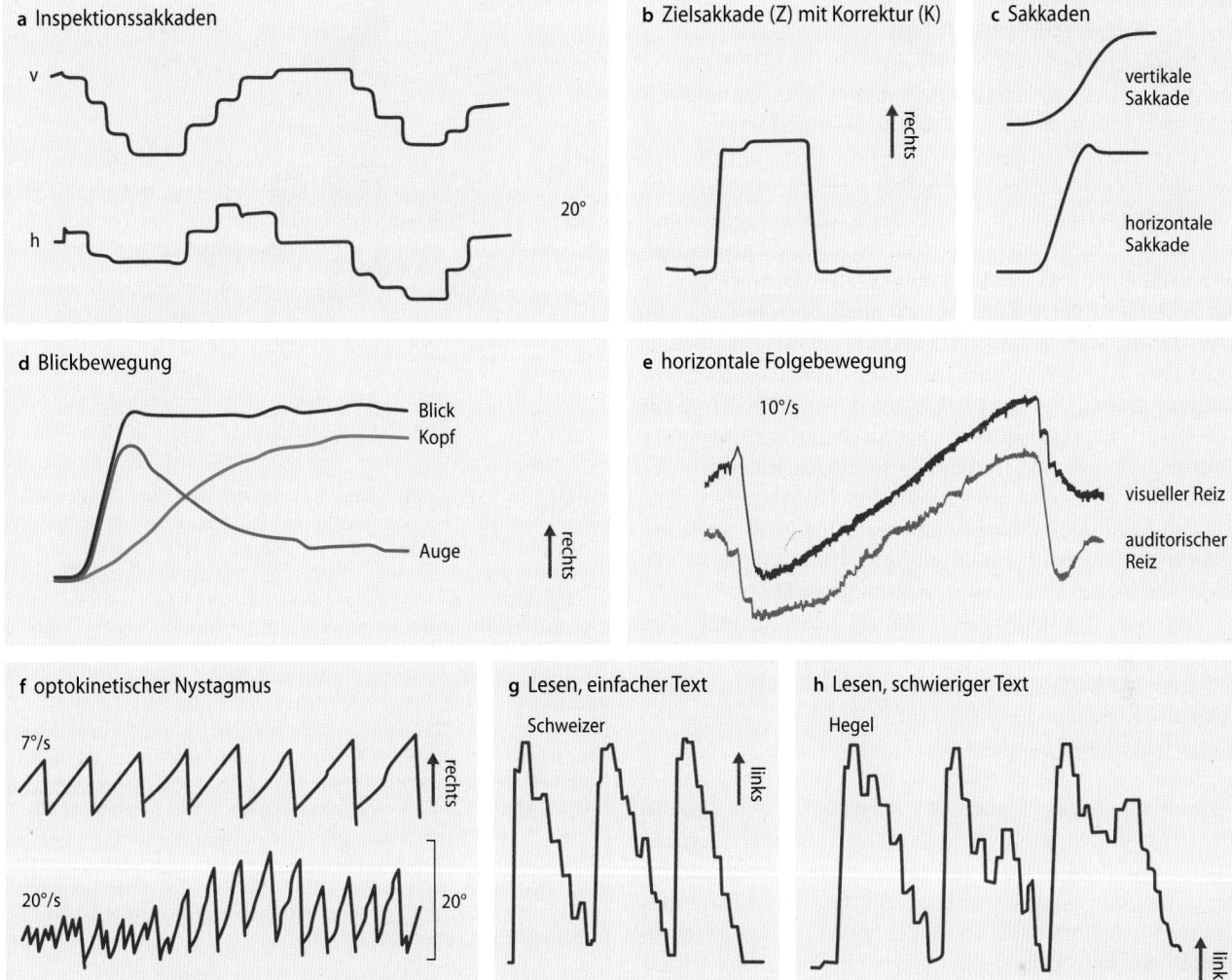

a Inspektionssakkaden

v

h

20°

b Zielsakkade (Z) mit Korrektur (K)

rechts

c Sakkaden

vertikale
Sakkade

horizontale
Sakkade

d Blickbewegung

Blick
Kopf

Auge

rechts

e horizontale Folgebewegung

10°/s

visueller Reiz

auditorischer
Reiz

f optokinetischer Nystagmus

7°/s

rechts

20°/s

20°

g Lesen, einfacher Text

Schweizer

links

h Lesen, schwieriger Text

Hegel

links

◨ **Abb. 60.3a–h   Elektrookulographische Registrierungen der Augenbewegungen des Menschen. a** Sakkaden beim freien Umherblicken; v=vertikale Augenposition, h=horizontale Augenposition. **b** Große horizontale Zielsakkade (Z) mit kleiner Korrektursakkade (K). **c** Horizontale und langsamere vertikale Sakkade. **d** Augen- und Kopfbewegungen des Rhesusaffen bei reflektorischer horizontaler Blickbewegung auf einen plötzlich im rechten Gesichtsfeld auftauchenden kleinen Lichtreiz. **e** Augenfolgebewegungen auf einen im Dunkeln horizontal bewegten kleinen Lichtpunkt von 0,2° Durchmesser („visueller Reiz"). Darunter auditorische Augenfolgebewegungen auf einen im Dunkeln mit gleicher Geschwindigkeit bewegten kleinen Lautsprecher, der weißes Rauschen abgab. **f** Horizontaler optokinetischer Nystagmus, der durch ein mit 7°/s und 20°/s bewegtes Streifenmuster ausgelöst wurde. In der ersten Hälfte der Registrierung mit 20°/s versuchte die Versuchsperson, möglichst viele Streifen nacheinander zu fixieren, was eine Erhöhung der Nystagmusfrequenz bewirkte. **g** Horizontale Augenbewegungen beim Lesen eines sprachlich und inhaltlich einfachen Textes (Albert Schweitzer „Aus meiner Kindheit und Jugendzeit"). **h** Lesen eines sprachlich einfachen, inhaltlich jedoch schwierigen Textes (G.F. Hegel „Einführung in die Philosophie"). Beim inhaltlich schwierigeren Text treten gehäuft Regressionssakkaden (r) von rechts nach links auf. Die Zahl der pro Zeile benötigten Sakkaden ist beim schwierigeren Text insgesamt größer, die Lesegeschwindigkeit sinkt im Vergleich zum Lesen des einfacheren Textes ab. (Nach Ghazarian u. Grüsser 1979, unveröffentlichte Untersuchung)

Klinische Untersuchung des OKN

Für die klinische Untersuchung wird der OKN (◨ Abb. 60.3f) meist mittels bewegter Muster (z. B. einem um die Versuchsperson bewegten Streifenzylinder) ausgelöst. Variable Parameter bei der Messung des OKN sind die Winkelgeschwindigkeit, die Streifenbreite und die Bewegungsrichtung des Streifenmusters. Die Winkelgeschwindigkeit der langsamen OKN-Phase ist höher, wenn die Versuchsperson aufmerksam die Streifen verfolgt („Schaunystagmus"), als wenn sie „passiv" auf das Streifenmuster blickt („Stiernystagmus"). Wird während des OKN der Versuchsraum plötzlich verdunkelt, so kommt es zum optokinetischen Nachnystagmus (OKAN), an dessen Entstehung die Vestibulariskerne des Hirnstamms wesentlich beteiligt sind (▶ Kap. 55.3). Mittels der quantitativen Untersuchung des OKN und des OKAN können Veränderungen der Blickmotorik infolge von Störungen im blick-motorischen System des Hirnstammes, von Kleinhirnläsionen, Läsionen im Bereich des Parietallappens der Großhirnrinde und von Störungen im vestibulären System erfasst werden.

Eine besondere Form der oberhalb beschriebenen vestibulo-okulären Bewegungen ist der **vestibuläre Nystagmus**, der anstelle visueller Reizung durch Reizung der Bogengangsorgane ausgelöst wird und ebenfalls zur klinischen Diagnostik Verwendung findet (▶ Kap. 55.3.5).

❯ **Die Richtung eines Nystagmus wird durch die schnellen Nystagmusphasen (Sakkaden) definiert.**

60.1.5 Neuronale Kontrolle von Augenbewegungen

Sakkaden und Folgebewegungen werden durch grundlegend unterschiedliche neuronale Systeme angesteuert.

Signalkonvergenz auf blickmotorische Zentren   Die Neurone der Blickzentren koordinieren für die verschiedenen Blickprogramme die Aktivität der Motoneurone in den Augenmuskelkernen (◻ Abb. 60.4). Der Erregungszustand der Nervenzellen der blickmotorischen Zentren wird durch verschiedene subkortikale und kortikale Systeme bestimmt: Prätektum, Colliculi superiores, extrastriäre visuelle kortikale Areale, parietale Integrationsregionen, frontales Augenfeld (▶ Kap. 59.1.3) und alle Großhirnrindenregionen, die überwiegend der Bewegungswahrnehmung dienen (hMT+/V5 Komplex, ▶ Kap. 59.1.3). Auch aus den **Vestibulariskernen** des Hirnstammes, dem **Flocculus** und dem **Paraflocculus** des Kleinhirns sowie aus **auditorischen Hirnregionen** gibt es Verbindungen zu den blickmotorischen Zentren des Hirnstammes (◻ Abb. 60.4).

Von den blickmotorischen Zentren ziehen axonale Verbindungen nicht nur zu den Augenmuskelkernen, sondern auch zu den Motoneuronen des Rückenmarks. Diese Verbindungen dienen der Koordination von Augen-, Kopf- und Körperbewegungen.

Colliculi superiores   Zellen des magnozellulären Systems und bewegungsempfindliche kleinzellige retinale Ganglienzellen projizieren zu den Colliculi superiores. Über Verbindungen zu den blickmotorischen Zentren des Hirnstamms und ins Rückenmark dienen sie der Steuerung der **reflektorischen Blickmotorik** durch Sakkaden und zielgerichtete Kopfbewegungen (visueller Greifreflex) und sind an der Steuerung vertikaler und horizontaler Sakkaden beteiligt.

Prätektum   Bewegungsempfindliche retinale Ganglienzellen innervieren Nervenzellen im **Kern des optischen Traktes (NOT)** des Prätektum. Vom NOT bestehen Verbindungen zur unteren Olive und zu den Vestibulariskernen des Hirnstamms (◻ Abb. 60.4). Hierdurch erreichen die visuellen Bewegungssignale das zentrale vestibuläre System und das Kleinhirn (**olivo-zerebelläre Kletterfasern**; ▶ Kap. 46.4.2) und dienen der Steuerung des **horizontalen optokinetischen Nystagmus (OKN)** und der vestibulookulären **Blickmotorik bei horizontalen Kopfbewegungen** (▶ Abschn. 60.1.4).

Blickmotorische Zentren für Sakkaden und Folgebewegungen
◻ Abb. 60.4 zeigt schematisch die Lage und Verbindungen der für die Steuerung der Blickmotorik wichtigsten neuronalen Strukturen des Hirnstamms.

Für die Steuerung der **horizontalen Sakkaden** ist vor allem die paramediane pontine Formatio reticularis (PPRF) zuständig, für die **vertikalen Sakkaden** ist die rostrale mesenzephale retikuläre Formation (MRF) zuständig, die auch bei den **torsionalen Sakkaden** (Intorsion, Extorsion) gemeinsam mit dem interstitiellen Kern von Cajal eine Rolle spielt. Die **langsamen Folgebewegungen** werden unter Einbezie-

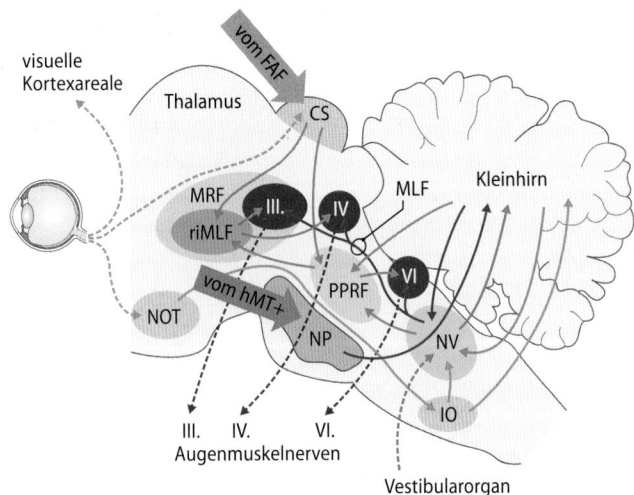

◻ **Abb. 60.4   Verschaltung der blickmotorischen Zentren des Hirnstammes und der Augenmuskelkerne.** Vom Auge verlaufen Axone zum Kern des optischen Traktes (NOT), von dort zur unteren Olive (IO, von dort Kletterfasern ins Kleinhirn) und zu den Vestibulariskernen (NV). Die Vestibulariskerne sind überwiegend durch Axone im Fasciculus lateralis (MLF) direkt mit den Augenmuskelkernen (N III, N IV, N VI) und mit den Blickzentren der mesenzephalen retikulären Formation (MRF mit dem rostralen interstitiellen Kern des mediolateralen Faszikel (riMLF) verbunden. Retinale Signale erreichen die Blickzentren auch über die Colliculi superiores (CS). Signale aus den bewegungsspezifischen Kortexarealen (hMT+) erreichen das Kleinhirn über die Nuclei pontis (NP). Efferenzen aus dem prämotorischen frontalen Augenfeld (FAF) projizieren zu den CS. Visuelle Afferenzen = blassblau, vestibuläre Afferenzen und NV = grün, Bahnen der Sakkadensteuerung = orange, Bahnen der Steuerung langsamer Folgewewegungen = blau, motorische Efferenen = rot. Blickmotorische Zentren des Hirnstamms (Sakkaden) = hellblau, Augenmuskelkerne = dunkelrot. Weitere beteiligte Kerngebiete = blassrosa. Zur funktionellen Bedeutung siehe Text

hung des parietotemporalen Assoziationskortex (Area hMT+/V5), pontiner Kerne und des Kleinhirns über die **Vestibulariskerne** angesteuert. Schnelle **Vergenzbewegungen** werden wie andere Sakkaden vor allem aus dem Bereich der mesenzephalen retikulären Formation (MRF) gesteuert, langsame wie andere Folgebewegungen über die Vestibulariskerne.

❯ **Die wichtigsten blickmotorischen Zentren befinden sich im Hirnstamm.**

Schielen   Beim **Schielen (Strabismus)** weicht eine der Sehachsen vom fixierten Punkt ab. Normalerweise wechselt die Disparität der binokularen Abbildung fortwährend durch kleine, disjunktive Bewegungen beider Augen (mittlere Amplitude etwa 6,5 Bogenminuten, mittlere Dauer 40 ms und mittlere Geschwindigkeit 10°/s). Dabei korrigiert der zentrale **Mechanismus der Fusion** fortwährend Fehlstellungen der Sehachsen durch entsprechende Innervation der Augenmuskeln. Fällt diese korrigierende Funktion z. B. bei extremer Müdigkeit oder Alkoholeinfluss aus, tritt auch bei vielen Gesunden ein **latentes Schielen** auf; die Sehachsen deuten dabei leicht nach außen (**Exophorie**) oder innen (**Esophorie**). Fusion und binokulare Fixation sind dann aufgehoben. Subjektiv tritt Doppelsehen auf, objektiv kann Divergenz oder

Klinik

Amblyopie

Ist **in der frühkindlichen Entwicklung** die Abbildung in einem Auge z. B. durch eine **Linsentrübung** gestört oder weicht die Sehachse eines Auges von der Normalstellung ab (**Schielen**), so wird dessen Wahrnehmung im Gehirn unterdrückt. Dann entwickelt sich in den ersten Lebensjahren eine Amblyopie mit einem dominanten Auge (normale Sehschärfe von 1,25) und einem **unterdrückten Auge**, das nur noch

zur groben Formwahrnehmung fähig ist (Sehschärfe 0,1).
Solche irreversiblen Störungen der Sehleistung können verhindert werden, wenn die Ursachen rechtzeitig erkannt und behoben werden. Dazu genügt oft schon die Korrektur einer frühkindlichen Weitsichtigkeit (Nahakkommodation mit Konvergenzreaktion bei Blick in die Ferne). Meist ist eine **Okklusionsbehandlung** des dominanten

Auges notwendig, um das schlechtere Auge zu trainieren. Eine möglicherweise notwendige operative Korrektur der Augenmuskeln erfolgt meist erst im Vorschulalter, wenn sich die Sehschärfe beidseits gut entwickelt hat. Durch ein anschließendes **Fixationstraining** kann eine normale Entwicklung der Sehleistung erreicht werden.

Konvergenz der Augen (Schielen) beobachtet werden. Pathologische Ursache für akut auftretendes Schielen kann die Lähmung eines Augenmuskels sein. Bei frühkindlichem Schielen kann eine irreversible Schädigung der binokularen Sehleistung auftreten (▶ Klinik-Box „Amblyopie").

> Schielen kann bei Gesunden durch Ermüdung oder Intoxikation ausgelöst werden.

In Kürze

Objekte werden mit Augenbewegungen visuell erfasst, fixiert und verfolgt. Bei **konjugierten Augenbewegungen** (Folgebewegungen, Sakkaden, Torsion) bewegen sich beide Augen gleichsinnig. **Sakkaden** (sprungartige Augenbewegungen von Bruchteilen eines Grad Sehwinkel bis zu 90° und über 500°/s) treten spontan etwa 3/s auf, sie dienen dem visuellen Abtasten und reflektorischen Erfassen neu auftretender Reize. **Fixationsperioden** dauern jeweils 0,2–0,6 s. Mit langsamen **Folgebewegungen** werden bewegte Objekte im Bereich der Fovea gehalten (Maximalgeschwindigkeit bei großen Objekten bis zu 100°/s). Bei Neigung des Kopfes treten konjugierte **Torsionsbewegungen** auf. Beim **Lesen** folgen Fixationsperioden und Sakkaden aufeinander. Beim **optokinetischen Nystagmus** wechseln Folgebewegungen und Sakkaden. Die **neuronale Kontrolle** von horizontalen Sakkaden wird in der paramedianen pontinen Formatio reticularis (PPRF) generiert, von vertikalen Sakkaden in der rostralen mesenzephalen retikulären Formation (MRF). Folgebewegungen werden über das bewegungsspezifische Kortexareal hMT+/V5, Kleinhirn, pontine Kerne und Vestibulariskerne gesteuert. Die Sakkadengeneratoren und die Vestibulariskerne innervieren die Augenmuskeln, die für die geplanten Bewegungsrichtungen notwendig sind.

60.2   Pupillomotorik

Der Lichtreflex reguliert das ins Auge einfallende Licht durch Verengung oder Erweiterung der Pupille.

Pupillomotorische Muskeln Die Pupillenweite wird durch zwei Systeme glatter Muskulatur in der Iris bestimmt. Durch Kontraktion des ringförmigen **M. sphincter pupillae** wird die Pupille enger (**Miosis**). Eine Kontraktion des radial zur Pupille angeordneten **M. dilatator pupillae** erweitert die Pupille (**Mydriasis**).

Pupillenreflex Normalerweise sind beide Pupillen rund und gleich weit. Der mittlere, maximale Pupillendurchmesser bei Dunkelheit nimmt mit dem Lebensalter zwischen 20 und 80 Jahren von 7 auf 4 mm ab. Mit höherer Umweltleuchtdichte werden die Pupillen enger. Bei konstanter Umweltbeleuchtung ist die pro Zeiteinheit in das Auge eintretende Lichtmenge proportional zur Pupillenfläche ($L = \pi \times r^2$), sie verringert sich also 25-fach, wenn der Pupillendurchmesser z. B. von 7,5 auf 1,5 mm abnimmt. Diese **Lichtreaktion** der Pupillen kann durch getrennte Belichtung jedes Auges weiter differenziert werden (das jeweils kontralaterale Auge wird dabei abgedeckt, ◘ Abb. 60.5a). Als Reizantwort verengt sich innerhalb von 0,3–0,8 s nicht nur die Pupille des belichteten Auges (**direkte Lichtreaktion**), sondern auch die des nicht belichteten Auges (**konsensuelle Lichtreaktion**). Bei Störungen dieser Reaktionen kann auf Schäden im **afferenten Schenkel** des Pupillenreflexes zwischen Auge und pupillomotorischem Zentrum geschlossen werden.

Naheinstellungsreaktion Für die Erfassung eines nahen Objekts werden drei unterschiedliche Systeme koordiniert (◘ Abb. 60.5b): Die Blickachsen der Augen konvergieren (**Konvergenzreaktion**, ▶ Abschn. 60.1.3). Zur Fokussierung des nahen Objekts nimmt die Brechkraft der Linse zu (Kontraktion des Ziliarmuskels, **Nahakkommodation**, ▶ Kap. 56.3). Der M. sphincter pupillae wird aktiviert und die Pupillen werden auch ohne Zunahme der Leuchtdichte enger (**Miosis**). Das führt wie die Verringerung der Blendenweite beim Photoapparat zur Zunahme der **Tiefenschärfe**.
    Eine Schlüsselrolle hat dabei das **Prätektum** an der Grenze zwischen Mittelhirn und Zwischenhirn. Von hier aus

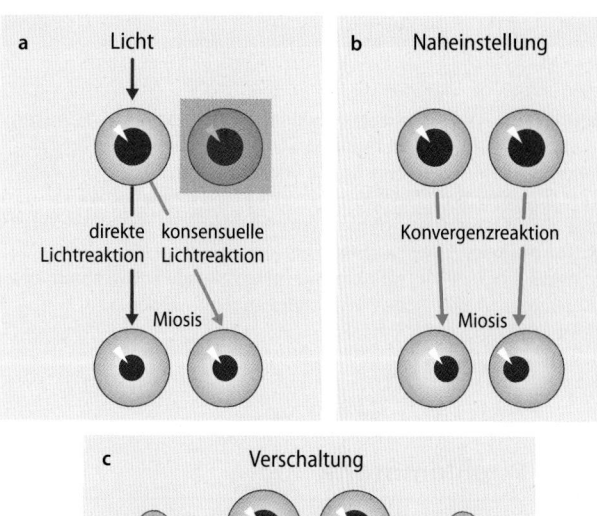

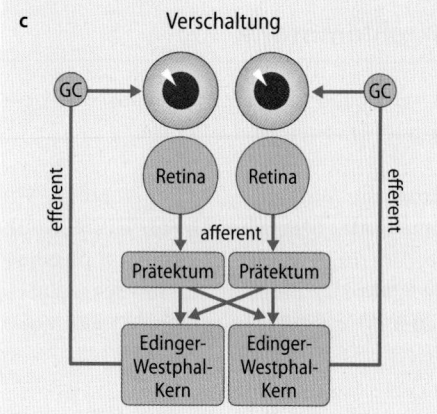

Abb. 60.5a–c   Pupillenreaktionen und Verschaltung. a Direkte und konsensuelle Lichtreaktion. **b** Naheinstellungsreaktion. **c** Verschaltungsschema des Lichtreflexes. Die roten Pfeile symbolisieren Lichtreaktionen, die grünen Pfeile die mit der Naheinstellung verbundene Konvergenz und die blauen Pfeile stellen neuronale Verbindungen dar. GC=Ganglion ciliare

Innervation des M. sphincter pupillae   Der M. sphincter pupillae ist der Muskel des Lichtreflexes der Pupillen. ◻ Abb. 60.5c zeigt den Reflexbogen, dessen afferente Bahn von der Netzhaut zur prätektalen Region im Mittelhirn durch die Axone der Melanopsin-positiven Ganglienzellen gebildet wird (▶ Kap. 57.2.4). Die prätektalen Neurone projizieren beidseitig zu den mesenzephalen pupillomotorischen Zentren der **Edinger-Westphal-Kerne**, die den „vegetativen" Teil des Okulomotoriuskerns darstellen. Die **parasympathischen, präganglionären Fasern** aus dem Edinger-Westphal-Kern bilden den Beginn der efferenten Reflexbahn. Sie wird hinter dem Auge im **Ganglion ciliare** auf die postganglionären Fasern verschaltet. Sie bilden die Endstrecke der **parasympathischen Innervation** des M. sphincter pupillae.

Innervation des M. dilatator pupillae   Der M. dilatator pupillae wird durch postganglionäre **sympathische Nervenfasern** aus dem **Ganglion cervicale superius** innerviert, die entlang der A. carotis interna und der A. ophthalmica in die Orbita ziehen und über die Ziliarnerven das Auge erreichen. Die Erregung dieser sympathischen Neurone wird vom Hypothalamus und Hirnstamm über das **ziliospinale Zentrum** des Rückenmarks (8. Hals- und 1.–2. Brustsegment) bestimmt. Ihr Aktivitätszustand schwankt mit der allgemeinen vegetativen Tonuslage (▶ Kap. 70.1) und gibt die Pupillenweite vor. Aufgeregte Menschen haben weite Pupillen und wegen der Mitinnervation des M. levator palpebrae und des (glatten) M. tarsalis im Oberlid auch weite Lidspalten.

Pupillenerweiterung zur Augenuntersuchung   In den Bindehautsack getropftes **Atropin** (Parasympatholytikum) erreicht durch Diffusion die Iris und den Ziliarkörper, blockiert die Signalübertragung der muskarinergen parasympathischen Synapsen und bewirkt bei unveränderter Erregung durch sympathische Fasern eine Fernakkommodation mit Pupillenerweiterung.

Eine gegenteilige Wirkung haben **Parasympathikomimetika** (direkt: Pilocarpin, indirekt: Neostigmin). Sie aktivieren die cholinergen Synapsen und führen zur Pupillenverengung und Nahakkommodation. Sie werden bei der Therapie des Glaukoms eingesetzt (▶ Kap. 56.4.1).

⊙ **Die Lichtreaktionen dienen zur Prüfung des afferenten Schenkels, die Naheinstellungsreaktion zur Prüfung des efferenten Schenkels des Pupillenreflexes.**

wird sowohl die **Pupillenweite** als auch die Nahakkommodation (Ziliarmuskel, ▶ Kap. 56.3) über die parasympathischen Neurone des parasympathischen Okulomotoriuskerns (Edinger-Westphal) und das Ganglion ciliare reguliert. Ein anderer Teil des **Prätektum** ist mit blickmotorischen Zentren des Hirnstammes verbunden, die **Vergenzbewegungen** steuern (▶ Abschn. 60.1.5).

Die **Pupillenreaktion bei der Konvergenzreaktion** gibt Aufschluss über die Funktion des **efferenten Schenkels** des Pupillenreflexes zwischen Edinger-Westphal Kern und Irismuskulatur.

Klinik

Pupillenweite und Horner-Syndrom

Klinische Bedeutung der Pupillenweite
Reflexlose, **weite Pupillen** weisen auf tiefe Narkose oder tiefe Bewusstlosigkeit hin. Beidseitig **enge Pupillen** können unterschiedliche Ursachen haben: z. B. Gebrauch von Opiaten, Benzodiazepinen, Schädigungen im Hirnstammbereich, Migräne, Regenbogenhautentzündung (Uveitis). Nicht zu-

letzt spielt die medikamentöse Verengung der Pupille eine wichtige Rolle bei der Behandlung des Winkelblockglaukoms (▶ Kap. 56.4.1).

Horner-Syndrom
Aufgrund der sympathischen Innervation der Pupillendilatation und der Öffnung der

Lidspalte (M. levator palpebrae und M. tarsalis im Oberlid) sind bei **Blockade des Sympathikus** im Ganglion cervicale superius Pupille und Lidspalte verengt (Miosis, Ptosis). Die parasympathisch verschaltete Lichtreaktion bleibt beim Horner-Syndrom trotz geringerer Ausgangsweite der Pupille erhalten.

In Kürze

Die **Pupillenweite** stellt sich in Abhängigkeit vom einfallenden Licht reflektorisch ein. Der **Lichtreflex** der Pupille beruht auf der parasympathischen Innervation des ringförmigen **M. sphincter** pupillae der Irismuskulatur. Bei verstärktem Lichteinfall nimmt die parasympathische Aktivität zu und die Pupille wird enger (**Miosis**), bei Abnahme des Lichteinfalls nimmt die parasympathische Aktivität ab und die Pupille wird weiter (**Mydriasis**). Unabhängig von der Reaktion auf Licht wird die Grundweite der Pupille durch sympathische Innervation des radial zur Pupille angeordneten **M. dilatator pupillae** eingestellt.

Literatur

Biousse, V., Kerrison J.B. (Hrsg.) (2004) Walsh & Hoyt's Clinical Neuro-Ophthalmology, 6. Aufl. Lippincott, Williams & Wilkins, Philadelphia, Baltimore

Huber, A., Kömpf, D. (Hrsg.) (1998), Klinische Neuroophthalmologie, Georg Thieme Verlag, Stuttgart, New York, pp. 26–110

Kowler, E. (2014) Eye movements: The past 25 years, Vision Research 51, 1457–1483

Leigh, R.J., Zee, D.S. (2015) The neurology of eye movements. 5. Aufl. Oxford University Press, Oxford, New York

Levin L.A., Nilsson, S.F.E., Ver Hoeve, J., Wu S., Kaufman, P.L., Alm, A. (2011) Adler's Physiology of the Eye, 11. Aufl. Saunders, Elsevier, St. Louis

Riechen und Schmecken

Inhaltsverzeichnis

Geschmack

Hanns Hatt

© Springer-Verlag GmbH Deutschland, ein Teil von Springer Nature 2019
R. Brandes et al. (Hrsg.), *Physiologie des Menschen*, Springer-Lehrbuch
https://doi.org/10.1007/978-3-662-56468-4_61

Worum geht's? (■ Abb. 61.1)

Die Wahrnehmung von Geschmacksstoffen findet auf der Zunge statt
Es ist ein einfaches Sinnessystem, das nur in der Lage ist, fünf verschiedene Qualitäten zu diskriminieren.

Die Geschmackscodierung findet auf der Zunge und im Gehirn statt
Geschmackssinneszellen sind in Geschmacksknospen eingebettet, die man in den Wänden von drei morphologisch unterschiedlichen Geschmackspapillen findet. Es sind sekundäre Sinneszellen, die durch zuführende (afferente) Fasern dreier Hirnnerven über chemische Synapsen verschaltet sind. Die Geschmacksnervenfasern projizieren in verschiedene Bereiche der Großhirnrinde, aber auch zum limbischen System und dem Hypothalamus.

Die molekularen Mechanismen der Geschmackserkennung sind für alle Grundqualitäten unterschiedlich
So sind für sauer und salzig Kationenkanäle direkt verantwortlich, während die Signaltransduktion von süß, bitter und umami (fleischig, herzhaft) über G-Protein-gekoppelte Rezeptoren und eine nachgeschaltete Verstärkungskaskade, erfolgt.

Der Geschmackssinn kann sich anpassen und verändern
Bei häufiger und starker Reizung der Geschmackszellen kann sich deren Empfindlichkeit verstellen, aber auch die Zellantworten durch Adaptation stark abnehmen oder sogar völlig ausfallen.
Signifikante Veränderungen der Wahrnehmung der Geschmacksqualitäten findet man auch in den ersten Lebensjahren und im höheren Alter. Pharmaka, Tumore sowie degenerative Erkrankungen können die Geschmackswahrnehmung massiv beeinträchtigen.

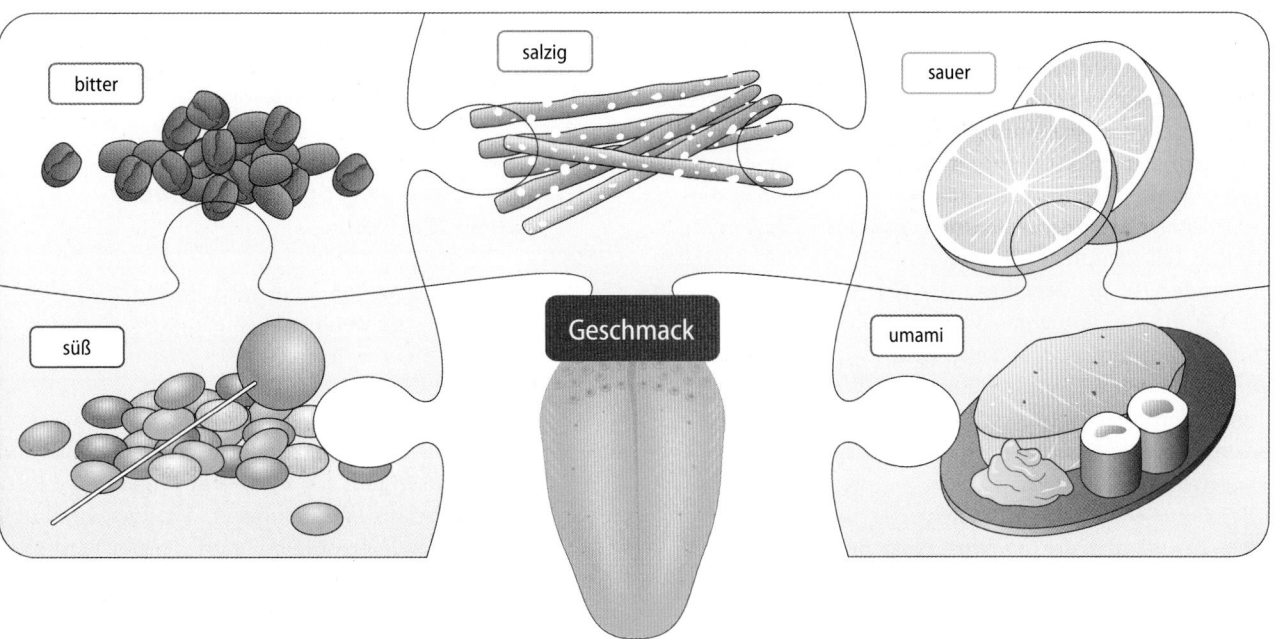

■ Abb. 61.1   Die menschliche Zunge kann fünf verschiedene Geschmacksqualitäten unterscheiden

61.1 Bau der Geschmacksorgane und ihre Verschaltung

61.1.1 Aufbau der Geschmacksorgane

Auf der Zunge liegen die charakteristischen Trägerstrukturen für die Sinneszellen, nämlich die Geschmackspapillen und -knospen; in deren Zellmembran eingelagert sind die Rezeptorproteine.

Geschmackspapillen   Es lassen sich drei Typen von Geschmackspapillen morphologisch unterscheiden (◘ Abb. 61.2a):

- die **Pilzpapillen** (Papillae fungiformes) sind über die ganze Oberfläche verstreut und stellen mit 200–400 die zahlenmäßig größte Gruppe dar;
- die 15–20 **Blätterpapillen** (Papillae foliatae) finden sich als dicht hintereinander liegende Falten am hinteren Seitenrand der Zunge und
- die großen **Wallpapillen** (Papillae vallatae), von denen wir nur 7–12, vor allem an der Grenze zum Zungengrund, besitzen.

Die kleinen **Fadenpapillen** (Papillae filiformes), die die übrige Zungenfläche bedecken, haben nur taktile Funktionen.

Geschmacksknospen   Sie liegen in den Wänden und Gräben der Papillen (◘ Abb. 61.2b) und sind beim Menschen 30–70 μm hoch und 25–40 μm im Durchmesser. Ihre **Gesamtzahl** wird beim Erwachsenen mit 2000–5000 angegeben, wobei die Wallpapillen oft mehr als 100 enthalten, die Blätterpapillen ca. 50, dagegen die Pilzpapillen nur 3–4. In höherem **Alter (>60) reduziert sich** ihre Zahl. Neben Stütz- und Basalzellen enthält jede Geschmacksknospe 10–50 Sinneszellen vom Typ II und III, die wie Orangenschnitze angeordnet sind. Darüber entsteht etwas unterhalb der Epitheloberfläche ein flüssigkeitsgefüllter Trichter (Porus).

Geschmackssinneszellen   Sie sind modifizierte Epithelzellen, bei denen es sich um **sekundäre Sinneszellen** handelt. Ihr langer, schlanker Zellkörper trägt am apikalen Ende feine, fingerförmige, dendritische Fortsätze, die **Mikrovilli**, die zur Oberflächenvergrößerung dienen (◘ Abb. 61.2b). Der basolaterale Teil ist durch gap junctions mit den Nachbarzellen verbunden. In der Membran der Mikrovilli befinden sich die für die Reizaufnahme verantwortlichen **Geschmacksrezeptorproteine**. Typ-II-Sinneszellen wirken nach Reizung parakrin durch ATP-Ausschüttung auf Typ-III-Sinneszellen, die wiederum synaptischen Kontakt zu den afferenten Geschmacksnervenfasern haben und diese durch Serotonin-Freisetzung stimulieren.

> In den Wänden der Geschmackspapillen liegen die Geschmacksknospen als Träger der Geschmackssinneszellen.

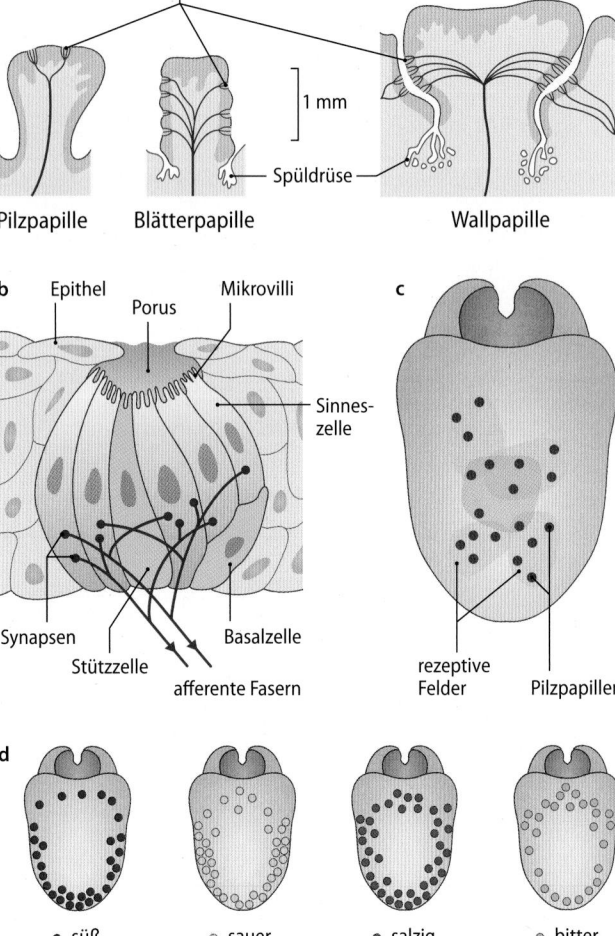

◘ **Abb. 61.2a–d   Struktur und Lokalisation von Geschmackssensoren. a** Die drei Typen der Geschmackspapillen. **b** Aufbau und Innervation einer Geschmacksknospe, die in den flüssigkeitsgefüllten Porus ragt. Jede Sinneszelle wird meist von mehreren afferenten Hirnnervenfasern innerviert. **c** Rezeptive Felder auf der Zunge. Die einzelnen afferenten Hirnnervenfasern haben ausgedehnte, sich überlappende Innervationsgebiete, die mehrere Pilzpapillen umfassen. **d** Bevorzugte Lokalisation von vier Geschmacksqualitäten auf der Zunge des Menschen

61.1.2 Verschaltung der Geschmackssinneszellen

Die Geschmackssinneszellen sind sekundäre Sinneszellen ohne Nervenfortsatz; sie werden durch zuführende (afferente) Fasern von Hirnnerven über chemische Synapsen innerviert.

Innervation   Wall- und Blätterpapillen werden überwiegend vom **N. glossopharyngeus (IX. Hirnnerv)** versorgt; die Pilzpapillen vom **N. facialis (VII. Hirnnerv)**, der über die durch das Mittelohr ziehende Chorda tympani erreicht wird (Geschmacksstörungen bei Ohrenentzündungen oder Fazialisparesen). An den Typ-III-Sinneszellen einer Geschmacksknospe enden bis zu 50 Fasern. Zu den Sinneszellen in den seltenen Knospen des Gaumen-Rachenbereichs ziehen Fasern des **N. vagus (X. Hirnnerv)** und des **N. trigeminus**

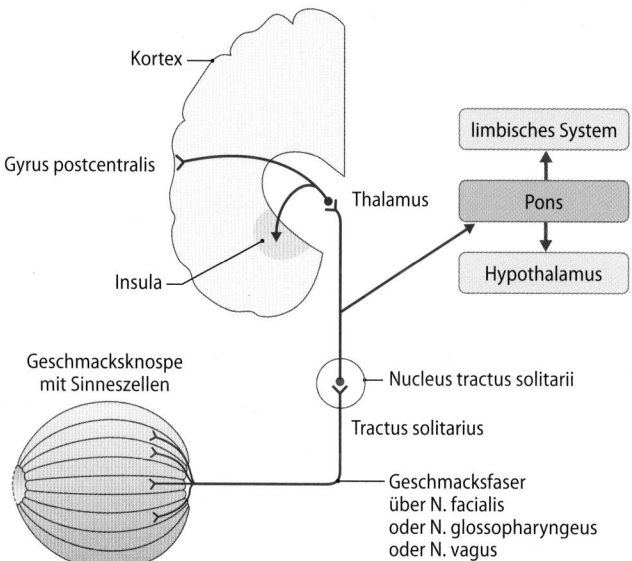

Abb. 61.3 Verschaltungen der Geschmackssinneszellen. Schema der zentralen Verbindungen von den Geschmacksknospen ins Gehirn. Sie projizieren in verschiedene Bereiche der Großhirnrinde, aber auch zum limbischen System und zum Hypothalamus

(V. Hirnnerv). Jede Nervenfaser kann durch Verzweigungen viele Sinneszellen einer Geschmacksknospe versorgen, wobei einzelne Sinneszellen häufig von mehreren Nervenfasern innerviert werden. Alle Geschmackssinneszellen werden in einem Rhythmus von etwa 7 Tagen erneuert.

❯ Dieses Verschaltungsmuster bleibt auch bei der wöchentlichen Zellerneuerung durch Stamm(Basal-)Zellen gewahrt.

Zentrale Verbindungen Alle Geschmacksnervenfasern sammeln sich im Tractus solitarius (❏ Abb. 61.3). Sie enden im Nucl. solitarius der Medulla oblongata. Die Zahl der in der Medulla beginnenden zweiten Neurone der Geschmacksbahn ist sehr viel kleiner als die der Sinneszellen (Konvergenz!). Ihre Axone zweigen sich auf:

— Ein Teil der Fasern vereinigt sich mit dem **Lemniscus medialis** und endet gemeinsam mit anderen Modalitäten (Schmerz, Temperatur, Berührung) in den spezifischen **Relais-Kernen** (Nucl. ventralis posteromedialis) des ventralen Thalamus. Hier beginnt das 3. Neuron. Von dort werden die Informationen zur Projektionsebene des Geschmacks am Fuß der hinteren Zentralwindung zum **Gyrus postcentralis** nahe den sensomotorischen Feldern geleitet.

— Der andere Teil der Fasern projiziert unter Umgehung des Thalamus zum **Hypothalamus**, **Amygdala** und der **Striata terminalis** und trifft dort auf gemeinsame Projektionsgebiete mit olfaktorischen Eingängen. Diese Verbindungen sind besonders für die emotionale Komponente von Geschmacksempfindungen bedeutsam.

❯ Die Geschmackssinneszellen als sekundäre Sinneszellen werden von vier verschiedenen Hirnnerven (V, VII, IX und X) innerviert.

Tab. 61.1 Morphologische und physiologische Unterscheidungsmerkmale zwischen Geruch und Geschmack

	Geschmack	Geruch
Sensoren	Sekundäre Sinneszellen	Primäre Sinneszellen. Enden des V. (IX. und X.) Hirnnerven
Lage der Sensoren	Auf der Zunge	Im Nasen- und Rachenraum
Afferente Hirnnerven	N. VII, N. IX (N. V, N. X)	N. I (N. V, N. X)
Stationen im Zentralnervensystem	1. Medulla oblongata 2. ventraler Thalamus 3. Kortex (Gyrus postcentralis) Verbindungen zum Hypothalamus	1. Bulbus olfactorius 2. Endhirn (Area praepiriformis) Verbindungen zum limbischen System, Hypothalamus und zum orbitofrontalen Kortex
Adäquater Reiz	Moleküle organischer und anorganischer, meist nicht flüchtiger Stoffe; Reizquelle in Nähe oder direktem Kontakt zum Sinnesorgan	Moleküle fast ausschließlich organischer, flüchtiger Verbindungen in Gasform, erst direkt an Rezeptoren in flüssiger Phase gelöst; Reizquelle meist in größerer Entfernung
Zahl qualitativ unterscheidbarer Reize	Niedrig, 5 Grundqualitäten	Sehr hoch (einige tausend), zahlreiche, schwer abgrenzbare Qualitätsklassen
Absolute Empfindlichkeit	Geringer (meist im Bereich von millimolaren Konzentrationen	Für manche Düfte sehr hoch (nanomolare Konzentrationen; bei Insekten genügen bereits wenige Duftmoleküle pro Zelle)
Biologische Charakterisierung	Nahsinn Nahrungskontrolle, Steuerung der Nahrungsaufnahme und -verarbeitung (Speichelreflexe)	Fernsinn und Nahsinn Umweltkontrolle (Hygiene), Nahrungskontrolle; bei Tieren auch Nahrungs- und Futtersuche, Kommunikation, Fortpflanzung, starke emotionale Bewertung
Zahl der Rezeptoren	Süß: 3 G-Protein-gekoppelte Rezeptorproteine Umami:1 G-Protein-gekoppeltes Rezeptorprotein Bitter: ca. 35 G-Protein-gekoppelte Rezeptorproteine Sauer und salzig: jeweils ein Ionenkanalprotein	Ca. 350 verschiedene G-Protein-gekoppelte Rezeptorproteine

In Kürze

Die Trägerstrukturen für die Geschmackssinneszellen sind die **Geschmacksknospen**, die wiederum in den Wänden und Gräben der **Geschmackspapillen** liegen. Geschmackssinneszellen sind **sekundäre Sinneszellen**. Ihre Afferenzen ziehen zum Nucl. solitarius der Medulla oblongata. Von dort ziehen Fasern zum Gyrus postcentralis und zum Hypothalamus, wo sie gemeinsame Projektionsgebiete mit olfaktorischen Eingängen haben (◘ Tab. 61.1).

61.2   Geschmacksqualitäten und Signalverarbeitung

61.2.1   Geschmacksqualitäten

Es lassen sich fünf Grundqualitäten des Geschmacks unterscheiden, für die sich nur schwer topographische Verteilungsmuster auf der Zungenoberfläche erkennen lassen.

Grundqualitäten   Beim Menschen gibt es fünf primäre Geschmacksempfindungen: süß, sauer, salzig, umami und bitter (◘ Tab. 61.2). Viele Geschmacksreize haben Mischqualität, die sich aus mehreren Grundqualitäten zusammensetzt, z. B. süßsauer.

Diskutiert wird noch die Existenz eines alkalischen und eines metallischen sowie eines fettig, cremigen Geschmacks.

Topographie   Bisher glaubte man, dass eine genaue Zuordnung bestimmter Areale auf der Zunge zu einer Geschmacksqualität möglich sei, z. B. sauer und salzig bevorzugt am Zungenrand, süß und umami an der Spitze (◘ Abb. 61.2d). Inzwischen weiß man, dass diese Zonenaufteilung auf einem Interpretationsfehler der Abbildung einer Veröffentlichung von Hänig aus dem Jahre 1901 beruht. Dort ist bereits gezeigt, dass nur geringe prozentuale Unterschiede in der Empfindlichkeit der einzelnen Qualitäten auf der Zungenoberfläche bestehen, mit Ausnahme des Bittergeschmackes, der

bevorzugt am Zungenhintergrund lokalisiert ist (◘ Abb. 61.2d rechts). Damit ist jedoch nur eine Wahrscheinlichkeit, keine Ausschließlichkeit ausgedrückt; auch mit der Zungenspitze kann man bitter schmecken.

61.2.2   Periphere Signalverarbeitung

Jede Papille ist für mehrere Geschmacksqualitäten empfindlich; die Qualitätskodierung der Geschmacksinformation erfolgt durch die Reaktionsprofile der Sinneszellen.

Sensitivität   Die meisten Sinneszellen reagieren auf nur **eine** Geschmacksqualität. Bei ansteigenden Konzentrationen wird die Zelle etwa proportional der Konzentration depolarisiert bis ein Plateau (Sättigung: z. B. für Natrium 0,5–1 mol/l) erreicht wird. Die Potenzialänderung löst an der Synapse zwischen Sinneszelle und präsynaptischer Zelle bzw. zentralem Neuron durch Erhöhung der intrazellulären Ca^{2+}-Konzentration eine Transmitterfreisetzung aus, die zu einer **Veränderung der Aktionspotenzialfrequenz** an der **spontan** aktiven afferenten Nervenfaser führt (◘ Abb. 61.4). Daraus ergeben

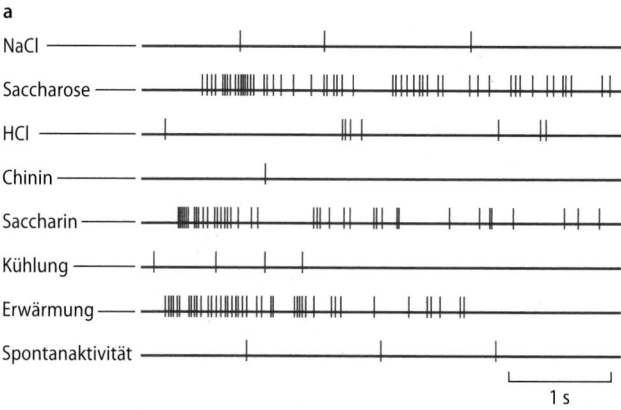

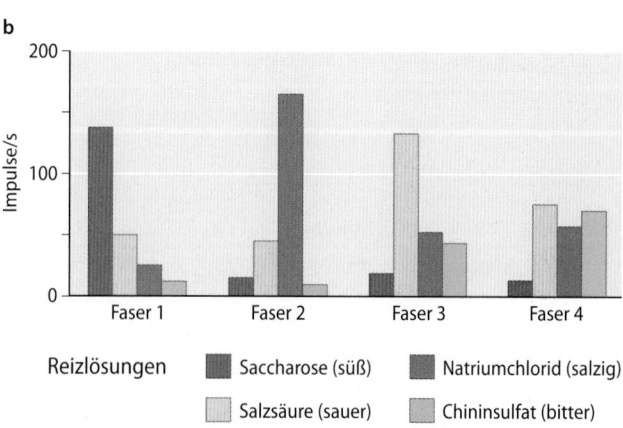

◘ **Abb. 61.4a,b   Funktionsanalyse von Geschmackssinneszellen.** **a** Originalregistrierungen der Nervenimpulse von einzelnen afferenten Fasern des N. facialis einer Ratte nach Reizung der Geschmacksknospen mit Geschmackssubstanzen verschiedener Qualität. **b** Antwortverhalten von vier verschiedenen einzelnen Geschmacksnervenfasern mit **breitem Reaktionsspektrum** aus der Chorda tympani einer Ratte. Jede Nervenfaser antwortet auf Reizsubstanzen aller Qualitätsklassen, allerdings mit unterschiedlicher Empfindlichkeit (Geschmacksprofile)

◘ **Tab. 61.2**   Einteilung charakteristischer Geschmacksstoffe und ihre Wirksamkeit beim Menschen

Qualität	Substanz	Schwelle (mol/l)
Bitter	Chininsulfat	0,000008
	Nikotin	0,000016
Sauer	Salzsäure	0,0009
	Zitronensäure	0,0023
Süß	Saccharose	0,01
	Glukose	0,08
	Saccharin	0,000023
Salzig	NaCl	0,01
	$CaCl_2$	0,01

sich von Zelle zu Zelle unterschiedliche Reaktionsspektren (Geschmacksprofile) von einem spezifischen Profil für eine Geschmacksqualität bis zu überlappenden Antworten auf mehrere Grundqualitäten. Man findet eine Änderung der Aktionspotenzialfrequenz entsprechend dem **Logarithmus der Reizkonzentration**, wie es das Weber-Fechner-Gesetz verlangt.

> Neben Geschmackssinneszellen, die auf verschiedene Geschmacksreize reagieren, antworten die meisten Sinneszellen nur auf eine Qualität.

Spezifität ◘ Abb. 61.4b zeigt, dass es eine **zellspezifische Rangordnung der Empfindlichkeit** für Grundqualitäten gibt, also z. B. eine Zelle, die am empfindlichsten für süß ist, gefolgt von sauer, salzig und bitter. Eine andere Zelle hat eine andere Rangfolge. Diese geschmacksspezifisch unterschiedliche Erregung in verschiedenen Fasergruppen enthält die **Information über die Geschmacksqualität**. Daneben gibt es allerdings auch eine große Zahl von Sinneszellen und Nervenfasern (>80 %), die **spezifisch** sind für nur **eine** Qualität. Die Gesamterregung aller entsprechenden Fasern enthält die Information über die **Reizintensität, d. h. die Konzentration**.

61.2.3 Zentrale Signalverarbeitung

Die Geschmacksprofile werden auf den verschiedenen zentralen Projektionsebenen beibehalten; die meisten Geschmacksbahnneurone haben von der Peripherie bis zum Kortex keine Qualitätsspezifität.

Rezeptive Felder Wie bereits erwähnt, innervieren **einzelne Nervenfasern mehrere Sinneszellen** sogar in verschiedenen Geschmacksknospen, von denen angenommen werden muss, dass sie sich hinsichtlich ihrer Reaktionsspektren unterscheiden. Dies bedeutet, dass die Reaktionsspektren der afferenten Nervenfasern die Information von zahlreichen Zellen enthalten und sich überlappende, größere Einzugsbereiche, die **rezeptive Felder** genannt werden, ergeben (◘ Abb. 61.2c).

Kodierung Die Aktivität einer einzelnen Faser enthält deshalb nicht immer eine eindeutige Information über Qualität und Konzentration des Geschmacksstoffes (◘ Abb. 61.2b). Die Merkmale einer Reizsubstanz können u. a. kodiert werden, sodass sich jeweils komplexe, aber charakteristische Erregungsmuster („across fiber pattern") über einer größeren Zahl gleichzeitig, aber unterschiedlich reagierender Neurone ausbilden. Alternativ kommt es zur Aktivierung von Nervenfasern mit hoher Spezifität für eine Geschmacksqualität („labeled line"). Das Gehirn ist in Folge in der Lage, den Code über **Mustererkennungsprozesse zu dechiffrieren** und daraus Art und Konzentration des Reizstoffes zu identifizieren.

61.2.4 Molekulare Mechanismen der Geschmackserkennung

Den fünf Grundqualitäten lassen sich spezifische Rezeptoren zuordnen, die durch Reizsubstanzen definierter molekularer Struktur aktiviert werden.

Transduktion Der erste Schritt in der Umsetzung eines chemischen Reizes in eine elektrische Antwort der Sinneszelle, die Transduktion, besteht aus der **Wechselwirkung zwischen Geschmackstoffmolekülen und den Rezeptorproteinen in der Membran** der Schmeckzelle. Dies bewirkt eine Permeabilitätsänderung der Membran durch Aktivierung von Ionenkanälen, wodurch wiederum eine Transmitterfreisetzung und nachgeschaltet eine Erregung (Aktionspotenziale) der innervierenden Gehirnnervenfaser hervorgerufen wird.

Sauer In der Chemie ist die Säure als eine Substanz definiert, die **Wasserstoffionen** (H^+-Ionen, Protonen) freisetzt oder erzeugt, und diese Ionen sind es auch, durch die der **Sauergeschmack** ausgelöst wird (pH <3,5); seine Intensität nimmt mit der H^+-Ionenkonzentration zu. Neutralisation hebt den Sauergeschmack auf. Außerdem spielt die Länge der Kohlenstoffkette eine Rolle. In der Membran der Mikrovilli von Typ-III-Sinneszellen konnten **zwei** Typen von „**Sauerrezeptor-Kanalproteinen**" nachgewiesen werden (◘ Abb. 61.5a), der hyperpolarisationsaktivierte und durch zyklische Nukleotide modulierte **Kationenkanal**, sowie vor kurzem ein Mitglied der sog. **TRP-Kanalfamilie** (PKD2L1). In Gegenwart von sauren Valenzen wird das Membranpotenzial positiver, die Zelle depolarisiert. Als Transmitter von sauer werden Serotonin, Noradrenalin und GABA diskutiert.

Salzig Alle Stoffe mit salzigem Geschmack sind kristalline, wasserlösliche Salze, die in Lösungen in Kationen und Anionen dissoziieren (z. B. Kochsalz in Na^+ und Cl^-). Sowohl **Kationen wie Anionen tragen zur Geschmacksintensität** bei. Es lässt sich eine Rangordnung für den Grad der „Salzigkeit" aufstellen:

- **Kationen**: $NH_4^+ > K^+ > Ca^{2+} > Na^+ > Li^+ > Mg^{2+}$
- **Anionen**: $SO_4^{3+} > Cl^- > Br^- > I^- > HCO_3^- > NO_3^-$

Salzig schmeckende Stoffe können häufig **zusätzlich** Empfindungen für andere Qualitäten auslösen. So hat z. B. Natriumbikarbonat salzig-süßen, Magnesiumsulfat salzig-bitteren Geschmack. Selbst **reines** Kochsalz schmeckt in niederen Konzentrationen **schwach süß**. Die absolute Schwelle, die zur Auslösung der Empfindung salzig nötig ist, liegt für Kochsalz bei einigen Gramm pro Liter.

Der **Transduktionsmechanismus** ist relativ einfach (◘ Abb. 61.5a). Eine Erhöhung der Na^+-Konzentration außerhalb der Zelle durch Essen von salzhaltiger Kost führt zu einem erhöhten Einstrom von Na^+-Ionen durch den Amilorid-sensitiven unspezifischen Kationenkanal (ENaC) in die Zelle; sie wird depolarisiert. Da beim Menschen Amilorid wenig Wirkung auf den Salzgeschmack hat, werden noch zusätzliche bisher unbekannte Rezeptorproteine gefordert. Im **basolateralen** Bereich der Sinneszelle findet sich eine **hohe**

Dichte an Pumpen (Na$^+$/K$^+$-ATPasen), die die eingeflossenen Kationen wieder aus der Zelle transportieren und damit die Zelle wieder erregbar machen.

Die Wirkung der Anionen kommt indirekt durch spezielle Transportsysteme an benachbarten Stützzellen zustande, die über gap junctions mit den Sinneszellen gekoppelt sind.

Bitter   Substanzen, die einen Bittergeschmack hervorrufen, zeigen eine **Variabilität** ihrer molekularen Struktur, die gemeinsame Grundstrukturen nur schwer erkennen lässt. Bittersubstanzen haben die **geringste** Schwelle von allen Geschmacksqualitäten. Das ist **biologisch sinnvoll**, denn typische pflanzliche Bitterstoffe, wie Strychnin, Chinin oder Nikotin sind oft von **hoher Toxizität**. Es reicht bereits 0,005 g Chininsulfat in einem Liter Wasser aus, um bitter zu schmecken.

Für den Bittergeschmack gibt es ca. **25** verschiedene spezifische **Rezeptorproteine** (T2R1-35), die zur Familie der GPCR's gehören und sich aus Protein-Dimeren zusammensetzen. Dieser Kontakt setzt – G-Protein-vermittelt – **eine intrazelluläre Signalverstärkungskaskade** (via PLCβ2) in Gang, an deren Ende die Öffnung des Kalzium-permeablen TRPM5-Kanals in der Zellmembran steht, wodurch es zu einem Anstieg von Ca^{2+} in der Zelle kommt (◘ Abb. 61.5b). Die Ca^{2+}-Ionen können dann direkt oder indirekt (durch Öffnen von Kationenkanälen) eine Transmitterfreisetzung (ATP, Serotonin) bewirken. Bitterstoffe, wie Koffein und Theophyllin, können die Zellmembran passieren und direkt z. B. hemmend auf Enzyme (Phosphodiesterase) wirken (◘ Abb. 61.5b).

Süß   Die oberflächlich größte Variabilität findet man in der Struktur der süß schmeckenden Moleküle. Aber auch hier lassen sich einige **strukturelle Gemeinsamkeiten** erkennen: Um süß zu schmecken, muss ein Molekül zwei polare Substituenten haben. Künstliche Süßstoffe, oft durch Zufall gefunden, konnten durch kleine molekulare Veränderungen inzwischen systematisch weiterentwickelt werden und haben Wirksamkeiten, die 100- bis 1000-mal höher liegen als gewöhnlicher Zucker. Die Schwelle beim Menschen für Glukose liegt bei 0,2 g/Liter.

Für den **Süßgeschmack sind drei Gene identifiziert,** die für spezifische Rezeptorproteine (T1R1-3) kodieren. Durch unterschiedliche Kombination der dimeren Rezeptorproteine wird die ganze Breite der süß schmeckenden Moleküle abgedeckt. Kommt es zur Wechselwirkung eines Süß-Moleküls (natürliche Zucker oder synthetische Süßstoffe) mit dem Rezeptor-Dimer (T1R2 und T1R3), wird über ein G-Protein (Gustducin) der gleiche Signalweg aktiviert wie beim Bittergeschmack und ebenfalls durch Öffnung des TRPM5-Kanals die Kalziumkonzentration erhöht. Dies führt dann direkt oder indirekt (Depolarisation) zur Transmitterfreisetzung (ATP, Serotonin).

Umami   Es wird zusätzlich eine **Geschmacksempfindung für Glutamat postuliert**, der „umami" Geschmack. Er basiert auf der **gleichzeitigen** Aktivierung von Salz- und Süß-(Aminosäure-)Rezeptoren. Für den Umami-Geschmack ist die Rezeptorkombination (T1R1 und T1R3) verantwortlich. Der nachgeschaltete Signalweg entspricht dem von Zucker (◘ Abb. 61.5b).

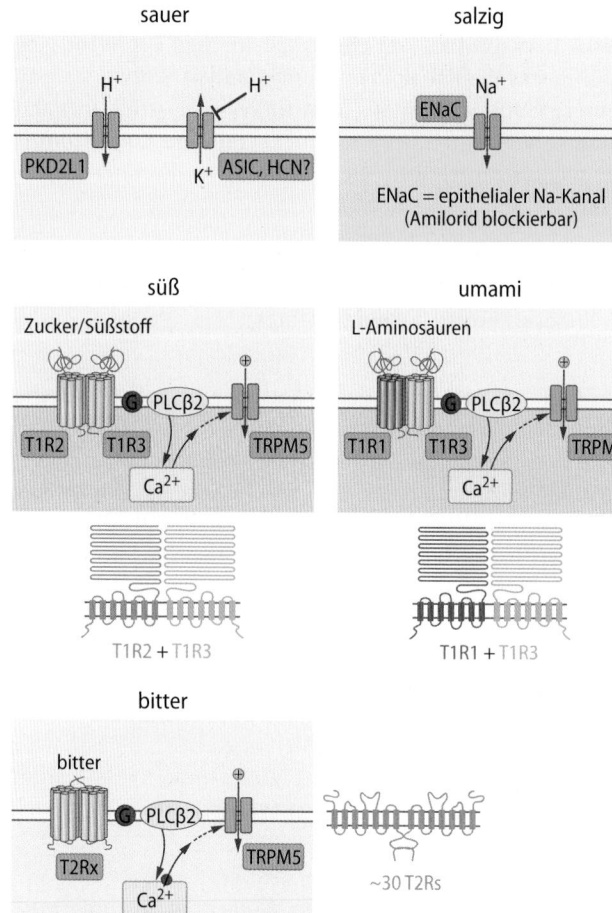

◘ **Abb. 61.5   Signaltransduktion in Geschmackssinneszellen.** Molekulare Prozesse der Umsetzung von sauren und salzigen Substanzen, sowie bitter und süß schmeckenden Reizsubstanzen in eine Rezeptorpotential. Des Weiteren schematisch angedeutet die Struktur der Taste-Rezeptoren für süß, umami und bitter

In Kürze

Beim Geschmack lassen sich **fünf Grundqualitäten** (süß, sauer, salzig, bitter und umami) unterscheiden. Als **Nebenqualitäten** werden ein alkalischer und ein metallischer Geschmack diskutiert.

Für jede Geschmacksqualität gibt es spezifische Membranrezeptoren. Man findet Geschmackssinneszellen mit nur einem oder mit mehreren Rezeptortypen. Die **Kodierung** und **Erkennung der Geschmacksinformationen** beruht auf Reaktionsprofilen der Sinneszellen. Diese werden bis in die zentralen Projektionsgebiete beibehalten. Für die molekularen Signaltransduktionsmechanismen der fünf Geschmacksqualitäten gilt vereinfacht:

- **Sauer** und **salzig** werden durch einen einfachen, selektiv permeablen Kationenkanal geregelt.
- Für **süß** und **bitter** und **umami** existieren spezifische Rezeptormoleküle, die über einen zweiten Botenstoff an den TRPM5-Kanal gekoppelt sind.

61.3   Eigenschaften des Geschmackssinns

61.3.1   Modulation der Geschmacksempfindung

Die Empfindungsqualität eines Stoffes ist auch von der Konzentration des Stoffes abhängig und kann durch Adaptation oder pflanzliche Substanzen moduliert werden.

Reizschwellen   Sie sind beim **Menschen individuell unterschiedlich.** Bei sehr **geringen** Konzentrationen ist die Geschmacksempfindung zunächst qualitativ unbestimmt. Erst mit **höherer** Reizkonzentration kann die Qualität der Reizsubstanz spezifisch erkannt werden. Oberhalb der Erkennungsschwelle kann die **empfundene Qualität nochmals umschlagen:** NaCl und KCl schmecken zunächst leicht süßlich, bei höheren Konzentrationen noch süßer, bis bei weiterer Konzentrationserhöhung der salzige Geschmack hervortritt.

Pflanzliche Geschmacksmodifikatoren   Diese können sogar eine **völlige Veränderung der Qualität** bewirken: So erzeugt z. B. die **Gymneasäure** aus einer indischen Kletterpflanze beim Kauen der Blätter einen selektiven Ausfall der Süßempfindung; das **Mirakulin** aus den roten Beeren eines westafrikanischen Strauches führt zu einer **Umkehr** des Sauergeschmacks in süß. Beide dürften nach dem gegenwärtigen Stand der Forschung die Süßwahrnehmung bereits auf der Ebene der Rezeptorzelle durch Blockade der chemischen Primärprozesse beeinflussen. Bei **Mirakulin** geht man davon aus, dass es direkt an den Süßrezeptor bindet oder einen Komplex mit sauren Substanzen verursacht, der in der Lage ist, an den Süßrezeptor zu binden.

Adaptation   Als Adaptation wird eine **Abnahme der Geschmacksintensität** während **kontinuierlicher** Gegenwart einer konstanten Reizkonzentration bezeichnet. In diesem Zustand ist auch die Schwelle erhöht. Dies ist bei einer 5 %igen Kochsalzlösung bereits nach 8 s, bei einer 0,15 molaren Lösung nach ca. 50 s messbar. Anschließend dauert es einige Sekunden (NaCl) oder gar **Stunden (Bitterstoffe)**, bis die ursprüngliche Empfindlichkeit wiedererlangt ist. Es werden dafür **periphere** Mechanismen verantwortlich gemacht. Die Adaptation **einer** Geschmacksqualität hat auch Auswirkungen auf die Empfindlichkeit **für die anderen.** Ein Phänomen, das den negativen Nachbildern beim Gesichtssinn entsprechen könnte. Wird die Zunge z. B. auf süß adaptiert und nachfolgend mit destilliertem Wasser gespült, so schmeckt dieses schwach sauer. Die Interaktion der beiden anderen Qualitäten bitter und salzig scheint **komplexer** zu sein.

> ❯ Bei längeren, konstanten Geschmacksreizen nimmt die Geschmackswahrnehmung durch Adaptation ab. Sie kann sogar völlig verschwinden.

61.3.2   Biologische Bedeutung des Geschmackssinns

Lust auf Süßes ist angeboren, ebenso Ablehnung von Bitterem; Aversionen können aber auch durch Ernährungsverhalten erworben werden.

Neugeborene zeigen bereits die gleichen mimischen Lust- bzw. Unlustreaktionen auf Geschmacksstoffe aus den vier Grundqualitäten, wie wir sie vom Erwachsenen kennen, wenn er „sauer schaut", eine „bittere Miene macht" oder „süß lächelt". Solch **angeborene** mimische Reaktionsmuster werden als **„gustofazialer" Reflex** bezeichnet. Beim Menschen konnte auch ein Zusammenhang zwischen der hedonischen Bewertung und einem ernährungsphysiologischen Bedarf hergestellt werden. So kennt jeder die Aversion gegen Süßes und die Lust auf deftig Saures am Ende der Weihnachtstage. Es konnte auch gezeigt werden, dass **Kochsalzmangel** einen regelrechten **Salzhunger** auslöst.

Klinik

Geschmacksstörungen

Klinik
Man teilt Geschmacksstörungen in verschiedene Schweregrade ein.
- **Totale Ageusie** liegt vor, wenn die Empfindung für alle Qualitäten verloren ist.
- Bei **partiellen Ageusien** ist sie nur für eine oder mehrere Qualitäten fehlend.
- Bei **Dysgeusien** treten unangenehme Geschmacksempfindungen auf.
- Als **Hypogeusie** bezeichnet man eine pathologische verminderte Geschmacksempfindung.

Ursachen
Genetisch bedingte Geschmacksstörungen sind **selten**, meist partiell und haben ihre Ursachen in einer Veränderung der Rezeptorproteine, teilweise auch in enzymatischen Defekten. Beispiele aus der Klinik sind das Turner-Syndrom (X0), die familiäre Dysautonomie (Rily-Day-Syndrom) oder die Mukoviszidose, die alle mit einer Hypogeusie bis hin zur totalen Ageusie auftreten.
Häufige Ursachen von Ageusien sind Erkrankungen im **HNO-Bereich**, hervorgerufen durch Unfälle, Operationen, Tumoren- oder Strahlenschäden. Vor allem bei Tumoren im inneren Ohrgang bzw. im Kleinhirnbrückenwinkel, so beim Akustikusneurinom, treten oft Geschmacksstörungen als Frühsymptome auf.
Lokal wie auch systemisch wirkende **Pharmaka** führen teilweise zu einer verminderten Geschmacksempfindung. So kann Kokain die Bitterempfindung vollständig aufheben, Injektion von Penicillin (auch Oxyphedrin und Streptomycin) neben spontanen Geschmackssensationen eine Hypogeusie hervorrufen.
Bei Erkrankungen des **zentralen Nervensystems** treten teilweise Ageusien auf; dies kann klinisch als Frühsymptom von Nutzen sein. Schädigungen des N. facialis bzw. der Corda tympani haben häufig eine Geschmacksblindheit nur auf einer Zungenhälfte zur Folge.
Die häufigste Ursache für Hypogenese ist das Alter. Ab dem 60. Lebensjahr nimmt die Geschmackswahrnehmung signifikant zunehmend ab.

Der **Geschmackssinn** hat seine Bedeutung vor allem in der **Prüfung der Nahrung** und zum Schutz vor dem Verzehren von giftigen, ungenießbaren Pflanzen (meist sehr bitter). Außerdem wird die Speichel- sowie die Magensaftsekretion **reflektorisch** beeinflusst. In den letzten Jahren wurden auch einige der Süß- und **Bitterrezeptoren** in **verschiedenen** Geweben des Körpers gefunden, wie z. B. im Magen, Darm, Pankreas, Spermien, Niere und dem Gehirn. Ihre Funktion ist weitgehend unbekannt, sie scheinen aber bei der Regulation des Zuckerhaushalts, der Homöostase oder der Abwehr von Schadstoffen von Mikroorganismen eine Rolle zu spielen.

> **In Kürze**
>
> Innerhalb der vier Grundqualitäten erleben wir **abgestufte Intensitätsgrade**, die im Schwellenbereich auch qualitative Veränderungen hervorrufen können. Solche Effekte lassen sich auch durch pflanzliche Geschmacksmodulatoren auslösen.
>
> Alle Geschmacksqualitäten **adaptieren im Sekunden- bis Minutenbereich, außer bitter (Stunden)**, da dies für die Erkennung von Gift(pflanzen)stoffen überlebenswichtige Bedeutung hat.

Literatur

Carleton A, Accolla R, Simon SA (2010) Coding in the mammalian gustatory system. Trends Neurosci. 33(7): 326-334

Chaudhari N, Roper SD (2010) The Cell biology of taste. J Cell Biol. 190(3): 285-296

Meyerhof W, Born S, Brockhoff A, Behrens M (2011) Molecular biology of mammalian bitter taste receptors. Flavour and Fragrance J. 26(4): 260-268

Small DM (2006) Central gustatory processing in humans. Adv Otorhinolaryngol 63: 191–220

Yarmolinsky DA, Zuker CS, Ryba NJ. (2009) Common sense about taste: from mammals to insects. Cell. 139(2): 234-244

61

Geruch

Hanns Hatt

© Springer-Verlag GmbH Deutschland, ein Teil von Springer Nature 2019
R. Brandes et al. (Hrsg.), *Physiologie des Menschen*, Springer-Lehrbuch
https://doi.org/10.1007/978-3-662-56468-4_62

Worum geht's? (◧ Abb. 62.1)

Der Geruchssinn spielt beim Menschen eine wichtige Rolle
Unsere Nase ist ein wahres Wunderwerk: Mit jedem Atemzug riechen wir, Tag und Nacht, ein Leben lang. Der Geruchssinn hat eine hohe Sensitivität und leitet die Duftinformation direkt in unsere Zentren für Emotionen und Erinnerungen, wo sie stabil, oft lebenslang, abgespeichert bleiben.

Unser Riechsystem ist direkt mit verschiedenen Gehirnarealen verschaltet
Das Riechsystem besteht aus Riechsinneszellen, Stützzellen und Basalzellen. Letztere sind adulte Stammzellen und regenerieren das Riechepithel. Die Riechsinneszellen sind über ihre Nervenfortsätze mit Mitralzellen in den Glomeruli des Bulbus olfactorius verbunden. Hier findet durch starke Konvergenz sowie durch Netzwerke von hemmenden Interneuronen eine Signalverarbeitung und Kontrastverschärfung statt. Vom Bulbus wird die Information über die Riechbahn zum limbischen System bis zur Region des Neokortex geleitet.

Riechzellen wandeln chemische Duftsignale in elektrische Nervenimpulse um
In den Riechsinneszellen sind über 350 verschiedene Riechrezeptortypen lokalisiert, meist Spezialisten für bestimmte chemische Duftgruppen, mit deren Hilfe der Mensch fast eine Milliarde verschiedener Düfte unterscheiden kann. Konstante Duftkonzentrationen führen oft zur Adaptation. Riechrezeptoren sind G-Protein gekoppelt. Nach ihrer Aktivierung wird cAMP gebildet, das Kationenkanäle in der Riechzellmembran öffnet und dadurch zur Entstehung von Aktionspotenzialen beiträgt.

Die Bedeutung der Wirkung von Duftstoffen geht weit über das Riechsystem hinaus
Bei der Empfindlichkeit für Düfte kann zwischen einer Wahrnehmungs- und einer Erkennungsschwelle unterschieden werden. Oft liegt eine mehr als eine Zehnerpotenz höhere Konzentration dazwischen. Die Bewertung eines Duftes ist nicht genetisch bedingt, sondern individuell unterschiedlich und beruht auf persönlicher Erfahrung, Erziehung und umgebendem Kulturkreis. Riechrezeptoren, die in allen Geweben unseres Körpers auch außerhalb der Nase zu finden sind, werden zunehmend wichtiger für Diagnostik und Therapie in der Klinik. Neben den klassischen Rezeptoren für Duftstoffe gibt es auch sog. Vomeronasalrezeptoren, die für die Wahrnehmung von Pheromonen verantwortlich sind.

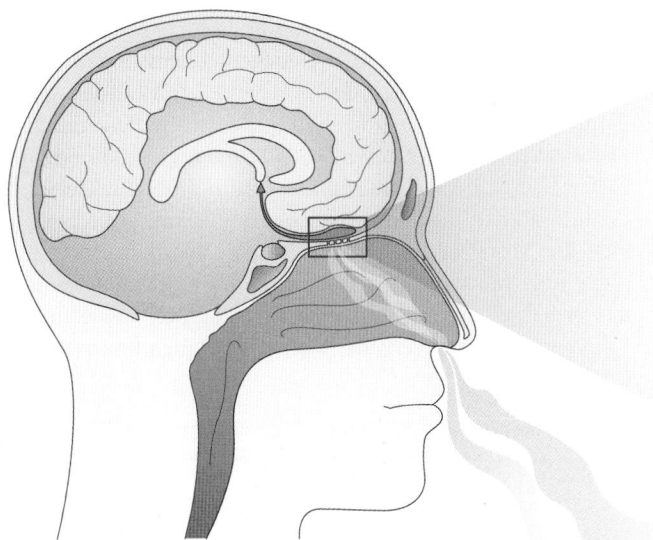
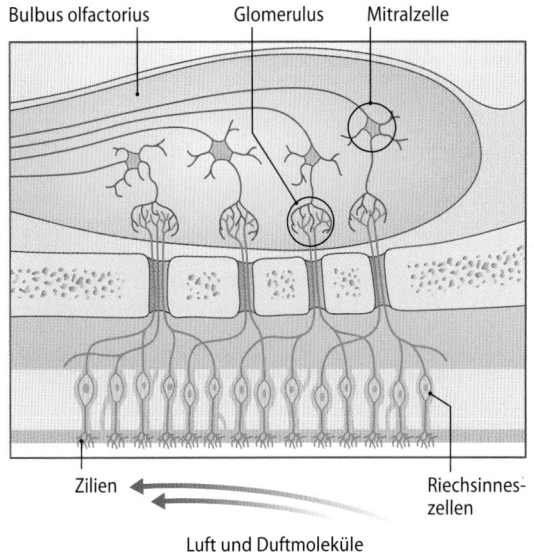

◧ Abb. 62.1 Verarbeitung von Duftreizen im Riechsystem

62.1 Aufbau des Riechsystems und seine zentralen Verschaltungen

62.1.1 Morphologie

Die Riechsinneszellen in unserer Nase sind primäre Sinneszellen, die direkt in den Bulbus olfactorius projizieren.

Nasenhöhle   In jeder Nasenhöhle befinden sich drei übereinanderliegende, wulstartige Gebilde (Conchen), die mit Schleimhaut (respiratorisches oder olfaktorisches Epithel) ausgestattet sind. Die **olfaktorische Region (Riechepithel) ist** auf einen kleinen, ca. 2 × 5 cm² großen Bereich in der obersten Conche beschränkt.

Riechepithel   Das Riechepithel besteht aus drei Zelltypen,
- den eigentlichen **Riechzellen**,
- den **Stützzellen** und
- den **Basalzellen** (◻ Abb. 62.2).

Der Mensch besitzt ca. **30 Mio. Riechzellen**, die eine durchschnittliche Lebensdauer von **nur einem Monat** haben und danach durch das Ausdifferenzieren von Basalzellen (adulte Stammzellen) bis in das hohe Alter erneuert werden. Dies ist eines der seltenen Beispiele für Nervenzellen im adulten Nervensystem, die noch zu regelmäßiger mitotischer Teilung fähig sind.

Riechsinneszellen   Die Riechsinneszellen sind **primäre, bipolare Sinneszellen** (◻ Tab. 61.1), die am apikalen Ende durch zahlreiche, in den Schleim ragende, feine Sinneshaare (Zilien) mit der Außenwelt in Kontakt treten und am basalen Ende über ihren langen, dünnen Nervenfortsatz (Axon) direkten Zugang zum Gehirn haben (◻ Abb. 62.2). Zu Tausenden gebündelt laufen die Axone der Riechzellen durch die Siebbeinplatte, um zusammen als **N. olfactorius** direkt zum **Bulbus olfactorius** zu ziehen, der als vorgelagerter Hirnteil zu betrachten ist.

62.1.2 Zentrale Verschaltung

Zwischen den Rezeptorzellen und der Hirnrinde liegt nur eine synaptische Schaltstelle, nämlich in den Glomeruli des Bulbus olfactorius; die Glomeruli stellen das charakteristische Strukturmerkmal dar; sie bilden die kleinste funktionelle Einheit.

Verschaltung im Bulbus olfactorius   Die Axone der Riechrezeptorneurone endigen in den **Glomeruli olfactorii.** Dabei projizieren alle Riechzellen, die den gleichen Rezeptor tragen, in **ein und denselben** Glomerulus. Glomeruli sind rundliche Nervenfaserknäuel, gebildet aus den Synapsen der Endigungen der Rezeptorzellaxone mit den Dendriten von Mitralzellen. Bei der ersten und einzigen Verschaltung der Riechzellaxone im Bulbus olfactorius kommt es dabei zu einer deutlichen Reduktion der Duftinformationskanäle: Mehr als **1000 Axone von Riechzellen** projizieren auf die Dendriten einer **einzigen**

Mitralzelle (Konvergenz). Zusätzlich zu den Riechzelleingängen enthalten die Glomeruli auch dendritische Verzweigungen von Interneuronen (periglomeruläre Zelle). Über ein eigenes Ausgangs- oder Projektionsneuron der Mitralzellen stehen sie mit höheren Hirnzentren in Verbindung. Sie sind analog den Kolumnen im Kortex und repräsentieren ein viel höheres Organisationsniveau als z. B. die Glomeruli in Zerebellum und Thalamus. Die Größe (100–200 μm) ist bei allen Vertebraten ähnlich, ebenso ihre charakteristische Verschaltung. Die **Zahl der Glomeruli** korreliert mit der **Zahl der Riechsinneszelltypen**, die der Zahl der funktionalen Riechrezeptoren entsprechen. ◻ Abb. 62.2 zeigt außerdem, dass die zellulären Elemente des Bulbus **in Schichten angeordnet** sind. Auf die Schicht der Glomeruli folgt die Schicht der Mitral- und periglomerulären Zellen (äußere plexiforme Schicht). Die zellulären Wechselwirkungen zwischen den Ausgangsneuronen (Mitralzellen) und Interneuronen (periglomerulären Zellen, Körnerzellen) sind relativ komplex.
- Die **Riechrezeptorneurone** projizieren direkt auf Mitralzellen und parallel dazu in großer Zahl auf die dendritischen Verzweigungen von periglomerulären Zellen innerhalb eines Glomerulus.
- Horizontal sind die **Glomeruli** durch ein dichtes Netz von **hemmenden** Interneuronen verbunden, den **periglomerulären Neuronen**, die **GABA** als Transmitter benutzen. Periphere wie zentrale Neurone haben ein relativ breites Spektrum an Spezifität.
- Die Aktivierung von Interneuronen führt an benachbarten Mitralzellen zur **lateralen Hemmung**. Auf diese Weise kann es zu einer **Kontrastverschärfung** der Aktivitätsmuster und damit zu einer schärferen Diskriminierung verschiedener Gerüche kommen.
- Zwischen den periglomerulären Neuronen und den Ausgangsneuronen und z. T. auch zwischen den Körnerzellen findet man sog. **reziproke dentrodendritische** Synapsen.

Dendrodendritische Synapsen   Sie zählen mit den Synapsen vom Renshaw-Typ zu den Verbindungen, die **rekurrente Hemmung** ermöglichen. Solche Kontakte vermitteln einen Informationsfluss in einander entgegenlaufende Richtungen: Von den Mitralzellen zu den Körnerzellen bzw. den periglomerulären Zellen, wie auch umgekehrt von diesen zu den Mitralzellen. Außerdem wirken GABAerge periglomeruläre Zellen hemmend auf die Mitralzellen und üben damit eine der **lateralen Inhibition** vergleichbare Wirkung auf die Aktivität der Mitralzellen aus. Verstärkung, Störfilter und komplexe Regelmechanismen, hervorgerufen durch Interaktion der verschiedenen zentralen Neuronentypen sowie durch Konvergenz und Divergenz, wirken zusätzlich **kontrastverschärfend**.

> **Alle Axone der Riechsinneszellen des gleichen Typs konvergieren auf einen Glomerulus.**

Riechbahn   Die etwa 30.000 Axone der Mitralzellen bilden den einzigen **Ausgang** für Informationen aus dem Bulbus. Sie

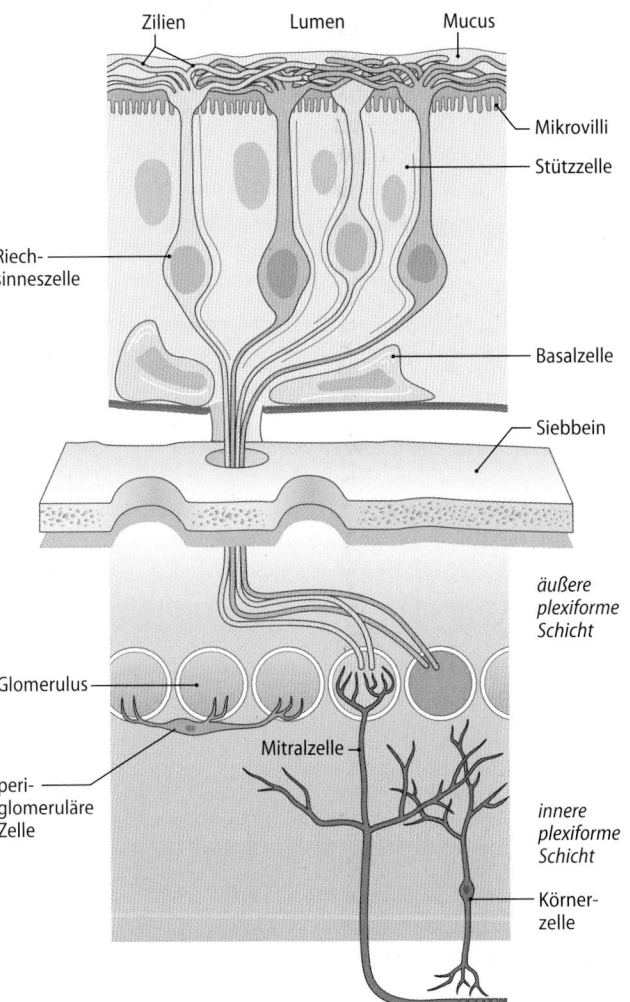

Zilien   Lumen   Mucus

Mikrovilli

Stützzelle

Riech-
sinneszelle

Basalzelle

Siebbein

*äußere
plexiforme
Schicht*

Glomerulus

Mitralzelle

peri-
glomeruläre
Zelle

*innere
plexiforme
Schicht*

Körner-
zelle

**◘ Abb. 62.2   Schematischer Aufbau der Riechschleimhaut mit den
Verbindungen zum Riechkolben (Bulbus olfactorius).** In der Riechschleimhaut findet man Sinneszellen, Stützzellen, Basalzellen und Drüsenzellen. Die Sinneszellen tragen am apikalen dendritischen Fortsatz
eine große Zahl von dünnen Ausläufern (Zilien). Die Riechnervenfasern
(Axone) dieser Zellen projizieren vor allem auf die Mitralzellen im Riechkolben. Die periglomerulären Zellen stellen die lateralen Verbindungen
zwischen den Glomeruli her. Die Körnerzellen sind ebenfalls meist hemmende Interneurone des Riechkolbens und tragen wesentlich durch ihre
dendrodendritischen Synapsen zur Lateralinhibition bei. Darüber hinaus
können efferente Nervenfasern aus anderen Bereichen des Gehirns die
Aktivität des Riechkolbens modulieren

formen den **Tractus olfactorius**. Ein Hauptast kreuzt in der
vorderen Kommissur zum kontralateralen Bulbus, die anderen Fasern ziehen zu den olfaktorischen Projektionsfeldern
in zahlreichen Gebieten des Paleokortex, die zusammen als
Riechhirn bezeichnet werden. Die Informationsverarbeitung endet aber nicht hier, sondern die Signale werden weitergeleitet:

— Zum einen gelangen sie zum Neokortex und erreichen
  dort eine entwicklungsgeschichtlich sehr alte Hirnregion,
  den **Cortex praepiriformis**;

— zum anderen gehen Bahnen direkt zum **limbischen
  System** (Amygdala, Hippocampus) und weiter zu **vegetativen** Kernen des Hypothalamus und der Formatio
  reticularis (◘ Abb. 62.3).

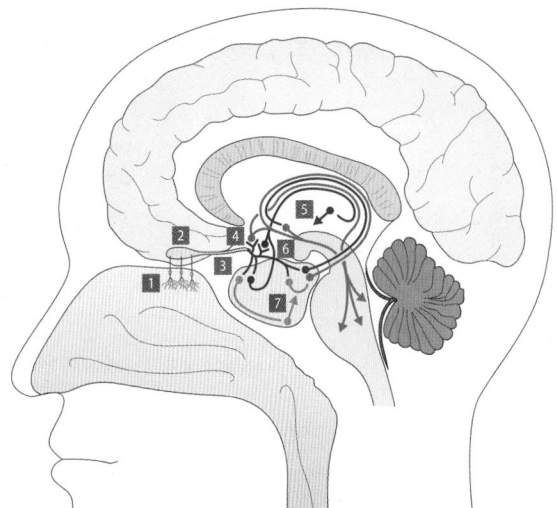

◘ Abb. 62.3   Zentrale Verschaltung der Duftinformation. Das Riechsystem mit seinen primären und sekundären Bahnen zu anderen Hirnregionen. Die Riechsinneszellen (1) bilden Synapsen an den dendritischen
Ausläufern der Mitralzellen (2). Die Nervenfortsätze der Mitralzellen ziehen als Tractus olfactorius (3) zu tieferen Gehirnregionen. (4) Septumker-
ne. Wie im Text beschrieben, hat das Riechsystem direkte Verbindungen
über das Riechhirn zum Thalamus (5) und von dort zum Neokortex sowie
zum limbischen System (Amygdala und Hippocampus [7], gelb unterlegt)
und zu vegetativen Kernen des Hypothalamus. (6) Corpus mamillare

In Kürze

Das Riechepithel besteht aus **Stütz- und Basalzellen**
sowie den **eigentlichen Sinneszellen**. Die Riechsinneszellen sind primäre, bipolare Sinneszellen, die am apikalen Teil dünne Sinneshaare (Zilien) und am anderen
Ende einen Nervenfortsatz tragen.
Die Axone der Riechzellen endigen in den Glomeruli an
den dendritischen Ausläufern der Mitralzellen und periglomerulären Zellen (**Interneurone**). **Periglomeruläre
Zellen** in der äußeren plexiformen Schicht des Bulbus
und Körnerzellen in der inneren Schicht tragen durch
ausgeprägte laterale Hemmmechanismen zur Signalverarbeitung bei. Die **Ausgangsneurone** (Mitralzellen)
aus dem Bulbus ziehen direkt zum limbischen System
und weiter zu vegetativen Kernen des Hypothalamus
und der Formatio reticularis sowie zu Projektionsgebie-
ten im Neokortex.

62.2   Geruchsdiskriminierung und deren neurophysiologische Grundlagen

62.2.1   Duftklassen

Düfte können aufgrund verschiedener Kriterien in Duftklassen eingeteilt werden; die Unterscheidung von Duftstoffen
ist in den meisten Fällen eine zentralnervöse Leistung.

Geruchsqualitäten   Der Mensch kann **etwa 10.000 Düfte
erkennen**, aber bis zu einer **Milliarde** Düfte **unterscheiden**.

◻ Tab. 62.1   Klassifikation der Primärgerüche in Qualitätsklassen und die dazugehörigen repräsentativen chemischen Verbindungen nach Amoore

Duftklasse	Bekannte Verbindungen	Vorkommen	Typischer Inhaltsstoff
Blumig	Geraniol	Rosen	d-1-β-Phenyl-äthylmethyl-carbinol
Ätherisch	Benzylazetat	Birnen	1,2-Dichlor-äthan
Moschusartig	Moschus	Moschus	1,5-Hydroxy-pantadecansäurelacton
Kampherartig	Cineol, Kampher	Eukalyptus	1,8-Cineol
Faulig	Schwefel-Wasserstoff	Faule Eier	Dimethylsulfid
Schweißig	Buttersäure	Schweiß	Propionsäure
Stechend	Ameisensäure	Branntweinessig	Essigsäure

Im Gegensatz dazu fällt ein extremer Mangel an verbalen Duftkategorien auf. Es gelingt bisher weder mit physiologischen oder biochemischen, noch mit psychophysischen Methoden, Geruchsklassen zufriedenstellend scharf gegeneinander abzugrenzen.

Duftklassen   Bis heute findet deshalb ein 1952 von Amoore vorgeschlagenes Schema von **7 typischen Geruchsklassen** noch Anwendung: blumig, ätherisch, moschusartig, kampherartig, schweißig, faulig, stechend (◻ Tab. 62.1). Bei allen natürlich vorkommenden Düften handelt es sich um **Duftgemische**, in denen es charakteristische „Leitdüfte" gibt (z. B. Geraniol für blumig).

Kreuzadaptation   Die Kreuzadaptation stellt eine weitere Möglichkeit der Klassifizierung dar. Wir alle wissen, dass wir nach einer gewissen Zeit einen Duft (z. B. Parfum) im Raum nicht mehr wahrnehmen. Das **Riechsystem ist adaptiert.** Dieser Prozess basiert auf peripheren (Riechsinneszellen) und zentralen (Mitralzellen, Kortex) Mechanismen. Die Adaptation beschränkt sich dabei jeweils auf eine bestimmte, reproduzierbare Gruppe von Düften. Ist man auf den Parfumduft adaptiert, kann man Kaffeeduft trotzdem noch wahrnehmen. Durch solche **Kreuzadaptionstests** gelang es, **zehn** verschiedene Duftklassen zu unterscheiden, die sich teilweise mit denen von Amoore decken.

◻ Tab. 62.2   Auflistung einiger partieller Anosmien beim Menschen

Aromakomponente	Vorkommen	Häufigkeit in Prozent [%] Bevölkerung
Androstenon	Urin, Schweiß	40
Isobutanal	Malz	36
1,8-Cineol	Kampher, Eukalyptus	33
1-Pyrrolin	Sperma	20
Pentadecanolid	Moschus	7
Trimethylamin	Fisch	7

Anosmien   Ein dritter, mehr klinischer Ansatz verwendet die Tatsache, dass es beim Menschen **Geruchsblindheiten** für bestimmte Gruppen von Düften gibt, sog. **partielle** Anosmien. Diesen Menschen scheinen die funktionalen Rezeptoren für die Erkennung dieser Düfte zu fehlen. Bisher sind sieben verschiedene Typen von Anosmien beschrieben (◻ Tab. 62.2). Erst die funktionelle Charakterisierung aller 350 menschlichen Riechrezeptortypen wird diese Frage beantworten.

> ❯ Duftklassen, Kreuzadaptation und partielle Anosmie weisen auf die Existenz von ca. 10 (s. o.) Duftklassen hin.

62.2.2   Signaltransduktion

An der Transduktion eines chemischen Duftreizes in ein elektrisches Signal der Zelle sind das Gs-System und CNG-Kanäle beteiligt.

Menschliche Riechrezeptoren   Alle am Transduktionsprozess beteiligten Moleküle, nämlich Rezeptorprotein, G-Protein und Ionenkanal sind inzwischen **isoliert** und **sequenziert** worden. Für die G-Protein gekoppelten Rezeptorproteine gibt es eine ca. 350 Mitglieder umfassende Genfamilie (vermutlich sogar die größte im menschlichen Genom), die meist in Clustern über alle Chromosomen verteilt ist (außer Chromosom 20 und Chromosom Y). (◻ Abb. 62.4a,b). Jede Riechzelle stellt vermutlich nur einen oder wenige Typen von Rezeptorproteinen her, sodass es **ca. 350 Spezialisten** unter den Riechsinneszellen gibt (◻ Abb. 62.4c). Mithilfe der In-situ-Hybridisierungstechnik konnte eine solche Anordnung spezifischer Rezeptorneurone in vier Expressionszonen – symmetrisch für beide Nasenhälften – nachgewiesen werden (◻ Abb. 62.4d).

Reiztransduktion   Der Kontakt zwischen Duftstoff und Rezeptor löst einen **intrazellulären** Signalverstärkungsmechanismus (**second-messenger-Kaskade**) aus (◻ Abb. 62.5a). Die Bindung eines Duftmoleküls an den spezifischen Rezeptor aktiviert ein olfaktorisches Gs-Protein (G_{olf}), das wiederum das Enzym Adenylatzyklase aktiviert. Das nachfolgend gebildet cAMP aktiviert direkt Ionenkanäle für ein- und

Klinik

Riechstörungen

Verlaufsformen

Bei Riechstörungen kann man verschieden schwere Verlaufsformen unterscheiden:

- **Anosmie** ist der komplette Verlust des Geruchssinnes,
- von **partieller Anosmie** spricht man bei teilweisem Verlust von Duftklassen,
- von **Hyposmie** bei verminderter Riechleistung.

Ursachen

Genetische bedingte partielle Riechstörungen sind häufig, wobei die Ursachen meist in einem Defekt des Rezeptorproteins zu suchen sind, seltener spielen zentrale Fehl-

bildungen eine Rolle. Eine angeborene komplette Anosmie ist eine seltene Erkrankung. Am häufigsten wird sie für das sog. **Kallman-Syndrom** beschrieben, ebenso beim **Turner-Syndrom** (X0). Die meisten Störungen des Geruchsinns beruhen auf einer viral bedingten, respiratorischen oder konduktiven Störung. Hierzu zählen neben den Grippehyposmien und -anosmien auch Nasenfremdkörper, Tumoren, Polypen und pharmakologisch chemische und industrielle Schadstoffe (Blei-, Zyanid- und Chlorverbindungen). Riechstörungen, die ihre Ursache im zentralen Bereich haben, sind meist traumatisch, degenerativ oder durch

hirnorganische Prozesse bedingt. Hierbei spielen Schädel-Hirn-Traumen nach schweren Kopfverletzungen sowie subdurale Blutungen und Tumoren eine wichtige Rolle. Auch bei Schizophrenien und Epilepsien können Geruchshalluzinationen auftreten. Alle neurodegenerativen Erkrankungen, wie Alzheimer oder Parkinson, zeigen eine ausgeprägte Hyposmie als Erstsymptomatik. Die häufigste Ursache einer abnehmenden Riechfähigkeit ist das Alter. Bei über 85-Jährigen sind ca. 50 % hyp- oder anosmisch.

---

zweiwertige Kationen (◘ Abb. 62.5c). Diese gehören zur Superfamilie der durch zyklische Nukleotide (cAMP/cGMP) aktivierten Ionenkanäle (**CNG-Kanälen**, ▶ Kap. 4.2.2 und 57.2). Durch die Aktivierung eines einzigen Rezeptorproteins durch ein Duftmolekül können 1.000–2.000 cAMP-Moleküle erzeugt und entsprechend viele Ionenkanäle geöffnet werden. Dies erklärt die ungewöhnlich niederen Schwellenwerte für bestimmte Duftstoffe. Die einströmenden Kationen (Na^+, Ca^{2+}) erzeugen eine Depolarisation der Zelle, das Rezeptorpotenzial. Zusätzlich werden Kalzium-aktivierte Chloridkanäle (TMEM16b) geöffnet. Dadurch kommt es aufgrund der hohen intrazellulären Chloridkonzentration zu einem **Chloridausstrom**, der zur Verstärkung der Zellerregung (Depolarisation) beiträgt.

❯ Riechrezeptoren aktivieren über cAMP CNG-Kanäle. Kation-Einstrom und Anion-Ausstrom depolarisiert die Riechzelle.

Adaptation An den CNG-Kanälen wurde eine funktionell wichtige Ca^{2+}-Empfindlichkeit gefunden: Je weniger Ca^{2+}-Ionen auf der Innenseite der Membran sind, desto höher ist die Öffnungswahrscheinlichkeit des Kanals. Da Ca^{2+} durch den Kanal fließt, wird sich kurze Zeit nach Kanalöffnung die Ca^{2+}-Konzentration in der Zelle erhöhen und unter Mitwirkung von Calmodulin den **Kanal inaktivieren** (◘ Abb. 62.4d). Der Prozess trägt zur Adaptation auf zellulärer Ebene bei.

Elektrische Zellsignale

Die Reaktionen der Sinneszellen auf Duftreize können bis auf das molekulare Niveau mit elektrophysiologischen Methoden verfolgt werden.

Die Elektrophysiologie (Elektroolfaktogramm, Rezeptorpotenziale, Aktionspotenziale) ermöglicht die Reaktion der Sinneszellen auf Duftreize zu registrieren. Die Amplitude des Zellpotenzials bzw. die Aktionspotenzialfrequenz (Spitzenwie Plateaufrequenz) hängt von der Reizsubstanz und deren Konzentration ab (◘ Abb. 62.5e). **Je nach Duftstoff** kann die

Zelle mit einer **Erhöhung** der Impulsfrequenz oder mit einer **Hemmung** der Spontanrate antworten. Schon lange kennt man Summenableitungen der Erregung von größeren Arealen der Riechschleimhaut von Vertebraten, das **Elektroolfaktogramm (EOLG)**. Im EOLG zeigt sich ein konzentrationsabhängiger Anstieg der Amplitude der Antwort nach Zugabe eines Duftstoffes. **Gleiche** Konzentrationen molekular ähnlicher Stoffe können stark **unterschiedliche** EOLG-Amplituden auslösen.

In Kürze

Die Einteilung der tausenden verschiedenen Düfte in **verschiedene Klassen** erfolgt recht willkürlich aufgrund von ähnlichem Geruch, Anosmien und Kreuzadaptation, da eine molekulare Grundlage dafür bisher noch fehlt.

Die **Riechrezeptoren** beim Menschen umfassen eine ca. 350 Mitglieder enthaltende Genfamilie, die das gesamte Duftspektrum abdeckt. Die Rezeptoren, spezifisch für eine Klasse von Duftstoffen, verteilen sich im Nasenepithel in Expressionszonen, die Teil der Grundlage für die Chemotopie des olfaktorischen Systems sind.

Die **Signaltransduktion** wird über eine Erhöhung der **cAMP-Konzentration** in der Zelle vermittelt; cAMP öffnet direkt einen CNG-Kanal durch den Na^+ und Ca^{2+} in die Zelle fließen. Dies führt unter Miteinbeziehung eines Ca^{2+}-aktivierten Chloridkanals zur Zellerregung. Dieser intrazelluläre Signalverstärkungsmechanismus erklärt die sehr niederen Schwellenkonzentrationen der Dufterkennung.

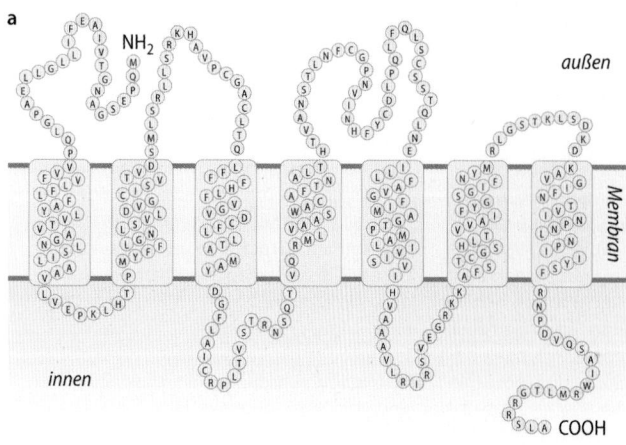

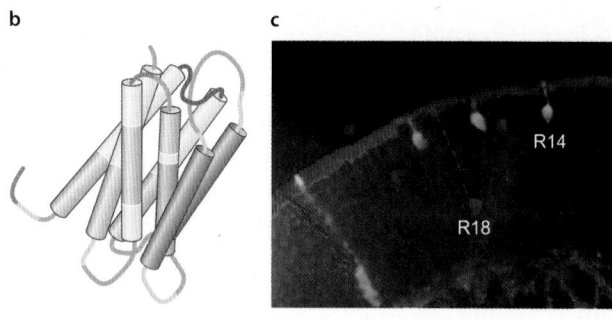

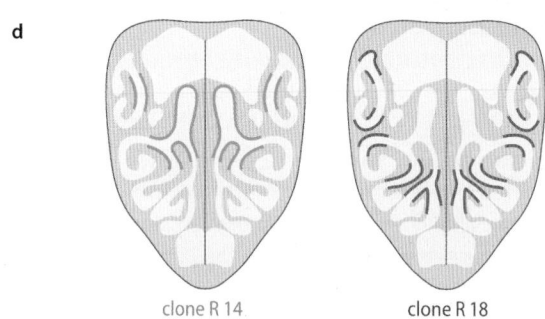

clone R 14   clone R 18

◧ **Abb. 62.4a–d   Riechrezeptorproteine. a** Schematische Darstellung der sieben transmembranären Domänen eines menschlichen Riechrezeptorproteins. **b** Dreidimensionales Modell eines Riechrezeptors, abgeleitet aus Strukturdaten des Sehfarbstoffes Rhodopsin. **c** Verteilung von zwei unterschiedlich gefärbten Riechsinneszellen in der Riechschleimhaut, die den Rezeptor R14 bzw. R18 exprimieren. **d** Topographisches Expressionsmuster von olfaktorischen Rezeptorsubtypen im Riechepithel der Ratte. Transkripte der mRNA wurden durch in situ Hybridisierung nachgewiesen. (Nach Professor Breer, Universität Hohenheim, mit freundlicher Genehmigung)

62.3   Funktional wichtige Eigenschaften des Geruchssinns

62.3.1   Duftempfindlichkeit

Bei der Duftempfindlichkeit unterscheidet man zwischen Wahrnehmungsschwelle und Erkennungsschwelle; viele physiologische Faktoren beeinflussen das Riechvermögen, auch trigeminale Fasern tragen zum Riechempfinden bei.

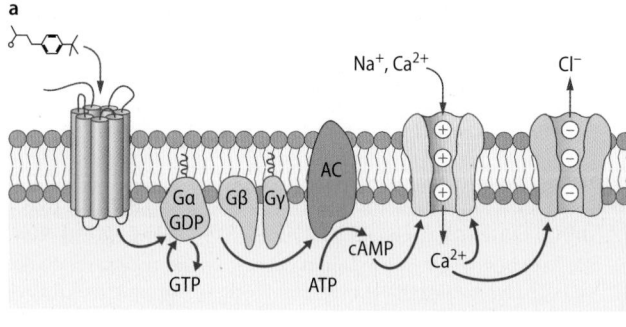

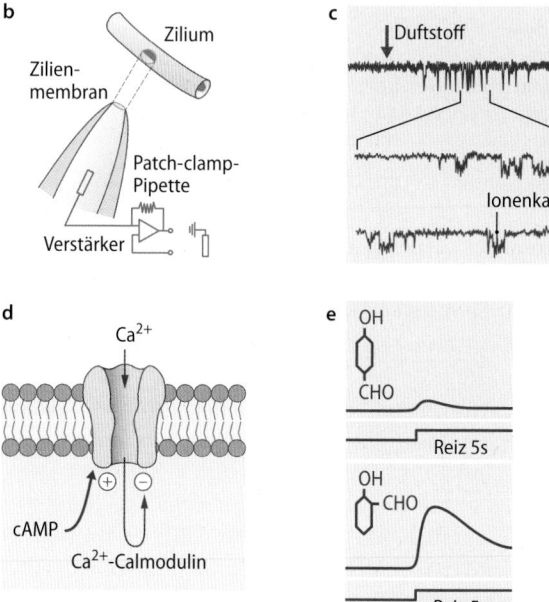

◧ **Abb. 62.5a–e   Schema der Transduktionskaskade in Riechzellen. a** Die Bindung eines Duftstoffmoleküls an ein spezifisches Rezeptorprotein bewirkt eine G-Protein-vermittelte Aktivierung der Adenylatzyklase (AC), die einen Anstieg von cAMP in der Zelle hervorruft. cAMP kann direkt einen unspezifischen Kationenkanal in der Membran des Sinneszelldendriten öffnen. Das einströmende Kalzium aktiviert einen Chloridkanal, wodurch es zu einem Chloridausstrom aus der Zelle kommt. **b** Schema der Entnahme eines Membranfleckchens aus dem Zilium einer Riechsinneszelle mithilfe der Patch-clamp-Pipette. Die zytoplasmatische Seite der entnommenen Membran zeigt nach außen (Inside-out-Konfiguration). Auf diese Weise kann die Wirkung von Reizsubstanzen auf Rezeptor-Kanal-Komplexe der Membraninnenseite getestet werden. **c** Reaktion einer Riechsinneszelle auf Zugabe von Duftstoff. Nach kurzer Latenz (ca. 200 ms) erfolgt die Öffnung von Ionenkanälen in der Zellmembran, die auf der Aktivierung einer second messenger-vermittelten Transduktionskaskade beruht. Die untersten Spuren zeigen cAMP-aktivierte Kationenkanäle in höherer Zeitauflösung. (Nach Zufall et al. 1993). **d** Kalziumeinstrom blockiert mithilfe von Kalziumcalmodulin den cAMP-aktivierten Kationenkanal (Adaptation). **e** Rezeptorpotenzial einer Riechzelle des Frosches, die mit o- (links) und p-Hydrobenzaldehyd (rechts) stimuliert wurde. Beachte den großen Wirkungsunterschied trotz der sehr ähnlichen Struktur der Duftmoleküle

Geruchsschwellen   Bei geringer Duftkonzentration kann gerade eben wahrgenommen werden, dass etwas riecht, der Duft aber **nicht** identifiziert werden. Erst eine etwa **10-fach höhere** Konzentration erlaubt eine Identifizierung; entsprechend unterscheidet man zwischen **Wahrnehmungsschwelle** und **Erkennungsschwelle**. Für manche Stoffe ist die menschliche Nase besonders empfindlich, so liegt die Erkennungsschwelle z. B. für das nach Fäkalien stinkende Skatol bei 10^7 Moleküle/cm^3 Luft. Dafür müssen nur **wenige** Duftmoleküle eine Sinneszelle treffen. Daneben gibt die **Unterschiedsschwelle** an, um wie viel sich die Konzentrationen zweier Proben des gleichen Duftstoffes unterscheiden müssen, um in unterschiedlicher Intensität empfunden zu werden. Sie liegt bei **ca. 25 %**. Dieser Wert ist etwa um den Faktor 100 höher als beim Sehen. Das Riechvermögen ist von verschiedenen **physiologischen Faktoren** abhängig: Es verschlechtert sich bei niederer Temperatur, vermindertem Luftdruck, trockener Luft, bei Rauchern und unter hormonellen Einflüssen wie z. B. der Menstruation. Bei **Hunger** sinkt die Schwelle für bestimmte Duftstoffe und steigt bei **Sattheit** signifikant an.

Hedonik   Unter Hedonik versteht man **die subjektive Bewertung eines Duftes** als angenehm oder unangenehm. Ob Hedonik für einige Düfte **genetisch** determiniert ist (vor allem Naturdüfte positiv, Leichengeruch negativ), ist umstritten. Für die meisten Düfte erfolgt eine **„Prägung"** durch Erziehung oder durch die Situation, in der wir den Duft erstmals kennen lernen. Sie kann bereits im Mutterleib beginnen, z. B. abhängig von der Nahrungsaufnahme der Mutter (▶ Klinik-Box).

> ❯ Die Duftbewertung ist subjektiv, durch persönliche Erfahrung, Erziehung oder Kulturkreis geprägt.

Erregung von Trigeminusfasern   Freie Nervenendigungen des N. trigeminus in der Nasenschleimhaut sowie im Mund-Rachen-Raum haben neben der **nozizeptiven** auch **olfaktorische** Funktion. Die Fasern reagieren auf verschiedene Riechstoffe, wenn auch oft erst bei hohen Konzentrationen. Empfindungen wie stechend, beißend (Salzsäure, Ammoniak, Chlor) sind typisch für das **nasaltrigeminale** System, sowie heiß und scharf (Piperidin, Capsaicin) oder kalt (Menthol) für das **oraltrigeminale** System. Im Tierversuch konnte

auch gezeigt werden, dass selbst bei relativ schwachen Duftreizen (z. B. Amylazetat, Eukalyptol) neben dem olfaktorischen auch das trigeminale System reagiert, allerdings mit längerer Latenzzeit und wenig ausgeprägter Adaptation. Deshalb bleibt nach vollständiger Durchtrennung des N. olfactorius ein **reduziertes** Riechvermögen erhalten.

Riechstoffe
Man kennt reine Riechstoffe (Lavendel, Nelke, Benzol), Duftstoffe mit **trigeminaler** Komponente (Eukalyptus, Menthol, Buttersäure) und Duftstoffe mit trigeminaler und Geschmackskomponente (Chloroform, Pyridin). Dies kann neben morphologischen und physiologischen Merkmalen (❑ Tab. 62.2) **differenzialdiagnostisch** zur Unterscheidung von Riech-, Geschmacks- und trigeminalen Erkrankungen in der Klinik verwendet werden.

62.3.2 Biologische Bedeutung des Geruchssinns

Der Geruchssinn hat eine stark emotionale Komponente, spielt eine wichtige Rolle im Bereich der sozialen Beziehungen und trägt zur Steuerung der Fortpflanzung bei.

Körpergeruch   **Düfte bestimmen unser Leben** von Geburt an. Neugeborene erkennen die Mutterbrust mithilfe eines Duftes, der von **Drüsen um die Brustwarzen** abgegeben wird. Auch können sie den Duft der eigenen Mutter von dem einer Fremden unterscheiden. Bei jedem von uns ist der **Eigengeruch** genetisch determiniert. Er basiert auf der immunologischen Selbst-/Fremderkennung und ist mit dem Haupthistokompatibilitätskomplex (MHC) gekoppelt. Je näher verwandt, desto ähnlicher der Eigengeruch. Dies ist die Basis für den **Familiengeruch**. MHC-assoziierte Gerüche sind in der Lage, Mutter-Kind-Bindung, Partnerwahl, Inzestschranke oder die Fehlgeburtenrate zu beeinflussen. Ob **Pheromone** (Kommunikationsdüfte innerhalb einer Spezies) beim Menschen Wirkungen hervorrufen können, ist noch unklar. Wissenschaftliche Ergebnisse zeigen aber, dass z. B. Androstenon, ein Duft aus dem **Achselschweiß des Mannes**,

---

Klinik

Aromatherapie

Zu den alternativen Heilmethoden zählt u. a. die Verwendung von Düften. Dies ist in der Klinik seit langem bekannt, wie bei Bäderanwendungen oder Inhalationen. So wirkt z. B. der Duft von Rosmarin oder Zitrusfrüchten belebend, Melisse und Rosenduft beruhigend sowie Eukalyptus schleimlösend. Japanische Großkonzerne setzen ihre Angestellten bereits einem regelrechten Duftbad während des Tages aus, um ihre Leistungsfähigkeit zu optimieren (morgens Zitrone als Muntermacher, mittags Rose zur Entspannung und gegen Abend Holzgeruch für neuen Schwung). **Ätherische Öle** spielen darüber hinaus in der Medizin eine wichtige Rolle bei der **Wunddesinfektion** und **Wundheilung**. Für

eine ganze Reihe von einzelnen Duftstoffen aus ätherischen Ölen ist eine antibakterielle, antimykotische oder antivirale Wirkung gezeigt. So ist die Hemmwirkung auf das Wachstum von verschiedenen Bakterienstämmen z. B. für Eugenol, Thymol, Allicin sowie Cineol nachgewiesen. Andere Stoffe wie Pfeffer, Nelken- oder Teebaumöl haben antimykotische oder antivirale Wirkung. Dies kann zur Therapie von ulzerierten Wunden, aber auch bei Dekubitus eingesetzt werden. Auch mit ätherischen Ölen **einbalsamierte Mumien verwesen langsamer**. Vor allem hat sich die Dufttherapie mit ätherischen Ölen im Bereich der **Geburtshilfe** in vielen Kliniken inzwischen durchgesetzt. So zeigt die Erfahrung, dass

ätherische Öle wie Eisenkraut, Lavendel, Kamille einen entspannenden, schmerzlindernden und damit positiven Einfluss auf den Geburtsverlauf haben. Darüber hinaus können manche Düfte auch **anxiolytische und sedierende** Wirkung aufweisen, die auf Rezeptorebene so stark sein kann, wie man sie z. B. von Inhalationsnarkotika oder Barbituraten kennt. Für den Duftstoff Gardenia-Acetal konnten am GABA-A-Rezeptor eine allosterische Aktivierung nachgewiesen werden, die der von Benzodiazepinen ähnelt. Dabei spielt nicht nur die Aufnahme durch die Nase, sondern auch mit der Atmung, mit der Nahrung über den Darm oder durch perkutane Applikation ins Blut eine wichtige Rolle.

Klinik

Expression von olfaktorischen Rezeptoren außerhalb des Riechepithels

In **allen** untersuchten menschlichen Geweben wird ein bestimmtes Muster von **Riechrezeptoren** (zwischen 2 und 70 der 350 in der Nase vorkommenden Rezeptoren) **exprimiert**. Für einige von ihnen konnte inzwischen die Funktion aufgeklärt werden: So führt die Aktivierung des Sandelholzrezeptors in menschlichen Keratinozyten zu einer erhöhten Proliferation und Migration und damit einer **Beschleunigung der Wundheilung und des Haarwachstums**. In menschlichen Spermien findet man neben einer Reihe von Riechrezeptoren (>20) interessanterweise auch alle molekularen Komponenten der Duftsignalkaskade. **Düfte im Vaginalsekret** sind in der Lage, diese Rezeptoren zu aktivieren und dadurch Einfluss auf Schwimmrichtung und Schwimmgeschwindigkeit der Spermien zu nehmen. Weltweit sind ca. 70 Mio. Paare von Fertilitätsstörungen betroffen, mehr als eine halbe Million davon in Deutschland. Bei 40 % der Erkrankten liegen die Ursachen beim Mann. Sieht man von Störungen der Morphologie und Beweglichkeit der Spermien ab, bleiben zwischen 10 und 20 % der Männer übrig, bei denen die klinisch relevanten Parameter der Spermien im Normbereich liegen, die Frau fertil ist und trotzdem keine Schwangerschaft eintritt. Es wird diskutiert, ob **Defekte von spermalen Riechrezeptoren** Ursachen der Infertilität sind.

von der Frau während der Zeit des Eisprunges signifikant positiver beurteilt wird.

Vomeronasalorgan Das **Jacobson-Organ**, Organum vomeronasale, ist beim Menschen funktionslos, wird aber trotzdem bei über 80 % der Menschen neben dem Septum als schlauchförmige, etwa 1 cm lange Einstülpung gefunden. An der lateralen Fläche des Organs findet man bei Tieren mikrovilläres, an der medialen Fläche ziliäres Epithel. Dort befinden sich sog. Vomeronasalrezeptoren (GPCR's) tragende Sinneszellen. Es dient vor allem der **Erkennung von Pheromonen**, die innerhalb einer bestimmten Spezies als chemische Signaldüfte benutzt werden. Beim Menschen gibt es nur noch fünf funktionale Vomeronasalrezeptoren (VN1R1-5), die auch im normalen Riechepithel gefunden wurden. Vor kurzem wurde für Hedion, ein Duft, der den VN1R1 erregt, gezeigt, dass er spezifische Zentren der Hormonregulation im Hypothalamus aktiviert und Vertrauen steigert.

Karzinome
In verschiedenen menschlichen Tumorgeweben, wie in der Prostata, im Darm, der Lunge oder der Leber, konnten Riechrezeptoren z.T. sehr hoch exprimiert nachgewiesen werden. Ihre Aktivierung führt dabei zu einer Proliferationshemmung. Sie stellen deshalb eine **Zielstruktur für Diagnostik und Therapie von Karzinomen** dar. In einer Vielzahl von Publikationen wurde bereits die Wirkung von unterschiedlichen Duftstoffen, vor allem aus der Gruppe der **Terpene**, auf die Reduktion des Tumorwachstums beschrieben.

In Kürze

Man unterscheidet zwischen Wahrnehmungs-, Erkennungs- und Unterschiedsschwelle: Sie decken oft einen Konzentrationsbereich von mehreren Dekaden ab.
Das Riechvermögen wird von verschiedenen physikalischen Faktoren, wie Temperatur und Luftfeuchtigkeit, ebenso wie von physiologischen Parametern, z. B. Hormonen, beeinflusst. Die Bewertung eines Duftes als angenehm oder unangenehm wird als **Hedonik** bezeichnet. Diese Bewertung ist nicht genetisch bedingt, sondern wird durch erzieherische und kulturelle Einflüsse sowie der persönlichen Erfahrung mit einem Duft im Lauf des Lebens geprägt.

Duftstoffe in hohen Konzentrationen rufen meist unangenehme, schmerzhafte Empfindungen hervor. Hierfür ist das nasal- und oral-trigeminale System verantwortlich.
Die **biologische Bedeutung** des Geruchssinns liegt vor allem in der Erkennung von verdorbenen Nahrungsmitteln und Gefahrstoffen. Darüber hinaus spielen Düfte eine wichtige Rolle in der zwischenmenschlichen Kommunikation, im Bereich der sozialen Beziehungen, der Fortpflanzung (Spermien) und der vegetativen und hormonellen Steuerung.
Neben dem olfaktorischen ist auch das vomeronasale und trigeminale System an der Duftwahrnehmung beteiligt. Alle zusammen ermöglichen unserem Geruchssinn, meist unbewusst auf vielen Ebenen entscheidend in unser Leben einzugreifen. Über die Bedeutung des Vomeronasalorgans wird zurzeit noch kontrovers diskutiert.

Literatur

Buck LB (2000) The molecular architecture of odor and pheromone sensing in mammals. Cell 100: 611–618

Flegel C, Manteniotis S, Osthold S, Hatt H, Gisselmann G (2013) Expression profile of ectopic olfactory receptors determined by deep sequencing. PLoS One. 8(2)

Hatt H, Dee R (2012) Das kleine Buch vom Riechen und Schmecken, Knaus, München

Massberg D, Hatt H (2018) Human olfactory receptors: Novel cellular functions outside of the nose. Physiol Rev 98:1739–1763

Mombaerts P (2004) Genes and ligands for odorant, vomeronasal and taste receptors. Nat Rev Neurosci 5: 263–278

Höhere zentralnervöse Funktionen

Inhaltsverzeichnis

Allgemeine Physiologie und funktionelle Untersuchung des ZNS

Andreas Draguhn

© Springer-Verlag GmbH Deutschland, ein Teil von Springer Nature 2019
R. Brandes et al. (Hrsg.), *Physiologie des Menschen*, Springer-Lehrbuch
https://doi.org/10.1007/978-3-662-56468-4_63

Worum geht's? (■ Abb. 63.1)
Allgemeine Strukturmerkmale des zentralen Nervensystems

Das zentrale Nervensystem ist in Netzwerken von Neuronen organisiert. Wichtige Strukturmerkmale sind der modulare Aufbau, die Dominanz lokaler Verbindungen, die bidirektionale Verknüpfung „höherer" und peripherienaher Kerngebiete sowie die Ausbildung von topographischen Ordnungen (Karten).

Geordnete Aktivitätsmuster in neuronalen Netzwerken

Die Verbindungen unterschiedlicher zentralnervöser Neurone führen zu geordneten Aktivitätsmustern. Dabei wird die gemeinsame Aktivierung mehrerer Neurone durch Oszillationen im gesamten Netzwerk zeitlich koordiniert. Die Muster der Aktivität wechseln zustandsabhängig unter dem Einfluss von Neuromodulatoren, allerdings bleibt stets die Balance von Erregung und Hemmung im Netzwerk gewahrt.

Struktur und Funktion des Neokortexes

Der Neokortex umfasst sechs Schichten mit charakteristischen Afferenzen und Efferenzen. Lokal unterschiedliche Ausprägungen der Schichten entsprechen unterschiedlichen Funktionen. In den kortikalen Netzwerken bilden sich raumzeitliche Aktivitätsmuster in Gruppen funktionell gekoppelter Neurone („Ensembles") aus, die wahrscheinlich das neuronale Korrelat kognitiver und verhaltenssteuernder Prozesse sind. Auch makroskopisch lassen sich weit verteilte funktionelle Netzwerke ko-aktiver Hirnregionen feststellen.

Diagnostische Einblicke in die neuronalen Grundlagen des Verhaltens

Synchrone synaptische Aktivität führt zu makroskopisch messbaren Summenpotenzialen im Elektroenzephalogramm (EEG). Evozierte Potenziale, Bereitschafts- und Erwartungspotenziale korrelieren mit Wahrnehmungen, Handlungsplanung und gerichteter Aufmerksamkeit. Mit funktionell bildgebenden Verfahren lässt sich die Aktivierung von Hirngebieten bei spezifischen kognitiven Aktivitäten mit hoher Ortsauflösung darstellen.

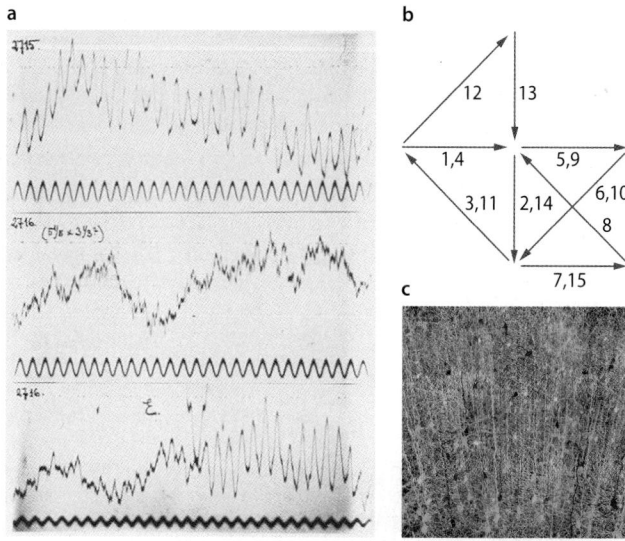

■ **Abb. 63.1   Neuronale Netzwerke. a** Dieses Elektroenzephalogramm zeichnete Hans Berger 1933 von seiner Tochter Ilse in Ruhe und (mittlerer Teil) beim Kopfrechnen auf. **b** Rekurrente Aktivierungsabfolge in einem neuronalen Netzwerk nach Donald O. Hebb, 1929. **c** Computersimulation des neokortikalen Netzwerks. (Abbildung mit freundlicher Genehmigung von Hermann Cuntz, Frankfurt)

63.1   Allgemeine Struktur neuronaler Netzwerke

Die Netzwerke des zentralen Nervensystems sind modular aufgebaut und präferentiell lokal verknüpft.

Das Gehirn als Netzwerk   Histologische Färbungen von Hirnschnitten zeigen ein **dichtes Geflecht neuronaler Fortsätze**, die bestimmte strukturelle (räumliche) und funktionelle (raumzeitliche) Organisationsprinzipien aufweisen (■ Abb. 63.1). Ähnliche Muster finden sich in verschiedensten

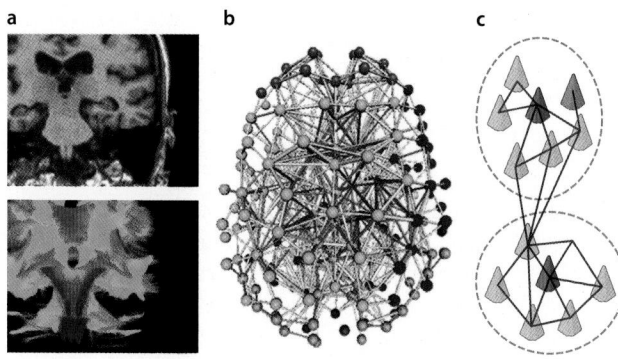

◘ **Abb. 63.2a–c   Netzwerk-Struktur des Gehirns. a** Koronare Darstellung komplementärer magnetresonanztomographischer Aufnahmetechniken: Darstellung der Gewebe (oben) und diffusionsgewichtete Aufnahmen der Faserverbindungen (unten; für technische Details ► Abschn. 63.4.3). **b** Netzwerkstruktur des menschlichen Gehirns. Die Farben weisen auf die Zugehörigkeit der Knoten zu unterschiedlichen Netzwerkmodulen hin. **c** Allgemeine Strukturmerkmale von Netzwerken des Gehirns am Beispiel zweier Module. Typisch sind die intensiven internen Verbindungen, die hochvernetzten zentralen Knotenpunkte (rot) sowie einzelne Knoten mit niedriger Konnektivität (violett). Der grüne Knoten stellt einen zentralen Verbindungspunkt dar (Hub), dessen Verlust die beiden Cluster funktionell entkoppeln würde. Die Knoten können Module darstellen (wie in **b** gezeigt), aber auch kleine lokale Netzwerke oder einzelne Neurone. (Abbildung mit freundlicher Genehmigung von Klaus H. Maier-Hein, Heidelberg)

Systeme von Zellen bis hin zu sozialen Netzwerken. Sie bestimmen die möglichen Verhaltensweisen des Gesamtsystems sowie seine **Resistenz** oder **Vulnerabilität** gegenüber Störfaktoren. So mindert der **modulare Aufbau** des Gehirns die Folgen lokaler Läsionen, während die wenigen hochvernetzten Knotenpunkte besonders kritisch sind (◘ Abb. 63.2). Medizinisch ist wichtig, dass neuronale Netzwerke erst **in Auseinandersetzung mit der Umwelt ausreifen,** weshalb Kinder und Jugendliche eine vielfältige und stimulierende Umgebung benötigen.

Karten   Die Architektur vieler kortikaler und subkortikaler Netzwerke ist durch geordnete Nachbarschaftsbeziehungen gekennzeichnet. So entstehen neuronale Repräsentationen, die als Karten oder **Topien** bezeichnet werden. Sie stellen jedoch keine linearen Abbildungen dar, sondern sind nach Relevanz gewichtet. Zum Beispiel haben Hand und Mund im somatosensorischen Kortex ungleich größere **Repräsentationsareale** als gleichgroße Flächen der Bauchwand (◘ Abb. 50.5b). Viele „Karten" reifen erst **durch aktivitätsabhängige Plastizität** aus, bei der häufig genutzte Synapsen stabilisiert und brachliegende Verbindungen abgebaut werden (sog. „pruning"). Diese Plastizität nimmt mit zunehmendem Alter ab, sodass bei Erwachsenen nach Läsionen nur eine begrenzte Re-Organisation betroffener Areale möglich ist.

❯ Viele Hirngebiete sind als funktionell gewichtete Karten organisiert.

Modularer Aufbau und „Small-world"-Struktur   Viele Hirnregionen bestehen aus multiplen **Mikronetzwerken**, die jeweils eine hohe interne Verschaltungsdichte aufweisen. Dagegen sind Verbindungen zwischen diesen Netzwerken oder in weit entfernte Gebiete deutlich seltener. Allgemein nimmt die Wahrscheinlichkeit synaptischer Kontakte mit zunehmender Entfernung von Neuronen stark ab. Diese Netzwerkarchitektur wird in der Natur, aber auch in sozialen Systemen oft vorgefunden. Sie garantiert hohe Konnektivität bei minimalen „Kosten" an Raum und Energie. Die wenigen Verbindungen langer Reichweite in solchen „**Small-world**"-Netzwerken erlauben eine erstaunlich effiziente **Kopplung weit entfernter Hirnregionen**. Neben modularen Netzwerken gibt es einige **zentrale Bahnen** und **Knotenpunkte („hubs")**, deren Ausfall besonders schwere Störungen verursacht. Beispiele sind die **Pyramidenbahn** sowie Kerngebiete des **Hirnstamms** und des **Thalamus** (► Kap. 48.1).

Rückkopplung zentraler und peripherer Netzwerke   Funktioneller Systeme werden oft hierarchisch dargestellt, z. B. als aufsteigende Bahn von einem Sinnesorgan über den Thalamus zum Kortex. Tatsächlich kommen aber „bottom-up"- und „top-down"-Prozesse stets gleichzeitig vor. Bei einer Wahrnehmung werden z. B. Aktionspotenziale **sensorischer Bahnen** nicht nur aufsteigend über den Thalamus in primäre und „höherer" sensorische Kortexareale geleitet. Vielmehr modulieren **absteigende Bahnen** auf allen Ebenen den Zufluss sensorischer Information, indem sie die Empfindlichkeit von Sinnesorganen, die Filterfunktionen zwischengeschalteter Netzwerke und die Erregbarkeit betroffener Kortexregionen verändern. Ähnliches gilt für die **Motorik**, der ein komplexes simultanes Wechselspiel von **exekutiven kognitiven Funktionen** (z. B. Entscheidungen zwischen Handlungsoptionen), der Steuerung **peripherer Motorik** und **sensorischer Rückkopplung** zugrunde liegt. Alle Ebenen des Nervensystems sind somit in multiple **Schleifen** eingebunden. Darum stellen lineare Kausalketten nur grobe Annäherungen an die verschränkten und parallelen systemphysiologischen Vorgänge im ZNS dar.

❯ In neuronalen Netzwerken dominieren lokale Verbindungen, die durch seltenere Verbindungen langer Reichweite vernetzt werden, oft in Form von Rückkopplungsschleifen.

In Kürze

Die Netzwerke des zentralen Nervensystems sind **modular** aufgebaut. Dichte lokale Verbindungen und wenige Fasern mit einer langen Reichweite erlauben eine sehr **effiziente Koordinierung** auch weit verteilter Hirngebiete. Typisch ist die Organisation von Netzwerken als **Karten** mit funktionell gewichteten Repräsentationsarealen und erhaltenen Nachbarschaftsbeziehungen. In **Schleifen** bilden sich anhaltende Erregungsmuster aus, die sowohl „bottom-up"- wie auch „top-down"-Interaktionen zwischen lokalen Netzwerken ermöglichen.

63

63.2 Funktionelle Prinzipien zentralnervöser Netzwerke

63.2.1 Zelluläre Elemente von Netzwerken

In Netzwerken aus heterogenen Neuronen entstehen Aktivitätsmuster mit stabiler Exzitations-Inhibitions-Balance.

Heterogenität und funktionelle Spezialisierung von Neuronen
Die Netzwerke von Gehirn und Rückenmark enthalten viele verschiedene Typen von Nervenzellen. Sie unterscheiden sich nach verwendetem Transmitter und weiteren „Markern" wie Expression spezifischer Proteine, Projektionsmuster des Axons, Ausrichtung der Dendriten sowie Frequenz und Wellenform der Aktionspotenziale (▶ Kap. 5.1). Moderne Klassifizierungsverfahren unterscheiden allein im Neokortex weit über 100 morphologisch, molekular und elektrophysiologisch definierte **Typen von Neuronen**, die im Netzwerk vermutlich jeweils verschiedene Funktionen ausüben. Für die Medizin bietet die differentielle Expression von Rezeptoren und Ionenkanälen einen Ansatzpunkt für spezifische neuro- und psychopharmakologische Therapien.

❯❯ **Die molekulare Vielfalt zentralnervöser Neuron bietet Angriffspunkte für selektive Pharmaka.**

Koinzidenzdetektion Typische zentralnervöse Neurone empfangen mehrere tausend Synapsen und bilden selbst ähnlich viele synaptische Kontakte aus. Dem entsprechend ist der Beitrag einzelner Synapsen meist sehr klein, sodass es nur bei gleichzeitiger („koinzidenter") Aktivierung vieler exzitatorischer Eingänge zur **überschwelligen Erregung** der postsynaptischen Zelle kommt. Neurone sind also **Koinzidenzdetektoren**. Dadurch lösen nur besonders relevante Signale Aktionspotenziale aus, während unkoordinierte postsynaptische Potenziale einzelner Afferenzen meist unterhalb der Schwelle bleiben. Zum **Signal-Rausch-Abstand** tragen auch

die divergenten lokal hemmenden Verbindungen bei, die oft tausende von umgebenden Zellen dämpfen (**laterale Inhibition** oder **Umgebungshemmung**).

Exzitations-Inhibitions-Balance Durch die hochgradige Vernetzung des ZNS entstehen **positive Rückkopplungen**, die zu einer explosionsartigen Zunahme der Aktivität führen könnten. Deshalb sind in praktisch alle Netzwerke **hemmende GABAerge oder glyzinerge Interneurone** integriert. Im Fall der **rekurrenten Hemmung** werden sie von lokalen Axonkollateralen exzitatorischer Neurone aktiviert und hemmen dann umgekehrt genau diese Neuronenpopulation (⬛ Abb. 63.3). Dies verhindert übermäßige Erregung und sichert ein geregeltes, mittleres Aktivitätsniveau. Viele weitere Mechanismen tragen zur **Homöostase** der Aktivität neuronaler Netzwerke bei, z. B. **kalziumaktivierte Kaliumkanäle** (▶ Kap. 4.2) oder die **tonische Hemmung** durch niedrige (mikromolare) Konzentrationen von diffus im Gewebe verteiltem GABA.

Störungen der Exzitations-Inhibitions-Balance
Störungen der Exzitations-Inhibitions-Balance im Netzwerk werden innerhalb von Sekunden, Stunden, Tagen oder Wochen kompensiert. Diese biologisch sinnvolle **homöostatische Plastizität** kann allerdings zur Toleranzentwicklung gegen Pharmaka beitragen, also zur Abnahme ihrer Wirksamkeit. So wird zum Beispiel die Expression von **GABA-A-Rezeptoren** herabreguliert, wenn sie andauernd durch **Benzodiazepine** („Tranquilizer") stimuliert werden. Damit pendelt sich das Exzitations-Inhibitions-Gleichgewicht auf einem neuen Niveau ein. Bei schnellem Absetzen des Medikaments überwiegt nun plötzlich die synaptische Exzitation, sodass **Angst**, motorische Unruhe, Reizbarkeit und schlimmstenfalls **Krampfanfälle** entstehen.

63.2.2 Physiologie zentralnervöser Netzwerke

Neuronale Netzwerke bilden verschiedene geordnete Oszillationsmuster aus, die jeweils bestimmten kognitiven, sensorischen oder motorischen Aktivitäten entsprechen.

a
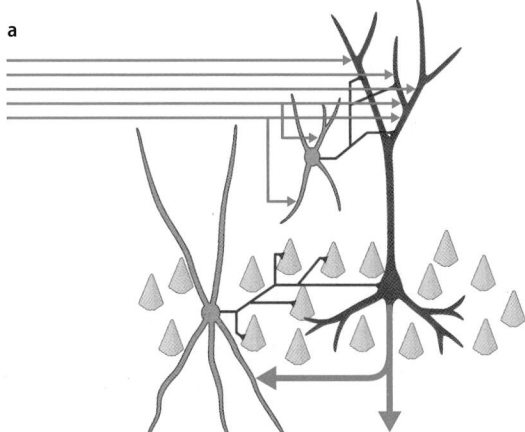

b
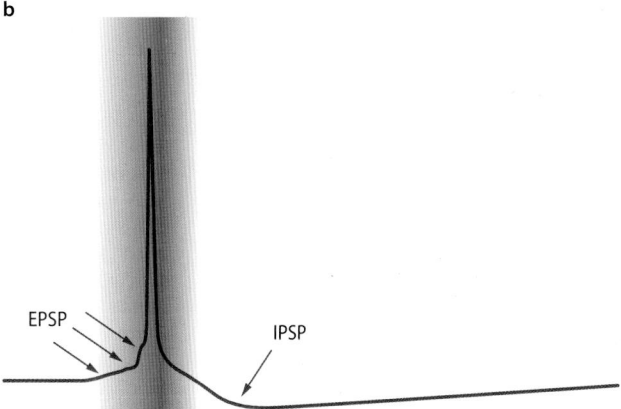

EPSP

IPSP

⬛ **Abb. 63.3a,b Mikroarchitektur eines lokalen Netzwerks. a** Exzitatorische Afferenzen konvergieren auf eine Pyramidenzelle und geben Kollateralen an hemmende Interneurone ab, die die Wirkung dieses Eingangs begrenzen. Bei überschwelliger Erregung erregt die Pyramidenzelle u. a. spezielle Interneurone zur Rückkopplungshemmung. **b** Durch die Struktur

des Netzwerkes wird eine Abfolge von Erregung und schnell einsetzender Hemmung vorgegeben. Dies führt dazu, dass Aktionspotenziale nur in einem wohldefinierten Zeitfenster (rot) entstehen können (Computersimulation neuronaler Aktivität von Antonio Yanez, Heidelberg)

Netzwerkoszillationen In vielen Netzwerken treten rhythmische synaptische Potenziale auf, die auf zahlreiche Neurone gleichzeitig wirken. Dadurch entstehen abwechselnde Phasen hoher und geringer Erregbarkeit, sodass die Wahrscheinlichkeit von Aktionspotenzialen regelmäßig und synchron schwankt. Diese „Uhr" koordiniert die komplexen multineuronalen Aktivitätsmuster, auf denen die verhaltens- und kognitionssteuernde Funktion der Netzwerke letztlich basiert. **Netzwerkoszillationen** kommen mit Frequenzen von <1 Hz bis zu mehreren 100 Hz vor. Die zugrundeliegenden Mechanismen sind vielfältig und lassen sich oft nur durch Computersimulationen erfassen. Eine Schlüsselrolle spielt die **rhythmische Hemmung** vieler Neurone durch **divergente Projektionen von Interneuronen** (◨ Abb. 63.4).

Wechselnde Funktionszustände Die elektrische Aktivität von Netzwerken kann verschiedene Muster annehmen, z. B. synchrone Oszillationen verschiedener Frequenz. Zwischen diesen Zuständen wird situationsabhängig rasch „umgeschaltet". Dabei spielen **Neuromodulatoren** wie **Acetylcholin, Serotonin, Noradrenalin** oder **Dopamin** eine Schlüsselrolle, indem sie bestimmte Typen von Neuronen und Synapsen beeinflussen. Im Wachzustand und REM-Schlaf sind beispielsweise cholinerge Kerngebiete des Hirnstamms und des basalen Vorderhirns aktiv und depolarisieren postsynaptische Neurone durch G-Protein vermittelte Inaktivierung von Kaliumkanälen (u. a. den muskarinsensitiven „**M-Strom**") oder durch **nikotinische Acetylcholinrezeptoren**, also Kationenkanäle. Thalamokortikale Projektionszellen gehen dadurch vom schlaftypischen Modus salvenartiger Entladungen („**Burst-Modus**") zu einem eher kontinuierlichen Aktivitätsmuster über, bei dem Aktionspotenziale jeweils durch spezifische Afferenzen ausgelöst werden („**Relay-Modus**"). Nun können Signale aus Sinnessystemen oder motorische Impulse selektiv an den Neokortex weitergegeben werden. In kortikalen Netzwerken kommt es zur Depolarisation von Interneuronen und zur erhöhten präsynaptischen Freisetzung von Glutamat. Dies löst hochfrequente Oszillationsmuster im gamma-Frequenzbereich aus, die mit kognitiver Aktivität einhergehen. Insgesamt entsprechen die Veränderungen thalamischer und kortikaler Aktivitätsmuster dem **Aufwachen**, zu dem allerdings auch weitere Neuromodulatoren und Kerngebiete beitragen. Sie äußern sich im **EEG** (▶ Abschn. 63.4.1) als Übergang von schlaf- zu wachtypischen Wellenbildern (▶ Kap. 64.2). Pharmaka, die die cholinerge Aktivität erhöhen, werden gegen Demenz eingesetzt, wenn auch wegen der oft unaufhaltsamen Neurodegeneration mit begrenztem Erfolg.

> **⊘** Verschiedene Schlaf- oder Wachstadien entsprechen verschiedenen rhythmischen Aktivitätsmustern des Neokortexes, zwischen denen durch Neuromodulatoren umgeschaltet wird.

Sparse coding Die meisten Neurone „feuern" weit unterhalb ihrer Maximalfrequenz, sodass in einem Netzwerk immer nur ein kleiner Teil der Zellen aktiv ist. Dieses „sparse coding" spart Energie. Zugleich wird dadurch eine große Vielfalt verschiedener Aktivitätsmuster ermöglicht, die klar voneinander getrennt sind. Gruppen von regelmäßig ko-aktiven Neuronen werden als **Ensembles** bezeichnet. Zellreiche Netzwerke mit geringer Aktivität der einzelnen Neurone können besonders viele verschiedene Muster ausbilden, sind also für Unterschiede empfindlich. In anderen, weniger zellreichen Netzwerken **konvergieren** viele Afferenzen auf einzelne Zellen, die somit durch verschiedene Muster vorgeschalteter Regionen erregt werden können. Solche Netzwerke betonen also allgemeinere Merkmale. So nehmen wir mühelos kleine Änderungen von Beleuchtung oder Möblierung unseres Zimmers wahr – auf Netzwerkebene entspricht dies der „**pattern separation**". Wir erkennen es aber dennoch als vertrauten Ort wieder – in anderen Netzwerken wird also aus den unvollständigen Reizen das gewohnte Muster durch „**pattern completion**" wieder aktiviert. Zu den zellreichen Netzwerken mit besonders sparsamer „Kodierung" und hoher Unterscheidungsfähigkeit gehören Schicht 4 primär-sensorischer Areale des Neokortexes und die **Area dentata** im Hippocampus.

63

Klinik

Absence-Epilepsie

Klinik
Bei dieser primär generalisierten Form von Epilepsie gerät der gesamte Kortex plötzlich in synchrone Schwingungen, die sich im EEG als Komplexe aus Spitzen und nachfolgenden großen Wellen mit einer Frequenz von ca. 3/s zeigen. Die meist kindlichen oder jugendlichen Patienten sind während der nur wenige Sekunden dauernden Anfälle nicht ansprechbar, ansonsten aber völlig ruhig und unauffällig, allenfalls zeigen sie kleine motorische Automatismen. Darum wird der Grund der häufigen „geistigen Abwesenheit" und der nachlassenden schulischen Leistungen oft erst spät erkannt.

Ursachen
Es handelt sich um eine komplexe genetische Erkrankung, die zu Veränderungen thalamokortikaler Netzwerke führt. Die Neurone schalten unvermittelt in einen „Burst"-Modus, der dem gesamten Kortex ein schlafähnliches hochsynchrones Muster langsamer Wellen aufzwingt. Obwohl die Ursache der Erkrankung auf Ebene einzelner Gene und Ionenkanäle nicht vollständig geklärt ist, lässt sie sich gut durch Medikamente behandeln. Niederschwellig aktivierbare **Kalziumkanäle vom T-Typ** (▶ Kap. 4.2) lassen sich zum Beispiel durch Ethosuximid hemmen. Dadurch werden die transienten Depolarisationen unterdrückt, die den salvenartigen Entladungen von thalamischen Neuronen zugrunde liegen. Andere Medikamente vermindern durch Hemmung von Natrium- und Kalziumkanälen die Freisetzung von Glutamat oder verstärken die GABAerge synaptische Hemmung. Insgesamt modulieren die **Antikonvulsiva** (gegen Anfälle gerichteten Medikamente) das Verhalten thalamokortikaler Netzwerke so, dass die pathologischen hypersynchronen Zustände nicht mehr auftreten.

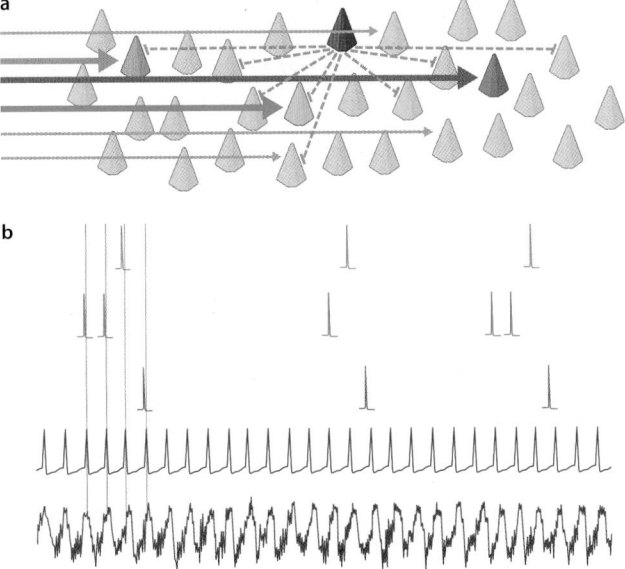

a

b

□ **Abb. 63.4a,b Neuronale Ensembles. a** Die farbigen Neurone werden durch exzitatorische Afferenzen überschwellig erregt. Sie sind untereinander gekoppelt (nicht eingezeichnet) und „feuern" daher gemeinsam. Die Hintergrund-Aktivität wird durch divergente Hemmung reduziert (rot). **b** Die Entladungen von Interneuronen (rot) erzeugen rhythmische Membranpotenzial-Oszillationen des gesamten Netzwerks, die als extrazelluläres „Feldpotenzial" gemessen werden (schwarz). Dadurch werden die Aktionspotenziale der gekoppelten Neurone in eine feste Abfolge gebracht

Plastizität Der flexible Umgang mit unserer Umwelt erfordert die Fähigkeiten zur Adaptation. Dazu trägt die sog. Plastizität des Nervensystems auf vielen Ebenen bei. Als **assoziativer Mechanismus** werden Verbindungen zwischen gemeinsam aktiven Neuronen verstärkt und zwischen nicht korrelierten Zellen abgeschwächt. Daneben gibt es zahlreiche weitere Formen **erfahrungsabhängiger und homöostatischer Plastizität.** Medizinisch und gesellschaftlich ist die Altersabhängigkeit dieser Prozesse besonders wichtig: in den ersten Lebensjahren werden nicht aktive Neurone und Synapsen in großer Zahl abgebaut („pruning") bis funktionell angepasste Netzwerkstrukturen entstanden sind (▶ Kap. 5.1). In dieser Phase haben eingeschränkte Sinnesfunktionen sowie motorische, intellektuelle und soziale Deprivation besonders schwerwiegende Folgen.

❯ Die aktivitätsabhängige Verstärkung oder Schwächung synaptischer Verbindungen ermöglicht die Anpassung von Netzwerken an Erfahrungen.

In Kürze
Neuronale Netzwerke bestehen aus **vielfältigen Typen von Neuronen** mit hoher lokaler Verschaltungsdichte. Wichtige funktionelle Prinzipien sind die **Balance von Exzitation** und **Inhibition,** die **Vielfalt raumzeitlicher Muster,** die **Koordination durch Netzwerk-Oszillationen,** der **schnelle Wechsel funktioneller Zustände** und die **neuronale Plastizität.**

63.3 Funktionelle Architektur des Neokortexes

63.3.1 Rindenfelder, Kolumnen und Schichten

Der Neokortex ist einheitlich sechsschichtig aufgebaut und in funktionell differenzierte Areale unterteilt.

Rindenfelder Die grobe Gliederung in Frontal-, Parietal-, Temporal- und Okzipitallappen hat Korbinius Brodmann Anfang des 20. Jahrhunderts zu 52 Arealen mit jeweils charakteristischer Zytoarchitektur verfeinert (□ Abb. 63.5). Dabei spiegelt die unterschiedliche Ausprägung der einzelnen Schichten funktionelle Spezialisierungen der **Brodmann-Areale.** So finden sich in Schicht 5 motorischer Regionen große Pyramidenzellen als Ursprung efferenter Bahnen. In den **„granulären" Kortexarealen** dominiert dagegen die zellreiche Schicht 4, deren Neurone sensorische Afferenzen aus dem Thalamus erhalten. Gegenüber den primär-sensorischen oder -motorischen Arealen dominiert bei weitem der Anteil **assoziativer Areale,** die überwiegend intrakortikal verbunden sind. Auch hier finden sich Unterschiede im zellulären Aufbau, die jedoch funktionell weniger gut verstanden sind. Ausfälle solcher Assoziationsareale durch Tumoren oder Schlaganfälle können sehr spezielle **neuropsychologische Syndrome** erzeugen, etwa die selektive Unfähigkeit zur Erkennung von Gesichtern (**Prosopoagnosie**) oder Defizite in Sprachverständnis oder -produktion (**sensorische bzw. motorische Aphasie**) (▶ Kap. 69.2).

Kolumnen Eine noch feinere Gliederungsebene stellen die Kolumnen dar. Diese lokalen **Mikronetzwerke** von wenigen 10000 Neuronen gelten als elementare Funktionseinheiten des Neokortexes, z. B. in Form kleinster somatosensorischer oder visueller Repräsentationsareale (▶ Kap. 58.2). In einer einzelnen Kolumne befinden sich vermutlich mehrere 10 Mio. Synapsen, was die enorme Komplexität neuronaler Netzwerke verdeutlicht (□ Abb. 63.1). Aktuell werden intensive Anstrengungen unternommen, um die Struktur und Funktion einzelner Kolumnen möglichst vollständig aufzuklären und damit ein kausal-mechanistisches Verständnis einfachster kognitiver Leistungen zu ermöglichen. Kolumnen sind in Gebieten mit enger Beziehung zur Peripherie besonders ausgeprägt (z. B. primär sensorischen Arealen). Ob sie als generelles Organisationsprinzip auch alle **Assoziationsareale** umfassen, ist nicht abschließend geklärt.

Struktur des Neokortex
Die Struktur des Neokortex wird oft im Hinblick auf die besonders hohen kognitiven Leistungen des Menschen diskutiert, vor allem mit Blick auf das Frontalhirn. Vor einer anthropozentrischen Verengung des Blicks ist aber zu warnen, wie das Beispiel der Rabenvögel und Papageien zeigt. Trotz ihres vollkommen anders konfigurierten Hirns (dessen Kortexäquivalent erst in jüngerer Zeit identifiziert wurde) erreichen diese Tiere die Intelligenz von Menschenaffen. Mit bildgebenden Verfahren wurden inzwischen Menschen mit massiven Störungen der kortikalen Schichtung gefunden, die dennoch kognitiv voll leistungsfähig sind. Vermutlich sind es allgemeinere Merkmale von Zellzahl, Konnektivität und Plastizität, die über das kognitive Potenzial eines Tieres oder des Menschen entscheiden.

a

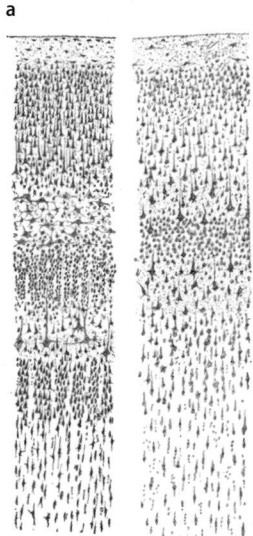

b

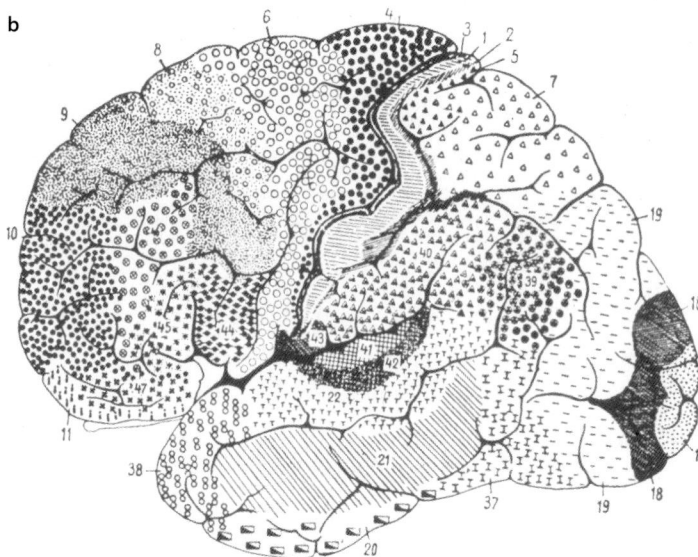

◘ Abb. 63.5a,b   Zytoarchitektur des Neokortexes. a Die Nissl-Färbungen menschlicher Präparate von Santiago Ramón y Cajal zeigen die unterschiedliche Schichtung des humanen visuellen Neokortex (links)

und motorischen Kortex (rechts). **b** Zytoarchitektonische Gliederung des Kortex. (Originalzeichnung von K. Brodmann 1909)

❯ Der Neokortex wird horizontal in Lappen, zytoarchitektonische Felder und Kolumnen unterteilt, die funktionell spezialisierten Netzwerken entsprechen.

Ein- und Ausgänge kortikaler Schichten Die einzelnen Schichten des Neokortexes haben jeweils präferentielle Afferenzen und Efferenzen, aus denen sich ein elementares Modell der Funktionsweise neokortikaler Netzwerke herleiten lässt. Allerdings sollte der „**canonical circuit**" keinesfalls zu schematisch verstanden werden, da er lediglich die statistisch besonders häufigen Verbindungen hervorhebt und die große Heterogenität der Kortexareale außer Acht lässt. Dennoch lassen sich Grundprinzipien der einzelnen Schichten benennen (◘ Abb. 63.3a):

— **Schicht 1** enthält Interneurone und distale Dendriten von Pyramidenzellen der Schichten 2/3 und 5. Glutamaterge Fasern aus anderen neokortikalen Gebieten und dem Thalamus verursachen hier bei gerichteter Aufmerksamkeit langanhaltende unterschwellige Depolarisationen. Dies erhöht die Erregbarkeit der Neurone und wird im Elektroenzephalogramm (EEG) als Erwartungspotenzial (▶ Abschn. 63.4.1) der aktivierten Regionen gemessen.

— **Schicht 2 und Schicht 3** sind weder funktionell noch strukturell ganz scharf zu trennen. Sie enthalten glutamaterge Pyramidenzellen und ebenfalls glutamaterg-exzitatorische Sternzellen („spiny stellate cells"). Exzitatorische Eingänge kommen aus Schicht 4 sowie aus einer exzitatorischen Rückkopplungsschleife mit Pyramidenzellen der Schicht 5. Diese verstärkt und verlängert kortikale Erregungen. Von Schicht 2/3 ziehen Assoziations- und Kommissurbahnen in den ipsi- und kontralateralen Neokortex.

— **Schicht 4** ist besonders in sensorischen Kortexarealen ausgeprägt und enthält neben Pyramidenzellen zahlreiche Sternzellen („granulärer Kortex"). Hier enden spezifische sensorische Eingänge von thalamokortikalen Projektionszellen. Exzitatorische Efferenzen der Schicht 4 ziehen zu Schicht 2/3 und in die tiefen Schichten 5 und 6.

— **Schicht 5** enthält große exzitatorische Pyramidenzellen. Oberflächlich liegende Neurone bilden die oben erwähnte Schleife mit Schicht 2/3, erreichen aber auch andere neokortikale Areale und das Striatum. Tiefer gelegene Pyramidenzellen erregen subkortikale Gebiete: motorische Kerne von Hirnstamm und Rückenmark, das Striatum und thalamische Kerne, mit denen sie eine thalamokortikale Rückkopplungsschleife bilden.

— **Schicht 6** enthält ebenfalls Pyramidenzellen, deren Axone zu thalamokortikalen Projektionskernen und dem Nucl. reticularis thalami ziehen. Neben dem Beitrag zu thalamokortikalen Schleifen aktivieren sie lokal hemmende Interneurone. Spezielle Pyramidenzellen der Schicht 6 bilden Assoziationsbahnen mit langer Reichweite.

Quantitative Gewichtung der Verbindungen
Die meisten Synapsen im Neokortex stammen von lokalen, nahe benachbarten Neuronen, insbesondere solchen innerhalb derselben Kolumne. Weiterhin sind intrakortikale Assoziations- und Kommissurfasern häufig, während die Verbindungen von und zu subkortikalen Gebieten weitaus seltener sind. Der Kortex ist also ganz überwiegend „mit sich selbst beschäftigt". Durch die intensive Vernetzung hemmender und erregender Neurone erzeugen die jeweiligen Afferenzen spezifische Aktivitätsmuster, sodass zum Beispiel sensorische Kortexareale auf ganz bestimmte Konstellationen der Eingänge reagieren. Sie bilden somit **Filter** für Eigenschaften und erzeugen, über den gesamten Kortex betrachtet, in jeder

63

a

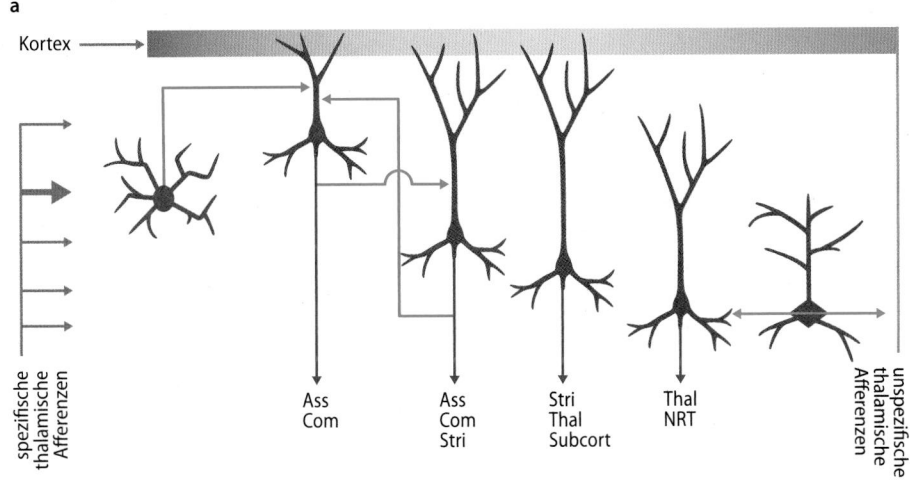

b

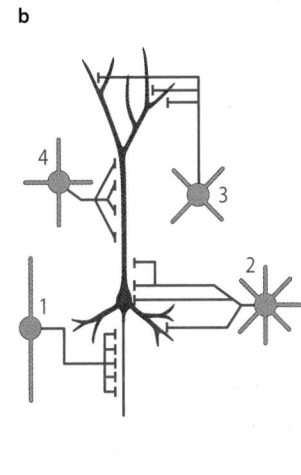

⬛ Abb. 63.6a,b   Funktionelle Architektur des Neokortexes. a Typische Ein- und Ausgänge der kortikalen Schichten. Erklärung im Text. **b** Kortikale Interneurone (Auswahl). 1: axo-axonale Zelle (chandelier cell); 2: perisoma-tisch hemmende Korbzelle (basket cell); 3: Martinotti-Zelle; 4: dendritisch hemmendes Interneuron

Situation ein spezifisches Aktivierungsmuster, das wiederum angepasste Kognition und Verhalten ermöglicht. Eine Besonderheit des „**Konnektoms**" sind die intrakortikalen, kortokothalamischen und kortikostriatalen **Schleifen**, die das Kreisen von Erregungen erlauben. Dadurch kann ein Aktivitätsmuster für längere Zeit aufrechterhalten werden, sodass uns zum Beispiel ein Handlungsplan oder ein wahrgenommener Gegenstand auch dann mental präsent bleibt, wenn der unmittelbare äußere Anlass nicht mehr sichtbar ist.

Hemmende Interneurone   Etwa 20% der kortikalen Neurone sind GABAerg-hemmend. Den zahlreichen **Subtypen** dieser Interneurone entsprechen spezifische Funktionen, z. B. Synchronisierung von Oszillationsmustern, rekurrente Hemmung oder Kontrolle bestimmter Afferenzen (⬛ Abb. 63.6b). Kortikale Interneurone weisen eine enorme morphologische, molekulare und funktionelle **Heterogenität** auf, mit der sie zu unterschiedlichen Aktivitätsmustern beitragen und schichtspezifisch exzitatorische Afferenzen beeinflussen. Sie projizieren oft **divergent**, aber schicht- und zelltypspezifisch auf nahegelegenen Neurone. Die **synaptische Hemmung** sorgt für ein geregeltes Aktivitätsniveau im Netzwerk und unterdrückt Hintergrundaktivität. Durch **Umgebungshemmung** wird Relevantes von Irrelevantem getrennt. Beispiele sind die Kontrastverschärfung durch laterale Inhibition in der Retina oder die Suppression von Handlungsalternativen in den Basalganglien.

❯ Intrakortikale Verbindungen sind weit häufiger als Afferenzen und Efferenzen zu anderen Kerngebieten. Schleifen dienen der anhaltenden Aktivierung von Kortexarealen.

63.3.2   Funktion neokortikaler Netzwerke

Die Repräsentation von kognitiven Inhalten erfolgt wahrscheinlich durch die koordinierte Aktivierung multipler Neurone.

Die oben beschriebene Architektur der Netzwerke gibt einen strukturellen Rahmen für kortikale Funktionen. Wie entstehen aber konkret die kognitiven und verhaltenssteuernden Leistungen? Dies ist nur ansatzweise und an ausgewählten Modellen verstanden. Sicher ist, dass die zeitliche Dimension und das Zusammenwirken vieler Neurone betrachtet werden müssen, also die Ausbildung raumzeitlicher Muster.

Repräsentation   Die kortikalen Korrelate unserer Wahrnehmungen, Handlungsentwürfe oder Erinnerungen werden oft als „neuronaler Code" bezeichnet. Der treffendere Begriff „**Repräsentation**" vermeidet diese informationstheoretische Metapher. Das Gehirn ist keine Maschine zur Verschlüsselung von Umweltdaten, sondern ein lebendes Organ, das in Wechselwirkung mit Sinnesorganen, Muskeln, dem gesamten Körper und der Umwelt angepasstes Verhalten ermöglicht. Dennoch ist klar, dass es für alle geistigen und emotionalen Zustände eine neuronale Entsprechung geben muss. Dies geschieht vermutlich durch **Ensembles funktionell gekoppelter Neurone**, die reproduzierbar durch passende afferente Signale aktiviert werden (⬛ Abb. 63.4). Repräsentation durch Ensembles ist stabil gegenüber kleinen Variationen der Reizkonstellation oder Läsionen einzelner Neurone. Zudem sind multi-neuronale Muster dramatisch vielfältiger als jede mögliche Repräsentation durch Einzelzellen – dieses Prinzip wird als **kombinatorische Explosion** bezeichnet.

Zeitliche Organisation   In peripher-sensorischen oder motorischen Systemen spiegelt die Frequenz der Aktionspotenziale neben der Anzahl rekrutierter Fasern die Stärke eines Sinnesreizes bzw. der auszuübenden Kraft. Gegenüber dieser einfachen „**Frequenzkodierung**" herrschen in zentralen Netzwerken wie dem Neokortex komplexe zeitliche Muster vor („**zeitliche Kodierung**"). Als Zeitgeber wirken synchrone Membranpotenzial-Oszillationen, die unter anderem durch Rückkopplungsschleifen zwischen hemmenden Interneuronen und exzitatorischen (Projektions)-Zellen entstehen

(◻ Abb. 63.4). Langsame Rhythmen entstehen im Zusammenspiel verschiedener Kerngebiete, insbesondere zwischen Thalamus und Neokortex. Spezialisierte Schrittmacherzellen, wie wir sie vom Sinusknoten des Herzens kennen, spielen dagegen in kortikalen Netzwerken keine wesentliche Rolle. **Netzwerk-Oszillationen** kommen in zahlreichen Varianten unterschiedlicher Frequenz und Ausdehnung vor, die unterschiedlichen Zuständen entsprechen. Zur Entstehung der einzelnen Aktivitätsmuster tragen die vielfältigen Typen von Interneuronen (◻ Abb. 63.6b) bei, die durch Neuromodulatoren differenziell aktiviert werden. Hinzu kommt die Modulation thalamokortikaler Schleifen durch aufsteigende Bahnen des Hirnstamms (▸ Abschn. 63.2.2).

❯ Rhythmische Aktivitätsmuster entstehen ohne spezialisierte Schrittmacherzellen durch synaptische Aktivität in kortikalen Netzwerken.

Lokalisierung von Funktionen

Seit der Antike ist bekannt, dass Läsionen umschriebener Hirnregionen charakteristische Ausfallserscheinungen verursachen, z. B. den Verlust der Sprachfähigkeit oder einen **visuellen Neglect** (verminderte bewusste Wahrnehmung von Objekten in einem Ausschnitt des Gesichtsfelds). Im Umkehrschluss ist die betroffene Region im Sinne einer notwendigen Voraussetzung als „zuständig" für die jeweilige Funktion anzusehen. Die Lokalisation assoziativer, sensorischer, mnemonischer (gedächtnisbildender) oder handlungssteuernder Funktionen ist durch moderne **funktionell-bildgebende Verfahren** in den Fokus der neuro-psychiatrischen Diagnostik und Forschung gerückt (▸ Abschn. 63.4.3). Angesichts der Netzwerkstruktur des Gehirns sollten Lokalisierungen aber nicht zu schematisch verstanden werden. Insbesondere ersetzt die korrelative Beobachtung aktivierter Hirnregionen kein kausales Verständnis der zugeordneten kognitiven Leistung. Unsere Kenntnis der Mechanismen, die höhere kognitive Funktionen ermöglichen, ist nach wie vor sehr unvollständig.

Persönlichkeit

Der **präfrontale Kortex** ist beim Menschen besonders ausgeprägt. Schäden präfrontaler Regionen führen zu charakteristischen Änderungen der **Persönlichkeit** (▸ Kap. 69.3). Umsichtiges Planen, Unterdrückung spontaner Impulse und Frustrationstoleranz sind bei diesen Patienten stark eingeschränkt. Wie weit uns die ausgeprägte „Frontalisation" von Tieren trennt, ist Gegenstand philosophisch-anthropologischer Diskurse. Das Wissen um neuronale Korrelate von Handlungsentscheidungen hat zu einer Debatte über die Begriffe Schuld und Verantwortung geführt. Sind regelkonformes oder delinquentes Verhalten lediglich Funktionen unterschiedlich konfigurierter Gehirne? Oder sind wir als Subjekte frei und damit wirklich für unser Handeln verantwortlich?

Funktionelle Netzwerke

Verschiedene Gedanken, Wahrnehmungen oder Handlungen aktivieren jeweils spezifische Kombinationen kortikaler und subkortikaler Hirngebiete. So spricht man zum Beispiel von einem **Schmerz-Netzwerk** (▸ Kap. 51.4), **sensomotorischen** oder **motivationalen** Netzwerken. Von besonderem Interesse ist das „Default"- oder „**Resting state**"-Netzwerk des ruhenden, wachen Menschen,

das eine Art Grundmuster der funktionellen Kopplung darstellt. Mit zunehmender Kenntnis dieser Aktivierungsmuster und ihrer Varianz ergibt sich die Möglichkeit, pathologische Abweichungen zu erfassen und für die Frühdiagnostik psychischer Erkrankungen zu nutzen.

❯ Spezifische kognitive Leistungen aktivieren weit verteilte, für die Art der Kognition spezifische Netzwerke.

> **In Kürze**
>
> Für die sechs Schichten des Neokortexes lassen sich typische Afferenzen und Efferenzen angeben. **Intrakortikale Verbindungen** sind häufiger als solche zu subkortikalen Kerngebieten. **Kortikale Netzwerke** bilden präzise raumzeitliche Muster von Aktionspotenzialen aus. Aktive **Ensembles** von Neuronen sind wahrscheinlich Basis von Repräsentationen und werden durch **Netzwerk-Oszillationen** koordiniert. **Funktionsausfälle** nach Läsionen zeigen, dass kognitive Leistungen von der Aktivität definierter Kortexareale abhängen. Zugleich gehen sie mit weit verteilten Aktivitätsmustern in verschiedenen Arealen und Kerngebieten einher.

63.4   Untersuchungsmethoden

63.4.1   Elektroenzephalographie (EEG)

EEG und MEG zeigen funktionsabhängige Muster synchroner synaptischer Aktivität des Neokortexes.

Mit der **Elektroenzephalographie** (EEG) steht uns ein robustes und einfaches Verfahren zur Verfügung, mit dem sich elektrische Aktivität des Kortex direkt beobachten lässt. Drei wesentliche Voraussetzungen ermöglichen die Summation der Beiträge einzelner Neurone zu stabilen makroskopischen Signalen (◻ Abb. 63.7): (1) die Dendriten der kortikalen Pyramidenzellen sind weitgehend parallel angeordnet, (2) Afferenzen treffen in definierten Schichten ein, (3) die synaptische Aktivität erfolgt oft weitgehend synchron. Die schichtspezifisch entstehenden **postsynaptischen Potenziale** lösen Ausgleichsströme entlang der Dendriten aus, die schließlich zu messbaren Spannungsschwankungen an Kortex- bzw. Kopfoberfläche führen. Die gegenüber synaptischen Potenzialen selteneren und weniger synchronen Aktionspotenziale tragen nicht direkt zum EEG-Signal bei – dies ist ein wesentlicher Unterschied zu Elektrokardiographie (▸ Kap. 17.1.1), Elektromyographie (▸ Kap. 13.4) und Elektroneurographie.

Die Amplitude der Potenziale im EEG hängt stark von der **Synchronizität** der synaptischen Eingänge ab. Unsystematisch eintreffende IPSP und EPSP egalisieren sich zu einer Nulllinie. Hochsynchrone Eingänge bilden dagegen große, stabile Signale. Das Vorzeichen der entstehenden

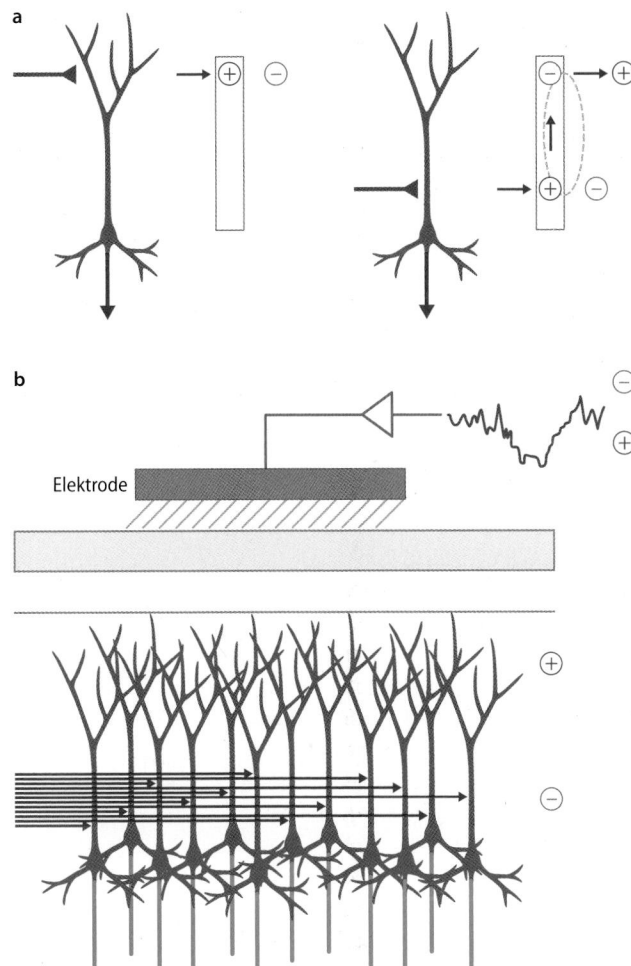

☐ Abb. 63.7a,b Entstehung des EEG. Die stark schematisierte Pyramidenzelle in **a** (links) erhält an distalen Dendritensegmenten unspezifische exzitatorische Afferenzen. Durch den Einstrom von Kationen wird der Extrazellulärraum negativiert. Exzitatorische Afferenzen in tiefen Schichten (rechts) führen lokal ebenfalls zu einer Negativierung des Extrazellulärraums, die jedoch durch schleifenförmige Ausgleichsströme entlang der Dendriten an der Oberfläche als positive Potenzialschwankung gemessen wird. **b** Die Potenzialschwankungen des EEG sind Summenpotenziale synchroner synaptische Eingänge in einzelnen Schichten. Sie können an der Kopfoberfläche mit Elektroden gemessen werden, die durch ein leitfähiges Medium (Elektrolyt, schraffiert) mit der Kopfhaut verbunden werden. Nach geltender Konvention werden negative Potenziale als Schwankungen nach oben (!) dargestellt

Oberflächenpotenziale hängt von der Stromrichtung an den Synapsen sowie von der Schicht ab, in der die Synapsen aktiviert wurden (☐ Abb. 63.7). Daher ist die Interpretation einzelner Potenzialschwankungen im EEG kompliziert und oft unmöglich.

❯ Das EEG entsteht als extrazelluläres Summenpotenzial synchroner postsynaptischer Potenziale (nicht von Aktionspotenzialen).

Interpretation des EEG In neuropsychologischen Versuchen kann man EEG-Muster mit Vigilanz, Aufmerksamkeit und kognitiver Aktivität korrelieren (☐ Abb. 63.8, ▶ Kap. 64.2). Ein

instruktives Beispiel bietet die schon von Berger beschriebene „**Alpha-Blockade**". Bei geschlossenen Augen und geistiger Entspannung findet man in wachen Probanden Alpha-Wellen von 8–13 Hz, insbesondere über dem okzipitalen Kortex. Öffnet der Proband die Augen, wird der Alpha-Rhythmus durch niederamplitudige, unregelmäßige Aktivität im **Beta**-Bereich (14 – 30 Hz) ersetzt. Jetzt werden spezifische Afferenzen der Sehbahn aktiviert, die in der Sehrinde differenzierte und asynchrone synaptische Potenziale erzeugen. Ähnliches gilt für andere Formen geistiger Aktivität (☐ Abb. 63.1). Die größten physiologischen Amplituden misst man dementsprechend bei **Delta-Wellen** im Tiefschlaf, wenn der gesamte Neokortex vom Thalamus synchronisiert wird und jedes Neuron mehr oder weniger „das Gleiche tut". Allgemein gilt: je mehr **synchrone synaptische Aktivität** auftritt, desto größer ist das Signal an der entfernten, relativ zu Neuronen extrem großen Ableitelektrode.

Amplituden- und Frequenzbereich des EEG Die Amplituden des EEG reichen von ca. 10 μV bei **desynchronisierter** Aktivität bis zu ca. 200 μV bei Delta-Wellen. Sie sind also etwa 5- bis 100-mal kleiner als die Summenaktionspotenziale der Herzmuskulatur im EKG, und sie werden leicht durch elektrische Artefakte (z. B. Potenziale der Kaumuskulatur) gestört. Die **zeitliche Auflösung** des EEG ist hervorragend – Routineableitungen zeigen kortikale Potenziale innerhalb eines Frequenzbereiches von ca. 0,5 bis 30 Hz in „Echtzeit" an. Rhythmische Netzwerkaktivität kommt auch in höheren Frequenzbereichen vor, die jedoch im Oberflächen-EEG nicht verlässlich erfasst werden und hauptsächlich von wissenschaftlichem Interesse sind. **Gamma-Oszillationen** (30 bis ca. 100 Hz) treten bei vielen kognitiven Leistungen auf und scheinen verteilte Hirngebiete durch synchrone rhythmische Aktivität funktionell zu koppeln.

Räumliche Auflösung Die Lokalisierung kortikaler Aktivität gelingt mit den üblichen EEG-Verfahren nur im Bereich von Zentimetern. Moderne **bildgebende Verfahren** erreichen dagegen Millimeter-Genauigkeit. Die größte Einschränkung des EEG liegt aber darin, dass die Elektroden nur die oberflächlichen Schichten des Neokortexes „sehen". Vorgänge in tiefer liegenden Hirngebieten wie Thalamus, Amygdala, Basalganglien etc. können nur indirekt erschlossen werden. Daher dominieren moderne bildgebende Verfahren bei der Lokalisation pathologischer Prozesse. Raumzeitliche Muster wie die typischen Oszillationen in verschiedenen **Schlafstadien** (▶ Kap. 64.2) oder hypersynchrone Entladungen bei Epilepsie sind dagegen nach wie vor eine Domäne des EEG.

❯ Das EEG zeigt neokortikale Aktivität mit sehr guter Zeit-, aber schlechter Ortsauflösung.

Klinische Diagnostik mittels EEG Klinisch wird das EEG vor Allem zur Diagnostik von pathologischer Synchronisation eingesetzt, die bei chronisch rezidivierendem Verlauf als **Epilepsie** bezeichnet wird. Das EEG hilft -zusammen mit Anam-

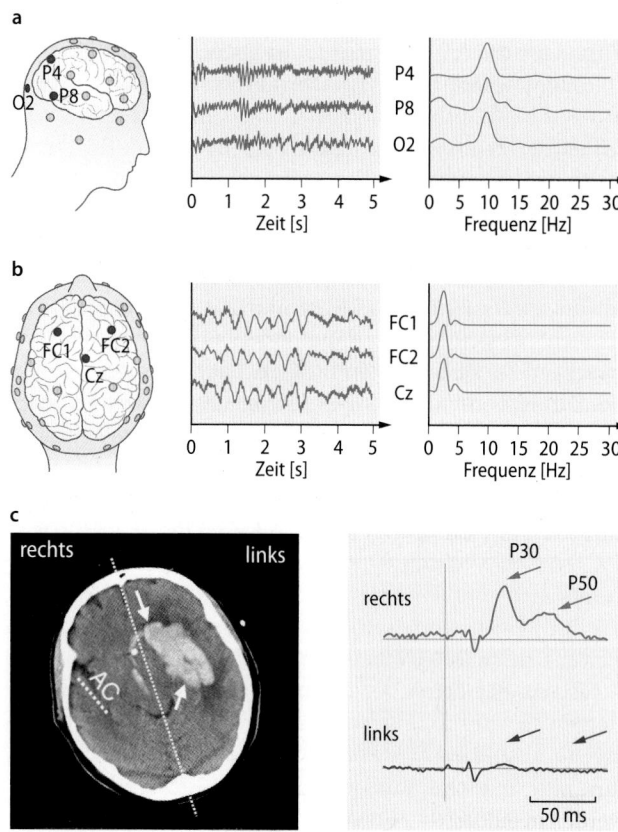

□ **Abb. 63.8a–c**   **EEG. a** Alpha-Rhythmus, der im entspannten Wachzustand bei geschlossenen Augen besonders über dem okzipitalen Kortex auftritt. Das rechte Diagramm zeigt die Beiträge einzelner Frequenzkomponenten, die durch Fourier-Analyse aus den Rohdaten extrahiert wurden. **b** Schlaftypische Delta-Rhythmen, die mit hoher Amplitude und Synchronie bilateral-symmetrisch im Tiefschlaf auftreten. **c** Akustisch evozierte Potenziale (hier im MEG als Magnetfelder gemessen) bei einem Patienten mit massiver links-temporaler Hirnblutung (siehe Computertomogramm links). AC: auditorischer Kortex. Beachte den weitgehenden Verlust der typischen Wellen (Px = positive Welle bei x Millisekunden), die 30 bzw. 50 ms nach dem Reiz erwartet werden. (Abbildung mit freundlicher Genehmigung von André Rupp, Heidelberg)

63

nese, bildgebenden Verfahren, laborchemischen und genetischen Untersuchungen- bei der Differenzierung zwischen den zahlreichen Formen von Epilepsie und bei der Verlaufskontrolle. Bei fokalen, also von einem Ort ausgehenden Epilepsien wird die Lokalisation der pathologischen Areale in Kombination mit bildgebenden Verfahren erreicht (□ Abb. 63.9).

63.4.2   Magnetenzephalographie (MEG)

Ein verwandtes Verfahren ist die **Magnetenzephalographie** (MEG). Hier macht man sich zunutze, dass der Stromfluss entlang der Dendriten Magnetfelder erzeugt, die mit hochempfindlichen Verstärkern gemessen werden können. Die Orientierung der Magnetfelder begünstigt die Erfassung von Strömen parallel zur Kopfoberfläche, also in den Sulci. Dies ist komplementär zum EEG, in dem überwiegend die nach außen zeigenden Dendriten der Gyri gemessen werden. Das MEG erfasst weitere Frequenzbereiche als das EEG und er-

laubt eine etwas bessere Lokalisation der Signalquellen im Gehirn. Allerdings werden diese Vorteile durch einen sehr viel größeren apparativen Aufwand erkauft. Die millionenfach stärkeren Magnetfelder der Erde und technischer Einrichtungen müssen abgeschirmt werden und die winzigen Magnetfelder erfordern hochempfindliche, stark gekühlte Detektoren. Die preiswerten, kleinen und mobilen EEG-Geräte sind daher bei weitem dominant.

> Das aufwändige MEG registriert zum EEG komplementäre Daten mit etwas höherer Zeit- und Ortsauflösung.

Evozierte Potenziale   Die oben beschriebenen Wellenmuster des EEG (und des MEG) treten spontan auf. Mithilfe derselben Apparaturen lassen sich aber auch ereigniskorrelierte Potenziale (EP) erfassen (□ Abb. 63.8). Klinisch wichtig sind **evozierte Potenziale**, die durch Sinnesreize ausgelöst werden – also visuell evozierte Potenziale (VEP), akustisch evozierte Potenziale (AEP) und somatosensorisch evozierte Potenziale (SEP). Der Effekt einzelner Reize geht allerdings in der spontanen Hintergrundaktivität des EEG unter, da die intrakortikale Aktivität die spezifischen synaptischen Eingänge weit überwiegt. Darum wiederholt man die Reize häufig und mittelt die Antworten. So bleiben nur die zeitlich mit dem Reiz verbundenen EEG-Komponenten erhalten, während die unsystematische Hintergrundaktivität zu einer glatten Nulllinie wird.

Evozierte Potenziale bestehen aus charakteristischen Folgen positiver und negativer Halbwellen, die als Px (positive Welle bei x Millisekunden) bzw. Nx durchnummeriert werden. Sie entsprechen der aufsteigenden Aktivierung der sensorischen Bahnen, wobei die späten Antworten komplexe und verteilte Aktivitätsmuster spiegeln. Schäden äußern sich in Seitenunterschieden, Amplitudenminderungen und in verlängerten Latenzzeiten. Letztere weisen auf verlängerte Leitungszeiten durch Störungen der Myelinisierung hin, z. B. bei multipler Sklerose. Weitere diagnostische Anwendungen bestehen in der Objektivierung von Sinnesstörungen, etwa bei Verdacht auf Taubheit bei Säuglingen und Kleinkindern, aber auch bei der Feststellung des Hirntods.

> Evozierte Potenziale werden erst durch zeitlich getriggerte Mittelung zahlreicher Reizantworten sichtbar.

Bereitschaftspotenzial   Auch die Aktivität „höherer", d. h. nicht unmittelbar mit der Peripherie verbundener Kortexareale lässt sich mittels ereigniskorrelierter Potenziale erfassen. Besonderes Interesse hat das „Bereitschaftspotenzial" erfahren, das nur wenige Mikrovolt Amplitude erreicht und im Vorfeld von Willkürbewegungen auftritt. Die symmetrische Negativierung parietaler und frontaler Strukturen beginnt mehr als eine Sekunde vor Ausführung der Bewegung, hat also nicht unmittelbar mit der Aktivierung des kontralateralen primär-motorischen Kortex zu tun. Vielmehr zeigt das bilaterale Bereitschaftspotenzial die Vorbereitung oder Einleitung einer Bewegung an.

> Bereitschaftspotenziale sind symmetrische Negativierungen von wenigen Mikrovolt, die etwa eine Sekunde lang im Vorfeld einer Willkürbewegung auftreten.

Bereitschaftspotenzial und Handlungsentscheidungen

Der amerikanische Psychologe Benjamin Libet hat 1983 die zeitliche Beziehung zwischen dem Bereitschaftspotenzial und Handlungsentscheidungen untersucht. Probanden konnten eine Handbewegung durchführen, wann immer sie den Drang dazu verspürten. Gleichzeitige EEG-Aufzeichnungen ergaben, dass das Bereitschaftspotenzial zu diesem Zeitpunkt bereits begonnen hatte. Es entsteht also der Anschein, als folge die gefühlte „Entscheidung", sich zu bewegen, der vom Gehirn bereits autonom eingeleiteten Handlung lediglich nach. Das Experiment hat einen intensiven Diskurs über die dem Menschen zugeschriebenen Willensfreiheit ausgelöst. Wird unser Handeln letztlich von biologischen Automatismen bestimmt? Viele Hirnforscher und Philosophen sind der Meinung, dass die Befunde der Neurophysiologie mit sinnvollen Begriffen von Willensfreiheit und Autonomie vereinbar sind (Kompatibilismus).

Erwartungspotenzial Ein weiteres ereigniskorreliertes Potenzial ist das Erwartungspotenzial, im Englischen als contingent negative variation (CNV) bezeichnet. Diese mehrere Sekunden langanhaltende Negativierung tritt bei der Vorbereitung auf eine kommende Situation auf (etwa nach einem Warnton, der eine Aufgabe ankündigt). Erwartungspotenziale spiegeln die Depolarisation der distalen Dendriten in oberen Schichten des Neokortexes wieder. Dort entstehen durch unspezifische kortikale und thalamische Afferenzen langanhaltende EPSP. Die dendritische Depolarisation erhöht die Erregbarkeit der Pyramidenzellen durch nachfolgende spezifische Eingänge. Es handelt sich also um ein Korrelat gerichteter Aufmerksamkeit.

Weitere ereigniskorrelierte Potenziale In der Forschung werden weitere „kognitive Potenziale" beschrieben, mit denen neuronale Korrelate mentaler Prozesse erfasst werden. Dazu gehört die P300-Welle, die 300–500 ms nach einem unerwarteten Reiz über dem parietalen und frontalen Kortex auftritt (z. B. ein hoher Ton inmitten einer Serie von tiefen Tönen). Man hofft, solche Signale als „Biomarker" für Frühdiagnostik und Differenzierung neurodegenerativer oder psychiatrischer Erkrankungen validieren zu können. Es sollte aber stets beachtet werden, dass alle EEG- und MEG-basierten Verfahren Summenpotenziale tausender Neurone erfassen, deren Auflösung begrenzt und deren theoretisches Verständnis noch lückenhaft ist. Gedankenlesen mittels EEG ist ebenso unmöglich wie –nach heutigem Stand- eine vollständige neurophysiologische Rekonstruktion von Denken und Bewusstsein.

63.4.3 Bildgebende Verfahren

Strukturell und funktionell bildgebende Verfahren erlauben die genaue Lokalisation physiologischer und pathologischer Prozesse des ZNS.

Computertomographie (CT) Bei diesem radiologischen Verfahren wird der Körper schichtweise mit Gammastrahlung durchleuchtet. Strahlenquelle und Detektoren rotieren ringförmig um den Körper. Aus den Daten lässt sich für jedes Volumenelement innerhalb der untersuchten Schicht die Absorption berechnen. Aus der Zusammensetzung vieler Schichten ergibt sich ein dreidimensionales Bild, das strukturelle Veränderungen erfasst. Die Ortsauflösung des CT liegt unterhalb von 1 mm^3. Die Untersuchung ist schnell durchzuführen und wird unter anderem in der Notfallmedizin eingesetzt, um bei einem **Schlaganfall** zu entscheiden, ob eine Thrombosierung einer Hirnarterie oder umgekehrt eine Hirnblutung vorliegt. Allerdings lassen sich unterschiedliche Weichgewebe schlecht differenzieren, ebenso schlecht sind knochennahe Strukturen wie Hirnhäute und das Rückenmark zu beurteilen. Durch Gabe eines jodhaltigen Kontrastmittels werden auch Darstellungen von Blutgefäßen (CT-Angiographie) oder von Störungen der Blut-Hirn-Schranke möglich. Für viele neurologische Fragestellungen wird heute das MRT (s.u.) bevorzugt.

Magnetresonanztomographie (MRT) Dieses Verfahren macht sich zunutze, dass der „Spin" (die Ausrichtung der Rotationsachse) von Protonen (und einiger anderer Atomkerne) durch starke Magnetfelder beeinflusst wird (daher auch MRI für „magnetic resonance imaging", NMR für „nuclear magnetic resonance tomography"). Die Kerne werden in einem Magnetfeld ausgerichtet, anschließend wird ein zweites Feld in schneller Folge an- und abgeschaltet. Die Auslenkung und anschließende Relaxation der Rotationsachse ändern deren Magnetfeld. Dies kann durch Ströme in speziellen Detektoren erfasst und zur Berechnung eines Bildes verwendet werden. Die sehr hoch aufgelösten Schichtbilder (<1 mm^3) erlauben eine gute Differenzierung von Weichgeweben und übersteigen die Qualität von CT-Aufnahmen. Durch unterschiedliche Anregungen lassen sich Ortsauflösung oder Weichteichdifferenzierung optimieren, sodass in der Summe eine Beurteilung von Strukturen, Gewebetypen oder Flüssigkeitsansammlungen (z. B. Ödemen) möglich ist. Auch hier kommen oft Kontrastmittel zum Einsatz, zum Beispiel zur Diagnose von Hirntumoren. Ein spezielles Verfahren der Forschung ist die **Kernspinresonanz-Spektroskopie** (MRS), bei der man sich zunutze macht, dass die Reaktion der Atomkerne auf das Magnetfeld von deren Umgebung in Molekülen abhängt. Mit geringer räumlicher Auflösung lassen sich so Metabolite des Energie- oder Transmitterstoffwechsels nachweisen.

> Die Magnetresonanztomographie (MRT) erreicht im Gegensatz zur Computertomographie (CT) sehr gute Darstellung und Differenzierung von Weichgeweben.

Funktionelle Magnetresonanztomographie (fMRT, fMRI) Eine Weiterentwicklung des MRT ermöglicht die zeitaufgelöste Darstellung von Hirnaktivität. Vermehrte synaptische Aktivität in einem lokalen Netzwerk führt zu erhöhtem Energieverbrauch (besonders durch primär und sekundär aktiven Ionentransport), gefolgt von einer lokal-metabolisch bedingten Steigerung der Durchblutung. Die Vasodilatation über-

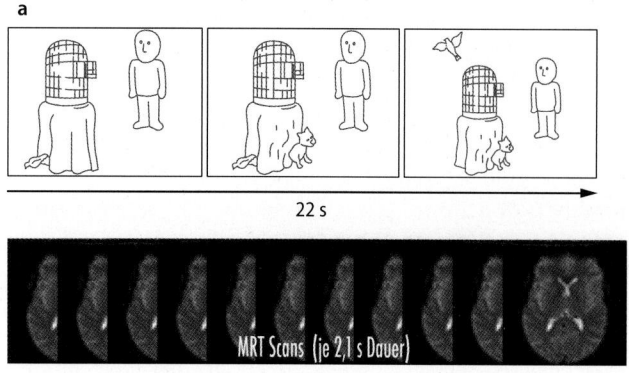

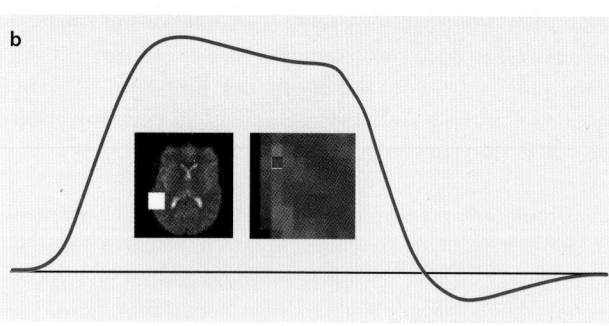

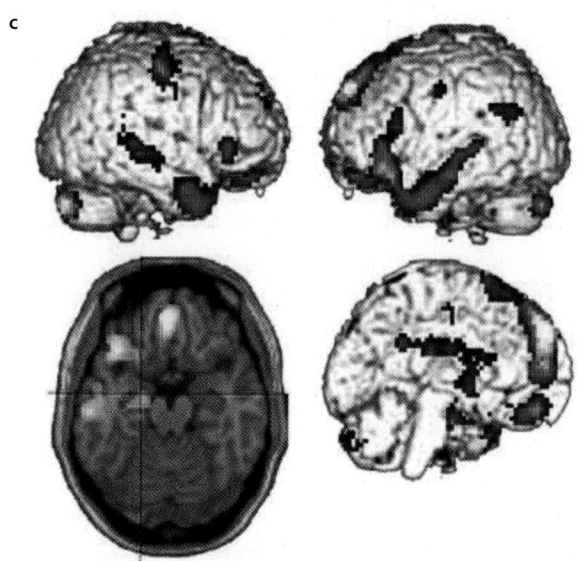

◻ Abb. 63.9a–c   Einsatz der funktionellen Kernspintomographie in den kognitiven Neurowissenschaften. a Der Versuchsperson werden nacheinander drei Szenen präsentiert. Gefragt wird einmal nach dem affektiven Gehalt der Szenen („**Fühlt** sich die Hauptperson besser, genauso oder schlechter als bei dem Bild zuvor?"), dann nach dem räumlich-visuellen Gehalt („**Sieht** die Hauptperson mehr, gleichviele oder weniger lebende Wesen als auf dem Bild zuvor?"). Dabei werden in schneller Folge fMRT-Sequenzen des Gehirns aufgenommen. **b** In jedem Volumenelement des Gehirns (Voxel) wird anschließend der Zeitverlauf des BOLD-Signals berechnet und dargestellt. **c** Aus der Differenz der Signale bei beiden unterschiedlichen Perspektiven lassen sich die Regionen identifizieren, die stärker an emotionalen bzw. analytischen Vorgängen beteiligt sind. Die farbige Darstellung zeigt die verstärkte Aktivierung präfrontaler, temporaler und limbischer Netzwerke beim Versuch, sich in das emotionale Erleben einer dritten Person hinein zu versetzen. (Abbildung mit freundlicher Genehmigung von Knut Schnell, Heidelberg/Göttingen)

steigt den Sauerstoffbedarf, sodass in einem aktiven Hirnareal mehr oxygeniertes Blut ist als in einem relativ ruhigen Kerngebiet. Das **BOLD-Signal** (blood oxygenation level dependent) des MRT beruht auf dem unterschiedlichen magnetischen Moment von oxygeniertem und desoxygeniertem Hämoglobin. Aus kleinen Änderungen des BOLD-Signals ergibt sich eine räumliche Darstellung der Hirnaktivität bei mentalen Prozessen wie Wahrnehmen, Erinnern, Entscheiden usw. Die Ortsauflösung des fMRT ist mit Volumenelementen von ca. 1 mm^3 extrem gut. Die zeitliche Auflösung liegt im Sekundenbereich und bleibt damit weit hinter den neuronalen Primärprozessen zurück, da ja lediglich eine indirekte metabolische Folge der elektrischen Aktivität gemessen wird.

Das fMRT hat der Lokalisation geistiger Funktionen (und Fehlfunktionen) zu enormer Bedeutung in Grundlagenforschung und Psychiatrie verholfen. Populäre Darstellungen von „Zentren" für Religion, Liebe, Musikalität usw. suggerieren aber eine simple Ortszuordnung, die den komplexen Verteilungen der Aktivität nicht gerecht werden. Begrifflich sollten außerdem die kategorialen Unterschiede zwischen geistigen Akten und physikalischen Vorgängen im Gehirn beachtet werden. Dennoch fördert die Kenntnis neuronaler Korrelate kognitiver Funktionen entscheidend das Verständnis neuropsychiatrischer Krankheiten.

> Die fMRI visualisiert den erhöhten Anteil oxygenierten Hämoblobins (BOLD-Signal) in aktiven Hirnarealen.

Weitere Methoden   Leitungsbahnen lassen sich mittels „**diffusion tensor imaging**" (DTI) nachweisen (◻ Abb. 63.2a). Mithilfe des MRT wird hierbei die Diffusion von Wassermolekülen gemessen, die präferentiell in Längsrichtung der zylindrischen Axone erfolgt. Daraus errechnet man strukturelle Konnektivitätsmuster, wobei besonders krankheitsbezogene Abweichungen vom Normalen interessieren.

Die **Positronen-Emissions-Tomographie (PET)** kann neurochemische Vorgänge darstellen. Dazu werden schwach radioaktive Substanzen verabreicht, die sich aufgrund ihrer biochemischen Eigenschaften an definierten Stellen anreichern. Die von ihnen abgestrahlten Positronen kollidieren lokal mit Elektronen und erzeugen gamma-Strahlen, die eine Lokalisation der Strahlenquelle erlauben. Mit ^{18}F markierte Desoxyglukose reichert sich z. B. in besonders stoffwechselaktiven Arealen an, da sie nicht abgebaut werden kann (z. B. Hirntumoren). Umgekehrt können vermindert aktive Regionen identifiziert werden, z. B. bei degenerativen Erkrankungen oder bei umschriebenen Bereichen mit eingeschränkter Funktion (◻ Abb. 63.10). Spezifische Liganden erlauben, die Verteilung bestimmter Rezeptoren im Gehirn darzustellen. PET-Anlagen sind an die Verfügbarkeit nahe gelegener Teilchenbeschleuniger zur Produktion der kurzlebigen Isotope gekoppelt. Sie stellen ein aufwändiges und teures Verfahren dar.

Die vermehrte Durchblutung aktiver Kortexareale lässt sich schließlich als Infrarotsignal über dem Schädel, insbesondere bei Kindern, ableiten und wird als nichtinvasive Nah-Infrarot-Spektroskopie (NIRS) in der psychiatrischen Forschung eingesetzt.

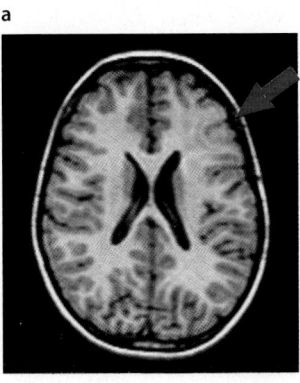
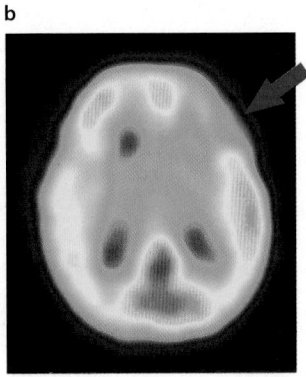

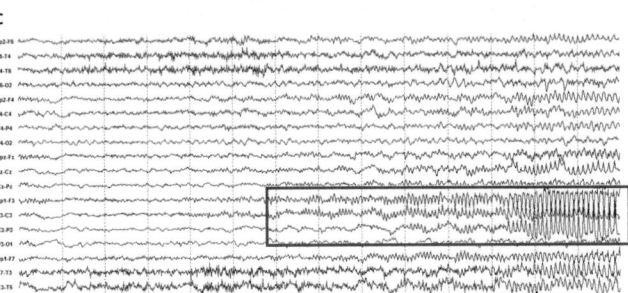

Abb. 63.10a–c Diagnostik einer fokalen (von einem definierten Ort ausgehenden) Epilepsie. Befunde von einem 3,5-jährigen Kind mit einer Fehlbildung (Dysplasie) des linken frontalen Neokortexes. Seit Geburt treten tonische Anfälle der rechten Körperseite auf, die auf Pharmaka nicht ansprechen. **a** Das transversale MRT (T1) zeigt die abnorme Mark-Rinden-Grenze mit inhomogen pathologischem Marklagersignal. **s** Im ^{18}F-Fluordeoxyglucose-PET wird ein ausgedehnter Hypometabolismus im gesamten linken Frontallappen deutlich. **c** Das EEG zeigt ein links frontal beginnendes Anfallsmuster mit zunehmender Propagation in andere Bereiche. Nach neurochirurgischer Resektion großer Teile des linken Frontallappens kam es zu einer normalen, beschwerdefreien Entwicklung, wobei nach 5 Jahren aufgrund verbliebener Reste der Läsion wieder milde Anfälle auftraten. (Abbildung mit freundlicher Genehmigung von Thomas Bast, Epilepsiezentrum Kork)

63.4.4 Stimulationsverfahren

Strukturell und funktionell bildgebende Verfahren erlauben die genaue Lokalisation physiologischer und pathologischer Prozesse des ZNS.

Bei der **transkraniellen Magnetstimulation** (TMS) wird mittels einer stromführenden Spule ein starkes Magnetfeld erzeugt, das im Kortex Stromflüsse induziert und dadurch Aktionspotenziale auslöst. So lassen sich z. B. bestimmte Muskelgruppen aktivieren und die axonalen Leitungszeiten vom motorischen Kortex zum Rückenmark bestimmen. Therapeutisch wird durch repetitive Stimulation neuronale Plastizität induziert, wodurch psychiatrische Krankheitszustände nichtinvasiv beeinflusst werden. Ähnliches gilt für die Anwendung länger anhaltender unterschwelliger Gleichstromstimulation.

Ein invasives Verfahren mit gleicher Zielsetzung ist die **tiefe Hirnstimulation** (DBS = „deep brain stimulation"). Dabei werden Elektroden gezielt implantiert, um ein bestimmtes Hirnareal zu stimulieren. Obwohl die zellulären Vorgänge noch unvollständig verstanden sind, erzielt man mit dieser

Methode erstaunliche Erfolge, z. B. zur Therapie des quälenden Tremors bei Morbus Parkinson. Weitere Anwendungen sind unstillbare chronische Schmerzen und – zunehmend – psychiatrische Erkrankungen wie schwere Zwänge oder Depressionen. Wie breit diese Methode angewandt werden kann, muss in der klinischen Forschung und Praxis noch geklärt werden.

> **Mit nicht-invasiven (TMS) und invasiven (DBS) Stimulationsverfahren lässt sich die Aktivität sich lokaler Netzwerke gezielt modulieren.**

Schließlich sei erwähnt, dass die Elektrokrampftherapie (EKT) trotz zeitweise kritischer Diskussion immer noch eine wichtige Methode der Psychiatrie darstellt. Mithilfe bilateral angebrachter Elektroden werden am anästhesierten und muskelrelaxierten Patienten starke elektrische Felder im gesamten Gehirn ausgelöst, die epileptiforme Aktivität verursachen. Dies führt zu plastischen Veränderungen, unter anderem durch Ausschüttung von neurotrophen Faktoren wie BDNF. Obwohl die Mechanismen nicht vollständig bekannt sind, ist die EKT bei schweren Verlaufsformen von Depressionen und anderen lebensbedrohlichen oder therapieresistenten Zuständen indiziert und wirksam.

In Kürze

Die elektrische Aktivität neuronaler Netzwerke kann mithilfe des **EEG** und den **MEG** in Echtzeit erfasst werden. Die Amplitude wird wesentlich von der Synchronie synaptischer Eingangssignale bestimmt, typische Wellenmuster spiegeln den funktionellen Zustand des Neokortexes. **Evozierte Potenziale** erlauben die Überprüfung sensorischer Funktionen des ZNS. Bereitschafts- und Erwartungspotenziale sowie die P300 spiegeln kognitive Vorgänge. **Bildgebende Verfahren** erzeugen hochaufgelöste strukturelle Daten (CT, MRT) sowie ortsaufgelöste Darstellungen neuronaler Aktivität (fMRT) oder spezieller neurochemischer Parameter (PET). **Stimulationsverfahren** wie TMS und DBS werden zunehmend zur Therapie neurologischer und psychiatrischer Erkrankungen eingesetzt.

Literatur

Sporns O (2013) Structure and function of complex brain networks. Dialogues in Clinical Neuroscience 15:247-262
Buzsáki, G (2006) Rhythms of the Brain. Oxford University Press
Markram H et al. (2015) Reconstruction and Simulation of Neocortical Microcircuitry. Cell 163:456-492
Güntürkün O (2012) The convergent evolution of neural substrates for cognition. Psychological Research 76:212-219
Schläpfer TE, Kayser S (2012) Hirnstimulationsverfahren. Nervenarzt 83:95-105

Zirkadiane Rhythmik und Schlaf

Jan Born, Niels Birbaumer

© Springer-Verlag GmbH Deutschland, ein Teil von Springer Nature 2019
R. Brandes et al. (Hrsg.), *Physiologie des Menschen*, Springer-Lehrbuch
https://doi.org/10.1007/978-3-662-56468-4_64

Worum geht's

Die zirkadiane Rhythmik hat eine Periodenlänge von etwa 24 Stunden und reguliert physiologische Funktionen und Verhalten des Organismus im Einklang mit dem natürlichen Tag-Nacht-Wechsel. Schlaf ist ein den gesamten Organismus umfassender Zustand, dessen zeitliche Regulation stark durch die zirkadiane Rhythmik beeinflusst wird (🔲 Abb. 64.1).

Der zirkadiane Rhythmus wird durch den Organismus generiert

Intrazelluläre molekulare Uhren generieren zirkadiane Rhythmen verschiedenster zellulärer Funktionen. Diese Uhren sind in vielen verschiedenen Zellen des Körpers etabliert. Die verschiedenen Uhren im Organismus werden über humorale Mediatoren sowie das autonome Nervensystem miteinander synchronisiert. Als „primärer Schrittmacher", der alle Uhren des Organismus auf einen einheitlichen zirkadianen Rhythmus synchronisiert, fungiert der Nucl. suprachiasmaticus (SCN) im vorderen Hypothalamus. Über die Retina zum SCN übertragene Hell-Dunkel-Information wirkt als „Zeitgeber"-Signal, das den körpereigenen zirkadianen Rhythmus an den äußeren Tag-Nacht-Rhythmus ankoppelt.

Schlaf setzt sich aus Non-REM-REM-Schlafzyklen zusammen

Im Unterschied zu Wachheit ist Schlaf durch einen weitgehenden Verlust des Bewusstseins und motorische Inaktivität sowie durch spezifische vegetative und endokrine Regulationsprozesse charakterisiert. Schlaf ist kein einheitlicher Zustand, sondern setzt sich aus Non-REM- (für „rapid eye movement") und REM-Schlafphasen zusammen, die im nächtlichen Schlaf zyklisch durchlaufen werden. Schlaf wird neben dem zirkadianen Rhythmus durch homöostatische Mechanismen reguliert. Der Schlaf-Wach-Wechsel wird primär über Kerne des anterioren Hypothalamus reguliert. Kerne des pontinen Hirnstamms kontrollieren dagegen den Non-REM-REM-Schlafzyklus.

Schlaf hat kognitive, metabolische und immunologische Funktionen

Schlaf hat vielfältige Funktionen. Seine kognitiven, insbesondere Gedächtnis bildenden Funktionen, könnten erklären, warum Schlaf mit Bewusstseinsverlust einhergeht. Über Schlaf-spezifische vegetative und endokrine Regulationsprozesse werden anabole Stoffwechselprozesse sowie die Immunabwehr, insbesondere adaptive Immunfunktionen, gestärkt. Für alle diese Funktionen ist vor allem der tiefe Non-REM-Schlaf (Deltaschlaf) von Bedeutung.

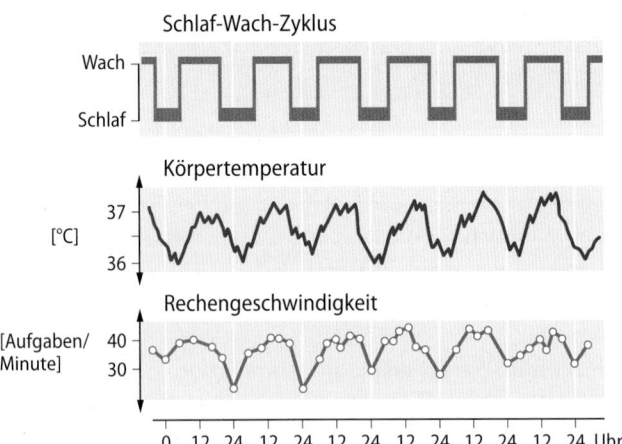

🔲 **Abb. 64.1 Zirkadiane Rhythmen und Schlaf**. Schlaf ist ein den gesamten Organismus erfassender Zustand, dessen Auftreten im Rahmen des Schlaf-Wach-Zyklus (oben) durch die zirkadiane Rhythmik bestimmt wird. Darunter sind exemplarisch die zirkadianen Rhythmen der Körperkerntemperatur und der Geschwindigkeit des Kopfrechnens dargestellt

64.1 Zirkadiane Rhythmik

64.1.1 Endogene Oszillatoren

Endogene Oszillatoren steuern die Aktivität von Zellen mit einer Periodik von ca. 24 Stunden.

24-Stündiger Grundrhythmus Der Wechsel von Tag und Nacht und der damit einhergehende Wechsel der Umgebungstemperatur führte bei pflanzlichen und tierischen Organismen zur Herausbildung eines ca. 24-stündigen Rhythmus. Dieser beeinflusst fast alle physischen und psychischen Prozesse und ermöglicht die **optimale Anpassung** des Organismus und seines inneren Milieus an diese Umgebungsveränderungen.

Zirkadiane, ultradiane und infradiane Oszillatoren Diese zirkadianen (circa = ungefähr; dies = Tag) Rhythmen sind keine passiven Konsequenzen des Hell-Dunkel-Rhythmus des Tages, sondern Ausdruck der Aktivität **organismusinterner Oszillatoren** (Uhren) mit definierten Oszillationsperioden (τ), die von „Zeitgebern" der Umgebung synchronisiert und „mitgenommen" werden. Die Oszillationsperiode des endogenen Rhythmus stimmt dabei selten exakt mit der Periode des exogenen Zeitgebers (T) überein.

Diese den endogenen Oszillatoren eigene Periodizität erkennt man nach Ausschaltung der externen Zeitgeber, z. B. bei Unterdrückung des Hell-Dunkel-Wechsels. Die endogenen Rhythmen laufen dann frei, meist mit etwas längerer Periodik weiter (**freilaufende Rhythmen**). Es kommt zu einer Verschiebung zwischen der Phase des biologischen Rhythmus und der Phase des Zeitgebers. Neben der zirkadianen Periodik existiert eine Vielzahl endogener Rhythmen mit kürzeren (ultradiane Rhythmen) und längeren Perioden (infradiane Rhythmen).

Mitnahmebereich Innerhalb bestimmter Grenzen passen sich zirkadiane Rhythmen einem Zeitgeber (z. B. einem artifiziellen 26-Stundentag) an. Beim Menschen liegt dieser **Mitnahmebereich** für die Körperkerntemperatur bei Periodenlängen zwischen 23 und 27 h. Außerhalb des Mitnahmebereichs entkoppeln sich die Rhythmen vom Zeitgeberrhythmus und folgen ihrer eigenen Periodik.

Desynchronisation
Unter frei laufenden Bedingungen können spontane Desynchronisationen zweier Rhythmen auftreten: In entsprechenden Versuchen zeigten z. B. einige Personen nach 10–15 Tagen unter Isolation von externen Zeitgebern einen motorischen Aktivitätszyklus von τ=32–34 h, während die Rektaltemperatur weiter ihre τ=24–25 h beibehielt. Derartige Befunde zeigen, dass es nicht nur einen, sondern mehrere endogene zirkadiane Oszillatoren gibt, die unterschiedlich eng untereinander und an externe Zeitgeber gekoppelt sind.

> **Die endogenen zirkadianen Rhythmen passen sich innerhalb eines Mitnahmebereichs an veränderte äußere Zeitgeber an.**

64.1.2 Steuerung zirkadianer Rhythmik

Das zirkadiane System passt die Aktivität des Organismus an den Hell-Dunkel-Wechsel an.

Das zirkadianes System ☐ Abb. 64.2 zeigt die wichtigsten Elemente des zirkadianen Systems. Als wichtigster Zeitgeber fungiert der **Hell-Dunkel-Wechsel**, der bei Säugern über **Messfühler in der Retina** erfasst wird. Die primären endogenen Oszillatoren, die unabhängig von externen Zeitgebern einen zirkadianen Rhythmus generieren, befinden sich im ZNS, speziell im **Nucl. suprachiasmaticus** des Hypothalamus. Wie bei anderen Erregung-bildenden und -leitenden Systemen (z. B. des Herzens) regulieren diese primären Schrittmacher untergeordnete, sekundäre und tertiäre Oszillatoren, die den Rhythmus an die entsprechenden Organsysteme weitergeben.

Passive Elemente sind Erfolgsorgane, die selbst keine zirkadiane Periodizität aufweisen. Z. B. verliert die Zirbeldrüse der Ratte ihren zirkadianen Rhythmus der Melatoninsynthese, wenn die neuronalen Afferenzen zerstört sind. Endokrine und neuronale **Mediatoren** übertragen die zeit-

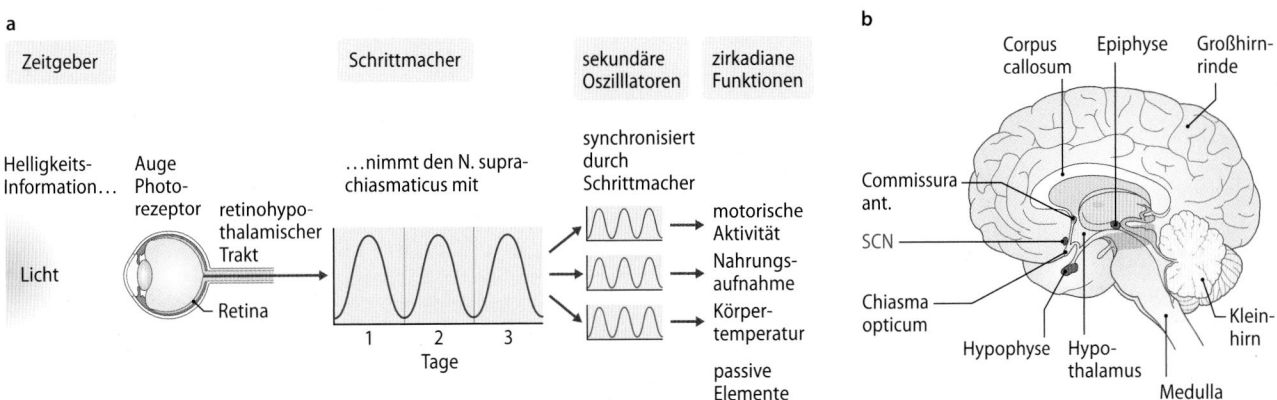

☐ **Abb. 64.2 Das zirkadiane Schrittmachersystem. a** Hell-/Dunkel-Information wirkt als Zeitgeber über den retinohypothalamischen Trakt auf den primären Schrittmacher, den Nucl. suprachiasmaticus (SCN), um diesen an den Zeitgeberrhythmus zu koppeln („Mitnahme"). Der primäre Schrittmacher synchronisiert sekundäre und tertiäre Schrittmacher, die letztlich die verschiedensten organismischen Prozesse zirkadian regulieren. **b** Lage des SCN im Sagittalschnitt

liche Information zwischen den verschiedenen Oszillatoren und bewirken dabei z. T. erhebliche Phasenverschiebungen.

Zeitgeber   Beim Menschen wirkt **Licht** (insbesondere im blauen Spektralbereich) als **stärkster Zeitgeber**. Daneben sind soziale Hinweisreize wichtige Zeitgeber. Wenn zwei oder mehrere Versuchspersonen gemeinsam in von sonstigen Zeitgebern isolierten Bedingungen verbringen, synchronisieren sich ihre Rhythmen zu einem konstanten Gruppenrhythmus.

Der Nucl. suprachiasmaticus des Hypothalamus   Der zentrale Oszillator der zirkadianen Periodik ist der Nucl. suprachiasmaticus (suprachiasmatic nucleus, **SCN**). Der SCN des Menschen besteht aus ca. 16.000 Zellen und liegt direkt über der Sehnervenkreuzung an der vordersten Spitze des III. Ventrikels. Die meisten Zellen sind GABAerg, viele setzen zusätzlich Neuropeptide wie z. B. Vasopressin frei.

Läsionen

Transplantation von neuronalem Gewebe des SCN von Hamstern auf andere Hamster, deren SCN zerstört wurde und die daher völlig arrhythmisch waren, stellte deren zirkadianen Rhythmus nach etwas 6–7 Tagen wieder her. Bilaterale Läsion des SCN führt bei Primaten zu einem völligen Verlust der Aktivitätsrhythmen, einschließlich des Trinkrhythmus, ohne dass die absolute Menge aufgenommener Flüssigkeit reduziert wird. Ähnlich ist auch der Schlaf-Wach-Rhythmus der Tiere nach Läsion eliminiert, ohne dass die Absolutzeiten von Schlafen und Wachen verändert sind. Die Entladungsraten vieler Neurone des SCN zeigen eine spontane zirkadiane Rhythmik mit der maximalen Aktivität um die Mittagsstunden und dem Tiefpunkt (Nadir) in den Nachtstunden.

Der SCN „rhythmisiert" vor allem die mit dem Hell-Dunkel-Zyklus synchronisierten Funktionen. Neben dem SCN scheint es weitere hypothalamische Oszillatoren zu geben, die vor allem die Körperkerntemperatur und den REM-Schlaf rhythmisieren.

Verbindungen des SCN   Der SCN wird direkt über den **retinohypothalamischen Trakt (RHT)** mit Hell-Dunkel-Informationen aus der kontralateralen peripheren Retina versorgt, die die neuronalen Entladungsraten im SCN entsprechend auf diesen Lichtwechsel synchronisieren. Licht führt dabei zu einem Anstieg neuronaler Aktivität. Als Messfühler fungieren spezialisierte photosensitive Ganglienzellen in der inneren Schicht der Retina. Das lichtsensitive Pigment dieser Ganglienzellen ist das Melanopsin (▶ Kap. 57.2.4). Die tonische Aktivität dieser Zellen nimmt mit steigender Lichtintensität bis etwa 1.000 Lux zu. Danach gehen sie rasch in Sättigung. Es wird daher beispielsweise nicht zwischen einem sonnigen und wolkigen Tag unterschieden. Neben dem RHT erhält der SCN weitere photische Information aus dem Nucl. geniculatum laterale des Thalamus.

Die **Efferenzen des SCN** erreichen direkt die verschiedensten hypothalamischen Kerne und, über entsprechende Verschaltungen, extrahypothalamische Regionen wie die Hypophyse, die Epiphyse (Zirbeldrüse, Glandula Pinealis), das Septum, den Hirnstamm und das Rückenmark. Besonders ausgeprägt sind die efferenten Verbindungen zu **Hirnstammstrukturen**, die an der Schlaf-Wach-Regulation teil-

nehmen. Neben neuronalen Efferenzen befinden sich im SCN zahlreiche Neurone mit Endigungen an den Kapillaren, über die wahrscheinlich Neuromodulatoren direkt in die Zirkulation freigesetzt werden und über diesen Weg Zielorgane rhythmisieren. Der SCN erfüllt somit anatomisch und neurophysiologisch alle Voraussetzungen für einen zentralen Schrittmacher.

> Der Nucl. suprachiasmaticus ist der zentrale Schrittmacher des zirkadianen Systems bei Säugern.

Molekulare Uhren   Die Zellen des SCN von Säugern synthetisieren 2 Proteine: **CLOCK** und **BMAL1** (ARNTL). Wie aus ◘ Abb. 64.3 ersichtlich, verbinden sich diese beiden Proteine gegen Morgen zu einem Proteinpaar (Dimer), das an die DNA bindet und die Transkription der **Per-Gene** (Per1-3 von „period") und der Cry-Gene (Cry1/2 von „cryptochrome") anregt. Die resultierenden Proteine **PER** und **CRY** verbinden sich mit weiteren Proteinen zu einem Komplex, der gegen Abend in den Zellkern einwandert und dort die Aktivität des CLOCK/BMAL1-Dimers und damit letztlich die weitere Bildung von PER- und CRY-Proteinen rückwirkend unterdrückt. Diese Unterdrückung besteht solange, bis vorhandene PER- und CRY-Proteine abgebaut sind. Dann beginnt ein neuer Zyklus.

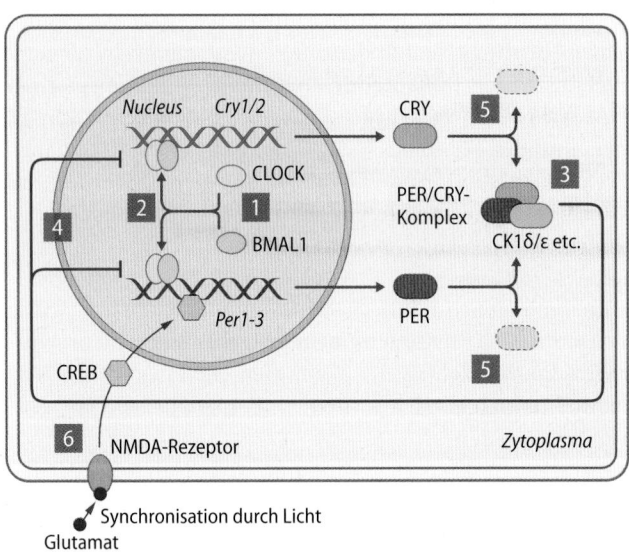

◘ **Abb. 64.3   Model der Steuerung der intrazellulären zirkadianen Uhr in 6 Schritten.** 1. Zwei Proteine, CLOCK und BMAL1, verbinden sich zu einem Heterodimer. 2. Der CLOCK/BMAL1-Dimer bindet an die DNA und regt die Transkription der Gene für Period (*Per*) und Cryptochrome (*Cry*) an. 3. PER- und CRY-Proteine verbinden sich mit weiteren Faktoren zu Komplexen. 4. Die PER/CRY-Komplexe wandern in den Nucleus und hemmen dort die Aktivität des CLOCK/BMAL1-Dimers. Dadurch verlangsamt sich die Transkription der *Per*- und *Cry*-Gene und damit auch der PER- und CRY-Proteine. 5. Die PER- und CRY-Proteine werden abgebaut, enthemmen den CLOCK/BMAL1-Komplex und ermöglichen den erneuten Beginn des ganzen Zyklus. Die Gentranskription, die Proteinsynthese und deren Abbau benötigen ca. 24 Stunden. 6. Die intrazellulären molekularen Uhren des SCN werden durch Licht synchronisiert, das, vermittelt über retinale Ganglienzellen und die Freisetzung von Glutamat aus den Neuronen des retinohypothalamischen Trakts, die Transkription der *Per*-Gene stimuliert

64

Zerstörter Rhythmus
Knock-out-Mäuse oder Mäuse mit Mutationen der Bmal1- und auch der Per-Gene zeigen einen zerstörten zirkadianen Rhythmus, aber auch **andere Störungen**, z. B. eine verminderte Immunkompetenz, Infertilität, beschleunigte Alterung und eine höhere Inzidenz von Tumoren. Die molekulare 24-h-Uhr besteht nicht nur in den Neuronen des SCN, sondern kann in den meisten Zellen des Körpers nachgewiesen werden.

Synchronisierung der molekularen Zeitgeber　In den Neuronen des SCN wird die molekulare Uhr über den retinohypothalamischen Trakt auf den Lichteinfall synchronisiert. Dazu aktivieren die mit dem Neurotransmitter Glutamat arbeitenden Fasern dieses Trakts NMDA-Rezeptoren auf den Zellen des SCN, was zu einem Ca^{2+}-Einstrom sowie zum Anstieg von cAMP in diesen Zellen führt. Dies führt zu einer akuten Aktivierung der Per-Genexpression und damit gegebenenfalls zu einer Verschiebung des molekularen Uhrwerks. Die Synchronisation innerhalb des SCN erfolgt primär über Gap-Junctions und GABAerge Neurone.

❯ Die zelluläre zirkadiane Periodik wird durch Auf- und Abbauzeiten von Clock-Proteinen bestimmt, dieses sind CLOCK, BMAL1, PER und CRY.

64.1.3　Zirkadiane Rhythmen physiologischer und psychologischer Funktionen

Alle wichtigen physiologischen und psychologischen Funktionen zeigen zirkadiane Rhythmen.

Physiologische Rhythmen　Einen sehr robusten, bei allen Säugern ähnlichen zirkadianen Rhythmus zeigt die Körperkerntemperatur: Beim Menschen erreicht sie gegen 18 Uhr ein Maximum, um dann bis in die frühen Morgenstunden abzufallen. Der **Abfall** der Körperkerntemperatur ist ein starker Stimulus für das **nächtliche Einschlafen**. Vor dem morgendlichen Erwachen steigt die Temperatur „antizipatorisch" (ab 4–6 Uhr) an. Die Amplitude dieses Rhythmus kann durch Licht oder erhöhte physische Aktivität tagsüber verstärkt werden.

Auch endokrine Prozesse, wie die Freisetzung von **Melatonin** aus der Zirbeldrüse und die Freisetzung des Stresshormons **Kortisol** durch das Hypothalamus-Hypophysen-Nebennierenrinden-(HHN-) System, zeigen ausgeprägte zirkadiane Rhythmen. Die Freisetzung von Melatonin wird durch die neuronale Aktivität des SCN gehemmt, sodass die Melatoninspiegel ihr Maximum in der Nacht erreichen. Dagegen erreicht die sekretorische Aktivität im HHN-System gegen Mitternacht ein Minimum um dann, ähnlich wie die Körpertemperatur, in den frühen Morgenstunden (4–7 Uhr) stark anzusteigen.

❯ Körperkerntemperatur und neuroendokrine Aktivität tragen zur Synchronisation zirkadianer Rhythmen metabolischer und immunologischer Funktionen bei.

Verhaltensrhythmen　Die Aktivität des SCN sowie die zirkadiane Rhythmik der Körperkerntemperatur und verschiedener neuroendokriner Prozesse tragen letztlich auch wesentlich zur Vermittlung des 24-Stundenrhythmus auf **psychologische Funktionen** und **Verhalten** bei. Der Schlaf-Wach-Rhythmus und die ebenfalls einer zirkadianen Rhythmik folgende Nahrungsaufnahme sind die prominentesten Beispiele von zirkadian eingebetteten Verhaltensmustern. Diese Einbettung beruht auch auf **Lernprozessen**. So bildet sich der Rhythmus der Nahrungsaufnahme dadurch heraus, dass wir lernen, zu welchen Zeitpunkten Nahrung verfügbar ist. Der Hunger mittags und abends ist weniger von einem Rhythmus des Glukosespiegels als von der Tatsache bestimmt, dass wir gelernt haben, zu diesen Zeiten zu essen.

Derartige **antizipatorische Rhythmen** bleiben auch nach Läsionen des SCN in abgeschwächter Form bestehen, sind also nicht allein vom zirkadianen Aktivitätszyklus bestimmt. Neben der zirkadianen Regulation unterliegt die Nahrungsaufnahme, genauso wie die Schlaf-Wach-Regulation, **homöostatischen Regulationsmechanismen**. Man hört auf zu Essen, wenn man satt ist. Zudem ist die Regulation von Nahrungsaufnahme mit der der Schlaf-Wach-Rhythmik über gemeinsame Signalwege eng verkoppelt, u. a. über das Neuropeptid **Orexin**, das im Hypothalamus Essverhalten stimuliert und gleichzeitig Schlaf unterdrückt.

Auch psychologische Funktionen wie z. B. die **Schmerzempfindlichkeit** oder die **Vigilanz** (Daueraufmerksamkeit) zeigen ausgeprägte zirkadiane Rhythmen. Die Schmerzempfindlichkeit ist am geringsten zwischen 12–18 Uhr und maximal zwischen 0–3 Uhr. **Analgetika** wirken daher nachts, zum Zeitpunkt erhöhter Schmerzempfindlichkeit, weniger gut. Die **Vigilanz** zeigt ebenfalls ein Minimum in den frühen Morgenstunden, d. h. die Fehlerhäufigkeit (Unfälle) ist um ca. 3 Uhr morgens maximal.

❯ Nahrungssuche und Schlaf sind Verhaltensweisen, die neben ihrer homöostatischen Regulation stark über zirkadiane Rhythmen reguliert werden.

Störungen des zirkadianen Rhythmus und ihre gesundheitlichen Folgen　Kennzeichen der meisten Rhythmusstörungen sind **Desynchronisationen** von normalerweise eng korrelierten physiologischen und psychologischen Prozessen. Die Desynchronisationen sind häufig Folge einer **Phasenverschiebung äußerer Zeitgeber**, an die sich die unterschiedlichen Prozesse (Schlaf, Körperkerntemperatur, endokrine Rhythmen) unterschiedlich schnell anpassen. **Nacht- und Schichtarbeit** sind die häufigste Ursache für anhaltende Störungen der Periodik.

Abgesehen von dem Leistungstief zwischen 2–5 Uhr und der damit erhöhten Gefahr von Arbeitsunfällen, **erhöht Schichtarbeit das Risiko für verschiedenste Erkrankungen**, insbesondere für gastrointestinale und kardiovaskuläre Störungen sowie für einige Krebsformen.

Ähnliche Risiken birgt die Zeitumstellung nach Überfliegen von Zeitzonen (**Jetlag**), insbesondere wenn solche Zeitumstellungen gehäuft auftreten, wie etwa bei Flugpersonal. Akut kann die Einnahme von **Melatonin** die Resynchronisation der Rhythmen beschleunigen. Blindgeborene zeigen häufig eine Desynchronisation zirkadianer Rhythmen und damit einhergehende Schlafstörungen, die sich ebenfalls durch Melatoningabe verbessern lassen.

Klinik

Das Delayed-Sleep-Phase- und das Advanced-Sleep-Phase-Syndrom

Das Delayed-Sleep-Phase-Syndrom und das Advanced-Sleep-Phase-Syndrom sind Störungen des zirkadianen Rhythmus mit genetischem Hintergrund. Bei dem häufigeren Delayed-Sleep-Phase- Syndrom gelingt es dem Patienten nicht mehr, eine einmal eingetretene Phasenverschiebung in Richtung Später-zu-Bett-gehen wieder rückgängig zu machen. Beim Advanced-Sleep-Phase-Syndrom schlafen die Personen sehr verfrüht (vor 21 Uhr) ein und wachen dementsprechend sehr früh wieder auf. Chronotherapie (systematisches allmähliches Verschieben der Bettzeiten) sowie Lichttherapie (Gabe aktivierenden Lichtes zu bestimmten Phasen) können diese Erkrankungen lindern.

In Kürze

Das zirkadiane System synchronisiert alle wichtigen physiologischen und psychologischen Funktionen an den Hell-Dunkel-Wechsel des Tages. Als zentraler Oszillator fungiert der **Nucl. suprachiasmaticus**, dessen Neurone durch Lichtinformation aus der Retina aktiviert werden. Über efferente neuronale und neurohumorale Mediatorsignale **synchronisieren** diese Neurone die zellulären Uhren im gesamten Organismus.

64.2   Schlaf – Phänomenologie

64.2.1   Was ist Schlaf?

Schlaf besteht aus Non-REM- (REM für Rapid Eye Movement) und REM-Schlaf.

Schlaf   Dieser Verhaltenszustand ist im Vergleich zur Wachheit subjektiv mit einem stark **eingeschränkten Bewusstsein** verbunden und beeinflusst die meisten physiologischen Funktionen des Organismus. Tiere und Menschen suchen für den Schlaf geschützte Orte auf und sie nehmen bestimmte Positionen ein – der Mensch i. d. R. die liegende.

Schlafmessung   Für die standardisierte Erfassung des menschlichen Schlafs wird die **Polysomnographie (PSG)** verwendet (◘ Abb. 64.4). Die PSG beinhaltet die kontinuierliche Ableitung des Elektroenzephalogramms (EEG, ◘ Abb. 64.5), des Elektrookulogramms und des Elektromyogramms. Jeweils 30-sekündige Abschnitte des Polysomnogramms werden dann nach bestimmten Klassifikationsregeln in 5 verschiedene Stadien eingeteilt, nämlich in die **Non-REM**-Stadien N1, N2, und N3, in das **REM-Schlafstadium** und in **Wachheit**.

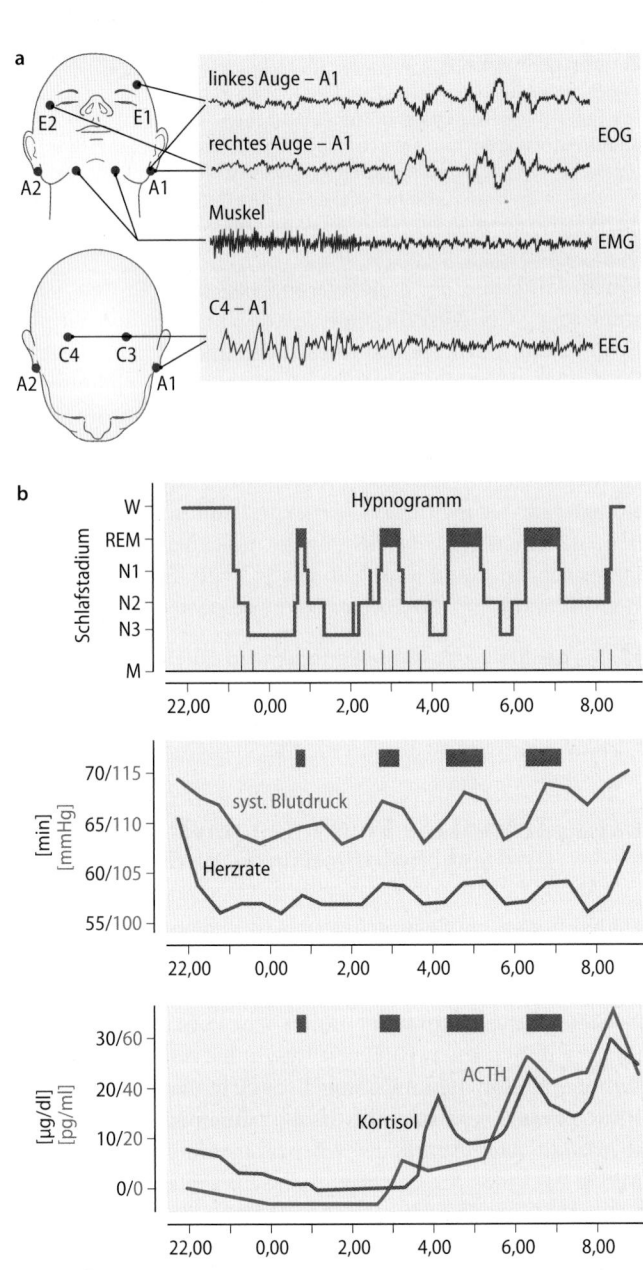

◘ **Abb. 64.4a,b   Polysomnographie – PSG. a** Die klinische Aufzeichnung des Schlafs beinhaltet die kontinuierliche Erfassung des Elektroenzephalogramms (EEG) von den zentralen Elektrodenpositionen C3 und C4 (gegen eine Referenzelektrode an den Ohrläppchen – A1), des Elektrookulogramms (EOG) von Elektroden nahe den Augen, und des Elektromyogramms (EMG) von Elektroden am Kinn. **b** Hypnogramm eines gesunden Schläfers. Darunter sind zusätzlich die assoziierten Verläufe von Herzrate und systolischem Blutdruck sowie der Blutspiegel von ACTH, Kortisol (Aktivität des Hypophysen-Nebennierenrindensystems) und Wachstumshormon (GH) dargestellt. Schwarze Balken in den unteren Diagrammen markieren REM-Schlaf

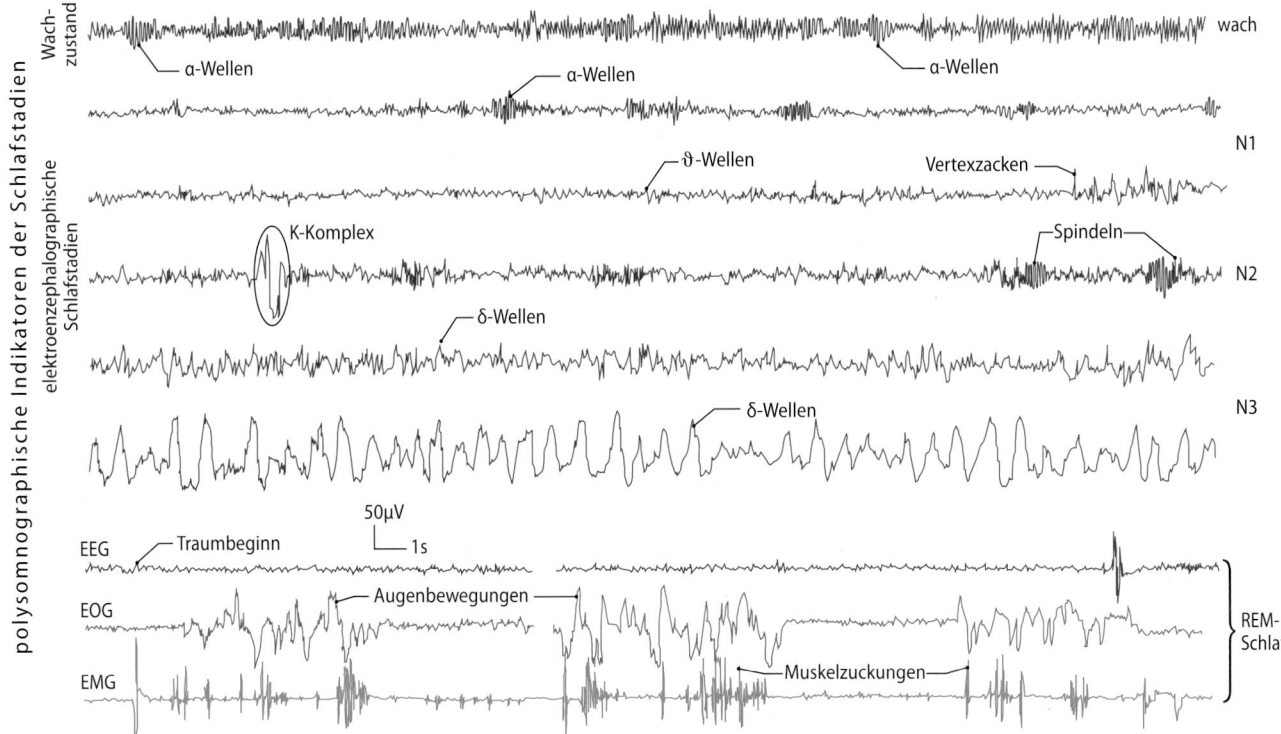

■ **Abb. 64.5** **EEG-Indikatoren von Schlaf**. Jeweils 30-sekündige Abschnitte der EEG-Aufzeichnung werden in „Wach" (W), Non-Rapid-Eye-Movement (Non-REM)-Stadium 1-3 (N1–N3) oder REM-Schlaf klassifiziert. Kriterien für N1: niederamplitudiges EEG mit gelegentlichen Vertex-zacken und Theta(ϑ)-Aktivität. N2: K-Komplexe und 12-15 Hz-Spindeln, N3: langsame (0.5–4 Hz), hochamplitudige Delta(δ)wellen. REM-Schlaf: EEG – niederamplitudig mit gelegentlichen Theta(ϑ)-Wellen, EOG – phasisch auftretende „REMs", EMG – Muskelatonie

Schlaf-EEG Für die **Differenzierung** von Wachheit und die Non-REM-Stadien N1-N3 wird vorwiegend auf das **EEG** (■ Abb. 64.5) rekurriert. Beim Übergang vom entspannten Wachzustand mit geschlossenen Augen in den flachen Non-REM-Schlaf (N1) löst sich der regelmäßige EEG-alpha-Rhythmus zugunsten eines niederamplitudigen EEGs auf. Mit dem Übergang in das Stadium N2 werden im EEG **Spindeln** (regelmäßige Oszillationen zwischen 12–15 Hz, die über 1–3 s an- und abschwellen) und **K-Komplexe** sichtbar. Spindeln, die im Thalamus generiert werden, scheinen den Kortex von äußeren Stimuli abzuschirmen (■ Abb. 64.4). Die hochamplitudigen K-Komplexe bestehen aus einer schnellen negativen Komponente gefolgt von einer langsamen Welle, in der sich häufig eine Spindel einnistet. Sie können als Vorform der das tiefste Non-REM-Stadium N3 dominierenden sehr hohen (>75 µV) langsamen **Delta-Wellen** (slow waves) angesehen werden. Wegen der Dominanz dieser langsamen Wellen wird N3 auch als Deltaschlaf (englisch – Slow Wave Sleep) bezeichnet. Die langsamen Deltawellen können als EEG-Korrelat der sog. **„Slow Oscillation"** angesehen werden, die die Aktivität der gesamten Hirnrinde in „Up-states" (Phasen erhöhter Erregbarkeit) und „Down-states" (Phasen neuronaler Inaktivität) synchronisieren.

REM-Schlaf Angesichts der hohen Delta-Wellen wird im Schlafstadium N3 auch von einem **„synchronisierten"** EEG gesprochen. Das EEG im REM-Schlaf ähnelt dagegen dem **„desynchronisierten"** EEG im aufmerksamen Wachzustand,

das durch niederamplitudige Wellen in höheren Frequenzbereichen (15–25 Hz) und verstärkte Thetaaktivität (4–7 Hz) charakterisiert ist. Wegen der Ähnlichkeit mit dem Wach-EEG wird REM-Schlaf häufig als **„paradoxer Schlaf"** bezeichnet. Er kann daher nicht ohne zusätzliche Auswertung der Augenbewegungen und des Muskeltonus identifiziert werden.

Im REM-Schlaf treten phasisch immer wieder schnelle Augenbewegungen (**Rapid Eye Movements**) auf. Bei Nagern und Katzen gehen diesen Phasen von REMs ponto-geniculo-okzipitale (**PGO**) Wellen voraus, die dem Namen entsprechend im pontinen Hirnstamm, dem Geniculatum laterale und im okzipitalen Kortex am besten ableitbar sind und möglicherweise zur Entstehung der REMs beitragen. Der Muskeltonus ist im REM-Schlaf minimal (**Atonie**). Die Atonie wird durch die aktive Hemmung der Alpha-Motoneurone des Rückenmarks verursacht.

Hypnogramm Basierend auf der Klassifikation der Schlafstadien kann ein Hypnogramm konstruiert werden, das den **Verlauf der Schlafstadien innerhalb einer Nacht** darstellt (■ Abb. 64.4c). Der gesunde Mensch geht vom Wachzustand zunächst immer in den Non-REM-Schlaf, d. h. in N1 gefolgt von N2 und N3, bevor in den REM-Schlaf gewechselt wird. Die Nacht besteht aus 4 bis 5 **Non-REM-REM-Schlafzyklen**, die jeweils etwa 90–100 min dauern. Die Zyklen in der **ersten Nachthälfte** werden von langen Deltaschlafphasen dominiert, während in der **zweiten Nachthälfte**

langdauernde **REM-Schlafphasen** vorherrschen. Insgesamt verbringt der junge gesunde Schläfer etwa 20 % der Nacht im Deltaschlaf und 20–25 % im REM-Schlaf. Den weitaus größten Teil (~50 %) verbringt der Mensch im Non-REM-Schlafstadium N2.

> **❯ Die Erfassung des Schlafs mittels Polysomnographie ermöglicht die Unterscheidung von Non-REM-Schlafstadien (N1, N2, N3) und REM-Schlaf.**

64.2.2 Schlaf und Körperperipherie

Schlaf wird im ZNS gesteuert und erfasst den gesamten Organismus.

Schlaf ist ein Zustand, der die Regulation des gesamten Körpers erfasst. Das Gehirn steuert dabei die Körperperipherie über das autonome Nervensystem und das endokrine System.

Vegetatives Nervensystem   Die **Aktivierung des sympathischen Nervensystems** nimmt mit der **Tiefe des Non-REM-Schlafs** ab, gleichzeitig vermindern sich Blutdruck, Herzrate und Atemfrequenz (◻ Abb. 64.4c). Der **REM-Schlaf** ist dagegen durch ein sehr differenziertes Muster vegetativer Erregung charakterisiert. Die über das sympathische Nervensystem vermittelte Ausschüttung von Noradrenalin und Adrenalin erreicht hier ein Minimum. Gleichzeitig steigen aber Herzrate und Blutdruck im Vergleich zum Deltaschlaf an. Während des REM-Schlafs kommt es zur Erektion des Penis bzw. stark gesteigerter Vaginaldurchblutung. Insgesamt ist im REM-Schlaf, insbesondere während der phasischen REMs, die Variabilität der autonomen Regulation stark erhöht.

Hormonelle Systeme   Der nächtliche Schlaf ist zudem durch ein typisches **hormonelles Sekretionsmuster** charakterisiert. In den langen Deltaschlafperioden zu Beginn der Nacht kommt es zu einer massiven Freisetzung von **Wachstumshormon** (GH - Growth Hormone) und **Prolaktin** (▶ Kap. 74.3 und 81.2.2). Die Freisetzung von **ACTH** und **Kortisol** aus dem Hypophysen-Nebennierenrinden-System (▶ Kap. 74.2 und 77.1.2) wird dagegen durch den Deltaschlaf (im Zusammenspiel mit der zirkadianen Rhythmik) auf ein Minimum reduziert. **Im späten Teil** des nächtlichen Schlafs erfolgt ein zirkadian gesteuerter Anstieg der Hypophysen-Nebennierenrinden-Aktivität, der während der hier dominierenden REM-Schlafphasen unterbrochen wird, da REM-Schlaf die Aktivität dieses sowie auch der anderen hypophysär gesteuerten Hormonsysteme hemmt (◻ Abb. 64.4c).

Das **morgendliche Erwachen** geht mit einer ausgeprägten Aktivierung der **Stresshormonsysteme** einher. Es kommt zu einem steilen Anstieg der Noradrenalinkonzentration im Blut und einem langsamer verlaufenden Anstieg der Kortisolfreisetzung. Dieser Stresshormonanstieg bereitet den Körper auf die anstehende Wachphase vor, birgt aber auch das Risiko von Fehlregulationen, insbesondere im kardiovaskulären Sys-

tem. **Herzinfarkte** und **Schlaganfälle** treten gehäuft in den Morgenstunden um den **Zeitpunkt des Erwachens** auf.

Phylogenese des Schlafs
Schlaf-ähnliche Zustände sind bei allen daraufhin untersuchten Tieren beobachtet worden, einschließlich Fischen, Molusken und Insekten. In diesen Phasen sind die Tiere **verhaltensmäßig inaktiv** und zeigen **höhere Reaktionsschwellen** auf „Weckreize". Hält man die Tiere davon ab, in diesen Schlaf-ähnlich Zustand zu gehen, kommt es danach zu einem kompensatorischen Anstieg (**Rebound**) dieses Schlafzustandes. Während die meisten Säuger und auch Vögel (Warmblütler) den beschriebenen Wechsel von Deltaschlaf (synchronisierte EEG-Deltaaktivität) und REM-ähnlichem Schlaf (desynchronisiertes EEG) Schlaf zeigen, ist eine solche Differenzierung bei niederen Tieren wie Amphibien, Fischen, Mollusken und Insekten schwer möglich. Obwohl Schlaf die Wahrscheinlichkeit, Beute für andere Tiere zu werden, erhöht, besitzt Schlaf offensichtlich evolutionäre Vorteile. In der Evolution hat sich der Schlaf nicht nur erhalten, sondern zu einer immer stärkeren Ausformung bestimmter Muster geführt. Beispielsweise zeigt der Mensch im Vergleich zur Katze und zu Nagern ein sehr viel weniger fragmentierten und „tieferen" Deltaschlaf.

64.2.3 Ontogenese des Schlafs

Zustände wie Schlaf und Wachheit, Deltaschlaf und REM-Schlaf bilden sich in sehr frühen Phasen des Lebens heraus.

Schlafdauer   Schlaf-ähnliche Zustände mit motorischer Inaktivität und verringerter Stimulierbarkeit des Embryos lassen sich schon vor der Geburt, etwa ab der 30igsten Woche nach der Zeugung, nachweisen. Das **Neugeborene** schläft im Durchschnitt mehr als 18 Stunden am Tag. Die **Gesamtschlafdauer** nimmt danach stark ab: mit 2 Jahren liegt sie bei 13–16 Stunden und mit 18 Jahren bei etwa 8 Stunden. Im späten Alter kommt es zu weiteren, wenn auch weniger ausgeprägten Verringerungen der Gesamtschlafdauer.

Schlafphasen des Babys   Die mit der Geburt ableitbaren EEG-Muster sind sehr variabel und erlauben keine eindeutige Klassifizierung in Deltaschlaf und REM-Schlaf, so wie sie beim Erwachsenen definiert werden. Stattdessen spricht man beim Säugling bis etwa dem 6. Lebensmonat von „ruhigem" (quiet sleep) oder „aktivem" Schlaf (active sleep).

Der **Deltaschlaf** enthält anfänglich noch wenig konsolidierte EEG-Deltaaktivität. Die Deltaaktivität nimmt aber in den ersten beiden Lebensjahren stark zu um Maximalwerte zwischen dem 12.–14. Lebensjahr zu erreichen. Der **REM-Schlafanteil** am Schlaf ist mit weit über 25 % in der frühen Kindheit bis etwa zum 3. Lebensjahr deutlich höher als beim Erwachsenen. Möglicherweise unterstützt dieser hohe REM-Schlafanteil die Reifung des ZNS. Die mit dem REM-Schlaf verbundene internal generierte Aktivierung könnte den Mangel an strukturiertem Reizeinstrom aus den noch unterentwickelten sensorischen Systemen kompensieren und die Bildung synaptischer Verbindungen stimulieren.

64

In Kürze

Schlaf erfasst, vermittelt über **vegetative** und **endokrine** Regulationsprozesse, den gesamten Organismus. In der Evolution hat sich Schlaf nicht nur erhalten, sondern weiter ausgeformt, was auf seine wichtige **adaptive Funktion** hinweist. Schlaf und Wachzustände differenzieren sich bereits vor der Geburt. Die für den Erwachsenen typischen **Delta- und REM-Schlafmuster** bilden sich in den **ersten 6 Lebensmonaten** heraus.

64.3 Regulation des Schlafs

64.3.1 Borbelys Zwei-Prozess-Theorie

Schlaf wird über das Zusammenwirken von homöostatischen und zirkadianen Prozessen reguliert.

Schlafdruck   Nach der Zwei-Prozess-Theorie wird der Schlaf einerseits **homöostatisch** und andererseits durch den **zirkadianen Rhythmus** reguliert. Die homöostatische Regulation betrifft vor allem den Deltaschlaf und zeigt sich darin, dass der „**Schlafdruck**" proportional mit der Dauer einer Wachphase zunimmt. Je länger ein Mensch wach bleibt, umso müder wird er und umso tiefer und länger ist der folgende Deltaschlaf. Der Schlafdruck wird aber gleichzeitig, parallel zur Körperkerntemperatur, zirkadian reguliert, d. h. Müdigkeit und Schlafdruck wachsen mit dem nächtlichen Abfall der Körperkerntemperatur stark an.

Die Zwei-Prozess-Theorie sagt den Zeitpunkt maximalen Schlafdrucks, d. h. der größten Wahrscheinlichkeit einzuschlafen, sowie die Schlafdauer, als Funktion dieser beiden Prozesse, des homöostatisch regulierten **Prozesses S** (für Schlafdruck) und des zirkadian regulierten **Prozesses C** (für circadian) voraus. Wie in ◪ Abb. 64.6 dargestellt verhalten sich beide Prozesse additiv. So ist das Bedürfnis einzuschlafen am größten, wenn nach einer langen Wachphase, die in die Nacht hineinreicht, die Körperkerntemperatur in den frühen Morgenstunden ihr zirkadianes Minimum erreicht. Nach einer Nacht totaler Schlafdeprivation kommt es zunächst zu einem „**Rebound**" an Deltaschlaf während der REM-Schlaf erst später nachgeholt wird.

Schlafsignale   Die Zwei-Prozess-Theorie nimmt an, dass der Prozess S mit einem molekularen Signal verbunden ist, das mit der Dauer der Wachphase akkumuliert und dann Schlafdruck und Müdigkeit vermittelt. Ein solches Schlafinduzierendes Signal könnte das **Adenosin** sein (s. u.). Der Prozess C wird über den Nucl. suprachiasmaticus gesteuert. Die Theorie erlaubt auch Vorhersagen bei psychiatrischen Erkrankung, die mit systematischen Schlafstörungen einhergehen. So wird angenommen, dass bei der Depression der Prozess S gestört ist. Dies führt zu vermindertem Schlafdruck und erklärt auch, dass Schlafdeprivation die depressive Symptomatik vorübergehend aufheben kann.

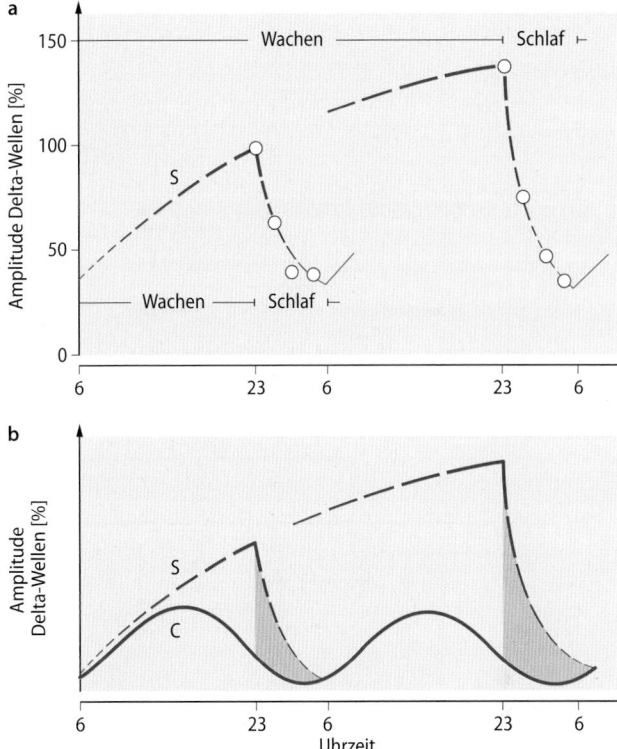

◪ **Abb. 64.6a,b   Zwei-Prozess-Theorie der Schlafregulation. a** Prozess S, homöostatische Regulation des Schlafs – Der Schlafdruck nimmt mit zunehmender Dauer vorausgehender Wachheit exponentiell zu. Dies ist erkennbar an der „Tiefe" des Deltaschlafs, die durch die Amplitude der „Slow waves" (Deltawellen) erfasst wird. Die Punkte beziehen sich auf experimentell gemessene Werte. Gezeigt ist der Anstieg des Schlafdrucks über einen normalen Tag Wachheit (23:00 h) und 24 Stunden später nach einer weiteren durchwachten Nacht. Während des Deltaschlafs baut sich der Schlafdruck exponentiell ab. **b** Zusammenspiel von Prozess S mit der zirkadianen Regulation des Schlafs (Prozess C). In der Abbildung ist die zirkadiane Regulation des Schlafdrucks als Reziprokwert dargestellt. Dadurch wird die sich addierende Wirkung der Prozesse S und C in der Differenz zwischen den beiden Kurven sichtbar, d. h. der effektive Schlafdruck zu einem gegebenen Zeitpunkt ist umso größer, je weiter die beiden Kurven für S und C auseinanderklaffen. Orange – Schlafintervall

64.3.2 Neuronale Mechanismen der Schlafregulation

Für den Übergang in den Schlaf spielen Strukturen des vorderen Hypothalamus eine entscheidende Rolle, während der Wechsel von Non-REM- zu REM-Schlaf im pontinen Hirnstamm reguliert wird.

Beteiligte Hirnstrukturen   Die Hirnstrukturen, die Wachheit und Schlaf und, innerhalb des Schlafs, Non-REM-Schlaf und REM-Schlaf regulieren, sind nur unvollständig erforscht. Fest steht, dass es sich um ein Netzwerk von Regionen handelt, das homöostatische und zirkadiane Information integriert. Eine zentrale Rolle spielen der **Hypothalamus** und der **pontine Hirnstamm**, wobei – stark vereinfachend – vor allem der vordere Hypothalamus die Regulation von Schlaf und Wachheit kontrolliert, während für den Wechsel von Non-REM und

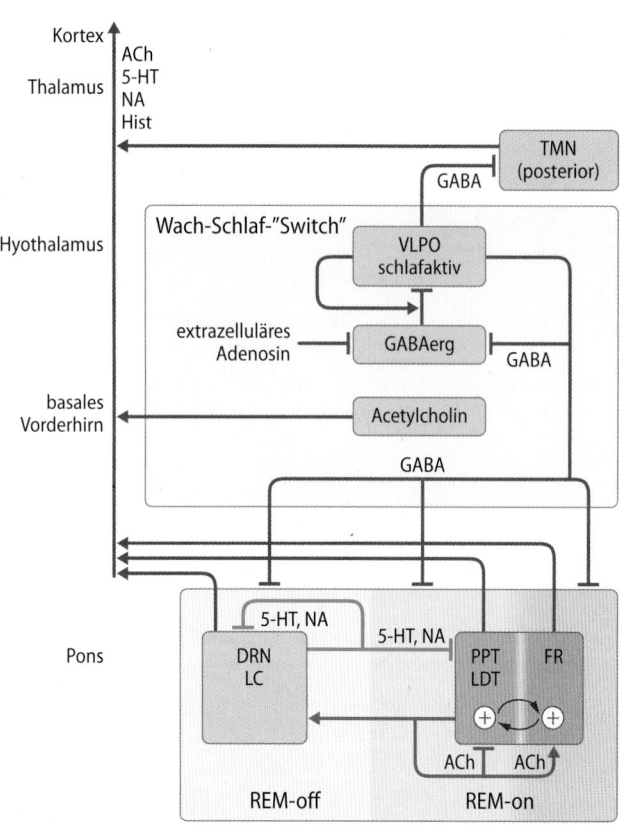

○ **Abb. 64.7 Neuronale Mechanismen der Schlafregulation.** Der Wechsel von Wachheit und Schlaf wird primär in hypothalamischen Strukturen reguliert (Schlaf-Wach-„Switch"): Extrazelluläres Adenosin, das über die Wachphase kumuliert, aktiviert GABAerge hemmend-schlafanstossende Neurone in der ventrolateralen präoptischen (VLPO) Region, die selbst wieder Wachheit-aufrechterhaltende Strukturen (v. a. die histaminergen [Hist] tuberomammilären Kerne [TMN] des posterioren Hypothalamus und die cholinergen [ACh] Netzwerke der Formatio reticularis [FR] des Hirnstamms und des basalen Vorderhirns) hemmen. Sobald Schlaf etabliert ist, wird der Wechsel zwischen Non-REM- und REM-Schlaf durch sich gegenseitig hemmende „REM-off" und „REM-on" Netzwerke geregelt, die vor allem im pontinen Hirnstamm lokalisiert sind. DRN=Nucl. raphe dorsalis, LC=Locus coeruleus, LDT=Nucl. tegmentalis laterodorsalis, PPT=Nucl. tegmentalis peduncolopontinus. NA=Noradrenalin, 5-HT=Serotonin. Siehe weitere Erläuterungen im Text

REM-Schlaf vor allem pontine Hirnstammkerne verantwortlich sind (○ Abb. 64.7). In diesen Netzwerken werden die Zustände Schlaf vs. Wachheit bzw. Non-REM- vs. REM-Schlaf im Sinne eines **„Flipp-Flopp-Switch"-Mechanismus** dergestalt reguliert, dass die jeweiligen Phasen für sich relativ stabil sind und nur kurze labile Übergangsphasen durchlaufen werden, um das System von einem in den anderen Zustand zu überführen.

Interaktion von Schlaf- und Wach-Zentren Tonische Wachheit wird im Wesentlichen durch **unspezifisch aktivierende Inputs** in das thalamo-kortikale System erzeugt. Dies sind größtenteils acetylcholinerge Inputs aus der Formatio reticularis (FR) des Hirnstamms aber auch histaminerge Inputs aus den tuberomammilären (TMN) Kernen sowie Inputs aus einer Reihe weiterer Strukturen. Die erhöhte Gehirnaktivität

während der Wachphase führt dazu, dass als Abbauprodukt des neuronalen Stoffwechsels **Adenosin im Extrazellulärraum kumuliert**. Im vorderen Hypothalamus stimuliert Adenosin GABAerge, schlafanstossende Neurone der **ventrolateralen präoptischen (VLPO) Region**. Wegen ihrer Schlaf-aktiven Neurone gilt die VPLO-Region als die zentrale Schlaf-vermittelnde Struktur. Über ihre ebenfalls GABAerg arbeitenden Efferenzen hemmt sie einerseits Wachheit-induzierende Kerne wie z. B. die tuberomammilären Kerne des posterioren Hypothalamus. Auf der anderen Seite übt sie einen graduell tonisch hemmenden Einfluss auf die Aktivität verschiedener Hirnstammstrukturen aus, insbesondere auf die acetylcholinergen Neurone der FR, aber auch auf die serotonergen Neurone des Nucl. raphe dorsalis (DRN) und die noradrenergen Neurone des Locus coeruleus (LC) (s. u.).

Orexinsystem Für den Übergang in den Schlaf müssen zusätzlich zu den o. g. auch Netzwerke im lateralen Hypothalamus gehemmt werden, die mit dem Neuropeptid **Orexin** arbeiten. Diese orexinergen Netzwerke projizieren direkt zu den aktivierenden Hirnstammkernen und auch in das thalamokortikale System, um Wachheit zu etablieren. In der Tat ist bei Patienten mit **Narkolepsie**, einer Erkrankung, die durch anfallsartig auftretenden REM-Schlaf charakterisiert ist, dieses zentralnervöse Orexinsystem defizitär (▶ Klinik-Box „Narkolepsie"). Die Beteiligung des Orexinsystems an der Steuerung der Nahrungsaufnahme wird in ▶ Kap. 43.2.2 besprochen.

REM-on- und REM-off-Systeme Sobald Non-REM-Schlaf etabliert ist, wird der zyklische Wechsel zwischen Non-REM- und REM-Schlaf über die **reziproke Hemmung** von „REM-off"- und „REM-on"-Netzwerken im Hirnstamm gesteuert. Die „REM-off"-Netzwerke umfassen aminerge, d. h. **serotonerge** und **noradrenerge** Neurone des Nucl. raphe dorsalis bzw. des Locus coeruleus sowie GABAerge Neurone des ventrolateralen periaquädaktalen Graus (vlPAG) und des lateralen pontinen Tegmentums (LPT). Diese Netzwerke üben einen **tonisch inhibitorischen** Einfluss auf die „REM-on"-Netzwerke aus, die vor allem durch den Nucl. tegmentalis peduncolopontinus (PPT) und den Nucl. tegmentalis laterodorsalis (LDT) repräsentiert sind. Diese projizieren mit ihren acetylcholinergen Fasern u.a. zur pontinen aktivierenden Formatio reticularis (FR). Die FR-Projektionen zum thalamokortikalen System erzeugen das für den REM-Schlaf charakteristische desynchronisierte EEG.

Muskuläre Atonie Die **muskuläre Atonie** sowie die mit den phasischen REMs einhergehenden ponto-geniculo-okzipitalen (**PGO**) Wellen werden vor allem über acetylcholinerge Projektionen des Nucl. tegmentalis peduncolopontinus (PPT) in spezifische Netzwerke der Area subcoeruleus vermittelt. Atonie wird über die von diesen Netzwerken ausgehende Stimulation des pontinen Nucl. reticularis magnocellularis ausgelöst. Bei einer Schädigung dieses Kerns kommt es im REM-Schlaf zu grobmotorischen Bewegungen wie man sie bei Patienten mit **REM-Schlaf-Verhaltensstörung** sieht (▶ Abschn. 64.5).

Adenosinrezeptoren Die hier beschriebenen Modellvorstellungen bilden die wesentlichen **neurochemischen Charakteristika der verschiedenen Schlaf- und Wachzustände** ab. So sind im Übergang von Wachheit zum Schlaf hypothalamische Adenosinrezeptoren stark aktiviert. **Kaffein** (Coffein) ist ein unspezifischer Antagonist dieser Rezeptoren, der Müdigkeit und Schlaf über die **Blockade von A1- und A2A-Adenosinrezeptoren** unterdrückt.

Non-REM-Schlaf Im Non-REM-Schlaf und insbesondere während des tiefen Deltaschlafes kommt es zu einer weitgehenden Unterdrückung acetylcholinerger Aktivität der pontinen Formatio reticularis (FR), während die serotonerge und noradrenerge Aktivität von Nucl. raphe dorsalis (DRN) und des Locus coeruleus (LC) sich auf einem mittleren Niveau zwischen dem sehr hohen Niveau bei Wachheit und dem sehr niedrigen Niveau im REM-Schlaf einpegelt. Im REM-Schlaf erreicht die Aktivität dieser aminerg arbeitenden Netzwerke ein absolutes Minimum, während die acetylcholinerge Aktivität über die entsprechenden „REM-on"-Netzwerke auf ein Wach-ähnliches Niveau ansteigt.

In Kürze

Bei der Regulation des Schlafs wirken **homöostatische** und **zirkadiane** Prozesse zusammen. Das wichtigste Schlaf-induzierende Signal ist **Adenosin**, das in der Wachphase kumuliert und Schlaf-aktive Neurone der **ventrolateralen präoptischen** Region des Hypothalamus aktiviert. Diese unterdrücken ihrerseits aktivierende (Wachheit induzierende) **acetylcholinerge** und **histaminerge** Inputs zum thalamo-kortikalen System und lösen dadurch Schlaf aus. Der Non-REM-REM-Schlafzyklus wird durch gegenseitig hemmende Einflüsse von REM-off- und REM-on-Netzwerken im pontinen Hirnstamm reguliert.

64.4 Funktionen des Schlafs

64.4.1 Restaurative Funktion des Schlafs

Schlaf wirkt adaptiv, energiesparend und restaurativ für den Gesamtorganismus

Schlaf erfüllt wahrscheinlich mehrere Funktionen, die für die verschiedenen Spezies von unterschiedlicher Bedeutung sind. Vorrangig diskutiert werden die Energie sparende Funktion, die restaurative Funktion und die kognitive, Gedächtnis-bildende Funktion des Schlafes.

Schlafdeprivation

In vielen Studien wurde versucht, durch die Deprivation von Schlaf oder bestimmten Schlafstadien Aufschlüsse über die Funktion des Schlafs zu erhalten. Allerdings reagiert der Organismus insbesondere auf länger andauernden Schlafentzug vor allem mit einer unspezifischen Stressreaktion. Schlafentzugsexperimente belegen daher zwar die Notwendigkeit von Schlaf, geben aber wenig Hinweise auf seine spezifischen Funktionen.

Schlafentzugsexperimente Bei Nagern führt totaler Schlafentzug über mehr als 20 Tage zum **Tod**, meist aufgrund einer Baktäriämie verkoppelt mit der Aufhebung der normalen Körpertemperaturregulation. Auch bei Menschen, die wegen eines Gendefekts als Erwachsene die sog. fatale familiäre Insomnie entwickeln, führt die mit dieser Erkrankung einhergehende andauernde Schlaflosigkeit innerhalb von 7–24 Monaten zum Tod. Der längste, gut dokumentierte quasi-experimentelle totale Schlafentzug beim Menschen betrug 11 Tage. Ab der 3. Nacht kann ohne fremde Hilfe nicht mehr Wachheit erhalten werden. Kurze Mikroschlafepisoden greifen zunehmend auf den Tag über. Später kommt es zu Halluzinationen.

> **Länger andauernder totaler Schlafentzug führt zum Tod.**

Energieverbrauch Die durchschnittliche Stoffwechselrate korreliert negativ mit der täglichen Gesamtschlafzeit. Insbesondere der Deltaschlaf hat wahrscheinlich eine **Energiekonservierende Funktion**, zumindest für das ZNS. Die größten Energieersparnisse während des nächtlichen Schlafes sind durch die Absenkung der **Körperkerntemperatur** bedingt. Zentralnervös nimmt der Energie- bzw. Sauerstoffverbrauch während des Deltaschlafs um bis zu 30 % ab. Allerdings zeigen die entsprechenden Untersuchungen große regionale Unterschiede. Im REM-Schlaf ist der Energieverbrauch des Gehirns ähnlich hoch wie im Wachzustand.

Restaurative Funktion Nach gutem Schlaf fühlen wir uns erholt. Dieses subjektive Gefühl der Erholung verleitet uns, eine Hauptfunktion des Schlafes in der Erholung zu sehen. Was allerdings Erholung physiologisch gesehen bedeutet, ist nicht einfach zu bestimmen. Eindeutig restaurative Funktionen besitzt der Schlaf für den **Metabolismus**, insofern Schlaf mit einer **verstärkt anabolen** Stoffwechsellage verbunden ist. So fördert nächtlicher Schlaf die Auffüllung von Glykogenspeichern und die Schlafzeit ist maximal in Entwicklungs- und Wachstumsperioden, in denen besonders viel Glukose gespeichert wird und gleichzeitig die Synthese bestimmter Proteine beschleunigt ist. Nach körperlicher Anstrengung kommt es zu einem kompensatorischen Anstieg des Deltaschlafs. Im Schlaf ist die Perfusion des Gehirns durch Liquor erhöht, wodurch der Abtransport von Stoffwechselabbauprodukten gesteigert wird.

Wesentliche restaurative Funktionen des Schlafes werden über das **Immunsystem** vermittelt. So schützt Schlaf vor Infektionen und nach Infektionen nimmt der Deltaschlaf zu. Menschen mit einem chronischen Schlafdefizit sind anfälliger für Erkältungen, grippale Infekte, aber auch für chronische Entzündungs- und Krebserkrankungen. Diese Wirkungen beruhen teilweise darauf, dass Schlaf die **akute Immunabwehr verstärkt**, etwa die Präsenz von Natural-Killer-Zellen und entsprechender Antikörper im Blut erhöht. Kommt es zu einer Infektion, unterstützt Schlaf die Ausbildung einer T-zellulär vermittelten adaptiven Immunantwort.

> Die vegetativen Effekte des Schlafes werden wesentlich durch den Deltaschlaf vermittelt.

Die metabolischen und immunologischen Funktionen des Schlafes werden durch Schlaf-spezifische endokrine und vegetative Regulationsprozesse gesteuert. Von zentraler Bedeutung ist das im Deltaschlaf auftretende Regulationsmuster mit stark erhöhter Freisetzung von **Wachstumshormon** und **Prolaktin**, bei gleichzeitiger **Unterdrückung** der Freisetzung von **Glukokortikoiden** und der **sympathischen Aktivierung**.

64.4.2 Kognitive Funktionen des Schlafs

Schlaf fördert die Aufrechterhaltung exekutiver Funktionen und konsolidiert Gedächtnis.

Im Schlaf sind wir potentiellen Gefahren schutzlos ausgeliefert. Trotz dieses Risikos hat sich Schlaf im Laufe der Phylogenese des Menschen weiterentwickelt. Fast alle psychiatrischen Erkrankungen gehen mit charakteristischen Veränderungen des Schlafmusters einher. Diese Beobachtungen legen nahe, dass Schlaf vor allem dem Gehirn und damit der Informationsverarbeitung zugutekommt. Schlaf unterstützt insbesondere die **Aufrechterhaltung von exekutiven Funktionen** und die Bildung von **Langzeitgedächtnis**.

Exekutive Funktionen   Dieses sind **Aufmerksamkeit**, das explizite Aufnehmen (Enkodieren) und Abrufen von Informationen oder das Bearbeiten von Informationen im **Arbeitsspeicher**. Exekutive Funktionen werden besonders durch den **Präfrontalkortex** in Interaktion mit anderen kortikalen und subkortikalen Strukturen reguliert. Exekutive Funktionen reagieren höchst **empfindlich auf Schlafentzug**. Schon eine Nacht ohne Schlaf führt zu deutlichen Einbußen insbesondere bei komplexeren, Flexibilität erfordernden Aufmerksamkeitsleistungen, d. h. der müde Mensch tendiert dazu automatisierte Verhaltensmuster zu generieren. Die Aufnahme neuer Information ist weniger effizient.

Synaptic Homeostasis Hypothesis
Letzteres kann mit der von G. Tononi und C. Cirelli entwickelten **„Synaptic Homeostasis Hypothesis"** erklärt werden. Diese Theorie nimmt an, dass die Informationsaufnahme in der Wachphase zu einer globalen Verstärkung (Potenzierung) neuronaler synaptischer Verbindung führt und dass Schlaf dazu dient, die durch diese Informationsaufnahme potenzierten synaptischen Netzwerke wieder zu renormalisieren (Synaptic Down-Scaling). Denn die im Wachzustand induzierten Potenzierungen sättigen diese Synapsen, sodass die weitere Informationsaufnahme verschlechtert wird. Außerdem würde bei einer ständig weitergehenden Potenzierung von Synapsen und den damit einhergehenden morphologischen Prozessen das Gehirn sowohl hinsichtlich seiner metabolischen Versorgung als auch seiner räumlichen Ausdehnung an Grenzen stoßen. Der durch Schlaf und speziell die langsamen EEG-Wellen des Deltaschlafs (Slow Oscillations) vermittelte globale synaptische Renormalisierungsprozess verhindert dies und versetzt die neuronalen Netzwerke wieder in einen Zustand, in dem sie effektiv neue Information aufnehmen können.

Gedächtnis und Schlaf   Lernen (enkodieren) Versuchspersonen z. B. Vokabeln und schlafen danach für eine bestimmte Zeit, dann werden diese Vokabeln bei einer späteren Abruftestung sehr viel besser erinnert, als in einer Kontrollbedingung, in der die Versuchspersonen in der Zeit nach dem Lernen wach bleiben. Diese Effekte betreffen die nach dem Enkodieren einsetzende **Gedächtniskonsolidierung.** Die gedächtniskonsolidierende Wirkung des Schlafs beruht dabei auf der **neuronalen Reaktivierung** („Replay") der frisch enkodierten Repräsentationen. Diese Reaktivierungen finden im Deltaschlaf statt und haben ihren Ursprung im Hippocampus, einer Struktur, die für die initiale Speicherung von Erlebnissen in der Wachphase genutzt wird (▶ Kap. 66.3).

Die wiederholte Reaktivierung dieser hippocampalen Gedächtnisrepräsentationen führt zu einer Verlagerung der Repräsentationen in extrahippocampale, vornehmlich neokortikale Strukturen, die als Langzeitspeicherorte fungieren. Aufgrund der Reaktivierung und daraus hervorgehenden Verlagerung der neuronalen Gedächtnisrepräsentationen wird der im Schlaf stattfindende Konsolidierungsprozess als eine **„aktive Systemkonsolidierung"** bezeichnet. Die Rolle des REM-Schlafs in diesem Prozess ist unklar. Er verstärk vor allem emotionale Gedächtnisinhalte.

> Gedächtnisbildung im Schlaf beruht auf der Reaktivierung von neuronalen Repräsentationen im Deltaschlaf.

Träume   Wenn Probanden aus dem REM-Schlaf geweckt werden, können sie in 80–90 % der Fälle Träume berichten, die häufig sehr lebhaft, visuell und bizarr sind. Diese Beobachtung hat zur weit verbreiteten Annahme geführt, dass Träume im REM-Schlaf entstünden. Insbesondere wurden die visuellen Trauminhalte mit den phasisch auftretenden REMs in Verbindung gebracht. Ein **motorisches Ausleben von Träumen** wird aus dieser Sicht durch die im REM-Schlaf bestehende Atonie verhindert. Es werden allerdings auch in bis zu 70% der Fälle nach Weckungen aus Non-REM-Schlaf Träume berichtet, die dann aber eher gedankenartig sind.

Träume als Gedächtniskonstruktionen   Wichtig ist, dass es sich in den entsprechenden Studien um Berichte **erinnerter Träume** handelt und **nicht** um die objektive Feststellung von Träumen. Die Erinnerung eines Traumes ist, wie jeder Gedächtnisabruf, als **konstruktive** Leistung des **wachen** Gehirns zu verstehen. Kann beim Abruf nur auf unscharfe Repräsentationen rekurriert werden, neigt das wache Gehirn dazu, aktiv einen sinnstiftenden Zusammenhang zu „rekonstruieren". Es ist daher **grundsätzlich anzuzweifeln**, ob der Traum, so wie er erinnert wird, tatsächlich im vorausgegangenen Schlaf erlebt wurde.

Auch ist fraglich, ob Träume tatsächlich im Schlaf entstehen. EEG- und bildgebende Befunde lassen vermuten, dass der eigentliche Traum in **Phasen des Erwachens** gebildet wird. Solche Übergangsphasen können lokaler Natur sein und nicht das gesamte Gehirn betreffen. So korreliert auch das berichtete Traumerleben stark mit der Anzahl spontaner kurzer Wachphasen im REM-Schlaf.

In Kürze

Schlaf vermindert den **Energieverbrauch** des Organismus. Er ist **restaurativ**, insofern er eine anabole Stoffwechsellage und die **Immunabwehr** fördert. Die zentralen kognitiven Funktionen des Schlafs liegen in der Aufrechterhaltung **exekutiver Funktionen** und der Bildung von **Langzeitgedächtnis**. Alle diese Funktionen werden im Wesentlichen durch den **Deltaschlaf** und die dieses Schlafstadium auszeichnenden zentralnervösen, vegetativen und endokrinen Erregungsmuster vermittelt. Die Funktionen des REM-Schlafs sind unklar, genauso wie die Mechanismen, die zur Entstehung von Träumen beitragen.

64.5 Schlafstörungen

Schlafstörungen sind ein häufiges Krankheitssymptom und treten bei vielen psychiatrischen Erkrankungen auf.

Kategorisierung Schlafstörungen sind eines der häufigsten Symptome im ärztlichen oder psychologischen Behandlungskontext. Länger anhaltende Schlafstörungen (>6 Monate) werden als behandlungsrelevant eingestuft. Eine sehr häufige Ursache für Schlafstörungen, vor allem bei älteren Menschen und Frauen, ist iatrogen, d. h. durch eine(n) Ärztin(Arzt) und die Verschreibung von **Schlafmitteln** verursacht, an erster Stelle Benzodiazepine, welche an GABAerg assoziierte Rezeptoren binden und unspezifische neuronale Hemmung verursachen. Sie führen rasch zu Sucht (▶ Kap. 68.3.3). Benzodiazepine vermindern die Einschlaflatenz und verstärken eher das weniger tiefe Non-REM-Schlafstadium 2, während der Deltaschlaf und der REM-Schlaf unterdrückt werden. Sie erzeugen „Schlaftrunkenheit" tagsüber und bei Absetzen, als Entzugssyndrom, Schlafstörungen. Ähnlich ist die Situation bei den Barbituraten, die ebenfalls GABA-Agonisten sind. Die Indikation für solche Medikamente liegen in der Anästhesie und Epilepsietherapie, als Schlafmittel sind sie kontraindiziert.

Klinisch werden Schlafstörungen in 6 große Kategorien unterteilt:
- die **Insomnien**, das sind Ein- und Durchschlafstörungen,
- die **Hypersomnie** (z. B. die Narkolepsie ▶ Klinik-Box, gekennzeichnet durch ein erhöhtes Schlafbedürfnis),
- die schlafbezogenen **Atmungsstörungen** (z. B. die Schlafapnoe),
- die schlafbezogenen **Bewegungsstörungen** (z. B. das Restless-Legs-Syndrom),
- die **Parasomnien** (z. B. Schlafwandeln, Alpträume) und
- die zirkadianen Schlaf-Wach-**Rhythmusstörungen** (z. B. Jetlag, Schichtarbeit).

Pseudoinsomnien Bei viele Patienten die über Schlafstörungen berichten, handelt es sich um **Pseudoinsomnien**. Dies sind rein subjektiv erlebte Schlafstörungen, die nicht polysomnographisch nachweisbar sind. Tatsächlich erleben viele Menschen ihren Schlaf als schlechter als er tatsächlich ist, was teilweise damit zu tun hat, dass bei der rückblickenden, morgendlichen Bewertung des Schlafs das Gehirn die Wachphasen als solche erinnert, während die „bewusstlosen" Schlafperioden ohne Erinnerungsinhalt bleiben. Derartige **Fehlbewertungen** können durch vorliegende psychologische Probleme verstärkt werden.

Polysomnograpisch nachweisbare Ein- und Durchschlafstörungen (**idiopathische Insomnien**) können ebenfalls psychische Ursachen haben. Chronischer Stress und mangelnde Schlafhygiene (z. B. unregelmäßige Bettzeiten, Abendaktivitäten) verschärfen die Problematik. Patienten mit idiopathischen Insomnien weisen erhöhtes Nachdenken über Sorgen und eine geringere erlebte Selbsteffizienz auf.

Klinik

Narkolepsie

Narkolepsie ist eine chronische Schlafstörung, die mit tagsüber auftretenden unbeherrschbaren Schlafattacken (von 5–30 min Dauer) und mit vermehrter Tagesmüdigkeit einhergeht. Etwa 0,05 %–0,1 % der Bevölkerung sind davon betroffen. Narkolepsie tritt meist im Jugendalter (ab 15 Jahren) erstmals auf und bleibt dann lebenslänglich bestehen. Narkoleptiker sind tagsüber müde und fallen sofort nach dem Einschlafen in den REM-Schlaf („Sleep-onset REM") ohne zuvor eine Non-REM-Schlafepisode zu durchlaufen. Die Störung geht oft mit **Kataplexien** einher. Als Kataplexie wird ein plötzlich einsetzender, Sekunden bis Minuten andauernder Tonusverlust der Haltemuskulatur bezeichnet, der dazu führt, dass der Patient niederstürzt. Im Rahmen der Narkolepsie können Kataplexien durch starke Emotionen, Lachen, Weinen oder Reflexe wie Nießen ausgelöst werden. Sie gleichen in ihrem Erscheinungsbild einer kurzen REM-Schlafepisode. Aufgrund von Untersuchungen an Tiermodellen (narkoleptischen Hunden) nimmt man an, dass der Erkrankung ein genetischer Defekt im **Orexin**-System des Hypothalamus zugrunde liegt (bezüglich Orexin, ▶ Abschn. 64.3.2). Narkolepsiepatienten zeigen deutlich erniedrigte Orexinspiegel. Es kommt bei den Patienten wahrscheinlich zur Degeneration Orexin (auch Hypocretin genannt) freisetzender hypothalamischer Neurone, deren Axone zu den Non-REM- und REM-Schlaf bzw. Wachheit steuernden Kernen des basalen Vorderhirns und der Formatio reticularis projizieren. Die Degeneration dieser Neurone führt zu einer Enthemmung der REM-Schlaf steuernden Strukturen bei einer gleichzeitig verminderten Aktivierung von Strukturen, die Wachheit fördern. Verschiedene Pharmaka haben einen positiven Effekt auf die Erkrankung, allerdings ist kaum vorherzusagen, welches Pharmakon bei welchem Patienten wirkt. Modafinil und Methylphenidat werden häufig als „Wecksubstanz" eingesetzt, um der Tagesmüdigkeit und den Kataplexien entgegenzuwirken. Antidepressiva können die Erkrankung durch ihre starken REM-Schlaf unterdrückenden Wirkungen lindern. Substanzen, die direkt dem zentralnervösen Orexinmangel bei diesen Patienten entgegenwirken, befinden sich in der Entwicklung.

Schlafapnoe   Eine andere sehr häufige schlafbezogene Störung ist die **Schlafapnoe.** Es kommt hier gehäuft zu Atempausen, die jeweils kurzes Erwachen (arousal) auslösen und damit den Schlaf fragmentieren. Abgesehen von der ausgeprägten Tagesmüdigkeit, unter der diese Patienten leiden, erhöhen Schlafapnoen das Risiko späterer **Herzkreislauferkrankungen**. Bei der Mehrzahl der Schlafapnoen spielt **Übergewicht** eine ursächliche Rolle, der geringere Teil ist auf eine zentralnervöse Fehlregulation der Atmung während des Schlafs zurückzuführen.

Sekundäre Schlafstörungen   Neben den primären schlafbezogenen Erkrankungen, kommt es bei fast allen **psychiatrischen** und vielen **neurologischen** Erkrankungen sekundär zu charakteristischen Veränderungen des Schlafmusters. So gehen **Depressionen** häufig mit einer Verkürzung der REM-Schlaflatenz und einer Zunahme des REM-Schlafs einher. Bei bestimmten Formen der **Epilepsie** kommt es vornehmlich im Schlaf zu Krampfaktivität. Angesichts der wachsenden Kenntnisse über krankheitsspezifische Veränderungen von Schlafmustern und angesichts der großen Bedeutung des Schlafs für die Gesundheit gewinnt das Feld der **Schlafmedizin** zunehmend an Bedeutung. Parallel dazu werden die zur Verfügung stehenden Behandlungsmethoden in diesem Bereich differenzierter.

> **In Kürze**
>
> Schlafstörungen sind eine sehr häufig auftretende Symptomatik. Sie können **eigenständig** bestehen oder im **Zusammenhang** mit anderen, meist psychiatrischen Erkrankungen auftreten. Insomnien können, müssen aber nicht mit entsprechenden **polysomnographischen** Veränderungen einhergehen.

64

Literatur

Colwell CS (2012) Linking neural activity and molecular oscillations in the SCN. Nat Rev Neurosci 12: 553–569

Saper CB (2013) The central circadian timing system. Curr Opin Neurobiol 23: 747–751

Pace-Schott EF, Hobson JA (2002) The neurobiology of sleep: genetics, cellular physiology and subcortical networks. Nat Rev Neurosci 3: 591–605.

Rasch B, Born J (2013) About sleep's role in memory. Physiol Rev 93: 681–766

Tononi G, Cirelli C (2014) Sleep and the price of plasticity: from synaptic and cellular homeostasis to memory consolidation and integration. Neuron 81: 12–34

Bewusstsein und Aufmerksamkeit

Niels Birbaumer, Robert F. Schmidt

© Springer-Verlag GmbH Deutschland, ein Teil von Springer Nature 2019
R. Brandes et al. (Hrsg.), *Physiologie des Menschen*, Springer-Lehrbuch
https://doi.org/10.1007/978-3-662-56468-4_65

Worum geht's?

Aufmerksamkeitsleistungen und Bewusstseinsprozessen liegt ein anatomisch ausgedehntes Hirnsystem zugrunde, das auf ein Ziel gerichteten Erregungsanstieg bei gleichzeitiger Hemmung konkurrierender Erregungen steuert. Dieses Hirnsystem wird oft als „limitiertes Kapazitäts-Kontroll-System" bezeichnet. Innerhalb der Kategorie bewusster Prozesse muss zwischen tonischer (anhaltender) ungerichteter Wachheit (Vigilanz) und der phasischen (rasch, kurzfristig) gerichteten Aufmerksamkeit unterschieden werden.

Funktionen von Aufmerksamkeit

Hierzu zählen:

- Setzen von Prioritäten zwischen konkurrierenden und kooperierenden Zielen in einer Zielhierarchie zur Kontrolle von Handlung
- Aufgeben („disengagement") alter oder irrelevanter Ziele
- Selektion von sensorischen Informationsquellen zur Kontrolle der Handlungsparameter (sensorische und motorische Selektion)
- Selektive Präparation und Mobilisierung von Effektoren („tuning")

Automatische und Kontrollierte Aufmerksamkeit

Unter „bottom-up"-Aufmerksamkeitsprozessen versteht man die Tatsache, dass ein Reiz so neu und wichtig oder so hervorstehend ist, dass er automatisch (ohne Mitwirkung des Bewusstseins) unsere Aufmerksamkeit fesselt. Unter „top-down"-Aufmerksamkeit, die oft auch als kontrollierte Aufmerksamkeit bezeichnet wird, verstehen wir jene Aufmerksamkeits-Erregungserhöhung, die nach einem extensiven Vergleich im Gedächtnis (kontrollierte Suche) eine – meist bewusste – Zuordnung der neuronalen Ressourcen auslöst („Ressourcenallokation").

Gedächtnis, Gedächtnisvergleich und Aufmerksamkeit

Die ◘ Abb. 65.1 unten illustriert die Zusammenhänge zwischen Aufmerksamkeit und Gedächtnis. Damit die Neuheit und vitale Bedeutung eines Inhalts überhaupt bestimmt werden kann, muss er mit allen bisher im Langzeitgedächtnis (LZG) niedergelegten ähnlichen Inhalten verglichen werden. Diese beiden Leistungen, nämlich (1) Vergleich aktueller mit erwarteter (gespeicherter) Information und (2) selektive und zeitlich ausreichend lange Kontrolle der Aktivität der mit der Verarbeitung befassten Subsysteme vollbringt (i. d. R. ohne Mitwirkung des Bewusstseins) das sog. Arbeitsgedächtnis. Im Arbeitsgedächtnis können ankommende Inhalte von außen und aus dem Langzeitgedächtnis einige Zeit (Millisekunden bis Minuten) aktiv gehalten werden. Danach zerfallen sie (vergessen) oder werden über das Kurzzeitgedächtnis zu einer Handlungsvorbereitung gebracht oder permanent im Langzeitgedächtnis gespeichert.

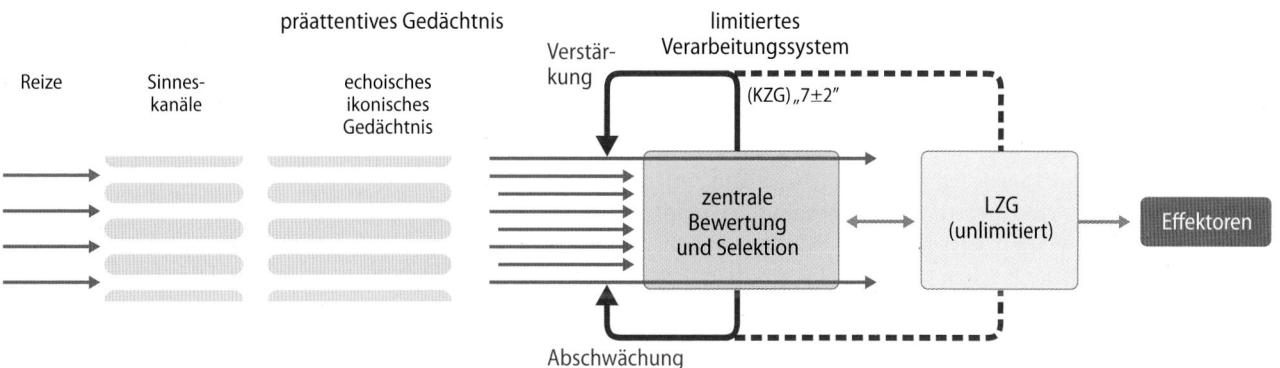

◘ **Abb. 65.1   Ablauf der Informationsverarbeitung bei Aufmerksamkeit**

65.1   Bewusstsein und Wachheit

65.1.1   Subkortikale Aktivierungssysteme: die retikuläre Formation

Bewusstsein ist an den kontinuierlichen Austausch von Informationen oder von Gedächtnisinhalten zwischen verschiedenen Analyseeinheiten gebunden.

Messung von Aufmerksamkeit   Üblicherweise unterscheiden wir im Alltag zwischen Aufmerksamkeit und Bewusstsein (Wachheit). Der Begriff **Aufmerksamkeit** meint die Fähigkeit, unsere geistig-seelische Energie auf ein bestimmtes Ereignis zu richten. **Bewusstsein**, wie z. B. diesen Satz zu lesen, kommt **nach** der gerichteten Aufmerksamkeit, nach der Selektion des Inhalts (kontrollierte top-down-Aufmerksamkeit) oder aber ein Reiz ist so wichtig oder hervorstechend (salient), dass er automatisch unwillentlich unsere Aufmerksamkeit fesselt (bottom-up-Aufmerksamkeit). ◘ Abb. 65.2 zeigt eine typische Testsituation, eine sog. „Flanker"-Aufgabe (flanker task): Die Versuchsperson darf die Augen nicht bewegen und muss auf den Fixationspunkt in der Mitte des Bildschirms blicken. In a erscheint plötzlich unerwartet ein zusätzlicher Lichtreiz, nachdem das linke Quadrat (Flanker) gelb aufleuchtet. Die Reaktion ist länger als in b oben, wenn kurz vorher ein Pfeil in Richtung des Zielreizes (Flanker, gelbes Quadrat) zeigt und wird sehr viel länger, wenn der Pfeil vom Zielreiz weg zeigt (in b rechts unten), nicht erwartete Reize erhöhen die „Kosten", welche die Aufmerksamkeit verbraucht. Die neuronalen Vorgänge im Gehirn, die solchen Aufgaben zugrunde liegen, lassen sich auf viele Aufmerksamkeitssituationen generalisieren.

Bewusstseinsverlust und Aufmerksamkeit   Auch ohne Bewusstsein und Wachheit kann Information das Aufmerksamkeitssystem passieren. Bei anscheinend bewusstlosen Menschen im vegetativen Zustand (VS) oder während Narkose („Nahtod-Erfahrung") reagieren die Patienten im Gehirn mit spezifischen elektrischen Potenzialen auf die Namensnennung von Familienangehörigen. Über Jahre bewegungslose und anscheinend bewusstlose Patienten konnten z. B. mit unterschiedlichen Gehirnantworten mit (gedachten) „Ja"- oder „Nein"-"Antworten reagieren. Eine solche Prozedur wird **Brain-Computer-Interface (BCI)** genannt. Ein Beispiel dafür beschreibt die „Klinik-Box" unten.

Modularität von Hirnfunktionen und Bewusstsein   Zunächst müssen die neuronalen Grundlagen von tonischer, länger anhaltender Aktivierung und Hemmung von wacher Aufmerksamkeit bis zum Koma erläutert werden. Generell ist zu beachten, dass an der Steuerung von Bewusstsein und Aufmerksamkeit mehrere **weitgestreute Hirnsysteme** (Module) zu einer **Funktionseinheit verschmolzen** werden müssen (Synchronie). Bewusstes Erleben benötigt eine **großflächige Aktivierung des Neokortexes** zur Aufrechterhaltung und Variation des tonischen Aktivierungsniveaus kortikaler Zellverbände. Die lokale Erregungsmodulation einzelner Module und Funktionseinheiten reicht zur Hervorbringung bewuss-

◘ **Abb. 65.2   Die „Flanker"-Aufgabe zur Beurteilung der Aufmerksamkeit.** Beschreibung im Text

ter Vorgänge und Inhalte nicht aus. Um Inhalte des Bewusstseins herauszuheben, also für die **Aufmerksamkeitsprozesse**, müssen diese „zusammengebundenen" Module **phasische** und **lokal-synchrone** Erregungsanstiege in einzelnen „Unter-Modulen" erzeugen können und es muss ein **länger anhaltender** Austausch zwischen den beteiligten Modulen erfolgen (**kreisende Erregung und Re-entry**).

Aufsteigendes retikuläres Aktivierungssystem (ARAS)   Die großflächige Aktivierung und Hemmung des Neokortexes wird von subkortikalen Systemen in der Retikulärformation (formatio reticularis, FR) des Mittel- und Hinterhirns, dem basalen Vorderhirn und Teilen des Thalamus geregelt, die als aufsteigendes, retikuläres Aktivierungssystem, **ARAS**, zusammengefasst werden. Die **phasische Aufmerksamkeitsregulation** wird in einer konzertierten Aktion von Teilen des Thalamus, vor allem von Nucl. reticularis (NR), Präfrontalkortex, Parietalkortex, Gyrus cinguli und Teilen der Basalganglien gesteuert.

ARAS
Das ARAS wurde 1949 entdeckt. Durchtrennung auf der Höhe des medialen Mittel- und/oder Zwischenhirns (das Resultat wird **cerveau isolé** genannt) hatten eine **extreme Synchronisation des EEGs** sowie **Koma** oder **dauerhaften Schlaf** zur Folge, Läsionen der lateralen Anteile des Hirnstammes hatten **keinen** Effekt. Auch Durchtrennung der gesamten Medulla (**encephale isolé**) führte zu **keiner** Störung des Wach- und Schlafrhythmus. Sie zeigten ferner, dass der Aktivierungseffekt von peripheren Reizen im intakten Gehirn durch **Kollateralen** der spezifischen Bahnen zur Formatio vermittelt wird.

65

Die **Formatio reticularis (FR) des Hirnstammes** hat vor allem drei Funktionen:

1. Generierung der tonischen (langanhaltenden) Wachheit,
2. die tonische (langanhaltende) Anspannung der Muskulatur,
3. Verstärkung oder Abschwächung der Aufnahme und Weiterleitung sensorischer und motorischer Impulse.

Anatomisch ist die FR eine schwer definierbare Struktur. Sie beginnt kurz oberhalb der Pyramidenkreuzung und ist von den langen spezifischen Bahnen und Kernen wie von einer Muschel umgeben. Sie erhält Bahnen aus vielen Rückenmarksegmenten und Kollateralen aus den spezifischen Bahnen verschiedener Sinneskanäle; Fasern **zur** FR entspringen in fast allen Gehirngegenden, vor allem dem limbischen Kortex und dem Thalamus. Die Zellen innerhalb der Formatio zeichnen sich durch eine im übrigen Gehirn nicht wieder auffindbare **Variabilität** aus. Viele sind **unspezifisch**, d. h. es konvergieren Fasern aus **allen** Sinnessystemen, sowie motorische und vegetative Fasern auf diese Neurone. Aus der Antwort der Neurone ist keine Reiz- oder Reaktionsspezifität erkennbar. Besonders intensiv sind die Verbindungen von und zu den **medialen Thalamuskernen** (s. u.).

> ❯ Die Formatio reticularis (FR) des Hirnstamms muss zur Entstehung des Wachbewusstseins **aktiv** und **intakt** sein.

Multiple subkortikale Aktivierungssysteme Betrachtet man die 5 cm Hirnstamm vom Beginn der Medulla oblongata und dem Ende des Rückenmarks bis zum oberen Ende des Mittelhirns, so erkennt man auf beiden Seiten der FR **paarig** angeordnet eine Vielzahl von Kernen, die sehr spezifische Projektionen aufweisen. Einige projizieren gar nicht in die intralaminaren Kerne des Thalamus (◘ Abb. 65.3), sondern direkt in den **Nucl. reticularis des Thalamus** oder in die Kerne des **basalen Vorderhirns** (◘ Abb. 65.3). Das basale Vorderhirn (basal forebrain, BF) liegt in der Tiefe des posterioren Teils des medialen Frontallappens und sendet cholinerge Verbindungen vor allem in den medialen Temporalkortex und Hippocampus und andere Teile des Kortex. Man kann das basale Vorderhirn als kortikale Erweiterung der cholinergen Anteile der FR betrachten. Jedes der ca. 30 Kerngebiete in der Formatio reticularis moduliert unterschiedliche Funktionen oft an denselben Zielorten der darüber liegenden Zielgebiete. Z. B. führt Erhöhung des Blutdrucks durch Aktivität der Barorezeptoren zu Erregung des Nucl. tractus solitarius (NTS), welcher hemmend auf weite Teile des Großhirns einwirkt.

Die cholinergen Anteile des basalen Vorderhirns wirken auf viele kortikale Regionen aktivierend, andere Zellanhäufungen innerhalb der Kerne des basalen Vorderhirns lösen bei Reizung Spindeln im kortikalen EEG und Schlaf aus (► Kap. 64.2). Diese Zellen übertragen nicht mit Acetylcholin, sondern benutzen hemmende Transmitter. Auch hier sind also wieder hemmende und erregende Zellen in einer Hirnstruktur überlagert.

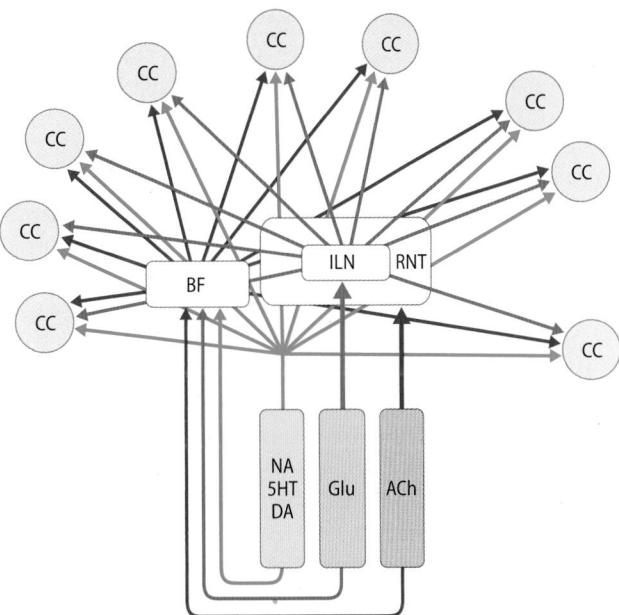

◘ **Abb. 65.3   Aufsteigende Aktivierungssysteme.** Die Aktivierung des Neokortex (CC) kann durch verschiedene Kanäle aus den subkortikalen Kernen erfolgen, wobei die retikulären Kerne sich weniger anatomisch als neurochemisch abgrenzen lassen. Einige Kerne senden glutamaterge Projektionen (Glu) in die intralaminaren Kerne des Thalamus (ILN) und das basale Vorderhirn (BF), von wo weitgestreute Verbindungen zum Kortex führen. Die cholinergen Kerne (ACh) projizieren bevorzugt in den N. reticularis des Thalamus (RNT) und das BF. Der RNT hemmt die übrigen thalamischen Kerne. Direkte monoaminerge Verbindungen aus den noradrenergen (NAE), serotonergen (5HT) und dopaminergen (DA) Kernen führen zum BF und zum Kortex (CC)

65.1.2 Thalamus: Interaktion von Aktivierung und Aufmerksamkeit

Der Thalamus funktioniert als Eingangstor zum Kortex und als Ausgangstor zu den motorischen Basalganglien. Er regelt damit die selektive Aufmerksamkeit und das einheitlich-zielgerichtete („aufmerksame") Reagieren.

Thalamokortikales „Gating" Die Eigenheit neuronaler Netzwerke wie die des Thalamus, einen Teil der ankommenden Information weiterzuleiten und den übrigen Teil von der Weiterleitung auszuschließen, bezeichnet man im angloamerikanischen Sprachraum als **„Gating"** (im Deutschen am besten mit „Schleusen" zu übersetzen). Ankommende Information wird, auch wenn sie gut gelernt wurde, stets relativ vollständig analysiert, **bevor** sie abgeschwächt oder verstärkt wird. Also müssen wir **vor** einer Hemmung eine Analyse des Reizmaterials auf neokortikaler Ebene in den primären und sekundären Projektionsarealen annehmen. Erst danach ist eine **efferente (top-down)** (von höheren zu niedrigen Strukturen verlaufende) **Hemmung** des afferenten Impulseinstromes denkbar. Sowohl für diese vom Kortex ausgehende, meist nicht bewusste Vorverarbeitung der einströmenden Information, wie auch für alle von den spezifischen Sinneskanälen ankommende Reize (bottom-up) nimmt der Thalamus eine Schlüsselposition für diese Funktion des Gatings ein.

Innerhalb der thalamischen Kerne stellt der **Nucl. reticularis thalami (NRT)** das „Tor" zum Kortex dar. Der Nucl. reticularis thalami umgibt den Thalamus wie eine Muschel. Er weist eine Feinstruktur auf, die für Selektion ankommender sensorischer Erregungsmuster ideal ist: die Neurone im Nucl. reticularis thalami sind **hemmend** (GABA) und durch weitverzweigte Dendriten mit vielen Kollateralen in die spezifischen Thalamuskerne gekennzeichnet; diese langen, multipolaren Axone des NRT kommunizieren mit dem übrigen Thalamus und Mittelhirn (◻ Abb. 65.3).

Thalamokortikale Rückmelde(Feeback)-Schleifen   Auf dem Weg zum Kortex erhält der Nucl. reticularis thalami Kollateralen von allen aufsteigenden Fasern aus den Sinnessystemen. Die Axone aus dem Nucl. reticularis thalami (NR) bilden wiederum Synapsen mit den spezifischen Projektionen des Thalamus zum Kortex (◻ Abb. 65.4). Damit kann der NRT Einfluss auf die Weiterleitung der spezifischen Afferenzen, z.B. aus den Sinneskanälen nehmen und jene Informationen hemmen, die an der Weiterverarbeitung gehindert werden sollen („irrelevante Informationen"). Geschlossen wird dieser Kreis durch die **rückkehrenden** Axone aus den kortikalen Pyramidenzellen, die ihrerseits mit den lokalen Zellen im Thalamus erregende Synapsen bilden. Man nimmt an, dass es diese vom Kortex kommenden Verbindungen zum Thalamus sind, die dann durch ihre lokale Erregung der thalamischen Neurone „entscheiden", welche Information den thalamischen Filter zum Kortex passiert. Die multipolaren Axone aus dem Nucl. reticularis thalami gehen bis in die Retikulärformation (unten), die selbst nach dem Nucl. reticularis thalami projiziert. Man muss sich diese thalamokortikalen Verbindungen als **große Zahl parallel geschalteter Erregungs-Hemmungs-Kreise** vorstellen.

Der Nucl. reticularis thalami ist somatotopisch, visuotopisch etc. organisiert: die Afferenzen aus den verschiedenen Regionen lassen sich entsprechend ihrer funktionellen Bedeutung gliedern. In Abhängigkeit vom Ursprung der Afferenz wird also **nur jenes Tor** vom Nucl. reticularis thalami geöffnet oder geschlossen, das der entsprechenden Afferenz (Sinnesmodalität) **zugeordnet** ist.

65

❯ Durch selektive Hemmung „unbeteiligter" spezifischer Thalamuskerne kann eine relevante Information vom retikulären Kern bevorzugt zum Kortex weitergeleitet werden.

Rhythmusbildung in den thalamokortikalretikulären Schleifen   Die thalamokortikalretikuläre Schleife ist auch für die **Entstehung der Schlafspindeln und des mu-Rhythmus (10–15 Hz) verantwortlich** sowie für die langsamen Schwankungen der Erregbarkeit bis zum delta-Rhythmus (▶ Kap. 64.2.1, ◻ Abb. 65.5). Im Schlaf und während motorischer Ruhe entwickelt sich zwischen den Neuronen des NR und den thalamokortikalen Neuronen langsame rhythmische Aktivität. Die Hirnstammafferenzen zum NRT haben **hemmende** Wirkung, die zum **spezifischen Thalamus erregende** (◻ Abb. 65.3).

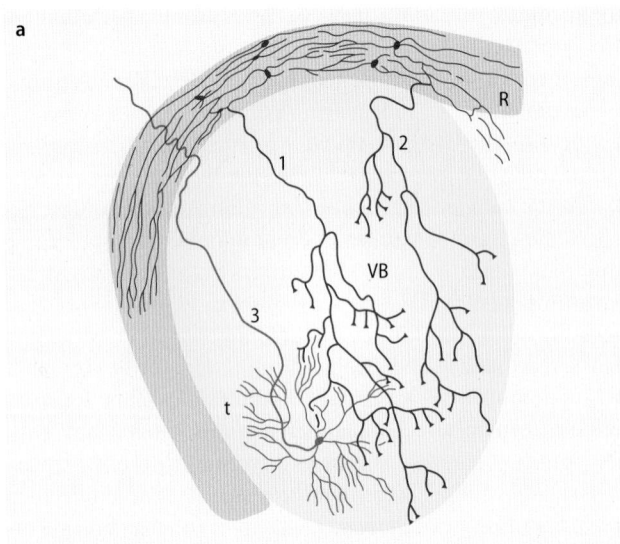

a

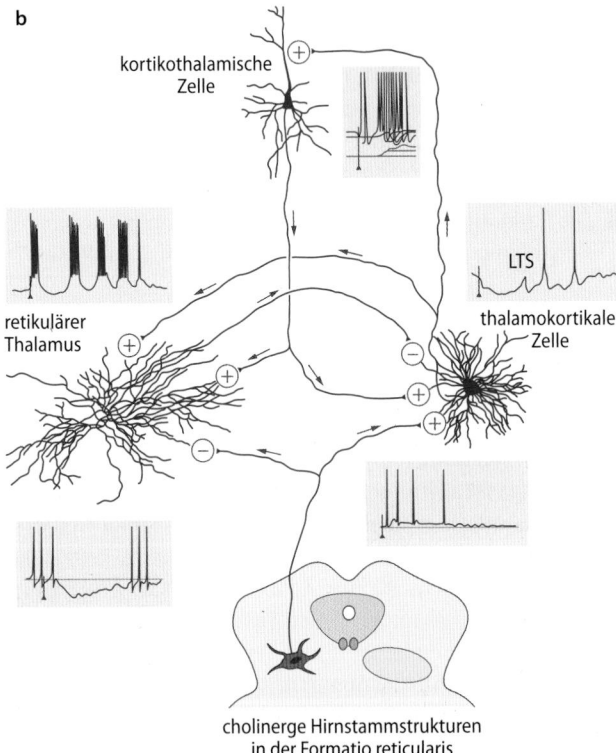

b

kortikothalamische Zelle

LTS

thalamokortikale Zelle

retikulärer Thalamus

cholinerge Hirnstammstrukturen in der Formatio reticularis

◻ **Abb. 65.4a,b   Funktionen des Nucl. reticularis thalami (NRT)** **a** Schematischer Horizontalschnitt durch den ventralen Abschnitt des Thalamus. VB ventrobasaler Komplex des spezifischen Thalamus, R Ncl. reticularis thalami (rot). Eine thalamokortikale Projektionszelle (**t**) gibt ihr Axon (**3**) rostral u. a. in den Kortex ab, während zwei Neurone aus dem N. reticularis ihre Axone (**1** und **2**) nach kaudal in den VB abgeben. 1 und 2 kommunizieren mit t. **b** Funktion des Nucl. reticularis und Kortex. Neuronale Verbindung zwischen Zellen des retikulären Thalamus, einer spezifischen thalamokortikalen (rechts), der kortiko-thalamischen (oben) und der Zellen der unspezifischen Aktivierungsregionen des Hirnstamms (unten). + indiziert erregende, - hemmende Verbindung (s. Text)

Pulvinar   Neben dem Nucl. reticularis ist vor allem bei der visuellen Aufmerksamkeit das Pulvinar, ein großer **Kern im posterioren Thalamus,** an der Erhöhung der Erregbarkeit bei aufmerksamer Zuwendung im **posterioren parietalen**

Kortex beteiligt. Das Pulvinar ist Teil des **Tecto-Pulvinaren-Systems**, das die visuelle Information parallel zum **Genikulo-Striatären-Seh-System** verarbeitet und die Information direkt in die parietalen Assoziationsareale leitet. Während das primäre Sehsystem für die Verarbeitung von visuellen Mustern und Objekten zuständig ist, verarbeitet das sekundäre Tecto-Pulvinare System nur die Lokalisation von Objekten im Raum und leitet die Blickbewegungen. Diese Teilung findet sich vor allem beim Menschen, wo der Pulvinar extrem groß wird. Das Pulvinar ist auch mit dem **lateralen präfrontalen Kortex** eng verbunden. Dieser, als Teil eines großen exekutiven Systems, ist für die Analyse von Bedeutung und für die Bildung des Arbeitsgedächtnisses (▶ Kap. 67.3.4) verantwortlich. Immer, wenn visuelle Reize zusammen mit anderen, potentiell ablenkenden Reizen dargeboten werden, feuern im Tierversuch die Pulvinarzellen vermehrt und erregen die striatalen und extrastriatalen Areale des visuellen Kortex, wo das beachtete Signal schon nach 60 ms zu einem erhöhten evozierten Potenzial führt. Diese Erhöhung des evozierten Potenzials belegt, dass **sehr früh**, lange vor bewusstem Erleben, der Thalamus einfache Selektionsleistungen auf kortikaler Ebene bewirken kann, wie z. B. ein rasch auftauchendes Objekt in seiner Verarbeitung zu „bevorzugen".

65.1.3 Oszillationen im thalamokortikalen System

Oszillationen verbinden getrennt und unabhängig feuernde Neurone zu synchron aktivierten Zellensembles, die eine spezifische Information abbilden.

Verschlüsselung von Bewusstseinsinhalten in Neuronenensembles Wie die meisten Kern- und Fasersysteme des ZNS ist das thalamokortikale und das damit verbundene Basalgangliensystem (▶ Kap. 47.1) ein **kreisartig geschlossenes Feedbacksystem** („closed loop system"). Die Signale in einem solchen System werden (ähnlich wie bei Radio oder Telefon) als oszillierende Schwankungen übertragen, wobei die übertragenen Informationen in der räumlichen Verteilung und der Frequenz- und Phasenbeziehung der Oszillationen verschlüsselt sind. Die Oszillationen selbst synchronisieren die Entladungsrhythmen der an einer solchen Oszillations„karte" beteiligten Nervenzellen zu einem **Zellensemble,** das einen spezifischen Bewusstseinsinhalt bzw. eine bestimmte Information repräsentiert.

Oszillationsfrequenzen spiegeln kortikale Aktivitätszustände wider ◘ Abb. 65.5 zeigt wichtige neuroelektrische Oszillationen, wie wir sie von der Schädeloberfläche eines gesunden Menschen mit der Elektroenzephalografie (EEG) ableiten können. Es besteht ein gewisser Zusammenhang zwischen **Wachheitsgrad, Frequenz und Amplitude:** im Allgemeinen oszilliert das Gehirn im Schlaf langsamer mit höherer Amplitude und abnehmender Wachheit (▶ Kap. 64.2.1). Wenn man die Elektrode direkt am Kortex auflegt, kann man Frequenzen bis mehrere hundert Hz registrieren.

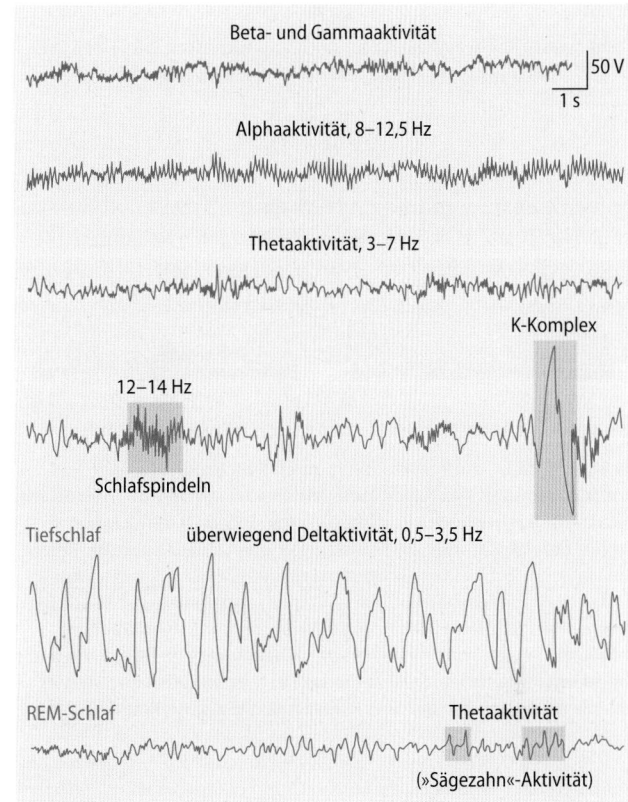

◘ **Abb. 65.5 EEG in verschiedenen Schlafstadien.** Ausschnitte aus einem Schlaf-EEG, die typisch für verschiedene Schlafstadien sind

Hohe Frequenzen wie Gamma-Wellen (>30 Hz) erlauben eine bessere zeitliche Auflösung und spiegeln meist lokale, eng umschriebene Aktivität von kleineren Zellensembles wider, langsame Oszillationen reflektieren weiter auseinanderliegende Ensembles, die im Gleichtakt (synchron) oder zeitverschoben (Phasensynchronizität) schwingen. Häufig, vor allem im Schlaf, überlagern sich langsame (z. B. Deltawellen im Tiefschlaf) und schnelle Oszillationen (z. B. sog. „Ripple"-Oszillationen von bis zu 100 Hz) und damit auch die psychischen, z. B. Gedächtnisübertragung (ripples) im Tiefschlaf (Delta-Wellen). Diese bedeutet, dass die Bewusstlosigkeit erhalten bleibt (delta), aber gleichzeitig während des Tages aufgenommene Information konsolidiert und abgespeichert wird (schnelle Oszillationen).

Zellensembles vereinigen sich zu kleinen, hochfrequent schwingenden oszillierenden oder weiter auseinanderliegenden langsamer oszillierenden Netzwerken. Damit gehen diese Ensembles vorübergehende Koalitionen für die Reizaufnahme, Speicherung und Reizabwehr ein.

> An dem Ort im Gehirn, an dem die Oszillationen auftreten, und an deren Frequenzen lässt sich ablesen, wo und wie die Verarbeitung der Informationen stattfindet.

Aufmerksamkeit durch Synchronie Aufmerksamkeit besteht auf neuronaler Ebene darin, dass die Aktionspotenzialsequenzen von den Oszillatonen **zu synchronen Bündeln zusammengeschlossen** werden (◘ Abb. 65.6). Ein solcher „Chor"

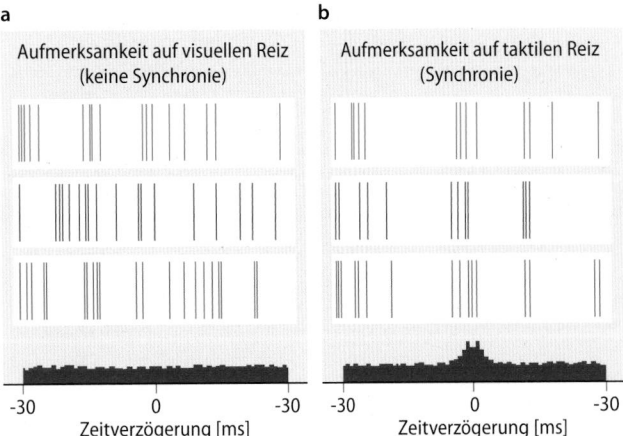

a	b
Aufmerksamkeit auf visuellen Reiz (keine Synchronie)	Aufmerksamkeit auf taktilen Reiz (Synchronie)

□ **Abb. 65.6a,b   Aufmerksamkeit durch Synchronie.** Gezeigt sind Entladungsmuster von Aktionspotenzialen von drei Neuronen (grün, rot, blau). Aus dem somatosensorischen Kortex sind sie in dem oberen Abschnitt gezeigt, darunter die Kreuzkorrelationen dieser Neurone, welche die Wahrscheinlichkeiten angeben, dass ein Neuron x Millisekunden vor (links vor 0) oder nach (rechts nach 0) einem anderen Neuron feuert. Bei einer Zeitverzögerung 0 feuern sie gleichzeitig. Wenn die Aktionspotenzialsequenzen synchron in verschiedenen Neuronen feuern, zeigt das Kreuzkorrelogramm einen Gipfel. **a** das Tier konzentriert sich auf einen ablenkenden visuellen Reiz und kann die taktile Aufmerksamkeitsaufgabe, rechtzeitig auf eine Berührung zu reagieren, nicht lösen. Keine Synchronie. **b** Das Tier konzentriert sich auf den taktilen Reiz und löst die Aufgabe. Man erkennt die synchronen Gruppierungen der Entladungen der drei Neurone unter Aufmerksamkeit. Synchronie existiert

von Spikes (Aktionspotenzialen) hebt sich natürlich gegenüber seiner Umgebung deutlicher hervor als ein Chor, indem jeder ungeordnet singt. Dabei wird ein starker Reiz leichter synchronisiert als ein schwacher; der Aktivierungszustand des Gewebes, z. B. die Dominanz von Schlafspindeln modifiziert und filtert, was an Erregungssalven überhaupt ins NS eingelassen wird (□ Abb. 65.4). Je **schwieriger** eine Aufgabe zu lösen ist, umso **mehr synchron arbeitende Ensembles** sind notwendig.

> **In Kürze**
> Aufsteigende und vom Kortex absteigende Aktivierungssysteme steuern die verschiedenen Wachheitszustände und Schlafstadien. Der retikuläre Kern des Thalamus kann bevorzugte Information auswählen und nicht-relevante Information blockieren.

65.2   Aufmerksamkeit und Verlust des Bewusstseins

65.2.1   Automatische („bottom-up") und kontrollierte („top-down") Aufmerksamkeit

Ein anatomisch weit verzweigtes Kapazitätskontrollsystem (LCCS) verteilt die Aufmerksamkeit als selektive Erregungserhöhung in den betroffenen Hirnarealen zur Weiterverarbeitung der Information.

Automatische Aufmerksamkeit   Die von einem Sinnesorgan aufgenommene Information wird beim wachen Menschen zuerst für einige Millisekunden in einem sensorischen Speicher gehalten (sensorisches Gedächtnis). Dort wird eine **Mustererkennung** (Erkennen der wesentlichen Merkmale) und ein **Vergleichs- und Bewertungsprozess** durchgeführt, bei dem geprüft wird, ob das ankommende Reizmuster mit den im Langzeitgedächtnis gespeicherten Informationen desselben Sinneskanals übereinstimmt oder ob es sich um eine „neue Information" handelt.

Automatisierte Aufmerksamkeit wird der Information zuteil, wenn der ankommende Reiz in ein gespeichertes Reiz-Reaktions-Muster passt, z. B. bei geübten (überlernten) Aufgaben wie Autofahren. Oder wenn der Reiz an Intensität alle anderen Reize übertrifft; dieser Effekt wird als die **Salienz** eines Reizes bezeichnet. Da die peripher gegebene Reizsituation die Hervorhebung des salienten Reizes bestimmt und nach zentral meldet, spricht man von „bottom-up"-Aufmerksamkeit. In diesem Fall erfolgt die Reaktion auf den Reiz „automatisch", d. h. ohne Bewusstsein, und andere Reaktionssysteme können gleichzeitig ohne **gegenseitige Behinderung** (Interferenz) funktionieren (geteilte Aufmerksamkeit). Diese vorbewusste Informationsverarbeitung ist im Alltag die weitaus überwiegende Form der Reaktion auf die Umwelt.

> ❯ Der Prozess der Automatisierung von Aufmerksamkeit bedeutet im Gehirn abnehmende verstreute Aktivierungen („noise") außerhalb des primären Fokus der Verarbeitung.

In □ Abb. 65.1 sind links die vorbewussten automatischen bottom-up und rechts die bewussten, kontrollierten Aufmerksamkeitsprozesse dargestellt. Das limitierte Kapazitäts-Kontrollsystem **(grün)** erhält bereits grob vorselektierte Information (z. B. nach Reizintensität, Salienz-Hervorhebung und Neuheit). Sie verstärkt (oben roter Pfeil) und hemmt (unten roter Pfeil) je nach dem Resultat der Prioritätsanalyse im Gedächtnisvergleich (rechts LZG in grau und punktierte rote Linien) die ankommende Information. Für diese Prioritätsanalyse muss die zentrale Exekutive des limitierten Kapazitäts-Kontrollsystems (grün Mitte) die Informationen über Neuheit und vitale Bedeutung (limbisches System) aus dem Langzeitspeicher (Kortex) in den Kurzzeitspeicher transportieren. Dort muss die zentrale Exekutive das Resultat der Analyse ausreichend lange (mindestens 100 ms) im Kurzzeitgedächtnis (KZG) aktiv halten, bis die Vergleichsprozesse und die abschließende Aufmerksamkeitsaktivierung (roter Pfeil „Verstärkung") oder -hemmung („Abschwächung") abgeschlossen sind. Das Arbeitsgedächtnis als Teil des KZG „erledigt" diese Aufgabe.

□ Abb. 65.7 zeigt schematisch eine funktionelle Magnetresonanzaufnahme, fMRI, am Beginn des Lernens einer auditorischen Suchaufgabe und nach vielen Wiederholungen, nach denen die Versuchsperson den im Rauschen versteckten Ton „automatisch" erkennt. Während am Beginn noch willentlich kontrolliert viele Areale aktiviert werden

65

kontrollierte Aufmerksamkeit

automatisierte Aufmerksamkeit

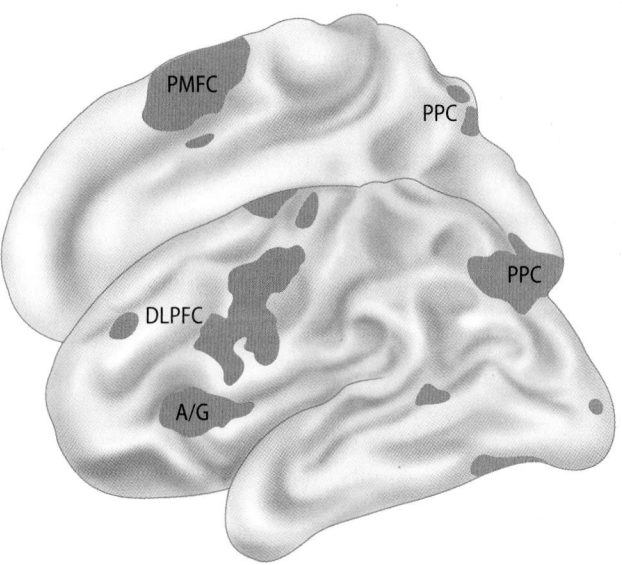
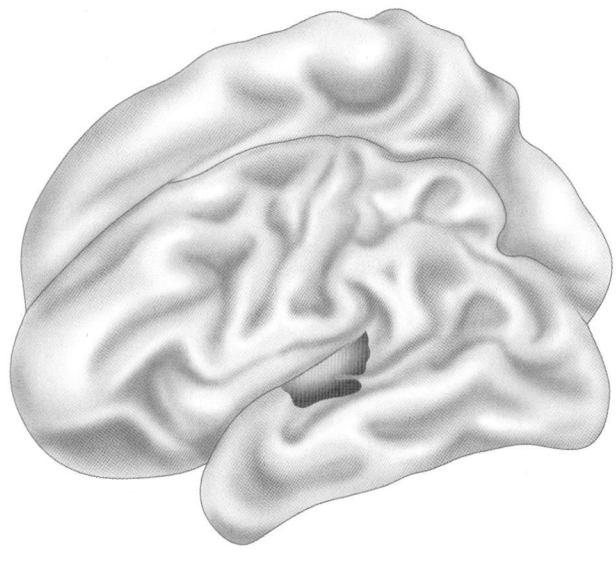

◻ Abb. 65.7 Kontrolliertes (links) und automatisches (rechts) Verarbeiten. Funktionelle Magnetresonanzaufnahmen. PMFC=Präsupplementärer motorischer Kortex, PPC=posterior Parietalkortex, DLPFC=dorso-

lateraler Präfrontalkortex, AIC=anteriorer cingulärer Kortex. Rechts sind nur noch der primäre und sekundäre auditorische Kortex aktiviert

(vor allem im Frontalkortex und inferioren posteriorem Parietalkortex), bleibt die Aktivierung nach langer Übung oder häufiger Wiederholung auf das jeweilige Projektionsareal beschränkt.

Kontrollierte (exekutiv-explizite) Aufmerksamkeit Kontrollierte Aufmerksamkeit richten wir nur auf neue, komplexe und nicht eindeutige Reizsituationen, die eine Entscheidung verlangen. Es kommt zu einer gezielten (kontrollierten, selektiven) Zuwendung der Aufmerksamkeit auf die neue Reizsituation. Diese Aufmerksamkeitszuwendung wird gleichzeitig mit der Hinwendung (spotlight) oder mit geringer Verzögerung bewusst. Da bei dieser Form der Aufmerksamkeit das zentrale präfrontale Bewertungssystem (▶ Kap. 67.3.4) die Auswahl der Reize aus der Peripherie oder aus dem Gehirn

selbst bestimmt, spricht man von **„top-down"-Aufmerksamkeit**.

Limitierte Kapazität der kontrollierten Aufmerksamkeit Die spezifische Erregungsform, die bewusstem Erleben und Aufmerksamkeit zugrunde liegt, spielt sich in einem ausgedehnten kortikosubkortikalen System ab, das unter dem Namen **limitiertes Kapazitätskontrollsystem** (limited capacity control system, LCCS) zusammengefasst wird. Es hat seinen Namen von der Beobachtung, dass seine Verarbeitungskapazität begrenzt ist, d. h., unsere bewusste Aufmerksamkeit immer nur einer oder sehr wenigen Reizsituationen zugewandt sein kann. Es besteht aus den in der linken Spalte der ◻ Tab. 65.1 aufgelisteten Strukturen und den in der rechten Spalte angegebenen Aufgaben.

◻ Tab. 65.1 Anteile des limitierten Kapazitätskontrollsystems, LCCS und ihre Aufgaben

Anteile des LCCS	Aufgaben des LCCS
Präfrontaler Kortex	Zielsetzung, Aufbau einer Zielhierarchie
Dorsolateraler Präfrontalkortex	Aufrechterhalten der Reizsituation nach ihrem Verschwinden bis Zur Entscheidung
Infra-parietaler Kortex, anteriores Zingulum	Aufgeben irrelevanter Ziele und Auswahl von adäquaten Reizen und Reaktionen Erfassen und Lösen von Konflikt-Information und Fehlern, Setzen von Prioritäten
Frontales Augenfeld (FEF)	Selektive antizipatorische Lenkung der Blickrichtung zum Zielobjekt, visuelle Orientierung
Basalganglien, insb. Striatum	Hemmung irrelevanter Ziele (gemeinsam mit medialem Präfrontalkortex); Antizipation positiver Ziele und Aktivierungsverteilung auf antizipierte Zielregionen im Kortex
Pulvinar, retikulärer Thalamus	Selektion der sensorischen Kanäle und motorischen Effektoren
Basales Vorderhirn	Aktivierung und Reaktionsbereitschaft (Weckfunktion), selektiv
Mesenzephale Retikulärformation	Aktivierung und Reaktionsbereitschaft (Weckfunktion), wenig selektiv

Die Aufgaben der kontrollierten Aufmerksamkeit bestehen

- im Setzen von Prioritäten zwischen konkurrierenden Zielen und Reizen in einer Zielhierarchie zur Kontrolle der Handlung,
- im Aufgeben (disengagement) alter oder irrelevanter Ziele,
- in der Selektion von sensorischen Informationsquellen zur Kontrolle der Handlungsparameter (sensorische und motorische Selektion) und
- in der selektiven Präparation und Mobilisierung von Effektoren (tuning).

65.2.2 Nicht-bewusstes Bewusstsein – bewusstes Nicht-Bewusstsein

Wachsein ohne Bewusstseinsinhalte Wie schon in ◘ Abb. 65.2 dargestellt, sind **Wachheit** und die **Inhalte** von Bewusstsein und der Aufmerksamkeit voneinander teilweise unabhängig. Das schlägt sich auch darin nieder, dass eine Person (z. B. bei Morbus Alzheimer oder Neglect, s. u.) wach sein kann und trotzdem keinerlei kohärente Bewusstseinsinhalte erlebt. Umgekehrt kann in einem (tonisch-anhaltenden) bewusstlosen Zustand wie dem vegetativen Zustand (VS) ein einzelner Inhalt verarbeitet werden (bewusst und nicht-bewusst). Gegenüber einem entspannten Wachzustand ist der Blutfluss im gesamten Kortex und vor allem den parietal-frontalen Regionen und ihren Verbindungen in **Koma, vegetativem Zustand (VS, apallischer Zustand), Tiefschlaf** und **Allgemeinanästhesie** verringert. Beim Locked-in-Syndrom („Eingeschlossen-sein") können die Patienten nicht reagieren, sind aber wach und geistig aktiv, der Blutfluss ist normal.

Kortikale Informationsverarbeitung bei Nicht-Bewusstsein Alle Zustände mit tonisch-anhaltender **Bewusstlosigkeit** zeichnen sich durch verringerten Blutfluss in den parieto-präfrontalen Assoziationskortizes aus. Beim **Koma**, in dem keinerlei Reagibilität und im EEG langsame, hohe δ-Wellen vorherrschen, ist auch die Aktivität in der FR oder im gesamten Kortex stark reduziert, im **vegetativen Zustand** (vegeta-

tive state, VS) können oft minimale Verhaltensreaktionen auf Schmerz ausgelöst werden, das EEG folgt einem Wach-Schlaf-Zyklus und die FR ist im Wachzustand aktiviert. Trotz der Inaktivität und vermutlich vorhandener Bewusstlosigkeit im VS, erkennbar an der fronto-parietalen Unteraktivierung und manchmal auch im Koma lassen sich in 20–30 % der Patienten kognitive ereigniskorrelierte Hirnpotenziale (EKP) auf **komplexe kognitive** Aufgaben auslösen, auch wenn keine EKPs auf einfache Reize (z. B. Töne) mehr auslösbar sind. EKPs sind Potenzialveränderungen im EEG nach äußeren Reizen, die für spezifische kognitive Prozesse unterschiedliche Formen und zeitliche Verläufe aufweisen. Dies bedeutet, dass auch in diesen „nicht-bewussten" Zuständen in einzelnen Modulen des Gehirns normale, hochkomplexe Informationsverarbeitung (z. B. „Verstehen von Bedeutung") erhalten sein kann. Die Übergänge zwischen diesen Stadien sind fließend. Fehldiagnosen sind daher häufig.

> **Die Abgrenzung verschiedener Bewusstseinsstörungen von Lähmungen erfordert Messung der elektrischen und metabolischen Hirnprozesse, welche kognitiv-psychologischen Prozessen zugrunde liegen.**

Todesbestimmung mit dem EEG allein ist problematisch **Hirntod** wird im Allgemeinen mit einer isoelektrischen, d. h gleichbleibenden „Linie" (also Gleichspannung) im EEG über einen längeren Zeitraum (Stunden, Tage, je nach Übereinkunft) definiert. Andere physiologische Parameter wie Atmung und Herzfunktionen werden zusätzlich erfasst. Diese „Definition" ist **äußerst fehleranfällig**, da kleine Amplitudenveränderungen der isoelektrischen EEG-Linie im Gleichspannungs-EEG an der Schädeloberfläche durch die Widerstände von Knochen und Häuten nicht messbar sind. Zur exakten Bestimmung des Hirntodes wäre eine Ableitung von der Kortexoberfläche als sog. **Elektrokortikogramm (ECoG)** notwendig. „Erwachen" aus Hirntod oder Koma – ein immer wieder dokumentiertes, wenn auch seltenes, alarmierendes Ereignis – ist daher kein Erwachen, sondern i. d. R. Resultat mangelnder Messgenauigkeit und mangelnder Sachkenntnis oder bewusstem/nicht-bewusstem Leugnen der Tatsachen (z. B. bei Organtransplantationen).

Klinik

Fehlerhafte Einschätzung des Bewusstseinszustandes

Frau W. F. leidet an **amyotropher Lateralsklerose.** Sie ist seit 5 Jahren vollständig gelähmt, einschließlich der Augenmuskeln. Bei der amyotrophen Lateralsklerose sterben alle Alphamotoneuronen ab, nur die sensorischen Funktionen bleiben erhalten. Sie wird beatmet und per Sonde ernährt. Seither hat sie mit keiner Person ihrer sozialen Umgebung kommunizieren können. Von den meisten Neurologen wurde sie als eine Person diagnostiziert, die nur über eingeschränktes Bewusstsein verfügt („minimal

conscious state, MCS"). Erst nach 5 Jahren völliger Reaktionslosigkeit wurde ein Gehirn-Maschine-Interface (BMI) bei ihr probiert, da die Existenz solcher maschinellen Systeme nur schlecht bei Medizinern und den Familien bekannt war. Sie erhielt viele persönliche und auch vital wichtige Fragen dargeboten und wurde gebeten, diese gedanklich mit ja oder nein zu beantworten. Das BMI registrierte dabei die metabolische Hirnaktivität mit einem Nah-Infrarot-Spektroskopie-Gerät (NIRS) sowie die elektrische

Hirnaktivität mit dem EEG. Nach jeder Frage klassifiziert der angeschlossene Computer, ob die hirnphysiologischen Reaktionen auf ja oder nein Gedanken unterscheidbar waren. Konnte der Computer zwischen ja und nein unterscheiden, erhielt die Patientin wichtige Fragen und der Computer meldete zurück, ob sie „im Kopf" mit ja oder nein geantwortet hatte. So konnte sie wieder mit ihrer Umgebung kommunizieren und es wurde deutlich, dass sie über ein völlig klares Bewusstsein verfügt.

In Kürze
Kontrollierte Aufmerksamkeit erfordert die **Zusammenarbeit** parietal-präfrontaler Hirnregionen sowie deren Verbindungen mit dem Thalamus und den subkortikalen Wachheitssystemen. Bei **Unterbrechung** dieser Verbindungen oder Zerstörung der beteiligten kortiko-subkortikalen Regionen entstehen Störungen von Bewusstsein und/oder Aufmerksamkeit wie Koma, vegetativem Zustand und Bewusstlosigkeit, z. B. bei Allgemeinanästhesie.

65.3 Lernen von Aufmerksamkeit

65.3.1 Neuropharmakologie

Psychopharmaka beeinflussen Wachheit und Aufmerksamkeit über Stimulation oder Hemmung von Transmitter- und Neuromodulatorregionen im Gehirn.

Selektive Aufmerksamkeit kann durch Manipulation der Neuromodulatorensysteme in der Formatio reticularis und deren Einflüsse auf den Thalamus und Kortex beeinflusst werden. Beim Menschen werden diese Modulatoren (z. B. Amphetaminderivate wie Ritalin) systemisch verabreicht und beeinflussen somit alle Hirnsysteme, welche Neurone mit Rezeptoren für den jeweiligen Neuromodulator tragen. Unerwünschte Nebeneffekte sind daher unausweichlich. Z. B. reagiert das für visuelle Antizipation von Blickrichtung zu-

ständige frontale Augenfeld auf örtliche Gabe von D1-Rezeptor-Antagonisten mit Erhöhung der Feuerrate der Neurone und Verbesserung der Aufmerksamkeit, während Areale des präfrontalen Kortex durch Dopaminantagonisten („Neuroleptika"), wie sie z. B. zur „Behandlung" von Schizophrenie eingesetzt werden, blockieren und die Aufmerksamkeit (z. B. auf die Wahnvorstellungen) beeinträchtigen. Ähnlich unselektiv wirken fast alle Psychopharmaka, wie z. B. das sehr beliebte **Ritalin** (Methylphenidat, ein Amphetaminagonist) zur Verbesserung der Konzentration bei Aufmerksamkeitsstörungen.

65.3.2 Neurofeedback und instrumentelles Lernen von neuronalen Veränderungen bei Aufmerksamkeitsstörungen

Aufmerksamkeitsverhalten und Konzentration können dauerhaft durch neuropsychologisches Trainingsverfahren unspezifisch und durch Brain-Computer-Interfaces (BCI) spezifisch beeinflusst werden.

Der direkteste und „natürlichste" Weg, Aufmerksamkeit zu beeinflussen – das weiß der Mensch intuitiv seit Jahrtausenden – erfolgt über Lernen. Dabei kann das aufmerksame Gehirn **indirekt** positiv oder negativ oder **direkt** über gelernte Manipulation der Gehirnkorrelate von Aufmerksamkeit beeinflusst werden; dieses direkte Training der Hirnreaktion auf aufmerksame Reize wird **Neurofeedback** genannt. Ein Beispiel für indirektes Training der Aufmerksamkeit ist auf ◻ Abb. 65.8 zu sehen. 3- bis 5-jährige Kinder aus sozioöko-

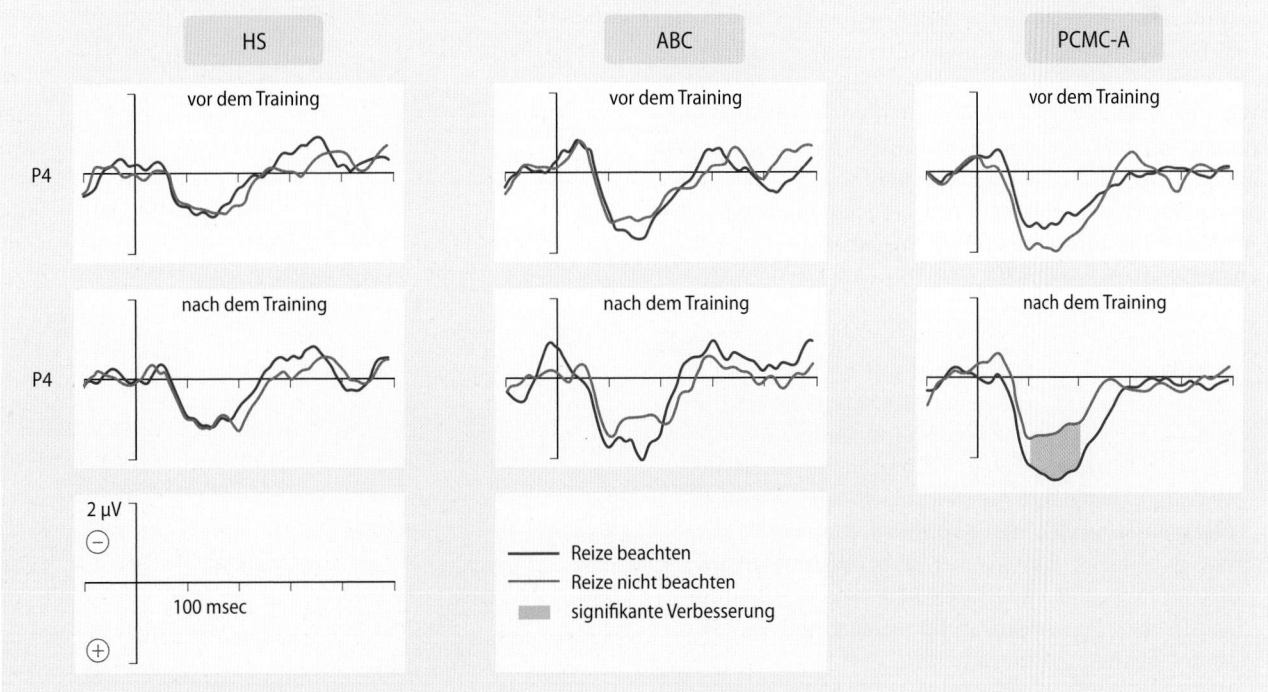

◻ **Abb. 65.8 Indirektes Training der Aufmerksamkeit.** Auswirkung eines Verhaltenstrainings (PVMC) und zweier Kontrolltrainingsmaßnah-
men (MS und ABC) auf hirnorientierte ereigniskorrelierte Potenziale des Elektroenzephalogramms (EES) auf sozial benachteiligte Kinder

nomisch benachteiligten Gruppen der Bevölkerung („Arme"), die häufig Aufmerksamkeitsstörungen zeigen, erhielten drei Trainingsbedingungen: HS („head start" mit aktiven Lernhilfen), ABC (schulisch-edukatives Programm und PCMC (parents and children making connections – Attention), ein intensives Verhaltenslerntraining für Eltern und Kinder.

Vor (Pre-test, ◻ Abb. 65.8 oben) und nach (Post-test, ◻ Abb. 65.8 unten) dem Training absolvierten die Kinder eine Aufmerksamkeitsaufgabe, bei der sie Reize beachten (attend) oder ignorieren (unattend) mussten. Man erkennt auf ◻ Abb. 65.8, dass nach dem intensiven Eltern-Kind-Training PCMC-A die frühen (nicht-bewussten) Hirnantworten bei Aufmerksamkeit (P200) signifikant verbessert sind. Auch Intelligenz und Aufmerksamkeitsleistung in der Schule sind deutlich verbessert.

Dieselben Effekte erzielt man, wenn **Kinder mit Aufmerksamkeitsstörungen** (ADD, attention deficit disorder) lernen, mit Neurofeedback ihre **frontalen Hirnpotenziale zu vergrößern:** die Kinder beobachten auf einem Bildschirm z. B. ein kleines Flugzeug, das nach oben (erhöhtes Hirnpotenzial) oder unten (erniedrigtes Hirnpotenzial) fliegt. Gelingt es ihnen, das Flugzeug (ihr eigenes frontales Hirnpotenzial) zu erhöhen, erhalten sie eine Belohnung. In wenigen Stunden ist die Gehirnantwort dauerhaft erhöht und die Aufmerksamkeitsleistung verbessert.

Besonders eindrucksvoll ist das Training der Entladungsraten einzelner Neurone in einem Aufmerksamkeitssystem des Gehirns, wie z. B. der frontalen Augenfelder (FEF). Das Tier wird vorerst für jeden Anstieg der Feuerrate einer Nervenzelle aus FEF belohnt, Gleichzeitig hört es das Ansteigen oder Abfallen der Entladungsrate als auf- und abschwellenden Ton. Erhöht das Tier die Entladungsfrequenz, kann es sehr viel schneller und ohne Fehler einen neuen Reiz in dem rezeptiven Feld der trainierten Zelle beantworten. Wird es für die Erniedrigung der Entladungsrate belohnt, macht es mehr Fehler. Bereits das Training weniger Zellen genügt, um ein bestimmtes Verhalten selektiv zu beeinflussen. Menschen können mit dieser Neurofeedbackmethode lernen, direkt Computer, Roboter oder Prothesen mit ihrer Hirnaktivität zu steuern. Diese neurobiologischen Lernsysteme werden **Gehirn-Maschine-Interfaces** (brain-machine-interfaces, BMI) genannt.

65

In Kürze
Die für Aufmerksamkeit verantwortlichen Hirnsysteme können durch **pharmakologische Beeinflussung** der subkortikalen Modulatoren und Transmitter unselektiv verändert und damit Aufmerksamkeit und Wachheit manipuliert werden. **Training** dieser anatomisch klar umschriebenen Hirnregionen über **Neurofeedback** und **brain-machine-interfaces (BMI)** führt dagegen zu spezifischen und selektiven Lerneffekten mit Verbesserung der Aufmerksamkeit.

Literatur

Baars B. J., Gage N. M. (eds) (2010) Cognition, Brain and Consciousness, 2nd ed. Academic Press, San Francisco, Calif. USA
Birbaumer N. (2014) Dein Gehirn weiss mehr als Du denkst. Ullstein, Berlin
Birbaumer N., Schmidt R. F. (2010) Biologische Psychologie, 7. Aufl. Springer-Verlag, Berlin Heidelberg New York
Owen A. M. (2013) Detecting Consciousness: A Unique Role for Neuroimaging. Ann. Rev. Psychol. 64: 109-134
Diamond A. Executive Functions. (2013) Ann. Rev. Psychol. 64: 135-168

Lernen

Herta Flor

© Springer-Verlag GmbH Deutschland, ein Teil von Springer Nature 2019
R. Brandes et al. (Hrsg.), *Physiologie des Menschen*, Springer-Lehrbuch
https://doi.org/10.1007/978-3-662-56468-4_66

Worum geht's?

Was ist Lernen?

Lernen bezeichnet die Fähigkeit eines Individuums, sein Erleben, Verhalten und Wissen aufgrund von Erfahrung zu ändern. Dies kann einerseits bedeuten, dass man Fähigkeiten erwirbt, welche zum Großteil nicht verbalisiert werden können, wie beispielsweise Fahrradfahren (implizites Wissen); andererseits auch, sprachlich kommunizierbares Wissen zu erwerben (explizites Wissen). Dieses implizite und explizite Wissen wird dann im Gedächtnis gespeichert (▶ Kap. 67.1). Nichtassoziative Lernvorgänge bestimmen, wie stark ein Lebewesen auf einen bestimmten Reiz reagiert. Dabei kommt es bei der Gewöhnung (Habituation) zu einer Abnahme der Verhaltensintensität, bei der Sensitivierung zu einer Zunahme.

Assoziative Lernprozesse

Bei der klassischen oder Pawlowschen Konditionierung (◻ Abb. 66.1) wird ein neutraler Reiz durch Verknüpfung mit einem biologisch relevanten (unkonditionierten) Reiz zu einem konditionierten Reiz. Auf diesen konditionierten Reiz entsteht eine konditionierte Reaktion, die der unkonditionierten biologischen Reaktion meist ähnlich ist. Beim instrumentellen Konditionieren wird das Verhalten durch seine nachfolgenden Konsequenzen modifiziert, die im Fall der Belohnung die Verhaltenshäufigkeit verstärken. Beim Modelllernen wird das Verhalten einer anderen Person zur Quelle der eigenen Erfahrung und Verhaltensänderung. All diese Arten des Lernens werden unter dem Begriff der assoziativen Lernprozesse zusammengefasst.

Lernen auf neurobiologischer Ebene

Auf neurobiologischer Ebene führt Lernen zu einer Veränderung der synaptischen Verbindungen. Das Prinzip des Hebb'schen Lernens postuliert, dass die synaptische Aktivität durch gleichzeitig ankommende Reize verstärkt, bei Ungleichzeitigkeit abgeschwächt wird. Die Prozesse der Langzeitpotenzierung und Langzeitdepression spiegeln dies auf neuronaler Ebene wider. Unterschiedliche Lernformen beteiligen unterschiedliche Hirnregionen mit einem Schwerpunkt des Furchtlernens in der Amygdala und des Belohnungslernens im Striatum. Lernprozesse spielen nicht nur bei psychischen Störungen, sondern bei allen Erkrankungen eine große Rolle und sind besonders in der Neurorehabilitation wichtig.

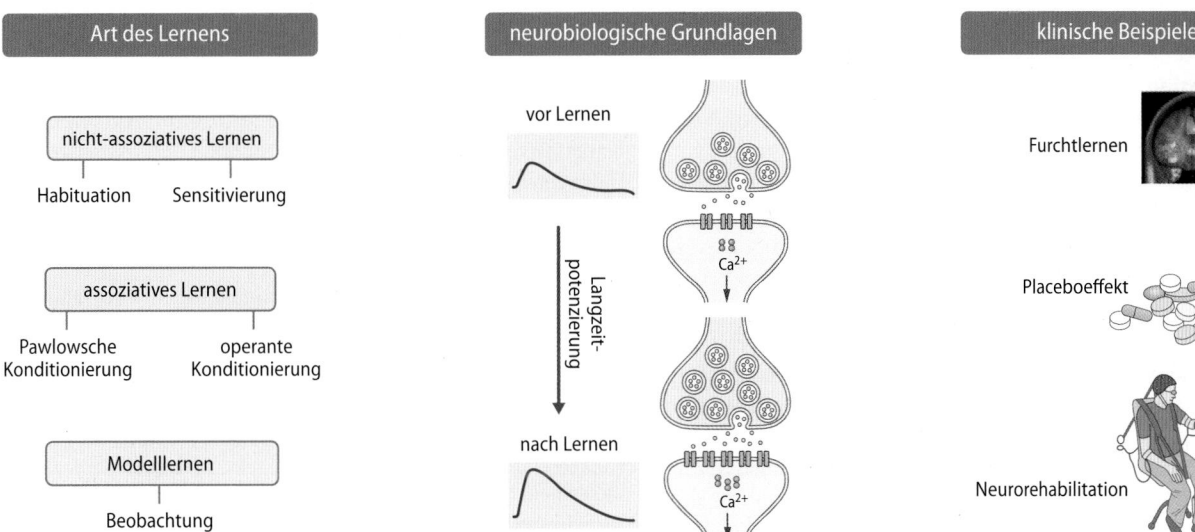

□ **Abb. 66.1   Arten des Lernens.** Langzeitpotenzierung stellt die neurobiologische Grundlage allen Arten des Lernens dar. Im klinischen Kontext relevant sind unter anderem das Furchtlernen, welches zu Angststörungen führen kann, der Placeboeffekt und die Neurorehabilitation, durch die neurologische Funktionen wiederhergestellt werden können

66.1   Arten des Lernens

66.1.1   Nichtassoziatives Lernen

Habituation (Gewöhnung) und Sensitivierung sind die einfachsten Formen von nichtassoziativem Lernen.

Orientierungsreaktion und Habituation   Ein neuer Reiz, z. B. ein lautes und unerwartetes Geräusch, führt zu einer sog. **Orientierungsreaktion**, die mit somatischen und vegetativen Reaktionen wie Orientierung zur Reizquelle, Erhöhung des Muskeltonus, Änderungen der Herzfrequenz und Desynchronisation des EEG gekennzeichnet ist. Hat der Reiz keine Bedeutung für den Organismus, z. B. bei wiederholter Darbietung ohne weitere Konsequenzen, so verschwindet die Orientierungsreaktion. Diese Form der Anpassung an einen wiederholten, für den Organismus aber unbedeutenden Reiz, wird **Habituation** genannt. Habituation ist im Gegensatz zur Adaptation und anderen Prozessen, die auf periphere Veränderungen am Rezeptor zurückgehen, ein zentralnervöser Prozess, der auf ein neuronales Modell zurückgreift. Besteht Übereinstimmung zwischen dem neuronalen Modell und dem neuronalen Einstrom, kommt es zur Habituation oder Gewöhnung. Gibt es eine Diskrepanz, kommt es zur **Dishabituation**, d. h. zu einer verstärkten Reaktion auf den Reiz. Habituation hat eine wichtige Bedeutung bei der Reizselektion, da somit unwichtige Reize immer weniger Beachtung erfahren. Habituation führt zu einer verminderten Orientierungsreaktion auf den Reiz und erlaubt so die Zuwendung von Aufmerksamkeit auf neue Reizkonfigurationen.

Determinanten der Habituation   Das **Erregungsniveau** (die Höhe der momentanen physiologischen Aktivierung) des Organismus bestimmt die Geschwindigkeit der Habituation gemeinsam mit anderen Faktoren wie **Reizintensität, Reizdauer** und **Darbietungsfrequenz**. Eine wichtige Vorbedingung für die Habituation ist ein niedriges Erregungsniveau, das man durch pharmakologische Veränderungen (z. B. Gabe eines Benzodiazepins) und auch durch Entspannung induzieren kann. Habituation auf aversive Reize wird durch **Information über die Reize** erhöht. Wenn z. B. eine Person über unangenehme auftretende Empfindungen und Gefühle bei einem medizinischen Eingriff informiert wird und diese erwartet, kann sie sich besser an diese gewöhnen. Je eher die Vorbereitung der tatsächlich auftretenden Situation entspricht, desto besser und schneller gelingt die Gewöhnung.

Sensitivierung   Der komplementäre Vorgang zur Habituation ist die **Sensitivierung**, eine **Zunahme der physiologischen** oder **Verhaltensreaktion** auf einen besonders intensiven Reiz. Sensitivierung tritt eher bei schneller als bei langsamer Reizfolge und auch bei langanhaltender Reizung auf und wird insbesondere bei aversiver, z. B. noxischer Reizung beobachtet. Bei Patienten mit chronischen Schmerzen scheint häufig die Habituation auf schmerzhafte Reize gestört und durch eine übermäßige Sensitivierung ersetzt zu sein. Auch die Sensitivierung ist ein reiz- und situationsspezifischer, einfacher, aber eigenständiger Lernprozess des Nervensystems, der in seinen Eigenschaften in vielerlei Hinsicht der Habituation spiegelbildlich ist.

> **Habituation und Sensitivierung sind nichtassoziative Lernvorgänge, die nur von der Reizstärke und der zeitlichen Darbietung abhängen.**

66.1.2   Assoziatives Lernen

Assoziatives Lernen ist durch die Verknüpfung von zwei Reizen bestimmt. Dabei kommt es bei der Pawlowschen Konditionierung zu einer Verbindung von einem neutralen und einem biologisch relevanten Reiz. Beim operanten Lernen wird eine Reaktion mit einer Konsequenz (Verstärkung) verknüpft.

Klassische Konditionierung   Ein schmerzhafter Reiz an der Hand führt zu einem Wegziehen der Hand und einem Anstieg der Muskelspannung, der Herzfrequenz und der Hautleitfähigkeitsreaktion. Dieser Reflex ist angeboren und tritt bei allen Tieren unabhängig von ihrer Vorgeschichte auf. Solche **unbedingte oder unkonditionierte Reflexe** beruhen auf starren neuronalen Verschaltungen zwischen den Sinnesrezeptoren (Sensoren) und dem Erfolgsorgan. Im Gegensatz dazu wird bei den **erworbenen** oder **bedingten (konditionierten) Reflexen** die funktionelle Verbindung zwischen erregten Sensoren und Aktivitätsabläufen in Erfolgsorganen erst durch Lernvorgänge erworben.

Bei der **klassischen oder Pawlowschen Konditionierung** stellt die Vorbedingung des Lernens die Auslösung eines unbedingten Reflexes (UR) dar, z. B. der Speichelfluss eines Hundes nach Anbieten von Nahrung (unbedingter Reiz, US, unconditioned stimulus). Um ein Individuum klassisch zu konditionieren, wird kurz vor dem Reiz für den unbedingten Reflex ein ursprünglich neutraler, weiterer Reiz gesetzt – es ertönt z. B. kurz vor dem Anbieten von Nahrung eine Glocke (konditionierter Reiz, CS=conditioned stimulus). Wird diese Assoziation von unbedingtem (US) und bedingtem Reiz (CS) wiederholt, so löst bald auch der konditionierte Reiz alleine die Reaktion aus – der Hund wird auch ohne Anbieten von Nahrung nach Läuten der Glocke mit Speichelfluss reagieren. Beim klassischen Konditionieren wird also ein ursprünglich neutraler Reiz zum Auslöser eines bedingten Reflexes (conditioned response, CR) (◘ Abb. 66.2).

> **Bei der klassischen Konditionierung wird ein neutraler (konditionierter) Reiz mit einem biologisch bedeutsamen (unkonditionierten) Reiz assoziiert.**

Die konditionierte Reaktion

Die unkonditionierte Reaktion und die konditionierte Reaktion können, müssen einander jedoch nicht ähnlich sein. So ergaben z. B. Untersuchungen, bei denen potentiell toxische Substanzen wie Kokain verwendet wurden, dass nicht nur die ursprüngliche körperliche Reaktion auf den Reiz (z. B. Erhöhung der Körpertemperatur), sondern auch die dabei auftretende homöostatische Gegenregulation des Köpers (nämlich Absenkung der Körpertemperatur, um einen Ausgleich zu schaffen

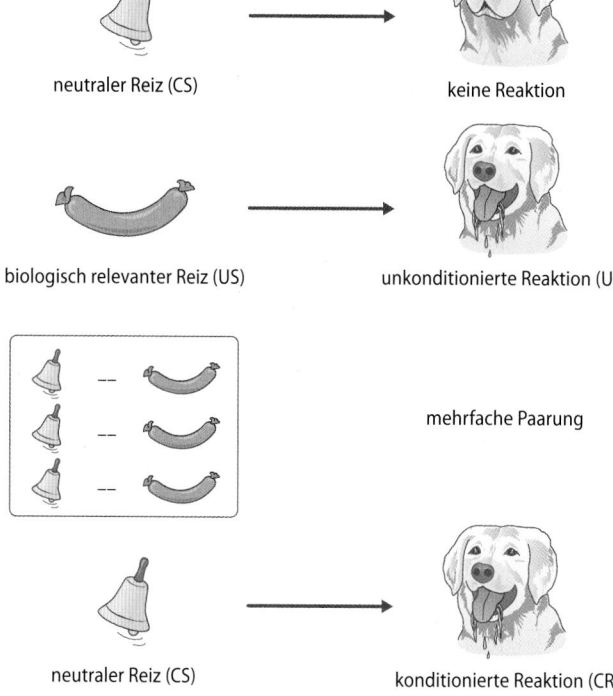

neutraler Reiz (CS)   keine Reaktion

biologisch relevanter Reiz (US)   unkonditionierte Reaktion (UR)

mehrfache Paarung

neutraler Reiz (CS)   konditionierte Reaktion (CR)

▣ Abb. 66.2   Die Abbildung zeigt den Prozess der klassischen oder Pawlowschen Konditionierung: Ein ursprünglich neutraler Reiz (CS), hier der Glockenton, wird zum konditionierten Reiz, nachdem er mehrfach mit der Nahrung als biologisch relevantem Reiz (dem unkonditionierten Reiz, US) zusammen dargeboten wurde. Der Speichelfluss als unkonditionierte Reaktion (UR) tritt dann auch auf den Glockenton hin auf und wird zur konditionierten Reaktion (CR)

und den Organismus vor Schaden zu bewahren) konditioniert werden können. Die konditionierte Antwort kann in diesem Fall eine kompensatorische oder dem unbedingten Reflex gegenläufige Reaktion sein. Dies ist insbesondere zum Verständnis der Rolle der klassischen Konditionierung bei der Drogenabhängigkeit wichtig (▶ Kap. 68.3.3). Welche Reaktion auftritt, hängt entscheidend von Kontext- oder Umgebungsreizen („contexts") ab, die man auch als konditionierte Reize betrachten muss und die ebenso wie einzelne Hinweisreize („cues") konditionierte Reaktionen auslösen können. Zu den Kontextreizen gehören sowohl körperinterne Zustände (z. B. die Stimmung, in der man sich befindet, oder ein bestimmter, durch ein Medikament induzierter Zustand) als auch externe Reize (z. B. die zeitliche und räumliche Umgebung), ebenso die Reize, die dem derzeitigen konditionierten Reiz vorausgegangen sind („Konditionierungsgeschichte") oder einfach das Vergehen von Zeit.

Operante Konditionierung   Bei der klassischen Konditionierung ersetzt die konditionierte Reaktion die unkonditionierte Reaktion. Aktiv erwirbt das Tier neues Verhalten durch die **instrumentelle** oder **operante Konditionierung.** Beim operanten Konditionieren folgt unmittelbar auf eine zu lernende Reaktion ein belohnender oder bestrafender Reiz (▣ Tab. 66.1). Die Bezeichnung operantes oder instrumentelles Lernen bezieht sich darauf, dass das Verhalten selbst „operativ" auf einen fördernden oder hemmenden Reiz wirkt. Bei der **positiven Verstärkung** kommt es bei der Darbietung eines belohnenden Reizes (positiver Verstärker) zu einer Zunahme des Verhaltens, z. B. führt Aufmerksamkeit bei einer Schmerzäußerung zu einer Zunahme des Schmerzausdrucks. Bei der **negativen Verstärkung** des Verhaltens wird eine Bestrafung (negativer Verstärker) auf eine Reaktion weggenommen. Auch hier nimmt das Verhalten zu, weil der Wegfall eines negativen Zustandes als belohnend erlebt wird. Ein Beispiel wäre hier die Einnahme eines Medikaments, das Angst reduziert. Wird die Einnahme von einer Angstreduktion (= negative Verstärkung) gefolgt, so steigt die Wahrscheinlichkeit, das Medikament weiter einzunehmen.

Bei der **direkten Bestrafung** wird ein Verhalten von einer negativen Konsequenz gefolgt – das Verhalten nimmt ab. Bei der **indirekten Bestrafung** wird ein positiver Verstärker (oder eine Belohnung) weggenommen und auch hier nimmt die Frequenz des Verhaltens ab, da dies als bestrafend erlebt wird. Ein Beispiel wäre hier die Wegnahme des Lieblingsspielzeugs, wenn die Hausaufgaben nicht gemacht werden. Der Abbau eines unerwünschten Verhaltens ist bei der Bestrafung allerdings nicht immer dauerhaft und konsistent, sodass Bestrafung heute nur zusammen mit dem Aufbau alternativen Verhaltens eingesetzt wird.

Kontiguität und Kontingenz   Instrumentelles und klassisches Konditionieren weisen Ähnlichkeiten auf, wie z. B. die Zeitintervalle zwischen den kritischen Ereignissen (optimal 500 ms). Entscheidend für beide ist das Prinzip der zeitlichen Nachbarschaft zwischen konditioniertem Reiz und unbedingtem Reflex im klassischen Konditionieren und zwischen Reaktion und Konsequenz im operanten Lernen (**Kontiguitätsprinzip**).

Beim operanten (instrumentellen) Lernen kommt aber noch das Element der kausalen Nachbarschaft hinzu: Eine Reaktion bewirkt (verursacht) eine Konsequenz. Dieses Prinzip wird **Kontingenzprinzip** genannt. Die Verbindung aus

▣ Tab. 66.1 Formen des operanten Konditionierens		
	Darbietung	**Wegnahme**
Positiver Verstärker (belohnender Reiz)	**Positive Verstärkung** (z. B. Aufmerksamkeit wird auf Angstäußerung gerichtet) → Verhalten nimmt zu	**Indirekte oder Typ-II-Bestrafung** (z. B. Wegnahme eines besonders beliebten Spielzeugs) → Verhalten nimmt ab
Negativer Verstärker (aversiver Reiz)	**Direkte oder Typ-I-Bestrafung** (z. B. Rüge wegen eines Fehlers) → Verhalten nimmt ab	**Negative Verstärkung** (z. B. Beenden eines Angstzustandes durch ein Medikament) → Verhalten nimmt zu

einem auslösenden Reiz (S), einer Reaktion (R) und der davon ausgelösten Konsequenz (K), die **S-R-K-Verbindung** (Kontingenz) stellt eine Einheit dar und das Verstärkungssystem hält diese drei Elemente wie „Klebstoff" zusammen. In sog. Verstärkerplänen wird festgelegt, in welcher zeitlichen Abfolge und wie häufig Verhalten verstärkt wird. Dies wirkt sich auf die Schnelligkeit des Erlernens und Verlernens einer Reaktion aus.

❯❯ Bei der operanten Konditionierung wird eine zunächst spontan auftretende Reaktion durch Belohnung oder Bestrafung verstärkt bzw. gehemmt.

Extinktion   Wird der konditionierte Reiz wiederholt ohne unbedingten Reflex dargeboten (klassisch konditioniert) oder folgt auf die Reaktion keine Konsequenz mehr (operant konditioniert), so wird die gelernte Reaktion gelöscht (extingiert) (◘ Abb. 66.3). **Extinktion** muss von Habituation und Adaptation unterschieden werden, da bei Extinktion stets eine assoziativ gelernte Reaktion durch ein neues Verhalten ersetzt wird. Die Extinktion ist deshalb ein **aktiver Lernprozess** nicht ein bloßes Vergessen und sie ist im Gegensatz zum Erwerb einer konditionierten Reaktion **spezifisch für den Kontext**, in dem sie gelernt wird.

Die Extinktion eines Verhaltens kann durch mehrere Vorgänge aufgehoben werden. Besonders häufig ist die **Spontanerholung**, bei der die konditionierte Reaktion nach der Löschung wieder im Konditionierungskontext auftritt. Pawlow betrachtete dies als einen Beleg dafür, dass es bei der Extinktion nicht zur Löschung, sondern lediglich zu einer Abschwächung der gelernten Assoziation kommt. Auch der Wechsel des Kontextes (**Erneuerung**, „renewal") kann zur Störung der Extinktion führen, ebenso wie die erneute Darbietung des unbedingten Reizes (**Wiederherstellung**, „reinstatement").

Nach jeder erneuten Wiedergabe („retrieval") einer gelernten Reaktion oder eines gespeicherten Materials erfolgt erneute Einprägung durch Verfestigung der Gedächtnisspuren. Dies wird **Rekonsolidierung** genannt. Extinktion, z. B. von Furcht, wird beschleunigt, wenn man kurz nach Darbietung des konditionierten Reizes, also in der Rekonsolidierungsperiode (die ca. bis 6 Stunden andauert), einen Störreiz oder ein Pharmakon, das die Einprägung stört, darbietet.

Bedeutung klassischer und operanter Konditionierung
Viele Verhaltensweisen, vor allem „willentliche" Reaktionen werden nach den Prinzipien des operanten Konditionierens erworben, aufrechterhalten und gehemmt. Dem Lernen über Belohnung schreibt man vor allem beim Erwerb von abhängigem Verhalten eine große Bedeutung zu. Die klassische Konditionierung spielt eine stärkere Rolle bei der Ausbildung vegetativer (autonomer) und emotionaler bedingter Reaktionen, z. B. beim Furchtlernen. Für das Verständnis der Angststörungen sind die Prozesse der aktiven und passiven Vermeidung besonders wichtig. Bei der passiven Vermeidung wird die Annäherung an das Objekt der Angst vermieden. Ein Beispiel ist der Schlangenphobiker der Situationen vermeidet, die ihn mit einer Schlange konfrontieren könnten (z. B. Wandern im Wald). Bei der aktiven Vermeidung wird eine Handlung ausgeführt, die die gefürchtete Situation abwehren soll, z. B. wird ein umfangreiches Waschritual, wie es bei der Zwangsstörung auftritt, durchgeführt, um gefürchtete Ereignisse (Infektion, Krankheit) abzuwehren. Auch Modelllernen kann zum Angsterwerb beitragen, so lernen Kinder z. B. viele Ängste von ihren Eltern.

Modellernen   Der Erwerb von Reaktionen durch die Beobachtung anderer ist ein weiterer grundlegender Lernmechanismus beim Erwerb neuer Verhaltensmuster. Hier ist es nicht notwendig, dass der Beobachter selbst verstärkt wird, sondern es reicht aus, dass das Modell eine Verstärkung erfährt (**symbolische Verstärkung**). Kinder erwerben Einstellungen über Krankheit und Gesundheit von ihren Eltern und der sozialen Umgebung. Durch Modellernen werden nicht nur neue Verhaltensmuster erworben, sondern es können auch bereits bestehende Reaktionen gehemmt oder enthemmt werden. In der Therapie haben sich ganz besonders **bewältigende** Modelle als vorteilhaft erwiesen, also Personen, die das zu lernende Verhalten nicht perfekt beherrschen, sondern noch Fehler machen und zeigen, dass sie diese überwinden können. Modellernen hat sich gerade bei der Therapie mit Kindern als besonders hilfreich erwiesen.

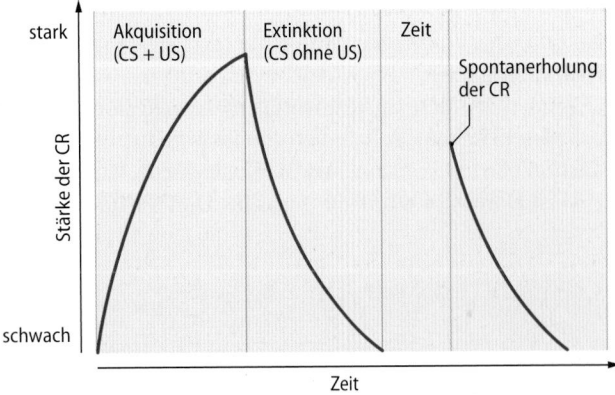

◘ **Abb. 66.3   Extinktion eines Verhaltens.** Nach der Akquisition, bei der der konditionierte Reiz (CS) und der unkonditionierte Reiz (US) gepaart werden, entsteht eine konditionierte Reaktion (CR). In der Extinktion wird der konditionierte Reiz ohne den unkonditionierten Reiz dargeboten. Dies führt zu einer Löschung des erlernten Verhaltens. Nach einer längeren Pause kann eine Spontanerholung der konditionierten Reaktion auftreten

In Kürze

Beim **klassischen Konditionieren** wird die Assoziation über zeitlich simultan auftretende Reize erworben (**Kontiguität**), während beim **instrumentellen Konditionieren** die Assoziation über Kontiguität und die Verursachung einer Konsequenz nach einer Verhaltensweise (**Kontingenz**) erfolgt. **Extinktion**, das Verlernen einer gelernten Reaktion, ist ein aktiver Lernprozess, der die Reaktion nur abschwächt. **Rekonsolidierung** nach Wiedergabe eines Lerninhalts stärkt die Abspeicherung im Gedächtnis. **Modellernen** ist eine weitere wichtige Form des Lernens.

66.2   Plastizität des Gehirns und Lernen

66.2.1   Entwicklung und Lernen

Das Gehirn ist vom pränatalen Zustand bis ins hohe Alter plastisch und verändert sich durch Verletzung und Lernen. Diese plastischen Prozesse steuern das Wachstum und die Verbindungen von Nervenzellen.

Lernen und Reifung   Alle Lernprozesse sind Ausdruck der Plastizität des Nervensystems, aber nicht jeder plastische Prozess bedeutet Lernen. Unter Lernen verstehen wir den **Erwerb eines neuen Verhaltens**, das bisher im Verhaltensrepertoire des Organismus nicht vorkam. Damit wird Lernen von **Reifung** unterschieden, bei der genetisch programmierte Wachstumsprozesse zu Veränderungen des zentralen Nervensystems führen, die als unspezifische Voraussetzung für Lernen fungieren. **Prägung** ist eine spezielle Form des Lernens. Sie beruht auf einer angeborenen Sensitivität für bestimmte Reiz-Reaktions-Verkettungen in einem spezifischen Abschnitt der Entwicklung eines Lebewesens. In diesen kritischen Phasen, d. h. der Zeit, während der die Kommunikation zwischen Zellen festlegt, was mit diesen Zellen später passiert, kann Verhalten geformt werden, später nicht. Ein gutes Beispiel sind **Konrad Lorenz'** junge Graugänse, die innerhalb eines eng umschriebenen Zeitabschnittes ihrer Entwicklung lernten, auch dem Menschen zu folgen, wenn der natürliche konditionierte Reiz, nämlich die Gänsemutter, nicht vorhanden war.

Wirkung früher Deprivation   Neben der genetisch gesteuerten Reifung synaptischer Verbindungen ist die **Ausbildung spezifischer synaptischer Verbindungen** unter dem Einfluss früher Umweltauseinandersetzung unabdingbare Voraussetzung für Lernvorgänge aller Art. Neuronale Wachstumsvorgänge und Abbau überflüssiger Verbindungen stellen die Grobverbindungen im Nervensystem her; die Entwicklung von geordneten Verhaltensweisen und Wahrnehmungen hängt aber von der **adäquaten Stimulation** des jeweiligen neuronalen Systems in einer **frühen, kritischen Entwicklungsperiode** ab.

Inaktivierung und Absterben von Neuronen   Durch simultanes Feuern wird nicht nur die Stärke der Verbindung der kooperierenden Synapsen erhöht, sondern die der **inaktiven** benachbarten Synapsen geschwächt. Durch die simultan ak-

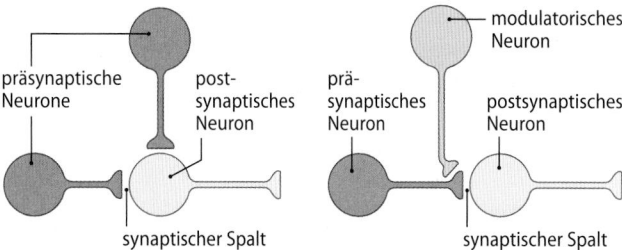

◻ Abb. 66.4   Hebb-Synapsen. Links die klassische Vorstellung Hebbs: prä- und postsynaptische Neurone feuern gleichzeitig oder leicht zeitverschoben; nach mehrmaliger Paarung wird die Verbindung zwischen ihnen verstärkt. Denkbar, und bei einfachen Lebewesen wie Aplysia häufig, ist die Stärkung der Verbindung zwischen dem prä- und postsynaptischem Neuron durch gleichzeitige Aktivierung der Postsynapse

tiven Synapsen wird aktivitätsabhängig der Nervenwachstumsfaktor (**nerve growth factor**, NGF) von den benachbarten Synapsen „abgezogen". Bei Nichtvorhandensein des Nervenwachstumsfaktors oder eines ähnlichen, auf den postsynaptischen Zellen aktivierten Wachstumsfaktors sterben die benachbarten nicht aktiven Zellen ab (**pruning, Zuschneiden**). Der **Abbruch alter**, störender Verbindungen durch Absterben oder Funktionslosigkeit nicht benützter Zellen ist somit für die Entwicklung neuer Verhaltensweisen mindestens genauso wichtig wie der **Aufbau neuer** neuronaler Verbindungen (◻ Abb. 66.4). Im ersten Lebensjahr wird ein Großteil aller vorhandenen Synapsen wieder abgebaut, ein erheblicher Teil der verbliebenen neuronalen Verbindungen bleibt **still** und wird erst bei adäquater Stimulation aktiviert.

66.2.2   Hebb-Synapsen

Die Hebb-Regel stellt die neurophysiologische Grundlage der Bildung von Assoziationen dar.

Hebb-Regel   Aus dem Studium der selektiven Deprivation einzelner Wahrnehmungsfunktionen, vor allem des visuellen Systems, konnte man die wesentlichen der am Lernen beteiligten neuronalen Prozesse isolieren. Dabei ist ein fundamentales Prinzip neuronaler Plastizität, das auch Lernvorgängen zugrunde liegt, die Hebb-Regel: „Wenn ein Axon des Neurons A nahe genug an einem Neuron B liegt, sodass Zelle B wiederholt oder anhaltend von Neuron A erregt wird, so wird

Klinik

Amblyopie

Die Interaktion von Reifung und Lernen ist für die Entwicklung des **räumlichen Sehens** besonders wichtig. So gibt es im visuellen Kortex von neugeborenen Affen Nervenzellen, die **unabhängig davon**, ob die Information vom rechten oder linken Auge kommt, reagieren und andere, die nur auf Information aus einem Auge reagieren. Verschließt man ein Auge gleich nach der Ge-

burt, so kann eine Erregung der Zellen nur noch über das nicht verschlossene Auge erfolgen. Der neuronale Zufluss von den Augen konkurriert im Gehirn und wird nur gefestigt, wenn **ständig neue Impulse** erfolgen. Diese Formung durch Lernen ist sinnvoll, weil durch genetische Faktoren allein nicht die exakte Überlagerung der Bilder von beiden Augen geleistet werden könnte.

Ist bei einem Neugeborenen der neuronale Zustrom von einem Auge zum Gehirn gestört, z. B. durch Schielen oder einen angeborenen Katarakt, so wird das Auge schwachsichtig: es entwickelt eine **Amblyopie**. Diese kann nur in der kritischen Phase verhindert werden.

die Effizienz von Neuron A für die Erregung von Neuron B durch einen Wachstumsprozess oder eine Stoffwechseländerung in beiden oder einem der beiden Neurone erhöht."

> ❯ „Neurons that wire together, fire together."

Arbeitsweise von Hebb-Synapsen Während die meisten Neurone des Zentralnervensystems bei wiederholter Erregung durch ein anderes Neuron ihre Feuerrate reduzieren oder nicht verändern, haben Hebb-Synapsen (die für Lernprozesse charakteristisch und damit plastisch sind) eben diese Eigenheit, bei simultaner Erregung ihre Verbindung zu verstärken.

An der Realisierung der Hebb-Regel sind i. Allg. zwei präsynaptische Elemente (Synapse 1 und 2) und eine postsynaptische Zelle beteiligt: Nehmen wir an, Synapse 1 wird durch einen neutralen Ton erregt, der allein nicht ausreicht, die postsynaptische Zelle, an der sowohl Synapse 1 wie Synapse 2 konvergieren, zum Feuern zu bringen. Nun wird Synapse 2, die z. B. aus einer Zelle im Auge erregt wird, kurz nach oder gleichzeitig mit Synapse 1 durch einen Luftstoß auf das Auge erregt, der in der postsynaptischen Zelle z. B. die Aktivierung eines Blinkreflexes auslöst. Dieser Akt des **Feuerns der postsynaptischen Zelle**, ausgelöst durch Synapse 2, verstärkt nun die Aktivität aller Synapsen, die an dieser postsynaptischen Zelle gerade **gleichzeitig** aktiv waren, so auch die Erregbarkeit der „schwachen" Synapse 1. Nach mehreren zeitlichen Paarungen der beiden Reize, Ton und Luftstoß, wird die Synapse 1 zunehmend „stärker" und es genügt dann der Ton allein, um die postsynaptische Zelle zum Feuern zu bringen und damit einen Blinkreflex auszulösen: klassisches Konditionieren des Blinkreflexes wurde somit aufgebaut.

Dornen-Synapsen Ort des Lernens sind vor allem plastische Synapsen an den dendritischen Dornen der Neurone. Lernen führt zu strukturellen Änderungen dieser und zum „Verkümmern" unbenutzter Synapsen sowie zur Ausbreitung und Neuformierung kortikaler Repräsentationen und Karten.

Simultane Aktivierung
Für die Ausbildung der okulären Dominanzsäulen ist die simultane Aktivierung prä- und postsynaptischer Elemente im visuellen Kortex aus beiden Augen notwendig. Zeitlich **simultane Aktivierung** von prä-synaptischen und postsynaptischen Elementen führt also zu einer funktionellen und anatomischen Stärkung der Verbindung zwischen prä- und postsynaptischem Element in Hebb-Synapsen. ▶ Kap. 11.2.2 diskutiert die synaptischen Veränderungen, welche durch zeitlich oder örtlich simultanes Feuern vor und nach Training entstehen und als neuronale Grundlage von Lernen fungieren können.

66.2.3 Einfluss der Umgebung auf Lernprozesse

Lernen und Erfahrung sind auf spezifische anregende Reize aus der Umgebung angewiesen und führen zu verschiedenen funktionellen und strukturellen Änderungen, vor allem an kortikalen Dendriten.

Wirkung anregender Umgebung Vergleichsuntersuchungen, bei denen Tiere in unterschiedlichen Altersstufen einerseits angereicherten, stimulierenden Umgebungen und andererseits verarmten, eintönigen Umgebungen ausgesetzt wurden, zeigten, dass Lernen und Erfahrung zu einer Vielzahl spezifischer und unspezifischer anatomischer und physiologischer Änderungen führen.

Tiere, die in einer stimulierenden Umgebung aufwachsen, haben dickere und schwerere Kortizes, eine erhöhte Anzahl dendritischer Fortsätze und dendritischer **Spines**, erhöhte Transmittersyntheseraten, vor allem des Acetylcholins und Glutamats, Verdickungen der postsynaptischen (subsynaptischen) Membranen, Vergrößerungen von Zellkörpern und Zellkernen sowie Zunahmen der Anzahl und der Aktivität von Gliazellen. Wenn man die Tiere zusätzlich zu ihrem normalen Verhalten noch in spezifischen Lernaufgaben trainiert, so kommt es zu einem vermehrten Auswachsen von Verzweigungen der apikalen und basalen Dendriten der kortikalen und hippokampalen Pyramidenzellen. Dieses Wachstum geht mit einer Vergrößerung der dendritischen **Spines** einher. Beim Menschen ließen sich bei unter Deprivationsbedingungen aufgewachsenen Kindern (z. B. vernachlässigte in rumänischen Waisenhäusern aufgefundene und langzeituntersuchte Kinder) verminderte graue und weiße Substanz des Gehirns sowie kognitive und affektive Auffälligkeiten finden.

Ort und Art des Lernens Diese Befunde machen wahrscheinlich, dass die **apikalen dendritischen Synapsen und Spines** als ein wesentlicher Ort des Lernens betrachtet werden können. Die meisten Verbindungen zwischen präsynaptischem und postsynaptischem Neuron bestehen bereits vor der eigentlichen Lernbedingung, sodass durch Lernen vor allem **„schlafende" synaptische Verbindungen** „geweckt" werden. Die Herstellung völlig neuer Verbindungen scheint dagegen im ausgereiften Nervensystem seltener zu sein. Die physiologischen und histologischen Änderungen sind **ortsspezifisch**, d. h., sie finden dort statt, wo der Lernprozess vermutet werden kann, nämlich in der Umgebung der aktiven sensomotorischen Verbindungen (z. B. lässt sich das Erlernen visuellen Kontrastes oder von Bewegungssehen an den entsprechenden Veränderungen im visuellen Kortex ablesen).

66.2.4 Kortikale Karten

Durch Lernprozesse kommt es zur Ausbreitung oder Reduktion kortikaler Repräsentationen und Karten.

Plastizität kortikaler Karten Auf anatomischer Ebene zeigen sich aktivitätsabhängige Änderungen auch an den **Modifikationen kortikaler Karten** im Gehirn. Wenn z. B. ein Tier eine bestimmte Bewegung über einen längeren Zeitraum übt, so lässt sich eine Ausbreitung des „geübten" somatotopischen Areals auf benachbarte Areale nachweisen. Es werden dann Zellantworten, z. B. von der postzentralen Handregion über früher nicht aktiven Hirnarealen abgeleitet. Diese topographischen Karten sind von Individuum zu Individuum ver-

Klinik

Phantomschmerz

Nach Amputation eines Beines, Armes oder der weiblichen Brust und auch bei Querschnittslähmungen kommt es häufig zu **Phantomempfindungen und Phantomschmerzen** (▸ Kap. 51.5.1). Der Patient spürt dabei deutlich und oft quälend das nicht mehr vorhandene Teil. Durch Magnetresonanztomografie oder andere bildgebende Verfahren lässt sich zeigen, dass sich das Repräsentationsareal des amputierten Gliedes im primären somatosensorischen (aber auch im sekundären somatosensori-

schen und im motorischen) Kortex verändert hat. ◘ Abb. 66.5 zeigt ein Beispiel der Verschiebung somatotopischer Repräsentation am postzentralen Kortex des erwachsenen Menschen. Hier ist die Repräsentation des Mundes ipsi- und kontralateral der amputierten Hand am Gyrus postcentralis zu sehen. Dabei ist auffällig, dass die sensomotorische Repräsentation des Mundareals in das vom afferenten Zustrom befreite Handareal „hineingewandert" ist, jedoch nur bei Personen mit Phantomschmerz. Je

größer die Verschiebung der Repräsentation von Lippe oder Gesicht in das Handareal, umso größer der Phantomschmerz. Man vermutet, dass diese Aktivität im vom sensorischen Einstrom befreiten Repräsentationsareal in das nicht mehr vorhandene Glied projiziert wird und dies als Phantomschmerz wahrgenommen wird. Dabei scheint eine Veränderung des Areals vor der Amputation, z. B. durch lange andauernden chronischen Schmerz, das Auftreten von Phantomschmerz zu fördern.

schieden, je nach der bevorzugten Aktivität des Sinnessystems oder des jeweiligen motorischen Outputs. Die **erworbene Individualität** eines Organismus (in Abgrenzung von der genetischen) könnte somit in unterschiedlichen topographischen (ortssensitiven) und zeitsensitiven Hirnkarten repräsentiert sein.

Bei der Modifikation solcher topographischer (ortssensitiver) oder zeitsensitiver Hirnkarten zeigt sich wieder, dass die Hebb-Regel Gültigkeit hat: Die Ausweitung einer topographischen Repräsentation durch Lernen wird durch **gleichzeitige** Aktivierung einzelner Zellen von zwei benachbarten Fasern aus benachbarten Haut- oder Handregionen bewirkt. Im Falle des Phantomschmerzes der oberen Extremität wachsen axonale Verbindungen aus der Mundregion in die Region der ehemaligen Hand ein und erhöhen damit die Wahrscheinlichkeit simultanen Feuerns in der Handregion des amputierten Armes. Es ist also nicht nur der rein quantitative Anstieg der Aktivität, der für die anatomischen Veränderun-

gen verantwortlich ist, sondern die durch **synchrone Aktivität** ausgelösten Veränderungen.

❯ Veränderungen in den kortikalen Repräsentationsarealen bedingen interindividuelle Unterschiede im Verhalten und Erleben.

In Kürze

Lernprozesse betreffen die **Ausbildung** und Persistenz spezifischer **synaptischer Verbindungen** sowie den **Abbau** überflüssiger synaptischer Verbindungen. Da eine **stimulierende Umgebung** die Voraussetzung für die Modifikation der synaptischen Verbindungen darstellt, gelingt diese in anregender Umgebung am besten. Diese Veränderungen an den Spines und in den kortikalen Karten können **adaptiv** sein, aber auch **maladaptive** Prozesse wie chronische Schmerzen hervorrufen.

| Patienten mit Phantomschmerz | Patienten ohne Schmerzen | Gesunde Kontrollgruppe |

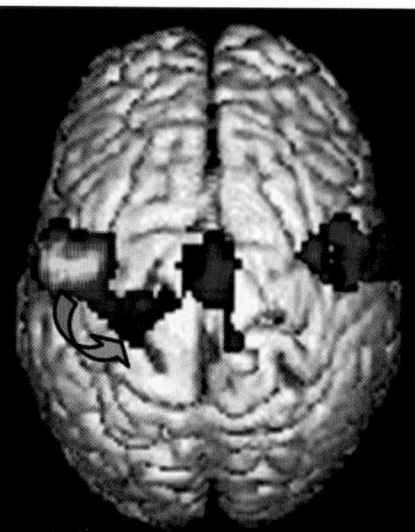 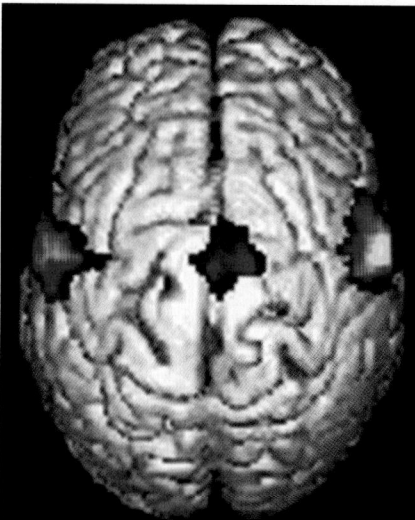 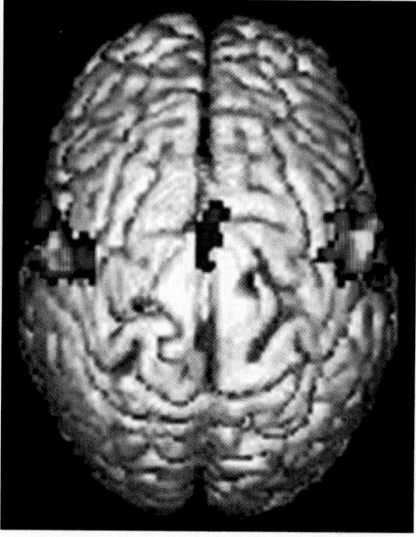

◘ **Abb. 66.5 Reorganisation des sensomotorischen Kortex bei Phantomschmerz.** Gezeigt sind Daten der funktionellen Magnetresonanztomografie bei Personen mit unilateraler Armamputation mit und ohne Phantomschmerz und gesunden Kontrollen, während sie eine Lippenbewegung durchführen. Eine Ausbreitung der Aktivierung in das Gebiet der früheren Handrepräsentation hinein findet sich nur beim Amputierten mit Phantomschmerz. Je weiter die Verschiebung, desto stärker der Phantomschmerz. Personen ohne Phantomschmerz zeigen keine kortikale Reorganisation

66.3   Neurobiologische Mechanismen von Lernen

66.3.1   Lernen auf zellulärer Ebene

Assoziatives Lernen lässt sich durch Änderungen der Membraneigenschaften prä- und postsynaptischer Verbindungen erklären.

Synaptische Plastizität   Die gemeinsame neurophysiologische Grundlage allen assoziativen Lernens ist die synaptische Plastizität. Deren molekulare Grundlagen wurden zuerst an einfachen Lebewesen mit geringer neuronaler Komplexität untersucht. Dabei ergaben sich erstaunlich ähnliche molekulare Änderungen durch Lernprozesse zwischen verschiedenen Arten. In diesem Zusammenhang wurden vor allem die kalifornische Meerschnecke **Aplysia** mit etwa 20.000 Neuronen untersucht. Diese Tiere zeigen **sowohl nichtassoziatives** Lernen wie Habituation und Sensibilisierung **sowie instrumentelles und klassisches assoziatives Konditionieren** (▶ Abschn. 66.1.2).

Bei simultaner Aktivierung eines präsynaptischen sensorischen Neurons, das einen noch unterschwelligen Reiz (CS) transportiert, mit einem zweiten präsynaptischen Neuron, das einen überschwelligen Reiz (unkonditionierter Reiz, US) transportiert, wird die Verbindung zwischen prä- und postsynaptischen Neuronen verstärkt. Die **Verstärkung besteht in vermehrtem Ca^{2+}-Einstrom** durch Verlängerung des Aktionspotenzials in den präsynaptischen Neuronen. Der vermehrte Einstrom und das verlängerte Aktionspotenzial werden durch Phosphorylierung und Schließung des K$^+$-Kanals erreicht.

Vergleich Mensch und Tier
Lernen und Plastizität und die daraus resultierenden Gedächtnisprozesse sind ein Merkmal aller Tiere mit einem Nervensystem. Da das Genom über viele Arten hinweg sehr ähnlich ist, ist es nicht verwunderlich, dass die bei Aplysia gefundenen Mechanismen des Lernens auch beim Menschen in vergleichbarer Weise auftreten. Allerdings ist beim Menschen der Hippocampus und ein glutamaterger durch den NMDA-Rezeptor mediierter Mechanismus besonders wichtig.

Klassische Konditionierung   Bei der **klassischen Konditionierung** des Abwehrreflexes des Siphons bei Aplysia folgt der US (z. B. Schock auf den Schwanz) **0,5 s** nach dem CS (z. B. schwacher taktiler Reiz auf Siphon und Mantelgerüst). Wie beim Menschen und anderen Säugern scheint dieser von Pawlow gefundene Zeitabstand auch bei Invertebraten optimal für die molekular vermittelte assoziative Bindung zu sein. Der CS vom sensorischen Neuron des Mantelgerüsts z. B. löst am sensorischen Neuron geringen Einstrom von **Ca^{2+}** aus (◘ Abb. 66.6). Die wenig später eintreffenden Aktionspotenziale aus dem US-Neuron führen zu **Serotoninausschüttung**.

Der Serotoninrezeptor ist an ein **G-Protein** gekoppelt, welches das Enzym **Adenylatzyklase** aktiviert. Adenylatzyklase synthetisiert **cAMP**. Dieses aktiviert danach cAMP-abhängige **Proteinkinasen** (Proteinkinase A). Das Enzym Proteinkinase A phosphoryliert den **K$^+$-Kanal** des postsynap-

tischen Neurons, wodurch dieser geschlossen wird. Die Hemmung von K$^+$-Kanälen führt zu einer Verlängerung des präsynaptischen Aktionspotenzials und dies wiederum bewirkt mehr Ca^{2+}- Einstrom und damit verstärkte **Transmitterausschüttung** (zu den molekularen Mechanismen, ▶ Kap. 11.1).

> Assoziatives Lernen führt durch die gleichzeitige Aktivierung mehrerer Neurone zu Veränderungen der synaptischen Plastizität.

66.3.2   Langzeitpotenzierung und Langzeitdepression

Zeitliche Paarung von zwei Reizen oder hochfrequente tetanische Reizung lösen anhaltende intrazelluläre Kaskaden des Lernens aus.

Langzeitpotenzierung (LTP)   Die Langzeitpotenzierung bezeichnet eine Form des synaptischen Lernens, bei dem es zu einer länger anhaltenden Verstärkung der synaptischen Übertragung kommt. Sie kann als morphologisches Korrelat des Lernens betrachtet werden. Bei der Langzeitpotenzierung wird eine **kurze** und eine lange Form unterschieden. Die kurze Form tritt nach einmaliger tetanischer Reizung auf und hält über einige Minuten bis Stunden an. Die lange Form dauert über Tage bis Wochen an und tritt erst nach mehrmaliger tetanischer Reizung auf. Besonders im Hippokampus ist LTP auslösbar, welche von dort an die relevanten Kortexareale weitergegeben wird. Die lang anhaltende Langzeitpotenzierung kann durch Blockade der präsynaptischen Übertragung nicht mehr gestört werden, sondern nur durch **Störung der Proteinbiosynthese**.

> Langzeitpotenzierung erhöht die Stärke der synaptischen Verbindung als Folge von Lernen.

Bei der **LTP** geht man davon aus, dass sich die Synapse verändert, wenn sie intensiv oder häufig erregt wird. Der afferente Eingang induziert über die Freisetzung eines Transmitters im postsynaptischen Neuron ein exzitatorisches postsynaptisches Potenzial. Dieses kann über tetanische Reizung verstärkt werden. Dabei gibt es eine **Input-Spezifität**: nur die Synapsen, die vorher stark erregt wurden, lösen eine verstärkte postsynaptische Antwort aus. Werden verschiedene Synapsen synchron erregt, so kann es – wie oben bereits beschrieben – ebenfalls zu einer Potenzierung der Antwort und einer verstärkten synaptischen Übertragung kommen. Diese stellt die Basis für **assoziative Lernprozesse** dar.

Rolle des NMDA-Rezeptors   Eine entscheidende Rolle spielt bei der LTP der NMDA-Rezeptor, der bei niederfrequenter Aktivität inaktiv ist, da Magnesiumionen seine Kalziumpore blockieren. Er trägt wenig zur normalen synaptischen Übertragung bei, die normalerweise über den AMPA-Rezeptor läuft. Bei einer starken Depolarisation, d. h. einer Verminderung des Membranpotenzials, kommt es zu einer Aufhebung des Magnesiumblocks und Kalzium strömt in die Zelle. Die

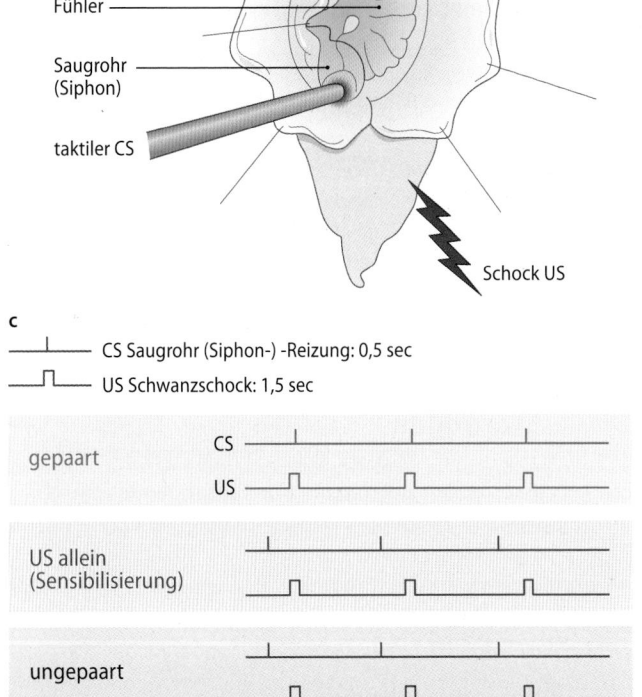

a

Fühler

Saugrohr
(Siphon)

taktiler CS

Schock US

b

CS   US

L29

sensorisches
Neuron

motorisches
Neuron

c

⊔ —— CS Saugrohr (Siphon-) -Reizung: 0,5 sec

⊓ —— US Schwanzschock: 1,5 sec

gepaart   CS

                       US

US allein
(Sensibilisierung)

ungepaart

d

mittlere Siphonabwehr [sec]

50

40

30 — gepaart

20 — US alleine

10 — ungepaart

0

        1   2   3   4   5

Training   Tage nach Training

Abb. 66.6 Mechanismus der klassischen Konditionierung bei der Aplysia. Versuchsanordnung. (**a**) Ein taktiler Reiz fungiert als konditionierter Reiz (CS), ein elektrischer Schlag als unkonditionierter Reiz (US). Die Kontraktion der Fühler und Saugrohr ist die Reaktion. (**b**) Neuronale Verschaltung von CS-Neuron und US-Neuron. Beide konvergieren prä- synaptisch am motorischen Neuron. (**c**) Konditionierung, Sensibilisierung und ungepaarte Kontrollbedingung. (**d**) Verlauf der Stärke der konditio- nierten Reaktion (blau), der Sensibilisierung (rot) und ungepaarten Kon- trolle (schwarz)

Kalziumionen aktivieren direkt oder über Botenstoffe ver- schiedene Proteinkinasen, unter anderem die Kalzium-Kal- modulin-Kinase (CaM-Kinase). Dies führt über Phosphory- lierung zu einer Erhöhung der Leitfähigkeit der AMPA-Re- zeptoren für Kalzium. Am Ende der Signalkaskade kommt es zur Freisetzung eines retrograden second messengers, z. B. von Stickoxid oder NGF, die in die präsynaptische Zelle dif- fundieren und die erhöhte Erregung aufrechterhalten können. LTP umfasst somit prä- und postsynaptische Mechanismen (☐ Abb. 66.7).

Die Proteinkinasen CaMKII, aber auch Mitogenakti- vierte Proteinkinasen (MAPK), Proteinkinase C-Isoformen und Tyrosinkinasen (TK) phosphorylieren u.a. den Tran- skriptionsfaktor CREB (cAMP responsive element binding protein), der an die Promoterregion von Genen bindet und deren Expression induziert. Die neuronale Genexpression wird auch durch epigenetische Mechanismen verändert. Fol- gen sind u. a. Bildung neuer Synapsen oder Veränderungen an Dendriten. Obwohl der NMDA-Rezeptor eine besondere Rolle spielt, gibt es auch Formen von LTP unabhängig vom

NMDA-Rezeptor. Eine ausführliche Darstellung der zellu- lären Mechanismen von LTP findet sich in ▶ Kap. 11.2.

❯ **Bei der Langzeitpotenzierung führt Kalziumeinstrom zu intrazellulär mediierten postsynaptischen Veränderungen.**

Hemmung durch Langzeitdepression Kommt es zu einer Aktivierung des präsynaptischen Neurons, die nicht aus- reicht, um das postsynaptische Neuron zu aktivieren, wird es immer schwerer für die erste Zelle, die zweite zu stimulieren. Dieser Vorgang der **Langzeitdepression** (LTD, long-term depression) ist ebenso für das Lernen wichtig. Auch LTD wird über Glutamat und Kalziumionen vermittelt, wobei hier eine niedrige Konzentration zum Rückbau der synaptischen Stär- ke führt. LTD scheint dabei aus der Aktivierung kalzium- abhängiger Phosphatasen zu resultieren. Hohe Ca^{2+}-Spiegel aktivieren eher Kinasen, was AMPA-Rezeptoren phosphory- liert und die Synapsen verstärkt, während niedrige Ca^{2+}-Spie- gel Phosphatasen aktivieren und damit AMPA-Rezeptoren dephosphorylieren und die Synapsenstärke vermindern.

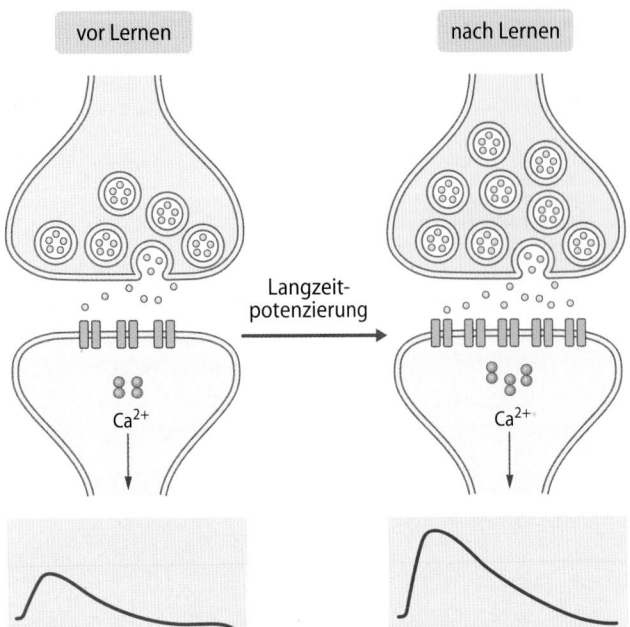

vor Lernen | nach Lernen

Langzeit-potenzierung

Ca²⁺ | Ca²⁺

◼ **Abb. 66.7   Prinzip der Langzeitpotenzierung.** Die Langzeitpotenzierung führt zu einer Verstärkung der Synapse und damit zu einer langandauernden Vergrößerung exzitatorischer postsynaptischer Potenziale

In Kürze

Die **synaptische Plastizität** ist die Grundlage des Lernens. Dabei spielen **Langzeitpotenzierung** und **Langzeitdepression** eine entscheidende Rolle. Über **intrazelluläre Signalkaskaden** kommt es zu einem vermehrten Ca²⁺-Einstrom in die Zelle, der über Phosphorylierung der Rezeptoren und Freisetzung präsynaptischer Transmitter zu einer **Verstärkung** postsynaptischer Antworten führt. Darüber hinaus kommt es zu Veränderungen in der Genexpression und der **Neubildung von Synapsen**. Lernvorgänge sind immer in **neuronalen Ensembles** gespeichert, die spezifisch für unterschiedliche Prozesse sind und durch spezifische **oszillatorische Aktivitäten** gekennzeichnet sind.

66.4   Klinische Anwendungen des Lernens

66.4.1   Lernprozesse bei psychischen Störungen

Lernprozesse spielen bei psychischen Störungen eine wichtige Rolle; sie sind besonders wichtig für deren Behandlung.

Angststörungen   Im klinischen Alltag spielen Lernprozesse eine vielfältige Rolle. **Lern- und Gedächtnisprozesse** sind bei vielen psychischen Störungen die Grundlage der Psychopathologie, zusammen mit vererbten und erworbenen **Vulnerabilitäten**. Bei den **Angststörungen** kommt es über klassische Konditionierung und Modelllernen zu einer erworbenen Furcht, bei der durch instrumentelle Konditionierung **Vermeidungsverhalten** aufgebaut wird. So meidet z. B. ein Sozialphobiker viele soziale Situationen, in denen kommunikative Fähigkeiten und Interaktionen erforderlich sind.

Sucht   Bei der Sucht spielen vor allem Veränderungen des **Belohnungslernens** eine Rolle. Durch klassische Konditionierung können **Hinweisreize auf die Droge** (z. B. eine bestimmte Stimmung oder Umgebung wie eine Bar) sowohl eine drogengleichsinnige (z. B. Euphorie) wie auch die drogengegensinnige (z. B. Entzugserscheinungen) konditionierte Reaktionen auslösen, die sich auch in gelernten Hirnveränderungen wie z. B. Aktivierung des ventralen Striatums niederschlägt. **Operante Prozesse** tragen dann zur **Gewohnheitsbildung** und Aufrechterhaltung bei.

Psychopathie   Eine besondere Form der Lernstörung gibt es bei der **Psychopathie**, einer Persönlichkeitsstörung, die Personen mit wenig emotionaler Einfühlung und Rücksicht auf andere kennzeichnet. Bei diesen Personen kommt es bei der klassischen Konditionierung nicht zu einer Aktivierung und assoziativen Verbindung von Hirnregionen wie dem orbitofrontalen Kortex, der Amygdala oder der Inselregion, die die Verknüpfung zwischen einem Hinweisreiz und einer aversiven Konsequenz herstellen (◼ Abb. 66.8). Diese Personen lernen

Darüber hinaus gibt es Bereiche im Gehirn, in denen es auch beim erwachsenen Menschen zur **Neurogenese** kommt, die beim Lernen ebenfalls eine wichtige Rolle spielen dürfte. Durch die Neustrukturierung der postsynaptischen Membran wird eine Modifikation der Erregbarkeit dieser Zelle in einem Zellensemble erreicht und die Entladungswahrscheinlichkeit und **Oszillation** eines spezifischen Zellensembles verändert. In den letzten Jahren ließ sich über optogenetische Methoden zeigen, dass die Aktivierung von LTP und LTD einen kausalen Zusammenhang zu Lernprozessen wie der Furchtkonditionierung hat.

❯❯ Lernen erfolgt in Zellenensembles, die spezifisch für verschiedene Lernformen sind.

Zellensembles und Lernen   Gedächtnisinhalte sind immer in **neuronalen Netzen oder Ensembles** repräsentiert, die sich in ihrer **oszillatorischen Aktivität** unterscheiden. Je nach Art des Lernens sind andere Hirnareale und andere oszillatorische Aktivitäten beteiligt. So sind die Habituation und Sensitivierung Prozesse, die primär auf **spinaler Ebene** NMDA-vermittelt abläuft, aber **supraspinal moduliert** werden können. Bei der klassischen Konditionierung sind **Amygdala** und **Hippocampus**, je nachdem ob es um Hinweisreiz- oder Kontextkonditionierung geht, wichtige Bestandteile der relevanten Schaltkreise. Bei der Lidschlagkonditionierung hat das **Zerebellum** eine entscheidende Funktion. Beim operanten Lernen wie auch beim motorischen Lernen sind die **Basalganglien** von besonderer Bedeutung. **Präfrontale Areale** spielen eine besondere Rolle bei der Extinktion von gelernten Inhalten, indem sie die bei der Assoziationsbildung entstandenen Verbindungen hemmen.

66

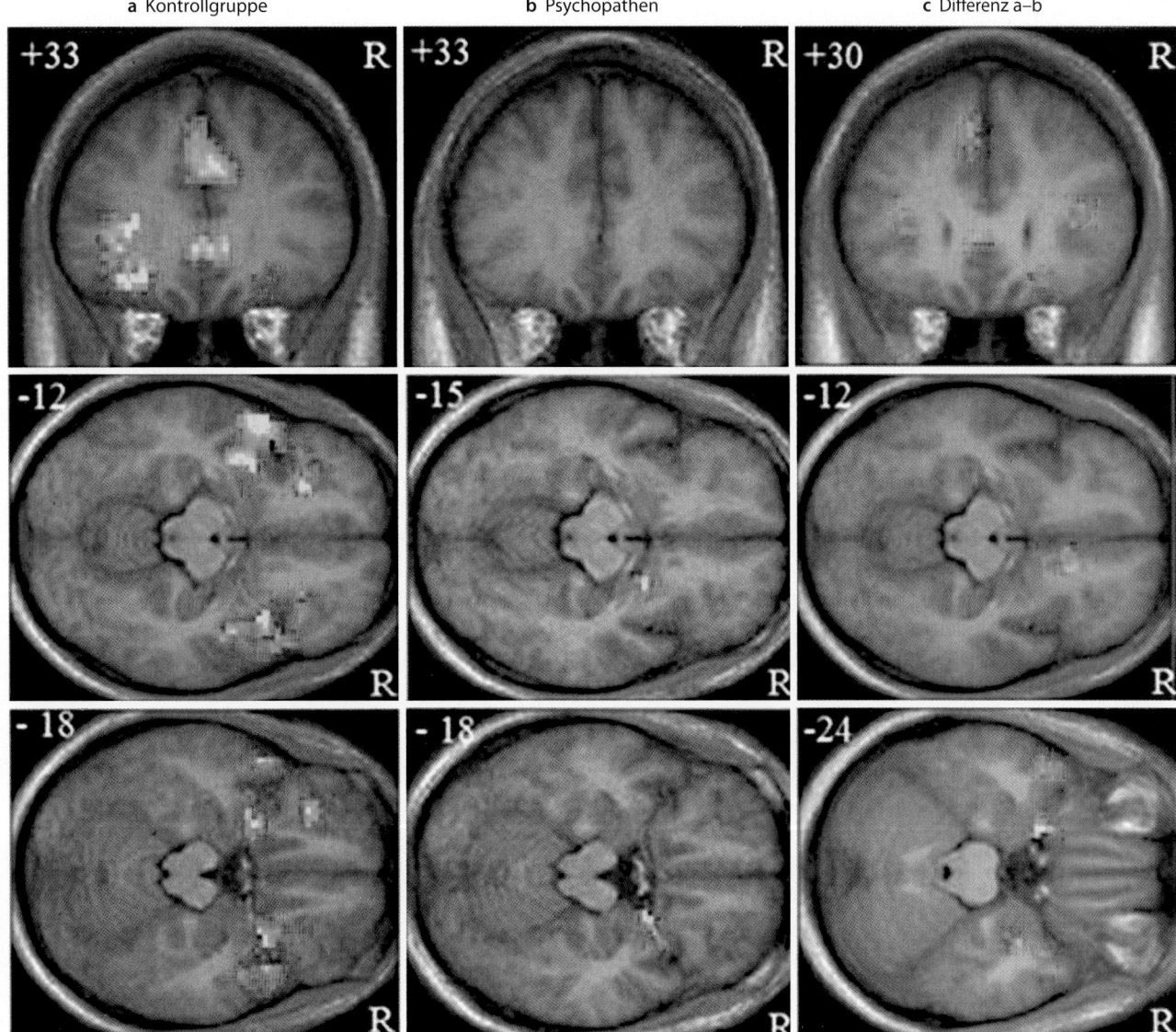

a Kontrollgruppe   **b** Psychopathen   **c** Differenz a–b

🔲 **Abb. 66.8a–c   Mit funktioneller Magnetresonanztomographie gemessene Aktivitätsmuster des Gehirns während der Koppelung von konditionierten und unkonditionierten Reizen bei der Furchtkonditionierung**. Die Abbildung zeigt die Aktivierung bei gesunden Kontrollprobanden (**a**), Psychopathen (**b**) und den Vergleich der Aktivierung der gesunden Probanden minus der Aktivierung der Psychopathen (**c**). Psychopathen zeigen lediglich eine Veränderung in der rechten Amygdala, während bei gesunden Probanden Aktivitätsveränderungen im anterioren Gyrus cinguli, dem orbitofrontalen Kortex, der Insula und der linken Amygdala während der Konditionierung zu sehen sind. In **c** zeigt sich auch im direkten Vergleich eine signifikant niedrigere Aktivierung der Psychopathen

somit nicht, **emotional negative Konsequenzen** zu antizipieren und kommen deshalb oft mit dem Gesetz in Konflikt.

66.4.2   Lernprozesse im klinischen Alltag

Nicht nur für psychische Störungen sondern bei allen Krankheiten und vielen Vorgängen im klinischen Alltag spielen Lernprozesse eine wichtige Rolle.

Placebowirkungen   Auch im normalen klinischen Alltag spielen Lernprozesse eine wichtige Rolle. So ist die klassische Konditionierung neben der Erwartung ein wichtiger Mechanismus von **Placebowirkungen**. Hat ein Patient einmal die Erfahrung gemacht, dass eine Substanz wirkt, so ist der Effekt bei der 2. Gabe größer. Umgekehrt kommt es bei der verdeckten Gabe eines Medikaments, bei der der Patient nicht weiß welche Substanz er erhält und wann sie wirkt, häufig zu einem **erheblichen Wirkungsverlust** des Medikaments. Dieser zeigt sich auch in einer ausbleibenden Hirnreaktion trotz voller Substanzgabe. Dies ist ein besonderes Problem der Medikamentengabe in Kliniken und Heimen, die oft ohne klare Angaben der Art und Wirkung und ohne klare Kennzeichnung erfolgt, was die Wirkung der Substanz **aus psychologischen Gründen** erheblich vermindert.

Chemotherapie   Klassische Konditionierung spielt auch bei der Übelkeitsreaktion während einer **Chemotherapie** eine

Klinik

Brain-Machine-Interfaces

In den letzten Jahren sind in der Rehabilitation zunehmend **hirngesteuerte Maschinen** (brain machine interfaces, BMI) eingesetzt worden, die zu völlig neuen Möglichkeiten bei der Rehabilitation geführt haben (► Kap. 65.1). So gelang es z. B. völlig gelähmten Personen durch die Steuerung ihrer Hirnaktivität mittels **Neurofeedback** die Möglichkeit zu eröffnen, Buchstaben auf einem Computerdisplay auszuwählen. Diese Kommunikationsmöglichkeit ermöglicht es z. B. völlig gelähmten Patienten mit amyotropher Lateralsklerose auch während der Dauerbeatmung mit mehr Lebensqualität zu leben. Auch bei der Rehabilitation von Patienten nach Schlaganfall kann über Neurofeedback und Gehirn-Computer-Interfaces die Beweglichkeit einer komplett gelähmten Extremität wiederhergestellt werden. Dies war bislang nur bei minimal beweglichen Gliedern möglich.

erhebliche Rolle, die an **Gerüche und Geschmack**, aber auch **visuelle Reize** konditionieren kann. Durch einfache verhaltenstherapeutische Prinzipien (z. B. latente Hemmung durch Exposition an charakteristische Hinweisreize wie Geschmack oder Geruch vor der Behandlung) kann dieser Prozess vermindert werden.

Immunsystem   Auch das **Immunsystem** ist konditionierbar und Konditionierung könnte hier z. B. die Menge an Immunsupressiva verringern helfen, indem nach dem Lernen regelmäßig ein CS statt der aktiven Substanz gegeben werden könnte. Der Prozess der Sensitivierung bei chronischen Schmerzen ist ein besonders gut beschriebener **Chronifizierungsmechanismus.** Zur Chronifizierung bei Schmerz tragen aber auch assoziative Lernprozesse wie klassische und operante Konditionierung bei. Dabei können Ärzte und Pflegepersonal durch übermäßige Aufmerksamkeit auf den Ausdruck von Schmerz, dem sog. Schmerzverhalten (wie Humpeln, Stöhnen, Schonung) die Chronifizierung fördern. Verstärkte Beachtung von gesundem Verhalten kann dem entgegenwirken und ist auch ein wichtiges Prinzip in der Behandlung chronischer Schmerzen durch Verhaltenstherapie.

66.4.3 Lernen durch Biofeedback und Rehabilitation

Die Selbstregulation körperlicher Vorgänge durch Biofeedback ist ein wichtiges Prinzip der Rehabilitation.

Für lange Zeit wurde geglaubt, dass nichtassoziative Prozesse wie Habituation oder Sensitivierung oder die klassische Konditionierung die einzigen Formen des Lernens sind, zu denen das autonome Nervensystem fähig ist. Die Anwendung des **instrumentellen Konditionierens** hat aber gezeigt, dass auch im **autonomen Nervensystem Lernen in einem erheblichen Umfang** möglich ist. So gelang es im Tierversuch z. B. die Herzfrequenz, den Tonus der Darmmuskulatur, die Urinausscheidung und die Durchblutung der Magenwand dauerhaft durch Biofeedback zu verändern.

Auch am Menschen können über operantes Konditionieren autonome und zentralnervöse Vorgänge verändert werden. Wird beispielsweise einer Versuchsperson ihre Herzfrequenz sicht- oder hörbar gemacht und ihr aufgetragen, diese zu vermindern, so genügen im Allgemeinen eher zufällige Verminderungen der Herzfrequenz in der gewünsch-

ten Richtung als Belohnung und als Antrieb, noch größere Änderungen zu erreichen.

❯❯ **Die Rückmeldung (Feedback) selbst wirkt als Belohnung.**

Solche **Biofeedbackanordnungen** ermöglichen auf nichtmedikamentösem Wege krankhafte Prozesse im Organismus positiv zu beeinflussen. Beispiele, bei denen über dauerhafte Erfolge durch Biofeedback berichtet wird, sind Herzrhythmusstörungen, Schmerzen durch Muskelverspannungen, fokale Epilepsien, Aufmerksamkeitsstörungen, Inkontinenz, Migräne, Einschlafstörungen (über Kontrolle der EEG-Frequenz), Erkrankungen und Lähmungen von Muskeln (**neuromuskuläre Reedukation**) und des Zentralnervensystems (Schlaganfall).

In Kürze

Lernen ist ein Vorgang, der bei vielen Krankheiten eine Rolle spielt. Dies trifft nicht nur auf psychische Störungen zu, sondern ist auch bei körperlichen Erkrankungen wichtig, wo z. B. durch Lernprozesse die **Wirkung von Medikamenten** modifiziert werden kann. **Biofeedbackanwendungen** in der Rehabilitation basieren auf der Selbstkontrollfähigkeit des menschlichen Gehirns und haben gerade im Rahmen von **Brain-Machine-Interfaces**, auch bei schwerstbetroffenen Patienten, neue Kommunikations- und Rehabilitationsmöglichkeiten geschaffen.

Literatur

Birbaumer N, Schmidt RF (2010) Biologische Psychologie, 7. Aufl. Springer, Berlin Heidelberg New York
Hebb DO (1949) The organization of behavior. Wiley, New York
Kandel ER, Schwartz JH, Jessell TM (eds) (2012) Principles of neural science, 5th edn. Mcgraw-Hill Publ.Comp
Purves D, Cabeza R., & Huettel, S. A.I (eds) (2013) Principles of Cognitive Neuroscience. 2nd edn., Macmillan Education
Breedlove S.M. & Watson, N. (2013) Biological psychology, 7th edn. Macmillan Education

Gedächtnis

Herta Flor

© Springer-Verlag GmbH Deutschland, ein Teil von Springer Nature 2019
R. Brandes et al. (Hrsg.), *Physiologie des Menschen*, Springer-Lehrbuch
https://doi.org/10.1007/978-3-662-56468-4_67

Worum geht's?

Das Gedächtnis

Gedächtnis bezeichnet die Speicherung und Verfügbarkeit unseres erworbenen Wissens und Verhaltens, also dessen, was wir gelernt haben. Ohne die Verfügbarkeit und Abrufbarkeit von erlerntem Verhalten und Wissen wären wir völlig hilflos. Menschen mit schweren Gedächtnisstörungen, z. B. Patienten, die an der Alzheimer-Erkrankung leiden, verlieren im Spätstadium jede persönliche, zeitliche und örtliche Orientierung.

Arten des Gedächtnisses

Zum Gedächtnis gehört sowohl das verbal abrufbare Wissen (z. B. Episoden aus unserem Leben), aber auch nicht verbalisierbare Verhaltensänderungen (z. B. ein Rad fahren können). Sie werden in deklaratives (oder explizites) und nicht-deklaratives (oder implizites) Gedächtnis unterschieden (◘ Abb. 67.1). Darüber hinaus gibt es eine zeitliche Unterteilung des Gedächtnisses: das sensorische oder Ultrakurzzeitgedächtnis (Millisekunden), das Kurzzeitgedächtnis, in dem Information nur Sekunden gehalten wird und das Langzeitgedächtnis, in das sie dauerhaft überführt wird.

Neurobiologische Grundlagen

Je nach Art des Gedächtnisses sind unterschiedliche Hirnregionen an der Einspeicherung und beim Abruf beteiligt. Beim deklarativen Gedächtnis spielt der Hippokampus eine besondere Rolle. Er ist bei der Übertragung von Inhalten vom Kurz- in den Langzeitspeicher und deren Wiederabruf essenziell. Synaptische Plastizität ist ebenfalls eine Grundlage des Gedächtnisses. Für das Langzeitgedächtnis ist die Proteinsynthese erforderlich.

Störungen des Gedächtnisses

Gedächtnisstörungen beruhen auf Schädigungen von Hirnregionen, die mit Gedächtnisprozessen zu tun haben. Je nach Art der Läsion sind andere Aspekte des Gedächtnisses betroffen. Bei der Alzheimer-Erkrankung ist vor allem das deklarative Gedächtnis gestört.

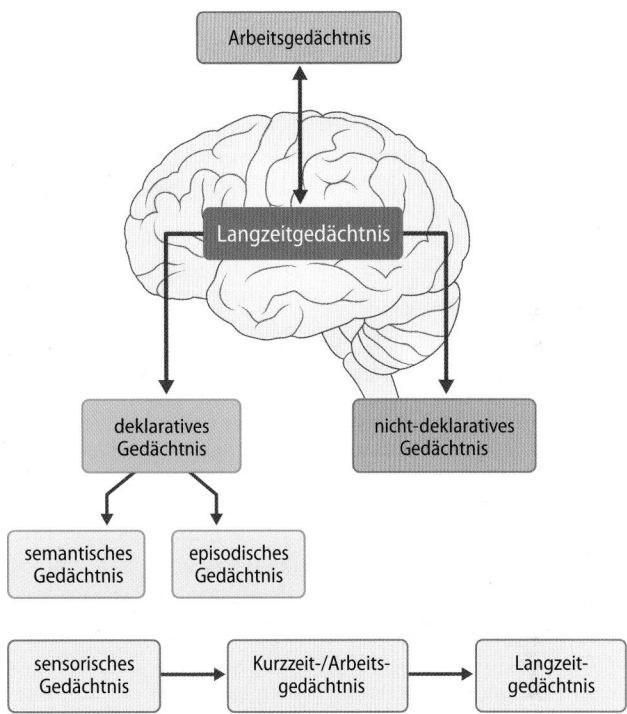

◘ Abb. 67.1 Gedächtnisarten. Das deklarative oder explizite und das nicht deklarative oder implizite Gedächtnis unterscheiden sich in dem Grad der Bewusstheit und den neuronalen Grundlagen. Im zeitlichen Ablauf unterscheidet man das sensorische Gedächtnis (Millisekunden) vom Kurzzeitgedächtnis (Sekunden) und Arbeitsgedächtnis (bis Minuten) vom Langzeitgedächtnis (bis zu Jahren)

67.1   Formen und Stadien von Gedächtnisprozessen

67.1.1   Deklaratives und nicht-deklaratives Gedächtnis

Zwei Gedächtnissysteme werden unterschieden: das deklarative (Wissens-)Gedächtnis und das nicht-deklarative (Verhaltens-)Gedächtnis.

Deklaratives Gedächtnis   In ◘ Abb. 67.2 sind zwei Gedächtnissysteme dargestellt. Das **deklarative Gedächtnis,** auch **Wissensgedächtnis** oder **explizites Gedächtnis** genannt (◘ Abb. 67.2, links), ermöglicht uns die bewusste Wiedergabe

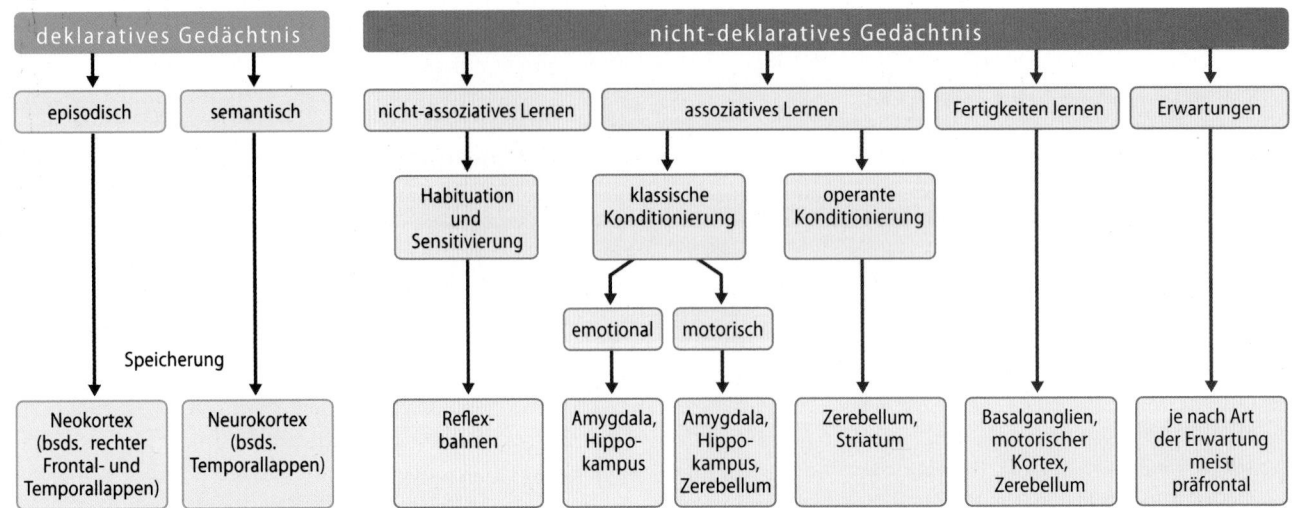

Abb. 67.2 Gedächtnisarten und deren wichtigste neuronale Grundlagen. Das deklarative (Wissens-)Gedächtnis umfasst das episodische und semantische Gedächtnis. Das nicht-deklarative (Verhaltens-)Gedächtnis bezieht sich auf assoziatives und nichtassoziatives Lernen (Habituation und Sensitivierung) und das Erwartungsgedächtnis (Priming)

sowie das Erlernen von Fertigkeiten. Assoziatives Lernen wird in klassische und operante Konditionierung unterschieden. Bei der klassischen Konditionierung kann man emotionale und motorische Konditionierung unterscheiden. Die bezeichneten Hirnareale sind lediglich der Aktivierungsschwerpunkt. Es ist immer ein Netzwerk der Funktion zuzuordnen

von Ereignissen (Episoden) und Fakten (semantische Bedeutungen), benötigt aber einen aktiven Suchprozess.

> Das Wissensgedächtnis (deklaratives Gedächtnis) ist für die Speicherung von Episoden und Wissen zuständig.

Nicht-deklaratives Gedächtnis Das **nicht-deklarative Gedächtnis**, auch **Verhaltensgedächtnis**, **implizites** oder **prozedurales** Gedächtnis genannt (☐ Abb. 67.2, rechts), umfasst mehrere Lernmechanismen. Zu diesen gehört das in ▸ Kap. 66.1 beschriebene nichtassoziative Lernen (Habituation und Sensibilisierung), die klassische und operante Konditionierung, Priming (Effekte von Erwartungen) und das Erlernen von Fertigkeiten und Gewohnheiten (Skill- oder Habit-Lernen). Im Falle des prozeduralen Lernens (z. B. Tennis spielen können) kann die Erfahrung das Verhalten ohne Mitwirkung des Bewusstseins verändern.

> Das nicht-deklarative Gedächtnis (Verhaltensgedächtnis) umfasst mehrere Lernmechanismen und steuert das Verhalten unbewusst.

Im menschlichen Gehirn sind beide Gedächtnisarten in **verschiedenen Hirnregionen** realisiert, einige Bespiele dafür sind in ☐ Abb. 67.2 angegeben. Diese Hirnregionen sind jedoch nur als wesentliche Aktivierungsknoten zu sehen, Gedächtnisprozesse laufen immer in verteilten Regionen ab.

67.1.2 Sensorisches Gedächtnis

Die sehr kurze, nicht bewusste Speicherung aller ankommenden Information erfolgt durch das sensorische Gedächtnis.

Definition Die früheste Gedächtnisform ist das **sensorische oder Ultrakurzzeit-Gedächtnis.** Hier werden sensorische Reize für die Dauer von **wenigen hundert Millisekunden**

gespeichert, um dort für den Kurzzeitspeicher (Kurzzeitgedächtnis) kodiert zu werden, und um die wichtigsten Merkmale zu extrahieren. Im akustischen Bereich spricht man von einem **echoischen**, im optischen von einem **ikonischen**) Gedächtnis. Die im sensorischen Gedächtnis gespeicherte Information kann aktiv ausgelöscht bzw. durch kurz danach aufgenommene Information überschrieben werden (☐ Abb. 67.3).

> Im sensorischen Gedächtnis werden Reize für wenige hundert Millisekunden gespeichert.

Experimentelle Nachweise des sensorischen Gedächtnisses
Die experimentellen Befunde, die zur Annahme eines sensorischen Gedächtnisses geführt haben, stammen überwiegend aus dem visuellen Bereich. Wenn eine große Zahl von Reizen (z. B. 12 Buchstaben) extrem kurz dargeboten werden (z. B. für 50 ms), so können 0,5–1 s danach oft bis zu 80 % wiedergegeben werden, ähnlich wie optische Nachbilder. Nach wenigen Sekunden sinkt die Wiedergabe auf bis zu 20 % ab. Tests mit aufeinanderfolgenden Reizen ergaben, dass neben passivem „Verblassen" der Information auch ein aktives „Überschreiben" durch neue Information erfolgt. Aus solchen und anderen Tatsachen schließt man

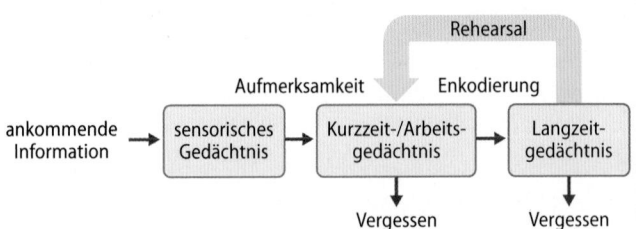

Abb. 67.3 Stadien der Gedächtnisbildung. Das sensorische Gedächtnis besteht nur über Sekundenbruchteile. Inhalte von diesem müssen in das Arbeitsgedächtnis gelangen, um nicht verlorenzugehen. Die Inhalte des Arbeitsgedächtnisses bleiben zwar länger bestehen als die des sensorischen Registers, seine Kapazität ist allerdings klein. Der Inhalt des Arbeitsgedächtnisses bleibt bestehen, solange er durch Wiederholung (Rehearsal) aktiv gehalten wird und kann durch Übung ins Langzeitgedächtnis übertragen werden

auf die Existenz eines sensorischen Speichers in den primären Sinnessystemen (einschließlich der primären kortikalen Projektionsareale) mit großer Speicherkapazität, der die sensorischen Reize für Sekunden stabil hält, um die Kodierung und Merkmalsextraktion sowie die Anregung von Aufmerksamkeitssystemen zu ermöglichen.

Übertragung vom sensorischen Gedächtnis in das Kurz- und Langzeitgedächtnis   Die Übertragung der Information aus dem kurzlebigen sensorischen in ein dauerhafteres Gedächtnis (Kurz- und Langzeitgedächtnis) kann auf zwei Wegen erfolgen: Der eine ist die verbale Kodierung der sensorischen Daten. Der andere ist ein nichtverbaler Weg, der von kleinen Kindern und Tieren eingeschlagen werden muss und der auch zur Aufnahme verbal nicht oder nur schwer zu fassender Erinnerungen dient. Dabei werden vor allem räumlich-zeitliche Beziehungen zwischen Reizen (Kontexte) gelernt. Im Gegensatz zur **Kodierung** einer Information bei der Reizaufnahme, sprechen wir von **Enkodierung**, wenn der neuronale Mechanismus zu einer dauerhaften Repräsentation und späteren Wiedergabe führt.

67.1.3 Kurzzeitgedächtnis und Arbeitsgedächtnis

Das Kurzzeitgedächtnis nimmt verbal kodiertes Material für einige Sekunden bis Minuten vorübergehend auf.

Kurzzeitgedächtnis   Das Kurzzeitgedächtnis (Kurzzeitspeicher; ◻ Abb. 67.3) dient zur vorübergehenden **Aufnahme verbal kodierten Materials**. Seine Kapazität ist viel kleiner als die des sensorischen Gedächtnisses. Die Information ist in der zeitlichen Ordnung ihres Eintreffens gespeichert. Vergessen erfolgt durch Ersetzen der gespeicherten Information durch neue. Da der Organismus kontinuierlich Informationen verarbeitet, ist die mittlere Verweildauer im primären Kurzzeitgedächtnis kurz. Sie beträgt einige Sekunden bis maximal Minuten; es können nur **wenige Informationseinheiten** (chunks, „Ketten", z. B. Satzteile oder Nummerngruppen) gleichzeitig dortbehalten werden.

Arbeitsgedächtnis   Die Übertragung aus dem Kurzzeitgedächtnis in das dauerhaftere Langzeitgedächtnis (s. u.) wird durch **Üben** erleichtert, also durch aufmerksames Wiederholen, Verarbeiten und Manipulieren und damit korrespondierendes Zirkulieren der Information. Dies bezeichnet man als **Arbeitsgedächtnis**. Damit kann die Verweildauer der Information im Kurzzeitgedächtnis und die Konsolidierung beliebig verlängert werden. Das Arbeitsgedächtnis ermöglicht somit die **Manipulation und Organisation** des Gedächtnisinhaltes, während das Kurzzeitgedächtnis nur mit der kurzzeitigen Speicherung der Information befasst ist.

Experimentelles Beispiel Arbeitsgedächtnis
Als experimentelles Beispiel für das Arbeitsgedächtnis dient das Verstecken eines Gegenstandes hinter einer Blende für Sekunden bis Minuten, ohne dass man den Gegenstand ergreifen oder auch nur in die Richtung fassen kann. Die Tatsache, dass wir meist sofort nach der Zeitverzögerung nach Entfernen der Blende – auch bei mehreren alternativen Versteckmöglichkeiten – den richtigen Ort finden, spricht für ein intaktes Arbeitsgedächtnis.

❯ Das Arbeitsgedächtnis unterscheidet sich vom Kurzzeitgedächtnis durch die Manipulation und Organisation des Gelernten.

67.1.4 Langzeitgedächtnis

Das Langzeitgedächtnis ist das dauerhafte Speichersystem. Die explizite Wiedergabe erfolgt durch Abruf der Information aus dem Langzeitspeicher in das Kurzzeitgedächtnis.

Definition   Das **Langzeitgedächtnis** (Langzeitspeicher; ◻ Abb. 67.3) ist ein **dauerhaftes Speichersystem**. Bisher gibt es keine gut fundierte Abschätzung seiner Kapazität und der Verweildauer des gespeicherten Materials. Die Information wird nach ihrer „Bedeutung" gespeichert, z. B. emotional relevante Erinnerungen besser als neutrale. Zur bewussten (expliziten) Wiedergabe muss das Gedächtnismaterial aus dem Langzeitspeicher wieder in das begrenzte Kurzzeitgedächtnis gebracht werden.

Konsolidierung und Rekonsolidierung   Die im Langzeitgedächtnis geformte Gedächtnisspur, das Engramm, verstärkt sich mit jeder Wiedergabe. Die Wiedergabe oder Teilwiedergabe verändert durch Rekonsolidierung die Gedächtnisspur. Bei jedem Abruf kommt es somit zu einer Neueinspeicherung, die je nach den Umständen von der ursprünglichen Gedächtnisspur abweichen kann. Ein Beispiel sind häufige Befragungen von Zeugen, bei denen die erneute Befragung den Inhalt des Gedächtnisses verändern kann. Insofern gibt es kein fixes, stabiles Engramm. Das Gedächtnis ist vielmehr ein labil-dynamischer Prozess, der sich ständig verändert. Diese Verfestigung des Engramms, die zu einem immer weniger störbaren Gedächtnisinhalt führt, wird Konsolidierung genannt.

Vergessen   Vergessen im Langzeitgedächtnis scheint weitgehend auf Störung (Interferenz) und Ersatz des gelernten Materials durch vorher (z.B. interferieren vorher gelernte italienische Wörter beim Erlernen des Spanischen) oder anschließend Gelerntes (z.B. die nun gelernten spanischen Wörter interferieren mit dem vorher gelernten Italienisch) zu beruhen. Im ersteren Fall spricht man von **proaktiver**, im letzteren von **retroaktiver Hemmung**.

Schlaf und Gedächtnis
Schlaf spielt eine wichtige Rolle bei der Gedächtnisbildung. Dabei zeigen sich im Schlaf ähnliche Erregungsmuster wie bei der Einspeicherung in das Gedächtnis. Durch diese Rekapitulation kann sich das Eingespeicherte verfestigen. Dabei scheint der REM-Schlaf stärker mit der Verarbeitung nicht-deklarativer und der Tiefschlaf mit der Verarbeitung deklarativer Gedächtnisinhalte befasst zu sein.

Störbarkeit   Dem **Ausmaß ihrer Flüchtigkeit** entspricht bei diesen Gedächtnismechanismen das **Ausmaß der Störbarkeit**. Während Kurzzeitgedächtnis und Konsolidierung

(Einprägungsphase) durch interferierende Reize sehr leicht störbar sind, ist das Langzeitgedächtnis auch nach massiven Eingriffen ins zentrale Nervensystem (z. B. elektrokonvulsiver Schock bei einer Depressionsbehandlung) weiterhin intakt. Da das Langzeitgedächtnis durch Proteinsynthese geformt wird, ist es vor Alterungsprozessen besser geschützt als die sehr viel leichter störbaren dynamischen elektrochemischen Vorgänge des Kurzzeitgedächtnisses (◘ Abb. 67.3).

Emotion und Gedächtnis

Emotionen fördern die Bildung von Gedächtnisinhalten. So erinnern sich viele Menschen genau an traumatische Ereignisse wie z.B. die Vorgänge des 11. September 2001 und wissen auch noch Jahre später wo sie sich aufgehalten und was sie das Ereignis erlebt haben. Hier spielen Transmitter wie Noradrenalin oder Opioide eine Rolle, die bei starkem Stress und Erregung ausgeschüttet werden, und über den basolateralen Nukleus der Amygdala die hippokampale Gedächtnisbildung beeinflussen. Ähnliche Prozesse laufen auch bei der Einspeicherung positiver Ereignisse ab.

> **In Kürze**
>
> Das **deklarative Gedächtnis** unterscheidet sich vom **nicht-deklarativen Gedächtnis** durch die bewusste im Vergleich zur nicht bewussten Einspeicherung und Wiedergabe.
>
> Das **sensorische Register** oder **Ultrakurzzeitgedächtnis** speichert Reize für wenige hundert Millisekunden, um sie zu filtern und für das Kurzzeitgedächtnis zu kodieren. Bei Aufnahme akustischer Reize spricht man vom **echoischen,** bei visuellen Reizen vom **ikonischen Gedächtnis.**
>
> Das **Kurzzeitgedächtnis** nimmt verbal-kodiertes Material auf. Die Kapazität des Kurzzeitgedächtnisses ist kleiner als die des sensorischen Registers, die Inhalte werden allerdings länger gespeichert (einige Sekunden). Im **Arbeitsgedächtnis** kann das gelernte Material durch Manipulation und Organisation länger gehalten werden bis es in den Langzeitspeicher überführt wird. Das **Langzeitgedächtnis** dient als dauerhaftes Speichersystem mit der größten Kapazität. Dessen Inhalte müssen zur bewussten Wiedergabe wieder ins Kurzzeitgedächtnis übertragen werden.

67.2   Neurobiologie des Gedächtnisses und seiner Störungen

67.2.1   Molekulare Prozesse beim Kurzzeitgedächtnis

Das Kurzzeitgedächtnis basiert auf den Prozessen der synaptischen Plastizität, ebenso wie die Übertragung vom Kurz- ins Langzeitgedächtnis.

Einfache Assoziationsbildung   Bei den molekularen Mechanismen von Lernen und Gedächtnis gibt es Unterschiede zwischen assoziativem Lernen bzw. Kurzzeitgedächtnis und dem Langzeitgedächtnis. **Einfache Assoziationsbildungen** entstehen durch eine Verstärkung der synaptischen Verbindungen zwischen denjenigen sensorischen Neurone, die den konditionalen (CS) und unkonditionalen (US) Reiz an die efferenten Neurone leiten. Die Gleichzeitigkeit der beiden ankommenden Erregungen löst eine Kaskade intrazellulärer Vorgänge aus, die zu verstärkter Ca^{2+}-Konzentration und erhöhter Transmitterausschüttung führen.

Überführung ins Langzeitgedächtnis   Für die **Überführung** der einmal gelernten Information **ins Langzeitgedächtnis** wird Langzeitpotenzierung im Hippokampus und Kortex verantwortlich gemacht (► Kap. 11.2).

67.2.2   Proteinbiosynthese und Langzeitgedächtnis

Konsolidierung und Langzeitgedächtnis sind u. a. mit Änderungen der Genexpression und Proteinbiosynthese verbunden.

Proteinbiosynthese   Die Fixierung der Information im **Langzeitgedächtnis** erfolgt durch Anregung oder Hemmung der Synthese von Kanalproteinen der Zellmembran. Die Bildung von Langzeitgedächtnisspuren hängt von der **Synthese neuer Proteine** ab, welche die Erregbarkeit der postsynaptischen Zellmembran dauerhaft modifizieren. Durch die Neustrukturierung der postsynaptischen Membran wird eine Modifikation der Erregbarkeit dieser Zelle in einem Zellensemble erreicht und die Entladungswahrscheinlichkeit und **Oszillation** eines spezifischen Zellensembles verändert.

Eine Unterbrechung der Proteinbiosynthese bei Nagern kurz nach oder während des Trainings führt zu dauerhafter **Störung der Konsolidierung** und somit zur Hemmung des Langzeitgedächtnisses. Die kurzfristige Einprägung (das Kurzzeitgedächtnis) wird dagegen durch eine Hemmung der Proteinbiosynthese nach dem Lerntraining nicht beeinträchtigt. Dies bedeutet, dass zur Konsolidierung eine ungestörte Proteinbiosynthese in einer kritischen Zeitspanne während und nach dem Training oder bei der Rekonsolidierung nach der Wiedergabe notwendig ist. Dabei bleibt die Frage offen, ob bei der makromolekularen Synthese von Proteinen das Langzeitgedächtnis dadurch erzeugt wird, dass eine Stabilisierung der intra- und extrazellulären Mechanismen des Kurzzeitgedächtnis erreicht wird oder aber, ob „neue" Prozesse ins Spiel kommen, die dann zu einer dauerhaften Veränderung der synaptischen Effizienz führen.

Zellensemble   Bei allen Überlegungen zu den zellulären Mechanismen des Gedächtnisses darf nicht vergessen werden, dass die Individualität und der Inhalt eines Gedächtnisses nicht in einer einzelnen Zelle oder Synapse niedergelegt sein können. Vielmehr werden Gedächtnisinhalte immer in neuronalen Netzen oder Ensembles (neuronal cell assemblies), vor allem in den Assoziationskortizes, ihre Entsprechung haben und nicht auf einzelne Regionen reduzierbar

67

sein. Die Spezifität gespeicherter Information wird über Modifikationen der synaptischen Effizienz in umschriebenen neuronalen Netzwerken bestimmt. Dafür können verschiedene Moleküle die Grundlage bilden:

- Enzyme, die Synthese und Abbau von Transmittern regeln,
- Rezeptormoleküle an der postsynaptischen Membran,
- Strukturproteine,
- Proteine, die der „Erkennung" (matching) interzellulärer Kommunikation dienen.

In Kürze

Gedächtnisvorgänge bilden sich in **neuronalen Zellensembles** ab. Dabei kommt es zu Veränderungen der **synaptischen Plastizität**. Das Langzeitgedächtnis beruht auf der **Synthese von Proteinen** und der Überführung der Information in verteilte Speicherorte.

67.3 Hirnprozesse und Neuropsychologie des Gedächtnisses und seiner Störungen

67.3.1 Lernen von Fakten und Ereignissen: explizites (deklaratives) Gedächtnis

Das Gedächtnissystem des medialen Temporallappens ist für die Herstellung von assoziativen Verbindungen bei deklarativem (explizitem) Lernen verantwortlich.

Rolle des medialen Temporallappens ◘ Abb. 67.4 gibt eine Übersicht über das mediale Temporallappensystem, das **deklarativem** Lernen zugrunde liegt. Der Hippokampus erhält über den entorhinalen Kortex Informationen aus allen Assoziationsfeldern des Neokortex sowie aus Teilen des limbischen Systems, vor allem dem Gyrus zinguli und dem orbitofrontalen Kortex, darüber hinaus aus verschiedenen Regionen des Temporalkortex. Alle diese Verbindungen sind reziprok, d. h. der **Hippokampus** hat auch efferente Verbindungen zu den **Assoziationskortizes**, wo die eigentlichen Langzeitveränderungen im Rahmen der Gedächtnisspeicherung stattfinden (◘ Abb. 67.4).

Navigation

Londons Taxifahrer müssen ein zweijähriges Training der Navigation in der Stadt und mehrere strenge Prüfungen absolvieren. Ihre Orientierungsfertigkeiten sind daher deutlich besser als bei der Durchschnittsbevölkerung. In einer PET-Studie an Taxifahrern mit unterschiedlich langer Erfahrung konnte gezeigt werden, dass deren posteriore Hippocampi deutlich vergrößert und ihre anterioren deutlich verkleinert waren. Die Vergrößerung und Durchblutungssteigerung im rechten posterioren Hippokampus war hoch (r = 0,6) mit der Erfahrung der Fahrer (Zeit im Dienst in Jahren) korreliert. Die Verringerung im rechten anterioren Hippokampus war negativ (r = –0,6) mit der Erfahrung korreliert. Besonders dieses Ergebnis der Verkleinerung veranlasste die Wochenzeitschrift „The Economist" zu der ironischen Bemerkung: „Es blieb allerdings barmherzigerweise offen, ob der Verlust des vorderen Hippokampusgewebes einen Zusammenhang mit den starren politischen Einstellungen hat, für die Londons Taxifahrer bekannt sind".

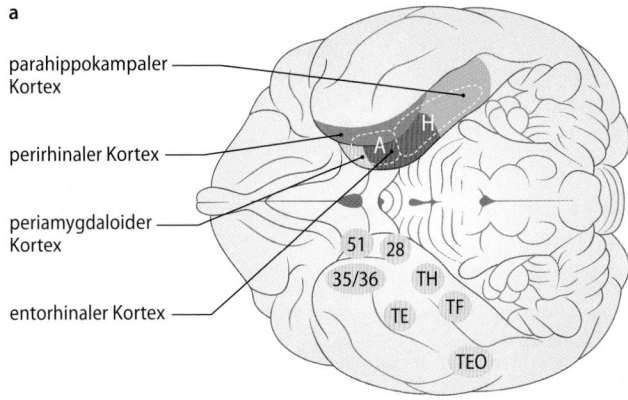

a

parahippokampaler Kortex

perirhinaler Kortex

periamygdaloider Kortex

entorhinaler Kortex

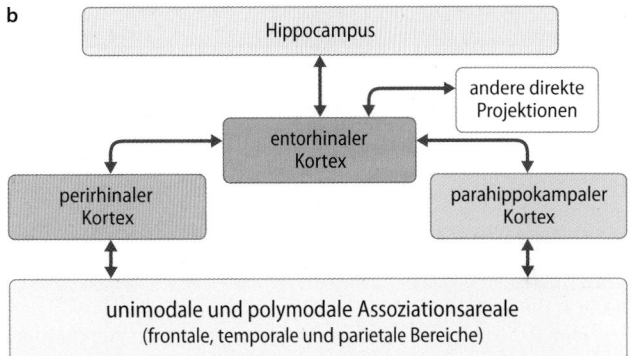

b

◘ Abb. 67.4a,b   Das mediale Temporallappen-Hippokampus-System. a Ventrale Ansicht des Affengehirns mit den verschiedenen Läsionsorten, die im Tiermodell zur Amnesie führten. Amygdala (A) und Hippokampus (H) sind punktiert eingezeichnet und die benachbarten kortikalen Regionen in Farbe. Lila der perirhinale Kortex (Area 35 und 36); gelb der periamygdaloide Kortex (Area 51); rot der entorhinale Kortex (Area 28) und grün der parahippokampale Kortex (Areale TH und TF). **b** Schematischer Aufbau des Gedächtnissystems des medialen Temporallappens (TE). Der entorhinale Kortex projiziert in den Hippokampus, wobei zwei Drittel der kortikalen Afferenzen in den entorhinalen Kortex aus den benachbarten perirhinalen und parahippokampalen Kortizes entspringen. Diese wiederum erhalten Projektionen von unimodalen und polymodalen kortikalen Arealen (z. B. TEO, temporal-okzipitaler Kortex). Der entorhinale Kortex erhält darüber hinaus direkte Afferenzen vom orbitalen Frontalkortex, dem Gyrus zinguli, dem insulären Kortex und dem oberen Temporallappen. Alle diese Projektionen sind reziprok. (Nach Birbaumer u. Schmidt 2006)

Amnesien   Amnesien sind Gedächtnisstörungen, die sich durch Beeinträchtigungen der Erinnerungen äußern. Der Ausgangspunkt für die systematische Klassifikation des Gedächtnisses auf neurobiologischer Basis war der Patient H. M. (1926–2008), der nach einer beidseitigen Entfernung der Hippocampi und der darüberliegenden Kortexschichten eine schwere anterograde Amnesie erlitt, die auch 30 Jahre nach der Operation bis zu seinem Tod unverändert geblieben war (◘ Abb. 67.5).

Unter **anterograder Amnesie** verstehen wir die Unfähigkeit einer Person nach Hirnschädigung (Unfall, Schlaganfall, Operation etc.) neue Information zu behalten (zu lernen) und wiederzugeben. Manchmal werden anterograde Amnesien auch durch bestimmte Medikamente ausgelöst (z. B. Benzodiazepine, Narkotika).

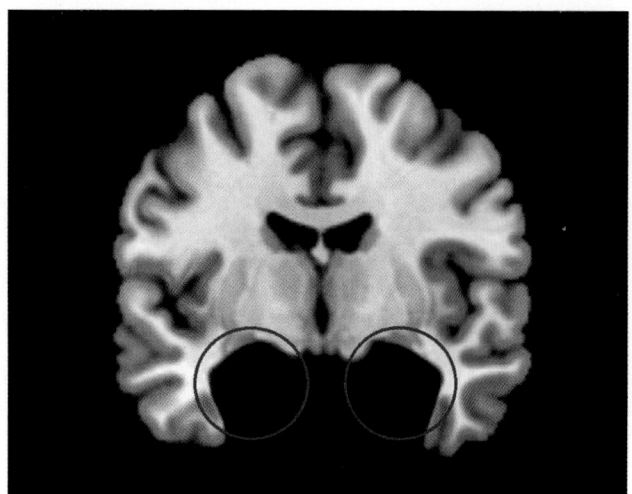

○ **Abb. 67.5   Hippokampektomie.** Die Abbildung zeigt das Gehirn ohne Hippocampi (Ort farblich hervorgehoben). Diese Läsion geht mit der Unfähigkeit einher, neue Gedächtnisinhalte zu generieren (anterograde Amnesie)

Unter **retrograder Amnesie** versteht man, dass eine Person Ereignisse vor einer Hirnschädigung, z. B. vor einem Unfall, nicht erinnern kann.

Der Patient H. M. und viele der nach ihm untersuchten Patienten mit Amnesien schienen auf den ersten Blick keinerlei neue Informationen und Ereignisse nach der Zerstörung des Hippokampus aufnehmen zu können. Bei genauer testpsychologischer Untersuchung ergab sich aber, dass bei diesen Patienten das **prozedurale (implizite) Lernen** erhalten bleibt. Dagegen zeigten systematische Studien dieser Patienten und Läsionsstudien an Affen, dass deklaratives Lernen von der Intaktheit des Hippokampus, des entorhinalen Kortex und der darüber liegenden perirhinalen und parahippokampalen Kortizes abhängt.

67.3.2   Gedächtnis und Kontext

Das hippokampale System verbindet im Kortex isolierte Gedächtnisinhalte zu einem größeren Kontext.

Klinik

Der Patient H. M.

H. M. war von früher Jugend an von epileptischen Anfällen betroffen, die irgendwann unkontrollierbar wurden. Der Neurochirurg William Scoville operierte H. M. am Temporallappen, da die Epilepsie von dort auszugehen schien. Er entfernte beidseitig den größten Teil des anterioren Temporallappens mitsamt Hippokampus und Amygdala. Nach der Operation wurde zwar die Epilepsie kontrollierbar, aber sie war von einem kompletten Gedächtnisverlust begleitet. H. M. konnte sich nichts Neues merken, er wusste weder den Tag noch sein Alter noch konnte er Menschen, die er traf, wiedererkennen. Er wurde in der folgenden Zeit ausführlich von der Neuropsychologin Brenda Milner und anderen Wissenschaftlern untersucht und die Veränderungen dokumentiert.

Beteiligte Hirnregionen   Das mediale Temporallappensystem muss während der Darbietung oder Wiederholung des Gedächtnismaterials aktiv sein, damit sich zwischen den verschiedenen Reizen, die während der Einprägung präsent sind, assoziative Verbindungen ausbilden können. Der Hippokampus und der darüber liegende entorhinale Kortex müssen die verschiedenen Repräsentationen der gesamten Umgebung, die während des Lernens präsent sind, zeitlich wie örtlich miteinander verketten.

Die Herstellung eines solchen Kontextes ist vor allem dann notwendig, wenn neue Situationen und neues Lernmaterial eingeprägt werden müssen, da in einer solchen Situation neue Wahrnehmungen und neue Gedanken, die bisher nichtassoziativ miteinander verbunden waren, miteinander verbunden werden müssen. Sobald diese neuen Inhalte **assoziativ verkettet** sind, genügt zu einem späteren Zeitpunkt ein **kleiner Ausschnitt** oder ein **Einzelaspekt** dieser Situation, um die **Gesamtsituation zu reproduzieren**. Das hippokampale System verbindet also die kortikalen Repräsentationen einer bestimmten Situation miteinander, sodass sie ein **Gesamt des Gedächtnisinhaltes** bilden (binding). Fällt dieses System aus, so erscheint uns jede Situation neu, völlig unabhängig davon, wie oft wir sie schon gesehen oder erlebt haben, da sie zu keiner der gleichzeitig vorliegenden Aspekte dieser Situation irgendeine Beziehung hat.

67

Klinik

Alzheimer-Demenz

Der Arzt Alois Alzheimer stellte 1906 eine Patientin vor, die vor Erreichen des 50. Lebensjahres massive **Vergesslichkeit** und danach innerhalb weniger Jahre einen Zerfall aller kognitiven Leistungen erlitt. Dieser Verlust, vor allem des **deklarativen Gedächtnisses** für Episoden und Fakten, tritt bei 10 % aller Personen über 65 auf, ab dem 85. Lebensjahr leidet jeder vierte Mensch an Morbus Alzheimer. Histopathologisch kommt es am Beginn der Erkrankung im medialen Temporallappen-Hippokampus-System zur extrazellulären Ablagerung von

Amyloid-β-Protein (Aβ-Plaques) und intrazellulär von Neurofibrillen. Beide Proteine stören, wenn exzessiv vorhanden, den Zellstoffwechsel und führen zum Zelltod. Vom medialen Temporallappensystem aus schreitet die Pathologie in den N. basalis und den Frontal- und Parietallappen fort.

Die pathologische Produktion des Amyloid-β-Proteins wird durch mehrere genetische Abweichungen (Polymorphismen) begünstigt, welche die Kodierung und Expression des Amyloid-Prekursor-Proteins beeinflus-

sen (u. a. auf Chromosom 19 das Allel Apolipoprotein E4 (Apo-E4), das bei Patienten mit Alzheimer ungleich häufiger vorhanden ist). Die Therapie mit **Acetylcholinesterasehemmern** verlangsamt das Fortschreiten der Erkrankung, allerdings ist der Effekt schwach und wird mit erheblichen Nebenwirkungen erkauft.

Die weitestgehende Verzögerung von Ausbruch und Verlauf erzielen kognitive Trainingsmaßnahmen, je früher sie einsetzen, umso besser.

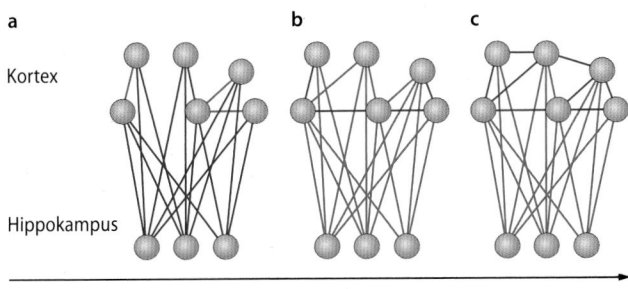

a   **b**   **c**

Kortex

Hippokampus

Zeit

□ **Abb. 67.6a–c   Notwendige und überflüssige Verbindungen zwischen Hippokampus und Kortex im Verlauf der Konsolidierung.** Notwendige assoziative Verbindungen sind rot gezeichnet, blau sind schwache assoziative Verbindungen. Am Beginn der Einprägung (**a**) werden die kortikalen Zellensembles (Kreise) vom Hippokampus verknüpft. Die intrakortikalen assoziativen Verbindungen sind aber noch schwach (blaue Linien in **a**). Mit Wiederholung (**b**) schwächen sich diese kortiko-hippokampalen Verbindungen ab und die intrakortikalen werden stärker (rote Verbindungen oben in **b**). Noch sind aber nicht alle intrakortikalen Verbindungen fest, daher sind noch nicht alle Verbindungen aktiv (nur wenige rote Verbindungen intrakortikal). Nach abgeschlossener Konsolidierung (**c**) werden die hippokampalen Verbindungen überflüssig (alle blau), und die festen intrakortikalen Verbindungen reichen zur Wiedergabe aus

Konsolidierung   □ Abb. 67.6 symbolisiert dieses Modell der Konsolidierung deklarativer Gedächtnisinhalte: in den Anfangsphasen der Speicherung bei neuer Information wird diese als Muster von Verbindungen zwischen Hippokampus und Kortex gespeichert, da die einzelnen Elemente eines Ereignisses (Farbe, Gegenstände, Töne etc.) im Kortex als verteilt und unverbunden aktiviert werden, während der Hippokampus sie schneller als Elemente assoziativ verbinden kann (□ Abb. 67.6a). Bei Zerstörung fällt jede Konsolidierung neuer, vor allem **episodischer Information** aus, während die bereits konsolidierte und weniger auf Hippokampus angewiesene semantische Information erhalten bleibt. Durch wiederholte Reaktivierung bei bewusster Erinnerung bildet verzögert auch der Kortex Assoziationen zwischen den Einzelelementen (b). Bei abgeschlossener Konsolidierung wird der Hippokampus nicht mehr benötigt (c), ein Wiedergabereiz kann die ganze Episode als Einheit im Kortex aktivieren.

67.3.3   Implizites (prozedurales) Gedächtnis

Das Gedächtnis von Fertigkeiten ist von der Funktionstüchtigkeit motorischer Systeme und der Basalganglien abhängig.

Arten und Orte impliziten Lernens   Wie in □ Abb. 67.2 sichtbar, lassen sich verschiedene Arten des impliziten Gedächtnisses unterscheiden. Für jeden dieser Lernvorgänge konnten unterschiedliche Hirnsysteme als strukturelle Voraussetzung identifiziert werden. Dabei existieren zwischen verschiedenen Arten von Lebewesen große Unterschiede in der neuroanatomischen Grundlage der aufgeführten Lern- und Gedächtnismechanismen.

Im Allgemeinen spielen kortikale Prozesse in der Steuerung prozeduralen Lernens eine geringere Rolle als beim deklarativen Lernen. Dennoch sind motorische und präfrontale Areale beim Menschen für den Erwerb und das Behalten von **motorischen Fertigkeiten** unerlässlich. Allerdings zeigt die Tatsache, dass die meisten der prozeduralen Lernvorgänge der bewussten Erinnerung schwer zugänglich sind, i. Allg. reflexiv ablaufen und keinen aktiven, bewussten Suchprozess benötigen, dass primär subkortikale Regionen für die Steuerung prozeduralen Fertigkeiten-Lernens verantwortlich sind. Vor allem die **Basalganglien** und das **Kleinhirn** sind hier wichtig.

Hirnläsionen und implizites Lernen   Beim Menschen konnte gezeigt werden, dass einfache klassische **Lidschlagkonditionierung** und sog. **Priming** (Einfluss von Vorerfahrung) nicht mehr möglich sind, wenn Läsionen im Vermis des Kleinhirns vorliegen. Bei der klassischen Konditionierung des Lidschlagreflexes wird ein neutraler Ton (CS) mit einem Luftstoß auf das Auge (US) gepaart, sodass nach wenigen Darbietungen der CS alleine die unkonditionierte Reaktion (UR) des Lidschlusses auslöst.

Bei Patienten mit **Kleinhirnläsionen** bleiben aber die deklarativen Gedächtnismechanismen unbeeinflusst, d. h. diese Personen können Fakten, Episoden und Daten („gewusst was") weiter erwerben. Was fehlt, ist das Speichern des zeitlichen Ablaufs von gezielten Bewegungsfolgen („Fertigkeiten").

Der Erwerb und die Wiedergabe von komplizierten Verhaltensregeln und Fertigkeiten ist beim Menschen auch an die Funktionstüchtigkeit der Basalganglien, vor allem des **Neostriatums**, gebunden.

Bei der klassischen Furchtkonditionierung ist die **Amygdala** der Ort der Einspeicherung in das Gedächtnis.

67.3.4   Arbeitsgedächtnis

Arbeitsgedächtnisprozesse halten Information stabil, die den Sinnessystemen nicht mehr direkt zugänglich ist und bereiten diese Information für die Übertragung in permanente Speicherung, z. B. durch Gruppenbildung (chunking) auf. Dazu wird der dorsolaterale Präfrontalkortex benötigt.

Präfrontale Speicherareale   Der dorsolaterale Präfrontalkortex ist auch bei Menschen an der Aufrechterhaltung von Hirnaktivität bei visuell-räumlichen Aufgaben beteiligt, während der rechte ventrale Teil des inferioren frontalen Gyrus (ventraler Präfrontalkortex, Areae 45/47) beim Arbeitsgedächtnis Objekte kodiert. Dies geschieht gemeinsam mit dem rechten unteren Temporallappen, der die Bedeutung visueller Objekte im ventralen Strom der visuellen Reizverarbeitung (► Kap. 59.1) für einige Zeit stabil hält, bevor sie im medialen Temporallappensystem miteinander assoziativ verbunden und gespeichert werden. Der linke homologe Abschnitt des ventralen inferioren frontalen Gyrus (Area 45/47) repräsentiert die semantische Verarbeitung von Sprachinformation gemeinsam mit dem medialen temporalen Gyrus (Area 21). Die Bedeutung und Mechanismen des Arbeitsgedächtnisses werden in □ Abb. 67.7 am Beispiel einer **ver-**

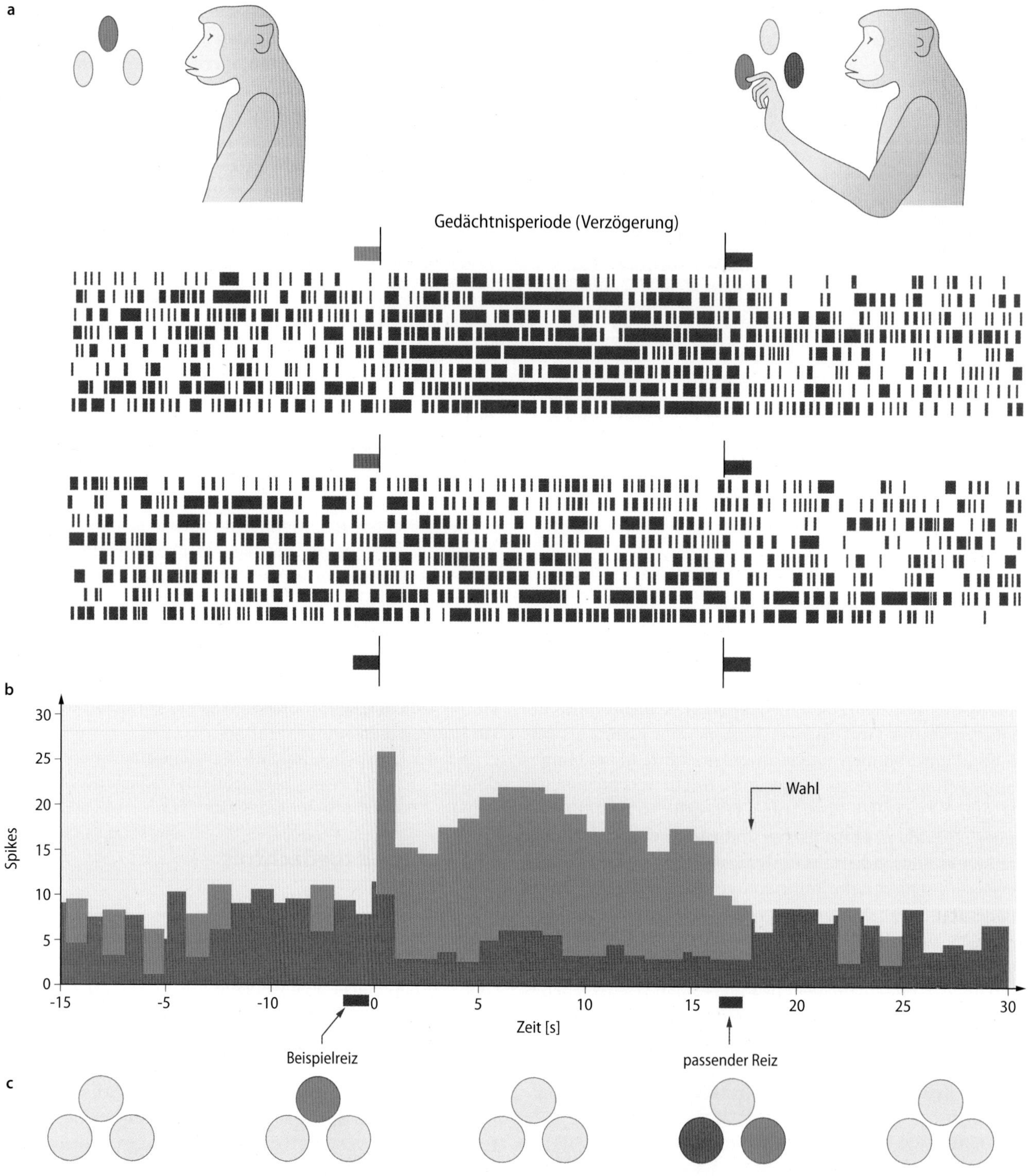

a

Gedächtnisperiode (Verzögerung)

b

Spikes

30
25
20
15
10
5
0

-15   -5   -10   5   10   15   20   25   30

Zeit [s]

Wahl

Beispielreiz

passender Reiz

c

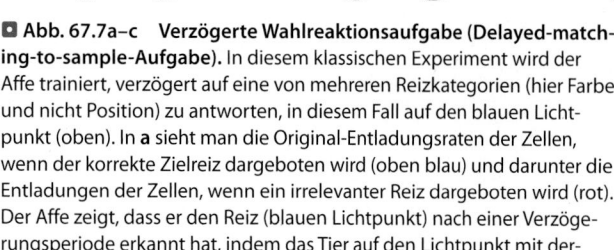

☐ **Abb. 67.7a–c   Verzögerte Wahlreaktionsaufgabe (Delayed-match-ing-to-sample-Aufgabe).** In diesem klassischen Experiment wird der Affe trainiert, verzögert auf eine von mehreren Reizkategorien (hier Farbe und nicht Position) zu antworten, in diesem Fall auf den blauen Licht-punkt (oben). In **a** sieht man die Original-Entladungsraten der Zellen, wenn der korrekte Zielreiz dargeboten wird (oben blau) und darunter die Entladungen der Zellen, wenn ein irrelevanter Reiz dargeboten wird (rot). Der Affe zeigt, dass er den Reiz (blauen Lichtpunkt) nach einer Verzöge-rungsperiode erkannt hat, indem das Tier auf den Lichtpunkt mit der-selben Farbe wie der zuvor gezeigte Beispielreiz in Gegenwart eines gleichartigen Reizes mit anderer Farbe drückt (**c**, Wahlreaktion). Dies bedeutet, dass das Gehirn die Farbe des Beispielreizes in der Verzöge-rungsperiode im Gedächtnis „am Leben hält", eine typische Leistung des Arbeitsgedächtnisses. Der Affe kommuniziert damit „das ist, was ich sah." In der Verzögerungsperiode der Gedächtnisaufgabe steigt die Ent-ladungsrate der Zellen im dorsolateralen Präfrontalkortex an (blaues Histogramm in **b**)

67

Korsakow-Syndrom

Carl Wernicke beschrieb 1881 eine „Enzephalopathie", welche nach Vergiftungen und Alkoholismus zu Ataxie (Gleichgewichtsstörung), peripherer Neuropathie mit Schmerzen und Verwirrtheit führt. **Sergei Korsakow** fügte diesem Syndrom 1887 eine **schwere Gedächtnisstörung** (Amnesie) mit Konfabulationen hinzu. Konfabulationen sind „Erfindungen" der Patienten, um den verwirrten Zustand zu ordnen. Korsakow beschrieb seine Patienten so: „Der Patient vergisst selbst das, was gerade einen Moment davor geschah: Du kommst herein, sprichst mit ihm, gehst eine Minute raus, kommst wieder herein, und der Patient hat absolut keine Erinnerung, dass Du gerade bei ihm warst. Wenn man ihn fragt, wie er seine Zeit verbracht hat, erzählt er häufig eine Geschichte, die Nichts mit dem zu tun hatte, was wirklich geschah; z. B. er erzählt, dass er gestern in die Stadt gefahren sei, obwohl er schon zwei Monate im Bett gelegen war usw." Die meisten Patienten sind Alkoholiker und Alkoholismus geht durch die chronische Lebererkrankung mit einem **Defizit an Vitamin B1** (Thiamin) einher.

Thiamin ist zur Synthese von Acetylcholin und GABA im Gehirn notwendig. Der Thiaminmangel führt vor allem in den Mamillarkörpern und dem dorsomedialen Kern des Thalamus zu Zelluntergang. Beide Areale projizieren in den Hippokampus und Teile des präfrontalen Kortex, welche für exekutive Funktionen und deklaratives Gedächtnis verantwortlich sind. Im Gegensatz zu Läsionen des mediotemporalen Hippokampussystems spricht man daher beim Korsakow-Syndrom von **„dienzephaler Amnesie"**.

zögerten Reaktionszeitaufgabe im Tierversuch illustriert. Der Affe muss einige Zeit warten und den anfangs (links oben in der Abb.) gezeigten Zielreiz (blaues Oval) im Gedächtnis aktiv halten. Anschließend soll er die Taste mit dem korrekten Zielreiz (rechts oben) drücken und wird bei korrekter Lösung belohnt.

Posteriore Projektionsfelder Für taktile, auditorische und visuelle Arbeitsgedächtnisaufgaben und **Vorstellungen** (welche ja auch Leistungen des Arbeitsgedächtnisses repräsentieren) gilt, dass neben den strategisch-exekutiven präfrontalen Arealen die jeweilige sekundären posterioren Projektionsfelder aktiv sind und dort auch die vorverarbeitete Information permanenter gespeichert wird. Wie oben bereits festgestellt, sind vor allem die präfrontalen Abschnitte des Arbeitsgedächtnisses neben der Aufrechterhaltung von Information auch an deren Organisation (chunking – Gruppenbildung) und der Auswahl der für eine Zielreaktion relevanten Information zentral beteiligt und erfüllen damit **Aufmerksamkeitsfunktionen**, wie in ▶ Kap. 69.1 beschrieben.

Korsakow-Syndrom Ähnliche Defizite wie bei der Alzheimerdemenz treten beim **Korsakow-Syndrom** auf. Korsakow-Patienten zeigen auch ein intaktes implizites (prozedurales) Gedächtnis bei teilweisem Verlust des expliziten (deklarativen) Gedächtnisses. Das dienzephal-frontale System ist anatomisch eng mit dem medialen Temporallappensystem verbunden, hat aber vor allem Funktionen des Arbeitsgedächtnisses, von dessen Intaktheit das Speichersystem des medialen Temporallappensystems abhängt.

schen Fertigkeiten. Das prozedurale Gedächtnis ist auf die Intaktheit der beteiligten sensomotorischen Systeme und der Basalganglien angewiesen.

Das Arbeitsgedächtnis, vor allem in den dorsalen und ventralen Abschnitten des präfrontalen Kortex und den sekundären Rindenfeldern, hält die ankommende Information einige Zeit stabil, organisiert sie und wählt die für Handeln relevanten Abschnitte aus.

Man unterscheidet verschiedene Amnesieformen: **Anterograde Amnesien** treten nach der beidseitigen Entfernung oder Zerstörung des medialen Temporallappens und der darunterliegenden Strukturen wie Hippokampus und Teilen des limbischen Systems auf. Die Patienten können keinerlei neue explizite Informationen behalten und wiedergeben, lernen aber durchaus motorische und kognitive Fertigkeiten implizit neu. Bei der **retrograden Amnesie** können die Patienten Ereignisse, die vor einer Hirnschädigung liegen, nicht erinnern.

Die **Alzheimer-Erkrankung** und das **Korsakow-Syndrom** sind typische Störungen des deklarativen Gedächtnisses, während z. B. bei **Kleinhirnläsionen** nichtdeklarative Funktionen betroffen sind.

In Kürze

Deklaratives (explizites) Lernen bezeichnet die bewusste Speicherung neuer Information, vor allem von Fakten und Ereignissen und das Abrufen von Wissen. Benötigt wird hierfür das mediale Temporalsystem und der Hippokampus.

Prozedurales (implizites) Gedächtnis bezeichnet die klassische Konditionierung und den Erwerb von motorischen Fertigkeiten. Das prozedurale Gedächtnis ist auf die Intaktheit der beteiligten sensomotorischen Systeme und der Basalganglien angewiesen.

Literatur

Addis DR, Barense M, Duarte A (eds) (2015) The wiley handbook on the cognitive neuroscience of memory. John Wiley & Sons Ltd., West Sussex

Birbaumer N, Schmidt RF (2010) Biologische Psychologie, 7. Aufl. Springer, Berlin Heidelberg New York

Kandel ER, Dudai, Y, (eds) (2015) Learning and memory. Scion Publishing Ltd.

Kandel ER, Schwartz JH, Jessell TM, Siegelbaum SA, Hudspeth, AJ (eds) (2012) Principles of neural science, 5th edn. Mcgraw-Hill Education Companies

Markowitsch HJ, Staniloiu A, (2012) Amnestic disorders. The Lancet, 380(9851), 1429-40

Physiologische Grundlagen von Emotion und Motivation

Wilfrid Jänig, Niels Birbaumer

© Springer-Verlag GmbH Deutschland, ein Teil von Springer Nature 2019
R. Brandes et al. (Hrsg.), *Physiologie des Menschen*, Springer-Lehrbuch
https://doi.org/10.1007/978-3-662-56468-4_68

Worum geht's

Motivation, Emotion und physiologische Reaktion sind verbunden

Alle Handlungen, Verhaltensweisen und Denkvorgänge sind **motiviert** und mit **emotionalen Prozessen** verbunden. Emotionale Vorgänge bestehen aus peripher-physiologischen Prozessen, z. B. Veränderung der Herzrate, die zum Zentralnervensystem (ZNS) gemeldet und dort mit neuronalen Verarbeitungsprozessen, wie z. B. Wahrnehmung eines glücklichen Gesichts, assoziativ verbunden werden. Emotionen sind immer durch **Annäherungs- oder Vermeidungsverhalten** (**emotionale Valenz**) und einer **allgemeinen Aktivierung des ZNS** gekennzeichnet.

Vegetativ und kognitiv können Basisemotionen unterschieden werden

Ekel, Freude, Furcht, Trauer, Überraschung und Wut sind **Basisemotionen**. Diese können sowohl auf **körperlich-peri**pherer Ebene wie auch **zentralnervöser** Ebene unterschieden werden. Dies betrifft die Somatomotorik (z. B. den Gesichtsausdruck), vegetativ-motorische und hormonelle Reaktionen (z. B. Beteiligung von kardiovaskulären oder gastrointestinalen Aktivierungen) als auch mentale zentralnervöse Aspekte, wie z. B. Wahrnehmung und Empfindung einer Bedrohung.

Ist Emotion die Folge von vegetativer Reaktionen?

◼ Abb. 68.1 zeigt die beiden theoretischen Vorstellungen der Emotionsentstehung: Für die James-Lange Theorie sprechen die meisten Fakten: zumindest im Laufe der postnatalen Entwicklung, wenn Emotionen **gelernt** werden, sind die vegetativ-motorischen, somatomotorischen und hormonellen Reaktionen auf den emotionalen Reiz primär, die kognitiv-kortikale Bewertung jedoch sekundär.

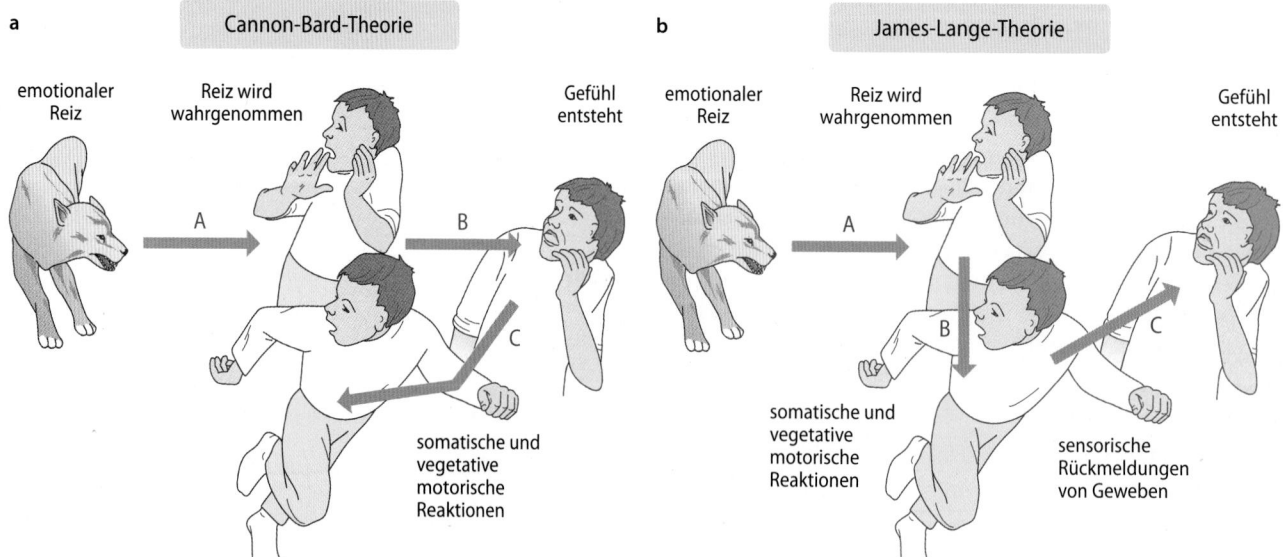

◼ **Abb. 68.1a,b** **Die zentrale Theorie der Entstehung von Emotionen** nach **a** Cannon-Bard und die **b** periphere Theorie der Entstehung von Emotionen nach James & Lange. Beachte, dass nach Cannon-Bard das Gefühl der Emotion nach Wahrnehmung und kognitiver Bewertung des emotionalen Reizes entsteht; als Folge davon kommt es zu den somati-schen und vegetativen motorischen Reaktionen. Nach James und Lange entsteht das Gefühl der Emotion durch die sensorischen Rückmeldungen von den Geweben, die durch Aktivierung der somatomotorischen und vegetativen Systeme erzeugt werden

Das Verständnis der neuronalen Prozesse, die Emotionen und Motivationen zugrunde liegen, ist für Mediziner wichtig
Alle Erkrankungen werden durch zentralnervöse Prozesse von Emotion und Motivation beeinflusst. Umgekehrt beeinflussen die körperlichen Erkrankungen die zentral erzeugten affektiven Zustände. So gibt es eine Kategorie von funktionellen körperlichen Erkrankungen, die über das Gehirn erzeugt und als **„psycho-somatische Erkrankungen"** bezeichnet werden. Die Gesundheit des Körpers und die Erholung von physischen Erkrankungen hängen somit wesentlich von den zentral-nervös erzeugten affektiven Zuständen des Organismus ab.

68.1 Emotionen als physiologische Anpassungsreaktionen

68.1.1 Psychische Kräfte und psychische Funktionen

Motivation (Trieb) und Emotion sind psychische Kräfte, die das Auftreten, die Intensität und die Richtung (Annäherung–Vermeidung) von Verhalten und psychischen Funktionen (Denken, Wahrnehmen, Lernen) bestimmen.

Motivation Jedes Verhalten ist **motiviert** und hängt nicht nur von **externen** und **internen** (z. B. dem Blutzuckerspiegel) **Reizen** sowie **genetischen Vorbedingungen** ab, sondern vor allem von Zuständen innerhalb des Gehirns. Motivation bedeutet, dass die Wahrscheinlichkeit für das Auftreten bestimmter Verhaltensweisen auf spezifische Körperreize oder externe Reize erhöht oder erniedrigt ist. Dies hängt von Erregungsschwellen aktivierender oder hemmender Systeme im Gehirn ab.

Homöostatische und nichthomöostatische Triebe Unter einem Trieb verstehen wir jene psychobiologischen Prozesse, die zur bevorzugten Auswahl einer Gruppe abgrenzbarer Verhaltensweisen (z. B. Nahrungsaufnahme) bei Ausgrenzung anderer Verhaltensweisen (z. B. sexuelles Verhalten und Fortpflanzung) führen.

Homöostatische Triebe orientieren sich an Sollwerten der körperinternen Homöostaten. Bei Abweichungen von diesen Sollwerten kommt es zu einer stereotypen Sequenz von Verhaltensweisen bis zur Wiederherstellung des Sollwertes. Die **Sollwerte**, auf die geregelt wird (wie z. B. die Körperkerntemperatur oder Osmolalität des Blutes), dürfen nicht als fixe Werte verstanden werden; sie unterliegen in Abhängigkeit von den inneren und äußeren Bedingungen des Körpers großen Schwankungen. Bei den **nichthomöostatischen Trieben** ist die Triebstärke wesentlich mehr von den Lern- und Umgebungseinflüssen abhängig als bei den homöostatischen Trieben.

Erhaltung der Körpertemperatur, Hunger, Durst, Schlaf und möglicherweise einige Aufzuchtreaktionen sind homöo-

statisch organisiert. Sexualität und Bindungsbedürfnis sind nichthomöostatisch organisiert.

Verstärkung **Positive Verstärker** sind Belohnungsreize wie z. B. Futter. Sie begünstigen das Wiederauftreten eines Verhaltens, z. B. Hebeldruck auf ein Lichtsignal bei einer Ratte, wenn die Verstärker unmittelbar nach diesem Verhalten auftreten. **Negative Verstärker** sind Strafreize, wie z. B. schmerzhafte Elektrostimulation. Diese Reize bewirken die Unterdrückung von Verhaltensweisen. Die neuronalen Verstärkersysteme fördern die synaptischen Verbindungen zwischen den sensorischen Systemen (z. B. dem visuellen System, welches das Lichtsignal vor dem Hebeldruck kodiert) und dem motorischen neuronalen System, welches ein bestimmtes Verhalten (z. B. Hebeldruck) kontrolliert.

Kognitive Prozesse, wie Vergleiche zwischen gespeicherten und aktuellen Verstärkern, bestimmen auch, welche Wirkung sie auf das Verhalten haben: Bei höheren Säugern, deren Verhalten wesentlich durch Lernen bestimmt ist, sind positive Reize verstärkend, wenn sie häufiger auftreten als erwartet, und negativ verstärkend (d. h. bestrafend), wenn sie seltener auftreten als erwartet.

Emotionen Emotionen sind Reaktionen (psychische Kräfte) von relativ kurzer Dauer, die das Auftreten von Verhaltensweisen und Gedächtnisinhalten, welche durch externe oder interne Ereignisse hervorgerufen werden, begünstigen. Sie werden vom Gehirn organisiert und bestehen aus subjektiven, vegetativen, neuroendokrinen und somatomotorischen **Reaktionen**. Sie werden deshalb auch als emotionales Verhalten bezeichnet. Emotionen werden auf den Dimensionen „angenehm–unangenehm" (Annäherung–Vermeidung) und „erregend–beruhigend" erlebt.

68.1.2 Annäherung und Vermeidung

Emotionen sind Verhaltensweisen (subjektive, motorische, vegetative, endokrine Reaktionen), die als positiv oder negativ und aktivierend oder beruhigend erlebt werden und der Anpassung des Organismus an veränderte Umweltbedingungen dienen.

Primäre und sekundäre Emotionen Höhere Vertebraten besitzen ein Repertoire emotionaler Verhaltensweisen, die sich im Laufe der Evolution entwickelt haben. Dieses Repertoire besteht

- aus den **sechs Basisemotionen** (oder primären Emotionen) Ekel, Freude, Furcht, Trauer, Überraschung und Wut und
- aus den **sekundären („sozialen") Emotionen**, welche auf den primären Emotionen aufbauend durch Kultur und Erziehung moduliert werden. Beispiele sind Bewunderung, Eifersucht, Dankbarkeit, Empörung, Neid, Schande, Schuld, Stolz, Sympathie, Verachtung.

Emotionen halten für Sekunden bis Minuten an. Von den primären und sekundären Emotionen werden **Stimmungen** un-

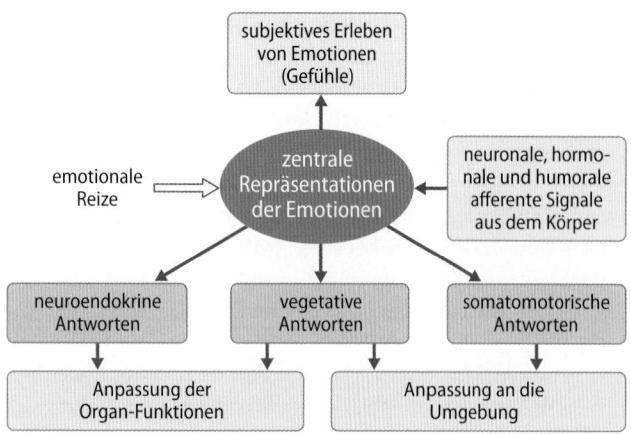

■ **Abb. 68.2   Zentrale Repräsentation von Emotionen und ihre Verknüpfungen.** Schema zu den zentralen Repräsentationen der Emotionen und ihre Beziehung zu somatomotorischen, vegetativen und endokrinen Reaktionen einerseits und den emotionalen Empfindungen (Gefühlen) andererseits. Diese zentralen Repräsentationen werden durch die afferenten Rückmeldungen aus dem Körperinneren, die neuronal (z. B. von den Eingeweiden und aus dem tiefen somatischen Bereich) oder endokrin (z. B. von den endokrinen Drüsen oder von den endokrinen Zellen im Magen-Darm-Trakt) sein können, moduliert

terschieden, die über Stunden und Tage anhalten. Stimmungen sind **emotionale Reaktionstendenzen**, die das Auftreten einer bestimmten Emotion wahrscheinlicher machen („gereizte Stimmung" führt z. B. häufiger zu Ärger). Sie können auch als **Hintergrundemotionen** bezeichnet werden.

Reaktionsmuster von Emotionen   Jede Basisemotion hat ein charakteristisches Reaktionsmuster, welches aus dem Gefühl sowie den somatomotorischen, vegetativen und hormonalen Reaktionen besteht (■ Abb. 68.2). Die sechs Basisemotionen sind am besten im **Ausdruck des Gesichts**, der durch die neuronale Aktivierung der Gesichtsmuskulatur erzeugt wird, beschreibbar. Obwohl Entwicklung und Ausdruck der Emotionen bei Mensch und Tier eng mit kognitiven Funktionen (Wahrnehmung, Bewertung von äußeren und inneren Reizen, Gedächtnis) verbunden sind, sind die Basisemotionen **unabhängig von Erziehung und Kulturraum**. Sie werden transkulturell in allen Regionen der Erde erkannt und ihre biologischen Bedeutungen werden gleich interpretiert.

Funktionen von Emotionen   Die Basisemotionen haben sich in der Evolution der höheren Primaten als Mechanismus zur Kommunikation von Annäherung und Vermeidung entwickelt. Sie dienen der raschen Mobilisation von komplexen Verhaltensstrategien und haben soziale Funktionen:
- Die **intrapersonellen Funktionen** bestehen, je nach Basisemotion, in der Selektion eines bestimmten Verhaltensrepertoires und einer **Fokussierung von Aufmerksamkeit** und **Gedächtnis** auf dieses Verhaltensrepertoire. Damit haben Emotionen **Signalcharakter nach innen**. Sie verstärken oder hemmen Verhaltensweisen und veranlassen das Individuum, sich an Veränderungen in der Umwelt und im sozialen Feld durch Lernen neuer Verhaltensweisen anzupassen.

- Die **interpersonellen Funktionen** äußern sich in einer Kommunikation und Ausführung von Annäherung an und Vermeidung von Artgenossen.

Der Signalcharakter von Emotionen gegenüber Artgenossen wird folgendermaßen interpretiert: **Furchtausdruck** und **Weglaufen** signalisieren Gefahr; **Trauer** (nach Verlust) bedeutet Isolation, Hilfsbedürftigkeit; **Freude** und **Ekstase** signalisieren Besitz, Erwerb eines Gefährten; **Ekel** bedeutet Zurückweisung; **Überraschung** wird als Orientierung interpretiert; **Wut** teilt Angriff und aggressives Besitz-Ergreifen mit.

❯ **Die primär subkortikal–limbisch repräsentierten Emotionen und Triebe wählen kortikal repräsentierte psychische Funktionen aus.**

68.1.3   Ausdruck von Emotionen

Emotionen werden durch spezifische Anpassungsreaktionen vegetativer Systeme, die mit den somatomotorischen Reaktionen (z. B. Gesichtsausdruck) korreliert sind, ausgedrückt.

Peripher-physiologische Reaktionen   Nicht nur die somatomotorischen Reaktionen (z. B. Weglaufen, Gesichtsausdruck), sondern auch die **vegetativen Anpassungsreaktionen** sind spezifisch für verschiedene Basisemotionen. Sie sind z. B. für die schnellen Änderungen der Herzfrequenz (abhängig von der Aktivität in den parasympathischen Kardiomotoneuronen), der Schweißproduktion an der Hand (Hautwiderstand; abhängig von der Aktivität in Sudomotoneuronen), der Hautdurchblutung an der Hand (abhängig von der Aktivität in kutanen Vasokonstriktorneuronen) und anderer vegetativ geregelter Organfunktionen bei den Basisemotionen verantwortlich (■ Abb. 68.3).

Zentralnervöse Reaktionen   Die vegetativen Reaktionen, die während der Emotionen ablaufen, sind keine allgemeinen Aktivierungsreaktionen. Vielmehr zeigen sie, dass das Gehirn die zentralen neuronalen Programme für diese **spezifischen vegetativen Anpassungsprozesse** während der Emotionen selektiv aktiviert. Deshalb sind nicht nur die Emotionen und ihre somatomotorischen Reaktionen zentral im Kortex, limbischen System und Hypothalamus repräsentiert, sondern auch die spezifischen vegetativen Anpassungsreaktionen des Körpers. Die subjektiv erlebten Emotionen (Gefühle), ihre motorischen (Gesichts-)Ausdrücke und die Muster der Aktivierung vegetativer und hormoneller Systeme sind also zusammenhängende emotionale Reaktionsmuster, die für jede Emotion spezifisch sind.

Emotionstheorie nach William James und Carl Lange   Die einflussreichste, auf physiologischen Argumenten fußende Emotionstheorie wurde von dem amerikanischen Psychologen **William James** und dem dänischen Physiologen **Carl Lange** Ende des 19. Jahrhunderts formuliert (■ Abb. 68.1).

68

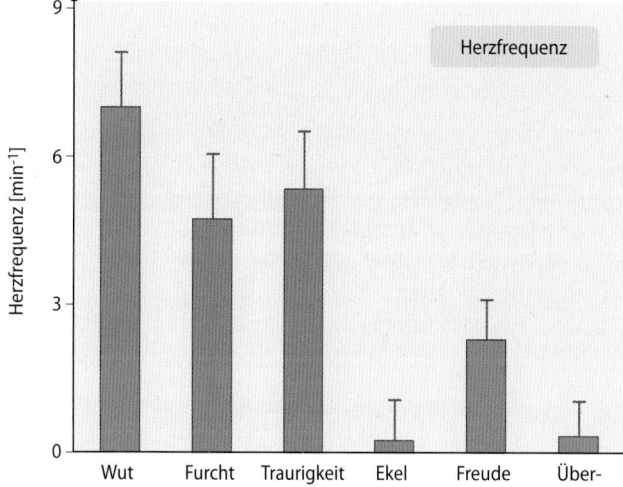

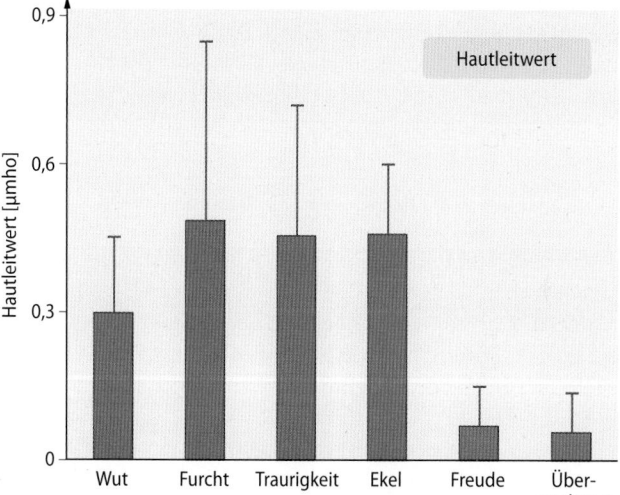

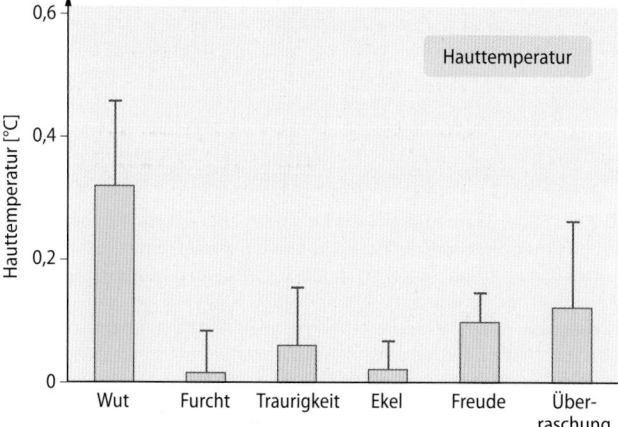

Abb. 68.3   Veränderungen vegetativer Parameter bei den sechs Basisemotionen. Der motorische Ausdruck der Basisemotionen im Gesicht wurde bei den Versuchspersonen unter visueller Kontrolle und Anleitung des Experimentators hervorgerufen. Gleichzeitig wurden die Veränderungen der Herzfrequenz (in min^{-1}, abhängig von der Aktivität in den parasympathischen Kardiomotoneuronen), der Hauttemperatur eines Fingers (in °C; Hautdurchblutung abhängig von der Aktivität in kutanen Vasokonstriktorneuronen) und des Hautleitwertes (in Ohm^{-1}; abhängig von der Aktivität in den Schweißdrüsenneuronen) gemessen. Die empfundenen Emotionen wurden danach durch Befragung der Versuchspersonen ermittelt. Daten von 12 Versuchspersonen mit Angabe der Mittelwerte und Standardfehler. (Nach Levenson et al 1990)

Diese **Emotionstheorie** besagt vereinfachend, dass die Wahrnehmung eines äußeren Ereignisses durch das Gehirn zu somatomotorischen (z. B. Gesichtsausdruck) und vegetativen Reaktionen führt, und dass die afferenten Rückmeldungen aus der Peripherie (z. B. von inneren Organen und von der Skelettmuskulatur) zum Gehirn erst die Emotionen erzeugen. Nach dieser Theorie wären die empfundenen Emotionen die **Folge** der Aktivität in den afferenten Neuronen aus den peripheren Organen („Wir sind traurig, weil wir weinen"). So lassen sich bei Erwachsenen z. B. die Basisemotionen im entsprechenden Umgebungskontext zwar durch Hirnreizung allein auslösen, dies aber erst, weil das emotionale Reaktionsmuster bereits im Gehirn eingespeichert ist.

Afferente Rückmeldungen vom Körper   Die zentralen Repräsentationen der Emotionen benötigen für ihre Entwicklung und die Aufrechterhaltung ihrer Funktionen **afferente Rückmeldungen** vom Körper. Diese Rückmeldungen sind **neuronal** (besonders von den Eingeweiden und den tiefen somatischen Geweben), **hormonell** (z. B. von den endokrinen Drüsen des Magen-Darm-Trakts, ◻ Abb. 38.5) und **humoral** (z. B. Blutglukose, Bluttemperatur). In ◻ Abb. 68.6 sind die afferenten Rückmeldungen aus dem Körper links eingezeichnet, sie enden im oberen Parietalkortex, wo sie bewusst wahrgenommen werden können. In diesem Sinne ist die Emotionstheorie von James und Lange nach wie vor für die Neurobiologie der Emotionen gültig. Dies schließt nicht aus, dass einmal gelernte Emotionen auch ohne körperinnere Afferenzen (z. B. bei Gelähmten) auftreten.

Emotionen bei reduzierter Afferenz   Die afferenten Rückmeldungen vom Körper sind nach vollständigem Ausfall der Muskulatur bei bestimmten Lähmungen reduziert. Hierzu gehören z. B. die amyotrophe Lateralsklerose oder die hohe Querschnittslähmung nach kompletter Durchtrennung des Rückenmarks bei thorakal Th2 (▶ Kap. 71.1.3, Klinik-Box). Da es sich bei diesen Patienten um Erwachsene handelt, bei denen das gesamte emotionale Reaktionsmuster mit den peripheren Reaktionen gespeichert ist, sind die Emotionen erhalten. Läsionen der für Emotionen verantwortlichen Hirnregionen führen zum Ausfall der jeweiligen emotionalen Reaktionskomponente (subjektive Gefühle, somatomotorische und vegetative Reaktionen).

In Kürze

Auftreten, Intensität und Richtung psychischer Funktionen (Wahrnehmung, Denken, Lernen) werden durch Motivationen und Emotionen bestimmt. **Motivationen** sind Antriebszustände (psychische Kräfte), die die Wahrscheinlichkeit des Auftretens bestimmter Verhaltensweisen erhöhen oder senken. Sie werden auch als **Triebe** bezeichnet und sind im Gehirn entweder homöostatisch oder nichthomöostatisch organisiert. **Emotionen** sind kurzzeitige vom Gehirn organisierte Reaktionen, die entweder als angenehm oder unangenehm erlebt werden.

Sie sind durch subjektiv benennbare Gefühle und vegetative, neuroendokrine sowie somatomotorische Reaktionen charakterisiert. Die verschiedenen **Basisemotionen** Ekel, Freude, Furcht, Trauer, Überraschung und Wut können psychophysiologisch unterschieden werden.

68.2   Zentrale Repräsentationen von Emotionen

68.2.1   Emotionen (Gefühle) und Hirnaktivität

Bei Gefühlen werden verschiedene kortikale und subkortikale Hirnbereiche aktiviert oder deaktiviert.

Kortikale und subkortikale „Emotionsareale" Emotionen können auch durch Vorstellung (Imagination) willkürlich hervorgerufen werden, sofern sie im Gedächtnis gespeichert sind. Diese intern hervorgerufenen wie auch extern ausgelösten Gefühle werden durch die Änderung der Aktivität im **Gyrus cinguli anterior et posterior**, im **Inselkortex** (und dem benachbarten sekundären **somatosensorischen Kortex**; ► Kap. 50.2.6) und in den **orbitofrontalen Kortizes**, den **Amygdalae** und den damit verbundenen **subkortikalen Strukturen** erzeugt (◻ Abb. 68.4). Jedes dieser Hirnareale dient auch anderen Funktionen. Afferente Rückmeldungen über die peripheren emotionalen Reaktionen aus dem Körperinneren (tief somatisch, viszeral) gelangen in den oberen Parietalkortex und tragen wesentlich zur Identifikation der spezifischen Emotionen bei (◻ Abb. 68.5). Bei jeder Basisemotion tritt ein spezifisches Muster von Aktivierung oder Abnahme der Aktivität in diesen Hirnarealen oder in Teilen von ihnen auf.

Die subkortikalen Hirnstrukturen, die Emotionen repräsentieren, teilen den kortikalen Regionen (z. B. dem primären visuellen Kortex bei Darbietung eines Reizes, der Belohnung signalisiert) sofort die Richtung (Annäherung und Vermeidung) des durch den Reiz ausgelösten Verhaltens mit. Damit wird bereits sehr früh in der Reizverarbeitung die Wahrnehmung emotional gefärbt, sodass es subjektiv kaum möglich ist, die Wahrnehmung und das Denken vom Gefühl zu trennen.

Beteiligung von Hirnstamm und Hypothalamus Parallel zur Änderung der Aktivität in den genannten Kortexarealen ist die Aktivität in bestimmten Bereichen von Hypothalamus und Hirnstamm (vor allem Mesenzephalon und Pons) verändert. Hirnstamm und Hypothalamus enthalten die neuronalen Netzwerke für folgende globale Funktionen:

- die **stereotype Regulation der Motorik**, welche die motorischen Muster, die typisch für die Basisemotionen sind, erzeugen (Gesichtsausdruck, Körperhaltung); hieran sind auch Zerebellum und Basalganglien beteiligt;

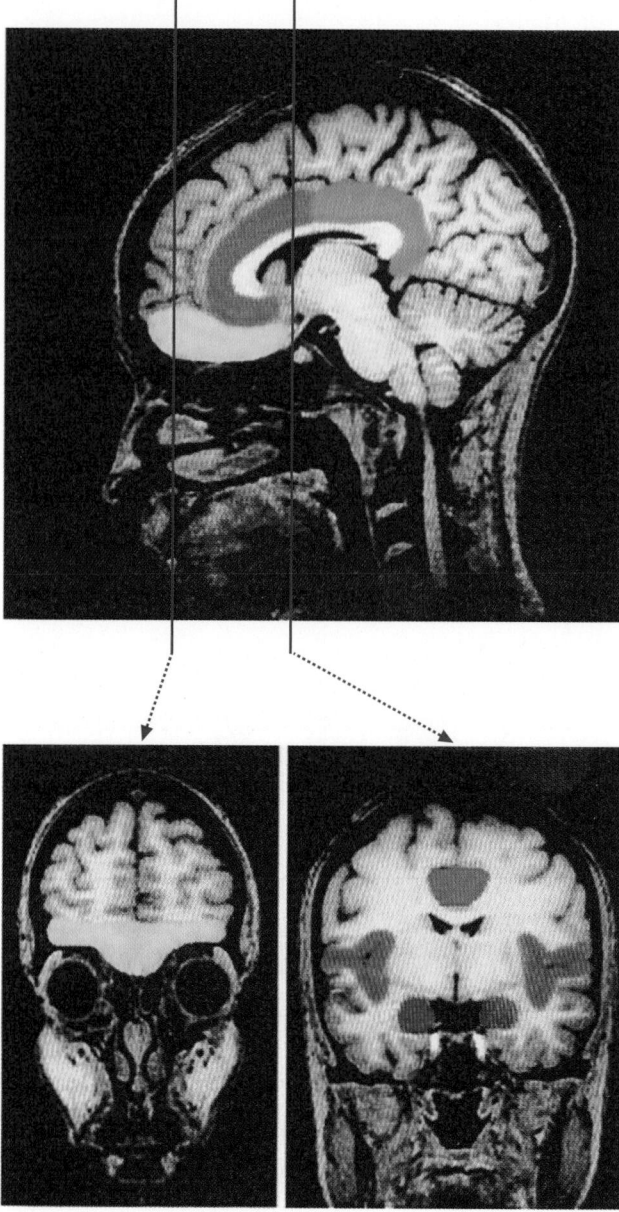

◻ **Abb. 68.4   Hirnregionen, die bei intern oder extern hervorgerufenen Emotionen aktiviert werden.** Orbitofrontaler Kortex (gelb), Inselkortex (violett), Cingulum anterior (blau), Cingulum posterior (grün). Die Amygdala (rot) ist eine zentrale neuronale Verbindung zwischen den Kortexarealen, welche die Perzeption der Emotionen repräsentieren, und den vegetativen, neuroendokrinen und somatomotorischen Anpassungsreaktionen sowie den Gedächtnisfunktionen (◻ Abb. 68.5). Je nach dem Ausmaß der Aktivierung und Hemmung in diesen Arealen und deren synaptischen Verbindungen werden unterschiedliche Emotionen repräsentiert (z. B. Furcht: vorderer Inselkortex, vorderes Cingulum, Amygdala und lateraler Orbitalkortex sind aktiviert; medialer Präfrontalkortex und dessen Verbindungen sind dagegen gehemmt). Oben: Parasagittalschnitt. Unten: Frontalschnitte, deren Lage im Parasagittalschnitt angezeigt ist. fMRI=functional magnetic resonance imaging(-Aufnahme). (Nach Dolan 2002)

68

die **homöostatischen Regulationen vegetativer** Funktionen (▶ Kap. 38, 71 und 72);

die **neuroendokrinen** Regulationen (▶ Kap. 73, 74).

Motorische, vegetative und neuroendokrine Reaktionen sind dabei spezifisch für jede Basisemotion (◘ Abb. 68.2). Dieses schlägt sich auch in den spezifischen Veränderungen der Aktivitäten in den verschiedenen Kerngebieten von Hirnstamm und Hypothalamus nieder.

❯ Die verschiedenen Emotionen sind sowohl an ihrem peripheren Ausdrucksmuster wie an ihren spezifischen Hirnaktivierungen differenzierbar.

68.2.2 Furchtverhalten und Amygdala

Furcht und Angst sowie die assoziierten motorischen, vegetativen und endokrinen Anpassungsreaktionen werden durch die Amygdala organisiert.

Auslösung und Komponenten des Furchtverhaltens Umweltreize, die **Gefahr** signalisieren (emotionale Reize wie z. B. Schlangen, Spinnen, ein Angreifer, ein Erdbeben usw.), lösen Furchtverhalten aus. Dieses Verhalten wird von **Kerngebieten der Amygdala** organisiert (◘ Abb. 68.5). Es besteht aus

dem **Gefühl Furcht** und dem entsprechenden Gesichtsausdruck,

motorischen Verhaltensweisen (Flucht, Konfrontation [Kampf] oder Erstarren, je nach Umweltkonstellation),

vegetativ vermittelten kardiovaskulären Regulationen (z. B. Erhöhung von Blutdruck und Herzfrequenz, Erniedrigung der Durchblutung des Darmes bei Kampf und Flucht),

vegetativ vermittelten anderen Reaktionen (z. B. **Abnahme der Darmmotilität**, Aktivierung der **Schweißdrüsen**) und

neuroendokrinen Reaktionen (z. B. Aktivierung des ACTH/Kortisol-Systems über den Hypophysenvorderlappen und die Nebennierenrinde; Freisetzung von Adrenalin aus dem Nebennierenmark).

Ein- und Ausgänge der Amygdala Die **synaptischen afferenten Eingänge** vom sensorischen **Thalamus** und den uni- als auch **polymodalen Assoziationskortizes** (einschließlich den **präfrontalen Kortexarealen**) gehen zum lateralen Kerngebiet der Amygdala (1 bis 3 in ◘ Abb. 68.5). Die synaptischen Eingänge vom Hippokampus und entorhinalen Kortex gehen zu den basalen Kerngebieten (4). Die **efferenten Ausgänge** zu **motorischen, vegetativen** und **neuroendokrinen Regulationszentren** haben ihre Ursprünge im Nucl. centralis der Amygdala. Der efferente Ausgang, welcher über den Nucl. basalis (Meynert) die kortikale **Weckreaktion (arousal)** und die Aufmerksamkeitsfokussierung erzeugt, hat ebenso seinen Ursprung im Nucl. centralis. Efferente Ausgänge zu den Kortexarealen (gestrichelt in ◘ Abb. 68.5) haben ihre Ursprünge in den lateralen und basalen Kerngebieten.

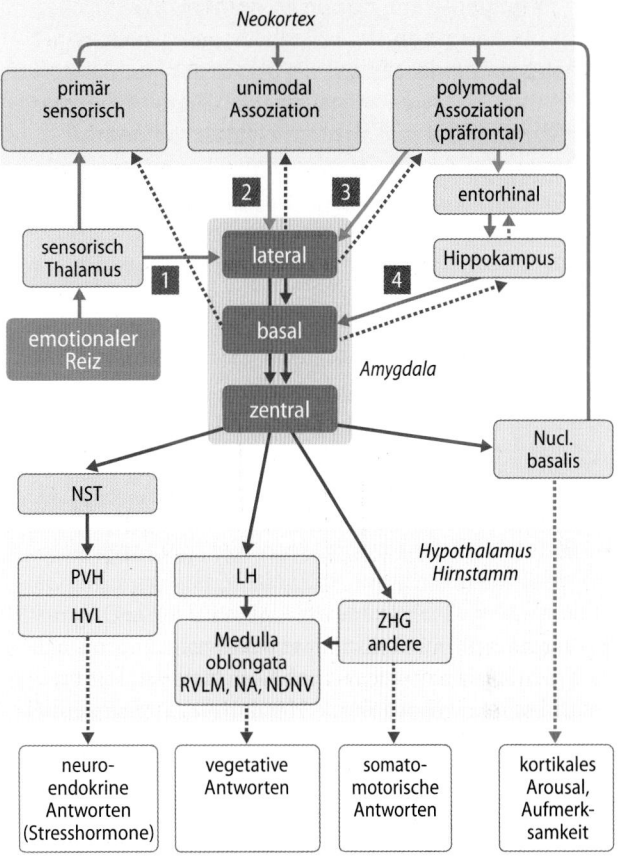

◘ **Abb. 68.5 Amygdala und Furchtkonditionierung.** Der laterale Kern der Amygdala erhält Informationen aus den sensorischen Kernen des Thalamus (1) sowie vom Neokortex (2, 3; uni- und polymodale Assoziationskortizes) und der basale Kern vom Hippokampus (4). Während der Furchtkonditionierung verarbeitet die Amygdala parallel die synaptischen Eingänge aus diesen Kanälen. Bei einfachen Hinweisreizen, die keine Diskrimination erfordern, kann die Konditionierung schon über (1) erfolgen. (2), (3) und (4) sind notwendig, wenn das Ereignis genau diskriminiert und im Rahmen von Vergangenheit und Zukunft (Erwartung) beurteilt wird. Die Amygdala projiziert zu allen kortikalen Arealen (und zum Hippokampus) zurück (gestrichelt). Die somatomotorischen, endokrinen und vegetativen Reaktionen während der Furchtkonditionierung werden über den zentralen Kern der Amygdala und die entsprechenden Kerngebiete im Hypothalamus und Hirnstamm vermittelt. Die Weckreaktion des Kortex bei Furcht wird über den zentralen Kern der Amygdala und den Nucl. basalis vermittelt. HVL=Hypophysenvorderlappen; LH=lateraler Hypothalamus. NA=Nucl. ambiguus; NDNV=Nucl. dorsalis nervi vagi; NST=Nucl. der Striae terminalis; ZHG=zentrales (periaquäduktales) Höhlengrau im Mesenzephalon; PVH=Nucl. paraventricularis hypothalami; RVLM=rostrale ventrolaterale Medulla. (Nach LaBar & LeDoux in Davidson, Scherer & Goldsmith 2003)

Ablauf der Furchtentstehung Folgende Komponenten der Erzeugung der Emotion Furcht können unterschieden werden (◘ Abb. 68.5, ◘ Abb. 68.6):

Über die direkte subkortikale Verbindung vom Thalamus zur Amygdala findet eine **vorbewusste (präattentive) Erzeugung der Emotion** statt. Dieser neuronale Weg der Aktivierung ist schnell und läuft ohne das bewusste Gefühl Furcht ab. Eine genaue Diskrimination des Reizes findet nicht statt (Verbindung 1 in ◘ Abb. 68.5). Es ist unklar, ob diese Verbindung beim Menschen wichtig ist.

Klinik

Mangel an Angst: Neurobiologie des Bösen

Menschliche Sozialisation und reibungsarmes Zusammenleben hängen davon ab, dass wir im Laufe unserer Entwicklung konditionierte Angst erwerben: „Wenn du das tust, dann …". Wir lernen angstvoll zu antizipieren, dass bestimmte Handlungen von negativen, schmerzhaften Konsequenzen für uns selbst oder andere gefolgt sind. Zusätzlich zum Erlernen antizipatorischer Vermeidung lernen wir aus den Folgen für uns selbst auch, sich in unser Gegenüber hineinzuversetzen sowie stellvertretend und **empathisch** die negativen Folgen für den/die anderen vorauszufühlen und antisoziale Handlungen zu unterlassen.

Personen, die sich durch wiederholte massive antisoziale Handlungen auszeichnen, also ohne jede Angst vor den Folgen wiederholt kriminell werden, extreme Sensationen und Gefahren lieben, oft Alkohol oder Drogen einnehmen, werden als **Psychopathen** bezeichnet. Bildgebende Untersuchungen des Gehirns solcher Personen (z. B. immer wieder extrem gewalttätiger Schwerstkrimineller) zeigen in simulierten gefahrvollen Situationen häufig ein Defizit der Aktivierung von Hirnteilen, die das Erlernen antizipatorisch-konditionierter Angst und Vermeidung steuern. Dieser Mangel an Aktivierung ist in der Amygdala, im vorderen Inselkortex, im anterioren Zingulum und vor allem im lateralen Orbitofrontalkortex sichtbar. Damit fällt die Erwartung negativer oder schmerzhafter Konsequenzen aus. Bei Angstpatienten sind dagegen diese Hirnareale während derselben Lernsituationen häufig überaktiviert. Obwohl Soziopathen kognitiv-bewusst die negativen Konsequenzen ihres Verhaltens kennen, **fehlt die emotionale Komponente Angst.** Deshalb erfolgen ihre verantwortungslosen Taten **ohne das Gefühl für die Konsequenzen und ohne Reue.** Eine Behandlung dieses neuropsychologischen Defizits erfordert Trainingsmaßnahmen, die dem Betroffenen ermöglichen, in sozialen Situationen mit potenziell schädigenden Konsequenzen, diese beschriebenen Hirnteile des Angstsystems zu aktivieren.

- Bereits diskriminierte und verarbeitete Reize erreichen die Amygdala von den unimodalen Assoziationskortizes. Über diese synaptischen Verbindungen können neutrale **konditionierte Reize** (z. B. ein Berührungsreiz) mit den biologisch bedeutenden (Gefahr signalisierenden) **unkonditionierten Reizen** assoziiert werden. Die synaptische Übertragung im lateralen Amygdalakern wird verstärkt, sodass der konditionierte Reiz in Zukunft die Furchtreaktion auslösen kann (Verbindung 2 in ◘ Abb. 68.5).
- Die Bewertung der **Bedeutung von Reizen** in der Furchtkonditionierung im **räumlichen** (Umwelt) und **zeitlichen Kontext** (Erfahrungen in der Vergangenheit) findet in den polymodalen kortikalen Assoziationsarealen und im Hippokampus statt (Verbindungen 3 und 4 in ◘ Abb. 68.5).
- Die **Verstärkung** oder **Löschung (Extinktion) der Furchtkonditionierung** (z. B. im sozialen Kontext) benötigt zusätzlich zu den bekannten Hirnregionen den medialen präfrontalen Kortex und andere präfrontale Kortexareale (Verbindung 4 in ◘ Abb. 68.5).

Die Organisation der lateralen, basalen und zentralen Kerngebiete der Amygdala und ihre synaptischen Verknüpfungen erklären die Mechanismen des emotionalen Verhaltens Furcht. Sie erklären **nicht** die Mechanismen, die den anderen (primären) Basisemotionen und den sekundären (sozialen) Emotionen zugrunde liegen. Die Kerne der Amygdala sind aber auch an anderen (positiven und negativen) Emotionen beteiligt.

> Gefühlsreaktionen erfolgen meist nicht-bewusst und werden über implizites Lernen erworben.

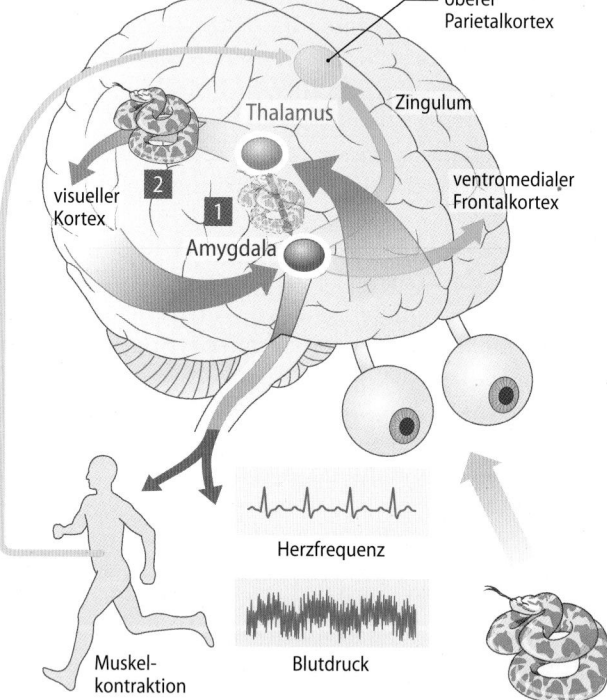

◘ **Abb. 68.6   Konditionierte emotionale Furchtreaktion mit somatomotorischen, vegetativen und endokrinen Reaktionen.** Die Reaktion wird schnell und stereotyp über die thalamoamygdalären Verbindungen und über die kortikalen Verbindungen von und zur Amygdala erzeugt. Die sensorische Information vom Thalamus zur Amygdala ist schemenhaft und auf den biologischen Sachverhalt reduziert (z. B. grobe Konturen einer Schlange, Verbindung **1**), die vom Kortex ist präzise (Verbindung **2**). Diese Verbindungen entsprechen 1 und 2 in ◘ Abb. 68.5. Die Information gelangt von der Amygdala in den ventromedialen Frontalkortex, wo die Entscheidung über die Bewegung fällt. Exekutive Aufmerksamkeitsfunktionen werden über das Cingulum aktiviert. Die Rückmeldung aus der Körperperipherie erreicht den oberen Parietalkortex (links, gelb). (Nach LeDoux 1994)

Abb. 68.7 Störung der Sozialhierarchie von Affen nach Läsion der Amygdalae (Mandelkerne). Hierarchie einer Affenhorde vor (oben) und nach (unten) Läsion bei den Affen Dave, Riva und Zecke. Erläuterungen s. Text. (Nach Rosvold et al. 1954)

68.2.3 Veränderung der Emotion Furcht nach zentralen Läsionen

Nach Läsionen der Amygdala und des präfrontalen Kortex ist das emotionale Verhalten vor allem im sozialen Kontext gestört.

Die neuronale Regulation der Emotion Furcht (■ Abb. 68.5) ist wichtig für die Steuerung des Verhaltens im sozialen Kontext. Deshalb treten nach Läsionen der Amygdala, des präfrontalen Kortex, der vorderen Inselregion oder des vorderen Gyrus cinguli charakteristische Verhaltensstörungen bei Tier und Mensch auf (► Klinik-Box):

- Nach **bilateraler Zerstörung der Amygdala** sind Affen nicht mehr in der Lage, innerhalb ihrer Horde die soziale Bedeutung exterozeptiver (visueller, auditiver, somato-

sensorischer und olfaktorischer) Signale zu erkennen und zu den eigenen affektiven Zuständen (Stimmungen) assoziativ in Beziehung zu setzen. Die Annäherung und Meidung anderer Mitglieder der Gruppe in der sozialen Interaktion wird unmöglich (■ Abb. 68.7).
- Menschen mit bilateraler Zerstörung der Amygdala **können Reize, welche Gefahren signalisieren (z. B. Verhalten anderer, die auf Betrug hindeuten), nicht als gefährlich erkennen.**
- Menschen mit zerstörtem orbitofrontalem Kortex **sind bei normalen intellektuellen Leistungen nicht mehr in der Lage, vorausschauend Angst zu erlernen. Sie können die negativen Folgen für sich und andere nicht vorhersehen und entwickeln abnorme soziale Verhaltensweisen.**

> **In Kürze**
>
> Emotionen (Gefühle und entsprechende motorische, vegetative und neuroendokrine Reaktionen) sind in bestimmten Großhirnarealen (Cingulum anterior et posterior, Insula, präfrontalen Kortexarealen), Amygdala, Hypothalamus und Hirnstamm repräsentiert. Für jede Emotion ist ein **spezifisches Repräsentationsmuster** in diesen Großhirnarealen vorhanden. Die zentralen Repräsentationen erhalten kontinuierlich afferente Rückmeldungen aus den Körpergeweben, die die emotionalen Reaktionsmuster vervollständigen. Bestimmte Kerngebiete der **Amygdala** steuern über afferente Verbindungen von Thalamus und Kortexarealen sowie efferente Verbindungen zu Hypothalamus und oberem Hirnstamm die **Emotion Furcht**. Störungen der neuronalen Regulation von Emotionen führen zu **psychopathologischen Veränderungen** und/oder **somatischen Erkrankungen**.

68.3 Freude und Sucht

68.3.1 Positive Verstärkung im Gehirn

Belohnungssysteme im Hirnstamm und im limbischen System erzeugen Gefühle der Freude und sind für positive Verstärkung von Verhalten wichtig.

Positives Verstärkungssystem Zusätzlich zu Mechanismen, die den in ► Abschn. 68.4 (Sexualverhalten), ► Kap. 43 (Regulation von Metabolismus und Nahrungsaufnahme) sowie in ► Kap. 35 (Regulation der Wasser- und Kochsalzaufnahme) beschriebenen spezifischen Trieben zugrunde liegen, scheint es im Säugetiergehirn einen Mechanismus zu geben, der Verhalten unabhängig von spezifischen Triebzuständen verstärkt. Das neuronale System, dessen Aktivierung diesen Zustand erzeugt, ist subkortikal lokalisiert. Es wurde von seinem Entdecker J. Olds **positives Verstärkungssystem** genannt (► Klinik-Box).

Die Entdeckung des „Zentrums der Freude"   1954 untersuchten James Olds und sein Student Peter Milner die aktivierende Wirkung von elektrischer Reizung der Formatio reticularis der Ratte. Eine der Reizelektroden wurde vermutlich im Hypothalamus fehlimplantiert. Olds beschrieb, welch seltsames Verhalten das Tier plötzlich bei der Reizung zeigte: „Ich reizte mit einem kurzen 60-Hz-Sinus-Impulsstrom immer dann, wenn das Tier in eine Ecke des Käfigs lief [Olds wollte sicher sein, dass die Reizung für das Tier nicht unangenehm ist]. Das Tier vermied die Ecke aber nicht, sondern kam nach einer kurzen Pause sofort in die Käfigecke zurück, nach der erneuten Reizung lief es sogar noch schneller dorthin. Nach der dritten elektrischen Reizung war klar, dass das Tier zweifellos mehr Reizung wollte". Dasselbe passierte, wenn bei Aufleuchten eines roten Lichts eine Reizung im „Freudesystem" erfolgte: das Tier lief danach sofort zu diesem Licht und nicht zu einem grünen, bei dem keine Hirnreizung erfolgte. Diese Zufallsbeobachtung bedeutete die Entdeckung eines „positiven Verstärkungszentrums" oder, wie Olds es euphorisch nannte, des „Zentrums der Freude".

Damit war die neurobiologische Grundlage eines zentralen Begriffs der Motivationspsychologie gefunden und ein wichtiger Schritt zum Verständnis der **Triebkräfte menschlichen Verhaltens** getan. Erhalten Menschen oder Tiere (◘ Abb. 68.8) die Gelegenheit, Teile dieses Systems elektrisch (z. B. über Elektroden, die zur Schmerzbekämpfung implantiert wurden) oder chemisch selbst zu aktivieren, tun sie dies, bei Tieren oft bis zur Erschöpfung. Eine solche **intrakranielle Selbstreizung** ist unabhängig von einer spezifischen Triebbefriedigung; ihr Effekt wird durch vorhandene Triebzustände (z. B. Hunger) verstärkt.

68

◘ **Abb. 68.8   Anordnung von Olds zur intrakraniellen Selbstreizung.** Das Tier löst durch Drücken des Hebels einen kurzen Stromstoß in das eigene Gehirn aus. Leuchtet das rote Licht auf, führt Hebeldruck zur intrakraniellen Selbstreizung. Leuchtet das grüne Licht auf, hat Hebeldruck keinen Effekt

Hebel

68.3.2   Mesolimbisches Dopaminsystem

Das mesolimbischen Dopaminsystem wirkt als positives Verstärkungssystem vor allem über den Nucl. accumbens.

Rolle dopaminerger Neurone in der positiven Verstärkung   Bei Ratten und vermutlich auch bei höheren Säugern, einschließlich des Menschen, werden das mesolimbische Dopaminsystem und der Nucl. accumbens für die **positive Verstärkung von Verhalten** verantwortlich gemacht. Dieses System besteht aus dopaminergen Neuronen im ventralen tegmentalen Areal (VTA) des Mittelhirns, die durch das **mediale Vorderhirnbündel** ins Vorderhirn projizieren, vor allem in den **Nucl. accumbens** im ventralen Striatum (◘ Abb. 68.9). Der Nucl. accumbens besteht aus GABAergen (hemmenden) Neuronen, die zum zerebralen Kortex, zum zentralen Höhlengrau (ZHG) des Mesenzephalons und direkt oder indirekt über das ventrale Pallidum zum VTA projizieren. Die Neurone im Nucl. accumbens werden über die dopaminergen Neurone im VTA und über glutamaterge Neurone vom Frontalkortex, vom Hippokampus, von der Amygdala, vom ZHG und vom dorsomedialen Thalamus synaptisch erregt (nur teilweise aufgeführt in ◘ Abb. 68.9). Diese Accumbensneurone bestehen aus zwei Gruppen, die entweder vor allem den Dopaminrezeptor D1 exprimieren oder den Dopaminrezeptor D2.

Physiologische Aktivierung des Nucl. accumbens über das dopaminerge System im VTA findet bei Verhaltensweisen statt, die **belohnend** sind (z. B. bei Aufnahme und Präsentation schmackhafter Nahrung, in Situationen mit sexuellen Inhalten, bei konditionierenden Reizen, die mit Nahrung, Sex oder anderen angenehmen Situationen gepaart sind). Dieses führt dann zur **Verstärkung der jeweiligen Verhaltensweisen.** Der Nucl. accumbens ist damit eine Art **Interface** zwischen limbischen und kortikalen Regionen, die wichtig sind für die Erzeugung von Motivationen, und den motorischen Zentren, die die motivierten Verhaltensweisen ausführen. Die Dopamin-freisetzenden Neurone, die zum Nucl. accumbens projizieren, ändern ihre Aktivität in Abhängigkeit von der zu erwarteten Belohnung (dem **Belohnungsvorhersagewert**): Ist die Belohnung größer als erwartet, nimmt die Aktivität zu (und das Verhalten wird verstärkt); ist die Belohnung kleiner als erwartet, erniedrigt sich die Aktivität.

Positive Verstärkersysteme und ihre Beeinflussung durch Pharmaka (◘ Abb. 68.9)   Dopaminantagonisten, wie z. B. Neuroleptika, hemmen die positive Verstärkung und führen zu **Anhedonie** („**Lustlosigkeit**"). Ihre therapeutische Wirkung bei Psychosen ist auf diesen generell dämpfenden Effekt zurückzuführen. **Hemmung der Wiederaufnahme von Dopamin** durch **Amphetamin** oder **Kokain** (beides süchtig machende Substanzen) fördern die positive Verstärkung. **Opiate** stimulieren indirekt durch Hemmung GABAerger Neurone die dopaminergen Neurone im ventralen Tegmentum des Mittelhirns, aber auch Neurone im Nucl. accumbens, lateralem Hypothalamus, Pallidum und zentralem Höhlengrau des Mesenzephalons (◘ Tab. 68.1). Auch das zentrale noradrenerge System, welches zum limbischen System projiziert, hat bei Reizung meist positiv verstärkende Effekte.

Negative Verstärkersysteme Hirnregionen, deren Reizung zu Aversion und Vermeidung führt, werden als negative Verstärkersysteme (**Bestrafungssysteme**) bezeichnet. Ihre neuronalen Strukturen sind weniger gut lokalisiert, da sie mit den zentralen Systemen zur endogenen Kontrolle von Schmerzen (opioiderg und nicht-opioiderg) und den Regionen, die Sättigung und Ekel auslösen, überlappen. Viele negative Reaktionen auslösende Regionen befinden sich **periventrikulär** im **Mesenzephalon**. Eine relativ einheitliche anatomische und neurochemische zentralnervöse Struktur, wie wir sie für positive Verstärkung finden, scheint nicht zu existieren. Die negativen Verstärkersysteme hemmen die mesolimbischen positiven Verstärkersysteme.

Serotonin als endogene Substanz der Verstärkung und seine Beeinflussung durch Pharmaka **Serotonin** [5-HT (5-Hydroxytryptamin]) **und einige andere Neuromodulatoren** können je nach ihrer anatomischen Position und je nach der Ausschüttungs- und Rezeptorkonfiguration auch positiv verstärkend wirken. Vermehrte Verfügbarkeit von Serotonin am Rezeptor verbessert Antrieb und Stimmung. **Herabgesetzte Verfügbarkeit** von Serotonin am Rezeptor ist häufig mit gesteigerter **Aggression** und **Autoaggression** korreliert. Viele Substanzen beeinflussen über das serotonerge System unser affektives Verhalten:

- **Antidepressiva** verbessern die Stimmung durch Hemmung der Wiederaufnahme von Serotonin oder Noradrenalin in die entsprechenden Neurone.
- **Ecstasy** (3,4-Methylendioxymethamphetamin) stimuliert den 5-HT$_2$-Rezeptor und Dopaminrezeptoren und verbessert Stimmung und Antrieb.
- **Kokain** hemmt die Wiederaufnahme von Dopamin und Serotonin; es stimuliert somit beide Systeme, indem es die Verfügbarkeit im synaptischen Spalt erhöht.

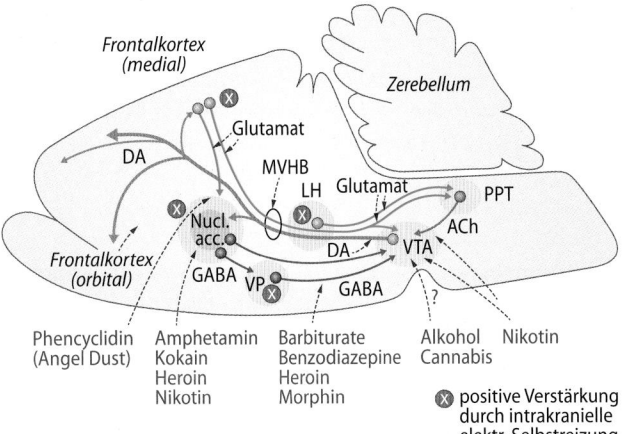

■ **Abb. 68.9** **Das mesolimbische dopaminerge System der Ratte, seine Beziehung zum Frontalkortex und die Angriffspunkte Sucht erzeugender Substanzen.** Dopaminerge Neurone (DA) des ventralen tegmentalen Areals im Mesenzephalon (VTA) projizieren zum Nucl. accumbens (Nucl. acc.) und zum Frontalkortex. Der Nucl. acc. besteht im Wesentlichen aus GABAergen Neuronen. Diese Neurone projizieren direkt oder über das ventrale Pallidum (VP) zum VTA, zum zerebralen Kortex und zum zentralen Höhlengrau des Mesenzephalon. Glutamaterge Neurone im medialen Frontalkortex, im Hippocampus, in der Amygdala, im dorsomedialen Thalamus projizieren zum Nucl. acc. und direkt oder indirekt [über den lateralen Hypothalamus (LH) oder das präpedunkuläre pontine Tegmentum (PPT)] durch das mediale Vorderhirnbündel (MVHB) zum VTA. Die Angriffspunkte der Wirkung Sucht erzeugender Substanzen sind am unteren Rand aufgeführt (Mechanismen ■ Tab. 68.1). Orte intrakranieller elektrischer Selbstreizung (■ Abb. 68.8), die zur positiven Verstärkung von Verhalten führen, sind durch Kreuze angezeigt. (Nach Wise 2002)

- **Halluzinogene** wie **LSD** (Lysergsäurediäthylamid) und **Psilocybin** stimulieren den 5-HT$_2$-Rezeptor. Sie erzeugen außer Hallizunationen auch negative Gefühle (Panik, Paranoia).

❯ Das mesolimbisch-präfrontale Dopaminsystem bestimmt den Anreizwert (Incentive) einer Situation oder von zentral wirkenden Sucht erzeugenden Substanzen.

■ **Tab. 68.1** Sucht-erzeugende Substanzen und ihre Mechanismen

Suchterzeugende Substanz	Mechanismen der Aktivierung dopaminerger Neurone und Freisetzung von Dopamin im Nucl. accumbens
Alkohol	Stimuliert GABA$_A$-Rezeptorfunktionen und hemmt NMDA-Rezeptorfunktionen
Amphetamine (Speed, Ecstasy)	Hemmung der Wiederaufnahme von Dopamin in Dopaminneuronen im Nucl. accumbens
Barbiturate	Hemmung GABAerger Neurone zu dopaminergem System
Benzodiazepine	Hemmung GABAerger Neurone zu dopaminergem System
Kanabinoide (Marihuana)	Agonist von Kanabinoidrezeptoren, Disinhibition von Dopaminneuronen
Kokain	Hemmung der Wiederaufnahme von Dopamin in die terminalen Axone von Dopaminneuronen im Nucl. accumbens
Morphin (Opiate), Heroin	Hemmung GABAerger Neurone zu dopaminergem System, vermittelt durch µ- und δ-Rezeptoren (Morphin)
Nikotin	Erregung dopaminerger Neurone über nikotinische Rezeptoren
Phencyclidin (angel dust)	Blockade von NMDA-Glutamat-Rezeptoren auf GABAergen Neuronen im Nucl. Accumbens

GABA=gamma-amino-butyric acid, γ-Amino-Buttersäure; NMDA=N-Methyl-D-Aspartat

68.3.3   Sucht

Suchtverhalten ist eine extreme Form positiv motivierten Verhaltens; es unterscheidet sich quantitativ von positiven Motivationen durch erhöhte Anreizwirkung bestimmter physiologischer Reize, verstärkte Aversionssymptome bei Entzug und, je nach Sucht, durch Entwicklung von Toleranz.

Suchtentstehung   Erfolgt die Aktivierung des Verstärkungssystems nicht mehr durch physiologische Reize (z. B. Nahrung, Sex, soziale Interaktion), sondern werden Neurone des positiven Antriebs erzeugenden Systems **chemisch direkt** gereizt, kann, wenn die zeitlichen Abstände zwischen diesen Aktivierungen kurz sind, Sucht entstehen. Die Aktivierung dieses Systems kann direkt oder indirekt durch viele Sucht erzeugenden Substanzen geschehen (wie z. B. **Alkohol, Amphetamine, Heroin, Kokain, Marihuana, Morphin** und **Nikotin** und ihre Analoga; ◘ Abb. 68.9, ◘ Tab. 68.1). Sucht ist eine extreme Form positiv motivierten Verhaltens; sie unterscheidet sich biologisch nicht von anderen positiv motivierten Verhaltensweisen wie Freude, Bindung, Appetit usw. Sucht ist durch die folgende Eigenschaft charakterisiert: Wiederholt ausgelöste intensive **Freude (Euphorie)** kann **zwanghaftes Verlangen (Sucht)** nach Sucht erzeugenden Substanzen (oder Sucht erzeugenden Zuständen) bewirken.

WHO-Definition der Sucht   Die **Definition der Weltgesundheitsorganisation (WHO)** von **Drogenabhängigkeit** legt ihren Schwerpunkt ebenfalls auf den fließenden Übergang von „normalem" Annäherungsverhalten und Sucht: „Abhängigkeit ist ein Syndrom, das sich in einem Verhaltensmuster äußert, bei dem die Aufnahme der Droge Priorität gegenüber anderen Verhaltensweisen erlangt, die früher einen höheren Stellenwert hatten. Abhängigkeit ist nicht absolut, sondern existiert in unterschiedlicher Stärke. Die Intensität des Syndroms wird an den Verhaltensweisen gemessen, die im Zusammenhang mit der Drogensuche und -aufnahme gezeigt werden, und anderen Verhaltensweisen, die daraus resultieren."

Rolle der Umwelt   Sucht kann in ihren biologischen Grundlagen ohne Berücksichtigung der Umgebung, in der sie entsteht und aufrechterhalten wird, nicht verstanden werden. Die biologischen Mechanismen, die einer Sucht zugrunde liegen, werden nur unter ganz bestimmten Umgebungsbedingungen (z. B. unter Stress) aktiviert. Die gelernte Assoziation z. B. der Drogeneinnahme mit der dabei vorhandenen Umgebung (einschließlich mentaler Prozesse wie Emotionen und Gedanken) führt zu dem „Anziehungseffekt" (Salience) dieser Umgebungsreize und treibt uns immer wieder zu ihnen.

Toleranz und Abhängigkeit   Süchte werden von natürlichen Motivationen vor allem dadurch unterschieden, dass bei Wegfall der Einnahme einer süchtig machenden Substanz starke psychische und/oder körperliche Aversionen („**Entzug**") entstehen. Einige der Sucht erzeugenden Substanzen führen auch zu **Toleranz**. Toleranz bedeutet, dass die zugeführte Menge gesteigert werden muss, um positive Effekte der Euphorie zu erzielen. **Abhängigkeit** entsteht vor allem durch die Attraktivität von Situationen und Reizen, die in der Vergangenheit mit der süchtig machenden Substanz assoziiert waren.

68.3.4   Sucht und mesolimbisches Dopaminsystem

Die neuronale Grundlage der Sucht liegt in der Förderung der dopaminergen und glutamatergen synaptischen Übertragung im mesolimbischen Dopaminsystem.

Essenzielle Beteiligung des Dopaminsystems   Das **mesolimbische Dopaminsystem** spielt eine strategische Rolle in der Entstehung von Sucht, weitgehend unabhängig von den Sucht-erzeugenden Substanzen. Nach Zerstörung dieses Systems oder Blockade der Dopaminrezeptoren nimmt das Suchtverhalten bei Ratten ab. Dopaminerge Neurone im ventralen Tegmentum des Mittelhirns werden auch von Opiaten stimuliert. Alkohol und Cannabinoide erhöhen die Freisetzung von Dopamin im Nucl. accumbens.

Positive Verstärkung (Euphorie) und Verlangen   Die Entwicklung des Verlangens nach wiederholter Drogeneinnahme ist mit der Aktivität im mesolimbischen Dopaminsystem korreliert. Zwar erregt oder hemmt jede sucherzeugende Substanz zusätzlich noch Neurone mit anderen Transmittern (z. B. Cannabis kortikale und hippokampale Strukturen), aber **das Dopaminsystem ist stets beteiligt** und steuert die extreme Abhängigkeit von Hinweisreizen. Euphorie und Verlangen haben unterschiedliche Verläufe nach Einsetzen der Drogeneinnahme: Während das Verlangen (die Suche) nach der Droge kontinuierlich ansteigt (die Sucht im engeren Sinne!), nimmt parallel dazu die erzeugte Euphorie (Suchtbefriedigung) ab. Allerdings steigt das Verlangen stärker, als die Euphorie abnimmt. Diese Beobachtung zeigt, dass beiden Verhaltensweisen unterschiedliche Mechanismen zugrunde liegen. Die Aktivität im Nucl. accumbens nimmt in der Phase der Suche nach der Droge (während der Phase des Verlangens) stark zu, nicht jedoch in der Phase der Suchtbefriedigung (Euphorie).

Rückfall in die Sucht   Für die gleich hohe Rückfallhäufigkeit bei allen Süchten sind weniger Toleranz und Abstinenzreduktion verantwortlich, sondern die **gelernten Anreizwerte** aller Situationen und Gedanken, die in der Vergangenheit mit der Substanzeinnahme assoziiert waren. Im Laufe wiederholter Einnahme süchtig machender Substanzen wird die **Sensibilität des dopaminergen Systems** größer, was zum **Anstieg des Verlangens** bei Auftritt von Hinweisreizen für die Aufnahme der Substanz führt. Freude und Lust, die durch ein Suchtmittel erzeugt werden, sind davon wenig berührt. Ebenso sind Abstinenzerscheinungen für die meisten Rückfälle nicht verantwortlich, die i. d. R. lange nach Abklingen des Entzugs auftreten. Um Süchte wieder zum Verschwinden zu bringen (**Extinktion**), müssen dieselben Situationen, die mit der Einnahme des Suchtmittels assoziiert waren, wiederholt **ohne** Einnahme der Substanz dargeboten werden. Vermutlich nimmt auf diese Weise die Verstärkung der synaptischen Übertragung (z. B. im mesolimbischen Dopaminsystem), die sich bei der Entstehung der Sucht gebildet hat, wieder ab.

Opiate und das Dopaminsystem Während die dopaminergen Neurone bei operantem Verhalten (▶ Kap. 66.1.2) und Sucht mehr das **Verlangen** nach positiv motiviertem Verhalten erzeugen, werden die endogenen Opioide mit der **positiven affektiven Tönung** von Belohnungsreizen in Verbindung gebracht. Diesen Effekt üben **endogene Opioidsysteme** vermutlich primär durch Aktivierung endogener antinozizeptiver Systeme aus. Opiatrezeptoren befinden sich vor allem in Hirnstrukturen, die nozizeptive Impulsaktivität verarbeiten und für die Entstehung von Schmerzen bei noxischen Ereignissen (sowie psychischen Schmerzen, z. B. als Folge von Trennung) verantwortlich sind (z. B. Hinterhorn des Rückenmarks, Thalamus, periaquäduktales Höhlengrau, Amygdala, Frontalkortex). Der **Sucht erzeugende Effekt von Opiaten** basiert vermutlich auch auf dieser Aktivierung antinozizeptiver Systeme.

Suchterzeugende Substanzen und ihre Wirkungen an Neuronen Allen Sucht-erzeugenden Substanzen ist gemeinsam, dass das Verlangen nach der Droge über ihre substanzspezifischen Rezeptoren durch Aktivierung des mesolimbischen Dopaminsystems erzeugt wird (◘ Abb. 68.9). Die Mechanismen dieser Aktivierung sind, soweit bekannt, in ◘ Tab. 68.1 aufgeführt.

68.3.5 Neuroadaptation des mesolimbischen Systems

Die molekularen Mechanismen der Kurzzeit- und Langzeitwirkung von süchtig-machenden Substanzen sind verschieden.

Suchtverlauf Die Neurone des mesolimbischen Dopaminsystems (ventrales Tegmentum des Mittelhirns, Nucl. accumbens) spielen eine wichtige Rolle in der Suchtentstehung und -aufrechterhaltung. Eine Vielzahl von charakteristischen **zellulären Änderungen** treten im Verlauf einer „Drogenkarriere" (von der akuten Einnahme über die chronische Einnahme bis zu Kurzzeit- und Langzeitabstinenz) auf, welche mit dem veränderten Verhalten von drogenabhängigen Menschen und Tieren korrelieren. ◘ Abb. 68.10 fasst die einzelnen Phasen und einige wichtige molekulare und hormonelle Änderungen, die im Folgenden z. T. besprochen werden (◘ Abb. 68.11), zusammen. Diese Zusammenfassung ist etwas spekulativ, (1) weil die molekularen und zellulären Daten experimentell an Ratten gewonnen worden sind und (2) weil die meisten Aussagen auf Korrelationen zwischen dem Suchtverhalten der Ratten und den molekularen und zellulären Veränderungen im mesolimbischen System beruhen und keine Aussagen über Kausalzusammenhänge sind.

Akute Einnahme einer süchtig machenden Substanz Die Bindung der zugeführten Substanz an die Dopamin- oder Opiatrezeptoren der Neurone des mesolimbischen Dopaminsystems aktiviert inhibitorische G-Proteine, welche die Aktivität der Adenylatzyklase hemmen. Dies führt zur Abnahme der Aktivität von cAMP und **cAMP-abhängigen Proteinkinasen**. Nach experimenteller Verhinderung des cAMP-Abfalls nimmt die intrakranielle Selbststimulation bei Ratten ab und damit vermutlich auch die „Freude", die durch diese Reizung erzeugt wird (◘ Abb. 68.11). Durch die Reduktion der cAMP-Aktivität wird auch die Phosphorylierung von Ionenkanälen und vermutlich anderer zellulärer Effektoren reduziert.

Chronische Einnahme einer süchtig machenden Substanz Die intrazelluläre Signalübertragung ändert sich radikal bei chronischer Einnahme: Die Aktivität des Adenylatzyklase-cAMP-Systems nimmt zu und die Aktivität der cAMP- oder Ca^{2+}-ab-

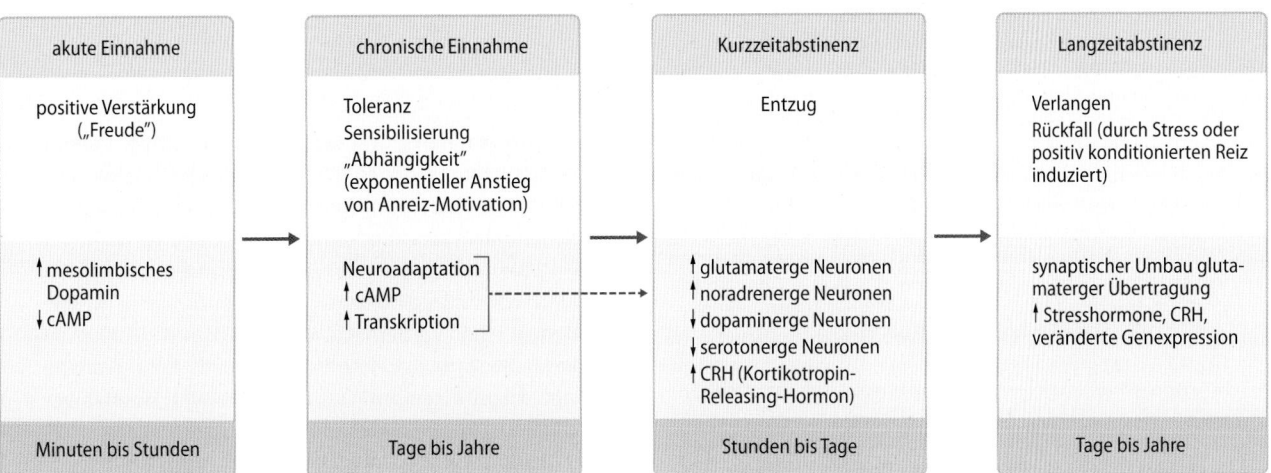

◘ **Abb. 68.10 Verlauf von Suchtverhalten auf psychologischer (oben) und molekularer Ebene (unten) in Neuronen des mesolimbischen Systems (vereinfachtes Schema).** cAMP=zyklisches Adenosinmonophosphat; 5-HT=5-Hydroxytryptamin (Serotonin). ↑=Zunahme

oder Aktivierung; ↓=Abnahme. Der synaptische Umbau bezieht sich auf die glutamaterge Übertragung auf die GABAergen Neurone des Nucl. accumbens. Weiteres s. Text

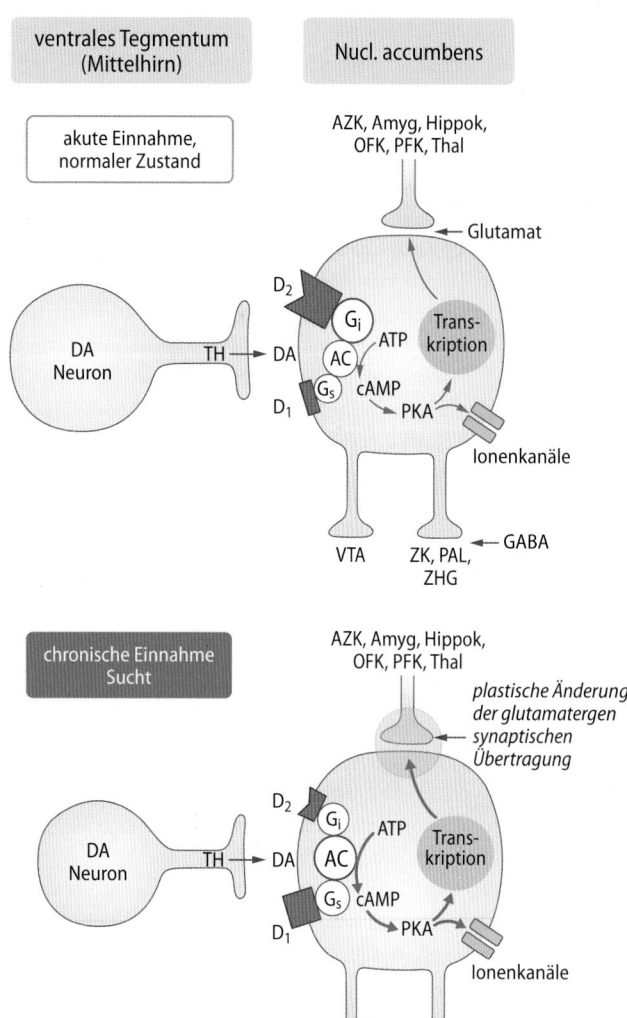

■ **Abb. 68.11   Biochemische, anatomische und physiologische Neuroadaptation des mesolimbischen Systems im Suchtzustand.** Links, dopaminerge (DA) Neurone im ventralen Tegmentum. Rechts, GABAerge Neurone im Nucleus accumbens. Im **normalen Zustand** aktivieren die DA-Neurone die Accumbensneurone über D2-Rezeptoren. Über ein inhibitorisches G-protein (Gi) wird die Adenylzyklase (AC) gehemmt und die Aktivität des cAMP-Systems nimmt ab. Im **Suchtzustand** (nach chronischer Einnahme einer süchtig machenden Substanz) schrumpfen die DA-Neurone. Die DA-Neurone aktivieren jetzt die Accumbens-Neurone über D1-Rezeptoren. Die AC wird über ein stimulierendes G-Protein (Gs) aktiviert und die Aktivität des cAMP-Systems nimmt zu. Dieses führt über die Proteinkinase A (und andere Enzyme) zur Phosphorylierung von Ionenkanälen und über Transkriptionsvorgänge zu plastischen Veränderungen der glutamatergen synaptischen Übertragung auf die Accumbensneurone. (■ Abb. 68.10). D1, D2=Dopamin-(DA-) Rezeptoren (die D1 und D2 DA-Rezeptoren sind weitgehend auf zwei getrennten Gruppen von Neuronen des Nucl. accumbens lokalisiert); ATP=Adenosintriphosphat; cAMP=zyklisches Adenosinmonophosphat; GABA=Gamma-Amino-Buttersäure; Gi=inhibitorisches G-Protein; Gs=stimulierendes G-Protein; PKA=cAMP-abhängige Proteinkinase A; TH=Tyrosinhydroxylase. Neuronale Strukturen: Amyg=Amygdala; AZK=anteriorer zingulärer Kortex; Hippok=Hippokampus; OFK=orbitofrontaler Kortex; PAL=Pallidum; PFK=präfrontaler Kortex; Thal=Thalamus; VTA=ventrales tegmentales Areal im Mesenzephalon; ZHG=zentrales Höhlengrau; ZK=zerebraler Kortex

hängigen Proteinkinasen führt zu Phosphorylierung von Transkriptionsfaktoren im Zellkern). Die Transkriptionsvorgänge haben u. a. eine Hochregulation der Postrezeptorsignalkette für den **dopaminergen D1-Rezeptor** und eine Herunterregulation für den **D2-Rezeptor** zur Folge (■ Abb. 68.11). Die **glutamaterge synaptische Übertragung** auf die Neurone des Nucl. accumbens ändert sich plastisch bei chronischer Applikation einer Sucht erzeugenden Substanz (z.B. Kokain): (1) Die Zahl der synaptischen Dornenfortsätze der Dendriten und ihre Aufteilungen nehmen zu. (2) Die Expression von glutamatergen NMDA (N-Methyl-D-Aspartat) Rezeptoren nimmt postsynaptisch zu. (3) Funktionell kommt es zu einer Langzeitpotenzierung der glutamatergen synaptischen Übertragung. Die Erregbarkeit der adaptierten Neurone des Nucl. accumbens nimmt dauerhaft zu.

> Bei zunehmender Drogeneinnahme entwickelt sich ein funktionelles Übergewicht vom D1-Dopamin-Rezeptor über den D2-Dopamin-Rezeptor.

Neuroadaptation   Aus dem eben Beschriebenen können wir schließen, dass die zellulären Prozesse, die der Erzeugung und Aufrechterhaltung von Sucht zugrunde liegen, bei akuter und bei chronischer Verabreichung eines Suchtmittels verschieden sind. Im chronischen Zustand **schrumpfen die dopaminergen** Neurone des mesolimbischen Systems, während die Neurone im Nucl. accumbens mit dem kompensatorischen cAMP-Anstieg und der beschleunigten Transkription **überaktiv** werden. Die **funktionelle Rolle der D2-Rezeptoren** für Dopamin nimmt mit zunehmender Drogeneinnahme ab während die funktionelle Rolle der D1-Rezeptoren zunimmt. Die durch Transkription erzeugten zellulären Änderungen, wie z. B. an den glutamatergen Synapsen auf den dendritischen Dornenfortsätzen der Accumbensneurone, bleiben über längere Zeit (Jahre bis Jahrzehnte) bestehen (■ Abb. 68.11). Die biochemischen, morphologischen und physiologischen Veränderungen der Neurone (hier des mesolimbischen Systems), die bei chronischer Einwirkung von Suchtsubstanzen stattfinden, werden als **Neuroadaptation** bezeichnet.

In Kürze

Das **dopaminerge mesolimbische positive Verstärkungssystem**, welches durch das **mediale Vorderhirnbündel** ins Vorderhirn, vor allem in den Nucl. accumbens im ventralen Striatum, projiziert, bildet einen wichtigen Teil eines subkortikal-limbischen Systems, das die Wirkung von physiologischen Belohnungsreizen in allen Arealen des Vorderhirns regelt. Direkte Aktivierung dieses Verstärkungssystems (z. B. durch Amphetamine) kann **Sucht** erzeugen. Das mesolimbische positive Verstärkungssystem bildet die gemeinsame anatomische Endstrecke für die Entwicklung und Aufrechterhaltung von Sucht. Blockade oder Zerstörung dieses Systems nimmt allen Situationen, in denen hohe positive Erregung („Lust") z. B. durch Drogeneinnahme erzeugt wird,

68

ihren Anreizwert und führt zum Erliegen der Sucht. Die Neurone des mesolimbischen Systems verändern sich biochemisch, anatomisch und physiologisch bei chronischer Einwirkung von Drogen. Dieser plastische Umbau wird als **Neuroadaptation** bezeichnet.

68.4 Sexualverhalten

68.4.1 Entwicklung des Sexualverhaltens

Die prä- und postnatale Differenzierung von Sexualorganen und Gehirn bestimmt gemeinsam mit Lernprozessen das Sexualverhalten des Menschen.

Die anatomische und funktionelle Geschlechtsentwicklung ist genetisch bedingt. Sie hängt von den XY-Chromosomen ab (XY männlich, XX weiblich). Das Gen SRY (Sex-Determining Region Y) auf dem Y-Chromosom ist entscheidend für die männliche Entwicklung.

Defeminisierung und Maskulinisierung Unabhängig von den Geschlechtschromosomen entwickelt sich der Fetus in den ersten Schwangerschaftswochen bisexuell, d. h. geschlechtsindifferent. Bei Vorhandensein eines XY-Chromosoms werden ab der 6. –7. Woche **Testeswachstum** und **Androgenproduktion** und somit Maskulinisierung von Körper und Gehirn eingeleitet. Ohne Androgene bleibt der sich entwickelnde Organismus weiblich (**Eva-Prinzip**). Androgene, vor allem **Testosteron**, haben in der Zeit vor und kurz nach der Geburt den für männliches Sexualverhalten entscheidenden **organisierenden Effekt für die Hirnentwicklung**, und in der Pubertät und danach einen primär **aktivierenden** Effekt auf das Sexualverhalten. Die organisierenden Hormone für die weibliche Hirnentwicklung sind vor allem Östrogene in Peripherie und Gehirn.

Der Zellstoffwechsel in einer bestimmten Körperregion wird reversibel oder irreversibel unter dem organisierenden Einfluss von Hormonen verändert. Das trifft z. B. für den Aufbau und Stoffwechsel der hypothalamischen Kerne zu, die das Sexualverhalten bestimmen. Aktivierend wirken Hormone dann, wenn sie eine bestehende Funktion des Zellstoffwechsels, die bisher inaktiv war, anregen, ohne sie qualitativ zu ändern.

Bei der Entwicklung des Fetus unterscheiden wir zwischen Defeminisierung und Maskulinisierung des Verhaltens:

- **Defeminisierung** tritt ein, wenn die Entwicklung von neuronalen Strukturen, die weibliches Sexualverhalten steuern, durch Androgene gehemmt wird.
- **Maskulinisierung** tritt ein, wenn die Entwicklung von neuronalen Strukturen, die männliches Sexualverhalten steuern, durch Androgene gefördert wird.

Beim Menschen wird der aktuelle Ablauf des Sexualverhaltens durch diese unterschiedliche Entwicklung einzelner neuro-

naler Strukturen (s. u.) wenig beeinflusst; weiblicher und männlicher sexueller Reaktionszyklus (▶ Kap. 71.6) sind ähnlich. Im Gegensatz dazu ist der organisierende Einfluss der Androgene auf die **sexuelle Orientierung** des späteren Heranwachsenden und Erwachsenen entscheidend. Die kritischen Wochen in der Schwangerschaft sind die 8.–22. Woche. Im Gehirn wird Testosteron in Östradiol umgewandelt, welches die Maskulinisierung des Gehirns bewirkt. Während der Schwangerschaft wird das Gehirn, vor allem des weiblichen Organismus, vor der Maskulinisierung durch das Protein Alphafetoprotein geschützt, welches in der Leber, im Dottersack und im Magen-Darm-Trakt produziert wird. Alphafetoprotein bindet an Östradiol und verhindert dessen Transport in den Fetus. Der weibliche Fetus wird dadurch vor Maskulinisierung geschützt. Im Fetus führt die Konversion von Testosteron in Östradiol zur Maskulinisierung. Das klingt widersprüchlich, denn in der Pubertät ist Östradiol verantwortlich für die Entwicklung der sekundären Geschlechtsmerkmale (Brüste, Hüften etc.) der Frau, vor der Geburt allerdings ist es für die Hirn- und Körpermaskulinisierung verantwortlich.

> **Alphafetoprotein verhindert die Wirkung von zirkulierendem Östradiol auf das Gehirn des Feten.**

Mechanismen der Maskulinisierung in der Entwicklung Das **Y-Chromosom** ist für die Umwandlung undifferenzierter Gonaden in männliche Testikel verantwortlich. Beim Fehlen des Y-Chromosoms differenzieren die Gonaden zu Ovarien. Die Entwicklung der Testikel löst eine Kaskade von Veränderungen aus, von denen die **sexuelle Differenzierung des Gehirns** die wichtigste ist. ◻ Abb. 68.12 zeigt als dramatisches

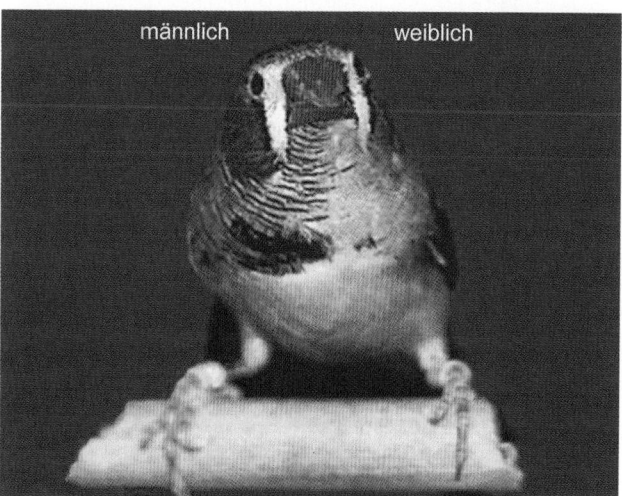

◻ **Abb. 68.12 Genetischer Einfluss auf die Hormonausschüttung und Geschlechtsentwicklung bei einem Finken.** Der abgebildete Fink entwickelte sich aufgrund einer genetischen Störung gynandromorph: die rechte Körper- und Hirnhälfte war männlich und mit Testes ausgestattet, die linke weiblich mit Eierstöcken. Männliche Gene waren nur rechts vorhanden, weibliche nur links. Der Gesang war aber relativ einheitlich männlich, da die Gehirnregionen, die für Gesang zuständig sind, zumindest teilweise maskulinisiert waren. Anomalien wie dieser gynandromorphe Fink zeigen, dass eine direkte Wirkung der Geschlechtschromosomen auf Gehirn und Organismus möglich ist. (Modifiziert nach Arnold 2004)

Beispiel die Folgen einer Störung der Geschlechtschromosomen auf den Körper (und das Gehirn) bei einem Finken. Die Testes produzieren Androgene, welche die Maskulinisierung des zentralen Nervensystems steuern. Im Nervengewebe wird durch das Enzym **Aromatase** aus Testosteron **Östradiol** gebildet. Dieses Steroid fördert das Wachstum von Neuronenverbindungen und verhindert den Zelltod (Apoptose) in einigen Regionen des Hypothalamus. Der **dimorphe Kern** in der **Area praeoptica** vergrößert sich; er ist nach der Pubertät für die sexuellen Reaktionen beim Mann wichtig. Da die weiblichen Gonaden keinen Anstieg von Östrogenen in der frühen Entwicklung bewirken (vor allem durch das fetale Alphafetoprotein, s. o.), „entgehen" weibliche Gehirne dieser steroidabhängigen Transformation.

> ❯ Maskulinisierung und Feminisierung des Gehirns in den frühen Entwicklungsphasen entscheiden über sexuelle Präferenzen und Paarungsverhalten

Weibliche und männliche Homosexualität   **Androgenisierung** des sich entwickelnden **weiblichen Gehirns** führt zur Defeminisierung der weiblichen Partnerwahl, d. h. die Wahrscheinlichkeit für die Wahl eines männlichen Partners sinkt. Gleichzeitig kann aber Maskulinisierung auftreten, d. h., die Wahrscheinlichkeit für die Wahl eines weiblichen Partners steigt (**Lesbismus**). Androgenisierung des weiblichen Fetus kann noch relativ spät in der Schwangerschaft erfolgen, z. B. durch einen pathologischen Anstieg der von der Nebenniere produzierten Androgene (▶ Klinik-Box „AGS").

Homosexuelle Orientierung beim Mann ist nicht eindeutig auf reduzierte Androgeneinflüsse in der Schwangerschaft zurückzuführen. Wahrscheinlich sind reduzierte Defeminisierung und reduzierte Maskulinisierung des Gehirns als Ursache anzusehen. Reduzierte Maskulinisierung durch zu geringe Testosteronkonzentrationen im Fetus in den mittleren oder letzten Schwangerschaftsmonaten könnte z. B. durch starke psychische Belastung der Mutter während der Schwangerschaft bedingt sein oder organisch erzeugt werden. Tatsächlich wurde in einigen Untersuchungen im vorderen Hypothalamus bei homosexuellen Männern ein androgensensibler Kern gefunden, der dieselbe Größe wie bei heterosexuellen Frauen aufweist, aber etwa 3-mal kleiner ist als bei heterosexuellen Männern. Das Testosteronniveau erwachsener männlicher Homosexueller und Bi- oder Heterosexueller ist gleich.

Für die **Homosexualität** bei Frau und Mann, die bereits vor der Pubertät ausschließlich auf das eigene (sichtbare) Geschlecht gerichtet ist, auch wenn die Möglichkeit andersgeschlechtliche Partner zu wählen vorhanden ist, spielen Erziehung und psychologische Einflüsse vermutlich keine oder nur eine geringe Rolle.

68.4.2 Integration neuronaler und hormonaler Mechanismen

Sexualverhalten ist an die Integration von neuronalen und hormonalen Mechanismen im Rückenmark und Hypothalamus gebunden.

Spinale und supraspinale Mechanismen des Sexualverhaltens Die reflexhaften Anteile der männlichen und weiblichen sexuellen Reaktionen, wie **Erektion**, **Ejakulation** und **orgastische Vaginalkontraktion** können vom sakralen Rückenmark allein ausgelöst werden. Neurone in diesen Spinalregionen sind reich an Rezeptoren, die Androgene und Östrogene binden. Diese **vegetativen spinalen Reflexe**, die von Strukturen des Zwischenhirns moduliert werden, stellen das periphere Ende der sexuellen Reflexhierarchie dar (▶ Kap. 71.5).

Bei **männlichen Säugetieren** ist die **mediale präoptische Region (MPOR)** des Hypothalamus für koordiniertes Kopulationsverhalten verantwortlich. Innerhalb der MPOR ist vor allem der sog. **sexuell dimorphe Nucleus** (zentraler Teil der MPOR) reich an Testosteron und Testosteronrezeptoren. Über seine präzise Lage im menschlichen Gehirn besteht noch Unklarheit.

Dieses Kerngebiet ist allerdings nicht für die „Lust" auf sexuelles Verhalten oder die sexuelle Orientierung verantwortlich, denn Tiere mit Zerstörung des sexuell dimorphen Nucleus masturbieren und nähern sich weiblichen Tieren „in sexueller Absicht" an, können aber die vorhandenen Umweltreize nicht mit ihren motorischen Programmen zu einem geordneten Reaktionszyklus koordinieren.

Das **weibliche Pendant zur MPOR** liegt im **ventromedialen Kern des Hypothalamus**. Teile dieses Kerns sind reich an Rezeptoren für Östradiol und Progesteron und steuern die Koordination der Körperposition (z. B. die Lordose bei der Ratte), die dem Männchen Intromission ermöglicht. Beim weiblichen Tier ist diese Region größer und mehr als doppelt so reich an Rezeptoren für weibliche Sexualhormone wie beim Männchen. In der Entwicklung wird – vermutlich unter dem Einfluss von genetischen Vorgängen – die Rezeptordichte für weibliche Sexualhormone in diesen Kernen erhöht.

68

Klinik

Adrenogenitales Syndrome (AGS)

Bei genetisch weiblichen Personen kommt es gelegentlich vor, dass die Nebennierenrinden hohe Mengen von Androgenen erzeugen, sodass der weibliche Organismus, vor allem das Gehirn, in der Entwicklung diesen zirkulierenden Androgenen ausgesetzt ist. Bei der Geburt haben diese Frauen normale Ovarien und keine Testes, aber die äußeren Genitalien sind fehlentwickelt: Sie haben eine große Klitoris oder einen kleinen Penis. Durch chirurgische Eingriffe und Medikation werden diese Frauen in ihrem äußeren Aussehen verweiblicht. Je nach Ausmaß der Vermännlichung des Gehirns und dem Zeitpunkt der Schädigung, ist im Vergleich zu normalen Frauen ein höherer Prozentsatz der erwachsenen AGS-Frauen homosexuell. Sie sind in ihrem Verhalten aggressiver und „männlicher".

Rolle der Sexualhormone bei der Förderung sozialer Bindung
Sexuelles Verhalten hat nicht nur reproduktive Bedeutung, sondern verstärkt und festigt **soziale Bindung** und **Zusammenhalt**. Die Hypophysenhormone **Oxytozin**, **Adiuretin** und **Prolaktin**, die auch in Neuronen in verschiedenen Regionen des limbischen Systems und des Hypothalamus synthetisiert werden, sind an diesen Funktionen beteiligt. Oxytozin, welches aus der Neurohypophyse freigesetzt wird, löst Geburtswehen aus. Darüber hinaus begünstigt dieses Neuropeptid mütterliche Zuwendung, Bindungsverhalten, in Kombination mit Androgenen reproduktives Verhalten und in Kombination mit Opioiden körperliche Annäherung.

In Kürze

Sexualverhalten und sexuelle Orientierung werden primär durch die **pränatale Entwicklung** von Teilen des **Zwischenhirns** unter dem Einfluss von peripheren Sexualhormonen bestimmt. Hetero- und homosexuelle Orientierung hängen von den organisierenden Effekten von Androgenen auf das ZNS ab. Weibliches und männliches Gehirn zeigen in Regionen, die eine hohe Dichte von Rezeptoren für Sexualhormone aufweisen, **anatomische Unterschiede**. Sexualverhalten ist an die Integration von neuronalen und hormonalen Mechanismen im Rückenmark und Hypothalamus gebunden. Die **präoptische Region des Hypothalamus** scheint für die Organisation koordinierten Sexualverhaltens von Attraktion bis Kopulation wichtig zu sein. Ihre Funktionstüchtigkeit hängt beim männlichen Organismus von der Produktion der Androgene in den Sexualdrüsen ab.

Literatur

Birbaumer N, Schmidt RF (2010) Biologische Psychologie, 7. Aufl. Springer, Berlin Heidelberg New York

Breedlove SM & Watson NV (2016) Biological Psychology. 7. Aufl. Sinauer, Mass

Davidson RJ, Scherer KR, Goldsmith HH (eds) (2003) Handbook of affective sciences. Oxford Univ Press, New York

Jänig W (2006) The integrative action of the autonomic nervous system. Neurobiology of homeostasis. Cambridge University Press, Cambridge New York

Wolf ME (2012) Addiction. In: Brady ST, Siegel GJ, Albers RW, Price DL (eds) Basic neurochemistry. 8. Aufl. Academic Press, Elsevier Amsterdam

Kognitive Prozesse (Denken) und Sprache

Niels Birbaumer, Robert F. Schmidt

© Springer-Verlag GmbH Deutschland, ein Teil von Springer Nature 2019
R. Brandes et al. (Hrsg.), *Physiologie des Menschen*, Springer-Lehrbuch
https://doi.org/10.1007/978-3-662-56468-4_69

Worum geht's?

Turm von Hanoi

Bei dieser Aufgabe geht es darum, die Ringe einen nach dem anderen so zu bewegen, dass das links oben vorgegebene Muster rechts unten erreicht wird. Versuchen Sie die mentalen Vorgänge zu beschreiben, die in Ihrem Bewusstsein ablaufen, während Sie die Turm-von-Hanoi-Aufgabe von Abb. 69.1 lösen. Dies wird Ihnen kaum gelingen, obwohl Sie die Aufgabe perfekt lösen. Der Lösungsvorgang selbst läuft nicht-bewusst (implizit) ab, Sie können aber feststellen, dass Sie einen Ausgangszustand am Beginn des Problemlöseprozesses, einen Zielzustand und die Regeln und Restriktionen, die Sie einhalten mussten, durchaus beschreiben können; diese bilden sich bewusst ab und sind der sprachlichen Verschlüsselung und damit verbalen Kommunikation zugänglich. Trotz der impliziten Natur der informationsverarbeitenden Hirnprozesse sind die anatomischen Lokalisationen und die Dynamik der Verbindungen, die hinter diesen „unsagbaren" Problemlöse-Vorgängen stehen immer gleich und gut beschreibbar.

Ähnlich ist die Situation bei Sprachverstehen und Sprechen: beides läuft nach der Lernphase im 2. und 3. Lebensjahr automatisiert vor allem im linken unteren präfrontalen Kortex ab, wobei die Hirnareale trotz teilweiser Überlappungen für Syntax, Semantik und Phonematik (Wortbedeutung) trennbar sind.

Selbstkontrolle als Voraussetzung für Empathie

Selbstkontrolle in sozialen Zusammenhängen verdanken wir die Fertigkeit, uns in die Ziele und Absichten und Gefühle anderer Menschen hinein zu versetzen (Empathie), die im Laufe der Entwicklung vor allem durch Beobachtungs- und Imitationslernen erworben wird. Diese Fertigkeit des „Mentalisierens", auch Meta-Kognition genannt, ist die Voraussetzung für die Reflexion über unsere eigenen Gedanken, Absichten und

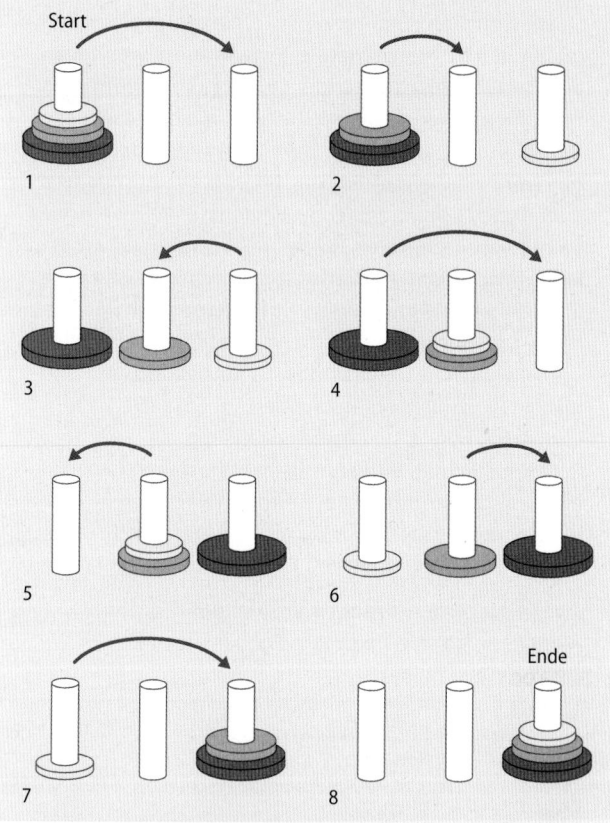

◨ Abb. 69.1 Turm von Hanoi. Diese Aufgabe wird zur Diagnose der Intaktheit von exekutiven Funktionen bei Frontalhirnstörungen eingesetzt. Der diagnostische Wert dieser Übung ist deutlich größer als es auf den ersten Blick scheint

Gefühle, ohne die rücksichtsvolles soziales Zusammenleben schwierig ist. Für diese höchsten und abstrakten Funktionen ist ein weit verbreitetes kortikales System zuständig, in dem der rechte untere temporal-parietale Kortex, das supplementäre motorische Areal, der linke inferiore Präfrontalkortex, der mediale Pol des Präfrontalkortexes und die Inselregion beteiligt sind.

69.1   Problemlösung und Denken

69.1.1   Zerebrale Asymmetrie

Die beiden Hemisphären des Neokortex weisen zwar unterschiedliche Arten von Informationsverarbeitung auf, für Verhalten und Denken ist aber die Zusammenarbeit der rechten mit der linken Hemisphäre unerlässlich.

Hemisphärenasymmetrien   Für eine Reihe von Verhaltensleistungen ist jeweils eine der beiden Hemisphären besonders wichtig. ◘ Tab. 69.1 gibt eine Übersicht über die **zerebrale Lateralisation** bei rechtshändigen Menschen. Dieses Muster von lateralisierten Funktionen findet sich in dieser Form bei keinem Tier, wenngleich einzelne Funktionen auch bei Tieren lateralisiert sind (z. B. der Gesang männlicher Vögel aus der linken Hemisphäre oder, bei Menschenaffen, das „Gesichtererkennen" in der rechten unteren Temporalregion, wie beim Menschen). Insgesamt ist es aber bei Tieren schwierig, bestimmte Funktionen der einen oder anderen Hemisphäre zuzuordnen.

Die in ◘ Tab. 69.1 angeführten Unterschiede sind nicht als absolut, sondern nur als **relativ, als „Übergewicht" einer Seite** zu sehen. Die inter- und intraindividuellen Variationen sind dagegen erheblich. Im sprachlichen Bereich besteht die Dominanz der linken Hemisphäre primär für **syntaktische Funktionswörter und Phrasen** (z. B. der, jetzt, ist), während **Inhaltswörter** (Haus, Vater, schön) weniger stark lateralisiert sind.

Denkstrategien rechts und links   Wie jede Person spezifische Begabungen aufweist, so scheinen auch die beiden Hemisphären bevorzugte „Begabungen" für bestimmte Denkstrategien zu besitzen. ◘ Abb. 69.2 illustriert an einem einfachen Experiment, worin diese bevorzugten Denkstrategien bestehen:
- Die **rechte** Hemisphäre denkt in Analogien, also in Ähnlichkeitsbeziehungen und versucht das Ganze einer räumlichen oder visuellen Struktur „gestalthaft" zu erfassen. Man spricht auch von **analog-gestalthafter** Informationsverarbeitung.

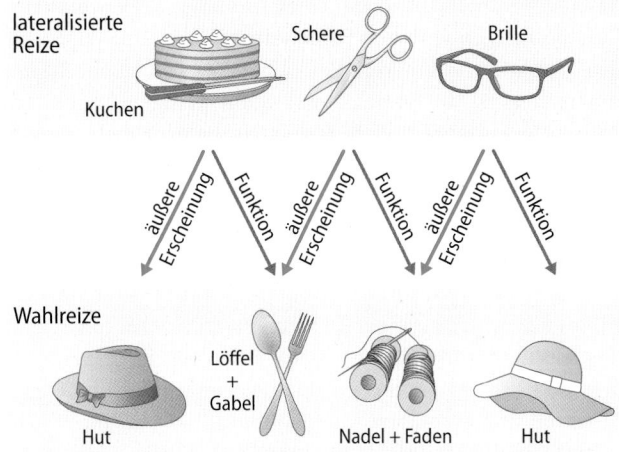

◘ Abb. 69.2   Funktion und äußere Erscheinung. Informationsverarbeitung der rechten und linken Hemisphäre bei Split-brain-Patienten, wie sie erstmals von dem Nobelpreisträger Roger Sperry durchgeführt wurden. Die Figuren der oberen Reihe werden lateralisiert einer der beiden Hemisphären dargeboten, d. h. das Objekt wird entweder nur in das linke Gesichtsfeld (rechte Hemisphäre) oder das rechte Gesichtsfeld (linke Hemisphäre) projiziert. Der Patient wird instruiert, aus den Wahlreizen der unteren Zeile jene herauszusuchen, die am besten zu dem Reiz der oberen Objekte passen. Bei Präsentation in das linke Gesichtsfeld (rechte Hemisphäre) werden Wahlreize eher nach der äußeren Erscheinung und bei Präsentation in das rechte Gesichtsfeld eher nach der Funktion zugeordnet

- Die Informationsverarbeitung der **linken** Hemisphäre ist dagegen auf die kausalen Inferenzen, auf Ursache-Wirkungs-Beziehungen und auf das Ausgleichen logischer Widersprüche konzentriert. Man spricht auch von **sequenzieller** Informationsverarbeitung.

Anzumerken bleibt, dass praktisch alle in ◘ Tab. 69.1 gezeigten Funktionen von der jeweils gegenüberliegenden Hemisphäre übernommen werden können, wenn eine Hemisphäre **vor dem 4. Lebensjahr** geschädigt wird.

> Die rechte Hirnhemisphäre verarbeitet Information analog-gestalthaft, die linke sequenziell-„logisch".

◘ Tab. 69.1   Zusammenfassung der Daten zur zerebralen Lateralisation

Funktion	Linke Hemisphäre	Rechte Hemisphäre
Visuelles System	Buchstaben, Wörter	Komplexe geometrische Muster, Gesichter
Auditorisches System	Sprachbezogene Laute	Nicht-sprachbezogene externe Geräusche
Somatosensorisches System	Taktiles Erkennen von komplexen Mustern der rechten Körperseite, auch aus dem Körperinneren	Taktiles Erkennen von komplexen Mustern der linken Körperseite, auch aus dem Körperinneren
Bewegung	Komplexe Willkürbewegung	Bewegungen in räumlichen Mustern (z. B. emotionale Gesten)
Gedächtnis	Verbales Gedächtnis	Nonverbales Gedächtnis
Sprache	Sprechen, Lesen, Schreiben, Rechnen	Prosodie (Satzmelodie und Betonung)
Räumliche Prozesse		Geometrie, Richtungssinn, mentale Rotation von Formen
Emotion	Neutral-positiv	Negativ-depressiv

Geschlechtsunterschiede der Lateralisierung   Das **weibliche** Geschlecht ist in **verbalen Fähigkeiten** (linkshemisphärische Funktion), vor allem verbaler Flüssigkeit leicht überlegen, andererseits ist die Sprachlateralisation weniger ausgeprägt, während **Männer räumlich-geometrische** Aufgaben, wie das mentale Drehen von dreidimensionalen Körpern, besser lösen. Frauen haben ausgeprägtere Sprachstörungen nach linksfrontalen Läsionen, Männer nach links-parietalen Läsionen.

Die etwas **bessere Sprachleistung der Frauen** und die leicht erhöhte **räumliche (vestibuläre) Fähigkeit der Männer** könnten mit der geringeren Lateralisierung des jeweiligen Geschlechts für diese beiden Funktionen zusammenhängen. Eine weniger ausgeprägte Lateralisierung ermöglicht verbesserten und rascheren Informationsaustausch durch verringerte kontralaterale Hemmung der jeweils gegenüberliegenden Hemisphäre.

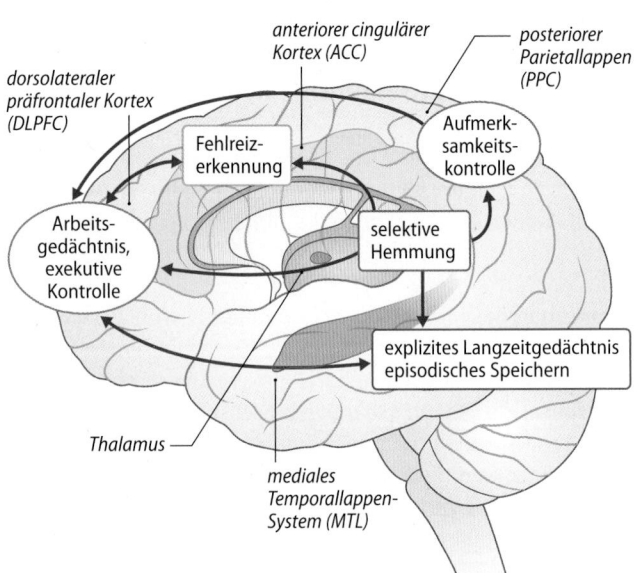

□ **Abb. 69.3   Explizites (bewusstes) Problemlösen.** Beteiligte Hirnfunktionen und kognitive Funktionen, z. B. beim Lösen der Aufgabe des „Turms von Hanoi" (□ Abb. 69.1)

69.1.2   Explizites Problemlösen

Explizites Problemlösen umfasst die Verarbeitungsschritte vom (1) Ausgangszustand des Systems zum (2) Zielzustand und den dazwischen liegenden (3) Verarbeitungsschritten

Problemlösen im Arbeitsgedächtnis   Im Gegensatz zu implizitem Problemlösen, hat explizites Problemlösen klare und **bewusste** Ziele und verfolgbare Schritte vom Start bis zur Lösung. Arithmetische Operationen sind ein typisches Beispiel. Explizites Denken erfordert mehr Aufmerksamkeitsressourcen und rekrutiert mehr kortikale Areale. In ▶ Kap. 65 und 66 haben wir dasselbe bezogen auf Gedächtnisprozesse und Aufmerksamkeit kennengelernt.

Explizites Problemlösen findet immer im Arbeitsgedächtnis statt, das jene kognitiven Prozesse umfasst, welche limitierte Information verarbeiten und kurz speichern (am Beginn eines Lernprozesses 4 bis maximal 7 Inhalte, „magische" Zahl +/- 7). Sie können den Inhalt dieses Satzes nicht verstehen, wenn Sie die Worte, Ideen und die Syntax nicht kurz im Arbeitsgedächtnis behalten. Wie wir in ▶ Kap. 66 bereits erfahren haben, ist das Arbeitsgedächtnis in seiner **Kapazität von der Zeit**, in der es einen Inhalt bewußt behalten kann, **stark limitiert**. In □ Abb. 69.1 haben wir eine typische Problemlöseaufgabe dargestellt.

Hirnareale beim expliziten Problemlösen   Um ein Problem zu lösen, benötigen wir **Aufmerksamkeit** zur Selektion der Inhalte, das **Arbeitsgedächtnis**, um die Inhalte bis zur Lösung zu behalten, ein **Fehler-Erkennungssystem**, das den Lösungsweg verfolgt und das **Langzeitgedächtnis**, welches alle ähnlichen Probleme und Episoden aus der Vergangenheit zum Vergleich zur Verfügung stellt. □ Abb. 69.3 gibt die beteiligten Hirnareale für diese Funktionen wider.

Selektive **Aufmerksamkeit** benötigt vor allem den Thalamus und parietale Strukturen, das **Arbeitsgedächtnis** den dorsolateralen Präfrontalkortex, **Fehlererkennen** den zingulären Kortex und explizites **Langzeitgedächtnis** das mediale Temporallappensystem (MTL, ▶ Kap. 67.1.4).

69.1.3   Repräsentation von Wissen (Vorstellungen)

Wissen und Intelligenz sind als assoziative prototypische Netzwerkverbindungen gespeichert.

Prototypische Netzwerke   Unser Wissen ist in **assoziativen Netzwerken** – vor allem, aber nicht nur im Kortex – **gespeichert**. □ Abb. 69.4 gibt ein konzeptuelles Netzwerk von Assoziationen für den emotionalen Prototyp **Schlangenphobie** wider. Bei diesem Prototyp handelt es sich um ein konzeptuelles Netzwerk, in dem die Information in Propositionen kodiert ist und die einzelnen Informationseinheiten durch Assoziationen miteinander verbunden sind. Dieses konzeptuelle Netzwerk hat die Funktion eines **sensomotorischen Programms**. Der Prototyp wird als Einheit etwa durch Instruktionen, Medien oder den objektiven sensorischen Input aktiviert, der Teilinformationen enthält, die in das Netzwerk passen. Der in der Abbildung skizzierte Phobie-Prototyp könnte z. B. in einer deskriptiven Form so gelesen werden:

„Ich stehe alleine in einem Wald und sehe eine große Schlange. Sie bewegt sich langsam auf mich zu. Sie hat ein gezacktes Muster am Rücken. Es könnte eine gefährliche Schlange sein. Meine Augen treten aus dem Kopf hervor und folgen den Bewegungen der Schlange. Mein Herz beginnt stark zu schlagen. Schlangen sind unberechenbar. Ich fürchte mich. Ich sage es zwar laut, aber niemand ist hier, der mich hören kann. Ich bin allein und fürchte mich sehr. Jetzt fange ich zu laufen an..."

Die Linien in der Abbildung indizieren einige der **Verbindungen zwischen den Propositionen,** die eine hohe Assoziationswahrscheinlichkeit haben. Es werden nicht alle Propositionen oder möglichen Verbindungen hier aufgezeigt. Sensorische, motorische und bedeutungshaltige Propositionen werden unterschieden.

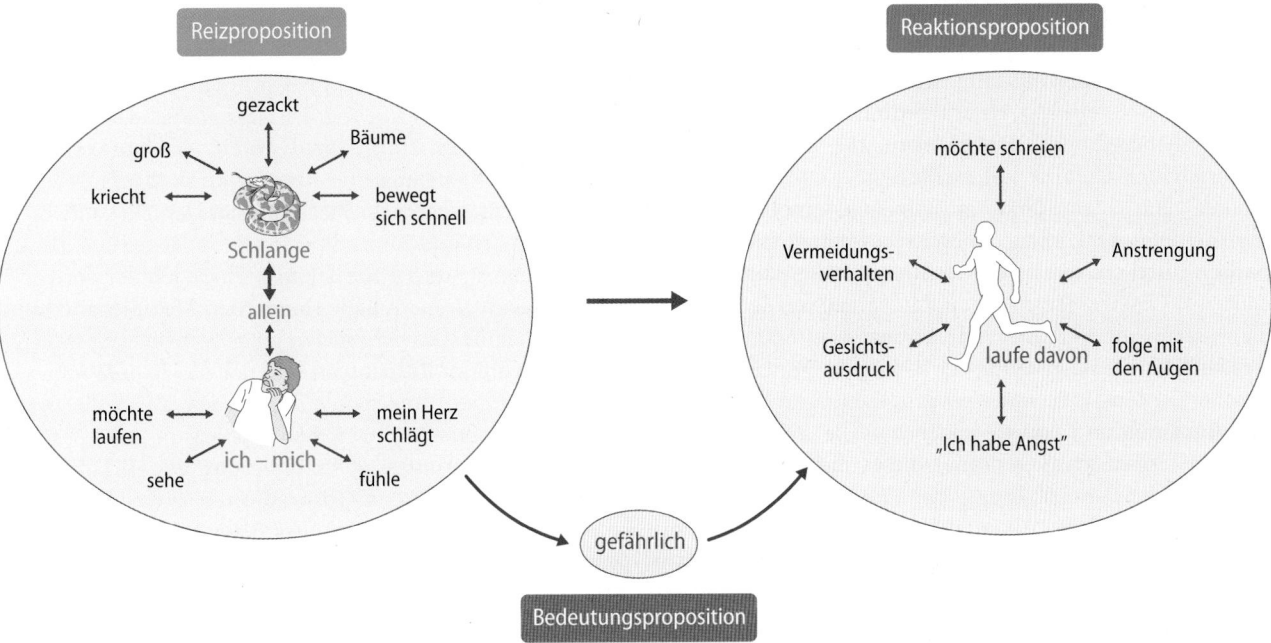

☐ Abb. 69.4   Prototyp einer Schlangenphobie. Ausführliche Erläuterung im Text

Ein **Prototyp** ist also ein für verschiedene Begriffe typischer Oberbegriff, im Fall eines assoziativen Netzwerkes ein für **verschiedene** Netzwerke **typisches, repräsentatives** Netzwerk. Die sensorischen Teile (z. B. gezacktes Muster auf Schlangenrücken) des prototypischen Netzwerks sind in den primären und sekundären sensorischen Kortizes die Reaktionsdispositionen (z. B. Weglaufen) in den motorischen Regionen des Gehirns (Kortex, Basalganglien, Kleinhirn) und die semantischen Bedeutungsdispositionen („Schlangen sind gefährlich") in präfrontalen und Sprachregionen als assoziative Verbindungen (Konnektivitäten) gespeichert. Bei emotionalen Prototypen kommen natürlich Signale aus der Körperperipherie (Herzschlag) und dem Körperinneren (neuroendokrine Änderungen) hinzu, welche in der vorderen Inselregion, im Hypothalamus und im somtosensorischen Kortex gespeichert werden.

❯ Ein prototypisches assoziatives Netzwerk für Gefühle enthält sensorische, motorische und bedeutungshaltige Propositionen.

Intelligenz   Intelligenz ist der **Leistungsgrad der kognitiven Funktionen** (Denken, Problemlösen, Vorstellungen) beim Lösen neuer Probleme. Intelligenz kann beim erwachsenen Menschen zu 40–50 % **genetischen** Faktoren zugeschrieben werden. Die höchsten positiven Korrelationen bestehen dabei zu den Hirnarealen des präfrontalen Kortex, welche Arbeitsgedächtnis (dorsolateraler Frontalkortex) und Aufmerksamkeit (ventromedialer Frontalkortex und posteriorer Parietalkortex) steuern. Der Intelligenztest und Intelligenzquotient repräsentieren ein **summarisches, allgemeines Maß** für jene heterogenen Hirnfunktionen, welche in diesen Hirnabschnitten ablaufen.

Der **Intelligenzquotient** gibt den **durchschnittlichen** Leistungsgrad der **wichtigsten** kognitiven Funktionen wider: es werden im Intelligenztest Leistungen wie unmittelbares Behalten, arithmetische Fähigkeiten, geometrisches Gestalterkennen, sprachlicher Ausdruck u. a. geprüft.

69.1.4   Implizites Denken und Fertigkeiten

Kognitive Fähigkeiten und implizites Denken gehen mit Ökonomisierung und Fokussierung von Hirnprozessen einher. Aktives Musizieren ist dafür ein besonders gutes Beispiel

Implizites Problemlösen   Implizites Problemlösen ist **häufiger** als explizites, bezieht sich meist auf das Lernen von Fertigkeiten (skills, ▶ Kap. 67.1) und läuft **nicht bewusst,** sondern automatisiert ab, z. B. das Lesen und Verstehen dieser Seiten/dieses Textes. Implizites Problemlösen benötigt geringe exekutive Kontrolle vom Präfrontalkortex, geringere Aufmerksamkeitsressourcen als exekutives Problemlösen und rekrutiert weniger kortikale Areale. Es hängt natürlich mehr vom Langzeitgedächtnis ab und bei immer wieder gelernten Routinen wird explizites Problemlösen implizit.

Denkfertigkeiten (kognitive skills)   Ein Großteil der Denkfertigkeiten – vor allem die gut geübten – laufen **ohne Mitwirkung des Bewusstseins implizit** ab. In ▶ Kap. 67.3 haben wir bereits die Prinzipien und Hirnareale des impliziten Gedächtnisses kennengelernt. Typische alltägliche Phänomene, die uns die Wirkung impliziten Denkens vor Augen führen, sind das „Mir-liegt-es-auf-der-Zunge"-Phänomen, plötzliche Einsicht („Aha"-Erlebnis) und die Wirkungen unbewusster Erwartungen („priming"), die sich u. a. auch im

Plazeboeffekt (▶ Kap. 51.4.2) offenbaren, bei dem eine unbewusste positive Erwartung den Heilungserfolg bewirkt.

Eine solche Problemlösung, die **vollkommen unbewusst** abläuft, ist z. B. ein sog. **Neurofeedback-Training,** in dem die Versuchspersonen lernen sollen, die **vorderen Inselregionen** ihres Gehirns, welche die Signale aus dem Körperinneren verarbeiten, **stärker** zu aktivieren, um besser **Furcht** wahrnehmen zu können. Dies ist besonders **für Psychopathen nützlich,** die Furcht nicht empfinden können und daher oft Gesetze übertreten und kriminell werden. Immer dann, wenn die Durchblutung in den Inselregionen ihres eigenen Gehirns steigt (gemessen in einem Magnetresonanz-Scanner), sehen die Personen ein grünes Licht **als Belohnung und Rückmeldung** und sie haben nun die Aufgabe, dieses Licht zu vergrößern. Sie erlernen dieses Ziel in 3 Sitzungen, indem sie die Durchblutung vieler unbeteiligter Hirnareale einschränken und die Aktivität (genauer den Blutfluss) zunehmend auf die beiden **Inselregionen fokussieren.** Am Schluss des Trainings, bei dem die Personen keinerlei bewusste Denkprozesse wahrnehmen, die Inselregion aber stärker aktiv ist, berichten sie plötzlich die explizite Empfindung, dass sie **ungewisse Furcht verspüren.**

Musizieren   Aktive Musiker stellen eine besonders geeignete Gruppe von Menschen dar, um **implizites Denken** zu untersuchen. Aktive Musiker spielen einzelne Phrasen und Stücke über viele Jahre zum Teil tausende Male. Aktives Musizieren nach Noten stellt die optimale „Nahrung" für das Gehirn dar. Keine menschliche Tätigkeit führt zu einer derart weit über das ganze Gehirn ausgedehnten **simultanen Aktivierung** ganz unterschiedlicher Netzwerke. Die Simultaneität dieser Aktivierung liegt zeitlich in dem für Lernen und Neuroplastizität idealen Fenster (▶ Kap. 66.2.2, „Hebb-Prinzip").

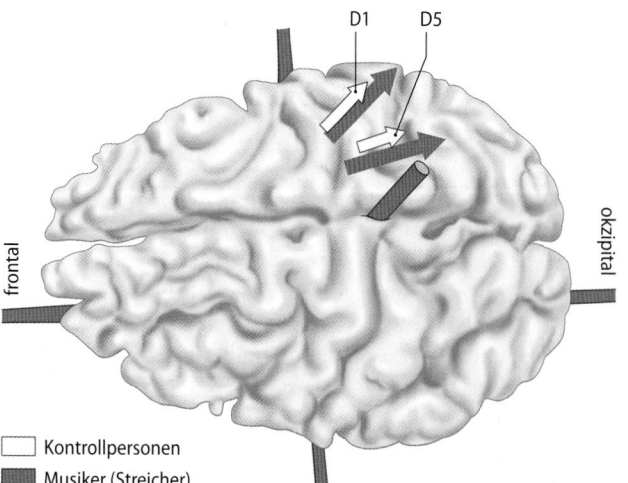

⬛ **Abb. 69.5** Stärke und Ausdehnung postzentraler Feldstärken magnetisch induzierter Felder bei Geigern, symbolisiert durch die Länge der Pfeile, an der Region des Daumens (D1) und des kleinen Fingers (D5), gemessen mit Magnetenzephalographie (MEG). Erfahrene Geigenspieler (rot) weisen deutlich stärkere kortikale Reorganisation jener Finger auf, die sie beim Geigenspielen benutzen. Die unterlegten Balken zeigen die Lage des Gehirns an, der Längsbalken frontal-okzipital, der Querbalken temporal

Musiker, die über viele Jahre musizieren und vor der Pubertät damit begannen, sind intelligenter, ihr **Planum temporale,** an dem akustische, sprachliche, rhythmische etc. Reize zusammenlaufen ist **dicker** (mehr graue Substanz) und **ausgedehnter,** die elektrische Hirndynamik **komplexer** und die kortikale Reorganisation **ausgeprägter.** ⬛ Abb. 69.5 zeigt die Größe und energetische Intensität der Hirnantworten von Streichern und Kontrollpersonen. Je länger eine Person ein Streichinstrument spielt, umso ausgedehnter wird z. B. das Fingerareal der linken Hand (der Melodiehand) und umso höher die Aktivierung. Für gut geübte Stücke benötigen Musiker **weniger Ressourcen** und daher, wie in ⬛ Abb. 69.6 gezeigt, nehmen umgebende Areale, vor allem die motorischen und somatosensorischen Kortizes in ihrer Aktivität ab (**Ökonomisierung** und **Fokussierung** der Hirnaktivität). Dadurch können „neue" Hirnregionen aktiv werden, vor allem die präfrontalen Areale des Arbeitsgedächtnisses, was mit der Kreativität und musikalischen Ausschmückung des Stücks zusammenhängt.

> **In Kürze**
>
> **Problemlösen** und **Denken** findet vor allem in den rechten und linken kortikalen Hemisphäre statt. **Explizites, bewusstes Problemlösen** benötigt das Arbeitsgedächtnis im dorsolateralen Präfrontalkortex und wird an der Lösung neuer Probleme als Intelligenz geprüft. **Implizite kognitive Fertigkeiten,** wie z. B Musizieren, werden über den Abbau unbeteiligter assoziativer Verbindungen mit Fokussierung auf eng umschriebene Hirnregionen erlernt.

69.2   Sprache

69.2.1   Neuronale Grundlagen von Sprache

Jede der spezifischen Sprachfunktionen (Phonologie, Syntax, Semantik) benötigt unterschiedliche Verbindungen von verteilten Hirnarealen vor allem der linken Hirnhemisphäre.

Sprachentwicklung   Sprache erlaubt die **Weitergabe von Kultur** in zeitlicher und räumlicher Dimension. Wann und warum menschliche Sprache entstand, ist unklar. In jedem Fall scheinen sich die Sprachen der Erde aus einer **einzigen gemeinsamen Sprache** in den letzten 50 000 Jahren entwickelt zu haben. Paläontologen und Linguisten führen die Sprachentstehung auf die Verselbstständigung der Gestik mit dem aufrechten Gang zurück. Für effektives Jagen und Sammeln reichte die gestisch-mimische Kommunikation nicht mehr aus. Für eine **Gestiktheorie der Sprache** (z. B. ⬛ Abb. 69.6) spricht u. a., dass die Steuerung der Zeichensprachengestik dieselben Hirnstrukturen benützt, und nach Läsion der linken Hemisphäre die Zeichensprache bei Taubstummen ausfällt. Andererseits können sich Taubstumme nach Läsion der linken Hemisphäre weiterhin durch Pantomime (nichtsprachliche

69

Katze
zeige 2 Barthaare mit
Daumen und Zeigefinger

Frucht
Finger und Daumen-
spitze an Wange drehen

mich
Zeigefinger
berührt
die Brust

Raupenfahrzeug
Hand am Arm
entlangziehen

Orange
Faust, Hand vor das
Kinn pressen

gern
Kreuz über dem Herz

🔲 **Abb. 69.6 Sprache beim Affen.** Beispiele der amerikanischen Zeichensprache, die auch Schimpansen erlernen können

Gestik) verständlich machen. Die Schriftsprache ist wahrscheinlich erst vor weniger als 10 000 Jahren entwickelt worden.

Andere Theorien bringen die Entstehung von Sprache mit dem Werkzeuggebrauch in Verbindung. Dafür spricht die enge zeitliche Koppelung von **Sprachentwicklung und Werkzeuggebrauch** in der Entwicklung des Kindes. Im Alter von 2–7 Jahren kommt es zu einem Wachstumsschub der linken Hemisphäre, der eng mit dem Erwerb komplizierten Werkzeuggebrauchs und der Sprachentwicklung einhergeht. Bis zum 7. Lebensjahr besteht die **kritische sensitive Periode**, während der neue Sprachen ohne Einbußen in der Sprachflüssigkeit gelernt werden können.

Kontrollierte Aufmerksamkeit und Sprache Sprache spielt beim Menschen eine entscheidende Rolle bei der expliziten Handlungs- und **Selbstkontrolle**. Dabei werden unmittelbare, belohnende oder bestrafende Ziele zugunsten langfristiger Ziele aufgegeben bzw. „in Schach gehalten" und physiologische Vorgänge aus dem Körperinneren bewusst oder nicht-bewusst „von oben" (top-down) beeinflusst. Dabei spielt der dorsolaterale präfrontale Kortex und die Inselregion im Temporallappen eine zentrale Rolle.

Sprache bei Tieren
Bei sozial lebenden Tieren haben sich z. T. hochdifferenzierte Kommunikationsformen entwickelt, die bei Menschenaffen schließlich in ein Repertoire von **30–40 Lautäußerungen** (Vokalisationen) münden, die eine Vielzahl von emotionalen und kognitiven Bedeutungen haben können (von Gefühlsäußerungen bis Richtungsanzeigen für Beute oder Feind). Obwohl der vokale Apparat bei Menschenaffen und Delphinen kein Sprechen zulässt, sind diese Tierarten in der Lage, bis zu 200 Worte einer „künstlichen" (nichtverbalen) Sprache, wie z. B. der Taubstummen-Zeichensprache (🔲 Abb. 69.6) oder einer reinen Symbolsprache, zu erwerben und auch spontan zu nutzen. Ihr „Sprachverständnis" geht noch weit über die aktive expressive **Sprachäußerungsfähigkeit** hinaus. Allerdings bleiben auch Menschenaffen auf einer beschränkten Menge von benutzbaren Zeitworten, Hauptworten und Eigenschaftsworten stehen und sie lernen nur selten, syntaktisch-grammatikalische Regeln spontan zu nutzen. Das „Vokabular" eines Schimpansen bleibt auf dem Niveau eines 3-jährigen Kindes, wie auch sein Werkzeuggebrauch.

Multimodale Sprachregionen Das präfrontale Sprachzentrum (Broca) wird die „motorische Sprachregion" genannt. Das posteriore Zentrum (Wernicke) wird als „sensorische Sprachregion" bezeichnet. Diese Etikettierungen beruhen allerdings auf einer, aus klinisch-pathologischen Beobachtungen resultierenden, sehr vereinfachten Sichtweise, nach der die Sprachproduktion primär durch frontale und das Sprachverständnis nur durch parietotemporale Hirnstrukturen gesteuert wird.

Läsionen einer der beiden Regionen verursachen in der großen Mehrzahl der Fälle multimodale, also **motorische wie sensorische** Sprachstörungen. Dies macht wahrscheinlich, dass diese beiden Sprachareale sowohl bei der Sprachproduktion als auch beim Sprachverständnis zusammenarbeiten. Das „motorische" Sprachzentrum wird also auch für die **Perzeption von Sprache** benötigt und das „sensorische" Sprachzentrum für die **Sprachproduktion.**

Dazu kommt, dass in der Nachbarschaft der Wernicke-Region weitere Hirnareale liegen, deren Läsion regelmäßig zu Aphasien führt: der linke Gyrus angularis (Area 39), der linke Gyrus supramarginalis (Area 40) sowie die mittlere Temporalwindung. **Sprachverarbeitende neuronale Einheiten** sind also über den **gesamten linken perisylvischen Kortex verteilt.**

> Obwohl die alte Unterteilung der linken Sprachcortizes in Broca- und Wernicke-Areale nicht mehr in dieser strengen Trennung gilt, „versammeln" sich alle Sprachfunktionen um diese beiden Kortexregionen.

Für die linke Hemisphäre zeigt 🔲 Abb. 69.7, dass bei **allen** Sprachleistungen der **linke posteriore ventrobasale Temporalkortex** aktiviert wird. Diese multimodale Konvergenzzone verbindet assoziativ getrennte Elemente sensorischer Inhalte (Wortklang, Wortgestalt, Buchstaben-Laut-Kombination) zu Wortformen. Um diesen Wortformen **Bedeutung (Semantik)** zu verleihen, müssen aber je nach Wortinhalt die damit assoziativ verbundenen Gedächtnisareale (für sensorisches Material im inferioren Parietalkortex, für motorisches, z. B. Verben, im prämotorischen Präfrontalkortex etc.) mitaktiviert werden. Nach ihrer semantischen und syntaktischen Analyse in den jeweiligen Assoziationsarealen konvergieren viele der Sprachprojektionen im linken inferioren frontalen Gyrus (IFG), wo sie sowohl für die exekutiven Funktionen (z. B. Aussprechen) wie auch für sprachbasiertes Denken und Planen benützt werden können. Der obere (superiore) Abschnitt des IFG ist dabei für phonologische, der mittlere für syntaktische und der untere für semantische Aspekte der Sprachproduktion und des Arbeitsgedächtnisses zuständig. Bereits Wilhelm Wundt hat im 19. Jahrhundert auf die **Gesamtvorstellung** eines Satzes oder einer Phrase hingewiesen, welche alle Aspekte der Sprachproduktion vereint.

Es gibt zusätzlich vielerlei Hinweise darauf, dass im intakten Gehirn auch rechtshemisphärische Prozesse in die Sprachverarbeitung eingebunden sind. So sind z. B. die durch Wörter evozierten Gehirnpotenziale im EEG meist über beiden Hemisphären sichtbar, wenn manche Komponenten auch über einer Hemisphäre stärker ausgeprägt sind. Leistungen,

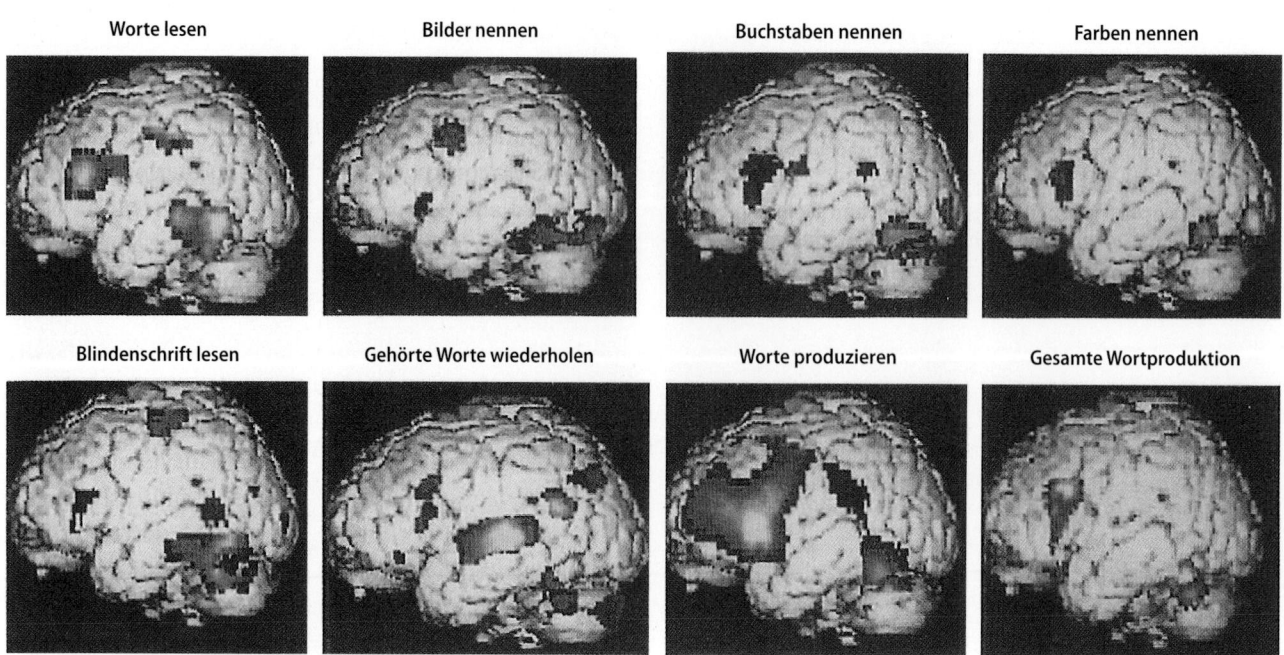

| Worte lesen | Bilder nennen | Buchstaben nennen | Farben nennen |
| Blindenschrift lesen | Gehörte Worte wiederholen | Worte produzieren | Gesamte Wortproduktion |

☐ **Abb. 69.7   Hirndurchblutung und Sprache**. Hämodynamisch mit PET gemessene Aktivierungen bei verschiedenen Sprachaufgaben. Nur linke Hemisphäre dargestellt. Erläuterungen s. Text

zu denen die **rechte Hemisphäre** nicht nur beiträgt, sondern sogar selbstständig in der Lage ist, sind:

- Sprachverstehen,
- Worterkennung (vor allem von Inhaltswörtern),
- Generieren von Satzmelodie und Betonung (Prosodie),
- Klassifikation von Sprachakten (z. B. als Frage oder als Vorwurf).

Dennoch tritt, wie eingangs bereits gesagt, beim rechtshändigen Erwachsenen nach Schädigung im perisylvischen Bereich der linken Hemisphäre i. d. R. eine Aphasie auf.

69.2.2   Sprachstörungen

Sprachstörungen gehen entweder auf Schädigungen des linken perisylvischen Kortex, z. B. nach Schlaganfall, oder auf fehlerhafte Aktivierungsmuster der Sprachregionen zurück.

Aphasien   Beim Aphasiker (oder Aphatiker) sind i. d. R. **alle sprachlichen Modalitäten** von der Störung betroffen (Sprachproduktion, Sprachverständnis, Nachsprechen, Schreiben, Lesen etc.). Selektive organische Sprachstörungen, die nur eine Modalität betreffen, sind selten. Alle Aphasien beinhalten also Störungen des Benennens von Objekten, der Produktion und des Verständnisses von Sätzen sowie des Lesens (Alexie) und Schreibens (Agraphie). Bei umschriebenen Läsionsorten im Gehirn können eine Reihe aphasischer Syndrome durch ihre jeweils charakteristischen Symptome voneinander abgegrenzt werden. Explizite, aber vor allem implizite Denkprozesse und Problemlösen werden durch Sprachstörungen kaum beeinflusst.

- **Broca-Aphasie (motorische Aphasie):** Sprachproduktionsprobleme stehen im Vordergrund. Artikulationen erfolgen meist sehr mühevoll und ohne Prosodie. Wörter sind phonematisch entstellt. In komplexen Sätzen fehlen häufig die grammatikalischen Funktionswörter. Das Verständnis vieler Satztypen (z. B. Passivsätze) ist oft nicht möglich. Probleme beim Nachsprechen von Sätzen treten auf. Organische Grundlage: Schädigung der Broca-Region und angrenzender Gebiete.
- **Wernicke-Aphasie (sensorische Aphasie):** Sprachproduktion ist zwar „flüssig", jedoch oft unverständlich. Viele Wörter sind phonematisch entstellt, sodass noch verständliche phonematische Paraphasien (z. B. „Spille" statt „Spinne") oder ganz unverständliche Neologismen auftreten. Oft werden Wörter durch bedeutungsverwandte ersetzt (semantische Paraphasien). Das Sprachverständnisdefizit ist sehr ausgeprägt. Das Verständnis einzelner Wörter gelingt häufig nicht. Das Nachsprechen von Wörtern und Sätzen ist beeinträchtigt. Organische Grundlage: Schädigung der Wernicke-Region und angrenzender Gebiete.
- **Globale Aphasie:** Schwerste Sprachproduktionsstörung, bei der oft nur noch stereotype Silben- oder Wortfolgen geäußert werden können. Ebenso stark ausgeprägtes Defizit im Sprachverständnis und im Nachsprechen. Organische Grundlage: Schädigung der gesamten perisylvischen Region.
- **Amnestische Aphasie:** Leichte Sprachstörung, bei der semantische Paraphasien auffallen und Benennstörungen im Vordergrund stehen. Probleme treten vor allem mit bedeutungstragenden Inhaltswörtern auf. Das Sprachverständnisdefizit ist schwach ausgeprägt. Organische Grundlage: Schädigung des Gyrus angularis oder anderer

Areale, die dem linken perisylvischen Kortex eng benachbart sind. Gelegentlich führt bei Rechtshändern eine Schädigung der rechten Hemisphäre zu amnestischer Aphasie („gekreuzte Aphasie").

Aphasien treten auch bei subkortikalen Läsionen in der weißen Substanz, in den Basalganglien oder im Thalamus auf. Diese **subkortikalen Aphasien** mit einem anfänglichen Mutismus bilden sich i. d. R. rasch zurück.

❯ Die verschiedenen Aphasieformen gehen mit spezifischen und umgrenzten Ausfällen oft weit verteilter Hirnsysteme einher, bilden sich aber i. d. R. relativ schnell zurück

Dyslexien   Unter Dyslexie, früher als „Wortblindheit" bezeichnet, versteht man die weitgehend angeborene Schwierigkeit von 5–17 % aller Kinder, **Lesen zu lernen.** Mithilfe evozierter Hirnpotenziale auf Sprachlaute können bereits kurz nach der Geburt Kinder, die später dyslektisch sind, von gesunden Kindern unterschieden werden. Die Bezeichnung **Wortblindheit** ist irreführend, da es sich bei der Dyslexie um ein Defizit der auditorischen Verarbeitung von Sprachlauten, also um eine **phonologische Störung** handelt. Sprache erlaubt die Weitergabe von Kultur in zeitlicher und räumlicher Dimension. Vor allem der **linke parietotemporale** Kortex, der sich zum Teil mit dem oben bereits beschriebenen **posterioren ventrobasalen Temporalkortex** überlappt, ist unteraktiviert. Aber auch linke präfrontale Regionen des Arbeitsgedächtnisses für Sprachlaute sind unteraktiviert und die Verbindungen zwischen posterioren und frontalen Sprachregionen schwächer ausgeprägt. Durch rechtzeitiges, vor allem präventives Training der Unterscheidung von Sprachlauten können diese Defizite und ihre Hirnkorrelate beseitigt werden.

In Kürze

Die Lokalisation, Organisation und Produktion von Sprache kann aus Sprachstörungen geschlossen werden, die auf Läsionen bestimmter Hirnregionen beruhen. Beim Menschen sind syntaktische Regeln und Funktionswörter primär links in der perisylvischen Region lokalisierbar (sprachdominante Hemisphäre). Aphasie erzeugende Läsionen betreffen vor allem zwei Areale der perisylvischen Region, nämlich die **Broca-Region** („motorische Sprachregion") und die **Wernicke-Region** („sensorische Sprachregion"). Obwohl bei den verschiedenen Aphasieformen unterscheidbare Läsionsorte vorliegen können, ist meist eine genaue Lokalisation der einzelnen Sprachfunktionen in bestimmte Kortexareale nicht möglich.

69.3 Handlungskontrolle – Selbstkontrolle – Entscheidung

69.3.1 Präfrontalkortex: seine Evolution und seine Verbindungen

Der präfrontale Assoziationskortex (PFC) steuert die zielorientierte exekutive Planung des Verhaltens, Entscheidung und Selbstkontrolle

Evolution des präfrontalen Kortex (PFC)   Der präfrontale Assoziationskortex ist ungleich größer als es im Vergleich zur phylogenetischen Entwicklung anderer Hirnstrukturen zu erwarten wäre. Die Hirnevolution scheint also hier einen besonderen Sprung gemacht zu haben. Aus diesem Grund wurde der präfrontale Kortex schon im vorigen Jahrhundert mit „spezifisch menschlichen" Eigenschaften in Verbindung gebracht. Bei genauer Analyse lassen sich allerdings auch hier die Verhaltensfunktionen auf einige elementare Eigenheiten in verschiedenen Abschnitten des Frontalkortexes zurückführen, die wir mit anderen hoch entwickelten Säugern teilen. ◘ Abb. 69.8 zeigt die anatomische Struktur und Verbindungen des PFC.

Verbindungen des präfrontalen Kortex (PFC)
Zum Verständnis der Ursachen dieser Ausfälle und der Funktionen des Frontallappens ist die genaue Kenntnis der anatomischen Verbindungen notwendig. ◘ Abb. 69.8 zeigt die Verbindungen der zwei Hauptabschnitte des PFC mit ihren Hauptfunktionen. Es fehlt der Blick von inferior auf den orbitofrontalen Kortex, der an der Klassifizierung von Belohnung und Bestrafung, an der Antizipation zukünftiger Belohnungen, Änderung von Belohnungskontingenzen (z. B. wird ein früher belohntes Verhalten nun bestraft) und an der Auswahl von Verhaltenszielen beteiligt ◘ Abb. 69.8 zeigt die zwei zentralen Bereiche des PFC, ihre Nummerierung nach Brodmann und die wichtigsten Verbindungen, den dorsolateralen PFC (DLPFC) und den ventromedialen PFC (VMPFC). Während der orbitofrontale Kortex primär von limbischen Afferenzen aus der Amygdala und dem Zingulum sowie den olfaktorischen Rindenregionen und der Inselregion versorgt wird, erhält der dorsolaterale PFC Afferenzen vom parietalen und temporalen Kortex sowie vom medialen Thalamus und den motorischen und sensorischen Regionen. Der ventromediale PFC ist mit Amygdala, dem medio-temporalen Gedächtnissystem und den primären und sekundären sensorischen Regionen verbunden. **Beide**, DLPFC und VMPFC teilen sich enge Verbindungen zu Thalamus (Tha), Basalganglien (BG), anteriorem Zingulum (ACC) und dem insulären Kortex (Ins). Die Tatsache, dass all diese Verbindungen reziprok sind, gibt einen ersten Eindruck von der zurzeit kaum zu verstehenden Komplexität der Aufgaben dieser Systeme. Bei höheren Säugern scheinen ein Teil der subkortikalen Afferenzen in den Frontalkortex dopaminerg zu übertragen; sie bilden somit die Endstrecke (oder Ursprungsstrecke) des dopaminergen Verstärkersystems und auch vieler serotonerger und noradrenerger Faserzüge (▶ Kap. 68.3.2).

69.3.2 Handlungskontrolle und Entscheidung

Von abstrakt nach konkret: Wie aus einem allgemeinen Ziel eine konkrete Handlung wird und unmittelbare Ziele aufgegeben werden.

Verhaltenskontrolle durch den präfrontalen Kortex, PFC   Den Fortgang von einer anfänglich abstrakten Zielvorstellung

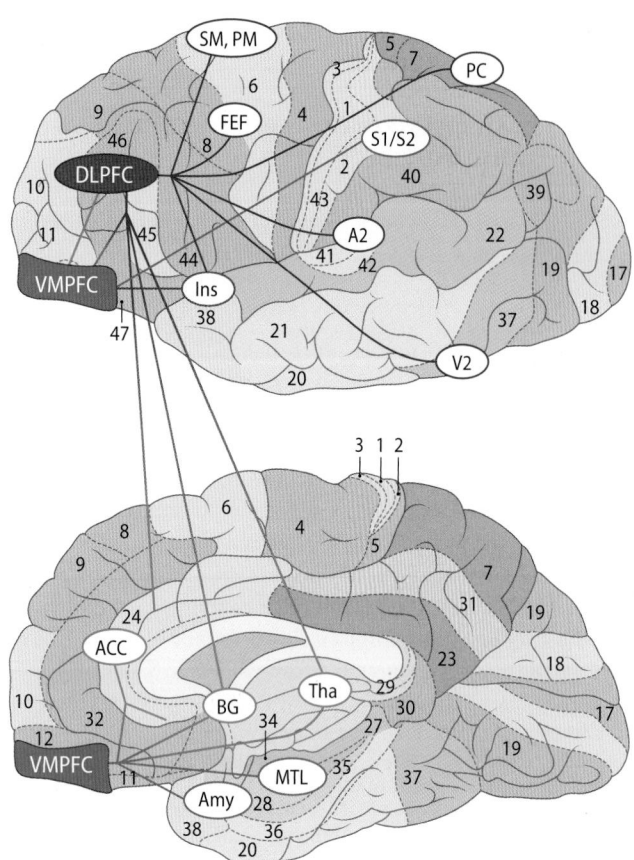

DLPFC: dorsolateraler präfrontaler Kortex
Ziele und Arbeitsgedächtnis

SM: supplementär motorischer Kortex
PM: prämotorischer Kortex
FEF: frontale Augenfelder
PC: parietaler Kortex
        sensorische Aufmerksamkeitskontrolle
V2:   sekundärer visueller Kortex
        visueller Kontext und Bedeutung
A2:   sekundärer auditorischer Kortex
Ins: Körperbewusstsein »Selbst«

ventromedialer präfrontaler Kortex
VMPFC: sozial-emotionale Selbstkontrolle

Amy: Amygdala
MTL: medialer Temporallappen
        explizit-episodisches Gedächtnis
S1/S2: primäre und sekundäre somatosensorische Kortizes

Gemeinsame Verbindungen

Tha: Thalamus
        Aufmerksamkeitsfilter
BG: Basalganglien
ACC: anteriorer zingulärer Kortex
        »Monitoring«
Ins: Insula

◼ Abb. 69.8   Struktur und Verbindungen des präfrontalen Kortex (PFC). Die Funktionsbezeichnungen fassen grob jene Verhaltensleistungen und kognitiven Prozesse zusammen, die an die jeweiligen Strukturen gebunden sind

(„ach, das wäre doch schön"…) zu einer konkreten Entscheidung und Handlungsausführung besteht in einer **Bewegung des Informationsflusses** von anteriorem präfrontalen Kortex über den posterioren PFC und das anteriore Zingulum (konkreter Handlungsplan) zur konkreten Handlungsausführung im prämotorischen und motorischen Kortex, also von **abstrakt zu zunehmend Konkretem.** Man kann dies an den Hirnaktivierungen während des Lösens des „Turm-von-Hanoi"-Problem auf ◼ Abb. 69.1 beobachten: Anfänglich wird der dorsolaterale PFC links aktiviert, dann Gyrus cinguli und rechter dorsolateraler PFC und schließlich supplementärer und prämotorischer Kortex: Am Schluss der Sequenz steht dann die **Bewegungsausführung** vom primären motorischen Kortex. Der anteriore Gyrus cinguli hemmt ablenkende Aktivierung von anderen Hirnregionen zum PFC und korrigiert bei Fehlern den Verlauf des Informationsflusses. Man spricht daher auch von einer **Überwachungsfunktion** („monitoring") dieser **kortiko-limbischen** Struktur.

Innerhalb des PFC besteht eine reziproke Verbindung zwischen dem dorsolateralen PFC und den für Belohnungserwartung und Bestrafungserwartung zuständigen Strukturen des orbitalen und medio-basalen PFC (◼ Abb. 69.8):

Die multisensorische Konvergenz im dorsolateralen Frontalkortex hängt mit einer seiner zentralen Funktionen, der Ausbildung von konsistenten Erwartungen durch **Hinauszögern von Verstärkern** zusammen. Bei bilateraler Läsion des

Präfrontalkortexes fällt vor allem die Irregularität des Verhaltens und das Fehlen langfristiger Verhaltenspläne sowie die Unfähigkeit auf, Selbstkontrolle zu erzielen. **Selbstkontrolle** bedeutet, dass die Person in der Lage ist, auf eine unmittelbar vorhandene Belohnung zu verzichten und sie zugunsten langfristiger Belohnungen aufzuschieben, also z. B. das Angebot, sofort eine kleinere Summe Geldes zu erhalten, auszuschlagen zugunsten einer höheren Summe, die aber erst Tage später zu erhalten ist. Diese Störung hängt auch mit einer Störung des **Arbeitsgedächtnisses** zusammen, das mit den motivationalen Analysesystemen des orbitalen und medialen Frontalkortexes oft gemeinsam beeinträchtigt ist. So war es auch bei dem berühmten Patienten Phineas Gage, dessen **präfrontaler Kortex** nach einer Zerstörung durch einen Eisenstab **weitgehend ausgefallen** war. Auch einige **Schizophrenieformen** sind eng mit einer Dysfunktion (nicht Ausfall!) dorsolateraler und dorsomedialer präfrontaler Areale (vor allem links) und des dorthin projizierenden mediodorsalen Thalamus korreliert (s. die anschließende Case Study).

Klinik

Schizophrenie als genetisch bedingte Entwicklungsstörung

Symptome

Schizophrenien sind eine Gruppe von Denk- und Verhaltensstörungen, die durch eine erstmalige Manifestation nach der Pubertät, extrem lose Assoziationen (manchmal produktiv-kreativ), mangelhafte selektive Aufmerksamkeit, Wahnideen und akustische Halluzinationen gekennzeichnet sind.

Ursachen und Pathogenese

Es besteht eine polygenetische Verursachung, deren Manifestation von familiären und psychischen Umweltbelastungen und dem Alter abhängt. Bereits prä- und peri-natal kommt es zu veränderter Genexpression, deren Proteine entscheidende Bedeutung für die Entwicklung von präfrontalen und vermutlich auch mediotemporalen Hirnarealen haben. Die veränderte Genexpression führt im Laufe der Entwicklung bis etwa zum 20. Lebensjahr zu einer kumulativen Anhäufung von Hirndefekten, die allerdings nur dann zum „Ausbruch" der Erkrankung führen, wenn starke externe Belastungen („Stress") oder Anwachsen der Komplexität der Umwelt (z. B. Urbanisierung, „Überschwemmung" mit Information) auftreten. Eine Vielzahl von histologischen Veränderungen und Änderungen der Konnektivität von Nerven- und Gliazellen im Präfrontalkortex, Thalamus und im mediotemporalen Hippocampussystem wurden bei Schizophreniepatienten gefunden, von denen aber keine ausreicht, die Schwere, die Art und den Verlauf der Erkrankung zu erklären.

Einige Symptome der Schizophrenien werden aus einer präfrontal-temporalen Unterfunktion bei gleichzeitigem Anstieg der Variabilität frontaler Hirnaktivität erklärt.

69.3.3 Selbstkontrolle des Verhaltens

Das Ausüben von Selbstkontrolle ist eine beim Menschen im Vergleich zu nicht-humanen Primaten am weitesten fortgeschrittene Funktion, die an präfrontale Hirnregionen gebunden ist.

Um **Selbstkontrolle** zu erzielen, muss

- die gegenwärtige oder vergangene (**Langzeitgedächtnis**) Information über den Reizkontext aus den Parietalregionen in den ventro- und dorsolateralen Präfrontalkortex transportiert werden;
- dort diese Information auch in Abwesenheit der Reize zumindest für Sekunden bis Minuten präsent gehalten werden (**Arbeitsgedächtnis** im ventromedialen und dorsolateralen präfrontalen Kortex);
- es eine **Entscheidung** für einen bestimmten **Handlungsplan** auf der Grundlage der antizipierten positiven oder negativen Konsequenzen (Informationsfluss aus limbischen in orbitofrontale Regionen) und der gegenwärtig vorhandenen oder erinnerten (vorgestellten) Situationen (aus den Parietalregionen) geben;
- diese Entscheidung von einem generellen Handlungsplan (präfrontal) in zunehmend spezifische **Handlungsziele** und **-abfolgen** bzw. deren Hemmung umgesetzt werden (über supplementärmotorisches Areal zu motorischem Kortex unter Einschluss der Basalganglien und des Thalamus);
- der gegenwärtig vorhandene emotionale und der erwartete Verhaltensablauf kontinuierlich registriert („Monitoring") und an die sich laufend verändernden Bedingungen und innere Ziele angepasst werden (vorderes Zingulum, ACC).

> **❯** Der dorsolaterale Präfrontalkortex ist für das Erlernen von Selbstkontrolle und Erwartungshaltungen von zentraler Bedeutung. Fällt er aus, wird Verhalten sprunghaft, impulsiv und schwer vorhersagbar.

Diese Integrationsleistung geht nach frontaler Läsion ohne Einschränkung der sonstigen intellektuellen Leistungsfähigkeit verloren, was oft zu einem **„pseudopsychopathischen"** Zustandsbild führt; d. h., die Patienten beachten scheinbar die Regeln und Sitten sozialen Zusammenlebens nicht mehr konsistent. Da **Erwartungen** wesentlich an der Steuerung der selektiven Aufmerksamkeit beteiligt sind, ist auch diese nach Läsion oder Dysfunktion des PFC erheblich beeinträchtigt, wenn auch nicht völlig aufgehoben. **Empathie**, also die Fähigkeit, sich in andere hineinzuversetzen und deren Absichten abzuschätzen, ist daher auch an präfrontale Regionen gebunden, da solche Funktionen soziale Erwartungen voraussetzen. Empathie hängt eng mit der Aktivität sog. **Spiegelneurone** zusammen, das sind Nervenzellen, die bevorzugt entladen, wenn man Bewegungen anderer oder eigene Bewegungen (im Spiegel) beobachtet: Viele dieser Spiegelneurone liegen im inferioren lateralen Präfrontalkortex (Area 44 und 45) und posterior im parietalen transmarginalen Gyrus und der tempero-parietalen Kreuzung.

In Kürze

Exekutive Kontrolle des Verhaltens hängt von einem weit verteilten, für einzelne Verhaltensfunktionen sich überlappendem System von **präfrontalen Neuronen-Ensembles** und deren reziproken Verbindungen ab. Während die basalen Anteile des **PFC** (orbitofrontal und ventromedial) mit der Regelung von Verhalten durch seine positiven und negativen Konsequenzen und Erwartungen dieser Konsequenzen befasst sind, erzeugt der anterior-posteriore Informationsfluss vom dorso-lateralen PFC zum motorischen Kortex, eine Funktionsfolge von abstrakten Zielvorstellungen, über konkrete Verhaltenspläne bis hin zur Ausführung des Verhaltens. Ein dynamisches Rückkoppelungssystem des PFC mit dem Gyrus cinguli sorgt für Überwachung und Fehlerkorrektur in diesem Ablauf von abstrakt nach konkret.

69.4 Soziale Verarbeitung (soziale Kognition)

69.4.1 Imitations- und Beobachtungslernen

Um das Verhalten anderer korrekt vorherzusagen, müssen wir mentale Repräsentationen ihrer Absichten, Gefühle und Einstellungen voraussehend verarbeiten und speichern. Dafür sind weit über den gesamten Kortex verteilte Hirnsysteme verantwortlich, die eng mit dem PFC verbunden sind.

Spiegelneurone Alle Lernprozesse, die wir in ▶ Kap. 66 kennengelernt haben, können auch über die Beobachtung und Imitation anderer erworben werden. Damit können ganze Verhaltenssequenzen (z. B. furchtsame Vermeidung schädigender Objekte und Orte) als Ganzes gelernt werden, ohne dass wir mühsam jedes einzelne Teilelement (z. B. Hinwenden zum Objekt, Davonlaufen etc.) des Verhaltens über Belohnungs- oder Bestrafungslernen erwerben müssen. Je nachdem, ob wir über Orte, Objekte, Verhalten und Absichten durch Beobachtung anderer lernen, werden unterschiedliche Hirnregionen und deren Verbindungen aktiviert. Dabei sind sowohl jene Hirnsysteme beteiligt, die auch bei realer Wahr-

nehmung derselben Muster erregt werden (z. B. bei menschlichen Gesichtern der fusiforme Gyrus) wie auch einige zusätzliche neuronale Ensembles, die uns „mitteilen", dass wir eine Beobachterrolle einnehmen. Ein besonders gutes Beispiel dafür sind die sogenannten „Spiegelneurone" (mirror neurons), die nur feuern, wenn eine Bewegung oder Bewegungsabsicht bei anderen stattfindet (◘ Abb. 69.9).

Im ventralen prämotorischen Kortex (BA F5 des Affen, pars opercularis des inferioren frontalen Gyrus beim Menschen) und im rostralen inferioren Parietallappen (LIP, laterales interparietales Areal) reagieren die Neurone vor allem auf Beobachtungen der zielgerichteten Bewegungen anderer oder der eigenen Bewegungen im Spiegel (daher die Bezeichnung „Spiegelneurone"). ◘ Abb. 69.9 zeigt das Entladungsverhalten von Neuronen in Area F5 des Affen bei der **Beobachtung und „Vorstellung" von Bewegungen** einer menschlichen Hand.

> Wahrnehmung von Bewegungen und Ausdruck bei Anderen, die das Gehirn „kennt" und gespeichert hat, führt zum Feuern seiner entsprechenden Zellensembles. Damit wird Imitation und Nachahmung möglich. Die beteiligten Ensembles werden oft als Spiegelneurone bezeichnet

a

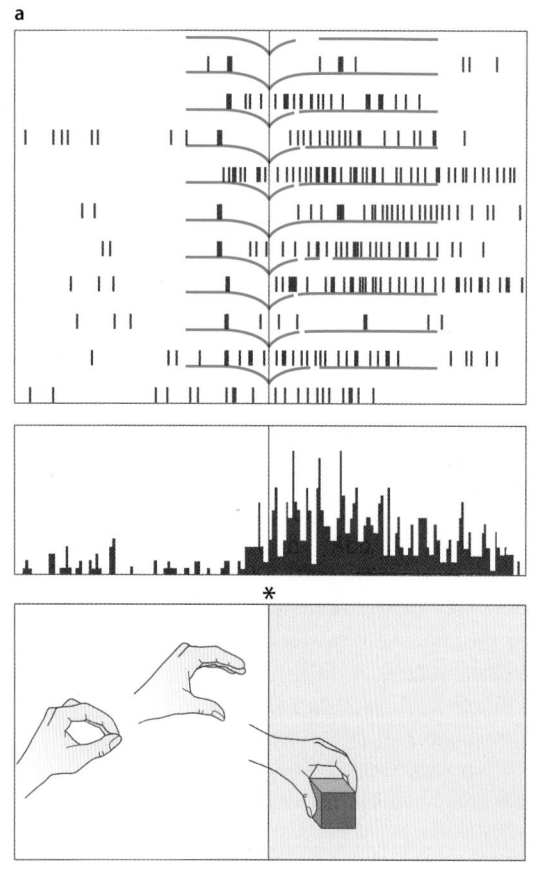

b

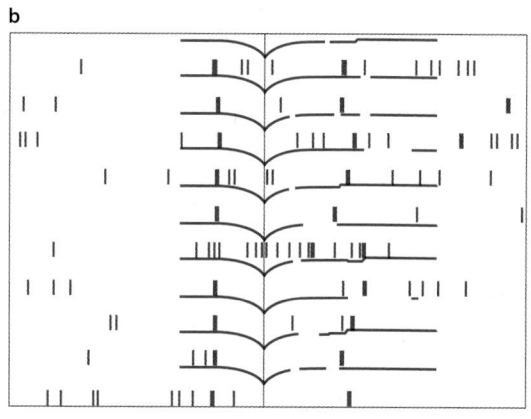

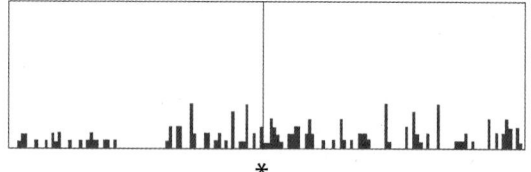

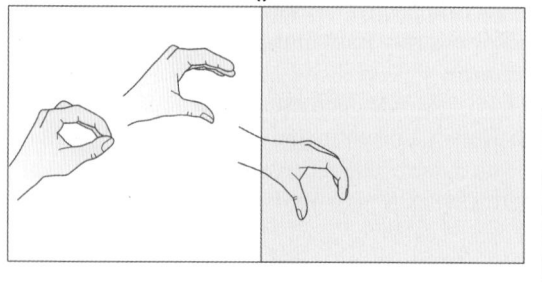

100 spk/s

1 s

◘ **Abb. 69.9a,b** **Spiegelneurone.** Die Bewegungen des menschlichen Versuchsleiters sind unter jeder Abbildung gezeigt. In **a** ist eine Bewegungsintention dargestellt, die nur am Beginn der Bewegung greifbar ist und dann im Dunkeln verschwindet. In **b** fehlt das Zielobjekt. Man erkennt, dass in a das Neuron aktiv feuert, unabhängig davon, ob der Bewegungserfolg sichtbar ist oder nicht, dann aber in b, wenn die Bewegung ihre „Bedeutung" verliert, der Aktivitätsanstieg ausbleibt

69

Emotionen anderer erkennen Wenn emotionale Ausdrucksäußerungen anderer Menschen beobachtet werden und sie empathisch-ideomotorisch ohne eigene Motorik nachvollzogen werden, sind beim Menschen, je nach Emotion z. B. bei **Ekel, Schmerz** die vordere Inselregion und bei **Furcht** Teile der Amygdala aktiv zusätzlich zum ventralen prämotorischen Kortex (vor der Broca-Region). Das Erkennen der emotionalen Bedeutung des Verhaltens anderer erfolgt **schnell** und **implizit**, eine längere kognitive Bewertung ist nicht notwendig. Sehen oder spüren wir peripher-physiologische emotionale Begleiterscheinungen anderer bei emotionalem Verhalten, so wird noch zusätzlich der somatosensorische Parietalkortex und der Inselkortex aktiviert).

Explizites Lehren und Pädagogik stellt eine **Weiterentwicklung des Imitationslernens** dar und beruht darauf, dass wir die kognitiven und emotionalen Gedanken anderer „im Geiste" verfolgen können („Mentalizing"). Dabei spielt Gestik und Ausdruckserkennen eine große Rolle, beides Reaktionsweisen, die der Entwicklung von Sprache und Kommunikation im Laufe der Evolution zugrunde liegen. Vor allem der recht anteriore-mediale und rostrale präfrontale Kortex und der rechte superiore temporale Sulcus (STS) sind bei **Experimenten der „neuronalen Pädagogik"** zusätzlich zu den visuellen und somatosensorischen Arealen der Gestik-Wahrnehmung aktiv.

Empathie und „Theory of mind" Der Erfolg sozialer Interaktionen hängt wesentlich von der Fertigkeit ab, den mentalen Zustand (emotional, kognitiv, Absichten) anderer vorherzusagen. Kinder und **kindliche Autisten** haben damit Schwierigkeiten, ihre „Theory-of-mind"-Fähigkeit ist (noch) nicht entwickelt.

Die **Einfühlungsgabe (Empathie)** hängt natürlich auch von anderen elementaren Funktionen ab. Dazu gehört es, zwischen belebten und unbelebten Inhalten zu unterscheiden, den Augenbewegungen, Ausdrucksverhalten und Aufmerksamkeitsreaktionen anderer zu folgen, zielgerichtete Aktionen zu identifizieren und zwischen eigenen und fremden Handlungen zu unterscheiden. Für die ersten 3 Elementarfunktionen (belebt–unbelebt, Ausdruck erkennen, Aufmerksamkeit folgen) wird vor allem der obere temporale Sulcus und inferiore Temporallappen (G. fusiformis) aktiviert. Für die übrigen ideomotorischen Funktionen ist ein ausgedehntes neuronales Netz verantwortlich, das oft als „Spiegelneuronen"-System bezeichnet wird (s. o.).

69.4.2 Selbstreflexion und Meta-Kognition

Die Aktivität des Frontalpols (BA 10) spiegelt das Ausmaß der Selbstreflexion wider.

Wir sprechen und denken oft über unsere eigenen Gedanken, Absichten und Gefühle oder über die Gedanken und Gefühle anderer und rechtfertigen damit oft unsere Entscheidungen. Wir sind in der Lage, die eigenen Repräsentationen der äußeren Welt als wahre oder falsche Repräsentationen zu erkennen und uns damit zu konfrontieren (**„reflektive Diskussion"**). Diese Fertigkeit der Meta-Kognition erfordert einen höheren Abstraktionsgrad als Beobachtungslernen und **aktiviert** daher **primär** Areale und Verbindungen des **präfrontalen** Kortex. Personen mit stärkerer sozialer Sensitivität und Meta-Kognition haben daher auch eine größere Dichte grauer Substanz im vorderen PFC (Frontalpol Area 10).

Aber auch in Aufgaben, bei denen Personen über ihre **eigenen inneren Zustände reflektieren**, sind ähnliche neuronale Netzwerke aktiviert wie in „Theory-of-Mind"-Situationen und wie bei Beobachtungslernen: sich **in andere einzufühlen**, erfordert natürlich ähnliche Funktionen wie **„in sich selbst" hineinzuhören**. Die rechte temporal-parietale Zone (temporal-parietal junction, TPJ) ist mit dem Ausmaß an Diskrepanz zwischen erwartetem und beobachteten inneren Zustand assoziiert, während das rechte prae-supplementäre Areal (pre-SMA) und der rechte rostrale anteriore zinguläre Gyrus mit der Überzeugung korreliert ist, dass man seine inneren Zustände unter Kontrolle hat. Wenn man allerdings über eben diese Selbstkontrolle reflektiert (z. B. sie bezweifelt), wird die oben erwähnte Region des Frontalpols (Area 10) aktiv.

Klinik

Rain Man's Botschaft: Neurobiologie von Autismus und Savants

In dem Film „Rain Man" spielt der amerikanische Schauspieler Dustin Hofman einen erwachsenen Autisten, der einige wenige extrem gut ausgebildete Fertigkeiten beherrscht: Er erkennt innerhalb von Millisekunden, dass 98 Streichhölzer zu Boden fielen, er kann extrem schnell beim Glücksspiel die Wahrscheinlichkeiten der Treffer errechnen u. a. Nur ein kleiner Prozentsatz von Autisten und geistig Retardierten weisen solche Talente auf. Autisten wehren bereits früh Augen- und Gesichtskontakt ab, lernen nicht oder nur unzureichend sprechen (in ca. 50 %), bleiben bevorzugt isoliert, zeigen Bewegungsautomatismen (z. B. Schaukeln) und eine profunde Aufmerksamkeitsstörung. Nur einige wenige „erholen" sich von der Störung, die offensichtlich angeboren ist und auf einen polygenetischen Vererbungsgang mit Störungen der Hirnentwicklung während der Schwangerschaft zurückzuführen ist. Bis heute und das ganze 20. Jahrhundert hindurch haben Psychoanalytiker und Tiefenpsychologen fälschlicherweise behauptet, die Mütter würden diese Kinder emotional tiefgreifend ablehnen. Heute wissen wir, dass jene Hirnregionen, die selektive Aufmerksamkeit (G. cinguli), Gesichter-Erkennen und soziale Interaktion (fusiformer Gyrus und Amygdala) und expressive Sprache sowie Automatismen (Kleinhirn) steuern, beeinträchtigt sind. Bei Savants (Inselbegabten) gibt es erste Ergebnisse, dass sie extrem rasch und vorbewusst Zugriff auf primäre präattentive (<100 ms) informationsverarbeitende Hirnmechanismen haben.

In Kürze

Soziales Verständnis und **soziale Informationsverarbeitung** besteht vor allem aus dem impliziten und expliziten Erkennen der Absichten, des Wissens und der Einstellungen anderer. Wir beobachten und reflektieren kontinuierlich die wechselnden Einstellungen, Emotionen, Absichten, Wissensänderungen und Glaubenshaltungen anderer Menschen. Obwohl diese sozialen Wahrnehmungsleistungen einschließlich der Reflexionen über unsere eigenen Absichten und Einstellungen meist unbewusst und rasch (implizit) erfolgen, können wir mithilfe der **Sprache** eine explizite kognitive Kontrolle über diese impliziten sozialen Kognitionen ausüben. Diese explizite „Top-down"-Kontrolle ist in ihren neuronalen Mechanismen der expliziten Kontrolle der Aufmerksamkeit verwandt, benötigt aber vor allem neben den Hirnregionen für Beobachtungslernen (z. B. den Spiegelneuronen) die rechte temporo-parietale Kreuzungszone (TPJ) und den Frontalpol und supplementären motorischen Kortex .

Literatur

Baars B. J., Gage N. M. (edts) (2010) Cognition, Brain and Consciousness, 2nd ed. Academic Press, San Diego, California, USA

Birbaumer N. (2014) Dein Gehirn weiss mehr, als Du denkst. Ullstein, Berlin

Birbaumer N., Schmidt R.F. (2010) Biologische Psychologie, 7. Aufl. Springer-Verlag, Heidelberg, Berlin, New York

Frith, C. D., Frith, U. (2012) Mechanisms of Social Cognition. Ann. Rev. Psychology 63: 287-339

Kim H. S., Sasaki J. Y. (2014) Cultural Neuroscience: Biology of the Mind in Cultural Context. Ann. Rev. Psychology 65: 487-514

69

Neuroendokrines System

Inhaltsverzeichnis

Peripheres vegetatives Nervensystem

Wilfrid Jänig, Ralf Baron

© Springer-Verlag GmbH Deutschland, ein Teil von Springer Nature 2019
R. Brandes et al. (Hrsg.), *Physiologie des Menschen*, Springer-Lehrbuch
https://doi.org/10.1007/978-3-662-56468-4_70

Worum geht's?

Die vegetativen Funktionen des Körpers werden fortlaufend den Erfordernissen angepasst

Das innere Milieu des Körpers wird ständig optimal auf die Erfordernisse angeglichen. Diesem Vorgang dienen die Regulation des Gasaustausches mit der Umwelt, des Transportes, der Körpertemperatur, des Elektrolyt-, Wasser- und Mineral-Haushaltes, der Reproduktion und der Körperabwehr. Die Aufrechterhaltung und Anpassung dieser physiologischen Parameter in einem engen Bereich und ihre Anpassung an die Belastungen des Organismus werden **Homöostase** genannt.

Die Regulation der Körperfunktionen wird durch das Gehirn koordiniert und über vegetative und neuroendokrine Systeme ausgeübt

Die Signale vom Gehirn erreichen die Peripherie des Körpers neuronal über das **periphere vegetative Nervensystem** (◨ Abb. 70.1) und hormonal über die neuroendokrinen Systeme. Die Signale von der Peripherie des Körpers zum Gehirn werden neuronal über primär afferente Neurone mit dünnen myelinisierten und unmyelinisierten Axonen geleitet. Hormonelle und humorale Signale, die das Gehirn erreichen, können Stoffwechselprodukte, Produkte von endokrinen Drüsen, aber auch zellspezifisch sezernierte Signalmoleküle, wie z. B. Entzündungsmediatoren sein. Die afferenten Neurone messen die mechanischen, thermischen, metabolischen und entzündlichen Zustände der Gewebe.

Die neuronale Regulation der Organe und Organsysteme wird im Gehirn koordiniert

Das Gehirn enthält **sensomotorische Zentren** für die koordinierte Regulation des inneren Milieus des Körpers. Verhalten besteht aus der koordinierten Aktivierung der Somatomotorik, der vegetativen Motorik und des neuroendokrinen Systems. Die Zentren dieser koordinierten Aktivierung der Motorik liegen im Rückenmark, Hirnstamm, Hypothalamus und den Hirnstammganglien. Sie stehen unter der Kontrolle des Großhirns. (◨ Abb. 70.1).

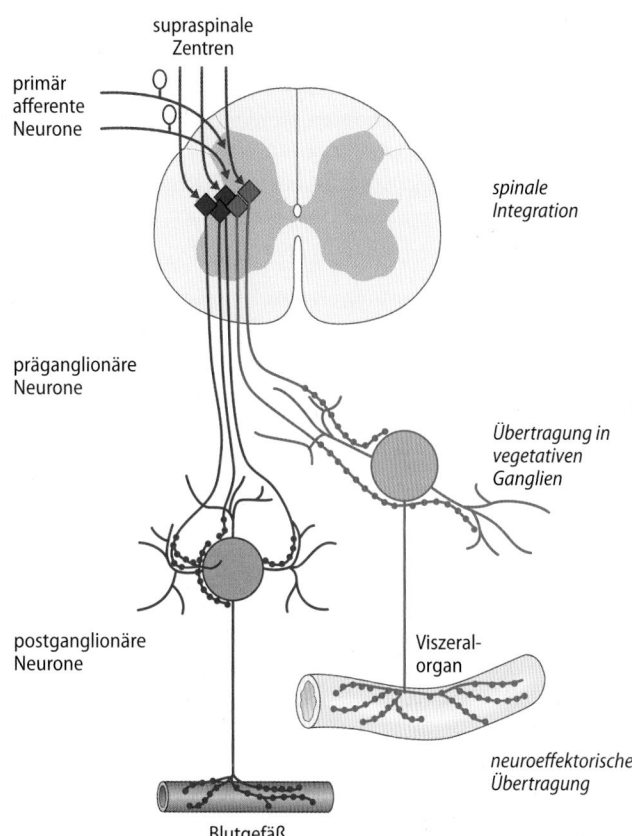

◨ **Abb. 70.1   Zwei vegetative motorische Endstrecken.** Sie bestehen aus je zwei Gruppen von prä- und postganglionären Neuronen, die in den vegetativen Ganglien synaptisch miteinander verschaltet sind. Sie sind funktionell nach ihren Zielgeweben definiert und übertragen die Aktivität vom Rückenmark oder Hirnstamm zu diesen

70.1   Sympathikus und Parasympathikus

70.1.1   Einteilung des peripheren vegetativen Nervensystems

Das periphere vegetative Nervensystem besteht aus drei Teilen: Sympathikus (thorakolumbales System), Parasympathikus (kraniosakrales System) und Darmnervensystem.

Das Grundelement des peripheren vegetativen Nervensystems besteht aus zwei Populationen hintereinander geschalteter Neurone (◨ Abb. 70.1). Der Sympathikus entspringt dem

Brustmark und den oberen zwei bis drei Segmenten des Lendenmarks und wird deshalb auch **thorakolumbales System** genannt. Der Parasympathikus entspringt dem Hirnstamm und dem Sakralmark und wird deshalb auch **kraniosakrales System** genannt. Die terminalen Neurone von Sympathikus und Parasympathikus liegen **außerhalb des ZNS**. Ihre Zellkörper liegen in den **vegetativen Ganglien**. Ihre Axone projizieren von den Ganglien zu den Erfolgsorganen; diese Neurone heißen deshalb **postganglionäre** (oder ganglionäre) Neurone. Die Neurone, deren Axone in die Ganglien projizieren und auf den Dendriten und Somata der postganglionären Neurone synaptisch endigen, nennt man **präganglionäre Neurone.** Ihre Somata liegen im Rückenmark und Hirnstamm. Die Begriffe sympathisch und parasympathisch beschränken sich auf die efferenten prä- und postganglionären Neurone. Afferenzen, die die inneren Organe innervieren, werden neutral als viszerale Afferenzen bezeichnet (▸ Abschn. 70.1.2).

Das **Darmnervensystem** ist ein spezielles Nervensystem des Magen-Darm-Trakts; es funktioniert auch ohne den Einfluss von Rückenmark und Hirnstamm (▸ Kap. 38.3).

> Das periphere vegetative Nervensystem besteht aus Sympathikus, Parasympathikus und Darmnervensystem.

70.1.2 Sympathikus

Die Zellkörper der sympathischen präganglionären Neurone liegen im thorakolumbalen Rückenmark und die der postganglionären Neurone paravertebral in den Grenzsträngen oder prävertebral in den Bauchganglien.

Präganglionäre Neurone Die sympathischen präganglionären Neurone in der **intermediären Zone** des Brust- und oberen Lendenmarks projizieren über die Vorderwurzeln und die **Rami communicantes albi** zu den bilateralen paravertebralen Ganglien oder den unpaaren prävertebralen Bauchganglien (◘ Abb. 70.2). Ihre Axone sind dünn myelinisiert oder unmyelinisiert und leiten mit Geschwindigkeiten von < 1–15 m/s.

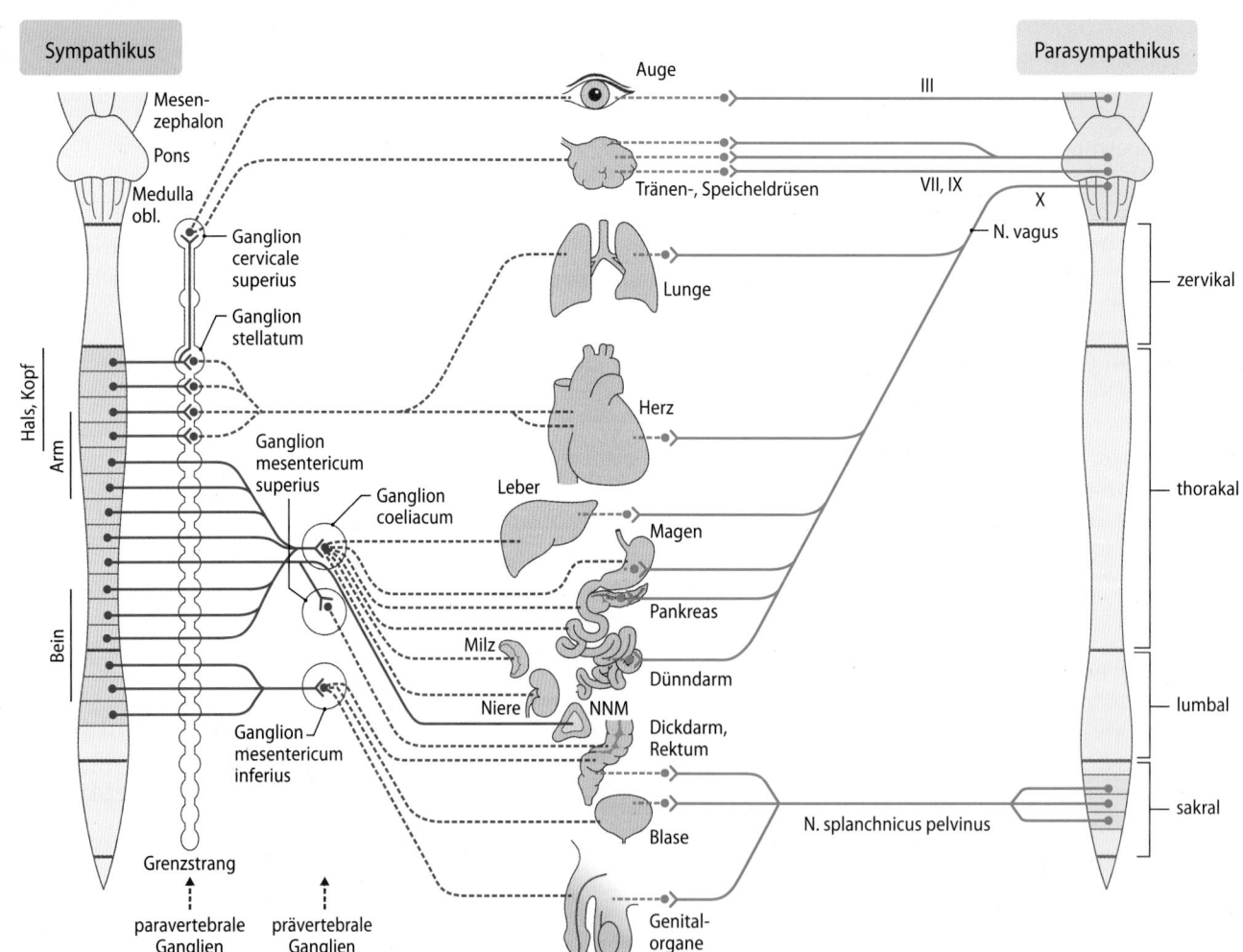

70

◘ **Abb. 70.2   Aufbau des peripheren vegetativen Nervensystems.**
Rote und **grüne durchgezogene Linien**: präganglionäre Axone; **rote** und **grüne unterbrochene Linien:** postganglionäre Axone. Die sympathische Innervation von Blutgefäßen, Schweißdrüsen und Haarbalg-muskulatur hat ihren Ursprung in allen thorakolumbalen Segmenten. Ihr Ursprung ist *links* für die Extremitäten und den Kopf angegeben. (III, VII, IX und X = Hirnnerven; NNM = Nebennierenmark)

Ganglien Die meisten sympathischen Ganglien liegen organfern. Einige postganglionäre Neurone zu den Beckenorganen liegen organnahe. Die paravertebralen Ganglien sind in den Grenzsträngen organisiert. Von den **Grenzsträngen** ziehen die unmyelinisierten postganglionären Axone entweder über die **Rami communicantes grisei** zu den Effektoren des Rumpfes und der Extremitäten oder über spezielle Nerven zu den Organen im Kopfbereich, im Brustraum, im Bauchraum und im Beckenraum (◘ Abb. 70.2). Von den prävertebralen **Bauchganglien** gelangen die postganglionären Axone über Nervengeflechte oder spezielle Nerven zu den Organen im Bauch- und Beckenraum.

Effektoren Die Effektorzellen des Sympathikus sind die **glatte Muskulatur aller Organe** (Gefäße, Eingeweide, Ausscheidungsorgane, Lunge, Haare, Pupillen), der **Herzmuskel** und zum Teil die **exokrinen Drüsen** (Schweiß-, Speichel-, Verdauungsdrüsen). Außerdem werden Fettzellen, verschiedene Hormondrüsen, Nierentubuli und lymphatische Gewebe (z. B. Thymus, Milz, Peyer-Plaques und Lymphknoten) vom Sympathikus innerviert.

70.1.3 Parasympathikus

Die Zellkörper der parasympathischen präganglionären Neurone liegen in Hirnstamm und Kreuzmark und projizieren zu den organnahe gelegenen postganglionären Neuronen.

Präganglionäre Neurone Die Zellkörper der präganglionären parasympathischen Neurone liegen im Kreuzmark und im Hirnstamm (◘ Abb. 70.2). Ihre Axone sind myelinisiert oder unmyelinisiert und sehr lang. Sie ziehen in speziellen Nerven zu den **organnah** gelegenen parasympathischen postganglionären Neuronen.

Ganglien und Effektoren Größere **parasympathische Ganglien** findet man nur im Kopfbereich und im Becken in der Nähe der Erfolgsorgane; ansonsten sind die postganglionären Zellen in oder auf den Wänden des Magen-Darm-Trakts (**intramurale Ganglien**), des Herzens und der Lunge verstreut. Der Parasympathikus innerviert die **glatte Organmuskulatur** sowie die **Drüsen** des Magen-Darm-Trakts, der Ausscheidungsorgane, der Sexualorgane und der Lunge; er innerviert weiterhin die **Schrittmacherzellen** und **Vorhöfe des Herzens**, die Tränen- und Speicheldrüsen im Kopfbereich und die inneren Augenmuskeln. Mit Ausnahme der Arterien der Geschlechtsorgane (besonders des Penis, der Klitoris und der kleinen Schamlippen), der Darmmukosa und Teilen der Gesichtshaut und des Gehirns innerviert er **nicht** die glatte Gefäßmuskulatur.

❯ Sympathikus und Parasympathikus bestehen aus prä- und postganglionären Neuronen.

70.1.4 Viszerale Afferenzen

Viszerale Afferenzen melden mechanische und chemische Ereignisse von den inneren Organen zum Rückenmark und zum unteren Hirnstamm.

Vagale und spinale viszerale Afferenzen Etwa 85 % aller Axone in den **Nn. vagi** und etwa 50 % aller Axone in den **spinalen Nn. splanchnici** sind afferent. Diese Afferenzen kommen von Sensoren innerer Organe und werden deshalb **viszerale Afferenzen** genannt. Ihre Zellkörper liegen im **Ganglion inferius** (und wenige im Ganglion superius) **des N. vagus** und in den thorakalen, oberen lumbalen und sakralen **Spinalganglien** (spinale viszerale Afferenzen). Afferenzen von den arteriellen Presso- und Chemosensoren in der Karotisgabel laufen im N. glossopharyngeus (Zellkörper im Ganglion petrosum). Die viszeralen Afferenzen zum Hirnstamm und zum Sakralmark sind in neuronale Regulationen innerer Organe eingebunden (Lunge, Herz, Kreislaufsystem, Magen-Darm-Trakt, Entleerungsorgane, Genitalorgane).

Mechano- und Chemosensibilität Die meisten viszeralen Afferenzen haben mechanosensible Eigenschaften und messen bei Dehnung der Wände der Hohlorgane entweder die intraluminalen Drücke (z. B. die arteriellen Pressosensoren vom arteriellen System und die sakralen Afferenzen von der Harnblase) oder die Volumina in den Organen (z. B. Afferenzen von Magen-Darm-Trakt, rechten Vorhof und der Lunge). Andere mechanosensible Afferenzen von der Mukosa des Darms werden durch Scherreize adäquat erregt. Einige Afferenzen sind chemosensibel (z. B. arterielle Chemosensoren in der Aorten- und Karotiswand, Osmosensoren in der Leber, Glukosesensoren in der Mukosa des Darms). Die Funktionen viszeraler Afferenzen werden in den entsprechenden Kapiteln beschrieben.

Viszerale Afferenzen und Schmerz Reize, die viszerale Schmerzempfindungen auslösen können (z. B. starke Dehnung und Kontraktion des Magen-Darm-Trakts oder der Harnblase, Mesenterialzug, ischämische Reize), werden durch die Impulsaktivität in spinalen (thorakalen, lumbalen und sakralen) viszeralen Afferenzen kodiert, nicht aber in vagalen Afferenzen. Die Nozizeptoren dieser spinalen Afferenzen liegen in der Serosa, am Mesenterialansatz und möglicherweise auch in den Organwänden.

❯ Viszerale afferente Neurone sind spinal oder vagal und nicht sympathisch oder parasympathisch.

Die ◘ Tab. 70.1 fasst im Folgenden die wesentlichen Effekte von Sympathikus und Parasympathikus auf die einzelnen Organe und Gewebe zusammen.

◼ **Tab. 70.1**   Effekte der Aktivierung von Sympathikus und Parasympathikus auf die einzelnen Organe

Organ oder Organsystem	Reizung des Parasympathikus	Reizung des Sympathikus	Adrenorezeptoren
Herzmuskel	Abnahme der Herzfrequenz	Zunahme der Herzfrequenz	β_1
	Abnahme der Kontraktionskraft (nur Vorhöfe)	Zunahme der Kontraktionskraft (Vorhöfe, Ventrikel)	β_1
Arterien			
In Haut (Rumpf, Extrem)	0	Vasokonstriktion	α_1
In Haut und Mukosa (Gesicht: Nase, Mund)	Vasodilatation	Vasokonstriktion	α_1
Im Abdominalbereich	0	Vasokonstriktion	α_1
Im Skelettmuskel	0	Vasokonstriktion	α_1
		Vasodilatation (nur durch Adrenalin)	β_2
		Vasodilatation (cholinerg) (nur einige Spezies)	
Im Herzen (Koronarien)	Vasodilatation (?)	Vasokonstriktion	α_1
Erektiles Gewebe (Penis, Klitoris, Uterus, Vagina)	Vasodilatation	Vasokonstriktion	α_1
Im Gehirn (intrakranial)	Vasodilatation	Vasokonstriktion	α_1
In Speicheldrüsen	Vasodilatation	Vasokonstriktion	α_1
Venen	0	Vasokonstriktion	α_1
Gastrointestinaltrakt Longitudinale und zirkuläre Muskulatur	Zunahme der Motilität Abnahme der Motilität*	Abnahme der Motilität	α_2 und β_1
Sphinkteren	Erschlaffung*	Kontraktion	α_1
Milzkapsel	0	Kontraktion	α_1
Niere			
Juxtaglomeruläre Zellen	0	Reninfreisetzung erhöht	β_1
Tubuli	0	Natriumrückresorption erhöht	α_1
Harnblase			
Detrusor vesicae	Kontraktion	Erschlaffung (gering)	β_2
Trigonum vesicae (Sphincter internus)	0	Kontraktion	α_1
Urethra	Erschlaffung	Kontraktion	α_1
Genitalorgane			
Vesica seminalis, Prostata	0	Kontraktion	α_1
Ductus deferens	0	Kontraktion	α_1
Uterus	0	Kontraktion	α_1
		Erschlaffung (abhängig von Spezies und hormonalen Status)	β_2
Auge			
M. dilatator pupillae	0	Kontraktion (Mydriasis)	α_1
M. sphincter pupillae	Kontraktion (Miosis)	0	
M. ciliaris	Kontraktion Nahakkomodation		
M. tarsalis	0	Kontraktion (Lidstraffung)	
M. orbitalis	0	Kontraktion (Bulbusprotrusion)	

□ Tab. 70.1 (Fortsetzung)

Organ oder Organsystem	Reizung des Parasympathikus	Reizung des Sympathikus	Adrenorezeptoren
Tracheal-/Bronchialmuskulatur	Kontraktion	Erschlaffung (vorwiegend durch Adrenalin)	β_2
Mm. arrectores pilorum	0	Kontraktion	α_1
Exokrine Drüsen:			
Speicheldrüsen	Starke seröse Sekretion	Schwache muköse Sekretion (Glandula submandibularis)	α_1
Tränendrüsen	Sekretion	0	
Drüsen im Nasen-Rachen-Raum	Sekretion	0	
Bronchialdrüsen	Sekretion	?	
Schweißdrüsen	0	Sekretion (cholinerg)	
Verdauungsdrüsen (Magen, Pankreas)	Sekretion	Abnahme der Sekretion oder 0	
Mukosa (Dünn-, Dickdarm)	Sekretion	Flüssigkeitstransport aus Lumen	
Glandula pinealis (Zirbeldrüse)	0	Anstieg der Synthese von Melatonin	β_2
Braunes Fettgewebe	0	Wärmeproduktion	β_3
Stoffwechsel			
Leber	Hemmung der Freisetzung von Glukose & Triglyzeriden	Glykogenolyse, Glukoneogenese	β_2
Adipozyten des weißen Fettgewebes	0	Lipolyse (freie Fettsäuren im Blut erhöht)	β_2
Insulinsekretion (aus β-Zellen der Langerhans-Inseln)	Sekretion	Abnahme der Sekretion	α_2
Glukagonsekretion (aus α-Zellen)	0	Sekretion	β
Immunsystem	0	Hemmung	β_2 (α_1)

* über inhibitorische Motoneurone des Darmnervensystems

70.1.5 Wirkungen von Sympathikus und Parasympathikus

Sympathikus und Parasympathikus bestehen in der Peripherie aus vielen anatomisch getrennten vegetativen motorischen Endstrecken, die die zentralen Botschaften auf viele Effektororgane übertragen.

Die vegetative motorische Endstrecke Prä- und postganglionäre parasympathische oder sympathische Neurone bilden Neuronenketten, über die die Impulsaktivität vom Rückenmark oder Hirnstamm zu den Effektorzellen übertragen wird. Diese Neuronenketten werden **vegetative motorische Endstrecken** genannt. Jede Endstrecke innerviert nur einen Typ von Effektorgewebe. Die Neurone einer Endstrecke werden nach dem Typ von Effektorzellen bezeichnet (z. B. Hautvasokonstriktor-, Kardiomotor-, Muskelvasokonstriktor-, Pupillomotorneurone etc.).

Effektorantworten bei Erregung peripherer parasympathischer oder sympathischer Neurone Physiologische Erregung peripherer vegetativer Neurone löst Effektorantworten mit folgenden Merkmalen aus (□ Tab. 70.1):
- Die meisten Effektorantworten bestehen aus Kontraktion, Sekretion oder Stoffwechselwirkungen (Glykogenolyse, Lipolyse). Erschlaffung oder Hemmung von Sekretion sind eher selten.
- Die meisten Erfolgsorgane reagieren nur auf die Aktivierung **eines** vegetativen Systems (z. B. fast alle Blutgefäße).
- Wenige Erfolgsorgane reagieren auf beide vegetativen Systeme (z. B. intrakraniale Blutgefäße, erektiles Gewebe, Herz, Harnblase, Iris).
- Antagonistische Antworten zwischen Sympathikus und Parasympathikus sind mehr die Ausnahme (z. B. am Herzschrittmacher) als die Regel.

Die häufig propagierte Ansicht, dass Sympathikus und Parasympathikus generalisierend antagonistisch auf die Effektorzellen wirken, ist nicht richtig. Funktionell ergänzen sich beide Systeme.

In Kürze

Das periphere vegetative Nervensystem besteht aus Sympathikus, Parasympathikus und Darmnervensystem. Der **Sympathikus** entspringt dem Brustmark und den oberen 2–3 Segmenten des Lendenmarks und wird deshalb auch **thorakolumbales System** genannt. Der **Parasympathikus** entspringt dem Hirnstamm und dem Sakralmark und wird deshalb auch **kraniosakrales System** genannt. Das **Darmnervensystem** ist ein spezialisiertes Nervensystem des Darmes (▶ Kap. 38.3). Afferenzen von inneren Organen werden als **viszerale Afferenzen** bezeichnet. Prä- und postganglionäre Neurone, die in den vegetativen Ganglien synaptisch miteinander verschaltet sind, bilden **vegetative motorische Endstrecken** aus, die nach den Effektorgeweben, die sie innervieren, definiert sind.

70.2 Transmitter und ihre Rezeptoren in Sympathikus und Parasympathikus

70.2.1 Klassische Transmitter im peripheren vegetativen Nervensystem

Die Signalübertragung im peripheren vegetativen Nervensystem ist chemisch; sie geschieht hauptsächlich über Acetylcholin oder Noradrenalin, die ihre Wirkungen über cholinerge Rezeptoren bzw. Adrenorezeptoren vermitteln.

Die chemische Erregungsübertragung von prä- auf postganglionäre Neurone und von postganglionären Neuronen auf die Effektoren läuft im peripheren vegetativen Nervensystem prinzipiell nach den gleichen Mechanismen ab wie an der neuromuskulären Endplatte und an den zentralen Synapsen. Im Gegensatz zur motorischen Endplatte sind aber im vegetativen Nervensystem die prä- und postsynaptischen Strukturen sehr variabel (Herzmuskelzellen, glatte Muskelzellen, Drüsenzellen, Neurone), genau wie Dichte und Muster der Innervation der vegetativen Effektoren.

▪▪ Acetylcholin

Acetylcholin wird von allen präganglionären Nervenendigungen und den meisten postganglionären parasympathischen Neuronen ausgeschüttet (◻ Abb. 70.3). Außerdem setzen sympathische postganglionäre Neurone zu den Schweißdrüsen und möglicherweise sympathische postganglionäre Vasodilatatorneurone zu den Widerstandsgefäßen der Skelettmuskulatur Acetylcholin frei. Acetylcholin wirkt über nikotinische und muskarinische Rezeptoren:

- Die **nikotinische** Wirkung von Acetylcholin und von Nikotin auf die postganglionären Neurone wird über Rezeptoren vermittelt, die Ionenkanäle ligandengesteuert öffnen.
- Die **muskarinische** Wirkung von Acetylcholin und entsprechender Pharmaka auf die Effektorzellen wird über Rezeptoren vermittelt, die an G-Proteine gekoppelt sind, welche entweder Ionenkanäle, Kontraktilität oder andere zelluläre Funktionen über intrazelluläre Signalwege modifizieren.

Die molekularen Strukturen beider Rezeptortypen sind weitgehend aufgeklärt. Bisher werden nach strukturellen und pharmakologischen Kriterien mindestens **vier nikotinische** und mindestens **fünf muskarinische** Rezeptoren in verschiedenen Geweben unterschieden.

Blockade und Förderung der Wirkungen von Acetylcholin Beide Wirkungen von Acetylcholin können selektiv durch bestimmte Pharmaka blockiert werden. Diese Pharmaka reagieren kompetitiv zu Acetylcholin mit den postsynaptischen cholinergen Rezeptoren, ohne selbst agonistische Wirkungen zu haben, und verhindern auf diese Weise die Wirkung von Acetylcholin. Die nikotinische Wirkung von Acetylcholin auf die postganglionären Neurone kann durch quaternäre Ammoniumbasen blockiert werden. Man nennt diese Substanzen **Ganglienblocker**. Die muskarinische Wirkung von Acetylcholin kann selektiv durch **Atropin**, das Gift der Tollkirsche, blockiert werden. In der Pharmakologie bezeichnet man Pharmaka, die auf Effektorzellen so wirken wie (cholinerge) postganglionäre parasympathische Neurone, **Parasympathomimetika**. Pharmaka, die die Wirkung von Acetylcholin auf vegetative Effektorzellen aufheben oder abschwächen, nennt man **Parasympatholytika** (z. B. Atropin).

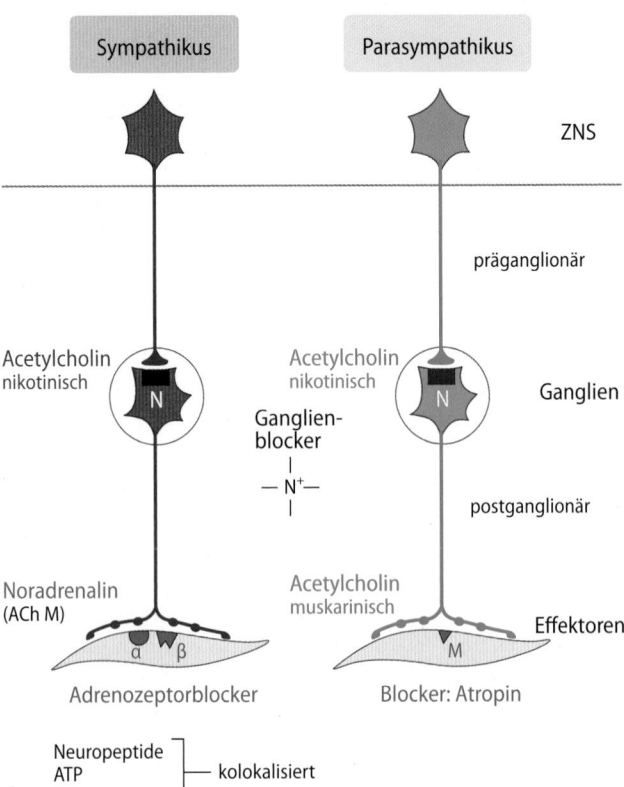

◻ **Abb. 70.3** Überträgerstoffe und die entsprechenden Rezeptoren im peripheren Sympathikus und Parasympathikus

▪▪ Noradrenalin und Adrenalin

Die Überträgersubstanz in den meisten sympathischen postganglionären Nervenendigungen ist **Noradrenalin**. Man nennt deshalb diese Neurone **noradrenerge Neurone** (◘ Abb. 70.3). **Adrenalin** ist nur bei niederen Vertebraten und Vögeln ein Überträgerstoff im peripheren vegetativen Nervensystem; es kommt ansonsten aber als Überträgerstoff im ZNS vor. Noradrenalin und Adrenalin sind Katecholamine. Pharmaka, die die Wirkung sympathischer noradrenerger Neurone auf die vegetativ innervierten Organe nachahmen, nennt man **Sympathomimetika**. Pharmaka, die die Wirkungen von Katecholaminen auf die Organe aufheben, nennt man **Sympatholytika** (Antiadrenergika, Adrenorezeptorblocker).

Adrenorezeptoren   Die Membranrezeptoren für Adrenalin und Noradrenalin werden Adrenorezeptoren genannt. Nach zwei pharmakologischen Kriterien werden α- und β-Adrenorezeptoren unterschieden.

Die Kriterien sind:
- die Effektivität äquimolarer Dosen verschiedener Katecholamine, α- und β-Adrenorezeptorvermittelte Wirkungen zu erzeugen;
- die Effektivität von Pharmaka (Sympatholytika), diese α- und β-rezeptorischen Wirkungen zu blockieren.

Molekulare Struktur der Adrenorezeptoren   Bei den Adrenorezeptoren handelt es sich um **transmembranale Proteine mit sieben Helixstrukturen** in den Membranen der Effektorzellen sowie Schleifen und je einer Endkette auf der extrazellulären Seite (Rezeptor) und auf der intrazellulären Seite (für die Kopplung an die intrazellulären Signalwege). Man unterscheidet zwei Typen von **α-Adrenorezeptoren** ($α_1$- und $α_2$-), die je noch einmal in drei Untertypen eingeteilt werden, und drei Typen von **β-Adrenorezeptoren**. Adrenalin und Noradrenalin haben etwa gleich starke Wirkungen auf die $α_1$-Adrenorezeptoren und $β_3$-Adrenorezeptoren; Noradrenalin wirkt stärker als Adrenalin auf $β_1$-Adrenorezeptoren; Adrenalin wirkt stärker als Noradrenalin auf $α_2$- und $β_2$-Adrenorezeptoren:

- **$α_1$-Adrenorezeptoren** vermitteln ihre Wirkungen Gq-Protein-gekoppelt durch **Aktivierung von Phospholipase C** und des nachfolgenden Phosphoinositidstoffwechsels in den Effektorzellen.
- **$α_2$-Adrenorezeptoren** vermitteln ihre Wirkungen über ein G-Protein mit hemmender Wirkung (Gi-gekoppelt) durch **Hemmung der Adenylatzyklase** oder sind über ein G-Protein direkt an Ionenkanäle gekoppelt. Sie befinden sich präsynaptisch als Autorezeptoren in den Nervenendigungen vegetativer Neurone (▶ Abschn. 70.3.4), aber auch postsynaptisch in den Effektorzellen und im ZNS.
- **β-Adrenorezeptoren** vermitteln ihre Wirkungen über ein G-Protein mit stimulierender Wirkung (Gs-gekoppelt) durch **Aktivierung der Adenylatzyklase**. $β_1$-Adrenorezeptoren vermitteln v.a. die Wirkungen des Sympathikus auf das Herz und die Freisetzung von Renin. $β_2$-Adrenorezeptoren vermitteln u. a. Stoffwechselwirkungen (Glykogenolyse in der Leber, Lipolyse), Erschlaffung glatter Muskulatur (Bronchialmuskulatur, einige Gefäße, Uterus), Aktivierung der Synthese von Melatonin in der Glandua pinealis sowie Wirkungen auf das Immunsystem. $β_3$-Adrenorezeptoren vermitteln die Wirkung sympathischer Neurone auf das braune Fettgewebe.

Physiologische Wirkungen von Adrenorezeptoren   Die meisten Gewebe, die durch Adrenalin und Noradrenalin beeinflusst werden können, enthalten sowohl α- als auch β-Adrenorezeptoren in ihren Zellmembranen, wobei beide meistens **entgegengesetzte** Wirkungen vermitteln. Unter physiologischen Bedingungen hängt die Antwort eines Organs jedoch davon ab, ob die eine oder andere Adrenorezeptorvermittelte Wirkung überwiegt. ◘ Tab. 70.1 zeigt, welche Adrenorezeptoren diese **physiologischen Wirkungen** der Katecholamine Adrenalin und Noradrenalin an den wichtigsten Organen vermitteln.

❯ **Die Haupttransmitter in postganglionären vegetativen Neuronen sind Acetylcholin und Noradrenalin.**

Klinik

Fehlen der Dopamin-β-Hydroxylase (DBH) in noradrenergen Neuronen

Pathologie
DBH ist ein Enzym, das Dopamin in Noradrenalin umwandelt. Es befindet sich in den Vesikeln der Varikositäten der sympathischen noradrenergen Nervenfasern und in den Zellen des Nebennierenmarks. In einer kleinen Gruppe von Patienten können die noradrenergen Neurone und die Nebennierenmarkzellen kein Noradrenalin bzw. Adrenalin mehr synthetisieren und bei Erregung ausschütten, weil dieses Enzym fehlt.

Symptome
Die Folgen dieses enzymatischen Defektes sind Störungen von Regulationen, in welche die sympathischen noradrenergen Neurone eingebunden sind (z. B. des kardiovaskulären Systems: neuronale Regulation von Blutdruck und Durchblutung von Skelettmuskel, Eingeweiden und Haut), jedoch keine Störungen der Schweißsekretion (Sudomotoneurone sind cholinerg) und der Funktionen, die durch parasympathische Neurone vermittelt werden. Die Konzentrationen von Noradrenalin und Adrenalin im Blut liegen bei diesen Patienten unterhalb der Nachweisgrenze.

Therapie
Die Patienten werden erfolgreich mit der Substanz Dihydroxyphenylserin therapiert. Diese wird von den noradrenergen Neuronen aktiv aufgenommen und über das Enzym DOPA-Dekarboxylase durch Dekarboxylierung in Noradrenalin umgewandelt. Diese pharmakologische Therapie muss lebenslänglich durchgeführt werden.

70.2.2 Ko-lokalisierte nicht klassische Transmitter

An der Signalübertragung im peripheren vegetativen Nervensystem sind neben Acetylcholin und Noradrenalin auch ATP, NO und einige Neuropeptide als Transmitter beteiligt.

Adenosintriphosphat (ATP) In einigen autonomen Systemen kommt ATP als ein mit Noradrenalin oder Acetylcholin in denselben Vesikeln **ko-lokalisierter Überträgerstoff** vor. ATP wird bei Depolarisation der präsynaptischen Endigungen zusammen mit Noradrenalin oder Acetylcholin freigesetzt und reagiert mit **Purinozeptoren** in den Effektormembranen. Bekannte Beispiele für die **purinerge Übertragung** sind die synaptische Übertragung von postganglionären noradrenergen Neuronen auf die glatte Muskulatur von bestimmten Arteriolen (s. unten) und des **Samenleiters**. Auf welche Weise die „klassische" (cholinerge oder noradrenerge) und die purinerge Signalübertragung an den Effektorzellen integriert werden, ist von der jeweiligen Kombination der Rezeptorsubtypen abhängig.

Stickoxid (nitric oxide, NO) Alle bisher bekannten Überträgerstoffe sind präsynaptisch in Vesikeln gespeichert und üben ihre Wirkungen über Rezeptoren in den Membranen der Effektorzellen aus. Das NO ist der erste Vertreter einer Klasse von synaptischen Überträgerstoffen im ZNS und im peripheren vegetativen Nervensystem, der diese Eigenschaften nicht hat. Es wird bei Erregung der Neurone durch Aktivierung der Kalzium-abhängigen neuronalen NO-Synthase aus Arginin synthetisiert, diffundiert aus den präsynaptischen Endigungen und bewirkt postsynaptisch intrazellulär die Entstehung von zyklischem Guanosinmonophosphat aus Guanosin-3-Phosphat. Die Halbwertszeit seines Verfalls im Extrazellulärraum liegt im Bereich von mehreren Sekunden. NO wird aus postganglionären **parasympathischen Neuronen zum erektilen Gewebe** des Penis (▶ Kap. 71.6.1) und aus **Motoneuronen des Darmnervensystems**, die die Ringmuskulatur innervieren (▶ Kap. 38.3), und vermutlich auch aus anderen vegetativen Neuronen bei Erregung freigesetzt wird und erzeugt eine **Erschlaffung der glatten Muskulatur**. Neurone, die NO synthetisieren und freisetzen, benutzen auch andere Transmitter. So setzen die vasodilatatorisch wirkenden parasympathischen Neurone zum erektilen Gewebe des Penis und die relaxierenden Motoneurone zur Ringmuskulatur des Darmes bei Erregung auch Acetylcholin und das **Neuropeptid VIP** (vasoactive intestinal peptide) frei. Acetylcholin wirkt über muskarinische M3-Rezeptoren und das Endothel durch Freisetzung von NO erschlaffend auf das erektile Gewebe. Neuronal freigesetztes VIP wirkt erschlaffend auf die Ringmukulatur des Darmes.

> **❯** NO und VIP vermitteln die Dilatation vom erektilen Gewebe und die Erschlaffung der Ringmuskulatur des Magen-Darm-Traktes

Neuropeptide In den Varikositäten vieler vegetativer postganglionärer Neurone sind **Neuropeptide** mit den klassischen Transmittern **ko-lokalisiert**. So sind z. B. in cholinergen Neuronen zu Schweißdrüsen (Sudomotoneurone, sympathisch), zu Speicheldrüsen (Sekretomotoneurone, parasympathisch) und zu den Rankenarterien des erektilen Gewebes der Genitalorgane (Vasodilatatorneurone, parasympathisch) **Acetylcholin** und das **Neuropeptid vasoactive intestinal peptide (VIP)** ko-lokalisiert und in vielen postganglionären noradrenergen Neuronen zu **Blutgefäßen Noradrenalin** und das Peptid **Neuropeptid Y (NPY)**. Viele präganglionäre Neurone enthalten neben Acetylcholin ebenso ein oder mehrere Neuropeptide. Peptide und klassische Überträgerstoffe sind in den großen Vesikeln ko-lokalisiert. Die Funktion der meisten Peptide in den vegetativen Neuronen ist unbekannt. Folgende Befunde sprechen dafür, dass einige Neuropeptide als Transmitter wirken (z. B. VIP, NPY):

- Sie werden aus den Varikositäten bei Nervenreizung freigesetzt, besonders bei höheren Frequenzen und bei gruppierten Entladungen der Neurone.
- Sie haben die gleichen Wirkungen auf die Effektororgane wie die kolokalisierten klassischen Transmitter. In den Speicheldrüsen und um die Schweißdrüsen sollen sie eine Vasodilatation erzeugen.
- Eine pharmakologische Blockade der klassischen Transmitterwirkung beeinträchtigt die Wirkung der Peptide nicht.

Die Neuropeptide verstärken vermutlich die Wirkungen der klassischen Transmitter und sind besonders in der **Aufrechterhaltung tonischer Effektorantworten** bei langanhaltender neuronaler Aktivierung der Neurone wirksam (z. B. Vasodilatationen der Arterien im erektilen Gewebe der Genitalorgane, Vasodilatationen um die Azini von Speichel- und Schweißdrüsen, lang anhaltenden Vasokonstriktionen von Widerstandsgefäßen).

> **❯** Postganglionäre vegetative Neurone können neben Acetylcholin und Noradrenalin auch ATP, einige Neuropeptide oder Stickoxid als Kotransmitter benutzen.

70.2.3 Nebennierenmark

Adrenalin aus dem Nebennierenmark ist ein Stoffwechselhormon; es dient vor allem der schnellen Bereitstellung von Energie.

Freisetzung von Katecholaminen aus dem Nebennierenmark Das Nebennierenmark besteht aus Zellen, die entwicklungsgeschichtlich und funktionell den postganglionären Neuronen homolog sind. Die Ausschüttung der Katecholamine aus den Nebennierenmarkszellen wird ausschließlich neuronal durch präganglionäre Neurone aus dem Thorakalmark (T5-T11) über cholinerge Synapsen reguliert (◻ Abb. 70.2). Erregung der präganglionären Axone führt beim Menschen zur Ausschüttung eines Gemisches von etwa **80 % Adrenalin**

70

und **20 % Noradrenalin** in die Blutbahn. Adrenalin und Noradrenalin werden von verschiedenen Nebennierenmarkszellen produziert. Die **Ruheausschüttung** beträgt etwa 8–10 ng je kg Körpergewicht und Minute. Beim **Menschen** ist unter nahezu allen physiologischen Bedingungen die Konzentration von Noradrenalin im Blut 3- bis 5-mal höher als die Konzentration von Adrenalin. Dieses zirkulierende **Noradrenalin** stammt zu etwa 95 % aus den Endigungen sympathischer postganglionärer Neurone, der Rest kommt aus dem Nebennierenmark.

Adrenalin als Stoffwechselhormon   Adrenalin dient überwiegend der Regulation metabolischer Prozesse. Es mobilisiert katalytisch freie Fettsäuren aus Fettgewebe, ferner Glukose und Laktat aus Glykogen (◘ Tab. 70.1). Seine metabolischen Wirkungen werden durch β_2-**Adrenorezeptoren** vermittelt (◘ Tab. 20.1). Adrenalin hat in physiologischen Konzentrationen praktisch keine Wirkungen auf vegetativ innervierte Effektororgane. Die Funktion des zirkulierenden Noradrenalins unter physiologischen Bedingungen ist unklar.

Nebennierenmark und Notfallreaktionen   In lebensgefährlichen Notfallsituationen, wie bei Blutverlust, Unterkühlung, Hypoglykämie, Hypoxie, Verbrennungen oder bei extremer körperlicher Erschöpfung, kann sich die **Ausschüttung von Katecholaminen aus dem Nebennierenmark** und aus den sympathischen postganglionären Neuronen um das 10-fache der Ruheausschüttung erhöhen. Diese Ausschüttungen werden durch den Hypothalamus und das limbische System gesteuert. Die erzeugten Reaktionen der Effektororgane werden auch **Notfallreaktionen** genannt. Während dieser Reaktionen scheinen nahezu alle Ausgänge des sympathischen Nervensystems einheitlich aktiviert zu werden.

❯❯ Adrenalin aus dem Nebennierenmark ist ein Stoffwechselhormon und kein Transmitter im peripheren vegetativen Nervensystem bei Säugern.

In Kürze

Die Überträgerstoffe im peripheren Sympathikus und Parasympathikus sind Acetylcholin und Noradrenalin. **Acetylcholin** wirkt über **nikotinische Rezeptoren** (Ganglien) und **muskarinische Rezeptoren** (Effektororgane). **Noradrenalin** wirkt über **Adrenorezeptoren**. Adrenorezeptoren bestehen aus den Familien der α- und β-Adrenorezeptoren, die wiederum nach verschiedenen Kriterien unterteilt sind. **Adrenalin** aus dem Nebennierenmark wirkt hauptsächlich als **Stoffwechselhormon**. Außer Acetylcholin und Noradrenalin werden auch andere Substanzen als Transmitter im peripheren vegetativen Nervensystem benutzt, wie z. B. **ATP**, **Stickoxid** und vermutlich einige **Neuropeptide**.

70.3 Signalübertragung im peripheren Sympathikus und Parasympathikus

70.3.1 Prinzip der neuroeffektorischen Übertragung

In den Varikositäten der postganglionären Axone finden Synthese und Speicherung der Überträgerstoffe statt, die nach ihrer Freisetzung auf die Synzytien der Effektororgane wirken.

Funktionelle Synzytien der Effektorzellen   Die Zellen der meisten vegetativen Effektororgane (glatte Muskelzellen, Herzmuskelzellen, Drüsenzellen) sind durch Kontakte niedrigen elektrischen Widerstandes (Nexus, gap junctions) miteinander verbunden und bilden **funktionelle Synzytien** (◘ Abb. 70.4a). Elektrische Ereignisse werden über die Nexus elektrotonisch auf Nachbarzellen übertragen. Aktionspotenziale in glatten Muskelzellen entstehen durch Öffnung **spannungsabhängiger Ca^{2+}-Kanäle**, wenn die summierten elektrischen Ereignisse in einer Region des Synzytiums die Erregungsschwelle überschreiten. Die Ausbreitung unter- und überschwelliger Ereignisse hängt von den **passiven elektrischen Eigenschaften der Synzytien** ab (Widerstand und Kapazitäten von Zellmembranen und Zytoplasma). Auf diese Weise entstehen einheitliche Kontraktionen oder Sekretionen aller Zellen eines Synzytiums.

Neuroeffektorische Kontakte   Die meisten noradrenergen sympathischen Neurone haben lange, dünne Axone, die sich in den Effektorganen vielfach aufteilen und **Plexus** bilden (◘ Abb. 70.5a). Die Länge der Endverzweigungen eines Neurons kann schätzungsweise 10 cm und mehr erreichen. Die Endverzweigungen bilden zahlreiche **Varikositäten** aus (100–200/mm). In diesen finden Synthese und Speicherung der Überträgerstoffe statt. Die meisten postganglionären parasympathischen Neurone haben kurze dünne Axone, die sich ebenfalls in den Endorganen verzweigen, jedoch weniger zahlreich und mit weniger Varikositäten. In den meisten Effektororganen bilden viele Varikositäten der postganglionären Axone **enge Kontakte mit den Effektorzellen** aus. Diese vegetativen neuroeffektorischen Kontakte haben histologisch und physiologisch die **Merkmale konventioneller Synapsen** (◘ Abb. 70.5b). Sie bedecken etwa 1 % der Oberfläche der Effektorzellen.

Chemische Signalübertragung   Die chemische Signalübertragung vom postganglionären Neuron auf die Effektorzellen geschieht im Wesentlichen (aber nicht ausschließlich) über **die neuroeffektorischen Synapsen**. Bei Erregung eines postganglionären Neurons wird der Überträgerstoff aus den Varikositäten ausgeschüttet. Ein Aktionspotenzial führt in 1-5 % der Varikositäten zur Freisetzung des **Inhaltes eines Vesikels (eines Quantums)**. Dieser Vorgang erzeugt kurzzeitig eine hohe Konzentration von Transmitter(n) im synaptischen Spalt, einen kurzzeitigen synaptischen Strom durch die postsynaptische Membran und ein kleines postsynaptisches Potenzial. Das resultierende postsynaptische Gesamt-

a Methode

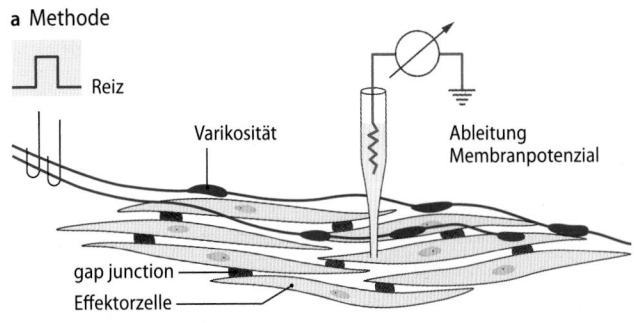

b Arteriole

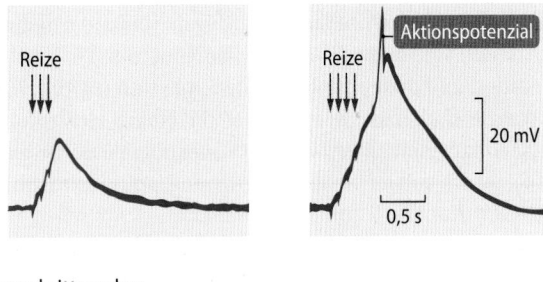

c Herzschrittmacher

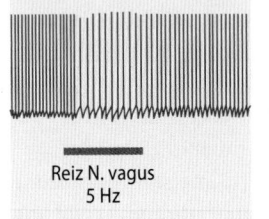
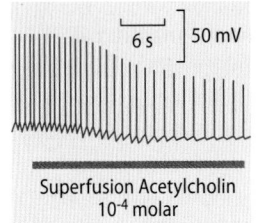

◻ Abb. 70.4a–c   Die neuroeffektorische Übertragung in der Peripherie des vegetativen Nervensystems. a Versuchsanordnung zur Registrierung des Membranpotenzials (MP) von Effektorzellen und zur elektrischen Reizung der Innervation. **b** Intrazelluläre Ableitung postsynaptischer Potenziale von glatten Muskelzellen einer Arteriole auf elektrische Reizung der Innervation mit drei Reizen (10 Hz; *links:* Summation der postsynaptischen Potenziale, unterschwellig) oder mit vier Reizen (*rechts:* Summation der postsynaptischen Potenziale und Entstehen eines Aktionspotenzials). **c** Intrazelluläre Ableitung von Schrittmacherzellen im Sinusknoten des rechten Vorhofs des Herzens beim Meerschweinchen. *Links:* repetitive elektrische Reizung des N. vagus. Abnahme der Frequenz der Entladung ohne Hyperpolarisation. *Rechts:* Superfusion des Präparates mit einer Acetylcholinlösung. Abnahme der Frequenz der Entladung mit Hyperpolarisation und Abnahme von Größe und Dauer der Aktionspotenziale; das Letztere durch den Abfall des Membranwiderstandes durch Öffnung der K$^+$-Kanäle. b nach Hirst 1977, c nach Campbell et al 1989

potenzial ist das Ergebnis der **räumlichen Summation der postsynaptischen Potenziale** unter vielen Varikositäten und hängt in Dauer und Größe von den passiven elektrischen Eigenschaften des elektrisch gekoppelten Effektorzellverbandes (**funktionelles Synzytium**, s. o.) ab. Repetitive Aktivierung der postganglionären Neurone führt zur zeitlichen Summation der postsynaptischen Ereignisse und bei Erreichen der Schwelle zu Aktionspotenzialen. Die Aktionspotenziale breiten sich über den Verband der Effektorzellen aus und erzeugen durch intrazelluläre Mobilisation von Kalzium die Effektorantwort (z. B. Kontraktion glatter Muskulatur, Sekretion von Drüsen).

> Die Signalübertragung von den postganglionären Neuronen auf die Effektorzellen geschieht in Form von Synapsen.

70.3.2   Neuroeffektorische Übertragung auf Schrittmacherzellen und Arteriolen

Die neuroeffektorische Übertragung von postganglionären Neuronen auf vegetative Zielgewebe ähnelt der chemischen Übertragung an einer konventionellen Synapse.

Neuroeffektorische Übertragung auf die Schrittmacherzellen im Herzen   Praktisch alle Varikositäten der postganglionären **parasympathischen Kardiomotoneurone** bilden Synapsen mit den Herzschrittmacherzellen aus. Acetylcholin wird bei Erregung dieser Neurone aus den Varikositäten in den synaptischen Spalt freigesetzt, reagiert mit **subsynaptischen muskarinischen Rezeptoren** und reduziert die Geschwindigkeit der Depolarisationen der Schrittmacherzellen oder hemmt sie vollständig (sodass ein Herzstillstand erzeugt wird), ohne das Membranpotenzial zu hyperpolarisieren (durch **Abnahme der Na$^+$-Leitfähigkeit**; ◻ Abb. 70.4c). Superfundiertes Acetylcholin dagegen reagiert mit extrasynaptisch lokalisierten Acetylcholinrezeptoren und hyperpolarisiert die Schrittmacherzellen durch Erhöhung der K$^+$-Leitfähigkeit und verkürzt die Aktionspotenziale (◻ Abb. 70.4c). Die synaptischen und extrasynaptischen Mechanismen der muskarinischen Acetylcholinwirkung sind verschieden. Der intrazelluläre Signalweg von den subsynaptischen Rezeptoren zu den Na$^+$-Kanälen ist bisher unbekannt. Der intrazelluläre Signalweg von den extrasynaptischen Rezeptoren zu den K$^+$-Kanälen läuft über ein G-Protein, Adenylatzyklase und cAMP ab. Die Funktion der extrasynaptisch lokalisierten Acetylcholinrezeptoren ist nicht bekannt.

Neurovaskuläre Übertragung an Arteriolen   Arteriolen erhalten eine dichte Innervation durch noradrenerge postganglionäre Neurone. Nur die glatten Gefäßmuskelzellen, die an die Adventitia grenzen, sind innerviert. Viele Varikositäten, die nicht vom Schwann-Zellzytoplasma vollständig umgeben sind, bilden **enge synaptische Kontakte** mit glatten Muskelzellen aus. Die synaptischen Bläschen, die Noradrenalin enthalten, sind in der Nähe dieser synaptischen Kontakte konzentriert (◻ Abb. 70.5b).

Erregung der postganglionären Axone aktiviert postsynaptisch das Synzytium der glatten Muskelzellen unterschwellig oder überschwellig. Die schnellen postsynaptischen Ereignisse werden an vielen Blutgefäßen durch den Transmitter **Adenosintriphosphat (ATP)** über **Purinorezeptoren** (sog. P2X$_1$-Rezeptoren) in den postsynaptischen Membranen ligandengesteuert vermittelt. ATP ist mit Noradrenalin in den synaptischen Vesikeln kolokalisiert. In anderen Blutgefäßen (z. B. Venen und großen Arterien) werden diese postsynaptischen Potenziale durch Noradrenalin und über α$_1$-Adrenorezeptoren vermittelt. Noradrenalin aus den Varikositäten reagiert vor allem mit **extrasynaptisch lokalisierten α-Adre-**

a

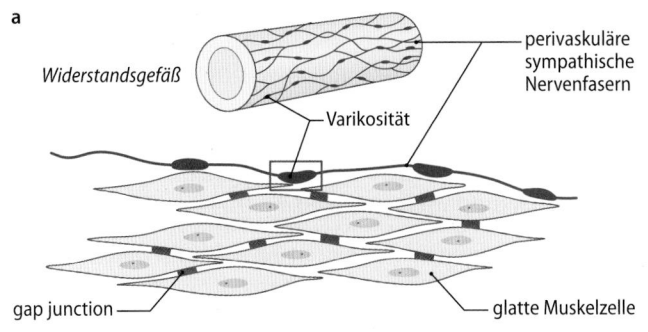

b

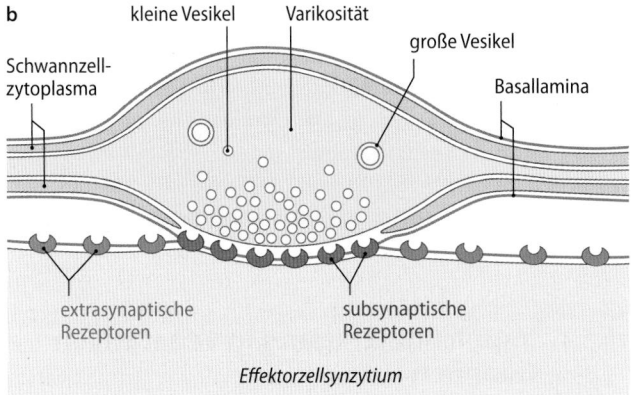

◻ Abb. 70.5a,b **Die neurovaskuläre Übertragung an kleinen Arterien. a** Perivaskulärer noradrenerger Plexus, der von postganglionären Vasokonstriktoraxonen gebildet wird. Glatte Gefäßmuskelzellen bilden ein funktionelles Synzytium über gap junctions (▶ Kap. 3.2) aus. Die Varikositäten bilden enge Kontakte mit den adventitialen glatten Muskelzellen. **b** Diagramm der neurovaskulären Synapse. Varikosität mit präsynaptischer Spezialisierung und Ansammlung synaptischer Bläschen, die Noradrenalin und ATP enthalten. Einige große Vesikel enthalten auch Neuropeptide. Die postsynaptischen Rezeptoren sind sub- und extrasynaptisch

norezeptoren. Dieses führt Gq-Protein-gekoppelt über einen intrazellulären Signalweg zur Erhöhung der intrazellulären Kalziumkonzentration. In der neuronalen Regulation der Kontraktilität kleiner Blutgefäße werden subsynaptisch und extrasynaptisch vermittelte Signalübertragungen integriert (◻ Abb. 70.5b).

❯ ATP potenziert die vasokonstriktorische Wirkung von Noradrenalin.

Beide beschriebenen Beispiele können verallgemeinert werden (◻ Abb. 70.5b):

- Die **neuroeffektorische Übertragung** auf viele erregbare **Effektorzellen** im peripheren vegetativen Nervensystem ist spezifisch. Sie ist die Grundlage für eine zeitlich und räumlich geordnete **neuronale Regulation vegetativer Effektororgane durch das ZNS** (z. B. Regulation des arteriellen Blutdrucks, Thermoregulation, Regulation der Entleerungsorgane, Regulation des Pupillendurchmessers usw.).

- Exogen applizierte Überträgerstoffe des vegetativen Nervensystems wirken über **extrasynaptische Rezeptoren**.

Bei vielen Effektoren sind diese Rezeptoren entweder verschieden von den **subsynaptischen Rezeptoren** und/oder vermitteln ihre Wirkungen über verschiedene intrazelluläre Signalwege.

- Die über extrasynaptische Rezeptoren durch exogen applizierte Transmitter erzeugten Wirkungen müssen von den durch Nervenerregung über subsynaptische Rezeptoren vermittelten physiologischen Wirkungen unterschieden werden. Sie sind häufig **pharmakologischer (d. h. nicht physiologischer) Natur**. Medikamente scheinen ausschließlich über die extrasynaptischen Rezeptoren auf die vegetativen Effektorzellen zu wirken.

Die Signalübertragung von den postganglionären Neuronen auf viele vegetative Effektorgewebe geschieht über neuroeffektorische Synapsen; sie ist eine Grundlage für die Spezifität der neuronalen Regulation vegetativer Effektororgane durch das zentrale Nervensystem.

Multiple Einflüsse auf vegetative Effektorgewebe Das Verhalten vieler vegetativer Effektorgewebe ist nicht nur von der Aktivität in den postganglionären Neuronen abhängig, sondern auch von **zirkulierenden Hormonen, lokalen parakrinen Prozessen**, lokalen **metabolischen Veränderungen**, **mechanischen Prozessen** und **Einflüssen aus der Umwelt** (z. B. thermischen). Der Blutflusswiderstand im Muskelstrombett hängt z. B. von der Aktivität in den postganglionären Muskelvasokonstriktorneuronen, von der myogenen Aktivität der glatten Gefäßmuskulatur, vom metabolischen Zustand des Skelettmuskels, von Faktoren des Endothels (z. B. freigesetztem NO) und von zirkulierenden Hormonen (z. B. Adiuretin, Angiotensin II) ab (▶ Kap. 20.3).

70.3.3 Denervationssupersensibilität

Vegetative Effektoren reagieren einige Zeit nach Denervierung überempfindlich auf Überträgerstoffe.

Viele dicht innervierte vegetative Effektororgane degenerieren nicht nach Zerstörung ihrer Innervation, zeigen aber eine gewisse Inaktivitätsatrophie. Sie entwickeln 2–30 Tage nach Denervierung und schwächer auch nach Dezentralisierung (Durchtrennung präganglionärer Axone) eine **Überempfindlichkeit (Supersensibilität)** gegen Überträgerstoffe des peripheren vegetativen Nervensystems und gegen Pharmaka. Die Denervations- und Dezentralisationsüberempfindlichkeit lässt sich als **Anpassung der Empfindlichkeit vegetativer Effektororgane** an die Aktivität der sie innervierenden postganglionären Neurone auffassen. Bei chronischer Abnahme oder Zunahme der neuronalen Aktivität und damit der Freisetzung von Transmitter nimmt die Empfindlichkeit des Effektors zu bzw. ab. So können sich z. B. denervierte oder dezentralisierte Blutgefäße schon bei physiologischen Konzentrationen von Noradrenalin im Blut kontrahieren. Exokrine Drüsen werden hingegen nicht sensibilisiert.

Denervationssupersensibilität

Die **Entstehung** der **Denervationssupersensibilität** hängt wahrscheinlich von folgenden Faktoren ab: Abnahme der Wiederaufnahme von Transmitter (z. B. Noradrenalin); Änderung elektrophysiologischer Eigenschaften der Effektormembranen (z. B. Erniedrigung des Membranpotenzials oder der Erregungsschwelle); Erhöhung der Ca^{2+}-Permeabilität der Effektorzellmembran oder erhöhte intrazelluläre Verfügbarkeit von Ca^{2+}; vermehrte Expression und/oder erhöhte Affinität von postsynaptisch lokalisierten Rezeptoren (z. B. Adrenorezeptoren); Veränderung der intrazellulären Signalwege.

70.3.4 Präsynaptische Kontrolle der Transmitterfreisetzung

Die Freisetzung von Transmitter aus postganglionären Axonen kann durch präsynaptische Wirkung des Transmitters gehemmt werden.

Die Transmitter des vegetativen Nervensystems beeinflussen auch ihre eigene Freisetzung aus den präsynaptischen Strukturen. Diese präsynaptischen Wirkungen der Überträgerstoffe werden durch **Adrenorezeptoren** und **cholinerge Rezeptoren** in den präsynaptischen Membranen vermittelt.

- Reaktion von Noradrenalin mit präsynaptischen α_2**-Adrenorezeptoren** führt zur Abnahme der Transmitterfreisetzung,
- Reaktion von Adrenalin mit präsynaptischen β_2**-Adrenorezeptoren** erhöht die Transmitterfreisetzung (◘ Abb. 70.6).

Unter physiologischen Bedingungen führt eine hohe Konzentration von Noradrenalin in der Nähe der Varikositäten bei

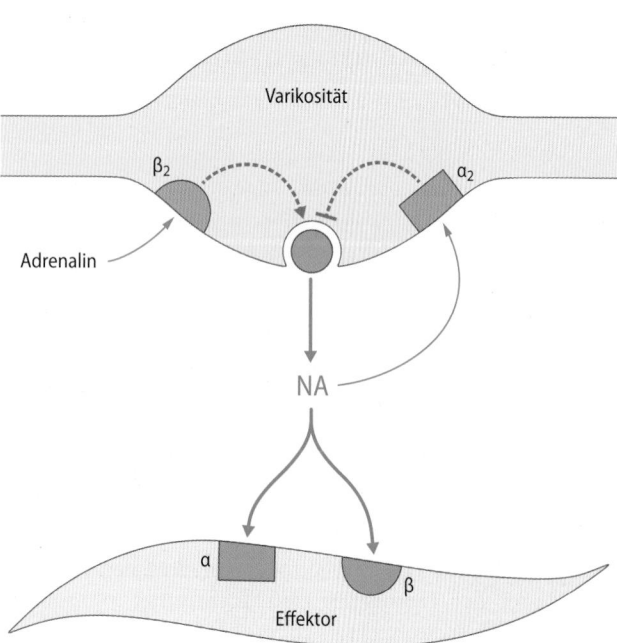

◘ **Abb. 70.6   Präsynaptische Kontrolle der Freisetzung von Noradrenalin (NA) durch Katecholamine.** NA=Noradrenalin; α, β=Adrenorezeptoren; -=(α$_2$) Hemmung; +=(β$_2$) Förderung der Freisetzung von Noradrenalin

starker Erregung der postganglionären Neurone zu einer Begrenzung der Freisetzung von Noradrenalin über die α_2-Adrenorezeptoren (**negativer Rückkopplungsmechanismus**). Zirkulierendes Adrenalin aus dem Nebennierenmark mag durch Reaktion mit den präsynaptischen β_2-Adrenorezeptoren zu einer Förderung der Noradrenalinfreisetzung führen (**positiver Rückkopplungsmechanismus**).

> ❯ Die Freisetzung von Noradrenalin wird präsynaptisch über α_2-Adrenorezeptoren gehemmt.

Außer den cholinergen und adrenergen Rezeptoren sind auch andere Rezeptoren im peripheren vegetativen Nervensystem prä- und postsynaptisch in den Neuronen und in den Effektormembranen nachgewiesen worden, wie z. B. Dopamin-, Opiat-, Angiotensin-, sonstige Peptid- und Prostaglandin-E-Rezeptoren. Die meisten dieser Rezeptoren haben wahrscheinlich keine physiologische, sondern nur **pharmakologische Bedeutung** (z. B. in der therapeutischen Medizin). Dieselben Rezeptoren sind präsynaptisch auch im ZNS gefunden worden, wo sie Angriffspunkte vieler zentral wirkender Pharmaka sind.

70.3.5 Impulsübertragung in vegetativen Ganglien

Paravertebrale sympathische und parasympathische Ganglien übertragen und verteilen zentrale Signale; prävertebrale sympathische Ganglien integrieren periphere und zentrale Signale.

Divergenz und Konvergenz   In den meisten vegetativen Ganglien größerer Tiere divergiert ein präganglionäres Axon auf viele postganglionäre Zellen, und viele präganglionäre Axone konvergieren auf eine postganglionäre Zelle (◘ Abb. 70.7a). Divergenz und Konvergenz finden nur zwischen Neuronen der gleichen **vegetativ-motorischen Endstrecke** statt (▶ Abschn. 70.1) und nicht zwischen Neuronen funktionell verschiedener Endstrecken.

Konvergenz- und Divergenzgrad

Quantitativ variiert der Grad von Konvergenz und Divergenz außerordentlich zwischen den Spezies und von Ganglion zu Ganglion je nach Effektororgan. Beim Menschen werden z. B. etwa 1 Mio. postganglionäre Neurone im Ganglion cervicale superius von 10.000 präganglionären Axonen innerviert. Die Divergenz präganglionärer Axone auf postganglionäre Neurone gewährleistet, dass die Aktivität in einer relativ kleinen Zahl von präganglionären Neuronen auf eine große Zahl postganglionärer Neurone verteilt wird (**Verteilerfunktion vegetativer Ganglien**). Die Konvergenz präganglionärer Axone auf postganglionäre Neurone gewährleistet einen hohen **Sicherheitsgrad der synaptischen Übertragung** von prä- nach postganglionär in den prävertebralen Ganglien. Welche Rolle sie in den paravertebralen Ganglien spielt, ist unklar. Der Grad der Konvergenz variiert zwischen funktionell verschiedenen postganglionären Neuronen: Nur wenige präganglionäre Neurone konvergieren auf postganglionäre Pupillomotoneurone, aber viele auf postganglionäre Vasokonstriktorneurone.

> ❯ In vegetativen Ganglien wird die Aktivität durch Divergenz von wenigen präganglionären Neuronen auf viele postganglionäre Neurone übertragen.

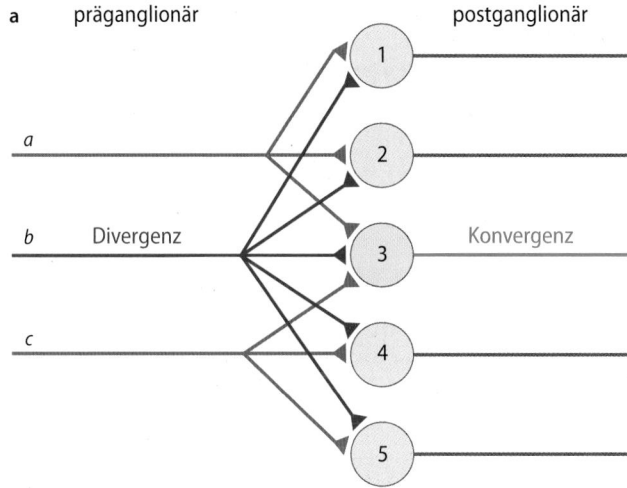

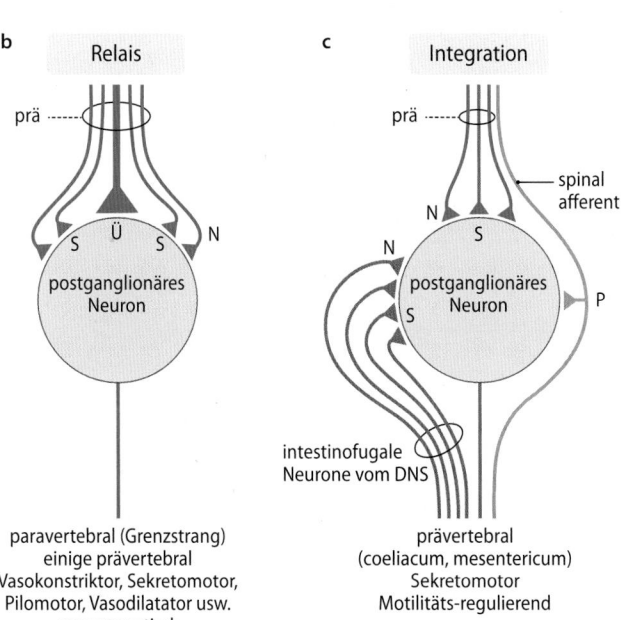

a präganglionär　　postganglionär

a

b Divergenz　Konvergenz

c

b Relais

prä

S Ü S　N

postganglionäres
Neuron

paravertebral (Grenzstrang)
einige prävertebral
Vasokonstriktor, Sekretomotor,
Pilomotor, Vasodilatator usw.
parasympatisch

c Integration

prä

spinal
afferent

N　S

N

postganglionäres
Neuron

S　　P

intestinofugale
Neurone vom DNS

prävertebral
(coeliacum, mesentericum)
Sekretomotor
Motilitäts-regulierend

◼ **Abb. 70.7a–c　Impulsübertragung in vegetativen Ganglien.**
a Divergenz (Axon b auf Neurone 1-5) und Konvergenz (Axone a-c auf
Neuron 3) präganglionärer Axone auf postganglionäre Neurone in Grenzstrangganglien. **b** Relaisfunktion in paravertebralen (Grenzstrang-)Gang-
lien und einigen prävertebralen postganglionären Neuronen (z. B. zu Blutgefäßen). S=schwache Synapsen mit unterschwelligen postsynaptischen
Potenzialen; Ü=„starke" (dominante) Synapse mit überschwelligen postsynaptischen Potenzialen. **c** Integration von synaptischen Eingängen zu
vielen postganglionären Neuronen in prävertebralen Ganglien: Eingang
von präganglionären Neuronen (prä); von cholinergen intestinofugalen
Neuronen mit Zellkörpern im Darmnervensystem (DNS); von Kollateralen
spinaler peptiderger viszeraler Afferenzen (Überträgersubstanz Substanz
P). Synaptische Übertragung: N=cholinerg nikotinisch; P=peptiderg

Relais- und Integrationsfunktion　In den **paravertebralen**
sympathischen **Grenzstrangganglien, die zur Haut und zu
den tiefen somatischen Geweben projizieren,** auf einige
postganglionäre Neurone prävertebraler Ganglien und in den
parasympathischen Ganglien werden die Impulse nach Art
einer Relaisstation übertragen, ohne modifiziert zu werden.
Ein bis drei der konvergierenden präganglionären Axone bilden Synapsen mit den postganglionären Neuronen in diesen

Ganglien, die bei Aktivierungen **immer überschwellige** erregende postsynaptische Potenziale von mehreren 10 mV erzeugen (ähnlich wie bei der neuromuskulären Endplatte) und
auf diese Weise die Entladungen der postganglionären Neurone bestimmen. Die anderen konvergierenden präganglionären Axone erzeugen bei Aktivierung nur kleine unterschwellige postsynaptische Potenziale. Ihre Funktion ist
unklar (◼ Abb. 70.7b).

Viele postganglionäre Neurone in **prävertebralen Ganglien** haben aber auch **integrative Funktion**: Diese Neurone
erhalten nicht nur meist schwache synaptische Eingänge von
präganglionären Neuronen, sondern auch von cholinergen
intestinofugalen Neuronen, die ihre Zellkörper im Darmnervensystem haben, und von Kollateralen spinaler viszeraler
afferenter Neurone, die das Peptid Substanz P als Transmitter
benutzen (◼ Abb. 70.7c).

🔾 Die Impulsübertragung geschieht in den meisten
vegetativen Ganglien nach Art einer Relaisstation.

In Kürze

Aus den Varikositäten der postganglionären Neurone
freigesetzte Überträgerstoffe wirken primär über **subsynaptische Rezeptoren** auf die Effektoren (**neuroeffektorische Übertragung**). Exogen applizierte Überträgerstoffe wirken jedoch vorwiegend über **extrasynaptische Rezeptoren**. Bei vielen Effektoren sind beide
Rezeptoren entweder verschieden und/oder sie vermitteln ihre Wirkungen über verschiedene intrazelluläre
Signalwege. Nach Denervierung entwickeln einige Effektororgane eine Überempfindlichkeit (**Supersensibilität**) auf die Transmitter vegetativer Neurone und entsprechende Pharmaka. Die Freisetzung von Transmittern wird auch im vegetativen Nervensystem durch
Rückwirkung der Transmitter auf die **präsynaptischen**
Endigungen bzw. Varikositäten meist hemmend, aber
z. T. auch fördernd beeinflusst. Die meisten **vegetativen
Ganglien** übertragen und verteilen die Aktivität der präganglionären Neurone. Prävertebrale Ganglien haben
auch integrative Funktionen.

Literatur

Jänig W, The integrative action of the autonomic nervous system:
　　neurobiology of homeostasis. Cambridge, New York: Cambridge
　　University Press (2006)
Mathias, C.J., Bannister, R. (Hrsg.) Autonomic Failure. Oxford University
　　Press, Oxford, 5. Auflage (2013)
Robertson, R., Biaggioni, I., Burnstock, G., Low, P.A., Paton, J.F.R. (Hrsg.)
　　Primer of the autonomic nervous system. 3. Auflage, Elsevier
　　Academic Press, Oxford (2012)

Organisation des Vegetativen Nervensystems in Rückenmark und Hirnstamm

Wilfrid Jänig, Ralf Baron

© Springer-Verlag GmbH Deutschland, ein Teil von Springer Nature 2019
R. Brandes et al. (Hrsg.), *Physiologie des Menschen*, Springer-Lehrbuch
https://doi.org/10.1007/978-3-662-56468-4_71

Worum geht's?

Vegetative motorische Endstrecken und Signal-übertragung vom Gehirn zum Effektorgewebe

Das periphere vegetative Nervensystem besteht aus einer großen Zahl vegetativer motorischer Endstrecken, über die die zentral erzeugten Signale zu den Effektor-geweben übertragen werden (◘ Abb. 71.1). Die Signal-übertragung in den vegetativen Ganglien und von den postganglionären Neuronen auf die Effektorgewebe ist anatomisch und physiologisch funktionsspezifisch. Sie bedeutet, dass das Gehirn „genau weiß", zu welchen Effektorgeweben es seine Signale während der Regulation des inneren Milieus des Körpers sendet. Dies ist eine wichtige neurobiologische Grundlage für die Präzision der Regulation verschiedener Körperfunktionen (► Kap. 70.3).

Vegetative Reflexkreise im Rückenmark und Hirnstamm sind Bestandteile der neuronalen Regulation vegetativer Körperfunktionen

Die funktionelle Spezifität der prä- und postganglionä-ren Neurone der vegetativen motorischen Endstrecken zeigt, dass die präganglionären Neurone im Rücken-mark und Hirnstamm mit Reflexkreisen verknüpft sind, die in ihrer synaptischen Verschaltung mit primär affe-renten Neuronen, Interneuronen und untereinander ebenso spezifisch sind (rot in ◘ Abb. 71.1). Diese Re-flexkreise bilden die vegetativen Zentren, über die die vegetativen Körperfunktionen geregelt werden und an die äußeren und inneren Bedingungen des Körpers angepasst werden. Das Geheimnis dieser zentralen neuronalen Regulationen auf systemischer, zellulärer und molekularer Ebene kennen wir nur unvollständig. Ihrer Aufklärung werden uns ungeahnte Möglichkeiten in der Therapie von neuronalen Fehlregulationen der vegetativen Körperfunktionen geben. Diese betrifft auch besonders die bisher unbekannten Mechanismen, die zur Abnahme der Präzision neuronale Regulationen vegetativer Körperfunktionen im Alter führen (z. B. Re-gulation des Kreislaufes, der Atmung, der Körpertem-peratur, der Beckenorgane usw.).

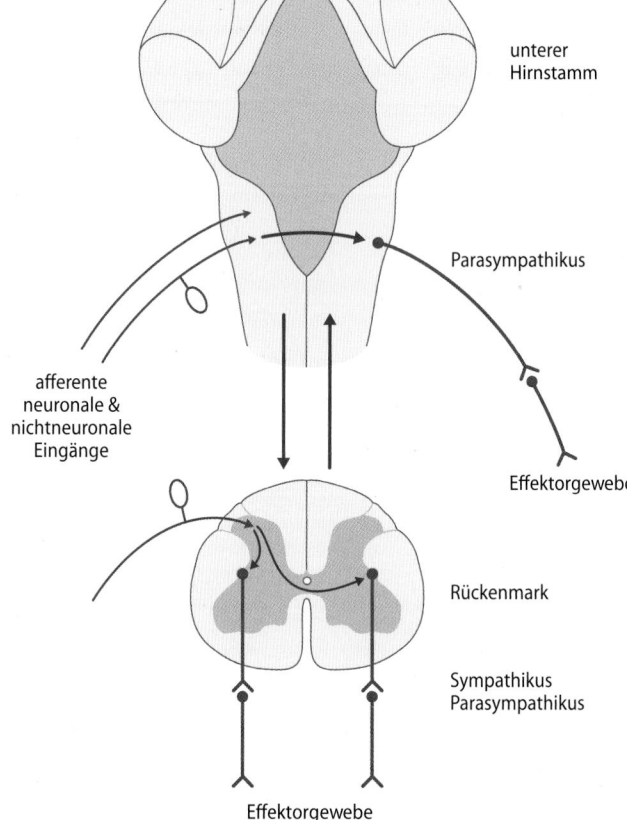

◘ **Abb. 71.1 Vegetative Regulationszentren im unteren Hirnstamm und Rückenmark**

71.1 Organisation des vegetativen Nervensystems im Rückenmark

71.1.1 Spontanaktivität in vegetativen Neuronen

Viele peripheren vegetativen Neurone sind spontan aktiv; die Effektorzellgewebe werden durch Erhöhung und Ernied-rigung dieser Aktivität beeinflusst.

Messungen zeigen, dass die peripheren vegetativen Neurone in niedrigen Frequenzbereichen von bis zu etwa 8 Hz arbei-ten (◘ Abb. 71.2). Viele Typen von vegetativen Neuronen sind unter Ruhebedingungen spontan aktiv (z. B. Vasokonstriktorneurone, Kardiomotorneurone, Sudomotorneurone zu Schweißdrüsen, motilitätsregulierende Neurone zu den Eingeweiden usw.). Andere werden nur unter speziellen Bedingungen aktiviert (z. B. parasympathische und sympathische Neurone zu den Genitalorganen). Die Spontanaktivität ermöglicht dem Gehirn, vegetative Funktionen durch Abnahme oder Zunahme der Aktivität zu regeln (z. B. die Durchblutung von Organen, peripherer Blutflußwiderstand, Herzminutenvolumen, Schweißproduktion usw.).

Die **Höhe der Spontanaktivität** variiert in peripheren vegetativen Neuronen von etwa 0,1 bis 4 Hz und liegt in Vasokonstriktorneuronen zu Haut- und Muskelblutgefäßen unter Ruhebedingungen und bei neutraler Umgebungstemperatur bei etwa **0,1–1 Hz**. Die Höhe dieser Aktivität in den vegetativen Neuronen ist den Eigenschaften von glatter Muskulatur und sekretorischen Epithelien angepasst. Zum Beispiel, wegen der langanhaltenden intrazellulären Antworten, die die relativ langsam ansteigenden und abfallenden Kontraktionen glatter Muskulatur bewirken, wird durch eine niedrige neurogene Aktivität ein gleichmäßiger Kontraktionszustand **(Tonus)** erzeugt.

Die Spontanaktivität in den vegetativen Neuronen hat ihren **Ursprung in Hirnstamm** und **Rückenmark**. Die Aktivität in

Vasokonstriktorneuronen zu Widerstandsgefäßen entsteht z. B. in Neuronen der **rostralen ventrolateralen Medulla oblongata** oder Vorläuferneuronen (▶ Abschn. 71.2).

❯ Viele funktionelle Gruppen peripherer vegetativer Neurone sind spontan aktiv und arbeiten im Niederfrequenzbereich von >1 Hz bis 4 Hz während der vegetativen Regulationen.

71.1.2 Spinale Reflexe

Das Rückenmark enthält vegetative Reflexkreise, die die Grundbausteine vieler Regulationen sind.

Lage der präganglionären Neurone im Rückenmark Die präganglionären sympathischen und parasympathischen (sakralen) Neurone liegen in der **intermediären Zone** des thorakolumbalen und sakralen Rückenmarks. Diese Zone besteht im Thorakolumbalmark aus dem **Nucl. intermediolateralis (IML)**, dem Nucl. intercalatus und dem Nucl. centralis autonomicus. Die meisten präganglionären sympathischen Neurone liegen im Nucl. intermediolateralis, der bis in die weiße Substanz reicht (❏ Abb. 71.3). Funktionell verschiedene präganglionäre Neurone sind in rostrokaudalen Zellkolumnen der spinalen intermediären Zone angeordnet. Präganglionäre parasympathische Neurone zur Harnblase liegen lateral im Sakralmark an der Grenze zur weißen Substanz und Neurone zum Enddarm mehr medial im Sakralmark.

Organisation spinaler vegetativer Reflexe (❏ Abb. 71.3) Primär afferente Neurone und präganglionäre Neurone sind im Rückenmark über erregende oder hemmende Interneurone zu vegetativen di- oder polysynaptischen Reflexbögen verschaltet. Diese vegetativen Reflexbögen sind folgendermaßen charakterisiert: (1) Durch die Funktion und Herkunft der afferenten Neurone mit dünnen myelinisierten (Aδ) und unmyelinisierten (C) Axonen, die die mechanischen, thermischen, metabolischen und entzündlichen Zustände der (somatischen oder viszeralen) Gewebe messen. (2) Durch die Funktion der präganglionären Neurone (z. B. als kutane Vasokonstriktorneurone, Muskelvasokonstriktorneurone, Sudomotorneurone, motilitätsregulierende Neurone zum Darm, zu Genitalorganen, zur Harnblase usw.). (3) Durch die erregenden oder hemmenden Interneurone.

Afferenzen und Efferenzen desselben Organs sind zu **segmentalen spinalen** oder **intersegmentalen Reflexbögen** verschaltet (❏ Tab. 71.1), so z. B. beim Herzen (kardiokardiale Reflexe), beim Gastrointestinaltrakt (intestinointestinale Reflexe), bei der Niere (renorenale Reflexe), bei Blase und Mastdarm (Entleerungsreflexe; Reflexe zur Speicherung; ▶ Abschn. 71.4, ▶ Abschn. 71.5) und bei den reproduktiven Organen (Genitalreflexe; ▶ Abschn. 71.6).

❯ Spinale vegetative Reflexe sind organ- und gewebespezifisch und Grundbausteine vegetativer Regulationen.

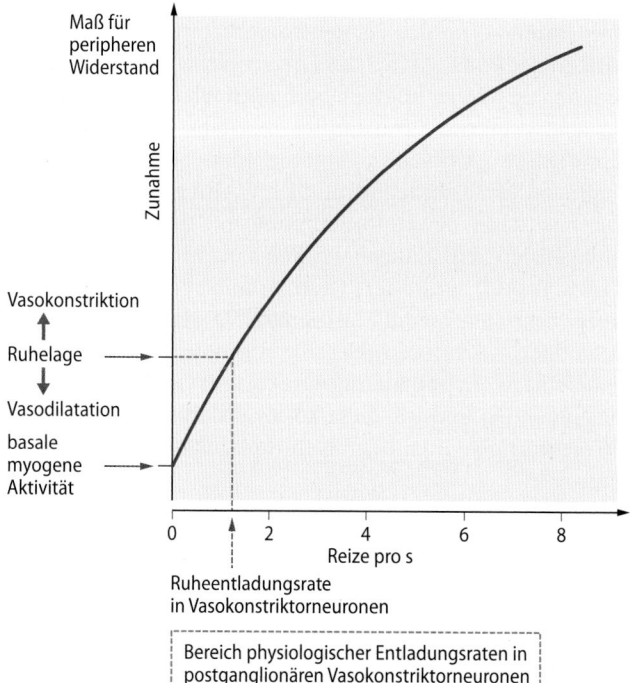

❏ **Abb. 71.2 Beziehung zwischen der Aktivität in Vasokonstriktorneuronen und Blutflusswiderstand.** Anstieg von Blutflusswiderstand in der Skelettmuskulatur (Ordinate) mit der Frequenz elektrischer überschwelliger Reizung der präganglionären Axone im Grenzstrang. Der Widerstand, der in vivo in Ruhe herrscht, kann durch etwa einen Reiz pro Sekunde erzeugt werden. Abnahme der Ruheaktivität hat eine Vasodilatation (Erniedrigung des Widerstandes) zur Folge. Wenn in den Vasokonstriktorneuronen keine Aktivität mehr vorhanden ist, wird der periphere Widerstand nur durch die Spontanaktivität der glatten Gefäßmuskulatur (basale myogene Aktivität) und andere nicht-neuronale Faktoren bestimmt. Die maximalen Frequenzen der Entladungen in Vasokonstriktorneuronen liegen etwa bei 8 Impulsen/s

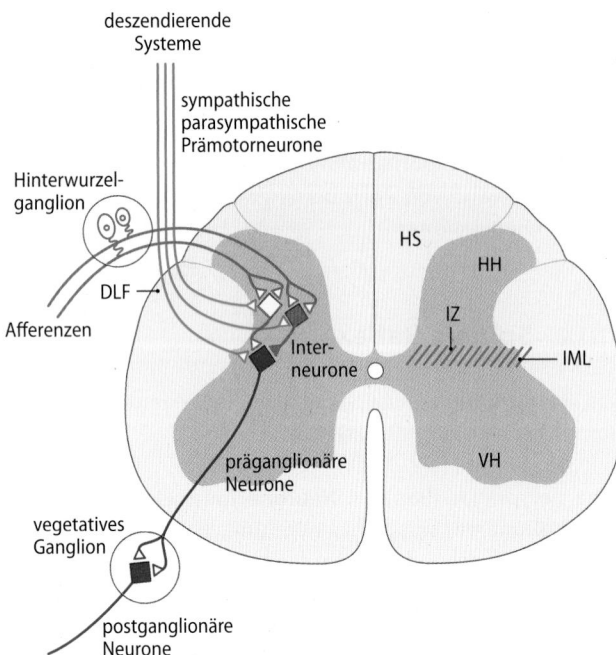

■ **Abb. 71.3   Spinaler vegetativer Reflexbogen und seine supra-spinale Kontrolle. Rechts:** Lage der präganglionären Neurone in der intermediären Zone (IZ) des Rückenmarks. **Links:** Spinaler vegetativer Reflexbogen bestehend aus afferenten Neuronen (blau), erregenden oder hemmenden Interneuronen (violett) und präganglionären Neuronen. Der spinale Reflexbogen steht unter supraspinaler Kontrolle von Hirnstamm und Hypothalamus (grün), deren Neurone durch den dorso-lateralen Funiculus (DLF) projizieren. HH=Hinterhorn, HS=Hinterstrang, IML=Nucl. intermediolateralis, VH=Vorderhorn

Segmentale Innervation von Haut und Eingeweiden   Bei krankhaften Prozessen im Eingeweidebereich (z. B. bei Gallenblasen- oder Blinddarmentzündungen) ist die Muskulatur über dem Krankheitsherd gespannt und die zugehörigen **Dermatome**, also diejenigen Hautareale, die durch dieselben Rückenmarksegmente wie das erkrankte innere Organ afferent und efferent innerviert werden, sind gerötet.

Impulse in spinalen viszeralen Afferenzen aus dem erkrankten Eingeweidebereich hemmen offenbar reflektorisch die Aktivität in Vasokonstriktorneuronen zu Hautgefäßen (Hautrötung) und erregen reflektorisch Motoneurone (Abwehrspannung der Bauchmuskulatur). Umgekehrt kann man durch Reizung von Mechanosensoren, Thermosensoren oder Nozisensoren mit dünnen myelinisierten oder unmyelinisierten Axonen im tiefen somatischen Bereich und in der Haut die Eingeweide, die durch dieselben Rückenmarksegmente innerviert werden, wie das gereizte Dermatom oder Myotom, über sympathische Neurone hemmend-reflektorisch beeinflussen. Diese Mechanismen liegen vermutlich therapeutischen Verfahren in der Manuellen und Osteopathischen Medizin zugrunde.

Supraspinale Kontrolle vegetativer spinaler Systeme   Die spinalen vegetativen Reflexbögen sind in die **supraspinalen Regulationen vegetativer Funktionen** integriert (Regulation des kardiovaskulären Systems, der Körpertemperatur, des Gastrointestinaltrakts, der Beckenorgane, und einiger anderer Funktionen). Neurone, die im Hirnstamm oder Hypothalamus liegen und mit ihren Axonen durch den dorsolateralen Funikulus des Rückenmarkes zu den präganglionären Neuronen oder vegetativen Interneuronen projizieren, werden **vegetative** (parasympathische oder sympathische) **Prämotorneurone** genannt. Ihre Perikaryen liegen in der **rostralen ventrolateralen Medulla oblongata**, in den **medullären Raphékernen**, in der **ventromedialen Medulla oblongata**, in der **Pons** (Area 5 des Locus coeruleus), im lateralen Hypothalamus oder im **Nucl. periventricularis hypothalami**. Sie sind erregend (Transmitter meistens Glutamat; auch Monoamine [Adrenalin, Noradrenalin, Serotonin]) oder hemmend (Transmitter vermutlich GABA). Peptide sind in den vegetativen Prämotorneuronen mit den Transmittern ko-lokalisiert (z. B. Enkephalin, Substanz P, vasoaktives intestinales Peptid, und/oder Thyreotropin-releasing-Hormon in der ventralen Medulla; Adiuretin/Vasopressin, Oxytozin und/oder Corticotropin-releasing Hormon im Nucleus paraventricularis hypothalami; Orexin im lateralen Hypothalamus). Ob und wie diese ko-lokalisierten Neuropeptide als Neurotransmitter oder Neuromodulatoren wirken, ist unklar.

■ **Tab. 71.1**   Spinale vegetativ-motorische Reflexe und ihre Funktionen

Funktion	Reflex
Regulation von Miktion und Kontinenz	Sakrosakrale Reflexe, sakrolumbale Reflexe
Regulation von Defäkation und Kontinenz (Enddarm)	Sakrosakrale Reflexe, sakrolumbale Reflexe
Regulation von Erektion und Emission (Sexualorgane)	Sakrosakrale Reflexe, sakrolumbale Reflexe
Regulation von Motilität und Sekretion des Gastrointestinaltrakts	Intestinointestinale Reflexe (spinal; extraspinal)
Regulation von Nierenfunktionen	Renorenale Reflexe
Regulation des Herzens	Kardiokardiale Reflexe
Beziehung zwischen Eingeweiden und somatischen Geweben	Kutiviszerale, viszerokutane, viszerosomatomotorische, tiefsomatisch-viszerale, viszerotiefsomatische Reflexe

71

> Spinale vegetative Reflexe sind in die vegetativen Regulationen, die im Hirnstamm und Hypothalamus repräsentiert sind, integriert.

71.1.3 Isoliertes Rückenmark

Das von supraspinalen Einflüssen isolierte Rückenmark ist durch seine vegetative spinale Reflexmotorik zu vielen residualen Leistungen fähig.

Vegetative spinale Reflexe nach Spinalisation Durchtrennung des Rückenmarks (z. B. bei einem Unfall) führt zur Querschnittslähmung unterhalb der Unterbrechung. Die spinalen vegetativen Reflexe, die unterhalb der Unterbrechung organisiert sind, sind beim Menschen für 1–6 Monate erloschen. Der Zustand der fehlenden oder reduzierten spinalen Reflexe wird **spinaler Schock** genannt. Während der ersten 1–2 Monate ist die Haut rosig und trocken, weil die Ruheaktivität in den sympathischen Fasern zu Schweißdrüsen und Gefäßen sehr niedrig ist. Die somatosympathischen Reflexe in den Sudomotor- und Vasokonstriktorneuronen nehmen im Laufe der Monate langsam zu und können in ein Stadium der **Hyperreflexie** übergehen. Lange Erholungszeiten nach Durchtrennung des Rückenmarks haben auch Blasen- und Darmentleerungsreflexe und Genitalreflexe (▶ Abschn. 71.4, ▶ Abschn. 71.5, ▶ Abschn. 71.6).

Mechanismen des spinalen Schocks Das Erlöschen der spinalen vegetativen Reflexe nach Rückenmarksdurchtrennung ist ein Teil des spinalen Schocks, der durch die Unterbrechung der deszendierenden Bahnen vom Hirnstamm (◻ Abb. 71.3 grün) entsteht. Faktoren, die zur Erholung vom spinalen Schock führen, sind vielleicht die Verstärkung postsynaptischer Ereignisse an bestehenden Synapsen und die Neusprossung von Synapsen an Interneuronen, präganglionären Neuronen und Motoneuronen.

> Das von supraspinalen Zentren isolierte Rückenmark hat residuale vegetative Regulationsfunktionen.

In Kürze

Peripherer Sympathikus und Parasympathikus bestehen aus **vegetativen motorischen Endstrecken**, welche die zentral erzeugten Aktivitäten auf die Effektororgane übertragen. Die Perikaryen der präganglionären sympathischen und parasympathischen spinalen Neurone liegen in der intermediären Zone des thorakolumbalen und sakralen Rückenmarks. Viele vegetativen Neurone haben **Spontanaktivität**, deren Modulation die Aktivität der Effektororgane beeinflusst. Die synaptische Verschaltung zwischen Afferenzen, Interneuronen und präganglionären Neuronen auf spinaler Ebene wird **vegetativer Reflexbogen** genannt. Die spinale vegetative Reflexmotorik ist in die supraspinal organisierten vegetativen Regulationen als **Grundbaustein** integriert. Sie funktioniert auch nach Durchtrennung des Rückenmarks im chronischen Zustand.

71.2 Organisation des vegetativen Nervensystems im unteren Hirnstamm

71.2.1 Parasympathische präganglionäre Neurone und sympathische Prämotorneurone in der Medulla oblongata

Präganglionäre parasympathische Neurone, sympathische kardiovaskuläre Prämotorneurone und die Projektionen viszeraler Afferenzen zum Nucl. tractus solitarii (NTS) sind viszerotop organisiert.

Klinik

Kardiovaskuläre Reflexe bei querschnittsgelähmten Patienten

Das vom Gehirn isolierte Rückenmark ist nach seiner **Erholung vom spinalen Schock** zu einer Reihe von regulativen vegetativen Leistungen fähig:
1. Das Aufrichten des Körpers aus der Horizontallage oder Blutverlust erzeugen z. B. reflektorisch eine **allgemeine Vasokonstriktion** von Arterien und Venen. Dieser Prozess verhindert einen allzu gefährlichen Abfall des arteriellen Blutdrucks.
2. Erregung von tiefen somatischen oder viszeralen Afferenzen (z. B. bei einem Flexorenspasmus oder bei Kontraktion einer gefüllten Harnblase) kann reflektorisch eine **allgemeine Aktivierung der Vasokonstriktorneurone** mit gefährlichen

Blutdruckanstiegen, Schweißsekretion und Piloerektion erzeugen.

Bei hoch querschnittsgelähmten Patienten (Unterbrechung des Rückenmarks oberhalb thorakal T2/T3) führt eine volle Harnblase reflektorisch zu isovolumetrischen Kontraktionen des Organs mit einer starken Erhöhung des intravesikalen Drucks, weil sich die Sphinkteren bei niedrigen intravesikalen Drücken nicht öffnen (**Detrusor-Sphinkter-Dyssynergie**; ▶ Abschn. 71.4.2). Infolge der Erhöhung des intravesikalen Drucks werden die viszeralen lumbalen und sakralen Afferenzen von der Harnblase massiv erregt. Diese Erregung vesikaler Afferenzen erzeugt reflektorisch über das Rückenmark nicht nur Kontraktionen der Harnblase, sondern auch

Vasokonstriktionen in der Skelettmuskulatur, im Viszeralbereich und in der Haut. Das Nebennierenmark wird nicht reflektorisch aktiviert. Als Folge davon steigen die systolischen und die diastolischen Blutdruckwerte häufig auf bis zu 250/150 mmHg an. Die Herzfrequenz nimmt ab, weil der arterielle Pressorezeptorreflex über die Medulla oblongata und die parasympathischen (vagalen) Kardiomotorneurone noch intakt sind (◻ Abb. 71.5, links). Die extremen Blutdruckanstiege können **Hirnschäden** mit Todesfolge erzeugen. Diese dramatischen Ereignisse sind angesichts der etwa 500.000 Patienten mit Rückenmarkläsionen in Westeuropa, von denen viele hochthorakal liegen, von erheblicher praktischer Bedeutung.

▪▪ Homöostatische Regulationen und Medulla oblongata

Die neuronalen Substrate der homöostatischen **Regulation des arteriellen Blutdrucks**, der **Atmung** und des **Gastrointestinaltrakts** (mit Ausnahme der Regulation des Enddarmes) befinden sich in der Medulla oblongata. Sie sind miteinander integriert und bestehen aus vielen Einzelreflexbögen zwischen den afferenten vagalen Neuronen, die zum Nucl. tractus solitarii (NTS) projizieren, und den efferenten (Ausgangs-) Neuronen. Die präganglionären parasympathischen Neurone des Gastrointestinaltrakts liegen viszerotop angeordnet im Nucl. dorsalis nervi vagi (NDNX; ► Kap. 71.3.1). Die parasympathischen präganglionären Neurone des Herzens (Kardiomotorneurone) und der Luftwege (Bronchomotorneurone) befinden sich im Nucl. ambiguus (NA; ◻ Abb. 71.4, ◻ Abb. 71.5). Die präganglionären parasympathischen Neurone der Speichel- und Tränendrüsen liegen in den Nuclei salivatorii der Medulla oblongata und die präganglionären Neurone der glatten Augenmuskulatur im Nucl. Edinger-Westphal des Mesenzephalons. Die sympathischen Prämotorneurone zum Herzen und zu den Widerstandsgefäßen liegen in der rostralen ventrolateralen Medulla (◻ Abb. 71.5) und die sympathischen Prämotorneurone zu den Blutgefäßen der Haut in der ventromedialen Medulla. Die inspiratorischen respiratorischen Prämotorneurone liegen in der ventralen respiratorischen Gruppe des pontomedullären respiratorischen Netzwerkes (► Kap. 31.1.2).

> ❯ Die homöostatischen Regulationen von arteriellem Blutdruck, Atmung und Gastrointestinaltrakt sind im unteren Hirnstamm repräsentiert und werden dort koordiniert.

Nucl. tractus solitarii (NTS)   Der NTS liegt dorsolateral vom Nucl. dorsalis nervi vagi in der Medulla oblongata. Er besteht aus einem Fasertrakt, um den verschiedene Kerngebiete angeordnet sind. Alle viszeralen Afferenzen im N. vagus von den inneren Organen im Thorakal- und Abdominalraum sowie die Baro- und Chemorezeptorafferenzen aus der Karotisgabel (N. glossopharyngeus) und vom Aortenbogen projizieren in den NTS. Diese afferenten Projektionen sind **viszerotop nach den verschiedenen Organsystemen** angeordnet (◻ Abb. 71.4).

> ❯ Vagale viszerale afferente Neurone von thorakalen und abdominalen viszeralen Organen projizieren viszerotop zum Nucl. tractus solitarii.

▪▪ Ventrolaterale Medulla oblongata (VLM)

Die VLM erstreckt sich vom distalen Pol des Nucl. facialis bis etwa 10–15 mm distal vom Obex. Sie liegt ventrolateral vom Nucl. ambiguus (◻ Abb. 71.5). In ihr liegen die kardiovaskulären Neurone, die für die neuronale **Regulation** des **arteriellen Blutdruckes** wichtig sind und die Neurone des respiratorischen Netzwerkes der ventralen respiratorischen Gruppe, die den Atemrhythmus erzeugen und anpassen (► Kap. 31.1.4).

In der **rostralen VLM** liegen **sympathische (bulbospinale) Prämotorneurone**, die durch den spinalen dorsolate-

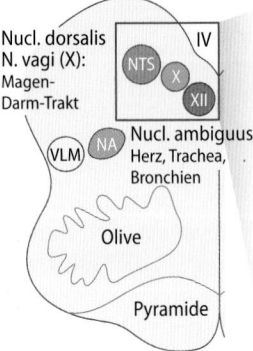
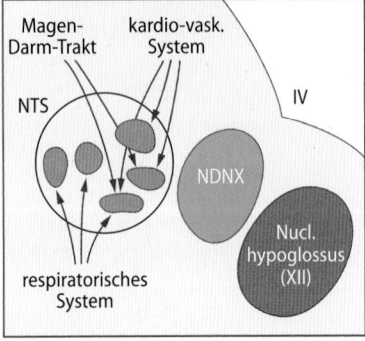

◻ **Abb. 71.4   Projektion vagaler Afferenzen zum unteren Hirnstamm und Lage präganglionärer Neurone im unteren Hirnstamm.** **Links:** Lage der präganglionären parasympathischen Neurone zum Herzen, zum Gastrointestinaltrakt und zur Lunge im unteren Hirnstamm. Die Lage von Neuronen, die die exokrinen Drüsen des Kopfes (Speicheldrüsen, Tränendrüse) regulieren, sind nicht aufgeführt. **Rechts:** Viszerotope Projektionen der vagalen Afferenzen vom Gastrointestinaltrakt, vom respiratorischen System und vom kardiovaskulären System (kardiovask; Herz, arterielle Baro- und Chemorezeptorafferenzen) zum Nucl. tractus solitarii (NTS). NA=Nucl. ambiguus; X=Nucl. dorsalis nervi vagi (NDNV); XII=Nucl. hypoglossus; IV=4. Ventrikel; VLM=ventrolaterale Medulla

ralen Trakt zu den präganglionären kardiovaskulären Neuronen und ihren Interneuronen im Thorakolumbalmark projizieren. Diese Prämotoneurone sind nach ihren kardiovaskulären Effektorsystemen (Gefäßbetten, Herz) topographisch in der rostralen VLM angeordnet. In der **kaudalen VLM** liegen **inhibitorische** und **exzitatorische Interneurone**, die mit den Prämotoneuronen in der rostralen VLM und den respiratorischen Neuronen synaptisch verschaltet sind. Einzelheiten der synaptischen Verschaltung zwischen kardiovaskulären und respiratorischen Neuronen, die das Substrat der Integration beider Systeme ist, sind bisher unbekannt.

71.2.2 Pressorezeptorreflexe und Blutdruckregulation

Schnelle Änderungen des arteriellen Blutdrucks werden über die Pressorezeptorreflexe gedämpft.

Arterielle Blutdruckregulation durch die Medulla oblongata
Bei Patienten mit traumatischer Durchtrennung des oberen Thorakalmarks (z. B. durch einen Unfall) sinkt der Blutdruck auf niedrige Werte, weil die Ruheaktivität in sympathischen Neuronen zu den Widerstandsblutgefäßen (besonders in der Skelettmuskulatur und in den Eingeweiden) und zum Herzen verschwindet. Nur die Herzfrequenz kann noch neuronal von der Medulla oblongata über die parasympathischen Kardiomotorneurone, die durch die Nn. vagi projizieren, geregelt werden.

71

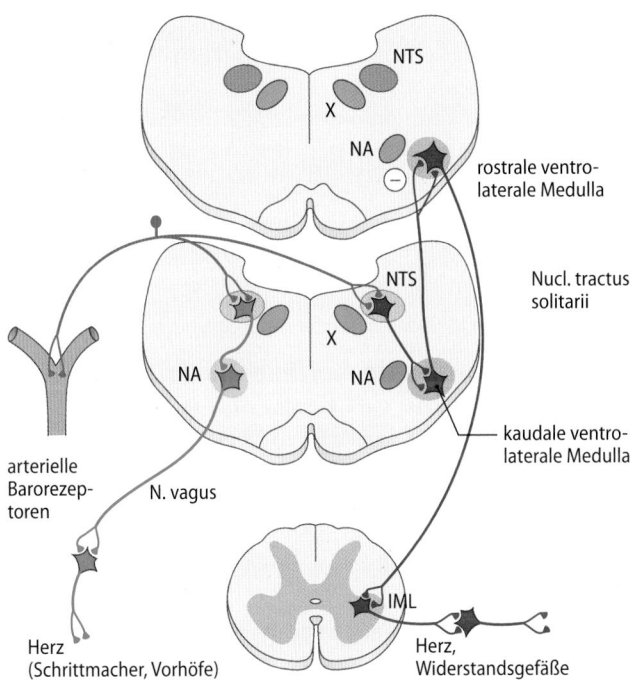

◻ Abb. 71.5 Pressorezeptorreflexwege. Das Interneuron in der kaudalen ventrolateralen Medulla ist hemmend und benutzt γ-Amino-Buttersäure (GABA) als Transmitter an den sympathischen Prämoto-neuronen in der rostralen ventrolateralen Medulla. An allen anderen zentralen Synapsen der Pressorezeptorreflexwege ist Glutamat der Transmitter. IML=Nucl. intermediolateralis; NA=Nucl. ambiguus; X=Nucl. dorsalis nervi vagi; NTS=Nucl. tractus solitarii; ⊖=Hemmung

Dezerebration bei Tieren
Dezerebrierte Tiere mit intakter Medulla oblongata haben einen normalen Blutdruck; bei diesen Tieren reagieren die Gefäßbette (alle Widerstandsgefäße und die Kapazitätsgefäße im Viszeralbereich) koordiniert auf Lageänderungen des Körpers im Raum, sodass der Perfusionsdruck in den Versorgungsgebieten gleichbleibt. Die Höhe des arteriellen Blutdrucks bleibt bei dezerebrierten Tieren auch dann erhalten, wenn alle für die Kreislaufregulation wichtigen Afferenzen in den Nn. vagi und glossopharyngei durchtrennt worden sind. Diese Befunde zeigen, dass die Medulla oblongata die neuronalen Reflexkreise für die akute Regulation des arteriellen Systemblutdrucks enthält und dass die **Spontanaktivität in den kardiovaskulären Neuronen** in der Medulla oblongata (vermutlich in der rostralen ventrolateralen Medulla) erzeugt wird.

Pressorezeptorreflexe Ein wichtiges Areal für die Blutdruckregulation und für den Ursprung der tonischen Aktivität in den Vasokonstriktorneuronen und sympathischen Kardiomotorneuronen ist die **rostrale VLM** (◻ Abb. 71.5). Topische Reizung der Neurone in der rostralen VLM erhöht Blutdruck und Herzfrequenz. Eine bilaterale Zerstörung der rostralen VLM erzeugt akut einen Blutdruckabfall wie nach hoher Durchtrennung des Rückenmarks (▶ Kap. 21.3). Die phasische Regulation des arteriellen Blutdrucks geschieht über die Pressorezeptorreflexe. Diese setzen sich aus den Einzelreflexen

- zu den Vasokonstriktorneuronen, die Widerstandsgefäße innervieren,
- zu den sympathischen Kardiomotorneuronen und
- zu den parasympathischen Kardiomotorneuronen zusammen.

Die ersten beiden werden reflektorisch gehemmt und die letzten reflektorisch erregt, wenn die arteriellen Pressorezeptoren gereizt werden. Das führt dann zum **Abfall des peripheren Widerstandes** und zur **Abnahme des Herzzeitvolumens** (im Wesentlichen durch Abnahme der Herzfrequenz) und damit zur Abnahme des arteriellen Blutdrucks. Abnahme der Aktivität in den arteriellen Pressorezeptoren bewirkt das Gegenteil.

◻ Abb. 71.5 zeigt die neuronalen Grundelemente dieser **phasischen Regulation** des arteriellen Blutdrucks. Neurone im Nucl. tractus solitarii (NTS) werden auf physiologische Reizung der arteriellen Barorezeptorafferenzen erregt. Die NTS-Neurone projizieren zu Interneuronen in der **kaudalen ventrolateralen Medulla oblongata (VLM)**, welche die sympathischen Prämotoneurone in der rostralen VLM hemmen. Der hemmende Transmitter ist **γ-Amino-Buttersäure (GABA)**. Der Überträgerstoff an allen anderen zentralen Synapsen dieses Reflexweges ist Glutamat. Andere Interneurone im NTS projizieren zu den präganglionären **parasympathischen Kardiomotoneuronen** im Nucl. ambiguus (NA) und erregen diese bei Reizung der arteriellen Barorezeptoren. Der Überträgerstoff ist an beiden Synapsen Glutamat. Alle Neurone der Barorezeptorreflexe stehen unter Kontrolle anderer Neuronenpopulationen in Hirnstamm, Hypothalamus und limbischem System. Auf diese Weise wird die **phasische Regulation des Blutdrucks** an das Verhalten des Organismus angepasst (z. B. bei Arbeit, bei den verschiedenen hypothalamischen Verhaltensweisen, bei emotionaler Belastung usw.; ▶ Kap. 72.3.2).

> Die phasische Regulation des arteriellen Blutdrucks erfolgt über die arteriellen Pressorezeptorreflexe zum Herzen und zu den Widerstandsgefäßen.

In Kürze
In der Medulla oblongata befinden sich die neuronalen Korrelate für die Regulation des **arteriellen Blutdrucks**, des **Gastrointestinaltrakts** und der **Atmung** und die Koordination dieser Regulationen. Die **afferenten Neurone** von den Organsystemen projizieren viszerotop in den Nucl. tractus solitarii. Die **efferenten Neurone** projizieren als präganglionäre Neurone durch den N. vagus zu den inneren Organen und als **sympathische Prämotoneurone** zu den präganglionären Neuronen im Rückenmark. Die phasische Regulation des arteriellen Blutdruckes geschieht über die **Pressorezeptorreflexe**.

71.3 Der dorsale Vaguskomplex als Schnittstelle zwischen Gastrointestinaltrakt und Gehirn

71.3.1 Funktionelle Anatomie

Der dorsale Vaguskomplex besteht aus dem Nucl. tractus solitarii (NTS), dem Nucl. dorsalis nervi vagi (NDNX) und der Area postrema (AP).

Dorsaler Vaguskomplex   Neurone im Nucl. tractus solitarii (NTS), zu denen vagale afferente Neurone vom GIT projizieren, und parasympathische Neurone, die vom Nucl. dorsalis nervi vagi zum Gastrointestinaltrakt (GIT) projizieren, sind topographisch organisiert. Diese topographische Organisation ist die anatomische Grundlage für die neuronale Kontrolle des GIT durch das Gehirn. Die Kerngebiete im NTS, die mit dem GIT assoziiert sind, und der ventral lokalisierte NDNX einschließlich der Area postrema (AP) werden als **dorsaler Vaguskomplex (DVK)** bezeichnet.

Nucl. tractus solitarii (NTS)   Vagale afferente Neurone vom weichen Gaumen, Pharynx, Ösophagus und GIT bis zum Zäkum projizieren zu verschiedenen Kerngebieten des **NTS**. Afferenzen vom Ösophagus projizieren dagegen nur zum zentralen Kerngebiet des NTS. Diese Projektionen sind **topographisch rostrokaudal** und **mediolateral** organisiert. Sie überlappen anatomisch mit den Projektionen vagaler afferenter Neurone vom kardiovaskulären und respiratorischen System (◘ Abb. 71.4). Einzelne Sekundärneurone im NTS, die vom GIT aktiviert werden, werden nicht oder nur schwach vom kardiovaskulären System oder von der Lunge aktiviert. Die synaptische Übertragung von den vagalen Afferenzen zu den Neuronen des NTS ist erregend. Der Transmitter ist Glutamat.

Nucl. dorsalis nervi vagi (NDNX)   Präganglionäre parasympathische Neurone, die den proximalen GIT (Magen, Duodenum, Dünndarm bis zum Zäkum, einschließlich Leber und Pankreas) innervieren, liegen im NDNX. Diese Zellgruppe ist das motorische Kerngebiet des GIT im unteren Hirnstamm:

- Neurone, die in die Magenäste des abdominalen Vagus projizieren, sind medial in **rostro-kaudalen Zellsäulen** angeordnet;
- Neurone, die in die Rami coeliaci zum Dünndarm projizieren, sind lateral in **rostro-kaudalen** Zellsäulen angeordnet;
- Neurone, die in den Ramus hepaticus projizieren, liegen auf der rechten Seite **rostro-kaudal** zwischen beiden Zellsäulen angeordnet.

Die Dendriten dieser präganglionären Neurone sind weitgehend auf die Zellsäulen des NDNX beschränkt, reichen aber auch nach dorsal in den Nucl. tractus solitarii und in die Area postrema. Bei der Ratte enthält der NDNX bilateral etwa 10.000 Neurone, von denen 7500 präganglionäre Neurone sind, die zum GIT projizieren, und Interneurone. Das Zahlenverhältnis von parasympathischen präganglionären Neuronen zum GIT und Neuronen im Darmnervensystem ist etwa **1 zu 10⁴**.

Area postrema (AP)   Die Area postrema des dorsalen Vaguskomplex ist ein **neurohämales Organ** auf der dorsalen Seite des unteren Hirnstamms in Höhe des Obex, in dem die **Bluthirnschranke** offen ist. Über die AP haben die zirkulierenden Hormone des GIT, andere Hormone und nutritive Substanzen (Glukose, Lipide) im Blut Zugang zu den Neuronen in diesem Bereich und zu den Dendriten der Neurone im Nucleus tractus solitarii und im Nucleus dorsalis nervi vagi. Auf diese Weise kann die Informationsverarbeitung im dorsalen Vaguskomplex über den Blutweg moduliert werden (◘ Abb. 71.6).

> **Im dorsalen Vaguskomplex ist der Gastrointestinaltrakt viszerotop repräsentiert.**

71.3.2 Vago-vagale Reflexe als Grundbausteine der Regulation des GIT durch das Gehirn

Der dorsale Vaguskomplex vermittelt vago-vagale Reflexe zum GIT, welche die Grundbausteine für die Regulation des GIT durch das Gehirn sind.

Vago-vagale Reflexe   Vago-vagale Reflexe, die über den Nucl. tractus solitarii und den Nucl. dorsalis nervi vagi vermittelt werden, sind die Grundbausteine der Regulation des GIT durch das Gehirn. Vagale afferente Neurone vom GIT aktivieren Sekundärneurone im Nucl. tractus solitarii. Der Überträgerstoff ist Glutamat. Die Sekundärneurone bilden **hemmende oder erregende Synapsen** mit den präganglionären Neuronen im Nucl. dorsalis nervi vagi, die zum GIT projizieren. Der Überträger für die hemmenden Synapsen ist **γ-amino-Buttersäure (GABA)**. Der Transmitter für die erregenden Synapsen ist entweder **Glutamat** oder **Noradrenalin**. Funktionell werden viele vago-vagale Reflexe unterschieden. Jeder Reflex ist nach folgenden Kriterien definiert:

1. der Population von chemo- oder mechanosensiblen afferenten Neuronen, die die Reflexe auslösen,
2. verschiedene Bereiche des GIT, die die Afferenzen innervieren,
3. Funktionen der vagalen präganglionären Neurone, die nach ihren Effektorgeweben (glatte Muskulatur, sekretorische Epithelien, endokrine Zellen) definiert sind (◘ Abb. 71.6).

Nur wenige dieser Reflexe sind bisher systematisch untersucht worden. So erzeugt z. B. die **Dehnung des Ösophagus** durch Aktivierung dehnungssensibler vagaler Afferenzen eine **Hemmung der Magenmotilität** mit Erschlaffung des Magens. Diese Hemmung der Magenmotilität wird reflektorisch durch Aktivierung hemmender Motorneurone des Darmnervensystems, die **Stickoxid (NO)** und das **Peptid VIP** (Vasoactive Intestinal Peptide) als Transmitter benutzen, erzeugt. Der Transmitter zwischen Nucl.-tractus-solitarii-Neuron und präganglionärem Neuron soll **Noradrenalin** sein.

Modulation vago-vagaler Reflexe   Die vago-vagalen Reflexe werden über **erregende** und **hemmende Interneurone** im Nucl. tractus solitarii moduliert und stehen unter der Kontrolle von Zentren im **Hirnstamm**, **Hypothalamus** und

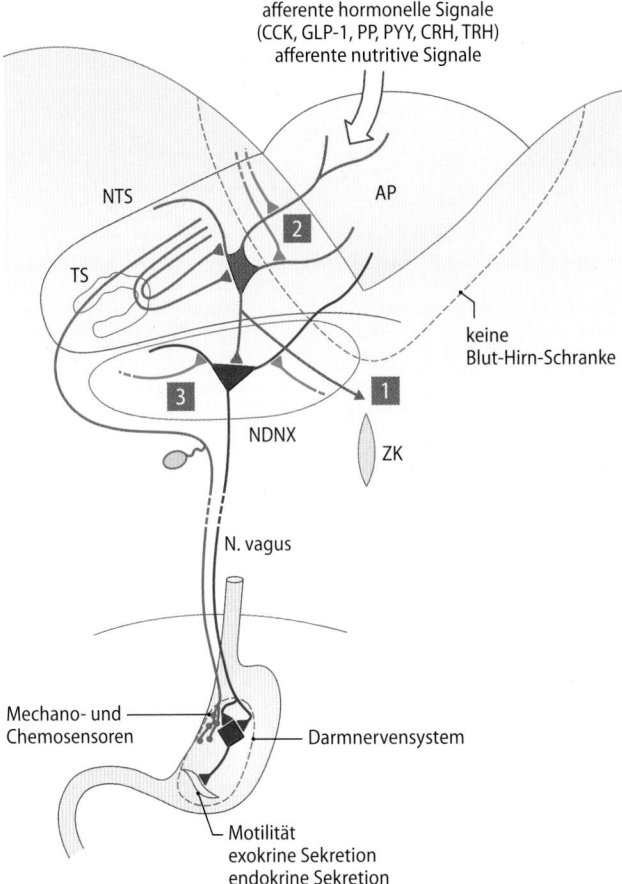

afferente hormonelle Signale
(CCK, GLP-1, PP, PYY, CRH, TRH)
afferente nutritive Signale

NTS

AP

2

TS

keine
Blut-Hirn-Schranke

3

1

NDNX

ZK

N. vagus

Mechano- und
Chemosensoren

Darmnervensystem

Motilität
exokrine Sekretion
endokrine Sekretion

◻ Abb. 71.6 Konzept des vago-vagalen Reflexbogens als Grundbaustein der neuronalen Regulation des GIT durch das Gehirn und ihrer Modulation durch afferente hormonale und humorale Signale über die Area postrema (AP). Neurone im Nucl. tractus solitarii (NTS) bilden inhibitorische oder exzitatorische Synapsen mit parasympathischen präganglionären Neuronen im Nucl. dorsalis nervi vagi (NDNX) aus und werden aktiviert durch viszerale mechanosensible oder chemosensible vagale Afferenzen vom GIT. Die präganglionären Neurone projizieren durch die Nervi vagi zum GIT und sind integriert in die Regulation von Motilität, Sekretion/Resorption und endokriner Zellen. Sie sind möglicherweise auch eingebunden in die Regulation des Immunsystems des GIT. Neurone im NTS projizieren zu Zentren im Hirnstamm, Hypothalamus und Telenzephalon (*1*). Die vago-vagalen Reflexkreise stehen unter vielfältiger synaptischer Kontrolle vom Hirnstamm, Hypothalamus und Telenzephalon (*2* und *3*). Gastrointestinale und andere Hormone im Blut modulieren die vago-vagalen Reflexkreise über die AP. CCK=Cholezystokinin, CRH=Corticotropin-Releasing-Hormon, GLP-1=Glukagon-Like-Peptid 1, PP=pankreatisches Peptid, PYY=Peptid YY, TRH=Thyreotropin-Releasing-Hormon, TS=Tractus solitarii, ZK=Zentralkanal

Telenzephalon (siehe *2* und *3* in ◻ Abb. 71.6). Neurone im Nucl. tractus solitarii projizieren zu diesen Zentren (*1* in ◻ Abb. 71.6). Durch diese Organisation der vago-vagalen Reflexe, einschließlich ihrer Modulation durch Hormone und nutritive Substanzen im Blut über die Area postrema (◻ Abb. 71.6; siehe unten), ist die zentralnervöse Regulation des GIT flexibel und plastisch.

◗ Vago-vagale Reflexe des GIT sind aufgrund der Funktion vagaler Afferenzen und der präganglionären Neurone differenziert.

Integration neuronaler und endokriner Signale Die vago-vagalen Reflexe im dorsalen Vaguskomplex stehen auch unter der Kontrolle von Hormonen des GIT, anderen Hormonen und nutritiven Signalen. Diese Einflüsse erreichen die Neurone des Nucl tractus solitarii und des Nucl. dorsalis nervi vagi über die **Area postrema** (AP, ◻ Abb. 71.6). Die Integration zwischen neuronalen vegetativen Systemen und neuroendokrinen Signalen in der Regulation des GIT geschieht im Rahmen der Regulation einer Vielzahl von Funktionen. Hierzu gehören der **Metabolismus** (▶ Kap 43), die Regulation **vegetativer Funktionen unter Stress**, die **Thermoregulation** sowie der Regulation des **Schutzes des GIT und des Körpers** (über das Immunsystem des GIT) gegen toxische und andere lebensbedrohliche Substanzen.

◻ Tab. 71.2 zeigt Beispiele dieser **Integration im unteren Hirnstamm zwischen parasympathischen und neuroendokrinen Systemen**. Jedes der aufgeführten Peptidhormone hat multiple Funktionen in der Regulation des GIT. Diese Neuropeptide sind auch in Neuronen lokalisiert und wirken zusätzlich oder ausschließlich über vagale intestinale Afferenzen auf den dorsalen Vaguskomplex. Einige wirken auch über die zirkumventrikuläre Organe auf den Hypothalamus. Zirkulierende Peptidhormone (wie z. B. Leptin, Insulin und Ghrelin), die im Rahmen der Regulation von Metabolismus und Nahrungsaufnahme hauptsächlich auf den Hypothalamus wirken, sind nicht aufgeführt (▶ Kap. 43.1.3, 43.2). Diese Hormone mögen auch auf Neurone des dorsalen Vaguskomplexes wirken. Die in ◻ Tab. 71.2 aufgeführten **Hormone repräsentieren Organisationsprinzipien für globale Funktionen**, in die die **Hirn-Darm-Achse** eingebunden ist (siehe letzte Spalte in ◻ Tab. 71.2).

◗ Vago-vagale Reflexe des GIT werden über die Area postrema durch Hormone moduliert.

71.3.3 Integration von GIT und Gehirn

Die homöostatischen Funktionen des GIT, die im dorsalen Vaguskomplex und Hypothalamus repräsentiert sind, werden vom Vorderhirn an das Verhalten des Organismus angepasst.

Grundbausteine der zentralnervösen Regulation des GIT Die **vago-vagalen Reflexkreise des GIT**, die nach den Funktionen der vagalen Afferenzen vom GIT und nach den Funktionen der parasympathischen präganglionären Neuronen zum GIT definiert sind, sind die **Grundbausteine für die Regulation des GIT durch das Gehirn**. Diese funktionellen neuronalen Grundbausteine des dorsalen Vaguskomplex werden durch hormonale und humorale Signale vom GIT und von anderen Körpergeweben über die Area postrema (AP) moduliert. Die synaptische Übertragung im Nucl. tractus solitarii unterliegt weiterhin einer erregenden und hemmenden Informationsverarbeitung über lokale Interneurone. Der dorsalen Vaguskomplex ist somit eine **plastische Schnittstelle** zwischen Darmnervensystem und supramedulären Zentren in der Regulation des GIT (◻ Abb. 71.7).

◘ Tab. 71.2 Wirkung von Peptidhormonen auf Funktionen des Gastrointestinaltrakts über die Area postrema des dorsalen Vaguskomplexes

Peptid-hormon	Hauptvor-kommen	Freigesetzt durch	Effekte	Aktivierung/Hem-mung von Neuronen	Globale Funktionen
CCK*+	I-Zellen im Dünndarm	Proteine, Fettabbau-produkte	Magenentleerung↓, exokrines Pankreas↑, Nahrungsaufnahme↓, Sättigung↑	Neurone im cNTS↑	Förderung von Sätti-gung und Verdauung
GLP-1*#	L-Zellen im Jejunum	Nahrungsaufnahme (proportional zur Aufnahme von Kalorien)	Insulinsekretion↑ (gluko-seabhängig), Glukagon↓, Magenentleerung↓, Kalorienaufnahme↓, Sättigung↑	Neurone im NDNX↑ (wahrscheinlich inhibi-torische Endstrecke)	Förderung von Sattheit, Erbrechen aufgenom-mener Nahrung↑
PP*	endokrine Zellen im Pankreas	Fasten in Erwartung von Nahrungsaufnah-me (in zephaler Phase)	Magenmotilität↑, Magensekretion↑, Magentransitzeit↑	Neurone im NDNX↑ (erregende Endstrecke)	Antizipatorische Vor-bereitung zur Nahrungs-aufnahme
PYY*#	Endokrine Zellen im Ileum, Kolon, Rektum	freie Fettsäuren im Ileum	Säuresekretion↓, Magen-motilität↓, Pankreas-sekretion↓, Nahrungs-aufnahme↓	Neurone im NDNX↑ (erregende Endstrecke)	Antagonisierender Effekt von TRH/5-HT-Neuronen, Magenaktivität↓
CRH	CRH-Neurone im PVH (freige-setzt im HVL)	Stress	Magenmotilität↓, Säure-sekretion↓, Transitzeit im DüDa↓, im DiDa↑	inhibitorische Motor-neurone des DNS↑	Antwort des GIT auf Stress
TRH	TRH-Neurone im PVH (freige-setzt im HVL)	Kältestress	Magensekretion↑, Nahrungsaufnahme↑, Metabolismus↑	Neurone im NDNX↑ (erregende Endstrecke)	Koordination von Thermo- und Metabo-lismusregulation

* auch vorhanden in zentralen Neuronen und/oder vagalen afferenten Neuronen; + Effekte von CCK auch oder hauptsächlich vermittelt durch vagale Afferenzen; # wirkt auch auf den Nucleus arcuatus im Hypothalamus; ↑ Aktivierung, Erregung, Förderung; ↓ Abnahme der Aktivität, Hemmung;
CCK=Cholezystokinin; CRH=Corticotropin-Releasing Hormon; GLP-1=Glucagon-Like Peptide 1; PP= Pankreatisches Polypeptid; TRH=Thyreo-tropin-Releasing Hormon; PYY=Peptid YY; cNTS=zentrales Kerngebiet des Nucleus tractus solitarii; DNS=Darmnervensystem; HVL=Hypophy-senvorderlappen; NDNX=Nucleus dorsalis nervi vagi; PVN=Nucleus paraventricularis hypothalami; 5-HAT=5-Hydroxy-Tryptamin (Serotonin)

Exekutive subkortikale Zentren Der dorsalen Vaguskomplex steht unter der Kontrolle sog. exekutiver subkortikaler Zentren, die im Hypothalamus und in benachbarten Kernge-bieten lokalisiert sind (grünes Neuron in ◘ Abb. 71.7). Diese Zentren erhalten ebenso afferente Informationen vom GIT über die Neurone des Nucl. tractus solitarii und über hor-monale und humorale Signale im Blut (grau in ◘ Abb. 71.7). Sie repräsentieren die **homöostatischen Regulationen des inneren Milieus des Körpers**, die aus der Regulation der Kör-pertemperatur, der Flüssigkeitsmatrix, der Nahrungsauf-nahme und des Metabolismus sowie der Körperprotektion bestehen (◘ Tab. 72.1).

Anpassung des internen und externen Zustandes des Körpers durch das Gehirn Die neuronale Regulation des GIT über den dorsalen Vaguskomplex und die „exekutiven" homöo-statischen Zentren repräsentieren einen wesentlichen Teil des **internen Zustandes des Körpers**. Dieser von den homöosta-tischen Regulationen bestimmte innere Zustand des Kör-pers wird durch Zentren im limbischen System (limbische „interpretative" Zentren in ◘ Abb. 71.7), interozeptive sen-sorische Kortizes (z. B. den dorsalen posterioren Inselkortex) und den vegetativ-motorischen Kortex (z.B. den vorderen zingulären Kortex) an das motorische Verhalten des Orga-nismus und die Umweltbedingungen und damit an den **ex-ternen Zustand des Organismus** angepasst (Neurone, gelb in ◘ Abb. 71.7).

> Die Regulation des GIT durch das Gehirn ist hierarchisch organisiert und dient der Anpassung von internem und externem Zustand des Körpers.

In Kürze

Der GIT ist topographisch im **dorsalen Vaguskomplex (DVK)**, der aus dem Nucl. tractus solitarii, dem Nucl. dor-salis nervi vagi und der Area postrema (AP) besteht, re-präsentiert. Spezifische vago-vagale Reflexe zum GIT werden über den DVK vermittelt. Diese Reflexe sind Grundbausteine für die Regulation des GIT durch das Gehirn. Über die AP findet die Integration neuronaler und endokriner Signale statt. Die homöostatischen Re-gulationen der Funktionen des GIT sind im **DVK** und im **Hypothalamus** repräsentiert. Sie werden durch Zent-ren im limbischen System und durch kortikale Zentren an das Verhalten des Organismus angepasst.

71

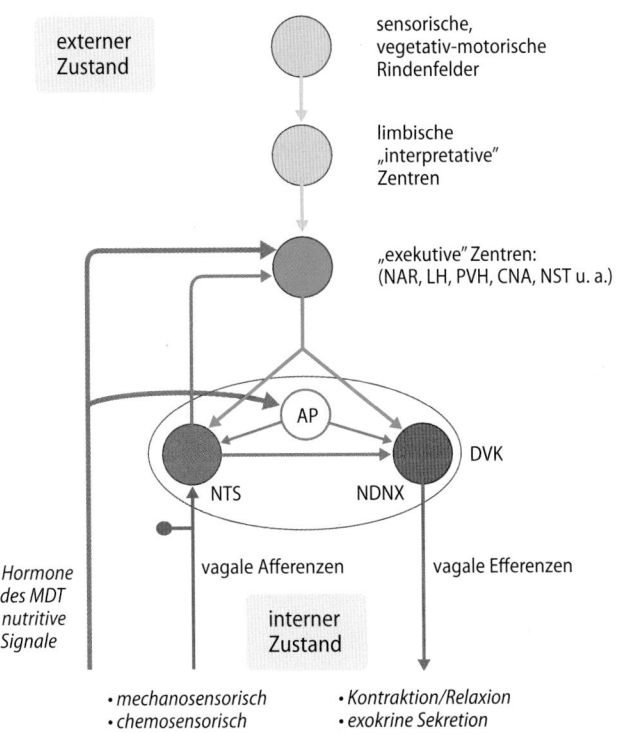

sensorische,
vegetativ-motorische
Rindenfelder

limbische
„interpretative"
Zentren

„exekutive" Zentren:
(NAR, LH, PVH, CNA, NST u. a.)

AP

NTS   NDNX   DVK

vagale Afferenzen   vagale Efferenzen

• *Hormone
des MDT*
• *nutritive
Signale*

interner
Zustand

• *mechanosensorisch*
• *chemosensorisch*
• *sensorisch vom GALT?*

• *Kontraktion/Relaxion*
• *exokrine Sekretion*
• *endokrine Sekretion*
• *Abwehr (GALT)?*

Abb. 71.7   Regulation der Funktionen des GIT durch das Gehirn: ein Konzept. Beziehung zwischen gastrointestinalen vago-vagalen im dorsalen Vaguskomplex (DVK) repräsentierten Reflexen, exekutiven Neuronen in homöostatischen Zentren und kortikalen Zentren. Informationen über mechanische und chemische Prozesse im Darm und vom Darmimmunsystem („gut associated lymphoid tissue", GALT) gelangen über vagale Afferenzen und Signale im Blut (über die Area postrema [AP]) zum Nucl. tractus solitarii (NTS). Über präganglionäre parasympathische Neurone werden mechanische, exokrine und endokrine Prozesse und vermutlich Abwehrprozesse im GIT geregelt. Dieses System von spezifischen vago-vagalen Reflexen steht unter der Kontrolle der „exekutiven Neurone" im Hypothalamus und in höheren Zentren. Beide zusammen repräsentieren den vom GIT bestimmten inneren Zustand des Körpers. Dieser innere Zustand wird durch das limbische System (limbische „interpretative" Zentren) und den Neokortex an den „externen Zustand" (das Verhalten) des Organismus angepasst. Exekutiven Neurone liegen im N. arcuatus (NAR), im N. paraventricularis hypothalami (PVH), im lateralen Hypothalamus (LH), in zentralen Kerngebieten der Amygdala (CNA), im Nucl. striae terminalis (NST) und in anderen Kerngebieten. NDNX=Nucl. dorsalis nervi vagi

71.4   Regulation der Harnblase

71.4.1   Harnblaseninnervation

Die Harnblase ist ein glatter Hohlmuskel zur Speicherung und periodischen Entleerung von Urin; die Regulation geschieht über die sakrale afferente und efferente Innervation.

■ ■ **Miktion und Kontinenz**
Die Harnblase dient der **Speicherung** und **periodischen, kompletten Entleerung** des von der Niere kontinuierlich ausgeschiedenen produzierten Urins. An dieser auch für unser Sozialleben wichtigen Funktion sind myogene Mechanismen der glatten Blasenmuskulatur und neuronale (vegetative

und somatische) Mechanismen beteiligt. In der neuronalen Kontrolle der Harnblase wechseln sich **lange Füllungsphasen** und **kurze Entleerungsphasen** ab. Während der Füllungsphasen wird die Entleerung reflektorisch verhindert. Die Blase füllt sich mit etwa 50 ml Urin pro Stunde. Die sich füllende Blase entwickelt, anders als z. B. viele Blutgefäße, keinen myogenen Tonus. Dabei nimmt in Folge der plastischen Eigenschaften des glatten Blasenmuskels bei Dehnung der Blaseninnendruck während der Füllung nur geringfügig zu. Hat die Füllung der Harnblase etwa 150–250 ml erreicht, treten erste Empfindungen von der Blase auf. Diese werden vermutlich durch kurze phasische Druckanstiege des Blaseninnendrucks ausgelöst. Hat die Blase eine Füllung von etwa 350–500 ml erreicht, setzt normalerweise die Entleerungsphase ein. Man nennt die Fähigkeit der Blase, den Urin zu speichern, **Kontinenz** und die aktive Entleerung **Miktion**.

Bau der Harnblase   Die Harnblase ist ein Hohlmuskel (**Detrusor vesicae**; ■ Abb. 71.8). Ihre Wand besteht aus netzförmig angeordneten, langen, glatten Muskelzellen. Am Blasenboden befindet sich das **Trigonum vesicae**, welches aus feinen glatten Muskelfasern besteht. An dessen oberen äußeren Ecken münden die Ureteren schräg ein und verlaufen in ihrem distalen Teil intramural in der Blasenwand; auf diese Weise kann bei Erhöhung des Blaseninnendrucks kein Urin rückläufig in die Ureteren geraten. An der Spitze des Trigonums liegt der Ausgang der Blase zur Harnröhre, der auch als Blasenhals bezeichnet wird. Der Blasenhals ist über glatte Muskelzüge verschlossen und bildet funktionell den **M. sphincter urethrae internus** aus. Der Verschlussmechanismus am Blasenhals kann bei der Blasenentleerung nicht unabhängig vom Detrusor vesicae betätigt werden. Bei Kontraktion der Blasenmuskulatur kommt es infolge Einstrahlung der Muskelzellen in die Harnröhre zur Öffnung des Blasenauslasstrichters und zu seiner **Öffnung des internen Sphinkters**. Zusätzlich wird die Harnröhre durch den **M. sphincter urethrae externus** verschlossen, der aus quergestreifter Muskulatur des Beckenbodens besteht. Bei der Frau ist die Harnröhre nur etwa halb so lang wie beim Mann, und der externe Sphincter ist nur schwach ausgebildet.

Innervation der Harnblase (■ Abb. 71.8)   Die Blasenmuskulatur wird durch **parasympathische Neurone** aktiviert, die durch den N. splanchnicus pelvinus projizieren und in den Sakralsegmenten 2–4 liegen. Diese Innervation ist Voraussetzung für die normale Kontrolle der Blasenentleerung. Parasympathische Neurone innervieren auch die glatte Muskulatur der Urethra (einschließlich des Sphincter urethrae internus); ihre Erregung führt zur Erschlaffung der Harnröhre, wahrscheinlich durch Freisetzung von Stickoxid (NO). Die **sympathische Innervation** der Blase wirkt **hemmend** auf den Detrusor und erregend auf die Muskulatur des Blasenverschlusses (Trigonum vesicae und des M. sphincter urethrae internus; Blasenhals). Sie entstammt dem oberen Lumbalmark und unteren Thorakalmark. Ihre Aufgabe ist die Verbesserung der Kontinenz der Harnblase. Der Sphincter urethrae externus wird durch Motoaxone im N. pudendus, deren Somata im Sa-

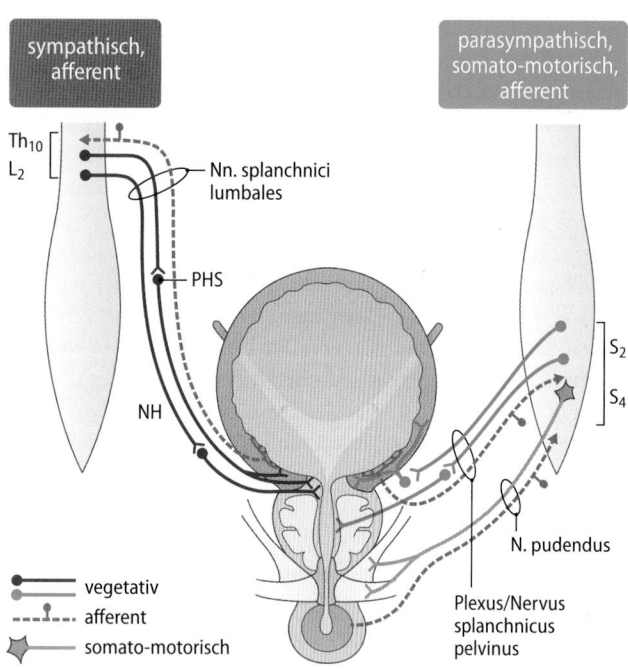

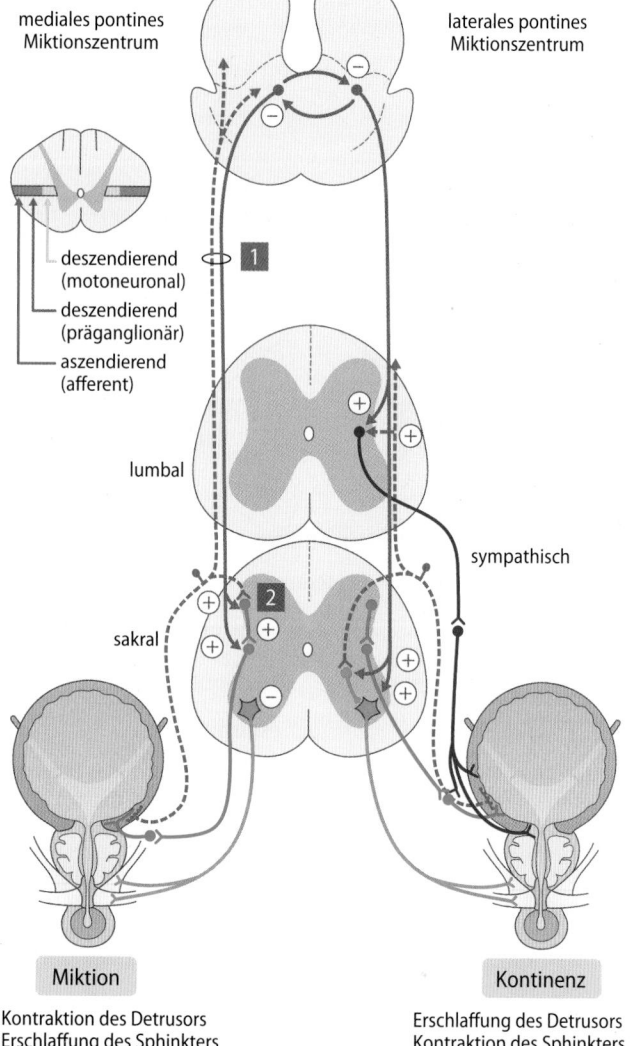

□ **Abb. 71.8   Innervation der Harnblase**. PHS=Plexus hypogastricus superior (Ganglion mesentericum inferius); NH=N. hypogastricus; L=lumbal; Th=thorakal; S=sakral

kralmark liegen, innerviert. Der Füllungsgrad der Blase wird dem ZNS von Dehnungssensoren in der Blasenwand über afferente Axone im N. splanchnicus pelvinus gemeldet. Ereignisse, die zu schmerzhaften und nicht schmerzhaften Empfindungen von Harnblase und Urethra führen, werden in der Aktivität sakraler als auch lumbaler viszeraler Afferenzen kodiert.

> **An der Regulation von Miktion und Kontinenz der Harnblase sind sakrale viszerale afferente Neurone, sakrale parasympathische Systeme, lumbale sympathische Systeme und sakrale Motoneurone beteiligt.**

71.4.2   Blasenentleerungsreflexe

Die Regulation von Blasenentleerung und -füllung geschieht über spinale und pontine Reflexe.

■■ Neuronale Regulation der Miktion
Der Urin wird durch **peristaltische Wellen der Ureteren** vom Nierenbecken in die Harnblase befördert. Je mehr sich die Blasenwand dehnt, umso stärker werden die dort liegenden Dehnungssensoren gereizt. Dies führt über Reflexbogen (1) in □ Abb. 71.9 zur Erregung der parasympathischen Neurone zum Detrusor vesicae und zur Hemmung der Aktivität in sakralen Motoneuronen zum M. sphincter urethrae externus. Als Folge davon kontrahiert sich der Detrusor vesicae. Die proximale Harnröhre und der äußere Schließmuskel erschlaffen mit anschließender Entleerung der Harnblase.
Der Reflexbogen ist an die Unversehrtheit der vorderen Brückenregion (**mediales pontines Miktionszentrum**) im Hirnstamm gebunden. Von dort wird ein spinaler Reflexweg zu den präganglionären parasympathischen Neuronen geför-

Miktion

Kontraktion des Detrusors
Erschlaffung des Sphinkters

Kontinenz

Erschlaffung des Detrusors
Kontraktion des Sphinkters

□ **Abb. 71.9   Reflexwege für die Regulation von Entleerung (Miktion; links) und Speicherung von Harn (Kontinenz; rechts) durch die Harnblase**. Neurone im medialen pontinen Miktionszentrum erregen präganglionäre parasympathische Neurone zur Harnblase. Neurone im lateralen Miktionszentrum erregen die Motoneurone zum M. sphincter urethrae externus. Beide Miktionszentren hemmen sich reziprok gegenseitig. (1) Reflexweg über das mediale pontine Miktionszentrum; (2) spinaler Reflexweg; +=Erregung; −=Hemmung. (Nach Jänig in Greger und Windhorst 1996)

dert (2 in □ Abb. 71.9) und die präganglionären Neuronen werden synaptisch erregt. Die Neurone im lateralen pontinen Miktionszentrum, die die Motoneurone des M. sphincter urethrae externus erregen, werden vom medialen Miktionszentrum gehemmt. Auf diese Weise öffnet sich der Sphinkter. Hat die Blasenentleerung erst einmal eingesetzt, verstärkt sie sich so lange, bis eine völlige Entleerung erreicht ist. Für diese positive Rückkopplung werden folgende neuronale Prozesse verantwortlich gemacht:

- eine **verstärkte Aktivierung der Blasenafferenzen** durch Kontraktionen des Detrusor vesicae und die Aktivierung der Urethraafferenzen durch den Urinfluss und
- eine **reflektorische Aufhebung zentraler Hemmungen** auf spinaler und supraspinaler Ebene (□ Abb. 71.9, rechts).

71

Klinik

Störungen der Blasenentleerung

Blasenentleerungsstörungen sind häufig und vielfältig:
- **Harnverhaltung** tritt auf bei Lähmung oder Schädigung des M. detrusor vesicae (z. B. durch Entzündung oder traumatische Nervenschädigung), bei Verlegung der Harnröhre (z. B. durch Prostatatumoren) oder durch Schließmuskelkrampf.
- **Harninkontinenz** ist das Unvermögen, den Harn willkürlich zurückzuhalten. Sie tritt gehäuft bei Frauen nach der Geburt (z. B. bei Vorfall des Uterus infolge Beckenbodenschwäche mit Nervenschädigung), bei hirnorganischen Erkrankungen (z. B. bei multipler Sklerose

oder Arteriosklerose der Hirngefäße alter Menschen) und auch psychogen auf.

Nach Durchtrennung des Rückenmarks oberhalb des Sakralmarks kann man bei Tier und Mensch auf Blasenfüllung zunächst keine reflektorische Entleerung mehr beobachten (**spinaler Schock**) und die Harnblase ist für Tage bis Wochen schlaff **atonisch**. Diese Phase geht im chronischen Zustand allmählich in die Phase der **Reflexblase** über, in der geringe Blasenfüllungen reflektorische Kontraktionen des Detrusor vesicae und häufigen Harnabgang verursachen. Der Reflexbogen verläuft spinal (2 in ◘ Abb. 71.9).

Die Motoneurone zum M. sphincter urethrae externus werden jetzt allerdings nicht mehr reflektorisch gehemmt, sondern erregt. Das führt zur **Detrusor-Sphinkter-Dyssynergie**, zu hohen intravesikalen Drücken bei der Miktion (die nötig sind, um nach dem Laplace-Gesetz die enge Harnröhre zu öffnen) und als Konsequenz zur **Hypertrophie des Detrusor vesicae. Querschnittsgelähmte** können häufig reflektorisch Detrusorkontraktionen durch Beklopfen des Unterbauches selbst einleiten (Spinalmotrik, ▶ Kap. 45.2), den dazu geeigneten Zeitpunkt durch Beobachtung der eigenen vegetativen Automatismen abwarten und durch gezieltes Bauchpressen unterstützen.

▪▪ Neuronale Regulation der Kontinenz der Harnblase

Mehrere neuronale Mechanismen sind an der Kontinenz der Harnblase während der Füllungsphase beteiligt (◘ Abb. 71.9, rechts):
- Die Erregbarkeit der Motoneurone zum Sphincter urethrae externus wird vom **lateralen pontinen Miktionszentrum** gefördert.
- Neurone im **medialen pontinen Miktionszentrum**, die die präganglionären Neurone zur Harnblase erregen, werden vom lateralen Miktionszentrum **gehemmt**.
- **Sympathische Neurone** zum unteren Harntrakt werden über sakrolumbale Reflexwege erregt und erzeugen eine **Hemmung des Detrusors** und eine Kontraktion des Blasenhalses und des Trigonums.

Diese reflektorischen Mechanismen gewährleisten, dass sich die Harnblase normalerweise bis zu 300 ml füllen kann. Dabei steigen intravesikaler Druck und Aktivität in sakralen vesikalen Afferenzen geringfügig an, ohne dass Miktionsreflex und Harndrang ausgelöst werden.

> ❱ Die koordinierte Regulation von Miktion und Kontinenz der Harnblase läuft über das sakrale Rückenmark, das obere lumbale Rückenmark und das pontine Miktionszentrum ab.

Suprapontine Kontrolle der Blasenfunktion Die reflektorische Regelung von Blasenentleerung und Blasenkontinenz unterliegt der **modulierenden Kontrolle von oberem Hirnstamm, Hypothalamus und Großhirn.** Die neuronale Kontrolle ist vor allem hemmender, aber auch erregender Natur. Die aszendierenden und deszendierenden Bahnen, über welche die Signale geleitet werden, und die Lage der Neuronenpopulationen in Hirnstamm, Hypothalamus und Kortex sind wenig bekannt. Die Aufgaben der „höheren Zentren" sind
- die **Aufrechterhaltung der Harnkontinenz** trotz starker Füllung der Blase (um eine ungelegene Entleerung zu vermeiden) und

- die **willkürliche Auslösung** und Verstärkung der **Blasenentleerung**, sobald dies erwünscht ist.

> **In Kürze**
>
> Speicherung (**Kontinenz**) und Entleerung (**Miktion**) der Harnblase werden neuronal reflektorisch geregelt. Hieran sind sakrale viszerale Afferenzen, parasympathische und sympathische Efferenzen, Motoneurone (zu dem externen Sphinkter), spinale somatomotorische und vegetative Reflexkreise sowie supraspinale Kontrollmechanismen (im **pontinen Miktionszentrum**) beteiligt. Während der Entleerung kontrahieren sich der Detrusor vesicae bei gleichzeitiger Erschlaffung der Sphinkteren. Während der Speicherphasen sind die Sphinkteren kontrahiert und die Entleerungsreflexe gehemmt.

71.5   Regulation des Enddarmes

Speicherfunktion und Entleerung des Enddarms werden neuronal kontrolliert; hieran sind sakrale Afferenzen, parasympathische und somatische Efferenzen und besonders spinale Reflexkreise beteiligt.

Defäkation und Darmkontinenz Darmentleerung (Defäkation) und Darmkontinenz sind die wichtigsten Aufgaben von Enddarm (Rektum und Sigmoid) und Anus. Beide Funktionen werden vom **Darmnervensystem** (▶ Kap. 38.3) und durch parasympathische sakrale, sympathische thorakolumbale und somatomotorische nervöse Mechanismen kontrolliert. Distal wird das Rektum durch zwei Sphinkteren verschlossen. Der **M. sphincter ani internus** besteht aus glatter Muskulatur und ist sympathisch sowie durch das Darmnervensystem innerviert. Er unterliegt nicht der willkürlichen Kontrolle. Der **M. sphincter ani externus** ist ein quergestreifter Muskel und wird durch Motoneurone aus dem Sakralmark (S2–S4), deren Axone im N. pudendus laufen, innerviert. Normalerweise sind beide Sphinkteren geschlossen.

Neuronale Regulation der Defäkation   Diese setzt normalerweise unter willkürlicher Unterstützung ein. Supraspinale Förderung der spinalen parasympathischen Reflexwege zum Enddarm führt zur **reflektorischen Kontraktion von Colon descendens, Sigmoid** und **Rektum** (besonders der Longitudinalmuskulatur). Gleichzeitig erschlaffen beide Sphinkteren. Voraussetzung für die Defäkation ist der **Anstieg des intraabdominalen Drucks** durch Anspannen der Bauchwandmuskulatur und durch Senkung des Zwerchfells infolge Kontraktion der Brustmuskulatur in Inspiration bei geschlossener Glottis. Das Zusammenwirken dieser Mechanismen führt unter Senkung des Beckenbodens zum Ausstoßen der gesamten Kotsäule aus Colon descendens, Sigmoid und Rektum.

Neuronale Regulation der Kontinenz des Enddarms   Beim Gesunden kann die Kontinenz des Enddarms bis zu einer Füllung von etwa 2 l im Rektum gewahrt werden. Hieran sind folgende Mechanismen beteiligt (◻ Abb. 71.10):

- Die parasympathische **spinale Reflexmotorik** zum Enddarm wird durch **supraspinale**, insbesondere **kortikale Einflüsse** gehemmt.
- Die **tonische Kontraktion des M. sphincter ani externus** wird über Motoneurone spinalreflektorisch durch afferente Impulse aus dem Muskel und vom umgebenden Gewebe, besonders von der Analhaut, und durch Impulse vom Hirnstamm und Kortex aufrechterhalten.
- Die Aktivität in **sympathischen Neuronen** hemmt das Darmnervensystem des Enddarmes und erregt den M. sphincter ani internus.

> **Die Regulation von Kontinenz und Entleerung des Enddarms erfolgt über das sakrale und obere lumbale Rückenmark.**

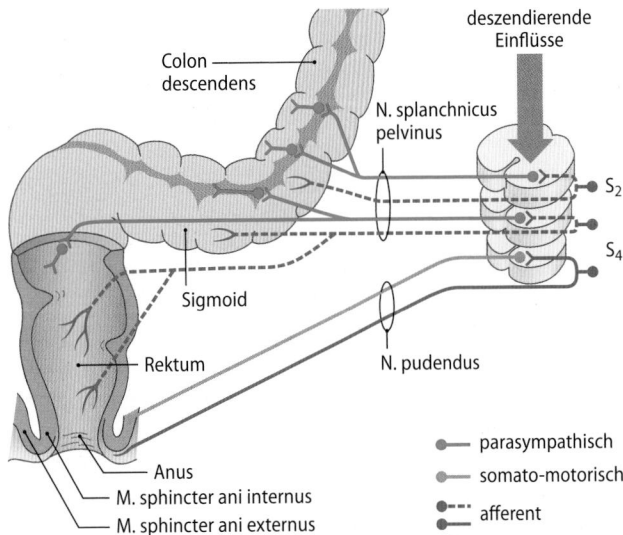

Anpassung an eine zunehmende Füllung   Füllung des Rektums mit Darminhalt durch peristaltische Kontraktionen des Colon descendens führt zur Dehnung der Rektumwand und in der Folge zur **Erschlaffung des M. sphincter ani internus (reflektorisch über das Darmnervensystem)**. Die Kontraktion des Sphincter ani externus wird reflektorisch durch Afferenzen, die im N. splanchnicus pelvinus laufen, über das Sakralmark ausgelöst (◻ Abb. 71.10). Gleichzeitig wird durch die afferenten Impulse von den Sensoren in Kolon- und Rektumwand **Stuhldrang** ausgelöst. Nach einigen 10 s nimmt die Relaxation des Sphincter ani internus wieder ab und das Rektum adaptiert sich infolge der plastischen Eigenschaften seiner Muskulatur und neuronaler Hemmmechanismen an die erhöhte Füllung (▶ Kap. 38.3.4). Damit nimmt seine Wandspannung ab und als Folge davon auch der Stuhldrang.

Unterbrechung des Rückenmarks   Bei Durchtrennung des Rückenmarks oberhalb des Sakralmarks bleiben die **spinal organisierten Defäkationsreflexe** erhalten. Es fehlt allerdings die unterstützende **Willkürmotorik**. Diese kann durch geeignete Maßnahmen (z. B. manuelles Spreizen des M. sphincter ani externus) ersetzt werden, sodass auch Querschnittsgelähmte eine regelmäßige tägliche Darmentleerung erreichen können. Zerstörung des Sakralmarks hat einen vollständigen Ausfall der Defäkationsreflexe zur Folge.

In Kürze

Speicherung und Entleerung des Dickdarms werden neuronal reflektorisch geregelt. An diesen Funktionen sind sakrale viszerale Afferenzen, parasympathische und sympathische Efferenzen, Motoneurone (zum externen Sphinkter), das **Darmnervensystem**, spinale somatomotorische und spinale vegetative Reflexkreise sowie supraspinale Kontrollmechanismen beteiligt. Während der Entleerung kontrahiert sich der Darm bei gleichzeitiger Erschlaffung der Sphinkteren. Während der Speicherphasen sind die Sphinkteren kontrahiert und die Entleerungsreflexe gehemmt.

71.6   Genitalreflexe

71.6.1   Erektionsreflexe beim Mann

Die Erektion des Penis leitet den sexuellen Reaktionszyklus des Mannes ein; sie wird reflektorisch spinal, bevorzugt durch den sakralen Parasympathikus und durch supraspinale Zentren, ausgelöst.

An den komplexen Genitalreflexen der Säuger einschließlich des Menschen nehmen parasympathische, sympathische und motorische Efferenzen sowie viszerale und somatische Afferenzen teil.

Mechanismus der Erektion   Dilatation der Arterien der **Corpora cavernosa**, des **Corpus spongiosum urethrae** und der

71

◻ **Abb. 71.10   Afferente und efferente Bahnen des spinal organisierten Defäkationsreflexes.** Interneurone zwischen Afferenzen und efferenten Neuronen im Rückenmark sind nicht eingezeichnet. S=sakral

Sinusoide und glatten Muskeln des Schwellkörpergewebes erzeugt eine Erektion des Gliedes. Die Sinusoide des erektilen Gewebes füllen und weiten sich infolge des ansteigenden Drucks prall auf. Der venöse Abfluss aus den Schwellkörpern wird passiv durch Zusammenpressen der Drosselvenen beim Durchtritt durch die Tunica albuginea erschwert. Das Zusammenspiel von Vasodilatation und Abflussbehinderung führt zum Blutstau (**Vasokongestion**). Die Dilatation wird durch **Aktivierung postganglionärer parasympathischer Neurone** erzeugt, deren Zellkörper in den Beckenganglien liegen und die durch den N. cavernosus zu den Schwellkörpern projizieren (◘ Abb. 71.11). Die Neurone werden einerseits **reflektorisch** durch Afferenzen des Penis und der umliegenden Gewebe aktiviert, andererseits **psychogen** von supraspinalen (auch kortikalen) Strukturen, die auch die sexuellen Empfindungen erzeugen. Die Überträgersubstanzen dieser Neurone sind das **Radikal Stickoxid (NO)**, das **Neuropeptid VIP (Vasoactive Intestinal Peptide)** und wahrscheinlich Acetylcholin. Diese Substanzen sind in den parasympathischen postganglionären Vasodilatatorneuronen ko-lokalisiert (► Kap. 70.2.2).

Die Glans penis ist dicht mit **Mechanosensoren** versorgt. Ihre Afferenzen laufen im N. dorsalis penis. Die adäquate Reizung dieser Sensoren geschieht durch rhythmische und massierende Scherbewegungen, wie sie beim Geschlechtsverkehr stattfinden. Eine wichtige Komponente zur anhaltenden Erregung der Sensoren in der Glans penis während des Geschlechtsverkehrs ist die **Gleitfähigkeit der Oberflächen von Vagina und Penis**, die reflektorisch durch die **vaginale Transsudation** (s. u.) und die Aktivierung der bulbourethralen Drüsen beim Mann herbeigeführt wird.

Erektionsreflexe Normalerweise läuft der Erektionsreflex über das Sakralmark (S2–S4) ab (1 und 4 in ◘ Abb. 71.11). Er funktioniert auch bei querschnittsgelähmten Männern, deren Rückenmark oberhalb des Sakralmarks durchtrennt ist. Etwa 25 % der Männer mit zerstörtem Sakralmark können psychogen bei sich eine Peniserektion auslösen. Diese Erektion wird durch sympathische präganglionäre Neurone im unteren Thorakalmark und oberen Lumbalmark ausgelöst. Ihre Axone werden im Plexus splanchnicus pelvinus auf postganglionäre Neurone zum erektilen Gewebe umgeschaltet, auf die vermutlich auch die parasympathischen präganglionären Neurone synaptisch konvergieren (2 in ◘ Abb. 71.11). Es ist unbekannt, in welchem Ausmaß die Erregung dieser sympathischen Vasodilatatorneurone beim Gesunden zur Erektion beiträgt.

> Die Erektion des Penis wird reflektorisch und psychogen durch Aktivierung sakraler parasympathischer Neurone durch Ausschüttung von Stickoxid (NO) und VIP erzeugt.

71.6.2 Emission und Ejakulation beim Mann

Emission von Sperma in die prostatische Harnröhre und die Ejakulation aus der Urethra externa sind der Höhepunkt des männlichen Sexualaktes; der Orgasmus beginnt mit der Emission und endet nach der Ejakulation.

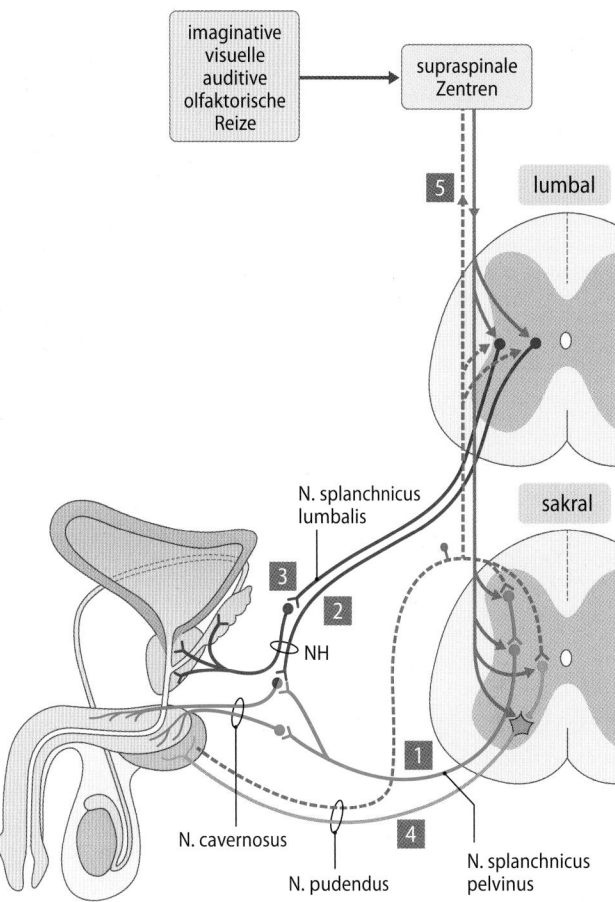

◘ **Abb. 71.11 Innervation und spinale Reflexbögen zur Regulation männlicher Geschlechtsorgane.** 1 parasympathische Neurone zu erektilem Gewebe; 2 sympathische Neurone zu erektilem Gewebe; 3 sympathische Neurone zu Ductus deferens, Prostata, Samenbläschen und Blasenhals; 4 Motoaxone; 5 aszendierende und deszendierende Bahnen. Interneurone im Rückenmark sind z. T. weggelassen worden. NH=N. hypogastricus

Mechanismus der Emission Bei starker Erregung der sakralen Afferenzen von den Sexualorganen während des Sexualaktes kommt es zur **Erregung sympathischer Efferenzen** im unteren Thorakal- und oberen Lumbalmark. Die Erregung der sympathischen Neurone führt zu **Kontraktionen** von **Epididymis, Ductus deferens, Vesicula seminalis** und **Prostata** (3 in ◘ Abb. 71.11). Damit werden Samen und Drüsensekrete in die Urethra interna befördert. Gleichzeitig wird ein Rückfluss des Ejakulats in die Harnblase durch Kontraktion des Sphincter urethrae internus des Blasenhalses reflektorisch verhindert.

Mechanismus der Ejakulation Diese setzt nach der Emission ein. Sie wird durch Erregung der Afferenzen von der Prostata und von der Urethra interna in den Beckennerven ausgelöst. Die Reizung dieser Afferenzen während der Emission erzeugt reflektorisch über das Sakralmark **tonisch-klonische Kontraktionen** der **Beckenbodenmuskulatur** und der **Mm. bulbo- und ischiocavernosi**, die das proximale erektile Gewebe umschließen (4 in ◘ Abb. 71.11). Diese rhythmischen Kontraktionen erhöhen die **Rigidität des Penis** (wobei der Druck im erektilen Gewebe über den arteriellen Blutdruck ansteigen

Tab. 71.3   Zusammenfassung der neuronalen Kontrolle der Genitalreflexe beim Mann

	Erektion	Emission und Ejakulation	Orgasmus
Afferenzen	Von Glans penis und um-liegenden Geweben zu Sakral-mark (im N. pudendus)	Von äußeren und inneren Geschlechts-organen zum Sakralmark (N. pudendus und splanchnicus pelvinus) und zum Thorakolumbalmark (Plexus hypogastri-cus), Afferenzen von Skelettmuskulatur	Vorhanden, wenn mindestens ein afferenter Eingang intakt ist (von Genitalien zu Sakral- oder Thorakolumbalmark, von Skelett-muskulatur zum Sakralmark)
Vegetative Efferenzen	1. Parasympathisch sakral 2. Sympathisch thorakolumbal (psychogen)?	Sympathisch thorakolumbal (reflekto-risch und psychogen)	
Somatische Efferenzen	0	Zu Mm. bulbo- und ischiocavernosi; Beckenbodenmuskulatur	
Sakralmark zerstört	Vorhanden bei 25 % der Patienten (psychogen), thorakolumbal	Emission vorhanden, wenn Erektion auslösbar (psychogen)	Vorhanden
Rückenmark im oberen Thorakal- oder Zervikal-mark unterbrochen	Fast immer vorhanden (reflektorisch)	Fast nie vorhanden	Fehlt immer

kann) und die Sekrete werden aus der Urethra interna durch die Urethra externa herausgeschleudert. Gleichzeitig kontra-hieren sich die Muskeln von Rumpf und Beckengürtel rhyth-misch, was dem Transport des Samens in die proximale Vagina und die Cervix uteri dient. Während der Ejakulationsphase sind die parasympathischen und sympathischen Neurone zu den Geschlechtsorganen maximal erregt. Nach Abnahme der Aktivität in den parasympathischen Vasodilatatorneuronen klingt die Erektion allmählich ab.

> ❯ Der Erektion des Penis folgt die Emission des Samens durch die Aktivierung lumbaler sympathischer Neurone und Ejakulation des Samens durch rhythmische Kon-traktionen der Musculi bulbo- und ischiocavernosi und der Beckenbodenmuskulatur.

Klinik

Genitalreflexe nach Rückenmarksläsionen beim Mann

Rückenmarksläsionen haben, je nach genauer Lokalisation, verschiedene Folgen auf die Genitalreflexe:

- Männer mit **zerstörtem Sakralmark** haben häufig Emis-sionen, wenn diesen eine psychogen ausgelöste Erektion vorausgegangen ist. Ebenso kann bei diesen Patienten ein Orgasmus vorhanden sein. Die efferenten Impulse zu den Geschlechtsorganen laufen hier über den Sympathikus vom Thorakolumbalmark (2 und 3 in ❑ Abb. 71.11, ❑ Tab. 71.3).
- **Querschnittsgelähmte Männer**, deren Rückenmark im Zervikal- oder oberen Thorakalmark durchtrennt ist, haben praktisch keine Emissionen, Ejakulationen und keinen Orgasmus mehr (❑ Tab. 71.3). Den sympathischen Neuro-nen im unteren Thorakal- und oberen Lumbalmark fehlt vermutlich die Förderung von supraspinal.

71.6.3 Veränderungen der weiblichen äußeren Geschlechtsorgane bei sexueller Stimulation

Die Veränderungen der äußeren Geschlechtsorgane im sexu-ellen Reaktionszyklus der Frau werden durch das vegetative Nervensystem erzeugt.

Veränderungen der weiblichen äußeren Geschlechtsorgane bei sexueller Stimulation   Die Labia majora, die sich nor-malerweise in der Mittellinie berühren und dadurch Labia minora, Vaginaleingang und Urethraausgang schützen, wei-chen auseinander, verdünnen sich und verschieben sich in anterolaterale Richtung. Bei fortgesetzter Erregung entwickelt sich eine **venöse Blutstauung** in ihnen. Die Labia minora nehmen durch Blutfüllung um das 2- bis 3-fache im Durch-messer zu und schieben sich zwischen die Labia majora. Diese Veränderung der kleinen Schamlippen **verlängert den Vaginalzylinder**. Die angeschwollenen Labia minora ändern ihre Farbe von rosa zu hellrot (**Sexualhaut**, sex skin). Glans und Corpus clitoridis schwellen an und nehmen an Länge und Größe zu. Bei zunehmender Erregung wird die Klitoris an den Rand der Symphyse gezogen.

Mechanismen der Veränderungen der äußeren Geschlechts-organe   Die Veränderungen der äußeren Genitalien wäh-rend der sexuellen Erregung werden einerseits **reflektorisch** durch Reizung von Sensoren in den Genitalorganen, deren Axone im N. pudendus zum Sakralmark (S2–S4) laufen, erzeugt (❑ Abb. 71.12). Anderseits werden sie **psychogen** hervorgerufen. Die Vergrößerung der äußeren Genitalien ist auf eine allgemeine Vasokongestion zurückzuführen. Sie wird vermutlich durch **vasodilatatorisch wirkende parasym-pathische Neurone** aus dem Sakralmark, deren Axone durch die N. splanchnici pelvini laufen, erzeugt (❑ Abb. 71.12). Die

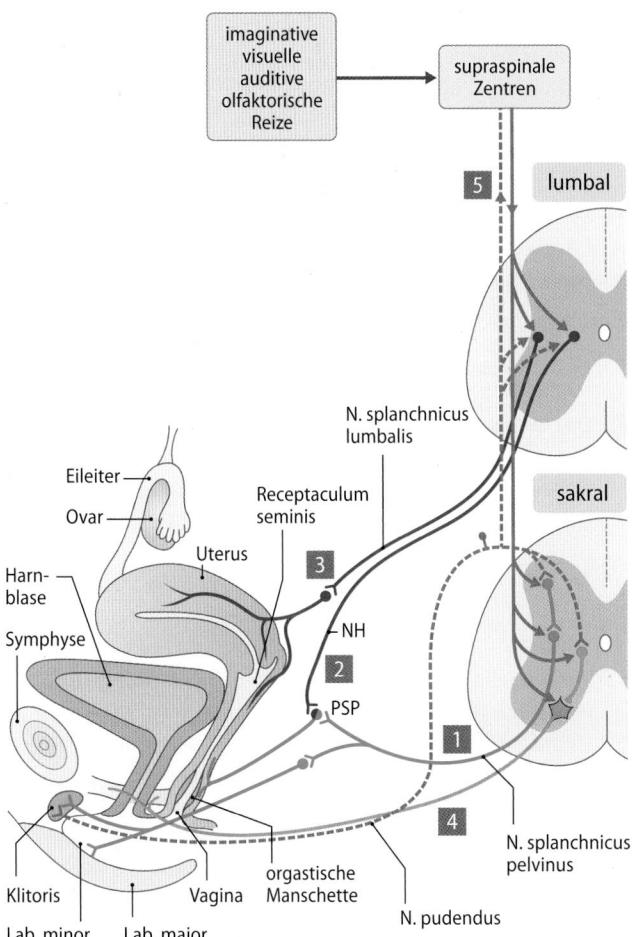

imaginative
visuelle
auditive
olfaktorische
Reize

supraspinale
Zentren

5

lumbal

N. splanchnicus
lumbalis

sakral

Eileiter

Ovar

Receptaculum
seminis

Uterus

3

Harn-
blase

NH

Symphyse

2

PSP

1

4

Klitoris

Vagina

orgastische
Manschette

N. splanchnicus
pelvinus

Lab. minor Lab. major

N. pudendus

Abb. 71.12 Innervation der weiblichen Genitalorgane. PSP=Plexus splanchnicus pelvinus. Einzelheiten und Zahlen siehe ☐ Abb. 71.11

Erektion der Klitoris wird wie beim Penis des Mannes durch die Blutfüllung von Schwellkörpern erzeugt. In Analogie zu den Befunden beim Mann (☐ Tab. 71.3) wird vermutet, dass auch die sympathische Innervation aus dem Thorakolumbalmark an der Erzeugung der Vasokongestion beteiligt ist.

Die **Klitoris** spielt wegen ihrer dichten afferenten Innervation eine besondere Rolle. Ihre Mechanorezeptoren werden sowohl durch direkte Berührung als auch indirekt – besonders nach Retraktion der Klitoris an den Rand der Symphyse – durch Zug am Präputium, durch Manipulationen an den äußeren Geschlechtsorganen oder durch die Penisstöße erregt. Die Erregung der Afferenzen vom Mons pubis, vom Vestibulum vaginae, von der Dammgegend und besonders von den Labia minora können ebenso starke Effekte während der sexuellen Erregung herbeiführen wie die klitoridalen Afferenzen. Die Erregung wird durch das Anschwellen der Organe verstärkt.

71.6.4 Veränderungen der weiblichen inneren Geschlechtsorgane bei sexueller Stimulation

Vagina, Uterus und umgebende Gewebe verändern sich im sexuellen Reaktionszyklus.

Vagina Innerhalb 10–30 s nach afferenter oder psychogener Stimulation setzt eine **Transsudation mukoider Flüssigkeit durch das Plattenepithel der Vagina** ein. Diese erzeugt die Gleitfähigkeit in der Vagina und ist die Voraussetzung für die adäquate Reizung der Afferenzen des Penis beim Geschlechtsakt. Die großen Vorhofdrüsen (Bartholini-Drüsen) spielen bei der Erzeugung der Gleitfähigkeit kaum eine Rolle. Die Transsudation entsteht auf dem Boden einer allgemeinen venösen Stauung (**Vasokongestion**) in der Vaginalwand, die wahrscheinlich durch **Erregung parasympathischer und sympathischer Neurone** ausgelöst wird. Sie wird von einer reflektorischen Erweiterung und Verlängerung des Vaginalschlauches begleitet. Mit zunehmender Erregung bildet sich im äußeren Drittel der Vagina durch lokale venöse Stauung die **orgastische Manschette** aus (☐ Abb. 71.12). Diese Manschette bildet zusammen mit den angeschwollenen, vergrößerten Labia minora einen langen Kanal, der die optimale anatomische Voraussetzung zur Erzeugung eines Orgasmus bei Mann und Frau ist. Während des **Orgasmus** kontrahiert sich die orgastische Manschette je nach Stärke des Orgasmus. Diese Kontraktionen werden wahrscheinlich neuronal durch den Sympathikus vermittelt und sind mit Emission und Ejakulation beim Mann zu vergleichen.

Uterus Der Uterus richtet sich während der sexuellen Erregung aus seiner antevertierten und anteflektierten Stellung auf, vergrößert sich und steigt bei voller Erregung im Becken so auf, dass sich die Zervix von der hinteren Vaginalwand entfernt und dadurch im letzten Drittel der Vagina ein freier Raum zur Aufnahme des Samens (**Receptaculum seminis**) entsteht. Während des Orgasmus kontrahiert sich der Uterus regelmäßig. Diese Kontraktionen beginnen am Fundus und laufen über das Corpus uteri zum unteren Uterinsegment. Aufrichtung, Elevation und Vergrößerung des Uterus kommen durch die Vasokongestion im kleinen Becken und wahrscheinlich auch durch sympathisch und hormonell-erzeugte Kontraktionen der glatten Muskulatur in den Haltebändern des Uterus zustande.

Nach dem Orgasmus bilden sich die Veränderungen an den äußeren und inneren Geschlechtsorganen meist schnell zurück. Die äußere Zervixöffnung klafft für etwa 20–30 min auf und taucht in das Receptaculum seminis ein. Tritt nach starker Erregung der Orgasmus nicht ein, so laufen die Rückbildungen langsamer ab (☐ Abb. 71.13b).

❯ Die vaginale Sekretbildung (Lubrikation) entsteht durch Abpressen von Blutplasma (Transsudation).

71.6.5 Sexueller Reaktionszyklus

Der sexuelle Reaktionszyklus läuft in vier Phasen ab und besteht aus genitalen und extragenitalen Reaktionen.

Ablauf des sexuellen Reaktionszyklus Dieser Zyklus kann in **Erregungs-, Plateau-, Orgasmus-** und **Rückbildungsphase** eingeteilt werden. Beim Mann laufen diese Reaktionen insge-

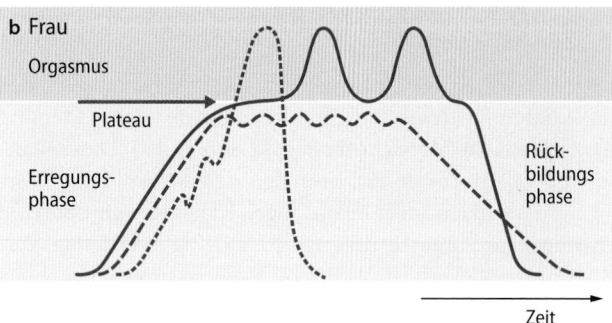

a Mann

Orgasmus

Plateau

Erregungs-
phase

Refraktärzeit

Rück-
bildungs
phase

b Frau

Orgasmus

Plateau

Erregungs-
phase

Rück-
bildungs
phase

Zeit

◘ **Abb. 71.13a,b   Sexuelle Reaktionszyklen von Mann und Frau.**
Dauer (Abszisse) und Stärke (Ordinate) der verschiedenen Phasen sind
interindividuell sehr variabel. (Nach Masters und Johnson 1966)

samt stereotyp mit geringen interindividuellen Variationen ab
(◘ Abb. 71.13a). Auf den Orgasmus folgt in der Rückbildungsphase eine **Refraktärzeit** von weniger als einer bis zu mehreren Stunden, in der kein neuer Orgasmus durch sexuelle
Stimulation erreicht werden kann. Bei der Frau sind der zeitliche Ablauf sowie Dauer und Intensität des sexuellen Reaktionszyklus erheblich variabler als beim Mann (◘ Abb. 71.13b).
Sie ist zu **multiplen Orgasmen** fähig. Wird kein Orgasmus
erreicht, dauert die Rückbildungsphase länger an.

Vegetative Veränderungen im Orgasmus   Der Orgasmus ist
eine **Reaktion des ganzen Körpers**. Er besteht aus den neu-
rovegetativ hervorgerufenen Reaktionen der Genitalorgane
(beim Mann besonders der Ejakulation; bei der Frau besonders der Kontraktion von orgastischer Manschette und
Uterus), allgemeinen vegetativen und hormonellen Reaktionen und der meist starken zentralnervösen Erregung, die zu
intensiven Empfindungen und zu Einengungen der übrigen
Sinneswahrnehmungen führt.

Während der sexuellen Reaktionszyklen kann man vielfältige **extragenitale Reaktionen** beobachten:

- Herzfrequenz und Blutdruck nehmen mit dem Erre-
  gungsgrad zu. Die **Herzfrequenz** erreicht Maximalwerte
  um 100–180/min; der **Blutdruck** steigt diastolisch um
  20–40 und systolisch um 30–100 mmHg an.
- Die **Atemfrequenz** nimmt auf bis zu 40/min zu.
- Der M. sphincter ani externus kontrahiert sich rhythmisch in der Orgasmusphase.
- Die **Brust der Frau** zeigt infolge einer **Vasokongestion**
  eine Zunahme der Venenzeichnung und der Größe.
  Die Brustwarzen sind erigiert und die Warzenhöfe ange-
  schwollen. Diese Reaktionen der Brust können auch

beim Manne auftreten, sind aber bei weitem nicht so
deutlich ausgeprägt.

- Bei vielen Frauen und manchen Männern kann man die
  Sexualröte (Sexflush) der Haut beobachten. Sie beginnt
  in der späten Erregungsphase über dem Epigastrium
  und breitet sich mit zunehmender Erregung über Brüste,
  Schultern, Abdomen und u. U. den ganzen Körper aus.
- Die **Skelettmuskulatur** kontrahiert sich willkürlich und
  unwillkürlich. Die mimische Muskulatur, Bauch- und
  Interkostalmuskulatur können sich spastisch kontrahieren. Im Orgasmus geht die willkürliche Kontrolle
  über die Skelettmuskulatur häufig weitgehend verloren.

❯ Der Orgasmus ist eine koordinierte Reaktion des
ganzen Körpers, an der vegetative Systeme, somatomotorische Systeme, Reflexsysteme in Rückenmark,
Hirnstamm und Hypothalamus und kortikale Systeme
beteiligt sind.

In Kürze

Im **sexuellen Reaktionszyklus** finden bei Mann und
Frau Veränderungen der Genitalorgane statt, die vom
sakralen Parasympathikus und vom **lumbalen Sympathikus** vermittelt werden: Beim **Mann** kommt es zur
Erektion des Penis, zur **Emission** von Samen und Drüsensekreten in die prostatische Harnröhre und ihrer
Ejakulation aus der Urethra externa. Bei der **Frau**
kommt es bei sexueller Stimulation zunächst ebenfalls
zur Veränderung der äußeren Sexualorgane: Die Labia
majora weichen auseinander, die Labia minora verdoppeln ihren Durchmesser, Glans und Corpus clitoridis
schwellen an. Anschließend verändern sich die inneren
Geschlechtsorgane. Die zentralen neuronalen Mechanismen bestehen aus **spinalen** (sakralen und sakro-
lumbalen) **Reflexen** und **supraspinalen Einflüssen**.
Während des sexuellen Reaktionszyklus laufen multiple
extragenitale vegetative, somatomotorische und sensorische Reaktionen ab.

Literatur

Jänig W, The integrative action of the autonomic nervous system:
     neurobiology of homeostasis. Cambridge, New York: Cambridge
     University Press (2006)
Jänig W, Autonomic nervous system: central control of the gastrointes-
     tinal tract. In Squire LR (Hrsg) Encyclopedia of Neuroscience. Vol 1.
     Academic Press, Oxford, pp 871-881 (2009)
Jänig W, The autonomic nervous system. In Galizia CG, Lledo P-M (Hrsg.)
     Neurosciences – from molecule to behavior: a university textbook.
     Springer Spektrum, Springer-Verlag Berlin Heidelberg, pp 179-211
     (2013)
Mathias, C.J., Bannister, R. (Hrsg.) „Autonomic Failure". Oxford University
     Press, Oxford, 5. Auflage (2013)
Robertson, R., Biaggioni, I., Burnstock, G., Low, P.A., Paton, J.F.R. (Hrsg.)
     Primer of the autonomic nervous system. 3. Auflage, Elsevier
     Academic Press, Oxford (2012)

71

Hypothalamus

Wilfrid Jänig, Ralf Baron

© Springer-Verlag GmbH Deutschland, ein Teil von Springer Nature 2019
R. Brandes et al. (Hrsg.), *Physiologie des Menschen*, Springer-Lehrbuch
https://doi.org/10.1007/978-3-662-56468-4_72

Worum geht's?

Homöostase und Regulation des inneren Milieus
Das Leben von Säugetieren auf der Erde ist nur möglich, wenn die inneren Bedingungen im Körper, das
sog. innere **Milieu**, in engen Grenzen konstant bleiben.
Der Gleichgewichtszustand, der bei der Konstanthaltung des inneren Milieus eintritt, wird als **Homöostase**
bezeichnet. Homöostase ist die physiologische Eigenschaft eines Systems, sich selbst so zu regeln, dass das
innere Milieu konstant bleibt. Homöostatische Regulationen erfordern **Sensoren**, die die Änderungen des
zu regelnden Parameters fortlaufend messen und zum
regelnden **neuronalen Netzwerk** (biologischer Regler)
melden, und **Effektormechanismen**, über die der Regler den Parameter verändert. Neuronale Regler, Sensoren und Effektoren bilden Regelsysteme mit negativer
Rückkopplung.

**Der Hypothalamus ist das Integrationszentrum
homöostatischer Regulationen**
Die wichtigste Hirnregion für die Regulation des
inneren Milieus des Körpers und seine Anpassung bei
Belastungen des Organismus ist der **Hypothalamus**
(◌ Abb. 72.1). An diesen homöostatischen Regulationen sind die **neuroendokrinen Systeme**, die **vegetativen Systeme** und die **Somatomotorik** beteiligt. Im
Hypothalamus werden diese drei Systeme zu elementaren Verhaltensweisen koordiniert. Spinale Reflexe,
Hirnstammreflexe und vegetative Regulationen, die im
Hirnstamm repräsentiert sind, sind in diese hypothalamischen Funktionen integriert. Die hypothalamischen
Funktionen umfassen die Thermoregulation, die Regulation der Reproduktion, die Volumen- und Osmo-
regulation, die Regulation von Nahrungsaufnahme und
Metabolismus, die Regulation der zirkadianen Rhythmik der Körperfunktionen sowie die Regulation der
Körperabwehr, die die Regulation des Immunsystems
einschließt (◌ Tab. 72.1).

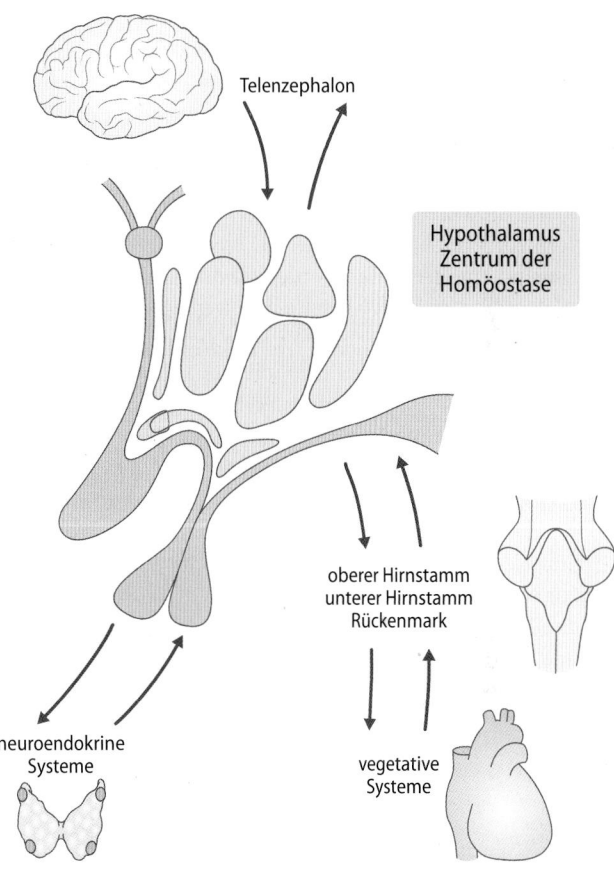

◌ **Abb. 72.1**   Der Hypothalamus ist das Zentrum der Homöostase

72.1 Funktionelle Anatomie und neuronale sowie endokrine Verbindungen des Hypothalamus

72.1.1 Funktionelle Anatomie

Der Hypothalamus ist mit fast allen Gebieten des ZNS reziprok verbunden und integriert somatische, endokrine und
vegetative Funktionen.

Topographische Lage (◌ Abb. 72.2)   Der Hypothalamus ist
ein kleiner, etwa 5 g schwerer Teil des Gehirns. Er gehört zu
einem neuronalen Kontinuum, welches sich vom Mittelhirn
zu den basalen Bereichen des Telenzephalons erstreckt, die

eng mit dem **phylogenetisch alten Riechsystem** assoziiert sind. Der Hypothalamus ist ein Teil des **Zwischenhirns (Dienzephalon)**, liegt ventral vom Thalamus und ist um die ventrale Hälfte des dritten Ventrikels organisiert. Er wird kaudal vom Mesenzephalon und rostral von der Lamina terminalis, der Commissura anterior und dem Chiasma opticum begrenzt. Lateral von ihm liegen die Tractus optici, die Capsulae internae und die subthalamischen Strukturen.

Organisation des Hypothalamus   Innerhalb des Hypothalamus unterscheidet man drei mediolateral angeordnete longitudinale Zonen: eine periventrikuläre, eine mediale und eine laterale Zone:

- Die **periventrikuläre Zone** ist dünn und um den 3. Ventrikel organisiert. In ihr liegen die meisten **hormonfreisetzenden** Neurone (neuroendokrine Motoneurone). Sie enthält mehrere Kerngebiete, die z. T. in den medialen Hypothalamus übergehen.
- In der **medialen Zone** können mehrere Kerngebiete, die vom vorderen bis zum hinteren Hypothalamus angeordnet sind, unterschieden werden (■ Abb. 72.2). Die Kerngebiete sind grob mit verschiedenen integrativen Funktionen korreliert (■ Tab. 72.1). Vom ventromedialen Bereich des Hypothalamus entspringt der Hypophysenstiel (Infundibulum) mit **Adeno-** und **Neurohypophyse**. Viele Neurone in der periventrikulären Zone, in der Area praeoptica, der Area hypothalamica anterior, in den Nuclei ventromedialis und arcuatus (■ Abb. 72.2) projizieren in die **Eminentia mediana** (rot in ■ Abb. 72.2) und setzen hier Hormone aus ihren Axonen in den Portalkreislauf zur **Adenohypophyse** frei. Magnozelluläre Neurone in den Nuclei supraoptici und paraventriculares (Kerne 2 und 3 in ■ Abb. 72.2) projizieren in die **Neurohypophyse** und synthetisieren Adiuretin (ADH) und Oxytozin, die

aus den Axonendigungen in der Neurohypophyse ins Blut ausgeschüttet werden (▶ Kap. 74.4).
- Über den **lateralen Hypothalamus** (■ Abb. 72.2), in dem **keine Kerngebiete** unterschieden werden können, findet die Kommunikation zwischen medialem und periventrikulären Hypothalamus einerseits sowie Hirnstamm, Rückenmark und limbischen System andererseits statt (■ Abb. 72.2; s. u.).

72.1.2 Afferente und efferente Verbindungen des Hypothalamus

Medialer und periventrikulärer Hypothalamus   Die **efferenten Verbindungen** des medialen Hypothalamus zur Hypophyse sind **neuronal** zur **Neurohypophyse** und **hormonal** zur **Adenohypophyse** (über die **Eminentia mediana** und den **hypophysären Portalkreislauf**). Damit liegt der mediale und periventrikuläre Hypothalamus im Grenzbereich zwischen den endokrinen und den neuronalen Systemen: Er nimmt die Aufgabe eines **neuroendokrinen Interfaces** wahr. Der mediale und periventrikuläre Hypothalamus ist reziprok neuronal mit dem lateralen Hypothalamus verknüpft und erhält wenige direkte afferente Einströme von nicht hypothalamischen Hirngebieten. Zusätzlich messen spezielle Neurone im medialen Hypothalamus, die mit den **zirkumventrikulären Organen** assoziiert sind, wichtige Parameter des **Blutes** und des **Liquors** (s. rote Pfeile in ■ Abb. 72.3) und damit des **inneren Milieus**. Solche Rezeptoren registrieren beispielsweise die Temperatur des Blutes (Warmneurone; ▶ Kap. 42.4), die Salz-

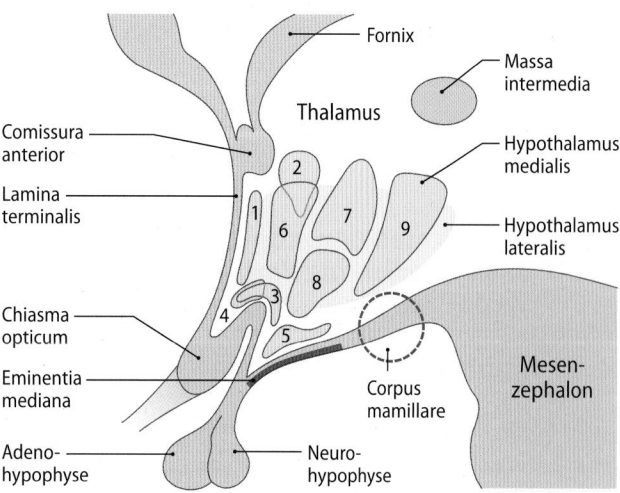

■ **Abb. 72.2   Kerngebiete des Hypothalamus. Sagittalschnitt durch den dritten Ventrikel. Schematische Darstellung.** 1 Nucl. praeopticus (Area praeoptica); 2 Nucl. paraventricularis; 3 Nucl. supraopticus; 4 Nucl. suprachiasmaticus; 5 Nucl. arcuatus; 6 Nucl. (Area) anterior; 7 Nucl. dorsomedialis; 8 Nucl. ventromedialis; 9 Nucl. (Area) posterior. (Modifiziert nach Gray's Anatomy 2016)

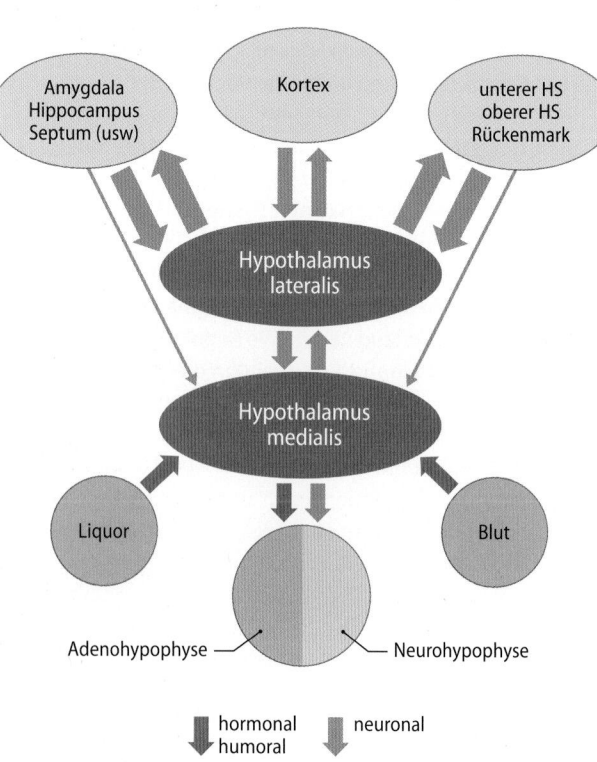

■ **Abb. 72.3   Afferente und efferente Verbindungen des Hypothalamus.** HS=Hirnstamm. Vereinfachte schematische Darstellung

◻ Tab. 72.1 Merkmale der integrierten Funktionen des Hypothalamus

Funktion	Kerngebiete im Hypothalamus	Afferente Systeme	Vegetative Systeme	Endokrine Systeme, Hormone
Thermoregulation Thermoregulatorisches Verhalten (▶ Kap. 42.4.3)	Regio praeoptica, Hypothalamus ant., Nucl. posterior, OVLT (pyrogene Zone, Fieber)	Thermorezeptoren in Peripherie, zentrale Thermosensibilität (Regio praeoptica)	SyNS (Haut)	TRH-Thyr (HVL)
Reproduktion, sexuelle Reifung Sexualverhalten und sexuelle Orientierung (▶ Kap. 79.2, 80.3, 82.1)	Regio praeoptica medialis (♀; Mensch: dimorph), Nucl. ventromedialis (♂)	Afferenzen von Sexualorganen, Afferenzen von somatischen Geweben, andere Sinnessysteme	SyNS (thorlumb), PaNS (sakral) (Genitalorgane)	GnRH, FSH/LH (HVL)
Volumen-, Osmoregulation (Flüssigkeitshomöostase) Durst, Trinkverhalten (▶ Kap. 35.4)	Nucl. paraventricularis/supraopticus, Regio praeoptica medialis, OVLT, SFO	Osmorezeptoren in OVLT und Leber, Volumenrezeptoren rechter Vorhof (vagal), Angiotensin II über SFO	SyNS (Niere)	Adiuretin/Vasopressin (HHL)
Regulation von Nahrungsaufnahme und Metabolismus Nahrungssuche und -aufnahme, Hunger/Sattheit (▶ Kap. 43)	Nucl. arcuatus, Nucl. paraventricularis, lat. Hypothal.; Ncl. ventro- medialis (Regulation der Insulinsekretion)	Vagale Afferenzen und Hormone vom Magen-Darm-Trakt (Ghrelin, Insulin, GLP-1); Leptin vom Fettgewebe, Glukosekonzentration	Darmnervensystem, PaNS (N. dors. nervi vagi, NTS), SyNS (braunes Fettgewebe)	Insulin, Glukagon, Orexin, Leptin
Zeitorganisation von Körperfunktionen Schlaf-Wach-Verhalten, zirkadiane und endogene Rhythmik (▶ Kap. 64.1)	Nucl. suprachiasmaticus, Regio praeoptica	Afferenzen von Retina (Tractus retinohypothalamicus)	SyNS, PaNS; SyNS zu Glandula pinealis	Melatonin (Glandula pinealis)
Körperabwehr (z. B. bei Schmerz und Stress) Abwehrverhalten (akut; Angriff, Flucht)	Hypothalamus anterior, ventromedialis, posterior; zentrales mesenzephales Höhlengrau	Nozizeptive Afferenzen	SyNS, PaNS (kardiovaskuläres System)	CRH/ACTH (HVL), Adrenalin (SA System)
Immunabwehr Abwehr und Annäherung von/an toxische Situationen (▶ Kap. 25.2)	Nucl. paraventricularis	Zytokine	SyNS (zu Immungewebe)	CRH/ACTH (HVL), Adrenalin (SA System)

CRH/ACTH=Kortikotropin-RH/Adrenokortikotropes Hormon; GnRH Gonadotropin-RH; FSH/LH=Follikel-stimulierendes Hormon/luteinisierendes Hormon; GLP-1=Glucagon-like peptide; HHL=Hypophysenhinterlappen; HVL=Hypophysenvorderlappen; NTS=Nucleus tractus solitarii; OVLT=Organum vasculosum laminae terminalis (Osmosensoren); PaNS=parasympathisches Nervensystem; RH=Releasing-Hormon; SA-System=sympathoadrenales System (Nebennierenmark); SFO=Subfornikalorgan, Angiotensinsensibilität; SyNS=sympathisches Nervensystem; TRH/Thyr=Thyreotropin-RH/Thyroxin

konzentration im Plasma (Osmorezeptoren im Organum vasculosum laminae terminalis; ▶ Kap. 35.3), die Konzentrationen von Hormonen endokriner Drüsen im Blut, Peptidsignale vom Fettgewebe und Pankreas (z. B. Leptin, Insulin; ▶ Kap. 43.2) oder Signale vom Gastrointestinaltrakt (z. B. Ghrelin, Peptid YY; ▶ Kap. 38.2.2).

Lateraler Hypothalamus Der laterale Hypothalamus ist neuronal reziprok mit dem oberen und unteren Hirnstamm, dem Rückenmark, Strukturen des limbischen Systems (z. B. Amygdala, Hippocampus, Septum) und (besonders präfrontalen) Kortexarealen verbunden (◻ Abb. 72.3). **Afferente Einströme** von der Körperoberfläche und aus dem Körperinneren erhält der laterale Hypothalamus über spino-bulboretikuläre Bahnen, spino-hypothalamische Bahnen und aszendierende Bahnen vom Nucl. tractus solitarii. Afferente Einströme von den

übrigen Sinnessystemen erhält der Hypothalamus über noch z. T. unbekannte multisynaptische Bahnen. Seine **efferenten Verbindungen** zu den vegetativen und somatischen Kerngebieten im Hirnstamm und im Rückenmark sind entweder direkt monosynaptisch oder multisynaptisch über die Formatio reticularis.

In Kürze

Der Hypothalamus ist der ventrale Teil des **Zwischenhirns** und afferent sowie efferent mit fast allen Hirnteilen verbunden. Die **Regulationen der vitalen Körperfunktionen**, die über die vegetativen, neuroendokrinen und somatomotorischen Systeme ablaufen, sind im periventrikulären und medialen Hypothalamus repräsentiert.

72.2   Hypothalamo-Hypophysäres System

Die Neurone des hypothalamo-hypophysären Systems bilden
die Koppelung zwischen Gehirn und endokrinen Drüsen.

Regulation der Adenohypophyse   Die Aktivität der meisten
endokrinen Drüsen wird durch Hormone der **Adenohypo-**
physe geregelt (▶ Kap. 74.1.1). Die Ausschüttung dieser Hormone unterliegt wiederum der Kontrolle durch Hormone, die
von endokrinen Motorneuronen in der periventrikulären
Zone und im medialen Hypothalamus (◘ Abb. 72.1) produziert werden. Diese hypothalamischen Hormone werden **sti-**
mulierende und **inhibitorische Releasing-Hormone** oder
auch Liberine und Statine genannt (SRH, IRH in ◘ Abb. 72.4
und ▶ Kap. 74.1). Die Releasing-Hormone werden aus den
Axonen der Neurone in der **Eminentia mediana** freigesetzt
und gelangen auf dem Blutwege über das **hypothalamo-hy-**
pophysäre Pfortadersystem zur Adenohypophyse.

Die Sekretion der **hypothalamischen Hormone** durch
die Neurone in das Pfortadersystem, das zur Adenohypophyse führt, wird über die Plasmakonzentration der Hormone der peripheren endokrinen Drüsen kontrolliert (lange
rote Pfeile in ◘ Abb. 72.4). Ein Anstieg der Konzentration der
Hormone peripherer endokriner Drüsen im Plasma führt zur
Abnahme der Freisetzung der entsprechenden Releasing-
Hormone im medialen Hypothalamus. Auch die hypothalamischen Hormone und die Hormone der Adenohypophyse
selbst nehmen an der **negativen Rückkopplung** in dieser
Regelung teil (unterbrochene rote Pfeile in ◘ Abb. 72.4).

Anpassung der negativen neuroendokrinen Rückkopplungs-
systeme durch das ZNS (◘ Abb. 72.4)   Das hypothalamo-
hypophysäre System wird an die inneren und äußeren Belastungen des Organismus durch das ZNS angepasst. Diese
zentralnervöse Steuerung wird über den lateralen Hypothalamus vermittelt und geht vor allem von Strukturen des **lim-**
bischen Systems (z. B. Amygdala, Hippocampus und Septum) und Strukturen des **Mesenzephalons** aus (◘ Abb. 72.5).
Diese ZNS-Bereiche erhalten auch Rückmeldungen über die
Hormonkonzentration im Plasma von den endokrinen Drüsen (◘ Abb. 72.4). Die Neurone reagieren spezifisch auf endokrine Hormone und speichern sie intrazellulär. Als Beispiele
für die biologische Bedeutung der steuernden Eingriffe des
ZNS in die endokrinen Systeme seien die **zirkadiane Rhyth-**
mik der Ausschüttung des adrenokortikotropen Hormons
(ACTH), die Steuerung der Sexualdrüsen bei der **Sexualrei-**
fung im menstruellen Zyklus (▶ Kap. 80.2), die Steuerung
der **Kortisolausschüttung unter Stress** (▶ Kap. 68.2.2) und
die Stoffwechselerhöhung durch erhöhte **Thyroxinausschüt-**
tung bei langanhaltender **Kältebelastung** (▶ Kap. 75.1) genannt.

Die Releasing-Hormon produzierenden Neurone, die zur
Eminentia mediana projizieren, liegen an der **Schnittstelle**
zwischen den neuronalen und den neuroendokrinen
Regulationen. Sie bekommen von den o. g. Hirnbereichen
synaptische Eingänge und projizieren mit Axonkollateralen
zu verschiedenen Hirnstrukturen (◘ Abb. 72.5). Die Releas-

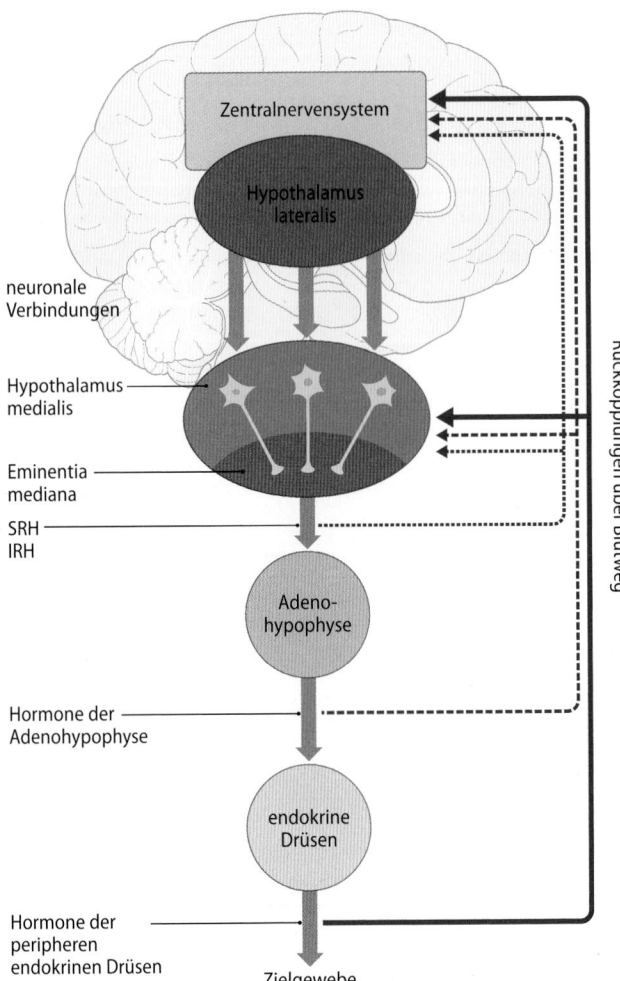

◘ **Abb. 72.4   Neuroendokrine Koppelung durch das hypothalamo-**
hypophysäre System. SRH=stimulierendes Releasing-Hormon; IRH=inhi-
bitorisches Releasing-Hormon

ing-Hormone werden vermutlich auch als Transmitter aus
den Axonkollateralen ausgeschüttet. Diese Neurone sind
demnach sowohl **terminale integrierende Neurone** als auch
hormonproduzierende endokrine Zellen.

> ❯ Neuroendokrine Motoneurone im medialen und peri-
> ventrikulären Hypothalamus sind die Schnittstelle zwi-
> schen vegetativen und neuroendokrinen Regulatio-
> nen.

In Kürze

Der Hypothalamus ist die **Schnittstelle** zwischen **neu-**
roendokrinen Regulationen und **Gehirn**. Endokrine
Motorneurone in der periventrikulären und medialen
Zone des Hypothalamus projizieren zur Eminentia mediana oder zur Neurohypophyse, wo sie ihre Hormone
freisetzen.

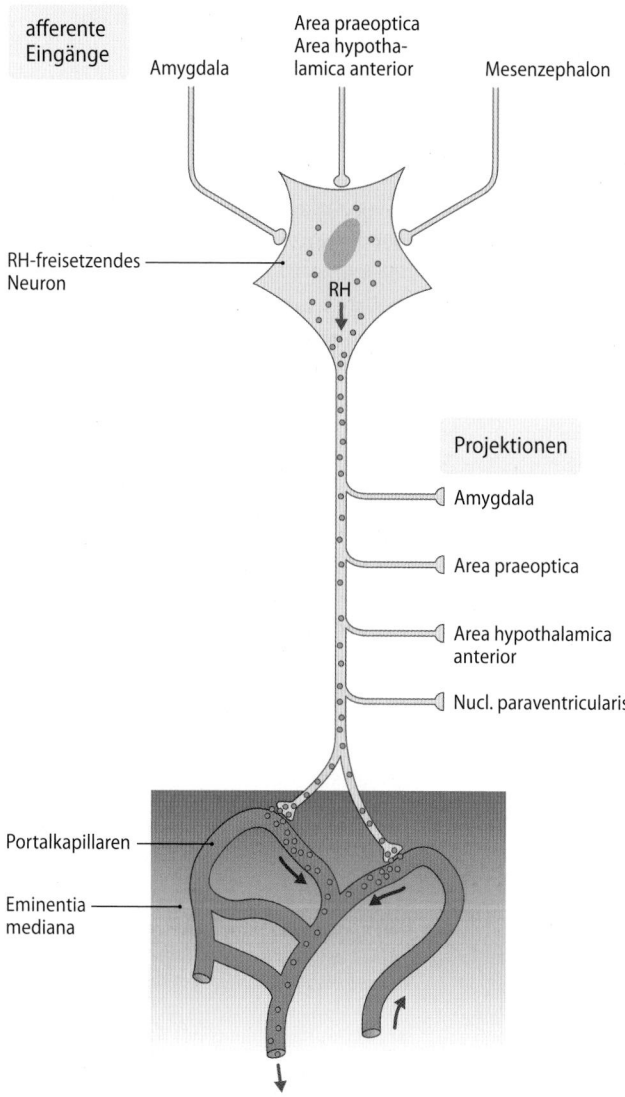

afferente Eingänge

Amygdala

Area praeoptica
Area hypotha-
lamica anterior

Mesenzephalon

RH-freisetzendes
Neuron

RH

Projektionen

Amygdala

Area praeoptica

Area hypothalamica
anterior

Nucl. paraventricularis

Portalkapillaren

Eminentia
mediana

zum HVL

◻ Abb. 72.5   Das hypothalamo-hypophysäre System. Releasing-Hormon (RH) freisetzendes Neuron als Grundelement der neuroendokrinen Koppelung im Hypothalamus. HVL=Hyophysenvorderlappen

72.3   Funktionelle Organisation des Hypothalamus

72.3.1   Übergeordnete Regulation von Kreislauf und Atmung

Die neuronale Kontrolle des kardiovaskulären Systems und der Atmung, die in der Medulla oblongata repräsentiert ist, ist in alle hypothalamischen Regulationen integriert.

Die rückgekoppelte Selbststeuerung des kardiovaskulären Systems (arterieller Systemblutdruck, Herzzeitvolumen, Blutflussverteilung) und der Atmung findet im unteren Hirnstamm statt (▶ Kap. 71.2; ▶ Kap. 21.3). Diese Selbststeuerung des kardio-respiratorischen Systems steht wiederum unter der Kontrolle des oberen Hirnstamms und des Hypothalamus. Diese Kontrolle geschieht über die neuronalen Verknüp-

fungen zwischen Hypothalamus und medullärem Kreislaufzentrum sowie über direkte neuronale Verbindungen vom Hypothalamus zu den präganglionären Neuronen. Die **übergeordnete neuronale Kontrolle** des kardiovaskulären und respiratorischen Systems durch den Hypothalamus geschieht bei allen **komplexeren vegetativen Funktionen**, wie z. B. bei der Thermoregulation (▶ Kap. 42.4), der Kontrolle von Nahrungsaufnahme und Metabolismus (▶ Kap. 43), dem Abwehrverhalten usw. (◻ Tab. 72.1).

Anpassung des Herz-Kreislauf-Systems und der Atmung während körperlicher Arbeit   Bei Muskelarbeit erhöhen sich Herzzeitvolumen (besonders durch Erhöhung der Herzfrequenz) und Atemzeitvolumen; gleichzeitig erhöht sich der Blutfluss durch die Muskelstrombahn, während die Blutflüsse durch Haut und Eingeweide abnehmen. Diese Anpassungen geschehen praktisch sofort mit Beginn der Arbeit. Sie werden **zentralnervös über den Hypothalamus** ausgelöst.

Elektrische Hypothalamusreizung
Elektrische Reizung im lateralen Hypothalamus in Höhe der Corpora mamillaria erzeugt z. B. bei Hunden bis ins Detail dieselben vegetativen Reaktionen wie Laufen auf dem Laufband. Auch am anästhesierten Tier kann man Laufbewegungen und Atembeschleunigungen während elektrischer Hypothalamusreizung beobachten. Bei geringen Änderungen der Lokalisation der Reizelektrode können vegetative und somatische Reaktionen auch unabhängig voneinander hervorgerufen werden. Diese Hypothalamusbereiche unterliegen der **neokortikalen Kontrolle**.

72.3.2   Organisation hypothalamischer Funktionen

Im Hypothalamus werden vegetative, neuroendokrine und somatomotorische Regulationen zu komplexen Funktionen organisiert.

Elektrische oder chemische Reizung kleiner Areale im Hypothalamus mit Mikroelektroden löst bei Tieren Verhaltensweisen aus, die in ihrem Variantenreichtum den natürlichen, **artspezifischen Verhaltensweisen** ähneln. Dazu gehören z. B. das Abwehrverhalten, die Nahrungs- und Flüssigkeitsaufnahme (nutritives Verhalten, Trinkverhalten), das reproduktive (Sexual-) Verhalten, das thermoregulatorische Verhalten und das Schlaf-Wach-Verhalten. Diese Verhaltensweisen dienen der **Selbsterhaltung des Individuums** und **der Art** und können im weiteren Sinne auch als homöostatische Prozesse betrachtet werden. Jede dieser Verhaltensweisen besteht aus **somatomotorischen**, **vegetativen** und **endokrinen** Komponenten. In ◻ Tab. 72.1 sind die Merkmale dieser komplexen Funktionen des Hypothalamus (einschließlich der assoziierten Verhaltensweisen) aufgeführt.

Hypothalamisch ausgelöstes Abwehrverhalten   Lokale elektrische Reizung im kaudalen ventralen Hypothalamus (Areal 2 in ◻ Abb. 72.6) erzeugt z. B. bei einer wachen Katze Abwehrverhalten. Man beobachtet typische **somatomotorische Reaktionen** (Katzenbuckel, Fauchen, gespreizte Zehen und ausge-

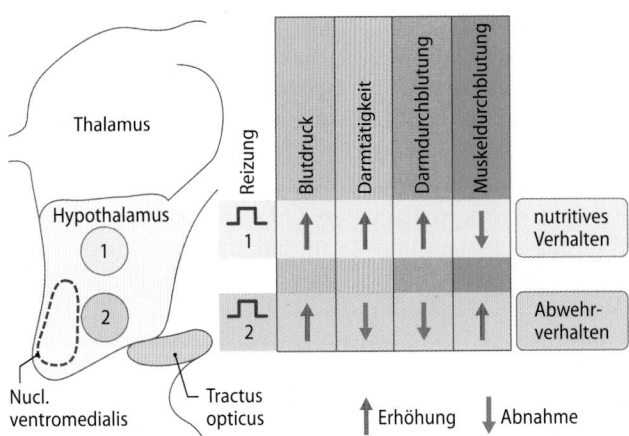

Erhöhung   Abnahme

Abb. 72.6   Abwehrverhalten und nutritives Verhalten. Vegetative Reaktionen bei der Erzeugung dieser Verhaltensweisen der Katze durch topische elektrische Reizung im Hypothalamus. (Nach Folkow u. Rubinstein 1966)

72.6). Die meisten vegetativen Reaktionen werden durch die Aktivierung des Sympathikus erzeugt. Weiterhin sind auch **hormonale Faktoren** an diesem Verhalten beteiligt. **Adrenalin** wird z. B. aus dem Nebennierenmark in den Blutkreislauf ausgeschüttet (▶ Kap. 72.2). Die Aktivierung des hypothalamo-hypophysären Systems führt über die Ausschüttung von **ACTH** aus dem Hypophysenvorderlappen zur Freisetzung von **Kortikosteroiden** aus der Nebennierenrinde.

Hypothalamisch ausgelöstes nutritives Verhalten   Dieses Verhalten ist nahezu komplementär zum Abwehrverhalten. Es kann durch lokale elektrische Reizung eines hypothalamischen Areals ausgelöst werden, welches 2–3 mm dorsal vom „Abwehrareal" liegt (Areal 1 in ◻ Abb. 72.6). Ein Tier, bei dem dieses Verhalten erzeugt wird, zeigt alle **Merkmale eines auf Nahrungssuche befindlichen Tieres**. Es beginnt bei Annäherung an einen gefüllten Trog zu fressen, auch wenn es satt ist. Speichelfluss, Darmmotilität und Darmdurchblutung nehmen zu und die Muskeldurchblutung nimmt ab (◻ Abb. 72.6). Die charakteristischen Änderungen der vegetativen Parameter während des nutritiven Verhaltens führen gewissermaßen zur **vegetativen Einstellung** auf den Vorgang **Nahrungsaufnahme**.

stülpte Krallen) und **vegetative Reaktionen** (gesteigerte Atmung, Pupillenerweiterung und Piloerektion auf Schwanz und Rücken). Blutdruck und Muskeldurchblutung erhöhen sich; Darmmotilität und Darmdurchblutung nehmen ab (◻ Abb.

Klinik

Funktionsstörungen durch Schädigung des Hypothalamus beim Menschen

Ursachen
Hypothalamische Funktionsstörungen beim Menschen werden am häufigsten durch Neoplasien (Tumoren), Traumen und Entzündungen verursacht. Diese Schädigungen sind manchmal relativ lokalisiert, sodass isolierte Ausfälle im vorderen, intermediären und hinteren Hypothalamus entstehen können.

Symptome
Die Funktionsstörungen, die der Kliniker bei den Patienten beobachtet, sind (mit Ausnahme des Diabetes insipidus; ▶ Kap. 35.5) komplexer Natur. Sie hängen auch davon ab, ob die Schädigungen akut (z. B. durch ein Trauma) oder chronisch (z. B. durch einen langsam wachsenden Tumor) entstanden sind. Akute kleine Schädigungen können zu erheblichen Funktionsstörungen führen, während Funktionsstörungen durch lang-

sam wachsende Tumoren erst dann auftreten, wenn die Schädigungen große Ausmaße erreicht haben. Die Störungen der komplexen Funktionen des Hypothalamus sind in ◻ Tab. 72.2 aufgeführt. Die Störungen der Wahrnehmung, des Gedächtnisses und des Schlaf-Wach-Rhythmus werden z. T. durch Schädigungen aszendierender und deszendierender Systeme von und zu Strukturen des limbischen Systems erzeugt.

Tab. 72.2   Funktionsstörungen durch Schädigung des Hypothalamus beim Menschen

	Vorderer Hypothalamus mit Regio praeoptica	Intermediärer Hypothalamus	Hinterer Hypothalamus
Funktion	Schlaf-Wach-Rhythmus, Thermoregulation, endokrine Regulation	Wahrnehmung, kalorischer Haushalt, Flüssigkeitshaushalt, endokrine Regulationen	Wahrnehmung, Bewusstsein, Thermoregulation, komplexe endokrine Regulationen
Läsionen			
Akut	Schlaflosigkeit, Hyperthermie, Diabetes insipidus	Hyperthermie, Diabetes insipidus, endokrine Störungen	Schlafsucht, emotionale Störungen, vegetative Störungen, Poikilothermie
Chronisch	Schlaflosigkeit, komplexe endokrine Störungen (z. B. Pubertas praecox), endokrine Störungen infolge Schädigung der Eminentia mediana, Hypothermie, kein Durstgefühl	Medial: Gedächtnisstörungen, emotionale Störungen, Hyperphagie und Fettsucht, endokrine Störungen Lateral: emotionale Störungen, Abmagerung und Appetitlosigkeit, kein Durstgefühl	Gedächtnisverlust, emotionale Störungen, Poikilothermie, vegetative Störungen, komplexe endokrine Störungen (z. B. Pubertas praecox)

72.3.3 Integrative Funktionen des Hypothalamus

Der Hypothalamus enthält zahlreiche neuronale Verhaltensprogramme, die durch neuronale und humorale Signale aus der Körperperipherie und vom Endhirn aktiviert werden können.

Die Organisation im Hypothalamus, aufgrund derer dieses kleine Hirngebiet die vielen integrativen lebenswichtigen Funktionen (◻ Tab. 72.1) kontrolliert, kann bisher im Detail nicht beschrieben werden. Die neuronalen Substrate, welche diese Funktionen regulieren, sind nicht in den einzelnen histologisch definierten hypothalamischen Kerngebieten (◻ Abb. 72.2) lokalisiert. Deshalb darf man sich die neuronalen Strukturen, die diese Funktionen repräsentieren, **nicht anatomisch fest umrissen** vorstellen, wie es in den Begriffen „Sättigungszentrum", „Hungerzentrum", „thermoregulatorisches Zentrum" usw. zum Ausdruck kommen mag. Sicherlich sind die verschiedenen **hypothalamischen Neuronenverbände** durch die Spezifität der afferenten und efferenten Verknüpfungen, der Transmitter, der räumlichen Anordnung der Dendriten und andere Parameter charakterisiert. Man könnte in der Computersprache sagen, dass die neuronalen Netzwerke des Hypothalamus viele **neuronale Programme** repräsentieren, welche die in ◻ Tab. 72.1 aufgeführten Funktionen ausführen. Aktivierung dieser Programme durch Signale vom Vorderhirn und durch afferente neuronale, hormonelle und humorale Signale aus der Peripherie des Körpers löst die komplexen hypothalamischen Funktionen aus (◻ Abb. 72.7).

Vegetative, neuroendokrine und somatomotorische Reflexe und Regulationen werden daher im Hypothalamus zu Verhaltensweisen integriert, die für die Erhaltung des Individuums und der Art essentiell sind.

> **In Kürze**
>
> Der Hypothalamus integriert vegetative, endokrine und somatomotorische Systeme zu **homöostatischen Regulationen** und **Verhaltensweisen**, die das Überleben der Individuen und der Art gewährleisten. Die im unteren Hirnstamm repräsentierten homöostatischen Regulationen sind in den hypothalamischen Funktionen integriert. Die neuronalen Programme, welche die **hypothalamischen integrativen Funktionen** repräsentieren, werden vom Großhirn sowie neuronalen afferenten, hormonalen und humoralen Signalen aus der Körperperipherie aktiviert und moduliert.

Literatur

Appenzeller O. (Hrsg) The autonomic nervous system. Part I. Normal functions. In Vinken PJ, Bruyn GW (Hrsg) Handbook of clinical neurology, volume 74. Elsevier Amsterdam (1999)

Card JP, Swanson LW, The hypothalamus: an overview of regulatory systems. In: Squire LR, Berg D, Bloom FE, du Lac S, Ghosh A, Spitzer NC (Hrsg) Fundamental neuroscience. Academic Press Elsevier, Waltham Amsterdam, pp717 – 727 (2013)

Jänig W, The integrative action of the autonomic nervous system: neurobiology of homeostasis. Cambridge, New York: Cambridge University Press (2006)

Robertson, R., Biaggioni, I., Burnstock, G., Low, P.A., Paton, J.F.R. (Hrsg.) Primer of the autonomic nervous system. 3. Auflage, Elsevier Academic Press, Oxford (2012)

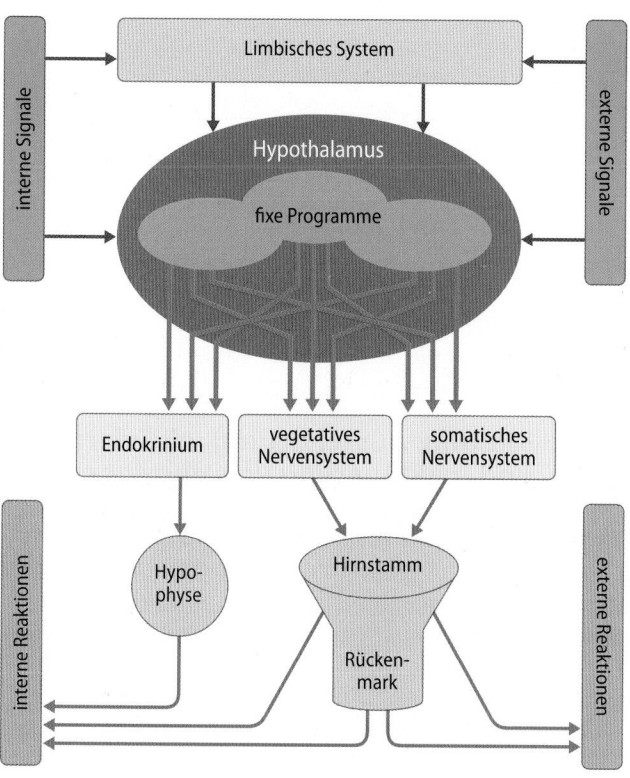

◻ **Abb. 72.7** Schema zur Organisation hypothalamischer Funktionen: Ein Konzept

Allgemeine Endokrinologie

Florian Lang, Michael Föller

© Springer-Verlag GmbH Deutschland, ein Teil von Springer Nature 2019
R. Brandes et al. (Hrsg.), *Physiologie des Menschen*, Springer-Lehrbuch
https://doi.org/10.1007/978-3-662-56468-4_73

Worum geht's?

Allgemeine Aspekte endokriner Regulation

Hormone werden von speziellen Zellen, die innerhalb oder außerhalb von Drüsen liegen, gebildet und üben in anderen Organen und Geweben, zu denen sie auf dem Blutweg gelangen, zelluläre Wirkungen aus. Durch Hormone können daher die Funktionen von Zellen, Geweben und Organen reguliert und den Erfordernissen des Körpers angepasst werden. Das Nervensystem und Hormone ergänzen einander bei dieser Aufgabe. Hormone sind meist Teil von **Regelkreisen** mit negativer Rückkopplung, welche Hormonausschüttung und häufig auch Wachstum der Hormondrüse an die Erfordernisse anpassen. Wichtige Eigenschaften hormoneller Regelkreise sind **Regelbreite** (Fähigkeit, maximale Störgrößen zu kompensieren) und **Ansprechzeit** (Geschwindigkeit, mit der eine Abweichung des kontrollierten Parameters wieder ausgeglichen wird). Letztere wird durch die Plasmaproteinbindung des Hormons beeinflusst.

Hormonelle Regelkreise

In einem hormonellen Regelkreis vergleicht eine Hormon-produzierende Zelle (Sensor) den Sollwert eines Parameters (z. B. Glukose) mit dem Istwert und setzt bei Abweichungen ein Hormon (z. B. Insulin) frei. Dieses kann auf die Hormon-produzierende Zelle selbst rückwirken (autokrin), benachbarte Zellen per Diffusion erreichen (parakrin) oder auf dem Blutweg zu Zielzellen gelangen (endokrin). Die Zielzelle beeinflusst als Stellglied aufgrund der Hormoneinwirkung den zu steuernden Parameter, die Regelgröße. Häufig wird die Hormonausschüttung durch Transmitter (z. B. Adrenalin) oder andere Hormone (z. B. Glucocorticoide) beeinflusst (◻ Abb. 73.1).

Störungen der Hormonausschüttung

Die Hormonausschüttung kann gestört sein, wobei zu viel oder zu wenig Hormon gebildet werden kann. Liegt die Ursache bei den hormonproduzierenden Zellen, spricht man von **primärer** Störung. Ist die gestörte Hormonausschüttung Folge inadäquater Stimulation, wird von einer **sekundären** Störung gesprochen.

Therapeutischer Einsatz von Hormonen

Der Ausfall mancher Hormone kann dramatische medizinische Konsequenzen haben. Bekanntestes Beispiel ist relativer oder absoluter Mangel an Insulin, der zur Zuckerkrankheit (Diabetes mellitus) führt. Einige Hormone können bei Ausfall der Hormondrüse ersetzt (**substituiert**) werden. Hormone werden auch als **Medikamente** eingesetzt, um nicht-endokrine Erkrankungen zu behandeln.

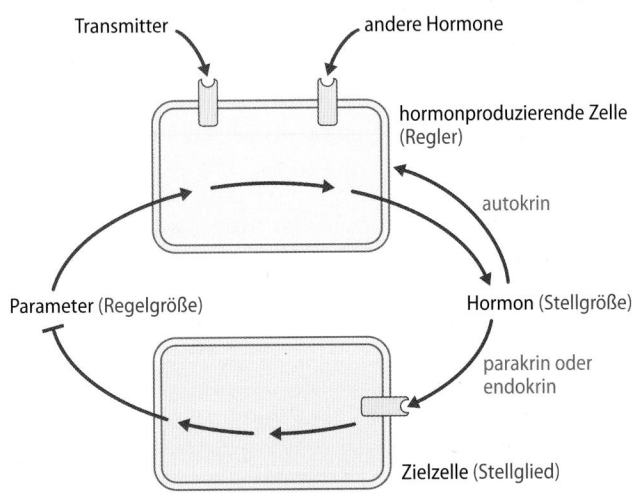

◻ Abb. 73.1 Hormoneller Regelkreis

73.1 Bildung, Ausschüttung, Aktivierung und Inaktivierung von Hormonen

73.1.1 Hormone als Signalstoffe

Hormone sind Signalstoffe, die ihre Zielzellen über die Blutbahn erreichen (endokrin), auf benachbarte Zellen (parakrin) wirken und/oder die hormonproduzierende Zelle selbst (autokrin) beeinflussen; sie lösen häufig mehrere logisch zusammenhängende Wirkungen aus.

Kommunikation zwischen Zellen Die Abstimmung der Leistungen jeweils verschiedener spezialisierter Zellen im Organismus erfordert Kommunikation. Zwischen unmittelbar benachbarten Zellen kann diese durch direkten Kontakt über **gap junctions** ermöglicht werden, zum anderen geben Zellen **Signalstoffe** ab, die Funktionen anderer Zellen beeinflussen.

Hormone im engeren Sinn Hormone entfalten ihre Wirkungen vorwiegend auf **endokrinem** Wege. Hierunter ist zu verstehen, dass sie von spezialisierten Zellen gebildet und an das Blut abgegeben werden, um an einem anderen Ort im Körper ihre Wirkung auszuüben. Ihre endokrine Wirksamkeit setzt voraus, dass sie im Blut nicht vor Erreichen der Zielzellen inaktiviert werden. Sie werden ferner in spezialisierten Zellen des Körpers (**endokrine Drüsen**) gebildet, wie z. B. Insulin in den B-Zellen der Langerhans-Inseln des Pankreas. Allerdings gibt es einen fließenden Übergang von **Hormonen** zu **Mediatoren**, die in nicht spezialisierten Zellen gebildet werden bzw. vorwiegend **parakrin** wirksam sind (z. B. Prostaglandine; ▶ Kap. 2.6), d. h. nur benachbarte Zellen per Diffusion erreichen, sowie zu **Transmittern** des Nervensystems. Tatsächlich wirken einige Hormone (z. B. ADH) bzw. Mediatoren (z. B. Serotonin) auch als Transmitter im Nervensystem.

Klassischerweise erreichen Hormone ihr Zielgewebe auf dem Blutweg und wirken somit endokrin. Mediatoren **diffundieren** zu benachbarten Zellen und wirken auf sie parakrin ein. Transmitter werden im Nervensystem an **Synapsen** ausgeschüttet und erzielen ihre Wirkung an der postsynaptischen Membran.

Hormonproduzierende Zellen außerhalb von Hormondrüsen Jede Zelle kann Mediatoren abgeben, mit denen sie benachbarte Zellen beeinflusst. So setzen Zellen bei Energiemangel z. B. **Adenosin** frei, das benachbarte Blutgefäße erweitert und damit die Blutzufuhr steigert. Endokrin wirkende Hormone werden dagegen normalerweise nur von ganz bestimmten Zellen gebildet. Das u. a. die Nahrungsaufnahme regulierende Hormon **Leptin** wird beispielsweise von Fettzellen gebildet, die über ihren Lipidgehalt den Ernährungszustand des Körpers abschätzen können. Das Kalzium-Phosphat-regulierende Hormon **Kalzitriol** wird vor allem in der Niere, aber auch in Makrophagen gebildet.

„Logik" von Hormonwirkungen Für Hormone besteht im Allgemeinen ein mehr oder weniger gut erkennbarer Zusammenhang zwischen den Stimulatoren, welche die Ausschüttung des Hormons auslösen, und den primären Wirkungen, die das Hormon erzielt (■ Tab. 73.1). In den folgenden Kapiteln werden Hormone aus Hypophyse, Schilddrüse, Pankreas und Nebennierenrinde beschrieben. **Adrenalin** sowie Hormone, welche die **Sexualfunktionen**, die **Nahrungsaufnahme**, den **Elektrolythaushalt** oder den **Mineralhaushalt** regulieren, die sog. **gastrointestinalen Hormone** und die **Entzündungsmediatoren** werden im Zusammenhang mit den jeweiligen Funktionen beschrieben.

Zusammenwirken von vegetativem Nervensystem und endokrinem System Das vegetative Nervensystem reguliert die Funktion verschiedener Organe und Gewebe und hilft bei der

■ **Tab. 73.1**	Elemente einiger hormoneller Regelkreise	
Geregelter Parameter	**Hormon**	**Hormonwirkung**
Glukose ($\uparrow$)	Insulin	+ Glykolyse, Glykogenaufbau – Glukoneogenese
Glukose ($\downarrow$)	Glukagon	+ Glykogenolyse
„Blutvolumen" ($\downarrow$)	Aldosteron	– Renale Natriumausscheidung
Kalium ($\uparrow$)	Aldosteron	+ Renale Kaliumausscheidung
„Blutvolumen" ($\uparrow$)	ANF	+ Renale Natriumausscheidung
„Blutvolumen" ($\downarrow$)	ADH	– Renale Wasserausscheidung
Zellvolumen ($\downarrow$)	ADH	– Renale Wasserausscheidung

Anpassung an verschiedene äußere und innere Bedingungen. Dabei tritt die Wirkung häufig praktisch unmittelbar ein. Hormone dienen ebenso der Regulation von Körperfunktionen unter verschiedenen Bedingungen. Daher erscheint es sinnvoll, dass das vegetative Nervensystem und das endokrine System eng miteinander verbunden sind. Hierzu zählt, dass **Sympathikus** und **Parasympathikus** die Freisetzung von Hormonen beeinflussen (■ Tab. 73.2).

Manche Nervenzellen produzieren selbst Hormone, so antidiuretisches Hormon (**ADH**) und **Oxytozin**, die im Hypothalamus gebildet werden und in der Neurohypophyse an das Blut abgeben werden (**Neurosekretion**) (▶ Kap. 74.4). Das enge Zusammenspiel der beiden Systeme wird an den Katecholaminen besonders deutlich. Das Katecholamin **Noradre-**

■ **Tab. 73.2** Einfluss des vegetativen Nervensystems auf die Ausschüttung von Hormonen. Das sympathische Nervensystem wirkt über α- und β-Rezeptoren, das parasympathische Nervensystem über muskarinische Rezeptoren (Acetylcholin, ACH)	
Stimulation der Hormon-ausschüttung	**Hemmung der Hormon-ausschüttung**
Somatotropin (α)	Insulin (α)
ACTH (α)	Thyroxin (α)
TSH (α)	Prolaktin (α)
Renin (β)	Renin (α)
Glukagon (β)	Somatotropin (β)
Kalzitonin (β)	Histamin (β)
Parathormon (β)	
Somatostatin (β)	
Gastrin (β)	
Insulin (ACH)	
Glukagon (ACH)	
Gastrin (ACH)	

nalin wirkt als postganglionärer Neurotransmitter des Sympathikus, das Katecholamin **Adrenalin** wird nach Aktivierung des Sympathikus aus dem Nebennierenmark freigesetzt und wirkt peripher als Hormon.

> Vegetatives Nervensystem und Hormonsystem stehen in engem Austausch miteinander und ergänzen einander bei der Anpassung des Körpers an wechselnde Bedingungen.

73.1.2 Bildung, Aktivierung und Ausschüttung

Hormone sind chemisch uneinheitlich; sie können unmittelbar nach der Bildung ausgeschüttet oder zunächst gespeichert werden.

Struktur und Synthese von Hormonen   (◻ Tab. „Bildungsorte, Stimulatoren und Wirkungen der Hormone" im Anhang). Nach ihrer chemischen Struktur können Hormone unterteilt werden in die Gruppe der aus Aminosäuren bestehenden **Peptid- und Proteohormone** und in die Gruppe der **Steroidhormone**, die auf das Cholesterin zurückgeführt werden können.

Die Peptid- und Proteohormone werden von Ribosomen des rauen endoplasmatischen Retikulums synthetisiert und dann in sekretorische Vesikel abgepackt. Bei der Biosynthese werden häufig zunächst längere Proteine (Prohormone oder Präprohormone) gebildet, aus denen die peripher wirkenden Hormone abgespalten werden. Dabei können aus einem Vorläufer (**Präkursor**) mitunter mehrere unterschiedliche Hormone gebildet werden. Beispielsweise werden in der Hypophyse aus dem Präkursor Proopiomelanokortikotropin gleich drei unterschiedliche Hormone gebildet (Kortikotropin, α-Melanotropin und β-Lipotropin). **Peptid- und Proteohormone** wirken über **membranständige Rezeptoren** und zeichnen sich gegenüber den Steroidhormonen durch einen schnellen Wirkeintritt aus.

Die **Steroidhormone** werden hauptsächlich in den Gonaden und in der Nebennierenrinde gebildet. Auch der Vitamin D-Abkömmling **Kalzitriol** gehört zu dieser Klasse. Steroidhormone wirken vorwiegend über **Rezeptoren** im Zellkern auf die Transkription bestimmter Gene. Somit dauert der Wirkeintritt wesentlich länger als bei **Peptid- und Proteohormonen**. Steroidhormone können teilweise auch schnelle Wirkungen über Aktivierung von Rezeptoren in der Zellmembran auslösen. Die **Schilddrüsenhormone** T_3 und T_4 beruhen chemisch zwar auf der Aminosäure Tyrosin, wirken ähnlich wie die Steroidhormone aber auch über einen Rezeptor im Zellkern.

Hormonspeicherung und -ausschüttung   Hormone können nach ihrer Synthese zunächst in der Hormondrüse gespeichert werden, bevor sie bei Bedarf ausgeschüttet werden. Insbesondere Proteohormone werden in Vesikeln gespeichert. In Analogie zur Ausschüttung von Neurotransmittern (▶ Kap. 10.1) und wie am Beispiel von Insulin näher erläutert

wird (▶ Kap. 76.1.2), kann die Ausschüttung von Proteohormonen durch die **intrazelluläre Ca²⁺-Konzentration** oder durch sekundäre Botenstoffe wie **cAMP** reguliert werden. Ca^{2+} stimuliert das Verschmelzen von Vesikeln mit der Zellmembran und in der Folge werden die hormonhaltigen Vesikel in den Extrazellulärraum entleert. **Schilddrüsenhormone** werden nicht in Vesikeln, sondern als Proteinaddukte extrazellulär gespeichert (▶ Kap. 75.1).

> Proteohormone wirken über membranständige Rezeptoren mit schnellem Wirkeintritt. Steroidhormone wirken vorwiegend über Kernrezeptoren mit verzögertem Wirkeintritt.

Hormonrezeptoren und Signalkaskaden   Hormone wirken auf ihre Zielzellen über Rezeptoren. Dabei handelt es sich um Proteine, welche nach Bindung des jeweils spezifischen Hormons ihre Struktur verändern. Diese Strukturveränderung löst dann eine intrazelluläre Kaskade aus, die letztlich zu den zellulären Wirkungen des jeweiligen Hormons führt. Die meist G-Protein-gekoppelten Rezeptoren von **Proteohormonen** sitzen auf der Zellmembran, die Hormone müssen also nicht in die Zelle eindringen, um ihre Wirkung zu entfalten.

Steroidhormone und **Schilddrüsenhormone** wirken hingegen vorwiegend über intrazelluläre Rezeptoren, die nach Bindung des Hormons die Transkription von Genen im Zellkern und damit die Synthese entsprechender Proteine regulieren (▶ Kap. 2.1). Zu den regulierten Genprodukten zählen auch Elemente der Signaltransduktion. Über gesteigerte Expression von Rezeptoren oder Signalmolekülen kann ein Hormon die Zelle für die Wirkung anderer Hormone sensibilisieren. Voraussetzung für diese Wirkweise ist, dass die Hormone durch die Zellmembran gelangen, um an den intrazellulären Rezeptor zu binden. Die auf der Cholesterinstruktur beruhenden lipophilen Steroidhormone sind **membranpermeabel** und kommen durch einfache Diffusion ins Zytosol, können aber auch durch Transporter in die Zelle aufgenommen werden. Schilddrüsenhormone, die Derivate der Aminosäure Tyrosin sind, werden durch Transporter in der Membran zellulär aufgenommen.

Aktivierung und Inaktivierung   Einige Hormone werden nicht in der aktiven Form ausgeschüttet, sondern bedürfen einer **Aktivierung** im Gewebe, um ihre volle Wirksamkeit entfalten zu können. So wird das **Schilddrüsenhormon** T_4 durch eine periphere **Konvertase** in das wesentlich wirksamere T_3 dejodiert, und das unwirksame **Testosteron** durch eine **Reduktase** in das eigentlich wirksame Dehydrotestosteron umgewandelt. Auch das Hormon Angiotensin II, das der Volumen- und Blutdruckregulation dient, entsteht erst aus dem unwirksamen Angiotensin I im Blut durch das **Angiotensin-Konversionsenzym** (ACE).

Eine Regulation ist nur möglich, wenn die Hormonkonzentration je nach Bedarf gesteigert oder gesenkt werden kann. Eine Abnahme der Hormonkonzentration erfordert die Entfernung bzw. Inaktivierung des Hormons. Proteohormone werden durch proteolytische Spaltung vor allem in

Leber, Lunge und Niere inaktiviert. Wichtig hierfür ist beispielsweise die vor allem in Lunge und Niere exprimierte Metalloproteinase **Neprilysin**, die neben dem atrialen natriuretischen Peptid (**ANP**) weitere Hormone wie Glukagon spaltet und damit inaktiviert. Die Steroidhormone werden vorwiegend in der Leber in unwirksame Metabolite abgebaut, die dann über Galle und Nieren ausgeschieden werden. Eine eingeschränkte Funktion von Leber oder Nieren verzögert die Inaktivierung der Hormone und kann auf diese Weise die endokrine Regulation stören.

In Kürze

Hormone wirken systemisch oder lokal. Sie werden innerhalb, aber auch außerhalb spezialisierter Hormondrüsen gebildet. **Proteohormone** wirken über Rezeptoren in der Zellmembran, die über intrazelluläre Signalkaskaden die Funktion der Zielzellen beeinflussen. **Steroide** und die **Schilddrüsenhormone T_3/T_4** wirken vorwiegend über intrazelluläre Rezeptoren, welche die Genexpression der Zellen regulieren.

73.2 Hormonelle Regelkreise

73.2.1 Hormone als Elemente von Regelkreisen

Hormone sind meist Teil von Regelkreisen mit negativer Rückkopplung.

Hormonelle Regelkreise Die Ausschüttung der Hormone unterliegt der Kontrolle von einem oder mehreren Regelkreisen: Die Wirkungen der Hormone beeinflussen direkt oder indirekt jene Faktoren, die ihre Ausschüttung regulieren. Der einfachste mögliche Regelkreis ist in ◘ Abb. 73.2 dargestellt.

Die Hormonausschüttung wird durch einen **Stoffwechselparameter** gefördert, z. B. die Ausschüttung von Insulin durch Anstieg der Glukosekonzentration im Blut. Die Wirkung des Hormons auf die jeweiligen Zielzellen verändert den Stoffwechselparameter in einer Weise, dass die Stimulation der Hormonausschüttung herabgesetzt wird. So fördert Insulin u. a. die Glykogensynthese in der Leber sowie die Glukoseaufnahme in Fett- und Muskelzellen und senkt damit die Glukosekonzentration im Blut.

Der Stoffwechselparameter wird durch **negative Rückkopplung** in bestimmten Grenzen konstant gehalten. ◘ Tab. 73.1 stellt die Elemente von einigen weiteren endokrinen Regelkreisen zusammen. Die Regelkreise von Hormonen, die vom Hypothalamus aus kontrolliert werden (s. u.), sind entsprechend komplexer, folgen jedoch den gleichen Prinzipien wie die einfachen Regelkreise.

Ein hormoneller Regelkreis reagiert prinzipiell in zwei Richtungen. In unserem Beispiel führt ein Absinken der extrazellulären Glukosekonzentration zur Abnahme, ein Anstieg der Glukosekonzentration zur Zunahme der Insulinaus-

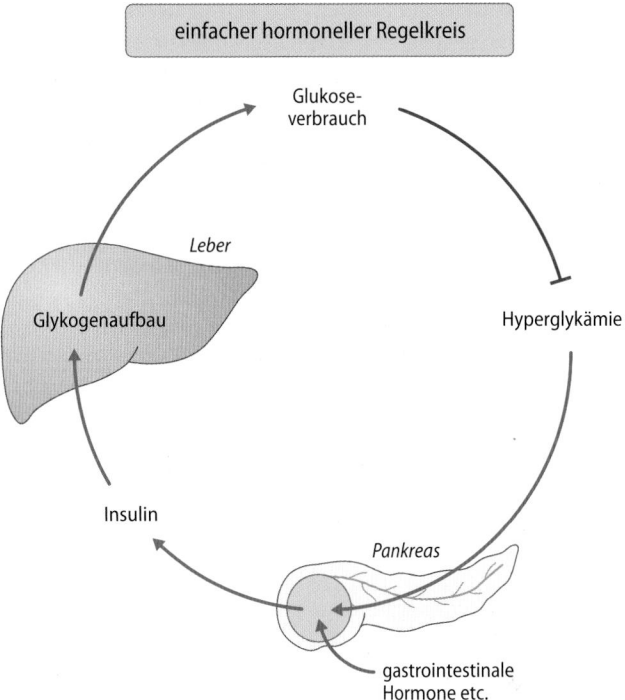

Glukose-
verbrauch

Leber

Hyperglykämie

Glykogenaufbau

Insulin

Pankreas

gastrointestinale
Hormone etc.

◘ **Abb. 73.2 Einfacher hormoneller Regelkreis**

schüttung. Der Regelkreis wirkt somit sowohl einer Abnahme als auch einer Zunahme der Glukosekonzentration entgegen.

Modifizierende Einflüsse Die Elemente des Regelkreises sind einer Reihe modifizierender Einflüsse unterworfen:
- Die **Empfindlichkeit** der endokrinen Drüse für den Stoffwechselparameter kann durch andere hormonelle oder nervöse Signale verstellt werden. So fördert Adrenalin im Stress u. a. durch Hemmung der Insulinausschüttung einen Anstieg der Blutglukosekonzentration.
- Ein Hormon ist i. d. R. Teil **mehrerer Regelkreise**. So wird die Insulinausschüttung nicht nur durch Glukose, sondern u. a. auch durch Aminosäuren stimuliert.
- Die Zielzellen stehen meist unter dem Einfluss **weiterer Hormone**. Die Glykogenbildung in der Leber wird u. a. noch durch Glukagon reguliert.
- Der Stoffwechselparameter wird i. d. R. auch durch Zellen beeinflusst, die nicht unter der Kontrolle des jeweiligen Hormons stehen. Nervenzellen z. B. verbrauchen Glukose unabhängig von Insulin.

Anpassung des Wachstums von Hormondrüsen Die Zahl hormonproduzierender Zellen wird normalerweise durch Zellteilung (Zellproliferation) auf der einen und Zelltod (Apoptose) auf der anderen Seite ständig den Erfordernissen angepasst. Regulierte Parameter beeinflussen häufig nicht nur die Ausschüttung des Hormons, sondern auch die Zahl hormonproduzierender Zellen. So fördert anhaltend gesteigerte **Stimulation** das Wachstum der Hormondrüse durch Zunahme der Zahl hormonproduzierender Zellen (**Hyperplasie**). Zunahme von Zahl und Größe hormonproduzierender Zellen führt zur kompensatorischen **Hypertrophie**

73

der Hormondrüse, die dann eine gesteigerte Hormonausschüttung bei gegebenem Stimulus gewährleistet.

Fehlt umgekehrt ein Stimulus der Hormonausschüttung oder steht die hormonproduzierende Zelle unter vorwiegend **hemmenden Einflüssen**, dann nimmt die Zahl hormonproduzierender Zellen durch gesteigertes Absterben (Apoptose, programmierter Zelltod) ab. Folge ist eine Hypoplasie bzw. **Aplasie** der Hormondrüse. Schrumpfung und Abnahme der Zahl hormonproduzierender Zellen führt zur Atrophie der Hormondrüse. Hypertrophie und Atrophie der Hormondrüsen gewährleisten normalerweise eine **langfristige Anpassung der Hormonausschüttung** an die Erfordernisse des Regelkreises. Versagt dieser Mechanismus, dann kommt es zur gestörten Hormonausschüttung.

> Die Hormonausschüttung wird durch Hypertrophie bzw. Atrophie der Hormon-produzierenden Zellen den jeweiligen Anforderungen angepasst.

73.2.2 Regelbreite und Ansprechzeit hormoneller Regelkreise

Die Effizienz eines hormonellen Regelkreises hängt von der Regelbreite und der Ansprechgeschwindigkeit ab.

Regelbreite Die Belastbarkeit bzw. Regelbreite eines hormonellen Regelkreises beschreibt die Fähigkeit, maximale **Störgrößen** zu kompensieren. Sie hängt davon ab, in welchem Ausmaß das Hormon die Leistung eines Organs beeinflussen kann. Sie ist eingeschränkt bei herabgesetzter Hormonausschüttung sowie bei verminderter Hormonempfindlichkeit oder Leistungsfähigkeit des Zielorgans.

Beispiel: Zellen des Pankreas
Beispielsweise mindert nach Zerstörung insulinsezernierender B-Zellen des Pankreas durch das eigene Immunsystem (Autoimmunerkrankung) der Verlust funktionstüchtiger B-Zellen des Pankreas die Regelbreite durch Insulin und es kommt bereits bei relativ geringer Glukosezufuhr zu Hyperglykämie.

Ansprechzeit und Konzentration Die Geschwindigkeit, mit welcher ein hormoneller Regelkreis in der Lage ist, eine Abweichung des kontrollierten Parameters wieder auszugleichen, hängt davon ab, wie schnell die Hormonausschüttung auf eine Änderung des kontrollierten Parameters reagiert, wie schnell die Wirkung im Zielorgan einsetzt und wie lange sie anhält. Ferner ist maßgebend, wie lange das aktive Hormon im Blut zirkuliert. Ein Maß hierfür ist die **Halbwertszeit** des Hormons. Sie umfasst diejenige Zeitspanne, in der die Konzentration des Hormons auf die Hälfte abgesunken ist. Somit gibt sie Aufschluss über die Abbaugeschwindigkeit des Hormons und hilft abzuschätzen, wie lange die spezifischen Hormonwirkungen andauern werden.

Hierfür spielt aber natürlich auch eine wesentliche Rolle, ob die Hormonwirkungen eher schnell eintreten (im Falle von membranständigen Rezeptoren) oder nicht (im Falle von Kernrezeptoren).

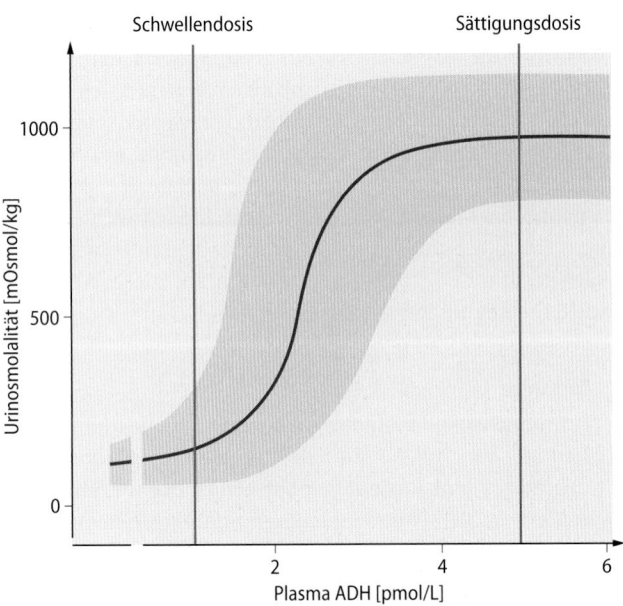

☐ **Abb. 73.3 Dosis-Wirkungs-Kurve am Beispiel des Zusammenhangs von ADH-Plasmaspiegel und Urinosmolarität beim Menschen**

Halbwertzeit Insulin
Beispielsweise beträgt die Halbwertszeit von Insulin wenige Minuten, die Halbwertszeit von Schilddrüsenhormonen Tage. Eine herabgesetzte Bildung von Insulin führt daher sehr schnell, eine herabgesetzte Bildung von Schilddrüsenhormonen erst mit langer Verzögerung zu den entsprechenden Störungen.

Die Plasmakonzentration der meisten Hormone liegt im mittleren Picomolar- (z. B. Schilddrüsenhormon) oder niedrigen Nanomolarbereich (z. B. Testosteron). Die Beziehung zwischen der Dosis und der Wirkung eines Hormons wird zumeist in **Dosis-Wirkungs-Kurven** graphisch dargestellt. Dabei ist auf der x-Achse die Dosis und auf der y-Achse die Wirkung, häufig als Prozentzahl der Maximalwirkung dargestellt. Für viele Hormone ist der Kurvenverlauf sigmoidal. Dabei kann meist eine **Schwellendosis** (niedrigste Konzentration, die eine Wirkung hervorruft) und eine **Sättigungsdosis** (Konzentration, ab der die Maximalwirkung festgestellt wird) definiert werden (☐ Abb. 73.3).

Bindung von Hormonen an Plasmaproteine Die Halbwertszeit eines Hormons im Blut (☐ Tab. 73.3) wird durch dessen Bindung an Plasmaproteine (☐ Tab. 73.4) verzögert, da an Proteine gebundene Hormone das Blut in der Peripherie nicht verlassen können und damit langsamer abgebaut werden. Der Anteil an Plasmaprotein-gebundenem Hormon ist besonders bei lipophilen Hormonen hoch. Eine besonders hohe Plasmaeiweißbindung haben Schilddrüsenhormone. Andererseits sind aber nur die freien, nicht-proteingebundenen Moleküle des Hormons biologisch wirksam, da nur sie an den Hormonrezeptor binden können. Daher schränkt das Ausmaß der **Plasmaproteinbindung** die **Bioverfügbarkeit** eines Hormons ein.

> Die Plasmaproteinbindung von Hormonen beeinflusst wesentlich deren Bioverfügbarkeit, da nur der freie Teil an seinen Rezeptor binden kann.

Tab. 73.3 Halbwertszeiten einiger Hormone	
Hormon	**Halbwertszeit (in Minuten)**
Liberine, Statine	5
Kortikotropin (ACTH)	10
Thyrotropin (TSH)	100
Follikelstimulierendes Hormon (FSH)	200
Luteinisierendes Hormon (LH)	20
Choriongonadotropin (hCG)	500
Prolaktin	30
Somatotropin (STH)	25
Adiuretin (ADH)	6
Oxytozin	5
Adrenalin	< 2
Kortisol	90
Kortikosteron	60
Aldosteron	20
Testosteron	15
Thyroxin	10 000 (7 Tage)
Trijodthyronin	1500 (1 Tag)
Insulin	< 10
Glukagon	< 10
Parathormon (PTH)	20
Kalzitonin	20
Östrogene	6
Progesteron	6
Bradykinin	< 1

Tab. 73.4 Proteinbindung eigener Hormone (in %)	
Hormon	**Proteinbindung (%)**
Aldosteron	60
Kortisol	90
Testosteron	98
Thyroxin	99,9
Insulin	< 1
ADH	< 1

In Kürze

Hormone sind meist Teil von **Regelkreisen** mit negativer Rückkopplung, welche Hormonausschüttung und häufig auch Wachstum der Hormondrüse an die Erfordernisse anpassen. Wichtige Eigenschaften hormoneller Regelkreise sind Regelbreite (Fähigkeit, maximale Störgrößen zu kompensieren) und Ansprechzeit (Geschwindigkeit, mit der eine Abweichung des kontrollierten Parameters wieder ausgeglichen wird). Letztere wird durch die Plasmaproteinbindung des Hormons beeinflusst.

73.3 Pathophysiologie und therapeutische Anwendung von Hormonen

73.3.1 Störungen der Hormonausschüttung

Die Hormonproduktion kann z. B. bei Tumoren der Hormondrüse inadäquat gesteigert, bei Schädigung der Hormondrüse unzureichend gering sein; häufiger sind sekundäre Störungen der hormonellen Regelkreise durch Erkrankungen außerhalb der Hormondrüse.

Primärer Hormonüberschuss Ein Überwiegen der Proliferation hormonproduzierender Zellen führt zur **Hyperplasie** der Hormondrüse (s. o.) und damit zu gesteigerter Hormonausschüttung. Die Hyperplasie kann Folge anhaltend gesteigerten Bedarfes an dem Hormon sein. In diesem Fall ist die gesteigerte Hormonausschüttung adäquat. Die Zellproliferation kann jedoch auch inadäquat gesteigert sein. Eine unkontrollierte Zellteilung tritt bei Tumoren (**Adenomen**) auf. Bilden die Tumorzellen Hormone, dann resultiert ein (primärer) Hormonüberschuss (▶ Klinik-Box „Tumorendokrinologie"). Hormone können auch von Tumorzellen gebildet werden, die nicht von Hormondrüsenzellen abstammen (**ektope Hormonproduktion**). Die Hormonbildung ist dabei Folge einer Dedifferenzierung der Zellen (besonders häufig bei kleinzelligen Bronchialkarzinomzellen).

Sekundärer Hormonüberschuss Sehr viel häufiger als ein **primärer** Hormonüberschuss ist ein **sekundärer** Hormonüberschuss. Bei Hormonen, die in mehr als einen Regelkreis eingebaut sind, führt die **Vernetzung** (Vermaschung) von Regelkreisen zu Störungen, wenn die verschiedenen Regelkreise unterschiedliche Hormonkonzentrationen erfordern. Bei eingeschränkter Funktionsfähigkeit der Leber z. B. werden Aminosäuren nicht hinreichend schnell abgebaut, die Aminosäureplasmakonzentration steigt an und die Aminosäuren stimulieren die Ausschüttung von Insulin. Die folglich gesteigerte Insulinausschüttung ist für die Aminosäureplasmakonzentration adäquat, für die Glukoseplasmakonzentration jedoch zu hoch und es kommt zu einem Absinken der Plasmaglukosekonzentration (**Hypoglykämie**). Ein weiteres wichtiges Beispiel ist **Aldosteron**, das der Regulation des

Blutvolumens auf der einen Seite und der Regulation der K⁺-Plasmakonzentration auf der anderen dient. Eine Abnahme des Blutvolumens stimuliert die Ausschüttung von Aldosteron, dessen Wirkungen eine Korrektur des Blutvolumens ermöglichen, aber gleichzeitig eine Senkung der K⁺-Plasmakonzentration nach sich ziehen (▶ Kap. 77.2.1).

Tertiärer Hormonüberschuss Die Hypertrophie einer Hormondrüse bei **anhaltender Stimulation** der Hormonausschüttung führt zu einer gesteigerten Hormonausschüttung auch bei normaler Stimulation, da ja eine größere Zahl von Zellen das Hormon ausschüttet. Eine Hormondrüse, welche einer anhaltenden Stimulation ausgesetzt war, verhält sich also funktionell wie eine Hormondrüse, die durch Tumorwachstum hypertrophiert ist. Dabei spricht man von tertiärem Hormonüberschuss.

Hormonmangel Die anhaltend fehlende Stimulation einer Hormondrüse führt i. d. R. zur **Atrophie** (s. o.). Die atrophische Hormondrüse schüttet dann bei Stimulation nur geringe Mengen an Hormon aus. Gleichermaßen führt eine Schädigung der Hormondrüse zu eingeschränkter Hormonausschüttung. Mechanische Schädigung (Trauma), Befall mit Krankheitserregern, Bekämpfung durch das eigene Immunsystem bei Autoimmunerkrankungen, Durchblutungsstörungen oder Gifte können zum Untergang der hormonproduzierenden Zellen (durch Apoptose und Nekrose) führen. Bisweilen müssen die Hormondrüsen wegen Vorliegens eines Tumors chirurgisch entfernt werden. Die Nebenschilddrüsen werden bisweilen bei der Entfernung einer **Struma** (vergrößerte Schilddrüse) versehentlich mit entfernt.

73.3.2 Gestörte Wirksamkeit von Hormonen

Die Wirksamkeit von Hormonen erfordert die Funktionstüchtigkeit der Zielorgane.

Herabgesetzte Wirksamkeit von Hormonen Eine Abnahme der Zahl oder eine eingeschränkte Funktionstüchtigkeit von Hormonrezeptoren auf den Zielzellen, von Elementen der intrazellulären **Signaltransduktion** oder von regulierten Effektormolekülen (z. B. Enzyme, Transportprozesse) haben zur Folge, dass die Hormonwirkungen auch bei normaler Hormonkonzentration abgeschwächt sind. Eingeschränkte Funktionstüchtigkeit der **Zielorgane** (z. B. Leberinsuffizienz, Niereninsuffizienz) verhindert ebenfalls eine angemessene Hormonwirkung. Wirkt die Funktion der Zielzellen über negative Rückkopplung auf die Hormondrüse zurück, dann wird die Hormonausschüttung stimuliert und die gesteigerten Hormonkonzentrationen kompensieren bisweilen den Mangel an Wirksamkeit. Häufig kann der geregelte Parameter trotz gesteigerter Hormonausschüttung nicht normalisiert werden.

Gesteigerte Wirksamkeit von Hormonen Eine **gesteigerte Empfindlichkeit** von Zielorganen zieht eine gesteigerte Hormonwirkung nach sich. In der Folge wird über negative Rückkopplung die **Hormonausschüttung** gedrosselt und ggf. völlig eingestellt. Eine gesteigerte Empfindlichkeit von Zielorganen ist daher seltener Ursache von Erkrankungen als eine eingeschränkte Empfindlichkeit. Ein Beispiel gesteigerter Empfindlichkeit von Zielorganen ist die Sensibilisierung des Herzens für **Katecholamine** durch das Schilddrüsenhormon T3, unter dessen Einfluss dieselbe Katecholaminwir-

---

Klinik

Glukokortikoidmangel nach Absetzen einer Behandlung mit Glukokortikoiden

Glukokortikoide werden zur Suppression der Immunabwehr therapeutisch eingesetzt. Die therapeutisch verabreichten Glukokortikoide hemmen die Ausschüttung von adrenokortikotropem Hormon (ACTH) und führen zum Untergang von ACTH-produzierenden Zellen in der Hypophyse. Bei plötzlichem Absetzen einer Glukokortikoid-Behandlung ist die ACTH-Ausschüttung wegen Mangels an ACTH-produzierenden Zellen zu gering, um einen normalen Glukokortikoidspiegel aufrechtzuhalten. Folge ist ein mitunter lebensbedrohlicher Glukokortikoidmangel. Am Ende einer Glukokortikoid-Behandlung wird daher die therapeutische Verabreichung von Glukokortikoiden langsam gesenkt ("Ausschleichen" der Glukokortikoidtherapie), damit wieder hinreichend ACTH-ausschüttende Zellen gebildet werden.

Klinik

Tumorendokrinologie

Unkontrolliert wachsende Tumorzellen aus Hormondrüsen behalten häufig ihre Fähigkeit, Hormone zu produzieren. Bei zunehmender Zellzahl wird entsprechend mehr Hormon ausgeschüttet. Die gesteigerte Hormonausschüttung kann in Tumoren fast aller endokriner Drüsen vorkommen. Tumore der Hypophyse sezernieren beispielsweise häufig Prolaktin, die der Nebennierenrinde Glukokortikoide. Tumorzellen aus nicht endokrinen Geweben können bisweilen im Zuge ihrer Dedifferenzierung die zur Hormonsynthese erforderlichen Gene aktivieren und gleichfalls Hormone produzieren. Insbesondere das kleinzellige Bronchialkarzinom ist nicht selten endokrin aktiv und die häufigste Ursache der inadäquaten, **ektopen** Bildung von ADH (**Schwartz-Bartter-Syndrom**). Umgekehrt können einige Tumore über Stimulation oder Hemmung von Hormonrezeptoren therapeutisch in ihrem Wachstum gehemmt werden. Bei einigen Leukämien werden mit Erfolg Glukokortikoide eingesetzt (lösen bei normalen T-Lymphozyten Apoptose aus), bei Brustkrebs **Antiöstrogene** und **Antigestagene**, bei Prostatakarzinom **Androgenantagonisten**.

kung bereits bei einer niedrigeren Katecholaminkonzentration eintreten kann.

73.3.3 Therapeutischer Einsatz von Hormonen

Hormone werden bei Hormonmangel substituiert und zur therapeutischen Nutzung der Hormonwirkungen eingesetzt

Hormone können substituiert werden   Bei unzureichender Hormonausschüttung können Hormone durch den Arzt verabreicht werden. Diese Hormonsubstitution ist umso schwieriger, je kürzer ein Hormon wirkt und je stärker und je schneller es auf Änderungen von geregelten Parametern reagieren muss. Zu den häufigsten Hormonen, die substituiert werden, zählen **Insulin** (▶ Kap. 76.1), **Erythropoietin** (▶ Kap. 34.3) und **Schilddrüsenhormone** (▶ Kap. 75.1). Insbesondere die regelmäßige Verabreichung von Insulin ersetzt keinesfalls einen intakten Regelkreis. Daher wird am Einsatz von sensorgesteuerten Pumpen oder an der Transplantation von hormonproduzierenden Zellen gearbeitet.

Einige Hormone werden als Medikamente eingesetzt   Auch wenn kein Hormonmangel vorliegt, können die Wirkungen von Hormonen therapeutisch genutzt werden. Zu den am häufigsten zugeführten Hormonen zählen Gestagene und Östrogene. Die gleichfalls häufig eingesetzten Glukokortikoide hemmen die Immunabwehr (▶ Kap. 77.1) und werden daher bei Erkrankungen verabreicht, die durch inadäquate Aktivität des Immunsystems zustande kommen (**Immunsuppression**; ▶ Kap. 25.3.3). Sportler verwenden (verbotenerweise) bisweilen Erythropoietin, Somatotropin oder Androgene, um ihre Leistungsfähigkeit zu steigern (**Doping**, ▶ Kap. 44.5.5). Neben den jeweils erwünschten Wirkungen treten dabei auch unerwünschte Wirkungen der jeweiligen Hormone auf. Wegen dieser Nebenwirkungen verbietet sich der unkritische therapeutische Einsatz von Hormonen.

In Kürze

Die Hormonausschüttung kann primär, sekundär oder tertiär gesteigert oder herabgesetzt sein. Dabei liegt die Ursache der **primären Störungen** in der Hormondrüse selbst. Die **sekundäre Störung** entsteht durch Vermaschung von Regelkreisen oder durch herabgesetzte Empfindlichkeit von Zielorganen. Bei **tertiären Störungen** führt die Hypertrophie einer Hormondrüse bei anhaltender Stimulation oder die Atrophie bei anhaltend fehlender Stimulation zu einer entsprechend gestörten Hormonausschüttung. Einige Hormone können bei Ausfall der Hormondrüse **substituiert** werden. Hormone werden auch als **Medikamente** eingesetzt, um nicht-endokrine Erkrankungen zu behandeln. Dabei müssen i. d. R. unerwünschte **Nebenwirkungen** in Kauf genommen werden.

Literatur

Deswergne B, Michalik L, Wahli W (2006) Transcriptional regulation of metabolism. Physiol Rev 86(2): 465–514

Greenspan FS, Gardner DG (2004) Basic and clinical endocrinology, 7th edn. McGraw-Hill, New York

Lang (ed) (2009) Encyclopedia of Molecular Mechanisms of Disease. Springer, Heidelberg, New York

O'Rahilly S (2009) Human genetics illuminates the paths to metabolic disease. Nature 462:307–14

Hormone von Hypothalamus und Hypophyse

Florian Lang, Michael Föller

© Springer-Verlag GmbH Deutschland, ein Teil von Springer Nature 2019
R. Brandes et al. (Hrsg.), *Physiologie des Menschen*, Springer-Lehrbuch
https://doi.org/10.1007/978-3-662-56468-4_74

Worum geht's? (◨ Abb. 74.1)

Die Regulation der Hormonbildung peripherer Drüsen durch den Hypothalamus und die Hypophyse
Der Hypothalamus steuert die Hormonbildung in peripheren Hormondrüsen sowohl über das vegetative Nervensystem als auch über die Bildung von Hormonen durch den Hypophysenvorderlappen, die Adenohypophyse. Diese nimmt ihrerseits Einfluss auf die Aktivität der peripheren Hormondrüsen. Auf diese Weise wird die Synthese von **Sexualhormonen** in Ovar und Hoden, **Glukokortikoiden** in der Nebennierenrinde, Thyroxin und Trijodthyronin in der **Schilddrüse**, sowie von insulinähnlichen Wachstumsfaktoren (IGF, Somatomedine) in der Leber reguliert.

Somatotropin steuert besonders das Wachstum

Das Wachstumshormon Somatotropin wird von der Adenohypophyse gebildet. Seine Ausschüttung wird durch Aminosäuren und Hypoglykämie gefördert und durch Kälte gehemmt. Somatotropin fördert das Wachstum von Knochen, Muskeln und Eingeweiden, reguliert das Immunsystem und beeinflusst den Stoffwechsel. Somatotropinmangel führt beim Kind zu **Zwergwuchs**, Somatotropinüberschuss beim Kind zu **Riesenwuchs**, beim Erwachsenen zu apositionellem Knochenwachstum (**Akromegalie**) mit Größenzunahme der Eingeweide.

Prolaktin fördert die Milchproduktion

Prolaktin ist ein Peptidhormon der Adenohypophyse. Seine Ausschüttung wird u. a. durch TRH und Stress stimuliert und durch **Dopamin** gehemmt. Prolaktin fördert vor allem das **Wachstum und die Differenzierung der Brustdrüse** und ist für die Produktion von Muttermilch erforderlich.

Oxytocin fördert Wehen und den Milchfluss

Oxytocin ist ein vom Hypothalamus gebildetes Peptidhormon, das im Hypophysenhinterlappen bei mechanischer Reizung von Vagina, Uterus und Brustwarze ausgeschüttet wird. Es stimuliert die **Kontraktion der** **glatten Muskulatur,** insbesondere der Gebärmutter und der Milchdrüsen. Somit ist es für die **Wehen** bei der Geburt und die Milchausschüttung beim Stillen bedeutsam. Oxytocin wirkt auch als Neurotransmitter. Es fördert die **Partnerbindung** und wirkt positiv auf das **Sattheitszentrum.**

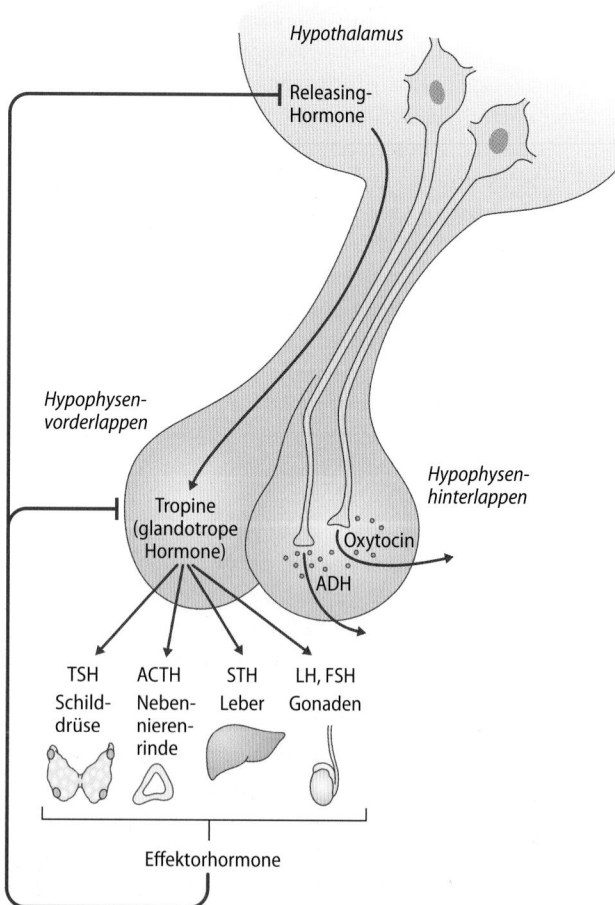

◨ **Abb. 74.1** **Hormonhierachie.** Hypophysenhinterlappen synonym Neurohypophyse, Hypophysenvorderlappen synonym Adenohypophyse, Releasing-Hormone synonym Statine, Liberine, TSH=Thyreotropin, ACTH= Adrenokortikotropin, STH=Somatotropin, LH=Lutropin, FSH=Follikelstimulierendes Hormon (Follitropin), ADH=Antidiuretisches Hormon

Adiuretin regelt Osmolarität und Plasmavolumen
Adiuretin (Antidiuretisches Hormon, ADH, Vasopressin) ist ein im Hypothalamus gebildetes Peptidhormon, das im Hypophysenhinterlappen bei Wassermangel und bei Stress ausgeschüttet wird. Es stimuliert die Wasserresorption in der Niere und führt in hohen Konzentrationen zur Vasokonstriktion. Fehlende ADH-Ausschüttung oder eine unzureichende ADH-Wirkung führen zum **Diabetes insipidus**, bei dem bis zu 20 Liter Urin am Tag ausgeschieden werden.

74.1 Regulation der Hormonausschüttung durch Hypothalamus und Hypophyse

74.1.1 Hypothalamische Regulation und Steuerung der Hormonausschüttung

Das endokrine System steht unter der Kontrolle des Hypothalamus; die Bildung einiger Hormone durch periphere Drüsen steuert der Hypothalamus über die Hypophyse.

Hypothalamische Steuerung des endokrinen Systems Der Hypothalamus steuert über das **vegetative Nervensystem** (◘ Tab. 73.4) und über die Bildung von Hormonen Stoffwechsel, Reproduktion und die Funktion lebenswichtiger Organe, was der Sicherstellung der Körperfunktionen und der notwendigen Anpassung an wechselnde Bedingungen dient. Dabei ist das vegetative Nervensystem für die Vermittlung kurzfristiger Anpassungsreaktionen zuständig, während viele Hormonwirkungen eine gewisse Zeit bis zum Wirkeintritt benötigen, aber dafür auch längerfristige Veränderungen erzielen können. Die beiden Systeme beeinflussen einander vielfach.

Liberine und Statine Der Hypothalamus beeinflusst die Hormonausschüttung vor allem durch die Bildung eigener Mediatoren (**Liberine** und **Statine**, s. unten). Diese verändern die Freisetzung von glandotropen Hormonen (Tropine) durch die Adenohypophyse. Die **glandotropen Hormone** wiederum wirken auf ihre jeweiligen peripheren Hormondrüsen und lösen die Ausschüttung der dort gebildeten Hormone aus.

Die Regelschleifen von hypothalamischen Mediatoren, glandotropen und peripheren Hormonen stellen eine **Hormonhierarchie** dar, durch die periphere Hormone reguliert und gesteuert werden. Der Einfluss peripherer Regelkreise, die die Konzentrationen peripherer Hormone ohne Einbeziehung des Hypothalamus regulieren, sind bei den verschiedenen Hormonen unterschiedlich ausgeprägt. Einige Hormone (z. B. Schilddrüsenhormone, Glukokortikoide) werden vorwiegend zentral, andere Hormone (z. B. Insulin, Aldosteron) vor allem peripher reguliert.

Hypothalamische Mediatoren und glandotrope Hormone Der Hypothalamus bildet Liberine (releasing factors bzw. hormones, RF, RH) und Statine (release inhibiting factors bzw.

hormones, RIF, RIH), die über Nervenendigungen in das Portalblut der Hypophyse abgegeben werden (◘ Abb. 74.1, ◘ Abb. 73.3). Die Gefäße bilden zwei hintereinanderliegende Kapillarnetze. In das erste Kapillarnetz werden die **Liberine** und **Statine** abgegeben, das zweite Kapillarnetz umspült Zellen im Hypophysenvorderlappen, wo die **Tropine** (glandotropen Hormone) gebildet werden. Releasing-Hormone stimulieren, Release-inhibiting-Hormone hemmen die Ausschüttung der entsprechenden glandotropen Hormone. Die glandotropen Hormone beeinflussen schließlich die entsprechenden Hormondrüsen in der Peripherie.

Der **Hypothalamus** ist als Schaltzentrale für die Kontrolle der Ausschüttung peripherer Hormone besonders geeignet, da er von verschiedenen Hirnregionen und auch aus der Peripherie Eingänge erhält und damit über die Körperfunktionen umfassend informiert ist.

Rückkopplungsschleifen Die durch die peripheren Hormone beeinflussten **Stoffwechselparameter** wirken z. T. auf den Hypothalamus zurück. Darüber hinaus üben die **peripheren Hormone** einen **hemmenden Einfluss** auf Hypothalamus und Hypophyse aus. Schließlich kann das glandotrope Hormon oder sogar das Releasing-Hormon selbst seine Ausschüttung im Hypothalamus hemmen. Durch diese **negativen Rückkopplungsschleifen** wird sichergestellt, dass Hypothalamus und Adenohypophyse ihre eigene Aktivität zur Regulation der peripheren Hormonsekretion an die tatsächlichen Spiegel der peripheren Hormone anpassen können.

74.1.2 Hypophyse

In der Hypophyse werden die glandotropen Hormone ins Blut abgegeben.

Adeno- und Neurohypophyse Die Hypophyse besteht aus zwei Teilen, der **Adenohypophyse**, die dem Hypophysenvorderlappen entspricht, und der **Neurohypophyse** im Hypophysenhinterlappen (◘ Abb. 74.2). Diese beiden Teile unterscheiden sich nicht nur entwicklungsgeschichtlich, sondern üben auch unterschiedliche Funktionen aus. Die Adenohypophyse produziert glandotrope Hormone, die auf periphere Hormondrüsen einwirken. Die Neurohypophyse ist der Ort, an dem der Hypothalamus die beiden von ihm produzierten Hormone Oxytocin und ADH ins Blut abgibt.

Glandotrope Hypophysenvorderlappenhormone sind:

- die **Gonadotropine** Lutropin (luteotropes Hormon **LH**) und Follitropin (follikelstimulierendes Hormon **FSH**). Ihre Ausschüttung wird durch GnRH (gonadotropin-releasing-hormone) stimuliert. LH und FSH regulieren die Ausschüttung der Sexualhormone Östrogene, Gestagene und Testosteron (▶ Kap. 78.2.2).
- **Adrenokortikotropes Hormon** (**ACTH**, Kortikotropin). Seine Ausschüttung wird durch CRH (corticotropin-releasing-hormone) stimuliert. Es fördert vor allem Hormonausschüttung und Wachstum der Nebennierenrinde (▶ Kap. 77.1.2).

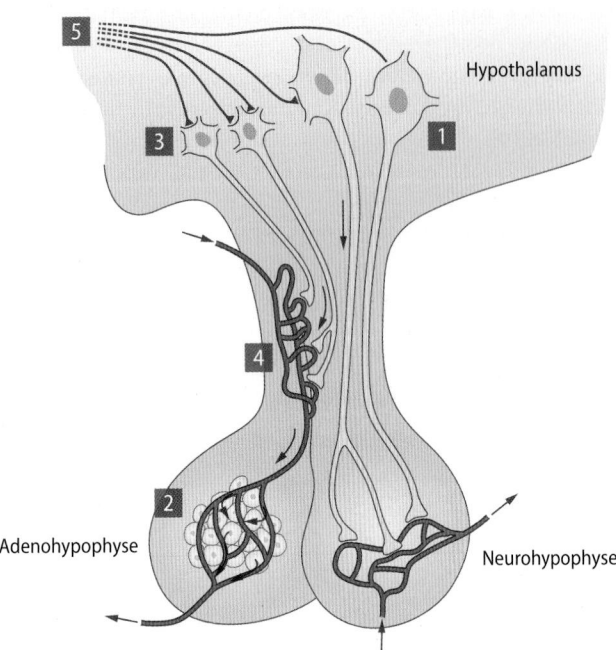

Abb. 74.2   Hypophyse. In spezialisierten Zellen des Hypothalamus (1) werden ADH und Oxytocin gebildet, über Axone zur Neurohypophyse transportiert und dort ins Blut abgegeben. Aus jeweils spezialisierten Zellen der Adenohypophyse (2) werden Tropine abgegeben. Die Ausschüttung der Tropine steht unter der Kontrolle von Liberinen (releasing hormones) und Statinen (release inhibiting hormones), die von neuroendokrinen Zellen des Hypothalamus (3) gebildet und in das Portalblut der Hypophyse (4) abgegeben werden. Die Liberin- und Statin-produzierenden Neurone stehen wiederum unter dem Einfluss weiterer Neurone des Hypothalamus (5)

- **Thyreoidea stimulierendes Hormon (TSH,** Thyrotropin). Seine Ausschüttung wird durch TRH (thyrotropin-releasing-hormone) stimuliert. Es fördert Hormonausschüttung und Wachstum der Schilddrüse (▶ Kap. 75.1.2).
- **Somatotropin (GH, growth hormone),** GHRH (growth hormone releasing hormone) und Somatostatin regulieren die Ausschüttung von Somatotropin. Vor allem über **insulin-like growth factors** (IGF, Somatomedine) fördert Somatotropin in erster Linie das Wachstum (s. u.).

In Kürze

Der Hypothalamus reguliert und steuert das endokrine System über das vegetative Nervensystem und glandotrope Hormone der Hypophyse, und zwar über GnRH und Gonadotropine (LH und FSH) die **Sexualhormone,** über CRH und Kortikotropin (ACTH) die **Glukokortikoide,** über TRH und Thyreoidea stimulierendes Hormon (TSH) die **Schilddrüsenhormone** und über GHRH, Somatostatin und Somatotropin (GH) die **insulinähnlichen Wachstumsfaktoren** (IGF, Somatomedine). Ferner bildet die Hypophyse mit **Prolaktin,** sowie der Hypothalamus mit **ADH** und **Oxytocin,** peripher wirkende Hormone.

74.2   Somatotropin

74.2.1   Wirkung und Regelung

Somatotropin (**growth hormone**, GH) dient in erster Linie der Regulation des Wachstums von Skelett und Organen, sowie der Schaffung von dafür erforderlichen metabolischen Voraussetzungen.

Wirkungen von Somatotropin   Das Wachstumshormon Somatotropin wird in der Adenohypophyse gebildet. Seine Wirkungen zielen in erster Linie auf das Körper- und Organwachstum, indem das **Wachstum** von Knochen, Muskeln und Eingeweiden und die für das Wachstum erforderliche **Synthese von Proteinen** (u. a. Kollagen) gefördert werden. Somit ist es ein **anaboles** Hormon. Darüber hinaus beeinflusst Somatotropin den Stoffwechsel, um die Voraussetzungen für das Wachstum zu schaffen. Es hemmt die **Glukoneogenese** aus Aminosäuren, die somit für die Proteinsynthese zur Verfügung stehen, und drosselt den **Glukoseverbrauch** durch Hemmung der Glukoseaufnahme und Glykolyse in Fett- und Muskelzellen.

Zur Energiebereitstellung für das Wachstum fördert Somatotropin die **Lipolyse,** teilweise durch Sensibilisierung der Fettzellen für die lipolytische Wirkung von Katecholaminen. Somatotropin steigert die **Na⁺-Resorption** in der Niere. Es stimuliert die Bildung von Kalzitriol, das die intestinale Absorption und renale Resorption von Ca^{2+} und Phosphat fördert. Damit ist die Voraussetzung für die **Mineralisierung des Knochens** geschaffen. Somatotropin fördert die **Zellproliferation** in vielen Geweben, wie Knorpelzellen (Knochenwachstum) und Blutstammzellen (Erythropoese). Außerdem unterstützt es durch Stimulation der T-Lymphozyten und Makrophagen die **Immunabwehr.**

Die meisten der genannten Wirkungen (Ausnahme: Stimulation der Lipolyse) erzielt Somatotropin nicht direkt an den Zielzellen. Es fördert vielmehr vor allem in der Leber die Bildung von insulinähnlichen Wachstumsfaktoren wie **IGF1** und **IGF2** (insulin-like growth factors, frühere Bezeichnungen: Somatomedine oder **non suppressible insulin like activity,** NSILA), die die peripheren Somatotropinwirkungen vermitteln.

❯ Die meisten Somatotropinwirkungen werden durch in der Leber gebildete insulinähnliche Wachstumsfaktoren (IGFs) vermittelt.

Somatotropin und Hyperglykämie
Die Wirkung von Somatotropin auf den Glukosestoffwechsel fördert die Entwicklung einer Hyperglykämie. Andererseits stimuliert Somatotropin direkt die Ausschüttung von Insulin, wodurch es eine vorübergehende Abnahme der Glukosekonzentration im Blut erzielen kann.

Regulation der Ausschüttung   Somatotropin ist ein Protein (191 Aminosäuren), das im Hypophysenvorderlappen gebildet wird. Seine Ausschüttung wird durch Somatoliberin (**somatotropin releasing factor** oder **growth hormone releasing hormone,** GHRH) gefördert sowie durch Somatostatin (**somatotropin release inhibiting factor** oder **growth hormone**

release **inhibiting factor**, GHRIF) gehemmt. Somatoliberin (GHRH, 41 Aminosäuren) und Somatostatin (GHRIF, 14 Aminosäuren) sind Peptide aus dem Hypothalamus, die in das Portalblut der Hypophyse abgegeben werden. Über Somatoliberin und Somatostatin wirkt eine Vielzahl von Faktoren fördernd und hemmend auf die Somatotropinausschüttung:

- **fördernd** wirken Aminosäuren (vor allem Arginin), Hypoglykämie, Glukagon, Schilddrüsenhormone, Östrogene, Dopamin, Serotonin, Noradrenalin (über α-Rezeptoren), Endorphine, NREM-Schlaf und Stress;
- **hemmend** wirken Hyperglykämie, Hyperlipidämie, Gestagene, Kortisol, Somatomedine (IGF1, IGF2), Thyrotropin-releasing-Hormon (TRH), Adrenalin (über β-Rezeptoren), GABA, Adipositas und Kälte;
- die Somatotropinausschüttung ist **im frühen Erwachsenenalter am höchsten** und nimmt dann mit zunehmendem Alter ab. Folgen sind unter anderem eine Abnahme der Muskelmasse und eine Beeinträchtigung der Immunabwehr.

Somatostatin Somatostatin ist ein Peptidhormon, das sowohl im Hypothalamus als auch im Magen-Darm-Trakt und in den Langerhans-Inseln des Pankreas von D-Zellen gebildet wird (▸ Kap. 76.1.2). Das vom Hypothalamus ausgeschüttete Somatostatin **hemmt** nicht nur die **Freisetzung von Somatotropin**, sondern auch von Prolaktin (s. u.). Im Pankreas hemmt Somatostatin die Ausschüttung sowohl von Insulin als auch von Glukagon (▸ Kap. 76.1.3). Darüber hinaus reguliert es im Gastrointestinaltrakt als lokaler Mediator eine Vielzahl weiterer Hormone und Funktionen, wobei es in aller Regel hemmende Wirkungen entfaltet (▸ Tab. im Anhang).

74.2.2 Störungen der Somatotropinausschüttung

Somatotropinmangel führt beim Kind zu Minderwuchs, Somatotropinüberschuss zu **Riesenwuchs** oder beim Erwachsenen zu **Akromegalie**.

Somatotropinmangel Ein Mangel an Somatotropin kann bei globaler Schädigung der Hypophyse (Hypophyseninsuffizienz) oder isoliert auftreten. Auch bei normaler Somatotropinausschüttung ist die Somatotropinwirkung unzureichend, wenn etwa die Bildung von IGF in der Leber eingeschränkt ist (z. B. bei Leberinsuffizienz). Folge eines Mangels oder einer herabgesetzten Wirksamkeit von Somatotropin ist beim Kind proportionierter **Kleinwuchs** (▸ Klinik-Box „Hypophysärer Kleinwuchs"). Beim Erwachsenen bleibt ein isolierter Mangel an Somatotropin oft unerkannt. Die Abnahme der Somatotropinkonzentration trägt möglicherweise zum Überwiegen des Proteinabbaus und der eingeschränkten Immunabwehr im Alter bei (▸ Kap. 84.3).

Somatotropinüberschuss Ein Überschuss an Somatotropin tritt bei einem Tumor von Somatotropin produzierenden Zellen auf. Folge eines Somatotropinüberschusses vor Ab-

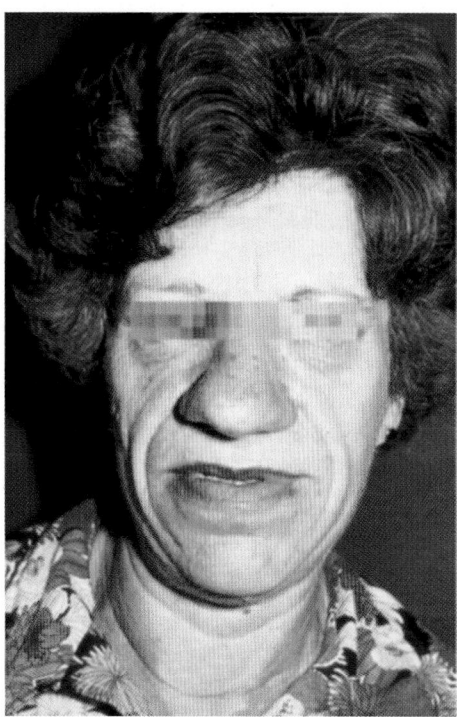

◻ Abb. 74.3   Patientin mit Akromegalie. Patientin leidet unter einem Somatotropin produzierenden Tumor, der über Jahre zur Akromegalie führte

schluss des Längenwachstums ist **Riesenwuchs**. Nach Abschluss des Längenwachstums (Schluss der Epiphysenfugen) bleibt die Körpergröße gleich. Stattdessen kommt es zur **Akromegalie**, zu gesteigertem appositionellem Knochenwachstum. Besonders auffällig ist eine Vergrößerung von Kinn und Nase sowie eine Verbreiterung von Kiefer- und Backenknochen, Händen und Füßen. Bedeutsam ist auch eine Größenzunahme der Eingeweide, wie Herz, Leber, Niere und Schilddrüse, sowie der Zunge (Makroglossie, ◻ Abb. 74.3). Zudem leiden die Betroffenen unter Müdigkeit und Erschöpfung, **Diabetes mellitus** (u. a. wegen Hemmung des Glukoseverbrauchs und der Glukoseaufnahme in Fett- und Muskelgewebe) und **Hypertonie** (wegen vermehrter Na$^+$-Resorption). Letztere erhöhen das kardiovaskuläre Risiko und tragen entscheidend zu der verminderten Lebenserwartung der Patienten bei.

❯ Somatotropin wirkt diabetogen.

74.3   Prolaktin

Im Hypophysenvorderlappen wird Prolaktin gebildet, das in erster Linie die Funktion der **Brustdrüse** reguliert.

Wirkungen Prolaktin fördert das Wachstum, die Differenzierung und die Tätigkeit der **Brustdrüse** (◻ Abb. 74.4). Darüber hinaus hemmt es die Ausschüttung von Gonadotropinen (LH, FSH) und bedingt so die **Still-Amenorrhöe**. Prolaktin hat eine geringe, vorwiegend hemmende Wirkung auf die Immunabwehr.

74

Klinik

Hypophysärer Kleinwuchs

Kleinwuchs liegt vor, wenn die Körperlänge von Individuen die 3. Perzentile unterschreitet, was bedeutet, dass mehr als 97 % der Gleichaltrigen größer sind. Die Körperlänge ist genetisch determiniert, und Kleinwuchs tritt häufig auch ohne erkennbare Störungen auf.

Ursachen einer Wachstumsverzögerung
- **Somatotropinmangel.** Dies kann Folge einer Schädigung der Hypophyse sein (hypophysärer Kleinwuchs);
- **Somatotropinrezeptordefekt** (Laron-Kleinwuchs). Bei diesem seltenen Gendefekt stimuliert Somatotropin nicht die Ausschüttung des für das Wachstum entscheidenden IGF1 (insulin-like growth factor).
- **Leberinsuffizienz.** IGF1 wird vorwiegend in der Leber gebildet und seine

Bildung ist bei Leberinsuffizienz eingeschränkt.
- **Unterernährung.** Die herabgesetzte Substrataufnahme durch den Darm (Malabsorption/Maldigestion) sowie gesteigerter Substratverbrauch bei Allgemeinerkrankungen (z. B. Anämie, schwere Lungen- und Herzerkrankungen) mindern gleichfalls die IGF1-Ausschüttung.
- **Diabetes insipidus.** Bei dieser seltenen Erkrankung (▶ Abschn. 74.3) kann der ständige Durst eine adäquate Nahrungsaufnahme verhindern und so zu Kleinwuchs beitragen.
- **Vernachlässigung.** Eine unzureichende Ernährung und Stresssituationen können zu Minderwuchs führen.
- **Sexualhormone.** Diese stimulieren die IGF1-Produktion und beschleunigen

somit das Körperwachstum, sie fördern jedoch gleichzeitig den Schluss der Epiphysenfugen und unterbinden damit das weitere Körperwachstum. Ein Überschuss an Sexualhormonen führt daher langfristig zu Minderwuchs.
- **Vitamin-D-Mangel.** Mangel an Kalzitriol beeinträchtigt die Knochenmineralisierung (Rachitis).
- **Hypothyreose.** Schilddrüsenhormon ist ein Wachstumsfaktor vor allem für das ZNS, aber auch für den restlichen Körper.
- **Hyperkortisolismus.**
- **Genetische Defekte.** Eine Reihe (seltener) genetischer Defekte führt zu Minderwuchs (z. B. das Turner Syndrom, bei dem nur ein X-Chromosom vorliegt [X0]).

Ausschüttung Wie alle Hormone der Adenohypophyse ist Prolaktin ein Peptidhormon (199 Aminosäuren). Die Prolaktinausschüttung wird jedoch nicht durch ein einzelnes Liberin gefördert. Vielmehr hat eine Reihe von Hormonen eine fördernde, aber recht schwache Wirkung. Zu diesen gehören Thyroliberin, Endorphine, Angiotensin II und vasoaktives intestinales Peptid (VIP). Wichtiger ist die Hemmung der Prolaktinausschüttung, die exklusiv durch **Dopamin** vermittelt wird. Der Einfluss von Dopamin auf die Prolaktinausschüttung überwiegt, d. h. bei Unterbrechung des hypothalamischen Einflusses wird vermehrt Prolaktin ausgeschüttet.

Die Funktion von Dopamin als **Prolaktin-Inhibiting-Hormone (PIH)** ist von großer klinischer Bedeutung. Dopamin-Rezeptoragonisten (z. B. Bromocriptin) werden zur Behandlung des Prolaktinoms eingesetzt. **Dopaminrezeptorantagonisten** werden bei Übelkeit (Metoclopramid) und bei Psychosen (z. B. Haloperidol) eingesetzt. Aufgrund ihrer disinhibierenden Wirkung auf die Prolaktinfreisetzung ist eine, auch beim Mann auftretende **Gynäkomastie** eine Nebenwirkung aller Dopaminrezeptorantagonisten.

▶ Die Prolaktinausschüttung wird durch **Dopamin** gehemmt.

In Kürze
Das Wachstumshormon Somatotropin wird unter hypothalamischer Kontrolle in der Adenohypophyse synthetisiert. Die Freisetzung wird vor allem durch **Hypoglykämie** und durch Aminosäuren gefördert. Viele Somatropinwirkungen erfolgen über Somatomedin (IGF-1 u. a.). Somatotropin fördert die Zellproliferation und das Wachstum und hat eine **diabetogene** Wirkung. Somatotropinman-

gel führt beim Kind zu **Kleinwuchs**, Somatotropinüberschuss beim Kind zu **Riesenwuchs**, beim Erwachsenen zu apositionellem Knochenwachstum (**Akromegalie**) und Hypertrophie von Weichteilen.

Prolaktin ist ein Peptidhormon aus dem Hypophysenvorderlappen. Seine Ausschüttung wird durch Dopamin gehemmt. Prolaktin stimuliert das Wachstum und die Differenzierung der **Brustdrüse**, sowie die **Milchproduktion**. Bedeutsam für die **Still-Amenorrhö** ist, dass Prolaktin die Ausschüttung von GnRH hemmt.

74.4   Hormone der Neurohypophyse

74.4.1   Neurohypophyse

In der Neurohypophyse werden Oxytocin und ADH sezerniert.

Neuronale Organisation und Ontogenese Neurone des Hypothalamus ziehen mit ihren Axonen durch das Infundibulum der Hypophyse zum **Hypophysenhinterlappen, der Neurohypophyse**. Somit ist dieser Teil der Hypophyse ontogenetisch ein Teil des Gehirns. Die Adenohypophyse wird von der Rathke-Tasche gebildet und ist somit ein Mundbucht-Derivat.

Hormone des Hypophysenhinterlappens Der Hypothalamus bildet die Hormone Oxytocin und ADH. Diese gelangen über **axonalen Transport** in die Neurohypophyse und werden dort ins Blut abgeben. Abgesehen vom gemeinsamen Weg der Sekretion und der biochemischen Verwandtschaft (beides sind Peptidhormone), sind Oxytocin und ADH funktionell vollkommen unabhängig.

74.4.2 Oxytocin

Im Hypophysenhinterlappen wird das hypothalamische Hormon Oxytocin ausgeschüttet, das in erster Linie der **Reproduktion** dient und besonders für den **Geburtsvorgang** wichtig ist.

Wirkungen von Oxytocin   Oxytocin ist vor allem für den **Geburtsvorgang** wesentlich. Es bewirkt die Auslösung der **Wehen**, indem es die Wehenbildung und in höheren Konzentrationen die Kontraktion der Uterusmuskulatur fördert. Damit ist es bei der Geburt essentiell für die Austreibung des Kindes. Hierzu trägt auch bei, dass der hohe Östrogenspiegel zum Ende der Schwangerschaft den Uterus hinsichtlich der Wirkungen von Oxytocin sensibilisiert hat. Auch sorgt Oxytocin für die **Nachwehen** und für die Kontraktion der Uterusmuskulatur während des Orgasmus.

Während des Stillvorganges induziert Oxytocin die Kontraktion der **Myoepithelzellen** der Milchdrüsen und löst damit die **Milchejektion** aus. Beim Mann bewirkt es die Kontraktion der Samenkanälchen während des Orgasmus.

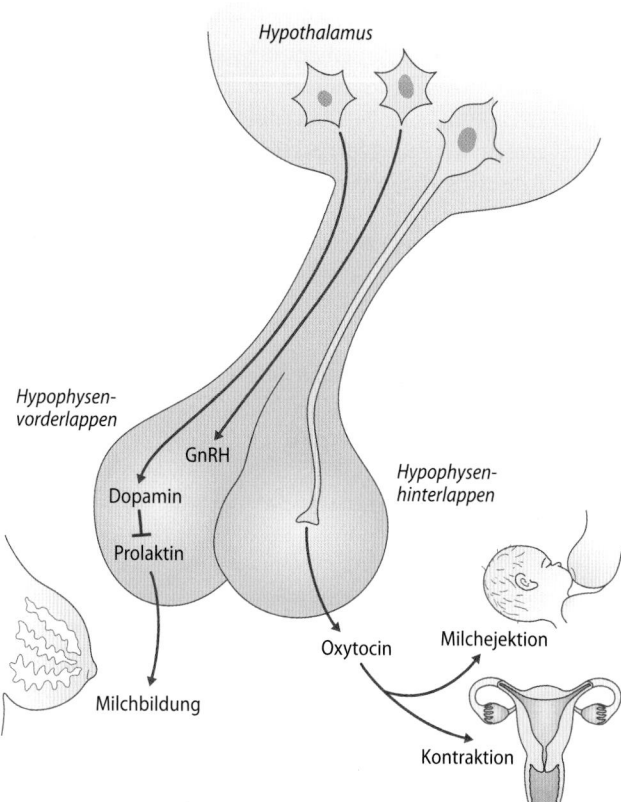

D Abb. 74.4   Oxytocin und Prolaktin. Oxytocin wird im Hypothalamus produziert, im Hypophysenhinterlappen freigesetzt und bewirkt die Kontraktion myoepithelialer Zellen der Brustdrüse (Milchejektion) und des Uterus. Prolaktin wird im Hypophysenvorderlappen produziert, fördert das Wachstum und die Differenzierung der Brustdrüse und hemmt die LH-, FSH-Bildung

Oxytocin wirkt darüber hinaus direkt im ZNS. Es hat eine anorexigene Wirkung. Darüber hinaus fördert Oxytocin die Bindung an und das Vertrauen in den Partner und beim Stillen die Zuneigung der Mutter zum Kind. Aufgrund dieser Wirkungen wurde Oxytocin auch als „**Kuschelhormon**" bezeichnet.

Struktur und Ausschüttung   Oxytocin ist ein Nonapeptid, das in den Neuronen der **Nuclei supraoptici und paraventriculares** gebildet, über axonalen Transport in den Hypophysenhinterlappen transportiert und dort bei Bedarf ausgeschüttet wird (**Neurosekretion**).

Stimulation der Oxytocinausschüttung   Oxytocin wird besonders bei mechanischer Reizung von Vagina und Uterus, bei der Berührung der Brustwarze der Frau und im Orgasmus ausgeschüttet.

❯ **Oxytocin ist das Wehen- und Kuschelhormon.**

74.4.3 Antidiuretisches Hormon

Adiuretin (Antidiuretisches Hormon, ADH, Vasopressin) senkt die renale Wasserausscheidung. Es wird bei Verminderung des intra- und/oder extrazellulären Volumens, sowie bei Stress ausgeschüttet.

Antidiuretische Wirkungen   Die Wirkungen von Adiuretin zielen in erster Linie auf eine rasche **Erhöhung des Wassergehalts** im Körper ab. ADH senkt die renale Wasserausscheidung durch Steigerung der renal-tubulären Wasserresorption.

Die hemmende Wirkung von Adiuretin auf die renale Wasserausscheidung (Antidiurese) wird durch Steigerung der Wasserpermeabilität von distalem Konvolut und Sammelrohr der Niere erzielt. Adiuretin stimuliert nach Bindung an den V2-Rezeptor über die vermehrte Bildung von cAMP und Aktivierung der Proteinkinase A den Einbau von **Wasserkanälen (Aquaporin 2)** in die luminale Zellmembran des Tubulusepithels. Dadurch kann Wasser dem osmotischen Gradienten folgend das Lumen verlassen (▶ Kap. 33.2.4). Außerdem löst Adiuretin Durstgefühl aus. Herabgesetzte Wasserausscheidung und gesteigerte Flüssigkeitsaufnahme senken die Osmolarität (▶ Kap. 35.4).

Vasokonstriktorische Wirkung   In sehr hohen Konzentrationen, die beispielsweise beim **Schock** vorkommen können, wirkt Adiuretin über die Stimulation von V1-Rezeptoren zusätzlich **vasokonstriktorisch**. Dabei wirkt es vor allem auf die Kapazitätsgefäße. Auf diese Weise erreicht Adiuretin eine Steigerung des zentralen Venendrucks und ermöglicht die Aufrechterhaltung des Herzminutenvolumens auch bei herabgesetztem Blutvolumen.

Struktur und Ausschüttung   Adiuretin ist ein **Nonapeptid**, das in den Neuronen der hypothalamischen **Nuclei paraven-**

74

tricularis und **supraopticus** gebildet wird. Es wird aus einem größeren Protein (Präproadiuretin) abgespalten.

Bedeutendster Auslöser der ADH-Ausschüttung ist ein Anstieg der Plasmaosmolarität (◘ Abb. 74.5), der im Hypothalamus selbst und möglicherweise in der Leber registriert wird. Dabei signalisiert die Hyperosmolarität ein Wasserdefizit. Wahrscheinlich ist die durch die extrazelluläre Hyperosmolarität bedingte **Zellschrumpfung** der adäquate Reiz für die Adiuretinausschüttung.

Bei Zellschrumpfung kommt es zur Aktivierung von mechanosensitiven Kanälen (stretch inactivated channels), zu Na^+-Einstrom, Depolarisation und Ausbildung von Aktionspotenzialen. Die Aktionspotenziale öffnen an der Nervenendigung spannungssensitive Ca^{2+}-Kanäle. Die Zunahme der Ca^{2+}-Konzentration vermittelt dann die Entleerung der Vesikel, die Adiuretin enthalten. Schwere **Hypovolämie** fördert die Freisetzung von ADH auch durch einen anderen Mechanismus: Das Plasmavolumen wird durch Dehnungsrezeptoren im linken Vorhof registriert. Eine Zunahme des Vorhofdrucks hemmt, eine Abnahme des Vorhofdrucks fördert die Ausschüttung von Adiuretin. Bei Volumenmangel wird die ADH-Ausschüttung zusätzlich durch Angiotensin II

stimuliert, dessen Bildung durch Renin gefördert wird (► Kap. 35.4). Schließlich unterliegt die Adiuretinausschüttung psychischen Einflüssen und ist bei **Stress, Angst, Erbrechen** und **sexueller Erregung** gesteigert, bei Kälte dagegen herabgesetzt. Die ADH-Ausschüttung wird auch durch Dopamin und Endorphine gefördert, jedoch durch GABA gehemmt.

> **Die Ausschüttung von ADH erfolgt bei Hyperosmolarität und Volumenmangel.**

Adiuretinmangel   Ein Mangel an Adiuretin (► Kap. 35.5.1, Klinik-Box „**Zentraler Diabetes insipidus**") oder eine Unempfindlichkeit der Niere gegenüber der Wirkung von Adiuretin (► Kap. 35.5.1, Klinik-Box „**Renaler Diabetes insipidus**") hat die Ausscheidung großer Mengen hypotonen Harns zur Folge. Die Patienten müssen am Tag bis zu 20 Liter trinken, um eine lebensbedrohliche Dehydratation (Hypohydratation) abzuwenden.

Der Genuss von **Alkohol** hemmt die Freisetzung von Adiuretin und fördert daher Diurese mit renalen Wasserverlusten. Folge kann ein „Nachdurst" sein. Eine Behandlung mit Lithium vor allem bei bipolaren Störungen (Phasen von Manie und Depression) kann durch Schädigung der Nieren einen renalen Diabetes insipidus hervorrufen, wobei die Patienten auch große Mengen Urin ausscheiden.

Adiuretinüberschuss   Ein Überschuss an Adiuretin kann als sog. **paraneoplastisches Syndrom** durch Bildung von Adiuretin in einem Tumor (z. B. kleinzelliges Bronchialkarzinom) hervorgerufen werden. Der Adiuretinüberschuss führt zur renalen Retention von Wasser mit zum Teil bedrohlicher Zunahme vor allem des Intrazellulärvolumens (hypotone Hyperhydratation; ► Kap. 35.5.1).

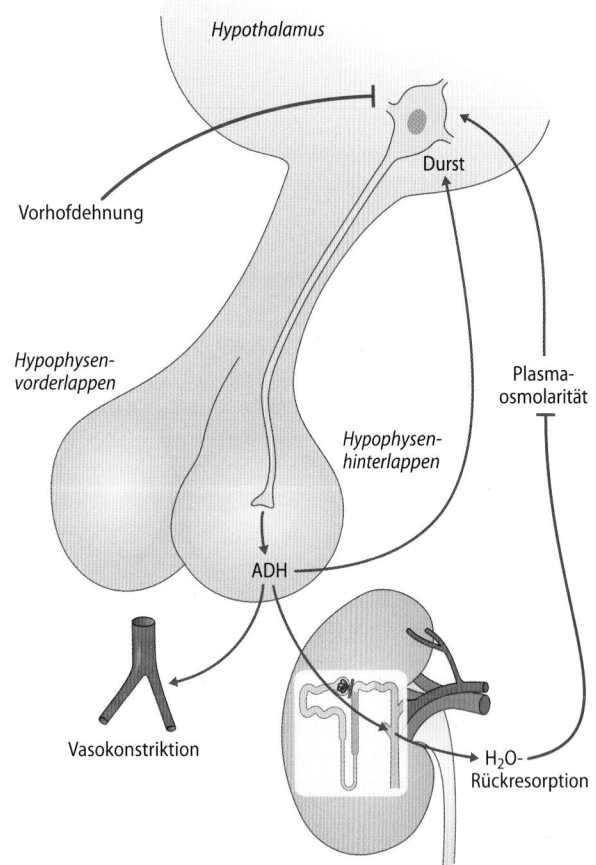

◘ **Abb. 74.5   Adiuretin.** ADH wird vom Hypothalamus gebildet und im Hypophysenhinterlappen sezerniert. Es wird bei Entdehnung des Vorhofes und Anstieg der Plasmaosmolarität freigesetzt. Es bewirkt die vermehrte Rückresorption von Wasser im Sammelrohr der Niere und führt zu Durst

---

In Kürze

Oxytocin ist ein hypothalamisches Nonapeptid, das im **Hypophysenhinterlappen** bei mechanischer Reizung von Vagina, Uterus und Brustwarze ausgeschüttet wird. Es stimuliert die **Kontraktion der glatten Muskulatur von Uterus, Milchdrüsen** und **Samenkanälchen**.

Adiuretin (ADH) ist ein hypothalamisches Nonapeptid, das bei Hyperosmolarität, Hypovolämie oder Stress aus dem **Hypophysenhinterlappen** ausgeschüttet wird. Es stimuliert die **renale Wasserresorption** und führt in hohen Konzentrationen zur **Vasokonstriktion**. Fehlende ADH-Ausschüttung bzw. fehlende ADH-Wirkung führt zum Diabetes insipidus, bei dem bis zu 20 Liter Wasser am Tag ausgeschieden werden. Adiuretinüberschuss führt umgekehrt zur hypotonen Hyperhydratation.

Literatur

Ben-Shlomo A (2010) Pituitary gland: predictors of acromegaly-associated mortality. Nat Rev Endocrinol 6(2):67–9

Donaldson ZR, Young LJ (2008) Oxytocin, Vasopressin, and the Neurogenetics of Sociality. Science 322: 900–904

Elston MS, McDonald KL, Clifton-Bligh RJ, Robinson BG (2009) Familial pituitary tumor syndromes. Nat Rev Endocrinol 5(8):453–61

Katznelson L (2009) Pituitary function: Acromegaly: where are we now? Nat Rev Endocrinol 5(8):420–422

Perez-Castro C, Renner U, Haedo MR, Stalla GK, Arzt E. Cellular and molecular specificity of pituitary gland physiology. Physiol Rev. (2012) 92(1):1-38

Schilddrüsenhormone

Florian Lang, Michael Föller

© Springer-Verlag GmbH Deutschland, ein Teil von Springer Nature 2019
R. Brandes et al. (Hrsg.), *Physiologie des Menschen*, Springer-Lehrbuch
https://doi.org/10.1007/978-3-662-56468-4_75

Worum geht's? (◻ Abb. 75.1)

Schilddrüsenhormone regulieren Aktivität und Entwicklung

Schilddrüsenhormone beeinflussen den Stoffwechsel von Kohlenhydraten, Fetten und Proteinen und regulieren so den Energieverbrauch. Sie bestimmen den Grundumsatz und die Erregbarkeit von Zellen. Während der Fetalzeit und frühen Kindheit sind die Schilddrüsenhormone unerlässlich für die Entwicklung des zentralen Nervensystems und das Körperwachstum.

Die Schilddrüsenhormone Trijodthyronin und Thyroxin sind iodierte Tyrosinderivate

Die Schilddrüsenhormone Trijodthyronin (T_3) und Thyroxin (T_4) sind jodierte Tyrosinderivate, die in den Follikeln der Schilddrüse gebildet und ausgeschüttet werden. Die Bildung von T_3 und T_4 wird durch TSH aus der Adenohypophyse stimuliert, das selbst unter Kontrolle des Hormons TRH aus dem Hypothalamus steht. Im Blut ist die Konzentration von T_4 etwa 10-mal höher als diejenige von T_3. T_3 ist aber 10-mal wirksamer als T_4.

Erkrankungen der Schilddrüse sind häufig

Fetaler und/oder frühkindlicher **Mangel** an Schilddrüsenhormonen (Hypothyreose) führt zu erheblicher Beeinträchtigung der Entwicklung mit verminderter Intelligenz und Minderwuchs (Kretinismus). Beim Erwachsenen äußert sich eine **Hypothyreose** durch einen reduzierten Energieverbrauch mit erhöhter Kälteempfindlichkeit und weiteren Auswirkungen auf alle Organsysteme (u. a. Verstopfung, verlangsamter Herzschlag, Müdigkeit). T_3/T_4-Mangel und Jodidmangel führen über eine gesteigerte TSH-Ausschüttung zu einem Kropf (Struma). Eine Schilddrüsenüberfunktion (**Hyperthyreose**) steigert den Grundumsatz und ist an erhöhter Körpertemperatur, häufigen Durchfällen, gesteigerter Herzfrequenz sowie Rast- und Ruhelosigkeit zu erkennen.

Kalzitonin

Das ebenfalls in der Schilddrüse von C-Zellen gebildete Kalzitonin ist an der Regulation des Kalziumphosphat-Haushaltes beteiligt und wird in ▶ Kap. 36.2.5 beschrieben.

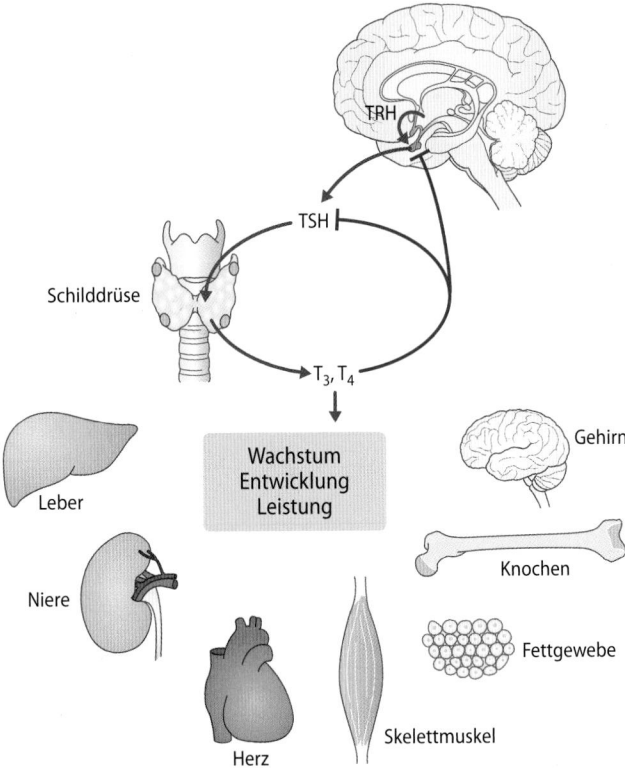

◻ **Abb. 75.1 Schilddrüsenhormone – Regelkreis und Wirkung.** TRH: Thyreotropin-releasing Hormon, TSH: Thyroidea-stimulierendes Hormon/Thyreotropin

75.1 Wirkungen und Bildung von Schilddrüsenhormonen

75.1.1 Wirkungen von Thyroxin und Trijodthyronin

Die Schilddrüsenhormone dienen in erster Linie der Entwicklung und der Aufrechterhaltung spezialisierter Leistungen von Gehirn, Herz, Niere etc.; sie fördern Wachstum und steigern den Grundumsatz.

Wirkungen auf die Entwicklung Schilddrüsenhormone stimulieren die Synthese einer Vielzahl von Enzymen, Elementen der Signaltransduktion (z. B. Rezeptoren, G-Proteine), Transportproteinen (z. B. Na^+/K^+-ATPase) und Strukturproteinen. Die Wirkungen der Schilddrüsenhormone sind für eine normale geistige und körperliche Entwicklung unerlässlich. Vor allem die **intellektuelle Entwicklung** hängt in kritischer Weise von diesen Hormonen ab. Die Schilddrüsenhormone fördern während der Hirnentwicklung das Auswachsen von Dendriten und Axonen sowie die Bildung von Synapsen und von Myelinscheiden. Sie stimulieren, teilweise über Steigerung der Somatotropinbildung und -ausschüttung, das **Längenwachstum** des Knochens.

❯ Ein Mangel an Schilddrüsenhormonen bei Feten und Kindern hat irreversible Einschränkung der geistigen und körperlichen Entwicklung zur Folge (Kretinismus).

Schilddrüsenhormone bei anderen Spezies
Auch bei anderen Spezies spielen die Schilddrüsenhormone eine wesentliche Rolle für die Entwicklung. Unter anderem sind die Metamorphose von Amphibien, das Wachsen von Federn (Mauser) von Vögeln und die Entwicklung des Geweihs von Hirschen T_3-abhängig.

Stoffwechselwirkungen Die Schilddrüsenhormone stimulieren die **Proteinsynthese** (s. o.), sie fördern die enterale Glukoseabsorption, die hepatische Glykogenolyse und Glukoneogenese und die **Glykolyse** in vielen Organen. Durch die Stimulation der **Lipolyse** steigern sie die Fettsäurekonzentrationen im Blut. Sie stimulieren andererseits den **Abbau von VLDL** und den Umbau von **Cholesterin** zu Gallensäuren. Unter dem Einfluss der Schilddrüsenhormone ist der Umsatz von Bindegewebsgrundsubstanz (**Glykosaminoglykanen**) und die Umwandlung von Karotin in Vitamin A gesteigert.

Kreislaufwirkungen Der gesteigerte Energieverbrauch in peripheren Geweben unter dem Einfluss der Schilddrüsenhormone führt zur peripheren **Vasodilatation** (▶ Kap. 20.3). Die Schilddrüsenhormone sensibilisieren ferner u. a. das Herz für Katecholamine, z. T. durch Steigerung der Expression von β-Rezeptoren (▶ Kap. 15.5.1).: Folgen sind gesteigerte **Herzfrequenz** und **Herzkraft**. Folge der Wirkungen auf Herz und Gefäße ist eine Zunahme des systolischen Blutdrucks und eine Abnahme des diastolischen Blutdrucks.

Wirkungen auf weitere Organe Die Schilddrüsenhormone steigern den renalen Blutfluss, die glomeruläre Filtrationsrate und die tubuläre Transportkapazität in der **Niere**. Sie stimulieren die Aktivität von Schweiß- und Talgdrüsen der **Haut**. Schließlich fördern T_3/T_4 die **Darmmotilität** und steigern die **neuromuskuläre Erregbarkeit** mit Auftreten von Hyperreflexie und Schlafstörungen.

Grundumsatz Aufgrund ihrer Wirkungen steigern die Schilddrüsenhormone den Energieverbrauch. Folge ist eine Zunahme des Grundumsatzes und damit der Wärmebildung. Zur Temperatur-Regulation ist dann verstärkte Wärmeabgabe erforderlich. Insbesondere auch die stimulierende Wirkung der Schilddrüsenhormone auf die **Na⁺/K⁺-ATPase,** dem Hauptenergieabnehmer nicht kontraktiler Zellen, geht mit einem erhöhten Energieumsatz einher.

Zelluläre Aufnahme und Schilddrüsenhormonrezeptor Die Schilddrüsenhormone gelangen über Transportproteine in die peripheren Zellen, T_3 über den Monocarboxylattransporter 8 (MCT8), T_4 über den organischen Anionen Transporter OATP1C1. Im **Zellkern** befindet sich der Schilddrüsenhormonrezeptor (TR), der nach Bindung von T_3 entweder homodimerisiert oder (häufiger) ein **Heterodimer** mit dem Retinoid X-Rezeptor (RXR) bildet. In dieser Form kann er an T_3-hormonresponsive Elemente (TRE) der DNA binden und die Genregulation beeinflussen. Der Rezeptor kann in Abwesenheit von T_3 auch an TREs binden und die Expression bestimmter Gene unterdrücken.

75.1.2 Bildung und Regulation von Thyroxin und Trijodthyronin

Die Schilddrüsenhormone Thyroxin (T_4) und Trijodthyronin (T_3) werden aus Tyrosin durch Jodierung und Dimerisierung gebildet; ihre Bildung und Ausschüttung wird durch Thyrotropin stimuliert.

Synthese Die beiden Schilddrüsenhormone Trijodthyronin (T_3) und Thyroxin (T_4) sind 3-fach bzw. 4-fach jodierte Derivate der Aminosäure Tyrosin. Die Synthese von T_3 und T_4 erfolgt in den Follikeln der Schilddrüse.

Zur Jodierung von T_3/T_4 ist die Aufnahme von **Jod** in Form von Jodid-Anionen (J⁻) aus dem Blut in die Epithelzellen der Follikel (Thyreozyten) erforderlich (◘ Abb. 75.2). Für die Jodidaufnahme befindet sich in der basolateralen Membran der Thyreozyten ein sekundär-aktiver **Na⁺-J⁻-Symporter**, der ein J⁻-Ion zusammen mit zwei Na⁺-Ionen in die Zelle transportiert. Die treibende Kraft für die J⁻-Aufnahme wird durch den Na⁺-Gradienten geschaffen, der durch die primär-aktive Na⁺/K⁺-ATPase über die Membran eingestellt wird. Das so aufgenommene J⁻ verlässt die Thyreozyten auf der luminalen Seite der Membran über den Anionenaustauscher **Pendrin** im Austausch gegen Cl⁻. Hierdurch gelangt J⁻ in das Lumen der Follikel, in dem die eigentliche Schilddrüsenhormonsynthese abläuft.

Die Thyreozyten sezernieren in das Lumen ferner **Thyreoglobulin**, ein tyrosinreiches Protein, das die noch zu jodierenden Tyrosinreste für T_3 und T_4 liefert. Zur Vorbereitung oxidiert die Schilddrüsenperoxidase (TPO) J⁻ im Lumen zu elementarem Jod (J•), einem Radikal. Als Oxidationsmittel dient bei dieser Reaktion H_2O_2, das von der NADPH-Oxidase Duox-2 gebildet wird. Das J•-Radikal ist reaktionsfreudig und bindet an Tyrosinreste des Thyreoglobulins. Dadurch entsteht Mono- und Dijodtyrosinthyreoglobulin. In einem weiteren Schritt wird innerhalb des Thyreoglobulinmoleküls ein jodierter Tyrosinrest auf einen zweiten jodierten Tyrosinrest unter Abspaltung von Alanin übertragen. Dadurch entstehen innerhalb des Thyreoglobulinmoleküls T_4 (3,5,3',5'-Tetrajodthyronin) und T_3 (3,5,3'-Trijodthyronin; ◘ Abb. 75.2). Nach Stimulation durch TSH aus der Adenohypophyse wird das Thyreoglobulin von den Thyreozyten endozytotisch aufgenommen, T_3 und T_4 durch lysosomale Enzyme abgespalten und die Hormone in das Blut abgegeben.

Hormonbildung

Die Schilddrüsenhormonbildung kann pharmakologisch an mehreren Stellen gehemmt werden (Thyreostatika): Perchlorat, Pertechnat und Thiozyanat hemmen die Jodaufnahme in die Thyreozyten durch den Na^+-J^--Symporter. Grundlage der Hemmung ist die Strukturähnlichkeit dieser Ionen mit J^-. Thioamide hemmen die Thyreoperoxidase. Die Bildung und Freisetzung von T_3 und T_4 kann ferner durch massiven J^--Überschuss (>100 mg statt Tagesbedarf von 200 μg) kurzfristig gehemmt werden (Wolff-Chaikoff-Effekt). Bei Atomunfällen kann durch Einnahme von Kaliumjodidtabletten die Aufnahme von radioaktivem [131]Jod und [129]Jod durch die Schilddrüse verhindert werden.

Proteinbindung

Im Blut liegt der überwiegende Anteil (> 99 %) von T_3/T_4 an Plasmaproteine gebunden vor (◘ Tab. 74.3), vor allem an Albumin, Thyroxin-bindendes Präalbumin (TBPA) und Thyroxin-bindendes Globulin (TBG). Nur der freie, nichtgebundene Anteil ist biologisch aktiv. TBG transportiert das meiste T_4. Die Bildung von TBG wird in erster Linie durch Östrogene stimuliert, so dass insbesondere in der Schwangerschaft erhöhte Plasmawerte vorliegen. Die Bindung an Plasmaproteine resultiert in einer extrem langen Halbwertszeit der Hormone (ca. 1 Tag für T_3, ca. 7 Tage für T_4).

Regulation der Freisetzung

Die Ausschüttung von T_3 und T_4 steht unter der Kontrolle des Hypothalamus, der das Hormon **TRH** (Thyreoliberin) bildet. TRH wird nicht kontinuierlich, sondern pulsatil ausgeschüttet und stimuliert in der Adenohypophyse durch Aktivierung des G_q-Proteins gekoppelten TRH-Rezeptors eine Steigerung der intrazellulären Ca^{2+}-Konzentration. Hierdurch wird die Ausschüttung von **TSH** (Thyreotropin, Thyreoidea stimulierendes Hormon) in der Adenohypophyse bewirkt.

TSH bindet an den TSH-Rezeptor der Thyreozyten, ebenfalls ein G-Protein gekoppelter Rezeptor und fördert das Wachstum der Schilddrüse. Über die Bildung von **cAMP** induziert die Aktivierung des TSH-Rezeptors die Endozytose von Thyreoglobulin aus dem Follikellumen durch Stimulation der beiden GTPasen Rab5a und Rab7. Von den Thyreozyten aufgenommenes Thyreoglobulin wird dann lysosomal gespalten und hauptsächlich T4 freigesetzt. Die Bildung von TSH und in geringerem Maße auch von TRH wird durch T3 und T4 gehemmt (◘ Abb. 75.1).

Über einen Regelkreis mit negativer Rückkopplung werden somit die T_3- und T_4-Konzentrationen im Blut weitgehend konstant gehalten. Die Ausschüttung von TRH wird durch Noradrenalin (über α-Rezeptoren) gefördert.

Periphere Dejodierung

Die Wirkungen der Schilddrüsenhormone werden nicht nur durch die Regulation der Ausschüttung beeinflusst, sondern hängen auch wesentlich von einer Dejodierung ab. Die Schilddrüse sezerniert nämlich überwiegend (ca. 90 %) das weit weniger wirksame T_4, das als **Prohormon** des Hormons T_3 verstanden werden kann. Aus diesem Grund ist die Regulation der Umwandlung von T_4 in die Wirkform T_3 durch **Dejodinasen** sowohl in der Schilddrüse selbst als auch in peripheren Zielgeweben ein weiteres Element in der Feinregulation der Schilddrüsenhormonwirkungen.

Es existieren drei verschiedene Dejodinasen, die in den peripheren Zielorganen der Schilddrüsenhormone unterschiedlich stark exprimiert werden. Die Typ-I-Dejodinase (Dio1) katalysiert sowohl die Umwandlung von T_4 in T_3 (5′-Dejodinierung) als auch die 5-Dejodinierung von T_4 in reverses T_3 (rT_3, 3,3′,5′-Trijodthyronin), einer inaktiven Form von T_3. Dio1 wird vor allem in der Leber gebildet und schützt den Körper in erster Linie vor einem Überschuss an Schilddrüsenhormonen, trägt aber auch in gewissem Umfang zu einer Umwandlung von T_4 in T_3 bei, das den anderen Zielgeweben zur Verfügung gestellt wird. Die Typ-II-Dejodinase (Dio2) katalysiert nur die Umwandlung von T_4 in T_3 und beugt einem Mangel an Schilddrüsenhormonen besonders im wachsenden Gehirn vor. Dio3 inaktiviert ausschließlich T_4 zu rT_3 und schützt das Gehirn vor einem Schilddrüsenhormonüberschuss. Durch die komplexe Regulation der Expression der drei Dejodinasen in den peripheren Zielgeweben wird die Synthese von T_3 dem Bedarf und dem Versorgungszustand mit Jod angepasst. Insbesondere bei schwerwiegenden **Erkrankungen** nimmt die Konzentration von rT_3 zulasten von T_3 zu.

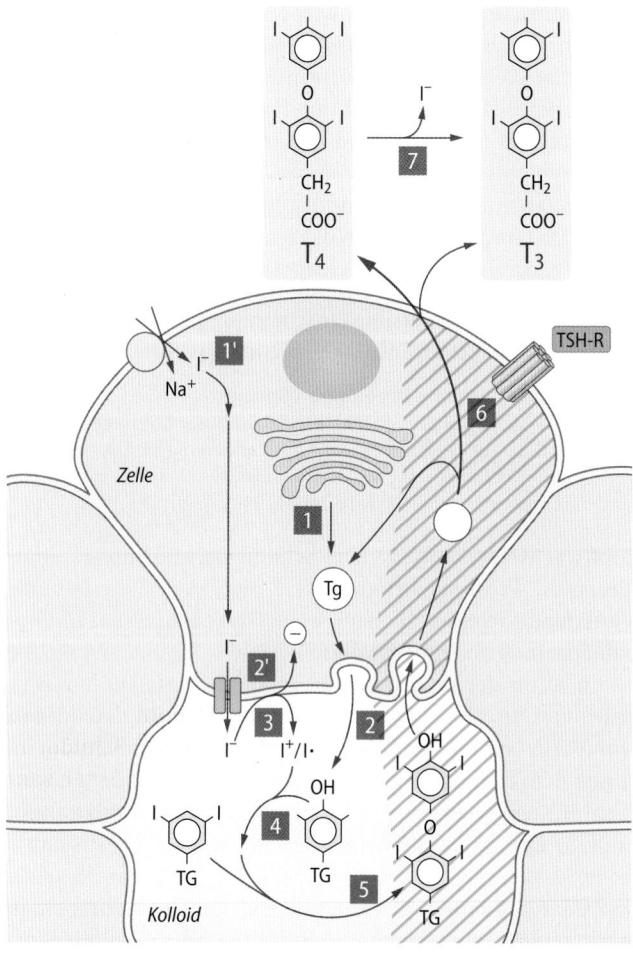

◘ **Abb. 75.2   Biosynthese von Thyroxin (T₄) und Trijodthyronin (T₃).** Die Follikelzellen der Schilddrüse synthetisieren im Golgi-Apparat Thyreoglobulin (Tg), ein Protein, das reich an der Aminosäure Tyrosin ist (1). Thyreoglobin wird in das Lumen der Follikel sezerniert (2). Dort wird an Tyrosin Jod gekoppelt (4). Das dazu erforderliche Jod wird in Form von Jodidionen durch einen Na⁺-gekoppelten Transport (Natrium-Jodid-Symporter NIS) aus dem Blut in die Zelle aufgenommen (1′) und von dort über einen Jodidtransporter (Pendrin) in das Lumen transportiert (2′). Thyrooxidase (Duox2), eine NADPH-Oxidase, erzeugt H_2O_2, das von der Thyreoperoxidase (TPO) zur Oxidierung der Jodidionen verwendet wird (3), die Tyrosinreste des Thyreoglobulins jodieren (4). Jodiertes Tyrosin wird an ein zweites jodiertes Tyrosin gekoppelt (5). Aus Thyreoglobin werden Thyroxin (T4) und Trijodthyronin (T3) abgespalten (6). Die Schilddrüsen bilden hauptsächlich T_4. In der Peripherie wird jedoch T_4 zum wesentlich wirksameren T_3 durch verschiedene Dejodasen dejodiert (7)

In Kürze

T_3 ist in der fetalen und frühkindlichen **Entwicklung** für das Wachstum und die Reifung des Gehirns unverzichtbar. Darüber hinaus steigert es den **Grundumsatz**, beeinflusst den Kohlenhydrat-, Protein und Fettstoffwechsel und sensibilisiert periphere Organe für Wirkungen des Sympathikus.

Trijodthyronin (T_3) und Thyroxin (T_4) sind jodierte **Tyrosinderivate**, die von Thyreozyten synthetisiert werden. Die Bildung von T_3 und T_4 steht unter der Kontrolle des Hypothalamus, der **TRH** bildet und in der Adeno-hypophyse die Ausschüttung von **TSH** anregt. TSH stimuliert die Freisetzung der Schilddrüsenhormone, wobei diese in einer negativen Rückkopplungsschleife die Bildung von TSH hemmen. Das in der Peripherie wirksame Hormon ist T_3, das aus T_4 durch enzymatische Dejodination freigesetzt wird und durch Bindung an den Schilddrüsenhormonrezeptor TR die Expression spezifischer Gene reguliert.

75.2 Störungen der Schilddrüsenhormone

75.2.1 Hypothyreose

Ein **Mangel** an T_3/T_4 (Hypothyreose) kann Folge eines TSH-Mangels (sekundär) oder einer primären Unterfunktion der Schilddrüse sein. Der Mangel führt zu schweren Entwicklungsstörungen und u. a. zu eingeschränkter Leistungsfähigkeit.

Ursachen einer Hypothyreose Eine Hypothyreose kann Folge einer **herabgesetzten Stimulation** der Schilddrüse durch TSH (**sekundäre Hypothyreose**) sein. Ferner kann eine Hypothyreose Folge einer Störung der Schilddrüse selbst sein (**primäre Hypothyreose**), wie bei Jodmangel, bei defekten oder gehemmten Enzymen der Schilddrüsenhormonsynthese oder bei Schädigung der Schilddrüse durch Entzündung (z.B. Hashimoto-Thyreoiditis). Bei primärer Hypothyreose führt die fehlende negative Rückkopplung durch T_3/T_4 zu einer gesteigerten Ausschüttung von TRH und TSH.

Folgen eines Mangels an T_3/T_4 Ein Mangel an Schilddrüsenhormonen führt beim **Kleinkind** zu einer massiven, binnen weniger Wochen nach der Geburt irreversiblen Einschränkung der Intelligenz. Es findet sich außerdem ein irreversibler Hörverlust (bis zur völligen Taubheit) sowie eine Verzögerung des Längenwachstums (**Kretinismus**). Die Störung der Gehirnentwicklung beruht auf der unzureichenden Transkription verschiedener Gene, die für die Gehirnreifung erforderlich sind. Intrauterin kann jedoch mütterliches Schilddrüsenhormon die Entwicklung des Feten aufrechterhalten.

Beim **Erwachsenen** führt T_3/T_4-Mangel zu **herabgesetzter neuromuskulärer Erregbarkeit**, Hyporeflexie, Antriebslosigkeit, Müdigkeit und Depressionen. Die eingeschränkten Stoffwechselwirkungen äußern sich in einer **Zunahme des Fettgewebes**, einer **Hypercholesterinämie** und einem Absinken des Grundumsatzes. Die Patienten neigen zu Hypoglykämien. Herabgesetzter Abbau von Glykosaminoglykanen im Unterhautfettgewebe führt zu deren Ablagerung (**Myxödem**), die Haut ist zudem kalt, trocken und schuppig, die Haare sind stumpf und brüchig. Schließlich ist die Darmmotorik herabgesetzt (**Obstipation**) und die Herzfrequenz erniedrigt (**Bradykardie**).

Wenn T_3/T_4-Mangel Folge gestörter Bildung von T_3 und T_4 in der Schilddrüse (z. B. bei Jodmangel) ist, wird die Bil-

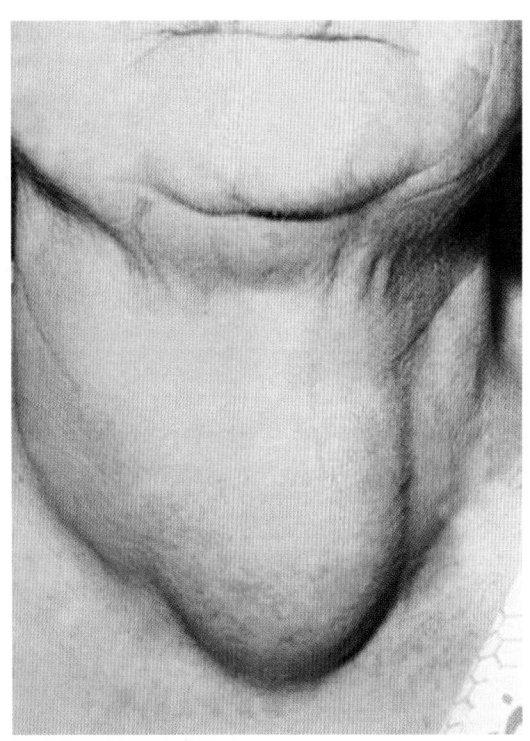

◻ Abb. 75.3 Patientin mit Struma. Die Patientin lebt seit Geburt in einem Gebiet mit jodarmem Wasser. Der Jodmangel beeinträchtigt die Bildung von T_3/T_4, die gesteigerte TSH-Ausschüttung stimuliert das Schilddrüsenwachstum

dung von TSH gesteigert. Die trophische Wirkung des TSH führt dann zur Größenzunahme der Schilddrüse (**Kropf, Struma**; ◻ Abb. 75.3).

75.2.2 Hyperthyreose

Ein T_3/T_4-Überschuss kann Folge gesteigerter Stimulation sein. Er führt vor allem zu Steigerung von Stoffwechselaktivität und Herzfrequenz

Ursachen einer Hyperthyreose Ein Überschuss an Schilddrüsenhormonen (**Hyperthyreose**) tritt bei gesteigerter Ausschüttung von TSH oder bei TSH-unabhängiger Überfunktion der Schilddrüse auf. Beim **Morbus Basedow** wird die Hyperthyreose durch einen Autoantikörper ausgelöst, der gegen den TSH-Rezeptor in der Schilddrüse gerichtet ist. Über eine Aktivierung des Rezeptors bewirkt der Antikörper eine gesteigerte Bildung von T_3/T_4 und eine Größenzunahme der Schilddrüse. Eine weitere Konsequenz der Autoimmunerkrankung ist eine retrobulbäre Entzündung, welche die Augen hervortreten lässt (**Exophthalmus**).

Folgen eines T_3/T_4-Überschusses Ein Überschuss an Schilddrüsenhormonen steigert die Herzfrequenz und begünstigt **Vorhofflimmern** (▶ Kap. 17.3.3). Aufgrund eines vergrößerten Schlagvolumens und einer peripheren Vasodilatation nimmt die **Blutdruckamplitude** zu. Die **neuromuskuläre Erregbarkeit** ist gesteigert, es treten Hyperreflexie, Zittern

75

und Schlaflosigkeit auf. Gesteigerte Darmmotorik führt zu **Durchfällen**. Der Grundumsatz ist erhöht, die Patienten schwitzen häufig und sind wärmeintolerant. Das Fettgewebe wird eingeschmolzen, durch gesteigerte Expression proteolytischer Enzyme überwiegt der Proteinabbau, die Patienten magern ab. Die Konzentration an freien Fettsäuren im Blut ist erhöht und die Plasmakonzentration von Cholesterin herabgesetzt. Die Haut ist feucht, die Haare sind dünn.

In Kürze

Unterfunktion der Schilddrüse verursacht einen **Mangel** an Schilddrüsenhormonen (**Hypothyreose**) und kann primär durch krankhafte Prozesse der Schilddrüse selbst oder sekundär durch unzureichende Bildung von TSH verursacht werden. Sie mindert beim Kind irreversibel die Intelligenz, das Längenwachstum und Hörvermögen (als Gesamtbild Kretinismus genannt) und kann beim Erwachsenen zu herabgesetzter neuromuskulärer Erregbarkeit, Hyporeflexie, Antriebslosigkeit, Depressionen, Hypercholesterinämie, Absinken des Grundumsatzes, Hypoglykämie, Myxödem und Obstipation führen.

Ein **Überschuss** an Schilddrüsenhormonen (**Hyperthyreose**) steigert die Herzfrequenz (Tachykardie), erhöht den Grundumsatz mit Wärmeintoleranz und vermehrtem Schwitzen, mindert das Schlafbedürfnis und steigert die Darmmotorik (Diarrhö).

Literatur

Franklyn JA (2009) Thyroid gland: Antithyroid therapy – best choice of drug and dose. Nat Rev Endocrinol 5(11):592–594

Greenspan FS, Gardner DG (2004) Basic and clinical endocrinology, 7th edn. McGraw-Hill, New York

Lang (ed) (2009) Encyclopedia of Molecular Mechanisms of Disease. Springer, Heidelberg, New York

Laurberg P (2009) Thyroid function: Thyroid hormones, iodine and the brain - an important concern. Nat Rev Endocrinol 5(9):475–6

O'Rahilly S (2009) Human genetics illuminates the paths to metabolic disease. Nature 462:307–14

Pankreashormone

Florian Lang, Michael Föller

© Springer-Verlag GmbH Deutschland, ein Teil von Springer Nature 2019
R. Brandes et al. (Hrsg.), *Physiologie des Menschen*, Springer-Lehrbuch
https://doi.org/10.1007/978-3-662-56468-4_76

Worum geht's? (◻ Abb. 76.1)

Insulin fördert die Bildung von Energiereserven und senkt den Blutzuckerspiegel

Insulin ist ein Peptidhormon, das in den B-Zellen der Langerhans-Inseln des Pankreas gebildet wird. Es wird bei Anstieg der Plasmakonzentrationen von Glukose und von einigen Aminosäuren freigesetzt. Die Ausschüttung des Hormons erfolgt vor allem nach Nahrungsaufnahme und zielt primär auf die Senkung des Blutzuckerspiegels ab. Durch Insulinwirkung werden Energiespeicher in Form von Glykogen in der Leber und im Skelettmuskel, von Triglyzeriden im Fettgewebe und Proteinen gebildet. Ein Mangel an Insulin oder dessen unzureichende Wirkung führen zur Zuckerkrankheit (Diabetes mellitus).

Glukagon mobilisiert Energiereserven und steigert den Blutzuckerspiegel.

Glukagon ist ebenso ein Peptidhormon und wird in den A-Zellen der Langerhans-Inseln synthetisiert. Es wirkt in vielerlei Hinsicht Insulin entgegen. Glukagon wird bei einem niedrigen Blutzuckerspiegel (Hypoglykämie), der auf einen Energiemangel hinweist, freigesetzt, bei einer Zunahme der Aminosäureplasmakonzentration, und bei einem Abfall der Plasmakonzentration freier Fettsäuren. Entsprechend fördert Glukagon die rasche Bereitstellung von Energiereserven durch Abbau von Glykogen in der Leber (Glykogenolyse), Abbau von Fettgewebe (Lipolyse), sowie Proteinabbau und Neubildung von Glukose aus Aminosäuren (Glukoneogenese) in der Leber.

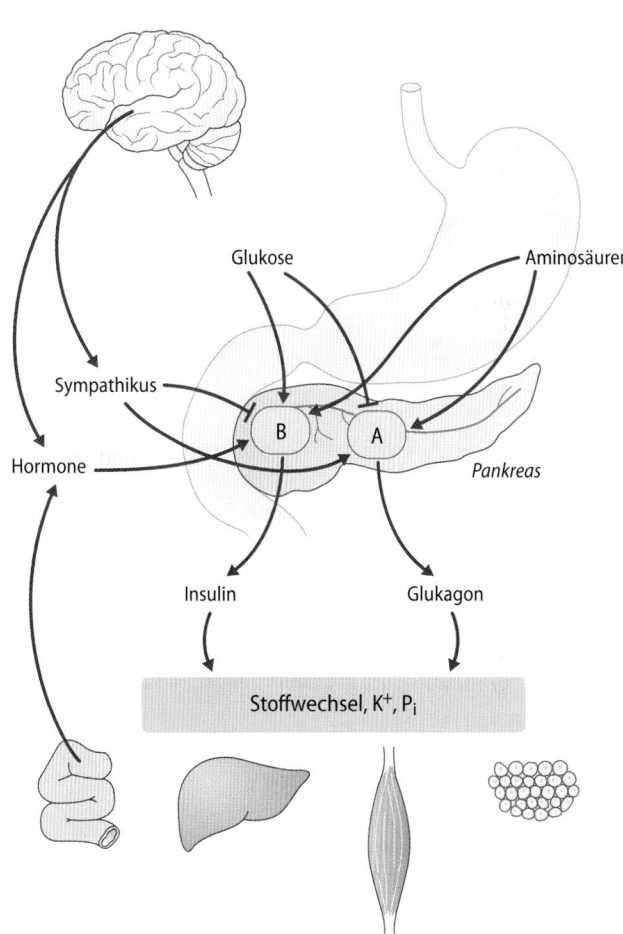

◻ **Abb. 76.1   Pankreashormone.** A=A-Zellen der Langerhansinseln; B=B-Zellen der Langerhansinseln, P_i=Phosphat

76.1   Physiologie von Insulin und Glukagon

76.1.1   Wirkungen von Insulin

Die Aufgabe von Insulin ist in erster Linie die Schaffung von Energiereserven, wenn ein Überschuss an frei verfügbaren Energieträgern (v. a. Glukose) vorhanden ist. Medizinisch bedeutsam ist vor allem die rasche blutzuckersenkende Wirkung von Insulin.

Stoffwechselwirkungen   Die Wirkungen von Insulin zielen zunächst auf eine **Speicherung** der **Energiesubstrate** ab: Insulin stimuliert die zelluläre Aufnahme (vor allem in Muskel- und Fettzellen) von Glukose, Aminosäuren und Fettsäuren. Die **zelluläre Glukoseaufnahme** wird u. a. über den Einbau des Glukose-Carriers **GLUT4** in die Zellmembran gesteigert. Insulin fördert den Abbau von Triglyzeriden in Chylomikronen und VLDL des Blutes. Die dabei freiwerdenden Fettsäuren und Glyzerin werden unter dem Einfluss von Insulin in das Fettgewebe aufgenommen und dort

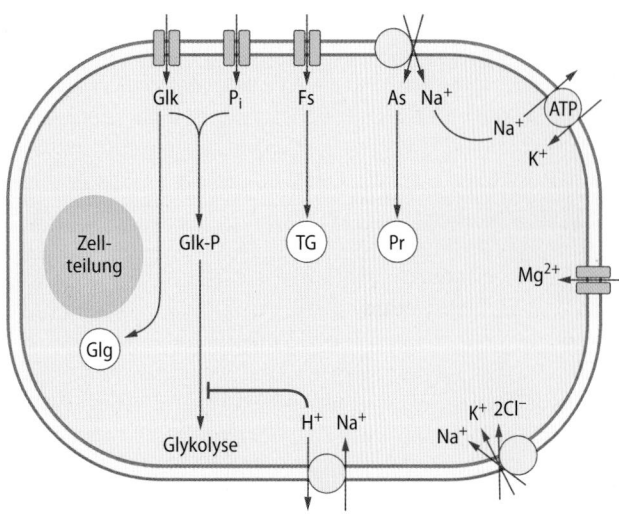

■ **Abb. 76.2 Zelluläre Wirkungen von Insulin.** Insulin stimuliert (v. a. in Fett- und Muskelzellen) die zelluläre Aufnahme von Aminosäuren (As), Fettsäuren (Fs), Glucose (Glk), Phosphat (Pi) und Mg^{2+}. Die Substrate werden zu Proteinen (Pr), Glykogen (Glg) und Triglyzeriden (TG) aufgebaut. Ferner stimuliert Insulin den Na^+/H^+-Austauscher, den Na^+-K^+-$2Cl^-$-Kotransport und die Na^+/K^+-ATPase. Folgen sind zelluläre K^+-Aufnahme, Zellschwellung und intrazelluläre Alkalose. Die Alkalose stimuliert die Glykolyse und begünstigt die Zellteilung

wiederum **als Triglyzeride gespeichert.** Insulin stimuliert die Bildung von **Glykogen** und von **Proteinen** (■ Abb. 76.2). Insulin bremst die **Lipolyse**, Glykogenolyse, Proteolyse und Glukoneogenese. Andererseits stimuliert Insulin die hepatische Glykolyse. Insulin steigert außerdem die Herzkraft, fördert die Zellteilung und begünstigt das Längenwachstum.

❯ **Insulin ist das einzige wesentliche anti-lipolytische Hormon.**

Wirkungen auf Transportprozesse   Insulin wirkt z. T. über eine Aktivierung des **Na^+/H^+-Austauschers** und des **Na^+-K^+-$2Cl^-$-Symporters** in der Zellmembran. Die Aktivität beider Transporter führt zu einer Zellschwellung, die – zumindest in der Leber – den Abbau der Makromoleküle (Glykogen und Proteine) hemmt. Die Aktivierung des Na^+/H^+-Austauschers führt ferner zu einer intrazellulären Alkalose. Da die Schrittmacherenzyme der Glykolyse ihr pH-Optimum im alkalischen Bereich haben, stimuliert Insulin über eine intrazelluläre Alkalose die Glykolyse. Das über Na^+/H^+-Austausch und Na^+-K^+-$2Cl^-$-Symport in die Zelle gelangte Natrium wird durch die **Na^+/K^+-ATPase** im Austausch gegen K^+ wieder aus der Zelle gepumpt. Folge der Aktivierung des Na^+-K^+-$2Cl^-$-Symporters und der Na^+/K^+-ATPase ist eine **zelluläre Aufnahme von K^+**. Die Bindung von Phosphat an die Glukose, die in die Zelle aufgenommen wurde, führt ferner zu einer zellulären Aufnahme auch von **Phosphat**. Schließlich fördert Insulin die zelluläre Aufnahme von Mg^{2+}. Unter anderem durch Stimulation des epithelialen Na^+-Kanales fördert es die renale Na^+-Resorption.

❯ Neben seiner blutzuckersenkenden Wirkung bewirkt Insulin eine Verschiebung von K^+ in den Intrazellulärraum und kann daher Hypokaliämie auslösen.

Phosphatidylinositol-(PI-)3-Kinase-Weg
Die Aktivierung des Phosphatidylinositol-(PI-)3-Kinase-Weges durch Insulin spielt offenbar bei der Alterung eine wichtige Rolle. Hemmung dieser Wirkung verlängert die Lebensspanne vieler Tierspezies, was wahrscheinlich auch beim Menschen eine Rolle spielt.

76.1.2 Insulinausschüttung

Insulin ist ein Peptidhormon aus den B-Zellen der Langerhans-Inseln. Die Insulinausschüttung wird vor allem durch einen Anstieg der Plasmaglukosekonzentration, aber auch durch Aminosäuren und einige gastrointestinale Hormone stimuliert.

Pankreas   Die Bauchspeicheldrüse, das Pankreas, besteht aus zwei morphologisch unterscheidbaren Anteilen, einem exokrinen und einem endokrinen Anteil. Das exokrine Pankreas stellt den Hauptteil der Drüse dar und synthetisiert vor allem Verdauungsenzyme. Die endokrinen Anteile sind inselartig in das exokrine Drüsengewebe eingelassen (Langerhans-Inseln) und bilden vor allem vier Hormone: **Glukagon** (A-Zellen), **Insulin** (B-Zellen), **Somatostatin** (D-Zellen) und **pankreatisches Polypeptid**. Die B-Zellen stellen bis zu 70–80 % der Inselzellen, ca. 15 % sind A-Zellen. Somatostatin wird auch im Hypothalamus synthetisiert und hemmt die Freisetzung von Wachstumshormon aus der Adenohypophyse (▶ Kap. 74.1). Außerdem wird es von weiteren D-Zellen im Gastrointestinaltrakt gebildet. Im Pankreas ausgeschüttete Hormone gelangen zunächst mit dem Pfortaderblut in die **Leber**, in der die Hormonkonzentration daher ein Vielfaches der Konzentration im peripheren Blut beträgt.

Insulinstruktur   Insulin ist ein Peptid (51 Aminosäuren) aus zwei Ketten, einer A-Kette mit 21 Aminosäuren und einer B-Kette mit 30 Aminosäuren, die über **zwei Disulfidbrücken** miteinander verbunden sind.

Substratabhängige Ausschüttung   Der Blutzuckerspiegel ist der weitaus wichtigste Regulator der Insulinausschüttung. Wie in ■ Abb. 76.3 dargestellt, wirkt Glukose z. T. über eine Beeinflussung der **Ionenkanäle** in der Zellmembran. Glukose wird in die Zelle aufgenommen und glykolytisch abgebaut. Dabei entsteht ATP, das ATP-sensitive K^+-Kanäle (K_{ATP}-Kanäle) in der Zellmembran hemmt. Diese Kanäle sind zur Aufrechterhaltung des **Zellmembranpotenzials** erforderlich. Ihre Hemmung hat eine **Depolarisation** zur Folge, die spannungsabhängige Ca^{2+}-Kanäle öffnet. Die folgende Erhöhung der intrazellulären Ca^{2+}-Konzentration führt dann zur Stimulation der Insulinausschüttung. Im geringeren Ausmaß fördern auch Aminosäuren (vor allem Leuzin, aber auch Arginin und Alanin) und Azetazetat die Insulinausschüttung, während Fettsäuren nur eine sehr schwache fördernde Wirkung ausüben.

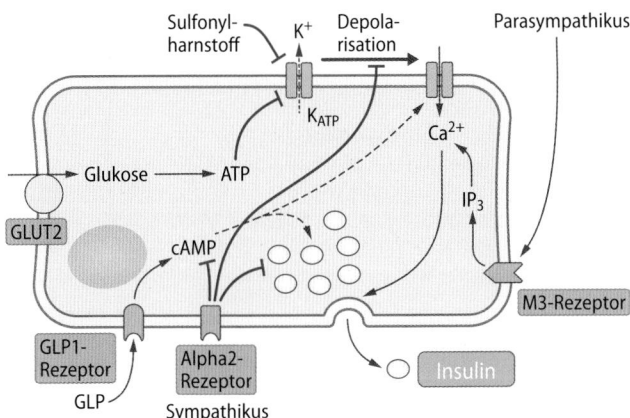

Abb. 76.3   Regulation der Insulinausschüttung aus pankreatischen B-Zellen durch Glukose. Der Abbau von Glukose erzeugt ATP, das die ATP-sensitiven K^+-Kanäle hemmt. Die Membran depolarisiert. M3=Muscarinischer Acetylcholin-Rezeptor. Das Inkretin Glucagon-like peptide (GLP) fördert, der Sympathikus hemmt über die Beeinflussung von cAMP die Insulinausschüttung, IP_3 = Inositolphosphat

Die **Glukokinase**, die Glukose phosphoryliert und damit in die Glykolyse einschleust, hat in den B-Zellen eine sehr geringe Affinität und wird erst bei 10 mmol/l Glukose halb gesättigt. Damit erreichen ATP-Bildung und Insulinausschüttung erst bei Glukosekonzentrationen (> 10 mmol/l) ihre maximalen Werte, die weit über der normalen Blutzuckerkonzentration im Nüchternzustand (<6 mmol/l) oder nach Mahlzeiten (<8 mmol/l) liegen. Durch den Einfluss auf das **Membranpotenzial** wirkt eine **Hyperkaliämie** fördernd, eine **Hypokaliämie** hemmend auf die Insulinausschüttung.

Phasen der Insulinausschüttung   Die Ausschüttung von Insulin ist **pulsatil**. Wird unter experimentellen Bedingungen durch Glukosezufuhr die Glukosekonzentration im Blut plötzlich gesteigert und dann durch weitere kontinuierliche Zufuhr auf dem erhöhten Wert gehalten, dann kommt es zu einer biphasischen Insulinausschüttung: Eine schnelle transiente Insulinausschüttung innerhalb der ersten 10 Minuten wird gefolgt von einer zweiten, langsamer ansteigenden Ausschüttung des Hormons. Ein Teil der insulinhaltigen Vesikel

steht nämlich bei Erhöhung der **intrazellulären Ca^{2+}-Konzentration** unmittelbar zur Ausschüttung bereit, während ein anderer Teil erst über **endoplasmatisches Retikulum** und Golgi-Apparat für die Exozytose vorbereitet werden muss. Bei anhaltend hohen Glukosekonzentrationen nimmt die Insulinausschüttung nach etwa 2–3 Stunden wieder ab.

Gastrointestinale Hormone   Die Insulinausschüttung wird auch gesteigert durch **glucagon-like peptide** (GLP) und **gastric inhibitory peptide** (GIP), die als **Inkretine** bezeichnet werden. Andere fördernde Hormone sind Glukagon, Sekretin, Gastrin, Cholezystokinin/Pankreozymin, Kortikotropin (ACTH) und Somatotropin. Die Wirkung der Hormone verstärkt den Einfluss von Glukose auf die Insulin-Ausschüttung, d. h. sie sensibilisieren die B-Zellen hinsichtlich des Einflusses von Glukose. Bei niederen Glukoseplasmakonzentrationen sind die Hormone jedoch wirkungslos.

Die verstärkende Wirkung der gastrointestinalen Hormone auf die Insulinausschüttung kommt bei **Nahrungszufuhr** zum Tragen: Bereits bevor die Nahrungsbestandteile enteral absorbiert werden, also bevor es zu einem deutlichen Anstieg der Plasmakonzentrationen von Glukose und Aminosäuren kommt, wird die Insulinausschüttung gesteigert. Daher fällt die Insulinausschüttung bei oraler Glukosezufuhr deutlich stärker aus als bei intravenöser Zufuhr derselben Menge Glukose (◘ Abb. 76.4). Dieser **Inkretineffekt** wird vor allem auf die nur bei oraler Zufuhr von Glukose nennenswerte Ausschüttung der Inkretine **GLP** und **GIP** zurückgeführt, die wiederum die Insulinsekretion anregen.

Hemmung der Insulinausschüttung   **Glukokortikoide** induzieren die Serum- und Glukokortikoid-induzierbare Kinase SGK1. Diese aktiviert K^+-Kanäle auf B-Zellen. Die nachfolgende Hyperpolarisation hemmt die Insulinausscheidung. Hyperglykämie ist daher eine wichtige Begleiterscheinung des **Hyperkortisolismus** (▸ Kap. 77.1.3).

Somatostatin begrenzt die Ausschüttung von Insulin bei einer Hyperglykämie. Es wird in benachbarten D-Zellen der Langerhans-Inseln gebildet und ausgeschüttet. Seine Ausschüttung wird durch Glukose, Aminosäuren, Fettsäuren,

Klinik

Orale Antidiabetika

Diese Substanzen werden zur Behandlung des Diabetes mellitus Typ II eingesetzt, wobei die therapeutische Zielgröße die Senkung des Blutzuckerspiegels ist. Unterschiedliche therapeutische Strategien kommen zum Tragen:

- Hemmung der intestinalen Glukoseaufnahme (alpha-Glukosidase-Hemmstoffe)
- Hemmung der hepatischen Glukoneogenese (Metformin)
- Förderung der Insulinempfindlichkeit der Zielgewebe (Glitazone)
- Förderung der renalen Glukoseausscheidung über Hemmung des Natri-

um-Glukose-Symporters SGLT-2 mit Gliflozinen

Einige orale Antidiabetika steigern die pankreatische Insulinsekretion:

- **Sulfonylharnstoffe** sind Hemmstoffe des K_{ATP}-Kanals. Diese bewirken eine Depolarisation der Zellmembran der B-Zelle und fördern damit die Insulinausschüttung. Sulfonylharnstoffe wirken unabhängig von der Plasmaglukosekonzentration und können daher gefährliche Hypoglykämie auslösen.

- **DPP4-Inhibitoren** (Gliptine). Das Enzym Dipeptidylpeptidase IV (DPP4) baut Glucagon-like-Peptide-1 (GLP-1) ab. DPP4-Hemmstoffe verlängern somit die Halbwertszeit von GLP-1 und erhöhen seine Spiegel. Da GLP-1 jedoch nur freigesetzt wird, wenn tatsächlich auch Glukose im Darm vorhanden ist, fördern sie im Wesentlichen die Glukoseabhängige Insulinfreisetzung. Hypoglykämien sind daher seltener als bei Sulfonylharnstoffen.

76

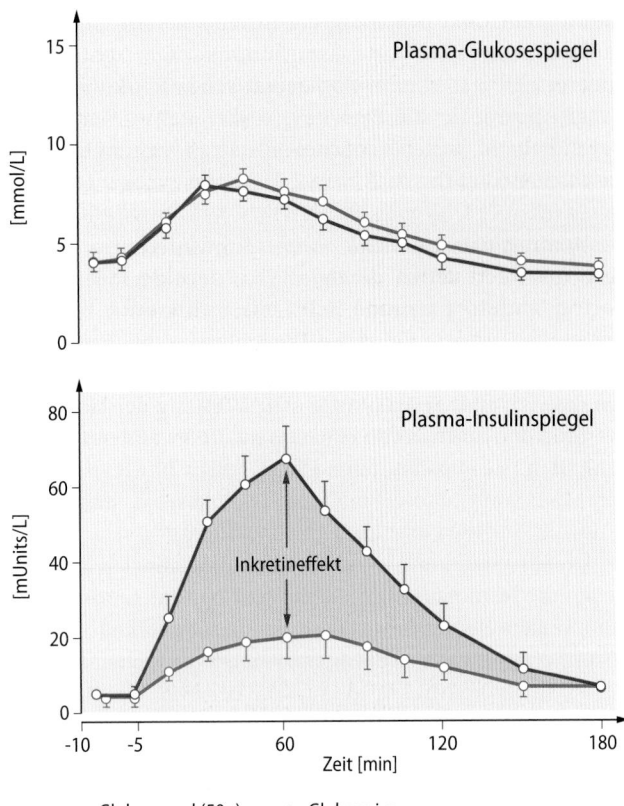

-○- Glukose oral (50g)   -○- Glukose i. v.

▣ **Abb. 76.4   Glukosetoleranztest.** Vergleich von oraler und intraperitonealer Plasma-Glukose-Applikation auf (A) Plasma-Glukose und (B) Insulin-Plasmaspiegel

Acetylcholin, Adrenalin (über β-Rezeptoren), Glukagon, vasoactive intestinal peptide (VIP), Sekretin und Cholezystokinin stimuliert.

Die Insulinausschüttung wird ferner durch Pankreatostatin und Amylin gehemmt.

Regulation durch das vegetative Nervensystem Die Insulinausschüttung wird durch **Acetylcholin** über Aktivierung von M3-muskarinischen Acetylcholinrezeptoren und intrazelluläre Freisetzung von Ca^{2+} stimuliert. Der Sympathikus mindert über Noradrenalin (über α2-Rezeptoren) und den Kotransmitter Galanin die Insulinausschüttung. Sie wirken zumindest teilweise über eine Aktivierung von K$^+$-Kanälen, die zur Hyperpolarisation der Zellen führt.

76.1.3   Glukagon

Glukagon dient in erster Linie der raschen Bereitstellung von Glukose bei Hypoglykämie oder gesteigertem Energiebedarf.

Wirkungen   Glukagon bewirkt zunächst eine Mobilisierung von **Energiesubstraten**. Glukagon fördert die hepatische Glykogenolyse und kann so bei Hypoglykämie rasch Glukose zur Verfügung stellen (▣ Abb. 76.5). Glukagon wirkt über cAMP und hat daher in vielen Geweben **Adrenalin-ähnliche**

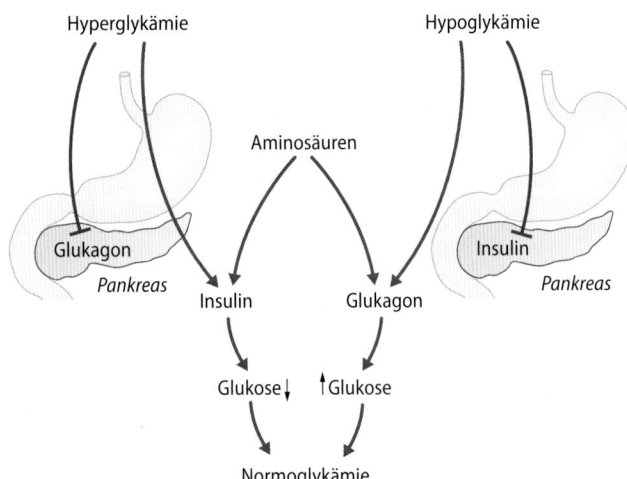

▣ **Abb. 76.5   Zusammenspiel von Insulin und Glukagon bei der Kontrolle des Blutzuckerspiegels.** Bei Hyperglykämie führt Insulin zur Senkung des Blutzuckerspiegels, bei Hypoglykämie bewirkt Glukagon eine Erhöhung des Blutzuckerspiegels. Bei Hyperaminoazidämie erhält die gleichzeitige Freisetzung von Insulin und Glukagon die Plasmaglukosekonzentration

Wirkungen. Es steigert bei hohen Konzentrationen Herzkraft und glomeruläre Filtrationsrate. Glukagon fördert die Lipolyse, die Bildung von Ketonkörpern aus Fettsäuren, den Abbau von Proteinen und die Glukoneogenese aus Aminosäuren. Die Wirkungen von Insulin und Glukagon sind damit weitgehend **antagonistisch**. Bei Zufuhr von **Aminosäuren** verhindert die Ausschüttung beider Hormone eine Änderung der Plasmakonzentrationen von Glukose und freien Fettsäuren.

❯ Hinsichtlich seiner Wirkungen auf den Glukose-, Fett- und Proteinstoffwechsel ist Glukagon ein wichtiger Antagonist von Insulin.

Ausschüttung   Glukagon ist ein Peptid (29 Aminosäuren), das in A-Zellen der Langerhans-Inseln des Pankreas sowie in Intestinalzellen aus einem Präkursorprotein (Präproglukagon) gebildet wird. Aus dem enteralen Proglukagon wird ferner das **glucagon-like peptide** GLP1 abgespalten. Die Ausschüttung von Glukagon wird durch Hypoglykämie, Anstieg der Aminosäurenkonzentration und Abfall der Konzentration an freien Fettsäuren stimuliert (▣ Abb. 76.5). Darüber hinaus wird die Glukagonausschüttung durch Acetylcholin, Adrenalin (β$_2$-Rezeptoren) und gastrointestinale Hormone gefördert. Die Ausschüttung wird durch den Transmitter γ-Aminobuttersäure und durch Somatostatin (▶ Kap. 74.2) über den Somatostatinrezeptor 2 (SSTR2) gehemmt. Dabei wirkt Somatostatin als tonischer Hemmer einer überschießenden Glukagonfreisetzung bei ausreichender Versorgung mit Glukose entgegen.

In Kürze

Insulin ist ein Peptidhormon, das in den **B-Zellen** der Langerhans-Inseln des Pankreas bei Anstieg der Plasmakonzentrationen von **Glukose**, einigen **Aminosäuren** und Azetazetat ausgeschüttet wird. Die Ausschüttung wird durch den Parasympathikus und gastrointestinale Inkretine gesteigert und durch **Somatotropin**, Glukagon und den Sympathikus gehemmt. Insulin senkt den **Blutzuckerspiegel** u. a. durch Stimulation der Glykolyse und der Bildung von Glykogen. Außerdem fördert es die Bildung von Triglyzeriden und hemmt die Proteolyse.

Glukagon wird in A-Zellen des Pankreas und im Darm bei **Hypoglykämie**, Anstieg der **Aminosäurenkonzentration** und Abfall der Konzentration an **freien Fettsäuren** ausgeschüttet. Es fördert die Glykogenolyse, die Lipolyse, die Bildung von Ketonkörpern aus Fettsäuren, den Abbau von Proteinen und die Glukoneogenese aus Aminosäuren.

76.2 Störungen der Pankreashormone

76.2.1 Diabetes mellitus

Ein absoluter oder relativer Mangel an Insulin führt zu Diabetes mellitus.

Absoluter Insulinmangel (Diabetes mellitus Typ I) Die pankreatischen B-Zellen können im Rahmen eines Autoimmunprozesses durch körpereigene T-Zellen zerstört werden. Folge ist eine deutlich herabgesetzte oder völlig fehlende Ausschüttung von Insulin. Bei absolutem Insulinmangel ist der Patient auf Zufuhr von Insulin angewiesen (**insulin-dependent diabetes mellitus**, IDDM, **Diabetes mellitus Typ I**).

Ätiologie
Häufig tritt ein Diabetes mellitus Typ 1 nach einer Virusinfektion auf. Früher glaubte man, dass die Ähnlichkeit von Virusproteinen mit Antigenen der B-Zellen des Pankreas dazu führt, dass Lymphozyten, welche gegen die Erreger gerichtet sind, nun die B-Zellen zerstören. Eine Virusinfektion löst eine Autoimmunreaktion jedoch vor allem über Aktivierung von Toll-ähnlichen Rezeptoren durch Virusproteine aus (▶ Kap. 25.2). Folge ist die Bildung von Interferon α, das in B-Zellen des Pankreas die Expression von MHC I Molekülen stimuliert (▶ Kap. 25.2). Nur bei Expression von MHC I ist die B-Zelle des Pankreas für das Immunsystem angreifbar. Gibt es nun T-Zellen, die gegen B-Zell Antigene gerichtet sind, und wird durch eine Entzündung in den Inseln die Expression von MHC I stimuliert, entsteht eine autoimmune Erkrankung, die über Zerstörung der B-Zellen zu Diabetes mellitus führt.

Relativer Insulinmangel (Diabetes mellitus Typ II) Sehr viel häufiger als der absolute ist der **relative Mangel an Insulin**. Dabei ist die Insulinkonzentration im Blut häufig sogar erhöht, die Zielorgane sind jedoch weniger empfindlich gegen das Hormon. Ursachen sind u. a. eine **Abnahme (Herunterregulation) der Rezeptorendichte** aufgrund anhaltend gesteigerter Insulinkonzentrationen oder genetische Defekte von Rezeptoren oder von Elementen der intrazellulären Signal-

transduktion. Die Patienten mit relativem Insulinmangel sind häufig adipös, was die Insulinempfindlichkeit der Peripherie herabsetzt. Der relative Diabetes mellitus kann durch Diät, orale Antidiabetika (▶ Klinik-Box „Orale Antidiabetika") und körperliche Aktivität behandelt werden (**non insulin dependent diabetes mellitus**, NIDDM, **Diabetes mellitus Typ II**). Im späteren Verlauf eines Typ-II-Diabetes kann die Insulinausschüttung durch die chronische Überforderung und das nachfolgende Absterben der B-Zellen nachlassen, sodass eine therapeutische Zufuhr von Insulin erforderlich wird.

Ein relativer Mangel an Insulin kann schließlich bei gesteigerter Ausschüttung von Hormonen auftreten, die eine Zunahme der Plasmaglukosekonzentration bewirken, wie **Somatotropin, Schilddrüsenhormone, Glukagon, Glukokortikosteroide** und **Katecholamine**.

> Ein absoluter Insulinmangel führt zu Diabetes mellitus Typ I, relativer Insulinmangel zu Diabetes mellitus Typ II.

Diagnostik des Diabetes mellitus
Nach den Kriterien der American Diabetes Association liegt ein Diabetes mellitus vor, wenn eines der drei folgenden Kriterien erfüllt ist: (1) Klassische Symptome des Diabetes (Polyurie, Polydipsie, unerklärlicher Gewichtsverlust) und eine zu beliebiger Zeit festgestellte Glukoseplasmakonzentration von >200 mg/dl (11,1 mM), (2) Eine Glukoseplasmakonzentration von >126 mg/dl (7,0 mM) im Nüchternzustand. (3) Eine Glukoseplasmakonzentration von >200 mg/dl (11,1 mM) zwei Stunden nach Beginn eines oralen Glukosetoleranztestes (oGTT). Bei dem Test nimmt der Patient oral 75 g Glukose, gelöst in ca. 250 ml Wasser auf (siehe auch ◘ Abb. 76.4).

76.2.2 Kurz- und langfristige Folgen des entgleisten Diabetes mellitus

Der Diabetes mellitus stellt eine tiefgreifende Störung des Kohlehydrat-, Protein- und Fettstoffwechsels dar. Vor allem die Hyperglykämie führt langfristig zu einer Vielzahl von Folgeschäden und -erkrankungen.

Kurzfristige Stoffwechselstörungen Ein absoluter Mangel an Insulin führt zur Einschmelzung von Glykogen, Fett und Proteinen und zum Anstieg der Plasmakonzentrationen von **Glukose, Aminosäuren** und **Fettsäuren** im Blut. Die Anhäufung von Fettsäuren und Ketonkörpern (Azetazetat und β-Hydroxybutyrat) führt zur metabolischen **Azidose**. Die respiratorische Kompensation der metabolischen Azidose erfordert eine bisweilen massiv vertiefte Atmung (Kussmaul-Atmung). Gesteigerte Bildung und verzögerter Abbau von Lipoproteinen führt zur **Hyperlipoproteinämie**.

Kurzfristige Elektrolytstörungen und Dehydratation Mit der Plasmakonzentration steigt die glomerulär-filtrierte Glukosemenge an. Übersteigt diese die tubuläre Rückresorptionskapazität kommt es zur **Glukosurie** und damit zur **osmotischen** Diurese (▶ Kap. 33.2.6). Die großen Mengen an süßem Urin haben der Erkrankungen ihren Namen gegeben: Diabetes mellitus – „Honigsüßer Durchfluss". Starke Diurese führt zur Dehydratation. Die Zellen verlieren K⁺ und **Phosphat**, da die Stimulation der Aufnahme durch Insulin wegfällt. Die Plasmakonzentrationen steigen jedoch meist nicht an, da K⁺ und

Klinik

Hypoglykämie

Ursachen
Hypoglykämie (Glukoseplasmakonzentration <3 mmol/l) wird durch Mangelernährung (z. B. Alkoholismus) oder eingeschränkte Substratabsorption im Darm begünstigt. Hypoglykämie entsteht ferner bei (relativem) Überschuss an Insulin. **Hyperinsulinismus** ist meist Folge einer inadäquaten Behandlung eines Diabetes mellitus. Andere Ursachen sind Insulin-produzierende Tumoren, übermäßige Insulinfreisetzung bei neugeborenen Kindern diabetischer Mütter oder Stimulation der Insulinausschüttung durch Aminosäuren (z. B. bei Leberinsuffizienz). Nach dem Essen (postprandial) kann ein zu schneller Anstieg der Glukose- und Aminosäurekonzentration im Plasma zu inadäquat starker Insulinaus-

schüttung führen (insbesondere nach Magenresektion, sog. spätes Dumping). Extrem selten können aktivierende Antikörper gegen Insulinrezeptoren Hypoglykämie auslösen.
Bei **Leberinsuffizienz** und **Niereninsuffizienz** und bei einigen genetischen Enzymdefekten (u. a. Galaktosämie, hereditäre Fruktoseintoleranz) ist die Bildung von Glukose eingeschränkt, wodurch die Entwicklung einer Hypoglykämie begünstigt wird. Gesteigerter Glukoseverbrauch liegt bei schwerer körperlicher Arbeit, Tumoren, schweren Infektionen und Fieber vor. Schließlich begünstigt eine **herabgesetzte Ausschüttung** gegenregulatorischer Hormone (**Glukokortikoide, Adrenalin, Somatotropin, Glukagon**) die Entwicklung einer Hypoglykämie.

Folgen
Hypoglykämie beeinträchtigt vor allem das **Nervensystem** (Neuroglykopenie), das auf die ständige Zufuhr von Glukose angewiesen ist. Hungergefühl, Nervosität, Zittern, eingeschränkte kognitive Leistungsfähigkeit, Bewusstlosigkeit und irreversible Schädigung des Gehirns bis zum Hirntod sind die Folgen. Aktivierung des sympathischen Nervensystems führt u. a. zu **Schweißausbruch, Tachykardie** und **Blutdruckanstieg**. Insbesondere ältere Patienten sind durch Hypoglykämie gefährdet. Wiederholte Hypoglykämien führen zu Langzeitschäden z. B. durch das Absterben von Neuronen.

Phosphat gleichzeitig über die Nieren verloren gehen. Applikation von Insulin kann jedoch durch Stimulation der zellulären Kaliumaufnahme den Plasmaspiegel von Kalium senken. Unkontrolliert kann dieses zu lebensbedrohlicher Hypokaliämie führen. Klinische wird die Infusion von Insulin zusammen mit Glukose in der Akuttherapie der Hyperkaliämie eingesetzt.

Die Störungen des Energiehaushaltes sowie des Wasser- und Elektrolythaushalts bei akut „entgleistem" Diabetes mellitus können die Funktion des Nervensystems massiv beeinträchtigen, sodass Bewusstlosigkeit auftritt (**Coma diabeticum**).

Folgeschäden Ein jahrelang unzureichend behandelter Diabetes mellitus Typ I oder Typ II führt zu einer Vielzahl an Folgeerkrankungen. Hierzu zählen die diabetische **Mikro-** und **Makroangiopathie** mit den Folgeerkrankungen der Retinopathie, Nephropathie und des diabetischen Fußes. Die diabetische **Neuropathie** führt zu autonomen Regulationsstörungen und komplexen Schmerzsyndromen.

> Die Langzeitfolgen des unzureichend behandelten Diabetes mellitus sind vor allem die diabetische Mikro- und Makroangiopathie sowie die diabetische Neuropathie.

Molekulare Mechanismen
Hyperglykämie führt zur nichtenzymatischen Glykierung von Proteinen, die eine Verdickung der Basalmembran in Arteriolen und Kapillaren zur Folge hat. Reaktive Aldehyde karbonylieren Proteine, wie Natriumkanäle, was teilweise die Schmerzkomponente der Neuropathie erklärt. Glukose wird zu Sorbit umgebaut, dessen zelluläre Ansammlung eine Schwellung unter anderem von Schwann-Zellen zur Folge hat und ebenfalls zur Neuropathie beiträgt.

76.2.3 Gestörte Glukagonausschüttung

Glukagonüberschuss begünstigt Hyperglykämie, Glukagonmangel Hypoglykämie.

Glukagonmangel Ein Mangel an Glukagon tritt bei **Schädigungen des Pankreas** auf. Im Vordergrund steht dabei jedoch der gleichzeitige Insulinmangel. Der isolierte Mangel

an Glukagon begünstigt das Auftreten von Hypoglykämie, zieht jedoch i. d. R. **keine tiefgreifenden Störungen** nach sich, da er durch Ausschüttung agonistischer Hormone (u. a. Adrenalin) und durch herabgesetzte Ausschüttung von Insulin kompensiert werden kann.

Glukagonüberschuss Ein Überschuss an Glukagon durch einen **Tumor** der A-Zellen ist **selten**. Er erfordert eine gesteigerte Ausschüttung von Insulin, und kann zu einem relativen Mangel an Insulin führen.

In Kürze

Diabetes mellitus ist Folge von absolutem (Typ I) oder relativem (Typ II) Insulinmangel. Bei der Erkrankung werden Glykogen, Fett und Proteine eingeschmolzen, die Plasmakonzentrationen von Glukose, Aminosäuren und Fettsäuren im Blut steigen. Azidose führt zu Kussmaul-Atmung, Wasser- und Elektrolytverluste über die Niere führen unter anderem zu Dehydratation. Letztlich droht ein Coma diabeticum. **Hyperinsulinismus** führt zu Hypoglykämie, bei Insulingabe und Realimentation drohen ferner Hypokaliämie und Hypophosphatämie. **Glukagonmangel** begünstigt das Auftreten von Hypoglykämie, **Glukagonüberschuss** das Auftreten von Diabetes mellitus.

Literatur

Greenspan FS, Gardner DG (2004) Basic and clinical endocrinology, 7th edn. McGraw-Hill, New York
Lang (ed) (2009) Encyclopedia of Molecular Mechanisms of Disease. Springer, Heidelberg, New York
Hien, Böhm, Claudi-Böhm, Krämer, Kohlhas (2013) Diabetes-Handbuch. Springer, Heidelberg, New York
Prudente S, Morini E, Trischitta V (2009) Insulin signaling regulating genes: effect on T2DM and cardiovascular risk. Nat Rev Endocrinol 5(12):682–93
Saltiel AR, Kahn CR (2001) Insulin signaling and the regulation of glucose and lipid metabolism Nature 414: 799–806

Nebennierenrindenhormone

Florian Lang, Michael Föller

© Springer-Verlag GmbH Deutschland, ein Teil von Springer Nature 2019
R. Brandes et al. (Hrsg.), *Physiologie des Menschen*, Springer-Lehrbuch
https://doi.org/10.1007/978-3-662-56468-4_77

Worum geht's? (🔲 Abb. 77.1)

Die Nebennierenrinde als Bildungsort von Steroidhormonen

Die Nebennierenrinde bildet hauptsächlich drei verschiedene Klassen von Steroidhormonen in anatomisch abgrenzbaren Regionen dieser Drüse: Glukokortikoide, Mineralokortikoide und Androgene. Steroidhormone wirken in erster Linie über die Beeinflussung der Genexpression und daher mit einer zeitlichen Verzögerung, sodass sie vor allem für die Vermittlung langfristiger Wirkungen bedeutsam sind.

Glukokortikoide

Glukokortikoide, deren wichtigster Vertreter das Kortisol ist, sind Stresshormone. Sie stellen dem Körper mittel- und langfristig mehr Energiesubstrate zur Verfügung. Die hemmende Wirkung von Glukokortikoiden auf die Immunfunktion wird bei der Behandlung vieler Krankheiten ausgenutzt. Glukokortikoide werden in der Zona fasciculata der Nebenniere gebildet. Die Bildung wird durch ACTH aus der Adenohypophyse stimuliert. Die ACTH-Ausschüttung wird u. a. bei Stress durch corticotropin releasing hormone und ADH aus dem Hypothalamus ausgelöst.

Mineralokortikoide

Aldosteron ist das mit Abstand wichtigste Mineralokortikoid. Über die Wirkungen auf die Niere und den Darm fördert Aldosteron die Natriumresorption. Es erhöht so das Blutvolumen. Aldosteron wird in der Zona glomerulosa produziert. Unter anderem lösen eine Abnahme des Blutvolumens und Blutdrucks über das Renin-Angiotensin-System die Synthese von Aldosteron aus.

Androgene

Androgene, insbesondere Testosteron führen zur Ausprägung der Sexualmerkmale beim Mann und werden für die Schambehaarung bei der Frau benötigt. In der Zona reticularis beider Geschlechter wird die Vorstufe für die Androgene gebildet und sezerniert. Die Nebennierenrinde produziert normalerweise nur geringe Mengen an Androgenen. Die eigentliche Bildung der Hormone erfolgt in den peripheren Geweben und den Geschlechtsdrüsen. Beim adrenogenitalen Syndrom werden von der Nebennierenrinde große Mengen an Androgenen gebildet. Folge ist bei männlichen Kindern eine vorzeitige Pubertät, bei Mädchen eine Vermännlichung.

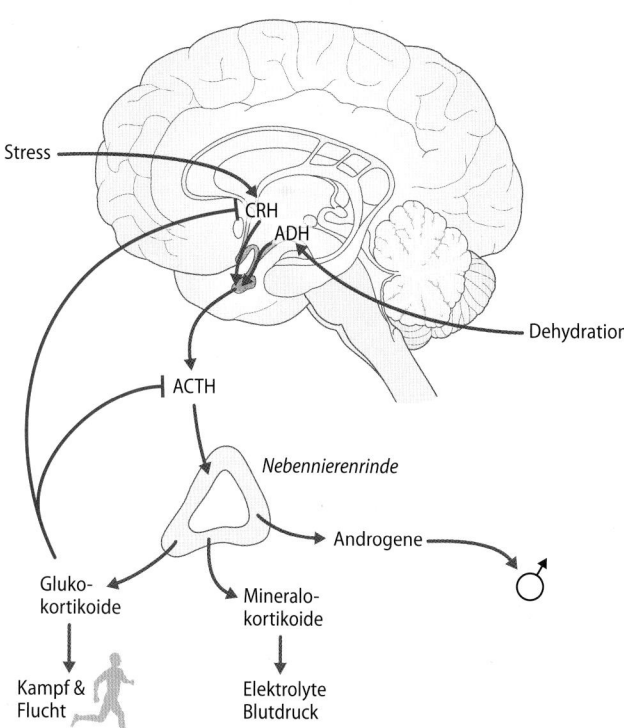

🔲 **Abb. 77.1   Nebennierenrindenhormone.** Regulation und wichtigste funktionelle Bedeutung. CRH=Kortikotropin releasing hormone, ADH=Adiuretin, ACTH=Adrenokortikotropes Hormon

77.1   Glukokortikoide

77.1.1   Wirkungen von Glukokortikoiden

Glukokortikoide dienen in erster Linie der mittel- und längerfristigen Bereitstellung von Energiesubstraten, um den Körper in die Lage zu versetzen, physischen und/oder psychischen Stress zu überstehen.

Allgemeine Funktion   Glukokortikoide werden bei quasi jeder Form von **Stress** ausgeschüttet. Sie helfen dem Körper, **Stresssituationen** zu überstehen, indem sie **Energiesubstrate bereitstellen**, aber auch viele weitere Wirkungen besitzen. Unter anderem limitieren Glukokortikoide über eine **Hemmung des Immunsystems** die Wirkungen von Entzündungsreaktionen auf den Körper, sie sensibilisieren den Körper auf **adrenerge Stimulation** und ermöglichen so eine verstärkte Reaktion auf akuten Stress. Schließlich fördern Glukokortikoide die **Gerinnbarkeit** des Blutes und steigern das **Blutvolumen** (◘ Abb. 77.2).

Glukokortikoidrezeptor   Die im folgenden besprochenen Wirkungen von **Kortisol**, dem wichtigsten Glukokortikoid, werden durch den Glukokortikoidrezeptor vermittelt. Dieser wird in sehr vielen verschiedenen Zellen exprimiert. In Abwesenheit von Kortisol befindet sich der Rezeptor im Zytosol, gelangt aber nach Bindung von Glukokortikoiden in den **Zellkern**. In vielen Fällen beeinflusst er dort nach Homodimerisierung, also nach Assoziation zweier Kortisol-bindender Glukokortikoidrezeptoren, die Expression von Zielgenen direkt als DNA-bindender Transkriptionsfaktor. Darüber hinaus kann der monomere Glukokortikoidrezeptor die Expression mancher Gene verändern, aber auch indirekt Einfluss nehmen, indem er die Aktivität anderer Transkriptionsfaktoren moduliert.

Stoffwechselwirkungen von Kortisol   Die metabolischen Wirkungen von Kortisol zielen auf eine Bereitstellung von Energiesubstraten ab (◘ Abb. 77.2): Durch Stimulation der **Lipolyse** werden Fettsäuren freigesetzt, die in der Leber z. T. zur Bildung von Ketonkörpern (Azetazetat und β-Hydroxybutyrat), z. T. zur Bildung von VLDL (very low density lipoproteins) verwendet werden. Die Aufnahme von Glukose in Fettzellen und die Lipogenese werden durch Kortisol gehemmt. Im Muskel werden **Aufnahme** und **Verbrauch** von Glukose eingeschränkt. Durch **Abbau** von **Proteinen in der Peripherie** (Bindegewebe, Muskel und Knochengrundsubstanz) werden Aminosäuren bereitgestellt. Die Aminosäuren werden in der Leber z. T. zur **Synthese von Plasmaproteinen**, z. T. zur **Glukoneogenese** eingesetzt. (◘ Abb. 77.2).

Glukokortikoide stimulieren die **enterale Absorption von Glukose** (durch verstärkten Einbau des Glukosetransporters SGLT1). Die beschleunigte intestinale Aufnahme und gesteigerte hepatische Bildung von Glukose sowie der herabgesetzte Glukoseverbrauch in der Peripherie begünstigen einen Anstieg der Plasmakonzentration von Glukose. Die Zunahme der Blutglukosekonzentration wird unter anderem durch Hemmung der Aufnahme von Glukose in das subkutane Fettgewebe begünstigt. Die durch Glukokortikoide verursachte **Hyperglykämie** stimuliert eine vermehrte Ausschüttung von **Insulin**, das wiederum die Fettspeicherung fördert.

Wirkungen auf Blut, Immunabwehr und Wundheilung   Glukokortikoide steigern über die Induktion von Proteinen der Blutgerinnung die **Gerinnbarkeit des Blutes**. Sie beeinflussen stark das Immunsystem: Sie bewirken einen Anstieg der Anzahl der im Blut zirkulierenden neutrophilen Granulozyten, indem sie

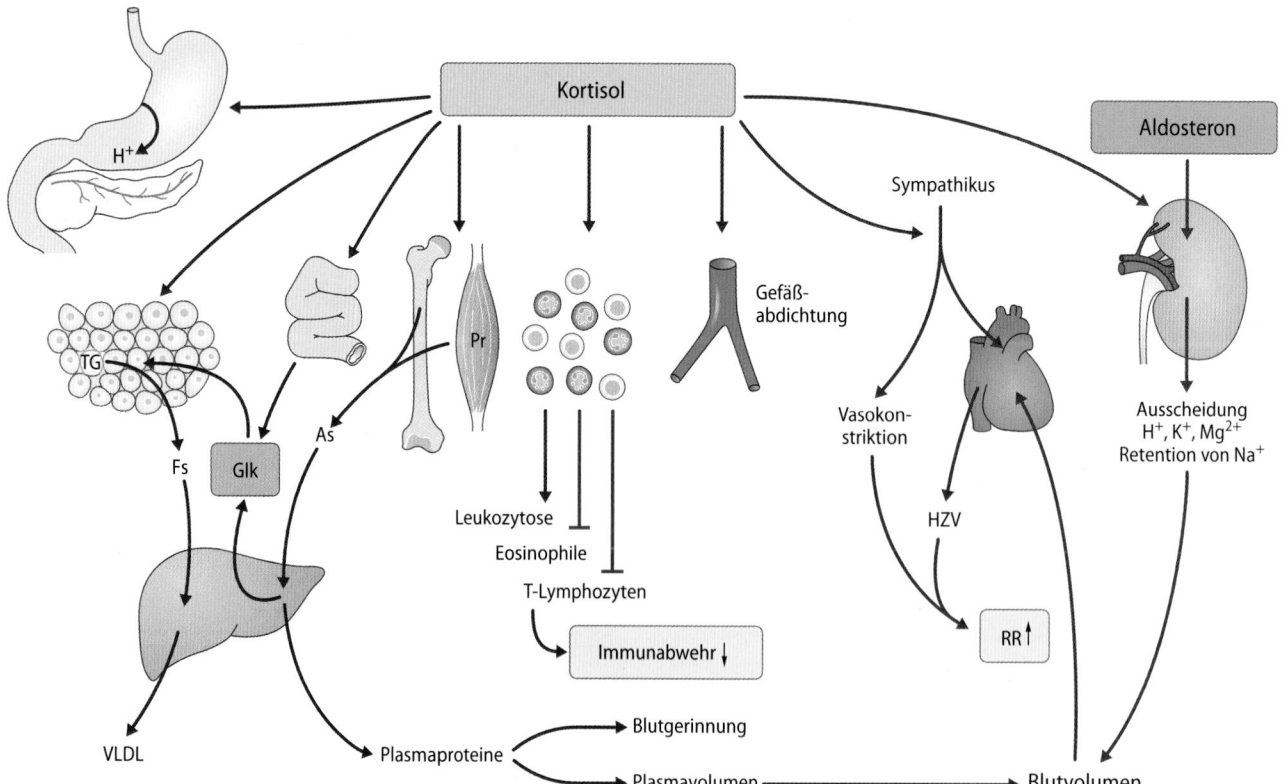

◘ **Abb. 77.2   Wirkungen von Glukokortikoiden.** Glk=Glukose; As=Aminosäuren. Fs=freie Fettsäuren; Pr=Proteine; TG=Triglyzeride; RR=Blutdruck; HZV=Herzzeitvolumen

deren Abwandern (**Homing**) ins Gewebe und deren **Apoptose** hemmen und vor allem deren Loslösung vom Endothel fördern. Normalerweise haftet ein erheblicher Anteil der im Blut vorhandenen neutrophilen Granulozyten an Endothelzellen und stellt somit einen marginalen Speicher dar. Glukokortikoide hemmen die **Bildung** anderer Immunzellen, wie eosinophile und basophile Granulozyten, Monozyten und T-Lymphozyten. Sie hemmen ferner die Bildung bzw. Ausschüttung von Entzündungsmediatoren, wie Prostaglandinen, Interleukinen, Lymphokinen, Histamin und Serotonin, sowie die Freisetzung lysosomaler Enzyme. Damit **unterdrücken Glukokortikoide die Immunabwehr**. Sie hemmen Zellteilung und Wachstum und die Synthese von Bindegewebekomponenten, wie Kollagen, und stören auf diese Weise Reparationsvorgänge bei Verletzungen oder Entzündungen.

Glukokortikoide erzielen diese Wirkungen z. T. über Stimulation der Expression von **Lipokortin** (Annexin 1), das die Phospholipase A2 (▶ Kap. 2.6) hemmt. Aufgrund ihrer immunsuppressiven Wirkung werden Glukokortikoide **therapeutisch** bei Erkrankungen eingesetzt, die durch überschießende Immunabwehr verursacht werden, wie etwa die Abstoßung **transplantierter Organe** oder **Autoimmunerkrankungen**, bei denen sich das Immunsystem gegen körpereigene Antigene richtet.

❯❯ Wegen ihrer immunsuppressiven Wirkung sind Glukokortikoide wichtige Medikamente.

Wirkungen auf Mineralhaushalt und Knochen Die Glukokortikoide mindern die Expression des Rezeptors für Kalzitriol. Da Kalzitriol die intestinale Absorption der Knochenmineralien Ca^{2+} und Phosphat stimuliert (▶ Kap. 36.2) senken Glukokortikoide deren Absorption im Darm. Sie hemmen ferner die Tätigkeit der Osteoblasten und fördern die Tätigkeit der Osteoklasten. Unter dem Einfluss der Glukokortikoide überwiegt demnach der Knochenabbau, sodass sie die Entwicklung von **Osteoporose** begünstigen.

Wirkungen auf den Magen Glukokortikoide stimulieren die **Sekretion von Salzsäure** im Magen (◻ Abb. 77.2). Gleichzeitig hemmen sie die Schleimproduktion und die Bildung vasodilatierender Prostaglandine (s. o.). Unter dem Einfluss von Glukokortikoiden ist die Magenschleimhaut damit in geringerem Maße gegen die aggressive Wirkung der sezernierten Salzsäure geschützt. Es kann zur Bildung von „**Stressgeschwüren**" des Magens kommen.

Kreislaufwirkungen An Herz und Gefäßen wirken Glukokortikoide sensibilisierend für Katecholamine (◻ Abb. 77.2). Dadurch steigern sie einerseits die **Herzkraft** und andererseits den **peripheren Widerstand**. Folge ist eine Steigerung des Blutdrucks.

Wirkungen auf die Lunge Im Feten fördern Glukokortikoide die Entwicklung der Lunge und die rechtzeitige Bildung von Surfactants. Therapeutisch werden Glukokortikoide daher zur „**Lungenreifung**" bei drohender Frühgeburt eingesetzt.

Mineralokortikoide Wirkung Glukokortikoide binden auch an den Mineralokortikoidrezeptor (▶ Abschn. 77.2.1) und üben eine relevante **mineralokortikoide** Wirkung aus. Sie fördern die renale Retention von Na^+ und die renale Eliminierung von K^+. Folge ist Anstieg des **Blutvolumens** und des **Blutdrucks**. Andererseits hemmen sie die Adiuretin-(ADH-)Ausschüttung.

❯❯ Glukokortikoide fördern den Knochenabbau und reduzieren den Schutz des Magens vor Schleimhautschädigungen.

77.1.2 Bildung, Ausschüttung und Inaktivierung

Glukokortikoide werden in der Nebennierenrinde gebildet. Die Ausschüttung wird hypothalamisch reguliert. Stärkster Ausschüttungsstimulus ist Stress, d. h. akute psychische (Wut, Angst) oder physische (z. B. Blutverlust) Belastung.

Eigenschaften und Synthese ◻ Abb. 77.3 stellt die Syntheseschritte der Nebennierenrindenhormone und die dafür erforderlichen Enzyme dar. Glukokortikoide zählen zur großen Gruppe der Steroidhormone, deren Struktur und Synthese sich vom **Cholesterin** ableitet. Deshalb sind sie **lipophil** (d. h. schlecht löslich in wässriger Umgebung) und können direkt durch die Zellmembran diffundieren. Sie werden in der **Zona fasciculata** der Nebennierenrinde gebildet. Der wichtigste Vertreter ist **Kortisol**.

Inaktivierung Die Inaktivierung von Kortisol erfolgt über das Enzym **11β-Hydroxysteroiddehydrogenase**, von dem es zwei Isoformen gibt. Das Enzym 11β-Hydroxysteroiddehydrogenase (**Typ 1**) findet sich in vielen Organen, u. a. der Leber, der Haut und dem Fettgewebe. Das Enzym katalysiert die Umwandlung von Kortisol in das inaktive Kortison, fördert jedoch auch gleichermaßen die Rückreaktion von Kortison zu Kortisol. Immunsuppressive **Hautcremes** enthalten Kortison, welches erst unter der Wirkung der 11β-Hydroxysteroiddehydrogenase (Typ 1) in das aktive Kortisol umgewandelt wird.

In den Zielzellen der Mineralokortikosteroide wird die andere Isoform, **11β-Hydroxysteroid-Dehydrogenase (Typ 2)** exprimiert. Dieses Enzym katalysiert die Rückreaktion **nicht** und inaktiviert Kortisol irreversibel zu Kortison. Obwohl Kortisol eine mehr als hundertfach höhere Plasmakonzentration als Aldosteron aufweist, ist die **mineralokortikoide Wirkung** von Kortisol daher normalerweise weitaus **geringer** als die von Aldosteron.

Adrenokortikotropes Hormon Bildung und Ausschüttung der Glukokortikoide stehen unter der Kontrolle von **Hypothalamus** und **Hypophyse** (◻ Abb. 77.1): Im Hypothalamus wird das Peptid (44 Aminosäuren) Kortikoliberin (Kortikotropin-releasing-Hormon, **CRH**) gebildet, das in Proopiomelanokortin-positiven-Zellen (**POMC-Zellen**) der Hypophyse die Bildung von **Kortikotropin** (adrenokortikotropes Hormon, **ACTH**) stimuliert. ACTH ist ein Peptid mit 39 Amino-

77

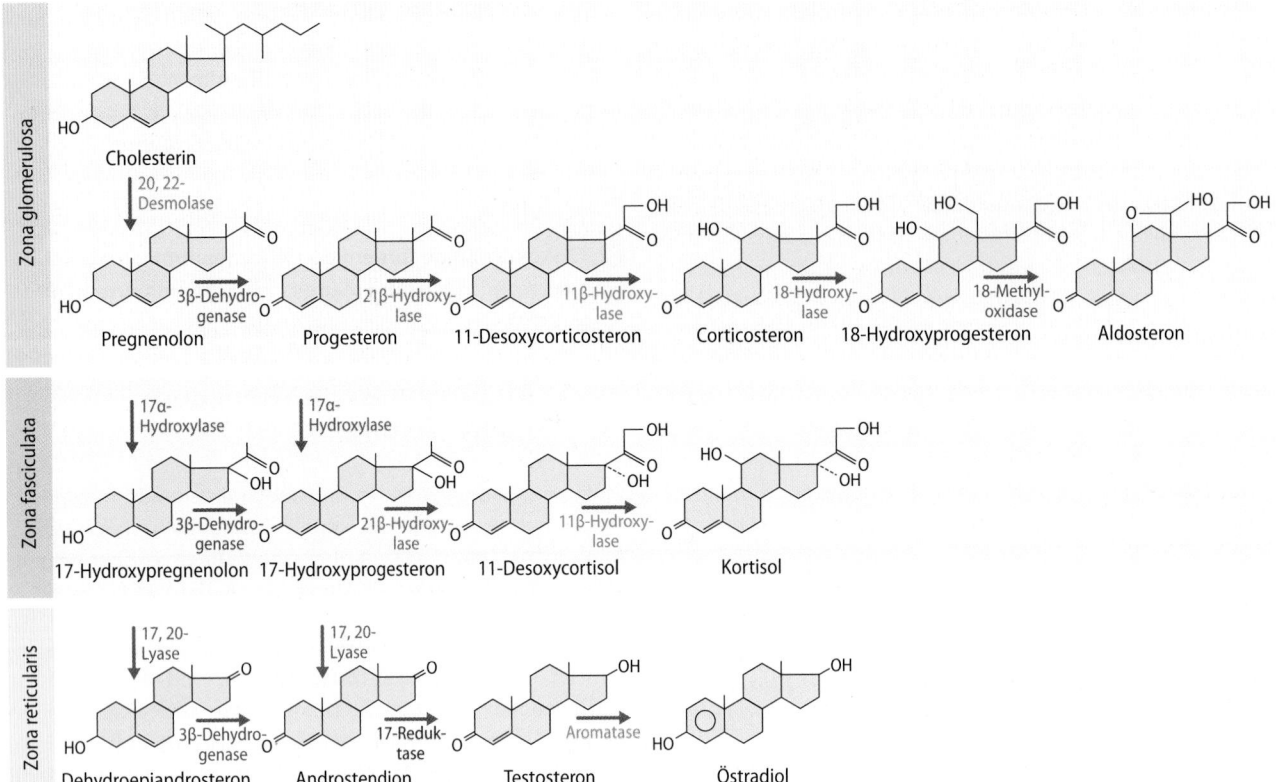

☐ **Abb. 77.3   Synthese der Nebennierenrindenhormone.** In der Zona glomerulosa werden die Mineralokortikosteroide gebildet, in der Zona fasciculata die Glukokortikoide, in der Zona reticularis die Vorstufen der Sexualhormone, die in der Peripherie zu den Sexualhormonen umgewandelt werden. Normalerweise synthetisiert die Nebennierenrinde nur Spuren von Östradiol und Testosteron

säuren, welches aus **Proopiomelanokortin** abgespalten wird. ACTH fördert das **Wachstum der Nebennierenrinde** und stimuliert die **Synthese** und **Freisetzung** von **Glukokortikoiden**. Darüber hinaus steigert ACTH in der Nebenniere die Produktion von Androgenen sowie in geringerem Ausmaß von Mineralokortikosteroiden. Da Steroidhormone Cholesterinderivate sind, stimuliert ACTH die Expression mehrerer Enzyme der **Cholesterinbiosynthese**.

Proopiomelanokortin (POMC)   POMC-positive-Zellen gibt es beim Erwachsenen im Wesentlichen in **Hypothalamus** und im Vorderlappen (Pars distalis) der **Adenohypophyse**. Insgesamt können 10 hormonell-aktive Peptide aus POMC durch **limitierte Proteolyse** abgespalten werden, wobei das Spektrum der gebildeten Hormone von der lokal exprimierten **Protease** abhängt. In der Adenohypophyse des Erwachsenen wird die Serinprotease **Proproteinkonvertase 1** (PC1, auch Prohormonkonvertase 1) exprimiert, deren Spaltprodukte **ACTH** und **β-Lipotropin** sind.

Unterschied zwischen Mensch und Tier
Eine andere Isoform dieses Enzyms Proproteinkonvertase 2 (PC2) wird beim Erwachsenen nur im Hypothalamus exprimiert und führt dort zur Bildung der Peptide Corticotropin-like intermediate peptide (CLIP), α-Melanozyten-stimuliertes Hormon (α-MSH), γ-Lipotropin (γ-LPH) und β-Endorphin.
Viele Tiere besitzen in ihrer Hypophyse eine ausgeprägte Pars intermedia, die beim erwachsenen Menschen jedoch hypoplastisch ist oder ganz fehlt. Zellen der Pars intermedia exprimieren ebenfalls POMC und

PC2. Das dort produzierte α-MSH wird pulsatil ausgeschüttet und ist z. B. bei Meerschweinchen oder Kaninchen für die Felltigerung (Agouti-Farbe) verantwortlich.

Melanokortinrezeptoren   Wie alle Peptidhormone aktiviert **ACTH** einen G-Protein-gekoppelten Rezeptor. Dieser Rezeptor koppelt an das stimulierende G-Protein **Gs** und gehört zur Klasse der **Melanokortinrezeptoren** ($MC_{1-5}R$). Neben ACTH wirken auch α-MSH, β-MSH und γ-MSH über Melanokortinrezeptoren. ACTH bewirkt die Ausschüttung von Glukokortikoiden und das Wachstum der Nebennierenrinde über **MC_2R**, der nur in vernachlässigbarem Ausmaß mit den anderen Melanokortinen interagiert. Die anderen Melanokortinrezeptoren sind u. a. im Fettgewebe, auf Melanozyten, im Gehirn und von Immunzellen exprimiert und binden die anderen Melanokortine mit unterschiedlicher Affinität. Sie beeinflussen u. a. die Sättigungsregulation sowie die Hautpigmentierung. **MC_1R** auf **Melanozyten** reguliert die Expression der verschiedenen Melanin-Isoformen. Loss of Function-Mutationen von MC_1R führen daher zu **Rothaarigkeit**.

Regulation von ACTH und CRH   Die Ausschüttung von CRH ist pulsatil mit einer Frequenz von etwa 4/Stunde. Da CRH die Bildung von ACTH bewirkt, wird auch dieses Hormon pulsatil freigesetzt. Die Ausschüttung folgt einer ausgeprägten **Tagesrhythmik**: Kortisol erreicht in den **frühen Morgenstunden** (6 h) einen Gipfel und fällt normalerweise während des Tages laufend ab.

Stärkster Stimulus für die Ausschüttung von CRH, ACTH und Kortisol ist **Stress**. Die Kortisolausschüttung ist bei schwerer physischer (z. B. Arbeit, Infektionen) und psychischer (z. B. Angst) Belastung, bei Schmerzen, Blutdruckabfall und Hypoglykämie gesteigert.

Die Ausschüttung von CRH und ACTH wird durch Kortisol im Blut **gehemmt**. Diese **negative Rückkopplung** dient der Regulation der Plasmakonzentration von Kortisol. Dieser Zusammenhang ist von klinisch größter Bedeutung. Therapie mit hohen Dosen an Glukokortikoiden supprimieren die CRH und ACTH Freisetzung. Da ACTH ein Wachstumsfaktor für die Nebennierenrinde ist, kommt es dabei zur **Atrophie** der Nebennierenrinde. Bei abruptem Absetzen der Medikation kann daher die Kortisolbiosynthese nicht ausreichend gesteigert werden, es kann zu einem akuten Glukokortikoidmangel kommen (▶ Abschn. 77.1.4).

> ACTH ist ein Wachstumsfaktor für die Nebennierenrinde.

Weitere Wirkungen von CRH und ACTH

Die Ausschüttung von ACTH wird direkt oder über Regulation von CRH durch Adiuretin (ADH), Noradrenalin (über α-Rezeptoren), Angiotensin II, Atriopeptin (ANF), vasoaktives intestinales Peptid (VIP), Interleukine, Histamin, Serotonin und Cholecystokinin stimuliert sowie durch Endorphine gehemmt.

Neben seiner Wirkung auf die POMC-Zellen aktiviert CRH den Sympathikus, mindert die Nahrungs- und Flüssigkeitsaufnahme und wirkt lokal entzündungssteigernd. Unphysiologisch hohe ACTH-Konzentrationen stimulieren die Lipolyse und andererseits die Insulinausschüttung, wobei Insulin die Lipolyse wieder hemmt (s. o.). ACTH wirkt (vorwiegend hemmend) auf die Immunabwehr.

> Cortisol hemmt die Freisetzung von CRH und ACTH.

77.1.3 Glukokortikoidüberschuss

Ursachen eines Glukokortikoidüberschusses sind gesteigerte autonome oder ACTH-induzierte Ausschüttung und vor allem iatrogene Zufuhr des Hormons; die Auswirkungen sind langfristig lebensbedrohlich.

Ursachen   Ein Überschuss an Glukokortikoiden kann Folge einer gesteigerten ACTH-Ausschüttung durch die Hypophyse **(Morbus Cushing)** oder durch einen dedifferenzierten Tumor (z. B. kleinzelliges Bronchialkarzinom) sein. Andererseits kann die Ausschüttung von Glukokortikoiden auch ohne vermehrte ACTH-Ausschüttung bei einem Nebennierentumor gesteigert sein (primärer Hyperkortisolismus, **Cushing-Syndrom**). Dabei ist die Ausschüttung von ACTH durch negative Rückkopplung erniedrigt.

Kortisoltherapie   Die häufigste Ursache für einen Überschuss an Glukokortikoiden (z. B. Kortison) ist die therapeutische Zufuhr durch den Arzt **(iatrogen)** zur Suppression des Immunsystems. Typische Indikationen sind Hemmung von **Abstoßungsreaktionen** nach Organtransplantation und Therapie von Autoimmunerkrankungen. Dabei müssen zwangsläufig die übrigen Wirkungen des Hormons in Kauf genommen werden. Die Abwägung von Nutzen und Schaden insbesondere einer lang anhaltenden Behandlung mit Glukokortikoiden ist daher oft schwierig.

Auswirkungen   **Hyperkortisolismus** führt zu gesteigertem Abbau von Fett und Proteinen (vor allem Muskeln, Bindegewebe, Knochengrundsubstanz) in der Peripherie (vor allem

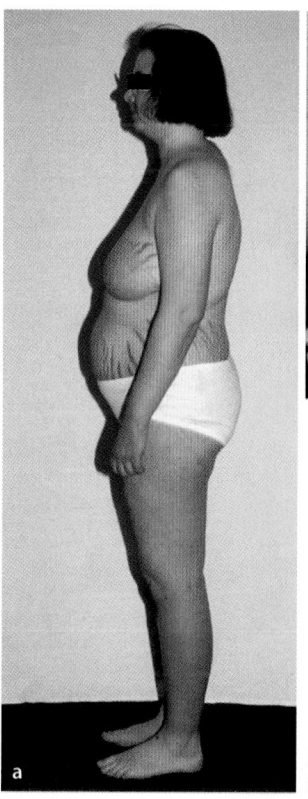
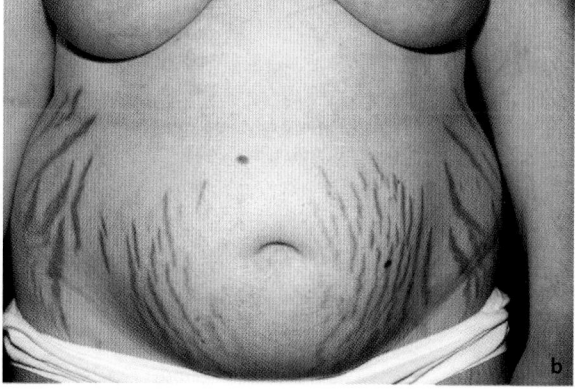

◻ **Abb. 77.4   Patientin mit Morbus Cushing.** Erkennbar sind Stammfettsucht, Büffelnacken und Striae distensae

Extremitäten). Die Glykolyse ist gehemmt und die Glukoneogenese gesteigert. Die resultierende **Hyperglykämie** stimuliert die Ausschüttung von Insulin, dessen lipogenetische Wirkung die lipolytische Wirkung von Glukokortikoiden am Rumpf, nicht aber in den Extremitäten übersteigt. Folge ist eine Umverteilung des Fettgewebes zugunsten von Stamm und Nacken (Vollmondgesicht, **Stammfettsucht**, Stiernacken; ◘ Abb. 77.4).

Die Insulin-antagonistischen Wirkungen von Glukokortikoiden sowie eine hemmende Wirkung von Glukokortikoiden auf die Insulinausschüttung können zur Entwicklung eines **Diabetes mellitus** führen (**Steroiddiabetes**). Der Anstieg an freien Fettsäuren fördert die hepatische Bildung von VLDL. Andere Auswirkungen von Glukokortikoidüberschuss sind Hypertonie, Magengeschwüre, Wundheilungsstörungen, Osteoporose und Immunsuppression (▶ Abschn. 77.1.1). Einschränkung von Zellproliferation und Kollagensynthese schwächt die Festigkeit des Bindegewebes und es kommt in der Haut zu **Striae distensae** (◘ Abb. 77.4). Die gesteigerte mineralokortikoide Wirkung unterstützt die Entwicklung der **Hypertonie**, senkt die Plasma-K$^+$-Konzentration und begünstigt die Entwicklung einer metabolischen **Alkalose**.

77.1.4 Glukokortikoidmangel

Ein Mangel an Glukokortikoiden ist Folge herabgesetzter Stimulation durch ACTH oder einer primär gestörten Kortisolproduktion. Völliges Fehlen von Glukokortikoiden wird nicht überlebt.

Ursachen von Glukokortikoidmangel   Ein Mangel an Glukokortikoiden kann durch herabgesetzte Ausschüttung von ACTH oder eine gestörte Bildung von Glukokortikoiden in der Nebennierenrinde hervorgerufen werden.

Ist die Bildung von Glukokortikoiden durch einen genetischen **Enzymdefekt** eingeschränkt, dann führt das gesteigert ausgeschüttete ACTH zu einer Hypertrophie der Nebennierenrinde und einer gesteigerten Bildung der Vorstufen von Kortisol. Die Vorstufen, insbesondere das unmittelbare Substrat des defekten Enzyms, häufen sich an. Auf diese Weise können – je nach Enzymdefekt – vermehrt oder vermindert **mineralokortikoid** oder **androgen** wirksame Hormone gebildet werden (**adrenogenitales Syndrom**; ▶ Klinik-Box „Adrenogenitales Syndrom").

Auswirkungen   Ein Mangel an Glukokortikoiden führt durch Stimulation des Glukoseverbrauchs im Muskel zu **Hypoglykämie**, die zur Gegenregulation (vor allem durch Adrenalin) zwingt. Damit kommt es indirekt zu gesteigerter Glykogenolyse, Lipolyse und Proteinabbau, sowie zu **Muskelschwund** und **Gewichtsverlust**. Die herabgesetzte Wirkung auf den Kreislauf führt zu lebensbedrohlichem **Blutdruckabfall**, der durch die Na$^+$- und Wasserverluste bei herabgesetzter mineralokortikoider Wirkung verstärkt wird. Bei primärem Mangel an Nebennierenrindenhormonen ist, wegen der gesteigerten Stimulation der POMC-Zellen durch CRH, die Ausschüttung von ACTH und Melanotropin gesteigert, die Wirkung von Melanotropin führt zur **Braunfärbung der Haut**.

Nebennierenrindeninsuffizienz, z. B. als Folge einer Autoimmunerkrankung, mit unzureichender Produktion von Cortisol und Aldosteron wird als **Morbus Addison** bezeichnet.

In Kürze

Glukokortikoide (wichtigster Vertreter Kortisol) werden unter dem Einfluss von ACTH in der Zona fasciculata der Nebennierenrinde gebildet. Die Ausschüttung ist in den frühen Morgenstunden am höchsten und wird vor allem durch Stress gesteigert. **Kortisol** stellt Energieträger bereit: Hierzu erhöht es den Blutzuckerspiegel u. a. durch Stimulation der Glukoneogenese aus Proteinen und fördert die Verwertung von Fetten. Es wirkt immunsuppressiv und entzündungshemmend. Der Kortisolmangel bei Nebennierenrindeninsuffizienz wird als **Morbus Addison** bezeichnet, der Hyperkortisolismus bei ACTH-produzierenden Tumoren der Hypophyse als **Morbus Cushing**.

Klinik

Adrenogenitales Syndrom

Ursache
Einige Enzymdefekte in der Synthese von Nebennierenrindenhormonen schränken die Bildung von Kortisol ein. Eine Abnahme der Kortisolkonzentration stimuliert die Ausschüttung von **ACTH**, das die Bildung von **Vorstufen** und deren **Metaboliten** steigert. Beim **21β-Hydroxylase-Defekt** werden unzureichende Mengen an Mineralokortikosteroiden und gesteigerte Mengen an **Androgenen** gebildet, beim **11β-Hydroxylase-Defekt** werden sowohl **Androgene** als auch **Mineralokortikoide** (11-Desoxykortikosteron) vermehrt gebildet. Da die gesteigerte

ACTH-Bildung trotz eingeschränkter Enzymaktivität i. d. R. eine noch hinreichende Kortisolproduktion erzielt, steht bei diesen Enzymdefekten nicht der Mangel an Glukokortikoiden, sondern die gesteigerte Bildung von androgen wirkenden Sexualhormonen und die gesteigerte (11β-Hydroxylasedefekt) oder herabgesetzte (21β-Hydroxylase-Defekt) Bildung von Mineralokortikoiden im Vordergrund.

Folgen
Die gesteigerte Bildung androgen wirksamer Hormone führt beim weiblichen Kind

zu fälschlichem (**Virilisierung**) und beim männlichen Kind zu verfrühtem (**Pubertas praecox**) Auftreten männlicher Geschlechtsmerkmale, wie Stimmbruch, männlicher Körperbehaarung, Peniswachstum und gesteigerter Libido. Ein Mineralokortikoidüberschuss führt vor allem zum Bluthochdruck (Hypertonie), ein Mineralokortikoidmangel zur Hypotonie. **Androgene** fördern das **Knochenwachstum**, aber auch den **Epiphysenschluss**. Die Kinder sind daher sehr groß, hören aber früh auf zu wachsen und sind daher als Erwachsene **kleinwüchsig**.

77.2 Mineralokortikoide

77.2.1 Ausschüttung und Wirkungen von Aldosteron

Das Mineralokortikoid Aldosteron fördert die Natrium-Konservierung. Aus osmotischen Gründen steigen hierdurch Extrazellulärvolumen und Blutvolumen.

Wirkungen Wichtigste Wirkung des Mineralokortikoids Aldosteron ist die Steigerung der Natrium-Konservierung. Dazu steigert es die Na⁺-Resorption im distalen Nephron, Kolon und Schweißdrüsen durch Neusynthese und Einbau von Na⁺-Kanälen in die luminale Zellmembran, sowie durch Synthese der Na⁺/K⁺-ATPase und von Enzymen, die der Energiebereitstellung dienen (◘ Abb. 77.5).

Aldosteron-Rezeptoren werden auch in nicht-epithelialen Geweben gefunden, wie etwa im **Herzen**, wo es die Bildung von Bindegewebe (**Fibrosierung**) fördert, in Gefäßen, in denen es Vasokonstriktion und Kalkablagerungen begünstigt, und im **Gehirn**, wo es den Salzappetit steigert sowie möglicherweise die Bildung von Wachstumsfaktoren stimuliert.

Synthese und Inaktivierung Aldosteron ist ein Steroid, das in der Zona glomerulosa der Nebennierenrinde synthetisiert wird (◘ Abb. 77.3). Aldosteron kann auch außerhalb der Nebenniere wie in Gefäßmuskelzellen gebildet werden. Neben Aldosteron üben noch 18-Hydroxykortikosteron, Kortikosteron und 11-Deoxykortikosteron mineralokortikoide Wirkungen aus. Auch das vorwiegend glukokortikoid wirkende Nebennierenrindenhormon Kortisol (▶ Abschn. 77.1.1)

bindet und aktiviert den Mineralokortikoidrezeptor. Physiologischerweise wird Kortisol jedoch in den Zielzellen der Mineralokortikosteroide durch die 11β-Hydroxysteroid-Dehydrogenase Typ 2 inaktiviert (▶ Abschn. 77.1.2).

Regulation der Aldosteronausschüttung Die Ausschüttung von Aldosteron wird wesentlich durch das **Renin-Angiotensin-Aldosteron-System** (RAAS) gesteuert. **Hyperkaliämie** stimuliert, K⁺-Mangel hemmt die Aldosteron-Synthese. Die Angiotensin-II-induzierte Ausschüttung von Aldosteron wird durch atriales natriuretisches Peptid (ANF), Dopamin und Somatostatin gehemmt.

77.2.2 Störungen der Aldosteronausschüttung

Hyperaldosteronismus ist Folge von primärer und (sehr viel häufiger) sekundärer Steigerung der Hormonausschüttung und führt zu Hypertonie und Hypokaliämie. Bei Hypoaldosteronismus drohen Hypotonie, Hyperkaliämie und Azidose.

Ursachen des Hyperaldosteronismus Der häufige **sekundäre Hyperaldosteronismus** ist Folge einer gesteigerten Aktivierung des **Renin-Angiotensin-Systems**.

Primärer Hyperaldosteronismus hat die folgenden Ursachen.
- Aldosteron-produzierender Tumor (Morbus Conn).
- 11β-Hydroxylase-Defekt: Die herabgesetzte Kortisolbildung bei diesem Enzymdefekt führt über vermehrte Ausschüttung von ACTH zur Bildung von mineralokortikoid-wirkenden Steroiden, z. B. 11-Desoxykortikosteron (◘ Abb. 77.3, ▶ Klinik-Box „Adrenogenitales Syndrom").
- Übermäßiger Verzehr von Lakritze. Der Inhaltsstoff Glyzyrrhetinsäure hemmt die 11β-Hydroxysteroid-Dehydrogenase.

Auswirkungen eines Aldosteronüberschusses Ein Überschuss an Mineralokortikosteroiden (bzw. gesteigerte Mineralokortikosteroidwirkung) führt zu einer Retention von Na⁺ und Wasser und einer gesteigerten Eliminierung von K⁺ und H⁺. Die Folgen sind Hyperhydratation, Hypertonie, Hypokaliämie und Alkalose.

Hypoaldosteronismus Ein Mangel an Mineralokortikosteroiden kann bei Schädigung der Nebennierenrinde und bei bestimmten **Enzymdefekten** der Nebennierenrindenhormonsynthese auftreten, die zu einer herabgesetzten Bildung der Mineralokortikosteroide führen. Darüber hinaus kann die Ansprechbarkeit des distalen Nephrons für Aldosteron herabgesetzt sein, wie bei (sehr seltenen) genetischen Defekten des Rezeptors oder des Na⁺-Kanals (**Pseudohypoaldosteronismus**). Folgen des Mangels an Mineralokortikosteroiden oder deren Wirkung sind Mangel an Kochsalz und damit eine z. T. massive Abnahme des Extrazellulärvolumens (**Hypohydratation**; ▶ Kap. 35.5.1). Durch die Abnahme des Blut-

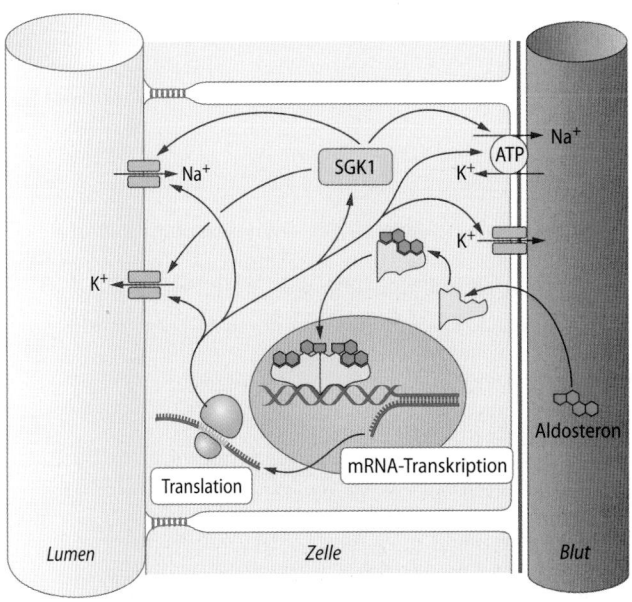

◘ **Abb. 77.5 Wirkungen von Aldosteron in den Hauptzellen des distalen Nephrons und Sammelrohrs.** Aldosteron stimuliert die Expression von Na⁺/K⁺-ATPase, Na⁺- und K⁺-Kanälen sowie der Serum- und Glukokortikoid-induzierbaren Kinase SGK1. Die SGK1 fördert den Einbau und verzögert teilweise den Abbau der Transportproteine in die Zellmembran

77

volumens kann der Blutdruck schwerlich aufrechterhalten werden. Ferner drohen **Hyperkaliämie** und **metabolische Azidose.**

In Kürze

Mineralokortikoide (Aldosteron) werden in der Zona glomerulosa der Nebennierenrinde vorwiegend bei Aktivierung des Renin-Angiotensin-Aldosteron-Systems (RAAS) infolge eines Abfalls des Blutvolumens und bei Hyperkaliämie gebildet. Aldosteron fördert vor allem die Resorption von Na^+ und die Sekretion von K^+, H^+ und Mg^{2+} in der Niere, im Dickdarm und anderen Epithelien, wodurch es zu einer Zunahme des Blutvolumens und/oder einer Abnahme der Plasmakaliumkonzentration kommt. **Hyperaldosteronismus** führt durch Retention von Na^+ und Wasser zu Hypertonie und über gesteigerte Eliminierung von K^+ und H^+ zu Hypokaliämie und Alkalose. **Hypoaldosteronismus** führt über renale Verluste von Na^+ und Wasser zu Blutdruckabfall und über Retention von K^+ und H^+ zu Hyperkaliämie und Azidose.

77.3   Androgene

Die Zona reticularis bildet die für die Androgensynthese notwendigen Vorstufen Dehydroepiandrosteron und Androstendion. Die eigentliche Androgensynthese erfolgt im physiologisch-bedeutsamen Umfang außerhalb der Nebenniere.

77.3.1   Funktion der Zona Reticularis

Dehydroepiandrosteron   Die **Zona reticularis** bildet mit **Dehydroepiandrosteron** (DHEA) das häufigste Steroidhormon des Körpers, das jedoch **keine direkte biologische Wirkung** besitzt. Beim Mann ist die Nebennierenrinde der ausschließliche Bildungsort von DHEA, während bei der Frau auch das Ovar zur Produktion beiträgt. Im geringeren Maße wird in der Zona reticularis der Nebennierenrinde auch Androstendion produziert. Beide Steroide werden z. T. nach Sulfatierung ins Blut abgegeben und dienen in **peripheren Geweben** als Substrat der **Sexualhormonbildung**, wobei primär das männliche Sexualhormon **Testosteron** gebildet wird. Beim gesunden Menschen werden von der Nebennierenrinde keine physiologisch-bedeutsamen Mengen an Testosteron und Östrogenen gebildet.

Bedeutung beim Mann   Beim Mann findet die Umwandlung von DHEA zu Testosteron besonders in den **Leydigzellen** des Hodens statt, die dann Testosteron in das aktive Dihydrotestosteron metabolisieren. Diese beiden Steroidhormone sind Liganden am **Androgenrezeptor** und vermitteln die Androgenwirkung, die in ▶ Kap. 78.2.2 besprochen wird.

Bedeutung bei der Frau   Auch in den Gonaden der Frau, den **Ovarien**, wird DHEA, welches dort zusätzlich direkt produziert wird, zu **Testosteron** metabolisiert. Da das Ovar jedoch **Aromatase** exprimiert, wird Testosteron dort überwiegend in weibliche Sexualsteroide, wie vor allem Östradiol umgewandelt. Die weiblichen Sexualhormone werden in ▶ Kap. 80.1.3 besprochen. Adrenales DHEA wird jedoch auch außerhalb des Ovars in **Testosteron** umgewandelt. Da hier nur wenig Aromatase vorhanden ist, zeigen sich hier auch bei der Frau Wirkungen von Testosteron, u. a. Förderung der **Schambehaarung.**

77.3.2   **Regulation der DHEA-Produktion**

Hypophysäre Stimulation   Wichtigster Stimulus der DHEA-Produktion ist **ACTH**. DHEA teilt jedoch nicht die hemmende Wirkung von Cortisol auf die ACTH-Ausschüttung. Dieser Zusammenhang ist bei Gendefekten der Cortisolbiosynthese von großer Bedeutung. Durch das Fehlen der **negativen Rückkopplung** von Cortisol auf Hypothalamus und Hypophyse kommt es zur massiven Produktion von ACTH. Folge ist eine gesteigerte Produktion von DHEA, welche zur gesteigerten Testosteronproduktion und zum **adrenogenitalen Syndrom** (▶ Klinik-Box in diesem Kapitel) führt.

> ⊙ Die DHEA-Synthese steht unter dem Einfluss von ACTH.

Altersabhängigkeit   Die DHEA-Produktion ändert sich im Verlauf des Lebens mit einem Maximum um das **25. Lebensjahr**. Im Rahmen des Alterungsprozesses findet sich häufig ein kontinuierlicher Abfall des Plasmaspiegels, der jedoch meistens nicht klinisch bedeutsam ist. Schwerer Mangel an DHEA ist möglicherweise mit Depressionen und Libidoverlust assoziiert.

DHEA und Alter
Der Abfall seines Plasmaspiegels während des Alterungsprozesses hat DHEA den Ruf eines „Anti-Aging"-Supplements eingebracht. Die klinischen Daten zur Substitution von DHEA sind jedoch enttäuschend, sodass die Evidenz für diese Funktion als nicht überzeugend angesehen werden muss.

In Kürze

Die Zona reticularis bildet **Dehydroepiandrosteron** (DHEA), die Vorstufe von Testosteron. Die Testosteronsynthese erfolgt jedoch außerhalb der Nebennierenrinde. Die DHEA-Synthese wird durch **ACTH** gefördert.

Literatur

Chrousos GP (2009) Stress and disorders of the stress system. Nat Rev Endocrinol 5(7):374–81

Quax RA, Manenschijn L, Koper JW, Hazes JM, Lamberts SWJ, van Rossum EFC & Feelders RA (2013) Glucocorticoid sensitivity in health and disease. Nat Rev Endocrinol 9:670–86

Lang (ed) (2009) Encyclopedia of Molecular Mechanisms of Disease. Springer, Heidelberg, New York

McCurley A, Jaffe IZ (2012) Mineralocorticoid receptors in vascular function and disease. Mol Cell Endocrinol. 350(2):256-65

Tomaschitz A, Pilz S, Ritz E, Obermayer-Pietsch B, Pieber TR (2010) Aldosterone and arterial hypertension. Nat Rev Endocrinol 6(2):83–93

Lebenszyklus

Inhaltsverzeichnis

Aufbau und Steuerung der Reproduktionsorgane

Friederike Werny, Stefan Schlatt

© Springer-Verlag GmbH Deutschland, ein Teil von Springer Nature 2019
R. Brandes et al. (Hrsg.), *Physiologie des Menschen*, Springer-Lehrbuch
https://doi.org/10.1007/978-3-662-56468-4_78

Worum geht's?

Die Keimdrüsen (Gonaden) haben zwei Funktionen: die Bildung von Keimzellen (Gameten) und die Sekretion geschlechtsspezifischer Hormone Frauen generieren Eizellen und primär weibliche Sexualhormone – die **Östrogene und Gestagene**; Männer produzieren Spermien und männliche Sexualhormone, die **Androgene**. Während im Eierstock der Frau die Östrogen- und Gestagenproduktion mit der Eizellreifung räumlich und funktional kombiniert ist, finden Spermien- und Hormonproduktion beim Mann in getrennten Räumen statt. Im Keimepithel der Samenkanälchen entstehen die Spermien, im interstitiellen Kompartiment produzieren **Leydig-Zellen** das **Testosteron**. Die weiteren geschlechtsspezifischen Reproduktionsorgane sorgen für eine effiziente Befruchtung und anschließende Entwicklung des Embryos zum Fetus und Neugeborenen.

Die reproduktiven Funktionen von Mann und Frau werden im Gehirn koordiniert

Die Produktion der Sexualhormone steht unter der Kontrolle der hypothalamisch-hypophysären Achse. **Gonadotropin-Releasing Hormon** (GnRH) aus dem Hypothalamus stimuliert im Hypophysenvorderlappen die Ausschüttung der Gonadotropine **luteinisierendes Hormon** (LH) und **follikelstimulierendes Hormon** (FSH). Diese Hormone wirken auf die Keimdrüsen bei Mann und Frau. Sie steuern dort die Keimzellbildung und die Produktion der Sexualhormone. Die Sexualhormone wirken in einem Rückkopplungsmechanismus auf Hypothalamus und Hypophyse. Sie unterdrücken die Freisetzung von GnRH, LH und FSH. Es liegt ein geschlossener hormoneller Regelkreis vor (◙ Abb. 78.1).

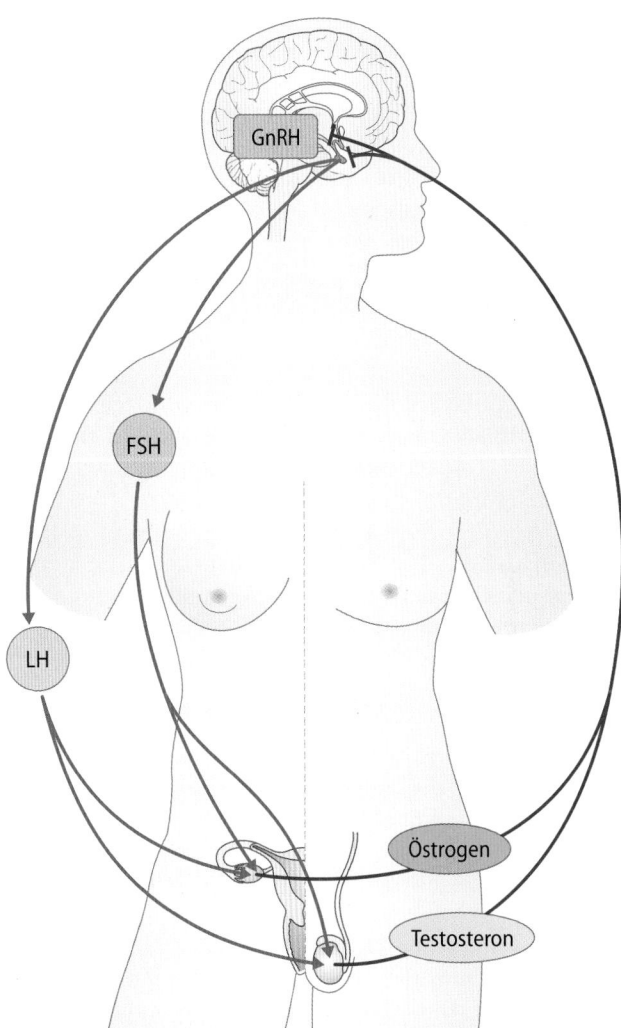

◙ **Abb. 78.1   Regelkreis der Gonadotropine**. GnRH stimuliert die Freisetzung der Hormone LH und FSH in der Hypophyse. Diese stimulieren die Produktion von Gameten und Sexualsteroiden im Ovar bzw. Hoden. Über einen Rückkopplungsmechanismus wird die Freisetzung von GnRH bzw. LH/FSH gehemmt

78

78.1 Keimbahn

78.1.1 Aufbau der Keimbahn und Embryogenese

In der Embryogenese wandern die Primordialkeimzellen in die Gonadenanlage ein, wo sie als Vorläufer aller Keimzellen fungieren.

Zellen der Keimbahn Im Unterschied zu Pflanzen und niederen Tieren existiert bei höheren Tieren eine Trennung zwischen den **somatischen** Zellen/Geweben und den Zellen der **Keimbahn**. Mit jeder Generation durchlaufen die Zellen der Keimbahn einen Zyklus, der nach Befruchtung der Eizelle mit der **Zygote** beginnt. Die Zygote sowie die Zellen in den frühen Furchungsstadien sind totipotent, was bedeutet, dass aus diesen Zellen alle Zellen eines Organismus entstehen können. Sehr früh in der Embryogenese, noch vor der **Bildung der drei Keimblätter (Gastrulation),** bilden sich außerhalb des eigentlichen Embryos die **Primordial- oder Urkeimzellen**. Diese Zellen und ihre Nachfahren exprimieren viele Marker von **Pluripotenz**, die in allen anderen Zellen des Embryos spätestens zu diesem Zeitpunkt abgeschaltet werden. Im Unterschied zu totipotenten Zellen können pluripotente Zellen zwar alle Körperzellen bilden, haben aber nicht mehr die Fähigkeit, eine Plazenta zu bilden und können demnach keinen Gesamtorganismus mehr generieren. Die **Primordialkeimzellen** wandern später in der Embryogenese in die **Gonadenanlage** ein, wo sie als Vorläufer aller Keimzellen wirken.

Keimbahnzyklus Nur Keimbahnzellen durchlaufen den Prozess der **Meiose**. Diese **Reduktionsteilung** ermöglicht eine **Rekombination des Erbguts** bei der Bildung **haploider Gameten** und bildet damit die Grundlage für eine bei der geschlechtlichen Fortpflanzung stattfindende Vermischung genetischer Merkmale, die für die Evolution von großer Bedeutung ist. Je nach **sexueller Differenzierung** der somatischen Zellen in der **Gonade** differenzieren die Keimbahnzellen entweder in **Eizellen** oder **Samenzellen**. Der **Keimbahnzyklus** wird durch Verschmelzung von Ei und Spermium abgeschlossen (◘ Abb. 78.2).

Weitergabe von Erbinformation Nur die Keimbahnzellen, nicht aber die somatischen Zellen geben Erbinformationen an kommende Generationen weiter. Eine Akkumulation von **Mutationen** in der Keimbahn ist deshalb für das Überleben einer Spezies problematisch. Während alle somatischen Zellen mit jeder Generation sterben, wiederholt sich im Laufe der Evolution der Keimbahnzyklus permanent, sodass die Zellen der Keimbahn potenziell **unsterblich** sind und die artspezifischen Merkmale einer Spezies konservieren.

Geschlechtsentwicklung Die sexuelle Differenzierung der Gonade wird durch Genexpression in somatischen Zellen induziert. Maßgeblich für die männliche Differenzierung ist die Expression des „Testis-determining factors" (TDF), eines Transkriptionsfaktors, der durch das „sex-determining region Y" (**SRY**)-Gen auf dem Y-Chromosom kodiert wird. Der dadurch induzierte morphogenetische Entwicklungsprozess führt zur Entstehung von Vorläufern der Sertoli-Zellen, deren Aggregation zur Bildung der Samenkanälchen führt. Der Entwicklungspfad der Keimzellen wird durch die somatische Differenzierung der Gonade gesteuert. Findet **keine Induktion** der männlichen Differenzierung statt (z. B. bei XX-Genotyp oder wegen einer Mutation des SRY-Gens in einem XY-Genotyp), erfolgt eine **weibliche Differenzierung** der Gonade und des Organismus.

Regulation durch Hormone Hormone spielen bei der sexuellen Differenzierung eine entscheidende Rolle. Neben den gonadal ausgeschütteten **Steroiden** (Östrogene, Androgene), die an in vielen Körperzellen exprimierten Androgen- und Östrogenrezeptoren binden und hier die Differenzierung und Funktion zahlreicher Zellen und Gewebe beeinflussen, spielt vor allem das **Anti-Müller-Hormon** (AMH) für die Sexualdifferenzierung eine wesentliche Rolle. Dieses Hormon wird von Sertoli-Zellen im embryonalen Hoden sezerniert und führt zur Degeneration des Urnieren- oder Müllerschen Gangs. Da dieser später zu Vagina, Zervix, Uterus und Eileiter umgeformt wird, entstehen beim Mann diese Organe für gewöhnlich nicht. Stattdessen entsteht im männlichen Embryo der Samenleiter.

❯ Ausbleiben der Induktion der männlichen Differenzierung führt unabhängig vom Genotyp zur Ausprägung eines weiblichen Phänotyps.

Entwicklung des Embryos Aus der Zygote gehen ohne Wachstum durch Furchungsteilungen die Blastomeren hervor. Bereits in der kompakten **Morula**, deren 32 Zellen entweder dem Trophoblasten oder dem Embryoblasten zugeordnet werden können, aber spätestens zum Zeitpunkt des Schlüpfens aus der Eihülle im **Blastozystenstadium,** übernehmen erste Zellen spezifische Aufgaben. Die Blastozyste ist eine flüssigkeitsgefüllte Zellkugel, die aus einer äußeren Zellschicht, dem **Trophektoderm,** und einer **inneren Zellmasse** besteht. Trophektodermzellen bilden die Startpopulation vieler Zellen der **Plazenta**. Die innere Zellmasse besteht aus Zellen, die in der Lage sind, mit Ausnahme der Plazenta, prinzipiell alle Gewebe des Organismus zu bilden. Die Zellen der inneren Zellmasse werden deshalb als **pluripotent** bezeichnet. Aus ihnen können nach Isolierung **embryonale Stammzellen** abgeleitet werden.

Stammzellen
Nach der Bildung der Keimblätter bilden sich die unterschiedlichen somatischen Gewebe und Organe. Zur Erhaltung eines Regenerationspotenzials überleben in spezifischen Stammzellnischen adulte Stammzellen, deren Entwicklungspotenzial geringer ist als das der pluripotenten Zellen aus der inneren Zellmasse. Während die Zellen der Inneren Zellmasse (siehe Entwicklung des Embryos) nur sehr kurz existieren, verbleiben wenige adulte Stammzellen zeitlebens in Stammzellnischen unterschiedlicher Organe. In Organen mit hoher Zellproliferation, wie

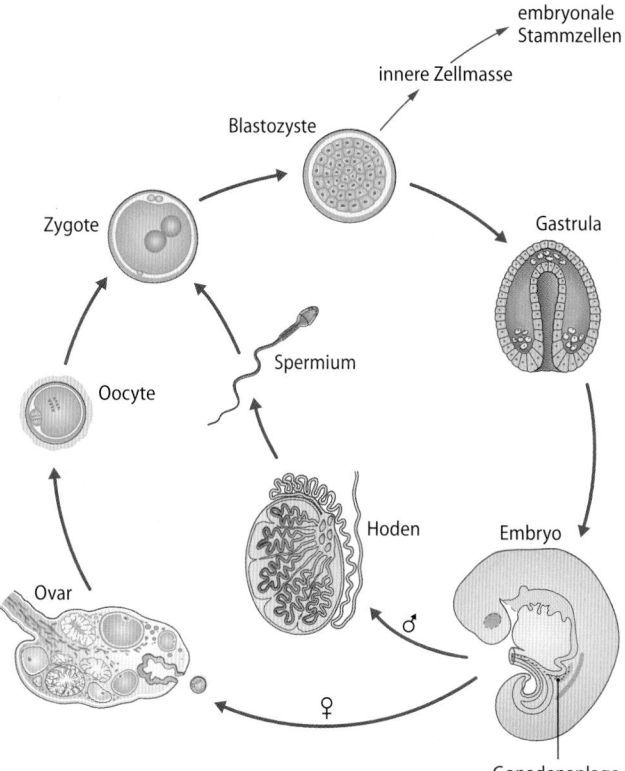

Abb. 78.2　Phasen des Keimbahnzyklus und der embryonalen Frühentwicklung. Oozyte und Spermium aus Ovar bzw. Hoden verschmelzen bei der Befruchtung. Die Zygote entwickelt sich über die Blastozyste zur Gastrula und schließlich zum Embryo, in dem die Gonaden für die spätere Geschlechtsdifferenzierung angelegt sind

dem blutbildenden Knochenmark oder dem spermienbildenden Hoden, existieren spezifische Stammzellen mit definiertem, aber restriktivem Entwicklungspotenzial. Während hämatopoetische Stammzellen zu den vielfältigen Zelltypen des Blutes und Immunsystems differenzieren können, sind spermatogoniale Stammzellen nur zur Bildung von Spermien befähigt. Die vom Alter und von vielen anderen Faktoren beeinflusste Zahl und Aktivität adulter Stammzellen eröffnet in den meisten Organen ein definiertes Regenerationspotenzial für die Neubildung von Zellen und Geweben.

In Kürze

Die Keimbahnzellen unterscheiden sich von den somatischen Zellen durch ihre potentielle Unsterblichkeit und ihre Fähigkeit, durch meiotische Reifeteilungen haploide Gameten zu erzeugen. Im frühen Embryo werden **Primordialkeimzellen** angelegt, die sich von den restlichen Zellen durch ein hohes Maß an Pluripotenzmarkern unterscheiden. Die Primordialkeimzellen wandern in die Gonadenanlage ein, besiedeln diese und differenzieren im Adultus je nach Geschlecht des Organismus in **Ei- oder Samenzellen**. In somatischen Geweben fungieren somatische Stammzellen mit niedrigem Differenzierungspotenzial als eine regenerative Reserve insbesondere bei Organen mit hohen Zellproliferationsraten (z. B. Haut, Blut).

78.2　Endokrine Steuerung der Reproduktionsorgane

78.2.1　Gonadotropine

Die Hormone LH und FSH sind verantwortlich für die Produktion von Ei- bzw. Samenzellen sowie für die Bildung von Sexualhormonen.

Hypothalamus – hypophysäre Achse　Die reproduktiven Funktionen werden im Gehirn koordiniert. Eine hormonelle Achse, an der Neurone im **Hypothalamus** und **gonadotrope Zellen** in der **Hypophyse** neben den Gonaden als Zielorgane beteiligt sind (▸ Kap. 74.1), bildet das Grundgerüst der Steuerung der Fortpflanzungsfunktion. Die **pulsatile** Freisetzung von **Gonadotropin-Releasing-Hormon** (GnRH) in Abhängigkeit vieler im Gehirn registrierter Parameter (u. a. Alter, Ernährungszustand, Jahreszeit) aus dem Hypothalamus dient als Initiationssignal. Über die **Portalgefäße** der Hypophyse gelangt GnRH an die gonadotropen Zellen des Hypophysenvorderlappens, wo es die ebenfalls pulsatile Freisetzung der glandotropen Hormone bewirkt.

Gonadotropine　Die glandotropen Hormone mit Wirkung auf die Keimdrüsen werden Gonadotropine genannt. Diese Peptidhormone bestehen aus zwei Untereinheiten. Während ihre alpha-Untereinheit identisch ist, unterscheiden sich das **luteinisierende Hormon** (LH) und das **follikelstimulierende Hormon** (FSH) in jeweils spezifischen beta-Untereinheiten. LH und FSH gelangen über das Blutsystem von der Hypophyse in die Gonade. Für FSH und LH existieren unterschiedliche Rezeptoren, die zellspezifisch exprimiert werden, sodass beide Hormone unterschiedliche Prozesse steuern können.

Wirkung auf Zielzellen in den Gonaden　Sowohl die Ovarien als auch die Hoden erfüllen duale Funktionen:
- Produktion von Gameten
- Bildung und Sekretion von gonadalen Proteinhormonen und Sexualsteroiden

Obwohl beide Prozesse in vielen Spezies mehr oder weniger koordiniert ablaufen, übernimmt **FSH** primär die Kontrolle der **Gametenreifung**. Im Unterschied dazu wirkt **LH** primär auf die **endokrin aktiven Zellen** der Gonade und steuert die Freisetzung von Sexualsteroiden. Die Zielzellen der hypophysären Hormone im Hoden und Ovar sowie deren geschlechtsspezifische Wirkungen werden in den folgenden Kapiteln behandelt.

Rückkopplung　Die Sexualsteroide wirken in einem **Rückkopplungsmechanismus** auf den Hypothalamus und auf Zielzellen in der Hypophyse. Sie unterdrücken die Freisetzung von GnRH und Gonadotropinen (◻ Abb. 78.3). Somit ergibt sich ein geschlossener **hormoneller Regelkreis**. Allerdings ist die unterdrückende Wirkung der unterschiedlichen Sexualsteroide variabel und hängt z. B. vom Geschlecht und vom Alter ab. Darüber hinaus bewirken einige Steroide präferentiell die Unterdrückung eines der Gonadotropine, sodass z. B. bei der Frau in der Follikelphase vermehrt FSH sezerniert wird, während LH noch unterdrückt ist.

Inhibin und Aktivin   Neben den Sexualsteroiden spielen die Hormone Inhibin und Aktivin eine modulierende Rolle bei der Regulation der Gonadotropinausschüttung. Aktivin ist ein an vielen Differenzierungs- und Wachstumsprozessen beteiligter **Wachstumsfaktor**. Bei diversen Prozessen, wie der Mesodermbildung im frühen Embryo bis zur Wundheilung im Erwachsenen, spielt die Freisetzung von Aktivin eine wichtige Rolle. Die Inhibin-Produktion ist dagegen stärker auf die Gonaden beschränkt. Im Ovar wird **Inhibin** vornehmlich von **Granulosazellen** gebildet und im Hoden von **Sertoli-Zellen**. Während Aktivin die **FSH-Produktion** in Hypophysenzellkulturen fördert, wirkt Inhibin hemmend. Ihre Wirkung vermitteln die Hormone über den **Aktivinrezeptor** (Serin-Threonin-Typ). Ein spezifischer Inhibinrezeptor existiert nicht, sodass die Wirkung von Inhibin über eine **antagonistische Funktion** am Aktivinrezeptor erfolgt.

Aktivin

Aktivin ist ein Wachstumsfaktor der TGF-beta-Familie, der an der Steuerung zahlreicher weiterer Funktionen im Organismus, wie z. B. Mesodermbildung im frühen Embryo oder Wundheilungsprozessen, beteiligt ist. Die Präsenz von freiem Aktivin wird im Serum und im Gewebe darüber hinaus von hochselektiven Bindungsproteinen (z. B. Follistatin) beeinflusst. Über den Aktivinrezeptor werden unterschiedliche Differenzierungsprozesse initiiert. Die exakten endokrinen Wirkmechanismen von Aktivin im Zusammenspiel mit Inhibin und seinen Bindungsproteinen ist im Hinblick auf die Steuerung der Gonadenfunktion noch immer Inhalt von Forschungsarbeiten (◻ Abb. 78.3).

❯❯ **Östrogen und Inhibin hemmen die hypophysäre Freisetzung von FSH.**

78.2.2 Sexualhormone

Die Sexualhormone bewirken während der Embryonal- und Fetal-Entwicklung eine geschlechtsspezifische Differenzierung und postnatal eine geschlechtsspezifische und entwicklungsabhängige Modulation zahlreicher physiologischer Prozesse (z. B. Muskelmasse, Brustbildung, Bartwuchs).

Quellen der Sexualhormone   Ovar und Hoden sind endokrine Drüsen, die Sexualsteroide produzieren. Während im **Ovar Östrogene** und **Progesteron** dominieren, werden vom **Hoden** primär Androgene, besonders **Testosteron**, freigesetzt.

Androgene   Testosteron, das primäre Androgen, wird in den **Leydig-Zellen** im Interstitium des Hodens produziert. Vom Zeitpunkt der männlichen **Differenzierung** an unterstützen Androgene im Hoden die männliche, kaskadenartig ablaufende Differenzierung der somatischen Zellen. Dabei sind parakrine Wirkungen auf Sertoli-Zellen, Immunzellen und peritubuläre Zellen von hoher Bedeutung. **Androgenrezeptoren** werden auch in Leydig-Zellen exprimiert und wirken somit auch auf die sezernierenden Zellen (autokrine

Wirkung). Keimzellen exprimieren keine Androgenrezeptoren. Die exakte Wirkung der Androgene im Hoden ist noch ungeklärt, da insbesondere eine im Vergleich zum Blut mehr als 200-fach erhöhte Androgenkonzentration im Hoden eine ständige Sättigung des Androgenrezeptors bewirkt. Bei der Frau ist die Konzentration von aus den **Theka-Zellen** des Ovars sezernierten Androgenen deutlich niedriger als beim Mann. Allerdings sind in den peripheren Organen der Frau Androgenrezeptoren vorhanden, sodass eine geringe Menge an Testosteron für die Aufrechterhaltung der testosteronabhängigen Funktionen notwendig ist. Androgene werden in beiden Geschlechtern auch aus der Nebenniere sezerniert (▶ Kap. 77.3 und 80.1). Das vornehmlich freigesetzte Dehydroepiandrosteron wirkt am Rezeptor allerdings als deutlich schwächeres Androgen.

Östrogene, Gestagene   Im **Ovar** werden primär **Östrogene** produziert, die von den Granulosazellen des Follikels freigesetzt werden. Die **Luteal-Zellen** des Gelbkörpers generieren in erster Linie **Gestagene**. Die Konzentration der unterschiedlichen Steroide variiert stark mit dem ovariellen Zyklus. Zum Ende der Follikelphase geben die Granulosazellen des dominanten Follikels hohe Mengen an Östrogen ins Blut ab; in der Lutealphase produziert der Gelbkörper große Mengen des Gestagens Progesteron, jedoch auch noch biologisch bedeutsame Mengen an Östrogenen (▶ Kap. 80.1.3). Im Ovar sind unter physiologischen Bedingungen nur geringe Konzentrationen an Steroidrezeptoren nachweisbar. Die Organogenese des Ovars ist weniger als die des Hodens von Sexualsteroiden abhängig.

Extragenitale Wirkungen von Sexualhormonen   Testosteron, Östrogene und Gestagene bewirken in beiden Geschlechtern die Ausbildung geschlechtsspezifischer Merkmale und die Initiierung und Aufrechterhaltung geschlechtsspezifischer Funktionen. Im Blut befindet sich immer ein Cocktail unterschiedlicher Steroide, welche in der Summe ihrer Einzelwirkungen eine sexualsteroidabhängige Steuerung sehr vieler Zielzellen in fast allen Organen auslösen. Die **anabole Wirkung** der Androgene bewirkt die maskuline Ausprägung des männlichen Körpers. Dies wird mit Eintritt in die Pubertät durch erhöhtes Muskelwachstum, Bartwuchs und Stimmbruch deutlich, die typische **androgenabhängige Veränderungen** darstellen. Typisch **östrogenabhängige Veränderungen** sind Brustbildung und ein frauentypisches Muster der Fetteinlagerung. Unter steroidaler Kontrolle stehen darüber hinaus viele Zellen des Blut- und Immunsystems. Ebenso beeinflussen die Sexualsteroide **neuronale Prozesse** im Gehirn und im peripheren Nervensystem. Während viele steroidale Wirkungen reversibel sind, wirken insbesondere Androgene nicht selten irreversibel, sodass z. B. der Stimmbruch als anatomische Veränderung des Kehlkopfs nicht rückgängig gemacht werden kann.

Sexualsteroidrezeptoren

Sexualsteroide wirken primär über Rezeptoren, die nach Bindung der Steroide in den Zellkern gelangen und dort die Transkription von Genen beeinflussen. Im Unterschied zum Androgen, das nur über einen

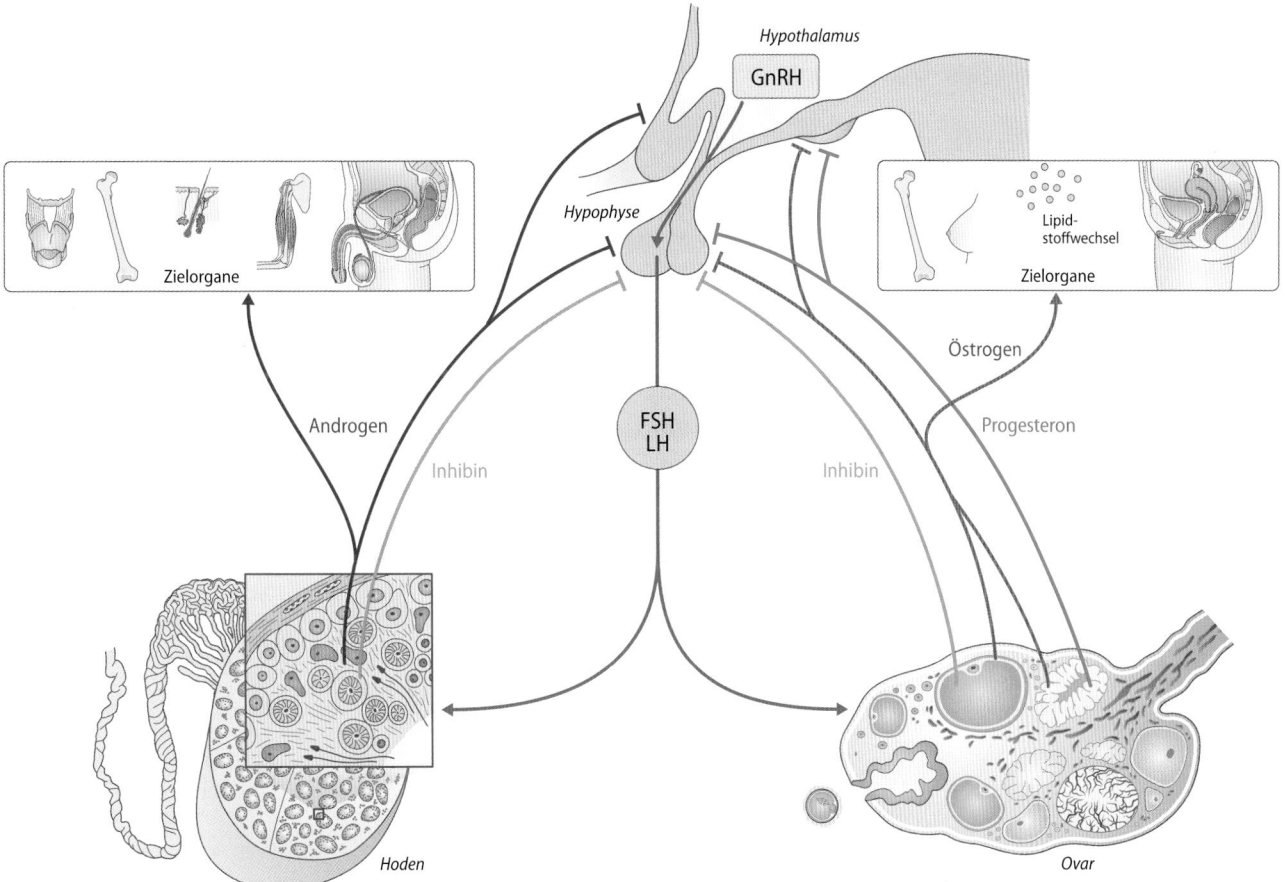

Abb. 78.3 Hormonelle Steuerung der Gonaden bei Frauen und Männern. Die Gonadotropine FSH und LH werden aus der Hypophyse nach Stimulation durch GnRH freigesetzt. Sie wirken stimulierend auf die Gametenproduktion im Ovar und Hoden. Die in den Gonaden freigesetzten Sexualsteroide bewirken in beiden Geschlechtern die Ausbildung ge-

schlechtsspezifischer Merkmale und physiologischer Unterschiede. Die Steroide, aber auch das Proteohormon Inhibin, wirken inhibierend auf Hypothalamus und Hypophyse. Die beteiligten Hormone bilden so endokrine Regelkreise der Fortpflanzungsfunktion

Androgenrezeptor wirkt, existieren **mehrere Östrogenrezeptoren**. Die zellspezifische Expression unterschiedlicher Östrogenrezeptoren mit jeweils unterschiedlichen Charakteristika ermöglicht eine organspezifische Modulation der Östrogenwirkungen. Nach Bindung des Liganden wandern die Steroid-Rezeptor-Komplexe in den Zellkern und binden direkt an die DNA, wo sie als **Transkriptionsfaktoren** die Aktivierung steroidabhängiger Gene induzieren (▶ Kap. 2.2). Die intrazellulären Mechanismen sind zellspezifisch und bewirken organspezifische Steroidwirkungen, sodass z. B. Androgene in einigen Zellen die Proliferation anregen, während sie in anderen Zellen den Zelltod induzieren. Neben der Wirkung als Transkriptionsfaktoren werden Steroidwirkungen zu einem geringeren Maß auch über membranständige Rezeptoren vermittelt. Die dabei involvierten molekularen Mechanismen sind allerdings noch nicht vollständig verstanden.

Steroid-5α-Reduktase Die Wirksamkeit der Steroide wird zum Teil durch **Verstoffwechselung** in den Zielorganen gesteigert. So wird Testosteron in der Haut (Talgdrüsen, Haarfollikel) oder den Anhangsdrüsen (**Prostata, Samenblase**) durch das Enzym **Steroid-5α-Reduktase** zu 5α-Dihydrotestosteron metabolisiert, welches eine deutlich höhere Bindungsaffinität zum **Androgenrezeptor** aufweist. Bei identischen Testosteron-Serumspiegeln kann so eine Verstärkung der androgenen Wirkung in selektierten Zielorganen erreicht werden. Eine Hemmung oder ein Mangel der 5α-Reduktase-

aktivität sorgt somit für eine Abschwächung der Androgenwirkung und wird beispielsweise zur Unterdrückung des gutartigen und androgenabhängigen **Prostatawachstums** oder zur Unterdrückung der Glatzenbildung ausschließlich bei Männern eingesetzt.

Transport von Steroiden im Blut Der Transport der wasserunlöslichen Steroide im Blut wird durch **Sexualhormon-bindende Globuline** (SHBG) und durch Albumine erleichtert. Dies hat zur Folge, dass nur eine kleine Fraktion der Steroide als freie Hormone vorliegt. Das Verhältnis von Bindungsproteinen und Hormonen bildet einen wichtigen Parameter bei der Bestimmung und Wirkung von Steroidhormonen, sodass häufig zwischen freien bioaktiven und gebundenen Steroiden differenziert wird.

Steroidogen wirksame Nahrungsbestandteile
Einige Nahrungsmittel enthalten größere Mengen an pflanzlichen Steroiden oder steroidähnlichen Substanzen (z. B. Phytoestrogene in Soja). Diese sowie **Umweltchemikalien** (z. B. Pestizide, Fungizide, Sonnenschutzcremes, Weichmacher in Kunststoffen) können milde **steroidogene Wirkungen** durch Bindung und Aktivierung von Steroidrezeptoren haben. Möglicherweise können diese Substanzen als **endokrine Disruptoren** wichtige Differenzierungsprozesse und Regelmechanismen beeinflussen und damit schädlich sein.

78.2.3 Prolaktin und Oxytozin

Hormone der Hypophyse regeln Laktation und Wehentätigkeit.

Prolaktin   Im weiblichen Organismus wird das von den **laktotropen Zellen** im Hypophysenvorderlappen sezernierte **Prolaktin** zur Regulation der Milchproduktion verwendet (▶ Kap. 81.2).

Während **Östrogene** das **Wachstum** der weiblichen Brust und die Differenzierung von Milchdrüsengewebe positiv beeinflussen, steuert das **Prolaktin** die eigentliche Milchbildung im Drüsengewebe. Dopamin-produzierende Neurone sind im Hypothalamus das übergeordnete Kontrollzentrum der Milchproduktion. So hemmt **Dopamin** die Ausschüttung von Prolaktin, wohingegen das **hypothalamische Thyreotropin-Releasing-Hormon** (TRH) neben der Freisetzung des Thyreoida-stimulierenden Hormons (TSH) auch die des Prolaktins stimuliert. Bei der stillenden Frau bewirkt das Saugen an der Brust bzw. der mechanische Reiz an der Brustwarze einen Anstieg von **Oxytozin**. Dieser Reflexbogen hemmt zudem die Dopaminausschüttung, wodurch der prolaktinhemmende Einfluss des Dopamins entfällt (neurohormonaler Reflex) (◨ Abb. 81.6).

Oxytozin   Das im Hypophysenhinterlappen ausgeschüttete Oxytozin spielt eine wichtige Rolle bei der Geburt (▶ Kap 81.2). Das Peptidhormon induziert die Wehen, wirkt aber auch außerhalb der Schwangerschaft vor allem auf die glatte Muskulatur in den Reproduktionsorganen und unterstützt die **Milchejektion** bei der Laktation. Beim Stillen und bei zärtlichen körperlichen Kontakten fördert das sog. „Kuschel- oder Bindungshormon" als Neurotransmitter über Oxytozin-Rezeptoren die Mutter-Kind- bzw. Paar-Bindung.

> ❯ Prolaktin fördert die Laktation, Oxytozin die Milchejektion.

In Kürze

Hypothalamus, Hypophyse und Gonaden bilden eine endokrine Achse. Das vom Hypothalamus produzierte **GnRH** bewirkt die hypophysäre Freisetzung der Gonadotropine **LH** und **FSH**, welche die Gameten- und Sexualsteroidproduktion der Gonaden steuern. Ein geschlossener hormoneller Regelkreis entsteht durch das negative Feedback von gonadalen Steroiden und Proteohormonen.

Testosteron (v. a. beim Mann), Östrogene und Gestagene (v. a. bei der Frau) wirken in beiden Geschlechtern. Sie sind für die Ausbildung sekundärer Geschlechtsmerkmale verantwortlich. Weitere hypophysäre Hormone regeln Laktation (**Prolaktin**) und Wehentätigkeit (**Oxytozin**).

Literatur

Plant TM. 60 YEARS OF NEUROENDOCRINOLOGY: The hypothalamo-pituitary-gonadal axis. J Endocrinol. 2015; 226:T41-54

Schlatt S, Ehmcke J, Wistuba J. Zellbiologie und Physiologie der männlichen Reproduktion. Urologe A. 2016; 55:868-76

Schlatt S, Ehmcke J. Regulation of spermatogenesis: an evolutionary biologist's perspective. Semin Cell Dev Biol. 2014; 29:2-16

Reproduktive Funktion des Mannes

Friederike Werny, Stefan Schlatt

© Springer-Verlag GmbH Deutschland, ein Teil von Springer Nature 2019
R. Brandes et al. (Hrsg.), *Physiologie des Menschen*, Springer-Lehrbuch
https://doi.org/10.1007/978-3-662-56468-4_79

Worum geht's?

Die Spermienbildung findet im Hoden statt und dauert mehrere Wochen

Der Hoden ist in zwei getrennte Kompartimente, die Samenkanälchen und das Interstitium, geteilt. Die Spermienbildung (Spermatogenese) findet in den Samenkanälchen des Hodens statt, dauert ca. 65 Tage und endet mit der Spermiation, bei der vollständig differenzierte, aber noch weitgehend unbewegliche Spermatozoen das Keimepithel verlassen (◘ Abb. 79.1). Das Grundgerüst des Keimepithels wird von Sertoli-Zellen gebildet, die auch als intraepitheliale Barriere fungieren. Sertoli-Zellen bilden damit die Blut-Hoden-Schranke, die zum Schutz der immunologisch körperfremden Spermatiden und Spermatozoen für Immunzellen nicht durchlässig ist. Die Spermatozoen werden aus dem Keimepithel ins Lumen der Samenkanälchen abgestoßen und gelangen in den Nebenhoden, wo sie ihre finale Reifung erfahren und ihre volle Beweglichkeit und Befruchtungskompetenz erreichen.

Die Hypothalamus-Hypoyphysen-Gonaden Achse ist das übergeordnete Kontrollzentrum der reproduktiven Funktionen

Die pulsatile Freisetzung von Gonadotropin-Releasing-Hormon (GnRH) in Abhängigkeit vieler im Gehirn registrierter Parameter (u. a. Alter, Ernährungszustand, Jahreszeit) dient ab der Pubertät als Initiationssignal. Vom Hypothalamus gelangt GnRH an die gonadotropen Zellen des Hypophysenvorderlappens, wo es die Freisetzung der Gonadotropine luteinisierendes Hormon (LH) und follikelstimulierendes Hormon (FSH) bewirkt. LH und FSH gelangen über das Blutsystem in den Hoden, wo sie Spermatogenese und Hormonproduktion stimulieren.

Der sexuelle Erregungsablauf wird durch das vegetative Nervensystem reguliert

Beim Mann gehören Erektion, Emission und Ejakulation zur sexuellen Erregung. Für die Erektion sind vorwiegend parasympathische Fasern aus dem Sakralmark verantwortlich. Deren Aktivität führt zur Dilatation der Arterien des Penisschwellkörpers. Der sexuelle Reaktionsablauf des Mannes umfasst die Erregungs-, Plateau-, Orgasmus-

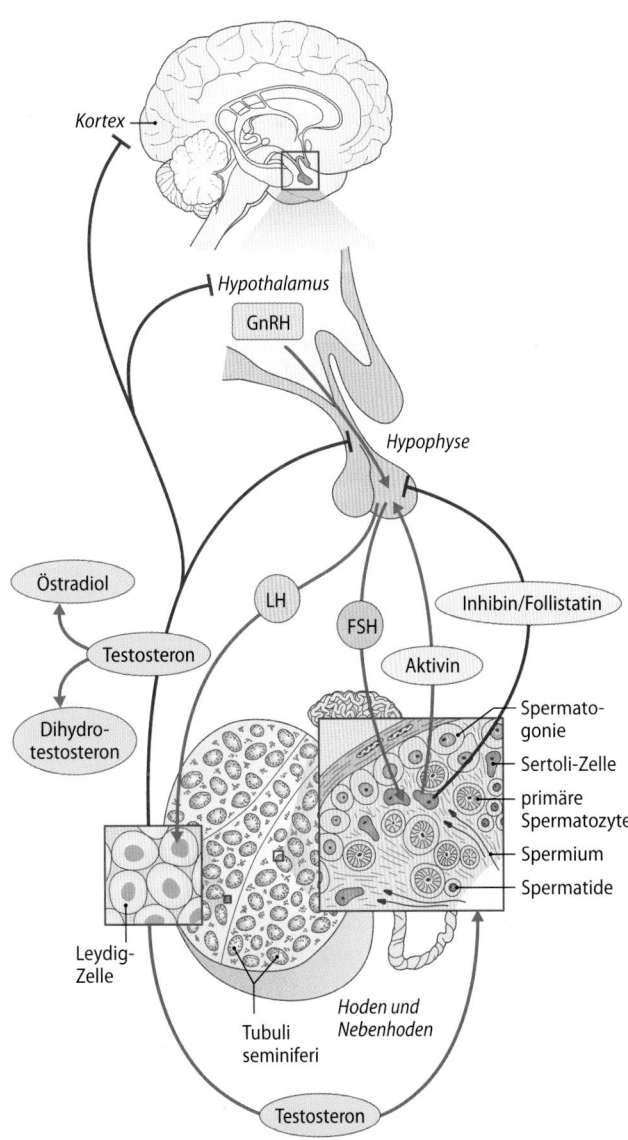

◘ Abb. 79.1 Regulation und Spermienbildung im Hoden

und Rückbildungsphase. Bei der Emission wird das Ejakulat durch unwillkürliche Kontraktionen der glatten Muskulatur der Samenwege und der akzessorischen Geschlechtsdrüsen durch die ableitenden Samenwege zur Harnröhre befördert. Das Ejakulat beinhaltet ca. 20–250 Millionen Spermien/ml.

79.1   Spermatogenese und Steroidogenese

79.1.1   Aufbau und Hormonelle Regulation

Während des Prozesses der Spermatogenese entwickeln sich im Keimepithel diploide Spermatogonien zu haploiden und begeißelten Spermatiden.

Testikuläre Stammzellen   Der Begriff **Spermatogenese** beschreibt die im Keimepithel stattfindende Entwicklung der haploiden Spermatiden aus diploiden Spermatogonien. Eine kleine Population von Spermatogonien fungiert als testikuläre Stammzellen und sorgt durch regelmäßige Teilung für die Produktion differenzierender Spermatogonien, die durch weitere mitotische Teilungen die für die Spermienproduktion notwendige große Zahl an Progenitorzellen sorgen. **Testikuläre Stammzellen** sind als direkte Nachfahren der Primordialkeimzellen potentiell pluripotent. Aus dem Hoden entnommene Stammzellen kommen daher für zelltherapeutische Anwendungen in Frage.

Samenkanälchen und Keimepithel   Der Hoden teilt sich in ein **tubuläres** (80 %) und ein **interstitielles Kompartiment** (20 %). Die Wand der **Samenkanälchen** (Tubuli seminiferi) besteht aus einer der Basalmembran unterliegenden Schicht von peritubulären Myoidzellen, die für eine Peristaltik der Tubuli sorgen. Die Bewegung der Tubuli ist für einen Transport der noch unbeweglichen testikulären Spermatozoen in die abführenden Kanäle des **Rete testis** verantwortlich. Auf der Basalmembran der Samenkanälchen befindet sich das **Keimepithel**. Die sich entwickelnden Keimzellen sind in konzentrischen Schichten in das Keimepithel integriert.

Sertoli-Zellen   Die Sertoli-Zellen bilden als epitheliale Zellen das stabile Grundgerüst des **Keimepithels.** Tight junctions sorgen für eine intraepitheliale Barriere im Keimepithel, die **Blut-Hoden-Schranke**. Diese unterteilt das Keimepithel in ein basales und ein adluminales Kompartiment, zu dem Immunzellen keinen Zugang haben. **Sertoli-Zellen** sind die einzigen Zellen im männlichen Organismus, die **FSH-Rezeptoren** exprimieren. Darüber hinaus exprimieren sie auch den Androgenrezeptor. Androgene und FSH stimulieren die Produktion verschiedener Wachstumsfaktoren in Sertoli-Zellen, welche die Proliferation und das Überleben von differenzierenden Keimzellen kontrollieren. Die Zahl der Sertoli-Zellen ist nach der Pubertät fixiert. Da jede Sertoli-Zelle eine definierte Zahl von Keimzellen unterstützt, sind mit ihrer Zahl die maximale Kapazität der Spermienbildung und auch das maximal zu erreichende adulte Hodenvolumen festgelegt.

Hormonelle Regulation   FSH vermittelt durch Stimulation von **Sertoli-Zellen** in erster Linie die Förderung der **Gametenreifung** im Samenkanälchen. Im Unterschied dazu wirkt **LH** primär auf die im Interstitium liegenden **Leydig-Zellen** und stimuliert die Freisetzung von Sexualsteroiden, vornehmlich **Testosteron**.

Das Testosteron und andere Androgene wirken in einem Rückkopplungsmechanismus auf die Neurone im Hypothalamus und auf Zielzellen in der Hypophyse. Sie unterdrücken die Freisetzung von GnRH und Gonadotropinen. Somit ergibt sich ein geschlossener hormoneller Regelkreis. Neben den Sexualsteroiden spielen gonadale Proteinhormone, besonders **Inhibin**, eine wichtige Rolle bei der Modulierung der Regulationsmechanismen.

Während die Regulation von **LH** primär über die rückkoppelnde hemmende Wirkung von **Testosteron** erfolgt, wird **FSH** zusätzlich über die Proteohormone **Inhibin** und **Aktivin** reguliert. Die Hormone sind Heterodimere aus identischen alpha-Ketten und spezifischen beta-Untereinheiten und werden in den Gonaden gebildet und freigesetzt. Aktivin bewirkt am Aktivinrezeptor (Serin-Threonin-Typ) die Freisetzung von FSH in gonadotropen Hypophysenzellen. Allerdings hat Aktivin auch noch zahlreiche weitere Funktionen im Organismus. Die Kontrolle von Aktivin als Hormon ist sehr komplex, da sich im Serum Bindungsproteine für Aktivin (u. a. **Follistatin**) befinden. **Inhibin** wird ebenfalls im Hoden gebildet und hat am Aktivin-Rezeptor **antagonistische Wirkungen**. Die Hypothalamus-Hyopohyse-Gonaden-Achse eröffnet drei Regulationsebenen, die durch das Vorhandensein unterschiedlicher Rückkopplungssysteme und die zellspezifische Expression unterschiedlicher Rezeptoren in den Zielzellen zusätzliche Komplexität erfahren (◘ Abb. 79.1).

79.1.2   Keimzelldifferenzierung

Nach Verlassen des Hodens gelangen die Spermatozoen in den **Nebenhoden**, wo sie ihre volle Beweglichkeit und Befruchtungskompetenz erlangen.

Keimzelldifferenzierung   Im männlichen Organismus lassen sich die Zellen während der mehrere Wochen dauernden Keimzelldifferenzierung in unterschiedliche Typen klassifizieren. Spermatogonien sind prämeiotische Keimzellen, die an der Basalmembran des Tubulus anliegen und sich mitotisch teilen. Sie lassen sich je nach Differenzierungsgrad in spermatogoniale Stammzellen, A-Spermatogonien und B-Spermatogonien unterscheiden. Mit Eintritt in die **Prophase der Meiose** werden die Keimzellen als **primäre Spermatozyten** bezeichnet. Je nach **Meiose-Stadium** unterscheidet man zwischen präleptotänen, leptotänen, zygotänen und pachytänen Spermatozyten, die als zweite Schicht von Keimzellen im Epithel lokalisiert sind. Nach Loslösung von der Basalmembran bilden die Sertoli-Zellen unterhalb der primären Spermatozyten neue Kontakte, sodass Keimzellen ab Eintritt in die Meiose jenseits der Blut-Hoden-Schranke angesiedelt sind. Durch die erste meiotische **Reifeteilung** entstehen die **sekundären Spermatozyten**, die nach der unmittelbar erfolgenden zweiten meiotischen Reifeteilung zu haploiden Spermatiden werden. Die postmeiotischen Zellen durchlaufen den Prozess der **Spermiogenese**, währenddessen aus **runden Spermatiden** über morphologisch unterscheidbare Elongations- und Differenzierungsphasen hochgradig komplexe **elongierte**

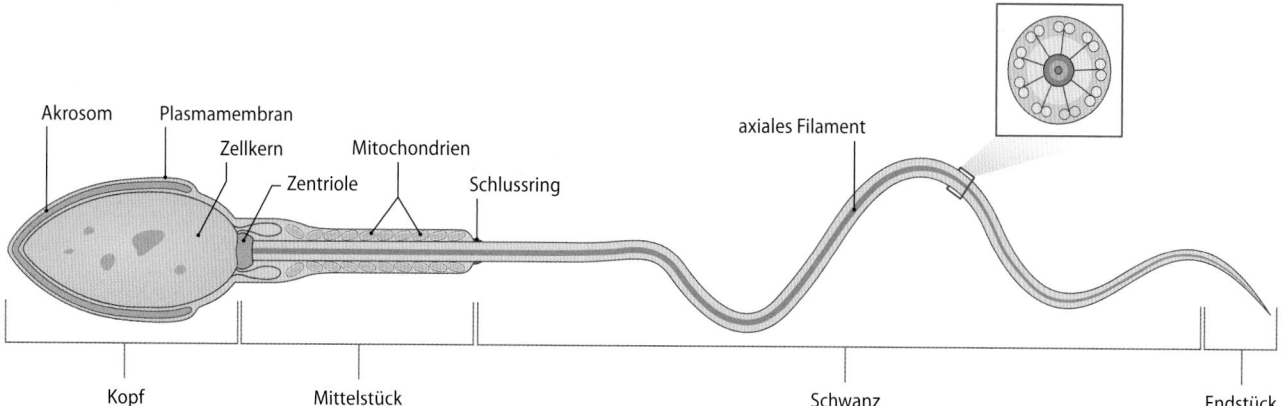

□ Abb. 79.2   Aufbau eines Spermiums

Spermatiden entstehen. Spermatiden bilden ein bis zwei weitere Lagen von Keimzellen im apikalen Bereich des Keimepithels. Die unterschiedlichen Entwicklungsphasen der Keimzellen sind zeitlich und räumlich synchronisiert, sodass im Keimepithel spezifische Keimzell-Assoziationen (Stadien der Spermatogenese) zu beobachten sind.

Reifung von Spermien   Die Spermatogenese endet mit der Spermiation. Nach Verlassen des Keimepithels gelangen die noch weitgehend immotilen Spermien ins **Lumen** der Samenkanälchen. Nach Ausschleusen über die **Ductuli efferentes** gelangen die Spermatozoen zur finalen Reifung in den **Nebenhoden** (Epididymidis), wo sie ihre volle Beweglichkeit und Befruchtungskompetenz erlangen.

Eigenschaften von Spermien   Die aus dem Keimepithel freigesetzten Spermatozoen sind zu eigenständiger Bewegung befähigt. Sie bestehen aus einem **Spermienkopf** mit haploidem Zellkern, einem **Mittelstück**, welches zahlreiche Mitochondrien enthält, und dem beweglichen **Spermienschwanz**, der die für ein **Flagellum** typische 9+2-Struktur von **Mikrotubuli** aufweist (□ Abb. 79.2). Um die Zona pellucida der Eihülle zu durchdringen, benötigt ein Spermium zusätzlich zum Bewegungsapparat proteolytische Enzyme, die im **Akrosom**, einer Kappe am Kopf des Spermiums, gespeichert sind. Für die erfolgreiche Befruchtung sind ein koordinierter Ablauf unterschiedlicher Motilitätsaktivitäten und eine rechtzeitige Freisetzung der akrosomalen Enzyme bedeutsam. Die Mitochondrien aus dem Mittelstück des Spermiums überleben nicht in der Eizelle. Die mitochondriale DNA hat somit immer einen maternalen Ursprung.

Untersuchung des Ejakulates   Bei der nach Vorgaben der Weltgesundheitsorganisation standardisierten Untersuchung des Ejakulats werden neben der **Spermienkonzentration und Gesamtzahl** auch die **Motilität** und die **Morphologie** der Spermatozoen beurteilt (□ Tab. 79.1)

> ❯ Im Akrosom des Spermienkopfes befinden sich proteolytische Enzyme, die dem Spermium die Penetration der Zona pellucida der Eizelle ermöglichen.

□ Tab. 79.1   Evidenzbasierte untere Grenzwerte (5. Perzentile mit 95 % Konfidenzintervallen gemäß WHO-Laborhandbuch zur Untersuchung und Aufarbeitung des menschlichen Ejakulates, 5. Auflage 2010)

Parameter	Grenzwert
Ejakulatvolumen (ml)	1,5 (1,4–1,7)
Gesamtspermienzahl (10^6 pro Ejakulat)	39 (33–46)
Spermienkonzentration (10^6 pro ml)	15 (12–16)
Gesamtmotilität (%)	40 (38–42)
Progressive Motilität	32 (31–34)
Vitalität (lebende Spermien, %)	58 (55–63)
Spermienmorphologie (normale Form, %)	4 (3,0–4,0)

Spermiendefekte   Eine Verminderung der Spermienzahl wird als **Oligozoospermie** (wenige Spermien) bzw. **Azoospermie** (keine Spermien im Ejakulat) bezeichnet. Ist die Beweglichkeit eingeschränkt, spricht man von **Asthenozoospermie**. Ein gehäuftes Auftreten nicht normal geformter Spermien wird als **Teratozoospermie** bezeichnet (▶ Klinik-Box „Oligoasthenoteratozoospermie").

> ❯ Einzige Behandlungsoption der Infertilität bei Patienten mit Azoo- oder Oligozoospermie ist die intrazytoplasmatische Spermieninjektion.

Finale Reifung, Speicherung und Ejakulation von Spermien Der Nebenhoden oder Epididymis wird unterteilt in Kopf (Caput), Körper (Corpus) und Schwanz (Cauda). Spermien reifen während der mehrtägigen Passage durch den **Ductus epididymidis** des Nebenhodens und erlangen hier ihre vollständige Motilität. **Vergrößerte Lumina** im Schwanz des Nebenhodens dienen zur Speicherung der Spermien. Bei der Ejakulation werden die Spermien über den **Samenleiter** (Ductus deferens), die Samenleiterampulle (Ampulla ductus deferentis), den Spritzkanal (Ductus ejaculatorius) und die Harnröhre (Urethra) ausgestoßen. In diese Gänge münden

Klinik

Oligoasthenoteratozoospermie

In der andrologischen Sprechstunde stellen sich häufig Patienten wegen unerfülltem Kinderwunsches vor. Als Ursache auf männlicher Seite lässt sich vielmals eine Oligoasthenoteratozoospermie nachweisen, was bedeutet, dass die Spermienzahl, Motilität und relative Anzahl normal geformter Spermien unterhalb der Referenzwerte für gesunde Männer liegt (◘ Tab. 79.1). Das sogenannte OAT-Syndrom tritt gehäuft beim Hodenhochstand, bei Infektionen der ab-

leitenden Samenwege oder hormonellen Störungen auf. Bei ca. **50 % der infertilen Männer** ist allerdings **keine Auffälligkeit** der Ejakulatparameter zu beobachten (idiopathische Infertilität).

Andrologische Infertilität kann in den meisten Fällen mithilfe assistierter Reproduktionsverfahren überwunden werden. Dabei ist eine **in-vitro-Fertilisation (IVF)** mit intrazytoplasmatischer Spermieninjektion (ICSI) die Methode der Wahl. Hierbei wird eine

Befruchtung durch die Injektion einzelner, nach morphologischen Kriterien ausgewählter lebendiger Spermien in die Eizellen der Frau erzielt. Mit dieser Methode kann die Kinderlosigkeit bei azoospermen Männern nach operativer Spermienextraktion aus dem Hoden oftmals erfolgreich behandelt werden, ohne dass ein auffällig erhöhtes Risiko von Aborten oder Fehlbildungen in der Embryonalentwicklung zu beobachten ist.

die ableitenden Gänge der **Prostata** und der **Samenblasen**, deren Sekrete ca. 90 % des Ejakulatvolumens ausmachen. Während der **Ejakulation** mischen sich die Sekrete der Nebenhoden, der Samenblasen und der Prostata, was zu einer gelartigen Verfestigung des Ejakulats führt, die sich nach ca. 30 Minuten wieder auflöst.

Beginn der Spermiogenese   Die Initiierung der Spermatogenese beginnt mit der **Pubertät**, wenn die Hypothalamus-Hypophysen-Gonaden-Achse aktiviert wird (▶ Kap. 78.1) und die Gonadotropine für eine Stimulation der somatischen Sertoli- und Leydig-Zellen sorgen. Für das Einsetzen der Spermatogenese sind die direkte Stimulation der Sertoli-Zellen durch FSH sowie ein Ansteigen des intratestikulären Testosteronspiegels in Folge einer LH-Stimulation der Leydig-Zellen verantwortlich.

In Kürze

Der Begriff **Spermatogenese** beschreibt die Entwicklung der Spermatogonien zu Spermatiden. Die Keimzelldifferenzierung dauert mehrere Wochen und beginnt mit mitotischen Teilungen der Spermatogonien. Während der Meiose werden Keimzellen als **Spermatozyten**, nach der Meiose als **Spermatiden** bezeichnet. Die endgültige Reifung der **Spermien** findet im Nebenhoden statt. Hypophysäres **FSH** stimuliert Sertoli-Zellen, **LH** stimuliert Leydig-Zellen. Die Rückkopplung zur Hypophyse und zum Hypothalamus erfolgt über **Testosteron** und **Inhibin**. Ein Spermium besteht aus Kopf, Mittelstück und Schwanz. Im Spermienkopf befindet sich das Akrosom.

79.2   Sexuelle Erregung des Mannes und Ejakulation

79.2.1   Erektion

Bei sexueller Erregung wird die Erektion über parasympathische Fasern ausgelöst, die den Bluteinstrom in die Schwellkörper steigern.

Anatomische Grundlage   Die **Schwellkörper** des **Penis** (Corpora cavernosa) sind von einer festen Hülle, der **Tunica albuginea**, umgeben. In der Tunica albuginea befindet sich ein schwammartiges Gewebe, das größtenteils aus glatter Muskulatur und kavernösen Blutgefäßen besteht.

Erregungsphase   Im erschlafften Penis ist die glatte Muskulatur in den Corpora cavernosa kontrahiert, wodurch die Größe der Kavernen beschränkt wird. Es findet nur ein geringer arterieller Zustrom statt; der venöse Abfluss ist ungehindert möglich. Durch taktile und visuelle Reize sowie psychische Einflüsse beginnt die **Erregungsphase** des Mannes über den sakralen Parasympathikus (Segmente S2–S4) (◘ Abb. 79.3). Aus parasympathischen nicht-adrenergen, nicht cholinergen Neuronen in den Schwellkörpern wird Stickstoffmonoxid (**NO**) freigesetzt, das über **cGMP** die glatte Gefäßmuskulatur relaxiert. Es kommt zur Vasodilatation der versorgenden Arterien im Schwellkörper. Die Schwellkörper füllen sich durch den vermehrten arteriellen Einstrom mit Blut. Außerdem sinkt die Aktivität des vasokonstriktorisch wirkenden Sympathikus mit Fasern aus dem Lumbalbereich (Segmente L2–L3). Gleichzeitig bewirkt der erhöhte Blutstrom eine Drosselung des venösen Abflusses, wodurch sich der Penis aufrichtet und steif wird (Erektion). Begleitend steigen Puls, Atemfrequenz und Muskelspannung.

Erektile Dysfunktion

Bei der erektilen Dysfunktion kann durch einen PDE-5-Hemmer (z. B. Sidenafil/Viagra®) der cGMP-Abbau verzögert werden. Die Erektion ist vollständiger und hält länger an.

Plateauphase   In der **Plateauphase, der Verlängerung der Erregungsphase,** verstärkt sich die Erektion weiter. Die mechanischen Reize der rhythmischen Bewegungen beim Geschlechtsverkehr steigern das Erregungsniveau.

Orgasmusphase   Mit Eintritt des Höhepunktes des sexuellen Empfindens beginnt die **Orgasmusphase**. Die vermehrte Sympathikusaktivität spiegelt sich in erhöhtem Puls und Blutdruck, Ventilationssteigerung und einer Pupillendilatation wider.

Rückbildungsphase   Die durch die Erregung hervorgerufenen Veränderungen des Penis bilden sich in der **Rück-**

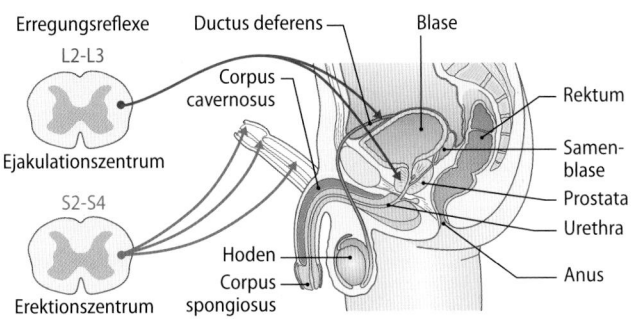

Erregungsreflexe
L2-L3

Ejakulationszentrum

S2-S4

Erektionszentrum

Ductus deferens — Blase

Corpus cavernosus

Hoden

Corpus spongiosus

Rektum

Samen-blase

Prostata

Urethra

Anus

◻ Abb. 79.3   Sexuelle Erregung des Mannes. Erektion und Ejakulation werden über sakrale und lumbale Fasern gesteuert. Blau: parasympathische Fasern des Plexus sacralis, rot: sympathische Fasern des Plexus lumbosacralis

bildungsphase wieder zurück. Die Phosphodiesterase-5 (**PDE-5**) baut kontinuierlich cGMP ab, aufgrund fehlender NO-Produktion wird kein neues cGMP gebildet. Die Blutzufuhr in die Copora cavernosa nimmt ab; der Penis erschlafft. Unmittelbar nach dem Orgasmus ist zunächst keine Erregung möglich (**Refraktärzeit**).

79.2.2   Ejakulation

Das Ejakulat besteht zu 90 % aus dem Sekret der akzessorischen Drüsen.

Emission   Bei der **Emission** regen zunächst sympathische Fasern genitale Drüsenzellen an. Durch unwillkürliche Kontraktionen der glatten Muskulatur der Samenwege und der akzessorischen Geschlechtsdrüsen (Samenblasen und Prostata) sowie der quergestreiften Muskulatur des Beckenbodens wird das Ejakulat durch die **ableitenden Samenwege**, d. h. über Nebenhodengänge (Ductuli epididymidis), Samenleiter (Ductus deferens), Samenleiterampulle (Ampulla ductus deferentis) und Spritzkanal (Ductus ejaculatorius) zur Harnröhre (Urethra) befördert.

Ejakulation   Der Samenerguss (Ejakulation) beschreibt den Ausstoß der Samenflüssigkeit beim sexuellen Höhepunkt (Orgasmus). Hierbei wird das Ejakulat durch rhythmische Kontraktion der Beckenbodenmuskulatur sowie der analen und urethralen Sphinkteren über die äußere Harnröhrenmündung (Meatus urethrae externus) abgegeben. Der Samenerguss bildet sich durch Vermischung der Sekrete der Nebenhoden, der Samenblasen (65–75 %) und der Prostata (25–30 %). Im Ejakulat (2–6 ml) eines gesunden Mannes befinden sich ca. 20–250 Millionen Spermien/ml.

In Kürze

Die Erektion entsteht durch einen gesteigerten Blutstrom in die Schwellkörper und der gleichzeitigen Drosselung des venösen Abflusses, wodurch sich der Penis aufrichtet. Das **Ejakulat** (2–6 ml) enthält im gesunden Mann 20–250 Millionen Spermien/ml. Der größte Anteil des Samenergusses stammt aus den paarig angelegten Samenblasen (65–75 %).

Literatur

Nieschlag E, Behre HM, Nieschlag S (Hrsg). 2009; Andrologie: Grundlagen und Klinik der reproduktiven Gesundheit des Mannes, 3. Auflage, Springer Verlag, Heidelberg

Schlatt S, Ehmcke J. 2014. Regulation of spermatogenesis: an evolutionary biologist's perspective. Semin Cell Dev Biol. 29:2-16

WHO Laborhandbuch zur Untersuchung und Aufarbeitung des menschlichen Ejakulates. 5. Auflage, 2012, Springer Verlag, Heidelberg

Reproduktive Funktion der Frau

Friederike Werny, Stefan Schlatt

© Springer-Verlag GmbH Deutschland, ein Teil von Springer Nature 2019
R. Brandes et al. (Hrsg.), *Physiologie des Menschen*, Springer-Lehrbuch
https://doi.org/10.1007/978-3-662-56468-4_80

Worum geht's?

In der reproduktiven Phase einer Frau werden im Ovar Hormone synthetisiert und es reifen Eizellen heran
Unter dem Einfluss der Gonadotropine werden mit Beginn der Pubertät beim Mädchen vermehrt Östrogene und Gestagene in den Granulosa- und Theca-interna-Zellen des Ovars gebildet. Die ovariellen Hormone sind verantwortlich für die Ausprägung der weiblichen Geschlechtsmerkmale und für den weiblichen Zyklus. In der reproduktiven Phase einer Frau, d. h. von Pubertätsbeginn bis zur Menopause, reifen in den Follikeln des Ovars regelmäßig Eizellen für eine mögliche Befruchtung heran.

Während eines weiblichen Zyklus entwickelt sich ein Follikel zum dominanten Graaf-Follikel
Der weibliche Zyklus dauert im Normalfall 28 Tage und beginnt mit dem ersten Tag der Menstruation. Während eines Zyklus reifen in den Ovarien mehrere Primärfollikel zu Sekundärfollikeln. Der in der Reifung am weitesten fortgeschrittene Follikel reagiert auf den steigenden FSH-Spiegel, produziert vermehrt Östrogene und wird zum dominanten Follikel. Während alle weiteren Sekundär- und Tertiärfollikel untergehen, reift der dominante Follikel weiter zum Graaf-Follikel, der um den 14. Zyklustag springt und in den Eileiter (Tube) gelangt (◘ Abb. 80.1). Für die mögliche Einnistung (Nidation) einer befruchteten Eizelle proliferiert und reift die Gebärmutterschleimhaut (Endometrium) im Zyklusverlauf ebenfalls unter dem steigenden Östrogen.

Der Eisprung trennt Follikelphase und Gelbkörperphase
Der Eisprung wird durch eine massive LH-Ausschüttung ausgelöst. Nach dem Eisprung wandelt sich der Follikel in den Gelbkörper um, der große Mengen an Progesteron produziert. Dieses Hormon führt an der Gebärmutterschleimhaut zur sekretorischen Umwandlung des Epithels, sodass sich eine befruchtete Eizelle einnisten könnte. Tritt keine Schwangerschaft ein, geht der Gelbkörper unter. Dieses hat einen Progesteronabfall am Ende der zweiten Zyklushälfte zur Folge, wodurch die Regelblutung ausgelöst wird.

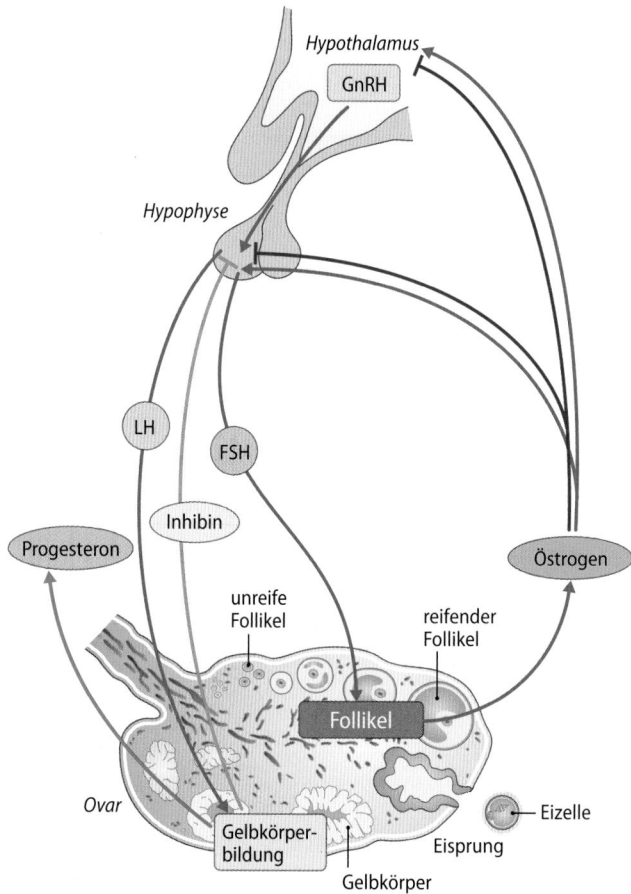

◘ **Abb. 80.1 Unter der Wirkung von FSH reift ein sprungfähiger Follikel heran.** Unter LH-Wirkung kommt es zum Eisprung, wonach sich der Follikel in den Gelbkörper umwandelt. Der Follikel bildet vorranging Östrogen, der Gelbkörper neben Östrogen besonders Progesteron und Inhibin

80.1 Oogenese

80.1.1 Follikelreifung

Im Ovar der Frau reifen zyklusabhängig mehrere Follikel heran.

Bildung von Primordialfollikeln **Primordialkeimzellen** durchlaufen unmittelbar nach der sexuellen Differenzierung der **Ovarien** eine Phase mitotischer Teilungen, die zur Bildung mehrerer Millionen **Oogonien** führt. Die Oogonien treten unmittelbar in die **Prophase der Meiose** ein und werden nun als primäre **Oozyten** bezeichnet. Die Zellen rekrutieren aus dem umgebenden Ovargewebe **Granulosazellen**, die um die Oozyte ein einschichtiges plattes Epithel bilden. Die nun entstandene Struktur aus Oozyte und Granulosazellen wird als **Primordialfollikel** bezeichnet. Die Primordialfollikel bilden einen sich nicht erneuernden Pool von zunächst mehreren Millionen Follikeln, die im **Kortex,** der äußeren und zelldichteren Schicht des Ovars, zu finden sind. Das Innere des Ovars (**Mediastinum**) enthält lockeres Bindegewebe, Gefäße und Nerven.

Limitierung der Oogenese   Durch beständige **Rekrutierung** schrumpft die Zahl der Primordialfollikel bis zum Zeitpunkt der Geburt auf ca. 2 Millionen und bei Eintritt in die **Pubertät** auf nur noch mehrere Hunderttausend. Der vollständige Verlust von funktionsfähigen Primordialfollikeln im Alter von ca. 45–55 Jahren führt zur **Menopause**, dem endgültigen Ende der **Oogenese** und der **ovariellen Zyklen.**

❯ Die Menopause ist die Folge des Verlustes aller Primordialfollikel.

Follikelreifung   Die prismatische Differenzierung der Granulosazellen ist der Eintritt in die **Follikelreifung**. Im Primärfollikel wächst die Eizelle von 50 auf 150–200 µm Größe heran und initiiert die Bildung einer mehrschichtigen **Eihülle** (**Zona pellucida**) (◻ Abb. 80.2). Unter FSH-Einfluss beginnen die Granulosazellen zu proliferieren und bilden im **Sekundärfollikel** ein mehrschichtiges, hochprismatisches Epithel. In diesem Stadium beginnen die **Granulosazellen** mit der Synthese von **Östradiol**. Nun differenzieren **Thekazellen** aus dem die Granulosazellschicht umgebenden Bindegewebe. **Thekazellen** produzieren vornehmlich **Androgene, die**

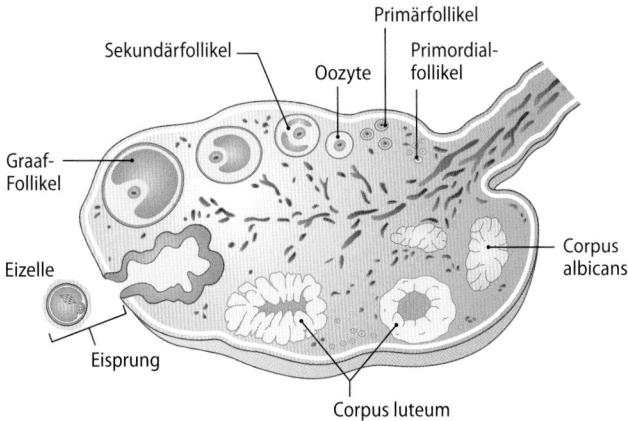

◻ **Abb. 80.2   Oogenese.** Die Eizellen werden von einer einzelligen Schicht von Granualosazellen umgeben. Das Follikelwachstum ist im Wesentlichen eine Folge der Differenzierung der Granulosazellen. Diese produzieren zunehmend mehr Östrogene. Bei der Frau entwickeln sich für gewöhnlich nur ein bis zwei dominante Follikel weiter. Der Graaf Follikel markiert das Ende der Eizellreifung, woraufhin es zum Eisprung kommt. Die rasch verheilende Struktur bildet den Gelbkörper, der aus Lutealzellen, die sich von Granulosazellen ableiten, besteht und Progesteron produziert. Bei Nichteintreten einer Schwangerschaft degeneriert der Gelbkörper zum Corpus albicans

neben **Östrogenen und Gestagenen wichtige Funktionen im Hormonhaushalt der Frau übernehmen.** Im Übergang zum **Tertiärfollikel** durchläuft die Eizelle die erste **Reifeteilung** und wird zur **sekundären Oozyte.** Der Tertiärfollikel wächst durch weitere Proliferation von Granulosazellen. Die Sekretionsleistung von Östrogenen wird nun maximiert.

Graaf-Follikel   Die einsetzende Sekretion von **Follikelflüssigkeit** der Granulosazellen lässt zunächst kleine flüssigkeitsgefüllte Räume entstehen. Diese vereinen sich wenig später zu einem großen Raum (**Antrum**). Durch weitere Zellvermehrung und Sekretion wächst der Follikel auf 20–25 mm heran. Im reifen Zustand wird er als **Graaf-Follikel** bezeichnet, enthält einen zusammenhängenden flüssigkeitsgefüllten Raum und eine mehrschichtige Lage von Theka- und Granulosazellen sowie die Oozyte, die von einer mehrlagigen Schicht von Granulosazellen (**Cumulus oophorus**) umgeben ist.

80.1.2 Ovulation

Unter erhöhter LH-Ausschüttung findet um den 14. Zyklustag der Eisprung statt.

Follikeldominanz   Zu jedem Zeitpunkt der Follikelreifung produzieren die Follikel Östrogene und hemmen darüber zunehmend die Ausschüttung von FSH. Während Follikel auf Stufe der Primär- und Sekundärfollikel degenerieren (**Atresie**), kommt es normalerweise zur **Dominanz** und zur finalen Reifung nur eines Tertiärfollikels in einem der Ovarien. Dominant wird jener Follikel, der in der Follikelphase die höchste Sensitivität für FSH und die meisten FSH-Rezeptoren, die durch Östrogene induziert werden, besitzt. Bei sinkendem FSH kann der dominante Follikel mehr FSH binden und weiter reifen. In den übrigen Sekundär- und Tertiärfollikeln reicht die Stimulation der Granulosazellen nicht aus. Statt eines weiteren Wachstums kommt es zur Degeneration der Granulosazellen und damit zur Atresie der Follikel. Reifen keine Follikel vollständig heran, kann ein polyzystisches Ovarsyndrom vorliegen (▶ Klinik-Box „PCO-Syndrom").

Eisprung   Die durch reifende Follikel im Ovar erzeugte steigende Östradiolkonzentration im Blut bewirkt in der periovulatorischen Phase eine erhöhte GnRH-Sensitivität der gonadotropen LH- und FSH-produzierenden Zellen der Hypophyse. Ab einer Östrogenkonzentration von 150 pg/ml kommt es hierüber zu einer massiven Ausschüttung von LH und FSH, in deren Folge am 14. Zyklustag der **Eisprung** (**Ovulation**) ausgelöst wird. Dabei erzeugen proteolytische Enzyme und Prostaglandine, die von den Gonadotropinen und Progesteron induziert werden, eine Ruptur der Follikelwand. Die Eizelle wird mit der Follikelflüssigkeit herausgeschwemmt und vom Fimbrientrichter des **Eileiters** aufgenommen. Hier findet bei Vorhandensein von Spermien die Befruchtung statt. Der präovulatorische LH-Anstieg löst eine Luteinisie-

80

Klinik

Polyzystisches Ovarsyndrom (PCO-Syndrom)

Klinik

Das polyzystische Ovarsyndrom ist eine der häufigsten Ursachen **weiblicher Infertilität**. In Folge einer erhöhten Produktion von **Androgenen** im Ovar und in der Nebennierenrinde zeigen sich klinisch Beschwerden wie Amenorrhoe oder Oligomenorrhoe, Adipositas und Hirsutismus (männlicher Behaarungstyp). Sonographisch lassen sich im Ovar viele kleine Follikel erkennen, die nicht heranreifen und vorzeitig atresieren (▶ Abschn. 80.1.2).

Pathophysiologie

Häufig geht das PCO-Syndrom aufgrund einer **Insulinresistenz** auch mit einem erhöhten Risiko für Diabetes mellitus Typ 2 und kardiovaskulären Erkrankungen einher. So fördert ein hoher **Insulinspiegel** eine Adipositas sowie die ovarielle und adrenale **Androgensynthese**. Im Fettgewebe werden durch die **Aromatase** Androgene zu Östrogenen umgewandelt. Östrogene fördern dann wiederum die LH-Ausschüttung, was ebenfalls die Androgenbildung

im Ovar begünstigt. Ein Circulus vitiosus entsteht.

Therapie

Bei Patientinnen mit Kinderwunsch können sich Konzeptionschancen durch eine Gewichtsabnahme verbessern. Ggf. ist eine Therapie mit Metformin hilfreich, welches die Glukoneogenese in der Leber reduziert und somit den Insulinspiegel senkt. Zusätzlich wird diskutiert, ob Metformin die Testosteronproduktion direkt reduzieren kann.

---

rung der Granulosazellen aus, deren Stoffwechsel nun von der Produktion von Östrogen auf Gestagene umgestellt wird. Die im gesprungenen Follikel verbleibenden Lutealzellen proliferieren rasch, lagern Lipide ein und bilden als kompakte Masse den **Gelbkörper** (**Corpus luteum**), der primär **Gestagene** synthetisiert. Die Bildung des Gelbkörpers ist eine zyklisch erfolgende äußerst rasche Wundheilung unter intensiver Neovaskularisierung des regenerierenden Gewebes.

> **Vor dem Eisprung kommt es zu einem massiven Anstieg der LH- und FSH-Freisetzung.**

80.1.3 Ovarielle Hormone

Im Ovar der Frau werden vorwiegend Östrogene und Gestagene gebildet.

Östrogen-Bildung   Östrogene werden in den follikulären Granulosazellen und Theca-interna-Zellen aus Cholesterin gebildet. Zwischenstufen bei der Biosynthese sind Androstendion und Testosteron, die enzymatisch durch die Aromatase zu **Östradiol**, Östron bzw. Östriol umgewandelt werden. Von den weiblichen Sexualhormonen besitzt Östradiol die stärkste, Östriol nur eine geringe biologische Wirksamkeit. Östrogene sind im Blut zu 98 % an **SHBG** (Sexualhormonbindendes Globulin) gebunden und werden über dieses Protein transportiert.

Östrogen-abhängige Pubertät   Im Körper haben Östrogene genitale und extragenitale Wirkungen. Zu Pubertätsbeginn reifen unter Östrogeneinfluss die Geschlechtsorgane (Tube, Uterus, Vagina) heran und die weiblichen Geschlechtsmerkmale (Mammae, Labia minora, feminine Fettverteilung) bilden sich aus.

Östrogen-abhängige genitale Wirkungen   Innerhalb der ersten Zyklushälfte fördert Östrogen die **Proliferation** des Endometriums. Weiter erhöht es um den Zeitpunkt der Ovulation die **Viskosität** des Zervixsekretes, um die Aszension von Spermien zu erleichtern. Auch in der Vagina proliferiert das Epithel und keratinisiert vermehrt. Bis zur späten Luteal-

phase (▶ Abschn. 80.2.1) proliferieren die Ausführungsgänge der Brustdrüse durch die zunehmende Expression von Östrogenrezeptoren, welche im Verlauf eines Menstruationszyklus wieder sinken.

Östrogen-abhängige extragenitale Wirkungen   In der Niere erfolgt unter Östrogen eine zunehmende Retention von Wasser und Salz. Auch die Leber ist östrogenabhängig und produziert vermehrt Steroidtransportproteine wie SHBG. Im Gerinnungssystem beeinflussen Östrogene sowohl die Koagulation als auch die Fibrinolyse. So wird einerseits durch verstärkte Fibrinogensynthese die Blutgerinnung gefördert, andererseits durch verminderte Synthese des Plasminogenaktivator-Inhibitors I die Fibrinolyse aktiviert (▶ Kap. 23.7). Im kardiovaskulären System wirken Östrogene vasodilatierend, fördern die NO-Produktion und das Wachstum von Endothelzellen. Auf das **Knochenwachstum** haben Östrogene einen anabolen Einfluss, indem sie die Bildung von Osteoblasten fördern und die Bildung der Osteoklasten hemmen. Zu Ende der Pubertätsentwicklung bewirken sie einen Verschluss der Epiphysenfugen und beenden dadurch das Längenwachstum.

Gestagen-Bildung   **Progesteron** ist das wichtigste Gestagen. Es wird in den Granulosa- und Theca-interna-Zellen des Ovars aus Cholesterin gebildet. Progesteron wird in der zweiten Zyklushälfte und zu Beginn der Schwangerschaft vom Gelbkörper (Corpus luteum) produziert. Im Verlauf der Schwangerschaft wird die Progesteronbildung von der Plazenta übernommen (▶ Kap. 81.1.2).

Gestagen-Wirkungen auf Uterus und Brustdrüse   Die wichtigste Funktion von Progesteron ist der **Erhalt der Schwangerschaft**, indem es die Involution des Endometriums verhindert. Progesteron führt zur sekretorischen Transformation des Endometriums, d. h. Bildung von Drüsenschläuchen und Spiralarterien im Endometrium sowie Glykogeneinlagerungen, sodass das Einnisten der Blastozyste unterstützt wird. Gleichzeitig führt Progesteron zur Verfestigung des Zervixsekrets und fördert die Bildung des sog. Schleimpfropfes im Muttermund, wodurch aufsteigende Infektionen verhindert werden können. An der Brustdrüse differenziert Progesteron die Alveolen, die während der Schwangerschaft ihre endgültige Ausreifung für die Laktation erreichen.

> **Progesteron verhindert die Involution des Endometriums.**

Extragenitale Gestagen-Wirkungen Im Knochen fördert Progesteron die Bildung von Osteoklasten. So kann während einer Schwangerschaft vermehrt Kalzium für die Knochenentwicklung des Kindes bereitgestellt werden. Weitere progesteronabhängige Wirkungen sind Steigerung des Katabolismus mit Anstieg der Körpertemperatur um ca. 0,5°C nach der Ovulation sowie Hemmung der renalen Aldosteron-Wirkungen mit Steigerung der renalen Kochsalzausscheidung. Auf das zentrale Nervensystem hat Progesteron eine sedierende und analgesierende Wirkung.

In Kürze

Bei der **Oogenese** entwickelt sich im Ovar der Frau ein Primärfollikel über den Sekundärfollikel zum dominanten Graaf-Follikel, der in seinen Granulosazellen vermehrt **Östrogen** produziert und über eine positive Rückkopplung in der Hypophyse eine massive **LH-Ausschüttung** bewirkt. Die Ovulation setzt ein und die Oozyte wird von der Tube aufgenommen. **Progesteron** aus dem Gelbkörper hält nach Nidation einer Blastozyste die Schwangerschaft aufrecht, indem es die Involution des Endometriums verhindert.

80.2 Der weibliche Zyklus

80.2.1 Ovarieller Zyklus

Der Zyklus der Frau beginnt mit dem ersten Tag der Regelblutung und endet am letzten Tag vor der nächsten Menstruation.

Weiblicher Zyklus Der weibliche **Zyklus** beschreibt die hormonell gesteuerte periodische Reifung eines Follikels im Ovar, die Veränderungen der **Gebärmutterschleimhaut** und anderer physiologischer Parameter (◻ Abb. 80.3). Der Menstruationszyklus teilt sich in zwei Phasen (Follikelphase und Lutealphase) und dauert im Normalfall 28 Tage. Dabei können in der Follikelphase Abweichungen von einigen Tagen auftreten. Ein Zyklus beginnt mit dem 1. Tag der **Regelblutung (Menstruation)** und endet mit dem letzten Tag vor Beginn der nächsten Regelblutung.

Ovarieller Zyklus In der **Follikelphase** (1.–14. Zyklustag) reifen im Ovar Follikel heran, die Östrogene produzieren. Über eine positive Rückkopplung wird in der Hypophyse aufgrund der hohen Östrogenkonzentration im Blut, die unmittelbar vor dem Eisprung ein Maximum erreicht, massiv LH und FSH ausgeschüttet, wodurch die Ovulation ausgelöst wird. Nach dem Eisprung entsteht aus dem Follikel das

Corpus luteum (▶ Abschn. 80.1.2), das **Progesteron** produziert. Progesteron führt u. a. zu einem Anstieg der basalen Körperkerntemperatur um ca. 0,5°C (◻ Abb. 80.3). Die **Lutealphase** (15.–28. Zyklustag) beginnt.

> **Während der mittleren Follikelphase fällt der FSH-Spiegel aufgrund der negativen Rückkopplung der Östrogene ab.**

In der zweiten Zyklushälfte kommt es zum erneuten Anstieg von Östrogen aus Lutealzellen. Zusammen mit Progesteron wird über Östrogen die LH-/FSH-Ausschüttung über eine negative Rückkopplung gehemmt, was zum Untergang des Corpus luteum führt. Mit Abfall des Progesterons setzt die **Menstruation** ein. Das Corpus luteum wird durch Bindegewebszellen ersetzt und vernarbt zum **Corpus albicans**.

80.2.2 Uterus-Zyklus

Am Uterus können vier Zyklusphasen unterschieden werden.

Unter der Wirkung von Östrogenen und Progesteron läuft der Zyklus im Uterus in vier Phasen ab:

Proliferationsphase Vom 5.–14. Zyklustag **regeneriert** sich die oberste Schicht der Gebärmutterschleimhaut nach der vorausgegangenen Menstruation. In der Proliferationsphase nehmen unter steigender Wirkung von **Östrogen** Schleimhautdicke sowie Größe und Anzahl der Schleimhautzellen zu. Um den Zeitpunkt des Eisprunges nimmt die Viskosität des Zervixsekrets ab, d. h. es wird dünnflüssiger und somit durchlässiger für Spermien.

Sekretionsphase Vom 15.–24. Zyklustag bewirkt das vom Corpus luteum sezernierte **Progesteron** eine Umwandlung des Endometriums und seiner darunterliegenden Drüsen in ein sekretorisch aktives Epithel. Die Schleimhaut wird lockerer, die Drüsen nehmen eine korkenzieherartige Schlängelung an. Der Glykogengehalt im Endometrium nimmt zu und kann in der Frühschwangerschaft als Glukosespeicher für die Versorgung eines Embryos fungieren.

> **Östrogene bewirken während eines Zyklus eine Proliferation, Gestagene eine Differenzierung des Endometriums.**

Ischämische Phase In der Zeit vom 25.–28. Zyklustag **sinkt** die **Progesteronkonzentration** im Blut aufgrund der allmählichen Degeneration des Corpus luteum. Der Hormonentzug bewirkt einen funktionellen Kollaps des Endometriums und der im Myometrium befindlichen Drüsen, ausgelöst durch eine **Kontraktion** der Spiralarterien und des Myometriums. Diese Ischämie führt zum partiellen Absterben der oberen Gebärmutterschleimhaut.

Desquamationsphase Am 1.–4. Zyklustag nimmt mit Fortdauer des Progesteronentzugs der Tonus der Gefäße und des

80

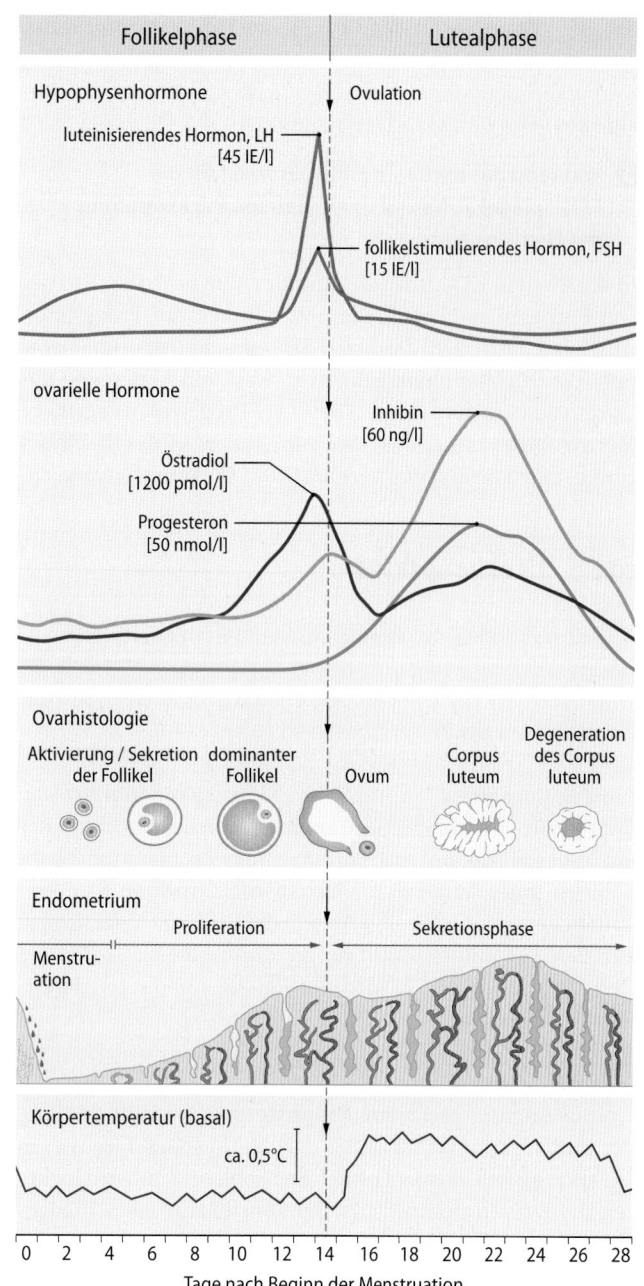

◘ Abb. 80.3   Der weibliche Zyklus. Dargestellt werden die hypophy-sären und ovariellen Hormone, die Ovarhistologie, der Aufbau des Endo-metriums sowie die basale Körpertemperatur während eines weiblichen Zyklus. Die angegebenen Hormonspiegel unterliegen großen individuel-len Unterschieden. Sie dienen daher nur zur Orientierung.

Uterus wieder ab. Über die defekten Gefäße strömt Blut in die Epithelschicht, reißt die Schleimhaut mit sich und die **Regel-blutung** beginnt. Es kommt zum Verlust von 30–100 ml Blut, das als Regelblutung über mehrere Tage austritt. Das Enzym **Plasmin**, das in der Gebärmutterschleimhaut enthalten ist, verhindert ein Gerinnen des Menstrualblutes. Der weibliche Zyklus beginnt nun von Neuem.

> **In Kürze**
>
> Im weiblichen Zyklus reifen in der 1. Zyklushälfte zu-nächst mehrere Follikel heran (**Follikelphase**). Nur ein Follikel wird dominant und springt unter dem Einfluss von LH. In der 2. Zyklushälfte produziert das Corpus lu-teum Progesteron (**Lutealphase**). Findet keine Befruch-tung statt, bricht das Endometrium im Rahmen der **Menstruation** nach Progesteronabfall zusammen.

80.3   Sexuelle Erregung der Frau

Die sexuelle Erregung der Frau durchläuft vier Phasen.

Erregungsphase   Die Erregungsphase der Frau zeichnet sich durch ein Anschwellen der **Klitoris** und **Labia minora** aus. Die Innervation erfolgt durch sakrale parasympathische (Segmente S2–S4) und lumbale sympathische (Segmente L2–L3) Fasern (◘ Abb. 80.4). In der Erregungsphase kann die Brustgröße zunehmen, die Mamillen richten sich auf. Gleichzeitig bildet sich durch das Vaginalepithel ein Trans-sudat, das als **Lubrikation** bezeichnet wird und die **Penetra-tion** erleichtert. Mit zunehmender sexueller Erregung erhöht sich die Blutfülle in Klitoris und Labien; Puls, Blutdruck und Atemfrequenz steigen.

Plateauphase   Die Erregungsphase geht in die **Plateau-phase** über, in der die Intensität der sexuellen Erregung zu-nehmend bis zum Erreichen des Orgasmus steigt.

Orgasmusphase   Die Muskeln im unteren Scheidenbereich, die sog. **orgastische Manschette**, verengt sich zunehmend während des Geschlechtsverkehrs und übt somit einen stär-keren Reiz auf den Penis aus. Mit Erreichen des sexuellen Höhepunktes (**Orgasmusphase**) steigen Atem- und Herzfre-

---

Klinik

Orale Kontrazeption

Die in Deutschland am weitesten verbreitete Methode zur Empfängnisverhütung ist die sog. Anti-Baby-Pille. **Östrogen- und/oder Gestagenpräparate** haben je nach Art und Dosis verschiedene Wirkungen. Eine Wirk-weise ist die **Verhinderung der Follikelrei-fung** und des Eisprungs durch **Suppression** der **Gonadotropine** im Sinne einer negati-ven Rückkopplung in der Hypophyse. Wei-tere Ansätze der hormonalen Kontrazeptiva

können die Veränderung des Zervixsekrets mit erschwerter Aszension der Spermien oder eine Veränderung der Endometrium-beschaffenheit sein, wodurch die Nidation einer befruchteten Eizelle verhindert wird.

„Pille danach"
Als **postkoitale Kontrazeption** wird die „Pille danach" bezeichnet, die innerhalb von 72 Stunden nach ungeschütztem

Geschlechtsverkehr eingenommen werden sollte. Hierbei handelt es sich zum einen um ein hochdosiertes Gestagenpräparat (Levonorgestrel), zum anderen um einen Progesteron-Rezeptor-Modulator (Ulipris-talacetat), der die Progesteron-Wirkung im Körper unterbindet.
Als unerwünschte Wirkungen der oralen Kontrazeption können u. a. Zwischenblutun-gen, **Thrombosen** oder Ödeme auftreten.

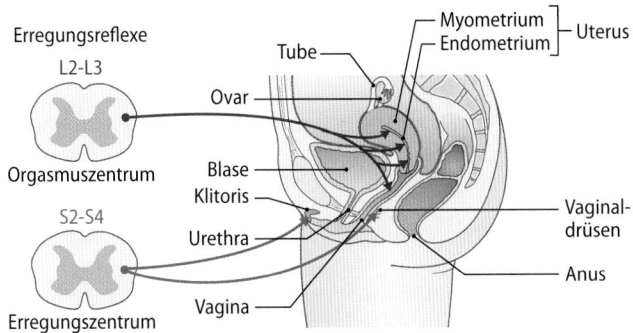

Literatur

Kaiser UB. Decade in review-reproductive endocrinology: Understanding reproductive endocrine disorders. Nat Rev Endocrinol. 2015 Nov;11(11):640–1. doi: 10.1038/nrendo.2015.179. PubMed PMID: 26460342; PubMed Central PMCID: PMC4691350

Perry JR, Murray A, Day FR, Ong KK. Molecular insights into the aetiology of female reproductive ageing. Nat Rev Endocrinol. 2015 Dec;11(12):725–34

◻ Abb. 80.4   Sexuelle Erregung der Frau. Sakrale und lumbale Fasern bewirken die sexuelle Erregung der Frau. Blau: parasympathische Fasern des Plexus sacralis, rot: sympathische Fasern des Plexus lumbosacralis

quenz weiter an. Es entstehen unwillkürliche rhythmische Kontraktionen der orgastischen Manschette und des Uterus. Die konzeptionsfördernde Funktion des weiblichen Orgasmus wird in der Literatur derzeit kontrovers diskutiert, da auch Befruchtungen ohne Orgasmus der Frau möglich sind. Es wird aber vermutet, dass die rhythmischen Bewegungen des Gebärmutterhalses die Beförderung des Ejakulates in den Uterus begünstigen.

Rückbildungsphase   In der **Rückbildungsphase** erfolgt die Entspannung nach der Erregung. Klitoris, Labien und Brüste schwellen ab und erreichen den Ausgangszustand. Anders als beim Mann gibt es bei der Frau keine deutliche **Refraktärzeit**, sodass mehrere Orgasmen hintereinander möglich sind.

In Kürze

Die sexuelle Erregung der Frau findet über sympathische und parasympathische Fasern statt und durchläuft die **Erregungs-, Plateau-, Orgasmus- und Rückbildungsphase**. Anders als bei der sexuellen Erregung des Mannes gibt es bei der Frau keine deutliche Refraktärzeit.

Fetomaternale Interaktion, Geburt, Laktation

Friederike Werny, Stefan Schlatt

© Springer-Verlag GmbH Deutschland, ein Teil von Springer Nature 2019
R. Brandes et al. (Hrsg.), *Physiologie des Menschen*, Springer-Lehrbuch
https://doi.org/10.1007/978-3-662-56468-4_81

Worum geht's?

Nach der Befruchtung werden schwangerschaftserhaltende Hormone von Gelbkörper und Plazenta gebildet
Etwa sieben Tage nach Ovulation und anschließender Verschmelzung von Ei- und Samenzelle findet die **Einnistung** (Nidation) des nun als Blastozyste ausgebildeten Präimplantationsembryos in die Gebärmutterschleimhaut statt. In der Frühschwangerschaft produziert der Embryo humanes Choriogonadotropin (hCG), das dem Lutenisierenden Hormon (LH) ähnlich ist (□ Abb. 81.1). Ein erhöhter hCG-Spiegel lässt sich schon zu Beginn der Schwangerschaft im Urin als positiver **Schwangerschaftstest** nachweisen. hCG erhält den Gelbkörper und somit die Progesteronproduktion, was für die Aufrechterhaltung der Schwangerschaft verantwortlich ist. Im Verlauf der Schwangerschaft wird die Progesteronbildung von der **Plazenta** übernommen und erreicht zur Geburt maximale Konzentrationen. Auch die **Östrogenkonzentration** steigt kontinuierlich an und ist für physiologische Veränderungen zur Geburtsvorbereitung verantwortlich.

Nach Vollendung der intrauterinen Entwicklung des Kindes setzt für gewöhnlich nach 40 Schwangerschaftswochen die Geburt ein
Der Embryo entwickelt sich aus den drei Keimblättern (Entoderm, Mesoderm, Ektoderm). In der **embryonalen Phase** (bis 8. Schwangerschaftswoche) findet die Gewebe- und Organbildung statt. In der **fetalen Phase** erfolgen das weitere Wachstum des Kindes und die Reifung der Organe. Gegen Ende der Schwangerschaft wird vermehrt **Oxytozin** aus dem Hypophysenvorderlappen ausgeschüttet und die Wehentätigkeit setzt um die **40. Schwangerschaftswoche** ein. Während der Schwangerschaft werden Wachstum und Zelldifferenzierung der weiblichen Brust stimuliert, sodass unmittelbar nach der Geburt die Milchproduktion (Laktation) unter Stimulation durch Prolaktin und Oxytozin einsetzt.

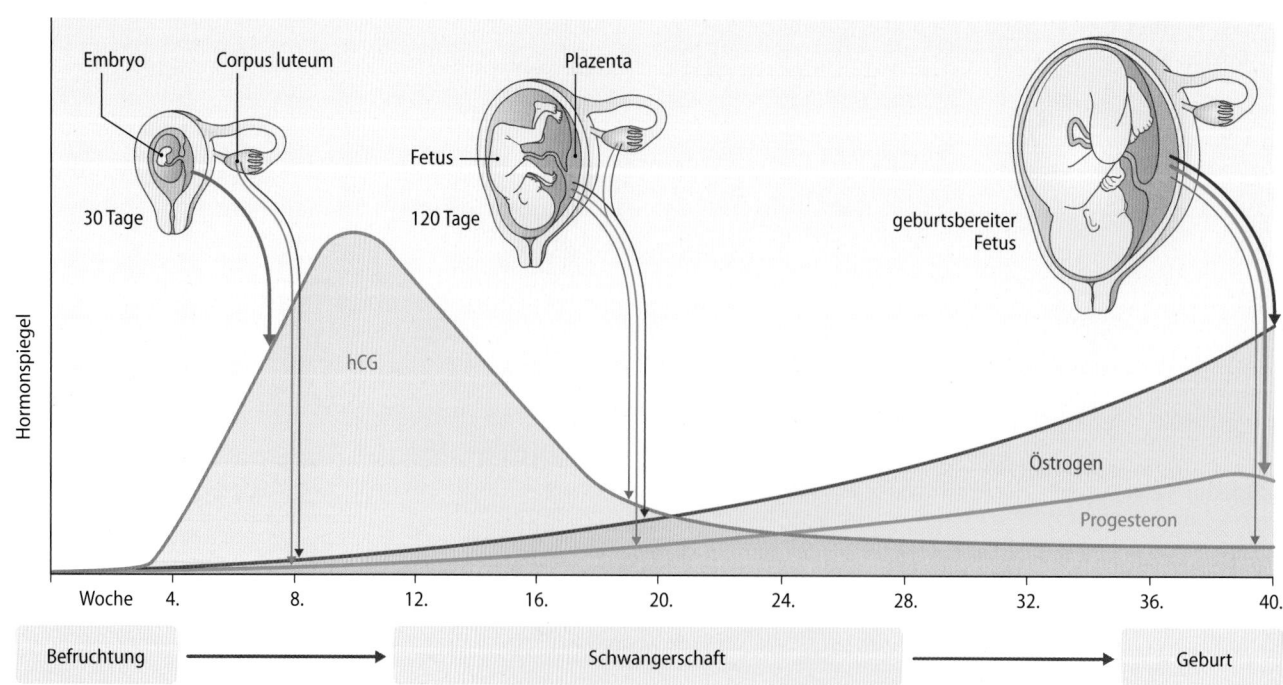

□ **Abb. 81.1** Entwicklung des Embryos und Hormonverlauf während der Schwangerschaft

81.1   Schwangerschaft

81.1.1   Befruchtung und Nidation

Die Befruchtung von Eizelle und Spermium findet meist im ampullären Teil des Eileiters statt.

Aszension der Spermien   Beim Geschlechtsverkehr werden die Spermien an der **Zervix** im apikalen Bereich der Vagina deponiert und können durch die Bewegung des Spermienschwanzes sowie durch Sekrettransport den Gebärmutterhals passieren. Zum Zeitpunkt der Ovulation ist das Zervixsekret aufgrund des Östrogeneinflusses weniger viskös, sodass die Aszension der Spermien in den Uterus erleichtert ist.

Befruchtung   Die Befruchtung der Eizelle durch das Spermium findet i. d. R. im **Eileiter** (ampullärer Teil) statt und ist in den ersten 12 Stunden nach der Ovulation möglich. Die aus dem Spermienakrosom freigesetzten Enzyme weichen die Eihülle an der Eintrittsstelle auf. In unmittelbarer Nähe der Eizelle werden Spermien hyperaktiv. Durch Modifikation und Erhöhung des Flagellumschlags erhöht sich die Motilität und das Spermium kann die Eihülle der Eizelle durchdringen (◻ Abb. 81.2). Normalerweise gelingt es nur einem Spermium, in die Oozyte einzudringen.

Polyspermienblock   Das unerwünschte Eindringen weiterer Spermien würde zu **Polyploidien** führen, die mit Fehlgeburten (▶ Klinik-Box „Abort") oder schwersten Fehlbildungen des Fetus einhergehen. Zwei Prozesse verhindern das Eindringen weiterer Spermien, was als Polyspermieblock bezeichnet wird. Zunächst erfolgt durch einen Natriumioneneinstrom eine rasche **Depolarisation** der Eizellmembran. Die Depolarisation erschwert die Penetration weiterer Spermien. Der nach Eindringen des ersten Spermiums erfolgende Einstrom von Kalziumionen löst die deutlich langsamere **Kortikalreaktion** aus. Bei dieser werden aus den membranständigen Kortikalgranula Enzyme und Proteoglykane freigesetzt, wodurch die Membran abhebt und als mechanische Hürde das Eindringen weiterer Spermien unterbindet.

Nidation   Die Zygote teilt sich erstmals am Tag nach der Befruchtung. Es entstehen die Blastomeren, die nach weiteren Teilungen die Morula, eine kompakte brombeerartige Kugelstruktur, formen. Das finale Stadium der Präimplantationsentwicklung ist die Blastozyste, die nach weiteren Zellteilungen und der Entstehung eines flüssigkeitsgefüllten Raums gebildet wird. Erstmals entstehen zwei unterschiedliche Zelltypen (innere Zellmasse und Trophektoderm). Während dieser Entwicklungsphasen wandert der Präimplantationsembryo durch die Aktivität der Zilien im Ovidukt von der Tube Richtung **Uterus**. Die Blastozyste schlüpft durch Volumenzunahme aus der Eihülle und nistet sich etwa eine Woche

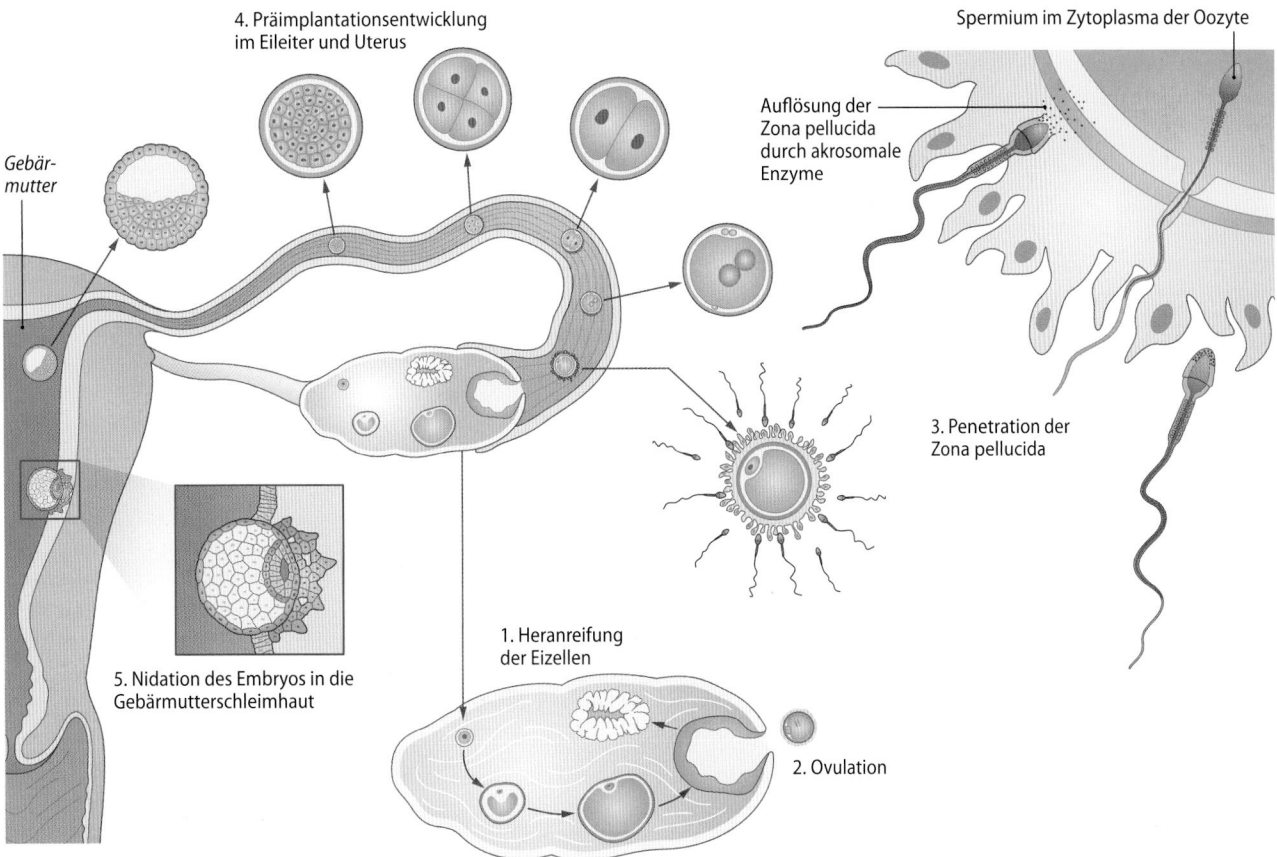

◻ **Abb. 81.2   Befruchtung und Frühentwicklung**

nach der Befruchtung durch lytische Aktivität des Trophek-
toderms am Endometrium ein (**Nidation**). Dabei kann eine
kurze Nidationsblutung auftreten. Zu diesem Zeitpunkt beginnt die **Schwangerschaft**. Intrauterinpessare („Spirale")
verhindern durch mechanische und chemische (z. B. Kupfer-
ionen) Interferenz die Einnistung und werden daher als Kon-
trazeptionsmethode eingesetzt.

> Die Befruchtung und die Präimplantationsentwicklung
> erfolgen im Eileiter.

Klinik

Abort

Etwa 15 % aller Schwangerschaften enden mit einer Fehlge-
burt (**Abort**). Die häufigsten Aborte treten in der Frühschwangerschaft auf; meist um den Zeitpunkt des Ausbleibens der
Regelblutung, ohne dass die Frau unbedingt merkt, dass eine
Schwangerschaft eingetreten war. Ursächlich hierfür sind häufig
mit dem Leben nicht zu vereinbarende Chromosomenverände-
rungen. Ca. 80 % aller Fehlgeburten erfolgen bis zur 12. Schwangerschaftswoche. Mit zunehmendem Schwangerschaftsverlauf
sinkt die Abortrate und liegt ab der 15. Schwangerschaftswoche
bei ca. 2–3 % bis zum Ende der Schwangerschaft.

81

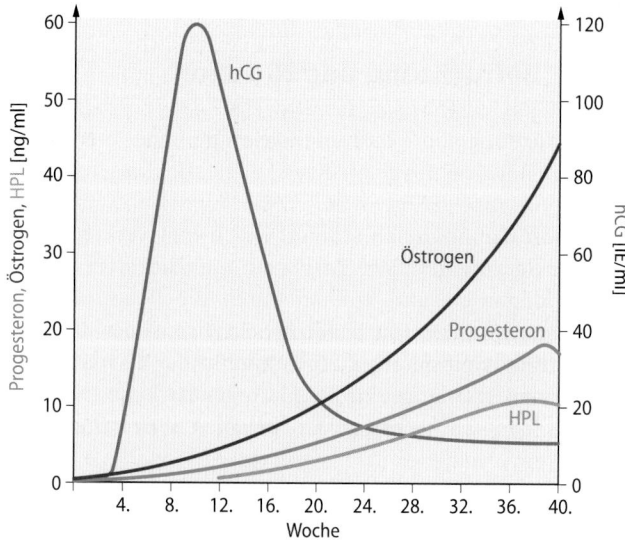

◼ **Abb. 81.3   Hormone in der Schwangerschaft**. hCG hat in der
8.–10. Schwangerschaftswoche seine maximale Konzentration erreicht.
Ab diesem Zeitpunkt steigt die Progesteronkonzentration bis in die
letzten Schwangerschaftswochen kontinuierlich an

81.1.2 Physiologische Veränderungen in der Schwangerschaft

Während der Schwangerschaft kommt es im Körper der Frau
zu hormonellen und körperlichen Veränderungen.

Hormone in der frühen Schwangerschaft   Nach der Nidation
im Endometrium produziert der Embryo vermehrt **humanes Choriongonadotropin (hCG)**, das dem lutenisierenden
Hormon (LH) funktionell und strukturell ähnlich ist. Damit
kann im ersten Schwangerschaftsdrittel die Progesteronbildung im **Corpus luteum-graviditas** und demzufolge die
Schwangerschaft aufrechterhalten werden. Der hCG-Anstieg
spiegelt sich im Blut oder Urin als positiver **Schwangerschaftstest** wider. Dieser kann frühestens sieben Tage nach
der Befruchtung der Eizelle im Blutserum mittels serolo-
gischer Verfahren oder 12–14 Tage nach der Befruchtung
im Urin als immunchromatographischer Schnelltest valide
Ergebnisse liefern.

Hormone in der späten Schwangerschaft   Das hCG erreicht
seine maximale Konzentration in der 8. bis 10. Schwangerschaftswoche (SSW) und fällt anschließend wieder ab. Ab
der 8. bis 10. SSW werden Progesteron- und Östrogen-
produktion von der **Plazenta** übernommen. Die Progeste-
ron- und **Östrogen**konzentrationen steigen im Verlauf der
Schwangerschaft kontinuierlich an (◻ Abb. 81.3). **Progesteron** gilt im gesamten Schwangerschaftsverlauf als wichtigster Faktor zur Aufrechterhaltung der Schwangerschaft,
indem es die Abstoßung des Endometriums verhindert.
Östrogen bewirkt bei der Frau vielfältige physiologische Veränderungen während des gesamten Schwangerschaftsverlaufes. Unter anderem fördert es die Freisetzung des hypophy-

sären Prolaktins und stimuliert die Drüsenproliferation in der
weiblichen Brust.

Von der Plazenta wird als weiteres Hormon das **Plazenta-
laktogen (HPL)** ausgeschüttet, welches ab der 10. SSW kontinuierlich ansteigt. Dieses Hormon hat beim Menschen keinen
nachweisbaren Effekt auf die Brustdrüse. Vielmehr bewirkt
es vielfältige Veränderungen des mütterlichen Stoffwechsels
wie einen Anstieg des Blutzuckerspiegels, eine Steigerung der
Lipolyse und die Differenzierung der Brustdrüse. Im Fetus
fördert es die Erythropoese. Da HPL antagonistisch zum Insulin wirkt, erhöht seine Präsenz den Blutzuckerspiegel der
Frau. Es kann somit zur Entwicklung eines **Schwanger-
schaftsdiabetes** beitragen.

> Erhöhtes hCG (humanes Choriongonadotropin) im
> Urin oder Blut weist bereits früh auf eine Schwanger-
> schaft hin.

Kreislauf- und Blutveränderungen der Mutter   Der weibliche
Körper stellt sich im Schwangerschaftsverlauf zunehmend auf
die bevorstehende Geburt ein. Bereits in der Frühschwangerschaft wird durch den Anstieg von Progesteron und Östrogenen die Proliferation des Brustdrüsengewebes stimuliert. Ab
der 10. SSW ist eine **Erhöhung des Herz-Minuten-Volumens**
erkennbar. Des Weiteren können das Plasmavolumen um 50 %
und das Erythrozytenvolumen um 20 % ansteigen. Da das Blutvolumen stärker ansteigt als die Erythrozytenzahl, sinkt der
Hämatokrit; der Eisenbedarf ist deutlich erhöht. Häufig tritt
während des Schwangerschaftsverlaufes eine Eisenmangelanämie auf, bei der eine Eisensubstitution indiziert ist.

Übelkeit, Erbrechen, Dyspnoe   An weiteren Begleiterscheinungen werden insbesondere im 1. Trimenon **Übelkeit** und
Erbrechen beklagt. Vorwiegend unter dem Einfluss von

Östrogenen werden Bindegewebe und Bänder locker bzw. dehnbarer; Symphyse und Ileosakralgelenk weiten sich. Auch Obstipation, Sodbrennen und Wassereinlagerungen können Wirkungen von Östrogen und Progesteron sein. **Progesteron** hemmt insbesondere die Kontraktion der glatten Muskulatur im Uterus. Zentral wirksam hat es auch **angstlösende** und **analgetische** Eigenschaften. In Folge der allmählichen Größenzunahme des Kindes werden oftmals **Dyspnoe** und vermehrter Harndrang beklagt.

Gewichtszunahme   Im Laufe der Schwangerschaft wächst der Uterus kontinuierlich. Sein Gewicht erhöht sich von ca. 60 g auf 1000 g. Es erfolgt eine 7- bis 10-fache Dilatation der Muskelzellen; die Muskulatur wird lockerer. Bedingt durch die Vergrößerung des Uterus und den steigenden Druck des größer werdenden Kindes können die Beckenvenen komprimiert werden, sodass der Venendruck in der unteren Körperhälfte steigt und Symptome wie Ödeme, Varizen und Hämorrhoiden möglich sind. Zum Ende der Schwangerschaft hat die Mutter durchschnittlich 10–12 kg Gewicht zugenommen (Kind ca. 3,5 kg, Fruchtwasser 1 kg, Plazenta 0,5 kg, Uterus 1 kg, Brüste 0,5 kg, Blut 1 kg, Interstitium 3–4 kg).

Klinik

Schwangerschaftsgestosen

Dieses sind Erkrankungen, die nur im Verlauf einer Schwangerschaft auftreten. Neben der Hyperemesis gravidarum (Schwangerschaftserbrechen) können Spätgestosen, wie Präeklampsie und **Eklampsie**, die Gesundheit von Mutter und Kind erheblich beeinträchtigen. Bei der Präeklampsie sind eine arterielle **Hypertonie**, erhöhte Eiweißausscheidung im Urin (**Proteinurie**) und **Ödeme** als Zeichen für eine eingeschränkte Nierenfunktion symptomatisch. Bei der Eklampsie können Krampfanfälle und Bewusstlosigkeit auftreten. Zumeist erfolgen eine stationäre Überwachung der Schwangeren und symptomatische Behandlung der Beschwerden. Ggf. ist eine vorzeitige Entbindung notwendig.

81.1.3 Organentwicklung bei Embryo und Fetus

Alle Gewebe des Embryos entwickeln sich aus den drei Keimblättern.

Embryogenese

Wenige Tage nach der Einnistung entstehen beim Prozess der Gastrulation die unterschiedlichen Zellpopulationen der drei Keimblätter. Die Zellen des Entoderms bilden den Verdauungstrakt und damit assoziierte innere Organe, die Zellen des Mesoderms differenzieren in den Bewegungsapparat inklusive aller Muskeln und Zellen des Blutes und des Immunsystems. Ektoderm-Zellen entwickeln sich zum Nervensystem und zur Haut. Nun bilden sich auch embryonale Achsen und damit eine Körpergrundgestalt, die erstmalig eine Entscheidung in vorne und hinten sowie oben und unten des sich bildenden Organismus erlaubt. Die Embryogenese geht nun kontinuierlich mit dem Prozess der Organogenese weiter. Aus den drei Keimblättern bilden sich die unterschiedlichen Organe heraus. Dieser Prozess beginnt beim Menschen in der 3. SSW und dauert bis zur 8. SSW. Sehr früh in dieser Phase werden Gehirn, Augen und Herz angelegt. Nach Abschluss der Organogenese beginnt die Fetalentwicklung.

Organogenese   Die Organogenese in der 3.–8. SSW ist die Entwicklung der Organe aus den drei **Keimblättern** (Entoderm, Mesoderm, Ektoderm). In der frühen Entwicklung bilden sich das Herz-Kreislauf-System und die Wirbelsäule. Das Neuralrohr, aus dem später Gehirn und Rückenmark hervorgehen, verschließt sich. Bereits am 22. Tag (5. SSW) beginnt das Herz zu schlagen. Ab der 8. Woche ist eine Herzaktion im Ultraschall erkennbar. In der 7. Woche bilden sich Knospen, aus denen sich die Gliedmaßen entwickeln, sodass der Embryo um die 8. SSW bereits ein menschliches Aussehen aufweist. Ab der **9. Woche** beginnt die **Fetogenese** mit Weiterentwicklung der angelegten Organe. Das Kind wird von nun an bis zur Geburt als Fetus bezeichnet. Um die 16. Woche sind die ersten Kindsbewegungen für die Mutter spürbar. Die Organentwicklung ist im 8. Monat mit Ausnahme der Lunge abgeschlossen. Die vollständige **Lungenreifung** tritt ab der 35. SSW ein.

Blutversorgung von Embryo und Fetus   Die Blutversorgung des Kindes findet über die **Nabelschnurgefäße** statt, d. h. über eine Umbilikalvene und zwei Umbilikalarterien. Pränatal fördern die Umbilikalvene oxygeniertes und die Umbilikalarterien desoxygeniertes Blut. Zudem ist im Herzen der rechtsventrikuläre Druck größer als der linksventrikuläre Druck. Das Blut fließt vom rechten Herzen über das Foramen ovale direkt zum linken Herzen und – da die Lunge noch nicht belüftet ist – über den Ductus arteriosus Botalli von der A. pulmonalis direkt in die Aorta (▶ Kap. 22.6).

❯ Alle Organe werden in der Embryogenese bis zur 9. Schwangerschaftswoche angelegt.

In Kürze

Wird die Eizelle befruchtet, muss sie sich im Blastozystenstadium in die nidationsbereite Gebärmutterschleimhaut einnisten. Der plazentale Anteil des Embryos produziert vermehrt **hCG**, das dem LH funktionell und strukturell ähnlich ist, und hält somit die **Progesteronproduktion** im Corpus luteum aufrecht.
Ab der 8.–10. Schwangerschaftswoche wird die **Progesteronproduktion** von der Plazenta übernommen. Progesteron- und Östrogenkonzentrationen steigen im Verlauf der Schwangerschaft kontinuierlich an. Bei der Schwangeren treten zahlreiche physiologische Veränderungen auf. Die Organogenese des Kindes beginnt in der Frühschwangerschaft und endet in der 9. Woche, wenn die Fetogenese einsetzt. Die Lungenreifung tritt mit der 35. Schwangerschaftswoche ein.

81.2   Geburt und Laktation

81.2.1   Geburt

Fetomaternale Interaktion bereitet den Uterus auf die Geburt vor. Ein Anstieg von Oxytozin verursacht das Einsetzten der Wehen und die Geburt wird eingeleitet.

Vorbereitung des Uterus auf die Geburt   An den Myometriumzellen verursacht eine hohe Östrogenkonzentration einen Anstieg der Oxytozinrezeptordichte, wodurch die Empfindlichkeit für Oxytozin steigt. Ebenfalls steigt die Empfindlichkeit des Uterus auf Prostaglandine. Die Menge an kontraktilen Proteinen und die Zahl der gap junctions steigen ebenfalls an.

Ferguson-Reflex   Eine Dehnung der Zervix bildet einen Reiz für eine erhöhte Oxytozinausschüttung. Durch Sinken des kindlichen Kopfes unter der Geburt werden Dehnungsrezeptoren im mütterlichen Geburtskanal aktiviert und bewirken eine vermehrte Ausschüttung von Oxytozin (**Ferguson-Reflex**). Oxytozin verstärkt die Wehentätigkeit, was wiederum im Sinne einer positiven Rückkopplung die Oxytozinfreisetzung fördert (◘ Abb. 81.4).

Fetomaternale Interaktion   Vom Feten werden zu Ende der Schwangerschaft vermehrt **ACTH** und somit Cortisol ausgeschüttet, was die Östrogenbildung in der Plazenta anregt. Die Progesteronbildung hingegen nimmt über denselben Mechanismus zunehmend ab. Von der Plazenta sezerniertes **CRH** (Corticotropin-Releasing Hormon) stimuliert in der fetalen Nebenniere und bei der Mutter die DHEA (Dehydroepiandrosteron)-Synthese und fördert damit die Kontraktionsfähigkeit des Uterus. Weiter steigert CRH die Synthese von Prostaglandinen. Diese Mechanismen sind wichtig, da

ACTH einerseits ein Maß für die Gehirnreife und damit Geburtsfähigkeit des Feten ist und andererseits **fetaler Stress** die Bildung von ACTH fördert. **Frühgeburten** bei fetaler Stresssituation, wie Plazentadysfunktion, Hypoxie oder Amnioninfektion können so erklärt werden.

Relaxine   Zeitgleich weichen von der Plazenta, dem Chorion, der Dezidua und den Ovarien sezernierte Relaxine die Zervix auf und dilatieren sie. Auch haben die Relaxine für die Geburt förderliche kreislaufwirksame Eigenschaften, wie die Erhöhung der Gefäßdehnbarkeit und Verbesserung der Nierendurchblutung.

Geburtseinleitung   Nach 40 SSWs (= 10 Lunarmonate) beginnt die **Geburt** mit Einsetzen der Wehentätigkeit. Ursächlich hierfür ist die Wirkung von Oxytozin und Prostaglandinen (s. o.). Der Geburtsvorgang durchläuft verschiedene Phasen (◘ Abb. 81.5).

Eröffnungsphase   In der **Eröffnungsphase, die durchschnittlich etwa 3–12 Stunden dauert,** treten die Wehen zunächst in unregelmäßigen Abständen auf und werden schließlich immer regelmäßiger und stärker. Der **Muttermund** öffnet sich, die **Fruchtblase** platzt.

Austreibungsphase   Nach vollständiger Öffnung des Muttermundes treten für ca. 1–2 Stunden zunächst Austreibungs-, dann **Presswehen** auf, die das Kind durch den Geburtskanal befördern.

Nachgeburt-/Rückbildungsphase   Unmittelbar nach der Geburt führen **Nachwehen** zur Ausstoßung der Plazenta (Nachgeburt). An die Geburt schließt sich die mehrere Wochen dauernde **Rückbildungsphase** an. In dieser verheilt der Endometriumdefekt und der Uterus verkleinert sich allmäh-

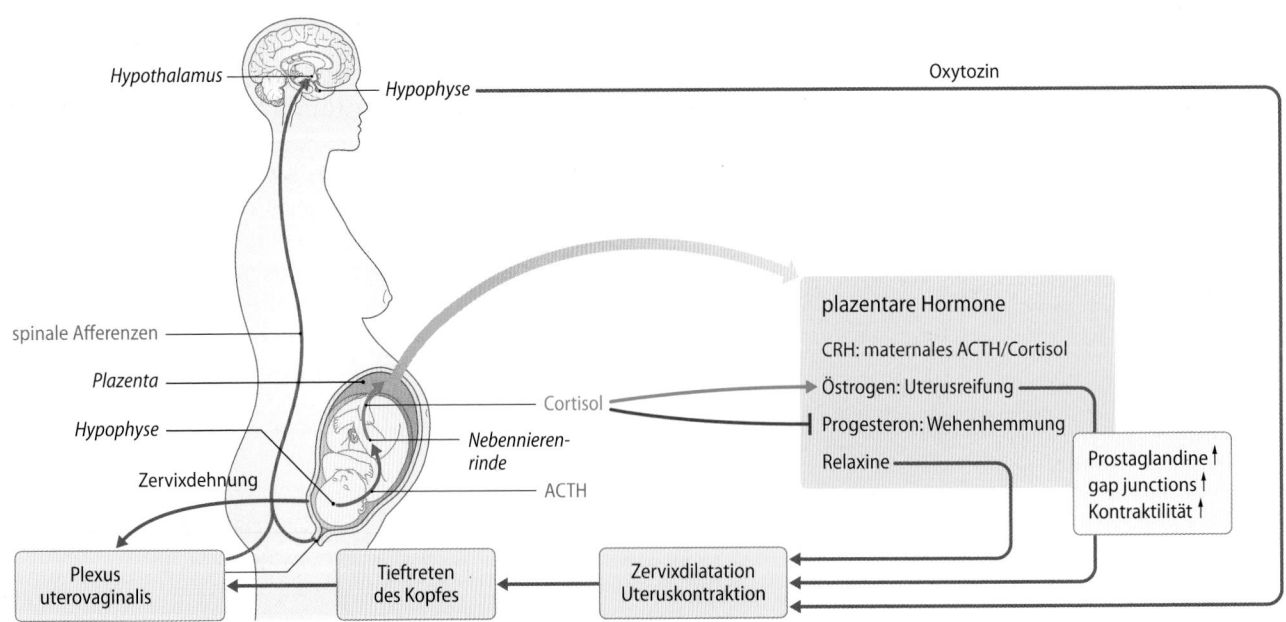

◘ Abb. 81.4   **Fetomaternale Interaktion und Induktion der Geburt**

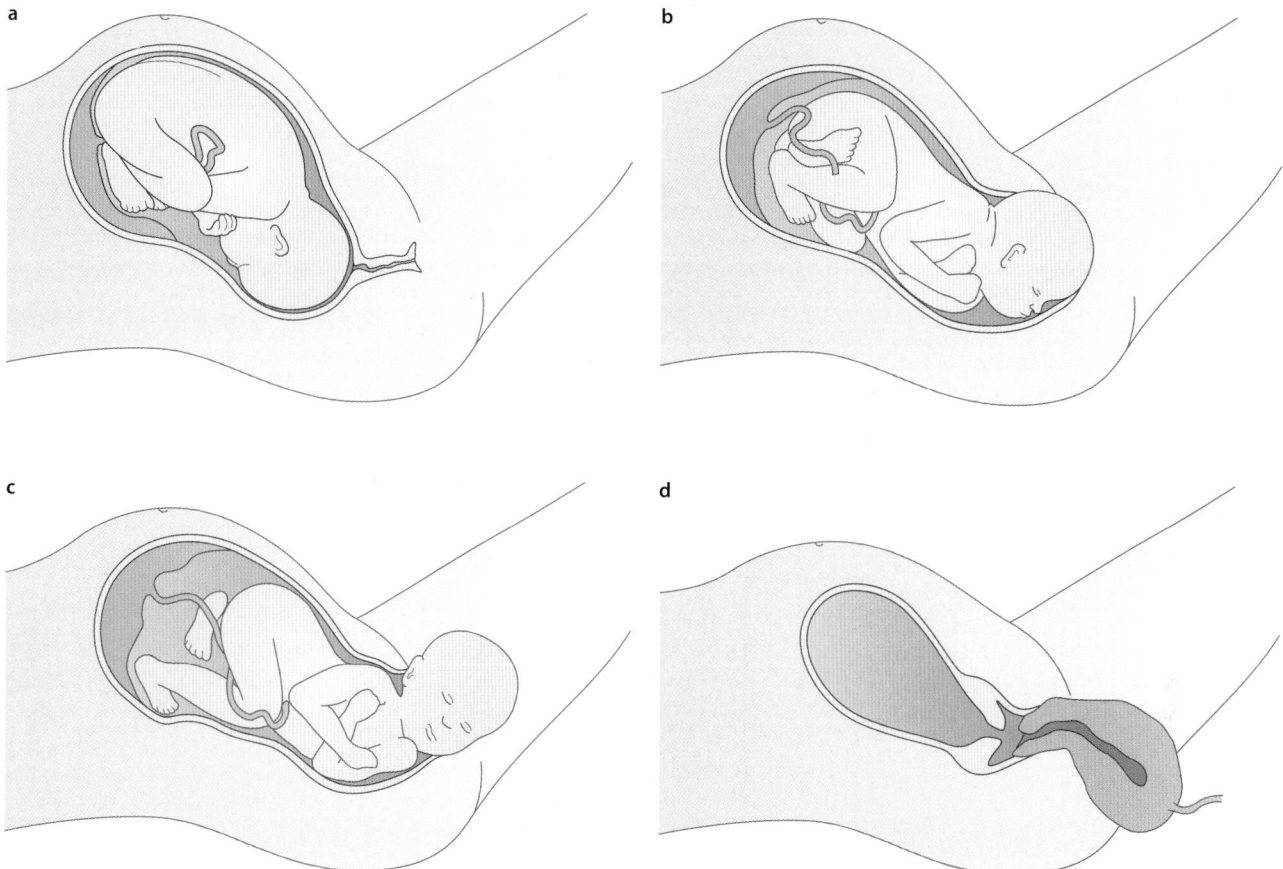

□ **Abb. 81.5 Phasen der Geburt. a.** Eröffnungsphase (Öffnung des Muttermundes) **b.** und **c.** Austreibungsphase (Hervortreten des Kopfes und der Schulter) **d.** Nachgeburtsphase (Abstoßung der Plazenta)

lich auf annähernd seine ursprüngliche Größe. Diese Phase wird ebenfalls durch Oxytozin gefördert. Der adäquate Reiz für dessen Freisetzung ist das Saugen des Kindes an der mütterlichen Brust.

Babyblues
Der postnatale Abfall der Progesteron- und Östrogenkonzentration im Blut kann bei der Mutter zu Stimmungsschwankungen (sog. Babyblues) führen. Bei manchen Frauen tritt eine postpartale Depression auf.

81.2.2 Laktation

Der Milchfluss nach der Geburt wird durch Prolaktin und Oxytozin gesteuert.

Brustwachstum   In der Schwangerschaft produziert die Plazenta vermehrt Östrogene, die im Hypohysenvorderlappen eine Hyperplasie der laktotropen Zellen und somit eine vermehrte **Prolaktinausschüttung** bewirken. Während der Schwangerschaft steigt der Prolaktinspiegel im Blut kontinuierlich an und kann in den letzten SSWs um das 20-fache erhöht sein. Zusammen mit den **Sexualhormonen Östrogen** und **Progesteron** und dem hypophysären **Somatotropin** (Somatotropes Hormon, STH) stimuliert **Prolaktin** das Wachstum der Brustdrüsen.

Milcheinschuss   Nach der Geburt und dem Absinken der Progesteron- und Östrogenspiegel beginnt die Laktation, die ebenfalls durch **Prolaktin** gesteuert wird. In den ersten Tagen nach der Geburt wird eine Vormilch (Kolostrum) gebildet, die besonders nährstoffreich ist und mütterliche Antikörper enthält. Das Saugen des Kindes an der mütterlichen Brust bzw. der mechanische Reiz an der Brustwarze bewirkt einen Anstieg von **Oxytozin**, das die **Milchejektion** fördert (**neurohormonaler Reflex**) (□ Abb. 81.6). Dieser Reflexbogen hemmt zudem die Dopaminausschüttung. Somit entfällt der prolaktinhemmende Einfluss des Dopamins. Auch das Schreien des Kindes kann durch Oxytozinausschüttung einen Milchfluss auslösen.

Sonstige Wirkungen von Prolaktin   Bei der stillenden Mutter hemmt Prolaktin die Freisetzung von **GnRH**, sodass eine **Anovulation** und Amenorrhoe auftreten können. Während der Stillzeit besteht jedoch kein sicherer Kontrazeptionsschutz. Sofern nicht gestillt wird, werden vier bis sechs Wochen nach der Geburt wieder normale Prolaktinkonzentrationen erreicht. Bei Männern und bei Frauen außerhalb der Schwangerschaft und Stillzeit liegen ähnliche basale Prolaktinspiegel vor. Ein erhöhter Prolaktinplasmaspiegel kann auf einen Hypophysentumor hinweisen (▶ Klinik-Box „Prolaktinom").

🔗 **Prolaktin: Laktation – Östrogen: Milchejektion**

Klinik

Prolaktinom

Erhöhte Prolaktinspiegel können bei Männern und Frauen auf einen i. d. R. gutartigen Hypophysentumor, das Prolaktinom, hinweisen. Bei Frauen treten gehäuft **Zyklusstörungen**, eine Amenorrhoe, Mastodynie (Brustschmerzen) oder Galaktorrhoe außerhalb der Stillzeit auf. Bei Männern sind Libidoverlust, Potenzstörungen und eine **Gynäkomastie** (gutartige Vergrößerung der männlichen Brustdrüse) zu beobachten. Auch können Beschwerden durch das verdrängende Wachstum des Tumors im Bereich des Chiasma opticums auftreten (**bilaterale Hemianopsie**). Bestimmte Medikamente, wie **Neuroleptika** (z. B. Amisulprid) und Antihypertensiva (z. B. Clonidin), können in ihrer Funktion als Dopaminrezeptorantagonisten Hyperprolaktinämien verursachen und eine Galaktorrhoe zur Folge haben. Prolaktinome werden meist medikamentös mit **Dopaminagonisten**, wie Bromocriptin oder Cabergolin, behandelt; ggf. ist eine operative Entfernung des Tumors notwendig.

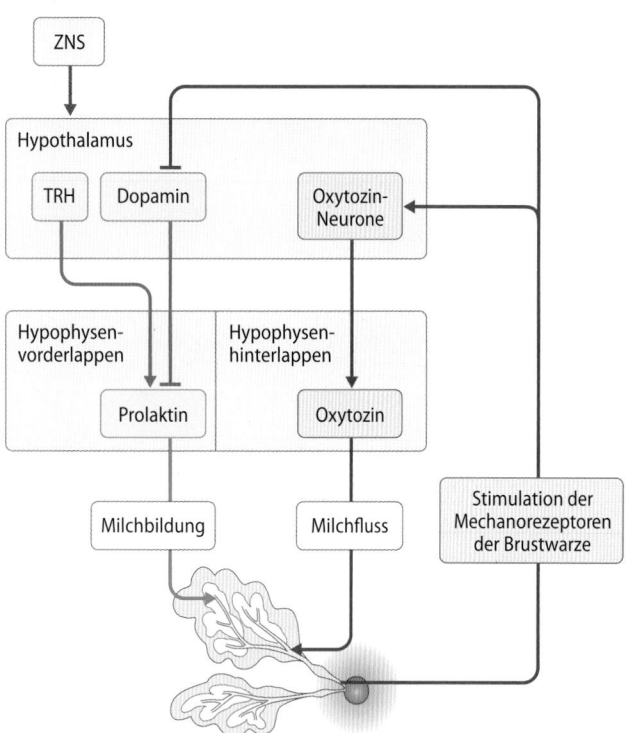

In Kürze

Nach 40 SSWs beginnt die Geburt mit Einsetzen der Wehentätigkeit als Folge der Freisetzung von Oxytozin. Nach der Geburt und dem Absinken des Progesteron- und Östrogenspiegels beginnt die Laktation. Dabei stimuliert Prolaktin die Laktogenese; Oxytozin fördert die Milchejektion.

Literatur

Wildt L. und Grubinger E. Endokrinologie der Schwangerschaft, Geburt und Stillzeit. Gynäkologische Endokrinologie 10: 155–160 (2012)

◻ Abb. 81.6   Reflexbogen der Laktation. Prolaktin, Oxytozin und die Stimulation der Mechanorezeptoren durch Saugen des Kindes an der mütterlichen Brust fördern die Laktation. Der Reflexbogen hemmt die Dopaminausschüttung, wodurch es zur Enthemmung der Prolaktinbildung kommt

Pubertät, Adoleszenz, Menopause

Friederike Werny, Stefan Schlatt

© Springer-Verlag GmbH Deutschland, ein Teil von Springer Nature 2019
R. Brandes et al. (Hrsg.), *Physiologie des Menschen*, Springer-Lehrbuch
https://doi.org/10.1007/978-3-662-56468-4_82

Worum geht's?

Fortpflanzungsfunktionen zeigen geschlechts- und altersabhängige Veränderungen im Lebenszyklus

Bei der Frau werden mehrere Millionen unreifer Eizellen als Primordialfollikel im Eierstock bereits in der Embryogenese angelegt. Ihre Zahl nimmt im Laufe des Lebens kontinuierlich ab. Erst ab Beginn der Pubertät, wenn nur noch einige Hunderttausend Primordialfollikel vorhanden sind, beginnt die Follikelreifung. Der in jedem Lebensabschnitt kleiner werdende Pool von Primordialfollikeln bildet die ovarielle Reserve. Nur wenige hundert Eizellen reifen bis zum Graaf-Follikel und kommen im Laufe des Lebens einer Frau zum Eisprung. Im Hoden werden bis zur Pubertät keine Spermien gebildet. Die Hodenstränge enthalten Gonozyten und Spermatogonien, die als Stammzellen für die zukünftige Spermienproduktion dienen.

Mit Beginn der Pubertät reifen erstmals Ei- bzw. Samenzellen in den Gonaden heran

Die Pubertätsdauer beträgt durchschnittlich vier bis sechs Jahre. Nach Aktivierung der Hypothalamus-Hypophysen-Gonaden-Achse stimulieren Sexualhormone die Ausbildung der finalen geschlechtsspezifischen Merkmale. Jungen und Mädchen erlangen jetzt die vollständige Fortpflanzungsfähigkeit. Die Pubertät findet bei Mädchen durchschnittlich zwei Jahre früher statt als bei Jungen. Bei der Frau endet die fruchtbare Phase aufgrund des Verlustes von Primordialfollikeln um das 45. Lebensjahr. Gesunde Männer sind zeitlebens zeugungsfähig (◘ Abb. 82.1). Im Unterschied zu vielen Tierarten existiert beim Menschen kein deutlich jahreszeitlich kontrollierter Zyklus der Fortpflanzungsfunktionen. Allerdings wird die Aktivität der Gonaden und weiterer Reproduktionsorgane von vielen physiologischen Parametern, wie dem Ernährungszustand und dem Ausmaß an Stress, beeinflusst.

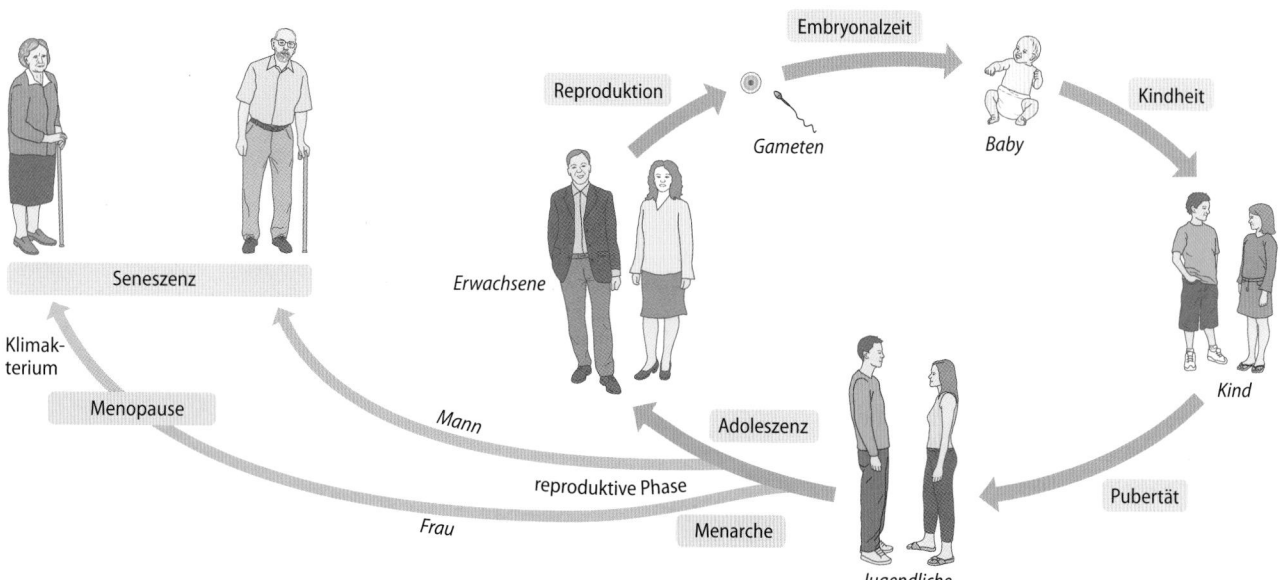

◘ **Abb. 82.1   Reproduktionszyklus des Menschen**. Menarche markiert die erste, Menopause die letzte Regelblutung der Frau

82.1   Reproduktionsfunktionen im Lebenszyklus

82.1.1   Pubertät

Sexualsteroide bewirken bei Jungen und Mädchen die Ausbildung sekundärer Geschlechtsmerkmale.

Entwicklung bis zur Pubertät   In der Embryogenese findet eine genetisch determinierte Gonadendifferenzierung statt. Diese endet vor der Geburt mit einem prinzipiell funktionsfähigen Eierstock und einem noch weitgehend undifferenzierten Hoden. Zum Zeitpunkt der Geburt beginnt eine ca. sechsmonatige **infantile Phase**, während der die Hypothalamus-Hypophysen-Gonaden-Achse in beiden Geschlechtern aktiv ist. Trotz **adulter Spiegel** von Gonadotropinen reagieren die Gonaden noch nicht mit einer vollständigen Gametogenese und die Sekretion von Sexualsteroiden bleibt gering. Während dieser sog. **Minipubertät** finden wichtige Differenzierungsprozesse in den Gonaden statt, die für die spätere Fertilität relevant sind.

Präpubertäre Ruhephase   Nach ca. 6 Lebensmonaten beginnt die präpubertäre Ruhephase der Fortpflanzungsfunktion. Im Hypothalamus werden **keine GnRH**-Pulse generiert, sodass die Hypophyse keine Gonadotropine freisetzt und damit die Stimulation der Gonadenfunktion minimiert wird. In der präpubertären Phase von mehreren Jahren werden im Eierstock des Mädchens weiterhin Follikel rekrutiert, die jedoch spätestens als hormonell inaktive **Follikel atretisch** werden. Im Hoden kommt es zu einem langsamen **Hodenwachstum** aufgrund des kontinuierlichen Auswachsens der Samenstränge, allerdings nicht zur Aktivierung der Spermatogenese. Da das Hodenvolumen des aktiven Hodens zu ca. 75 % von Keimzellen abhängt, ist das präpubertäre Hodenvolumen vor Beginn der Spermatogenese noch gering.

Initiierung der Pubertät   Der Pubertätsbeginn ist abhängig von der Reaktivierung der **hypothalamischen GnRH-Ausschüttung** (◻ Abb. 82.2). Ab diesem Zeitpunkt wird das Hormon **Kisspeptin** im Hypothalamus produziert. Neben dem Lebensalter spielen Informationen zur körperlichen Konstitution, wie der Ernährungszustand, eine wichtige Rolle für die exakte Terminierung. So fördert u. a. **Leptin** die Initiierung der Pubertät. Diese Tatsache erklärt, dass mit Verbesserung der Nahrungsmittelversorgung die Pubertät in der westlichen Welt heute im Schnitt 2 Jahre früher erfolgt als noch vor 100 Jahren (**Akzelleration**).

Anfangs beschränkt sich die Aktivität des Hypothalamus und der nachgeschalteten Hypophyse und Gonaden auf die Nachtstunden, sodass zunächst nur nachts erhöhte **Gonadotropinspiegel** und Sexualsteroidkonzentrationen auftreten. Bei Jungen setzt die Pubertät für gewöhnlich einige Jahre später (13.–16. Lebensjahr) als beim Mädchen (10.–14. Lebensjahr) ein.

Männliche Pubertät   Erst zu Beginn der Pubertät beim Jungen finden die letzte Phase der Proliferation von Sertoli-

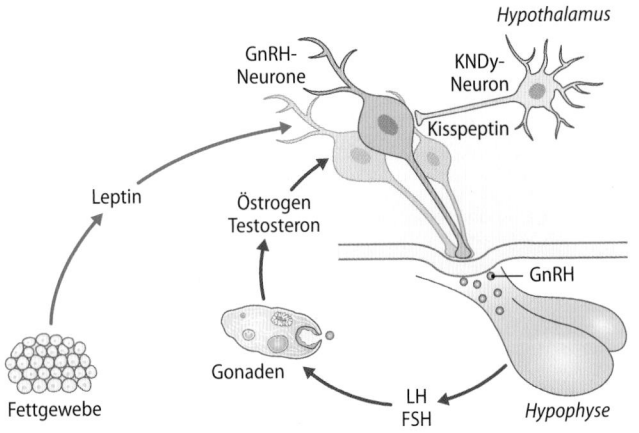

◻ **Abb. 82.2   Induktion der Pubertät.** Zentrales Hormon ist das Kisspeptin. Das Gen für Kisspeptin ist vor der Pubertät abgeschaltet. Genetische Programme, der Reifezustand und Umweltfaktoren führen zur Enthemmung der Kisspeptin-produzierenden Neurone (KNDy) im Hypothalamus. Diese stimulieren darauf zeitlebens GnRH-Neurone, die mit ihrer pulsatilen Ausschüttung von GnRH beginnen. Signale aus der Peripherie, wie der Anteil an Fettgewebe und gonadale Hormone, tragen zur Aktivierung der Neurone bei

Zellen und die finale Differenzierung der Samenkanälchen statt. Sie führt zunächst zu einem mehrmonatigen Wachstums- und Differenzierungsprozess des Hodens. Die durch FSH stimulierten proliferierenden Sertoli-Zellen bewirken ein finales Längenwachstum der seminiferen Tubuli. FSH aktiviert nun gemeinsam mit dem unter LH-Stimulation aus den Leydig-Zellen freigesetzten **Androgenen** die **Keimzelldifferenzierung** und die Differenzierung der glatten Muskelzellen in der Wand der Tubuli, die nun kontraktil werden. Das sukzessive Auftreten der unterschiedlichen Keimzellstadien über Spermatozyten und Spermatiden führt zu einer deutlichen Größenzunahme des Hodens. Das erste Auftreten von Spermien im Ejakulat wird als Spermarche bezeichnet. Testosteron entfaltet nun überall im Organismus seine endokrine Wirkung. Neben der finalen Differenzierung der Hodenzellen bewirkt es die Etablierung aller **sekundären Geschlechtsmerkmale** des adulten Mannes – wie Bartwuchs, Muskelwachstum, Körperbehaarung und Stimmbruch.

Weibliche Pubertät   Mit Beginn der Pubertät beim Mädchen kommt es zur hormonell stimulierten Reifung der Follikel in Östrogen-produzierende Sekundär- und Tertiärfollikel. Bei Erreichen der adäquaten hormonellen Stimulation wird ein Follikel vollständig heranreifen, sodass es zum ersten Menstruationszyklus inklusive Eisprung und Bildung eines ersten Gelbkörpers kommt. Damit ist die zyklische Aktivität der weiblichen Gonade etabliert. Der Beginn der weiblichen Zyklen wird als **Menarche** bezeichnet, der Beginn der Brustentwicklung als **Thelarche** und der sekundären Behaarung als **Pubarche**. Über die zyklusabhängige Regulation der Sexualsteroide werden nun alle **sekundären Geschlechtsmerkmale** der adulten Frau induziert.

Körperliche Entwicklung   Die **körperliche Entwicklung** des heranwachsenden Kindes bzw. Jugendlichen wird nach der Tanner-Einteilung beschrieben und orientiert sich an Be-

82

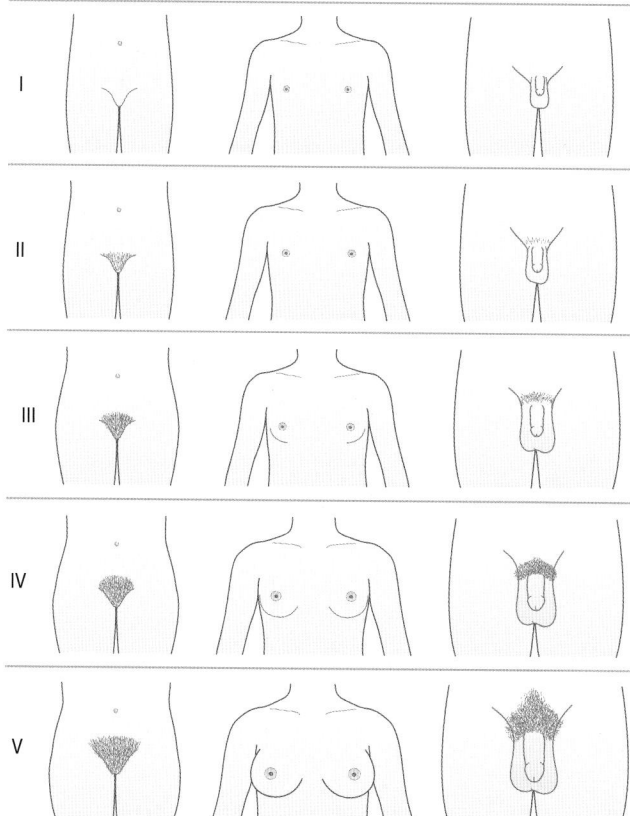

Abb. 82.3 Körperliche Entwicklung nach Tanner. Stadien I–V bezogen auf Pubesbehaarung sowie weibliche Brust- und männliche Genitalentwicklung

haarung, Ausbildung der Genitalien und Brustentwicklung (◘ Abb. 82.2). Neben körperlichen Veränderungen erfahren Pubertierende auch eine **Weiterentwicklung der Kognitionen**; das Denken wird abstrakter und reflektierter. Bisherige Wert- und Moralvorstellungen werden hinterfragt. Auch gewinnt das soziale Umfeld zum Zeitpunkt der Pubertät eine höhere Bedeutung.

82.1.2 Adoleszenz

Auch nach Erlangung der Geschlechtsreife finden über mehrere Jahre weitere von der Gonadenfunktion abhängige Entwicklungsprozesse statt.

Heranreifen Adoleszenz beschreibt die Phase des „Heranreifens", vorwiegend die Endphase des Jugendalters **vor** Eintritt ins **Erwachsenenalter**. Aufgrund der unterschiedlichen Entwicklungen der Heranwachsenden reicht die zeitliche Spanne vom **13–24. Lebensjahr**. Neben den biologischen Veränderungen ist die Adoleszentenzeit von **psychosozialen** Veränderungen geprägt. Bei dem Adoleszenten reifen Kognition und Affektregulation weiter. Im Körper des heranwachsenden Mannes findet nach Erlangung der Geschlechtsreife eine kontinuierliche Produktion von Testosteron und Spermien statt. Die Fortpflanzungsfunktion der Frau ist zykli-

schen Phasen bzw. durch den Eintritt von Schwangerschaft und Laktation bis zur Menopause weiteren hormonell-induzierten Regulationsmechanismen unterworfen.

Beeinflussbarkeit der Gonadenfunktion Die hypothalamische Aktivität ist zeitlebens einer **zirkadianen Rhythmik** unterworfen, die ihre höchste Aktivität in den frühen Morgenstunden erreicht. Deshalb sind beim Mann die Testosteronkonzentrationen morgens am höchsten und nehmen im Laufe des Tages ab. Eine Bestimmung des Androgenspiegels sollte deshalb immer morgens erfolgen. Anders als bei vielen Tieren spielt beim Menschen die **Saisonalität** keine erkennbare Rolle bei der Kontrolle der Fortpflanzungsfunktion. Allerdings wird die hypothalamische Funktion durch **übermäßige Aktivität** (z. B. bei Leistungssportlern), Über- oder Untergewicht sowie Stressfaktoren beeinflusst, sodass es im Laufe des Lebens zu Phasen geringerer oder fehlender Gametenreifung kommen kann.

> Die hypothalamische Aktivität und damit die Fortpflanzungsfunktion kann durch Stress, Krankheiten und Mangelzustände gehemmt werden.

82.1.3 Menopause

Die ovarielle Reserve bei der Frau erschöpft sich um das 45.–55. Lebensjahr.

Klimakterium bei der Frau Als Klimakterium werden die Symptome beschrieben, die mit der Erschöpfung der **ovariellen Reserve** zusammenhängen (meist um das 45.–55. Lebensjahr). Damit kommt es zum Erliegen der Follikelreifung und Gelbkörperproduktion, was zur Abnahme der mit diesen Prozessen gekoppelten Steroidproduktion führt. Zunächst werden die Zyklen unregelmäßig und anovulatorisch. Die Regelblutung bleibt aus (**Menopause**). Mit Verlust der ovariellen Funktionen sinken sowohl die Östrogen- als auch die Progesteronspiegel, die **Gonadotropine** sind von nun an **dauerhaft erhöht** (◘ Abb. 82.4).

Durch das Absinken der Sexualhormone können Beschwerden in Form von **Hitzewallungen**, Scheidentrockenheit und Schlafstörungen auftreten. Die **Knochendichte** nimmt durch den Östrogenmangel ab, da die östrogenabhängige Hemmung der Osteoklasten sinkt. Bei Frauen kann dieses eine Osteoporose mit erhöhtem Frakturrisiko zur Folge haben. In der Brustdrüse findet eine Rückbildung der Lobuli statt; der Fettanteil der weiblichen Brust steigt. Auch sinkt durch den postmenopausalen Östrogenabfall der Einfluss auf das Gerinnungssystem und den Fettstoffwechsel. Eine Zunahme des Fettgewebes begünstigt die Entwicklung eines metabolischen Syndroms.

Klimakteriumsbeschwerden
Ausprägung und Dauer der klimakterischen Beschwerden kann bei Frauen stark variieren. Eine Hormonersatztherapie mit Östrogenen und Gestagenen kann die Symptome lindern und ggf. beseitigen. Dabei sollte das Risiko für die Bildung eines Mammakarzinoms und thromboembolischer Erkrankungen beachtet werden.

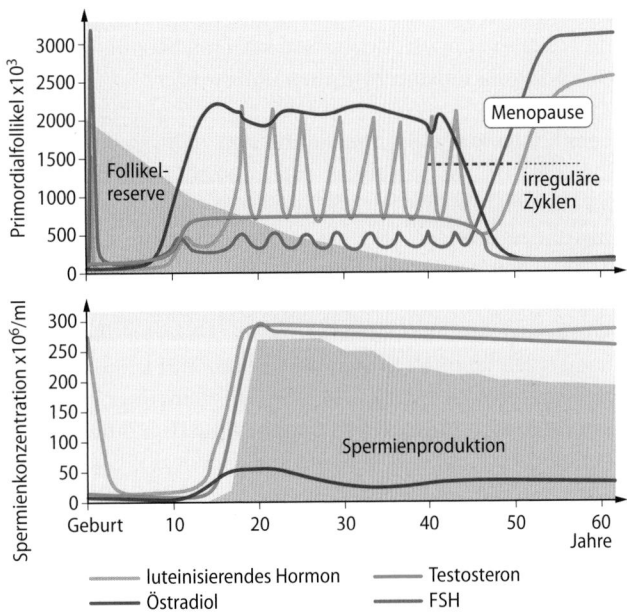

Abb. 82.4   Anzahl der Keimzellen und hormonelle Veränderungen im Lebenszyklus bei Frauen (oben) und Männern (unten). Im weiblichen Körper nimmt die Zahl der Primordialfollikel bis zur Menopause kontinuierlich ab. Mit Verlust der ovariellen Reserve sinken die Östrogenspiegel. Die Gonadotropine (LH, FSH) sind dauerhaft erhöht. Beim Mann werden ab der Pubertät zeitlebens Spermien gebildet. Die Konzentration der Sexualhormone und Gonadotropine verändert sich im Alter allenfalls geringfügig

> In der Menopause sind LH und FSH dauerhaft erhöht.

Altershypogonadismus des Mannes   Beim Mann ist keine der Menopause vergleichbare drastische hormonelle Veränderung im Alter zu beobachten. Allerdings kann auch bei Männern die Testosteronkonzentration im Alter sinken. Häufig treten dann Müdigkeit, Abgeschlagenheit und Libidoverlust auf. Ähnlich wie bei der Frau kann sich ein Mangel der Sexualsteroide auf die Knochendichte auswirken. Man spricht von einem **Altershypogonadismus**. Dieser kann mit einer Testosteronsubstitution, z. B. in Form von transdermalen Gelpräparaten oder Injektionen, behandelt werden. An Nebenwirkungen ist aufgrund der gesteigerten Erythropoese ein Anstieg des Hämatokrits mit Thrombosegefahr zu beachten. Sollte beim Mann ein Kinderwunsch bestehen, ist die Testosteronbehandlung aufgrund der Suppression der Spermatogenese nicht zu empfehlen. In diesem Fall sollte eine Substitution mit rekombinantem LH/FSH erfolgen, die die Androgenmangelsymptomatik lindert und die Spermatogenese fördert.

In Kürze

Schon vor der Geburt sind bei der Frau Primordialfollikel angelegt. Die Zahl an Primordialfollikeln nimmt durch Rekrutierung und anschließende Degeneration kontinuierlich ab. Beim Mann sorgen testikuläre Stammzellen für eine lebenslange Reserve der Spermienproduktion.

Die **Pubertät** wird durch die Aktivierung der Hypothalamus-Hypophysen-Gonaden-Achse initiiert. Die Gonadotropine LH und FSH bewirken eine Aktivierung und finale Differenzierung der Gonaden mit vollständiger Reifung der Eizellen bzw. Spermien. Die Sexualsteroide Östrogen und Testosteron werden vermehrt ausgeschüttet. Sie sind für die finale Differenzierung der geschlechtsspezifischen Merkmale verantwortlich.

Bei der Frau erlischt mit dem 45.–55. Lebensjahr die **ovarielle Reserve**. Die Sekretion von Steroiden sinkt; die **Menopause** setzt ein. Beim Mann werden zeitlebens Spermien und Testosteron produziert.

Literatur

Allolio B, Schulte HM (2010) Praktische Endokrinologie. 2. Auflage, Urban & Schwarzenberg, München Wien Baltimore

Jahnukainen K, Ehmcke J, Hou M, Schlatt S (2011). Testicular function and fertility preservation in male cancer patients. Best Pract Res Clin Endocrinol Metab 25: 287–302

Nieschlag E, Behre HM, Nieschlag E (Hrsg) (2009) Andrologie, 3. Aufl. Grundlagen und Klinik der reproduktiven Gesundheit des Mannes. Springer, Berlin Heidelberg New York

Schlatt S, Ehmcke J (2014) Regulation of spermatogenesis: an evolutionary biologist's perspective. Sem Cell Develop Biol 29: 2–16

82

Reifung, Reparatur und Regeneration

Heinrich Sauer

© Springer-Verlag GmbH Deutschland, ein Teil von Springer Nature 2019
R. Brandes et al. (Hrsg.), *Physiologie des Menschen*, Springer-Lehrbuch
https://doi.org/10.1007/978-3-662-56468-4_83

Worum geht's?

Die Integrität der Körperhülle und Funktionen der Organe müssen durch Regenerations- und Reparaturvorgänge erhalten werden

Im Laufe des Lebens gehen Zellen und Gewebe verloren und müssen, um die Funktionsfähigkeit des Organismus zu erhalten, durch Regenerations- und Reparaturprozesse wiederhergestellt werden (◘ Abb. 83.1).

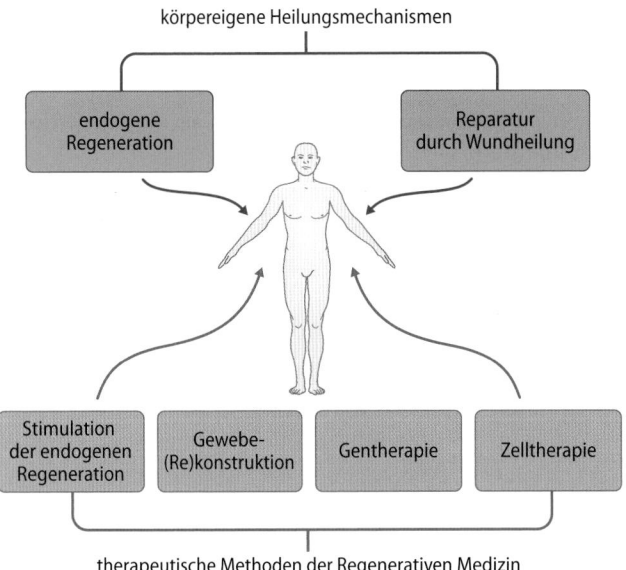

◘ Abb. 83.1   **Körpereigene Heilungsmechanismen und therapeutische Methoden der Regenerativen Medizin**

Stammzellen dienen als Zell-Reservoir zur Erhaltung der Gewebsfunktion

Einen zentralen Baustein der Regeneration stellen Stammzellen dar, die sich in den Stammzellnischen verschiedener Organe befinden und ein sich selbst erneuerndes Reservoir für alle Zellen des Körpers bereitstellen. Durch regenerative Prozesse kann eine vollständige Wiederherstellung der Organfunktion erreicht werden. Größere Verletzungen werden durch Reparatur geheilt. Die Wundheilung ist normalerweise mit einer Narbenbildung verbunden, die – wie z. B. beim Herzinfarkt – zu einer Funktionsbeeinträchtigung des Organs führen kann.

Die Regenerative Medizin ist ein neuer therapeutischer Ansatz, um das Regenerations-Potenzial des Körpers zu erhöhen

Verlorengegangenes Zellmaterial kann durch in vitro gezüchtete Zellen (Zelltherapie) oder gezüchtete Gewebe (tissue engineering) ersetzt, oder das endogene regenerative Potenzial des Körpers durch Wachstumsfaktoren und Zytokine für Heilungsprozesse angeregt werden.

Im Alter nimmt die Anzahl der Stammzellen in den Organen ab

Auch Stammzellen und ihre Nischen altern. Hierdurch wird die Regenerationsfähigkeit des Körpers mehr und mehr eingeschränkt.

83.1   Regeneration und Reparatur

Da im Organismus Zellen verloren gehen, müssen diese ersetzt werden.

Regeneration   Der Organismus besitzt die Fähigkeit, verloren gegangene Gewebe zu ersetzen. Unter Regeneration versteht man die morphologische und funktionelle Wiederherstellung von Zellen, Geweben oder Organen nach Verlust, Entfernung oder Verletzung.

Das berühmteste Beispiel für eine Regeneration ist der an einen Felsen gefesselte Prometheus, dem der Adler Ethon jeden Tag an der Leber frisst. Da Prometheus zu den Unsterblichen gehörte, regenerierte sich die Leber jedoch immer wieder.

Physiologische Regeneration   Hierbei werden abgestorbene Zellen durch neue ersetzt und dadurch Gewebe und Organe erneuert. **Einmalige Regeneration** finden wir zum Beispiel beim Ersatz des Milchgebisses. Bei der **zyklischen Regeneration** kommt es zum Ersatz von Zellen, die periodisch abgestoßen werden (z. B. Haare der Säugetiere, Gebärmutterschleimhaut während des Menstruationszyklus). Die häufigste Form der Regeneration ist die **kontinuierliche Regeneration**, bei

Klinik

Stammzelltherapie bei Makuladegeneration

Stammzelltherapien befinden sich noch weitgehend im experimentellen Stadium. An Patienten mit **altersbedingter trockener Makuladegeneration** wurden jedoch schon erfolgreiche Therapieresultate mit humanen embryonalen Stammzellen erzielt. Die Stammzellen wurden in vitro zu Zellen des Pigmentepithels der Netzhaut vordifferenziert und ins Auge der Patienten injiziert. In Deutschland ist altersbedingte Makuladegeneration die häufigste Erblindungs-

ursache bei Menschen über 50 Jahren und betrifft ca. 2 Millionen Menschen. Bei der Makuladegeneration wird das Pigmentepithel im Netzhautzentrum, der Macula lutea (Stelle des schärfsten Sehens am Augenhintergrund) durch degenerative Prozesse zerstört. Dies geschieht bei der trockenen Makuladegeneration durch Defekte im Abtransport von Abfallprodukten der Photorezeptoren, z. B von Lipofuszin.

Bei einem Großteil der Patienten konnte nach Stammzelltransplantation eine deutliche Verbesserung der Sehfähigkeit erzeugt werden. Die bisher nur an wenigen Patienten durchgeführte Studie ist der erste Nachweis, dass von Embryonen entnommene und umprogrammierte Zellen beim Einsatz im Menschen über längere Zeit sicher und funktionsfähig sind.

der Zellen ersetzt werden, die laufend verbraucht werden (z. B. die obersten Epidermisschichten der Haut, die Zellen der Darmschleimhaut, die Blutzellen des hämatopoietischen Systems, die Geschmacks- und Riechzellen). Bei der Ersatzregeneration werden Gewebe ersetzt, die z. B. durch Verletzung verloren gegangen sind. Als **reparative** oder **restaurative Regeneration** bezeichnet man den Ersatz von durch Unfall oder bei Tieren durch Autotomie (Abwerfen von Körperteilen bei Gefahr) verloren gegangenen Körperstrukturen. Während bei niederen Tieren der gesamte Organismus und bei Amphibien und Reptilien ganze Gliedmaßen regeneriert werden können, ist diese Fähigkeit bei Säugetieren nicht mehr vorhanden. Bei Menschen ist die Regenerationsfähigkeit im **Knochenmark** (dem Ort der Hämatopoiese), der **Leber**, der **Epidermis** und der **Darmschleimhaut** besonders stark ausgeprägt.

Voraussetzungen der Regeneration Die Fähigkeit der Zellen zur Zellteilung ist eine Grundvoraussetzung der Regeneration; sie sinkt jedoch mit zunehmender Differenzierung der Zellen. Einen hohen Proliferationsstatus weisen die Zellen der Epithelien, undifferenzierte Stammzellen während der Embryonalentwicklung und Gewebs-spezifische **Vorläuferzellen (Progenitorzellen)** auf. Hochspezialisierte Zellen, wie z. B. Herzzellen und Nervenzellen können sich dagegen nicht nennenswert aus sich selbst regenerieren, sondern nur über Vorläuferzellen. Derartige Progenitorzellen sind in den letzten Jahren im Gehirn, dem Skelettmuskel und dem Herz nachgewiesen worden. Aber auch nahezu alle anderen Organe wie das endokrine Pankreas, die Niere und die Plazenta enthalten Stamm- und Progenitorzellen, die an der Regeneration der jeweiligen Organe beteiligt sein können.

Reparatur Neben der Regeneration verfügt der Körper über einen weiteren Überlebensmechanismus nach Geweberverletzung, die **Gewebsreparatur**, die vor allen Dingen bei größeren Verletzungen eine Rolle spielt und postnatal mit einer **Narbenbildung** verbunden ist. Durch Narbenbildung kann jedoch die Funktion von Organen beeinträchtigt werden.

> **Regeneration benötigt Zellteilung. Diese fehlt in terminal differenzierten Zellen.**

Stammzellen bei der Regeneration
Stammzellen kommt eine entscheidende Bedeutung bei Regenerationsprozessen zu. Sie befinden sich im Körper in einer spezialisierten Mikroumgebung, den sogenannten **„Stammzellnischen"**. Die Nische gibt den Stammzellen einen Raum innerhalb des Gewebes, in dem ihnen bestimmte Oberflächenmoleküle wie Integrine, Cadherine und Catenine angeboten und dadurch Selbsterneuerung und Erhaltung der Stammzellen gewährleistet werden. In der Stammzellnische findet eine **asymmetrische Zellteilung** statt: die Mutter-Stammzelle teilt sich mitotisch in eine Tochterzelle, die als Vorläuferzelle die Stammzellnische verlässt und in eine Organ-spezifische, spezialisierte Gewebszelle weiterdifferenziert – und eine zweite Tochterzelle, die ein klonales Replikat der Mutter-Stammzelle darstellt.

Gegenwärtig existieren vier verschiedene **Regenerationstechnologien**:

- **Gewebe-(Re)Konstruktion** (tissue engineering): Zellen werden auf Trägergerüste und bioabbaubare Materialien aufgebracht und nach Zellkultur ins geschädigte Gewebsareal implantiert.
- **Zelltherapie**: Patienten-eigene (autologe) Stammzellen bzw. Gewebszellen oder aber (Stamm) Zellen anderer Menschen (allogene Zellen) werden durch Infusion oder Injektion dem Patienten zugeführt.
- **Induzierte Autoregeneration**: Körpereigene Reparaturmechanismen werden stimuliert, indem mit Wachstumsfaktoren und Zytokinen beladene Trägermaterialien in den Körper eingebracht werden. Hier setzen sie die bioaktiven Substanzen über einen längeren Zeitraum frei und unterstützen so die Regeneration.
- **Gentherapie**: Bei dieser Technik der Molekularbiologie werden defekte, Krankheits-verursachende Gene durch Einführung intakter Gene in das Genom ersetzt.

In Kürze

Verlorengegangene Gewebe können durch einmalige, zyklische oder kontinuierliche **Regeneration** ersetzt und erneuert werden. Daneben dient die **Reparatur** von Geweben dem weiteren Erhalt, wobei jedoch zumeist Narbenbildung auftritt. An Regenerationsprozessen sind in entscheidender Weise **Stammzellen** beteiligt, die sich in den Geweben innerhalb von **Stamm-**

zellnischen aufhalten. Die regenerative Medizin beschäftigt sich mit der Möglichkeit funktionsgestörte, verletzte oder verlorengegangene Gewebe wiederherzustellen. Es existieren unterschiedliche **Regenerationstechnologien**.

83.2 Wundheilung

83.2.1 Physiologie der Wundheilung

Jede Wunde aktiviert Heilungsprozesse, die je nach Ausmaß zur vollständigen Regeneration oder Reparatur führen.

Die Wunde Alle Organismen verfügen über eine Körperhülle, die nach **Verletzung** regeneriert bzw. repariert werden muss. Das gleiche gilt für die inneren Organe, deren Funktion bei Verletzung wiederhergestellt bzw. erhalten wird. Generell wird jede irreguläre Zerstörung anatomischer Strukturen mit der Folge eines **Funktionsverlustes** als Wunde definiert. Verletzungen der Haut werden als **äußere Verletzungen** bezeichnet, wogegen innere oder **geschlossene Wunden** Verletzungen innerer Organe und Gewebe bei noch intakter Haut darstellen. Nach Verletzungen werden unverzüglich Heilungsprozesse angeregt, um die Funktionsfähigkeit des Organismus möglichst schnell wieder zu erreichen.

Heilung In der Sprache der Medizin umfasst der Begriff „Heilung" sowohl Regenerations- als auch Reparaturprozesse, wobei die **vollständige regenerative Heilung** (lat. restitutio ad integrum) **ohne bleibende Narben** (▶ Klinik-Box „Narbenlose Wundheilung") oder Schäden verläuft, wogegen bei der **Reparationsheilung** (lat. reparatio - **Defektheilung**) Schäden z. B. in Form von Narben zurückbleiben. Außer bei oberflächlichen Hautverletzungen, bei denen nur die Epidermis verletzt ist, kommt es bei tiefergehenden Verletzungen immer zu einer Narbenbildung.

Narbenlose Wundheilung

Diese findet bei tiefen Wunden nur in der Fötalphase statt. Die narbenlose Wundheilung in der Fötalphase ist vermutlich darauf zurückzuführen, dass fötale Wunden kaum zu Entzündungsreaktionen neigen und nach der Geburt andere Zytokine und Wachstumsfaktoren beim Heilungsprozess eingesetzt werden. Auch finden sich in den fötalen Wunden hohe Konzentrationen an Hyaluronsäure (einem Glykosaminoglykan), das einen wichtigen Bestandteil des Bindegewebes darstellt und für die Zellproliferation sowie Zellmigration von den Wundrändern in die Wunde hinein erforderlich ist.

83.2.2 Heilung von Hautverletzungen

Die Heilung von Hautverletzungen verläuft in charakteristischen Stadien.

Die Hautwunde Hautwunden werden beim Gesunden schnell verschlossen, um Blutverlust und Eindringen von pathogenen Organismen zu verhindern. Dies kann sowohl durch Regeneration als auch durch Reparatur erreicht werden. Bei der Regeneration, die bei oberflächlichen Wunden, wie Schürfwunden, auftritt, wird die oberflächennah gelegene **Epidermis** komplett ersetzt. Hierbei entstehen im Vorgang der **Epithelialisierung** aus Basalzellen neue Epithelzellen; diese teilen sich, verhornen und verschließen so die Wunde. Bei Verletzungen bis in die **Dermis** oder darunterliegende Gewebsschichten kann nicht mehr regeneriert, sondern nur noch **repariert** werden, d. h. das zerstörte Hautgewebe wird durch Bindegewebe ersetzt. Es entsteht eine **Narbe**, die weniger elastisch als das ursprüngliche Gewebe ist und keine Haarfollikel, Schweißdrüsen, Talgdrüsen oder Pigmente bilden kann. Die Hautwundheilung kann dabei in vier Stadien unterteilt werden, deren Übergänge jedoch fließend sind. Die folgenden Zeitangaben variieren daher nach Größe und Ausmaß der Wunde und deren Verschmutzungsgrad erheblich (◻ Abb. 83.2).

Phase der vaskulären Antwort Direkt nach Verletzung kommt es zu verstärktem Blutfluss; hierdurch werden Schmutzpartikel und mögliche Krankheitserreger aus dem Wundbereich ausgespült. Jedoch schon wenige Minuten nach der Verletzung verschließen sich die Gefäße durch Kontraktion, um weiteren Blutverlust zu vermeiden.

Die Phase der vaskulären Antwort (auch als **Latenzphase** oder **Hämostasephase** bezeichnet) findet in den ersten Minuten nach Verletzung statt. Die schnelle Blutstillung wird in der **primären oder zellulären Hämostase** erreicht, die jedoch den Blutverlust nur vorübergehend verhindert. In der **sekundären oder plasmatischen Hämostase** läuft die eigentliche Blutgerinnung ab und führt zu einem endgültigen Verschluss der Blutgefäße.

Eine entscheidende Rolle bei der Blutstillung und der nachfolgenden Wundheilung spielen die Thrombozyten. Nach Aktivierung durch Kollagenfasern in der Wunde setzen Thrombozyten die vasokonstriktiven Substanzen Serotonin und Thromboxan frei und bilden einen Blutpfropf (Thrombus), der das verletzte Gefäß verschließt.

Eine weitere für die Wundheilung entscheidende Funktion der Thrombozyten besteht in der Sekretion von **Glykoproteinen** und **Wachstumsfaktoren** wie z. B. Blutplättchen-abgeleiteter Wachstumsfaktor (PDGF = platelet derived growth factor), epidermaler Wachstumsfaktor (EGF = epidermal growth factor), transformierender Wachstumsfaktor-β (TGF-β = transforming growth factor-β), vaskulärer endothelialer Wachstumsfaktor (VEGF = vascular endothelial growth factor) und Fibroblasten Wachstumsfaktor-2 (fibroblast growth factor-2 = FGF-2). Entlang der Gradienten dieser Mediatoren der Wundheilung werden Monozyten, Makrophagen und Neutrophile Granulozyten zum Wundbett geleitet. Der Blutpfropf enthält auch die Matrixproteine **Fibrin**, Fibronektin, Vitronektin und Thrombospondin, die eine vorläufige Gerüststruktur für die Einwanderung von Entzündungszellen, Fibroblasten, endothelialen Progenitor-Zellen, Endothelzellen und Keratinozyten darstellen.

> **Thrombozyteninhaltsstoffe sind wichtige Mediatoren der Wundheilung.**

Resorptive Entzündungsphase   Diese Phase läuft von Tag 1–10 ab und beinhaltet auch die **Exsudationsphase**. Die Vasokonstriktion der vorhergehenden **Hämostasephase** wird von einer umschriebenen, auch das nicht verletzte Gewebe betreffenden Vasodilatation gefolgt. Hierbei kommt es zur Anreicherung von Thrombozyten auf der gebildeten Wundmatrix und zur Sekretion chemotaktischer Faktoren, die Leukozyten anlocken.

Durch Freisetzung von Histamin und Prostaglandinen aus Zellen des verletzten Gewebes sowie Bradykinin aus dem Blutplasma erhöht sich die Durchlässigkeit der Gefäße. Es tritt **Exsudat** aus, das mehr als 30 g/l Protein, Glukose und weitere Blutbestandteile enthält und bei Austrocknung an der Hautoberfläche den Wundschorf bildet.

Im Verlaufe des nun einsetzenden Entzündungsprozesses führen Vasodilatation und gesteigerte Permeabilität zur **Schwellung** (Tumor), **Rötung** (Rubor) und **Erwärmung** (Calor). Die Gewebshormone Histamin, Prostaglandin E2 und Bradykinin sensibilisieren zusätzlich Nozizeptoren und lösen den Wundschmerz (Dolor) aus. In der Tiefe des entzündeten Gewebes sezernieren Leukozyten und Thrombozyten Zytokine und Wachstumsfaktoren, die spezifische Prozesse der Wundheilung steuern.

Von besonderer Bedeutung sind **neutrophile Granulozyten**, die pathogene Keime phagozytieren. Auch locken sie andere, an der Entzündungsreaktion beteiligte Immunzellen an und sezernieren antimikrobielle Substanzen wie kationische Peptide, Entzündungsmediatoren wie z. B. Eicosanoide sowie Proteinasen. Die Granulozyten werden von **Makrophagen** unterstützt, die ca. 3 Tage nach der Verletzung ins Gewebe einwandern. Diese sezernieren Wachstumsfaktoren und Zytokine und phagozytieren **pathogene, nekrotische Gewebeteile** und **Zelltrümmer**.

Zum Ende der Entzündungsphase nehmen die Makrophagen einen Wundheilungs-Phänotyp an, in dem sie zahlreiche, die Zell-Proliferation und die Angiogenese stimulierende Wachstumsfaktoren sezernieren. Danach sondern sie anti-inflammatorische Zytokine ab (z. B. Il-10 und TGF-β1) und bewirken eine Suppression des Immunsystems, wodurch die Entzündungsreaktion zum Abklingen gebracht wird. Eine Beeinträchtigung dieser Vorgänge verzögert die Wundheilung, führt zu überschießender Narbenbildung oder gar zu chronischen Wunden.

> **Ohne Makrophagen ist die Wundheilung stark verzögert.**

Proliferative Phase (auch Granulationsphase)   In dieser Phase (3.–24. Tag) bildet sich ein blutgefäßreiches, zellreiches **Granulationsgewebe** aus. Hierdurch werden der Wundverschluss, die Wiederherstellung der elastischen Eigenschaften des Gewebes und ein Neuaufbau von Bindegewebe erreicht. Das Granulationsgewebe besteht vor allem aus Fibroblasten, Granulozyten und Makrophagen. Die Fibroblasten syntheti-

a Entzündungsphase

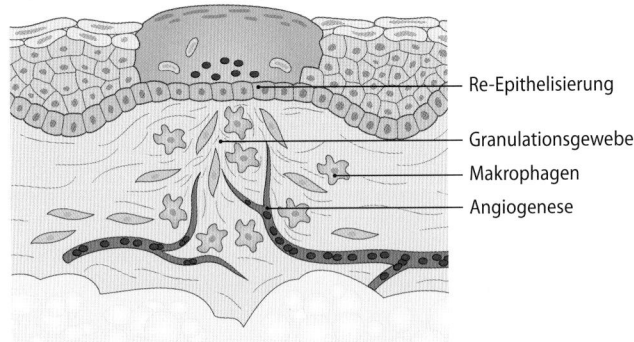

Wundschorf
Thrombus
Thrombozyten
neutrophile Granulozyten
Fibroblasten

b proliferative Phase

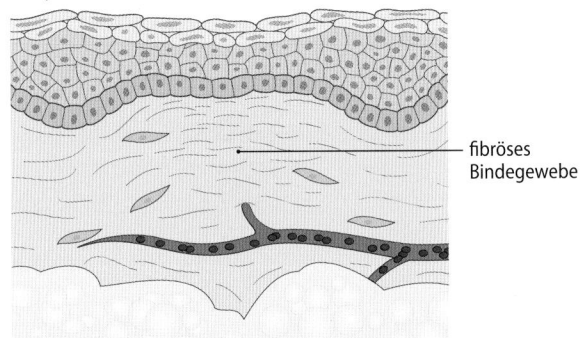

Re-Epithelisierung
Granulationsgewebe
Makrophagen
Angiogenese

c reparative Phase

fibröses Bindegewebe

◻ **Abb. 83.2a–c   Phasen der Wundheilung. Nachdem der Blutfluss aus der Wunde gestillt ist (Phase der vaskulären Antwort), wird sie durch einen Thrombus verschlossen.** In der nun einsetzenden Entzündungsphase (**a**) sammeln sich neutrophile Granulozyten und Fibroblasten im Wundbett. In der Proliferationsphase (**b**) bildet sich Granulationsgewebe und neue Kapillaren sprossen aus (Neo-Angiogenese). In der reparativen Phase (**c**) kontrahiert sich die Wunde und durch Umbauprozesse entsteht Narbengewebe

sieren extrazelluläre Matrix, auf der Zellen adhärieren, wandern und differenzieren. Von den Wundrändern her bewegen sich Keratinozyten entlang des Fibrin-Netzes über die verletzte Dermis und beginnen mit der Re-Epithelialisierung. Gleichzeitig sprossen Kapillaren aus und bilden neue Blutgefäße (Neo-Angiogenese). Dies geschieht, indem sich die Endothelzellen an Adhäsionsmolekülen der Basalmembran, z. B. Integrinen orientieren und durch Sekretion von Matrix-Metalloproteinasen das umgebende Gewebe proteolysieren. Das Granulationsgewebe bildet sich zum Ende der Proliferationsphase aus und ersetzt die provisorische Wundmatrix aus Fibrin und Fibronektin. Durch die intensive Kapillarisierung und Durchblutung erscheint das Gewebe rötlich gefärbt, kann jedoch wegen des nur geringen Organisationsgrades der Kollagenfasern leicht verletzt werden.

Reparative Phase   In der bis zu einem Jahr dauernden reparativen Phase reduziert sich die Anzahl der Blutgefäße und die Rötung des Gewebes nimmt ab. Fibroblasten sterben durch Apoptose ab oder wandeln sich in **Myofibroblasten** um. Die Myofibroblasten kontrahieren die Wunde und verkleinern die Fläche des entstehenden **Narbengewebes**. Die Bestandteile der Extrazellulärmatrix verändern sich, indem das **Kollagen III** der proliferativen Phase durch das mechanisch stärker belastbare **Kollagen I** ersetzt wird. Im Narbengewebe sind die Kollagenfasern dann nicht mehr miteinander verflochten, sondern parallel angeordnet.

Die reparative Phase geht in eine Phase der **Remodellierung** und Reifung über, in der sich das Granulationsgewebe kontinuierlich in Narbengewebe umwandelt, und die sich über mehrere Monate erstrecken kann. Je nach Schwere der Verletzung gelingt die Heilung mit nur geringer Narbenbildung, während bei großflächiger Zerstörung, z. B. nach schweren Verbrennungen eine überschießende Narbenbildung zu beobachten ist – das **Keloid**.

In Kürze

Eine Wunde ist eine irreguläre Zerstörung anatomischer Strukturen mit der Folge eines **Funktionsverlustes. Narbenlose Wundheilung** ist nur bei **oberflächlichen** Wunden möglich, wogegen die Wundheilung **tiefer** Wunden mit einer **Narbenbildung** einhergeht. Die Narbe ist ein faserreiches Ersatzgewebe mit parallel angeordneten Kollagenfasern; sie enthält weder Talgnoch Schweißdrüsen oder Haarfollikel. Die **Wundheilung** vollzieht sich in **vier unterschiedlichen Phasen**: der Phase der vaskulären Antwort, der resorptiven Entzündungsphase, der proliferativen Phase und der reparativen Phase. Die Narben-Reifung kann sich über viele Monate hin erstrecken.

83.3   Regenerationsprozesse an Organen

83.3.1   Regeneration im Herzen, der Leber und im Nervengewebe

Die Geweberegeneration erfolgt organspezifisch sehr unterschiedlich.

Organspezifische Unterschiede   Seit der Entdeckung Gewebs-spezifischer **Stammzellen** in den meisten Organen geht man davon aus, dass Organe ein **intrinsisches regeneratives Potenzial** aufweisen, das jedoch mit zunehmendem **Alter** abnimmt. Diese Regenerationsfähigkeit bezieht sich nicht nur

auf Gewebsschädigungen, z. B durch Verletzungen, sondern auch auf den Zellersatz nach **apoptotischem Zelluntergang**. Hierbei ist die Regenerationsfähigkeit der einzelnen Organe unterschiedlich. Generell kann gesagt werden, dass die Regenerationsfähigkeit des jeweiligen Organs mit seinem Spezialisierungsgrad abnimmt. Die Niere mit ihrem relativ geringen regenerativen Potenzial enthält z. B. alleine 30 verschiedene Zelltypen, die in hochspezialisierten anatomischen Strukturen (z. B. des Nephrons) angeordnet sind. Die sehr regenerationsfähige Leber besteht dagegen hauptsächlich aus Hepatozyten und nur wenigen anderen Zelltypen (z. B. Endothelzellen, Kupffer-Zellen und hepatische Sternzellen, sog. Ito-Zellen).

Leber und Pankreas   Die Leber gehört zu den Organen mit dem größten regenerativen Potenzial. Dies hängt nicht zuletzt mit ihrem hohen regenerativen Bedarf aufgrund der vielfältigen Leber-schädigenden Umwelteinflüsse zusammen. Innerhalb von wenigen Monaten kann eine Leber von **einem Drittel** ihres Ausgangsvolumens bis zur ursprünglichen Größe regeneriert werden. Generell lebt eine Leberzelle ca. 200–300 Tage, bevor sie durch eine neue Leberzelle ersetzt wird. Unter physiologischen Bedingungen sind Leberzellen weitgehend Zellteilungs-inaktiv. Nach einer Schädigung der Leber treten die Hepatozyten wieder in den Zellzyklus ein. Bei stärkeren Verletzungen oder Schädigungen der Leber werden vermutlich auch **Leberstammzellen** aktiviert. Sie wurden kürzlich in Stammzellnischen der Leber entdeckt, die sich vor allen Dingen in den **peribilären Drüsen**, in den intrahepatischen und extrahepatischen **Gallengängen** sowie in den Ductuli biliferi oder **Hering-Kanälchen** der intrahepatischen Gallenwege befinden. Reservoire für **pankreatische Stammzellen** finden sich dagegen in den Drüsen der Pankreasgänge. Die Stammzellnischen bilden ein Netzwerk, das die Gallengänge anatomisch mit den Hering-Kanälchen und den Stammzellnischen des Pankreas verbindet. Durch die Regenerationsvorgänge der Leber wird die ursprüngliche Lebergröße (aber nicht deren Form) wiederhergestellt. Dies geschieht bis zum Erreichen eines spezifischen Verhältnisses zwischen Lebervolumen und dem Körpergewicht, das als Leberindex bezeichnet wird (Lebergewicht/Körpergewicht $\times$ 100 $\cong$ 2,5 %).

Leberschädigung

Leberschädigung aktiviert innerhalb von 4 Stunden das **Komplementsystem**, die Sekretion von Tumor-Nekrose-Faktor-α (TNF-α) sowie die Zellproliferation der Hepatozyten durch Synthese der Interleukine IL-6, IL-1β und IL18. Innerhalb von 48 Stunden nach Leberschädigung treten die Hepatozyten in die **Mitose** ein, danach die Kupffer-Zellen und die **hepatischen Sternzellen**, denen auch Stammzell-Eigenschaften zugeschrieben werden. Nach 72 Stunden treten Zellpopulationen teilungsaktiver Hepatozyten wieder aus dem Zellzyklus aus, wogegen in einer **zweiten Proliferationswelle** andere Populationen von Hepatozyten teilungsaktiv werden. Dies geschieht solange, bis das **ursprüngliche Lebervolumen** wieder erreicht ist. Zusätzlich zur Vermehrung der Zellzahl von Hepatozyten (Hyperplasie) nehmen die Hepatozyten an Größe zu (Hypertrophie). Endotheliale Zellen proliferieren ab Tag 3 nach der Leberschädigung und stellen die Blutversorgung der regenerierenden Leber sicher.

❯ Von allen inneren Organen zeigt die Leber die stärkste Regenerationsfähigkeit.

Herz   Klassischerweise wird das **Herz** als ein **post-mito-tisches Organ** angesehen, in dem es kaum zu Zellteilung kommt. Schon kurz nach der Geburt treten die Herzmuskel-zellen nach und nach aus dem Zellzyklus aus und differen-zieren terminal. Bis zum Alter von 20 Jahren lassen sich beim Menschen noch Zellen nachweisen, die den Mitosemarker Phosphoryliertes Histon 3 zeigen, danach nimmt die Tei-lungsfähigkeit der Herzzellen kontinuierlich ab. Eine Grö-ßenzunahme des Herzens geschieht fast ausschließlich durch **hypertrophes Zellwachstum**, d. h. durch Zunahme der Zellgröße. Daneben wurden im Myokard verschiedene Populationen von kardialen Progenitorzellen entdeckt, deren Beteiligung an Reparaturvorgängen im Herzen gegenwärtig intensiv erforscht wird. Beim **Herzinfarkt** kommt es aufgrund der Minderdurchblutung (Ischämie) zum massiven **Zellver-lust** von bis zu einer Milliarde der ca. 3–4 Milliarden Herz-zellen des erwachsenen Menschen. Dieser große Verlust an Zellen kann nicht durch Regenerationsvorgänge im Herzen ersetzt werden, sondern es tritt, soweit die Akutphase des Herzinfarkts überlebt wird, innerhalb von 5–8 Wochen eine Narbenbildung durch **Reparationsfibrose** ein. Die Infarkt-narbe führt zu einer Veränderung der Ventrikelgeometrie sowie Verschlechterung der Hämodynamik und Erregungs-ausbreitung. Die im Herzen vorhandenen Stammzellen und kardialen Vorläuferzellen haben daher wahrscheinlich eher die Aufgabe, bei Mikroinfarkten und Umbauprozessen ver-lorengegangene Herzzellen zu ersetzen.

Herzregeneration

Das adulte Herz verfügt möglicherweise doch über eine höhere Zelltei-lungsaktivität und damit regenerative Kapazität, als ursprünglich ange-nommen. Radiokarbon-Analysen von Herzgeweben, die im kalten Krieg radioaktivem Fallout ausgesetzt waren, zeigten, dass bei unter 50-jäh-rigen Menschen ca. 1 % der Herzzellen pro Jahr ersetzt werden; bei über 50-jährigen sinkt dieser Prozentsatz auf ca. 0,5 %.

83.3.2 Neuronales System

Während die Regeneration des Zentralen Nervensystems sehr eingeschränkt ist, können periphere Nerven nach Verletzung aussprossen.

Zentralnervensystem   Für lange Zeit galt das adulte Gehirn als Organ ohne wesentliche Regenerationsfähigkeit, d. h. bei Verletzungen oder neurodegenerativen Erkrankungen abge-storbene Nervenzellen können nicht ersetzt werden. Dement-sprechend besitzt auch das Rückenmark kaum Regenera-tionsfähigkeit, sodass beim Querschnittssyndrom lebenslang eine Lähmung kaudal des durchtrennten Rückenmarksab-schnitts bestehen bleibt. Während der Embryonalentwicklung bildet sich das Gehirn aus einem Epithel, das den Hirnven-trikeln anliegt, der sogenannten **ventrikulären-subventriku-lären Zone** (V-SVZ). In dieser Struktur entstehen neuronale Stammzellen, die in verschiedene Hirnregionen migrieren; zum Beispiel wandern von hier Vorläuferzellen über den so-genannten **rostralen Migrationsstrom** in den Bulbus olfac-torius ein, wo sie zu Interneuronen differenzieren. Postnatal

bildet sich die V-SVZ bis auf eine dünne Zellschicht zurück, die jedoch bis ins hohe Alter erhalten bleibt. Wahrscheinlich handelt es sich bei der V-SVZ im Gehirn des erwachsenen Menschen um mehr als nur ein Rudiment der Embryonalzeit, denn hier wurden neuronale Stammzellen entdeckt, die Rege-nerationsprozesse im Gehirn initiieren können. Auch in der subgranulären Zone im **Gyrus dentatus** des Hippocampus existieren neuronale Stammzellen; sie differenzieren hier zu Vorläuferzellen für Neurone, die Lern-, Gedächtnis-, und Verhaltensfunktionen steuern. Angesichts des häufigen Auf-tretens neurodegenerativer Erkrankungen wie der Alzheimer oder der Parkinson Erkrankung ist die Erforschung der neu-ronalen Stammzellnische und der in ihr agierenden Wachs-tumsfaktoren und Zytokine ein sich rasch entwickelndes For-schungsgebiet.

Neurogenese

Besonders gut beschrieben ist die Neurogenese ausgehend von der V-SVZ. Bei Tieren und höchstwahrscheinlich auch im Menschen besteht die V-SVZ vor allem aus vier verschiedenen Zelltypen, die in drei räum-lich abgegrenzten Zonen auftreten: den **A-Zellen**, die wandernde Ner-venzellen darstellen, den **Typ-B1-Zellen**, die eine Astrozyten-ähnliche Morphologie und Marker von Gliazellen aufweisen und den strang-förmigen Zellverband der A-Zellen umgeben, den **Typ-C-Zellen**, die eine hohe Zellteilungsrate aufweisen und Zellkolonien in der Umge-bung der A-Zellen bilden sowie den **ependymalen E-Zellen**, einer einzellschichtigen Grenzschicht zu den Ventrikeln. Die eigentlichen **neuronalen Stammzellen** sind vermutlich die B1-Zellen, die sich durch ihre langen Zellfortsätze über den gesamten Querschnitt der V-SVZ er-strecken.

Peripheres Nervensystem   Im Gegensatz zum ZNS verfügt das periphere Nervensystem über eine beachtliche Regene-rationsfähigkeit (◘ Abb. 83.3). Kommt es zur Durchtrennung eines peripheren Nervs, so treten zunächst **Degenerations-vorgänge** ein, die mit einer zeitlichen Verzögerung von meh-reren Tagen von **Regenerationsprozessen** abgelöst werden. Im Zuge der Degenerationsprozesse werden die Axone und Myelinscheiden distal der Läsion entfernt und die **Myelin-Scheiden** in Vesikel abgebaut, die von Makrophagen und Schwann-Zellen phagozytiert werden (**Waller-Degenera-tion**). Die Entfernung des Myelins aus der Verletzungsstelle ist wichtig, da es die Regeneration blockiert. Auch in der pro-ximalen Nervenendigung finden zunächst retrograde Dege-nerationsprozesse statt, die zu einer Abnahme des Durch-messers des Nervens, einer Chromatolyse (Verschwinden der Nissl-Schollen) der neuronalen Somata und einem Zurück-ziehen der Dendriten-Äste führt. Der Regenerationsprozess wird durch eine Dedifferenzierung und Proliferationssti-mulation der Schwann-Zellen eingeleitet, die sich in den sog. **Büngner-Bändern** organisieren. Diese längsorientierten Gebilde dienen als Führungsstrukturen für die auswachsen-den Axone. Die Schwann Zellen sezernieren außerdem **neu-rotrophe Faktoren** (z. B. Nerven Wachstumsfaktor – NGF), wodurch Nervenzellen zu Wachstum und Proliferation ent-lang der Büngner Bänder angeregt werden. An der apikalen Seite der Nervenfasern bilden sich axonale Wachstumskegel aus, die sich mit ihren Filopodien und Lamellipodien entlang der umgebenden Basallamina vorwärts tasten. Die Wachs-tumsgeschwindigkeit regenerierender Nervenfasern liegt bei

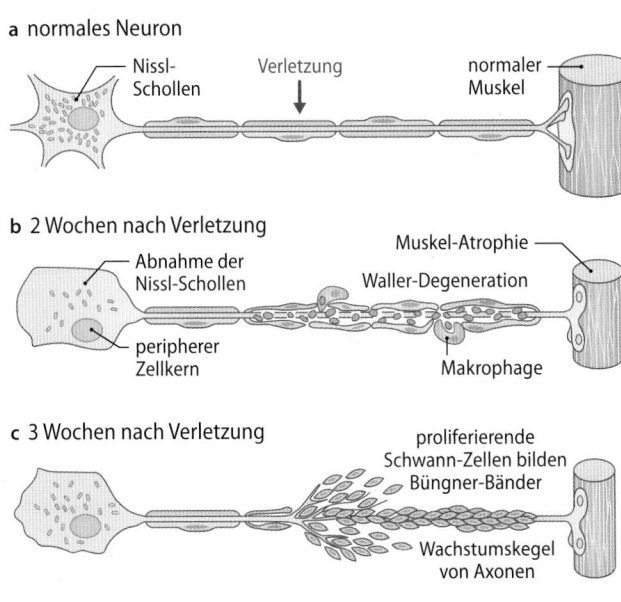

a normales Neuron

Nissl-Schollen — Verletzung — normaler Muskel

b 2 Wochen nach Verletzung

Abnahme der Nissl-Schollen — Muskel-Atrophie — Waller-Degeneration

peripherer Zellkern — Makrophage

c 3 Wochen nach Verletzung

proliferierende Schwann-Zellen bilden Büngner-Bänder

Wachstumskegel von Axonen

d 3 Monate nach Verletzung

erfolgreiche Nervenregeneration — Muskel-regeneration

◻ **Abb. 83.3a–d Regeneration nach Verletzung eines peripheren motorischen Nervs. a** Verletzung des Axons. **b** Traumatische Degeneration am Verletzungsort und distale Waller-Degeneration. **c** Proliferierende Schwann-Zellen ordnen sich in Büngner-Bändern an und bilden Führungsstrukturen für apikal auswachsende Axone. **d** Nach einigen Monaten sind das Axon und auch der Muskel regeneriert

1–3 mm pro Tag, wobei die Wachstumsgeschwindigkeit zur Peripherie abnimmt. Die regenerierenden Axone werden individuell von **Schwann-Zellen** umhüllt und verbinden sich endlich mit den distalen Nervenstrukturen. Überzählig ausgesprosste Axone werden in einer Reifungsphase der regenerierten Nervenfaser wieder entfernt. Diese weist einen geringeren Durchmesser und eine reduzierte Anzahl von Internodien im Vergleich zu unversehrten Nervenfasern auf.

⊙ Nervenfasern wachsen ca. 1–3 mm pro Tag.

83.3.3 Regeneration im Alter

Die Regenerationsfähigkeit nimmt mit dem Alter ab.

Altern von Stammzellen Im Alter nehmen die regenerative Kapazität des Menschen und die Anzahl der Gewebsstammzellen ab. Einzig der Pool hämatopoietischer Stammzellen nimmt zu, wobei es jedoch zu einer zahlenmäßigen Verschiebung von Zellen der lymphatischen zur myeloischen Zelllinie kommt. Undifferenzierte Stammzellen befinden sich während der Lebensspanne des Menschen über lange Zeiten hinweg in einem wenig proliferativen Zustand der Zellruhe. Ihre Tochterzellen, die zu Gewebs-spezifischen Vorläuferzellen

weiter differenzieren, sind dagegen hoch proliferativ, um während des Lebens Regenerations- oder Reparaturprozesse auszuführen. Stammzellen durchlaufen, ähnlich wie alle anderen differenzierten Zellen des Körpers, einen **chronologischen Alterungsprozess**. Da sie sich im Gegensatz zu den Vorläuferzellen jedoch nur langsam teilen, unterliegen sie weniger den Zellschädigungen, die u. a. durch fehlerhafte DNA Replikation in schnell proliferierenden Zellen auftreten können. Stammzellen sind **oxidativem Stress** ausgesetzt, der generell für Alterungsprozesse verantwortlich gemacht wird. Auch die Stammzellnische, in der sich die Stammzellen immer wieder selbst erneuern, verändert sich im Laufe des Lebens durch intrinsische Faktoren der Nische selbst und extrinsische Faktoren, zum Beispiel Zytokine und Wachstumsfaktoren des Blutkreislaufes; die Stammzellen altern, bzw. verlassen die Nische, um entweder unterzugehen oder zu Gewebszellen terminal zu differenzieren.

> **In Kürze**
>
> Die meisten Organe besitzen ein **intrinsisches regeneratives Potenzial**, das auf der Anwesenheit von Organ-spezifischen **Progenitorzellen** beruht. Die Regenerationsfähigkeit der inneren Organe ist unterschiedlich stark ausgeprägt. Das **größte Regenerationspotenzial** besitzt die **Leber**, wogegen das ZNS und das Herz nur über ein eingeschränktes Regenerationsvermögen verfügt. Im Gegensatz zum ZNS können periphere Nerven nach Durchtrennung regenerieren; hierbei wird zunächst eine kontrollierte Degeneration (**Waller-Degeneration**) eingeleitet, bevor Regenerationsprozesse auftreten. Das **Lebensalter** von Menschen ist wahrscheinlich entscheidend von der Anzahl und Differenzierungsfähigkeit der in den Organen vorhandenen Stammzellen abhängig. Da diese jedoch auch Alterungsprozessen unterliegen und ihr Selbsterneuerungspotenzial abnimmt, ist die Lebensspanne höher entwickelter Organismen begrenzt.

Literatur

Gurtner GC, Werner S, Barrandon Y, Longaker MT (2008) Wound repair and regeneration. Nature 453: 314-321

Jung G, Brack AS (2014) Cellular mechanisms of somatic stem cell aging. Curr Top Dev Biol 107: 405-438

Lim DA, Alvarez-Buylla A (2014) Adult neural stem cells stake their ground. Trends in Neuroscience 37: 563-571

Regenerative Medizin (2013) Hrsg. Bundesministerium für Bildung und Forschung (BMBF). 58 S

Porrello ER, Olson EN (2014) A neonatal blueprint for cardiac regeneration. Stem Cell Res 13: 556-570

Schwartz SD, Regillo CD, Lam BL, Eliott D, Rosenfeld PJ, Gregori NZ, Hubschman JP, Davis JL, Heilwell G, Spirn M, Maguire J, Gay R, Bateman J, Ostrick RM, Morris D, Vincent M, Anglade E, Del Priore LV, Lanza R (2015) Human embryonic stem cell-derived retinal pigment epithelium in patients with age-related macular degeneration and Stargardt's macular dystrophy: follow-up of two open-label phase 1/2 studies. Lancet. 385(9967):509-516

Alter und Altern

Thomas von Zglinicki

© Springer-Verlag GmbH Deutschland, ein Teil von Springer Nature 2019
R. Brandes et al. (Hrsg.), *Physiologie des Menschen*, Springer-Lehrbuch
https://doi.org/10.1007/978-3-662-56468-4_84

Worum geht's? (⬛ Abb. 84.1)

Warum altern wir? – Altern ist nicht evolutionär programmiert

Altern beschreibt den zunehmenden **Verlust der Homöostasefähigkeit** unabhängig von externen Einflüssen. Im Gegensatz zu anderen physiologischen Prozessen ist Altern nicht aktiv evolutionär gesteuert – Altern „passiert einfach", da es evolutionsbiologisch nicht sinnvoll ist, endlos Ressourcen in Erhalt und Reparatur des Organismus zu investieren.

Wie altern wir? – Die Steuerung des Stoffwechsels entscheidet, wie schnell Schäden entstehen und wie gut sie repariert werden

Um zu überleben, müssen Organismen ihren Stoffwechsel flexibel auf Umweltveränderungen einstellen können. Die zentralen Regulatoren dieser **metabolischen Flexibilität** bestimmen maßgeblich die Geschwindigkeit des Alterns. Aktivierung anabolischer Prozesse geht typischerweise mit erhöhter Schadensanhäufung einher, während ihre Hemmung Schutz- und Reparaturmechanismen aktiviert. Zahlreiche solcher Mechanismen agieren in komplexen Zusammenhängen. **Oxidativer Stress** z. B. kann in hohen Dosen Schäden generieren, die das Altern beschleunigen, während bei niedrigen Dosen die Aktivierung von **Schutz-und Reparatursystemen** und folglich Lebensverlängerung überwiegt (**Hormesis**). Zelluläre Stressreaktionen wie progammierter Zelltod (**Apoptose**) oder Verlust der Zellteilungsfähigkeit (**Seneszenz**) können selbst zu Stresserzeugung und Schädigung beitragen.

Was sind die Konsequenzen des Alterns? – Altern ist der wichtigste Risikofaktor für alle chronischen Krankheiten

Die Geschwindigkeit des Alterns ist unterschiedlich zwischen Individuen, Geweben und Zellen. Umwelteinflüsse, insbesondere sozioökonomische Faktoren, und genetische Variabilität bestimmen zu jeweils 20–30 %, wie schnell ein Mensch altert, der größte Einflussfaktor ist aber der Zufall. Altern bewirkt **Funktionseinschränkungen** in vielen Organsystemen und ist der größte Risikofaktor für alle chronischen Erkrankungen (**Multimorbidität**), insbesondere im Herz-Kreislauf-System, im Bewegungsapparat, im ZNS und in der Stoffwechselregulation.

Kann Altern „geheilt" werden? – Vermutlich nicht, aber wir können und müssen es verlangsamen

Die Komplexität und die zufällige Natur des Alternsprozesses machen es sehr unwahrscheinlich, dass eine Therapie des Alterns in vorhersehbarer Zukunft gefunden werden kann. Die Alternsbiologie zeigt jedoch, dass in allen untersuchten Spezies der **Alternsprozess verlangsamt** und so die **gesunde Lebenserwartung** verbessert werden kann. Medikamente zur Verlängerung der gesunden Lebensspanne werden gegenwärtig in ersten klinischen Studien getestet.

⬛ **Abb. 84.1   Altern wird durch Stress und Stressresponse bestimmt**

84.1 Was ist Altern?

84.1.1 Definition des Alterns

Altern ist die ständige Abnahme der Überlebenswahrscheinlichkeit bewirkt durch intrinsische Prozesse.

Jeder von uns, sofern er nur alt genug wird, ist dem Altern ausgesetzt. Altern ist **universal** innerhalb unserer Spezies (und vielen anderen, aber durchaus nicht allen, s. u.). Das bedeutet, menschliches Altern ist keine Krankheit, sondern ein **normaler physiologischer Prozess**. Dieser Prozess tritt auch unter den denkbar günstigsten Umweltbedingungen auf, er ist **intrinsisch**.

Altern ist charakterisiert durch morphologische und funktionelle Veränderungen in praktisch allen Organsystemen (▶ Abschn. 84.4). Die meisten dieser Veränderungen können jedoch in einem Individuum schnell, im nächsten langsam ablaufen und im dritten praktisch nicht wahrnehmbar sein. Für sich genommen ist also keine dieser Veränderungen notwendig oder gar kausal für das Altern. Dies ist ein starkes Argument für die weitgehend akzeptierte Annahme, dass Altern **multifaktoriell** bedingt ist. Die Zusammenhänge sind so vielfältig und kompliziert, dass eine kausale Definition des Alterns bis heute noch nicht gegeben werden kann.

Das Wesen des Alternsprozesses liegt darin, dass er fortwährend die Wahrscheinlichkeit zu erkranken erhöht, und zwar an verschiedenen Krankheiten gleichzeitig (**Multimorbidität**) und mit kritischen Konsequenzen für Lebensqualität und Lebensdauer. Die heute in den entwickelten Industrieländern individuell wie gesellschaftlich bedeutendsten schweren Erkrankungen sind hochsignifikant mit dem Alter assoziiert und es wird vermutet, dass der Prozess des Alterns selbst die wichtigste Ursache dieser Krankheiten ist.

❯ Altern ist keine Krankheit, aber der wichtigste Risikofaktor für alle chronischen Erkrankungen.

84.1.2 Altern ist das Ergebnis evolutionärer Anpassung

Altern ist biologisch nicht notwendig und nicht programmiert, aber eine evolutionär sinnvolle Strategie.

Alternde und nicht-alternde Populationen Altern, d. h. intrinsische Modulation der Überlebenswahrscheinlichkeit, ist nicht notwendig, um die Größe einer Population zu kontrollieren. (◻ Abb. 84.2) zeigt drei hypothetische Beispiele. Die blauen Linien charakterisieren eine nicht alternde Population. Biergläser in einer Kneipe z. B. altern nicht, sondern „sterben" durch Bruch. Dies ist ein extrinsisches Risiko, das über die Zeit konstant bleibt. In einer hektischen Kneipe mit einem fünfprozentigen Bruchrisiko pro Tag vernichtet die Umgebung 95 % aller Gläser innerhalb von 50 Tagen ohne jegliches Altern.

Die roten Kurven ◻ Abb. 84.2 zeigen eine andere Population. Das könnten z. B. Hasen in freier Wildbahn sein. Diese

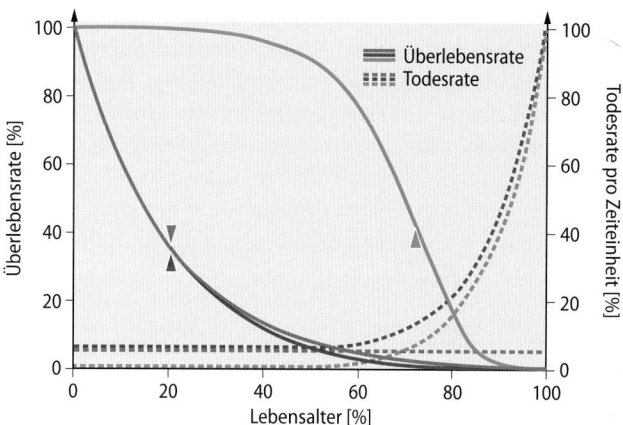

◻ **Abb. 84.2** Überlebenskurven **in alternden und nicht alternden Populationen.** Überlebensrate (ausgezogene Kurven) und Todesrisiko (gestrichelt) sind angegeben für eine nicht alternde Population mit konstantem extrinsischem Risiko (blau), eine alternde Population mit gleichem extrinsischem Risiko (rot) und für die gleiche Population nach Beseitigung extrinsischer Risiken (grün)

seien dem gleichen extrinsischen Risiko von 5 % pro Zeiteinheit ausgesetzt. Zusätzlich altern die Mitglieder dieser Population. Dadurch steigt die Wahrscheinlichkeit zu sterben exponentiell mit dem Alter an. Wie schnell dieser Anstieg ist, bestimmt die **Rate des Alterns**. Das interessante Ergebnis ist, dass in diesem Beispiel die Überlebensrate der Hasen durch den Alternsprozess praktisch nicht beeinflusst wird: Rote und blaue Kurve sind nahezu identisch, die **mittlere Lebenserwartung** der Hasen (markiert durch die Pfeile) ist dieselbe, wie die der nicht alternden Biergläser. Anders gesagt: Die meisten Hasen sterben aufgrund extrinsischer Ursachen lange bevor Alterserscheinungen bemerkbar werden.

Die Überlebenskurve wird jedoch drastisch modifiziert, wenn extrinsische Risiken minimiert werden. Die grüne Population altert mit der gleichen Geschwindigkeit (d. h. der exponentielle Anstieg der Sterbenswahrscheinlichkeit ist der gleiche), aber die Hasen sind nunmehr zu wohlbehüteten, gepflegten Haustieren geworden und extrinsische Todesursachen sind ausgeschlossen. Dies führt zu einem dramatischen Anstieg der mittleren Lebenserwartung und im Extremfall zu einer Rektangularisierung der Überlebenskurve, nicht aber zu einer Veränderung der **maximalen Lebensspanne**. Schließlich könnte die Rate des Alterns der Hasen pharmakologisch oder gentherapeutisch verlangsamt werden. Dies würde die maximale Lebensspanne erhöhen. Wahrscheinlich würde die Behandlung auch den **Alternsprozess komprimieren**, d. h., die terminale Phase des signifikanten Anstiegs von Mortalität und Multimorbidität würde relativ oder absolut verkürzt.

Nicht-alternde Organismen

Viele, jedoch nicht alle Protozoen sind potenziell unsterblich. Pflanzen (Stecklinge) und zahlreiche Würmer sind praktisch unbegrenzt regenerierbar. Der Süßwasserpolyp Hydra ist das bestuntersuchte Beispiel für einen nicht alternden Metazoen. Darüber hinaus gibt es zahlreiche Arten von Pflanzen und Tieren (verschiedene Bäume, Muscheln, Hummer, verschiedene Amphibien und Reptilien), für die ein Anstieg der Mortalität mit dem Alter nicht nachweisbar ist. Wachstum und Fortpflanzungsfähigkeit dieser Organismen nimmt mit dem Alter nicht merkbar ab.

Altern ist nicht programmiert   Das Beispiel zeigt, dass unter Normalbedingungen, d. h. einem substanziellen extrinsischem Risiko, Altern nicht zur Kontrolle der Populationsgröße und damit zur Erneuerung der Art erforderlich ist. Wenn alle Mitglieder einer Population sowieso jung sterben, wird die natürliche Selektion mit dem Alter immer schwächer und kann keinen direkten Einfluss auf den Prozess des Alterns ausüben. Daher kann sich ein biologisches Programm mit Zielpunkt Altern und Tod nicht entwickelt haben. Gene, die Altern als einen gerichteten Prozess programmieren, gibt es nicht.

Altern als evolutionäre Anpassung   Warum altern so viele Organismen, wenn es biologisch nicht notwendig ist? Offensichtlich ist Altern eine **evolutionär erfolgreiche Strategie**. Moderne Alternstheorien stimmen darin überein, dass Altern das Ergebnis permanenter Schädigungen ist, die langfristig nicht ausreichend kompensiert und/oder repariert werden. Da Lebensspanne und Länge der Reproduktionsphase durch extrinsische Risiken bestimmt werden, ist es evolutionsbiologisch sinnvoll, nur limitierte Ressourcen in Erhaltungs- und Reparaturfunktionen zu investieren. Dies führt zu einer Reihe wichtiger und nachprüfbarer Schlussfolgerungen:

- Es gibt keine spezifischen Gene, die Altern hervorrufen.
- Gene, die somatische Erhaltungsmechanismen und Reparaturprozesse steuern, sind wichtig für Altern und Langlebigkeit.
- Plastizität und Zufall spielen eine große Rolle im Altersprozess.
- Die Rate des Alterns und die maximale Lebensspanne einer Spezies ist in erster Linie das Ergebnis einer Anpassung an das spezifische Niveau extrinsischer Risiken. Spezies, die ökologische Nischen mit niedrigem Risiko besetzen, können extreme Langlebigkeit zeigen, z. B. Schildkröten, Nacktmulle, bestimmte Kaltwasserfische usw.

> Altern ist ein indirektes Ergebnis der natürlichen Selektion.

84.1.3 Altern und Lebenserwartung des Menschen

Elimination extrinsischer Risiken bewirkt einen dramatischen Anstieg der mittleren Lebenserwartung; es ist unklar, wieweit die maximale Lebensspanne des Menschen steigen kann.

Altern humaner Populationen   In den meisten Industrieländern hat sich im Laufe des vergangenen Jahrhunderts die **mittlere Lebenserwartung** nahezu verdoppelt. Dies ist in erster Linie auf verbesserte Lebensbedingungen zurückzuführen (Ernährung, Hygiene, reduzierte Kindersterblichkeit, Vorbeugung gegen lebensbedrohliche Infektionen), d. h. auf Ausschaltung extrinsischer Risiken. ◻ Abb. 84.3 zeigt die Entwicklung der Lebenserwartung in Deutschland über die letzten 500 Jahre. Das Durchschnittsalter ist gestiegen und die klassische Bevölkerungspyramide wird an ihrer Spitze mehr

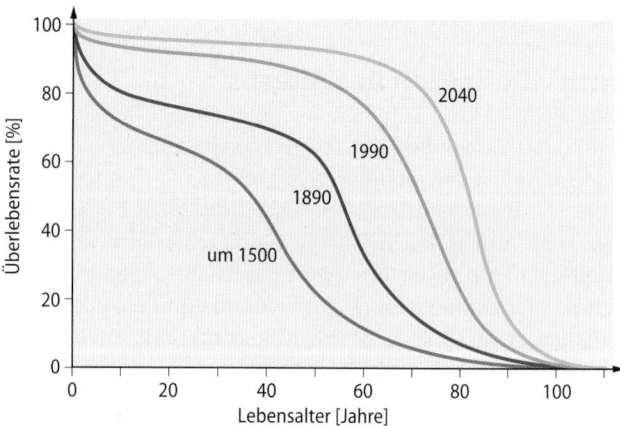

◻ Abb. 84.3   Lebenserwartung in Deutschland

und mehr aufgeweitet (**Rektangularisierung der Überlebenskurve**). Dies wurde bislang dadurch erreicht, dass mehr Menschen älter werden, aber vermutlich, ohne dass sich die maximale Lebenserwartung oder die Rate des Alterns wesentlich verändert haben. Die extrapolierte Kurve für 2040 zeigt die Grenze des Erreichbaren unter der Voraussetzung einer maximalen Lebenserwartung von etwa 120 Jahren und nur geringfügig beeinflussbarer Rate des Alterns. Dies sind häufig benutzte demographische Standardannahmen; sie sind wissenschaftlich jedoch nicht ausreichend untermauert.

Maximale Lebensspanne   Die maximale Lebensspanne wird ausschließlich durch die **Rate des Alterns** bestimmt. Für den Menschen wird sie gegenwärtig von Jeanne Calment definiert, die 1997 als bislang ältester Mensch mit zweifelsfrei nachgewiesenem Geburtsdatum im Alter von 122 Jahren und 164 Tagen starb. Es ist unklar, ob und wieweit humanes Altern verlangsamt und das maximale Alter unserer Spezies durch Optimierung von Sozialstruktur, Ernährung, Lebensstil oder medizinischer Prophylaxe erhöht werden kann. Zahlreiche experimentelle Untersuchungen zeigen allerdings, dass nicht nur die Lebenserwartung, sondern auch die maximale Lebensspanne von ganz unterschiedlichen Tieren z. B. durch kalorische Reduktion signifikant gesteigert werden kann. Es ist daher wahrscheinlich, dass die maximal mögliche **menschliche Lebensspanne noch nicht bekannt** ist.

Mittlere Lebenserwartung   Die mittlere Lebenserwartung des Menschen hängt sehr stark von den konkreten Umweltbedingungen ab und variiert über einen weiten Bereich zwischen Ländern und zwischen Bevölkerungsgruppen und insbesondere sozialen Schichten innerhalb eines Landes. Bezogen auf das jeweils „beste" Land (heute ist das Japan) ist die mittlere Lebenserwartung seit 1840 kontinuierlich angestiegen, und zwar Jahr für Jahr um nahezu 3 Monate für Frauen und 2,5 Monate für Männer. Bis heute wurde kein Anzeichen einer Verlangsamung dieses Anstiegs beobachtet; auch über die letzten 10 Jahre ist die mittlere Lebenserwartung in den meisten EU-Ländern um mehr als 2 Jahre angestiegen. Allerdings kann sie in einzelnen Ländern durchaus abfallen, wie z. B. in den Nachfolgestaaten der ehemaligen Sowjetunion. In extrem langlebigen Personen (100-jährige und älter) geht hohe Lebenserwartung oft mit hoher **gesunder Lebenserwartung** einher („Compression of Morbidity"). Bevölkerungsweite Studien zeigen jedoch ein anderes Bild: Die **gesunde Lebenserwartung steigt langsamer** als die mittlere Lebenserwartung, sodass eine zunehmende Belastung der Gesundheitssysteme resultiert. Dies reflektiert die Tatsache, dass der Anstieg der Lebenserwartung in den entwickelten Ländern heute vorrangig durch verbessertes Management alterns-assoziierter chronischer Krankheiten erreicht wird. Um diese Schere zu schließen, müssen Interventionen gefunden werden, die den Alternsprozess als Ganzes verlangsamen. Dies ist das Ziel der Alternswissenschaft.

❯ Disproportionale Entwicklung von totaler und gesunder Lebenserwartung führt in eine „Alternsfalle": Mehr Menschen leben länger mit geringerer Lebensqualität.

In Kürze

Populationen alternder Organismen sind gekennzeichnet durch eine aufgrund intrinsischer Prozesse mit der Zeit **ansteigende Wahrscheinlichkeit** zu sterben. Altern ist nicht biologisch notwendig und kein programmierter Prozess, sondern das Ergebnis einer **evolutionären Anpassung** an das spezifische Niveau extrinsischer Risiken im Sinne einer Optimierung der Verteilung begrenzter Ressourcen.

Die **maximale Lebensspanne** des Menschen ist größer als 122 Jahre. Ihr Grenzwert ist unbekannt.

Die **mittlere Lebenserwartung** des Menschen hängt sehr stark von den konkreten Umweltbedingungen ab und variiert über einen weiten Bereich.

84.2 Zelluläre und molekulare Mechanismen des Alterns

84.2.1 Molekulare Schäden und Altern

Molekulare Schäden sind ein unvermeidbarer Bestandteil aller Lebensprozesse und die ultimative Ursache des Alterns.

Oxidative und nicht-oxidative Schädigung Oxidative Schäden sind eng mit dem Alternsprozess korreliert und viel untersucht. Oxidation ist aber bei weitem nicht die einzige Form der Schädigung von Biomakromolekülen:

- DNA wird spontan (thermisch) **depuriniert** und **depyrimidiniert**. Thermisch induzierte Einzelstrangbrüche sind ähnlich häufig wie oxidativ generierte.
- Guanin wird nichtenzymatisch **methyliert**.
- **Biosynthesefehler** sind eine wichtige Ursache des Auftretens fehlerhafter Proteine.
- Die wichtigste Form posttranslationaler nichtoxidativer Proteinschädigung ist **nichtenzymatische Glykosylierung**, d. h. die Addition von Zucker an Proteine (Maillard-Reaktion). Es entstehen zunächst Fructosa-

min-Protein-Addukte (Amadori-Produkte) und schließlich über mehrere Zwischenschritte sog. **advanced glycation end products** (AGE). AGE stimulieren die Quervernetzung von Kollagen, können rezeptorvermittelt in verschiedenen Zelltypen aufgenommen werden und aktivieren dort Stressreaktionen. Klinisch am besten beschrieben ist die Rolle von AGE für die mikrovaskuläre Pathologie bei Diabetes und Nephropathie.

Oxidativer Stress Es wurde bereits in vorherigen Kapitel beschrieben, wie unter normalen physiologischen Bedingungen in Verbindung mit Stoffwechselaktivitäten von Zytochrom P_{450}, Oxidasen und vor allem in der mitochondrialen Elektronentransportkette das **Superoxid-Anionenradikal O_2^-**, das **Wasserstoffperoxid H_2O_2** und das hochreaktive **Hydroxylradikal OH·** gebildet werden. Diese reaktiven Sauerstoffverbindungen werden häufig als **ROS (reactive oxygen species)** bezeichnet. **Oxidativer Stress** entsteht, wenn die Konzentration von ROS die Entgiftungs- und Reparaturkapazität der Zelle übersteigt. Dies resultiert in der Schädigung aller zellulären und extrazellulären Makromoleküle.

Lipidperoxidation ROS können **ungesättigte Fettsäuren** peroxidieren. Damit wird eine **Kettenreaktion** in zellulären Membranen gestartet, die immer neue Lipidperoxide generiert. Dies verändert die Fluidität biologischer Membranen und beeinflusst die Aktivität membranständiger Transportproteine durch Veränderung ihrer Mikroumgebung. Die **Membranpermeabilität** steigt und Peroxidationsreaktionsketten generieren toxische Endprodukte wie **Malondialdehyd** oder **Hydroxynonenal**, die ihrerseits Proteine schädigen. Im Ergebnis muss mehr Energie aufgewendet werden, um Membranpotenziale aufrechtzuerhalten. Lipidperoxidation ist eine wichtige Ursache für sinkende Erregbarkeit und Transportleistung von Zellen, speziell unter Belastung, im Alter.

Oxidative Proteinmodifikationen ROS können Peptidketten in Proteinen aufbrechen und eine Vielzahl oxidativer Modifikationen der Aminosäure-Seitenketten bewirken, insbesondere die **Oxidation von Sulfhydrylgruppen** (in Zystein und Methionin) zu Proteindisulfiden und Methioninsulfoxid und die Bildung von **Karbonylen** an Lysin, Arginin, Threonin und Prolin. Das Ergebnis ist eine (partielle) Entfaltung der Proteine und ein Anstieg der Hydrophobizität der Oberfläche. Mit Ausnahme der Disulfide und Sulfoxide können oxidative Proteinmodifikationen nicht direkt repariert werden, sondern die modifizierten Proteine werden in **Proteasomen** und **Lysosomen** verstoffwechselt. Der Anteil oxidierter Proteine in der Zelle steigt mit dem Alter, und Überlastung der proteinabbauenden Systeme ist eine der Ursachen zellulären Alterns (s. u.).

DNA-Schädigung Oxidative Schädigung kann **Einzel-** und **Doppelstrangbrüche** sowie verschiedenste **Basenmodifikationen** bewirken, die ihrerseits zu Replikations- und Translationsblockaden oder zu Fehlpaarungen und damit zu fixierten **Mutationen** führen können. Pro Zelle und Tag entstehen einige 10^4 bis 10^5 Schäden, von denen etwa eine Hälfte auf oxidative Schädigung, die anderen auf spontane Schäden zurückzuführen sind. Die weitaus meisten Schäden werden repariert. Trotzdem kommt es zur **Akkumulation somatischer Mutationen** mit dem Alter, die zu zellulären Funktionsbeeinträchtigungen führen können.

> Oxidative und nicht-oxidative Modifikationen von Biomakromolekülen akkumulieren mit dem Alter.

84.2.2 Zelluläre Schutz- und Reparaturmechanismen

Schutz- und Reparaturprozesse spielen wichtige und komplexe Rollen für die Geschwindigkeit des Alterns.

Antioxidantien und Altern   Wie bereits in vorherigen Kapiteln beschrieben, verfügen Zellen und Gewebe über ein komplexes primäres **antioxidatives Schutzsystem**, das aus enzymatischen und nichtenzymatischen Antioxidanzien und Radikalfängern besteht. Antioxidantien können die meisten ROS deaktivieren und oxidative Kettenreaktionen stoppen. Zahlreiche experimentelle Untersuchungen sprechen dafür, dass **oxidativer Stress das Altern beschleunigt** und dass Antioxidantien in der richtigen Dosis und am richtigen Ort zur richtigen Zeit dies kompensieren können. Querschnittsuntersuchungen an verschiedenen Säugerspezies zeigen, dass zellulärer Superoxiddismutase (SOD)-Gehalt, DNA-Reparaturkapazität und generelle Stressresistenz gut mit der Lebensspanne korrelieren. Transfektion eines zusätzlichen SOD-Gens und entsprechende Überexpression kann das Leben von Fruchtfliegen um etwa ein Drittel verlängern. Die Lebensspanne von C. elegans steigt signifikant an, wenn die Würmer mit einem katalytisch aktiven SOD-Mimetikum gefüttert werden. Mäuse, in denen das p66Shc-Gen mutiert wurde, produzieren weniger freie Sauerstoffradikale in ihren Geweben und leben um etwa 30 % länger als ihre nicht modifizierten Geschwister.

Andererseits gibt es jedoch mindestens ebenso viele Daten, die zeigen, dass **erhöhte Antioxidantiendosen in Menschen und Tieren Altern entweder nicht verlangsamen oder sogar beschleunigen**. Viele mitochondriale Mutationen verlängern die Lebensspanne in C. elegans und anderen Organismen. In vielen Fällen ist erhöhter oxidativer Stress dafür notwendig; Antioxidantienbehandlung blockiert die Lebensverlängerung in diesen Tieren. Genetische Manipulation (Überexpression oder knock-out) der meisten antioxidativen Enzyme in Mäusen verändert die Lebenspanne der Tiere nicht wesentlich. Eine systematische Übersicht von humanen Supplementationsstudien für Vitamine A, C, E, β-Carotin und Selen (insgesamt nahezu 300 000 Teilnehmer) zeigt keine positiven Effekte auf die Lebensspanne. Im Gegenteil, β-Carotin, Vitamin E und möglicherweise Vitamin A in hohen Dosen sind mit erhöhter Mortalität assoziiert.

> Enzymatische und nicht-enzymatische Antioxidantien sind die primären Schutzmechanismen gegen Radikalschäden. Sie haben komplexe Einflüsse auf das Altern.

Protein-Umsatz und Lipofuszin   Proteine werden nach einer Lebensdauer von Minuten bis wenigen Tagen in **Lysosomen** oder **Proteasomen** abgebaut und geschädigte Proteine werden dabei bevorzugt. Neben der Entgiftung geschädigter Proteine ist Proteinabbau jedoch auch essenziell für eine Vielzahl weiterer physiologischer Funktionen wie Antigenpräsentation oder Zellzyklus. Im Alternsprozess übersteigt Proteinoxidation die Kapazität des Proteinturnovers, der Anteil oxidativ geschädigter Proteine im Zytoplasma steigt und es kommt zur Akkumulation von **Lipofuszin**. Lipofuszin, das prototypische **Alterspigment**, ist ein hochvernetztes, unlösliches, fluoreszierendes Endprodukt von Peroxidations- und Glykosylierungsreaktionen, das intrazellulär in sekundären Lysosomen akkumuliert. Wenn Lipofuszin nicht durch Zellteilung verdünnt wird, kann es bis zu 30 % des Zellvolumens, z. B. in alten Muskelzellen oder Neuronen, einnehmen. Lipofuszinakkumulation ist nicht nur ein Marker des Zellalterns, sondern hemmt selbst die Fähigkeit zum Protein-Turnover und trägt somit aktiv zum Altern der Zelle bei. Dies gilt auch für weitere Typen von Aggregaten fehlerhaft oder ungenügend abgebauter Proteine, wie z. B. **Ceroid** oder **Lewy-Körper** als intrazelluläre Einschlüsse und **Amyloid** im Extrazellulärraum.

DNA-Reparatur   Die verschiedenen DNA-Schäden (Basenoxidationen, Quervernetzungen, Fehlpaarungen, Einzel- und Doppelstrangbrüche) werden jeweils durch unterschiedliche Mechanismen repariert. Insgesamt sind heute um die 100 verschiedene DNA-Reparaturenzyme bekannt. Knockout-Mäuse, in denen jeweils ein bestimmtes DNA-Reparaturgen zerstört wurde, zeigen oft drastisch beschleunigte Alternsprozesse. Relevant für das Altern ist die Heterogenität von DNA-Schädigung und -Reparatur. Die **mitochondriale DNA** (mtDNA) ist ein spezifisch relevantes Target für oxidative Schädigung, da sie durch die räumliche Nähe zur Atmungskette vergleichsweise hohen Konzentrationen von Sauerstoffradikalen ausgesetzt ist, gleichzeitig aber nur über wenig effiziente Reparaturmechanismen verfügt. Daher kommt es zur Akkumulation von mtDNA-Mutationen mit dem Alter mit prinzipiell schwerwiegenden Konsequenzen für den Energiestoffwechsel und die Erzeugung von ROS in der Zelle. Akkumulation mutierter Mitochondrien kann z. B. zum völligen Verlust der Kontraktionsfähigkeit von Muskelfasern führen. Die Effizienz der Reparatur oxidativer Schäden in **telomerischer DNA** (s. u.) ist ebenfalls gering. Oxidativer Stress bestimmt daher weitgehend die Geschwindigkeit der Telomerenverkürzung und reguliert so den Eintritt von Zellen in Apoptose oder Seneszenz (▶ Abschn. 84.2.3).

> Umsatz von Membranen und Proteinen und Reparatur von DNA stellen die zweite „Verteidigungslinie" der Zellen dar.

Molekulare Stressreaktionen und die ROS-Hypothese des Alterns   Die Idee, dass ROS-induzierte Schädigung von Biomakromolekülen die (oder zumindest eine) Ursache des Alterns ist, hat als **ROS-Hypothese des Alterns** weite Verbreitung gefunden. Dabei wurde oft vereinfachend „mehr ROS" mit „schnellerem Altern" gleichgesetzt. Wenn Stress-induzierte molekulare Schäden die Kapazität zellulärer Schutz- und Reparatursysteme verringern oder übersteigen, kommt ein **„circulus vitiosus"** in Gang, der das Altern beschleunigt (◨ Abb. 84.1). Dies ist jedoch nur die halbe Wahrheit und so vereinfacht ist die ROS-Hypothese falsch. Das liegt daran, dass Stressoren, einschließlich oxidativer Stress, potente Auslöser molekularer Stressreaktionen sind. Dazu gehören erhöhte Produktion und Stabilisierung von **Hitzeschockproteinen**, die „unfolded protein response" und andere. Das Gemeinsame dieser Reaktionen ist, dass geschädigte, entfaltete Proteine erkannt werden und Schutzreaktionen initiieren, die diese geschädigten Proteine entweder in ihren nativen Zustand zurückführen oder sie abbauen. Solche adaptiven Mechanismen können die primär gesetzten Schäden überkompensieren. Auf diese Weise können z. B. Agentien, die in hohen Konzentrationen toxisch wirken, in niedrigen Konzentrationen die Homeostase von Zellen und Organismen verbessern. Dieses Konzept wird oft als **Hormesis** bezeichnet (◨ Abb. 84.1). Zahlreiche experimentelle Befunde stützen die Vorstellung, dass Hormesis Langlebigkeit signifikant befördern kann. Die summarische Wirkung, d. h. Verlängerung oder Verkürzung der (gesunden) Lebensspanne eines Stressors bei niedriger Exposition mit Sicherheit vorherzusagen ist gegenwärtig nicht möglich.

❯ ROS haben sowohl alterns-beschleunigende als auch -verlangsamende Konsequenzen.

84.2.3 Zelluläre Stressreaktionen

Seneszenz und Apoptose sind die wichtigsten zellulären Reaktionen zur Adaptation des Organismus an potenziell genotoxischen Stress.

Kontrolle des Zellwachstums Die Akkumulation molekularer Schäden kann zu Einschränkungen oder **Verlust zellulärer Funktionen** führen (z. B. Muskelfaser). Andererseits können durch Mutation **aberrante Funktionen** generiert werden, wie z. B. unlimitiertes **Wachstum**, **Invasions-** und **Metastasierung**sfähigkeit. Die Fähigkeit zum Ausschluss potenziell entarteter Zellen von der Proliferation ist für langlebige multizelluläre Organismen essenziell.

Apoptose Wenn die Menge an DNA-Schäden die Reparaturkapazität der Zelle massiv übersteigt, wird ein **programmierter Zelltod** (Apoptose) eingeleitet. Der **Tumorsuppressor p53** ist an der Signaltransduktion von DNA-Schäden beteiligt. Enzyme aus der **bcl-2-Familie** entscheiden, ob ein Zytochrom-C-Komplex aus den Mitochondrien abgegeben wird, der dann eine Kaskade spezifischer Proteasen (**Caspasen**) aktiviert, wodurch der Abbau der Zelle eingeleitet wird. Im Gegensatz zum nekrotischen Zelltod wird Apoptose intern, „aus eigener Kraft" exekutiert, ohne dass eine entzündliche Reaktion im Gewebe induziert wird. Apoptose spielt auch eine wesentliche Rolle in Entwicklungs- und Reifungsprozessen, z. B. der Lymphozyten, wo sie durch externe Signale (Zytokine) ausgelöst wird. Durch DNA-Schäden induzierte Apoptose ist einerseits ein wesentlicher **Schutzmechanismus** gegen Tumoren. Andererseits haben Experimente an transgenen Tieren gezeigt, dass **Zellverlust** infolge übersteigerter Apoptose das Altern beschleunigt.

Seneszenz Im Vergleich zu Apoptose ist Seneszenz eine moderate Reaktion von Zellen auf unterschiedliche Formen von Stress. Seneszente Zellen sind noch lange lebensfähig, haben aber ihre **Teilungsfähigkeit verloren**. L. Hayflick beobachtete bereits 1963, dass somatische Zellen in Kultur ihr Wachstum nach einer unter Standardbedingungen konstanten Anzahl von Teilungen einstellen. Der Zählmechanismus für die Zellteilungen wurde später in den **Telomeren** (s. u.) lokalisiert. Inzwischen ist klar, dass auch telomereninduzierte Seneszenz eine Reaktion auf den kumulativen Stress während des Wachstums darstellt (s. u.). Wie Apoptose wirkt auch Seneszenz als **Tumorsuppressor**. Gleichzeitig trägt Erschöpfung der zellulären Teilungsfähigkeit zum Altern von Geweben und Organismen bei. Replikative Seneszenz kann z. B. das Wachstum von Lymphozyten limitieren und ist eine mögliche Ursache der Immunseneszenz. Genexpressionsmuster und Funktion seneszenter Zellen weichen sehr stark von dem proliferationskompetenter Zellen ab. Mitochondrien seneszenter Zellen produzieren mehr **freie Radikale** und seneszente Zellen sezernieren eine Vielzahl bioaktiver Moleküle, unter anderem **pro-inflammatorische Zytokine**. Parakrine Effekte seneszenter Zellen sind daher **Aktivierung von Immunzellen** und **chronische Entzündung**, Wachstumsbeschleunigung von **Tumoren** und **Induktion von Seneszenz** in normalen Zellen. Mit dem Alter nimmt der Anteil seneszenter Zellen in verschiedenen Geweben zu. Dies verändert die Eigenschaften des Organs als Ganzes und kann so den Alternsprozess beschleunigen. Wenn seneszente Zellen in alternden Mäusen gezielt abgetötet werden, leben die Tiere länger und altersbedingte Funktionsverluste werden verzögert.

❯ Parakrine Wirkungen seneszenter Zellen beschleunigen das Altern.

Telomeren – eine biologische Uhr? Telomeren sind DNA-Proteinkomplexe an den Enden aller Chromosomen. Funktionale Telomeren „kappen" die Chromosomen, sie verhindern, dass die Chromosomenenden als Doppelstrangbruch angesehen werden. **Telomeren verkürzen sich mit jeder Zellteilung**, da die distalen Enden linearer DNA-Moleküle von den „normalen" DNA-Polymerasen nicht vollständig repliziert werden können. Kurze Telomeren können Chromosomen nicht mehr kappen und lösen über Aktivierung von Tumorsuppressoren wie den Transkriptionsfaktor p53 **Seneszenz** oder **Apoptose** aus. Immortale Zellen, z. B. Keimbahnzellen oder viele Tumorzellen, verfügen über das Enzym **Telomerase**, das neue Telomerensequenzen an vorhandene Enden anhängen und damit der Telomerenverkürzung entgegenwirken kann. In den meisten somatischen humanen Zellen ist

Telomerase nicht aktiv. Wird Telomerase künstlich in diesen Zellen exprimiert, wird die Telomerenlänge stabilisiert und die Zellen werden immortal, ohne dass Tumorsuppressorgene in ihrer Funktion beeinträchtigt werden. Telomeren wirken also als „biologische Uhr" der Zellen. Diese „Uhr" ist jedoch nicht autonom, sondern wird stressabhängig reguliert. Stress induziert beschleunigte Entkappung der Chromosomen, da DNA-Schäden in Telomeren akkumulieren und z. B. die Telomerenverkürzung beschleunigen. Telomeren wirken daher auch als **Stress-Sensoren** und telomereninduzierte Seneszenz ist eine **zelluläre Stressantwort**.

> Telomeren blockieren die Teilung gestresster oder geschädigter Zellen.

84.2.4 Systemische Regulation des Alterns

Die systemische Regulation der metabolischen Aktivität und Effizienz, insbesondere über den Insulin-/IGF-Signalweg, ist ein zentraler Adaptationsprozess, der molekulare und zelluläre Schutzmechanismen aktivieren kann und daher die Rate des Alterns wesentlich bestimmt.

Insulin und der ‚insulin-like growth factor' IGF-1   Der **Insulin-/IGF-1-Signalübertragungsweg** reguliert die metabolische Aktivität und Effizienz und beeinflusst die Rate des Alterns in allen bisher untersuchten Spezies: Bindung des Liganden an seinen Rezeptor (Daf-2 in C. elegans/IGF1R im Menschen) aktiviert die Phosphatidylinositol 3-Kinase AGE-1/PI3K und die Serin/Threonin-Kinase AKT. Diese deaktiviert den **Transkriptionsfaktor Daf-16/FOXO**. Verringerung des Insulin-/IGF1-Signals führt daher zur Transkription von FOXO-Targetgenen einschließlich Antioxidanzien wie Superoxid-Dismutase und Katalase. Insulin kann reaktive Sauerstoff-Spezies (ROS) auch über die Aktivierung der Nicotinamid-Adenin-Dinucleotid–Phosphate (NADPH)-Oxidase generieren, und ROS können je nach Konzentration die Insulin-Signalübertragung entweder hemmen oder stimulieren. Bei Säugetieren resultiert vollständige Inhibition der Insulin-/IGF-Signalübertragungswege in schweren Entwicklungsdefekten, Insulinresistenz und Diabetes. **Partielle Inhibition** jedoch (z. B. durch heterozygoten Knockout oder nur in spezifischen Geweben, z. B. Fett) verlängert die Lebensdauer transgener Mäuse. „Erfolgreich gealterte" Hundertjährige zeichnen sich durch **niedrige Insulinspiegel** und **hohe Insulinsensitivität** aus.

Sirtuine   Der im Hinblick auf Altern wichtigste Vertreter der Sirtuine, **Sirt1** (in Hefe Sir2), ist eine NAD-abhängige **Histon-Deazetylase**, die Azetylgruppen von zahlreichen Proteinen entfernt, u. a. von p53, FOXO, PPAR-γ, PGC-1α oder NF-κB. In Abhängigkeit von Nahrungsangebot und Metabolismus kann Sirt1 daher zahlreiche Prozesse, wie Zellproliferation und -wachstum, Biogenese der Mitochondrien oder Entzündung kontrollieren. Aktivierung von Sirt1 verbessert die Glukose-Homöostase und erhöht die Insulinsensitivität.

Sir2-Aktivierung verlangsamt Altern in Hefe. Es wird angenommen, dass Sirt1 über Aktivierung der Mitochondrienbiogenese die ROS-Produktion senkt und so Altern auch in Säugern verlangsamen kann.

Target of Rapamycin (TOR)   TOR ist eine **Serin-/Threonin-Kinase**, die Zellwachstum, Metabolismus und zelluläre Stressantwort in Abhängigkeit vom Angebot an Nährstoffen (Aminosäuren) und Wachstumsfaktoren (insbesondere auch Insulin) aktiviert. Experimentelle **Reduktion der TOR-Aktivität** wirkt lebensverlängernd in so unterschiedlichen Organismen wie Hefen, Fadenwürmern, Fliegen und Mäusen. Diese Funktion kann nicht durch ein einzelnes Zielgen von TOR erklärt werden, vielmehr sind mindestens vier Prozesse beteiligt, die von TOR koordiniert reguliert werden, nämlich **mRNA-Translation, Autophagie, Stressantwort und mitochondrialer Metabolismus**. Rapamycin (zuerst isoliert von einem auf den Osterinseln – Rapa Nui- gefundenem Bakterium) ist der bekannteste TOR-Hemmer. Orale Rapamycin-Gabe verlängert die Lebensspanne von Mäusen, selbst wenn die Behandlung erst in der zweiten Lebenshälfte begonnen wird.

Klotho   Klotho ist ein in den Nierentubuli exprimierter Korezeptor für den **Wachstumsfaktor FGF-23**, ein Hormon, das die renale Bildung von 1,25(OH)2D3 hemmt und Phosphatausscheidung in den Urin stimuliert (▶ Kap. 36.2.4). Mäuse mit **supprimierter Klotho**- oder FGF-23-Funktion zeigen zusätzlich zu einem gestörten Phosphatstoffwechsel auch **beschleunigtes Altern**, während Überexpression von Klotho die Lebensspanne der Maus verlängert. Die extrazelluläre Domäne von Klotho wird sekretiert und kann als humoraler Faktor die Aktivität zahlreicher **Glykoproteine** an der Zelloberfläche regulieren. Dazu gehören verschiedene Ionenkanäle und Wachstumsfaktorrezeptoren einschließlich der Insulin- und IGF1-Rezeptoren. Für das beschleunigte Altern von Klotho-defizienten Mäusen ist jedoch vorwiegend die Entgleisung des Kalzium-Phosphat-Haushaltes mit exzessiver Gewebsverkalkung verantwortlich.

P66shc   P66shc, eines der drei von Shc-Lokus-kodierten Proteine, hat unterschiedliche Funktionen: Es wird aktiviert durch oxidativen Stress, transloziert in **Mitochondrien** und katalysiert dort die Produktion von H_2O_2, welches die Permeabilität der äußeren Mitochondrienmembran erhöht, mitochondriale Zytochrom-C-Abgabe stimuliert und so **Apoptose** einleitet. Obwohl dadurch der Organismus vor der unkontrollierten Proliferation von Zellen mit potenziell mutierter DNA geschützt wird, trägt dieser Mechanismus gleichzeitig zu einer Verschärfung des oxidativen Stresses bei. P66shc ist auch ein **Inhibitor von FOXO** und wird, zumindest in Adipozyten, durch Insulin stimuliert. Daher leben **p66shc-Knockout-Mäuse** nicht nur länger, sie sind auch **resistenter** gegen **Stress** und Diät-induzierte Verfettung.

> Signaltransduktionswege, die den Stoffwechsel kontrollieren, modifizieren die Geschwindigkeit des Alterns.

84.2.5 Gene und Langlebigkeit

Die menschliche Lebensspanne ist zu 20–33 % durch Vererbung bestimmt; populations- und molekulargenetische Modellstudien haben eine Reihe von Kandidatengenen für Langlebigkeit identifiziert.

Vererbbarkeit der Lebensspanne Es ist lange bekannt, dass Langlebigkeit familiär gehäuft auftritt. Etwa ein Fünftel bis ein Drittel der Varianz der Lebensspanne ist genetisch bedingt. Der größte Teil der Variabilität ist jedoch durch zwei andere Faktoren bedingt: Umwelt und Zufall. Umwelteinflüsse bewirken einen Unterschied in der gesunden Lebenserwartung von bis zu 12 Jahren zwischen Bewohnern „reicher" und „armer" Stadtviertel in demselben Ort. Da Altern im Gegensatz zu Entwicklungsprozessen nicht durch ein genetisches Programm gesteuert wird, bestimmen jedoch stochastische Prozesse bis zu 50 % der Variation der Lebensspanne zwischen Individuen.

Langlebigkeitsgene Die Suche nach **Polymorphismen**, die mit humaner Langlebigkeit assoziieren, war lange Zeit nur für einzelne **Kandidatengene** möglich. **Apolipoprotein E** z. B. hat drei weitverbreitete Allele. Bei 100-Jährigen ist das e4-Allel signifikant seltener und das e2-Allel signifikant häufiger als bei jüngeren Probanden. Dies steht in Übereinstimmung mit einem höheren Risiko für Atherosklerose und Alzheimer-Erkrankung bei e4-Trägern. Kandidatengen-Screens sind jedoch sehr anfällig für zufällige Fehler. Seit wenigen Jahren sind **genomweite Assoziationsstudien** technisch und finanziell möglich. In diesen Studien werden bis zu einer Million **single nucleotide polymorphisms** (SNP) per Genom bei Tausenden von Teilnehmern gemessen. Diese Studien haben bislang etwa 300 mit Alterskrankheiten oder Langlebigkeit assoziierte Polymorphismen identifiziert. Dazu gehören Polymorphismen im **Insulin/IGF-Signalübertragungsweg**, im Lokus für die Tumorsuppressor/Zellzyklusregulatorgene p16/ARF, im Apolipoprotein-B-Lokus oder im HLA-Gen. Häufig wurden Assoziationen mit Promotor-SNP oder Haplotypen in pro- und antiinflammatorischen **Zyto**kinen nachgewiesen, so z. B. mit IL-6, IL10, TNF-α, TGF-β1 und IFN-γ. Dies ist in guter Übereinstimmung mit der Tatsache, dass hohes Alter mit einem chronischen Entzündungszustand in vielfachen Geweben einhergeht.

Wie erwartet, ist die Penetranz aller bislang gefundenen Polymorphismen schwach. Typischerweise ist die Signifikanz der Zusammenhänge zwischen Allelhäufigkeit und Lebensspanne abhängig von der untersuchten Population und unter scheinbar nur wenig unterschiedlichen genetischen oder Umweltbedingungen oft nicht reproduzierbar. Dies stützt die Idee, dass die **Wechselwirkung** einer größeren Menge von Genen untereinander und mit Umwelteinflüssen das Altern bestimmt. Ob diese größere Menge Dutzende, Hunderte oder Tausende von Genen beinhaltet, ist gegenwärtig umstritten.

> **In Kürze**
>
> Zu den zellulären und molekularen Mechanismen, die die Geschwindigkeit des Alterns bestimmen, gehören **antioxidative Schutzmechanismen**, telomerenvermittelte zelluläre **Seneszenz**, **Akkumulation** falsch prozessierter oder geschädigter Proteine, Akkumulation von Mutationen, speziell in mtDNA und Modifikation hormoneller Stoffwechselregulation, insbesondere der Insulin-/IGF-Achse und damit verknüpfter Signalwege.
> Die Komplexität des Alterns ist ganz wesentlich durch die **vielfachen Interaktionen** zwischen diesen Mechanismen bestimmt.

84.3 Organveränderungen im Alter

84.3.1 Physiologische Heterogenität des Alterns

Altersphysiologische Veränderungen machen sich durch die verminderte Organreserve besonders bei Belastungen bemerkbar.

Klinik

Progerien
Eine Reihe seltener Erbkrankheiten manifestiert sich als beschleunigte Vergreisung oder Progerie:
- Diese können extrem schnell verlaufen wie im Fall des **Wiedemann-Rautenstrauch-Syndroms** (neonatale Progerie), in dem Wachstumshemmung, Mangel an Unterhautfettgewebe, Haarverlust und Osteoporose bereits in utero auftreten und eine mediane Überlebensdauer von nur 7 Monaten erreicht wird.
- **Hutchinson-Guilford-Progerie** ist durch eine Wachstumshemmung ab

dem 1. Lebensjahr gekennzeichnet und die Patienten entwickeln Osteoporose, Arthritis, Atherosklerose und Myokardinfarkte als junge Teenager.
- Das **Werner-Syndrom** ist die häufigste Progerie (ca. 10 Fälle pro 1 Mio. Geburten). Hier findet man die ersten offensichtlichen Symptome in der Pubertät, zusätzlich zu den bereits genannten Symptomen treten häufig bilaterale Katarakte, Typ-II-Diabetes und Tumore, speziell Sarkome, auf und die Patienten sterben meist vor ihrem 50. Lebensjahr.
- Bei weiteren Syndromen (Rothmund-Thomson, Cockayne, Xeroderma pig-

mentosum) stehen mehr Aspekte prematur erhöhter Tumorinzidenz oder beschleunigter Hautalterung im Vordergrund.

Alle Progerien sind segmental, d. h. nicht alle Aspekte normalen Alterns sind gleichermaßen beschleunigt. Die kausalen genetischen Defekte sind mit wenigen Ausnahmen (Wiedemann-Rautenstrauch) bekannt. Interessanterweise sind nicht nur alle Progerien Einzelgenerkrankungen, es handelt sich auch in allen Fällen um Gene mit Funktionen in DNA-Reparatur, Replikation oder Chromatinstruktur.

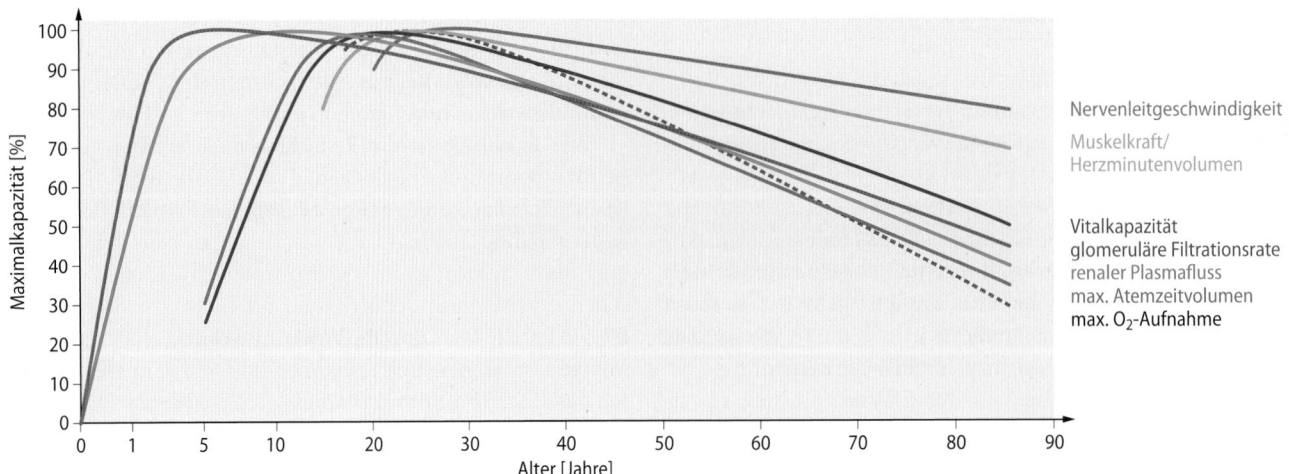

Nervenleitgeschwindigkeit

Muskelkraft/
Herzminutenvolumen

Vitalkapazität
glomeruläre Filtrationsrate
renaler Plasmafluss
max. Atemzeitvolumen
max. O$_2$-Aufnahme

■ Abb. 84.4   Altersphysiologische Veränderungen verschiedener Organsysteme

Homöostase und Organreserve   Das Leben eines Organismus beruht auf einer inneren Homöostase. Das innere Milieu wird trotz wechselnder Einflüsse innerhalb strenger Grenzen aufrechterhalten. Dabei ist die **funktionelle Kapazität** der menschlichen Organe und Organsysteme im jungen Erwachsenenalter 2- bis 10-mal höher als zur Aufrechterhaltung der Homöostase notwendig ist. So kann z. B. das Herzzeitvolumen unter Belastung auf das 5-fache des Ruhewertes ansteigen (▶ Abschn. 84.3.2). Diese **Organreserve** ermöglicht es dem Organismus, auch unter extremen Lebensbedingungen und Anforderungen sein inneres Gleichgewicht aufrechtzuerhalten. Ab dem 30. Lebensjahr kommt es zu einer Abnahme der Organreserve. Die Homöostase wird labiler, die Adaptationsfähigkeit an äußeren und inneren Stress nimmt ab, es kommt zu Funktionseinbußen (■ Abb. 84.4). Ausfälle bestimmter Funktionen können im Alter schlechter kompensiert werden. Der Zusammenbruch eines der Regelkreise kann infolge der Interdependenz zum Tod des Organismus führen, auch ohne klinisch oder pathologisch fassbare Krankheit.

Funktionseinschränkungen   Von den Funktionseinschränkungen sind nicht gleichförmig alle Gewebe und Organe betroffen (**intraindividuelle Variabilität**). Es kommt ferner zu einer mit fortschreitendem Alter zunehmenden **interindividuellen Streubreite** der Befunde. Eine Unterscheidung zwischen physiologischen Altersveränderungen und krankhaften Prozessen ist nicht immer leicht, die Grenzen sind häufig fließend.

Häufig findet man kaum Veränderungen der Messwerte in Ruhe, wenn man ältere mit jüngeren Menschen vergleicht. Dagegen scheiden unter einer Volumenbelastung ältere Menschen pro Zeiteinheit geringere Urinmengen aus als jüngere, auch sinkt die maximal erreichbare Herzschlagrate mit zunehmendem Alter. Neurophysiologische Befunde fallen stärker pathologisch aus, wenn geschwindigkeitsbezogene Tests durchgeführt werden, im Gegensatz zu Tests, bei denen ausreichend Zeit zur Verfügung steht. Regelmäßiges **körperliches Training, geistige Regsamkeit** können die altersphysiologischen Veränderungen verzögern. So ist die kardiopulmonale

Leistungsfähigkeit von 70-jährigen Ausdauersportlern durchaus mit der von untrainierten 30-Jährigen zu vergleichen. **Ausgewogene Ernährung** hat vermutlich ähnlich positive Effekte, allerdings sind streng kontrollierte Langzeitstudien in diesem Gebiet schwierig und die Beweislage daher unklar.

Ein Großteil der als typisch angesehenen morphologischen und funktionellen Veränderungen während des Alterns fußt auf Erkenntnissen von **Querschnittsuntersuchungen**. Gerade in höheren Altersgruppen ist damit eine **positive Selektion** verbunden, da Personen mit ungünstigem Risikoprofil bereits früher verstorben sind. Im Folgenden sind aus der Vielzahl von morphologischen und funktionellen Einzelbefunden der Querschnittsstudien nur diejenigen aufgenommen, die von klinischer Relevanz sind, sowie die Ergebnisse der bisher nur vereinzelt durchgeführten **Langzeituntersuchungen**.

84.3.2   Herz-Kreislauf

Das Herz-Kreislauf-System weist eine hohe funktionelle Leistungsreserve auf; typisch ist ein vermindertes Ansprechen auf stressvermittelte Reize.

Herzfunktion im Alter   Eine bedeutende altersphysiologische Veränderung des kardiovaskulären Systems ist das verminderte Ansprechen des Herzens auf β-adrenerg-vermittelte Reize. Die Antwort auf α-adrenerge Stimuli bleibt hingegen intakt. Während sich die Herzschlagrate in Ruhe im Alter nicht ändert, sinkt die maximale **Herzfrequenz unter Belastung** deutlich ab (etwa ein halber Schlag pro Minute pro Jahr). Bei einem 20-Jährigen liegt die maximale Herzfrequenz bei etwa 200/min, während sie bei einem 85-Jährigen nur noch 170/min erreicht. Die Abnahme der maximalen Herzschlagrate bei Belastung kann z. T. über eine Erhöhung des Schlagvolumens kompensiert werden.

Die **Herzgröße** bleibt im Alter unverändert, obwohl die Herzwanddicke des linken Ventrikels leicht zunimmt. Die frühdiastolische **Füllungsrate** nimmt ab, wird aber durch eine verstärkte Vorhofkontraktion kompensiert. Trotz einer Zunahme der Nachlast (afterload) infolge Erhöhung des systolischen Blutdruckes in Ruhe zeigen das endsystolische und das Schlagvolumen im Alter keine Veränderung. Die im Alter feststellbare Abnahme der physischen Leistungsfähigkeit und der maximalen Sauerstoffaufnahme ist weniger durch kardiale Veränderungen hervorgerufen als durch periphere (z. B. Abnahme der Gesamtmuskelmasse). Funktionelle Störungen der Herzaktion gehen oft auf Veränderungen des **Erregungsleitungssystems** zurück, das teilweise durch Kollageneinlagerungen unterbrochen wird. Die Folge sind Überleitungsstörungen unterschiedlichen Ausmaßes.

Gefäße   Im Alter häufig, aber als pathologisch anzusehen, sind **arteriosklerotische Veränderungen** der Koronar- und anderer Arterien. Sie führen zur Blutmangelversorgung der betroffenen Organe. Am häufigsten sind Herz (koronare Herzkrankheit), untere Extremitäten (arterielle Verschlusskrankheit) und Gehirn (zerebrale Ischämie) betroffen. Die fortschreitende **Abnahme elastischer Eigenschaften** der Gefäße ist Ursache für den statistischen Blutdruckanstieg mit zunehmendem Alter, der hauptsächlich die Systole betrifft.

84.3.3   Atmung

Im Alter kommt es zu einem morphologischen Umbau der Lunge, der zu funktionellen Einschränkungen bei körperlicher Anstrengung führt; darüber hinaus ist die organspezifische Abwehr herabgesetzt.

Morphologie   Der Atmungsapparat weist auch bei gesunden alternden Nichtrauchern typische Veränderungen auf: Die **Alveolen** vergrößern sich um das Mehrfache, wobei die Alveolarsepten z. T. verschwinden.

Die Zahl der **Lungenkapillaren** geht zurück und die elastischen Fasern nehmen ab.

Einschränkungen der Lungenfunktion   Aus diesen morphologischen Veränderungen ergeben sich bestimmte Einschränkungen der Lungenfunktion im Alter: Der Elastizitätsverlust des Lungenparenchyms und die zunehmende Starrheit des Thoraxwandskeletts führen zu einer Abnahme der **Vitalkapazität** und der **Compliance**. Da für die Weitstellung der kleinsten Bronchiolen der Zug der elastischen Fasern erforderlich ist, geht mit dem Verlust dieser Fasern gleichzeitig eine Zunahme der Resistance einher. Im selben Maße nimmt die relative Sekundenkapazität ab und der erhöhte Atemwegswiderstand führt dann im Laufe der Zeit zu einer Zunahme der funktionellen **Residualkapazität**. Schließlich ist infolge der reduzierten respiratorischen Oberfläche die **Diffusionskapazität** vermindert. Ältere Menschen zeigen ein vermindertes Ansprechen auf Hypoxie und Hyperkapnie (Atemzüge, Herzfrequenz) und sind durch Krankheiten wie Pneumonie und chronisch obstruktive Lungenerkrankungen gefährdeter als Jüngere.

Abwehrmechanismen der Lunge   Die Altersveränderungen der Lungen betreffen nicht nur physiologische Funktionen des Gasaustausches, sondern auch **organspezifische Abwehrmechanismen**. Die zelluläre Immunität ist herabgesetzt, ebenso die humoral vermittelte. So setzt z. B. die Antikörperproduktion gegen Pneumokokken oder Influenzavakzine nur verzögert ein. Der Hustenreflex zeigt eine altersbedingte Einschränkung, ebenso der mukoziliäre Transport.

84.3.4   Nervensystem und Sinne

Veränderungen des Nervensystems führen zu nachlassendem Reaktionsvermögen sowie Schlafstörungen; nachlassende Sinnesleistungen können zu Störungen der zwischenmenschlichen Kommunikation führen.

Nervensystem   Mit zunehmendem Alter kommt es zu einem Verlust von Nervenzellen. Ihr Gehalt an dem Alternspigment **Lipofuszin** nimmt deutlich zu. Es treten auch bei gesünderen älteren Menschen senile Plaques und neurofibrilläre Veränderungen auf (sog. Alzheimer-Fibrillen). Ein Nachlassen der intellektuellen Fähigkeiten ist, entgegen der landläufigen Meinung, jedoch nicht alterstypisch. Durch eine verzögerte **Nervenleitgeschwindigkeit** und synaptische Übertragung lässt allerdings das Reaktionsvermögen nach. So nimmt die Reaktionszeit um 26 % zu, wenn man 60-Jährige mit 20-Jährigen gesunden Versuchspersonen vergleicht.

Veränderungen des Schlafmusters   Im Alter kommt es zu einer Zunahme der Einschlaflatenz und Abnahme der Tiefschlafphasen mit häufigen kurzen Unterbrechungen des Schlafes. Die REM-Schlafphasen hingegen bleiben unverändert. Änderungen des Schlafmusters werden auf reduzierte Konzentrationen des Neurotransmitters Serotonin zurückgeführt.

Sinnesorgane   Die Leistungen des **Gehörs** nehmen mit fortschreitendem Alter ab. Die Fähigkeit, hohe Frequenzen wahrzunehmen, geht laufend zurück (**Presbyakusis**). Aber auch das Sprachverständnis ist betroffen, weil sich wahrscheinlich die Tuningkurven der Hörnervenfasern verändern. Grundlagen der sensorischen Einbußen sind Versteifung der Basilarmembran, Atrophie des Corti-Organs und metabolische Defizite infolge einer Atrophie der Stria vascularis. Ein zunehmender Neuronenverlust reduziert die Leistungsfähigkeit der auditiven Informationsverarbeitung.

Der **Gesichtssinn** ist im Alter ebenfalls in mannigfacher Weise beeinträchtigt. Wegen der abnehmenden Linsenelastizität vermindert sich die Akkommodationsbreite stark. Mit 70 Jahren ist das Akkomodationsvermögen fast völlig erloschen (**Presbyopie**), der Nahpunkt rückt daher immer weiter vom Auge weg, zum Lesen wird eine Brille notwendig. Die Transparenz der Linse geht im Alter zurück. Unter pathologischen Bedingungen (chronische UV-Lichtexposition, Medikamente wie Kortison, Uveitis, Diabetes mellitus) kann sich daraus eine Linsentrübung (**Katarakt**) entwickeln. Glaskörpertrübungen werden häufiger. Altern der retinalen Pigmentepithelzellen induziert die altersbedingte Makuladegeneration.

Im Alter kommt es außerdem zu einer Abnahme von **Geruchs- und Geschmacksfähigkeit** (besonders für salzig). Dies ist eine der Ursachen für den oft mangelhaften Appetit alter Menschen. Das Durstgefühl ist oft verringert. Zusammen mit erniedrigter Konzentrationsfähigkeit und Na-Sparfähigkeit der Nieren und verringerter Sekretion des Antidiuretischen Hormons (ADH) und des Atrialen Natriuretischen Hormons (ANH) bewirkt das ein hohes Dehydrationsrisiko.

Die **somatoviszerale Sensibilität** ist im hohen Alter durch einen progressiven Verlust von Meißner- und Pacini-Tastkörperchen, der bei 90-Jährigen bis zu 30 % beträgt, beeinträchtigt.

84.3.5 Endokrines System

Veränderungen der Hormonproduktion führen bei Frauen in den Wechseljahren zum Erlöschen der Keimdrüsenfunktion, bei Männern kommt es zu einer kontinuierlichen Abnahme der Hormonsynthese.

Östrogen, Progesteron und Testosteron   Ein einschneidender Prozess stellt bei Frauen das **Klimakterium** (▶ Kap. 82.1.3) mit Erlöschen der Keimdrüsenfunktion dar. Zunächst werden die Menstruationsblutungen unregelmäßig und schwächer, dann bleiben Ovulation und Gelbkörperbildung aus und die ovariale **Östrogen- und Progesteron**-Produktion sinken drastisch ab. Beim Mann kommt es **nicht** zu einer sog. **Andropause**. Der mittlere **Testosteronspiegel sinkt** zwischen dem 25. Lebensjahr und dem 90. Lebensjahr zwar kontinuierlich ab, vielfach können jedoch bei gesunden alten Männern Testosteronspiegel im mittleren virilen Bereich gemessen werden. Das Gewicht der Hoden bleibt konstant. Die Anzahl fertiler Spermien sinkt jedoch mit dem Alter, ebenso die Reizantwort der Leydig-Zellen auf einen Gonadotropinstimulus., beides mit beträchtlicher individueller Variabilität.

Weder bei Frauen noch bei Männern gibt es einen biologischen Endpunkt für *sexuelles Interesse* und Kompetenz. Lediglich die Häufigkeit der sexuellen Aktivität nimmt in höherem Alter ab.

Wachstumshormon und DHEA   Altern geht mit einem kontinuierlichen Rückgang der Sekretion von **Wachstumshormon** (human growth hormone, HGH) einher. Dabei bleiben Pulsatilität und Stimulierbarkeit der Sekretion prinzipiell erhalten. Die Vermittlung der Wachstumshormonwirkung erfolgt größtenteils über Somatomedin-C/insulin-like growth factor I (IGF I), dessen Spiegel ebenfalls altersassoziiert abfällt. DHEA (**Dehydroepiandrosteron**) wird in der Nebenniere aus Cholesterol gebildet und im Körper zu Testosteron und Östrogen umgewandelt. Im Alter sinkt die DHEA-Produktion bis auf 20 % des Gipfels im jungen Erwachsenenalter.

Verzögerte Reaktion   Generell findet sich im Alter ein **verzögertes Ansprechen** der Zielorgane auf hormonelle Stimuli übergeordneter Zentren (z. B. verzögerte Reaktion von TSH auf TRH-Stimulation, verzögerte ACTH-Produktion auf CRH-Stimulation, vermindertes Ansprechen auf adrenerge Reize).

Hormonersatz als Alternstherapie?   Restoration „jugendlicher" Werte von Sexualhormonen, HGH oder DHEA wird verbreitet als Alternstherapie vermarktet. Dafür gibt es **keine** seriöse **wissenschaftliche Basis**. Die besten klinischen Langzeiterfahrungen existieren mit der Östrogen-(mit oder ohne Progesteron) Hormonersatztherapie in post-menopausalen Frauen (menopausal hormone therapy, MHT), die seit über 60 Jahren in einer grossen Anzahl von Frauen durchgeführt wurde. Insgesamt zeigen die Studien **keine Evidenz für einen „Anti-aging-Effekt"**: Die MHT hat zwar einen nachweisbaren anti-osteoporetischen Effekt, die Risiken für Herzerkrankungen und Demenz erscheinen aber eher erhöht als erniedrigt. Zu Langzeitwirkungen von Testosteron-, HGH- oder DHEA-Gabe oder Aktivierung in Patienten mit altersgerechten Hormonspiegeln gibt es keine verlässlichen Daten. Im Tierversuch verlängert niedriges HGH die Lebensspanne, erhöhtes HGH verkürzt sie. Eine Reihe von **Nebenwirkungen** ist wahrscheinlich, dazu gehören erhöhtes Diabetesrisiko und erhöhter Blutdruck für HGH und Leberschäden für DHEA (▶ Abschn. 84.5.2, Exkurs).

> Absinkende Hormonspiegel sind Bestandteil des Alterungsprozesses und nicht dessen Ursache. Daher kann durch substitutive Anhebung von Hormonspiegeln auf jugendliche Werte keine Einflüsse auf Alternsprozesse erwartet werden.

84.3.6 Niere, Darm

Die Abnahme der Nierenfunktion hat große Bedeutung für die Pharmakotherapie, während altersbedingte Veränderungen im Magen-Darm-Trakt nur geringe klinische Auswirkungen haben.

Renales System   Die Nieren erfahren im Alter eine vermehrte glomeruläre Sklerose. Die Zahl der Nephrone nimmt ab. Sie sind im 8. Lebensjahrzehnt um etwa 30 % reduziert. Die Basalmembranen verdicken sich. Es kommt zu einer deutlichen Abnahme der **glomerulären Filtrationsrate** bei ebenfalls rückläufigem renalem Plasmafluss. Die Folge ist eine reduzierte Verdünnungs- und Konzentrationsfähigkeit und eine verlangsamte Säureelimination. Die Rückresorption von Glukose und Natrium ist herabgesetzt, ebenso der Vitamin-D-Metabolismus. Mit zunehmendem Alter kommt es zu einem Absinken des Reninspiegels.

Die funktionellen Veränderungen an der Niere müssen unbedingt bei der **Pharmakotherapie** berücksichtigt werden, da viele Medikamente renal eliminiert werden und daher im Alter mit längeren Halbwertszeiten zu rechnen ist.

Gastrointestinales System Im gesamten Verdauungstrakt kommt es im Alter zu einer verminderten Motilität. Die Frequenz der Peristaltikwellen nimmt ab. Es treten vermehrt **nichtpropulsive Kontraktionswellen** auf. Dies kann im Ösophagus zu Schluckstörungen führen (sog. Presbyösophagus). Neben dem verminderten Defäkationsreflex ist die Motilitätsminderung eine Ursache der im Alter häufigen Obstipation. Die Atrophie von Magen- und Darmschleimhaut führt zu einer Abnahme der Intrinsic-factor-, Magensäure- und Pepsin-Sekretion. Die Absorption von Eisen und Kalzium ist vermindert. Leber und Pankreas nehmen an Größe ab, die Durchblutung lässt nach. Es kommt zu moderaten Funktionseinbußen mit reduzierter Glukosetoleranz und Rückgang einzelner Enzymaktivitäten. Dies muss bei der Dosierung von Pharmaka, die über die Leber abgebaut und ausgeschieden werden, berücksichtigt werden.

84.3.7 Blut, Bewegungsapparat und Haut

Durch eine deutliche Reduktion der Lymphozyten im Alter kommt es zu einer Zunahme von Autoimmunerkrankungen und bösartigen Neoplasien; die Muskelkraft nimmt ab, im Zusammenspiel mit einer Osteopenie oder Osteoporose ist auch die Frakturgefährdung erhöht.

Hämatologisches System Das **aktive Knochenmark**, dessen Gesamtvolumen bei jugendlichen Erwachsenen etwa 1500 ml beträgt, wird fortschreitend durch Fett- und Bindegewebe ersetzt. Im Sternum findet man bei 70-Jährigen nur noch die Hälfte der Zelldichte, verglichen mit dem Knochenmark des Jugendlichen. Das periphere Blutbild ist davon aber nicht betroffen. Es kommt allenfalls zu einer leichten Abnahme von Hb und Hkt. Auf Stoffwechselveränderungen weist die Abnahme des ATP- und 2,3-Diphosphoglyzeratgehaltes der Erythrozyten hin.

Nach dem 40. Lebensjahr kommt es zu einer deutlichen **Abnahme der Lymphozyten** um 25 %. Besonders betroffen sind hiervon die **T-Lymphozyten** (▶ Kap. 25.2.5), wohl im Zusammenhang mit der Involution des Thymus. Sowohl Zahl als auch Aktivität von T-Helferzellen und T-Killerzellen nehmen altersbedingt ab **(Immunseneszenz)**. Die herabgesetzte Funktionsfähigkeit der T-Lymphozyten beeinflusst auch die Funktion der B-Zellen. Dies führt insgesamt zu einem Rückgang der immunologischen Kompetenz mit **Abwehrschwäche**, Verlust der **Immuntoleranz** mit vermehrtem Auftreten von **Autoimmunerkrankungen** und erhöhter Inzidenz **bösartiger Neubildungen**.

Bewegungsapparat Durch Veränderungen im Kalziumstoffwechsel kommt es mit zunehmendem Alter zur Abnahme des Mineralgehaltes der Knochen mit Rarefizierung der **Knochenmatrix** und erhöhter Knochenbrüchigkeit. An den Gelenken treten Knorpelauffaserungen und Knochenappositionen (Osteophyten) auf. Osteophyten finden sich beispielsweise bei einem Drittel aller über 50-Jährigen am Femurkopf.

Die **Muskelkraft** nimmt im Alter kontinuierlich ab. Die Muskelmasse wird kleiner **(Atrophie)** und teilweise durch Fettgewebe ersetzt. Die Belastbarkeit der Sehnen lässt ebenfalls nach.

Haut Die Veränderungen der Haut und ihrer Anhangsgebilde führen zu einer Reduktion des **subkutanen Gewebes** und der darin liegenden Kapillaren und Schweißdrüsen. Die Folge sind verminderte Schweiß- und Fettproduktion und eine verlangsamte Wundheilung aufgrund verminderter Durchblutung, erhöhter Verletzlichkeit und Kapillarfragilität. Der Turgor der Haut nimmt ab, an lichtexponierten Stellen kommt es zu fleckiger **Pigmentierung** als Folge mutierter Zellklone. Melanozyten an den Haarwurzeln bilden im Alter weniger Melanin, sodass die Haare grau werden. Die Haardichte ist herabgesetzt.

In Kürze

Die physiologischen Alternsvorgänge führen zu einer Abnahme der Organreserve. Die **Funktionseinschränkungen** machen sich zuerst bei Belastung bemerkbar, während unter Ruhebedingungen kaum Veränderungen gegenüber jüngeren Erwachsenen festzustellen sind.

Die **Geschwindigkeit des Alternsprozesses** ist sowohl zwischen einzelnen Organsystemen als auch zwischen verschiedenen Individuen unterschiedlich. Regelmäßiges körperliches Training, geistige Regsamkeit und ausgewogene Ernährung können die altersphysiologischen Veränderungen verzögern.

Strukturelle und funktionelle Veränderungen sind im Alter in vielen Organen und Organsystemen nachweisbar. Funktionelle Veränderungen am **Herzen** führen zu verminderter körperlicher Belastbarkeit. Strukturelle Schädigungen an den glatten Gefäßmuskelzellen sind Ursache für die im Alter häufige Arteriosklerose und deren Folgen. Herabgesetzte **pulmonale** Abwehrmechanismen erhöhen die Infektanfälligkeit und Aspirationsgefahr (abgeschwächter Hustenreflex). Strukturelle Veränderungen behindern den Gasaustausch. Durch Funktionsverlust von B- und T-**Lymphozyten** kommt es zu erhöhter Anfälligkeit für Infekte, Autoimmunprozesse und Tumore. Die verminderte Stoffwechselaktivität der **Leber** und der Funktionsrückgang der **Nieren** müssen unbedingt bei der Pharmakotherapie berücksichtigt werden. Veränderungen der **neuronalen** und **hormonellen** Steuerungs- und Regelprozesse kann zu Veränderungen des Schlafmusters, verzögerter Reaktionszeit, Gedächtnis- und Merkstörungen führen. Einschränkungen der **Sinnesorgane** führen, zusammen mit dem Nachlassen der Muskelkraft und des Reaktionsvermögens, zu erhöhter Unfallgefahr. Veränderungen an der **Knochenmatrix** erhöhen die Knochenbrüchigkeit.

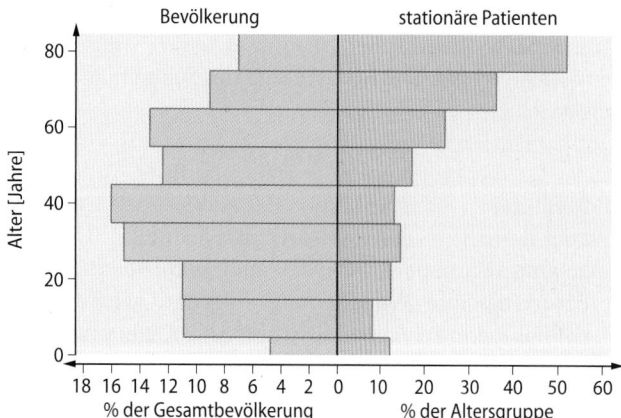

Bevölkerung   **stationäre Patienten**

○ **Abb. 84.5   Altersassoziierter Anstieg schwerer Erkrankungen.**
Altersstruktur der Gesamtbevölkerung (links, grün) und Anteile stationärer Patienten in ihrer Altersgruppe (rechts, rot) in Deutschland 1999
(Statistisches Bundesamt, Krankenhausstatistik). Patientenzahlen sind
ermittelt als Zahl der Entlassungen nach vollstationärer Behandlung

84.4   Funktionsbeeinträchtigung und Krankheit

84.4.1   Alternsassoziierte Erkrankungen

Normales Altern ist keine Krankheit, aber der Hauptrisiko-
faktor für chronische Krankheiten.

Altern ist keine Krankheit   Trotzdem leiden ältere Menschen
häufiger an Beschwerden und sind öfter krank als jüngere. Wie
oben diskutiert, liegt die Ursache dafür in der durch biologische und physiologische Abnützung erhöhten Suszeptibilität

für Erkrankungen. **Chronische Erkrankungen** treten im
Alter gehäuft auf. In erster Linie sind davon das **Herz-Kreislauf-System** (arterielle Hypertonie, koronare Herzkrankheit,
Herzinsuffizienz), der **Bewegungsapparat** (Wirbelsäulensyndrome, Arthrosen, rheumatische Erkrankungen) und das
Zentralnervensystem (Alzheimer- und andere Demenzen)
betroffen. Die Inzidenz von **Tumoren** und von Stoffwechselerkrankungen **(Diabetes mellitus)** steigt mit dem Alter an. Ein
Charakteristikum des typischen geriatrischen Patienten ist das
Auftreten mehrerer Krankheiten gleichzeitig, die sich wechselseitig beeinflussen und zu Funktionsverlusten führen **(Multimorbidität)**. Die Behandlung alter Patienten ist heute bereits
Schwerpunkt medizinischer Tätigkeit. Über 75-Jährige sind
etwa 4-mal so häufig von schweren Erkrankungen, die eine
vollstationäre Behandlung erforderlich machen, betroffen, wie
Personen im mittleren Alter (○ Abb. 84.5). Zusätzlich ist die
mittlere Behandlungsdauer wesentlich länger. Diese Entwicklung wird sich in absehbarer Zukunft noch verstärken.

> 85-jährige leiden im Mittel an 4 (Männer) oder
> 5 (Frauen) chronischen Erkrankungen gleichzeitig
> (Multimorbidität).

Verlauf des Alterns   Der Alternsprozess und die Entwicklung von Krankheiten sind jedoch individuell sehr unterschiedlich und von vielen Faktoren (Erbanlagen, Umweltfaktoren, persönliche Lebensweise) abhängig. Ein Teil der
Bevölkerung erreicht ein hohes Alter bei guter Gesundheit,
während andere schon frühzeitig chronische Leiden und
Behinderungen aufweisen. In ○ Abb. 84.6 sind in stark vereinfachter Form einige Verläufe des Alterns wiedergegeben.
Die Annäherung normalen Alterns an den idealtypischen

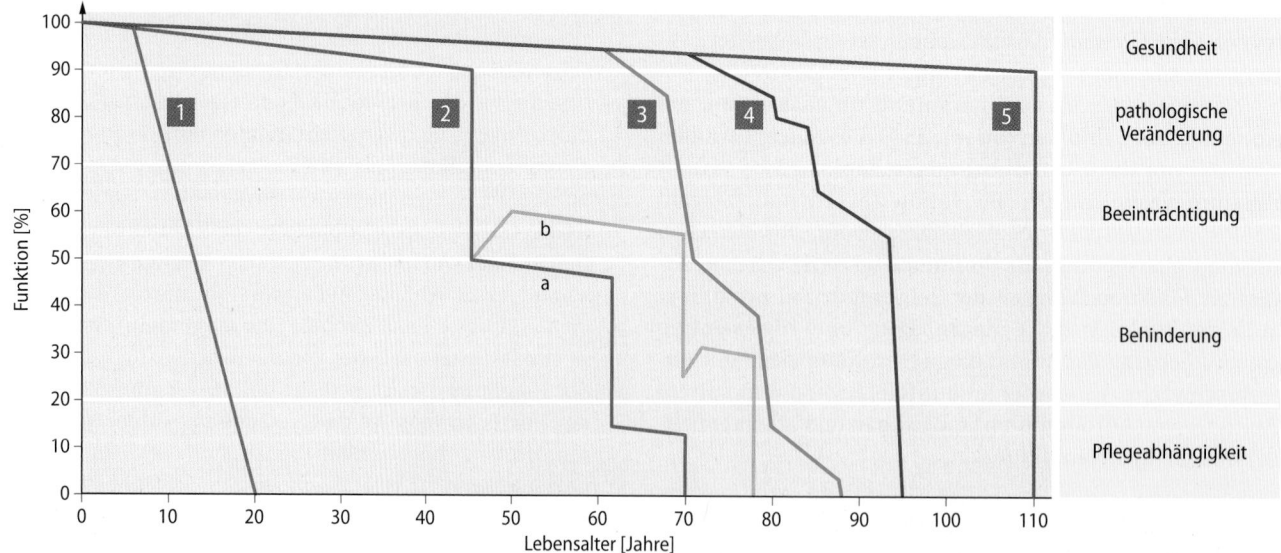

○ **Abb. 84.6   Beispiele verschiedener Alterungsverläufe.** Linie 1:
Stark beschleunigter Alterungsprozess ab dem 6. Lebensjahr bei der
Progerie (vorzeitige Vergreisung). Linie 2: Risikofaktoren (Bluthochdruck,
erhöhte Blutfette, Nikotin etc.) können ebenfalls zu einer schnelleren
Alterung beitragen. Nach einem Akutereignis (z. B. Schlaganfall) kann
durch therapeutische Intervention eine Besserung des funktionellen
Status, der Lebenserwartung und damit der Lebensqualität erreicht

werden (2a → 2b). Linie 3: Rasche Funktionsbeeinträchtigung, wie sie
für Demenzkranke typisch ist. Zu beachten ist die lange Phase der Behinderung bei alltäglichen Verrichtungen und die Pflegeabhängigkeit.
Linie 4: „Normales" Altern. Bis ins hohe Alter bestehen nur leichte Beeinträchtigungen. Die Phase von Behinderung und Pflegeabhängigkeit ist
auf die letzten Lebensmonate beschränkt. Linie 5: Idealtypischer Verlauf
des Alterns

Verlauf (Kurve 5 in ◧ Abb. 84.6) ist ein wesentliches Ziel heutiger biogerontologischer Forschung, und wird in zunehmendem Maße Gegenstand und Zielstellung **prophylaktischer** Einwirkung (▶ Abschn. 84.5).

Viele Menschen werden gebrechlich (engl. frail) in hohem Alter. Die Beobachtung, dass dieser Zustand mit einem erhöhten Risiko zukünftiger negativer Entwicklungen (weiterer Funktionsverlust, erhöhte Abhängigkeit, Klinikaufenthalte, Institutionalisierung, Tod) assoziiert ist, führte zu Bemühungen, Frailty als klinisch identifizierbares Syndrom zu definieren (s. u. Case Study).

84.4.2 Alternsbedingte Funktionseinbußen

Funktionsverluste im Alter sind häufig therapierbar.

Funktionsverluste im Alter wirken sich im physischen, psychischen und sozialen Bereich aus und bedrohen die Selbstständigkeit der Patienten. Sowohl die Anzahl von Erkrankungen als auch die Schwere der Krankheit sind nur lose mit der Funktion verknüpft. Es gibt Patienten mit einer Vielzahl auch schwerer Krankheiten ohne Funktionsverlust. Andererseits kann bereits eine Einzelerkrankung (z. B. Schlaganfall) zu erheblichen Funktionseinbußen führen. Die Funktion entscheidet über die Behandlungsbedürftigkeit, die Krankheit über die therapeutischen Möglichkeiten.

Funktionsbeurteilung In der Geriatrie werden daher zusätzlich zur üblichen Diagnostik **Funktionsuntersuchungen** und **-befragungen** durchgeführt, die sich auf die Anforderungen des Alltagslebens beziehen (z. B. Test für Gedächtnis und Orientierung, Gangsicherheit, Gehgeschwindigkeit, Kraft, manuelle Geschicklichkeit, Öffnen von Medikamentenverpackungen usw.). Zunehmend wird ein Frailty-Assessment in diese Untersuchungen mit einbezogen. Aus dieser Funktionsbeurteilung (sog. **geriatrisches Assessment**) werden wesentliche Erkenntnisse für die Therapie zur Wiedereingliederung in den häuslichen Bereich (z. B. nach Schlaganfall mit Halbseitenlähmung) gewonnen.

Rehabilitation Gelingt es, die funktionellen Ressourcen gut zu nützen, können auch ältere Patienten erfolgreich rehabilitiert werden. Das Training von funktionellen Fähigkeiten hat größtmögliche Selbstständigkeit des Betroffenen zum Ziel. So kann auch im Alter trotz evtl. bleibender Behinderung ein selbstbestimmtes Leben ermöglicht werden mit einem hohen Maß an Zufriedenheit und Lebensqualität: „Dem Leben nicht Jahre, sondern den Jahren Leben hinzufügen!"

In Kürze

Im Alter überwiegt das **chronische Krankheitsspektrum**. Betroffen sind vor allem das **Herz-Kreislauf-System** (arterielle Hypertonie, koronare Herzkrankheit, Herzinsuffizienz), der **Bewegungsapparat** (Wirbelsäulensyndrome, Arthrosen, rheumatische Erkrankungen) und das **Zentralnervensystem** (Alzheimer- und andere Demenzen). Außerdem steigt die Inzidenz von Tumoren und Stoffwechselerkrankungen (Diabetes mellitus). Geriatrische Patienten weisen charakteristischerweise mehrere Krankheiten gleichzeitig auf (**Multimorbidität**), die sich wechselseitig beeinflussen und durch Funktionsverlust die selbstständige Lebensführung bedrohen.

Gerontologische Forschung zielt auf terminale Kompression dieser Phase durch langfristige **Prophylaxe** ab. Ein wesentliches Ziel der Behandlung in der Geriatrie ist die Wiederherstellung oder Erhaltung der **Selbsthilfefähigkeit** des Patienten.

84.5 Intervention zur Verlangsamung des Alterns

Interventionen in den Alternsprozess zielen nicht auf Lebensverlängerung, sondern auf Verlängerung der gesunden Lebenserwartung ab.

Sozioökonomische Faktoren und Prophylaxe Selbst innerhalb der entwickelten Industrieländer ist die Lebensspanne deutlich an den **sozioökonomischen Status** gekoppelt. Verschiedene sozioökonomische Faktoren spielen dabei eine Rolle:
- Gute medizinische Betreuung, qualitativ hochwertige Nahrung mit einem hohen Gehalt an Vitaminen, Früchten und Gemüse und ein gesundheitsbewusster Lebensstil tragen signifikant zur Lebensverlängerung bei.

Klinik

Frailty – ein klinisches Syndrom

Frailty wird definiert als **eingeschränkte Homöostasefähigkeit**, die zu einem klinisch relevanten Zustand niedriger physiologischer Reservekapazität und erhöhter Stressanfälligkeit führt. Frailty wird charakterisiert durch niedrigen Energiestoffwechsel, geringe Muskelmasse und -qualität, veränderten Hormonstatus und chronische Entzündungsreaktionen. Eine allgemein anerkannte operative Definition existiert noch nicht; meist wird Frailty als klinisches Syndrom so definiert, dass mindestens drei der folgenden fünf Kriterien erfüllt werden: **Muskelschwäche, Langsamkeit, physische Inaktivität, Müdigkeit und Gewichtsverlust**. Andere Operationalisierungen beruhen z. B. auf einem Defizitmodell: Je mehr funktionelle oder biologische Defizite, desto höher ist der Grad an Frailty. Die Bedeutung des Frailty-Syndroms beruht darauf, dass 1. nicht jeder Mensch im Alter frail wird, 2. der Grad an Frailty mit der Zeit sowohl zu- als auch abnehmen kann, und 3. Frailty eine Risikoprognose zulässt. Daraus ergibt sich sowohl die Möglichkeit als auch die Notwendigkeit therapeutischer Interventionen.

- Übergewicht und Rauchen sind die zwei wichtigsten Faktoren, die heute die erreichbare Lebensspanne in den Industrieländern begrenzen.
- Veränderung von Lebensnormen und Lebensstil ist der entscheidende Schritt zur Verlängerung des Lebens.

Der nächste entscheidende Faktor, der ein langes, gesundes Leben wahrscheinlicher macht, ist die **medizinische Prophylaxe** im engeren Sinne. Dies reicht von der Kariesprophylaxe (ein guter Gebisszustand ist ein wesentlicher Faktor für gesunde Ernährung im Alter) bis zur Krebsvorsorge. Schließlich ist zumindest prinzipiell auch gezielte biomedizinische Intervention zur Verringerung der Geschwindigkeit des Alterns möglich.

Prinzip biologischer Intervention   Der Alternsprozess kann grundsätzlich entweder durch Verlangsamung aller Lebensrhythmen („Winterschlaf-Prinzip") oder durch verringerte Erzeugung bzw. verbesserte Reparatur oder Kompensation molekularer Schäden verlangsamt werden. Es ist klar, dass das erstgenannte Prinzip zwar das Leben verlängern, es aber kaum mehr lebenswert machen würde. Ziel biologischer Intervention in den Alternsprozess ist nicht a priori Lebensverlängerung, sondern **Verbesserung der Lebensqualität** im Alter durch Verlangsamung des Alterns und Kompression der terminalen Phase, die durch Multimorbidität und Funktionsverluste gekennzeichnet ist. Dies ist prinzipiell über Schadensminimierung, Aktivierung von Schutzmechanismen oder Optimierung metabolischer Regulationswege erreichbar.

Allerdings haben Versuche in verschiedenen Tiermodellen und humane Interventionsstudien gezeigt, dass direkte Interventionen in molekulare Schädigungsmechanismen (z. B. durch Gabe von Antioxidanzien) nur in seltenen Fällen das Altern positiv beeinflusst haben. Interaktions- und Adaptationsprozesse während des Alterns sind offensichtlich zu komplex, um durch vergleichsweise simple Interventionsstrategien positiv beeinflusst werden zu können. Zum Beispiel werden Sauerstoffradikale auch für physiologische Signalübertragungsprozesse genutzt, sodass ein vollständig erfolgreicher Schutz sehr leicht zu nicht tolerierbaren Nebenwirkungen führen könnte. Im Gegensatz dazu sind Interventionen in die metabolische Regulation, die eine generelle Erhöhung der Stressresistenz bewirken, auch effektiv in der Lebensverlängerung. Das klassische Beispiel für solche Interventionen ist **kalorische Restriktion.**

Kalorische Restriktion   Langfristige Einschränkung der Nahrungsaufnahme auf 60–70 % der normalen Kalorienmenge ohne Fehlernährung, d. h. ohne Depletion essenzieller Bestandteile (Vitamine, Aminosäuren, Spurenelemente u. a.) wird als kalorische Restriktion bezeichnet. Kalorische Restriktion verlängert reproduzierbar und signifikant die Lebensspanne von so unterschiedlichen Organismen wie Hefen, Würmern und Nagern um 30–50 %. Kalorische Restriktion geht mit verringerter Fruchtbarkeit einher. Diese Plastizität bei der Allokation von Ressourcen zwischen somatischem

Erhalt und Fortpflanzung stellt eine erfolgreiche **Adaptation** an Phasen geringer Nahrungsverfügbarkeit dar.

Die Reaktion auf kalorische Restriktion schließt praktisch alle unter ▶ Abschn. 84.2 und 84.3 aufgeführten kausalen Alternsmechanismen ein. So erniedrigt kalorische Restriktion periphere Insulinspiegel und erhöht die Insulinsensitivität, reduziert TOR und p66Shc, reduziert ROS, aktiviert den Mitochondrien-Umsatz, verbessert den Erhalt der Telomeren und verringert zelluläre Seneszenz. Wie alle diese verschiedenen Mechanismen ineinandergreifen und welche davon für den Erfolg kalorischer Restriktion essenziell sind, ist nicht ausreichend geklärt.

❯ Kalorische Restriktion ist die wirksamste Methode zur Verlangsamung des Alterns in einer Vielzahl von Spezies einschließlich unterschiedlicher Säuger.

Genetische und pharmakologische Intervention in Tiermodellen   Genetische Intervention im Fadenwurm C. elegans ist die im Hinblick auf die Lebensspanne bislang erfolgreichste Intervention in den Alternsprozess. Mutationen in zahlreichen Genen, z. B. im Insulinrezeptor-Signalweg (daf-2, age-1, daf-16), in der mitochondrialen Atmungskette oder Sirtuine (sir-2) erhöhen die Stressresistenz der Tiere und können die normale Lebensspanne mehr als verdoppeln. Im Gegensatz dazu erscheint Lebensverlängerung in Säugern komplizierter als in niedrigeren Organismen. Dies hängt vermutlich mit der höheren **Plastizität** der Lebensverläufe niederer Organismen (z. B. Larven- und Dauerstadien) zusammen. Erfolgreiche genetische oder pharmakologische Intervention im Mausmodell führt normalerweise „nur" zu einer Lebensverlängerung von 10 bis maximal 30 %. In den letzten Jahren finden auch im Tiermodell zunehmend Parameter Beachtung, die eine Einschätzung von Interventionseffekten auf **Gesundheit** und **Funktionserhalt** gestatten. Bisher sind in der Alternsliteratur nicht mehr als etwa 10 phamakologische Interventionen bekannt, die die (gesunde) Lebensspanne von Mäusen verlängern. Dazu gehören **Metformin** (unterdrückt Glukosebildung in der Leber und Glukoseabsorption im Darm, zugelassen als Anti-Diabetikum), **Acarbose** (blockt den Abbau von Kohlehydraten im Darm, zugelassen als Anti-Diabetikum), **Rapamycin** (TOR-Hemmer, Immunsuppressor, zugelassen zur Immunsuppression bei Nierentansplantation) und **17α-Estradiol** (ein nicht-feminisierendes Östrogen-Derivat, Bestandteil zahlreicher oraler Kontrazeptiva). Genetisch induzierte **Abtötung seneszenter Zellen** kann die Lebensdauer von Mäusen erhöhen und verschiedene Gesundheitsparameter verbessern. Medikamente zur Abtötung seneszenter Zellen (**Senolytika**) werden gegenwärtig entwickelt und erprobt.

Pharmakologische Verlängerung der gesunden Lebenserwartung beim Menschen   Kalorische Restriktion ist offensichtlich nicht zur Verlangsamung des humanen Alterns in großem Maßstab einsetzbar, obwohl verschiedene Gruppen sich freiwillig teilweise über mehrere Jahre hinweg kalorischer Restriktion unterzogen haben. Ergebnisse kontrollierter Studien liegen jedoch nicht vor. Ob auf der Grundlage

Klinik

Klinische Studien zur Verlangsamung des Alterns

Klinische Studien im Alternsbereich haben zwei komplexe Designprobleme zu lösen: Das erste ist die **Definition des Einsatzbereichs**. Klassische klinische Studien testen ein Medikament zur Heilung oder Linderung eines exakt definierten Krankheitsbildes als Voraussetzung für seine Zulassung für diesen einen wohldefinierten Zweck. Im Gegensatz dazu sind Alternsstudien darauf ausgerichtet, durch Verlangsamung des Alternsprozesses das Auftreten vielfacher, a priori nicht spezifizierter Krankheiten zu verzögern und/oder Funktion, Unabhängigkeit und Lebensqualität für länger zu erhalten. Für lange Zeit waren die Voraussetzungen nicht gegeben, diese Zielstellung als Grundlage für die Anerkennung eines Medikaments zu akzeptieren. Viele klinische Studien von Medikamenten mit alternsverzögerndem Potenzial sind daher für ganz spezifische alternsassoziierte Krankheiten durchgeführt worden; z. B. existiert eine Reihe von Studien zur Behandlung von Herzkrankheit oder Sarkopenie mit Rapamycin-Analoga. Die Definition von **Frailty** als klinisch relevantes Syndrom war ein wichtiger Schritt in Richtung auf Erprobung von Medikamenten in einem breiteren Kontext. Frailty ist das primäre Behandlungsergebnis in über 50 registrierten Interventionsstudien (Mai 2016, clinicaltrials.gov). Zwei Drittel dieser Studien benutzen verschiedene Kombinationen von physischem Training und Ernährung und Verhalten als Intervention. Unter den medikamentösen Interventionen finden sich Metformin (3 Studien), Stammzellentherapien (3), Testosteron (2), Rapamycin (1), Superoxid-Dismutase (1), DHEA (1) und Senolytica Quercetin plus Dasatinib (1). Das zweite Designproblem betrifft die **Sicherheit der Interventionen**, die auf Verlangsamung des Alterns abzielen. Solche Interventionen sind typischerweise prophylaktisch und daraus ergeben sich sehr viel höhere Anforderungen an Verträglichkeit und Nebenwirkungsarmut. Das bedeutet, dass in der vorhersehbaren Zukunft kaum mit der Entwicklung neuer Medikamente in diesem Feld gerechnet werden kann, sondern dass vorhandene Medikamente mit bestem Sicherheitsprofil umgewidmet werden.

Dies zeigt sich exemplarisch in der ersten klinischen Studie zur Erprobung eines Medikaments zur Verzögerung des Alternsprozesses im Menschen: Die TAME(Targeting Aging with Metformin)-Studie unter Leitung von Nir Barzilai, New York, begann letztes Jahr. Sie testet, ob Behandlung mit Metformin das Auftreten von Multi-Morbidität in über 65-Jährigen verzögern kann. Metformin wurde gewählt, weil es nicht nur die Lebensdauer in verschiedenen Modell-Organismen verlängert, sondern auch in Diabetikern das Risiko für kardiovaskuläre Erkrankungen und Tumoren verringert, und weil schließlich eine enorme Menge von Daten aus mehreren Dezennien seine Sicherheit und Nebenwirkungsarmut belegt.

Sollte die TAME-Studie ein positives Ergebnis zeigen, würde sie erstmalig die Richtigkeit des alternsbiologischen Interventionskonzepts – Verlangsamung des Alterns zur Verringerung verschiedenster altersabhängiger Krankheiten und Funktionsverluste – im Menschen beweisen.

---

bestimmter Zuckerderivate, die im Experiment als **Restriktionsmimetika** wirken (d. h., sie führen zu vergleichbarer Lebensverlängerung ohne Einschränkung der Nahrungsaufnahme), eines Tages wirksame Mittel zur Verbesserung gesunden menschlichen Alterns gewonnen werden können, ist noch unklar. Gegenwärtig wird dazu ein wesentlicher Schritt gemacht mit dem Beginn der ersten klinischen Studie, die ausdrücklich auf Verlangsamung des Alterns im Menschen abzielt (s. u., Case Study).

In Kürze

Altern kann **pharmakologisch** oder **gentherapeutisch verlangsamt** werden. Dies ist bei Säugern schwieriger als bei niedrigeren Organismen, aber nicht unmöglich. **Kalorische Restriktion** verlangsamt das Altern signifikant bei allen bisher untersuchten Spezies. Basis dessen ist eine systemische Adaptation, die eine Vielzahl altersrelevanter molekularer und zellulärer Mechanismen beinhaltet. Eine Verlängerung der gesunden Lebensspanne des Menschen durch pharmakologische Intervention in kausale Mechanismen des Alterns liegt gegenwärtig im Bereich des Möglichen.

Literatur

Fontana L, Partridge L. Promoting Health and Longevity through Diet: From Model Organisms to Humans. Cell 161 (2015)106–118

Kirkwood TBL. Understanding the Odd Science of Ageing. Cell 120 (2005) 437–447

Kirkwood TBL, Melov S. On the Programmed/non-Programmed Nature of Ageing within the Life History. Current Biol 21 (2011) R701-R707

Lopez-Otin C, Blasco MA, Partridge L, Serrano M, Kraemer G. The Hallmarks of Aging. Cell 153 (2013) 1194–1217

Von Zglinicki T. Will your telomeres tell your future? Not any time soon. British Medical Journal 344 (2012) e1727

Erratum

Die aktualisierte Online-Version des Kapitels kann hier abgerufen werden:
https://doi.org/10.1007/978-3-662-56468-4

© Springer-Verlag GmbH Deutschland, ein Teil von Springer Nature 2020
R. Brandes et al. (Hrsg.), *Physiologie des Menschen*, Springer-Lehrbuch
https://doi.org/10.1007/978-3-662-56468-4_85

Erratum zu: Physiologie des Menschen

Ralf Brandes, Florian Lang und Robert F. Schmidt

Aufgrund eines Versehens wurde ein falsches Copyright eingefügt:
© Springer-Verlag GmbH Austria, ein Teil von Springer Nature 2019

Es muss wie folgt lauten und ist in dieser Version korrigiert:

© Springer-Verlag GmbH Deutschland, ein Teil von Springer Nature 1936, 1938, 1941, 1943, 1947, 1948, 1955, 1956, 1960, 1964, 1971, 1976, 1977, 1980, 1983, 1985, 1987, 1990, 1993, 1995, 1997, 2000, 2005, 2007, 2011, 2019, korrigierte Publikation 2019

Es wurde versäumt die Zeichnerin auf der Copyright-Seite zu erwähnen. Diese wurde nun eingefügt:

Zeichnungen: Ingrid Schobel, Hannover

Serviceteil

© Springer-Verlag GmbH Deutschland, ein Teil von Springer Nature 2019
R. Brandes et al. (Hrsg.), *Physiologie des Menschen*, Springer-Lehrbuch
https://doi.org/10.1007/978-3-662-56468-4

Anhang 1   Tabellen

Kapitel 3   Transport in Membranen und Epithelien

□ Tabelle A1   Transporter der Zellmembranen (Auswahl)
AS = Aminosäuren, C.typ = Carriertyp, S = Symporter, A = Antiporter, U = Uniporter, 2 = sekundär aktiv, 3 = tertiär aktiv, P = passiv;
Typische Lokalisation in Epithelien: a = apikal, bl = basolateral

Transporter		Name	Gen-symbol#	Stöchio-metrie	Carriertyp	typische Lokalisation		Transporterdefekt oder -dysregulation
Pumpen = Transport-ATPasen								
P-ATPasen	Na⁺ / K⁺	Na/K-ATPase	ATP1A1	3:2 (:1 ATP)	A	bl	alle Zellen	
	Ca²⁺	Ca-ATPase	ATP2B1	1 (:1 ATP)	U	bl	alle Zellen	
	H⁺ / K⁺	H/K-ATPase	ATP4*, ATP12A	1:1 (:1 ATP)	A	a	Magen, Sammelrohr, Kolon	
V-ATPase	H⁺	H-ATPase	ATP6V1B1	1 (:1 ATP)	U	a	Sammelrohr Zwischenzellen Typ A	distale renal-tubuläre Azidose
						bl	Sammelrohr Zwischenzellen Typ B	
ABC-Transporter	viele Medikamente	MDR1 = Pgp	ABCB1	1 (:1 ATP)	U	a	z.B. Leber, Niere, Darm	↑ in manchen Tumoren
Symporter und Antiporter								
Na⁺ / H⁺		NHE1	SLC9A1	1:1	A, sek. aktiv	bl	Niere, Darm u.v.a.	
		NHE3	SLC9A3			a	Prox. Tubulus, Henle-Schleife, Darm	
Na⁺ K⁺ Cl⁻		NKCC1	SLC12A2	1:1:2	S, sek. aktiv	bl	alle sezernierenden Epithelien	
		NKCC2	SLC12A1			a	aufsteigende dicke Henle-Schleife	Bartter-Syndrom Typ 1 ①
Na⁺ HCO₃⁻		NBC1	SLC4A4	1:3	S, tert. aktiv	bl	Prox. Tubulus	prox. renal-tubuläre Azidose
				1:2	S, sek. aktiv		Pankreas, Leber, Darm	
Na⁺ Cl⁻		NCC	SLC12A3	1:1	S, sek. aktiv	a	Frühdistaler Tubulus	Gitelman-Syndrom ②
K⁺ Cl⁻		KCC1	SLC12A4	1:1	S, sek. aktiv	bl	Niere, Darm	
Na⁺ / Ca²⁺		NCX3	SLC8A3	3:1	A, sek. aktiv	a, bl	alle (Epithel-)Zellen	
Na⁺ PO₄³⁻		NaPi-IIa, -IIb	SLC34A2	3:1	S, sek. aktiv	a	-IIa: Prox. Tubulus, -IIb: Dünndarm	Hypophosphatämie
Na⁺ SO₄²⁻		NaSi-1	SLC13A1	3:1	S, sek. aktiv	a	Prox. Tubulus, Dünndarm	

◘ Tabelle A1 (Fortsetzung)

Transporter	Name	Gen-symbol#	Stöchio-metrie	Carriertyp	typische Lokalisation		Transporterdefekt oder -dysregulation
HCO$_3^-$ / Cl$^-$	AE2	SLC4A2	1:1	A, tert. aktiv	a	Sammelrohr, Kolon, Nebenzellen Magen	
					bl	Prox. Tubulus, Parie-talzelle Magen	
	AE1	SLC4A1	1:1	A, tert. aktiv	bl	Sammelrohr Zwischenzellen Typ A	distale renal-tubuläre Azidose
						Erythrozyt	
	DRA	SLC26A3	1:1	A, tert. aktiv	a	Ileum, Colon, Pankreas	familiäre Cl$^-$-Diarrhoe
Cl$^-$ / H$^+$	ClC-5	CLCN5	2:1	A, sek. aktiv	nahe a	Endosomen des prox. Tubulus	Dent 1-Syndrom ③
H$^+$ / org. Kationen (TEA)	OCT1	SLC22A1	1:1	A, tert. aktiv	a	Prox. Tubulus (pars recta)	
Dikarboxylate / org. Anionen (PAH)	OAT1	SLC22A6	1:1	A, tert. aktiv	bl	Prox. Tubulus (pars recta)	
SO$_4^{2-}$ / Anionen	SAT-1	SLC26A1	1:1	A, tert. aktiv	bl	Prox. Tubulus	
Na$^+$ Dikarboxylate	NaDC-3	SLC13A3	3:1	S, sek. aktiv	a, bl	Prox. Tubulus, Dünndarm	
Na$^+$ Gallensäuren	ASBT	SLC10A2	2:1	S, sek. aktiv	a	Ileum, Prox. Tubulus	Prim. Gallensäuren-malabsorption
	NTCP	SLC10A1			bl	Leber	
Na$^+$ I$^-$	NIS	SLC5A5	2:1	S, sek. aktiv	bl	Schilddrüsenfollikel, Mamma-Epithel	angeborene Hypo-thyreose
I$^-$ / Cl$^-$	Pendrin	SLC26A4	1:1	A, tert. aktiv	a	Schilddrüsenfollikel, Innenohr	Pendred-Syndrom ④
Na$^+$ Glukose oder Galaktose	SGLT1	SLC5A1	2:1	S, sek. aktiv	a	Spätprox. Tubulus, Dünndarm	Glukose/Galaktose-Malabsorption, Renale Glukosurie Typ 1
Na$^+$ Glukose	SGLT2	SLC5A2	1:1	S, sek. aktiv	a	Frühprox. Tubulus	Isolierte renale Glukosurie
Na$^+$ anionische Aminosäuren	EAAT1	SLC1A3	1:1	S, sek. aktiv	a	Prox. Tubulus, Dünndarm, Glia-zellen	
	EAAT2 EAAT3	SLC1A2					
		SLC1A1					
Na$^+$ neutrale Aminosäuren	y$^+$LAT1	SLC7A7	1:1	S, sek. aktiv	a	Prox. Tubulus, Dünndarm	Lysinurische Proteinintoleranz
Na$^+$ kationische Aminosäuren	CAT-1	SLC7A1	1:1	S, sek. aktiv	a	Prox. Tubulus, Dünndarm	
neutrale AS / Zystin, dibasische AS	rBAT	SLC3A1	1:1	A, tert. aktiv	a	Prox. Tubulus, Dünndarm	Zystinurie Typ 1
H$^+$ Di- und Tripeptide	PepT1	SLC15A1	1:1	S, tert. aktiv	a	Prox. Tubulus S1, Dünndarm	
	PepT2	SLC15A2				Prox. Tubulus S2-S3	

◻ **Tabelle A1** (Fortsetzung)

Transporter	Name	Gen-symbol#	Stöchio-metrie	Carriertyp	typische Lokalisation		Transporterdefekt oder -dysregulation
Uniporter = einfache Carrier							
Glukose	GLUT1	SLC2A1		U, passiv		Ery, ZNS, bl spät-prox. Tubulus	GLUT1-Defizit-Syndrom ⑤ (↓ bei Diabetes mellitus)
	GLUT4	SLC2A4				Skelettmuskel, Herz, Fettgewebe	
Glukose, Galaktose, Fruktose	GLUT2	SLC2A2		U, passiv	bl	Prox. Tubulus, Dünndarm, Pankreas	Fanconi-Bickel-Syndrom ⑥
Fruktose	GLUT5	SLC2A5		U, passiv	a	Dünndarm, Prox. Tubulus	SGLT5-Mangel: Fruktose-Malabsorption
Harnstoff UT2 = UT-A	UT1 = UT-B	SLC14A1		U, passiv	a	medull. Sammel-rohr, Vasa recta, Ery, aufsteigende dünne Henle-Schleife	
		SLC14A2					
Membrankanäle mit Transportfunktion							
Na⁺	ENaC	SCNN1			a	Dist. Tubulus und Sammelrohr, Dist. Kolon, Lunge	↑ Liddle-Syndrom ⑦, ↓ Pseudohypoaldo-steronismus
K⁺	ROMK1= Kir1.1	KCNJ1			a, bl	viele Epithelien	Bartter-Syndrom Typ 2 ①
	Kir4.1	KCNJ10			a	Niere, ZNS, Innen-ohr	EAST/SeSAME-Syndrom ⑧
	IsK	KCNE1/ KCNQ1			bl	Niere, sezernie-rende Epithelien, Innenohr, Herz	Long-QT-Syndrom: Romano-Ward und Jervell/ Lange-Nielsen ⑨
Ca²⁺	ECaC1 = CaT2	TRPV5			a	Dist. Tubulus	Hyperkalziurie
	ECaC2 = CaT1	TRPV6				Darm	
Cl⁻	CFTR	CFTR			a	Niere, sezernie-rende Epithelien	Zystische Fibrose ⑩
	ClC-2	CLCN2			a, bl	viele Epithelien, ZNS	idiopathische Epilepsie, Leuko-enzephahlopathie
	ClC-Ka	CLCNKA			a, bl	resorbierende Epith. z.B. Henle-Schleife	
	ClC-Kb	CLCNKB			bl	aufsteigende dicke Henle-Schleife	Bartter-Syndrom Typ 3 ①
H₂O Aquaporin-2	Aquaporin*	AQP-*			a, bl	fast alle Zellen	
	AQP-2				a	nur distaler Tubulus und Sammelrohr	Diabetes insipidus renalis ⑪

□ Tabelle A1   (Fortsetzung)

Transporter		Name	Gen-symbol#	Stöchio-metrie	Carriertyp	typische Lokalisation	Transporterdefekt oder -dysregulation
Junktionale Kanäle							
Gap junction ⑫	Solute < 1 kDa	Konnexine, CX*	GJA*, GJB*			Vielzahl stationärer Zellen	Charcot-Marie-Tooth-Syndrom ⑬
Tight junction ⑮	kleine Kationen (Claudin-2 auch H$_2$O)	Claudin-2	CLDN2			lecke Epithelien	Darm: ↑ bei M. Crohn, Colitis ulcerosa u.a.
		Claudin-10b	CLDN10b			aufst. dicke Henle-Schleife, Darm u.a.	HELIX-Syndrom ⑭
		Claudin-15	CLDN15			Dünndarm, Dickdarm	
		Claudin-16 mit Claudin-19	CLDN16, CLDN19			aufsteigende dicke Henle-Schleife, frühdistaler Tubulus	FHHNC ⑯
	kleine Anionen	Claudin-10a	CLDN10a			Prox. Tubulus u. cort. Sammelrohr	
		Claudin-17	CLDN17			Niere, ZNS-Kapillaren	

Homo sapiens Official Gene Symbol and Name (HGNC, HUGO Gene Nomenclature Committee, www.genenames.org)

* Ziffern für Isoformen weggelassen

① Blutdruck normal, Hypokaliämie, Erbrechen, Polyurie, Dehydratation, Wachstumsstörungen
② Symptome abgeschwächt wie Bartter, siehe ①
③ Proteinurie, Hyperkalziurie, Nephrokalzinose, Nierensteinbildung und chronische Niereninsuffizienz
④ Innenohrschwerhörigkeit kombiniert mit Kropfbildung
⑤ mentale Retardierung und Krampfanfälle
⑥ Glykogenspeicherkrankheit Typ 11 mit Lebervergrößerung und tubulärer Nephropathie
⑦ Na$^+$-Retention, Hypertonus, Hypokaliämie, metabolische Alkalose (s. Kap. 29)
⑧ Epilepsie, Ataxie, sensorineurale Taubheit und Tubulopathie
⑨ Taubheit, Herzrhythmusstörungen, Synkopen (s. Kap. 4)
⑩ Eindickung von Sekreten in Lunge, Pankreas, Darm, Haut
⑪ starke Wasserdiurese (s. Kap. 29)
⑫ Kanalverlauf durch die Zellmembranen zweier aneinander grenzenden Zellen
⑬ Demyelinisierung peripherer Nerven durch defektes CX32
⑭ Hypohydrose, Elektrolythaushaltsstörung, Hypolacrimie, Ichthyosis, Xerostomie
⑮ Kanalverlauf parazellulär zwischen zwei Epithelzellen hindurch
⑯ Familiäre Hypomagnesiämie, Hyperkalziurie und Nephrokalzinose

Kapitel 4   Grundlagen zellulärer Erregbarkeit

□ Tab. A2   Kationenkanäle

Name/ Gen	Expression	Funktion	Krankheit	Pathophysiologie
K_v1.1-1.6 *kcna1-a6*	ZNS und PNS	Repolarisation des axonalen Aktions-potenials	Episodische Ataxie (Mutationen in KCNA1)	Loss-of-function führt zu er-höhter axonaler Erregbarkeit
K_v1.3 *kcna3*	Lymphozyten	K_v1.3 vermittelt Membranhyperpolarisa-tion und damit Triebkraft für Calcium-Einstrom und T-Zell Proliferation nach Kontakt mit Antigen-präsentierender Zelle	–	Zielstruktur für immunsuppres-sive Therapie
K_v2.1-2.3 *kcnb1-b1*	ZNS und PNS	Repolarisation des somatodendritischen Aktionspotentials	Epileptische Encephalopathie (Mutation in *kcnb1*)	Loss-of-function führt zu er-höhter neuronaler Erregbarkeit
K_v3.1-3.4 *kcnc1-c4*	ZNS und PNS	Repolarisation von axonalen und somato-dendritischen Aktionspotentialen von schnellfeuernden Neuronen (Interneurone, Basalganglien Output-Neurone	Progressive Myoklonische Epilep-sie (Mutation in KCNC1); spino-zerebelläre Ataxie (Mutation in *kcnc3*)	Loss-of-function führt zu er-höhter neuronaler Erregbarkeit
K_v4.1-4.3 *kcnd1-d4*	ZNS, PNS, Herz	Steuerung somatodendritische Schritt-macher-Aktivität und synaptische Integra-tion	Spinozerebelläre Ataxie, Brugada-Syndrom (Mutationen in *kcnd3*)	Loss-of-function führt zu erhöhter neuronaler und kardialer Erregbarkeit
K_v7.1-7.5 *kcnq1-q1*	ZNS, PNS, Herz, Innenohr, Niere	Synaptische Integration und axonale Erreg-barkeit, Repolarisation im Herz, Kaliums-ausstrom in der Stria vascularis und OHCs.	LTQ1-Syndrom, Innenohrschwer-hörigkeit (Jervell-Lange-Nielsen-Syndrom), neonatale Epilepsie, episodische Ataxie, Autismus, Mentale Retardierung	Loss-of-function führt zu er-höhter neuronaler und kardia-ler Erregbarkeit, Reduzierte Endolympheproduktion, Ver-lust endokochleäres Poten-zial, reduzierte Repolarisation in äußeren Haarzellen der Kochlea.
K_v11.1-8 *kcnh1-8*	ZNS, Herz	Repolarisation, Steuerung des Membran-protentials	LQT2-Syndrom (Mutation in *kcnh2*)	Loss-of-function führt zu er-höhter kardialer Arrhythmie-eigung
BK_{Ca} (K_{Ca}1.1) *kcnm1*	ZNS, glatter Muskel	Schnelle Repolarisation des AP, kurzzeitige Nachhyperpolarisation, Koppelung von intrazellulären Ca^{2+}-Spiegel und Membran-potenzial; Kontrolle von: Tonus glatter Muskulatur, Feuerfrequenz von Neuronen, Transmitterfreisetzung in Neuronen und endokrinen Zellen	Epilepsie mit zerebellärer Atrophie	Loss-of-function führt zu er-höhter neuronaler Erregbarkeit
SK_{Ca}1-4 (K_{Ca}2.4) *kcnn1-4*	ZNS, glatter Muskel, Lymphozyten, Epithelien	Nachhyperpolarisation in ZNS Neuronen, Koppelung von intrazellulärer Ca^{2+}-Kon-zentration und Membranpotenzial; Steue-rung der Feuerfrequenz von Neuronen und Modulation der neuronalen Erregbarkeit		
K_{ir}1.1-7.3 *kcnj1-18*	ZNS, Herz, glatter Muskel, Niere, Lympho-zyten, beta-Zellen (ubiqui-tär)	Ruhemembranpotenzial, Generierung der Erregungsschwelle Sekretion von K^+-Ionen unter pH-Kontrolle K_{ir}3: Ruhemembranpotenzial unter Kon-trolle G-Protein gekoppelter Rezeptoren (GIRK); parasympathische Regulation der Herzfrequenz K_{ir}6: Ruhemembranpotenzial unter Kontrolle des intrazell. ATP-Spiegels	Bartter-Syndrom, Andersen Syndrom, Autismus, Epilepsie, neonataler Diabetes mellitus, Erblindung, periodische Paralyse	Loss-of-function führt zu er-höhter zellulärer Erregbarkeit, · K_{ir}1.1:NaCl-Verlust, Hypo-kaliämie, Alkalose, Polyurie K_{ir}2.1: Arrhythmie, periodische Paralyse (Skelettmuskulatur), Dysmorphien (Syndaktylie, Hypertelorismus)
K2P1.1- *kcnk1-17*	ZNS, Herz, Glatter Muskel, Niere, Lympho-zyten, beta-Zellen (ubiquitär)	Ruhemembranpotenzial (Hintergrunds-kanäle)	Mentale Retardierung (*knck9* Imprinting-Defekt)	Loss-of-function führt zu er-höhter zellulärer Erregbarkeit

◘ Tab. A2   (Fortsetzung)

Name/ Gen	Expression	Funktion	Krankheit	Pathophysiologie
HCN1-4 *hcn1-4*	ZNS, Herz	Schrittmacher in Neuronen und Zellen des Erregungsleitungssystems am Herzen (v. a. Sinusknoten); Arrhythmische Aktivierung der genannten Zellen	Epileptische Enzephalopathie, Brugada-Syndrome	Gain/Loss-of-function führt zu veränderter zellulärer Erregbarkeit
CNGA1-B3 *cnga1-b3*	ZNS, Retina, Riechepithel	Depolarisation retinaler Photorezeptoren und olfaktorischer Zellen	Retinitis pigmentosa, Farbblindheit	Loss-of-function führt zu Defekten der Phototransduktion und progredienter Zelldegeneration
TRPA1-V6 *trpa1-v6*	ZNS, PNS, GIT, Niere, Innenohr	Depolarisation in Neuronen und sensorischen Zellen, auslösbar durch Capsaicin (TRPV$_1$), Hitze; wesentliche Funktion bei der Schmerzempfindung	Episodische Schmerzsyndrome, Neuropathien, Hypomagnesiämie, polyzytische Nierenerkrankung, Innenohrdefekte	Gain/Loss-of-function führt zu veränderter zellulärer Erregbarkeit
Ca$_v$1.1-4; Ca$_v$2.1-2.4; Ca$_v$3.1-3.3 *cacn1a-s*	ZNS, PNS, Herz, Skelettmuskel, Glatter Muskel, beta-Zellen, Retina, Innenrohr	Ca$_v$1.1-3: Elektromechanische Koppelung in quergestreifter Muskulatur (direkte oder Ca^{2+}-abhängige Aktivierung von Ryanodin-Rezeptoren im sarkoplasmatischen Retikulum), Ca$_v$2.1-3: Transmitterfreisetzung (Einstrom des Trigger-Ca^{2+}) Ca$_v$3.1-3: Depolarisationsphase des AP (initiale Phase und/oder Aufstrich), Beteiligung an der Rhythmogenese im Sinusknoten und in Neuronen	Episodische und spinobulbäre Ataxie, hemiplegische Migräne, epileptische Enzephalopathie, Dystonie, Brugarda-Syndrom, Hyperaldosteronismus, Taubheit, Nachtblindheit, hypokalämische periodische Paralyse	Gain/Loss-of-function führt zu veränderter zellulärer Erregbarkeit
Na$_v$1.1-1.9 *scn1a-2a*	ZNS, PNS, Herz, Skelettmuskel	Depolarisationsphase des APs, AP-Fortleitung	Epilepsie, Migräne, periodische Paralyse, LQT-Syndrome. Brugada-Syndrom, Neuropathie, Schmerz-Unempfindlichkeit	Gain/Loss-of-function führt zu veränderter zellulärer Erregbarkeit
Piezo1, 2 *piez1,2*	ZNS, Haut (freie Nervenendigungen), glatte Muskulatur, Endothel, Blutzellen	Mechanosensoren: Depolarisation des Membranpotentials auf mechanischen Druck oder Zug, dadurch: Aktivierung von Ca$_v$- und Na$_v$-Kanälen (Ca^{2+}-Einstrom, Aktionspotential)	Lymphatische Dysplasie, hämolytische Anämie, Gordon-Syndrom, Marden-Walker-Syndrom, Arthrogrypose	Gain/Loss-of-function führt zu veränderter zellulärer Erregbarkeit
AMPAR, GluA1-4 *gria1-4*	ZNS	Glutamaterge Neurotransmission	Mentale Retardierung, Epilepsie, Enzephalitis	Gain/Loss-of-function führt zu veränderter Exzitations-/Inhibitions-Balance, Autoantikörper
NMDAR N1, N2A-D, N3 *grin1, grin2-d*	ZNS	Glutamaterge Neurotransmission, Plastizität	Mentale Retardierung, Epilepsie, Encephalopathie	Gain/Loss-of-function führt zu veränderter Exzitations-/Inhibitions-Balance
GABA$_A$R *gabra1-a6,b1-3,g1-3,e,q*	ZNS	GABAerge inhibitorische Neurotransmission	Epileptische Enzephalopathie, Absence-Epilepsie	Gain/Loss-of-function führt zu veränderter Exzitations-/Inhibitions-Balance
nACHR *chrna1-10*	ZNS, PNS, Innenohr, Skelettmuskel	Nikotinerge Neurotransmission	Kongenitale Myasthenie, Epilepsie, Myasthenia gravis	Gain/Loss-of-function führt zu veränderter Exzitations-/Inhibitions-Balance, Autoantikörper
5-HT$_3$-R *5ht3a-e*	ZNS	Serotoninerge Neurotransmission		
P2X-R *p2rx1-7*	ZNS, PNS	Purinerge Neurotransmission		

◘ Tab. A3   Anionenkanäle

Name	Expression	Physiologische Funktion	Krankheit	Pathomechanismus
Spannungsabhängige Anionenkanäle und -transporter				
ClC-1	Muskelsarkolemm	Regulation der Muskel-erregbarkeit	Myotonia congenita	Reduzierte muskuläre Chloridleitfähigkeit vergrößert die Längskonstante im Muskel und depolarisiert die Muskelmembran; dadurch kommt es zur Ausbildung von Aktionspotenzialen auch ohne synaptische Aktivität
ClC-2	Plasmamembran nahezu aller Zellen	Verschiedene Rollen im epithelialen Transport und in der Regulation der intrazellulären Chloridkonzentration	Best. Formen idiopathischer Epilepsien	ClC-2 spielt wichtige Rolle in der Einstellung einer niedrigen $[Cl^-]_{int}$ und damit eines E_{Cl} negativ des Ruhemembranpotenzials in Neuronen, reduzierte Anzahl funktioneller ClC-2-Kanäle Abschwächung inhibitorischer postsynaptischer Potenziale und damit Störung der Balance zwischen exzitat. und inhibit. synapt. Aktionen
ClC-3	Intrazelluläre Membran-kompartimente versch. Organe	Azidifizierung von synaptischen Vesikeln im ZNS		
ClC-4	ZNS, Herz, Muskel, Epithel	Unbekannt		
ClC-5	Intrazelluläre Membran-kompartimente der Niere	Ansäuerung endosomaler Vesikel im proximalen Tubulus	Dent's disease	Reduzierte Chloridleitfähigkeit in endosomalen Vesikeln → gestörte pH-Einstellung, Reduktion der Proteinendozytose und Störung der Kalzium- und Phosphatresorption im prox. Tubulus; dies führt zu Proteinurie, Hyperkalziurie und zu Harnsteinen
ClC-6	Ubiquitär	Unbekannt		
ClC-7	Ubiquitär	Ansäuerung der resorptiven Lakune von Osteoklasten	Kindliche maligne Osteopetrose	Gestörte Osteoklastenfunktion → massives Knochenwachstum, gestörtes Längenwachstum, vermehrte Bruchtendenz und Anämie durch Verdrängung blutbildender Anteile des Knochenmarks
ClC-Ka	Renal, apikale u. baso-laterale Membran im dünnen Teil der Henle-Schleife	Transepithelialer Chlorid-flux		
ClC-Kb	Renal, basolaterale Membran im aufsteigenden Teil der Henle-Schleife	Chloridefflux aus Henle-Epithelzellen	Bartter-Syndrom	► Klinik-Box 3.3
Cystic fibrosis transmembrane regulator (CFTR)	In der apikalen Membran sekretorischer Epithelien	Notwendig für die NaCl- und Wassersekretion in Schweiß-drüsen, Pankreas, Lunge	Zystische Fibrose (Mukoviszidose)	► Klinik-Box 3.1
Volumenaktivierte Chloridkanäle				
VRAC (Volume-regulated anion channels)	Ubiquitär	Volumenregulation		
Kalziumaktivierte Chloridkanäle				
ANO1	ZNS, Gefäßepithel, Riech-epithel, glatte Muskulatur	Kalziumabhängige Repolarisation		

Kapitel 23   Blut

◻ Tab. A4   Hämatopoietische Wachstumsfaktoren („Hämatopoietine") und immunmodulierende Peptide („Zytokine")

Bezeichnung	Herkunft (u. a.)	Wirkung (u. a.)
Hämatopoietine (kolonienstimulierende Faktoren; CSF)		
Interleukin 3 (IL-3)	T-Helferzellen, natürliche Killerzellen	Wachstum hämatopoietischer Stammzellen
Stammzellfaktor (SCF)	Fibroblasten	Wachstum hämatopoietischer Stammzellen, Megakaryozyten-vorläufer und Mastzellen
Erythropoietin (Epo)	Peritubuläre Nierenzellen, parenchymale Leberzellen	Wachstum von Erythrozytenvorläufern (BFU-E, CFU-E)
Thrombopoietin (Tpo)	Leber, Nieren, Knochenmark	Wachstum von Megakaryozyten und deren Vorläufern
Granulozyten-Mono-zyten-CSF (GM-CSF)	T-Helferzellen, mononukleäre Phagozyten, Fibroblasten, Endothelzellen	Wachstum von Granulozyten- und Monozytenvorläufern
Granulozyten-CSF (G-CSF)	Mononukleäre Phagozyten, Fibroblasten, Endothelzellen	Wachstum von Vorläufern neutrophiler Granulozyten
Monozyten-CSF (M-CSF)	Mononukleäre Phagozyten, Fibroblasten, Endothelzellen	Wachstum von Monozytenvorläufern; Aktivierung mononukleärer Phagozyten
Immunmodulierende Interleukine (IL) (IL-3, s. o.)		
IL-1 (2 Isoformen -α, -β)	Ubiquitär, vor allem mononukleäre Phagozyten	Entzündung, Fieber; Aktivierung von Lymphozyten; Steigerung der Synthese von GM-CSF, G-CSF, IL-6 und Prostaglandin E_2
IL-2	T-Helferzellen	Wachstum und Aktivierung von Lymphozyten und natürlichen Killerzellen; Steigerung der Synthese von IL-1 und Interferonen
IL-4	T-Lymphozyten, mononukleäre Phagozyten, Mastzellen	Wachstum und Aktivierung von Lymphozyten; Immunglobulin-synthese (IgG, IgE)
IL-5	T-Helferzellen, mononukleäre Phagozyten, Mastzellen	Aktivierung von Lymphozyten; Immunglobulinsynthese (IgA, IgM); Wachstum von Vorläufern eosinophiler Granulozyten
IL-6	Mononukleäre Phagozyten, Fibroblasten, Endothelzellen	Entzündung, Fieber; Synthese der Akute-Phase-Proteine; Aktivierung von Lymphozyten; Immunglobulinsynthese; Wachstum von Megakaryozyten
IL-7	Mononukleäre Phagozyten, Fibroblasten, Endothelzellen	Wachstum von B- und T-Zell-Vorläufern
IL-8	T-Helferzellen, mononukleäre Phagozyten, Fibroblasten, Endothelzellen	Chemotaxis, Aktivierung neutrophiler Granulozyten
IL-11	Knochenmark (Stroma)	Wachstum von Megakaryozyten und Monozytenvorläufern
Tumor-Nekrose-Faktoren (TNF)		
TNF-α	Mononukleäre Phagozyten, T-Helferzellen	Entzündung, Zytolyse (u. a. Abtöten von Tumorzellen); Aktivie-rung mononukleärer Phagozyten; Synthese von GM-CSF, G-CSF, IL-1, IL-6 und Prostaglandin E_2
TNF-β	T-Helferzellen	
Interferone (IFN)		
IFN-α	Leukozyten; Fibroblasten	Zytolyse, Proliferationshemmung
IFN-β	Leukozyten; Fibroblasten	Zytolyse (vor allem von virusinfizierten Zellen)
IFN-γ	T-Helferzellen, natürliche Killerzellen	Aktivierung von Makrophagen und B-Lymphozyten; Zytolyse, Proliferationshemmung

Chemischer Aufbau: Peptide aus 100–350 Aminosäuren, überwiegend glykosyliert (Ausnahme: TNF-α und IFN-α).
Pharmakologie: Mehrere der Faktoren werden – gentechnisch hergestellt („rekombinant") – als Medikament zur Blutzellbildung und -aktivierung therapeutisch verabreicht (z. B. Epo und G-CSF).
Zukunftsperspektiven: Es gibt noch viel mehr Zytokine, die die Funktionen des Blutes beeinflussen. Neu entdeckte werden als Interleukin bezeichnet und erhalten die nächst höhere freie Ziffer.

Tab. A5 Blutgerinnungsfaktoren

Faktor Synonym	Ort	MM (kDa)	K_{Plasma} (µmol/l)	Eigenschaft, Funktion	Mangelsyndrom	
					Bezeichnung	Ursache
I Fibrinogen	Leber	340	8,8	Lösliches Protein, Vorstufe des Fibrins	Afibrinogenämie, Fibrinogenmangel	Angeboren (rez.); Verbrauchskoagulopathie, Leberparenchymschaden
II Prothrombin	Leber (Vit.-K)	72	1,4	α_1-Globulin, Proenzym des Thrombins (Protease)	Hypoprothrombinämie	angeboren (rez.); Leberschäden, Vitamin-K-Mangel; Verbrauchskoagulopathie
III Tissue factor	Subendotheliale Gewebezellen	30		Glykoprotein, bildet Komplex mit Phospholipid; aktiv im extrinsischen Gerinnungssystem		
IV Ca^{2+}	–		2500	Notwendig bei Aktivierung der meisten Gerinnungsfaktoren		
V Proakzelerin, Akzeleratorglobulin	Leber	330	0,03	Lösliches β-Globulin, bindet an Thrombozytenmembran; aktiviert durch II_a und Ca^{2+}; V_a ist Bestandteil des Prothrombinaktivators	Parahämophilie, Hypoproakzelerinämie	Angeboren (rez.); Lebererkrankungen
VI: entfällt (s. aktivierter Faktor V)						
VII Prokonvertin	Leber (Vit.-K)	63	0,03	α-Globulin, Proenzym (Protease); VII_a aktiviert mit III und Ca^{2+} den Faktor X im extrinsischen System	Hypoprokonvertinämie	Angeboren (rez.); Vitamin-K-Mangel
VIII antihämophiles Globulin	Endothel	260-10.000 (polymere Komplexe mit vWF)	< 0,0004	β_2-Globulin, bildet Komplex mit vWF; aktiviert durch II_a und Ca^{2+}	Hämophilie A (klassische Hämophilie)	Angeboren (x-chrom.-rez.)
				VIII_a ist Kofaktor bei der Umwandlung von X in Faktor X_a	von-Willebrand-Syndrom	Angeboren (meist dom.)
IX Christmas-Faktor	Leber (Vit.-K)	57	0,09	α_1-Globulin, kontakt-sensibles Proenzym (Protease); IX_a aktiviert mit Phosholipid, VIII_a und Ca^{2+} den Faktor X im intrinsischen System	Hämophilie B	Angeboren (x-chrom.-rez.)
X Stuart-Prower-Faktor	Leber (Vit.-K)	60	0,2	α_1-Globulin, Proenzym (Protease); X_a ist Bestandteil des Prothrombinaktivators	Faktor-X-Mangel	Angeboren (rez.)
XI Plasmathromboplastinantecedent, PTA	Leber	160 (Homodimer)	0,034	Großes dimeres Glykoprotein, kontaktsensibles Proenzym (Protease); XI_a aktiviert zus. mit Ca^{2+} den Faktor IX	PTA-Mangel (Hämophilie C)	Angeboren (rez.); Verbrauchskoagulopathie
XII Hageman-Faktor	Leber	80	0,45	β-Globulin, kontaktsensibles Proenzym (Protease); aktiviert durch Kallikrein	Hageman-Syndrom (klinisch meist inapparent)	Angeboren (meist rez.); Verbrauchskoagulopathie
XIII Fibrinstabilisierender Faktor	Megakaryozyten, Makrophagen	320	0,03	β-Globulin, tetrameres Glykoprotein, Proenzym (Transglutaminase)	Faktor-XIII-Mangel	Angeboren (rez.); Verbrauchskoagulopathie
		320		XIII_a bewirkt die Fibrinvernetzung		
Präkallikrein, Fletcher-Faktor	Leber	90	0,34	β-Globulin, Proenzym (Protease); aktiviert durch XII_a; Kallikrein unterstützt Aktivierung von XII und XI	Klinisch meist inapparent	Angeboren
Hochmolekulares Kininogen, Fitzgerald-Faktor	Leber	160	0,5	α-Globulin; unterstützt Kontaktaktivierung von XII und XI	Klinisch meist inapparent	Angeboren

[a] aktivierte Formen; *Ort* Wichtigster Bildungsort; *MM* molekulare Masse; K_{Plasma} Konzentration im Plasma, Mittelwert; *rez.* autosomal-rezessiv; *x-chrom.-rez:* x-chromosomal-rezessiv; *dom.* autosomal-dominant; *vWF* von-Willebrand-Faktor; *Vit.-K* Vitamin-K-abhängig

Kapitel 31   Atemregulation

Tab. A6   Reflexe aus den oberen Luftwegen und der Lunge

Sensoren	Lokalisation	Faserdurchmesser Leiteschwindigkeit	Afferenter Nerv	Adäquater Reiz	Reflex	Funktion
Nasal	Submucosa	1–4 µm 5–25 m/s	N. trig N. olfact.	Mech. chem.	+++ Insp. +++ Exsp. – HF	Niesreflex Schnüffeln
Epipharyngeal	Submucosa	1–4 µm 5–25 m/s	N. glosso-pharyng.	Mech.	++ Insp. + Bronchodilat. ++ BD	Aspiration
Laryngeal	Subepithelial	1–4 µm 5–25 m/s	N. vagus	Mech. chem.	+++ Insp. +++ Exsp. + Bronchokonstr. ++ BD	Husten
Tracheal	Subepithelial	1–4 µm 5–25 m/s	N. vagus	Mech. (chem.)	+++ Insp. +++ Exsp. ++ BD + Bronchokonstr.	Husten
Bronchial „Irritant" (RA-Sensoren)	sub-, intra-epithelial	1–4 µm 5–25 m/s	N. vagus	Mech. chem.	+++ Insp. – Exsp. ++ BD + Bronchokonstr.	Deflationsreflex „Head-Reflex"
Bronchial „Dehnung" (SA-Sensoren)	Lamina propria	4–6 µm 25–60 m/s	N. vagus	Mech. chem.	– Insp. ++ Exsp.	Inflationsreflex „Hering-Breuer Reflex"
Alveolär	„Juxtakapillär"	< 1 µm 1 m/s	N. vagus	Mech. chem. Ödem	– Insp. – HF – Motorik	J-Reflex

Kapitel 74 **Hormone**

■ **Tab. A7** Bildungsorte, Stimulatoren und Wirkungen der Hormone

Hormon (Synonym)	Bildungsort	Wichtigste Stimulatoren (+) und Hemmer (–) der Ausschüttung*	Wichtigste Wirkungen (+ Stimulation, – Hemmung)*
GnRH (Gonadotropin-releasing-Hormon)	Hypothalamus	± Östrogene – Gestagene; Testosteron	+ Ausschüttung von LH, FSH und Prolaktin
Salsolinol (Prolaktin-releasing-Faktor)	Hypothalamus	+ Berührung Brustwarze	+ Prolaktinausschüttung
Dopamin (Prolaktin-release-inhibiting-Faktor)	Hypothalamus	– Berührung Brustwarze	– Prolaktinausschüttung
CRH (Kortikotropin-releasing-Hormon)	Hypothalamus	+ Stress	+ Ausschüttung von ACTH (Kortikotropin)
TRH (Thyrotropin-releasing-Hormon)	Hypothalamus	– T_3, T_4	+ Ausschüttung von TSH (Thyrotropin) und Prolaktin
GHRH (growth hormone releasing Hormon)	Hypothalamus	+ Aminosäuren; Hypoglykämie; NREM-Schlaf; Stress	+ Ausschüttung von Somatotropin
Somatostatin (GHRIH, growth hormone release inhibiting Hormon)	Hypothalamus, übriges ZNS; Pankreas, Darm	– Aminosäuren; Hypoglykämie; NREM-Schlaf; Stress	– Ausschüttung von Somatotropin, TSH, ACTH, Insulin, Glukagon, VIP, Gastrin, Pankreozymin, Renin; exokrine Sekretion in Magen und Pankreas; Darmmotilität; Blutplättchenaggregation
Oxytozin	Hypothalamus	+ Berührung Brustwarze; Dehnung Uteruszervix	+ Uteruskontraktion; Prolaktinausschüttung; Laktation; Zuneigung
ADH (Adiuretin, Vasopressin)	Hypothalamus	+ Zellschrumpfung; Stress; Angiotensin II; – Vorhofdehnung	+ Steigerung renaler Wasserresorption; ACTH-Ausschüttung; Vasokonstriktion
FSH (follikelstimulierendes Hormon)	Hypophyse	+ GnRH – Inhibin	+ Spermiogenese + Follikelreifung und Bildung von Östradiol
LH (luteinisierendes Hormon)	Hypophyse	+ GnRH – Inhibin	+ Testosteronpoduktion im Hoden + Follikelsprung und Bildung des Corpus luteum; Progesteronbildung
ACTH (adrenokortikotropes Hormon, Kortikotropin)	Hypophyse	+ CRH	+ Ausschüttung von Kortikosteroiden (v. a. Kortisol); Pigmentdispersion (Lipolyse, Insulinausschüttung)
TSH (Thyroidea stimulierendes Hormon, Thyrotropin)	Hypophyse	+ TRH; Noradrenalin	+ Bildung und Ausschüttung von Schilddrüsenhormonen; Schilddrüsenwachstum
Prolaktin	Hypophyse	+ TRH; Endorphine; Salsolinol; VIP – Dopamin	+ Milchproduktion; Lactogenese; Galaktopoese (Mammogenese) – Gonadotropinausschüttung
MSH, (Melanozyten stimulierendes Hormon, Melanotropin)	Hypophyse	+ CRH	+ Pigmentdispersion
Lipotropin (lipotropes Hormon, β-, γ-LPH)	Hypophyse	+ Stress	+ Lipolyse (▶ auch Endorphine)
Somatotropin (growth hormone = GH, somatotropes Hormon = STH)	Hypophyse	+ GHRIH – Somatostatin	+ Bildung von IGF (insulin like growth factor, Somatomedine) v. a. in der Leber; Proteinaufbau; Lipolyse; renale Elektrolytretention; Erythropoese; Wachstum – Glukoseaufnahme in Zellen; Glykolyse, Glukoneogenese aus Aminosäuren
Melatonin	Zirbeldrüse	– Licht (Retina)	+ Melanophoren-Kontraktion; Melanotropin-Antagonismus; biologische Rhythmen

◘ Tab. A7 (Fortsetzung)

Hormon (Synonym)	Bildungsort	Wichtigste Stimulatoren (+) und Hemmer (−) der Ausschüttung*	Wichtigste Wirkungen (+ Stimulation, − Hemmung)*
Östrogene z. B. Östradiol-17 β	Ovar; Plazenta	+ FSH	+ Ausbildung der Geschlechtsorgane und -merkmale; Wachstum von Uterusschleimhaut und Milchdrüsenschläuchen; Blutgerinnung; Thrombose; Proteinaufbau; Elektrolytretention; Quellung von Bindegewebe und Schleimhäuten; Aufbau, Reifung von Bindegewebe und Knochen; − Lypolyse Fettzellen; Zervixschleimkonsistenz
Gestagene, z. B. Progesteron	Ovar; Plazenta	+ LH	+ Erschlaffung Uterus; Reifung von Uterusschleimhaut (Sekretionsphase) und Milchdrüsenalveolen; Zervixschleimkonsistenz; Temperaturanstieg; Hyperventilation − Aldosteronempfindlichkeit Niere; Insulinempfindlichkeit Fettgewebe
Androgene z. B. Testosteron	Nebennierenrinde; Testis	+ LH	+ Spermiogenese; Ausbildung der Geschlechtsorgane und -merkmale; Libido; Proteinaufbau; renale Elektrolytretention; Aufbau und Reifung von Bindegewebe, Muskel und Knochen; Hämatopoese
Inhibin	Ovar, Testis	+ FSH	− FSH-Ausschüttung; Differenzierung von Erythrozyten
Anti-Müller-Hormon	Testis	+ FSH	− Entwicklung Vagina, Uterus
Glukokortikosteroide	Nebennierenrinde	+ CRH	+ Glukoneogenese aus Aminosäuren und Glyzerin; Proteinabbau in Binde- und Muskelgewebe; Proteinaufbau in Leber; Lipolyse; Demargination von neutrophilen Granulozyten, (Erythrozyten); HCI-Sekretion Magen; Herzkraft; Vasokonstriktion; Gerinnung − Schleimproduktion (Magen); Glykolyse; Bildung von Lymphozyten, eosinophilen Granulozyten; Bildung von Prostaglandinen; Zellteilung
Mineralkortikosteroide, v. a. Aldosteron	Nebennierenrinde	+ Angiotensin II; K^+; (ACTH)	+ Natriumresorption in distalem Nephron, Darm, Schweiß- und Speicheldrüse; Ausscheidung von K^+, Mg^{2+}, H^+
Insulin	Pankreas	+ Glukose; Aminosäuren; Gastrin; Sekretin − Somatostatin	+ zelluläre (v. a. Fett, Skelettmuskel) Aufnahme von Fettsäuren, Aminosäuren, Glukose, Kalium, Magnesium und Phosphat; Glykolyse; Synthese von Triacylglyceriden, Proteinen, Glykogen; Zellteilung − Glukoneogenese; Ketogenese; Lipolyse; Proteinabbau
Glukagon	Pankreas	+ Hypoglykämie; Aminosäuren; Sekretin − Somatostatin	+ Glykogenolyse; Glukoneogenese; Proteolyse; Lipolyse; Ketogenese − Darmmotilität
IGF (insulin like growth factor; Somatomedine)	V. a. Leber	+ Somatotropin	+ Synthese von Kollagen und Chondroitinsulfat; Knochenbildung; Insulinwirkungen (s. u.); Wachstum; Zellteilung
Klotho	V. a. Niere		+ renale Ca^{2+} − renale Reabsorption; Insulin- und IGF1-Wirkungen; Altern
Leptin	Fettzellen	+ Fettmasse; Adrenalin (β); Interleukin 1	+ Energieverbrauch; Natriurese − Hunger; Insulinwirksamkeit
Schilddrüsenhormone; z. B. Thyroxin, Trijodthyronin	Thyreoidea	+ TSH	+ Enzymsynthese und Grundumsatz; körperliche und geistige Entwicklung; Lipolyse; Glykolyse; Glykogenolyse; Glukoneogenese; Cholesterinabbau; Herzfrequenz; Darmmotilität
Kalzitonin	Thyroidea	+ Hyperkalzämie	− Renale Phosphatresorption; Osteolyse + Knochenmineralisierung, Kalzitriolbildung

◘ Tab. A7 (Fortsetzung)

Hormon (Synonym)	Bildungsort	Wichtigste Stimulatoren (+) und Hemmer (–) der Ausschüttung*	Wichtigste Wirkungen (+ Stimulation, – Hemmung)*
Parathormon (PTH)	Parathyroidea	+ Hypokalzämie	+ Renale Kalziumresorption; Osteolyse; Kalzitriolbildung – Renale Phosphat- und Bikarbonat-Resorption
Kalzitriol, Vitamin-D-Hormon (1,25 [OH]$_2$D$_3$)	Niere; Plazenta; Makrophagen	+ Parathormon; Phosphatmangel; Hypokalzämie	+ Reifung des Knochens; renale und enterale Kalzium- und Phosphatresorption; Immunsuppression
Atrialer natriuretischer Faktor (ANF)	Herz	+ Vorhofdehnung	+ Natriurese; GFR; Vasodilatation
Ouabain	Nebenniere	+ Na$^+$-Überschuss	+ Herzkraft; Natriurese
Erythropoietin	v. a. Niere	+ Hypoxie	+ Erythropoese
Angiotensin II, III	Viele Organe	+ Renin	+ Ausschüttung Aldosteron, ADH; Durst; Vasokonstriktion; Fibrose
Prostaglandin PGE$_2$	Viele Organe	Gewebsspezifisch, z. B. + Entzündung; Ischämie; Zellschädigung – Glukokortikoide	+ Gefäßpermeabilität; Vasodilatation; Bronchodilatation; Kontraktion von Pulmonalgefäßen, Darm, schwangerem Uterus; GFR; Natriurese; Kaliurese; Fieber; Schmerz; Osteolyse; Ausschüttung von ACTH, Nebennierenrindenhormonen, Somatotropin, Prolaktin, Gonadotropinen, Glukagon, Renin, Erythropoietin; – Salzsäuresekretion Magen; ADH-Wirkung; Insulinausschüttung; Lipolyse; Verschluss des Duct. art. Botalli; zell. Immunabwehr
PGF$_{2a}$			+ Kontraktion Bronchien, Uterus, Darm; Vasokonstriktion (z. B. Haut); Vasodilatation (z. B. Muskel); Ausschüttung von ACTH, Somatotropin, Prolaktin
Prostazyklin PGI$_2$			+ Vasodilatation; Reninausschüttung; Natriurese; Bronchodilatation; Osteolyse; Schmerz; Fieber – Thrombozytenaggregation; Magensaftsekretion
Thromboxan TxA$_2$			+ Thrombozytenaggregation; Reninausschüttung; Kontraktion Gefäße, Darm, Bronchien
Leukotriene	Leukozyten; Makrophagen	+ Entzündung	+ Kontraktion Bronchien, Darm, Gefäße; Gefäßpermeabilität; Chemotaxis; Adhäsion; Ausschüttung Histamin, Insulin, Prostaglandine, lysosomale Enzyme
Kinine (Bradykinin)	Viele Organe	+ Entzündung; aktivierte Blutgerinnung	+ Vasodilation; Kapillarpermeabilität; Herzkraft; Herzfrequenz; Bronchospasmus; Schmerz; Ausschüttung Katecholamine, Prostaglandine; Verschluss des Duct. art. Botalli
Serotonin	Viele Organe	Gewebsspezifisch, z. B. + Plättchenaktivierung	+ Kontraktion von Bronchial- und Darmmuskulatur; Vasokonstriktion v. a. Lungen- und Nierengefäße; Kapillarpermeabilität; Freisetzung von Histamin; Adrenalin
Histamin	Mastzellen; Leukozyten	+ Antigen-IgE-Antikörperkomplexe	+ Vasodilatation; Kapillarpermeabilität; Kontraktion Bronchialmuskulatur, Darm, Uterus, größere Gefäße; Schmerz; Jucken; Magensaftsekretion; Herzkraft; Ausschüttung Katecholamine
Adenosin	Viele Organe	+ Energiemangel	+ Vasodilatation (Herz, Gehirn); Vasokonstriktion (Niere) – Fettabbau; Noradrenalinausschüttung
Endorphine	ZNS; Magen; Darm	+ Stress	+ Schmerzdämpfung; Beruhigung; Euphorisierung; Prolaktinausschüttung – Atmung; Herzfrequenz; Blutdruck; Darmmotilität

* In Klammern weniger starke Stimulatoren oder Wirkungen

Anhang 2 Maßeinheiten und Normalwerte der Physiologie

Definitionen der Basiseinheiten

▶ **Meter**
Das Meter ist die Länge der Strecke, die Licht im Vakuum während der Dauer von (1/299 792 458) Sekunden durchläuft.

▶ **Kilogramm**
Das Kilogramm ist die Einheit der Masse; es ist gleich der Masse des Internationalen Kilogrammprototyps.

▶ **Sekunde**
Die Sekunde ist das 9 192 631 770fache der Periodendauer der dem Übergang zwischen den beiden Hyperfeinstrukturniveaus des Grundzustandes von Atomen des Nuklids ^{113}Cs entsprechenden Strahlung.

▶ **Ampere**
Das Ampere ist die Stärke eines konstanten elektrischen Stromes, der, durch zwei parallele, geradlinige, unendlich lange und im Vakuum im Abstand von einem Meter voneinander angeordnete Leiter von vernachlässigbar kleinem, kreisförmigem Querschnitt fließend, zwischen diesen Leitern je einem Meter Leiterlänge die Kraft $2 \cdot 10^{-7}$ Newton hervorrufen würde.

▶ **Kelvin**
Das Kelvin, die Einheit der thermodynamischen Temperatur, ist der 273,16te Teil der thermodynamischen Temperatur des Tripelpunktes des Wassers.

▶ **Mol**
Das Mol ist die Stoffmenge eines Systems, das aus ebensoviel Einzelteilchen besteht, wie Atome in 0,012 Kilogramm des Kohlenstoffnuklids ^{12}C enthalten sind. Bei Benutzung des Mol müssen die Einzelteilchen spezifiziert sein und können Atome, Moleküle, Ionen, Elektronen sowie andere Teilchen oder Gruppen solcher Teilchen genau angegebener Zusammensetzung sein.

▶ **Candela**
Die Candela ist die Lichtstärke in einer bestimmten Richtung einer Strahlungsquelle, die monochromatische Strahlung der Frequenz $540 \cdot 10^{12}$ Hertz aussendet und deren Strahlstärke in dieser Richtung (1/683) Watt durch Steradiant[a] beträgt.

Abgeleitete Messgrößen

Von den Einheiten dieses Basissystems lassen sich die Einheiten sämtlicher Messgrößen ableiten. Eine Auswahl hiervon ist in ◘ Tabelle 2 zusammengestellt. Die numerischen Werte der in den ◘ Tabellen 1 und 2 genannten Größen enthalten vielfach Zehnerpotenzen als Faktoren. Zur Vereinfachung der Angaben hat man häufig gebrauchten Zehnerpotenzen bestimmte Vorsilben zugeordnet (◘ Tabelle 3), die mit dem Namen der betreffenden Einheiten verbunden werden. Die ◘ Tabellen 5 und 6 zeigen wichtige Umrechnungsbeziehungen.

◘ **Tabelle 1:** SI-Basiseinheiten, Namen und Symbole

SI = Système International d'Unités

Größe (SI-Basiseinheiten)	Name	Symbol
Länge	Meter	m
Masse	Kilogramm	kg
Zeit	Sekunde	s
Elektrische Stromstärke	Ampere	A
Thermodynamische Temperatur	Kelvin	K
Substanzmenge	Mol	mol
Lichtstärke	Candela	cd

◘ **Tabelle 2:** Wichtige abgeleitete SI-Einheiten, Namen und Symbole

Größe (SI-Einheiten)	Name	Symbol	Definition
Frequenz	Hertz	Hz	s^{-1}
Kraft	Newton	N	$m\,kg\,s^{-2}$
Druck	Pascal	Pa	$m^{-1}\,kg\,s^2$ ($N\,m^{-2}$)
Energie	Joule	J	$m^2\,kg\,s^{-2}$ ($N\,m$)
Leistung	Watt	W	$m^2\,kg\,s^{-3}$ ($J\,s^{-1}$)
Elektrische Ladung	Coulomb	C	$s\,A$
Elektr. Potentialdifferenz (Spannung)	Volt	V	$m^2\,kg\,s^{-3}\,A^{-1}$ ($W\,A^{-1}$)
Elektr. Widerstand	Ohm	Ω	$m^2\,kg\,s^{-3}\,A^{-2}$ ($V\,A^{-1}$)
Elektrischer Leitwert	Siemens	S	$m^{-2}\,kg^{-1}\,s^3\,A^2$ (Ω^{-1})
Elektrische Kapazität	Farad	F	$m^{-2}\,kg^{-1}s^4\,A^2$ ($C\,V^{-1}$)
Magnetischer Fluss	Weber	Wb	$m^2\,kg\,s^{-2}\,A^{-1}$ ($V\,s$)
Magnetische Flussdichte	Tesla	T	$kg\,s^{-2}\,A^{-1}$ ($Wb\,m^{-2}$)
Induktivität (magnetischer Leitwert)	Henry	H	$m^2\,kg\,s^{-2}\,A^{-2}$ ($V\,s\,A^{-1}$)
Lichtstrom	Lumen	lm	$cd\,sr^{a}$
Beleuchtungsstärke	Lux	lx	$cd\,sr\,m^{-2}$ ($lm\,m^{-2}$)
Aktivität einer radioakt. Substanz	Becquerel	Bq	s^{-1}

◘ **Tabelle 3:** Häufig gebrauchte Zehnerpotenzen, Präfixe und Symbole

Faktor	Präfixum	Symbol	Faktor	Präfixum	Symbol
10^{-1}	Dezi	d	10	Deka	da
10^{-2}	Centi	c	10^2	Hekto	h
10^{-3}	Milli	m	10^3	Kilo	k
10^{-6}	Mikro	μ	10^6	Mega	M
10^{-9}	Nano	n	10^9	Giga	G
10^{-12}	Pico	p	10^{12}	Tera	T
10^{-15}	Femto	f	10^{15}	Peta	P

◘ **Tabelle 4:** Einheiten, die nicht zum SI-System gehören, jedoch weiterhin benutzt werden dürfen

Name (Einheit)	Symbol	Wert in SI-Einheiten
Gramm	g	$1\,g = 10^{-3}\,kg$
Liter	l	$1\,l = 1\,dm^3$
Minute	min	$1\,min = 60\,s$
Stunde	h	$1\,h = 3,6\,ks$
Tag	d	$1\,d = 86,4\,ks$
Grad Celsius	°C	$t\,°C = T\,-273,15\,K$

◘ **Tabelle 5:** Umrechnungsbeziehungen

Von konventionellen Konzentrationseinheiten (g-%, mg-%, mval/l) auf SI-Einheiten der Massenkonzentration (g/l) und der Stoffmengenkonzentration (mmol/l bzw. μmol/l)
* = Bei der Angabe der molaren Hämoglobinkonzentration wird die relative Molekülmasse der Hämoglobinmonomeren zugrunde gelegt.

	1 g-% =	1 g-% =
Plasmaeiweiß	10 g/l	
Hämoglobin	10 g/l	0,621 mmol/l*
	1 mg-% =	**1 mval/l =**
Natrium	0,4350 mmol/l	1,0 mmol/l
Kalium	0,2558 mmol/l	1,0 mmol/l
Kalzium	0,2495 mmol/l	0,5 mmol/l
Magnesium	0,4114 mmol/l	0,5 mmol/l
Chlorid	0,2821 mmol/l	1,0 mmol/l
Glukose	0,0555 mmol/l	
Cholesterol	0,0259 mmol/l	
Bilirubin	17,10 μmol/l	
Kreatinin	88,40 μmol/l	
Harnsäure	59,48 μmol/l	

◘ **Tabelle 6:** Umrechnungsbeziehungen

Zwischen SI-Einheiten und konventionellen Einheiten

Größe	Umrechnungsbeziehungen	
Kraft	$1\,dyn = 10^{-5}\,N$	$1\,N = 10^5\,dyn$
	1 kp = 9,81 N	1 N = 0,102 kp
Druck	$1\,cm\,H_2O = 98,1\,Pa$	$1\,Pa = 0,0102\,cm\,H_2O$
	1 mm Hg = 133 Pa	1 Pa = 0,0075 mm Hg
	1 atm = 101 kPa	1 kPa = 0,0099 atm
	1 bar = 100 kPa	1 kPa = 0,01 bar
Energie	$1\,erg = 10^{-7}\,J$	$1\,J = 10^7\,erg$
(Arbeit)	1 mkp = 9,81 J	1 J = 0,102 mkp
(Wärmemenge)	1 cal = 4,19 J	1 J = 0,239 cal
Leistung	1 mkp/s = 9,81 W	1 W = 0,102 mkp/s
	1 PS = 736 W	1 W = 0,00136 PS
(Wärmestrom)	1 kcal/h = 1,16 W	1 W = 0,860 kcal/h
(Energieumsatz)	1 kcal/d = 0,0485 W	1 W = 20,6 kcal/d
	1 kJ/d = 0,0116 W	1 W = 86,4 kJ/d
Viskosität	1 Poise = 0,1 Pa s	1 Pa s = 10 Poise

Blut

Blutvolumen	♂	4500 ml
	♀	3600 ml
Hämoglobin	♂	14 – 18 g/dl
	♀	12 – 16 g/dl
Hämatokrit	♂	41 – 50%
	♀	37 – 46%
Erythrozyten	♂	$4,6 – 5,9\,10^6/\mu l$
	♀	$4,0 – 5,2\,10^6/\mu l$

MCV (mittl. Vol. der Einzelerythrozyten)	$80 – 96\,\mu m^3$
MCH (mittl. erythr. Hämoglobinmenge)	27 – 34 pg/cell
MCHC (mittl. erythr. Hämoglobinkonz.)	30 – 36 g/dl
Mittl. Erythrozytendurchmesser	7,2 – 7,8 μm
Blutkörperchensenkungsgeschwind. ♂	3 – 9 mm/h
♀	6 – 11 mm/h

Retikulozyten	4 – 15 ‰
Leukozyten, total	$3,8 – 9,8\,10^3/\mu l$
– Neutrophile	40 – 75 %
– Eosinophile	2 – 4 %
– Basophile	0,5 – 1 %
– Lymphozyten	20 – 50 %
– Monozyten	2 – 10 %
Thrombozyten	$150 – 400\,10^3/\mu l$

Osmolalität	285 – 295 mOsm/kg
pH	7,35 – 7,45
Sauerstoffsättigung arteriell:	95 – 99 %

Blutstillung

Blutungszeit	< 6 min
Fibrinogen	200 – 400 mg/dl
Fibrinogen degrad. pro.	< 10 μg/ml
Thromboplastin- oder Prothrombinzeit	11 – 12,5 s
Partielle Thromboplastinzeit (PTT)	23 – 35 s
Thrombinzeit	11,8 – 18,5 s

Hormone

ACTH		< 13,2 pmol/l
Aldosteron		3 – 10 ng/dl
Calcitonin	♂	< 20 pg/ml
	♀	< 15 pg/ml
Cortisol, morgens		6 – 28 μg/dl
		(170 – 625 nmol/l)
abends		2 – 12 μg/dl
		(80 – 413 nmol/l)
Gastrin, hungernd		< 200 ng/l
Parathormon		< 44 mol/l
Renin-Aktivität		0,9 – 3,3 ng/ml/h
Somatotropin,	♂	< 5 ng/ml
hungernd	♀	< 10 ng/ml

T_4, total		58 – 155 nmol/l
T_4, frei		10 – 31 pmol/l
T_3, total		1,2 – 1,5 nmol/l
Testosteron, total	♂	300 – 1000 ng/dl
	♀	20 – 75 ng/dl
TSH		2 – 10 μU/ml

Enzyme

Aldolase		0 – 8 U/l
α_1 - Antitrypsin		80 – 210 mg/dl
Amylase		35 – 118 U/l
Carboanhydrase		0 – 35 U/ml
CK (Creatinkinase)		< 70 U/l
CK-MB (Herz)		0 – 12 U/l
		(< 5% der gesamt-CK)
γ-GT (γ-Glutamyltransferase)		< 18 U/l
SGOT		< 15 U/l
SGPT		< 17 U/l
LAP	♂	80 – 200 U/ml
	♀	75 – 185 U/ml
LDH (Laktat-Dehydrogenase)		120 – 240 U/l
Lipase		2,3 – 50 U/l
		(0,4 – 8,34 μkat/l)
5´-Nucleotidase		2 – 16 U/l
		(0,03 – 0,27 μkat/l)
Phosphatase, alkalische		38 – 126 U/l
		(0,63 – 2,1 μkat/l)
Phosphatase, saure		0 – 0,7 U/l
		(0 – 11,6 μkat/l)

Elektrolyte

Na^+		135 – 145 mmol/l
Cl^-		98 – 106 mmol/l
HCO_3^-		22 – 26 mmol/l
Basen, total		48 mmol/l
K^+		3,5 – 5,0 mmol/l
Ca^{2+}		1,3 – 2,8 mmol/l
Mg^{2+}		0,65 – 1,1 mmol/l
Laktat		0,6 – 1,7 mmol/l
Fe^{2+}	♂	8 – 31 μmol/l
	♀	5,4 – 31 μmol/l
Phosphat		0,97 – 1,45 mmol/l

Fette, Ketonkörper

Acetoacetat		0,2 – 1,0 mg/dl
Citrat		1,7 – 3,0 mg/dl
Cholesterol, total		< 200 mg/dl
LDL-Cholesterol		< 130 mg/dl
HDL-Cholesterol	♂	> 45 mg/dl
	♀	> 55 mg/dl
Gallensäuren, total hungernd		0,3 – 2,3 μg/ml
Ketone, total		0,5 – 1,5 mg/dl
Oxalat		1,0 – 2,4 μg/ml
		(11 – 27 μmol/l)
Triglyceride, hungernd		< 250 mg/d

Bilirubin

Bilirubin, total	0,1 – 1,0 mg/dl
direkt	0,1 – 0,3 mg/dl
indirekt	0,2 – 0,8 mg/dl

Harnpflichtige Substanzen

Ammoniak	6 – 47 μmol/l
Harnstoff	17 – 42 mg/dl
	(6 – 15 mmol/l)
Harnsäure	2,1 – 8,5 mg/dl
Kreatinin	0,4 – 1,2 mg/dl

Glukose

Glukose	45 – 96 mg/dl
	(2,5 – 5,3 mmol/l)
Grenzwert für Diabetes mellitus	< 140 mg/dl
	(< 7,8 mmol/l)

Cerebrospinale Flüssigkeit

Druck	10,5 mm Hg
(im waagerechten Liegen)	
spez. Gewicht	1,006 – 1,008 g/l
Zellzahl	< 6/µl
Protein, total	15 – 45 mg/dl
Glukose	50 – 75 mg/dl
	(2,4 – 4,0 mmol/l)
Immunglobuline:	
IgA	0,1 – 0,3 mg/dl
IgG	0 – 4,5 mg/dl
IgM	0,01 – 1,3 mg/dl
IgG-Syntheserate	-9,9 bis + 3,3 mg/d
Leukozyten, total	< 4/mm³
– Lymphozyten	60 – 70 %
– Monozyten	30 – 50 %
– Neutrophile	1 – 3 %
– Eosinophile	selten
– Ependyma-Zellen	selten

Nierenfunktion, Urin

renaler Plasmafluss (RPF)		480 – 800 ml/min
GFR (glom. Filtrationsrate)		90 – 130 ml/min
Filtrationsfraktion (GFR/RPF) 0,2		
Harnzeitvolumen	♂	0,7 – 2,7 l/d
	♀	0,5 – 2,3 l/d
Urin-Osmolalität		50 – 1400 mOsmol/kg
Urin-pH		4,5 – 8,2
Urin, spez. Gravität		1,005 – 1,030
Proteinausscheidung		< 150 mg/d
Harnstoffclearance		60 – 100 ml/min
Frakt. Ausscheidung:		
– Harnstoff		50 – 80 %
– Harnsäure		4 – 10 %
– Glukose		< 0,5 %
– Phosphat		6 – 20 %
– Na^+		0,2 – 1,2 %
– K^+		3 – 16 %

Stuhl

Fett	< 6 g/d
	(2,5 – 5,5 g/24 h)
	(< 30,4% des Trocken-
	gewichts)
Trypsin-Aktivität	positiv (2+ bis 4+)
Feuchtgewicht	< 197,5 g/d
	(74 – 155 g/d)
Trockengewicht	< 66,4 g/d
	(18 – 50 g/d)

Speichel

Cl^-	20 – 80 mmol/l
HCO_3^-	30 – 50 mmol/l
Na^+	10 – 130 mmol/l
K^+	20 – 130 mmol/l
Volumen	0,5 – 1,5 l/d

Magensaft

pH	1,5 – 2
Volumen	2 – 3 l/d

Pankreassaft

pH	7,5 – 8,8
(Sekretin stimuliert)	
Volumen	2 l/d

Galle

Volumen	0,35 – 1,2 ml/min
(Lebergalle)	
Gallenblaseninhalt	50 – 65 ml

Gesamtorganismus und Zelle

Chem. Zusammensetzung von
1kg fettfreier Körpermasse eines Erwachsenen:
720g Wasser; 210g Protein; 22,4g Ca; 12g P;
2,7g K; 1,8g Na; 1,8g Cl; 0,47g Mg

Flüssigkeitsräume pro kg Körpergewicht:

Gesamtflüssigkeit		0,5 – 0,7 l
Intrazellulär		0,3 – 0,4 l
Extrazellulär		0,2 – 0,3 l
Blut	♂	69 ml
	♀	65 ml
Plasma	♂	39 ml
	♀	40 ml

Ionenkonzentration	Na^+	15 mmol/l
intrazellulär	K^+	140 mmol/l
(extrazellulär	Ca^{2+}	0,0001 mmol/l
siehe Blut)	Mg^{2+}	15 mmol/l
	Cl^-	8 mmol/l
	HCO_3^-	15 mmol/l
	HPO_4^{2-}	60 mmol/l
	SO_4^{2-}	10 mmol/l
	org. Säuren	2 mmol/l
	Proteine	6 mmol/l
	pH	7,1

Organdurchblutung

	% HZV	pro g Gewebe
Herz	4	0,8 ml/min
Gehirn	13	0,5 ml/min
Nieren	20	4 ml/min
Gastrointestinaltrakt	16	0,7 ml/min
(= Pfortaderdurchblutung)		
Leber, arteriell	8	0,3 ml/min
durch A.hepatica		
Skelettmuskel	21	0,04 ml/min
Haut und sonstige	18	
Organe		

Herz und Kreislauf

Herzgewicht	250 – 350 g
Herzminutenvol.	5 – 6 l/25 l
(Ruhe/max.)	
Ruhepuls = Sinusrhythmus	60 – 75/min
AV-Knoten-Rhythmus	40 – 55/min
Kammerrhythmus	25 – 40/min
Arterieller Blutdruck	syst./diast.
(n. Riva-Rocci)	120/80 mm Hg
Pulmonalarteriendruck	syst./diast.
	20/9 mm Hg
Zentralvenöser Druck	3 – 6 mm Hg
Portalvenendruck	3 – 6 mm Hg
Ventrikelvol.	120 ml/40 ml
enddiastolisch/endsystolisch	
Ejektionsfraktion	0,67 (> 0,5)

Druckpulswellengeschwindigkeit		
	Aorta:	3 – 5 m/s
	Arterien:	5 – 10 m/s
	Venen:	1 – 2 m/s

Mittl. Strömungsgeschwindigkeit		
	Aorta:	0,18 m/s
Intrazellulär	Kapillaren:	0,0002 – 0,001m/s
Extrazellulär	Vv cavae:	0,06 m/s
Maximale Strömungsgeschwindigkeit		
	Aorta:	1 m/s
Maximale Stromstärke		
	Aorta:	0,5 l/s
Lungengefäßwiderstand		2 – 12 kPa · s/l
Systemgefäßwiderstand		77 – 150 kPa · s/l

Lunge und Gastransport

	♂	♀
Totalkapazität (TLC)	7 l	6,2 l
Vitalkapazität (VC)	5,6 l	5 l
Atemzugvolumen in Ruhe	0,6 l	0,5 l
Inspiratorisches	3,2 l	2,9 l
Reservevolumen		
Exspiratorisches	1,8 l	1,6 l
Reservevolumen		
Residualvolumen	1,4 l	1,2 l

O_2-Partialdruck	Luft:	159 mm Hg
	Alveole:	100 mm Hg
	arteriell:	95 mm Hg
	zentralvenös:	40 mm Hg

CO_2-Partialdruck	Luft:	0,23 mm Hg
	Alveole:	39 mm Hg
	arteriell:	40 mm Hg
	venös:	46 mm Hg

Atemfrequenz	16/min
Totraumvolumen	150 ml

Sauerstoffkapazität des Blutes
180 – 200 ml O_2/l Blut
(8 – 9 mmol O_2/l Blut)

Respiratorischer Quotient	0,84

Sachverzeichnis

A

Sachverzeichnis

Brain natriuretic peptide (BNP) 271
brainstem evoked response audiometry (BERA)
  702
Brechkraftwert 725
Brechzentrum 493
Brennstoffreserve 553
Brennstoffversorgung 552
– Absorption 552
– Phase, interdigestive 552
– Phase, prandiale 552
Brennwert 536
– biologischer 536
– physikalischer 536
– physiologischer 536
– von Nährstoffen 536
B-Rezeptor 268
Broca-Aphasie 870
Broca-Areal 618
Broca-Sprachzentrum 869
Brodmann-Areal 795
Bronchialsystem, Hyperreaktivität 340
Bronchien
– Aufbau 328
– Kontrolle der Weite 329
Bronchioli respiratorii 328
Bronchitis, chronische 330
Bronchodilatation 329
Bronchokonstriktion 329, 340
Brownsche Molekularbewegung 30
Brown-Séquard-Syndrom 646
Brücke-Bartley-Effekt 741
Brunner-Drüse 473, 515
Brustatmung 328
Bruttowirkungsgrad 563
buffy coat 286, 309
Bulbus olfactorius 782, 783
Bulimie 560
Büngner-Band 986
Bunsen-Absorptionskoeffizient 354
Burst-Modus 794
Buschzelle 702, 703
Bypass-Operation 218
B-Zelle 297, 939
B-Zell-Rezeptor 318

C

Ca^{2+} 785
– -Desensitivierung 155
– -Freisetzung 14
– -Kanal 14
– -Konzentration 14
– -Oszillation 16
– -Sensitivierung 155
– -Signale 15
– -Transportmechanismen 155
Ca^{2+}-Kanal 887, 938
– Blocker vom Dihydropyridin-Typ 157
– L-Typ 155
– rezeptorgesteuerter 158, 161
– spannungsabhängiger 156
Ca^{2+}-Pumpen 155, 158, 159
Cabrera-Kreis 204
Caeruloplasmin 288, 374
Cajal'sche interstitielle Zellen 157, 158
Cajal-Zelle 480
– Funktionen 480

– Schrittmacheraktivität 481
– Signaltransduktion 481
Calbindin 14, 415, 449
Calbindin-D 519
Calcitonin 450
– Wirkung 450
calcitonin gene related peptide (CGRP) 277, 647
Calcitriol 425, 449, 452, 519
– Bildung 449
– Inaktivierung 449
– Wirkung 449
calcium release activated channels (CRAC) 448
Caldesmon 152, 155
Calmodulin 14, 47, 117, 126, 152, 154, 785
Calpain 14, 578
cAMP 155, 159, 834
– Hemmung 13
cAMP responsive element binding protein (CREB)
  13, 577
Candela (cd) 724
canonical circuit 796
Capsaicin 633, 670
Capsula-interna-Infarkt 621
Carboanhydrase 408
Carboxyhämoglobinämie 360
Carrier 23
– Antiporter 24
– Flusskopplung 24
– Pumpen 24
– Symporter 24
– Transport-ATPasen 24
– Uniporter 24
Caspase 18, 993
Cataracta, senilis 726
Caveolae 152
CCK-Rezeptor 476
CD^{34+}-Zelle 290
central pattern generator (CPG) 609
Ceroid 992
cerveau isolé 818
C-Faser 277, 669, 675
C-Faser-Reflex 277
cGMP 159, 160
– Zyklus 737
Chagas-Krankheit 491
Charcot-Marie-Tooth Erkrankung 80
Charcot Trias 598
Chemorezeptor 376, 663
– arterieller 269, 376
– kardialer 269
– peripherer 378
– zentraler 378
Chemosensitivität 671
Chemosensor 632
Chemotaxis 296, 315
Chemotherapie 443, 837
Cheyne-Stokes-Atmung 390
Chlorid 287, 432
– Resorption 33
– Sekretion 33
Chloriddiarrhoe 519
Chloridkanal 111, 112, 161
Chloridverschiebung 362
Cholera 432
Choleratoxin 13
Cholesterin 933, 945
– Biosynthese 946
Cholesterol 505, 506, 509, 511, 518, 525

Cholesterolesterase 524
Cholezystitis 511
Cholezystokinin 476, 477, 490, 494, 503, 509, 524, 553, 555
– Area postrema 900
Cholin 108
Cholinerstasehemmer 108
Cholinesterase 108
Chorea Huntington 616
Choriongonadotropin (hCG) 921
Chromosomentrennung 127
Chronisch obstruktive Lungenerkrankung 160
Chronisch-venöse Insuffizienz 238
Chronotherapie 808
Chronotrope Inkompetenz 195
Chronotropie, positive 177
Chylomikrone 525
Chymus 474, 490
ClC-Kanal 51
Clathrin 99
Claudin 26, 27
ClC-Kanal 50
Clearance
– freie Wasser- 428
– mukoziliäre 313, 329
– osmotische 428
– renale 426, 427
Clock-Protein 807
Clostridium tetani 62
Cluster of Differentiation (CD) 316
CNG-Kanal 47, 785
Cocain 671
Code, neuronaler 797
Coffein 107
Colchicin 125
colony-forming unit 290
colony-forming units-erythroid (CFU-E) 292
colony stimulating factors (CSF) 296
Coma diabeticum 942
Complexin 99
Compliance 169, 172, 229, 336, 997
– Abnahme 341
Compression of Morbidity 991
Computertomographie, Herz 185
Computertomographie (CT) 801
Conconi-Test 570
Congenital insensitivity to pain with anhidrosis (CIPA) 60
Connexin 195
Connexin 32 80
Conn-Syndrom 441
contingent negative variation (CNV) 801
Coombs-Test 310
Cori-Zyklus 565
Cor pulmonale 351
Corpus
– albicans 967
– geniculatum, laterale 745
– luteum 966
– luteum-graviditas 972
Corti-Organ 691, 692
– Wanderwelle 696
Counter 286
CPAP-Maske 390
C-reaktives Protein (CRP) 288, 316
Crystal Meth 108
Cubilin 527
Cupula 713

Sachverzeichnis